VDI-Lexikon Umwelttechnik

Herausgegeben von
Prof. Dr.-Ing. Franz Joseph Dreyhaupt

SPRINGER-VERLAG BERLIN HEIDELBERG GMBH

Die Deutsche Bibliothek — CIP-Einheitsaufnahme

VDI-Lexikon Umwelttechnik /
hrsg. von Franz Joseph Dreyhaupt. —
Düsseldorf: VDI-Verl., 1994
  ISBN 978-3-642-95751-2
NE: Dreyhaupt, Franz Josef [Hrsg.]; Lexikon Umwelttechnik

Redaktion: Dipl.-Ing. Zitta Glaser
Graphische Darstellungen: Peter Lübke
Satz : Bonner Universitäts-Buchdruckerei

ISBN 978-3-642-95751-2   ISBN 978-3-642-95750-5 (eBook)
DOI 10.1007/978-3-642-95750-5

Vorwort

Die mir vom VDI-Verlag angetragene Herausgeberschaft für das Lexikon Umwelttechnik induzierte zunächst die Frage nach der Abgrenzung von einem allgemeinen Umwelt-Lexikon einerseits und nach der Eingrenzung der Technik für den Umweltschutz andererseits.

Orientiert am ersten bundesdeutschen Umweltprogramm von 1971 umfaßt der Umweltschutz die Sicherung eines gesunden, menschenwürdigen Lebensraums – des „Oikos" –, die Bewahrung von Mensch, Tier und Pflanze, Boden, Wasser, Luft, Klima und Landschaft sowie Kultur- und sonstigen Sachgütern vor nachteiligen menschlichen Eingriffen und die Beseitigung eingetretener Schäden oder Nachteile.

Der Technik-Begriff basiert auf dem altgriechischen „Technae" und bedeutet dort Kunst, Geschicklichkeit, Kunstfertigkeit. Heute verstehen wir unter Technik alle Maßnahmen, Verfahren und Einrichtungen zur Beherrschung und zweckmäßigen Nutzung der Naturgesetze und der von der Natur gebotenen Energien und Rohstoffe.

Umwelttechnik ist dann primär repräsentiert durch Geräte, Verfahren und Einrichtungen, die unmittelbar dem Schutz der aufgeführten Umwelt-Inhalte dienen, insbesondere dem
- Schutz des „Oikos" (Ökologie, Ökotoxikologie, Gefahrstoffe),
- Schutz des menschlichen Lebens (Humantoxikologie, Unfall-/Störfallabwehr),
- Schutz vor Immissionen (Luftverunreinigungen, Lärm, Erschütterungen),
- Schutz vor ionisierenden und nicht ionisierenden Strahlen,
- Schutz der Gewässer und des Meeres,
- Schutz des Bodens,
- Schutz des Klimas (Troposphäre, Stratosphäre),
- Schutz der Pflanzen,
- Schutz der Tiere,
- Natur- und Landschaftsschutz,
- Denkmalschutz und
- Schutz der nicht erneuerbaren Ressourcen (Bergbau) sowie der
- Beseitigung von Umweltschäden (z. B. Altlasten).

Umwelttechnik darf aber nicht auf Primärtechniken beschränkt bleiben, vor allem nicht auf die „end of the pipe"-Techniken; vielmehr müssen auch alle sekundären Maßnahmen dazugerechnet werden, die die Gestaltung oder Entwicklung der Primärtechniken maßgeblich beeinflussen, wie insbesondere
- Gebote und Verbote (Umweltrechts- und sonstige Normen),
- ökonomische Lenkungsmaßnahmen (Umweltökonomie),
- Umweltplanungsgrundlagen (Umwelterkundung/-beobachtung, Umweltinformationen, Umweltstatistik, Technologiefolgenabschätzung),
- Innovationsförderung (erneuerbare Energien, rationelle Energiewandlung/-anwendung, Biotechnologie, Gentechnik) und
- Wirkungsforschung.

Damit betrifft die Umwelttechnik mehr oder weniger alle Technikbereiche, die durch Fachgliederungen des VDI repräsentiert werden:
- Kommission Reinhaltung der Luft im VDI und DIN,
- Normenausschuß Akustik, Lärmminderung und Schwingungstechnik im DIN und VDI sowie
- die VDI-Gesellschaften Agrartechnik, Bautechnik, Energietechnik, Entwicklung/Konstruktion/Vertrieb, Fahrzeug- und Verkehrstechnik, Fördertechnik/Materialfluß/Logistik, Kunststofftechnik, Produktionstechnik, Technische Gebäudeausrüstung, Verfahrenstechnik und Chemieingenieurwesen.

Das hieraus resultierende umwelttechnische Fachwissen wird in der VDI-KUT (VDI-Koordinierungsstelle Umwelttechnik) zusammengefaßt und verfügbar gemacht.

Dieses weite Raster der Umwelttechnik lexikalisch kompetent und ausgewogen auszufüllen, war eine Herausforderung an die Autoren und den Herausgeber. Die mit großem Engagement geleisteten Beiträge haben das äußerst machbare Volumen dieses Lexikons noch übertroffen. Die Lücken, die wir aus diesem Grunde lassen mußten, möge man uns verzeihen. Ich hoffe, daß wir unserer Aufgabe gleichwohl gerecht geworden sind.

Feusdorf, im Mai 1994

Franz Joseph Dreyhaupt

Der Herausgeber

Prof. Dr.-Ing. Franz Joseph Dreyhaupt studierte Bauingenieurwesen, Fachrichtung Straßen- und Städtebau, an der RWTH Aachen und promovierte mit dem Thema „Luftreinhaltung als Faktor der Stadt- und Regionalplanung". 1971 erhielt er einen Lehrauftrag an der Universität Kaiserslautern über Fragen des Umweltschutzes und wurde 1977 Honorarprofessor.

Seit 1959 war Prof. Dreyhaupt im Umweltressort des Landes Nordrhein-Westfalen zuständig für Umweltaufgaben auf dem Gebiet des Strahlen- und Immissionsschutzes. Nach Ausscheiden aus dem aktiven Landesdienst war er von 1987 bis 1990 Mitglied des Rates von Sachverständigen für Umweltfragen beim Bundesumweltminister und Vorsitzender des Umweltbeirates für die Großforschungseinrichtungen beim Bundesminister für Forschung und Technologie.

Prof. Dreyhaupt ist als Autor und Herausgeber auf dem Gebiet des Umweltschutzes tätig, so z. B. für Handbücher zur Aufstellung von Luftreinhalteplänen und für Immissionsschutzbeauftragte sowie für ein Umwelt-Handwörterbuch.

Die Autoren

Dipl.-Ing. Dipl.-Wirtsch.-Ing. Ulrich Adler
ifo Institut für Wirtschaftsforschung e. V.,
München

Dipl.-Ing. Hans Ulrich Adt
Lehrstuhl für Kraft- und Arbeitsmaschinen,
Universität Kaiserslautern

Dipl.-Ing. agr. Thomas Amon
Bayer. Landesanstalt für Landtechnik,
Freising

Dr. rer. nat. Ulrich Andrae
GSF-Forschungszentrum für Umwelt und
Gesundheit GmbH, Institut für Toxikologie,
Oberschleißheim

Dr.-Ing. Gerhard Angerer
Fraunhofer Institut für Systemtechnik und
Innovationsforschung, Karlsruhe

Dr. rer. nat. Michael Angrick
Umweltbundesamt, Berlin

Dr. rer. nat. Jürgen Assmann
Ministerium für Umwelt, Raumordnung
und Landwirtschaft des Landes Nordrhein-
Westfalen, Düsseldorf

Priv. Doz. Dr. agr. Dr. habil.
Hermann Auernhammer
Institut für Landtechnik der Technischen
Universität München, Freising

Dipl.-Ing. Michael Bade
Umweltbundesamt, Berlin

Dr. Ian Barnes
Bergische Universität – Gesamthochschule
Wuppertal

Dipl.-Ing. Robert Batz
Umweltbundesamt, Berlin

Dr. sc. agr. Roland Bauer
Institut für Landtechnik der Technischen
Universität München, Freising

Dr. rer. nat. Monika Baumann
GSF-Forschungszentrum für Umwelt und
Gesundheit GmbH, Institut für Toxikologie,
Oberschleißheim

Prof. Dr. Karl Heinz Becker
Bergische Universität – Gesamthochschule
Wuppertal

Dipl.-Ing. Rolf Beckers
Umweltbundesamt, Berlin

Dr. jur. Martin Beckmann,
Fachanwalt für Verwaltungsrecht, Münster

Dr. Claus-Gerhard Bergs
Bundesministerium für Umwelt, Naturschutz
und Reaktorsicherheit, Bonn

Dipl.-Ing. Jürgen Bettges
RWE Energie Aktiengesellschaft, Essen

Prof. Dr. Michael Birkle
Fraunhofer-Institut für Informations- und
Datenverarbeitung IITB, Karlsruhe

Dipl.-Ing. Christian Birkner
Lehrstuhl für Kraft- und Arbeitsmaschinen,
Universität Kaiserslautern

Dipl.-Ing. Peter Blickwedel
Bundesministerium für Umwelt, Naturschutz
und Reaktorsicherheit, Bonn

Dipl.-Ing. agr. Dirk Bludau
Bayer. Landesanstalt für Landtechnik,
Freising

Dr. Dietrich F. W. von Borries
Bundesministerium für Umwelt, Naturschutz
und Reaktorsicherheit, Bonn

Prof. Dr. agr. Dr. habil. Josef Boxberger
Bayer. Landesanstalt für Landtechnik,
Freising

Dr. rer. nat. Holger Brackemann
Umweltbundesamt, Berlin

Dr. rer. nat. Peter Bruckmann
Ministerium für Umwelt, Raumordnung
und Landwirtschaft des Landes Nordrhein-
Westfalen, Düsseldorf

Regierungsdirektor Thomas Buch
Ministerium für Umwelt, Raumordnung
und Landwirtschaft des Landes Nordrhein-
Westfalen, Düsseldorf

Dr.-Ing. Karlheinz Croissant
Siemens Automotive SA, Toulouse,
Frankreich

Regierungsrätin Sabine Dannelke
Bundesamt für Seeschiffahrt und Hydrographie, Hamburg

Dr. rer. nat. Erhard Deml
GSF Forschungszentrum für Umwelt und
Gesundheit GmbH, Institut für Toxikologie,
Oberschleißheim

Univ.-Prof. Dr. Jürgen Dodt
Geographisches Institut der Ruhr-Universität,
Bochum

Dr.-Ing. Eva-Maria Dombrowski
Umweltbundesamt, Berlin

Prof. Dr.-Ing. Franz Joseph Dreyhaupt
Universität Kaiserslautern

Dipl.-Ing. Johannes Drotleff
Umweltbundesamt, Berlin

Dr. Wilfried Dulson
Institut für Umweltuntersuchungen, Köln

Univ.-Prof. Dr.-Ing. Walter Durth
Fachgebiet Straßenentwurf und Straßen-
betrieb, Technische Hochschule Darmstadt

Priv. Doz. Dr. med. Klaus-Gustav Eckert
Walter-Straub Institut für Pharmakologie und
Toxikologie, Ludwig-Maximilians-Universität
München

Dr rer. nat. Hans-Hermann Eggers
Umweltbundesamt, Berlin

Dr.-Ing. Dipl.-Phys. Jürgen Engelhard
Rheinbraun AG, Köln

Dr. rer. nat. Dr. habil. Gerhard Englert
Institut für Landtechnik der Technischen
Universität München, Freising

Dipl.-Ing. Manfred Erken
Rheinbraun AG, Frechen

Univ. Prof. Dr. agr. Dr. habil. Manfred Estler
Institut für Landtechnik der Technischen
Universität München, Freising

Prof. Dr. Klaus Ewen
Landesanstalt für Arbeitsschutz Nordrhein-
Westfalen, Düsseldorf

Dr. rer. nat. Wolfgang Faber
Rheinbraun AG, Frechen

Dr.-Ing. John Fank
VDI-Kommission Reinhaltung der Luft im
VDI und DIN, Düsseldorf

Priv. Doz. Dr. rer. nat. Johannes Georg Filser
GSF Forschungszentrum für Umwelt und
Gesundheit GmbH, Institut für Toxikologie,
Oberschleißheim

Peter Fischer
Bayer AG, Leverkusen

Prof. Dr. med. Leopold Flohé
Gesellschaft für Biotechnologische Forschung
mbH, Braunschweig

Prof. Dr. rer. nat. Günther Friedrich
Landesumweltamt Nordrhein-Westfalen,
Essen

Dipl.-Ing. Wolfgang Fronz
Landesumweltamt Nordrhein-Westfalen,
Essen

Dipl.-Volksw. Rudolf Gabrisch
Wirtschaftsvereinigung Metalle e.V.,
Düsseldorf

Dipl.-Geophys. Josef Giebel
Landesumweltamt Nordrhein-Westfalen,
Essen

Dr. rer. nat. Waltraud Göggelmann
GSF-Forschungszentrum für Umwelt und
Gesundheit GmbH, Institut für Toxikologie,
Oberschleißheim

Dr.-Ing. Klaus Grefen
VDI-Kommission Reinhaltung der Luft
im VDI und DIN, Düsseldorf

Prof. Dr. med. Helmut Greim
GSF-Forschungszentrum für Umwelt und
Gesundheit GmbH, Institut für Toxikologie,
Oberschleißheim

Univ. Prof. Dr. rer. nat. Wolfgang Haber
Lehrstuhl für Landschaftsökologie,
Technische Universität München, Freising

Priv. Doz. Dr. med. habil. Stefan Halbach
GSF-Forschungszentrum für Umwelt und
Gesundheit GmbH, Institut für Toxikologie,
Oberschleißheim

Dipl.-Ing. Hartwig Hammerschmidt
Lehrstuhl für Elektrische Meßtechnik,
Technische Universität München

Dipl.-Ing. Ingrid Hanhoff-Stemping
Umweltbundesamt, Berlin

Dr. jur. Klaus Hansmann
Ministerium für Umwelt, Raumordnung
und Landwirtschaft des Landes Nordrhein-
Westfalen, Düsseldorf

Prof. Dr.-Ing. habil. Ulrich Hattingen
Lehrstuhl für Kraft- und Arbeitsmaschinen,
Universität Kaiserslautern

Dr.-Ing. Norbert Haug
Umweltbundesamt, Berlin

Dipl.-Ing. agr. Markus Helm
Bayer. Landesanstalt für Landtechnik,
Freising

Dr.-Ing. Wilfried Hinrichs
Amtliche Materialprüfanstalt für Steine und
Erden, Clausthal-Zellerfeld

Dipl.-Ing. Volker Hoffmann
Landesumweltamt Nordrhein-Westfalen,
Essen

Dipl.-Phys. Fritz Holzkamm
Bundesamt für Seeschiffahrt und Hydrographie, Hamburg

Prof. Dr. Werner Hoppe
Lehrstuhl für öffentliches Baurecht, Planungs-
und Umweltrecht, Westfälische Wilhelms-
Universität, Münster

Dr.-Ing. Peter Hüttenberger
Lehrstuhl für Kraft- und Arbeitsmaschinen,
Universität Kaiserslautern

Dipl.-Ing. Hans-Rheinhard Illgner
Bergamt Hannover, Hannover

Dr.-Ing. Harald Irmer
Landesumweltamt Nordrhein-Westfalen,
Essen

Prof. Dr.-Ing. Hans Kahlen
Lehrstuhl für Leistungselektronik und
Elektronik, Universität Kaiserslautern

Dr.-Ing. Ulrich Kaier
Energieconsulting Heidelberg GmbH,
Heidelberg

Dipl.-Ing. Jochen Kallenbach
Lehrstuhl für Kraft- und Arbeitsmaschinen,
Universität Kaiserslautern

Dr.-Ing. Helmut Kaschenz
Umweltbundesamt, Berlin

Priv. Doz. Dr. Gert Keller
Abteilung Biophysik und Pyhsikalische
Grundlagen der Medizin, Universität des
Saarlandes, Homburg

Dipl.-Ing. Werner Kind
Lehrstuhl für Kraft- und Arbeitsmaschinen,
Universität Kaiserslautern

Dipl.-Ing. Peter Klee
Lehrstuhl für Kraft- und Arbeitsmaschinen,
Universität Kaiserslautern

Dipl.-Biol. Mathis Kleespies
Institut für Biotechnologie, Forschungszentrum Jülich GmbH, Jülich

Dr. sc. nat. Rainer Koch
Bayer AG, Leverkusen

Dipl.-Ing. Werner Koch
Umweltbundesamt, Berlin

Dipl.-Ing. Wilhelm Krass
TÜV Rheinland, Aachen

Dipl.-Ing. Bernd Krause
Umweltbundesamt, Berlin

Dr. agr. Georg H. M. Krause
Landesumweltamt Nordrhein-Westfalen,
Essen

Dipl.-Ing. Jürgen Kühn
Bundesministerium für Umwelt, Naturschutz
und Reaktorsicherheit, Bonn

Dipl.-Met. Siegfried Külske
Landesumweltamt Nordrhein-Westfalen,
Essen

Dr.-Ing. Jürgen Kwasny
Rheinbraun AG, Köln

Prof. Dr.-Ing. Michael Lange
Umweltbundesamt, Berlin

Dipl.-Ing. Klaus Leder
Umweltbundesamt, Berlin

Dipl.-Ing. Otto Lenz
Kaliverein e.V., Hannover

Dipl.-Ing. Ernst Liebl
Rheinbraun AG, Köln

Prof. Dr.-Ing. Friedrich Löffler
Institut für Mechanische Verfahrenstechnik
und Mechanik, Universität Karlsruhe

Prof. Dr.-Ing. Wolfgang Lohrer
Umweltbundesamt, Berlin

Dipl.-Biol. Georg Maghon
SVT Umwelttechnik GmbH, Neubukow

Dr. rer. nat. Inge Mangelsdorf
GSF-Forschungszentrum für Umwelt und
Gesundheit GmbH, Institut für Toxikologie,
Oberschleißheim

Dr. rer. nat. Klaus Matalla
Volkswagen AG, Wolfsburg

Dipl.-Ing. Rüdiger Matthes
Bundesamt für Strahlenschutz, Oberschleißheim

o. Prof. Dr.-Ing. habil. Hans May
Lehrstuhl für Kraft- und Arbeitsmaschinen,
Universität Kaiserslautern

Dr.-Ing. Viktor Mertsch
Landesumweltamt Nordrhein-Westfalen,
Essen

Prof. Dr. Erich Merz
Institut für Chemische Technologie,
Forschungszentrum Jülich GmbH, Jülich,

*Univ. Prof. Dr. rer. hort. Dr. habil.
Joachim Meyer*
Institut für Landtechnik der Technischen
Universität München, Freising

Dr. Joseph Mitsch
Umweltbundesamt, Berlin

Dr.-Ing. Klaus-Peter Neuenhahn
Ruhrkohle Umwelt GmbH, Bottrop

Dipl.-Ing. Michael Nitsche
Umweltbundesamt, Berlin

Dr.-Ing. Carsten Östergaard
Germanischer Lloyd, Hamburg

Dr. Christel Offermann-Clas
Jean-Monnet-Lehrstuhl für Europäische Wirt-
schafts- und Umweltpolitik, Universität Trier

Dr. rer. nat. Dieter Paffrath
Seefeld (vorm. Deutsche Forschungsanstalt
für Luft- und Raumfahrt e.V., Wesseling)

Prof. Dr.-Ing. Bernd Page
Fachbereich Informatik, Universität Hamburg

Prof. Dr. Herbert Paschen
Abteilung für Angewandte Systemanalysen,
Kernforschungszentrum Karlsruhe; Büro für
Technikfolgen-Abschätzung des Deutschen
Bundestages, Bonn

Dipl.-Volksw. Elisabeth Paskuy
ifo Institut für Wirtschaftsforschung e.V.,
München

Dr. Hans-Ulrich Pfeffer
Landesumweltamt Nordrhein-Westfalen,
Essen

Prof. Dr.-Ing. Jürgen A. Philipp
Thyssen AG, Duisburg

Dr. Heinrich Pirkelmann
Bayer. Landesanstalt für Landtechnik, Freising

Dr. rer. nat. Wolfgang Plehn
Umweltbundesamt, Berlin

Dipl.-Ing. agr. Ludwig Popp
Bayer. Landesanstalt für Landtechnik,
Freising

Dr. Bernhard Prinz
Landesumweltamt Nordrhein-Westfalen,
Essen

Rainer Pruditsch
Umweltbundesamt, Berlin

Dipl.-Ing. Albert Pützer
Rheinbraun AG, Köln

Dr. rer. nat. C.-André Radde
Bundesministerium für Umwelt, Strahlenschutz und Reaktorsicherheit, Bonn

Dipl.-Ing. Wilfried Rathsmann
Rheinbraun AG, Köln

RA Manfred Rebentisch
Vereinigung Deutscher Elektrizitätswerke –
VDEW e.V., Frankfurt

Dr. rer. nat. Manfred E. Reinhardt
Deutsche Forschungsanstalt für Luft- und
Raumfahrt e.V., Wessling

Dipl.-Ing. Rainer Remus
Umweltbundesamt, Berlin

Dipl.-Phys. Manfred Reuß
Bayer. Landesanstalt für Landtechnik,
Freising

Dr. jur. Klaus Römermann
Gesamtverband des deutschen Steinkohlen-
bergbaus, Essen

Dr. rer. nat. Gerhard Roge
Gesamtverband des deutschen Steinkohlen-
bergbaus, Essen

Prof. Dr.-Ing. habil. Klaus Rompe
TÜV Rheinland e.V., Köln

Dipl.-Ing. Klaus Rosenbusch
Umweltbundesamt, Berlin

Dr. Albin Rossbach
Deutsche Forschungsanstalt für Luft- und
Raumfahrt e.V., Wessling

Prof. Dr. Walter Röhnsch
Bundesamt für Strahlenschutz, Berlin

Prof. Dipl.-Geol. Niels-Peter Rühl
Bundesamt für Seeschiffahrt und Hydrographie, Hamburg

Dipl.-Ing. Hans-Gerhard Rumpf
RWE Energie AG, Essen

Dr. rer. nat. Joachim Schabronath
Ruhrkohle AG, Herne

Dr. Hans-Joachim Scharf
Kali und Salz AG, Kassel

Dipl.-Ing. Peter Schedtler
Kali und Salz Entsorgung GmbH, Kassel

Dipl.-Ing. Wilhelm Schlegel
Rheinbraun AG, Köln

Dr.-Ing. Eberhard Schmidt
Institut für Mechanische Verfahrenstechnik
und Mechanik, Universität Karlsruhe

Dr. Siegbert Schneider
Bundesministerium für Umwelt, Naturschutz
und Reaktorsicherheit, Bonn

Dr.-Ing. Helmut Schnurer
Bundesministerium für Umwelt, Naturschutz
und Reaktorsicherheit, Bonn

Univ.-Prof. Dr. agr. Hans Schön
Institut für Landtechnik der Technischen
Universität München, Freising

Dr. rer. nat. Manfred Schön
Bayer AG, Leverkusen

Dr. rer. nat. Lothar Schrader
Rheinbraun AG, Frechen

Dipl.-Ing. Joachim Schramm
Mitteldeutsche Kali AG, Sondershausen

Dr.-Ing. Manfred Schroeder
Deutsche Forschungsanstalt für Luft- und
Raumfahrt e.V., Wessling

Kapitän Klaus Schroh
Sonderstelle des Bundes Ölunfälle See/Küste,
Cuxhaven

Dr.-Ing. Walter Schubert
Mitteldeutsche Kali AG, Sondershausen

Dr. Heinz Schulz
Bayer. Landesanstalt für Landtechnik,
Freising

Dr. rer. nat. Leslie R. Schwarz
GSF-Forschungszentrum für Umwelt und
Gesundheit GmbH, Institut für Toxikologie,
Oberschleißheim

Prof. Dr.-Ing. Dipl.-Wirtsch.-Ing.
Jürgen Seggelke
Umweltbundesamt, Berlin

Prof. Dr. Carl Johannes Soeder
Institut für Biotechnologie, Forschungszentrum Jülich GmbH, Jülich

Dipl.-Ing. Lutz Speel
Germanischer Lloyd, Hamburg

Dipl.-Volksw. Heinrich Spies
Statistisches Bundesamt, Wiesbaden

Dipl.-Ing. Kathleen Spilok
Umweltbundesamt, Berlin

Dr. Heinz Splittgerber
Essen (vorm. Landesanstalt für Immissions-
schutz des Landes Nordrhein-Westfalen,
Essen)

Prof. Dr. Rolf Ulrich Sprenger
ifo Institut für Wirtschaftsforschung e.V.,
München

Dr.-Ing. Helmut Stahl
Landesumweltamt Brandenburg, Potsdam

Dr. rer. nat. Manfred Steinmetz
Bundesamt für Strahlenschutz, Oberschleißheim

Dr. rer. nat. Heidrun Sterzl-Eckert
GSF-Forschungszentrum für Umwelt und
Gesundheit GmbH, Institut für Toxikologie
Oberschleißheim

Dipl.-Ing. Klaus Stief
Umweltbundesamt, Berlin

Dipl.-Ing. Herbert Strauch
Landesumweltamt Nordrhein-Westfalen,
Essen

Dr. Arno Strehler
Bayer. Landesanstalt für Landtechnik,
Freising

Dipl.-Ing. Manfred Strube
Mitteldeutsche Kali AG, Merkers/Rhön

Priv.-Doz. Dr. rer. nat. Karl-Heinz Summer
GSF-Forschungszentrum für Umwelt und
Gesundheit GmbH, Institut für Toxikologie,
Oberschleißheim

Dipl.-Ing. Ullrich Teichert
Gesellschaft für Staubmeßtechnik und
Arbeitsschutz mbH, Neuss

Prof. Dr. Hans Willi Thoenes
Vorsitzender des Rates von Sachverständigen
für Umweltfragen, Wiesbaden

Dr.-Ing. Gereon Thomas
Rheinbraun AG, Bergheim-Niederaußem

Dr. rer. nat. Jörn-Uwe Thurner
Umweltbundesamt, Berlin

Dipl.-Ing. oec. Wolfgang Ulrich
Mitteldeutsche Kali AG, Sondershausen

Dipl.-Ing. Hans Werner Vogt
TÜV Rheinland, Köln

Dr. Johann Wackerbauer
ifo-Institut für Wirtschaftsforschung e. V.,
München

Dipl.-Ing. Peter Wagenknecht
Umweltbundesamt, Berlin

Dr. rer. nat. Gerd-Rainer Weber
Gesamtverband des Deutschen Steinkohlen-
bergbaus, Essen

Prof. Dr. habil. Günter Weichart
Bundesamt für Seeschiffahrt und Hydrographie, Hamburg

Dipl.-Biol. Gudrun Weigand
GSF-Forschungszentrum für Umwelt und
Gesundheit GmbH, Institut für Toxikologie,
Oberschleißheim

Dipl.-Ing. Volker Weiss
Umweltbundesamt, Berlin

Dipl.-Met. Marion Wichmann-Fiebig
Landesumweltamt Nordrhein-Westfalen,
Essen

Dipl.-Ing. agr. Bernhard Widmann
Bayer. Landesanstalt für Landtechnik,
Freising

Prof. Dr. med. Friedrich J. Wiebel
GSF-Forschungszentrum für Umwelt und
Gesundheit GmbH, Institut für Toxikologie,
Oberschleißheim

Dr.-Ing. Dieter Wiedenhöft
Lehrstuhl für Kraft- und Arbeitsmaschinen,
Universität Kaiserslautern

Dipl.-Chem. Evelyn Wiesen
Bergische Universität – Gesamthochschule
Wuppertal

Schiffsing, Hans-Otto Wille
Germanischer Lloyd, Hamburg

Dipl.-Biochem. Gerhard Winkelmann
Umweltbundesamt, Berlin

Prof. Dr. rer. nat. Gerhard Winneke
Medizinisches Institut für Umwelthygiene,
Universität Düsseldorf

Prof. Dr.-Ing. Carl-Jochen Winter
Deutsche, Forschungsanstalt für Luft-
und Raumfahrt e. V., Stuttgart; ENERGON
Carl-Jochen Winter GmbH, Überlingen

Prof. Dr.-Ing. Gert Winterfeld
Köln (vorm. Deutsche Forschungsanstalt
für Luft- und Raumfahrt e. V., Köln)

Dr. Klaus Wirtz
Bergische Universität – Gesamthochschule
Wuppertal

Dr. rer. nat. Thomas Wolff
GSF-Forschungszentrum für Umwelt und
Gesundheit GmbH, Institut für Toxikologie,
Oberschleißheim

Dr. rer. nat. Erhard Wolfrum
Rheinbraun AG, Frechen

Dr.-Ing. Hans-Dieter Zeisig
Bayer. Landesanstalt für Landtechnik,
Freising

Prof. Dr. rer. nat. Gunter Zimmermeyer
Verband der Automobilindustrie, Frankfurt
(vorm. Gesamtverband des deutschen Stein-
kohlenbergbaus, Essen)

Erläuterungen zur Benutzung

Die zahlreichen Gebiete der Umwelttechnik sind in rd. 4 000 Stichwörter aufgegliedert. Unter einem aufgesuchten Stichwort ist seine erläuternde Erklärung zu finden, die dem Benutzer das entsprechende Wissen vermittelt. Die zahlreichen Verweise führen entweder zu einem synonymen oder zu einem übergeordneten Begriff, unter dem das entsprechende Stichwort abgehandelt ist. Die Querverweise im Text (→) sollen durch Aufsuchen anderer, verwandter oder ergänzender Stichwörter zu einer Vertiefung des Wissens verhelfen. Der Verweisungspfeil → fordert dazu auf, das dahinterstehende Wort nachzuschlagen, um weitere Auskunft zu finden.

Die Stichworte folgen einander alphabetisch. Diese alphabetische Reihenfolge ist – auch bei zusammengesetzten Stichwörtern oder bei Abkürzungen – strikt eingehalten. Zusammengesetzte Begriffe sind vorwiegend unter dem Substantiv eingeordnet. Auch sind die Substantive in der Regel im Singular aufgeführt. Ausnahmen sind nur zur besseren Handhabung gemacht worden, wobei auf die übliche Ausdrucksweise geachtet wurde (Adjektiv vor Substantiv, weil ausschlaggebend beim Aufsuchen). Stichworte, welche mit einer Zahl beginnen, stehen dort, wo die Zahl nach der Art der Aussprache eingeordnet würde: z. B. „3. BIMSchV" wie „Dritte BImSchV". In der chemischen Terminologie gebräuchliche Abkürzungsbuchstaben und -ziffern werden bei der Alphabetisierung nicht berücksichtigt, z. B. „1,4-Dioxan" wird als „Dioxan" eingeordnet. Wie in lexikalischen Werken üblich, werden die Umlaute ä, ö, ü und die wie Umlaute gesprochenen Doppelbuchstaben ae, oe, ue wie die einfachen Buchstaben (Grundlaute a, o, u) behandelt.

Die zahlreichen Illustrationen zu den einzelnen Stichwörtern sind in der Regel im Anschluß an den Absatz, in welchem sie erwähnt oder erläutert wurden, plaziert. Ausnahmsweise kann es auch vorkommen, daß diese – besonders im Falle von zweispaltigen Zeichnungen oder Tabellen – erst auf der nächsten Seite stehen. Die Zuordnung ist durch das Wiederholen des Stichwortes in der Bildunterschrift oder in der Tabellenüberschrift gewährleistet.

Im dem Stichwort nachfolgenden Text werden die Stichwörter mit dem ersten für die Alphabetisierung maßgeblichen Buchstaben abgekürzt. Dies gilt auch bei Wortzusammensetzungen mit dem Stichwort.

Literaturhinweise sind knapp gehalten und auf die wichtigsten Werke beschränkt. Deutschsprachige Werke sind – soweit vorhanden – bevorzugt.

Für die im Lexikon gemachten Angaben gilt allgemein der Stand Ende 1993, in wenigen Ausnahmen sogar Frühjahr 1994.

Juni 1994 *Die Redaktion*

M

MAB. (Abk. *engl.* Man and the Biosphere). Dies ist der Name eines internationalen und interdisziplinären Forschungsprogramms der UNESCO, das 1972 verkündet wurde mit dem Ziel, die vielfältigen Beziehungen des Menschen mit der →Biosphäre in möglichst vielen Aspekten gründlich zu untersuchen. Zur Bewältigung dieser gigantischen Forschungsaufgabe wurde das Programm in 16 einzelne Bereiche gegliedert, von denen die Mehrzahl den Groß-Lebensräumen der Erde (Biome) gewidmet sind, z. B. Wälder verschiedener Klimazonen, Steppen und Prärien, Trockengebiete, Ozeane, Binnengewässer, Agrarlandschaften und Großstädte. Einige Bereiche widmen sich auch spezifischen umweltbezogenen Themen wie der Umweltwahrnehmung. Obwohl der Ansatz des Programms im wesentlichen ökologisch, d. h. naturwissenschaftlich bestimmt ist, sollen sozio-ökonomische Fragestellungen ausdrücklich einbezogen werden, weil ohne deren Berücksichtigung Einfluß und Wirkung des Menschen in der Biosphäre unvollständig erfaßt würden. *Haber*

Machbarkeitsstudie. Teil der →Altlastensanierung (→Sanierungsplanung), wobei im Rahmen der →Sanierungsuntersuchung durch eine M. die Sanierungsstrategie und die Realisierung der vorgesehenen Maßnahmen darzustellen sind. Darüber hinaus sind alternative Lösungen, sog. Sanierungsvarianten, zur Auswahl zu stellen und zu bewerten. Die M. soll für den vorliegenden Fall aus der Vielfalt der möglichen Sicherungs- und →Dekontaminationsverfahren und ihrer Kombinationen jene herausarbeiten, mit denen das →Sanierungsziel unter Berücksichtigung der Rahmenbedingungen des vorliegenden Falles erreicht werden kann. Hierbei sind nicht nur die im großtechnischen Einsatz erprobten Verfahren, sondern auch Verfahren aus Modellvorhaben (Pilotprojekte) einzubeziehen.

Zu den wichtigsten Untersuchungskriterien gehören:
- Zugänglichkeit der →Kontamination,
- Eignung der vorgesehenen und möglichen Verfahren zur Gewährleistung der Vorgaben für die Abschirmungs- bzw. Reinigungsleistung,
- Technische Durchführbarkeit, Betriebssicherheit und Verfügbarkeit der Verfahren,
- Umfang der Umwelteinwirkungen und Nachsorgemaßnahmen einschließlich ihrer Überwachbarkeit,
- Zeitdauer und -ablauf,
- Kosten bzw. Kosten-Wirksamkeits-Betrachtungen.

Bei den zu prüfenden Alternativen der →Sicherungsmaßnahmen sind insbesondere die Möglichkeiten zur räumlichen, stofflichen und zeitlichen Wirksamkeit der Maßnahmen zu untersuchen. Wichtig sind hierbei auch die Fragen nach Maßnahmen zur →Qualitätssicherung bei bautechnischen Ausführungen. In die Untersuchung sind die eventuelle Behinderung einer späteren →Dekontamination einzubeziehen sowie die Notwendigkeiten und Möglichkeiten der Inspektion, Wartung und Reparatur.

Bei den zu untersuchenden Alternativen der Dekontaminationsmaßnahmen sind die direkten Bereiche der Altlast, z. B. Grundwasser, Erdreich, Deponiekörper, und die Nachbarschaft, die von der Maßnahme betroffen ist bzw. sein kann, zu berücksichtigen. Der Dekontaminationsgrad bzw. die Restkonzentration an Schadstoffen, der Weg der Eliminierung der Schadstoffe aus der Altlast und der Verbleib der Schadstoffe müssen dargestellt werden. Die M. muß zum Ort der Durchführung der Dekontamination mit den einzelnen Maßnahmen Stellung nehmen und insbesondere die Steuerungs- und Überwachungsmaßnahmen vorschlagen und beurteilen.

Bei allen M. müssen Energieaufwand, Zeitdauer und Kosten einbezogen werden. Weiterhin sollte eine →Risikoabschätzung obligatorisch sein. Hierbei sind alle Verfahrensschritte, sowohl bei den Sicherungs- als auch bei den Dekontaminationsverfahren, im Hinblick auf Verlagerung der Schadstoffe in andere Umweltmedien, auf neue Beeinträchtigungen des Wohls der Allgemeinheit und auf mögliche Fehlschläge zu untersuchen und zu beurteilen. *Thoenes*

Literatur: *Jessberger, H. L.,* u. *T. Neteler:* Bewertungsmethodik für Sanierungsverfahren. In: Jessberger, H. L. (Hrsg.) Erkundung und Sanierung von Altlasten. Rotterdam 1991. – *Odensaß, M.:* Sanierungsuntersuchungen, Methodik und Ziele. In: Kompa, R., u. K. P. Fehlau: Altlasten '89. Köln 1989. – SRU: Altlasten. Stuttgart 1990.

Machzahl →Überschallgeschwindigkeit

Magermotor. Ein M. ist ein Ottomotor, bei dem das →Luftverhältnis λ den Wert 1 deutlich übersteigt. Angestrebt, aber noch nicht verwirklicht, sind

Werte nahe 2. Der Hauptzweck eines M. liegt in der Erzielung eines günstigen Verbrauchs. Dies wird durch die Erhöhung des Verdichtungsverhältnisses ε gegenüber einem herkömmlichen Ottomotor erreicht. Hierbei wird eine höhere Verbrennungsgeschwindigkeit durch höhere Ladungsbewegung erreicht. Der dafür nötige Einlaßdrall vermindert jedoch den Liefergrad. Außerdem werden im M. kürzere Brennwege durch die Modifikation der Brennraumgeometrie realisiert. Neben dem günstigen Kraftstoffverbrauch des M. ist auch die Stickoxidemission niedriger. Dies ist darauf zurückzuführen, daß die durch das höhere Verdichtungsverhältnis hervorgerufene Temperaturerhöhung im Brennraum durch das höhere Verbrennungsluftverhältnis mehr als kompensiert wird.

Ein Nachteil des M. ist sein höheres Baugewicht, weil bei gleicher Leistung wie bei einem herkömmlichen Ottomotor 50% mehr Hubraum notwendig sind. Weiterhin steigt beim M. die HC-Emission, was den Einsatz eines Oxidationskatalysators bedingt. *Klee/May*

Magma. Die Energie des flüssigen Erdkerns zählt zu den nichtsolaren erneuerbaren Energien. Erdgeschichtlich nicht abgeschlossene Abkühlung und fortwährender Isotopenzerfall sorgen für Aufrechterhaltung der Wärmequelle. Der natürliche Wärmestrom ist ca. 60 W/km². In geothermischen Anomalien und seismisch unruhigen Zonen kann der Wärmestrom auf das 5- bis 10fache ansteigen. →Geothermische Anlagen und →geothermische Kraftwerke nutzen diesen Wärmestrom, um nieder-/ mitteltemperaturige Nutzwärme für die Beheizung von Wohnungen und Gewächshäusern bereitzustellen oder Strom zu erzeugen. *C.-J. Winter*

Magnetschnellbahn. Die M. ist ein neu entwickeltes Verkehrssystem, bei dem Hochgeschwindigkeitszüge mit Fahrgeschwindigkeiten von bis zu etwa 500 km/h fahren sollen.

Die Technik des M.-Systems beruht auf der Verwendung eines berührungsfreien Trag- und Führungssystems auf der Grundlage elektromagnetischer Anziehungskräfte sowie eines ebenfalls berührungsfreien Antriebssystems nach dem Prinzip eines als Synchronmaschine betriebenen Langstatormotors. Der Magnetbahnfahrweg soll im Regelfall als zweispurige Aufständerkonstruktion mit Überbauten in Stahl- oder Betonbauweise ausgeführt werden. Die technische Systemerprobung erfolgt auf der sog. Transrapid-Versuchsanlage Emsland (TVE).

Die Prognose der Lärmemissionen läßt erwarten, daß sie beim Regelbetrieb der M. erheblich über den entsprechenden Werten der langsameren Rad-Schiene-Fahrzeuge liegen werden. In Bezug auf die beim Betrieb der M. verursachten →Erschütterun-

gen ist zu erwarten, daß aufgrund des berührungsfreien Trag-Führungssystems die dynamischen Kräfte indirekt und gleichmäßig über die Fahrzeuglänge verteilt in die Fahrwegkonstruktion eingeleitet werden. Daraus sind deutlich andere Erschütterungen zu erwarten als beim Betrieb der üblichen Rad-Schiene-Fahrzeuge (→Schienenverkehrserschütterung). Bei den durch M. verursachten Erschütterungen werden solche mit Schwingungsamplituden bei niedrigen Frequenzen dominieren, vermutlich solche unterhalb etwa 10 Hz. Bei der Ausbreitung von Erschütterungen mit niedrigen Frequenzen und entsprechend großen Wellenlängen der Oberflächenwelle ist zu beachten, daß sie durch Bodenabsorption kaum vermindert werden. Da die Eigenfrequenz von Gebäuden in der Regel unterhalb von etwa 10 Hz liegt, ist bei auftretender Bauwerksresonanz mit entsprechend großen Übertragungsfaktoren zu rechnen. *Splittgerber*

MAK-Wert →Maximale Arbeitsplatzkonzentration, →MAK-Wert-Kommission

MAK-Wert-Kommission. Inoffizielle Bezeichnung für die Senatskommission der Deutschen Forschungsgemeinschaft (DFG) zur Prüfung gesundheitsgefährlicher Arbeitsstoffe (Kurzbez.: MAK-Kommission). Die Senatskommission hat im Rahmen der DFG die Aufgabe, die wissenschaftlichen Grundlagen des Schutzes der Gesundheit vor toxischen Stoffen am Arbeitsplatz zu erarbeiten. Die wichtigsten praktischen Ergebnisse der Kommissionsarbeit sind wissenschaftliche Empfehlungen zur Aufstellung von →maximalen Arbeitsplatzkonzentrationen (MAK) und →biologischen Arbeitsstoff-Toleranzwerten (BAT), zur Einstufung krebserzeugender Arbeitsstoffe und zur Bewertung fruchtschädigender und erbgutschädigender Wirkungen sowie die Erarbeitung und Evaluierung analytischer Methoden zur Kontrolle der Exposition und zur Überprüfung der Einhaltung von Grenzwerten des Gesundheitsschutzes am Arbeitsplatz. Die ausführlichen Begründungen von MAK-Werten sowie Methoden zur Prüfung gesundheitsschädlicher Arbeitsstoffe werden in laufend ergänzten Loseblattsammlungen veröffentlicht.

Die Ergebnisse der wissenschaftlichen Kommissionsarbeit werden jährlich unter dem Titel „MAK- und BAT-Werte-Liste (Jahreszahl)“ von der DFG aktuell veröffentlicht und gleichzeitig als Empfehlung dem Bundesminister für Arbeit und Sozialordnung übergeben. Der Ausschuß für Gefahrstoffe stellt zur Umsetzung der Empfehlungen der Senatskommission und des entsprechenden EG-Rechts die →TRGS 900 „Grenzwerte“ und die →TRGS 500 „Schutzmaßnahmen beim Umgang mit krebserzeugenden Gefahrstoffen – Zuordnung zu den Gefährdungsgruppen“ auf, die vom Bundesminister im

Bundesarbeitsblatt bekanntgemacht und damit für die arbeitsschutzrechtliche Praxis verbindlich werden. *Dreyhaupt*

Literatur: Deutsche Forschungsgemeinschaft: MAK- und BAT-Werte-Liste 1993; Weinheim 1993. – *Henschler, D.* (Hrsg.): Analysen in biologischem Material; Analytische Methoden zur Prüfung gesundheitsschädlicher Arbeitsstoffe. Bd. 2. Weinheim. – *Henschler, D.* (Hrsg.): Gesundheitsschädliche Arbeitsstoffe, Toxikologisch-arbeitsmedizinische Begrundung von MAK-Werten. Weinheim. – *Henschler, D.* (Hrsg.): Luftanalysen; Analytische Methoden zur Prüfung gesundheitsschädlicher Arbeitsstoffe, Bd. 1. Weinheim. – TRGS 500: Schutzmaßnahmen beim Umgang mit krebserzeugenden Gefahrstoffen – Zuordnung zu den Gefährdungsgruppen; Ausgabe März 1988. zuletzt geändert durch Bek. des BMA v. 10. Dezember 1992. Bundesarbeitsblatt 2/1993, S. 57. – TRGS 900: Grenzwerte, Bundesarbeitsblatt 2/1993, S. 57, geändert mit BArbBl. 9/1993, S. 76/77 und 1/1994, S. 39/64.

Malathion.

□ Stoff-Identifizierungs-Nr.:
CAS-Nr.: 121-75-5
EG-Nr.: 015-041-00-X
UN-Nr.: 3018
EINECS-Nr.: 204-497-7
– Chemische Formel: $C_{10}H_{19}O_6PS_2$
□ Stoffcharakteristik: Klare, gelbe bis braune ölige Flüssigkeit mit merkaptanartigem Geruch, in Wasser kaum löslich.
□ Gefahrenmerkmale:
– Stoffliste nach § 4a der →Gefahrstoffverordnung:
Gefahrenkennbuchstabe(n): Xn
R-Sätze: 22
S-Sätze: 2-24
– Arbeitsschutzwerte nach TRGS 900: →MAK-Wert (mg/m³): 15 (→Gesamtstaub)
– Stoffliste (Anhang II) der →Störfall-Verordnung: Nr. 188
– →Wassergefährdungsklasse: WGK 3
Fischer/M. Schön

Mammographie →Röntgenstrahlung, charakteristische

Mank-Karussell.

Das M.-K., nach seinem Erfinder benannt, dient dazu, Stahlbleche im Freiland so zu exponieren, daß sie sich (entsprechend vom Wind angetrieben) ständig drehen und damit fortlaufend die Expositionsrichtung wechseln (Bild). Hierzu sind jeweils fünf 1 mm starke, 50 mm × 100 mm große Probebleche an einem frei drehbaren Stern befestigt. Durch die ständige Richtungsänderung der Probebleche wird gewährleistet, daß richtungsabhängige klimatische und emittenten-spezifische Faktoren keinen Einfluß nehmen.

Die Expositionszeit des M.-K., das als komponenten-unspezifischer Reaktionsindikator im →Wirkungskataster eingesetzt werden kann, beträgt

Mank-Karussell: Gestell zur Exposition von Stahlproben.

jeweils 14 Tage. Im Labor wird nach einer speziellen Methode das Korrosionsprodukt mit einer Sparbeize quantitativ entfernt. Der ermittelte Gewichtsverlust wird dann auf die Gesamtoberfläche des Probeblechs bezogen und als Mittelwert der fünf Bleche eines Meßorts in Gramm pro Quadratmeter und Tag angegeben.

Für die Anwendung im Wirkungskataster ist wichtig, daß nach Möglichkeit an den selben Meßorten auch IRMA-Werte gewonnen werden, um über Korrelations- bzw. Regressionsanalyse eine objektive Zuordnung der Korrosionsraten zum Immissionseinfluß vornehmen zu können. Die bislang ermittelten Korrelationskoeffizienten ($r^2 \approx 0{,}7$) sind außerordentlich hoch. Aus dem Ordinatenabschnitt der experimentell ermittelten Regressionsgleichung läßt sich eine natürliche Korrosionsrate ableiten, für die z. B. die in der Atmosphäre normal anzutreffende Kohlendioxid-Konzentration bereits ausreicht. Von maßgeblichem Einfluß ist die →Luftfeuchte, die somit innerhalb des Wirkungskatasters eine wesentliche Störgröße darstellen kann, wenn die klimatischen Verhältnisse an den einzelnen Meßorten stark unterschiedlich sind. Allerdings trifft dieser Einfluß auch für andere Materialobjekte zu, so daß die Übertragbarkeit der mit dem M.-K. ermittelten Werte u. U. in wünschenswerter Weise sogar erhöht wird. *Prinz*

MARPOL-Übereinkommen (Abk. *engl.* MARine POLlution).

Das Internationale Übereinkommen von 1973 zur Verhütung der →Meeresverschmutzung durch Schiffe in der Fassung des Protokolls von 1978 (MARPOL-Ü.) regelt die Verhütung der Verschmutzung des Meeres durch im Schiffsbetrieb anfallende Stoffe. Es ist am 2. Oktober 1983 in Kraft getreten und gilt weltweit. Die nationale Umsetzung erfolgte durch das Gesetz vom 23. Dezember 1981 (BGBl. 1982 II S. 2).

Das Vertragswerk besteht aus dem eigentlichen Übereinkommen, zwei Protokollen und fünf Anlagen. Das eigentliche Übereinkommen enthält allgemeine Regeln wie Begriffsbestimmungen und die Festlegung des Anwendungsbereichs. Die beiden Protokolle betreffen das Meldeverfahren bei Ereignissen, in denen unbefugt oder auf Grund eines Notfalls eine Einleitung erfolgte, bzw. enthalten Regelungen für ein Schiedsverfahren. Die Anlagen I bis V des Übereinkommens regeln die verschiedenen Arten einer Meeresverschmutzung im Zusammenhang mit dem Schiffsbetrieb.

Anlage I regelt das Einleiten von Öl. Sie baut auf dem Übereinkommen zur Verhütung der Verschmutzung der See durch Öl von 1954 (OILPOL) auf und entwickelt dieses inhaltlich weiter. Diese Anlage ist zusammen mit dem eigentlichen M.-Ü. am 2. Oktober 1983 in Kraft getreten. Anlage I bestimmt, unter welchen engen Voraussetzungen Öl eingeleitet werden darf. Um die Beachtung der Einleitbestimmungen sicherzustellen, sind entsprechende technische Einrichtungen an Bord vorgeschrieben. Außerdem sind alle wichtigen Betriebsvorgänge an Bord, insbesondere über Behandlung und Verbleib von Separationsrückständen und ölhaltigem Bilgewasser, in einem Öltagebuch aufzuzeichnen.

Anlage II betrifft das Einleiten von schädlichen flüssigen Stoffen, die als Massengut befördert werden, d. h. von Ladungsrückständen aus Chemikalientankern. Diese Anlage ist am 6. April 1987 in Kraft getreten. Die Vorschriften dieser Anlage gehen von einem grundsätzlichen Einleitverbot aus. Ausnahmen, die sich nach der Eingruppierung des jeweiligen Stoffes in die Gefahrenklasse A, B, C oder D richten, sind zulässig. In einem Ladungstagebuch sind alle wichtigen in bezug auf einen schädlichen Stoff an Bord stattfindenden Vorgänge zu erfassen.

Anlage III sieht vor, daß zur Verhütung der Meeresverschmutzung Schadstoffe in verpackter Form nur nach Maßgabe dieser Anlage befördert werden dürfen. Sie ist am 1. Juli 1992 in Kraft getreten. National sind diese Vorschriften durch die Gefahrgutverordnung-See umgesetzt.

Anlage IV regelt Verschmutzungen des Meeres durch Schiffsabwasser. Danach ist das Einleiten von Schiffsabwasser ins Meer grundsätzlich verboten. Ausnahmen gelten, wenn das Schiff über eine Abwasser-Aufbereitungsanlage verfügt, behandeltes und desinfiziertes Abwasser in einer Mindest-Entfernung von 4 sm oder unbehandeltes Abwasser aus einem Sammeltank in einer Entfernung von mehr als 12 sm vom nächstgelegenen Land eingeleitet wird. Diese Anlage ist bislang auf Grund der zu geringen Zahl der Ratifikationen noch nicht in Kraft getreten. Entsprechende Regelungen gelten jedoch seit Mai 1990 im Rahmen des Helsinki-Übereinkommens für den Bereich der Ostsee sowie durch die Verordnung über die Verhütung der Verschmutzung der Nordsee durch Schiffsabwasser vom 6. Juni 1991 für die deutschen Territorialgewässer in der Nordsee.

Anlage V, die am 31. Dezember 1988 in Kraft getreten ist, betrifft Verschmutzungen durch Schiffsabfälle; die Voraussetzungen für eine Einbringung bestimmen sich nach der jeweiligen Art des Abfalls. Auch hier ist das Einbringen nur bedingt erlaubt (→Schiffsabfall).

In Deutschland besteht ein umfangreiches Überwachungssystem, um unerlaubte Einleitungen und Einbringungen durch die Schiffahrt festzustellen und zu ahnden (→Meeresumweltüberwachung).

Dannelke

Maschinenlärminformations-Verordnung
→Emissionskennwerte technischer Schallquellen (ETS)

Massenkonzentration. Ergebnisse von Immissions- und Emissionsmessungen werden in der Regel als M. angegeben, z. B. in Einheiten wie mg/m^3 oder µg/m^3. *Pfeffer*

Massenkraftabscheider. M. dienen zur Abscheidung von festen oder flüssigen Partikeln aus Gasen. Das Prinzip dieses Abscheidetyps besteht darin, daß hauptsächlich aufgrund massenproportionaler Feldkräfte die Partikeln in Zonen des Abscheiders geraten, aus denen sie vom Strömungsmittel nicht mehr heraustransportiert werden können. Solche Feldkräfte können durch die Erdbeschleunigung (→Schwerkraftabscheider) und die Zentrifugalbeschleunigung in umgelenkten oder rotierenden Strömungen (→Fliehkraftabscheider) hervorgerufen werden.

M. zeichnen sich durch einen einfachen Aufbau, geringe Investitions- und Betriebskosten und große Zuverlässigkeit aus. Allerdings sind diese Apparate nur zur Abscheidung relativ grober Partikeln geeignet und werden deshalb häufig als Vorabscheider eingesetzt. *Löffler/Schmidt*

Literatur: VDI 3676: Massenkraftabscheider. Mai 1980.

Massenspektrometrie. Die M. ist eine analytische Methode zur Identifizierung vorzugsweise organischer Moleküle. Das hierfür benötigte Gerät heißt Massenspektrometer. Es besteht aus drei Funktionsgruppen, die sich in einem Hochvakuum befinden. Es sind dies die Ionenquelle, das Massenfilter und ein →Detektor. Den zu untersuchenden Molekülen wird in der Ionenquelle eine bestimmte Energie übertragen. Hierzu gibt es verschiedene Möglichkeiten. Am häufigsten ist die Elektronenstoßionisierung. Hierbei durchfliegt ein Elektron mit 70 eV das Molekül und überträgt einen Teil seiner Energie. Je nach Höhe dieses Betrags wird ein Elektron des Moleküls herausgeschlagen und letzteres erhält eine positive Ladung, oder aber es gerät derart in Schwingungen, daß es in geladene Bruchstücke fragmentiert. Der Ort der Fragmentierung im Molekül und die dabei evtl. ablaufenden chemischen Umlagerungsvorgänge sind durch seinen Aufbau vorgegeben. Die Anzahl der Bruchstücke und deren Gewicht müssen nun ermittelt werden. Sie ergeben dann das sog. Massenspektrum. Aus dem Massenspektrum kann man durch Anwendung chemischer Regeln und Reaktionsschemata auf die Struktur der analysierten Verbindung schließen. Dies ist oft sehr kompliziert und langwierig. Für Routineuntersuchungen, bei denen hinsichtlich der vorkommenden Strukturen die Möglichkeiten eingeschränkt sind, geschieht die Identifizierung meistens durch einen Computer. Man verwendet dazu Spektrenbibliotheken, die zum Vergleich dienen.

Der Rechner blättert die Einträge durch und macht innerhalb von Sekunden Identifizierungsvorschläge. Eine häufig verwendete Spektrensammlung ist die NBS-Bibliothek (National Bureau of Standards) mit über 42 000 Eintragungen.

Die in der Ionenquelle erzeugten geladenen Teilchen werden durch eine Ziehelektrode aus der Quelle entfernt, durch ein System elektronischer Linsen fokussiert und zum Massenfilter hin beschleunigt. Je nach der Bauart des Massenfilters ergibt sich die Bezeichnung des verwendeten Geräts.

□ Quadrupol-Massenspektrometer. Der Massenfilter besteht aus vier Rundstäben, an denen ein Hochfrequenzwechselfeld, dem eine Gleichspannung überlagert ist, anliegt. Nur ein Ion einer bestimmten Masse ist in der Lage, die Stäbe auf einer stabilen Bahn zu durchfliegen. Ein Scan kommt durch die schnelle Änderung des Verhältnisses Gleich- zu Wechselspannung zustande. Das Quadrupol ist sehr schnell und kann über einen großen Massenbereich springen. Allerdings ist die Auflösung gering. Wegen der kompakten Bauweise wird es in der Routine-Immissionsmessung bevorzugt zusammen mit einem Gaschromatographen gekoppelt betrieben (→Gaschromatographie – Massenspektrometer-Kopplung). Die sog. Ion-Trap (Ionenfalle) ist eine spezielle Bauform des Quadrupols.

□ Sektorfeld-Massenspektrometer. Das geladene Teilchen durchfliegt ein Magnetfeld. Der Ablenkungsradius ist abhängig von der Masse des Teilchens. In der Praxis geht man so vor, daß man zum Scan das Magnetfeld hochfährt und die abgelenkten Teilchen auf einen Kollektorspalt treffen läßt. Ist dem Magneten ein elektrostatischer Analysator nachgeschaltet, spricht man von einem doppeltfokussierenden Gerät. Man erlangt hiermit eine hohe Auflösung, die für eine Feinmassenbestimmung

verwendet werden kann. Die Feinmassenbestimmung nutzt die Tatsache, daß mit Ausnahme des Kohlenstoffs alle anderen Isotopen von der nominellen Masse abweichen. Durch Bestimmung der Masse auf 1 Millionstel genau kann die Isotopenzusammensetzung berechnet werden. Sektorfeld-Geräte sind wegen der großen Magnetspulen sehr schwer, groß und unhandlich. Auch diese Geräte können mit einem Gaschromatographen gekoppelt werden. Man erhält dann eines der leistungsfähigsten Großgeräte der modernen instrumentellen Analytik. Derartige Einheiten werden beispielsweise bei der Dioxinuntersuchung eingesetzt.

□ Flugzeit-Massenspektrometer. Die geladenen Teilchen treten gleichzeitig aus der Ionenquelle aus und werden in einem Flugrohr beschleunigt. Die leichten Ionen erreichen als erste das Ende der Flugstrecke. Dieses Massenspektrometer wird nur für Spezialaufgaben eingesetzt.

Wird der Massenfilter so geschaltet, daß alle Ionen gleichzeitig den Detektor erreichen, spricht man vom Totalionenstrom. Dies ist die übliche Betriebsweise, wenn das Massenspektrometer als gaschromatographischer Detektor verwendet wird. Man erhält Chromatogramme, die denen von einem Flammenionisationsdetektor ähneln. Im Peakmaximum wird dann automatisch ein Scan ausgelöst, so daß das Massenspektrum für die anschließende Auswertung vorliegt. Moderne rechnergesteuerte Geräte scannen ständig im Sekundenabstand und berechnen den Totalionenstrom durch Integration über alle Massen. Das hat den Vorteil, daß auch Spektren vorliegen, die beispielsweise zwischen den Peaks lagen und für eine Untergrundkorrektur verwendet werden können.

Wird der Massenfilter andererseits so eingestellt, daß nur eine Masse während des chromatographischen Laufs registriert wird (Single Ion Monitoring), so besitzt man mit dem Massenspektrometer einen äußerst selektiven Detektor. Als Detektor im Massenspektrometer verwendet man Sekundärelektronenvervielfacher, die bei Auftreffen eines geladenen Teilchens eine Schar von Elektronen freisetzen, die entsprechend verstärkt werden können. *Dulson*

Literatur: *Budzikiewicz, H.:* Massenspektrometrie; Eine Einführung. Weinheim 1980.

Materialschäden →Luftverunreinigungen – Wirkung auf Materie

MAW (Abk. *engl.* Medium active waste = mittelradioaktiver Abfall) →Abfall, radioaktiver

Maximale Arbeitsplatz-Konzentration (MAK). MAK ist in der →Gefahrstoffverordnung legaldefiniert als diejenige Konzentration eines Stoffes in der

Luft am Arbeitsplatz, bei der im allgemeinen die Gesundheit der Arbeitnehmer nicht beeinträchtigt wird. MAK-Werte werden von der →MAK-Wert-Kommission wissenschaftlich ermittelt und jährlich aktuell veröffentlicht. Die Kommission beschreibt den MAK-Wert als die höchstzulässige Konzentration eines Arbeitsstoffes als Gas, Dampf oder Schwebstoff in der Luft am Arbeitsplatz, die nach dem gegenwärtigen Stand der Kenntnis auch bei wiederholter und langfristiger, in der Regel täglich 8stündiger Exposition, jedoch bei Einhaltung einer durchschnittlichen Wochenarbeitszeit von 40 Stunden, i. a. die Gesundheit der Beschäftigten nicht beeinträchtigt und diese nicht unangemessen belästigt. In der Regel wird der MAK-Wert als Durchschnittswert über einen Arbeitstag oder eine Arbeitsschicht integriert. Dem Wirkungscharakter bestimmter Stoffe entsprechend werden zusätzlich Expositionsspitzen durch Kurzzeitwerte begrenzt.

MAK-Werte dienen dem Schutz der Gesundheit am Arbeitsplatz; sie sind nicht geeignet, mögliche Gesundheitsgefährdungen durch lang andauernde Einwirkungen von Verunreinigungen der freien Atmosphäre, z. B. in der Nachbarschaft von schadstoffemittierenden Anlagen, anhand konstanter Umrechnungsfaktoren abzuleiten. Zum einen gelten die MAK-Werte nur für gesunde Personen im arbeitsfähigen Alter, während Luftverunreinigungen auch besonders empfindliche und anfällige Personen wie Kleinkinder und Kranke betreffen können; zum anderen sind MAK-Werte auf eine Expositionszeit von etwa 40 Stunden pro Woche abgestellt, während die Einwirkung von Luftverunreinigungen bis zu 168 Stunden in der Woche betragen kann.

Von Bedeutung für den Umweltschutz ist die MAK-Werte-Liste jedoch wegen der darin vorgenommenen Einstufung von Arbeitsstoffen in die Kategorien „krebserzeugend", „erbgutverändernd" und „fruchtschädigend" – in der Liste in der Spalte „Schwangerschaft" berücksichtigt –, weil die für Arbeitsstoffe festgestellten derartigen Wirkungen im Hinblick auf die Kausalitätsaussage grundsätzlich auch auf Luftschadstoffe übertragen werden können. So verweist die TA Luft in den Vorschriften über die Emissionsbegrenzung von krebserzeugenden Stoffen (Nrn. 2.3, 3.1.4 und 3.1.7) dezidiert auf die MAK-Werte-Liste und (noch) nicht auf die →TRGS 500.
□ Krebserzeugende Stoffe. In Teil III der MAK-Werte-Liste werden sie eingestuft als eindeutig krebserzeugend (Gruppe III A) und als Stoffe mit begründetem Verdacht auf krebserzeugendes Potential (Gruppe III B). In der Gruppe III A werden unterschieden: III A1 = Stoffe, die beim Menschen erfahrungsgemäß bösartige Geschwülste zu verursachen vermögen, und III A2 = Stoffe, die sich bislang nur im Tierversuch als krebserzeugend erwiesen

haben. Dementsprechend werden in der Liste jeweils in der Spalte „krebserzeugend" die betroffenen Stoffe mit III A1, III A2 oder III B gekennzeichnet; für solche Stoffe – und auch für die als erbgutverändernd eingestuften Stoffe – sind in der weit überwiegenden Zahl der Fälle aus Vorsorgegründen von der MAK-Wert-Kommission keine zulässigen Konzentrationswerte (MAK-Werte) angegeben, insbesondere weil sich Krebs und Mutationen erst nach Jahren und Jahrzehnten, unter Umständen erst in künftigen Generationen, manifestieren und die Wirkungs- und Reparaturmechanismen noch nicht ausreichend erforscht sind. Da aber für eine Reihe dieser Stoffe von einer technischen Unvermeidbarkeit ausgegangen werden muß und Expositionen gegenüber diesen Stoffen nicht völlig ausgeschlossen werden können, werden für die Praxis im Arbeitsschutz Richtwerte (→Technische Richtkonzentration [TRK]) angegeben, die als Grundlage für die zu treffenden Schutzmaßnahmen und für die meßtechnische Überwachung am Arbeitsplatz dienen. Diese Werte werden aber – entsprechend der rein wissenschaftlich orientierten Aufgabenstellung der MAK-Wert-Kommission – nicht von ihr vorgeschlagen, sondern gemäß der Gefahrstoffverordnung vom →Ausschuß für Gefahrstoffe. Festgesetzt werden die TRK-Werte in der vom Bundesarbeitsminister erlassenen TRGS 102.
□ Erbgutverändernde Stoffe. Diese werden in drei Gruppen unterteilt:
– Gruppe 1: Stoffe, für die beim Menschen eine erbgutverändernde Wirkung nachgewiesen wurde.
– Gruppe 2: Stoffe, für die im Tierversuch mit Säugern eine erbgutverändernde Wirkung nachgewiesen wurde.
– Gruppe 3: Stoffe, für die eine Schädigung des genetischen Materials der Keimzellen beim Menschen oder im Tierversuch nachgewiesen wurde.

In der MAK-Werte-Liste 1993 waren erst vier Stoffe in der Spalte „Erbgutverändernd" markiert, nämlich Acrylamid, Benzol, N-Methyl-bis(2-chlorethyl)amin und Trimethylphosphat, eingestuft in Gruppe 2 bzw. 3 (Benzol).
□ Fruchtschädigende Stoffe. Hinsichtlich dieser Stoffe geht die MAK-Wert-Kommission davon aus, daß eine vorbehaltlose Bezugnahme von MAK- und BAT-Werten (→Biologische Arbeitsstofftoleranzwert [BAT]) auf Schwangere nicht zulässig ist, weil die Einhaltung dieser Werte den sicheren Schutz des Ungeborenen nicht „in jedem Fall" gewährleistet. Als fruchtschädigend wertet die Kommission jede „Stoffeinwirkung, die eine gegenüber der physiologischen Norm veränderte Entwicklung des Organismus hervorruft, die prä- oder postnatal zum Tod oder zu einer permanenten morphologischen oder funktionellen Schädigung der Leibesfrucht führt". In der MAK-Werte-Liste werden zur Klassifizie-

rung der fruchtschädigenden Stoffe in der Spalte „Schwangerschaft" vier Gruppen unterschieden:
– Gruppe A: Ein Risiko der Fruchtschädigung ist sicher nachgewiesen. Bei Exposition Schwangerer kann auch bei Einhaltung des MAK-Wertes und des BAT-Wertes eine Schädigung der Leibesfrucht auftreten.
– Gruppe B: Ein Risiko der Fruchtschädigung muß als wahrscheinlich unterstellt werden. Bei Exposition Schwangerer kann eine solche Schädigung auch bei Einhaltung des MAK-Wertes und des BAT-Wertes nicht ausgeschlossen werden.
– Gruppe C: Ein Risiko der Fruchtschädigung braucht bei Einhaltung des MAK-Wertes und des BAT-Wertes nicht befürchtet zu werden.
– Gruppe D: Eine Einstufung in eine der Gruppen A–C ist noch nicht möglich. Für jeden in Gruppe D eingestuften Stoff ist im Einzelfall den von der Senatskommission herausgegebenen wissenschaftlichen Begründungen zu entnehmen, ob die vorliegenden Daten eher für eine Einstufung nach C oder nach B sprechen und welche weiteren Untersuchungen für eine definitive Einstufung notwendig erscheinen. *Dreyhaupt*

Literatur: Deutsche Forschungsgemeinschaft: MAK- und BAT-Werte-Liste 1993. Weinheim 1993. – TRGS 102: Technische Richtkonzentrationen (TRK) für gefährliche Stoffe, Ausg. Sept. 1993; Bundesarbeitsblatt 9/1993, S. 65. – TRGS 500: Schutzmaßnahmen beim Umgang mit krebserzeugenden Gefahrstoffen – Zuordnung zu den Gefährdungsgruppen; Ausg. März 1988, zuletzt geändert durch Bek. des BMA vom 10. Dez. 1992; Bundesarbeitsbl. 2/1993, S. 57/85.

Maximale Immissionsdosis →MID

Maximale Immissionskonzentration →MIK

Maximale Immissionsrate →MIR

Maximaler Immissions-Wert (MI-Wert). Als MI-W. werden in VDI-Richtlinien ausgewiesene Maximale Immissions-Konzentrationen (MIK-Werte) (→MIK), Maximale Immissions-Dosen (MID-Werte) (→MID) und Maximale Immissions-Raten (MIR-Werte) (→MIR) bezeichnet. Da am Anfang dieser Richtlinien-Serie nur konzentrationsbegrenzende Werte in der Diskussion waren und die erste Richtlinie dieser Art (1966) die Oberbezeichnung „Maximale Immissions-Konzentrationen (MIK)" trug (VDI 2306), hat sich in der Praxis stärker der Begriff MIK-Wert synonym für alle drei genannten Maximalwertkategorien eingeführt als die korrekte Sammelbezeichnung MI-W., die 1974 mit der VDI 2310 eingeführt wurde.

Die Grundlagen zur Ermittlung von MI-W. sind in VDI 2309 Bl. 1 zusammengefaßt, ebenso die prinzipiellen Inhalte der darauf fußenden stoffbezogenen Richtlinien. MI-W.-Richtlinien enthalten danach in der Regel als wesentliche Elemente:

– die Darstellung der für die MI-Wertableitung relevanten naturwissenschaftlichen und medizinischen Kenntnisse,
– die Gegenüberstellung von Immissionskenngrößen und damit korrelierter Wirkungen,
– die Angabe der zur Ableitung der MI-Werte herangezogenen Wirkungskriterien,
– die Begründung der MI-W. sowie
– die Ausweisung der MI-W.
Zielsetzung und Bedeutung von MI-W. sind in VDI 2310 Bl. 1 behandelt.

In VDI-Richtlinien derart abgeleitete MI-W. stellen Sachverständigenäußerungen der Kommission Reinhaltung der Luft im VDI und DIN (→VDI-Richtlinie) dar und gehören zu den Technischen Regeln im Umweltschutz (→Technische Regeln Luftreinhaltung). Die entsprechenden Richtlinien zielen darauf ab, MI-W. bekanntzumachen, bei deren Einhaltung der Schutz von Mensch, Tier oder Pflanze vor schädlichen Einwirkungen von Luftverunreinigungen nach dem zum Zeitpunkt der Veröffentlichung vorhandenen Wissensstand und nach Maßgabe der zugehörigen Kriterien gewährleistet ist. Die MI-W. selbst können allerdings keine unmittelbare verbindliche Wirkung haben (→Verbindlichkeit von Technischen Regeln); sie sind in erster Linie Entscheidungshilfen für die Ableitung rechtlicher Normen zur Immissionsbegrenzung. Gleichwohl können MI-W. in der Praxis der Immissionsschutzbehörden eine wichtige Rolle spielen, z. B. wenn Immissionswerte in der TA Luft nicht oder nur mit einseitiger Aussagekraft (→Immissionswert der TA Luft) angegeben sind und die Behörde in eine Einzelfallbeurteilung eintreten muß.

Bei jeglicher Anwendung von MI-W. ist – auch aus Aktualitätsgründen – stets der gesamte Richtlinieninhalt zu berücksichtigen. *Dreyhaupt*

Literatur: *Dreyhaupt, F. J.:* Rechtsgrundlagen Luft (Kapitel X-2 mit Anhang XI-1.1 Wichtige Grenz-, Richt- und Orientierungswerte Luft). In Wichmann/Schlipköter/Fülgraff: Handbuch der Umweltmedizin. Landsberg, 1992. – VDI 2306: Maximale Immissions-Konzentrationen (MIK): Organische Verbindungen; März 1966 (1992 ersatzlos zurückgezogen). – VDI 2309 Bl. 1: Ermittlung von Maximalen Immissions-Werten; Grundlagen. März 1983. – VDI 2310: Maximale Immissions-Werte. Sept. 1974. – VDI 2310 Bl. 1: Zielsetzung und Bedeutung der Richtlinien Maximale Immissions-Werte. Okt. 1988.

Maximalpegel. Der während einer Meßdauer festgestellte oder in einer Beurteilungszeit zu erwartende größte Wert des Schalldruck- oder Schalleistungspegels einer interessierenden Schallimmission oder -emission. Die Bezeichnung des M. ist L_{max}.

Bei der Beurteilung von Geräuschimmissionen wird der M. neben dem →Beurteilungspegel, der mit dem →Immissionswert verglichen wird, als Kriterium herangezogen. Der M. soll den für den

Beurteilungspegel geltenden Immissionswert während der Tageszeit um nicht mehr als 30 dB und während der Nachtzeit um nicht mehr als 20 dB überschreiten. *Strauch*

Meeresenergie. Der Begriff bezeichnet Energien solarer und nichtsolarer Herkunft: Eine Form der →Sonnenenergie sind die Enthalpiedifferenzen zwischen Oberflächen- und Tiefenschichten äquatorialer Gewässer, zu nutzen in OTEC-Kraftwerken (→Ocean Thermal Energy Conversion). Zumindest ein Teil des Wellenpotentials ist solaren Ursprungs, ein anderer Teil ist auf die Kinematik der Erde zurückzuführen. Wellenenergie kann in Wellenkraftwerken genutzt werden. Schließlich hat nichtsolare →Gezeitenenergie ihre Ursache in der veränderlichen relativen Lage von Erde, Mond und Sonne zueinander: Größere Tidenhübe im 12- und 24-Stunden-Wechsel können an geeigneten Küsten in →Gezeitenkraftwerken genutzt werden (→Meereskraftwerk). *C.-J. Winter*

Meereseutrophierung. In den warmen Meeresgebieten wird die Primärproduktion im allgemeinen durch den Mangel an Nährstoffen (z. B. Phosphat und Nitrat) begrenzt. In den gemäßigten und kalten Zonen ist die Nährstoffzufuhr in die euphotische Schicht (nahe der Oberfläche) während des Winters kräftig. Während des Sommers wird aber auch hier die Primärproduktion überwiegend durch den Mangel an Nährstoffen begrenzt.

In einigen Meeresgebieten, den sog. Auftriebsgebieten (z. B. an den Westküsten der Kontinente und in der Antarktis), wird die euphotische Schicht das ganze Jahr über reichlich mit Nährstoffen versorgt. Dasselbe gilt für viele Küstengewässer. Diese Gebiete kann man als eutroph (= gut mit Nährstoffen versorgt) bezeichnen.

Es gibt aber auch kleinere Meeresgebiete, in denen die Zufuhr von Nährstoffen in die euphotische Schicht übermäßig groß ist. Diese Gewässer sind hypertroph oder (durch den Menschen) hypertrophiert. Den Begriff eutroph bzw. eutrophiert sollte man hierfür nicht verwenden. Ein hypertrophiertes Meeresgebiet ist z. B. die innere Deutsche Bucht, wo Elbe und Weser große Nährstoffmengen eintragen. Die Hypertrophierung bewirkt ein übermäßiges Wachstum von Meerespflanzen, hauptsächlich Phytoplankton. Damit ist auch die Wahrscheinlichkeit für das Auftreten giftiger oder schädlicher Algenblüten erhöht. Eine weitere mögliche Folge ist das Auftreten von Sauerstoffmangel unterhalb der durchmischten Schicht, z. B. in der äußeren Deutschen Bucht. *Weichart*

Meereskraftwerk. Von allen Meeresenergie-Kraftwerken ist nur ein größeres →Gezeitenkraftwerk im Dienst: An der Rance-Mündung der Nor-

mandie in Frankreich (240 MW$_e$). Potentiell sind alle Küsten geeignet, welche große ($4 < h < 10$ [15] m) Tidenhübe mit natürlichen Buchten verbinden, welche sich mit engen Zu- oder Abströmöffnungen zum Meer öffnen. Potentielle Standorte gibt es an der Nordmeerküste, in Australien, im südlichen Südamerika, in Kanada.

Wie alle →Energiewandler erneuerbarer Energien müssen M. mit dem unstetigen Energieangebot fertig werden. Standorte liegen häufig von potentiellen Nutzerzentren weit entfernt. Die gewonnene elektrische Energie ist nur mittelbar speicherbar.

Wellenkraftwerke und OTEC-Kraftwerke (→Ocean Thermal Energy Conversion) sind – mit wenigen 10 bis 100 kW – im Experimentalstadium, erstere auf den britischen Inseln und in Norwegen, letztere in Florida und Hawaii sowie Japan.

Alle M. müssen mit anderen Nutzungsarten konkurrieren: Mit dem Fischereiwesen, der Schiffahrt, dem Freizeitbetrieb. Ökologische Konsequenzen müssen u. a. bei Wellenkraftwerken als Folge der kleinen Energiedichte von 10 bis 100 kW/m (bei größerer Wellenhöhe sind sie nicht nutzbar, um der Zerstörung zu entgehen), bei Gezeitenkraftwerken im rhythmisch schwankenden Oberwasserpegel, schließlich bei OTEC-Kraftwerken in den riesigen beteiligten Wassermassen gesehen werden. Die Temperaturdifferenz zwischen Oberflächen äquatorialer Gewässer (24 °C) und einer Tiefe von ca. 700 m (7 °C) und damit die Enthalpiedifferenz, die in einem ORC – Organic Rankine Cycle – genutzt werden würde, ist so klein, daß der Meerwasser-Massenstrom riesig (1 000 MW$_e$: 1 000 t/sec) sein muß, um signifikante Einheitsleistungen zu erreichen. In jedem Fall würden OTEC-Kraftwerke küstenfern sein, so daß elektrische Leistungskabel verlegt werden müßten. Ökologisch relevant ist zudem, daß durch OTEC-Kraftwerke nährstoffreiche und CO_2-gesättigte, kalte Tiefengewässer mit Oberflächenwässern gemischt werden. *C.-J. Winter*

Meeresumwelt.
□ Ozeane. Ozeane und ihre Nebenmeere bedecken zu 71 % die Oberfläche der Erde. Dies entspricht insgesamt $361 \cdot 10^6$ km^2. Ihr Wasservolumen beträgt $1\,349 \cdot 10^6$ km^3. Die mittlere Wassertiefe liegt bei 3 730 m.

Nebenmeere sind durch Landmassen oder Inselketten teilweise von den Ozeanen abgetrennt. Sie nehmen ca. $18 \cdot 10^6$ km^2 der Ozeanfläche ein. Die bedeutendsten Nebenmeere sind der Golf von Mexiko, das europäische Mittelmeer, die Bering See, die Hudson Bay und das Ochotskische Meer.

Das Wasser der Ozeane bewegt sich in weltweit zusammenhängenden Strömungssystemen. Antriebskräfte der Meeresoberflächenströmungen sind das globale Windsystem, insbesondere die Passatwinde. Tiefenströmungen werden durch in den polaren Randgebieten absinkendes Oberflächenwasser erzeugt (Zunahme der Dichte durch Abkühlung und Verdunstung). Das abgesunkene Wasser durchläuft ca. 500 bis 1 000 Jahre die Tiefsee und steigt wieder an die Oberfläche (thermohaline Zirkulation).

In Nebenmeeren werden Strömungen zumeist durch die geographische Situation, das regionale Windsystem und, bei ausreichend großen Verbindungen zum Ozean, durch Gezeiten gesteuert.

Der mittlere Salzgehalt der Ozeane liegt bei 35 g/kg Meerwasser, mit einer Schwankungsbreite von 32 bis 38 g/kg. Die Salzgehalte von Nebenmeeren variieren sehr stark, weil sie von lokalen Gegebenheiten wie Intensität des Austausches mit dem Ozean, Süßwassereintrag und regionalem Klima beeinflußt werden. Die wichtigsten im Meerwasser gelösten Salze sind die Chloride und Sulfate der Metalle Natrium, Kalium, Magnesium und Calcium. Alle anderen Elemente des Periodensystems treten zumindest in Spuren auf. Gelöste Gase, unter denen Kohlendioxid (CO_2) und Sauerstoff (O_2) die größte Menge bilden, sind im Verhältnis zu den Salzen in nur geringem Maß vorhanden. Trotzdem sind sie von größter Bedeutung, weil sie die Lebensverhältnisse im Meer entscheidend mit beeinflussen. Durch den leichten Austausch mit der Atmosphäre nehmen sie auch Einfluß auf die nichtmarine belebte Welt. Die Ozeane beinhalten 50mal so viel CO_2 wie die Atmosphäre. Geringe Schwankungen im Wasser können daher z. B. eine relevante Klimaveränderung hervorrufen.

Lebewesen sind in den Ozeanen sehr ungleich verteilt. Besiedlungsräume sind sowohl das Wasser (Plankton und Nekton) als auch der Meeresboden (Benthos). Die Hauptmasse der Organismen belebt die obersten, lichtdurchfluteten 100 m der Meere. Die größten Bestandsdichten treten in Gebieten mit hohen Nährstoffgehalten auf. Insbesondere sind dies die Auftriebsgebiete, wo Tiefenwasser an die Meeresoberfläche tritt (ablandige Seiten der Passatwind-Gürtel, zirkumpolare Auftriebsgebiete) sowie Küstengewässer und Nebenmeere mit großen Süßwasserzuflüssen von Land. Die Masse pflanzlicher Lebewesen bindet etwa 2–4 Gt Kohlenstoff, die Masse tierischer Lebewesen ca. 1 Gt Kohlenstoff. Bedeutendste Organismengruppe ist das Phytoplankton (einzellige Treibalgen), das den Beginn der Nahrungskette im Meer bildet.

□ Nord- und Ostsee. Die an die Bundesrepublik Deutschland grenzende Nord- und Ostsee mit $0{,}58 \cdot 10^6$ km² und $0{,}42 \cdot 10^6$ km² Wasseroberfläche gehören zu den eher kleinen Nebenmeeren. Da sie auf der kontinentalen Erdkruste liegen, sind sie relativ flach (Epikontinentalmeere).

Wasserzirkulation und Salzgehalt der Nordsee werden durch einströmendes Atlantikwasser über den Englischen Kanal und den Shetland-Bereich, die meteorologischen Verhältnisse, die Süßwasserzuflüsse und den Gezeiteneinfluß sehr variabel gestaltet. Man unterscheidet in der Nordsee sechs Wassermassen: Nordatlantisches Wasser, Wasser des Englischen Kanals, Schottisches Küstenwasser, Englisches Küstenwasser, Kontinentales Küstenwasser, Skagerrakwasser. Die Wasseraustauschzeit beträgt regional unterschiedlich zwischen 0,1 und 4 Jahren. Die Salzgehalte sind im Küstenbereich aufgrund des fluviatilen Süßwassereintrags niedriger als in der zentralen Nordsee. Die meisten der natürlichen Parameter weisen einen ausgeprägten Jahresgang auf.

Biologische Aktivität findet besonders im Sommerhalbjahr statt. Sie ist am intensivsten in den nährstoffreichen Küstengewässern.

Die Ostsee erhält ihre Salzwasserzuflüsse aus der Nordsee über das Kattegat (ca. 1 200 km³/Jahr). Hinzu kommen ca. 500 km³ Süßwasser durch Landabfluß und Niederschlag. Gezeiten sind kaum bemerkbar. Strömungen werden vom Wind getrieben. In den Wintermonaten tritt unterschiedlich stark Eisgang auf.

Der große Süßwassereintrag und die relativ geringe und pulsartige Salzwasserzufuhr führen zu einer Dichteschichtung mit einem ausgeprägten Dichtesprung im Wasserkörper. In den flacheren Bereichen tritt die Schichtung nur im Sommer auf. In den Becken der zentralen Ostsee ist sie permanent vorhanden. Unterhalb der Sprungschicht nimmt der Sauerstoffgehalt durch bakterielle Remineralisation von abgestorbener und auf den Meeresboden gesunkener organischer Substanz ab. Dabei werden Nährstoffe wie Phosphate, Nitrat, Ammonium und Kohlendioxid freigesetzt. Sauerstoffzufuhr geschieht hier nur durch horizontalen Zufluß von gut belüftetem Nordseewasser. Das Ausbleiben von starken Salzwasserzuflüssen seit 1976 führte in den bodennahen Wasserschichten der zentralen Ostsee zu einer generellen Abnahme von Salzgehalt und Sauerstoff. In den tiefen Becken ist mittlerweile der Sauerstoff aufgezehrt und permanent durch Schwefelwasserstoff ersetzt worden. Das Wasser oberhalb der Sprungschicht wird durch Gaseintrag aus der Atmosphäre mit Sauerstoff versorgt.

Die biologische Aktivität zeigt ebenso wie in der Nordsee einen Jahresgang. Fauna und Flora haben aber wegen der niedrigen Salzgehalte (Brackwasser) eine geringere Artenvielfalt. *N.-P. Rühl*

Meeresumweltdatenbank (MUDAB). MUDAB hat eine ähnliche Funktion wie HYDABA für den Bereich der offenen See, also für Nord- und Ostsee. Sie ist ebenfalls der →Umweltbeobachtung zuzurechnen.

Der Schadstoffeintrag in die offene See vollzieht sich über verschiedene Wege: Durch Flußsysteme und Estuare der umliegenden Länder, durch Lufttransport, durch Verklappung auf hoher See, aus Abfällen und Abwässern von Schiffen, durch Unfälle (z. B. Tankerhavarien) und durch Öl-/Gas-Bohrungen/Förderung. Im Falle der Nord- und Ostsee liegen die Emissionsursachen dabei primär bei den Anliegerstaaten.

Die Gewässergüte der hohen See wird durch verschiedene chemische und biologische Parameter gemessen, wobei zusätzliche physikalische Werte den Parametersatz vervollständigen. 1991 waren ca. 700 000 Meßwerte gespeichert, die durch Probeentnahme an bestimmten Stellen der Nord- und Ostsee vom Schiff aus ermöglicht werden. In einem gewissen Umfang sind über Satelliten oder Flugzeugbefliegungen weitere Monitoring-Daten der offenen See zu ermitteln (→Meeresumweltüberwachung; →Meßstationen auf See).

MUDAB wird beim Bundesamt für Seeschiffahrt und Hydrographie (BSH) in Hamburg betrieben, gehört aber als externe Datenbank zum Gesamtsystem →UMPLIS. *Seggelke*

Meeresumweltüberwachung. Die staatliche M. hat zum Ziel
– den Belastungszustand von Gewässern und deren Veränderungen festzustellen, zu erklären und zu bewerten (Zeitreihen),
– im aktuellen Gefahrenfall wissenschaftliche Unterstützung bei der Bekämpfung von Unfallfolgen zu leisten und
– auf mögliche Gefährdungen hinzuweisen und auf ihre Beseitigung hinzuarbeiten.

In der Bundesrepublik Deutschland ist die Überwachung des Meeres auf Schadstoffe eine gesetzlich niedergelegte Aufgabe. In den Küstengewässern untersteht sie der Länderhoheit, auf der Hohen See der Bundeshoheit. Nationale und internationale Umweltschutzabkommen und zwischenstaatliche Organisationen regeln Meßprinzipien, tragen Meßdaten zusammen und bewerten Meßergebnisse (national: z. B. Bund-Länder-Meßprogramm; international: z. B. International Council for the Exploration of the Sea).

Der Belastungszustand des Meeres wird durch **Routinemessungen** festgestellt. In der Regel findet die Probennahme von Meerwasser und Sedimenten von einem Schiff aus statt. Im küstennahen Bereich und in Flußmündungen werden auch Hubschrauber eingesetzt. Gemessen werden die Schadstoffgehalte im Labor an Land. Gegenwärtig wird versucht, die Messungen mehr auf automatische Probennahmen, auf in-situ-messende Sensoren und auf flugzeug- oder satellitengestützte →Fernerkundungsverfahren zu verlagern. Beobachtungen sollen dadurch zeitlich und räumlich verdichtet und Bewertungen statistisch besser abgesichert werden. Automatische Sonden werden außerdem in Frühwarnsysteme integriert (z. B. Radioaktivitätsmeß- und Warnnetz).

Erkundungen von verbotenen Einleitungen oder Unfällen auf See (insbesondere durch Öl) werden mit speziell ausgerüsteten Flugzeugen durchgeführt. Zusätzlich nehmen Schiffe der Wasserschutzpolizei, des Bundesgrenzschutz und der Bundesmarine während ihres Routinedienstes Proben von Verunreinigungen, die an die jeweils zuständigen Behörden weitergeleitet werden. Mit Hilfe chemischer Analysen und Strömungssimulationen ist dann der vermutliche Ort der Einleitungen zu rekonstruieren. Rechnergestützte Strömungssimulationen dienen dazu, bei Unfällen den zu erwartenden Weg der Verschmutzung vorauszuberechnen. *N.-P. Rühl*

Literatur: Airborne Surveillance System for identification of Marine Pollution; Hrsg.: Bundesministerium für Verkehr. Hamburg 1991.

Meeresverschmutzung. Schadstoffe sind natürliche und künstliche Stoffe, die auf Grund ihrer Eigenschaften oder ihrer vorhandenen Menge zu unnatürlichen Veränderungen oder Schäden im Meer und bei dessen Nutzern führen. Ihr direkter oder indirekter Eintrag durch den Menschen wird als Verschmutzung bezeichnet. Unnatürliche Veränderungen sind z. B. das Massenwachstum von normalerweise benachteiligten Arten durch permanente Nahrungszufuhr oder durch Veränderungen im Beute/Räuber-Verhältnis. Schäden reichen von Strandverunreinigungen durch Abfälle und Öl über krankhafte Veränderungen an Meeresorganismen durch gelöste oder feste Substanzen bis hin zur völligen Verödung von Meeresgebieten. Daraus resultieren Beeinträchtigungen für den Menschen wie im Erholungswert und in der Nutzung als Nahrungsquelle und als Wirtschaftsraum.

□ Nährstoffe sind als Grundsubstanz für die Bildung der phytoplanktonischen Primärproduktion natürlicher Bestandteil des Meerwassers (→Meeresumwelt). Man unterscheidet zwischen gelösten anorganischen (PO_4-Phosphor, NO_2, NO_3, SiO_4-Silicium, NH_3-Stickstoff, CO_2) und gelösten organischen Nährstoffen (z. B. Polyphosphate, Aminozucker, Mucosaccharide). Die Nährstoffkonzentrationen bestimmen den trophischen Grad eines Gewässers (nährstoffarm: oligotroph; nährstoffreich: eutroph; →Meereseutrophierung). Nährstoffe bilden sich auf natürliche Weise durch die Remineralisation abgestorbener Organismen. Die Atmosphäre liefert zusätzlich bestimmte anorganische Stickstoffverbindungen. In küstennahen Meeresteilen kommt es in der Regel zu einer Erhöhung des natürlichen trophischen Zustandes durch zusätzliche anthropogene Nährstoffeinträge aus der Ackerwirtschaft und kommunalen, industriellen und landwirtschaftlichen Abwässern. Die Konsequenzen einer →Eutrophierung sind verstärktes Algenwachstum mit intensiverer Sauerstoffzehrung im bodennahen Wasser und im Sediment und als Folge Veränderungen in der artenspezifischen Zusammensetzung von Tier- und Pflanzenvergesellschaftungen (z. B. Zunahme der permanent sauerstofffreien Zonen in der Ostsee; die Begünstigung des Wachstums toxischer Algen).

□ Metalle sind im Meerwasser mit Ausnahme der Alkali- und Erdalkalimetalle nur in Spuren vorhanden und besitzen auf Grund ihrer vielfältigen chemischen Eigenschaften eine überaus komplizierte Dynamik. Sie kommen gelöst, kolloidal und an Partikel gebunden vor und können von Organismen angereichert werden. Natürliche Einträge erfolgen durch Lösungsprozesse im Meeresboden, Freisetzung aus untermeerischen heißen Quellen an mittelozeanischen Rücken und vom Festland durch fluviatilen Eintrag.

Anthropogene Einträge stammen hauptsächlich aus kommunalen und industriellen Einleitungen in Flüsse und in Küstengewässer sowie über Einträge aus der Atmosphäre (z. B. industrielle/kommunale Emissionen, Autoabgase). In geringem Umfang stammen die Einträge aus dem →Dumping von Industrieabfällen, Klärschlämmen und →Baggergut sowie aus Abfalleinleitungen durch Schiffe und Off-Shore-Bauwerke (Bohr- und Fördereinrichtungen).

Metalle, besonders Schwermetalle können in der →Biosphäre sowohl nährstoffartig als auch toxisch wirken. Hohe Konzentrationen wirken jedoch in der marinen Lebewelt zumeist toxisch, besonders die bevorzugt anthropogen eingetragenen Metalle Kupfer, Blei, Nickel, Cadmium und Quecksilber. Anreicherungen von Metallen in der Nahrungskette können ihre toxische Wirkung bis zum Menschen hin tragen (z. B. →Minamata-Krankheit).

□ Als organische Schadstoffe werden in der Regel Erdöl, bestimmte Erdölprodukte und halogenierte Kohlenwasserstoffe wie bestimmungsgemäß giftige Pestizide, Herbizide und Fungizide bezeichnet. Diese Stoffe kommen mit Ausnahme des Erdöls nicht natürlich vor; Erdöl tritt aber nur an ganz wenigen Stellen natürlich aus dem Meeresboden aus.

Das Gefährdungspotential des Erdöls liegt in der Freisetzung bei Unfällen auf Off-Shore-Fördereinrichtungen, aus geborstenen Pipelines und durch Tankerhavarien. Die Schäden sind zumeist lokal und zeitlich begrenzt. Erdölprodukte wie Schmierstoffe und Verbrennungsstoffe stammen aus schiffstechnischen Einrichtungen und einer vielfältigen Anwendung an Land. Deshalb findet man höhere Konzentrationen auf Schiffahrtswegen und in der Nähe von Flußmündungen. Erdöle werden in der Regel bakteriell abgebaut oder verdampfen in die Atmosphäre.

Halogenierte Kohlenwasserstoffe finden eine breite industrielle und landwirtschaftliche Anwendung. In vielen Fällen werden sie wegen ihrer hohen toxischen Wirkung genutzt. Ihr Eintrag ins Meer geschieht in erster Linie über die Atmosphäre und durch Flüsse. Das Gefahrenpotential einiger dieser Stoffe liegt in der →Resistenz gegen biologischen Abbau und in der leichten Aufnahme durch Organismen. Sie können deshalb in den Ozeanen weltumspannend verteilt und – in der Nahrungskette angereichert – zum Endnutzer transportiert werden und dort schädigend wirken.

□ Der Eintrag künstlicher Radionuklide in das Meer erfolgte hauptsächlich durch die Tests von Nuklearwaffen in der Atmosphäre in den 50er und 60er Jahren sowie durch Ableitungen aus kerntechnischen Einrichtungen; in erster Linie sind hier nukleare Wiederaufbereitungsanlagen zu nennen. Mengenmäßig wichtigste Isotope sind dabei ^{3}H, ^{137}Cs und ^{90}Sr. Sie treten in gelöster Form im Meerwasser auf und werden deshalb weit transportiert. Die Transportdauer eines jeweiligen Nuklids hängt von seiner →Halbwertszeit ab (z. B. ^{3}H$_{t_{1/2}}$ = 12,3 J.; ^{137}Cs$_{t_{1/2}}$ = 30 J.; ^{90}Sr$_{t_{1/2}}$ = 28 J.). Die meisten anderen freigesetzten künstlichen Radionuklide werden nahe der Auslaßorte an Partikel gebunden und sedimentieren dort ab.　　　*N.-P. Rühl*

Meerwasserüberwachung. Messungen zur M. erfolgen entweder von fahrenden oder gestoppten Forschungsschiffen im temporären Einsatz oder aber von fest positionierten automatischen Dauermeßstationen (→Meßstation auf See). Die Messungen werden vor Ort durchgeführt, wenn geeignete Verfahren und Sensoren vorhanden sind (z. B. für physikalische Parameter, Sauerstoff, Nährstoffe), oder es werden Wasserproben entnommen und im Landlabor untersucht (z. B. auf Schwermetalle und organische Spurenstoffe). Bei den in-situ-Meßverfahren sind die Meßsysteme einer äußerst aggressiven →Meeresumwelt ausgesetzt. Bei Schiffseinsätzen ist dies nur während der vergleichsweise kurzen Meßfahrten der Fall; bei ungünstigen Wetterbedingungen werden die Arbeiten unterbrochen. Die Dauermeßstationen dagegen sind ständig der vollen Einwirkung des Meerwassers ausgesetzt, d. h. sie müssen dem Wasserdruck und der Einwirkung des mechanischen Seegangs sowie der chemischen Korrosionswirkung widerstehen und ihre Funktionsfähigkeit auch bei sich ansetzendem natürlichen organischen Bewuchs beibehalten.

Die dadurch entstehenden Probleme sind einigermaßen beherrschbar durch Wahl geeigneter Werkstoffe (hauptsächlich V4A-Stahl, Titan, Kunststoffe) und Konstruktionen. Regelmäßige Wartungs- und Inspektionseinsätze verbunden mit mechanischer Beseitigung des Bewuchses sind zusätzlich erforderlich.

Beim Bundesamt für Seeschiffahrt und Hydrographie (BSH) haben sich für das Meßnetz in Nord- und Ostsee Wartungsintervalle von zwei Monaten als

Kompromiß zwischen den hohen Kosten von Schiffseinsätzen und dem meßtechnisch gerade noch vertretbaren Zustand der Sensoren und Meßketten, insbesondere hinsichtlich des Bewuchses, ergeben.

In-situ-Messungen sind z. Z. nur für die Überwachung der physikalischen Umweltbedingungen des Meerwassers einschließlich – wenn auch sehr bedingt – des Sauerstoffgehaltes technisch möglich.

Für die Messung der Temperatur werden überwiegend Platin-Widerstandsfühler verwendet, die bei ausreichend reinem Ausgangsmaterial kalibrierfähig und langzeitstabil sind und eine Meßgenauigkeit von ±0,02 °C im Dauereinsatz erlauben.

Für die Messung der elektrolytischen Leitfähigkeit als einer der Ausgangsgrößen zur Berechnung des Salzgehalts und der Dichte des Meerwassers stehen erprobte, induktiv arbeitende Meßköpfe oder Elektroden-Meßzellen zur Verfügung. Beide sind auch unter den schwierigeren Bedingungen der Dauermeßstationen verwendbar und auf ±0,02 mS/cm kalibrierbar. Bei induktiven Sensoren wird durch stärkeren Bewuchs die Umfeldgeometrie so stark verändert, daß die Meßgenauigkeit beeinträchtigt wird. Bei den Elektrodenmeßzellen besteht die Gefahr, daß die Öffnungen der Zelle durch Bewuchs blockiert werden und der Wasseraustausch nicht mehr funktioniert. Rechtzeitige Reinigung der Sensoren ist daher in beiden Fällen besonders wichtig.

Für die Messung der Meeresströmungen kommen insbesondere auf Dauermeßstationen nur nach akustischen Verfahren arbeitende Sensoren ohne mechanische bewegliche Teile und mit kompaktem Aufbau in Betracht. Neben den z. Z. noch verwendeten Sensoren, die die Messung der Strömungskomponenten in nur einem Tiefenhorizont erlauben, gewinnen solche Systeme zunehmend an Bedeutung, die die Aufnahme eines ganzen Strömungsprofils in einer Wassersäule von der Wasseroberfläche bis in Meeresbodennähe ermöglichen.

Die Bestimmung des Gehalts an gelöstem Sauerstoff des Meerwassers ist nur durch Titration nach der Winkler-Methode an entnommenen Wasserproben im Labor zufriedenstellend möglich. Die in-situ-Dauermessung mit Sensoren nach dem z. Z. als einzigem anwendbaren Clark-Zellen-Prinzip sind als Zwischenlösung anzusehen, weil weder Standzeit noch Meßgenauigkeit den zu stellenden Anforderungen genügen.

Zur Überwachung der →Radioaktivität wird die Brutto-Gamma-Strahlung mit Natriumjodid-Sensoren auf Dauermeßstationen des BSH in situ bestimmt. Bei Grenzwertüberschreitung werden zusätzlich automatisch Wasserproben für genauere Analysen entnommen.

Im übrigen erfolgt die M. auf radioaktive und chemische Beimengungen gegenwärtig anhand von Meerwasserproben, die von Forschungsschiffen aus entnommen werden. Die Analyse auf Nuklide, Nährstoffe, Schwermetalle und organische Spurenstoffe muß hauptsächlich im Landlabor mit adäquaten Methoden erfolgen. *Holzkamm*

Mehrbettkatalysator. Katalysator mit unterteiltem Reaktorraum, →Kfz-Abgas-Katalysator

Mehrfachbarrierenkonzept. Die Aufeinanderfolge verschiedener und in ihrer Wirkungsweise unterschiedlich funktionierender Einschlußbarrieren für radioaktive Stoffe wird international als Mehrfachbarrierensystem bezeichnet. Das Mehrfachbarrierenprinzip besagt, daß die Barrieren in ihrer Gesamtheit den Ausschluß der Radionuklide von der →Biosphäre derart sicherstellen, daß das Schutzziel erreicht wird.

Das Prinzip ist in der →Kerntechnik allgemein üblich und wird beim →Kernkraftwerk (→Barrierensystem), in Wiederaufarbeitungsanlagen und bei der geologischen →Endlagerung angewandt (Bild). *Merz*

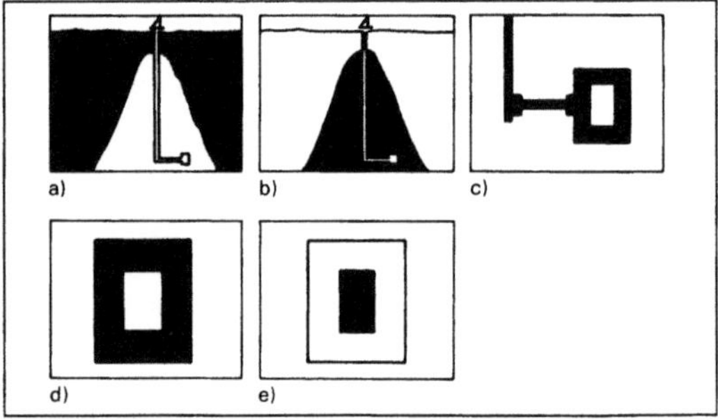

Mehrfachbarrierenkonzept: Einschlußbarrieren in einem geologischen Endlager.
a) Deckgebirge
b) Salzstock
c) Versatzstoffe
d) Behälter
e) Fixierung.

Mehrkammer-Absetzgrube. M.-A. sind →Kleinkläranlagen nach DIN 4261.

In M.-A. werden absetzbare Stoffe und Schwimmstoffe aus dem Abwasser entfernt. Der abgesetzte Schlamm fault bis zur Räumung nur zu einem geringen Teil aus. Diese Gruben kommen in Ausnahmefällen als Übergangslösung in Frage, wenn der Anschluß an ein öffentliches Entwässerungsnetz mit ausreichend bemessener →Kläranlage grundsätzlich sichergestellt ist. Für Kleinkläranlagen als Ersatz für einen nicht realisierbaren Anschluß an eine öffentliche →Abwasserbehandlungsanlage sind →Mehrkammer-Ausfaulgruben einzusetzen. *Mertsch*

Mehrkammer-Ausfaulgrube. M.-A. sind → Klein-kläranlagen nach DIN 4261.

M.-A. bewirken zusätzlich zur Entfernung absetzbarer Stoffe und Schwimmstoffe einen teilweisen anaeroben → Abbau der im Abwasser enthaltenen organischen Schmutzstoffe. Außerdem erhöhen sie gegenüber den → Mehrkammer-Absetzgruben die Betriebssicherheit und Wirkung gegebenenfalls nachgeschalteter biologischer Abwasserreinigungsstufen sowie der nachfolgenden → Untergrundverrieselung durch einen besseren Belastungsausgleich und den größeren Schlammraum. Jedoch wird auch hier keine vollständige Stabilisierung des abgesetzten Schlamms erreicht. *Mertsch*

Mehrkomponenten-Meßverfahren. Als M.-M. im Bereich der Immissionsmeßtechnik werden solche Verfahren bezeichnet, die im Rahmen einer einzigen Analyse und eines einzigen Meßvorganges die Bestimmung mehrerer Meßkomponenten ermöglichen. M.-M. sind vor allem alle Verfahren auf Chromatographie-Basis (→ Gaschromatographie, → Hochdruckflüssigkeitschromatographie). Im Gegensatz dazu sind beispielsweise das → TCM-Verfahren zur SO_2-Bestimmung oder das → *Saltzmann* Verfahren zur NO_2-Bestimmung typische Einkomponenten-Meßverfahren. *Pfeffer*

Mehrwegverpackung. Der Begriff M. gilt in der Regel für Verpackungen flüssiger Lebensmittel (Mineralbrunnen, Erfrischungsgetränke, Bier, Milch usw.).

Ein weiterer, wenig beachteter Teil der M. sind Verpackungen aus dem Bereich technischer/industrieller Anwendungen, z. B. die klassischen 200-l-Rollreifen-Fässer, die Gasdruckflaschen, aber auch Boxen für Stückguttransporte.

Umweltbezogene Vergleiche zwischen → Einwegverpackungen und M. aus dem gleichen Material fallen zugunsten der Mehrwegvariante aus. Zwar sind Einwegverpackungen i. a. leichter, dieser Vorteil wird aber schon bei einmaliger → Wiederverwendung der entsprechenden M. ausgeglichen.

Wesentlich problematischer ist ein Vergleich von Verpackungen aus verschiedenen Materialien, wie der Mehrweg-Milchflasche mit der Einweg-Kartonverpackung für Milch. Das wesentlich geringere Gewicht dieser Einwegverpackung sowie die unterschiedlichen Materialien erschweren den Vergleich erheblich.

Bei einem Vergleich zwischen Einweg- und Mehrwegsystemen ist die Kenntnis einiger Größen von grundsätzlicher Bedeutung:
– Die Umlaufzahl gibt die durchschnittliche Wiederbefüllung einer Verpackung an. Alle Umweltauswirkungen der Herstellung sind bei der ökologischen Bilanzierung durch diesen Wert zu dividieren.

– Die Höhe der realistisch erreichbaren Umlaufzahl hängt vor allem von Größe und Struktur des Distributionsgebietes ab, wobei insbesondere Parameter wie Anzahl der pro Zeiteinheit verpackten Güter, Mehrweganteil, standardisierte Flaschen und Kisten, Pfand zu berücksichtigen sind. Dazu kommen noch das Verbraucherverhalten sowie als mittelbare Größe die Stabilität der Verpackung.
– Die Transportstrecke vom Abfüller zum Handel ist ebenfalls eine vom Distributionsgebiet abhängige Größe. Sie darf eine gewisse Entfernung nicht überschreiten, weil lange Transportwege sich im allgemeinen negativ auf die Umweltbilanz bei Mehrwegsystemen auswirken. Eine Verkürzung der Transportstrecken ist z. B. durch dezentrale Abfüllstationen möglich.

Über diese Grundgrößen hinaus gehört die Betrachtung der Umweltbeeinträchtigung durch die Entnahme von Ressourcen aus der Umwelt (Rohstoffe, Energie und Wasser) und durch die Abgabe von Stoffen in die Umwelt (Abgas, Abfall, Abwasser) mit zu einem Einweg-Mehrweg-Vergleich.

Die Höhe der realistisch erscheinenden Umlaufzahlen für Mehrwegglasflaschen bei Trinkmilch wird im allgemeinen zwischen 20 und 30 eingeschätzt. Noch höhere Umlaufzahlen (75 bis 100) können durch Substition von Glas durch stabilere Materialien, z. B. Polycarbonat, erreicht werden. Eine Besonderheit stellt die Verpackung von Frischmilch in Polyethylen-Schlauchbeuteln dar. Durch ihr geringes Gewicht sind sie nach einer Studie der Migros-Genossenschaft Schweiz, nicht nur der Verbundkartonverpackung, sondern auch der Mehrwegflasche ökologisch überlegen.

Bei den Verpackungen für CO_2-haltige Erfrischungsgetränke stehen den Mehrwegflaschen aus Glas und Polyethylenterephthalat (PET) Einwegflaschen aus Glas und PET sowie Dosen aus Aluminium und Weißblech gegenüber. Verbundkartons und Schlauchbeutel scheiden wegen des hohen Drucks der Füllgüter aus.

Die Umlaufzahlen für Mehrwegglasflaschen für kohlensäurehaltige Erfrischungsgetränke liegen zwischen 32 und 45. Das Umweltbundesamt kommt zu dem Ergebnis, daß sich in diesem Bereich bei realistischen Umlaufzahlen eine deutliche Überlegenheit der Mehrwegflasche gegenüber Einweggebinden feststellen läßt. Innerhalb der Mehrwegvariante ist wahrscheinlich die PET-Flasche günstiger als die Glasflasche.

Da kohlensäurefreie Getränke nur geringe mechanische Anforderungen an die Verpackung stellen, kommen hier vor allem Kartonverbundverpackungen zum Einsatz, die gegenüber anderen Einwegverpackungen die geringsten Umweltbelastungen aufweisen.

Die Umlaufzahlen für M. für kohlensäurefreie Getränke liegt zwischen 19 und 25. Als Grund für die vergleichsweise kleine Umlaufzahl wird der geringe Mehrweganteil in diesem Getränkesektor angeführt.

Die ökologische Überlegenheit der M. gegenüber Einwegverpackungen ist im Sektor der kohlensäurefreien Getränke nicht so ausgeprägt wie bei den kohlensäurehaltigen, weil hier auf der einen Seite mit der Verbundkarton-Verpackung die am geringsten umweltbelastende Einwegverpackung eingesetzt wird, auf der anderen Seite bei den M. nur relativ geringe Umlaufzahlen erreicht werden. Dennoch lassen sich deutliche Vorteile bei den Mehrwegflaschen erkennen.

Bei den Verpackungen für Bier sind neben Mehrweg-Glasflaschen vor allem Einwegflaschen sowie Dosen aus Weißblech und Aluminium gebräuchlich. Die Umlaufzahl von etwa 43 läßt die Überlegenheit der Mehrwegflasche gegenüber den Einweggebinden deutlich erkennen.

Unabhängig vom Ausgang komplexer (und damit umfangreicher und langwieriger) Bilanzen zum Einweg-Mehrweg-Vergleich (→Ökobilanzen), ist der Schutz von M. explizit in die Verpackungsverordnung aufgenommen worden. Darin wird als eine Bedingung für die Befreiung von der Rückgabe gebrauchter Verpackungen in Verkaufsstellen festgelegt, daß der Mehrweganteil für Getränkeverpackungen nicht unter 72% (für pasteurisierte Konsummilch 17%) sinken darf. Dieser Anteil wird in Dreijahresintervallen überprüft. *Blickwedel*

Literatur: N. N. „Neue" Milchverpackung in der Schweiz. Neue Verpackung 11 (1990), S. 22. – Umweltbundesamt, Vergleich der Umweltauswirkungen von Einweg- und Mehrwegverpackungen, Berlin 1992, unveröffentlicht.

Meldepflichtiges Ereignis in kerntechnischen Anlagen. Bereits in § 36 Satz 2 der Strahlenschutzverordnung (StrlSchV) ist eine Meldepflicht für Unfälle, Störfälle und sonstige sicherheitstechnisch bedeutsame Ereignisse für den gesamten Geltungsbereich der StrlSchV geregelt. Mit der Atomrechtlichen Sicherheitsbeauftragten- und Meldeverordnung (AtSMV) vom 14. Okt. 1992 (BGBl. I S. 1766) ist jedoch für kerntechnische Anlagen eine besondere, detaillierte Regelung getroffen worden; § 36 Satz 2 der StrlSchV ist insoweit durch die AtSMV ersetzt. Nach der AtSMV hat der Inhaber einer kerntechnischen Anlage Unfälle, Störfälle oder sonstige für die kerntechnische Sicherheit bedeutsame Ereignisse – das sind die m. E. – der Aufsichtsbehörde zu melden. Welche Ereignisse zu melden sind, ist in Meldekriterien (Anlagen 1, 2 der AtSMV) festgelegt, wobei unterschieden wird nach Kernreaktoren und Anlagen, die nicht der Spaltung von Kernbrennstoffen dienen (Brennelementfabrik, Wiederaufarbeitungsanlage).

Die m. E. werden hinsichtlich des Zeitpunkts der Übermittlung der Meldung an die Aufsichtsbehörde in vier Meldekategorien eingestuft. In der obligatorisch schriftlichen – und je nach der Meldekategorie vorab fernmündlichen – Meldung sind das m. E., seine Ursachen und Auswirkungen, seine Behebung sowie Vorkehrungen gegen Wiederholungen zu beschreiben.

□ Unfall, Störfall, sonstige Ereignisse. Zu den Definitionen der m. E. Unfall und Störfall ist auf eine bemerkenswerte Diskrepanz in der Terminologie der Gefahrenbewertung im Atomrecht einerseits und im Immissionsschutzrecht (→Störfall-Verordnung) andererseits hinzuweisen. Während in den dem Atomrecht unterliegenden Anlagen der (strahlenrelevante) Unfall das Ereignis der höchsten Gefahrenlage ist, stellt im Gegensatz dazu in konventionellen Anlagen nach der Störfall-Verordnung der Störfall den gefahrenträchtigsten Anlagenzustand dar. Die Definitionen der einzelnen m. E. nach der AtSMV sind hinsichtlich Unfall und Störfall der StrlSchV zu entnehmen:

– Unfall ist ein Ereignisablauf, der für eine oder mehrere Personen eine die Grenzwerte der Körperdosen im Kalenderjahr für beruflich strahlenexponierte Personen der Kategorie A übersteigende →Strahlenexposition (→Person, beruflich strahlenexponierte) zur Folge haben kann:

– →Störfall ist ein Ereignisablauf, bei dessen Eintreten der Betrieb der Anlage oder die Tätigkeit aus sicherheitstechnischen Gründen nicht fortgeführt werden kann und für den die Anlage auszulegen ist oder für den bei der Tätigkeit vorsorglich Schutzvorkehrungen vorzusehen sind (→Auslegungsstörfall).

Die „sonstigen für die kerntechnische Sicherheit bedeutsamen Ereignisse" sind weder in der StrlSchV noch in der AtSMV generell definiert. Den Meldekriterien (Anlagen 1, 2 zur AtSMV) kann man die konkret m. E. entnehmen, wie z. B. „sicherheitstechnisch bedeutsame Schäden an tragenden Strukturen von Bauwerken" oder „Freisetzung von Gefahrstoffen gemäß →Gefahrstoffverordnung, die zu einer Räumung von Anlagenbereichen mit sicherheitstechnisch bedeutsamen Einrichtungen führt". Andererseits nehmen jedoch die Meldekriterien keine Einteilung nach Unfällen oder Störfällen vor, sondern legen konkret nur die Meldekategorie mit der daraus resultierenden Verpflichtung zur sofortigen, eiligen oder normalen Übermittlung der Meldung durch den Anlageninhaber (Meldepflichtigen) fest. Die Einstufung des Ereignisses als Unfall, Störfall oder bloße Betriebsstörung ohne Auswirkungen auf den sicheren Betrieb erfolgt durch die Aufsichtsbehörde nach Bewertung des gemeldeten Ereignisses (→INES).

□ Meldekategorien. In Abhängigkeit von der Dringlichkeit der Unterrichtung der Aufsichtsbehörde sieht die AtSMV unterschiedliche Meldeverfahren nach den Kategorien S (= sofort), E (= eilt), N (= normal) und V (= vor Inbetriebnahme) vor.

Die Meldungen sind zu erstatten für
- Kategorie S: unverzüglich fernmündlich und schriftlich durch fernmeldemäßige Übertragung; zusätzlich spätestens am fünften Werktag nach Kenntniserlangung schriftlich mit Ergänzungen und ggf. Berichtigungen auf einem von der Aufsichtsbehörde vorgegebenen Meldeformular;
- Kategorie E: innerhalb von 24 Stunden fernmündlich und schriftlich durch fernmeldemäßige Übertragung; im übrigen wie Kategorie S;
- Kategorie N: spätestens am fünften Werktag nach Kenntniserlangung schriftlich auf Meldeformular;
- Kategorie V (nur Ereignisse vor Betrieb der Anlage, insbesondere bei Kernreaktoren vor Erteilung der Genehmigung zum Beladen mit Kernbrennstoffen): spätestens am zehnten Werktag nach Kenntniserlangung schriftlich auf Meldeformular.
□ Meldekriterien. Meldepflichtig sind nach der AtSMV (nur) diejenigen Ereignisse, die die in den Anlagen 1 und 2 aufgeführten Meldekriterien erfüllen. Jedes Kriterium ist dabei durch den Buchstaben S, E, N oder V der entsprechenden Meldekategorie zugeordnet, d. h. bei Eintritt des als Meldekriterium beschriebenen Ereignisses liegt das Meldeverfahren (die Meldekategorie) für den Meldepflichtigen fest. Die Meldekriterien der AtSMV stellen Überarbeitungen der früher in Zusammenhang mit § 36 Abs. 2 StrlSchV geltenden bundesministeriellen Bekanntmachungen vom 20. Juni 1985 (für Kernreaktoren) und vom 31. Mai 1988 (für Anlagen der Versorgung und der Entsorgung des Kernbrennstoffkreislaufs) dar und sind wie folgt gegliedert:
- Anlage 1: Meldekriterien für Anlagen zur Spaltung von Kernbrennstoffen
- Anlage 2: Meldekriterien für Anlagen, die nicht der Spaltung von Kernbrennstoffen dienen.

Dreyhaupt

Membranfilter →Sterilfiltration

Mengenänderungsverfahren. Verfahren zur →Leckerkennung bei Mineralölpipelines im laufenden (stationären) Förderbetrieb.

Das M. basiert darauf, daß im Falle eines Lecks an einem stromaufwärts gelegenen Meßpunkt der Durchfluß aufgrund des geringer gewordenen Rohrleitungswiderstandes abnimmt; gleichzeitig nimmt der Durchfluß an einem hinter der Leckstelle gelegenen Meßpunkt ab. Zur Durchführung des Verfahrens wird der Volumenstrom an verschiedenen Punkten der Pipeline kontinuierlich gemessen. Bei der Unter- bzw. Überschreitung der als Grenzwert festgelegten Mengenänderung wird Alarm ausgelöst. Die Lecknachweisgrenzen sind abhängig vom Leckort und der Genauigkeit der Mengenmessung; sie liegen zwischen 2 und 10 % des Durchflusses. Eine Ortung ist mit dem M. nicht möglich. *Krass*

Mengenvergleichsverfahren. Verfahren zur →Leckerkennung bei Mineralölfernleitungen im laufenden (stationären) Förderbetrieb. Das M. basiert auf dem Vergleich der Flüssigkeitsmengen, die in eine Leitung oder einen Leitungsabschnitt (Meßabschnitt) ein- bzw. hieraus austreten. Hierzu werden am Anfang und Ende des Meßabschnitts die Flüssigkeitsmengen über Mengenmessungen erfaßt, zur Betriebszentrale übertragen und in bestimmten Zeitintervallen miteinander verglichen. Nach Überschreiten eines vorgegebenen Grenzwerts wird Leckalarm ausgelöst. Die Lecknachweisgrenze des Verfahrens ist von der Betriebsweise, dem Leitungsvolumen und der Anzeigegenauigkeit der Meßgeräte abhängig und liegt bei 0,5–5 % des Durchsatzes. Eine →Leckortung ist mit diesem Verfahren nicht möglich. *Krass*

Mesosphäre. Stark durchmischter Bereich der →Atmosphäre zwischen etwa 50 und 80 km Höhe, in dem die Temperatur von 0 °C und mehr auf rund –80 °C abnimmt. Ihre obere Begrenzung, die Mesopause, begrenzt die Nordlichter nach unten und an ihr treten nach starken Vulkanausbrüchen leuchtende Nachtwolken auf. Die jahreszeitlichen Änderungen der Temperatur sind an der Mesopause entgegengesetzt wie an der →Stratopause, im Sommer –110 °C, im Winter nur –30 °C. Das vertikale Temperaturgefälle beträgt im Sommerhalbjahr etwa 5 Grad/km, im Winterhalbjahr nur 0,2 Grad/km. Über der M. beginnt die Thermosphäre (früher als Ionosphäre bezeichnet), in der die Temperatur wieder stark mit der Höhe ansteigt (→Homosphäre, →Stratosphäre). *Giebel*

Meßabweichung →Meßfehler

Meßbereich. Durch die konstruktive Auslegung eines Meßgeräts oder Meßverfahrens wird der Arbeitsbereich festgelegt. Der Arbeitsbereich kann in Teilintervalle, die M., gegliedert sein. Die untere Schranke des niedrigsten M. ist die →Nachweisgrenze, die obere Schranke des höchsten M. ist der größte Wert des Meßobjekts, dem im Arbeitsbereich noch ein Meßwert zugeordnet werden kann. Im Arbeitsbereich und damit in allen M. werden die für das Verfahren oder für Meßgeräte angegebenen Kenngrößen eingehalten. Bei Meßgeräten mit nur einem M. ist der M. in der Regel gleich dem Arbeitsbereich (VDI 2449, Bl. 2). *Birkle*

Meßdauer. Die M. ist die notwendige Dauer einer Geräuschmessung, um das zu beurteilende Geräusch repräsentativ für den →Beurteilungszeitraum zu erfassen. Einfluß auf die M. bei Geräuschimmissionen von Anlagen haben die Betriebsbedingungen bezüglich des zeitlichen Verlaufs der Geräuschemission (→Schallemission) sowie meteorologische Einflußgrößen bei der →Schallausbreitung. Die M. kann relativ kurz sein bei Geräuschmessungen im Nahbereich von Anlagen, die zeitlich konstant Geräusche emittieren; längere M. wird notwendig bei zufällig schwankenden Geräuschemissionen und größeren Meßabständen von der Anlage. *Strauch*

Literatur: TA Lärm. Allg. Verw. Vorschrift der BReg. Juli 1968. – VDI Richtlinie 2058, Bl. 1: Beurteilung von Arbeitslärm in der Nachbarschaft. 9/1985. – VDI 3723, Bl. 1 E: Anwendung statistischer Methoden bei der Kennzeichnung schwankender Geräuschimmissionen. 10/1982.

Meßfehler. M. ist ein häufig gebrauchtes Synonym für Meßabweichung. Jeder Meßwert und damit jedes Meßergebnis für eine →Meßgröße (Wert des Meßobjekts, Wert des Luftbeschaffenheitsmerkmals) wird beeinflußt durch Unvollkommenheiten der Meßeinrichtungen, der Meßverfahren, des Beobachters sowie durch Einwirkungen der Umgebung. Dies führt zu Abweichungen der Meßwerte vom wahren Wert. Man unterscheidet dabei (DIN 1319, Teil 3):
– Zufällige Abweichungen, d. h. nicht beherrschbare, nicht einseitig gerichtete Einflüsse während mehrerer Messungen beim selben Wert des Meßobjekts innerhalb einer Meßreihe. Sie führen zu einer Streuung der Einzelmeßwerte um den Mittelwert der Meßreihe und damit zu zufälligen Abweichungen der Meßwerte vom wahren Wert.
– Systematische Abweichungen, d. h. Abweichungen, die während der Messung ein bestimmtes Vorzeichen haben. Sie sind in jedem Meßergebnis enthalten und können unter Wiederholbedingungen nicht entdeckt werden. Systematische Fehler können prinzipiell beseitigt werden, soweit sie bekannt sind. Man erhält dann den berichtigten Meßwert. Zu den bekannten systematischen Abweichungen gehören z. B. alle durch Eichen (→Eichung) oder →Kalibrieren feststellbaren systematischen Meßabweichungen.

Zufällige Abweichungen und unbekannte systematische Abweichungen bestimmen die →Meßunsicherheit U. *Birkle*

Meßgebiet →Beurteilungsgebiet

Meßgröße. Nach DIN 1319, Teil 1: Grundbegriffe der Meßtechnik, die physikalische Größe, der die Messung gilt. Z. B. bei Geräuschen ist die M. der →Schalldruck, der von zu einem untersuchenden Objekt (Anlage, Maschine, Maschinenelement) verursacht wird. *Strauch*

Meßhäufigkeit. Bei diskontinuierlichen Immissionsmessungen mit Stichprobencharakter ist die M. festzulegen. Die →TA Luft (Nr. 2.6.2.8) schreibt für gasförmige Schadstoffe 26 Messungen pro Meßpunkt und Jahr vor (das ergibt 104 Messungen je

→Beurteilungsfläche), sofern zu erwarten ist, daß die Belastung höher ist als 80 % des Grenzwertes. Ansonsten genügen 13 Messungen pro Meßpunkt und Jahr. Für Schwebstaub und seine Inhaltsstoffe Blei und Cadmium fordert die TA Luft 120 Messungen pro Meßpunkt und Jahr, sofern zu erwarten ist, daß die Belastung höher ist als 80 % des Grenzwertes, in anderen Fällen 60 Messungen pro Meßort und Jahr. *Pfeffer*

Meßhöhe. Die M. über Flur kann bei Immissionsmessungen einen erkennbaren Einfluß auf das Ergebnis haben. Die gilt insbesondere, wenn sich im Nahbereich des Probenahmeortes Emissionsquellen mit niedriger Austrittshöhe befinden, z. B. Kraftfahrzeugverkehr. Die TA Luft (Nr. 2.6.2.4) schreibt vor, daß die Immissionen in der Regel in 1,50 m bis 4 m Höhe über dem Grund sowie in mehr als 1,50 m seitlichem Abstand von Bauwerken zu messen sind. Vorschriften zur M. bei kontinuierlichen Messungen finden sich ferner in den Richtlinien über die Wahl der Standorte und die Bauausführung automatisierter Meßstationen in telemetrischen →Immissionsmeßnetzen. Im Rahmen spezieller Untersuchungen kann es sinnvoll sein, Messungen in anderen Höhen vorzunehmen. *Pfeffer*

Meßort.
Erschütterungen. Die Wahl des M. richtet sich bei der Messung von Erschütterungsimmissionen nach der in Betracht stehenden Beurteilung.

Bei der Einwirkung von mechanischen Schwingungen auf den Menschen sollen die Schwingungsgrößen zur Ermittlung der Bewerteten Schwingstärke KB nach VDI 2057 grundsätzlich an der Stelle der Einleitung der Schwingungen in den menschlichen Körper gemessen werden. Nähere Einzelheiten für die Wahl des M. sind in DIN 4150 Teil 2 angegeben. Bei der Beurteilung der Einwirkung von Erschütterungen auf bauliche Anlagen sind nach DIN 4150 Teil 3 die Schwingungsgrößen am Fundament des betroffenen Gebäudes, in der Deckenebene des obersten Vollgeschosses und bei der Beurteilung von Deckenschwingungen in vertikaler Meßrichtung etwa in Feldmitte der Decke zu messen. Diese Punkte sind für diese Beurteilung die M. Die M. zur Beurteilung von Erschütterungsimmissionen werden manchmal auch als Beurteilungs-M. oder auch als Bezugs-M. bezeichnet. Die Lage der M. und gegebenenfalls auch weitere Angaben zu den gewählten Meßpunkten müssen im Meßprotokoll genau beschrieben sein. Wegen der Abhängigkeit der Erschütterungseinwirkung von der Einwirkungsrichtung ist die →Meßrichtung von besonderer Bedeutung. *Splittgerber*

Literatur: DIN 4150, Teil 2: Einwirkungen auf Menschen in Gebäuden. 12/1992. T. 3: Einwirkungen auf bauliche Anlagen. 5/1986.

Geräusche. Der Ort in der Umgebung der Geräuschquelle, an dem die →Meßgröße mit einem oder mehreren Meßgeräten erfaßt wird.

M. und Meßpunkt werden häufig gleichbedeutend benutzt. Wegen der Eindeutigkeit von Begriffen bei der Meßplanung und -durchführung sollte der M. die geographische Lage, gekennzeichnet z. B. durch Rechts-, Hochwert im Gauß-Krüger-Netz oder durch Flurstücksnummern oder Straßennamen mit Hausnummern, beschreiben, der Meßpunkt jedoch den zur Beurteilung der Geräuschimmission nach dem Beurteilungsverfahren vorgeschriebenen Punkt der Meßgeräteaufstellung.

So gilt z. B. als M. das der emittierenden Anlage nächstgelegene Wohnhaus; als Meßpunkt gilt nach dem Beurteilungssystem der →TA Lärm der Punkt 0,5 m vor dem geöffneten Fenster des am stärksten vom Anlagengeräusch belasteten Wohnraums dieses Hauses. *Strauch*

Meßplanung. Vor einer Immissionsmessung müssen alle für die Untersuchung relevanten Rahmenbedingungen in einer M. festgelegt werden. Diese M. muß vor allem die Aufgabenstellung klar definieren sowie festlegen, welche Stoffe mit welchen Meßverfahren gemessen werden sollen und welche Auswertungen vorgesehen sind. Ferner sollten die vorgesehenen Elemente zur →Qualitätssicherung beschrieben werden.

Wichtige Punkte, die im Rahmen einer M. behandelt werden müssen, sind zum Beispiel: genaue Aufgabenstellung, einzusetzende Meßverfahren, Leistungsfähigkeit und Kenngrößen der Meßverfahren (ggf. durch Hinweis auf Normen oder VDI-Richtlinien), Meßhöhe, Probenahmedauer, Meßzeitraum, Meßstellenauswahl und -dichte, Meßhäufigkeit, Auswertung der Daten und Bildung von Kenngrößen (Rechenvorschriften), Qualitätssicherung.

Bei der Vielfalt von Aufgabenstellungen läßt sich ein allgemeingültiges Schema für eine M. nicht angeben. Verschiedene gesetzliche Regelungen und Verwaltungsvorschriften enthalten jedoch mehr oder weniger detaillierte Vorgaben zur M., z. B. in den einschlägigen →EG-Richtlinien über Luftqualitätsnormen. Die →TA Luft (Nr. 2.6.2) regelt die Vorgehensweise im immissionsschutzrechtlichen Verfahren für gewerbliche Anlagen, die 4. BImSchVwV enthält Vorschriften über Immissionsmessungen in Untersuchungsgebieten (→Immissionsmeßnetz). *Pfeffer*

Literatur: *R. Beier:* Europäische Zusammenarbeit auf dem Gebiet der Planung von Außenluftmessungen. VDI-Ber. 838. Düsseldorf 1990.

Meßplatz. Die in Immissionsmeßstationen betriebenen Meßeinrichtungen zur in der Regel kontinuierlichen Erfassung von Luftverunreinigungen und meteorologischen Parametern werden als M. bezeichnet. Ein M. besteht in der Regel aus drei Baugruppen:
- dem eigentlichen Analysator, z. B. zur Messung von Schwefeldioxid,
- einer Kalibriereinheit (→Prüfgasgenerator), die in der Lage ist, dem Analysator sowohl ein schadstofffreies →Nullgas wie eine oder mehrere Konzentrationen des zu untersuchenden Gases zur Verfügung zu stellen,
- der Überwachungs- und Steuerungselektronik, die den gesamten M. überwacht und Statussignale über den jeweiligen Betriebszustand oder eventuelle Fehlerzustände erzeugt. Diese Elektronik beinhaltet auch eine standardisierte Schnittstelle zu Datenerfassungseinrichtungen.

Über diese Schnittstelle wird die gesamte Kommunikation des M. mit einer Rechnereinheit abgewickelt (in der Regel ein Prozeßrechner in größeren →Immissionsmeßnetzen, ansonsten bei einzeln betriebenen →Immissionsmeßstationen häufig ein PC). *Pfeffer*

Literatur: *Pfeffer, H.-U.; H. Dobrick; R. Junker:* Qualitätssicherung in automatischen Immissionsmeßnetzen. Anforderungen an die Telemetrischen Echtzeit-Immissionsmeßsysteme TEMES und MILIS in NRW. LIS-Berichte der Landesanstalt für Immissionsschutz Nordrhein-Westfalen, Heft 100. 1992.

Meßrichtung. Die M. ist bei der Messung von Erschütterungsimmissionen die Richtung, in der die Meßgrößen zur Beurteilung zu erfassen sind.

Die M. ist deshalb bedeutsam, weil bei der Einwirkung von →Erschütterungen auf Bauwerke und auf Bauteile die dynamische Beanspruchung dieser Konstruktionen und bei der Einwirkung von Erschütterungen auf Menschen die →Wahrnehmung von der Einwirkungsrichtung abhängig sind. Bei der Einwirkung von Erschütterungen auf bauliche Anlagen sind nach dem Regelwerk DIN 4150, T. 3, Ausg. Mai 1986, bei der Messung der Fundamentschwingungen die Aufnehmer der drei Einzelkomponenten nahe beieinander im untersten Geschoß des zu untersuchenden Gebäudes aufzustellen, und zwar entweder am Fundament der Außenwand oder an der Außenwand bzw. in Aussparungen der Außenwand. Es ist der zeitliche Verlauf der Schwingungen in vertikaler M. z und in zwei zueinander rechtwinkligen horizontalen M. (x und y) zu erfassen, wobei eine M. parallel zu einer der Seitenwände des Gebäudes gerichtet sein soll.

Bei der Einwirkung von Erschütterungen auf Menschen in Gebäuden muß nach dem Regelwerk DIN 4150, T. 2, Ausg. Dez. 1992, die Messung der Schwingungsgrößen in vertikaler Richtung (z-Richtung) und in zwei zueinander rechtwinkligen, horizontalen Richtungen (x- und y-Richtung, meist parallel zu den Gebäudeaußenwänden) erfolgen.

Sie muß auf dem Fußboden des zu untersuchenden Raumes vorgenommen werden, und zwar an den Stellen stärkster Schwingungen. Die Messungen der Schwingungsgrößen in den horizontalen Richtungen darf auch in oder dicht an aufgehenden Bauteilen, z. B. Wänden mit Tür- oder Fensternischen, vorgenommen werden.

Die subjektive Wahrnehmung von Erschütterungen ist von der →Körperhaltung und von der Einwirkungsrichtung in bezug auf den menschlichen Körper abhängig. Nach dem Regelwerk VDI 2057, Bl. 1, Ausg. Mai 1987, ist ein auf den Menschen und auf die Einwirkungsstelle bezogenes Koordinatensystem erforderlich, um die Schwingungsrichtung und damit die M. zu kennzeichnen (ISO-Standards 2631 und 5349) (Bild). *Splittgerber*

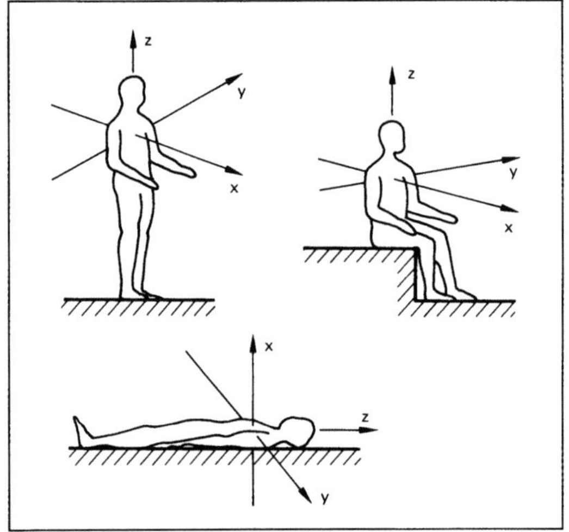

Meßrichtung: Koordinatensystem für die Schwingungsrichtungen x, y und z bei Einwirkung auf den menschlichen Körper im Stehen, Sitzen und Liegen.

Meßstation auf See. Ortsfeste, automatisch und autark arbeitende elektronische Meßeinrichtungen mit Unterwassersensoren für Umweltparameter und mit Datenfernübertragung.

Als Geräteträger für die M. werden entweder speziell für diesen Zweck entwickelte Bojen (Bild, nächste Seite), gegründete Plattformen und Masten oder (aus wirtschaftlichen und logistischen Gründen) vorhandene Leuchttürme und -tonnen sowie Feuerschiffe (meist unbemannt) verwendet.

Die Sensoren werden an Unterwasserkabeln in die gewünschte Meßtiefe gebracht. Die Kabel werden zu sog. Meßketten gebündelt, die im Falle der schwimmenden Geräteträger frei hängen oder an den gegründeten Trägern fest installiert sind.

Für die Parameter Wassertemperatur, elektrische Leitfähigkeit (Hilfsgröße zur Berechnung von Salz-gehalt und Dichte des Meerwassers), Strömung und Radioaktivität (Brutto-Gamma-Strahlung) existieren für den Langzeit-Routinebetrieb geeignete Sensoren. Die nach dem Prinzip der Clarkzelle arbeitenden Sauerstoffsensoren sind z. Z. als einzige für Meßstationen der hier behandelten Art anwendbar, haben aber noch nicht ausreichende Stabilität und Standzeit. Die automatischen Analyseapparaturen für M. haben eine erfolgversprechende Entwicklungsphase für die Bestimmung der sog. Nährstoffe (Nitrat, Nitrit, Ammoniak, Phosphat) erreicht. Für Schwermetalle und organische Schadstoffe werden gegenwärtig automatische Probennehmer erprobt, die Analyse der Proben muß auf absehbare Zeit noch in Landlabors erfolgen. *Holzkamm*

Meßstellendichte. Die M. gibt bei Immissionsmessungen an, wie viele Meßstellen (Meßpunkte) pro Flächeneinheit vorhanden sind. Eine derartige Angabe ist sinnvoll bei einer regelmäßigen Anordnung von Meßstellen. Die TA Luft (Nr. 2.6.2) geht in der Regel von einem Meßstellenabstand von 1 km aus. Bei einer regelmäßigen Anordnung der Meßstellen in Form eines quadratischen Rasters ergibt sich damit eine Dichte von einer Meßstelle pro km^2 (→Beurteilungsfläche, →Beurteilungsgebiet). Eine derartige M. ist im Hinblick auf den Meßaufwand nur bei diskontinuierlichen Messungen realisierbar. Sofern bei der Durchführung kontinuierlicher Immissionsmessungen mit Hilfe automatischer Meßstationen ebenfalls ein regelmäßiges Raster zugrunde gelegt wird, wählt man meistens einen Meßstellenabstand von 4 km oder von 8 km. Damit ergeben sich M. von einer Meßstelle pro 16 km^2 bzw. pro 64 km^2. *Pfeffer*

Meß-, Steuer- und Regelungstechnik. Die MSR ist für die Umweltschutztechnik von zentraler Bedeutung. Moderne, mikroelektronikbasierte MSR-Systeme ermöglichen die präzisere Einhaltung der optimalen Prozeßparameter von Produktionsanlagen, Maschinen und Fahrzeugen. Eine Ertüchtigung der MSR-Technik geht meist mit einer Verminderung der Emissionen sowie des Rohstoff- und Energieverbrauchs (CO$_2$-Minderung) einher und ist wichtige Voraussetzung für den Einsatz von (prozeß-) integrierten Umweltschutztechniken. Hardwarekomponenten von MSR-Systemen sind:
– Meßwertaufnehmer und Sensoren, ggf. mit integrierter Meßsignalvorverarbeitung, Digitalisierung und Codierung (intelligente Sensoren),
– Bussysteme zur Übertragung der Meßsignale und von Steuerbefehlen,
– Kompaktregler und speicherprogrammierbare Steuerungen (SPS),
– Rechner verschiedener Ebenen zur Verarbeitung und Speicherung der Meßsignale, zur Ausgabe von Daten und Steuerbefehlen,

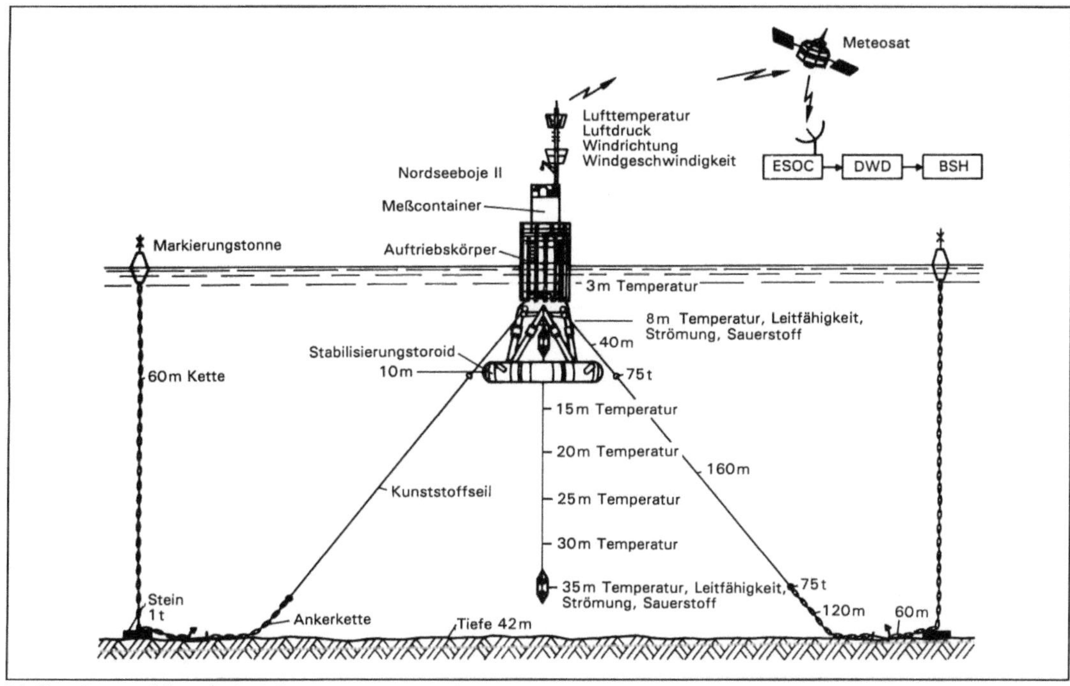

Meßstation auf See: Beispiel einer automatischen ozeanographischen M. des Bundesamtes für Seeschiffahrt und Hydrographie (BSH).

Die Nordseeboje II ist mit ozeanographischen und meteorologischen Sensoren ausgerüstet. Die Meßdaten werden stündlich über den stationären Satelliten METEOSAT on line in das BSH übertragen.

– Peripheriegeräte zur Eingabe von Daten und Befehlen sowie für die Ausgabe, Protokollierung und Anzeige (Tastatur, Lichtgriffel, Drucker, Bildschirme, Displays etc.),
– Aktoren, welche die vom Rechner gesteuerten Regeleingriffe vornehmen oder einleiten.

Digitale speicherprogrammierbare Steuerungen lösen immer mehr die konventionelle Relaistechnik ab. Digitale Kompaktregler sind frei konfigurierbar und können der individuellen Charakteristik der Regelstrecke angepaßt werden, während entsprechende Analogregler je nach Typ (P, I, PI, PID) eine feste Regelcharakteristik haben. Mit modernen Regelungsentwürfen ist es möglich, höhere Regelalgorithmen für problematische Strecken (Totzeiten, Nichtlinearitäten usw.) zu realisieren, wie
– adaptive Regelungsverfahren,
– prädiktive Regelstrategien,
– modellbasierte Regelungen,
– Selbstüberwachung und Selbsteinstellung von Regelkreisen,
– Verkopplung bisher unabhängig voneinander realisierter Regelkreise (so werden z. B. beim Warm- und Direkteinsatz von Rohstahlbrammen im Walzwerk die vorgelagerten Produktionsschritte mit dem Walzwerk verkoppelt),

– Regelungsaufgaben mit komplexen Kennfeldern (z. B. Zündzeitpunktsregelung in Kraftfahrzeugmotoren) oder
– Fuzzy-Logic-Regelungskonzepte.

Durch modellbasierte Regelungsverfahren lassen sich in einem gewissen Grade bestehende Defizite bei der Prozeßmeßtechnik und →Sensorik ausgleichen, indem mit Hilfe von mathematischen Modellen fehlende Parameter berechnet werden.   *Angerer*

Literatur: *Birkle, M.* et al.: Meß-, Steuer- und Regelungstechnik. In: Materialienbände zur Untersuchung Mikroelektronik im Umweltschutz, Band 1. Fraunhofer-Institut für Systemtechnik und Innovationsforschung. Karlsruhe 1991. – *Rhode, M.* et al.: Chemische Industrie. Ebenda, Band 2.

Messung radioaktiver Strahlung. Die verschiedenen Reaktionen der Strahlung mit Materie bilden die Grundlage der Nachweismethoden radioaktiver Strahlung. Ihre Hauptwechselwirkung führt zur Erzeugung von Ionen; für jedes Ionenpaar wird eine Energie von 35 eV benötigt. Das ungeladene →Neutron läßt sich im Gegensatz zu geladenen Teilchen oder elektromagnetischen Strahlen nur indirekt nachweisen, entweder durch Rückstoßprotonen (von schnellen Neutronen ausgelöst) oder durch Kernumwandlungen oder durch mit Neutronen induzierte Radioaktivität.

Ein vollständiges Instrument zur M. r. S. besteht aus einem strahlungsempfindlichen Teil, dem Detektor, und einer elektronischen Ausrüstung. Diese hat die Aufgabe, die für den Detektor benötigten Versorgungsspannungen zu erzeugen und die Signale des Detektors zu analysieren und zu registrieren. Die wichtigsten Detektoren sind die Ionisationskammer, das Proportionalzählrohr (z. B. Methan-Durchflußzähler), das →Geiger-Müller-Zählrohr, der Szintillationsdetektor und der →Halbleiterzähler. Neutronendetektoren werden sowohl nach dem Ionisationskammer- als auch nach dem Proportionalzähler-Prinzip gebaut. Die drei erstgenannten gehören zur Klasse der gasgefüllten Detektoren, wobei im wesentlichen die durch Strahlung hervorgerufene Ionisation des Füllgases gemessen wird. Die durch die Ionisation freigewordenen Elektronen werden durch Anlegen einer Spannung abgesaugt. Bei höheren Spannungen kann noch eine Verstärkung erfolgen, indem die Elektronen selbst wieder Ionisation der Gasmoleküle hervorrufen. Mit zunehmender Spannung läßt sich also die Zahl der aufgesammelten Ionenpaare beträchtlich erhöhen und auf diese Weise der Übergang vom Ionisationsbereich in den Proportionalbereich und weiter in den Geigerbereich erreichen.

Bei den Szintillationsdetektoren (→Szintillationsmeßkopf) werden in den sog. Szintillatoren Elektronen durch Strahlungsabsorption in einen angeregten Zustand gebracht. Die Rückkehr in den Grundzustand erfolgt unter Aussendung von Lichtblitzen. Diese lassen sich verstärken und zu Ladungsimpulsen umwandeln.

Beim Halbleiterdetektor werden die beim Einfall radioaktiver Strahlung erzeugten Elektronen in einer für Halbleiter typischen Grenzschicht in einem elektrischen Feld konzentriert und zu einem Signal ausgewertet. *Merz*

Meßunsicherheit. Das Meßergebnis aus einer Meßreihe ist der um die bekannten systematischen Abweichungen (→Meßfehler) berichtigte Mittelwert $\bar{x}$ der Meßwerte verbunden mit einem Intervall, in dem vermutlich der wahre Wert der →Meßgröße liegt $\bar{x} \pm U$. Die Differenz zwischen der oberen Grenze dieses Intervalls und dem berichtigten Mittelwert bzw. die Differenz zwischen dem berichtigten Mittelwert und der unteren Grenze dieses Intervalls wird als M. U bezeichnet. Meistens, aber nicht immer, haben beide Differenzen den gleichen Wert (DIN 1319, Teil 3).

Die M. U setzt sich im allgemeinen aus den Komponenten U_z (für zufällige Abweichungen, Meßfehler) und U_s (für unbekannte systematische Abweichungen) zusammen. Die systematische Komponente U_s kann im allgemeinen nur an Hand ausreichender experimenteller Erfahrung abgeschätzt werden. Nicht abschätzbare unbekannte

systematische Abweichungen werden in der Praxis den zufälligen Abweichungen zugeschlagen.

Es ist $U = U_s + U_z$ (lineare Addition nach DIN 1319, Teil 3)

$$U_z = \frac{t_{f,95}}{\sqrt{n}} \cdot S$$

mit

n Zahl der Mehrfachmessungen einer Meßreihe (n kann auch nur den Wert 1 haben)

S →Standardabweichung; S kann entweder aus der (genügend großen) Zahl der Mehrfachmessungen der Meßreihe bestimmt werden oder S ist aus früheren Messungen (z. B. der →Eichung) bekannt.

$t_{f,95}$ ist ein Faktor, der (für die Wahrscheinlichkeit von 95 %) von der Anzahl der Prüfergebnisse f abhängig ist. Für normal verteilte Kollektive ist $t_{f,95}$ der entsprechende Studentfaktor.

Die M. muß deshalb stets mit der Wahrscheinlichkeit, d. h. dem entsprechenden Vertrauensniveau angegeben werden. Wenn nichts anderes vereinbart wird, gilt das Vertrauensniveau von 95 %.

Über die M. U werden die Meßfehler bzw. die Meßgenauigkeit (Genauigkeit) oder die Richtigkeit der Meßergebnisse quantifiziert. *Birkle*

Literatur: DIN 1319, Teil 3: Grundbegriffe der Meßtechnik, Begriffe für die Meßunsicherheit und für die Beurteilung von Meßgeräten und Meßeinrichtungen. 8/1983. – *Geiger, W.:* Die Meßunsicherheit, eine wichtige Kenngröße für die Qualitätssicherung, Teil 1, VDI-Z. 19 (1985).

Meßunsicherheitsabzug. Ein nach der TA Lärm bei der Ermittlung des Beurteilungspegels im Hinblick auf die →Meßunsicherheit vorzunehmender Abzug von 3 dB(A).

Die Bezeichnung M. ist strittig, weil die Meßunsicherheit eines Ergebnisses aus einer Zufallskomponente und aus einer unbekannten systematischen Abweichung (systematische Komponente) besteht, die sowohl positiv als auch negativ sein können und somit nur einen Abzug von 3 dB nicht rechtfertigen.

Die später als die TA Lärm erschienene VDI Richtlinie 2058 sieht keinen einseitigen M. vor, sondern nennt eine gerätebedingte Meßunsicherheit von ± 2 dB(A).

Auf Grund der neueren Normen für →Schallpegelmesser betragen die Meßunsicherheitsgrenzen für Geräte der Klasse 1 und 2, die für Geräuschimmissionsmessungen eingesetzt werden sollen, $\pm 0,7$ dB bzw. $\pm 1,0$ dB.

Der Abzug von 3 dB zur Bildung des Beurteilungspegels nach der TA Lärm kann somit nicht mit der Meßunsicherheit begründet werden, sondern ist als eine Konvention anzusehen, nicht zu vermeidende Unsicherheiten bei der Ermittlung des Beurteilungspegels dem Betreiber einer Anlage nicht anzulasten. *Strauch*

Literatur: VDI Richtlinie 2058, Bl. 1: Beurteilung von Arbeitslärm in der Nachbarschaft. 9/1985. – DIN IEC 651: Schallpegelmesser. 12/81. – DIN 1319, Teil 3: Grundbegriffe der Meßtechnik. Begriffe für die Meßunsicherheit und für die Beurteilung von Meßgeräten und Meßeinrichtungen. 8/1983.

Meßverfahren, kontinuierlich/diskontinuierlich. In der Immissionsmeßtechnik kann zwischen k. und d. M. unterschieden werden. Neben den meßtechnischen Möglichkeiten und dem Meßaufwand ist vor allem die Zielsetzung der Immissionsmessung von entscheidender Bedeutung hinsichtlich der Entscheidung, ob ein d. M. oder ein k. M. eingesetzt wird. Während bei d. M. nur ein Mittelwert über einen bestimmten Probenahmezeitraum von z. B. einer halben Stunde oder 24 Stunden erhalten wird, können k. M. den Verlauf der jeweiligen Meßgröße(n) in hoher zeitlicher Auflösung erfassen.

Besteht die Meßaufgabe z. B. nur darin, für eine bestimmte Luftverunreinigung einen Jahresmittelwert zu bestimmen, so ist es von der Sache her voll ausreichend und auch aus Kostengründen vorzuziehen, die Messung mit einem d. M. durch eine stichprobenartige Probenahme durchzuführen (→Meßhäufigkeit, →Meßplanung).

Die Probenahme und die analytische Bestimmung sind bei d. M. in der Regel getrennt. Daher sind d. M. häufig vergleichsweise preiswert zu realisieren, weil vor Ort für die Probenahme keine sehr aufwendigen Apparaturen benötigt werden. Nach Transport der Probe ins Labor stehen dort alle analytischen Endstufen zur Verfügung. Durch entsprechend lange Probenahmezeiten und die damit verbundene Anreicherung der zu analysierenden Stoffe können bei d. M. oft sehr niedrige Nachweisgrenzen bis in den Bereich von fg/m^3 erreicht werden. Weiterhin besteht prinzipiell die Möglichkeit, Proben zu teilen und mehrfach zu analysieren, um auf diese Weise eine erhöhte Aussagesicherheit zu erhalten. Der wesentliche Nachteil von d. M. liegt darin, daß das Analysenergebnis verfahrensbedingt erst eine bestimmte Zeit nach der Probenahme zur Verfügung steht. Sofern Meßergebnisse in Echtzeit oder quasi in Echtzeit benötigt werden, z. B. bei der Smogüberwachung, müssen k. M. eingesetzt werden (→Immissionsmeßnetz).

K. M. basieren auf chemisch-physikalische Meßprinzipien, die in der Regel keine Basis- bzw. →Referenzverfahren darstellen. Daher ist eine →Kalibrierung k. M. mit Hilfe von Standards und Prüfgasen bzw. durch Rückführung auf ein Referenzverfahren erforderlich.

K. M. sind in der Regel aufwendig, weil vor Ort für alle zu messenden Stoffe automatische Meßgeräte oder Meßplätze vorgehalten werden müssen.

Zusätzlich ist in den meisten Fällen eine →Immissionsmeßstation erforderlich. *Pfeffer*

Meßverfahren, paramagnetisch. In der Praxis der Luftreinhaltung Standardverfahren zur kontinuierlichen →Sauerstoffmessung. Bei diesem Verfahren wird ausgenutzt, daß Sauerstoff-Moleküle im Vergleich zu anderen Luft- oder Abgasbestandteilen eine hohe paramagnetische Suszeptibilität besitzen. Zwei Verfahren haben praktische Bedeutung erlangt.

Beim magnetodynamischen Verfahren wird in der vom Abgas durchströmten Meßzelle mit Hilfe von Permanentmagneten ein stark inhomogenes Magnetfeld erzeugt, das die O_2-Moleküle anzieht. In der Meßzelle befindet sich ein nach dem Prinzip der Drehwaage aufgebautes, empfindliches Torsionssystem mit einem hantelförmigen Hohlkörper, über dessen Drehung der von der O_2-Konzentration abhängige Partialdruckgradient bestimmt wird. Dieses Prinzip ist erstmalig 1940 von *L. Pauling* und Mitarbeitern vorgestellt worden.

Beim thermomagnetischen Verfahren (Wechseldruckverfahren) durchströmt das Meßgas zwei parallel angeordnete Meßkammern, von denen eine im Feld eines Permanentmagneten liegt. In den beiden Kammern befinden sich temperaturabhängige Widerstände als Teil einer elektrischen Brückenschaltung. Bei sauerstoffhaltigem Meßgas entsteht durch die paramagnetische Kraftwirkung in dem Zweikammersystem eine zur O_2-Konzentration proportionale Zirkulationsströmung, die die beiden Widerstände unterschiedlich abkühlt und über den elektrischen Brückenabgleich gemessen werden kann. (→Zirkonsonde) *Stahl*

Literatur: *Ebbinghaus, E.:* Gasanalyse auf Grund des Paramagnetismus. In: J. Hengstenberg, B. Sturm, O. Winkler (Hrsg.): Messen und Regeln in der Chemischen Technik. Berlin–Göttingen–Heidelberg 1964.

Meßzeitraum. Der M. für Immissionsmessungen nach der →TA Luft beträgt in der Regel ein Jahr (Nr. 2.6.2.5). Ein kürzerer M. kann zugelassen werden, wenn Messungen in einem kürzeren Zeitraum eine ausreichende Beurteilung der im Laufe eines Jahres auftretenden Immissionen zulassen. Ein Zeitraum von sechs Monaten soll dabei nicht unterschritten werden.

Grundsätzlich dürfen aus Immissionsmessungen gewonnene Kenngrößen für die Immissionsbelastung nur mit solchen Grenz-, Richt- oder Beurteilungswerten verglichen werden, denen ein entsprechender Beurteilungszeitraum zugrunde liegt. So ist es beispielsweise unzulässig, Monatsmittelwerte von Immissionskonzentrationen mit Immissionswerten der TA Luft zu vergleichen, weil diese sich grundsätzlich auf ein Jahr beziehen. *Pfeffer*

Metabolismus. →Stoffwechsel, die Gesamtheit der in einem lebenden Organismus ablaufenden biochemischen Reaktionen (Bild). Die Stoffumsetzungen werden von Enzymen katalysiert und reguliert. Man unterscheidet zwei Hauptlinien des M.: die aufbauenden (anabolischen, assimilativen) →Sequenzen und die abbauenden (katabolischen, dissimilativen) Stoffwechselwege. Beide sind sowohl über gemeinsame Reaktionsketten (Enzymkaskaden) als auch durch gemeinsame Zwischenprodukte eng miteinander verflochten, so daß von einem dynamischen Fließgleichgewicht biochemischer Reaktionen gesprochen werden kann.

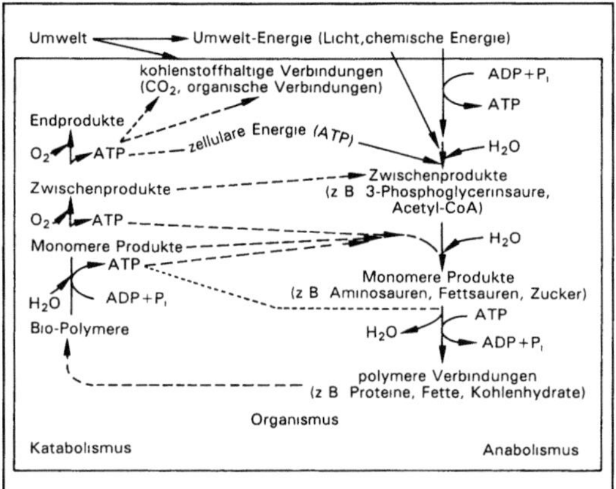

Metabolismus: Zusammenhang zwischen Katabolismus und Anabolismus.

Der M. und der damit verbundene Energieumsatz biologischer Systeme ist als eines der Kriterien für Leben anzusehen.

Im Anabolismus (Assimilation) werden aus energiearmen, vielfach niedermolekularen Substanzen zelleigene Verbindungen mit höherem Energiegehalt gebildet, wobei die katabolisch – bei photosynthetischen Organismen durch Nutzung des Sonnenlichts – gewonnene Energie verbraucht wird. Die Aufrechterhaltung lebender Strukturen ist daher an die ständige Zuführung von Energie gebunden.

Der entgegengesetzte Vorgang des Katabolismus (Dissimilation) führt durch den Abbau energiereicher Substanzen (Moleküle der Nahrung oder zell- bzw. körpereigene Verbindungen) zur Gewinnung von Energie, die zur Assimilation, Bewegung, Wärmegewinnung, zum Aufbau von Membranpotentialen usw. benötigt wird. Die wichtigsten Dissimilationsvorgänge sind:
– Glykolyse: hierbei werden anaerob, d. h. ohne die Gegenwart molekularen Sauerstoffs, Kohlenhydrate in Pyruvat gespalten. Je nach Art des Organismus kann hieraus – im Falle der Gärungen – Milchsäure oder Ethanol gebildet werden, oder das Pyruvat wird nach Abspaltung von CO_2 in den Zitronensäurezyklus als zentralen Zyklus des M. eingeschleust.
– Zitronensäurezyklus, auch Tricarbonsäure- oder Krebszyklus genannt: er beginnt mit dem Einschleusen des dem Abbau der Kohlenhydrate, Fette oder Proteine gemeinsam entstammenden Zwischenproduktes AcetylCoA, in dem ein Essigsäure-(Acetyl-)rest mit CoEnzym A verknüpft ist. Im Zitronensäurezyklus unterliegt die als AcetylCoA eingespeiste Essigsäure einem vielstufigen oxidativen Abbau zu CO_2. Dabei wird chemisch gebundene Energie in Form von ATP und Reduktionsäquivalenten (d. h. aktiviertem Wasserstoff (H) oder Elektronen) gewonnen.
– Zellatmung oder oxidative Phosphorylierung: den im Zitronensäurezyklus gewonnenen Reduktionsäquivalenten wird hier stufenweise die Energie entzogen und zur Bildung des energiereichen Adenosintriphosphat (ATP), des universellen Energiespeichers, verwendet. Bei diesem Vorgang wird außerdem Sauerstoff (oder ein anderer Elektronenakzeptor, wie z. B. NO_3^-, SO_4^{2-}) reduziert. Als Endprodukt entsteht Wasser bzw. N_2 oder H_2S.

Unter den Assimilationsvorgängen nimmt die Assimilation des Kohlendioxids durch belichtete Chloroplasten von Pflanzen (→Photosynthese) eine zentrale Stellung ein. In ihrem Verlauf wird das CO_2 der Luft unter Ausnutzung der Energie des Sonnenlichts z. B. durch Bildung von Glucose in organischen Verbindungen fixiert, aus denen die photosynthetischen Organismen zelleigene →Biomasse (Polysaccharide, Fette, Proteine, Vitamine etc.) herstellen. Die pflanzliche Biomasse wird von den heterotrophen Organismen direkt oder indirekt (Nahrungsketten) zur Energiegewinnung und zum Aufbau zelleigener Substanz genutzt. Viele Organismen können nicht sämtliche für sie lebensnotwendigen Substanzen im Rahmen ihres eigenen M. erzeugen. Zu den Stoffen, die bei der Ernährung als Fertigprodukte aufgenommen werden müssen, gehören beispielsweise beim Menschen die Vitamine sowie die essentiellen Amino- bzw. Fettsäuren. *Kleespies*

Metabolit. Zwischenprodukt des Stoffwechsels (→Metabolismus) von Organismen. *Maghon*

Metallhydridspeicher →Wasserstoffspeicher

Metallindustrie. Unter M. wird die hüttenmäßige Gewinnung von Metallen aus Erzen und Sekundärrohstoffen (z. B. Schrott) verstanden. Die M. wird im allgemeinen in die beiden Bereiche Eisen- und Stahlindustrie (→Eisenerzeugung und -verarbeitung) sowie Nichteisen (NE)-Metallindustrie (→Nichteisenmetallgewinnung und -verarbeitung) unterteilt. Bei Anlagen zur Metallgewinnung und -verarbeitung haben Emissionen an Staub, insbesondere bei der NE-Metallgewinnung oft mit besonders wirkungsrelevanten Staubinhaltsstoffen (z. B. Schwermetalle), sowie gasförmige anorganische Stoffe (z. B. SO_2) eine besondere Bedeutung. Neben Quellen mit gefaßten Abgasen treten bei der Handhabung von Einsatzstoffen, Produkten und Rohstoffen oft diffuse Emissionen auf, die gezielte Minderungsmaßnahmen (z. B. Einhausen und Abgaserfassung) erfordern (→Umschlag staubender Güter). *Leder/Batz*

Literatur: *Winnacker, K.; L. Küchler:* Chemische Technologien – Band 6 Metallurgie. München 1973.

Metallverbindungen im Staub. M. werden heute in Immissionsproben vielfach routinemäßig bestimmt. Dies gilt sowohl für den →Schwebstaub wie auch für den Staubniederschlag (→Staubniederschlagsmessung). Für die Probenahme werden dementsprechend die dort beschriebenen Verfahren eingesetzt.

Der Sammlung des Staubniederschlags bzw. des Schwebstaubs auf Filtern ist in der Regel ein chemischer Aufschluß der abgeschiedenen Stäube nachgeschaltet, weil die gebräuchlichsten analytischen Endstufen (→Atomabsorptionsspektrometrie); →Atomemissionsspektrometrie mit Plasmaanregung; →Induktiv gekoppeltes Plasma) eine Überführung der Metall- und Metalloidverbindungen in eine wässerige Lösung voraussetzen. Bei der →Röntgenfluoreszenzspektrometrie kann die Bestimmung direkt von ausgestanzten Filterteilen erfolgen. Um einen vollständigen Aufschluß auch schwer löslicher Verbindungen zu erreichen, ist entweder ein Druckaufschluß oder die Verwendung von Säuregemischen erforderlich. In der Literatur werden verschiedene Säuregemische und Aufschlußtechniken beschrieben, z. B. die Verwendung von Salpetersäure, Perchlorsäure und Flußsäure in Teflon-Gefäßen oder der Aufschluß von Membranfiltern in Teflonschalen mit nachfolgender Anwendung von Salpetersäure, 30%iger H_2O_2-Lösung und Flußsäure. Es ergibt sich in allen Fällen eine möglichst klare Lösung der M. in verdünnter Salpetersäure.

Der eigentliche Nachweis und die quantitative Bestimmung der Metalle und Metalloide erfolgt mit physikalisch-chemischen Methoden als analytische Endstufen. Die gebräuchlichsten Verfahren sowie ihre physikalischen Meßprinzipien sind nachfolgend:

□ Atomabsorptionsspektrometrie (AAS)
– Elementspezifische Spektrallichtquelle
– Thermische Atomisierung und Anregung
– Messung der Strahlungsabsorption
□ Spektrometrie mit Plasmaanregung
– Ionisierung von Argon im Hochfrequenzfeld; dieses induktiv gekoppelte Plasma (ICP) ist Atomisierungs- und Anregungsmedium für die Probe

– Messung des Emissionsspektrums (ICP-OES) oder Messung des Massenspektrums (ICP-MS)
□ Polarographie
– Aufzeichnung von Strom/Spannungskurven bei Redox-Vorgängen an einer Quecksilbertropfelektrode
□ Röntgenfluoreszenzanalyse (RFA)
– Messung der elementspezifischen Röntgenstrahlung nach Anregung
□ Neutronenaktivierungsanalyse (NAA)
– Erzeugung von Radionukliden durch Kernreaktionen mit thermischen Neutronen
– Zerfall der Nuklide mit bekannter Halbwertszeit
– Messung der elementspezifischen Gammastrahlung.

Innerhalb der einzelnen Verfahren sind wiederum Spezialtechniken für die Analyse bestimmter Elemente oder zum Erzielen besonders niedriger Nachweisgrenzen entwickelt worden, z. B. bei der Atomabsorption die Graphitrohrtechnik (sehr niedrige Nachweisgrenzen), die Hydridtechnik (insbesondere für Metalle wie Arsen, Antimon und Selen) und die Flammentechnik zur sehr schnellen Analyse einiger Elemente, z. B. Kupfer. Besonders niedrige Nachweisgrenzen lassen sich auch erreichen, wenn das induktiv gekoppelte Plasma mit einem Massenspektrometer als Detektor gekoppelt wird (ICP-MS).

In der Routineanalytik cancerogener Metalle und Metalloide sind die Atomabsorptionsspektroskopie (AAS) und die Atomemissionsspektrometrie mit Plasmaanregung (ICP-OES) am weitesten verbreitet. Die AAS besticht nach wie vor durch niedrige Nachweisgrenzen bei Verwendung der Graphitrohr- und Hydridtechnik, durch vergleichsweise günstige Anschaffungs- und Betriebskosten und als betriebssicheres, relativ einfaches Routineverfahren. Die Hauptnachteile liegen in dem erforderlichen Aufschluß der Probe sowie in dem höheren Zeitaufwand bei Multielementbestimmungen (vom Prinzip her ist die AAS ein Einelementverfahren).

Demgegenüber weist die ICP-OES vergleichsweise hohe Anschaffungs- und Betriebskosten und für einige Elemente, z. B. Cadmium und Arsen, unter Umständen auch schlechtere Nachweisgrenzen gegenüber der Graphitrohr-AAS auf. Als Multielementverfahren ist sie jedoch vom Preis/Leistungsverhältnis die Methode der Wahl, wenn viele Elemente in vielen Proben bestimmt werden müssen.

Die Anwendung der RFA ist vor allem auf Grund der gerade bei cancerogenen Metallen und Metalloiden gestiegenen Anforderungen an →Nachweisgrenze und Unempfindlichkeit gegen Störeinflüsse etwas in den Hintergrund getreten, obwohl für die Messung mehrerer Elemente standardisierte Meßverfahren mit vertretbaren Nachweisgrenzen (z. B. 0,06 µg/m³ für Blei, jeweils 3,6 ng/m³ für Chrom und Nickel bei der Verwendung von Glasfaser- oder Membranfiltern) existieren.

Für die Anwendung der Polarographie und der Neutronenaktivierungsanalyse sind entweder besondere Erfahrungen oder das Vorhandensein einer Neutronenquelle erforderlich, so daß diese Verfahren hauptsächlich von einigen Forschungsinstituten angewendet werden.

Verfahrensvorschriften zur Bestimmung von M. im Staub finden sich unter anderem in umfangreicher Form in VDI 2267 (Bl. 2, 3, 4, 6, 7, 11, 12 E) und 2268 (Bl. 1–4). *Pfeffer*

Literatur: Analytische Chemie 1991, Nachr. Chem. Tech. Lab. **40** (1992), S. 146–154. – *Bruckmann, P.; H.-U. Pfeffer:* Immissionen von Metall- und Metalloid-Verbindungen, Meßverfahren und Außenluftkonzentrationen. VDI-Ber. 888. Düsseldorf, 1991. – James P. Lodge Jr. (Ed.): Methods of Air Sampling and Analysis. 3. Ed. Chelsea, Michigan 1989. – Nachr. Chem. Tech. Lab. **37** (1989), Sonderheft Spektroskopie. – VDI 2267: Stoffbestimmung an Partikeln in der Außenluft: Bl. 2: Messen der Blei-Massenkonzentration mit Hilfe der Röntgenfluoreszenzanalyse. 2/1983. – Bl. 3: Messen der Blei-Massenkonzentration mit Hilfe der Atomabsorptionsspektrometrie. 2/1983. – Bl. 4: Messen von Blei, Cadmium und deren anorganischen Verbindungen als Bestandteile des Staubniederschlages mit der Atomabsorptionsspektrometrie. 3/1987. – Bl. 6: Messen der Cadmium-Massenkonzentration mit der Atomabsorptionsspektrometrie. 3/1987. – Bl. 7: Messen von Thallium und seinen anorganischen Verbindungen als Bestandteile des Staubniederschlages mit der Atomabsorptionsspektrometrie. 11/1988. – Bl. 11: Messen der Blei-Massenkonzentration mit Hilfe der energiedispersiven Röntgenfluoreszenzanalyse. 1/1986. – Bl. 12: Messen der Massenkonzentration von Chrom, Eisen, Kupfer, Mangan, Nickel und Zink mit Hilfe der energiedispersiven Röntgenfluoreszenzanalyse. 11/1989. – VDI 2268: Stoffbestimmung an Partikeln; Bl. 1: Bestimmung der Elemente Ba, Be, Cd, Co, Cr, Cu, Ni, Pb, Sr, V, Zn in emittierten Stäuben mittels atomspektrometrischer Methoden. 4/1987. – Bl. 2: Bestimmung der Elemente Arsen, Antimon und Selen in emittierten Stäuben mittels Atomspektrometrie nach Abtrennung über ihre flüchtigen Hydride. 2/1990. – Bl. 3: Bestimmung des Thalliums in emittierten Stauben mittels Atomspektrometrie. 12/1988. – Bl. 4: Bestimmung der Elemente Arsen, Antimon und Selen in emittierten Stäuben mittels Graphitrohr-Atomabsorptionsspektrometrie. 5/1990.

Methacrylsäuremethylester.

□ Stoff-Identifizierungs-Nr.:
CAS-Nr.: 80-62-6
EG-Nr.: 607-035-00-6
UN-Nr.: 1247
EINECS-Nr.: 201-297-1
– Chemische Formel: $C_5H_8O_2$
□ Stoffcharakteristik: Farblose, wasserklare, wenig wasserlösliche, leicht siedende und leicht entzündliche Flüssigkeit mit unangenehmem Geruch. Dämpfe viel schwerer als Luft, bilden mit Luft explosionsfähiges Gemisch.

□ Gefahrenmerkmale:
– Stoffliste nach § 4 a der →Gefahrstoffverordnung:
Gefahrenkennbuchstabe(n): F, Xi
R-Sätze: 11-36/38/39-43
S-Sätze: 2-9-16-29-33
– Arbeitsschutzwerte nach TRGS 900: →MAK-Wert (mg/m³): 210
– Stoffliste (Anhang II) der →Störfall-Verordnung: Nr. 2
– →Wassergefährdungsklasse: WGK 1
– Emissionswerte: →TA Luft Einstufung: 3.1.7 Klasse II *Fischer/M. Schön*

Methamidophos.

□ Stoff-Identifizierungs-Nr.:
CAS-Nr.: 10265-92-6
EG-Nr.: 015-095-00-4
UN-Nr.: 3018
EINECS-Nr.: 233-606-0
– Chemische Formel: $C_2H_8NO_2PS$
□ Stoffcharakteristik: Farblose, kristalline, merkaptanartig riechende Substanz, gut löslich in Wasser.
□ Gefahrenmerkmale:
– Stoffliste nach § 4 a der →Gefahrstoffverordnung:
Gefahrenkennbuchstabe(n): T+
R-Sätze: 24-28-36
S-Sätze: 1/2-22-28-36/37-45
– Stoffliste (Anhang II) der →Störfall-Verordnung: Nr. 194 und 4 b
– →Wassergefährdungsklasse: WGK 3
Fischer/M. Schön

Methan. M. (CH_4) ist der einfachste Kohlenwasserstoff und mit ca. 84 % Hauptbestandteil des trockenen Erdgases. Darüber hinaus tritt M. als →Grubengas, eingeschlossen in Kohlenflözen, und als Sumpfgas durch anaerobe Vergärung von Cellulose auf. Durch analoge Prozesse wird es auch im Pansen von Wiederkäuern oder z. B. beim Abbau von Klärschlamm (→Klärgas) oder beim Abbau von Abfällen in Deponien (→Deponiegas) gebildet.

M. findet vielseitige Verwendung, z. B. als Bestandteil im Erdgas für Heizzwecke oder als Synthesegas zur industriellen Herstellung von Ruß, Gummi, Acetylen usw. Durch Erdgasgewinnung und -nutzung werden weltweit ca. 35–45 Mio. t M. freigesetzt, durch Kohlegewinnung und -nutzung ca. 25–35 Mio. t.

Neben Kohlendioxid, Kohlenmonoxid, Stickstoffoxiden und anderen flüchtigen organischen Verbindungen (VOC) trägt auch M. zum →Treibhauseffekt bei. M. hat im Vergleich mit CO_2 ein um den Faktor 21 höheres Treibhauspotential (volumenbezogen). Der Anteil des M. am zusätzlichen Treibhauseffekt wird mit 13 % angegeben.

Etwa 80 % der anthropogenen M.-Freisetzung entfallen auf nichtfossile Quellen wie Reisanbau,

Nutztierhaltung, Mülldeponien und Verbrennung von →Biomasse. Ein Anteil von 20 % wird der Nutzung fossiler Energieträger zugerechnet.

Messungen des M.-Gehalts in der Atmosphäre zeigen deutliche Zuwachsraten (→Anstieg von Spurengasen). Eine Verminderung der M.-Emissionen aus anthropogenen Quellen kann z. B. durch Verringerung der Leckagen bei der Erdgasgewinnung und -nutzung sowie durch verbesserte Ausnutzung von Grubengas, →Biogas und Deponiegas erreicht werden. Gegenwärtig werden lediglich 60–70 % des abgesaugten Grubengases in Deutschland genutzt. Neuartige Verfahren zur M.-Anreicherung, z. B. mit Hilfe von Molekularsieben, ermöglichen, aus dem abgesaugten Grubengas einen höherwertigen Energieträger herzustellen, der in Kraftwerken oder Kokereien verwertet werden könnte.   *B. Krause*

Literatur: Enquête-Kommission des Deutschen Bundestages: Vorsorge zum Schutz der Erdatmosphäre; Dritter Bericht zum Thema ‚Schutz der Erde‘. Bundestags-Drucksache 11/8030 vom 24. 5. 1990.

Methanol.
□ Stoff-Identifizierungs-Nr.:
CAS-Nr.: 67-56-1
EG-Nr.: 603-001-00-X
UN-Nr.: 1230
EINECS-Nr.: 200-659-6
– Chemische Formel: CH_4O
□ Stoffcharakteristik: Farblose, leicht bewegliche, flüchtige, leicht entzündliche, giftige mit Wasser mischbare Flüssigkeit mit angenehmen bis stechendem Geruch. Dämpfe etwas schwerer als Luft, bilden mit Luft explosives Gemisch.
□ Gefahrenmerkmale:
– Stoffliste nach § 4a der →Gefahrstoffverordnung:
Gefahrenkennbuchstabe(n): F, T
R-Sätze: 11-23/25
S-Sätze: 1/2-7-16-24-45
– Arbeitsschutzwerte nach TRGS 900: →MAK-Wert (mg/m³): 260; →BAT-Wert: 30 mg/l Methanol im Harn
– Stoffliste (Anhang II) der →Störfall-Verordnung: Nr. 2 und 4c
– →Wassergefährdungsklasse: WGK 1
– Emissionswerte: →TA Luft Einstufung: 3.1.7 Klasse III   *Fischer/M. Schön*

Methansulfonsäure.
M. (MSA, CH_3SO_2OH) ist zusammen mit Schwefeldioxid und Formaldehyd ein wichtiges Produkt der Dimethylsulfid-Oxidation durch OH- und NO_3-Radikale. Auf Grund ihres geringen Dampfdrucks verbleibt die aus der DMS-Oxidation hervorgehende M. nicht in der Gasphase, sondern liegt im wesentlichen in Form von Methansulfonatpartikeln vor. MSA-Konzentrationen zwischen 5 und 24 pptV sind in der maritimen Atmosphäre gemessen worden. Sowohl Sulfat- als auch MSA-Partikel können als Wolkenkondensationskerne (CCN) wirken bzw. in Hydrometeore inkorporiert werden. Die mögliche Klimabeeinflussung durch Sulfat- und MSA-Partikel (→Schwefelkreislauf) anthropogenen und biogenen Ursprungs wird derzeit noch kontrovers diskutiert.   *Barnes*

Literatur: *Saltzman and Cooper, W. J.* (Ed.): Biogenic Sulfur in the Environment; American Chemical Society, Symposium Series 393, Washington, DC 1989.

Methidathion.
□ Stoff-Identifizierungs-Nr.:
CAS-Nr.: 950-37-8
EG-Nr.: 015-069-00-2
UN-Nr.: 3018
EINECS-Nr.: 213-449-4
– Chemische Formel: $C_6H_{11}N_2O_4PS_3$
□ Stoffcharakteristik: Farbloser, kristalliner Feststoff mit schwachem, schwefelwasserstoffähnlichem Geruch, kaum löslich in Wasser, gut löslich in Benzol, Xylol und Methanol.
□ Gefahrenmerkmale:
– Stoffliste nach § 4a der →Gefahrstoffverordnung:
Gefahrenkennbuchstabe(n): T+
R-Sätze: 21-28
S-Sätze: 1/2-22-28-36/37-45
– Stoffliste (Anhang II) der →Störfall-Verordnung: Nr. 196 und 4b
– →Wassergefährdungsklasse: WGK 3
     Fischer/M. Schön

4-Methoxy-1,3-Benzdiamin.
□ Stoff-Identifizierungs-Nr.:
CAS-Nr.: 615-05-4
EINECS-Nr.: 210-406-1
– Chemische Formel: $C_7H_{10}N_2O$
□ Stoffcharakteristik: Farblose Nadeln, löslich in Alkohol und heißem Ether.
□ Gefahrenmerkmale:
– Besondere Stoffeigenschaften nach TRGS 500: krebserzeugend: MAK-Gruppe III A2
– Stoffliste (Anhang II) der →Störfall-Verordnung: Nr. 102
– Emissionswerte: TA Luft Einstufung: 2.3 (gemäß MAK-Liste)   *Fischer/M. Schön*

2-Methoxyethanol.
□ Stoff-Identifizierungs-Nr.:
CAS-Nr.: 109-86-4
EG-Nr.: 603-011-00-4
UN-Nr.: 1188
EINECS-Nr.: 203-713-7
– Chemische Formel: $C_3H_8O_2$
□ Stoffcharakteristik: Farblose, neutrale, schwer flüchtige, hygroskopische, mit Wasser mischbare Flüssigkeit. Dämpfe viel schwerer als Luft, bilden

bei erhöhter Temperatur mit Luft explosionsfähiges Gemisch.

□ Gefahrenmerkmale:
– Stoffliste nach § 4 a der →Gefahrstoffverordnung:
Gefahrenkennbuchstabe(n): T
R-Sätze: 60-61-10-20/21/22-45
S-Sätze: 53-45
– Besondere Stoffeigenschaften nach TRGS 500: fortpflanzungsgefährdend: EG-Kat. 2
– Arbeitsschutzwerte nach TRGS 900: →MAK-Wert (mg/m³): 15
– Stoffliste (Anhang II) der →Störfall-Verordnung: Nr. 3 und 4 c
– Emissionswerte: TA Luft Einstufung: 3.1.7. Klasse II   *Fischer/M. Schön*

Methylbromid.

Luftchemie. M., Summenformel CH_3Br, zählt zu den wichtigsten teilhalogenierten Kohlenwasserstoffen (Organo-Halogenverbindung). Der Ozean wird als Hauptquelle für CH_3Br angesehen, mit einer Quellenstärke von 0,3 Millionen t/a. CH_3Br wird auch kommerziell hergestellt mit einer Produktionsrate von schätzungsweise 0,03 Millionen t/a. Der Hauptanteil dieser Produktion (50–75 %) gelangt in die Atmosphäre. Der Mechanismus der CH_3Br-Bildung im Ozean ist unklar. Ebenso wie für →Methylchlorid wird diskutiert, daß CH_3Br bei der Reaktion von Br-Ionen mit Methyljodid entstehen kann.

Die Hauptsenke für CH_3Br in der Atmosphäre ist die Reaktion mit OH-Radikalen unter Bildung von Formylbromid.

Die atmosphärische Lebensdauer von CH_3Br bezüglich OH-Reaktion beträgt etwa 1,7 Jahre. Formylbromid wird wahrscheinlich in der Atmosphäre an feuchten Oberflächen unter Bildung von Bromwasserstoff (HBr) und Ameisensäure (HCOOH) hydrolysiert.   *Barnes*

Umweltrelevante Stoffdaten.
□ Stoff-Identifizierungs-Nr.:
CAS-Nr.: 74-83-9
EG-Nr.: 602-002-00-2
UN-Nr.: 1062
EINECS-Nr.: 200-813-2
– Chemische Formel: CH_3Br
□ Stoffcharakteristik: Farbloses, sehr giftiges, schwer brennbares Gas, schwerer als Luft, kann leicht zu einer farblosen, wasserunlöslichen, sehr flüchtigen Flüssigkeit verdichtet werden.
□ Gefahrenmerkmale:
– Stoffliste nach § 4 a der →Gefahrstoffverordnung:
Gefahrenkennbuchstabe(n): T
R-Sätze: 23-36/37/38-40
S-Sätze: 1/2-15-27-36/37/39-38-45

– Besondere Stoffeigenschaften nach TRGS 500: krebserzeugend: MAK-Gruppe III B
– Stoffliste (Anhang II) der →Störfall-Verordnung: Nr. 53 und 4 c
– →Wassergefährdungsklasse: WGK 3
– Emissionswerte: →TA Luft Einstufung: 3.1.7 Klasse I   *Fischer/M. Schön*

Methylchlorid.

M., Summenformel CH_3Cl, ist das am weitesten verbreitete Halomethan (Organo-Halogenverbindung) in der Atmosphäre. Biologische Prozesse im Ozean stellen die wichtigsten Quellen von CH_3Cl dar. Geringe Mengen CH_3Cl stammen auch aus anthropogenen Quellen wie Waldbrände und Verbrennung von Kohle und Reisstroh. CH_3Cl ist auch ein industrielles Zwischenprodukt für die Synthese von FCKW 11 ($CFCl_3$) und FCKW 12 (CF_2Cl_2) sowie H-FCKW 22. Das Verhältnis der natürlichen zu anthropogenen Quellen wird auf 200 : 1 geschätzt. Der Mechanismus der CH_3Cl-Bildung im Ozean ist nicht klar. Es wird zur Zeit diskutiert, daß die Reaktion von Cl-Ionen mit Methyljodid zur Bildung von CH_3Cl führen kann.

Aus Messungen und Modellrechnungen ergibt sich eine globale troposphärische Konzentration von 600–700 pptV, was einer Quellenstärke von etwa 5 Millionen Tonnen Chlor pro Jahr entspricht. Das CH_3Cl wird wahrscheinlich, analog zum Methan, durch Reaktion mit OH-Radikalen unter Bildung von Formylchlorid abgebaut:

$$CH_3Cl + OH \rightarrow CH_2Cl + H_2O$$
$$CH_2Cl + O_2 + M \rightarrow CH_2ClO_2 + M$$
$$CH_2ClO_2 + NO \rightarrow CH_2ClO + NO_2$$
$$CH_2ClO + O_2 \rightarrow CHClO \text{ (Formylchlorid)} + HO_2$$

Die atmosphärische Lebensdauer von CH_3Cl bezüglich der OH-Reaktion beträgt etwa 1,5 Jahre. Die atmosphärischen Abbauwege von Formylchlorid sind noch weitgehend unbekannt, es wird vermutet, daß es in Gegenwart von Wasser in der homogenen Gasphase hydrolysiert und insbesondere heterogen an feuchten Oberflächen (Aerosolen und Nebeltröpfchen) Salzsäure (HCl) und Ameisensäure (HCOOH) bildet.   *Barnes*

4,4'-Methylenbis(2-Chloranilin).

□ Stoff-Identifizierungs-Nr.:
CAS-Nr.: 101-14-4
EG-Nr.: 612-078-00-9
EINECS-Nr.: 202-918-9
– Chemische Formel: $C_{13}H_{12}Cl_2N_2$
□ Stoffcharakteristik: Bräunliche Plättchen, nahezu unlöslich in Wasser, löslich in Alkohol und Ether, löslich in den meisten organischen Lösungsmitteln.

□ Gefahrenmerkmale:
– Stoffliste nach § 4a der →Gefahrstoffverordnung:
Gefahrenkennbuchstabe(n): T
R-Sätze: 45-22
S-Sätze: 53-45
– Arbeitsschutzwerte nach TRGS 900: →TRK-Wert (mg/m^3): 0,02
– Stoffliste (Anhang II) der →Störfall-Verordnung: Nr. 198 und 4c
– Emissionswerte: TA Luft Einstufung: 2.3 (gemäß MAK-Liste)   *Fischer/M. Schön*

Methylethylketon.

□ Stoff-Identifizierungs-Nr.:
CAS-Nr.: 78-93-3
EG-Nr.: 606-002-00-3
UN-Nr.: 1193
EINECS-Nr.: 201-159-0
– Chemische Formel: C_4H_8O
□ Stoffcharakteristik: Farblose, mäßig wasserlösliche, leicht entzündliche und leicht flüchtige Flüssigkeit mit acetonähnlichem Geruch. Leichter als Wasser. Dämpfe schwerer als Luft, bilden mit Luft explosionsfähiges Gemisch.
□ Gefahrenmerkmale:
– Stoffliste nach § 4a der →Gefahrstoffverordnung:
Gefahrenkennbuchstabe(n): F, Xi
R-Sätze: 11-36/37
S-Sätze: 2-9-16-25-33
– Arbeitsschutzwerte nach TRGS 900: →MAK-Wert (mg/m^3): 590
– Stoffliste (Anhang II) der →Störfall-Verordnung: Nr. 2
– →Wassergefährdungsklasse: WGK 1
– Emissionswerte: →TA Luft Einstufung: 3.1.7 Klasse III   *Fischer/M. Schön*

Methylisocyanat.

□ Stoff-Identifizierungs-Nr.:
CAS-Nr.: 624-83-9
EG-Nr.: 615-001-00-7
UN-Nr.: 2480
EINECS-Nr.: 210-866-3
□ Chemische Formel: C_2H_3NO
□ Stoffcharakteristik: Farblose, leicht flüchtige, hochentzündliche Flüssigkeit mit stechendem, zu Tränen reizendem Geruch. Wird durch Wasser zersetzt, reagiert intensiv mit zahlreichen organischen Verbindungen und starken Oxydationsmitteln. Dämpfe schwerer als Luft, bilden mit Luft explosionsfähiges Gemisch.
□ Gefahrenmerkmale:
– Stoffliste nach § 4a der →Gefahrstoffverordnung:
Gefahrkennbuchstabe(n): F+, T
R-Sätze: 12-23/24/25-36/37/38
S-Sätze: 1/2-9-30-43-45

– Arbeitsschutzwerte nach TRGS 900: →MAK-Wert (mg/m^3): 0,025
– Stoffliste (Anhang II) der →Störfall-Verordnung: Nr. 199 und 4c   *Fischer/M. Schön*

Methylisothiocyanat.

□ Stoff-Identifizierungs-Nr.:
CAS-Nr.: 556-61-6
EG-Nr.: 615-002-00-2
UN-Nr.: 2477
EINECS-Nr.: 209-132-5
– Chemische Formel: C_2H_3NS
□ Stoffcharakteristik: Farblose Flüssigkeit mit stechendem, meerrettichähnlichem Geruch, schwach löslich in Wasser, löslich in den meisten organischen Lösungsmitteln, bildet gefährliche Zersetzungsprodukte.
□ Gefahrenmerkmale:
– Stoffliste nach § 4a der →Gefahrstoffverordnung:
Gefahrenkennbuchstabe(n): T
R-Sätze: 23/25-34-43
S-Sätze: 1/2-36/37-38-45
– Stoffliste (Anhang II) der →Störfall-Verordnung: Nr. 200 und 4c
– →Wassergefährdungsklasse: WGK 3
                  Fischer/M. Schön

Methyljodid.

Luftchemie. M., Summenformel CH_3I, ist die einzige nachgewiesene organische Iodverbindung in der Atmosphäre und wird hauptsächlich vom Ozean emittiert. Als Vorstufe für die Bildung von CH_3I im Meerwasser wird die Biosynthese von Trialkylsulfoniumjodid angenommen. Die daraus zu erwartende Korrelation zwischen M. und natürlichem Dimethylsulfid muß allerdings erst noch nachgewiesen werden.

Die mittlere atmosphärische CH_3I-Konzentration liegt bei etwa 2 pptV in beiden Hemisphären, und die globale M.-Emission wird auf 0,5 Millionen t/a geschätzt.

M. wird schnell in der →Troposphäre photolysiert und hat deshalb eine atmosphärische Lebensdauer von nur wenigen Tagen. Es wird vermutet, daß die Reaktionen von Cl⁻- und Br⁻-Ionen mit CH_3I im Meerwasser zur Bildung von →Methylchlorid bzw. →Methylbromid führen:

$$CH_3I + Cl^-(Br^-) \rightarrow CH_3Cl(Br) + I^-$$

Der Bildungsmechanismus ist nicht eindeutig nachgewiesen worden, weil bis jetzt keine Korrelation zwischen den Konzentrationen von CH_3I und CH_3Cl bzw. CH_3Br im Meer festgestellt werden konnte.   *Barnes*

Umweltrelevante Stoffdaten.

□ Stoff-Identifizierungs-Nr.:
CAS-Nr.: 74-88-4

EG-Nr.: 602-005-00-9
UN-Nr.: 2644
EINECS-Nr.: 200-819-5
– Chemische Formel: CH_3I
□ Stoffcharakteristik: Farblose, wasserlösliche, wenig narkotisch wirkende Flüssigkeit.
□ Gefahrenmerkmale:
– Stoffliste nach § 4a der →Gefahrstoffverordnung:
Gefahrenkennbuchstabe(n): T
R-Sätze: 21-23/25-37/38-40
S-Sätze: 1/2-36/37-38-45
– Besondere Stoffeigenschaften nach TRGS 500: krebserzeugend: EG-Kat. 3
– Arbeitsschutzwerte nach TRGS 900: →TRK-Wert (mg/m^3): 2
– Stoffliste (Anhang II) der →Störfall-Verordnung: Nr. 182 und 4c
– Emissionswerte: →TA Luft Einstufung: 3.1.7 Klasse I   *Fischer/M. Schön*

Mevinphos.
□ Stoff-Identifizierungs-Nr.:
CAS-Nr.: 7786-34-7
EG–Nr.: 015-020-00-5
EINECS-Nr.: 232-095-1
□ Chemische Formel: $C_7H_{13}O_6P$
□ Stoffcharakteristik: In reiner Form farblose, als technisches Produkt gelblich-orangefarbene Flüssigkeit, in Wasser und den üblichen organischen Lösungsmitteln gut löslich.
□ Gefahrenmerkmale:
– Stoffliste nach § 4a der →Gefahrstoffverordnung:
Gefahrenkennbuchstabe(n): T+
R-Sätze: 27/28
S-Sätze: 1/2-23-28-36/37-45
– Arbeitsschutzwerte nach TRGS 900: →MAK-Wert (mg/m^3): 0,1
– Stoffliste (Anhang II) der →Störfall-Verordnung: Nr. 204 und 4c
– →Wassergefährdungsklasse: WGK 3
Fischer/M. Schön

MI-Wert →Maximaler Immissions-Wert

MID. Abk. für Maximale Immissions-Dosis (→Maximaler Immissions-Wert). MID-Werte sind auf Akzeptorkörper oder -flächen bezogen und werden angegeben als Verhältnis der aus der Außenluft aufgenommenen Masse Schadstoff zur Masse der Akzeptorsubstanz (z. B. mg/kg) bzw. zur Akzeptorfläche (z. B. mg/m^2). Ein Beispiel für die Anwendung von MID-Werten sind die Schadstoffbegrenzungen in Futtermitteln für Nutztiere. Dabei wird davon ausgegangen, daß sich emittierte Schadstoffe, etwa Nickel oder Zink, staubförmig auf oberirdischen Futterpflanzenteilen oder auf dem Boden niederschlagen und direkt bzw. über den Transfer

Boden/Pflanze das Futter kontaminieren. Die Angabe der MID-Werte zum Schutz der Nutztiere erfolgt in Schadstoffmasse pro Futtereinheit der Gesamtfutterration (z. B. mg/kg Futter) und oft zusätzlich – entsprechend umgerechnet – in Schadstoffmasse bezogen auf die Körpermasse der Tiere und den Aufnahmezeitraum (z. B. mg/kg Körpermasse und Tag). So gibt z. B. die VDI 2310 Bl. 31 die MID-Werte für Zink zum Schutz landwirtschaftlicher Nutztiere wie folgt an:

Tierart	MID (mg/kg Futter mit 88% Trockenmasse)	entspricht etwa einer Zink-Dosis (mg/kg Körpermasse und Tag)
Rind	500	20
Schaf	300	15
Schwein	1 000	30 bis 40
Huhn	1 000	60 bis 80

Dreyhaupt

Literatur: VDI 2309 Bl. 1: Ermittlung von Maximalen Immissions-Werten, Grundlagen. März 1983. – VDI 2310 Bl. 31: Maximale Immissionswerte; Maximale Immissions-Werte für Zink zum Schutz der landwirtschaftlichen Nutztiere. Juli 1991. – (Entsprechende Richtlinien für andere Schadstoffe: VDI 2310 Bl. 26: . . . für Fluoride . . .; Dez. 1987, Bl. 27 E: . . . für Blei . . .; Dez. 1983, Bl. 28 E: . . . für Cadmium . . .; März 1990, Bl. 29 E: . . . für Thallium . . .; Jan. 1992, Bl. 30: . . . für Nickel . . .; Juli 1991, Bl. 33 E: . . . für Quecksilber in organischer Bindungsform . . .; Sept. 1992, Bl. 34 E: . . . für Vanadium . . .; Sept. 1992).

MIK. Abk. für Maximale Immissions-Konzentration (→Maximaler Immissions-Wert). MIK-Werte sind angegeben im Verhältnis Masse Schadstoff zu Volumen Luft, z. B. in mg/m^3.

MIK-Werte werden stets mit Bezug auf
– das jeweilige Schutzgut, z. B. Mensch oder Vegetation (in letzterem Falle mit Unterscheidung in sehr empfindliche, empfindliche und weniger empfindliche Pflanzen), sowie
– die unterschiedliche Dauer der Einwirkung (z. B. kurzzeitig, langzeitig, Vegetationsperiode) als Mittelwerte angegeben.

Nicht berücksichtigt ist in den MIK-Wert-Angaben die in der Immissionsmeß- und Beurteilungspraxis auftretende räumliche und zeitliche Heterogenität (Beurteilungsgebiet, Beurteilungszeitraum [→Immissionswert TA Luft]); der Anwender der MIK-Werte muß im Einzelfall Beurteilungsgebiet und Beurteilungszeitraum in eigener Verantwortung festlegen.   *Dreyhaupt*

Literatur: VDI 2309 Bl. 1: Ermittlung von Maximalen Immissions-Werten. Grundlagen. März 1983. – VDI 2310 Bl. 3: Maximale Immissions-Werte zum Schutz der Vegetation; Maximale Immissions-Konzentrationen für Fluorwasserstoff;

Dez. 1989, Bl. 6: ... für Ozon; April 1989, Bl. 11: Maximale Immissions-Werte zum Schutz des Menschen; Maximale Immissions-Konzentrationen für Schwefeldioxid; Aug. 1984, Bl. 12: ... für Stickstoffdioxid; Juni 1985, Bl. 15: ... für Ozon (und photochemische Oxidantien); April 1987, Bl. 19: ... für Schwebstaub; April 1992.

Mikrobiologie. Als Wissenschaft von den Mikroorganismen, Pilzen und Viren, ist die M. Teilgebiet der Biologie. Vor allem durch die Kleinheit ihrer Untersuchungsobjekte bedingt, bedient sich die M. spezieller Arbeitsmethoden zur Isolation der Mikroorganismen, ihrer Identifizierung und Untersuchung. Besonders wichtige Voraussetzungen dazu sind geeignete Kulturbedingungen, Steriltechnik, Nährböden, physiologische, serologische und immunologische Verfahren.

Die allgemeine M. befaßt sich mit grundsätzlichen Problemen der Morphologie und Zytologie, Physiologie, →Biochemie, Genetik, Systematik und Taxonomie, der Phylogenie und →Ökologie der Mikroorganismen. Sie hat viel zur Entdeckung biologischer Grundvorgänge beigetragen, so vor allem in der molekularen Genetik (→Molekularbiologie).

Die angewandte M. hat praktische Bedeutung für:
– die Medizin (medizinische M., Bakteriologie, Virologie, Mykologie, Hygiene),
– die Landwirtschaft (Boden-M., Pflanzenpathologie),
– die Nahrungsmittel- und Getränkeherstellung (Hefen, Gärung),
– die pharmazeutische Industrie (Antibiotikaproduktion) und
– die industrielle M. und →Biotechnologie (Fermentation, →Abwasserreinigung).

Der Beginn der M. war eng mit der Entwicklung der Mikroskopie verbunden, wodurch die Mikroorganismen optisch nachgewiesen werden konnten. Zum selbständigen Wissenschaftsgebiet entwickelte sie sich Mitte des 19. Jahrhunderts bis Anfang des 20. Jahrhunderts u. a. durch das Wirken von *L. Pasteur* und *R. Koch.* Während dieser Zeit wurden wesentliche mikrobiologische Arbeitsmethoden entwickelt (Nährbodentechnik, Reinkulturen, Färbungen für die mikroskopische Untersuchung), physiologische Zusammenhänge in den Grundzügen erkannt (Gärung, Symbiose, Stickstoffbindung) und die Erreger verschiedener Infektionskrankheiten entdeckt (z. B. Malaria, Milzbrand, Lepra, Tuberkolose). *Maghon*

Mikroelektronik im Umweltschutz. Die M. hat im Umweltschutz bereits zahlreiche Anwendungen gefunden. Sie spielt eine zentrale Rolle bei den Luft- und Gewässermeßnetzen, beim Nachweis kleinster Schadstoffmengen im Labor und mit portablen Meßgeräten, bei der Vorausberechnung von Belastungsentwicklungen und trägt mit Hilfe von Simulationsmodellen zur Erklärung erkannter Phänomene bei.

Mikroelektronische Systeme helfen, Störfälle zu vermeiden, die Transporte gefährlicher Güter und deren ordnungsgemäße Entsorgung zu überwachen, unterstützen bei der Gefahrenabwehr in Notsituationen, wie zum Beispiel bei Smog-Episoden oder Unfällen mit gefährlichen Stoffen. Sie lenken den Straßenverkehr so, daß Stauungen und Unfälle vermieden werden und ermöglichen nicht zuletzt, Produktionsprozesse mit niedrigen Emissionen zu betreiben und den Verbrauch von Rohstoffen und Energie so gering wie möglich zu halten.

M. ist der Oberbegriff für Integrierte Schaltungen (IC) und andere miniaturisierte Halbleiterbauelemente. Dabei ist für die Anwendungen im Umweltschutz weniger der technische Aufbau der Bauelemente bedeutsam als vielmehr die Funktionen, welche mit ihrer Hilfe realisiert werden können. Die M. kann über die →Meß-, Steuer- und Regelungstechnik (MSR) und mit Hilfe von →Informations- und Kommunikationstechniken (IuK) zum Umweltschutz beitragen.

Bezüglich des Umweltschutzes sind deutliche Unterschiede beim Entwicklungsstandard der Hardwarekomponenten festzustellen. Während nur in Ausnahmefällen neue M.-Anwendungen an mangelnder Leistungsfähigkeit verfügbarer Prozessoren scheitern, gibt es ein deutliches Defizit bei den verfügbaren Meßwertaufnehmern und hier insbesondere an kostengünstiger →Sensorik. Der Entwicklungsstand der übrigen Hardwarekomponenten von Automatisierungs-, Leit- sowie Informations- und Kommunikationssystemen, das sind Prozessoren, Massenspeicher, frei konfigurierbare digitale Kompaktregler, speicherprogrammierbare Steuerungen, Prozeßrechner, intelligente Stellglieder (Aktoren), Ein- und Ausgabegeräte, ist so weit fortgeschritten, daß deren Leistungsfähigkeit Umweltschutzanwendungen – mit wenigen Ausnahmen – nicht in frage stellt.

Zu den Ausnahmen zählen die prozeßnahe Bildanalyse und Mustererkennungsverfahren unter Echtzeitbedingungen. Für die hierbei on-line zu verarbeitenden Datenmengen reicht die Leistungsfähigkeit der mit vertretbarem wirtschaftlichem Aufwand zu realisierenden Prozeßrechner noch nicht aus. Nicht zuletzt stößt auch die Anwendung großer Simulationsmodelle im Umweltbereich (z. B. von mehrdimensionalen Ausbreitungsmodellen) auf vor Ort installierten Rechnern an die Grenzen der Leistungsfähigkeit, die mit vertretbarem Aufwand anwendernah zu realisieren ist. Diese Grenzen werden besonders dann rasch erreicht, wenn die Modelle dialogfähig sein sollen, und in noch stärkerem Maße im Echtzeitbetrieb, z. B. zur Prognose des Ausbreitungsverhaltens von Gefahrstoffen nach Störfällen. Die hohe Flexibilität, die mikroelektronische Komponenten aufweisen, stellen höchste Anforderungen an die Softwareentwicklung. Dementsprechend steigt seit Jahren der Anteil der Software an den Systemkosten.

Oft sind die Beiträge der M. zum Umweltschutz nur marginal und liegen im Prozentbereich, wenn z. B. durch eine verbesserte Regelung ein Prozeß näher am verfahrenstechnisch optimalen Betriebspunkt arbeiten kann. Ein Beispiel hierfür ist die sauerstoffgeführte Brennerregelung.

Allerdings vermag die M. in einigen Fällen auch beträchtliche Emissionsminderungen zu bewirken. Die Tabellen 1 und 2 enthalten einige Beispiele dafür. Sie lassen erkennen, welch herausragende Rolle die M. für die Implementation von integrierten Umwelttechniken spielt, die aus vielerlei Gründen den additiven (End-of-Pipe)-Techniken vorzuziehen sind.

Mikroelektronik im Umweltschutz. Tabelle 1: Emissionsminderungen, die mit verfügbaren mikroelektronischen Systemen erzielt werden. Die Zahlen sind bezogen auf die einzelne Anlage.

Technische Maßnahme	Anlagenbezogene Auswirkungen
Geregelter Drei-Wege-Katalysator in Kraftfahrzeugen mit Ottomotoren	90 % Minderung der Emissionen von NO, CO, Kohlenwasserstoffen
Drehzahlstellung von Drehstrommotoren	50 % Stromeinsparungen bei halber Fördermenge gegenüber einer Drosselregelung
Elektronische Vorschaltgeräte in Leuchtstofflampen	25 % Stromeinsparung gegenüber konventioneller Drossel

Mikroelektronik im Umweltschutz. Tabelle 2: Potentiale für Emissionsminderungen, die mit mikroelektronischen Systemen erzielt werden können. Die Zahlen sind bezogen auf die einzelne Anlage.

Technische Maßnahme	Anlagenbezogene Auswirkungen
Adaptive Regelung von Destillationskolonnen	7–8 % Energieeinsparung
Ausqualmregelung an UHP-Elektrolichtbogenöfen bei der Stahlherstellung	3 % Stromeinsparung
Vergleichmäßigung der zeitlichen Temperaturschwankungen in Zementdrehrohröfen	15 % Minderung der NO-Emissionen
Reduktion der Verbrennungsluftmenge in Zementdrehrohröfen	20 % Minderung der NO-Emissionen
Reduktion der Verbrennungsluftmenge in Glasschmelzwannen	70 % Minderung der NO-Emissionen
Verbesserte Sensorik, Einsatz von Regelmodellen in Glasschmelzwannen	20–30 % Rohstoffeinsparung
Einsatz kapazitiver Meßköpfe zur on-line-Erfassung der Dicke von Kunststoff-Folien	2–10 % Rohstoffeinsparung
On-line-Kontrolle von chemischen Nickelbädern in Galvaniken durch Messung von pH-Wert und Nickelgehalt	Verdreifachung der Standzeit der Bäder
Entwicklung intelligenter Spritzroboter für Lackieranlagen	25–30 %-Punkte Verbesserung des Auftragswirkungsgrades gegenüber manuellem Spritzen
Verbesserung der Leittechnik bei Industrie- und Kraftwerksfeuerungen	10–20 % Minderung der SO_2- und NO_x-Emissionen
Verbesserung der Regelungstechnik beim Hausbrand	10 % Minderung der CO_2-Emissionen
Automatische Abstandsregelung von Kraftfahrzeugen	Steigerung des Fahrzeugdurchsatzes auf Fernstraßen um den Faktor 2 bis 3
Mikroelektronische Waschmitteldosierung beim Komponentenwaschverfahren	50 % Waschmitteleinsparung, 10 % Einsparung von Energie und Wasser

Zunehmende Bedeutung kommt der M. auch für die Steuerung des Individualverkehrs zu, der sich mehr und mehr zum vordringlichen Umweltproblem entwickelt. Hierbei ist insbesondere die technische Entwicklung von Verkehrsleitsystemen weit fortgeschritten. Nach vorliegenden Schätzungen dienen 75 % des Innenstadtverkehrs in Ballungsgebieten allein der Parkplatzsuche. Hier können mit fortgeschrittenen Leitsystemen, erhebliche Verbesserungen der Umweltqualität erzielt werden.

Die M. spielt bei der Bekämpfung der CO_2-Emissionen eine zentrale Rolle, die in der Bundesrepublik Deutschland bis zum Jahre 2005 gegenüber dem Stand von 1987 um 25–30 % vermindert werden sollen. Sie ist ein Mittel, die Energieeffizienz von Maschinen und Anlagen zu verbessern und damit den Energieverbrauch und die CO_2-Emissionen herabzusetzen. Dabei ist bedeutsam, daß diese Verbesserungen mit Hilfe von (prozeß-)integrierten Techniken erzielt werden. In einem 1982 vorgelegten Forschungsvorhaben wurden die durch die M. erzielbaren Endenergieeinsparungen auf 8–9 % des damaligen bundesrepublikanischen Endenergieverbrauchs geschätzt. Zwar sind in der Zwischenzeit eine Reihe von damals noch vorhandenen Einsparpotentialen ausgeschöpft worden, auf der anderen Seite wurden aber M.-Anwendungen neu erschlossen oder durch die Verbilligung von Komponenten neue Marktsektoren aufgetan. Die genannte prozentuale Einsparung mag daher heute noch als Richtwert für die alten Bundesländer dienen. In den neuen Ländern ist das Potential erheblich höher.

Den Gewinnen an Umweltqualität, welche die M. ermöglicht, können Belastungen bei der Herstellung von elektronischen Bauelementen und der Entsorgung von →Elektronikschrott gegenüberstehen. *Angerer*

Literatur: *Angerer, G.; H. Hiessl* et al.: Umweltschutz durch Mikroelektronik – Anwendungen, Chancen, Forschungs- und Entwicklungsbedarf. Berlin–Offenbach 1991. – BMFT-Forschungsbericht T 82-022: Möglichkeiten der Energieeinsparung durch die Mikroelektronik. FIZ Energie, Physik, Mathematik. Karlsruhe 1982.

Mikroklima. Im Gegensatz zum →Klima typische meteorologische Verhältnisse in Abhängigkeit von lokalen Oberflächengegebenheiten wie Orographie, Bewuchs oder Bebauung. M. sind je nach den herrschenden großskaligen meteorologischen Verhältnissen unterschiedlich stark ausgeprägt.

Typische mikroklimatische Phänomene sind z. B. die städtische Wärmeinsel, die sich an kalten Wintertagen besonders deutlich herausbildet, Land-See-Windzirkulationen, die bei bestimmten Windrichtungen sehr ausgeprägt auftreten, sowie Berg-Tal-Windsysteme (→Ausbreitung in Tälern), die vor allem bei windschwachen Wetterlagen zu beobachten sind.

M. können Gebiete von einigen $100 \times 100 \, m^2$ bis zu mehreren Quadratkilometern umfassen. Wegen der starken Abhängigkeit von der Oberflächenbeschaffenheit können sie durch bauliche Maßnahmen leicht grundlegend verändert werden. Sie sind daher – im Gegensatz zu den großskaligen klimatischen Verhältnissen – in →Umweltverträglichkeitsprüfungen einzubeziehen. *Wichmann-Fiebig*

Mikroorganismen. (Mikroben). Gruppe von kleinsten, vielfach einzelligen, gewöhnlich nur mit dem Mikroskop sichtbaren niederen Organismen wie Viren, Bakterien, bestimmten Pilzen (z. B. Hefen), niederen Algen und Protozoen (→Mikrobiologie). Die M. kommen in →Ökosystemen praktisch überall vor (Böden, Gewässer, auf und in größeren Organismen), auch als (oder gebunden an) Aerosole der Luft.

Auf Grund des unterschiedlichen Sauerstoffbedarfs unterscheidet man die auf molekularen Sauerstoff angewiesenen Aerobier, die ohne Sauerstoff lebenden Anaerobier und die sowohl mit als auch ohne Sauerstoff lebenden fakultativen Anaerobier. Bezüglich der Temperaturansprüche wird unterteilt in thermophile (>40 °C), mesophile (20–42 °C) und psychrophile (<20 °C) M.

Von den höheren Lebewesen unterscheiden sich die M. durch das Fehlen von Zellgeweben mit gemeinsamen Zellwänden benachbarter Zellen, die außerordentlich schnelle Vermehrung, die weite Verbreitung, den hohen Stoffumsatz und die große Anpassungsfähigkeit des Stoffwechsels an Umweltbedingungen.

Die meisten M. sind zur Deckung ihres Energie- und Kohlenstoffbedarfs auf organische Verbindungen, z. B. Kohlenhydrate, angewiesen. Sie sind heterotroph. Manche Bakterien gewinnen ihre Energie durch Oxidation anorganischer Substanzen (Chemolithotrophie). Zahlreiche Bakterien und Pilze leben als Saprophyten von toten organischen Substanzen und spielen durch die Mineralisation (→Abbau) organischer Substanz eine große Rolle im →Stoffkreislauf der Natur.

Teilweise leben M. in Symbiose mit Tieren oder Menschen, so z. B. die Pansenbakterien und -protozoen der Wiederkäuer, und können zum Aufschluß der Nahrung lebensnotwendig sein. Die symbiotischen Knöllchenbakterien der Leguminosen und anderer höherer Pflanzen sind durch ihre Fähigkeit, Luftstickstoff zu fixieren und der Wirtspflanze in Form von Aminostickstoff (NH_2-R) zur Verfügung zu stellen, von Bedeutung.

Obwohl manche M. als Krankheitserreger von negativer Bedeutung sind, ist der Nutzen der M. für Natur und Menschheit ungleich höher. Zahlreiche M.-Arten werden im Bereich der →Biotechnologie wirtschaftlich genutzt. *Maghon*

Mikroorganismen, autochthone. Im natürlichen Boden standortspezifisch vorhandene →Mikroorganismen, die für den biologischen →Abbau eines Schadstoffgemisches einer →Altlast unter natürlichen Umgebungsbedingungen besonders wichtig sind. Zahlreiche Arten von Mikroorganismen sind je nach Schadstoffspektrum am Abbau beteiligt. Ihre Abbauleistung bestimmt über den Einsatz speziell adaptierter standortfremder, sog. allochthoner Mikroorganismen, bei den biologischen Behandlungsverfahren für Altlasten. *Thoenes*

Mikrophon. Das M. ist ein wesentliches Bauelement des →Schallpegelmessers. Es wandelt mechanische Schwingungen des Hörbereichs (→Schall) in elektrische Schwingungen um.

M. zu Meßzwecken bestehen im allgemeinen aus einer dünnen, straff gespannten Membran vor einem kleinen Hohlraum; in Verbindung mit einem elektrostatischen oder piezoelektrischen Wandler werden die Schalldruckschwingungen in proportionale elektrische Schwingungen umgewandelt. Gebräuchlich sind auch Meßmikrophone, bei der das M. als Kondensator in einer elektronischen Schaltung benutzt wird (Kondensatormikrophon). *Strauch*

Literatur: DIN 45590: Mikrophone, Begriffe, Formelzeichen, Einheiten. 6/90 – DIN 45593: Mikrophone, Angabe von Eigenschaften. 6/90

Mikrosieb. M. werden zur mechanischen Abtrennung suspendierter Stoffe sowohl bei der Aufbereitung von Oberflächenwasser zu →Trinkwasser als auch zur Brauchwasserreinigung und zur weitergehenden Behandlung biologisch gereinigten Abwassers in kommunalen →Kläranlagen eingesetzt.

M. haben ein mikroskopisch feines Gewebe mit Öffnungsweiten unter 150 µm, das auf horizontal gelagerte Trommeln aufgespannt wird. Das zu behandelnde Wasser strömt über eine Einlaufkammer oder über ein zentrales Einlaufrohr in axialer Richtung in die beidseitig verschlossene Trommel ein und unter hydrostatischem Druckgefälle radial von innen nach außen durch das Gewebe. Die Wasserspiegelhöhe auf der Ablaufseite und damit gleichzeitig die Eintauchtiefe der Trommel, die ca. ⅔ ihres Durchmessers beträgt, wird durch ein Ablaufwehr vorgegeben. Die zurückgehaltenen Feststoffe werden durch Drehung der Trommel aus dem Wasser heraus und nach außen befördert. Über dem Trommelscheitel sind Spüldüsen angeordnet, die filtriertes Wasser auf die rotierende Trommel spritzen. Die von der Gewebeinnenseite abgelösten Feststoffe werden in einem Trichter im Trommelinnern aufgefangen und über eine Spülwasserleitung einer separaten Behandlungsstufe zugeführt. Das Schwebstoffrückhaltevermögen und die hydraulische Kapazität von M. werden durch die Zusammensetzung des aufzubereitenden Wassers und die Eigenschaften des M. sowie teilweise durch die Betriebsweise bestimmt. *Mertsch*

Mikrotron →Beschleunigeranlage und Strahlenschutz

Mikrowellengerät. In M. werden hochfrequente elektromagnetische Wellen (Mikrowellen) dazu benutzt, Nahrungsmittel zu erwärmen.

Bei herkömmlichen Zubereitungsverfahren wird dem Gargut von außen Wärme zugeführt. Diese kann nur durch Konvektion in die Speisen vordringen. Mikrowellenenergie hingegen kann unmittelbar auch im Inneren von Speisen durch Absorption vor allem an Wassermolekülen in Wärme umgesetzt werden. Dadurch wird der Erwärmungsprozeß erheblich beschleunigt und u. U. Energie eingespart. Dabei ist allerdings zu beachten, daß die Eindringtiefe z. B. in Fleisch nur bei etwa 1 cm liegt.

Andererseits kann mit Mikrowellen die Erwärmung im Inneren so schnell erfolgen, daß dadurch plötzlich entstehender Wasserdampf bestimmte Nahrungsmittel (z. B. Eier) explosionsartig zerplatzen läßt. Deshalb sind geschlossene Kochbehälter, wie z. B. Plastikkochbeutel, mit Öffnungen (Löcher) für den Dampf zu versehen. Gegenüber herkömmlichen Methoden ergibt sich bei der Mikrowellenbehandlung ein unterschiedlicher Zeit- und Temperaturverlauf. Dies führt zu spezifischen Wirkungen auf Lebensmittel. Bei Einhalten der Garvorschriften zeigt sich jedoch, daß die Nährwertveränderungen denen bei konventioneller Erwärmung entsprechen. Die Mikrowellenbehandlung von Lebensmitteln ist deshalb auf keinen Fall schädlicher als konventionelle Zubereitungsverfahren.

Bei M. für den privaten Bereich sind Leistungen bis zu etwa 1 300 W üblich. Im industriellen Einsatz werden derartige Öfen mit Leistungen bis über 100 kW angetroffen. Durch mehrfach vorhandene Sicherheitsschalter wird bei Öffnen der Tür das Gerät abgeschaltet und damit eine Exposition mit Mikrowellenstrahlung verhindert. Im Betrieb wird durch entsprechende Abdichtung der Tür ein Austreten von Strahlung (→Leckstrahlung) weitgehend vermieden. Gemäß nationaler und auch internationaler Gerätestandards ist die Emission bei M. für den Haushalt auf 5 mW/cm^2 zu begrenzen. Zahlreiche unabhängige Untersuchungen an M. haben gezeigt, daß dieser Wert nur in sehr seltenen Ausnahmefällen, meist bei ersichtlicher Beschädigung, nicht eingehalten wird.

Die Verwendung von M. kann deshalb als gesundheitlich unbedenklich angesehen werden, wenn die technischen Sicherheitsvorschriften und die Garvorschriften eingehalten werden. *Matthes*

Literatur: *Dehne, L.* und *W. Bögl:* Der Einfluß von Mikrowellen auf Veränderungen in Nahrungsmitteln im Vergleich zur konventionellen Hitzebehandlung. STH-Berichte des Bundesgesundheitsamtes. 1982. – Gesundheitliche Risiken durch Mikrowellenkochgeräte. Infoblatt des Bundesamtes für Strahlenschutz. Salzgitter 1. – *Matthes, R.* und *L. I. Dehne:* Bewertung der Strahlenexposition beim Betrieb von Mikrowellenherden im Haushalt. Bundesgesundheitsblatt Nr. 5, 1992.

Mikrowellenradiometer. Ähnlich wie die →Multispektralscanner im optischen und infraroten Bereich als passive Meßverfahren arbeiten, ist bei der Mikrowellenradiometrie die thermische Eigenstrahlung der Objekte die Meßgröße. Die thermische Strahlung im Mikrowellenbereich, sowohl in der Atmosphäre als auch auf der Erdoberfläche, ist jedoch erheblich geringer. Der Erdboden hat im Bereich von etwa 20–50 GHz eine um den Faktor 10^4 bis 10^6 geringere Eigenstrahlung als im Infraroten bei 10 μm Wellenlänge. Wesentlicher Bestandteil eines M. ist ein breitbandiger Mikrowellenverstärker, der die Eigenstrahlung der im Gesichtsfeld der Empfangsantenne liegenden Rauschquellen erfaßt. Die Abmessung der Antenne bestimmt die Bodenauflösung.

M. werden vielfach auf Wettersatelliten eingesetzt. Anwendungsgebiete sind die Unterscheidung von Eis- und Wasserwolken, deren Dicke und Wassergehalt sowie die Erfassung von Niederschlagsgebieten und Wellenfronten. Großflächige Phänomene wie die Struktur und Morphologie polarer Eiszonen sind das bevorzugte Ziel satellitengestützter Messungen. *Rossbach/Schroeder*

Mikrowellenverfahren. Der Einsatz von M. bei satellitengestützten Meßmethoden (Fernerkundung) erlaubt weitgehend wetterunabhängig zu messen. Die Ursache liegt in der Transparenz der Atmosphäre für bestimmte Frequenzbereiche. Man unterscheidet aktive und passive Meßverfahren. Geräte für aktive Verfahren sind das →Scatterometer und das →Synthetic Aperture Radar (SAR). →Radiometer sind passive Geräte. *Rossbach/Schroeder*

Minamata-Krankheit. Die Bezeichnung geht zurück auf die an der Yatsushiro-See gelegene Stadt *Minamata* auf der japanischen Insel Kyusho, in der die Krankheit zwischen 1953 und 1960 aufgetreten ist. Ursache der Erkrankung war der Konsum von mit Methyl-Quecksilber kontaminierten Fischen (6 bis 25 ppm Methyl-Quecksilber). Der Eintrag von Quecksilber in die Yatsushiro-See erfolgte über industrielles Abwasser. Symptome der Erkrankung waren schwere Schädigungen des Zentralnervensystems und des Immunsystems bis hin zu Todesfällen. Vergleichbare Erkrankungen mit Todesfällen traten in den 60er und 70er Jahren im Irak infolge der Verwendung von gebeiztem Saatgut auf. *R. Koch*

Mindestabstand →Schutzabstand

Mineralfaser, künstliche (KMF). K. M. umfassen anorganische amorphe Fasern mit den Gruppen textile und nichttextile Glasfasern (Bild). Daneben gibt es die anorganischen kristallinen Fasern mit den im wesentlichen genutzten Vertretern Kohlenstoff-Fasern und Metallwollen und die organischen Faserstoffe auf der Basis von Polyacrylnitril und oxidiertem Polyacrylnitril, von Polyvinylalkoholen und Polyolefinen, von Polyfluorethylen und Polyaramiden. Viele Faserarten werden für spezifische Anwendungen auch als Ersatzstoffe für →Asbest eingesetzt.

K. M. mit Dicken unter 1 μm wurden 1980 in Teil III B der MAK-Werte-Liste als Stoffe mit begründetem Verdacht auf krebserzeugendes Potential eingestuft (→Maximale Arbeitsplatzkonzentration). 1993 wurden die anorganischen Faserstäube Glasfasern, Steinwolle, Aluminiumoxid und Silici-

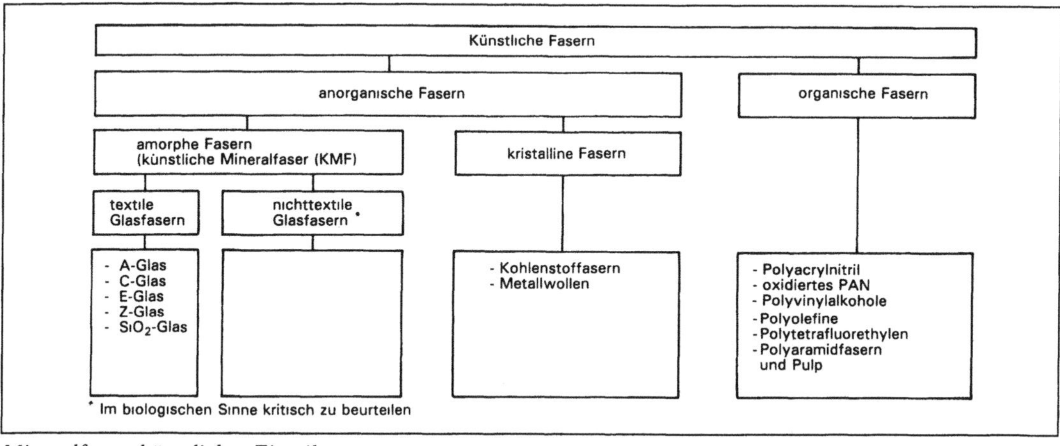

Mineralfaser, künstliche: Einteilung.

umcarbid, deren Durchmesser kleiner als 3 μm ist, die ein Länge-zu-Durchmesser-Verhältnis von 3:1 überschreiten und die eine Länge von größer als 5 μm aufweisen, in die Kategorie „als ob III A 2" eingestuft. Diese Stoffe haben sich in Tierversuchen nach intratrachealer, intraperitonealer oder intrapluraler Verabreichung als →kanzerogen erwiesen. Obwohl bei diesen Applikationsarten eine Überladung im Zielgewebe nicht auszuschließen ist, wird ein positives Ergebnis aus solchen Untersuchungen als starker Hinweis auf eine kanzerogene Faserwirkung auch beim Menschen gewertet.

Bei Keramikfasern wurde eine kanzerogene Wirkung durch Inhalationsversuche nachgewiesen, sie wurden daher in Gruppe III A 2 eingestuft.

Diese nach nichttextilen Verfahren hergestellten Faserstoffe zeigen keine parallele Orientierung. Die Fasern haben Längen im Bereich von Zentimetern. Die Durchmesser der Einzelfasern sind stark unterschiedlich und streuen um den Faktor von 100; der untere Grenzbereich liegt bei Werten z. T. deutlich unter 1–2 μm. Der Gehalt der Anzahl kritischer Fasern beträgt bei Dicken unter 2 μm bis zu etwa 80 %, bei Dicken unter 1 μm bis zu etwa 50 %. Die dickeren Faseranteile üben die bekannten Hautreizeffekte (Jucken) aus. Mineralwollen sind nicht längs spaltbar.

Glas-, Gesteins- und Schlackenwolle (ihre Farbe ist gelb bis braun) werden im Hochbau zur Wärmedämmung in Form von einseitig kaschierten Bahnen und Platten, zur Schalldämmung in Form von in der Regel ein- oder zweiseitig kaschierten Platten oder Filzen sowie als Akustikdeckenplatten, vorzugsweise beschichtet, eingesetzt. Als Asbest-Ersatzstoffe haben sie keine große Bedeutung. Die Produkte enthalten Bindemittel, die den Fasern Halt geben sollen.

Produkte zur Wärmedämmung, z. B. im Dachbereich, sind bei korrekter Bauweise durch eine Dampfsperre (Aluminiumkaschierung) zur Verhinderung von Kondensatbildung vom Innenraum abgeschlossen. Hier ist im eingebauten Zustand keine Belastung der Bewohner zu erwarten.

Anders kann sich dies bei Produkten verhalten, die zum Innenraum hin Verbindung haben, wie z. B. Akustikdeckenplatten. Die Belastungen in solchen Fällen durch Fasern mit Dicken unter 2 μm können bei Werten unterhalb der Nachweisgrenze (100 Fasern/m³) und in der Größenordnung von mehreren 100 Fasern/m³ liegen.

Keramische Wolle (ihre Farbe ist weiß) findet im Bau keine Anwendung, sondern wird für Hochtemperaturbereiche in der Industrie eingesetzt. *Lohrer*

Literatur: *Poeschel, et al.:* Umweltrelevanz künstlicher Fasern als Substitute für Asbest. Bericht des Battelle-Institutes für das Umweltbundesamt; Bd. 10 (1978) in der Schriftenreihe Materialien des Umweltbundesamtes. Berlin. – *Pott, F.:* Die Faser als krebserzeugendes Agens, Zbl. Hyg. B 184 (1987) S. 1–23.

Mineralfaserherstellung. Glas- und Steinwolle für Isolierungszwecke und textile Glasfasern für die Verstärkung von Werkstoffen sind die bedeutendsten anorganischen Fasern.

Anlagen zur Herstellung von nichttextilen Mineralfasern ähneln weitgehend den Aggregaten der →Glasherstellung, auch die Emissionen sind ähnlich. Abweichende Emissionsverhältnisse treten bei den Verfahrensstufen Fördern, Lagern und Endarbeiten auf.

Zur Emissionsminderung von faserförmigem Staub haben vor allem zwei Entwicklungen, die aus Rationalisierungsgründen eingeführt wurden, beigetragen: der Übergang von der mechanischen zur pneumatischen Rohfilzbildung und die weitgehende Verwendung von Schmälzmitteln (hochviskose und klebrige Öle) und Bindemitteln. Die Staub-Emissionsbegrenzung der TA Luft von 50 mg/m³ kann mit filternden Abscheidern eingehalten und zum Teil deutlich unterschritten werden. Der abgeschiedene Staub kann dem Produktionsprozeß wieder zugeführt werden.

Bei der Weiterverarbeitung zu Faserwerkstoffen können Abgase mit organischen Stoffen (z. B. Formaldehyd, Phenol) entstehen, die einer thermischen oder biologischen Abgasreinigungseinrichtung zugeführt werden müssen.

Anlagen zur Herstellung von Glasfasern, soweit sie nicht für medizinische oder fernmeldetechnische Zwecke bestimmt sind, sind in der Nr. 2.8 Spalte 1 des Anhangs der →4. BImSchV genannt und deshalb im Verfahren mit Öffentlichkeitsbeteiligung genehmigungsbedürftig. Besondere emissionsbegrenzende Anforderungen sind in Nr. 3.3.2.8.1 der TA Luft festgelegt. *Hinrichs*

Literatur: *Davids, P.; M. Lange:* Die TA Luft '86 – Technischer Kommentar. Düsseldorf 1986. – Luftreinhaltung '88, Hrsg.: Umweltbundesamt. Berlin 1989.

Mineralölfernleitung →Pipelinesicherheit

Mineralölraffinerie. In einer M. sind Verarbeitungsanlagen zusammengefaßt, in denen aus Rohöl marktgängige Mineralölprodukte hergestellt werden. Der Begriff Raffinerie weist noch auf die frühere Hauptaufgabe hin, die durch einfache Destillation aus dem Rohöl gewonnenen Fraktionen mittels Chemikalienzugabe zu reinigen (zu raffinieren). Heute werden neben sog. Hydroskimming-Anlagen (Kraft- und Brennstoff-Raffinerien), die hauptsächlich Otto- und Dieselkraftstoffe sowie Heizöle herstellen, die sogenannten Vollraffinerien betrieben, die ein sehr umfangreiches Produktionsprogramm haben. Darüber hinaus gibt es Spezialraffinerien, die z. B. Schmierstoffe herstellen oder gebrauchte Schmierstoffe aufarbeiten (→Altölraffinerien).

In der Bundesrepublik Deutschland wurden Ende 1991 20 M. betrieben. Der Gesamteinsatz (Rohöl und Produkte) lag 1990 bei 107 Mio. t; damit war die Rohölverarbeitungskapazität der M. zu etwa 91 % ausgelastet. Die Kapazität der einzelnen M. liegt zwischen weniger als 1 Mio. t/a und 10 Mio. t/a.

Jede M. besteht aus einer Vielzahl von Prozeß- und Nebenanlagen, deren Zusammenstellung und Auslegung durch die technische Entwicklung und Markterfordernisse bestimmt werden. So hat sich z. B. in den letzten Jahren aufgrund der starken Bedarfsverschiebung von schweren zu leichten Mineralölprodukten die Raffineriestruktur durch den Bau von Konversions(Crack)-Anlagen stark geändert.

Erste Verarbeitungsstufe in einer M. ist die Destillation (Bild, Stufe 1, 2). Durch sie wird das Rohöl nach Siedebereichen in eine Reihe von Grundprodukten getrennt:
– leichtsiedende Produkte (hieraus entstehen die Kraft- und Brennstoffe)
– hochsiedende Produkte (hieraus entstehen die Schmierstoffe)

Destillationsrückstände (hieraus entstehen die schweren Heizöle und Bitumen).

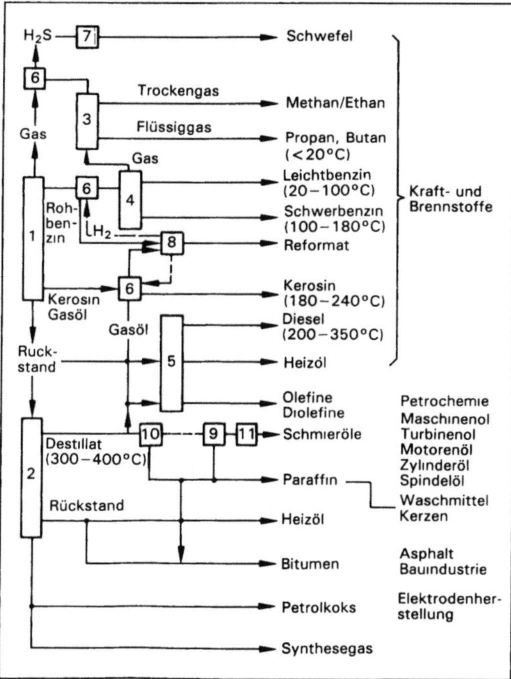

Mineralölraffinerie: Schematische Darstellung.

1 atmosphärische Destillation, 2 Vakuumdestillation, 3 Gaszerlegung, 4 Benzinfraktionierung, 5 Cracken, katalytisch, 6 hydrierende katalytische Raffination, 7 Claus-Anlage, 8 Reformer, 9 Entparaffinierung, 10 Schmierölextraktion, 11 Schmierstoff-Raffination (H₂SO₄, Bleicherde)

Der erste Schritt ist eine Destillation unter Atmosphärendruck. Das Rohöl wird in der Regel vorher in einem Entsalzer von Salzwasser befreit, das bei der Förderung und dem Transport des Rohöls eingeschleppt wird. Das Dampf-Flüssigkeitsgemisch wird in den Destillationstürmen aufgetrennt. Die leichtesten Produkte (Methan, Ethan, Propan, Butan) werden am Kolonnenkopf als Gase abgezogen. Die nicht verdampften schwersten Anteile fließen zum Boden der Kolonne und werden dort abgezogen; dieser Destillationsrückstand kann Endprodukt sein und als schweres Heizöl verwendet werden. Im Mittelteil der Kolonne werden von verschiedenen Böden das Petroleum (Kerosin) sowie die Gasöle (Leichtgasöl und Schwergasöl) abgeleitet.

Aus dem Kopfprodukt werden nach Kondensation eine Gasfraktion, ein Benzinschnitt und wäßriges Kondensat gewonnen. Die Gasfraktion des Kopfproduktes wird durch erneute Destillation weiter getrennt (Bild, Flüssiggas-Trennanlage, Nr. 3). Der Benzinschnitt wird in zwei weiteren Destillationsvorgängen in Schwerbenzin (Straightrun-Benzin), Leichtbenzin, Flüssiggas und Raffineriegas aufgetrennt (Bild, Nr. 4).

Der Rückstand der atmosphärischen Destillation kann in einer Vakuumdestillation bei einem Druck von ca. 50 mbar weiter destilliert werden. Bei der Vakuumdestillation werden verschiedene Wachsdestillate (Zylinderöl, Maschinenöl, Spindelöl) sowie Vakuum-Gasöl und als Vakuum-Rückstand Destillat-Bitumen sowie schwere Heizölkomponenten gewonnen. Bei der Vakuumdestillation werden in der Regel Temperaturen von 400 °C nicht überschritten; bei diesen Temperaturen setzen jedoch bereits Zersetzungsprozesse ein (Crackvorgänge).

Die Bandbreite der aus einem Rohöl erzeugten Produkte läßt sich durch Destillation nur in engen Grenzen bestimmen. Um auf eine durch den Markt bestimmte Bedarfsstruktur flexibel reagieren zu können, werden in M. verstärkt Konversionsverfahren eingesetzt, die eine Umwandlung schwerer Destillate in leichtere Produkte ermöglichen. Dabei werden drei Verfahrensarten angewandt:
– thermisches Spalten (Cracken),
– katalytisches Cracken,
– Hydrocracken.

Durch thermisches Spalten werden schwerere, höher siedende Fraktionen in leichtere Kohlenwasserstoffe umgewandelt. Die entstehenden Destillate werden nachbehandelt.

Auch das katalytische Cracken dient der Erzeugung niedermolekularer Kohlenwasserstoffe aus schwereren Produkten. Als Katalysatoren werden meist körnige synthetische Aluminiumsilikate im Fließbett verwendet. Dabei befindet sich der Katalysator in einem kontinuierlichen Umlauf durch die Anlage (Reaktor und Regenerator).

Beim hydrierenden Spalten (Hydrocracken) werden in einer Wasserstoffatmosphäre Erdölrückstände zu leichtsiedenden Stoffen, meist gesättigten Kohlenwasserstoffen, umgewandelt, ohne dabei die mit dem thermischen und katalytischen Cracken zwangsweise verbundene Erzeugung von Koks oder schweren Rückständen in Kauf zu nehmen. Als Katalysatoren werden Metalle (Nickel, Palladium, Chrom, Wolfram, Platin), als Katalysatorträger wird in der Regel Aluminiumsilikat verwendet. Durch die reduzierende Atmosphäre werden schwefel- und stickstoffhaltige Verbindungen in Schwefelwasserstoff bzw. Ammoniak überführt. Das Reaktionsgemisch wird in einer Hochdruckstufe in eine flüssige und eine gasförmige Phase getrennt und weiter verarbeitet. Entstehender Schwefelwasserstoff wird einer →Clausanlage zugeführt.

Durch katalytisches Reformieren werden Fertigprodukte mit sehr hoher Oktanzahl (hoher Klopffestigkeit) gewonnen. Das Verfahren ist durch eine Kombination verschiedener chemischer Reaktionen gekennzeichnet. Den Reformern wird eine hydrierende →Entschwefelung vorgeschaltet, um eine →Katalysatorvergiftung zu verhindern. Die Katalysatoraktivität nimmt infolge von Koksablagerungen ab. Eine Katalysatorregeneration (meist diskontinuierlich) ist erforderlich. Dabei auftretende Emissionen an Stickstoffoxiden und Schwefeldioxid sind durch prozeßtechnische Maßnahmen zu vermindern.

Während durch katalytisches Cracken die Benzinausbeute, bezogen auf den Rohöleinsatz, erhöht wird, dient das katalytische Reformieren der Benzinveredelung. Reformatbenzin hat einen hohen Anteil an aromatischen Kohlenwasserstoffen (ca. 55 %).

Alkylierungs- und Isomerierungsverfahren dienen ebenfalls der Erzeugung von hochoktanigen Komponenten. Diese Verfahren werden wie das Reformieren katalytisch durchgeführt.

In M. wird auch Bitumen produziert. Dabei wird ein Teil des bei der Vakuumdestillation entstehenden Rückstandes durch Einblasen von Luft (Blasverfahren) in Oxidations- oder Blasbitumen umgewandelt.

In Petrolkoksanlagen werden Rückstände der atmosphärischen Destillation und der Vakuumdestillation verkokt.

Durch hydrierende Entschwefelung werden das leichte Heizöl und das gesamte Kopfprodukt der Rohöldestillation einschließlich des Naphtha mit Wasserstoff bei 300 bis 400 °C und 60 bar in Anwesenheit von Kobalt-Molybdän-Katalysatoren entschwefelt. Der entstehende Schwefelwasserstoff wird einer Clausanlage zugeführt.

Zur Gewinnung von aromatischen Kohlenwasserstoffen hoher Reinheit, z. B. aus Reformatbenzin, werden Extraktionsverfahren mit Lösemitteln eingesetzt. Die Flüssig-Flüssig-Extraktion ist die bei weitem häufigste Methode zur Gewinnung reinen Benzols und Toluols. Als weiteres Extraktionsverfahren wird die Adsorption an Molekularsieben angewandt. Damit werden z. B. aus der Gasölfraktion n-Paraffine abgetrennt; übrig bleiben Isoparaffine, Naphthene und einfache Aromaten.

Die Herstellung verschiedener Schmieröle für sehr unterschiedliche Einsatzzwecke erfordert spezielle Verfahren, die unter dem Begriff Schmierölraffination zusammengefaßt werden.

Bei katalytischen Verfahren mit Wasserstoff entstehen Restgase und wäßrige Kondensate, die Schwefelwasserstoff enthalten. Ältere Finishing-Verfahren arbeiten mit Schwefelsäure oder Bleicherde; dabei entstehen Säureteer und ölhaltige Bleicherden, die als Reststoffe zu verwerten oder als Abfälle zu entsorgen sind.

Die Notwendigkeit, Einsatz-, Zwischen- und Endprodukte der Mineralölverarbeitung innerhalb einer M. zu transportieren und zu lagern, erfordert eine Reihe von Nebenanlagen: →Tanklager für Rohöl, Tanklager für Zwischen- und Fertigprodukte, Mischanlagen und -einrichtungen für Fertigprodukte, Verladeeinrichtungen für den Abtransport von Produkten.

M. haben je nach Verarbeitungstiefe, d. h. Produktpalette und Konversionsrate, eine hohe Zahl an Einzelfeuerungen. Der Brennstoffeigenverbrauch der M. liegt in der Größenordnung von 5 % bezogen auf den Gesamteinsatz.

In der Bundesrepublik Deutschland werden bisher keine Abgasentschwefelungsanlagen in Feuerungsanlagen der M. betrieben; die derzeit einzige Abgasentschwefelungsanlage bei einer M.-feuerung in Europa wird in Österreich bei der ÖMV in Wien-Schwechat betrieben.

M. stellen eine Emissionsquelle für viele Stoffgruppen dar: insbesondere für SO_2, NO_x, Stäube, Benzol, organische Stoffe, Schwefelwasserstoff, polyzyklische aromatische Kohlenwasserstoffe, geruchsintensive Stoffe. Die Emissionen stammen sowohl aus diffusen Quellen als auch aus gefaßten Quellen (z. B. Feuerungsanlagen). Als emissionsmindernde Maßnahmen kommen der Einsatz schadstoffarmer Brennstoffe, feuerungstechnische Maßnahmen, Abgasreinigungsverfahren sowie bei Emissionen aus diffusen Quellen der Einsatz besonders emissionsarmer und verschleißempfindlicher Anlagenteile (z. B. Dichtungen, Pumpen, Ventile) in Betracht.

M. gehören zu den genehmigungsbedürftigen →Anlagen. Die emissionsbegrenzenden Anforderungen sind in der TA Luft enthalten, die in Nr. 3.3.4.4.1 spezielle Anforderungen für M. festlegt. Bei den Raffineriefeuerungen sind in Abhängigkeit von der Feuerungswärmeleistung die Anforderungen der →13. BImSchV oder der →TA Luft zu erfüllen. *Angrick*

Literatur: *Davids, P.; M. Lange:* Die TA Luft '86 – Technischer Kommentar. Düsseldorf 1986. – *Zerbe, C.:* Mineralöle und verwandte Produkte. Berlin–Heidelberg–New York 1969.

Mineralstoffdeponie. Auf M. sollen nur mineralische und damit inerte Abfälle endgelagert werden, wie z. B. unbelasteter →Bauschutt und durch vorgeschaltete →Abfallbehandlung mineralisierte und weitgehend inertisierte Abfallstoffe. Unbelasteter →Bodenaushub, der an sich das Ablagerungskriterium inert oder – im wahrsten Sinn des Wortes – erdgleich wie kein anderes Deponiegut erfüllt, soll nicht auf Deponien abgelagert, sondern allenfalls zur Abdeckung etc. verwendet werden; für Bodenaushub sind alle Möglichkeiten der Verwertung auszuschöpfen.

Auf M. dürfen auch bauschuttähnliche Abfälle abgelagert werden wie Glasabfälle, →Straßenaufbruch, Formlehm, Gesteins- und Polierstäube, entwässerte Erd- und Sandschlämme und z. B. auch Schmelzkammergranulat aus Steinkohlefeuerungen. Auch Asbestzementbauteile und andere fixierte Asbestabfälle sind unter Beachtung besonderer Einbauvorschriften zugelassen; sie sind in jedem Fall gesondert abzulagern.

Im allgemeinen ist zur Beurteilung der Zulässigkeit der →Ablagerung von Abfällen auf M. die Kenntnis über den Herkunftsbereich und die Zusammensetzung ausreichend. Insbesondere wenn der Verdacht auf kritische wassergefährdende Inhaltsstoffe besteht, sollen in einer Eluatanalyse die Konzentrationen (Anhang B der →TA Siedlungsabfall) überprüft werden, um ggf. den Abfall einer anderen Deponieart (-klasse) zuweisen zu können.

M. sind aus Vorsorgegründen und zur besseren Kontrollmöglichkeit mit einer Deponiebasisabdichtung und einer Sickerwasserfassung sowie mit einem Deponieoberflächenabdichtungssystem auszustatten (entsprechend Deponieklasse I der TA Siedlungsabfall). Eine spezielle Art der M. ist die →Bauschuttdeponie. *Neuenhahn*

Minimierungsgebot. M. sind im deutschen Umweltrecht an verschiedenen Stellen vorgesehen. Sie sind rechtliche Konkretisierungen des allgemeinen Vorsorgeprinzips. Eine rechtliche Verankerung des M. enthält z. B. § 1a WHG, wonach die Wasserbehörden verpflichtet sind, die Gewässer so zu bewirtschaften, daß jede vermeidbare Beeinträchtigung unterbleibt. Gemäß § 1a Abs. 2 WHG ist jedermann verpflichtet, bei Maßnahmen, mit denen Einwirkungen auf ein Gewässer verbunden sein können, die nach den Umständen erforderliche Sorgfalt anzuwenden, um eine Verunreinigung des Wassers oder eine sonstige nachteilige Veränderung seiner Eigenschaft zu verhüten.

Andere Beispiele für M. sind das →Strahlenminimierungsgebot (→ALARA) und das M. für krebserzeugende Stoffe in der TA Luft (→TA-Luft Einstufung). *Hoppe/Beckmann*

Literatur: *Hartkopf/Bohne:* Umweltpolitik, Bd. I. 1983. – *Kloepfer:* Umweltrecht, § 11 Rn. 45. München 1989.

MIR. Abk. für Maximale Immissions-Rate (→Maximaler Immissions-Wert). MIR-Werte sind auf Akzeptorkörper oder -flächen bezogen und werden angegeben als das Verhältnis der mittleren Schadstoffaufnahme aus der Außenluft zur Masse der Akzeptorsubstanz in der Zeiteinheit (z. B. mg/kg·d) bzw. zur Akzeptorfläche in der Zeiteinheit (z. B. mg/m²·d). MIR-Werte sind bisher in VDI-Richtlinien noch nicht festgesetzt worden. Jedoch sind Immissionsraten-Bestimmungen durchaus geläufig in der Immissionsmeßtechnik (→IRMA-Verfahren). *Dreyhaupt*

Literatur: VDI 2309 Bl. 1: Ermittlung von Maximalen Immissions-Werten. Grundlagen. März 1983. – VDI 3794 Bl. 1: Bestimmung von Immissionsraten. Bestimmung der Immissionsrate mit Hilfe des IRMA-Verfahrens. Nov. 1982.

Mischprobe. Die Entnahme einer Wassermenge in einer vorgegebenen Zeit für nachfolgende Wasseruntersuchungen. Im Gegensatz zur →Stichprobe erfordert die M. stets einen Probenahmezeitraum, der bei der qualifizierten M. mindestens 10 Minuten umfaßt und über die 2-Stunden-M. bis hin zur 24-Stunden-M. reicht. 2-Stunden- und 24-Stunden-M. werden meist mit einem automatischen Probenahmegerät gezogen, bei dem in dem vorgegebenen Zeitraum ein dem Abfluß proportionaler Volumenstrom in ein Probenahmegefäß gefördert wird. Nur mit den Analysenergebnissen aus entsprechenden M. sind Frachtberechnungen (Menge eines Schadstoffs pro Zeiteinheit, z. B. kg pro Tag) möglich. *Irmer*

Mischungsschicht. Oberer Teil der planetarischen →Grenzschicht. Der Name M. rührt von der gewöhnlich guten turbulenten Durchmischung dieser Schicht her. Die Vertikalgradienten der meteorologischen Parameter sind deutlich schwächer als in der →Prandtl-Schicht. Die →Temperaturschichtung ist nahezu neutral. Am Oberrand der M. erfolgt die Anpassung von Wind, Temperatur und Feuchte an die in der freien Atmosphäre herrschenden Verhältnisse. *Wichmann-Fiebig*

Mischungsverhältnis. Im Rahmen der Luftreinhaltung werden die Konzentrationen von Spurengasen in der Luft üblicherweise in Masse pro Volumen (mg/m³) angegeben. In der →Atmosphärenchemie wird vorzugsweise mit Volumen-M. gearbeitet, die molaren Konzentrationsangaben vergleichbar werden:

$ppmV \rightarrow 10^{-6}$
$ppbV \rightarrow 10^{-9}$
$pptV \rightarrow 10^{-12}$.

Die Volumen-M. lassen sich bei Kenntnis stoffspezifischer Größen in Massenkonzentrationen umrechnen ($\rightarrow$ppb, $\rightarrow$ppm, $\rightarrow$ppt).

Die Konzentrationen kohlenstoffhaltiger Verbindungen werden in einer etwas abgewandelten Form des Volumen-M. angegeben. Es werden die Einheiten ppmC oder ppbC benutzt. Diese entsprechen den Volumen-M. multipliziert mit der Anzahl der Kohlenstoffatome des entsprechenden Moleküls. So entspricht z. B. die Angabe von 2,0 ppbC Ethan einem Volumen-M. von 1 ppbV. *Wirtz*

Mischungsweglänge. Charakteristische Entfernung, über die ein Luftpaket durch turbulente Wirbel transportiert wird, ohne seine Eigenschaften zu ändern. Die M. hat für die turbulente Diffusion die gleiche Bedeutung wie die mittlere freie Weglänge für die *Brownsche* Molekularbewegung.

Da die Vertikalausdehnung der Wirbel in der planetarischen $\rightarrow$ Grenzschicht in einer Höhe z über Grund nicht größer sein kann als z selbst, nimmt die M. zunächst vom Boden aus mit der Höhe zu. Ihr Wert nähert sich einem Grenzwert, der durch die $\rightarrow$ Schichtungsstabilität und die Windscherung bestimmt wird.

Da sich – entsprechend des geschilderten Konzepts der M. – die Eigenschaften eines Luftpakets während des Transports über eine Entfernung, die die M. nicht überschreitet, nicht ändern, erzeugt es am Ankunftsort eine turbulente Schwankung ($\rightarrow$ Turbulenz) (Bild). Diese ist um so größer, je

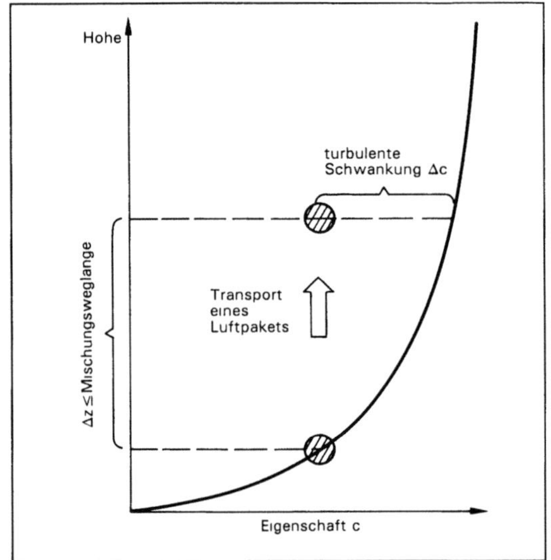

Mischungsweglänge: Transport eines Luftpakets.

größer die M. ist und je größer der Gradient der betrachteten Eigenschaft in Transportrichtung ist. Der turbulente Austausch ist also proportional zur M. ($\rightarrow$ Diffusionskoeffizient). *Wichmann-Fiebig*

Mischverfahren. Beim M. werden Schmutz- und Regenwasser auf den Grundstücken erfaßt und in einem gemeinsamen Anschlußkanal der Kanalisation zugeführt.

Die abzuleitende Wassermenge wechselt in einem Mischwasserkanal sehr stark. Die größte Wassermenge tritt nach einem Regen auf, die kleinste wird nachts in regenlosen Zeiten abgeleitet, wenn nur wenig Abwasser abfließt. Zwischen beiden Wassermengen besteht ein erheblicher Unterschied. Bei Regen wird nach Erreichen eines vorher festgelegten Abflusses (des zweifachen Trockenwetterabflusses) der darüber hinaus anfallende Abwasserabfluß nicht zur $\rightarrow$ Kläranlage geleitet oder gespeichert, sondern über Entlastungsanlagen nach Teilbehandlung direkt in den Vorfluter eingeleitet. Das in $\rightarrow$ Regenbecken oder Stauraumkanälen ($\rightarrow$ Kanalstauraum) gespeicherte Mischwasser wird im Anschluß an das Niederschlagsereignis gesteuert der Kläranlage zugeführt. *Mertsch*

Mischwasser $\rightarrow$ Mischverfahren

Mittelungspegel $\rightarrow$ Dauerschallpegel, äquivalenter

Mittelungsverfahren. M. bei Schallpegelmessungen sind notwendig, wenn zeitlich oder örtlich schwankende $\rightarrow$ Schallpegel zu einem Einzahlwert zusammengefaßt werden sollen. Bei Geräuschmessungen ist es üblich, M. zu benutzen, die Mittelwerte von zeitlich oder räumlich schwankenden Schallenergiegrößen ($\rightarrow$ Schalleistung, $\rightarrow$ Schallintensität) und nicht von den hiermit zusammenhängenden Schallfeldgrößen ($\rightarrow$ Schalldruck, $\rightarrow$ Schallschnelle) bilden.

Diese M. werden daher auch energetische Mittelung genannt und erfordern beim Mitteln von Schalldruckpegeln eine Umwandlung des Schalldrucks in eine energieproportionale Größe (Quadrierung des Schalldrucks). Das Ergebnis des M. wird Mittelungspegel genannt und wird, weil ein schwankender Pegel durch einen äquivalenten Mittelwert ersetzt wird, auch als äquivalenter bzw. energieäquivalenter $\rightarrow$ Dauerschallpegel L_{eq} bezeichnet.

M. für Schallpegel sind in DIN 45641: Mittelung von Schallpegeln. 6/1990, festgelegt. Nach dieser Norm wird das Ergebnis einer zeitlichen Mittelung äquivalenter Dauerschallpegel L_{eq} genannt, das Ergebnis einer örtlichen oder räumlichen Mittelung Mittelungspegel $\overline{L}$.

Eine Kombination aus zeitlicher und räumlicher Mittelung wird hiernach als Mittelungspegel $\overline{L}_{eq}$ bezeichnet.

Als Reihenfolge der Indizes zur Unterscheidung von Mittelungspegeln sollte nach dieser Norm folgendermaßen vorgegangen werden
- Index für die physikalische Größe, z. B. L_p für ;
- Index für die benutzte →Frequenzbewertung, z. B. L_{pA} für den A-bewerteten Schalldruckpegel;
- Index für die →Zeitbewertung, z. B. L_{pAF} für den A-bewerteten Schalldruckpegel mit der Zeitbewertung Fast (F);
- Index für das M., z. B. L_{pAFeq} für die zeitliche Mittelung des Schalldruckpegels (A- und F-bewertet);
- Index für die Mittelungsdauer T, z. B. $L_{pAFeqT=60s}$ für die Mittelungsdauer von 60 Sekunden.

Der Mittelungspegel aus n einzelnen, örtlich unterschiedlichen Schalldruckpegeln L_1, die A-bewertet und mit der Zeitbewertung „Fast" ermittelt wurden, wird entsprechend der Norm 45641 nach folgender Gleichung berechnet:

$$\overline{L}_{pAF} = 10 \lg \left(\frac{1}{n} \sum_{i=1}^{n} 10^{0,1\,L_i} \right) \text{dB.} \qquad \textit{Strauch}$$

Mitwindsituation. Eine für die →Schallausbreitung günstige Wettersituation. Bei Mitwind, also Wind, der von der Schallquelle zum Immissionsort mit Geschwindigkeiten zwischen 1 bis 5 m/s weht, werden gegenüber anderen Windsituationen die höchsten →Schallpegel am Immissionsort bei konstanten Werten der →Schallemission und der Schallausbreitung festgestellt. Ähnlich gute Schallausbreitungs-Bedingungen sind auch bei →Inversion der Lufttemperatur zu beobachten.

Wind- und →Schallgeschwindigkeit addieren sich richtungsabhängig, so daß die Schallausbreitung mit dem Wind schneller und gegen den Wind langsamer erfolgt. Durch unterschiedlich große Windgeschwindigkeiten infolge →Bewuchs und →Bebauung am →Boden gegenüber größeren Höhen, treten Krümmungen der Schallstrahlen zum Boden hin bei Mitwind und Krümmung der Schallstrahlen vom Boden weg bei Gegenwind auf, die zu Schattenzonen bei Gegenwind führen.

Geräuschmessungen bei M. sind im Gegensatz zu anderen Wettersituationen reproduzierbar, so daß es in der Praxis üblich ist, Messungen bei Mitwind durchzuführen.

Als eine M. wird Wind definiert, der während der →Meßdauer unter einem Winkel von ±60° von der Schallquelle zum Immissionsort mit einer Geschwindigkeit von größer 1 m/s weht, wobei die Winddaten in 5–10 m Höhe über Grund am →Meßort festgestellt werden.

Der Wind erzeugt bei der Umströmung des Schallpegelmessers (→Mikrophon) Strömungsgeräusche, die den Meßwert des zu untersuchenden Geräusches verfälschen können. Geräuschmessungen bei großen Schalldruckpegeln des Nutzgeräusches können daher bei höheren Windgeschwindigkeiten noch vorgenommen werden gegenüber Messungen von Nutzgeräuschen mit niedrigen Schalldruckpegeln. *Strauch*

Literatur: *Bethge/Meurers:* TA Lärm, Kommentar. Köln–Berlin–Bonn–München. – Sportanlagen-Lärmschutzverordnung, 7/1991. – VDI 2058: Schutz vor Arbeitslärm in der Nachbarschaft. 11/1985. – VDI 2714: Schallausbreitung im Freien. 1/1988.

Mobilfunk. Beim M. werden Informationen drahtlos mit Hilfe elektromagnetischer Wellen übertragen. Die dafür eingesetzten Geräte sind so klein, daß sie in der Hand gehalten oder in Fahrzeugen eingebaut ortsunabhängig benutzt werden können. Durch diesen körpernahen Betrieb können strahlenhygienische Probleme entstehen.

Die historische Entwicklung der drahtlosen Nachrichtenübertragung in Deutschland begann mit Versuchen im Jahre 1918 in Berlin. Das erste, weitgehend flächendeckende Funknetz (A-Netz) wurde 1958 installiert. 1972 wurde es vom technisch verbesserten B-Netz abgelöst, das heute noch in Betrieb ist. Derzeit wird für das Autotelefon hauptsächlich das C-Netz benutzt.

Das 1991 eingeführte D-Netz arbeitet erstmals nach einer internationalen Norm, die eine Verwendung der Geräte auch im Ausland zuläßt. Außerdem bietet die eingesetzte Digitaltechnik erhebliche technische Vorteile beim Betrieb.

Parallel zu dieser schnellen technischen Weiterentwicklung des M. wachsen aber auch Befürchtungen in der Öffentlichkeit, daß durch die von den M.-Geräten und den Basisstationen abgestrahlten hochfrequenten elektromagnetischen Wellen nachteilige Wirkungen auf Mensch und Umwelt eintreten könnten. Besondere Beachtung müssen dabei die Probleme der gegenseitigen elektromagnetischen Verträglichkeit (EMV) elektronischer Geräte und die biologischen Wirkungen auf Grund der vom Körper absorbierten Hochfrequenzenergie finden (→Strahlung, nichtionisierende).

Unter EMV-Problemen subsumiert man die gegenseitige Störung verschiedener Funkdienste sowie die Funktionsbeeinflussung von technischen Systemen und Geräten oder elektronischen Implantaten durch Einwirken von elektromagnetischen Feldern. Seit einigen Jahren werden Aspekte der elektromagnetischen Verträglichkeit bereits in der Herstellungsphase elektrotechnischer Produkte berücksichtigt. Auf europäischer Ebene harmonisierte EMV-Normen und -Richtlinien tragen zusätzlich zur gegenseitigen Verträglichkeit der Geräte bei. Für medizinische Implantate, z. B. →Herzschrittmacher, bestehen keine ausreichenden EMV-Vorschriften. Trotzdem ist im Bereich des Mobiltelefons, wegen der hier verwendeten Frequenzen und Geräteleistungen, eine Beeinflussung von implantierten Herzschrittmachern unwahrscheinlich.

Biologische Wirkungen, z. B. auf das zentrale Nervensystem, Verhaltensänderungen, Stoffwechselstörungen oder grauer Star, werden bei intensiver Hochfrequenzbestrahlung nur ausgelöst, wenn bestimmte Schwellenwerte der Energieabsorption im Körper überschritten werden. Für verschiedene biologische Wirkungen können derartige Schwellen, z. B. der spezifischen Energieabsorption gemessen in J/kg Körpermasse oder der spezifischen Absorptionsrate (SAR) in W/kg Körpermasse, angegeben werden.

Biologische Wirkungen die nicht direkt von der Energieabsorption im Körper abhängen, sog. nichtthermische Wirkungen, die für den Gesundheitsschutz von Bedeutung sind, konnten unter den derzeitigen Rahmenbedingungen des M. nicht identifiziert werden. In diesem Zusammenhang stehende ungeklärte Detailfragen bedürfen der weiteren wissenschaftlichen Erforschung.

Nationalen und internationalen Strahlenschutzkonzepten entsprechend ist bei der Installation von M.-Basisstationen darauf zu achten, daß die durch den Betrieb der Station verursachte hochfrequente Exposition bei der Bevölkerung in keinem Fall zu SAR-Werten führt, die, bezogen auf den gesamten Körper, 0,08 W/kg überschreiten. Dabei sind eventuelle Hochfrequenzimmissionen aus anderen Quellen mit zu berücksichtigen.

Im Nahbereich der Sendeantennen von M.-Geräten tritt während des Betriebs eine sehr inhomogene Energieabsorption im Körper auf. Sie ist abhängig von der Sendeleistung, der Frequenz, vom Antennentyp, vom Abstand und der Orientierung der Antenne, insbesondere zum Kopf, sowie von der Betriebsart des Geräts. Unabhängig von diesen Parametern muß sichergestellt sein, daß kein Bereich im Körper um mehr als 0,5 bis 1 K erwärmt wird. Wegen der eingeschränkten Wärmeabfuhr aufgrund der fehlenden Blutzirkulation wird das Auge in diesem Zusammenhang als kritisches Organ betrachtet. Um unzulässige Temperaturerhöhungen zu vermeiden, ist im Nahbereich von M.-Antennen sicherzustellen, daß die SAR-Werte 20 mW/10 g in Teilkörperbereichen nicht überschreiten. Dabei ist eine Mittelung über maximal 10 g Gewebemasse zulässig. Bei kurzfristigem Betrieb bzw. im beruflich kontrollierten Bereich sind Teilkörper-SAR-Werte von 100 mW/10 g tolerierbar.   *Matthes*

Literatur: Empfehlung der Strahlenschutzkommission: Schutz vor elektromagnetischer Strahlung beim Mobilfunk. Bundesanzeiger Nr. 43. 1992. – Schutz vor elektromagnetischer Strahlung beim Mobilfunk. Veröffentlichungen der Strahlenschutzkommission Band 22. Stuttgart 1992.

Mobilisation. Unter M. versteht man den Vorgang der Überführung eines Plasmids während der Konjugation von Bakterien. Die M. eines Plasmids ist auf das Zusammenspiel von M.-Faktoren und spezifischen Sequenzen der Plasmid-DNA (nic/bom-Region) angewiesen. Auch nichtkonjugative Plasmide, die keine tra-Gene tragen, können u. U. noch durch M.-Faktoren mobilisiert werden, sofern sie noch eine geeignete nic/bom-Region aufweisen. Als praktisch nicht mehr mobilisierbar gelten Plasmide, die weder tra- noch mob-Gene, noch eine nic/bom-Region enthalten. Sie werden als Hochsicherheitsplasmide gewertet, und ihre Verwendung bei gentechnischen Arbeiten gilt entsprechend als besonders zuverlässige biologische →Sicherheitsmaßnahme gemäß →GenTSV.   *Flohé*

Mobilisierbarkeit. Übergang von einem beständigen und festgelegten in einen verfügbaren und beweglichen Zustand; dieser Übergang bestimmt die Freisetzung und Emissionen von Schadstoffen aus →Altlasten (Freisetzungskinetik). Voraussetzung ist die →Mobilität, d. h. die Eluierbarkeit bzw. Löslichkeit oder Flüchtigkeit der Schadstoffe.

Um zwischen dem immobilen und mobilisierbaren Zustand von Schadstoffen im Boden zu unterscheiden, reichen die bisher üblichen Bestimmungen der Gesamtgehalte, z. B. von Schwermetallen, nicht aus. Die mobilen Schadstoffgehalte bestimmen vorrangig den Gefährdungsgrad. Die M. von Schadstoffen aus Böden läßt sich z. B. durch Auslaugungsversuche im Gelände-Lysimeter ermitteln. Neben den Bindungsformen (→Schadstoffbindung in Altlasten) beeinflussen die geologischen, hydrogeologischen und klimatologischen Verhältnisse das Mobilisierungsverhalten der Schadstoffe.

Mobilisierbare Kontaminationen können z. B. durch Entnahme von Grundwasser oder von Bodenluft dem Untergrund oder der Ablagerung entzogen werden.   *Thoenes*

Mobilität. Beweglichkeit oder Verfügbarkeit eines Stoffes, z. B. Schadstoffe in einer →Altablagerung. Die M. ist in erster Linie von den jeweiligen Bindungsformen der Elemente abhängig. Neben der Bindungsform wird die M. wesentlich durch die Eigenschaften des Bodens und der Gewässer bestimmt. Mobile Kontaminationen sind in der Regel den →Umweltmedien leicht zu entziehen (→Bodenwaschverfahren).

Im Konzept zur Bewertung des Grundwasser-Gefährdungspotentials von →Verdachtsflächen und →Altlasten sind die Bewertungskriterien Wasserlöslichkeit und Dampfdruck der Kontaminanten Gradmesser der M. bei der Beurteilung der Grundwassergängigkeit.

Saure Niederschläge können die M. von metallischen Verbindungen, z. B. Schwermetalle, in Böden verstärken. Die thermische Behandlung kann je nach Verfahrensbedingungen (u. a. Temperatur, Verweilzeit) durch Bildung löslicher Oxide die M. der behandelten Stoffe erhöhen; Schlackebildung vermindert die M. *Thoenes*

Moderator. Bremssubstanz, die schnelle Neutronen, die in →Beschleunigern oder →Kernreaktoren gebildet werden, verlangsamen, d. h. auf thermische Energien abbremsen. Um Neutronen zu verlangsamen (zu moderieren), muß man sie durch Stoffe leiten, deren Kerne nicht mit ihnen reagieren, sondern lediglich durch elastische Zusammenstöße den Neutronen Energie entziehen. Da die Energieabgabe beim elastischen Stoß am größten ist, wenn stoßende und gestoßene Masse annähernd gleich sind, ergibt sich, daß Stoffe mit leichten Kernen die besseren M.-Eigenschaften haben.

Besonders gute M. sind Graphit, Beryllium und schweres Wasser (Deuterium). Reaktoren, die diese Stoffe als M. verwenden, können bei geeigneter Auslegung bereits mit Natururan betrieben werden, obwohl die Konzentration des →Kernbrennstoffs U-235 im Natururan sehr gering ist.

Ebenfalls als M. geeignet ist normales Wasser, das in der Reaktortechnik als leichtes Wasser bezeichnet wird. Es absorbiert jedoch in stärkerem Maße Neutronen. Deshalb muß bei Verwendung von leichtem Wasser als M. die Konzentration des Spaltstoffs U-235 auf 2 bis 3% erhöht werden. Andererseits kann Leichtwasser gleichzeitig als Kühlmittel zum Abtransport der bei der Spaltung erzeugten Wärme verwendet werden. *Merz*

Molch. →Mineralölfernleitungen sind mit Einrichtungen ausgerüstet, die den Einsatz von M. gestatten. Molchsendeschleusen befinden sich am Anfang, Molchempfangsschleusen am Ende von Fernleitungen oder Fernleitungsabschnitten.

M. sind Geräte, die mit dem Förderstrom durch die Leitung geführt werden; sie dienen im wesentlichen folgenden Zwecken:
- Reinigung der Rohrleitung (Reinigungsmolche) von Fremdkörpern und Ablagerungen, z. B. Wasser,
- Trennung verschiedener Produkte (Trennmolche oder -bälle) zur Verringerung von Vermischungen,
- Überprüfung der Rohrleitung (Prüfmolche) auf Dichtheit (→Lecksuchmolch), Anrisse (Rißprüfmolch), Korrosionen (Korrosionsuchmolch) und Formabweichungen, z. B. Beulen (Beulensuchmolch). *Krass*

Molekularbiologie. Teilgebiet der Biologie, das die Lebensvorgänge im Molekularbereich umfaßt. Bezüglich des Forschunggegenstandes ist die M. nicht klar definiert, sondern durch besondere Arbeitsmethoden gekennzeichnet. Sie greift deshalb in nahezu allen übrigen Bereichen der Biologie über. Ein wichtiges Gebiet der M. ist die Molekulargenetik, die bereits als eigenständiges Teilgebiet der Biologie angesehen wird. Die M. ist zudem eng mit der →Biochemie und der →Zellbiologie verknüpft.

In der M. wurden in den letzten vier Jahrzehnten erkenntnistheoretisch so bedeutende und praxisrelevante Ergebnisse erzielt, daß sie gelegentlich als Wissenschaft des Jahrhunderts bezeichnet wird. Kulturen von →Mikroorganismen sind für die M. ideale Untersuchungsobjekte, weil man hier mit hohen Individuenzahlen und kurzen Generationszeiten arbeiten kann. Auf dieser Grundlage gelang in verhältnismäßig kurzer Zeit die Aufklärung genetischer Grundvorgänge (Struktur und Biosynthese der Erbsubstanz DNA, Regulationsmechanismen usw.) und zahlreicher Stoffwechselwege. Eine weitere Voraussetzung für die Fortschritte in der M. war die gleichzeitige Entwicklung bedeutender Arbeits- und Untersuchungsmethoden (Ultrazentrifugation, Elektronenmikroskopie, Röntgen-Strukturanalyse, Isotopentechniken, Trenntechniken für Makromoleküle). *Maghon*

Molekularsieb. Bei den M. handelt es sich um anorganische Polymere, bestehend aus Alkalimetall-Aluminosilikaten mit kristalliner Struktur. In Abhängigkeit von der Zusammensetzung bilden sie Poren definierter Größe im Nanometer-Bereich. In diesen Poren können Moleküle mit passender Größe eingeschlossen werden. M. eignen sich deshalb in Probenahmeröhrchen für eine selektive Sammlung von Beimengungen in Gasen, z. B. in kontaminierter Luft (→Probenahme). Anders als bei Adsorptionsmitteln gibt es hier kein Durchbruchsvolumen, sondern die M. sind erschöpft, wenn alle Poren besetzt sind. In der Immissionsmeßtechnik eingesetzte M. sind die Typen 4A, 5A und 13X. Der Buchstabe gilt als Hinweis auf die Kristallgitterstrukturen, die Zahl gibt die mittlere Porenweite in Angström an. *Dulson*

Molluskizide →Biozide

Monitor →Kathodenstrahlröhre, eigensichere

Monitoring. Der Begriff M. (*lat.* monere = ermahnen, aufmerksam machen) wird für eine lang- oder längerfristige →Umweltbeobachtung oder Dauerbeobachtung verwendet. Im englischen Sprachgebrauch werden damit allerdings auch zeitlich begrenzte Untersuchungen bezeichnet. *Haber*

Monochloressigsäure.
□ Stoff-Identifizierungs-Nr.:
CAS-Nr.: 79-11-8

EG–Nr.: 607-003-00-1
UN-Nr.: 1750/1751
EINECS-Nr.: 201-178-4
□ Chemische Formel: $C_2H_3ClO_2$
□ Stoffcharakteristik: Farblose, hygroskopische Kristallmasse, in Wasser gut löslich. Starke Säure, bedingt brennbar. Bei höherer Temperatur bilden Dämpfe mit Luft explosive Gemische. Sehr reaktionsfreudig. Schwach saurer Geruch.
□ Gefahrenmerkmale:
– Stoffliste nach § 4a der →Gefahrstoffverordnung: Gefahrenkennbuchstabe(n): T
R-Sätze: 25-34
S-Sätze: 1/2-23-37-45
– Stoffliste (Anhang II) der →Störfall-Verordnung: Nr. 4c
– →Wassergefährdungsklasse: WGK 2
– Emissionswerte: →TA Luft Einstufung: 3.1.7 Klasse I   *Fischer/M. Schön*

Monodeponie. Oberirdische Deponie der Klasse I oder II nach der →TA Siedlungsabfall bzw. eine →Sonderabfalldeponie nach der →TA Abfall Teil 1, aber auch gesonderte Bereiche dieser Deponien, in denen Abfälle, die nach Art, Schadstoffgehalt und Reaktionsvermögen ähnlich sind, zeitlich unbegrenzt abgelagert werden.

Für M. gelten die Anforderungen der jeweils entsprechenden Deponieklasse.

Eine →Ablagerung von Abfällen auf M. soll insbesondere dann erfolgen, wenn auf Grund der Schadstoffgehalte im Abfall oder der Bindungsform der Schadstoffe in den Abfällen eine Mobilisierung der Schadstoffe und nachteilige Reaktionen mit anderen Abfällen ausgeschlossen werden sollen. Dabei kann im Einzelfall eine Zuordnung von Abfällen zur M. auch dann zugelassen werden, wenn einzelne Zuordnungswerte für die entsprechende Deponieklasse mit Ausnahme der Werte für Festigkeit und Stabilität nicht eingehalten werden.

Asbesthaltige Abfälle sind in jedem Fall gesondert auf einer M. abzulagern.   *Neuenhahn*

Monokultur. Es gibt natürliche (Schilfflächen) und von Menschen geschaffene (Mais-, Zuckerrohrfelder, Fichtenkulturen) M. mit nur einer (Nutz-)Pflanzenart, häufig als Hochertragszüchtung gehalten. M. sind durch genetische Einseitigkeit anfällig gegen Pflanzenepidemien und entziehen dem Boden einseitig Nährstoffe; M. fördern die Arteneinfalt in der →Fauna und sind gelegentlich ursächlich an Bodenerosion beteiligt. Gleichwohl werden M. nachwachsender →Energierohstoffe in Energieplantagen (→Energiepflanze) gehalten.   *C.-J. Winter*

Monolith, keramischer →Kfz-Abgas-Katalysator

Morpholincarbonylchlorid.
□ Stoff-Identifizierungs-Nr.:
CAS-Nr.: 15159-40-7
UN-Nr.: 2922
EINECS-Nr.: 239-213-0
□ Chemische Formel: $C_5H_8ClNO_2$
□ Stoffcharakteristik: Farblose, hygroskopische Flüssigkeit, reagiert mit Laugen und Wasser.
□ Gefahrenmerkmale:
– Besondere Stoffeigenschaften nach TRGS 500: krebserzeugend: EG-Kat. 3
– Stoffliste (Anhang II) der →Störfall-Verordnung: Nr. 71
– Emissionswerte: TA Luft Einstufung: 2.3 (gemäß MAK-Liste)   *Fischer/M. Schön*

Motoroctanzahl (MOZ) →Octanzahl

Motorprüfstand. M. dienen im wesentlichen der Erprobung neu entwickelter Motoren sowie für Leistungs- und Dauertests. Die ständig aufwendiger werdenden Versuche zur Entwicklung neuer Verbrennungsmotoren bzw. neuer Motorkomponenten können nur in geringem Maß durch Testfahrten mit entsprechend ausgerüsteten Fahrzeugen realisiert werden, weil eine sehr umfangreiche Meßtechnik sowie exakt reproduzierbare Versuchsbedingungen erforderlich sind. Vorteilhafter ist es, entweder das gesamte Fahrzeug (→Fahrleistungsprüfstand) oder nur einen Motor auf einen Prüfstand zu montieren. M. werden, in unterschiedlichsten Ausführungen, von allen Kraftfahrzeug- und Motorherstellern in großer Zahl betrieben; je nach Größe der Entwicklungsabteilung können weit über 100 Prüfstände installiert sein.

□ Aufbau. Zu einem M. gehören prinzipiell ein Prüfraum, in dem der Prüfling montiert ist, eine Meßwarte für das Bedienungspersonal sowie Versorgungsräume (Lufttechnik, Leistungselektronik, Kraftstoff). Mit der umfangreichen Meßtechnik werden Parameter wie Drehzahl, Drehmoment, Temperaturen, Drücke, Kraftstoffverbrauch und Abgaszusammensetzung erfaßt. Folgende Komponenten werden im →Abgas kontinuierlich gemessen: Gesamtkohlenwasserstoffe (FID), Stickoxide (Chemoluminiszenz-Detektor), Kohlenmonoxid (NDIR), Kohlendioxid (NDIR) und Sauerstoff (Paramagnetismus). Zur weiteren Verbesserung der Abgasanalytik befinden sich Mehrkomponentensysteme in der Entwicklung; dabei kommen Verfahren wie Fouriertransform-Spektroskopie, Diodenlaser sowie Massenspektroskopie zur Anwendung.

Mittels einer Belastungseinheit (Bremse) können unterschiedliche Belastungszustände für den Prüfling simuliert werden. Verwendet werden hierfür Wirbelstrombremsen, Gleichstrom- und Asynchronmaschinen.

□ Betrieb. Grundsätzlich lassen sich Prüfstände in drei Kategorien unterteilen:

– An Prüfständen *mit* Verbrennungsmotoren werden bestimmte Betriebsstoffe oder Nebenaggregate mit einem fest eingebauten Motor untersucht; der Motor ist hier Bestandteil des Prüfstands und wird nur im Verschleißfall ausgetauscht.

– Von größerer Bedeutung sind Prüfstände *für* Verbrennungsmotoren, hier ist der Verbrennungsmotor der Prüfling und wird nach Versuchsende gewechselt. Diese Prüfstände werden eingesetzt zum Entwickeln und Testen neuer Motorkonzepte sowie zur Erprobung von Motorkomponenten (Lichtmaschinen, Keilriemen, Einspritzpumpen, Katalysatoren etc.). Durch Funktions- und Verschleißtests werden die Verbrennungsmotoren bis zur Serienreife entwickelt. Typische Aufgaben an solchen Prüfständen, die meist automatisiert sind und damit die Möglichkeit bieten, eine Versuchsreihe reproduzierbar mit mehreren Prüflingen zu wiederholen, sind die Optimierung von Kraftstoffverbrauch, Abgasemission, Geräuschentwicklung, Leistung und Lebensdauer.

– Zur Erlangung der Abgaszulassung schreibt der Gesetzgeber jedoch die Überprüfung an einem im Fahrzeug eingebauten Verbrennungsmotor auf dem Rollenprüfstand (Fahrleistungsprüfstand) vor. Z. B. müssen zur Erlangung der Abgaszulassung in den USA bestimmte Flottenversuche über 50 000 bzw. 100 000 Meilen nachgewiesen werden. Derartige Tests werden derzeit auf Rollenprüfständen und damit zeit- und kostengünstiger als im realen Fahrbetrieb durchgeführt.

□ Umweltschutz.

– Genehmigungsbedürftigkeit. In der →4. BImSchV ist unter Nr. 10.15 die Genehmigungspflicht für Prüfstände für oder mit Verbrennungsmotoren mit einer Leistung von 300 KW oder mehr festgelegt. Dabei kommt das vereinfachte Genehmigungsverfahren (→Genehmigungsverfahren nach dem BImSchG) zur Anwendung. Zur Beurteilung der Leistung eines Prüfstands ist die auf Grund der Auslegung der Belastungseinheit maximal mögliche Motorleistung heranzuziehen. Das Genehmigungserfordernis ist auch dann gegeben, wenn mehrere Prüfstände einer gemeinsamen Anlage jeder für sich eine Leistung unter 300 kW haben, die Summe ihrer Leistungen jedoch diesen Wert erreicht oder übersteigt.

Für sog. Einstellstände, an denen jeder Motor nur einer kurzen Funktionsprüfung unterzogen wird, ist die Frage nach der Genehmigungspflicht nur nach Prüfung des Einzelfalls zu beantworten.

Rollenprüfstände sind in der Regel keine Prüfstände für Verbrennungsmotoren im Sinne der 4. BImSchV, weil hier nur eine kurzzeitige Überprüfung bestimmter Funktionen des Gesamtfahrzeugs erfolgt (z. B. im Werkstattbetrieb). Werden auf Rollenprüfständen jedoch länger andauernde Versuche an dem im Fahrzeug eingebauten Motor wie Untersuchungen des Emissionsverhaltens unter simulierten Verkehrsbedingungen durchgeführt, so sind diese Prüfstände genehmigungsrechtlich den üblichen M. gleichzusetzen.

– Schadstoffemissions-Begrenzung. Auf Grund der Vielfalt von M. und ihrer unterschiedlichen Einsatzbereiche sind in 3.3.10.15.1 der TA Luft Emissionsanforderungen festgelegt für Stickstoffoxide, Staub, Schwefeloxide und organische Stoffe. Für krebserzeugende Stoffe gilt Nr. 2.3 der TA Luft; relevant sind hier Benzol und, im Abgas von Dieselmotoren, Verbindungen aus der Gruppe der polycyclischen aromatischen Kohlenwasserstoffe (Benzo-a-pyren) sowie Rußpartikel (Dieselruß). Benzo-a-pyren ist in 2.3 Klasse I eingestuft (→TA Luft-Einstufung).

Da bereits weitestgehend ungeregelte und geregelte Katalysatoren für Ottomotoren mit Vergaserkraftstoff eingesetzt werden, lassen sich die Stickstoffoxide, Kohlenmonoxid und die organischen Stoffe deutlich reduzieren. Damit wird den vom Länderausschuß für Immissionsschutz in den Empfehlungen zur Konkretisierung der →Dynamisierungsklauseln der TA Luft (1991) erhobenen Forderungen nach Katalysatoreinsatz Rechnung getragen.

Bei Dieselmotoren liegt das Schwergewicht auf der Reduzierung der Rußemissionen. Dazu sind von verschiedenen Herstellern motorische →Rußfilter entwickelt worden.

Fallweise ist es unvermeidbar, Prüfstände auch ohne Katalysator zu betreiben. Beispielsweise ist in einem sehr frühen Entwicklungsstadium eines Motors meist noch kein entsprechend angepaßter Katalysator verfügbar oder ein Prüfmotor wird unter derart extremen Betriebszuständen betrieben, daß ein Katalysator sofort zerstört würde. Auch an sog. Einstellständen ist der Katalysatoreinsatz problematisch.

Es wird intensiv untersucht, ob eine Emissionsminderung auch durch nachgeschaltete Sekundärmaßnahmen (thermische →Nachverbrennung, Oxidationskatalysator, Wäscher etc.) realisiert werden kann, die jedoch so angeordnet sein müssen, daß sie nicht auf den Betrieb des Motors rückwirken können (Erhöhung des Staudrucks).

In der Tabelle sind beispielhaft die Ergebnisse von Emissionsmessungen an einem M. sowohl für einen Otto- als auch für einen Dieselmotor dargestellt, die z. T. unter extremen Bedingungen (Anfettung) betrieben wurden, so daß die Meßergebnisse über einen weiten Bereich streuen.

– Lärmminderung. Im Hinblick auf den Lärm am Arbeitsplatz ist zum einen die Unfallverhütungsvorschrift Lärm und zum anderen die Arbeitsstättenverordnung heranzuziehen. Moderne M. werden in weitestgehend gekapselten Räumen aufgestellt, so

Motorprüfstand. Tabelle: Beispielhafte Ergebnisse von Emissionsmessungen an einem M.

6-Zylinder-Ottomotor mit und ohne Katalysator		5-Zylinder-Dieselmotor ohne Rußfilter
Komponente	Konzentrationen (mg/m^3)	
CO	34—20 000	80—300
CO_2	2,4—8,0	1,6—4,8
NOx*	16—1 410	166—320
Gesamt-C**	17—270	33—67
Benzol	0,8—30	0,8—3
Benzo(a)pyren	0,0016	0,0019
Schwebstaub	4,8	35—62

* angegeben als NO_2
** Silicagel-Methode

Bezugssauerstoffgehalt 5%
Die z. T. sehr hohen Emissionswerte wurden bei extremen Betriebszuständen gemessen.

daß die entsprechenden Anforderungen erfüllbar sind.

Im Hinblick auf den Lärm in der Nachbarschaft ist eine Beurteilung nach der →TA Lärm erforderlich. Wegen der Kapselung der Prüfräume ist die Einhaltung dieser Anforderungen i. a. unproblematisch.

Die Lärm-Immissionsrichtwerte haben jedoch besondere Bedeutung für Dauerlauf-Rollenprüfstände, weil diese nicht in geschlossenen Hallen, sondern nur überdacht aufgestellt werden. Folgende Maßnahmen werden zum Schallschutz u. a. angewandt: schallabsorbierende Verkleidung der Dachunterseite, schallabsorbierende Abdeckung des gesamten Radkastens der angetriebenen Räder, ausreichende Dimensionierung der Fahrtwindgebläse, die lärmärmeren Teillast-Betrieb ermöglicht. Falls diese Maßnahmen nicht ausreichen, ist die gesamte Anlage mit einer Lärmschutzwand abzuschirmen.
– Ableitung der Abgase. Die Abgase von M. sind nach 2.4 der TA Luft so abzuleiten, daß ein ungestörter Abtransport mit der freien Luftströmung ermöglicht wird. *Matalla*

MTBE. Abk. Methyltertiärbutylether →Kraftstoff

MUDAB →Meeresumweltdatenbank

Müll. Synonym mit →Abfall. Unter ausdrücklichem Hinweis darauf, daß im AbfG 1986 das Wort M. durch Abfall ersetzt sei, ist in DIN 30706 Teil 1 (Mai 1991) für den Bereich der Hausmüllentsorgung

der Begriff M. einheitlich durch den Begriff Abfall ersetzt worden. Dies führt zu neuen Begriffen (Tabelle), die allerdings in der Praxis noch nicht konsequent angewendet werden. (→Hausabfall, →Haushaltabfall, →Sperrabfall, →Gewerbeabfall, haushaltähnlich).

Müll. Tabelle: Neue Begriffe der Hausabfallentsorgung nach DIN 30706 Teil 1 (Auszug)

Alte Bezeichnung	Neue Bezeichnung
Hausmüllentsorgung	Hausabfallentsorgung
Hausmüll	Hausabfall
Haushaltmüll	Haushaltabfall
Sperrmüll	Sperrabfall (sperriger Abfall)
Hausmüllähnlicher Gewerbeabfall	Haushaltähnlicher Gewerbeabfall (haushaltabfallähnlicher Gewerbeabfall)
Mülltonne	Abfalltonne
Müllsack	Abfallsack
Müllfahrzeug	Entsorgungsfahrzeug für Hausabfall

Dreyhaupt

Literatur: DIN 30706 Teil 1: Entsorgungstechnik – Begriff für Hausabfallentsorgung und Entsorgungsfahrzeuge. Mai 1991.

Multibarrierenkonzept. Bei Planung, Bau und Betrieb von Deponien wird das M. berücksichtigt. Das M. besagt, daß Abfälle auf oberirdischen Deponien, gegebenenfalls nach Behandlung, so abzulagern sind, daß
– durch die Wahl von Standorten mit geeigneten geologischen und hydrogeologischen Gegebenheiten,
– durch geeignete Deponieabdichtungssysteme,
– durch geeignete Einbautechnik der Abfälle,
– durch Einhaltung von Anforderungen an die Abfalleigenschaften mehrere Barrieren geschaffen werden, durch die die →Freisetzung von Schadstoffen aus den abgelagerten Abfällen und die Ausbreitung von Schadstoffen im Deponieumfeld nach dem Stand der Technik verhindert werden.

Barrieren im Sinne des M. sind:
– die geologische Barriere und das geohydraulisch geeignete Deponieumfeld,
– das Deponiebasisabdichtungssystem (→Deponieabdichtung),
– das Deponieoberflächenabdichtungssystem (Deponieabdichtung) und
– der →Deponiekörper.

Die geologische Barriere soll aus gering wasserdurchlässigen Gesteinen bestehen, die auch über ein gutes Schadstoffrückhaltepotential, eine ausreichende flächige Ausdehnung über den Ablagerungsbereich einer Deponie hinaus und eine Mindestmächtigkeit von mehreren Metern verfügen.

Häufig wird der Begriff M. auch im weiteren Sinne verwendet, indem notwendige betriebliche Maßnahmen, wie z. B. die Kontrolle des Deponieverhaltens und Nachsorgemaßnahmen, ebenfalls als Barrieren gegen eine unkontrollierte Schadstoffausbreitung im Deponieumfeld bezeichet werden. *Stief*

Multifunktionalität. M. des Bodens bedeutet im Sinne des Bodenschutzes, daß seine →Bodenfunktionen und die damit zusammenhängenden Nutzungsmöglichkeiten, die je nach örtlicher Bodenbeschaffenheit von Natur aus gegeben sind, nicht beeinträchtigt sind. Die M. setzt u. a. folgende wichtige Eignungen voraus: Bodenfruchtbarkeit, Medium für Wasser- und Stoffkreisläufe, Lebensraum für Bodenorganismen.

Bei der Sanierung von →Altlasten bezeichnet M. ein →Sanierungsziel; danach ist die Altlast so zu sanieren, daß eine uneingeschränkte standortübliche Nutzung, einschließlich für Wohnbebauung und für die Trinkwassergewinnung, möglich ist. Das Prinzip hat in den Niederlanden eine hohe Priorität. Im Rahmen des allgemeinen Polizei- und Ordnungsrechts kann das Sanierungsziel der M. nicht auf Kosten des Verursachers verfolgt werden; er kann hierbei ggfs. für Teilmaßnahmen in Verbindung mit der Abwehr und Beherrschung von Gefahren aus Altlasten herangezogen werden. Danach gehören die Maßnahmen, die über die Gefahrenabwehr hinausgehen und zur Herstellung einer M. dienen, zur Vorsorge. *Thoenes*

Multispektralscanner. Ein M. ist ein Bildaufnahmegerät, das in Flugzeugen und Satelliten eingesetzt wird, um Bilder der Erdoberfläche herzustellen. Sein charakteristisches Merkmal ist die Fähigkeit, gleichzeitig in mehreren Spektralbereichen des sichtbaren und infraroten Lichts deckungsgleiche Bilder zu erzeugen. Die Spektralbereiche werden auch als Kanäle bezeichnet. Der M. besteht aus
– einer Eingangsoptik,

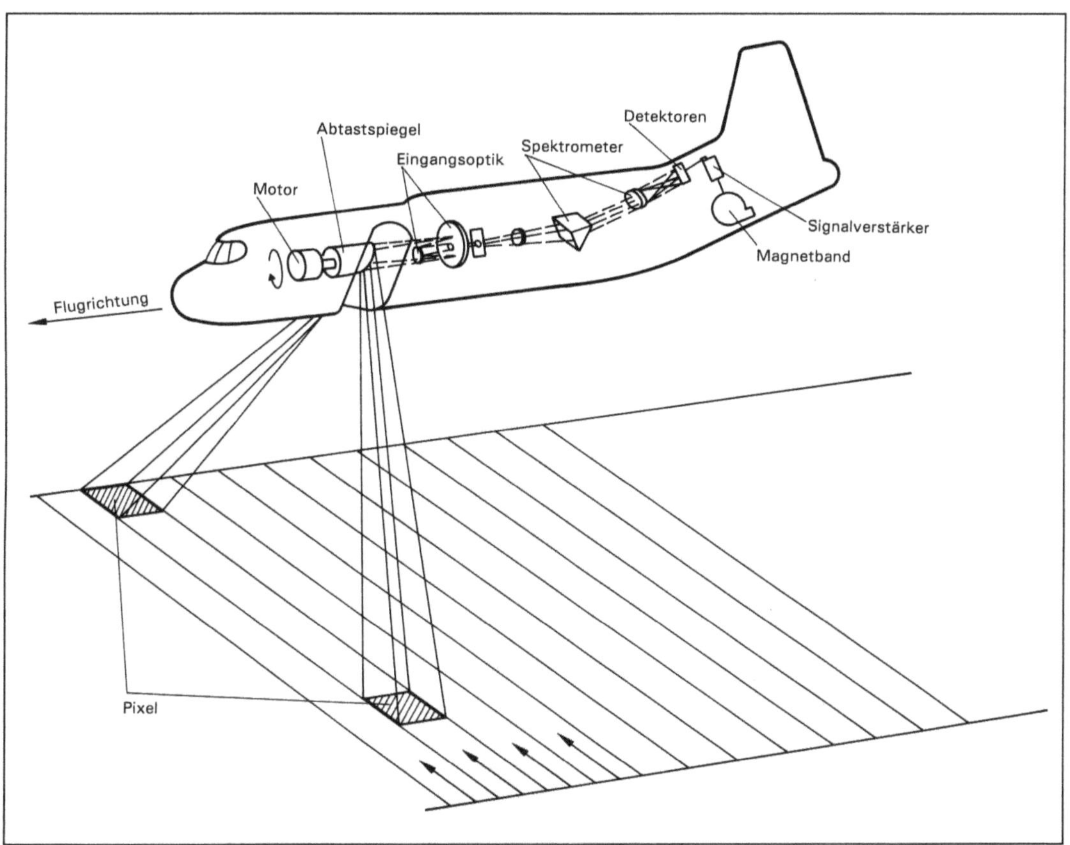

Multispektralscanner: Prinzip des M. im Flugzeugeinsatz. (Der M. ist im Verhältnis zum Flugzeug überdimensioniert dargestellt.)

833

– einem Spektrometer zur spektralen Zerlegung der Strahlung,
– Halbleiterdetektoren zur Registrierung der empfangenen Strahlung und
– einem Magnetbandgerät zur Speicherung der Daten.

Die von der Erdoberfläche kommende Strahlung wird über einen um 45 Grad geneigten Spiegel in die Eingangsoptik reflektiert. Durch Rotation dieses geneigten Spiegels wird die Erdoberfläche quer zur Flugrichtung punktweise in Streifen abgetastet (*engl.* to scan). Durch die Vorwärtsbewegung des Flugzeuges bzw. des Satelliten wird ein Streifen an den anderen gereiht, wodurch ein zusammenhängendes Bild entsteht (Bild).

M. mit rotierendem Abtastspiegel werden als optomechanisch bezeichnet. Seit Mitte der 80er Jahre gibt es auch Geräte, bei denen die Abtastung in der Bildebene mittels Detektorzeilen erfolgt; diese Geräte werden pushbroom-scanner genannt. Optomechanische Scanner können neben dem reflektierten Licht im Sichtbaren (0,40–0,65 μm) und im Infraroten (0,65–2,50 μm) auch die thermische Eigenstrahlung (8–14 μm) der Erdoberfläche registrieren. Sie eignen sich deshalb insbesondere für Thermalkartierungen. Pushbroom-Scanner haben z. Zt. die Fähigkeit zur Thermalaufnahme noch nicht.

Das digitale, auf Magnetband aufgezeichnete Bild setzt sich entsprechend dem Abtastvorgang aus einzelnen Bildelementen (Pixeln) zusammen. Durch die gleichzeitige und deckungsgleiche Registrierung in mehreren Kanälen erhält man für jedes Bildelement bzw. für das ihm entsprechende Aufnahmegebiet das Reflexionsspektrum an mehreren Stützstellen, und beim optomechanischem Scanner zusätzlich einen Temperaturwert. Das unterschiedliche Reflexionsverhalten in den einzelnen Kanälen wird bei der Auswertung dazu benutzt, verschiedene Oberflächentypen voneinander zu unterscheiden und Rückschlüsse auf ihre Beschaffenheit zu ziehen. Hierzu werden vorwiegend Methoden der digitalen Bildverarbeitung angewandt.

Optomechanische Scanner sind im Flugzeug seit den 50er Jahren im Einsatz, zunächst zur Thermalkartierung, und ab den 60er Jahren zusätzlich auch als M. Geräte dieses Typs befinden sich auch an Bord des amerikanischen Satelliten LANDSAT. Ein Scanner nach dem pusbroom-Prinzip wird auf dem französischen Satelliten SPOT eingesetzt.

Rossbach/Schroeder

Mutagen. Bezeichnung für eine chemische Verbindung, die Mutationen auslöst, oder (als Adjektiv) Eigenschaft von Verbindungen oder physikalischen Bedingungen, die zu →Mutationen führen.

M. chemische Verbindungen wirken über eine chemische Veränderung an der Nucleinsäure, welche die genetische Information trägt, also (mit Ausnahme von RNA-Viren) an der DNA. Hierbei führt nicht jede Veränderung an der DNA zur Mutation, weil DNA-Veränderungen von Reparaturenzymen erkannt und rückgängig gemacht werden. Eine nicht rückgängig gemachte Veränderung an einer Base von Nucleinsäuren kann aber im nächsten Replikationsschritt durch unorthodoxe Basenpaarung in der neu gebildeten Nucleinsäure zum Einbau einer falschen Base führen: Wir erhalten, sofern sich hierdurch die Bedeutung des betroffenen Codons (→Code, genetischer) ändert, eine Punktmutation.

Beispielhaft für M., die über diesen Mechanismus wirken, seien Nitrite genannt, die Aminogruppen der Basen in Ketogruppen umwandeln. Eine so veränderte Base ist nunmehr komplementär zu einer, die ihr eine Aminogruppe zur Ausbildung einer Wasserstoffbrücke bieten kann. So wird beispielsweise ein Cytosin durch Desamidierung zu Uracil, das sich nicht mehr mit einem Guanin, sondern mit einem Adenin paart. Im neugebildeten DNA-Doppelstrang erhalten wir also anstelle des ursprünglichen CG-Paars letztendlich ein TA-Paar. Andere Typen von M., die über eine falsche Basenpaarung zu Punktmutationen führen, sind alkylierende Agenzien oder Analoga der natürlich vorkommenden Basen, die an deren Statt eingebaut werden können.

Hochenergetische Strahlung wirkt direkt, oder vermittelt durch generierte freie Radikale, ebenfalls m. Die Radikal-vermittelten Mutationen sind häufig größere Deletionen, weil hierbei außer Basendimerisierung und Basenoxidation auch DNA-Brüche infolge einer radikalischen Zerstörung der Desoxyribose eintritt. M. wirken auch interkalierende Substanzen, also Verbindungen, die sich zwischen benachbarte Basen in Form von Charge-Transfer-Komplexen einlagern. Interkalierende Substanzen bewirken in der Regel Frameshift-Mutationen. Ein interessantes Beispiel ist das Psoralen, das interkaliert und dann unter Einwirkung von UV-Licht mit den benachbarten Basen kovalente Bindungen eingehen kann. In diesem Fall wird für den nächsten Replikationsschritt der ursprüngliche Basenabstand so verzerrt, daß es zu einer Frameshift-Mutation kommen muß.

Eine wichtige Ursache für Frameshift-Mutationen, also Mutationen durch Störung des Leserasters der codierenden DNA, sind auch Insertionen, bedingt durch integrierende Viren.

Die m. Wirkung von chemischen Verbindungen wird am einfachsten durch den sog. *Ames*-Test ermittelt. Hierzu werden durch Punkt- oder Frameshift-Mutation erzeugte Auxotrophie-Stämme von Bakterien in Gegenwart des mutmaßlichen M. inkubiert und dessen Mutagenität anhand der Frequenz der Mutationsreversion ermittelt. Um die Mutagenität der Testsubstanzen auf den Menschen sicherer abzuschätzen, wird der Testansatz mit einem einfachen Arzneimittel metabolisierenden System inkubiert. Leider ist der *Ames*-Test mit einer erheblichen Inzidenz von falsch positiven und auch mit falsch negativen Ergebnissen behaftet, so daß auf aufwendigere Testsysteme nicht gänzlich verzichtet werden kann. Der Mutagenitätstest verdient insofern Interesse, als ihr eine hohe, wenn auch nicht zwingende prognostische Relevanz für die krebsauslösende Wirkung von chemischen Verbindungen und physikalischen Kräften zuzusprechen ist. *Flohé*

Mutagenitätsprüfung. Die M. wird zur Klärung der Frage herangezogen, ob ein Agens potentiell mutagene Eigenschaften aufweist oder nicht. Für die erforderlichen Untersuchungen stehen zahlreiche in vitro- und in vivo-Testsysteme zur Verfügung.

In vitro kann durch geeignete Wahl der eingesetzten Testorganismen (Pro- und Eukaryonten), der zur Metabolisierung des Stoffes eingesetzten Komponente (Metabolisierung durch die Testzelle, durch andere Zellen oder durch zugefügte artifizielle Aktivierungssysteme) die Induktion von Gen- und Chromosomen-Mutationen mit großer Zuverlässigkeit nachgewiesen werden. Außerdem lassen derartige Untersuchungen häufig auch Rückschlüsse auf die Mechanismen zu, die der Mutagenität des Stoffes zugrunde liegen.

Untersuchungen am Tier ermöglichen es darüber hinaus, die Bedeutung pharmakokinetischer Parameter für die Entstehung von Mutationen in vivo abzuschätzen und die Wirkung der betreffenden Substanz auf die Keimzellen zu analysieren. Zur Erfassung von Genom-Mutationen stehen derzeit keine validierten in vivo-Verfahren für einen routinemäßigen Einsatz zur Verfügung.

Gelegentlich werden auch Testverfahren, die der Erkennung eines DNA-schädigenden Potentials eines Agens dienen (z. B. der Nachweis einer Induktion von Schwesterchromatid-Austauschvorgängen, von DNA-Strangbrüchen und von DNA-Reparatursynthese), zu den für M. einsetzbaren Verfahren gerechnet. Da diese Verfahren jedoch keine Mutationen nachweisen, sollten sie besser als Indikatortests bezeichnet werden.

M. sind Bestandteil der vom Gesetzgeber vorgeschriebenen Prüfungen, denen ein Stoff nach dem Chemikaliengesetz für die Anmeldung unterzogen werden muß. Der Umfang der erforderlichen Prüfungen richtet sich dabei nach der Produktionsmenge der Substanz (Tonnage-Prinzip). (→Salmonella-Mutagenitätstest). *Andrae*

Mutation. Ursprünglich Ausdruck für eine genetisch stabile Änderung des Phänotyps. Inzwischen ist die M. klar definiert als Veränderung der Nucleinsäure eines Organismus, die dessen genetische Informationen trägt. Heute sind auch phänotypisch stumme Änderungen des Genotyps als solche erkennbar und werden als M. bezeichnet.

Eine M. bewirkt je nach Art und Lokalisation eine qualitative oder quantitative Änderung in einem oder mehreren Genprodukten. Der einfachste Fall des Austausches einer einzelnen Base in einer Nucleinsäure, die Punktmutation, kann phänotypisch völlig stumm bleiben, wenn:
– sie mit keinem Bedeutungswandel des betroffenen Codons einhergeht,
– der ausgetauschte Aminosäuretest des Translationsproduktes sich an einer funktionell irrelevanten Stelle befindet,
– sich der Basenaustausch in einer funktionell irrelevanten Stelle einer nicht translatierten Region ereignet.

Der Austausch kann aber ebenso zu einem funktionell beeinträchtigten Genprodukt oder zu dessen Funktionsausfall führen, wenn er z. B. eine Aminosäure des aktiven Zentrums eines Enzyms betrifft. Zu einem Ausfall oder einer quantitativen Depression der Expression kann es bei M. in einer Region außerhalb des Strukturgens kommen, wenn Sequenzen betroffen sind, die die Transkription oder Translation beeinflussen. Bei einem polycistronischen Operon kann eine M. im Promotor den Ausfall mehrerer Genprodukte bewirken. Umgekehrt kann eine M. in regulatorischen Sequenzen zu einer konstitutiven (Über)expression eines normalerweise durch Repression regulierten Gens führen.

Für andere M.-Typen, wie Insertion und Deletion mit oder ohne Änderung des Leserasters (Frameshift) gilt sinngemäß das gleiche. Jedoch gehen naturgemäß größere Deletionen und Insertionen häufiger mit einem vollständigen Verlust der Genfunktion einher als Punktmutationen, auch sind sie schwerer durch Rückmutation revertierbar. *Flohé*

Mutterboden →Bodenaushub

Mykotoxine. M. sind giftige Stoffwechselprodukte von Schlauchpilzen (Ascomyzeten). Überwiegend werden sie von den Aspergillaceen, insbesondere den Gattungen Aspergillus und Penicillium, und von Ascohymenalen gebildet. Schlauchpilze sind sehr anspruchslos und gedeihen daher praktisch auf allen Lebensmitteln und stellen so ein Risiko für Mensch und Tier dar. In den vergangenen 30 Jahren wurden verschiedene niedere Pilze, deren Stoffwechselprodukte und die von ihnen verursachten Krankheiten beschrieben.

Die chemische Struktur der M. ist äußerst vielfältig und reicht von einfachen organischen Säuren bis hin zu komplizierten zyklischen Peptiden. Zahlreich sind die durch M. verursachten Erkrankungen:

Übelkeit und Erbrechen, Leber- und Nierenschäden, Hautausschlag, Blutungen, Knochenmarkschädigungen und Hormonstörungen. Außerdem gibt es stark →kanzerogene (krebserregend), →mutagene (erbgutschädigend) und teratogene (Schädigung des Feten) M.

Aflatoxine gehören zu den krebserregenden M. und sind die am besten untersuchte Gruppe. Gebildet werden die Aflatoxine von Aspergillus flavus und A. parasiticus. Bevorzugt nachweisbar sind diese Pilzgifte in Getreide, Getreideprodukten und ölhaltigen Samenkernen, vor allem Erdnüssen. Aber auch auf Lebensmitteln tierischer Herkunft können sie vorkommen. Am stärksten toxisch ist das Aflatoxin B_1. Beim Menschen ist Aflatoxin B_1 leberkrebserregend. Epidemiologische Untersuchungen ergaben eine positive Korrelation zwischen Aflatoxinwerten in Lebensmitteln und primärem Leberzellkarzinom in bestimmten Gegenden Asiens und Afrikas, allerdings in Verbindung mit einer Durchseuchung der Bevölkerung mit Hepatitis B.

Die früher z. T. bedenklich hohen Aflatoxin-Rückstände in Lebens- und Futtermitteln, insbesondere in Erdnüssen z. B. 625 μg/kg, führte dazu, daß 1977 die erste internationale Zusammenkunft von FAO, WHO und UNEP stattfand. Die auf der Konferenz gefaßten Beschlüsse wurden inzwischen weitgehend verwirklicht. Das Erntegut läßt sich z. B. durch sorgfältige Lagerung bei niedrigem Luftfeuchtigkeitsgehalt und guter Durchlüftung und dem Schutz vor Insektenbefall vor Pilzbefall bewahren. Man versucht außerdem, pilzresistente Sorten zu züchten. Weiterhin erfolgt strenge Qualitätskontrolle unter Einbeziehung analytischer Nachweismethoden. Erschwert wird die M.-Analytik immer noch durch die sehr ungleiche Verteilung dieser Substanzen in den Proben.

In fast allen Ländern gibt es inzwischen Toleranzwerte für Aflatoxine. In der Bundesrepublik Deutschland ist die Verordnung über Höchstmengen an Aflatoxinen in Lebensmitteln bereits 1977 in Kraft getreten. Für Aflatoxin B_1 gilt die Höchstmenge von 2 μg/kg in oder auf Lebensmitteln und für die Summe aller Aflatoxine 4 μg/kg. Für Aflatoxin M1 in Milch besteht die Höchstmenge von 0,05 μg/kg.

Das FAO CODEX Kommitte hat einen Wert von 5 μg/kg als Richtschnur für Aflatoxin B_1 empfohlen. *Weigand*

N

Nachhallzeit. Die Zeit T, in der die →Schallenergie einer Schallquelle in einem Raum nach Ausschalten dieser Quelle auf den 10^{-6} Teil des ursprünglichen Werts (um 60 dB) abgesunken ist.

Die N. ist abhängig von den akustischen Eigenschaften eines Raums. Sie wird im wesentlichen von den Absorptions- und Reflexionseigenschaften der Raumbegrenzungsflächen bestimmt (→Absorption, →Reflexion).

Nach *W. C. Sabine* besteht zwischen Raumeigenschaften und N. folgender Zusammenhang:

$$T = 0{,}163 \; \frac{V}{\sum\limits_{i}^{n} \alpha_n \, S_n}$$

T = N. in s
V = Volumen des Raumes in m^3
α_n = Schallabsorptionsgrad der Teilfläche S_n
S_n = Teilflächengröße in m^2

Die N. für Räume mit Sprachdarbietungen (Konferenzräume, Aulen, Sprechtheater) sollte bei etwa 1 Sekunde liegen; bei Konzertsälen werden N. bis zu 2,5 Sekunden als optimal für die akustischen Eigenschaften des Raumes angesehen. In Arbeitsräumen und -hallen sollte die N. so kurz wie möglich sein, um die Geräuschbelastung zu verringern. *Strauch*

Nachhaltigkeit. Angesichts der zunehmenden Umweltschäden durch ausbeuterische Nutzungen von Ressourcen und deren beschleunigte Verknappung forderte die Weltkommission für Umwelt und Entwicklung, geleitet von der norwegischen Ministerpräsidentin *Brundtland,* 1987 in ihrem Bericht – Our common future – die strikte Beachtung des Prinzips Sustainable Development, das mit nachhaltige Entwicklung übersetzt wird. Der Begriff N. wurde in der deutschen Forstwirtschaft bereits Anfang des 19. Jahrhunderts eingeführt und zum Leitprinzip erhoben. Er kennzeichnet eine Art der Waldbewirtschaftung, bei der die Produktionskraft des Waldes oder des Waldstandortes und die jeweilige Holzernte so in Einklang miteinander gebracht werden, daß langfristig ein möglichst hoher Holzertrag gewährleistet ist, Boden und Standort jedoch nicht beeinträchtigt werden.

Ökologisch orientierte Forstleute haben sich sehr bemüht, den Begriff N. auch außerhalb des Forstbereichs bekanntzumachen und zum allgemeinen Maßstab einer umweltfreundlichen Wirtschafts-

weise zu erheben, waren damit aber bis Ende der 80er Jahre wenig erfolgreich. Vor allem die moderne Landwirtschaft ging – mit Ausnahme des ökologischen Landbaues – kaum darauf ein. Erst der genannte Bericht der Brundtland-Kommission und die 1992 abgehaltene Konferenz der Vereinten Nationen über Umwelt und Entwicklung (UNCED) in Rio de Janeiro haben dem Begriff der N. zu größerer Bekanntheit verholfen. Er hat aus ökologischer Sicht viele Gemeinsamkeiten mit dem ökologischen Gleichgewicht. Nachhaltige Entwicklung ist freilich ein Widerspruch in sich, weil zugunsten der N. gerade Entwicklungsbeschränkungen notwendig sein können. Angemessen ist dagegen der Begriff der nachhaltigen Nutzung der Ressourcen. *Haber*

Nachklärbecken. Als Nachklärung bezeichnet man die Abtrennung der absetzbaren Stoffe als →Klärschlamm aus dem Abwasserstrom im Verlauf der biologischen →Abwasserreinigung nach der biologischen Behandlungsstufe. Diese Nachklärung ist immer beim →Belebtschlammverfahren erforderlich, außerdem bei hochbelasteten Tropfkörperanlagen, meist auch bei den verschiedenen Tauchkörpersystemen und ist damit ein Teil der zweiten Reinigungsstufe (biologische Reinigung). Bevorzugt setzt man horizontal oder vertikal durchflossene →Absetzbecken zur Nachklärung ein. *Mertsch*

Nachkühlung. Der Begriff N. ist meist ein anderer Ausdruck für die Notkühlung eines Reaktors (→Notkühlsystem). Es geht dabei um die Abführung der durch den radioaktiven →Zerfall der Spaltprodukte und Aktiniden erzeugten Nachzerfallswärmeleistung. Bei einer geplanten Reaktorabschaltung sorgen die betrieblichen Systeme für die Wärmeabfuhr. Bei Ausfall dieser Systeme, d. h. bei einem →Störfall, tritt die Notkühlung in Aktion. Nach- oder Notkühlsysteme haben die Aufgabe, bei allen Störfällen, bei denen im Reaktor ein Kühlmittelverlust entsteht, die Nachwärme sicher abzuführen. *Merz*

Nachtchemie. Nachts entfällt die →Photolyse und damit die Produktion der OH-Radikale, die tagsüber die Chemie der →Troposphäre überwiegend bestimmen. Nachts dagegen entstehen NO_3-Radikale durch die Reaktion von NO_2 mit O_3 (1):

$$NO_2 + O_3 \rightarrow NO_3 + O_2 \qquad (1)$$

Es stellt sich ein Gleichgewicht zwischen NO_3, NO_2 und N_2O_5 ein:

$$NO_3 + NO_2 + M \rightleftharpoons N_2O_5 + M \qquad (2)$$

Die Reaktionen von NO_3-Radikalen, N_2O_5 und O_3 (Ozon) bestimmen die N. in der Troposphäre. Die wichtigsten Reaktionen für NO_3 und O_3 mit reaktiven organischen Spurengasen (ROG) sind im Bild schematisch dargestellt.

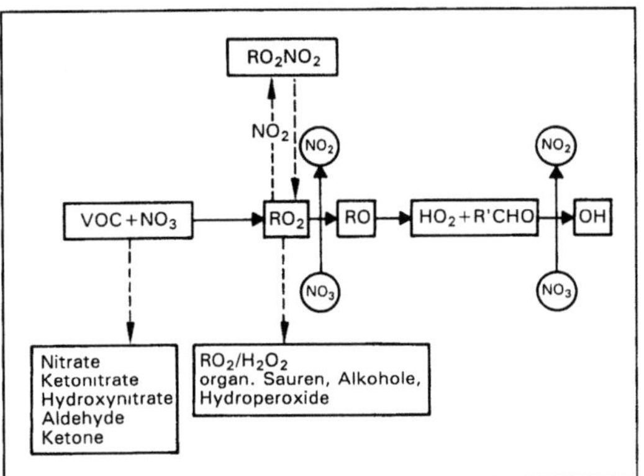

Nachtchemie: Schematische Darstellung der N. der Troposphäre.

N_2O_5 wird von feuchten Aerosolen aufgenommen und in Salpetersäure umgewandelt. Die Hauptbedeutung dieser Prozesse für die N. ist die Umwandlung von NO_x in HNO_3 ohne die Beteiligung von OH-Radikalen. Die Reaktionen von NO_3-Radikalen mit Alkanen (3) und Aldehyden (4) stellen ebenfalls eine Quelle für HNO_3 dar, wenn auch nur von untergeordneter Bedeutung:

$$RH + NO_3 \rightarrow R + HNO_3 \qquad (3)$$
$$RCHO + NO_3 \rightarrow RCO + HNO_3. \qquad (4)$$

Die Reaktionen von ungesättigten ROG mit NO_3 führen zur Bildung von organischen Nitraten und Aldehyden.

Die nitrathaltigen Produkte sind nachts relativ reaktionsträge und deshalb für den NO_x-Ferntransport von Bedeutung. In letzter Zeit gibt es Hinweise, daß OH-Radikale auch nachts durch die NO_3-Reaktion mit HO_2- bzw. RO_2-Radikalen entstehen können (5):

$$HO_2 + NO_3 \rightarrow OH + NO_2 + O_2 \qquad (5)$$
Barnes/Becker

Nachteil. N. sind wertbeeinträchtigende Folgen eines bestimmten Tuns, Duldens oder Unterlassens. Nach dem BImSchG sind erhebliche N. durch Immissionen als schädliche Umwelteinwirkungen zu werten (→Erheblichkeit). N. sind einerseits von den Gefahren und andererseits von den Belästigungen abzugrenzen. Unter N. im Sinne des BImSchG

werden vor allem Vermögenseinbußen verstanden, die durch Immissionen oder andere Einwirkungen hervorgerufen werden, ohne zu einem unmittelbaren Schaden an einem bestimmten Schutzgut zu führen (z. B. Wertminderung eines Grundstücks infolge des Anstiegs der Immissionsbelastung durch Geruchsstoffe). Auch Einschränkungen der Nutzungsmöglichkeiten einer Sache sind N. So sind Geräuschimmissionen als N. anzusehen, wenn sie dazu führen, daß die Fenster nachts geschlossen bleiben müssen oder Außenanlagen (Balkon, Terrasse) nicht mehr zu Erholungszwecken genutzt werden können. *Hansmann*

Nachtzeit. Zur Geräuschimmissionen-Beurteilung (→Beurteilungspegel) wird die Zeit zwischen 22.00 und 6.00 Uhr als Beurteilungszeit für die Nacht benutzt.

In diesem Achtstunden-Zeitabschnitt wird im allgemeinen die lauteste volle Nachtstunde zur Kennzeichnung der Geräuschsituation bestimmt.

Bei der Beurteilung der Geräusche von Sportanlagen wie auch von Baustellen (→Baulärm) bestehen hiervon abweichende Regelungen. So endet z. B. bei Sportanlagen die N. sonntags um 7.00 Uhr; bei Baustellen gilt als N. die Zeit von 20.00 bis 7.00 Uhr. *Strauch*

Nachverbrennung, thermische. Bei der t. N. (TNV), häufig auch thermische Verbrennung (TV) oder thermische →Abgasreinigung (TAR) genannt, werden im Abgas enthaltene brennbare Luftschadstoffe, die oft geruchsintensiv sind, mit Luftsauerstoff bei Temperaturen zwischen 750 und 900 °C verbrannt. Unter der Voraussetzung einer vollständigen Verbrennung reagieren die Elemente Kohlenstoff und Wasserstoff zu Kohlendioxid und Wasser. Sind zusätzliche Elemente im Abgas enthalten oder läuft die Verbrennung nur unvollständig ab, führt das zu unerwünschten Emissionen (z. B. HCl, SO_2, CO).

Abzugrenzen ist die t. N. gegen die Flammenverbrennung, die bei Temperaturen um 1 300 °C arbeitet, und die katalytische Verbrennung, die bei ca. 250–500 °C betrieben wird. Die t. N. wird vorrangig in folgenden Bereichen eingesetzt:
- Lösemittel und Weichmacher verarbeitende Prozesse,
- Oberflächentechnik und Lackierindustrie,
- chemische, petrochemische und Raffinerie-Prozesse,
- Nahrungs- und Genußmittelindustrie,
- Aufbereitungsprozesse (Trocknung und Verbrennung von Abfällen).

Die vollständige Verbrennung der Schadstoffe wird von folgenden Parametern bestimmt:
- Art der Schadstoffe,

– Verweilzeit,
– Verbrennungstemperatur,
– Vermischung der Reaktionspartner,
– Verbrennungsluft.

Maßgeblich beeinflußt werden diese Parameter durch die Brenner- und Brennkammergestaltung. Bestimmte Gasinhaltsstoffe, z. B. Organohalogenverbindungen, verbrennen erst bei höheren Temperaturen als 900 °C vollständig. Die Verweilzeit sowie die Verbrennungstemperatur muß für einen vollständigen Umsatz durch Verschieben des Reaktionsgleichgewichtes in Richtung der Verbrennungsprodukte ausreichen. Dazu ist eine intensive Vermischung der Reaktionspartner notwendig. In der Regel müssen diese Parameter experimentell abgestimmt werden.

Die t. N. zeichnet sich vor allem aus durch:
– große Flexibilität gegen Betriebsschwankungen (Durchsatz und Zusammensetzung des Abgases),
– bekannte Technologie mit einfachem und robustem Aufbau,
– hohen Umsetzungsgrad bei optimierten Betriebsbedingungen,
– Entbehrlichkeit einer Vorentstaubung.

Nachteilig ist der oftmals hohe Zusatzenergiebedarf. Eine autotherme t. N. ist (außer beim Thermoreaktor) erst bei Konzentrationen ab ca. 5 g Gesamt-C/m³ im Abgas möglich. Meist enthält das Abgas bei großen Volumenströmen nur geringe Schadstoffkonzentrationen, so daß eine Verbrennung in der Regel nur durch zusätzliche Stützbrenner aufrecht erhalten werden kann. Durch Kapselung oder gezieltes Absaugen kann das Abgasvolumen häufig erheblich reduziert werden. Vielfach werden auch Verfahren angeboten, bei denen die Lösemittel im Abgas in einer Vorstufe durch gezielte Ad- und Desorptionsvorgänge aufkonzentriert werden.

Stets ist eine →Wärmenutzung anzustreben (Bild 1). Mindestens sollten die Verbrennungsluft wie auch die zu reinigenden Abgase, die meist auf niedrigem Temperaturniveau vorliegen, vorgewärmt werden. Die t. N. sollte in den Produktionsprozeß integriert werden. Die Investitionen für →Wärmetauscher betragen oftmals bis zu 30 %

der Gesamtkosten der Anlage; allerdings kann sich der Brennstoffbedarf um 20–30 % verringern. Durch den reduzierten Brennstoffeinsatz verringert sich auch die Bildung zusätzlicher Emissionen aus dem Brennstoff bei der Verbrennung. Die NO_x-Emission läßt sich durch eine NO_x-arme Verbrennung gering halten; dazu gehören u. a. ein niedriger Luftüberschuß und gleichmäßige Verbrennungsführung.

Da die Schadgase über ihren Flammpunkt hinaus erwärmt werden, ist auf die Explosionsproblematik zu achten. Geeignete Maßnahmen gegen eine Rückzündung sind zu ergreifen. Die drei gängigen Verfahren für t. N. sind:
– t. N. mit Abgasvorwärmung,
– t. N. mit Abgas- und Verbrennungsluftvorwärmung,
– t. N. mit Abgasvorwärmung unter Einsatz eines Combustors (Einheit aus Brenner und Brennraum, auf zusätzliche Verbrennungsluftzufuhr wird verzichtet).

Die organischen Emissionen werden bei den meisten Produktionsanlagen durch Anforderungen der TA-Luft begrenzt; sie liegen je nach Schadstoffklasse zwischen 20 und 150 mg/m³. Durch die t. N. lassen sich bei entsprechender Auslegung und ordnungsgemäßem Betrieb (bei Umsetzungsgraden von meist größer als 98 %) Emissionswerte von weniger als 20 mg Gesamt-C/m³ einhalten. Die Restemissionen an CO und NO_x liegen dabei im Bereich um 100 mg/m³.

Eine Weiterentwicklung der t. N. sind die regenerativen oder autothermen Nachverbrennungsanlagen, auch Thermoreaktoren genannt (Bild 2). Sie bestehen aus zwei regenerativen Wärmetauschersegmenten, zwischen denen eine Stützfeuerung besteht. Die thermische Oxidation der Schadstoffe setzt bereits in den oberen Schichten des Regeneratorbets ein und endet im Oxidationsraum des Reaktionsbehälters. Durch die Absperrklappen kann vorgegeben werden, welches der Wärmetauschersegmente zuerst durchströmt wird. Durch kurze Umschaltzeiten (ca. 60 bis 180 Sekunden) läßt sich ein sehr konstantes Temperaturniveau im Thermoreaktor einstellen.

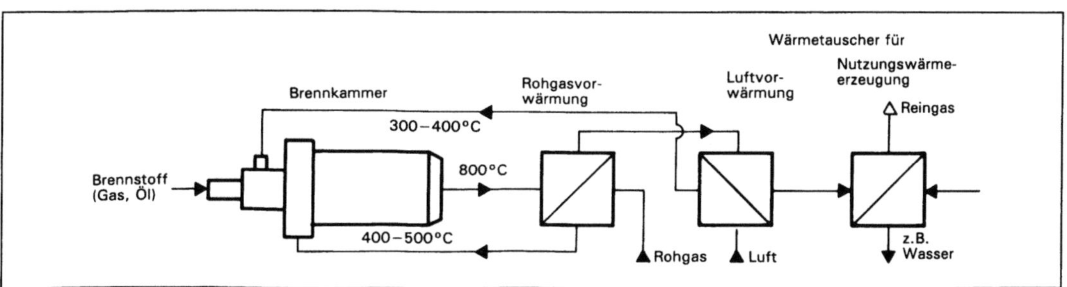

Nachverbrennung, thermische 1: Schema einer Anlage mit Wärmenutzung.

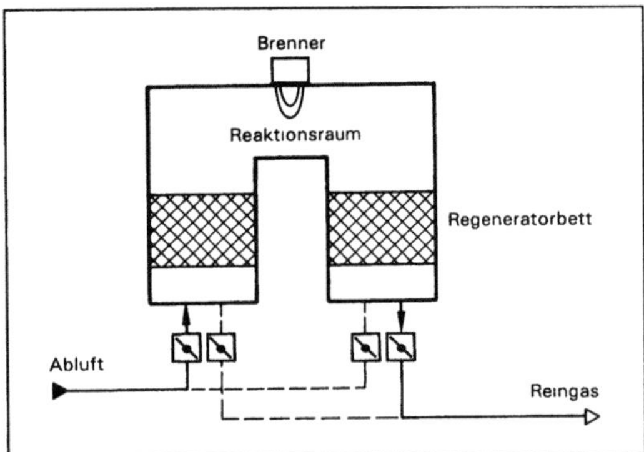

Nachverbrennung, thermische 2: Prinzip des Thermoreaktors.

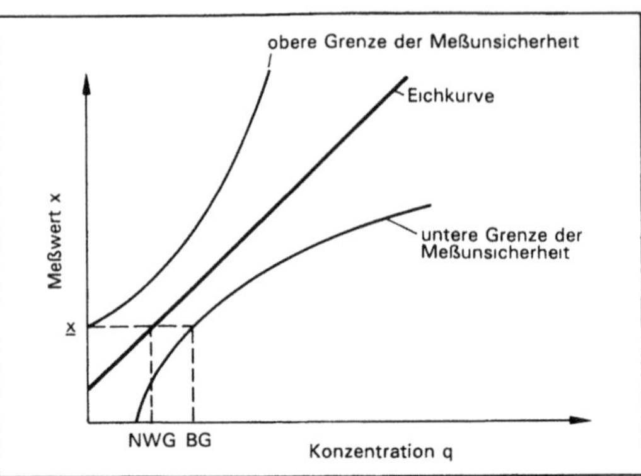

Nachweisgrenze: Lage der N. (NWG) und der Bestimmungsgrenze (BG).

Die wesentlichen Vorteile des Thermoreaktors sind der hohe thermische Wirkungsgrad und das weitgehend konstante Temperaturniveau, durch das Temperaturspitzen von über 1 300 °C, wie bei der konventionellen t. N. möglich, vermieden werden. Daraus resultiert eine geringere NO_x-Bildung im Reaktor. Ab einer Konzentration von ca. 2 g C/m^3 ist der Betrieb nahezu autotherm. Es werden bereits Thermoreaktoren mit einem Durchsatz von über 100 000 m^3/h betrieben. Reingaskonzentrationen von 10 mg CO/m^3, 5 mg Gesamt-C/m^3 und 10 mg NO_x/m^3 werden erreicht.

Aufgrund des hohen Energiebedarfs sowie der zusätzlichen brennstoffspezifischen Emissionen (u. a. auch wegen der CO_2-Problematik), sollte der Einsatz der t. N. auf Anwendungsbereiche beschränkt werden, in denen andere Verfahren keinen ausreichenden Wirkungsgrad erzielen und in denen besondere Abgasinhaltsstoffe (toxische oder kanzerogene Stoffe) thermisch zerstört werden müssen. Soweit Lösemittel verwendet werden, sollten Rückgewinnungsverfahren (→Kondensationsverfahren, →Adsorptionsverfahren, →Absorptionsverfahren) bevorzugt eingesetzt werden. *Remus*

Literatur: *Baum, F.:* Luftreinhaltung in der Praxis. München 1988. – *Davids, P.; M. Lange:* Die TA Luft '86, Technischer Kommentar. Düsseldorf 1986. – VDI 2442: Abgasreinigung durch thermische Nachverbrennung. 6/1987. – VDI Bericht 730: Fortschritte bei der thermischen, katalytischen und sorptiven Abgasreinigung. Düsseldorf 1989.

Nachwachsender Rohstoff →Rohstoffpflanze

Nachweisgrenze.

N. ist der kleinste Wert des Meßobjekts (des Luftbeschaffenheitsmerkmals) der mit einer Wahrscheinlichkeit von 95 % von einem Zustand Null unterschieden werden kann. Die N. ist von der →Bestimmungsgrenze zu unterscheiden (Bild). (VDI 2449, Bl. 1, E).

Existiert ein Zustand q = 0 und weist das Meßverfahren sogenannte Leerwerte x (q = 0) aus, kann der

$$x = x_0 + E_k \cdot q \quad \text{(lineare Eichfunktion)}$$
$$x \pm t_{f,95} \cdot S \quad \text{(Meßunsicherheit)}$$

Dabei ist

E_k Empfindlichkeit

S Standardabweichung (Eichfunktion)

$t_{f,95}$ ist ein Faktor, der (für die Wahrscheinlichkeit von 95 %) von der Anzahl der Mehrfachmessungen f bei der Bestimmung des Vertrauensbereichs abhängt. Für normalverteilte Kollektive ist $t_{f,95}$ der entsprechende Studentfaktor

$\underline{x}$ Meßwert an der N.

Meßwert an der N. $\underline{x}$ nach *Kaiser* und *Specker* ermittelt werden zu

$$\underline{x} = x_0 + t_{f,95} \cdot S \ (q = 0)$$

mit

$$x_0 = \frac{1}{f} \sum_{i=1}^{f} x_i \ (q = 0) \quad \text{Mittelwert der Leerwerte}$$

$$S \ (q = 0) \quad \text{Standardabweichung der Leerwerte}$$

Für Fälle in denen kein Zustand q = 0 existiert oder das Meßverfahren keine (echten) Leerwerte liefert, sei auf VDI 2449, Bl. 1, E verwiesen. *Birkle*

Literatur: *Bos, U.; A. Junker:* Nachweis- und Bestimmungsgrenze als kritische Verfahrenskenngrößen vollständiger Meßverfahren in der Umweltanalytik. Analytische Chemie 316 (1983) S. 135. – *Kaiser, H., H. Specker:* Bewertung und Vergleich von Analysenverfahren. Analytische Chemie 149 (1956) S. 46.

NAGUS.

Der Normenausschuß Grundlagen des Umweltschutzes (NAGUS) ist das zuständige Arbeitsgremium des DIN für die Normung von fachübergreifenden Grundlagen des Umweltschutzes auf nationaler, europäischer und internationaler Ebene; hierzu gehören u. a. die Gebiete Terminologie, Umweltmanagement und Ökobilanzen. Die Gründungssitzung des NAGUS fand am 15. 2. 1993 in Berlin statt. *Grefen*

Nahbereichsgleichung für Gebäude.

Wenn Gebäude in den Weg einer Abgasfahne hineinragen, so

kann die an den Gebäuden zu erwartende Immissionsbelastung mit Hilfe der folgenden N. f. G. abgeschätzt werden:

$c = Q/(2x^{1,6}u)$

mit c: Immissionskonzentrationen in mg/m³ (20-Minuten-Mittel), Q: Emission in mg/s, u: Windgeschwindigkeit in der Höhe der Abgasfahne in m/s, x: Quellentfernung in m

Die N. f. G. wurde auf Grund von Immissionsmessungen aufgestellt, die in Quellentfernungen zwischen 10 und 50 m über mehrere Monate hinweg kontinuierlich ca. 1 m von Gebäudewänden entfernt durchgeführt wurden. Sie kann für Quellentfernungen von 10–100 m und für Quellhöhen von 5–20 m angewandt werden. Mit der N. f. G. lassen sich die 20-Minuten-Mittelwerte berechnen, die in 2,5 % der Zeit zu erwarten sind, in der der Wind aus einem Winkel von etwa 45° von der Quelle in Richtung des Gebäudes weht, das in den Weg der Abgasfahne hineinragt. Es besteht Übereinstimmung mit vergleichbaren Ausbreitungsgleichungen (→Ausbreitung im Nahbereich niedriger Quellen). *Giebel*

Literatur: *Giebel, J.:* Eine empirische Ausbreitungsgleichung zur Immissionssimulation im unmittelbaren Nahbereich von Emissionsquellen. Schriftenreihe der Landesanstalt für Immissionsschutz des Landes NRW, Heft 39. Essen 1976.

Nahfeld. Das N. bezeichnet den Bereich um eine Schallquelle, in der das Schallfeld ausschließlich von der Schallquelle bestimmt wird und Fremdgeräusche vernachlässigbar gering sind.

Messungen im N. einer Schallquelle werden notwendig, wenn das Quellengeräusch an einem zu untersuchenden Immissionspunkt von Geräuschen anderer Quellen überlagert wird und diese Geräusche bei der Messung oder Auswertung vom zu beurteilenden Geräusch nicht zu trennen sind.

Mit den im N. gemessenen Geräuschwerten können unter Anwendung von Schallausbreitungsmodellen die Geräusche für den Immissionspunkt berechnet werden (→Schallausbreitungsrechnung). *Strauch*

Nahrungskette.

Allgemein. Die N. verbindet die sich voneinander nährenden Lebewesen in linearer Form und stellt damit einen der Grundbausteine der →Biozönosen oder →Ökosysteme dar. Jede N. beginnt mit einer Pflanzenart, weil nur grüne Pflanzen in der Lage sind, Sonnenenergie in chemische Energie durch →Photosynthese umzuwandeln und damit die erste Grundnahrung aller Lebewesen zu schaffen; daher wird dieser Prozeß auch Primärproduktion genannt. Was die Pflanzen von dieser Nahrung nicht selbst für sich verbrauchen, steht den Pflanzenverzehrern als nächstem Glied der Kette zur Verfügung, an das sich 1–3 Glieder von Tierverzehrern anschließen.

Die Allesverzehrer vereinigen die Fähigkeiten der Pflanzen- und Tierverzehrer und sind wegen geringerer Spezialisierung in der Regel besonders erfolgreiche Lebewesen; zu ihnen zählt auch der Mensch. Die Pflanzen-, Tier- und Allesverzehrer stellen zusammen die Gruppe der (ökologischen) Konsumenten dar. Die meisten in Lehrbüchern dargestellten N. enden beim sog. Spitzen- oder Endkonsumenten, der vielfach durch den Menschen verkörpert wird. Ökologisch ist das nicht richtig, weil der Weg der Nahrung nicht bei den Konsumenten endet, sondern – allerdings in Form toter organischer Substanz – als Ausscheidung oder Leiche weiter zu den →Destruenten oder →Reduzenten (→Mikroorganismen) führt, die diese Substanzen unter Ausnützung der darin noch enthaltenen Energie zu den anorganischen Grundbausteinen wie Wasser, Kohlendioxid, Nitrat usw. abbauen. Diese stehen den Primärproduzenten (grünen Pflanzen) wieder für den Neuaufbau von Nahrung zur Verfügung (→Stoffkreislauf). Ein Teil der organischen Substanz bleibt jedoch als Humus oder Torf unzersetzt oder kann durch Fossilisierung und Umformung in Braun- oder Steinkohle oder Erdöl dem Stoffkreislauf längerfristig entzogen, später aber wieder als Energieträger verwendet werden.

Die N. stellt eine Vereinfachung der ökologischen Zusammenhänge dar. Da die meisten Organismen nicht nur von einer Art Nahrung leben, sind die N. gewöhnlich miteinander vielfältig verbunden oder aufgezweigt und stellen ein Nahrungsnetz dar, wie es der Wirklichkeit der Biozönosen entspricht. Nur bei der Nahrungserzeugung durch Landwirtschaft und Gartenbau erfährt das Prinzip der N. zwecks leichterer Steuerung der Prozesse eine Verwirklichung, weil hier die Aufzweigung in ein Nahrungsnetz bewußt verhindert oder eingeschränkt wird, und zwar durch Unkraut- und →Schädlingsbekämpfung.

Die tote organische Substanz wird aber auch als Ausgangspunkt eines eigenen N.-Typs, der sog. Zersetzer-Kette gewählt, in die wiederum Konsumenten einbezogen sein können, z. B. wenn eine Amsel einen Regenwurm verzehrt.

Da Nahrung chemische Energie darstellt, verläuft entlang jeder N. auch ein Energiefluß. Bei jedem Kettenglied erfolgt eine Energieumwandlung, bei der ein Teil der Nahrung bzw. der darin enthaltenen Energie als unverdaulich ausscheidet, ein weiterer Teil auf Grund des Entropiegesetzes als Wärme degradiert. Wegen dieser ständigen Verminderung der nutzbaren Nahrung bzw. Energie geht keine N. über 5–7 Glieder hinaus.

N. und Energiefluß können auch mit dem Bild der ökologischen oder Nahrungs-Pyramide veranschaulicht werden. Es entsteht, wenn man die Biomasse (Gesamtheit der lebenden Substanz) eines jeden N.-Gliedes graphisch als Rechteck darstellt und diese Rechtecke übereinander anordnet. Die pyramidenartige Verjüngung dieser Anordnung macht den Energieverlust auf jeder Stufe besonders deutlich. *Haber*

Toxikologie. Toxikologisch ist die Anreicherung von persistenten Schadstoffen im Verlauf der N. von Bedeutung. Algen und Plankton nehmen aus dem Wasser auch Schadstoffe auf und können erheblich höhere Konzentrationen enthalten als das Wasser. Landlebende Pflanzen können Schadstoffe aus dem Boden aufnehmen und anreichern. Staubgebundene Schadstoffe lagern sich auf der Oberfläche von Pflanzen ab. Beim Übergang zur nächsten Stufe der N. können persistente Schadstoffe im Organismus angereichert werden und schließlich in den am Ende der N. stehenden carnivoren Organismen hohe Konzentrationen erreichen. Über Futterpflanzen und Trinkwasser gelangen persistente Schadstoffe in Nutztiere und mit pflanzlichen und tierischen Nahrungsmitteln in den menschlichen Organismus. *Deml*

Nahwärmesystem, solares. Sonnenkollektoren in solaren Brauchwassersystemen oder solaren Hausheiz(kühl)systemen sind meist Einzelanlagen auf Ein- oder Mehrfamilienhäusern. Sie sind ausgereift und tun weitgehend problemlos Dienst. Ihr Nachteil besteht in ihrem hohen Installationspreis (DM/kWh/a) und der in der Regel nicht uneingeschränkt möglichen saisonalen Speicherung.

Diesen Nachteilen wird versucht, in s. N. entgegenzuwirken: Sonnenkollektorfelder, ein- oder zweiachsig der Sonne nachgeführt, mit Solarvielfachem >1 liefern Heißwasser in saisonale solare Speicher (Kavernenspeicher, Erdspeicher, oberirdische Tankspeicher), aus denen der Bedarf von Dörfern, Stadtvierteln u. ä. an Brauchwasser- und Heizwärme gedeckt wird.

In Schweden werden s. N. mit Flachkollektorfeldern und Kavernenspeicher in Granit mit gutem Erfolg erprobt. Bis zu 390 kWh/m²a solarer Nahwärme werden akkumuliert, bei Kollektorkosten von ca. 400 DM/m², Kavernenkosten von wenigen 100 DM/m³ (Kavernenvolumen 100 000 m³) und schließlich Nahwärmekosten von 0,05 bis 0,06 DM/kWh$_{th}$ (zum Vergleich: Niedertemperaturwärme aus Erdgas 0,03 bis 0,05 DM/kWh [1989]). Wegen des in der Regel fehlenden Granituntergrunds in Deutschland kommen hier nur – teurere – wärmegedämmte Erdbeckenspeicher oder – noch teurere – oberirdische Speichertanks in Betracht. *C.-J. Winter*

NALS. Abk. Normenausschuß Akustik, Lärmminderung und Schwingungstechnik (NALS) im DIN und VDI, →Technische Regeln zur Minderung von Lärm und Erschütterungen.

2-Naphthylamin.
□ Stoff-Identifizierungs-Nr.:
CAS-Nr.: 91-59-8
EG-Nr.: 612-022-00-3
UN-Nr.: 1650
EINECS-Nr.: 202-080-4
□ Chemische Formel: $C_{10}H_9N$
□ Stoffcharakteristik: Farblose bis leicht rötliche, glänzende Blättchen, in kaltem Wasser wenig, in heißem Wasser gut löslich, mit Wasserdampf flüchtig, geruchlos.
□ Gefahrenmerkmale:
– Stoffliste nach § 4 a der →Gefahrstoffverordnung: Gefahrenkennbuchstabe(n): T
R-Sätze: 45-22
S-Sätze: 53-45
– Besondere Stoffeigenschaften nach TRGS 500: krebserzeugend: EG-Kat. 1
– Stoffliste (Anhang II) der →Störfall-Verordnung: Nr. 209 und 4c
– Emissionswerte: →TA Luft Einstufung: 2.3 Klasse I *Fischer/M. Schön*

Naßabscheider →Abscheider, naßarbeitend

Naßkühlturm-Abwärmenutzung. Die gekoppelte Produktion von Strom und Wärme ist eine alte, bewährte Technik mit vielfältigen Anwendungen. Der Stromertrag ist umso geringer, je höher die Temperatur der →Abwärme ist. Bei Wärmekraftwerken mit Kreislaufkühlung (Naßkühltürmen) bleibt bei maximalem Stromertrag eine Temperatur von etwa 30 °C im Kühlwasser. Dieses Temperaturniveau ist für Produktionsprozesse oder Gebäudeheizung wertlos. Mit einer möglichen Abkühlspanne von weniger als 10 °C ist d''. Energiedichte gering und damit der Aufwand für das Transportsystem ebenso wie für den Transport hoch. Eine Nutzung dieser geringwertigen Wärme ist daher nur in unmittelbarer Nähe eines Wärmekraftwerks möglich.

Stützt sich die →Wärmenutzung allein auf die Abwärmequelle, so entfallen die Investitionen für die herkömmliche Wärmeerzeugung wie Kesselanlage, Abgasanlage, Brennstofflager oder Versorgungsanschluß. Dann wird auch eine größtmögliche Ressourcenschonung und Umweltentlastung erreicht, da je nach Art des Wärmeverteilsystems weitere Energie nahezu oder ganz entfallen kann. Die alleinige Versorgung mit Abwärme setzt voraus, daß die Abwärmequelle zu jeder Zeit den Temperaturanspruch und den Leistungsbedarf des Wärmenutzers decken kann. Dieser Anforderung werden Grundlastkraftwerke mit mehreren voneinander unabhängigen Blöcken gerecht, deren Betrieb nicht durch z. B. jahreszeitliche Schwankungen der Energieversorgung oder des Kühlsystems beeinträchtigt wird. Kann diese Forderung nicht erfüllt werden, bleiben Anwendungen möglich, bei denen eine zeitweilige Einschränkung oder Unterbrechung der Wärmeversorgung toleriert werden kann.

Unter diesen Randbedingungen wurden Anfang der 70er Jahre die Systeme →Agrotherm, →Horitherm und →Limnotherm zur sinnvollen Nutzung von Niedertemperaturabwärme in Landwirtschaft, Gartenbau und Fischproduktion entwickelt. Agrotherm und Hortitherm nutzen die Wärme des Wassers vor der Abkühlung im Kühlturm, Limnotherm nutzt das warme Wasser nach der Abkühlung im Kühlturm. *Rumpf*

Nationalpark. Gemäß § 14 BNatSchG sind N. rechtsverbindlich festgesetzte, einheitlich zu schützende Gebiete, die großräumig und von besonderer Eigenart sind, im überwiegenden Teil die Voraussetzungen eines →Naturschutzgebiets erfüllen, sich in einem von Menschen nicht oder wenig beeinflußten Zustand befinden und vornehmlich der Erhaltung eines möglichst artenreichen heimischen Pflanzen- und Tierbestandes dienen.

N. werden grundsätzlich wie Naturschutzgebiete geschützt. Dabei sind allerdings Ausnahmen, die durch die Großräumigkeit und die Besiedlung geboten sind, zu berücksichtigen. Soweit der Schutzzweck es erlaubt, sollen N. gem. § 14 Abs. 2 S. 2 BNatSchG der Allgemeinheit zugänglich gemacht werden. Mit Rücksicht auf die unterschiedliche Schutzbedürftigkeit der einzelnen Gebietsteile sind für verschiedene Schutzzonen abgestufte Schutzregelungen vorgesehen. *Hoppe/Beckmann*

Literatur: *Hoppe/Beckmann:* Umweltrecht, § 18 Rn. 80. München 1989. – *Hoppe:* Die Einschränkung bergbaulicher Berechtigungen durch eine Nationalpark-Verordnung – am Beispiel des niedersächsischen Wattenmeers, DVBl. (1987) 757 ff. – *Schink:* Naturschutz- und Landschaftspflegerecht Nordrhein-Westfalen. Köln 1989.

Natrium-Schwefel-Batterie. Sie ist eine →Hochenergiebatterie, die sich wesentlich von bekannten Batterien mit wäßrigem Elektrolyten unterscheidet. Der Elektrolyt ist eine βAl_2O_3-Keramik, die Reaktanden Natrium (Na) und Schwefel (S) sind flüssig. Zur besseren Stromleitung wird der Schwefel in einer Graphitmatrix gebunden. Die Betriebstemperatur der Batterie beträgt 300 °C bis 350 °C. Beim Entladen wandern Natriumionen durch die Keramik in den Schwefelraum und bilden dort nach der Reaktionsgleichung:

$$2Na + xS \underset{\text{Laden}}{\overset{\text{Entladen}}{\rightleftarrows}} Na_2S_x$$

ein Salz Na_2S_x, das bei 100 % Entladung zu Na_2S_3 wird.

Die Zellspannung der geladenen Zelle beträgt 2,08 V. Sie bleibt bis zu 50 % Entladung auf diesem

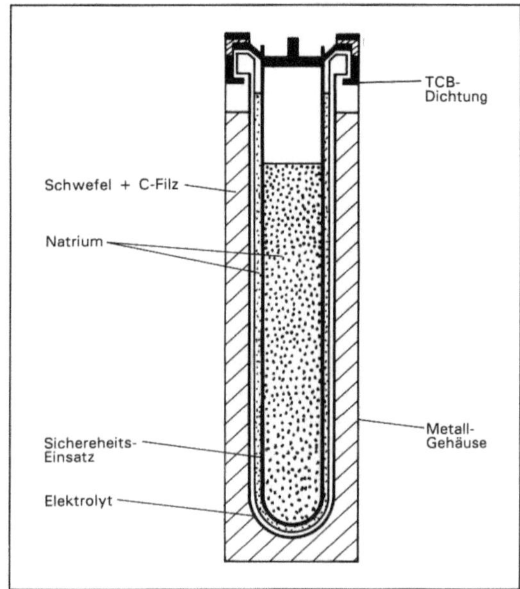

Natrium-Schwefel-Batterie 1: NaS-Zelle

Wert. Bei weiterer Entladung sinkt sie linear ab auf 1,78 V bei entladener Zelle. Bei konstanter Betriebstemperatur ist der Innenwiderstand im gesamten Betriebsbereich konstant bis auf die Bereiche Lade- und Entladeende.

NaS-Zellen lassen sich beliebig parallel oder seriell schalten. So können Batterien mit hoher oder niedriger Betriebsspannung bei gleichem Batterieaufbau realisiert werden.

Aufgrund der hohen Betriebstemperatur ist für das Batteriegehäuse eine Vakuumisolation erfor-

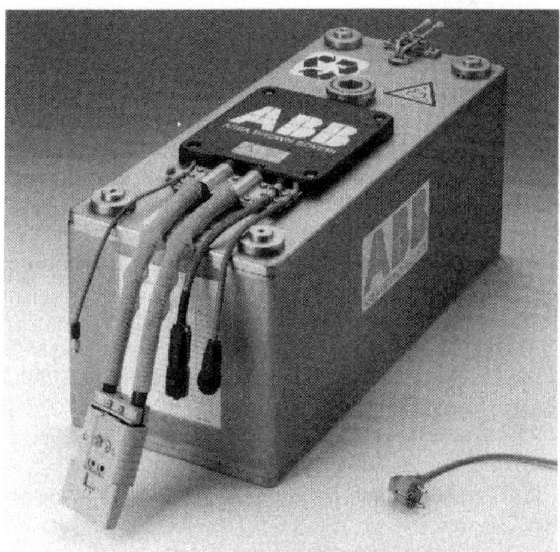

Natrium-Schwefel-Batterie 2: NaS-Batterie zum Einsatz in Elektrostraßenfahrzeugen.

derlich, die die thermischen Verluste der Batterie gering hält. Im Betrieb wird die Batterie mit der Verlustwärme auf Temperatur gehalten.

NaS-Batterien sind in verschiedenen Elektroautos im Einsatz (Bild 2). *Kahlen*

Natriumcyanid.

□ Stoff-Identifizierungs-Nr.:
CAS-Nr.: 143-33-9
EG–Nr.: 006-007-00-5
UN-Nr.: 1689
EINECS-Nr.: 205-599-4
□ Chemische Formel: NaCN
□ Stoffcharakteristik: Leicht wasserlösliche, körnige Salzmasse, kugel- oder eiförmige Stücke oder Schuppen. Entwickelt bei Kontakt mit feuchter Luft, kohlesäurehaltigem Wasser oder Säuren hochgiftige Blausäuredämpfe.
□ Gefahrenmerkmale:
– Stoffliste nach § 4a der →Gefahrstoffverordnung: Gefahrenkennbuchstabe(n): T+
R-Sätze: 26/27/28-32
S-Sätze: 1/2-7-28-29-45
– Arbeitsschutzwerte nach TRGS 900: →MAK-Wert (mg/m^3): 5 (Gesamtstaub)
– Stoffliste (Anhang II) der →Störfall-Verordnung: Nr. 89.1 und 4b
– →Wassergefährdungsklasse: WGK 3
– Emissionswerte: →TA Luft Einstufung: 3.1.4 Klasse III *Fischer/M. Schön*

Natriumdichromat.

□ Stoff-Identifizierungs-Nr.:
CAS-Nr.: 10588-01-9
EG–Nr.: 024-004-00-7
UN-Nr.: 1497
EINECS-Nr.: 234-190-3
□ Chemische Formel: Na$_2$Cr$_2$O$_7$
□ Stoffcharakteristik: Orangerote, hygroskopische Kristalle, Säulen oder Pulver. Oxydationsmittel. Reaktion mit Reduktionsmittel und organischen Verbindungen. Feuergefährlich bei Berührung mit brennbaren Stoffen.
□ Gefahrenmerkmale:
– Stoffliste nach § 4a der →Gefahrstoffverordnung: Gefahrenkennbuchstabe(n): T
R-Sätze: 36/37/38-43-45
S-Sätze: 2-22-28
– Besondere Stoffeigenschaften nach TRGS 500: krebserzeugend: MAK-Gruppe III A 2
– Arbeitsschutzwerte nach TRGS 900: →TRK-Wert (mg/m^3): 0,1 (Gesamtstaub)
– Stoffliste (Anhang II) der →Störfall-Verordnung: Nr. 117 und 4c
– →Wassergefährdungsklasse: WGK 3
– Emissionswerte: →TA Luft Einstufung: 3.1.4 Klasse III *Fischer/M. Schön*

Natriumdichromat, 2H$_2$O.

□ Stoff-Identifizierungs-Nr.:
CAS-Nr.: 7789-12-0
EG–Nr.: 024-004-00-7
UN-Nr.: 1497
□ Chemische Formel: Na$_2$Cr$_2$O$_7$. 2H$_2$O
□ Stoffcharakteristik: Orangerote, hygroskopische Kristalle, Säulen oder Pulver. Oxydationsmittel, Reaktion mit Reduktionsmitteln und organischen Verbindungen.
□ Gefahrenmerkmale:
– Stoffliste nach § 4a der →Gefahrstoffverordnung: Gefahrenkennbuchstabe(n): T, Xi
R-Sätze: 36/37/38-43-45
S-Sätze: 2-22-28
– Besondere Stoffeigenschaften nach TRGS 500: krebserzeugend: MAK-Gruppe III A 2
– Arbeitsschutzwerte nach TRGS 900: →TRK-Wert (mg/m^3): 0,1 (Gesamtstaub)
– Stoffliste (Anhang II) der →Störfall-Verordnung: Nr. 117 und 4c
– →Wassergefährdungsklasse: WGK 3
– Emissionswerte: →TA Luft Einstufung: 3.1.4 Klasse III *Fischer/M. Schön*

Natur. Die Begriffe N., natürlich oder naturgemäß sind nicht nur sehr bekannt, sie führen auch wegen ihrer unterschiedlichen Bedeutungen und Verwendungen häufig zu Mißverständnissen und Kontroversen. Die Definition von N. ist wesentlich für das Verständnis von Naturschutz. Die einfachste Definition für N. lautet: Gesamtheit der nicht vom Menschen geschaffenen belebten und unbelebten Erscheinungen. Damit ist N. als das Spontane, sich-selbst-Organisierende, -Erhaltende und stets -Erneuernde beschrieben, wie es auch der akzeptierten wissenschaftlichen Theorie der Selbstorganisation entspricht.

Als Gegenteil von N. gelten einerseits Kultur, andererseits Künstlichkeit, und unnatürlich oder künstlich stehen im Gegensatz zu natürlich. Das definitorische Problem besteht darin, daß zwischen natürlich und unnatürlich gleitende Übergänge bestehen, die als unterschiedliche Grade der Natürlichkeit oder Unnatürlichkeit beschrieben werden können. Eine verbreitete Einteilung unterscheidet fünf Grade der Natürlichkeit:
– Natürlich: frei von jeglichem menschlichen Einfluß. Diese Kategorie existiert nur noch theoretisch, weil praktisch der menschliche Einfluß über die Luftverschmutzung auch in die entlegensten Gebiete der Erde hineinwirkt.
– Naturnahe: menschliche Einwirkungen vorhanden, aber so gering, daß die Selbstorganisation und -erhaltung natürlicher Systeme nicht nennenswert beeinträchtigt ist.
– Halbnatürlich, quasi-natürlich: hiermit werden →Ökosysteme oder Landschaften bezeichnet, die

durch menschliche Nutzungen wie Beweiden, Holzeinschlag, Mähen, Jagen aus natürlichen oder naturnahen Systemen hervorgegangen sind, aber nicht bewußt geschaffen wurden. N. und Mensch wirken hier zusammen; die Ökosysteme sind zwar von der menschlichen Nutzung abhängig und ändern sich bei deren Aufhören, wirken aber dennoch auf den Unbefangenen natürlich. So gehört z. B. das bekannte Naturschutzgebiet Lüneburger Heide (→ Nationalpark) in diese Kategorie.

– Anthropogen-biologisch: dies sind vom Menschen bewußt durch Saat, Pflanzung oder Tierhaltung geschaffene und gesteuerte Nutz-Ökosysteme, deren Hauptbestandteile Nutzpflanzen und Nutztiere sind und von denen praktisch alle anderen Organismen ferngehalten werden. Sie entsprechen dem Bereich der → Land- und Forstwirtschaft, bei deren Aufhören zunächst halbnatürliche, dann naturnahe Ökosysteme entstehen.

– Anthropogen-technisch: diese Kategorie wird insbesondere durch das Ökosystem Stadt verkörpert und stellt den höchsten Grad von Kultur, Zivilisation, Künstlichkeit oder Unnatürlichkeit dar. Die → Denaturierung ist hier am stärksten. Bei Aufhören der menschlichen Steuerung und sonstigen Einwirkungen erfolgt auch hier, ähnlich wie bei der vorigen Kategorie, eine → Renaturierung, dauert jedoch wegen der viel stärkeren Eingriffe in die N. erheblich länger. *Haber*

Literatur: *Heiland, S.:* Naturverständnis. Dimensionen des menschlichen Naturbezugs. WB-Forum Band 72. Darmstadt 1992. – *Markl, H.:* Natur als Kulturaufgabe. Stuttgart 1986. – *Plachter, H.:* Naturschutz. UTB 1563. Stuttgart 1991.

Natura 2000. Zur Erhaltung der natürlichen Lebensräume sowie der wildlebenden Tiere und Pflanzen ist nach EG-Richtlinie 92/43/EWG vom 21. Mai 1992 (ABl. L 206, S. 7) ein zusammenhängendes europäisches ökologisches Netz zu schaffen. Dieses kohärente ökologische Netz trägt den Namen Natura 2000. Die Richtlinie ist wegen ihrer grenzüberschreitenden Bedrohung, der wilde Pflanzen und Tiere ausgesetzt sind, auf Art. 130s EGV gestützt. Sie ist binnen zwei Jahren nach Bekanntgabe an die Mitgliedstaaten umzusetzen.

Ziel der Richtlinie ist die Sicherung der Artenvielfalt (→ biologische Vielfalt) durch die Erhaltung der natürlichen Lebensräume sowie der wildlebenden Tiere und Pflanzen. Erforderlich hierzu ist die Wahrung oder Wiederherstellung eines „günstigen Erhaltungszustandes". Maßnahmen dieser Zielsetzung haben erstmals den Anforderungen von „Wirtschaft, Gesellschaft und Kultur sowie den regionalen und örtlichen Besonderheiten" Rechnung zu tragen. Zur bestmöglichen Gewährleistung der Artenvielfalt sind besondere Schutzgebiete und prioritär vom Aussterben bedrohte Pflanzen und Tiere als ökologisches Netz N. auszuweisen. Es

umfaßt natürliche Lebensraumtypen und Habitate der Arten. Jeder EG-Mitgliedstaat trägt im Verhältnis der in seinem Hoheitsgebiet vorhandenen natürlichen Lebensraumtypen und Habitate der Arten zur Errichtung von N. bei. Diese Sorge um N. reicht bis zur Schaffung neuer Landschaftselemente, die auf Grund ihrer linearen, fortlaufenden Struktur (z. B. Flüsse mit ihren Ufern) oder ihrer Vernetzungsfunktion (z. B. Teiche oder Gehölze) für die Wanderung, die geographische Verbreitung und den genetischen Austausch wildlebender Arten wesentlich sind.

Prioritär schützenswerter Lebensraum i. S. von N. sind bestimmte Lebensraumtypen nach Anhang I der Richtlinie. Für die Auswahl wird die hierarchische Einstufung der Lebensräume im Rahmen des Programms → CORINE zugrundegelegt. *Offermann-Clas*

Naturdenkmal. N. sind gem. § 17 Abs. 1 Nr. 1 BNatSchG rechtsverbindlich festgesetzte Einzelschöpfungen der Natur, deren besonderer Schutz aus wissenschaftlichen, naturgeschichtlichen oder landeskundlichen Gründen oder wegen ihrer Seltenheit, Eigenart oder Schönheit erforderlich ist. Dazu gehören nicht nur einzelne Objekte wie Bäume, Felsen, Höhlen, Quellen etc., sondern auch flächenhafte N., insbesondere kleine Wasserflächen, Wasserläufe, Moore, Laich- und Brutgebiete. Von den → Naturschutzgebieten unterscheiden sich flächenhafte N. einerseits durch ihre geringere Größe. Außerdem können sie nicht für allgemeine ökologische Belange ausgewiesen werden. Verboten sind gem. § 17 Abs. 2 BNatSchG die Beseitigung des N. sowie alle Handlungen, die zu einer Zerstörung, Beschädigung, Veränderung oder nachhaltigen Störung des N. oder seiner geschützten Umgebung führen können. *Hoppe/Beckmann*

Literatur: *Hönes:* Kultur- und Naturdenkmalpflege. In: NuR (1986) 225ff. – *Hoppe/Beckmann:* Umweltrecht, § 18 Rn. 88. München 1989. – *Schink:* Naturschutz- und Landschaftspflegerecht Nordrhein-Westfalen. Köln 1989.

Naturgut → Ressource

Naturhaushalt. Die Vorstellung eines Haushalts der → Natur orientiert sich am privaten oder öffentlichen Haushalt und seiner Führung, deren Ziel mindestens der Ausgleich zwischen Einnahmen und Ausgaben ist. Grundsätzlich gilt dies auch für das System der Natur und seine Teilsysteme, die → Ökosysteme, bei denen man statt von Einnahmen und Ausgaben jedoch von Zufuhren (input) und Ausfuhren (output) spricht, die durch vielseitige, systemeigene Umsetzungsprozesse miteinander verbunden sind. Zu- und Ausfuhren des N. sind jedoch weitaus schwieriger zu erfassen und vor allem zu quantifizieren als Einnahmen und Ausgaben im privaten oder öffentlichen Haushalt.

Das System der Natur insgesamt ist für Energie ein offenes oder Durchfluß-System, für Stoffe dagegen ein geschlossenes System, weil deren Menge in der Umwelt endlich ist und eine Wiederverwendung erfordert. Im einzelnen Ökosystem als Teilsystem des N. werden dagegen Energie und Stoffe zu- und abgeführt. Durch die systeminternen Prozesse erfolgen Umwandlungen von Energie und Stoffen, durch die sich das System erhält und entwickelt, die aber zur Folge haben, daß die Ausfuhr von Energie und Stoffen sich von der Zufuhr qualitativ unterscheidet. Die abgeführte Energie ist gemäß dem Entropiegesetz degradiert und für Lebensvorgänge nicht mehr nutzbar. Auch die abgeführten Stoffe sind häufig fein verteilt (dissipiert) oder in anderer Weise in ihrer Qualität vermindert. Zur Aufrechterhaltung des einzelnen Ökosystems ist daher eine Zufuhr frischer, d. h. qualitativ hochwertiger Energie- und Stoffmengen erforderlich. Diese Tatsachen erschweren einen klaren Input-Output-Vergleich und damit auch die Erfassung des N.

Trotz dieser Schwierigkeiten hat der Begriff N. Eingang gefunden in wichtige Umweltgesetze, so in das Bundesnaturschutzgesetz, wo in § 1 die Sicherung der Leistungsfähigkeit des N. vorgeschrieben ist, oder in das Pflanzenschutz- und in das Chemikaliengesetz, nach denen eine Beeinträchtigung des N. vermieden werden muß. Diese Rechtsvorschriften erwecken den Eindruck, als ob der N. eine handhabbare Meßgröße sei; tatsächlich ist er aber eine – durchaus einleuchtende – Leerformel, die im Einzelfalle der Interpretation bedarf. Wann der N. geschädigt oder seine Leistungsfähigkeit beeinträchtigt ist, kann nicht objektiv für alle denkbaren Fälle ermittelt werden. Doch können Wahrscheinlichkeiten angegeben werden, z. B. läßt die Anwesenheit bestimmter – im einzelnen aber oft umstrittener – Mengen von lebensschädlichen Stoffen im jeweiligen System begründet vermuten, daß Schädigungen nicht ausgeschlossen sind. Hierfür wird oft die Bezeichnung belastende Stoffe bzw. Agenzien (z. B. Radioaktivität) angewendet und versucht, danach die jeweilige Belastung oder Belastbarkeit des N. oder des Ökosystems zu bestimmen.

Zur besseren Handhabbarkeit wird der N. in ökologische Einzelhaushalte aufgeteilt, z. B. Energie- und Stoffhaushalt, bei letzterem wiederum nach Stoffen unterschieden wie Wasser-, Stickstoff-, Magnesiumhaushalt usw. Oft wird zugleich eine räumliche Einschränkung vorgenommen und versucht, einen Landschafts- oder Gebietshaushalt für Energie und Stoffe zu ermitteln. Dies ist gedanklich so zweckmäßig wie es in der Ausarbeitung, manchmal bis zur Unüberwindlichkeit, schwierig ist.

Unbestritten ist, daß der N. speziell seit Beginn des Industriezeitalters durch gesteigerte Zufuhren fossiler Energie sowie von Stoffen aus Lagerstätten der Erdkruste, die durch Handel und Wirtschaft über die ganze Erde verteilt werden, belastet und aus seinem bisherigen ökologischen Gleichgewicht gebracht wird. Die globalen Folgen zeigen sich in einer Verstärkung des – an und für sich notwendigen – →Treibhauseffekts und an stofflichen Belastungen von Umweltmedien, insbesondere Luft und Wasser, die nur schwer wieder rückgängig zu machen sind, wie z. B. die Verdünnung der schützenden stratosphärischen →Ozonschicht. Solchen Gefahren soll mit dem Konzept der →Nachhaltigkeit begegnet werden.   *Haber*

Naturpark. N. ist gem. § 16 BNatSchG ein einheitlich zu entwickelndes und zu pflegendes großräumiges Gebiet, das überwiegend →Landschaftsschutzgebiet oder →Naturschutzgebiet ist, sich wegen seiner landschaftlichen Voraussetzungen für die Erholung besonders eignet und nach den Grundsätzen und Zielen der →Raumordnung und →Landesplanung für die Erholung oder den Fremdenverkehr vorgesehen ist. Zweck des N. ist die freiraumbezogene, insbesondere die Wochenend- und Ferienerholung. Entsprechend diesem Zweck sollen N. gem. § 16 Abs. 2 BNatSchG geplant, gegliedert und erschlossen werden.   *Hoppe/Beckmann*

Literatur: *Schink:* Naturschutz- und Landschaftspflegerecht Nordrhein-Westfalen. Köln 1989.

Naturschutzgebiet. Rechtsverbindlich festgesetzes Gebiet, in dem ein besonderer Schutz von →Natur und →Landschaft in ihrer Ganzheit oder in einzelnen Teilen zur Erhaltung von Lebensgemeinschaften oder Lebensstätten bestimmter wildwachsender Pflanzen oder wildlebender Tierarten, aus wissenschaftlichen, naturgeschichtlichen oder landeskundlichen Gründen oder wegen ihrer Seltenheit, besonderen Eigenart oder hervorragenden Schönheit erforderlich ist (§ 13 Abs. 1 BNatSchG). Im N. sind alle Handlungen verboten, die zu einer Zerstörung, Beschädigung oder Veränderung oder zu einer nachhaltigen Störung führen können. Soweit der Schutzzweck es erlaubt, können N. gem. § 13 Abs. 2 BNatSchG der Allgemeinheit zugänglich gemacht werden. N. bieten den intensivsten Schutz von Natur und Landschaft. Der jeweilige Schutzzweck ist entscheidend dafür, ob und in welchem Umfang in dem betreffenden N. eine Bodennutzung landwirtschaftlicher, forstwirtschaftlicher oder anderer Art zugelassen werden kann.

Unterscheiden lassen sich die sog. Vollnaturschutzgebiete und die Teilnaturschutzgebiete. Vollnaturschutzgebiete schützen Natur und Landschaft in ihrer Gesamtheit. In ihnen soll sich die Natur im wesentlichen frei von menschlicher Einwirkung entwickeln können, so daß jegliche Art von Bodennutzung grundsätzlich ausgeschlossen wird. Die Teilnaturschutzgebiete dienen dagegen nur dem Schutz ganz bestimmter Pflanzen- oder Tierarten. Deshalb werden in diesen Gebieten Gebote und Verbote nur insoweit ausgesprochen, als der Schutzzweck dies erfordert. *Hoppe/Beckmann*

Literatur: *Hoppe/Beckmann:* Umweltrecht, § 18 Rn. 77ff. München 1989. – *Schink:* Naturschutz- und Landschaftspflegerecht Nordrhein-Westfalen. Köln 1989.

Natursteinschäden. Hauptbestandteile der wichtigsten Natursteine, insbesondere der Sandsteine, sind Silikate in Form von Quarzpartikeln, die mit Karbonaten miteinander vernetzt sind. Diese Karbonate sind gegen Verwitterung besonders empfindlich. Daher sind Kalksteine, Marmor, Dolomite und kalk- bzw. magnesiumhaltige Sandsteine besonders gefährdet. Schwefeldioxid ist der Hauptschädiger, aber auch Stickstoffverbindungen in Wechselwirkung mit nitrophilen Bakterien können den Stein schädigen. Zusätzliche Voraussetzung für den Korrosionsprozeß ist die Anwesenheit von Wasser, entweder als hohe relative Luftfeuchtigkeit oder als Wasserfilm. Selbst Schwefeldioxid-Konzentrationen bis $1\,700\ mg\ m^{-3}$ bewirken keinerlei Schäden am Marmor bei gleichzeitig trockener Luft.

Unabwendbar ist im feuchten Medium eine natürliche Verwitterung entsprechend der Reaktion

$$CaCO_3 + CO_2 + H_2O \rightarrow Ca(HCO_3)_2 \rightarrow Ca^{2+} + 2\ HCO_3^-.$$

Das entstehende Calciumbicarbonat ist im Gegensatz zum Calciumcarbonat in hohem Maße wasserlöslich und wird daher durch Regen ausgewaschen. Eine bedeutend schnellere Reaktion erfolgt durch Schwefeldioxid entsprechend

$$CaCO_3 + SO_2\ (+\ \tfrac{1}{2}\ O_2) + 2\ H_2O \rightarrow CaSO_4 \cdot 2\ H_2O + CO_2.$$

Hierbei entsteht als Zwischenprodukt Calciumsulfit in unterschiedlichem Hydrationszustand, d. h. $CaSO_3 \cdot n\ H_2O$ mit $n = 0{,}5, 2$ oder 5. Die Oxidation von Schwefeldioxid wird an der Oberfläche der Materialien durch katalytische Substanzen, die wie Eisen und Mangan in der Staubauflagerung enthalten sind, wesentlich begünstigt. Auch Auflagerung von Ruß oder Flugasche oder Anwesenheit von Stickstoffdioxid und insbesondere Ozon beschleunigen den Korrosionsprozeß durch erhöhte Oxidation.

Die Reaktion setzt zunächst die Adsorption des gasförmigen Schwefeldioxids an der Steinoberfläche voraus. Dieser Mechanismus ist entgegen weit verbreiteter Ansicht weit wirkungsvoller als die Aufnahme der Sulfit- oder Sulfat-Ionen in Form des sog. Sauren Regens. So sind die im Regen stark exponierten Teile eines Gebäudes i. a. nur gering geschädigt, weil der Regen die trocken adsorbierten Schadstoffe immer wieder abwäscht. Bei der Adsorption wird die →Depositionsgeschwindig-

keit, die für Schwefeldioxid bei maximal $0{,}3\ cm\ s^{-1}$ liegt, wesentlich von der Anwesenheit eines Feuchtigkeitsfilms an der Steinoberfläche sowie dem Grad der Alkalität des Materials bestimmt. Interessant ist der Vergleich mit der im Windkanal ermittelten Depositionsgeschwindigkeit der →IRMA als optimale Senke, die je nach Windgeschwindigkeit $0{,}5$ bis $1{,}5\ cm\ s^{-1}$ beträgt. Dieses Ergebnis steht in guter Übereinstimmung mit parallelen Freilandexpositionen von Steinplättchen und IRMA, bei denen eine SO_2-Immissionsrate von $120\ mg\ m^{-2}\ d^{-1}$, gemessen mit IRMA, einer SO_2-Aufnahme von etwa $25\ mg\ m^{-2}\ d^{-1}$ beim Krensheimer Muschelkalk bzw. von etwa $60\ mg\ m^{-2}\ d^{-1}$ beim Baumberger Kalksandstein gegenüberstanden. Diese Steinarten unterscheiden sich sowohl in der Porosität (12 bzw. 20 Vol.%) als auch in der Wasserkapazität (6 bzw. 16 Vol.%). Bei dieser Untersuchung waren zwei Probenserien exponiert worden, für die getrennt die Korrelationen ermittelt wurden. Die Korrelationskoeffizienten betrugen für den Baumberger Sandstein $r^2 = 0{,}88$ und $r^2 = 0{,}92$ sowie für den Krensheimer Muschelkalk $r^2 = 0{,}56$ und $r^2 = 0{,}72$.

In Anwesenheit von Sulfaten bildet sich ebenfalls Calciumsulfat bzw. in Anwesenheit von Nitrat Calciumnitrat entsprechend folgender Reaktion

$$CaCO_3 + SO_4^{2-} + 2\ H^+ + H_2O \rightarrow CaSO_4 \cdot 2H_2O + CO_2$$
$$CaCO_3 + 2\ NO_3^- + 2H^+ \rightarrow Ca(NO_3)_2 + CO_2 + H_2O.$$

Schließlich können auch Ammoniumsalze reagieren, z. B. entsprechend der Reaktion

$$(NH4)_2SO_4 + CaCO_3 \rightarrow CaSO_4 + (NH_4)_2CO_3$$
bzw.
$$NH_4HSO_4 + CaCO_3 \rightarrow CaSO_4 + NH_4HCO_3$$

oder NH_3 bzw. NH_4^+ werden durch nitrifizierende Bakterien zunächst zu NO_3^- aufoxidiert. In jedem Fall entstehen lösliche Produkte.

In der Regel dringt das trocken deponierte Schwefeldioxid mit der Feuchtigkeit in das Steininnere bis in max. 25 mm Tiefe, hauptsächlich aber bis 5 mm unterhalb der Steinoberfläche ein. Daher erfolgt die Gipsbildung vorwiegend innerhalb dieser Anreicherungszone unterhalb der Steinoberfläche. Zum Auswaschen des Gipses durch Regen kommt als wesentlicher Wirkungsmechanismus noch der Kristallisationsdruck hinzu, mit der Folge einer flächenhaften Absprengung der äußersten, wenige Millimeter starken Steinschicht, weil bei der Umwandlung von Calcit zu Anhydrit eine Volumenvergrößerung um 28% entsteht. Bei der Hydration kommen weitere 19% hinzu. Das plattenartige Absprengen der äußeren Steinschichten kann immer wieder vorkommen.

Der aus dem Stein herausgelöste Gips kristallisiert an der Steinoberfläche und nimmt dabei kohlenstoffhaltige Partikel aus der Atmosphäre, aber auch Mikroorganismen auf. Daraus bildet sich eine schwarze Kruste, die das Austrocknen der Steine verhindert und somit den Korrosionsprozeß beschleunigt.

Stickstoffoxide (NO_x) reagieren, verglichen mit Schwefeldioxid, nur langsam mit Carbonatgesteinen. Wichtig ist die Wechselwirkung mit Schwefeldioxid, wobei Stickstoffmonoxid die Oxidation des Schwefeldioxids herabsetzt, Stickstoffdioxid die Oxidation hingegen erhöht. Bei einem molaren NO/NO_2-Verhältnis von 12 sind die Redox-Verhältnisse gerade ausgeglichen. Eine Umsetzung der Stickstoffoxide mit dem Calciumcarbonat setzt eine vorherige Oxidation zu Salpetersäure voraus.

In neuerer Zeit wurde auch die Bedeutung von Bakterien, z. B. der Gattung Thiobacillus, als mikrobiologische Steinzerstörer erkannt. Diese oxidieren Schwefelverbindungen, einschließlich Schwefelwasserstoff als Beispiel einer Schwefelverbindung, auf niedrigster Oxidationsstufe. Algen, Pilze und Flechten wirken wegen ihrer Kohlendioxid-Ausscheidung ebenfalls korrosiv. Außerdem verlängern sie, wie die schwarzen Krusten, die Durchfeuchtungsphase des Steins.

Kunststeine, einschließlich Beton, können ebenfalls von der immissionsbedingten Korrosion betroffen sein. I. a. ist aber ihre Widerstandskraft gegenüber →Luftverunreinigungen deutlich höher als die der karbonathaltigen Sandsteine. *Prinz*

NDIR-Verfahren. Das nichtdispersive Infrarot (NDIR)-Verfahren ist ein photometrisches Gasmeßverfahren, das in der Praxis der Luftreinhaltung sehr häufig zur kontinuierlichen →Emissionsüberwachung von Gasen eingesetzt wird. Das N.-V. ist das Standardverfahren zur kontinuierlichen Emissionsmessung von Kohlenmonoxid (CO) und Schwefeldioxid (SO_2). Es wird auch für CO-Bestimmungen in der Atmosphäre benutzt. Das Verfahren ist wie das →Gasfilterkorrelationsverfahren dadurch gekennzeichnet, daß auf eine spektrale Zerlegung des breitbandigen IR-Lichtes vor der eigentlichen Messung verzichtet und statt dessen die im Gerät gespeicherte Meßkomponente selbst zur Selektivierung benutzt wird.

Meßeinrichtungen nach dem N.-V. sind meist als Zweistrahlphotometer ausgelegt (Bild). Das Probegas wird über eine extraktive Probenahme durch die Meßküvette geleitet. Das Licht einer IR-Strahlungsquelle wird mit Hilfe eines Blendenrades moduliert und trifft abwechselnd durch die Meßküvette und die im Vergleichsstrahlengang angeordnete Vergleichsküvette auf den mit der Meßkomponente gefüllten Gasdetektor. Die unterschiedliche Schwächung in den beiden Küvetten führt in den Empfängerkammern des Detektors zu periodischen Druckschwankungen, die entweder durch einen Mem-

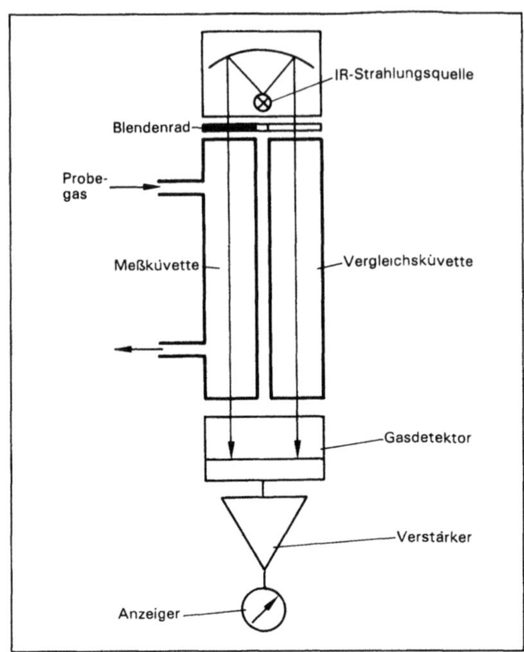

NDIR-Verfahren: Meßanordnung (schematisch).

brankondensator oder durch einen Mikroströmungsdetektor, der die Druckausgleichsströmung zwischen je zwei Empfängerkammern erfaßt, in ein elektrisches Signal umgewandelt werden.

Eine Modifikation des N.-V. ist das nichtdispersive Ultraviolett (NDUV)-Verfahren, bei dem die Meßkomponente in der Strahlungsquelle gespeichert ist. Verwendet werden gasgefüllte Entladungslampen, die für die Meßkomponente charakteristische Spektrallinien emittieren. *Stahl*

Literatur: VDI 2459, Bl. 6: Messen gasförmiger Emissionen; Messen der Kohlenmonoxidkonzentration; Verfahren der nichtdispersiven Infrarot-Absorption. 11/1980. – VDI 2462, Bl. 4: Messung gasförmiger Emissionen; Messen der Schwefeldioxid-Konzentration; Infrarot-Absorptionsgeräte UNOR 6 und URAS 2. 8/1975. – VDI 2456, Bl. 9: Messen gasförmiger Emissionen; Messen von Stickstoffmonoxid-Gehalten in Feuerungsabgasen mit dem NDUV-Resonanz-Analysator (RADAS 1). 2/1989.

NDUV-Verfahren →NDIR-Verfahren

Nebel. N. ist allgemein ein →Aerosol aus flüssigen Schwebeteilchen. Der N. besteht aus kondensiertem Wasserdampf (→Kondensation), in dem das Wasser auch unterhalb von 0 °C in flüssiger Form vorliegt. Die Nebelbildung wird durch Kondensationskeime (Schwebstoffe) in der Luft begünstigt. Das Nebelwasser, das wie Wolken- und Regentröpfchen atmosphärischen Reaktionen unterworfen ist, wird infolge der Luftbewegung auf Gebäuden, Pflanzen und dem Boden abgeschieden und kann dort Schadwirkungen hervorrufen (→saurer Regen, neuartige →Waldschäden). *Wirtz*

Nebenbestimmung. N. im Sinne des Verwaltungsrechts sind modifizierende oder ergänzende Regelungen zu einem Verwaltungsakt (Genehmigung, Erlaubnis, Fristverlängerung oder sonstige behördliche Regelung eines Einzelfalles mit unmittelbarer Außenwirkung). Als N. kommen in Betracht: Bedingung, Befristung, Auflage, Widerrufsvorbehalt und Auflagenvorbehalt. Ein Verwaltungsakt, auf den ein Anspruch besteht, darf mit einer N. nur versehen werden, wenn sie durch Rechtsvorschriften zugelassen ist oder wenn sie sicherstellen soll, daß die gesetzlichen Voraussetzungen des Verwaltungsaktes erfüllt werden (§ 36 Abs. 1 des Verwaltungsverfahrensgesetzes). Im übrigen dürfen einem Verwaltungsakt N. nach pflichtgemäßem Ermessen der Behörde beigefügt werden. In keinem Fall darf jedoch eine N. dem Zweck des Verwaltungsaktes zuwiderlaufen (§ 36 Abs. 3 des Verwaltungsverfahrensgesetzes). *Hansmann*

Nebeneinrichtung. N. sind Gebäude, Maschinen, Geräte und Grundstücksflächen, die zum Betrieb einer genehmigungsbedürftigen Anlage i. S. des BImSchG zwar nicht zwingend erforderlich sind, die im konkreten Fall jedoch dem Betrieb einer derartigen Anlage dienen. Sie werden von dem Genehmigungserfordernis miterfaßt (§ 1 Abs. 2 der →4. BImSchV), wenn sie mit den betriebsnotwendigen Anlageteilen oder Verfahrensschritten in einem räumlichen und betriebstechnischen Zusammenhang stehen und für
- das Entstehen schädlicher Umwelteinwirkungen,
- die Vorsorge gegen schädliche Umwelteinwirkungen oder
- das Entstehen sonstiger Gefahren, erheblicher Nachteile oder Belästigungen von Bedeutung sein können.

N. können auch mehreren genehmigungsbedürftigen Anlagen zuzuordnen sein. *Hansmann*

Nebenstromrauch. Der von glimmenden Zigaretten, Zigarren oder Pfeifentabaken während der Zugpausen in die Raumluft abgegebene Tabakrauch. Der vom Raucher beim Ziehen eingesogene Rauch wird als Hauptstromrauch bezeichnet. N. und Hauptstromrauch stehen beim Zigarettenrauchen in einem Volumenverhältnis von etwa 4 : 1. Der N. ist ebenso wie der Hauptstromrauch ein komplexes Gemisch mehrerer tausend Substanzen, von denen etwa 40 krebserregend sind. Obwohl qualitativ ähnlich, unterscheiden sich N. und Hauptstromrauch erheblich in ihrer chemischen Zusammensetzung und physikochemischen Beschaffenheit wie Partikelgröße oder Verteilung der einzelnen Inhaltstoffe zwischen Partikel- und Gasphase.

Infolge der relativ niedrigen Temperaturen beim Glimmen (350 °C) wird weniger Material verbrannt und mehr abdestilliert als bei der thermischen Zersetzung in der Glutzone beim Rauchen (900 °C). N. enthält daher höhere Konzentrationen an Ammoniak, Benzol, Nikotin, Kohlenmonoxid, Nitrosaminen, polyzyklischen aromatischen Kohlenwasserstoffen oder aromatischen Aminen als Hauptstromrauch. Bei bestimmten Stoffen, z. B. Nitrosaminen, kann der Faktor 100 betragen. Von den zahlreichen im N. enthaltenen Reizstoffen erreichen Stickoxide, Akrolein und lungengängige Partikel in verrauchten Räumen Konzentrationen, die an die der entsprechenden MAK-Werte herankommen oder sie überschreiten.

Unmittelbar nach seiner Entstehung ist der N. tiefgreifenden physikochemischen Veränderungen unterworfen. Teile des Aerosols schlagen sich auf Oberflächen nieder, aggressive Inhaltsstoffe reagieren ab. Durch die Verdünnung mit Raumluft entstehen kleine Partikel (0,2–0,4 μm), die für lange Zeit in der Luft suspendiert bleiben und sich mit Luftströmen rasch verteilen. Auf Grund ihrer geringen Größe gelangen die Partikel in tiefe Lungenbereiche. Das Einatmen von Tabakrauch in der Raumluft (→Passivrauchen) ist nicht nur belästigend, sondern auch Ursache akuter und chronischer Gesundheitsschäden. *Wiebel*

Nebenweg-Übertragung. Als N.-Ü. wird nach DIN 52217: Bauakustische Prüfungen; Flankenübertragung, Begriffe, 8/1984, jede Form der Luftschallübertragung zwischen zwei aneinandergrenzenden Räumen bezeichnet, die nicht über die Trennwände oder über die Trenndecken erfolgt. Wesentliche N.-Ü. sind z. B. Schallübertragungen über Undichtheiten, Lüftungsanlagen, Rohrleitungen, Kabelschächte und sonstige raumverbindende Durchbrüche. *Strauch*

Nematizide →Biozide

Nessler-Verfahren. Das in VDI 2461, Bl. 2 beschriebene *N.-V.* ist eine manuelle Methode zur Immissionsmessung von Ammoniak.

Die zu untersuchende Luft wird durch eine mit verdünnter Schwefelsäure gefüllte Muenke-Waschflasche bzw. einen →Impinger geleitet und als Ammoniumsulfat gebunden. Das Ammoniak wird ggf. durch Destillation aus alkalischer Lösung von Störsubstanzen abgetrennt und dann mit Nesslers Reagenz – einer alkalischen Lösung von Kaliumtetrajodomercurat(II) – umgesetzt. Es entsteht ein gelbbraunes Kolloid, dessen Färbungsintensität photometrisch bestimmt wird (Bild).

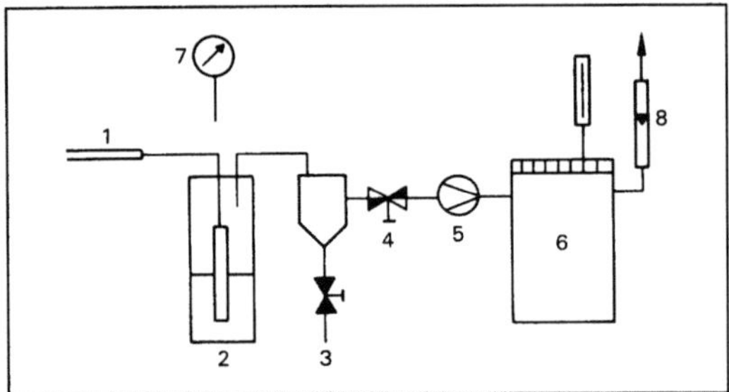

Nessler-Verfahren: Beispiel für eine Probenahmeeinrichtung mit Muenke-Waschflasche. (Quelle: VDI 2461, Bl. 2)

1 Ansaugsonde, 2 Absorptionsgefäß, 3 Tropfenabscheider, 4 Drosselventil, 5 Pumpe, 6 Gasmengenzähler mit Thermometer, 7 Barometer, 8 Durchflußmesser

Das Meßverfahren ist nicht selektiv für Ammoniak, weil z. B. auch abgeschiedene Ammoniumverbindungen mit erfaßt werden. Positive →Querempfindlichkeiten bestehen auch gegenüber Aminen.

Die relative →Nachweisgrenze des Verfahrens beträgt für eine 30minütige Probenahme bei Verwendung eines Impingers (ca. 1 m³ Probeluft) etwa 2,5 μg NH_3/m³, bei Verwendung einer →Waschflasche (ca. 50 l Probeluft) etwa 50 μg NH_3/m³. *Pfeffer*

Literatur: VDI 2461, Bl. 2: Messung gasförmiger Immissionen; Messen der Ammoniak-Konzentration; NESSLER-Verfahren. 5/1976.

Netzfreischalter →Elektroinstallation

9. BImSchV. Verordnung über das Genehmigungsverfahren vom 29. Mai 1992 (BGBl. I S. 1001), geändert durch Verordnung vom 20. April 1993 (BGBl. I S. 494). Konkretisiert die Vorschriften der §§ 10, 19 BImSchG über förmliche und vereinfachte Genehmigungsverfahren (→Genehmigungsverfahren nach dem BImSchG) und regelt die Anforderungen, denen das Genehmigungsverfahren für Anlagen genügen muß, für die zusätzlich eine →Umweltverträglichkeitsprüfung (UVP) durchzuführen ist. Im wesentlichen enthält die 9. BImSchV Vorschriften über
- die Antragstellung und die im Vorfeld des Vorhabens durch die Genehmigungsbehörde vorzunehmende Beratung des Antragstellers,
- den Antragsinhalt und die dem Antrag beizufügenden Antragsunterlagen,
- den Gegenstand der UVP und die Unterrichtung des Antragstellers über den voraussichtlichen Untersuchungsrahmen der UVP,
- die öffentliche Bekanntmachung des Vorhabens und deren Inhalt, die öffentliche Auslegung des Antrags und der Antragsunterlagen, die Akteneinsicht sowie die Erhebung von Einwendungen gegen das Vorhaben,
- die Beteiligung anderer Behörden und die Einholung von Sachverständigengutachten,
- den Zweck und die Durchführung des Erörterungstermins sowie
- die Entscheidung und den Inhalt des Genehmigungsbescheides. *Dreyhaupt*

19. BImSchV. Verordnung über Chlor- und Bromverbindungen als Kraftstoffzusatz vom 17. Januar 1992 (BGBl. I S. 75). Verbietet grundsätzlich das Inverkehrbringen
- von Chlor- und Bromverbindungen als Zusatz zu Kraftstoffen zum Betrieb von Kraftfahrzeugen sowie
- von Kraftstoffen zum Betrieb von Kraftfahrzeugen, die Chlor- oder Bromverbindungen enthalten.

Die Regelung dient der Vermeidung der Entstehung von bromierten und gemischthalogenierten Dioxinen und Furanen in Kraftfahrzeugabgasen, nachdem Untersuchungen ergeben hatten, daß die dem verbleiten Benzin als Scavenger zugesetzten Additive 1,2-Dichlorethan und 1,2-Dibromethan für deren Entstehung ursächlich waren. Scavenger (Reiniger) sind nach dem englischen Sprachgebrauch Kraftstoffadditive, die im Kraftfahrzeugmotor den Brennraum (Zylinder, Kolben, Ventile) von bleihaltigen Ablagerungen freihalten (reinigen) sollen. Die 19. BImSchV wird daher inoffiziell auch als Scavenger-Verordnung bezeichnet. *Dreyhaupt*

Neutralisation. Im weitesten Sinne: Überführen eines Systems in einen neutralen Zustand.

Im engeren Sinne: Als schnelle Reaktion verlaufender Vorgang der Entfernung der überwiegenden Ionenart eines Lösungsmittels oder ihres Ausgleichs durch die entgegengesetzt geladene Ionenart.

Im speziellen Sinne: Chemische Reaktion, bei der durch Zugabe der jeweils anderen Komponente zu einem sauer (pH < 7) bzw. basisch (pH > 7) reagierenden System im Gesamtsystem der Neutralpunkt (pH = 7) eingestellt wird. Dabei wird ein stets konstanter Energiebetrag freigesetzt.

Allgemeine Gleichung:
Säure + Base →Salz + Wasser
Reaktionsenthalpie $\Delta_R H$ = −57,5 kJ/mol

Im Labor wird durch N.-Analyse die Säure- bzw. Basekonzentration einer Lösung bestimmt.

Im Bereich der Abfallwirtschaft ist die N. der chemisch-physikalischen →Abfallbehandlung zuzuordnen. Mittels N. können u. a. folgende Abfallarten behandelt werden:
- Akku-Säuren,
- anorganische Säuren, Säuregemische und Beizen,
- nicht halogenierte organische Säuren,
- Laugen, Laugengemische und Beizen (basisch),

– Ammoniaklösung (Salmiakgeist),
– Hypochlorit-Ablauge (Chlorbleichlauge),
– Kupferätzlösungen sowie
– mineralölhaltige Säure.

Die N. ist oftmals mit einer Ausfällung der gebildeten Salze verbunden, die dann durch Zentrifugieren/→Dekantieren (→Zentrifuge) und/oder →Filtration abgetrennt werden. *Radde*

Neutron. Ein ungeladenes Elementarteilchen mit einer Masse von $1{,}67482 \cdot 10^{-24}$ g. Es ist damit geringfügig schwerer als ein Proton. Für Rechnungen im Strahlenschutz können die Massen der beiden Nukleonen als gleich ($1{,}67 \cdot 10^{-24}$ g) angenommen werden. Entdeckt wurde das N. im Jahre 1930 von den deutschen Physikern *Bothe* und *Becker* beim Beschuß von Beryllium mit α-Strahlen des Radiums. Die genaue Identifizierung geschah zwei Jahre später durch den englischen Physiker *Chadwick,* der auch den Namen N. vorschlug.

Innerhalb eines stabilen Kerns ist die Lebensdauer der N. unbegrenzt. Im freien Zustand dagegen verwandelt sich ein N. in ein Proton, ein Elektron und ein Antineutrino. Die →Halbwertszeit freier N. beträgt 11,7 min; ihre mittlere Lebensdauer ist somit rund 17 min. Ein N. tritt mit Materie in Wechselwirkung durch Abgabe eines Teils seiner kinetischen Energie bei elastischen Stößen oder indem es von einem Atomkern eingefangen wird. *Merz*

Neutronengenerator →Beschleunigeranlage

Nichteisenmetallgewinnung und -verarbeitung. Nichteisenmetalle (NE-Metalle) umfassen verschiedene Metallgruppen. Mengenmäßig und aus der Sicht der Luftreinhaltung sind die Gewinnung und Verarbeitung von Aluminium, Blei, Kupfer und Zink besonders bedeutsam. Bei den Prozessen können vor allem Emissionen an Staub mit z. T. besonders wirkungsrelevanten Staubinhaltstoffen auftreten. Neben Quellen mit gefaßten Abgasen treten bei der Handhabung von Einsatzstoffen, Produkten und Rohstoffen oft diffuse Emissionen auf, die gezielte Minderungsmaßnahmen erforderlich machen.

Anlagen zum Rösten und Sintern von NE-Metallen zur Gewinnung von NE-Rohmetallen sowie Schmelzanlagen für NE-Metalle sind genehmigungsbedürftig nach dem BImSchG; sie sind im Anhang der →4. BImSchV (Nrn. 3.1 und 3.4) genannt. Emissionsbegrenzende Anforderungen enthält die →TA Luft (→Aluminiumerzeugung; →Bleierzeugung; →Kupfergewinnung; →Zinkgewinnung). *Leder*

Literatur: *Davids, P.; M. Lange:* Die TA Luft '86 – Technischer Kommentar. Düsseldorf 1986. – *Winnacker, K.; L. Küchler:* Chemische Technologie, Bd. 6, Metallurgie. München 1973.

Nichtionisierende Strahlung →Strahlung, nichtionisierende

Nickel.
Emissionsminderung. Die Gewinnung von N. (Ni) aus primären Rohstoffen (Konzentrate, Erze) ist in der Bundesrepublik Deutschland praktisch bedeutungslos. Die Hauptmenge des Bedarfs wird als reines N.-Metall, als Ferronickel, als nickelhaltiger Schrott oder in Form von N.-Verbindungen importiert. In Umschmelzwerken werden aus sekundären Rohstoffen (z. B. nickelhaltigem Schrott) N. und N.-Legierungen erschmolzen.

N. wird zu über 90 % als Legierungsmetall in der Stahl- und NE-Metallindustrie und zur galvanischen Oberflächenbeschichtung von Metallen (Vernikkeln) eingesetzt. Der Rest wird zur Herstellung von Nickel-Cadmium-Batterien, in Katalysatoren und in Pigmenten für Kunststoffe verwendet.

Staubförmige N.-Emissionen in die Luft entstehen bei Transport, Lagerung und Aufbereitung der Rohstoffe, bei thermischen Prozessen der N.-Erzeugung und -Verarbeitung sowie beim Verbrennen nickelhaltiger Brenn- und Abfallstoffe (Feuerungsanlagen, Abfallverbrennungsanlagen). Die wichtigsten industriellen N.-Emittenten sind Schweröl-Feuerungsanlagen, Steinkohle-Feuerungsanlagen sowie im Bereich der Eisen- und Stahlindustrie insbesondere Sinteranlagen und Hochöfen.

Einige N.-Verbindungen sind als krebserzeugend eingestuft, so daß – bei genehmigungsbedürftigen Anlagen – die Emissionen dieser N.-Verbindungen soweit wie möglich zu minimieren sind. N. und seine Verbindungen sind in Nr. 3.1.4 TA Luft (zusammen mit weiteren wirkungsrelevanten Metallen) der Klasse II mit einem Emissionswert von 1 mg/m³ im Abgas zugeordnet. Die →13. BImSchV (GFAVO) und die →17. BImSchV enthalten ebenfalls Emissionsbegrenzungen für Metalle, einschließlich N.

In den letzten Jahren wurden bei vielen Anlagen der Eisen- und Stahlindustrie, der NE-Metallindustrie und bei Feuerungsanlagen wirksame filternde →Abscheider (z. B. Gewebefilter) zur Abgasentstaubung eingesetzt. Mit filternden Abscheidern werden die emissionsbegrenzenden Anforderungen erfüllt bzw. oftmals unterschritten. Die verbesserte Entstaubung in Verbindung mit dem Rückgang des Einsatzes schweren Heizöls in Feuerungsanlagen haben zu einem ständigen Rückgang der N.-Emissionen geführt. *Pruditsch*

Literatur: Luftreinhaltung '88 Tendenzen – Probleme – Lösungen. Hrsg.: Umweltbundesamt. Berlin 1989. – Metallstatistik 1978 bis 1988. Metallgesellschaft AG. 76. Jahrgang, Frankfurt/M. 1989. – TÜV Rheinland e. V.: Datenerhebung über die Emissionen umweltgefährdender Schwermetalle, Forschungsvorhaben Nr. 104 02 588 des Umweltbundesamtes. Berlin 1991.

Umweltrelevante Stoffdaten.
□ Stoff-Identifizierungs-Nr.:
CAS-Nr.: 7440-02-0
EG-Nr.: 028-002-00-7
UN-Nr.: 2811
EINECS-Nr.: 231-111-4
□ Chemische Formel: Ni
□ Stoffcharakteristik: Silberweißes, zähes, dehnbares, schwach ferromagnetisches, passivierbares Metall. Gegenüber Luft sehr widerstandsfähig.
□ Gefahrenmerkmale:
− Stoffliste nach § 4a der Gefahrstoffverordnung:
Gefahrenkennbuchstabe(n): Xn
R-Sätze: 40-43
S-Sätze: 2-22-36
− Besondere Stoffeigenschaften nach TRGS 500: krebserzeugend: EG-Kat. 3
− Arbeitsschutzwerte nach TRGS 900: →TRK-Wert (mg/m³): 0,5 als Nickelmetall, Nickelsulfid u. a.; 0,05 als Nickelverbindungen in Form atembarer Tröpfchen
− Stoffliste (Anhang II) der →Störfall-Verordnung: Nr. 216
− Emissionswerte: TA Luft Einstufung: 2.3 Klasse II (in atembarer Form); 3.1.4 Klasse II
− Immissionswerte: MI-Werte (VDI-Richtlinie): MID nach VDI 2310 Bl. 30 (Schutzobjekt landwirtschaftliche Nutztiere): Rind: 50 mg Ni/kg Futter mit 88 % Trockenmasse; Schweine, Hühner: 100 mg Ni/kg Futter mit 88 % Trockenmasse

Fischer/M. Schön

Literatur: VDI 2310 Bl. 30: Maximale Immissions-Werte; Maximale Immissions-Werte für Nickel zum Schutz der landwirtschaftlichen Nutztiere; Juli 1991

Nickel-Cadmium-Batterie. N.C.B. wurden schon in den ersten Jahrzehnten dieses Jahrhunderts entwickelt. Sie besitzen gegenüber →Bleibatterien einige für die Traktion wichtige Vorteile wie: hohe Leistungsdichte, hohe Strombelastung möglich ohne Kapazitätsabfall, hohe nutzbare Kapazität auch bei tiefen Temperaturen bis − 40° C und hohe Lebensdauer bei geringem Wartungsaufwand.

Für die positive Elektrode verwendet man Nickelhydroxid, das man auf ein Trägermaterial aufbringt oder mit Trägermaterial in Röhrchen oder Taschen einbringt. Sinterplatten finden ebenfalls Verwendung. In einer neuen Entwicklung besteht das Trägergerüst aus einer Nickel-Faserstruktur.

Cadmium ist das Grundelement für die negative Elektrode, die noch Anteile aus Nickel und anderen Metallen enthalten kann. In einer neuen Entwicklung dient die Nickel-Faserstruktur auch für die negative Elektrode. Als Elektrolyt wird Kalilauge verwendet, die jedoch an der Reaktion nur indirekt teilnimmt. Es gilt die Reaktionsgleichung in vereinfachter Form:

$$2NiOOH + 2H_2O + Cd \underset{\text{Laden}}{\overset{\text{Entladen}}{\rightleftarrows}} 2Ni(OH)_2 + Cd(OH)_2$$

Beim Entladen wird Wasser verbraucht und beim Laden Wasser gebildet. Die Dichte des Elektrolyten steigt also beim Entladen und sinkt beim Laden. Doch die Dichteänderung ist gering, was sich in einer geringen Widerstandsänderung während der Entladung zeigt.

Gasdichte Ni-Cd-Zellen sind als Gerätebatterien schon seit längerer Zeit in der Produktion. Inzwischen sind auch Zellen für Traktion erhältlich.

Wesentliche Nachteile der N.C.B. sind nicht nur der Preis, der sich aus hohen Grundstoffpreisen für Nickel und Cadmium ergibt, sondern vor allem die hohe →Toxizität des Cadmiums, die bei unsachgemäßer Entsorgung verbrauchter Batterien unkontrolliert in die Biosphäre eingetragen werden kann.

Die Leerlaufspannung einer geladenen Ni-Cd-Zelle beträgt 1,34 V. Gegenüber einer →Bleibatterie werden also für die gleiche Betriebsspannung ca. 50 % mehr Zellen benötigt. Die Kapazität kann einer Batterie ganz entnommen werden, und an einer entladenen Batterie treten keine Schäden auf.

Aufgrund der hohen Belastbarkeit eignen sich N.C.B. besonders für Hybridfahrzeuge. *Kahlen*

Nickelcarbonat.
□ Stoff-Identifizierungs-Nr.:
CAS-Nr.: 3333-67-3
EG-Nr.: 028-010-00-0
EINECS-Nr.: 222-068-2
□ Chemische Formel: $NiCO_3$
□ Stoffcharakteristik: Hellgrüne rhombische Kristalle, kaum löslich in Wasser, löslich in Säuren.
□ Gefahrenmerkmale:
− Stoffliste nach § 4a der Gefahrstoffverordnung:
Gefahrenkennbuchstabe(n): Xn
R-Sätze: 22-40-43
S-Sätze: 2-22-36/37
− Besondere Stoffeigenschaften nach TRGS 500: krebserzeugend: EG-Kat. 3
− Arbeitsschutzwerte nach TRGS 900: →TRK-Wert (mg/m³): 0,5 (Gesamtstaub)
− Stoffliste (Anhang II) der →Störfall-Verordnung: Nr. 216.1
− Emissionswerte: →TA Luft Einstufung: 2.3 Klasse II

Fischer/M. Schön

Nickel-Eisen-Batterie. Die Entwicklung dieser Batterie geht auf *T. A. Edison* zurück (Edison-Akku). Der Aufbau einer Ni-Fe-Zelle ist ähnlich einer Ni-Cd-Zelle. Für die positive Elektrode verwendet man reines Nickelhydroxid mit Nickelflokken als Leitmaterial oder eine Mischung aus Nickelhydroxid mit Graphit. Neben Röhrchenplatten finden Sinterplatten Verwendung. Die negative Elektrode besteht aus Eisen bzw. $Fe(OH)_2$. Als Elektrolyt wird Kalilauge verwendet.

Es gilt die Reaktionsgleichung:

$$2NiOOH + 2H_2O + Fe \; \underset{\text{Laden}}{\overset{\text{Entladen}}{\rightleftarrows}} \; 2Ni(OH)_2 + Fe(OH)_2$$

Die Ni-Fe-Batterie ist sehr robust und arbeitet zuverlässig. Wegen des geringen Wasserstoffpotentials an der Eisenelektrode kommt es zu einer permanenten Wasserzersetzung. Die Folge davon ist ein ungünstiger Ladefaktor und ein hoher Wasserverbrauch. Der Wirkungsgrad ist gering. Trotz intensiver Forschung konnte dieses Problem bisher nicht gelöst werden. Die N.-E.-B. kommt – abgesehen von Versuchen – nicht zum größeren Einsatz in Elektrospeicherfahrzeugen. *Kahlen*

Nickel(II)oxid.
□ Stoff-Identifizierungs-Nr.:
CAS-Nr.: 1313-99-1
EG-Nr.: 028-003-00-2
EINECS-Nr.: 215-215-7
□ Chemische Formel: NiO
□ Stoffcharakteristik: Grünes oder grauschwarzes bis tiefschwarzes, wasserunlösliches, säurelösliches Pulver, zum Teil sehr feinkörnig und als Staub schwebefähig.
□ Gefahrenmerkmale:
– Stoffliste nach § 4 a der Gefahrstoffverordnung:
Gefahrenkennbuchstabe(n): T
R-Sätze: 49-43-40
S-Sätze: 53-45
– Besondere Stoffeigenschaften nach TRGS 500:
krebserzeugend: EG-Kat. 1
– Arbeitsschutzwerte nach TRGS 900: →TRK-Wert (mg/m^3): 0,5 (→Gesamtstaub)
– Stoffliste (Anhang II) der →Störfall-Verordnung: Nr. 216.3
– Emissionswerte: TA Luft Einstufung: 2.3 Klasse II (in atembarer Form); 3.1.4 Klasse II
Fischer/M. Schön

Nickelsulfid.
□ Stoff-Identifizierungs-Nr.:
CAS-Nr.: 16812-54-7
EG-Nr.: 028-006-00-9
EINECS-Nr.: 240-841-2
□ Chemische Formel: NiS
□ Stoffcharakteristik: Schwarzes, in Wasser und verdünnter Salzsäure unlösliches Pulver.

□ Gefahrenmerkmale:
– Stoffliste nach § 4 a der Gefahrstoffverordnung:
Gefahrenkennbuchstabe(n): T
R-Sätze: 49-43
S-Sätze: 53-45
– Besondere Stoffeigenschaften nach TRGS 500:
krebserzeugend: EG-Kat. 1
– Arbeitsschutzwerte nach TRGS 900: →TRK-Wert (mg/m^3): 0,5 (Gesamtstaub)
– Stoffliste (Anhang II) der →Störfall-Verordnung: Nr. 216.2
– Emissionswerte: TA Luft Einstufung: 2.3 Klasse II (in atembarer Form); 3.1.4 Klasse II
Fischer/M. Schön

Nickeltetracarbonyl.
□ Stoff-Identifizierungs-Nr.:
CAS-Nr.: 13463-39-3
EG-Nr.: 028-001-00-1
UN-Nr.: 1259
EINECS-Nr.: 236-669-2
□ Chemische Formel: C_4NiO_4
□ Stoffcharakteristik: Farblose, geruchlose, wasserunlösliche, leicht flüchtige Flüssigkeit, sehr leicht entzündlich. Selbstentzündung etwa beim Siedepunkt möglich, an Kleidern und porösen Substanzen schon darunter. Dämpfe viel schwerer als Luft, bilden mit Luft explosionsfähiges Gemisch.
□ Gefahrenmerkmale:
– Stoffliste nach § 4 a der →Gefahrstoffverordnung:
Gefahrenkennbuchstabe(n): F, T+
R-Sätze: 61-11-26-40
S-Sätze: 53-45
– Besondere Stoffeigenschaften nach TRGS 500:
krebserzeugend: EG-Kat. 3
fortpflanzungsgefährdend: EG-Kat. 2
– Arbeitsschutzwerte nach TRGS 900: →TRK-Wert (mg/m^3): 0,7
– Stoffliste (Anhang II) der →Störfall-Verordnung: Nr. 217 und 4 c
– Emissionswerte: TA Luft Einstufung: 2.3 Klasse II (in atembarer Form), 3.1.4 Klasse II
Fischer/M. Schön

Nickel-Zink-Batterie. N.Z.B. (Zellspannung 1,73 V) erreichen in Versuchsmustern Energiedichten von 65 bis 80 Wh/kg. Infolge der ungleichmäßigen elektrolytischen Ablagerung des Zinks erreichen diese Batterien bisher nur eine geringe Lebensdauer. *Kahlen*

Niederfrequentes elektrisches/magnetisches Feld →Feld, niederfrequentes elektrisches/magnetisches

Niederländische Liste →Orientierungswert; →Referenzwert bei Verdachtsflächen

Niederschlag, säurehaltig →Saurer Regen

Nitrat. Die partikelgebundene N.-Immission stellt eine wichtige Senke für Stickoxid-Verunreinigungen der Außenluft dar. Andererseits gelangen auf diese Art große Mengen an N. in den Boden. Für die Bewertung von Grundwasserverunreinigungen ist es wichtig zu wissen, welcher Anteil des N. auf landwirtschaftliche Aktivitäten oder auf den Eintrag aus der Luft zurückzuführen ist.

Die Analyse von partikelgebundenen Anionen in der Außenluft ist in VDI 3497 Blatt 1–4 beschrieben. Blatt 1 beschreibt die verlustarme Probenahme von Chlorid, N. und Sulfat im Partikelgrößenbereich bis zu einer medianen Abscheidegröße von 5 μm. Mit dem erwähnten Verfahren werden die in der Luft dispergierten Partikel auf PTFE-Membranfiltern gesammelt. Das Bezugsvolumen wird z. B. durch die Anwendung einer kritischen Düse und der Kenntnis der Probenahmezeit oder mit einem Gasvolumenmeßgerät (→Durchflußmessung) ermittelt. Die auf den Membranfiltern gesammelten Partikel werden analytisch aufgearbeitet.

Anleitungen hierzu geben die Blätter 3 und 4 der VDI 3497. Blatt 3 beschreibt die Analyse mittels →Ionenchromatographie mit Suppressortechnik. Der Suppressor tauscht die Natriumionen des Laufmittels gegen Protonen. Dadurch weisen die Anionen, die in die entsprechende Säure dissoziiert sind, gegenüber dem Laufmittel eine hohe Leitfähigkeit auf. Die Methode im Blatt 4 funktioniert auf die gleiche Art und Weise, nur wird anstelle des Suppressors ein Fünfelektroden-Leitfähigkeitsdetektor verwendet. *Dulson*

Literatur: VDI 3497: Messen partikelgebundener Anionen in der Außenluft; Bl. 1 E: Verlustarme Probenahme für Chlorid, Nitrat und Sulfat im Partikelgrößenbereich bis zu einer medianen Abscheidegröße von 5 μm. 12/1987. – Bl. 2 E: Isotopenverdünnungsanalyse für Sulfat auf Filtern. 7/1989. – Bl. 3: Analyse von Chlorid, Nitrat und Sulfat mittels Ionenchromatographie mit Suppressortechnik nach Aerosolabscheidung auf PTFE-Filtern. 7/1988. – Bl. 4: Analyse von Chlorid, Nitrat und Sulfat mittels Ionenchromatographie (IC) mit der Einsäulentechnik nach Aerosolabscheidung auf PTFE-Filtern. 9/1991.

Nitratelimination →Denitrifikation

Nitrat- und Ammoniakproblematik in der Landwirtschaft. Zusammen mit den steigenden Abwassermengen aus Industrie und Haushalt sowie deren ungenügender Reinigung führte der Stickstoffüberschuß (→Stickstoff-Düngerbilanz) aus der Landwirtschaft zu einem starken Anstieg der Nitratgehalte im oberflächennahen Grundwasser. Dieser Stickstoffüberschuß steigt seit 1985 nicht mehr weiter an, liegt aber bei fast 100 kg/ha und Jahr. Wird →Flüssigmist in Perioden ohne Pflanzenbewuchs ausgebracht, so liegt in dieser Zeit kein unmittelbarer Nährstoffbedarf vor. Unter den sommerlichen und herbstlichen Witterungsbedingungen wird der NH_4^+–N des Flüssigmistes schnell zu →Nitrat umgewandelt (→Nitrifikation) und kann somit ausgewaschen werden.

Von Bedeutung für die →Ammoniakemissionen sind Flüssigmistparameter (pH-Wert und TS-Gehalt), Bodenparameter (Bodenart, Bodenfeuchtigkeit und Kationenaustauschkapazität), Klimafaktoren (Lufttemperatur und Windgeschwindigkeit) und verfahrenstechnische Faktoren (Lagerung, Behandlung, Ausbringung und Einarbeitung). Neben den o. g. Klimafaktoren hat die Bodeninfiltration bzw. der Durchmischungsgrad von Flüssigmist und Boden auf Ackerland großen Einfluß auf die Ammoniakemission. Mit steigendem TS-Gehalt nimmt die Ammoniakemission zu, weil sich die Versickerung in den Boden verschlechtert. Neben den spezifischen Eigenschaften von Flüssigmist übt auch die zum jeweiligen Ausbringzeitpunkt herrschende Temperatur einen maßgeblichen Einfluß auf die Ammoniakverdampfung aus.

Mobilisations- und Immobilisationsvorgänge werden durch den Trockensubstanz(TS)- und Kohlenstoff(C)-Gehalt des Flüssigmistes und auch von den Bodeneigenschaften und Witterungsbedingungen beeinflußt. Sowohl mit steigendem TS- und C-Gehalt, als auch mit Erweiterung des C/N-Verhältnisses des Flüssigmistes nimmt die Stickstoffimmobilisation im Boden zu. *H. Schön/Amon*

Nitratradikal. N., NO_3, werden in der Atmosphäre praktisch ausschließlich durch die Reaktion von NO_2 mit O_3 gebildet:

$$NO_2 + O_3 \rightarrow NO_3 + O_2 \qquad (1)$$

Zwischen NO_3 und NO_2 stellt sich schnell ein Gleichgewicht unter Bildung von N_2O_5 ein:

$$NO_3 + NO_2 + M \rightleftharpoons N_2O_5 + M \qquad (2)$$

Das Verhalten von NO_3 und N_2O_5 in der Atmosphäre ist durch das Gleichgewicht sehr eng miteinander verknüpft. N. werden am Tage durch zwei Mechanismen rasch zerstört, entweder durch →Photolyse (3) oder durch Reaktion mit NO (4):

$$NO_3 + h\nu(\lambda < 580 \text{ nm}) \rightarrow NO_2 + O \qquad (3)$$
$$\rightarrow NO + O_2$$
$$NO_3 + NO \rightarrow 2NO_2 \qquad (4)$$

Die photolytische Lebensdauer des NO_3-Radikals bei wolkenlosem Himmel und 90° Zenitwinkel beträgt ~5 s, andererseits ist die Reaktion mit NO sehr schnell, und bereits 0,4 ppbV NO begrenzen die Lebensdauer ebenfalls auf 5 s. Am Tage ist die NO_3-Konzentration aufgrund der raschen Photolyse des Radikals und der Reaktion mit NO sehr gering; sie liegt unter 0,1 pptV. Nachts hingegen entfällt der Abbau durch die direkte Photolyse. Weiterhin ist die NO-Konzentration gering, weil NO sehr rasch durch Reaktion mit Ozon zu NO_2 aufoxidiert wird, so daß sich meßbare NO_3-Konzentrationen ausbilden können.

1980 wurde NO_3 erstmals in der Atmosphäre von Los Angeles durch differentielle optische →Absorption (DOAS) im roten Spektralbereich nachgewiesen. Die beobachteten Konzentrationen reichen von der Nachweisgrenze bei etwa 1 pptV bis zu 350 pptV.

NO_3-Radikale sind in vielen wichtigen Prozessen der →Nachtchemie der →Troposphäre beteiligt, z. B. die Bildung von Salpetersäure, die Oxidation von ROG und als Nachtquelle für Hydroxylradikale (Bild).

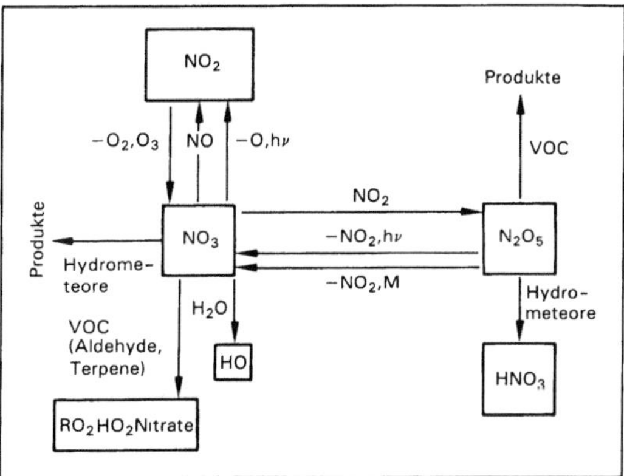

Nitratradikal: NO₃-Verhalten in der Troposphäre.

Die NO_3-Konzentrationen, die in der Nachtluft gemessen worden sind, entsprechen nicht den Konzentrationen, die aus bekannten luftchemischen Prozessen erwartet werden können. Es wird daher spekuliert, daß die NO_3-Nachtchemie durch unbekannte Schritte noch ergänzt werden muß. *Barnes*

Literatur: *Wayne, R. P.; I. Barnes; P. Biggs; J. P. Burrows; C. E. Canosa-Mas; J. Hjorth; G. Le Bras; G. K. Moortgat; D. Perner; G. Poulet; G. Restelli; H. Sidebottom:* The Nitrate Radical: Physics, Chemistry, and the Atmosphere Atmos. Environment, 25A, 991, pp 1–206.

Nitratreduzierer →Denitrifikation

Nitrifikation. Mikrobielle Oxidation von dem im Gleichgewicht mit Ammonium stehenden →Ammoniak zu →Nitrat. Die N. verläuft in zwei Schritten: zuerst oxidieren chemoautotrophe Nitroso-Bakterien (z. B. Vertreter der Gattung Nitrosomonas) Ammoniak über Hydroxylamin und Nitroxyl zu Nitrit (→Ammoniakoxidation):

$$NH_3 \xrightarrow[\text{Ammoniak-Oxidase}]{\frac{1}{2} O_2} NH_2OH - - \to$$

$$\xrightarrow[\text{Hydroxylamin-Oxidoreduktase}]{O_2} NO_2^- + H^+$$

Sodann wird das im ersten Schritt gebildete Nitrit von Vertretern einer zweiten Bakteriengruppe (z. B. Nitrobacter) zu Nitrat oxidiert:

$$NO_2^- + H^+ \xrightarrow[\text{Nitrit-Oxidoreduktase}]{\frac{1}{2} O_2} NO_3^- + H^2$$

Die beiden Bakterientypen (Ammoniak-Oxidierer und Nitrit-Oxidierer) die gemeinsam die N. bewirken, werden zusammenfassend Nitrifikanten genannt. Sie verwenden die bei den Oxidationsschritten gewonnene Energie großenteils dazu, entsprechend der →Photosynthese neue organische Substanz aus $CO_2 + H_2O$ zu erzeugen (chemosynthetisch) und biochemisch auf das Zuckerniveau zu reduzieren. Da der Energiegewinn aus der N. für die Ammoniak oder Nitrit oxidierenden Bakterien sehr gering ist, muß z. B. Nitrosomonas mindestens 12 g NH_3 oxidieren, um 1 g Biomasse-Trockensubstanz zu erzeugen. Die Nitrifikanten wachsen deshalb derart langsam, daß sie z. B. in Kläranlagen bei Temperaturen bis 15 °C etwa vier Tage benötigen, um sich einmal zu teilen bzw. ihre Biomasse einmal zu verdoppeln. Da sie außerdem empfindlicher auf Schadstoffe reagieren als die meisten heterotrophen Bakterien, ist die N. die mikrobiologische Achillesferse der modernen →Abwasserreinigung.

Als einer der fundamentalen Prozesse bei der Umsetzung bioverfügbarer Stickstoffverbindungen in der Natur ist die N. von großer ökologischer Bedeutung, ebenso für die Umwelttechnik. Eine nicht zu vernachlässigende Rolle spielt dabei auch die mit der N. notwendigerweise verknüpfte Erhöhung der H^+-Ionen-Konzentration (Bildung von salpetriger Säure bzw. von Salpetersäure). Bei schwachem Puffervermögen kann dies zu Störungen der biologischen Abwasserreinigung führen, in Gewässern und Böden zur →Versauerung und bei Gebäuden und steinernen Denkmälern zur →Biokorrosion der Oberflächen. Wird die N. z. B. durch unzureichende Sauerstoffversorgung oder durch Hemmstoffe behindert, so können als Nebenprodukte das Treibhausgas N_2O oder das an der Ozonbildung beteiligte NO entstehen. *Soeder*

Nitrobenzol.
□ Stoff-Identifizierungs-Nr.:
CAS-Nr.: 98-95-3
EG-Nr.: 609-003-00-7
UN-Nr.: 1662
EINECS-Nr.: 202-716-0
□ Chemische Formel: $C_6H_5NO_2$
□ Stoffcharakteristik: Farblose bis gelbliche, ölige, schwer wasserlösliche Flüssigkeit, sehr giftig, schwerer als Wasser. Schwer entzündlich, Dämpfe viel schwerer als Luft, bilden bei erhöhter Temperatur mit Luft explosionsfähiges Gemisch. Bittermandelgeruch. Die wäßrige Lösung schmeckt intensiv süß.

Reagiert heftig mit reduzierenden Stoffen und bildet mit starken Oxydationsmitteln explosionsfähige Verbindungen. Leicht elektrostatisch aufladbar und flüchtig mit Wasserdampf.

□ Gefahrenmerkmale:
– Stoffliste nach § 4a der →Gefahrstoffverordnung:
Gefahrenkennbuchstabe(n): T+
R-Sätze: 26/27/28-33
S-Sätze: 1/2-28-36/37-45
– Arbeitsschutzwerte nach TRGS 900:
→MAK-Wert (mg/m³): 5
→EG-Wert (mg/m³): 5
→BAT-Wert: 100 μg/l Anilin (aus Hämoglobin-Konjugat freigesetzt) im Vollblut
– Stoffliste (Anhang II) der →Störfall-Verordnung: Nr. 4b
– →Wassergefährdungsklasse: WGK 2
– Emissionswerte: →TA Luft Einstufung: 3.1.7 Klasse I   *Fischer/M. Schön*

4-Nitrobiphenyl.
□ Stoff-Identifizierungs-Nr.:
CAS-Nr.: 92-93-3
EG-Nr.: 609-039-00-3
EINECS-Nr.: 202-204-7
□ Chemische Formel: $C_{12}H_9NO_2$
□ Stoffcharakteristik: Weiße bis gelbe Nadeln mit süßlichem Geruch, unlöslich in Wasser, löslich in Ether, Benzol, Chloroform, Alkohol und Essigsäure.
□ Gefahrenmerkmale:
– Stoffliste nach § 4a der Gefahrstoffverordnung:
Gefahrenkennbuchstabe(n): T
R-Sätze: 45
S-Sätze: 53-45
– Besondere Stoffeigenschaften nach TRGS 500: krebserzeugend: EG-Kat. 2
– Stoffliste (Anhang II) der →Störfall-Verordnung: Nr. 219 und 4c
– Emissionswerte: TA Luft Einstufung: 2.3 (gemäß MAK-Liste)   *Fischer/M. Schön*

P-Nitrochlorbenzol.
□ Stoff-Identifizierungs-Nr.:
CAS-Nr.: 100-00-5
EG-Nr.: 610-005-00-5
UN-Nr.: 1578
EINECS-Nr.: 202-809-6
□ Chemische Formel: $C_6H_4ClNO_2$
□ Stoffcharakteristik: Gelbliche, feste, wasserunlösliche Kristallmasse, schwerer als Wasser. Schwer entzündlich, Dämpfe der heißem Schmelze viel schwerer als Luft, bilden über 125 °C mit Luft explosionsfähiges Gemisch. Reagiert heftig mit reduzierenden Stoffen und bildet mit starken Oxydationsmitteln explosionsfähige Verbindungen.

□ Gefahrenmerkmale:
– Stoffliste nach § 4a der →Gefahrstoffverordnung:
Gefahrenkennbuchstabe(n): T
R-Sätze: 23/24/25-33-40
S-Sätze: 1/2-28-37-45
– Besondere Stoffeigenschaften nach TRGS 500: krebserzeugend: MAK-Gruppe IIIB
– Stoffliste (Anhang II) der →Störfall-Verordnung: Nr. 4c
– →Wassergefährdungsklasse: WGK 2
– Emissionswerte: TA Luft Einstufung: 3.1.7 Klasse I   *Fischer/M. Schön*

2-Nitronaphthalin.
□ Stoff-Identifizierungs-Nr.:
CAS-Nr.: 581-89-5
EG-Nr.: 609-038-00-8
UN-Nr.: 2538
EINECS-Nr.: 209-474-5
□ Chemische Formel: $C_{10}H_7NO_2$
□ Stoffcharakteristik: Dunkelbraune, feste Substanz, kaum löslich in Wasser, löslich in →Toluol.
□ Gefahrenmerkmale:
– Stoffliste nach § 4a der →Gefahrstoffverordnung:
Gefahrenkennbuchstabe(n): T
R-Sätze: 40
S-Sätze: 53-45
– Besondere Stoffeigenschaften nach TRGS 500: krebserzeugend: MAK-Gruppe IIIB
– Arbeitsschutzwerte nach TRGS 900:
→TRK-Wert (mg/m³): 0,25
– Stoffliste (Anhang II) der →Störfall-Verordnung: Nr. 220 und 4c
– Emissionswerte: TA Luft Einstufung: 2.3 (gemäß MAK-Liste)   *Fischer/M. Schön*

2-Nitropropan.
□ Stoff-Identifizierungs-Nr.:
CAS-Nr.: 79-46-9
EG-Nr.: 609-002-00-1
UN-Nr.: 2608
EINECS-Nr.: 201-209-1
□ Chemische Formel: $C_3H_7NO_2$
□ Stoffcharakteristik: Farblose, wenig wasserlösliche Flüssigkeit, gesundheitsschädlich, entzündlich, Dämpfe schwerer als Luft, bilden mit Luft bei erhöhter Temperatur explosionsfähiges Gemisch, ätherisch riechend.
□ Gefahrenmerkmale:
– Stoffliste nach § 4a der →Gefahrstoffverordnung:
Gefahrenkennbuchstabe(n): T
R-Sätze: 45-10-20/22
S-Sätze: 53-45
– Besondere Stoffeigenschaften nach TRGS 500: krebserzeugend: EG-Kat. 2

– Arbeitsschutzwerte nach TRGS 900:
→TRK-Wert (mg/m³): 18
– Stoffliste (Anhang II) der →Störfall-Verordnung:
Nr. 221 und 4c
– Emissionswerte: TA Luft Einstufung: 2.3 (gemäß
MAK-Liste) *Fischer/M. Schön*

NMHC. (Abk. *engl.* Non-Methan-HydroCarbon,
Nicht-Methan-Kohlenwasserstoffe). Dieser Begriff
umfaßt alle Kohlenwasserstoffe außer Methan.
Heute wird er weitgehend durch die Bezeichnungen
VOC (Volatile Organic Compound) oder ROG
(Reactive Organic Gases) ersetzt. Bei VOC wird
jedoch Methan mit einbezogen. *Wiesen*

N_{min}-Methode. Der Hauptnährstoff Stickstoff (N)
ist maßgebend für gutes Wachstum und Ertragshöhe
der landwirtschaftlichen Nutzpflanzen. In fast allen
Ackerböden ist Stickstoff größtenteils im Humus
festgelegt, und zwar in Mengen von 2 000–8 000,
manchmal bis 12 000 kg/ha. Für die Nutzpflanzen
wird er erst dann zugänglich, wenn er durch die
Mikroorganismen mineralisiert, d. h. aus dem
Humus in Form von Ammonium- und Nitrat-Ionen
freigesetzt wird. Jährlich werden dadurch etwa
1–3 % des im Humus enthaltenen Stickstoffvorrats
verfügbar. Hinzu kommen weitere Zufuhren, nämlich als Eintrag von Stickstoffoxiden aus der Luft
durch anthropogene Immissionen in Höhe von
durchschnittlich 30 kg N/ha und Jahr sowie die etwa
gleiche Menge an biologisch durch Stickstoff bin-
dende Mikroorganismen verfügbar gemachten Luftstickstoff.

Diese Stickstoffmengen reichen für dauerhaft hohe
Erträge nicht aus, so daß zusätzlich Stickstoffdünger
eingesetzt werden. Der Nitratstickstoff als landwirtschaftlich wichtigste Stickstoffquelle kann nicht wie
andere Nährstoffe austauschbar an Bodenteilchen
gebunden werden. Was Pflanzen und Mikroorganismen nicht sofort aufnehmen, verbleibt im Bodenwasser, von wo es leicht durch →Sickerwasser in tiefere
Bodenschichten oder ins Grundwasser transportiert
(ausgewaschen) werden kann. Die Nitrat-Anreiche-
rung im Grundwasser ist jedoch unerwünscht und
schädlich, wenn das Grundwasser als Trinkwasser
verwendet wird. Deshalb ist die Stickstoffdüngung so
zu beschränken und auf die im Boden vorhandenen
Mengen an mineralisiertem Stickstoff abzustimmen,
daß der Eintrag ins Grundwasser den Grenzwert von
50 mg/l nicht überschreitet.

Zu diesem Zweck wird zu Beginn der Wachstums-
zeit im Frühjahr in den Ackerböden der vorhandene
Gehalt an mineralischem Stickstoff (N_{min}) bestimmt. Dabei wird davon ausgegangen, daß die
Nutzpflanzen für den Wachstumsbeginn eine erste
Stickstoffgabe von durchschnittlich 120 kg/ha benötigen. Dieser Sollwert bestimmt die zulässige Dün-
germenge, er kann allerdings nach Bodentyp, Pflan-

zenart und standörtlichem Klima variieren. Wenn
also die N_{min}-Bestimmung z. B. einen Stickstoffvor-
rat von 70 kg/ha ergeben hat, sind nur 50 kg/ha an
Stickstoffdüngern zuzuführen.

Die N.-M. wird auch der Berechnung des in
Baden-Württemberg eingeführten Wasserpfennigs
zugrunde gelegt. *Haber*

N-Nitroso-N,N'-Dimethylamin.
□ Stoff-Identifizierungs-Nr.:
CAS-Nr.: 62-75-9
EG-Nr.: 612-077-00-3
EINECS-Nr.: 200-549-8
□ Chemische Formel: $C_2H_6N_2O$
□ Stoffcharakteristik: Gelbe, ölige Flüssigkeit mit
charakeristischem Geruch, löslich in den meisten
organischen Lösungsmitteln.
□ Gefahrenmerkmale:
– Stoffliste nach § 4a der →Gefahrstoffverord-
nung:
Gefahrenkennbuchstabe(n): T+
R-Sätze: 45-25-26-48/25
S-Sätze: 53-45
– Besondere Stoffeigenschaften nach TRGS 500:
krebserzeugend: EG-Kat. 2
– Arbeitsschutzwerte nach TRGS 900:
→TRK-Wert (mg/m³): 0,001
– Stoffliste (Anhang II) der →Störfall-Verordnung:
Nr. 137 und 4b *Fischer/M. Schön*

O-Nitrotoluol.
□ Stoff-Identifizierungs-Nr.:
CAS-Nr.: 88-72-2
EG-Nr.: 609-006-00-3
UN-Nr.: 1664
EINECS-Nr.: 201-853-3
□ Chemische Formel: $C_7H_7NO_2$
□ Stoffcharakteristik: Gelbliche, klare, stark rie-
chende Flüssigkeit. Oxydations- und Reduktions-
mittel, flüchtig mit Wasserdampf.
□ Gefahrenmerkmale:
– Stoffliste nach § 4a der →Gefahrstoffverord-
nung:
Gefahrenkennbuchstabe(n): T
R-Sätze: 23/24/25-33
S-Sätze: 1/2-28-37-45
– Arbeitsschutzwerte nach TRGS 900:
→MAK-Wert (mg/m³): 30
– Stoffliste (Anhang II) der →Störfall-Verordnung:
Nr. 4c
– →Wassergefährdungsklasse: WGK 2
– Emissionswerte: TA Luft Einstufung: 3.1.7
Klasse I *Fischer/M. Schön*

P-Nitrotoluol
□ Stoff-Identifizierungs-Nr.:
CAS-Nr.: 99-99-0
EG-Nr.: 609-006-00-3

UN-Nr.: 1664
EINECS-Nr.: 202-808-0
□ Chemische Formel: $C_7H_7NO_2$
□ Stoffcharakteristik: Hellgelbe, stark riechende Kristalle, Oxydations- und Reduktionsmittel. Mit Wasserdampf flüchtig.
□ Gefahrenmerkmale:
– Stoffliste nach § 4a der →Gefahrstoffverordnung:
Gefahrenkennbuchstabe(n): T
R-Sätze: 23/24/25-33
S-Sätze: 1/2-28-37-45
– Arbeitsschutzwerte nach TRGS 900:
→MAK-Wert (mg/m³): 30
– Stoffliste (Anhang II) der →Störfall-Verordnung: Nr. 4c
– →Wassergefährdungsklasse: WGK 2
– Emissionswerte: TA Luft Einstufung: 3.1.7 Klasse I   *Fischer/M. Schön*

NOAA. Abk. National Oceanic and Atmospheric Administration. Die NOAA ist eine Behörde des US-Department of Commerce mit Sitz in Washington DC. Sie ist zuständig für den Betrieb der amerikanischen polarumlaufenden Wettersatelliten und unterhält einen Informationsdienst für Umweltdaten. Derzeit sind die Satelliten NOAA-11 und 12 in Betrieb, wobei NOAA-11 für den operationellen Vormittagsdienst und NOAA-12 für den Nachmittagsdienst eingesetzt ist. Die Sensorsysteme sind ausgelegt zur Bestimmung von Wolkenoberflächentemperaturen, zur Wolkenklassifizierung und Bewölkungs-Statistik. Meeresoberflächentemperaturen und dreidimensionale Temperatur- und Feuchtefelder können aus den Meßparametern berechnet werden. Diese Messungen sind Grundlage für die Bestimmung der Energiebilanz und des Energieaustausches zwischen Ozean und Atmosphäre.

Die NOAA-Satelliten haben neben der meteorologischen Instrumentierung ein Ozonmeßgerät an Bord, das sog. TOMS (Total Ozone Mapping Spectrometer). Mit diesen Messungen konnte das sog. →Ozonloch entdeckt werden. *Rossbach/Schroeder*

NOEL. Der N. (Abk. *engl.* No Observable Effect Level) gibt die höchste Dosis eines Wirkstoffs an, die im →Tierversuch nicht zu einer nachweisbaren Wirkung führt. Strenggenommen gilt dieser Wert nur für die jeweilige Versuchstierspezies unter identischen Versuchsbedingungen. Der N. ersetzt den früher gebräuchlichen Begriff NEL (Abk. No Effect Level, Höchstdosis ohne Wirkung) und verdeutlicht die Einschränkung auf die untersuchten Parameter, weil niemals ausgeschlossen werden kann, daß Effekte auftreten, die in der jeweiligen Untersuchung nicht erfaßt werden.

Der N. bildet die Basis für die Festlegung von toxikologisch begründeten Grenzwerten.   *Deml*

Normalenergiebatterie. Neue Energiespeicher für →Elektrospeicherfahrzeuge werden meistens mit allgemein bekannten →Bleibatterien (Bleiakkumulatoren) verglichen, deren Energieinhalt je nach Aufbau und Belastung zwischen 25 und 40 Wh/kg beträgt. Batterien mit nicht wesentlich höheren Energiedichten bis zu 60 bis 70 Wh/kg wie →Nickel-Eisen-, →Nickel-Zink-, und →Nickel-Cadmium-Batterien werden ebenfalls zu den N. gezählt. Eine fest definierte Grenze der Energiedichte gibt es nicht. Dabei kann die Leistungsdichte zwischen den einzelnen Systemen sehr unterschiedlich sein. Die häufig genannte Höchstleistung bei geladener Batterie ist für Traktionszwecke nicht zu verwenden, weil bei dieser Belastung die innere Verlustleistung so hoch ist wie die abgegebene Leistung und so der Wirkungsgrad 50 % beträgt. N. werden bei Umgebungstemperatur betrieben. Batterieinnenwiderstand und entnehmbare Kapazität sind jedoch von der Temperatur abhängig. Deshalb ist es wichtig, daß eine →Antriebsbatterie möglichst in einem geschlossenen Batterietrog untergebracht und in einem für den Betrieb günstigen Temperaturbereich gehalten wird.   *Kahlen*

Normschallquelle. Die N. ist eine Schallquelle, die eine definierte →Schalleistung bei einer oder mehreren Frequenzen abstrahlt.

Benutzt wird eine N. z. B. bei der Justierung einer Schallpegelmeßeinrichtung (→Schallpegelmesser), bei der auf das →Mikrophon die N. aufgesetzt wird, die einen konstanten →Schalldruckpegel erzeugt, auf den die Meßeinrichtung hin justiert werden kann.

Üblicherweise werden in der Geräuschmeßtechnik N. mit folgenden Schalldruckpegeln und Frequenzen benutzt:

Bezeichnung	Schalldruckpegel	Frequenz
Kalibrator	93— 94 dB	1 000 Hz
Pistonphon	123—134 dB	250 Hz

Strauch

Normung im Strahlenschutz. Mit der Normsetzung im Strahlenschutz befassen sich der Normenausschuß Radiologie (NAR) und der Normenausschuß Materialprüfung (NMP), beide in das Deutsche Institut für Normung e. V. integriert (→DIN-Norm). Der EG-Binnenmarkt verlangt eine Beteiligung des NAR und NMP an der europäischen Normungsarbeit (CEN, CENELEC, ISO, IEC).

Der NAR beschäftigt sich auf nationaler und internationaler Ebene mit Normungsvorhaben auf dem Gebiet der Radiologie, d. h. mit Regelungen für die Erzeugung und Anwendung ionisierender Strahlen zu medizinischen und biologischen Zwecken.

Der NMP ist zuständig für die Erarbeitung nationaler und internationaler Normen im Zusammenhang mit der Durchführung physikalisch-technischer Prüfverfahren, unter anderem auch derjenigen, die zu diesem Zweck ionisierende Strahlen (im wesentlichen Röntgen- und Gammastrahlen) anwenden. Dazu gehören die Röntgen-Grobstrukturtechnik und die Gammaradiographie, also die Materialprüfung mit Röntgen- und Gammastrahlung, und die Röntgen-Feinstrukturtechnik, die sich mit der Bestimmung des Aufbaus und der Analyse von Kristallen beschäftigen (→Strahlenschutzrichtlinien). *Ewen*

Literatur: *Kreysch, W.:* EG-Binnenmarkt – Konsequenzen für Normen und Rechtsvorschriften medizinischer Geräte Krankenhaus Technik. 1989. Geschäftsordnung des Normenausschusses Radiologie (NAR), Ausgabe 1989. – Normenausschuß Materialprüfung (NMP): Jahresbericht 1991. – *Kutterer, G.:* Nationale und internationale Normen für die Radiologie – Entstehung und Einflußmöglichkeiten, electromedica 59 (1991) Heft 4, S. 140–145.

Normung, produktorientierte. Sowohl der Bereich des anlagenbezogenen (medienorientiert Luft, Wasser, Boden) als auch der des produktorientierten Umweltschutzes (wobei Abfall auch als Abprodukt bezeichnet werden kann) gewinnt auf dem Gebiet der Normung national und für Europa im Zuge der Harmonisierungsbestrebungen verstärkt an Bedeutung. Technische Regeln konkretisieren in beiden Bereichen durch Feststellung des gegenwärtig technisch/wissenschaftlich Erreichbaren unbestimmte Rechtsbegriffe aus dem →Umweltrecht. →DIN-Normen dienen grundsätzlich somit auch gesellschaftlichen Zielvorstellungen. Wie wichtig p. N. ist, verdeutlicht das Beispiel der Dämmstoffe aus Kunststoffschäumen. Die DIN-Normen DIN 18164 und DIN 18159 sahen bisher den Einsatz der die →Ozonschicht schädigenden Halogenkohlenwasserstoffe (FCKW) vor. Durch ein Kurzverfahren wurden die Normen in der Weise novelliert, daß künftig für die normgerechte Herstellung von Dämmstoffen neben vollhalogenierten Kohlenwasserstoffen auch andere geeignete Treibmittel verwendet werden können. Ein anderes wichtiges Beispiel bezieht sich auf Recycling-Baustoffe, deren verstärkter Einsatz durch DIN-Normen geebnet werden soll. Die alte DIN 18299 verlangte, daß Stoffe und Bauteile, die in das Bauteil eingehen, ungebraucht sein müssen. Den übergeordneten Zielen der Verminderung und Verwertung von Reststoffen kann aber nur dann entsprochen werden, wenn recycelte Baustoffe im Sinne der Verdingungs-Ordnung für Bauleistungen (VOB) als ungebraucht gelten. Ein entsprechender Hinweis wurde in die Folgeausgabe der DIN 18299 aufgenommen.

Um bei Normungsvorhaben im Produktbereich die Ziele des produktbezogenen Umweltschutzes zu erreichen, ist bei Normungsaktivitäten die Begleitung durch ein fachkompetentes Gremium notwendig. Im Jahre 1983 wurde daher mit Unterstützung des Bundesministeriums für Umwelt, Naturschutz und Reaktorsicherheit die Koordinierungsstelle Umweltschutz (KU) im DIN gegründet. Sie berät und unterstützt die Normenausschüsse des DIN in Fragen des produktorientierten Umweltschutzes und trägt damit dazu bei, die Interessen und Ziele des Umweltschutzes in die nationale, europäische und internationale Normung verstärkt einzubringen. *Grefen*

Literatur: DIN 18159: Teil 1, Schaumkunststoffe als Ortschäume im Bauwesen; Polyurethan-Ortschaum für die Wärme- und Kältedämmung; Anwendung, Eigenschaften, Ausführung, Prüfung. 12/1991. – DIN 18164: Teil 1, Schaumkunststoffe als Dämmstoffe für das Bauwesen; Dämmstoffe für die Wärmedämmung. 12/1991. – DIN 18164: Teil 2, Schaumkunststoffe als Dämmstoffe für das Bauwesen; Dämmstoffe für die Trittschalldämmung; Polystyrol-Partikelschaumstoffe. 3/1991. – DIN 18299: VOB Verdingungsordnung für Bauleistungen; Teil C: Allgemeine Technische Vertragsbedingungen für Bauleistungen (ATV); Allgemeine Regelungen für Bauarbeiten jeder Art. 9/1988. – *Schiffer, H.-W.:* Normung und Umweltschutz. DIN-Mitt. 70 (1991) Nr. 7, S. 371–374.

Normzustand. Der N. ist ein Referenzzustand, der durch die Normtemperatur

$$T_n = 273{,}15 \text{ K oder } t_n = 0 \text{ °C}$$

und den Normdruck

$$p_n = 101\,325 \text{ Pa} = 1{,}01325 \text{ bar}$$

festgelegt ist (DIN 1343).

Emmissions- und Immissionskonzentrationen in mg/m^3 oder $\mu g/m^3$ werden häufig bezogen auf den N. angegeben.

Das Molvolumen eines idealen Gases beträgt im N. 22,41 l/mol. (→ppb, →ppm, →ppt) *Pfeffer*

Literatur: DIN 1343: Referenzzustand, Normzustand, Normvolumen. 8/1986.

Notkühlsystem. Unter N. versteht man das Kühlsystem eines Reaktors, das bei einem →Störfall für die sichere Abführung der Nachwärme bei Unterbrechung der Wärmeübertragung zwischen Reaktor und betrieblicher Wärmesenke (Wärmetauscher, Dampferzeuger) sorgt. Die N. zählt zum Notstandsystem eines Reaktors.

Das N. ist so ausgelegt, daß auch bei Verlust des Reaktorkühlmittels (Wasser oder Gas) der Reaktor gekühlt und die Nachzerfallswärme über ausreichend lange Zeitdauer hinweg abgeführt werden kann. Ein sehr hohes Maß an Funktionssicherheit wird durch redundante Auslegung der Sicherheitssysteme erzielt. Bei einem Wasserverlust infolge eines doppelendigen Bruchs einer Frischdampfleitung in einem →Druckwasserreaktor erfolgt sofort eine Schnellabschaltung des Reaktors. Daraufhin speist eine Hochdruckpumpe aus einem Druckspeicher Wasser entweder in den kalten oder besser in den heißen Strang des Wasserkreislaufs ein. Die Sicherheitsspeisepumpe und die Nachkühlpumpe saugen anfänglich Wasser aus dem Flutbehälter an. Nachdem dieser entleert ist, erfolgt eine Umschaltung auf den Gebäudesumpf, in dem sich inzwischen ausreichend Wasser angesammelt hat.

Das N. und Nachkühlsystem besteht bei Siedewasserreaktoren aus drei unabhängigen Teilsystemen mit je einer Hochdruckpumpe, einer Niederdruckpumpe und einem Notstromdiesel. Außerdem ist eine automatische Druckentlastung vorhanden, die den Dampf in die Kondensationskammer einbläst. Die Pumpen saugen Wasser aus der Kondensationskammer an. Zusätzlich ist ein Zwischen- und Nebenkühlkreis zur Wärmeabfuhr vorhanden.

Manche Reaktoren sind außerdem mit einem Sicherheitsbehälter-Sprühsystem ausgerüstet. Es dient dazu, die Containmentatmosphäre nach einem Kühlmittelverlust zu kühlen. Dadurch erfolgt eine Dampfkondensation und beschleunigt eine Druckabsenkung. Das Sprühwasser wird dem Flutbehälter des N. entnommen.

Der →Hochtemperaturreaktor weist das Merkmal auf, daß bei einem Störfall durch Kühlmittelverlust eine kühlfähige Core-Geometrie erhalten bleibt. Bei einem großen Leck im Spannbetonbehälter strömt das im Primärkreislauf vorhandene Kühlgas Helium in das Reaktorgebäude, bis Druckausgleich erfolgt ist. Trotz der jetzt verschlechterten Wärmeabfuhr infolge der Verminderung der Kühlmitteldichte, reicht der Kühlmechanismus für eine noch ausreichende Wärmeabfuhr aus. *Merz*

NO$_x$-Abgasreinigung. Die N. ist eine wirksame Maßnahme zur Verminderung der NO$_x$-Emissionen in der Industrie. Bei der N. wird häufig auch von Entstickung gesprochen, obwohl nicht der Stickstoff (ein natürlicher Bestandteil der Luft) das Ziel der Reinigung ist, sondern die Stickstoffoxide, die bei dem zur N. am häufigsten eingesetzten →SCR-Verfahren und →SNCR-Verfahren zu Stickstoff und Wasserdampf reduziert werden. Anlagen zur N. sind insbesondere bei Kraftwerken und Industriefeuerungen, Abfallverbrennungsanlagen, in der Stahl- und Eisenindustrie, in der Glas- sowie der chemischen Industrie in Betrieb.

Wie bei der →Abgasentschwefelung wurde auch mit der breiten Anwendung der N. etwa Mitte der siebziger Jahre in Japan begonnen. In der Bundesrepublik Deutschland wird seit Mitte der achtziger Jahre die N. im größeren Umfang angewandt. Zunächst wurde weltweit eine Vielzahl technischer Verfahren entwickelt und erprobt. Darunter waren trockene und nasse Verfahren, Verfahren nur zur NO$_x$-Abscheidung und zur simultanen SO$_2$/NO$_x$-Abscheidung (Bild). Bei den Naßverfahren handelt es sich überwiegend um simultane SO$_2$/NO$_x$-Abscheideverfahren. Die einzelnen Verfahren unterscheiden sich durch das Absorptionsprinzip und den sich daran anschließenden Reaktionsmechanismus. Während Stickstoffdioxid ähnlich wie Schwefeldioxid gut löslich ist, läßt sich Stickstoffmonoxid nur schwierig in Lösung bringen. Bei den Oxidations-/Absorptionsverfahren wird deshalb in einem ersten Schritt das NO zu NO$_2$ oxidiert. Dies geschieht entweder in der Gasphase durch Zugabe von Ozon oder Chlordioxid bzw. in der flüssigen Phase durch Zusatz oxidierender Substanzen wie Kaliumpermanganat, Wasserstoffperoxid, alkalischer Chlorit- oder Hypochlorit-Lösungen zur Waschflüssigkeit. In der absorbierten Phase wird NO$_2$ in Ammonium- bzw. Alkalinitrat umgesetzt, je nachdem, ob Ammoniak oder alkalische Absorptionsmittel zugegeben werden. Naßverfahren zur

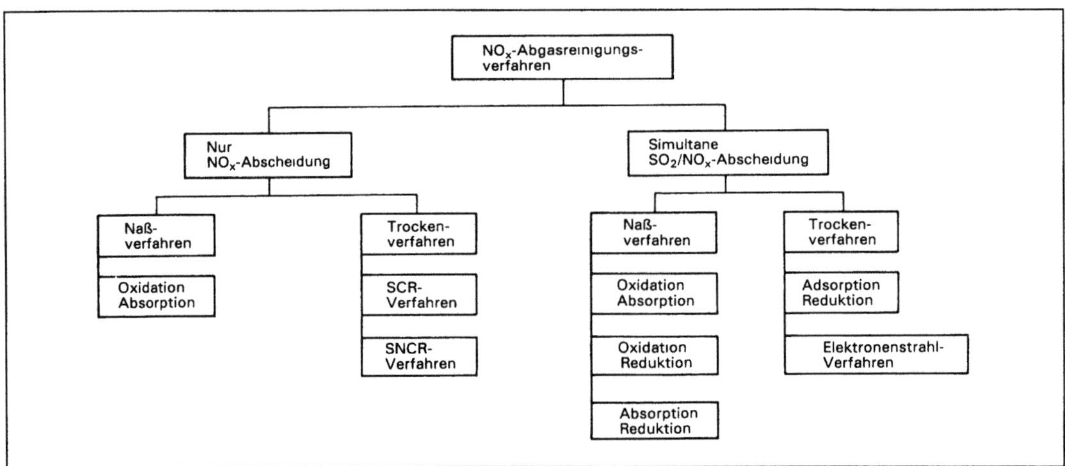

NO$_x$-Abgasreinigung: Klassifikation von Verfahren zur NO$_x$-Abscheidung.

NO$_x$-Abscheidung bei Abgasen aus Feuerungsanlagen und Verbrennungsprozessen haben sich im großtechnischen Betrieb nicht durchsetzen können.

Zur alleinigen NO$_x$-Abscheidung werden Oxidations-/Absorptionsverfahren bei Salpetersäureanlagen eingesetzt, bei denen kein SO$_2$ im Abgas enthalten ist. Zur N. sind jedoch die SCR-Verfahren dominierend, mit denen NO$_x$-Reduktionsgrade um 90 % erzielt werden. Zum Teil kommen auch SNCR-Verfahren in Betracht (typische Reduktionsgrade liegen bei 50–60 %). *Haug*

Literatur: *Davids, P.; M. Lange:* Die Großfeuerungsanlagen-Verordnung – Technischer Kommentar. Dusseldorf 1984. – Luftverschmutzung durch Stickstoffoxide: Ursachen, Wirkung, Minderung. Hrsg.: Umweltbundesamt. Berlin 1990. – VDI 3476: Katalytische Verfahren der Abgasreinigung. 6/1990.

NO$_y$. Sammelbegriff für die Summe des gesamten reaktiven Stickstoffs in der Atmosphäre. Die Hauptkomponenten von NO$_y$ sind NO$_x$ (NO + NO$_2$), PAN (CH$_3$C(O)O$_2$NO$_2$), Salpetersäure (HNO$_3$), Nitrationen (NO$_3^-$), organische Nitrate (RONO$_2$), Nitratradikale (NO$_3$) und Distickstoffpentoxid (N$_2$O$_5$). Nicht mit eingeschlossen in NO$_y$ sind die reaktionsträgen Stickstoffverbindungen Stickstoff (N$_2$), Distickstoffmonoxid (N$_2$O) und Ammoniak (NH$_3$). *Barnes*

Nuclease. N. sind Enzyme, die die Phosphorsäureester spalten, die das Rückgrat aus Phosphorsäureresten und Pentosen der Nucleinsäuren bilden. Je nach Spezifität unterscheidet man die RNA-spaltenden Ribonucleasen (Abk. RNase) und die DNA-spaltenden Desoxyribonucleasen (DNase). Doch gibt es auch N., die gleichermaßen DNA und RNA depolymerisieren. Weiterhin kann man die N. in Exo- und Endonucleasen unterteilen, je nachdem, ob sie terminale Nucleotide abspalten oder die Nucleinsäuren an definierten Stellen mitten in der Kette spalten. N. sind entweder spezifisch für einzel- oder doppelsträngige Nucleinsäuren. Die Endonucleasen erkennen als Spaltstelle entweder einzelne Basen oder mehr oder weniger ausgedehnte Sequenzabschnitte.

Die physiologische Rolle der N. ist vielfältig. Unspezifische N. sind z. B. verantwortlich für den Abbau von Nucleinsäuren, die mit der Nahrung aufgenommen werden oder bei Gewebsnekrosen anfallen. Endonucleasen, die atypische Basen, Basenderivate oder z. B. durch ionisierende →Strahlung bedingte Basenvernetzung erkennen, spielen eine entscheidende Rolle im DNA-Reparatursystem, indem sie die veränderte Sequenz einzelsträngig eliminieren und eine Wiederauffüllung mit korrekten komplementären Basen ermöglichen. Sie limitieren so die Manifestation stabiler Mutationen. *Flohé*

Nucleinsäure. N. ist der Sammelbegriff für verschiedenartige, kettenförmige Biopolymere, die aus Nucleotiden aufgebaut sind. Das Bauprinzip der N. besteht in der alternierenden Folge eines aus fünf Kohlenstoffatomen aufgebauten Zuckers, also einer Pentose und eines Phosphorsäurerestes, der jeweils als Brücke zwischen der 3' und 5'-Position der Pentose dient. Die 1'-Positionen der Pentose sind mit heterozyklischen Basen besetzt, deren Natur und Reihenfolge die jeweilige Funktion der N. maßgeblich bestimmt. Sofern die Zuckerkomponente der N. →Ribose ist, spricht man von Ribonucleinsäure (abgekürzt RNS oder häufiger RNA für *engl.* ribonucleic acid). Wenn die N. Desoxyribose enthält, spricht man von Desoxyribonucleinsäure (Abk. DNS bzw. DNA).

Die N. spielen in der Natur eine so zentrale Rolle, daß man davon ausgehen kann, daß ohne sie Leben auf unserem Planeten nicht entstanden sein könnte bzw. erhalten werden kann. Bei allen höheren Lebewesen repräsentiert DNA das Material, in dem deren Bau- und Funktionsweise verschlüsselt ist. Die Vererbung dieser Eigenschaften bei der Zellteilung oder Fortpflanzung geschieht entsprechend durch identische Replikation der DNA. Bei einigen, nicht bei allen Viren übernimmt RNA die Rolle der DNA als genetischer Informationsträger. Entsprechend werden Viren in RNA- und DNA-Viren eingeteilt. Eine N.-Sequenz, die für ein bestimmtes Merkmal eines Organismus kodiert, ist ein →Gen; die Gesamtheit der Gene eines Organismus bildet sein Genom.

Die in den N. gespeicherte Information muß, um im lebenden Organismus zur Wirkung zu kommen, in Proteine übersetzt werden, die als Strukturkomponenten und katalytisch aktive Enzyme, Inhibitoren oder Hormone die Lebensvorgänge bestimmen. Bei diesem Übersetzungsvorgang, Translation, spielen verschiedene Typen von Ribonucleinsäuren eine dominante Rolle, z. B. Messenger-Ribonucleinsäure (mRNA), Transfer-N. (tRNA), und die ribosomale RNA, die im Komplex mit Proteinen das Ribosom, den Ort der zellulären Proteinsynthese bildet.

N. wurden erstmals 1871 von dem schweizer Biochemiker *F. Miescher* in Tübingen aus Eiter isoliert. Ihre zentrale Bedeutung wurde jedoch erst durch die Versuche von *Avery* 1944 offenkundig, dem es gelang, den Phänotyp von Pneumokokken durch die isolierte DNA eines andersartigen Pneumokokkenstamms zu verändern. Ähnlich gelang es *Schramm* und *Gierer* 1956, durch die isolierte N. des Tabakmosaikvirus Tabakpflanzen zu infizieren. Mit diesen Befunden war belegt, daß in N. die genetische Information der Lebewesen gespeichert ist, was naturgemäß zu einer intensiven Bearbeitung dieser Stoffklasse führte. Aufbauend auf der Beobachtung von *Chargaff*, daß jeweils zwei der vier verschiedenen Basen einer DNA in gleicher Menge vorkommen, entwickelten *Watson* und *Crick* 1953 das Modell der Doppelhelix, in der zwei komplementäre DNA-Stränge nach dem Prinzip der →Basenpaarung verbunden und zu einer Schraube umeinander gedreht sind. 1961 schließlich entschlüsselten *Matthäi* und *Nierenberg* den genetischen Code. Die detaillierte Kenntnis der chemischen Natur und Eigenschaften der N. bereichert unser Verständnis der Lebensvorgänge entscheidend. Sie erklären nicht nur biologische Phänomene wie Replikation, Transkription und Translation, sondern erlauben auch definierte N. spezifisch zu isolieren, um sie einer Strukturaufklärung durch Sequenzierung zugänglich zu machen und somit den Informationsgehalt von Genen präzise zu ermitteln.

Mit dem Auffinden von Polymerasen, die N. bilden, Nucleasen, die N. an bestimmten Sequenzen spezifisch spalten, von Ligasen, die DNA-Bruchstücke wieder verbinden, sowie von Sequenzier- und chemischen Synthesetechniken ergab sich die Möglichkeit der Rekombination von N. Da sich der genetische Code als universell, d. h. nahezu identisch für alle Lebewesen erwies, und N. generell, also auch rekombinierte, durch Vektoren auf geeignete Empfängerzellen übertragen werden können, ist ein artifizieller Gentransfer zwischen verschiedenen Organismen, die natürlicherweise nicht kreuzbar sind, praktikabel geworden. Diese als →Gentechnik bezeichnete Methode ist bei der Analyse biologischer Vorgänge heute unverzichtbar geworden, kann aber ebenso genutzt werden zur Herstellung therapeutisch benötigter Proteine in leicht kultivierbaren Zellen, zur Produktion von Vakzinen, zur Konstruktion von →Mikroorganismen mit besonderen Stoffwechselleistungen für biotechnologische Prozesse und ähnliches.   *Flohé*

Nuklearmedizin. In der N. werden Radionuklide zu diagnostischen und therapeutischen (→Strahlentherapie) Zwecken eingesetzt. Im Hinblick auf den hohen Anteil der →Strahlenbelastung durch die Anwendung radioaktiver Stoffe und ionisierender →Strahlung an der Strahlenexposition der Bevölkerung verdient der →Strahlenschutz in der N. und bei der sonstigen medizinischen Anwendung radioaktiver Stoffe (z. B. →Radium in der Medizin) – neben der Anwendung von →Röntgenstrahlung in der Medizin – besondere Beachtung; mehr als 95 % der zivilisatorischen Strahlenexposition der Bevölkerung von ca. 1,5 mSv/a entfallen auf die Anwendung radioaktiver Stoffe und ionisierender Strahlung in der Medizin. Bei einer Gesamtexposition von 3,9 mSv/a – 2,4 mSv/a entfallen auf die natürliche Strahlenexposition – liegt der medizinische Anteil also bei etwa 35 % (→Strahlenexposition, Tabelle).

Das Hauptanwendungsgebiet offener radioaktiver Stoffe ist die nuklearmedizinische Diagnostik

(zur therapeutischen Anwendung radioaktiver Stoffe in der N.: →Strahlentherapie). Deren Ziel ist es, radioaktive Stoffe bzw. ionisierende Strahlung in vivo (Ermittlung der räumlichen und zeitlichen Verteilung eines Radionuklids im Organismus durch externe Messungen) und in vitro (Bestimmung von Aktivitätskonzentrationen in radioaktiv markierten Proben, die dem Organismus entnommen oder von ihm ausgeschieden wurden) zum Informationsgewinn über Verteilungs-, Stoffwechsel- und Ausscheidungsvorgänge im menschlichen Körper einzusetzen (Lokalisationsdiagnostik und Funktionsdiagnostik).

In der in vivo-Diagnostik werden als Strahlungsdetektoren hauptsächlich Szintillationszähler (→Szintillationsmeßkopf) eingesetzt (Scanner, Gammakamera, Emissions-Computertomographie (ECT)).

In Analogie zu anderen radiologischen digitalen tomographischen Verfahren in der Röntgendiagnostik oder mit Hilfe von Magnetfeldern (→Kernspintomographie) wurden in der nuklearmedizinischen Diagnostik zwei Verfahren entwickelt, die es ebenfalls gestatten, Schichtbilder von Organen und anderen Körperteilen herzustellen. Typischerweise für nuklearmedizinische bildgebende Verfahren befinden sich die Strahlenquellen (Gammastrahler, Positronenstrahler) nicht außerhalb, sondern innerhalb des Körpers. Die beiden Verfahren werden bezeichnet:
– SPECT (Single Photon Emission Computed Tomography; d. h. ECT mit Gammastrahlern),
– PET (Positron Emission Tomography; d. h. ECT mit Positronenstrahlern).

SPECT arbeitet nach dem Prinzip der Röntgen-Computertomographie. Als Detektor dient eine rotierende Gammakamera; gammastrahlende Radionuklide werden dem Patienten appliziert, und die den Körper verlassenden Gammastrahlenanteile werden während der Rotationsphase von der Gammakamera erfaßt. Die Schichtbildrekonstruktion erfolgt nach ähnlichen mathematischen Methoden wie in der Computer- und Kernspintomographie.

PET arbeitet nach ähnlichem Grundprinzip, allerdings nicht mit einzelemittierten Gammaquanten sondern mit den simultan, unter einem Winkel von 180° ausgesandten beiden Vernichtungsgammaquanten, die als Folge des Positronenzerfalls auftreten. Beide Gammaquanten werden gleichzeitig in zwei sich gegenüber stehenden Detektoren in Koinzidenz nachgewiesen.

Die Strahlenexposition des Patienten und Personals in der nuklearmedizinischen in vivo-Diagnostik hängt sehr von der physikalischen →Halbwertszeit des applizierten Radionuklids ab. Sehr kurze Halbwertszeiten reduzieren die Einwirkzeit des Radionuklids und damit die Strahlenexposition. Insofern weist die PET-Diagnostik neben ihrem hohen Bildinformationsangebot auch in strahlenhygienischer Hinsicht große Vorteile auf. Weiterhin ist anzustreben, daß reine gammastrahlende Radionuklide zur Verwendung kommen, denn die begleitende Beta-(Minus)-Strahlung trägt nur zur unerwünschten Strahlenexposition des Patienten bei.　　*Ewen*

Literatur: DIN 6844, Teile 1 bis 3: Nuklearmedizinische Betriebe. 1989. – DIN 6814: Begriffe und Benennungen in der radiologischen Technik; Teil 10: Szintigraphie inkorporierter Radionuklide. 1983. Teil 13: Kollimatoren und Abschirmungen für nuklearmedizinische Meßgeräte. 1990. – DIN 6854: Technetium-Generatoren; Anforderungen und Betrieb. 1985. – DIN 6855, Teile 1 bis 3: Qualitätsprufung nuklearmedizinische Meß-Systeme. 1990. – *Anger, H. O.:* Scintillation camera, Rev. of Sci. Instrum. 29 (1958) 27–33 Radiolg. Zentrum der Univ. Heidelberg (Hrsg.): Kursus: Radiologie und Strahlenschutz. Berlin 1972. – *Krestel, E.:* Bildgebende Systeme für die medizinische Diagnostik, Siemens. 1988. – *Rassow, G.:* Fibel zur nuklearmedizinischen Routinediagnostik, Siemens. 1970.

Nuklid. Ein N. ist eine durch seine Protonenzahl Z (= Ordnungszahl), Neutronenzahl N und seinen Energiezustand charakterisierte Atomart. Die Nukleonenzahl A (Protonen + Neutronen) wird zur Kennzeichnung eines N. links oben am Elementzeichen X und die Protonenzahl mit einem unteren Index angeschrieben, $^A_Z X$. Dabei ist Z für alle Atome eines Elementes gleich groß, während A verschiedene Werte annehmen kann.

Haben zwei Elemente die gleiche Ordnungszahl, stimmen sie also chemisch miteinander überein, haben aber unterschiedliche Massen, so nennt man diese beiden Arten desselben Elementes zwei →Isotope. Z. B. werden die beiden Silberisotope folgendermaßen geschrieben:

$$^{107}_{47}Ag \text{ und } ^{109}_{47}Ag.$$

Da sich jedoch die Ordnungszahl und das chemische Symbol stets entsprechen, wird häufig zu dem Buchstabensymbol nur die Massenzahl angegeben und diese dann mit oder ohne Bindestrich hinter das Buchstabenzeichen geschrieben, wie Ag-107 und Ag-109. Hierin wird nur bei den Wasserstoffisotopen eine Ausnahme gemacht. Neben dem einfachsten N. →Wasserstoff, mit dem Atomkern, der nur aus einem Proton besteht, $^1_1 H$, existieren zwei isotope Kerne, das Deuterium, $^2_1 D$, und das →Tritium, $^3_1 T$, mit einem bzw. zwei zusätzlichen Neutronen im Kern.

Zustände mit einer Lebensdauer von weniger als 10^{-10}s werden als angeregte Zustände eines N. bezeichnet. Z. Z. sind etwa 1 500 verschiedene N. bekannt, die sich auf die bisher bekannten 106 Elemente verteilen. Davon sind rund 1 200 N. instabil, d. h. radioaktiv.

In Kernreaktionsgleichungen wird das Proton oft mit dem Symbol p bezeichnet, der Kern $^4_2 He$ mit α (= α-Teilchen). Das Elektron enthält keine Nukleonen; es trägt eine negative Elementarladung und erhält das Symbol $_{-1}^{0}e$, das Positron entsprechend das Symbol $^0_1 e$.　　*Merz*

Nullgas. N. ist ein beimengungsfreies →Prüfgas, das im Rahmen der →Kalibrierung von Emissions- oder Immissionsmeßverfahren eingesetzt wird. Beimengungsfrei in diesem Sinne heißt, daß das N. denjenigen Stoff, für dessen Meßverfahrenskalibrierung es eingesetzt werden soll, nur in einer Rest-Konzentration enthalten darf, die unterhalb der →Nachweisgrenze des Meßverfahrens liegt. N. dürfen weiterhin keine Stoffe enthalten, die mit der zu messenden Komponente reagieren oder auf andere Weise in Wechselwirkung treten. So darf ein N., das für die Kalibrierung eines Ozonmeßverfahrens eingesetzt werden soll, weder Ozon noch Stickstoffoxide oder Kohlenwasserstoffe enthalten. N. und Prüfgase, die von Prüfgasgeneratoren erzeugt werden, werden insbesondere in automatischen Immissionsmeßstationen verbreitet im Rahmen der →Qualitätssicherung angewandt.

Als N. werden unter anderem Stickstoff oder synthetische Luft aus Druckgasflaschen eingesetzt. Derartige N. sind relativ einfach handhabbar, haben jedoch in der Immissionsmeßtechnik häufig den Nachteil, daß sie sich in ihren Eigenschaften von der Matrix der Probenluft unterscheiden (z. B. durch ihren Feuchtigkeitsgehalt). Hinzu kommt die Notwendigkeit zum Bereitstellen und Auswechseln der Gasflaschen. Von daher ist man häufig bestrebt, die zur Kalibrierung von Geräten und Verfahren einzusetzenden N. unmittelbar vor Gebrauch aus der Probenluft herzustellen. Dies kann durch eine Filterung mit Hilfe geeigneter Sorbentien geschehen. Häufig werden hierfür unterschiedliche Sorten (zum Teil vorbehandelter) Aktivkohlen oder andere Sorbentien eingesetzt.

Die quantitative Entfernung mancher Stoffe ist mittels Sorbentien problematisch, z. B. bei Stickstoffmonoxid. In einem derartigen Fall kann es zweckmäßig sein, zunächst eine chemische Umwandlung der zu entfernenden Komponente vorzunehmen. Im Falle des Stickstoffmonoxids geschieht dies durch eine vorgeschaltete Oxidation zu Stickstoffdioxid, z. B. durch Ozon. Das entstandene Stickstoffdioxid und ggf. Überschüsse des Oxidationsmittels (Ozon) lassen sich anschließend durch Aktivkohlen entfernen.　　*Pfeffer*

Nutzungsanpassung. Eine nutzungsorientierte Strategie, die im Rahmen der Maßnahmen zur

Behandlung von →Altlasten und kontaminierten Flächen angewandt wird. Hierbei sind folgende Verfahrensstrategien möglich:

□ Die am Standort vorgefundenen Verunreinigungen verbleiben dort im Boden, Untergrund oder Grundwasser. Die Nutzung des Standorts wird dem Grad und der →Mobilisierbarkeit der →Kontamination angepaßt, d. h. bestimmte Nutzungen werden ausgeschlossen (→Schutz- und Beschränkungsmaßnahmen).

□ Die Altlast bzw. die kontaminierte Fläche wird soweit gesichert oder dekontaminiert, wie es im Hinblick auf die vorliegende oder geplante Nutzung ohne Risiko für die Schutzgüter notwendig ist. Nutzungs- und Sanierungsziele werden aufeinander abgestimmt. Beim Nutzungswechsel muß erneut eine →Gefährdungsabschätzung durchgeführt werden.

In der Praxis können beide Verfahrenswege an einem Standort kombiniert werden, um differenzierte Nutzungen zu ermöglichen.

Die Strategie der N. kann in der Öffentlichkeit mit Akzeptanzproblemen verbunden sein. Bei der Risikobetrachtung ist deshalb auch die Zumutbarkeit der Maßnahmen für die Betroffenen als Kriterium einzubeziehen.

Mit der N. kann auch eine Minderung des Verkehrswertes von Grund und Boden verbunden sein. *Thoenes*

Literatur: *Holland, K. J.; H. Straßer:* Bewertung von Altlasten hinsichtlich der Flächennutzung und Raumplanung. In: Franzius, V. et al. (Hrsg.): Handbuch der Altlastensanierung. Heidelberg 1988.

Nutzungsbeschränkung →Schutz- und Beschränkungsmaßnahmen

O

Oberflächenbehandlungsanlage. Anlage, in der Lösemittel oder wäßrige Systeme auf die Oberfläche von Gegenständen oder Materialien einwirken und dabei einen Effekt auf der Oberfläche erzielen (z. B. Abtragen oder Aufbringen von Stoffen). Die Gegenstände oder Materialien sind z. B. aus Metall, Glas, Keramik, Kunststoff oder Material-Kombinationen. Ziel der Oberflächenbehandlung ist überwiegend die Entfernung von Stoffen, Verunreinigungen, Rückständen, Beschichtungen o. ä. sowie das Aufbringen von Stoffen (z. B. Phosphatierung, Öle als Korrosionsschutz). Dieser Behandlung schließt sich häufig ein Beschichtungsvorgang an (→Lackieranlage), bei dem gleichmäßige Ausbildung, Haftung und Dauerhaftigkeit der Beschichtung wesentlich durch die in der O. erzielte Qualität des Behandlungsgutes beeinflußt wird.

In Deutschland werden zur Oberflächenbehandlung wäßrige Systeme (etwa 70–80 % der Anwendungen), Chlorkohlenwasserstoffe (CKW, insbesondere Dichlormethan, Trichlorethen, Tetrachlorethen) (etwa 20–25 %) und in geringerem Umfang halogenfreie organische Lösemittel (Kohlenwasserstoffe, Alkohole, Ester etc.) eingesetzt.

Leichtflüchtige Chlorkohlenwasserstoffe werden auf Grund ihres ausgezeichneten Lösevermögens für Öle, Fette und andere organische Materialien, ihrer weitgehenden Inertheit gegenüber den zu reinigenden Werkstoffen, ihrer Schwerentflammbarkeit sowie ihrer guten Destillierbarkeit in vielen industriellen O. eingesetzt. Die Gesamtzahl der industriellen Anlagen, die halogenierte Lösemittel benutzen, wird auf etwa 10.000 in der Bundesrepublik Deutschland geschätzt.

In O. werden CKW in unterschiedlichen Verfahren zum Reinigen des Behandlungsgutes eingesetzt. Eine Kombination verschiedener Methoden kann notwendig sein, um bestimmte Oberflächenqualitäten zu erzielen und trägt außerdem zu einer Minimierung des Lösemitteleinsatzes bei. Zunächst wird häufig ein Tauchbad (warm oder kalt) eingesetzt, das zur Unterstützung des Reinigungsvorgangs mit Ultraschall beaufschlagt werden kann. Weiter finden Spritzverfahren Anwendung, bei denen die Werkstücke bei hohem Druck mit flüssigem Lösemittel in einem Spritzstrahl gereinigt werden. Beim Kondensations- oder Dampfentfetten wird das Behandlungsgut in eine sogenannte Sattdampfzone (mit Lösemittel gesättigte Luft) oberhalb von siedendem Lösemittel gebracht. Das Lösemittel kondensiert am Behandlungsgut und spült so die Verunreinigungen ab. Das Dampfentfetten dient typischerweise der Feinreinigung am Abschluß des Behandlungsprozesses. Bei mehreren Behandlungsbädern wird das Lösemittel entgegen dem Prozeßablauf geführt, so daß nur das am stärksten verunreinigte Lösemittelbad der internen Aufarbeitung zugeführt wird und längere Standzeiten möglich sind.

Bei modernen O. wird der Lösemittelverlust durch anlagentechnische Maßnahmen wie Kapselung, Schleusentechnik, Tieftemperaturkondensation und Adsorptionsabscheidung (z. B. an Aktivkohle oder Molekularsieb) deutlich gegenüber früheren offenen Anlagen (teilweise mit Randabsaugung) reduziert. In O. wird das Lösemittel in der Regel in einem anlageninternen Kreislauf durch eine mechanische Abtrennung der Feststoffe über Filter und eine Destillation aufgearbeitet und erneut zur Behandlung eingesetzt (Bild). Eine weitere Aufarbeitung erfolgt betriebsextern durch Redestillateure.

Auf Grund der von CKW ausgehenden ökologischen und toxikologischen Belastungen werden an die Ausführung der Anlagen strenge Anforderungen gestellt. Diese sind überwiegend in der →2. BImSchV festgelegt. O. müssen geschlossen gebaut sein und in der Regel über ein meßtechnisch überwachtes Schleusensystem verfügen; abgesaugtes Abgas muß über einen →Abscheider geführt, Lösemittel sowie Reststoffe müssen in geschlossenen Vorrichtungen gehandhabt werden. Weitere Anforderungen an den Umgang mit wassergefährdenden Stoffen ergeben sich aus dem Wasserrecht. Das Verbot der Vermischung verschiedener Lösemittel und die Rücknahmepflicht durch den Vertreiber sind in der →HKWAbf-Verordnung festgelegt.

Zur Vermeidung des Gebrauchs von CKW-Lösemitteln, aber auch aus anwendungstechnischen Gründen werden in vielen O. wäßrige Systeme eingesetzt. Bei der Anwendung ist die Auswahl der für das Behandlungsproblem richtigen Tensid/Komplexbildner-Kombination von wesentlicher Bedeutung. Diese hängt insbesondere von dem Behandlungsgut, der Verschmutzung und dem erforderlichen Reinigungsergebnis ab. Ebenso ist eine Anpassung des Behandlungsverfahrens erforderlich; wäßrige Reinigungssysteme sind im Spritz-, Tauch- oder einem kombinierten Spritz- und Tauchverfahren

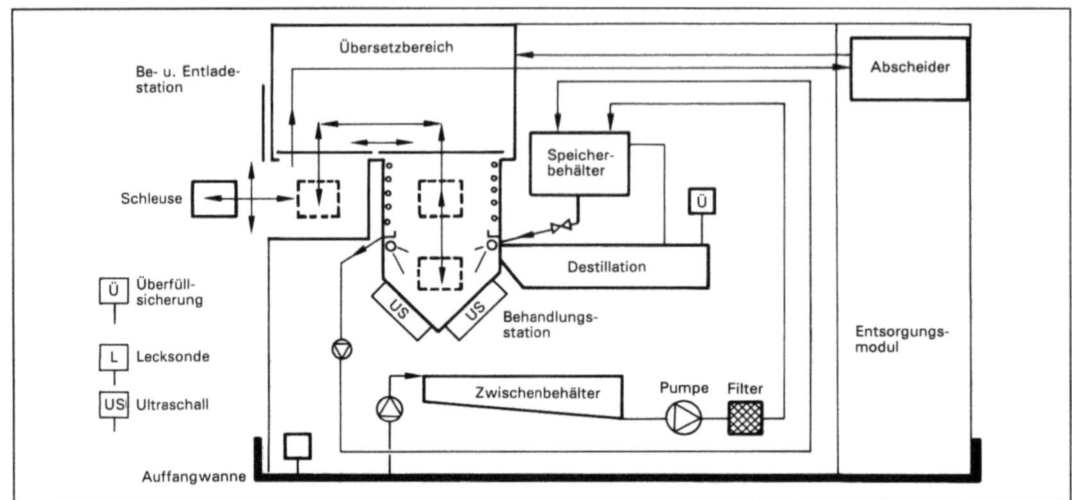

Oberflächenbehandlungsanlage: Moderne O. mit geschlossenem Luftkreislauf.

einsetzbar. In den Tauchbädern kann zur Unterstützung der Reinigungswirkung zusätzlich Ultraschall oder Injektionsfluten (Einpressen des Reinigungsmediums unter hohem Druck) eingesetzt werden. In der Praxis werden meist mehrstufige Wasch- und Spülverfahren verwendet, um einerseits das Reinigungsergebnis zu verbessern und andererseits die Menge an verbrauchtem Medium zu reduzieren. Die Badflüssigkeiten werden dabei entgegen dem Behandlungsablauf ausgetauscht, so daß nicht alle Bäder gleichzeitig erneuert werden müssen. Beim Einsatz wäßriger Systeme ist die Trocknung gegenüber CKW-Lösemitteln erschwert. So wird häufig im letzten Bad eine Behandlungstemperatur nahe 100 °C gewählt, um nach der Entnahme eine schnelle Trocknung des Behandlungsguts zu gewährleisten. Die Trocknung kann aber auch durch ein Gebläse mit heißer oder kalter Luft erfolgen.

Um Belastungen des Abwassers zu verringern, ist ein Aufarbeiten der eingesetzten Bäder erforderlich. Durch Feststofffilter, Schwerkraft-Ölabscheider, Zentrifugen, Verdampfer und →Ultrafiltration gelingt es, die Standzeit der Bäder deutlich zu erhöhen und die Medien über längere Zeit im Kreislauf zu führen. Dadurch wird der Wasser-/Chemikalienverbrauch gering gehalten; die Häufigkeit des Neuansatzes und die Beseitigung gebrauchter Bäder werden reduziert. Die Abfälle enthalten einen wesentlich reduzierten Wasseranteil und können in Abhängigkeit von ihren Inhaltsstoffen verwertet oder müssen als →Sonderabfall entsorgt werden.

Halogenfreie organische Lösemittel haben in der jüngsten Vergangenheit steigende Bedeutung in Folge der Substitution von Chlorkohlenwasserstoffen und besonders auch FCKW in der Oberflächenbehandlung bekommen. Hauptsächlich kommen

Alkohole, Ketone und aliphatische Kohlenwasserstoffe zum Einsatz. Alle Stoffe dieser Gruppe sind brennbar, wobei allerdings zu unterscheiden ist, ob der Flammpunkt ober- oder unterhalb der Raumtemperatur liegt. Wird während des Verfahrensablaufs die Temperatur des Lösemittels über den Flammpunkt erhöht bzw. bilden sich während des Trocknungsvorganges Lösemittel/Luft-Gemische, die innerhalb der Explosionsgrenzen liegen, so ist eine explosionsgeschützte Ausführung der Anlagen erforderlich. Bei Verfahrensweisen mit Arbeitstemperaturen unterhalb des Flammpunkts sind die zu treffenden sicherheitstechnischen Maßnahmen weniger umfangreich.

Angaben zu erforderlichen Maßnahmen zum Explosionsschutz beim Betrieb von O. mit brennbaren Lösemitteln finden sich in den Richtlinien des Hauptverbandes der gewerblichen Berufsgenossenschaften (ZH 1/10 (Ex-RL), (ZM 1/562, ZH 1/566). Danach sind keine gesonderten Maßnahmen erforderlich, wenn der Flammpunkt des Lösemittels mindestens 40 °C beträgt und die Betriebstemperatur mindestens 15 °C unter dem Flammpunkt verbleibt sowie das Lösemittel nicht zerstäubt/vernebelt wird. *Brackemann*

Literatur: Verordnung zur Emissionsbegrenzung von leichtflüchtigen Halogenkohlenwasserstoffen – 2. BImSchV vom 10. 12. 1990. – Verordnung über die Entsorgung gebrauchter halogenierter Lösemittel (HKWAbfV) vom 23. 10. 1989 (BGBl. I S. 1918).

Oberflächenfilter. Als O. werden filternde →Abscheider bezeichnet, bei denen möglichst wenige aus einem Gasstrom abzuscheidende Partikeln in das Innere des Filtermediums eindringen. An der Oberfläche des Filtermediums bildet sich relativ schnell eine Schicht aus abgeschiedenen Partikeln aus, die auch häufig Staubkuchen genannt wird. Dieser Staubkuchen stellt das eigentliche, hochwirksame Filtermedium dar. Infolge des Anwachsens der Partikelschicht nimmt der Druckverlust kontinuierlich zu. Die Filter müssen daher periodisch regeneriert werden. Der Staubkuchen ist dabei möglichst vollständig vom Filtermedium zu lösen. Deshalb werden diese Filter auch häufig Abreinigungsfilter genannt. O. dienen allgemein zur Abscheidung von Partikeln aus Gasen bei hohen Staubgehalten in der Größenordnung g/m³ bis zu einigen 100 g/m³. Dies ist der typische Fall der sog. Industrieentstaubung.

Als →Filtermaterial werden meist Faserschichten eingesetzt. Es können aber auch Körner als Grundelemente verwendet werden. Diese sind entweder lose aufgeschüttet (→Schüttschichtfilter) oder fest miteinander verbunden. Zum zweiten Fall gehören z. B. Sintermetalle oder Kornkeramiken in starrer Kerzenform zur Heißgasfiltration (bis über 1 000 °C). Vereinzelt kommen auch membranartige Medien, z. B. Lochfolien, zum Einsatz. Bei den weitaus am häufigsten eingesetzten Filtermedien handelt es sich jedoch neben Geweben um verfestigte Vliese und Filze. O. werden daher zuweilen auch als Gewebe- bzw. Tuchfilter bezeichnet. Die Medien werden als flexible Schläuche und Taschen, als in ihrer Bewegung eingeschränkte Patronen und als starre Kerzen konfektioniert. Typische Filteranströmgeschwindigkeiten liegen bei 20–200 m³/(m²·h); bei der Auslegung von O. stellt dieser, auch spezifische →Filterflächenbelastung genannte Wert eine wichtige Größe dar. Der Druckverlust bewegt sich zwischen 1 000 und 3 000 Pa (Bild 1).

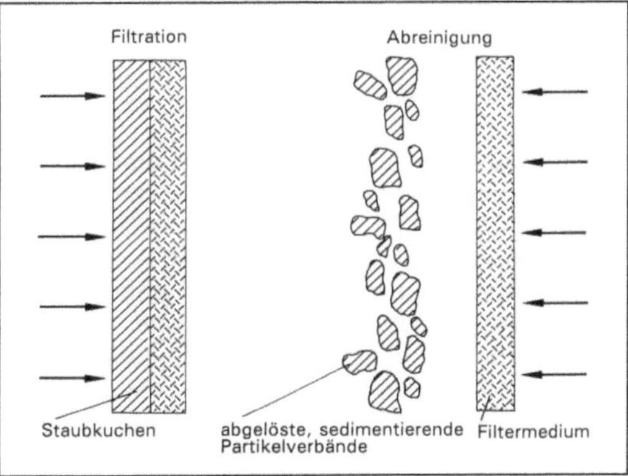

Oberflächenfilter 1: Schematische Darstellung der Filtrations- und Abreinigungsphase.

Bei einem idealen Abreinigungsfilter erfolgt die Partikelabscheidung ausschließlich an der Oberfläche. Bei realen Filtern dringen Partikeln jedoch zunächst in das Filtermedium ein und können auch auf die Reingasseite gelangen. Dieser Zustand entspricht dem der →Tiefenfilter. Sobald sich ein Staubkuchen ausgebildet hat, nimmt der Partikeldurchtritt stark ab. Allerdings steigt der Durchströmungswiderstand stetig an, bis bei Erreichen eines vorgegebenen Enddruckverlustes die Abreinigung ausgelöst wird. Die Abreinigung kann bei Unterbrechung der Rohgaszufuhr durch Schütteln oder durch Spülen mit Reingas erfolgen. Ohne Unterbrechung der Rohgaszufuhr kann man ein Ablösen des Staubkuchens durch Auslösen eines kurzzeitigen Druckluftstoßes auf der Reingasseite hervorrufen. Nach der Abreinigung stellt sich ein sog. Restdruckverlust ein. Dieser Wert sollte nach einigen Zyklen konstant werden, um eine lange Standzeit des Filtermaterials (bis zu 2 Jahren und mehr) zu ermöglichen. Durch die Beanspruchung des Filtermaterials beim Abreinigungsvorgang und das Fehlen einer schützenden Staubschicht nach der Abreinigung steigt die Reingaskonzentration zunächst steil an (Bild 2).

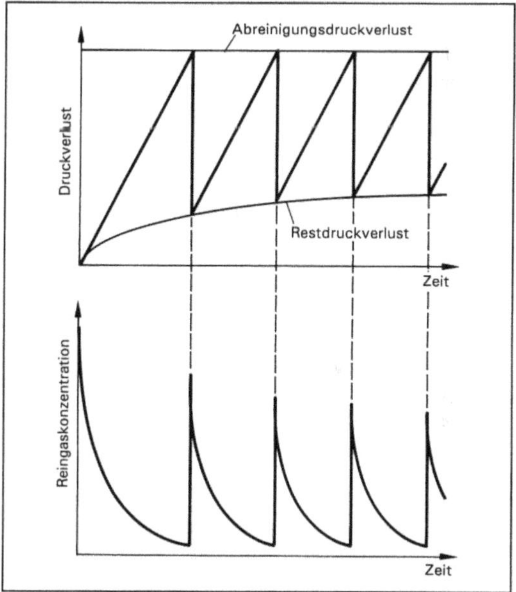

Oberflächenfilter 2: Zeitlicher Verlauf von staubbedingtem Druckverlust und Reingaskonzentration.

Zur Beschreibung des Durchströmungswiderstandes und der Abscheideleistung von O. existieren zahlreiche empirische Näherungsgleichungen und einige Modellansätze. Im Vergleich zu anderen →Entstaubungsverfahren steht man aufgrund der Komplexität der Vorgänge jedoch erst am Anfang einer theoretischen Beschreibung oder gar Voraussage des Betriebsverhaltens. *Löffler/Schmidt*

Literatur: *Löffler, F., H. Dietrich* und *W. Flatt:* Staubabscheidung mit Schlauchfiltern und Taschenfiltern. 2. Aufl. Braunschweig 1991. – VDI 3677: Filternde Abscheider. 7/1980.

Oberflächenwasser →Gewässer

Obus. Kurzform für Oberleitungs-Omnibus. Der O. ist ein leitungsgebundenes →Elektrostraßenfahrzeug. Er bezieht die elektrische Antriebsenergie aus einer zweipoligen, im Abstand von ca. 60 cm angebrachten Fahrleitung. Die etwa 5 m langen, beweglichen, auf dem Fahrzeugdach befestigten Stromabnehmer ermöglichen dem Fahrzeug zu beiden Seiten der Fahrleitung bis 4,5 m auszuweichen. Die Fahrdrahtgleichspannung beträgt allgemein 600 V und wird wie im Straßenbahnbetrieb aus Unterwerken eingespeist. Die hauptsächlich verwendeten Gleichstromantriebsmotoren werden bei neuen O. mit Gleichstromstellern betrieben. Energierückspeisung beim Bremsen ist möglich, wenn das Netz die zurückgespeiste Energie (z. B. durch andere Fahrzeuge) aufnehmen kann. Versuchsfahrzeuge mit Drehstromantrieb sind in Betrieb.

Die Fahrleitung muß häufig gewartet werden, und Straßenbaumaßnahmen beeinflussen den Obusbetrieb erheblich. Deshalb haben viele Städte mit relativ kleinen O.-Linien in Deutschland die O. durch Dieselbusse ersetzt.

Der →Duobus (dual-mode-bus) kann vorteilhaft dort eingesetzt werden, wo die Fahrleitung in bestimmten Bereichen fehlt. *Kahlen*

Ocean Thermal Energy Conversion (OTEC). OTEC-Kraftwerke sind →Meereskraftwerke, die eine Form der →Sonnenenergie nutzen, nämlich die in äquatorialen ozeanischen Gewässern ziemlich konstante Temperaturdifferenz von 18 °C zwischen Oberflächenschichten mit 23 °C und Tiefenschichten beispielsweise in 900 Metern mit 5 °C; die sich ergebende Enthalpiedifferenz kann in einem thermodynamischen Prozeß genutzt werden. Der Ozean bildet den Kollektor zur Umwandlung der solaren Strahlungsenergie in fühlbare Wärme. *C.-J. Winter*

Octanzahl. Die O. ist die für Ottokraftstoffe wichtigste Kennzahl für das Verhalten während der Verbrennung im Motor; sie gibt an, in welchem Maß Kraftstoffe zum Klopfen neigen.

Unter Klopfen versteht man eine abnormale, explosionsartige Selbstzündung des durch die sich ausdehnende Flammfront verdichteten und erhitzten Gemisches. Diese Selbstzündung wird begünstigt durch heiße Motorteile und Ablagerungen im Motorbrennraum, welche die zum Teil schon in Vorreaktionen begriffenen Kraftstoffmoleküle als Zündkerne zu einer Kettenreaktion anregen. Als Folge hiervon kommt es zum Aufeinandertreffen der von der Zündkerze ausgehenden Flammfront mit der durch Selbstzündung verursachten. Durch dieses Zusammenstoßen entstehen hohe Druck- und Temperaturspitzen, die als Klopfen bzw. Klingeln hörbar werden. Die Neigung zum Klopfen, die ein bestimmter →Kraftstoff aufweist, wird in der Research- bzw. in der Motoroctanzahl (ROZ bzw.

MOZ) ausgedrückt, die unter festgelegten Bedingungen in speziellen Prüfmotoren ermittelt wird. Als Prüfmotor ist neben dem CFR-Motor (Cooperative Fuel Research Committee) nur der BASF-Motor zugelassen. Bei beiden Motoren handelt es sich um langsamlaufende Einzylinder, in denen der zu untersuchende Kraftstoff in einem vergleichenden Verfahren Bezugskraftstoffen gegenübergestellt wird.

Als Grundlage zur Bestimmung der O. wird der Druckanstieg herangezogen. Er wird elektronisch ausgewertet und auf einem sogenannten Knockmeter als Klopfstärke auf einer Skala von 0 bis 100 angezeigt. Anhand dieser Skalenanzeige wird durch lineare Interpolation zwischen den Vergleichskraftstoffen und dem Probenkraftstoff die O. der Probe ermittelt. *Croissant/May*

Öffentlichkeitsbeteiligung. Zahlreiche umweltrelevante Vorhaben können nur genehmigt werden, wenn zuvor ein förmliches →Planfeststellungs- oder →Genehmigungsverfahren unter Beteiligung der Öffentlichkeit durchgeführt worden ist. In derartigen förmlichen Zulassungsverfahren ist nach Einreichung der Antragsunterlagen das Vorhaben öffentlich bekanntzumachen. Der Antrag und die Unterlagen sind, soweit sie nicht der Geheimhaltung unterliegen, zur Einsicht auszulegen. Gegen das Vorhaben können Einwendungen erhoben werden. Diese Einwendungen sind mit den Einwendern in einem →Erörterungstermin zu erörtern. *Hoppe/Beckmann*

Literatur: *Erbguth/Schink:* UVPG-Kommentar. München 1992. – *Jarass:* BImSchG § 10 Rn. 28 ff. München 1983. – *Kopp:* VwVfG, § 73 Rn. 16 ff. 5. Aufl. 1990. – *Sellner:* Immissionsschutzrecht und Industrieanlagen, 2. Aufl. München 1988.

Öko-Audit →Umwelt-Audit

Ökobilanz. Ö. ist eine Methode zur umfassenden Beschreibung der ökologischen Auswirkungen von Produkten, Anlagen, Verfahren oder Verhaltensweisen. Sie erfordert eine gründliche Analyse der Wechselwirkungen des Untersuchsobjektes mit der Umwelt sowie deren Beschreibung mit möglichst objektivierbaren und transparent aufbereiteten Daten. Ö. bestehen aus der Zieldefinition, einer Sach- und einer Wirkungsbilanz und der Bewertung. Bewertungen können neben objektiven auch subjektive Einflußfaktoren berücksichtigen; sie können prioritäts- und interessenorientiert erfolgen. Die Resultate der Bewertung werden im allgemeinen dann auch als Ökoprofile bezeichnet.

Die seit Mitte der 80er Jahre angewandten Ökobilanzierungen sind begrifflich und methodisch noch nicht eindeutig abgegrenzt. So erfaßt die Produktlinienanalyse (PLA) meist auch ökonomische und soziale Auswirkungen. Weitere inhaltliche Berührungen und Überschneidungen ergeben sich u. a. zu den Methoden der →Umweltverträglichkeitsprüfung (UVP), die Vorhaben medienübergreifend in ihren Umweltauswirkungen darstellt und mit Alternativen vergleicht, der →Technikfolgeabschätzung (TA), die Auswirkungen neuer Techniken prognostiziert und bewertet und des Environmental Auditing (→Umwelt-Audit), einer unternehmensbezogenen Umwelt-Schwachstellenanalyse.

Ö. können zum Erreichen unterschiedlicher Zielsetzungen erarbeitet werden, die immer klar ausgewiesen werden sollen. Wichtige Aufgabengebiete für verallgemeinernde Ö. im öffentlichen Interesse sind die wissenschaftliche Untermauerung von Empfehlungen über umweltgerechte Verhaltensweisen, über umweltfreundliche Produkte, die Schaffung von Entscheidungsgrundlagen zur Ausgestaltung ordnungsrechtlicher Maßnahmen oder umweltpolitischer Entscheidungen sowie die Erarbeitung von Bewertungsgrundlagen für wettbewerbsrechtliche Verfahren.

Zur Erarbeitung der Ö. sind die Systemgrenzen exakt festzulegen und zu beschreiben, die letztlich abgeleiteten Bewertungen sind nur innerhalb dieser Grenzen gültig. Für Produkte ist es üblich, den vollständigen Lebensweg von der Rohstoffentnahme bis zur Entsorgung des Produktes zu betrachten.

Zu berücksichtigende Produktions-, Verarbeitungs-, Gebrauchs- und Entsorgungsphasen sind miteinander durch Transportprozesse verknüpft; sie benötigen jeweils Energie und erzeugen im allgemeinen →Abfall, der zu entsorgen ist. Bei beliebig exakter Analyse, d. h. bei Berücksichtigung aller Zusammenhänge von Haupt- und Nebenprozessen, die ihrerseits wieder mit anderen Prozessen verknüpft sind, wird der Recherchenaufwand sehr hoch. Deshalb sind meist Vereinfachungen vorzu-

nehmen. In der Praxis ist die Einen-Schritt-zurück-Regel üblich. Sie besagt, daß z. B. bei der Rohölgewinnung als Vorstufe zum Rohstoffeinsatz die für die Herstellung und den Bau der Fördereinrichtungen und Pipelines notwendigen stofflichen und energetischen Aufwendungen nicht betrachtet, jedoch der Energiebedarf und die Emissionen beim Betrieb derselben berücksichtigt werden.

Methodisch günstig im Hinblick auf eine computergestützte Bearbeitung und zur Vereinfachung von Variantenvergleichen ist die Zerlegung des Lebenswegs in einzelne Abschnitte (Module), die bei Bedarf hinreichend fein gewählt werden können und die ihrerseits durch bestimmte Input/Output-Beziehungen in Form von Bilanzgleichungen charakterisiert sind (Bild 1).

Die Wechselwirkung Modul-Umwelt wird demnach mit verschiedenen Umweltkategorien oder -indikatoren beschrieben, zu denen neben Energie, Material und Flächenverbrauch die Emissionen in die drei Medien Luft, Wasser, Boden und die Ablagerungen (→Entsorgung) zählen. Zur Beurteilung der Umweltrelevanz müßten alle Indikatoren vollständig erfaßt und quantifiziert werden. Für viele Prozesse ist dies jedoch praktisch nicht möglich; auch sind bestimmte Umwelteinflüsse (z. B. Zerstörung von Biotopen, Deponieraumverbrauch, Berücksichtigung regenerierbarer Energieträger) nur schwer quantifizierbar. Daher sollte die Auswahl der betrachteten →Indikatoren in der Ö. begründet werden. Auch können für die Indikatoren aus der Literatur Daten mit unterschiedlichen Werten zur Verfügung stehen bzw. müssen erst durch eigene Messungen und Erhebungen beschafft werden. Abweichungen können auf Meßfehlern oder auf unterschiedlichen Analysenmethoden beruhen oder auftreten, wenn das gleiche Produkt durch unterschiedliche Prozesse oder durch gleiche

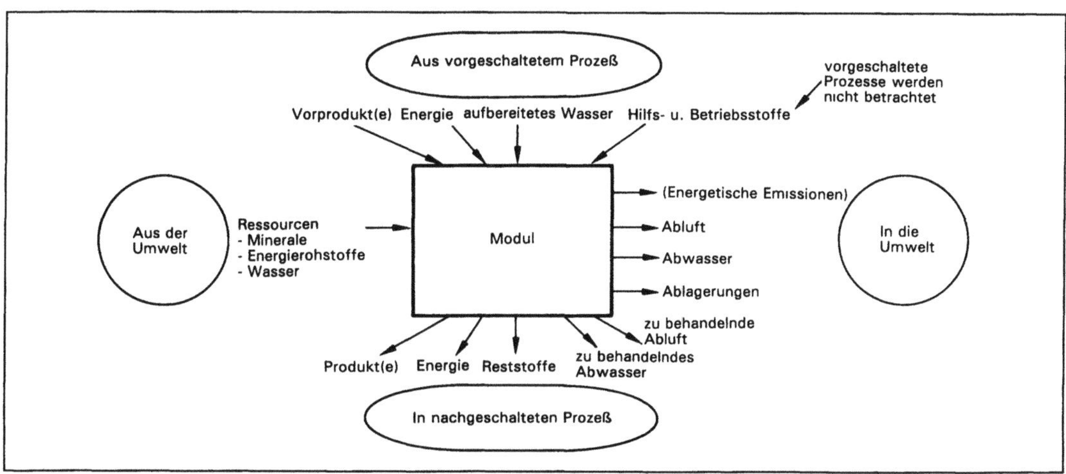

Ökobilanz 1: Umweltprofile von Produkten (allgemeines Modulschema).

Prozesse auf unterschiedlichem technischem Standard realisiert wird. Eine bereits früh erfolgende Datenzusammenfassung (z. B. Mittelwertbildung) würde zu Verfälschungen führen, so daß die Ausführung der Berechnung unter Beibehaltung der Datenverteilung günstiger ist. Auch kann aus den dann vorliegenden Daten entsprechender Handlungsbedarf, z. B. zur Verbesserung der Emissionssituation, abgeleitet werden.

Die Aneinanderreihung der den Lebensweg des Produkts charakterisierenden Module ergibt ein Bilanzgleichungssystem, dessen Lösung bezogen auf eine Produkteinheit die entsprechende Sachbilanz ergibt. Im weiteren sind diese Sachbilanzen für verschiedene Alternativen zu vergleichen, was im allgemeinen wegen unterschiedlicher Indikatoren (z. B. Dioxinemissionen gegen SO_2-Emissionen bzw. Schwermetallabgabe ins Wasser) schwierig ist.

In verschiedenen vorliegenden Ö. werden Indexbildungen vorgeschlagen, bei denen als Vergleichsmaßstab, z. B. in Verwaltungsvorschriften wie der TA Luft festgelegte Grenzwerte benutzt werden. Diese Konzepte haben den Reiz des Einfachen, da in Bewertungsbilanzen nur noch eindimensionale Vergleiche notwendig sind. Andererseits werden jedoch bestimmte Umwelteinflüsse dadurch verwischt. Gegenwärtig erscheint die Durchführung einer Wirkungsbilanz günstig. Dabei sollen die Umweltwirkungen durch Wirkungskategorien, wie

z. B. den Ressourcenverbrauch (biotisch, abiotisch), den →Treibhauseffekt, das Ozonabbaupotential, die →Humantoxizität, die Ökotoxizität, →Versauerung, →Eutrophierung noch quantifiziert werden. Anhand dieser Wirkung erfolgt unter Berücksichtigung der Zielstellung der Ö. eine Bewertung.

Der grundsätzliche Aufbau einer Ö. und die dabei zu erhebenden Datenblöcke werden schematisiert in Bild 2 dargestellt. Der Datenblock Umweltkategorien der Sachbilanz enthält die vollständige Liste der die Wechselwirkungen Produktlebensweg – Umwelt beschreibenden Größen, verzichtet jedoch auf deren weitere Aufgliederung in Indikatoren.

Wegen der wachsenden Bedeutung von Ö. ist zukünftig mit einer wachsenden Zahl von Bilanzen zu rechnen, aus denen sich auch methodische Weiterentwicklungen ergeben werden.   *Eggers*

Literatur: *Fecker, I.:* Was ist eine Ökobilanz? Eidgenössische Materialprüfungs- und Forschungsanstalt St. Gallen, 1990. – *Gießhammer, R.:* Produktlinienanalyse und Ökobilanzen, Öko-Institut, Werkstattreihe. 1991. – *Habersatter, K.:* Ökobilanz von Packstoffen, Stand 1990, BUWAL-Schriftenreihe Nr. 132. – *Rubik, F.:* Ökologische Produktpolitik und Produktlinienanalyse. In: Wechselwirkung (1990) Nr. 4 40.

Ökologie. Ö. ist die Wissenschaft von der →Umwelt, wird darüber hinaus aber auch als eine besondere Art der Weltbetrachtung und sogar als Glaubens- oder Heilslehre angesehen. Als menschliche Erfahrung ist Ö. uralt, weil sich die Menschen von Anfang an in einer oft feindlichen natürlichen Umwelt (→Natur) behaupten mußten, um sich schließlich von dieser zu emanzipieren, sie damit aber zugleich auch zu belasten und zu schädigen. Als Wissenschaft hat sich Ö. – der Name wurde 1866 geprägt – erst im 20. Jahrhundert etabliert und in dessen zweiter Hälfte mit der Ökosystemforschung stärker entfaltet.

Wörtlich heißt Ö. Lehre vom Haus und Haushalt und befaßt sich mit dem Haus (*griech.* oikos) als Wohnplatz von Lebewesen, der deren Haupt-Lebensbedürfnisse (Ressourcen) erfüllt, und mit dessen Aufrechterhaltung. Da dieser Wohnplatz seinerseits in eine ihn bestimmende Umgebung eingebettet ist und damit in Wechselbeziehungen steht, erweitert sich Ö. zur Lehre von den Wechselbeziehungen zwischen Lebewesen und ihrer Umwelt (Bild). Demnach ist es die wissenschaftliche Aufgabe der Ö., die Strukturen und Funktionen der →Biosphäre mit Bezug auf die Lebensbedürfnisse der Lebewesen zu erforschen und zu deuten. Ö. ist daher eine biologische Disziplin, deren Fragestellungen jedoch von Biologen allein nicht immer bearbeitet werden können, sondern die Mitarbeit anderer Wissenschaftsdisziplinen erfordern.

Ökologische Forschung geht entweder von Lebewesen aus, um deren Umweltbezug zu untersuchen, oder von einer bestimmten Umwelt(situation), um

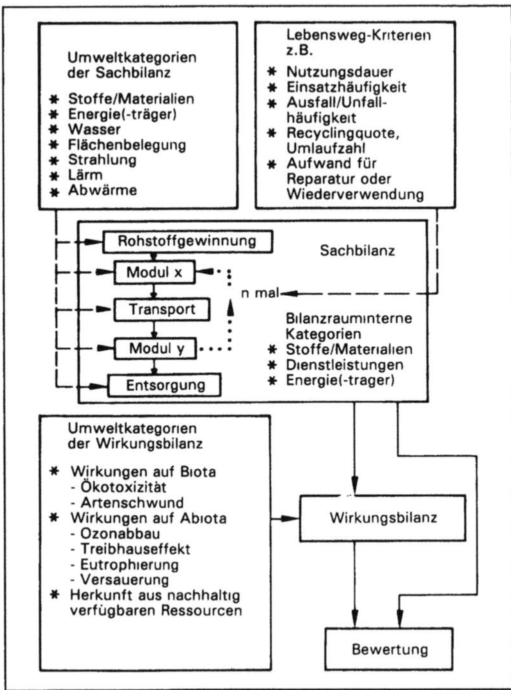

Ökobilanz 2: Schematische Darstellung.

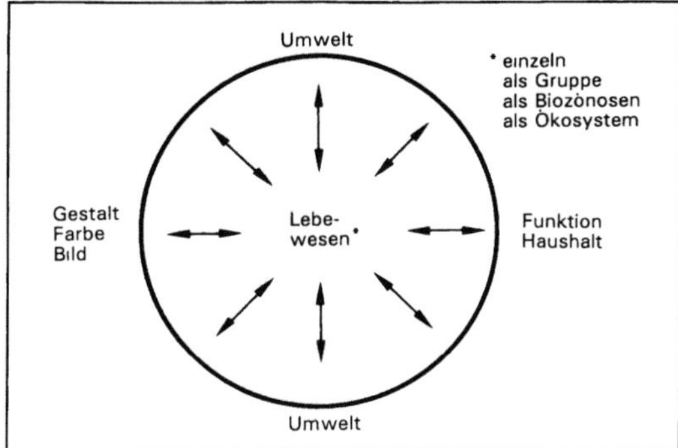

Ökologie: Ö. als Lehre von der Umwelt.

Der eigentliche Inhalt der Ö. sind die Wechselwirkungen ↔ zwischen Lebewesen und Umwelt. Im Raumbezug ergibt sich Landschafts-Ö.

deren Wirkung auf die Lebewesen zu ermitteln. Daher gibt es mehrere Richtungen und Teilgebiete der Ö.

Autökologie widmet sich den Umweltbeziehungen einzelner Lebewesen (*griech.* autos = selbst, allein) und ist wegen guter Handhabbarkeit der Objekte und experimenteller Zugänglichkeit das oft erfolgreichste und wissenschaftlich angesehenste Teilgebiet.

Die Synökologie (*griech.* syn = zusammen) untersucht die Umweltbeziehungen von Gruppierungen von Lebewesen, die miteinander in Wechselbeziehungen stehen; oft müssen aber diese selbst noch erforscht werden.

Aut- und Synökologie werden nach biologischen Teildisziplinen aufgeteilt. Die Pflanzenökologie befaßt sich gemäß den pflanzlichen Bedürfnissen mehr mit den nichtlebenden, die Tierökologie mehr mit den lebenden Umweltbestandteilen. In der Humanökologie überwiegen die sozialwissenschaftlichen Fragestellungen oft die biologischen.

Ein besonderer Wesenszug der Ö. ist die Integration vieler Einzelbefunde zu einem Gesamtbild und einem ganzheitlichen Verständnis mit Hilfe des vernetzten Denkens. Dies erfordert den Ansatz der Systemforschung, die die Lebewesen-Umwelt-Beziehung als →Umweltsystem betrachtet und von der die Ökosystem-Ökologie ausgegangen ist. Der räumliche Verbund von →Ökosystemen und ihren Beziehungen sind Forschungsgegenstände der Landschaftsökologie.

Die Hauptschwierigkeit der Ö., die auch die Vermittlung ihrer Ergebnisse und Erkenntnisse erschwert, ist die außerordentliche Komplexität der Lebewesen-Umwelt-Bindungen, verbunden mit schlechter Berechenbarkeit und ungenügender Voraussagbarkeit. Ökologische Theorien und Hypothesen müssen sich oft auf Modelle, Abschätzungen und Szenarios stützen, deren objektive Aussagen begrenzt sind. Viele Ökologen wenden sich der

einfacher durchführbaren Autökologie oder der Ö. von Populationen zu und scheuen den Ansatz der Ökosystemforschung oder gar des Mensch-Umwelt-Systems.

Die der Ö. um 1970 entsprossene Ö.-Bewegung, aus der sogar politische Parteien (Die Grünen) hervorgegangen sind, hat weit mehr als die wissenschaftliche Ö. dazu beigetragen, das Ö.- und Umweltbewußtsein der menschlichen Gesellschaft zu entwickeln und zu verstärken. Die Ö.-Bewegung neigt allerdings dazu, ökologische Erkenntnisse zu mißachten oder gar zu ignorieren, wenn diese nicht zu ihren politischen Zielen passen. Andererseits erfordert der Vollzug der zahlreichen gesetzlichen Bestimmungen, die seit 1970 für den →Umweltschutz erlassen wurden, einen guten und ausgewogenen Kenntnisstand der Ö.   *Haber*

Literatur: *Heinrich, D.; M. Hergt:* dtv-Atlas zur Ökologie. Tafeln und Texte. München 1990. – *Odum, E. P.:* Prinzipien der Ökologie. Lebensräume, Stoffkreisläufe, Wachstumsgrenzen. Heidelberg 1991.

Ökologie, mikrobielle. Teilgebiet der →Mikrobiologie, das sich mit den Standortansprüchen, den Stoffwechselleistungen und der Populationsdynamik von →Mikroorganismen in Ökosystemen befaßt. Bereits die Pioniere der naturwissenschaftlichen Mikrobiologie stellten mikrobenökologische Beobachtungen an. So bemerkte man etwa 1880, daß die auffällig scharfe Vertikalschichtung von roten Schwefelbakterien in eutrophen Gewässern exakt die Grenze zwischen aeroben und anaeroben Bedingungen markiert, weil diese Mikroorganismen nur an dieser chemischen Phasengrenze Schwefelwasserstoff zu Schwefel und weiter zu Sulfat oxidieren können. Ebenfalls früh wurde die Rolle der Fe^{2+} zu Fe^{3+} oxidierenden Eisenbakterien bei der Ockerbildung erkannt.

Erst in jüngster Zeit entwickelte sich die m. Ö. zu einem selbständigen Wissenschaftszweig, der nicht nur für die allgemeine →Ökologie und die →Umweltbiotechnologie, sondern auch für die Klimawirkungsforschung bedeutsam ist, da Mikroorganismen maßgeblich an der Produktion der Treibhausgase Methan und Lachgas (N_2O) beteiligt sind. Methodische Grundlagen für den derzeit kräftigen Aufschwung der m. Ö. bildeten die Verfeinerung der Isotopenanalytik, die Entwicklung der Anaerobtechnik und die Entwicklung molekularbiologischer Methoden für den gezielten Nachweis bestimmter Mikroorganismen in Umweltproben (z. B. im Boden). Da es bei der m. Ö. auch auf die Wechselwirkung (Konkurrenz, Synergismen, Antagonismen) zwischen Mikroorganismen über sehr geringe Distanzen ankommt, die der direkten Messung von Stoffmengen usw. kaum zugänglich sind, ist die mathematische Simulation solcher Verhältnisse ein wichtiges Instrument der m. Ö.   *Soeder*

ökologische Technik →Technik, ökologische

Ökologisches Gleichgewicht. Das ö. G., auch biologisches Gleichgewicht oder Gleichgewicht der Natur, ist ein ähnlich vage definierter Begriff wie →Naturhaushalt und hat eine ähnliche Bedeutung. Diese betrifft ebenfalls ein Input-Output-Verhältnis von Energie und Stoffen einschließlich ihrer Umwandlungen und wiederum bezogen auf ein gegebenes natürliches oder ökologisches System (→Ökosystem). Beim Gleichgewichts-Begriff werden aber – noch mehr als beim Naturhaushalt – die Lebewesen des Systems (→Biozönose) und ihre Dynamik einbezogen, die ja infolge Geburt und Tod ständig wechseln und auch in ihren Populationen häufig Schwankungen zeigen. Wegen ständiger Zu- und Ausfuhren, Zu- und Abwanderungen hat sich der Begriff des Fließgleichgewichts oder Gleichgewichts im Fluß eingebürgert. Er wird durch komplizierte Regelungen, insbesondere über systemerhaltende (negative) Rückkopplungen aufrechterhalten, um einen möglichst beständigen Zustand (*engl.* steady state) zu gewährleisten. Auch die Gesetze der Thermodynamik können darauf angewendet werden. *Haber*

Ökosystem. Das Ö. ist ein zentrales Konzept der →Ökologie, in der sich dafür das Teilgebiet der Ö.-Ökologie entwickelt hat, und zugleich die verbreitetste Verkörperung eines →Umweltsystems (Bild). Seine Funktion wird bestimmt durch die jeweiligen Bedingungen der Umweltmedien Luft und Boden bzw. Erdkruste und hat somit einen bestimmten Anteil an der →Atmo- und der →Lithosphäre. Aus dem Weltraum wirkt die →Sonnenenergie als Antriebskraft in das System hinein, um es nach Ausnutzung als Wärmeenergie wieder zu verlassen. Licht, Wärme, Feuer, Wind, Wasser und chemische Verbindungen sind als Faktoren der unbelebten Umwelt maßgebend für die Entfaltung

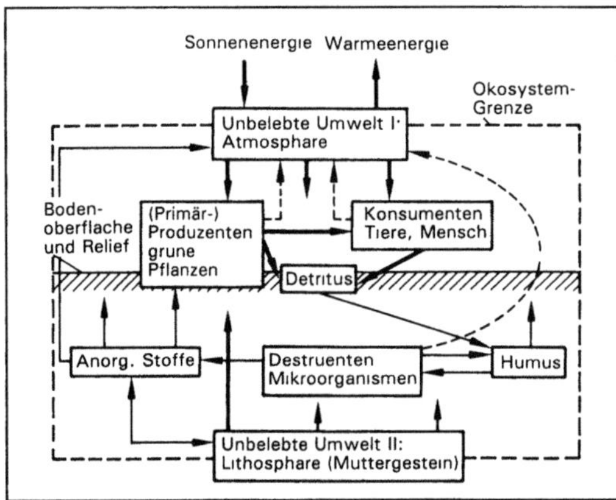

Ökosystem: Funktionsschema eines natürlichen Ö.

und Erhaltung des lebenden Ö.-Bereiches, der auch als →Biozönose bezeichnet wird.

Die Biozönose eines jeden natürlichen Ö. besteht immer aus den drei Haupt-Funktionsgruppen der Produzenten, Konsumenten und Destruenten bzw. Reduzenten, die fest einander zugeordnet sind. Die Produzenten werden verkörpert durch die grünen Pflanzen, die als einzige Organismen in der Lage sind, Sonnenenergie durch den Prozeß der →Photosynthese auf spezifische chemische Substanzen zu übertragen, die dadurch zu Energieträgern werden und sowohl als Bau- als auch Betriebsstoff aller Lebensvorgänge wirken. Von dieser Biomasse hängt die Existenz aller anderen Organismen ab.

Von diesen nutzen Konsumenten die Biomasse in lebender oder lebensfrischer Form, und zwar als Pflanzenverzehrer durch direkte Nutzung der Pflanzen, als Tierverzehrer durch Nutzung anderer Konsumenten als Nahrung. Damit sind zugleich wichtige regulierende Funktionen im Ö. verbunden.

Da alle Lebensvorgänge der Produzenten und der Konsumenten in →Detritus (Abfall) enden, der aber noch reich an Energie und Nährstoffen ist, bedarf es einer Abfallverwertung. Diese wird von der dritten Funktionsgruppe der Destruenten bzw. Reduzenten, zumeist Kleintiere und Mikroorganismen, übernommen, die im Ö. eine doppelte Aufgabe erfüllen. Einerseits bauen sie die toten organischen Stoffe zu ihren anorganischen Grundbausteinen wie Wasser, Kohlendioxid, Ammonium usw. ab, die von den Produzenten (grünen Pflanzen) erneut zum Stoffaufbau verwendet werden können. Andererseits wirken die Destruenten am Aufbau einer ganz neuen, aus dem Detritus hervorgehenden Stoffgruppe mit, die unter der Sammelbezeichnung Humus bekannt und wesentlich dafür verantwortlich ist, daß eine eigene →Pedosphäre als Boden (im biologischen Sinne) entsteht. Humus ist ein maßgebender Träger der Bodenfruchtbarkeit und des Speicher- und Regulierungsvermögens der Böden.

Das Bild zeigt ein natürliches terrestrisches Ö., wie es auf dem festen Land entsteht. Analog dazu bilden sich in den Gewässern aquatische Ö., deren Lebensvorgänge sich im einheitlichen Umweltmedium Wasser abspielen.

Für Planung, Gestaltung und Schutz der Umwelt oder der Ö. ist ein klarer räumlicher oder Ortsbezug zweckmäßig.

Für alle terrestrischen Ö. wird dieser durch den aus der Landschaftsökologie stammenden Begriff des Ökotopes geliefert. Ein →Ökotop ist demnach die räumliche Ausprägung eines – funktional aufgefaßten – Ö.

Durch menschliche Eingriffe und Nutzungsinteressen wurden die natürlichen Ökosysteme stark verändert und dabei insbesondere die drei Haupt-Funktionsgruppen, die in einem natürlichen Ö. am gegebenen Ort stets zusammenwirken, räumlich voneinander getrennt. So sind die Getreidefelder der Agrarlandschaft als Agrar-Ö. reine Produzentensysteme, und große Nutztier-Bestände stellen reine Konsumentensysteme dar. Beide liefern Nahrung für die Menschen, die ihrerseits in reinen Konsumentensystemen zusammenleben; denn eine Großstadt ist funktionell ein menschliches Konsumentensystem. Eine Abwasser-Kläranlage ist wiederum ein reines Destruentensystem mit der Funktion, den Detritus zu verarbeiten.

Die vom Menschen vorgenommene räumliche Trennung der drei Funktionsgruppen hebt die Notwendigkeit ihres Zusammenwirkens nicht auf. Dadurch werden umfangreiche Transportaktivitäten hervorgerufen, durch die Biomasse jeweils an den Ort ihrer Umsetzung transportiert werden muß. Es entstehen eigene Transportsysteme. Auf dieser Grundlage hat sich im System der menschlichen Wirtschaft und der davon abhängigen Gesellschaft ein eigenes System der Produktion, Verarbeitung, Konsumption und Umsetzung entwickelt, das zusammen mit dem natürlichen →Umweltsystem ein neues, menschlich bestimmtes und geprägtes System Umwelt hervorgebracht hat. Zwischen dem natürlichen und dem menschlich bestimmten Umweltsystem sind in den letzten Jahrzehnten zunehmende Diskrepanzen und Konflikte entstanden, die auf einer Nichtbeachtung der Gesetzmäßigkeiten des natürlichen Umweltsystems beruhen. Der Ausgleich zwischen beiden ist die Aufgabe moderner →Umweltpolitik. *Haber*

Literatur: *Ellenberg, H.:* Versuch einer Klassifikation der Ökosysteme nach funktionalen Gesichtspunkten. In: Ellenberg, Heinz (Hrsg.), Ökosystemforschung. Berlin 1973. – *Klötzli, F. A.:* Ökosysteme. Aufbau, Funktionen, Störungen. 3. Aufl. UTB 1479. Stuttgart 1992.

Ökotop. Der Ö. ist der konkrete Ort eines →Ökosystems und entwickelt sich mit diesem zu einem bestimmten ökologischen Zustand (Bild). Voraussetzung dafür ist, daß der Ö. hinsichtlich seiner physischen Standortbedingungen (unbelebte Umweltfaktoren) einigermaßen homogen ausgestattet ist, insbesondere hinsichtlich des Substrats, das eine definierte physikalisch-chemische Beschaffenheit haben muß. Wo diese sich ändert, z. B. hinsichtlich des Vorkommens von Calcium, Phosphat, anderer chemischer Elemente oder auch des pH-Werts, beginnt ein anderer Ö. mit einem anderen →Ökosystem. Die Ö.-Gliederung einer Landschaft wird daher weitgehend vom →Substrat bzw. →Boden her bestimmt.

Oft werden die Begriffe Ö. und →Biotop verwechselt oder deckungsgleich verwendet. Der Biotop ist definitionsgemäß der Lebensort einer →Biozönose, die wiederum der lebende Bereich eines Ökosystems ist. Insofern wären Ö. und Biotop deckungsgleich, ihr Gebrauch hat aber verschiedene

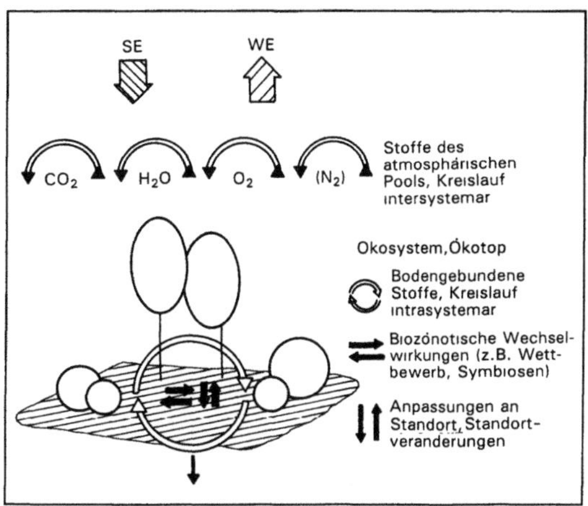

Ökotop: Ein Ö. (kleinster, standörtlich einheitlicher Ausschnitt der Erdoberfläche, schraffiert) als örtliche Ausbildung eines Ökosystems.

Getrennte Darstellung der atmosphärischen und lithosphärischen (= an den Ö. gebundenen) Stoff-Flüsse bzw. Kreisläufe. SE Sonnenenergie, WE Wärmeenergie

Ausgangspunkte. Bewegliche Tiere nehmen auch unterschiedliche Biotope in Anspruch. Von geographischer Seite wird der Ö. auch als Landschaftszelle oder Landschaftsfliese bezeichnet. Auch damit wird veranschaulicht, daß die Landschaft ein Gefüge von Ö. ist, das oft bestimmte Muster oder Zonierungen, z. B. im Verlandungsgebiet von Gewässern erkennen läßt. In der Kulturlandschaft werden die Muster jedoch im wesentlichen durch die menschliche Nutzung hervorgerufen, durch die Nutz-Ö. entstehen. *Haber*

Ökotoxikologie. Aufgabe der Ö. ist es, Wirkungen von in die Umwelt gelangenden Chemikalien sowohl auf Pflanzen- und Tierarten als auch auf Populationen, Biozönosen und Ökosysteme zu untersuchen. Die Wirkungen hängen ab von den Eigenschaften, der Menge und Einwirkungsdauer (Exposition) der Substanzen, deren Verhalten und Umwandlungen in der Umwelt von der ökologischen Chemie erforscht werden, mit der die Ö. enge Beziehungen pflegt; die Arbeitsgebiete gehen sogar ineinander über.

Die Ergebnisse der Ö. liefern Grundlagen zur Festsetzung von Kriterien der →Umweltqualität und von Richt- oder Grenzwerten. Angesichts der Artenvielfalt der Pflanzen-, Tier- und Mikroorganismen, der Komplexität ihrer Wechselwirkungen innerhalb der Populationen und Biozönosen sowie der natürlichen Lebensbedingungen an den Biotopen und Ökotopen steht die Ö. vor im Grunde unlösbaren Problemen, die in der Praxis eine Konzentrierung auf als wesentlich angenommene Fragestellungen, Ausschnitte und Modelle verlangen.

Dabei wird die Gefahr in Kauf genommen, daß bei einer solchen Reduktion von Komplexität auch Merkmale verlorengehen, die für die ökotoxikologische Untersuchung wichtig sein können.

Ein anschauliches Beispiel für die ökotoxikologische Forschung und ihre Schwierigkeiten bietet die seit Anfang der 80er Jahre mit enormem Aufwand betriebene Untersuchung der neuartigen →Waldschäden. Dabei geht es um die Wirkungen von – z. T. zunächst nicht einmal bekannten – Schadstoffen auf die →Biozönose bzw. das →Ökosystem Wald. Die Forschungen spielen sich dabei auf verschiedenen Ebenen ab, die von der Blatt- oder Wurzelzelle über die Blatt- und Wurzelorgane eines Baums und das Baumindividuum bis zum Baumbestand, zum Ökosystem-Kompartiment Boden und schließlich zum Wald reichen; sie müssen koordiniert betrieben werden und in ihren Ergebnissen vergleichbar sein. Deren Bewertung ist oft kontrovers, weil nicht objektiv entschieden werden kann, ob ein Wald bei z. B. 10, 25, 40 % oder mehr erkrankten Bäumen als geschädigt oder gar sterbend zu beurteilen ist. Oft ist nicht einmal der Normalzustand eines Waldes als Bezugsgrundlage bekannt.

Schadstoffwirkungen auf die belebte Umwelt können auf direkte oder indirekte Weise entstehen. Säureeintrag in Waldböden mobilisiert toxische Metallionen aus ihrer festen Bindung an Humusstoffe und führt erst dadurch, also indirekt, zur Schädigung der Feinwurzeln. Überhöhte Nährstoffzufuhren in Böden oder Gewässer stärken die Wuchskraft bestimmter Pflanzen, so daß sie andere, mit wenig Nährstoffen auskommende Arten verdrängen oder ausmerzen; diese können jedoch auch durch zu hohe Stoffzufuhren direkt geschädigt werden. Von großer Bedeutung sind Durchgang und Wirkung der Chemikalien in den →Nahrungsketten, wobei bei persistenten (schwer abbaubaren) Stoffen, die meist lipophil (fettlöslich) sind, eine Anreicherung um mehrere Größenordnungen erfolgen kann; dies wurde z. B. für das bekannte Insektizid DDT, das sich im Fettgewebe von antarktischen Pinguinen in hohen Konzentrationen fand, und für polychlorierte Biphenyle (PCB) in der Frauenmilch nachgewiesen.

Ö. muß von der Umwelttoxikologie unterschieden werden, die trotz des fast identisch erscheinenden Namens ein Teilgebiet der →Toxikologie ist und die Aufgabe hat, gesundheitliche Risiken von in die Umwelt gelangenden Chemikalien abzuschätzen. Beide Arbeitsgebiete verwenden oft die gleichen Methoden, wie Tierversuche und epidemiologische Untersuchungen. *Haber*

Literatur: *Streit, B.:* Lexikon Ökotoxikologie. Weinheim 1991.

Öl-Feuerungsanlage →Feuerungsanlage

Ölabscheider →Benzinabscheider

Ölbekämpfung auf See/Küste. Bei der Ö. auf See und an den Küsten sowie an Stränden und Ufern ist zwischen mechanischer, chemischer und biologischer Bekämpfung von Ölverschmutzungen zu unterscheiden. Kriterium für eine schnelle und effektive Ö. ist schnellstmögliche Einsatzbereitschaft aller benötigten Kräfte, Schiffe und Ausrüstungen. Die insbesondere von der Viskosität und dem spezifischen Gewicht des Öls abhängige Ausbreitungsgeschwindigkeit erfordert Sofortmaßnahmen zur Eingrenzung und Aufnahme des freigewordenen Öls. Windangriffskräfte und Oberflächenströmungen, mitunter überlagert von starken Gezeitenströmungen, würden ansonsten eine zusätzliche Ausweitung der vom Öl bedeckten Wasserfläche bewirken.

□ Ö. a. Hoher See. Dabei kommen nur mechanische und chemische Bekämpfungsmethoden zur Anwendung. Biologische Möglichkeiten mit Hilfe Öl-abbauender Mikroorganismen haben sich auf See bisher nicht als sehr effektiv erwiesen.

Mechanische Ölaufnahmemethoden mit Hilfe freifahrender Bekämpfungsschiffe und besonderer Ölaufnahmegeräte (sog. Skimmer) büßen mit zunehmendem See- und Wellengang an Aufnahmeleistung ein. Im freien Seeraum ist bei Wellenhöhen von 1,20–1,50 m ein kritischer Schwellenwert für mechanische Ölabschöpfmethoden erreicht. Gezeiten-, Oberflächen- und Fahrtstrom, bedingt durch die eigene Vorausfahrt eines Schiffes, können vor Aufnahmegeräten und Ölsperren zu einer Unterströmung von Sperre oder Aufnahmeschiff/Aufnahmegerät führen. Es können sich sog. Wirbelzöpfe vor der angeströmten Sperre bilden, die insbesondere aus dickeren Ölaufschichtungen Teile des Öls mit nach unten reißen und so zu einem Unterströmen des Aufnahmegerätes bzw. der Ölsperre führen.

Bei der chemischen Bekämpfung wird das Öl von Flugzeugen oder Hubschraubern aus der Luft mit sog. Dispergatoren besprüht. Hierdurch soll das Öl, in kleinste Tröpfchen zerschlagen, sich beschleunigt in der Wassersäule ausbreiten, um anschl. besser abgebaut werden zu können. Von den Nordsee-Anrainerstaaten wird diese Methode hauptsächlich von Großbritannien und Frankreich in ihr Bekämpfungskonzept mit einbezogen. Länder wie Dänemark, die Bundesrepublik und die Niederlande sehen wegen der vorgelagerten flachen Wattenmeergebiete eine nur sehr restriktive und auf Einzelfälle beschränkte Anwendungsmöglichkeit dieser Methode vor. Mit der Dispersion in der Wassersäule wird das Öl in größere Wassertiefen verfrachtet und kann mit seinen toxischen Bestandteilen zu einer Gefährdung der Wattbodenfauna und der Mikroorganismen im küstennahen Flachwasserbereich führen.

□ An Küsten und Ufern beschränkt sich die Ö. hauptsächlich auf die Flutsaum- und Hochwasserstreifen, in deren Bereich bei auflandigem Wind mit massiven Ölanlandungen zu rechnen ist. Mit Ausnahme besonderer Bandfördergeräte ist in diesen Regionen i. a. mit konservativen Reinigungsmethoden vorzugehen. Zur Vermeidung von Schäden an der Strand- und Ufervegetation ist hier allerdings erhebliche Vorsicht mit schwerem Räumgerät geboten; daher sind besondere wattgängige Fahrzeuge zur Ö. im Wattenmeer entwickelt worden.

□ Ö.-Schiffe. Auf den Ölauffangschiffen kommen verschiedene Aufnahmemethoden und Aufnahmetechniken zur Anwendung. Hier sind es vor allen Dingen die sog. Sweeping-Arms – seitlich von Schiffen angebrachte Auslegerarme –, vor denen das Öl mit Hilfe von Leitwänden konzentriert wird und über steuerbare Wehre in eingebaute Pumpensümpfe strömt. Von dort wird das Öl-Wasser-Gemisch über starke Saugpumpen in das Tanksystem des Bekämpfungsschiffs übergepumpt. Daneben gibt es Schiffe, die über öladhäsive Endlosbänder verfügen. Diese befördern das Öl von der Wasseroberfläche zu besonderen Abstreifvorrichtungen, um anschl. in die Schiffstanks geleitet zu werden. Statt endloser besonders beschichteter Bänder wird in der letzten Zeit zunehmend von Bürstenkollektoren Gebrauch gemacht.

Darüber hinaus gehört zur umfassenden Einrichtung eines Ö.-Schiffs mindestens ein sog. Notlenzsystem, um aus havarierten Tankern das Öl aus gefährdeten Tanksektionen abpumpen zu können. Hohe Pumpenleistungen mit eigener Energieversorgung (explosionsgeschützte Antriebsaggregate) sind hierbei notwendige Voraussetzung für eine schnelle Lageentschärfung. Die Tankkapazität dieser Schiffe sollte nach Möglichkeit mit der Aufnahme nahezu reinen Öls effektiv genutzt werden. Dieses setzt den Einsatz von Separatoren mit großer Durchsatzleistung zur Trennung des Öl-Wasser-Gemisches voraus.

In der Bundesrepublik Deutschland sind außerdem drei sog. Klappschiffe (Bild 1) für die Ölaufnahme auf See in Dienst gestellt worden. Mit einem Öffnungswinkel von etwa 60° klappen diese Schiffe bei Erreichen des Einsatzgebiets in ihrer Mittel-Längs-Achse auf und bilden so zwischen den beiden Schiffshälften eine wind- und wellenberuhigte Zone. Das mit Vorausfahrt zwischen den Schiffshälften konzentrierte Öl wird über zwei Schiffsöffnungen unmittelbar vor der hinteren Gelenkverbindung beider Schiffshälften mit steuerbarem Wehrsystem in das schiffseigene Tanksystem gepumpt. Der Vorteil dieses Schiffstyps ist, daß von hinten auflaufende Wellenbewegungen von den geöffneten Schiffshälften abgewiesen werden und somit keinen Einfluß auf die seegangsberuhigte Zone innerhalb der beiden Schiffshälften haben.

Ölbekämpfung 1: Klappschiff ‚Bottsand‘.

Eine eingeschränkte Manövrierbarkeit des Schiffes mit reduzierter Vorausfahrt-Stufe während des Öl-Aufnahmeeinsatzes muß hierbei in Kauf genommen werden.

Bei Ölabschöpf-Katamaranen wird der zwischen den beiden Schiffsrümpfen liegende innere Katamaranteil für die Ölaufnahme genutzt. Von Bedeutung ist hierbei, daß die Durchströmung von den beiden Katamaranhälften weitestgehend erhalten bleibt und nicht durch zu großen Querschnittsverbau für Schiffsaufbauten und Maschinenräume gebremst wird. Mit dem Ölabschöpf-Katamaran (Bild 2) wurde in der Bundesrepublik ein Bekämpfungsschiff in die Ölwehr-Flotte integriert, das mit einem fein regulierbaren Trennklappensystem die Ölschicht vom Wasser separiert und das auf Grund seines geringen Tiefgangs besonders qualifiziert für Flachwasserregionen ist.

Ölbekämpfung 2: Ölabschöpf-Katamaran ‚MPOSS‘ – besonders geeignet in flachen Gewässern.

Darüber hinaus ist dieses Schiff mit einem Gitter versehen, das zwischen den beiden Bughälften so weit ins Wasser abgesenkt wird, daß an ihm zähflüssige schwere Heizölrückstände kleben bleiben, die anschl. von permanent umlaufenden Schaufeln abgestreift werden. Diese Einsatzmöglichkeit ist insbesondere bei niedrigen Wasseroberflächentemperaturen von Bedeutung, wenn schwere Heizöle mit hoher Viskosität große zähflüssige Fladen bilden.

Mit dem Ölaufnahme-Katamaran (Bild 3) ist in der Ölwehrflotte der Bundesrepublik ein Fahrzeug-

Ölbekämpfung 3: Ölaufnahme-Katamaran ‚Westensee' – Antrieb mit Schlepperhilfe.

typ in Dienst gestellt worden, der auf Grund seiner Breite von nahezu 35 m über ein ausgezeichnetes Seegangsverhalten verfügt und daher auch bei Seegangshöhen bis zu 2 m noch relativ effektiv eingesetzt werden kann. Zwischen den beiden Rumpfhälften befindet sich eine Schräge (der sog. Öldeich), die bei Vorausfahrt so tief abgesenkt wird, daß die obere Überlaufkante von einströmendem Öl eben noch erreicht wird. Hinter der Überlaufkante befindet sich ein Querkanal, über den das Öl in die beiden Katamaranhälften mit ihren Setz- und Sammeltanks geleitet wird.

Neben diesen Spezialschiffen für die Ö. gibt es weitere Fahrzeuge, z. B. Saugbagger, Feuerlöschkreuzer oder Landungsboote, die im küstennahen Einsatz zwar ständig mit anderen Aufgaben beschäftigt sind, aber dennoch mit zusätzlicher Ö.-Ausstattung einen wesentlichen Beitrag zum Ölunfallschutz an den Küsten und auf den Flüssen beitragen.

□ Ölaufnahmegeräte (Skimmer). Damit kann das an der Wasseroberfläche treibende Öl entweder abgesaugt oder abgeschöpft werden. Man unterscheidet zwischen Wehr-, Zentrifugal-, Adsorptions-, Band- sowie sog. Mop-Skimmern. Der Einsatz dieser Aufnahmegeräte und ihre Aufnahmeleistung richtet sich vorrangig nach der Viskosität des aufzunehmenden Öls und nach seiner Schichtstärke. Diese Skimmer können im allgemeinen von Land aus oder von Schiffen mit ausreichender Decksfläche eingesetzt werden. Effektive Aufnahmeleistungen sind aber nur dann zu erzielen, wenn das Einsatzgebiet weitgehend wellengang- und windgeschützt ist. Beim Wehrskimmer fließt das an der Oberfläche treibende Öl über eine Wehrkante in das Innere des Aufnahmegeräts. Beim Zentrifugalskimmer werden die Rotationskräfte genutzt, um eine Trennung des leichteren Öls vom schwereren Wasser zu erreichen. Bei den Adsorptionsskimmern wird die Ölschicht von umlaufenden Scheiben, Bändern oder Trommeln auf Grund ihrer adhäsiven Eigenschaften aufgenommen. Sie werden als schwimmende Ölabschöpfgeräte für den Betrieb an Bord von Ölwehrschiffen ebenso hergestellt, wie für

einen Betrieb von Landfahrzeugen aus im Hafenoder Küstenbereich.

□ Ölsperren (Oil Booms) werden zur Vermeidung großflächiger Gewässerverschmutzungen eingesetzt. Mit Hilfe dieser Sperren soll einerseits eine große Flächenkontaminierung mit Öl vermieden werden, andererseits soll mit unterschiedlichen Konfigurationen von auf See oder auf Flüssen ausgelegten Ölsperren eine Konzentrierung des Öls mit großen Schichtstärken erreicht werden. Nur hierdurch ist die Aufnahmeleistung von Ölskimmern bzw. freifahrenden Bekämpfungsschiffen zu verbessern.

Darüber hinaus werden diese Ölsperren auch genutzt, um in Form gekoppelter Schleppverbände nachfolgenden Bekämpfungsschiffen das Öl in konzentrierter Form zuzuleiten. An Flüssen können diese Sperren bei auflandigen Winden mit einem Anströmwinkel bis 45° so stationiert werden, daß das einströmende Öl an geeigneten Uferpositionen mit Hilfe von Skimmern aufgenommen werden kann. Anströmwinkel von 45° sollten nach Möglichkeit nicht überschritten werden, weil erfahrungsgemäß bei Oberflächenstromgeschwindigkeiten von 0,35 m/sec. und größer eine Unterströmung der Ölsperre einsetzt. Unabhängig von der Tiefe der Unterwasserschürze wird hierbei das Öl durch Wirbelzopfbildung unter der Sperre hindurchgerissen. Für U-förmige Schleppkonfigurationen bedeutet dies, daß die Schleppverbandsgeschwindigkeit keinesfalls 0,7 kn (0,35 m/sec) überschreiten darf.

Bei den Ölsperren wird in Abhängigkeit ihres Einsatzgebiets zwischen Hafen-, Küsten- und Hochseesperren unterschieden. Sie unterscheiden sich hierbei nur in ihren Abmessungen und in ihrer Werkstoffausführung sowie in ihrer Reiß- und Bruchfestigkeit. Die von einer oberen Auftriebskammer gehaltenen Sperrensegmente mit unterschiedlichen Einzellängen können zu unterschiedlichsten Längen miteinander verbunden werden; die Gesamtlänge einer Hochseeölsperre sollte jedoch niemals 400 m im freien Seeraum überschreiten, weil andernfalls zu große Kräfte auf die Längsfestigkeit der Sperre einwirken. Eine Kombination von Sperre und Skimmer stellt der „Wehrboom" dar, der über mehrere Einlaßöffnungen im mittleren Sperrenteil das Öl aufnimmt; anschließend wird das Öl von mehreren in der Sperre eingebauten Pumpen auf das Trägerschiff gepumpt.   *K. Schroh*

Literatur: Umweltschutztechnik – Bekämpfung der Meeresverschmutzungen, insbesondere von Öl –, Übersicht über die Forschungs- und Entwicklungsprojekte des BMFT; Projektträgerschaft „Umweltschutztechnik", DFVLR-AUG-UsT. Bonn 1988.

Ölwehr. Um die Auswirkungen bei Schadensfällen mit Ölaustritt bei Pipelines möglichst zu begrenzen, werden bei Mineralölfernleitungen umfangreiche

Vorsorgemaßnahmen getroffen. Wegen der großen räumlichen Ausdehnung über Länder- und z. T. Staatsgrenzen hinweg ist ein weitreichendes Netz von Informationen, Ablaufplänen sowie Vorhaltungen von Material und Personal erforderlich.

Alarm- und Einsatzpläne enthalten in übersichtlicher Form
– zu benachrichtigende Stellen,
– technische Informationen zum Leitungsabschnitt,
– Angaben über vorhandene Ölwehrdepots und Gerät von beauftragten Fremdfirmen,
– Anweisungen für die Vorgehensweise im Schadensfall.

Ölwehrdepots sind entlang der Pipeline in Abständen von 20–50 km angeordnet. Im Falle benachbarter Leitungen können auch gemeinsame Depots eingerichtet werden. Als Standorte bieten sich Schieber-, Pump- und Abzweigstationen an. Die Ölwehrdepots sind der Feuerwehr bekannt und für diese zugänglich. Sie enthalten Geräte und Material zur Schadensbekämpfung wie Geräte zur Errichtung von Ölsperren, Behälter und Planen, Ölbindemittel, außerdem Kfz-Anhänger, Schiebkarren, Baggermatratzen (zum Überfahren kleiner Gräben), Schaufeln, Besen, Werkzeuge und Kleinmaterial sowie Hinweisschilder (Rauchverbot, Brand- und Explosionsgefahr usw.). Um im Schadensfall auch größeres Gerät, wie Saug- und Tankfahrzeuge für Öltransporte sowie Erdbaugeräte, zur Verfügung zu haben, werden entsprechende Vereinbarungen mit ortsansässigen Fremdfirmen getroffen.

Ölalarm wird von der Betriebszentrale der betroffenen Pipeline ausgelöst, veranlaßt entweder durch das Ansprechen der Einrichtungen zur →Leckerkennung und -ortung oder durch Meldung von Außenstehenden.

Die Schadenabwehrmaßnahmen richten sich im Einzelfall nach der Auslaufmenge, dem Fördermedium und den Verhältnissen am Schadensort. Brand- und Explosionsgefahr besteht vor allem, wenn in der Nähe von Gebäuden, Anlagen und Verkehrswegen leicht entzündliche Flüssigkeiten austreten, deren Ausbreitung von der Geländebeschaffenheit abhängt. Als erste Maßnahme ist daher eine eingehende Erkundung über das Geländegefälle, vorhandene Gräben, Vorfluter, Bäche und Gewässer erforderlich.

Zur Absperrung von Gräben dienen provisorisch errichtete Grabensperren, die z. B. aus Blechteilen, Holzbohlen, Strohballen, Netzen oder Erdwällen gebildet werden (Bild). Die Sperren sollen den Graben aufstauen, damit die nur langsam auftauchenden schwereren Ölteilchen aufschwimmen können. Eingeschränkt sind die Möglichkeiten für den Einsatz von Ölsperren auf schnell fließenden Gewässern; in diesen Fällen sollten die Sperren dort angeordnet werden, wo Strömungsgeschwindigkeiten geringer sind.

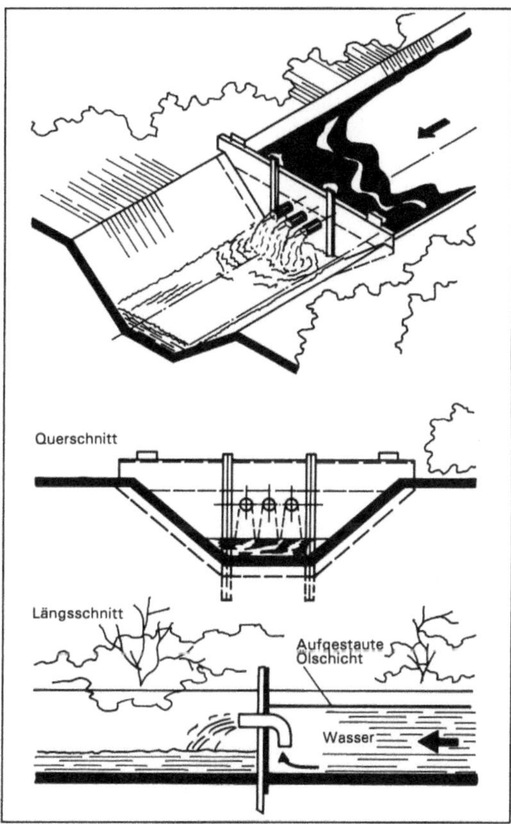

Ölwehr: Grabenschnellsperre aus Aluminium- oder Stahlblech.

Die Anordnung von Sperren muß generell eine Zufahrt für Fahrzeuge und Tankwagen zur Aufnahme des antreibenden Öles vorsehen. Im mit Öl überflutetem Gelände wird versucht, das Abfließen des Öls durch Erdwälle einzudämmen und natürliche Senken als Auffangbecken zu nutzen, von wo das Öl anschließend abgepumpt und weggeschafft werden kann.

Den akuten Schadensabwehrmaßnahmen schließt sich die Sanierung des Geländes an, wobei neben einer intensiven Säuberung unter Umständen ein Abtragen und Abtransport des verseuchten Bodens zu einer Sonderabfallbehandlung erfolgen muß.   *Krass*

Literatur: Leitfaden zur Beseitigung von Öl von Binnengewässern. Bericht Nr. 4/74 Stichting CONCAWE, Den Haag 1975. – A field guide to inland oil spill clean-up techniques. Report 10/83 CONCAWE, Brüssel 1991.

Off-shore-Blowout. Als O.-s.-B. wird ein unkontrollierter Ausfluß von Bohr- oder Lagerstättenflüssigkeiten und -gasen bezeichnet, der eintreten kann bei Arbeiten am offenen Bohrloch, d. h. beim Bohrvorgang selbst oder bei Rohrzieharbeiten an einer komplettierten Bohrung. Ein Blowout tritt immer dann ein, wenn die zur Rückhaltung des in der Lagerstätte vorhandenen Drucks erforderliche Spülungssäule zu leicht oder von unzureichender Konsistenz ist oder durch Aufbrechen des durchbohrten Gesteins wegläuft und nicht genügend nachgefüllt werden kann. Ursache ist der Druck oder die Ausdehnung des eingeschlossenen Gases.

Im off-shore Bereich sind von der Blowout-Gefahr sowohl Bohr- als auch Produktionsplattformen sowie Bohrschiffe betroffen. Wegen der mit dem unkontrollierten Austritt von Erdgas und Erdöl verbundenen Gefahren für die Beschäftigten und die Umwelt sind die Bohr- und Produktionsarbeiten mit weitreichenden Sicherheitsmaßnahmen verbunden, die sich in konkreten Anforderungen niederschlagen.

□ Sicherheit beim Bohrvorgang.

– Anforderungen an das Bohrgerät: (Konstruktion, Standsicherheit, Hebe-, Drehkraft, Pumpenleistung, Bohrgestänge, Sicherheitseinrichtungen).

– Anforderungen an die Spülung: (Konsistenz, Fließfähigkeit, Tragfähigkeit für Bohrklein und Beschwerungsmittel [zum Erhalt des erforderlichen spez. Gewichts in der Bewegung und in ruhender Säule], pH-Wert Kontrolle, Menge und Qualität von Reservespülung für mögliche Ausbrüche).

– Anforderungen an die Verrohrung der Bohrung: (Zug-, Innendruck- und Außendruckfestigkeit der zur Verwendung kommenden Rohre richten sich nach Einbautiefe und zu erwartenden Drücken. Das Material muß Beständigkeit gegen korrosive Flüssigkeiten und Gase aufweisen).

– Anforderung an die Zementation: Die Zementation muß einen sicheren Verband zwischen durchbohrtem Gestein und Rohrkolonne (Casing) gewährleisten. Die Druckfestigkeit des Zementmantels muß genügen, um Durchbrüche von Lagerstätten-Flüssigkeiten oder -Gasen zu verhindern.

– Anforderungen an die übertägigen oder am Seeboden fixierten Einrichtungen zur Aufnahme und Abdichtung der Casings und der Bohr- oder Förderrohre (Wellheads) (Größe, Druckstufe und Werkstoff).

– Anforderungen an die Sicherheitseinrichtungen für das „offene" Bohrloch (Preventer-Einrichtungen).

– Einrichtungen auf Bohrschiff oder -plattform zum kontrollierten Ablassen von eingeschlossenen (mittels Preventer), drucktragenden Flüssigkeiten und Gasen und zum Totpumpen (fernbediente Absperr- und Drosselventile, sog. Choke Manifolds; Separatoren zur Spülungsentgasung; Hochdruckleitungen und -pumpen, sog. Kill and Choke System; Auffangtanks für Flüssigkeiten, Tanks für Reservespülung; Fackeln für Öl und Gas; Beheizeinrichtungen zum Ausgleich der Expansionskälte).

□ Sicherheit bei Produktionsarbeiten. Grundsätzlich sind die Anforderungen an die zweckgleichen Einrichtungen und Maßnahmen dieselben, wie die für den Bohrvorgang. Da alle Arbeiten im fertig verrohrten Bohrloch stattfinden, sind die Abmessungen, dem verringerten Volumen entsprechend, kleiner. Die permanente Installation der Einrichtungen erfordert eine besondere Sorgfalt bei der Auswahl der Aufstellungsorte: Trennung von Förder-, Prozeß- und Wohnplattformen; Aufstellung der Sicherheitsantriebe, Entgasungen, Fackeln, Reservetanks und Anlage von Kontrollräumen in gesonderten Bereichen.

□ Besondere Sicherheitsmaßnahmen bei explosiblen oder toxischen Gasgemischen. Erdgas tritt immer in Verbindung mit Erdöl (i. a. in Größen von 100/200 Nm^3 je m^3 Öl), aber auch unabhängig in Verbindung mit geringeren Mengen an Kondensat (Kerosin-, Benzin-, Diesel-Qualität) auf. Es enthält häufig toxisches H$_2$S-Gas. Die Regeln schreiben deshalb die Einhaltung des Explosions- und Feuerschutzes für alle Bohr- und Produktions-Plattformen vor (Schutzkreise; Explosionsschutz für Antriebe, Beleuchtung und Steuergeräte; Flammensicherungen bei Feuerungen; Feuerschutzanlagen und Gasspürgeräte; Alarmanlagen und Selbstabsperrsysteme für Anlagen und Bohrungen). Bei Auftreten von Schwefelwasserstoff im Gas gelten besondere Vorsichtsmaßnahmen (Tragen von Gasmasken oder Atemschutzgeräten; Vorhaltung von Wiederbelebungsgeräten; Fremdbelüftung von Arbeitsplätzen und Räumen).

□ Umweltschutzmaßnahmen. Grundsätzlich sind Bohrgeräte und Produktionsplattformen mit Sperrbezirken zur Fernhaltung des öffentlichen Schiffsverkehrs zu umgeben.

Standby-Schiffe (Versorgungsschiffe) sind in Bereitschaft zu halten zur Abwehr oder der Eingrenzung von Gefahren (Abbergung von Personal, Überwachung der Sperrbezirke); sie müssen folgende Einrichtungen an Bord haben:

– Hilfsmittel zur Abbergung, Geräte und Sanitätsmittel für erste Hilfe, Wiederbelebungsgeräte;

– Ausrüstungen für Feuer-Eigenschutz, weittragende Feuerlöschgeräte, Beschäumungsanlagen;

– Taucherausrüstungen, sofern diese nicht mit Helikoptern antransportiert werden können oder sonst vorgehalten sind;

– Ölwehreinrichtungen zum Eingrenzen von entstandenen Ölverschmutzungen, wie schwimmfähige Ölbarrieren (Booms) in ausreichender Länge, Ölabsaugeinrichtungen, Sprühgeräte für ölbindende Chemikalien oder Detergentien mit ausreichenden Vorräten für den Soforteinsatz.

Reservehaltung von Ölwehreinrichtungen:

– In erreichbarer Distanz zu Bohr- oder Förderaktivitäten müssen zentrale Lager für Ölwehrgeräte und Chemikalien eingerichtet sein.

- Eiltransportmittel (schnelle Schiffe, Hubschrauber) müssen den Antransport in kürzester Frist gewährleisten.

Einsatzpläne und -stäbe zur Durchführung von Abwehreinsätzen:
- Abwehreinsätze haben nach ausgearbeiteten Planungen zu erfolgen, die von den zuständigen Behörden genehmigt sind.
- Die sofortige Funktion einer Bekämpfungs-Leitzentrale muß gewährleistet sein, versehen mit den erforderlichen Vollmachten zur Koordination auch betriebsfremder Hilfs- und Eingreifgruppen. Die Zusammenarbeit mit anderen Organisationen (Küstenschutz, Rettungsdienste, Ölwehren) muß geregelt sein.
- Bei küstennahen Operationen müssen feste Stationen zur Kontrolle der Umgebungsluft eingerichtet werden, wenn toxische Gase bei der Förderung auftreten. Bei Bohrungen, die das Antreffen von toxischen Gasen nicht ausschließen lassen, müssen entsprechende ortsbewegliche Einrichtungen in Bereitschaft gehalten werden. *Speel*

Off-shore-Bohrung. Bei der Aufsuchung und Gewinnung von Bodenschätzen auf See sind →Abfälle nach bergrechtlichen Vorschriften zu entsorgen.

Gesetzliche Instrumente sind das Bundesberggesetz vom 13. August 1980 (BGBl. I S. 1310), die Festlandsockel-Bergverordnung vom 21. März 1989 BGBl. I S. 554) und, sofern die Anlagen bezüglich bestimmter Bereiche (z. B. Wasserrecht) der Rechtskompetenz der Länder unterliegen (innerhalb der sog. 3-Meilen-Zone), die jeweiligen Landesgesetze.

Bei Erdöl- und Erdgasbohrungen auf See fallen Abfälle an, die sich von den Abfällen entsprechender Projekte an Land nicht unterscheiden.

Es handelt sich dabei am Beispiel einer 3 000 m tiefen Bohrung um folgende Abfälle:
- Altöl von Verbrennungsmotoren und hydraulischen Anlagen (10,5 m³)
- feste mineralölhaltige Werkstattrückstände (1 t)
- metallische Abfälle (15 t)
- Schmutzwasser (600 m³)
- Fäkalien (400 m³)
- Hausabfall (40 t)
- Verpackungsmaterial von Bohrspülungszusätzen
- Laborabfälle (20 l)
- erbohrtes Gestein (cuttings) (450 m³)
- Bohrspülung (3 000 m³).

Die Festlandsockel-Bergverordnung regelt die Behandlung von Abwasser, Abfall, Bohrspülung und Bohrklein (cuttings). Abwasser und ölhaltiges Niederschlagswasser (von verschmutzten Flächen) muß gesammelt und vor einer Einleitung in das Meer behandelt werden. Der Ölgehalt des behandelten Wassers darf bei der Einleitung nicht mehr als 30 mg/l betragen.

Abwasser aus sanitären Einrichtungen, Küchen und Speiseräumen darf in das Meer nur eingeleitet werden, wenn es entsprechend dem Stand der Technik gereinigt ist und dabei ein Abbau von mindestens 90 % der organischen Inhaltsstoffe erreicht wurde (biologische Vollreinigung).

Bohrspülung auf Süß- oder Salzwasserbasis und das erbohrte Gestein dürfen in die See abgeleitet werden. Sofern aus bohrtechnischen Gründen Bohrspülung mit Öl verwendet werden muß, darf diese nicht in das Meer abgeleitet werden, sondern muß an Land entsorgt werden. Das mit Ölspülung erbohrte Gestein darf nach der Reinigung nicht mehr als 100 g Öl/kg – bezogen auf trockene Substanz – enthalten, wenn es in das Meer abgegeben werden soll. Alle übrigen Abfälle werden an Land entsorgt.

Innerhalb der 3-Meilen-Zone ist die Handhabung der einleitfähigen Stoffe – von den örtlichen Gegebenheiten abhängig – unterschiedlich und erfolgt nach landeswasserrechtlichen Maßstäben im Rahmen einer wasserrechtlichen Genehmigung. *Illgner*

Off-shore-Pipeline. Leckagen an seebodenverlegten Erdöl- und Gasleitungen können durch Korrosion, mechanische Einwirkung (Erdbeben, Bodenverschiebung, Anker, Wracks) oder Bersten (Überbeanspruchung) entstehen; die Folgen können ein umweltgefährdendes Ausmaß annehmen (Major Incident). Daher sind – wie bei Pipelines auf dem Festland, aber mit zusätzlichen Aspekten – sicherheitsrelevante Maßnahmen zur Minderung des Risikos einer Umweltschädigung durch seeverlegte Leitungen vorgesehen:
- Seeverlegte Leitungen sind außerhalb der Schiffahrtswege zu führen. Bei Kreuzungen mit Schiffahrtswegen in flachem Wasser oder bei Annäherung an die Küste sind erhöhte →Sicherungsmaßnahmen zu treffen (Wandverstärkung, äußerer Schutzmantel, Einbettung in den Seegrund).
- Am Eingang und Ausgang der Leitungen auf Seebauwerken oder an Land sind Sicherheitsabsperrventile einzubauen, die auf Überdruck/Unterdruck und überhöhten Durchfluß (Leck) ansprechen.
- Die Leitungen sind, wo immer möglich, in abgesicherte Abschnitte zu unterteilen, um eventuell ausströmende Öl- oder Gasmengen zu verringern.
- Der Einbau von Unterwasser-Sicherheitsabsperrventilen wird angestrebt, ist jedoch noch nicht verbindlicher Stand der Technik.
- Die Verpflichtung zu periodischer Kontrolle der Unversehrtheit entspricht der für Landleitungen. Neben der Flugüberwachung wird sie von Tauchern (mit Hilfe von Aqua-Zep-Antrieben) oder von Unterwasserfahrzeugen aus durchgeführt.
- Die Leitungen müssen in geeigneter Weise gegen Außenkorrosion geschützt werden; bei Transport

korrosiver Medien müssen sie durch Zugabe von Korrosionsschutzmitteln (Inhibitoren) gegen Innenkorrosion geschützt sein.
- Durch periodische Molchung werden Ablagerungen (Paraffine, Asphalte) aus Ölleitungen entfernt; aus Gasleitungen müssen evtl. vorhandene Wasseransammlungen ebenfalls durch Molchung entfernt werden.
- Molchungen mit sogen. intelligenten Molchen können zur Überwachung des Zustands der Innenoberflächen (Korrosion) erfolgen.
- Gasleitungen müssen an beiden Enden mit Fakkeln versehen werden, um eine schnelle Entlastung zu gewährleisten.
- Ölleitungen müssen downstream mit Auffangtanks genügender Größe versehen sein zur Frei-Molchung von Transportgut.

Zur Einleitung eines Soforteinsatzes bei einer auftretenden Leckage müssen Standby-Schiffe oder Sonderschiffe auf Abruf (mit vertraglicher Bindung) einsatzbereit vorgehalten werden. Sie dienen der Absperrung der georteten Gefahrenstelle sowie dem direkten Ölwehreinsatz. Die Ausrüstung der Schiffe entspricht der für einen →Off-shore-Blowout vorgesehenen Mittel. Spezielle Ölwehrschiffe mit entsprechender Ausrüstung sollen in erreichbarer Nähe sein und in vertraglicher Bindung stehen. Schiffe, die zur Durchführung von Pipeline-Reparaturen geeignet sind und über die entsprechende Ausrüstung verfügen, sollen ebenfalls vertraglich verfügbar sein.

Das Auftreten von Leckagen kann durch Druck-/Mengenüberwachung, Einschließung und Druckbeobachtung erkannt, durch besondere Lecksuchmolchung geortet und durch visuelle Beobachtung (Hubschrauber, Taucher) bestätigt werden. Sofortige betriebliche Reaktionen sollen das Ausmaß der Umweltschädigung mindern, z. B. durch
- Absperrung aller Einspeisungen,
- Entlastung durch Abfackeln (Gas),
- Entlastung und, wenn möglich, Freimolchung mit Seewasser (Öl). Die Einleitung der Abwehrmaßnahmen erfolgt nach vorbereiteten Einsatzplänen durch einen vorbestimmten Einsatzstab (→Pipelinesicherheit). *Speel*

Offset policy. Die o. p. – zu deutsch etwa Kompensations-Politik (→Kompensationsregelung) – ist ein Element der US-amerikanischen Luftreinhaltepolitik. Zu Beginn der achtziger Jahre haben die Umweltbehörden der USA versucht, ihre Auflagenpolitik flexibler zu gestalten und einen „kontrollierten Umwelthandel" zuzulassen. Damit sollte zum einen ein Ansiedlungsstop für Betriebe in Belastungsgebieten vermieden und zum anderen eine Verringerung der Emissionen an der kostengünstigsten Stelle erreicht werden. Die o. p. gestattet neueren ortsfesten Anlagen oder wesentlich geänderten bestehenden Anlagen, Luftreinhalteanforderungen in Belastungsgebieten dadurch zu erfüllen, daß sie im Ausgleich zu den selbst verursachten zusätzlichen Emissionen Emissionsminderungen bei anderen (Alt-)Anlagen erreichen. Hierbei muß die Gesamtbelastung sinken, d. h. bezogen auf den entsprechenden Schadstoff müssen mehr Emissionen vermieden werden als der hinzukommende Betrieb verursacht. Diese Ausgleichspolitik ermöglicht damit neues Wirtschaftswachstum in Belastungsgebieten bei gleichzeitiger relativer Verbesserung der Luftqualität. Der Ausgleich kann dadurch erreicht werden, daß die neuen Firmen für alte Betriebe neue Vermeidungstechnologien kaufen, Produktionsumstellungen in den bestehenden Betrieben finanzieren oder die alten Betriebe aufkaufen und ganz oder teilweise stillegen. Die weitaus überwiegende Zahl solcher o. p. fand jedoch unternehmensintern als Ausgleich für neue Emissionsquellen statt, der externen Ausgleichspolitik zwischen neuen und alten Betrieben kam in der Praxis nur geringe Bedeutung zu. Der interne Ausgleich von Emissionen bei bestehenden Emissionsquellen wird durch die →bubble policy ermöglicht. *Wackerbauer*

Off site-Behandlung →Altlastenbehandlungsverfahren, biologisch

OH-Radikal Abk. für →Hydroxylradikal

OIML. Abk. Organisation Internationale de Métrologie Légale, Internationale Organisation für Gesetzliches Meßwesen. OIML wurde 1955 gegründet, um die Einheitlichkeit von Anforderungen an Messungen und Prüfmethoden für Meßgeräte, die der staatlichen Kontrolle unterliegen, zu fördern. Der Sitz des Zentralsekretariates der OIML ist Paris.

Die Harmonisierung der staatlichen Förderungen und technischen Regeln bei Messungen und Meßgeräten ist nicht nur wichtig für den Austausch von Meßergebnissen und Meßgeräten zwischen den Ländern. Sie ist auch Voraussetzung für die einheitliche Messung von Erzeugniskenngrößen im weltweiten Handel sowie für den Austausch einheitlicher Meßdaten zwischen den Ländern. Die Bereiche Umweltschutz und Gesundheitswesen sind hier besonders angesprochen.

Zur Erreichung dieser Ziele ist eine enge Kooperation mit anderen Normungsorganisationen (CEN, CENELEC, ISO, IEC) erforderlich. Die nationalen Sekretariate von OIML sind in Deutschland überwiegend bei der PTB (Physikalisch Technische Bundesanstalt, Braunschweig und Berlin) angesiedelt, in einigen Fällen auch bei anderen Institutionen (z. B. DIN Deutsches Institut für Normung e. V.). Für Meßaufgaben im Umweltschutz wurde das Pilotsekretariat SP 17 Pollution mit folgenden Untergruppen eingerichtet:

SP 17–SR 1 Measurement of air pollution
SP 17–SR 2 Measurement of water pollution
SP 17–SR 3 Measurement of radionuclide pollution
SP 17–SR 4 Measurement of pesticide and toxic substance pollution
SP 17–SR 5 Measurement of hazardous wastes pollution.

Die OIML hat 49 Mitgliedstaaten mit aktiver Teilnahme und 34 korrespondierende Mitglieder. Von OIML wurde ein eigenes Zertifizierungssystem (→Zertifizierung) entwickelt. *Grefen*

Oktavbandbreite. Die O. bezeichnet einen Frequenzbereich, dessen Anfangs- und Endfrequenz sich wie 1:2 verhalten.

Die einzelnen Oktavbänder werden durch ihre Mittenfrequenz f_m gekennzeichnet. Die Mittenfrequenz wird folgendermaßen bestimmt:

$$f_m = \sqrt{f_1 f_2}$$

f_1 = Anfangsfrequenz in Hz
f_2 = Endfrequenz in Hz

Bei Maßnahmen zum Schutz vor Geräuschimmissionen werden üblicherweise die nachstehenden Oktavbänder mit folgenden Mittenfrequenzen benutzt:

$$f_m = 63;\ 125;\ 250;\ 500;\ 1\,000;\ 2\,000;\ 4\,000;\ 8\,000\ \text{Hz}.$$

Insbesondere bei Schallimmissionsprognosen im Rahmen von Genehmigungsverfahren geräuschemittierender Anlagen wird die Frequenzabhängigkeit der Ausbreitungsparameter im allgemeinen in O. berücksichtigt. *Strauch*

Literatur: DIN 1320: Akustik, Grundbegriffe.

Olefine →Alkene

Olfaktometer. O. sind Geräte, die definierte dynamische Verdünnungen zweier Volumenströme, eines Geruchsprobenluftstroms und eines neutralen Luftstroms, ermöglichen, die Vorgabe des so erstellten Gemisches an Probanden unter physiologischen Bedingungen gestatten und Vorrichtungen zur Registrierung der Antworten vorsehen. Dynamisch verdünnende O. arbeiten mit Pumpen oder nach dem Gasstrahlprinzip (Bild). Die Vorgabe der zu beurteilenden Mischluft erfolgt typischerweise in einer der Gesichts- oder Nasenform angepaßten Maske oder aber durch nach oben offene Riechrohre (→Olfaktometrie). *Winneke*

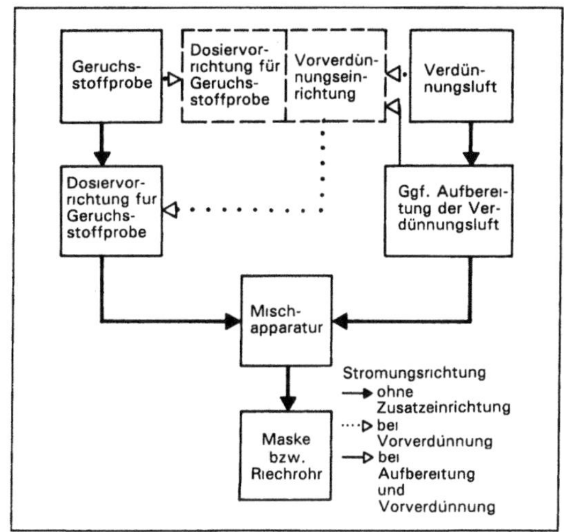

Olfaktometer: Schematische Darstellung des O.-Prinzips (dynamische Verdünnung).

Olfaktometrie. Unter O. (*lat.* olfacere = riechen) versteht man die kontrollierte Darbietung von Geruchsstoffen durch Verdünnung mit Neutralluft und das Erfassen der dadurch beim Menschen hervorgerufenen Sinnesempfindungen (VDI 3881, Blatt 1). Definitorische und verfahrenstechnische Einzelheiten der O. sind in verschiedenen VDI-Richtlinien dargestellt (VDI 3881, Blatt 1–4). Die O. ist ein vollständiges Meßverfahren. Physiologische Grundlage dieses wirkungsbezogenen Meßverfahrens ist die Aktivierung der primären Riechzellen, von denen sich etwa 20 Millionen im Riechepithel in der oberen Nasenmuschel befinden, durch Riechstoffmoleküle, die Weiterleitung der durch die Rezeptoraktivierung erzeugten bioelektrischen Signale in den Fasern des Riechnerven und die abschließende Verarbeitung dieser Signale in den nachgeschalteten nervösen Strukturen. Es sind dies vor allem die beiden Riechkolben (bulbi olfactorii) als erste Umschaltstellen und die primären Riechzentren im Neocortex. Über den Primärprozeß der Geruchsempfindung, die Aktivierung der Riechzellen im Riechepithel, liegen noch keine abschließend gesicherten Erkenntnisse vor.

Anwendungsgebiete der O. im Rahmen des technischen Umweltschutzes sind vor allem die Ermittlung des Wirkungsgrads von Maßnahmen zur Geruchsminderung sowie Immissionsprognosen durch Ausbreitungsrechnung auf der Grundlage olfaktometrischer Emissionsmessungen.

Die Bestimmung des Wirkungsgrads (η_{od}) von Minderungsmaßnahmen erfolgt durch Geruchskonzentrations-Bestimmung bzw. durch die Ermittlung des Geruchsstoffstroms (q_{od}) von Roh- und Reingas. Der Geruchstoffstrom ist das Produkt aus Geruchsstoffkonzentration und Volumenstrom. Der technische Wirkungsgrad einer Minderungsmaßnahme ist demnach

$$\eta_{od} = \frac{q_{od,roh} - q_{od,rein}}{q_{od,roh}}$$

bzw., im Falle eines trotz Maßnahme unveränderten Abgasvolumenstroms,

$$\eta_{od} = \frac{c_{od,roh} - c_{od,rein}}{c_{od,roh}}$$

Die Bestimmung des technischen Wirkungsgrads läßt mögliche Änderungen der Geruchsintensität (Geruchsstärkeempfindung) oder der hedonischen Wirkung (angenehm-unangenehm-Empfindung) von Roh- und Reingas außer Acht und macht daher gegebenenfalls wirkungsbezogene Zusatzbetrachtungen erforderlich.

Die →Geruchsimmissionsprognose durch Ausbreitungsrechnung erfordert Kenntnisse des Geruchsstoffstroms, der effektiven Austrittshöhe und der für die Ausbreitung relevanten topographischen und meteorologischen Verhältnisse (VDI 3782). Im Planungs- oder Beschwerdefall ermöglicht sie jahresrepräsentative Angaben zu durchschnittlichen Geruchsstoffkonzentrationen bzw. zur Häufigkeit qualifizierter Geruchsschwellenüberschreitungen für relevante Aufpunkte in der Nachbarschaft von Punkt- oder Flächenquellen. Durch entsprechende Umformung des Ausbreitungsalgorithmus lassen sich über die effektive Austrittshöhe auch Schornsteinhöhenberechnungen unter Beachtung von Immissionsvorgaben durchführen.

Erhebliche Geruchsbelästigungen gelten nach dem BImSchG als schädliche Umwelteinwirkungen. Es liegen empirische Belege dafür vor, daß sowohl durchschnittliche Geruchsstoffkonzentrationen als auch Häufigkeiten von Geruchsschwellenüberschreitungen in Wohngebieten statistisch gesicherte Zusammenhänge mit dem durchschnittlichen Grad der Geruchsbelästigung aufweisen (→Kennwerte, olfaktometrische; →Verfahrenskenngrößen, olfaktometrische). *Winneke*

Literatur: VDI 3881: Olfaktometrie – Geruchsschwellenbestimmung – Bl. 1: Grundlagen. 05/1986. – Bl. 2: Probenahme. 01/1987. – Bl. 3: Olfaktometer mit Verdünnung nach dem Gasstrahlprinzip. 11/1986. – Bl. 4 E: Anwendungsvorschriften und Verfahrenskenngrößen. 12/1989. – VDI 3782, Bl. 4 E: Umweltmeteorologie. Ausbreitung von Geruchsstoffen in der Atmosphäre. 05/1991.

Onkogen. Ein →Gen, das einer normalen eukaryontischen Zelle die Potenz zu unbegrenztem Wachstum verleiht und sie somit zu einer Tumorzelle transformiert. O., die in tierischen Organismen Tumoren induzieren, sind als Bestandteile viraler Genome identifiziert worden. In Pflanzen wird die Bildung der Wurzelhalsgallen von Genen, die auf den Ti-Plasmiden von Agrobakterien lokalisiert

sind, induziert. Den vielen O. entsprechen eigenartigerweise zelluläre Gene, sog. Protoonkogene, die in der Regel mit den echten O. bis zu 90 % homolog sind. Soweit bekannt, haben sich die Genprodukte der Protoonkogene als Wachstumsfaktoren, als Wachstumsfaktorrezeptoren oder sonstige Proteine erwiesen, die das Zellwachstum spezifisch regulieren.

Für zahlreiche Genprodukte echter O. konnten inzwischen Funktionen nachgewiesen werden, die zwangsläufig in die Balance der zellulären Wachstumsregulation eingreifen. Man geht heute davon aus, daß die O. in der Tat von den homologen Protoonkogenen abstammen, von Viren aus dem Wirtsgenom verschleppt wurden und innerhalb des Virusgenoms eine Evolution zum O. durchlaufen haben. *Flohé*

On site-Behandlung →Altlastenbehandlungsverfahren, biologisch

Operator. Anbindungsstelle des Repressors auf der genomischen DNA, Regulationsort der →Genexpression. *Flohé*

Operon. Funktionelle genetische Einheit, die für die Bildung eines oder mehrerer Proteine verantwortlich ist. Ein O. umfaßt Promotor, Strukturgen(e) und Terminator (→Expression). *Flohé*

organische Säure →Carbonsäure

Organische Stoffe. O. S. sind chemische Verbindungen mit einem Kohlenstoffgrundgerüst. Außer Kohlenstoff können Wasserstoff, Sauerstoff, Stickstoff, Schwefel und andere Elemente enthalten sein. Die belebte Natur ist aus o. S. aufgebaut. O. S. gehören zu verschiedenen chemischen Stoffgruppen, die Zahl der einzelnen Stoffe ist nicht zu benennen. Beispielhaft seien folgende Verbindungsklassen genannt: Kohlenwasserstoffe, Aldehyde, Ketone, Alkohole, Ether, Ester, Amine, Merkaptane.

Die verschiedenen o. S. unterscheiden sich erheblich in ihrem Verhalten in der Umwelt und in ihren Wirkungen auf den Menschen. Flüchtige organische Stoffe (VOC – Volatile Organic Compounds) tragen zur Bildung von →Photooxidantien bei. O. S. mit hoher Lebensdauer in der Atmosphäre, d. h. geringer photochemischer Reaktivität (z. B. halogenierte o. S. – CKW, FCKW, Halone) sind an der Zerstörung der →Ozonschicht in der →Stratosphäre beteiligt oder klimawirksam (→Methan). Darüber hinaus sind einzelne o. S. auf Grund bestimmter Eigenschaften (Toxizität, Geruch) von lokaler Bedeutung (z. B. Benzol, organische Schwefelverbindungen).

Dominierende Quellen für Luftverunreinigungen durch Emission o. S. sind die Lösemittelverwendung in Industrie, Gewerbe und Haushalten sowie der Straßenverkehr (zusammen fast 90 % der Gesamtemissionen).

Neben den anthropogenen Emissionsquellen gibt es natürliche Emissionen von o. S. (z. B. Wälder, Sümpfe). Der Anteil der natürlichen Emissionen von o. S. (ohne Methan) beträgt in der Bundesrepublik Deutschland etwa 10 % der anthropogenen Emissionen.

In der Nr. 3.1.7 TA Luft sind die o. S. abgestuft nach dem Risikopotential der einzelnen Stoffe in verschiedene Klassen mit unterschiedlich strengen Anforderungen zur Luftreinhaltung eingeteilt. Die Emissionsbegrenzungen für die einzelnen Klassen berücksichtigen den Stand der Abgasreinigungstechnik (→TA Luft Einstufung).

Die schärfsten Anforderungen gelten für krebserzeugende Stoffe (Nr. 2.3 TA Luft). Vergleichbar scharfe emissionsbegrenzende Anforderungen werden an hochtoxische Stoffe gestellt, die gleichzeitig von hoher Persistenz und Akkumulierbarkeit sind (Nr. 3.1.7 Abs. 7 TA Luft). Dazu gehören z. B. polyhalogenierte Dibenzodioxine und -furane sowie polyhalogenierte Biphenyle. Wie bei den krebserzeugenden Stoffen wird eine besondere Minimierung der Emissionen gefordert; der Emissionsmassenstrom ist soweit wie möglich zu begrenzen. Dazu sind alle Maßnahmen (emissionsarme Einsatzstoffe und Prozeßtechniken sowie →Abgasreinigungsverfahren) voll auszuschöpfen.

Die Emissionen von o. S. aus stationären Anlagen werden in den Vorschriften nach dem BImSchG (z. B. →TA Luft, →2. BImSchV) sowie durch produktbezogene Maßnahmen (z. B. →Umweltzeichen) besonders wirksam begrenzt.

Zur Vermeidung oder Verminderung der Emissionen von o. S. aus mobilen Quellen (Motorabgasen) ist als wichtigste technische Maßnahme der Einsatz geregelter Dreiwege-Katalysatorfahrzeuge zu nennen. Die Kohlenwasserstoff-Verdunstungsemissionen werden besonders wirksam durch den Einbau von Aktivkohlefiltern (kleiner Kohlekanister) gemindert.

Die Abgasemissionen von Kfz werden in Regelungen der StVZO begrenzt (→Kfz-Abgas-Grenzwert). *Angrick*

Literatur: *Angrick, M.:* Emissionsminderung organischer Stoffe. EntsorgungsPraxis (1990) Nr. 10 S. 582/586. – *Davids, P.; M. Lange:* Die TA Luft '86 – Technischer Kommentar. Düsseldorf 1986. – UBA Texte 11/91: ECE-VOC Task Force. Emissions of VOC from Stationary Sources and Possibilities of their Control. Forschungsvorhaben Nr. 104 04 349 des Umweltbundesamtes, Berlin 1991.

Organische Stoffe, persistente.

Unter der Bezeichnung p. o. S. (*engl.* persistent organic compounds, POC) werden viele chemisch unterschiedliche Stoffe zusammengefaßt, die schwer abbaubar und akkumulierbar sind. Z. B. können sie sich in Gewässersedimenten und Klärschlämmen anreichern und zur →Kontamination der →Nahrungskette beitragen. Zu den p. o. S. gehören polycyclische aromatische Kohlenwasserstoffe ebenso wie Organohalogenverbindungen, z. B. polychlorierte Biphenyle, Pentachlorphenol (PCP) sowie die polychlorierten Dibenzodioxine und -furane.

In den letzten Jahren sind viele p. o. S. in hohen Konzentrationen in entlegenen Gebieten (z. B. Arktis, Antarktis), weit von industriellen und landwirtschaftlichen Aktivitäten entfernt, gefunden worden. Die p. o. S. gelangen sowohl durch weiträumigen grenzüberschreitenden Transport in der Luft wie auch durch das Wasser in diese Gebiete.

Emissionen von p. o. S. sind ausschließlich anthropogenen Ursprungs. Wichtige Schritte zur Minderung ihrer Emissionen sind international durch die Beschlüsse der 3. Internationalen Nordsee-Schutzkonferenz (Den Haag, 1990) eingeleitet worden (Emissionsminderung einzelner Stoffe um mindestens 50 % bis 1995 nach dem Stand der Technik). National wird die Emission von p. o. S. insbesondere durch die anlagenbezogenen emissionsbegrenzenden Anforderungen der →TA Luft, der →2. BImSchV und der →17. BImSchV sowie durch Verwendungsbeschränkungen oder -verbote begrenzt (→19. BImSchV, →Gefahrstoffverordnung, →Chemikalien-Verbots-Verordnung). *Angrick*

Literatur: *Davids, P.; M. Lange:* Die TA Luft '86 – Technischer Kommentar. Düsseldorf 1986.

Organische Verbindungen, Emissionsmessung.

Standardmethoden zur Emissionsmessung o. V. werden in den Richtlinien VDI 2457, 2460 und 3481 behandelt. Weitere Richtlinien beschreiben Standardmethoden zur Messung wichtiger Einzelstoffe oder Stoffgruppen: VDI 3493 (Vinylchlorid), 3499 (polychlorierte Dibenzodioxine und -furane), 3862 (Aldehyde), 3863 (Acrylnitril), 3872 + 3873 (polycyclische aromatische Kohlenwasserstoffe).

Die wichtigste Methode für Einzelmessungen ist die gas-chromatographische Bestimmung, deren Grundlagen in der Richtlinie VDI 2457, Blatt 1 dargestellt sind. Die →Gaschromatographie erlaubt es, auch in komplexen Stoffgemischen die Konzentration einzelner Komponenten selektiv zu bestimmen, wobei Störungen durch Querempfindlichkeiten bei geeigneter Auswahl der →Trennsäule und des nachgeschalteten Detektors weitgehend vermieden werden können. Eine andere universelle Methode zur selektiven Bestimmung einzelner Komponenten ist die infrarotspektrometrische Bestimmung organischer Verbindungen, deren Grundlagen in der Richtlinie VDI 2460, Blatt 1 dargestellt sind. Die Infrarotspektroskopie hat zwar für die Emissionsmessung o. V. eine geringere Bedeutung als die Gaschromatographie, hat sich aber für einige Stoffe und Stoffgruppen (z. B. Dimethylformamid und Kresole) als Standardmethode bewährt.

Diese analytischen Methoden kommen im allgemeinen im Labor zum Einsatz. Sie setzen eine Probenahmetechnik voraus, die es erlaubt, dem Abgas der untersuchten Anlage eine für die Emissionsverhältnisse repräsentative Probe zu entnehmen und, durch Lagerung und Transport möglichst unverfälscht, für die analytische Untersuchung bereitzustellen. Eine Übersicht über verschiedene Probenahmetechniken enthält die Richtlinie VDI 2457, Blatt 1 (Bild).

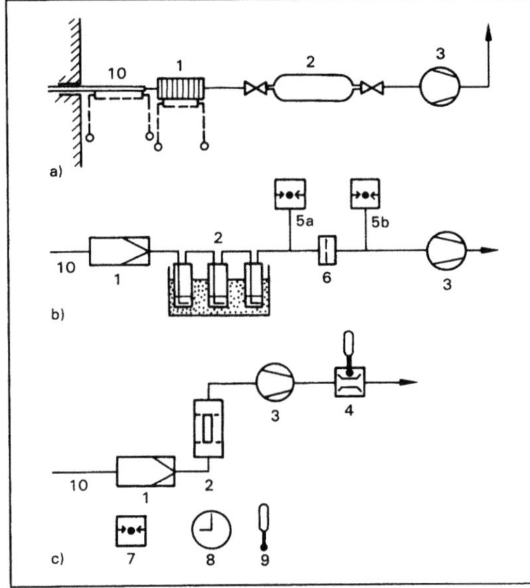

Organische Verbindungen: Emissionsmessung. Beispiel einer Probenahmeeinrichtung mit
a) Gassammelgefäß
b) Gaswaschflaschen und kritischer Düse
c) Sorptionsrohren und Gasvolumenmeßgerät.

1 Staubvorabscheider, ggf. beheizt, 2 Sammelsystem, 3 Pumpe, 4 Gasvolumenmeßgerät mit Thermometer, 5 Druckmesser vor und nach der kritischen Düse, 6 kritische Düse, 7 Barometer, 8 Uhr, 9 Thermometer, 10 Probenahmesonde, ggf. beheizt

In der Praxis der →Emissionsüberwachung ist die Bestimmung der Einzelkomponenten, die sehr oft a priori nicht bekannt sind, außerordentlich schwierig und sehr aufwendig. Deshalb wird vielfach darauf verzichtet und eine Summenbestimmung vorgenommen. Dies ist vernünftig, wenn z. B. der Wirkungsgrad einer Abgasreinigungsanlage überprüft oder deren Funktionsfähigkeit überwacht werden soll. Eine handanalytische summarische Methode, die häufig für Einzelmessungen und zur →Kalibrierung kontinuierlich messender Analysa-

toren eingesetzt wird und als →Referenzmeßverfahren bezeichnet werden kann, ist das Verfahren nach VDI 3481, Blatt 2: Bestimmung des durch Adsorption an Kieselgel erfaßbaren organisch gebundenen Kohlenstoffs in Abgasen. Bei dieser Methode wird der Probegasstrom durch zwei Sorptionsrohre gesaugt, die mit Kieselgel gefüllt sind. Die meisten im Probegas enthaltenen o. V. werden dabei adsorbiert. Nach Abschluß der Probenahme werden die adsorbierten Stoffe im Sauerstoffstrom bei erhöhter Temperatur desorbiert und zu Kohlendioxid verbrannt, das maßanalytisch oder mit Hilfe der →Coulometrie bestimmt wird.

Zur kontinuierlichen summarischen Bestimmung von o. V. als Gesamtkohlenstoffgehalt stehen verschiedene eignungsgeprüfte Meßeinrichtungen zur Verfügung. Das bevorzugte Meßverfahren ist der →Flammen-Ionisations-Detektor (FID), eine Alternative die →Wärmetönungsmessung. *Stahl*

Literatur: VDI 2457: Messen gasförmiger Emissionen; Gaschromatographische Bestimmung organischer Verbindungen; Bl. 1 E: Grundlagen 3/1991. – VDI 2460: Messen gasförmiger Emissionen; Infrarotspektrometrische Bestimmung organischer Verbindungen; Bl. 1: Grundlagen. 3/1973. – VDI 3481: Messen gasförmiger Emissionen; Bl. 1: Messen der Kohlenwasserstoff-Konzentration; Flammen-Ionisations-Detektor (FID). 8/1975. – Bl. 2: Bestimmung des durch Adsorption an Kieselgel gebundenen Kohlenstoffs in Abgasen. 4/1980.

Organische Verbindungen, flüchtige →Organische Stoffe

Organische Verbindungen, leichtflüchtige. Unter den l. o. V. werden alle organische Verbindungen zusammengefaßt, deren Siedepunkt etwa zwischen +20 °C (Raumtemperatur) und 150 °C liegt. Davor liegen die gasförmigen und dahinter die schwerflüchtigen organischen Verbindungen. Die l. o. V. umfassen insbesondere den gesamten Bereich der Benzinkohlenwasserstoffe einschließlich des Benzols, Toluols und Xylols (BTX-Kohlenwasserstoffe), die Halogenkohlenwasserstoffe und alle gängigen Lösungsmittel. Letztere spielen besonders bei der Verunreinigung der Innenraumluft eine große Rolle (→Screening-Verfahren).

Gaschromatographische Verfahren sind heute derart fortentwickelt, daß die Immisionsmessung der l. o. V. bereits zu den Routineprogrammen vieler Meßinstitutionen gehört.

Die →Probenahme vor Ort kann als Momentprobe in Gasmäusen oder speziellen Kunststoffbeuteln oder anreichernd an Aktivkohle oder speziellen Polymeren erfolgen. Zur Analyse kann aus der Gasmaus ein Aliquot mit einer Gasspritze entnommen und direkt in den Gaschromatographen injiziert werden. Die Empfindlichkeit reicht jedoch nur für sehr stark verunreinigte Luft aus.

Von der Aktivkohle wird die Probe mit Schwefelkohlenstoff extrahiert und diese Lösung chromatographiert. Von polymeren Adsorptionsmitteln läßt sich die Luftprobe thermisch desorbieren. Hierzu ist eine spezielle Aufgabeapparatur für den Gaschromatographen notwendig. Dieses Verfahren läßt sich automatisieren. Entsprechend hergerichtete Geräte können in Meßstationen vollautomatisch betrieben werden. In Abhängigkeit von der Analysedauer kann dann im Abstand von ein bis zwei Stunden eine Messung der l. o. V. rund um die Uhr erfolgen.

Wegen der niedrigen Siedepunkte dieser Substanzklasse ist es günstig, wenn der Ofenraum des Gaschromatographen kühlbar ist (Cryo-Option), so daß das Temperaturprogramm (→Gaschromatographie) bei niedrigen Temperaturen gestartet werden kann. Ist das nicht möglich, kann man speziell für die l. o. V. entwickelte Trennsäulen einsetzen. Es handelt sich hierbei um sog. PLOT-Säulen (*engl.* porous layered open tubular). Das sind etwa 20 m lange Quarzkapillarsäulen mit einem inneren Durchmesser von 0,53 mm und einer inneren Beschichtung mit einem Kunststoffpulver. Als besonders geeignet hat sich das Porapak U® erwiesen, da es am wenigsten empfindlich gegen Feuchtigkeit ist.

Als Detektoren verwendet man sowohl den →Flammenionisationsdetektor, den →Elektroneneinfangdetektor als auch den →Photoionisationsdetektor. *Dulson*

Organismus, gentechnisch verändert (GVO). Begriff, der in § 3 →Gentechnikgesetz definiert ist. Er beschreibt die Organismen, deren Erzeugung und Handhabung als Gentechnische Arbeit im Sinne des GenTG gelten: „Gentechnisch veränderter Organismus (ist) ein Organismus, dessen genetisches Material in einer Weise verändert worden ist, wie sie unter natürlichen Bedingungen durch Kreuzen oder natürliche Rekombination nicht vorkommt."

Der Begriff Organismus wird hierbei im üblichen naturwissenschaftlichen Sprachgebrauch verwendet, also für ein autonom sich vermehrendes Lebewesen. Eingeschlossen in die Legaldefinition des Organismus sind Viren und Viroide, nicht aber Vektoren oder Nucleinsäuren außerhalb eines Organismus.

Die zitierte Definition des GVO ist wenig präzise und auch insofern schwer zu handhaben, als sie die Kenntnis aller natürlichen Vorgänge voraussetzt. Der Mangel wird dadurch partiell behoben, daß eine Reihe von Verfahren zur Veränderung des genetischen Materials explizit als nichtgentechnische Veränderung im Sinne des GenTG aufgeführt werden, weil der Gesetzgeber für diese auf Grund hinreichender Erfahrung keinen Regelungsbedarf sah. Hierzu zählen: „In-vitro-Befruchtung, Konjugation, Transduktion, Transformation oder jeder andere natürliche Prozeß, Polyploidie-Induktion, Mutagenese, Zell- und Protoplastenfusion von pflanzlichen Zellen, die zu solchen Pflanzen regeneriert werden können, die auch mit herkömmlichen Züchtungs-

techniken erzeugbar sind, ... Erzeugung somatischer tierischer Hybridoma-Zellen, Selbstklonierung nichtpathogener, natürlich vorkommender Organismen ...." *Flohé*

Literatur: *Hasskarl, H.:* Kommentar zum Gentechnikrecht. Berlin 1994. – *Hirsch, G.; A. Schmidt-Didczuhn:* GenTG. München 1991.

Organismus, transgen. Als t. O. bezeichnet man tierische oder pflanzliche Organismen, denen ein artfremdes →Gen stabil in funktionell aktiver Form implantiert wurde.

T. O., insbesondere transgene Tiere, werden überwiegend durch Mikroinjektion von Fremdgenen in befruchtete Eizellen gewonnen. Eine stabile →Transformation wird erhalten, wenn das injizierte Gen während der ersten Zellteilung in das Genom der Empfängerzelle insertiert wird. Dies geschieht hinreichend selten, so daß eine Insertion jeweils nur in einem der Chromosomen eines homologen Chromosomenpaares eintritt. Um reinerbige transgene Tiere zu erhalten, müssen die primärerzeugten hemizygoten Tiere gekreuzt werden. Die Ausbeute an reinerbigen transgenen Tieren ist entsprechend gering.

Neben dem Versuch, t. O. zur Produktion besonderer landwirtschaftlicher Erzeugnisse zu nutzen (Genfarming), spielt die Technik, t. O. zu erzeugen, in der Grundlagenforschung eine unverzichtbare Rolle bei der Ermittlung spezieller Genfunktionen. So wird die Gewebe- oder Entwicklungsstadienspezifische Genexpression, die in permanenten Kulturzellen kaum untersuchbar ist, heute überwiegend mit Hilfe transgener Tiere analysiert. *Flohé*

Organohalogenverbindung. Unter diesem Oberbegriff faßt man alle halogenhaltigen Kohlenwasserstoffe wie Fluorchlorkohlenwasserstoffe, Halone, Ersatzstoffe (→FCKW-Ersatzstoffe), aber auch die durch Halogenatome substituierten Carbonsäuren und substituierte Carbonylverbindungen zusammen. Im Vergleich zu Kohlenwasserstoffen, die überwiegend bereits in der →Troposphäre durch OH-Radikale angegriffen und in raschen Folgeschritten vollständig abgebaut werden, sind die halogenierten Derivate durch eine geringe Reaktivität gekennzeichnet. Halogenierung mindert die Reaktivität gegenüber OH-Radikalen mit steigender Elektronegativität des Halogens:

$$F > Cl > Br > I.$$

O. werden somit in der Troposphäre nur langsam abgebaut. Perhalogenierte →Alkane sind sogar völlig unreaktiv gegen OH-Radikale und daher, mit Ausnahme weniger Br- und I-haltiger Stoffe, in der Troposphäre inert. Diese persistenten Stoffe reichern sich in der Troposphäre an und tragen durch ihre Infrarotabsorption zum →Treibhauseffekt bei. Ihre Konzentrationen sind im Vertikalprofil meist

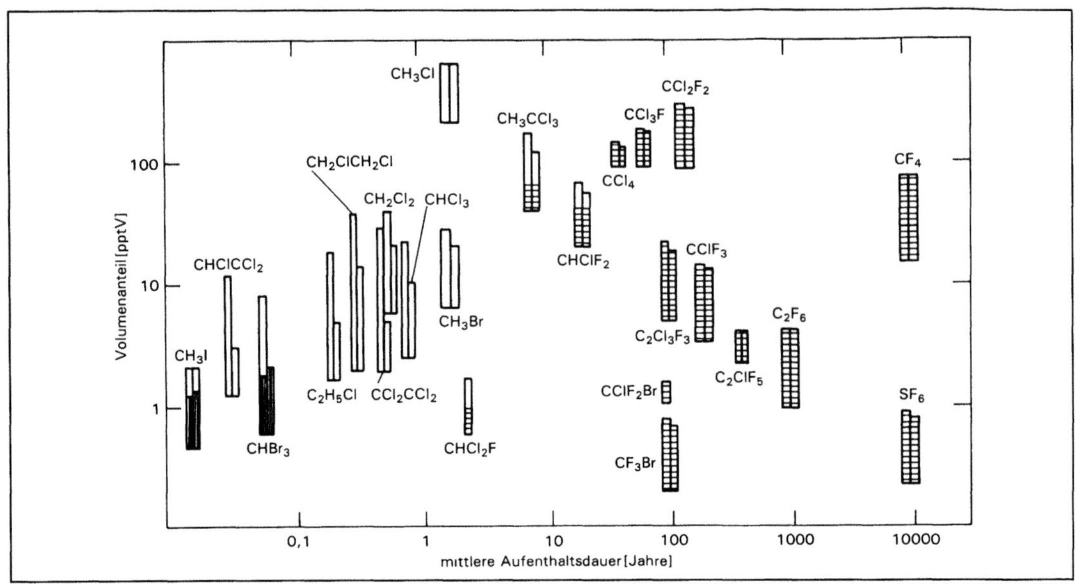

Organohalogenverbindung: Darstellung von Mittelwerten der Mischungsverhältnisse von halogenierten Kohlenwasserstoffen in Reinluftgebieten der Nord- und Südhemisphäre in Abhängigkeit von der Aufenthaltsdauer in der Atmosphäre.

Natürlich vorkommende Stoffe sind durch starke Umrandungen hervorgehoben. Die Schraffur der Säulen bezeichnet die atmosphärischen Abbauwege: Photolyse in der Troposphäre (vertikal), Reaktion mit OH-Radikalen (keine Schraffur) und Photolyse in der Stratosphäre (horizontal)

innerhalb der Troposphäre bis zur →Tropopause konstant, so daß sie durch langsame Transportprozesse in die →Stratosphäre gelangen und dort durch →Photolyse abgebaut werden (→Ozonloch). Die Lebensdauern der O. in der Troposphäre reichen von weniger als einer Woche bis zu 10 000 Jahren. Je nach Lebensdauer und Anstiegsrate der Konzentrationen werden in der Nordhemisphäre höhere Mischungsverhältnisse als in der Südhemisphäre beobachtet (Bild). *Wiesen*

Orientierungswert. Konzentrationsgröße für Stoffe bzw. Stoffgruppen, die als Vergleichsgröße eine Hilfe bei der Beurteilung des Verunreinigungsgrades einer →Verdachtsfläche bietet. Sehr oft wird hierfür der Begriff Richtwert verwendet.

O. sind keine verbindlichen Werte, sie haben einen empfehlenden Charakter. Bei der Anwendung von Werten, die aus anderen Anwendungsbereichen stammen, ist in jedem Einzelfall zu prüfen, ob die zum Vergleich herangezogenen Werte ihrer Herkunft, Zielsetzung und ihrem Aussagegehalt nach mit den zu prüfenden Verhältnissen der →Altablagerung bzw. am →Altstandort übereinstimmen. Wichtig ist auch bei einem Vergleich, ob gleichartige Analyseverfahren verwendet worden sind. Ein Überschreiten von O. gibt einen Hinweis auf Gefährdungen, die von einer Altablagerung oder von einem Altstandort ausgehen können. Auch beim Unterschreiten sind ggfs. weitergehende Untersuchungen erforderlich, um den Nachweis einer Unbedenklichkeit für die Verdachtsfläche zu führen.

Für den Regelungsbereich Boden werden seit 1980 O. für tolerierbare Gesamtgehalte einiger Elemente für das Schutzgut Pflanze, sog. *Kloke*-Werte (nach Prof. A. *Kloke*, Berlin), benutzt. Sie sind auf andere Schutzgüter erweitert worden. Diese O. für (Schad-)Stoffe in Böden enthalten Werte für Metall- und einige organische Verbindungen. Die Bodenwerte sind folgendem Stufenmodell zugeordnet:

☐ Bodenwert I = BW I = Unbedenklichkeitswert
Oberer, geogen und pedogen bedingter Istwert natürlicher Böden ohne wesentliche, anthropogen bedingte Einträge.

☐ Bodenwert II = BW II = Toleranzwert
Schutzgut- und nutzungsbezogener Gehalt in Böden, der trotz dauernder Einwirkung auf die jeweiligen Schutzgüter, deren *normale* Lebens- und Leistungsqualität auch langfristig nicht negativ beeinträchtigt.

☐ Bodenwert III = BW III = Toxizitätswert
Gehalt im Boden, bei dem Schäden an Schutzgütern wie Pflanze, Tier und Mensch sowie an Nutzungen und Ökosystemen erkennbar werden. Der BW III ist ein phyto-, zoo-, human- und ökotoxikologischer Wert.

Die jeweiligen Konzentrationswerte sind in den Tabellen 1 und 2 zusammengestellt.

Orientierungswert. Tabelle 1: Nutzungs- und schutzgutbezogene O. für Metalle (mg/kg Boden). (Quelle: Kloke)

Nr.	Nutzungsarten	Elemente	As	Be	Cd	Cr	Cu	Hg	Ni	Pb	Se	Tl	Zn
0	Multifunktionale Nutzungsmöglichkeit	BW I	20	1	1	50	50	0,5	40	100	1	0,5	150
1	Kinderspielplätze	BW II	20	1	2	50	50	0,5	40	200	5	0,5	300
		BW III	50	5	10	250	250	10	200	1000	20	10	2000
2	Haus- und Kleingärten	BW II	40	2	2	100	50	2	80	300	5	2	300
		BW III	80	5	5	350	200	20	200	1000	10	20	600
3	Sport- und Bolzplätze	BW II	35	1	2	150	100	0,5	100	200	5	2	300
		BW III	90	2,5	5	350	300	10	250	1000	20	20	2000
4	Park- und Freizeitanlagen, unbefestigte vegetationsarme Flächen	BW II	40	5	4	150	200	5	100	500	10	5	1000
		BW III	80	15	15	600	600	15	250	2000	50	30	3000
5	Industrie-, Gewerbe- und Lagerflächen, unversiegelt	BW II	50	5	10	200	300	10	200	1000	15	10	1000
		BW III	150	20	20	800	1000	20	500	2000	70	30	3000
6	Industrie-, Gewerbe- und Lagerflächen, versiegelt oder bewachsen	BW II	50	10	10	200	500	10	200	1000	15	10	1000
		BW III	200	20	20	800	2000	50	500	2000	70	30	3000
7	Landwirtschaftliche Nutzflächen, Obst- und Gemüsebau	BW II	40	10	2	200	50	10	100	500	5	2	300
		BW III	50	20	5	500	200	50	200	1000	10	20	600
8	nichtagrarische Ökosysteme	BW II	40	10	5	200	50	10	100	1000	5	2	300
		BW III	60	20	10	500	200	50	200	2000	10	20	600

BW = Bodenwert

Orientierungswert. Tabelle 2: Nutzungs- und schutzgutbezogene O. für organische Verbindungen. (Quelle: Kloke)

Nr.	Nutzungsarten		Benzo-a-pyren (mg/kg)	Polychlorierte Biphenyle (PCB) *) (mg/kg)	PCDD/PCDF (ng TE/kg) **)
0	Multifunktionale Nutzungsmöglichkeit	BW I	1	0,2	10
1	Kinderspielplätze	BW II	1	0,2	10
		BW III	5	1	100
2	Haus- und Kleingärten	BW II	2	0,5	30
		BW III	5	2,5	100
3	Sport- und Bolzplätze	BW II	1	1	30
		BW III	3	5	100
4	Park- und Freizeitanlagen, unbefestigte, vegetationsarme Flächen	BW II	3	3	50
		BW III	6	10	150
5	Industrie-, Gewerbe- und Lagerflächen, unversiegelt, versiegelt oder bewachsen	BW II	5	5	75
		BW III	10	15	200

*) Summe 6 Ballschmiter PCB-Kongenere   **) TE nach BGA/UBA

BW = Bodenwert

Das Konzept von *Kloke* enthält in den Bodenwerten II für landwirtschaftliche Nutzflächen, Obst- und Gemüseanbau Werte, die nicht in allen Werten mit den im →Prüfwertkonzept genannten Konzentrationswerten identisch sind.

Die im Leitfaden „Bodensanierung" der Niederlande veröffentlichte Liste (→Niederländische Liste) enthält neben Referenzwerten auch Werte für die nähere Untersuchung und für die Sanierung (Testwerte). Diese Werte können bei einer Anwendung in Deutschland nur als O. dienen.   *Thoenes*

Literatur: *Kloke, A.:* Nutzungsmöglichkeiten und Sanierung belasteter Böden. Schriftenreihe 34, Darmstadt 1991. – Landesamt für Wasser und Abfall Nordrhein-Westfalen: Anwendbarkeit von Richt- und Grenzwerten aus Regelwerken anderer Anwendungsbereiche bei der Untersuchung und sachkundigen Beurteilungen von Altablagerungen und Altstandorten. In: Materialien zur Ermittlung und Sanierung von Altlasten. Düsseldorf 1989.

Orientierungswert, schalltechnisch. S. O. sind für die städtebauliche Planung im Beiblatt 1 zur DIN 18005, Schallschutz im Städtebau, Teil 1, 5/1987, als Immissionswerte angegeben. Man kann diese Werte auch als Planungswerte bezeichnen (→Lärmwirkung).

Nach diesem Beiblatt sind während der Tageszeit s. O. zwischen 50 und 65 dB je nach baulicher Nutzung der Grundstücke (reines Wohngebiet WR bis Gewerbegebiet GE) und während der Nachtzeit zwischen 35 und 55 dB anzustreben.

Für die Nachtzeit sind in dieser Norm zwei um 5 dB unterschiedliche Werte genannt, wobei der niedrigere Wert für Gewerbe- und Freizeitgeräusche sowie für Geräusche vergleichbarer öffentlicher Betriebe gilt; der höhere Wert wird als anzustrebender Wert für Verkehrsgeräusche genannt.   *Strauch*

Orsat-Gerät. Volumetrisches Rauchgasanalyse-Meßgerät (→Volumenometrie), benannt nach dem französischen Chemiker *M. H. Orsat,* der 1874 einen von *Schlösing* und *Rolland* auf der Grundlage der Gasbürette nach *Hempel* gebauten Apparat zur Gasanalyse mit einem Absorptions-Glaszylinder zur schnellen Bestimmung von Kohlensäure verbesserte, indem er den Apparat um einen mit Kupferdrahtgewebe sowie mit Salmiak und Ammoniak gefüllten zweiten Absorptions-Glaszylinder zur Bestimmung von →Kohlenmonoxid erweiterte. 1875 baute er das Gerät noch weiter aus, um den →Sauerstoffgehalt in Rauchgasen messen zu können, und in den folgenden Jahren dehnte er die Anwendung des O. – wie das Gerät heute kurz genannt wird – aus auf die Messung von Wasserstoff und Kohlenwasserstoffen. *Thoenes*

Literatur: *Fischer, F.* (Hrsg.): Chemische Technologie der Brennstoffe. Braunschweig 1880.

Ortssatzung. Auf der Grundlage der Kommunalverfassung oder der Gemeindeordnung der Länder vom Gemeinderat zu verabschiedende Bedingungen und Begrenzungen für die Benutzung öffentlicher Anlagen und Einrichtungen. Im Bereich der →Wasserwirtschaft von besonderem Interesse ist neben der Satzung über die Entsorgung von Behelfsentwässerungsanlagen insbesondere die Satzung über die Abwasserbeseitigung der Grundstücke sowie die dazugehörenden Gebührensatzungen (→Abwassersatzung). *Mertsch*

Osmose. Diffusion von Lösungsmittelmolekülen einer Lösung niederer Konzentration (auch reines Lösungsmittel) durch eine semipermeable Membran (Diaphragma) in eine Lösung höherer Konzentration (allgemeines Verdünnungsbestreben der konzentrierten Lösung).

In geschlossenen Systemen führt die Diffusion zum Konzentrationsausgleich.

Die Diffusion erfolgt freiwillig, ohne daß das System einem äußeren Zwang (Druck, elektrisches Feld u. ä.) ausgesetzt ist. Durch das Hineindiffundieren der Lösungsmittelmoleküle baut sich bei geschlossenen Systemen in der konzentrierten Lösung ein hydrostatischer Druck auf (osmotischer Druck), der der Diffusion entgegenwirkt und gemessen werden kann.

Die O. spielt im tierischen und pflanzlichen Bereich eine entscheidende Rolle u. a. beim Stofftransport sowie bei Stoffwechsel- und Ernährungsprozessen. Als semipermeable Membranen fungieren hier die Zellmembranen. *Radde*

OTEC →Ocean Thermal Energy Conversion

Ovizide →Biozide

Oxidantien. Der Begriff O. leitet sich von der Kaliumjodid-Meßmethode ab. Bei der Absorption von oxidierenden Spurengasen in KJ-Lösung wird Jod freigesetzt, welches kolorimetrisch oder coulometrisch bestimmt werden kann. Heute versteht man im weiteren Sinne unter O. (oder →Photooxidantien) Verbindungen, die in der Atmosphäre bei der Oxidation von Kohlenwasserstoffen in Gegenwart von Stickoxiden unter Einwirkung von Sonneneinstrahlung entstehen. Typische Komponenten dieser sekundären Schadstoffbelastung sind Aldehyde und andere Carbonylverbindungen, Ozon, organische Säuren, organische Nitrate, Peroxynitrate, Salpetersäure und Wasserstoffperoxid und organische Hydroperoxide. *Barnes/Becker*

Oxidationskatalysator →Kfz-Abgas-Katalysator

Oxidationsverfahren. Zur →Abgasreinigung werden O. (oder →Reduktionsverfahren) eingesetzt, um gas- oder dampfförmige Luftverunreinigungen in umweltverträglichere Stoffe zu überführen. Die O. bieten sich sowohl für die Oxidation von klassischen Luftverunreinigungen wie CO, SO_2 und NO_x an, wie auch von heterogen zusammengesetzten Gasgemischen mit organischen und anorganischen Inhaltsstoffen. Die bei den O. entstehenden Verbindungen werden an die →Atmosphäre abgegeben oder durch zusätzliche Abgasreinigungseinrichtungen zurückgehalten.

Die Oxidation kann in der Gasphase, der absorbierten oder adsorbierten Phase durchgeführt werden. Man unterscheidet trockene und nasse O. Kennzeichnend für nasse O. ist, daß die Oxidation in der wasserarmen Gasphase im Vergleich zu den Oxidationsvorgängen in der feuchten Gasphase und flüssigen Phase praktisch ohne Bedeutung ist.

Unter trockener Oxidation versteht man z. B. die thermische Umsetzung (→Nachverbrennung, thermische oder katalytische) von brennbaren Gasinhaltsstoffen zu Kohlendioxid und Wasser. Als Oxidationsmittel dient der Luftsauerstoff. Ein anderes trockenes O. ist das →Elektronenstrahlverfahren.

Zu den nassen O. zählt die oxidierende Gaswäsche. Zur vollständigen Oxidation müssen in der Regel starke Oxidationsmittel zugesetzt werden. Üblicherweise handelt es sich dabei um Verbindungen auf Sauerstoff- oder Chlorbasis oder um Kaliumpermanganat. Die Abgasreinigung geschieht in Absorbern. Die Oxidationsmittel werden in Wasser gelöst oder direkt in den Waschkreislauf eingebracht. Die Verfahren können ein- oder mehrstufig sein.

Bedeutung haben die nassen O. vor allem dort, wo heterogene Gasgemische mit häufig geruchsintensiven Stoffen zu reinigen sind. Dazu gehören beispielsweise Abgase aus der Verarbeitung tierischer Produkte, Intensivtierhaltung, Nahrungs- und Genußmittelindustrie sowie Abfallentsorgungsanlagen.

Ein Beispiel der Verminderung von geruchsintensivem Schwefelwasserstoff ist die Oxidation mit hypochloriger Säure. Sprüht man Chlor gemeinsam mit Wasser in den Absorber ein, bilden sich hypochlorige Säure und Salzsäure. Die hypochlorige Säure setzt sich mit dem Schwefelwasserstoff und dem Luftsauerstoff zu Schwefeldioxid, Wasser und Chlor um. Bei genauer Steuerung der stöchiometrischen Bedingungen, ist die Reinluft quasi schwefelwasserstofffrei und die resultierende Chlorgasmenge minimiert.   *Remus*

Literatur: *Baumbach, G.:* Luftreinhaltung. Berlin–Heidelberg 1990. – *Davids, P.; M. Lange:* Die TA Luft '86 – Technischer Kommentar. Düsseldorf 1986. – VDI 2443: Abgasreinigung durch oxidierende Gaswäsche. 1/1980.

Oxydementon-Methyl.

□ Stoff-Identifizierungs-Nr.:
CAS-Nr.: 301-12-2
EG-Nr.: 015-046-00-7
UN-Nr.: 3018
EINECS-Nr.: 206-110-7
□ Chemische Formel: $C_6H_{15}O_4PS_2$
□ Stoffcharakteristik: Gelbliche, merkaptanartig riechende Flüssigkeit, bei 20 °C mit Wasser mischbar.
□ Gefahrenmerkmale:
– Stoffliste nach § 4a der →Gefahrstoffverordnung:
Gefahrenkennbuchstabe(n): T
R-Sätze: 24/25
S-Sätze: 1/2-23-36/37-45
– Stoffliste (Anhang II) der →Störfall-Verordnung: Nr. 4c
– →Wassergefährdungsklasse: WGK 3
                       Fischer/M. Schön

Ozon.

In der Stratosphäre. O. (chem. Formel – O_3) ist eines der wichtigsten Spurengase in der Atmosphäre. So ist es seiner Anwesenheit zu verdanken, daß die UV-B-Strahlung der Sonne nicht bis auf die Erdoberfläche vordringt, sondern bereits in der Atmosphäre absorbiert wird. Diese Schutzwirkung wird vor allem durch das stratosphärische O. verursacht. Etwa 90 % der Gesamtmenge des O. befindet sich in der →Stratosphäre und nur etwa 10 % in der →Troposphäre. Im Gegensatz zur nützlichen Wirkung des stratosphärischen O. als UV-Filter hat O. in der Troposphäre eine Reihe schädlicher Eigenschaften, die negative Auswirkungen auf Pflanzen, Tiere und Menschen haben (siehe weitere Beiträge).

O. wird in der Stratosphäre durch die →Photolyse von Sauerstoff bei Wellenlängen $\lambda < 240$ nm gebildet (Chapman Zyklus).

Der Ozonumsatz in der Stratosphäre beträgt ~120 Mrd. t/a. Die Ozonmenge in der Stratosphäre sollte gerade dem Gleichgewicht zwischen ozonbildenden und ozonzerstörenden Reaktionen entsprechen. In Wirklichkeit ist die gefundene O.-Konzentration in der Stratosphäre jedoch viel kleiner, als diesem Gleichgewicht entsprechen würde. Dazu tragen neben dem Transport in ozonärmere Bereiche vor allem Reaktionszyklen bei, in denen O. durch andere Radikale als Sauerstoffatome angegriffen wird. Satellitenmessungen des Ozongehalts über der südlichen Erdhalbkugel zeigen, daß vor 1980 der Mittelwert direkt über dem Südpol während des antarktischen Frühlings ca. 250 DU (= Dobson Unit, →Dobson-Einheit) betrug, 1983 bis 1986 jedoch auf einen Wert von ca. 175 DU absank. Ebenso konnte mit Hilfe von Satellitenaufnahmen gezeigt werden, daß der die Antarktis umgebende Gürtel hoher Ozonkonzentration sich seit 1979 deutlich verringert hat. (Zu Auswirkungen des Ozonabbaus: →Ozonloch). In der globalen Stratosphäre außerhalb der Polarbereiche hat die Ozonkonzentration weniger gravierend, aber auch merklich abgenommen. Im Breitenband von 30 bis 64 °N betrugen die Ozonverluste seit 1970 etwa 2 % in den Jahresmittel-Konzentrationen. Bei Mittelungen über die Wintermonate waren die Verluste erheblich stärker und betrugen bis zu 5,5 % bei 55 °N.

Die atmosphärische Ozonverteilung weist als Folge des Ineinandergreifens photochemischer und meteorologischer Prozesse starke Variationen in Abhängigkeit von der geographischen Breite und der Jahreszeit auf. Aus dem Hauptquellgebiet, das sich in etwa 30–35 km Höhe über den Tropen befindet, wird mit der allgemeinen Zirkulation ständig Ozon polwärts und in niedrigere Höhen transportiert. Dieser Transport, der im Spätwinter am stärksten ist, bewirkt auf der Nordhalbkugel, daß die untere Stratosphäre (10–25 km Höhe) mit wachsender geographischer Breite zunehmend mit O. aufgefüllt ist. Entsprechend nimmt die Gesamtozonsäulendichte von etwa 250 DU am Äquator auf 400 bis 500 DU (je nach Jahreszeit) über dem Nordpol zu. Da sich die Zirkulation aufgrund unterschiedlicher Land-See-Verteilung in der Südhemisphäre von der in der Nordhemisphäre unterscheidet, nimmt die Gesamtozonsäulendichte auf der Südhalbkugel nur bis zu einem Maximum von ca. 400 DU bei 55 °S zu und von dort zu einem Minimum von ca. 300 DU am Südpol wieder ab.

Bild 1 zeigt, daß die Ozonkonzentration ein Maximum in der mittleren Stratosphäre aufweist. Wie man aus der gemessenen Höhenverteilung erkennt, ist auch in der Troposphäre O. vorhanden, wobei die Konzentration von der geographischen Breite abhängt.   *Wiesen*

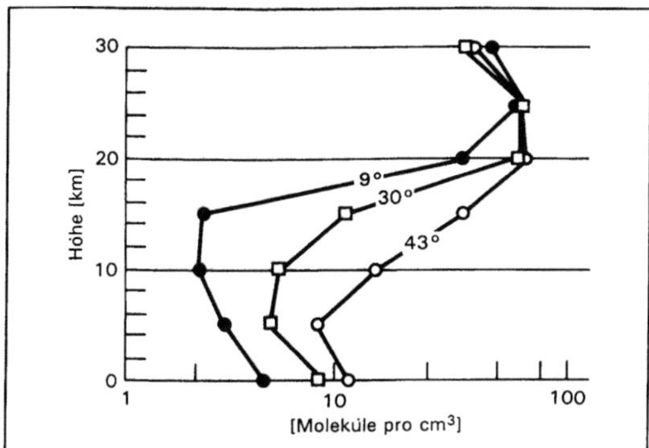

Ozon 1: O.-Konzentration in der Atmosphäre als Funktion der Höhe über dem Erdboden und der geographischen Breite.

In der Troposphäre. Nach der Entdeckung des O. (O_3) durch *C. Schönbein* im Jahre 1839 wurde sehr bald eine Nachweismethode durch Verfärbung mit Jod-Stärkepapier entwickelt, mit der überall in der Luft geringe Ozonkonzentrationen gefunden wurden; wie O. in der Atmosphäre entsteht und was es bewirkt, blieb für lange Zeit aber ungeklärt. In den Folgejahren wurden wegen der oxidierenden Eigenschaften dem O., z. T. unter dem Namen Aran, gewisse die Gesundheit fördernde Wirkungen zugeschrieben. Mit der Weiterentwicklung des Wissens über geophysikalische und geochemische Zusammenhänge rückten die höheren Schichten der Erdatmosphäre zunächst stärker in den Vordergrund der Interessen. Man entdeckte die stratosphärische →Ozonschicht und erkannte, daß in den höheren Luftschichten Ozon über die →Photolyse von molekularem Sauerstoff mit nachfolgender Anlagerung der Sauerstoffatome an den molekularen Sauerstoff O. entsteht. In der Folgezeit wurden die Ozonkonzentrationen in der Troposphäre ausschließlich auf Transport aus der →Stratosphäre (Stratospheric Injections) zurückgeführt wobei der Abbau an der Erdoberfläche als Senke angesehen wurde. Erst nach dem Zweiten Weltkrieg mit Entwicklung des individuellen Kraftfahrzeugverkehrs in Ballungsgebieten schenkte man dem Phänomen des Photosmogs größere Beachtung. Da →Photosmog sich in dieser Zeit vor allem in Los Angeles entwickelte, wurde er im Gegensatz zu saurem Nebel (→London Type Smog) auch mit →Los Angeles Smog bezeichnet. Photosmog ist gekennzeichnet durch die Abnahme der Sicht, durch Augenreizungen, Hustenreiz, Pflanzenschäden und Zerstörung von Materialien aus Naturgummi. Als Meßmethode diente die Jodfreisetzung in einer KJ-Lösung, die auf alle stark oxidierenden Spurenstoffe anspricht. Man beobachtete, daß die registrierten oxidierenden Substanzen vor allem im Sonnenschein entstanden, folgerichtig wurden sie mit →Photooxidantien

bezeichnet. Zahlreiche durchgeführte Luftmessungen zwischen 1950 bis 1960 in Los Angeles brachten als Ergebnis, daß Photooxidantien in mit Kohlenwasserstoffen und Stickoxiden (NO und NO_2) verunreinigter Luft bei Sonneneinstrahlung entstehen. Als wichtigste oxidierende Spezies konnte dabei O. identifiziert werden. Es entwickelte sich die Vorstellung, daß O. als Produkt bei der NO_2-Photolyse auftritt:

$$NO_2 + h\nu \rightarrow NO + O$$
$$O + O_2 + M \rightarrow O_3 + M$$
$$O_3 + NO \rightarrow O_2 + NO_2$$

Da O. aber relativ schnell mit NO zurückreagiert, bildet dieses Reaktionssystem eine stationäre Ozonkonzentration aus, die immer weit unterhalb der beobachteten Konzentration der Photooxidantien lag (Photostationäres Gleichgewicht).

Weitere Untersuchungen führten schließlich zu dem Schluß, daß bei der atmosphärischen Oxidation von Kohlenwasserstoffen Zwischenprodukte entstehen müssen, die sehr rasch NO zu NO_2 oxidieren und damit zur Bildung von Überschußozon führen. Erst in den letzten Jahren erkannte man in den organischen Peroxyradikalen RO_2 und den HO_2-Radikalen die gesuchten Zwischenprodukte:

$$RO_2 + NO \rightarrow RO + NO_2$$
$$HO_2 + NO \rightarrow OH + NO_2$$

Inzwischen wird das Phänomen des Photosmogs in allen Ballungsgebieten beobachtet, auch in West- und Nordeuropa. Tatsächlich ist in der verschmutzten Luft bei Gefährdung durch Photooxidantien die Photolyse von NO_2 nicht immer geschwindigkeitsbestimmend, sondern die Rückführung von NO zu NO_2 über die Reaktionen mit RO_2- und HO_2-Radikalen. Im Smogsystem durchläuft NO mehrere 100 Mal am Tag den Zyklus $NO \rightarrow NO_2 \rightarrow NO$, wobei bei jedem Umlauf ein Ozonmolekül entsteht. Nach dem heutigen Wissensstand ist auch unter Reinluftbedingungen der stratosphärische Anteil an der troposphärischen Ozonkonzentration mit ca. 20 % vergleichsweise gering. Es gibt eine durch natürliche und anthropogene Vorläuferemissionen bedingte Ozonbildung in der Troposphäre, durch die die Ozonhintergrundkonzentration entscheidend mitbestimmt wird.

Z. Zt. gibt es eine Diskussion darüber, um wieviel die Ozonhintergrundkonzentration während der letzten Jahrzehnte angestiegen ist. Alles deutet darauf hin, daß auf der Nordhalbkugel in der freien Troposphäre die mittlere Jahreskonzentration von weniger als 40 im letzten Jahrhundert heute bis auf über 90 $\mu g/m^3$ zugenommen hat. In den Ballungsräumen wird infolge der Emission von NO_x und gasförmigen organischen Verbindungen (VOC) im Winter durch Reaktionen mit NO die Ozonhintergrundkonzentration deutlich erniedrigt. Im Sommer dagegen laufen photochemische Reaktionen ab, wodurch zumindestens für kurze Zeiten die Ozonkonzentration in Bodennähe deutlich ansteigt, bei schweren Sommersmogepisoden bis zu 1 000 µg/m³. Bei einem h-Mittelwert über 180 µg/m³ als Informationswert wird in Deutschland die Situation der Luftqualität im weiteren Tagesverlauf sorgfältig analysiert. Die hohen Ozonspitzen setzen sich häufig aus am Tage über einem Ballungsgebiet gebildetem O. und dem über Nacht an der oberen Grenze der Mischungschicht gespeichertem O., das tagsüber bei der Lufterwärmung nach unten transportiert wird, zusammen.

Hohe Ozonkonzentrationen sind meistens mit Großwetterlagen verbunden, bei denen die mittäglichen Ozonwerte im Sommer von der Nordsee bis zum Alpenrand überall ansteigen. Im Mittelmeerraum wird am Rande von Ballungsräumen ebenfalls erhöhte Ozonbildung im Sommer beobachtet. Die iberische Halbinsel mit dem Zentrum über Madrid zeigt besonders deutlich eine Ozonfahne, die bis weit in die freie Troposphäre ansteigt und gelegentlich über →Ferntransport bis nach Westeuropa gelangt (Bild 2). Der primäre Oxidationsschritt erfolgt durch Reaktionen mit OH-Radikalen, die wiederum bei der O_3-Photolyse in Gegenwart von Wasserdampf entstehen.

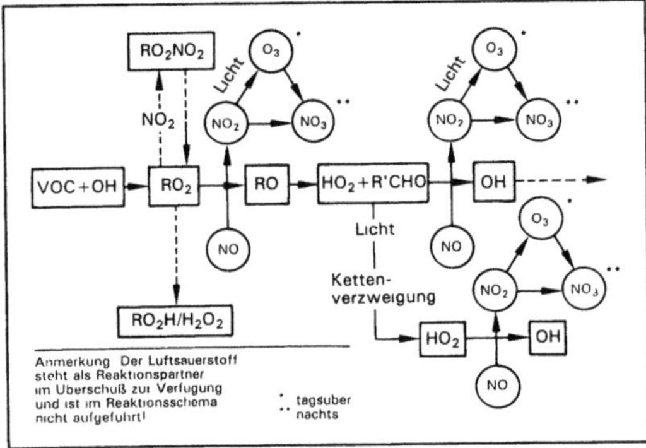

Ozon 2: VOC-Oxidation über OH/HO₂-Radikalkette, die in Gegenwart von NO_x zur troposphärischen Ozonbildung führt.

Charakteristisch für den schnellen Aufbau von O. und anderen Photooxidantien ist die Ausbildung einer Radikalkette:

$$OH \xrightarrow[NO]{O_2} RO_2 \xrightarrow{NO_2} RO \xrightarrow[NO]{O_2} HO_2 \xrightarrow{NO_2} OH$$

Zur Vollständigkeit sei auch noch erwähnt, daß O. mit Stickstoffdioxid zu NO_3-Radikalen reagiert, die ihrerseits schneller mit VOC-Komponenten reagieren als O_3 selbst. Mit diesem Mechanismus wird auch während der Nacht eine begrenzte VOC-Oxidation weiterlaufen.

O. reagiert relativ schnell mit biogenen →Alkenen, die über Waldgebieten emittiert werden. Dabei entstehen als Produkte neben Carbonsäuren auch Wasserstoffperoxid und organische Hydroperoxide.

O. und auch andere Photooxidantien beschleunigen die Oxidationsvorgänge in Regen- und Nebeltröpfchen, z. B. die Bildung von Schwefelsäure aus der SO_2-Oxidation. *Barnes/Becker*

Literatur: *Becker, K. H. u. J. Löbel* (Hrsg.): Atmosphärische Spurenstoffe und ihr physikalisch-chemisches Verhalten. Heidelberg 1985. – Bundesministerium für Umwelt, Naturschutz und Reaktorsicherheit: Ozon-Symposium in München, Juli 1991. TÜV Akademie Bayern/Hessen, München 1991. – *Fabian, P.*: Atmosphäre und Umwelt, 2. Aufl. Heidelberg 1987. – *Finlayson-Pitts, B. J. u. J. N. Pitts, Jr.*: Atmospheric Chemistry. New York 1986. – *Guderian, R.* (Hrsg.): Air Pollution by Photochemical Oxidants. Heidelberg–New York 1985. – *Seinfeld, J. H.*: Urban Air Pollution: State of the Science. Science (1989) Nr. 243, pp. 745. – Ozon und Begleitsubstanzen im photochemischen Smog. VDI-Ber. 270. Düsseldorf 1977.

Immissionsmessung. Die Problematik der Immissionsmessung von O. liegt unter anderem darin, daß definierte und haltbare O.-Prüfgase nicht hergestellt werden können. Dies ist auch der Grund dafür, daß in Deutschland zwei →Referenzmeßverfahren (→Referenzverfahren) festgelegt wurden: das →Kaliumjodid-Verfahren nach VDI 2468, Bl. 1 sowie das direkte UV-photometrische Verfahren nach VDI 2468, Bl. 6. Bei diesem Verfahren wird die O.-Konzentration durch Messung der UV-Absorption bei 253,7 nm auf der Basis des →*Lambert-Beer*'schen Gesetzes ermittelt.

Auf der Messung der UV-Absorption beruhen auch die heute überwiegend zur Immissionsmessung von O. eingesetzten, kommerziell erhältlichen Meßgeräte, die von verschiedenen Herstellern angeboten werden.

Als Strahlungsquelle wird in diesen Geräten eine Quecksilber-Niederdrucklampe verwendet, die eine starke Emission bei 253,7 nm aufweist. Ihr Licht durchstrahlt eine Meßküvette und wird an ihrem Ende über Vakuum-Photodioden oder Photoröhren sowie eine geeignete Elektronik registriert. Zur Messung der Ausgangsintensität der Strahlung (Referenzmessung; Größe I_0 im *Lambert-Beer*'schen Gesetz) wird die zu messende Luft vor Einleitung in die Küvette über ein selektives Ozonfilter (Scrubber) geleitet, das beispielsweise aus Mangandioxid auf Kupfernetzen oder aus Silberwolle bestehen kann. Zur Messung der Ozonabsorption wird die Probenluft direkt in die Küvette geleitet und die Lichtintensität erneut registriert (Größe I im *Lambert-Beer*'schen Gesetz). Je nach Gerätevariante können Referenzmessung und Probenluftmessung parallel oder durch Ventilumschaltung nacheinander erfolgen. Da das Ozonfilter im Prinzip selektiv und quantitativ O. eliminiert, werden bei dieser

Technik Querempfindlichkeiten infolge der Lichtabsorption durch andere Stoffe (z. B. aromatische Kohlenwasserstoffe) kompensiert, weil deren Absorption bei der Referenzmessung erfaßt wird. Mögliche Intensitätsschwankungen der Quecksilberlampe während der Messung können ebenfalls durch elektronische Schaltungen erfaßt und kompensiert werden. Eine gleichzeitige Druck- und Temperaturmessung in der Meßküvette ermöglicht die Umrechnung der Meßergebnisse zum Beispiel auf Normbedingungen (→Normzustand).

Ein weiteres Verfahren zur Ozonmessung ist das →Chemilumineszenz-Verfahren. Ein älteres, nach diesem Verfahren arbeitendes Gerät ist in VDI 2468, Bl. 4 beschrieben (Bendix Ozone Monitor 8002). Das Meßprinzip beruht auf der Chemilumineszenz-Reaktion von Ozon mit Ethen (C_2H_4) in der Gasphase. Die Reaktion führt zu einer Photonenemission im Wellenlängenbereich zwischen 300 und 600 nm mit einem Maximum bei ca. 435 nm. Die Intensität der emittierten Strahlung, die bei einem Überschuß von Ethen der Ozonkonzentration im Probengas proportional ist, wird mit Hilfe eines Photomultipliers (Sekundärelektronenvervielfacher) gemessen. Ein Vorteil des Verfahrens liegt in der, verglichen mit der UV-Absorption, geringeren →Querempfindlichkeit gegenüber anderen Stoffen. Nachteilig ist die notwendige Bereitstellung des Betriebsgases Ethen.

In VDI 2468 werden noch weitere Verfahren zur O.-Immissionsmessung beschrieben, die in der Praxis jedoch nur geringe Bedeutung haben. *Pfeffer*

Literatur: VDI 2468: Messen gasförmiger Immissionen; Bl. 1: Messen der Ozon- und Peroxid-Konzentration; Manuelles photometrisches Verfahren; Kaliumjodid-Methode (Basisverfahren). 5/2978. – Bl. 2: Messen der Ozon- und Peroxid-Konzentration; Kalibrieren von Ozon-Meßverfahren mit Ozon-Generatoren. 10/1978. – Bl. 3: Messen der Ozon- und Peroxid-Konzentration; Mikrocoulometrisches Verfahren; MAST Recorder 725-6. 5/1978. – Bl. 4: Messen der Ozon-Konzentration; Chemilumineszenz-Verfahren; Bendix Ozone Monitor 8002. 5/1978. – Bl. 5: Messen der Ozon-Konzentration; Manuelles photometrisches Verfahren; Indigosulfonsäure-Verfahren. 10/1978. – Bl. 6: Messen der Ozon-Konzentration; Direktes UV-photometrisches Verfahren (Basisverfahren). 7/1979.

Wirkung auf Pflanzen. O. und andere →Photooxidantien sind in besonderem Maß pflanzenwirksam. Im Unterschied zu den anderen phytotoxischen Luftverunreinigungen wie SO_2, NO_2, HF oder HCl sind Photooxidantien Komponenten, die auf Grund spezieller Aufbau- und Abbaureaktionen unter Beteiligung von UV-Licht, Stickoxiden und Kohlenwasserstoffen auch in quellenfernen Gebieten in pflanzenwirksamen Konzentrationen auftreten können. O. gilt als Leitkomponente der Photooxidantien.

Wie bei den anderen gasförmigen Luftschadstoffen wird O. über die Stomata der Blätter/Nadeln aufgenommen, wobei die Aufnahmemenge durch die verschiedenen Diffusionswiderstände zwischen Luft und Pflanzenzelle bestimmt wird. Allgemein gilt, daß Faktoren, die die Luftturbulenz erhöhen (starke Rauhigkeit der Oberfläche) zusammen mit denjenigen, die die Öffnungsweite der Stomata beeinflussen (Licht, relative Luftfeuchte, Bodenfeuchte etc.), die Ozonaufnahme stimulieren.

Auf Grund der hohen Wasserlöslichkeit von O. (0,25 ml O_3 pro ml H_2O) wird es an reaktiven Oberflächen wie den Zellwänden rasch zu freien Radikalen umgewandelt, die ihrerseits Doppelbindungen, z. B. ungesättigter Fettsäuren, zu zerstören vermögen. Hierdurch wird u. a. die Permeabilität der Zellmembranen erhöht, so daß ein unkontrollierter Austritt von Nährionen erfolgen kann. Letztlich wird auch über die Hemmung von Enzymen, Pigmenten und Proteinen die →Photosynthese vermindert und der Wasser- und Nährstoffhaushalt gestört.

Die Morphologie des Blattinneren und damit das Verhältnis zwischen Blattoberfläche und Innenraum ist wesentlich für das Schadensausmaß verantwortlich. Das ungünstigste Verhältnis entsteht in Perioden kurz nach der maximalen Blattexpansion bzw. kurz vor dem Erreichen des endgültigen Blattumfangs, so daß in dieser Zeit die höchste Empfindlichkeit gegenüber O.-Einwirkungen vorliegt.

Die verschiedenen Pflanzenarten und innerhalb einer Art die verschiedenen Kulturformen bzw. Herkünfte können sich stark in ihrer Empfindlichkeit gegenüber O. unterscheiden. Zu den empfindlichsten europäischen Arten zählen Kulturen wie Wein, Europäische Lärche und Schwarzkiefer. Keine großen Unterschiede bestehen zwischen Laub- und Nadelgehölzen. Zu den wichtigsten empfindlichen landwirtschaftlichen Kulturpflanzen zählen Getreidearten sowie Kartoffeln, Luzerne und Klee, wobei auch die Wildformen der Leguminosen sich als besonders sensitiv erwiesen haben.

Das bekannteste Symptombild nach O.-Einwirkungen auf breitblättrige Pflanzen besteht im Zusammenbruch eng begrenzter Verbände der obersten Zellschichten (Palisadenparenchym), so daß vorzugsweise auf der Blattoberseite kleine, stecknadelkopfgroße dunkelbraune, schwarze, teilweise violett oder rötlich verfärbte Punktnekrosen entstehen. Diese Punkte können in späteren Stadien zusammenfließen und dem ganzen Blatt ein stark gesprenkeltes Aussehen verleihen. Ein weiteres Erscheinungsbild besteht in der fleckenförmigen Bleichung der Zellverbände auf Blattober- und Unterseite. Bei Nadelgehölzen kommt es zu gelblichen fleckförmigen Verfärbungen des Chlorophylls, die an der Blattspitze beginnen und vorzugsweise die jüngsten Nadeln betreffen (sog. Mottling), während ältere Nadeln abgeworfen werden.

Akut toxische Einwirkungen während ozonreicher Episoden in der Vegetationsperiode bei Konzentrationen >160 μg m^{-3} können an landwirtschaftlichen und gärtnerischen Kulturen Ertragsverluste bis zu 40 % verursachen. Für naturnahe Ökosysteme spielen vor allem chronische Einwirkungen im sublethalen Bereich eine Rolle. Sie führen zu unspezifischen Blattverfärbungen, reduziertem Wachstum und einer erhöhten Disposition gegenüber anderen Streßfaktoren. Zum Schutz der Vegetation wird daher von der WHO die Einhaltung einer mittleren Ozonkonzentration von 60 μg m^{-3} während einer Vegetationsperiode von 100 Tagen gefordert; als 24 h-Mittelwert werden 65 μg m^{-3} angegeben. Unberücksichtigt bleiben hierbei mögliche Kombinationswirkungen mit anderen Luftschadstoffen. In der →22. BImSchV sind die EG-Schwellwerte für den Schutz der Vegetation (→EG-Richtlinien über Luftqualitätsnormen) mit 200 μg m^{-3} als Stundenmittelwert und 65 μg m^{-3} als 24-Stundenmittelwert verankert. *G. Krause*

Literatur: *Jacobson, J. S. und A. C. Hill:* Recognition of air pollution injury to vegetation: A pictorial atlas. Air Pollution Control Association, Pittsburgh, Penns. 1970. – WHO (World Health Organisation). The effects of ozone and other photochemical oxidants on vegetation. In: Air Quality Guidelines for Europe. World Health Organization. Copenhagen 1987.

Ozonabbau →Ozonloch; →Ozonzerstörung, stratosphärische

Ozonbildungspotential. Die Oxidation von Kohlenwasserstoffen (ROG) in Gegenwart von Stickoxiden (NO$_x$) führt zur Bildung von Ozon über die Konversion von NO zu NO$_2$ durch Reaktionen von NO mit HO$_2$- und RO$_2$-Radikalen (→Peroxyradikale). Daraus folgt, daß der Beitrag einzelner Kohlenwasserstoffe an der Ozonbildung von der Anzahl der pro Kohlenwasserstoff gebildeten Peroxyradikale abhängt. Man spricht von O. In Zusammenhang mit Reduktionsmaßnahmen ergibt sich die Frage nach einer Bewertung einzelner anthropogener ROG-Komponenten für die Ozonbildung. Verschiedene Klassen von Kohlenwasserstoffen haben verschiedene O., i. a. ist die Ozonproduktion von →Alkenen relativ schnell, die von →Aromaten nicht so schnell und die von →Alkanen sehr langsam. Die O. für einzelne VOC-Komponenten können zur Zeit nicht eindeutig definiert werden, weil sie vom →Mischungsverhältnis der VOC-Komponenten, vom NO$_x$-Anteil, der Temperatur und vor allem von der Reaktionszeit abhängen. Zudem liegen über das chemische Verhalten wichtiger Zwischenprodukte noch ungenügende Detailkenntnisse vor. *Barnes/Becker*

Ozonimmissions-Beurteilungsmaßstäbe. In bezug auf die menschliche Gesundheit wurde von der VDI-Kommission ein Richtwert (→MIK-Wert) für O. von 120 μg/m^3 festgelegt, bezogen auf eine halbe Stunde. Dieser medizinisch-biologisch begründete Richtwert bezeichnet aus präventiv-medizinischer Sicht die wünschenswerte Obergrenze der Belastung, unterhalb derer auch bei Risikogruppen Wirkungen auszuschließen sind. Der MIK-Wert enthält einen Sicherheitsfaktor. Eine geringfügige Überschreitung bedeutet deshalb noch kein gesundheitliches Risiko (→Maximaler Immissions-Wert).

Medizinisch begründet ist auch der Beurteilungsmaßstab von 360–400 μg/m^3. Oberhalb dieser Ozonkonzentration kann es insbesondere bei mehrstündiger Einwirkung und gleichzeitiger körperlich anstrengender Tätigkeit auch in der Allgemeinbevölkerung zu länger andauernden gesundheitlichen Beeinträchtigungen kommen.

Zwischen den genannten medizinisch begründeten Beurteilungsmaßstäben gibt es einen recht breiten Konzentrationsbereich, in dem bei gegenüber O. besonders empfindlichen Personen Symptome wie Kopfschmerzen, Husten und Kurzatmigkeit langsam ohne erkennbare Schwelle mit der Konzentration und der Dosis zunehmen.

Beurteilungsmaßstäbe bzw. biologisch begründete Richtwerte für die Ozonwirkung auf Pflanzen sind in der VDI-Richtlinie 2310, Blatt 6, 1989, festgelegt (→Ozon: Wirkung auf Pflanzen).

Normative Regelungen sind inzwischen sowohl für Wirkungen auf den Menschen als auch auf die Vegetation auf der Basis von EG-Schwellenwerten in der →22. BImSchV getroffen worden (s. dort Tabelle). *Bruckmann*

Literatur: *Gregor, H.-D.:* Kritische Belastungswerte für Ozon und deren Kartierung in Europa, in: Ozon-Symposium, München 1991, Tagungsband. Hrsg.: TÜV Akademie Bayern/Hessen GmbH. München 1991. – *Wagner, H. M.:* Wirkung von Ozon bzw. Sommersmog auf den Menschen in: Ozon-Symposium, München 1991, Tagungsband. Hrsg.: TUV Akademie Bayern/Hessen GmbH, München 1991.

Ozonloch. Die Veränderung der →Ozonschicht in der Stratosphäre über der Antarktis (Südpol) während der Monate September und Oktober gehört zu Störungen der chemischen Zusammensetzung der Erdatmosphäre, die bisher beobachtet wurden. Dieses als O. bekannte Phänomen hat sich seit seinem ersten Auftreten Anfang der siebziger Jahre mit einer zweijährigen Periodizität immer weiter verstärkt. Zur Zeit der maximalen Ausdehnung des O. in den bisher extremsten Jahren 1987 und 1989 war deutlich mehr als die Hälfte des Ozons in einer senkrechten Säule vom Erdboden aus (→Dobson-Einheit) zerstört. Die Verluste in Höhen zwischen 15 und 20 km betrugen in dieser Zeit sogar mehr als 90 %.

Die Stratosphäre über der Arktis (Nordpol) zeigt während des Winters ähnliche chemische Störungen wie über der Antarktis. Wegen anderer meteorologischer Bedingungen (stärkere Wechselwirkung zwischen polaren und nichtpolaren Luftmassen) ist es bisher jedoch noch nicht zu vergleichbar starken Ozonverlusten gekommen.

Die Ursache der Ozonabnahme sowohl über den Polen als auch in der globalen Stratosphäre ist nur durch die Zunahme der Emissionen von anthropogenen Spurengasen, insbesondere der FCKW, zu erklären. In den Wintermonaten werden in der antarktischen Stratosphäre chlorhaltige Spurengase aufgrund der speziellen meteorologischen Bedingungen (Ausbildung des antarktischen Polarwirbels) durch Reaktionen an Eis- und Eis/Salpetersäure-Teilchen ($\rightarrow$PSC, polare stratosphärische Wolken) derart aktiviert, daß im Licht der Frühjahrssonne eine Verstärkung des anthropogenen Ozonabbaus einsetzt. Der Polarwirbel löst sich auf und die ozonarmen Luftmassen verteilen sich über die Südhemisphäre.

Nach heutigem Kenntnisstand ist die Ausbildung des O. eine Kombination von meteorologischer Konditionierung und anthropogener Störung der Ozonchemie. Der für die globale Stratosphäre postulierte ClO_x-induzierte Ozonabbauzyklus

$$Cl + O_3 \rightarrow ClO + O_2 \qquad (1)$$
$$ClO + O \rightarrow Cl + O_2 \qquad (2)$$
$$\text{netto: } O_3 + O \rightarrow 2\,O_2 \qquad (3)$$

kann allerdings das O. in der polaren Stratosphäre nicht hervorrufen, weil die tiefstehende Frühjahrssonne nicht die Bildung von Sauerstoffatomen erlaubt. Es sind daher andere, modifizierte Ozonabbauzyklen notwendig, die erst durch ganz bestimmte meteorologische Bedingungen möglich werden.

Die Meteorologie der südpolaren Stratosphäre während des Winters ist gekennzeichnet durch langsam absinkende Luftmassen, die sich durch Wärmeabstrahlung stark abkühlen. Zum Zeitpunkt der maximalen Abkühlung werden Temperaturen von minus 90 °C erreicht, und es kommt zur Ausbildung von polaren stratosphärischen Wolken, die aus heutiger Sicht eine notwendige Voraussetzung für die Ausbildung des O. sind.

Das über die Reaktion $Cl + O_3 \rightarrow ClO + O_2$ gebildete Chlormonoxid reagiert mit Stickstoffdioxid unter Bildung von Chlornitrat $ClONO_2$ (4), einer der bedeutendsten Senken von aktivem Chlor in der Stratosphäre

$$ClO + NO_2 \rightarrow ClONO_2 \qquad (4)$$

Das Chlornitrat reagiert an der Oberfläche der PSCs mit Salzsäure (HCl) oder Wasser unter Bildung von molekularem Chlor (5) bzw. HOCl (6):

$$ClONO_2 + HCl \qquad Cl_2 + HNO_3 \qquad (5)$$
$$ClONO_2 + H_2O \qquad HOCl + HNO_3 \qquad (6)$$

Dieses entspricht einer Umverteilung von Chlor aus photochemisch wenig aktiven Verbindungen in aktivere Formen bei gleichzeitiger Kondensation der Stickstoffkomponente. Diese Prozesse laufen im Dunkeln während des polaren Winters ab. Mit Beginn des antarktischen Frühjahrs werden die Cl_2- und HOCl-Moleküle unter Bildung von Cl-Atomen photolysiert. Die freigesetzten Radikale reagieren mit Ozon unter Bildung von Chlormonoxid ClO, dessen Konzentration dabei stark ansteigt, ohne daß es zunächst zu einem stärkeren Ozonverlust kommt. Der verstärkte Ozonabbau kann erst durch weitere katalytische Zyklen gestartet werden, die jedoch nicht aus der unter Reaktion (2) aufgeführten ClO_x-Kette bestehen können, da praktisch kein atomarer Sauerstoff vorhanden ist, der über $O + ClO \rightarrow Cl + O_2$ die Cl-Atome zurückbilden und den Katalysezyklus schließen könnte. Es sind daher modifizierte Zyklen der Form:

$$Cl + O_3 \rightarrow ClO + O_2 \qquad (7)$$
$$Y + O_3 \rightarrow YO + O_2 \qquad (8)$$
$$ClO + YO \rightarrow Cl + Y + O_2 \qquad (9)$$
$$\text{netto: } 2\,O_3 \rightarrow 3\,O_2 \qquad (3)$$

notwendig, wobei als Kettenträger Y = Cl und Br in Frage kommen.

Die Sequenz von PSC-Bildung, Aktivierung der Chlorkomponenten durch heterogene Reaktionen und Ozonabbau-Katalysezyklus durch Reaktion der ClO-Radikale ist im Bild schematisch gezeigt.

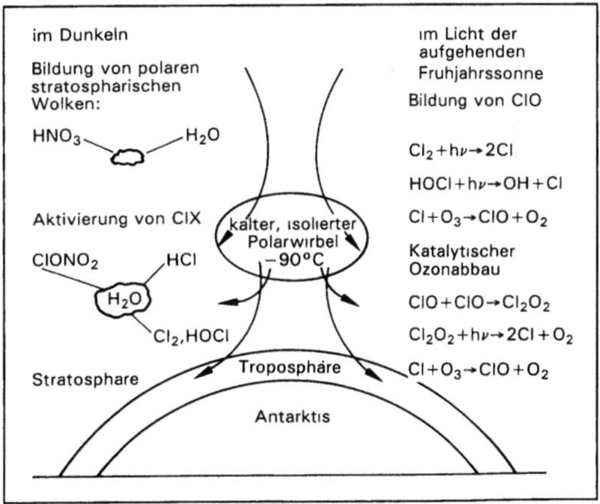

Ozonloch: Meteorologie und Chemie des O. über der Antarktis.

Die Ozonabnahme zieht gravierende Folgen nach sich: Ozon in der Stratosphäre wirkt als natürlicher Filter für den biologisch aktiven UV-B-Anteil der Sonneneinstrahlung im Wellenlängenbereich von 280 bis 310 nm. Als Folge des Ozonabbaus ist mit einer Erhöhung der UV-B-Einstrahlung zu rechnen. Die erwarteten Konsequenzen wären:

– Zunahme von Hauterkrankungen, insbesondere Hautkrebs, sowie Schädigungen an Augen und Immunsystem,
– Verminderung der Photosyntheserate verbunden mit dem Rückgang der Ernteerträge,
– Beeinflussung der Dichte des maritimen Planktons, möglicherweise verbunden mit einer Änderung der Primärproduktion des Phytoplanktons sowie Konsequenzen für die gesamte Nahrungskette in den Weltmeeren.

Zur Erhaltung der Ozonschicht in der Stratosphäre sind sowohl auf nationaler als auch auf internationaler Ebene Maßnahmen veranlaßt worden. Der weltweite Ausstieg aus Produktion und Verbrauch aller vollhalogenierten FCKW, der Halone sowie der Verbindung Tetrachlorkohlenstoff spätestens zum Jahr 2000 und der Verbindung Methylchloroform zum Jahr 2005 liefert den größten Reduktionsbeitrag. Wegen der langen Lebensdauer ozonschädigender Stoffe wird sich diese Reduktion jedoch erst in vielen Jahrzehnten merklich auswirken.   *Wiesen*

Ozonolyse. Unter O. versteht man die Reaktion von →Ozon mit ungesättigten Kohlenwasserstoffen. Analog zur Chemie der flüssigen Phase geht man bei den Gasphasenreaktionen ungesättigter Kohlenwasserstoffe mit Ozon zunächst von einer Addition des O_3 an die C=C Doppelbindung aus. Hierbei soll sich ein Molozonid bilden, welches schnell in eine Carbonylverbindung und ein energiereiches, sog. *Criegee*-Biradikal (–CHOO) zerfällt. Das angeregte *Criegee*-Biradikal soll dabei unter Bildung stabiler Produkte und Radikale zerfallen oder teilweise stabilisiert werden. Das Bild zeigt den vereinfachten Reaktionsmechanismus für die Gasphasenreaktion von Ethen mit Ozon. Die stabile Form des Biradikals reagiert mit anderen Spurengasen. Es wurde gezeigt, daß die Reaktion des einfachsten Criegee-Biradikals mit H_2O zur Bildung von H_2O_2 oder Ameisensäure führt:

$$H_2COO + H_2O \rightarrow H_2O_2 + HCHO$$
$$\rightarrow HCOOH + H_2O$$

Es wird diskutiert, daß die Reaktionen von O_3 mit →Alkenen besonders in Waldluft einen wichtigen, bisher unbekannten H_2O_2-Bildungsweg in der Atmosphäre darstellt. Die Geschwindigkeitskonstanten der Alken-Ozonreaktionen sind klein im Vergleich zu entsprechenden OH-Reaktionen. Wegen der höheren Ozonkonzentrationen können allerdings die Ozonreaktionen höherer Alkene mit OH-Radikalreaktionen konkurrieren.   *Barnes*

Ozonschicht. Die stratosphärische O. befindet sich in einer Höhe von 10 bis 40 km (100 bis ~0,1 mbar Druck). Auf Grund stratosphärischer Zirkulationen, meteorologischer Veränderungen und photochemischer Bildungs- und Zerstörungsprozesse variiert der Ozongehalt in dieser Höhe zwischen 200 und 600 Dobson Units (DU) (→Dobson-Einheit). Die Existenz der O. ist für das Leben auf der Erde von fundamentaler Bedeutung, weil sie für die Absorption der ultravioletten Sonnenstrahlung zwischen 280 und 320 nm (UV-B-Strahlung) von der Sonne verantwortlich ist. Eine Zerstörung dieser Schicht führt zu einer Zunahme der auf die Erdoberfläche gelangenden UV-B-Strahlen (→Ozonloch).

Bei erhöhter UV-B-Strahlung werden in der →Troposphäre über die O_3-Photolyse vermehrt OH-Radikale (→Hydroxylradikal) gebildet.   *Wiesen*

Ozonschwund →Ozon, →Ozonloch, →PSC, →Stratosphärische Chemie

Ozonung. Sowohl der Zusatz von Ozon zur Desinfektion von Wasser und/oder zur Geruchs- und Geschmacksverbesserung als auch die Anlagerung von Ozon an C-C Doppelbindungen wird als O. bezeichnet.

Im Gegensatz zur Anwendung des Ozons auf dem Trink- und Brauchwassersektor zur Entfärbung, Desodorierung, Oxidation und Desinfektion wird die Ozonbehandlung von Abwasser erst seit rund einem Jahrzehnt angewandt.

$$H_2C=CH_2 + O_3 \longrightarrow \underset{\text{(Molozonid)}}{H_2C\underset{O}{\overset{O}{\diagdown\diagup}}CH_2} \longrightarrow H_2C=O + (H_2COO)^*$$

$$(H_2COO)^* \longrightarrow (H_2COO) \text{ (ca. } 47\%)$$
$$\longrightarrow H_2 + CO_2 \text{ (ca. } 12,8\%)$$
$$\longrightarrow 2\,H + CO_2 \text{ (ca. } 9,5\%)$$
$$\longrightarrow H_2O + CO \text{ (ca. } 30,7\%)$$

Ozonolyse: Vereinfachter Mechanismus der Gasphasenreaktion von Ethen mit Ozon.

Die charakteristische Eigenschaft des Ozons ist sein starkes Oxidationsvermögen; es liegt erheblich über dem des Chlors. Obwohl eine exakte Klärung der Desinfektionsmechanismen bisher nicht möglich war, ist bekannt, daß die Effektivität der O. von der zur Anwendung kommenden Ozonmenge, der Reaktionszeit, der organischen Vorbelastung des zu behandelnden Wassers und dem jeweiligen pH-Wert abhängt. Mit Zunahme der Alkalität läßt die Desinfektionswirkung nach.

Zur wirtschaftlichen Herstellung größerer Ozonmengen dient die stille elektrische Entladung. Das endotherm gebildete Reaktionsprodukt zerfällt sehr schnell unter Umkehrung der Herstellungsreaktionen in molekularen und atomaren Sauerstoff. Auf Grund dieser Unbeständigkeit kann Ozon nicht abgefüllt und transportiert werden und ist deshalb an Ort und Stelle zu produzieren.

Ozon wird entweder aus entstaubter und getrockneter atmosphärischer Luft oder aus reinem Sauerstoff unter Einwirkung von hochgespannter elektrischer Energie im Ozonreaktor unter Kühlung (*Siemensscher* Ozonisator) hergestellt. Gemeinsam ist allen derartigen Aggregaten der prinzipielle Aufbau, wobei zwei Metallelektroden durch ein Dielektrium und einen Luftspalt voneinander getrennt werden.

Die Ozonausbeute beträgt bei Verwendung von reinem Sauerstoff unter günstigen Bedingungen ca. 15 % der Sauerstoffzufuhr. Für 1 g Ozon sind an elektrischer Energie ca. 6–15 Wh bei Sauerstoff und 10–30 Wh bei atmosphärischer Luft aufzubringen.

Hinsichtlich der Dosierung, der Reaktionszeit und der anzustrebenden Restkonzentration des Desinfektionsmittels können für biologisch gereinigte Abwässer folgende Orientierungsdaten genannt werden:

Dosierung:	6 bis 20 g O_3/m^3
Reaktionszeit:	10 bis 30 min
Restozongehalt:	0,1 bis 1 g O_3/m^3

Neben Dosierung und Reaktionszeit sind die Art und Weise der Einmischung sowie die hydraulischen Eigenschaften der Reaktionsbehälter (Toträume, Kurzschlußströmungen) für den Wirkungsgrad der Desinfektion von Bedeutung.

Unter günstigen Bedingungen werden bei Mikroorganismen Inaktivierungsraten von 99–99,9 % erreicht; besonders hervorzuheben sind die hohen Inaktivierungsraten bei Viren. Infolge der chemischen Instabilität des Ozons zerfällt ein Desinfektionsmittelüberschuß sehr schnell, so daß das Ozon eine begrenzte Depotwirkung hinsichtlich der Desinfektion hat. *Mertsch*

Ozonzerstörung, stratosphärische. Ozon wird in der Stratosphäre über die Reaktion

$$O_3 + O(^3P) \rightarrow 2O_2 \tag{1}$$

zerstört. Die stratosphärische O_3-Konzentration läßt sich jedoch nicht nur über diese Teilreaktion des *Chapman*-Zyklus erklären. Weitere Abbaumechanismen sind die Reaktionen mit OH-, Cl-, Br- und NO-Radikalen, die aus der →Photolyse von Spurengasen gebildet werden.

$$O_3 + X \rightarrow O_2 + XO \tag{2}$$
$$XO + O \rightarrow O_2 + X \tag{3}$$

Mit X werden die als Katalysator wirkenden OH-, Cl-, Br- und NO-Radikale bezeichnet. Ihre besondere Wirkung entfalten sie dadurch, daß sie nach Umsetzung mit einem O_3-Molekül in einer Folgereaktion zurückgebildet werden und erneut das Ozon angreifen. Der Vergleich von Ozonmeßdaten mit Modellrechnungen zeigt, daß neben diesen homogenen Gasphasenreaktionen wahrscheinlich auch noch andere Abbauprozesse bei der globalen O_3-Abnahme eine Rolle spielen. In diesem Zusammenhang werden heterogene Reaktionen an Sulfataerosolen diskutiert. Heterogene Reaktionen an der Oberfläche von polaren Stratosphärenwolken (→PSC) sind wesentlich an der Ausbildung des →Ozonlochs beteiligt. *Becker/Wiesen*

P

PAAG-Verfahren. Das P.-V. zur Verhütung von Störfällen durch Prognose, Auffinden der Ursachen, Abschätzen der Auswirkungen, Gegenmaßnahmen ist von dem →HAZOP-Verfahren (A Guide to Hazard and Operability Studies) abgeleitet. Das Charakteristische bei der Durchführung des P.-V. sind die Prüfsitzungen, bei denen ein Team von Fachleuten unterschiedlicher Ausrichtungen systematisch alle wichtigen Teile einer Anlage überprüft. Zur Überprüfung des Systems werden Abweichungen von Sollfunktionen durch Leitwerte – z. B. nein oder nicht, mehr oder weniger, sowohl als auch, teilweise, anders als – angenommen. Die daraus resultierenden Auswirkungen werden ermittelt und bewertet sowie gegebenenfalls Verbesserungen vorgeschlagen, die dann ebenfalls mit dem P.-V. überprüft werden. Das P.-V. kommt insbesondere bei der Durchführung von →Sicherheitsanalysen nach der →Störfall-Verordnung zur Anwendung.

Nitsche

Literatur: Internationale Sektion der I. V. S. S. (Hrsg.): Der Störfall im chemischen Betrieb (PAAG). Heidelberg. – Publications Department, Chemical Industry Safety and Health Council of the Chemical Industries Association. (Hrsg.): Alembic House, 93 Albert Embankement, London SE 17 TU. A Guide to Hazard and Operability Studies.

Paarbildungseffekt →Röntgenstrahlung

PAH →Polycyclische aromatische Kohlenwasserstoffe

PAK →Polycyclische aromatische Kohlenwasserstoffe

PAN →Peroxyacetylnitrat

Papierherstellung. Papier (einschl. Kartonpappe, Wellpappe und ähnliche Erzeugnisse) wird aus Pflanzenfasern (Cellulose) hergestellt. Die Faserstoffgewinnung, bei der überwiegend Holz eingesetzt wird, erfolgt entweder durch den Prozeß der →Zellstoffherstellung oder der Holzstoffherstellung. Zellstoffe finden überwiegend Verwendung bei holzfreiem, qualitativ hochwertigem Papier. Bei der Zellstoffherstellung werden verfahrensbedingt nur ca. 45–60 % des Rohstoffs Holz genutzt.

Bei der Holzstoffherstellung wird das Holz mechanisch zerfasert oder zerrieben. Im Gegensatz zur Zellstoffherstellung findet keine Abtrennung der Hemicellulose und des Lignins statt. Die Rohstoffausbeute beträgt ca. 98 %. Die Holzstoffe werden in Holzschliff (reine mechanische Bearbeitung), thermomechanischen Holzstoff (Vorbehandlung mit Wasserdampf) und chemothermischen Holzstoff (Vorbehandlung mit Chemikalien und Dampf) unterteilt. Je nach Aufschlußverfahren wird eine unterschiedliche Holzstoffqualität erzeugt. Wenn erforderlich, durchlaufen die Holzstoffe einen Bleichprozeß, z. B. mit Wasserstoffperoxid, Hydrosulfit; die chlorfreie Bleiche ist in der Bundesrepublik Deutschland bereits seit Jahren Stand der Technik. Je nach Qualitätsansprüchen des Endprodukts werden den Pflanzenfasern zahlreiche Hilfsstoffe (Füllstoffe, Leim usw.) zugemischt; sie beeinflussen u. a. die mechanischen und optischen Eigenschaften, die Benetzbarkeit, die Durchsichtigkeit des Endproduktes. Darüber hinaus werden noch verfahrenstechnische Hilfsmittel beigefügt (z. B. Biozide, Schaumverhüter, Schleimbekämpfungsmittel, Entwässerungsbeschleuniger, Flockungsmittel). Faserstoffe, Hilfs- und Füllstoffe werden mit Wasser vermischt, wobei der Trockenstoffgehalt der fertigen Papiermasse lediglich 2–8 % beträgt. Der Anteil der Hilfs- und Füllstoffe beläuft sich, bezogen auf das fertige Endprodukt, auf bis zu 20 %. Die homogenisierte Papiermasse durchläuft mehrere Reinigungsstufen und wird dann über den Stoffauflauf der Papiermaschine zugeführt. Anschließend wird über mehrere Verfahrensstufen die Papiermasse entwässert, geformt, gepreßt und getrocknet. Zur Trocknung werden Kontakt-, Konvektions- und Strahlungstrockner eingesetzt. Die fertige Papierbahn kann anschließend noch mit Leim oder anderen spezifischen Appreturen (u. a. Farbstoffe) beschichtet werden.

Bei der P. kommt es vor allem zu belasteten Abwässern. Der Wasserverbrauch wird möglichst durch Mehrfachnutzung gesenkt. Hiermit verbunden ist eine Aufkonzentration der organischen Belastung der Abwässer, in denen bevorzugt mikrobiologische Zersetzungsprozesse ablaufen. Damit verbunden ist die Entstehung von geruchsintensiven Stoffen über den gesamten Verarbeitungsprozeß der Papiermasse, vorwiegend jedoch im Bereich der Aufgabe an der Papiermaschine. Maßnahmen zur Geruchsminderung werden bisher nicht eingesetzt. Grundsätzlich kommt die Anwendung von →Biofiltern in Betracht. Darüber hinaus wird bei der P. erheblich Energie verbraucht (Aufschluß, Trocknung). Die Verbrennung fossiler Energieträger ist mit entsprechenden Emissionen verbunden (→Feuerungsanlage).

Die großen Papier-, Pappe- und Wellpappe-Maschinen verursachen eine intensive Lärmemission. Vorwiegend aus diesem Grunde sind die Anlagen, die aus einer oder mehreren Maschinen zur fabrikmäßigen Herstellung von Papier und Pappe oder Wellpappe bestehen, soweit die Bahnlänge der Pappe oder Wellpappe bei einer Maschine 75 m oder mehr beträgt, in Spalte 2 der Nr. 6.2 des Anhangs zur →4. BImSchV genannt und damit nach dem BImSchG genehmigungsbedürftig. Emissionsbegrenzende Anforderungen zur Luftreinhaltung enthält die →TA Luft, z. B. zur Begrenzung der Emissionen geruchsintensiver Stoffe in Nr. 3.1.9.

W. Koch

Literatur: Papier, Herstellung usw., Ullmanns Encyklopädie der technischen Chemie, Band 17. Weinheim 1979.

Paraboloidkollektor. Der P. besteht aus einem reflektierenden und konzentrierenden Rotationsparaboloid/Paraboloid, in dessen Fokus sich, fest mit dem Paraboloid verbunden und mit ihm zweiachsig der Sonne nachgeführt, der quasipunktförmige

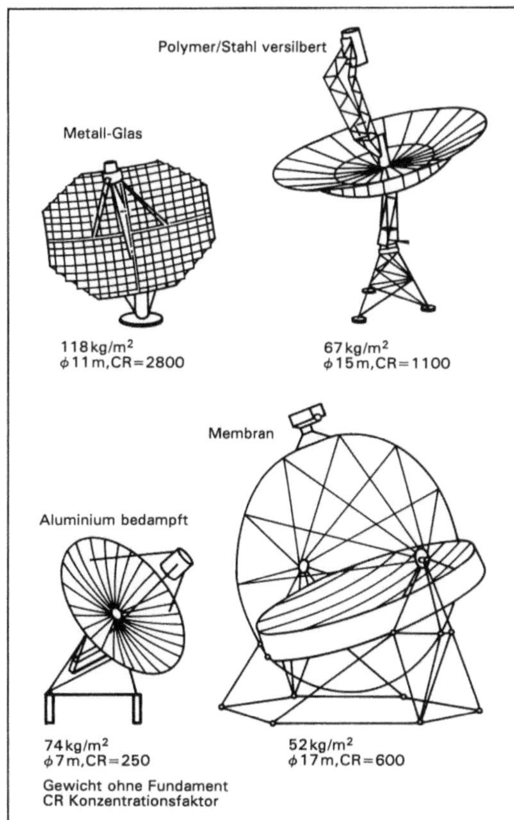

Paraboloidkollektor: Beispiele

→Strahlungsabsorber oder Receiver-Reaktor befindet. Der P. ist von kleiner thermischer Trägheit, seine solare Ansprechempfindlichkeit ist hoch, die Steilheit seines solaren Input/Output-Diagramms besonders groß. Ansprüche an die Formtreue des Paraboloids und die Temperaturwechselfestigkeit des Absorbers bei hohen Temperaturen $\leq 1\,600\,°C$ sind hoch.

C.-J. Winter

Paraboloidkraftwerk. P. sind solarthermische Kraftwerke und bestehen aus dem →Rotationsparaboloid, dem →Strahlungsabsorber im Fokus und dem nachgeschalteten Motorgenerator. Wegen der für solarthermische Kraftwerke höchsten erzielbaren Konzentrationsfaktoren mehrerer tausend Sonnen werden höchste Temperaturen im Fokus erreicht; damit werden die Punktabsorber klein. Der gemessene solarelektrische Wirkungsgrad von P. ist mit 31 % der – bislang – höchste aller solarthermischen Kraftwerke. Die Einheitsleistung von einzelnen Paraboloidkollektor-Generator-Einheiten ist auf $< 100\,kW_e$ begrenzt; größere Leistungen müssen durch modulare Addition bereitgestellt werden. Nirgends auf der Welt werden P. derzeit operationell eingesetzt; Forschung und Entwicklung haben zum Ziel, die Einstandskosten zu senken, massenfertigungsgerechte Entwürfe zu liefern, Standzeiten und die akkumulierte Jahresarbeit zu erhöhen.

C.-J. Winter

Literatur: *Klaiß, H.; F. Staiß; C.-J. Winter:* Systems Comparison and Potential of Solar Thermal Installations in the Mediterranean Area. Workshop on Prospects for Solar Thermal Power Plants in the Mediterranean Region, 25–26 Sept. 1991, Sophia-Antipolis, France. – Solarthermische Kraftwerke zur Wärme- und Stromerzeugung. VDI-Ber. 704. Düsseldorf 1988. – *Winter, C.-J.; R. L. Sizmann; L. L. Vant Hull,* (Hrsg.): Solar Power Plants. Berlin–Heidelberg–New York 1991.

Parabolrinnenkollektor. Der Begriff bezeichnet einen fokussierenden →Sonnenkollektor mit →Linienabsorber; der Kollektor besteht aus einer Parabolrinne mit einer Oberfläche hoher Reflektivität, die einachsig dem Sonnenstand nachgeführt wird. Konzentrationsfaktoren sind <100 Sonnen, Temperaturen im Wärmeträgermedium des Linienabsorbers bei Thermoöl $<400\,°C$, bei Wasserdampf höher.

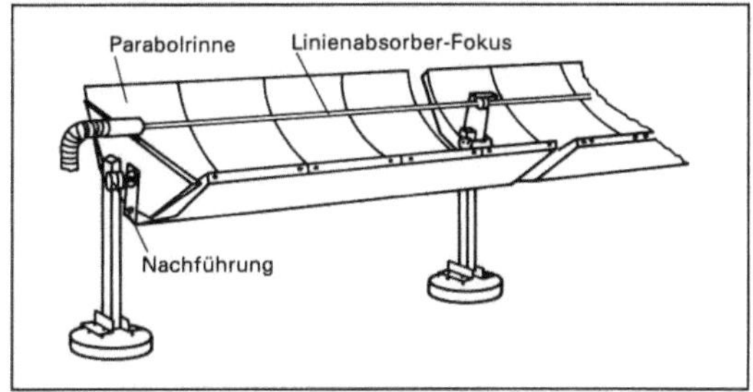

Parabolrinnenkollektor: Funktionsprinzip.

Moderne P.-K. haben Ausmaße von 100 m Länge und 10 m Aperturöffnung; sie dienen als Kollektoren in gleichnamigen Kraftwerken. *C.-J. Winter*

Parabolrinnenkraftwerk. P. sind solarthermische Kraftwerke mit →Linienabsorber und dem Turbinenhaus samt elektrischem Generator und ggfs. Speicher. P. tun als Spitzenlastkraftwerke weltweit mit ca. 350 MW_e (1990) Dienst. Sie erreichen eine Energieakkumulation von bis zu 400 $kWh_e/m^2 \cdot a$. Wärmeträgermedium ist Thermoöl, das die Maximaltemperatur auf <400 °C beschränkt. Moderne Entwürfe sehen zur solaren Carnotisierung Wasserdampf und damit höhere Maximaltemperaturen ≤ 580 °C vor.

Zur Erhöhung der Kraftwerksverfügbarkeit sind derzeitige Kraftwerke →Hybridkraftwerke mit fossiler (Erdgas-)Zusatzfeuerung für Zeiten außerhalb der Sonnenstunden. Es wird erwartet, daß die Zusatzfeuerung durch Hochtemperaturspeicher ersetzt wird; dann sind die P. mit Solarvielfachem' >1 zu fahren. *C.-J. Winter*

Literatur: *Klaiß, H.; F. Staiß; C.-J. Winter:* Systems Comparison and Potential of Solar Thermal Installations in the Mediterranean Area. Workshop on Prospects for Solar Thermal Power Plants in the Mediterranean Region, 25–26 Sept. 1991, Sophia-Antipolis, France. – *Meinecke, W.; M. Becker; H. Klaiß:* Solare Turm- und Farmanlagen im Vergleich. BWK **43** (1991) Nr. 10. Düsseldorf 1991. – *Winter, C.-J.; R. L. Sizmann; L. L. Vant Hull* (Hrsg.): Solar Power Plants. Berlin–Heidelberg–New York 1991.

PARK. Abk. Programmsystem zur Abschätzung radiologischer Konsequenzen, →Umweltradioaktivität, großräumige Überwachung.

Parkplatzgeräusch. Die Parkplätze von Einkaufszentren, von gewerblichen und industriellen Betrieben, von Bahnhöfen (Park und Ride), von Sportanlagen wie auch von Gaststätten und Diskotheken sind zu beachtende Geräuschquellen dieser Anlagen. Deshalb werden sie als Flächenschallquellen betrachtet.

Die P. sind im wesentlichen abhängig von der Anzahl der Stellplätze und der stündlichen Bewegungszahl pro Stellplatz, also davon, wie häufig die Fahrzeuge pro Stellplatz wechseln.

Folgende Anhaltswerte für stündliche Bewegungszahlen (Anfahrt oder Abfahrt) der verschiedenen Parkplatzarten sind in der Literatur genannt:

	Tag	Nacht
Park und Ride-Parkplatz	0,3	0,06
Einkaufszentrenparkplatz	1,7—2,2	—
Tank- und Rastanlagen-parkplätze	1,5	0,8
Diskothekenparkplatz	0,2	1,8

Für Prognosen über zu erwartende Geräuschimmissionen von Parkplätzen sind in der DIN 18005 und in der →RLS 90 die nachstehenden emissionskennzeichnenden Größen genannt:

DIN 18005: Flächenbezogener Schalleistungspegel L_W'': (→Flächenschalleistungspegel)

$$L_W'' = \left(76 + 10 \lg \sum_{i=1}^{3} g_i\, N_i - 10 \lg \frac{S}{So}\right) dB(A)$$

i = 1 Pkw; i = 2 Krad; i = 3 Lkw
g_1 = 1; $\quad g_2 = 5$; $\quad g_3 = 10$
N_i = mittlere Bewegungen/h
S = Gesamtfläche des Platzes in m^2
So = 1 m^2

RLS 90: Schalldruckpegel in 25 m Abstand:

$$L_{m.E} = 37 + 10 \lg (N\,n) + Dp\ dB(A)$$

N = mittlere Bewegungen/h und Stellplatz
n = Stellplatzanzahl
Dp = 0 für Pkw
$\quad\quad$ 5 für Krad
$\quad\quad$ 10 für Lkw

Die Abschätzung der im Umfeld des Parkplatzes zu erwartenden Geräuschimmissionen wird mit den vorgenannten Emissionsdaten in Verbindung mit der →Schallausbreitungsrechnung der entsprechenden Richtlinie vorgenommen. *Strauch*

Literatur: DIN 18005 T. 1: Schallschutz im Städtebau. 5/1985.

Partikel. In der Praxis der Luftreinhaltung Bezeichnung für die in Luft oder Abgas dispergierten festen oder flüssigen Stoffe. Zu den durch partikelförmige Beimengungen in Gasen gebildeten Dispersionen gehören Staub, Rauch, Nebel, Dunst, Aerosol.

Wichtige Unterscheidungsmerkmale von Einzelpartikeln sind Größe, Form, Masse, Dichte, elektrische Eigenschaften (Beispiele: Dielektrizitätskonstante, Ladungszustand), optische Eigenschaften (Beispiele: Farbe, Brechungsindex) und die stoffliche Zusammensetzung. Zur Kennzeichnung der Größe wird vorzugsweise der Durchmesser angegeben, der wesentlich von der Bestimmungsmethode abhängt. Der P.-Durchmesser kann aus geometrischen Messungen, Mobilitätsmessungen und Extinktions- oder Streulichtmessungen gewonnen werden. Unter Bezugnahme auf die in Frage kommenden Meßmethoden enthält VDI 3491, Blatt 1 eine zweistellige Zahl von Begriffsbestimmungen für den P.-Durchmesser. Praktische Bedeutung in der Luftreinhaltung hat vor allem der aerodynamische Durchmesser einer P. Er entspricht dem Durchmesser einer Kugel von der Dichte 1 g cm^{-3}, die bei Einwirkung äußerer mechanischer Kräfte im Gleichgewicht die gleiche Wanderungsgeschwindigkeit im Trägergas aufweist wie die untersuchte P.

Die vorkommenden P. haben Durchmesser zwischen 0,001 und 500 μm. Die untere Grenze liegt am Übergang zur molekularen Dispersion. Die obere Grenze hängt damit zusammen, daß grobe P. schneller sedimentieren.

Die P.-Größe ist ein wichtiges Kriterium der lufthygienischen Bewertung. Aus anthropogenen Quellen interessieren besonders die feinen P., weil sie tiefer in den Atemtrakt eindringen können und es Beispiele dafür gibt, daß sich gerade in feinen P. gefährliche Stoffe anreichern. Außerdem werden grobe P. mit modernen Methoden der Entstaubung nahezu vollständig abgeschieden.

Zur Kennzeichnung der Form einer P. dienen Formfaktoren. Abhängig von den Abmessungen in den drei Raumdimensionen unterscheidet man als Grundformen isometrische, tafelige und nadelige P. Auch die P.-Morphologie hat Bedeutung für die Wirkungsbewertung. Besondere Relevanz besitzen faserförmige P. (→Asbest).

Wichtige Unterscheidungsmerkmale von P.-Kollektiven sind die Konzentration (angegeben als Teilchendichte oder Massenkonzentration), die mittlere P.-Größe (z. B. angegeben als mittlerer, medianer oder modaler Durchmesser des P.-Kollektivs) und die P.- oder →Korngrößenverteilung.

Stahl

Partikelfilter →Dieselpartikelfilter

Passive Sammler. Im Gegensatz zu aktiv ansaugenden Meßeinrichtungen, bei denen die Luft mittels Pumpe durch den Detektor oder ein absorbierendes/adsorbierendes Medium gesaugt wird, sammelt der p. S. die Meßkomponente ohne Energiezufuhr. Beim p. S. gelangt die Meßkomponente durch Sedimentation, Diffusion oder →Permeation zu einer als Senke wirkenden adsorbierenden oder absorbierenden Trägersubstanz. Für Schwebestaub ist die →Staubniederschlagsmessung (VDI 2119, Bl. 1–4) zu nennen. Bei den Sammlern für gasförmige Komponenten unterscheidet man zwischen Diffusions- und Permeationssammlern *(Fowler, Hangartner)*.

Ein typischer Vertreter der Diffusionssammler sind die Sammelröhrchen nach *Palmes*. Durch die Luft in einem unten offenen 5 cm–10 cm langen Röhrchen diffundiert die Meßkomponente nach oben zu einem (stoffspezifischen) Adsorber oder →Absorber als Senke. Die an der Senke gesammelte Substanzmenge ergibt sich zu

$$M = \frac{c \cdot D \cdot a \cdot t}{l} \text{ mit}$$

c Schadstoffkonzentration in der Luft
D Diffusionskoeffizient für den Schadstoff
a Querschnittsfläche des Röhrchens
l Länge des Röhrchens (Diffusionsstrecke)
t Expositionszeit

Beim Permeationssammler ist die Diffusionsstrecke durch eine Permeationsmembran ersetzt. Die gesammelte Stoffmenge ergibt sich beim Permeationssammler zu

$$M = \frac{c \cdot D_m \cdot A_m \cdot t}{l_m} \text{ mit}$$

c Schadstoffkonzentration in der Luft
D_m Membranpermeabilität
A_m Membranfläche
l_m Dicke der Membran
t Expositionszeit

Anstelle des Diffusionskoeffizienten tritt die Membranpermeabilität und anstelle der Diffusionsstrecke die Dicke der Membran.

Bei der Berechnung der Immissionskonzentration c aus der gesammelten Stoffmenge M ist im wesentlichen ruhende Luft oder sind kleine laminare Luftströmungen am Eingang der Diffusionsstrecke bzw. an der Permeationsmembran impliziert. Bei Immissionsmessungen sind also →Meßfehler aufgrund wechselnder Windgeschwindigkeiten zu erwarten, die bei Diffusionssammlern erheblich stärker ins Gewicht fallen als bei Permeationssammlern. Dem gegenüber hat der Diffusionssammler den Vorteil, daß er einfach hergestellt werden kann und nicht geeicht werden muß. Die Diffusionskonstante der Stoffe in Luft können aus Tabellen entnommen werden. Als Schadstoffsenke ist man im wesentlichen auf adsorptive oder reaktive Festkörper beschränkt. Die Permeationssammler dagegen können feste oder flüssige Medien als Schadstoffsenke nutzen. Sie müssen in der Regel jedoch geeicht werden und sind stark von der Wahl einer geeigneten Permeationsmembran und deren Alterungsverhalten abhängig.

In der Fachliteratur sind für eine ganze Reihe von Komponenten (NO, NO_2, SO_2, O_3, CL_2, CO, verschiedene Kohlenwasserstoffe) p. S. beschrieben. Für einige dieser Sammler wurden die Ergebnisse von Vergleichsmessungen unter Feldbedingungen mit kontinuierlich automatischen Meßgeräten veröffentlicht. Insgesamt kann festgestellt werden, daß man bei geeigneter Ausführung des Sammlers eine befriedigende Übereinstimmung (innerhalb von ±20%) mit kontinuierlich automatischen Messungen erhält. Der p. S. stellt daher für Voruntersuchungen, Dosis-Wirkungsuntersuchungen, Screening-Tests, Personendosimeter oder auch für die Behandlung von Nachbarschaftsbeschwerden eine einfache, kostengünstige Alternative zu Messungen mit aktiver Entnahme dar.

Birkle

Literatur: *Fowler, W. K.*: Fundamentals of Passive Vapor Sampling. International Laboratory 4 (1983), S. 40. – *Hangartner, M.*: Einsatz von Passivsammlern für verschiedene Schadstoffe in der Außenluft. VDI-Bericht 838, S. 515. Düsseldorf 1990. – *Palmes, E. D.; A. F. Gunnison*: Personal Sampler for

Nitrogendioxide, J. of Am. Ind. Hyg. Assoc. 10 (1976) P. 37. – *Shields, H. C.; C. J. Weschler:* Analysis of Ambient Concentrations of Organic Vapours with a Passive Sampler. J. of Air Pollut. Contr. Assoc. 37 (1987), P. 1039. – *Seifert, B.; H. J. Abraham:* Use of Passive Samplers for the Determination of Gaseous Organic Substances in Indoor Air at Low Concentration Levels. Int. J. Environm. Anal. Chem. 13 (1983), P. 237. – VDI 2119: Messung partikelförmiger Niederschläge.

Passiver Schallschutz →Schallschutz

Passivisolierung. Das Ziel der P. besteht darin, bei gegen →Erschütterungen empfindlichen Anlagen, z. B. Präzisionswaagen, Spektrometern, Elektronenmikroskopen, Präzisionswerkzeugmaschinen oder auch bei Gebäuden, eine →Schwingungsisolierung durchzuführen, um die am Aufstellungsort vorhandenen Erschütterungen von der Anlage bzw. den Gebäuden fernzuhalten. Es soll eine →Abschirmung der Anlagen gegen die Einleitung von Erschütterungen erreicht werden. Zur passiven Entstörung der Anlage wird diese auf Federelemente gelagert (Bild 1). Dadurch kann erreicht werden, daß die Schwingungsbewegungen kleiner sind als die am Aufstellungsort vorhandenen Schwingungsbewegungen. Voraussetzung dafür ist eine entsprechende Dimensionierung der elastisch gelagerten Anlage, um die erforderliche Abstimmung und damit den angestrebten Isolierfaktor zu erreichen. Dazu muß die Frequenz bzw. das Frequenzspektrum der am Aufstellungsort vorhandenen Schwingungen oder Erschütterungen bekannt sein.

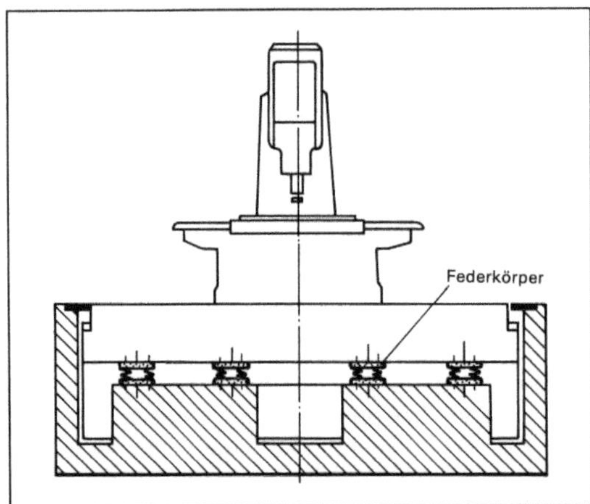

Passivisolierung 1: P. einer Präzisionswerkzeugmaschine.

Zur Beurteilung der Wirksamkeit von P. darf man oft das Schwingungssystem, das aus der Masse der zu schützenden Anlage, gfs. einschließlich des Fundaments, sowie den Federelementen und den Dämpfern gebildet wird, als Schwinger mit einem Freiheitsgrad betrachten (Bild 2). Die Erregung dieses

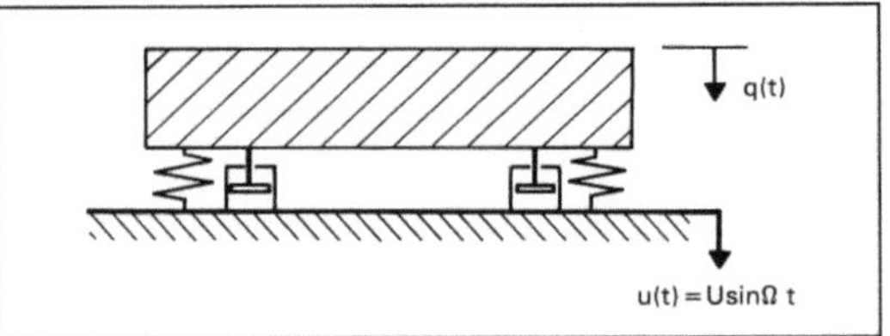

Passivisolierung 2: Schwingungssystem mit einem Freiheitsgrad auf Federn und Flüssigkeitsdämpfern, durch den Aufstellungsplatz erregt.

Systems soll durch eine harmonische Schwingung u(t) = U sin(Ωt) erfolgen.

Die P. wird auch angewendet, wenn z. B. in der Nähe von Schienenverkehrswegen, Tunnelstrecken von U-Bahnen usw. die bei Vorbeifahrten von Fahrzeugen auftretenden →Schienenverkehrserschütterungen von Gebäuden ferngehalten werden sollen. Dazu wird nicht die herkömmliche Art der Gründung durchgeführt, sondern das ganze Gebäude wird elastisch gelagert. Je nach der Steifigkeit der eingebauten Federelemente und der dadurch und durch die Masse des abgefederten Systems bedingten Eigenfrequenz wird nur eine Abschirmung der Erschütterungen mit den höheren Frequenzanteilen erzielt, d. h. eine Abschirmung gegen →Körperschall, wenn verhältnismäßig steife Elemente aus Gummi oder Polymeren eingebaut werden. Bei weich-elastischer Lagerung mit relativ niedriger Eigenfrequenz des abgefederten Gebäudes wird auch eine Abschirmung gegen störende Erschütterungen mit niedrigeren Frequenzen erreicht. *Splittgerber*

Literatur: *Bayer-Helms, F.* und *J. Steinert:* Schwingungsisolation für stoßempfindliche Meßgeräte. Meßtechnik (1970) 4. – *Benz, G., H. Heidenheim* und *F. Weidenhammer:* Abschirmung mechanischer Schwingungen durch federnde Fundamente. Frequenz 12 (1958) Nr. 4 – *Brüssau, H.:* Schwingfundamente für Präzisionswerkzeugmaschinen. TZ für praktische Metallbearbeitung 57 (1963) – *Wietlake, K. H.:* Körperschallisolierte Gründung eines Wohnhauses oberhalb einer U-Bahn-Trasse. Bauingenieur 60 (1985).

Passivrauchen. Einatmen des Rauchs von Zigaretten, Zigarren oder Pfeifentabaken, die von anderen konsumiert werden. Der von Nichtrauchern aus der Umgebungsluft aufgenommene Rauch (*engl.:* Environmental Tobacco Smoke = ETS) besteht weitgehend aus →Nebenstromrauch und zu einem geringen Teil aus dem Rauch, der vom aktiven Raucher ausgeatmet wird. P. ist in Ländern mit hohem Tabakkonsum weit verbreitet. Die Exposition von Nichtrauchern mit Tabakrauch läßt sich durch die Konzentration von Nikotin, einem tabakspezifischen Stoff, oder dessen Abbauprodukt Kotinin in Blut, Harn und Speichel nachweisen. Beim P. können während eines Tages bestimmte Schadstoffe, z. B. Nitrosamine, in ebenso großen Mengen aufgenommen werden wie beim Rauchen einiger Zigaretten.

P. kann akute und chronische Gesundheitsstörungen zur Folge haben: Reizungen der Augen, Atembeschwerden, Husten, Kopfschmerzen und Schwindel. Kinder rauchender Eltern leiden vermehrt an Atemwegserkrankungen und Mittelohrentzündungen. Bestehendes Asthma wird verschlimmert. Bei Erwachsenen, die an Allergie, Asthma oder Durchblutungsstörungen des Herzens leiden, kann bereits kurzfristiges P. eine Verschlechterung des Gesundheitszustandes bewirken. Langjähriges P. erhöht das Risiko für die Entstehung von Herz-Kreislauferkrankungen und Krebs. Die Senatskommission der Deutschen Forschungsgemeinschaft zur Prüfung gesundheitsschädlicher Arbeitsstoffe ($\rightarrow$MAK-Wert-Kommission) ordnet Passivrauch als gesundheitsschädliches Arbeitsstoffgemisch ein und setzt es krebserzeugenden Arbeitsstoffen bzw. Stoffgemischen gleich. *Wiebel*

Patronenfilter $\rightarrow$Oberflächenfilter

PBDD $\rightarrow$Dioxine

PBDF $\rightarrow$Furane

PCB-, PCT-, VC-Verbotsverordnung. Auf das ChemG ($\rightarrow$Chemikalienrecht) gestützte Verordnung zum Verbot von polychlorierten Biphenylen, von polychlorierten Terphenylen und zur Beschränkung von Vinylchlorid vom 18. Juli 1989 (BGBl. I S. 1482). Sie verbietet grundsätzlich die Herstellung, das Inverkehrbringen und die Verwendung PCB-oder PCT-haltiger Stoffe, Zubereitungen und Erzeugnisse; Erzeugnisse, die VC (Chlorethen) als Treibgas für Aerosole enthalten, dürfen grundsätzlich nicht hergestellt, in Verkehr gebracht und verwendet werden. Die Verordnung ist 1993 aufgehoben worden. Die Verbotsregelungen sind inzwischen hinsichtlich Herstellung und Verwendung in die $\rightarrow$Gefahrstoffverordnung (GefStoffV) übernommen worden, während die Verbote und Beschränkungen des Inverkehrbringens in die $\rightarrow$Chemikalien-Verbotsverordnung übergegangen sind. *Dreyhaupt*

PCDD $\rightarrow$Dioxine

PCDF $\rightarrow$Furane

Pedosphäre $\rightarrow$Biosphäre, $\rightarrow$Umweltmedien

Pegelhäufigkeitsverteilung. Die Schall-P. beschreibt den Zusammenhang zwischen der Häufigkeit des Auftretens eines Pegels und der Pegelgröße.

P. werden üblicherweise durch ein Histogramm (Säulen-Darstellung) anschaulich gemacht. Bei dieser Darstellung werden Rechtecke auf Abschnitten der x-Achse errichtet, deren Breite der vorliegenden Klasseneinteilung entspricht und deren Höhen der Häufigkeiten proportional sind.

Zur Ermittlung einer P. wird der Wertebereich der Pegel oder des Pegel-Zeitverlaufs in Klassen eingeteilt und die einzelnen Pegelwerte werden den Klassen zugeordnet.

Als relative Häufigkeit h wird das Verhältnis der Anzahl der Pegelwerte in einer Klasse zur Gesamtzahl aller ermittelten Pegelwerte bezeichnet,

$$\text{relative Häufigkeit } h = \frac{\text{Anzahl in der Klasse i}}{\text{Gesamtzahl}}$$

Bei Geräuschermittlungen wird neben der relativen Häufigkeit die Summenhäufigkeit zur Kennzeichnung der Geräuschsituation herangezogen.

Beginnend mit der Klasse mit dem höchsten Pegelwert wird die Anzahl der einzelnen Klassen aufaddiert und jedesmal ins Verhältnis zur Gesamtzahl aller Pegelwerte gesetzt.

Aus einem Pegel-Zeitverlauf ist somit durch Abtasten der Pegel im z. B. 0,1-Sekunden-Abstand eine Summenhäufigkeits-Verteilung der Pegel zu ermitteln, aus der dann Kennwerte z. B. für das $\rightarrow$Hintergrundgeräusch wie auch für die Größtwerte der aufgetretenen Pegel abzulesen sind.

So wird als Hintergrundgeräusch einer Messung, also das Geräusch, das keiner erkennbaren Schallquelle bei einer Messung mehr zugeordnet werden kann, der 95 %-Wert der Summenhäufigkeits-Verteilung bezeichnet. Es ist der Pegelwert, der zu 95 % der Beobachtungszeit erreicht oder überschritten wurde. Als Spitzenpegel oder selten auftretende Geräuschspitzen zur Kennzeichnung der Größtwerte wird der 0,1 %- bzw. 1 %-Wert der Summenhäufigkeits-Verteilung benutzt.

Als Kurzzeichen dieser Häufigkeitswerte wird für den 95 %-Wert die Bezeichnung $L_{95\%}$ und für den 0,1 %- bzw. 1 %-Pegelwert die Bezeichnung $L_{0,1\%}$ bzw. $L_{1\%}$ gewählt. *Strauch*

Literatur: DIN 55302, Blatt 1: Statistische Auswertungsverfahren, Haufigkeitsverteilung, Mittelwert und Streuung, Grundbegriffe und allgemeine Rechenverfahren. 11/1970. – VDI 3723, Bl. 1 E: Anwendung statistischer Methoden bei der Kennzeichnung schwankender Geräuschimmissionen. 12/1982.

Pentachlorphenol.
$\square$ Stoff-Identifizierungs-Nr.:
CAS-Nr.: 87-86-5
EG-Nr.: 604-002-00-8
UN-Nr.: 2020
EINECS-Nr.: 201-778-6
$\square$ Chemische Formel: C_6HCl_5O

□ Stoffcharakteristik: Weiße, praktisch wasserunlösliche, beständige, unbrennbare, geruchslose, nadelförmige Kristalle, Flocken oder graues Pulver, reagiert schwach sauer. Technisches Produkt riecht schwach nach Phenol.

□ Gefahrenmerkmale:
– Stoffliste nach § 4a der →Gefahrstoffverordnung:
Gefahrenkennbuchstabe(n): T+, N
R-Sätze: 24/25-26-36/37/38-40-50/53
S-Sätze: 1/2-22-36/37-45-52-60-61
– Besondere Stoffeigenschaften nach TRGS 500: krebserzeugend: MAK-Gruppe IIIA2
– Stoffliste (Anhang II) der →Störfall-Verordnung: Nr. 4b
– →Wassergefährdungsklasse: WGK 3
– Emissionswerte: TA Luft Einstufung: 2.3 (gemäß MAK-Liste) *Fischer/M. Schön*

Pentachlorphenol-Verbotsverordnung. Auf das ChemG gestützte Verordnung vom 12. Dezember 1989 (BGBl. I S. 2235). Verbietet grundsätzlich die Herstellung, das Inverkehrbringen und die Verwendung von Pentachlorphenol (PCP) und PCP-haltigen Stoffen, Zubereitungen und Erzeugnissen. Über das PCP-Verbot soll auch der Eintrag von Dioxinen und Furanen in die Umwelt gesenkt werden, die als Verunreinigungen in technischem PCP enthalten sind. Die Verordnung ist 1993 aufgehoben worden. Das Herstellungs- und Verwendungsverbot ist in die zentralen Verbotsregelungen der →Gefahrstoffverordnung übergegangen; das Verbot des Inverkehrbringens ist jetzt in der – ebenso zentral angelegten – →Chemikalien-Verbotsverordnung geregelt. *Dreyhaupt*

Perchlorethylen-Emissionsmessung. Eine Standardmethode zur Emissionsmessung von P. wird auf der Grundlage der →Gaschromatographie in der Richtlinie VDI 2457, Blatt 4 beschrieben. Zur Probenahme mit Anreicherung werden drei Gaswaschflaschen mit Eintauchfritten verwendet, die mit 1.1.2.2-Tetrachlorethan gefüllt sind. Die Füllung der →Trennsäule (z. B. Phenylsilikonöl auf Chromosorb) wird so gewählt, daß P. von anderen Begleitstoffen und vom Absorptionsmittel gut abgetrennt werden kann. Das Chromatogramm wird vorzugsweise mit einem →Flammenionisationsdetektor aufgenommen. Die quantitative Bestimmung erfolgt nach der Methode des externen Standards, indem die Peakfläche im Chromatogramm bestimmt und mit den Peakflächen bei Aufgabe von Eichlösungen verglichen wird. *Stahl*

Literatur: VDI 2457, Bl. 4: Messung gasförmiger Emissionen; Gaschromatographische Bestimmung von Tetrachloräthylen (Perchloräthylen). 12/1975.

Permeation. Als P. wird der Stofftransport durch eine Membran verstanden. Die P. wird in der Immissionsmeßtechnik zur dynamischen Herstellung von →Prüfgasen genutzt. (VDI 3490, Bl. 9, ISO 6349).

Der zu dosierende Stoff (Flüssigkeit mit ausreichendem Dampfdruck, verflüssigtes Gas) ist in einem kleinen Vorratsbehälter (Permeationsröhrchen) enthalten und wird durch P. durch eine Kunststoffmembran in einen konstanten, kontinuierlich fließenden Grundgasstrom abgegeben. Als Materialien für die Membranen kommen in erster Linie Polytetrafluorethylen (PTFE), Polyethylen (PE), Polypropylen (PP) oder Copolymere in Betracht.

Die Permeationsrate, angegeben in der Dimension Masse pro Zeiteinheit, hängt ab von der Art des Stoffes, von Art und Beschaffenheit der Membran, der Temperatur sowie der Konzentrationsdifferenz auf beiden Seiten der Membran. Bei bekannter Permeationsrate q_m und bekanntem Volumenstrom des Grundgases q_v (Dimension Volumen pro Zeiteinheit) läßt sich die Konzentration des erhaltenen Prüfgases c (Dimension Masse pro Volumen) berechnen als:

$$c = q_m/q_v$$

Das Phänomen der P. ist formelmäßig nicht exakt beschreibbar. Gründe hierfür, die gleichzeitig Fehlerquellen bei der Anwendung des Verfahrens sein können, sind unter anderem:
– Die bekannten physikalischen Gesetze gelten für quasi-ideale Bedingungen (ideale Membranen, vollständige Einstellung thermodynamischer Gleichgewichte).
– Rückdiffusion kann die P.-Rate vermindern.
– Die verwendeten Gase verhalten sich nicht wie ideale Gase.
– Es kann Polymerisation oder Assoziation eintreten (z. B. Dimerisation von NO_2).

Die P.-Rate läßt sich prinzipiell durch zwei Wägungen in einem angemessenen zeitlichen Abstand unter exakt definierten Bedingungen bestimmen, sofern sichergestellt ist, daß die die P.-Rate bestimmenden Einflußfaktoren sich in dieser Zeit nicht verändern. Daher müssen vor allem folgende Voraussetzungen erfüllt sein:
– Die Temperatur muß im betrachteten Zeitraum konstant sein ($\pm 0,1$ K oder besser).
– Das Permeationsgefäß muß ständig vom Grundgas umspült werden, um den Partialdruck der Beimengung auf der Außenseite vernachlässigbar niedrig zu halten.
– Der Dampfdruck innerhalb des Permeationsgefäßes muß konstant sein. Das bedeutet, daß die Substanz entweder teilweise als Flüssigkeit vorliegen muß oder aber der Massenverlust durch P. sehr klein sein muß verglichen mit der bevorrateten Menge.
– Es muß sichergestellt sein, daß der bei der Differenzwägung ermittelte Gewichtsverlust aus-

schließlich auf die P. des jeweiligen Stoffs zurückzuführen ist.

Weiterhin besteht die Möglichkeit, die in einer bestimmten Zeit austretende Stoffmenge durch eine direkte analytische Methode zu bestimmen oder aber die Konzentration des hergestellten Prüfgases analytisch durch ein →Referenzmeßverfahren (→Referenzverfahren) zu ermitteln.

Permeationsröhrchen sind für eine Vielzahl von Stoffen in unterschiedlichen Bauformen erhältlich. Die Erfahrung zeigt, daß auch bei sog. zertifizierten Röhrchen (mit durch den Hersteller zugesicherter Permeationsrate) eine Überprüfung durch den Anwender dringend erforderlich ist. Permeationsröhrchen werden oft in ebenfalls kommerziell erhältlichen Prüfgasgeneratoren eingesetzt.

Trotz aller prinzipiellen Probleme lassen sich bei fachgerechter Anwendung mit Permeationssystemen für bestimmte Stoffe Prüfgase hervorragender Qualität herstellen.

Das Phänomen der P. wird außer zur Erzeugung von Prüfgasen auch zum Entfernen von unerwünschten Beimengungen aus Probenluft genutzt. Beispiele hierfür sind Permeationstrockner (→Trockenmittel) und sogenannte Kicker (Kohlenwasserstoff-Scrubber), die in SO_2-Meßgeräten nach dem UV-Fluoreszenzverfahren eingesetzt werden.

Pfeffer

Literatur: ISO 6349: Gas analysis – Preparation of calibration gas mixtures – Permeation method. 1979. – Methods of Air Sampling and Analysis, Third Edition, James P. Lodge, Jr., Editor. Chelsea, Michigan. 1989.

Peroxyacetylnitrat (PAN). Die Bezeichnung PAN hat sich in der →Atmosphärenchemie eingebürgert, entspricht jedoch nicht den IUPAC-Regeln. Danach sollte diese Verbindung Ethanperoxysalpetersäureanhydrid genannt werden, weil es sich um ein gemischtes Anhydrid zweier Säuren, Peroxyessigsäure und Salpetersäure, handelt (→Peroxynitrat). PAN ($CH_3C(O)OONO_2$), eine charakteristische Substanz des →Photosmogs, zählt zu den →Oxidantien, führt in höheren Konzentrationen beim Menschen zu Augen- und Schleimhautreizungen und ist phytotoxisch.

PAN wird durch die Reaktion von Acetylperoxyradikalen mit NO_2 (1) gebildet. Acetylperoxyradikale entstehen im Verlauf der Oxidation von C_2 und höheren gesättigten und ungesättigten Kohlenwasserstoffen, so z. B. aus dem OH-initiierten Acetaldehydabbau oder aus der →Photolyse von Biacetyl ($CH_3C(O)C(O)CH_3$). P. ist eine thermisch instabile Substanz, die wieder in das →Peroxyradikal und NO_2 zerfällt (2). Die temperaturabhängige Zerfallsrate von PAN ergibt bei 20 °C eine Lebensdauer von 1,7 h und bei −10 °C eine Lebensdauer von 14 Tagen. PAN kann somit als temporärer Speicher für Stickoxide dienen und NO_x in weniger belastete Gebiete

transportieren, weil der Zerfall der Moleküle die Stickoxide wieder freisetzt (2). Bei niedriger Temperatur stellt die Bildung von PAN einen Kettenabbruch in der Radikalkette der VOC-Oxidation (Peroxyradikal) dar.

$$CH_3C(O)O_2 + NO_2 + M \rightarrow CH_3C(O)OONO_2 + M \quad (1)$$
$$CH_3C(O)OONO_2 + M \rightarrow CH_3C(O)O_2 + NO_2 + M \quad (2)$$

Während Photosmogepisoden wurden in Stadtgebieten PAN-Konzentrationen von bis zu 30 ppbV gefunden. In Reinluftgebieten liegt die Konzentration bei <50 pptV.

Wirtz

Peroxyacylnitrat →Peroxynitrat

Peroxybenzoylnitrat. P. (PBzN) ist die gebräuchliche Bezeichnung für Peroxybenzoesalpetersäureanhydrid (→Peroxynitrat). In der Atmosphäre entsteht es bei der Oxidation von Toluol in Gegenwart von NO_2, wobei sich NO_2 an Benzoylperoxyradikale anlagert (1). Der thermische Zerfall dieser Verbindung führt wieder zu Peroxyradikalen und NO_2 (2).

$$C_6H_5C(O)OO + NO_2 + M \rightarrow C_6H_5C(O)OONO_2 + M \quad (1)$$
$$C_6H_5C(O)OONO_2 + M \rightarrow C_6H_5C(O)OO + NO_2 + M \quad (2)$$

Es liegen nur wenige Messungen vor, bei denen die atmosphärische Konzentration von PBzN bestimmt wurde. Die in den Niederlanden (Delft) gefundenen Werte lagen im Bereich von 0,1 bis 5 ppbV, in Los Angeles bei 0,15–0,6 ppbV, während für die San Francisco-Bucht ein Wert von 70 pptV als Obergrenze angegeben wurde. Die Konzentrationen liegen weit unterhalb der PAN-Konzentrationen in diesen Gebieten.

Wirtz

Literatur: *Kirchner, F.; F. Zabel; K. H. Becker:* Kinetic Behaviour of Benzoylperoxy Radicals in the presence of NO and NO_2, Chem. Phys. Lett. **191** (1992) pp. 169–174.

Peroxynitrat. Entsprechend den IUPAC-Regeln sollte diese Verbindungsklasse als Peroxycarbonsalpetersäureanhydrid bezeichnet werden, jedoch hat sich in der →Atmosphärenchemie die Bezeichnung P. eingebürgert. Der wichtigste Vertreter dieser Verbindungsklasse ist das Ethanperoxysalpetersäureanhydrid (→Peroxyacetylnitrat = PAN), das zu den →Oxidantien zählt und als charakteristische Substanz des →Photosmogs angesehen werden kann. In der Atmosphäre werden die P. durch die Anlagerungsreaktion von NO_2 an Peroxyradikale RO_2 (1) gebildet. Die Lebensdauern dieser Verbindungen werden überwiegend durch den thermischen Zerfall bestimmt (2). Andere Verlustprozesse, z. B. die OH-Reaktion oder die →Photolyse, gewinnen erst in höheren Bereichen der →Troposphäre an Bedeutung, da die Temperatur mit zunehmender Höhe abnimmt (→Höhenprofil). Die Zerfallsraten einiger Vertreter dieser Verbindungsklasse sind in der Tabelle zusammengestellt. Für die thermische Stabilität ist entscheidend, ob in der α-Position der Peroxybindung eine Carbonylbindung besteht (Peroxyacylnitrate), andernfalls sind die $ROONO_2$-Verbindungen sehr kurzlebig und ohne Bedeutung für die Luftchemie in der unteren Troposphäre. Durch hohe P.-Konzentrationen in der Luft belasteter Gebiete können Pflanzenschädigungen auftreten. Weiterhin führen hohe Konzentrationen zu erheblichen gesundheitlichen Beeinträchtigungen der Bevölkerung (Augenreizungen und Atembeschwerden).

$$RO_2 + NO_2 + M \rightarrow ROONO_2 + M \qquad (1)$$
$$ROONO_2 + M \rightarrow RO_2 + NO_2 + M \qquad (2)$$

Wirtz

Peroxynitrat. Tabelle: Thermische Lebensdauer einiger P. $ROONO_2$ bei 298 K/1013 mbar und 220 K/50 mbar.

R	Lebensdauer (298 K, 1013 mbar)	Lebensdauer (220 K, 50 mbar)
CH_3	0,6 s	107 h
C_2H_5	0,3 s	27 h
$CH_3C(O)$	36 min	1 490 a
$C_6H_5C(O)$	54 min	1 590 a
$ClC(O)$	93 min	2 283 a

Literatur: *Bridier, I.; F. Caralp; H. Loirat; R. Lesclaux; B. Veyret; K. H. Becker; A. Reimer; F. Zabel:* Kinetic and Theoretical Studies of the Reactions $CH_3C(O)O_2 + NO_2 + M \leftrightarrow CH_3C(O)O_2NO_2 + M$ between 248 and 393 K and between 30 and 760 Torr, J. Phys. Chem. (1991) 95, pp. 3 594–3 600. – *Finlayson-Pitts, B. J.; J. N. Pitts, Jr.:* Atmospheric Chemistry: Fundamentals and Experimental Techniques. New York 1986. – *Roberts, J. M.:* The Chemistry of Organic Nitrates. Atmos. Environ. (1990) 24A, pp. 243–287.

Peroxyradikal. Alkyl-, Acyl- oder Arylradikale, die als Intermediat durch den durch Radikale initiierten Oxidationsprozeß von reaktiven organischen Gasen (ROG) entstehen, reagieren fast ausschließlich unter troposphärischen Bedingungen mit Sauerstoffmolekülen (O_2) und bilden P. (RO_2). Die weiteren Reaktionen der P. in der Atmosphäre hängen weitgehend von der Konzentration der Stickoxide (NO_x) ab. Bei Stickoxidkonzentrationen >50 pptV erfolgt die Reaktion der P. mit NO oder NO_2. Die Reaktion der P. mit NO_2 führt zur Bildung thermisch instabiler Peroxynitrate, wohingegen die Reaktion mit NO überwiegend Alkoxyradikale (RO) und NO_2 liefert (→Alkylnitrate). Für die

photochemische Ozonproduktion in der →Troposphäre nimmt die Reaktion der P. RO_2 mit NO, welche zwei Reaktionskanäle besitzt, die Schlüsselstellung ein. Der erste Reaktionskanal, in dessen Verlauf NO zu NO_2, dem direkten Vorläufer für Ozon, oxidiert wird (→Photosmog), stellt eine Fortpflanzung der →Radikalkettenreaktion dar. Der zweite Reaktionskanal liefert stabile Nitrate (Alkylnitrate), die als Radikalfänger in der Oxidationskette zu einem Kettenabbruch führen. Das Verhältnis der beiden Reaktionskanäle ist entscheidend für den Einfluß eines speziellen P. auf die Ozonproduktion.

Unter stickoxidarmen Bedingungen $NO_x < 50$ pptV gewinnen andere Reaktionen zunehmend an Bedeutung. Die RO_2-Radikale reagieren dann entweder miteinander oder mit HO_2-Radikalen, zumindest teilweise unter Bildung von Hydroperoxiden ROOH. Es besteht in der Literatur grundsätzlich Übereinstimmung darin, daß bei Peroxy-Selbst- oder Kreuzreaktionen drei Reaktionskanäle auftreten können, mit Alkoholen, Carbonylverbindungen, Peroxiden und Hydroperoxiden als Produkten. Für die →Nachtchemie ist weiterhin die Reaktion der RO_2-Radikale mit NO_3 von Bedeutung, in deren Verlauf Alkoxyradikale, NO_2 und O_2 als Produkte gebildet werden. Eine Zusammenfassung der wichtigsten atmosphärischen Reaktionen der P. enthält die Tabelle.

In weiten Bereichen der Troposphäre, vor allem in den industrialisierten Ländern auf der Nordhalbkugel der Erde, ist die Reaktion der P. mit NO die entscheidende Verlustreaktion für diese Radikale, da die NO-Konzentrationen selbst für Reinluftgebiete über 20 pptV liegen. In der freien Troposphäre, wo die NO-Konzentrationen unterhalb von 10 pptV liegen, überwiegen die Reaktionen der P. mit HO_2, RO_2 und O_3.

Wirtz

Peroxyradikal. Tabelle: Atmosphärische P.

Reaktion	Produkte
$RO_2 + NO_2 + M$	$\rightarrow RO_2NO_2 + M$
$RO_2 + NO$	$\rightarrow RO + NO_2$
	$\rightarrow RONO_2$
$RO_2 + RO_2$	$\rightarrow RO + RO + O_2$
	$\rightarrow ROH + R'C(O)R'' + O_2$
	$\rightarrow ROOR + O_2$
$RO_2 + HO$	$\rightarrow ROOH + O_2$
$RO_2 + O_3$	$\rightarrow$ Produkte

Literatur: *Atkinson, R.:* Gas Phase Tropospheric Chemistry of Organic Compounds. A Review. Atm. Environ. 1990, 24A, 1–41. – *Madronich, S.; J. G. Calvert:* Permutation Reactions of Organic Peroxy Radicals in the Troposphere. J. Geophys. Res. (1990), Nr. 95, pp. 5 697–5 715.

Persistent. (*lat.* persistere = andauern). Bezeichnung für Verbindungen, die durch natürliche Prozesse schwer abbaubar sind, d. h. in Boden, Wasser oder Luft lange in ihrer ursprünglichen Konfiguration überdauern. Für den →Abbau in Wasser und Boden sind in erster Linie Mikroorganismen verantwortlich; man spricht hier deshalb von einer langen biologischen →Halbwertszeit persistenter Verbindungen. In der Luft wird der Abbau dagegen von luftchemisch aktiven Molekülen (z. B. OH-Radikale) sowie durch UV-Licht bewerkstelligt. Beispiele für p. Verbindungen sind →polycyklische aromatische Kohlenwasserstoffe sowie die Fluor-Chlor-Kohlenwasserstoffe (FCKW), die nach unveränderter Passage durch die →Troposphäre erst in der →Stratosphäre durch die intensivere UV-Strahlung gespalten werden und hier durch ihre Spaltprodukte (vor allem Chlor-Radikale) zum Abbau des Ozons beitragen. *Kleespies/Soeder*

Persistenz. P. ist die Bezeichnung für die Beständigkeit organischer Stoffe in der Umwelt. Von der EG wurde vorgeschlagen, die Chemikalien, die in einem von der EG empfohlenen Test zur Prüfung der schnellen →Abbaubarkeit nicht abgebaut werden, als →persistent zu bezeichnen. P. ist ein wichtiges negatives Kriterium bei der umweltorientierten Chemikalienbewertung, weil sich nur persistente Chemikalien in der Umwelt anreichern. *Wirtz*

Person, beruflich strahlenexponierte. Nach den Begriffsbestimmungen der StrlSchV und der Röntgenverordnung (RöV) sind als b. s. P. solche anzusehen, die bei ihrer Berufsausübung oder bei ihrer Berufsausbildung Strahlenexpositionen von mehr als $\frac{1}{10}$ der in Spalte 2 der Tabelle genannten Grenzwerte erhalten können. Dabei unterscheidet man zwischen einer beruflichen →Strahlenexposition der Kat. A und der Kat. B (mehr als $\frac{1}{10}$, höchstens $\frac{3}{10}$ der Grenzwerte). Eine berufliche Strahlenexposition liegt schon dann vor, wenn die Möglichkeit besteht, die Grenzwerte zu überschreiten. Dabei handelt es sich um Körperdosen. Körperdosis ist der Sammelbegriff für die effektive Dosis (→Dosimetrie) und die Teilkörperdosis. Unter der Teilkörperdosis versteht man den Mittelwert der Äquivalentdosis über das Volumen eines Körperabschnitts oder eines Organs, im Falle der Haut über die kritische Fläche (1 cm^2 im Bereich der maximalen Äquivalentdosis in 70 μm Tiefe).

Die Definition der b. s. P. bezieht sich sowohl auf äußere als auch auf innere Bestrahlung.

Wesentlich bei der Einordnung von in Strahlenbetrieben tätigen Personen in die Gruppen b. s. P. bzw. beruflich Nicht-Strahlenexponierte ist die Kenntnis der effektiven Dosis. Auf dieser Basis liegt eine berufliche Strahlenexposition der Kat. A dann vor, wenn eine Person eine effektive Dosis von 15 mSv im Kalenderjahr erhalten kann; die Kat. B ist dann gegeben, wenn eine Person eine effektive Dosis von mehr als 5 mSv, aber nicht mehr als 15 mSv im Kalenderjahr erhalten kann.

Für b. s. P. ergeben sich aus den beiden Verordnungen Verpflichtungen und Regeln, die bezüglich der Einteilung in die Kategorie A oder B unterschiedliche Konsequenzen haben können. Das betrifft die Höhe der →Dosisgrenzwerte (§ 49

Person, beruflich strahlenexponierte. Tabelle: Grenzwerte der Körperdosen für b. s. P. im Kalenderjahr.

Körperdosis	Werte der Körperdosis für beruflich strahlenexponierte Personen im Kalenderjahr der	
	Kategorie A	Kategorie B
1	2	3
Effektive Dosis	50 mSv	15 mSv
1. Teilkörperdosis; Keimdrüsen, Gebärmutter, rotes Knochenmark	50 mSv	15 mSv
2. Teilkörperdosis: Alle Organe und Gewebe, soweit nicht unter 1., 3. und 4. genannt	150 mSv	45 mSv
3. Teilkörperdosis: Schilddrüse, Knochenoberfläche, Haut, soweit nicht unter 4. genannt	300 mSv	90 mSv
4. Teilkörperdosis: Hände, Unterarme, Füße, Unterschenkel, Knöchel, einschl. der dazugehörigen Haut	500 mSv	150 mSv

StrlSchV bzw. § 31 RöV) und die Pflicht zur Überwachung durch einen ermächtigten Arzt (§ 67 StrlSchV bzw. § 37 RöV). Außerdem dürfen sog. Strahlenexpositionen aus besonderem Anlaß – z. B. bei sicherheitstechnisch erforderlichem Betreten aktivierter Bereiche im Falle eines Störfalls – nur b. s. P. der Kat. A zugemutet werden (§ 50 StrlSchV). *Ewen*

Literatur: *Bischof, W.:* Röntgenverordnung (RöV). 1977. – *Ewen, K., I. Lucks, D. Wendorff:* Die neue Strahlenschutzverordnung – Praxiskommentar. 1990.

Personensicherheitssystem. Beim Betrieb von Anlagen zur Erzeugung ionisierender Strahlen (z. B. von Beschleunigeranlagen), von Bestrahlungseinrichtungen mit radioaktiven Quellen (z. B. von Telegammabestrahlungsanlagen in der →Strahlentherapie) und von anderen Anlagen bzw. Einrichtungen, bei denen die Bedingungen für die Existenz von →Sperrbereichen erfüllt sein können, müssen folgende mögliche Erfordernisse eingeplant werden: das Vorhandensein von Schutzeinrichtungen gegen unbefugten Zutritt zum Sperrbereich (Zugangsverriegelung), Kennzeichnungen, optische bzw. akustische Warneinrichtungen außerhalb und innerhalb des Sperrbereichs, Systeme zum notfallbedingten Ausschalten der Strahlung außerhalb und innerhalb des Sperrbereichs sowie Meßgeräte und Monitore zur quantitativen Erfassung von Expositionsparametern (Dosis, Dosisleistung, Aktivität, Aktivitätsdichte). Als P. bezeichnet man die genannten Einrichtungen einschließlich ihrer sich an sicherheitstechnischen Maßstäben orientierenden logischen Verknüpfung zu einer Gesamteinheit. Bei komplexen P. (z. B. bei großen →Beschleunigeranlagen) ist eine softwaremäßige Unterstützung zum Zwecke einer ordnungsgemäßen Funktionsweise unerläßlich. *Ewen*

Literatur: *Ewen, K.:* Strahlenschutz an Beschleunigern. Stuttgart 1985 DIN 25430: Sicherheitskennzeichnung im Strahlenschutz. 1978. VDE 0113/DIN 57113: VDE-Bestimmungen für die elektrische Ausrüstung von Bearbeitungs- und Verarbeitungsmaschinen mit Nennspannungen bis 1 000 V, Notaus und Grenztaster. 1973 sowie die Änderungen VDE 0113a und VDE 0113 A2, 1978 und 1981, ferner Entwurf VDE 0113/DIN 57113. 1980.

Pestizide →Biozide

Pfandsystem. P. gehören neben Abgaben und Zertifikaten zu den ökonomischen Instrumenten der Umweltpolitik. In der Ausgestaltung dieses Instruments wird die Rücknahmepflicht des Herstellers mit einem fiskalischen Anreizsystem für den Verbraucher in Form einer Pfanderhebung kombiniert. Die Lenkungswirkung dieses Instruments besteht in der Internalisierung (→Umweltökonomie) der durch das Abfallaufkommen verursachten Kosten und Umweltschäden, die bereits bei der Herstellung der Produkte berücksichtigt werden. Der Lenkungsanreiz des Instruments besteht dann darin, Materialien zu verwenden, die wiederverwendet oder recycelt werden können und nichttrennbare Verbundmaterialien zu vermeiden. Die ökologische Wirkung dürfte sich in einem verringerten Abfallaufkommen niederschlagen (→Duales System). *Paskuy*

Pflanze, herbizidresistente. Ausgehend von der Beobachtung, daß viele Unkrautvernichtungsmittel (Herbizide) entweder einkeimblättrige oder zweikeimblättrige Pflanzen vernichten, der jeweils anderen Pflanzengruppe aber nicht schaden, befaßt sich die moderne →Pflanzenzüchtung mit der Realisierung der Möglichkeit, genetisch bedingte Herbizid-Resistenzen z. B. von zweikeimblättrigen Pflanzen auf einkeimblättrige Nutzpflanzen zu übertragen. Eine auf diese Weise resistent gemachte Getreidesorte wird dann durch ein Herbizid, das normalerweise alle einkeimblättrigen Pflanzen ausschaltet, nicht geschädigt, d. h. sie könnte auf der landwirtschaftlichen Nutzfläche in sortenreinem Bestand gehalten werden.

Zur Züchtung der h. P. kann man sich bereits erprobter gentechnischer und biotechnologischer Methoden bedienen. Im Prinzip kultiviert man dazu große Mengen von einzelnen Zellen der betreffenden Pflanze als Suspension und überführt das betreffende Resistenz-Gen in die gezüchteten Zellen (→Pflanzenzüchtung, biotechnologische). Setzt man nun das Herbizid zu, so erhält man eine Reinkultur der gentechnologisch erfolgreich veränderten Zellen und kann diese auf Agarnährboden wieder zu ganzen Pflanzen regenerieren lassen. Ihr Massenanbau unter dem Schutzschild des Herbizids, gegen das sie spezifisch resistent sind, ist bislang vom deutschen →Gentechnik-Gesetz nicht gestattet. *Soeder*

Pflanzenbau, integrierter. Unter dem Einfluß des ökologischen →Landbaus, aber auch der wachsenden Umweltbelastungen der modernen Landbewirtschaftung sowie der steigenden Kosten von ertragssteigernden Hilfsmitteln hat sich innerhalb der konventionellen Landwirtschaft eine Arbeitsrichtung entwickelt, die zunächst im →Pflanzenschutz eine Reduzierung chemischer Mittel anstrebte und statt dessen Schädlinge, Krankheiten und Unkräuter auch durch nicht-chemische Methoden bekämpfte, darunter Einsatz von natürlichen Feinden der Schädlinge, Eingriffe in deren Entwicklungsabläufe, Veränderung der Fruchtfolge oder Anbau resistenterer Pflanzen. Außerdem ist das – ohnehin nicht erreichbare – Ziel des unkraut- und schädlingsfreien Nutzpflanzenbestandes aufgegeben worden; statt dessen wird ein gewisser Bestand an Unkräutern und Schädlingen geduldet und erst nach Überschreitung einer Schadensschwelle bekämpft (→Schadschwellenkonzept).

Da diese Arbeitsweisen verschiedene Bekämpfungsmethoden miteinander verbinden und integrieren, wurde die Bezeichnung integrierter Pflanzenschutz geprägt. Chemische Pflanzenschutzmittel werden nur noch im unbedingt nötigen Umfang eingesetzt. Der i. P. könnte ebensogut als umweltfreundlicher, -schonender oder -gerechter Pflanzenbau bezeichnet werden. Trotz des ökologisch begrüßenswerten Konzepts und entsprechender Förderung setzt sich der i. P. aber nur langsam durch, weil er teilweise größere Umstellungen in gewohnten Wirtschaftsweisen, zusätzliche Kenntnisse und veränderte Einstellungen erfordert. *Haber*

Literatur: *Diercks, R.; R. Heitefuss* (Hrsg.): Integrierter Landbau. München 1990. – *Heyland, K.-U.:* Integrierte Pflanzenproduktion. Stuttgart 1991.

Pflanzenkläranlage.

P. sind Anlagen, bei denen Abwasser einem mit ausgewählten Sumpfpflanzen (Helophyten, *griech.* Helos = Sumpf) besetztem Boden- oder Wasserkörper zum Zweck der biologischen Reinigung zugeführt wird; dieser soll zur Behandlung des Abwassers vertikal oder horizontal durch- oder überströmt werden. →Wurzelraumverfahren, bewachsener Bodenfilter, Schilf-Binsen-Kläranlage, hydrobotanische Stufe etc. sind Bezeichnungen für bestimmte Verfahrensvarianten.

Gemeinsames Merkmal aller Verfahrensvarianten ist die Verwendung der Sumpfpflanzen (Schilf, Binsen, Wasserschwertlilien, Rohrkolben). Der wesentliche Unterschied der Verfahren liegt in den verschiedenen Bodenkörpern, die für Pflanzenaufwuchs und Wasserdurchfluß empfohlen werden: Grobkies, Kiessand, Feinsand und Böden mit teilweise bindigem Material.

Der Boden dient als Standort für die eingesetzten Sumpfpflanzen. Zugleich wirkt er als Filterkörper und als Aufwuchsfläche von Mikroorganismen sowie als Reaktionsraum für physikalisch-chemische Reaktionen mit den Abwasserinhaltsstoffen (z. B. Adsorption, Ionenaustausch, Fällung).

Die in Pflanzenbeeten eingesetzten Helophyten zeigen bei Beschickung mit häuslichem Abwasser in aller Regel ein üppiges Wachstum. Die Wirkungen der Pflanzen auf den Abwasserbehandlungsprozeß werden jedoch häufig überbewertet.

Die durch die Pflanzen dem häuslichen Abwasser entzogenen Nährstoffmengen sind im Verhältnis zur zugeführten Jahresfracht unbedeutend. Der notwendige Sauerstoff für aeroben mikrobiellen →Abbau organischer Schmutzstoffe und für die →Nitrifikation kann bei weitem nicht über die Wurzeln in den Boden eingetragen werden. Auch die vielfach angesprochene Auflockerung des Bodenkörpers, die zu einer erhöhten Wasserdurchlässigkeit führen soll, ist in der Praxis nur unzureichend dokumentiert.

Das Milieu wurzelnaher Bereiche wird zwar durch Wurzelausscheidungen verändert, ihr Einfluß auf die Reinigungsvorgänge ist jedoch wenig wirksam, weil diese Bereiche entweder kaum durchströmt oder die Wurzeln bzw. Rhizome von Bakterienrasen überwuchert werden. Die wesentliche Wirkung von Pflanzenbeeten ist den in den durchflossenen Teilen sich bildenden Mikroorganismengesellschaften zuzuordnen.

In P. findet vorwiegend eine Elimination von leicht abbaubaren Kohlenstoffverbindungen statt. Auch das im Abwasser vorzufindende Ortho-Phosphat kann im Bodenkörper durch physikalisch-chemische Reaktionsmechanismen als Phosphat-Metall-Körper fixiert werden. Eine nennenswerte Elimination des Stickstoffs konnte bisher nicht beobachtet werden; dies trifft auch für die Elimination von Schwermetallen und organischen Schadstoffen zu. P. eignen sich deshalb vorzugsweise für die Behandlung von leicht abbaubarem häuslichem Abwasser und kommen vorwiegend in der Grundstücksentwässerung zum Einsatz. Je nach System muß mit einem Flächenbedarf von 5–10 m²/E dimensioniert werden. Der Bodenkörper sollte ca. 60 bis 100 cm tief sein. Die zu bepflanzenden Bereiche sind mit mindestens 4 Pflanzen je m² zu versehen.

Mertsch

Literatur: ATV (Hrsg.): ATV-Regelwerk Abwasser-Abfall H 262 – Behandlung von häuslichem Abwasser in Pflanzenbeeten. Gesellschaft zur Förderung der Abwassertechnik. St. Augustin 1989. – LWA (Hrsg.): LWA-Merkblätter Nr. 2 – Pflanzenkläranlagen und Abwasserteiche für Anschlußwerte bis 50 Einwohner. Düsseldorf 1989. – Pflanzenkläranlagen; Bau und Betrieb von Anlagen zur Wasser- und Abwasserreinigung mit Hilfe von Wasserpflanzen; Grundlagen, praktische Erfahrungen, Verfahrensvarianten. Wiesbaden 1987.

Pflanzenöl.

P. sind Triglyceride, also →Ester aus Glycerin (dreiwertiger Alkohol) und drei Fettsäuren. P. kann bei ausreichendem Reinheitsgrad unverändert (kaltgepreßt oder vollraffiniert) in Spezialmotoren als Treibstoff genutzt werden. Um P. in konventionellen Dieselmotoren einsetzen zu können, muß es in seiner Molekülstruktur umgewandelt werden, entweder durch →Umesterung oder durch Raffinationsmaßnahmen aus der Mineralöltechnik (Hydrocracking, Hydrotreating). In beiden Fällen wird das P. in wichtigen Eigenschaften (v. a. Viskosität) dem Dieselkraftstoff angepaßt und ist somit zur Nutzung in herkömmlichen Motoren geeignet. Dieser Vorteil muß mit zusätzlichem Energie- und Kostenaufwand bezahlt werden. P. ist auch als Ersatz für Heizöl S und Heizöl M geeignet. In herkömmlichen Brennern für Heizöl EL kann es nur in Mischungen mit Heizöl EL unter der Voraussetzung einer heißen Brennkammer und einer Ölvorwärmung eingesetzt werden.

Neben der energetischen Nutzung kann P. auch als Grundöl für Schmierstoffe und Druckflüssigkeiten verwendet werden. Bei einer hohen biologischen →Abbaubarkeit sind sie aus Umweltgesichtspunkten günstiger zu beurteilen als viele herkömmliche Produkte. Der Bedarf z. B. an Schmieröl für Kettensägen wird in der Bundesrepublik Deutschland zu über 60 % durch Produkte aus →Rapsöl gedeckt.

H. Schön/Widmann

Pflanzenölherstellung-Energiebilanz (Rapsöl). Bei der Ernte werden die Rapskörner vom Rapsstroh getrennt. Die Rapskörner werden in Ölmühlen gepreßt; dem rohen →Rapsöl werden anschließend die unerwünschten Fettbegleitstoffe durch Raffinerieprozesse entzogen.

Für die technischen Mittel vom Rapsanbau bis zum Rapsöl als Vollraffinat ist ein Energieeinsatz von 21,9 GJ/ha notwendig. Als Energieoutput erhält man eine Energiemenge von 156 GJ/ha, die sich aus der Energie in den Rapskörnern und im Rapsstroh zusammensetzt. Da das Rapsstroh in der Regel nicht energetisch genutzt wird, reduziert sich der Energieoutput auf 76,3 GJ/ha. Durch die Verarbeitung der Rapskörner in der Ölmühle und den Raffinationsprozessen verringert sich der Energiegehalt der Rapssaat von 77,8 GJ/ha auf zuletzt 48,1 GJ/ha für das raffinierte Rapsöl. Der Energiegewinn rein auf das Rapsöl als Vollraffinat bezogen ergibt sich

deshalb aus der Differenz vom Energieoutput des vollraffinierten Öls von 48,1 GJ/ha und dem für die Herstellung zugeführten Energieinput von 21,9 GJ/ha zu einem Wert von 26,2 GJ/ha.

Für die Nutzung der so erzeugten Öle sind allerdings nur spezielle Dieselmotoren (z. B. großvolumige Kammermotoren) geeignet. Sollen serienmäßige Dieselmotoren, die oft auch als Direkteinspritzer ausgeführt sind, mit Pflanzenölen als Kraftstoff betrieben werden, so müssen die Öle umgeestert werden. Für die Herstellung des Rapsölmethylesters aus der Rapssaat ist ein gesamter Energieinput von 25 GJ/ha aufzubringen. Der Energiegewinn bezogen auf den →Rapsölmethylester (RME), der einen Energieoutput von 47,8 GJ/ha liefert, beträgt somit 22,8 GJ/ha (606 kg RME/ha bzw. 687,5 dm³/ha) (Bild). *Adt/Birkner/May*

Literatur: *Krahl, J.; Vellguth, G.; Bahadir, M.:* Bestimmung der Schadstoffemissionen von landwirtschaftlichen Schleppern beim Betrieb mit Rapsölmethylester im Vergleich zu Dieselkraftstoff. Landbauforschung Völkerrode **42** (1992), Heft 4, S. 247 ff.

Pflanzenölkraftstoff. P. werden durch Auspressen stark ölhaltiger Kulturpflanzen und durch anschließende Weiterverarbeitung in Raffinerieprozessen erzeugt. Auf Grund der klimatischen Gegebenheiten in der Bundesrepublik Deutschland werden hauptsächlich Raps und Sonnenblumen zur Gewinnung des P. angebaut. Ein besonderer Vorteil bei der Verwendung von Pflanzenölen als →Kraftstoff für Dieselmotoren besteht darin, daß sich auf Grund der CO_2-Assimilation der Pflanzen in der Bilanzierung mit den CO_2-Emissionen aus der Verbrennung der P. ein nahezu geschlossener Kohlendioxid-Kreislauf ergibt und folglich keine zusätzliche Belastung der →Atmosphäre durch CO_2-Emissionen auftritt, wie dies bei konventionellen Kraftstoffen auf fossiler Basis der Fall ist. Da P. einen sehr geringen Anteil an Schwefel enthalten, können die SO_2-Emissionen vernachlässigt werden. Der Einsatz von Pflanzenölen als Kraftstoff beschränkt sich auf Dieselmotoren, Ottomotoren können mit P. nicht betrieben werden.

Ein großer Vorteil von P. ist ihre gute biologische →Abbaubarkeit. Bei Untersuchungen nach der genormten Prüfmethode CEC-L 33-T 82 liegt die biologische Abbaurate bei 98,3 % in 21 Tagen. P. sind daher für den Einsatz in Wasser- und Naturschutzgebieten prädestiniert.

Von der chemischen Zusammensetzung her sind Pflanzenöle Glyceride, bestehend aus dem dreiwertigen Alkohol Propantriol-1,2,3 (Glycerin), an den eine, zwei oder drei Fettsäuren über eine Esterbindung angelagert sind (→Ester). Öle sind gemischte Triazylglycerole (Triglyceride), die Hauptbestandteile der Pflanzenöle sind die Ölsäure (Oktadezen-(9)-säure), die Palmitinsäure (Hexadekansäure) und die Sterinsäure (Oktadekansäure). Durch Hydrie-

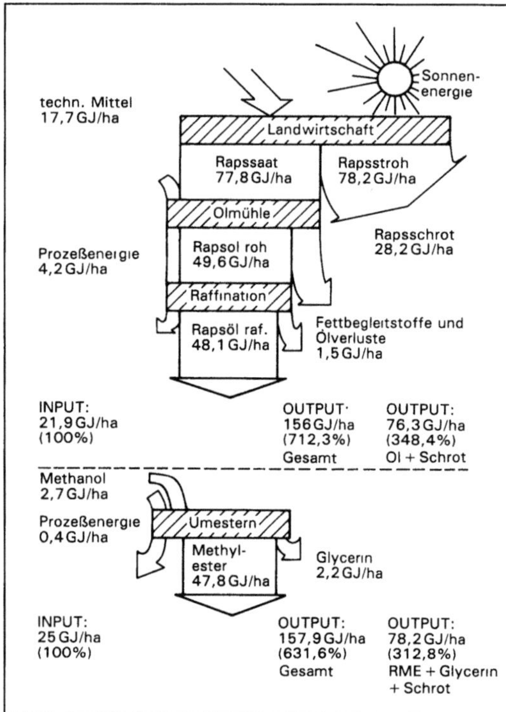

Pflanzenölherstellung – Energiebilanz: Energiefluß bei der Pflanzenöl-Kraftstoff-Herstellung aus Raps (nach Krahl, J. et al.).

rung, das heißt Anlagerung von Wasserstoff an die Doppelbindungen der ungesättigten Fettsäuren, werden Pflanzenöle in -fette umgewandelt (→Pflanzenölkraftstoff-Betriebsverhalten; →Pflanzenölkraftstoff-Emissionsverhalten). *Adt/Birkner/May*

Literatur: *May, H.; U. Hattingen; Ch. Birkner; H. U. Adt:* Neuere Untersuchungen über die Umweltverträglichkeit und die Dauerstandfestigkeit von Vorkammer- und direkteinspritzenden Dieselmotoren bei Betrieb mit Rapsöl und Rapsölmethylester. VDI Berichte 1020. Düsseldorf 1992. – *Weidmann, K.; H. Heinrich:* Einsatz nachwachsender Rohstoffe im Kraftfahrzeug; BWK **44** (1992) Nr. 9, S. 371–376.

Pflanzenölkraftstoff-Betriebsverhalten. Bei Untersuchungen mit rohen Pflanzenölen zeigen die Motoren in der Regel normales Betriebsverhalten bei verminderter Leistung und erhöhtem spezifischen Kraftstoffverbrauch. Der Leistungsverlust ist zum einen durch den geringeren Heizwert des Öls und zum zweiten durch seine hohe Viskosität begründet. Diese Tendenz wird z. T. durch die höhere Dichte und die durch den Sauerstoffgehalt begründete bessere Verbrennung ausgeglichen. Der Leistungsverlust ist besonders bei Pkw-Dieselmotoren mit Verteilereinspritzpumpe so hoch, daß ein störungsfreier Betrieb mit Pflanzenölen nicht ohne umfangreiche Änderungen der Motorkonstruktion gewährleistet werden kann. Wegen der hohen Zähigkeit der Pflanzenöle benötigt ein Fahrzeug, das mit rohen Pflanzenölen betrieben werden soll, ein zweites, paralleles Kraftstoffsystem, damit vor dem Abstellen des Motors das gesamte Kraftstoff-Einspritzsystem mit Dieselkraftstoff gespült werden kann. Ohne diese Maßnahme wäre besonders bei tieferen Temperaturen ein Anlassen des Motors nicht mehr möglich. Untersuchungen an Dieselmotoren, die mit rohen Pflanzenölen betrieben wurden, haben im Langzeitbetrieb starke Ablagerungen an der Einspritzdüse und im Brennraum nachgewiesen. Die Ablagerungen in den Kolbenringnuten und an den Ventilen führen hierbei zu starken Leistungsverlusten und letztendlich zu Motorschäden. Diese Verkokungsneigung zeigen großvolumige Dieselmotoren mit unterteiltem Brennraum (Vorkammer-, Wirbelkammerdieselmotoren) in der Regel nicht. Diese Motoren weisen auch deutlich geringere Schadstoffemissionen bei geringerer Leistung und höherem spezifischen Verbrauch auf.

Bei Verwendung von →Rapsölmethylester als Kraftstoff sind außer dem Abgasgeruch keine nennenswerten Unterschiede zum Betrieb mit Dieselkraftstoff festzustellen. Lediglich der spezifische Kraftstoffverbrauch steigt um circa 8 %, was durch den geringeren Heizwert begründet ist. Weiterhin muß bei jedem Fahrzeug die Materialverträglichkeit des Kraftstoffsystems gegenüber Rapsölmethylester überprüft werden, weil einige Elastomere von Methylester angegriffen werden. *Adt/Birkner/May*

Pflanzenölkraftstoff-Emissionsverhalten. Bei der Beurteilung der Eignung von Pflanzenölen als Kraftstoffe für Nutzfahrzeug-Dieselmotoren kommt dem Abgasverhalten des Motors eine entscheidende Bedeutung zu. Als Bewertungsparameter wird dabei die spezifische Emission (g/kWh) im 13-Stufen-Test verwendet (→Kfz-Abgas-Grenzwert). Während dieses Tests werden verschiedene definierte Last-Drehzahl-Punkte angefahren und für jeden Punkt die spezifischen Emissionen der rechtlich limitierten Schadstoffe HC, CO, NO_x und Partikel ermittelt. Unabhängig von den Ergebnissen des 13-Stufen-Tests ist beim Betrieb der Motoren mit Pflanzenölkraftstoff ein intensiver Abgasgeruch festzustellen. Als Geruchskomponenten kommen dabei die Aldehyde in Frage, deren Emissionswerte vor allem im unteren Teillastbereich bei Verwendung von →Rapsölmethylester gegenüber Dieselkraftstoff leicht erhöht ist.

Die gasförmigen Schadstoffkomponenten sind bei Betrieb mit Pflanzenölkraftstoffen in leicht veränderten Konzentrationen gegenüber dem Betrieb mit Dieselkraftstoff vorhanden. Bei den Kohlendioxid-Emissionen weisen die Motoren beim Betrieb mit Pflanzenölkraftstoffen höhere Emissionswerte auf als beim Betrieb des Motors mit Dieselkraftstoff. Die Kohlendioxidmenge, die bei der Verbrennung von pflanzlichen Kraftstoffen entsteht, wurde jedoch zuvor durch Assimilation in den Pflanzen der Atmosphäre entzogen und zu der Energie, die jetzt im Motor eingesetzt wird, verarbeitet. Das bei der Verbrennung von Dieselöl entstehende Kohlendioxid hingegen ist fossilen Ursprungs und führt zu einer weiteren Anreicherung dieser Komponente in der Atmosphäre.

Bei der Verbrennung im Dieselmotor entstehen neben gasförmigen Schadstoffkomponenten auch Partikel, die aus Ruß, Schwefelverbindungen und daran angelagerten Kohlenwasserstoffen bestehen. Die Schwärzungszahl nach *Bosch* ist eine Meßgröße zur Beurteilung der Rußemission eines Dieselmotors. Allgemein wird die Schwärzungszahl mit zunehmendem Luftverhältnis, also bei zunehmendem Luftüberschuß geringer. Die Schwärzungszahlen liegen beim Betrieb des Motors mit Pflanzenölkraftstoff im gesamten Drehzahlbereich unter denen beim Betrieb des Motors mit Dieselkraftstoff.

An den Ruß lagern sich noch weitere Substanzen (hauptsächlich unverbrannte Kohlenwasserstoffe) als organisch löslicher Anteil der Partikel an. Dieser ist bei der Verwendung von rohen und umgeesterten Pflanzenölen deutlich höher als bei der Verwendung von Dieselkraftstoffen. Die Emissionen an polyzyklischen aromatischen Kohlenwasserstoffen sind beim Pflanzenöl- im Vergleich zum Dieselkraftstoff geringer, weil Pflanzenöle keine aromatischen Bestandteile besitzen, die mitverantwortlich sind für den Ausstoß der polycyklischen aromatischen Kohlenwasserstoffe (→Pflanzenölkraftstoff).

Adt/Birkner/May

Pflanzenölkraftstoffnormung. Eine wesentliche Voraussetzung, Pflanzenöle in stärkerem Maße als bisher in der Praxis einzusetzen besteht darin, gewisse Mindestanforderungen an Pflanzenölkraftstoffe festzulegen. Obwohl die für Dieselkraftstoffe aufgestellte DIN 51601 wegen der sehr unterschiedlichen Eigenschaften von Diesel- und Pflanzenölen nicht für die Beurteilung der Qualität von Pflanzenölkraftstoffen herangezogen werden kann, dient diese Norm dennoch als Anhaltspunkt für die Eignung von Pflanzenölen als Kraftstoff. Alternative Kraftstoffe müssen die für konventionelle Kraftstoffe aufgestellten Normen allerdings nicht erfüllen. Spezielle Normen bestehen jedoch weder in der Bundesrepublik noch in der EG. Nur Österreich hat eine Vornorm für →Rapsölmethylester eingeführt (Tabelle 1, 2). Weiterhin liegt dem Normenausschuß der EG ein Entwurf zur Normung von RME als Kraftstoff für Dieselmotoren vor. Folgende Tabellen vergleichen die Mindestanforderungen der beiden Normen an RME.

Adt/Birkner/May

Pflanzenreaktion auf Luftverunreinigungen. Die Reaktion einer Pflanze auf eine gegebene Immissionsbelastung hängt von der arteigenen und umweltbedingten →Resistenz ab. Primär wird der

Pflanzenölkraftstoffnormung. Tabelle 1: Normenvorschlag kraftstoffspezifischer Kenndaten von Rapsölmethylester.

Anforderung	Einheit	Ö-Norm	EG-Norm
Dichte (15 °C)	g/cm^3	0,86–0,90	0,86–0,90
Flammpunkt	°C	>55	>100
CFPP	°C	<−8	0–15
Viskosität (20 °C)	mm^2/s	6,5–9,0	–
(40 °C)		–	3,5–5,0
Schwefelgehalt	Gew.-%	<0,02	<0,01
Koksrückstand	Gew.-%	<0,1	<0,3
Sulfatasche	Gew.-%	<0,02	–
Cetanzahl	–	>48	>49
Aschegehalt		–	<0,01
Wassergehalt	mg/kg	–	<(200–1 000)
Gesamtverschmutzung	g/m^3		<20
Kupferkorrosion (3h/50 °C)	–	–	1
Oxidationsstabilität	g/m^3	–	<25

Pflanzenölkraftstoffnormung. Tabelle 2: Normenvorschlag ölspezifischer Kenndaten von Rapsölmethylester.

Anforderung	Einheit	Ö-Norm	EG-Norm
Säurezahl	mg KOH/g	–	<0,5
Neutralisationszahl	mg KOH/g	<1	–
Jodzahl	g Jod/100 g	–	<115
Methanolgehalt	Gew.-%	<0,3	<0,3
Phosphorgehalt	mg/kg	–	<10
Monoglyzeride	Gew.-%	–	<0,8
Diglyzeride	Gew.-%	–	<0,2
Triglyzeride	Gew.-%	–	<0,2
Gebundenes Glyzerin	Gew.-%	–	<0,2
Freies Glyzerin	Gew.-%	<0,03	<0,03
Gesamtglyzerin	Gew.-%	<0,25	<0,25
Biol. Abbaubarkeit	% in 21 Tagen	98,3	–

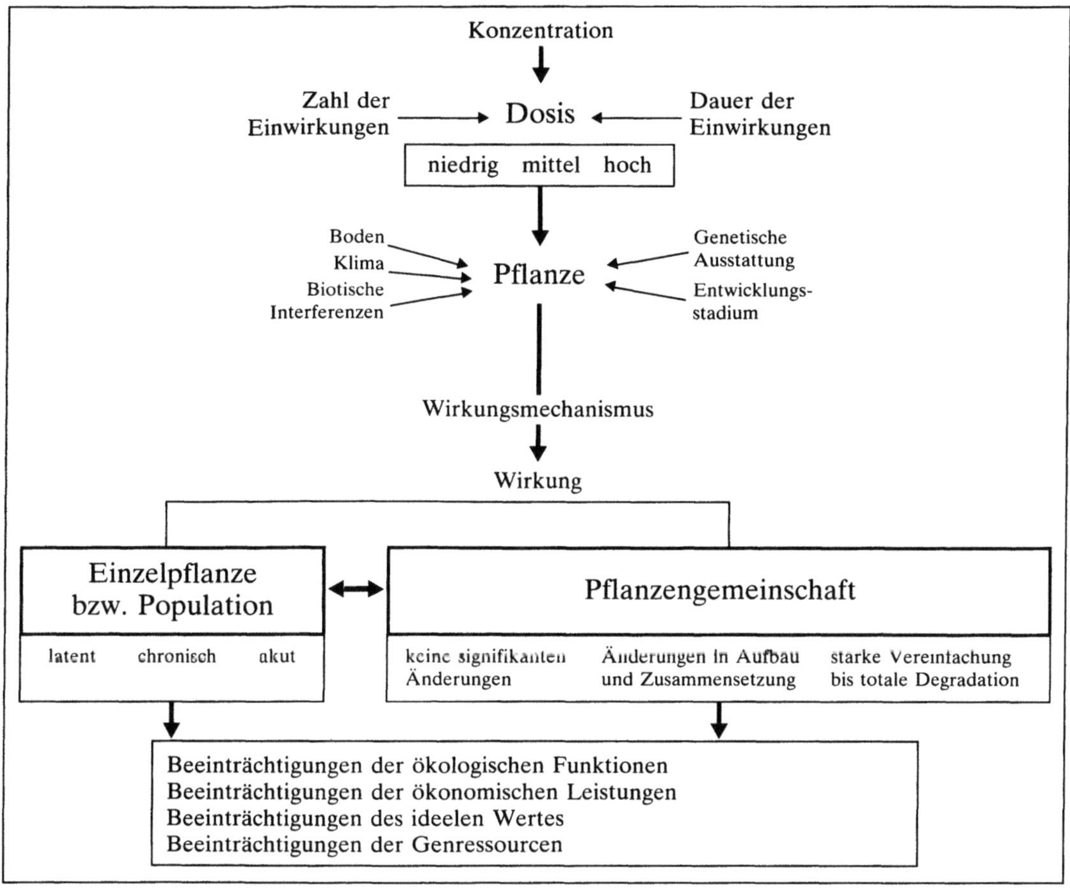

Pflanzenreaktion auf Luftverunreinigungen: Schematische Darstellung. (nach Guderian *et al.).*

Resistengrad der Pflanze durch die genetische Ausstattung sowie das Entwicklungsstadium zum Zeitpunkt der Einwirkung bestimmt. Als sekundäre Einflußgrößen sind die die Wirkung modifizierenden äußeren Wachstumsfaktoren wie Klima, Boden, Wasser, Nährstoffversorgung etc. zu nennen. In Abhängigkeit von Konzentration und Zeit des Schadstoffangebots, dem Entwicklungsstadium der Pflanzen, klimatischen, edaphischen und biotischen Faktoren kommt es an Einzelpflanzen zu akuten, chronischen oder latenten Schädigungen, bei Pflanzengemeinschaften zu Änderungen ihres Aufbaus und ihrer Zusammensetzung. Ökologische wie ökonomische Funktionen und Leistungen können neben Beeinträchtigungen des ideellen Werts, bis hin zur Generosion und damit dem Aussterben von Arten die Folge sein. In der Abbildung ist die Vielfalt der P. als Individuum, Population und Gemeinschaften auf Luftschadstoffe unter Berücksichtigung der verschiedenen wirkungsbestimmenden Faktoren dargestellt (→Luftverunreinigungen, Wirkung auf Vegetation). *G. Krause*

Literatur: *Guderian, R.:* Air Pollution. Ecological Series No. 22. Heidelberg 1977. – *Guderian, R.; D. T. Tingey; R. Rabe:* Wirkungen von Photooxidantien auf Pflanzen. In: Luftqualitätskriterien für photochemische Oxidantien. Berichte Umweltbundesamt 5/83. Berlin 1983. – *Smith, W. H.:* Air Pollution and Forests. Heidelberg 1981.

Pflanzenschutz, biologischer. Die Bewahrung von Nutzpflanzen vor Fraßschäden oder Krankheiten durch biologische Maßnahmen. Der b. P. umfaßt drei Teilgebiete: die biologische Schädlingsbekämpfung, die Erbgutveränderung der Pflanzen sowie den Einsatz biologischer, d. h. aus Pflanzenmaterial gewonnener Spritzmittel. Der Einsatz biologischer Spritzmittel gewinnt an Bedeutung, weil diese gezielt auf bestimmte Schadinsekten wirken können, die übrigen Insekten jedoch unbehelligt lassen und keine breiteren ökologischen Nebenwirkungen bedingen. Allerdings ist ihr Einsatz nur in einem sehr frühen Stadium des Befalls erfolgreich. Biologische Spritzmittel werden aus Pflanzen gewonnen, die zum Schutz vor Schadinsekten bestimmte, sehr spezifische Gifte entwickelt haben. Als bekanntestes Beispiel sei das aus einer Chrysanthemen-Art gewonnene Pyrethrin angeführt.

Die zunehmende Krankheitsanfälligkeit moderner Hochleistungspflanzen hat das Augenmerk der Pflanzenzüchter vermehrt auf besonders krankheitsresistente Wildrassen gelenkt. Durch Kreuzung der Hochleistungsrassen mit den entsprechenden Wildrassen wird versucht, einen Kompromiß zwischen Ertragmaximierung und Krankheitsresistenz zu erzielen und damit auf den Einsatz chemischer Pflanzenschutzmittel weitgehend zu verzichten. Neuerdings wird auch der Einsatz der Gentechnologie für den b. P. untersucht. Hierbei werden Resistenzgene ohne den Umweg über das Kreuzungsexperiment direkt in das Erbmaterial der in Frage kommenden Nutzpflanzen eingeschleust.

Weiterhin bietet die Gentechnologie die Möglichkeit, Gene bakterieller Gifte, die Schadinsekten töten, auf Nutzpflanzen zu übertragen und dadurch die einzelne Pflanze quasi von innen und sehr spezifisch vor Insektenbefall zu schützen. Neben den vielfältigen genetischen Problemen, die die Paarung des Erbmaterials zweier so unterschiedlicher Organismen wie Pflanze und Bakterium mit sich bringen, läßt bislang auch das →Gentechnikgesetz die uneingeschränkte Freisetzung, d. h. den allgemeineren Einsatz derartiger Hybrid-Pflanzen nicht zu. *Kleespies*

Literatur: *Meiners, M.:* Biotechnologie für Ingenieure – Grundlagen, Verfahren, Aufgaben, Perspektiven. Wiesbaden 1990.

Pflanzenschutz, integrierter. Im i. P. werden moderne Methoden des Pflanzenschutzes vorbeugend oder als direkt wirksame Maßnahmen derart sinnvoll aufeinander abgestimmt, daß die Wahrscheinlichkeit von Schäden unterhalb der wirtschaftlichen Schadschwelle (→Schadschwellenkonzept) gehalten werden kann.

Zu den Maßnahmen des i. P. zählen z. B. nicht nur die Resistenzzüchtung oder vorbeugende Maßnahmen im Rahmen der Fruchtfolge und der Bodenbewirtschaftung, sondern auch die gezielte Auswahl und Anwendung geeigneter Pflanzenschutzmittel unter Einsatz einer exakten Applikationstechnik sowie die bestimmungsgemäße und sachgerechte Anwendung von mechanischen (→Unkrautregulierung, mechanisch und thermisch), biologischen (z. B. Einsatz natürlicher Feinde, populationsgenetischer Verfahren oder von Juvenilhormonen) und biotechnischen (z. B. Ausnutzung artspezifischer Schlüsselreize zur Schädlingsbekämpfung, wie Lockstoffe oder Sexualhormone) Verfahren.

H. Schön/Estler

Pflanzenschutzmittel →Schädlingsbekämpfungsmittel, →EG-Recht zum Inverkehrbringen von Pflanzenschutzmitteln

Pflanzenschutzrecht. Pflanzenschutz ist der Schutz der Pflanzen vor Schadorganismen und nicht parasitären Beeinträchtigungen und der Schutz der Pflanzenerzeugnisse vor Schadorganismen (Vorratsschutz) einschließlich der Verwendung und des Schutzes von Tieren, Pflanzen und Mikroorganismen, durch die Schadorganismen bekämpft werden können (§ 2 Abs. 1 Nr. 1 PflSchG).

☐ Anwendung von Pflanzenschutzmitteln: Pflanzenschutzmittel dürfen nach der Pflichtengeneralklausel des § 6 Abs. 1 PflSchG nur nach guter fachlicher Praxis angewandt werden. Dazu gehört, daß die Grundsätze des integrierten →Pflanzenschutzes berücksichtigt werden. Pflanzenschutzmittel dürfen nicht angewandt werden, soweit der Anwender damit rechnen muß, daß ihre Anwendung schädliche Auswirkungen auf die Gesundheit von Mensch oder Tier oder auf Grundwasser oder sonstige erhebliche schädliche Auswirkungen, insbesondere auf den →Naturhaushalt, hat. Neben dieser Generalklausel enthält das Gesetz generelle Anwendungsverbote für Pflanzenschutzmittel.

Dem Gefahrenschutz dienen außerdem Anzeigepflichten für diejenigen, die Pflanzenschutzmittel für andere – außer gelegentlicher Nachbarschaftshilfe – anwenden wollen (§ 9 S. 1 PflSchG), und die persönlichen Anforderungen, die gem. § 10 Abs. 1 PflSchG an den Anwender von Pflanzenschutzmitteln gestellt werden.

☐ Verkehr mit Pflanzenschutzmitteln: Gem. § 11 Abs. 1 S. 1 PflSchG dürfen Pflanzenschutzmittel nur in den Verkehr gebracht oder eingeführt werden, wenn sie von der Biologischen Bundesanstalt zugelassen sind. Diese hat die Zulassung nach Beteiligung des Bundesgesundheitsamtes und des Umweltbundesamtes zu erteilen, wenn die Prüfung des Pflanzenschutzmittels ergibt, daß es nach dem Stand der wissenschaftlichen Erkenntnisse und der Technik hinreichend wirksam ist, die Erfordernisse des Gesundheitsschutzes nicht entgegenstehen und das Pflanzenschutzmittel bei bestimmungsgemäßer und sachgerechter Anwendung oder als Folgen einer solchen Anwendung keine schädlichen Auswirkungen auf die Gesundheit von Mensch und Tier und das Grundwasser sowie keine sonstigen nachteiligen Auswirkungen hat.

☐ Pflanzenschutzgeräte. Nach der Generalklausel des § 24 PflSchG dürfen Pflanzenschutzgeräte nur in den Verkehr gebracht werden, wenn sie so beschaffen sind, daß ihre bestimmungsgemäße und sachgerechte Verwendung beim Ausbringen von Pflanzenschutzmitteln keine schädlichen Auswirkungen auf die Gesundheit und das Grundwasser sowie keine sonstigen schädlichen Auswirkungen hat. Ob Pflanzenschutzgeräte diesen Anforderungen entsprechen, kann die Biologische Bundesanstalt prüfen.

☐ Pflanzenstärkungsmittel. Das sind Stoffe, die ausschließlich dazu bestimmt sind, die Widerstandsfähigkeit von Pflanzen gegen Schadorganismen zu erhöhen, ohne daß diese Stoffe schädliche Auswirkungen auf die Gesundheit oder den Naturhaushalt haben. Die Pflanzenstärkungsmittel dürfen gem. § 31 Abs. 1 S. 1 PflSchG nur nach einer durch den Hersteller, Vertriebsunternehmer oder Einführer vorgenommenen Anmeldung bei der Biologischen Bundesanstalt in Verkehr gebracht werden.

Hoppe/Beckmann

Literatur: *Hoppe/Beckmann:* Umweltrecht, § 19 Rn. 29 ff. München 1989. – *Kloepfer:* Umweltrecht, § 13 Rn. 99 ff. München 1989. – *Rehbinder:* Das neue Pflanzenschutzgesetz. In: Natur und Recht 1987. – *Rehbinder:* Umweltschutz und Pflanzenschutzrecht. In: Natur und Recht. 1983.

Pflanzenschutztechnik. Der Einsatz von Maschinen und Geräten für den Pflanzenschutz hat zum Ziel, durch ein wirksames Regulieren von Pflanzenkrankheiten, Schädlingen und Unkräutern Ertragsverluste zu vermeiden, die Produktqualität zu sichern bzw. zu erhöhen und dadurch eine rentable Pflanzenproduktion zu gewährleisten. Dabei sollten auch ökologische Aspekte berücksichtigt und die Belastungen von Boden, Pflanze und Umwelt möglichst gering gehalten werden. Bisher wurden beim Pflanzenschutz vorwiegend chemische Wirkstoffe in Form von Emulsionen oder Suspensionen, seltener als echte Lösungen, Stäube- oder Nebelmittel ausgebracht. Für den Bereich →Unkrautregulierung setzen sich in jüngster Zeit vermehrt mechanisch-physikalische Verfahren durch. Etwa 90 % aller Pflanzenbehandlungsmittel werden in der Bundesrepublik Deutschland im Spritzverfahren ausgebracht.

Die Agrarelektronik findet in der P. einen besonders wichtigen und vielseitigen Einsatzbereich. Moderne Pflanzenschutzspritzen sind mit zum Teil baukastenmäßig ausbaufähigen elektronischen Überwachungs- oder Regelvorrichtungen ausgerüstet. Diese gewährleisten, daß auch bei unterschiedlichen Arbeitsgeschwindigkeiten und Druckverhältnissen oder bei Teilbreitenschaltung stets die eingestellte Aufwandmenge exakt eingehalten und Fehldosierungen vermieden werden können. Der Transfer von Einsatzdaten in den Betriebs-PC ermöglicht die Verwendung der Daten im Betriebsmanagement, in Expertensystemen etc.

Besondere Aufmerksamkeit wird derzeit dem Anwenderschutz und der gezielten Ausbringung der jeweils benötigten Wirkstoffe, auch auf Teilflächen eines Feldes geschenkt. Im Zusammenhang damit finden Direkteinspeisungs-Systeme besondere Beachtung, bei denen sich im Vorratsbehälter lediglich reines Wasser befindet. Erst kurz vor der Zuteilung zum Spritzgestänge und den Düsen wird dem Wasserstrom der chemische Wirkstoff in der benötigten Menge zugemischt. Da derzeit bis zu vier unterschiedliche Präparate zugemischt werden können, ist eine sehr selektive Anwendung der Spritzmittel bei einem Minimum an Spritzflüssigkeits-Restmengen zu erreichen.

Neuere gesetzliche Regelungen, wie z. B. das Pflanzenschutzgesetz und die Verpackungsverordnung, nehmen direkten Einfluß auf die Lagerung und Handhabung der Pflanzenschutzmittel sowie die Spritztechnik. Dabei stehen neben der ordnungsgemäßen Ausbringung vor allem der Anwenderschutz (z. B. durch Ausrüstung der Geräte mit geschlossenen Entnahme- und Dosiersystemen, Spülvorrichtungen für Pflanzenschutzmittel-Behälter) und die umweltschonende Entsorgung bzw. Wiederverwendung der Pflanzenschutzmittelbehälter im Vordergrund. Auch im Obst- und Weinbau spielen eine exakte, umweltschonende Ausbringung, weitestgehender Anwenderschutz, Vermeidung von Mittelverlusten durch Abdrift sowie Spritzmittel-Recycling eine zentrale Rolle. Die bei diesen Kulturen vorzugsweise verwendeten Sprühgeräte werden deshalb vermehrt mit Querstromgebläsen mit Luftleiteinrichtungen (Gewährleisten eines horizontalen Luftstromes), verbesserten Düsenformen sowie mechanischer oder elektrischer Fernbedienung für die Sprühgerätearmaturen ausgerüstet.

H. Schon/Estler

Pflanzenzüchtung, biotechnologische. Die Schaffung von Pflanzen mit neuen Merkmalen unter Umgehung der üblichen Kreuzungsverfahren mit dem Ziel, den Ertrag, die Krankheits- oder Schädlingsresistenz zu steigern.

Grundlage dieser Technik ist die hohe Regenerationskraft vieler Pflanzen, die es ermöglicht, eine vollständige Pflanze aus einer einzelnen Zelle heranzuziehen. Dies ist bei der b. P. notwendig, wenn ein artfremdes →Gen durch Zellteilung auf alle Zellen einer Pflanze verteilt werden und seine Wirkung entfalten soll.

Einzelne Pflanzenzellen lassen sich gewinnen, indem Gewebestückchen aus Pflanzen, jungen Sämlingen oder einem Kallus entnommen werden, in einer Nährlösung mit pflanzlichen Hormonen weiter kultiviert und anschließend enzymatisch in einzelne Zellen getrennt werden. Vereinzelt können auch Pollenkörner veranlaßt werden, eine vollständige Pflanze zu bilden, die dann allerdings nur den halben Chromosomensatz enthält. Durch Ablösen der Pflanzenzellwand mittels bestimmter Enzyme (Cellulasen) erhält man den eigentlichen Pflanzenzellkörper oder Protoplasten.

Die Protoplasten-Fusion gelingt sowohl mit artgleichen als auch artfremden pflanzlichen Zellen. Auf diese Weise ist es möglich, die herkömmlichen Kreuzungsbarrieren zu umgehen und Gene ganz unterschiedlicher Pflanzen zu einer Hybridpflanze mit gänzlich neuen Eigenschaften zu vereinen. Ein spektakuläres Beispiel für diese Vorgehensweise ist die aus einem Kartoffel- und Tomatenprotoplasten hervorgegangene Tomoffel oder Kamate, die jedoch kommerziell nicht verwertbar ist.

Fortschrittlichere Methoden bestehen im direkten Einschleusen wertvoller Gene in einen Protoplasten mit Hilfe des aus →Agrobakterien gewonnenen Ti-Plasmids oder der Elektroporation, einer Technik, bei der die Protoplastenmembran durch kurzzeitige elektrische Impulse für die Aufnahme extrazellulärer DNA vorübergehend durchlässig gemacht wird. Zusätzlich ist es möglich, winzige DNA-beladene Goldpartikel durch die Zellwand intakter Pflanzenzellen in das Zellinnere hineinzuschießen. Hier überschneiden sich die Methoden der →Biotechnologie und der →Gentechnik. Mit Hilfe der direkten Genübertragung lassen sich sehr gezielt einzelne Eigenschaften von Pflanzen verändern, indem die hierfür notwendigen Gene anderer Pflanzen oder auch nicht pflanzlicher Organismen (z. B. von Bakterien) stabil in das pflanzliche Genom implantiert werden.

Ihre Grenzen findet die b. P. bisher in der mangelnden Fähigkeit zur Protoplasten-Regeneration bei den Getreidepflanzen. *Kleespies*

pH (pH-Wert). Die Stärke einer sauren oder alkalischen Lösung wird durch den pH-Wert (pH: potentia hydrogenii) angegeben. Dabei dient als Maß für die H_3O^+-Ionenkonzentration, die den Säuregehalt bestimmt, der negative dekadische Logarithmus dieser Konzentration $[H_3O^+]$:

$$pH\text{-Wert} = -\log [H_3O^+]$$

Da das Produkt der Konzentration der sauer und basisch wirkenden Ionen $[H_3O^+] \times [OH^-]$ in neutralem Wasser 10^{-14} beträgt, wird der pH-Wert für eine neutrale wässrige Lösung 7; Säuren haben demzufolge einen pH-Wert <7 und Basen >7. *Becker/Wirtz*

Phänotyp. P. bezeichnet das genetisch determinierte Erscheinungsbild eines Organismus. Ursprünglich stand bei der Begriffsbestimmung mehr das äußere, visuell zugängliche Erscheinungsbild im Vordergrund; heute werden alle empirisch zugänglichen Funktionen eines Organismus unter dem P. subsumiert. Der P. ist abzugrenzen vom →Genotyp, weil nicht jede genetische Änderung phänotypisch exprimiert wird und ein Stoffwechseldefekt durch verschiedenartige genetische Alterationen bedingt sein kann. Nur Individuen einer Art, die auf gleicher ontogenetischer Entwicklungsstufe und bei gleichen Umweltbedingungen identisch aussehen und funktionieren, sind demnach zum gleichen P. zu rechnen. *Flohé*

Phenol.
□ Stoff-Identifizierungs-Nr.:
CAS-Nr.: 108-95-2
EG-Nr.: 604-001-00-2
UN-Nr.: 1671

EINECS-Nr.: 203-632-7
□ Chemische Formel: C_6H_6O
□ Stoffcharakteristik: Farblose bis rosafarbige, wasserlösliche Kristalle oder ölige Flüssigkeit, giftig, ätzend, schwer entzündlich. Dämpfe der Schmelze schwerer als Luft. Durchdringender Geruch.
□ Gefahrenmerkmale:
– Stoffliste nach § 4a der →Gefahrstoffverordnung:
Gefahrenkennbuchstabe(n): T
R-Sätze: 24/25-34
S-Sätze: 1/2-28-45
– Arbeitsschutzwerte nach TRGS 900:
→MAK-Wert (mg/m³): 19
→BAT-Wert: 300 mg/l Phenol im Harn
– Stoffliste (Anhang II) der →Störfall-Verordnung:
Nr. 4c
– →Wassergefährdungsklasse: WGK 2
– Emissionswerte: →TA Luft Einstufung: 3.1.7
Klasse I   *Fischer/M. Schön*

M-Phenylendiamin.
□ Stoff-Identifizierungs-Nr.:
CAS-Nr.: 108-45-2
EG-Nr.: 612-028-00-6
EINECS-Nr.: 203-584-7
□ Chemische Formel: $C_6H_8N_2$
□ Stoffcharakteristik: Weiße Kristalle oder farblose rhombische Nadeln, die sich bei Einwirkung von Luft rot färben, löslich in Wasser und den meisten organischen Lösungsmitteln.
□ Gefahrenmerkmale:
– Stoffliste nach § 4a der →Gefahrstoffverordnung:
Gefahrenkennbuchstabe(n): T
R-Sätze: 23/24/25-43-40
S-Sätze: 1/2-28-45
– Besondere Stoffeigenschaften nach TRGS 500:
krebserzeugend: MAK-Gruppe IIIB
– Stoffliste (Anhang II) der →Störfall-Verordnung:
Nr. 4c
– →Wassergefährdungsklasse: WGK 1
– Emissionswerte: →TA Luft Einstufung: 3.1.7
Klasse I   *Fischer/M. Schön*

O-Phenylendiamin.
□ Stoff-Identifizierungs-Nr.:
CAS-Nr.: 95-54-5
EG-Nr.: 612-028-00-6
EINECS-Nr.: 202-430-6
□ Chemische Formel: $C_6H_8N_2$
□ Stoffcharakteristik: Braun-gelbe plättchenförmige Kristalle, die in Wasser und in organischen Lösungsmitteln, wie Alkohol, →Chloroform, →Benzol, Ether, löslich sind.
□ Gefahrenmerkmale:
– Stoffliste nach § 4a der →Gefahrstoffverordnung:

Gefahrenkennbuchstabe(n): T
R-Sätze: 23/24/25-43-45
S-Sätze: 1/2-28-45
– Besondere Stoffeigenschaften nach TRGS 500:
krebserzeugend: MAK-Gruppe IIIA2
– Stoffliste (Anhang II) der →Störfall-Verordnung:
Nr. 4 c
– →Wassergefährdungsklasse: WGK 2
– Emissionswerte: →TA Luft Einstufung: 2.3 (gemäß MAK-Liste) *Fischer/M. Schön*

P-Phenylendiamin.

□ Stoff-Identifizierungs-Nr.:
CAS-Nr.: 106-50-3
EG-Nr.: 612-028-00-6
UN-Nr.: 1673
EINECS-Nr.: 203-404-7
□ Chemische Formel: $C_6H_8N_2$
□ Stoffcharakteristik: Farblose bis schwach rote, wenig wasserlösliche, an der Luft dunkel werdende Kristalle, entzündlich. Reagiert heftig mit starken Oxydationsmitteln, wirkt als Reduktionsmittel.
□ Gefahrenmerkmale:
– Stoffliste nach § 4a der →Gefahrstoffverordnung:
Gefahrenkennbuchstabe(n): T
R-Sätze: 23/24/25-43-40
S-Sätze: 1/2-28-44
– Besondere Stoffeigenschaften nach TRGS 500:
krebserzeugend: MAK-Gruppe IIIB
fortpflanzungsgefährdend: MAK-Gruppe D
– Arbeitsschutzwerte nach TRGS 900:
→MAK-Wert (mg/m³): 0,1 (Gesamtstaub)
– Stoffliste (Anhang II) der →Störfall-Verordnung:
Nr. 4 c
– →Wassergefährdungsklasse: WGK 2
– Emissionswerte: →TA Luft Einstufung: 3.1.7
Klasse I *Fischer/M. Schön*

Phenylhydrazin.

□ Stoff-Identifizierungs-Nr.:
CAS-Nr.: 100-63-0
EG-Nr.: 612-023-00-9
UN-Nr.: 2572
EINECS-Nr.: 202-873-5
□ Chemische Formel: $C_6H_8N_2$
□ Stoffcharakteristik: Gelbliche bis rotbraune, schwerflüchtige, wenig wasserlösliche Flüssigkeit, schwer entzündlich. Dämpfe viel schwerer als Luft, bilden bei höheren Temperaturen mit Luft explosionsfähiges Gemisch. Reaktionsfreudig gegenüber vielen organischen Verbindungen. Starkes Reduktionsmittel.
□ Gefahrenmerkmale:
– Stoffliste nach § 4a →Gefahrstoffverordnung:
Gefahrenkennbuchstabe(n): T
R-Sätze: 23/24/25-36-40
S-Sätze: 1/2-28-45

– Besondere Stoffeigenschaften nach TRGS 500:
krebserzeugend: MAK-Gruppe III B
– Arbeitsschutzwerte nach TRGS 900: →MAK-Wert (mg/m³): 22
– Stoffliste (Anhang II) der →Störfall-Verordnung: Nr. 4 c
– Emissionswerte: →TA Luft Einstufung: 3.1.7
Klasse I *Fischer/M. Schön*

Pheromon, Pheromon-Falle. P. gehören wie die Hormone in die Gruppe der chemischen Botenstoffe. Im Unterschied zu den Hormonen, die ins Blut abgegeben werden und innerhalb eines Individuums wirken, werden P. aus exokrinen Drüsen in die Umgebung abgegeben. Sie haben Signalcharakter und übermitteln Informationen zwischen verschiedenen Individuen einer Art. Sie besitzen daher auch eine hohe Artspezifität. Die chemische Natur von P. ist sehr verschieden.

P. lassen sich entsprechend ihrer Wirkweise in Primer-P. und Signal-P. unterteilen. Erstere verursachen langfristige physiologische Einstellungen im Hormon- und Nervensystem. So verhindert ein von Königinnen der Honigbienen ausgeschiedenes P. (Queens Substance, trans-9-oxo-Decensäure) die Entwicklung der Ovarien bei Arbeiterinnen. Ähnliche Primer-P. kommen auch bei Termiten vor. Sie unterdrücken die Entwicklung weiblicher und männlicher Geschlechtstiere. Beim Fehlen weiblicher Tiere fördern männliche P. die Entwicklung zu Weibchen. Primer-P. sind auch bei Wirbeltieren einschließlich von Säugetieren bekannt. Die sehr viel schneller wirkenden Signal-P. sind im Tierreich weit verbreitet. Sie dienen als Lock- oder Schreckstoffe oder zur Erkennung der Staatsangehörigkeit von Individuen bei staatenbildenden Insekten. Bei Schwarmfischen wird bei Verletzung der Haut ein P. frei, welches bei den anderen Tieren des Schwarmes ein Fluchtverhalten auslöst. Bekanntes hochwirksames P. als →Sexuallockstoff ist das Bombycol des Seidenspinnerweibchens. Schon ein Molekül des Bombycols reicht beim Männchen zur Reizung einer Sinneszelle. Nur wenige erregte Sinneszellen lösen die Flugbewegung zum Weibchen hin aus.

P.-F. sind mit den jeweils artspezifischen Sexuallockstoffen von Schadinsekten präparierte Fallen, aus welchen die massenhaft eindringenden Männchen sich nicht wieder befreien können. So läßt sich z. B. bei Borkenkäfern die Befruchtung der meisten Weibchen einer Population und damit ein massiver Befall der Nadelbäume verhindern. Die P. sind eine der erfolgreichsten Methoden der biologischen →Schädlingsbekämpfung, gelten in der Anwendung allerdings im Vergleich mit dem (unspezifischen!) Insektizideinsatz noch vielfach als zu teuer. Obgleich z. B. bei manchen Schmetterlingen einige Moleküle Pheromon je m³ Luft ausreichen, um die Männchen anzulocken, ist die kommerzielle Herstellung der für die P. benötigten Lockstoffe bisher nur in Einzelfällen erfolgt. Vorteilhafter als die Züchtung und Extraktion der betreffenden Weibchen wäre letzten Endes die biotechnologische Herstellung der Pheromone.   *Maghon/Soeder*

Phon. Ein im Geräuschimmissionsschutz nicht mehr verwendetes Maß für die subjektive Wahrnehmung eines Geräusches, ausgedrückt durch den Lautstärkepegel (→Lautstärke).

Statt des Lautstärkepegels mit der Maßeinheit P. wird heute der A-bewertete →Schalldruckpegel eines Geräusches in der Einheit →Dezibel dB(A) benutzt (→A-Bewertung).   *Strauch*

Phosgen.
□ Stoff-Identifizierungs-Nr.:
CAS-Nr.: 75-44-5
EG-Nr.: 006-002-00-8
UN-Nr.: 1076
EINECS-Nr.: 200-870-3
□ Chemische Formel: CCl_2O
□ Stoffcharakteristik: Farbloses bis grünlich-gelbes, hochgiftiges Flüssiggas, unbrennbar, viel schwerer als Luft, in hoher Verdünnung süßlicher, konzentriert fauliger Obstgeruch. Reagiert mit Wasser unter Bildung von Salzsäure und Kohlendioxid.
□ Gefahrenmerkmale:
- Stoffliste nach § 4a →Gefahrstoffverordnung: Gefahrenkennbuchstabe(n): T+
R-Sätze: 26
S-Sätze: 1/2-7/9-24/25-45
- Arbeitsschutzwerte nach TRGS 900: →MAK-Wert (mg/m³): 0,4
- Stoffliste (Anhang II) der →Störfall-Verordnung: Nr. 240 und 4b
- Emissionswerte: →TA Luft Einstufung: 3.1.6 Klasse I   *Fischer/M. Schön*

Phosphamidon.
□ Stoff-Identifizierungs-Nr.:
CAS-Nr.: 13171-21-6
EG-Nr.: 015-022-00-6
UN-Nr.: 3018
EINECS-Nr.: 236-116-5
□ Chemische Formel: $C_{10}H_{19}ClNO_5P$
□ Stoffcharakteristik: Farblose bis fahlgelbe, ölige Flüssigkeit mit schwachem Geruch, mischbar mit Wasser und den meisten organischen Lösungsmitteln, mit Ausnahme gesättigter Kohlenwasserstoffe.
□ Gefahrenmerkmale:
- Stoffliste nach § 4a →Gefahrstoffverordnung: Gefahrenkennbuchstabe(n): T+
R-Sätze: 24-28-40
S-Sätze: 1/2-23-36/37-45
- Besondere Stoffeigenschaften nach TRGS 500: erbgutverändernd: EG-Kat. 3

- Stoffliste (Anhang II) der →Störfall-Verordnung: Nr. 241 und 4b
- →Wassergefährdungsklasse: WGK 3
          Fischer/M. Schön

Phosphatelimination. Phosphor kommt in der Natur überwiegend in Form von Phosphaten (PO_4^{3-}) vor, ist als Nährstoff lebenswichtig, führt aber bei erhöhtem Eintrag zur →Eutrophierung von Gewässern. Die Phosphorbelastung der Gewässer ist zu ca. 60 % auf die Abläufe von kommunalen Kläranlagen zurückzuführen. Seit 1990 müssen deshalb Kläranlagen mit einem Anschlußwert von mehr als 20 000 Einwohnern eine P. durchführen.

Im Rahmen der →Abwasserbehandlung kann die P. grundsätzlich mit Hilfe biologischer und chemischer Fällungsverfahren erfolgen. Die biologische P. basiert auf dem Phänomen, daß Bakterien bei bestimmten Milieubedingungen eine erhöhte Phosphormenge im Zellkern abspeichern. Die wissenschaftlichen Grundlagen für die biologische P. sind noch nicht gänzlich erforscht. Vereinzelte praktische Erfahrungen liegen vor. Die Effizienz der chemischen P. konnte allerdings bis heute großtechnisch noch nicht erzielt werden.

Die Verfahren zur P. auf chemisch-physikalischer Grundlage bestehen i. a. aus folgenden vier Verfahrensteilschritten:
- Dosierung eines Fällungsmittels in das Abwasser. Zur Phosphatfällung werden überwiegend Salze auf der Basis von Fe^{2+}, Fe^{3+} und Al^{3+} eingesetzt.
- Intensive Durchmischung des Fällmittels im Abwasser. Dabei bilden sich unlösliche Verbindungen von Fällmittelkationen und Phosphationen sowie andere Anionen (chemische Fällung). Zusätzlich werden im Abwasser enthaltene Kolloide destabilisiert (Koagulation). Es entstehen Mikroflokken.
- Flockenbildung, d. h. Bildung von gut abtrennbaren Makroflocken aus Mikroflocken. Dabei können Schwebestoffe und Kolloide in die Flocken mit eingeschlossen werden.
- Abscheiden der Makroflocken aus dem Abwasser.

Je nach Ort der Fällungsmittelzugabe in der mechanisch-biologischen →Abwasserbehandlungsanlage unterscheidet man die Verfahren der Vor-, Simultan- und Nachfällung. Vorfällung bedeutet, daß die Fällungsmittel in der mechanischen Stufe, also vor der Biologie zugesetzt werden. Bei der Simultanfällung erfolgt die Dosierung der Fällungsmittel in der Biologie, bei der Nachfällung nach der biologischen Stufe. Das Verfahren mit der weitestgehenden P. ist die Flockungsfiltration, bei der der biologischen Stufe eine Filtrationsstufe nachgeschaltet wird, in der die phosphathaltigen Flocken zurückgehalten werden.   *Mertsch*

Phosphathöchstmengenverordnung. Die Verordnung über Höchstmengen für Phosphate in Wasch- und Reinigungsmitteln (PHöchstMengV) vom 4. Juni 1980 (BGBl. I S. 664) begrenzt den Phosphatgehalt in Wasch- und Reinigungsmittel. Der Phosphatverbrauch für Wasch- und Reinigungsmittel in der Bundesrepublik Deutschland hat sich bereits erheblich reduziert; eine Verminderung der Trophierung in Gewässern ist festzustellen. Möglich wurde die P. erst, nachdem ein unbedenklicher und auf seine Umweltverträglichkeit geprüfter Phosphatersatzstoff mit Natrium-Aluminium-Silicat (Zeolith A) verfügbar war. In der Zwischenzeit werden auch andere waschaktive Ersatzstoffe in Waschmitteln eingesetzt. *Mertsch*

Literatur: *Hamm, H.* (Hrsg.): Auswirkungen der Phosphat-Hochstmengenverordnung für Waschmittel auf Kläranlagen und in Gewässern. Sankt Augustin 1989.

Photoabfall →Fotoabfall

Photochemie. Unter P. in der Atmosphäre versteht man den →Abbau von Spurenstoffen durch Lichteinwirkung. Dieser kann direkt durch Absorption der Strahlung mit dem darauf folgenden Zerfall der Spurenstoffe oder aber auch indirekt durch chemische Reaktionen der Stoffe mit photochemisch gebildeten reaktiven Spezies erfolgen.

Als primäre photochemische Reaktion bezeichnet man die Bildung eines oder mehrerer Radikale (oder eines anderen reaktiven Teilchens) aus einem Atom oder Molekül, wenn diese Reaktion durch die Absorption eines Photons verursacht wurde; dann spricht man von →Photolyse oder Photodissoziation. Die Geschwindigkeit einer photochemischen Reaktion hängt u. a. von der Intensität und Wellenlänge des Lichtes sowie der Konzentration der absorbierenden Moleküle und ihrer Absorptionskoeffizienten ab:

$$-\frac{d\,[X]}{dt} = J_{\Delta\lambda} \cdot [X] \quad [X] = \text{Stoffmengenkonzentration}$$

wobei $J_{\Delta\lambda}$ die →Photolysefrequenz oder Photolysekonstante im Wellenlängenbereich $\Delta\lambda$ ist, gegeben durch:

$$J_\lambda = \int Q\,(\lambda)\,\sigma\,(\lambda)\,\phi\,(\lambda)\,d\lambda$$

wobei $Q(\lambda)$, $\sigma(\lambda)$ und $\phi(\lambda)$ Sonnenintensität, →Absorptionsquerschnitt und Quantenausbeute bedeuten.

Das Bild zeigt die spektrale Verteilung der Photonenstromdichte bei einem mittleren Sonnenstand im Spektralbereich von 200 bis 1 200 nm, wie sie von außen auf die Erdatmosphäre fällt (Kurve a) und wie sie auf dem Erdboden auftrifft (Kurve b). Die in der Atmosphäre durch Photolyse von Ozon, Stickstoffdioxid, Aldehyden usw. gebildeten Bruchstücke reagieren mit anderen Bestandteilen der Luft

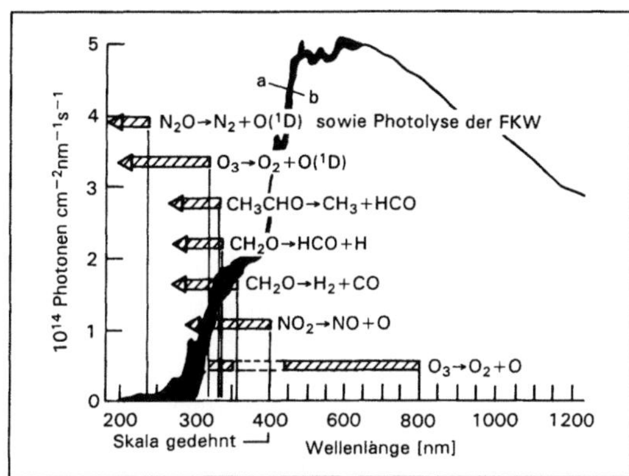

Photochemie: Spektrale Verteilung des Sonnenlichts und Grenzwellenlängen für wichtige Photolysereaktionen. (Quelle: GSF BPT-Bericht 10/84)

weiter (sekundäre Photoreaktionen/indirekte P.), wobei zum Teil Radikalkettenreaktionen ausgelöst werden (Kettenreaktion).

Grundlage der chemischen Umsetzung in der Atmosphäre ist die direkte oder indirekte photochemische Aktivierung. Durch die stratosphärische →Ozonschicht ist die P. in der →Troposphäre auf Wellenlängen $\lambda \geq 285$ nm oder Bindungsenergien $\leq 4{,}35$ eV begrenzt. Nur wenige Spurengase weisen genügend langwellige Absorptionsbanden auf, um in der unteren Atmosphäre photochemische Radikalreaktionen initiieren zu können.

Unter den Photodissoziationsprozessen in der Troposphäre ist die Bildung von angeregten Sauerstoffatomen durch die Photolyse von Ozon unterhalb 310 nm der bei weitem wichtigste Schritt, da $O(^1D)$ in einer schnellen Folgereaktion mit H_2O OH-Radikale bildet.

Ebenfalls wichtig für die photochemischen Prozesse in der Troposphäre ist die Photolyse von NO_2, das bis in den sichtbaren Spektralbereich absorbiert und etwa ab 410 nm photodissoziiert (1):

$$NO_2 + h\nu \;(\lambda \leq 410\ \text{nm}) \rightarrow NO + O(^3P) \qquad (1)$$

Diese Reaktion erzeugt Sauerstoffatome und schafft unter Mitwirkung der Reaktion von NO mit →Peroxyradikalen die Voraussetzung für die anthropogene Ozonbildung (→Atmosphärenchemie, →Ozon, →Photosmog).

Die Photolyse von →Formaldehyd ist eine wichtige Quelle für HO_2-Radikale (2, 3):

$$HCHO + h\nu \;(\lambda \leq 360\ \text{nm}) \rightarrow HCO + H \qquad (2)$$
$$\rightarrow CO + H_2$$
$$H + O_2 + M \rightarrow HO_2 + M \qquad (3)$$

Andere Carbonylverbindungen (→Aldehyde, →Ketone) sind meist wegen geringer Absorptionsquerschnitte, kleiner Quantenausbeuten und kleiner Konzentrationen als Radikalquellen unbedeu-

919

tend. Eine Ausnahme machen die α-Dicarbonyle, die bei der Oxidation von →Aromaten in der Atmosphäre entstehen.

Unter Bedingungen, wo die Konzentration von NO_x hoch ist (z. B. Photosmog), kann die Photolyse von HONO (Salpetrige Säure) eine wichtige Quelle für OH-Radikale sein (4):

$$HONO + h\nu \ (\lambda \le 390 \text{ nm}) \rightarrow OH + NO \qquad (4)$$

Die Absorptionsspektren von anderen photoaktiven Spurengasen (z. B. HNO_3, H_2O_2) überlappen meist nur schwach mit dem Tageslichtspektrum im Bereich 300 nm und weisen entsprechend niedrige Photolysefrequenzen auf, so daß sie als Radikalquellen keine große Bedeutung haben.

Barnes/Becker

Literatur: *Finlayson, B. J.; J. N. Pitts, Jr.:* Atmospheric Chemistry. Fundamentals and Experimental Techniques. New York 1986.

Photochemischer Reaktor →Smogkammer

Photochemischer Smog →Photosmog, →Los Angeles-Type-Smog

Photodissoziation →Photochemie

Photoeffekt →Röntgenstrahlung

Photoionisationsdetektor (PID). Als gaschromatographischer Detektor ist der P. in der Immissionsmeßtechnik für den Bereich der leichtflüchtigen organischen Verbindungen hervorragend geeignet, weil er nur die umwelthygienisch relevanten Komponenten anzeigt (Bild). Es sind dies hauptsächlich die →BTX-Kohlenwasserstoffe, →Olefine, →Aldehyde, →Alkohole und →Ketone; die n- und iso-Alkane werden nicht detektiert.

Die Ionisation im P. kommt dadurch zustande, daß ein Molekül ein Photon absorbiert, dessen Energie größer ist als das eigene Ionisierungspotential. Im P. besteht die Photonenquelle aus einer UV-Lampe mit definierter Elektronenenergie. Üblich sind Lampen mit 8,3, 9,5, 10,2, 10,9 und 11,7 eV. Eine positiv geladene Hochspannungselektrode im P. beschleunigt die erhaltenen Ionen in Richtung einer Sammelelektrode. Der durch den Ionenfluß hervorgerufene Strom wird von einem Elektrometer verstärkt. Er ist der Konzentration der detektierten Verbindung proportional.

Bei einer 10,2 eV-Lampe beträgt die Empfindlichkeit für Benzol (Ionisierungspotential ist 9,25 eV) etwa 2 pico-Gramm. Der linear dynamische Bereich ist größer als 10^7.

Bei der Wahl der chromatographischen Bedingungen ist darauf zu achten, daß keine Verbindungen mit großem Einfangquerschnitt für Elektronen (ECD) die Meßkomponente überlagern, weil sonst

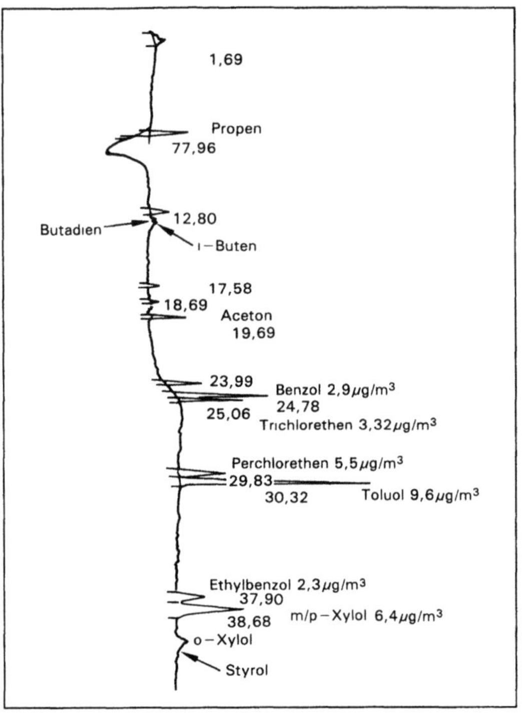

Photoionisationsdetektor: PID-Chromatogramm einer 2-l-Luftprobe aus einer Großstadt.

störende Quenchingeffekte auftreten können, die zu einer Verkleinerung der Signale oder gar zu negativen Peaks führen. *Dulson*

Photolyse. Sie nutzt Sonnenenergie, den Photonenstrom (der Sonne), um chemische Verbindungen, etwa Wasser in Wasserstoff und Sauerstoff, zu spalten. Photolytische Prozesse kommen in der Natur vor und werden experimentell – nicht kommerziell – im Labor genutzt; der Mensch bedient sich dabei häufig der Konzentration des Sonnenlichts. *C.-J. Winter*

Photolysefrequenz. Die zeitliche Abnahme einer photolytisch aktiven Verbindung ist durch folgende Differentialgleichung gegeben:

$$- \frac{d[A]}{dt} = J(\lambda)[A].$$

Die P. $J(\lambda)$ ist normalerweise von der Strahlungsintensität und der Wellenlänge des eingestrahlten Lichts abhängig. Äußere Parameter wie Druck und Temperatur können ebenfalls, wenn auch in geringem Maße, die P. beeinflussen (→Photochemie).

Die P. einiger wichtiger lichtabsorbierender Verbindungen in der unteren →Troposphäre sind in der Tabelle zusammengestellt. Die Größe $1/J(\lambda)$

bestimmt die Lebensdauer einer Verbindung bezüglich der →Photolyse. *Wirtz*

Photolysefrequenz. Tabelle: Experimentell ermittelte P. wichtiger atmosphärischer Spurengase am Erdboden (Sommermittag, mittlere Breiten).

Verbindung	Photolysefrequenz $[s^{-1}]$
Ozon	$\sim 1 \times 10^{-5}$
Stickstoffdioxid	$\sim 1 \times 10^{-3}$
Formaldehyd	$\sim 2 \times 10^{-5}$
H_2O_2	$\sim 7 \times 10^{-6}$

Photometrie. Der photometrischen Gasanalyse liegt als Meßprinzip die Absorption elektromagnetischer Strahlung im Wellenlängenbereich von 200 nm bis etwa 12 000 nm zugrunde, also vom Ultraviolett bis in das mittlere Ultrarot. Bei Strahlungsabsorption im Bereich von 200 nm bis 800 nm werden in der Regel die Hüllenelektronen und im Ultrarotbereich die Molekülschwingungen angeregt. Für jedes Gas tritt also bei bestimmten Wellenlängenbereichen (Absorptionsbanden) eine Strahlungsabsorption auf, die zum Nachweis des entsprechenden Gases herangezogen werden kann.

Im Wellenlängenbereich zwischen 200 nm und 800 nm, also im sichtbaren und ultravioletten Bereich, weisen eine ganze Reihe der für die Immissionsüberwachung interessanten Gase mehr oder weniger breite, sich teilweise überlappende Absorptionsbereiche auf. Die dadurch bedingten Selektivitätsprobleme haben dazu geführt, daß die photometrische Gasanalyse im Wellenlängenbereich von 200 nm und 800 nm nur für wenige Komponenten, z. B. O_3 (VDI 2468, Bl. 6), Bedeutung gewonnen hat.

Günstigere Bedingungen findet man im Ultrarotbereich. Im technisch interessanten Bereich von 2,5 µm bis 12 µm liegen Molekülschwingungen einer Vielzahl beim Immissionsschutz interessierender Gase. Absorption von Strahlungsenergie im Bereich ihrer Molekülschwingungen zeigen alle Gase, bei denen sich beim Schwingungsübergang das elektrische Dipolmoment des Moleküls ändert, wie z. B. bei CO, CO_2, NO_2, SO_2 oder bei Kohlenwasserstoffen. Dagegen geben Moleküle, die aus zwei gleichen Atomen bestehen, wie z. B. N_2, O_2 oder H_2, keinen Meßeffekt. Die Absorptionsbanden im Ultrarotbereich der einzelnen Gase sind in der Regel genügend schmal und meist ausreichend getrennt, so daß viele Komponenten mit guter →Selektivität erfaßt werden können. Eine häufig störende Komponente ist H_2O.

Bei der P. wird meist die molekülspezifische Schwächung eines Lichtstrahls beim Durchgang durch das Meßgut (Meßgas) in einer Meßküvette bestimmt. Diese Schwächung der Intensität des eingestrahlten Lichtstrahls wird durch das →*Lambert-Beer'sche Gesetz* beschrieben.

Die auf dem Prinzip der photometrischen Gasanalyse aufbauenden Meßgeräte lassen sich in zwei Gruppen einteilen. Die eine Gruppe umfaßt die dispersiven Geräte oder Spektralphotometer, bei denen mit Hilfe von Gittern, Prismen, Interferenzanordnungen oder dgl. die Wellenlänge des in die Meßküvette eintretenden Lichts ausgewählt und variiert werden kann. Man mißt damit die Absorption des Meßgases in Abhängigkeit von der Wellenlänge, so daß als Meßergebnis Absorptionsspektren entstehen. Die zweite Gruppe ist die der nichtdispersiven Photometer. Nichtdispersiv bedeutet dabei, daß die Auswahl des zur Absorption durch die Meßkomponente benötigten engen Spektralbereichs ohne die bei den Spektralphotometern eingesetzten optischen Hilfsmittel vorgenommen wird. Man setzt hier selektive Strahler, optische Filter, Gaskorrelationsfilter oder selektive Empfänger ein. Die Geräte arbeiten bei festen Wellenlängen und sind vom Hersteller in der Regel für bestimmte Meßprobleme ausgelegt. Erhebliche Bedeutung haben nichtdispersive Infrarot-Photometer (→NDIR-Verfahren) für Emissions- und Immissionsmessungen gewonnen. *Birkle*

Literatur: *Landolt-Börnstein:* Band 1, Atom- und Molekularphysik, 2. Teil, Molekeln I, Berlin 1951. – VDI 2468 B. 6: Messen gasförmiger Immissionen; Messen der Ozonkonzentration; Direktes UV-photometrisches Verfahren (Basisverfahren); Juli 1979.

Photomultiplier. Der P. ist ein wichtiger Detektor bei optischen Immissionsmeßverfahren. Er besitzt ein Einlaßfenster für das Meßlicht mit einer Photokathode. Dort werden bei Photoneneinfall Elektronen erzeugt. Das Material der Fenster ist abhängig von der Wellenlänge, die durchgelassen werden muß. Gebräuchlich ist Borsilikat-Glas (bis 300 nm) oder UV-Glas (bis 185 nm). Die lichtempfindliche Schicht besteht aus Alkali-Metallen. Verwendung finden Sb-Cs, Sb-Rb-Cs oder Sb-K-Cs (Bialkali) und Na-K-Sb-Cs (Multialkali).

Die hohe Empfindlichkeit der P. kommt dadurch zustande, daß die Photoelektronen auf ein System von Elektroden (Dynoden) treffen, die so angeordnet sind, daß der Elektronenstrahl von Dynode zu Dynode weitergeleitet wird. Dabei werden bei jeder Stufe Sekundärelektronen erzeugt, so daß der Elektronenstrom lawinenartig ansteigt.

Neben der spektralen Empfindlichkeit spielen die Ansprechzeit, der Anoden-Dunkelstrom, das Rauschen und die Drift eine Rolle für die Auswahl eines bestimmten P. in Meßgeräten. *Dulson*

Photooxidantien. P. sind sekundäre Luftverunreinigungen, die während der Ausbreitung eines komplexen Vorläufergemisches durch photochemische Reaktionen erst Stunden bis Tage nach der Emission der Vorläufer entstehen. Unter →Oxidantien und photochemischen Luftverunreinigungen im weiteren Sinne kann man die unter dem Einfluß des Sonnenlichts gebildeten Reaktionsprodukte der Spurengase Stickstoffoxide und Kohlenwasserstoffe verstehen. Die am leichtesten meßbare Komponente der P., das Ozon, besitzt darüber hinaus eine natürliche Quelle in der →Stratosphäre, aus der es bis in die bodennahen Luftschichten der →Troposphäre transportiert wird.

Im allgemeinen müssen zu den P. neben Ozon (O_3) die Radikale OH, HO_2 und RO_2 (R bedeutet organischer Rest), NO_2, NO_3, N_2O_5, HNO_3, Aldehyde und andere Carbonylverbindungen, organische Säuren, Peroxoverbindungen wie Wasserstoffperoxid, Methylhydroperoxid, Peroxyessigsäure, Peroxysalpetersäure, organische Nitrate, →Peroxyacetylnitrat (PAN) und andere →Peroxynitrate gerechnet werden. Als Leitsubstanz der P. kann Ozon angesehen werden, weil diese Komponente mengenmäßig bei weitem überwiegt.

Barnes/Becker

Photosmog. Photochemischer Smog oder P. wurde in den vierziger Jahren zuerst in Los Angeles beobachtet (→Los Angeles Type Smog). Bei den Untersuchungen der Smogbildung im Labor wurde festgestellt, daß sich in ausschließlich mit NO oder NO_2 angereicherter Luft bei Bestrahlung im Photoreaktor keine hohen Oxidantienkonzentrationen ausbilden; diese entstehen erst, wenn der Reaktor zusätzlich mit Kohlenwasserstoffen gefüllt wird. Die P.-Bildung durchläuft mehrere Phasen und jede Phase ist durch ein wechselndes Gemisch von →Photooxidantien gekennzeichnet.

Die Reaktionsabläufe in Smoggemischen sind sehr komplex und sollen hier auf vereinfachte Weise beschrieben werden. Die wichtigste lichtabsorbierende Spezies in diesem System ist NO_2. Bei Wellenlängen unterhalb 410 nm dissoziiert es in NO und Sauerstoffatome im Grundzustand, $O(^3P)$ (1):

$$NO_2 + h\nu \rightarrow NO + O(^3P) \tag{1}$$

In Luft folgen schnell die Reaktionen (2) und (3):

$$O(^3P) + O_2 + \text{Luft} \rightarrow O_3 + \text{Luft} \tag{2}$$
$$NO + O_3 \rightarrow NO_2 + O_2 \tag{3}$$

Im photostationären Gleichgewicht ergibt sich daraus:

$$[O_3]_s = J_{NO_2}/k_{(N\nu + O_3)} \, [NO_2]/[NO]$$

J ist die →Photolysefrequenz und k ist die Geschwindigkeitskonstante zweiter Ordnung. Es kann sich dabei kein Überschußozon bilden, weil O_3 durch die schnelle Rückreaktion mit NO (3) immer wieder verbraucht wird. Überschuß an Ozon sowie

andere Photooxidantien bilden sich durch effiziente ROG-Oxidation über eine OH-Radikalkette, die sich in Gegenwart von NO_x ausbildet, wobei NO durch RO_2- bzw. HO_2-Radikale und nicht durch O_3 zu NO_2 (3) oxidiert wird (4–9).

Initialreaktion:

$$O_3 + H_2O + h\nu \rightarrow O_2 + 2OH \tag{4}$$

Kettenfortpflanzung:

$$ROG + OH + O_2 \rightarrow RO_2 + \ldots \tag{5}$$
$$RO_2 + NO \rightarrow RO + NO_2 \tag{6}$$
$$RO + O_2 \rightarrow R'CHO + HO_2 \tag{7}$$
$$HO_2 + NO \rightarrow OH + NO_2 \tag{8}$$

Kettenverzweigung:
$$R'CHO + O_2 + h\nu \rightarrow 2HO_2 + \ldots \tag{9}$$

Wenn NO weitgehend in NO_2 umgewandelt ist, erreicht die Ozonkonzentration ihr Maximum. Danach überwiegen Kettenabbruch-Reaktionen (10–13).

Kettenabbruch:
$$NO_2 + OH + M \rightarrow HNO_3 + M \tag{10}$$
$$HO_2 + HO_2 + M \rightarrow O_2 + H_2O_2 \text{ (Wasserstoffperoxid)} + M \tag{11}$$
$$RO_2 + HO_2 + M \rightarrow O_2 + RO_2H \text{ (organisches Hydroperoxid)} + M \tag{12}$$
$$RO_2 + NO_2 + M \rightleftharpoons RO_2NO_2 \text{ (Peroxynitrat)} + M \tag{13}$$

Die wichtigste Kettenabbruch-Reaktion ist dabei die Reaktion der OH-Radikale mit NO_2 (10), die zur Bildung von Salpetersäure führt. Wenn die Konzentration an NO_2 und NO durch Umwandlung in Nitrat und HNO_3 abgenommen hat, treten andere Radikalreaktionen als Kettenabbruchreaktionen in den Vordergrund. Gleichzeitig nimmt die Bildung von Photooxidantien ab. Die Radikalreaktionen (11) bis (13), die zu Peroxyverbindungen führen, gewinnen an Bedeutung.

Die Reaktionen die an der O_3- bzw. P.bildung beteiligt sind, sind in vereinfachter Form in der Tabelle zusammengefaßt. Das Schema macht deutlich, daß während des stufenweisen Abbaus von ROG die Kettenfortpflanzungs- und Verzweigungsschritte die Abbruchschritte überwiegen müssen. Jeder Fortpflanzungsschritt in der Radikalkette ist mit einer erneuten Oxidation von NO zu NO_2 verbunden und bewirkt, daß das $[NO_2]/[NO]$-Verhältnis wesentlich über den Wert erhöht wird, der sich aus dem Reaktionssystem (1) bis (3) alleine ergibt.

Der zeitliche Verlauf der photochemischen Smog-Bildung wird im Laborexperiment für ein Gemisch aus Luft, Propen ($CH_3CH = CH_2$) und NO dargestellt (Bild) und spiegelt in etwa die Chemie der verschmutzten Außenluft wieder.

Photosmog. Tabelle: Reaktionen, die an der $=_3$- bzw. P.-Bildung beteiligt sind.

Initialschritt

$O_3 + H_2O + h\nu \rightarrow O_2 + 2OH$

Kettenfortpflanzung
(Radikalumwandlung und Radikalrückführung)

$ROG + \mathbf{OH} + O_2 \rightarrow RO_2 + \ldots$

$RO_2NO_2 \rightarrow RO_2 + NO_2$

$RO_2 + NO + O_2 \rightarrow R'CHO + NO_2 + HO_2$

$HO_2 + NO \rightarrow \mathbf{OH} + NO_2$

Kettenverzweigung

$R'CHO + O_2 + h\nu \rightarrow 2HO_2 + \ldots$

Kettenabbruch (Radikalverluste)

$HO_2 + HO_2 \rightarrow H_2O_2 + O_2$

$HO_2 + RO_2 \rightarrow ROOH + O_2$

$RO_2 + R'O_2 \rightarrow$ Alkohole, Aldehyde etc.

$RO_2 + NO_2 \rightarrow RO_2NO_2$

Ozonbildung

$NO_2 + O_2 + h\nu \rightarrow NO + O_3$ direkte O_3-Bildung

$NO + O_3 \rightarrow NO_2 + O_2$ „Titrationsreaktion"

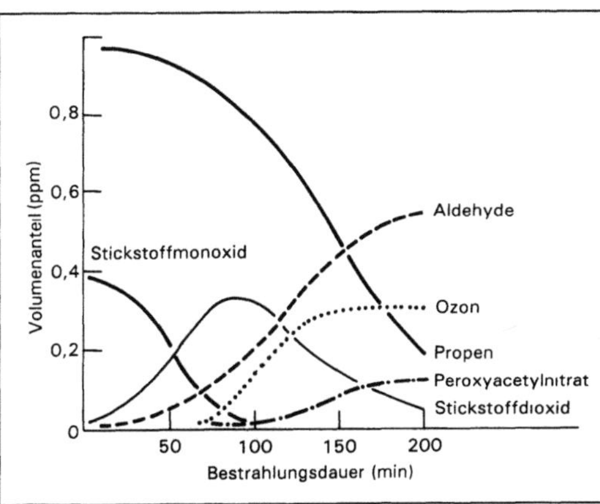

Photosmog: Bildung von Photooxidantien bei der Bestrahlung von einem NO/Propen-Gemisch in Luft.

Im Falle von Propen wird bei der Bestrahlung des Reaktionsgemischs Formaldehyd und Acetaldehyd als Oxidationszwischenprodukt gebildet und NO zu NO_2 oxidiert. Wenn fast alles NO umgewandelt ist, bildet sich ein hoher O_3-Volumenanteil aus. Die Aldehyde reagieren mit OH-Radikalen weiter, wobei als Folge einer Kettenfortpflanzung ein HO_2-Radikal – neben Wasser und Kohlenmonoxid – entsteht (14, 15).

$HCHO + OH \rightarrow H_2O + HCO$ (14)

$HCO + O_2 \rightarrow HO_2 + CO$ (15)

Die Reaktion des Acetaldehyds mit OH bildet das bekannte →Peroxyacetylnitrat (PAN) (16–18).

$CH_3CHO + OH \rightarrow CH_3CO + H_2O$ (16)

$CH_3CO + O_2 + M \rightarrow CH_3C(O)O_2 + M$ (17)

$CH_3C(O)O_2 + NO_2 + M \rightleftharpoons CH_3C(O)O_2NO_2$ (PAN)   (18)

Barnes

Literatur: *Becker, K. H.; W. Fricke; U. Schurath:* Formation, Transport, and Control of Photochemical Oxidants. In: Guderian, R. (Hrsg.): Air Pollution by Photochemical Oxidants. Berlin 1985. – *Finlayson, B. J.; J. N. Pitts Jr.:* Atmospheric Chemistry. Fundamentals and Experimental Techniques. New York 1986.

Photostationäres Gleichgewicht →Gleichgewicht, photostationäres

Photosynthese. Die P. ist der grundlegende biologische Energiebindungs- und Stoffbildungsprozeß überhaupt und daher die Grundvoraussetzung allen Lebens. Mit ihr wird die immer verfügbare →Sonnenenergie in chemische Energie umgewandelt, die als →Biomasse oder organische Substanz sowohl Betriebs- als auch Baustoff der Lebewesen ist. Wegen der Schlüsselrolle des Blattgrün-Farbstoffs (Chlorophyll) bei der Absorption der Lichtquanten sind nur grüne Pflanzen zur P. fähig, für die außerdem Kohlendioxid und Wasser nach der Bruttogleichung

$$6CO_2 + 6H_2O \rightarrow C_6H_{12}O_6 + 6O_2$$

benötigt werden. Pro Grammatom aufgenommenen Kohlenstoffs werden 477 kJ (112 kcal) Sonnenenergie festgelegt.

Das erste nach verschiedenen Zwischenschritten nachweisbare P.-Produkt ist Traubenzucker. Aus ihm werden durch weitere chemische Reaktionen und Verwendung zusätzlicher anorganischer Verbindungen, insbesondere Stickstoff, Phosphat, Kalium, Calcium und Schwefel, alle übrigen Pflanzeninhaltsstoffe synthetisiert. Wegen dieser selbständigen Leistungen der grünen Pflanzen werden sie als autotroph bezeichnet; sie verwenden einen Teil der P.-Produkte durch Veratmung unter Sauerstoffverbrauch für ihren Eigenbetrieb. Viele erzeugte Produkte werden in dauerhafter Form als Zellulose oder Holz strukturbildend abgelagert. Sie alle stehen jedoch als Nahrung für die heterotrophen Organismen, d. h. alle übrigen Lebewesen, zur Verfügung. Zu ihnen gehört auch der Mensch, dessen Leben und körpereigene Energieversorgung und -umsetzung ebenfalls auf der P. beruht. Daher bringt er bestimmte Pflanzen (Nutzpflanzen) durch Auslese, Züchtung und Pflege sowie durch optimale Gestaltung der Außenbedingungen (z. B. Wasser-

und Nährstoffversorgung) zur optimalen Ausschöpfung der P.-Leistung, die als solche nicht gesteigert werden kann.

Der Wirkungsgrad der P., d. h. die Beziehung zwischen der Energie der von der Sonne gelieferten Strahlung und dem Energiegehalt der durch P. aufgebauten Biomasse, liegt in der Größenordnung von 1–2%, höchstens 5%. Es werden aber nur ca. 50% der Strahlung von den Pflanzen absorbiert und nur bestimmte Anteile davon als photosynthetisch nutzbare Strahlung tatsächlich für die Stoffbildung genutzt, und zwar in dem mehr kurzwelligen, daher energiereicheren Spektralbereich. Die Netto-P. ergibt für höhere Pflanzen eine Assimilation von 1–80 mg CO_2 je dm^2 Blattfläche und Stunde, bei der Mehrzahl der heimischen Pflanzen von 15–40 mg.

Ökologisch aussagefähiger ist der Nutzeffekt der auf der P. beruhenden Primärproduktion, d. h. das Verhältnis von Bruttoproduktion der Pflanzendecke eines →Ökosystems und der gleichzeitig absorbierten photosynthetisch absorbierten Strahlung, jeweils bezogen auf 1 m^2 und Jahr. Es beträgt im tropischen Regenwald durchschnittlich 1,5%, in sommergrünen Laubwäldern 1%, im Grasland 0,5%, im offenen Meer nur 0,12%. In landwirtschaftlichen Intensivkulturen, z. B. Reisfeldern, kann es 6% erreichen. Die Ernährung der Menschen und der vom Menschen abhängigen Tiere kann nur über den Ackerbau (→Landwirtschaft) erfolgen, der direkt nutzbare Nahrungsmittel hervorbringt. Sonstige pflanzliche Substanzen können je nach Eignung nur durch Veredlung über das Tier als Nahrung nutzbar gemacht werden.   *Haber*

Photovoltaik. P. ist der Oberbegriff für die Wandlung der solaren Strahlungsenergie in elektrische Energie mit Hilfe des photovoltaischen Effekts in der →Solarzelle. Photovoltaische →Energiewandlung hat den Vorzug der unmittelbaren Stromerzeugung ohne rotierende Teile und ist geräuschfrei. Nachteilig sind, wie für alle solare Energiewandlung, die unstetige Stromlieferung und – noch – hohe Materialintensität, Landflächenintensität und damit hohe Investitionskosten.   *C.-J. Winter*

Photovoltaikgenerator. Aus Solarzellenmoduln und -arrays elektrisch verschalteter flächiger Generator in Größen von 0,5–2 (3) m^2, der, den photovoltaischen Effekt nutzend der solaren →Einstrahlung ausgesetzt, eine Leerlaufgleichspannung erzeugt; werden geeignete Verbraucher angeschlossen, fließt ein Gleichstrom, der etwa zum Laden einer Batterie oder zum Betrieb von Gleichstromgeräten genutzt werden kann. Für die Integration in Wechselspannungsnetzen ist ein Wechselrichter nachzuschalten. Mehrere Arrays können zu großflächigen P. zusammengeschaltet werden. Verluste von Generatoren rühren her von ungleichmäßiger

Beleuchtung, mangelnder Ausrichtung zur Sonne oder – bei hohen Anteilen diffuser Strahlung – in die von der →Albedo vorgegebene Richtung sowie Netzverlusten, wie sie für das einem elektrischen Netz vergleichbare Generatornetz typisch sind.

Der strukturelle Aufbau besteht aus den verschalteten Moduln auf einer Glas- oder Metallgrundplatte, die Moduln der Sonne zugewandt, hochtransmissiv glas- oder kunststoffabgedeckt, die Oberfläche zur Behinderung der Reflexion texturiert. Hermetische Kantenversiegelung vermeidet Eindringen von Wasser und ist u. a. bestimmend für die Lebensdauer.

P. werden zu Kraftwerkseinheiten zusammengesetzt, aufgeständert, entweder nichtnachgeführt auf einen Mittelwert des saisonalen Sonnenstandes eingestellt oder auf Nachführeinrichtungen (solar trakker) der Sonne nachgeführt. Wird nicht nachgeführt, sind Cosinusverluste unvermeidlich. Verschmutzungen werden in gemäßigten Zonen durch Regen oder Schnee entfernt. P. sind in der Regel wartungsfrei und bedürfen keiner betrieblichen Aufsicht. Bisher nachgewiesene Lebensdauern liegen bei 15–20 Jahren.   *C.-J. Winter*

Literatur: *Winter, C.-J.; R. L. Sizmann; L. L. Vant Hull* (Hrsg.): Solar Power Plants. Berlin–Heidelberg–New York 1991.

Phthalsäureester. Unter P. (Phthalate) werden die von der 1,2-Benzendicarbonsäure abgeleiteten →Ester mit verzweigten oder unverzweigten aliphatischen Seitenketten verstanden. 1,3- und 1,4-Benzendicarbonsäureester sind demgegenüber kommerziell von untergeordneter Bedeutung. P. sind nahezu ubiquitär. Ursachen hierfür sind u. a. hohe Produktions- und Anwendungsmengen, eine Vielzahl von Einsatzbereichen (diffuse Eintragsquellen in die Umwelt), die Bio- und Geoakkumulations-Tendenz und eine gewisse Stabilität gegenüber physikalisch-chemischen und biologischen Abbaureaktionen (→Persistenz).

Der überwiegende Anteil der P. wird als Zusatzstoff für PVC-Polymere, PVC-Vinylacetat-Copolymere, Nitrocellulose, Polystyrol, Polymethylmetacrylat und synthetischen Gummi eingesetzt. Infolge ihrer physikalisch-chemischen Eigenschaften werden die Stoffe darüber hinaus in der Kosmetikindustrie, im medizinischen Bereich und in der Sprengstoffindustrie verwendet.

Die physikalisch-chemischen Eigenschaften bestimmen das Transport-, Verteilungs- und Transformationsverhalten in biogeochemischen Stoffkreisläufen und die Toxizität.

Relativ geringe Flüchtigkeit und Wasserlöslichkeit, gute Lipoidlöslichkeit und durch die Estergruppe bedingte Reaktivität verbunden mit einer hohen mikrobiologischen Degradationstendenz sind maßgebliche Eigenschaften der P. Die physikalisch-chemischen Eigenschaften sowie die Toxizität betreffend sind strukturchemisch bedingte Abstufungen festzustellen.

Kanzerogene und mutagene Effekte sind lediglich bei Expositionen gegenüber sehr hohen, nicht umweltadäquaten Stoffkonzentrationen nachgewiesen.

Im Tierexperiment nachgewiesene Karzinogenität ist jedoch als Hinweis auf ein potentielles → karzinogenes Risiko zu werten. Des weiteren sind Prozesse wie die Plazentapassage und die Passage der Blut-Hirn-Schranke von toxikologischer Relevanz, weil sie Voraussetzung sind für das Auftreten teratogener, feto- und embryotoxischer Effekte sowie für strukturelle und funktionelle Veränderungen des peripheren und zentralen Nervensystems.

Die aus dem Verteilungsverhalten resultierende Translokationstendenz zwischen Hydro-, Pedo- und Atmosphäre sowie Biota ist u. a. Ursache für den Aufbau remobilisierbarer Stoffdepots in Böden und Sediment. Hydrolyse und mikrobiologisch-enzymatischer Abbau wirken der Geoakkumulation entgegen. Demzufolge entstehen entsprechende P.-Depots nur dann, wenn die Stoffzufuhr den Abbau bzw. andere Eliminierungsvorgänge weitestgehend übersteigt. Die Transformation und Degradation erfolgt vorzugsweise mikrobiell. Hydrolytische Esterspaltung, Ringhydroxylierung und Spaltung des aromatischen Kerns sind Reaktionsmechanismen chemischer Abbauvorgänge. *R. Koch*

Literatur: *Koch, R.; B. Wagner:* Umweltchemikalien. Weinheim 1991.

Pinch-Point-Methode → Wärmeintegrationsanalyse

Pipeline-Schäden. Mineralölfernleitungen sind – auch im Vergleich mit anderen Verkehrsträgern (Straße, Schiene, Wasserweg) – sehr sichere Massenguttransportmittel. Dennoch sind in der Vergangenheit Schäden durch den Austritt von Förderflüssigkeit aufgetreten und werden auch in Zukunft nicht auszuschließen sein. Versagensfälle und ihre Ursachen werden daher als Erfahrungsquelle herangezogen, um an vorhandenen und geplanten Anlagen Schwachstellen möglichst zu erkennen und vor einem Schadenseintritt zu beseitigen. Weiterhin

Pipeline-Schäden. Tabelle: Ölunfälle und Auslaufmengen an westeuropäischen Pipelines

	Leitungslänge km	Durchsatz D Mio m³	Anzahl der Unfälle	Auslaufmenge A m³	Verhältnis A zu D %
1968	7 000	236	2	1,8	~ 0
1969	12 000	248	6	61,5	0,000025
1970	12 500	250	11	719,1	0,00029
1971	12 800	310	11	2 731	0,0009
1972	15 800	433	21	2 720	0,0006
1973	17 300	558	20	1 154	0,0002
1974	17 350	524	18	1 936	0,0004
1975	17 900	483	20	397	0,000082
1976	18 100	540	14	3 165	0,00059
1977	18 400	563	19	4 924	0,00087
1978	18 500	594	15	3 639	0,00061
1979	19 000	647	10	1 910	0,0003
1980	19 000	636	10	6 385	0,001
1981	18 900	570	16	1 485	0,00026
1982	18 300	532	10	644	0,00012
1983	18 100	505	10	1 688	0,00033
1984	17 300	495	13	5 198	0,00105
1985	17 400	496	7	1 364	0,00028
1986	17 400	517	12	1 089	0,00021
1987	17 400	527	8	1 900	0,00036
1988	17 700	538	11	1 193	0,00022
1989	18 900	535	13	2 184	0,00041
1990	19 300	549	4	907	0,00017
1991	21 000	593	14	1 346	0,00023

können Erkenntnisse aus Ölunfällen helfen, die Maßnahmen zur Bekämpfung und Reduzierung von Schadensauswirkungen (u. a. →Ölwehr) zu verbessern.

Für den Bereich der westeuropäischen Pipelines werden von der CONCAWE (Abk. für CONservation of Clean Air and Water, W-Europe) Statistiken über Ölunfälle erstellt (Tabelle). Die sehr niedrigen Werte für das Verhältnis von Auslaufmenge zum Durchsatz machen die hohe Sicherheit der westeuropäischen Pipelines deutlich. Die Anteile der hauptsächlichen Schadensursachen sind – über einen Zeitraum von 24 Jahren – dargestellt (Bild).

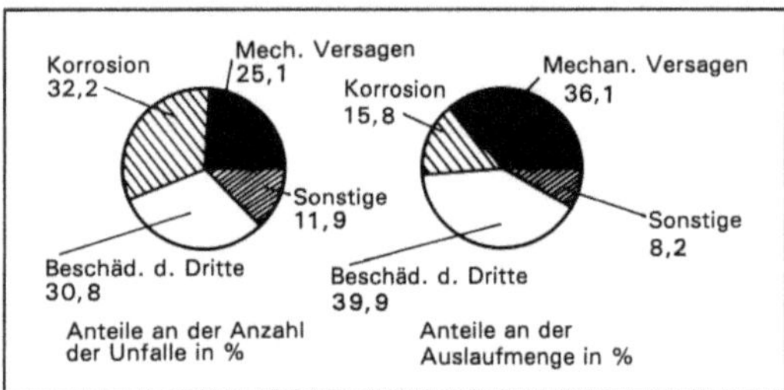

Pipeline-Schäden: Schadensursachen bei Unfällen an Mineralölfernleitungen in Westeuropa 1968–1991 (nach CONCAWE).

Auffällig sind bei den Schadensursachen die Einwirkungen Dritter, wie sie insbesondere infolge von Bauarbeiten mit Baggern und ähnlichen Baumaschinen im Bereich von Pipelinetrassen auftreten. Eine Reduzierung dieser Schadensfälle erscheint nur über eine gute und gezielte Information sowie durch klare Kennzeichnung der Leitungsführung und intensive →Trassenüberwachung einerseits sowie sorgfältige Arbeitsweise der Verursacher wie Baufirmen usw. andererseits erreichbar. Der hohe Anteil der Korrosionen – hier überwiegen die Außenkorrosionen – reduziert sich deutlich bei der Betrachtung nach der Auslaufmenge. Die Schadensursache mechanisches Versagen beinhaltet Konstruktions- und Materialfehler und hat ebenfalls einen beachtenswerten Anteil. Versagensfälle führen häufig dazu, daß in Betrieb befindliche Pipelines einer eingehenden Überprüfung und Beurteilung unterzogen werden. *Krass*

Literatur: Statusberichte über Fernleitungen der Mineralölindustrie in West-Europa; statistische Zusammenfassung der Schadensmeldungen 1968–1991. CONCAWE, Brussel.

Pipelinesicherheit. Bei der Sicherheit von Rohrfernleitungen ist zu unterscheiden zwischen der Sicherheit der Versorgung der von den Pipelines abhängigen Verbraucher und der Sicherheit vor den potentiellen Gefahren, die von diesen Anlagen ausgehen können.

Die Versorgungssicherheit bei den der öffentlichen Energieversorgung dienenden Gasfernleitun-

gen (Erdgasleitungen) hat wegen der starken Abhängigkeit zahlreicher Betriebe und Haushalte eine besonders hohe Bedeutung, so daß der Ausfall einer Gasleitung zu momentanen Schwierigkeiten in der Energieversorgung führen kann. Ähnlich verhält es sich bei Mineralölfernleitungen. Da die Bevorratung nur für einige Tage ausreicht, würde der Ausfall einer Rohölpipeline die Außerbetriebnahme der angeschlossenen Raffinerien und damit zwangsweise hohe Kosten und Versorgungsschwierigkeiten für die Verbraucher der Raffinerieprodukte zur Folge haben. Entsprechende Auswirkungen hätte der Ausfall einer Produktfernleitung.

Bei der Betrachtung der Sicherheit im Sinne des Personen- und Umweltschutzes kommt es darauf an, Gefahren, die aus dem Betrieb von Pipelines resultieren, möglichst auszuschalten oder zumindest auf ein zumutbares Maß zu reduzieren. Bei den Rohrfernleitungen zum Befördern gefährdender Flüssigkeiten und Gase liegt die potentielle Gefährdung von Lebewesen und Sachgütern zunächst in der Brand- und Explosionsgefahr sowie ggf. in der →Toxizität der Stoffe.

Für den Umweltschutz haben Rohrfernleitungen zum Transport gefährdender Stoffe, vor allem aber wegen der großen Ausdehnung der Leitungsnetze und der großen Fördermengen die Mineralölfernleitungen eine herausragende Bedeutung. Das hohe Gefährdungspotential und die möglichen Schadensauswirkungen haben demzufolge zu strengen Vorschriften zum Schutz des Wassers und des Bodens geführt.

Das grundsätzliche Ziel, Menschen und die Umwelt sowie Sachwerte vor den potentiellen Gefahren, die mit dem Betrieb der Rohrleitungsanlagen verbunden sind, zu schützen, wird von mehreren Faktoren beeinflußt. Hierbei handelt es sich zunächst um die durch die Anlage selbst bedingten Einflüsse, die sich im wesentlichen aus der Beschaffenheit der Anlage und den Betriebsbedingungen ergeben.

Dazu kommen die umgebungsbedingten Einflüsse, die sich aus der Leitungsverlegung und möglichen Eingriffen Dritter ergeben und wegen der großen räumlichen Ausdehnung von Rohrfernleitungen eine bedeutende Stellung einnehmen.

Aus der Kenntnis dieser die Sicherheit beeinflussenden Faktoren (Bild 1) ergeben sich zunächst die Maßnahmen, die darauf ausgerichtet sind, eine sichere Anlage zu gewährleisten. Sie zielen darauf ab, die Rohrleitung so auszulegen, zu gestalten, zu bauen, zu betreiben und zu überwachen, daß sie allen Belastungen standhält und dicht bleibt (Primärmaßnahmen). Wie die Vergangenheit gezeigt hat, ist davon auszugehen, daß trotz aller Maßnahmen der Qualitätssicherung und betrieblichen Vorkehrungen Schadensfälle nicht ganz auszuschließen sind. Aus diesem Grunde werden bei Mineralölfern-

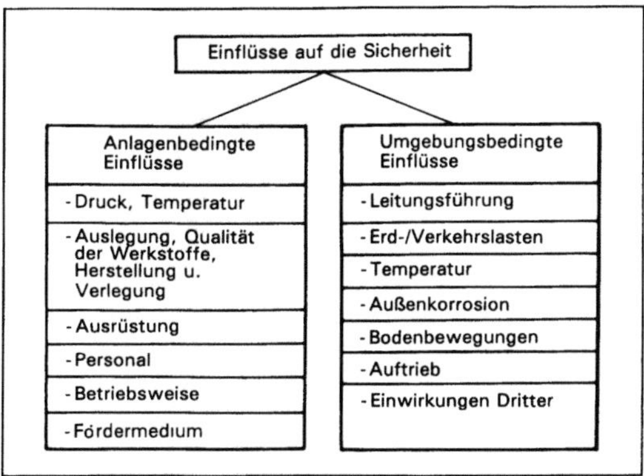

Pipelinesicherheit 1: Anlagen- und umgebungsbedingte Einflüsse auf die Sicherheit von Rohrfernleitungen.

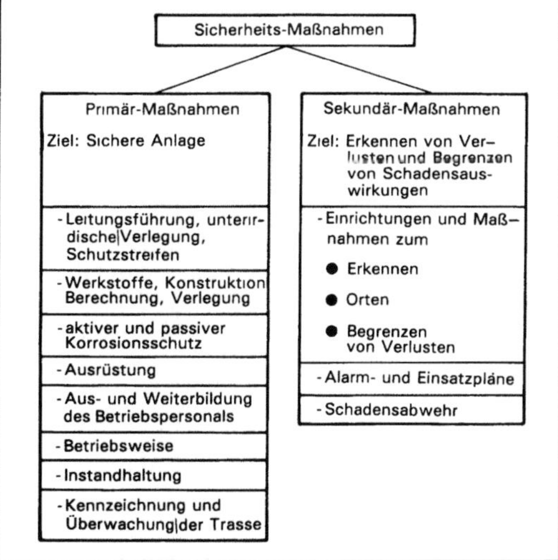

Pipelinesicherheit 2: Primäre und sekundäre Sicherheitsmaßnahmen an Rohrfernleitungen.

leitungen Sekundärmaßnahmen getroffen, die das Erkennen von Verlusten und die Begrenzung von Schadensauswirkungen möglich machen (Bild 2).

Krass

Literatur: *Krass, W., A. Kittel* u. *A. Uhde:* Pipelinetechnik – Mineralölfernleitungen. Köln 1979.

Planfeststellungsverfahren. Das P. besteht darin, die Zulässigkeit eines Vorhabens unter Abwägung und Ausgleichung der Interessen des Trägers des Vorhabens und der von der Planung berührten öffentlichen und privaten Belange zu prüfen und einer rechtsverbindlichen Entscheidung zuzuführen. Das P. ist in den Verwaltungsverfahrensgesetzen des Bundes und der Länder weitgehend einheitlich und erschöpfend geregelt (§§ 72 ff. VwVfG). Für

einzelne P. gelten jedoch teilweise Sondervorschriften. P. sind u. a. vorgesehen für die Errichtung und den Betrieb von Abfalldeponien, für den Ausbau oder Neubau von Bundeswasserstraßen, für den Ausbau eines Gewässers oder seiner Ufer, für die Anlegung und Änderung von Flughäfen und Landeplätzen, den Bau und die Änderung bestehender Straßenbahnen, den Bau und die Änderung von Fernstraßen.

Charakteristisch für die Planfeststellung ist es, daß sie alle für das Vorhaben erforderlichen anderen behördlichen Entscheidungen ersetzt und zugleich rechtsgestaltend alle öffentlich-rechtlichen Beziehungen zwischen dem Träger des Vorhabens und den durch den Plan Betroffenen regelt (§ 75 Abs. 1 VwVfG). Der Planfeststellungsbeschluß entfaltet außerdem privatrechtsgestaltende Wirkung. Gem. § 75 Abs. 2 S. 1 VwVfG sind Ansprüche auf Unterlassung des Vorhabens, auf Beseitigung oder Änderung der Anlage oder auf Unterlassung ihrer Benutzung ausgeschlossen. Wesensmerkmal der Planfeststellung ist damit ihre umfassende Konzentrations- und Gestaltungswirkung.

Das P. beginnt damit, daß der Vorhabenträger den Plan der Anhörungsbehörde zur Durchführung des Anhörungsverfahrens einreicht. Die Anhörungsbehörde holt die Stellungnahmen der Fachbehörden ein. Außerdem ist der Plan regelmäßig einen Monat öffentlich zur Einsicht auszulegen (§ 73 Abs. 3 S. 1 VwVfG). Die ausgelegten Unterlagen müssen Dritte über Art und Ausmaß ihrer möglichen Betroffenheit hinreichend informieren. Gemäß § 73 Abs. 5 VwVfG haben die Gemeinden, in denen der Plan auszulegen ist, die Auslegung mindestens eine Woche vorher ortsüblich bekanntzumachen.

Gegen den Plan kann jeder, dessen Belange durch das Vorhaben berührt werden, unter Beachtung der Einwendungsfristen des § 73 Abs. 4 VwVfG Einwendungen erheben.

Nach Ablauf der Einwendungsfrist hat die Anhörungsbehörde gem. § 73 Abs. 6 S. 1 VwVfG die rechtzeitig erhobenen Einwendungen gegen den Plan und die Stellungnahmen der Behörden zu dem Plan mit dem Träger des Vorhabens, den Behörden, den Betroffenen sowie den Personen, die Einwendungen erhoben haben, zu erörtern. Wesentliches Ziel des →Erörterungstermines ist die Feststellung und Klärung aller für die Entscheidung wichtigen Tatsachen und der Ausgleich der betroffenen öffentlichen und privaten Interessen.

Gemäß § 63 Abs. 9 VwVfG gibt die Anhörungsbehörde zum Ergebnis eine Stellungnahme ab und leitet diese möglichst innerhalb eines Monats mit dem Plan, den Stellungnahmen der Behörden und den nicht erledigten Einwendungen der Planfeststellungsbehörde zu. Regelmäßig sind Anhörungs- und Planfeststellungsbehörde nicht identisch.

Gem. § 74 Abs. 1 S. 1 VwVfG stellt die Planfeststellungsbehörde den Plan fest. In dem Planfeststellungsbeschluß entscheidet die Planfeststellungsbehörde über die Einwendungen, über die bei der Erörterung von der Anhörungsbehörde keine Einigung erzielt worden ist (§ 74 Abs. 2 S. 1 VwVfG).
Hoppe/Beckmann

Literatur: *Hoppe/Schlarmann:* Rechtsschutz bei der Planung von Straßen und anderen Verkehrsanlagen, 2. Aufl. München 1981. – *Kopp:* VwVfG, 5. Aufl. § 72 Rn. 1 ff. München 1990. – *Kühling:* Fachplanungsrecht. Düsseldorf 1988. – *Ronellenfitsch:* Einführung in das Planungsrecht, Darmstadt 1986.

Plasmid. Als P. werden im Vergleich zu Chromosomen kleine, ringförmige, autonom replizierbare DNA-Moleküle bezeichnet, die in Bakterien weit verbreitet sind, vereinzelt aber auch bei Eukaryonten (z. B. Hefen) beobachtet werden.

Die P. ergänzen die genetische Ausstattung von Bakterien in charakterischer Weise. So sind die P. vor allem als die genetischen Elemente bekannt geworden, die für die Resistenz gegen diverse Antibiotika codieren. Auch die Bildung von Antibiotika (z. B. Colicin) und Toxinen kann plasmidcodiert sein. Die F-P. bestimmen den Geschlechtstyp von Bakterien und tragen die genetische Information für diverse Genprodukte, die für die Konjugation essentiell sind. Die Ti-P. von →Agrobakterien tragen die Gene für die Bildung der Wurzelhalsgallen in den Pflanzen, mit denen sie in Symbiose leben.
Flohé

Plutonium. Ein künstliches radioaktives Element mit der Kernladungszahl 94. Es wurde 1940 von den amerikanischen Forschern *Seaborg, McMillan, Wahl* und *Kennedy* als zweites Transuran-Element nach Neptunium in der Form des Isotops Pu-238 beim Beschuß von U-238 mit Deuteronen entdeckt. Weit wichtiger ist aber das langlebige Plutoniumisotop Pu-239, das als Reaktionsprodukt der Bestrahlung von Uran-238 mit langsamen Neutronen entsteht. Es ist ein α-Strahler mit einer →Halbwertszeit von $2{,}44 \cdot 10^4$ Jahren. Weitere wichtige bei einer Reaktorbestrahlung gebildete Plutoniumisotope sind Pu-240 (α-Strahler, HZ = 6 600 a), Pu-241 (β-Strahler, HZ = 14,0 a), Pu-242 (α-Strahler, HZ = $3{,}8 \cdot 10^5$ a), Pu-244 (α-Strahler, HZ = $8{,}2 \cdot 10^7$ a).

In der Natur kommt das Plutoniumisotop 239 in verschwindend kleiner Menge ($1 : 10^{15}$) in Mineralien wie der Pechblende oder dem Carnotit als Folgeprodukt der Absorption von Neutronen verschiedenen Ursprungs, z. B. der Höhenstrahlung, durch das Uranisotop U-238 vor.

P. ist chemisch ein dem Uran und den übrigen Aktiniden verwandtes Element. Es tritt in seinen Verbindungen 3-, 4-, 5- und 6-wertig auf, wobei der 4-wertige Zustand der bevorzugte ist. Im elementaren Zustand ist P. (Schmp. 639,5 °C, d = 19,7) gleich

Uran unedler als beispielsweise Eisen, Zink oder Mangan.

Verwendung findet P. fast ausschließlich in der →Kerntechnik. In geringem Umfang dient es daneben als Energiequelle auf der Basis des radioaktiven Zerfalls.

P. ist ein radiotoxischer Stoff; seine Giftigkeit als Schwermetall ist demgegenüber gering. Die Radiotoxizität inkorporierten P. beruht sowohl auf der großen biologischen Wirksamkeit der beim Zerfall emittierten →Alphastrahlung, die eine gegenüber Beta- und →Gammastrahlung 10 bis 20mal größere biologische Wirksamkeit hat, als auch auf dem Stoffwechselverhalten von P. im Körper. P. lagert sich in der Lunge ab oder es baut sich in Knochen und in die Leber ein.
Merz

Plutoniumwirtschaft. Dieser Begriff hat seinen Ursprung in der Technikkritik. Insbesondere spricht er die Probleme an, die mit der Gewinnung größerer Mengen spaltbaren und damit waffenfähigen Plutoniums bei der Brennstoffkreislauftechnologie auftreten. Bei der →Wiederaufarbeitung bestrahlter Kernbrennstoffe wird das aus dem Isotop U-238 gebrütete Pu-239 in chemisch reiner Form gewonnen, um es dann wieder zu neuen Brennelementen zu verarbeiten. In diesem Sinne stellt Plutonium einen wertvollen →Energierohstoff dar. Andererseits läßt es sich in relativ hoher Isotopenreinheit zur Herstellung von Atomwaffen verwenden. Aus diesem Grund sind strenge, international überwachte Schutzmaßnahmen gegen den unerlaubten militärischen Gebrauch von Plutonium im Zusammenhang mit der friedlichen Nutzung der Kernenergie ein Gebot der Vernunft. Diesem Zweck dient die Kernmaterialüberwachung durch die Internationale Atomenergie Organisation (IAEO) in Wien und durch die EURATOM.

Man unterscheidet zwischen der Kernmaterialsicherung, die den Schutz von Material und Anlagen beinhaltet, einerseits und der Spaltstoffflußkontrolle andererseits, die dem Zweck der Nichtverbreitung von nuklearen Waffen dient (→Proliferation). Ziel des internationalen Vertrages über die Nichtverbreitung von Kernwaffen mit der daraus resultierenden Kernmaterialüberwachung ist die rechtzeitige Entdeckung der Abzweigung von Kernmaterial für die Herstellung von Kernwaffen bzw. die Abschreckung vor einer solchen Abzweigung durch das Risiko der Entdeckung.
Merz

POC (POP) →Organische Stoffe, persistente

Polare Stratosphärenwolken →PSC

Polizeifilter. Als P. werden umgangssprachlich Vorrichtungen zur Partikelabscheidung bezeichnet, die bei einem Versagen vorangeschalteter →Entstaubungsverfahren das Überschreiten gesetzlich zulässiger Emissionswerte verhindern sollen. Im Normalbetrieb werden die sog. P. nur mit Gasen sehr geringer Feststoffbeladung beaufschlagt. Die Betriebskosten sollten dabei gering sein. Im Störfall müssen diese Filter schlagartig solange zuverlässig funktionieren, bis die Störung behoben bzw. die Schadstoffentstehung unterbunden wird. In der Praxis werden für solche Schutzzwecke in der Regel filternde →Abscheider eingesetzt. *Löffler/Schmidt*

Polychlorierte Biphenyle (PCB). Der Begriff umfaßt eine Gruppe von theoretisch 209 Stoffisomeren. Die Herstellung erfolgt durch direkte Chlorierung des Biphenylrings. Die physikalisch-chemischen Eigenschaften wie Wasserlöslichkeit, Lipophilität, Dampfdruck (Flüchtigkeit) sowie die Reaktivität, die Toxizität und das Distributions-, Metabolisierungs- und Eliminierungsverhalten werden maßgeblich vom Chlorierungsgrad des Biphenylgrundkörpers bestimmt.

Erfahrungsgemäß gilt, daß mit zunehmendem Grad der Chlorierung, d. h. von Mono-, Di-, Tri-, Tetra-, Penta-, Hexa- zu Heptachlorbiphenylisomeren, die Wasserlöslichkeit, Flüchtigkeit und die Transformationstendenz (Reaktivität/Metabolismus) abnehmen. Demgegenüber erhöhen sich die Lipoidlöslichkeit, die Bio- und Geoakkumulationstendenz und die Persistenz (Stabilität).

Die in Biosystemen festgestellten hohen Konzentrationsfaktoren für höher chlorierte Biphenylisomere schließen eine →Bioverfügbarkeit der Stoffe in Organismen ein.

Besonders hervorzuhebende Eigenschaften der PCB sind ihre thermische Stabilität und die Beständigkeit gegenüber Säuren, Alkalien und anderen Reagenzien sowie die ausgezeichneten dielektrischen Eigenschaften. In reiner Form sind die Stoffe farblos kristallin; Handelsprodukte sind farblose, viskose Flüssigkeiten. Die Wasserlöslichkeit wird mit einem Bereich von 0,007–5,9 mgl⁻¹ angegeben. Alle Isomere sind gut löslich in Ölen und organischen Lösungsmitteln. Photolysereaktionen und biochemische Stoffwandlungen sind umweltrelevante Reaktionen. Extreme Bedingungen ausgenommen, unterliegen PCB weder chemischen Oxidations-/Reduktionsreaktionen noch elektrophilen Substitutionen, Additionen oder Eliminierungsreaktionen. Hervorzuheben ist die Bildung polychlorierter Dibenzo-p-dioxine bei der thermischen Zersetzung von PCB. Insbesondere in der Atmosphäre sind photolytisch katalysierte, nucleophile Substitutionen und radikalische Reaktionen möglich.

Die Flüchtigkeit der PCB vermindert sich mit zunehmendem Chlorierungsgrad.

Die Lipoidlöslichkeit der PCB sowie der Konzentrationsgradient begünstigen eine schnelle Resorption und den Transport mit dem Blut in alle Gewebe- und Organstrukturen des Körpers. Die Distribution der Stoffe im Organismus wird in erster Linie maßgeblich von biophysikalischen Parametern wie dem Gewebevolumen, dem Gewebe-Blut-Verteilungsverhältnis, der Sorptionstendenz an Proteine und der Perfusionsgeschwindigkeit bestimmt. Die Leber und die Muskeln sind die bevorzugten Strukturen der PCB-Akkumulation. Die Ausscheidung der Stoffe erfolgt nahezu ausschließlich in Form von polaren Metaboliten. Der Stoffmetabolismus erfolgt durch mischfunktionelle Oxidasen der Leber, wie Cytochrom P-448 und P-450.

Infolge sterischer Hinderungen sowohl durch den Biphenylrest als auch die jeweils vorhandenen Chloratome sind die Molekülenden die bevorzugten Angriffspunkte für Metabolisierungsreaktionen. Erfahrungsgemäß werden nur PCB-Isomere mit freien 3,4-Positionen im Molekül relativ schnell metabolisiert.

PCB-Isomere, deren 3,4-Positionen durch Chloratome substituiert sind, neigen weniger zu metabolischen Stoffwandlungen und akkumulieren in lipoidreichen Strukturen. Die metabolische Aktivität von Fischen im Hinblick auf den PCB-Abbau ist im Vergleich zum Warmblüter wesentlich vermindert. Damit im Zusammenhang stehen erhöhte Akkumulationsraten verschiedener PCB-Isomere in Fischen. Im Vergleich zu anderen Stoffen sind PCB durch eine geringe akute Toxizität charakterisiert.

Im Zusammenhang mit Langzeitexpositionen des Menschen ist ihre chronisch-toxische Wirkung zu erwähnen. Wirkungen auf die Aktivität mikrosomaler Enzyme, das endokrine System, das Immunsystem und die im Tierexperiment nachgewiesene Karzinogenität, nachgewiesene Plazentapassage mit nachfolgender Akkumulation im bzw. Schädigung des fetalen bzw. embryonalen Organismus sowie der Stofftransfer über die Muttermilch, der mit der direkten Exposition des Säuglings verbunden ist, charakterisieren die toxikologischen Eigenschaften der PCB.

Eine auf die orale Aufnahme von PCB zurückzuführende Erkrankung des Menschen ist die in Japan aufgetretene →Yusho-Krankheit. *R. Koch*

Literatur: *Safe, S.; O. Hutzinger* (Hrsg.): PCB's: Mammalian and Environmental Toxicology. Environmm. Toxin Series, Vol. 1. Heidelberg 1987.

Polychlorierte Dibenzodioxine und -furane (PCDD, PCDF). (→Dioxine, →Furane). Standardmethoden zur Emissionsmessung von PCDD und PCDF werden auf der Grundlage der Kombination von →Gaschromatographie und →Massenspektrometrie (GC/MS) in der Richtlinie VDI 3499 beschrieben. Eine europäische Normenserie ist in Vorbereitung. Da die PCDD und PCDF zum Teil in kondensierter Form oder an Partikel gebunden und zum Teil gasförmig im Abgas auftreten, ist eine isokinetische, mehrstufige Probenahme erforderlich. Bei der Verdünnungsmethode nach VDI 3499, Blatt 1 wird der Probegasstrom in einer Mischkammer mit getrockneter, gefilterter Luft verdünnt, auf eine Temperatur unter 40 °C abgekühlt und durch ein mit Paraffinöl imprägniertes Glasfaserfilter geleitet. Bei der Kondensationsmethode nach VDI 3499, Blatt 2 und 3 wird der Probegasstrom in einem Kühler, dem ein Quarzwattefilter vorgeschaltet ist, oder schockartig in einer gekühlten Sonde auf eine Temperatur unter 8 °C abgekühlt. Zur Erfassung des gasförmigen Anteils kann bei allen Methoden eine Sorptionsstufe, vorzugsweise ein Feststoffsorbens nachgeschaltet werden. Die Auswahl und Zusammenstellung des Probenahmesystems hängt von der jeweiligen Meßaufgabe ab. Die Proben werden in einem mehrstufigen Verfahren aufgearbeitet. Die quantitative Bestimmung mit Hilfe der GC/MS erfolgt nach der Methode des internen Standards, indem den Proben vor der Extraktion mehrere ^{13}C-markierte Standards zugesetzt werden.

In schwierigen Fällen ist ein hochauflösendes Massenspektrometer erforderlich, das auch eine aufwendigere Probenaufbereitung (Clean up) erfordert. *Stahl*

Literatur: VDI 3499, Bl. 1 E: Messen von Emissionen; Messen von Reststoffen; Messen von polychlorierten Dibenzodioxinen und -furanen im Rein- und Rohgas von Feuerungsanlagen mit der Verdünnungsmethode; Bestimmung in Filterstaub, Kesselasche und in Schlacken. 3/1990.

Polycyclische aromatische Kohlenwasserstoffe (PAK/PAH).

Umweltrelevanz. PAK bestehen aus mindestens drei oder mehr kondensierten Benzolringen und enthalten im Molekül lediglich Kohlenstoff- und Wasserstoffatome. Verbindungen dieser Gruppe gehören zu den ubiquitären Stoffen in abiotischen und biotischen Strukturen der Umwelt und werden immer dann gebildet, wenn organische Stoffe höheren Temperaturen (über 700 °C) ausgesetzt sind oder einer Pyrolyse bzw. unvollständigen Verbrennung unterliegen. Darüber hinaus werden sie natürlicherweise durch Pflanzen oder Bakterien gebildet. Da Pyrolyse- und Verbrennungsprozesse global stattfinden, können sie als eine wesentliche Ursache für die Ubiquität der PAK angesehen werden. Nur wenige Verbindungen dieser Stoffgruppe werden in reiner Form synthetisiert und sind wie Anthrazen, Pyren und Carbazol Grundlage für die Herstellung von Farbstoffen, Pestiziden und Pharmaka.

Die meisten PAK sind in Wasser praktisch unlöslich. Die Molekulargewichte von 40 unter öko- und humantoxikologischen Aspekten maßgeblichen Vertretern der Stoffgruppe liegen im Bereich von 178–300. Die Siedepunkte und Schmelzpunkte umfassen einen Bereich von 150–585 °C bzw. 101 bis

438 °C. 11 dieser 40 Verbindungen sind als starke Karzinogene bzw. Mutagene, 10 Verbindungen als schwache Karzinogene bzw. Mutagene bekannt. Zu den stark karzinogenen Stoffen gehören u. a.:

- 7,12-Dimethylbenzo(a)anthracen
- Benzo(a)pyren
- Dibenzo(ai)pyren
- Dibenzo(ai)acridin
- 2-Methylcholanthren
- Dibenzo(ah)pyren
- Benzo(b)fluoranthen

Bevorzugte Transformationsreaktionen der PAK sind die →Photolyse bzw. die oxidative Umsetzung mit Ozon oder anderen Oxidationsmitteln wie Stickoxiden (Bildung von Nitro-PAK-Derivaten), Schwefeldioxid oder Chlor bzw. Hypochlorid. Da PAK keine hydrolysierbaren Gruppen im Molekül enthalten, spielt die Hydrolyse keine Rolle für die Stofftransformation. Bei PAK-Verbindungen mit mehr als drei kondensierten Benzolringen ist die Flüchtigkeit der Stoffe von untergeordneter Bedeutung für ihre Mobilität zwischen Hydro-, Pedo- und Atmosphäre. Demgegenüber sind PAK durch eine hohe Geoakkumulationstendenz charakterisiert, wobei in Abhängigkeit vom Gehalt des Bodens oder Sedimentes an organischem Material Sorptionskoeffizienten bis zu 10^6 ermittelt wurden. *R. Koch*

Literatur: IARC Monographs on the Evaluation of the Carcinogenic Risk of Chemicals to Humans. Vol 32. International Agency for Research on Cancer. Lyon 1983.

Emissionsmessung. Standardmethoden zur Emissionsmessung von PAK werden auf der Grundlage der →Gaschromatographie für Untersuchungen an Pkw-Motoren in der Richtlinie VDI 3872 und für Untersuchungen an industriellen Anlagen in der Richtlinie VDI 3873 beschrieben. Bei der →Probenahme nach VDI 3872, Blatt 1 wird das gesamte Abgas über einen Kühler und ein imprägniertes Glasfaserfilter geleitet. Bei der Probenahme nach VDI 3872, Blatt 2 wird das Abgas in einer Verdünnungsanlage mit gefilterter Luft verdünnt und abgekühlt. Aus dem verdünnten Abgas wird ein Teilstrom abgesaugt und über ein beschichtetes Glasfaserfilter geleitet. Bei der Probenahme nach VDI 3873, Blatt 1 wird der Probegasstrom in einer Mischkammer mit getrockneter, gefilterter Luft verdünnt, auf eine Temperatur unter 50 °C abgekühlt und durch ein mit Paraffinöl imprägniertes Glasfaserfilter geleitet. Die Proben werden in einem mehrstufigen Verfahren aufgearbeitet. Das Chromatogramm wird mit einer Glas- oder Quarz-Kapillarsäule erzeugt und mit einem Flammen-Ionisationsdetektor aufgenommen. Die quantitative Bestimmung erfolgt nach der Methode des internen Standards, indem der Probe vor der Extraktion Vergleichssubstanzen in definierter Menge zugesetzt werden. *Stahl*

Literatur: VDI 3872: Messen von Emissionen; Messen von polycyclischen aromatischen Kohlenwasserstoffen (PAH); Bl. 1: Messen von PAH in Abgasen von Pkw-Otto- und Dieselmotoren; Gaschromatographische Bestimmung. 5/1989. – Bl. 2 E: Messen von PAH in verdünnten Abgasen von Pkw-Otto- und Dieselmotoren mit Hilfe der Gaschromatographie; Teilstrommethode. 3/1989. – VDI 3873, Bl. 1: Messen von polycyclischen aromatischen Kohlenwasserstoffen (PAH) an stationären industriellen Anlagen; Verdünnungsmethode (RW TUV-Verfahren); Gaschromatographische Bestimmung. 5/1989.

Immissionsmessung. PAK oder PAH entstehen aus organischem Material bei der Pyrolyse oder bei unvollständigen Verbrennungsprozessen aller Art. Die Leitkomponente der PAK ist das →Benzo[a]pyren.

Im Rahmen von Immissionserhebungen werden üblicherweise die an die Partikelphase gebundenen PAK-Verbindungen bestimmt. Die →Probenahme erfolgt daher mittels standardisierter Meßverfahren für die Bestimmung von →Schwebstaub, wie sie in VDI 2463 beschrieben sind (z. B. mit dem →LIB-Filterverfahren oder mit dem →Kleinfiltergerät). Die Analyse kann auf gaschromatographischer Basis gemäß VDI 3875, Bl. 1 oder über die →Hochdruckflüssigkeitschromatographie (VDI 3875, Bl. 2, Vorentwurf) erfolgen.

Aus den belegten Glasfaserfiltern werden die PAK durch Sublimation oder mehrstufige Extraktionen abgetrennt. Nach Reinigungsschritten unter Einsatz der Säulenchromatographie erfolgt die Trennung, Identifizierung und Quantifizierung entweder gaschromatographisch mit einem →Flammenionisationsdetektor (FID) oder über die Hochdruckflüssigkeitschromatographie mit Nachweis über einen UV-Fluoreszenz- oder Dioden-Array-Detektor. *Pfeffer*

Literatur: VDI 3875, Bl. 1: Messen von Immissionen; Messen von Innenraumluftverunreinigungen; Messen von polycyclischen aromatischen Kohlenwasserstoffen (PAH); Gaschromatographische Analyse. 8/1991.

Polyglykol. Unter verschiedenen Handelsnamen sind auf der Basis von P. (genauere Bezeichnung: Polyalkylenglykole) sowie von Fettsäureestern umweltverträgliche Ersatzstoffe für →Ugilec entwickelt worden. Diese Stoffe erfüllen zwar nicht die Bedingungen des in der Bundesrepublik Deutschland durchgeführten strengen Brandtests, wohl aber die Anforderungen dieses Tests in der Form, wie er in anderen EG-Ländern durchgeführt wird. P. bzw. Fettsäureester enthaltende Hydraulikflüssigkeiten erfüllen außerdem die ökotoxikologischen und toxikologischen Anforderungen des 7. Luxemburger Berichts. *Roge*

Literatur: 7. Luxemburger Bericht: Anforderungen und Prüfungen schwerentflammbarer Hydraulikflüssigkeiten zur hydrostatischen und hydrokinematischen Kraftübertragung und -Steuerung. (Hrsg. vom Ständigen Ausschuß für Betriebssicherheit und den Gesundheitsschutz im Steinkohlenbergbau bei der Kommission der EG, Luxemburg), 7. Okt. 1993.

Polyhalogenierte Dibenzodioxine und -furane
→Dioxine, →Furane

Polyvinylchloridabfall. PVC entsteht aus der Polymerisation von →Vinylchlorid (Chlorethen – C_2H_3Cl – $H_2C = CHCl$) und wird unter Zugabe von Weichmachern auf die technisch notwendige Elastizität und Weichheit eingestellt. Je nach Weichmacheranteil wird von Hart-PVC (10–12 % Weichmacheranteil) oder Weich-PVC (12–60 % Weichmacheranteil) gesprochen.

PVC ist ein in vieler Hinsicht problematischer Stoff, der bereits bei der Herstellung, aber auch bei der Verarbeitung in vielfältiger Weise den Einsatz von Hilfsstoffen erfordert, um PVC unempfindlich gegen Hitze- und Lichteinflüsse zu machen. Zur Einhaltung der Verarbeitbarkeit bei Temperaturen um 180 °C ist der Zusatz von Stabilisatoren notwendig, um die Chlorwasserstoffabspaltung zu verhindern resp. zu verzögern. Diese Stabilisatoren enthalten überwiegend →Schwermetalle. Neben dem dominierenden Blei werden Cadmium und Barium verwendet, weiterhin werden Organo-Zinn-Stabilisatoren eingesetzt. Außerdem werden dem PVC Farbstoffe zugesetzt, u. a. Cadmium, Nickel, Zink, Chrom, Blei, Kupfer und Titan in unterschiedlichen Bindungsformen.

PVC wird wegen seiner Langlebigkeit vor allem im Baubereich anderen Materialien vorgezogen. In der Folge davon wird nur ein kleiner Teil der jährlich produzierten PVC-Menge mit dem Hausabfall entsorgt, der überwiegende Teil als →Abfall aus dem produzierenden Gewerbe. Die über diese Entsorgungspfade entsorgte PVC-Menge ist gegenüber der Gesamtmenge der hier entsorgten Abfälle gering, so daß auf diese Weise PVC diffus in die Umwelt gelangt.

Bei der Verbrennung wird PVC als möglicher Verursacher von Dioxinen im Rauchgas angesehen. Der Ausstattungsstandard moderner Abfallverbrennungsanlagen mit Abgasreinigung nach der →17. BImSchV führt zu einer Reduzierung der Dioxin-Emissionen bis in die Nähe der analytischen Nachweisgrenze. *J. Kühn*

Potentiometrie. Die P. ist eine variantenreiche elektrochemische Methode zur Messung reaktiver Gase, die in der Praxis der Luftreinhaltung zum Beispiel zur manuellen Emissionsmessung von Chlor-, Fluor- und Schwefelwasserstoff, vor allem aber zur kontinuierlichen →Emissionsüberwachung anorganischer gasförmiger Chlor- und Fluorverbindungen eingesetzt wird.

Bei der P. wird das Probegas in eine gepufferte Elektrolytlösung eingeleitet und die durch die Meßkomponente veränderte Ionenkonzentration mit Hilfe einer ionensensitiven Elektrodenkette gemessen. Bei einfachen Meßgeräten zur fortlaufenden

Überwachung verläuft der Meßvorgang zyklisch. Das Probegas wird mit Hilfe einer Pumpe in die Pufferlösung eingeleitet, die sich mit den zu bestimmenden Ionen anreichert (Bild). Nach einer definierten Anreicherungsphase wird die Lösung in eine thermostatisierte Meßzelle entleert. In der Meßzelle befindet sich die aus einer Meßelektrode und einer Bezugselektrode bestehende Elektrodenkette. Die an der Elektrodenkette meßbare elektrische Spannung ist nach dem *Nernstschen* Gesetz dem Logarithmus der Konzentration proportional. Voraussetzung für eine genaue Messung ist neben einer sorgfältigen Konditionierung der Reagenzlösung eine exakte Dosierung der Lösung und eine konstante Probegasströmung während der Anreicherungsphase.

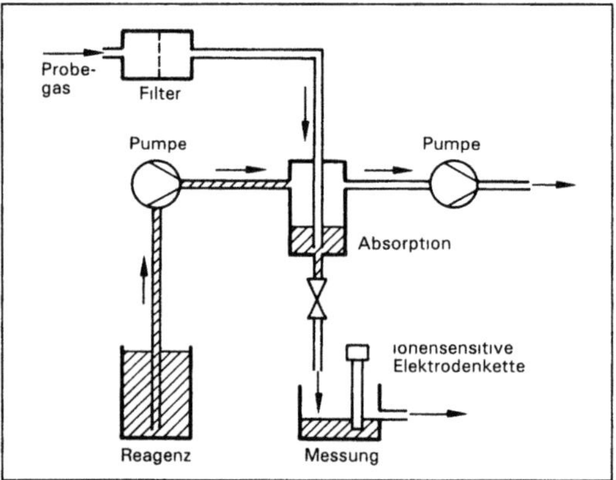

Potentiometrie: Meßanordnung (schematisch).

Mit höherem Aufwand kann auch ein kontinuierlicher Meßvorgang erzielt werden.　　*Stahl*

Literatur: VDI 3480, Bl. 3 E: Messen gasförmiger Emissionen; Kontinuierliches Messen von gasförmigen anorganischen Chlorverbindungen mit dem ECOMETER. 12/1989. – *Jockel, W.,* Modellhafte Untersuchung von Meßeinrichtungen zur kontinuierlichen Chlorid-Emissionsüberwachung. Staub-Reinhalt. Luft 40 (1980), S. 145/150.

ppb. Abk. für parts per billion, wobei zu beachten ist, daß die Billion im angelsächsischen Sprachgebrauch der Milliarde im Deutschen entspricht. ppb ist eine häufig gebrauchte Einheit zur Angabe von Immissionskonzentrationen in Form eines →Mischungsverhältnisses, in der Regel auf der Basis von Volumeneinheiten (dann auch: ppbv oder ppbV), als Alternative zur Angabe einer →Massenkonzentration. 1 ppb ist also gleichbedeutend mit einem Teil (Volumenteil) des jeweiligen Stoffes pro 1 Milliarde (10^9) Teile (Volumenteile) Luft.

Eine Angabe in ppb läßt sich auf der Grundlage der Gesetze für ideale Gase in eine Massenkonzentration in $\mu g/m^3$ wie folgt umrechnen:

$$[\mu g/m^3]_{P,T} = [ppb] \cdot (P \cdot MG)/(RT)$$

Hierbei ist:

$[\mu g/m^3]_{P,T}$: Massenkonzentration bei Druck P und Temperatur T

[ppb]: Mischungsverhältnis

P: Druck in Bar (bar)

MG: Molekulargewicht des betreffenden Stoffes in Gramm pro Mol (g/Mol)

R: Allgemeine Gaskonstante ($0{,}08314 \ l \cdot bar \cdot Mol^{-1} \cdot K^{-1}$)

T: absolute Temperatur in Kelvin (K)

Der Ausdruck $(R \cdot T)/P = V_M(P, T)$ ist das sog. Molvolumen eines idealen Gases in Litern (l) beim Druck P und der Temperatur T. Bei Normaldruck (1,013 bar) gilt beispielsweise:

$\quad$ 0 °C: $\quad V_M(273{,}16) = 22{,}42$ l
20 °C: $\quad V_M(293{,}16) = 24{,}06$ l
25 °C: $\quad V_M(298{,}16) = 24{,}47$ l

Die Formel vereinfacht sich damit zu:

$$[\mu g/m^3]_{P,T} = [ppb] \cdot MG/V_M(P, T)$$

Beispiel: Welcher Massenkonzentration entspricht ein ppb Schwefeldioxid bei Normbedingungen (0 °C; 1,013 bar)?

Molekulargewicht (MG) für SO_2: 64,06 g/Mol
$64{,}06/22{,}42 = 2{,}86$

Ein ppb SO_2 entspricht daher 2,86 $\mu g/m^3$ bei Normbedingungen.　　*Pfeffer*

ppm. Abk. für parts per million. ppm ist eine häufig gebrauchte Einheit zur Angabe von Immissionskonzentrationen in Form eines →Mischungsverhältnisses, in der Regel auf der Basis von Volumeneinheiten (dann auch: ppmv oder ppmV), als Alternative zur Angabe einer →Massenkonzentration. 1 ppm ist also gleichbedeutend mit einem Teil (Volumenteil) des jeweiligen Stoffes pro 1 Million (10^6) Teile (Volumenteile) Luft.

Eine Angabe in ppm läßt sich auf der Grundlage der Gesetze für ideale Gase in eine Massenkonzentration in mg/m^3 wie folgt umrechnen:

$$[mg/m^3]_{P,T} = [ppm] \cdot (P \cdot MG)/(RT)$$

Die Formel läßt sich vereinfachen zu:

$$[mg/m^3]_{P,T} = [ppm] \cdot MG/V_M(P, T)$$

Nähere Einzelheiten: →ppb.

Beispiel: Welcher Massenkonzentration entspricht ein ppm Kohlenmonoxid bei Normbedingungen (0 °C; 1,013 bar)?

Molekulargewicht (MG) für CO: 28,01 g/Mol
$28{,}01/22{,}42 = 1{,}25$

Ein ppm CO entspricht daher 1,25 mg/m^3 bei Normbedingungen.　　*Pfeffer*

ppt. Abk. für parts per trillion, wobei zu beachten ist, daß die Trillion im angelsächsischen Sprachgebrauch der Billion im Deutschen entspricht. ppt ist eine häufig gebrauchte Einheit zur Angabe von Immissionskonzentrationen in Form eines →Mischungsverhältnisses, in der Regel auf der Basis von Volumeneinheiten (dann auch: pptv oder pptV), als Alternative zur Angabe einer →Massenkonzentration. 1 ppt ist also gleichbedeutend mit einem Teil (Volumenteil) des jeweiligen Stoffes pro 1 Billion (10^{12}) Teile (Volumenteile) Luft.

Eine Angabe in ppt läßt sich auf der Grundlage der Gesetze für ideale Gase in eine Massenkonzentration in ng/m³ wie folgt umrechnen:

$$[ng/m^3]_{P,T} = [ppt] \cdot (P \cdot MG)/(RT)$$

Die obige Formel läßt sich vereinfachen zu:

$$[ng/m^3]_{P,T} = [ppt] \cdot MG/V_M(P, T)$$

(→ppb, →ppm). *Pfeffer*

Präzision. P. ist das Maß der Übereinstimmung zwischen Meßwerten (Meßergebnissen), die unter vorgeschriebenen Bedingungen aus mehrmaliger Anwendung des Meßverfahrens erhalten werden (VDI 2449, Bl. 2; DIN ISO 6879; DIN ISO 5725). Die vorgeschriebenen Bedingungen sind Wiederholbedingungen (→Wiederholbarkeit) oder Vergleichsbedingungen (→Vergleichbarkeit). Dementsprechend wird die P. durch die Wiederholbarkeit r und die Vergleichbarkeit R beschrieben. Vielfach wird die P. auch durch die Wiederholstandardabweichung an Stelle der Wiederholbarkeit und durch die Vergleichsstandardabweichung an Stelle der Vergleichbarkeit angegeben.

Je kleiner der das Meßergebnis beeinträchtigende zufällige Anteil der Abweichung ist, desto präziser ist das Meßverfahren. Die P. ermöglicht keine Aussage zur Genauigkeit oder Richtigkeit eines Meßwerts oder Meßverfahrens. *Birkle*

Prandtl-Schicht. Nach dem deutschen Physiker *Ludwig Prandtl* benannter unterer Teil der planetarischen →Grenzschicht von einigen Dekametern Mächtigkeit. Die Vertikalprofile von Temperatur, Wind und Feuchte sind durch die lokalen Eigenschaften der Erdoberfläche geprägt. Sie lassen sich in erster Näherung durch eine logarithmische Abhängigkeit von der Höhe über Grund beschreiben; die →Windgeschwindigkeit ist dabei proportional zur →Schubspannungsgeschwindigkeit. Der Oberrand der P.-S. ist dort definiert, wo der turbulente Transport auf ein Zehntel seines Maximalwerts am Boden abgenommen hat. Unterhalb dieser Höhe besteht ein Gleichgewicht zwischen Druckgradient- und Reibungskraft; andere Kräfte – auch die Corioliskraft – sind vernachlässigbar. Aus diesem Grund ist die Windrichtung innerhalb der P.-S. unabhängig von der Höhe (→Ekman-Schicht).

Wegen der großen Vertikalgradienten der meteorologischen Variablen ist die →Turbulenz in der P.-S. im Vergleich zur →Mischungsschicht sehr hoch. Die turbulenten Flüsse sind nahezu invariant mit der Höhe, weswegen die P.-S. auch als constant-flux-layer bezeichnet wird. *Wichmann-Fiebig*

Presse. Die P. ist eine Werkzeugmaschine, bei der zum Umformen, Prägen, Abkanten, Tiefziehen oder Stauchen von Werkstücken die Druckkräfte durch ein mechanisches Getriebe (Schwungrad) oder durch Druckflüssigkeit (Öl, Wasser) erzeugt wird.

Beim Betrieb von P. werden durch Geschwindigkeitsänderungen von rotierenden und oszillierenden Massen der Maschine mit der Betriebsdrehzahl periodisch wechselnde dynamische Erregungen verursacht, die über die Aufstandsflächen der P. in die Umgebung eingeleitet werden und dort häufig relativ starke →Erschütterungen verursachen. Beim Betrieb von P. entsteht besonders dann eine stoßartige Erregung von Erschütterungen, wenn der Stößel mit dem Oberwerkzeug bis auf das Werkstück geführt, anschließend die Kraft stetig gesteigert und beim Abscheren des Werkstücks der Maschinenkörper plötzlich entspannt wird. Durch dieses plötzliche Entspannen werden über die Auflagerreaktionen Erschütterungen in die Aufstandskonstruktion eingeleitet.

Besonders bei Schnelläuferpressen mit relativ hoher Betriebsdrehzahl sind die periodisch wechselnden Erregungen zu beachten, wenn eine im Verhältnis zur Maschine relativ große Masse rotierend und oszillierend bewegt wird. Bei Reibspindelpressen ist die Ursache von Erschütterungen das wechselnde Drehmoment um die Hochachse der P. Durch den Betrieb von P. werden in der Umgebung des Aufstellungsortes oft Erschütterungsimmissionen verursacht, die bei fester Aufstellung der Maschinen auf dem Hallenflur bzw. auf Fundamenten noch in Abständen bis zu etwa 100 m in Wohnhäusern oberhalb der subjektiven Wahrnehmbarkeit liegen können. Die Stärke der verursachten Erschütterungen ist von der Bauart und der maximalen Druckkraft der P. abhängig. Durch eine →Schwingungsisolierung kann eine erhebliche Verminderung der Erschütterungsimmissionen erreicht werden. Je nach Bauart der P. und den Anforderungen, die an die Standruhe der auf Federisolatoren und Dämpfern gelagerten Maschine gestellt werden, ist eine entsprechend dimensionierte Grundplatte bzw. ein Fundament als Beruhigungsmasse erforderlich. Auch die →Direktabfederung von P. ist möglich. *Splittgerber*

Literatur: *Hüffmann, G.* u. *R. Trautmann*: Erschütterungsanregung durch Pressen. Industrie-Anzeiger (1976) Nr. 86. – *Jung, A.*: Die Direktfederung großer Exzenter-Schmiedepressen. Industrie-Anzeiger (1979) Nr. 73. – *Splittgerber, H.*: Uber die federnde Aufstellung von Blechbearbeitungsmaschinen. Bänder, Bleche, Rohre (1966) Nr. 5.

Primärenergie. Energie, die noch keiner anthropogenen Umwandlung unterworfen wurde: Bei fossilen Energien der Energieinhalt der Energierohstoffe Kohlen, Rohöl, Naturgase, bei nuklearen Energien der der Kernenergierohstoffe Uran- oder Thoriumverbindungen, bei erneuerbarer, energierohstoffloser Energie die solare Strahlung, die Umgebungswärme, die kinetische Energie von Wind- und Wasserkraft, von Meereswellen und Gezeiten, der Energieinhalt der Biomasse, das Enthalpiegefälle ozeanischer Temperaturschichtungen sowie der Energieinhalt des Magmas der Erde.

Einsatz von P. ist kein Ziel an sich; er dient einzig der zeit-, orts- und umweltgerechten Bereitstellung der vier Nutzenergien Wärme, Licht, Kraft und Kommunikation, diese der Gewährleistung der Energiedienstleistungen, u. a. Heizung, Kühlung, Beleuchtung, Kraftunterstützung in Produktion, Transport und Verkehr sowie immaterielle Verbindung untereinander. P.-Einsatz und Bruttosozialprodukt (BSP) einer Volkswirtschaft stehen in einem Zusammenhang: Die P.-Intensität beschreibt das Verhältnis von P. und BSP. Wird etwa durch weniger energieintensive Produktion oder rationelle Energiewandlung/Energieanwendung das gleiche BSP mit weniger P. hergestellt, wird von einer Entkopplung gesprochen. *C.-J. Winter*

Primärmaßnahmen zur Luftreinhaltung. P. z. L. zielen darauf ab, durch die Verwendung eines entsprechenden Einsatzstoffes oder durch die Gestaltung und den Ablauf eines Prozesses das Entstehen luftverunreinigender Stoffe zu vermeiden oder deren Emissionen zu vermindern.

Die beste Vorsorge gegen schädliche Luftverunreinigungen ist, ihr Entstehen zu verhindern oder sie zu minimieren.

Die TA Luft stellt in Nr. 3.1.2 ein entsprechendes Vermeidungs- und Minimierungsgebot als grundsätzliche Anforderung allen übrigen emissionsbegrenzenden Vorschriften voran. Im Hinblick auf die Emissionsminderung luftverunreinigender Stoffe ist bei P. prinzipiell nach verschiedenen Kategorien zu unterscheiden:

– Auf den Einsatzstoff bezogene Maßnahmen, die auf die Minimierung der Emissionen von unerwünschten, aber von Natur aus in den Einsatzstoffen vorhandenen Begleitstoffen zielen. Beispiele sind die in Erzen, Steinen und Erden sowie fossilen Brennstoffen als Spurenelemente vorkommenden Schwermetalle. Bei diesen Einsatzstoffen können in gewissem Umfang störende Schwermetalle durch eine Vorbehandlung entfernt werden; allerdings sind den Behandlungstechniken Grenzen gesetzt. In bestimmten Fällen können auch schadstoffarme Einsatzprovenienzen gewählt werden.

– Auf den Einsatzstoff bezogene Maßnahmen, die auf die Substitution gezielt in den Prozeß eingebrachter Stoffe gerichtet sind. Ein Beispiel ist die Verwendung von lösemittelarmen oder -freien Lakken (z. B. Wasserlacke, Pulverlacke).

– Prozeßtechnische Maßnahmen, die durch Prozeßoptimierung zu einer hohen Ausbeute an gewollten Produkten führen. Ein Beispiel ist die Schwefelsäureherstellung nach dem Doppelkontaktverfahren.

– Prozeßtechnische Maßnahmen, die die Entstehung zusätzlicher luftverunreinigender Stoffe möglichst weit unterdrücken; dazu gehört z. B. der Einsatz NO_x-armer Brenner bei Feuerungsanlagen.

– Apparative Maßnahmen, durch die unvermeidbare luftverunreinigende Stoffe erfaßt und in den Produktionsprozeß zurückgeführt werden; ein Beispiel ist der Umluftbetrieb bei Räucheranlagen.

P. zur Luftreinhaltung haben in der Regel auch günstige Auswirkungen auf andere umweltrelevante Aspekte; häufig ergeben sich eine Rohstoffeinsparung, eine rationelle Energieanwendung und das Vermeiden von Reststoffen. P. sind meist weniger kapitalintensiv als nachgeschaltete Abgasreinigungsmaßnahmen. Wenn P. nicht ausreichen, um sehr niedrige Emissionsgrenzwerte im Abgas einzuhalten, sind zusätzliche Abgasreinigungseinrichtungen einzusetzen (→Sekundärmaßnahmen). *M. Lange*

Literatur: *Davids, P.; M. Lange:* Die TA Luft '86. Technischer Kommentar. Düsseldorf 1986. – *Davids, P.:* Optimierung technischer Luftreinhaltungsmaßnahmen. In: Chancen der Betriebe durch Umweltschutz. Hrsg.: Pieroth, E.; L. Wicke. Freiburg i. Br. 1988. – Luftreinhaltung '88. Tendenzen–Probleme–Lösungen. Hrsg.: *Umweltbundesamt.* Berlin 1989.

Primärschlamm →Klärschlamm

Primärstandard. In der Immissionsmeßtechnik sind P. definitionsgemäß Substanzen oder eine Mischung von Substanzen, deren für den vorgesehenen Zweck spezifische Eigenschaften bekannt sind. Die Eigenschaften werden aus der Messung von Basisgrößen (SI-Einheitensystem) oder aus daraus abgeleiteten Größen gewonnen.

In der Praxis sind P. vor allem in Form von primären Prüfgasen von Bedeutung. *Pfeffer*

Literatur: Bundeseinheitliche Praxis bei der Überwachung der Immissionen, Richtlinie über die Festlegung von Referenzverfahren, die Auswahl von Äquivalenzmeßverfahren und die Anwendung von Kalibrierverfahren. Rundschreiben des BMU vom 9. 2. 1988 (GMBl. S. 191).

Probenahme.
Immissionsmessung. Aufgabe der P. bei Immissionsmessungen ist es, eine quantitative Erfassung der in der Außenluft vorhandenen und zu analysie-

renden Stoffe sicherzustellen. Durch eine geeignete Wahl verschiedener Randbedingungen muß die P. eine repräsentative Aussage über die Luftverunreinigung ermöglichen, insbesondere hinsichtlich der zeitlichen und räumlichen Verteilung.

Der Probenahmeort ist daher von entscheidender Bedeutung, seine Auswahl hängt dabei unmittelbar von der gestellten Meßaufgabe ab. Es ist z. B. ein Unterschied, ob in einem bestimmten Gebiet die *höchsten* auftretenden Konzentrationen zu erfassen sind oder aber so zu messen ist, daß eine möglichst gute Aussage über die *im Mittel* in einem Gebiet auftretenden Konzentrationen gemacht werden kann. Überwiegend steht die Frage im Vordergrund, ob von Luftverunreinigungen schädliche Umwelteinwirkungen für den Menschen ausgehen. In derartigen Fällen wird im Sinne einer pessimalen Abschätzung versucht, für die P. Orte zu wählen, die eine möglichst hohe Immissionsbelastung haben und außerdem repräsentativ sind für den längeren Aufenthalt von Menschen (Repräsentativität). So ist die Unterschätzung eines eventuellen Risikos zu vermeiden.

In der Nähe von Probenahmestellen sollen keine relevanten Strömungshindernisse wie Gebäude, große Bäume etc. vorhanden sein, um so eine möglichst freie Anströmbarkeit zu erreichen. Weiterhin muß der Einfluß unmittelbar benachbarter Quellen vermieden werden, soll eine für ein möglichst großes Umfeld charakteristische Probe gewonnen werden. Bei der Auswahl der Materialien für die P. müssen Wechselwirkungen zwischen dem Material und der Probe ausgeschlossen werden. Häufig werden daher inerte Materialien wie Glas oder Polytetrafluorethen (PTFE) gewählt.

Die bundeseinheitlichen Richtlinien über die Wahl der Standorte und die Bauausführung automatisierter Meßstationen in telemetrischen Immissionsmeßnetzen enthalten unter anderem wichtige Anforderungen an die Einrichtungen zur P. (Probenahmesysteme, PNS) bei kontinuierlichen Messungen, die im Hinblick auf die →Vergleichbarkeit gewonnener Daten von besonderer Bedeutung sind.

Das PNS für gasförmige Luftverunreinigungen besteht aus dem Probenahmekopf, einem Führungsrohr, dem Probenahmerohr, Probenahmeleitungen zu den einzelnen Meßgeräten sowie einem Lüfter bzw. einer Pumpe zur Ansaugung der Luft. Der Probenahmekopf ist als Vorabscheider (Sedimentationshaube) zur Abtrennung größerer Partikel aus inertem Material (z. B. V2A oder V4A) ausgeführt. Das PNS muß mindestens 1 m über das Dach der Meßstation hinausragen, jedoch mindestens 0,5 m unterhalb des PNS für die Staubmessung enden. Zum PNS für gasförmige Stoffe werden weiterhin festgelegt:
– zu verwendende Materialien für Rohre, Kupplungen etc.,

– Volumendurchsatz (10mal größer als der gesamte Gasverbrauch aller Analysatoren),
– Strömungsüberwachung,
– Verweilzeit der Probe im PNS (kleiner als 10 Sekunden bis zur letzten Entnahmestelle),
– Anschluß der Meßgeräte gemäß der Reaktivität der Meßkomponenten in der Reihenfolge Ozon, Stickstoffoxide, Schwefeldioxid, Gesamtkohlenwasserstoffe, Kohlenmonoxid.

Das P.-System für staubförmige Immissionen besteht aus dem Probenahmekopf sowie Führungsrohr und Lüfter bzw. Pumpe. Der Kopf ist zur nichtfraktionierenden Erfassung des Schwebstaubs ausgelegt, erfaßt also nicht nur eine bestimmte Korngrößenfraktion. Das PNS muß mindestens 1,50 m über das Dach der Meßstation hinausragen. Das Probenahmerohr soll nicht länger sein als 3 m und ohne Krümmung oder Querschnittsveränderung zum Meßgerät führen. Der Probenahmekopf muß aus korrosionsbeständigen Stahl (V2A oder V4A) gefertigt werden, das Probenahmerohr aus einem nahtlos gezogenen und korrosionsbeständigen Material.

Wichtig ist weiterhin die P.-Dauer oder – bei kontinuierlichen Messungen – der Zeitraum, über den eine Mittelwertbildung vorgenommen wird. Die P.-Dauer ist zum einen mit der Analytik verknüpft: sie muß lang genug sein, um eine für die Analyse ausreichende Probenmenge zu sammeln. Weiterhin richtet sich die P.-Dauer nach den Definitionen von Immissionsgrenzwerten, z. B. in der →TA Luft. Sie beträgt in der Regel für Gase 30 Minuten, für Schwebstaub 24 Stunden, für Staubniederschlag 30±2 Tage.

Die Sammlung von Staubniederschlagsproben erfolgt in speziellen Gefäßen nach VDI 2119 (Staubniederschlag). Schwebstaub wird in der Regel auf Filtern unterschiedlicher Art und Größe abgeschieden.

Beim Einsatz diskontinuierlicher →Meßverfahren erfolgt die P. von gasförmigen Luftverunreinigungen unter Ausnutzung chemisch-physikalischer Phänomene wie Adsorption, Absorption, Diffusion oder Kondensation. Z. B. kann eine Absorption in geeigneten Flüssigkeiten beim Durchsaugen der Probeluft erfolgen. Verschiedene Meßverfahren, insbesondere für anorganische Gase, basieren auf diesem Prinzip. Als Probenahmegefäße werden dabei überwiegend Frittenwaschflaschen, Muenke-Waschflaschen oder Impinger eingesetzt. Organische Stoffe werden vorwiegend an festen Sorbentien abgeschieden, z. B. an Aktivkohle, Silicagel, Tenax, synthetischen Schäumen etc.

Zur Trennung von Gas- und Partikelphase werden Diffusionstrennrohre, sog. →Denuder, eingesetzt.

Bei derartigen P.-Vorgängen ist neben den physikalischen Randbedingungen wie Temperatur und

Druck vor allem das Probenvolumen zu bestimmen. Dies erfolgt mit Hilfe von kalibrierten Gasuhren, unter Verwendung sogenannter kritischer Düsen oder über thermische Massendurchflußmesser.

Weitere Geräte zur P. von Gasen sind: Prüfröhrchen, Passivsammler, Gassammelgefäße (Gasmäuse), Kunststoffbeutel. *Pfeffer*

Literatur: Richtlinien über die Wahl der Standorte und die Bauausführung automatisierter Meßstationen in telemetrischen Immissionsmeßnetzen. Rundschreiben des BMI vom 2. 2. 1983 (GMBl S. 78).

Verdachtsflächen. Maßnahme, die mit Hilfe von Proben zuverlässig und repräsentativ die Beschaffenheit des Untergrunds sowie die Anwesenheit von umweltgefährdenden Stoffen in den Umweltmedien von → Verdachtsflächen erkennen läßt. Für die Umweltmedien Boden und Wasser sind entsprechend ihrer Inhomogenitäten, ihren zeitlichen Veränderungen und aufgrund der örtlichen Verhältnisse spezielle P.-Strategien erforderlich. Im Rahmen einer solchen Strategie sind die Anordnung und Zahl der P.-Punkte (→ Meßstellen), die P.-Technik, die Probemenge sowie die Häufigkeit der P. wichtige Teilaspekte. Außerdem sind die Notwendigkeit der Dokumentation und die → Qualitätssicherung zu beachten. Durch den Entnahmevorgang, den Transport, die Konservierung und die Lagerung darf sich der ursprüngliche Zustand so wenig wie möglich verändern.

Die notwendige Meßstellendichte für die Beprobung des Grundwassers richtet sich nach den Kenntnissen über die Homogenität des Aquifers und der Grundwasserfließgeschwindigkeiten (→ Verdachtsflächenuntersuchung, hydrogeologische). Bei komplizierten Grundwasserströmungsverhältnissen reicht eine Meßstelle im Unterstrom (Abstrom) nicht aus. In jedem Fall ist auch eine Meßstelle im Oberstrom (Anstrom) erforderlich, um durch Vergleich feststellen zu können, ob die Verunreinigungen durch die Inhaltsstoffe der → Altablagerung oder aus dem → Altstandort verursacht werden. Bild 1 zeigt Beispiele für die Anordnung von Meßstellen in den verschiedenen Untersuchungsphasen. Im Fallbeispiel 1 sind Anordnungen für Meßstellen auf Verdachtsflächen mit einer Breite von weniger als 100 m quer zur Grundwasserfließrichtung und im Fallbeispiel 2 für größere Verdachtsflächen dargestellt.

Bei möglichen Schadstoffeinträgen in Oberflächengewässer sind nicht nur Proben des Wassers, sondern gegebenenfalls auch Proben aus dem Sediment zu entnehmen (DIN 38402 und 38414).

Beispiel einer Entnahmeeinrichtung für Bodenluftproben zeigt Bild 2. Neben der direkten Entnahme mit Hilfe einer P.-Spritze kann auch ein Adsorberrohr zur Anreicherung der Spurengase eingesetzt werden. Die Entnahme sollte im gasgesättigten Bodenluftkörper kurz oberhalb des Kapillarsaumes erfolgen, wobei das Eindringen von Bodenwasser zu vermeiden ist. Zur Kontrolle, ob unverdünnte Bodenluft abgesaugt wird, ist es zweckmäßig, vor der eigentlichen P. nach Beginn des Abpumpens den Konzentrationsverlauf des Kohlendioxids in der Bodenluft in Abhängigkeit von der Absaugezeit zu messen. Man kann davon ausgehen, daß bei Erreichen oder Überschreiten des Maximums der CO_2-Konzentration unverdünnte Bodenluft entnommen werden kann. Die erforderlichen P.-Volumina richten sich nach der Art und Nachweisgrenze der zu untersuchenden Stoffe. Einzelheiten zur Meßstrategie, Meßplanung, P. enthält VDI-Richtlinie 3865. *Thoenes*

Literatur: DIN 4021: Baugrund; Erkundung durch Schürfe und Bohrungen sowie Entnahme von Proben. Teil 1: 7/1971, Teil 2,

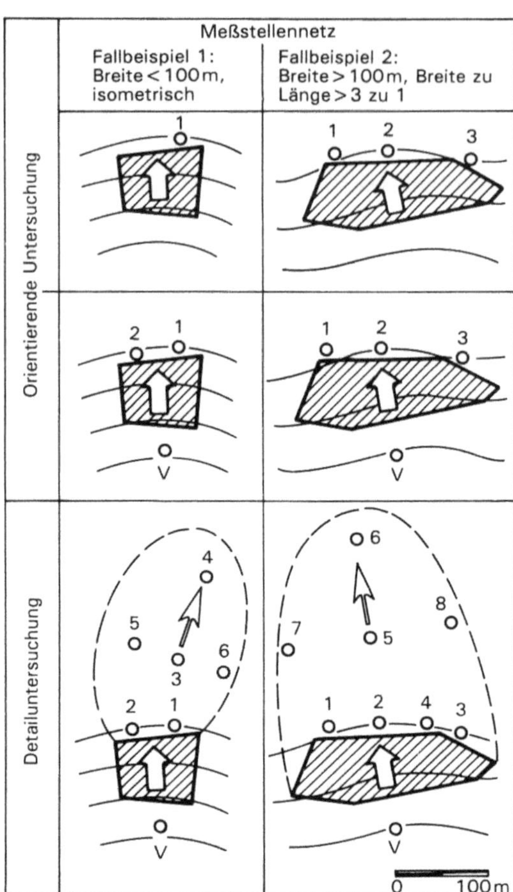

Probenahme 1: Meßstellennetz für die P. von Grundwasser.

→ Grundwasserfließrichtungen
V Meßstelle zur Vorbelastung im Oberstrom
arabische Ziffern: Unterstrom-Meßstellen
ausgezogene Linien: Grundwassergleichen

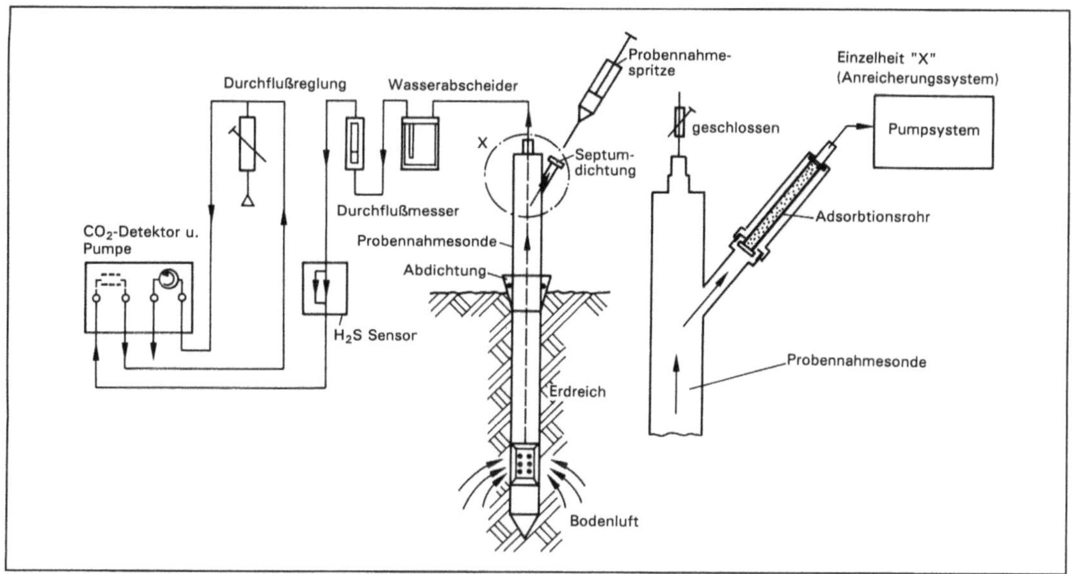

Probenahme 2: Bodenluftentnahme mit CO₂-Detektor und Durchflußregelung.

2/1976, Teil 3, 8/1978. – DIN 4022: Baugrund und Grundwasser; Benennen und Beschreiben von Bodenart und Fels. Teil 1, 11/1969, Teil 2, 3/1981, Teil 3, 5/1982. – DIN 4023: Baugrund und Wasserbohrungen; Zeichnerische Darstellung der Ergebnisse. 9/1975. – DIN 38402: Probenahmen aus stehenden Gewässern. A 12, 6/1985. – DIN 38402: Probenahme aus Grundwasserleitern. A 13, 12/1985. – DIN 38402: Probenahme aus Fließgewässern. A 15, 7/1986. – DIN 38414: Probenahme von Sedimenten. 8/1987. – LAGA: Altablagerungen und Altlasten. Berlin 1991. – Landesamt für Wasser und Abfall Nordrhein-Westfalen (Hrsg.): Probenahme bei Altlasten. LWA-Materialien 3/89, Düsseldorf 1989. – Landesamt für Wasser und Abfall Nordrhein-Westfalen (Hrsg.): Leitfaden zur Grundwasseruntersuchung bei Altablagerungen und Altstandorten. LWA-Materialien 7/89. Düsseldorf 1989. – *Nickel, E.:* Bodenluft Erkundung. In: Landesamt für Wasser und Abfall Nordrhein-Westfalen (Hrsg.): Probenahmen bei Altlasten. LWA-Materialien 7/89, Düsseldorf 1989. – VDI 3865: Messungen organischer Bodenverunreinigungen. 6/1988.

Olfaktometrie. Die P. ist wesentlicher Bestandteil eines vollständigen Meßverfahrens. Hierzu existiert für die →Olfaktometrie eine eigene Richtlinie (VDI 3881, Bl. 3). Grundsätzlich wird zwischen dynamischer und statischer P. unterschieden. Bei dynamischer P. wird ein Teilstrom der zu untersuchenden Abluft kontinuierlich entnommen und vor Ort olfaktometrisch analysiert. Bei der statischen P. wird die Geruchsstoffprobe in einen Behälter gezogen und von dort nach Ortswechsel dem →Olfaktometer zugeführt. Die statische P. ist heute der Regelfall.

Zu unterscheiden ist ferner zwischen der P. im Abgaskanal und der von Flächenquellen (z. B. Klärbecken, Deponien). Die P. im Abgaskanal erfolgt über Entnahmesonden, diejenigen von Oberflächen über kegel- oder pyramidenförmige Probenahmehauben. Einer zeitlich/räumlichen Variabilität im Emissionsangebot ist durch die Meßplanung Rechnung zu tragen. Ebenso ist u. U., z. B. bei Kondensationsproblemen, eine Probenkonditionierung (z. B. Vorverdünnung) erforderlich (VDI 3881, Bl. 3). *Winneke*

Problemstoffe im Hausabfall. Im →Hausabfall sind unterschiedliche organische und anorganische Schadstoffe enthalten. Als besonders problematisch gelten lösemittel-, schwermetall- und halogenhaltige Abfälle.

Trotz geringer Gewichtsmengen können P. die →Abfallentsorgung erheblich erschweren (Behandlung, Deponie), vor allem aber die →Verwertung beeinträchtigen oder gar unmöglich machen (insbesondere →Kompostierung).

Die entsorgungspflichtigen Körperschaften oder von diesen beauftragte Dritte (private →Entsorger) versuchen deshalb, eine weitgehende Getrennthaltung von P. zu gewährleisten und bieten unterschiedliche separate Erfassungssysteme an:

– Stationäre Sammelstellen (Behälter zum Einwurf; Recyclinghöfe),
– Mobile Sammelstellen (Schadstoff-Mobil),
– Sammlung über den Handel.

Als P. in Haushaltabfällen und haushaltähnlichen Gewerbeabfällen kommen Abfallstoffe und -gegenstände in Betracht, die im Anhang 2 Liste A und B der ergänzenden Empfehlungen zur →TA Siedlungsabfall (Bundesanzeiger Nr. 99 vom 29. Mai 1993) genannt sind. *Schnurer*

Literatur: *Baarghorn, M.; P. Gössele; W. Kawarki:* Bundesweite Hausmüllanalyse 1983–1985, UBA-Forschungsbericht 103 03 508. – *Knoch, A.; G. Janßen:* Stand der getrennten Erfassung von Problemstoffen aus Haushalten in den alten Bundesländern, Müll-Handbuch, Kennzahl 2896, Lieferung 2/92. Berlin 1992.

Produkt, emissionsarm. E. P. setzen bei ihrer Verwendung keine oder nur in sehr geringen Mengen Stoffe in die Umgebung frei. Zu diesen Stoffen können organische und anorganische Stoffe wie Kohlenwasserstoffe, Halogenkohlenwasserstoffe, polyzyklische aromatische Kohlenwasserstoffe (PAH), Formaldehyd, Dioxine und Furane, Schwermetalle und Asbest gehören. Als e. P. können z. B. lösemittelarme →Produkte, formaldehydarme →Holzprodukte und asbestfreie Produkte bezeichnet werden. Der Einsatz von e. P. verringert Umweltbelastungen. Besonders in Innenräumen ist der Einsatz e. P. zur Vermeidung von Gesundheitsbelastungen für die Benutzer von großer Bedeutung (→Innenraumluft-Reinhaltung). *Plehn*

Produkt, FCKW-frei →FCKW-freie Produkte

Produkt, lösemittelarm. Mit dem Einsatz l. P. lassen sich die Belastungen der Atmosphäre durch flüchtige organische Verbindungen reduzieren. L. P. werden für den industriellen Bereich (emissionsarme →Industrielacke, lösemittelarme Klebstoffe usw.) und den handwerklichen und privaten Endverbraucherbereich angeboten. Im industriellen Bereich kann beim Einsatz l. P. teilweise auf zusätzliche Abgasreinigungsmaßnahmen verzichtet werden; im handwerklichen und privaten Bereich ist der Einsatz lösemittelarmer Produkte die einzige Möglichkeit zur Emissionsminderung. Der mit Abstand größte Lösemittelverbrauch ist bei der Lackverarbeitung zu verzeichnen. Weitere bedeutende Verbrauchsbereiche sind Reinigungs- und Pflegemittel, Aerosoltreibmittel sowie Bautenschutzmittel. Vielfach werden bereits l. P. angeboten: schadstoffarme →Lacke, lösemittelarme Bautenschutzmittel und Dispersionsklebstoffe, wäßrige Systeme in Pumpsprühern u. a. Besonders für den industriellen Einsatz existieren teilweise auch vollständig lösemittelfreie Alternativen, beispielsweise Pulverlacke und Schmelzklebstoffe. Als Ersatzstoff für organische Lösemittel kommt besonders Wasser in Frage, allerdings sind bestimmte Hilfsstoffe, z. B. Tenside und Konservierungsmittel, in geringen Mengen erforderlich. Der Einsatz von überkritischem Kohlendioxid als Lösemittel in der Industrie befindet sich weitgehend noch im Forschungs- und Entwicklungsstadium. Die Verwendung von l. P. trägt auch zur →Innenraumluft-Reinhaltung bei (→Produkt, emissionsarm). *Plehn*

Literatur: Umweltfreundliche Beschaffung. 3. Aufl. Hrsg.: Umweltbundesamt. 1993.

Produkt, umweltfreundlich. U. P. sind Produkte, die die Umwelt bei der Herstellung, Verwendung und Entsorgung weniger belasten als andere, demselben Gebrauchszweck dienende Produkte. Dabei ist auch ein möglichst geringer Ressourcenverbrauch zu beachten. Mit Hilfe von Ökobilanzen können die Umweltauswirkungen verschiedener Produkte miteinander verglichen werden. U. P. können auf Antrag mit dem →Umweltzeichen ausgezeichnet werden. Bei der Beschaffung von Produkten sind Umwelteigenschaften vergleichbare Qualitätsmerkmale wie Gebrauchstauglichkeit und Sicherheit (→Umweltfreundlich). *Plehn*

Literatur: Umweltfreundliche Beschaffung. Hrsg.: Umweltbundesamt. 3. Aufl. 1993.

Produktion, abfallarme. Die Forderung, Produktionsanlagen so zu betreiben, daß möglichst wenig Reststoffe anfallen, ergibt sich aus dem BImSchG (→Reststoffpflichten nach dem BImSchG).

Die Regelungen entsprechen denen des Abfallgesetzes weitgehend, so daß sich die Forderung reststoffarmer Produktion nahtlos an die Forderung der →Abfallvermeidung anschließt.

Zur a. P. gehört die weitgehende Nutzung der eingesetzten Rohstoffe durch entsprechende Gestaltung des Produktionsprozesses, so daß die Masse der Produktionsabfälle möglichst gering bleibt. Sofern dies nicht oder nur mit unverhältnismäßig hohem Aufwand möglich ist, sind die Produktionsrückstände innerhalb oder außerhalb des Produktionsprozesses zu verwerten.

Zur a. P. gehören auch die quantitative Minimierung von Abwässern durch Kreislaufführung oder Mehrfachnutzung von Prozeßwasser und die anlageninterne Vorbehandlung von Abwässern zur qualitativen Minderung der Kläranlagen- und Vorfluterbelastung. *J. Kühn*

Produktkreislauf. Unter P. wird meist die Rückführung von Produkten, die nach Ablauf ihrer Nutzung i. a. als →Abfall anfallen, in eine neue Gebrauchsphase verstanden. Als Vorbild dient die Natur als selbstregulierendes kybernetisches System mit zahlreichen Kreislaufprozessen. Im Gegensatz dazu verlaufen künstliche ökonomische, auf menschliche Tätigkeit zurückgehende Prozesse vorwiegend linear. Ihre Umgestaltung in Kreislaufprozesse ist wesentliches Ziel des P. bzw. Recyclingprozesses. Die Formulierung und Umsetzung dieses Ziels fö   die Erkenntnis, daß nicht regenerierfähige natürliche Ressourcen, deren Nutzung technisch und ökonomisch vertretbar ist, begrenzt sind und darüber hinaus Rest- und Abfallstoffe aus Produktion und Konsum Mensch und Umwelt zunehmend belasten. Produktionsprozesse sind dadurch gekennzeichnet, daß die industriellen Rohstoffe zu Beginn sehr konzentriert im Zustand hoher

Ordnung vorliegen und im Verarbeitungsprozeß mit anderen Stoffen vermengt, d. h. in einen Zustand niedriger Ordnung überführt werden. Die Rückführung der Stoffe in den Ausgangszustand ist partiell möglich, jedoch von Verarbeitungsstufe zu Verarbeitungsstufe schwieriger und nur mit einem immer größeren Energiebetrag möglich. Da Energie nicht unendlich verfügbar ist, hat der P. natürliche Grenzen.

Folgende Formen des P. können unterschieden werden: Die Weiterverwendung (Reststoffe gehen als Sekundärrohstoffe in nachfolgende Prozesse), die →Wiederverwendung (wiederholte Nutzung des Materials oder Produkts für den gleichen Verwendungszweck), die Wiederverwertung (Rückführung von Abfallstoffen nach Erfassung, Trennung und Umwandlung in ihren ursprünglichen Bereich).

Die Struktur und die Entwicklung von P. wird durch ökonomische (u. a. Preis der Abfallstoffe im Vergleich zu Rohstoffpreisen, Kosten für Aufbereitung und Weiterverarbeitung), administrative (u. a. Subventionen, Auflagen, Abgaben) und soziale Faktoren (Bereitschaft der Bevölkerung, einen aktiven Beitrag für den Umweltschutz zu leisten) beeinflußt. *Eggers*

Literatur: *Kirchberg, P.:* Makroökonomische Aspekte des Recycling. Frankfurt/M. 1988. – *Wohlgemuth, R.:* Die volkswirtschaftliche Beurteilung des Recyclings am Beispiel der Abwärmenutzung für die Fernwärmeversorgung. München 1975. – Rat von Sachverständigen für Umweltfragen: Abfallwirtschaft. Sondergutachten 1990. Stuttgart 1991.

Produzent. Autotrophe Organismen (Pflanzen), die mit Hilfe von Sonnenlicht (photoautotroph) oder chemisch gebundener Energie (chemoautotroph) organische Substanzen aufbauen können. Photoautotroph sind die grünen Pflanzen, chemoautotroph bestimmte Bakterien. *Friedrich*

Literatur: *Schwoerbel, J.:* Einführung in die Limnologie. Stuttgart 1993. – *Uhlmann, D.:* Hydrobiologie – Ein Grundriß für Ingenieure und Naturwissenschaftler. Jena 1988.

Progression. Das Mehrstufenmodell der chemischen →Kanzerogenese umfaßt neben den Schritten Initiation und Promotion, also der Bildung genetisch veränderter Zellen und deren Vermehrung, als dritten Schritt die P. Als P. bezeichnet man die Phase der zunehmenden Wachstumsautonomie und Malignität bei der Entwicklung eines Tumors und den Übergang vom benignen zum malignen Tumor. *Deml*

Projektleiter. Im Kontext gentechnischer Arbeiten bezeichnet P. eine natürliche Person, die eine konkrete gentechnische Arbeit verantwortlich leitet. Ihre Ernennung ist zur legalen Durchführung einer gentechnischen Arbeit im Sinne des →GenTG

unverzichtbar. Die Verantwortlichkeiten des P. und dessen erforderliche Sachkunde sind in § 14 bzw. § 15 der →GenTSV detailliert aufgeführt. *Flohé*

Prokaryont. Bezeichnung für einen Organismus, dessen Chromosomen nicht in einem von einer Membran umgebenen Kern lokalisiert sind. Von den autonom vermehrungsfähigen Organismen sind nur die Bakterien P. Sofern man Viren wie im →GenTG unter den Begriff Organismus subsumieren will, muß man sie ebenfalls zu den P. zählen. *Flohé*

Proliferation. Der Begriff P. wurde für die Weiterverbreitung von Kernwaffen bzw. Nonproliferation für die Verhinderung eines militärischen Mißbrauchs geprägt (*engl.* proliferate = sich stark vermehren). Eine internationale Spaltstoffflußkontrolle dient dem Zweck der Nichtverbreitung von nuklearen Waffen. Eckpfeiler dieser Bemühungen ist der internationale Nichtverbreitungsvertrag, der durch regionale Abkommen ergänzt wurde. Ziel ist die rechtzeitige Entdeckung der Abzweigung von Kernmaterial für die Herstellung von Atomwaffen bzw. die Abschreckung vor einer solchen Abzweigung durch das Risiko der Entdeckung.

Die Entwicklung der Nonproliferation ist durch vier historische Phasen gekennzeichnet. Zunächst war es 1946 der *Baruch*-Plan, mit dem die USA versuchten, durch Geheimhaltung und über eine internationale Behörde die friedliche Nutzung der Kernenergie zu kontrollieren. Da dieser Plan am Veto der UdSSR scheiterte, wurde 1953 von amerikanischer Seite das Atoms for Peace-Programm gestartet. In diesem Programm wurde Staaten Unterstützung in der friedlichen Nutzung der Kernenergie gewährt, allerdings mit der Verpflichtung der Kontrolle dieser kerntechnischen Aktivitäten. Dieses Modell wurde weiterentwickelt und führte dann zur Gründung der Internationalen Atomenergie-Organisation (IAEO), wo auf internationaler Ebene dieses bivalente Prinzip, Förderung auf der einen und Kontrolle auf der anderen Seite, institutionalisiert wurde. Wesentlicher Schritt in der Festigung des Nonproliferationsnetzes war dann 1968 der Abschluß des Nichtverbreitungsvertrags. *Merz*

Promotor. Stoffe, die die Entwicklung von Tumoren aus vorgeschädigten (initiierten) Zellen beschleunigen, selbst aber nicht in der Lage sind, die Tumorentstehung auszulösen, werden als P. bezeichnet. Ihre Wirkung ist teilweise durch die bevorzugte Vermehrung initiierter Zellen zu erklären. Die wesentlichen Wirkungen von P. gelten im Unterschied zu Initiatoren als reversibel; auch ist eine wiederholte Einwirkung über einen längeren Zeitraum erforderlich (→Kanzerogenese). *Deml*

Iso-Propanol.
□ Stoff-Identifizierungs-Nr.:
CAS-Nr.: 67-63-0
EG-Nr.: 603-003-00-0
UN-Nr.: 1219
EINECS-Nr.: 200-661-7
□ Chemische Formel: C_3H_8O
□ Stoffcharakteristik: Farblose, mit Wasser mischbare, flüchtige und leicht entzündliche Flüssigkeit mit ethanolartigem Geruch. Dämpfe schwerer als Luft, bilden mit Luft explosionsfähiges Gemisch.
□ Gefahrenmerkmale:
– Stoffliste nach § 4a Gefahrstoffverordnung: Gefahrenkennbuchstabe(n): F
R-Sätze: 11
S-Sätze: 2-7-16
– Besondere Stoffeigenschaften nach TRGS 500: krebserzeugend: EG-Kat. K (bei Herstellung)
– Arbeitsschutzwerte nach TRGS 900: MAK-Wert (mg/m^3): 980
– Stoffliste (Anhang II) der Störfall-Verordnung: Nr. 2
– Wassergefährdungsklasse: WGK 1
– Emissionswerte: →TA Luft Einstufung: 3.1.7 Klasse III   *Fischer/M. Schön*

1,3-Propansulton.
□ Stoff-Identifizierungs-Nr.:
CAS-Nr.: 1120-71-4
EG-Nr.: 016-032-00-3
EINECS-Nr.: 214-317-9
□ Chemische Formel: $C_3H_6O_3S$
□ Stoffcharakteristik: Farbloses, feines Kristallpulver oder kristalline Masse, schmilzt bei erhöhter Umgebungstemperatur leicht zusammen, feuchtigkeitsempfindlich. Wird durch Wasser hydrolisiert. Bei Kontakt mit starken Oxydationsmitteln heftige Reaktion und Entzündung. Im Brandfall Bildung von Schwefeldioxid.
□ Gefahrenmerkmale:
– Stoffliste nach § 4a →Gefahrstoffverordnung: Gefahrenkennbuchstabe(n): T
R-Sätze: 45-21/22
S-Sätze: 53-45
– Besondere Stoffeigenschaften nach TRGS 500: krebserzeugend: EG-Kat. 2
– Stoffliste (Anhang II) der →Störfall-Verordnung: Nr. 250 und 4c
– Emissionswerte: →TA Luft Einstufung: 2.3 (gemäß MAK-Liste)   *Fischer/M. Schön*

1-Propanthiol.
□ Stoff-Identifizierungs-Nr.:
CAS-Nr.: 107-03-9
UN-Nr.: 2402
EINECS-Nr.: 203-455-5
□ Chemische Formel: C_3H_8S

□ Stoffcharakteristik: Farblose, leicht bewegliche Flüssigkeit mit charakteristischem Geruch nach Kohl, löslich in Ether, Aceton, Benzol und Alkoholen, schwach löslich in Wasser.
□ Gefahrenmerkmale:
– Stoffliste (Anhang II) der →Störfall-Verordnung: Nr. 191.6
– →Wassergefährdungsklasse: WGK 3
– Emissionswerte: →TA Luft Einstufung: 3.1.7 Klasse I   *Fischer/M. Schön*

1,3-Propiolacton.
□ Stoff-Identifizierungs-Nr.:
CAS-Nr.: 57-57-8
EG-Nr.: 606-031-00-1
EINECS-Nr.: 200-340-1
□ Chemische Formel: $C_3H_4O_2$
□ Stoffcharakteristik: Farblose Flüssigkeit, mit stechendem leicht süßlichem Geruch, löslich in Wasser, mischbar mit Alkohol, Aceton, Ether und →Chloroform.
□ Gefahrenmerkmale:
– Stoffliste nach § 4a →Gefahrstoffverordnung: Gefahrenkennbuchstabe(n): T+
R-Sätze: 45-26-36/38
S-Sätze: 53-45
– Besondere Stoffeigenschaften nach TRGS 500: krebserzeugend: EG-Kat. 2
– Stoffliste (Anhang II) der →Störfall-Verordnung: Nr. 252 und 4b
– Emissionswerte: TA Luft Einstufung: 2.3 (gemäß MAK-Liste)   *Fischer/M. Schön*

1,2-Propylenimin.
□ Stoff-Identifizierungs-Nr.:
CAS-Nr.: 75-55-8
EG-Nr.: 613-033-00-6
UN-Nr.: 1921
EINECS-Nr.: 200-878-7
□ Chemische Formel: C_3H_7N
□ Stoffcharakteristik: Farblose, ölige Flüssigkeit, Geruch nach aliphatischen Aminen, löslich in Wasser und den meisten organischen Lösungsmitteln.
□ Gefahrenmerkmale:
– Stoffliste nach § 4a →Gefahrstoffverordnung: Gefahrenkennbuchstabe(n): T+, F
R-Sätze: 45-11-26/27/28-41
S-Sätze: 53-26-45
– Stoffliste (Anhang II) der →Störfall-Verordnung: Nr. 253 und 4b
– Emissionswerte: TA Luft Einstufung: 2.3 (gemäß MAK-Liste)   *Fischer/M. Schön*

Propylenoxid.
□ Stoff-Identifizierungs-Nr.:
CAS-Nr.: 75-56-9
EG-Nr.: 603-055-00-4
UN-Nr.: 1280

EINECS-Nr.: 200-879-2
□ Chemische Formel: C_3H_6O
□ Stoffcharakteristik: Klare, farblose, begrenzt wasserlösliche Flüssigkeit mit ätherischem Geruch. Sehr flüchtig, hochentzündlich. Dämpfe schwerer als Luft, bilden mit Luft explosionsgefährliches Gemisch, auch über wäßrigen Lösungen. Elektrostatisch aufladbar. Bildung explosionsgefährlicher Peroxide.
□ Gefahrenmerkmale:
– Stoffliste nach § 4a →Gefahrstoffverordnung: Gefahrenkennbuchstabe(n): T, F+
R-Sätze: 45-12-20/21/22-36/37/38
S-Sätze: 53-45
– Besondere Stoffeigenschaften nach TRGS 500: krebserzeugend: EG-Kat. 2
– Arbeitsschutzwerte nach TRGS 900: →TRK-Wert (mg/m^3): 6
– Stoffliste (Anhang II) der →Störfall-Verordnung: Nr. 254 und 4c
– Emissionswerte: TA Luft Einstufung: 2.3 Klasse III   *Fischer/M. Schön*

Iso-Propylglycidether.
□ Stoff-Identifizierungs-Nr.:
CAS-Nr.: 4016-14-2
EINECS-Nr.: 223-672-9
□ Chemische Formel: $C_6H_{12}O_2$
□ Stoffcharakteristik: Bewegliche farblose Flüssigkeit, löslich in Wasser, Alkoholen und Ketonen.
□ Gefahrenmerkmale:
– Besondere Stoffeigenschaften nach TRGS 500: krebserzeugend: MAK-Gruppe III B
– Stoffliste (Anhang II) der Störfall-Verordnung: Nr. 3
– Wassergefährdungsklasse: WGK 2
– Emissionswerte: TA Luft Einstufung: 3.1.7 Klasse I   *Fischer/M. Schön*

Protease (Syn. Proteinase). Bezeichnung für Enzyme, die Proteine spalten. Man unterscheidet unspezifische P., die einen weitgehenden Abbau von Proteinen zu Peptiden und Aminosäuren bewirken und letztere einer biologischen Nutzung zuführen (Verdauungsenzyme), und hochspezifische P., die nur definierte Peptidbindungen eines Proteins angreifen (sog. limitierte Proteolyse) und in der Regulation von Stoffwechselvorgängen von Bedeutung sind.   *Flohé*

Protein. (Syn.: Eiweiß), Chemische Bezeichnung für ein Makromolekül, das wesentlich oder gänzlich aus Aminosäuren aufgebaut ist.

Die biologische Funktion der P. ist vielfältig. Die Strukturproteine bilden die Matrix des Stützgewebes von höheren Organismen und in Kombination mit Kohlenhydraten und Lipiden das Gerüst von Zellmembranen. Sie übernehmen wie das Hämo-globin in Organismen Transportfunktionen. Ihre wichtigste biologische Rolle jedoch ist in den katalytischen Funktionen der →Enzyme zu sehen, die ausnahmslos P. sind. Viele Regulatoren von Enzymen sind auch wiederum P. Schließlich seien die Hormone erwähnt, unter denen sich ebenfalls Peptide (Peptidhormone) und P. (Proteohormone) finden. Die Rezeptoren von Hormonen und Transmittern sind ebenfalls zellmembran-gebundene P. Die Fähigkeit von P., katalytisch zu wirken und biologische Reaktionen zu regulieren bzw. zu hemmen, erklärt auch, daß sich unter den P. hochwirksame Toxine finden. Ihr hohes Molekulargewicht und ihre streng artspezifische Struktur zeichnet P. als Antigene aus.

Unter Umweltgesichtspunkten muß man P. als ideal recyclebar werten, weil sie durch ubiquitäre Proteasen leicht abzubauen sind. Allenfalls muß mit Hypertrophie von Gewässern bei extremer Proteinbelastung gerechnet werden.   *Flohé*

Proteinsynthese. Die P. ist ein hochkomplizierter biologischer Vorgang, bei dem →Proteine exakt nach Vorgabe der genetischen Information einer Zelle (›Code‹, genetischer) aus einzelnen Aminosäuren aufgebaut werden. Sie findet an den Ribosomen statt, einem aus zwei Untereinheiten zusammengesetzten Protein-Nucleinsäure-Komplex, der bei Prokaryonten frei im Cytosol, in Eukaryonten am endoplasmatischen Retikulum lokalisiert ist.   *Flohé*

Prozeßfeuerung. P. ist dadurch gekennzeichnet, daß ein direkter Kontakt von Feuerungsgasen und dem thermisch zu behandelnden Gut vorliegt. Der P. stehen die konventionellen →Feuerungsanlagen (Kesselfeuerungen, Unterfeuerungen) gegenüber. P. kann zusätzliche luftverunreinigende Stoffe aus dem zu behandelnden Gut im Abgas enthalten, durch die Betriebsweise kann es auch zu erhöhten feuerungsbedingten Emissionen kommen wie Stickstoffoxide oder organische Stoffe. In bestimmten Fällen können auch teilweise Schadstoffe in das Prozeßgut oder speziell dafür vorgesehene Substanzen (Schlacke) eingebunden werden.

Im Brennstoff enthaltener Schwefel wird bei der →Zementherstellung und in der →Kalkindustrie weitgehend im Brennprozeß als Schwefeloxid gebunden und wird Bestandteil des Produktes, was die Emission an Schwefeloxiden stark mindert. Bei der →Glasherstellung, in der Ziegelindustrie und beim Blähen mineralischer Stoffe entweichen beim Brennen Schwefeloxide aus dem Brenngut und erhöhen die Rohgaskonzentration deutlich. In der Metallerzeugung wird der Schwefel überwiegend in Schlacken gebunden.

Bei der Glasherstellung tritt im Abgas neben feuerungsbedingtem NO_x auch prozeßgutbedingtes NO_x auf. Eine Einbindung von NO_x in das Einsatzgut in relevantem Umfang läßt sich bei Prozeßfeuerungen nicht erreichen.

Auch Emissionen an Kohlenmonoxid können prozeßbedingt sein; CO entsteht im allgemeinen durch unvollkommene Verbrennung. Bei den im Gegenstrom von Abgas und Einsatzgut betriebenen Verfahren der Zementherstellung, beim Hochofenbetrieb und in der Ziegelindustrie entstehen erhöhte CO-Konzentrationen erst weit hinter der Feuerung durch sehr geringen Sauerstoff-Partialdruck.

In Abhängigkeit von der Aufgabe des Brennguts und der Ofenkonstruktion sind Staubemissionen mehr oder weniger stark prozeßbedingt. Bei Aufgabe von staubförmigem Gut ist der Anteil des Staubs aus der Verbrennung häufig vernachlässigbar, z. B. bei der Roheisenerzeugung im →Hochofen oder bei der Zement- und Kalkherstellung in Drehrohröfen. Beim Brennen von Ziegeleiprodukten stammen die geringen Staubemissionen größtenteils aus den Brennstoffen, bei geringem Gasdurchsatz kann sogar eine Abscheidung von Staub auf dem Brenngut eintreten.

Flüchtige →organische Stoffe können, ähnlich der CO-Entstehung, auch prozeßbedingt sein. Vor allem bei der Metallverarbeitung und in der →Keramikindustrie gehen teilweise beträchtliche Anteile an organischen Stoffen in das Abgas über.

→Schwermetalle können sowohl in das Brenngut eingebunden (Zement- und Kalkherstellung), in das Abgas abgegeben (→Metallindustrie, →Glasherstellung) oder in eine Schlacke eingebunden werden (Metallerzeugung). Hierbei ist neben dem temperaturbedingten ein elementspezifisches Verhalten festzustellen. Vor allem Quecksilber und Arsen neigen nur bedingt zur Reaktion mit dem Einsatzgut; sie werden meist dampfförmig emittiert.

Durch bestimmte prozeßtechnische Maßnahmen lassen sich die Emissionen an luftverunreinigenden Stoffen in vielen Fällen deutlich mindern. In der Metall- und Eisen-Stahl-Industrie werden z. B. Schwefel, Schwermetalle und weitere Stoffe in die Schlacke eingebunden. In der Glasindustrie wird schwefeloxidhaltiger Filterstaub als Läuterungsmittel verwendet, wodurch bilanzierend die Schwefeloxidemissionen verringert werden.

Die Entstehung von Stickstoffoxiden kann durch zahlreiche prozeßtechnische Maßnahmen erheblich vermindert werden. Die meisten Minderungstechniken wurden bereits bei konventionellen Feuerungsanlagen erfolgreich erprobt. Allgemein führt eine Verbesserung des Gas-Stoff-Wärmeaustauschs und die Verringerung des Strahlungsanteils am Wärmeübergang zu geringeren NO_x-Auswürfen. Die Ofenraumgestaltung, die Art des Brennstoffs, die Flammenführung, die Brenngut- und Ofenraumtemperatur, die Verbrennungsluftzuführung und -vorwärmung sind neben brennerspezifischen Maß-

nahmen wichtige konstruktive Merkmale von Prozeßöfen, durch deren sinnvolle Gestaltung insbesondere bei Neuanlagen das Ausgangsniveau der NO_x-Emission gesenkt werden kann. In der Hohlglasindustrie konnte z. B. durch Einengung des Verbrennungsraums und stärkere Nutzung der Abgasenthalpie im Ofen die sonst übliche Emissionskonzentration von ca. 2,5 g/m^3 auf unter 0,50 g/ m^3 gesenkt werden.

Der Betrieb von Prozeßöfen, in denen staubförmiges Material transportiert wird, bedarf grundsätzlich des Einsatzes hochwertiger Staubabscheider, die durch Vorabscheider wie Zyklone entlastet werden können. Bei der Kokskühlung in Kokereien kann bereits durch geeignete Auslegung des Kühlturmes eine Reduzierung des Staubemissionsfaktors um 80 % auf 70 g/t Koks erreicht werden. Bei Prozessen mit nur geringen prozeßspezifischen Stäuben wie in der Keramikindustrie können durch Verlangsamung der Abgasströme in Öfen und durch Staubentfernung vom Brenngut die Staubgehalte im Abgas weiter verringert werden, so daß oft keine Entstaubungseinrichtung erforderlich ist.

Grundsätzlich können Prozeßöfen durch optimierte elektronisch geregelte Prozeßführung relativ emissionsärmer gefahren werden. Die betriebswirtschaftlichen Vorteile dieser Methoden haben in zahlreichen Prozeßvarianten auch umwelttechnische Verbesserungen bewirkt. Die Umstellung auf elektronisch geregelte Elektrolyseöfen der Aluminiumindustrie hat die Abgaserfassung von weniger als 60 % auf ca. 95 % erhöht. Eine optimierte Rohstoff- und Produktanalyse hat in der Zementindustrie stärkere Schwankungen der Emissionen und so die Gesamtemission verringert. *Hinrichs*

Literatur: *Gleis, M.; W. Hinrichs:* Abfälle in Produktionsanlagen mitverbrennen. Umwelt **5** (1990), 276–9 – Umweltbundesamt (Hrsg.): Luftreinhaltung '88. Berlin 1989.

Prüfgas. Ein P. ist ein meistens verdichtetes Gasgemisch, das in der Regel aus einem Grundgas und aus einer oder mehreren Beimengungen besteht (VDI 3490). Es enthält damit einen oder mehrere Stoffe in definierter Konzentration. Als Grundgas dienen meist Luft oder Stickstoff. P. werden eingesetzt zur →Kalibrierung oder Überprüfung von Immissionsmeßverfahren. Ein besonders breites Anwendungsfeld liegt im Bereich automatischer →Immissionsmeßstationen.

Für viele Stoffe sind P. in Druckgasflaschen im Handel erhältlich, auf Wunsch auch mit einem sogenannten Zertifikat mit einer Konzentrationsangabe. Bei Immissionsmessungen sind allerdings Konzentration und Haltbarkeit dieser Gase regelmäßig mit Hilfe von →Referenzverfahren zu kontrollieren. P. aus Druckgasflaschen (mit den Grundgasen Stickstoff oder synthetische Luft) haben manchmal den Nachteil, daß sie sich in ihren

Eigenschaften von der Matrix der Probenluft unterscheiden (siehe hierzu auch →Nullgas).

Bei der Herstellung von P. können zunächst gravimetrische und volumetrische Verfahren unterschieden werden. Bei den volumetrischen ist zu trennen zwischen statischen und dynamischen Verfahren. Bei statischen Verfahren werden bekannte Volumina von Grundgas und Beimengungen in Gefäßen gemischt. Bei dynamischen Verfahren werden dagegen Ströme von Grundgas und Beimengungen miteinander vermischt, so daß ein kontinuierlicher Prüfgasstrom entsteht.

In VDI 3490 werden verschiedene Verfahren zur Erzeugung von P. im Detail beschrieben, z. B.:
- Herstellung mit gravimetrischen Methoden,
- dynamische Herstellung mit Gasmischpumpen,
- dynamische Herstellungsverfahren durch periodische oder kontinuierliche Injektion,
- Herstellung durch →Permeation,
- Herstellung durch Mischen von Volumenströmen (→Kapillardosierer),
- Herstellung durch manometrische Methoden.

Der Einsatz von P. für Immissionsmessungen stellt eine der wichtigsten Verfahren zur →Qualitätssicherung dar.

Als integraler Bestandteil von Meßplätzen für den Einsatz in Immissionsmeßstationen werden sog. →Prüfgasgeneratoren eingesetzt. *Pfeffer*

Literatur: Richtlinien über die Festlegung von Referenzverfahren, die Auswahl von Äquivalenzmeßverfahren und die Anwendung von Kalibrierverfahren. Rundschreiben des BMU vom 9. 2. 1988. – VDI 3490: Messen von Gasen; Prüfgase; Bl. 1: Begriffe und Erläuterungen. 12/1980. – Bl. 2: Herstellungsverfahren; Übersicht. 12/1980. – Bl. 3 bis 12 sowie 13 bis 16 (Entwürfe): Beschreibung einzelner Techniken zur Prüfgasherstellung.

Prüfgasgenerator. P. sind Geräte zur dynamischen Herstellung von →Nullgas und →Prüfgasen. Sie werden vor allem in automatischen →Immissionsmeßstationen eingesetzt und sind integraler Bestandteil eines automatischen Meßplatzes. Insbesondere Nullgase lassen sich häufig aus Umgebungsluft herstellen, was gegenüber der Versorgung aus Druckgasflaschen Vorteile bietet. Prüfgase können für mehrere Stoffe aus Druckgasflaschen entnommen werden, wobei es zwei Varianten gibt:
- Die Gasflasche enthält das Prüfgas direkt in der benötigten Konzentration. Vorteilhaft ist dabei, daß Verdünnungsschritte entfallen können. Nachteilig sind der resultierende hohe Gasverbrauch und ggf. eine geringere Langzeitstabilität des Prüfgases. Diese Langzeitstabilität sinkt in der Regel mit abnehmender Konzentration der Beimengung.
- Die Gasflasche enthält die Beimengung in einer Konzentration, die etwa 50 bis 100mal höher ist als die gewünschte Prüfgaskonzentration. In diesem Falle muß eine definierte Verdünnung mit Grundgas mittels thermischen Massendurchflußreglern, kritischen Düsen oder Kapillaren erfolgen. Ein nach diesem Prinzip arbeitender P. ist aufwendiger. Außerdem stellt die Verdünnungsstufe eine potentielle Fehler- und Störungsquelle dar. Vorteilhaft sind die im allgemeinen bessere Langzeitstabilität des Gases und der geringe Verbrauch des Flaschengases, das ja mit Grundgas verdünnt wird.

Die Prüfgaserzeugung kann weiterhin über →Permeation oder über die →Gasphasentitration erfolgen. *Pfeffer*

Prüfröhrchen →Probenahme, →Prüfröhrchen-Meßtechnik

Prüfröhrchen-Meßtechnik. Sie dient dazu, Luftverunreinigungen ohne Zeitverzug vor Ort mit Hilfe von Farbreaktionen zu bestimmen. Zu ihren besonderen Vorzügen gehören die einfache Handhabung und der geringe instrumentelle Aufwand. Die P.-M. wird vorzugsweise für Luftuntersuchungen am Arbeitsplatz eingesetzt, erlaubt aber auch Emissions- oder Immissionsmessungen oder Prozeßkontrollen.

Die bei der P.-M. eingesetzte Meßeinrichtung besteht aus dem Prüfröhrchen und der zugehörigen Pumpe. Das Prüfröhrchen ist ein Glasröhrchen mit spitzen Enden, die unmittelbar vor der Messung aufgebrochen werden. Das Röhrchen ist mit einem Reagenzpräparat gefüllt, das auf den gesuchten Stoff mit einem charakteristischen Farbumschlag reagiert. Die Pumpe ist so konstruiert, daß eine definierte Probegasmenge durch das Prüfröhrchen gesaugt wird. Bei einfachen Handpumpen geschieht dies dadurch, daß das Hubvolumen bestimmt ist und die Zahl der Hübe gezählt wird. Röhrchen und Pumpe sind so aufeinander abgestimmt, daß bei einer für den Meßbereich vorgegebenen Hubzahl die Länge der verfärbten Schicht ein Maß für die Konzentration des zu messenden Stoffes ist. Wegen dieser Abstimmung ist es nicht möglich, die Produkte verschiedener Hersteller zu kombinieren.

Die Komposition des Prüfröhrchens hängt von den Meßbedingungen und von unerwünschten Reaktionen vor der Messung ab. Im einfachsten Fall enthält das Röhrchen nur das Reagenzpräparat (Einschicht-Röhrchen). Vielfach ist es erforderlich, andere Schichten vorzuschalten, die den gesuchten Stoff vor der Indikatorreaktion umwandeln oder die Farbreaktion störende Begleitstoffe vorabscheiden (Mehrschichten-Röhrchen). In anderen Fällen wird aus Gründen der Haltbarkeit ein Teil der Reagenzien innerhalb des Röhrchens in einer Ampulle aufbewahrt und erst bei Beginn der Messung durch Zerbrechen der Ampulle freigesetzt (Ampullen-Röhrchen). Messungen nach der P.-M. dauern im allgemeinen nur ein paar Minuten. Es gibt aber auch Langzeit-Prüfröhrchen, die mit einer darauf abgestimmten elektrischen Pumpe eine Probenahme über mehrere Stunden erlauben. *Stahl*

Literatur: *Leichnitz, K.:* Prüfröhrchen-Meßtechnik. Landsberg/Lech 1981.

Prüfwertkonzept für Verdachtsflächen. Beurteilungshilfe bei der →Gefährdungsabschätzung, um die Notwendigkeit weiterer Maßnahmen, z. B. nähere und weitergehende Untersuchungen der →Verdachtsflächen, zu erkennen. Das P. besteht aus Zusammenstellungen von schadstoffbezogenen Konzentrationswerten, den sog. Prüfwerten, die nicht nur nach betroffenen Umweltmedien, sondern auch nach der Schutzwürdigkeit des betroffenen Schutzguts und der Empfindlichkeit der Nutzung der Verdachtsfläche zu unterscheiden sind. Prüfwerte, die im Schrifttum auch als Schwellenwerte bezeichnet werden, haben anleitenden und empfehlenden Charakter, sie lassen sich nicht automatisch und für alle vorkommenden Fälle anwenden. Prüfwerte können nur Werte mit Relativierungsvorbehalt im Einzelfall sein, denn stoff- und konzentrationsbezogene Kriterien sind nicht allein entscheidungsrelevant. Ungeeignet sind generelle schutzgut- und nutzungsunabhängige Prüfwertlisten.

In der Regel ist davon auszugehen, daß bei Unterschreitung der Prüfwerte für ein bestimmtes Schutzgut und einer bestimmten Einwirkung unter Berücksichtigung der vorliegenden oder geplanten Nutzung der →Gefahrenverdacht als ausgeräumt gelten kann. Mit Überschreitung des Prüfwerts steht noch nicht fest, daß von der Verdachtsfläche wirklich eine Gefahr ausgeht; es können für bestimmte Schutzgüter und Nutzungen Gefährdungen vorhanden sein. Hier ist durch weitere Untersuchungen des im Einzelfall gegebenen Sachverhaltes festzustellen, ob tatsächlich eine Gefahr besteht und Maßnahmen zur Abwehr oder Vermeidung von Gefahrensituationen einzuleiten sind.

Prüfwerte können auch zur Festlegung der im Sinne der nach Bauplanungsrecht (→Bauleitplanung) zu kennzeichnenden Flächen mit erheblicher →Kontamination als Beurteilungshilfe herangezogen werden. Ein Beispiel für Prüfwerte enthält die Tabelle. *Thoenes*

Literatur: LAGA: Altablagerungen und Altlasten. Berlin 1991. – *Schuldt, M.:* Prüfwerte für Bodenverunreinigungen. In: Franzius, V. (Hrsg.): Sanierung kontaminierter Standorte 1990. Berlin 1991.

Prüfwertkonzept. Tabelle: Vorläufige Prüfwerte für Bodenbelastungen durch Arsen und Schwermetalle im Hinblick auf verschiedene Gefährdungsfade (Gesamtgehalte in mg/kg). (Quelle: LAGA, Schuldt)

| | Prüfwerte | | | |
| | für den Nutzpflanzenanbau N[1]) | für das Grundwasser G | für die menschliche Gesundheit in Wohngebieten etc. | |
			auf Dauer D	akut A
Arsen	40	50	100	100
Blei	300	300	500	3 000
Cadmium	2	5	40	40
Chrom[2])	100	200	200	500
Kupfer	100	300	(500)[3])	3 000
Nickel	100	200	300	4 000
Quecksilber	2	5	10	200
Zink	500	1 000	2 000	2 000

Im Hamburger Handlungskonzept *(Schuldt)* werden den in der Tabelle aufgeführten Prüfwerttypen N, D und A folgende Nutzungsarten zugeordnet:

N: (evtl. auch D) Kleinsiedlungsgebiete, Wohngebiete mit größeren Gärten, Dauerkleingärten, landwirtschaftliche Nutzflächen (identisch mit Mindestuntersuchungsprogramm *Kulturboden*)

D: Wohngebiete ohne größere Gärten, Mischgebiete, öffentliche Grünflächen, forstwirtschaftliche Nutzflächen, Hochschul-, Kur- und Klinikgebiete, Großmärkte

A: Gewerbe- und Industriegebiete, sonstige Sondergebiete.

[1]) *für sandige Boden mit normalen Humusgehalten und pH-Werten im schwach sauren bis schwach alkalischen Bereich; bei noch sorptionsschwächeren Boden sind ggf. niedrigere Prüfwerte vorzusehen*

[2]) *Festlegung im Hinblick auf Chrom (VI)*

[3]) *Festlegung zum Schutz der biologischen Aktivität und der Vegetationsvielfalt; relevant bei Planungen*

Quelle: LAGA, Schuldt

PSC (Abk. *engl.* Polar Stratospheric Clouds). Je nach Abkühlungsgeschwindigkeit und erreichter Temperatur in Höhen zwischen 15 und 30 km entstehen Stratosphärenwolken unterschiedlichen Typs. Die sog. Typ II Wolken bestehen nur aus Wassereis und bilden sich – wegen der extremen Trockenheit dieser Höhe – erst bei Temperaturen unterhalb von –90 °C. Die sog. Typ I Wolken entstehen schon bei Temperaturen unterhalb von –80 °C und bestehen aus Salpetersäure/Wasser-Aerosolen mit der Stöchiometrie eines Trihydrats ($HNO_3 \times 3H_2O$). Die stratosphärischen Wolken spielen eine entscheidende Rolle bei der Ausbildung des →Ozonlochs, weil an ihrer Oberfläche katalytische Reaktionen stattfinden, durch die Chlor aus photochemisch wenig aktiven Verbindungen in eine aktive, ozonzerstörende Form überführt wird. Die bisher nur in den polaren Regionen beobachtete Bildung von PSC kann sich auf niedrigere Breiten ausdehnen durch:
– eine Zunahme an CO_2 und damit verbundener Temperaturabnahme in der Stratosphäre (→Stratosphärische Chemie)
– eine Zunahme des Wasserdampfgehalts durch steigende Methankonzentration
– eine Zunahme der NO_x-Konzentration.

Becker/Wiesen

Pseudokrupp. Atemwegserkrankungen bakterieller, viraler und allergischer Genese können – vorwiegend im frühen Kindesalter von sechs Monaten bis drei Jahren – zu Symptomen führen, die unter der Bezeichnung Krupp-Syndrom (syn. P. oder falscher Krupp) zusammengefaßt werden; sie sind vom echten Krupp im Rahmen einer Diphtherie zu unterscheiden. Die entzündliche Schwellung der oberen Luftwege, der Kehlkopfschleimhaut und der Stimmbänder (Laryngotracheitis) führt zu plötzlich auftretender Heiserkeit, bellendem Husten und erschwerter Einatmung (inspiratorischer Stridor). Fieber und schwere Atemnot können hinzutreten.

P. hat nach relativ übereinstimmenden Schätzungen einen Anteil von 5–10% an den Atemwegserkrankungen von Kindern im Vorschulalter. Eine Zu- oder Abnahme ist dabei weder für die Bundesrepublik Deutschland noch für andere Länder bekannt.

In zahlreichen epidemiologischen Untersuchungen der letzten Jahre wurde versucht, ursächliche Zusammenhänge zwischen Luftverunreinigungen und dem Krupp-Syndrom abzuklären. Ältere Studien wiesen nach Meinung einer WHO-Expertengruppe (1984) erhebliche Mängel bei der Planung und Auswertung auf; kleine Fallzahlen und die Nichtbeachtung von Störgrößen waren häufig Anlaß zu Fehlinterpretationen.

Auch in jüngeren Untersuchungen konnten neben den schon bisher bekannten ätiologischen Faktoren (Infektion, genetische und anatomische Disposition, Allergenkontakte) keine Hinweise auf Luftschadstoffe in der Außenluft als alleinige Ursache gefunden werden; die saisonale Häufigkeit des P. und der Anstieg der Schwefeldioxid-Konzentration zeigten keine Parallelität. Bei ortsbezogener Analyse war die Erkrankungshäufigkeit zwar in einigen Industriegebieten mit sehr hoher Schwefeldioxid- (und Staub-)Belastung korreliert. Ein ursächlicher Zusammenhang von Erkrankung und erhöhter Schwefeldioxid- oder Stickoxid-Konzentration ließ sich jedoch auch in gut kontrollierten Untersuchungen nicht herstellen. Danach ist nach heutiger Kenntnis bei P. davon auszugehen, daß Luftschadstoffe in der Außenluft – neben den vielfach bestätigten meteorologischen Einflüssen wie Temperatur und Feuchtigkeit und anderen Faktoren wie Innenraumbelastung (→Innenraumluft-Reinhaltung) sowie endogenen und psychogenen Faktoren – allenfalls als Teilursache gewertet werden können.

Eckert

PSM. Abk. Pflanzenschutz- und Schädlingsbekämpfungsmittel, →Schädlingsbekämpfungsmittel

Pulverlacke →Industrielack, emissionsarm

Punktschallquelle. Eine Schallquelle (ein Schallsender), bei der vorausgesetzt wird, daß die →Schalleistung punktförmig konzentriert ist und i. a. sich die →Schallenergie kugelförmig, also nach allen Richtungen gleichmäßig, ausbreitet (→Kugelcharakteristik).

Bei Geräuschimmissionsprognosen (→Schallausbreitungsrechnung) werden im allgemeinen die Schallquellen als P. betrachtet; linienförmige oder flächenhaft ausgedehnte Schallquellen werden so in Teilschallquellen aufgeteilt, daß diese wieder als P. anzusehen sind.

Linien- und Flächenschallquellen können dann wie P. gelten, wenn der Abstand vom Mittelpunkt der Linien- oder Flächenschallquelle bis zum Immissionspunkt etwa doppelt so groß ist wie die größte Ausdehnung (Diagonale) der Schallquelle. *Strauch*

Literatur: DIN 18005: Schallschutz im Stadtebau. 5/1987. – VDI 2714: Schallausbreitung im Freien. 7/1988.

PUREX-Verfahren. Name des Brennstoff-Wiederaufarbeitungs-Prozesses, bei dem das unverbrauchte Uran (U-235 und U-238) und das bei der →Kernspaltung gebildete Plutonium-239 von den Spaltprodukten abgetrennt und in reiner Form für eine Wiederverwendung zurückgewonnen werden. Das Akronym PUREX steht für **P**lutonium and **U**ranium **R**ecovery by **Ex**traction. Dieses Verfahren wurde erstmals im industriellen Maßstab 1954 bei der Handford-Anlage der USAEC angewandt.

945

Die →Wiederaufarbeitung von LWR-Brennelementen nach dem PUREX-Prinzip läuft in fünf Hauptverfahrensstufen ab (Bild).

– In der Aufschlußstufe (Head-End) werden die Brennelemente zerlegt und in Stücke geschnitten; die Spaltstoffe und die Spaltprodukte werden in Salpetersäure aufgelöst und die resultierende Lösung anschließend auf eine vorbestimmte Säurekonzentration eingestellt.

– In der Extraktion (sog. 1. Zyklus) werden die Spaltprodukte von den Spaltstoffen Uran und Plutonium abgetrennt und der →Abfallbehandlung zugeführt. Anschließend werden Uran und Plutonium voneinander getrennt und den weiteren Reinigungsstufen zugeleitet. Grundlage bildet die Flüssig-Flüssig-Extraktion mit Tri-n-butylphosphat (30 %ige Lösung in Kerosin) als Extraktionsmittel.

– Die Uran-Reinigung geschieht in wäßriger Lösung in mehreren Stufen extraktiv und adsorptiv. Das Uran kann als konzentrierte Uranylnitrat-Lösung der Brennelementfertigung oder nach Konversion zu UF_6 der Wiederanreicherung zugeleitet werden.

– Die Plutonium-Reinigung erfolgt ebenfalls extraktiv und mit Ionenaustauschern. Die feingereinigte Plutoniumnitrat-Lösung wird zur Herstellung von U/Pu-Mischoxidbrennstoffen rezykliert.

– Die Behandlung der radioaktiven →Abfälle umfaßt die unterschiedlichsten Abfallarten, die im Normalbetrieb oder bei Reparatur und Wartung als schwach- (LAW), mittel- (MAW) und hochaktiver (HAW) →Abfall in fester oder flüssiger Form anfallen. Diese Abfälle werden nach verschiedenen Verfahren konzentriert und durch Einbinden in eine strahlungs- und auslaugungsbeständige Matrix endlagergerecht konditioniert. *Merz*

Literatur: *Baumgärtel, G.; K. L. Huppert; E. Merz:* Brennstoff aus der Asche. Die Wiederaufarbeitung von Kernbrennstoffen. Essen/Gräfeling 1984.

PVC-Abfall →Polyvinylchloridabfall

Pyrolyse. Unter P. oder Entgasung versteht man die thermische Zersetzung kohlenstoffhaltiger Materialien unter weitgehender Sauerstoffabwesenheit bei erhöhten Temperaturen. Bei der P. werden je nach Temperaturstufe unterschiedliche Phasen durchlaufen:
– Trocknung bis 110 °C,
– Aufheizung bis 200 °C,
– Verschwelung bis 500 °C.

Über 1 000 °C hört die Gasabgabe auf. Bei der P. entstehen in Abhängigkeit von Einsatzstoff und Betriebsbedingungen Gase, Öle, Teere und Koks in unterschiedlichen Mengen und Zusammensetzungen. Insgesamt verläuft der Prozeß endotherm, d. h. die Reaktionsenergie wird von außen zugeführt.

Bei der Abfall-P. (→Abfallpyrolyseanlage) werden die Prozeßabläufe beeinflußt durch die
– Bauart des Reaktors (Drehrohr, Wirbelschicht, Schachtreaktor),

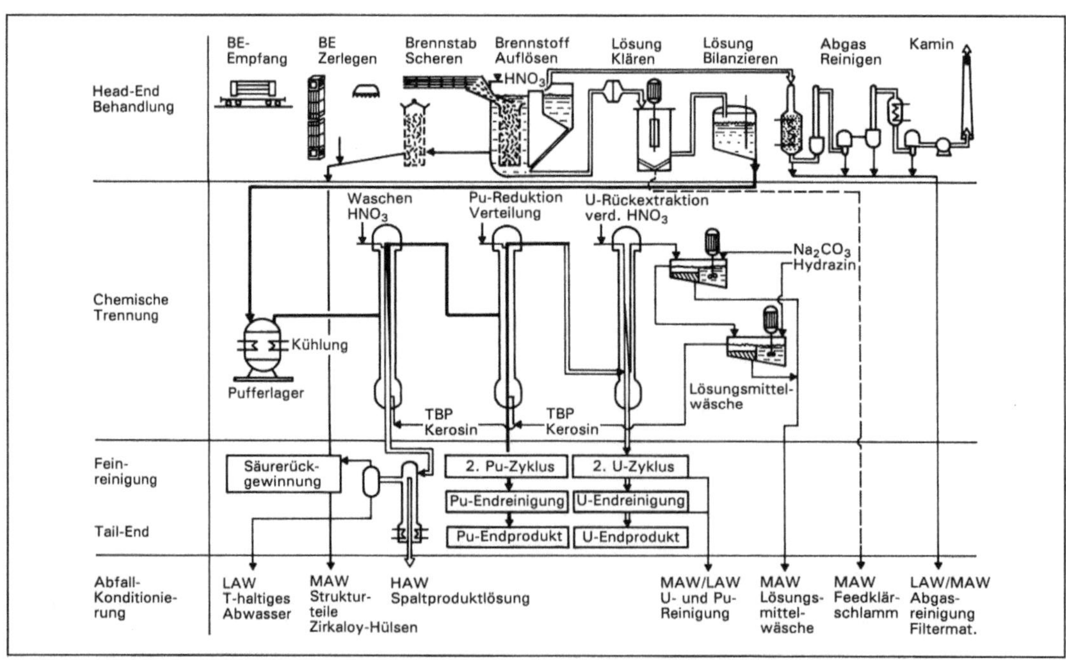

PUREX-Verfahren: Schematische Darstellung einschl. sämtlicher im Prozeß anfallenden Abfallströmen.

- Wärmezufuhr (direkt, indirekt),
- Prozeßtemperatur (niedrig, mittel, hoch),
- Gasführung im Reaktor (Gleich-, Gegen-, Kreuzstrom),

- Art der Abfälle (→Hausabfall, →Klärschlamm, →Altreifen, Kunststoff) und
- Vorbehandlung der Abfälle (Zerkleinern, Sortieren).
Neuenhahn

Q

QSL-Verfahren zur Bleigewinnung. Das Q.-V. ist ein neuartiges Verfahren, benannt nach den Initialien seiner Erfinder *Queneau, Schuhmann* und (der Firma) Lurgi. 1973 wurde das Verfahren zunächst zur Herstellung von Kupfer und Nickel patentiert. Über mehrere Entwicklungsstufen wurde schließlich 1988 von der Metallgesellschaft in Stolberg mit dem Bau einer großtechnischen QSL-Anlage begonnen, die 1990 in Betrieb genommen wurde. Das Q.-V. ist ein kontinuierlicher Direkt-Bleischmelzprozeß, bei dem zwei pyrometallurgische Reaktionen in einem Reaktorgefäß ablaufen.

Für die Luftreinhaltung sind die Arsen- und Cadmiumabscheidung sowie die Abscheidung von SO_2 in einer Schwefelsäuregewinnungsanlage von besonderer Bedeutung. Wesentliche Vorteile der QSL-Anlage gegenüber konventionellen Anlagen zur Bleigewinnung ist die günstigere Massenbilanz hinsichtlich der eingesetzten Stoffe, der eingesetzten Energie sowie der entstehenden Abgasströme (Bild). *Leder*

Qualitätssicherung.

Allgemein. Q. betrifft die Sicherung der Qualität als Gesamtheit aller Eigenschaften und Merkmale eines Gegenstandes bzw. einer Tätigkeit, die sich auf dessen bzw. deren Eignung zur Erfüllung vorgegebener Erfordernisse beziehen. Das Erreichen und Kontrollieren der notwendigen Qualität von Produkten und Dienstleistungen, z. B. von Meßgeräten, Untersuchungsmethoden, Meßergebnissen einer Untersuchungstelle und deren Betriebsorganisation, führen auch in der Umwelttechnik zur Forderung nach einer systematischen Q. mit entsprechenden Festlegungen. Derartige Festlegungen in der Aufbau- und Ablauf-Organisation mit ihren technischen, administrativen und personellen Faktoren zur Durchführung und Überprüfung der Q. wird als Q.-System bezeichnet. Es sollte in einem Q.-Handbuch dokumentiert sein. Die verantwortliche Leitung, z. B. einer Untersuchungsstelle, hat das Q.-System aufzustellen, einzuführen und zu aktualisieren. Die Aktualisierung erfolgt durch sog. Qualitätsaudits. Hierbei wird festgestellt, ob die organisatorischen, personellen und instrumentellen Voraussetzungen, die Arbeitsweisen, sowie die internen und externen Maßnahmen zur Q. eingehalten werden und ob das gewünschte Ergebnis der Qualität bzw. Leistung erzielt wird. Bei Mängeln werden Korrekturen vorgenommen. Alle Prüfungen mit ihren Ergebnissen sind zu dokumentieren.

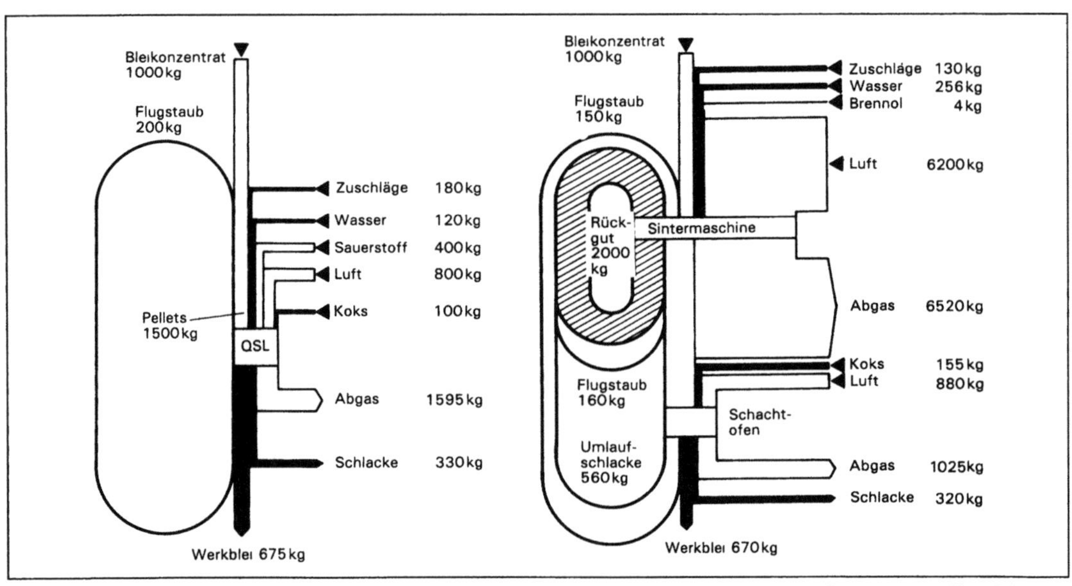

QSL-Verfahren zur Bleigewinnung: Massenbilanzen einer QSL-Anlage und einer konventionellen Bleiverhüttung im Vergleich.

Ein Schwerpunkt der Q. in der Umwelttechnik liegt in der aufgabenadäquaten Gewährleistung der Zuverlässigkeit bei Untersuchungen der →Schutzgüter und der →Umweltmedien. Die Q. in der Analytik umfaßt die methodisch orientierte Meßstellenplanung, z. B. bei Immissionsmessungen, die Probenahme, die Behandlung der Proben, die eigentliche Messung sowie die Auswertung, Dokumentation und Beurteilung der Meßwerte. Außerdem sind die räumlichen, personellen und apparativen Voraussetzungen der Untersuchungsstelle wichtige Qualitätskriterien.

Im Bereich der →Altlasten beispielsweise sind Q.-Systeme und detailorientierte Verfahrensanleitungen für chemische, physikalische und biologische Untersuchungen notwendig, um die Verläßlichkeit der Ergebnisse und die Vergleichbarkeit zu sichern. Q.-Maßnahmen sind auch im Rahmen der Einkapselungsmaßnahmen aus dem Arbeitsgebiet des Erd- und Grundbaus üblich. Die Eingangskontrolle der Baustoffe, die Kontrolle bei der Verarbeitung, die Überwachung der Herstellung und des Einbaus der Dichtelemente sowie die Details der Funktionsprüfungen sind in Q.-Plänen festzulegen. Die Q. erfolgt im Rahmen einer Eigenprüfung durch den Hersteller und einer Fremdprüfung durch eine unabhängige Stelle. *Thoenes*

Literatur: Deutsche Gesellschaft für Erd- und Grundbau e. V.: Empfehlungen des Arbeitskreises Geotechnik der Deponien und Altlasten – DIN 55350, Teil 11: Grundbegriffe der Qualitätssicherung. 5/1987. – DIN 55350, Teil 12: Merkmalsbezogene Begriffe. 3/1989. – DIN ISO Normen 9000, 9001, 9002, 9003, 9004 Qualitätssicherungssysteme. 5/1990. – GDA. Empfehlungen zur Qualitätssicherung. Berlin 1990. – LAWA: AQS-Analytische Qualitätssicherung – Rahmenempfehlungen der Landesarbeitsgemeinschaft Wasser (LAWA) für Wasser-, Abwasser- und Schlammuntersuchungen mit Merkblatt Nr. A-3 zur Ringversuchsdurchführung. Berlin 1989. – LAWA: Merkblatt zur Rahmenempfehlung der Länderarbeitsgemeinschaft Wasser (LAWA) für die Qualitätssicherung bei der Wasser-, Abwasser- und Schlammuntersuchung. Plausibilitätskontrolle Nr. A-4, 1989.

Anlagensicherheit. Die Q. im Rahmen der Anlagensicherheit (→Sicherheitstechnik) hat den Zweck, den bei der Planung zugrundegelegten Sicherheitsstandard über die gesamte Betriebsdauer der Anlage und bei Anlagenänderungen zu gewährleisten. Die Q. zur Aufrechterhaltung der Anlagenqualität ist eng mit der →Sicherheitsorganisation des Unternehmens verknüpft. Die Q. umfaßt eine Vielzahl einzelner Qualitätssicherungselemente, z. B. Anforderungen an Verträge, Bauprüfungen, Aktualität der Unterlagen, Qualität von Lieferungen, Übernahme von Betriebserfahrungen in das Betriebshandbuch, Freigabeverfahren für Instandhaltungsmaßnahmen, Lenkung fehlerhafter Einheiten, Qualitätsaudits, Zuverlässigkeitskenngrößen.

Die Dokumentation der Umsetzung der einzelnen Maßnahmen zur Q. sowie die betriebliche Organisation und Struktur der anlagenbezogenen Q. kann u. a. in einem Q.-Handbuch erfolgen. Anhaltspunkte zu Aufbau und Struktur der Q. im Rahmen der Anlagensicherheit lassen sich z. B. aus der DIN ISO 9004 ableiten, welche die Q. für Produkte regelt. *Nitsche*

Literatur: DIN ISO 9004: Qualitätsmanagement und Elemente eines Qualitätssicherungssystems. 5/1987.

Emissionsmessungen. Die Qualität von Emissionsmessungen beruht im wesentlichen auf drei Programmen, an deren Realisierung Wissenschaft, Wirtschaft und Verwaltung unterschiedlichen Anteil haben (Bild):
– Bereitstellung von →Referenzmeßverfahren,
– Vorbereitung und Durchführung von →Eignungsprüfungen,
– Qualifizierung und Anerkennung sachverständiger Stellen (→Akkreditierung von Meßinstituten).

Wichtige Aufgaben werden von anerkannten Meß- und Prüfstellen wahrgenommen. Sie sind deshalb, ungeachtet ihrer Zuordnung zu den genannten drei Bereichen Wissenschaft, Wirtschaft und Verwaltung, im Bild besonders herausgestellt.

Um die hierdurch gewonnene Qualität der Emissionsmeßverfahren und -geräte auszuschöpfen, gibt es auch für die Praxis der Emissionsüberwachung ein Geflecht von Maßnahmen zur Q., für die vier Institutionen verantwortlich sind:
– Die zuständige Behörde hat die erforderlichen Auflagen zur Emissionsüberwachung zu erteilen. Sie hat außerdem die Pflicht, sich durch regelmäßige Inspektionen im Betrieb und Auswertung der übermittelten Meßberichte davon zu überzeugen, daß diese Auflagen im täglichen Betrieb erfüllt und die Emissionsgrenzwerte eingehalten werden. Die Behörde hat auch die Aufgabe, die Tätigkeit sachverständiger Stellen zu beaufsichtigen.
– Der Anlagen-Betreiber ist dafür verantwortlich, daß die für die Emissionsüberwachung geltenden Anforderungen und erteilten Auflagen voll erfüllt werden. Er hat die notwendigen Aufträge an Sachverständige zu erteilen und bei den zur Dauerüberwachung eingesetzten Meßeinrichtungen für eine regelmäßige Wartung und Prüfung der Funktionsfähigkeit zu sorgen.
– Der Meßgeräte-Lieferant hat sicherzustellen, daß die eingesetzten Meßgeräte den Anforderungen der →Eignungsprüfung entsprechen, und gegebenenfalls im Rahmen eines Wartungsvertrages Inspektionen und Reparaturen auszuführen.
– Eine vom Betreiber beauftragte sachverständige Stelle hat die geforderten Einzelmessungen durchzuführen. Sie soll außerdem Auswahl und Einbau der Meßeinrichtungen zur kontinuierlichen Emissionsüberwachung begutachten und alle Meßeinrichtungen individuell auf Funktionsfähigkeit überprüfen und kalibrieren. *Stahl*

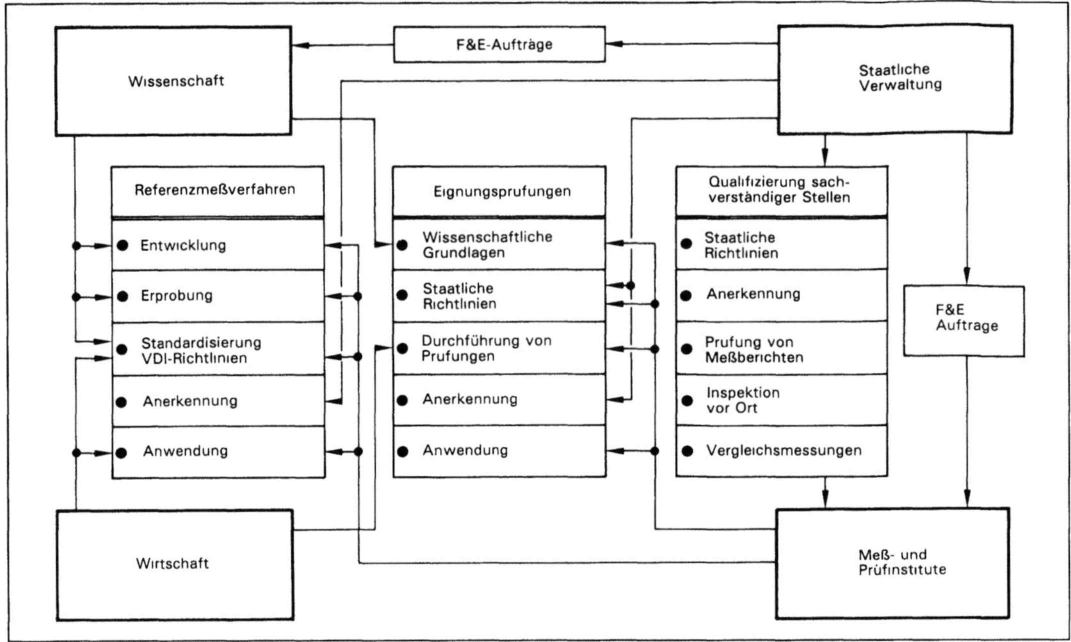

Qualitätssicherung: Maßnahmen zur Q. bei der Emissionsüberwachung.

Immissionsmessungen. Bei der Q. von Immissionsmessungen werden zwei Bereiche unterschieden:

□ Verfahrensbezogene Q.-Maßnahmen:
– Akzeptanz und Praktizierung vollständiger Immissionsmeßverfahren,
– Standardisierung von Immissionsmeßverfahren in Form von VDI-Richtlinien, DIN/ISO-Normen, CEN-Normen,
– Bundeseinheitliche Praxis bei der Überwachung der Immissionen (→Immissionsmeßnetz, →Immissionsmeßstation),
– Standardisierung von Meßplanung, Meßdurchführung und Auswertung (Vorschriften hierzu: in EG-Richtlinien, in der TA Luft, in Smogverordnungen und insbesondere in der 4. BImSchVwV).
□ Verfahrensanwenderbezogene Q.-Maßnahmen:
– Akzeptanz und Praktizierung aller Maßnahmen im Sinne der guten Laboratoriumspraxis (GLP), beispielsweise durch exakte Dokumentation aller eingesetzten Methoden und Verfahren (Standardarbeitsanweisungen),
– →Kalibrierung und regelmäßige Funktionskontrollen,
– Systematische Wartung aller Meßeinrichtungen und qualifizierte Störungsbeseitigungs- und Reparaturmaßnahmen,
– Austausch von Referenzmaterialien und Durchführung von Ringanalysen,
– Regelmäßige Kontrolle und Inspektionen durch unabhängige Prüfer (Auditierung),

– Regelmäßige Schulungs- und Trainingsmaßnahmen. *Pfeffer*

Literatur: *Buck, M.:* Konzept der Qualitatskontrolle bei Immissionsmessungen. Staub – Reinhaltung der Luft **49** (1989), S. 337–342. – *Pfeffer, H.-U.:* Qualitätssicherung in automatischen Immissionsmeßnetzen. T. 1: Untersuchungen zum Probenahmesystem für gasförmige Schadstoffe in automatischen Meßstationen. Schriftenreihe der Landesanstalt für Immissionsschutz Nordrhein-Westfalen, Heft 57. 1983. – *Pfeffer, H.-U., H. W. Lohse:* Qualitätssicherung in automatischen Immissionsmeßnetzen. T. 2: Eine Methode zur Echtzeitauswertung von Schwebstoffmessungen mit dem Staubmonitor FH 62 I. Staub – Reinhaltung der Luft **44** (1984), S. 67–71. – *Pfeffer, H.-U.:* Qualitätssicherung in automatischen Immissionsmeßnetzen. T. 3: Ringversuche der staatlichen Immissions-Meß- und Erhebungsstellen in der Bundesrepublik Deutschland (STIMES). Ergebnisse für die Komponenten SO_2, NO_x, O_3 und CO. LIS-Berichte der Landesanstalt für Immissionsschutz Nordrhein-Westfalen, Heft 52. 1984. – *Pfeffer, H.-U., H. Dobrick:* Qualitätssicherung in automatischen Immissionsmeßnetzen. Strategie und Optimierung eines Routinebetriebes. Staub-Reinhaltung der Luft **47** (1987), Nr. 1/2, S. 28–33. – *Pfeffer, H.-U., H. Dobrick, R. Junker:* Qualitätssicherung in automatischen Immissionsmeßnetzen. Anforderungen an die Telemetrischen Echtzeit-Immissionsmeßsysteme TEMES und MILIS in NRW. LIS-Berichte der Landesanstalt für Immissionsschutz Nordrhein-Westfalen, Heft 100, 1992.

Röntgendiagnostik. Die Q. bei radiologischen bildgebenden Verfahren soll eine für das betreffende Verfahren optimale →Bildqualität garantieren und auf der anderen Seite die →Strahlenexposition für den Patienten möglichst niedrig halten.

Physikalische Maßnahmen zur Verbesserung der Bildqualität haben in der Regel eine Erhöhung der Patientenexposition zur Folge; entsprechende Maßnahmen zu deren Verringerung verschlechtern meistens die Bildqualität. Deren Güte ist also proportional zur Strahlenexposition des Patienten. An dieser Gesetzmäßigkeit kann keine im Rahmen der Q. geplante Maßnahme grundsätzlich etwas ändern. Deren Ziel muß es vielmehr sein, innerhalb dieser Regel den Proportionalitätsfaktor so zu optimieren, daß bei einer gegebenen Bildqualität die Patientendosis möglichst gering ist.

Wichtige Größen für die Bildqualität sind der Bildkontrast und das Auflösungsvermögen. Der Begriff Patientenexposition ist leichter zu fassen. Ein Maß dafür ist entweder die Dosis am Bildempfänger (z. B. am Film, Film-Folien-System oder Bildverstärker-Eingang), die sog. Systemdosis, oder die Dosis auf der Patienteneintrittsseite, die sog. Oberflächendosis. Eine Reduzierung der Patientenexposition hat eine entsprechende Verringerung der Strahlenexposition des Personals zur Folge, so daß qualitätssichernde Maßnahmen auch einen Beitrag zum Arbeitsschutz leisten.

Die qualitätssichernden Maßnahmen beginnen nach § 16 Abs. 1 RöV für jede Röntgendiagnostikeinrichtung mit der →Abnahmeprüfung.

§ 16 Abs. 2 RöV verlangt nach Durchführung der Abnahmeprüfung vom Betreiber einer Röntgendiagnostikeinrichtung in mindestens monatlichem Abstand eine (einfache) Überprüfung dessen, was im Rahmen einer (mit Erfolg durchgeführten) Abnahmeprüfung für diejenigen Meßgrößen ermittelt worden ist, die für Bildqualität und Dosis maßgeblich sind (Konstanzprüfung).

Q. in der →Röntgendiagnostik bedeutet sowohl für das Röntgengerät selbst als auch – soweit Filme bzw. Film-Folien-Systeme benutzt werden – für die Filmverarbeitung

– die Festlegung eines für jeden Gerätetyp charakteristischen Ausgangsniveaus in Bezug auf ein optimiertes Verhältnis von Bildqualität und Patientenexposition durch meßtechnische Ermittlung einer Reihe von physikalischen Größen und durch Feststellung der (zulässige Toleranzen berücksichtigenden) Übereinstimmung dieser Meßergebnisse mit den in Normen festgelegten Sollwerten (Abnahmeprüfung) sowie

– die regelmäßige, mit nichtinvasiven Meßmitteln durchzuführende Überprüfung, ob dieses Ausgangsniveau innerhalb gewisser, in Normen festgelegter Toleranzen erhalten geblieben ist (Konstanzprüfung).

In § 16 Abs. 3 RöV wird gefordert, daß die Aufzeichnungen über die Abnahme- und Konstanzprüfung einer ärztlichen/zahnärztlichen Stelle zugänglich gemacht werden müssen. Diese Stellen, in den meisten Bundesländern bei den örtlich zustän-

digen Ärztekammern angesiedelt, werden die eingesandten Unterlagen beurteilen und dann das Ergebnis den Betreibern ggf. als „Vorschläge zur Verringerung der Strahlenexposition" (Text in § 16 Abs. 3 RöV) mitteilen. *Ewen*

Literatur: Richtlinie zur Durchführung von Prüfungen zur Qualitätssicherung in der Röntgendiagnostik nach § 16 der RöV, Bundesarbeitsblatt 9 (1987) 80. – Richtlinie: Hinweise zur Abnahmeprüfung. Bundesarbeitsblatt 3 (1989) 89. – Normen der Reihe DIN 6868: Sicherung der Bildqualität in röntgendiagnostischen Betrieben. 1985/1990. – *Stender, H. S.; F. E. Stieve* (Hrsg.): Praxis der Qualitätskontrolle in der Röntgendiagnostik. Stuttgart 1986. – *Stender, H. S.; F. E. Stieve* (Hrsg.): Bildqualität in der Röntgendiagnostik. Köln 1990.

Quecksilber, Quecksilberverbindungen.

Umweltrelevanz. Q. kommt in Form von sieben stabilen Isotopen (^{186}Hg, ^{198}Hg, ^{199}Hg, ^{200}Hg, ^{201}Hg, ^{202}Hg, ^{264}Hg) und 11 instabilen Isotopen vor. Der Elektronenkonfiguration entsprechend kommt das Element in den Oxidationsstufen Hg$^+$ und Hg^{++} vor. 1-wertiges Q. existiert infolge einer Metall-Metall-Ionenpaarbindung in der Form Hg^{2+}. Mit Ausnahme der Fluoride sind alle Q.-(1)-Halogenide schwerlöslich und nur wenig hydrolysierbar, d. h. nur geringfügig dissoziiert. Mit einem Löslichkeitsprodukt von etwa 10^{-54} zählt Q.-Sulfid zu den am wenigsten löslichen Salzen.

In der Umwelt kommt Q. sowohl elementar als auch in Form anorganischer und organischer Verbindungen vor. Emissionen in die Umwelt erfolgen vorzugsweise als elementares Q. (Quecksilberdampf), Q.-(II)-Chlorid sowie anderer Q.-(II)- und Q.-(I)-Verbindungen und in Form von Mono- und Dimethyl- sowie Phenyl-Q.

Elementares Q. stellt den Hauptanteil atmosphärischen Q. In Meeren und Ozeanen kommt das Element vorzugsweise als HgCl$_4$$^{2-}$ und in Fließgewässern als HgCl$_2$, CH$_3$HgOH u. a. vor. Die Q.-Methylierung in aquatischen Systemen und Böden ist eine der Grundlagen für den Transport des Elementes in der Umwelt, insbesondere in Nahrungsketten. Hauptprodukt der Methylierung ist Mono-Methylquecksilber. Der Grad der Q.-Methylierung erhöht sich unter aeroben Bedingungen bei Zunahme der mikrobiellen Aktivität und der Temperatur.

Organo-Q.-Verbindungen sind im neutralen und schwach sauren Milieu zumeist stabil. Im alkalischen Bereich erfolgt hydrolytische Spaltung. Die Verbindungen sind nur wenig photolyse- und temperaturstabil.

Organische Q.-Verbindungen wirken bereits in geringen Mengen ohne Speciesspezifität toxisch. Allgemein werden sie als etwa 10- bis 100mal toxischer als anorganische Q.-Verbindungen charakterisiert, wobei Monomethyl- und Dimethylquecksilber durch besonders hohe →Toxizität hervorzuheben sind. Inkorportierte Verbindungen werden infolge ihrer lipophilen Eigenschaften relativ schnell resorbiert, mit dem Blut im Organismus verteilt und vorzugsweise in Leber, Herz, Gehirn, Muskelgewebe und Haaren gespeichert. Die Exkretion erfolgt in geringen Mengen renal, vorzugsweise jedoch mit Faeces. Die Passage der Blut-Hirn-Schranke und der Plazenta sind nachgewiesen. Durch die Bindung an SH-Gruppen der Blutproteine ist ein schneller und weitläufiger Transport im Organismus gewährleistet. Der Transport durch Zellmembranen erfolgt passiv (Verteilungskoeffizient). Gesondert hervorgehoben werden soll die Akkumulation von Methyl-Q. in der Leber (50 %) und im Gehirn (10 %). Bei Säugern erfolgt ebenfalls eine Exkretion über die Milch. Toxisches Wirkprinzip im Warmblüterorganismus ist u. a. die Reaktion mit Sulfhydryl- und Aminogruppen von Enzymen. Die chronisch toxische Wirkung ist an die Speicherung der Verbindungen in verschiedenen Organstrukturen gebunden. Veränderungen des peripheren Nervensystems zählen zu den auffälligsten Effekten chronischer Intoxikationen.

Methyl-Q. ist mutagen aktiv und führt beim Menschen u. a. zu Chromosomen-Aberrationen und zur anormalen Chromosomenteilung. Eine durch die orale Aufnahme von Methyl-Q. hervorgerufene Erkrankung ist die 1953–1960 in Japan aufgetretene →Minamata-Krankheit.

In Abhängigkeit von Temperatur, Salzgehalt, Sauerstoffgehalt und Wasserhärte sind eine Reihe physiologischer und biochemischer Veränderungen bei Fischen nach Expositionen gegenüber Organo-Q.-Verbindungen beschrieben. Reproduktionstoxische Effekte sind bei Fischen und Vögeln festgestellt.

Das Verhalten organischer Q.-Verbindungen, wird maßgeblich bestimmt durch eine relativ hohe Flüchtigkeit sowie Lipophilie. Damit verbunden sind eine hohe Mobilität in der Atmosphäre und eine ausgeprägte Bio- und Geoakkumulationstendenz. *R. Koch*

Literatur: *Friberg, L.* et al. (Hrsg.). Handbook of the Toxicology of Metals, Vol. 2. Amsterdam 1986. – *Merian, E.* (Hrsg.): Metalle in der Umwelt. Weinheim 1984.

Emissionsminderung. Q. (Hg) ist das einzige bei Zimmertemperatur flüssige Schwermetall und wird daher vorwiegend gasförmig in den Abgasen emittiert.

Aus natürlichen Quellen werden jährlich weltweit 25 000 bis 125 000 t Q. emittiert. Die jährliche Weltproduktion an Q. betrug 1973 10 000 t. Q. wird nicht nur bei der gezielten Gewinnung und Verwendung, sondern hauptsächlich bei der Verbrennung fossiler Brennstoffe und beim Einsatz von Erzen und Mineralien in industriellen Prozessen emittiert.

Q. wird industriell verwendet für Batterien, Katalysatoren, Anstriche, Chemikalien und Schädlingsbekämpfungsmittel, elektrische Bauteile, Leuchtstoffröhren sowie als Betriebsmittel bei der Alkalichloridelektrolyse nach dem Amalgamverfahren. Für die erstgenannten Bereiche kommt es weniger bei der Produktion als vielmehr bei der Anwendung und Entsorgung der Produkte zu Q.-Emissionen in die Atmosphäre, während der Einsatz von Q. als Betriebsmittel bei der Alkalichloridelektrolyse nach dem Amalgamverfahren zu erheblichen Q.-Emissionen führen kann. Durch Anlagenkapselung, Abluftminderung, Abgasreinigung der Prozeßgase (Entquickung) und den Einsatz von Q.-freien Verfahren, wie dem Diaphragmaverfahren und dem Membranverfahren, konnten die spezifischen Q.-Emissionen in die Luft bei der Alkalichloridelektrolyse auf ca. 1 g Hg/t Chlor vermindert werden.

Bei der Verbrennung von Kohlen gehen ca. 80 % des im Brennstoff enthaltenen Q. dampfförmig in das Abgas (Q.-Gehalte von Steinkohle 0,2 bis 0,5 ppm bzw. Braunkohle 0,16 ppm in westdeutschen Revieren). Eine Emissionsminderung durch verbesserte →Entstaubungsverfahren sowie durch nasse Verfahren (→Abgasentschwefelung) führen nur zu einer teilweisen Abscheidung von Q. bis zu 30 %.

Auch bei →Abfallverbrennungsanlagen wird Q. (Q.-Gehalt im Hausabfall ca. 3–5 ppm) überwiegend gasförmig emittiert. Abfallverbrennungsanlagen sind zusätzlich zur →Staubabscheidung mit Reinigungsanlagen zur Abscheidung von Chlor, Fluorwasserstoff und Schwefeloxid ausgerüstet, mit denen auch Q. abgeschieden wird. Bei nassen Verfahren können Q.-Abscheidegrade von mehr als 60 % erreicht werden. Durch Einsatz spezieller Aktivkoks-Verfahren kann Q. nahezu vollständig abgeschieden werden.

Eine weitere Emissionsminderung ist durch Substitution oder Minderung von Q. in den Einsatzstoffen und durch Recycling Q.-haltiger Altprodukte, wie z. B. bei Batterien, Leuchtstoffröhren und Thermometern, zu erreichen.

Bei hüttentechnischen Brenn-, Röst- und Schmelzvorgängen von Erzen und Erzkonzentraten sowie bei der Zementherstellung treten ebenfalls hohe Temperaturen auf, bei denen das als natürliche Verunreinigung enthaltene Q. freigesetzt wird.

Die mit naßarbeitenden Abscheidern zurückgehaltenen Q.-Verbindungen führen zu Abwasserbelastungen. Die Abwässer müssen daher behandelt werden. Q. belastete Klärschlämme sind besonders zu entsorgen.

Die Emissionen an Q. werden bei industriellen und gewerblichen Anlagen insbesondere durch die Anforderungen der →TA Luft begrenzt; bei einem Massenstrom von 1 g/h und mehr sind 0,2 mg Hg/m^3 Abgas zu unterschreiten; für Alkalichloridelektrolyseanlagen gelten spezielle Regelungen. Schärfere Anforderungen enthält die →17. BImSchV mit einem Grenzwert von 0,05 mg Hg/m^3 Abgas. *Dombrowski*

Literatur: Umweltbundesamt: Umwelt – und Gesundheitskriterien für Quecksilber, Berichte 5, 1980. Berlin. Environmental Health Criteria 1986: Mercury-Environmental Aspects, World Health Organisation. Genf 1989.

Umweltrelevante Stoffdaten.
□ Stoff-Identifizierungs-Nr.:
CAS-Nr.: 7439-97-6
EG-Nr.: 080-001-00-0
UN-Nr.: 2809
EINECS-Nr.: 231-106-7
□ Chemische Formel: Hg
□ Stoffcharakteristik: Flüssiges, leicht bewegliches, schweres Metall. Greift schon bei Raumtemperatur viele Metalle unter Amalgam-Bildung an. In geschlossenen Räumen durch merkliches Verdampfen bereits bei Normaltemperatur Ansammlung gefährlicher Konzentrationen.
□ Gefahrenmerkmale:
- Stoffliste nach § 4a →Gefahrstoffverordnung: Gefahrenkennbuchstabe(n): T
R-Sätze: 23-33
S-Sätze: 1/2-7-45
- Arbeitsschutzwerte nach TRGS 900: →MAK-Wert (mg/m^3): 0,1
→BAT-Wert: 50 µg/l Quecksilber im Vollblut, 200 µg/l Quecksilber im Harn
- Stoffliste (Anhang II) der →Störfall-Verordnung: Nr. 258 und 4c
- →Wassergefährdungsklasse: WGK 3
- Emissionswerte: TA Luft Einstufung: 3.1.4 Klasse I
- Immissionswerte: MI-Werte (VDI-Richtlinie): →MID nach VDI 2310 Bl. 33 E (Schutzobjekt landwirtschaftliche Nutztiere): Rind, Schaf, Schwein: 0,002 mg Hg/kg Lebendmasse und Tag, Huhn: 0,001 mg Hg/kg Lebendmasse und Tag; →WHO-Luftqualitätsleitlinien: (Schutzobjekt menschliche Gesundheit): Jahresmittelwert = 1,0µg/m^3 (Innenraumexposition) *Fischer/M. Schön*

Literatur: VDI 2310 Bl. 33 E: Maximale Immissions-Werte; Maximale Immissions-Werte für Quecksilber in organischer Bindungsform zum Schutz der landwirtschaftlichen Nutztiere; Sept. 1992

Quecksilberbatterie. →Zink-Quecksilber-Batterie

Quelle, diffuse →Emission, diffuse

Quellhöhe, effektive. Summe aus →Abgasfahnenüberhöhung und Schornsteinbauhöhe. Die durch eine Emissionsquelle in ihrer Umgebung verursachten Immissionen liegen umso niedriger, je größer die e. Q. ist. Nach einer Abschätzung mit Hilfe der →*Gaußschen* Ausbreitungsgleichung ist

die maximale Immissionskonzentration am Boden dem Quadrat des Kehrwertes der e. Q. proportional.

Um die am Boden verursachten Immissionen simulieren zu können, muß die e. Q. der Abgasfahne bekannt sein. Für die →Simulation von Spurenstoff-Konzentrationen wird infolgedessen neben dem eigentlichen Ausbreitungsmodell noch ein Nebenmodell zur Berechnung der e. Q. benötigt (Nr. 6 des Anhangs C zur TA Luft).

Die e. Q. darf nach der TA-Luft bei labiler →Temperaturschichtung keinen höheren Wert als 1 100 m und bei neutraler Temperaturschichtung keinen höheren Wert als 800 m annehmen. Das sind etwa die in unseren Breiten im jährlichen Mittel am Nachmittag auftretenden Mischungsschichthöhen, an deren Obergrenze der Anstieg von Abgasfahnen in der Regel ein Ende findet. *Giebel*

Quelltyp. Die Quellen von Luftverunreinigungen unterscheiden sich nach Form und räumlicher Erstreckung sowie nach ihrem Emissionszeitverhalten. Nach Form und räumlicher Erstreckung werden unterschieden:

Punktquellen: Schornsteine, deren Austrittsfläche bei Ausbreitungsrechnungen im Hinblick auf die Entfernung von Immissionsorten vernachlässigt werden kann.

- Linienquellen: Quellen, deren Breite gegenüber der Längserstreckung gering ist – z. B. Straßen.
- Flächenquellen: großflächige Quellen wie Stadtgebiete mit relativ homogen verteilten Hausbrandquellen, Deponien mit flächenhafter Emission, Industrieanlagen mit diffusen flächenhaft verteilten Quellen.
- Volumenquellen: Quellen, die eine zusätzliche Ausdehnung in der Vertikalen besitzen, z. B. eine Halle, die nicht nur über Dach sondern auch über Auslässe in den Seitenwänden (Fenster, Tore) emittiert.

Im Hinblick auf das Emissionszeitverhalten sind zu unterscheiden:
- Kontinuierlich emittierende Quellen: die zeitliche Veränderlichkeit der Emission ist gering, z. B. bei Kraftwerken.
- Kurzzeitig emittierende Quellen: Freisetzen von Schadstoffen über Minuten, z. B. bei Anfahrvorgängen oder bei Störfällen.
- Periodisch emittierende Quellen: industrielle Quellen bei periodisch ablaufenden Produktionsprozessen.
- Intermittierende Quellen: industrielle Quellen in Abhängigkeit vom Produktionsprozeß.

Schließlich können die Quellen stationär oder beweglich sein (z. B. Auto, Flugzeug).

Bei Ausbreitungsrechnungen ist der Q. von Bedeutung. Je nach Aufgabenstellung ist das Emissionszeitverhalten vernachlässigbar (z. B. bei der

Berechnung von Jahresmittelwerten der Immissionskonzentration) oder zu berücksichtigen (bei Perzentilberechnungen, bei Berechnungen des zeitlichen Immissionsverlaufes, bei Maximalwertberechnungen). Es wurden vom Q. abhängige Ausbreitungsformeln entwickelt. Häufig lassen sich ausgedehnte Quellen durch eine größere Zahl von Punktquellen und Überlagerung der Immissionen der einzelnen Punktquellen ersetzen. *Külske*

Querempfindlichkeit. Q. ist ein Maß für die Abhängigkeit des Meßsignals (Meßwerts) x von der Anwesenheit anderer als dem gesuchten Meßobjekt (Luftbeschaffenheitsmerkmal, z. B. Immissionskonzentration eines Schadstoffs) q_k. In der Regel wird die Q. als dimensionslose Zahl in % angegeben. Angegeben wird dabei, wieviel % vom Ausschlag der Meßkomponente durch eine gleiche Quantität der Störkomponente verursacht wird. Die so definierte Q. kann aus der →Selektivität abgeleitet werden:

$$Q_{kl} = \frac{1}{S_{kl}} \cdot 100$$

Dabei ist

Q_{kl} die Q. des Meßsignals (des Meßwertes) x bei der Messung des Meßobjektes (Meßkomponente) q_k gegenüber dem Einfluß des Objektes (Störkomponente) q_l in %.

S_{kl} die Selektivität des Meßsignals (des Meßwertes) x bei der Messung des Meßobjektes (Meßkomponente) q_k gegenüber dem Einfluß des Objektes (Störkomponente) q_l.

Zur Bestimmung der Q. wird auf die Bestimmung der Selektivität verwiesen.

Anmerkung: Bei Meßverfahren, bei denen die Summe verschiedener Stoffe (z. B. Gesamtkohlenwasserstoffe mit dem Flammenionisationsdetektor) gemessen wird und bei denen die einzelnen Meßkomponenten mit verschiedenen Gewichten in das Meßergebnis eingehen, werden diese Faktoren in Äquivalenten einer Luftkomponente (z. B. CH_4-Äquivalente bei der Gesamtkohlenwasserstoffmessung) und *nicht* als Q. angegeben. *Birkle*

Literatur: *Birkle, M.:* Meßtechnik für den Immissionsschutz. München–Wien 1979.

R

Radikal. In der Chemie wird der Begriff R. ($\rightarrow$Radikal, frei) auf Atome oder Moleküle mit einem ungepaarten Elektron bezogen. Spezies mit zwei ungepaarten Elektronen werden als Diradikale bezeichnet. In der Atmosphäre entstehen R. überwiegend durch $\rightarrow$Photolyse, aber auch als Folge chemischer Reaktionen, z. B. bei der $\rightarrow$Ozonolyse von ungesättigten Kohlenwasserstoffen ($\rightarrow$Alkene). Es gibt in der Atmosphäre Spurengase mit ungepaarten Elektronen, die im allgemeinen nicht besonders reaktiv sind, wie zum Beispiel NO, NO_2 und O_2. Obwohl diese Gase radikalischen Charakter besitzen, werden sie in der $\rightarrow$Atmosphärenchemie nicht zu den R. gezählt. *Barnes*

Radikal, frei. Ein f. R. definiert man als ein Atom, Molekül oder Ion mit einem oder mehreren ungepaarten Elektronen. Weil f. R. ein ungepaartes Elektron in ihrer äußeren Elektronenschale besitzen, haben sie das Bestreben, ein zweites Elektron aufzunehmen und stellen deshalb für atmosphärische Spurengase ein effektives Oxidationsmittel dar (allgemeine Definition der Oxidation: Abgabe von Elektronen) (Tabelle). Das bei weitem wichtigste $\rightarrow$Radikal für die Oxidation von atmosphärischen Spurengasen ist das $\rightarrow$Hydroxylradikal OH.

Die meisten Radikale entstehen tagsüber in der Atmosphäre durch photochemische Reaktionen. Eine Ausnahme bildet das NO_3-Radikal, das nur nachts vorkommt, weil es über die Reaktion von O_3 mit NO_2 entsteht und tagsüber sehr schnell photolysiert wird. In letzter Zeit gibt es Hinweise, daß OH-Radikale auch nachts durch die NO_3-Reaktion

mit HO_2- bzw. RO_2-Radikalen entstehen können (Bild). *Barnes*

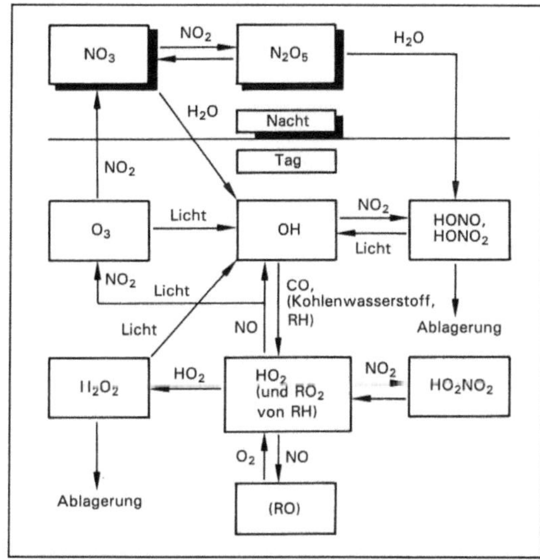

Radikal, frei: Radikalumwandlungen in der Atmosphäre; Umwandlungen in der Nacht sind schattiert dargestellt.

Radikalkettenreaktion. Als Kettenreaktion bezeichnet man einen speziellen Typ der Folgereaktionen. Er ist dadurch gekennzeichnet, daß zu Beginn der Reaktion, dem Kettenstart, energiereiche reaktive Zwischenprodukte gebildet werden, die in Folgereaktionen sehr schnell mit den Aus-

Radikal, frei. Tabelle: Wichtige f. R. in der Atmosphärenchemie und deren mittlere atmosphärische Konzentration.

Radikal	Formel	Hauptquelle(n)	Konzentration (Radikale cm^{-3})
Sauerstoffatome im Grundzustand	$O(^3P)$	Photolyse von Ozon und NO_2	$2,5 \times 10^4$
Hydroxy	OH	Reaktion von $O(^1D)$ mit Wasserdampf	$5,0 \times 10^5$
Hydroperoxy	HO_2	Reaktion von O_2 mit Alkoxyradikalen, Photolyse von HCHO	$6,5 \times 10^8$
Methoxy	CH_3O	Photooxidation von Methan	$1,3 \times 10^6$
Methylperoxy	CH_3OO	Photooxidation von Methan	$1,0 \times 10^8$
Nitrat	NO_3	Reaktion von NO_2 mit O_3	$3,0 \times 10^8$

gangsstoffen reagieren und dabei ständig regeneriert werden, so daß der gleiche Reaktionszyklus erneut beginnen kann. Die nacheinander ablaufenden Reaktionszyklen werden als Kette bezeichnet, die reaktiven Zwischenprodukte als Kettenträger. In der Atmosphäre sind die Kettenträger vorwiegend freie →Radikale. Die Kette endet, wenn der Kettenträger aus dem Reaktionssystem entfernt wird. Die Oxidation von ROG in der Atmosphäre verläuft über R., die vorwiegend mit →Hydroxylradikalen (OH-Radikal) beginnen. *Barnes*

Radioaktive Abfälle →Abfall, radioaktiver

Radioaktivität. Eigenschaft bestimmter →Nuklide, sich von selbst, ohne äußere Einwirkung, umzuwandeln und dabei eine charakteristische Strahlung auszusenden. Die Strahlungsart, die Intensität der Strahlung und die →Halbwertszeit sind von Isotop zu Isotop verschieden. Die Halbwertszeit ist für jedes →Radionuklid eine charakteristische Größe. Sie gibt die Zeit an, in der sich eine vorgegebene R. auf die Hälfte erniedrigt.

Es gibt folgende Zerfallsarten:
- Aussendung von α- und β-Teilchen,
- Aussendung von Gammastrahlen,
- Einfang eines Hüllenelektrons durch den Kern und als Folge Aussendung von Röntgenstrahlen,
- Spontane →Kernspaltung; als Folge: Aussendung von Neutronen und Gammastrahlen.

Der Vorgang selbst heißt Kernumwandlung, radioaktive Umwandlung oder radioaktiver →Zerfall.

Die Herstellung eines neuen Gleichgewichtszustands im Atomkern nach der Emission eines Teilchens ist meistens mit der Aussendung eines oder mehrerer γ-Quanten verbunden.

Die durch radioaktive Umwandlung oder durch spontane Kernspaltung entstehenden Nuklide können ihrerseits wieder radioaktiv sein.

Kommt das radioaktive Nuklid in der Natur vor, spricht man von natürlicher R. Ist hingegen das Radionuklid durch künstliche Kernumwandlungen erzeugt worden, liegt künstliche R. vor. Das Maß für die R. ist das Becquerel (1 Bq = 1 Zerfall/s); alte Maßeinheit Curie (1 Ci = $3{,}7 \cdot 10^{10}$ Zerfälle/s). *Merz*

Radioaktivität und Wärmeentwicklung. Die durch den →Zerfall radioaktiver Spaltprodukte und Aktiniden in einem →Kernreaktor nach dem Abschalten des Reaktors in den Brennelementen erzeugte Wärme bezeichnet man als Nachleistung. Diese Nachzerfallswärme wird an die Umgebung abgeleitet; sie beträgt in den ersten Sekunden nach dem Abschalten noch etwa 5 % der Leistung vor dem Abschalten und sinkt dann weiter ab. Dadurch erwärmen sich z. B. Spaltproduktlösungen oder

radioaktives Material enthaltende Festkörper. Insbesondere bei abgebrannten Reaktorbrennelementen und hochkonzentrierten Spaltproduktlösungen aus der →Wiederaufarbeitung muß deshalb aus Sicherheitsgründen ein besonderes Augenmerk auf die Abfuhr der Nachzerfallswärme gerichtet werden. Andernfalls können Flüssigkeiten zum Sieden gelangen, das Wasser kann vollständig verdampfen und der feste Rückstand erreicht schließlich unzulässig hohe Temperaturen. Eine unerwünschte Folgeerscheinung wäre ggf. die Freisetzung radioaktiver Stoffe in die Gasphase mit nachfolgender Kontamination der Umgebung. Derselbe Effekt kann bei überhitzten Feststoffen auftreten. Eine ausreichende Kühlung muß deshalb jederzeit sichergestellt sein, um eine unzulässige Radioaktivitätsfreisetzung zu unterbinden.

Das Bild zeigt die Einzelbeiträge der verschiedenen Radionuklide in einem Spaltproduktgemisch zur Nachwärmeentwicklung infolge radioaktiven Zerfalls sowie die Summenkurve als Funktion der Zerfallszeit. *Merz*

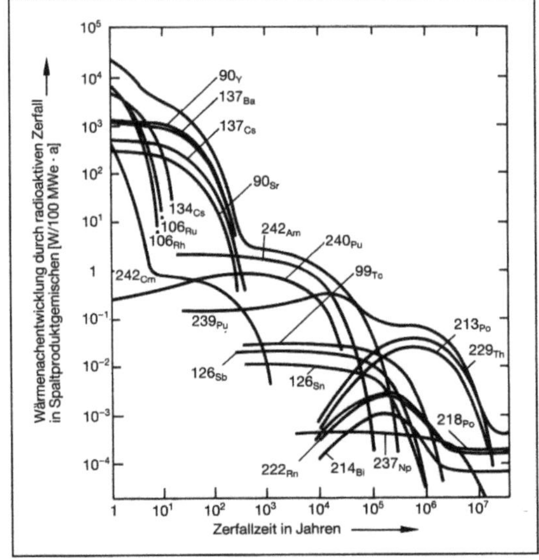

Radioaktivität und Wärmeentwicklung: Beispiel der Nachzerfall-Wärmeentwicklung von Spaltproduktgemischen.

Radioelement. Ein R. ist ein Element im Periodensystem, das keine stabilen Isotope besitzt. Der Begriff sollte nicht in der Bedeutung →Radionuklid benutzt werden.

Alle in der Natur vorkommenden Elemente mit einer Ordnungszahl ab 84 (Polonium) sind radioaktiv. Sie gehören zu Ketten aufeinanderfolgender Zerfälle, und alle Gattungen einer solchen Kette stellen eine radioaktive Familie oder →Zerfallsreihe dar. Die Elemente jenseits des Urans, d. h. mit

Ordnungszahlen größer als 92, werden als →Transurane bezeichnet. Sie gehören ebenfalls in die Kategorie der R., weil keines von ihnen ein stabiles Isotop besitzt. Man hat bisher instabile Isotope der Elemente bis Z = 106 identifiziert. Die Halbwertszeiten der Radioisotope werden mit steigender Ordnungszahl immer kürzer.

Die Giftigkeit der verschiedenen R. wird hauptsächlich durch ihre Strahlungsart und nur zum verschwindend geringen Teil durch die chemische Toxizität bestimmt. Bei der Einteilung der Radionuklide in Risikoklassen nehmen die Transurane eine Sonderstellung ein, sie fallen durchweg in die Klasse mit der höchsten Radiotoxizität. Ursache dafür ist ihre Eigenschaft, fast nur in Form α-instabiler Isotope vorzukommen.

Wegen der hohen Qualitätsfaktoren (→Dosimetrie) für α-Strahler ergibt sich schon für geringe Aktivitäten eine hohe Äquivalentdosis. Der Qualitätsfaktor Q ist nicht nur von der Strahlenart, sondern auch von der Strahlenenergie abhängig. Er berücksichtigt den Einfluß der mikroskopischen Verteilung der absorbierten Energie auf den im Organismus erzeugten Schaden.   *Merz*

Radiometer. Ein R. dient zur Messung der Intensität elektromagnetischer Strahlung in einem begrenzten Wellenlängenbereich. Das Prinzip der R.-Messung besteht darin, daß die von einem Objekt kommende Strahlung von einer Empfängeroptik auf einen photoempfindlichen Halbleiter fokussiert wird, der ein der Strahlungsintensität proportionales elektrisches Signal erzeugt. Der Wellenlängenbereich wird zumeist durch ein in den Strahlengang gebrachtes Filter begrenzt. Ein Gütemaß für die Unterscheidbarkeit von kleinen Strahlungsunterschieden ist das Signal/Rausch-Verhältnis (radiometrische →Genauigkeit). Messung der Strahlungsintensität in absoluten Größen setzt die →Kalibrierung des Geräts mit einer Eichlichtquelle voraus. R. gibt es für den ultravioletten, sichtbaren und infraroten Spektralbereich. Im thermischen Infrarot (8–14 μm) kann über die Strahlungsmessung die Oberflächentemperatur des gemessenen Objekts bestimmt werden.

Führt man in den Strahlengang zwischen Optik und Detektor ein Prisma oder ein Gitter zur spektralen Zerlegung der Strahlung ein, so wird es möglich, die Strahlungsintensität als Funktion der Wellenlänge zu messen. Ein solches R. wird Spektralradiometer genannt.

Spektralradiometer finden in der Fernerkundung Verwendung zur Messung von Reflexionsspektren. Sie können im Labor, im Gelände und vom Flugzeug aus eingesetzt werden. Weiterhin werden sie zur Messung atmosphärischer Bestandteile anhand charakterischer Spektrallinien verwandt.

Ist für eine Untersuchung nicht nur die spektrale Zusammensetzung der Strahlung von Interesse, sondern auch deren räumliche Variation, so muß man →Multispektralscanner oder abbildende →Spektrometer einsetzen, die als Weiterentwicklung des Spektralradiometers angesehen werden können.

Neben den R. im optischen Bereich gibt es auch →Mikrowellenradiometer, die sich zur Temperaturmessung eignen. Als abbildende R. werden sie insbesondere auf Satelliten zur Erfassung polarer Eismassen eingesetzt.   *Rossbach/Schroeder*

Radionuklid. Instabiles →Nuklid, das spontan ohne äußere Einwirkung zerfällt und dabei radioaktive Strahlung aussendet. Man hat über 1 200 natürlich vorkommende und künstlich hergestellte R. identifiziert.   *Merz*

Radium.

Allgemein. Radioaktives Element mit der Kernladungszahl 88. Es wurde 1898 von *Marie* und *Pierre Curie* in der Pechblende, einem Uranerz, entdeckt. R. besitzt kein stabiles Isotop. Die wichtigsten Isotope Ra-226, Ra-223 und Ra-224 sind α-instabile Zwischenprodukte in den natürlichen Zerfallsreihen von U-235, U-238 und Th-232. Zu nennen ist auch noch Ra-228, ein Betastrahler der Thorium-Reihe. Beim radioaktiven →Zerfall bilden sich die entsprechenden Radon- und Actinium-Isotope, die ihrerseits wieder radioaktiv sind. Als Zerfallsprodukte des Urans und Thoriums findet man R. in allen Uran- und Thoriummineralien. Da fast alle Gesteinsarten und das Meerwasser Spurenmengen an diesen beiden Elementen enthalten, entweichen aus ihnen laufend geringste Gasmengen →Radon.   *Merz*

In der Medizin. R. wird gelegentlich in der →Strahlentherapie eingesetzt. Medizinische Radiumpräparate gehören zu den umschlossenen radioaktiven Stoffen. Die Applikation erfolgt entweder unter Einschluß des Radiumisotops in sog. Moulagen (der Körperform anpaßbare Kunststoffmasse), die auf die Haut gelegt werden (Kontakttherapie), oder mit sog. Radiumnadeln (Aktivität pro Nadel: etwa 370 Mega-Bequerel = 10 Milli-Curie), die in Messing- oder Stahl-Applikatoren gepackt, in Körperhöhlen eingeführt werden (v. a. in der gynäkologischen Strahlentherapie). Beim manuellen Hantieren mit R. ist die →Strahlenexposition des Personals besonders an den Händen verhältnismäßig hoch, so daß Ersatztechniken (→Afterloadinggerät) immer mehr bevorzugt werden.

Medizinisch genutzte Radiumpräparate als umschlossene radioaktive Stoffe unterliegen einer regelmäßigen →Dichtheitsprüfung.   *Ewen*

Literatur: DIN 6804, Teil 1: Strahlenschutzregeln für den Umgang mit umschlossenen radioaktiven Stoffen in der Medizin; Therapeutische Anwendung. 1985. – DIN 6809, Teil 2: Klinische Dosimetrie; Interstitielle und Kontaktbestrahlung mit umschlossenen gamma- und betastrahlenden radioaktiven Stoffen 1978.

Radon. Radioaktives Element mit der Kernladungszahl 86. Früher wurde für dieses Element auch die Bezeichnung Emanation verwendet. Die drei Isotope Rn-219, Rn-220 und Rn-222 gehören den natürlich radioaktiven →Zerfallsreihen an. Es existiert kein stabiles Isotop dieses Elements.

Die unmittelbaren kurzlebigen Folgeprodukte von Rn-222: Po-218, Pb-214, Bi-214, Po-214, Tl-210, stellen den Hauptanteil der in der Atmosphäre und im Wasser befindlichen natürlichen Radioaktivität dar, die vom Radiumgehalt der obersten Erdschichten herrührt und aus diesen durch Diffusion aufgenommen wird.

Die Menge R., die im radioaktiven Gleichgewicht mit 1 g Radium steht, wurde früher als 1 Curie bezeichnet und entspricht $3{,}7 \cdot 10^{10}$ Zerfällen pro Sekunde. *Merz*

Radonbelastung in Innenräumen. →Radon in der Atemluft ist heute eins der aktuellsten und wichtigsten Strahlenschutzprobleme. Aus historischer Sicht gilt die Radonproblematik als die älteste bekannte Gesundheitseinwirkung der ionisierenden →Strahlung auf den Menschen. Schon im 16. Jahrhundert beschrieb der Vater der Mineralogie – *Georgius Agricola* – eine seltsame Lungenerkrankung, an der die meisten Bergarbeiter der Reviere um Schneeberg und Joachimsthal starben. Diese *Schneeberger* Krankheit wurde 1879 als Lungenkrebs diagnostiziert. Der kausale Zusammenhang zwischen der →Inhalation der in der Grubenluft suspendierten, kurzlebigen Zerfallsprodukte des natürlich radioaktiven Edelgases Radon-222 und der Lungenerkrankung wurde erst vor etwa 35 Jahren nachgewiesen.

□ Radon und seine kurzlebigen Zerfallsprodukte. Aus dem langlebigen →Radionuklid Radium-226 entsteht durch →Alphazerfall innerhalb der natürlichen Uran-Radium-Umwandlungsreihe das Gas Radon-222. Durch die beim →Zerfall freiwerdende Rückstoßenergie kann das Radon zu einem bestimmten Prozentsatz (Emaniervermögen) die Gesteinsmatrix verlassen und gelangt in das offene Porensystem (Emanierung). Durch Diffusion, zum Teil auch durch Konvektion, gelangt ein Teil der Radonatome an die Grenzfläche zur freien Atmosphäre und wird mit einem gewissen Fluß (Exhalationsrate) an die Luft abgegeben (Exhalation). Die Inhalation des in der Atemluft vorhandenen Radongases trägt selbst nur unwesentlich zur Strahlendosis bei, weil seine Löslichkeit im Lungengewebe sehr klein ist. Radon-222 zerfällt nun in der Luft in seine

kurzlebigen, radioaktiven Folgeprodukte Polonium-218 bis Polonium-214 (Bild 1) und dann weiter in langlebige Töchter bis zum stabilen Blei-206. Die radioaktiven Schwermetalle Polonium, Blei und Wismut werden zum überwiegenden Teil an Aerosole angelagert und über den Inhalationspfad im Atemtrakt deponiert. Dies führt zu einer selektiven Bestrahlung des Bronchialepithels durch die biologisch sehr wirksame →Alphastrahlung. Die resultierende effektive Dosis ist zum überwiegenden Teil auf die Aktivitätskonzentration der kurzlebigen alphastrahlenden Zerfallsprodukte in Luft zurückzuführen, die durch den Begriff der äquivalenten Gleichgewichtskonzentration beschrieben werden kann. Der sog. Gleichgewichtsfaktor wird definiert als das Verhältnis der äquivalenten Gleichgewichtskonzentration zur tatsächlichen Radongas-Konzentration in Luft.

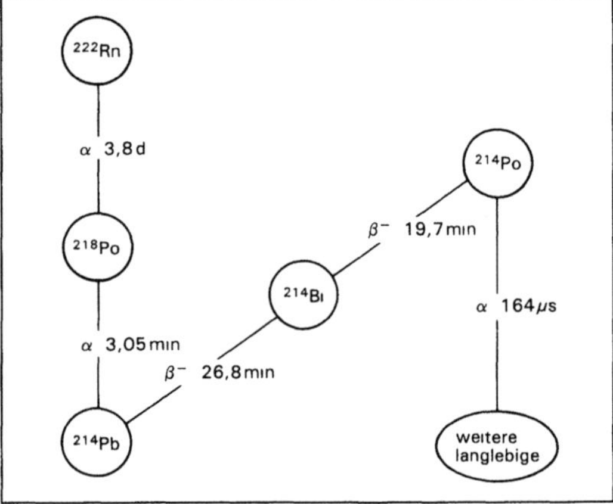

Radonbelastung in Innenräumen 1: Umwandlungsreihe von Radon-222 mit seinen kurzlebigen Folgeprodukten.

□ Radonkonzentrationen in Wohnungen. Im Rahmen eines Forschungsprojekts wurden Anfang der achtziger Jahre von mehreren wissenschaftlichen Institutionen bundesweite Radon-Erhebungsmessungen durchgeführt. In etwa 6 000 Wohnungen bei mehr als 20 000 Einzelmessungen wurde ein arithmetischer Mittelwert der Radonkonzentration in Wohnungen von etwa 50 Bq/m³ ermittelt. Bild 2 zeigt, daß die Häufigkeitsverteilung der Meßwerte einer logarithmischen Normalverteilung entspricht, die mediane Radonkonzentration in Wohnungen der alten Bundesländer beträgt somit etwa 40 Bq/m³.

Im Freien wurde durch etwa 250 Messungen in 85 Klimastationen des Deutschen Wetterdienstes ein Medianwert der Radonkonzentration von etwa 14 Bq/m³ bestimmt. Quellen für die Radonkonzentrationen in der Innenraumluft sind das Erdreich, die Baustoffe, das Grundwasser und die Außenluft.

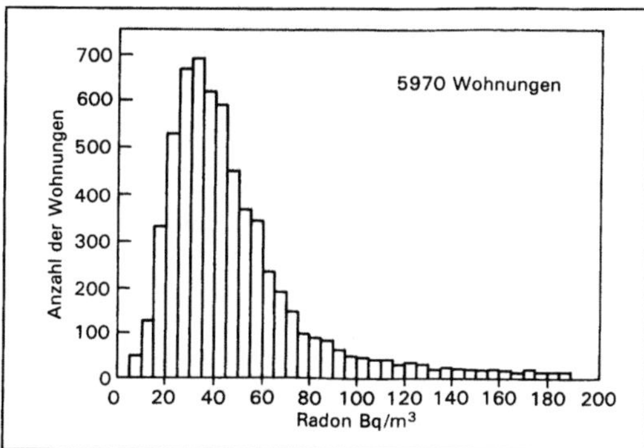

Radonbelastung in Innenräumen 2: Häufigkeitsverteilung der Radonkonzentrationen in Wohnungen (alte Bundesländer).

Bei hohen Radonwerten ist fast ausschließlich das Radonpotential des Erdreichs maßgebend. Das Radon aus dem Erdboden dringt über Risse und Löcher in die Keller der Häuser ein und wird konvektiv in die Wohnbereiche transportiert. Geringe Lüftungsraten, z. B. durch Energiesparmaßnahmen, können dann zu einer weiteren Konzentrierung des Radongases im Innern führen.

In den Bergbauregionen der neuen Bundesländer, in Sachsen und Thüringen, zeigt sich das Radonproblem in extremer Form. 1990 wurde ein flächendeckendes Meßprogramm mit Schwerpunkt in Sachsen und Thüringen zur Bestimmung der Radonkonzentrationen in Häusern gestartet. Am stärksten betroffen ist die Stadt Schneeberg im sächsischen Erzgebirge. Nach bisher vorliegenden Ergebnissen beträgt hier die mittlere Radonkonzentration in Wohnungen etwa 300 Bq/m³; in annähernd 60 Häusern wurden Radonkonzentrationen über 10 000 Bq/m³ gemessen, die maximalen Radonwerte im Wohnbereich erreichten etwa 80 000 Bq/m³, in Kellerräumen sogar bis 200 000 Bq/m³. Die Untersuchungen ergaben, daß die Extremwerte in Häusern auftreten, deren Kellerräume eine direkte Verbindung zu den Schächten des alten Silberbergbaus oder zu den Pechblende-Halden besitzen. Hier schließt sich der historische Kreis von der Schneeberger Krankheit der Bergleute des Silberabbaus und dem heutigen Radonproblem in Wohnungen. Es erscheint wie ein Menetekel, daß die Schneeberger Silberbergmänner im Mittelalter als Mützenkokarden eine Darstellung verwendeten, die identisch mit dem heutigen Warnzeichen für →Radioaktivität ist.

□ Lungenkrebs und Radon. Quantitative epidemiologische Untersuchungen an etwa 30 000 Bergarbeitern zeigen eine signifikante Zunahme der Lungenkrebshäufigkeit mit ansteigender Exposition durch Inhalation der kurzlebigen Radon-Zerfallsprodukte. Viel schwieriger dagegen ist eine Antwort auf die Frage nach dem Lungenkrebsrisiko der Bevölkerung durch Radon in Häusern. Hier wurde erst in den letzten Jahren mit speziellen Fall-Kontrollstudien begonnen, deren erste, vorläufige Ergebnisse auch auf ein erhöhtes Lungenkrebsrisiko durch Inhalation der Radon-Zerfallsprodukte in Häusern hindeuten. Epidemiologische Abschätzungen ergeben, daß die Exposition bei einer mittleren Radonkonzentration von etwa 50 Bq/m³ für etwa 8 % (geschätzter Fehlerbereich 4–12 %) der gesamten Lungenkrebsfälle in der Bundesrepublik verantwortlich ist. Bei einer mittleren Radonkonzentration in Innenräumen von etwa 300 Bq/m³ (z. B. in Schneeberg) würde diese Analyse einen Anteil von im Mittel etwa 30 % (Fehlerbereich 15–45 %) für die radoninduzierten Lungenkrebsfälle ergeben. Trotz des deutlichen Zusammenhangs zwischen der Radoninhalation und dem Lungenkrebsrisiko bleibt das Rauchen weiterhin der Hauptverantwortliche für die Induktion des Lungenkarzinoms.

□ Radon-Sanierung. Bei relativ hohen Radonkonzentrationen in Wohnräumen muß fast ausschließlich das Erdreich als Quelle angesehen werden. Deshalb können mögliche Radon-Sanierungsmaßnahmen in drei Kategorien eingeteilt werden:

– Durch Erhöhung der Luftwechselrate in den Innenräumen kann die Radonkonzentration verringert werden. Regelmäßiges kurzes, kräftiges Durchlüften ist am effektivsten.

– Das Eindringen des Radons aus dem Erdboden in die Wohnungen wird verhindert, indem der im Erdreich befindliche Baukörper radondicht isoliert wird. Hierbei ist besonders auf Mauerdurchbrüche und Risse oder Rohrdurchführungen in der Betonplatte zu achten.

– Das Radongas wird schon im Erdreich abgesaugt, noch bevor es ins Haus einströmen kann, z. B. durch Dränieren des Untergrunds, Absaugen der Bodenluft oder durch sogenannte Radonbrunnen.

Die deutsche Strahlenschutzkommission (SSK) hat empfohlen, geeignete Radon-Sanierungsmaßnahmen in Betracht zu ziehen, wenn der Langzeitmittelwert der Radonkonzentration in Wohnräumen die Obergrenze von 250 Bq/m³ übersteigt. *Keller*

Literatur: *Jacobi, W.*: Lungenkrebs nach Bestrahlung: Das Radon-Problem. In: Naturwissenschaften 73, 661–668 (1986). – *Keller, G.*: Das Radon-Risiko in Wohnungen. In: Strahlenrisiko durch Radon, 71–79 (1992).

Räucheranlage. Eine R. besteht aus einem Raucherzeuger, der Räucherkammer und der zugehörigen Abgasreinigungseinrichtung. Im Raucherzeuger werden Hölzer, Zweige, Gewürze u. ä. pyrolytisch zersetzt. Mittels Prozeßsteuerung wird die gewünschte Rauchqualität eingestellt.

Räucherrauch besteht aus einer Vielzahl von Stoffen, von denen bisher nur ein geringer Teil

qualitativ bekannt ist. Zu den emissionsrelevanten Stoffen zählen u. a. Phenole, Acrolein, Formaldehyd, polyzyklische aromatische Kohlenwasserstoffe sowie kurz- und langkettige organische Säuren. Folgende Faktoren bestimmen u. a. die Zusammensetzung des Rauchs: Raucherzeugungsverfahren, Holzbeschaffenheit, Schweltemperatur, Luftzufuhr und Konditionierung des Rauchs. Der im Raucherzeuger gebildete Räucherrauch umströmt das Räuchergut in der Räucherkammer. Folgende Räucherverfahren werden unterschieden:
– Kalträuchern (bei 10 bis 25 °C); Räuchermittelverbrauch bis 150 g/kg Produkt,
– Warmräuchern (bei 25 bis 60 °C),
– Heißräuchern (bei 50 bis 80 °C); Räuchermittelverbrauch bis 12 g/kg Produkt.

Bei konventioneller Bauweise der Räucherkammern strömt der Räucherrauch lediglich durch thermischen Auftrieb durch die Räucherkammer (z. B. Altonaer Öfen). Neue Räucherkammern werden weitgehend mit Umluftführung betrieben; damit wird der Abgasvolumenstrom im Vergleich zu konventioneller Bauweise um bis zu 99 % reduziert. Gleichermaßen werden der Räuchermittelverbrauch und die Emissionen vermindert. Bei optimierter Umluftführung beträgt der spezifische Abgasvolumenstrom 5 m³/h pro Wageneinheit (ca. 100–400 kg Produkt).

Die bei der Verschwelung der Räuchermittel freigesetzten Stoffe werden teilweise emittiert, teilweise innerhalb der Räucherkammer als Kondensat abgelagert oder verbleiben auf dem Räuchergut. Die Abgase sind zu reinigen. Dabei ist eine wirksame Aerosolabscheidung (Partikelabscheidung) vorzusehen (z. B. E-Filter, Wäscher oder auswechselbare Vliesfilter). Zur Abscheidung gasförmiger luftverunreinigender Stoffe werden Einrichtungen zur thermischen →Nachverbrennung, chemischen →Absorption oder →Biofilter eingesetzt. Bei ausreichender Dimensionierung der Reinigungseinrichtungen liegen die Reingaskonzentrationen unter 50 mg C/m³ Abgas.

Anlagen zum Räuchern von Fleisch- oder Fischwaren sind in der Nr. 7.5, Spalte 2, der →4. BImSchV genannt und insoweit genehmigungsbedürftig im vereinfachten Verfahren nach dem BImSchG. Emissionsbegrenzende Anforderungen, insbesondere zur Verminderung der Geruchs- und Staubemissionen, enthält die →TA Luft (Nrn. 3.1.3, 3.1.7, 3.1.9 und 3.3.7.5.1). *W. Koch*

Literatur: *Davids, P.; M. Lange:* Die TA Luft, Technischer Kommentar. Düsseldorf 1986. – VDI 2595 Bl. 1: Emissionsminderung; Räucheranlagen. 12/1986.

Rainout. *Engl.* Ausdruck für ursprünglich nur radioaktive, heute aber auch konventionelle Ablagerungen aus der Luft auf oberirdische Pflanzen und auf den Boden durch Regenfall. Man unterscheidet zwischen der Ablagerung von Aerosolteilchen und von Gasen. Die mit den oberirdischen Pflanzenteilen, dem Boden usw. in Berührung kommenden Radionuklide können dort haften bleiben. Man bezeichnet die trockene Ablagerung als →Fallout. Des weiteren können Radionuklide mit dem Regen auf die oberirdischen Pflanzen und den Boden gelangen. Man spricht hier von R. und →Washout.

Als R. bezeichnet man das Abregnen aus der Wolke; die Aerosolteilchen dienen als Kondensationskerne. Das Ausregnen durch fallende Regentropfen unterhalb der Wolkengrenze wird als Washout bezeichnet. Die so abgelagerte Aktivität gelangt teilweise in die eßbaren Pflanzenteile oder mit dem Futter in die Tiere. Über die Nahrungsmittel führt dies schließlich zu einer inneren Strahlenexposition des Menschen. *Merz*

Literatur: *Davies, C. N.:* Air Filtration. London 1973. – *Ranz, W. E.; u. W. R. Marshall:* Evaporation from drops, Chem. Eng. Progr. **48** (1952) 141–146; 173–180.

Ramme. Die R. wird auf Baustellen zum Eintreiben von Pfählen und Spundbohlen durch Aufschlagen einer Masse auf den Kopf des Rammguts eingesetzt.

Beim Betrieb von R. werden Stoßerregungen verursacht. Beim Betrieb von üblichen R. auf Baustellen ist nach bisheriger Erfahrung damit zu rechnen, daß in benachbarten Wohnhäusern mit Abständen bis zu etwa 100 m noch Erschütterungsimmissionen auftreten können, die oberhalb der subjektiven →Wahrnehmung liegen und zu Beschwerden Anlaß geben können. Die Stärke der verursachten →Erschütterungen hängt u. a. von der Rammenergie des Geräts, der Art des Rammguts und auch von der Rammfähigkeit des anstehenden Bodens ab, z. B. seinen Schichtungen oder dem Rammen auf Fremdeinschlüssen im Boden ohne Rammfortschritt. *Splittgerber*

Literatur: *Gerasch, W.-J.:* Ermittlung von Rammerschütterungen im Nahbereich der Erregung. VDI-Ber. 419, Düsseldorf 1981. – *Meseck, H.:* Ausbreitung von Erschütterungen bei der Herstellung von Verdrängungspfählen. In: Steinwachs, M. (Hrsg.): Ausbreitung von Erschütterungen im Boden und Bauwerk. 3. Jtg. DGEB, Clausthal 1988.

Ramsar-Konvention →Feuchtbiotop/Feuchtgebiet

Rangierbahnhof. Der R. ist eine flächenhaft ausgedehnte Anlage, auf der Güterzüge zusammengestellt werden, was im allgemeinen mit starker Geräuschentwicklung verbunden ist. Für die durch einen R. verursachten Geräuschimmissionen sind wegen der Eigenarten des Rangierbetriebs gegenüber frei fließendem Zugverkehr die für übliche Schienenverkehrsgeräusche geltenden Berechnungsverfahren nicht anwendbar.

Hierzu sind vielmehr Verfahren anzuwenden, die die Besonderheiten der Geräuschquellenverteilung und der Geräuschausbreitungsbedingungen (→Schallausbreitung) eines R. berücksichtigen. Ein derartiges Verfahren ist in den Richtlinien für schalltechnische Untersuchungen bei der Planung von R. und Umschlagbahnhöfen – Ausg. 1990 – Akustik 04 (Amtsblatt der Deutschen Bundesbahn Nr. 14 vom 4. April 1990) beschrieben.

Diese Richtlinie ist nach Anlage 2 zur →Verkehrslärmschutzverordnung beim Bau oder bei der wesentlichen Änderung von R. anzuwenden. *Strauch*

Literatur: DIN 18005: Schallschutz im Städtebau, Teil 1. 5/1987. – Richtlinie zur Berechnung der Schallimmission von Schienenwegen – Schall 03 – Ausg. 1990.

Rapsöl. R. wird durch Auspressen der ölhaltigen Samenkörner der Rapspflanze gewonnen. Raps ist eine Kulturpflanze, die sich je nach Züchtung durch eine charakteristische Häufung bestimmter Fettsäuren auszeichnet. Entsprechend wird Raps entweder als Futtermittel oder als Grundstoff für die chemische Industrie eingesetzt. Wegen des relativ hohen Ölgehalts verschiedener Rapszüchtungen ist raffiniertes und eventuell umgeestertes R. auch als →Pflanzenölkraftstoff zum Antrieb von Dieselmotoren geeignet. Der Hauptabsatzmarkt für Raps ist bisher allerdings noch die Verwendung als Futtermittel (→Pflanzenölherstellung-Energiebilanz). *Adt/Birkner/May*

Rapsölmethylester (RME). Durch →Umesterung des raffinierten Rapsöls (Glyceridmoleküle) mit Ethanol oder Methanol entstehen Monocarbonsäuremethylester (Trivialname R.). Diese Umesterung ist notwendig, wenn Seriendieselmotoren mit →Rapsöl als →Pflanzenölkraftstoff betrieben werden sollen, weil das Rapsöl durch die Umesterung dieselkraftstoff-ähnliche Eigenschaften erhält. RME ist seit langem bekannt als Grundstoff für die Tensidherstellung der Waschmittelindustrie. *Adt/Birkner/May*

Rasen, biologischer. Als b. R. bezeichnet man den mikrobiellen Bewuchs auf festen Substraten, insbesondere auf den →Tropfkörpern in Tropfkörper- oder Tauchkörperbehandlungsanlagen, der den Abbau der im zu reinigenden Abwasser enthaltenen organischen Substrate bewirkt. Er besteht entsprechend den hohen Konzentrationen an organischen Substanzen und den Lichtverhältnissen fast ausschließlich aus Bakterien und Bakterien fressenden Urtieren (Ciliaten). Nur an der Oberfläche von Tropfkörpern, die dem Licht voll ausgesetzt sind, können auch teilweise Algen wachsen, insbesondere Grünalgen und Cyanobakterien (→Abwasserreinigung, biologische). *Mertsch*

Rasenmäher. R. sind im privaten wie im gewerblichen Einsatzbereich erhebliche Geräuschverursacher durch den Antrieb der Schneidwerkzeuge wie durch das →Geräusch des Grasschneidens.

Die zulässige Geräuschemission (→Schallemission) von R. ist in der →8. BImSchV geregelt.

Nach dieser Verordnung dürfen R. gewerbsmäßig oder im Rahmen wirtschaftlicher Unternehmungen nur in den Verkehr gebracht werden, wenn sie die nachstehenden →Schalleistungspegel in Abhängigkeit von der Schnittbreite des R. nicht überschreiten:

Schnittbreite des Rasenmähers	Zulässiger Schalleistungspegel in dB (A), bezogen auf ein pW
bis 50 cm	96
über 50 bis 120 cm	100
über 120 cm	105

Der Schalleistungspegel des R. ist nach Anhang 1 der Richtlinie 84/538/EWG des Rates vom 17. 9. 1984 (ABl. EG Nr. L 300 S. 171), geändert durch die Richtlinie 88/180/EWG vom 22. 3. 88 (ABl. EG Nr. L 81 S. 69) zu ermitteln; er ist auf dem R. vom Hersteller anzugeben.

Zusätzlich zum Schalleistungspegel wird für R. mit einer Schnittbreite von mehr als 120 cm der →Schalldruckpegel am Bedienerplatz begrenzt; er beträgt 90 dB(A). Ermittelt wird dieser Schalldruckpegel nach Anhang IA der EG-Richtlinie 84/538/EWG, geändert durch die Richtlinie 88/181 vom 22. 3. 1988 (ABl. EG-Nr. L 81 S. 71).

Neben der Emission ist in der →8. BImSchV auch der Betrieb von R. geregelt. *Strauch*

Rauchdichte →Abgastrübung

Rauchgas →Abgas

Rauchgasableitung über Kühltürme. Seit einiger Zeit werden Kraftwerke gebaut, deren naßentschwefelte Abgase den Schwaden von ca. 100 bis 120 m hohen Naturzug-Naßkühltürmen beigemischt werden. Hierdurch entfällt der Schornstein sowie eine evtl. notwendige Aufheizung der Abgase zur Verhinderung von downwash auf Grund von Tröpfchenauswurf. Damit die Kühlturmfahne die Rauchgasfahne mitträgt, werden Rauchgase und →Kühlturmschwaden im →Kühlturm miteinander vermischt.

Durch die Zumischung der mit Wasserdampf gesättigten Rauchgase nach einer Naßentschwefelung nehmen der Feuchtegrad und der Tropfengehalt in den Kühlturmschwaden zu. Berechnungen ergaben, daß dabei die Länge des sichtbaren Schwadens bei Vollast um knapp 50 % anwächst. Die chemischen Reaktionsabläufe in der Rauchgasfahne werden durch die höhere Feuchte sowie die Wassertröpfchen in der Kühlturmfahne etwas abgewandelt. Bei der hohen Feuchte der Schwadenfahne können z. B. Abbauraten von SO_2 auftreten, die mehr als 5 %/h betragen. Durch verstärkt heterogene SO_2-Reaktionen erhöht sich der Sulfatgehalt in der Abgasfahne.

Bei der Vermischung von Rauchgas- und Kühlturmfahnen entstehen desweiteren in den Kühlturmschwaden saure Tröpfchen mit pH-Werten zwischen 2,5 und 3,5. Kühlturmschwaden steigen zwar insbesondere bei niedrigen Windgeschwindigkeiten sehr hoch in der Atmosphäre empor, haben jedoch verglichen mit Schornsteinfahnen nur einen geringen Vertikalimpuls. Die Windgeschwindigkeit übersteigt in Kühlturmkronenhöhe häufig die Austrittgeschwindigkeit der Kühlturmfahne, so daß downwash auftreten kann, bei dem Teile der Schwadenfahne in den Nachlaufsog hinter dem Kühlturm gelangen und in Bodennähe transportiert werden. Nach Windkanal-Untersuchungen sind höhere Immissionen jedoch nur bei sehr hohen Windgeschwindigkeiten von mehr als 20–30 m/s an der Kühlturmkrone zu erwarten. Außenmessungen bei diesen Starkwindsituationen zeigten, daß die dann auftretenden höheren Immissionen immer noch deutlich unter den entsprechenden Immissionswerten der →TA-Luft liegen. Da Kühlturmfahnen aufgrund ihres größeren Wärmeinhaltes an fühlbarer und latenter Wärme sowie ihrer Querzirkulation im Mittel deutlich höher in der Atmosphäre emporsteigen als Abgasfahnen aus Schornsteinen, führt die R. über Kühltürme zu niedrigeren Immissionskonzentrationen (→stacktip downwash). *Giebel*

Rauchgasentschwefelung →Abgasentschwefelung

Rauchgasreinigungsprodukte. Bei der Abfallverbrennung (→Abfallverbrennungsanlage) fallen als feste Rückstände →Schlacken, →Filterstäube und R. an. Durchschnittlich muß mit 300–400 kg trockenen Rückständen pro Tonne Hausabfall gerechnet werden. Art und Menge der R. werden hauptsächlich durch die Verfahren der Schadstoffabscheidung bestimmt.

Bei nassen Verfahren erhält man 8–15 kg R. je Tonne Abfall, wenn eine Staubabscheidung vorgeschaltet ist.

Bei einer einstufigen Wäsche sind im Rohwasser neben Schwermetallen im wesentlichen Chlorid- und Sulfationen gelöst. Das mit 0,5–1 m³ pro Tonne Abfall anfallende Rohabwasser kann erst nach einer Aufbereitung in den Vorfluter geleitet werden. Gewöhnlich reichen Neutralisation und anschließende Fällung nicht aus, um den hohen Chloridan-

teil des Abwassers hinreichend zu reduzieren. Häufig muß deshalb das Abwasser eingedampft werden, wobei die Rückstände wegen der hohen Wasserlöslichkeit primär in einer →Untertagedeponie oder auf einer →Sonderabfalldeponie abzulagern sind. Auch der bei der SO_2-Abscheidung entstehende Gips ist mit Schwermetallen verunreinigt und muß deponiert werden, wenn er nicht weiter behandelt wird.

Bei der zweistufigen Wäsche reichern sich in der ersten Stufe vor allem Schwermetalle und Chlorverbindungen im Abwasser an. Die Abwasseraufbereitungseinrichtungen der ersten Stufe entsprechen im wesentlichen denen einer einstufigen Wäsche. In der zweiten Stufe wird ein weitgehend von Verunreinigungen freier Gips produziert, der weiterverwendet werden kann.

Bei den trockenen und quasitrockenen Rauchgasreinigungsverfahren fallen vor allem Staub, Neutralsalze, wie z. B. Calciumchlorid, -fluorid, -sulfat, -sulfit, sowie nichtumgesetzte Reaktionsmittel wie Calciumhydroxid und Calciumcarbonat als R. an. Diese enthalten neben den Chloriden und dem Calciumhydroxid auch leichtlösliche Schwermetalle und können ohne weitere Aufbereitung nicht abgelagert werden. Im Vergleich mit den Naßverfahren fallen bei den trockenen und quasitrockenen Verfahren um den Faktor 2 bis 3 größere Mengen (15–45 kg) R. pro Tonne Hausabfall an. *Neuenhahn*

Rauchzahl. (*engl.* Smoke Number SN). Unter der R. versteht man ein Maß für den Partikelgehalt eines durch Rauch getrübten Abgasstrahls. Die R. kann mit verschiedenen Methoden bestimmt werden. Für die Bestimmung der Rauchemission bei Flugtriebwerken wird ein von der amerikanischen Environmental Protection Agency, EPA, empfohlenes Verfahren vorgeschrieben, bei dem eine aus dem Abgasstrom kontinuierlich entnommene Probe unter genau definierten Bedingungen über ein Filter geleitet wird, auf dem sich die Partikel niederschlagen. Mit einem Reflektometer wird die von dem partikelbelegten Filter reflektierte Lichtmenge gemessen und mit der Reflexion eines sauberen, ungebrauchten Filters verglichen. Aus dem Verhältnis der beiden Meßwerte wird die R. bestimmt. Sie bewegt sich zwischen Werten von 0–100. Einzelheiten sind in Annex 16, Vol. II, zu finden.

Eine Umwandlung der R. bzw. der Meßwerte von anderen üblichen Rauchmeßverfahren in einen absoluten Wert für den Partikelgehalt in Masse pro kg Brennstoff ist im allgemeinen schwierig und setzt die gravimetrische Bestimmung von Partikelmengen voraus, die unter gleichen Bedingungen aus dem Abgas entnommen und mit verschiedenen anderen Rauchmeßverfahren untersucht werden. *Winterfeld*

Literatur: International Standards and Recommended Pracces, Environmental Protection, Annex 16 to the Convention on International Aviation, Volume II Aircraft Engine Emissions, International Civil Aviation Organisation ICAO, Montreal, Quebec, Canada 1981. – *Whyte, R. B., Ed.:* Alternative Jet Engine Fuels, AGARD-AR 181, VOL II, AGARD Propulsion and Energetics Panel, 1982.

Rauhigkeitslänge. Höhe, in der die →Windgeschwindigkeit null wird. Die R. bestimmt die Form von Wind- und Turbulenzprofil (→Turbulenz). Sie repräsentiert die Rauhigkeitselemente des Untergrunds (→Bodenrauhigkeit), ist aber nicht identisch mit deren Höhe, sondern beträgt nur ca. ein Zehntel davon. Schwierigkeiten bereiten die Zuordnung einer R., wenn mehrere Rauhigkeitselemente sehr unterschiedlicher Größe zusammengefaßt werden müssen. Eine mit der Fläche gewichtete Mittelung ist in diesem Fall wegen der stark variierenden Größenordnung der R. häufig nicht sinnvoll. In der Tabelle sind einige typische Werte aufgeführt. *Wichmann-Fiebig*

Rauhigkeitslänge. Tabelle: Typische Werte in Abhängigkeit von der Oberflächenbeschaffenheit.

Oberfläche	Rauhigkeitslänge in m
Eis	10^{-5}
Wasser	10^{-4}
Schnee	10^{-3}
Gras	10^{-2}
Ackerland	10^{-1}
Stadtzentrum	1

Raumaufhellung. Im Bereich des Immissionsschutzes mögliche Auswirkung von →Lichtimmissionen durch künstliche Lichtquellen außerhalb des betroffenen Raums. Die R. bezieht sich auf Wohnräume, die in den natürlichen Dunkelstunden von außen durch zeitlich konstantes oder zeitveränderliches künstliches Licht erleuchtet werden.

Die R. kann Belästigungen verursachen, wenn sie unerwünscht ist und aufgrund von Intensität, Dauer, Farbe, Zeitverlauf und Lage der Lichteinwirkung im Raum eine dort beabsichtigte Nutzung stört. Dazu gehört insbesondere eine Beeinträchtigung der Entspannung und des Wunsches nach Dunkelheit ohne Benutzung von Vorhängen oder Rolläden während der natürlichen Dunkelstunden. Störungen durch unerwünschte Aufhellungen können auch im Außenbereich der Wohnung, z. B. auf dem Balkon oder der Terrasse, auftreten.

Zur Beurteilung, ob eine R. als erhebliche Belästigung (→Lichtimmissionen) anzusehen ist, kann als aktueller Erkenntnisstand die LiTG-Publikation Nr. 12 herangezogen werden. Meßgröße ist danach die über die Fensterfläche gemittelte Vertikal-Beleuchtungsstärke $\overline{E}_V$ (→Beleuchtungsstärke) in der Fensterebene. Die Messung erfolgt unabhängig von den speziellen Eigenschaften des Fensters, der Gardinen und des betroffenen Wohnraums außen direkt vor der Fensterscheibe und bei ausgeschalteter Zimmerbeleuchtung.

Zur Beurteilung wird die so ermittelte Vertikal-Beleuchtungsstärke $\overline{E}_V$ mit den Immissionsanhaltswerten gemäß Tabelle verglichen. Dabei ist nur die Vertikal-Beleuchtungsstärke zugrunde zu legen, die

Raumaufhellung. Tabelle: Empfohlene maximal zulässige Werte (Immissionsanhaltswerte) für die Vertikal-Beleuchtungsstärke E_V an Fenstern von Wohnungen, hervorgerufen von Beleuchtungsanlagen, ausgenommen öffentliche Straßenbeleuchtungsanlagen, während der Dunkelstunden.

Zeile	Immissionsort (Einwirkungsort)	Vertikal-Beleuchtungsstärke E_V in lx	
		nach 6.00 h vor 22.00 h	22.00 — 6.00 h
1	Kurgebiete, Krankenhäuser, Pflegeanstalten; reine Wohngebiete (§ 3 BauNVO[1]), allgemeine Wohngebiete (§ 4 BauNVO), besondere Wohngebiete (§ 4a BauNVO), Dorfgebiete (§ 5 BauNVO)	1	1
2	Mischgebiete (§ 6 BauNVO)	3	1
3	Kerngebiete (§ 7 BauNVO[2]), Gewerbegebiete (§ 8 BauNVO), Industriegebiete (§ 9 BauNVO)	15	5

Quelle: Deutsche Lichttechnische Gesellschaft e. V., Berlin
1) BauNVO: → Baunutzungsverordnung
2) Kerngebiete können in Einzelfällen bei geringer Umgebungsbeleuchtung auch Zeile 2 zugeordnet werden.

von der zu beurteilenden lichtemittierenden Anlage verursacht wird. Eine Beleuchtungsanlage kann auch aus mehreren Einzelleuchten oder Leuchtengruppen bestehen.

Die Tabelle bezieht sich auf weißes oder annähernd weißes, zeitlich konstantes Licht, das mindestens zweimal in der Woche jeweils länger als eine Stunde eingeschaltet ist. Wird die Anlage seltener oder kürzer betrieben, können unter Berücksichtigung z. B. des Zeitpunkts des Auftretens, der allgemeinen Umgebungshelligkeit und der Ortsüblichkeit im Einzelfall auch höhere Werte der Vertikal-Beleuchtungsstärke als die der Tabelle zugelassen werden.

Bei zeitlich veränderlichem Licht wird entsprechend der erhöhten Störwirkung empfohlen, den gemessenen Maximalwert der zu beurteilenden Beleuchtungsanlage mit einem Faktor 2 bis 5 zu multiplizieren. Bei Beleuchtungsanlagen mit intensiv farbigem Licht, das im Vergleich zu weißem Licht als lästiger empfunden wird, empfiehlt die LiTG-Publikation Nr. 12 den Meßwert mit dem Faktor 2 zu multiplizieren. Die so korrigierten Werte werden dann mit den Immissionsanhaltswerten der Tabelle verglichen. *Assmann*

Literatur: Messung und Beurteilung von Lichtimmissionen; LiTG-Publikation Nr. 12. Hrsg.: Deutsche Lichttechnische Gesellschaft e. V., Berlin 1991.

Raumbeobachtung →Umweltbeobachtung

Raumordnung. Als R. und →Landesplanung wird die zusammenfassende überörtliche und überfachliche Planung des Raumes bezeichnet. Sie setzt sich zusammen aus der Bundesraumordnung und der Landesraumordnung, die zumeist als Landesplanung bezeichnet wird.

Eine bundeseigene Raumordnungsplanung mit Bindungswirkung gegenüber den Ländern existiert derzeit nicht. Kompetenzrechtlich wäre sie zulässig. Die Bundesraumordnung ist im Bundesraumordnungsprogramm und im Raumordnungsgesetz geregelt.

Das Bundesraumordnungsprogramm ist ein unverbindliches Programm der Koordination zwischen den Fachplanungen der Bundesressorts und der Landesplanung.

Das Raumordnungsrecht ist rahmenrechtlich im Raumordnungsgesetz des Bundes geregelt. § 1 ROG enthält generelle Planungsziele und Leitvorstellungen der R. Bedeutsamer für den Umweltschutz sind die in § 2 ROG geregelten Grundsätze der R. Der Katalog des § 2 ROG enthält zahlreiche für den Umweltschutz relevante Aussagen. Der für den Umweltschutz zentrale Grundsatz lautet:

„Für den Schutz, die Pflege und die Entwicklung von Natur und Landschaft einschließlich des Waldes sowie für die Sicherung und Gestaltung von Erho-

lungsgebieten ist zu sorgen. Für den Schutz des Bodens, die Reinhaltung des Wassers, die Sicherung der Wasserversorgung und für die Reinhaltung der Luft sowie für den Schutz der Allgemeinheit vor Lärmbelästigungen ist ausreichend Sorge zu tragen."

Gemäß § 3 Abs. 1 ROG sind die Grundsätze der R. unmittelbar für die Behörden des Bundes, für die bundesunmittelbaren Planungsträger und – im Rahmen der ihnen obliegenden Aufgaben – für die bundesunmittelbaren Körperschaften, Anstalten und Stiftungen des öffentlichen Rechts bei Planungen und sonstigen Maßnahmen, durch die Grund und Boden in Anspruch genommen oder die räumliche Entwicklung eines Gebietes beeinflußt wird, verbindlich. Die Grundsätze gelten außerdem unmittelbar für die Landesplanung in den Ländern. Die Länder können die Geltung der Bundesraumordnungsgrundsätze auch auf andere Bereiche erstrecken und eigene R.-Grundsätze aufstellen. Gemäß § 2 Abs. 2 ROG sind die Grundsätze im Rahmen der den planenden Behörden zustehenden planerischen Gestaltungsfreiheit mit anderen, dem Umweltschutz möglicherweise entgegenstehenden Belangen abzuwägen. Danach werden die Grundsätze durch konkretisierende Umsetzung in Ziele der R. und Landesplanung transformiert, die sodann Bindungswirkung nach den zentralen Raumordnungsklauseln der §§ 5 Abs. 4 ROG und 1 Abs. 4 BauGB auslösen. *Hoppe/Beckmann*

Literatur: *Bielenberg/Erbguth/Söfker:* Raumordnungs- und Landesplanungsrecht des Bundes und der Länder. – *Cholewa/ Dyong; von der Heide:* Raumordnung in Bund und Ländern. – *Erbguth:* Raumordnungs- und Landesplanungsrecht. Köln 1983. – *Ernst/Hoppe:* Das öffentliche Bau- und Bodenrecht, Raumplanungsrecht, 2. Aufl. München 1981. – *Hoppe/Schoeneberg:* Raumordnungs- und Landesplanungsrecht des Bundes und des Landes Niedersachsen. Köln 1987. – *Hoppe/Menke:* Raumordnungs- und Landesplanungsrecht des Bundes und des Landes Rheinland-Pfalz. Köln 1986.

Raumordnungsverfahren. Das R. ist ein Verfahren, in dem raumbedeutsame Planungen und Maßnahmen untereinander und mit den Erfordernissen der →Raumordnung und →Landesplanung abgestimmt werden (vgl. § 6a Abs. 1 S. 2, 3 ROG). Das R. schließt die Ermittlung, Beschreibung und Bewertung der raumbedeutsamen Auswirkungen der Planung oder Maßnahme auf die Umwelt entsprechend dem Planungsstand ein. Damit ist bundesrechtlich klargestellt, daß das R. bundeseinheitlich als Trägerverfahren für eine erste überörtlich ausgerichtete →Umweltverträglichkeitsprüfung heranzuziehen ist. § 6a ROG ist eine Rahmenregelung für das R., die durch Länderbestimmungen auszufüllen ist.

Gemäß § 6a Abs. 2 S. 1 ROG hat die Bundesregierung durch Rechtsverordnung einen bundeseinheitlichen Mindestkatalog von raumbedeutsamen Vorhaben aufgelistet, bei denen wegen ihrer besonderen Umweltrelevanz nur in Ausnahmefällen auf ein R. verzichtet werden kann. Nach der Verordnung ist es regelmäßig erforderlich für die Errichtung gewerblicher Anlagen im Außenbereich, bei der Errichtung ortsfester kerntechnischer Anlagen, der Errichtung von Abfallentsorgungsanlagen, Abwasserbehandlungsanlagen, Rohrleitungsanlagen, beim Ausbau von Gewässern, beim Bau von Fernstraßen, bei Bundesbahntrassen, bei der Errichtung von Freileitungen und Feriendörfern etc. Gemäß § 6a Abs. 6 S. 1 ROG ist das Ergebnis des R. und die darin eingeschlossene Umweltverträglichkeitsprüfung bei Planungen und Maßnahmen, die den im R. beurteilten Gegenstand betreffen, sowie bei Genehmigungen, Planfeststellungen oder sonstigen behördlichen Entscheidungen über die Zulässigkeit des Vorhabens nach Maßgabe der dafür geltenden Vorschriften zu berücksichtigen. Von der Umweltverträglichkeitsprüfung kann in den nachfolgenden Zulassungsverfahren abgesehen werden, weil diese Verfahrensschritte bereits im R. erfolgt sind. Voraussetzung für eine Abschichtung der Umweltverträglichkeitsprüfung ist jedoch eine Öffentlichkeitsbeteiligung im R. Das Ergebnis des R. ist vornehmlich aus den Grundsätzen und Zielen der Raumordnung und Landesplanung herzuleiten.

Gemäß § 6a Abs. 7 S. 1 ROG hat das Ergebnis des R. gegenüber dem Träger des Vorhabens und gegenüber Einzelnen keine unmittelbare Rechtswirkung. Es ersetzt nicht die Genehmigungen, Planfeststellungen oder sonstigen behördlichen Entscheidungen nach anderen Rechtsvorschriften.   *Hoppe/Beckmann*

Literatur: *Dickschen:* Das Raumordnungsverfahren im Verhältnis zu den fachlichen Genehmigungs- und Planfeststellungsverfahren. Münster 1987. – *Hoppe/Haneklaus:* Raumordnungsverfahren in den fünf neuen Bundesländern. DVBl. (1991) 549 ff. – *Hoppe/Schoeneberg:* Raumordnungs- und Landesplanungsrecht des Bundes und des Landes Niedersachsen. Köln 1987. – *Schoeneberg:* Umweltverträglichkeitsprüfung und Raumordnungsverfahren. Münster 1984. – *Wagner.* Verfahrensbeschleunigung durch Raumordnungsverfahren. DVBl. (1991) 1230 ff. – *Zoubek:* Das Raumordnungsverfahren. Münster 1978.

Rayleigh-Streuung. Läßt man Licht auf Atome oder Moleküle fallen, so wird es von ihnen in geringem Umfang nach allen Seiten gestreut. Die Intensität dieser R.-S. hängt von der Polarisierbarkeit des Moleküls und der Frequenz der auftreffenden Strahlung ab. Kurzwelliges Licht wird stärker gestreut als langwelliges, wobei die Intensität des gestreuten Lichtes umgekehrt proportional der 4. Potenz der Wellenlänge ist. Ein typisches Beispiel ist die Streuung des Sonnenlichtes in der Erdatmosphäre. Die Sonnenscheibe erscheint bei Sonnenauf- und -untergang gelbrot bis rot, da die Strahlen bei dieser Stellung einen längeren Weg durch die Atmosphäre zurücklegen als z. B. zur Mittagszeit. Das kurzwellige Licht, das für das Himmelsblau verantwortlich ist, wird durch Streuung herausgefiltert.   *Wiesen*

REA.   Abk.   Rauchgasentschwefelungsanlage, →Abgasentschwefelung

REA-Gips →Entschwefelungsgips

Reaktionskinetik. Damit es zu einer makroskopischen Veränderung in einem Reaktionssystem kommen kann, darf sich das System nicht im chemischen Gleichgewicht befinden, weil die Reaktion immer in Richtung auf ein Gleichgewicht erfolgt. Eine chemische Reaktion besteht immer aus einem Materie- und einem Energieumsatz. Die Veränderung der chemischen Zusammensetzung, die ein Stoff im Verlauf einer chemischen Reaktion erleidet, kann mit unterschiedlichen Geschwindigkeiten ablaufen. Die R. beschäftigt sich mit dem Materieumsatz in Abhängigkeit von der Zeit. Der zeitliche Ablauf hängt im allgemeinen von vielen Größen wie der Temperatur, dem Druck, der Anwesenheit katalytisch wirkender Spurenstoffe, der Einstrahlung von Licht, dem Aggregatszustand der Reaktionspartner, der Verteilung im Reaktionsgefäß oder den vorliegenden Strömungsverhältnissen ab.   *Wirtz*

Reaktor, gasgekühlter. →Kernreaktor, dessen Kühlmittel ein Gas ist, entweder Kohlendioxid oder Helium. Beide weisen eine günstige Neutronenökonomie auf und haben gute Wärmeübertragungs-Eigenschaften.

Die ersten bis zur industriellen Reife entwickelten g. R. sind die vornehmlich in England und Frankreich gebauten Magnox-Reaktoren (Gas Cooled Reactor), die natürliches Uran als Brennstoff, Magnesium in einer Legierung mit Aluminium, Kalzium und Beryllium (daher der Name Magnox = Magnesium non oxidizing) als Brennstabhüllmaterial, Graphit als →Moderator und Kohlendioxid als Kühlmittel verwenden. Die ersten Reaktoren dieses Typs dienten sowohl als Plutonium-Erzeuger für den militärischen Einsatz als auch als Stromerzeuger.

Nachteile wie vor allem geringe Blockgröße, Begrenzung des Kühlgasdrucks, geringe spezifische Leistung, großes Bauvolumen und daher hohe Anlagenkosten führten zur Entwicklung des fortgeschrittenen g. R. (AGR = Advanced Gas Cooled Reactor). Kühlmittel bleibt weiterhin Kohlendioxid, aber als Brennstoff wird jetzt Uranoxid in Edelstahlhüllrohren mit einer U-235-Anreicherung zwischen 1,5 und 2,5 % verwendet. Blockgrößen von 600 MWe sind für diesen Reaktortyp die Regel. Der AGR zeichnet sich gegenüber dem Magnox-Reaktor aus durch größere Kompaktheit wie auch durch höhere Austrittstemperaturen des Kühlgases:

670 °C anstatt ca. 400 °C. Entsprechend höher liegt der Wirkungsgrad mit 42 % anstatt 33 %.

Der gasgekühlte →Hochtemperaturreaktor (HTR) verwendet Helium als Kühlgas. Als Brennstoff wird entweder 10 % angereichertes Uran oder im Uran-Thorium-Zyklus hochangereichertes Uran (ca. 93 %) im Gemisch mit Thorium als Brutstoff eingesetzt. Der HTR zeichnet sich durch eine hohe Kühlgasaustrittstemperatur von 750–850 °C aus. Damit erzielt man hohe Wirkungsgrade. *Merz*

Reaktordruckbehälter. Massiver, druckfester Behälter, der den Reaktorkern mit dem Primärkühlmittel einschließt. Die technische Ausgestaltung unterscheidet sich für die verschiedenen Reaktortypen: Bei →Leichtwasserreaktoren besteht der Druckbehälter aus Stahl, beim gasgekühlten →Hochtemperaturreaktor aus Spannbeton.

Die druckführende Umschließung des Primärsystems eines Druckwasserreaktors besteht aus dem R., Dampferzeuger, Pumpen und einem Druckhalter sowie den verbindenden Rohrleitungen (Bild 1).

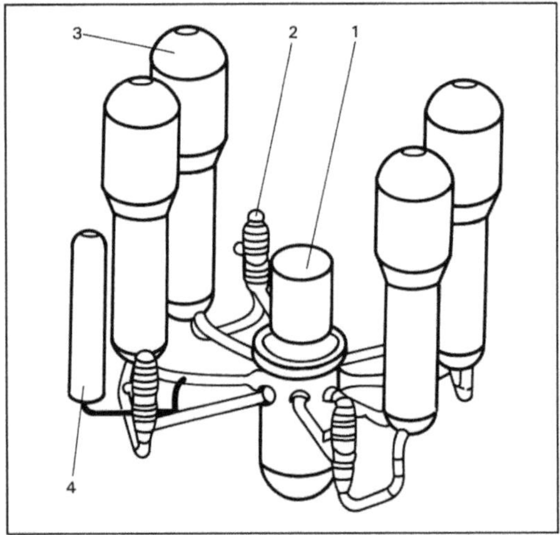

Reaktordruckbehälter 1: Primärsystem eines DWR mit vier Kreisläufen.

1 Reaktordruckbehälter, 2 Kühlmittel-Umwälzpumpe, 3 Dampferzeuger, 4 Druckhalter

Der R. besteht aus einem hochfesten, legierten Vergütungsfeinkorn-Baustahl mit Edelstahlauskleidung auf der Innenseite. Die Wanddicke des Druckgefäßes beträgt 20–30 cm.

Für den Siedewasserreaktor sind die langgestreckte Form des Reaktordruckgefäßes und die Anordnung der Absorberstäbe unter dem Druckgefäß typisch.

Der Druckbehälter des gasgekühlten Thorium-Hochtemperaturreaktors THTR 300 ist ein Spannbetonbehälter (Bild 2).

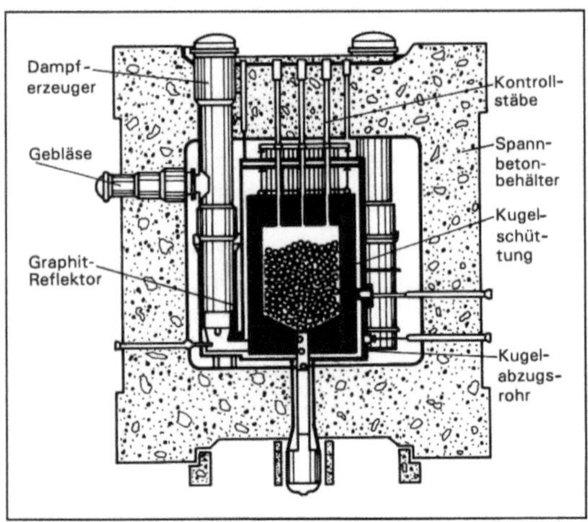

Reaktordruckbehälter 2: Querschnitt durch den Kugelhaufenreaktor des THTR 300.

Nicht alle Leistungsreaktoren verfügen über einen R. der geschilderten Art. Der durch den Unfall in Tschernobyl bekannt gewordene sowjetische Typ RMBK besitzt statt eines einzigen Druckbehälters, in dem das Reaktorcore untergebracht ist, insgesamt 211 Druckröhren, in denen, ähnlich wie beim Siedewasserreaktor, der Dampf unmittelbar erzeugt wird. Vereinfacht ausgedrückt besteht dieser Reaktortyp aus 211 einzelnen Druckbehältern. Außerdem verfügt dieser Reaktortyp über kein →Containment. *Merz*

Reaktorsicherheit. Die Sicherheit im Bereich der Technik ist Gegenstand einer eigenständigen Philosophie. Dies gilt im besonderen Maße für Kernreaktoren mit ihrem hohen Gefährdungspotential. Das oberste Schutzziel gilt dem sicheren Einschluß der bei der →Kernspaltung entstehenden radioaktiven Spaltprodukte. Eine störungsbedingte Freisetzung von →Radioaktivität muß vermieden werden. Um dieser Forderung nachzukommen, müssen durch Konzeption und Ausführung einer Reaktoranlage Störungen so gering wie möglich gehalten werden und die Folgen einer dennoch unterstellten Störung im Sinne des Schutzzieles zuverlässig begrenzt werden. Dazu dienen neben den konstruktiven Vorsorgemaßnahmen zusätzlich:
– die sichere Abschaltung des Reaktors und
– die sichere Abfuhr der Nachwärme (→Radioaktivität und Wärmeentwicklung, →Nachkühlung, →Notkühlsystem).

Der sichere Einschluß wird durch ein mehrfaches, sich gegenseitig überdeckendes Barrierenkonzept (→Mehrfachbarrierenkonzept) mit hoher Redundanz, räumlicher Trennung und baulichem Schutz der Sicherheitseinrichtungen über drei Sicherheitsebenen hinweg gewährleistet.

□ Erste Sicherheitsebene: Basissicherheit und →Qualitätssicherung. Alle Systeme der Anlage werden so ausgelegt, hergestellt und ständig überwacht, daß Störungen sehr unwahrscheinlich sind.

□ Zweite Sicherheitsebene: Störfallverhinderung. Dennoch auftretende Störungen werden zuverlässig detektiert, erforderlichenfalls bewirken Gegenmaßnahmen der Sicherheitssysteme, daß ein →Störfall vermieden wird.

□ Dritte Sicherheitsebene: Folgenbegrenzung. Dennoch wird das Auftreten unwahrscheinlicher Ereignisse der Störfälle unterstellt. Durch zuverlässig wirkende Einrichtungen muß der Störfall beherrscht und müssen seine Folgen ggfls. auf ein für die Umgebung unbedenkliches Maß begrenzt werden. *Merz*

Receiver, externer. →Strahlungsabsorber, dessen Wärmeübertragungsflächen auf der äußeren Peripherie eines Zylinders oder Kegels angeordnet sind. Diese Flächen können Strahlungsregister in Röhrenform (Röhrenabsorber) sein und Feststoff- oder Flüssigstoff-Receiver, gekennzeichnet durch einen auf dem Zylinder-/Kegelmantel herabrinnenden Feststoff (Sand, schwarz gefärbte Partikel hoher Absorptionsgrad) oder Quasiflüssigstoff (Suspension), welche als Wärmeträgermedien sehr hoher →Strahlungsflußdichte (bis zu mehrere MW/m^2) wirken (→Direktabsorptions-Receiver). Die Wärmeaustauschflächen werden klein gehalten, damit wenig Wärme rückgestrahlt wird. *C.-J. Winter*

Rechen. R. bilden in Abwasserbehandlungsanlagen das erste Reinigungselement. Sie gehören zur mechanischen →Abwasserbehandlung und sind notwendig, um die groben Schwimmstoffe zurückzuhalten und mit deren Reduzierung gleichzeitig nachfolgende Anlagenteile zu schützen; R. werden im Abwasserstrom eingerichtet mit parallel angeordneten Stäben.

Je nach Stababstand unterscheidet man in Grob- und Feinrechen; Grobrechen werden vor dem →Sandfang angeordnet mit Durchgangsweiten von 2 bis 5 cm.

Nach Form wird unterschieden in Stab- oder Bogenrechen. Bei kleineren Kläranlagen werden Stabrechen oft noch von Hand geräumt. Maschinell bediente R. gibt es in mehreren Ausführungen, z. B.: Gegenstromrechen (der Rechenkamm greift gegen die Fließrichtung), Harkenrechen, Kletterrechen, Greiferrechen (Kammrechen).

Der Stababstand kann 1,0 cm sein, manchmal sogar noch kleiner. Der R. springt automatisch durch eine Wasserspiegel-Differenzschaltung an, wenn ein bestimmter Stau erreicht ist. Das Rechengut wird in einem Container aufgefangen und entsorgt (→Siedlungsabfall). *Mertsch*

Recht auf Sonne. Die Sonne gehört allen. Niemand, kein einzelner und keine Gruppe, kann sie für sich in Beschlag nehmen. (*Altner* et al.). Gleichwohl: In dem Maße, in dem Sonnenenergienutzung größere Anteile an der Energieversorgung der Menschheit zufällt und damit eine Fülle verschiedener Sonnenenergienutzungstechnologien angewendet werden, werden auch Rechtsbereiche berührt. So braucht z. B. das mit passiven oder aktiven Komponenten zur Sonnenenergienutzung versehene →Solarhaus lebensdauerlang ein Nachbarschafts- oder Baurecht, das die jahreszeitlich vollen Sonnenscheinstunden – etwa durch Beschränkung der Bauhöhe auf den Nachbargrundstücken – garantiert. Oder: Windparks extrahieren entsprechend dem Wirkungsgrad ihrer Windenergiekonverter 30 bis 40 % des Energieinhalts des anströmenden Windes. Hinter den Konvertern muß der Wind auf eine gewisse Strecke zwangsläufig abflauen; die Differenz steht – für die Fruchttrocknung oder die Pollenbefruchtung etwa – nicht mehr zur Verfügung.

Eine Summe von Beispielen darüber hinaus zeigt, daß Sonnenenergie volkswirtschaftlich ein freies Gut, einzelwirtschaftlich aber sehr wohl ein handelbares und vertraglich regelbares Gut ist, das in vielen Fällen nur deswegen noch nicht zum ausgeformten Rechtsgut geworden ist, weil Sonnenenergienutzung erst in bescheidenem Umfang geschieht. Ganz anders ist es bei denjenigen Sonnenenergieformen, die bereits Energiegeschichte sind: Wasserkraftwerke haben ihre rechtliche Basis längst gefunden. *C.-J. Winter*

Literatur: *Altner, G.; C. Amery; R. Jungk u. J. Schneider: Lebenselemente* – Feuer, Wasser, Luft, Erde. Freiburg 1985.

Recycling. R. bedeutet die Rückführung von Produkten und Erzeugnissen nach Ablauf ihrer Gebrauchsdauer in die Produktion als Rohstoff/Rohprodukt. R. ist Oberbegriff für →Wiederverwendung und →Verwertung. Ziel des R. ist die Erhaltung eines möglichst hohen Veredelungs- und damit Energieniveaus der Stoffe.

Die Wiederverwendung ist die hochwertigste Form des R. Darunter liegen mit vielfältigen Abstufungen die verschiedenen Formen der stofflichen Verwertung. Ziel muß es dabei sein, den →Sekundärrohstoff in einem Produkte einzusetzen, dessen Veredelungsniveau sich dem des Ursprungsproduktes nähert.

Jeder Durchlauf des →Stoffkreislaufs ist unabänderlich mit Verlusten behaftet; eine zielgerichtete Verwendung von Sekundärrohstoffen auf einem niedrigeren Veredelungsniveau (Downcycling) würde die mögliche Anzahl von Durchläufen verringern und ein frühes Ausschleusen der Stoffe aus dem Stoffkreislauf erfordern.

Der letzte Schritt – wenn keine Rückführung in den Stoffkreislauf mehr möglich ist – ist die thermische Verwertung. Dieser Vorgang, dessen Ziel primär die Energiegewinnung ist, darf nicht verwechselt werden mit der Nutzung eines möglichen thermischen Energieüberschusses bei der →Abfallbehandlung, deren primäres Ziel die Vernichtung von Schadstoffen und die Reduzierung des Abfallvolumens ist.

Wesentlich für ein erfolgreiches R. sind die technischen, wirtschaftlichen und gesellschaftlichen Randbedingungen. Zu den technischen Randbedingungen gehört die Eignung eines Stoffs für einen bestimmten Verwendungszweck, woraus sich die chemischen und physikalischen Eigenschaften ergeben, die dieser Stoff mitbringen muß, um z. B. bautechnischen und hygienischen Anforderungen gerecht zu werden. Allein aus diesen Anforderungen an das Endprodukt ergeben sich dann die Anforderungen an den einsetzbaren Rohstoff.

Zu den wirtschaftlichen Randbedingungen gehört die Konkurrenzfähigkeit der Sekundärrohstoffe gegenüber juvenilen Rohstoffen sowie die der aufgearbeiteten Produkte gegenüber neugeschaffenen.

Die gesellschaftlichen Randbedingungen sind für die Schaffung von Märkten bedeutend; dazu gehören insbesondere die Wertschätzung von Produkten und die Ursachen dafür – mithin die Beeinflussung des Verbraucherbewußtseins durch eine recyclingfördernde Werbung   *J. Kühn*

Recyclingbörse →Abfallbörse

Reduktionsgrad →Abscheidegrad

Reduktionsverfahren. Durch R. werden, wie bei den →Oxidationsverfahren, luftbelastende Stoffe in weniger belastende Stoffe umgewandelt (→Abgasreinigung). Die Reduktion luftverunreinigender Stoffe kann in der Gas-, der adsorbierten oder absorbierten Phase durchgeführt werden. Die für die Reaktion erforderlichen Reduktionsmittel sind entweder bereits im Abgas enthalten oder müssen zugegeben werden.

Die weitaus größte Bedeutung haben die R. bei der Verminderung der NO_x-Emissionen sowohl im Bereich der Industrie als auch bei den Kraftfahrzeugen erlangt. Die Stickstoffoxide reagieren dabei meist zu den natürlichen Luftbestandteilen Stickstoff und Wasserdampf. Ein Beispiel für die NO_x-Reduktion in der Gasphase ist das →SNCR-Verfahren. Bei der selektiven katalytischen NO_x-Reduktion wird die Reaktion mit Hilfe eines Katalysators beschleunigt (→SCR-Verfahren). Verfahren, bei denen die Stickstoffoxide nach der Absorption in der Waschflüssigkeit reduziert werden, wurden zur simultanen SO_2/NO_x-Abscheidung bei Feuerungsanlagen entwickelt und erprobt. Zur Verringerung der Stickstoffoxid-, Kohlenwasserstoff- und Kohlenmonoxid-Emissionen bei Kraftfahrzeugen mit Ottomotoren hat sich weltweit die katalytische Abgasreinigung als besonders leistungsfähiges und wirtschaftliches Verfahren durchgesetzt (→Kfz-Abgas-Katalysator).

R. werden auch zur Umwandlung von SO_2 zu elementarem Schwefel, insbesondere zur Aufbereitung von SO_2-Reichgas bei regenerativen Abgasentschwefelungs-Verfahren angewendet. In einem ersten Verfahrensschritt wird dabei SO_2 mit Hilfe von Reduktionsmitteln wie Methan thermisch oder katalytisch zu Schwefel und Schwefelwasserstoff umgewandelt. Die weitergehende Abgasreinigung erfolgt anschließend in mehreren Stufen katalytisch nach der Clausreaktion (→Wellman-Lord-Verfahren).
$SO_2 + 2H_2S$ $2H_2O + 3$ S.   *Haug*

Literatur: VDI 3476: Katalytische Verfahren der Abgasreinigung. 6/1990. – Luftverschmutzung durch Stickstoffoxide: Ursachen, Wirkung, Minderung. Hrsg.: Umweltbundesamt. Berlin 1990.

Redundanzprinzip. Begriff aus der →Sicherheitstechnik, insbesondere der →Reaktorsicherheit. Redundanz leitet sich aus dem Lateinischen ab und bedeutet Überfluß. Redundanz ist das wichtigste Schutzprinzip gegen unabhängige Fehler.

Das Prinzip bedeutet, daß für jede Sicherheitsfunktion mehr Bauelemente oder Systeme vorhanden sind, als an sich dafür erforderlich wären. Wenn dann eines durch einen unabhängigen Fehler ausfällt, übernimmt ein zweites, gegebenenfalls noch ein drittes, usw., seine Aufgabe. Je nach der gewünschten Funktion müssen redundante Bauelemente sehr verschieden miteinander verknüpft werden (Bild).

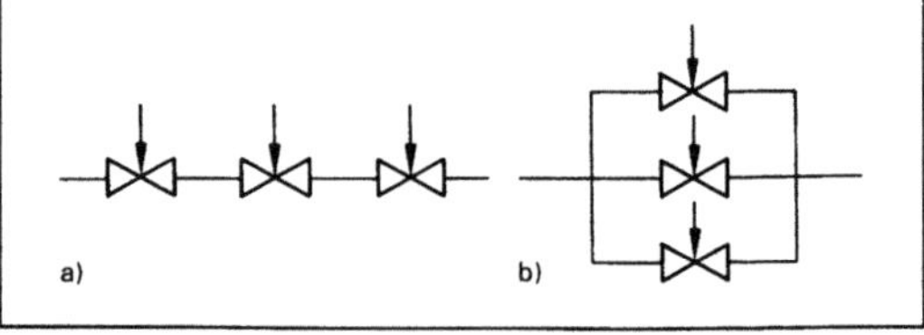

Redundanzprinzip: Anordnung redundanter Ventile;
a) für Schließfunktion
b) für Öffnungsfunktion.

Man kann dem Bauelement eine Ausfallwahrscheinlichkeit zuordnen, die man auf Grund der Erfahrungen mit diesem Bauelement kennt. Die Ausfallwahrscheinlichkeit P(A) ist die Wahrscheinlichkeit dafür, daß das Bauelement A im Zeitintervall Δt ausfällt. Die kombinierte Ausfallwahrscheinlichkeit zweier unabhängiger redundanter Bauelemente A und B ist dann P(A)·P(B). Sind A und B gleichartig, wird daraus P(A)². Da die Wahrscheinlichkeiten kleiner als 1 sind, ist die kombinierte Wahrscheinlichkeit kleiner als die Einzelwahrscheinlichkeiten.

Je größer die Redundanz wird, desto größer wird allerdings auch die Wahrscheinlichkeit, daß durch fehlerhaftes Verhalten der Komponenten unnötige Sicherheitsaktionen stattfinden. Das beeinträchtigt zwar nicht die Sicherheit, wohl aber den Betrieb.

Bei abhängigen Fehlern hilft das R. nicht. Gegen abhängige Fehler durch ursächliche Verknüpfung schützt das Prinzip der räumlichen Trennung. Danach werden die verschiedenen untereinander redundanten Sicherheitssysteme wie Meßkanäle, Grenzwertgeber, Not- und Nachkühlleitungen, dazugehörige Armaturen und Kabelkanäle voneinander durch größere Abstände getrennt. Dadurch nimmt die Möglichkeit einer gegensätzlichen ursächlichen Beeinflussung von Fehlern in Teilsystemen stark ab. *Merz*

Reduzent. (auch →Destruent). Bakterien und Pilze, die organische Stoffe bis zu anorganischen Verbindungen abbauen (→Abbau). *Friedrich*

Literatur: *Schwoerbel, J.:* Einführung in die Limnologie. Stuttgart 1993. – *Uhlmann, D..* Hydrobiologie – Ein Grundriß für Ingenieure und Naturwissenschaftler. Jena 1988.

Referenzmeßverfahren. Werden unterschiedliche →Meßverfahren für ein- und dieselbe Meßaufgabe eingesetzt, so liefern sie grundsätzlich keine identischen Ergebnisse. Diese allgemeine Erfahrung legt nahe, zur Durchführung hoheitlicher Meßaufgaben bestimmte Meßverfahren verbindlich festzulegen. In Anlehnung an die langjährige Praxis der amerikanischen Umweltbehörde EPA hat es sich, insbesondere in der Europäischen Union, eingebürgert, die von staatlicher Seite vorgeschriebenen Meßverfahren als R. zu bezeichnen. Die Einführung von R. erlaubt es vor allem, Grenzwerte in Kombination mit einem qualifizierten Meßverfahren festzulegen. Dadurch wird die in Rechts- und Verwaltungsvorschriften geforderte →Vergleichbarkeit der Messungen weitgehend sichergestellt und indirekt auch die zulässige →Meßunsicherheit begrenzt. R. werden entweder direkt dazu verwendet, die Einhaltung von Grenzwerten oder anderen Auflagen meßtechnisch zu überprüfen, oder sie dienen zur Überprüfung und →Kalibrierung anderer Meßverfahren, mit denen äquivalente Ergebnisse erzielt werden sollen. Dies ist vor allem für die kontinuierliche Überwachung wichtig.

R. müssen hohe Anforderungen erfüllen. Dazu gehören insbesondere eine ausreichende Erprobung, eine zuverlässige Kalibrierung und eine vollständige Verfahrensbeschreibung. In Deutschland stützt sich die Einführung von R. zur Überwachung der Luftreinhaltung auf die Richtlinienarbeit der Kommission Reinhaltung der Luft im VDI und

DIN. Voraussetzung dafür ist in jedem Einzelfall, daß ein qualifiziertes Meßverfahren existiert und von zwei erfahrenen Meßinstituten unabhängig voneinander erfolgreich in der Praxis erprobt wurde. Ist diese Voraussetzung nicht erfüllt, so werden zunächst von einem Forschungsinstitut mit beratender Unterstützung durch die zuständige VDI-Arbeitsgruppe entsprechende Entwicklungsarbeiten durchgeführt. Die mit Experten aus Wissenschaft, Wirtschaft und Verwaltung besetzte VDI-Arbeitsgruppe sorgt für die Standardisierung der ausgewählten Meßmethode. Das Ergebnis dieser Arbeit ist die vollständige Verfahrensbeschreibung in einer meßtechnischen →VDI-Richtlinie mit Angabe der →Verfahrenskenngrößen, die die Leistungsfähigkeit und Qualität des Meßverfahrens charakterisieren.

Die staatliche Anerkennung der VDI-Verfahren erfolgt dadurch, daß in Rechts- und Verwaltungsvorschriften ausdrücklich darauf Bezug genommen wird. So enthält beispielsweise die →TA Luft Verzeichnisse von VDI-Richtlinien zur Emissions- und Immissionsmeßtechnik, verbunden mit der Auflage, daß Messungen unter Beachtung dieser VDI-Meßverfahren durchgeführt werden sollen. *Stahl*

Literatur: Richtlinien über die Festlegung von Referenzverfahren, die Auswahl von Äquivalenzmeßverfahren und die Anwendung von Kalibrierverfahren. Rundschreiben des BMU vom 9. 2. 1988. Gemeinsames Ministerialblatt 1988, S. 191–195. – *Seifert, B., E. Eickeler:* Spezifizierung von Referenzmeßverfahren zur Feststellung gasförmiger Immissionen. Forschungsbericht 104 02 250 des Bundesgesundheitsamtes im Auftrag des Umweltbundesamtes (1984). – *Stahl, H.:* Bereitstellung von Referenzmeßverfahren für die Emissions- und Immissionsüberwachung. Staub-Reinhalt. Luft **40** (1980) S.93–100.

Referenzverfahren. „R. sind eine Grundlage zur →Qualitätssicherung von Immissionsmessungen und bestehen aus einem →Referenzmeßverfahren und der →Kalibrierung mit einem →Primärstandard.

Verfahren zur Immissionsmessung sollten immer aus R. bezogen werden. Besonders gilt dies für die Ermittlung von Kenngrößen nach der →TA Luft, für Immissionsmessungen nach EG-Richtlinien, für Messungen gemäß Smogverordnungen oder nach anderen gesetzlichen bzw. gesetzesähnlichen Vorschriften. *Pfeffer*

Literatur: Richtlinie über die Festlegung von Referenzverfahren, die Auswahl von Äquivalenzmeßverfahren und die Anwendung von Kalibrierverfahren. Rundschreiben des BMU vom 9. 2. 1988 (GMBl. S. 191).

Referenzwert. Im Anwendungsbereich →Altlasten Angaben über die Konzentration eines Stoffs als Einzel- oder Durchschnittswert, der außerhalb des Einwirkungsbereichs von →Verdachtsflächen ermittelt wird; gleichbedeutend mit →Hintergrund-

Referenzwert. Tabelle 1: R. für Schwermetalle, Arsen und Fluor in Böden der Niederlande.

Stoff	Berechnungsformel				Standardboden-Referenzwert (H = 10/L = 25) in mg/kg Trockensubstanz
Chrom	(Cr)	=	50	+ 2L	100
Nickel	(Ni)	=	10	+ L	35
Kupfer	(Cu)	=	15	+ 0,6 (L+H)	36
Zink	(Zn)	=	50	+ 1,5 (2L+H)	140
Cadmium	(Cd)	=	0,4	+ 0,007 (L+3H)	0,8
Quecksilber	(Hg)	=	0,2	+ 0,0017 (2L+H)	0,3
Blei	(Pb)	=	50	+ L+H	85
Arsen	(As)	=	15	+ 0,4 (L+H)	29
Fluor	(F)	=	175	+ 13 L	500

H Gewichtsprozent der organischen Substanz im Boden
L Tonanteil im Boden, Gew.-%
Quelle: VROM NL, 1988

konzentration. Es handelt sich hierbei um allgemeine geogene und anthropogene Hintergrundgehalte des Bodens bzw. Grundwassers. Die R. dienen als Vergleichswert zur Feststellung von Verunreinigungen. Bei Einhaltung der R. in den Proben aus der →Verdachtsfläche besteht keine Veranlassung zu weiteren Untersuchungsmaßnahmen. Eine Überschreitung der R. bedeutet noch nicht, daß eine Gefährdung vorliegt; hierzu sind die Ausbreitungspfade, die vorhandenen und möglichen Expositionen für die Schutzgüter sowie die Nutzungscharakteristik im Rahmen der →Gefährdungsabschätzung einzubeziehen.

In den Niederlanden sind im Leitfaden *Bodensanierung* R. für Schwermetalle, Arsen und Fluor veröffentlicht worden (Tabelle 1). Die ortsspezifischen Humus- und Tonanteile bestimmen die Höhe des R. Die auch im niederländischen Leitfaden veröffentlichten R. für organische Verbindungen gelten für einen Boden mit H=10% organischer Substanz (H = Gewichtsprozent der organischen Substanz im Boden) (Tabelle 2).

Der Gehalt an organischer Substanz entspricht dem Glühverlust, bezogen auf das Trockengewicht des Bodens. Weisen örtlich entnommene Bodenproben einen anderen Gehalt an organischer Substanz (H) auf, so muß der in der Tabelle angegebene Wert durch 10 dividiert und mit dem analytischen Wert H multipliziert werden. Für Böden mit mehr als 30% oder weniger als 2% organischer Substanz werden H-Werte von 30 bzw. 2 eingesetzt.

Eine Übertragung der Werte aus den Niederlanden auf deutsche Verhältnisse muß im Einzelfall geprüft werden, einschließlich der angewandten Analyseverfahren. Hinweise für obere Durchschnittswerte als geogen und pedogen bedingte Istwerte natürlicher Böden in der Bundesrepublik gibt *Kloke* (→Orientierungswerte). *Thoenes*

Literatur: *Kloke, A.:* Nutzungsmöglichkeiten und Sanierung belasteter Böden. Schriftenreihe 34. Darmstadt 1991. – VROM NL Ministerie van Volkshuisvesting, Ruimtelijke Ordening en Milieubeheer, Niederlande: Leidraad Bodemsanering, Deel II, Afl. 4. 's-Gravenhage 1988. (auch in deutscher Übersetzung: Leitfaden Bodensanierung Teil 2. BMU. Bonn 1989).

Reflexion. Eine akustische R. tritt auf, wenn Schallwellen, ähnlich wie Lichtwellen, auf eine, die →Schallwelle reflektierende Fläche treffen.

Im Geräuschimmissionsschutz ist R. besonders dann zu berücksichtigen, wenn die Originalschallquelle gegenüber dem Immissionspunkt abgeschirmt ist, für die reflektierende Fläche dieses Hindernis aber wirkungslos ist.

Berücksichtigt werden bei Schallausbreitungen derartige R., indem man sich die reflektierende Fläche (Wand) ersetzt denkt durch eine an der Wand gespiegelten Schallquelle, d. h. daß eine zusätzliche Schallquelle in gleichem Abstand hinter der Wand angenommen wird wie die Originalquelle sich vor der Wand befindet.

Der →Schalleistungspegel dieser Spiegelschallquelle kann im allgemeinen niedriger angenommen werden als der der Originalquelle, weil bei der R. durch Absorption und Streuung ein Teil der auftreffenden →Schallenergie in Wärme umgewandelt wird.

Bei →Schallimmissionsprognosen wird bei glatten Wänden ein Reflexionsverlust von 0 bis 1 dB(A), bei stark strukturierten Wänden (z. B. Hausfronten mit Balkonen) ein Reflexionsverlust von 2 dB(A) angenommen.

Lärmschutzwände (→Schallschirm) an Straßen- und Schienenverkehrsanlagen haben, wenn sie reflektierend ausgeführt sind, einen Reflexionsverlust von 1 dB(A), bei absorbierender Ausführung

Referenzwert. Tabelle 2: R. für organische Verbindungen in Böden der Niederlande.

Organische Verbindung	Referenzwert bei 10% organischer Substanz im Boden (H = 10)
a) halogenierte Kohlenwasserstoffe und Inhibitoren der Cholinesterase	
Hexachlorcyclohexan; Endrin; Tetrachlorethan;	weniger als 1 μg/kg Trockensubstanz pro Stoff*)
Tetrachlormethan; Trichlorethan; Trichlorethen; Trichlormethan; Polychlorierte Biphenyle mit IUPAC-Nr. 28 und 52	
Chlorpropen; Tetrachlorethen; Hexachlorethan; Hexachlorbutadicn; Heptachlorepoxid; Dichlorbenzol; Trichlorbenzol; Tetrachlorbenzol; Hexachlorbenzol; Monochlornitrobenzol; Dichlornitrobenzol; Aldrin; Dieldrin; Chlordan; Endosulfan; Trifluralin; Azinphos-Methyl; Azinphos-Ethyl; Disulfoton; Fenitrothion; Parathion (und -methyl); Triazophos; Polychlorierte Biphenyle mit IUPAC-Nr. 101, 188, 138, 153 und 180	weniger als 10 μg/kg Trockensubstanz pro Stoff
DDD; DDE; Pentachlorphenol	weniger als 100 μg/kg Trockensubstanz pro Stoff
b) Polycyclische aromatische Kohlenwasserstoffe	
Naphthalin; Chrysen	weniger als 10 μg/kg Trockensubstanz pro Stoff
Phenanthren; Anthrazen; Fluoranthen; Benzo-(a)pyren	weniger als 100 μg/kg Trockensubstanz pro Stoff
Benz(a)anthrazen	weniger als 1mg/kg Trockensubstanz pro Stoff
Benzo(k)fluoranthen; Indeno (1,2,3-cd)pyren; Benzo(ghi)perylen	weniger als 10 mg/kg Trockensubstanz pro Stoff
c) Mineralöl	
insgesamt	weniger als 50 mg/kg Trockensubstanz pro Stoff
Octan; Heptan	weniger als 1 mg/kg Trockensubstanz pro Stoff

H Gewichtsprozent der organischen Substanz im Boden
*) oder Nachweisgrenze, wenn diese höher ist als der angegebene Wert
Quelle: VROM NL, 1988

von 4 dB(A) und bei hochabsorbierender Ausführung von 8 dB(A).

An einer Wand in der Nähe der Schallquelle oder des Immissionspunkts tritt im allgemeinen nur eine Reflexion (Einfachreflexion) auf. An Verkehrswegen, die beiderseits bebaut sind, können Mehrfachreflexionen an den Hauswänden auftreten, die je nach Verhältnis der mittleren Gebäudehöhe zum mittleren Abstand der Hausfronten zu Schallpegelerhöhungen von 1–3 dB(A) führen können.

In VDI 2714 sind folgende Pegelerhöhungen $D_{R,mehrfach}$ bei Mehrfachreflexionen in Abhängigkeit vom Verhältnis der mittleren Gebäudehöhe h zum mittleren Hausfrontenabstand w genannt

h/w	$D_{R,mehrfach}$ in dB(A)
0,1	0
0,3	1
0,5	2
0,8	3

Strauch

Literatur: RLS 90: Richtlinien für den Lärmschutz an Straßen. Ausg. 1990. – Schall 03, Richtlinien zur Berechnung der Schallimmissionen von Schienenwegen. Ausg. 1990. – VDI 2714: Schallausbreitung im Freien. 1/1988.

Regenbecken →Regenklärbecken, →Regenrückhaltebecken, →Regenüberlaufbecken

Regenklärbecken. Mechanische →Abwasserbehandlungsanlage innerhalb eines Trennsystems (→Trennverfahren), entweder unmittelbar an einem Vorfluter liegend oder auf Kläranlagen. R. entleeren sich nur über einen Überlauf, über den die gesamte zugeflossene Wassermenge nach der gewünschten Aufenthaltszeit in den Vorfluter abfließt. R. werden nicht, wie →Regenrückhalte- oder →Regenüberlaufbecken, innerhalb einer Mischkanalisation errichtet. *Mertsch*

Regenrückhaltebecken. R. sind Bestandteil von Mischsystemen (→Mischverfahren) und speichern bei starkem Regenabfluß einen Teil des aus der Kanalisation ankommenden Abwassers und geben den Beckeninhalt langsam an das anschließende Kanalnetz wieder ab. Der unterhalb liegende Kanal, ein Pumpwerk oder eine →Kläranlage werden durch diese Verkleinerung der Abflußspitze entlastet. Diese Becken haben keinen Überlauf zum Vorfluter, sie können das →Abwasser nur an das Kanalnetz abgeben. Es bleibt also alles Abwasser im Netz und durchläuft die Kläranlage. *Mertsch*

Regenüberlauf. R. sind Entlastungsbauwerke des Mischkanalsystems (→Mischverfahren). Vom R. fließt der abgeschlagene Teil des durch Regenwasser stark verdünnten Abwassers direkt in einen Vorfluter. R. haben keinen Speicherraum. *Mertsch*

Regenüberlaufbecken. Das R. ist eine Kombination von →Regenrückhaltebecken und →Regenklärbecken. Das R. dient zunächst der Speicherung von Mischwasser, das es auch wieder an das Kanalnetz abgibt. Bei stärkeren Regenfällen kann jedoch nach Füllung des Speicherraums das darüber hinaus zulaufende Mischwasser nach kurzer Aufenthaltszeit und grober Entschlammung über einen Überlauf einem Vorfluter zufließen. Es bleibt also nicht alles Wasser im Netz, jedoch mehr Wasser als beim →Regenüberlauf. R. haben einen Ablauf zum Kanalnetz und einen Überlauf zum Vorfluter, weshalb sie in seiner Nähe liegen müssen. *Mertsch*

Literatur: ATV (Hrsg.): Lehr- und Handbuch der Abwassertechnik; Bd. II; Entwurf und Bau von Kanalisationen und Abwasserpumpwerken. Berlin 1982.

Regenwasser. Niederschlagwasser (R.) ist ein Teil des Wasserkreislaufs der Erde. Niederschlag fällt als Regen, Schnee, Hagel, Nebel, Reif und Tau. Daraus ergibt sich der Regenwasserabfluß oberirdisch, oberflächennah und über das Grundwasser. Der mittlere jährliche Niederschlag von 837 mm in Deutschland entspricht einer Wassermenge von 8 370 m³/ha, von der rd. 38 % als →Oberflächenwasser, beeinflußt aus den nassen und trockenen Depositionen aus der Atmosphäre, dem berührten Bodenkörper und den Abwassereinleitungen, zum

Meer abfließen. Regenwasser besorgt so die großräumige Luftreinigung, die Reinigung des Bewuchses und auch des Bodens. Da R. von sauberen Oberflächen, z. B. Dächern, Terrassen, sauber gehaltenen Wohnstraßen und Gärten, sauberer als das aus Kläranlagen nach der Reinigung abfließende Abwasser ist, wird es zukünftig zunehmend anzustreben sein, R. auf begrünten Flächen zu versickern oder oberirdisch im →Trennverfahren in die Wasserläufe abzuleiten. Nur die stärker verschmutzten Oberflächenabflüsse von R. werden in den →Kläranlagen zu behandeln sein. *Friedrich*

Reinhalteordnung. Die R. ist ein planerisches Instrument des Gewässerschutzes. Sie kann gem. § 27 WHG aus Gründen des Wohls der Allgemeinheit für oberirdische Gewässer oder Gewässerteile erlassen werden und kommt z. B. für die Sanierung stark verunreinigter Gewässer oder für die Erhaltung sauberer Gewässer in Betracht. Zweck ist die Erhaltung oder Verbesserung der Gewässergüte. Die R. soll berücksichtigen, daß einzelne Gewässerbenutzungen für sich genommen zwar unschädlich sein mögen, in ihrer Summe jedoch problematisch für die Gewässerbewirtschaftung sein können. R. werden zum planerischen Instrumentarium gerechnet. Gem. § 27 Abs. 1 S. 2 WHG können sie vorschreiben, daß bestimmte Stoffe nicht zugeführt werden dürfen, daß Stoffe bestimmten Mindestanforderungen genügen müssen, und welche sonstigen Einwirkungen abzuwehren sind, durch die die Beschaffenheit des Wassers nachteilig beeinflußt werden kann.

R. werden gem. § 27 Abs. 1 WHG als Rechtsverordnung erlassen; sie sind damit allgemeinverbindlich. Die Zuständigkeit für die Aufstellung von R. liegt nach dem Landesrecht zumeist bei der obersten oder oberen Wasserbehörde. Besondere Verfahrens- oder Beteiligungsvorschriften gibt es regelmäßig nicht. In der Praxis spielen die R. bislang eine untergeordnete Rolle. *Hoppe/Beckmann*

Literatur: *Breuer:* Öffentliches und privates Wasserrecht, 2. Aufl. München 1987. – *Nisipianu:* Abwasserrecht. München 1991.

Reinigungsgrad.

Altlastensanierung. Konkretes Ziel einer Sanierungsmaßnahme, z. B. Beurteilungsgröße bei der Dekontamination einer →Altlast. Je nach Art der vorliegenden Verunreinigungen und der betroffenen Umweltmedien kann es sich um das Erreichen von boden-, wasser-, abgas- bzw. luftbezogenen Konzentrationswerten handeln. Neben diesen absoluten Konzentrationswerten als →Restkontamination wird in der →Sanierungstechnik häufig auch der Wirkungsgrad des Sanierungsverfahrens benutzt. Eine derartige Angabe reicht für die Beurteilung des Sanierungserfolgs allein nicht aus, weil die nach der Sanierung noch vorliegenden stofflichen Konzentrationen mit ihren Eigenschaften und Auswirkungen wichtige Beurteilungskriterien für die Güte einer →Altlastensanierung sind. *Thoenes*

Luftreinhaltung. →Emissionsstandard zur Luftreinhaltung. R. ist das Verhältnis der Differenz zwischen den einer Abgasreinigungseinrichtung mit dem Rohgas zugeführten (M1) und in ihrem Abgas (Reingas) emittierten (M2) Schadstoffmassen zu der zugeführten Schadstoffmasse (M1):

$$R = \frac{M1 - M2}{M1} = 1 - \frac{M2}{M1} \text{ (angegeben in \%)}.$$

Praktisch angewendet wird der R. beispielsweise zur Kohlenwasserstoffemissionsbegrenzung in der →20. BImSchV. *Dreyhaupt*

Rekultivierung. Die Gewinnung der Braunkohlen im Tagebaubetrieb (→Braunkohlentagebau) ist mit starken Eingriffen in die bestehende Kulturlandschaft verbunden. Die bergbauliche Nutzung großer Flächen führt zur grundlegenden Umgestaltung des geologischen Aufbaus der Abraumschichten (Abraum), des Grundwasserhaushalts, der Besiedlung und der Infrastruktur des Tagebaugeländes. Der Bergbautreibende ist durch das →Bundesberggesetz zur Wiedernutzbarmachung der von ihm in Anspruch genommenen Flächen verpflichtet.

Nach der vorübergehenden bergbaulichen Nutzung werden die in Anspruch genommenen Flächen durch die R. für land- und forstwirtschaftliche, aber auch für Siedlungs- und Verkehrszwecke wieder nutzbar gemacht. An die neu zu schaffende Kulturlandschaft werden hohe Anforderungen gestellt. Im wesentlichen sind folgende Kriterien für die Gestaltung der Bergbaufolgelandschaft zu berücksichtigen:
– vorherige Nutzung,
– bergbaubedingte Nutzung, z. B. Restseen,
– Erholungsfunktion für die Bevölkerung,
– nachhaltige ökologische Stabilität.

Zur landwirtschaftlichen R. wird kulturfähiges Material (z. B. Löß) verwendet, das bei der →Abraumbewegung ausgesondert wird (Abraumverwertung). Der Kulturbodenauftrag geschieht vorwiegend durch die für die →Abraumverkippung eingesetzten Absetzer.

Eine andere Methode des Kulturbodenauftrages, vor allem für Löß, ist das Naß- oder Spülverfahren. Die anfängliche Bodenbearbeitung der im Spülverfahren hergestellten Fläche ist schwieriger als bei den durch Absetzerauftrag entstandenen Böden, weil die tragende Oberschicht zunächst nur etwa 10 cm dick ist. Daher sind für die Einsaat nur Maschinen und Geräte mit sehr geringem Bodendruck einsetzbar.

Die neu angelegten landwirtschaftlichen Flächen werden zunächst einer bis zu sieben Jahren dauern-

den sog. Zwischenbewirtschaftung unterzogen, um den durch die Umlagerung verursachten niedrigen Nährstoffgehalt und Humusspiegel anzuheben, das Bodengefüge zu verbessern und die frischen Böden durch eine schonende Fruchtfolge und ausgewogene Düngung weiterzuentwickeln, bis stabile Erträge erzielt werden.

Die großen landwirtschaftlich rekultivierten Bereiche werden durch Grünzüge und punktuell angelegte Gehölze in übersichtliche Landschaftsräume gegliedert. Innerhalb dieser Grünzüge werden zahlreiche Sonderbiotope wie Gewässer, Feucht- und Sukzessionsflächen unterschiedlichster Ausprägung angelegt.

Für die forstwirtschaftliche R. wird sog. Forstkies verwendet. Forstkies ist eine Mischung aus Löß und Kies. In die vorbereiteten Flächen können Endbestandsholzarten sofort eingepflanzt werden. Die Bestockung orientiert sich an der potentiellen natürlichen Vegetation, jedoch wird auch auf Artenvielfalt geachtet. Forstwirtschaftlich werden Flächen z. B. rekultiviert, wenn kulturfähiges Abraummaterial nur in geringem Maße vorhanden ist. Auch werden bleibende Kippenböschungen aufgeforstet, um sie gegen Witterungseinflüsse zu sichern. Bei der Landschaftsgestaltung im Zuge der R. entstehen auch Wasserflächen, die in Verbindung mit angrenzenden Uferzonen und neuen Wäldern als Erholungsgebiete dienen. Teilbereiche der R. werden bewußt als Lebensräume für solche Pflanzen und Tiere hergestellt, die an bestimmte Standorteigenschaften gebunden sind, die in der intensiv genutzten Kulturlandschaft kaum noch vorkommen. Beispielsweise wurden viele Feuchtbiotope angelegt, in denen eine große Zahl Pflanzen und Tiere anzutreffen sind, die in der Roten Liste vom Aussterben bedrohter Arten aufgeführt sind.

Vom westdeutschen →Braunkohlenbergbau wurden bis Ende 1992 insgesamt 32 574 ha Fläche in Anspruch genommen: davon waren noch 10 350 ha Betriebsflächen. Von den 21 224 wieder nutzbar gemachten Flächen sind 9 743 landwirtschaftlich, 8 951 forstwirtschaftlich und 3 530 ha für sonstige Zwecke (Wasserflächen, Wohnsiedlungen, fremde Betriebe, Verkehrsflächen u. ä.) rekultiviert worden.

In Ostdeutschland umfaßt die gesamte Flächeninanspruchnahme im Revier Lausitz 74 745 ha, wovon 38 215 ha wieder nutzbar gemacht worden sind; im Revier Mitteldeutschland sind es kumulativ 46 931 ha, wovon 22 019 ha rekultiviert wurden.

Auch die R.-Maßnahmen sind genehmigungspflichtig (→Braunkohlenausschuß).

Wolfrum/Pützer

Literatur: *Hempel, R.* u. *N. Möhlenbruch:* Braunkohle **35** (1983), S. 337–344. – *Leuschner, H. J.:* Braunkohle **28** (1976), S. 111–123. – *Liebl, E.:* Braunkohle **32** (1980), S. 267–273. – *Olschowy, G.:* Natur- und Umweltschutz in der Bundesrepublik Deutschland. Hamburg–Berlin 1978. – *Starke, R.:* Grundsätze der Tagebau-Planung im rheinischen Braunkohlenrevier, Braunkohle **43** (1991), Nr. 4, S. 4/19. – *Stratmann, J.:* Braunkohle **37** (1985), S. 484–491.

Rekultivierungsgebot. Unter →Rekultivierung ist nach einer bestimmten Nutzung die Wiedereingliederung eines Grundstücks in die Landschaft im Sinne einer Anpassung an die natürliche Umgebung zu verstehen. Die Rekultivierung ist von besonderer Bedeutung nach erheblichem Eingriff in Natur und Landschaft. Derartige Eingriffe gelten gem. § 8 Abs. 2 S. 4 BNatSchG als ausgeglichen, wenn nach ihrer Beendigung keine erhebliche oder nachhaltige Beeinträchtigung des Naturhaushalts zurückbleibt und das Landschaftsbild wiederhergestellt oder neu gestaltet ist. Dieses Ziel ist über das R. zu erreichen. Die Notwendigkeit der Rekultivierung besteht besonders z. B. bei offenen Tagebauen, Abgrabungen oder Abfalldeponien. *Hoppe/Beckmann*

Literatur: *Kunig/Schwermer/Versteyl:* AbfG, § 10 Rn. 16ff. 2. Aufl. München 1992. – *Wegener:* Rekultivierungsgebot für Brachflächen, Informationsdienst des Volksheimstättenwerkes 1984.

Relining. Mit R. wird eine Methode zur Sanierung schadhafter Abwasserkanäle bezeichnet, bei der abschnittsweise selbsttragende Rohre in den zu sanierenden Kanal eingebracht werden (*engl.* liner = Futter, Überzug). Zielsetzung kann die Erhöhung der statischen Tragfähigkeit, der Wasserdichtheit oder des Widerstandsvermögens gegen mechanisch oder chemisch aggressive Stoffe sein.

Die wesentlichen R.-Verfahren sind das Rohrrelining, das Wickelrohr- und das Schlauchrelining.
□ Rohrelining: das Einziehen oder Einschieben von Rohren in vorhandene (schadhafte) Abwasserkanäle. Es werden unterschieden:
– Kurzrohr-R.: Einführen kurzer Rohre über vorhandene Schächte,
– Langrohr-R.: Einführen baugrubenlanger Rohre über Baugruben,
– Rohrstrang-R.: über Baugruben mit flexiblen Rohren, die länger als die Baugrube sind.
□ Wickelrohr-R.: aus einem bandförmigen Profil wird vor Ort ein kreisförmiges Spiralrohr gewickelt und gleichzeitig in den vorhandenen Kanal eingebracht. Das Zusammenfügen des bandförmigen Profils erfolgt formschlüssig nach Art einer Nut und Feder-Verbindung, wobei zusätzlich ein Verschweißen oder Verkleben erfolgen kann.
□ Schlauch-R.: ein Schlauch aus Trägermaterial, der mit Folien beschichtet sein kann, wird mit Reaktionsharz getränkt und dann über einen Schacht mit Wasser- oder Luftdruck in den Kanal umgestülpt oder mit einer Winde in den Kanal eingezogen. Die Aushärtung erfolgt bei Normaltemperatur, durch Wärmezufuhr oder UV-Licht unter Innendruck. Es

entsteht ein muffenloser Inliner, der mit dem bestehenden Kanal formschlüssig verbunden ist. *Mertsch*

Literatur: *Stein, D.; W. Niederehe:* Instandhaltung von Kanalisationen. Berlin 1987. – ATV (Hrsg.): Regelwerk Abwasser-Abfall; Merkblatt M 143, Teil 3: Inspektion, Instandsetzung, Sanierung und Erneuerung von Abwasserkanälen und -Leitungen. Relining; Gesellschaft zur Förderung der Abwassertechnik. St. Augustin 1992.

REM. Kurzzeichen: rem. REM bedeutet: roentgen equivalent man. Bis 31. 12. 1985 gebräuchliche Einheit der Äqzivalentdosis. Ab diesem Zeitpunkt darf nur noch die neue SI-Einheit →Sievert (Sv) benutzt werden; 1 rem = 10^{-2} Sv. *Merz*

Renaturierung. R. ist ein Prozeß, der ein →Ökosystem in den natürlichen oder einen naturnahen Zustand zurückführt. Der Begriff (Revitalisierung, ökologischer Rückbau) wird häufig für die nature Umgestaltung früher überwiegend nach technischen Gesichtspunkten ausgebauter Fließgewässer durch die Herstellung einer gewässertypischen Morphologie und Gewässer begleitender landschaftstypischer Flora verwendet. In der Kulturlandschaft ist ein naturnaher Zustand nur bedingt erreichbar, weil das natürliche Abflußregime der Gewässer auf Grund der bestehenden Nutzungs- und Bewirtschaftungsstrukturen in den Einzugsgebieten in der Regel nicht wiederherstellbar ist und den Gewässern kaum Entwicklungsraum zur Bildung natürlicher Gewässerlandschaften zur Verfügung steht. Dennoch sind solche Maßnahmen geeignet, die Entwicklung der Gewässer zu einem naturnäheren Zustand zu ermöglichen. *Friedrich*

Replika-Plattierung. Ein auch als Stempeltechnik oder nach dem Erfinder *Joshua Lederberg* als *Lederberg*-Technik bezeichnetes Verfahren, um Festagarkulturplatten mit identischen Mustern von Bakterienkolonien zu erhalten. Hierzu verwendet man einen sterilen Samtstempel, dessen Oberfläche in Größe und Form exakt einer Petrischale entspricht. Er wird benutzt, um von einer mit Kolonien bewachsenen Platte die Bakterien aufzunehmen und auf eine beliebige Anzahl steriler Platten zu überstempeln. Die übertragenen Bakterien wachsen naturgemäß an identischen Stellen zu neuen Kolonien aus. Die Technik findet breite Anwendung zur Identifizierung und Selektion von Mutanten (→Mutation) oder gentechnisch veränderten Mikroorganismen. So lassen sich beispielsweise Auxotrophie-Mutanten leicht durch Vergleich der Kolonien auf Kulturplatten mit wuchsstoffdezienten und supplementierten Medien erkennen. Analog lassen sich gentechnisch veränderte Organismen erkennen, bei denen ein Resistenzgen eine Inaktivierungsinsertion erfahren hat, indem man die Kultur auf eine antibiotikahaltige Platte überstempelt. Eine Weiterentwicklung der *Lederberg*-Technik ist auch die Colony hybridisation. *Flohé*

Replikation. Bezeichnung für den biologischen Vorgang, der zur identischen Reduplikation der DNA im Verlaufe der Zellteilung führt.

Im Prinzip erfolgt die R. so, daß der zu replizierende DNA-Doppelstrang in die komplementären Einzelstränge getrennt wird und die freiwerdenden Positionen gegenüber den Basen der →Nukleinsäure durch komplementäre Desoxyribonucleotide besetzt werden, aus denen dann jeweils ein neuer identischer Einzelstrang synthetisiert wird. Dieser im Grund einfache Vorgang ist jedoch im Detail höchst komplex. *Flohé*

Literatur: *Lewin, B.:* Gene. Weinheim 1988.

Repräsentativität. Die R. von Immissionsmessungen ist ein wichtiges Kriterium für ihre Qualität. Sie ist nicht quantifizierbar und läßt sich nur im Zusammenhang mit der konkreten Aufgabenstellung und Zielsetzung beurteilen. Die R. bezieht sich im allgemeinen auf Art und Umfang der im Rahmen einer bestimmten Aufgabe erfaßten Stoffe, Art, Ort und Dauer der →Probenahme, den →Meßzeitraum, das →Meßgebiet, die →Meßstellendichte, die einzusetzenden Meßverfahren und weitere Parameter. Es ist Aufgabe der →Meßplanung, im Vorfeld einer Untersuchung diesen Punkten nachzugehen und eindeutige Festlegungen zu treffen, um die R. von Immissionsuntersuchungen sicherzustellen. *Pfeffer*

Reproduzierbarkeit. Der *engl.* Begriff reproducibility wie er in den internationalen Normen (z. B. DIN ISO 6879 oder DIN ISO 5725) verwendet wird, entspricht dem deutschen Begriff der →Vergleichbarkeit (R).

In der Bundesrepublik Deutschland wird, insbesondere bei Eignungsprüfungen, der Begriff R. als Maß für die Übereinstimmung von Doppelbestimmungen verwendet. Die R. R_D eines Meßverfahrens wird dabei aus Doppelbestimmungen mit zwei baugleichen Meßgeräten (VDI 2449, Bl. 1, E) am *gleichen Meßobjekt,* am *gleichen Ort* und zur *gleichen Zeit* ermittelt. Die R. R_D ergibt sich dann zu

$$R_D = \frac{\bar{y}_i}{S_D \cdot t_{f.95}} \quad \text{mit} \quad S_D = \sqrt{\frac{\sum_{i=1}^{m} (x_{i1} - x_{i2})^2}{2m}}$$

Dabei ist

S_D die Standardabweichung aus Doppelbestimmungen

m Anzahl der Wertepaare (x_{i1}/x_{i2})

$\bar{y}_i$ Mittelwert einer Konzentrationsklasse

$t_{f.95}$ ist ein Faktor der (für die Wahrscheinlichkeit von 95 %) von der Anzahl der Prüfergebnisse f = 2m abhängig ist. Für normalverteilte Kollektive ist $t_{f.95}$ der entsprechende Studentfaktor ($t_{f.95} \approx 2$)

R_D wird aus 15 Einzelwertepaaren für jede Konzentrationsklasse in bezug auf den Klassenmittelwert $\bar{y}_i$ bestimmt. Zur Bestimmung von R_D für Immissionsmeßgeräte werden mehrere Prüfungszustände im Bereich zwischen 0 und 2·IW2 (= Immissions-Kurzzeitwert nach Nr. 2.5 der TA Luft) aufgegeben.

Ein Anwender, der nicht über zwei baugleiche Geräte verfügt, kann nicht die R. R_D, sondern nur die →Wiederholbarkeit r oder die Vergleichbarkeit R (reproducibility) angeben. *Birkle*

Resistenz. Ausdruck für eine genetisch determinierte Widerstandsfähigkeit von Organismen gegen Antibiotika, Herbizide, Pestizide, toxische Schwermetalle u. ä.

Am besten ist in Anbetracht der medizinischen Relevanz die Antibiotika-R. von pathogenen Bakterien untersucht. Hierbei hat sich herausgestellt, daß die Mechanismen der R. und der Resistenzentwicklung mindestens so heterogen wie die Wirkungsmechanismen der diversen Antibiotika sind und daß selbst die R. gegen ein definiertes Antibiotikum vielfältige Ursachen haben kann. *Flohé*

Literatur: *Goodman and Gilmans's:* The Pharmacological Basis of Therapeutics. Section XI, 8. Ed. New York 1990.

Resistenzgen. →Gen, das für →Resistenz gegen Antibiotika, Herbizide, Pestizide u. ä. verantwortlich ist. Viele bakterielle R. sind auf Plasmiden lokalisiert, die oft für mehrere Resistenzen simultan codieren. Da einige dieser Resistenzplasmide auch noch konjugativ sind, kann es bei der Konjugation zwischen verwandten Stämmen zu einer simultanen Akquirierung multipler Resistenzen kommen. Dies hat sich beim therapeutischen Einsatz von Antibiotika in Krankenanstalten in Form des Hospitalismus als äußerst problematisch erwiesen. Ohne Selektionsdruck, also ohne ständige Exposition von Antibiotika, neigen jedoch die Bakterien dazu, die Resistenzplasmide weitgehend zu eliminieren, so daß es bislang außerhalb von Krankenanstalten nicht zu einem generellen Anstieg der Antibiotikaresistenz gekommen ist. *Flohé*

Literatur: *Kresken, M.; B. Wiedemann (eds.):* Fortschritte der antimikrobiellen, antineoplastischen Chemotherapie. Die Epidemiologie der Resistenz bei Bakterien und ihre Bedeutung für die Wirksamkeit von Chemotherapeutika. Paul-Ehrlich-Gesellschaft für Chemotherapie e. V. München 1987.

Resorcinoldiglycidylether.
□ Stoff-Identifizierungs-Nr.:
CAS-Nr.: 101-90-6
EG-Nr.: 603-065-00-9
EINECS-Nr.: 202-987-5
□ Chemische Formel: $C_{12}H_{14}O$
□ Stoffcharakteristik: Strohgelbe Flüssigkeit mit leicht phenolischem Geruch, mischbar mit den meisten organischen Harzen.
□ Gefahrenmerkmale:
– Stoffliste nach § 4a der →Gefahrstoffverordnung:
Gefahrenkennbuchstabe(n): T
R-Sätze: 23/24/25-45-43
S-Sätze: 1/2-23-24-45
– Besondere Stoffeigenschaften nach TRGS 500:
krebserzeugend: MAK-Gruppe IIIA2
– Stoffliste (Anhang II) der →Störfall-Verordnung:
Nr. 4c
– Emissionswerte: TA Luft Einstufung: 2.3 (gemäß MAK-Liste)   *Fischer/M. Schön*

Resorption. Die Aufnahme eines Stoffes von der Stelle der Einwirkung auf den Organismus in die Blut- oder Lymphbahn. Man unterscheidet die enterale Aufnahme durch den Magen-Darmtrakt sowie die parenterale R. durch die Haut (dermale R.) oder die Atemwege und die Lunge (pulmonale R.). Die R. eines Stoffes wird von verschiedenen Faktoren wie Partikelgröße von Feststoffen, bei gelösten und flüssigen Stoffen von Ionisationsgrad, pH-Wert und Lipidlöslichkeit bestimmt. Gase werden vor allem bei inhalativer Aufnahme sehr leicht resorbiert.

Die Lipidlöslichkeit ist in den meisten Fällen für die R. entscheidend, weil bei der R. die Lipidmembranen der Zellen durch Diffusion überwunden werden müssen. Wasserlösliche Stoffe müssen überwiegend durch aktive Transportmechanismen in die Zellen aufgenommen werden.   *Deml*

Ressource. Alle Lebewesen einschließlich des Menschen sind Durchsatz-Systeme (Input-Output-Systeme), weil sie nur durch ständige – höchstens gelegentlich unterbrochene – Aufnahme von Energie und geeigneten Stoffen in Funktion, d. h. am Leben bleiben. Innerhalb der Lebewesen bzw. der lebenden Systeme (→Ökosystem) werden Energie und Stoffe durch z. T. komplizierte biochemische Reaktionen (→Photosynthese, →Nahrungskette) umgewandelt oder umgesetzt und dabei organische Betriebs- und Baustoffe sowie energiehaltige Stoffspeicher gebildet. Die nicht verwendeten oder nicht mehr verwendbaren Energie- und Stoffmengen werden ausgeschieden.

Zur Aufrechterhaltung des Lebens müssen daher Energie und geeignete Stoffe den Lebewesen ständig zur Verfügung stehen und sozusagen wie aus einer Quelle (source) geschöpft werden können. Aus diesem Bild ergibt sich der Begriff der R. als einer ständig fließenden und sich immer wieder auffüllenden Quelle für lebenswichtige Güter. Das meist in der französischen Schreibung verwendete Wort R. (*engl.* resource) ist so gut wie eingedeutscht, wird aber auch mit deutschen Begriffen wie →Naturgut, natürliche Lebensgrundlage oder (wenig treffend) natürliche Hilfsquelle wiedergegeben.

R. sind immateriell (Energie) oder materiell (Stoffe). Aus ökologischer und auch ökonomischer Sicht werden erneuerbare und nicht erneuerbare R. unterschieden. Als nicht erneuerbar – was eigentlich dem vorher erläuterten Begriff R. widerspricht – gelten anorganische, unbelebte Materialien wie Erze, Salze oder Baustoffe, die abgebaut und verbraucht werden, bis ihre Abbau- oder Lagerstätten erschöpft sind. Da aber Materie nicht verschwindet, könnten diese Stoffe bei wirklich vollständigen Stoffkreisläufen immer wieder neu gewonnen und verwendet werden. In der Praxis kommt es aber zu Vermischungen, chemischen Umwandlungen und Dissipationen der Stoffe, sodaß die Erneuerbarkeit (im Sinne der →Wiederverwendung) der R. höchstens teilweise erreicht wird; jedoch zeigt die moderne Abfallwirtschaft, daß hier noch ein bisher unterschätztes R.-Potential vorliegt.

Erneuerbare R. sind alle biologisch gebildeten (= organischen) Substanzen, die in ihrer Gesamtheit, soweit sie noch belebt sind, auch als →Biomasse, in totem Zustand als →Detritus oder (tote) organische Substanz bezeichnet werden. Sie gehen fast sämtlich auf die Photosynthese der grünen Pflanzen zurück, nur einige Mikroorganismen sind zur Chemosynthese befähigt, für die sie als Energiequelle chemische Verbindungen nutzen. Die Erneuerbarkeit der photosynthetisch entstandenen R., zu denen praktisch alle Nahrungs- oder Lebensmittel sowie Holz, Cellulose, Wolle, Fette – heute meist als nachwachsende Rohstoffe bezeichnet – gehören, beruht auf der ständigen Produktion und Einstrahlung der Sonnenenergie. Diese wird daher ihrerseits, aber physikalisch nicht korrekt, unter die erneuerbaren R. gerechnet, ebenso wie die von ihr abgeleiteten regenerativen Energien wie Wind- und Wasserkraft sowie die nutzbare solare Wärmeenergie.

In der Betrachtung der menschlichen Umwelt (→Humanökologie) ist noch ein anderer R.-Begriff gebräuchlich, der sich auf immaterielle und zugleich komplexe R. wie Eigenart oder Schönheit der Landschaft, Erlebnis- oder Erholungswert, Stille, Erbauung, Friedlichkeit und Sicherheit richtet. Für die →Umweltplanung spielen derartige R. eine oft wichtige Rolle, doch ihre Berücksichtigung ist schwierig, weil sie nicht direkt meßbar und außerdem von Wertungen beeinflußt sind.   *Haber*

Restabfall →Restlicher Abfall

Restkontamination. Boden-, wasser- oder luftbezogene Konzentrationswerte nach Abschluß der Sanierung von →Altlasten. R. sind immer vorhanden, weil ein hundertprozentiger Wirkungsgrad, bei einer Dekontamination technisch nicht möglich ist. Die Größe der R. ist nicht nur von der Wahl der eingesetzten →Sanierungstechnik, sondern auch von den Verhältnissen am Standort, z. B. Bodenzusammensetzung, abhängig. Die R. und ihre möglichen Auswirkungen bestimmen gegebenenfalls auch die →Nutzungsanpassung. Im Rahmen der →Machbarkeitsstudie ist die zu erwartende R. im Hinblick auf ihre Auswirkungen für die Schutzgüter und Nutzungen zu beurteilen. *Thoenes*

Restlicher Abfall. Der nach →Abfallvermeidung und nach stofflicher →Abfallverwertung verbleibende Rest von Siedlungsabfällen.

Der (synonyme) Begriff Restabfall oder Restmüll (→Müll) wird oft nur im Zusammenhang mit →Haushaltabfall verwendet: Restabfall ist dann der nach Ausnutzung aller Strategien zur Abfallvermeidung und Abfallverwertung, insbesondere durch die getrennte Sammlung von Wertstoffen und Problemstoffen, in den Haushalten gesammelte Abfall, der von der öffentlichen →Abfallentsorgung mit der üblichen Hausabfallabfuhr übernommen wird. In diesem Sinne gehören zum (Haushalt-)Restabfall nicht der Getrenntsammlung zuzuführende Abfallmaterialien wie Flachglas, Glühbirnen, Holz, Keramik, Porzellan, Leder, Gummi, Textilien, Hygieneartikel, Wegwerfwindeln, Hausbrandasche u. a. m.

Die abfallstrategischen Zielvorgaben einer extremen Abfallvermeidung und -verwertung manifestieren sich in einer oft kontroversen kommunalen Diskussion um die Auswahl und Bemessung von geeigneten Abfallsammelbehälter-Systemen; man spricht dabei auch von Restabfallbehältern, wenn der in den Haushalten üblicherweise verwendete Haushaltabfall-Sammelbehälter (Abfalltonne, Abfallsack) gemeint ist, und von Restabfallabfuhr, wenn es sich um die übliche öffentliche Haushaltabfallabfuhr handelt.

Nach der →TA Siedlungsabfall erstreckt sich der Begriff r. A. auf die Gesamtheit der von der öffentlichen Abfallentsorgung erfaßten und in der TA Siedlungsabfall dargestellten Siedlungsabfälle und nicht nur auf den Inhalt der Restabfallbehälter in den einzelnen Haushalten. *Dreyhaupt*

Literatur: Barkowski, D. u. M. Bleier: Gütersloher Erfahrungen mit der Restmüllbehandlung; ENTSORGA-Magazin (1992) Nr. 5, S. 124–131. – Gallenkemper, B., M. Brunnert u. H.-J. Dornbusch: Behältergrößen für die Abfallerfassung; ENTSORGA-Magazin (1992) Nr. 5, S. 24–38.

Restmüll →Restlicher Abfall

Restrisiko. Der Gefahrenbegriff, der dem →Umweltrecht in zahlreichen Bestimmungen unterlegt ist, ist dem Polizeirecht entlehnt. Im polizeirechtlichen Sinne wird unter einer Gefahr die erkennbare und objektive Möglichkeit eines Schadenseintrittes verstanden. Voraussetzung des Vorliegens einer Gefahr ist, daß der Eintritt des Schadens mit einer gewissen Wahrscheinlichkeit bevorsteht. An die Wahrscheinlichkeit des Schadenseintritts sind nach der Rechtsprechung um so geringere Anforderungen zu stellen, je größer und folgenschwerer der möglicherweise eintretende Schaden ist. Bei schwerwiegenden Schadensarten und Schadensfolgen muß die Wahrscheinlichkeit ihres Eintritts gegen Null gehen.

Nach der Rechtsprechung des Bundesverfassungsgerichts muß jedoch ein gewisses R. hingenommen werden. Ein solches R. besteht, wenn der Schadenseintritt zwar praktisch, aber nicht mit letzter Sicherheit ausgeschlossen werden kann. Die Grenze zwischen der Gefahr und dem hinzunehmenden R. wird durch den Standard der praktischen Vernunft gezogen. Nach Ansicht des Bundesverfassungsgerichts haben Ungewißheiten jenseits dieser Schwelle praktischer Vernunft ihre Ursache in den Grenzen menschlichen Erkenntnisvermögens. Sie sind deshalb unentrinnbar und insofern als sozial-adäquate Lasten von allen Bürgern zu tragen. *Hoppe/Beckmann*

Literatur: *Hoppe/Beckmann:* Umweltrecht, § 25 Rn. 11. München 1989. – *Murswiek:* Restrisiko. In: Handwörterbuch des Umweltrechts, Bd. II. Berlin 1988. BVerfG, Beschl. v. 8. 8. 1978 – 2 BvL 8/77 –, NJW (1979) 359 ff.

Reststoff. Der Begriff R. ist im BImSchG und im AbfG unterschiedlich definiert. Aus immissionsschutzrechtlicher Sicht sind R. alle Stoffe, die bei der Energieumwandlung oder bei der Herstellung, Bearbeitung oder Verarbeitung von Stoffen anfallen, ohne daß der Zweck des Anlagenbetriebes hierauf gerichtet ist (→Reststoffpflichten nach dem BImSchG).

Demgegenüber verwendet das AbfG (§ 2 Abs. 3) den Begriff R. für zu verwertende Stoffe, die in der Reststoffbestimmungs-Verordnung aufgeführt sind (→Verordnungen nach AbfG).

Die beiden R.-Definitionen sind nicht kongruent.

Es ist daher mit der Novellierung des AbfG eine Harmonisierung vorgesehen, die auf die Eigenschaften von Stoffen abstellt, unabhängig davon, ob es sich um Rückstände, Reststoffe oder Abfälle handelt. Damit sollen gleichzeitig entsprechende internationale Regelungen (→Basler Übereinkommen, EG-Abfall-Richtlinien) in das deutsche Recht übernommen werden. *Schnurer*

Reststoff, überwachungsbedürftig →Abfall, besonders überwachungsbedürftig

Reststoffbestimmungsverordnung →Verordnungen nach AbfG

Reststoffpflichten nach dem BImSchG. Nach dem BImSchG sind genehmigungsbedürftige Anlagen so zu errichten und zu betreiben, daß Reststoffe vermieden werden, es sei denn, sie werden ordnungsgemäß und schadlos verwertet (§ 5 Abs. 1 Nr. 3 BImSchG). →Reststoffe sind Stoffe, die bei der Energieumwandlung oder bei der Herstellung, Bearbeitung oder Verarbeitung von Stoffen oder Erzeugnissen anfallen, ohne daß der Zweck des Anlagenbetriebs hierauf gerichtet ist. Dient der Anlagenbetrieb der Herstellung verschiedener Produkte (Koppelprodukte), handelt es sich bei ihnen nicht um Reststoffe.

Unerwünschte Reststoffe können durch die Wahl einer reststofffreien Anlagentechnik oder dadurch vermieden werden, daß beim Produktionsvorgang entstehende Stoffe in den Prozeß zurückgeführt und dort als Hilfsstoffe genutzt, chemisch umgewandelt oder in das Produkt eingebunden werden.

Unter der Verwertung von Reststoffen ist deren generelle Nutzung außerhalb der Anlage zu verstehen. Sie ist statt einer möglichen Vermeidung zugelassen, wenn sie in Übereinstimmung mit der Rechtsordnung (ordnungsgemäß) vorgenommen wird und gegenüber der Vermeidung keine relevanten Nachteile für das Gemeinwohl aufweist (schadlos). Sind sowohl die Vermeidung als auch die Verwertung von Reststoffen technisch nicht möglich oder unzumutbar, so dürfen die Stoffe als Abfälle beseitigt werden, sofern durch eine derartige →Abfallbeseitigung nicht das Wohl der Allgemeinheit beeinträchtigt wird. Die Vermeidung oder Verwertung von Reststoffen ist technisch möglich, wenn ein geeignetes Verfahren bekannt ist, das ohne eine längere Entwicklungsphase eingesetzt werden kann. Unzumutbar sind die Vermeidung und die Verwertung von Reststoffen nur, wenn durch sie die Erreichung des mit dem Anlagenbetrieb verfolgten wirtschaftlichen oder sonstigen Zwecks so erschwert wird, daß ein vernünftiger Unternehmer unter den gegebenen Voraussetzungen von einem Betrieb der Anlage Abstand nehmen würde. Eine Beseitigung von Reststoffen als Abfälle ist in keinem Fall zulässig, wenn sie unter Umweltgesichtspunkten bedenklich ist und deshalb das Gemeinwohl beeinträchtigen würde. Nach Einstellung des Anlagenbetriebs sind evtl. noch vorhandene Reststoffe ordnungsgemäß und schadlos zu verwerten oder als Abfälle ohne Beeinträchtigung des Wohls der Allgemeinheit zu beseitigen (§ 5 Abs. 3 Nr. 2 BImSchG). *Hansmann*

Literatur: *Fluck, J.:* Reststoffvermeidung, Reststoffverwertung und Beseitigung als Abfälle nach § 5 Abs. 1 Nr. 3 BImSchG, Natur und Recht 1989, 409ff. – *Hansmann, K.:* Inhalt und Reichweite der Reststoffpflichten nach § 5 Abs. 1 Nr. 3 BImSchG, Neue Z. für Verwaltungsrecht 1990, 409ff. – *Rehbinder, E.:* Abfallrechtliche Regelungen im Bundes-Immissionsschutzgesetz, Deutsches Verwaltungsblatt 1989, 496ff.

Reststoffverwertung.

aus Braunkohlenkraftwerken. Im rheinischen Braunkohlenrevier werden jährlich bis zu 90 Mio. t Rohbraunkohle in Kraftwerken zur Verstromung eingesetzt. Hieraus resultieren je nach Aschegehalt der Kohle 5 bis 6 Mio. t Verbrennungsrückstände in Form von Kessel- und Elektrofilterasche sowie zusätzlich bis zu 2 Mio. t Entschwefelungsgips (REA-Gips) und REA-Wasser aus den Rauchgasentschwefelungsanlagen (REA).

Um die bei der Kohlegewinnung entstehenden ausgekohlten Tagebaue für eine nachfolgende →Rekultivierung vorzubereiten, werden diese Stoffe zur Wiederverfüllung verwendet. Nach dem sog. Stabilisatverfahren wird eine erdfeuchte Mischung aus den Anfällen Asche, REA-Gips und REA-Wasser, die im Laufe der Zeit erhärtet, ohne weitere Zusätze deponiert. Diese sog. Mischdeponien für Verbrennungs- und REA-Rückstände müssen nach dem Abfallgesetz in einem →Planfeststellungsverfahren genehmigt werden.

Das Ablagerungskonzept sieht eine allseitige Abdichtung vor. Deponiebasis und Deponieflanken werden ebenso wie der Deponiedeckel nach der Verfüllung mit einer mindestens 0,6 m mächtigen, mineralischen Abdeckschicht aus Ton versehen.

Für den REA-Gips werden darüber hinaus auch andere wirtschaftliche Verwertungsmöglichkeiten verfolgt, das sind:
– Herstellung eines zementähnlichen Bindemittels auf Basis Halbhydrat,
– Herstellung von Füllstoffen auf Anhydritbasis,
– Einsatz von REA-Gips (Dihydrat) als Düngemittel und Bodenverbesserer.

In den Kraftwerken der Braunkohlenveredlungsbetriebe (Grubenkraftwerke) wird – zur Erzeugung von Prozeßdampf – sog. Veredlungskohle aus dem rheinischen Revier mit Aschegehalten <2,5 Gew.-% verfeuert. Die dabei anfallenden Flugaschen zeichnen sich durch gleichbleibende Qualität, basischen Charakter sowie durch niedrige Schwermetallgehalte aus. Im Gegensatz zu den Aschen aus den RWE-Großkraftwerken sind es hier nur geringe Mengen von max. 150 000 t/a.

In Abhängigkeit von der Feuerungsart der Kraftwerkskessel fallen zwei verschiedene Aschen an: Aschen aus zirkulierenden Wirbelschichtfeuerungen (ZWS-Aschen) und aus Mühlen-Feuerungen, die zur Entschwefelung der Rauchgase das →Trockenadditiv-Verfahren einsetzen (TAV-Asche). Hinsichtlich einer Verwertung ist die Feuerungsart jedoch von untergeordneter Bedeutung, weil die Aschen in ihren, den Verwendungszweck bestimmenden, Eigenschaften weitgehend vergleichbar sind (Tabelle).

Reststoffverwertung. Tabelle: Oxidanalysen von Aschen aus Braunkohlenfeuerungen von Grubenkraftwerken.

Oxidanalysen Angaben in Gew. %	TAV-Asche Mittelwert	ZWS-Asche Mittelwert
SiO_2	6	7
Fe_2O_3	14,5	15
Al_2O_3	2,5	3
CaO	49	45
MgO	12	11
SO_3	12	15
Na_2O	0,4	0,4
K_2O	0,1	0,1
TiO_2	0,15	0,15
MnO	0,4	0,4

TAV: Trockenadditiv-Verfahren
ZWS: Zirkulierende Wirbelschicht

Konventioneller Verwendungszweck der Aschen ist die Nutzung in der Rekultivierung von Tagebauen. In den letzten Jahren wurden verstärkt Bemühungen unternommen, die Aschen alternativen Verwertungsmöglichkeiten zuzuführen.

Folgende Verfahren erscheinen aussichtsreich:
– Verwendung als Bindemittel zur Immobilisierung von zu deponierenden Schadstoffen,
– Einsatz im Straßenbau, z.B. als Füllstoff in hydraulisch gebundenen Tragschichten sowie zur Immobilisierung von teerhaltigem →Straßenaufbruch in Mischung mit Zement und anschließendem Wiedereinbau,
– Verwendung als Konditionierungsmittel für teilentwässerte Klärschlämme,
– Nutzung als Kalkersatz in der Baustoffindustrie, z.B. Teilsubstitution von Weißfeinkalk bei der Herstellung von Kalksandsteinen,
– Verwertung als Kalkdünger in der Forst- und Landwirtschaft.

In den drei erstgenannten Einsatzbereichen werden bereits größere Aschemengen verwendet. Der Einsatz in einigen Sparten der Baustoffindustrie ist bereits technisch erprobt; für einzelne Bereiche stehen jedoch noch die notwendigen Zulassungsprüfungen aus. Die Zulassung der Asche als Kalkdünger ist technisch abgeschlossen. *Faber*

Literatur: *Faber, W.; J. Lambertz; N. Möhlenbruch; H. P. Päffgen:* Verwendung von Braunkohlenflugaschen als Kalkdünger. Braunkohle **44** (1992) Nr. 1/2, S. 25–30. – *Kortmann, W.:* Herstellung von Tonabdichtungen zur Deponierung von Braunkohlenaschen und REA-Rückständen; Braunkohle **41** (1987) Nr. 7, S. 229–34. – *Lehmkämper, O.; P. Bünte; A. Duda u. B. Rüdebusch-Thiemann:* Aufbereitung und Verwertung von Reststoffen aus Braunkohlekraftwerken. Entsorgungs-Praxis (1991) Nr. 9, S. 500–14. – *Lenz, U.; H. Kreusing; N. Möhlenbruch; B. Thole:* Verwertungsmöglichkeiten von Aschen aus rheinischer Braunkohle. Braunkohle **41** (1989) Nr. 7, S. 239–43. – *Lewe, H.; B. Witting:* Probleme mit teerhaltigem Aufbruchmaterial; Straße und Autobahn (1989) Nr. 11, S. 426–32. – *Starke, R.:* Rückstandskippen in den Tagebauen des rheinischen Braunkohlenreviers. Braunkohle **41** (1989) Nr. 7, S. 217–22.

aus Steinkohlekraftwerken. Steinkohlekraftwerken und anderen Feuerungsanlagen fallen, je nach Feuerungsart, unterschiedliche Verbrennungsrückstände an. Im einzelnen sind dies Flugaschen, Grobaschen und Granulate, Wirbelschichtaschen und Trockenadditivaschen (Flugasche-Kalkgemische). Als weitere Rückstände, die im Zuge der Rauchgasreinigung entstehen, sind die sog. REA-Gipse (→Entschwefelungsgips) aus den Rauchgasentschwefelungsanlagen zu nennen. Insgesamt fallen ca. 25 % der eingesetzten Steinkohlenmenge als Rückstände an.

Die aufgeführten Reststoffe werden entweder in der Bau- und Baustoffindustrie oder im Steinkohlenbergbau fast vollständig verwertet: die REA-Gipse zu 100 % und die Aschen und Schlacken zu 92 %. Die Bau- und Baustoffindustrie nützt Flugaschen als Zuschlagstoffe für Zement und Beton im Straßen- und Dammbau. Granulate und Grobasche werden im Erd- und Landschaftsbau, in der Ziegel- und Kalksandsteinproduktion, in Beton und Betonerzeugnissen sowie als Strahlmittel verwendet, Wirbelschichtaschen vor allem im Damm- und Landschaftsbau eingesetzt. REA-Gipse werden wie Naturgipse als Baustoff eingesetzt bzw. durch Umwandlung zu Alpha- oder Beta-Halbhydrat weiterveredelt. Auf dem Baustoffsektor kann der Verwertungsgrad allerdings konjunkturbedingten Schwankungen unterliegen.

Im Steinkohlenbergbau wird die gesamte Palette der Kraftwerksreststoffe unter Tage als Bau-, Füll- und Versatzstoffe eingesetzt. Als Untertage-Baustoffe werden REA-Gipse und Flugaschen zum Großteil in zementhaltigen Damm- und Hinterfüllstoffen eingesetzt. Hauptanwendungsgebiet als Versatzstoff ist die Verfüllung und Abdichtung von Grubenbauen und Abbauhohlräumen. Die Reststoffe werden dabei im Blasversatz und in der Bruchhohlraumverfüllung verwendet. *Schabronath*

Reststoffverwertungsgebot →Abfallvermeidung

Resuspension. Als R. bezeichnet man im Bereich der Immissionsmeßtechnik die Wiederaufwirbelung bereits deponierter Materie, in erster Linie von →Staub. Insbesondere bei starkem Wind und im Nahbereich von Straßen können erhebliche Effekte auftreten. So ist die R. einer der Gründe für die im Nahbereich vielbefahrener Straßen beobachteten erhöhten Staubkonzentrationen. Die R. ist besonders problematisch bei der Erfassung der Deposition von Stoffen, da diese ggf. mehrfach gemessen werden. Vor allem im Zusammenhang mit ursachenanalytischen Fragestellungen und Untersuchungen zur Festsetzung von Immissions- und Depositionsgrenzwerten müssen die Effekte der R. berücksichtigt werden. *Pfeffer*

Retroviren →Viren

Ribonukleinsäure. (RNS; *engl.* RNA ribonucleic acid). →Nucleinsäure, deren Kohlenhydratkomponente die →Ribose ist. Zum grundsätzlichen Aufbau der RNA sei auf Nucleinsäuren verwiesen. Die verschiedenen Typen von RNA haben grundsätzlich unterschiedliche Funktionen im Organismus.

Die ribosomale RNA (rRNA) ist ein essentieller Bestandteil des Ribosoms, der funktionellen Einheit, an der die Proteinsynthese stattfindet. Ribosomen bestehen zu etwa ⅔ aus rRNA, nur zu einem Drittel aus →Protein. Dem hohen Bedarf an rRNA entspricht der Organismus dadurch, daß die rRNA Gene in vielfacher Ausführung vertreten sind. Z. B. besitzt der Mensch in seinem →Genom ca. 200 rRNA-Gene, der Krallenfrosch sogar 600.

Die Messenger-RNA (mRNA, auch Boten-RNA) ist das Transkriptionsprodukt der DNA und dient als Matrize für die →Translation der Nucleotidsequenzen der Nucleinsäuren in die Aminosäuresequenzen der Proteine (→Proteinsynthese).

Die Transfer-RNA (tRNA) bildet eine Gruppe von unterschiedlichen, vergleichsweise niedermolekularen RNA-Molekülen mit auffälligen Strukturcharakteristika, die sich aus ihrer speziellen Funktion ergeben. Sie dienen dem Transfer von aktivierten Aminosäuren an eine definierte Stelle des Ribosoms, an dem die Aminosäure spezifisch nach Maßgabe des Codes der mRNA in das wachsende Protein eingebaut wird.

Mit diesen wesentlichen RNA-Typen ist jedoch das biologische Potential der R. noch nicht erschöpfend umschrieben. Zu erwähnen bleibt, daß die Primersequenz bei der Initiation der →Replikation eine RNA und daß das Genom von RNA-Tumorviren in RNA verschlüsselt ist. Schließlich hat sich in jüngster Zeit herausgestellt, daß bestimmte RNA-Formen katalytische Aktivität aufweisen. Sie werden in Analogie zu Enzymen Ribozyme genannt. *Flohé*

Ribose. Aus fünf Kohlenstoffatomen aufgebautes Zuckermolekül (Pentose). Sie ist die für Ribonucleinsäuren (→Nucleinsäure) charakteristische Zuckerkomponente, ist aber auch Bestandteil von Nukleosiden, Nukleotiden und Coenzymen. *Flohé*

Richtigkeit. R. ist das Maß der Übereinstimmung des Erwartungswerts des Meßwerts und dem zugrunde liegenden wahren Wert des Meßobjekts (Luftbeschaffenheitsmerkmal) oder dem angenommenen →Referenzwert (VDI 2449, Bl. 2; DIN 55350, Teil 13; DIN ISO 5725).

Der Erwartungswert des Meßwerts ergibt sich als arithmetischer Mittelwert aus einer großen Anzahl wiederholter Messungen.

Bei quantitativen Angaben wird nach DIN 55350, Teil 13 als Maß für die R. im allgemeinen die Differenz zwischen dem Mittelwert der Meßergebnisse, die bei mehrfacher Anwendung des festgelegten vollständigen Meßverfahrens festgestellt wurden, und dem wahren (richtigen) Wert des Meßobjekts ausgewiesen.

Häufig wird zwischen R. und Genauigkeit nicht unterschieden oder die Begriffe werden vertauscht. *Birkle*

Richtwert →Orientierungswerte

Richtwirkungsmaß. Die Richtwirkung beschreibt die durch Schallquelleneigenschaften bedingte unterschiedliche →Abstrahlung des Schalls in verschiedene Richtungen von der Quelle; gekennzeichnet wird sie durch das R. Das R. mit der Bezeichnung DI gibt an, um wieviel Dezibel der →Schalldruckpegel der Schallquelle in der betrachteten Ausbreitungsrichtung höher oder niedriger ist als der einer ungerichtet abstrahlenden Schallquelle (→Kugelcharakteristik) gleicher →Schalleistung in gleichem Abstand. Das R. kann frequenzabhängig berücksichtigt werden. Schallquellen mit ausgeprägter Richtwirkung für Immissionspunkte im Umfeld dieser Quellen sind z. B. Mündungen von Ausblasöffnungen und Schornsteinen sowie Gebäudeumfassungsteile.

Näherungswerte für R. von Gebäudeflächen (Dach, Wände) in Abhängigkeit von ihrer Lage zum Immissionspunkt sind in VDI 2571 genannt.

So ist bei einer schallabstrahlenden Gebäudewand, die dem Immissionspunkt direkt gegenüber liegt, DI = 0 dB, für das Dach des Gebäudes ist DI = 5 dB, für die auf der immissionspunktabgewandten Seite des Gebäudes liegenden Wand DI = 20 dB.

Verfahren zur genaueren Bestimmung von DI-Werten sind in VDI 2714 in Abhängigkeit von der Lage des Immissionspunktes zur Schallquelle und von der Frequenz des abgestrahlten Geräusches angegeben. *Strauch*

Literatur: VDI 2571: Schallabstrahlung von Industriebauten. 8/1976. – VDI 2714: Schallausbreitung im Freien. 1/1988.

Ringanalyse. Die R. (häufig auch als Ringversuch bezeichnet) ist ein wichtiges Element der →Qualitätssicherung bei Immissionsmessungen bzw. der Qualitätskontrolle. Die Realisierung von R. im Bereich der Immissionsmeßtechnik erfolgt mit Hilfe einer Probenluftverteileranlage (PLV), auch kurz Ringleitung genannt. In einer derartigen Anlage können Prüfgase und Prüfaerosole unterschiedlichster Zusammensetzung und Qualität erzeugt und über ein Verteilersystem aus Glas angeboten werden. An einer großen Zahl von Anschlußstellen können dann Proben der Prüfgase bzw. Prüfaerosole von verschiedenen Teilnehmern (Laboratorien) eines Ringversuchs entnommen und mit unterschiedlichen Meßverfahren analysiert werden. Dabei können wahlweise kontinuierliche oder manuelle Meßverfahren eingesetzt werden. Durch wiederholte Probeentnahme aus dem gleichen Gas/ Aerosolangebot durch mehrere Versuchsteilnehmer wird ein Datenkollektiv erhalten, dessen statistische Analyse wichtige Rückschlüsse über die eingesetzten Meßverfahren und die ausführenden Teilnehmer ermöglicht.

Der Vergleich der von den Teilnehmern ermittelten Meßergebnisse mit dem jeweils wahren Konzentrationswert ermöglicht eine Aussage über die →Genauigkeit (→Richtigkeit) der durchgeführten Bestimmungen.

Weiterhin lassen sich Aussagen zur →Präzision ableiten. Die (zufälligen) Abweichungen der von einem Versuchsteilnehmer bei wiederholter Analyse des gleichen Meßguts erhaltenen Meßwerte lassen sich in Form der sog. →Wiederholbarkeit (Wiederholpräzision) quantifizieren. Die sog. →Vergleichbarkeit (Vergleichspräzision) beschreibt das Ausmaß der (zufälligen) Fehler bei der zeitgleichen Analyse eines Meßguts durch verschiedene Teilnehmer.

R. sind ein wichtiges Element im Rahmen der →Akkreditierung von Meßinstituten, die von den Bundesländern für Messungen gemäß §§ 26 und 28 des Bundes-Immissionsschutzgesetzes zugelassen werden. *Pfeffer*

Literatur: *Buck, M.:* Konzept der Qualitätskontrolle bei Immissionsmessungen. Staub – Reinhaltung der Luft **49** (1989), S. 337–342. – *Pfeffer, H.-U.:* Qualitätssicherung in automatischen Immissionsmeßnetzen, T. 3: Ringversuche der staatlichen Immissions-, Meß- und Erhebungsstellen in der Bundesrepublik Deutschland (STIMES). Ergebnisse für die Komponenten SO_2, NO_x, O_3 und CO. LIS-Berichte der Landesanstalt für Immissionsschutz Nordrhein-Westfalen, Heft 52. 1984.

Ringelmann-Methode.

Ringelmann-Methode. Einfache manuelle Methode zur visuellen Beurteilung der Schwärzung von Abgasfahnen. Beurteilungsmaßstab ist die Ringelmann-Grauwertskala (Bild): eine Karte mit sechs rechteckigen Feldern unterschiedlicher Schwarzfärbung. Die zwischen den Felder 0 (weiß) und 5 (schwarz) angeordneten Felder, die die Grauwerte 1–4 charakterisieren, besitzen ein feinmaschiges Gitter, dessen Strichstärken so gewählt sind, daß der Anteil schwarzer Färbung 20, 40, 60 und 80 % beträgt. Bei der Anwendung der R.-M. wird die Färbung der zu beurteilenden Abgasfahne mit den Feldern der mit ausgestreckter Hand gehaltenen

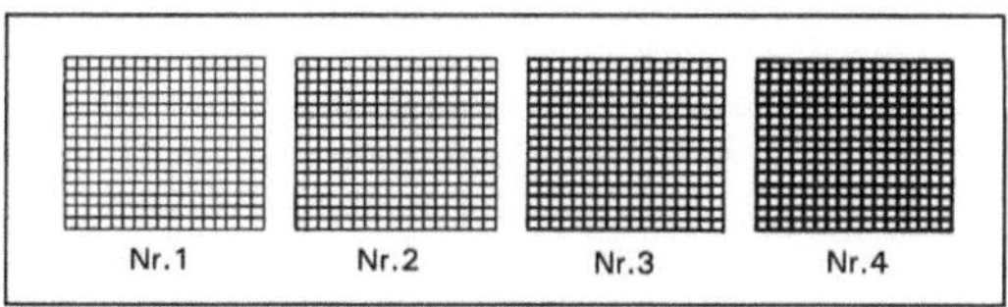

Ringelmann-Methode: Ringelmann-Skala.

Ringelmann-Karte verglichen und nach dem Sinneseindruck der Grauwert bestimmt.

Die R.-M. ist bereits 1898 von dem 1861 in Paris geborenen Agraringenieur *Maximilien Ringelmann,* publiziert und danach in vielen Industriestaaten erfolgreich eingesetzt worden. Dabei sind auch verschiedene Varianten entwickelt worden, in Deutschland z. B. ein monokulares Fernglas mit Filtersegmenten, die verschiedenen Grauwerten entsprechen. Die R.-M. hat in Deutschland keine praktische Bedeutung mehr. Die Verordnung über →Kleinfeuerungsanlagen (→1. BImSchV) enthält zwar noch eine Abbildung der Ringelmann-Skala und die Auflage, daß Feuerungsanlagen für feste Brennstoffe im Dauerbetrieb so zu betreiben sind, daß ihre Abgasfahne heller ist als der Grauwert 1 der Ringelmann-Skala. Bei Feuerungsanlagen nach dem Stand der Technik läßt sich aber eine durch Rußpartikel sichtbare Abgasfahne sicher vermeiden, so daß sich eine Überprüfung nach der R.-M. erübrigt. *Stahl*

Literatur: *Franzky, U.:* Abschätzung des Rauchauswurfs aus Feuerungsanlagen. Wasser, Luft und Betrieb (1964), S. 256 bis 259. – *Ringelmann, M.:* Méthode d'estimation des fumées produites par les foyers industriels. La Revue Technique XIX (1898), S. 268–271.

Ringspaltwäscher. Der R. ist eine zur →Feinstaubabscheidung geeignete Wäscherbauart. Aufbau und Funktionsweise entsprechen dem →Venturiwäscher. Zusätzlich kann durch einen in Strömungsrichtung verschiebbaren, kegelförmigen Körper der Querschnitt der Venturikehle verändert werden (Bild). Dadurch ist auch bei schwankenden Volumenströmen eine gleichmäßig gute Abscheideleistung zu erreichen. *Löffler/Schmidt*

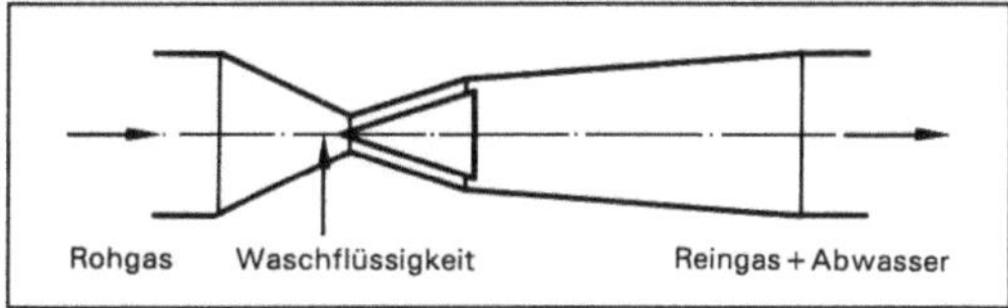

Ringspaltwäscher: Schematischer Aufbau.

Risiko →Risikoanalyse

Risikoabschätzung. In der →Toxikologie kann die Abschätzung des Risikos einer dosisabhängigen, gesundheitsschädigenden Wirkung durch Exposition gegenüber einem Stoff auf verschiedene Weise erfolgen. Der direkte Weg ist die Erhebung epidemiologischer Daten. Die →Epidemiologie hat den großen Vorteil, daß keine Daten zu dem →Wirkungsmechanismus und zur Pharmakokinetik des Stoffs benötigt werden. Ebenso entfällt die Problematik der Übertragung von Erkenntnissen aus Tierversuchen auf den Menschen. Die Epidemiologen betrachten vielmehr direkt den Menschen und können unter optimalen Bedingungen die Schadenshäufigkeit abhängig von Expositionshöhe und Expositionsdauer quantifizieren.

In den allermeisten Fällen sind diese Bedingungen jedoch nicht gegeben. Zumeist ist nicht bekannt, worauf eine erhöhte Inzidenz beruht; dementsprechend ist es nicht möglich, die Expositionshöhe zu beschreiben. Weiterhin besteht das Problem, daß die betroffenen Personen zumeist gegenüber Stoffgemischen exponiert sind, so daß eine Zuordnung des Risikos zu einer bestimmten einzelnen Substanz nicht möglich ist. Häufig sind auch die Kollektive zu klein, um signifikante Daten zu erhalten. Schließlich handelt es sich ausschließlich um retrospektive Erkenntnisse. Das heißt, für eine neue Substanz, die noch nicht auf dem Markt und gegenüber der noch kein Mensch exponiert ist, lassen sich solche Abschätzungen nicht durchführen.

Die Toxikologie kann dagegen anhand von Tierversuchen präzisere Angaben über Schadwirkungen erarbeiten. Bisher wurde vielfach nur in Tierversuchen die →Dosis-Wirkungs-Beziehung bestimmt und auf die erheblich niedrigeren Expositionen, denen der Mensch ausgesetzt ist, extrapoliert.

Diese Vorgehensweise ist unbefriedigend, denn die Angaben gelten ausschließlich für die verwendete Versuchstierspezies, zumeist Ratte oder Maus. Zudem wird nicht berücksichtigt, daß häufig nicht die fragliche Substanz selbst, sondern ein oder mehrere reaktive Metaboliten zur Auslösung der Wirkung führen.

Für eine Übertragung der gefundenen Dosis-Wirkungsbeziehung auf eine andere Versuchstierspezies oder den Menschen benötigt man daher Daten über die Dosis-Wirkungsbeziehung der Belastung mit diesen Metaboliten bei beiden Spezies. Da eine direkte Erhebung dieser Daten beim Menschen im allgemeinen nicht möglich ist, werden die erforderlichen Parameter mit Hilfe pharmakokinetischer Modelle ermittelt. Hierzu werden Informationen über Bildung und Entgiftung der Metaboliten und der hieraus resultierenden Belastung der Zielorgane bei verschiedenen Versuchstierspezies und dem Menschen benötigt. Sie können durch vergleichende in-vitro-Untersuchungen an Zellen oder Gewebsfraktionen erhalten werden. Mit Hilfe dieser Parameter wird dann die Belastung des Menschen durch die reaktiven Metaboliten in Abhängigkeit von der applizierten Dosis der Ausgangssubstanz berechnet. Unter Berücksichtigung der

Dosis-Wirkungsbeziehung der Metaboliten im Tierexperiment wird das Risiko für den Menschen abgeleitet. Für eine Speziesübertragung bei krebserzeugenden Stoffen wird angenommen, daß eine bestimmte durchschnittliche Metabolitenkonzentration beim Versuchstier und beim Menschen dann zum gleichen Risiko führt, wenn der Anteil der Expositionszeit an der Lebenszeit gleich ist. *Greim*

Risikoanalyse. Mit R. werden Aussagen hinsichtlich der Verknüpfung von möglichem Schadensumfang und der →Eintrittswahrscheinlichkeit des schädigenden Ereignisses erarbeitet. Der Begriff Risiko ist in diesem Zusammenhang als Maß für die Größe einer Gefahr anzusehen. Mit einer R. wird das Risiko für ein Individium oder ein Kollektiv auf einen Zeitraum bezogen abgeschätzt. Im allgemeinen werden die Abschätzungen quantifiziert und die Ergebnisse in Form von Risikozahlen angegeben. Bei der R. ist zu unterscheiden, ob das Risiko zu betrachten ist, das aus den Emissionen einer Anlage im Rahmen des bestimmungsgemäßen Betriebs oder aus Störfällen resultieren kann. Die R. zu Störfallgefahren bedient sich systemanalytischer Methoden, wie z. B. der Ereignisablaufanalyse (→Störfallablaufanalyse), der →Fehlerbaumanalyse, sowie statistischer Methoden, z. B. zur Ermittlung von Zuverlässigkeitsparametern.

Die →Sicherheitsanalyse nach der →Störfall-Verordnung sieht keine quantifizierten Risikoabschätzungen vor. Gelegentlich werden jedoch bei der Beurteilung von Auslegungsvarianten quantifizierte Risikoabschätzungen im Rahmen der sicherheitstechnischen Anlagenauslegung vorgenommen. *Nitsche*

Literatur: *Hauptmanns, U.; M. Herttrich; W. Werner:* Technische Risiken. Berlin–Heidelberg–New York–London–Paris–Tokyo 1987. – *Kuhlmann, A.:* Erster Weltkongreß für Sicherheitswissenschaft Bd. 1, 2. Köln 1990.

Risikobewertung.
Altlasten. Im Zusammenhang mit →Altlasten ist das Risiko als objektive Aussage über →Eintrittswahrscheinlichkeit und Umfang der von einer Altlast ausgehenden Einwirkung auf die Schutzgüter und Umweltmedien zu bewerten. Es geht hierbei um die Bewertung der Schadstoffausbreitung und der Exposition. Je nach Situation sind verschiedenartige Schutzgüter von den Auswirkungen einer Altlast betroffen, wobei auch die Intensität des möglichen Schadens variieren kann. Hierdurch können sich unterschiedliche R. ergeben.

Die nicht immer vollständigen Kenntnisse über Eigenschaften, Verteilung, Ausbreitung und Wirkung des Stoffspektrums in →Altablagerungen und am →Altstandort ermöglichen keine quantitative Ermittlung des Risikos, wie es bei →Risikoanalysen in anderen Bereichen der →Sicherheitstechnik üblich ist. Es bleibt deshalb immer bei einer Abschätzung des Risikos (→Gefährdungsabschätzung), das dann bewertet werden muß.

Die R. der Altlasten hat auch eine subjektive Komponente, die sich aus der Sicht der Betroffenen oder der Öffentlichkeit ergibt. Hierbei spielen Wertvorstellungen, Risikobewußtsein, Sachkenntnis, Lebenserfahrung und Angst um die Gesundheit und vor finanziellen Schäden eine wichtige Rolle. Diese Art der R. entscheidet in der Regel über die Akzeptanz der Sanierungsmaßnahmen.

Neben dem durch Gefährdungsabschätzung ermittelbaren Risiko existiert auch bei Altlasten ein nicht bestimmbares Risiko. Zu den Faktoren, die durch die Gefährdungsabschätzung nicht erfaßt werden können, gehören die bis heute noch unbekannten Wirkungen von Stoffeinträgen in Böden, Untergrund, Gewässer und Ökosysteme, die nicht bestimmbaren Wirkungen unterhalb der derzeitigen stofflichen Nachweisgrenzen, die lückenhaften Kenntnisse über Kombinationswirkungen sowie unbekannte Wirkungen der Metaboliten mit ihren möglichen Synergismen und Antagonismen (→Restrisiko). Weiterhin gehören zu den Faktoren des nicht bestimmbaren Risikos die Unzulänglichkeiten der Beurteilungen subjektiv empfundener Beeinträchtigungen, die von Anwohnern der Altlasten angeführt werden.   *Thoenes*

Literatur: Ministerium für Umwelt, Raumordnung und Landwirtschaft des Landes NRW, Landesamt für Wasser und Abfall: Hinweise zur Ermittlung und Sanierung von Altlasten. Düsseldorf 1991. – SRU: Altlasten. Stuttgart 1990.

Gentechnik. Im Gentechnikrecht durch § 5 →GenTSV vorgeschriebenes Prozedere zur Ermittlung der →Risikogruppe von GVOs, die zur Ermittlung der Sicherheitsstufe dient, die einer gentechnischen Arbeit zuzuordnen ist (→Gentechnik-Sicherheitsverordnung).   *Flohé*

Risikogruppe. Begriff aus dem Gentechnikrecht. Eine R. wird nach § 5 GenTSV von Organismen (Spender- und Empfängerorganismen) vergleichbaren Risikopotentials gebildet. Die →GenTSV unterscheidet vier R. mit zunehmendem →Gefährdungspotential und beschreibt in Anhang I zunächst die Bewertungskriterien für die Sicherheitsbewertung (Teil A) und gibt dann in Teil B Beispiele risikobewerteter Organismen nach R. (→Gentechnik-Sicherheitsverordnung). Einer analogen Systematik folgen die Merkblätter der Berufsgenossenschaft der chemischen Industrie B 004 (Viren). B 005 (Parasiten), B 006 (Bakterien) und B 007 (Pilze).   *Flohé*

Risikovorsorge. Von der Gefahrenabwehr ist eine unterhalb der Gefahrenschwelle angesiedelte R. zu unterscheiden. Das Risiko unterscheidet sich von einer Gefahr vor allem durch den Grad der Wahrscheinlichkeit des Schadenseintritts. Während eine Gefahr die hinreichende Wahrscheinlichkeit des Schadenseintritts voraussetzt, liegt das Risiko schon bei der geringsten Wahrscheinlichkeit des Schadenseintritts vor. Ein Risiko besteht demnach bereits dann, wenn der Schaden jedenfalls möglich erscheint, d. h. wenn er nicht mit Sicherheit ausgeschlossen werden kann. Nach Auffassung des Bundesverwaltungsgerichtes geht jedoch die für das Atomrecht gem. § 7 Abs. 2 Nr. 3 AtG erforderliche R. über die Gefahrenabwehr hinaus, weil auch solche Schadensmöglichkeiten in Betracht gezogen werden müssen, die sich nur deshalb nicht ausschließen lassen, weil nach dem derzeitigen Wissensstand bestimmte Ursachenzusammenhänge weder bejaht noch verneint werden können und daher insoweit noch keine Gefahr, sondern nur ein Gefahrenverdacht oder ein Besorgnispotential besteht.

R. bedeutet nach Auffassung des Bundesverwaltungsgerichtes weiterhin, daß bei der Beurteilung von Schadenswahrscheinlichkeiten nicht allein auf das vorhandene Erfahrungswissen zurückgegriffen werden darf, sondern Schutzmaßnahmen auch anhand bloß theoretischer Überlegungen und Berechnungen in Betracht gezogen werden müssen, um Risiken aufgrund bestehender Unsicherheiten oder Wissenslücken hinreichend zuverlässig auszuschließen. Es sei deshalb unerlaubt, exakt bis an die Gefahrengrenze zu gehen. Gefahren und Risiken müßten, wenn die erforderliche Vorsorge im Sinne von § 7 Abs. 2 Nr. 3 AtG getroffen sein sollte, praktisch ausgeschlossen sein (→Restrisiko).   *Hoppe/Beckmann*

Literatur: *Hoppe/Beckmann:* Umweltrecht, § 4, Rn. 69. München 1989. – *Kloepfer:* Umweltrecht, § 3 Rn. 9ff. München 1989. – *Ossenbühl:* Vorsorge als Rechtsprinzip im Gesundheits-, Arbeits- und Umweltschutz, NvWZ (1986) 161ff.

Risse durch Erschütterungen →Erschütterungsschaden

RLS 90. Richtlinien für den Lärmschutz an Straßen, Ausgabe 1990, sind vom Bundesminister für Verkehr herausgegebene Vorschriften (Verkehrsblatt Nr. 7 vom 14. April 1990), auf die in Anlage 1 zur →Verkehrslärmschutzverordnung ausdrücklich Bezug genommen wird. Wenn die dort angegebenen Voraussetzungen für die Berechnung der →Beurteilungspegel an Straßen nicht gegeben sind (lange, gerade Fahrstreifen), müssen die Fahrstreifen in einzelne Abschnitte unterteilt werden, deren Beurteilungspegel dann nach den RLS 90 zu ermitteln sind.

Der Anwender dieser Richtlinien soll in die Lage versetzt werden

– Aussagen zur Berücksichtigung und Abwägung der Belange des Lärmschutzes bei Straßenplanungen zu machen,

– den Nachweis der Erforderlichkeit von Lärmschutzmaßnahmen zu führen,
– Lärmschutzmaßnahmen zu bemessen und zu optimieren und
– wirtschaftliche und wirkungsvolle Lösungen für den Lärmschutz zu entwickeln.

Zur →Geräuschimmissionen-Beurteilung in der Nachbarschaft von Straßen wird nach diesen Richtlinien ein Beurteilungspegel L_r mit dem →Immissionsgrenzwert verglichen, der in der Verkehrslärmschutzverordnung genannt ist.

Der Beurteilungspegel der Geräusche einer Straße an einem Immissionspunkt wird aus den emissionskennzeichnenden Größen →Verkehrsstärke, LKW-Anteil in Prozent, zulässige Höchstgeschwindigkeit, →Straßenoberfläche unter Berücksichtigung der die →Schallausbreitung beeinflussenden Größen, Abstand von der Straße, Boden- und →Luftabsorption, Hindernisse auf dem Schallausbreitungsweg und mit einem Zuschlag für erhöhte Störwirkung der Anfahr- und Bremsgeräusche in der Nähe von Kreuzungen ermittelt.

Der Beurteilungspegel L_r für →Straßenverkehrsgeräusche wird für die Zeiten
Tag: 6.00–22.00 Uhr und
Nacht: 22.00–6.00 Uhr bestimmt.

In den Richtlinien RLS 90 ist ein Berechnungsverfahren für die Beurteilungspegel an langen, geraden Straßen, an Straßenabschnitten und an Parkplätzen angegeben.

Der Beurteilungspegel von einem langen, geraden Straßenfahrstreifen wird folgendermaßen berechnet:

$$L_r = L_{m.E} + D_s + D_{BM} + D_B + K$$

wobei der →Mittelungspegel $L_{m.E}$ als emissionskennzeichnende Größe der Straße wie folgt definiert ist:

$$L_{m.E} = L_m^{(25)} + D_v + D_{StrO} + D_{Stg} + D_E$$

$L_m^{(25)}$ ist der in 25 m Abstand von Fahrstreifenmitte auftretende Pegel; er ist abhängig von der stündlichen Verkehrsstärke und dem prozentualen LKW-Anteil;

D_v ist eine Korrektur für unterschiedliche Höchstgeschwindigkeiten, D_{StrO} für unterschiedliche Straßenoberflächen, D_{Stg} für Steigungen oder Gefälle und D_E für vorhandene Reflexionen an Häusern, Gebäuden oder Wänden.

Von den die Schallausbreitung beeinflussenden Größen berücksichtigt D_s die Pegeländerung durch den Abstand und die Luftabsorption, D_{BM} die Pegelminderung durch Boden- und Meteorologieeinflüsse (→Bodendämpfungsmaß) und D_B die Pegelminderung durch Hindernisse auf dem Schallausbreitungsweg.

Als Zuschlag für die Störwirkung der Geräusche in der Nähe von Kreuzungen wird für Entfernungen bis 100 m von der Kreuzung K = 1 bis 3 dB angesetzt.

Die Ermittlung der Pegeländerung infolge topographischer Gegebenheiten, baulicher Maßnahmen (z. B. Lärmschutzwände oder -wälle) sowie durch Reflexionen ist auch bei Anwendung des in Anlage 1 zur Verkehrslärmschutzverordnung vorgeschriebenen Berechnungsverfahrens für die Beurteilungspegel an Straßen in jedem Fall nach den RLS-90 vorzunehmen. *Strauch*

RME →Rapsölmethylester

Rodentizide →Biozide

Röhrenkollektor →Sonnenkollektor

Röntgenbremsstrahlung. R. entsteht durch Abbremsung schneller geladener Teilchen (Elektronen, Protonen, etc.) im elektrischen Feld von Atomkernen. In der Praxis geschieht das hauptsächlich in einer →Röntgenröhre, in der mittels einer Hochspannung U (kV) Elektronen von der Kathode in Richtung einer Anode beschleunigt und im Anodenmaterial abgebremst werden. Während des Abbremsvorgangs wird der größte Teil der kinetischen Energie der Elektronen in Wärme umgesetzt; einige Elektronen geben aber ihre Energie durch Emission von Photonen ab, den Elementar-Einheiten der elektromagnetischen →Strahlung, die durch eine bestimmte Wellenlänge bzw. Energie charakterisiert sind.

Die spektrale Verteilung der R. (Auftragung der Flußdichte gegen die Photonenergie) zeigt im Gegensatz zur charakteristischen →Röntgenstrahlung einen kontinuierlichen Verlauf. Das tatsächlich außerhalb einer Röntgenröhre gemessene Bremsstrahlungsspektrum weist nur in seinem hochenergetischen Teil einen nahezu linearen Abfall der Flußdichte mit wachsender Photonenenergie auf. Der niederenergetische Teil wird vergleichsweise stark durch Absorptionseffekte in den zu durchdringenden Materialien (z. B. Röhrenwand, Filtermaterialien) beeinflußt, so daß sich die praktisch wirksame R. aus einer spektralen Verteilung der Flußdichte zusammensetzt, die zunächst mit der Photonenenergie ansteigt, etwa bei halber Grenzenergie ein Maximum erreicht und danach wieder bis auf den Wert Null abfällt. Dieses als Strahlenqualität bezeichnete Verhalten läßt sich durch verschiedene Parameter beeinflussen.

In der →Röntgendiagnostik nutzt man die Aufhärtung der R. durch Erhöhung von Spannung und Filterdicke aus, um die →Strahlenexposition des Patienten möglichst gering zu halten. Diese Maßnahme hat aber ihre Grenzen, denn die →Bildqualität nimmt mit wachsender Strahlenhärte ab, so daß in der Regel Röhrenspannungen von 150 kV und

Filterdicken von 3 mm Aluminium nicht überschritten werden. In der Röntgendiagnostik wird angestrebt, zum Zwecke der Strahlenhygiene für Patient und Personal mit möglichst harter Bremsstrahlung (hohe Röhrenspannungs- und Filterwerte) zu arbeiten. Diese Maßnahme liefert einen relevanten Beitrag zur Reduzierung der zivilisatorischen Strahlenexposition der Bevölkerung durch die Röntgendiagnostik (→Röntgenstrahlung, medizinische Anwendung). *Ewen*

Literatur: DIN 6814, Teil 2: Begriffe und Benennungen in der radiologischen Technik; Strahlenphysik. 1980.

Röntgendiagnostik. Mit Röntgenuntersuchung wird nach den Begriffsbestimmungen der →Röntgenverordnung (RöV) die Röntgendurchleuchtung, die Anfertigung einer Röntgenaufnahme oder ein sonstiges Untersuchungsverfahren unter Anwendung von Röntgenstrahlen bezeichnet, mit deren Hilfe Beschaffenheit, Zustand oder Funktion eines menschlichen oder tierischen Körpers einerseits und einer Sache oder deren Teile andererseits sichtbar gemacht werden sollen. Die Untersuchung menschlicher und tierischer Körper ist das Gebiet der R., die Untersuchung einer Sache wird im wesentlichen durch die →Röntgen-Grobstrukturtechnik (Materialprüfung), zum Teil auch durch die →Röntgen-Feinstrukturtechnik abgedeckt.

Von Schichtaufnahmetechniken abgesehen, stellt die Röntgendarstellung eines menschlichen oder tierischen Körpers ein Additionsbild dar, in dem die Summe aller Absorptionseffekte über das gesamte Objekt von der Strahleneintritts- bis zur Strahlenaustrittsseite zum Ausdruck kommt. Bei geringen Objektkontrasten sind kontrastverstärkende Maßnahmen erforderlich; ohne diese wäre zum Erreichen derselben →Bildqualität die →Strahlenexposition von Patient und Personal, d. h. die zivilisatorische Strahlenexposition der Bevölkerung durch die Röntgendiagnostik, deutlich höher (→Röntgenbremsstrahlung).

Neben dem Bildkontrast ist das Auflösungsvermögen eines Bildempfängers, d. h. seine Fähigkeit, feine Details darzustellen, ein weiterer wichtiger Parameter für die Bildqualität in der R. *Ewen*

Literatur: *Laubenberger, T.:* Technik der medizinischen Radiologie. Köln 1986.

Röntgeneinrichtung. Eine R. ist nach den Begriffsbestimmungen der →Röntgenverordnung (RöV) eine Einrichtung, die zum Erzeugen von Röntgenstrahlen betrieben wird und die aus Röntgenstrahler und Röntgengenerator besteht; zur R. gehören auch Anwendungsgeräte, Zusatzgeräte und Zubehör.

R. werden zu medizinischen und nicht medizinischen Zwecken betrieben. Röntgenstrahlenquelle ist die →Röntgenröhre, die in der Regel von dem

Schutzgehäuse umgeben ist und mit ihm zusammen den Röntgenstrahler bildet. Zum Zubehör des Röntgenstrahlers zählen in erster Linie Filtermaterialien und Einrichtungen zur Feldbegrenzung (→Röntgenstrahler).

Der Röntgengenerator ist nach DIN 6814, Teil 6 die Gesamtheit aller Komponenten, die notwendig sind für die Erzeugung, Regelung und Steuerung der elektrischen Energie für die Röntgenröhre. Er besteht aus dem Hochspannungsgenerator und den Bedien- und Regelvorrichtungen des Röntgenstrahlenerzeugers.

Neben der Röntgenaufnahmetechnik wird sowohl in der →Röntgendiagnostik als auch in der Materialprüfung die Röntgendurchleuchtung angewandt. Bildempfänger ist hier die Bildverstärker-Fernsehkette.

Zu R. außerhalb der Röntgendiagnostik: →Röntgenstrahlentherapie, →Röntgen-Grobstrukturtechnik und →Röntgen-Feinstrukturtechnik. *Ewen*

Literatur: DIN 6814, Teil 6 und 7: Begriffe und Benennungen in der radiologischen Technik; Technische Mittel zur Erzeugung von Röntgenstrahlen mit Spannungen bis 400 kV und Technische Mittel zur medizinischen Anwendung von Röntgen- und Elektronenstrahlung 1989/87. *Krestel, E.:* Bildgebende Systeme für die medizinische Diagnostik. Siemens AG, 1988.

Röntgen-Feinstrukturtechnik. Die R.-F. ist im wesentlichen eine Analysetechnik. Physikalische Grundlage ist die *Braggsche* Gleichung, die einen Zusammenhang herstellt zwischen der Wellenlänge λ bzw. der Energie der auf einen Kristall unter einem bestimmten Winkel α auffallenden →Röntgenstrahlung und dem Abstand g der Kristallgitterebenen (Gitterabstand):

$$n\,\lambda = 2\,g\,\sin\alpha$$

In der Praxis dreht sich eine Kristallprobe unter Röntgenbestrahlung pro Zeiteinheit um einen bestimmten Winkel und synchron umkreist ein Detektor die Probe in derselben Zeit um den doppelten Winkel. Der Detektor registriert dann Reflexe, wenn für definierte Winkel die *Braggsche* Gleichung erfüllt ist. Man kann dazu mittels der *Braggschen* Gleichung die Energie der charakteristischen →Röntgenstrahlung berechnen und damit Rückschlüsse auf die Elementzusammensetzung in der Probe gewinnen.

Da mit Feinstruktur-Röntgenröhren extrem hohe Strahlendosisleistungen erzeugt werden können, müssen die Fensteröffnungsmechanismen mit redundant ausgelegten Sicherheitseinrichtungen versehen sein, die sich nicht aus Versehen betätigen lassen. Alle sicherheitstechnischen Maßnahmen müssen sich also vor allem darauf konzentrieren, Personenexpositionen durch Nutzstrahlung zu vermeiden. Wichtig ist, daß ein freier Strahlengang, in den z. B. mit der Hand eingegriffen werden kann, durch entsprechende gerätetechnische Vorkehrungen verhindert wird. *Ewen*

Literatur: DIN 54113, Teile 1 bis 3: Strahlenschutzregeln für die technische Anwendung von Röntgeneinrichtungen bis 500 kV. Entwurf. 1991. – *Krischner, H.:* Einführung in die Röntgenfeinstrukturanalyse. 1974. – *Urlaub, J.:* Röntgenanalyse, Bd. 1, Siemens AG. 1974. – *Wölfel, E. R.:* Theorie und Praxis der Röntgenfeinstrukturanalyse. 1975.

Röntgenfluoreszenzspektrometrie. Bei der R. handelt es sich um ein schnelles und präzises Verfahren zur zerstörungsfreien Bestimmung von Elementen an Festkörperoberflächen. Dazu werden polychromate, energiereiche Photonen (Röntgenlicht) auf die Probe gestrahlt.

Bei Elementen, die innere Elektronenschalen aufweisen, werden von dort Elektronen unter Energieaufnahme in die äußeren Schalen gehoben; von dort fallen Elektronen unter Abgabe einer Sekundärstrahlung (→Fluoreszenz) zurück. Der Fluoreszenzstrahl fällt nach Durchlaufen eines Kollimators auf einen Analysatorkristall, an dem das Licht gebeugt und einem Empfänger zugeleitet wird. Das Röntgenfluoreszenzspektrum besteht nur aus wenigen Linien, an Hand derer das Element spezifiziert werden kann. Die Intensität der emittierten Photonen ergibt eine quantitative Aussage.

In der Immissionsmeßtechnik wird dieses Verfahren beispielsweise in Form der energiedispersiven R. (EDXA) bei der Asbestbestimmung in Luftproben zur Identifizierung der gesammelten Fasern verwendet. Die Methode ist in VDI 3492, Bl. 1 beschrieben. Man nutzt das Röntgenlicht des Rasterelektronenmikroskops zur Anregung und erhält das emittierte Elementspektrum eines ausgewählten Bildpunktes auf dem Bildschirm und kann sofort entscheiden, um welche Art von Asbestfaser es sich handelt. *Dulson*

Literatur: VDI 3492, Bl. 1: Messen anorganischer faserförmiger Partikel in der Außenluft; Rasterelektronenmikroskopischer Verfahren. 8/1991.

Röntgen-Grobstrukturtechnik. Als R.-G. bezeichnet man die zerstörungsfreie Materialprüfung mit Röntgenstrahlen. Hauptanwendungsgebiet ist die Schweißnahtprüfung, wobei man zwischen ortsfestem (stationärem) und ortsveränderlichem (mobilem) Betrieb unterscheidet.

Die Dosisleistung in der Nutzstrahlung von Materialprüfungs-Röntgenstrahlern (maximale Röhrenspannung: 450 kV) erreicht Werte in der Größenordnung einiger Gray pro Minute. Bildempfänger in der Röntgen-Materialprüfung ist in den meisten Fällen der Röntgenfilm, oft in Verbindung mit Schwermetall-Verstärkerfolien (z. B. aus Blei). Bei der Bearbeitung einer großen Zahl von Prüflingen (z. B. Gußteile) geht man von der Aufnahme mit

Röntgenfilmen zum Durchleuchten mit Bildverstärker-Fernsehkette über. Mit Hilfe dieser Technik kann das hinter dem Prüfling entstehende Röntgenbild bei gleichzeitiger Verstärkung der Bildinformationsdichte in ein Lichtbild umgewandelt und anschließend über eine Fernsehkamera einem Betrachtungsmonitor zugeführt werden. Die Konstruktion derartiger Anlagen ist sicherheitstechnisch oft so ausgelegt, daß die Prüflinge über abgeschirmte Produktzuführungen in das Innere einer Strahlenschutzkabine gelangen. Nur dort findet die Röntgenstrahlenemission statt. Die Betrachtungsmonitore befinden sich außerhalb der abgeschirmten Kabine, so daß eine →Strahlenexposition des Personals vernachlässigbar ist. Diese sog. Röntgengeräteschränke sind dann als Hoch- oder Vollschutzgeräte ausgelegt, so daß nahezu alle nach der RöV sonst üblichen administrativen Strahlenschutzmaßnahmen entfallen können. Eine spezielle Anwendung dieser Technik sind die sog. Gepäckdurchleuchtungsgeräte, die man beispielsweise auf Flughäfen findet.

Ortsveränderlicher Betrieb von Materialprüfungseinrichtungen ist dann erforderlich, wenn die Beschaffenheit der Prüflinge es nicht gestattet, stationär, d. h. in entsprechend sicherheitstechnisch ausgelegten, abgeschirmten Röntgenräumen, zu arbeiten (sehr große oder nicht transportable Teile). Zur Minimierung möglicher Strahlenexpositionen in Bereichen, die nicht Strahlenschutzbereiche sind, läßt die RöV diese Betriebsweise nur dann zu, wenn sie im Einzelfall zwingend erforderlich ist und die zuständige Behörde dafür explizit eine Gestattung ausspricht.

Eine spezielle Untersuchungstechnik verlangt die Schweißnahtprüfung im Pipelinebau. Hier werden sog. Crawler eingesetzt, Röntgeneinrichtungen (oder auch Quellen radioaktiver Stoffe), die sich – mit einem eigenen Antrieb versehen – durch das Innere der Rohre bewegen, durch Sensor gesteuert die Schweißnähte ertasten, jeweils dort stoppen und durch Emission von Strahlung von außen angebrachte Filme schwärzen.

Eine weitere Variante der R.-G. ist die Dickenmessung. Ein spezieller →Röntgenstrahler emittiert Nutzstrahlung mit einer definierten Dosisleistung (Dosis pro Zeiteinheit). Diese durchdringt den Prüfling, z. B. ein Stahlblech, mit einem für dieses Material bekannten Schwächungsverhalten. Das Verhältnis der Dosisleistung vor und hinter dem Prüfling ist ein Maß für dessen Dicke.

Nahezu alle Verfahren in der R.-G. können auch mit radioaktiven Gammastrahlern durchgeführt werden (→Gammaradiographie). In der zerstörungsfreien Materialprüfung geschieht dies dann, wenn die Dicke der zu durchstrahlenden Objekte die Intensität der →Röntgenstrahlung zu sehr reduziert und daher höher energetische Strahlung eingesetzt werden muß. Der Extremfall in diesem Zusammenhang ist die Materialprüfung mit Hilfe von →Beschleunigeranlagen. *Ewen*

Literatur: DIN 54113, Teile 1 bis 3: Strahlenschutzregeln für die technische Anwendung von Röntgeneinrichtungen bis 500 kV, Entwurf 1991. – *Steeb, S.* (Hrsg.): Zerstörungsfreie Werkstück- und Werkstoffprüfung, 1987.

Röntgennachweisheft →Strahlenpaß

Röntgenröhre. Eine R. besteht aus einem Hochvakuumgefäß, in dem sich folgende Einrichtungen befinden:
- Elektronenquelle (Heizfaden im Kathodenbereich),
- Elektronenbeschleunigungsstrecke (Kathode – Anode),
- Röntgenstrahlungserzeuger (Brennfleck bzw. Fokus auf der Anode).

Die durch Aufheizen eines meistens aus Wolfram bestehenden Fadens mit einer Wechselspannung von einigen Volt im Kathodenbereich freigesetzten Elektronen werden durch eine – im Idealfall – gleichgerichtete Hochspannung (Röhrenspannung, in kV) auf eine kinetische Energie, die dem Zahlenwert der angelegten Röhrenspannung (keV) entspricht, beschleunigt. Man bezeichnet die Zahl der pro Zeiteinheit von der Kathode zur Anode transportierten Elektronen als Röhrenstromstärke (mA). Beim Aufprall der schnellen Elektronen auf die Anode wird der größte Teil von deren kinetischer Energie (ca. 99 %) in Wärme umgewandelt, die mit geeigneten Maßnahmen abgeführt werden muß.

Wegen der stark von der Ordnungszahl des Anodenmaterials abhängigen Fähigkeit, Elektronenenergie in die Erzeugung von →Röntgenstrahlung umzusetzen, muß das Anodenmaterial aus einem Element bestehen, das möglichst am Ende des Periodischen Systems zu finden ist. Wolfram (W) erfüllt in idealer Weise alle genannten Vorausen und wird deshalb – entweder in reiner Form oder im Verbund mit anderen Elementen (Re, C, Mo) – sehr häufig als Anodenmaterial eingesetzt. Beim Eindringen der schnellen Elektronen in das Anodenmaterial entsteht durch deren Geschwindigkeitsänderung im elektrischen Feld der Atomkerne zu einem geringen Teil (ca. 1 %) →Röntgenbremsstrahlung. Außerdem wird durch Anregung der Elektronenhülle der Atome des Anodenmaterials charakteristische →Röntgenstrahlung freigesetzt. Beide Strahlenarten werden bei der praktischen Anwendung der R. in Medizin und Technik genutzt.

Die Gesamtheit der an der Anode entstehenden Röntgenstrahlung nennt man Primärstrahlung. Diese muß die Röhrenwand durchdringen, um ins Freie zu gelangen. Damit das – aus Strahlenschutz-

gründen – in eine definierte Richtung und nicht in den gesamten Raumwinkel geschieht, umgibt man die Röhre mit einem abgeschirmten Schutzgehäuse, in dem ein Loch für den Austritt des gewünschten Strahlenbündels (Nutzstrahlung) vorhanden ist. Die Kombination aus R. und Schutzgehäuse nennt man →Röntgenstrahler.

Je nach Anwendung unterscheidet man zwischen medizinisch und nichtmedizinisch genutzten R. In der Medizin ist die →Röntgendiagnostik dominierend.

Die Anforderungen an nichtmedizinische R. sind sehr unterschiedlich, je nachdem, ob man sie in der →Röntgen-Grobstrukturtechnik oder in der →Röntgen-Feinstrukturtechnik einsetzt. *Ewen*

Literatur: DIN 6814, Teil 6: Begriffe und Benennungen in der radiologischen Technik; Technische Mittel zur Erzeugung von Röntgenstrahlen mit Spannungen bis 400 kV. 1989. – DIN 6863, Teile 1 bis 4: Röntgenröhren und Röntgenrohren-Schutzgehäuse für medizinische Diagnostik. 1981, Teil 4 1989. – DIN 6823, Teile 1 bis 3: Röntgenstrahler für medizinische Zwecke. 1982/83/89. – *Krestel, E.*: Bildgebende Systeme für die medizinische Diagnostik, Siemens AG 1988.

Röntgenstrahlentherapie. Die R. ist ein Teilgebiet der →Strahlentherapie. Es werden →Röntgenstrahler eingesetzt, die eine Einstellung der Röhrenspannung von 10 bis 300 kV erlauben. Je nach Tiefe des zu bestrahlenden Objekts im menschlichen Körper unterscheidet man grob zwischen Oberflächen- und Tiefentherapie, d. h. zwischen Bestrahlungen mit Röhrenspannungen bis 100 kV und mit solchen bis 300 kV. Dem Wert der Röhrenspannung entsprechend werden bis 100 kV in der Regel Aluminiumfilter, über 100 kV auch andere, stärker schwächende Filtermaterialien (z. B. Kupfer) eingesetzt. Die Indikationsgebiete der konventionellen R. sind in den letzten Jahrzehnten durch Einsatz wirksamerer Bestrahlungseinrichtungen, wie →Afterloadinggeräte, Tele-Gammabestrahlungs- und →Beschleunigeranlagen, sehr eingeschränkt worden. Das Gebiet der Tumortherapie mit Röntgenstrahlen ist, von dermatologischen Bestrahlungen abgesehen, weitgehend verlassen. Die hauptsächliche Indikation für die konventionelle Tiefentherapie sind Schmerz reduzierende und Entzündungen rückbildende Bestrahlungen der Gelenkräume mit vergleichsweise geringen Dosen. Dementsprechend wird nur noch die sog. Stehfeldtechnik (Einstrahlung nur aus einer Richtung) und nicht mehr die Bewegungsbestrahlung (Einstrahlung aus sich laufend ändernden Richtungen durch Bewegung des Röntgenstrahlers um das Objekt) angewandt.

In § 27 schreibt die RöV vor, daß vor dem Beginn der R. ein Bestrahlungsplan zu erstellen und von einem Arzt mit Fachkunde im Strahlenschutz zu kontrollieren ist. Der Bestrahlungsplan muß die Angabe aller für die Bestrahlung relevanten Parameter enthalten (z. B. Dosisangaben, Röhrenspannung und -stromstärke, Filter, Brennfleck-Haut-Abstand, Bestrahlungszeit, Feldgröße sowie anatomisch-topographische Angaben). *Ewen*

Literatur: *Frommhold, W., H. Gajeweski, D. Schoen* (Hrsg.): Medizinische Röntgentechnik, Bd. I: Physikalische und technische Grundlagen. Stuttgart 1979. – *Laubenberger, T.:* Technik der medizinischen Radiologie. Köln 1986.

Röntgenstrahler. Nach der Begriffsbestimmung der →Röntgenverordnung (RöV) versteht man unter dem R. die Kombination von →Röntgenröhre und Röhrenschutzgehäuse. Bei einem sog. Einkesselgerät ist auch der Hochspannungserzeuger in dieses System integriert (z. B. bei R. in der Zahnmedizin). Das Röhrenschutzgehäuse ist eine die Röntgenröhre einschließende Umhüllung, die folgenden Zwecken dient:
– Hochspannungschutz (Öl/Kunststoff-Isolation),
– Strahlenschutz (Bleiabschirmung),
– mechanische Sicherheit (Schutz der oft aus Glas bestehenden Röntgenröhre, Implosionsschutz),
– Anbringung von Nutzstrahlung begrenzenden Einrichtungen (Tubus, Blende) und von Filtermaterialien am sog. Fensterflansch. An medizinischen R. oft zusätzlich: Einstellhilfen zur Anzeige von geometrischen Parametern (Achse Nutzstrahlenbündel, Strahlenfeld, Entfernung).

Die Effektivität der Schutzgehäuse-Abschirmung gegen Primärstrahlung wird durch das Bauartzulassungsverfahren nach RöV geregelt (→Bauartzulassung Strahlenschutz). *Ewen*

Röntgenstrahlung.

Allgemein. R. gehört zum Spektrum der elektromagnetischen Strahlen. Zur technischen, wissenschaftlichen und medizinischen Anwendung erzeugt man sie in der Regel in einer →Röntgenröhre, aber sie entsteht grundsätzlich überall dort, wo schnelle geladene Teilchen (Elektronen, Protonen, etc.) auf Materie treffen und dort unter Richtungsänderung (Abbremsung, Beschleunigung, gekrümmte Bahnen) →Röntgenbremsstrahlung oder durch Anregung bzw. Ionisation in der Elektronenhülle charakteristische R. induzieren. Insofern gehören →Beschleunigeranlagen und →Störstrahler ebenfalls zu den R.-Quellen.

Die physikalischen Eigenschaften der R. sind, was ihre Wechselwirkung mit Materie betrifft, identisch mit dem diesbezüglichen Verhalten von Gammastrahlung, die beim radioaktiven →Zerfall auftritt. Man unterscheidet Absorptions- und Streuprozesse, die vor allem bei der technischen Realisierung von Abschirmungen gegen R. und →Gammastrahlung ausgenutzt werden:
– Photoeffekt: totale Absorption eines Photons durch ein Hüllenelektron vornehmlich aus kern-

nahen Schalen mit der Folge einer Anregung, häufiger aber einer Ionisation des betroffenen Atoms.
– Comptoneffekt: nur teilweise Übertragung der Photonenenergie auf ein Hüllenelektron vornehmlich aus kernfernen Schalen bei gleichzeitiger, im Vergleich zum primären Photon geänderter Emissionsrichtung eines somit (gestreuten) energieärmeren Photons.
– Paarbildungseffekt: im Kernfeld eines Atoms Umwandlung eines hochenergetischen Photons (oberhalb von 1,02 MeV) in ein Elektron und ein Positron gemäß der Beziehung Photonenenergie = Summe der Ruhemassen eines Elektrons und Positrons mal Quadrat der Lichtgeschwindigkeit (= 1,02 MeV). Nach kurzer Wegstrecke zerstrahlt das Positron mit einem Elektron unter Aussendung zweier Gammaquanten von je 0,51 MeV.

Röntgenbremsstrahlung mit extrem hohen Photonenenergien (oberhalb von 8 MeV) ist sogar in der Lage, in den Atomkern einzudringen und dort eine Kernumwandlung zu induzieren (Kernphotoeffekt). Als Folge davon wird dadurch in der unmittelbaren Umgebung entsprechender Beschleunigeranlagen eine Radioaktivität erzeugt, die strahlenschutztechnisch auch nach elektrischer Abschaltung der Maschine wirksam bleibt und je nach Halbwertszeit und Intensität besonders berücksichtigt werden muß. *Ewen*

Medizinische Anwendung. In der medizinischen Anwendung von R. dominiert eindeutig die →Röntgendiagnostik. Die →Strahlentherapie mit R., hat im Vergleich zur Verwendung anderer Strahlenarten und höherer Energien nur noch eine untergeordnete Bedeutung.

Bei der →Strahlenexposition der Bevölkerung macht die Anwendung ionisierender →Strahlung und radioaktiver Stoffe im Bereich der zivilisatorischen Strahlenexposition, die mit 1.5 mSv pro Jahr angegeben wird, mehr als 95 % aus; der Anteil der Anwendung in Forschung, Technik und Haushalt liegt unter 1 %. Damit wird die überragende Bedeutung des Strahlenschutzes bei der Anwendung von R. im medizinischen Bereich – neben der Anwendung radioaktiver Stoffe (→Nuklearmedizin, →Radium in der Medizin) – erkennbar.

□ Aufnahmegeräte. Damit werden – im Gegensatz zu Durchleuchtungsuntersuchungen – statische Bilder angefertigt, und zwar bei konventionellen Bildempfängersystemen mit einem Film, bei digitalen Systemen mit einer Speicherplatte oder anderen Detektoren, ggf. unter Verwendung eines Rechners (→Computertomographie, digitale Subtraktionstechniken). Bei der Anwendung digitaler Techniken ist man in der Lage, in einem weiten Rahmen →Bildqualität und Dosis zu variieren, so daß die Aussicht besteht, die Strahlenexposition der Bevölkerung durch röntgendiagnostische Maßnahmen deutlich zu reduzieren.

Im Aufnahmebetrieb unterscheidet man im wesentlichen folgende Gerätetypen:
- mobile Aufnahmegeräte,
- stationäre Aufnahmegeräte (Standardgeräte in der Röntgendiagnostik, wobei die Bilddarstellung in den meisten Fällen mit Röntgenfilmen vorgenommen wird),
- konventionelle Schichtaufnahmegeräte,
- Mammographiegeräte (Spezialgeräte mit Film-Folien-Systemen zur Darstellung der weiblichen Brust; →Röntgenstrahlung, charakteristische),
- Reihenuntersuchungsgeräte (Reihenuntersuchungen vor allem im Thoraxbereich mit modernen dosissparenden Bildverstärkersystemen anstelle der veralteten dosisintensiven Schirmbildkameras),
- dentale Röntgengeräte (Tubusgeräte für Einzelobjektdiagnostik und Spezialgeräte für Zahnstatus- und Kieferdarstellungen),
- Computertomographiegeräte (Darstellung von – in der Regel – Transversalschichten des Schädels (Schädel-CT) und des Körperstammes (Ganzkörper-CT).

□ Durchleuchtungsgeräte. Die Röntgendurchleuchtung liefert im Gegensatz zum Aufnahmebetrieb dynamische Bilder von sich zeitlich verändernden Vorgängen, wie z. B. Kontrastmittelflüssen oder wie im Rahmen instrumenteller Interventionen bei Katheterapplikationen, intraoperativen Eingriffen oder interventionell-radiologischen Maßnahmen.

Man unterscheidet auf diesem Gebiet folgende Röntgeneinrichtungen:
- konventionelle Durchleuchtungsgeräte für internistische Untersuchungen,
- stationäre und mobile chirurgische Durchleuchtungsgeräte (sog. chirurgische Bildverstärkergeräte),
- Spezialgeräte für urologische Untersuchungen (einschließlich Lithotripter zur Zerstörung von Nierensteinen), für neuroradiologische Untersuchungen, für die Angiographie (einschließlich Digitaler Subtraktionsangiographie), für die Kardiologie sowie für die interventionelle Radiologie.

Als Bildempfänger bei Durchleuchtungsgeräten dient die sog. Bildverstärker-Fernsehkette: Der nicht vom Patienten absorbierte Anteil der Nutzstrahlung trifft innerhalb einer evakuierten Röhre auf einen Leuchtschirm aus CsJ und erzeugt dort ein Fluoreszenzbild, das mittels einer an den Leuchtschirm angekoppelten Photokathode in ein Elektronenbild umgewandelt wird. Ein zwischen dieser Kathode und einem als elektrostatische Linse ausgebildetem Elektrodensystem angelegtes Feld (Beschleunigungsspannung: ca. 25 kV) fokussiert und beschleunigt die Elektronen in Richtung auf einen wesentlich kleineren Ausgangsleuchtschirm. Dort entsteht ein im Vergleich zum Eingangsleuchtschirm helligkeitsverstärktes, mit dem Auge erfaß-

bares Bild des darzustellenden Objektes. Dieses wird mit einer Fernsehkamera auf einen →Monitor übertragen.

Konventionelle Durchleuchtungsgeräte für den internistischen Gebrauch erlauben es, neben dem Durchleuchtungsbetrieb auch Röntgenaufnahmen zum Zweck einer ausführlichen Diagnose und Dokumentation nach der eigentlichen Untersuchung anzufertigen.

□ Röntgentherapiegeräte. Sie arbeiten mit Röhrenspannungen zwischen 10 und 300 kV. Die sog. konventionelle R.-Therapie hat zwar mit der zunehmenden Verbreitung der Gammabestrahlungseinrichtungen und Elektronenlinearbeschleuniger (→Strahlentherapie) in den letzten Jahrzehnten an Bedeutung verloren, ist aber bei einigen Krankheitsbildern, wie Degenerations- und Entzündungserscheinungen in Gelenkräumen, noch immer als indiziert anzusehen. Man unterscheidet je nach Konstruktion, eingestellter Röhrenspannung und medizinischer Anwendung Röntgentherapiegeräte für die Weichstrahl-, Oberflächen- bzw. Halbtiefen- und Tiefentherapie. *Ewen*

Literatur: *Frommhold, W.; H. Gajewski, D. Schoen* (Hrsg.): Medizinische Röntgentechnik, Bd. 1: Physikalische und technische Grundlagen. Stuttgart 1979. – *Laubenberger, F.*: Technik der medizinischen Radiologie. Stuttgart 1986.

Röntgenstrahlung, charakteristische. Die Erzeugung c. R. ist ein Vorgang, der sich ausschließlich in der Elektronenhülle abspielt.

In einer →Röntgenröhre durchdringen schnelle Elektronen die Elektronenhülle der Anodenatome (z. B. des Elements Wolfram); sie können dort ihre kinetische Energie auf kernnahe Hüllenelektronen übertragen und diese veranlassen, kernferne Schalen zu besetzen oder das Atom sogar ganz zu verlassen. Nach ca. 10^{-8} s werden die freien Plätze wieder mit Elektronen aufgefüllt, wobei Energie im für →Röntgenstrahlung typischen Wellenlängenbereich frei werden kann, deren zahlenmäßiger Wert spezifisch für jedes Element ist (c. R.). C. R. ist monoenergetisch, zeigt also im Gegensatz zur Röntgenbremsstrahlung ein Linienspektrum. Die kinetische Energie der in einer Röntgenröhre in Richtung einer Wolframanode beschleunigten Elektronen muß mindestens 60 keV betragen, damit neben Bremsstrahlung auch c. R. entstehen kann. Im praktischen Fall wird man für Wolframanoden unterhalb einer Röhrenspannung von 70 kV keinen relevanten Beitrag an c. R. erhalten.

Die Bilddarstellung in der Mammographie erfolgt mit Hilfe der c. R. des Anodenmaterials Molybdän, was neben einer Verbesserung der →Bildqualität auch zu einer merklichen Reduzierung der →Strahlenexposition beiträgt. *Ewen*

Literatur: DIN 6814, Teil 2: Begriffe und Benennungen in der radiologischen Technik; Strahlenphysik. 1980.

Röntgenverordnung. Verordnung über den Schutz vor Schäden durch Röntgenstrahlen (RöV) vom 8. Januar 1987 (BGBl. I, S. 114) geändert durch Verordnung vom 18. Mai 1989 (BGBl. I, S. 943) und vom 30. März 1990 (BGBl. I, S. 607).

Die RöV gilt für →Röntgeneinrichtungen und →Störstrahler, in denen Röntgenstrahlen mit einer Grenzenergie von mindestens 5 keV und nicht mehr als 3 MeV durch beschleunigte Elektronen erzeugt werden können. Sie gilt also nicht für Einrichtungen, in denen andere geladene Teilchen (Protonen und höheratomige Ionen) beschleunigt werden; sie gilt auch nicht für die Beschleunigung von Elektronen über den Energiebereich von 3 MeV hinaus. Diese beiden Einrichtungen unterliegen der Strahlenschutzverordnung (StrlSchV).

Die RöV reglementiert sowohl den Betrieb als auch die Prüfung, Erprobung, Wartung und Instandsetzung einer Röntgeneinrichtung. Für den Betrieb einer Röntgeneinrichtung besteht grundsätzlich Genehmigungspflicht. Die Genehmigungsvoraussetzungen enthält § 3 RöV: Zuverlässigkeit des Betreibers, die Bestellung von Strahlenschutz-Beauftragten mit Nachweis von deren Zuverlässigkeit und Fachkunde im Strahlenschutz, den Nachweis der Kenntnisse im Strahlenschutz für die sonst tätigen Personen, die Gewährleistung des Standes der Strahlenschutztechnik beim Betrieb der Röntgeneinrichtung sowie für medizinische Anwendung den Approbationsnachweis des Antragstellers oder des Strahlenschutzbeauftragten und – soweit die →Röntgendiagnostik betroffen ist – die Verpflichtung zur Durchführung der →Qualitätssicherung. Liegt für den →Röntgenstrahler, das →Hochschutzgerät oder das →Vollschutzgerät eine →Bauartzulassung vor (§§ 8 bis 12), ist ein genehmigungsfreier Betrieb möglich: An Stelle des Genehmigungsverfahrens tritt dann nach § 4 das Anzeigeverfahren. →Störstrahler mit Bauartzulassung dagegen dürfen sowohl genehmigungs- als auch anzeigefrei betrieben werden (§ 5). Die notwendigen Voraussetzungen für den genehmigungsfreien Betrieb einer Röntgeneinrichtung unterscheiden sich aber kaum von denjenigen, die beim Genehmigungsverfahren verlangt werden.

Der Betreiber einer Röntgeneinrichtung oder eines genehmigungspflichtigen Störstrahlers ist →Strahlenschutzverantwortlicher (§ 13). Dieser muß – soweit für den sicheren Betrieb notwendig – eine erforderliche Zahl von Strahlenschutzbeauftragten bestellen und diese Bestellung der zuständigen Behörde anzeigen.

Die RöV verlangt in § 15, daß Strahlenexpositionen unter Berücksichtigung aller Umstände des Einzelfalls so gering wie möglich zu halten sind (→ALARA-Prinzip).

Bei der Inbetriebnahme von Röntgeneinrichtungen – Ausnahmen sind bauartzugelassene Hoch- und Vollschutzgeräte sowie Schulröntgengeräte – und von genehmigungspflichtigen Störstrahlern ist eine strahlenschutztechnische Überprüfung durch einen Sachverständigen erforderlich. Diese muß für *alle* Röntgeneinrichtungen in einem Zeitabstand von 5 Jahren wiederholt werden (§ 18).

Röntgeneinrichtungen dürfen grundsätzlich nur in allseitig umschlossenen Röntgenräumen betrieben werden (§ 20); Ausnahmen sind zulässig (z. B. ortsveränderliche Materialprüfung). Während der Einschaltzeit entstehen →Strahlenschutzbereiche wie der →Kontrollbereich und der betriebliche →Überwachungsbereich.

Für die Anwendung von Röntgenstrahlen auf den Menschen enthält die RöV in den §§ 23 bis 28 Bestimmungen über
– die Fachkunde bzw. Kenntnisse im Strahlenschutz für Ärzte, MTA/MTR und sog. Hilfskräfte, die Röntgenstrahlen anwenden,
– die Fachkunde im Strahlenschutz für Ärzte, die diese Anwendung anordnen,
– die möglichst geringe →Strahlenexposition für Personal und Patient und Anwendung nur bei gebotener ärztlicher Indikation,
– die Röntgendurchleuchtung (nur mit Bildverstärker-Fernsehkette und automatischer Dosisleistungsregelung),
– die Erstellung eines Bestrahlungsplans bei der Röntgenbehandlung,
– die Aufzeichnung von Untersuchungs- und Behandlungsparametern zwecks eventuell später vorzunehmender Berechnung von Körperdosen und
– die Eingangsbefragung des Patienten nach früheren Anwendungen ionisierender Strahlung zwecks eventueller Vermeidung von Wiederholungen.

→Dosisgrenzwerte für beruflich strahlenexponierte Personen und für andere Personen sind in den §§ 31 und 32 in Verb. mit Anlage IV festgelegt. Sie basieren weitgehend auf dem Konzept der effektiven Dosis (→Dosimetrie). Für den Patienten werden in der RöV keine Grenzwerte angegeben.

An allen Personen – mit Ausnahme des Patienten – ist beim Aufenthalt im Kontrollbereich ihre Körperdosis zu ermitteln (§ 35). Eine beruflich strahlenexponierte Person der Kategorie A (→Person, beruflich strahlenexponierte) muß sich nach § 37 vor Beginn ihrer Beschäftigung von einem ermächtigten Arzt untersuchen und danach im jährlichen Abstand von ihm erneut untersuchen oder beurteilen lassen. *Ewen*

ROG. (Abk. *engl.* Reactive Organic Gases, reaktive organische Gase). Fast alle organischen Verbindungen, die in der Atmosphäre vorkommen, kann man als ROG bezeichnen. Eine wichtige Ausnahme sind einige Organohalogenverbindungen, die oft nur sehr langsam in der →Troposphäre mit den vorhandenen reaktiven Spezies OH, NO_3 und O_3 reagieren und deshalb in die →Stratosphäre gelangen. Alle organischen Verbindungen mit einer Verweilzeit länger als 1–2 Jahre gelangen teilweise in die Stratosphäre. In der Fachliteratur wird ROG synonym mit NMHC und VOC verwendet, wobei Methan fast immer ausgeschlossen wird. *Barnes*

Roheisengewinnung. Roheisen wird durch Reduzierung von Eisenerzen überwiegend im Hochofen gewonnen. Die Erze sind zuvor aufzubereiten.

Beim Umschlag, Transport und bei der Lagerung von Einsatzstoffen entstehen diffuse Staubemissionen. Durch geschlossene Lagerhallen und durch Befeuchten von Freilagern lassen sich diese Emissionen gering halten. Beim Sinterprozeß entstehen staub- und gasförmige Emissionen. Der Staub enthält u. a. Zink, Blei und Cadmium. Bei den gasförmigen Emissionen sind vor allem Schwefeldioxid und Stickstoffoxide bedeutsam. Ferner sind noch gasförmige anorganische Fluor- und Chlor- sowie organische Verbindungen zu erwarten. Die spezifische Abgasmenge beim Sinterprozeß liegt bei ca. 2000 m^3/t Sinter (Tabelle).

Roheisengewinnung. Tabelle: Rohgaskonzentrationen von Schadstoffen in Sinterprozeßabgasen.

	Rohgaskonzentration mg/m^3
Staub	bis 3 000
– Blei	bis 70
– Zink	bis 50
– Cadmium	bis 10
Schwefeldioxid	500 bis 3 000
Stickstoffoxide	150 bis 350
Kohlenmonoxid	5 000 bis 50 000
gasförmige anorganische Fluorverbindungen	2 bis 10
gasförmige anorganische Chlorverbindungen	20 bis 60

Zur →Staubabscheidung werden Elektrofilter eingesetzt. Bei entsprechender Auslegung und Wartung kann bei neuen Elektrofiltern in der Regel ein Reingasstaubgehalt von 50 mg/m^3 eingehalten werden. Die abgeschiedenen Stäube, insbesondere aus Filteranlagen, werden in den Sinterprozeß zurückgeführt. Der Einsatz von Gewebefiltern ist Stand der Technik. Die Gewebefilter werden vorhandenen Elektrofiltern nachgeschaltet, so daß niedrige Staubgehalte erreicht werden können. Bei Verwendung schwefelarmer Einsatzstoffe in Verbindung mit dem Absenken des spezifischen Koksgrußverbrauchs auf etwa 40 kg/t Sinter lassen sich SO_2-Gehalte im Abgas um 500 bis 600 mg/m^3 einhalten.

Durch Einsatz einer Abgasentschwefelungsanlage nach dem Kalk/Kalksteinwaschverfahren z. B. für einen SO_2-reichen Teilabgasstrom kann ein Emissionswert von 500 mg/m^3 unabhängig von Qualitätsschwankungen der Einsatzstoffe sicher eingehalten werden. Die NO_x-Gehalte in den Abgasen von Sinteranlagen liegen je nach Alter der Anlage zwischen 150 und 350 mg/m^3.

Im weiteren Schritt werden Sinter, Stückerz, Pellets, Zuschlagsstoffe (auch Möller genannt) und Koks im Hochofen zu Roheisen verhüttet. Dabei entstehen neben Roheisen und Gichtgas, Schlacke und Stäube. Das Roheisen wird meist flüssig zu einem nahegelegenen Stahlwerk transportiert und weiterverarbeitet. Das CO-haltige Gichtgas wird zur Heißwinderzeugung sowie zur Beheizung von Koksöfen und Walzwerksöfen verwendet oder in Kraftwerken verfeuert. Die Schlacke wird zu einem sehr hohen Anteil verwertet (z. B. Zement, Hüttensand, Straßen- und Wegebau).

Erhebliche Staubbildungen können beim Hochofenabstich und der Roheisenübergabe in der Hochofengießhalle auftreten. Darüber hinaus entstehen Staubemissionen bei der Kokssiebung, der Möllerung und der Hochofenbeschickung. Gichtgas wird aus technischen Gründen (Vermeidung von Verschleiß in Rohrleitungen und nachgeschalteten Aggregaten) so weit gereinigt, daß bei der Verbrennung entstehende Staubemissionen von untergeordneter Bedeutung sind. Beim Beschicken von Hochöfen entstehen periodisch staub- und gasförmige Emissionen. Sie werden erfaßt und dem ungereinigten Gichtgas zugeführt. Zur Gichtgasreinigung werden mehrstufige Hochleistungs-Naßabscheider eingesetzt. Die Reststaubgehalte liegen unter 10 mg/m^3. Die in der Hochofengießhalle entstehenden Staubemissionen werden durch Erfassungssysteme am Stichloch, den Rinnen und Roheisenübergabestellen nahezu vollständig erfaßt. Als Staubabscheider werden Elektrofilter oder Gewebefilter eingesetzt. Es werden Reststaubgehalte von weniger als 50 mg/m^3 eingehalten. In der Hochofengießhalle wird noch Schwefeldioxid aus der flüssigen Schlacke emittiert.

Das Entstehen des Braunen Rauchs beim Hochofenabstich kann durch ein neues Verfahren fast vollständig vermieden werden. Es benötigt erheblich weniger Energie und ist deutlich kostengünstiger als herkömmliche Verfahren. Durch Umhüllen des Roheisenstroms mit Stickstoff wird die Oxidation des flüssigen Eisens an der Oberfläche (Brauner Rauch) unterdrückt. Absaugung und aufwendige Abscheidung von Stäuben kann weitgehend entfallen (Bild).

Bei der Schlackenwirtschaft, insbesondere bei der Schlackengranulation, sind Abscheider zur Verminderung der Schwefeldioxid- und Schwefelwasserstoff-Emissionen erforderlich. Filterstäube, soweit

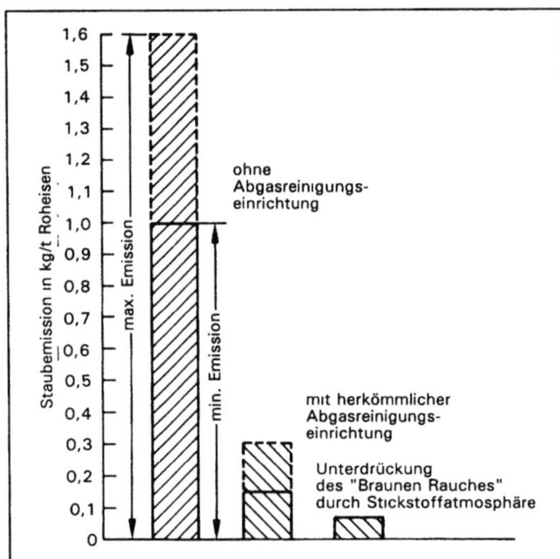

Roheisengewinnung: Spezifische Staubemissionen von Hochofen-Gießhallen.

sie trocken anfallen und geringe Anteile an Zink und Blei enthalten, werden über das Sinterband in den Prozeß zurückgeführt.

Schlämme aus der Gichtgasreinigung und Stäube mit erhöhten Zink-/Bleigehalten werden nach dem Verfahren der zirkulierenden Wirbelschicht aufbereitet und einer Verwertung zugeführt. Abwasser wird in Behandlungseinrichtungen aufbereitet und in den Brauchwasserkreislauf der Hütte zurückgegeben.

Eisenerzsinteranlagen sowie Anlagen zur Gewinnung von Roheisen sind genehmigungsbedürftig nach dem BImSchG. Emissionsbegrenzende Anforderungen enthält die →TA Luft; von besonderer Bedeutung sind die Regelungen zur Begrenzung der Emissionen an krebserzeugenden oder toxischen Schwermetallen (Nr. 2.3 und 3.1.4), diffuser Staubemissionen (Nr. 3.1.5) und von staub- und gasförmigen Emissionen (Nrn. 3.3.3.1.1, 3.3.3.2.1, 3.1.3, 3.1.6 und 3.1.7). *Batz*

Literatur: *Davids, P.; M. Lange:* Die TA Luft '86, Technischer Kommentar. Düsseldorf 1986. – *Oeters, F.:* Eisen und Stahl. In: Chemische Technologie. Hrsg. K. Winnacker u. L. Kuchler, Bd. 6, 3. Aufl. München 1973. – *Van Ackeren, P. et al.:* Fortschritte in der Arbeitstechnik der Gießhallen neuer Hochöfen. Stahl Eisen **104** (1984) Nr. 11, S. 551/556.

Rohrfernleitung →Pipelinesicherheit, →Pipeline-Schäden

Rohsalz. Entsprechend ihrer Entstehung als Ausscheidungen aus dem Meerwasser in trocken-heißen Klimaten sind die in den Kali- und Steinsalzlagerstätten enthaltenen Salzgesteine aus verschiedenen Salzmineralen zusammengesetzt.

Die wichtigsten Salzminerale sind:
– Steinsalz oder Halit (NaCl),
– Sylvin (KCl),
– Carnallit $(KCl \cdot MgCl_2 \cdot 6\,H_2O)$
– Kieserit $(MgSO_4 \cdot H_2O)$
– Anhydrit $(CaSO_4)$,
– Ton.

Die daraus gebildeten Salzgesteine werden wie folgt bezeichnet:
– Sylvinit = Steinsalz + Sylvin,
– Hartsalz = Steinsalz + Sylvin + Kieserit + Anhydrit,
– Carnallitit = Steinsalz + Carnallit.

Als Mischsalz bezeichnet man ein Gemenge obiger Salzgesteine.

Der Gehalt an den Wertstoffen Kalium, Magnesium und Sulfat und das zu wählende Aufbereitungsverfahren richtet sich nach den jeweiligen Anteilen der Minerale im R.

Carnallitit wird heute nur noch als Mischsalz gefördert, weil bei der Verarbeitung $MgCl_2$ in wäßriger Lösung anfällt, für das nur begrenzte Verwertungsmöglichkeiten bestehen (→Salzabwasser). *Lenz*

Literatur: Die Kaliindustrie in der Bundesrepublik Deutschland. Hrsg. Kaliverein e. V., 6. Aufl. Hannover 1988. – *Richter-Bernburg, G.:* Salzlagerstätten. Lehrbuch der Angewandten Geologie. Hrsg. A. Bentz. Stuttgart 1968. – *Singewald, A.:* Produkte aus unseren Rohsalzen. Kali und Steinsalz **10** (1988) Nr. 1, S. 2–10.

Rohstahlerzeugung. Rohstahl ist das Erzeugnis der ersten Veredlungsstufe von Roheisen nach der →Roheisengewinnung bzw. nach dem Einschmelzen von Stahlschrott im Elektrolichtbogenofen. Flüssiges Roheisen wird in Konvertern mit Chargengewichten bis zu 400 t mit reinem Sauerstoff gefrischt; d. h. der im Roheisen bis 4 % enthaltene Kohlenstoff wird durch die Reaktion mit Sauerstoff je nach Stahlsorte auf Kohlenstoffgehalte von weniger als 1 % reduziert.

Bei dem Frischprozeß, auch Blasphase genannt, entsteht ein Abgas mit einem Gehalt von bis zu 90 Vol.% Kohlenmonoxid. Die meisten Stahlwerke verfügen über eine Konvertergasgewinnung. Dabei wird ein Großteil des kohlenmonoxidhaltigen primären Abgases erfaßt, gereinigt und dem Gasverbund der Hütte zugeführt. Eine Energiemenge von ca. 0,8 GJ/t Rohstahl kann energetisch verwertet werden (Bild). Die primären Abgase werden durch Trocken-Elektrofilter oder andere vergleichbar wirksame Abscheider auf Reststaubgehalte von weniger als 10 mg/m³ gereinigt. Die Rohgasstaubgehalte liegen zwischen 10 und 50 g/m³. Die bei der trockenen Gasreinigung anfallenden Filterstäube werden heißbrikettiert und wiederverwertet. Da die Stäube in feinkörniger metallischer Form vorliegen, sind die Stäube bei inerter Atmosphäre weiter zu

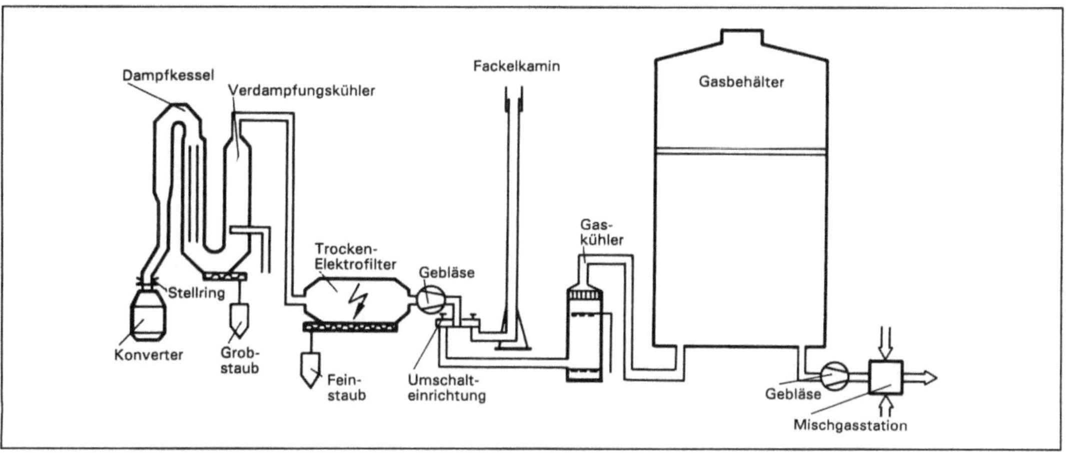

Rohstahlerzeugung: Konvertergas-Entstaubungs- und -Gewinnungssystem.

behandeln. Der Grobstaub wird als Kühlschrotter-satz im Konverter und der Feinstaub im Elektro-lichtbogenofen oder beim Sinterprozeß eingesetzt.

Staubhaltige Abgase entstehen auch beim Umfül-len von flüssigem Roheisen oder Rohstahl, beim Abschlacken, beim Entschwefeln sowie beim Ein- und Ausleeren der Konverter und bei der pfannen-metallurgischen Behandlung von flüssigem Roh-stahl. Sofern die Schmelze noch Flußspat bei der letztgenannten Behandlungsstufe zugegeben wird, entstehen auch Emissionen an gasförmigen Fluor-verbindungen. Die SO_2-Emission ist gering. Bei weitgehender Erfassung der sekundären Stahl-werksabgase betragen diese ca. 4 000 m³/t Rohstahl. Die Rohgasstaubgehalte liegen bei 15 g/m³. Je nach Stahlqualität enthalten die Stäube Schwermetallan-teile unterschiedlicher Art und Menge; aufgrund des Schrotteinsatzes sind in der Regel Blei und Cad-mium enthalten.

Als Entstauber werden Gewebefilter oder Trok-ken-Elektrofilter eingesetzt, mit denen Reingas-staubgehalte von deutlich weniger als 50 mg/m³ und damit auch von niedrigen Emissionswerten an gesundheitsgefährdenden Stoffen, z. B. an Schwer-metallen, eingehalten werden können. Abscheider für andere luftverunreinigende Stoffe, wie SO_2, NO_x, gasförmige organische Stoffe sind in der Regel nicht erforderlich. Die in den Abscheidern anfallen-den Stäube werden einer Verwertung zugeführt. In Abhängigkeit von den Zinkgehalten werden die Stäube entweder direkt in den Konverterprozeß oder zur Zinkanreicherung in den Elektrolichtbo-genofen gegeben oder nach dem Verfahren der zirkulierenden Wirbelschicht verarbeitet.

Stahlwerke sind genehmigungsbedürftig nach BImSchG. Emissionsbegrenzende Anforderungen enthält die →TA Luft; von besonderer Bedeutung sind die Regelungen zur Begrenzung der Emissio-nen an krebserzeugenden oder toxischen Schwer-metallen (Nr. 2.3 und 3.1.4), diffuser Staubemissio-nen (Nr. 3.1.5) und von staubförmigen Stoffen (Nrn. 3.3.3.3.1.1, 3.1.3). *Batz*

Literatur: *Davids, P.; M. Lange:* Die TA Luft '86, Technischer Kommentar. Düsseldorf 1986. – *Fiege, L. et al.:* Konvertergas-nutzung im Sauerstoffblasstahlwerk Rheinhausen der Krupp Stahl AG. Stahl und Eisen **104** (1984) Nr. 2, S. 61/67. – *Höffken, E. et al.:* Gewinnung und Nutzung des Konvertergases aus dem Oxygenstahlwerk Bruckhausen. Stahl und Eisen **104** (1984) Nr. 16, S. 795/805. – *Oeters, F.:* Eisen und Stahl. In: Chemische Technologie. Hrsg. K. Winnacker u. L. Küchler. Bd. 6, 3. Aufl. München 1973.

Rohstoff, nachwachsend →Rohstoffpflanze

Rohstoffpflanze. Von Anfang an erzeugte die Landwirtschaft nicht nur Nahrungsmittel, sondern auch vielseitig verwendbare Rohstoffe, darunter Fasern (Flachs, Baumwolle, Wolle), Öle und Fette pflanzlicher und tierischer Herkunft, Leder, Farb-stoffe, Heilmittel u. a. m. Die Entdeckung chemi-scher Synthesen und der Aufschwung der chemi-schen Industrie, die Entdeckung und Verarbeitung von Erdöl sowie Wandlungen im menschlichen Bedarf haben vor allem in der europäischen Land-wirtschaft die genannten Rohstoffe in den Hinter-grund gedrängt, so daß sich die neuzeitliche Land-wirtschaft auf die Erzeugung von Nahrungs- und Futtermitteln konzentrierte.

Die seit Mitte des 20. Jahrhunderts durch anbau-technische und züchterische Fortschritte erzielte Überschußproduktion an Nahrungs- und Futtermit-teln, die durch Kontingentierung und Preissen-kungen bekämpft wurde, brachte die Landwirt-schaft in eine schwierige Lage (→Brache, →Exten-sivierung). Sie veranlaßte Überlegungen, das Sorti-ment der angebauten Nutzpflanzen wieder durch Nicht-Nahrungspflanzen oder R. zu erweitern; hinzu kamen noch sog. Energiepflanzen, aus denen durch Verbrennen oder Verschwelen Energie gewonnen werden kann. Dies erscheint auch aus Umweltgründen zweckmäßig, weil dadurch die Abhängigkeit von fossilen Energieträgern oder von der Kernenergie, die beide Umweltbelastungen verursachen, vermindert wird.

Anbautechnisch dürften R. keine Probleme darstellen; eine Erweiterung der Fruchtfolgen ist auch aus ökologischer Sicht zu begrüßen, sofern die R. nach den Prinzipien eines umweltschonenden oder integrierten →Pflanzenbaus gewonnen werden. Außerdem sind Nahrungspflanzen und R. teilweise identisch: Aus Kartoffeln oder Zuckerrüben kann auch Alkohol für industrielle Zwecke gewonnen werden, Ölpflanzen liefern Öle und Fette für Nahrungszwecke oder als Treib- und Schmierstoffe, und selbst reifes Getreide kann man, so ungewohnt dies klingt, zur Energieverwendung ebenso verbrennen wie speziell für diesen Zweck angebaute Schilfarten.

Umweltbelastungen oder ökologische Probleme können bei der Verarbeitung bzw. Verbrennung der R. auftreten und müssen vermieden werden. Die tatsächliche Verwendung und Wirtschaftlichkeit nachwachsender Rohstoffe hängt von den wirtschaftlichen Entwicklungen, insbesondere der Preisgestaltung im Bereich der nicht-landwirtschaftlich erzeugten Rohstoffe und Energieträger ab. *Haber*

Rollenprüfstand →Fahrleistungsprüfstand

Rollgeräusch. R. entstehen beim Abrollen eines Reifens auf der Straße oder eines Rads auf der Schiene.

Die Mechanismen dieser Schallentstehung im Kontaktbereich zwischen rollendem Körper und Unterlage sind nicht in allen Einzelheiten bekannt. Es werden erhebliche Forschungsmittel aufgewandt, diese Zusammenhänge zu ergründen, weil diese Geräuschquelle, insbesondere bei Kraftfahrzeugen, immer mehr zur dominierenden Schallquelle des fahrenden Fahrzeugs wird. Dominierend deshalb, weil die übrigen Geräuschquellen (z. B. Motor, Getriebe, Auspuffanlage, Luftansaugung) einfacher zu mindern sind.

R.-Minderungen durch Maßnahmen am Rollkörper oder an der Fahrbahn müssen aber auch in Konkurrenz zur Fahrsicherheit (Erhalt von Seitenführungskräften) gesehen werden; Maßnahmen, die die Fahrsicherheit beeinflussen, sind nicht anwendbar.

Bekannt ist bei den R. des Rad/Schienesystems, daß durch Wechselwirkungen im Kontaktbereich des Aufstandspunkts, das Rad zu Schwingungen (→Körperschall) erregt wird, deren Stärke von der Rauhigkeit der Schiene und des Rads (Flachstellen durch blockierende Räder beim Bremsen) abhängt. Insbesondere bei hohen Geschwindigkeiten von Eisenbahnzügen können durch unterschiedliche

Rauhigkeiten der Schienen- und Radlaufoberflächen Schallpegelunterschiede bis zu 10 dB auftreten.

Beim Abrollen von Kfz-Reifen auf Straßenoberflächen sind mehrere Mechanismen für das R. verantwortlich. Zum einen wird durch die Fahrbahnunebenheiten der Reifen zu Schwingungen erregt, zum anderen treten durch die Reifenprofilierung in Verbindung mit der Fahrbahnoberfläche beim Abrollen Strömungsgeräusche auf durch Verdrängen von Luft in der Kontaktzone.

Durch aufeinander abgestimmte Straßenoberflächen und Reifenprofilierungen sind R.-Pegelminderungen bis zu etwa 5 dB gegenüber herkömmlichen, bisher verwendeten Straßenoberflächen erzielbar. *Strauch*

Literatur: *Bschorr, O.; A. Wolf:* Reifenschwingungen als Ursache von Lärm und Rollwiderstand. Automobilindustrie **27** (1982). – *v. Meier, A.:* Schallabsorbierende Straßendecken, VDI-Bericht 587. Schalltechnik und Wirtschaftlichkeit, Düsseldorf 1986. – *Munjal, M. L.; M. Heckl:* J. of Sound a. Vibration. **81** (1982) S. 477. – *Schaaf, K.; H. Flötke; D. Ronneberger:* Rollende Reifen — Entstehung und Abstrahlung von Schall. Fortschritte der Akustik. DAGA 81, Berlin.

Rostfeuerung. Die R. wird zur Verbrennung von grobkörnigen oder stückigen Brennstoffen eingesetzt, hauptsächlich in kleineren →Feuerungsanlagen der Industrie und in Heizwerken sowie in →Abfallverbrennungsanlagen.

Der Brennstoff wird entweder von Hand (nur bei kleinen Feuerungsleistungen) oder mechanisch auf den Rost aufgegeben. Durch die Spalten des Rostes wird die Verbrennungsluft von unten zugeführt (Unterwind); sie trägt gleichzeitig zur Kühlung der Roststäbe bei. Der Anteil der freien Rostfläche, die durch die Spalten zwischen den Stäben gebildet wird, und die Form der Spalten beeinflussen die Güte der Verbrennung und sind der Brennstoffart, der Korngröße und den Zugverhältnissen anzupassen. Spaltenweite und Korngrößenverteilung des Brennstoffs bestimmen insbesondere den Anteil an Unverbranntem in der Asche.

Grundsätzlich wird zwischen R. mit feststehendem oder bewegtem Rost unterschieden. Feststehende Roste werden in Feuerungsanlagen bis ca. 10 MW Feuerungswärmeleistung eingesetzt. Sie erreichen Rostwärmebelastungen (Wärmestrom je Rostflächeneinheit) bis etwa 1 MW/m^2.

Bei Feuerungen mit bewegtem Rost sind Rostwärmebelastungen von 1–2 MW/m^2 einstellbar. Hierdurch sind bei entsprechend großen Rostflächen Feuerungswärmeleistungen von maximal 100 MW erreichbar. Sehr große Feuerungsanlagen, z. B. Kraftwerksfeuerungen, werden in der Regel mit Staubfeuerungen ausgerüstet.

Die einfachste Form der R. ist die Plan-R. Der ebene, ortsfeste Planrost besteht i. a. aus einzelnen

Roststäben aus feuerfestem Guß, die in gleichmäßigem Abstand auf Roststabträgern angeordnet sind. Die Plan-R. ist meist mit Wurfbeschickung ausgestattet und für eine Entschlackung von Hand konzipiert. Der Wurfbeschicker, dem eine abgemessene Brennstoffmenge zugeteilt wird, ermöglicht eine quasi-kontinuierliche Beschickung des Planrostes. Der Brennstoff wird nach einem festgelegten Ablaufschema durch verschiedene Wurfweiten gleichmäßig über den Rost verteilt. Die maximale Feuerungsleistung von Plan-R. beträgt ca. 3,5 MW.

Feststehende Roste mit bewegter Brennstoffschicht werden bei Schräg- und Treppen-R. sowie bei Vorschub-, Schüttel- und Überschub-R. eingesetzt. Die Brennstoffschicht kann durch Neigung des Rostes und/oder durch mechanische Bewegungshilfen über den Rost bewegt werden.

Bei Schräg-R. und Treppen-R. erfolgt der Brennstofftransport durch selbsttätiges Nachgleiten über die um ca. 40°–45° geneigten Rostelemente. Bei der Vorschub-R. wird der Brennstoff durch mechanische Einrichtungen, z. B. Stößel, über den 10°–20° geneigten Rost geführt. Der Brennstoff durchläuft hier räumlich hintereinander liegend die Zündzone, die Hauptverbrennungszone und die Ausbrandzone. Die Luftzufuhr kann den jeweiligen Verbrennungsstadien angepaßt werden.

Bei der Schüttel-R. wird der elastisch gelagerte, ortsfeste Rost durch einen Unwuchtantrieb periodisch in Schüttelbewegungen versetzt, wodurch eine gleichmäßige Bewegung des Brennstoffbettes in Richtung auf das Rostende bewirkt wird. Bei der Überschub-R., die ebenfalls bevorzugt mit geneigten Rosten kombiniert wird, schiebt sich der zugeführte Brennstoff vor und über das Glutbett. Hierdurch ist eine verbesserte Zündung auch schwer zündlicher Brennstoffe möglich. Infolge der schnellen Erwärmung des Brennstoffes besteht jedoch die Gefahr, daß gut backende Kohlen größere Kokskuchen bilden, die eine hinreichende Luftzufuhr erschweren. Vorschub- und Überschub-R. werden deshalb hauptsächlich für wenig backende, d. h. feuchte und aschereiche Brennstoffe angewendet.

Wichtige Sonderbauarten der R. mit ortsfestem Rost sind die Unterschubfeuerung (bevorzugt bei Holzfeuerungsanlagen) und die Füllschachtfeuerung mit Sattelrost.

R. mit bewegtem Rost werden insbesondere bei Feuerungsanlagen mit höheren Feuerungswärmeleistungen eingesetzt. Das meist verbreitete mechanisierte Rostfeuerungssystem ist die Wander-R. Der Wanderrost besteht aus einem endlosen Rostband, das über zwei Wellen angetrieben wird. Der Brennstoff wird auf dem Rostband mit einer Geschwindigkeit von ca. 100–300 mm/min durch den Feuerraum geführt; Verbrennungsrückstände werden am Rostende abgeworfen. Verbrennungsluft wird bei größeren Wander-R. durch Zonen-Luftkästen zugeführt, die zwischen dem oberen und unteren Rostband angeordnet sind. Je nach Rostbelastung und Grad des Ausbrandes können die erforderlichen Luftmengen durch 4–12 Zonen dem Verbrennungsgut gezielt zugeführt werden.

Der Wanderrost wird von anbackenden Verbrennungsrückständen selbsttätig an der Unterseite des zurücklaufenden Rostes gereinigt, häufig in Verbindung mit einer Klopfvorrichtung. Eine Verbesserung der Rostreinigung ergibt sich bei der Anwendung von Schuppenwanderrosten, bei denen die Roststäbe beweglich gelagert sind. Auf der Oberseite des Rostes liegen die Stäbe nach vorn geneigt schuppenförmig aufeinander; am hinteren Rostende klappen die Stäbe um, und hängen auf der Unterseite des Rostes, leicht pendelnd, senkrecht nach unten. Eine Sonderbauart stellt die rückläufige Wander-R. dar. Der Brennstoff wird hier durch einen Wurfbeschicker auf den hinteren Rostteil aufgegeben, während die Verbrennungsrückstände nach vorn ausgetragen werden.

Walzen-R. werden fast ausschließlich zur Hausmüllverbrennung eingesetzt (→Abfallverbrennungsanlage).

Der Walzenrost besteht aus stufenförmig hintereinander angeordneten, sich langsam drehenden Rostwalzen, die einen Durchmesser bis zu 2 m haben können. Die benötigte Verbrennungsluft wird jeder Walze durch den zugehörigen Rostdurchfalltrichter zugeführt. Der Einsatzstoff wandert von Walze zu Walze und wird dabei jeweils gewendet und bewegt, um einen möglichst vollständigen Ausbrand zu erzielen.

R. können bei gezielter Anpassung der Verbrennungsbedingungen an die Brennstoffeigenschaften insbesondere durch gestufte Verbrennungsluftzufuhr und Feuerraumgestaltung emissionsarm und mit hoher Ausbrandgüte betrieben werden.

Bei hinreichender Verweilzeit des Brennstoffs auf dem Rost und durch Rückführen von koksreicher Asche in den Feuerraum verbleiben nur geringe Gehalte an Unverbranntem in den Verbrennungsrückständen. Der Ausbrand der Verbrennungsgase kann durch Sekundärluftzugabe oberhalb des Rostes wesentlich verbessert werden; entsprechend niedrige Emissionen an Kohlenmonoxid und Kohlenwasserstoffen treten auf.

Die Stickstoffoxid-Emissionen sind durch feuerungsseitige Maßnahmen, z. B. Absenkung des Luftüberschusses, mehrstufige Luftzufuhr und →Abgasrückführung, wirksam zu mindern. Zur Minderung der Schwefeloxid-Emissionen eignen sich →Trockenadditiv- und →Direktentschwefelungsverfahren. Die dabei anfallenden Reststoffe, ein Gemisch aus Asche und Entschwefelungsprodukten, sind nur bedingt verwertbar (→Feuerungsanlage). *Weiss*

Literatur: *Davids, P.; M. Lange:* Die TA Luft '86, Technischer Kommentar. Düsseldorf 1986. – *Mayr, F. (Hrsg.):* Handbuch der Kesselbetriebstechnik. Gräfelfing/München 1980. – *Reimann, D. O. (Hrsg.):* Rostfeuerungen zur Abfallverbrennung. Berlin 1991. – Taschenbuch für den Maschinenbau, 16. Aufl. Dubbel. Berlin-Heidelberg-New York 1987. – VGB: Fachkunde für den Dampfkraftwerksbetrieb. 2. Aufl. Essen 1971.

Rotationsparaboloid (*engl.* parabolic dish). Dreidimensionale R., kurz Paraboloide, dienen →Paraboloidkraftwerken als Kollektoren/Reflektoren der konzentrierbaren direkten solaren Strahlungsenergie und deren Fokussierung im zugehörigen Punktabsorber, gegebenenfalls Receiver-Reaktor. Ausgeführte R. zeigen sehr unterschiedliche Entwürfe: einmal bestehend aus einer stählernen Tragestruktur, belegt mit rückseitig beschichteten Glasreflektoren; dieser Entwurf ist aus dem Antennenbau abgeleitet. Zum anderen in Integralbauweise, bestehend aus einem Tragering, über den zwei Stahlblech- oder Aluminiumblechmembranen als Reflektoren gespannt sind. Schließlich solche, bei denen der Tragering außen beschichtete Kunststoffmembranen trägt. Alle Membranen werden durch Anlegen eines Vakuums in die Paraboloidform gebracht. In allen Entwürfen kommt es auf geometrische Formtreue der Parabeln und auf Flächenhomogenität der Reflexionsschichten an, um die konzentrierte Strahlung ohne nennenswerte Streuverluste in der Receiverapertur des Punktabsorbers unterzubringen. Leichtbau des Gesamtentwurfs in mechanisierter Fertigung soll zu mäßigen spezifischen Investitionskosten (DM/kWh/a) führen. Technische Paraboloide haben Durchmesser <20 m und Konzentrationsfaktoren mehrerer tausend Sonnen. R. finden sich auch als Sekundärkonzentratoren in Solaröfen. *C.-J. Winter*

Rote Liste. Seit 1970 werden in der Bundesrepublik Deutschland sog. R. L. aufgestellt, in denen alle in ihrer Existenz gefährdeten und seltenen Tier- und Pflanzenarten erfaßt sind. Der Gefährdungsgrad wird dabei aufgrund populations- und verbreitungsökologischer Kriterien nach fünf Kategorien definiert: ausgestorben, vom Aussterben bedroht, stark gefährdet, gefährdet und potentiell gefährdet.

Die R. L. dokumentieren einen dramatischen Rückgang der Artenvielfalt, die vornehmlich auf die Vernichtung oder Veränderung von Lebensräumen für Tiere und Pflanzen zurückgeht. Gefährdet sind vor allem Feuchtgebiete und Feuchtbiotope, in denen mehr als die Hälfte der als gefährdet geführten Arten und fast zwei Drittel der vom Aussterben bedrohten Arten vorkommen. *Hoppe/Beckmann*

Literatur: *Schink:* Naturschutz- und Landschaftspflegerecht Nordrhein-Westfalen. Köln 1989.

RO$_2$-Radikal. Allgemeine Abk. für organische →Peroxyradikale

R-Satz. Kurzbezeichnung für „Hinweise auf besondere Gefahren" (R vom *engl.* risk, also Risiko-Sätze) nach der →Gefahrstoffverordnung (GefStoffV). R-S. sind nach Anhang I Nr. 1 der GefStoffV Gegenstand der Einstufung gefährlicher Stoffe und Zubereitungen und bezeichnen in Kurzform alle toxischen und physikalisch-chemischen – bei Stoffen auch die ökotoxischen – Eigenschaften (→Stoff, umweltgefährlich), die bei normaler Handhabung oder Verwendung eine Gefahr darstellen können.

Die Kennzeichnung von gefährlichen Stoffen (§ 6) und von gefährlichen Zubereitungen (§ 7) muß auch R-S. nach Anhang I Nr. 3 der GefStoffV enthalten. Für in Anhang I der EG–Richtlinie 67/548/EWG bzw. in der darauf fußenden Bekanntmachung nach § 4 a der GefStoffV (früher in Anhang VI der GefStoffV 1986) aufgeführte Stoffe sind dort die Kennzahlen für die zu verwendenden R-S. angegeben, die mit den in Anhang I Nr. 3 der GefStoffV ausgewiesenen konkreten Gefahrenhinweisen korrespondieren; die Kennzahlen der R-S. werden einzeln (dann sind die Zahlen durch einen waagerechten Strich getrennt) und/oder als Kombinationen (dann sind die Zahlen durch einen Schrägstrich getrennt) angegeben.

☐ R-Sätze

R 1 In trockenem Zustand explosionsgefährlich.

R 2 Durch Schlag, Reibung, Feuer oder andere Zündquellen explosionsgefährlich.

R 3 Durch Schlag, Reibung, Feuer oder andere Zündquellen besonders explosionsgefährlich.

R 4 Bildet hochempfindliche explosionsgefährliche Metallverbindungen.

R 5 Beim Erwärmen explosionsfähig.

R 6 Mit und ohne Luft explosionsfähig.

R 7 Kann Brand verursachen.

R 8 Feuergefahr bei Berührung mit brennbaren Stoffen.

R 9 Explosionsgefahr bei Mischung mit brennbaren Stoffen.

R 10 Entzündlich.

R 11 Leichtentzündlich.

R 12 Hochentzündlich.

R 14 Reagiert heftig mit Wasser.

R 15 Reagiert mit Wasser unter Bildung leicht entzündlicher Gase.

R 16 Explosionsgefährlich in Mischung mit brandfördernden Stoffen.

R 17 Selbstentzündlich an der Luft.

R 18 Bei Gebrauch Bildung explosionsfähiger/leichtentzündlicher Dampf-Luftgemische möglich.

R 19 Kann explosionsfähige Peroxide bilden.

R 20 Gesundheitsschädlich beim Einatmen.

R 21 Gesundheitsschädlich bei Berührung mit der Haut.

R 22   Gesundheitsschädlich beim Verschlucken.

R 23   Giftig beim Einatmen.

R 24   Giftig bei Berührung mit der Haut.

R 25   Giftig beim Verschlucken.

R 26   Sehr giftig beim Einatmen.

R 27   Sehr giftig bei Berührung mit der Haut.

R 28   Sehr giftig beim Verschlucken.

R 29   Entwickelt bei Berührung mit Wasser giftige Gase.

R 30   Kann bei Gebrauch leicht entzündlich werden.

R 31   Entwickelt bei Berührung mit Säure giftige Gase.

R 32   Entwickelt bei Berührung mit Säure sehr giftige Gase.

R 33   Gefahr kumulativer Wirkungen.

R 34   Verursacht Veratzungen.

R 35   Verursacht schwere Verätzungen.

R 36   Reizt die Augen.

R 37   Reizt die Atmungsorgane.

R 38   Reizt die Haut.

R 39   Ernste Gefahr irreversiblen Schadens.

R 40   Irreversibler Schaden möglich.

R 41   Gefahr ernster Augenschäden.

R 42   Sensibilisierung durch Einatmen möglich.

R 43   Sensibilisierung durch Hautkontakt möglich.

R 44   Explosionsgefahr bei Erhitzen unter Einschluß.

R 45   Kann Krebs erzeugen.

R 46   Kann vererbbare Schäden verursachen.

R 48   Gefahr ernster Gesundheitsschäden bei längerer Exposition.

R 49   Kann Krebs erzeugen beim Einatmen.

R 50   Sehr giftig für Wasserorganismen

R 51   Giftig für Wasserorganismen.

R 52   Schädlich für Wasserorganismen.

R 53   Kann in Gewässern längerfristig schädliche Wirkungen haben.

R 54   Giftig für Pflanzen.

R 55   Giftig für Tiere.

R 56   Giftig für Bodenorganismen.

R 57   Giftig für Bienen.

R 58   Kann längerfristig schädliche Wirkungen auf die Umwelt haben.

R 59   Gefährlich für die Ozonschicht.

R 60   Kann die Fortpflanzungsfähigkeit beeinträchtigen.

R 61   Kann das Kind im Mutterleib schädigen.

R 62   Kann möglicherweise die Fortpflanzungsfähigkeit beeinträchtigen.

R 63   Kann das Kind im Mutterleib möglicherweise schädigen.

R 64   Kann Säuglinge über die Muttermilch schädigen.

□ Kombination der R-Sätze

R 14/15   Reagiert heftig mit Wasser unter Bildung hochentzündlicher Gase.

R 15/29   Reagiert mit Wasser unter Bildung giftiger und hochentzündlicher Gase.

R 20/21   Gesundheitsschädlich beim Einatmen und bei Berührung mit der Haut.

R 20/22   Gesundheitsschädlich beim Einatmen und Verschlucken.

R 20/21/22   Gesundheitsschädlich beim Einatmen, Verschlucken und Berührung mit der Haut.

R 21/22   Gesundheitsschädlich bei Berührung mit der Haut und beim Verschlucken.

R 23/24   Giftig beim Einatmen und bei Berührung mit der Haut.

R 23/25   Giftig beim Einatmen und Verschlucken.

R 23/24/25   Giftig beim Einatmen, Verschlucken und Berührung mit der Haut.

R 24/25   Giftig bei Berührung mit der Haut und beim Verschlucken.

R 26/27   Sehr giftig beim Einatmen und bei Berührung mit der Haut.

R 26/28   Sehr giftig beim Einatmen und Verschlucken.

R 26/27/28   Sehr giftig beim Einatmen, Verschlucken und Berührung mit der Haut.

R 27/28   Sehr giftig bei Berührung mit der Haut und beim Verschlucken.

R 36/37   Reizt die Augen und die Atmungsorgane.

R 36/38   Reizt die Augen und die Haut.

R 36/37/38   Reizt die Augen, Atmungsorgane und die Haut.

R 37/38   Reizt die Atmungsorgane und die Haut.

R 39/23   Giftig: ernste Gefahr irreversiblen Schadens durch Einatmen.

R 39/24   Giftig: ernste Gefahr irreversiblen Schadens bei Berührung mit der Haut.

R 39/25   Giftig: ernste Gefahr irreversiblen Schadens durch Verschlucken.

R 39/23/24   Giftig: ernste Gefahr irreversiblen Schadens durch Einatmen und bei Berührung mit der Haut.

R 39/23/25   Giftig: ernste Gefahr irreversiblen Schadens durch Einatmen und durch Verschlucken.

R 39/24/25   Giftig: ernste Gefahr irreversiblen Schadens bei Berührung mit der Haut und durch Verschlucken.

R 39/23/24/25   Giftig: ernste Gefahr irreversiblen Schadens durch Einatmen, Berührung mit der Haut und durch Verschlucken.

R 39/26   Sehr giftig: ernste Gefahr irreversiblen Schadens durch Einatmen.

R 39/27   Sehr giftig: ernste Gefahr irreversiblen Schadens bei Berührung mit der Haut.

R 39/28   Sehr giftig: ernste Gefahr irreversiblen Schadens durch Verschlucken.

R 39/26/27   Sehr giftig: ernste Gefahr irreversiblen Schadens durch Einatmen und bei Berührung mit der Haut.

R 39/26/28   Sehr giftig: ernste Gefahr irreversiblen Schadens durch Einatmen und durch Verschlukken.

R 39/27/28   Sehr giftig: ernste Gefahr irreversiblen Schadens bei Berührung mit der Haut und durch Verschlucken.

R 39/26/27/28   Sehr giftig: ernste Gefahr irreversiblen Schadens durch Einatmen, Berührung mit der Haut und durch Verschlucken.

R 40/20   Gesundheitsschadlich: Möglichkeit irreversiblen Schadens durch Einatmen.

R 40/21   Gesundheitsschädlich: Möglichkeit irreversiblen Schadens bei Berührung mit der Haut.

R 40/22   Gesundheitsschädlich: Möglichkeit irreversiblen Schadens durch Verschlucken.

R 40/20/21   Gesundheitsschädlich: Möglichkeit irreversiblen Schadens durch Einatmen und bei Beruhrung mit der Haut.

R 40/20/22   Gesundheitsschädlich: Moglichkeit irreversiblen Schadens durch Einatmen und durch Verschlucken.

R 40/21/22   Gesundheitsschädlich: Möglichkeit irreversiblen Schadens bei Beruhrung mit der Haut und durch Verschlucken.

R 40/20/21/22   Gesundheitsschädlich: Möglichkeit irreversiblen Schadens durch Einatmen, Berührung mit der Haut und durch Verschlucken.

R 42/43   Sensibilisierung durch Einatmen und Hautkontakt möglich.

R 48/20   Gesundheitsschadlich: Gefahr ernster Gesundheitsschäden bei längerer Exposition durch Einatmen.

R 48/21   Gesundheitsschadlich: Gefahr ernster Gesundheitsschaden bei längerer Exposition durch Berührung mit der Haut.

R 48/22   Gesundheitsschädlich: Gefahr ernster Gesundheitsschäden bei längerer Exposition durch Verschlucken.

R 48/20/21   Gesundheitsschädlich: Gefahr ernster Gesundheitsschäden bei längerer Exposition durch Einatmen und durch Berührung mit der Haut.

R 48/20/22   Gesundheitsschädlich: Gefahr ernster Gesundheitsschäden bei längerer Exposition durch Einatmen und durch Verschlucken.

R 48/21/22   Gesundheitsschädlich: Gefahr ernster Gesundheitsschäden bei längerer Exposition durch Berührung mit der Haut und durch Verschlucken.

R 48/20/21/22   Gesundheitsschädlich: Gefahr ernster Gesundheitsschäden bei längerer Exposition durch Einatmen, Berührung mit der Haut und durch Verschlucken.

R 48/23   Giftig: Gefahr ernster Gesundheitsschäden bei längerer Exposition durch Einatmen.

R 48/24   Giftig: Gefahr ernster Gesundheitsschäden bei längerer Exposition durch Berührung mit der Haut.

R 48/25   Giftig: Gefahr ernster Gesundheitsschäden bei längerer Exposition durch Verschlucken.

R 48/23/24   Giftig: Gefahr ernster Gesundheitsschäden bei längerer Exposition durch Einatmen und durch Berührung mit der Haut.

R 48/23/25   Giftig: Gefahr ernster Gesundheitsschäden bei langerer Exposition durch Einatmen und durch Verschlucken.

R 48/24/25   Giftig: Gefahr ernster Gesundheitsschäden bei langerer Exposition durch Berührung mit der Haut und durch Verschlucken.

R 48/23/24/25   Giftig: Gefahr ernster Gesundheitsschaden bei längerer Exposition durch Einatmen, Beruhrung mit der Haut und durch Verschlucken.

R 50/53   Sehr giftig fur Wasserorganismen, kann in Gewässern längerfristig schädliche Wirkungen haben.

R 51/53   Giftig für Wasserorganismen, kann in Gewässern längerfristig schädliche Wirkungen haben.

R 52/53   Schädlich für Wasserorganismen, kann in Gewässern längerfristig schadliche Wirkungen haben.

Dreyhaupt

Rückstand. Allgemeiner Begriff für den bei einem technischen Verfahren oder nach einer Produktnutzung verbleibenden stofflichen Rest.

Bei einem Aufbereitungs- oder Herstellungsverfahren handelt es sich um die zwangsläufig neben dem eigentlichen Produkt entstehenden/übrigbleibenden Reste (z. B. Berge, Stäube, Schlämme bei der Gewinnung und Aufbereitung von Bodenschätzen, Produktions-R. beim Herstellen von Stoffen, Erzeugnissen, Waren).

Bei einem Behandlungsverfahren kann es sich auch um das Ergebnis/Produkt des Verfahrens handeln (z. B. Klärschlamm bei der Abwasseraufbereitung, Stäube und Schlacken bei Kraftwerken). R. nach einer Produktnutzung sind z. B. Stoffreste in Emballagen ebenso wie diese selbst.

Der Begriff R. stellt auf die Entstehung des Stoffes ab und enthält keine Aussage über die weitere Verwendung. R. kann sowohl Produkt, also Wirtschaftsgut werden, er kann rechtlich als Reststoff im Sinne von § 5 Abs. 1 Satz 3 BImSchG verwertbar sein oder er kann subjektiv →Abfall sein oder objektiv zum Abfall erklärt werden.

Der Begriff wird häufig verwendet, wenn keine Aussage über das weitere rechtliche Schicksal eines Stoffs gemacht werden kann oder soll. *Schnurer*

Rüstungsaltlasten. Kurzbezeichnung für rüstungs-, kriegs- und verteidigungsbedingte →Altlasten. Hierbei handelt es sich um ehemals genutzte Flächen oder Standorte, die infolge rüstungsbedingter Anlagen und Aktivitäten, durch Kriegseinwirkungen oder durch militärische Nutzung ein solches Schadstoffpotential enthalten, daß von ihnen Störungen der öffentlichen Sicherheit oder Umweltgefährdungen, insbesondere für die menschliche Gesundheit, ausgehen oder zu erwarten sind. Im engeren Sinn wird nur dann von R. gesprochen, wenn die vorgefundenen Verunreinigungen der Umweltgüter Boden, Wasser und Luft durch Chemikalien aus konventionellen und chemischen Kampfstoffen hervorgerufen worden sind. Zu den ehemals genutzten rüstungs- und kriegsbedingten →Verdachtsflächen gehören

- Produktionsstätten von konventionellen Kampfstoffen wie Pulver, Spreng- und Zündstoffe, Brand-, Schwel- und Nebelstoffe,
- Produktionsstätten von chemischen Kampfstoffen,
- Standorte der Weiterverarbeitung konventioneller und chemischer Kampfstoffe, d. h. Abfüllstellen/Munitionsanstalten,
- Standorte zur Herstellung von Treibmitteln,
- Schluckbrunnen und ihre Umgebung zum Verpressen der Produktionsabwässer aus der Kampfstoffherstellung,
- Munitionsdepots, Lagerstätten der Kampfstoffe, Treibmittel und Rückstände,
- Spreng-, Schieß- und Übungsplätze, Versuchsanstalten, Erprobungsstellen,
- Munitionsvernichtungsplätze,
- militärisch genutzte Flugplätze,
- militärisch genutzte Lagerplätze für Brenn-, Kraft- und Schmierstoffe (Tanklager).

Standorte mit Festungswerken, z. B. Bunker, Panzergräben, Geschützstellungen und Gefechtsmunitionsdepots, sind auch potentielle Verdachtsflächen.

Die →Kontaminationen von Boden, Untergrund und Gewässer können nicht nur durch Rohstoffe, Zwischenprodukte, Umwandlungsprodukte und Endprodukte während der Erzeugung, Weiterverarbeitung und Lagerung entstanden sein, sondern auch durch Ablagerung der Produktionsrückstände und durch kriegsbedingte Schäden, etwa durch Luftangriffe. Hierbei ist es z. B. durch absichtliches Ablassen von umweltgefährlichen brennbaren Flüssigkeiten aus Kesselwagen und Tanks unmittelbar vor Luftangriffen zu Versickerungen in den Untergrund gekommen. Ein großes Kontaminationspotential ist durch Zerstörung bei Kriegsende und bei der Demontage nach Kriegsende entstanden. Das mit der Zerstörung und Demontage verbundene Vergraben, Verkippen und Versenken von Kampfstoffen und Munition gehört auch zu den kriegsbedingten Altlasten (Kriegsfolgelasten). Eine akute Gefährdung kann entstehen, wenn bei Durchrostung flüssige Kampfstoffe frei werden.

Die besonderen Gefährdungspotentiale sind durch die bei den R. vorkommenden Stoffgemische bedingt. Mögliche relevante Stoffe sind u. a. aromatische Amine, Antimon, Arsen, Blei, Chrom, Dinitrobenzol, Dinitrophenol, Dinitrotoluole, Hexanitrodiphenylamin, Kupfer, Methylaminnitrat, Nitroglycerin, Nitroglykol, Nitropenta, Phenol, Quecksilber, Säuren/Basen, Toluol, Trimenthyltrinitroamin, Trinitrobenzol, Trinitrotoluol, Arsen, Chlor, Phosgen, Sarin, Schwefel-Lost, Soman, Stickstoff-Lost, Tabun.

Die toxischen Wirkungsprofile aller vorkommenden organischen Stoffe und ihrer Umwandlungsprodukte sind bisher noch nicht in allen Einzelheiten bekannt. Zahlreiche Stoffe weisen eine starke toxische Wirkung auf. Für einige Produkte gibt es Hinweise auf krebserzeugende Wirkungen. Bei der Untersuchung und Beprobung der Verdachtsflächen sind Arbeitsschutzmaßnahmen besonders zu beachten.

Neben den rüstungs- und kriegsbedingten Altlasten existieren noch Altlasten auf militärisch genutzten Liegenschaften, die besonders in neuester Zeit von deutschen und ausländischen Streitkräften aufgegeben wurden, die sog. militärischen Altlasten. Hierbei handelt es sich um Kasernengelände, Materiallager und Flugplätze, die mit großer Wahrscheinlichkeit durch Abfallstoffe, durch eingesikkerte Mineralölprodukte und Herbizide – als Folge einer unsachgemäßen Handhabung – verunreinigt sind. Weiterhin sind in Bereichen ehemaliger militärischer Wartungs-, Reparatur- und Reinigungsbetriebe Bodenverunreinigungen durch Lösungsmittel, z. B. Chlorkohlenwasserstoffe, zu vermuten. An diesen Standorten finden sich Abfallplätze, deren Schadstoffspektrum nicht bekannt ist. Auf ehemaligen Truppenübungs- und Schießplätzen ist mit Schwermetallbelastungen zu rechnen.

Eine starke Belastung mit Herbiziden, die das Grundwasser kontaminieren können, besteht im Sicherungsstreifen der ehemaligen DDR-Grenze. Während die rüstungs- und kriegsbedingten Belastungen im wesentlichen bis 1945 entstanden sind, ordnet man die militärischen bzw. Verteidigungsaltlasten den Belastungsvorgängen nach 1945 zu.

Die Abfallprobleme im Zusammenhang mit R. sind im Gegensatz zu herkömmlichen Altlasten gemäß Abfallgesetz von dessen Geltungsbereich ausgeschlossen. Das Aufsuchen, Bergen und Vernichten von Kampfmitteln gehört zu den Aufgaben des Kampfmittelbeseitigungsdienstes der Länder. Die mit den rüstungs- und kriegsbedingten Altlasten verbundenen Probleme müssen gemeinsam von Bund und Ländern gelöst werden. *Thoenes*

Literatur: Deutscher Bundestag: Gefährdung von Mensch und Umwelt durch kontaminierte Standorte der chemischen Rüstungsindustrie. BT-Drucksache 11/6972. Bonn 1990. – *Kayed, A.:* Rüstungsaltlasten – Bundesweite Einschätzung des Problems – Kontaminationsspektrum – Erste stoffbezogene Einschätzung des Gefährdungspotentials. In: Franzius, V.:

Sanierung kontaminierter Standorte. Berlin 1990. – Ministerium für Umwelt, Raumordnung und Landwirtschaft NRW: Verdachtsflächen rüstungs- und kriegsbedingter Altlasten in Nordrhein-Westfalen. In: *Materialien zur Ermittlung und Sanierung von Altlasten, Band 3.* 1991. – Niedersächsisches Umweltministerium (Hrsg.): Expertengespräch Rüstungsaltlasten, Dokumentation. Hannover 1989. – *Schneider, U.* u. *W. König:* Chemische Rüstungsaltlasten. In: Wolf, K., W. J. van den Brink u. F. J. Colon: Altlastensanierung '88. Dordrecht 1988.

Rüstungsaltlasten-Erfassung. Im Rahmen der Altlastenproblematik zeichnen sich rüstungsbedingte →Altlasten beider Weltkriege durch einige Besonderheiten aus. Hierzu gehört u. a. die spezifische Problematik ihrer Erfassung. Die Standorte unterlagen i. d. R. einer mehr oder weniger strikten Geheimhaltung. Entsprechend eingeschränkt war der Umfang bzw. der Verteilerkreis von Akten, Plänen u. a. m., und dieses für die Erfassung unerläßliche Dokumentationsgut ist zudem infolge von Kriegseinwirkungen vielfach nur noch lückenhaft überliefert. Hinzu kommen erhebliche Einschränkungen bei der Darstellung in amtlichen Kartenwerken sowie häufig auch bei der Wiedergabe in Luftbildern. Schließlich sind – nicht zuletzt aufgrund der zeitlichen Distanz – auch Befragungen von Zeitzeugen nur noch in Ausnahmefällen erfolgreich.

Um trotz dieser spezifischen Rahmenbedingungen R. zuverlässig zu erfassen, empfiehlt es sich, die Auswertung von archivischem Dokumentationsgut mit der multitemporalen Analyse von Luftbildern und Karten (→Altlastenerfassung) zu kombinieren.

Die Archivrecherchen sollten sich zweckmäßigerweise zunächst auf jene Archive konzentrieren, in denen nach dem Standort- und Provenienzprinzip archivischer Bestandsbildungen am ehesten einschlägiges Aktenmaterial über R. zu erwarten ist. Es sind dies an erster Stelle die zentralen Staatsarchive der Bundesrepublik Deutschland sowie nicht zuletzt der Besatzungsmächte, ferner die regionalen Staatsarchive der Bundesländer. Allerdings dürfen auch – zur Schließung möglicher Informationsdefizite nach den überörtlichen Archivrecherchen – die Kommunalarchive nicht gänzlich außer acht gelassen werden.

Für die Kartenauswertung ist namentlich die Topographische Karte 1:25 000 (TK 25) heranzuziehen. Sie ermöglicht vor allem die Identifizierung eines Großteils der Verdachtsflächen des Ersten Weltkriegs. In den Kartenausgaben der 30er und frühen 40er Jahre schränken Gestaltungsvorschriften mit dem Zweck der Geheimhaltung kriegswichtiger Betriebe und Anlagen die Erfassung ganz erheblich ein; allerdings stehen hier vielfach Fortführungen der deutschen TK 25-Ausgaben zur Verfügung, die während des Krieges auf photo-grammetrischem Wege von alliierten Vermessungseinheiten erstellt wurden; sie geben entsprechende Anlagen, häufig mit erläuternden Schriftzusätzen, wieder und ermöglichen so eine eindeutige Lokalisierung der Verdachtsflächen.

Für die Luftbildauswertung kann für den Zweiten Weltkrieg auf umfangreiches Bildmaterial aus Aufklärungs- und Vermessungsflügen der alliierten Luftwaffe zurückgegriffen werden. Dieses Bildmaterial ist z. Z. in Zentralarchiven in Großbritannien (University of Keele) sowie den USA (National Archives) zugänglich und wird schrittweise auch in den Bundesländern verfügbar sein. Die Auswertung ist im Vergleich zu der üblicher Reihenmeßbilder nicht immer ganz problemlos: Die Bilder weisen häufiger kräftige geometrische Verzeichnungen auf, die Aufnahmeparameter sind nicht immer bekannt, und die photographische Qualität ist durch unzulängliche Bearbeitung der Filme/Kontaktkopien bzw. durch Rauch und Wolken beeinträchtigt. Inhaltlich kommen verschiedene Varianten der Tarnung hinzu, so als zweidimensionale Maßnahmen unterschiedliche Anstriche oder als dreidimensionale Maßnahme Gerüstkonstruktionen mit Tarnnetzen, die charakteristische Anlagenteile oder -konfigurationen abdecken. Trotz dieser Einschränkungen erweist sich gerade die Luftbildauswertung als ein grundlegendes Verfahren, um die aus Karten, archivischem Dokumentationsgut oder auch aus Zeitzeugen-Befragungen gewonnenen Informationen auf ihre Vollständigkeit und Zuverlässigkeit hin zu überprüfen und – etwa im Hinblick auf Kriegsbeschädigungen der Anlagen – zu komplettieren. *Dodt*

Literatur: *Dodt, J.:* Verdachtsflächen rustungs- und kriegsbedingter Altlasten in Nordrhein-Westfalen. Ergebnisbericht über eine Recherche in uberregionalen Archiven mit Schwerpunkt 1930–1950. (= Materialien zur Ermittlung und Sanierung von Altlasten, Bd. 3). Düsseldorf 1991. – *Dodt, J.:* Verdachtsflächen rüstungs- und kriegsbedingter Altlasten in Nordrhein-Westfalen. Ergebnisbericht uber eine Recherche in überregionalen Archiven mit Schwerpunkt 1900–1930. (= Materialien zur Ermittlung und Sanierung von Altlasten, Bd. 5). Düsseldorf 1992.

Ruhezeit. R. sind im Geräuschimmissionsschutz die Zeitabschnitte tagsüber (*tags* im Gegensatz zu *nachts*), in denen wegen des Ruhebedürfnis des Menschen geringere Geräusche zulässig sind als während der übrigen Zeiten *tags* (→Nachtzeit).

Die zur Geräuschbeurteilung geltenden Verfahren berücksichtigen die R. unterschiedlich (→Geräuchimmissionen-Beurteilung).

So werden nach VDI 2058 Geräusche, die in der Zeit von 6.00–7.00 und 19.00–22.00 Uhr auftreten, um einen sog. R.-Zuschlag $K_R = 6$ dB erhöht.

Nach der →Sportanlagen-Lärmschutzverordnung, gelten als R. an Werktagen 6.00 bis 8.00 und 20.00 bis 22.00 Uhr sowie an Sonn- und Feiertagen die Zeitabschnitte 7.00 bis 9.00; 13.00 bis 15.00 und 20.00 bis 22.00 Uhr.

Die für diese zweistündigen R. geltenden →Beurteilungspegel der Sportanlagengeräusche werden mit 5 dB verringerten Immissionsrichtwerten der Tageszeit verglichen.

Bei Geräuschbeurteilungen nach der →TA Lärm, der →Verkehrslärmschutzverordnung, der DIN 18005 und nach dem →Fluglärmgesetz werden keine R. berücksichtigt. *Strauch*

Literatur: VDI 2058, Bl. 1: Beurteilung von Arbeitslärm in der Nachbarschaft. 9/1985. – DIN 18005, Schallschutz im Städtebau. 5/1987.

Ruß.

Emissionsminderung. Als R. werden Kohlenstoffpartikel mit einer Größe von etwa 0,1 μm und kleiner bezeichnet. Hierbei handelt es sich gewöhnlich nicht um einzelne Kohlenstoffteilchen, sondern um regelmäßig geformte Agglomerate, die sich auf Grund molekularer Anziehung bilden. Die Agglomerate erreichen eine Größe von etwa 1 μm.

R. wird einerseits gezielt in Anlagen hergestellt. Industrieruße werden hauptsächlich als Zusatzstoffe oder Füllstoffe in der Kautschuk-Industrie oder als schwarze Farbstoffe verwendet. Anlagen zur Herstellung von R. sind genehmigungsbedürftig nach dem BImSchG (Nr. 4.6 des Anhangs zur →4. BImSchV). Besondere emissionsbegrenzende Anforderungen enthält die →TA Luft in Nr. 3.3.4.6.1.

R. ist andererseits ein unerwünschtes Produkt der unvollständigen Verbrennung von Kohlenwasserstoffen. Verursacht wird die Rußbildung durch Sauerstoffmangel bei der Verbrennung oder durch das vorzeitige Abkühlen der Verbrennungsgase. In der Bundesrepublik Deutschland ist etwa ein Drittel des aus Verbrennungsprozessen emittierten R. dem Verkehr zuzurechnen, woran der Nutzfahrzeug-Verkehr den weitaus größten Anteil hat. →Kleinfeuerungsanlagen, insbesondere Kohle-Einzelraumheizungen, stellen die stärkste Emissionsgruppe dar.

Zur Minderung von Rußemissionen kommen feuerungstechnische und Abgasreinigungsmaßnahmen in Betracht. Zu den zuerst genannten Maßnahmen zählen konstruktive Optimierungen der Feuerungsanlage, die zu einem besseren Ausbrand des Brennstoffs führen, z. B. bei Kleinfeuerungsanlagen eine den Betriebsverhältnissen angepaßte Geometrie des Feuerraumes sowie speziell bei Ölfeuerungen die richtige Auswahl des Brenners in Abstimmung mit der Kesselbauart. Vom Brennersystem werden bei Ölfeuerungen die Tropfengrößenverteilung des Brennstoffs, die Flammenlänge und -form sowie die Zündbedingungen beeinflußt.

Abgasreinigungseinrichtungen, z. B. filternde →Abscheider oder →Rußfilter, sind bei Kleinfeuerungen nicht üblich. Filternde Abscheider werden bei Feuerungsanlagen 1 MW thermischer Leistung und Rußfilter bisher überwiegend bei Dieselmotoren im Nutzfahrzeug-Bereich eingesetzt.

Die Rußemissionen sind in Abhängigkeit von Feuerungsanlagenart und Nennwärmeleistung – üblicherweise indirekt über einen Grenzwert für die staubförmigen Emissionen – begrenzt. Derzeit gilt z. B. für Kohlefeuerungsanlagen mit einer Nennwärmeleistung von mehr als 15 kW ein Grenzwert von 0,15 g staubförmiger Emissionen je m³ Abgas (bezogen auf 8 Volumen-% Sauerstoff im Abgas). Bei Öl-Kleinfeuerungsanlagen hingegen wird die Rußemission über eine →Rußzahl nach der →Bacharach-Methode begrenzt.

Bei größeren Feuerungsanlagen sind die Rußanteile im Staub gering. Größere Feuerungsanlagen zeichnen sich im allgemeinen durch einen guten Brennstoff- und Abgasausbrand aus. Besonders störend sind R.-Ablagerungen an den Kesselwänden von Dampf- oder Heißwasserkessel, was den Wärmeübergang erheblich verschlechtert. Bei größeren Feuerungsanlagen werden daher in regelmäßigen Intervallen die Heizflächen, z. B. durch Rußbläser, gereinigt. *B. Krause*

Literatur: Luftreinhaltung '88. Hrsg.: Umweltbundesamt. Berlin 1989. – Ullmanns Encyklopädie der technischen Chemie, Band 14. Weinheim 1977.

Immissionsmessungen. R. wird in der Regel im Rahmen von Immissionserhebungen nicht separat gemessen. R. ist dabei anteilsmäßig im Schwebstaub bzw. ggf. auch im Staubniederschlag enthalten und geht an dieser Stelle mit seiner Masse in die Messung ein. Einen Sonderfall bildet hier das in Großbritannien entwickelte →Black-Smoke-Verfahren, bei dem schwarze Anteile des Staubs in besonderer Weise erfaßt werden.

Große Bedeutung hat der R. in Form der von Dieselmotoren emittierten Partikel bekommen (→Dieselpartikelemissionen), seitdem der Dieselruß als krebserzeugend klassifiziert wurde.

Bei Immissionsmessungen, die nach der Verordnung zur Durchführung von § 40 Abs. 2 BImSchG durchgeführt werden, ist daher die meßtechnische Erfassung von großer Bedeutung (→Verkehrsbeschränkungen außerhalb Smogalarm). *Pfeffer*

Rußabbrennfilter. →Dieselpartikelfilter mit einem externen Regenerationsbrenner zur nachträglichen Verbrennung von Dieselrußpartikeln. Vorwiegend werden Kerzenfilter oder Keramikmonolithe verwendet (→Rußfilter).

Die Regeneration von R. kann als →Abgasteilstromregeneration oder →Abgasvollstromregeneration erfolgen. *Kallenbach/May*

Rußfilter. R. dienen zur Minderung der partikelförmigen Emissionen von Dieselmotoren. Die Rußpartikeln werden in speziellen Filterelementen, die z. B. anstelle eines Abgasschalldämpfers eingebaut sein können, abgeschieden. Dabei steigt der Durchströmungswiderstand an, weshalb die Elemente periodisch regeneriert werden müssen. Die Entwicklung zuverlässig arbeitender, serienreifer R. ist noch nicht abgeschlossen.

Zur Entfernung des →Rußes aus dem Abgas können filternde →Abscheider eingesetzt werden, z. B. monolithische Keramikkörper und Wickelfilter aus Keramikfasern (Bild). Die Keramikkörper sind in Anströmrichtung von feinen, parallelen Kanälen durchzogen, die abwechselnd auf der Rohgas- bzw. Reingasseite verschlossen sind. Das Abgas muß demnach durch die porösen Kanalwände strömen, wobei die Partikeln abgeschieden werden. Die Wickelfilter bestehen aus mehreren, parallel angeordneten, gelochten Edelstahlröhren, welche mit aufgerauhtem Keramikgarn vielfach umwickelt sind. Durch diese Faserpackung muß das Abgas strömen, um in das Innere der zur Reingasseite hin offenen Röhren zu gelangen.

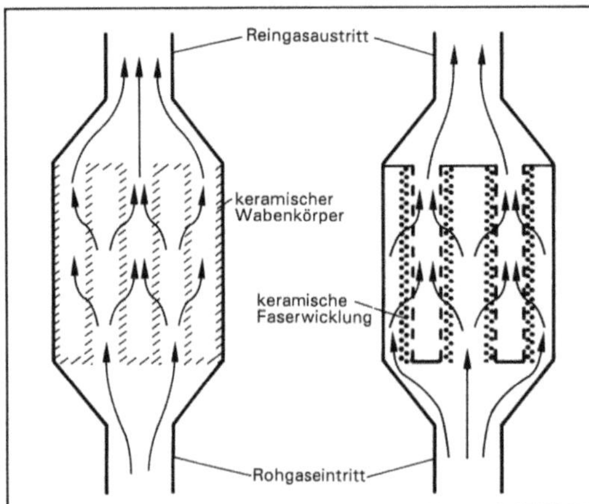

Rußfilter: Schematische Darstellung von Monolith und Wickelfilter.

Zur Regenerierung des Filtermediums werden verschiedene Verfahren getestet. Ziel ist eine Verbrennung der abgeschiedenen Rußpartikeln mit Sauerstoff zu Kohlendioxid und Wasserdampf (→Abgasteilstromregeneration, →Abgasvollstromregeneration). *Löffler/Schmidt*

Rußzahl. Die R. (Rz) dient zur Kennzeichnung der Rußemissionen von Ölfeuerungen. Eine Standardmethode zur Bestimmung der R., die insbesondere bei den Schornsteinfeger-Messungen an Kleinfeuerungsanlagen für leichtes Heizöl (Heizöl EL) eingesetzt wird, ist in der Norm DIN 51402, Teil 1 beschrieben. Das Meßverfahren beruht auf der →Bacharach-Methode. Mit einem Absaugegerät wird Abgas mit einem Durchsatz von 5,75 l/cm² durch ein weißes Papierfilter definierter Qualität gesaugt. Die durch die abgeschiedenen Feststoffe hervorgerufene Schwärzung des Filters wird über das optische Reflexionsvermögen beurteilt.

Zur visuellen Beurteilung wird die R.-Vergleichsskala (Bacharach-Skala) verwendet (Bild). Die Skala besteht aus zehn runden Feldern mit abgestuftem Schwärzungsgrad und mit jeweils einer kreisförmigen Öffnung im Zentrum. Diesen Feldern sind die Rußzahlen von 0 bis 9 zugeordnet. Bei der Rußmessung wird das berußte Filter unter die verschiedenen Öffnungen der Skala gelegt und durch Vergleich beurteilt, welcher R. das Filter am nächsten kommt. Benachbarte Felder der Vergleichsskala unterscheiden sich im Schwärzungsgrad jeweils um 10 %, d. h. eine Erhöhung der R. um 1

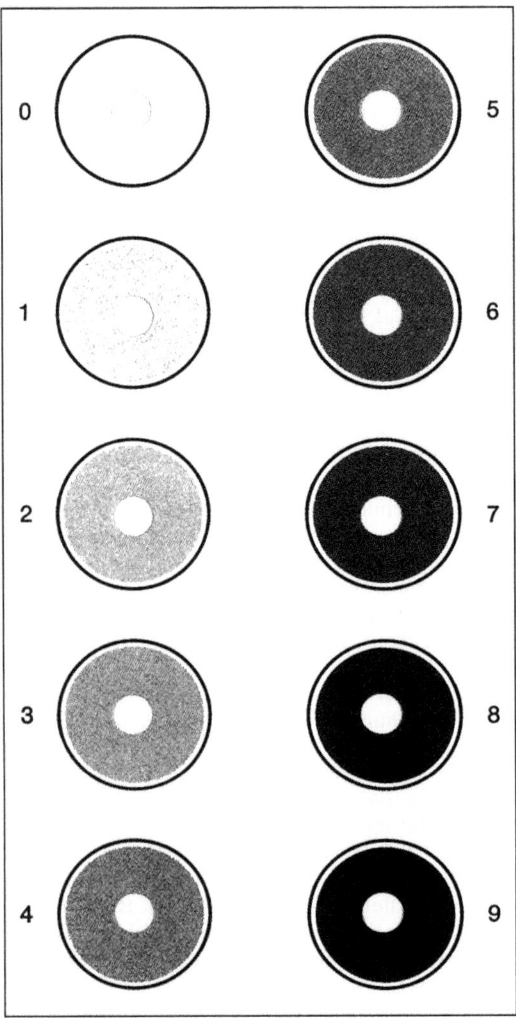

Rußzahl: R.-Vergleichsskala.

entspricht einer Abnahme des optischen Reflexionsvermögens um 10%. Die R. kann auch mit Hilfe eines optischen Auswertegerätes photometrisch ermittelt werden.

Die zur Bestimmung der R. beaufschlagten Filter werden zusätzlich dazu benutzt festzustellen, ob sich noch unverbrannte Ölderivate im Abgas befinden. Eine Verfärbung des Filters neben der Schwärzung ist ein Indiz dafür. Ist eine zweifelsfreie Beurteilung nicht möglich, so wird ein Fließmitteltest durchgeführt, der in der Norm DIN 51402, Teil 2 standardisiert ist.

Nach der Verordnung über Kleinfeuerungsanlagen (→1. BImSchV) dürfen Ölfeuerungsanlagen mit Verdampfungsbrenner die R. 2 und mit Zerstäubungsbrenner die R. 1 nicht überschreiten. Nach der →TA Luft dürfen genehmigungsbedürftige Feuerungsanlagen für Heizöl EL die R. 1 nicht überschreiten. Diese Auflage ist kontinuierlich zu überwachen. Hierfür stehen verschiedene eignungsgeprüfte Streulichtphotometer zur Verfügung (→Staubmessung, photometrische; →Abgastrübung). *Stahl*

Literatur: DIN 51402: Prüfung der Abgase von Ölfeuerungen; Teil 1: Visuelle und photometrische Bestimmung der Rußzahl. 10/1986. – Teil 2: Fließmittelverfahren zum Nachweis von Ölderivaten. 3/1979.

S

Salmonella-Mutagenitätstest. Dieses Testsystem (auch Ames-Test) ist eine von zahlreichen Methoden, um die genetische Wirksamkeit von Substanzen anhand von Bakterienkulturen zu prüfen. Dabei wird die durch Chemikalien induzierte Rückmutation (Reversion) verschiedener Stämme von Salmonella typhimurium gemessen. Diese Mutationen beruhen auf Veränderungen einzelner Basen (Basensubstitutionsmutation) oder Verlust einer oder mehrerer Basen (Leserastermutation) in dem Bereich des Bakteriengenoms, der für die Biosynthese der Aminosäure Histidin verantwortlich ist.

Die im Test eingesetzten Stämme können die Aminosäure Histidin nicht mehr selbst synthetisieren, weil verschiedene Enzyme des Histidin-Biosynthesewegs nicht mehr funktionsfähig sind. Durch Behandlung mit einer chemischen Substanz können die Histidin-bedürftigen Mutanten (auxotroph, his⁻) durch Basensubstitutions- oder Leserastermutationen zur Histidin-unabhängigen Form (prototroph, HIS⁺) revertieren.

Im Experiment werden his⁻-Bakterien und Testsubstanz auf einem Histidin-freien Nährboden für 2–3 Tage inkubiert; nur die durch Chemikalien induzierten Rückmutanten (Revertanten) bilden makroskopisch sichtbare Kolonien. Durch Vergleich der induzierten Revertantenzahl mit der Zahl der Spontanrevertanten, die in einer unbehandelten Kontrollkultur erfaßt werden, lassen sich Aussagen über die mutagene Wirkung einer Substanz machen. Eine positive Antwort wird durch eine reproduzierbare, konzentrationsabhängige Zunahme der induzierten Revertantenzahlen angezeigt. Durch Zusatz eines stoffwechselaktivierenden Systems, das aus Rattenleber gewonnen wird, werden die Metabolisierungsmöglichkeiten des Säugetierorganismus in das Testsystem mit einbezogen.

In der deutschen Gesetzgebung werden Prüfungen auf mutagene Wirkungen im Rahmen des Arzneimittelgesetzes (Gesetz über den Verkehr von Arzneimitteln, 1976), des Chemikaliengesetzes und des Wasserhaushaltsgesetzes gefordert. Die Durchführung des S.-M. sollte nach EG- oder OECD-Richtlinien erfolgen.   *Göggelmann*

Literatur: Rückmutationsversuch mit Salmonella typhimurium = Punkt-(Gen-)Mutationstest (= Ames-Test). Vorschrift veröffentlicht im Amtsblatt der Europäischen Gemeinschaften (19. Sept. 1984) L 251. S. 143–145.

Salpetersäure.
Atmosphärenchemie. S., Summenformel HNO_3, ist thermodynamisch sehr stabil. NO_z wird zum größten Teil tagsüber durch die Reaktion (1):

$$NO_2 + OH + M \rightarrow HNO_3 + M \tag{1}$$

in HNO_3 umgewandelt. Diese Reaktion ist eine wichtige atmosphärische Senke für Stickstoffoxide und OH-Radikale. Es ist aus Laborexperimenten und aufgrund atmosphärischer Beobachtungen bekannt, daß die Reaktion von N_2O_5 mit Wasser (2) nachts zur Bildung von S. führt:

$$N_2O_5 + [H_2O]_{qu} \rightarrow 2\ HNO_3 \tag{2}$$

Die Reaktion von NO_3-Radikalen während der Nacht mit gesättigten Kohlenwasserstoffen spielt eine untergeordnete Rolle als Quelle für HNO_3 in der Atmosphäre (3):

$$RH + NO_3 \rightarrow R + HNO_3 \tag{3}$$

Im Gegensatz zu H_2SO_4 ist S. leicht flüchtig und kann daher in der Atmosphäre als Gas bestehen, solange sie nicht durch nasse oder trockene Deposition entfernt wird. Aufgrund der atmosphärischen Aufenthaltszeit von mehreren Tagen ist die HNO_3-Konzentration örtlichen und zeitlichen Schwankungen unterworfen. Zahlreiche Meßverfahren zur Erfassung der Gasphasenkonzentration und des an Partikel gebundenen Anteils der HNO_3 wurden entwickelt. In der freien Atmosphäre ist die HNO_3-Konzentration, auch in Städten mit starker photochemischer Luftverschmutzung, niedriger als 10 ppbV; die Meßwerte reichen von 0,04 ppbV bis ca. 1 ppbV in Reinluft.   *Barnes*

Herstellung und Verwendung. S. (HNO_3) gehört zu den wichtigen Industriechemikalien und wird heute fast ausschließlich nach dem *Ostwald*-Verfahren hergestellt.

Bei Herstellung von hochkonzentrierter S. (98 Gew.-%–99 Gew.-%) werden Stickstoffdioxid und reiner Sauerstoff in Wasser bei einem Druck von 50 bar absorbiert.

Ein erheblicher Teil der S. wird zur Herstellung stickstoffhaltiger Düngemittel, insbesondere Ammoniumnitrat, aber auch Kalium- und Calciumnitrat verwendet; weltweit gehen ca. 75 %–85 % in diesen Sektor. Außer als Düngemittel wird Ammoniumnitrat auch als Sprengstoff eingesetzt.

Im organischen Bereich sind die Nitrierreaktionen (Schwefelsäure) von großer Bedeutung. Wichtige, auch mengenmäßig bedeutsame organische Verbindungen sind z. B. Nitrobenzol (Folgeprodukt Anilin), Dinitrotoluole (Folgeprodukte Toluylendiisocyanate; das sind Ausgangsverbindungen zur Herstellung der Urethane) und Chlornitrobenzole. Außer dem bereits genannten Ammoniumnitrat dient S. auch zur Herstellung von Explosivstoffen (z. B. Nitroglycerin, Trinitrotoluol (TNT) und Cellulosenitrat (Treibmittel). Ferner wird S. in der Stahlindustrie zum Beizen von Edelstahl und anderen metallurgischen Verfahren eingesetzt.

Das Prozeßabgas aus der letzten Absorptionsstufe enthält je nach Verfahrenstyp unterschiedlich hohe NO_x-Konzentrationen, die früher bei Niederdruckanlagen bis 5 000 mg NO_2/m^3 betragen konnte. Bei Anlagen zur Herstellung hochkonzentrierter S. (Hoko-Anlage) liegen die Konzentrationen zwischen 150 mg und 1 100 mg NO_x/m^3.

Der in der TA Luft vorgeschriebene Emissionswert von 450 mg NO_x/m^3 kann bei der Hochdruckabsorption bereits durch prozeßbezogene Maßnahmen eingehalten werden.

Bei der Mitteldruckabsorption wird in der Regel eine selektive katalytische Reduktionsstufe (→SCR-Verfahren) nachgeschaltet. Eine weitere Möglichkeit der Emissionsminderung ist die Adsorption der nitrosen Gase an Aktivkohle bzw. Molekularsieben. Nach der anschließenden thermischen Desorption werden die nitrosen Gase wieder in den Prozeß zurückgeführt. Mit den Minderungstechniken wird eine nahezu emissions- und abfallfreie Herstellung von S. erreicht.

In älteren Anlagen ist als Minderungstechnik auch noch die Absorption der nitrosen Gase mit Natronlauge üblich. Die dabei anfallende Nitrit/Nitrat-Lösung kann in der chemischen (zur Diazotierung), pharmazeutischen oder metallverarbeitenden Industrie verwendet werden. Ist diese Möglichkeit nicht gegeben, muß in der Abwasserbehandlung die Oxidation von Nitrit zu Nitrat erfolgen.

Anlagen zur Herstellung von S. (auch Anlagen zum Beizen von Edelstahl) sind genehmigungsbedürftig nach BImSchG. Besondere emissionsbegrenzende Anforderungen enthält die Nr. 3.3.4.1a.1 der TA Luft, z. B. dürfen die Emissionen an NO und NO_2 0,45 g/m^3 (angegeben als NO_2) nicht überschreiten. *Drotleff/Spilok*

Literatur: *Büchner, W., et al.:* Industrielle Anorganische Chemie. Weinheim 1984. – *Davids, P.; M. Lange:* Die TA Luft '86. Technischer Kommentar. Düsseldorf 1986. – *Schmidt, H.-J.; E. Richter:* Regeneratives Verfahren zur NO_x-Minderung hinter Salpetersäureanlagen. Bergbau-Forschung GmbH Essen – Oberhausen; Ruhrchemie AG; i. A. des Umweltbundesamtes 1986.

Salpetrige Säure. Die Herkunft der s. S., HONO, in der Atmosphäre ist noch nicht vollständig geklärt.

Drei mögliche Bildungsmechanismen für HONO sind bis heute vorgeschlagen worden. Grundsätzlich kommen reine Gasphasenreaktionen, Reaktionen an Oberflächen (Aerosole) oder am Erdboden in Frage. Weiterhin ist eine direkte Emission von HONO durch Stickoxidquellen (Verkehr, Kraftwerke) denkbar.

Am Tage kann sich die HONO, analog zur HNO_3, durch Rekombination der Radikale OH und NO bilden (1):

$$OH + NO + M \rightarrow HONO + M \qquad (1)$$

Eine entsprechende Bildung über HO_2-Radikale (2)

$$HO_2 + NO_2 + M \rightarrow HONO + O_2 + M \qquad (2)$$

ist zur Zeit umstritten, das Hauptprodukt dieser Reaktion ist sicher Peroxysalpetersäure (HO_2NO_2). Die bekannte homogene Bildungsreaktion von HONO aus NO_x und Wasser (3) verläuft 2. Ordnung in Bezug auf NO_x und ist bei niedrigen atmosphärischen NO_x-Mischungsverhältnissen sehr langsam:

$$NO + NO_2 + H_2O \rightarrow 2 \; HONO. \qquad (3)$$

Es ist allerdings möglich, daß diese Reaktion an feuchten Oberflächen schneller abläuft. S. S. könnte prinzipiell bei allen NO_x erzeugenden Prozessen als Nebenprodukt entstehen.

Die für die atmosphärische Chemie wichtigste Reaktion der HONO ist die photolytische Spaltung in NO und OH-Radikale (4)

$$HONO + h\nu \rightarrow OH + NO. \qquad (4)$$

Die →Photolyse erfolgt knapp 10mal langsamer als die des NO_2. Nennenswerte Konzentrationen von HONO wurden bisher nur in belasteten Regionen nachgewiesen. Zum Beispiel wurden in Jülich bis zu 2,2 ppbV HONO während der Nacht gemessen, in Los Angeles erreichte HONO nachts etwa 8 ppbV, und in Mailand und Rom sind neuerdings Werte über 15 ppbV gemessen worden. In manchen Fällen wurden auch geringe HONO-Konzentrationen (~0,1 ppbV) am Tage beobachtet. *Barnes*

Saltzman-Verfahren. Das S.-V. ist das deutsche →Referenzmeßverfahren für Immissionsmessungen von Stickstoffdioxid (→Referenzverfahren). Es ist in VDI 2453, Bl. 1 ausführlich beschrieben.

Bei der Anwendung wird die Probenluft durch eine Reaktionslösung geleitet, die sich mit Stickstoffdioxid zu einem roten Azofarbstoff umsetzt. Die Farbintensität der Reaktionslösung, die photometrisch bestimmt wird, ist ein Maß für die in dem Probenluftvolumen enthaltene Masse an NO_2 (Bild).

Beim Ansetzen der benötigten Chemikalien sowie bei der Durchführung der →Probenahme und der analytischen Bestimmung ist eine Reihe von

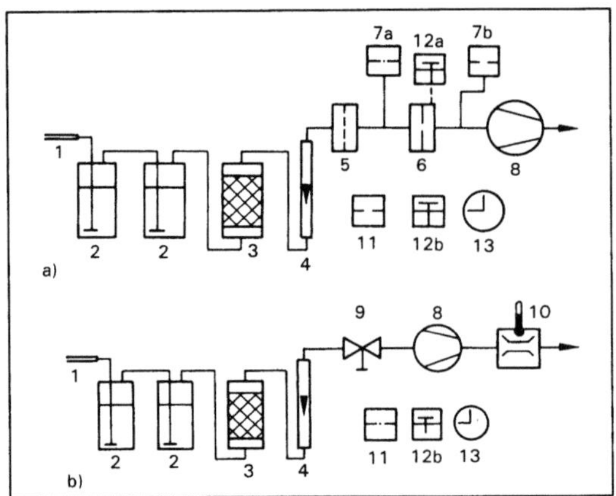

Saltzman-Verfahren: Beispiele für den Aufbau der Probenahmeeinrichtung für NO₂. (Quelle: VDI 2453, Bl. 1)
a) Bei Verwendung einer kritischen Düse
b) Bei Verwendung eines Gasmengenzählers.

1 Ansaugleitung, 2 Waschflaschen mit Fritte D 2, 3 Behälter mit Natronkalk und A-Kohle, 4 Schwebekörper-Volumenstrommesser, 5 Filter zum Schutz der kritischen Düse, z. B. Fritte D 2, 6 kritische Düse, 7 Druckmeßgerät a) vor der Düse (P_v), b) nach der Düse (p_n), 8 Pumpe, 9 Drosselventil, 10 Gasmengenzähler mit Thermometer, 11 Barometer, 12 Thermometer a) zur Temp.-Messung an der kritischen Duse (t), b) zur Temp.-Messung der Außenluft (t_a), 13 Uhr

Maßnahmen zu beachten. So kann die Extinktion der Farblösung frühestens 15 Minuten nach der Probenahme gemessen werden. 20 Stunden dürfen jedoch nicht überschritten werden.

Bei der →Kalibrierung des Verfahrens wird die Tatsache genutzt, daß NO₂ bei Konzentrationen bis zu ca. 2 mg/m³ mit der Reaktionslösung die gleiche Farbintensität erzeugt wie äquimolare Mengen an Nitritionen. Die Eichkurven sind nicht linear. Die →Nachweisgrenze des Verfahrens liegt bei Verwendung von Küvetten mit 50 mm Schichtdicke und einem Probenahmevolumen von 20 Litern bei 3 µg NO₂/m³.   *Pfeffer*

Literatur: VDI 2453, Bl. 1: Messen gasförmiger Immissionen; Messen der Stickstoffdioxid-Konzentration; Manuelles photometrisches Basisverfahren (Saltzman). 10/1990.

Salzabwasser. Die bei der Aufbereitung von →Rohsalz anfallende überschüssige Lösung der Chloride und Sulfate von Natrium, Magnesium, Kalium und Kalzium.

Bei der Aufbereitung der Kalirohsalze durch →Flotation oder →Heißverlösung werden die Betriebslösungen im Kreislauf geführt. Bei nachstehenden Bedingungen fällt jedoch S., früher auch Endlauge genannt, an:

– Wenn das Rohsalz Carnallit (Doppelsalz aus Kaliumchlorid und Magnesiumchlorid) enthält, reichert sich Magnesiumchlorid im Kreislauf so stark

an, daß der Prozeß praktisch zum Erliegen kommt. In diesem Fall muß Magnesiumchlorid laufend mit dem S. ausgeführt werden.

– Bei der Gewinnung von Magnesiumsulfat aus Löserückständen durch Auflösen des Natriumchlorids mit Wasser (→Kieseritwäsche) entsteht S. Dieses ältere Verfahren wird zunehmend durch die trockene elektrostatische Gewinnung (→ESTA®) oder durch die Flotation von Kieserit abgelöst.

– Bei der Kaliumsulfat-Herstellung durch Umsetzung von Kaliumchlorid mit Magnesiumsulfat in wässriger Lösung entsteht S., das vorwiegend Magnesiumchlorid enthält.

– Durch die Einwirkung von Niederschlägen auf Rückstandshalden (→Halde) entsteht salzhaltiges Sickerwasser, das in der Zusammensetzung dem S. entspricht.

Nur zum geringen Teil kann S. durch Verwertung vermieden werden, z. B. bei der Gewinnung von Magnesiumchlorid-Produkten und bei der Herstellung von Spezialdüngern. Das Eindampfen als generelle Vermeidungsmaßnahme scheidet wegen der hohen Energiekosten aus, zumal für dabei anfallende Salze wegen Qualität und Menge kein Markt besteht.

Die ungelösten, absetzbaren Stoffe im S. werden vor dem Einleiten in Oberflächengewässer oder der →Versenkung in den tiefen Untergrund in großen Stapel- und Absetzbecken abgetrennt. Verfahren zur Verminderung des Gehalts an gelösten anorganischen Salzen sind nicht bekannt. Alle Salze des S. sind in die →Wassergefährdungsklasse 0 eingestuft, d. h. im allgemeinen nicht wassergefährdend. Die Untersuchung von S. erfolgt nach DIN 19570.   *Scharf*

Literatur: Allgemeine Verwaltungsvorschrift über die nähere Bestimmung wassergefährdender Stoffe und ihre Einstufung entsprechend ihrer Gefährlichkeit – VwV wassergefährdende Stoffe (VwVwS) – vom 9. März 1990 (GMBl. S. 114). – DIN 19570, Teil 1–4: Untersuchung von Salzabwasser und versalzenen Gewässern. Ausg. 04.83, 08.79, 01.77, 08.79. – Lehr- und Handbuch der Abwassertechnik. Band VII. 3. Aufl. Berlin 1985. – Mindestanforderungen an Abwassereinleitungen nach § 7a WHG, Kapitel C 3. Hrsg. Bundesminister des Innern, Länderarbeitsgemeinschaft Wasser. Wasserwirtschaftsamt, Bremen 1982.

Salzhalde →Halde

Sandfang. Der S. als mechanisches Reinigungselement einer →Abwasserbehandlungsanlage vermindert die Fließgeschwindigkeit des Abwassers so weit, daß Sand und andere körnige Sinkstoffe vom Abwasser getrennt werden können.

Bei Fließgeschwindigkeiten von 0,3–0,6 m/s sinken diese Stoffe und lagern sich im Sandsammelraum ab, der ohne Durchfluß ist.

Man unterscheidet:
- Langsandfang (≤30 m),
- Rundsandfang (flacher Trichter),
- Tiefsandfang,
- Flachsandfang,
- belüfteter S. und
- Hydrozyklon (Zentrifugalabscheider).

Das Ausscheiden des Sandes bis zu einem Korndurchmesser von 0,2–0,1 mm soll betriebliche Störungen ausschalten, wie etwa versandete Schlammabzugs-Einrichtungen, und den erhöhten Materialverschleiß der maschinellen Ausrüstungen durch Sand begrenzen.

Bei dem belüfteten S. erreicht man durch eingeblasene Luft ein Absetzen der mineralischen Anteile herunter bis zur Sandfraktion gegen die geringe Aufwärtsströmung aus der Luftbewegung. Dabei werden die leichteren organischen Schlamm- und Leichtstoffanteile durch den Flotationsprozeß in Bewegung gehalten oder als Schwimmschlamm ausgeschäumt (→Leichtstoffabscheider). Der abgesetzte Sand wird durch Preßluft aus dem Trichter zuerst aufgelockert und damit gewaschen und dann nach dem Mammut-Pumpen-Prinzip im Luft-Wasser-Sandgemisch in Sammelgefäße gefördert. Gelegentlich folgt noch eine Sandwäsche, bevor der Sand – in der Regel durch Deponieren – entsorgt wird. *Mertsch*

Literatur: ATV (Hrsg.): Lehr- und Handbuch der Abwassertechnik. Bd. III, Grundlagen für Planung und Bau von Abwasserkläranlagen und mechanische Klärverfahren. Berlin 1983.

Sandfiltergraben. S. werden zur dezentralen →Abwasserbehandlung in →Kleinkläranlagen eingesetzt, die der Entsorgung von einzelnen oder mehreren Gebäuden mit einem Schmutzwasseranfall bis zu 8 m³/d (bis zu ca. 50 Einwohnern) dienen.

In den S. wird das in einer →Mehrkammer-Ausfaulgrube vorbehandelte Abwasser über oberflächennah verlegte Rohrleitungen versickert und nach Passieren des aus Grobsand oder Feinkies bestehenden Filters von einem Fangdrän aufgenommen und abgeleitet. Das anstehende Erdreich sollte möglichst wasserundurchlässig sein oder muß im unteren Bereich des S. künstlich abgedichtet werden, um das Versickern des Abwassers in den Untergrund zu verhindern. Die Länge des S. ist mit mindestens 6 m je Einwohner zu bemessen. Die Sohlbreite muß mindestens 0,5 und die Tiefe 1,25 m betragen. *Mertsch*

Literatur: DIN 4261, Teil 1: Kleinkläranlagen; Anlagen ohne Abwasserbelüftung; Anwendung, Bemessung und Ausführung. 10/1983.

Sanierung von Altlasten →Altlastensanierung

Sanierungsanlage. Anlagen zur Behandlung kontaminierter Böden, Luft und Gewässer, von →Altlasten, die mit on site-Verfahren arbeiten. In der Regel werden derartige S. auf dem Gelände der Altlast für die Zeitdauer der Sanierung aufgestellt. Als ortfeste Anlagen finden sich S. in Bodensanierungszentren.

Je nach Verfahrenstyp und Dauer der Betriebszeit an demselben Ort wird beim Zulassungs- bzw. Genehmigungsverfahren das Wasserrecht, Abfallrecht, Baurecht und/oder das Immissionsschutzrecht angewandt (→Bodensanierungsanlage). *Thoenes*

Sanierungsgrad. Der S. ist ein Maßstab für die erforderliche Sanierungsintensität an →Altlasten. Er wird durch die Art der Schadstoffe, durch die standortspezifischen Gegebenheiten im Hinblick auf die Ausbreitungspfade der Schadstoffe und durch die Empfindlichkeit der Schutzgüter bei den verschiedenen Nutzungsformen bzw. der geplanten →Nutzungsanpassung bestimmt. Bei direkten und ständigen Nutzungen durch den Menschen, z. B. Wohnungen, Trinkwasser, ist ein höherer, d. h. weitergehender S. erforderlich. Bei einer temporären Nutzung, z. B. als Parkplätze, kann ein geringerer S. ausreichen. Der S. wird in Abhängigkeit von Nutzungen und Expositionen für die Schutzgüter durch das →Sanierungsziel beschrieben und festgelegt.

Den S. mit der völligen Eliminierung der Schadstoffe zu koppeln, ist naturwissenschaftlich nicht zu verwirklichen. Die Erkenntnis der Analytik endet an der Nachweisgrenze des jeweiligen Stoffes. *Thoenes*

Sanierungskonzept. Als S. wird das Ergebnis des Entscheidungsprozesses über die Sanierung einer →Altlast verstanden, dem technisch realisierbare Sanierungsvorschläge aus der →Machbarkeitsstudie der →Sanierungsuntersuchung zugrunde liegen. Das jeweilige S. bezieht sich immer nur auf den Einzelfall mit seinen standortspezifischen Bedingungen. Es beschreibt auf der Grundlage der Sanierungsziele die medienbezogenen Sanierungsbereiche und die verfahrenstechnischen Sanierungsinhalte mit ihren Zielen, ihrer Durchführung und den erforderlichen Rahmenbedingungen. Weiterhin enthält das S. die Festlegungen zur →Wiederverwendung der gereinigten Medien und Massen und zur Entsorgung der kontaminierten Reststoffe und Abfälle. Zweckmäßig ist es, wenn auf noch offene Nutzungsformen hingewiesen wird und nicht adaequate Nutzungsformen definitiv ausgeschlossen werden.

Jedes S. muß auch eine detaillierte Kostenübersicht enthalten. *Thoenes*

Literatur: *Wolf, K.* u. *M. Zarth:* Die Deponie Hamburg-Georgswerder: Entstehung, Umweltgefahren, Sanierung. Wasser und Boden **41** (1989) Nr. 9, S. 511. – *Woltmann, M.:* Sanierung des Pintsch-Geländes in Berlin. In: BMFT/UBA (Hrsg.): Sanierung kontaminierter Standorte – Dokumentation einer Fachtagung. BMFT Bonn 1986.

Sanierungskriterien. Die für die Erarbeitung der S. einer →Altlast wichtigen Einflußfaktoren sind;

□ das vorhandene Schadstoffpotential

– Art der Schadstoffe, z. B. Toxizität,

– Konzentration und Menge,

– räumliche Verteilung der Schadstoffe;

□ die ermittelten und möglichen Ausbreitungspfade

– Boden,

– Grundwasser,

– Luft/Gas;

□ die betroffenen Schutzgüter;

□ die vorhandene und geplante Nutzung.

Die festzulegenden S., die wesentliche Grundlage der →Sanierungsplanung sind, hängen auch von den am Standort vorliegenden geogenen Verhältnissen und von den Altlasten unabhängigen anthropogenen Einflüssen ab.

Zu den S., die die Anforderungen an die Sanierung bestimmen, gehören u. a.:

– Wirksamkeit der Einschließung bei →Sicherungsmaßnahmen,

– →Mobilisierbarkeit und →Mobilität verbleibender Schadstoffe,

– Höhe der Restkontaminationen der Schadstoffe in Abhängigkeit von der bestehenden und geplanten Nutzung,

– Eigenschaften des Bodens und des Grundwassers,

– Erfüllung behördlicher Auflagen,

– Erforderliche Arbeitsschutzmaßnahmen und Maßnahmen gegen Störfälle,

– Zeit- und Energiebedarf der Sanierung,

– Kosten in Abhängigkeit von der Wirksamkeit der Sanierungsverfahren,

– Umfang der Sekundärbelastungen durch Abluft und Abwasser,

– Verbleib und Behandlung der Reststoffe und Rückstände aus der Sanierung,

– Akzeptanz der Maßnahmen in der Öffentlichkeit,

– Art der Überwachung der Sanierungsarbeiten, der Erfolgskontrolle und Nachsorgemaßnahmen.

Thoenes

Literatur: *Achakzi, D., H. Schaar, H. D. Luhr* u. *K. Pöppinghaus:* Statusbericht zur Altlastensanierung – Technologien und F + E-Aktivitäten. BMFT, Bonn 1988. – *Hoffmann, K.:* Auswahlkriterien und Auswahl von Sanierungsmaßnahmen und deren Durchführung; erläutert am Beispiel eines ehemaligen Betriebes der Eisen- und Stahlindustrie in Düsseldorf. In: Arendt, F., M. Hinsenveld u. W. J. van den Brink: Altlastensanierung '90. Dordrecht 1990.

Sanierungsplanung. Die Planung als Bestandteil jeder Altlasten-Sanierungsmaßnahme besteht aus einem mehrstufigen Planungsprozeß, der zu einem technisch, ökonomisch und politisch realisierbaren →Sanierungskonzept führen soll. Ausgangspunkt für eine S. ist das →Sanierungsziel, das von den Entscheidungsträgern festgelegt werden muß. Für die Planung ist auch vorzugeben, ob bzw. in welchem Umfang eine Verlagerung des Problems auf andere →Umweltmedien oder Standorte, z. B. →Umlagerung, zugelassen ist.

Die S. umfaßt:

– notwendige Vorbereitungsarbeiten einschließlich Abbruch, Entfundamentierung, Erschließung des Geländes,

– eingehende Grundlagenuntersuchungen mit der Klärung der technischen, organisatorischen, rechtlichen und finanziellen Voraussetzungen,

– Erarbeitung der Möglichkeiten zur Realisierung und Umweltverträglichkeit der Sicherungs- bzw. Dekontaminationsmaßnahmen mit Sanierungsalternativen (→Machbarkeitsstudie),

– Vorschläge zur Information und Beteiligung der Öffentlichkeit,

– Vorbereitung der Anträge für das Genehmigungsverfahren und für die Ausschreibungen,

– Festlegung des Sanierungskonzepts.

Für die Erarbeitung von Sanierungslösungen müssen die →Sanierungskriterien eindeutig vorliegen. Aus technischer Sicht ist das Hauptziel, eine vorgegebene Abschirmungs- oder Reinigungsleistung zu gewährleisten.

Die S. legt auch den Zeitbedarf fest. Eine solche Vorgabe setzt Anlagengrößen, Durchsatzleistungen, Wirkungsgrade und evtl. das Vorhandensein eines Sanierungszentrums voraus. Bei in-situ-Verfahren ist der Zeitbedarf nicht ohne große Einschränkungen angebbar.

Im Rahmen der S. sollten der Kostenrahmen und die Finanzierungsmöglichkeiten soweit wie möglich festgelegt werden. Eine eingehende und detaillierte S. kann Kosten bei den Sanierungsmaßnahmen einsparen, wenn dadurch Zeitüberschreitungen und aufwendige Änderungen während der Sanierung vermieden werden. Die Ergebnisse der S. gehen in das Sanierungskonzept ein.

In einigen Ländergesetzen, z. B. Baden-Württembergisches Abfallgesetz, Hessisches Abfallgesetz, Thüringer Abfallgesetz, ist die Erstellung eines Sanierungsplanes vorgeschrieben. Der Sanierungsverantwortliche hat ausführliche Angaben über die vorgesehenen Maßnahmen zur Sanierung und →Rekultivierung der Altlast zu machen. Der Sanierungsplan hat je nach Land unterschiedlich rechtliche Wirkungen.

Thoenes

Sanierungstechnik. Zur S. für →Altlasten zählen technische Verfahren, die

– durch Altlasten verursachte Gefahren beseitigen oder beherrschbar und kontrollierbar machen,
– Schadstoffe in den Medien Boden, Untergrund, Gewässer, insbesondere Grundwasser, vermindern, stabilisieren oder beseitigen,
– bei den Verfahren auftretende Sekundäremissionen und Rückstände umweltverträglich behandeln.

Die Verfahrenstechnologien können in technische →Sicherungs- und →Dekontaminationsverfahren unterteilt werden. Zum Stand der S. gehören folgende Verfahren:
– Wasserentnahme oder -zugabe zur Umlenkung der Grundwasserströmung, zur Herstellung einer künstlichen Grundwasserscheide oder zur Absenkung des Grundwasserspiegels (Hydraulische →Altlastensanierungsmaßnahmen).
– Abpumpen des kontaminierten Grundwassers oder flüssiger Schadstoffphasen (Öl) über Entnahmebrunnen und anschließende Schadstoffabscheidung (Hydraulische →Altlastensanierungsmaßnahmen).
– Erfassung austretender Gase und Dämpfe, z. B. Deponiegase, mit anschließender Behandlung durch Reinigung oder Verbrennung (pneumatische →Altlastensanierungsmaßnahmen).
– Gezielte Entnahme von Gasen und Dämpfen, z. B. durch Absaugung über Vakuumgasbrunnen bzw. Abzugrohrsysteme; anschließende Behandlung der abgesaugten Gase und Dämpfe durch Reinigung bzw. Verbrennung (pneumatische →Altlastensanierungsmaßnahmen).
– Einbau von Abdichtungselementen zur Oberflächen-, Seiten- und Sohlenabdichtung, um den Kontaminationsherd einzugrenzen und eine Ausbreitung in die Umweltmedien zu verhindern (→Einkapselungsverfahren).
– Injektion eines reaktiven Bindemittels in den →Kontaminationskörper als in situ-Verfahren zur Verringerung der →Mobilität und →Mobilisierbarkeit der Schadstoffe im Boden (→Immobilisierungsverfahren).
– Aushub und Behandlung der kontaminierten Masse mit reaktiven Bindemitteln als on site Verfahren zur Immobilisierung der Schadstoffe; anschließend Rückbau, Deponierung oder Verwertung der behandelten Massen.
– Austreiben flüchtiger Stoffe aus verunreinigten Böden durch Entgasung, Vergasung oder Spülgasdestillation mit Abgasreinigung als on/off site-Verfahren (Thermische →Altlastensanierungsverfahren).
– Austreiben und Verbrennen der flüchtigen und thermisch zersetzbaren bzw. oxidierbaren Stoffe aus verunreinigten Böden als on/off site-Verfahren (Thermische →Altlastensanierungsverfahren).
– Waschen bzw. Extrahieren von verunreinigten Böden als on/off site-Verfahren mit einer nachgeschalteten Behandlungsanlage für verunreinigte Flüssigkeiten und Schlämme und deren Entsorgung. Reinigung und Regeneration des Extraktionsmittels (Chemisch-physikalische →Altlastenbehandlungsverfahren).
– Auswaschen des kontaminierten Untergrunds (ungesättigte Zone) durch Einpumpen von Wasser als in situ-Verfahren und anschließende Förderung des Wassers aus der gesättigten Zone oder Aushub und Aufbereitung des behandelten Erdreichs. Gegebenenfalls Reinigung des geförderten Wassers vor Abgabe in einen Vorfluter (Chemisch-physikalische →Altlastenbehandlungsverfahren).
– Aushub und →Aktivierung bereits vorhandener bzw. Zugabe von speziellen →Mikroorganismen in Mieten oder Beeten aus verunreinigtem Erdreich als on/off site-Verfahren; ggfs. Abluftreinigung, z. B. durch →Biofilter. (Biologische →Altlastenbehandlungsverfahren).
– Aktivierung bereits vorhandener Mikroorganismen und Infiltration von Nähr- und Hilfsstoffen in den ungesättigten Bereich zur Bodenreinigung und/oder in den gesättigten Bereich zur Grundwasserreinigung als in situ-Verfahren (Biologische →Altlastenbehandlungsverfahren). *Thoenes*

Literatur: *Thomé-Kozmiensky, K. J.:* Altlasten, Altlasten 2, Berlin 1987 u. 1988.

Sanierungsüberwachung. Die S. einer →Altlast schließt den Arbeitsschutz, den Schutz der Bevölkerung, die Kontrollen während und nach der Sanierung der Altlast ein (Bild). Im Rahmen der Schutz- und Beschränkungsmaßnahmen werden entsprechende Kontrollgänge bzw. Messungen festgelegt; sie entsprechen den üblicherweise angewandten Untersuchungen der Luft- bzw. Gewässerbelastung. In der Praxis müssen Art und Umfang der Überwachung auf den vorliegenden Fall abgestimmt werden. Zur S. gehört auch eine ausführliche Dokumentation. *Thoenes*

Literatur: SRU: Altlasten. Stuttgart 1990.

Sanierungsuntersuchung. Die S. einer →Altlast hat die Aufgabe, Grundlagen für die im Rahmen der →Sanierungsplanung zu erstellende →Machbarkeitsstudie zu liefern. Zu diesen Grundlagen gehört die Klärung der technischen, organisatorischen, rechtlichen und finanziellen Voraussetzungen für die Sanierung der Altlast. Hierzu ist es notwendig, daß bei der Planung der Sanierung das →Sanierungsziel festgelegt worden ist. Zum ersten Untersuchungsschritt gehört die Prüfung, ob die Ergebnisse der →Gefährdungsabschätzung ausreichen, um →Sanierungskriterien und eine Machbarkeitsstudie zu erarbeiten. Gegebenenfalls sind weitere Untersuchungen am Altlastenstandort, z. B. zusätzliche boden-mechanische Untersuchungen,

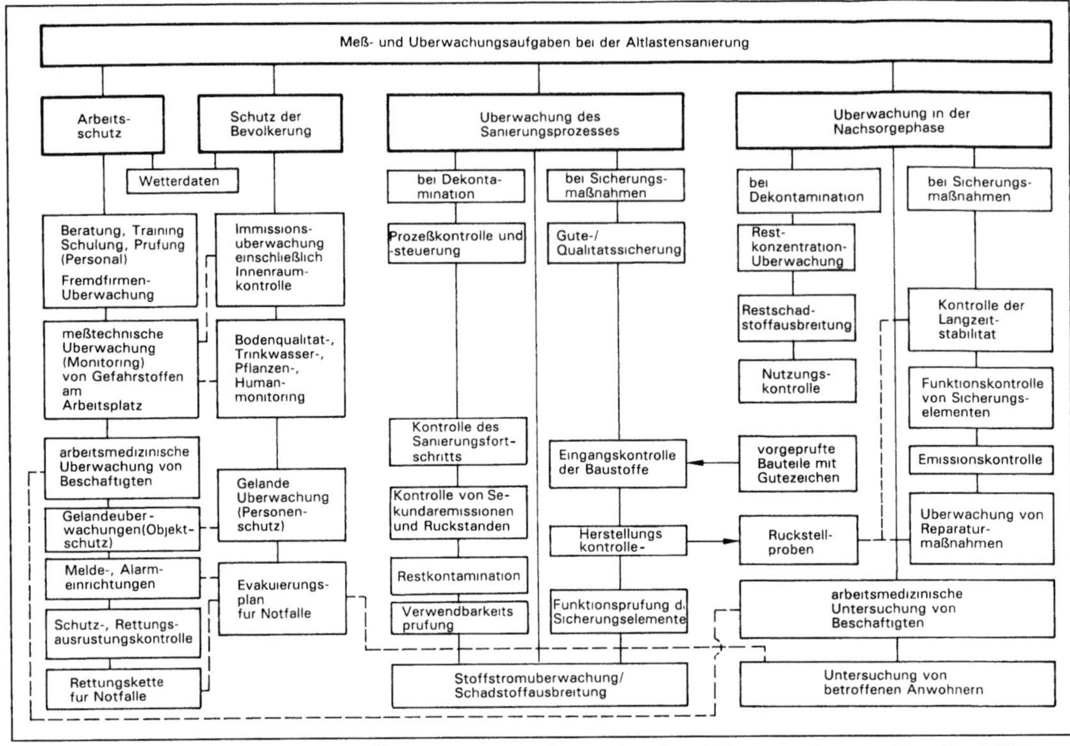

Sanierungsüberwachung: Meß- und Überwachungsaufgaben bei der Altlastensanierung. (Quelle: SRU)

vorzunehmen. Die weiteren Untersuchungen umfassen:
– die Zugänglichkeit des Geländes, u. a. für Transporte,
– den Umfang vorhandener Flächen und die Möglichkeit der Bereitstellung weiterer Flächen, z. B. für die Aufstellung von Behandlungsanlagen,
– die Möglichkeiten zur Abgrenzung von verschiedenen Gefahrenzonen auf dem Altlastgelände,
– die Notwendigkeit und den Umfang von Abbrüchen einschließlich Abbruchplanung, gegebenenfalls Transport und Dekontamination des Abbruchmaterials,
– die Genehmigungsfähigkeit vorgesehener Sanierungstechniken,
– die finanziellen Voraussetzungen, u. a. Kostenrahmen, Geldmittelfluß, Kostenträgerschaft,
– das Vorhandensein eindeutiger Kompetenzen und einer fachkundigen Leitung für die Erstellung der Machbarkeitsstudie und für die Sanierung einschließlich Nachsorge.

Die Ergebnisse der S. mit ihrer Machbarkeitsstudie sind die Grundlagen für das →Sanierungskonzept. *Thoenes*

Sanierungsziel. Ziel der Sanierung von →Altlasten ist es, einen dem Wohl der Allgemeinheit entsprechenden Zustand herzustellen und zur Sicherung der natürlichen Lebensgrundlagen des Menschen nachhaltig beizutragen (Länderabfallgesetze). Die für die →Sanierungsplanung konkretisierten Schutzziele für die in Abhängigkeit von der Nutzung betroffenen Schutzgüter bestimmen primär die erforderlichen S. Daneben sind noch die technischen und finanziellen Rahmenbedingungen zu berücksichtigen.

Die S. können unter Beachtung des Grundsatzes der Verhältnismäßigkeit der Mittel bei der Gefahrenabwehr auch durch Schutz- und Beschränkungsmaßnahmen oder durch →Sicherungsmaßnahmen erreicht werden. Es ist nicht in jedem Fall die →Dekontamination mit der Vorgabe einer konkreten →Restkontamination als Konzentrationswert in den gereinigten Medien notwendig, um Altlasten in einen nicht gefährlichen Standort zurückzuführen.

Eine →Multifunktionalität der sanierten Altlast kann andere S. erfordern, als dieses allein unter ordnungsrechtlichen Gesichtspunkten der Fall ist. Eine ähnliche Situation liegt vor, wenn der Verkehrswert eines kontaminierten Grundstückes durch Sanierungsmaßnahmen verbessert werden soll. In diesen Fällen orientieren sich die S. in der Regel an vorliegende Hintergrundkonzentrationen der →Umweltmedien.

Bei einer →Bodensanierung kann sich aus ökologischer Sicht die Zielsetzung der Sanierung auch auf das Wiederherstellen der natürlichen →Bodenfunktionen ausrichten.

Bei der Sanierung kontaminierter grundwassergesättigter Bodenzonen gilt es, den negativen Einfluß vorhandener Verunreinigungen auf das Grundwasser zu minimieren. Dieses Minimum ist dadurch gekennzeichnet, daß entweder ein negativer Einfluß der Verunreinigung auf die Grundwasserqualität auszuschließen ist oder dieser nicht mehr reduzierbar ist. Hieraus kann sich eine →Nutzungsanpassung ergeben.

Neben der technischen Machbarkeit der Sanierung hat auch der vorgesehene finanzielle Rahmen Einfluß auf die S. Hierzu sollten Kosten-Nutzen-Analysen, besonders bei einer Vielzahl zu sanierender Altlasten, als Entscheidungshilfe herangezogen werden. Sind durch die Sanierung Menschen betroffen, so sollte bei der Festlegung des S. sowohl das nach der Sanierung verbleibende Risiko als auch die Zumutbarkeit der Maßnahmen für die betroffenen Menschen berücksichtigt werden.　　　*Thoenes*

Literatur: Bayrisches Staatsministerium für Landesentwicklung und Umweltfragen, Bayrisches Staatsministerium des Innern: Altlasten-Leitfaden für die Behandlung von Altablagerungen und kontaminierten Standorten in Bayern. München 1991. – Landesamt für Wasser und Abfall Nordrhein-Westfalen: Materialien zur Ermittlung und Sanierung von Altlasten, Bd. 2. Düsseldorf 1989. – *Lühr, H. P.:* Definition von Sanierungszielen als Voraussetzung für Sanierungsmaßnahmen. In: Thomé-Kozmiensky, H. J. (Hrsg.): Altlasten 2. Berlin 1988. – *Von der Trenck, K. T.* u. *P. Fuhrmann:* Standardverfahren zur Ermittlung von Sanierungszielen (SES). In: Arendt, F., M. Hinsenveld u. J. van der Brink: Altlastensanierung '90. Dordrecht 1990.

Sankey-Diagramm →Wärmeflußbild

Saprobienindex →Saprobiensystem

Saprobiensystem. Das S. (Saprobien = „Lebewesen in faulenden Gewässern") ist ein Bioindikatorensystem für die Klassifikation der Verunreinigung von Fließgewässern durch vorwiegend biologisch leicht abbaubare organische Substanzen (häusliches Abwasser), die insbesondere den Sauerstoffhaushalt des Gewässers beeinträchtigen. Es wurde von *Kolkwitz* und *Marsson* zu Beginn des 20. Jahrhunderts entwickelt, wiederholt erweitert bzw. revidiert und 1990 in eine DIN-Norm (DIN 38410, Teil 2) überführt.

Grundlage des S. ist die Tatsache, daß entsprechend der Wasserbelastung die Artenzusammensetzung der aquatischen Biozönosen verändert wird. Somit ist durch die Analyse der Lebensgemeinschaft die Auswirkung unterschiedlich starker Verunreinigung ermittelbar. Die sich entwickelnde Lebensgemeinschaft entspricht dabei nicht den durchschnittlichen, sondern den biologisch wirksamen schlechtesten Bedingungen, denn diese bestimmen darüber, ob eine Organismenart an einer Stelle leben und sich fortpflanzen kann oder nicht.

Das S. wurde im wesentlichen auf der statistischen Auswertung von Freilandbefunden, aber auch aus dem Vergleich biologischer Befunde mit chemischen Kenngrößen und aufgrund experimenteller Untersuchungen entwickelt. Im 1990 revidierten S. werden ortsfeste bzw. an eine Unterlage gebundene niedere Tiere, z. B. Insekten, Würmer, Schnecken, Wimpertierchen sowie Bakterien, als Indikatorarten herangezogen. Den einzelnen Indikatoren (Saprobien) ist ein Saprobiewert (S) zwischen 1,0 und 4,0 auf empirischer Grundlage zugeordnet. Je größer die Zahl, desto höhere Verunreinigung wird toleriert. Außerdem ist jedem Saprobier noch ein Indikationsgewicht (G) zugeordnet. Es gibt die Breite der ökologischen Valenz an, also den Wert als Indikator und kann 1, 2, 4, 8 oder 16 betragen. Für die Auswertung im S. werden nur Arten herangezogen, deren Indikationsgewicht 4 oder größer ist. Für die Ermittlung des Sapronienindex (S) als Maßzahl der Verschmutzung wird die Formel von *Zelinka* und *Marvan* herangezogen:

$$S = \frac{\sum_{i=1}^{n} S_i \times A_i \times G_i}{\sum_{i=1}^{n} A_i \times G_i}$$

Hierin bedeuten:

S　　Saprobienindex
i　　laufende Nummer des Taxon
S_i　　Saprobiewert des i-ten Taxon
A_i　　Abundanzziffer des i-ten Taxon
G_i　　Indikationsgewicht des i-ten Taxon
n　　Anzahl der Taxa

Dabei wird außerdem noch die Häufigkeit der einzelnen Saprobien an der zu bewertenden Probenstelle mitberücksichtigt. Sie wird nach der DIN-Norm an Hand einer siebenstufigen Skala von 1 = Einzelfunde bis 7 = massenhaftes Vorkommen geschätzt.

Folgende Saprobiebereiche werden unterschieden:

Saprobiebereich	Saprobienindex
oliosaprob	1,0 – <1,5
oliosaprob bis β-mesosaprob	1,5 – <1,8
β-mesosaprob	1,8 – <2,3
β-mesosaprob bis α-mesosaprob	2,3 – <2,7
α-mesosaprob	2,7 – <3,2
α-mesosaprob bis polysaprob	3,2 – <3,5
polysaprob	3,5 – 4,0

Zur statistischen Absicherung des Saprobienindex muß nach DIN das Streuungsmaß (SM) nach der nachstehenden Formel berechnet werden:

$$SM = \pm \sqrt{\frac{\sum\limits_{i=1}^{n} (S_i - s)^2 \times A_i \times G_i}{(n-1) \times \sum\limits_{i=1}^{n} A_i \times G_i}}$$

Ist das Streuungsmaß $>0,2$, so wird die Belastung mit biologisch abbaubarer Substanz durch den Saprobienindex nicht eindeutig wiedergespiegelt. Für die Beurteilung der Untersuchungsstelle sind in diesem Fall weitergehende Auswertungen notwendig. Gleiches gilt, wenn die Summe der Abundanzziffern $\sum\limits_{i=1}^{n} A_i <15$ ist.

Das S. wird vor allen Dingen herangezogen, um Gewässergüteklassen für Fließgewässer zu bestimmen ($\rightarrow$ Gewässergüteklasse). *Friedrich*

Literatur: *Friedrich, G.:* Eine Revision des Saprobiensystems. In: Z. Wasser-Abwasser-Forsch. 23 (1990) S. 141–152; DIN 38410, Teil 2: Deutsche Einheitsverfahren zur Wasser-, Abwasser- und Schlammunterstützung: Biologisch-ökologische Gewässerunterstützung (Gruppe M); Bestimmung des Saprobienindex (M 2); 10/1990.

Satellitenfernerkundung. Mit satellitengestützten Fernerkundungssystemen kann eine großräumige und kontinuierliche Überwachung der wichtigsten Umweltparameter durchgeführt werden. Neben der quantitativen Erfassung lokaler Phänomene, wie das Entstehen der Algenteppiche oder die Sedimentanreicherung in Küstengewässern, können mit umlaufenden Satelliten zeitliche Abläufe und Veränderungen in der Erdatmosphäre, in den Ozeanen und auf den Landoberflächen kontinuierlich gemessen werden.

Nach ihrem Entwicklungsstand unterscheidet man experimentelle, präoperationelle und operationelle Systeme. Experimentelle Systeme sind durch kurze Lebensdauer mit begrenzten Meßzyklen gekennzeichnet. Die kurze Betriebsdauer – in der Regel 1–2 Jahre – resultiert meist aus der begrenzten Belastbarkeit auf der Komponentenebene der Sensoren. Ein Beispiel hierfür sind Infrarotsensoren mit aktiven Kühlkreisläufen oder elektronische Hochleistungsröhren für Mikrowellengeräte. Der Schritt vom experimentellen zum präoperationellen System ist fließend.

Typisch für experimentelle Aufgaben sind kurzzeitige Shuttle-Missionen. Hierbei kommen meist Geräte zum Einsatz, mit denen grundsätzliche Meßverfahren erprobt werden. Ein Beispiel hierfür ist die Messung von Oberflächen-Signaturen im optischen und Mikrowellenbereich.

Weit fortgeschritten ist die Technik der S. für Ozean- und Eisbeobachtung. Hier wurde der Schritt zur operationellen Anwendung vollzogen. Die für dieses Aufgabenfeld vorzugsweise eingesetzten Mikrowellensysteme wie $\rightarrow$ Synthetic Aperture Radar und $\rightarrow$ Scatterometer lassen Beobachtungsreihen zu, die unabhängig von Tageszeit und Wolkenbedeckung sind. Wesentliches Anwendungsgebiet der Meereserkundung sind See-Zustands- bzw. See-Eis-Vorhersage, Eisbergwarnungen und Sturmfluterkennung.

Aus den Messungen der LANDSAT- und SPOT-Serie können zahlreiche Umweltparameter wie Küstenverschmutzung, Vegetationsindex, $\rightarrow$ Waldschadenskartierung abgeleitet werden. Diese Satellitenserien arbeiten operationell, d. h. sowohl die Aufnahme der Daten als auch deren Verarbeitung und Verteilung an die Bedarfsträger erfolgt in einem end-to-end-System. *Rossbach/Schroeder*

Sauerstoff, atmosphärischer. S. ist ein Element der VI. Hauptgruppe des Periodensystems. (Alle weiteren Bemerkungen beziehen sich auf molekularen Sauerstoff – O_2). S. ist ein farb- und geruchloses Gas. Bei $-182,97\ °C$ kondensiert er zu einer blaßblauen Flüssigkeit, die bei $-218,79\ °C$ zu einem blauen Feststoff kristallisiert.

S. absorbiert Licht hauptsächlich unterhalb von 200 nm, so daß die Photodissoziation nur in der $\rightarrow$ Stratosphäre (*Chapman*-Mechanismus), nicht jedoch in der $\rightarrow$ Troposphäre möglich ist. Neben der Absorption im UV tritt eine schwache Absorption im roten Bereich bei 726 nm und im infraroten Bereich bei 1,27 und 1,07 μm auf.

S. ist zu 21 Vol-% in der Luft enthalten. Trotz des hohen S.-Verbrauchs durch Atmung, Verwesung, Verwitterung und die vielen Verbrennungsprozesse in Industrie und Haushalt bleibt der O_2-Gehalt der Erdatmosphäre praktisch konstant und beträgt $\sim 1,2 \times 10^{18}$ kg O_2. Die Bildung des S. erfolgt bei der $\rightarrow$ Photosynthese aus Kohlendioxid und Wasser und beträgt $\sim 4 \times 10^{14}$ kg pro Jahr. In der oberen Atmosphäre entsteht O_2 durch Spaltung von Wasserdampf.

S. ist für die Oxidationsprozesse in der Atmosphäre von entscheidender Bedeutung, weil er in die Reaktionszyklen unter Bildung von Radikalen eingreift. Alle über Photodissoziation oder Radikalreaktionen eingeleiteten Umwandlungsprozesse verlaufen wegen des hohen O_2-Gehaltes als oxidative Umwandlung oder unter der Einwirkung von Licht als Photooxidation. *Wiesen*

Sauerstoffbedarf, biochemisch $\rightarrow$ Biochemischer Sauerstoffbedarf

Sauerstoffbedarf, chemisch $\rightarrow$ Chemischer Sauerstoffbedarf

Sauerstoffdefizit. Es bezeichnet die Differenz zwischen der Sauerstoffsättigungskonzentration, die sich entsprechend den herrschenden Bedingungen (z. B. Luftdruck, Temperatur) einstellen würde, und der tatsächlich vorhandenen Sauerstoffkonzentration in Gewässern. Die Löslichkeit von Gasen, also auch für Sauerstoff, ist temperaturabhängig und beträgt z. B. bei N. N. und 0 °C 14,6 mg/l, bei 28 °C sind 100 % Sättigung bereits bei 7,75 mg/l Sauerstoff erreicht. Wegen der enormen Bedeutung des Sauerstoffs für den aeroben →Abbau organischer Gewässerverunreinigungen und für das Leben im Wasser ist die Temperaturabhängigkeit des S. ein Gewässerschutzproblem. Bei höheren Temperaturen ist der Sauerstoffbedarf im Gewässer größer, gleichzeitig der maximale Vorrat geringer als bei niedrigen Temperaturen. (→Gewässergüteklasse, →Eutrophierung). *Friedrich*

Sauerstoffeintrag. Damit werden alle Prozesse bezeichnet, bei denen durch physikalische oder biologische Vorgänge die Konzentration des Sauerstoffs im Wasser erhöht wird. Physikalischer S. erfolgt an der Luft-Wassergrenze und ist um so größer, je größer die Oberfläche ist, denn bewegte Wasseroberflächen mit ständig neuen Luft-Wasser-Grenzflächen (Wellengang) nehmen mehr Sauerstoff auf als glatte. Der biogene S. erfolgt durch die Assimilationstätigkeit von Unterwasserpflanzen, die den bei der →Photosynthese gebildeten Sauerstoff in das Wasser abgeben. *Friedrich*

Sauerstoffgehalt der Atmosphäre. Bei allen Verbrennungsprozessen in Hausbrand, Industrie, Verkehr und bei der Stromerzeugung werden laufend große Mengen Sauerstoff benötigt, die sich mit dem Kohlenstoff der Brennstoffe zu Kohlendioxid verbinden. Insbesondere wegen des *Verbrauchs* dieses Sauerstoffs wurden in den letzten Jahren immer wieder Befürchtungen geäußert, daß der S. der Atemluft durch menschliche Eingriffe bedroht sei. Dem S. d. A. von $1{,}2 \cdot 10^{15}$ t O_2 entsprechen $1{,}75 \cdot 10^{22}$ kJ gebundener Energie. Die bekannten abbauwürdigen Vorräte fossiler Brennstoffe enthalten nur 1–2 % dieser gebundenen Energie. Wenn die bekannten technisch und wirtschaftlich gewinnbaren Brennstoffvorräte in den nächsten Jahrhunderten verbrannt werden, so kann sich der S. d. A. nur in einer Größenordnung verringern, die zwischen 0,2 und 0,5 Vol.% liegt. Die bekannten, technisch aber (derzeit) nicht wirtschaftlich gewinnbaren fossilen Brennstoffvorräte sind noch etwa um den Faktor 5 größer. Sofern auch diese in den nächsten Jahrhunderten abgebaut und verbrannt werden sollten, dürfte sich der S. d. A. um den Faktor 5, also um 1–2 Vol.% weiter verringern. Eine kritische Situation kann auch dadurch nicht eintreten, weil bekanntlich der S. der Atemluft bei einer Zunahme

der Höhenlage wesentlich stärker abnimmt. Auch die technisch gewinnbaren Brennstoff-Lagerstätten machen nur einen Bruchteil des insgesamt durch die →Photosynthese der Pflanzen erzeugten Kohlenstoffs aus. Der weitaus größte Teil ist aber in den Sedimentgesteinen fein verteilt und kann nicht abgebaut werden.

Der S. d. A. sollte sich seit der Jahrhundertwende um den Bruchteil verringert haben, der sich mit dem Kohlenstoff der verbrannten fossilen Brennstoffe zu Kohlendioxid verbunden und zur Hälfte zu dem beobachteten Kohlendioxid-Anstieg der Atmosphäre geführt hat. Das sind maximal etwa 13/1 000 Vol.%, d. h. im Vergleich zum derzeitigen S. d. A. von 20,946 Vol.% könnte der S. um die Jahrhundertwende bei 20,959 Vol.% gelegen haben.

Bisher kann der Rückgang des S. d. A. aufgrund der Verbrennung fossiler Brennstoffe wegen der geringen Konzentrationsunterschiede mit den vorhandenen Meßgeräten noch nicht gemessen werden.

Es wird angenommen, daß sich der S. d. A. langfristig über die Jahrhunderte hinweg im stabilen Gleichgewicht befindet. *Giebel*

Literatur: *Giebel, J.* u. *M. Buck:* Hat sich der Sauerstoffgehalt der Atmosphäre verringert? Staub Reinhaltung der Luft, **46** (1986) Nr. 7/8, S. 313/316. – *Holland, H. D.:* The chemistry of the atmosphere and oceans. New York 1978.

Sauerstoffmessung. Verschiedene Meßaufgaben der →Emissionsüberwachung erfordern eine S. im Abgas.

Bei den →Schornsteinfeger-Messungen an Kleinfeuerungsanlagen wird nach den Vorschriften der Kleinfeuerungsanlagen-Verordnung (→1. BImSchV) an Öl- und Gasfeuerungen aus der S. und der gemessenen Differenz zwischen Abgas- und Raumlufttemperatur der Abgasverlust bestimmt. Für die S. werden einfache Meßgeräte mit elektrochemischen Sensoren eingesetzt, die eine →Eignungsprüfung bestanden haben sollen. Anstelle der S. sind auch Kohlendioxid-Messungen zugelassen und üblich (→Kohlendioxid; Emissionsmessung).

Bei größeren genehmigungsbedürftigen Feuerungsanlagen und anderen Verbrennungsprozessen wird die S. zur Normierung der Emissionsmessungen benötigt. Die Anlagen werden in Abhängigkeit von Brennstoff, Feuerungsart und Verbrennungseinstellung mit unterschiedlichem Luftüberschuß betrieben. Durch den Luftüberschuß wie auch durch Undichtigkeiten in der Abgasführung oder gezielte Luftzufuhr wird das Abgas verdünnt. Um trotzdem Emissionsmessungen miteinander vergleichen zu können, ist in den einschlägigen Rechts- und Verwaltungsvorschriften (→13. BImSchV, →17. BImSchV, →TA Luft) zu den Emissionsgrenzwerten ein für die Anlagenart charakteristischer Mittelwert als Bezugssauerstoffgehalt festgelegt, und es wird gefordert, daß bei der Messung der Emissionen auch der tatsächliche Sauerstoffgehalt gemessen und die Emissionsmeßwerte anschließend auf den Bezugssauerstoffgehalt umgerechnet werden.

Anstelle des O_2-Gehalts kann auch der CO_2-Gehalt gemessen werden. Die O_2-Messung hat aber den Vorteil, daß keine Brennstoff-Daten benötigt werden und die Messung nicht durch Luftzufuhr im Abgasweg verfälscht werden kann. Die S. wird daher bei größeren Anlagen bevorzugt.

Anlagen, die der kontinuierlichen Emissionsüberwachung unterliegen, insbesondere Großfeuerungsanlagen und Abfallverbrennungsanlagen, müssen mit einer Meßeinrichtung zur kontinuierlichen S. ausgerüstet sein. Da diese Messung das Ergebnis der Emissionsmessungen wesentlich mitbestimmt, muß sie die gleichen Qualitätsanforderungen erfüllen wie die Messung der Luftverunreinigungen. Deshalb sind die O_2-Meßgeräte in das Eignungsprüfungsverfahren einbezogen. Den bisher geprüften Geräten liegen paramagnetische Meßverfahren oder elektrochemische Verfahren ($\rightarrow$ Zirkonsonde) zugrunde.   *Stahl*

Literatur: *Lützke, K., R. Wilkes:* Erprobung von Meßverfahren zur Durchführung der Großfeuerungsanlagen-Verordnung. Forschungsbericht 88-104 02 164 des Rheinisch-Westfälischen TÜV, Essen, vom Nov. 1988 im Auftrag des Umweltbundesamtes.

Sauerstoffsonde $\rightarrow$ Lambdasonde

Saugbrunnen. S. – auch als Gasbrunnen bezeichnet – sind mit Unterdruck beaufschlagte Bohrlöcher, durch die im Boden eine Strömung der Bodenluft erzeugt wird. Hierdurch können die als Gas- und Dampfphase vorliegenden leichtflüchtigen Schadstoffe zusammen mit der Bodenluft abgesaugt werden ($\rightarrow$ Bodenluftabsaugung). Die durch den Unterdruck ausgelöste Strömung führt immer wieder zu einer Störung der Phasengleichgewichte fest-gasförmig und flüssig-gasförmig, so daß sich bis zur Erschöpfung der leichtflüchtigen Schadstoffe eine Gasphase laufend neu bildet.   *Thoenes*

Saurer Regen.
Allgemein. Unter s. R. versteht man Niederschläge, deren Säuregehalt über dem natürlichen Hintergrundwert liegt. Da die $\rightarrow$ Atmosphäre einen relativ hohen CO_2-Gehalt hat und sich CO_2 in Wasser löst und dabei in H^+ und HCO_3^- zerfällt, ist der Regen immer sauer, der pH-Wert ($pH = -\log$ $[H^+]$) liegt bei 5,6. Da der pH-Wert sehr empfindlich auf die Lösung einer Reihe von Spurenstoffen anspricht, werden große Schwankungen des natürlichen Säuregehalts im Regen zwischen pH = 4,5–5,6 beobachtet. Mit dem Niederschlag wird die Säure in die Vegetation und den Boden eingetragen, wo in

der Regel eine große Pufferkapazität wirksam wird und die Säure neutralisiert.

Da die Atmosphäre über den Ballungsgebieten durch viele Schadstoffe verunreinigt wird und diese Schadstoffe über chemische Reaktionen in der Luft selbst oder in Regen- und Nebeltröpfchen Säuren bzw. direkte Säurevorläufer bilden, steigt der Säuregehalt vor allem zu Beginn der Regenereignisse oder im Nebel auf Werte an, die weit über dem natürlichen Hintergrund liegen.

Mit Beginn der Industrialisierung, vor allem in England, wurde bereits im letzten Jahrhundert der Begriff s. R. (*engl.* acid rain) geprägt, dabei wurden pH-Werte bis unter 3,5 beobachtet. Mit diesen Säuregehalten werden eingeatmete Nebel oder eingetragene Niederschläge höchst gefährlich für die Gesundheit und die Vegetation, außerdem wird die Korrosion dadurch sehr beschleunigt. In den sechziger Jahren wurde bekannt, daß schlecht gepufferte Süßwasserseen in Skandinavien infolge der SO_2-Niederschläge versauern und dabei den Fischbestand gefährden. Mit der Beobachtung der neuartigen $\rightarrow$ Waldschäden in den achtziger Jahren wurden die sauren Niederschläge erneut diskutiert.

Inzwischen weiß man, daß der pH-Wert des Regens kein geeignetes Maß zur Beurteilung des s. R. ist, weil er empfindlich auf Einflüsse durch andere Spurenstoffe reagiert. Es hat sich herausgestellt, daß die Angabe der Niederschlagsmengen pro Fläche und Zeit für H^+-Ionen und verschiedenen Anionen SO_4^{2-}, NO_3^-, Cl^- usw. zur Beurteilung der Gefährdung durch Säuren besser geeignet ist. Diese Größen werden als kg oder kmol pro ha $\times$ a oder in mmol pro $m^2 \times$ a angegeben. Zum Vergleich der verschiedenen Säurebildner untereinander sind die molaren Einheiten besser geeignet. So wurden in deutschen Waldgebieten H^+-Einträge von ca. 100 mmol/m^2a über nasse $\rightarrow$ Deposition gefunden. In ungünstigen Höhenlagen können durch saure Nebel bis über 200 mmol/m^2a eingetragen werden. Im Vergleich dazu wurde auf den Bermudas eine H^+-Deposition von weniger als 10 mmol/m^2a beobachtet. Die Säurewirksamkeit wird aber auch durch die SO_4^{2-}, NO_3^- und NH_4^+-Einträge beeinflußt.

Die sauren Niederschläge entstehen durch
– Photooxidation in der Gasphase mit anschließender Lösung der Säuren im Regen
– Oxidation im Tropfen.

Als wichtigste Säurevorläufersubstanzen wirken SO_2 und NO_x (NO und NO_2).
□ Säurebildung in der Gasphase.

$$SO_2 + OH \xrightarrow{(M)} HOSO_2$$

$$HOSO_2 + O_2 \rightarrow SO_3 + HO_2$$

$$SO_3 + H_2O \xrightarrow{(M)} H_2SO_4$$

$$NO_2 + OH \xrightarrow{(M)} HNO_3$$

$$NO + HO \xrightarrow{(M)} HNO_2 \text{ (instabil im Tageslicht)}$$

$$NO_2 + HO_2 \xrightarrow{(M)} HNO_4 \text{ (thermisch instabil)}$$

$$NO_2 + O_3 \rightarrow NO_3 + O_2$$

$$NO_3 + HCHO \xrightarrow{(O_2)} HNO_3 + HO_2 + CO$$

$$NaCl$$
$$\text{(Seesalzpartikel)} + H_2SO_4 \rightarrow HCl + NaHSO_4$$

$$NaCl$$
$$\text{(Seesalzpartikel)} + HNO_3 \rightarrow HCl + NaNO_3$$

Bei der Oxidation von Kohlenwasserstoffen entstehen als Nebenprodukte auch organische Säuren (Ameisensäure: $HCOOH$ und Essigsäure: CH_3COOH).

Die so gebildeten Säuren lösen sich rasch in Regentropfen und werden mit dem Niederschlag ausgewaschen (H_2SO_4, HNO_3, HCl, organische Säuren).

□ Säurebildung in der Flüssigphase.

Die chemischen Bildungsvorgänge in Regentropfen selbst sind sehr komplex und werden z. T. durch gelöste Oxidantien (O_3 und H_2O_2) oder durch Schwermetalloxide beschleunigt.

$$SO_2 \xrightleftharpoons{(H_2O)} HSO_3^- + H^+ \xrightleftharpoons{(H_2O)} SO_3^{2-} + 2\,H^+$$

$$HSO_3^- + H_2O_2 \xrightarrow{H_2O,\ H^+} SO_4^{2-} + H^+ + H_2O$$

$$SO_3^{2-} + O_3 \rightarrow SO_4^{2-} + O_2$$

Die ablaufenden Reaktionen sind hier nur pauschal angegeben. Wichtig ist, daß ohne H_2O_2, O_3 oder Schwermetallkatalysatoren mit steigendem Säuregehalt im Regentropfen immer weniger SO_2 gelöst wird.

Salpetersäure wird nennenswert an feuchten Oberflächen auch über folgenden Reaktionsmechanismus, an dem O_3 und NO_2 beteiligt sind, gebildet:

$$NO_2 + O_3 \rightarrow NO_3 + O_2 \text{ (Gasphase)}$$

$$NO_3 + NO_2 \xrightleftharpoons{(M)} N_2O_5 \text{ (Gasphase)}$$

$$N_2O_5 + [H_2O]_{aqu} \rightarrow 2\,H^+ + 2\,NO_3^-$$

$$\overline{2\,NO_2 + O_3 + [H_2O]_{aqu} \rightarrow 2\,H^+ + 2\,NO_3^- + O_2}$$

Die Hauptbelastung des Bodens entsteht durch die mineralischen Säurebildner SO_2 und NO_x. Die Geschwindigkeit der atmosphärischen Säurebildung sowohl in der Gas- als auch in der Flüssigphase wird in Gegenwart von →Photooxidantien O_3 und H_2O_2 (→Photosmog, →Ozon) sehr erhöht, wodurch eine enge Wechselwirkung zwischen der Bildung von Photooxidantien in der Gasphase und der Säurebildung in der Flüssigphase besteht. *Becker/Wiesen*

Literatur: *Baer, N. S.; C. Sabbioni; A. I. Sors:* Science, Technology and European Cultural Heritage (CEC-Report). Oxford 1991. – *Beilke, S.:* Acid Deposition CEC-Report AP/53/85, Brussels 1985. – *Finlayson-Pitts, B. J.; J. N. Pitts, Jr.:* Atmospheric Chemistry. New York 1986. – *Schwartz, St. E.:* Acid Deposition: Unraveling a Regional Phenomenon. Science, **243** (1989), pp. 753–763. – Saure Niederschläge – Ursachen und Wirkungen, VDI-Ber. 500. Düsseldorf 1983.

Wirkung auf Pflanzen. Die trockene und nasse →Deposition stellen die beiden wesentlichen Senken für natürliche und anthropogen verursachte Emissionen dar, wobei Eintrag und Verteilung der nassen Deposition entscheidend durch die Niederschläge bestimmt werden. Auf Grund ihrer relativ großen Oberfläche und vergleichsweise langen atmosphärischen Verweildauer von Nebeltröpfchen besitzen diese eine höhere ionogene Beladung im Vergleich zum Regen, was sich auch in teilweise sehr niedrigen pH-Werten äußert (pH-Wert im Nebel 2,5 bis 3,5).

Vorzugsweise wird die Vegetation in den Mittelgebirgslagen durch die nasse Deposition beaufschlagt, wobei die mitgeführte Schadstofffracht zum Teil durch die in den Luftraum ragenden Kronenteile der Bäume regelrecht ausgekämmt wird; gleichzeitig werden trocken abgelagerte Schadstoffe mit ausgewaschen.

Der Eintrag von Säuren kann entweder zu direkten Reaktionen an der Oberfläche der Blätter bzw. Nadeln führen oder auf den Boden einwirken. Entscheidend für die →Versauerung der Böden ist, daß die H^+-Ionen Konzentration beim Durchdringen der Vegetationsdecke erhöht bzw. der pH-Wert erniedrigt wird. Im Solling wurde über dem Bestanddach ein pH-Wert im Regen von 4,1 gemessen während er nach Durchdringen von Fichtenkronen einen pH-Wert von 3,4 als langjähriges Mittel aufweist. Da die Pufferkapazität der Böden gegenüber säurehaltigen Niederschlägen letztlich begrenzt ist, kann es zu einer Versauerung der Böden kommen. Auf Grund der Störung des Nährstoffgleichgewichts können Wurzelschäden entstehen, wobei auch die Freisetzung von Schwermetallen eine gewisse Rolle spielen kann. In letzter Konsequenz stellt daher der Eintrag s. N. in Waldökosysteme einen erheblichen Streßfaktor dar, der im Zusammenwirken mit anderen Faktoren zu nachhaltigen Wuchsstörungen führen kann (→Waldschäden, neuartige).

Neben der indirekten Wirkung auf den Boden hängt die Wirkungsausprägung s. R. auch auf den oberirdischen Pflanzenteilen wesentlich von der $H+$-Konzentration und der Einwirkungsdauer ab (effektive Dosis), der Blatt- und Nadeloberflächen ausgesetzt sind. Die effektive Dosis hängt ihrerseits von der Kontaktzeit der Tropfen oder des Flüssigkeitsfilms auf der Oberfläche, der Ionenzusammensetzung der Lösung und der Pufferkapazität der Oberfläche ab. Die Morphologie der Blätter, ihre Rauhigkeit und damit ihre Retention und Benetzbarkeit spielen eine entscheidende Rolle.

Meßbare Einwirkungen von Regen- und Nebelinhaltsstoffen auf die Pflanzenzelle werden jedoch in der Regel erst dann beobachtet, wenn die äußere Schutzschicht, die Kutikula und ihre Wachsschichten, in Mitleidenschaft gezogen sind. Dieser Schädigungsmechanismus unterscheidet sich grundsätzlich von dem, der über gasförmige Luftschadstoffe ausgelöst wird, wo erst eine Schädigung der Zelle nach Schadstoffaufnahme über die Stomata zu einer Veränderung der äußeren Schutzschicht führt.

Die physikalischen und chemischen Eigenschaften der Kutikularwachse ändern sich durch Alterung auf natürliche Weise, indem sie hydrophiler werden. Dieser Prozeß wird im wesentlichen durch Umweltfaktoren wie Wind, Licht, Temperatur und Nährstoffgehalt bestimmt. Die Alterungsprozesse können aber durch Luftschadstoffe wie Ozon oder Einwirkungen s. R. beschleunigt werden, wobei vor allem die Deposition und Evaporation säurehaltiger Komponenten auf Blatt- bzw. Nadeloberflächen die H^+-Ionen-Konzentration deutlich ansteigen lassen, zumal Schwefel- und Salpetersäure sowie ihre Anhydride sich auf Grund ihres begrenzten Dampfdrucks stark konzentrieren können. Allerdings sind die Pflanzen auch in der Lage, über Ionenaustausch Säuren zu neutralisieren, was aber in der Regel mit einem Kationenverlust einhergeht. Gesunde Pflanzen sind in der Lage, diese Verluste über eine verstärkte Nährstoffaufnahme durch die Wurzel zu kompensieren, während es bei erkrankten Organismen zu Nährstoffungleichgewichten kommen kann, die ihrerseits wieder zu einer veränderten Anfälligkeit gegenüber anderen Streßfaktoren wie extremen Klimasituationen, Schaderregern etc. führen können.

Eine klare Zuordnung von Symptomen an der Vegetation auf die Einwirkungen s. R. ist bisher nicht gelungen. Zwar konnten in zahlreichen Labor- und Freilandversuchen an den verschiedensten Kulturpflanzen sichtbare Schädigungen durch simulierte säurehaltige Regen erzeugt werden, jedoch decken sie sich hinsichtlich ihrer Symptomatik nicht mit den im Freiland vorgefundenen Veränderungen. *G. Krause*

Literatur: *Krause, G. H. M.:* Impact of air pollutants on above-ground plant parts of forest trees. In: Mathy, P. (Hrsg.): Air pollution and ecosystems. Dordrecht 1988. – Säurehaltige Niederschläge – Entstehung und Wirkungen auf terrestrische Ökosysteme. Düsseldorf 1983. – *Ulrich, B.:* Effects of acidic precipitation on forest ecosystems in Europe. In: Adriano, D. C. & A. H. Johnson (Hrsg.): Acidic precipitation, Vol. 2 (1989) S. 189–272.

Scatterometer. Das S. ist der einfachste aktive Mikrowellensensor. Ähnlich wie ein SAR-Gerät (→Synthetic Aperture Radar) besteht das Scatterometer aus einem Sender und einem Empfänger mit der dazu gehörenden Antenne. Das gebündelte Antennendiagramm beleuchtet einen Fleck auf der Erd- oder Meeresoberfläche. Man bezeichnet diesen Fleck als Auflösungszelle. Von dort werden die Impulse wieder rückgestreut, von der Antenne empfangen und an Bord des Satelliten weiter verarbeitet. Die Rückstreueigenschaften sind charakteristisch für die Oberflächenstruktur und Wellenlängen-abhängig. Die erreichbare Auflösung ist gering. Durch Hinzunahme einer zweiten Frequenz kann die Detektierbarkeit gesteigert werden. Die üblichen Sendefrequenzen liegen bei 13,9 bis etwa 15 GHz bei einer Pulswiederholfrequenz von 125 Hz und einer durchschnittlichen Sendeleistung von 20 W.

Bevorzugte Anwendungsgebiete sind die Messung von Meeresoberflächenwellen zur ozeanischen Zirkulation und Seegangsvorhersage sowie zur Bestimmung der →Windgeschwindigkeit, z. B. beim Satelliten →ERS-1. *Rossbach/Schroeder*

Scavenger-Verordnung →19. BImSchV

Schadschwellenkonzept im Pflanzenschutz. Der Befall oder Besatz eines Kulturpflanzenbestands mit Schaderregern, Pflanzenkrankheiten, Unkräutern etc. ist in der Regel nicht vermeidbar.

Als wirtschaftliche Schadschwelle bezeichnet man die Situation, wenn der zu erwartende wirtschaftliche Schaden an den Kulturpflanzen durch einen derartigen Befall oder Besatz (z. B. infolge von Mindererträgen oder Qualitätseinbußen) gleich hoch ist wie die Kosten einer wirksamen Bekämpfung oder Regulierung.

Direkte Bekämpfungsmaßnahmen sind somit erst dann gerechtfertigt, wenn eine bestimmte Schadschwelle überschritten ist. Diese liegt z. B. für spezielle Unkräuter auf einem sehr unterschiedlichen Niveau. Deshalb sind Bestandesbonitierungen zur Ermittlung der Schadschwelle unerläßlich. *H. Schön/Auernhammer*

Schadstoffaufnahme durch Pflanzen. Höhere Landpflanzen können Schadstoffe zum einen über die Wurzel, zum anderen über die in den Luftraum ragenden oberirdischen Pflanzenteile wie Blätter/Nadeln, Früchte oder Stamm/Astmaterial aufnehmen. Ein Selektionsvermögen bezüglich der Aufnahme, des Transports innerhalb der Pflanze und des Ausscheidens nach innen oder außen besteht bei der S. nicht, d. h., daß Stoffe mit vergleichbarem chemischen Aufbau bzw. physikalischen Eigenschaften unabhängig von ihrer Wirkung auf die Pflanzen aufgenommen werden können.

Pflanzenwurzeln, die in der Erde wachsen, nehmen aus dem Boden Wasser und darin gelöste Substanzen (Nährstoffe, Schwermetalle) sowie auch Gase auf, die einerseits essentiell sind, z. B. Nährstoffe oder Sauerstoff für die Wurzelatmung, andererseits auch negative Wirkungen haben können (z. B. NH_3, H_2S, SO_x oder NO_x). Diese Stoffe werden zum einen über die feinen Wurzeln mit ihren Wurzelhaaren, zum anderen über Mykorrhizapilze aufgenommen, die die Wurzeln bestimmter Pflanzen umhüllen (z. B. Bäume). Auf ihrem Weg von der äußeren Rindenschicht der Wurzel zum Gefäßsystem im Inneren der Wurzel (Xylen/Phloem) müssen die Stoffe verschiedene Zellschichten und damit auch Membranen durchdringen, bevor sie an Orte ihres Bedarfs (oberirdische Pflanzenorgane) transportiert werden können. Je nach Ladungszustand, Ionen- oder Molekülgröße kann der Transport *passiv* entlang dem elektrochemischen Gefälle, d. h., von der höheren zur niedrigeren Konzentration innerhalb der Zellen oder *aktiv,* entgegen dem elektrochemischen Gefälle mit Hilfe von Trägermolekülen und unter Bereitstellung von Energie erfolgen. Hierbei können anthropogene Stoffe mit strukturell ähnlichen natürlichen Stoffen konkurrieren. Zum einen können Stoffe vorzugsweise in der Wurzel angereichert (z. B. Blei) oder zum anderen mit dem aufsteigenden Wasserstrom den Blättern/Nadeln zugeführt werden (Nährstoffe, Schwermetalle wie Zn, Cd, Tl). Dies hat auch im Hinblick auf die Nutzung der als Nahrungs- oder Futtermittel verwendbaren Pflanzenteile auf schwermetallhaltigen Böden eine besondere Bedeutung. Darüber hinaus haben bestimmte Pflanzenarten gegenüber spezifischen Stoffen ein selektives Aufnahmevermögen. Das Schwermetall Thalium z. B. wird – losgelöst von den die Aufnahme mitbestimmenden Bodenfaktoren (→Schwermetalle) – von Raps oder Grünkohl bevorzugt aufgenommen.

Die Aufnahme über die Blätter/Nadeln erfolgt über die Kutikula oder über die Stomata. Bei der Kutikula handelt es sich um eine lipophile Außenhaut, die die Blattorgane überzieht und mit lipophilen Kutikularwachsen belegt sein kann. Schadstoffe können zum einen diese äußere Schutzschicht selbst angreifen (z. B. Ozon, Protonen der säurehaltigen Niederschläge) und damit die weitere Diffusion von außen abgelagerten Stoffen ins Zellinnere erleichtern oder passiv über Diffusionsprozesse ins Zellinnere gelangen, wo sie nach Erreichen einer kritischen Konzentration entsprechend negative Auswirkungen für das Pflanzenwachstum haben können. Andererseits können aber auch toxikologisch relevante Stoffe in der lipophilen Kutikula gebunden und angereichert werden und über den Verzehr der Blätter in die biologische Kette gelangen. Zu den toxikologisch bedeutsamsten Substanzen, die sich in Blättern mit entsprechender morphologischer Struktur anreichern können, zählen die →Dioxine. Dieses spezielle Anreicherungsvermögen wird im Rahmen des Biomonitorings angewendet (→Bioindikator).

Für die Aufnahme von gasförmigen Schadstoffen stellt die stomatäre Aufnahme den entscheidenden Weg ins Blattinnere dar. Bei den Stomata (auch Spaltöffnung genannt) handelt es sich um hydraulisch regulierte Ventile in Porenform, die die Blattober- und -unterseiten überziehen. Sie sind für Gase passierbar und verbinden die Atmosphäre mit dem Blattinneren, um bei minimalem Wasserverlust eine maximale Kohlendioxid-Aufnahme für die →Photosynthese zu erlauben.

Die Aufnahmemenge wird u. a. wesentlich von der Öffnungsweite der Stomata bestimmt (stomatärer Diffusionswiderstand) (→Depositionsgeschwindigkeit). Alle Faktoren, die die Öffnungsweite der Stomata regulieren, beeinflussen die Schadgasbelastung der Pflanze. In erster Linie gehören hierzu Licht, Temperatur, relative Luftfeuchtigkeit sowie die Wasserversorgung der Pflanze und letztlich die Wirkung der Schadgase selbst, die die Bewegung der Stomata zu beeinflussen vermögen. Schadgase wie z. B. Schwefeldioxid und Stickstoffdioxid können sich gegenseitig hemmen, indem sie den Diffusionswiderstand erhöhen, was letztlich eine verringerte S. bewirkt. Höhere Konzentrationen von Schwefeldioxid bewirken z. B. ein Schließen der Stomata und reduzieren damit die Aufnahme von gleichzeitig vorhandenem Ozon. Darüber hinaus wird die individuelle →Resistenz der Pflanzen gegenüber Luftverunreinigungen u. a. damit erklärt, daß die Öffnungsweite der Stomata bei sensitiven Pflanzen größer ist und damit letztlich mehr Schadstoff je Zeiteinheit über die Blätter aufgenommen werden kann.

Eine Aufnahme von Flüssigkeiten durch die Stomata ist zwar prinzipiell möglich, spielt aber im Hinblick auf die S. eine untergeordnete Rolle.

Einmal in die Pflanze gelangt, werden die Stoffe abhängig von ihrem Aggregatzustand in speziell hierfür ausgelegten Systemen transportiert. Von besonderer Bedeutung ist hierbei der Langstreckentransport von der Wurzel in das Blatt/die Nadel. Da die Gase Sauerstoff und Kohlendioxid 10^4 mal schneller in der Gasphase diffundieren als in Wasser, werden diese für die Lebensfunktion der Pflanzen wichtigen Gase über ein eigenes System (Interzellularen) gasförmig an die Stellen ihres höchsten Bedarfs geleitet. Dies bedeutet, daß auch Schadgase, die über die Spaltöffnungen und die Lentizellen in das Organinnere gelangt sind, rasch stoffwechselaktiv werden können.

Wasserlösliche Stoffe (Nährstoffe, aber auch Schadstoffe wie Schwermetalle etc.), die die Widerstände der Wurzelrinde überwunden haben, werden passiv mit dem Transpirationsstrom mitgerissen, der in den speziellen Wasserleitungsbahnen, die die Wurzeln mit den Blättern verbinden (Xylem), erfolgt. Motor dieses Transports ist die Differenz des Wasserpotentialgefälles zwischen Boden und Atmosphäre, wobei die Öffnungsweite der Stomata u. a. die Transportgeschwindigkeit bestimmt. Dies bedeutet, daß mitgeführte Stoffe vorzugsweise an Orten stärkster Transpiration (auf Blättern) angereichert werden.

In den Blattorganen gebildete organische Stoffwechselprodukte (Assimilate) werden über ein weiteres Leitungssystem, das Phloem, von den Blättern in die Wurzeln transportiert, wobei der abwärts gerichtete Transportstrom über ein osmotisches Gefälle passiv erfolgt. Der Phloemtransport ist u. a. bei der Anwendung von Herbiziden von Bedeutung, die, auf Blättern appliziert, in andere Organe transportiert werden müssen, um ihre Wirkung entfalten zu können (systemische Herbizide).

Höhere Pflanzen verfügen darüber hinaus auch über die Möglichkeit, Schadstoffe auszuscheiden. Dies kann einmal über die Abscheidung von Wassertropfen und darin gelösten Stoffen in feuchten Nächten erfolgen (Guttation), zum anderen aber über den Abwurf von Blättern oder die Absprengung von Borken- oder Rindenteilen. Über die Bodenflora werden diese organischen Stoffe rasch zersetzt, wobei allerdings persistente Schadstoffe wie Schwermetalle oder bestimmte organische Verbindungen (z. B. Dioxine) im Oberboden angereichert werden können. *G. Krause*

Schadstoffbelastung durch Altlasten →Gefährdungspotential

Schadstoffbindung in Altlasten. Für die Art der S. im Erdreich bzw. Untergrund der →Altlasten ist der Aggregatzustand der Schadstoffe entscheidend. Neben der lockeren Einlagerung (Einschlüsse) bilden sich bei festen und flüssigen Schadstoffen Agglomerate untereinander und mit dem Erdreich bzw. Untergrund. Bei den gas- und dampfförmigen Stoffen bestimmen der Dampfdruck und die Gleichgewichtszustände der adsorbierten und gelösten Phasen die Art der S. Die S. im festen Aggregatzustand beruhen u. a. auf
- Adhäsion zwischen den Festkörpern,
- Adhäsion mit Flüssigkeiten,
- Kapillarkräfte,
- chemische Bindung

Bei den Schadstoffen im flüssigen Aggregatzustand treten u. a. folgende Bindungsformen auf
- adsorptive S. auf den Feststoffoberflächen,
- Bindung in den Poren der Feststoffe,
- Kapillarkräfte,
- chemische Bindung

Die Kenntnisse über die Art der S. und dem zu reinigenden Erdreich bzw. Untergrund sind für die Auswahl der geeigneten →Sanierungstechnik hilfreich. *Thoenes*

Literatur: *Binder, H.:* Mechanismen des Stoffübergangs und Ausspülvorgange bei der Wäsche kontaminierter Boden. In: BIG-TECH (Hrsg.): Abwasserreinigung bei der Sanierung kontaminierter Böden. BIG TECH, Berlin 1986.

Schadstoffeinleitungen durch Schiffe auf See.
□ Einleitung von Öl.
– Öl aus dem Maschinenraumbereich. Ölhaltige Rückstände sammeln sich in der Maschinenraumbilge durch Leckagen der ölführenden Systeme der Maschinenanlage, durch unbeabsichtigtes Versprühen bei Wartungs- und Reparaturarbeiten und durch Kondensation von Öldunst. Das Öl mischt sich mit dem Wasser, das durch Leckagen und Kondensation in die Bilge gelangt. Vor dem Abpumpen ins Meer wird der Ölgehalt bis auf maximal 15 ppm durch ein zugelassenes Entölungssystem reduziert und der Restölgehalt gegebenenfalls durch ein Ölgehaltsmeßgerät überwacht. Gesetzliche Grundlage hierfür bietet das →MARPOL-Übereinkommen (Anlage I, Regel 9, 16).
– Öl aus dem Ladungsbereich von Öltankschiffen. Ladungsreste der Ölladung vermischen sich in den Ladetanks mit Ballastwasser, das aus Stabilitätsgründen nach Entleeren der Ladung in Ladeöltanks gepumpt und vor Übernahme neuer Ladung nach See abgegeben wird, sowie mit Tankwaschwasser zum Reinigen der Ladeöltanks.

Das Einleiten ins Meer ist zulässig außerhalb von Sondergebieten (Ostsee, Mittelmeer, Schwarzes Meer, Rotes Meer, Arabischer/Persischer Golf) bei mindestens 50 Seemeilen Entfernung von der nächsten Küste mit einem Ölgehalt von nicht mehr als 30 Liter/Seemeile und nicht mehr als $\frac{1}{30\,000}$ der vorher beförderten Ladungsmenge.

Die Steuerung und Überwachung des Einleitvorgangs erfolgt durch ein Ölgehaltsüberwachungs- und Steuerungssystem sowie einen Öl/Wasser-Trennschichtdetektor. Gesetzliche Grundlage für die Einleitbedingungen bietet das MARPOL-Übereinkommen (Anlage I, Regel 9, 15).
□ Einleitung von schädlichen flüssigen Massengutstoffen.

Reste der Ladungssubstanzen vermischen sich
– wie für Öltankschiffe dargestellt – mit Ballast- oder Waschwasser. Die zulässigen Restmengen, die in das Meer eingeleitet werden dürfen, sind nach ihrem Schädigungspotential in vier Stoffgruppen kategorisiert. Die Eignung des Entladungssystems zur Einhaltung der Restmengen wird durch Versuche festgestellt und in dem Eignungszeugnis des Schiffes vermerkt. Gesetzliche Grundlage für die Einleitbedingungen bietet das MARPOL-Übereinkommen (Anlage II, Regel 5).

□ Schiffsabwasser.

Aufbereitete Fäkalien können in einer Entfernung von mindestens 4 sm vom Land ins Meer eingeleitet werden. Nicht aufbereitete Fäkalien können in einer Entfernung von mindestens 12 sm vom Land ins Meer eingeleitet werden. Die Aufbereitungsanlagen für Fäkalien müssen staatlich zugelassen sein. Die Schadstoffgrenzen sind festgelegt mit maximal 250 Fäkal-Colibakterien pro 100 ml, 50 mg/l schwebende Feststoffe, 50 mg/l biologischer Sauerstoffbedarf.

Gesetzliche Grundlage für die Einleitgrenzen bietet das MARPOL-Übereinkommen (Anlage IV, Regel 8). *H. O. Wille*

Schadstoffreduzierung in der Luftfahrt.

Allgemein. Zwei Wege werden verfolgt, einmal die Verbesserung der Brennkammern zur Verminderung der Schadstoffe an der Quelle, zum andern die Verminderung des Brennstoffbedarfs durch verbesserte Triebwerke und Flugzeuge sowie durch organisatorische Maßnahmen. Dabei war die Verminderung des Brennstoffverbrauchs seit je ein wichtiges Entwicklungsziel in der Luftfahrttechnik, durch dessen stete Verfolgung die Luftfahrt zu einem Massentransportmittel geworden ist. Das Potential zur Senkung des Brennstoffverbrauchs ist keineswegs erschöpft; hier ist künftig ein synergistischer Effekt zu erwarten, indem die Verbesserungen der Wirtschaftlichkeit und der Umweltfreundlichkeit Hand in Hand gehen.

Es gibt mehrere Möglichkeiten zur S. i. d. L.:
– Die S. bei Brennkammern, insbesondere durch neue Brennkammerkonzepte, die eine Verminderung der NO_x-Emissionen um 70 bis 80 % gegenüber heutigen Werten bringen werden.
– Die S. durch neue Triebwerkskonzepte wie ummantelte und nicht-ummantelte Propfan-Antriebe oder Wärmetauscher-Triebwerke, die eine Senkung des spezifischen Brennstoffverbrauchs versprechen. In die gleiche Richtung zielt die Weiterentwicklung der heute benutzten Triebwerkstypen. Insgesamt lassen diese Wege auf lange Sicht Verbrauchssenkungen um 20 % oder etwas darüber erwarten.
– Parallel dazu wird die Weiterentwicklung der Flugzeugzellen durch neue Leichtbauweisen und verbesserte aerodynamische Güte zu weiteren Verbrauchssenkungen von bis zu 20 % führen.
– S. durch verbesserte Flugdurchführung, z. B. durch neue Flugführungs- und Flugsicherungsverfahren, kann ebenfalls einen fühlbaren Beitrag zur Entlastung der Atmosphäre leisten ebenso wie verkehrspolitische Maßnahmen. Letztere könnten z. B. einerseits auf den Einsatz schadstoffgünstigeren Fluggeräts, andererseits auf eine Nachfragedämpfung abzielen. Beides setzt teilweise dirigistische Maßnahmen voraus, deren weltweite Durchsetzung mit Schwierigkeiten verbunden sein wird.

Abschätzungen über die künftige Entwicklung der Luftfahrtemissionen unter Berücksichtigung der erwähnten Möglichkeiten zur direkten und indirekten S. basieren zwar auf unterschiedlichen Annahmen über die Nachfrageentwicklung und -steuerung sowie über den Zeitrahmen für die Einführung technisch verbesserten Geräts, jedoch geben sie ähnliche Tendenzen wieder. Es wird erwartet, daß die NO_x-Emissionen erst nach dem Jahr 2000 zu sinken beginnen. *Winterfeld*

Brennkammern. Maßnahmen zur S. an der Quelle müssen von der Charakteristik ihrer Entstehung ausgehen. Kohlenmonoxid, CO, unverbrannte Kohlenwasserstoffe, HC und Ruß sind Produkte der unvollständigen Verbrennung, die im Prinzip durch größere Aufenthaltszeiten in der Brennkammer weiter oxidiert werden können. Hingegen entstehen die Stickoxide, NO_x, parallel zu den Oxidationsreaktionen des Brennstoffs in umso größerer Menge, je höher die Gastemperatur ist und je länger sich das Verbrennungsgas auf höherer Temperatur befindet. Dieses gegensätzliche Verhalten, das die Problematik der gleichzeitigen Reduzierung aller Schadstoffe kennzeichnet, ist in Bild 1 dargestellt. Man erkennt, daß es von der Aufenthaltszeit her gesehen nur einen schmalen Bereich gibt, in dem ein schadstoffgünstiger Betrieb möglich ist. Die durch das chemische Gleichgewicht bei der Endtemperatur der Verbrennung gegebenen Restmengen an CO können dabei allerdings nicht unterschritten werden.

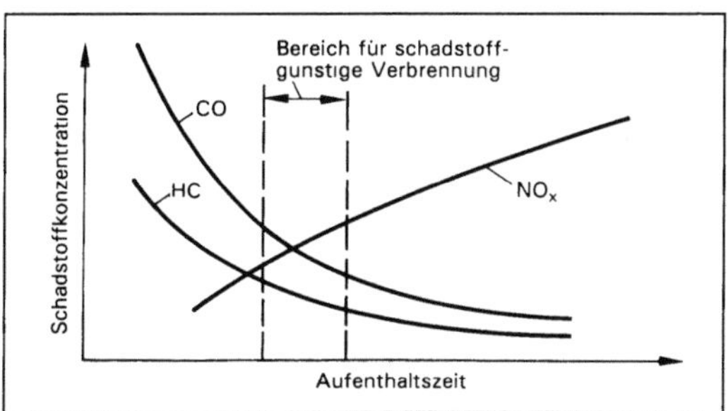

Schadstoffreduzierung in der Luftfahrt 1: Schematische Darstellung der zeitlichen Entwicklung der Schadstoffe in der Brennkammer eines Flugtriebwerks.

Besonders wichtig für künftige Flugtriebwerke ist die Verminderung der Stickoxid-Emissionen. Hier ist zunächst zu berücksichtigen, daß beim Übergang von Leerlauf zu Vollast sowohl die Aufenthaltszeiten in der Brennkammer zunehmen als auch das Temperaturniveau in der Primärzone ansteigt.

Einen Ausweg aus dieser Schwierigkeit bieten neue Brennkammerkonzepte, die insbesondere zu einer niedrigeren NO_x-Produktion führen sollen, ohne daß damit höhere Emissionen an CO, Kohlenwasserstoffen und Ruß verbunden sind. Sie basieren auf der Absenkung der Flammentemperatur durch Vermeidung oder Umgehung von stöchiometrischen Mischungsverhältnissen. Hierfür wurden mehrere Möglichkeiten vorgeschlagen und teilweise bereits experimentell untersucht. Das einfachste Konzept besteht darin, die Verbrennung im gesamten Betriebsbereich der Brennkammer nur bei Luftüberschuß, etwa bei $\phi = 0{,}5{-}0{,}6$ durchzuführen; (Magerverbrennung). Sie kann weiterentwickelt werden zur Vormisch-Mager-Verbrennung, bei der ein Brennstoff-Luft-Gemisch in das Flammrohr gelangt, das vor seinem Eintritt weitgehend homogenisiert wurde. Einen dritten Weg bietet die Fett-Mager-Verbrennung, bei der einer mageren Primärzone eine fette Vorstufe mit Brennstoffverhältnissen um $\phi = 1{,}3{-}1{,}5$ vorgeschaltet wird.

Die Reduzierung der CO- und HC-Emissionen konzentriert sich in erster Linie auf den Bereich niedriger Laststufen, wo sowohl niedrige Aufenthaltszeiten und niedrige Drücke und Temperaturen vor der Brennkammer vorhanden sind.

Die Rußbildung kann praktisch nur durch Vermeidung von überfetten Bereichen in der Primärzone vermindert werden. Dazu muß das mittlere Brennstoffverhältnis genügend weit abgemagert werden. Bei modernen Brennkammern werden Einspritzorgane eingesetzt, bei denen die Brennstoffzerstäubung mit Luftunterstützung angewendet wird.

Betrachtet man das verfügbare technologische Potential zur S. an der Quelle, so sind die CO- und HC-Emissionen bereits heute so niedrig, daß die derzeit geltenden Vorschriften erfüllt werden (Bild 2). Gegenüber dem heutigen Stand der Brennkammertechnik erscheinen mit der Mager-Verbrennung Reduzierungen der NO_x-Emissionen auf 70 %

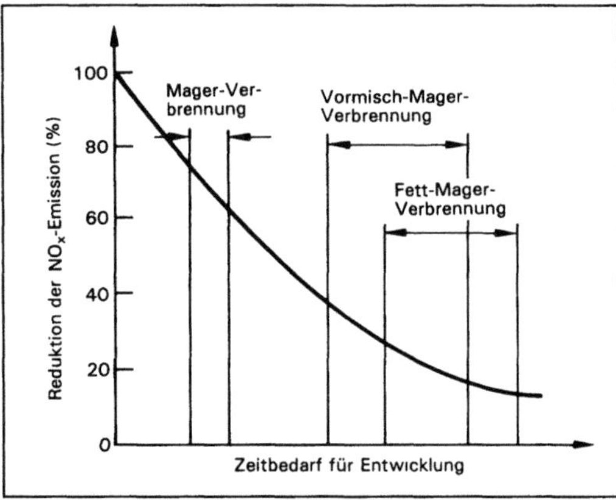

Schadstoffreduzierung in der Luftfahrt 2: Schematische Darstellung der von neuen Brennkammerkonzepten erhofften Reduktion der NO-Emission, abhängig von dem für Entwicklung und Einführung benötigten Zeitbedarf (nach Grieb u. Simon).

erreichbar. Das Potential der Vormisch-Mager-Verbrennung wird bei einer Verminderung auf 35–20 % gesehen, während von der Fett-Mager-Verbrennung eine NO_x-Absenkung auf ca. 30–10 % der heutigen Werte erwartet wird. *Winterfeld*

Literatur: *Dodds, W. J., D. W. Bahr:* Combustion System Design. In A. M. Mellor: Design of Modern Turbine Combustors. London 1990. – *Grieb, H., B. Simon:* Pollutant Emissions of Existing and Future Engines for Commercial Aircraft. In Schumann, U.: Air Traffic and Environment-Background, Tendencies and Potential Global Atmospheric Effects. Berlin–Heidelberg–New York 1990.

Flugdurchführung. Zu den Möglichkeiten, die Schadstoffemission über den Brennstoffverbrauch zu vermindern, zählen Maßnahmen zur Verbesserung der Flugdurchführung. Die Zunahme des Luftverkehrs hat zur Überfüllung des Luftraums zu bestimmten Tageszeiten geführt, was ungewollte Abweichungen vom Flugplan zur Folge hat (Tabelle). Besonders betroffen sind Kurzstreckenflüge. Fühlbare Mehrverbräuche werden von Warteschleifen sowie von Umwegen gegenüber dem direkten Kurs verursacht. Allein für die Flugzeuge der Lufthansa wurden im Jahr 1988 7 900 – vermeidbare – Flugstunden in Warteschleifen registriert.

Schadstoffreduzierung in der Luftfahrt. Tabelle: Auswirkungen von flugsicherungsbedingten Änderungen der Flugdurchführung auf den Brennstoffverbrauch. (Quelle: Barett)

Ursache und Ausmaß der Abweichung		Kurz-strecke 600 km 31 000 ft	Mittel-strecke 1 850 km 35 000 ft
Abfluggewicht	+ 1 000 kg	1,2 %	1,5 %
Verzögerung am		4,0 %	1,7 %
Boden	+ 5 min		
Umweg	+ 90 km	10,2 %	4,1 %
Reiseflughöhe	– 4 000 ft	2,6 %	2,6 %
Warten 15 000 ft	+ 10 min	13,3 %	5,9 %
Durchstarten			
2 000 ft	+ 5 min	1,0 %	0,5 %
Mehrverbrauch an Brennstoff		32,3 %	16,3 %

Der Mehrverbrauch ist auf den Normalfall bezogen.

Verbesserungsmöglichkeiten sind hier einerseits von neuen Verfahren zur Steuerung anfliegender Flugzeuge zu erwarten, mit denen die zeitliche Folge, z. T. bereits vor dem Start, so geregelt werden kann, daß Warteschleifen vermieden werden. Verfahren hierfür, z. B. das von der DLR zusammen mit der Bundesanstalt für Flugsicherung entwickelte

COMPAS, befinden sich in der Erprobung und haben sich bereits bewährt. Ein weiterer Beitrag ist von der besseren Nutzung des Luftraums, z. B. durch Wahl der direkten Flugstrecke zwischen Start und Ziel (Navigation in der Fläche), sowie von einer günstigeren zeitlichen und höhenmäßigen Staffelung der Flugzeuge zu erhoffen. Voraussetzung dafür ist die apparative und organisatorische Anpassung der Flugsicherung an eine solche Art der Flugdurchführung; dies muß jedoch überregional, zumindest im europäischen Rahmen erfolgen.

Eine weitere Verminderung kann man von einer Senkung der Reisefluggeschwindigkeiten erwarten, wie sie bereits in den Jahren der Ölkrise aus Kostengründen praktiziert wurde. Nach *Barrett* könnte man bei einer Senkung der Fluggeschwindigkeit von 870 km/h auf 750 km/h auf einem Flug über 1 000 km mit einem um 12 % geringeren Brennstoffverbrauch rechnen. Allerdings können steigende Flugzeiten bei Langstrecken den gewünschten Gewinn schmälern oder wieder aufheben.

In Zusammenhang mit der Flugdurchführung wird auch diskutiert, Flüge oberhalb der Tropopause ganz zu vermeiden. Dazu wäre eine der Jahreszeit und dem Wetter angepaßte Absenkung der Flughöhen auf Werte um etwa 9 000 m erforderlich. Berücksichtigt man noch die aus Gründen der Flugsicherheit nötige Höhenstaffelung der Flugzeuge, so würde dies einen fühlbaren Mehrverbrauch an Brennstoff zur Folge haben. Da mit einer solchen Maßnahme auch mehr Schadstoffe in die obere →Troposphäre gelangen, muß ihre Gesamtauswirkung auf die →Atmosphäre sorgfältig geprüft werden. *Winterfeld*

Literatur: *Barrett, M.:* Aircraft Pollution, Environmental Impacts and Future Solutions. WWF Research Paper, WWF International, Gland (CH) 1991. – *Reichow, H. P.:* Reizwort Umwelt. Lufthansa-Sonderdruck aus LeitWerk, Magazin für Führungskräfte der Lufthansa 1989. – *Schenk, H. D.:* COMPAS-OP, ein Planungssystem für Flughafen Frankfurt. DLR-Nachrichten, Mitteilungsblatt der Deutschen Forschungsanstalt für Luft- und Raumfahrt, (1991) Nr. 62, S. 15/19.

Flugzeugzellen. Der Schubbedarf eines Flugzeugs im stationären horizontalen Geradeausflug und damit die Schadstoffproduktion läßt sich verringern, wenn die Flugzeugmasse verkleinert und die aerodynamische Güte erhöht wird.

Die Verkleinerung der Flugzeugmasse wird hauptsächlich durch Verwendung neuer Leichtbauwerkstoffe möglich. Bei den metallischen Werkstoffen sind hier Aluminium-Lithium-Legierungen zu nennen, die auf Grund ihrer höheren Festigkeit eine Reduzierung der Bauteilmassen erlauben. In ähnlicher Weise wirkt sich der Einsatz von faserverstärkten Kunststoffen aus, die heute bereits bei Sekundärstrukturen in Form von kohlefaserverstärktem Kunststoff Anwendung finden. Ihr Einsatz auch bei Primärstrukturen wird erheblich leichtere Bauweisen ermöglichen, wenn es gelingt, damit den gleichen Sicherheits- und Zuverlässigkeitsstandard zu erreichen wie bei heutigen Flugzeugen aus metallischen Werkstoffen. Man schätzt, daß durch solche Maßnahmen insgesamt etwa 8 % Brennstoffersparnis erzielt werden kann.

Auch die Erhöhung der aerodynamischen Güte bietet ein nennenswertes Potential zur Reduzierung des Schubbedarfs. Hier ist vor allem die Verminderung des Widerstands durch die Laminarhaltung der Strömungsgrenzschicht am Tragflügel zu nennen, die durch Grenzschichtabsaugung erreicht werden kann. Man erhofft sich dadurch eine Widerstandsverminderung von ca. 14 %. Sie käme, bei entsprechend höherem Aufwand, auch für die Grenzschichten am Rumpf, an Leitwerken und Triebwerksgondeln in Frage. Weitere Verbesserungen hinsichtlich der Aerodynamik, wie variable Wölbung des Flügels, Erhöhung der Flügelstreckung, Turbulenzmanagement usw., könnten zusammen mit der erwähnten Laminarhaltung der Grenzschicht den Widerstand um ca. ein Drittel vermindern. Allerdings sind dafür auch entsprechende Zusatzeinrichtungen, wie Absaugeeinrichtungen und Verstellmechanismen nötig, die ein Mehrgewicht mit sich bringen.

Es wird heute geschätzt, daß alle Maßnahmen am Flugzeug, die die Verbesserung der Aerodynamik betreffen, zusammengenommen in eine Verringerung des Brennstoffverbrauchs von ca. 20–25 % umgesetzt werden könnten. Allerdings ist, da die heutige hohe Betriebssicherheit nicht beeinträchtigt werden darf, nur eine schrittweise, über einen längeren Zeitraum verteilte Einführung dieser neuen Technologien zu erwarten. *Winterfeld*

Triebwerke. Die von Flugtriebwerken pro Zeiteinheit produzierte Schadstoffmenge ergibt sich aus dem Produkt des →Emissionsindex und des Brennstoffverbrauchs. Deshalb besteht neben der Verminderung der Emissionsindizes auch die Möglichkeit, die produzierten Schadstoffmengen durch Senkung des Brennstoffverbrauchs zu reduzieren. Dies ist seit den Anfängen der motorgetriebenen Luftfahrt stets ein wichtiges Entwicklungsziel gewesen, weil man dadurch geringere Abfluggewichte oder höhere Nutzlasten erreicht. Auch der bereits erreichte hohe Stand der Triebwerksentwicklung bietet noch Möglichkeiten zur weiteren Senkung des Brennstoffverbrauchs, die im Interesse der S. ausgenützt werden müssen. Dies kann einerseits durch die Steigerung der thermischen Wirkungsgrade herkömmlicher Fluggasturbinen erreicht werden, andererseits kommen neue Triebwerkskonzepte in Frage.

Die Steigerung des thermischen Wirkungsgrads herkömmlicher Fluggasturbinen umfaßt die Anwendung von günstigeren Kreisprozeßdaten, wie die Erhöhung des Druckverhältnisses der Verdichtung und der Temperatur vor der Turbine, die Weiterentwicklung der Turbokomponenten und die Verminderung aller parasitären Verluste im Triebwerk.

Eine weitere Möglichkeit besteht in der Erhöhung des Nebenstromverhältnisses, die über die Verbesserung des Vortriebswirkungsgrades zur Verminderung des Brennstoffverbrauchs führt. Dies kann durch Vergrößerung des Durchmessers der Fanstufe erreicht werden; allerdings wird dann sehr bald der Einsatz eines Getriebes zur Anpassung der Fan- und der Turbinendrehzahl erforderlich. Dies bedeutet zusätzliches Gewicht. Eine wesentliche Verbesserung kann man von der Einführung zweier gegenläufiger Fanstufen mit Ummantelung erwarten, wie sie in dem MTU-Konzept CRISP vorgesehen sind (Bild 3). Damit erscheinen Verbrauchsverbesserungen gegenüber dem derzeitigen Stand von bis zu 20 % möglich. Voraussetzung ist die Realisierung des erforderlichen Getriebes und einer aerodynamisch günstigen Leichtbau-Ummantelung. Dieses Konzept verspricht auch die Nachrüstung älterer Flugzeuge mit solchen Triebwerken.

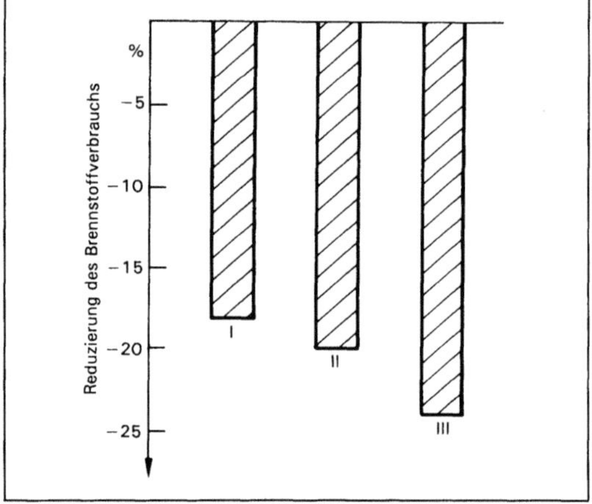

Schadstoffreduzierung in der Luftfahrt 3: Prozentuale Reduzierung des spezifischen Brennstoffverbrauchs neuer Triebwerkskonzepte gegenüber derzeitigen, modernen Turbofan-Triebwerken (nach Lecht*).*

I Triebwerk mit gegenläufigen Mantelstrompropellern, Typ CRISP der MTU, II gleiches Triebwerk, aber mit Wärmetauscher, III gleiches Triebwerk mit Wärmetauscher und Verdichterluft-Rückkühlung

Noch höhere Nebenstromverhältnisse sind nur noch mit gegenläufigen Propfans, d. h. mit nicht ummantelten Propellern zu erreichen. Hier steigen aber die Durchmesser der Propeller so stark an, daß auch neue Flugzeugentwürfe, z. B. mit der Anordnung der Triebwerke am Heck, erforderlich werden. Der Gewinn an Brennstoffverbrauch dürfte aber, bezogen auf derzeitige Werte, nur wenig über 20 % liegen. Die Einführung solcher Flugzeuge dürfte sich wegen der gleichzeitigen Entwicklung neuer Flugzeuge und Triebwerke über einen längeren Zeitraum erstrecken.

Ein weiteres neues Triebwerkskonzept ist durch die Anwendung des Kreisprozesses mit Wärmerückgewinn gegeben, durch das sich der thermische Wirkungsgrad der Triebwerke nennenswert steigern und der Verbrauch senken ließe. Diese Triebwerke benötigen einen Wärmetauscher, der die Verbrennungsluft vor dem Eintritt in die Brennkammer mit Hilfe von Wärme aus dem Abgas aufheizt. Dadurch läßt sich ein Teil des Brennstoffs einsparen. Die Triebwerksgewichte werden aber durch den Wärmetauscher und die zugehörigen Luftführungen stark zunehmen. *Winterfeld*

Literatur: *Grieb, H., B. Simon:* Pollutant Emissions of Existing and Future Engines for Commercial Aircraft. In Schumann, U., Ed., Air Traffic and Environment – Background, Tendencies and Potential Global Atmospheric Effects. Berlin–Heidelberg–New York 1990. – *Lecht, M.:* Thermodynamic Considerations on Fan Engine Recuperative Heat Cycles. European Propulsion Forum: Future Civil Engines and the Protection of the Atmosphere, DGLR/AAAF/RAeS, DGLR-Bericht 90-01, 1990.

Verkehrspolitik. Hierunter fallen zwei Gruppen von Maßnahmen bzw. Möglichkeiten: einerseits solche, die von nationalen Behörden oder internationalen Organisationen verbindlich verfügt oder empfohlen werden können, andererseits Möglichkeiten der Fluggesellschaften, durch die über die Steigerung der Wirtschaftlichkeit eine Verminderung des Brennstoffverbrauchs und damit der Schadstoffproduktion erreicht werden kann.

Die Maßnahmen der erstgenannten Gruppe reichen von der Verschärfung der zulässigen Schadstoffgrenzwerte über die Erhebung von Abgaben bis hin zu einer möglichen Steuerung der Nachfrage nach Lufttransportleistungen, wobei letzteres aber nur schwierig durchzusetzen sein dürfte.

Eine Senkung der Grenzwerte für NO_x-Emissionen um 20 % wird von der ICAO derzeit vorbereitet; sie betrifft die Emission im Start- und Lande-Zyklus. Weitere Verschärfungen sind im Zuge des technischen Fortschritts abzusehen, wobei auch mit Grenzwerten für Emissionen im Reiseflug zu rechnen ist.

Eine Erhebung von emissionsbezogenen Abgaben kann zur S. beitragen, wenn sie den Einsatz schadstoffgünstigeren Fluggeräts fördern, oder wenn sie dämpfend auf die Nachfrage nach dem Luftverkehr einwirken. Maßnahmen solcher Art haben einerseits wirtschaftliche Auswirkungen, andererseits erfordern sie überregionale oder globale Übereinkünfte und Kontrollmöglichkeiten. Ihre Durchsetzung erscheint deshalb aus heutiger Sicht zumindest sehr schwierig.

Seitens der Luftverkehrsgesellschaften gibt es weitere Möglichkeiten, den Schadstoffausstoß ihrer

Flotten zu reduzieren, wobei sich ein synergistischer Effekt dadurch ergibt, daß bereits eine – stets angestrebte – Erhöhung der Wirtschaftlichkeit durch Senkung des Brennstoffverbrauchs mit einer Verminderung der produzierten Schadstoffmenge einhergeht. Hier ist vor allem die Flottenpolitik, d. h. die laufende Erneuerung des eingesetzten Fluggeräts, zu nennen. Neuere Flugzeuge weisen einerseits im Zuge des technischen Fortschritts einen geringeren Brennstoffverbrauch auf, andererseits wurde durch Verbesserung der Triebwerke in den letzten Jahren der CO- und HC-Ausstoß erheblich vermindert; bei den Stickoxiden ist dies jedoch bisher nur teilweise der Fall. Durch solche Maßnahmen konnte z. B. der gesamte bezogene Brennstoffverbrauch der Swissair-Flotte zwischen 1970 und 1990 etwa halbiert werden. Ähnliche Zahlen gelten für die Lufthansa, bei der das Durchschnittsalter der eingesetzten Flugzeuge zu Anfang der 90er Jahre bei ca. 5 Jahren liegt, während es im globalen Durchschnitt ca. 11 bis 12 Jahre sind.

Zu den weiteren Möglichkeiten, die Schadstoffemission über die Wirtschaftlichkeit des Flugverkehrs zu vermindern, zählt z. B. die Erhöhung des Sitzladefaktors des einzelnen Flugzeugs über den derzeitigen Durchschnittswert von 68 % hinaus.

Auch eine Verlagerung des Kurzstrecken-Flugverkehrs auf die Schiene kann zur Entlastung der Atmosphäre beitragen, wie dies bereits in Deutschland praktiziert wird. *Winterfeld*

Literatur: *Barrett, M.:* Aircraft Pollution, Environmental Impacts and Future Solutions. WWF-Research Paper, WWF-International, Gland (CH) 1991. – *Reichow, H. P.:* Reizwort Umwelt. Lufthansa-Sonderdruck aus LeitWerk, Magazin für Führungskräfte der Lufthansa 1989. – *Roth, H. P.:* Oekobilanz Swissair-Flotte 1989, Teil Schadstoffemissionen. Swissair Engineering, Material, Technologie und Umwelt, Bericht 236.360 e, 1990.

Schadstofftransportvorgang. S. in →Altlasten bestimmen den Gefährdungsgrad. Deshalb verlangt jede →Gefährdungsabschätzung in der Regel eine Ermittlung der Schadstofftransporte in den durch Altlasten verunreinigten Medien. Die Frage des Transports stellt sich sowohl zur vorliegenden als auch zur künftigen Nutzung, um den Umfang der notwendigen Sanierung umfassend und rechtzeitig zu erkennen. Weiterhin sind im Rahmen der →Machbarkeitsstudie die Auswirkungen verschiedener Sanierungsverfahren auf den Schadstofftransport zu untersuchen. Auch sind bei geplanten Nutzungsänderungen Prognosen über den Schadstofftransport erforderlich.

Bei der Untersuchung und Beschreibung der S. sind zahlreiche Faktoren zu berücksichtigen (Tabelle). In den meisten Fällen sind nicht alle Einflußfaktoren genau zu ermitteln, so kann z. B. der Umfang der Stoffreaktionen und der Phasenaustauschvorgänge während des Transportes nur abgeschätzt werden. Die vorliegenden Schadstofftransportmodelle bieten die Möglichkeit, durch Maximal- und Minimalabschätzungen – das gilt auch für die Annahmen der zukünftigen Entwicklungen –, die Schwankungsbreite der Ergebnisse erkennen zu lassen.

Für die Praxis können verschiedene Modelldimensionen zur Anwendung kommen, wobei jede einen bestimmten begrenzten Einsatzbereich hat (*Rouvé*). Zu diesen Dimensionen gehört z. B. die vertikale Ausbreitung der Schadstoffe aus einer →Altablagerung bis zum Grundwasser, aber auch die horizontale Ausbreitung, z. B. einer Schadstofffahne im Grundwassersystem. Darüber hinaus gibt es auch Modelle, die gleichzeitig horizontale und vertikale Transportvorgänge darstellen. Weiterhin kann auch der Transport von Schadstoffen in der Wechselwirkung mit Feststoffen modellmäßig abgeschätzt werden, wobei die Rückhaltefaktoren stark von den geogenen Verhältnissen abhängen.

Als Berechnungsverfahren kommen für die Transportmodelle überwiegend mathematisch-numerische Verfahren auf Basis der Finite-Elemente-Methoden zur Anwendung. Die Modelle müssen durch tatsächlich gemessene Schadstoffkonzentrationen kalibriert werden. Ein Modell kann nur solche Transportvorgänge folgerichtig simulieren, die eindeutigen Gesetzmäßigkeiten folgen. *Thoenes*

Literatur: *Rouvé, G.* u. *H. W. Dorgarten:* Einsatz von Grundwasser- und Transportmodellen. In: Franzius, V. et al. (Hrsg.): Handbuch der Altlastensanierung. Heidelberg 1988. – SRU: Altlasten. Stuttgart 1990. – *Wienberg, R.:* Bewertung der Altlasten hinsichtlich der Sorption und Mobilität von organischen Schadstoffen im Boden. In: Franzius, V. et al. (Hrsg.): Handbuch der Altlastensanierung. Heidelberg 1989. – *Zarth, M.:* Konzept für die EDV-gestützte Auswertung der Untersuchungsdaten von Altlasten. In: Franzius, V. et al. (Hrsg.): Handbuch der Altlastensanierung. Heidelberg 1990.

Schadstoffumwandlung. S. ist die Umwandlung von Luftverunreinigungen (Umweltschadstoffen) durch chemische Reaktionen in andere Verbindungen. In der →Atmosphärenchemie können diese Reaktionen in der Luft, im Wasser oder an Oberflächen stattfinden und werden hauptsächlich durch Reaktionen mit Radikalen (OH-Radikal, NO_3-Radikal), Ozon oder durch →Photolyse initiiert. Die häufigsten chemisch aktiven Schadstoffe in der Luft sind Kohlenmonoxid, Schwefelverbindungen (Schwefeldioxid, Dimethlysulfid), Stickstoffoxide (Stickstoffmonoxid, Stickstoffdioxid), Kohlenwasserstoffe (→Alkane, →Alkene, →Aromaten, →FCKW) und andere organische Verbindungen (→Aldehyde, →Ketone, →Carbonsäure etc.). Die Wechselwirkung von Schadstoffen mit anderen Stoffen spielt eine wesentliche Rolle bei vielen Umweltproblemen: →Ozonloch, Bildung von →Photooxidantien, →Photosmog, →Saurer Regen. *Barnes*

Schadstofftransportvorgang. Tabelle: Faktoren für das Verhalten und den Transport von festen und flüssigen Schadstoffen im Untergrund und im Grundwasser. (Quelle SRU)

1. Ausgangsmengen, Zustandsformen und Verhalten der Schadstoffe	2.2 Lage der Altablagerungen bzw. des verunreinigten Erdreichs — im Grundwasser — oberhalb höchster Grundwasserstände
1.1 Schadstoffe in ihrer Menge und gemäß ihrer Zustandsform — gelöste Stoffe — suspendierte Stoffe — emulgierte Stoffe	2.3 Grundwasserbewegung und Grundwasserbeschaffenheit — Grundwassermächtigkeit — Grundwasserfließgeschwindigkeit — Grundwasserfließrichtungen — Flurabstände der Grundwasseroberfläche und deren Schwankungen — Vorflutverhältnisse und die Lage der Oberflächengewässer einschließlich Überschwemmungsgebiete — physikalische und chemische Beschaffenheit des Grundwassers
1.2 Schadstoffe gemäß ihrem Reaktionsverhalten — perseverante Stoffe — persistente Stoffe — vollständig eliminierbare Stoffe — unvollständig eliminierbare Stoffe mit toxischen Abbauprodukten (Bildung von Metaboliten) — unvollständig eliminierbare Stoffe ohne toxische Abbauprodukte	
1.3 Schadstoffminderungsmechanismen — chemische Ausfällung — Komplexbildung — mechanische Filtration — Adsorption, Absorption — Verflüchtigung — Ionenaustausch — Hydrolyse — Bioakkumulation — aerober und anaerober Abbau; anaerobe Biosorption — photochemischer Abbau — Verdünnung	2.4 Transportmechanismen bei der Ausbreitung von Schadstoffen im Grundwasser — Transport mit der Wasserströmung (Konvektion) — Molekularbewegung der Teilchen im Wasser (Diffusion) — Konzentrationsänderungen infolge unterschiedlicher Fließgeschwindigkeiten des Wassers im Porenraum (Dispersion) — Wechselwirkung physikalischer oder chemischer Art mit dem Bodenkörper (z. B. Sorption) oder mit anderen Grundwasserinhaltsstoffen — Absinken oder Aufsteigen von Schadstoffen in Sicker- oder Grundwässern aufgrund von Viskositäts- und Dichteunterschieden
2. Einflußfaktoren auf die Ausbreitung schadstoffbelasteter Wässer	2.5 Grundwasserneubildung und Sickerwasserbildung — Menge und Intensität der Niederschläge — Oberflächenabfluß — Verdunstung — Versickerung/Kapillaraufstieg
2.1 Aufbau und Struktur des Untergrundes (der wassergesättigten und der -ungesättigten Zone) — Gesteinszusammensetzung und Schichtfolge des Untergrundes — Gebirgsdurchlässigkeiten (Gesteinsdurchlässigkeiten, Trennfugendurchlässigkeiten) des Untergrundes; Grundwasserleiter, Grundwasserhemmer, Grundwassernichtleiter — Mächtigkeiten der ungesättigten Bodenzonen, der Grundwasserleiter, -hemmer und -nichtleiter	2.6 Beschaffenheit der Sickerwässer/Sickeröle — physikalische Beschaffenheit (z. B. Lösung, Suspension, Emulsion) — chemische Zusammensetzung

Schadstoffverlagerung. S. findet bei der → Auskofferung und bei der → Umlagerung des Kontaminationskörpers der → Altablagerung oder des → Altstandortes mit anschließender Verbringung des unbehandelten Materials in ein Zwischenlager oder auf eine Deponie statt.

Bei in situ-Verfahren, z. B. Bodenwaschverfahren, biologische Verfahren, ist zu kontrollieren, ob eine Verlagerung von Schadstoffen während der Behandlung, z. B. in den Grundwasserbereich, möglich ist. *Thoenes*

Schadstoffwindrose. Spezielle Windrose mit Darstellung der richtungsabhängigen Konzentration gemessener Luftschadstoffe (Bild). Die S. gibt in diesem Beispiel an, wie hoch im Jahresmittel die Stickoxidbelastung bei Winden aus bestimmten Richtungen ist. Solche Windrosen sind ein Hilfsmittel zum Aufspüren von Emittenten. Sie werden auch im Rahmen der Stadtplanung eingesetzt. *Külske*

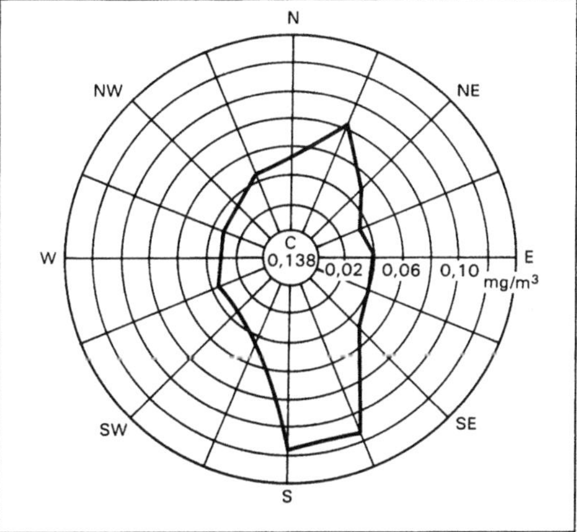

Schadstoffwindrose: Stickoxid-S. – Jahresmittelwerte der Konzentration an einer Meßstelle (c: mittlere Konzentration bei Windstille).

Schadstoffwirkung. Schadstoffe (→Toxikologie) können sehr unterschiedlich wirken. Neben physikalischen und chemischen Eigenschaften des Stoffs wie Aggregatzustand, Löslichkeit, Teilchengröße, Reaktivität sind vor allem die Dosis, d. h. die dem Organismus zugeführte Menge bezogen auf das Körpergewicht, und die Dauer der Exposition für die Wirkung entscheidend.

Dementsprechend können S. in verschiedener Weise klassifiziert werden, wie die nachstehenden Beispiele verdeutlichen:
– nach Dauer der Einwirkung:
akut – subchronisch – chronisch
– nach Art des Schadens: reversibel – irreversibel
– nach Symptomatik: reizend – ätzend – narkotisch
– nach dem Wirkort: Leber-, Nierenschädigend
– nach dem →Wirkungsmechanismus: mutagen (erbgutschädigend) kanzerogen (krebserzeugend), zytotoxisch (zellschädigend)

Die Gesamtheit der unerwünschten bzw. gesundheitsschädigenden Wirkungen einer Substanz wird als →Toxizität bezeichnet. *Deml*

Schäden an Rohrfernleitungen →Pipeline-Schäden

Schädlingsbekämpfung, biologische. Eine Art der Dezimierung von Schädlingen, Parasiten oder Unkräuter mit biologischen Mitteln. Grundlage der b. S. ist die Tatsache, daß sämtliche Arten von Lebewesen natürliche Feinde haben (Freßfeinde und/oder Parasiten).

Nach eingehender Untersuchung des ökologischen Umfelds eines bestimmten Schädlings läßt sich daher meistens ein für diesen spezifischer Feindorganismus finden, dessen Einwirken auf Populationen des Schädlings im Gegensatz zur chemischen Schädlingsbekämpfung keine unerwünschten ökologischen Effekte ergibt. Zwischen Schädling und Feindorganismus (Nützling) besteht ein natürliches Gleichgewicht: weil die Nützlinge auf die Schädlinge als Nahrungsgrundlage angewiesen sind, entwickeln sie sich nur im Zusammenhang mit diesen. Sind die Schädlinge durch ihre Feinde ausgerottet, dezimiert sich auch der Bestand der Nützlinge. Eine unerwünschte Ausbreitung des Nützlings ist daher ausgeschlossen. Dieser Zusammenhang ist auch das Problem der b. S.: die Nützlinge müssen während der schädlingsfreien Monate eigens herangezogen werden, um im Falle des Auftretens des Schädlings rasch in großen Mengen zur Verfügung zu stehen. Eine vorsorgende Schädlingsbekämpfung, wie mit chemischen Methoden, ist also mit der b. S. nicht möglich; wegen ihrer längeren Anlaufzeit und komplizierten Einsatzbedingungen bleibt ihr Einsatz bisher beschränkt (Anwendung bevorzugt bei Unterglaskulturen und Nutzpflanzen).

Die b. S. ist besonders effizient, wenn sie gegen neu eingeschleppte Schädlinge eingesetzt wird, die sich in dem betreffenden Gebiet zunächst ohne ihre biologischen Gegenspieler ausbreiten. So konnten z. B. nach Australien eingeschleppte Opuntien (eine Kakteen-Familie) innerhalb weniger Jahre durch die Raupe eines bewußt eingeführten Schmetterlings auf 10 % reduziert werden.

Für die b. S. werden eingesetzt: (räuberische) Insekten, Wirbeltiere, Vögel, Viren (insektenpathogene Viren), Bakterien, Pilze und →Pheromonfallen. *Kleespies*

Literatur: *Meiners, M.:* Biotechnologie für Ingenieure – Grundlagen, Verfahren, Aufgaben, Perspektiven. 1990.

Schädlingsbekämpfungsmittel. S. sind →Biozide und entsprechen dem angelsächsischen Begriff pesticides. Im deutschen wird der Begriff S. oft gemeinsam mit dem Begriff Pflanzenschutzmittel verwendet, was zu der gebräuchlichen, aber mißverständlichen Abkürzung PSM = Pflanzenschutz- und Schädlingsbekämpfungs-Mittel geführt hat: Pflanzenschutzmittel sind (auch) S.

Nach der →Gefahrstoffverordnung sind S. Mittel, die dazu bestimmt sind, Schädlinge, Schadorganismen oder lästige Organismen unschädlich zu machen, zu vernichten oder ihrer Einwirkung vorzubeugen, sowie Pflanzenschutzmittel im Sinne des Pflanzenschutzgesetzes (→Pflanzenschutzrecht). Nach dem Pflanzenschutzgesetz sind Pflanzenschutzmittel im wesentlichen Stoffe zum Schutz von Pflanzen oder Pflanzenerzeugnissen vor pflanzenspezifischen Schadorganismen (potentiell pflanzen- oder pflanzenerzeugnisschädliche Tiere, Pflanzen und Mikroorganismen); ferner gehören zu den Pflanzenschutzmitteln Wachstums- oder Keimhemmungsmittel sowie Mittel zur Pflanzenabtötung selbst (z. B. zur Bewuchsfreihaltung von Flächen). *Dreyhaupt*

Schall. Als S. wird ein mechanischer Schwingungsvorgang eines elastischen gasförmigen, flüssigen oder festen Stoffs bezeichnet. S. in einem Frequenzbereich, der vom menschlichen Gehör wahrnehmbar ist, wird auch als Hörschall bezeichnet (→Frequenzumfang des menschlichen Gehörs).

Ist bei Schallvorgängen der elastische Stoff Luft, so heißt es Luftschall, sind es flüssige Stoffe, Flüssigkeitsschall und bei festen Körpern →Körperschall.

Das menschliche Ohr nimmt S. als kleine Luftdruckschwankungen wahr, die dem atmosphärischen Luftdruck überlagert sind. Solche Schwankungen stellen eine Störung des elastischen Mediums Luft dar; sie breiten sich als Schallwellen mit einer charakteristischen Geschwindigkeit, der →Schallgeschwindigkeit aus. Für Luft bei einer Temperatur von 20 °C beträgt z. B. die Schallgeschwindigkeit 343 m/sec. Zusätzlich zur →Schallausbreitung tritt bei S.-Vorgängen noch die Geschwindigkeit auf, mit der Materieteilchen im Schallfeld oszillieren. Diese als →Schallschnelle bezeichnete Geschwindigkeit ist im Vergleich zur Schallgeschwindigkeit sehr klein.

Verglichen mit dem atmosphärischen Luftdruck handelt es sich beim S. um sehr kleine Drücke. Der Druckbereich, innerhalb dessen das Ohr Luftdruckschwankungen als S. wahrnimmt ist sehr groß; er reicht von $p_o = 2 \cdot 10^{-5}$ Pa, das entspricht dem Druck an der Hörschwelle bei 1 000 Hz, bis $p_s = 2 \cdot 10^1$ Pa (Schmerzgrenze).

Die Schmerzgrenze des menschlichen Gehörs ist die von der Frequenz in etwa unabhängige Grenze, ab der S. als Schmerz empfunden wird. Sie beginnt bei normal hörenden Menschen bei dem vorgenannten →Schalldruck, der einem →Schallpegel von $L_p = 120$ dB entspricht.

Sinusförmiger S. wird als Ton bezeichnet. Der Kehrwert der Schwingungsdauer heißt Frequenz und hat die Einheit 1 Hertz (Hz). Im Gegensatz zum S. versteht man unter →Lärm alle Geräusche (Schalle), die auf den Menschen unerwünscht oder schädigend einwirken. Als →Geräusch wird üblich ein S. mit vielen Tönen beliebiger Frequenz bezeichnet.

Bei Schallmessungen und -beurteilungen wird i. a. der Schalldruckpegel L bestimmt. Er ist auf den Schalldruck an der Hörschwelle bei 1 000 Hz ($p_o = 2 \cdot 10^{-5}$ Pa) bezogen. Für ihn gilt:

$$L = 10 \log \frac{p^2}{po^2} \qquad \text{mit } po = 2 \cdot 10^{-5} \text{ Pa}$$

Seine Einheit ist das →Dezibel (dB); p ist der Effektivwert der Schalldruckamplitude. Die Größe p^2 ist proportional der Leistung, die die →Schallwelle durch eine senkrecht zur Ausbreitungsrichtung stehende Fläche von 1 m² transportiert. Die Größe →Schalleistung je Flächeneinheit wird als →Schallintensität oder auch als Schallstärke bezeichnet. Es ist festzustellen, daß das menschliche Gehör, auf die Hörschwelle bezogen, Schallintensitäten von 1 bis 10^{12} W/m² verarbeiten kann; die Logarithmierung zusammen mit dem Faktor 10 vor dem Logarithmus bewirkt, daß die unhandlichen Zahlen in den Bereich von 0 bis 120 dB umgesetzt werden.

Die Schalldruckpegel werden noch mit einer →Frequenzbewertung versehen, die der Tatsache Rechnung trägt, daß die Empfindlichkeit des Ohrs zu tiefen und zu hohen Frequenzen hin abnimmt.

Es gibt die sog. A-, B-, C- und D-Bewertungen, wobei der A-bewertete Schalldruckpegel heute fast ausschließlich zur Kennzeichnung der →Lautstärke eines Geräusches verwendet wird; man schreibt dann abgekürzt dB(A).

Typische Schalldruckpegel mit der →A-Bewertung sind in der folgenden Tabelle dargestellt:

120 dB(A)	Schmerzgrenze
110	Schmiedehammer, 7 m Abstand
>85	Bei Dauerbelastung ist mit Gehörschäden zu rechnen
80	stark befahrene Autobahn, 25 m vom Straßenrand
60	normale Unterhaltung (innen)
40	Wohngebiete nachts in einer Großstadt
20	wird als Stille empfunden
0	Hörschwelle bei 1 000 Hz.

Entsprechend dem Schalldruckpegel wird ein →Schalleistungspegel definiert, der die gesamte von einer Schallquelle ausgehenden Leistung im logarithmischen Maß angibt. Es gilt

$$L_w = 10 \log \frac{W}{W_o} \text{ dB}$$

dabei ist W die Schalleistung und Wo die Bezugsschalleistung 10^{-12} Watt.

Für das Rechnen mit Schalldruckpegeln bzw. Schalleistungspegeln als logarithmische Größen gelten entsprechende Rechenregeln:

So ist z. B. der Gesamtpegel L_{ges} für Schallquellen mit den Schallpegeln L_i

$$L_{ges} = 10 \log \sum_{i=1}^{n} 10^{0,1 \, L_i}$$

Bei der Pegelmittelung gilt für den →Mittelungspegel L_m:

$$L_m = 10 \log \left(\frac{1}{n} \sum_{i=1}^{n} 10^{0,1 \, L_i} \right) \text{dB} \qquad \textit{Strauch}$$

Literatur: *Cremer, L.:* Vorlesungen über Technische Akustik. Berlin–Heidelberg–New York. – *Cremer, L.; M. Heckl:* Körperschall. Berlin–Heidelberg–New York 1967. – DIN 1320: Akustik, Grundbegriffe. 1969. – *Meyer, E.; E. G. Neumann:* Physikalische und Technische Akustik. Braunschweig 1967. – *Reichardt, W.:* Grundlagen der technischen Akustik. Leipzig. – *Trendelenburg, F.:* Einführung in die Akustik. Berlin–Göttingen–Heidelberg–New York 1961.

Schallabschirmung →Abschirmung

Schallausbreitung.

Die S. beschreibt die Ausbreitung des Schalls in gasförmigen, flüssigen und festen Stoffen. →Schall breitet sich wellenförmig aus und ist mathematisch mit Wellengleichungen beschreibbar.

Bei S. in Luft nimmt bei einer punktförmigen Schallquelle (→Punktschallquelle) der →Schalldruck p bei ungestörter Ausbreitung mit dem Abstand s von der Schallquelle ab, d. h. der Schalldruckpegel L nimmt bei Abstandsverdoppelung um 6 dB von einer Punktschallquelle ab. Ist die Schallquellenform zylinderförmig, wie z. B. bei Straßen- und Schienenverkehrsanlagen, so nimmt der Schalldruckpegel bei ungestörter S. um 3 dB je Abstandsverdoppelung von derartigen Schallquellen ab.

Die genannten Pegelabnahmen gelten nur für eine freie, ungestörte S. von der Schallquelle. In der Praxis wird die S. zusätzlich durch Eigenarten der Schallquelle selbst wie Richtcharakteristik, Frequenzspektrum als auch durch Eigenschaften des Schallausbreitungswegs, wie Bodenbeschaffenheit, Meteorologie, Hindernisse, Reflexionen, beeinflußt.

Zu erwartende Geräuschimmissionen in der Umgebung geplanter Schallquellen werden mit mathematischen Modellen berechnet (→Schallimmissionsprognose), die ausgehend von der →Schalleistung der Quelle die vorgenannten Einflußgrößen rechnerisch berücksichtigen.

Derartige Berechnungsmodelle sind in Normen und Richtlinien aufgeführt. *Strauch*

Literatur: DIN 18005: Schallschutz im Städtebau. Teil 1. 5/1987. – Richtlinie für den Lärmschutz an Straßen, RLS 90. 8/1990. – Richtlinien für die Berechnung der Geräuschimmissionen an Schienenanlagen (Schall 03). 8/1990. – VDI 2714: Schallausbreitung im Freien. 1/1988. – VDI 2571: Schallabstrahlung von Industriebauten. 8/1976.

Meteorologische Einflüsse. Dazu gehören vor allem Windrichtung, Windgeschwindigkeit und Lufttemperatur.

Meteorologische Einflüsse, die die S. begünstigen, bestehen bei Mitwind (→Mitwindsituation), d. h. Wind, der von der Schallquelle zum Immissionsort weht, und bei Temperaturinversion.

Eine Temperaturinversion tritt bei stabilen Luftschichtungen auf, wobei die Lufttemperatur mit der Höhe über dem Boden zunimmt, so daß die hierdurch mit der Höhe zunehmende Schallgeschwindigkeit eine Krümmung der Schallstrahlen zum Boden verursacht mit einer Schallpegelerhöhung gegenüber normaler Temperaturverteilung.

Geräusche sind bei Inversionswetterlagen in größeren Entfernungen von der Schallquelle hörbar als bei Wetterlagen ohne →Inversion. *Strauch*

Literatur: *Casanovas-Martinez, S.; H.-G. Thomassen:* Berücksichtigung von meteorologischen Einflüssen auf die Schallausbreitung bei der Beurteilung von Schallpegelmessungen. Techn. Überw. **16** (1975) Nr. 2. – VDI 2714: Schallausbreitung im Freien. 1/1988.

Schallausbreitungsrechnung →Schallimmissionsprognose

Schalldämmaß.

Bezeichnung R, kennzeichnet nach DIN 4109 die Luftschalldämmung von Bauteilen in dB. Das S. R wird meßtechnisch bestimmt aus der Schallpegeldifferenz D zwischen zwei Räumen, der äquivalenten Absorptionsfläche A des Empfangsraums und der Prüffläche S des Bauteils

$$R = D + 10 \lg \frac{S}{A} \text{ in dB}$$

R = Schalldämmaß
D = Pegeldifferenz in dB
S = Fläche des Bauteils in m²
A = äquivalente Absorptionsfläche in m²

$$A = 0,163 \frac{V}{T}$$

V = Raumvolumen in m³
T = Nachhallzeit in Sekunden

Unterschieden wird beim S. eines Bauteils, ob der Wert R unter Laborbedingungen, somit nur gültig für das Bauteil, oder ob er unter bauüblichen Bedingungen mit zusätzlicher Flankenübertragung und zusätzlicher Nebenwegübertragung ermittelt wurde.

Das unter bauüblichen Bedingungen ermittelte S. wird mit R' bezeichnet und nach den Vorschriften der DIN 52210, Teil 5, bestimmt (auch Bau-Schalldämmaß genannt).

Das S. von Bauteilen ist im allgemeinen frequenzabhängig. Zur Kennzeichnung der Luftschalldämmung eines Bauteils durch eine Einzahlangabe werden die frequenzmäßig unterschiedlichen

Dämm-Werte mit einer festgelegten Bewertungskurve verglichen; der sich hieraus ergebende Wert wird als Bewertetes Schalldämm-Maß R_w bezeichnet. Einzelheiten zur Ermittlung von S. wie auch Anforderungen an Bauteile für S., sind in folgenden Normen festgelegt:

DIN 4109: Schallschutz im Hochbau, Anforderungen und Nachweise. 11/1989. – Beiblatt 1 zu DIN 4109. 11/1989. – DIN 52210, Teil 1: Bauakustische Prüfungen, Luft- und Trittschalldämmung, Meßverfahren. – DIN 52210, Teil 4: Ermittlung von Einzahl-Angaben. 8/1984. – DIN 52210, Teil 5: Messung der Luftschalldämmung von Fenstern und Außenwänden am Bau. 10/1976. *Strauch*

Schalldämpfer. S. hindern die →Schallausbreitung in Rohrleitungen sowie in Behälter-, Motoren- und Gebäudeauslässen für Gase, Dämpfe und Flüssigkeiten.

Je nach Wirkungsweise werden S. unterteilt in Absorptions- und Reflexionsschalldämpfer sowie in Drosseldämpfer.

Absorptions-S. bestehen im allgemeinen aus einem mit Schallschluckstoffen ausgekleideten Kanal, der das mediumführende Rohr umschließt, wobei durch Reibungsverlust →Schall in Wärme umgewandelt wird. Die Wirksamkeit dieser S. ist umso größer, je größer die absorbierende Fläche des Dämpfers zur Querschnittsfläche des Rohrs oder des Auslasses ist und je größer das Schallabsorptionsvermögen (→Absorption) des Schallschluckmaterials ist.

Reflexions-S. sind so aufgebaut, daß durch Reflexionen des Schalls im Dämpfer zur Schallquelle hin eine →Dämpfung erreicht wird. Die Reflexionen treten auf an Einbauten im Dämpfergehäuse, die Dämpfung wird erhöht durch Querschnittssprünge im Gehäuse, Umlenkungen, Abzweigungen des Schalls. Eingebaut wird diese Dämpferart hauptsächlich in Auspuffanlagen von Verbrennungsmotoren.

Bei Drosseldämpfern ist der Querschnitt des mediumführenden Rohrs oder Auslasses mit porösem, durchlässigem Material ausgefüllt. Beim Durchströmen wird Schall in Wärme umgewandelt und die Strömungsgeschwindigkeit vermindert (gedrosselt), was sich insbesondere bei Austritt von Dämpfen und Gasen in die Atmosphäre schallmindernd auswirkt. Drosseldämpfer werden daher vorwiegend zur Minderung von Geräuschen beim Ausströmen von Gasen und Dämpfen eingesetzt (Ausblasleitungen, Sicherheitsventile). *Strauch*

Literatur: *Gösele, K.:* Das Dämpfungsverhalten von Reflexionsschalldämpfern bei Luftgleichströmungen. VDI Ber. 88. Düsseldorf 1965. – *Kurtze, G.,* et al.: Physik und Technik der Lärmbekämpfung. Karlsruhe 1975. – *Martin, R.; K. Wogram:* Bestimmung der Wirksamkeit von Schalldämpfern. VDI Ber. 113. Dusseldorf 1967. – *Mechel, F.:* Schalldämpfung und Schallverstärkung in Luftströmungen durch absorbierend ausgekleidete Kanäle. Acustica (1960) 10. – VDI 2567: Schallschutz durch Schalldämpfer. 9/1971.

Schalldruck. Der S., Bezeichnung p in N/m^2 (Pa), wird üblicherweise zur Beschreibung von Luftschall benutzt.

Der S. ändert sich örtlich und zeitlich im Schallfeld um eine Schallquelle.

Die durch →Schall verursachten Wechseldrücke der Luft sind im Verhältnis zum atmosphärischen Luftdruck außerordentlich klein. So liegen die S. im Hörbereich des Menschen zwischen $p = 2 \cdot 10^{-5}\ N/m^2$ und $p = 20\ N/m^2$, wogegen der atmosphärische Luftdruck etwa $10^5\ N/m^2$ beträgt.

Obwohl die S. gegenüber dem atmosphärischen, zeitlich etwa konstanten Luftdruck klein sind, beträgt der Schalldruckbereich des Hörens mehrere Zehnerpotenzen, so daß zur einfachen Handhabung dieses Druckbereichs durch Zahlenangaben ein logarithmisches Verhältnismaß, der Schalldruckpegel, eingeführt wurde.

Als Bezugsgröße für die Bildung des Pegels wurde der S. der Hörschwelle bei der Frequenz 1 000 Hz gewählt, der für Normalhörende bei $p = 2 \cdot 10^{-5}\ N/m^2$ liegt. Für die Messung von Schallvorgängen wird als Meßgröße überwiegend der S. benutzt, weil S. relativ einfach mit Druckaufnehmern (Mikrophonen), im Gegensatz zur Erfassung anderer Schallfeld- bzw. Schallenergiegrößen (z. B. →Schallschnelle, →Schallintensität, →Schalleistung), ermittelt werden können. *Strauch*

Literatur: DIN 1320: Akustik, Grundbegriffe, 10/69.

Schalldruckpegel →Schallpegel

Schalleistung. Die S. ist die innerhalb einer bestimmten Zeiteinheit (1 Sekunde) von einer Schallquelle insgesamt abgestrahlte Energie in Form von →Schall. Sie wird mit P bzw. W bezeichnet und in Watt angegeben.

Mit der S. ist eine Schallquelle durch eine Einzahlangabe zu kennzeichnen (im Gegensatz zur Angabe des Schalldrucks, der nur in Verbindung mit einer Abstandsangabe von der Schallquelle zur Kennzeichnung geeignet ist).

Die S.-Bestimmung von Schallquellen wird im wesentlichen nach drei Methoden vorgenommen: Beim →Hüllflächenverfahren wird auf einer die Schallquelle umhüllenden Fläche die gesamte →Schallintensität (Schallintensitätspegel) bzw. der der Intensität proportionale →Schalldruck ermittelt und hiermit unter Berücksichtigung der Hüllflächengröße die S. bestimmt.

Zur Bestimmung der S. nach dem Hallraumverfahren wird vorausgesetzt, daß im →Hallraum (reflektierender Raum) durch die Schallquelle ein diffuses Schallfeld erzeugt wird, das dann die S.-Bestimmung aus dem Schalldruckquadrat p^2 an beliebigen Punkten im Hallraum, dem Hallraumvolumen V und der →Nachhallzeit T erlaubt.

Beim Vergleichsverfahren wird durch Messen des Schalldrucks auf einer definierten Hüllfläche um eine in der S. bekannten sowie auf der Hüllfläche der zu untersuchenden Schallquelle die S. durch Vergleich der Meßergebnisse bestimmt.

Die S. wird als Ausgangsgröße zur Berechnung von Geräuschimmissionen im Umfeld der Geräuschquelle benutzt (→Schallausbreitungsrechnung). Außerdem wird sie in jüngster Zeit zur Kennzeichnung der Geräuschemission von Maschinen, Geräten und Anlagen auf Grund von Vorschriften und Regelwerken verlangt. (→Geräuschemissionswerte, →Emissionskennwerte technischer Schallquellen (ETS)). *Strauch*

Literatur: DIN 1320: Akustik, Grundbegriffe. 10/69. – DIN 45635, Teil 1: Geräuschmessung an Maschinen. 4/1984.

Schalleistungspegel. Bezeichnung L_W oder auch L_P in dB, kennzeichnet die pro Zeiteinheit von einer Schallquelle in den umgebenden Raum abgestrahlte →Schallenergie als Pegel nach folgender Definition:

$$L_W = 10 \lg \frac{W}{W_o}$$

L_W = Schalleistungspegel in dB
W = →Schalleistung in Watt
W_o = Bezugsschalleistung 10^{-12} Watt

Ermittelt wird der S. von Schallquellen im allgemeinen nach dem →Hüllflächen- oder nach dem Hallraum-Verfahren (→Hallraum). *Strauch*

Literatur: DIN 1320: Akustik, Grundbegriffe. 10/69. – DIN 45635, Teil 1: Geräuschmessung an Maschinen. 4/1984.

Schallemission. Die von einer Geräusch-(Schall)quelle an das umgebende elastische Medium (üblicherweise Luft) abgegebene mechanische Energie in Form von →Schall.

Die S. wird allgemein durch den →Schalleistungspegel L_W bzw. durch den Schalldruckpegel in einem bestimmten Abstand von der Schallquelle gekennzeichnet. *Strauch*

Schallenergie. Die S. ist die in einem Schallfeld vorhandene gesamte mechanische Energie. Gekennzeichnet wird dieser Energieinhalt durch die →Schallintensität, die →Schalleistung und die Schallenergiedichte.

Die Schallintensität beschreibt den pro Zeiteinheit durch eine bestimmte, senkrecht zur Ausbreitungsrichtung stehende Fläche hindurchtretenden Schallenergieanteil.

Die Schalleistung kennzeichnet die insgesamt von einer Schallquelle abgestrahlte S.

Die Schallenergiedichte dient als Maß zur Beschreibung der örtlich vorhandenen S. in einem Schallfeld. *Strauch*

Literatur: DIN 1320: Akustik, Grundbegriffe. 10/69.

Schallgeschwindigkeit. Die Geschwindigkeit, mit der sich Schallwellen in einem schwingungsfähigen Medium ausbreiten, wird S. genannt; sie wird mit c bezeichnet und in m/s angegeben.

Wegen der Voraussetzung eines schwingungsfähigen Mediums (Luft, fester Körper, Flüssigkeit) für die Schallentstehung, ist die S. von den Materialeigenschaften dieses Mediums abhängig. Bei festen und flüssigen Körpern hängt die S. vom Elastizitätsmodul und der Massendichte ab, bei gasförmigen Medien vom Molekulargewicht und dem Verhältnis der spezifischen Wärmen c_p und c_v zueinander.

Nachstehend sind für einige Materialien und Stoffe die S. aufgelistet:

Material/Stoff	c in m/s
Messing	3 420
Blei	1 250
Eisen	5 170
Holz	5 200
Wasser	1 460
Quecksilber	1 430
Alkohol	1 170
Luft	331
Sauerstoff	315
Wasserstoff	1 286

Mit der →Schallausbreitung ist im allgemeinen kein Massetransport verbunden, es findet nur ein Energie- und Impulstransport statt. *Strauch*

Literatur: *Trendelenburg, F.:* Einführung in die Akustik. Berlin 1961.

Schallimmissionsprognose. Als S. wird die rechnerische Abschätzung der von einer geplanten Anlage zu erwartenden Geräuschimmission bezeichnet.

→Immissionen, die von bestehenden Anlagen verursacht werden, sind durch Messungen zu ermitteln. Geräuschimmissionen geplanter Anlagen sind nur durch eine Vorhersage (eine Prognose) zu beschreiben.

S. werden im allgemeinen unter Zuhilfenahme eines Rechenmodells (Simulationsmodell) vorgenommen, mit dem unter Berücksichtigung der Emissionsgrößen sowie der Einflußgrößen der →Schallausbreitung die zu erwartenden Schalldruckpegel berechnet werden.

Vorausgesetzt wird bei der Benutzung von Rechenmodellen für Geräuschimmissionen, daß ein funktionaler Zusammenhang zwischen →Schallemission, Schallausbreitung und Immission besteht; dieser Zusammenhang ist allerdings nicht in allen Einzelheiten bekannt.

Wegen der noch vorhandenen Wissenslücken sind Ungenauigkeiten bei der S. zu erwarten. Neben den Ungenauigkeiten, die durch das Rechenmodell selbst auftreten können, sind die noch zu nennen, die durch die Ungenauigkeit der Emissionsgrößen sowie der Einflußparameter der Schallausbreitung bedingt sind. Prognostizierte Immissionsdaten sind prinzipiell unsicherer als Immissionsdaten, die durch Messungen ermittelt werden können. Durch einen hohen Meßaufwand kann die Ungewißheit über eine Geräuschsituation eher verringert werden als durch eine S.

In mehreren Richtlinien und Normen sind Prognosemodelle angegeben; so z. B. in VDI 2714: Schallausbreitung im Freien; VDI 2571: Schallabstrahlung von Industriebauten; in den Anlagen 1 und 2 zur →Verkehrslärmschutzverordnung sowie in den Richtlinien für den Lärmschutz an Straßen RLS-90; in der DIN 18005 Teil 1: Schallschutz im Städtebau – Berechnungs- und Bewertungsgrundlagen; in der Richtlinie der Deutschen Bundesbahn: Schall 03 – Anweisungen für schalltechnische Untersuchungen bei der Planung von Neubaustrecken. Als Ergänzung zu den genannten Regelwerken ist VDI 2720, Bl. 1: Schallschutz durch Abschirmung im Freien, zu nennen.

Alle hier genannten Regelwerke gehen in ihrem Berechnungsverfahren vom gleichen Grundmodell aus, unterscheiden sich jedoch in der Art der Emissionswerte sowie in der Berücksichtigung einiger Terme der Schallausbreitungsbedingungen. Als Berechnungsgröße wird der in DIN 45641 vorgegebene →Mittelungspegel zeitlich schwankender Schallvorgänge benutzt.

Ausgangspunkt einer S. ist im allgemeinen die →Schalleistung L_W der Schallquelle oder -quellen, aus der dann unter Berücksichtigung von Quelleneigenschaften (Richtwirkung und Schallabstrahlbedingungen) und der verschiedenen Einflußgrößen auf dem Schallausbreitungsweg der Schalldruckpegel am interessierenden Immissionspunkt berechnet wird.

Die Grundformel für den Schalldruckpegel s an einem Immissionsort im Abstand s_m vom Mittelpunkt einer Einzelschallquelle lautet:

$$L_S = L_W + DI + K_O - D_S - D_L - D_{BM} - D_D - D_G - D_e$$

L_W: →Schalleistungspegel der Schallquelle

DI: →Richtwirkungsmaß

K_O: Raumwinkelmaß

D_S: →Abstandsmaß

D_L: Luftabsorptionsmaß (→Luftabsorption)

D_{BM}: Boden- und Meteorologiedämpfungsmaß

D_D: →Bewuchsdämpfungsmaß (→Bewuchs)

D_G: →Bebauungsdämpfungsmaß

D_e: →Einfügungsdämpfungsmaß eines Schallhindernisses (VDI 2720, Bl. 1)

Im Regelfall wird die Berechnung für Oktav- oder Terzbänder (→Frequenzanalyse) durchgeführt. Bei vereinfachten Verfahren wird mit A-bewerteten Schalleistungspegeln der Quelle gerechnet. Für die frequenzabhängigen Terme der o. g. Formel werden dabei die entsprechenden Zahlenwerte für f = 500 Hz verwendet. *Strauch*

Schallintensität. Kennzeichnende Größe für die Stärke einer Schallquelle. Bezeichnet wird die S. mit I; sie wird angegeben in Watt/m².

In einem ebenen Schallfeld – im allgemeinen, wenn der Abstand von der Schallquelle wesentlich größer ist als die Abmessung der Schallquelle – beschreibt die S. die im zeitlichen Mittel pro Flächeneinheit übertragene →Schalleistung.

Die S. ist proportional dem Effektivwert des →Schalldrucks und dem Effektivwert der →Schallschnelle.

Wie beim Schalldruck wird auch bei der Intensität in der Regel mit dem →Schallintensitätspegel gearbeitet. *Strauch*

Schallintensitätspegel. Bezeichnung L_I in dB, beschreibt die Stärke (Intensität) eines Schallvorganges. Er ist wie folgt definiert:

$$L_I = 10 \lg \frac{I}{I_0} \text{ in dB}$$

I = →Schallintensität in W/m²

$I_0 = 10^{-12}$ W/m² *Strauch*

Literatur: DIN 1320: Akustik, Grundbegriffe. 10/69.

Schallkennimpedanz. Die S. ist eine charakteristische Kenngröße des schallübertragenden elastischen Mediums, sie wird mit Z_0 bezeichnet und in $\frac{N \, s}{m^3}$ angegeben.

Im Fernfeld von Schallquellen, d. h. in Entfernungen von der Schallquelle, in der die Schallwellen als ebene Schallwellen angesehen werden können, ist das Verhältnis von →Schalldruck p und →Schallschnelle v konstant und gleich dem Produkt aus Dichte ρ und der →Schallgeschwindigkeit c des Schallübertragungsmediums:

$$Z_0 = \frac{p}{v} = \rho \, c \text{ in } \frac{N \, s}{m^3}$$

p = Schalldruck in N/m²

v = Schallschnelle in m/s

ρ = Dichte des Mediums im Ruhezustand in kg/m³

c = Schallgeschwindigkeit in m/s

Die S. z. B. von Luft bei 20 °C beträgt 410 $\frac{N \, s}{m^3}$ *Strauch*

Literatur: DIN 1320: Akustik, Grundbegriffe. 10/69.

Schallmauer. Mit S. wird umgangssprachlich die Geschwindigkeit bezeichnet, die etwa der →Schallgeschwindigkeit entspricht (Luft etwa 330 m/s) und bei deren Erreichen erhebliche Veränderungen der Strömungsverhältnisse auftreten.

Bewegt sich z. B. ein Flugkörper mit Schallgeschwindigkeit in der Atmosphäre, so steigt der Bewegungswiderstand für den Flugkörper stark an, was insbesondere bei Flugzeugen zu Manövrierschwierigkeiten führen kann sowie zu erhöhter Materialbeanspruchung durch die in diesem Geschwindigkeitsbereich auftretenden Verdichtungsstöße und Grenzschichtablösungen. Das Durchbrechen der S. bei →Überschallgeschwindigkeit führt zum →Überschallknall. *Strauch*

Schallpegel. Als S. wird ein logarithmisches Verhältnis zweier Schallgrößen bezeichnet; er wird im allgemeinen mit dem Buchstaben L gekennzeichnet.

Im Geräuschimmissionsschutz werden folgende S. benutzt, wobei bei der Definition unterschieden wird zwischen Feldgrößen (→Schalldruck, →Schallschnelle) und Energiegrößen (→Schalleistung, →Schallintensität). Die Einheit der S. ist →Dezibel.

Die S. sind folgendermaßen definiert:

Schalldruckpegel L_p:

$$L_p = 10 \lg \left(\frac{p}{p_o}\right)^2 = 20 \lg \left(\frac{p}{p_o}\right) \qquad dB$$
$$p_o = 2 \cdot 10^{-5} \text{ N/m}^2 = 20 \text{ } \mu Pa$$

→Schalleistungspegel L_W:

$$L_w = 10 \lg \frac{W}{W_o} \qquad dB$$
$$W_o = 10^{-12} \text{ Watt} \qquad\qquad \textit{Strauch}$$

Literatur: DIN 5493: Logarithmierte Größenverhältnisse.

Schallpegeladdition. Die S. ist ein Rechenvorgang, logarithmierte Verhältnisgrößen mit gleichem Bezugswert zu addieren.

Bei der S. von Geräuschen werden nicht die Pegelwerte selbst, sondern nur die Schallgrößen, z. B. die Energie des Schalls (→Schallenergie) addiert und die Summe der Einzelenergien wieder in ein Pegelmaß umgerechnet.

Die S. wird nach folgender Rechenregel durchgeführt:

$$L_{ges} = 10 \lg (10^{0,1 \, L_1} + 10^{0,1 \, L_2} + \cdots + 10^{0,1 \, L_n})$$

L_{ges} = Summenpegel
$L_1 - L_n$ = Pegelwerte in dB

Eine S. ist notwendig
– wenn mehrere Schallquellen auf einen Immissionspunkt einwirken,
– wenn in einem Raum- oder in einem bestimmten Zeitabschnitt durch Messungen an verschiedenen Raum- und Zeitpunkten die gesamte Immission zu ermitteln ist oder
– wenn aus einem Frequenzspektrum mit Hilfe der Pegelwerte der einzelnen Frequenzen der Gesamtpegel des Geräusches ermittelt werden soll.

Häufig interessiert nicht die Summe der Pegel, sondern der Mittelwert der über einen Raum- oder über einen Zeitabschnitt auftretenden Pegel.

Hierzu wird die bei der S. ermittelte Schallgrößensumme durch die Anzahl der Pegelwerte dividiert und anschließend in ein Pegelmaß umgerechnet.

Die Mittelung wird wie folgt vorgenommen:

$$L_m = 10 \lg \left(\frac{1}{n} (10^{0,1 \, L_1} + \cdots + 10^{0,1 \, L_n})\right)$$

L_m = Mittelungspegel
$L_1 - L_n$ = Pegelwerte in dB

Zur sprachlichen Unterscheidung von Mittelwerten für nicht logarithmierte Größen wird der Wert L_m Mittelungspegel genannt. *Strauch*

Schallpegelanstiegsgeschwindigkeit. Die S. ist ein Maß für die Schnelligkeit, mit der ein →Schalldruckpegel von einem Grundwert auf seinen maximalen Wert ansteigt.

Geräusche mit großen S. werden im allgemeinen lästiger empfunden als Geräusche mit gleichförmigem zeitlichen Verlauf.

Gekennzeichnet wird die S. V_p wie folgt:

$$V_p = \frac{\text{Amplitude des Schallpegels A}}{\text{Pegelanstiegszeit t}} \qquad dB/s$$

wobei es üblich ist, die Anstiegszeit zwischen den Werten 0,1 Amplitude und 0,9 Amplitude zu messen.

Aus Wirkungsuntersuchungen für Geräusche ist bekannt, daß Anstiegsgeschwindigkeiten von mehr als 40 dB/s zu Schreckreaktionen beim Menschen führen können und somit stark belästigend wirken. Typische Geräusche mit großen V_p-Werten sind Schießgeräusche, Überschallknalle, Explosionsgeräusche, Geräusche tieffliegender Flugzeuge mit hohen Fluggeschwindigkeiten. *Strauch*

Schallpegelmesser. Er besteht im wesentlichen aus einem →Mikrophon, das den →Schalldruck in eine elektrische Größe wandelt, aus elektronischen Bauelementen zur Verstärkung, Gleichrichtung und Logarithmierung der elektrischen Größen in schalldruckpegel-proportionale Werte sowie aus einem Anzeigegerät für diese Werte.

Der Meßwert wird bei den verschiedenen S. sowohl analog mit einem Zeigerinstrument, diskontinuierlich mit einer Leuchtdiodensäule oder digital mit Ziffern angezeigt. Außerdem sind zur Darstellung des zeitlichen Verlaufs des Schallpegels registrierende Aufzeichnungsgeräte (Pegelschreiber), numerische Drucker wie auch Geräte zur →Frequenzanalyse anzuschließen.

Die Eigenschaften von S. sind in DIN IEC 651: Schallpegelmesser, festgelegt (Ersatz für die DIN-Normen 45633 Teil 1 und 2 und 45634). Nach dieser Norm werden S. für vier Genauigkeitsklassen hergestellt.

S. der Klasse 0 sind nur für Anwendungen im Labor gedacht, wo auch die übrigen Bedingungen eine genügend kleine Meßunsicherheit garantieren. Geräte der Klasse 3 sind vor allem für orientierende Messungen, für die zwischen diesen beiden Einsatzbereichen liegenden Aufgaben sind Geräte der Klasse 1 und 2 zu benutzen.

Für den Geräuschimmissionsschutz werden üblicherweise S. der Genauigkeitsklasse 1 oder 2 auf Grund der in Regelwerken und Vorschriften festgelegten Meßbedingungen gefordert.

Als Gerät zur Messung frequenzbewerteter und zeitlich gemittelter Schalldruckpegel werden integrierende mittelwertbildende S. benutzt, die den äquivalenten →Dauerschallpegel L_{eq} von gleichbleibenden, zeitlich unterbrochenen, schwankenden und impulshaltigen (→Impulsgeräusche) Geräuschen ermitteln.

Die Anforderungen und Prüfverfahren für diese S. sind in der DIN IEC 804 festgelegt.

Diese integrierenden S. werden ebenfalls für die Genauigkeitsklassen 0 bis 3 hergestellt.

Die Anzeige des L_{eq}-Wertes muß nach dieser Norm für vorgegebene Bezugspegel und Bezugsfrequenzen innerhalb folgender Meßabweichungen richtig sein:

Klasse 0	Klasse 1	Klasse 2	Klasse 3
±0,4 dB	±0,7 dB	±1,0 dB	±1,5 dB

Strauch

Literatur: DIN IEC 651: Schallpegelmesser. 12/1981. – DIN IEC 804: Integrierende mittelwertbildende Schallpegelmesser. 1/1987.

Schallschirm. Der S. ist ein Hindernis zwischen Schallquelle und zu schützendem Objekt, der dieses vor dem →Schall abschirmt. Die Wirksamkeit eines S., der meistens die Form einer freistehenden Wand hat, ist abhängig von der Lage der Wand zur Schallquelle und zum Immissionsort sowie von der Höhe und Länge der Wand. (→Abschirmung)

Die Schallpegelminderung durch einen S. ist hoch, wenn der Schirm nahe an der Schallquelle oder nahe am Immissionsort steht; eine Pegelminderung tritt nicht auf, wenn Sichtverbindung zwischen Immissionsort und Schallquelle über den S. oder seitlich am S. vorbei besteht.

Zur quantitativen Beschreibung der Wirksamkeit eines S. dienen das →Abschirmmaß und das →Einfügungsdämpfungsmaß. *Strauch*

Literatur: VDI 2714: Schallausbreitung im Freien. 1/1988. – VDI 2720, Bl. 1 E: Schallschutz durch Abschirmung im Freien. 2/1991. – VDI 2720, Bl. 2: Schallschutz durch Abschirmung in Räumen. 3/1988.

Schallschnelle. Bezeichnung v, ist bei Schallvorgängen die Geschwindigkeit der Materieteilchen, die um eine Ruhelage schwingen. Die S. sinusförmiger Schalle ist zeitabhängig und proportional der Amplitude und der Frequenz:

$$v = a \cos \omega t$$

a = Amplidude
ω = Kreisfrequenz $2 \pi f$
f = Frequenz

Die S. v ist wesentlich kleiner als die →Schallgeschwindigkeit c, mit der sich der Schall im Raum ausbreitet, sie beträgt bei üblichen Schallvorgängen, die im Geräuschimmissionsschutz von Interesse sind, einige cm/s. *Strauch*

Schallschutz. Der S. beschreibt alle Vorkehrungen und Maßnahmen, die zur Verringerung der Geräuschimmissionen auf ein tolerables Maß erforderlich sind. Unterschieden wird im allgemeinen zwischen planerischen, organisatorischen und technischen S.-Maßnahmen.

Unter planerischen Maßnahmen werden alle Maßnahmen verstanden, die in der Regional-, Stadt-, Anlagenplanung anwendbar sind, um Geräuschemittenten bezüglich ihrer Geräuschemission (→Schallemission) und -immission zu begrenzen. Hierzu zählen Emissionsrationierung, Vergabe von Immissionswertanteilen, Gliederung der emittierenden Baugebiete nach Größe der Anlagengeräusche, Anordnung schallemittierender Gebäude so, daß sie als Hindernisse bei der →Schallausbreitung als Minderungsmaßnahme nutzbar sind.

Organisatorische Maßnahmen sind z. B. alle Maßnahmen, die durch zeitliche Beschränkung der Geräuschemission (Begrenzung der Betriebsdauer), Beschränkung der Leistung einer Anlage (kein Vollastbetrieb) und Beschränkung des Betriebs auf bestimmte Schallausbreitungssituationen (Betrieb nur bei bestimmten, die Schallausbreitung hindernden Situationen – Gegenwindsituationen –) die Geräuschimmissionen mindern.

Technische S.-Maßnahmen sind alle Maßnahmen, die durch konstruktive Eingriffe an der Schallquelle die Emissionen mindern oder durch Hindernisse im Nahbereich der Quelle, durch Hindernisse auf dem Schallausbreitungsweg und im Nahbereich des zu schützenden Menschen (Wohngebäude) die →Geräuschimmission auf zulässige Werte begrenzen.

Konstruktive Eingriffe an der Schallquelle müssen darauf ausgerichtet sein, die Schallentstehung bei Maschinen und Anlagen zu vermeiden oder zu verringern (z. B. Vermeiden von plötzlichen Kraft-

und Geschwindigkeitsänderungen, Vermeiden von periodischen Anregungen schwingungsfähiger Maschinenoberflächen). Außerdem kann durch geeignete Werkstoffe die Körperschallausbreitung innerhalb der Maschine begrenzt werden, was zur Verminderung der Emission beitragen kann (→Lärmarmes Konstruieren).

Wirksame technische Maßnahmen im Nahbereich von Schallquellen sind Kapselungen der Schallquelle, →Schalldämpfer und Einhausungen, wobei Kapselungen einerseits Konstruktionen im Nahbereich der Maschine sind (z. B. Blechhauben mit schallabsorbierender Auskleidung) andererseits aber auch Einhausungen durch Umbauung der Schallquelle oder mehrerer Schallquellen mit schalldämmenden Gebäuden.

Technische Maßnahmen auf dem Schallausbreitungsweg zwischen Schallquelle und zu schützenden Objekten sind alle Hindernisse in Form von Wällen, Wänden, Gebäuden, Anpflanzungen und sonstigen Konstruktionen, die die Schallausbreitung behindern (→Schallschirm).

S. durch technische Maßnahmen im Nahbereich des zu schützenden Menschen ist vorwiegend durch Erhöhung der Schalldämmung der Wohngebäude-Umfassungsbauteile wie Fenster, Dach, Türen und Wände zu erreichen. Hier ist insbesondere der Einbau von →Schallschutzfenstern ein wirksamer S. für den Aufenthalt des Menschen im Gebäude.

Durch die genannten Maßnahmen ist nur ein Schutz des Menschen innerhalb des Gebäudes gegeben; der Wohnaußenbereich ist durch diese S.-Maßnahme nicht zu schützen (Balkon, Terrasse, Garten).

Neben der erwähnten Einteilung des S. in planerische, organisatorische und technische Maßnahmen wird häufig noch unterschieden in passive und aktive S.-Maßnahmen. Aktive Maßnahmen werden an der Schallquelle und passive Maßnahmen im Nahbereich des zu schützenden Objekts (meistens am Wohngebäude von Menschen, z. B. Schallschutzfenster) vorgenommen. Als passive Maßnahme ist auch die Grundrißgestaltung von Gebäuden anzusehen. Sie hat Einfluß auf die in den Wohnräumen auftretenden Geräuschimmissionen der außerhalb und innerhalb des Gebäudes vorhandenen Geräuschquellen. Durch Anordnung z. B. von Schlafräumen auf der straßenabgewandten Seite eines Wohnhauses kann die Geräuschbelastung um bis zu 20 dB gegenüber Räumen, die zur Straße hin liegen, gemindert werden.

Ebenso können durch Anordnen von Arbeitsräumen (Küche), Abstellräumen, Baderäumen, Toiletten und Dielen auf der geräuschbelasteten Gebäudeseite die zum Aufenthalt der Bewohner notwendigen Räume geschützt angeordnet werden. Eine auf die innerhalb eines Gebäudes vorhandenen Geräuschquellen (Installationsgeräusche, Fahrstuhlgeräusche u. ä.) ausgerichtete Grundrißgestaltung ist ebenfalls zu beachten.

Bei der Verbesserung bestehender Geräuschsituationen sollten zur Durchführung von aktiven technischen S.-Maßnahmen Prioritäten gesetzt werden, wenn mehrere Schallquellen auf einen Immissionspunkt einwirken und unterschiedlich großen Anteil an einer Immissionswertüberschreitung haben.

Die größte Wirksamkeit von Minderungsmaßnahmen an der Schallquelle oder auf dem Schallausbreitungsweg im Nahbereich dieser Quellen wird an einem Immissionspunkt erreicht, wenn zuerst die Schallquelle mit dem größten Anteil am Immissionswert gemindert wird.

Schallquellen, die mit ihren Immissionsanteilen 10 und mehr dB unter anderen Quellen liegen, können bei der Aufstellung von Prioritäten für die Durchführung von Maßnahmen außer Betracht bleiben. Erst nach Absenken der Immissionsanteile der den Gesamtpegel bestimmenden Schallquellen sind bei weiterer Überschreitung des Immissionswertes die gering emittierenden Schallquellen mit zu beachten. *Strauch*

Literatur: DIN 4109: Schallschutz im Hochbau, Anforderungen und Nachweise. 11/1989. – DIN 4109, Beiblatt 1: Schallschutz im Hochbau, Ausführungsbeispiele und Rechenverfahren. 11/1989. – LIS-Ber. Nr. 67: Hinweise zur Prognose von Geräuschimmissionen im Rahmen von Genehmigungsverfahren. 1986. – VDI 3720, Bl. 1: Lärmarm Konstruieren: Allgemeine Grundlagen. 11/1980. – VDI 2711: Schallschutz durch Kapselung. 6/1978. – VDI 2714: Schallausbreitung im Freien. 1/1988. – VDI 2720, Bl. 1 E: Schallschutz durch Abschirmung im Freien. 2/1991. – VDI 2567: Schallschutz durch Schalldämpfer. 9/1971. – VDI 2719: Schalldämmung von Fenstern und deren Zusatzeinrichtungen. 8/1987.

Schallschutzfenster. S. haben eine höhere Luftschalldämmung als üblicherweise in Gebäuden vorhandene Fenster. Wesentliche Einflußgrößen für eine hohe Luftschalldämmung von Fenstern sind:
- Dicke und Art der Verglasung,
- schalltechnische Konstruktion und Werkstoff des Fensterrahmens,
- Dichtung des Fensterflügels gegenüber dem Blendrahmen und
- Dichtung des Blendrahmens gegenüber dem anschließenden Gebäudeteil (Mauerwerk).

Die Luftschalldämmung einer Glasscheibe hängt von deren Dicke ab. So beträgt das bewertete →Schalldämmaß R_W einer 4 mm dicken Glasscheibe 30 dB, einer 10 mm dicken 35 dB und einer 16 mm dicken Scheibe etwa 38 dB.

Zur Erreichung höherer Schalldämmwerte werden Mehrscheiben-Verglasungen benutzt, wobei der Abstand zwischen den einzelnen Scheiben Einfluß auf die Dämmwirkung hat. Abstände von weniger als 10 mm zwischen den Scheiben bringen keine wesentliche Verbesserung der Dämmung gegenüber einer Verglasung mit einem gleichstarken Einzelglas. Abstände von 20 mm bei einem Zweiglasfenster ergeben eine Erhöhung der Dämmung von 5 dB und Abstände von 40 mm eine Erhöhung der Dämmwirkung von 9 dB gegenüber einer gleichschweren Einscheibenverglasung.

Für die Dämmwirkung eines Fensters ist nicht nur die Glasscheibe, sondern die gesamte Fensterkonstruktion verantwortlich. Schallschutzfenster unterscheidet man nach Einfach-, Verbund- und Kastenfenster.

Einfachfenster bestehen aus einem Rahmen und einem oder mehreren Fensterflügeln, die Einfach- oder Mehrfachverglasungen haben können. Die Schalldämmaße dieser Fenster liegen zwischen 20 und 45 dB je nach Konstruktion, Verglasung und Dichtungsgüte.

Verbundfenster haben zwei hintereinander angeordnete Fensterflügel mit einem Abstand bis zu 10 cm. Mit solchen Fensterkonstruktionen sind Dämmaße zwischen 35 und 50 dB zu erreichen.

Kastenfenster bestehen aus zwei in größerem Abstand als bei Verbundfenster getrennt oder mit gemeinsamen Rahmen eingebauten Einfachfenstern, mit denen Schalldämmaße bis über 55 dB zu erreichen sind.

Zur Dämmwirkung verschiedener Fenster-Konstruktionen sind Angaben in VDI 2719 gemacht. Hiernach werden S. in 6 Schallschutzklassen eingeteilt. Für die einzelnen Klassen gelten folgende bewertete Schalldämmaße R_W' des am Bau funktionsfähig eingebauten Fensters:

Schallschutzklasse	R_W' in dB
1	25—29
2	30—34
3	35—39
4	40—34
5	45—49
6	≥ 50

Strauch

Literatur: DIN 4109: Schallschutz im Hochbau, Anforderungen und Nachweise. 11/1989. – DIN 52210, Teil 5: Bauakustische Prüfungen, Luft- und Trittschalldämmung, Messung der Luftschalldämmung von Fenstern und Außenwänden am Bau. 10/1976. – VDI 2719: Schalldämmung von Fenstern und deren Zusatzeinrichtungen. 8/1987.

Schallschutzwand →Schallschirm, →Abschirmung

Schallwelle. Mit S. wird die wellenförmige Ausbreitung der von einer Schallquelle emittierten →Schallenergie bezeichnet. Die Ausbreitung des Schalls in Luft erfolgt in Form von Longitudinalwellen, d. h. die Energie wird nur längs der Ausbreitungsrichtung und nicht, wie in festen Körpern, auch quer zur Ausbreitungsrichtung transportiert.

Die Geschwindigkeit mit der die Schallenergie sich wellenförmig ausbreitet, hängt von den physikalischen Eigenschaften des elastischen Stoffs (Dichte, Temperatur) ab und wird als →Schallgeschwindigkeit c bezeichnet.

Eine wesentliche Kenngröße der S. ist ihre Länge. Sie ist definiert als Abstand zwischen zwei aufeinanderfolgenden, mit gleichen Bewegungszuständen versehenen Teilen des schallübertragenden elastischen Stoffes.

Die Schallwellenlänge λ hängt mit der Schallgeschwindigkeit c und der Frequenz f des Schallvorgangs wie folgt zusammen:

$$\lambda = \frac{c}{f} \qquad\qquad \text{in m}$$

c = Schallgeschwindigkeit in m/s
f = Frequenz in 1/s

Für Luftschall bei einer Temperatur von etwa 20 °C ergibt sich z. B. für die Frequenz 16 Hz eine Wellenlänge von etwa 21 m und bei einer Frequenz von 16 000 Hz von 0,021 m.

Dieser große Wellenlängenbereich des Hörschalls führt insbesondere in der Raumakustik wegen unterschiedlicher Reflexionen an Wänden und Beugungen um Gegenstände zu Schwierigkeiten bei der Lösung von raumakustischen Aufgaben (Beschallung von Konferenzräumen, Konzertsälen, Theatern). *Strauch*

Literatur: DIN 1311, Bl. 4: Schwingungslehre.

Scheibentauchkörper. Für kleine →Abwasserbehandlungsanlagen bis 40 000 Einwohnergleichwerte sind S. für die Behandlung von biologisch abbaubaren Abwässern geeignet.

S. zählen zu den Festbettreaktoren aus Kunststoff mit großer Oberfläche zur Ansiedlung von sessilen Mikroorganismen. Auf einer Welle sind runde Scheiben nebeneinander befestigt. Die horizontale Welle dreht sich in einem Trog, der ca. zur Hälfte gefüllt vom Abwasser durchflossen wird.

Ein biologischer Rasen bildet sich auf den Scheiben. Beim Auftauchen der Scheiben wird Sauerstoff aus der Luft aufgenommen, d. h. der Vorgang verläuft aerob. Die organischen Schmutzstoffe werden abgebaut.

Auch bei schwankenden Belastungen zeigt sich eine sichere Reinigungsleistung durch S. *Mertsch*

Literatur: ATV (Hrsg.): Lehr- und Handbuch der Abwassertechnik, Bd. IV; Biologisch-chemische und weitergehende Abwasserreinigung. Berlin 1985.

Schichtlademotor. Bei Motoren mit Gemischschichtung wird ein kleiner fetter Gemischanteil direkt an der Zündkerze in einer Vorkammer gezündet. Das restliche, sehr magere Gemisch wird im Hauptbrennraum durch das überströmende, verbrennende, fette Gemisch gezündet. Folglich wird eine insgesamt sehr magere Verbrennung, also ein hohes Gesamtverbrennungs-Luftverhältnis, erzielt. Die dabei auftretenden niedrigen Verbrennungstemperaturen bedingen einen niedrigen NO_x-Ausstoß. Außerdem wird durch die magere Verbrennung ein günstiges Verbrauchsverhalten erreicht.

Beim nachträglichen Mischen und Ausbrennen (der Sauerstoff in den mageren Zonen setzt die Oxidationsvorgänge der Stoffe aus den fetten Zonen fort) kann zusätzlich eine geringere HC- und CO-Emission erreicht werden. Außerdem ist ein S. vielstoffähig und weist ein verbessertes Klopfverhalten auf. Folglich kann das Verdichtungsverhältnis erhöht und damit eine Leistungssteigerung oder Verbrauchsverbesserung erzielt werden.

Diese theoretisch möglichen Vorteile sind de facto nur sehr schwer zu realisieren, weshalb sich S. nicht durchgesetzt haben. *Klee/May*

Schichtungsstabilität. Klassifizierung der →Temperaturschichtung der Atmosphäre. Unterschieden werden labile, neutrale oder indifferente und stabile Schichtung. Die Begriffsdefinition ist vergleichbar mit der des mechanischen Gleichgewichtszustands (Bild).

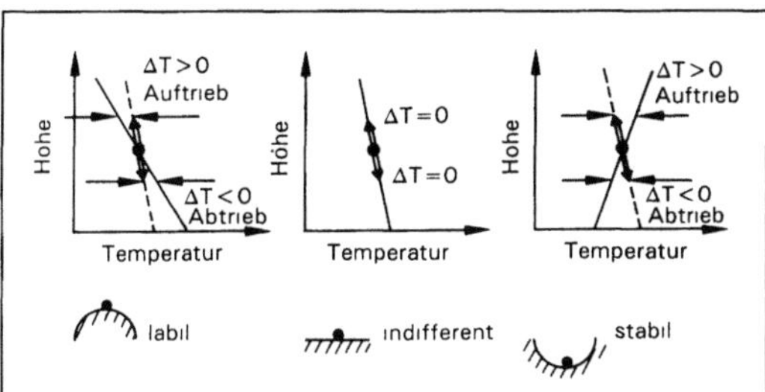

Schichtungsstabilität: Mechanische und thermische Gleichgewichtszustände.

Bei labiler Schichtung nimmt die potentielle Temperatur mit der Höhe ab. Wird in einer labil geschichteten Luftmasse ein Luftpaket vertikal ausgelenkt, so setzt es seinen Weg weiter fort. Ursache hierfür ist, daß es beim Aufsteigen wärmer als die Umgebung ist und somit einen Auftrieb erfährt; beim Absteigen ist es dagegen relativ gesehen kälter und erfährt daher einen Abtrieb.

Bei stabiler Schichtung wird dagegen eine Zunahme der potentiellen Temperatur mit der Höhe beobachtet. Bei einer Auslenkung nach oben ist ein Luftpaket daher kälter als die Umgebung und erfährt einen Abtrieb, so daß es in seine ursprüngliche Position zurückkehrt; bei einer Abwärtsbewegung ist ein Luftpaket dagegen relativ wärmer und steigt in die Ausgangsposition zurück. Im allgemeinen setzt das Luftpaket aber seine Bewegung über die Ausgangsposition hinaus fort bis seine kineti-

sche Energie aufgebraucht ist. Dann erfährt es jedoch erneut einen Auf- oder Abtrieb in Richtung seiner Ausgangshöhe: Es entsteht eine Schwingung, deren Frequenz sich aus der Stabilität der Schichtung ableiten läßt (*Brunt-Vaisala*-Frequenz).

Bei neutraler oder indifferenter Schichtung ist die potentielle Temperatur höhenkonstant. Es erfolgt somit kein thermischer Einfluß auf Vertikalbewegungen.

In einer feuchten gesättigten Luftmasse müssen zusätzlich Kondensations- und Verdunstungsprozesse beachtet werden. Die beim Phasenübergang freigesetzte oder benötigte Wärme erhöht oder verringert die potentielle Temperatur eines Luftpakets, das eine Vertikalbewegung ausführt. *Wichmann-Fiebig*

Schienenbonus. Der zur Berechnung der →Beurteilungspegel bei Schienenwegen in Anlage 2 zur →Verkehrslärmschutzverordnung (→Schienenverkehrsgeräusch) vorgesehene Korrekturwert (− 5 dB(A)) zur Berücksichtigung der geringeren Störwirkung des Schienenverkehrslärms, auch S. genannt, ist aufgrund von sozio-psychologischen Felduntersuchungen ermittelt worden.

Bei diesen Felduntersuchungen wurde die in der Nachbarschaft von Schienenverkehrsanlagen und Straßen wohnende Bevölkerung nach der Störwirkung der Geräusche befragt. Hierbei zeigte sich, daß bei gleichen energie-äquivalenten →Dauerschallpegeln der Straßen- und Schienenverkehrsgeräusche die Störwirkung der Schienenverkehrsgeräusche geringer als die der Straßenverkehrsgeräusche genannt wurde.

Zurückgeführt wird diese geringere Störwirkung u. a. auf eine gegenüber den Straßenverkehrsgeräuschen unterschiedliche Frequenzzusammensetzung wie auch auf die unterschiedliche Zeitstruktur. Beim Schienenverkehr treten zwischen den einzelnen Zugvorbeifahrten größere Pausen auf als beim Straßenverkehr zwischen den Fahrzeugvorbeifahrten. *Strauch*

Schienenverkehrserschütterungen. Durch den Betrieb von gleisgebundenen Fahrzeugen bei Eisenbahnen, S-Bahnen, U-Bahnen und Straßenbahnen werden mechanische Schwingungen erzeugt, die über die Gleise und deren Bettung in den Boden eingeleitet werden. Für die Größe der durch die Wechselwirkungen zwischen Fahrzeug und Fahrweg verursachten →Erschütterungen und damit für die Größe der Schwingungsamplituden der in benachbart zur Trasse gelegenen Gebäuden auftretenden Erschütterungsimmissionen sind insbesondere folgende Einflüsse maßgebend:
– die technischen und betrieblichen Bedingungen der eingesetzten Fahrzeuge, wie Zuggattung, Imperfektionen am Radsatz (Radriffeln), Flachstellen der

Räder, Achslastkonfigurationen, Art der Drehgestelle, der Bremsen, der abgefederten bzw. nicht abgefederten Massen, der Vorbeifahrtgeschwindigkeit,
– der Oberbau und die Gleislagerung, wie Schienen- und Schwellenart, Anomalien am Laufweg (Gleislage), Schienenriffeln, Unebenheiten und Wellen auf den Schienen,
– Art, Lage und Beschaffenheit der Bahnstrecke bzw. des Bahnbauwerks, wie Gleisstrecke in Geländegleichlage, in Dammlage, im Einschnitt, im Tunnel, auf einer Brücke,
– die Form des Geländes zu beiden Seiten der Trasse,
– die Beschaffenheit des Bodens, in dem die Ausbreitung der S. in Form von Oberflächenwellen und/oder Raumwellen stattfindet, z. B. die Art des Bodens und seiner Bodenabsorption, Bodenschichtungen, anstehendes Grundwasser,
– die Lage, Beschaffenheit und Gründung der betroffenen Gebäude längs der Bahnstrecken.

Wegen der zahlreichen und häufig ortsabhängigen Einflußparameter ist eine →Erschütterungsprognose bei S. schwierig und mit Unsicherheiten behaftet.

In Gebäuden neben Schienenverkehrswegen wurde durch Erschütterungsmessungen festgestellt, daß die S. oft mit Frequenzen im Bereich von wenigen Hertz bis zu etwa 100 Hz auftreten. Die S. können Werte erreichen, die deutlich oberhalb der →Wahrnehmungsschwelle liegen. Durch die →Wahrnehmung der Erschütterungen können Belästigungen der Betroffenen verursacht werden. Durch in Gebäude eingeleiteten S. wird oft auch durch den von Raumbegrenzungsflächen abgestrahlten →Körperschall deutlich hörbarer Sekundärschall erzeugt.

Hinweise zur Beurteilung von S. sind im Regelwerk DIN 4150, Teil 2, enthalten. Maßnahmen zur Minderung von S. können durchgeführt werden am Eisenbahnfahrzeug selbst, z. B. durch Beseitigen von Radriffeln und Flachstellen, durch Maßnahmen an den Gleisanlagen (Oberbau), z. B. durch Beseitigen von Schienenriffeln und Gleisinhomogenitäten oder durch den Einbau von Unterschottermatten, durch Maßnahmen an den Betriebszuständen, z. B. Änderung der Zuglänge oder der Vorbeifahrtgeschwindigkeit. Auf dem Ausbreitungsweg kann durch neben der Trasse dicht an der Bahnstrecke oder dicht vor dem schutzbedürftigen Objekt senkrecht eingebrachte →Abschirmmatten eine Verminderung der S. erreicht werden. Auch durch eine →Passivisolierung der schutzbedürftigen Objekte, z. B. durch eine →Gebäudeisolierung, ist eine Verminderung der S. zu erzielen. *Splittgerber*

Literatur: DIN 45 672, Teil 1: Meßverfahren. 11/1989. – *Hettwer, H.* et al: Erschütterungen an Verkehrswegen. Universität-Gesamthochschule Essen, 1986.

Schienenverkehrsgeräusch. Es entsteht hauptsächlich durch das Abrollen des Rads auf der Schiene und wird sowohl vom Rad, von der Schiene und von der mit dem Rad in Verbindung stehenden Wagenkonstruktion abgestrahlt.

Die wesentliche Einflußgröße für die Höhe der →Schalldruckpegel bei der Vorbeifahrt von Schienenfahrzeugen ist daher die Oberflächenbeschaffenheit von Schienen- und Radlauffläche. Rauhe Oberflächen oder Riffeln erzeugen bis zu 10 dB höhere Schalldruckpegel als Standardoberflächen.

Neben dem Rad-Schienesystem haben der Gleisoberbau (Schotterbett oder schotterlose Verlegung der Schienen auf Betonplatten), die Bremsenart der Eisenbahnwagen (Klotz- oder Scheibenbremse), die Fahrgeschwindigkeit sowie die Art des Zuges Einfluß auf die bei einer Zugvorbeifahrt entstehenden Geräusche.

Für die Vorausabschätzung zu erwartender Geräusche in der Nachbarschaft von Schienenverkehrsanlagen ist in der Anlage 2 zur →Verkehrslärmschutzverordnung ein Rechenverfahren festgelegt, das die vorgenannten Einflußgrößen berücksichtigt. Die danach ermittelten →Beurteilungspegel sind mit den in der Verkehrslärmschutzverordnung festgelegten Immissionsgrenzwerten zu vergleichen. *Strauch*

Schießlärm. S. tritt auf beim Abschuß von Projektilen (Geschossen) aus Feuerwaffen.

Typisch für S. sind hohe →Schalldruckpegel mit kurzzeitigen Schalldruckanstiegen (→Knall).

Verursacht wird S. durch den Mündungsknall, der durch die Explosion der Geschoßladung entsteht, sowie durch den sog. Geschoßknall, der beim Schießen von Munition mit →Überschallgeschwindigkeit entsteht.

Mündungsknall und Geschoßknall unterscheiden sich in ihrem zeitlichen Pegelverlauf, in der Frequenzzusammensetzung und in den Ausbreitungseigenschaften.

Während der Mündungsknall seine Hauptenergieanteile im Frequenzbereich zwischen 125 und 1 000 Hz hat und als →Punktschallquelle wirkt, ist der Geschoßknall hochfrequent (2 000 bis 4 000 Hz) und breitet sich als kegelförmige Fläche aus, deren Kegelspitze das Geschoß ist und die längs der Geschoßflugbahn mitgeschleppt wird.

Wegen der impulsartigen Schallereignisse (→Impulsgeräusche) des S. und des häufig unregelmäßigen Auftretens der Schußereignisse mit großer Pegeldifferenz zum momentanen →Hintergrundgeräusch in der Umgebung von Schießständen, wird S. abweichend von Industrie/Gewerbe oder Verkehrsgeräuschen ermittelt und beurteilt.

In VDI 3745 Blatt 1 E: Beurteilung von Schießgeräuschimmissionen, 3/1990, wird ein Ermittlungs-

verfahren für den →Beurteilungspegel von S. beschrieben, das die Einflußgrößen
- Waffenart und -typ
- Kaliber
- Munitionsart
- Standort der Schützen und des Anschlagortes
- Anzahl der Schüsse
- Schußrichtung bezüglich des Immissionsortes
- Bauart der Schießanlage

sowie die Schallausbreitungsbedingungen berücksichtigt (→Schallausbreitung).

Die nach diesem Verfahren ermittelten Beurteilungspegel des S. werden verglichen mit den in VDI 2058, Bl. 1: Beurteilung von Arbeitslärm in der Nachbarschaft, 9/1985, aufgeführten Immissionsrichtwerten. *Strauch*

Schiffahrtsgeräusch. Durch den Schiffsverkehr auf Wasserstraßen verursachte Geräuschimmissionen. S. werden überwiegend verursacht von den Antriebsaggregaten des Schiffs.

S. sind für die Belastung der Bevölkerung in der Bundesrepublik gegenüber Straßen- und Schienenverkehrsgeräuschen von untergeordneter Bedeutung; für die Anwohner von Wasserstraßen können jedoch S. wegen der Geräuschart (tieffrequente Geräusche der Auspuffanlage langsamlaufender Dieselmotoren) und des zeitlichen Geräuschverlaufs (geringe Fahrgeschwindigkeit und somit lange Hördauer des Geräusches) eine, insbesondere in Wohngebieten mit sonst geringer Geräuschbelastung, wesentliche Geräuschquelle sein. *Strauch*

Schiffsabfall. Rechtliche Grundlage für die Einleitung von S. in die See ist das →MARPOL-Übereinkommen, Anlage V. In Regel 3 dieser Anlage ist vorgegeben, welche S. eingeleitet werden dürfen. Sofern nicht von der staatlichen Verwaltung des Flaggenstaates Ausrüstungsvorschriften zur Abfallverwahrung und -entsorgung an Bord erlassen sind, bleibt es dem Reeder und der Schiffsleitung überlassen, auf welche Art die Forderungen des MARPOL-Übereinkommens auf dem Schiff umgesetzt werden.

Grundsätzlich verboten ist die Einleitung von Plastikabfällen. Stauholz und schwimmendes Verpackungsmaterial darf außerhalb von 25 Meilen vom nächstgelegenen Land über Bord gegeben werden. Für Lebensmittelabfälle, Papiererzeugnisse, Glas, Steingut etc. reduziert sich diese Grenze auf 12 Meilen. Wenn diese Abfallstoffe auf 25 mm oder weniger zerkleinert sind, darf die Einleitung außerhalb 3 Meilen erfolgen. Zu diesem Zweck werden an Bord Grinder oder Shredder eingesetzt. Vielfach sind auf Seeschiffen auch Abfallverbrennungsanlagen installiert; ihr Einbau ist jedoch bei neuen Schiffen wegen der Kritik an den Abgasemissionen der →Abfallverbrennung auf See rückläufig. Dagegen werden vermehrt Kompaktierungsanlagen an Bord eingebaut, die Abfälle zur raumsparenden Verwahrung an Bord zusammenpressen, um sie letztlich zur Entsorgung an Land abzugeben. (→Schadstoffeinleitungen durch Schiffe auf See). *H. O. Wille*

Schlachtabfall. Man unterscheidet nach ihrer unmittelbaren Herkunft primäre und sekundäre S.

Primäre S. und Schlachtnebenprodukte sind beim Schlachten anfallende Produkte und Stoffe,
- die nicht für menschliche Ernährungszwecke und auch nicht in der Heimtiernahrungs-, pharmazeutischen oder chemischen Industrie verwendet werden können (z. B. Kot, Magen- und Darminhalte),
- die einer direkten Nutzung zugeführt werden können (z. B. Häute, Felle, Federn, Borsten),
- die indirekt verwertet werden können (z. B. Schweineschwarten, Hautreste, Knochen, Klauen, Blut zur Herstellung von Gelatine, Leim, Knochen- und Blutmehl),
- bei denen das Gebot des Schutzes der Gesundheit von Mensch und Tier die Verarbeitungsweise im Sinne des Tierkörperbeseitigungsgesetzes bestimmt (→Tierkörperbeseitigung, →Tierkörperbeseitigungsanstalt).

Sekundäre S. fallen bei der Vorreinigung von Schlachtabwasser in Form von Rechen- oder Siebgut, Fett und ggfs. auch als Flotationsrückstände an.

Ca. 90 % der in Deutschland anfallenden Mengen an S., Schlachtnebenprodukten, Konfiskaten, Tierkörpern etc. werden in Spezialbetrieben verwertet (→Tierkörperbeseitigung). *Mitsch*

Literatur: *Böhm, R.:* Müll-Handbuch (Losebl.-Ausg.) Kz. 8535. Berlin 1990. – *Lurch, C. M.:* Abwasserreinigung in der Schlachtindustrie: Die Fleischmehlindustrie (1989), Nr. 41, S. 82–86.

Schlachthof. Bedingt durch die historische Entwicklung unterscheidet man zwischen Rinder- und Schweine-S. und Geflügel-S. Die Zahl der kommunalen S., die überwiegend mit Einzelschlachtständen ausgerüstet sind, ist infolge der Zunahme der in den Schlachtvieherzeugergebieten liegenden Versandschlachtereien zurückgegangen. Dort wird in der Regel in einer nach der Tierart getrennten Schlachtstraße geschlachtet. Die Technologie ist für alle Tierarten ähnlich; der Unterschied liegt in der Berücksichtigung von Größe und Eigenart der Tiere (Bild 1, 2).

Anlagen zum Schlachten von ≥ 500 kg Geflügel (Lebengewicht) und ≥ 8 000 kg sonstige Tiere pro Woche sind genehmigungsbedürftig nach Nr. 7.2 des Anhangs zur →4. BImSchV; ab Schlachtquoten von 5 000 kg bzw. 40 000 kg je Woche ist ein förmliches Genehmigungsverfahren durchzuführen (→Genehmigungsverfahren nach dem BImSchG).

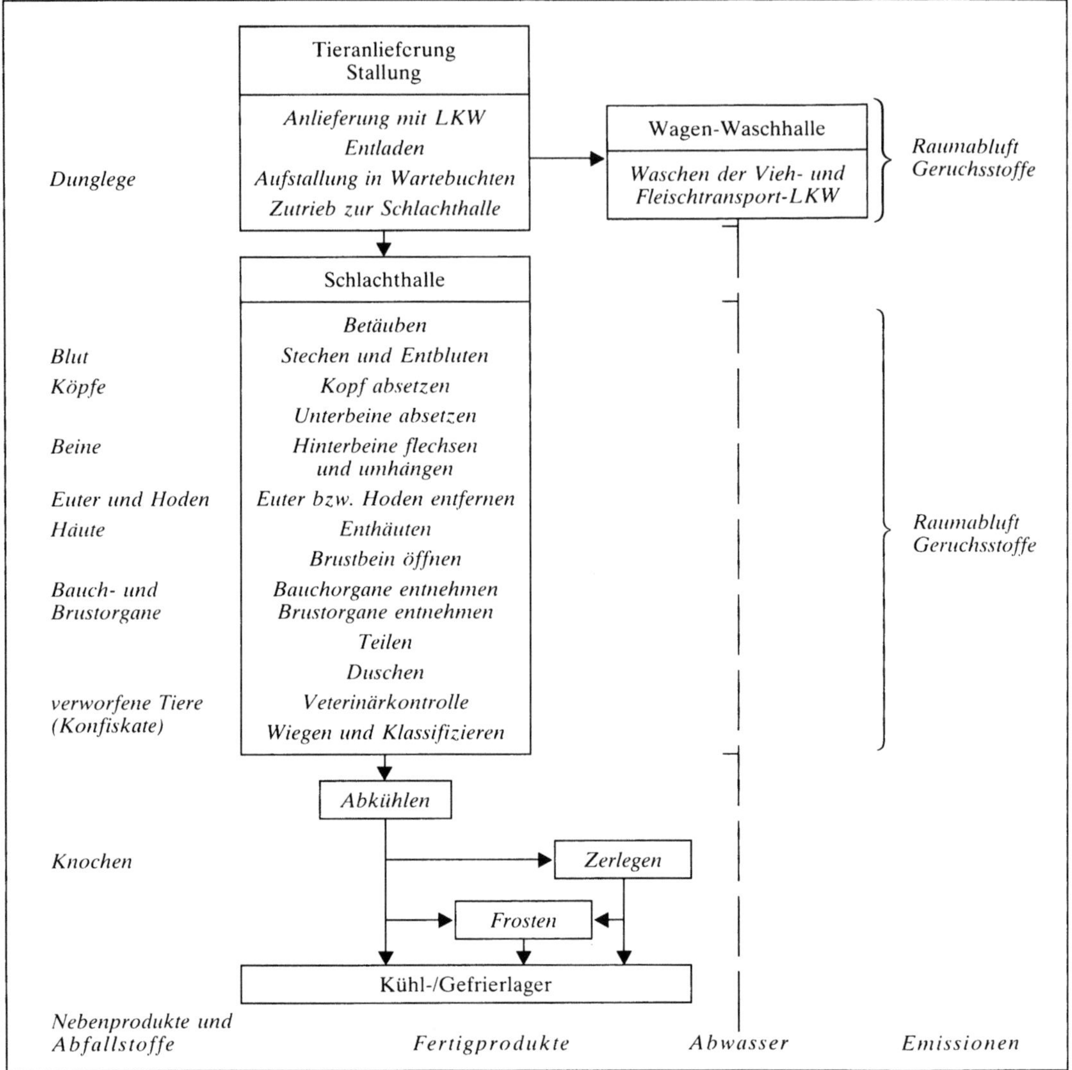

Schlachthof 1: Fließbild Rinderschlachtstraße.

Unvermeidbar bei allen Verfahrensschritten sowie bei der Aufbereitung und Lagerung der Nebenprodukte und Schlachtabfälle ist die Entstehung von Geruchsemissionen, die durch Eigengerüche der Tierkörper und Zersetzungsprodukte von organischen Substanzen entstehen. Die Zersetzungsprozesse werden durch Lagerzeit, Temperatur, Feuchtigkeit, angewandte Verfahrenstechnik, Abwasserbehandlung usw. stark beeinflußt.

Durch bauliche, technische und organisatorische Maßnahmen können Gerüche primär gemindert werden; Nr. 3.3.7.2.1 der →TA Luft enthält entsprechende besondere Vorschriften zur Emissionsminderung.

Grundsätzlich ist auf leicht zu reinigende Flächen, gute Be- und Entlüftung, kurzfristige Zwischenlagerung und Aufstallung sowie kurze innerbetriebliche Transportwege (Unterbindung der Fäulnisbildung) zu achten. Lagersysteme mit Wechselbehältern sind solchen vorzuziehen, bei denen das Lagergut umgeladen werden muß.

Der Blutlagertank ist so aufzustellen, daß die Zulauf- und Entleerungs-Leitungen möglichst kurz sind. Für die Umfüllung ist ein geschlossenes System anzuwenden, z. B. →Gaspendelung.

Im S.-Bereich sind nur Emissionen bekannt, die biologisch abbaubar sind, d. h. zur Geruchsminderung von Abluft können →Biowäscher und →Biofilter eingesetzt werden. Durch die biologische

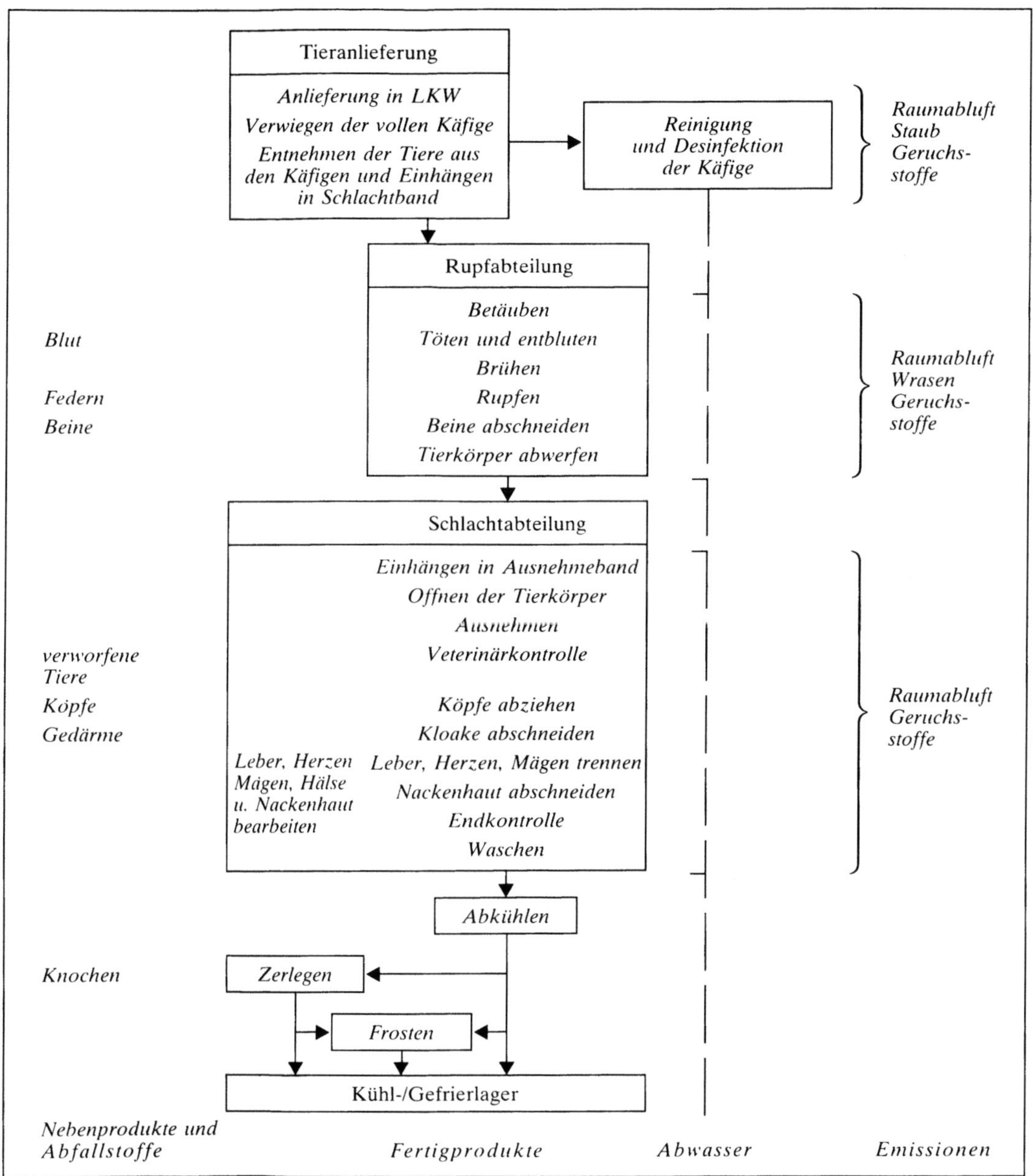

Schlachthof 2: Fließbild Geflügelschlachthof.

Umsetzung vermindern sich die ortsspezifischen Gerüche und deren hedonische Wirkung ändert sich (*griech.* hädonä = angenehme Empfindung). Das Reingas enthält aber stets auch den Eigengeruch der Biologie. Neben der biologischen Abluftreinigung haben sich →Adsorption (z. B. mit →Aktivkohle) und die thermische Verbrennung bewährt.

Darüber hinaus soll bei der Errichtung von S. ein Mindestabstand (→Schutzabstand) von 350 m zur nächsten vorhandenen oder in einem Bebauungsplan festgesetzten Wohnbebauung (nach Nr. 3.3.7.2.1 der TA Luft) nicht unterschritten werden. Im Bereich unterhalb von 350 m oder bei besonderen Standortgegebenheiten sind Einzelfall-Betrachtungen erforderlich, weil die topographischen, mikroklimatischen und betrieblichen Gegebenheiten eine generelle Aussage über die Geruchsimmissionen erschweren.

Beispiele für eine Abstandsbewertung sowie die Bewertung von Emissionsquellen von S. nach Intensitätsstufen und anzuwendende Maßnahmen enthält VDI 2596 (→Schlachtabfall).   *Fank*

Literatur: VDI 2596: Emissionsminderung; Schlachthöfe. 10/1991.

Schlacke. Als S. werden im allgemeinen geschmolzene, glasig erstarrte Rückstände aus Schmelzvorgängen bezeichnet. Der Begriff wird gleichermaßen für Rückstände aus der →Abfallverbrennung verwendet, auch wenn diese nicht glasförmig vorliegen. Bei der Abfallverbrennung fallen durchschnittlich 250 bis 350 kg S. (Rostabwurf, Rostdurchfall, Kesselasche) pro Tonne Abfall an. Abfall-S. sind extrem heterogen in bezug auf Stückigkeit und Form. Die Zusammensetzung der Rohschlacke ist sehr stark von den Einsatzstoffen abhängig. Übliche Schwankungsbereiche sind in Gew.-% bei Wasser 9–34, bei Mineralstoffen 60–90, bei Eisenschrott 2–11 und bei Brennbarem 0,9–6,6. Darüber hinaus enthalten die S. aus der Hausabfall-Verbrennung noch Schwermetalle (Blei, Zink, Nickel, Cadmium, Chrom, Kupfer, Quecksilber) sowie Sulfate, Chloride und Fluoride. Die PCDD/F-Gehalte in S. von →Abfallverbrennungsanlagen sind mit 0,9–2,9 ng/g S. niedrig, wenn die S. nicht mit den Filterstäuben vermischt werden.

Für die primäre Verwertung der S. aus der Abfallverbrennung im Straßen- und Wegebau ist eine mechanische Aufbereitung (Entschrottung, Brechung, Siebung) erforderlich. Je nach Zusammensetzung und Verwertungszweck kann zusätzlich ein Abtrennen bzw. ein Auswaschen löslicher Stoffe notwendig werden.

Die Verwertung von S. – auch aufbereiteter – bei Maßnahmen in wasserwirtschaftlich empfindlichen Gebieten, z. B. in Trinkwasserschutz- und -gewinnungsgebieten, ist prinzipiell ausgeschlossen.

Die →Ablagerung von nicht verwertbaren S. aus Hausabfallverbrennungsanlagen wird wegen der relativ geringen Auslaugbarkeit, die in modernen Anlagen zu erreichen ist, auf →Mineralstoffdeponien (Deponieklasse I der →TA Siedlungsabfall) erfolgen können. S. aus Sonderabfallverbrennungsanlagen sollen nach dem Anhang C IV der →TA Abfall, Teil 1 vorzugsweise auf →Sonderabfalldeponien (SAD) abgelagert werden.   *Neuenhahn*

Schlafstörung →Lärmwirkung

Schlauchfilter →Oberflächenfilter

Schleifmittelherstellung. Die S. ist Teil der →Keramikindustrie. Kennzeichen der S. ist das Fixieren hochabrasiver, oft carbidischer Pulver durch keramische oder organische Bindemittel auf einem Träger. Emissionsrelevanter Prozeßschritt ist das Aus-

härten von Schleifmitteln mit organischen Bindemitteln. Verwendet werden Harze und Polysaccharide (2–4 Gew.-%) oder als Ausbrennstoffe Naphthalin oder andere Oligomere mit Anteilen bis über 20 Gew.-%. Bei Temperaturen zwischen 150 und 220 °C in elektrisch bzw. bis 450 °C in fossil beheizten Öfen können im Abgas organische Stoffe in Konzentrationen von mehr als 1,0 g Gesamt-C/m³ entstehen, die z. B. bei Harzbindung Ammoniak, Formaldehyd, Naphthalin und Phenol enthalten können. Bei der Vulkanisation von gummigebundenen Schleifmitteln treten zusätzlich schwefelhaltige Komponenten auf.

Die Emissionen an Phenolen und Formaldehyden aus Resolharzen sind durch Verwendung phenol- und formaldehydarmer Harze deutlich zu verringern. Die Emissionen an organischen Stoffen können durch thermische →Nachverbrennung, durch naßarbeitende Abgasreinigungseinrichtungen (→Absorber), →Biowäscher, →Biofilter oder →Adsorption mit →Aktivkohlefiltern gemindert werden. Die Verfahren sind je nach Abgaszusammensetzung zu wählen. Z. B. sind bei erhöhten Ammoniakanteilen Naßwäscher den Aktivkohlefiltern vorzuziehen.

Anlagen zur Herstellung von künstlichen Schleifscheiben, -körpern, -papieren oder -geweben unter Verwendung organischer Binde- oder Lösemittel sind in der Nr. 5.10, Spalte 2, des Anhangs der →4. BImSchV genannt. Sie sind im vereinfachten Verfahren nach dem BImSchG genehmigungsbedürftig. Die emissionsbegrenzenden Anforderungen sind in der →TA Luft (allgemeine Regelungen nach Nr. 3.1) festgelegt.

Die oft sehr heterogenen Filterrückstände aus der S. werden (noch) deponiert.   *Hinrichs*

Literatur: VDI 2585 E: Emissionsminderung; Keramische Industrie. 10/1993.

Schleimhautreizung →Draize-Test

Schmalbandanalyse →Frequenzanalyse

Schmelzkammerfeuerung →Staubfeuerung

Schmiedebetrieb. Zur Massivumformung von festen metallischen Körpern und Werkstücken werden im S. vielfältige Umformmaschinen verwendet. Bei der Warmumformung durch Schlagschmieden sind es Schmiedehämmer und beim Druckschmieden zur Erzeugung der Umformarbeit verschiedene Bauarten von Schmiedepressen.

Im S. werden zur Umformung auch Schmiedemaschinen verschiedener Bauart verwendet wie Stauchmaschinen, Mehrstufenumformer, Nachformpressen, hydraulische Schmiedepressen, Zangenschmiedemaschinen.

Kennzeichnend für die beim Betrieb von Umformmaschinen im S. verursachten →Erschütterungen ist, daß überwiegend durch Stoßerregungen transiente Erschütterungszeitverläufe verursacht werden. Durch die Arbeitsspiele werden mit Unterbrechungen wiederholt auftretende, jeweils kurzzeitige Erschütterungsimmissionen verursacht. Die Stärke der so verursachten Erschütterungen ist von der Maschinengröße, d. h. vom Arbeitsvermögen bzw. der maximalen Druckkraft abhängig und von der Art der Gründung der Maschinen. Beim gleichzeitigen Betrieb mehrerer Maschinen ist in der Regel nicht zu erwarten, daß die größten beim Einzelbetrieb der Maschinen auftretenden Scheitelwerte der →Schwinggeschwindigkeit vergrößert werden. Die Erschütterungsimmissionen mit den größten Amplituden der Schwingungsgrößen werden oft durch die größte Maschine gleicher Bauart verursacht, die den kürzesten Abstand zu dem in Betracht stehenden Immissionsort hat.

Die von allen Bauarten im S. verwendeten Umformmaschinen verursachten Erschütterungen können durch eine →Aktivisolierung vermindert werden. Dabei wird oft ein Fundament als zusätzliche Beruhigungsmasse benötigt. Bei der →Schwingungsisolierung von Schmiedehämmern und -pressen kann auch die sog. →Direktabfederung in Betracht gezogen werden, bei der die Federisolatoren und Dämpfer direkt unter der Maschine ohne eigentliches Fundament angeordnet werden. Bei dieser Art der Aufstellung muß beachtet werden, ob die größte auftretende Nachschwingweite noch zulässig ist. Die schwingungsisolierte Gründung von Maschinen im S. ist als Stand der Technik anzusehen. *Splittgerber*

Literatur: *Hüffmann, G.*: Schwingungsisolieren – Aufstellen von Schmiedehämmern unter dem Aspekt geringer Immissionen von Lärm und Erschütterungen. Der Maschinenmarkt **92** (1986), Nr. 28. – *Jung, A.*: Die Direktfederung großer Exzenter-Schmiedepressen, Industrie-Anzeiger, **101** (1979) Nr. 73. – *Meyer-Nolkemper*: Vergleichende Untersuchungen von Gesenkschmiedehämmern und -pressen, Hrsg.: Verband Dt. Gesenkschmieden, 1972.

Schmiedehammer →Schmiedebetrieb

Schmiedepresse →Schmiedebetrieb

Schmutzwasser. S. ist das durch häuslichen, gewerblichen, landwirtschaftlichen oder sonstigen Gebrauch in seinen Eigenschaften veränderte und das bei Trockenwetter damit zusammen abfließende Wasser. Als S. gelten im Sinne des →Abwasserabgabengesetzes auch die aus Anlagen zum Behandeln, Lagern und Ablagern von Abfällen austretenden und gesammelten Flüssigkeiten. *Mertsch*

Schneckenpumpwerk. Schon im Altertum hat man es verstanden, mit Hilfe der Archimedischen Spirale Wasser zu heben. Dieses Prinzip wird heute noch vielfach in →Abwasserbehandlungsanlagen genutzt. Dabei dreht sich eine Schnecke langsam in einem Trog und schiebt das Abwasser nach oben. Da die Drehzahl der Schnecke klein ist, wird zwischen Antriebsmotor und Schnecke ein Getriebe geschaltet. Der Bau und der Betrieb dieser Pumpwerke ist einfach. Die Pumpe kann sich dem schwankenden Zulauf gut anpassen und arbeitet selbst bei geringer Teilfüllung mit gutem Wirkungsgrad. S. benötigen oft keinen vorgeschalteten →Rechen. *Mertsch*

Schnee. Die kristalline Form der wässerigen Niederschläge (Hydrometeor) wird als S. bezeichnet. Wesentlich für das Wachstum von Eiskristallen ist, daß die Sättigung des Wasserdampfs in Bezug auf Eis eine andere ist als in Bezug auf Wasser. Wird feuchte Luft unter 0 °C abgekühlt, so setzt der Übergang vom gasförmigen in den festen Zustand früher ein als die →Kondensation. Zur Erzeugung von Eiskristallen ist immer ein Kristallisationskern (Aerosole) notwendig; so können Wolkentröpfchen bis −40 °C unterkühlt werden, bevor eine spontane Kristallisation einsetzt.

Ein Vergleich der Konzentrationen anorganischer Ionen zwischen simultan gesammeltem →Regenwasser und dem Wasser geschmolzener Schneeflocken zeigt, daß die Spurenstoffkonzentrationen im Regenwasser immer höher sind als im S. Der Grund hierfür liegt in der unterschiedlichen Löslichkeit der Spurenstoffe in Wasser und S. So ist die Konzentration für H_2O_2, einer Verbindung, die überwiegend in der Gasphase gebildet und anschließend in die flüssige Phase transportiert wird, im S. um den Faktor 2–3 niedriger als im Regenwasser. *Wirtz*

Schneeräumung. Die Aufgabe, den Schnee von der Straße zu lösen und an den Straßenrand zu befördern, kann mit sehr unterschiedlichem Arbeitsaufwand verbunden sein. Er hängt von den Eigenschaften der zu räumenden Schneedecke ab, die sich – besonders im Bereich des Gefrierpunktes – mit der Temperatur sehr schnell ändern können. Ein zweiter Faktor für die Veränderung ist der Straßenverkehr. So kann das Raumgewicht zwischen 50 und 800 kg/m³, die Kohäsion zwischen 0,5 und 50 kp/dm² liegen. Die S. wird meistens durch Tausalz unterstützt, das nicht nur die Haftung an der Fahrbahnoberfläche aufheben soll, sondern auch den Anstieg des Raumgewichts und der Kohäsion wegen Zusammenbackens unter Verkehr verhindert. Der Schnee muß so rasch geräumt werden, daß er noch locker oder wäßrig ist. Die S. in einem Arbeitsgang erspart mehrmaliges Lösen. Der Schnee sollte also nur einmal bewegt werden und die Förderweite zur Einsparung von Energie nicht größer sein als unbedingt erforderlich. Unter unseren Verkehrsverhältnissen, bei denen die halbe Fahrbahn in einem Arbeitsgang und die Gegenrichtung in einem zweiten geräumt wird, erfüllt der einseitige Schneepflug als Vorbaupflug am Lkw diese Bedingungen am besten.

Bei breiten Richtungsfahrbahnen (Autobahnen) räumen mehrere Pflüge gestaffelt von der Mitte zum rechten Fahrbahnrand. Große Schneehöhen und Randwälle werden von Schneeräummaschinen aufgenommen und ausgeworfen.

In schneereichen Gebieten werden die Fahrbahnränder mit Schneezeichen kenntlich gemacht, die ein bis drei Meter über Gelände die Räumfläche anzeigen. *Durth*

Literatur: *Beilhack:* Neue Entwicklungen auf dem Gebiet der Schneeräumtechnik. Winterdienst-Kolloquium, Darmstadt 1991. Hrsg. Forschungsgesellschaft für Straßen- und Verkehrswesen. Köln 1991. – *Merkblatt für die Schneeräumung.* Hrsg. Forschungsgesellschaft für Straßen- und Verkehrswesen. Köln 1969.

Schneller Brüter. →Kernreaktor, in dem die Spaltungskettenreaktion hauptsächlich durch schnelle Neutronen aufrechterhalten wird und der mehr spaltbares Material erzeugt als er verbraucht. Durch thermische Neutronen induzierte Spaltungen spielen in einem S. B. nur eine untergeordnete Rolle; ihr Anteil soll möglichst gering gehalten werden. Deshalb enthält dieser Reaktortyp keinen →Moderator. Als Brutmaterial verwendet man meistens U-238, aber auch Th-232 ist dafür geeignet. Gebrütet werden die Spaltstoffe Pu-239 bzw. U-233. Auf diese Weise sichert man sich eine sehr langfristige Rohstoffbasis. Voraussetzung ist allerdings eine →Wiederaufarbeitung der Brennelemente und die Rückführung des erbrüteten Pu-239 bzw. U-233.

Am bekanntesten ist der Schnelle Natriumgekühlte →Brutreaktor, SNR (Bild).

Der Reaktorkern eines Brüters besteht aus zwei Zonen: der inneren Spaltzone, dessen Brennelemente 20–25 % Pu-239 enthalten und der äußeren Brutzone mit Natururan-Brutelementen. Der S. B. erzeugt eine hohe Leistungsdichte im Reaktorkern. Deshalb ist eine intensive Kühlung notwendig, die man am besten mit Natrium auf Grund seiner ausgezeichneten Wärmeübertragungseigenschaften erreicht. Das Verhältnis von Brut- zu Brennelementen bestimmt die Energieausbeute und die Brutrate des Reaktors. *Merz*

Schönungsteich. S. werden mit biologisch oder gleichwertig gereinigtem Abwasser beschickt. Bei leistungsschwachen Gewässern oder besonders hohen Ansprüchen an die Gewässergüte sind S. ein einfaches und zuverlässiges Verfahren, den Ablauf einer biologischen Kläranlage (→Abwasserbehandlungsanlage) hinsichtlich Schwebstoffe, organischer Restbelastung, anorganischer Nährstoffe und hygienischer Beschaffenheit zu verbessern. Ihr Pufferungsvermögen bewirkt einen Konzentrationsausgleich. Sie werden in der Regel ohne künstliche Belüftung betrieben. Bemessungskriterium ist die Durchflußzeit. *Mertsch*

Schornstein. Ursprünglich der die Rauchgase in die freie Atmosphäre abführende Teil einer →Feuerungsanlage; heute allgemeine Bezeichnung von baulichen Einrichtungen zur Abführung von Abgasen oder Abluft. Neben dem Begriff S. werden in Deutschland synonym die Begriffe Kamin, Rauchfang, Schlot und Esse verwendet, wobei sich jedoch im Sprachgebrauch die Bezeichnung S. immer mehr durchsetzt (z. B. Bundesgesetz über das Schornsteinfegerwesen). Eine Besonderheit ist bei den Synonymen Kamin und Esse gegeben: als solche

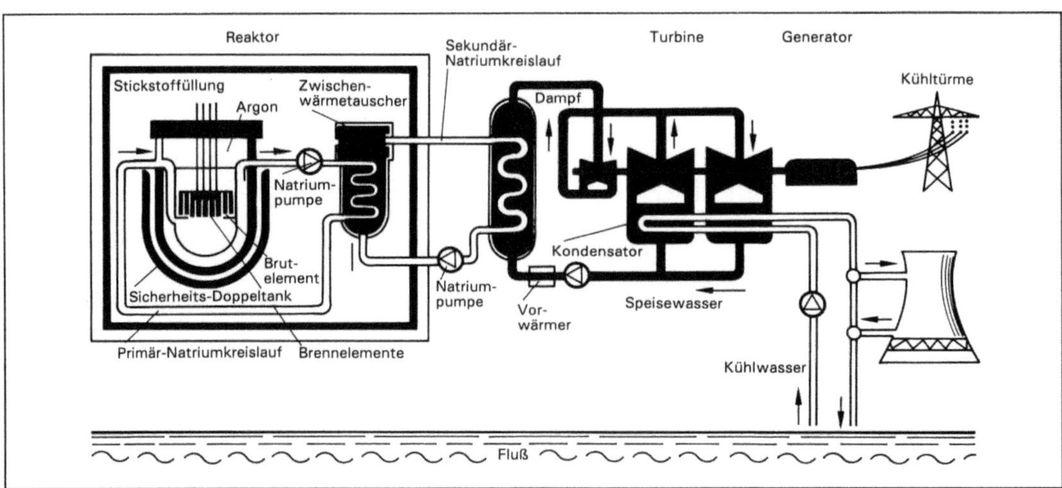

Schneller Brüter: Schematische Darstellung eines Kernkraftwerks mit S. B.

werden sowohl die Rauchabzüge als auch die Feuerstellen selbst bezeichnet. Dies ist von größerer Bedeutung für die Kamine im Sinne von offenen Feuerstellen, wie sie in der →1. BImSchV als offene Kamine besonderen Anforderungen zur Emissionsminderung unterworfen werden.

Im Umweltschutz sind S. von Bedeutung im Hinblick auf die Ableitung von Luftschadstoffen und deren von der S.-Höhe abhängigen Ausbreitung (→Schornsteinhöhe, →Schornsteinmindesthöhe, →Spurenstoffausbreitung). Die Ableitung von Abgasen über S. bewirkt lediglich eine Verdünnung der darin enthaltenen Schadstoffkonzentration und ist daher unter dem Postulat eines vorsorgenden Umweltschutzes nur von sekundärem Wert; Priorität haben Emissionsminderungsmaßnahmen, die bereits bei der Entscheidung über die einzusetzenden Brenn- oder Einsatzstoffe sowie die anzuwendenden technischen Prozesse und nicht nur bei der Auswahl der →Abgasreinigungsverfahren ansetzen müssen. Gleichwohl sind S. bei Verbrennungsprozessen und bei vielen Produktionsprozessen unverzichtbar, weil die über das Verdünnungsprinzip hinausgehend postulierten Verminderungsprinzipien nicht das absolut schadstoffreie Abgas gewährleisten können.

Das Verdünnungsprinzip war in der Luftreinhaltung seit Beginn der Industrialisierung lange Zeit das einzige Mittel, um akute Schäden durch Luftschadstoffe von Mensch und Umwelt abzuwenden. Bereits in der ersten Hälfte des 19. Jahrhunderts wurden aus diesem Grunde in England und Schottland zur Ableitung von Abgasen aus chemischen Anlagen, namentlich von Chlorwasserstoff aus der Sodafabrikation, S. mit Bauhöhen bis zu ca. 139 m (um 1845 Tennant's St. Rollox Works bei Glasgow) errichtet. Der höchste S. der Erde war im 19. Jahrhundert die 1890 in Betrieb genommene *Halsbrücker Esse* der Freiberger Hüttenwerke (Sachsen) mit einer Bauhöhe von 140 m (Bild). Der S. wurde gebaut, um den anhaltenden Beschwerden über schwere Schäden an Nutzpflanzen, Vieh und Waldungen durch säure- und schwermetallhaltige Abgase der Röst- und Hochöfen in der näheren Umgebung abzuhelfen.

Der höchste S. der Welt (420 m) ist seit 1991 in einem Kohlekraftwerk in Ekibastuz (Kasachstan) in Betrieb. Der höchste europäische S. (360 m) gehört zu einem Heizkraftwerk in Trbovlje (Slowenien), der höchste deutsche S. (302 m) zum Kohlekraftwerk der VEBA-Kraftwerke Ruhr in Gelsenkirchen. *Dreyhaupt*

Literatur: Das neue Guinness Buch der Rekorde 1993; Ullstein, Frankfurt a. M./Berlin 1992. – *Dreyhaupt, F. J.*: Entsorgung von Luftschadstoffen – von der Verdünnung zur Vermeidung. In G. Hohlneicher/G. Raschke: Leben ohne Risiko. Köln 1989. – Mitteilung über die Halsbrücker Esse in Zeitschrift des Vereins Deutscher Ingenieure, Bd. XXXV, No. 6, 1891, S. 175. – *Schilling, G.*: Die Bezeichnungen für den Rauchabzug im deutschen Sprachgebiet. Giessen 1963.

Schornstein: Der 1890 in Betrieb genommene S. der Halsbrücker Hütte in Freiberg/Sachsen. Der Schornsteinfuß liegt ca. 60 m über der Hüttensohle; der Abgaskanal ist etwa 500 m lang.

Schornsteinfeger-Messung. Nach der Verordnung über →Kleinfeuerungsanlagen (→1. BImSchV) besteht die Verpflichtung, vom zuständigen Bezirksschornsteinfeger durch Messungen überprüfen zu lassen, ob die an Heizungsanlagen gestellten Anforderungen zur Begrenzung der Emissionen eingehalten werden. Gemessen wird bei den meisten Anlagen einmal jährlich. Hierdurch soll erreicht werden, daß die Heizungsanlagen regelmäßig fachmännisch gewartet und korrekt eingestellt werden. Ohne Kontrolle und Wartung besteht das Risiko, daß der Brennstoffverbrauch erheblich ansteigt und die Außenluft unnötig belastet wird. Die S.-M. leisten also gleichermaßen einen wichtigen Beitrag zur Energieeinsparung und zur Luftreinhaltung.

Um den Meßaufwand gering zu halten, werden einfache Meßgeräte eingesetzt, die allerdings eine Eignungsprüfung bestanden haben sollen. Anforderungen an die Bauausführung und Prüfung der Meßgeräte sind in Richtlinien des zuständigen Bundesministeriums festgelegt. Bei Feuerungsanlagen für feste Brennstoffe werden nach dem Prinzip der →Gravimetrie die staubförmigen Emissionen bestimmt. Bei Holz- und Strohfeuerungen wird zur Vermeidung von Beschwerden der Nachbarschaft zusätzlich als Maß für die Güte der Verbrennung der Kohlenmonoxidgehalt gemessen. Bei Öl- und Gasfeuerungen wird aus der Messung des Sauerstoff- oder Kohlendioxidgehalts im Abgas und der Differenz zwischen Abgas- und Raumlufttemperatur der Abgasverlust bestimmt. Bei Ölfeuerungen wird außerdem zur Kennzeichnung der Rußemissionen die →Rußzahl nach der →Bacharach-Methode ermittelt. *Stahl*

Literatur: Qualitätssicherung der Messung nach der 1. BImSchV. Forschungsber. 91-104 02 172 der GSA Gesellschaft für Staubmeßtechnik und Arbeitsschutz, Neuß, 3/1991 i. A. des Umweltbundesamtes.

Schornsteinhöhe. Schornsteine dienen zur Ableitung von Abgasen in die Atmosphäre. Die geltenden Vorschriften zur Reinhaltung der Luft (z. B. →TA-Luft) stellen bestimmte Anforderungen an die Ableitungsbedingungen der Abgase. Danach sind die Abgase so abzuleiten, daß ein ungestörter Abtransport mit der freien Luftströmung ermöglicht wird. Darüber hinaus jedoch ist die S. (Schornsteinbauhöhe) so festzulegen, daß eine ausreichende Verdünnung der Abgase erfolgt. Die so ermittelte S. ist die erforderliche →Schornsteinmindesthöhe.

Die Grundlage für die Bemessung der erforderlichen S. liefert ein *Gauß*-Fahnenmodell (→Gauß-Modell). Es errechnet bei Kenntnis der in der Zeiteinheit emittierten Schadstoffmenge in Abhängigkeit von der S. und den meteorologischen Ausbreitungs-Situationen die in der Umgebung des Schornsteins auftretenden Immissionskonzentrationen. Bei Vorgabe eines Schwellenwerts für die Immissionskonzentrationen, der nicht überschritten werden soll, kann dann die S. errechnet werden, bei der der Schwellenwert gerade eingehalten ist. In hohem Maße hängt die sich ergebende S. (Schornsteinbauhöhe) von der effektiven →Quellhöhe ab.

Bei einer gegebenen meteorologischen Ausbreitungssituation vermindert sich die maximale Immissionskonzentration proportional mit dem Quadrat der S. Mit zunehmender S. verschiebt sich die maximale Immission zu größeren Entfernungen. Bei labiler →Temperaturschichtung der Atmosphäre liegt das Maximum näher als bei stabiler Temperaturschichtung.

Bei Abgasmengen von 50 000 m³ h⁻¹ und Abgastemperaturen von 120 °C liegt das Immissionsmaximum im Jahresmittel bei einer Schornsteinbauhöhe von H = 50 m in ca. 500 m Entfernung, bei H = 150 m in ca. 1 000 m Entfernung. Bei gleicher Abgasmenge würde bei H = 300 m die Entfernung ca. 2 000 m

betragen. Bei Schornsteinbauhöhen von H = 300 m sind jedoch eher Abgasmengen von 1 000 000 m³ h⁻¹ als typisch anzusehen. In diesem Fall läge bei H = 300 m das Immissionsmaximum im Jahresmittel im Entfernungsbereich um 5 000 m.

Die Verdünnungswirkung von Schornsteinen (Verhältnisfaktor von Emissions- zu Immissionskonzentration) hängt gleichfalls stark von der effektiven Quellhöhe und damit von der Abgasmenge und der Abgastemperatur ab. Die nachfolgend genannten Verdünnungsfaktoren gelten für eine Abgasmenge von 1 000 000 m³ h⁻¹ und eine Abgastemperatur von 120 °C.

Bezogen auf den maximalen Jahresmittelwert der Immissionskonzentration betragen die Verdünnungsfaktoren bei H = 50 m rd. 300 000, bei H = 150 m rd. 5 000 000, bei H = 300 m rd. 18 000 000. Bezogen auf die maximalen 98-Perzentile der Häufigkeitsverteilung der Immissionskonzentrationen liegen die Verdünnungsfaktoren bei H = 50 m bei rd. 25 000, bei H = 150 m bei rd. 250 000 und bei H = 300 m bei 1 200 000.

Hohe Schornsteine vermindern die Immissionsbelastung im unmittelbaren Einflußbereich der Emittenten deutlich. Bei weiträumiger Betrachtung sind jedoch hohe Schornsteine kein ausreichendes Mittel zur Luftreinhaltung. Bei hohen Schornsteinen werden die Schadstoffe über große Entfernungen (→Ferntransport) transportiert. Die chemischen Umsetzungsprodukte der Abgase (z. B. Sulfat, Nitrat) werden auch noch in großen Entfernungen abgelagert und können hier negative Auswirkungen auf Boden, Wasser und Biosphäre haben. Generell ist daher eine Verminderung der Schadstoffströme an der Quelle anzustreben. *Külske*

Schornsteinmindesthöhe. Die nach den Vorschriften der Nr. 2.4 der TA Luft zur Immissionsbegrenzung erforderliche Schornsteinbauhöhe (→Schornsteinhöhe). Sie kann in Abhängigkeit von der Schadstoffkomponente aus einem Nomogramm (Nr. 2.4.3 TA Luft) entnommen werden, wenn folgende Größen bekannt sind: Abgasmenge in m³ h⁻¹, Abgastemperatur in °C, Schornsteindurchmesser in m, Schadstoffmenge in kg h⁻¹. Die so ermittelte S. ist mit Zuschlägen zu versehen zur Berücksichtigung der Höhe der Bebauung und des Bewuchses in der Umgebung des Emittenten. Ein weiterer Zuschlag ist erforderlich, wenn der Emittent in einem Tal liegt oder die Ausbreitung durch Geländeerhebungen gestört ist.

Der Schornstein soll mindestens eine Höhe von 10 m über der Flur haben und den Dachfirst um 3 m überragen, um die unmittelbare Nachbarschaft nicht zu beeinträchtigen. Bei höheren Gebäuden in der Nachbarschaft sowie bei Gebäuden, die zu einem Herabziehen der Abgasfahne zum Boden führen (Leewirbelbildung), sind Sonderuntersuchungen erforderlich. In der Regel sollten Schornsteinhöhen 250 m nicht überschreiten. Ergibt sich aus dem Nomogramm der TA-Luft eine größere Schornsteinhöhe als 200 m, sollen Emissionsbegrenzungen vorgenommen werden. *Külske*

Schrott. Unter S. werden üblicherweise Metallabfälle und unbrauchbare Metallgegenstände verstanden, die zur Metallgewinnung genutzt werden.

Neben den Produktionsabfällen stellen Altautos (→Altauto-Verwertung) den größten Anteil am S.-Aufkommen.

In der Regel wird S. kein Abfall, sondern →Wirtschaftsgut sein. Allerdings unterliegen Anlagen, die der Lagerung oder Behandlung von Altautos dienen, den Regelungen des Abfallgesetzes (§ 5 Abs. 1 AbfG) (→Shredderanlage). *Blickwedel*

Schrottschere. Die S. dient zum Zerkleinern von schweren Schrotteilen wie Autowracks, Stahlknüppeln, Stahlprofilen, Eisenbahnschienen u. ä. Sie ist eine komplizierte →Erschütterungsquelle. Beim Betrieb der S. werden durch den Vorverdichter, den Preßdeckel und den Niederhalter zum Abscheren des Schrotts Spannungen im Maschinenrahmen aufgebaut, die sich mindestens teilweise plötzlich abbauen. Dadurch werden über die Stützstellen unregelmäßig schwankende Erregungen und beim eigentlichen Abschervorgang eine →Stoßerregung in den Aufstellungsort eingeleitet und →Erschütterungen verursacht.

Beim Betrieb einer S. mit einer maximalen Druckkraft von 8 MN wurden in einem etwa 50 m entfernt gelegenen dreigeschossigen Wohnhaus auf Geschoßdecken größte Scheitelwerte der Schwingungsgröße →Schwinggeschwindigkeit von bis zu $v = 1{,}9$ mm/s gemessen mit vorherrschenden Frequenzen von etwa 13 Hz. Die Größtwerte entsprechen Bewerteten Schwingstärken von KB = 1,3, die verhältnismäßig weit oberhalb der →Wahrnehmungsschwelle liegen und von Betroffenen deutlich wahrgenommen wurden.

Die von S. verursachten Erschütterungen können durch eine →Aktivisolierung der Maschinen mit möglichst niedriger Eigenfrequenz des abgefederten Systems sehr wirksam vermindert werden. *Splittgerber*

Literatur: *Splittgerber, H.*: Erschütterungen, Erschütterungsemissionen und -immissionen. In Haupt, W. (Hrsg.): Bodendynamik, Grundlagen und Anwendung. Braunschweig 1986.

Schubspannungsgeschwindigkeit. Charakteristische Geschwindigkeit in einem Gebiet mit durch Scherung erzeugter →Turbulenz. Dynamische oder Scherungsturbulenz entsteht, wenn durch horizontale Druckgradienten an der Erdoberfläche eine Schubspannung erzeugt wird. Diese bewirkt im verformbaren Medium Luft eine Scherung, die zu Verwirbelungen führt. Die S. ist proportional zur →Rauhigkeitslänge und zur Windgeschwindigkeit. *Wichmann-Fiebig*

Schürfverfahren. Ein Verfahren zur Erkundung des obersten Untergrundbereichs im Rahmen der →Gefährdungsabschätzung von →Altablagerungen und →Altstandorten. Die Schürfe hat ihren Einsatzbereich in Tiefen bis etwa 7 m im Lockergestein. Die hierbei gewonnenen Proben bieten einen guten Einblick in den Untergrundaufbau mit einer nicht verfälschten Probenqualität. Mit Hilfe von Schürfen können →Altlasten räumlich und stofflich eingegrenzt werden.

Die beim Schürfen sowie die bei Arbeiten in und an Schürfgräben vorgeschriebenen Sicherheitsmaßnahmen der Berufsgenossenschaft sind besonders zu beachten (→Arbeitsschutz beim Umgang mit Altlasten). *Thoenes*

Schüttgutlagerung →Lagerung staubender Güter

Schüttschichtfilter. S. sind filternde →Abscheider, bei denen der staubbeladene Gasstrom eine körnige Schicht durchströmt und dabei gereinigt wird. Die Schüttschicht übernimmt bei dieser Filterbauart die Funktion des Filtermediums. Sie kann aus Materialien verschiedenster Art und Größe bestehen; häufig werden Kies, Sand, Keramik und Aktivkohle der Größe 0,5–5 mm verwendet. Wichtig für die Einsatzmöglichkeiten dieser Filter sind die chemische und mechanische Resistenz, die Beständigkeit gegenüber hohem Druck und hoher Temperatur sowie das Regenerierverhalten der Schüttung. Haupteinsatzgebiete liegen vorwiegend bei der →Entstaubung heißer Abgase, bei der Abscheidung von abrasiven, chemisch aggressiven oder klebrigen Stäuben sowie bei der Gefahr von Glimmbränden oder Taupunktsunterschreitungen.

Prinzipiell kann die Abscheidung von Partikeln an größeren Körnern in einer ruhenden Schüttschicht (Festbett), bewegten Schüttschicht (Wanderbett) oder von der Gasströmung getragenen Schicht (Wirbelschicht) erfolgen. Bei einer unbeladenen Schüttschicht findet die Abscheidung zunächst im Inneren am einzelnen Schüttgutkorn statt. Dieser Vorgang entspricht prinzipiell der Abscheidung in Tiefenfiltern. Bei einer ruhenden Schüttung verstopfen mit fortschreitender Filtration die Hohlräume zwischen den Körnern. Die Abscheidung verlagert sich nach außen, ähnlich wie bei den →Oberflächenfiltern. Nach Erreichen eines zulässigen Druckverlustes müssen die Schüttschichten regeneriert, d. h. die abgeschiedenen Stäube entfernt werden. *Löffler/Schmidt*

Schutzabstand. S. sind im wesentlichen ein Instrument der Stadt- und Regionalplanung, um Gebietsnutzungsarten (→Baugebiete) mit schutzwürdigem Charakter von solchen mit potentiellen Gefahreninhalten von vornherein zu trennen und so die möglichen schädlichen (Umwelt-)Auswirkungen inhärent klein zu halten. Dies gilt sowohl für Störfall- und Unfallgefahren, die von Industrieanlagen und sonstigen gefährlichen Anlagen ausgehen können, wo die S. den Charakter von Sicherheitsabständen vor direkten Explosions-, Brand- oder Gaswolkenauswirkungen haben, als auch für bloße drohende schädliche Umwelteinwirkungen durch Luftverunreinigungen, Gerüche, Geräusche, Erschütterungen und ähnliche Einwirkungen im Sinne des BImSchG, die unterhalb der Gefahrenschwelle liegen, aber erhebliche Belästigungen oder Nachteile beinhalten können. Zwar sind S. oder Sicherheitsabstände, oft auch als Mindestabstände bezeichnet, in verschiedenen Rechtsnormen, Verwaltungsvorschriften und Richtlinien konkret vorgesehen, so z. B. für Sprengstofflager (2. SprengV), Flüssiggaslager (TRB 610/TRB 810), Tierintensivhaltungen und Schlachthöfe (TA Luft Nrn. 3.3.7.1.1 und 3.3.7.2.1), die Realisierung solcher Abstände ist aber nur im Einklang mit dem Planungsrecht (→Bauleitplanung) möglich.

Zur Gewährleistung großer S. bietet sich grundsätzlich § 35 Abs. 1 Nr. 5 BauGB (Bauen im Außenbereich wegen nachteiliger Wirkung des Vorhabens auf die Umgebung) als wirksames Instrument an (praktiziert z. B. bei Tierintensivhaltungen), aber die baugesetzliche →Bodenschutzklausel und die →Bodenschutzziele überhaupt engen den ohnehin schon restriktiven Charakter dieser Planungsnorm noch weiter ein.

Die Berücksichtigung von S. in der planerischen Praxis ist hauptsächlich aus zwei Gründen schwierig:

□ Die Bauleitplanung – als letzte Stufe in der Planungskette Raumordnung/Landesplanung/Regionalplanung –, in der überhaupt noch die Umwelt- und Sicherheitsaspekte konkret durch Abstandsregelungen in die Entscheidung einbezogen werden können, hat wegen der in Deutschland weitgehend vorgegebenen tatsächlichen Nutzungssituationen einerseits und wegen des Postulats der restriktiven Inanspruchnahme der Ressource Boden (Bodenschutzklausel) andererseits keine weiten Spielräume für inhärent sichere, große S.; die Planung steht vielmehr, besonders in den Ballungsgebieten, schwerpunktmäßig vor der Aufgabe der Verbesserung bestehender Nutzungs- und Bebauungszustände, wo meist nur kleine Planungsschritte möglich sind, die zwar Entzerrungen unverträglicher Nutzungen – insbesondere in sog. Gemengelagen –, aber in der Regel keine absolute Trennung durch gefahren- oder belästigungsbeseitigende Schutzentfernungen zulassen.

□ Das Maß für einen notwendigen S. kann nicht in allen Fällen einer potentiell gefährlichen oder umweltschädlichen Nutzung mit naturwissenschaftlichen Erkenntnissen sicher ermittelt werden, teils weil (bei Neuplanungen) die tatsächlichen Gefahren- oder Schädigungsinhalte noch gar nicht bekannt sind, teils weil die Prognosemodelle für die Abstandsberechnung nicht alle Einflüsse überhaupt oder vollständig berücksichtigen können. Am ehesten ist eine relativ genaue und in ihrer Wirkung auch ziemlich sicher zu beurteilende S.-Ermittlung möglich zur Vermeidung schädlicher Geräuscheinwirkungen, weil hier einerseits die physikalischen Gesetzmäßigkeiten der Schallausbreitung reproduzierbar nachvollzogen werden können und andererseits die Quellen der schädlichen Auswirkungen – die Schallquellen – keinen unvorhergesehenen Ereignissen unterworfen sind, die bei anderen Gefahrenquellen, wie sie z. B. beim Ablauf chemischer Reaktionen oder in der Kerntechnik gegeben sind, zu schwer abschätzbaren Folgen führen können. Für die ungestörte Schallausbreitung in der freien Atmosphäre gilt das →Abstandsmaß.

In der Praxis der Bauleitplanung werden sog. S.-Listen zur Berücksichtigung des Immissionsschutzes – konkret der Luftreinhaltung und des Lärmschutzes – bei der Aufstellung von Flächennutzungs- und Bebauungsplänen angewendet, die sich am Stand der Technik zur Emissionsminderung orientieren; die Abstandslisten werden aber nicht direkt als Entscheidungshilfe von der Planungsbehörde herangezogen, sondern dienen den Immissionsschutzbehörden als Grundlage für ihre im Bauleitplanverfahren als Träger öffentlicher Belange abzugebenden Stellungnahme. Die Abstandsliste ist mit einem sog. →Abstandserlaß (Abstandsregelungen) gekoppelt, der die Anwendung der Liste und dabei auch Gesichtspunkte der Flexibilität regelt. Die Planungsbehörde ist nicht an die Abstandsliste und auch nicht an die Stellungnahme der Immissionsschutzbehörde gebunden, sondern hat diese Stellungnahme im Rahmen des Abwägungsgebotes des Baugesetzbuches in die Abwägung einzubeziehen.

Die behandelte S.-Liste gilt nicht in konkreten Anlagengenehmigungsverfahren nach dem BImSchG, weil in solchen Verfahren aufgrund der detaillierten Antragsunterlagen im Rahmen der Einzelfallprüfung die Auswirkungen und der Einwirkungsbereich der geplanten Anlage wesentlich genauer beurteilt werden können. Auf dieses Procedere laufen auch in der →TA Luft (z. B. für Schlachthöfe in Nr. 3.3.7.2.1) konkret vorgesehene Mindestabstände zur nächsten vorhandenen oder in einem Bebauungsplan festgesetzten Wohnbebauung hinaus; soll der angegebene Mindestabstand unterschritten werden, so ist eine „Sonderbeurteilung" erforderlich. Dabei können in VDI-Richtlinien angegebene Abstandsbewertungen (wie etwa für Schlachthöfe in VDI 2596 zur Vermeidung von erheblichen Geruchsbelästigungen vorgesehen) als Regeln der Technik (→Technische Regeln im Umweltschutz) berücksichtigt werden.   *Dreyhaupt*

Literatur: Abstände zwischen Industrie- bzw. Gewerbegebieten und Wohngebieten im Rahmen der Bauleitplanung (Abstandserlaß); Runderlaß des Ministers für Umwelt, Raumordnung und Landwirtschaft NRW vom 21. 3. 1990 (MBl. NW S. 504). – *Dreyhaupt, F. J.* und H. Bresser: Schutzabstände als Instrument der Stadt- und Regionalplanung zur Berücksichtigung des Faktors Luftreinhaltung. Köln 1972. – Immissionsschutz in der Bauleitplanung (Erlauterungen zum Abstandserlaß), herausgegeben vom Ministerium für Umwelt, Raumordnung und Landwirtschaft des Landes Nordrhein-Westfalen. Dusseldorf 1990. – TRB 610: Technische Regeln Druckbehälter; Aufstellung von Druckbehältern zum Lagern von Gasen; Ausg. Januar 1984. – TRB 801: Technische Regeln Druckbehälter; Besondere Druckbehälter nach Anhang II zu § 12 Druckbehälter-Verordnung, Ausgabe Februar 1984; mit der Anlage zu TRB 801 Nr. 25 – Flussiggaslagerbehälteranlagen; Ausg. Dez. 1991 (Bundesarbeitsbl. 12/91 S. 53). – VDI 2596: Emissionsminderung; Schlachthöfe; Okt. 1991. – *Wietfeldt, P.:* Sicherheitsabstände – eine Maßnahme zur Störfallvorsorge; TÜ **33** (1992) Nr. 6 S. 224, Nr. 7/8 S. 254. – Zweite Verordnung zum Sprengstoffgesetz (2. SprengV) vom 5. Sept. 1989 (BGBl. I S. 1620/2458).

Schutzgebiet. Zu den Hauptinstrumenten des ökologischen Flächenschutzes zählt die Festsetzung von S. Die Ausweisung von S. kann umweltspezifischen Zwecken dienen. Das gilt vor allem für die S. des Naturschutzrechts, des Wasserrechts und des Immissionsschutzrechts (Schutz bestimmter Gebiete nach § 49 Abs. 1 und 2 BImSchG, z. B. Kurgebiete, Smoggebiete). Daneben gibt es allerdings auch eine Reihe von S., die keinem umweltspezifischen Schutzzweck dienen, insofern also nur mittelbar für den →Umweltschutz von Belang sein können. So können z. B. gem. § 32 S. 1 WHG Gebiete, die bei Hochwasser überschwemmt werden, zu Überschwemmungsgebieten erklärt werden, soweit es die Regelungen des Wasserabflusses erfordern. Die Ausweisung von Überschwemmungsgebieten ist ein wasserwirtschaftliches Instrument, das nur mittelbar für den Umweltschutz von Bedeutung ist.

In den S. gelten zur Erreichung des jeweiligen Schutzzweckes zumeist zahlreiche Unterlassungs-, Duldungs- und Leistungspflichten, die insbesondere für den Grundeigentümer oder sonstige Nutzungsberechtigten in den betroffenen Gebieten erhebliche Beeinträchtigungen darstellen können. Die in einem S. für Privatpersonen geltenden Verbote und Gebote dürfen deshalb nur durch Gesetz oder aufgrund gesetzlicher Ermächtigung durch Rechtsverordnung, Satzung oder Verwaltungsakte ergehen. Regelmäßig handelt es sich bei den Nutzungsbeschränkungen in S. um Inhaltsbestimmungen des Eigentums im Sinne von Art. 14 Abs. 1 S. 2 GG, die

von den Grundeigentümern entschädigungslos hinzunehmen sind.

Die Festsetzung von S. und die Bestimmung der erforderlichen Gebote und Verbote sind in nahezu allen umweltrechtlichen Vorschriften in das Ermessen der Verwaltung gestellt. Nach der Rechtsprechung des Bundesverwaltungsgerichtes muß die Ausweisung eines S. sowohl hinsichtlich der Abgrenzung des Gebietes als auch hinsichtlich der innerhalb des Gebietes geltenden Schutzanordnungen vor allem dem Bestimmtheitsgrundsatz genügen. Die Grenzen des S. müssen deshalb im Verordnungstext selbst beschrieben werden. In der Schutzverordnung muß außerdem genau angegeben werden, welche Handlungen verboten sind und einer Genehmigung bedürfen.   *Hoppe/Beckmann*

Literatur: *Gieseke; Wiedemann; Czychowski:* WHG, 5. Aufl. 1990. – *Hoppe; Beckmann:* Umweltrecht, § 7 Rn. 7 ff., 61 ff. München 1989. – *Schink:* Naturschutz- und Landschaftspflegerecht Nordrhein-Westfalen. Köln 1989.

Schutzgüter. Von der Rechtsordnung geschützte Güter des Einzelnen, z. B. Leben, Gesundheit, Eigentum, oder der Allgemeinheit, z. B. Reinheit der Gewässer. Bei den →Altlasten können als S. die Gesundheit des Menschen, die Umweltmedien Wasser, Boden, Luft, die pflanzlichen und tierischen Lebewesen und ihre Ökosysteme, aber auch Kultur- und Sachgüter betroffen sein (Bild). Die S. menschliche Gesundheit, besonders im Zusammenhang mit gesunden Wohn- und Arbeitsverhältnissen, öffentliche Wasserversorgung und Reinheit der Nahrung und des Grundwassers sind vorrangig. Sind diese S. durch die Auswirkungen der Altlasten potentiell gefährdet, dann werden wegen des sehr großen denkbaren Schadensausmaßes nur geringe Anforderungen an die Wahrscheinlichkeit des Schadenseintritts zu stellen sein (→Gefährdungsabschätzung).

Die S. sind im Einflußbereich einer Altlast je nach Art der Nutzung unterschiedlich betroffen. Primär kontaminierte S. können zu einer sekundären Belastung weiterer S. beitragen und schließlich eine Exposition des Menschen bewirken (→Ausbreitungspfad).   *Thoenes*

Literatur: *Eikmann, T., A. Kloke* u. *H. P. Lühr:* Die Ableitung von Handlungswerten für kontaminierte Böden. In: Franzius, V. (Hrsg.) Sanierung kontaminierter Standorte 1990. Bd. 39. Berlin 1991.

Schutz- und Beschränkungsmaßnahmen. Zusammenfassende Bezeichnung für Maßnahmen zur Abwehr von Gefahren aus →Altlasten, die nicht zu den →Sicherungs- und →Dekontaminationsmaßnahmen (Sanierung) gehören. S.- u. B. werden vorgenommen, wenn eine eindeutig vorliegende oder unmittelbar bevorstehende Gefahr für Leben und Gesundheit sowie für die öffentliche Sicherheit

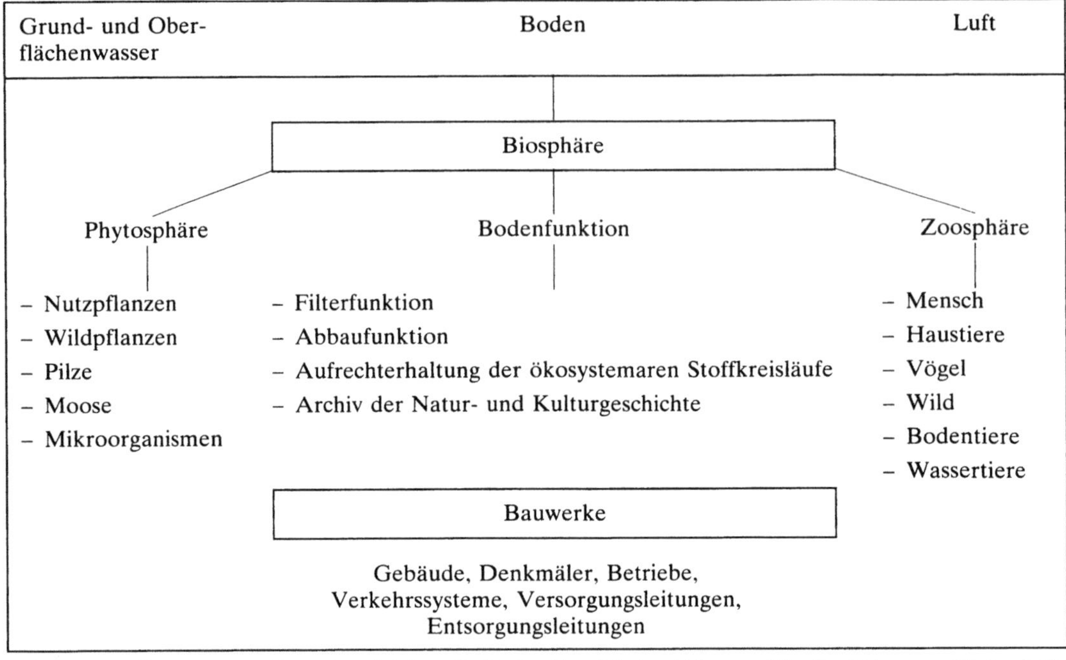

Schutzgüter: Zusammenstellung der wichtigen S. für den Bereich der Altlasten. (Quelle: Eikmann, Kloke, Lühr 1991)

und Ordnung festgestellt wird („Gefahr im Verzug"). S. sind z. B. notwendig, wenn die von einer Altlast ausgehende Verschmutzungsfahne im Grundwasser ein →Wasserschutzgebiet oder den Absenkungsbereich einer Trinkwassergewinnungsanlage erreicht.

Zu den S.- u. B. können unter Berücksichtigung der konkreten Gefahrenlage gehören:
– Sichern des Geländes durch Einzäunung und Hinweistafeln,
– Betretungsverbote, Schließung der Bauwerke,
– Überwachung, z. B. Installation von Gaswarngeräten,
– Beschränkungen bei Baugenehmigungen und Bauarbeiten auf dem Gelände von Altlasten,
– Einschränkungen bei der wohnlichen Nutzung bis zur Evakuierung,
– Beschränkungen bei der baulichen Nutzung als Industrie- bzw. Gewerbebetrieb und bei der Nutzung der Betriebseinrichtungen,
– Verbot des Gebrauchs von Zündquellen,
– Einbau von Belüftungsanlagen in gefährdete Gebäudeteile,
– Behebung baulicher Mängel, z. B. Abdichten von Leitungsdurchführungen, an Gebäuden zum dauernden Aufenthalt von Menschen,
– Untersagung der Nutzung von Grund- und Oberflächenwasser,
– Beschränkungen für den Verzehr und beim Inverkehrbringen von Lebens- und Futtermittel,
– Anbaubeschränkungen und Anbauänderungen, z. B. in Gärtnereien und Hausgärten,
– Abdeckung von Teilflächen, z. B. durch Oberflächenfolien,
– Beschränkungen der Deponiegasnutzung,
– Auffangen und Zwischenlagerung ausgetretener Stoffe, z. B. Sickeröle.

S.- u. B. können als eine zeitlich begrenzte Zwischenlösung bis zur Durchführung der Sanierung dienen. Sie können aber auch auf die Dauer aufrechterhalten bleiben, wenn andere Maßnahmen nach dem Grundsatz der Verhältnismäßigkeit der Mittel nicht angewandt werden können, keinen Erfolg haben oder wenn durch Kombinationen mit einer →Nutzungsanpassung die Gefahr beherrschbar wird. *Thoenes*

Schutzmaßnahmen, passive. P. S. gegen Luftverunreinigungen sind unumgänglich, solange eine ausreichende Emissionsreduzierung nicht möglich ist. Sie waren in den 60er Jahren bedeutend, als im stark mit Schwefeldioxid belasteten Ruhrgebiet die sehr immissionsempfindlichen Nadelwälder in weniger empfindliche Laubwälder umgewandelt wurden. Heute findet vor dem Hintergrund der neuartigen →Waldschäden mit völlig anderen Immissionsverhältnissen eine fast umgekehrte Strategie statt, indem die früher weitverbreiteten Fichtenmonokulturen der Mittelgebirgslagen, also außerhalb der Ballungsgebiete, als Laubmischwälder neu begründet werden. Bei Materialien haben p. S. auch heute noch uneingeschränkt Bedeutung, weil trotz reduzierter Immissionsbelastung die lange Expositionszeit ein erhebliches Schädigungspotential ist, entsprechend der empirischen Formel

Schaden = Immission · Einwirkungszeit.

Schäden wären bei den im Grundsatz wünschenswerten säkularen Standzeiten für kulturhistorisch bedeutsame Bau- und Kunstwerke erst dann auszuschließen, wenn die Immissionsbelastung gegen Null gehen würde.

Der Korrosionsschutz von Metallen ist ein altbekanntes Problem wegen der auch ohne Immissionseinwirkung stattfindenden atmosphärischen Korrosion. Der Korrosionsschutz von Natursteinen ist dagegen erst in neuerer Zeit im Blickfeld der Konservatoren und Immissionsforscher, obwohl unter Kunstgeschichtlern die These diskutiert wird, daß auch die Skulpturen mittelalterlicher Kirchen in ihrer Entstehungszeit bereits einen Farbüberzug als Korrosionsschutz hatten, der jedoch in Vergessenheit geriet.

Die Methode der Wahl für den Schutz der Natursteine gegen den Einfluß von Luftverunreinigungen ist eine Imprägnierung auf der Basis siliziumhaltiger Verbindungen wie Kieselsäureester, in neuerer Zeit auch unter Verwendung von Epoxidharzen, Methacrylharzen und Polyurethanen. Der wesentliche Effekt besteht in der Vernetzung der Quarzpartikel, der durch die gleichzeitige Anwendung hydrophobierender Mittel noch verstärkt wird. Entscheidend dabei ist das tiefe Eindringen und die durchgreifende Verfestigung des Gefüges. Die Effizienz der Sanierungsmaßnahme kann durch sog. *Karstensche* Prüfröhrchen bestimmt werden, die das durchfeuchtete Steinvolumen messen. Hierbei ist wiederum die starke Heterogenität des Steins ein Nachteil. Immerhin konnte am Schloß Schillingsfürst/Mittelfranken nachgewiesen werden, daß die Hydrophobierungen aus den Jahren 1982 und 1979 heute noch wirksam sind, nicht aber die aus den Jahren 1973 und 1976.

Eine wichtige p. S. bei Natursteinen ist der Ersatz immissionsempfindlicher gegen immissionsresistente Steinarten. Das Bild zeigt die am Kölner Dom verbauten Steine hinsichtlich ihrer Verwitterungsneigung. Wenn eben möglich, wird heute am Kölner Dom die Londorfer Basaltlava verwendet.

Die Ermittlung der unterschiedlichen Resistenzen bei den einzelnen Steinarten ist im Labor mittels eines Kristallisationsversuchs als Schnellprüfverfahren möglich. Im wesentlichen handelt es sich dabei um intermittierendes Tränken von Steinwürfeln mit Natriumsulfat und die Ermittlung des Gewichtsverlustes. Dieses Verfahren verlangt große Sorgfalt und viel Erfahrung, weil der Schnelltest nicht unbedingt repräsentative Bedingungen für den Einfluß der

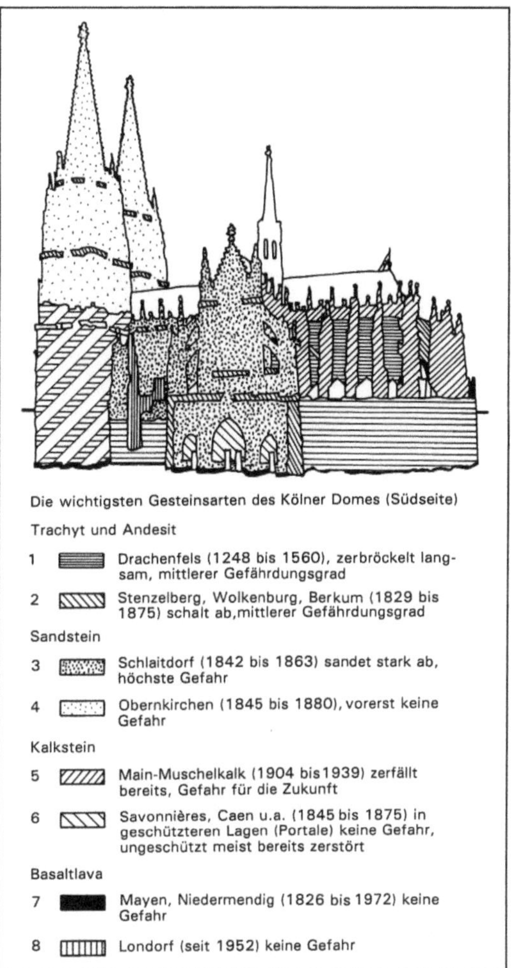

Schutzmaßnahmen, passive: Darstellung der Empfindlichkeit verschiedener am Kölner Dom verwendeter Steinarten (nach Wolff*).*

Außenluft darstellt und vor allem die Heterogenität der Steine große Schwierigkeiten bereitet. *Prinz*

Schutzprinzip. Das S. gehört zu den wichtigsten Grundsätzen des →Umweltrechts. So bezeichnet § 1 des BImSchG als Zweck dieses Gesetzes, Menschen, Tiere und Pflanzen, den Boden, das Wasser, die Atmosphäre sowie Kultur- und sonstige Sachgüter vor schädlichen Umwelteinwirkungen und, soweit es sich um genehmigungsbedürftige Anlagen handelt, auch vor Gefahren, erheblichen Nachteilen und erheblichen Belästigungen, die auf andere Weise herbeigeführt werden, zu schützen. Nach § 1a Abs. 2 des →Wasserhaushaltsgesetzes ist jedermann verpflichtet, bei Maßnahmen, mit denen Einwirkungen auf ein Gewässer verbunden sein können, die nach den Umständen erforderliche Sorgfalt

anzuwenden, um eine Verunreinigung des Wassers oder eine sonstige nachteilige Veränderung seiner Eigenschaften zu verhüten. Abfälle sind nach § 1 Abs. 1 Satz 2 des →Abfallgesetzes so zu entsorgen, daß das Wohl der Allgemeinheit nicht beeinträchtigt wird. Zweck des Atomgesetzes ist es, Leben, Gesundheit und Sachgüter vor den Gefahren der Kernenergie und der schädlichen Wirkung ionisierender Strahlen zu schützen (§ 1 Nr. 2 des Atomgesetzes). Auch der Entwurf eines Allgemeinen Teils für ein Umweltgesetzbuch stellt den Schutzzweck in § 1 besonders heraus; danach umfaßt der Schutz der →Umwelt
– die Minderung von Umweltrisiken und die Abwehr von Umweltgefahren,
– die Beseitigung von Umweltschäden und die Wiederherstellung der Funktions- und Leistungsfähigkeit des Naturhaushalts sowie
– die Durchführung notwendiger Pflege- und Gestaltungsmaßnahmen für die Umwelt.

Hansmann

Schutzstandard →Umweltstandard

Schwärzungszahl nach Bosch. Die Rauchdichte in Abgasen wird mit Rauchdichtemeßverfahren ermittelt. Für die Bestimmung der Rußemission von Ölfeuerungen wird die →*Bacharach*-Methode angewandt, während für Messungen an Dieselmotoren Lichtschwächungsmesser (→Abgastrübung) und die Filterpapiermethode eingesetzt werden.

Bei dieser handelt es sich um die Bestimmung der S. nach *Bosch*. Bei der Messung wird über eine bestimmte Probenahmesonde ein definiert großer Abgasvolumenstrom über einen Saugzylinder dem Auspuffrohr des Motors entnommen und über einen spezifizierten Papierfilter mit definierter Oberfläche angesaugt. Durch die Ablagerung der steht auf dem Filterpapier eine Graufärbung. Der Grauwert der Filterprobe wird mit Hilfe eines Reflexionsphotometers erfaßt und durch eine nachgeschaltete Elektronik einem Wert der sog. Bosch-Schwärzungsskala zugeordnet. Dabei entsprechen 100% Reflexion des weißen Filterpapiers der S. 0 (keine Partikel) und 0% Reflexion des Filterpapiers (durch Partikel völlig geschwärzt) der S. 10. Die dazwischen liegenden Werte werden entsprechend elektronisch linearisiert. *Kallenbach/May*

Schwebstaub-Immissionsmessung. Bei Luftverunreinigungen durch →Partikel wird zwischen Staubniederschlag und Schwebstaub unterschieden.

Der Schwebstaub umfaßt diejenige Partikelfraktion, die in der →Atmosphäre quasistabil und quasihomogen dispergiert ist und somit zumindest für einen gewissen Zeitraum in der Schwebe bleibt.

Es gibt eine ganze Reihe von Meßverfahren für Schwebstaub, von denen in Deutschland aber nur wenige in der Praxis der Immissionsüberwachung Bedeutung haben. Ähnlich wie bei der Messung von gasförmigen Luftverunreinigungen können kontinuierliche und diskontinuierliche →Meßverfahren unterschieden werden.

Nur wenige Methoden arbeiten ohne eine Abscheidung des Schwebstaubs, z. B. optische Meßverfahren (Streulichtphotometer) oder akustische Meßverfahren (Zählung von Staubpartikeln mittels hochempfindlicher Mikrophone). Beide Verfahren haben in der routinemäßigen Immissionsmeßtechnik derzeit nur eine untergeordnete Bedeutung.

In aller Regel wird zunächst der Schwebstaub auf Glasfaser- oder Membranfiltern abgeschieden und anschließend gravimetrisch, radiometrisch oder photometrisch bestimmt. Bezüglich der →Probenahme kann unterschieden werden zwischen Verfahren zur Messung des Gesamtschwebstaubs, bei der auf eine Fraktionierung nach der Korngröße der Partikel über die verfahrensbedingte Abscheidecharakteristik hinaus verzichtet wird, und fraktionierenden Verfahren, etwa zur Messung des Feinstaubs. Bei der nach Partikelgrößen selektierenden S.-I. wird meist das Phänomen der Impaktion (Abscheidung aufgrund von Trägheitskräften; →Impaktor) genutzt.

Die Vor- und Nachteile fraktionierender S.-I. sind national und international umstritten. In Deutschland sind alle Grenzwerte und Beurteilungsmaßstäbe auf den Gesamtschwebstaub ausgerichtet, so daß auch weitestgehend nur Gesamtschwebstaub-Messungen durchgeführt werden. In den USA ist dagegen das sogenannte PM-10-Verfahren (particulate matter 10 μm) sehr verbreitet. Hierbei werden nur Partikel mit einem aerodynamischen Durchmesser bis zu 10 μm erfaßt (50% Erfassungsanteil; sog. medianer cut-off), die einatembar und lungengängig sind. Es ist geplant, das PM-10-Verfahren auch in der Europäischen Gemeinschaft als →Referenzverfahren einzuführen. Der meßtechnische Aufwand für fraktionierende S.-I. ist erheblich höher als bei der Messung von Gesamtschwebstaub.

Die wichtigsten Verfahren für S.-I. sind in VDI 2463 zusammengefaßt:

Da das Meßobjekt Schwebstaub nicht exakt definiert ist und hinsichtlich Konzentration, Partikelgrößenverteilung und stofflicher Zusammensetzung zeitlichen und örtlichen Schwankungen unterliegt, existiert kein Absolutmeßverfahren hierfür. Bei gleicher Meßgröße können je nach eingesetztem Meßverfahren unterschiedliche Meßwerte ermittelt werden. Eine Umrechnung der mit unterschiedlichen Verfahren erhaltenen Meßwerte ist nur unter ganz bestimmten Randbedingungen möglich. Daher wurde das in den Bl. 7, 8 der Richtlinie beschriebene →Kleinfiltergerät GS 050 als Basisverfahren für den

Vergleich von nichtfraktionierenden Verfahren festgelegt. Es arbeitet mit einem Volumendurchsatz von 2,7 bis 2,8 m³/h und Filtern mit 50 mm Durchmesser. Die im Probenahmezeitraum gesammelte Staubmasse wird gravimetrisch bestimmt.

Sehr verbreitet ist das sog. →LIB-Filterverfahren, das in unterschiedlichen Varianten in den Bl. 4, 9 beschrieben ist. Bei einem Durchsatz von 15 bis 16 m³/h werden ohne partikelgrößenabhängige Fraktionierung auf Filtern von 120 mm Durchmesser innerhalb der für Schwebstaubmessungen üblichen Probenahmezeit von 24 Stunden vergleichsweise große Staubmengen abgeschieden, was für eine nachgeschaltete Analyse von Staubinhaltsstoffen große Vorteile bietet.

Die Bl. 5, 6 der VDI-Richtlinie 2463 definieren zwei radiometrische Immissionsmeßverfahren zur Schwebstaubmessung. Die Funktion beider Geräte basiert auf der Absorption von β-Strahlen beim Durchgang durch eine auf einem Filter abgeschiedene Staubmasse. Beide Verfahren beinhalten eine nichtfraktionierende Probenahme.

Bei dem in Bl. 2 (Entwurf) beschriebenen High Volume Sampler handelt es sich um ein Gerät mit einem besonders hohen Luftdurchsatz von rund 100 m³/h, das Partikel bis zu etwa 30 μm erfaßt.

Bei dem TBF 50 f Filterverfahren nach Bl. 3 (Entwurf) handelt es sich um ein Gerät zur Messung von →Feinstaub bei einem Luftdurchsatz von ca. 3 m³/h und einem Filterdurchmesser von 50 mm.

In letzter Zeit wurden auch automatische Filterwechsler entwickelt, die eine größere Anzahl von Filtern bevorraten und nacheinander zeitgesteuert der Probenahme zuführen. Die belegten Filter werden in einem Magazin abgelegt.

Bei allen Filterverfahren werden die Filter vor und nach der Probenahme unter gleichen und definierten Bedingungen gewogen. Dabei können die Filter 24 h bei 105 °C getrocknet und anschließend bei konstanter Temperatur und Luftfeuchtigkeit äquilibriert werden. Alternativ erfolgt nur die Äquilibrierung vor und nach der Probenahme.

Die Nachweisgrenzen von Filterverfahren liegen in der Regel bei 5–10 μg Staub/m³.

Von Bedeutung für die S.-I. ist letztlich noch das aus Großbritannien kommende →Black-Smoke-Verfahren, bei dem die auf einem Filter abgeschiedene Staubmasse indirekt über ihre Schwärzung mit Hilfe eines Reflexionsphotometers gemessen wird. *Pfeffer*

Literatur: VDI 2463, Bl. 1–9: Messen von Partikeln; Messen der Massenkonzentration (Immission).

Schwebstoffilter →Tiefenfilter

Schwefeldeposition. Schwefeldioxid, SO₂, das hauptsächlich bei der Verbrennung schwefelhaltiger fossiler Energieträger entsteht, ist eines der anthro-

pogenen Schadgase, die als Indikator für die Belastung der Luft mit Schadstoffen gelten. SO₂ gelangt aus der Atmosphäre auf die Erdoberfläche durch trockene und nasse →Deposition zurück. In der Nähe von Emissionsquellen überwiegt auf Grund hoher Spurenstoffkonzentrationen häufig die trokkene Deposition, wobei jedoch die Bedeutung der nassen Deposition mit der Entfernung von der Quelle rasch zunimmt. Man schätzt für Mitteleuropa, daß im Quasigleichgewicht ungefähr 50 % des Massenflusses aus dem atmosphärischen Puffer durch trockene und 30 % durch nasse Deposition erfolgt, während 20 % aus dem mitteleuropäischen Gebiet exportiert werden. Diese Anteile können im einzelnen erheblichen räumlichen Schwankungen unterliegen. Die Mehrzahl der unter verschiedenen meteorologischen Bedingungen gemessenen und abgeschätzten Depositionsgeschwindigkeiten für SO₂ auf Vegetation, Böden, Schnee und Wasser fällt in den Bereich von 0,4 bis 0,8 cm s⁻¹. Bei der nassen Deposition wird SO₂ in Tropfen katalytisch zu Sulfat SO_4^{2-} umgesetzt (→saurer Regen). *Barnes*

Schwefeldioxid.
Allgemein. S., SO₂, wird hauptsächlich (>95 %) durch Verbrennung fossiler Energieträger in die Atmosphäre emittiert. Die SO₂-Konzentration der freien, bodennahen Atmosphäre schwankt typischerweise im Bereich von μg/m³ bis mg/m³. Die anthropogenen SO₂-Emissionen sind von weniger als 3 Tg S/Jahr (global) im Jahre 1860 auf rund 80 in 1980 gestiegen. Die anthropogenen SO₂-Emissionen sind in etwa vergleichbar mit den Schwefelemissionen aus natürlichen Quellen und spielen deshalb eine wichtige Rolle im →Schwefelkreislauf. SO₂ ist auch ein Produkt der Photooxidation von biogenen Schwefelverbindungen, insbesondere →DMS. SO₂ wird zum größten Teil aus der Atmosphäre durch trockene Deposition (→Schwefeldeposition), Reaktion mit OH-Radikalen in der Gasphase und in der flüssigen Phase durch H₂O₂ sowie schwermetallkatalysierte Reaktionen in Nebel- und Regentröpfchen entfernt. OH-Radikale oxidieren Schwefeldioxid in der Gasphase zu Schwefeltrioxid mit anschließender Schwefelsäurebildung (saurer Regen) gemäß folgendem Schema (1–4):

$$SO_2 + OH + M \rightarrow HOSO_2 + M \qquad (1)$$
$$HOSO_2 + O_2 \rightarrow SO_3 + HO_2 \qquad (2)$$
$$SO_3 + H_2O + M \rightarrow H_2SO_4 + M \qquad (3)$$
$$HO_2 + NO \rightarrow OH + NO_2 \qquad (4)$$
$$SO_2 + O_2 + H_2O + NO \rightarrow H_2SO_4 + NO_2 \text{ (Nettoreaktion)}$$

Bis auf die Reaktion von Schwefeltrioxid mit Wasser entspricht die SO₂-Oxidation also völlig der CO-Oxidation. Die →Schwefelsäure lagert schnell Wasser an und bildet letztendlich Sulfataerosole, die eine wichtige Rolle im Strahlungshaushalt der Erde

($\rightarrow$Albedo, $\rightarrow$CCN, $\rightarrow$Wolken), aber auch bei heterogenen Vorgängen in der $\rightarrow$Stratosphäre ($\rightarrow$Ozonloch, $\rightarrow$Schwefelkreislauf) spielen. *Becker*

Emissionsmessung. Standardmethoden zur Emissionsmessung von S. werden in der Richtlinie VDI 2462 behandelt. Für Einzelmessungen stehen vier handanalytische Methoden, die sich prinzipiell ähneln, zur Auswahl. Die Gasprobe wird durch eine Jod- oder Wasserstoffperoxidlösung geleitet. Dabei wird das in der Probe enthaltene S. zu Schwefelsäure oxidiert und anschließend titrimetrisch oder gravimetrisch bestimmt. Das naßchemische Verfahren, das am häufigsten für Einzelmessungen und zur Kalibrierung kontinuierlich messender Analysatoren eingesetzt wird und als $\rightarrow$Referenzmeßverfahren bezeichnet werden kann, ist die H_2O_2-Thorin-Methode nach VDI 2462, Blatt 8.

Zur kontinuierlichen Messung von SO_2 stehen rund 15 eignungsgeprüfte Meßeinrichtungen zur Verfügung. Das bevorzugte Meßverfahren ist das $\rightarrow$NDIR-Verfahren (VDI 2462, Blatt 4). Es gibt aber auch einige Meßgerätetypen, die drei anderen Meßverfahren zuzuordnen sind: $\rightarrow$Konduktometrie (VDI 2462, Blatt 5), $\rightarrow$Gasfilterkorrelationsverfahren und photometrisches $\rightarrow$In situ-Meßverfahren.

Die Grenzwerte in der Großfeuerungsanlagen-Verordnung ($\rightarrow$13. BImSchV) und der $\rightarrow$TA Luft beziehen sich nicht auf S., sondern allgemein auf Schwefeloxide. Deshalb müßte bei der kontinuierlichen $\rightarrow$Emissionsüberwachung eigentlich die Summe der Schwefeloxidemissionen gemessen werden. Da es dafür kein geeignetes Meßgerät gibt und ein zusätzliches Meßgerät zur Bestimmung von SO_3 den Aufwand erheblich vergrößern würde, wird darauf verzichtet. Ersatzweise wird der SO_3-Anteil bei der Kalibrierung durch Einzelmessungen ermittelt und daraus eine Korrekturgröße für die kontinuierliche Messung abgeleitet. Ein manuelles Verfahren zur Messung von SO_3 wird in der Richtlinie VDI 2462, Blatt 7 beschrieben. *Stahl*

Literatur: VDI 2462: Messen gasförmiger Emissionen; Messen der Schwefeldioxid-Konzentration; Bl. 8: H_2O_2-Thorin-Methode. 3/1985. – Bl. 4: Infrarot-Absorptionsgeräte UNOR 6 und URAS 2. 8/1975. – Bl. 5: Leitfähigkeitsmeßgerät Mikrogas – MSK-SO_2-El. 7/1979. – Bl. 7: Messen der Schwefeltrioxid-Konzentration; 2-Propanol-Verfahren. 3/1985.

Emissionsminderung. S. (SO_2) entsteht hauptsächlich bei der Verbrennung von schwefelhaltigen Brennstoffen. Ein geringer Teil des Schwefels wird jedoch zu Schwefeltrioxid (SO_3) oxidiert. Der natürliche Schwefelgehalt fossiler Brennstoffe liegt im Massen-%- bzw. Volumen-%-Bereich und variiert in der Regel mit der Lagerstätte (schwefelarme $\rightarrow$Brennstoffe).

Zur Minderung von SO_2-Emissionen können angewandt werden:

– $\rightarrow$Entschwefelung von Brenn- und Einsatzstoffen (Kohleentschwefelung, Ölentschwefelung, Gasentschwefelung),
– Feuerungstechnische Maßnahmen ($\rightarrow$Direktentschwefelungsverfahren, $\rightarrow$Trockenadditiv-Verfahren),
– $\rightarrow$Abgasreinigungsverfahren ($\rightarrow$Abgasentschwefelung).

Hauptemissionsquellen von SO_2 sind kohle- und heizölgefeuerte Kraft- und Fernheizwerke, Raffinerien sowie Kohle- und Heizölfeuerungen in Industrie, in Haushalten und bei Kleinverbrauchern.

Die Entwicklung der SO_2-Emissionen in der Bundesrepublik war seit Mitte der 70er Jahre gegenläufig; während im Westen Deutschlands die Emissionen stetig abnahmen, stiegen sie im Osten immer noch an (Bild 1). 1990 betrug die Gesamtemission von SO_2 ca. 1 Mio. t. Sie lag damit um 73 % unter dem Wert von 1970. Die weitaus größte sektorale SO_2-Emissionsminderung wurde im Bereich der Kraft- und Fernheizwerke erzielt. Der während der 70er Jahre erzielte Höchstwert von ca. 2 Mio. t in diesem Bereich konnte bis 1990 um 85 % auf ca. 295 000 t gesenkt werden. Dies wurde durch Anwendung der Abgasentschwefelung aufgrund der Anforderungen der $\rightarrow$13. BImSchV erreicht. Die SO_2-Emissionen aus Industriefeuerungen nehmen bereits seit 1970 ab. Dieser Trend wurde überwiegend durch Umstellung auf schwefelarme Brennstoffe erzielt. Kohle- und Schwerölfeuerungen wurden in großem Umfang für den Einsatz von Erdgas und extraleichtem Heizöl umgestellt. In den verbleibenden Schwerölfeuerungen wird zunehmend schwefelarmes schweres Heizöl eingesetzt. Zum Teil kann der Rückgang auch auf Energiesparmaßnahmen sowie auf rückläufige Produktionen in einigen energieintensiven Grundstoffindustrien, z. B. Abbau von Raffineriekapazitäten, zurückgeführt werden. Die SO_2-Minderung in den Sektoren Haushalte und Kleinverbraucher ist überwiegend auf die Verdrängung von Kohle- und Ölheizungsanlagen durch Gasheizungsanlagen sowie auf die

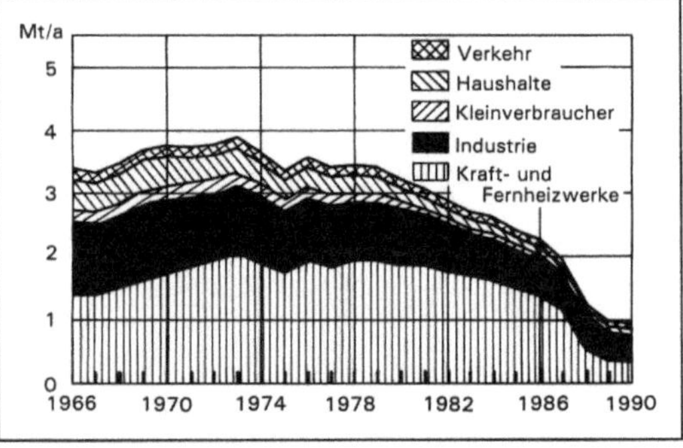

Schwefeldioxid 1: Entwicklung der SO_2-Emissionen in Westdeutschland von 1966 bis 1990.

Herabsetzung des zulässigen Schwefelgehaltes im extraleichten Heizöl zurückzuführen.

Die Entwicklung der SO_2-Emissionen in Ostdeutschland zwischen 1975 und 1990 ist in Bild 2 dargestellt. Die extrem hohe Gesamtemission von über 5 Mio. t SO_2 wurde primär durch Einsatz von Braunkohle verursacht; diese hatte 1989 einen Anteil von über 68% am gesamten Primärenergie-Verbrauch. Der Schwefelgehalt der Rohbraunkohle schwankt zwischen 0,5 und 1,5 Gew.-% im Fördergebiet Niederlausitz und zwischen 1,7 und 2,1 Gew.-% im Südraum Leipzig (zum Vergleich: Rheinland: 0,2 bis 0,9 Gew.-%). Sektoral stellen die Kraft- und Fernheizwerke mit fast 80% Anteil an den gesamten S.-Emissionen deren Hauptemissionsquelle dar. Hierbei wirken zusammen:
– der sehr hohe Anteil von braunkohlegefeuerten Kraft- und Fernheizwerken an der gesamten Strom- und Fernwärmeerzeugung;
– die Verwendung heizwertarmer und schwefelreicher Rohbraunkohle;
– niedrige Kraftwerkswirkungsgrade;
– fehlende Abgasentschwefelungseinrichtungen.

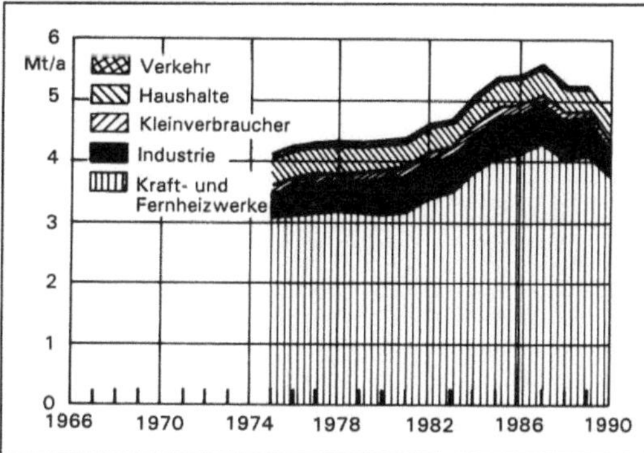

Schwefeldioxid 2: Entwicklung der SO_2-Emissionen in Ostdeutschland von 1975 bis 1990.

Weitere wichtige Quellenbereiche in Ostdeutschland sind die Industrie und die Haushalte. Auch hier ergeben sich hohe S.-Emissionen aus dem breiten Einsatz von Braunkohle bzw. Braunkohlenbriketts.

Die künftige Entwicklung der SO_2-Emissionen in der Bundesrepublik Deutschland hängt maßgeblich von der Altanlagensanierung von Großfeuerungsanlagen in den neuen Bundesländern ab. Altanlagen, die über den 1. Juli 1996 hinaus betrieben werden, müssen bis dahin die in der 13. BImSchV formulierten Anforderungen zur Emissionsbegrenzung bei Neuanlagen erfüllen.

Weitere wichtige Einflußfaktoren sind:
– Maßnahmen zur energetischen Wirkungsgradsteigerung von Kraftwerken,
– Maßnahmen zur Einsparung von Strom und Wärme,
– weitgehende Umstellung von Industrie- und Haushaltsfeuerungen in den neuen Bundesländern auf emissionsärmere Brennstoffe, wie z. B. Erdgas oder Heizöl EL,
– Fortentwicklung von emissionsmindernden Techniken und deren Anwendung. *Beckers*

Literatur: *Davids, P.; M. Lange:* Die Großfeuerungsanlagen-Verordnung, Technischer Kommentar. Düsseldorf 1984. – Luftreinhaltung '88. Tendenzen – Probleme – Lösungen. Hrsg.: Umweltbundesamt. Berlin 1989.

Immissionsmessung. Die wichtigsten manuellen Meßverfahren sind die in VDI 2451 beschriebenen Methoden, nämlich das →TCM-Verfahren nach *West* und *Gaeke* und das →Silicagel-Verfahren nach *Stratmann.*

In kontinuierlich arbeitenden Analysatoren, wie sie z. B. in großer Zahl in telemetrischen →Immissionsmeßnetzen eingesetzt werden, kommen als Meßprinzipien im wesentlichen die UV-Fluoreszenztechnik und Leitfähigkeitsverfahren (→Konduktometrie) zur Anwendung. Früher wurden für diesen Zweck auch Geräte mit einem flammenphotometrischen Detektor verwendet. Diese Methode, bei der die Lumineszensstrahlung von Schwefelatomen, die in einer reduzierenden Wasserstoffflamme generiert werden, gemessen wird, ist jedoch nicht selektiv für S. und erfaßt prinzipiell Schwefelverbindungen. Zu Ausschaltung der →Querempfindlichkeit gegen Stoffe wie Schwefelwasserstoff und Mercaptane müssen spezielle Filter verwendet werden.

Vor allem in Großbritannien hat auch das sog. →Black-Smoke-Verfahren Bedeutung.

Über diese Verfahren zur Konzentrationsmessung hinaus wurden und werden weitere Verfahren eingesetzt, die die Immissionsrate (→MIR), also die in einer bestimmten Zeit von einer definierten Oberfläche aufgenommene SO_2-Menge erfassen. Hierzu zählen das Glockenverfahren nach *Liesegang*, das sog. Bleidioxidkerzenverfahren, das →IRMA-Verfahren und das SAM-Verfahren (SAM = Surface Active Monitoring). *Pfeffer*

Literatur: VDI 2451: Messen gasförmiger Immission; Messen der Schwefeldioxid-Konzentration; Bl. 1: Adsorptionsverfahren (Silicagel). 8/1968. – Bl. 3: Photometrisches Verfahren (TCM-Verfahren). 8/1968. – Bl. 6: E.: Leitfähigkeitsmeßverfahren (Ultragas U3EK). 7/1987.

Umweltrelevante Stoffdaten.
□ Stoff-Identifizierungs-Nr.:
CAS-Nr.: 7446-09-5
EG-Nr.: 016-011-00-9
UN-Nr.: 1079
EINECS-Nr.: 231-195-2
□ Chemische Formel: SO_2
□ Stoffcharakteristik: Farbloses, giftiges, wasserlösliches Gas, sehr stabil, zieht Feuchtigkeit aus der Luft an, bildet Aerosole. Entsteht auch bei der

Verbrennung schwefelhaftiger Stoffe. Gas schwerer als Luft, stechender Geruch. Die wäßrige Lösung reagiert sauer.

□ Gefahrenmerkmale:
– Stoffliste nach § 4a der →Gefahrstoffverordnung:
Gefahrenkennbuchstabe(n): T
R-Sätze: 23-36/37
S-Sätze: 1/2-7/9-45
– Arbeitsschutzwerte nach TRGS 900: →MAK-Wert (mg/m³): 5
– Stoffliste (Anhang II) der →Störfall-Verordnung: Nr. 266.1 und 4c
– →Wassergefährdungsklasse: WGK 1
– Emissionswerte: TA Luft Einstufung: 3.1.6 Klasse IV
– Immissionswerte:
IW (TA Luft): 2.5.1: IW 1 = 0,14 mg/m³; IW 2 = 0,40 mg/m³
IW (EG-Richtlinie): EG-Richtlinie 80/779/EWG vom 15. 07. 1980 über Grenzwerte und Leitwerte der Luftqualität für SO_2 und Schwebstaub: Grenzwerte nach Anhang IV (Schutzobjekt menschliche Gesundheit), übernommen in die →22. BImSchV (→Immissionsgrenzwerte; s. dort Tabelle).
→Immissionsleitwerte nach Anhang II der EG-Richtlinie (Schutzobjekt menschliche Gesundheit und Umwelt):
Arithm. Jahresmittelwert auf der Basis von Tagesmittelwerten: 40 bis 60 μg/m³
Tagesmittelwert: 100 bis 150 μg/m³
MI-Werte (VDI-Richtlinie):
→MIK nach VDI 2310 Bl. 2 E (Schutzobjekt Vegetation):
Sehr empfindliche Pflanzen:
Mittelwert für die Vegetationsperiode (7 Monate): 0,05 mg/m³
97,5-Perzentil für 30-Min.-Einzelwerte: 0,25 mg/m³
Empfindliche Pflanzen:
Mittelwert für die Vegetationsperiode (7 Monate): 0,08 mg/m³
97,5-Perzentil für 30-Min.-Einzelwerte: 0,4 mg/m³
Weniger empfindliche Pflanzen:
Mittelwert für die Vegetationsperiode (7 Monate): 0,12 mg/m³
97,5-Perzentil für 30-Min.-Einzelwerte: 0,60 mg/m³

Fischer/M. Schön

Literatur: VDI 2310 Bl. 2 E: Maximale Immissions-Werte zum Schutz der Vegetation; Maximale Immissions-Werte für Schwefeldioxid; Aug. 1978 (in wissenschaftlicher Überarbeitung)

Wirkung auf Pflanzen. S. gehört zu den am besten untersuchten phytotoxischen Luftverunreinigungen; seine schädigende Wirkung auf die Vegetation ist seit mehr als 100 Jahren bekannt. Die Aufnahme von S. über das Blatt ist relativ komplex und wird durch Gasphasenreaktionen an der Blatt- bzw. Stomataoberfläche und den Zellwänden bestimmt. Alle Faktoren, die die Öffnungsweite der Stomata (Atemhöhlen der Blätter) beeinflußen wie Licht, relative Luftfeuchte, Temperatur, Bodenfeuchte etc. bestimmen die Aufnahmemenge und wirken sich so auf den Grad der →Pflanzenreaktion aus (→Schadstoffaufnahme). Einmal ins Blattinnere gelangt, reagiert SO_2 mit Wasser unter Bildung von toxischem Sulfit (SO_4^{2-}), das langsam zu Sulfat oxidiert wird. Auf Grund des Redoxpotentials des Sulfitions ist es ca. 30mal toxischer einzustufen als Sulfationen. Die Folge sind Störungen enzymatischer Reaktionen, des Energietransfers, des Fettstoffwechsels und der Aminosäure- und Chlorophyllsynthese. Diese Stoffwechselstörungen wirken sich direkt oder indirekt auf die →Photosynthese aus und gelten als Primärindikatoren einer latenten, sublethalen Schädigung ohne sichtbaren Nachweis.

Die Anreicherung von Sulfit im Zellgewebe der Blätter ruft zwei grundsätzlich zu unterscheidende Symptomarten hervor, die in Abhängigkeit von der Aufnahmerate als chronisch und akut bezeichnet werden. Bei einer niedrigen Aufnahmerate (chronisch) wird Sulfit über seine Oxidation zu Sulfat detoxifiziert. Allerdings führt schließlich eine starke Anreicherung von Sulfat zu Salzschäden (Plasmolyse etc.) und damit sichtbaren Symptomen. Dies bedingt auch, daß sublethale Konzentrationen von Sulfit nicht von sulfatinduzierten Salzschäden zu unterscheiden sind. Das Blatt erscheint schwach chlorotisch oder gelblich verfärbt, wobei aber über 5% der Blattfläche zerstört sein müssen, ehe es zu meßbaren Ertragseinbußen kommen kann.

Die Aufnahme lethaler Dosen von S. führen zu akuten Schädigungen, die marginale oder interkostale Schädigungen (Nekrosen) des Blattgewebes hervorrufen. Sie erscheinen zunächst als grau-grüne wässrige Blattflecken. Bei den meisten Pflanzen nehmen diese Gewebepartien in einem späteren Stadium ein elfenbeinfarbenes Aussehen an oder verfärben sich in Abhängigkeit von den Pigmentträgern des Blattes braun, rötlich oder schwarz. Als letztes Schädigungsstadium kommt es zum Abwurf der Blattorgane.

Bei Nadelgehölzen werden die jüngsten, metabolisch aktiven Nadelpartien zuerst geschädigt, indem sich die Nadelspitze chlorotisch, später rötlichbraun verfärbt. Die Nekosen durchlaufen in der Regel Übergangsstadien von rötlich-braun verfärbten Bandierungen bis zur dunkelbraunen Totalverfärbung. Langanhaltende Einwirkungen können zum Nadelabwurf führen.

Bereits Ende der 50er Jahre wurden in einem von *Stratmann* und *Guderian* durchgeführten umfangreichen Freilandversuch für landwirtschaftliche, gärtnerische und forstliche Kulturpflanzen →Dosis-Wirkungsbeziehungen für S. ermittelt. Innerhalb der vierjährigen Untersuchungszeit ergab sich, daß empfindliche Forstgehölze bei Konzentrationen unter 50 μg m^{-3} nicht mehr geschädigt werden. Spezielle klimatische Bedingungen, wie sie im Norden Europas vorherrschen, oder andere Streßfaktoren vermögen allerdings die Empfindlichkeit negativ zu beeinflussen (Klimastreß, Kombinationswirkungen mit anderen Schadstoffen, etc., Streßreaktionen), so daß von der WHO die Einhaltung eines Jahresmittelwertes von 30 μg m^{-3} zum Schutz der Vegetation empfohlen wird ($\rightarrow$Maximale Immissionswerte, $\rightarrow$Schwefeldioxid, umweltrelevante Stoffdaten). *G. Krause*

Schwefelemissionsgrad $\rightarrow$Emissionsgrad

Schwefelkohlenstoff.
□ Stoff-Identifizierungs-Nr.:
CAS-Nr.: 75-15-0
EG-Nr.: 006-003-00-3
UN-Nr.: 1131
EINECS-Nr.: 200-843-6
□ Chemische Formel: CS_2
□ Stoffcharakteristik: Farblose bis gelbliche, stark lichtbrechende, lichtempfindliche, leicht flüchtige, giftige, wasserunlösliche Flüssigkeit, hochentzündlich. Dämpfe viel schwerer als Luft, bilden mit Luft explosionsfähiges Gemisch. Geruch nach faulem Rettich.
□ Gefahrenmerkmale:
− Stoffliste nach § 4a der $\rightarrow$Gefahrstoffverordnung:
Gefahrenkennbuchstabe(n): T, F
R-Sätze: 11-36/38-48/23-62-63
S-Sätze: 16-33-36/37-45
− Besondere Stoffeigenschaften nach TRGS 500: fortpflanzungsgefährdend: EG-Kat. 2
− Arbeitsschutzwerte nach TRGS 900: $\rightarrow$MAK-Wert (mg/m^3): 30
$\rightarrow$BAT-Wert: 8 mg/l 2-Thio-thiazolidin-4-carboxylsäure (TTCA) im Harn
− Stoffliste (Anhang II) der $\rightarrow$Störfall-Verordnung: Nr. 265 und 4c
− $\rightarrow$Wassergefährdungsklasse: WGK 2
− Emissionswerte: TA Luft Einstufung: 3.1.7 Klasse II
− Immissionswerte:$\rightarrow$WHO-Luftqualitätsleitlinien: (Schutzobjekt menschliche Gesundheit): 24 h-Mittelwert$=100$ μg/m^3 *Fischer/M. Schön*

Schwefelkreislauf. Bis vor etwa zehn Jahren betrachtete man den $\rightarrow$Schwefelwasserstoff (H_2S) als dominierende Komponente aller natürlich vorkommenden gasförmigen Schwefelverbindungen (Bild). Inzwischen haben Feldmessungen gezeigt, daß die wichtigste Quelle für biogenen Schwefel die $\rightarrow$Emission von $\rightarrow$Dimethylsulfid (CH_3SCH_3, DMS) aus den Ozeanen ist. DMS wird durch enzymatische Spaltung aus Dimethylsulfonpropionat (DMSP) in den Algenzellen sowie durch bakterielle Zersetzung auch außerhalb der Zellen gebildet. Durch die maritime DMS-Emission werden jährlich etwa 35 Tg (1 Tg = 10^{12} g) Schwefel der Atmosphäre zugeführt (Tabelle). *Barnes/Wirtz*

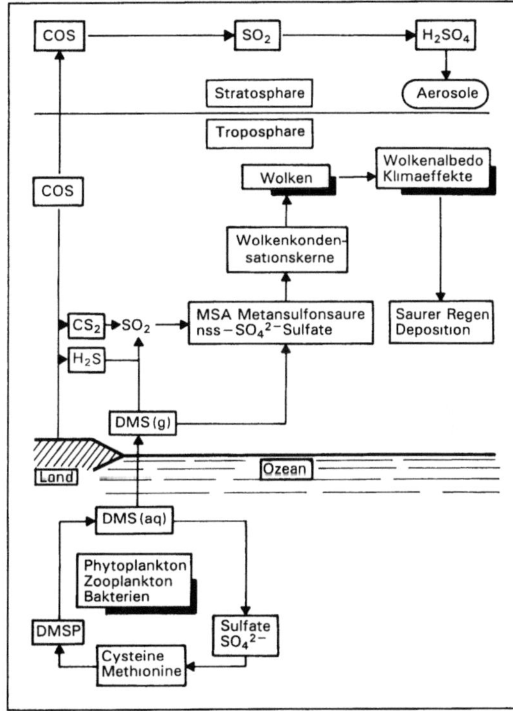

Schwefelkreislauf: Wichtige Schwefelverbindungen im atmosphärischen S.

Literatur: *Finlayson, B. J.; J. N. Pitts, Jr.:* Atmospheric Chemistry. Fundamentals and Experimental Techniques. New York 1986. − *Saltzman and Cooper, W. J.* (editors): Biogenic Sulfur in the Environment. American Chemical Society, Symposium Series 393. Washington, DC 1989. − *Warneck, P.:* Chemistry of the Natural Atmosphere. International Geophys. Series, Vol 41. New York 1988.

Schwefelnachweis $\rightarrow$Flammenphotometrischer Detektor

Schwefelsäure.
Atmosphärenchemie. S., H_2SO_4, wird nicht direkt in die Atmosphäre emittiert, sie entsteht durch die Oxidation von Schwefeldioxid (SO_2) in der Atmosphäre. Die Oxidation von SO_2 verläuft im wesentlichen über zwei Reaktionswege, die Oxidation in der Gasphase und in der Flüssigphase.

Nur ein Teil des SO_2 wird in der Gasphase in H_2SO_4 überführt. Während in Reinluft die Reaktion von SO_2 mit OH-Radikalen die weitaus bedeutendste ist, können in verunreinigter Stadtluft auch die Reaktionen mit HO_2, CH_3O_2 und Criegee-Radika-

Schwefelkreislauf. Tabelle: Geschätzte globale Schwefelemissionen.

Substanz	Quelle	Emissionsrate (Tg S/Jahr)
SO_2	anthropogen	100–120
	Vulkanausbrüche	8
	Verbrennung von Biomasse	6
DMS	Ozean	35
	Böden und Pflanzen	2–4
	Küsten-Feuchtgebiete	0,6
H_2S	Vulkanausbrüche	1
	Böden und Pflanzen	3–4
	Ozean	0–2
CH_3SH	<10% der biologischen Schwefelemission	
CH_3SSCH_3	wenige Prozente der biologischen Schwefelemission	
COS	anthropogen	0,6
	Ozean	0,35
CS_2	50% biogene Quellen (größtenteils vom Land)	3,2
Sulfat	Seewasser-Aerosole	41–350

len (RCHOO) zur H_2SO_4-Bildung beitragen (→saurer Regen).

Neben der homogenen →Gasphasenreaktion ist die Oxidation über die Flüssigphase von großer Bedeutung für die Schwefelsäurebildung. Diese Reaktionen finden in Tropfen (Wolken-, Nebel-, Regentropfen) und an Oberflächen von Aerosolen statt. Eine gute Wasserlöslichkeit als Voraussetzung für eine Flüssigwasserreaktion ist beim SO_2 gegeben. Die ablaufenden Prozesse sind sehr kompliziert: SO_2 löst sich in den Wolkentropfen und bildet dabei HSO_3- und SO_3^{2-}, die dann zu SO_4^{2-} oxidiert werden. Man bezeichnet derartige Reaktionen, an denen Substanzen in verschiedenen Phasen beteiligt sind, als heterogene Reaktionen. An dieser Oxidation sind wahrscheinlich in den Wolkentropfen die gelösten Oxidantien O_3 und H_2O_2 beteiligt. Es ist bekannt, daß Schwermetallpartikel und Rußteilchen die H_2SO_4-Bildung in Nebeltröpfchen beschleunigen. Der Oxidation von SO_2 durch H_2O_2 ist, weil die Reaktionsgeschwindigkeit nur wenig vom pH-Wert der Tröpfchen abhängig ist, eine noch größere Bedeutung beizumessen als der durch O_3. Außerdem hat H_2O_2 im Gegensatz zu O_3 eine hohe Wasserlöslichkeit. Wie die einzelnen Schritte dieser SO_2-Oxidation im Detail ablaufen, ist noch umstritten. Sowohl O_3 als auch H_2O_2 sind Produkte homogener Gasphasenreaktionen, so daß Gasphasen- und Flüssigphasenchemie der SO_2-Konversion und die damit verbundene H_2SO_4-Bildung nicht unabhängig voneinander betrachtet werden können (Bild).

In weiten Teilen der nördlichen Hemisphäre wird der Säuregehalt von Regen hauptsächlich durch die mineralischen Säuren H_2CO_3, H_2SO_4 und HNO_3

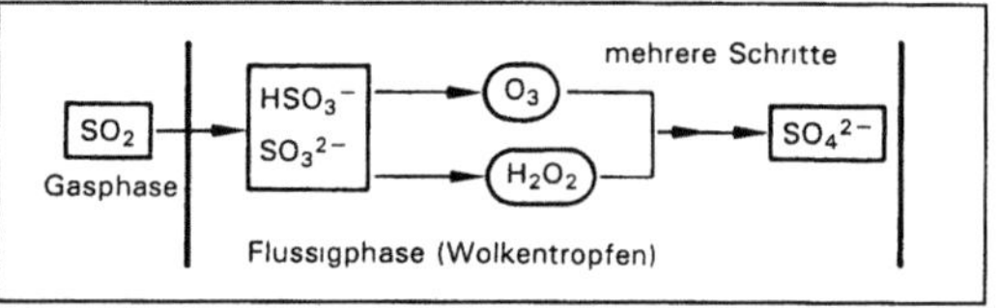

Schwefelsäure: Bildung von S. durch Oxidation über die Flüssigphase.

bestimmt. In der Mehrzahl der bisherigen Untersuchungen wurde die überwiegende Beteiligung von Schwefelverbindungen an der Säurebildung im Niederschlag betont. In den letzten Jahren ist der Beitrag am Säuregehalt des Regens, der HNO_3 zugeordnet wird von ~32% auf ~46% angestiegen, während gleichzeitig der Beitrag von H_2SO_4 von ~98% auf ~66% abgenommen hat, was auf eine Weiterentwicklung der Produktionstechniken zurückzuführen ist. Die Umstellung von festem auf flüssigen und gasförmigen Brennstoff sowie die Begrenzung des Schwefelgehaltes in Brennstoffen hat zu dieser Entwicklung beigetragen. Ein weiteres Absinken der SO_2-Emission wird als Folge der →Rauchgasentschwefelung von Kraftwerken erwartet. *Barnes*

Literatur: *Warneck, P.:* Chemistry of the Natural Atmosphere; International Geophys. Series, Vol 41. New York 1988.

Herstellung und Verwendung. S. (H_2SO_4) ist eine der bedeutendsten Industriechemikalien. Ausgangsstoff zur S.-Herstellung ist →Schwefeldioxid (SO_2). Die wichtigsten SO_2-Quellen sind das Verbrennen von Schwefel oder Schwefelwasserstoff, das Abrösten von Metallsulfiden (Pyrit, Zink-, Blei- und Kupfersulfide) und das Spalten von Abfallschwefelsäure. Die Oxidation von SO_2 zu SO_3 erfolgt heute fast ausschließlich katalytisch nach dem Kontaktverfahren (Umsetzungsgrad 98 % bezogen auf SO_2) und dem Doppelkontaktverfahren (Umsetzungsgrad 99,6 % bis 99,7 %, bezogen auf SO_2). Das früher angewandte Bleikammerverfahren ist heute fast bedeutungslos.

S. wird in vielen Bereichen eingesetzt. In der organischen Chemie wird sie bzw. Oleum (das ist ein Gemisch aus S. und Schwefeltrioxid) zur Sulfonierung von Benzol- und Naphthalinsulfonsäuren verwendet; Sulfonsäuren sind wichtige Zwischenprodukte u. a. zur Herstellung von Farbstoffen. Auch Alkyl- und Arylsulfonate (Detergentien) sind wichtige Zwischenprodukte. Ein weiteres wichtiges Anwendungsgebiet von S. sind die Nitrierreaktionen (z. B. zur Herstellung von Nitrobenzol).

In der anorganischen Chemie wird S. für die Herstellung von Titandioxid (Sulfatverfahren), die Produktion von Düngemitteln (z. B. Superphosphat, Ammoniumsulfat) und Phosphorsäure eingesetzt, ebenso in der Viskoseindustrie (Schwefelkohlenstoff). Außerdem ist S. in Batterien enthalten.

Aus S.-Anlagen wird vor allem SO_2 emittiert. Die SO_2-Gehalte im Abgas sind abhängig von der SO_2-Konzentration des eingesetzten Gases und dem SO_2-Umsetzungsgrad des Katalysatorsystems.

Die wirkungsvollste Emissionsminderungsmaßnahme ist die Erhöhung des SO_2-Umsatzes. Dies kann z. B. mit dem Peracidox-Verfahren oder einer zusätzlichen fünften Horde erfolgen.

Anlagen zur Herstellung von Schwefeldioxid, Schwefeltrioxid, S. oder Oleum sind genehmigungsbedürftig nach dem BImSchG (Nr. 4.1a des Anhangs zur →4. BImSchV). Besondere emissionsbegrenzende Anforderungen enthält die →TA Luft in Nr. 3.3.4 1a. 2.

Je nach angewandtem Verfahren werden unterschiedliche Umsatzgrade verlangt, bei Anwendung des Doppelkontakt-Verfahrens Umsatzgrade von mindestens 99,5 %–99,6 %. Die SO_3-Emissionen werden in der TA Luft, z. B. bei konstanten Gasbedingungen, auf 60 mg SO_3/m^3 begrenzt.

Das Ausgangsprodukt SO_2 zur Herstellung von S. wird in zunehmendem Maß aus Abfallprodukten gewonnen, z. B. Dünnsäuren aus der Titandioxid-Herstellung und Abfallschwefelsäuren, die hauptsächlich in der organischen Chemie, der Petrochemie und der Metallindustrie anfallen. Auch Eisensulfat (Grünsalz), z. B. aus der Titandioxid-Produktion, läßt sich zu SO_2 spalten. Insbesondere auch in den osteuropäischen Ländern wird Calciumsulfat (Gips) mit Kohlenstoff zu SO_2 und Calciumoxid umgesetzt. Das Calciumoxid wird anschließend zu Portlandzement verarbeitet.

Die weitaus wichtigste SO_2-Quelle ist jedoch die →Entschwefelung von Erdgas bzw. Erdöl (Entfernung von Schwefelwasserstoff). Auch die Verbrennung von H_2S- und CS_2-haltiger Abluft aus der Viskoseindustrie wird praktiziert.

Eine weitere Möglichkeit ist die Adsorption (z. B. →Solinox-Verfahren) von SO_2, das z. B. bei der Reduktion von Bariumsulfat zu Bariumsulfid anfällt. Das so gewonnene SO_2-Reichgas kann zum Teil Pyrit ersetzen und vermindert den Eisenoxidabfall. *Drotleff/Spilok*

Literatur: *Büchner, W. et al.:* Industrielle Anorganische Chemie. Weinheim 1984. – *Davids, P.; M. Lange:* Die TA Luft '86. Technischer Kommentar. Düsseldorf 1986.

Schwefelwasserstoff.

Allgemein. (H_2S) Biogene Emissionen vom Land (→Schwefelkreislauf) stellen wahrscheinlich die Hauptquelle für H_2S in der Atmosphäre dar. Die wesentlichen Quellgebiete sind das Watt, Moore und Sümpfe, in denen H_2S durch bakterielle Aktivität aus Sulfat reduziert wird. H_2S ist ein →Spurengas mit stark schwankenden Mischungsverhältnissen, Konzentrationen zwischen 1 und 260 pptV sind gemessen worden: typische Mittelwerte liegen bei 10 pptV. Es wird vermutet, daß der Ozean nur eine untergeordnete Rolle als Quelle für H_2S darstellt und daß die H_2S-Oxidation weniger als 10 % zur Bildung von Seesalz-Sulfataerosolen (→Aerosole) beiträgt. Die Quellstärken für H_2S werden zur Zeit auf etwa 7 ± 5 Tg S/J geschätzt.

H_2S wird durch die Reaktion mit OH-Radikalen während des Tages und NO_3-Radikalen während der Nacht oxidiert, wobei als Reaktionsprodukt Schwefeldioxid und schließlich als Endprodukt Sulfataerosole bzw. Schwefelsäureaerosole entstehen. Die troposphärische Verweilzeit für H_2S beträgt 3–4 Tage. *Barnes*

Emissionsmessung. Standardmethoden zur Emissionsmessung von S. werden in der Richtlinie VDI 3486 behandelt. Für Einzelmessungen stehen zwei handanalytische Methoden zur Verfügung, die sich im Einsatzbereich unterscheiden. Bei dem in Blatt 1 beschriebenen potentiometrischen Titrationsverfahren wird das zu untersuchende Abgas zur Vorabscheidung von SO_2 durch schwefelsaure H_2O_2-Lösung geleitet und danach S. in Natronlauge absorbiert. Der Sulfid-Gehalt wird durch potentiometrisches Titration mit Silbernitrat-Lösung bestimmt. Bei dem in Blatt 2 beschriebenen jodometrischen Titrationsverfahren wird das zu untersuchende Abgas durch eine Cadmiumacetat-Lösung geleitet und das dabei aus S. gebildete Cadmiumsulfid jodometrisch bestimmt.

Zur kontinuierlichen Messung von H_2S gibt es nur eine eignungsgeprüfte Meßeinrichtung, die als Meßprinzip die →Kolorimetrie anwendet (VDI 3486, Blatt 3). *Stahl*

Literatur: VDI 3486: Messen gasförmiger Emissionen; Messen der Schwefelwasserstoff-Konzentration; Bl. 1: Potentiometrisches Titrationsverfahren. 4/1979. – Bl. 2: Jodometrisches Titrationsverfahren. 4/1979. – Bl. 3: Colorimetrisches Verfahren (Monocolor-Analysator). 11/1980. – Mindestanforderungen an fortlaufend aufzeichnende Meßeinrichtungen zur Erfassung von Schwefelwasserstoff-Emissionen. Forschungsber. 79-104 02 112 des TÜV Bayern e. V., München, 12/1979 i. A. des Umweltbundesamtes.

Emissionsminderung. S. (H_2S) ist in größeren Anteilen in Erdgas und Erdöl enthalten, in geringeren Anteilen auch im Wasser von Mineral- bzw. Thermalquellen. Industriell wird S. überwiegend durch Reduktion von Schwefel mit Wasserstoff in Gegenwart von Katalysatoren bei ca. 350 °C hergestellt. Das aus der →Entschwefelung von Erdöl bzw. Erdgas anfallende S. wird mit Hilfe des →*Claus*-Verfahrens zu elementarem Schwefel umgesetzt.

Auch das zwangsweise bei der Herstellung von Strontium- und insbesondere Bariumcarbonat sowie von Schwefelkohlenstoff anfallende S., wird dem *Claus*-Prozeß zugeführt. Anorganische Folgeprodukte von S. sind Natriumhydrogensulfid (NaHS) und Natriumsulfid (Na_2S); allerdings wird Na_2S technisch überwiegend durch Reduktion von Natriumsulfat mit Kohle hergestellt. Die beiden Sulfide werden z. B. zum Enthaaren von Häuten, bei der Erzflotation und zur Herstellung von Schwefelfarbstoffen, Kunststoffen (Polyphenylensulfid) und Pflanzenschutzmitteln benötigt. Organische Folgeprodukte sind hauptsächlich Thiole (Mercaptane). Insbesondere das Methylmercaptan (Methanthiol) wird u. a. zur Synthese von D,L-Methionin (einer Aminosäure, die als Additiv Nahrungs- und Futtermittel zugesetzt wird) benötigt.

Bei einer sehr niedrigen →Geruchsschwelle von ca. 2,65 μg/m³ führt S. teilweise zu penetranten Geruchsbelästigungen (Geruch nach faulen Eiern). Die Emissionsquellen sind z. T. natürlichen Ursprungs, z. B. Mineral- bzw. Thermalquellen, Sümpfe und landwirtschaftliche Betriebe (Tierhaltung und Ausbringung von Flüssigmist).

Ebenfalls wird aus Kläranlagen, Kompostanlagen, Kokereien, Erdölraffinerien, Erdgasaufbereitungsanlagen und Gerbereien S. emittiert. Weitere nicht unbedeutende Quellen sind die Kunstfaserherstellung auf Viskosebasis, Betriebe der Zellstoffproduktion und die Herstellung von Bariumcarbonat. Auch die unvollständige Verbrennung von Schwefelverbindungen in Abgaskatalysatoren kann zu S.-Emissionen führen.

Grundsätzlich können Abgasströme mit niedrigem S.-Gehalt zu SO_2 verbrannt werden, das weniger geruchsintensiv ist. Verfahren zur Entfernung von S. aus Gasen mit hohen Konzentrationen, insbesondere aus Synthesegas auf der Basis von Erdöl, Erdgas oder Kohle, wurden schon früh entwickelt, weil S. desaktivierend auf technische Katalysatoren wirkt. Insbesondere eignen sich →Absorptionsverfahren nach physikalischem (z. B. Methanol, Propylencarbonat, N-Methylpyrrolidon und Polyethylenglykohldimethylether) bzw. chemischem Prinzip (z. B. Mono-, Di- und Triethanolamin, N-Methyldiethanolamin, Diisopropanolamin, Natronlauge und Lösungen von Kalium- bzw. Natriumcarbonat). Auch die Anwendung der thermischen Behandlung S.-haltiger Abgasströme (Schwefelsäure) sowie der Einsatz biologischer Filter sind üblich. Ein Beispiel für eine branchentypische Emissionsminderungstechnik betrifft die Viskoseherstellung. H_2S- und CS_2-haltige Abgase können zu Schwefelsäure aufgearbeitet werden. Mit Hilfe des Sulfosorbon-Verfahrens (Adsorption von CS_2 und Oxidation von H_2S zu Schwefel an Aktivkohle) konnten z. B. bei einem Abgasvolumenstrom von ca. 700 000 m³/h die S.-Konzentration von ca. 75 mg/m³ auf 45 mg/m³ gemindert werden.

Anlagen zur Herstellung von S., Schwefel und Viskoseprodukten sind genehmigungsbedürftig nach BImSchG. Emissionsbegrenzende Anforderungen enthält die →TA Luft; z. B. dürfen die Emissionen an H_2S allgemein 5 mg/m³, bei Claus-Anlagen 10 mg/m³ und bei der Viskoseproduktion 50 mg/m³ nicht überschreiten. *Spilok/Drotleff*

Literatur: *Büchner, W. et al.:* Industrielle Anorganische Chemie. Weinheim 1984. – *Davids, P.; M. Lange:* Die TA Luft '86, Technischer Kommentar. Düsseldorf 1986. – *Seifert, K.:* Emissionsminderung von Schwefelwasserstoff und Kohlendisulfid bei der Herstellung von textilem Viskose-Filamentgarn, Enka AG, Kelsterbach; im Auftrag des Umweltbundesamtes. Berlin 1990. – VDI 3452 E: Auswurfsbegrenzung; Viskoseherstellung und -verarbeitung; Schwefelwasserstoff und Schwefelkohlenstoff. 3/1977.

Immissionsmessung. S.-Immissionen geben auf Grund der Geruchsintensität (die →Geruchsschwelle liegt etwa bei 0,1 ppm) häufig Anlaß für Beschwerden, auch wenn eine gesundheitliche Gefährdung nicht gegeben ist.

Es gibt mehrere Möglichkeiten zur Messung der S.-Immissionen. Die meisten Methoden haben jedoch den Nachteil, daß die →Nachweisgrenze oberhalb der Geruchsschwelle liegt. Für eine Konzentrationsüberprüfung im Bereich von 0,5 ppm bis zu 7 Vol% gibt es verschiedene →Prüfröhrchen.

VDI 2454 erläutert zwei Verfahren für die diskontinuierliche Messung von S. VDI 2454, Bl. 1 beschreibt das Molybdänblau-Sorptionsverfahren. Bei der →Probenahme wird die zu untersuchende Luft durch ein Sorptionsrohr geleitet, das mit Silbersulfat und Kaliumhydrogensulfat präparierte Glasperlen enthält. Der S. wird als Silbersulfid quantitativ gebunden und später im Labor mit zinn(II)-chloridhaltiger Salzsäure als S. wieder freigesetzt, der mit Ammoniummolybdat zu Molybdänblau reagiert und photometrisch bestimmt werden kann. Die Nachweisgrenze beträgt 0,5 μg/m³.

VDI 2454, Bl. 2 beschreibt das Methylenblau-Impinger-Verfahren. Bei der Probenahme wird die zu untersuchende Luft mit hoher Geschwindigkeit durch einen mit Cadmiumhydroxid-Suspension beschichteten Impinger ($\rightarrow$Waschflasche) gesaugt. Eventuell vorhandener S. wird zu schwerlöslichem Cadmiumsulfid umgesetzt.

Für die analytische Bestimmung wird die Lösung vom Niederschlag getrennt und das darin enthaltene Sulfid in schwefelsaurer Lösung mit N,N-Dimethyl-p-phenylendiammoniumdichlorid und Eisen(III)-chlorid zu Methylenblau umgesetzt. Die Farbintensität wird photometrisch gemessen. Die Nachweisgrenze beträgt 0,3 μg/m^3.

Zur kontinuierlichen Messung von S. werden hochempfindliche Schwefeldioxid-Meßgeräte ($\rightarrow$UV-Fluoreszenz) eingesetzt. Sie sind zweikanalig aufgebaut. Der eine Kanal mißt das SO$_2$ der Luft. Der zweite Kanal besitzt einen vorgeschalteten $\rightarrow$Konverter, der das S. zu Schwefeldioxid oxidiert. Aus der Differenz beider Signale kann die S.-Konzentration berechnet werden. Die Nachweisgrenze dieser Methode liegt unterhalb der Geruchsschwelle. *Dulson*

Umweltrelevante Stoffdaten.
□ Stoff-Identifizierungs-Nr.:
CAS-Nr.: 7783-06-4
EG-Nr.: 016-001-00-4
UN-Nr.: 1053
EINECS-Nr.: 231-977-3
□ Chemische Formel: H$_2$S
□ Stoffcharakteristik: Giftiges, wasserlösliches Flüssiggas, farblos, sehr leicht entzündlich, bildet mit Luft explosionsfähiges Gemisch. Gas etwas schwerer als Luft, in bestimmter Konzentration nach faulen Eiern riechend.
□ Gefahrenmerkmale:
– Stoffliste nach § 4a der $\rightarrow$Gefahrstoffverordnung:
Gefahrenkennbuchstabe(n): F+, T+
R-Sätze: 12-26
S-Sätze: 1/2-7/9-16-45
– Arbeitsschutzwerte nach TRGS 900: $\rightarrow$MAK-Wert (mg/m^3): 15
– Stoffliste (Anhang II) der $\rightarrow$Störfall-Verordnung: Nr. 268 und 4b
– $\rightarrow$Wassergefährdungsklasse: WGK 2
– Emissionswerte: $\rightarrow$TA Luft Einstufung: 3.1.6 Klasse II
– Immissionswerte: WHO-Luftqualitätslinien: (Schutzobjekt menschliche Gesundheit): 24 h-Mittelwert = 150 μg/m^3 *Fischer/M. Schön*

Schwelbrennverfahren. Verfahrenstechnisch handelt es sich im wesentlichen um eine Kombination von $\rightarrow$Pyrolyse vorzerkleinerten Abfalls in einer Schweltrommel bei einer Temperatur von etwa 450 °C und nachfolgender Hochtemperaturverbrennung (höher als 1 200 °C) der kohlenstoffhaltigen Feinfraktion zusammen mit dem bei der Pyrolyse entstehenden Schwelgas. Als Rückstand der Hochtemperaturverbrennung fällt flüssige Schlacke an, die nach Behandlung in einem Naßentschlacker als glasartiges Schmelzgranulat abgezogen wird. Eisenschrott und andere Metalle sowie Inertmaterialien werden dem Pyrolysereststoff vor der Hochtemperaturverbrennung entnommen; für die Eisen- und Nichteisenmetalle bestehen grundsätzlich günstige Verwertungsmöglichkeiten.

Abgasreinigung und Energienutzung erfolgen prinzipiell wie bei den entsprechenden Verfahren der $\rightarrow$Abfallverbrennung. Abgasseitig sind das geringe spezifische Rauchgasvolumen sowie die hohe Temperatur und die relativ lange Verweilzeit, die sich auf die Minimierung chlororganischer Verbindungen positiv auswirkt, hervorzuheben.

Eine nennenswerte Eluierbarkeit der Schmelzschlacke ist nicht anzunehmen. Da diese Schlacken gut vermarktbar sein dürften, kann das Verfahren zur Entlastung von Deponien beitragen.

Das Konzept des S. wurde erstmals 1987 der Öffentlichkeit vorgestellt; es soll insbesondere im Rahmen der Entsorgung von Haushaltabfall und haushaltähnlichen Gewerbeabfällen eingesetzt werden, wobei auch Klärschlämme zugesetzt werden können. Daneben dürfte sich das Verfahren auch zur Behandlung von bestimmten produktions- oder verfahrensspezifischen Abfällen wie von Shredderabfällen eignen.

Nachdem die Funktionstüchtigkeit des S. im kontinuierlichen Betrieb durch eine große Versuchsanlage nachgewiesen wurde, ist eine Anlage im großtechnischen Maßstab in der Vorbereitung ($\rightarrow$Abfallpyrolyseanlage). *Bergs*

Schwellenwert $\rightarrow$NOEL

Schwerkraftabscheider. Bei diesem $\rightarrow$Massenkraftabscheider werden die Partikeln in Bereichen geringer Strömungsgeschwindigkeit durch die Schwerkraft von dem Gasstrom abgetrennt. Typische Bauformen sind der Schwerkraft-Querstrom-Abscheider (Bild 1) und der Schwerkraft-Gegenstrom-Abscheider (Bild 2).

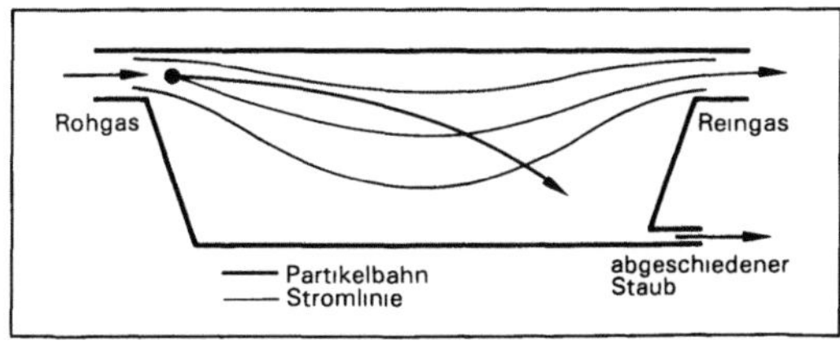

Schwerkraftabscheider 1: Schwerkraft-Querstrom-Abscheider.

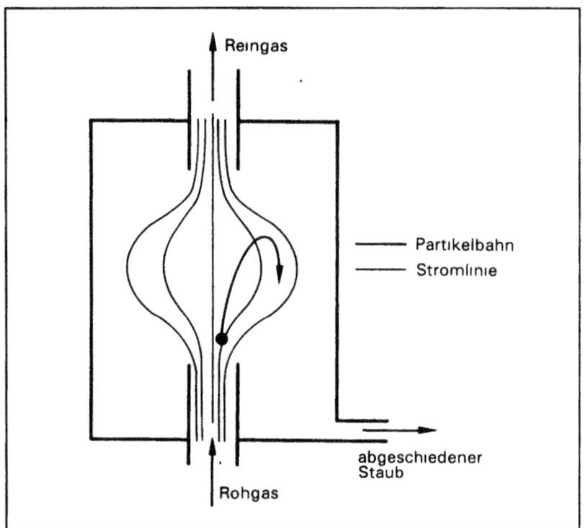

Schwerkraftabscheider 2: Schwerkraft-Gegenstrom-Abscheider.

Vorteile der S. sind einfache Bauweise, Wartungsfreundlichkeit, hohe Temperaturbeständigkeit, kleiner Druckverlust und geringe Betriebs- und Investitionskosten. Nachteile sind großer Platzbedarf und mangelnde Abscheidung feiner Partikeln. *Löffler/Schmidt*

Schwermetalle.

Emissionsmessung. Bei der Emissionsüberwachung werden als Staubinhaltsstoffe am häufigsten S. bestimmt. Standardmethoden hierfür werden in der Richtlinie VDI 2268 beschrieben. Die Messung von Schwermetallemissionen erfolgt schrittweise. Zur Probenahme werden die gleichen Verfahren angewandt, die bei der →Gravimetrie zur Bestimmung des Gesamtstaubgehaltes eingesetzt werden und die in der Richtlinie VDI 2066 standardisiert sind. Dabei ist metallarmes Filtermaterial zu verwenden und darauf zu achten, daß die Probe nicht durch Metallabrieb im Probenahmesystem kontaminiert wird. Beim chemischen Aufschluß der Staubprobe wird zunächst das Filtermaterial (z. B. Quarzwatte) aufgelöst und ausgetrieben. Der Rückstand wird in einem Säuregemisch in lösliche Form übergeführt.

Standardmethode zur quantitativen Elementaranalyse ist die →Atomabsorptionsspektrometrie (AAS), deren Leistungsfähigkeit allerdings dadurch eingeschränkt ist, daß nur einzelne Elemente bzw. wenige Elemente gleichzeitig bestimmt werden können. Leistungsfähige Multielementanalysenverfahren, die als Alternative zur AAS in Betracht kommen und deren Eignung für Emissionsmessungen ausführlich untersucht wurde, sind die →Röntgenfluoreszenzanalyse (RFA) und die optische Emissionspektrometrie mit Anregung der zu analysierenden Probe im induktiv gekoppelten Plasma (ICP-AES).

Besondere Probenahmetechniken sind bei S. erforderlich, die unter den Meßbedingungen zu einem wesentlichen Anteil in flüchtiger Form oder als sehr feine Partikel vorliegen. Zur Erfassung des filtergängigen Anteils wird ein Teilgasstrom durch eine Waschflaschen-Kombination geleitet (Simultanprobenahme nach VDI 3868). *Stahl*

Literatur: VDI 2268: Stoffbestimmung an Partikeln; Bl. 1: Bestimmung der Elemente Ba, Be, Cd, Co, Cr, Cu, Ni, Pb, Sr, V, Zn in emittierten Stäuben mittels atomspektrometrischer Methoden. 4/1987. – Bl. 3: Bestimmung des Thalliums in emittierten Stäuben mittels Atomabsorptionsspektrometrie. 12/1988. – Bl. 4: Bestimmung der Elemente Arsen, Antimon und Selen in emittierten Stäuben mittels Graphitrohr-Atomabsorptionsspektrometrie. 5/1990. – Ermittlung von Meßverfahren zur fortlaufenden Bestimmung von Staubinhaltsstoffen aus unterschiedlichen Emissionsquellen. Forschungsbericht 81-104 02 109 des Rheinisch-Westfälischen TÜV, Essen, 12/1981 i. A. des Umweltbundesamtes.

Emissionsminderung. S. sind Elemente mit einer Dichte von mehr als 4,6 g/m^3. Als luftverunreinigende S. sind vor allem Antimon (Sb), Blei (Pb), Cadmium (Cd), Chrom (Cr), Cobalt (Co), Kupfer (Cu), Mangan (Mn), Nickel (Ni), Quecksilber (Hg), Thallium (Tl), Vanadium (V), Zink (Zn) und Zinn (Sn) von Bedeutung. Arsen (As) gehört zu den Halbmetallen und besitzt daher, je nach Erscheinungsform, metallische oder nichtmetallische Eigenschaften.

Toxisch können S. als Metall oder als chemische Verbindungen bei erhöhten Konzentrationen wirken. S. werden inhalativ als Bestandteil von Schwebstaub (→Metallverbindungen im Staub) oder auch über die Nahrungskette aufgenommen. Vor allem auf diesem Weg kann es zu Anreicherungen in Abhängigkeit von der Fettlöslichkeit einzelner S. kommen, z. B. durch Hg-Anreicherungen im Fisch oder Cd-Anreicherungen in Muscheln und Krabben.

Anthropogene Emissionsquellen von S. ergeben sich einerseits bei gezieltem Einsatz, z. B. As als Läuterungsmittel bei der Glasherstellung, Cd als Pigment für Kunststoffe oder Hg bei der Herstellung von Batterien, und andererseits über Verunreinigungen in Rohstoffen häufig bei thermischen Prozessen, z. B. bei der Verbrennung von Kohle in Feuerungsanlagen oder beim Einsatz von Erzen in der Metallurgie.

Während die Menge an S. bei gezieltem Einsatz im allgemeinen bekannt ist, liegen entsprechende Angaben bei Prozessen, bei denen S. als Verunreinigungen in den Rohstoffen vorkommen, im allgemeinen nicht vor. Der Verbleib der eingebrachten S. ist abhängig von Prozeßbedingungen wie Reaktionsführung (Temperatur, Druck) und Reaktorbauart. Rohstoffe, z. B. Brennstoffe, Erze oder Erzkonzentrate, werden meist in Hochtemperatur-Prozessen eingesetzt wie Feuerungen, Abfallverbrennungsanlagen, Zementöfen oder bei Schmelz-vorgängen zur Gewinnung von Metallen. Dabei verdampfen die S. zu einem großen Teil, und bei den üblichen Abgastemperaturen zwischen 100 bis 300 °C kondensieren sie weitgehend wieder. Leichtflüchtige Elemente reichern sich im Abgasstaub an; z. B. wurden abhängig vom Prozeß Anreicherungsfaktoren von über 1 000 für As, Pb, Cd oder Tl gefunden. Eine erhöhte Anreicherung wurde in den feineren Staubfraktionen nachgewiesen. Ein Teil der S. wird auch gas- oder dampfförmig mit dem Abgas emittiert. Bei Hg überwiegt der gas- bzw. dampfförmige Anteil. Bei den meisten S. wird der größte Anteil allerdings staubförmig emittiert.

Eine Minderung der S.-Emission kann durch Wahl und Verwendung schwermetallarmer Einsatzstoffe und vor allem durch Einsatz wirksamer Abgasreinigungseinrichtungen erreicht werden. Bei Energieumwandlungs- und Prozeßanlagen, z. B. Schmelzkammerfeuerungen oder Anlagen der Stahl- und Zementindustrie, werden häufig abgeschiedene, mit S. angereicherte Stäube wieder in den Prozeß zurückgeführt, um den Materialverlust zu senken und Reststoffe zu vermeiden. Bei derartigen Verfahrenskreisläufen kommt es in der Regel zu besonders hohen Anreicherungen an S. in den Filterstäuben. Zur Verminderung der Emissionen an S. sind spezielle Maßnahmen wie die gezielte Stoffausschleusung und der Einbau besonders effizienter Abgasreinigungseinrichtungen notwendig. Die Emissionen staubförmiger S. werden durch Staubabscheider gemindert; zur Abscheidung gas- bzw. dampfförmiger Schwermetallemissionen sind Absorptions- oder Adsorptionsverfahren geeignet.

Emissionsbegrenzende Anforderungen enthält insbesondere die →TA-Luft. Die schärfsten Anforderungen sind für krebserzeugende Stoffe in der Nr. 2.3 festgelegt, je nach Gefährdungsgrad sind Werte zwischen 0,1 bis 5 mg/m^3 einzuhalten, zusätzlich gilt das Gebot, die Emissionen soweit wie möglich zu minimieren. Weitere Anforderungen enthält die Nr. 3.1.4 für gefaßte Emissionen und die Nr. 3.1.5 für diffuse Emissionen. Besonders niedrige Emissionswerte legt die →17. BImSchV für →Abfallverbrennungsanlagen fest. *Dombrowski*

Literatur: *Davids, P.; M. Lange:* Die TA Luft '86, Technischer Kommentar. Düsseldorf 1986. – Datenerhebung über die Emissionen umweltgefährdender Schwermetalle, Umweltforschungsplan des Bundesministers für Umwelt, Naturschutz und Reaktorsicherheit, Forschungsbericht 91 – 104 02 588. Umweltbundesamt 1991.

Schwingbeschleunigung →Schwinggeschwindigkeit

Schwinggeschwindigkeit. Die S. ist eine der kinematischen Größen, die zur Beschreibung der Bewegung von Körpern, Materieteilchen (Partikeln) oder von Punkten verwendet werden.

Bei Schwingungen eines Punkts in einem Schwingungssystem, ist die S. der in der Zeiteinheit zurückgelegte Schwingweg s dieses Punktes. Da der Schwingweg eine „Richtung" hat, ist er wie auch die S. ein →Vektor. Die S. erfordert daher zu ihrer Kennzeichnung die Angabe von Größe (Wert) und Richtung. SI-Einheit ist m/s. Bei einer Schwingung eines Punkts in s-Richtung (geradlinige Bewegung) mit einer gegebenen Zeitfunktion des Schwingwegs s = s(t) können aus dieser Funktion weitere, die Schwingung charakterisierende Größen hergeleitet werden, z. B. die S. und die Schwingbeschleunigung. Für die S. v gilt:

$$v = \dot{s} = \frac{ds}{dt}$$

Im Immissionsschutz wird im Zusammenhang mit Erschütterungsimmissionen bei Schwingungsmessungen in Gebäuden die S. als Meßgröße u. a. deshalb bevorzugt verwendet, weil zwischen ihr und den Beanspruchungen bei manchen Bauteilen bei stationären und auch bei transienten Schwingungen mindestens näherungsweise ein linearer Zusammenhang nachgewiesen worden ist. Auch bei der Einwirkung von →Erschütterungen auf Menschen ist in einem großen Teil des zu betrachtenden Frequenzbereichs die momentane subjektive →Wahrnehmung direkt proportional zur S. Außerdem läßt eine S.-Zeitregistrierung auch bei Schwingungsgemischen mit unterschiedlichen Amplituden Rückschlüsse auf den zeitlichen Verlauf sowohl des Schwingweges s als auch auf den der Schwingbeschleunigung a zu. Bei der Wahl der Schwingbeschleunigung als Meßgröße würde das erschwert, da die Beschleunigungsamplituden bei höheren Frequenzen wegen der Frequenzabhängigkeit stark dominieren. *Splittgerber*

Schwingungsisolierung. Die S. besteht darin, eine Maschine oder ein schutzbedürftiges Objekt möglichst weitgehend mechanisch von der Umgebung zu trennen. Ziel der S. ist, durch den Einbau von Isolatoren die Übertragung dynamischer Kräfte von einem Erreger auf die Umgebung oder von →Erschütterungen aus einer Umgebung in ein schutzbedürftiges Objekt zu vermindern.

Die S. bei einem Erreger mit dem Ziel, die Übertragung dynamischer Kräfte oder Bewegungen in den Aufstellungsort zu vermindern, nennt man →Aktivisolierung. Bei der →Passivisolierung will man erreichen, daß von einer Erschütterungsquelle ausgehende Schwingungsbewegungen nicht von einem Aufstellungsplatz für ein erschütterungsempfindliches Objekt in dieses Objekt, z. B. in eine erschütterungsempfindliche Maschine, eine Meßeinrichtung, oder in ein Gebäude übertragen werden. *Splittgerber*

Literatur: *Magnus, K.*: Schwingungen. Stuttgart 1961. – *Splittgerber, H.*: Verfahren und Vorrichtungen zur Begrenzung von Erschütterungsemissionen. In: Dreyhaupt, F. J. (Hrsg.): Handbuch für Immissionsschutzbeauftragte. Köln 1978.

SCP. Abk. →single cell protein

SCR-Verfahren. Das S.-V. (Abk. *engl.* Selective Catalytic Reduction) ist ein trockenes →Abgasreinigungsverfahren zur Verminderung der Stickstoffoxidemissionen. Beim S.-V. werden die NO_x mit Ammoniak oder einer anderen Komponente als Reduktionsmittel katalytisch zu Stickstoff und Wasserdampf umgewandelt. Ammoniak reagiert selektiv mit NO_x und nicht oder nur geringfügig mit O_2 im Abgas (Bild). Die Hauptkomponenten der Anlage sind der Reaktor mit Katalysator sowie die Ammoniak-Dosier- und -Lagereinrichtungen. Zur NO_x-Abgasreinigung bei →Großfeuerungsanlagen wird fast ausschließlich das S.-V. eingesetzt. Ende 1992 war in der Bundesrepublik Deutschland eine Kraftwerkskapazität mit einer elektrischen Gesamtleistung von über 30 000 MW mit Anlagen nach dem S.-V. ausgerüstet.

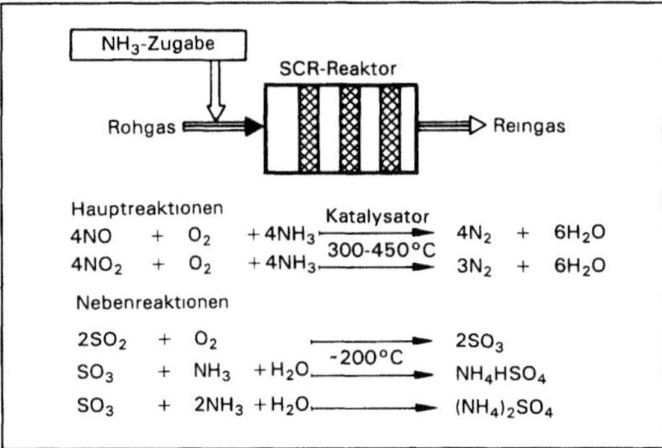

SCR-Verfahren: Grundschema und ablaufende Reaktionen am Katalysator.

Bei der Einteilung der S.-V. wird nach der Anordnung des Reaktors im Abgasstrang der Feuerungsanlage unterschieden. Der Einbau direkt nach dem Kessel (High Dust) wurde mit einem Anteil von etwa 60 % an der gesamten Kapazität bisher am häufigsten realisiert. Die Anordnung des Reaktors nach der Abgasentschwefelungsanlage vor dem Schornstein (Tailgas) hat einen Anteil von rund 40 %, während sich nur in drei Anwendungsfällen der Reaktor zwischen einem Heißgaselektrofilter und dem Luftvorwärmer (Low Dust) befindet.

Für einen optimalen und störungsfreien Betrieb von SCR-Anlagen sind möglichst gleichmäßige Verteilungen von Abgasstaub, Gasgeschwindigkeit, Temperatur und Ammoniak erforderlich. Diese Parameter werden durch Gleichrichter, Strömungsbleche und geeignete Dosiereinrichtungen vor Eintritt des Abgases in den Katalysator, in dem selbst kaum noch ein Ausgleich stattfindet, homogenisiert. Die Katalysatoreigenschaften sind entscheidend für den technisch wirtschaftlichen Einsatz zur NO_x-Reduktion (Katalytische →Abgasreinigung).

Es gibt Katalysatoren auf der Basis Titandioxid, Eisenoxid, Zeolith und Aktivkoks. Die Arbeitstemperatur für Aktivkoks aus Stein- oder Braunkohle liegt bei 80–150 °C (→BF-Uhde-Verfahren). Die anderen Katalysatoren arbeiten im Temperaturbereich zwischen 270 und 480 °C. Mit 95 % wird der TiO_2-Katalysator in Waben- oder Plattenform am häufigsten verwendet. Der Wabenkatalysator ist selbsttragend und besteht aus einem Gemisch von Trägermaterial (TiO_2) und Aktivkomponenten (z. B. V_2O_5, WO_3). Er hat derzeit einen Marktanteil von rund 70 %. Eine charakteristische Größe des Wabenkatalysators ist die Öffnungsweite, die in Abhängigkeit vom Flugaschegehalt des Abgases variiert wird. Bei einer großen Öffnungsweite ist die Verstopfungsgefahr für den Katalysator geringer. Der Wabenkatalysator hat eine große spezifische Oberfläche. Plattenkatalysatoren (Marktanteil etwa 30 %) bestehen aus einem Metallnetz, auf dem die Aktivkomponenten aufgebracht sind. Mehrere Platten werden zu einem Katalysatorelement zusammengefaßt. Plattenkatalysatoren sind weniger anfällig bezüglich Anbackungen und Verstopfungen als Wabenkatalysatoren, jedoch weniger widerstandsfähig gegenüber mechanischer und thermischer Beanspruchung, und ihre dünne aktive Schicht ist empfindlich gegenüber Abrieb. Das Trägermaterial muß säurebeständig sein, damit der Katalysator bei Unterschreitung des Säuretaupunktes nicht durch Korrosion zerstört wird.

In der Tabelle sind typische Zusammensetzungen und Geometrien von Katalysatoren aus deutscher Produktion sowie typische Raum- (RG) und Flächengeschwindigkeiten (FG) in bei Steinkohlefeuerungen eingesetzten SCR-Reaktoren dargestellt. Die Raumgeschwindigkeit (Verhältnis zwischen Abgasvolumenstrom im Normzustand und Katalysatorvolumen) ist eine wichtige Auslegungsgröße für die Katalysatormenge. Sie ist ein Maß für die Verweilzeit des Abgases im Katalysatorvolumen. Bei der Ermittlung der Raumgeschwindigkeit sind der erforderliche Reduktionsgrad, die Reaktionstemperatur, der zulässige Ammoniakschlupf und der Flugaschegehalt zu berücksichtigen. Zur Reaktorauslegung wird häufig auch die Flächengeschwindigkeit genutzt. Sie ist das Verhältnis von Abgasvolumenstrom zur äußeren Katalysatoroberfläche.

Der Reaktor enthält bei einer High-Dust-Anordnung meist drei Katalysatorlagen. Über 80 % des NO_x wird bereits in der ersten Lage reduziert. Die zweite und insbesondere die dritte Katalysatorlage

SCR-Verfahren. Tabelle: Typische Auslegungsdaten für TiO_2-Katalysatoren

Geometrie			
Platte		**Wabe**	
Plattenabstand	6 – 10 mm	Pitch[1])	3,7– 7,4 mm
Plattenstärke	1,5– 2 mm	Wandstärke	1,0– 2,4 mm
Plattenlänge	450 – 650 mm	Länge	350 –1 000 mm
Querschnitt	464 x 464 mm²	Querschnitt	150 x 150 mm²
Spezifische Oberfläche	250 – 500 m²/m³	Spezifische Oberfläche	427 – 860 m²/m³

Raum-(RG) und Flächengeschwindigkeiten (FG)				
	Trockenfeuerung		Schmelzkammerfeuerung	
	high dust	tail gas	high dust	tail gas
RG (h⁻¹)	2 500–3 500	5 500–6 500	1 500–2 500	4 000–5 500
FG (m/h)	6,1–7,4	7,2–8,6	3,7–5,4	5,3–7,2

Träger-Material	$\geq$ 90 Gew.-% TiO_2
Aktivkomponenten	0,5–5 Gew.-% V_2O_5
	5–10 Gew.% WO_3
Reaktionstemperatur	270–400 °C

[1]) Abstand von Steg zur Stegmitte

sind vor allem zur Verringerung des NH_3-Schlupfes (Ammoniakmenge, die nicht im Reaktor verbraucht wird) notwendig. Um die NH_3-Beladung der Flugasche auf weniger als 50 ppm zu begrenzen und dadurch Geruchsprobleme bei der Verwertung der Flugasche in der Bauindustrie zu vermeiden, werden die SCR-Anlagen in der Bundesrepublik Deutschland meist mit einem NH_3-Schlupf von weniger als 2 mg/m³ betrieben. Etwa 80% des nicht verbrauchten Ammoniaks wird im nachgeschalteten Elektrofilter zusammen mit der Flugasche abgeschieden. Etwa 10% des NH_3-Schlupfes verbleiben im Luftvorwärmer, während ca. 5% ins Abwasser der →Abgasentschwefelung gelangt. Auf Grund der sehr geringen Ammoniakkonzentrationen nach dem Reaktor lassen sich Anbackungen und Verstopfungen des Luftvorwärmers oder unzulässig hohe NH_3-Gehalte im Abwasser der Abgasentschwefelungsanlage vermeiden. Die Bildung von Ammoniumsulfatverbindungen (Bild), die zu klebrigen Ablagerungen führen und korrosive Eigenschaften haben, wird neben der Begrenzung des NH_3-Schlupfes auch noch durch Einsatz von Katalysatoren mit geringer Konversionsrate von SO_2 zu SO_3 ($<1\%$) unterdrückt. Um die Arbeitstemperatur des Katalysators von ca. 270 bis 400 °C auch bei Teillastbetrieb aufrecht zu erhalten, wird für High Dust-Anlagen im allgemeinen der Economiser des Kessels (Speisewasservorwärmer) mit einem Bypass versehen. Damit können Abgase mit höherer Temperatur in den Reaktor geleitet werden, und

die Inbetriebnahmezeit des Reaktors wird verkürzt.

Die erste Betriebsanlage nach dem Tailgas-Verfahren in der Bundesrepublik Deutschland ist 1987 beim Heizkraftwerk Hafen in Hamburg in Betrieb gegangen. Das Abgas von der Abgasentschwefelungsanlage wird zunächst durch Zumischen eines Teilstromes von 50 auf 60 °C erwärmt. Damit werden Anbackungen und Verstopfungen des Gasvorwärmers (GAVO) durch Tropfen aus der Naßentschwefelung vermieden. Die weitere Abgaserwärmung auf die Reaktionstemperatur von etwa 350 °C erfolgt zunächst im GAVO durch Wärmetausch mit dem Abgas aus dem Reaktor auf 300 °C und anschließend in einem dampfbeheizten Wärmetauscher. Vorteile des Tailgas- gegenüber dem High Dust-Verfahren sind:
– Durch die Anordnung des Reaktors am Ende des Abgasweges werden der Betrieb des Luftvorwärmers, die Entstaubung und die Abgasentschwefelung nicht nachteilig durch NH_3-Schlupf, SO_3-Konversion und Ammoniumverbindungen beeinflußt.
– Der Betrieb mit nahezu staubfreiem Abgas mit geringer SO_2-Konzentration führt zu höheren Standzeiten des Katalysators.
– Bei der Nachrüstung von Altanlagen ist kein wesentlicher Eingriff in die bestehende Anlage erforderlich.

Als Nachteil ist hervorzuheben, daß bei Einsatz der Katalysatoren auf TiO_2-Basis bei Inbetriebnahme des Reaktors die Arbeitstemperatur durch

Zufeuerung eingestellt werden muß. Im Betrieb ist desweiteren zur Überwindung des Wärmetauscherverlustes (Grädigkeit) eine zusätzliche Energiezufuhr erforderlich.

Der Ammoniakverbrauch liegt beim stöchiometrischen Bedarf. NH_3 wird üblicherweise in flüssiger Form unter Druck gelagert. In einer beheizten Verdampferstation wird das flüssige NH_3 entspannt und so in die Gasphase überführt. Vor der Eindüsung in den Abgasstrom wird dem gasförmigen NH_3 Luft zugemischt. An einigen Kraftwerksstandorten mit dichter Wohnbebauung wird Ammoniak auch in Wasser gelöst bei Atmosphärendruck bereitgestellt. Für die Ammoniaklager sind →Sicherheitsanalysen nach der →Störfall-Verordnung zu erstellen. Die geforderten Sicherheitseinrichtungen wie doppelwandige Lagerbehälter, Erddeckung, Einhausen, Wasserberieselung und redundant ausgelegte Einzelteile, aber auch die eingehende Schulung des Personals haben eine mögliche Gefährdung der Nachbarschaft durch Austritt größerer Ammoniakmengen minimiert.

Das S.-V. hat sich bei Steinkohle-Schmelzkammerfeuerungen und -Trockenfeuerungen, bei Braunkohle- und Ölfeuerungen in der Bundesrepublik Deutschland im Betrieb bewährt. Mit dem S.-V. werden NO_x-Reduktionsgrade von 90 % erreicht. Die Katalysatorstandzeiten sind deutlich länger als die zunächst gegebenen Garantiezeiten von zwei Jahren. Nach den vorliegenden Betriebserfahrungen werden Katalysatorstandzeiten von mindestens fünf Jahren bei High Dust- und von zehn Jahren bei Tailgas-Anlagen erwartet. Nach Pilotuntersuchungen an Schmelzkammerfeuerungen mit vollständiger Rückführung der Flugasche vom Elektrofilter in den Kessel kam es zu einer schnellen Abnahme der Katalysatoraktivität in High Dust-Anlagen. Dieses Problem konnte gelöst werden, indem die Flugasche nur teilweise zurückgeführt wird (dadurch verminderte Anreicherung von Katalysatorgiften, wie z. B. Arsen, zwischen Kessel und Elektrofilter) oder durch Einsatz von TiO_2-Katalysatoren mit höherer Resistenz gegenüber Schwermetallen. Die verbrauchten Katalysatoren können grundsätzlich wiederaufbereitet werden. *Haug*

Literatur: *Breihofer, D. et al.:* Maßnahmen zur Minderung der Emissionen von SO_2, NO_x und VOC bei stationären Quellen in der Bundesrepublik Deutschland. Studie im Auftrag des BMU/Umweltbundesamt. IIP Uni Karlsruhe November 1991. – *Haug, N.; B. Schärer:* Minderung von NO_x-Emissionen aus Kraftwerken. Staub-RdL 51 (1991) Nr. 11. – *Rentz, O.; R. Leibfritz:* Erfassung emissionsarmer Technologien und entsprechender anlagenbezogener gesetzlicher Regelungen für industrielle Produktionsanlagen in Japan. Studie i. A. des BMU/Umweltbundesamt. IIP Uni Karlsruhe Dez. 1988. – Luftverschmutzung durch Stickstoffoxide: Ursachen, Wirkung, Minderung. Hrsg.: Umweltbundesamt. Berlin 1990.

Screening-Verfahren. Mit Screening wird in einer hierarchischen umweltanalytischen Untersuchung (Analysenstrategie) der →Umweltmedien der erste der Analyseschritte bezeichnet. Hierbei soll zunächst mit geringem Arbeits- und Zeitaufwand geklärt werden, ob überhaupt oder welche Art Verunreinigungen in Wasser, Boden, Luft vorliegen. Die S.-Analyse ist eine Übersichtsanalyse. *Thoenes*

Literatur: *Kerndorff, H., J. D. Arneth, R. Schleyer* und *G. Milde:* Untersuchungsstrategie für Grundwasserkontaminationen durch Altlastenstandorte. In: Thomé-Kozmiensky, K. J.: Altlasten 2. Berlin 1988.

6. BImSchV. Verordnung über die Fachkunde und Zuverlässigkeit der Immissionsschutzbeauftragten vom 12. April 1975 (BGBl. S. 957) zur Konkretisierung der in § 55 Abs. 2 BImSchG enthaltenen entsprechenden Grundanforderungen an Immissionsschutzbeauftragte. Der Inhalt der Verordnung ist 1993 unter Aufhebung der 6. BImSchV in die 5. BImSchV übernommen und auf Störfallbeauftragte ausgedehnt worden. *Dreyhaupt*

16. BImSchV →Verkehrslärmschutzverordnung

Sedimentation. Trockene →Deposition von Aerosolen im Schwerefeld der Erde. Sie hängt im wesentlichen von Partikelgröße, -gewicht und -form, der Größenverteilung, dem mechanisch und thermisch beeinflußten Turbulenzzustand der bodennahen Luftschicht sowie den Ablagerungsprozessen an der Oberfläche ab.

Teilchen < 5 μm aerodynamischer Durchmesser haben eine Ablagerunggeschwindigkeit von weniger als 0,1 cm/s. Mit abnehmender Teilchengröße sinkt die Geschwindigkeit weiter ab, während sie mit zunehmender Teilchengröße auf Grund der von der Partikelgröße abhängigen Fallgeschwindigkeit rasch ansteigt. Für kugelförmige Aerosolteilchen kann diese Abhängigkeit an Hand der (korrigierten) *Stokesschen* Fallgeschwindigkeit beschrieben werden.

Zur Durchführung von Ausbreitungsrechnungen sind in Anhang C Nr. 5 der TA-Luft Depositionsgeschwindigkeiten für Stäube in Abhängigkeit von der Korngrößenverteilung des Emissionsmassenstroms angegeben (→Ausbreitung von Stäuben). *Giebel*

Seesalzaerosol. Die Wellenbewegungen an der Oberfläche der Ozeane erzeugen sehr kleine Wassertröpfchen. Die Verdunstung des Wasseranteils der Tropfen hinterläßt feste Salzteilchen im Bereich von 1–10 μm mit Lebensdauern von Stunden oder Tagen (→Aerosole). Die Zusammensetzung entspricht in den meisten Fällen der Zusammensetzung des Meerwassers. Die meisten Elemente in diesen Partikeln sind chemisch inert. Dies ist jedoch nicht für Cl^- der Fall, das in Gegenwart von HNO_3 oder H_2SO_4 gasförmiges HCl bilden kann (→Chlor).

Experimentelle Untersuchungen deuten darauf hin, daß in Gegenwart höherer NO_2-Konzentrationen das S. auch Nitrosylchlorid (NOCl) bildet, eine photolytisch instabile Substanz, die im Sonnenlicht in Cl-Atome und NO zerfällt. In welchem Ausmaß dies jedoch die Cl-Atomkonzentration in der →Troposphäre beeinflußt, ist zur Zeit noch nicht geklärt. *Wirtz*

Sekundärbatterie →Akkumulator

Sekundärenergie. Energie aus der Umwandlung von Primärenergie, z. B. Strom aus Kohle, Benzin oder Heizöl aus Rohöl, Wasserstoff aus Naturgas. Heizwasser, Strom, Wasserdampf, Wasserstoff sind dabei Sekundärenergieträger, welche Wärme, elektrische Energie oder chemische Energie zu speichern und zu transportieren gestatten. *C.-J. Winter*

Sekundärmaßnahmen zur Luftreinhaltung. S. bezeichnen (im Gegensatz zu den →Primärmaßnahmen) die nachgeschalteten (zusätzlichen) Maßnahmen zur Luftreinhaltung. Soweit die Entstehung von Schadstoffen im Prozeß oder bei der Energieumwandlung nicht vermieden oder nicht soweit verringert werden kann, daß die zulässigen Emissionsbegrenzungen eingehalten werden, sind Abgasreinigungseinrichtungen einzusetzen.

Abgasreinigungstechniken haben sich seit Jahrzehnten in der Luftreinhaltung bewährt. Die Anwendung ist in der Regel bei bestehenden Anlagen ohne gravierende Eingriffe in den vorgeschalteten Prozeß möglich. Soweit in früheren Jahren akute Probleme der Luftreinhaltung gelöst werden mußten, war der Einsatz von →Abgasreinigungsverfahren die nächstliegende und am schnellsten realisierbare Maßnahme. Die zunehmende gesamtökologische Bewertung von Umweltschutzmaßnahmen änderte jedoch den Stellenwert. Erst nach Ausschöpfung von Primärmaßnahmen sollten S. herangezogen werden.

Für alle relevanten Probleme der Luftreinhaltung stehen heute betriebsbewährte Abgasreinigungstechniken zur Verfügung. Auswahl und Verfahrensauslegung richten sich vor allem nach den physikalisch-chemischen Eigenschaften der abzuscheidenden Stoffe, störenden Abgasbestandteilen (z. B. saure Gase, Wasserdampfgehalt), dem Verbrauch an Einsatzstoffen (z. B. Sorbentien) und Energie (z. B. für Gebläse und Pumpen) sowie den Möglichkeiten der →Reststoffverwertung.

Ein wichtiger Auslegungs- und Betriebsparameter für S. ist der Wirkungsgrad; bei S., bei denen Stoffe abgeschieden werden, wird er auch als →Abscheidegrad bezeichnet.

Zur →Staubabscheidung kommen zur Anwendung:

– →Massenkraftabscheider (z. B. Zyklone, i. a. nur zur Abscheidung von Grobstäuben),
– Elektrofilter (hohe Leistungsfähigkeit bei geringem Energieverbrauch; hohe Investitionskosten),
– Gewebefilter (sehr hohe Leistungsfähigkeit, aber große Empfindlichkeit gegenüber störenden Abgasparametern wie saure Gase oder hohe Temperatur),
– Naßwäscher (besonders betriebsrobust, hoher Energieverbrauch sowie Aufwand zur Abwasserbehandlung, sehr niedrige Investitionskosten).

Ähnliche Auswahl- und Auslegungskriterien gelten auch für die Verfahren zur →Abgasreinigung für dampf- oder gasförmige Luftverunreinigungen. Prinzipiell kommen in Betracht:
– →Absorptionsverfahren für anorganische und organische Stoffe,
– thermische und katalytische Umwandlungsverfahren für organische und verbrennbare anorganische Stoffe (→Oxidationsverfahren),
– →Adsorptionsverfahren für organische und anorganische Stoffe,
– biologische Verfahren, z. B. →Biofilter, →Biowäscher, für biologisch abbaubare, insbesondere geruchsintensive Stoffe.

Hinzu kommen besonders interessante Entwicklungen und Anwendungen zu folgenden Verfahren:
– Thermische und katalytische Verfahren, z. B. zur NO_x-Reduktion unter Ammoniakzugabe: →SNCR-Verfahren, →SCR-Verfahren)
– →Kondensationsverfahren, z. B. zur Abtrennung von Kohlenwasserstoffen.

Die weitere Entwicklung der S. z. L. zielt ab auf eine Verbesserung von Wirkungsgraden, Minimierung des Aufwands, (soweit möglich) Energierückgewinnung und die Anwendung der Verfahren in neuen Einsatzbereichen. Ein Vorteil der S. ist, daß in der Regel eine Optimierung der Abgasreinigungsverfahren im Hinblick auf eine Vermeidung oder Verwertung von Reststoffen möglich ist. In vielen Fällen geschehen die Wahl und Auslegung des Reinigungsverfahrens vorrangig unter diesem Aspekt. *M. Lange*

Literatur: *Davids, P.; M. Lange:* Die TA Luft '86, Technischer Kommentar. Düsseldorf 1986. – *Fritz, W.; H. Kern:* Reinigung von Abgasen. Würzburg 1990. – Luftreinhaltung '88 – Tendenzen – Probleme – Lösungen. Hrsg.: Umweltbundesamt. Berlin 1989. – Umweltbundesamt (Hrsg.): UBA-Texte 28/89: Handbuch Abscheidung gasförmiger und staubförmiger Luftverunreinigungen. Berlin 1989.

Sekundärrohstoff. S. sind Abfallprodukte/Reststoffe oder deren Inhaltsstoffe, die durch Zerlegen, Aufbereiten und/oder Behandlung erneut einer volkswirtschaftlichen Verwendung zugeführt werden können, wie z. B. →Altpapier, Asche, →Altglas, Alttextilien, Altgummi, Altkunststoffe,

→Altöl, Metall-Schrott, →Altreifen. Der Begriff ist synonym mit →Wertstoff. *Schnurer*

Sekundärstandard. Standards in der Immissionsmeßtechnik, die nicht →Primärstandards sind, sind in der Regel als S. anzusehen. Es sind daher Substanzen, deren Eigenschaften *nicht* aus der Messung von Basisgrößen (SI-Einheitensystem) oder aus daraus abgeleiteten Größen gewonnen werden können. S. werden häufig als sog. Transferstandards eingesetzt.

Nach den bundeseinheitlichen Richtlinien sind Transferstandards transportable Standards, die im Labor und im Feld eingesetzt werden können. In der Regel handelt es sich um Prüfgasflaschen, Vorgemische mit Verdünnungseinrichtung, Permeationssysteme oder unter bestimmten Bedingungen auch kalibrierte Vergleichsmeßgeräte.

Im Rahmen der Immissionsmeßtechnik haben S. vor allem als sekundäre →Prüfgase Bedeutung. *Pfeffer*

Literatur: Richtlinie über die Festlegung von Referenzverfahren, die Auswahl von Äquivalenzmeßverfahren und die Anwendung von Kalibrierverfahren. Rundschreiben des BMU vom 9. 2. 1988 (GMBl. S. 191).

Selbstbeschränkungsabkommen. S. werden zwischen dem Staat und privaten Unternehmen bzw. Wirtschaftsverbänden getroffen, um eine regelmäßig bereits für den Fall des Scheiterns der Verhandlungen in Aussicht gestellte schärfere Gesetz- oder Verordnungsgebung überflüssig zu machen. Solche S. kommen in der Weise zustande, daß der Gesetz- oder Verordnungsgeber seine Untätigkeit in Aussicht stellt mit dem Ziel und unter der Bedingung, daß sich die jeweils angesprochenen Wirtschaftskreise freiwillig auf ein bestimmtes Verhalten einigen. Dabei wirkt der Staat vermittelnd oder durch konkrete Anregungen bei dem Zustandekommen solcher Absprachen mit, ohne sich selbst an den Vereinbarungen zu beteiligen. Gekennzeichnet sind S. durch ihre Unverbindlichkeit: Der Staat ist an den erklärten Normverzicht – schon aus verfassungsrechtlicher Sicht – allenfalls politisch gebunden. Die beteiligten Wirtschaftskreise können sich ebenfalls jederzeit von ihren Zusagen lösen und so auf eine geänderte Wirtschaftslage reagieren.

Für die staatlichen Stellen ergeben sich bei der Mitwirkung an gesetzesabwendenden Vereinbarungen rechtliche Grenzen aus den Grundrechten und aus dem Gesetzesvorbehalt. So können z. B. Beschränkungen eines Produktionszweiges, die den Verzicht auf die Verwendung bestimmter, als umweltgefährdend eingestufter Rohstoffe oder chemischer Erzeugnisse zum Gegenstand haben, in die grundrechtlich geschützte Eigentumsposition der betroffenen Zulieferindustrie eingreifen. In solchen Fällen verbietet sich eine Mitwirkung des zuständi-

gen Gesetz- oder Verordnungsgebers wegen der Beachtlichkeit des Gesetzesvorbehaltes. Echte Normsetzungsverträge, die eine Verpflichtung zum Erlaß, zur Änderung oder zur Aufhebung von Rechtsnormen enthalten, sind bereits wegen Umgehung des Normsetzungsverfahrens unzulässig.

Umweltpolitisch kann ein Nachteil solcher S. darin liegen, daß sie als Kompromiß ein Minus gegenüber dem beabsichtigten Umweltschutzniveau darstellen können.

Gegenstand von S. waren z. B. Beschränkungen bei der Verwendung bestimmter Inhaltsstoffe in Waschmitteln und Haushaltsreinigern, die Reduzierung von Kraftstoffverbrauch und Lärmemissionen bei Personenkraftwagen, die Verringerung des Anteils von Lösemitteln in Lacken oder die Verminderung der Verwendung von FCKW als Kühlmittel und als Aufschäummittel für Dämmstoffe in Kühlschränken. *Hoppe/Beckmann*

Literatur: *Beyer:* Der öffentlich-rechtliche Vertrag. Informales Handeln der Behörden und Selbstverpflichtung Privater als Instrumente des Umweltschutzes. Köln 1986. – *Biedenkopf:* Zur Selbstbeschränkung auf dem Heizölmarkt, BB (1966), 1113. – *Bohne:* Absprachen zwischen Industrie und Regierung in der Umweltpolitik. In: Gessner/Winter: Rechtsnormen der Verflechtung von Staat und Wirtschaft. 1982. – *Hoffmann-Riem:* Umweltschutz zwischen staatlicher Regierungsverantwortung und unternehmerischer Eigeninitiative, Wirtschaft und Verwaltung (1983) 120 ff. – *Oebbecke:* Die staatliche Mitwirkung an gesetzesabwendenden Vereinbarungen. (DVBl.) 1986, 793.

Selbstreinigung im Gewässer. Bei der S. i. g. werden Wasserinhaltsstoffe durch biologische, chemische oder physikalische Vorgänge aus dem Wasserkörper ausgeschieden bzw. so verändert, daß sie keine nachteilige Auswirkungen auf die Wassergüte haben bzw. diese vermindern. Diese Definition bezieht die Reinigung nur auf das Wasser. Verlagerung aus der flüssigen Phase in die feste, z. B. in das Sediment, bedeutet jedoch nicht, daß bestimmte Stoffe ihre Umweltgefährdung dadurch verlieren. In gleicher Weise gilt dies für Stoffe, die aus dem Wasser in die Luft austreten. Im strengen Sinne sollte S. nur im Sinne der Abnahme an Fracht von Schadstoffen durch →Abbau oder Umbau infolge biologischer, chemischer oder physikalischer Vorgänge verstanden werden (→Selbstreinigung, biologische). *Mertsch*

Selbstreinigung, biologische. →Abbau organischer Substanzen in Gewässern durch natürlich vorkommende Mikroorganismen des Wassers (Bakterien und Pilze). Das Maß der Kraft der b. S. kann durch den →biochemischen Sauerstoffbedarf (BSB) ausgedrückt werden.

B. S. spielt insbesondere in Fließgewässern unterhalb von Einleitungen biologisch abbaubarer Substanzen eine Rolle (→Abbaubarkeit). Je nach dem

Grad der erfolgten b. S. stellen sich im Gewässer unterschiedliche Biozönosen ein, die Grundlage für die biologische Gewässerbewertung sind. Bei der b. S. können nur organische Substanzen abgebaut werden. Metalle, anorganische Stoffe oder biologisch nicht abbaubare organische Substanzen werden höchstens akkumuliert, ggf. aus dem Wasser ins Sediment oder in den Schwebstoff verlagert, generell bleiben sie aber im System enthalten.

Die Selbstreinigung kann sich über biologische Effekte hinaus auch auf chemische und physikalische Vorgänge in Gewässern erstrecken, die die Wassergüte positiv beeinflussen; dabei wird allerdings nur auf die Ausscheidung von Wasserinhaltsstoffen aus dem Wasserkörper abgestellt. Die im Sediment abgelagerten Schadstoffe bleiben bei der Beurteilung der Selbstreinigungskraft und der →Gewässergüte unberücksichtigt (→Selbstreinigung im Gewässer). *Friedrich*

Literatur: *Schwoerbel, J.:* Einführung in die Limnologie. Stuttgart 1993.

Selective Catalytic Reduction (SCR) →SCR-Verfahren

Selective Non-Catalytic Reduction (SNCR) →SNCR-Verfahren

Selektion. Ein auf *Charles Darwin* (On the origin of species by means of natural selection, 1859) zurückgehender Begriff. Nach Darwins Theorie der →Evolution entstanden die Arten durch zufällige Mutationen ihrer Erbanlagen, wobei die neu erworbenen Eigenschaften dann zur Etablierung einer neuen Spezies führten, wenn sich wiederum zufällig Vorteile für die Mutante in ihrem konkreten Lebensraum ergaben (survival of the fittest). Obwohl lange vehement bekämpft, darf Darwins Evolutionstheorie heute als im Prinzip verifiziert gelten. Die moderne Biologie hat nicht nur durch Analyse zahlreicher Beispiele die *Darwinschen* Annahmen bestätigt, sie verläßt sich auch in der experimentellen Praxis auf die Validität des Mutations-Selektions-Prinzips, indem sie z. B. artifizielle Kulturbedingungen zur S. zufällig entstandener oder durch gentechnische Eingriffe erzeugter Mikroorganismen einsetzt. Für die biologische Laborpraxis hat der Begriff S. demzufolge eine gewisse Verengung erfahren. Er wird üblicherweise verwendet für die Gewinnung bzw. Isolierung von Mikroorganismen oder Zellen durch Herstellung von Bedingungen, die allein den Zellen des gesuchten Phänotyps eine Überlebenschance bieten. *Flohé*

Selektivität. S. ist das international gebräuchliche Maß für die Unabhängigkeit des Meßsignals x

(Meßwerts) von der Anwesenheit anderer als dem gesuchten Meßobjekt (Luftbeschaffenheitsmerkmal, z. B. →Immissionskonzentration eines Schadstoffs) q_k. Als Ansatz erster Ordnung für die S. S_{kl} des Meßsignals x bei der Messung des Meßobjekts q_k gegenüber dem Einfluß des Objekts q_l ergibt sich (VDI 2449, Bl. 2):

$$S_{kl} = \frac{\dfrac{\delta g\,(q_e, \ldots, q_k, \ldots, q_m)}{\delta q_k}}{\dfrac{\delta g\,(q_e, \ldots, q_k, \ldots, q_m)}{\delta q_e}} = \frac{E_k}{E_l}$$

Dabei ist

q_k Wert des Meßobjekts (z. B. SO_2-Konzentration)
Wert des k-ten Luftbeschaffenheitsmerkmals, $1 \leq k \leq m$

q_l Wert des l-ten Luftbeschaffenheitsmerkmals (z. B. Konzentration einer Störkomponente), $1 \neq m$

m Anzahl der einbezogenen Luftbeschaffenheitsmerkmale

$g\,(q_e, \ldots, q_k, \ldots, q_m)$ die zum Meßsignal (Meßgeräteanzeige, Meßwert) x gehörige →Eichfunktion

E_k Empfindlichkeit des Meßverfahrens gegenüber dem Meßobjekt (dem k-ten Luftbeschaffenheitsmerkmal)

E_l Empfindlichkeit des Meßverfahens gegenüber der l-ten Störkomponente (dem l-ten Luftbeschaffenheitsmerkmal)

Die so definierte S. ist als Quotient von zwei Empfindlichkeiten eine dimensionslose Zahl (→Empfindlichkeit).

Für die Ermittlung der S. wird auf VDI 2449, Bl. 1, E verwiesen. Die S.-Untersuchungen müssen alle Komponenten einbeziehen, die aufgrund des Meßprinzips einen Einfluß auf die Meßwertanzeige erwarten lassen. Gegebenenfalls müssen auch Kombinationswirkungen berücksichtigt werden. Häufig werden Angaben zur S. auch mit dem Begriff →Querempfindlichkeit gemacht. *Birkle*

Selen.
□ Stoff-Identifizierungs-Nr.:
CAS-Nr.: 7782-49-2
EG-Nr.: 034-001-00-2
UN-Nr.: 2658
EINECS-Nr.: 231-957-4
□ Chemische Formel: Se
□ Stoffcharakteristik: Lockeres, brennbares, graues oder rotes Pulver, Plätzchen, Stäbe oder Platten, metallischer Geschmack.
□ Gefahrenmerkmale:
– Stoffliste nach § 4a der →Gefahrstoffverordnung:

Gefahrenkennbuchstabe(n): T

R-Sätze: 23/25-33

S-Sätze: 1/2-20/21-28-45

– Arbeitsschutzwerte nach TRGS 900: →MAK-Wert (mg/m³): 0,1 (Gesamtstaub)

– Stoffliste (Anhang II) der →Störfall-Verordnung: Nr. 4 c

– Emissionswerte: TA Luft Einstufung: 3.1.4 Klasse II *Fischer/M. Schön*

Sensibilisierung →Hautsensibilisierung, →Immuntoxizität

Sensor →Sensorik

Sensorik. Sensoren sind Komponenten von Meß-, Steuer- und Regelungssystemen (MSR), die eine Information über den Wert einer physikalischen oder physikalisch-chemischen Größe liefern. Sie werden manchmal auch als Sinnesorgane der Elektronik bezeichnet. Die Information wird als elektrisches Signal bereitgestellt. Ein Sensor besteht funktional aus einem Meßfühler (elementarer Sensor) und aus einem Wandler (Transducer). Der Meßfühler ändert eine seiner physikalischen Eigenschaften (z. B. seine elektrische Leitfähigkeit) in reproduzierbarer und eindeutiger Weise mit der zu messenden Größe (z. B. der Konzentration eines Gases). Der Wandler überführt den Wert der sensitiven Eigenschaft (z. B. die Leitfähigkeit) in ein elektrisches Signal, das vom MSR-System, in das der Sensor eingebettet ist, abgegriffen und ausgewertet wird.

Die Verfügbarkeit erprobter S. ist in den meisten Fällen Voraussetzung für den Einsatz von (prozeß-)integrierten Techniken zur Emissionsminderung. Die Bereitstellung kostengünstiger Sensoren ermöglicht es, auch kleine und mittlere Anlagen mit leistungsfähiger MSR-Technik auszurüsten und die vorhandenen einfachen Steuerungen abzulösen. Gerade die kleinen und mittleren Anlagen tragen durch ihre große Zahl und ihren gegenüber Großanlagen oft deutlich abfallenden Umweltschutz-Standard zu den Gesamtemissionen erheblich bei.

Da viele Belastungen durch Schadstoffe hervorgerufen werden, kommt den Sensoren zur quantitativen Bestimmung von Stoffkonzentrationen, das sind die sog. chemischen Sensoren, im Umweltschutz eine herausragende Bedeutung zu, zum einen für den Nachweis von Belastungen, zum anderen, um mit Hilfe der Meß-, Steuer- und Regelungstechnik (MSR) die Schadstoffemissionen aus Prozessen zu mindern.

Ziel der Entwicklung ist es, Sensoren bereitzustellen, die auch unter schwierigen Einsatzbedingungen sicher betrieben werden können. Wartungsarmut, Robustheit, Langzeitstabilität (Driftfreiheit), hohe Empfindlichkeit, hohe Standzeit, hohe →Selektivität (geringe →Querempfindlichkeit) und automatische Kalibrierbarkeit sind Attribute für Sensoren, die am Markt große Stückzahlen erreichen. Insbesondere den Halbleitersensoren und den Festkörperelektrolytsensoren werden gute Entwicklungsaussichten eingeräumt. Sie sind mit Hilfe der aus der Chip-Fertigung erprobten Prozesse miniaturisierbar und kostengünstig herzustellen. Auch anderen Sensorprinzipien, wie der Multikomponentenanalyse mit Hilfe von Mustererkennungsverfahren und für bestimmte Anwendungen der hochselektiven Biosensorik kommt Bedeutung zu.

Das Angebot an Sensoren für die Messung physikalischer Größen ist unübersehbar. Dagegen sind bisher nur wenige praktisch einsetzbare chemische Sensoren verfügbar, darunter Zirkondioxid-Festkörperelektrolytsensoren, die sich für die Messung des Sauerstoffgehalts in Abgasen von Kraftfahrzeugen und Feuerungen ein großes Anwendungsfeld erschlossen haben. Halbleitersensoren zum Nachweis von Tetrachlorethen werden gegenwärtig an Maschinen zur chemischen Textilreinigung erprobt, ein Halbleitersensor zur Messung von NO wird auf dem Markt angeboten. *Angerer*

Literatur: *Angerer, G.; H. Hiessl* et al.: Umweltschutz durch Mikroelektronik – Anwendungen, Chancen, Forschungs- und Entwicklungsbedarf. Berlin–Offenbach 1991. – *Camman, K.:* In: Grabowski, 1991. – *Göpel, W.:* ebenda. – *Grabowski, R.:* Sensoren und Aktoren – Schlüsselkomponenten der Mikroelektronik im Umweltschutz. Berlin–Offenbach 1991. – *Weppner, W.:* ebenda.

Sequenz. Als S. bezeichnet man in der →Molekularbiologie die Reihenfolge von Bausteinen in heteropolymeren Kettenmolekülen, so z. B. die Reihenfolge von Nucleotiden in Nucleinsäuren bzw. der Aminosäuren in Peptiden und Proteinen. Die S. der Nucleotide in der Desoxyribonucleinsäure, vereinzelt auch der →Ribonukleinsäure, enthält die genetische Information der Lebewesen. Die S. der Aminosäurereste in Proteinen bestimmt deren Primärstruktur und maßgeblich auch deren Raumstruktur und Funktion. *Flohé*

Sevesogift →Dioxine

Sexuallockstoff →Pheromon

SHED-Test. (Abk. *engl.* Sealed Housing for Evaporative Emissions Determination, Gasdichte Kammer zur Bestimmung von Kraftstoffverdampfungs-Emissionen). Neben den durch die Verbrennung im Motor entstehenden Schadstoffen emittieren Kraftfahrzeuge zusätzlich größere Mengen an unverbrannten Kohlenwasserstoffen durch Verdampfung bzw. Verdunstung des Kraftstoffs aus dem Kraftstofftank oder aus Leckagen im gesamten Kraftstoffsystem.

Die →Verdampfungsemissionen von zu untersuchenden Fahrzeugen werden nach dem S.-T. in einer SHED-Kammer auf gasanalytischem Weg mit Hilfe eines FID (→Flammen-Ionisations-Detektor) ermittelt.

Man unterscheidet bei dem S.-T. zwei Phasen. In der ersten Phase werden die Verluste beim Kaltabstellen eines Fahrzeugs bestimmt (diurnal losses). Sie wird ausgehend von einer Füllung des Kraftstoffbehälters mit dem Prüfkraftstoff von etwa 40 % durchgeführt. Bei dieser Phase müssen sowohl der Kofferraumdeckel als auch die Türen offen sein. Der Kraftstoff wird nun, ausgehend von etwa 10 bis 14,5 °C, erwärmt. Bei 15,5 °C beginnt die Messung der Kohlenwasserstoffkonzentration in der gasdichten Kammer. Die erste Phase endet nach einer Stunde und einem Kraftstoff-Temperaturanstieg von 14 °C mit einer erneuten Messung der Kohlenwasserstoffemission in der Kammer. Die Differenz der beiden Messungen ist ein Maß für die Verdampfungsverluste des zu untersuchenden Kraftfahrzeuges. Die zweite Testphase soll die Verluste beim Heißabstellen (hot-soak-Emission) eines Fahrzeugs bestimmen. Hierzu wird das Fahrzeug mit Hilfe des FTP-75-Testzyklus (→FTP-Zyklus) vorkonditioniert (heißgefahren) und dann anschließend in der Klimakammer abgestellt. Durch die Messung wird die Erhöhung der Kohlenwasserstoffkonzentration über einen Zeitraum von einer Stunde beim Abkühlen des Fahrzeugs bestimmt. Die Summe der Ergebnisse beider Phasen muß unter dem gültigen Grenzwert liegen. *Kind/May*

Shredderanlage. S. sind Anlagen zum Zerkleinern von →Schrott. Bei einer Nennleistung des Rotorantriebs von 100 kW oder mehr handelt es sich um genehmigungsbedürftige Anlagen nach Nr. 3.14 des Anhangs der →4. BImSchV; ab 500 kW Nennleistung findet das förmliche →Genehmigungsverfahren nach dem BImSchG Anwendung.

Die zu shreddernden Einsatzschrotte betreffen in erster Linie Autowracks. Darüber hinaus werden auch andere sperrige Metallteile zerkleinert.

Das Funktionsprinzip einer S. zeigt das Bild. Das Einsatzgut – es kann ohne Vorzerkleinerung verarbeitet werden – wird einer Hammermühle zugeführt, die es je nach Einstellung (Rostgröße) auf eine Stückgröße von 20 bis 200 mm zerschlägt. Je nach Antriebsleistung der S. werden bis zu 65 t Shredderschrott pro Stunde erzeugt (bei etwa 2 000 PS). Das Schüttgewicht liegt bei 1,1 bis 1,3 t/m³. Der so erhaltene, aufbereitete Schrott ist bei entsprechen-

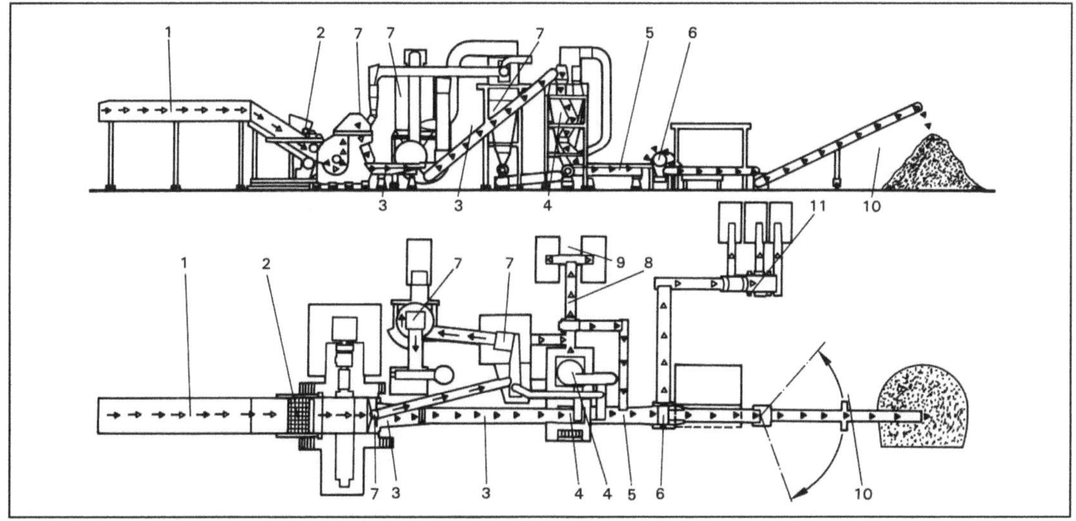

Shredderanlage: Fließschema einer Shredderanlage.

1 Schrottaufgabe auf ein Plattenband. 2 Zuführung des Schrotts über das Plattenband und die schräge Schurre zu den Treibrollen und die Verarbeitung durch den Shredder sind durch getrennte Steuerungsmöglichkeiten optimal abstimmbar. Kontrollierte Zuleitung des verdichteten Schrotts in den Shredder durch die Treibrollen. 3 Abzug des geshredderten Materials durch einen Rüttler und Zuführung zum Sichter durch ein schräg angeordnetes Band. 4 Separierung des Materials von Leichtstoffen in der Windsichter-Anlage im Gegenstrom mit Umluftsystem. Windsichtung im Gegenstrom, Austragung des flugfähigen Materials in einen Zyklon. 5 Transport des gereinigten Materials über einen Rüttler zur Magnettrommel. 6 Trennung des Fe-Materials in aushebender Arbeitsweise von nicht-magnetischen Anteilen. 7 Staubabsaugung des Materials von Leichtstoffen durch eine zweistufige Luftreinigungs-Anlage. 8 Zusammenfassung des Staubaustrags aus beiden Zyklonen auf einem Band. 9 Wechselseitiger Austrag in zwei bauseitige Container durch ein Querband am Ende des Staubaustragebands. 10 Fe-Schrottaustrag durch ein Bandsystem mit abschließendem Schwenkband. 11 Austrag der nicht-magnetischen Shredder-Grobstoffe einschl. der NE-Metalle

der analytischer Auswahl des Einsatzguts von hoher Qualität und eignet sich als Schrottzusatz oder Kühlschrott zum Einschmelzen in Oxygenstahlwerken, auch für anspruchsvolle Stahlgüten. Anhaftungen werden weitgehend in der Hammermühle von den Metallteilen getrennt.

Mit den sperrigen Schrotteilen zerlegt die Hammermühle auch nichtmetallische Bestandteile. Dies sind z. B. Glas-, Textil- und Kunststoffteile der Autowracks. Die Metallteile werden mit Anteilen der Leichtfraktion (auch als Feinfraktion bezeichnet) aus dem unmittelbaren Shredderraum auf einen Vibrationsförderer und von dort auf ein Gurtförderband übergeben und in einem Zick-Zack-Windsichter und anschließendem Vibrationsförderer voneinander getrennt. Eine Magnettrennung zweigt die nicht ferromagnetischen Metalle, Metallegierungen und Nichtmetalle ab. Der Shredderraum und der Vibrationsförderer sind an das Abluftsystem angeschlossen. Die unterschiedlichen Leichtfraktionen fallen entsprechend in den Zyklonen der Entstaubung und des Windsichters an und werden abgezogen.

Für die beschriebene Separation der metallischen Shredderprodukte von den Leichtfraktionen werden an großen S. bis zu 100 000 nm³ Luft/h durch Ventilatoren weitestgehend im Separations- und Abscheidesystem umgewälzt. Nur ein Teil der Umluft wird über Reinigungsanlagen in die Atmosphäre abgegeben.

Zur Qualitätssicherung werden Autowracks vor dem Einsatz in S. einer Teildemontage unterzogen. Hierbei werden insbesondere Flüssigkeiten abgezogen, z. B. Motor- und Getriebeöl, Treibstoff und Hydraulikflüssigkeiten. Reifen und Batterien werden demontiert, noch verwertbare Teile von Altautoverwertern entnommen. Das sog. Trockenlegen hat entscheidenden Einfluß auf die Zusammensetzung der Shredderleichtfraktion.

Die an die Atmosphäre abgegebene Luft wird durch Gewebefilter oder Naßentstauber gereinigt. So z.B. ergaben an einem Henschel-Shredder HZ 1250 mit Gewebefilterentstaubung durchgeführte Messungen Staubgehalte unter 20 mg/nm³ und Gehalte an Staubinhaltsstoffen unter den Nachweisgrenzen der AAS (→Atomabsorptions-Spektroskopie) für die Elemente Sb, As, Pb, Cd, Cr, Co, Cu, Mn, Ni, Hg, Be, Tl, V, Se, Te. Untersuchungen auf organische Gase und Dämpfe im Emissionsstrom ergaben, auch hinsichtlich enthaltener →Dioxine und →Furane, unkritische Werte.

S. sind geräuschintensiv; Messungen an einem 2 000 PS Henschel-Shredder ergaben eine →Schallleistung, die durch wirksame Schallschutzmaßnahmen (Einhausen u. a.) zu Beurteilungspegeln von 54 bis 55 dB(A) in 300 m Abstand und rund 47 dB(A) in 600 m Abstand führen. Bei neu zu errichtenden Anlagen ist die Nutzung der angrenzenden Gebiete zu berücksichtigen, zu Wohngebieten ist ein ausreichender →Schutzabstand vorzusehen.

Problematisch ist die Erfüllung des Reststoffverwertungsgebots in § 5 Abs. 1 Nr. 3 BImSchG hinsichtlich der Shredderleichtfraktion, die etwa 25 Gew.-% des gesamten Shreddereinsatzes ausmacht (→Altautoverwertung). Shredderrückstände (Leichtfraktion) sind laut Abfallbestimmungsverordnung als besonders überwachungsbedürftiger Abfall eingestuft (→Sonderabfall).

Die bisherige Praxis des Shredderns von teildemontierten Altautokarossen wird durch umfassendere Entsorgungskonzepte ersetzt werden. Insbesondere müssen die verschiedenartigen Kunststoffe sortenrein demontiert und einer →Wiederverwertung in der kunststofferzeugenden bzw. -verarbeitenden Industrie zugeführt werden. Ebenso sollten die NE-metallhaltigen Bestandteile der Kfz. vor dem Shreddern der Karosse entfernt werden, wie dies bereits mit Batterien erfolgt. Dies bedeutet unter anderem die Herausnahme des Kabelbaums (Kupfer) und die Rückgewinnung von Aluminiumlegierungen. Für die mechanische Aufbereitung der dann weit überwiegend Stahlteile enthaltenden Restkarossen bleiben S. auch in Zukunft ein wesentliches Glied in der modernen Recyclingwirtschaft. *Philipp*

Literatur: *Voy, C.; J. Schmidt:* Technische und wirtschaftliche Betrachtungen zur zukünftigen Altautoverwertung. Deutsche Automobilgesellschaft mbH. Braunschweig 1992.

Sicherheit, biologische. Unter b. S. im weitesten Sinne ist das Ergebnis biologisch-experimentellen Handelns nach akzeptierten Regeln zu verstehen. Diese Regeln umfassen gleichermaßen hygienische Standards, organisatorische Vorkehrungen, physikalische und biologische Sicherheitsmaßnahmen. Die Regelwerke gehen davon aus, daß ein gegebenes biologisches Risiko durch ein adäquates Maßnahmennetz beherrschbar ist. Dabei ist der Maßnahmenkatalog für eine bestimmte →Sicherheitsstufe naturgemäß an der →Risikogruppe des zu handhabenden Organismus auszurichten.

In der Bundesrepublik Deutschland weitgehend akzeptierte Maßnahmenkataloge sind in den Merkblättern der BG Chemie B 002 und B 003 für Arbeiten im Labor- bzw. Produktionsmaßstab zusammengestellt. Die den Maßnahmen entsprechende Risikogruppe von Bakterien, Viren, Pilzen und Parasiten ist in den komplementären Merkblättern B 006, B 004, B 007 bzw. B 005 zu finden.

Rechtlich wird die Forderung nach b. S. im Umgang mit risikobehafteten Organismen in verschiedenen Gesetzen und Verordnungen berücksichtigt, von denen als wesentlichste das Bundesseuchengesetz, das Tierseuchengesetz, das Pflanzenschutzgesetz und das →Gentechnikgesetz mitsamt der →Gentechnik-Sicherheitsverordnung

(GenTSV) zu nennen sind. Als gentechnikspezifische Regelung sieht die GenTSV bindend vor, daß jede gentechnische Arbeit von einem Projektleiter mit nachzuweisender Qualifikation verantwortet wird (§§ 14 und 15) und die Sicherheit der Arbeiten darüber hinaus durch die Bestellung eines →Beauftragten für die Biologische Sicherheit (§ 16) mit nachgewiesener Sachkunde (§ 17) und einem detaillierten Pflichtenkatalog (§ 18) vom Betreiber der gentechnischen Anlage zu garantieren ist (§ 19). *Flohé*

Sicherheitsabstand →Schutzabstand

Sicherheitsanalyse. Die S. ist eine eingehende systematische Betrachtung der Anlagensicherheit (→Sicherheitstechnik) bei der Planung neuer Anlagen sowie bei Anlagenänderungen und zur Anpassung an den aktuellen →Stand der Sicherheitstechnik.

Die nach der →Störfall-Verordnung geforderte S. soll den Betreiber in die Lage versetzen, von der Sicherheit seiner Anlage überzeugt zu sein. Die S. ist als Dokument der zuständigen Behörde vorzulegen. Diese Dokumentation muß die sicherheitsrelevanten Ergebnisse des eingehenden sicherheitsanalytischen Prozesses widerspiegeln, soll aber nicht diesen Prozeß in allen Einzelheiten, z. B. die einzelnen Planungsstufen mit den vielfältigen Alternativen oder die Protokolle der Teambesprechungen, erfassen. Werden hierzu spezielle Informationen zur Überprüfung der S. benötigt, muß die Behörde darauf zusätzlich zur S. zurückgreifen können. Dies gilt auch für Betriebsgeheimnisse, die in der S. nicht angegeben zu werden brauchen, weil die S. im förmlichen →Genehmigungsverfahren nach BImSchG als Teil der Genehmigungsunterlagen offengelegt wird.

Die in der S. zu machenden Angaben sind in der Zweiten Allgemeinen Verwaltungsvorschrift zur →Störfall-Verordnung konkretisiert. Danach soll die vorzulegende S. aus sich heraus verständlich und so ausführlich sein, daß die Behörden sowie die von ihnen beauftragten Sachverständigen überprüfen können, ob die S. vollständig und richtig durchgeführt wurde und ob der Stand der Sicherheitstechnik eingehalten wird.

In der vorzulegenden S. sind die Anlage, das Verfahren sowie die in der Anlage gehandhabten Stoffe einschließlich der Stoffe, die im Falle einer Störung entstehen können, zu beschreiben. Ferner ist darzulegen, daß die systemanalytische Durchdringung der Anlage vollständig und sorgfältig erfolgte und welche Methoden (systemanalytische Methoden) dabei angewandt wurden. Die Beschreibung der getroffenen Sicherheitsmaßnahmen ist ein Kernstück der vorzulegenden Dokumentation. Neben den technischen Sicherheitsvorkehrungen, die

auch im Rahmen der Anlagen- und Verfahrensbeschreibung dargestellt werden können, müssen die vorgesehenen organisatorischen Sicherheitsvorkehrungen (→Sicherheitskonzept, →Sicherheitsorganisation, →Gefahrenabwehrplan) dargelegt sein. Ferner ist – mit Hilfe von →Störfallauswirkungsabschätzungen – aufzuzeigen, daß die vorgesehenen Maßnahmen ausreichend wirksam sind, um Störfälle zu verhindern und mögliche Auswirkungen zu begrenzen. Schließlich sind noch solche Auswirkungsabschätzungen gefordert, die als Basis für die Festlegung von Maßnahmen zur außerbetrieblichen Gefahrenabwehr (Katastrophenschutz) dienen sollen.

Werden sowohl die möglichen Störfallauswirkungen als auch deren Wahrscheinlichkeiten quantifiziert, geht die S. in eine →Risikoanalyse über. In der S., die nach der Störfall-Verordnung gefordert wird, sind keine quantitativen Risikoabschätzungen vorgesehen. *Nitsche*

Literatur: *Wefers, H.; L. Reimers:* Die neue Störfall-Verordnung. 1991. – Zweite Allgemeine Verwaltungsvorschrift zur Störfall-Verordnung (2. StörfallVwV) vom 27. April 1982 (GMBl. S. 205). – Praxis der Sicherheitsanalysen in der chemischen Verfahrenstechnik. DECHEMA-Monographien Band 100. Weinheim–Deerfeld Beach (Florida)–Basel 1985.

Sicherheitsbarriere →Barrierensystem

Sicherheitsbeauftragter, biologisch →Beauftragter für biologische Sicherheit.

Sicherheitsbeauftragter, kerntechnischer. Nach den Vorschriften der Atomrechtlichen Sicherheitsbeauftragten- und Meldeverordnung (AtSMV) haben die Betreiber der nach § 7 Abs. 1 des Atomgesetzes genehmigungsbedürftigen kerntechnischen Anlagen, insbesondere die Betreiber von Kernkraftwerken oder Brennelementefabriken, einen betriebsangehörigen Sicherheitsbeauftragten zu bestellen. Seine Aufgabe besteht vornehmlich darin, bei der Auswertung sicherheitsrelevanter Betriebserkenntnisse und bei der Ausarbeitung von Maßnahmen zur Erhöhung der Anlagensicherheit mitzuwirken und somit zur Gewährleistung der kerntechnischen Sicherheit beizutragen. Daneben hat er inhaltlich und – durch entsprechenden Prüfvermerk – auch formell zu kontrollieren, ob die Meldung vollständig und richtig ist, zu der der Anlagenbetreiber in der Verordnung für näher bestimmte sicherheitsrelevante Ereignisse (sog. →meldepflichtige Ereignisse) gegenüber der Aufsichtsbehörde verpflichtet wird.

Zum k. S. darf nur bestellt werden, wer die für die Erfüllung der Aufgaben erforderliche Fachkunde besitzt; sie ist vom Anlagenbetreiber im Rahmen der Anzeige über die Bestellung nachzuweisen. Die Stellung des k. S. entspricht im wesentlichen der des

→Strahlenschutzbeauftragten. Sie ist vor allem dadurch gekennzeichnet, daß er in die Betriebsorganisation eingeordnet und ein wichtiger Bestandteil des Eigenverantwortungssystems des Anlagenbetreibers ist. Gegenüber diesem kann der k. S. lediglich beratende Funktion ausüben. In dieser Hinsicht stellt die ihm zugewiesene Kontrolltätigkeit in bezug auf meldepflichtige Ereignisse insoweit eine Besonderheit dar, als die Erfüllung dieser Aufgabe gegenüber der Behörde dokumentiert werden muß. Das rückt seine Funktion zumindest partiell in die Nähe aufsichtsbehördlicher Obliegenheiten. *Rebentisch*

Literatur: Verordnung über den kerntechnischen Sicherheitsbeauftragten und über die Meldung von Störfällen und sonstigen Ereignissen (Atomrechtliche Sicherheitsbeauftragten- und Meldeverordnung – AtSMV – 14. 10. 1992 (BGBl. I S. 1766).

Sicherheitsbehälter. Gasdichte Umhüllung um einen Reaktor einschl. zugehöriger Kreislauf- und Nebenanlagen des Kernkraftwerks, damit auch nach einem →Störfall keine →Radioaktivität unkontrolliert in die Atmosphäre und Umgebung entweichen kann (→Barrierensystem).

Der eigentliche S. – auch als Containment bezeichnet – ist bei einem →Druckwasserreaktor eine Stahlkugel mit einem Durchmesser von 50–60 m und 30–40 mm Wanddicke. Die Materialstärke ist so bemessen, daß die Kugel einen Überdruck von etwa 5 at aushält. Selbst beim →Auslegungsstörfall, dem freien Austritt des unter hohem Druck stehenden heißen Reaktorwassers, darf kein radioaktiver Dampf in die Atmosphäre entweichen. *Merz*

Sicherheitsbericht. Zu den Unterlagen eines Antrags auf Genehmigung zur Errichtung eines Kernkraftwerks und anderer Anlagen des Kernbrennstoffkreislaufs gehört auch der S. Er enthält neben Kapiteln über den Standort mit seinen geologischen, hydrogeologischen, seismologischen und meteorologischen Eigenschaften detaillierte Beschreibungen der Anlage und seiner technischen Einrichtungen.

Wichtige Einzelthemen sind Auslegungsmerkmale, Fragen der Qualitätssicherung, Beschreibung der handzuhabenden radioaktiven Stoffe und der zu ergreifenden Strahlenschutzmaßnahmen. Einen breiten Raum nehmen Störfallbetrachtungen sowohl im Normalbetrieb als auch bei gestörten Betriebsabläufen und insbesondere bei Störfällen selbst ein.

Die radiologischen Auswirkungen sind ebenso darzulegen wie die Entsorgung der radioaktiven Reststoffe und Abfälle. Schließlich sind im S. Maßnahmen gegen die Entwendung von →Spaltstoff und Maßnahmen zur Vermeidung von Miß-

brauch sowie Maßnahmen, die bei der →Stillegung der Anlage zum Tragen kommen zu behandeln.

Der S. muß im Rahmen des Genehmigungsverfahrens öffentlich zur Einsichtnahme ausgelegt werden. Er dient Gutachtern und Behörden als wesentliche Unterlage bei der Prüfung auf Erteilung oder Versagen einer Genehmigung. *Merz*

Sicherheitsdatenblatt. Durch § 14 der →Gefahrstoffverordnung (GefStoffV) 1993 zusätzlich zu den vorgeschriebenen Stoff- bzw. Zubereitungskennzeichnungen eingeführtes Instrument zur Informationsverdichtung für eine möglichst sichere berufsmäßige Verwendung gefährlicher Stoffe und gefährlicher Zubereitungen. Beim Inverkehrbringen ist das S. dem Abnehmer spätestens bei der ersten Lieferung zu übermitteln; ausgenommen sind im Abnehmerbereich private Verwender und im Stoffbereich Schädlingsbekämpfungsmittel nach Anhang II Nr. 2 der GefStoffV.

Das S. muß den detaillierten Vorschriften in Anhang I Nr. 5 der GefStoffV entsprechen und folgende Angaben (Beschreibungen, Daten, Hinweise etc.) enthalten:
- Stoff-/Zubereitungsbezeichnung,
- Firmenbezeichnung des Herstellers, des Einführers oder des Vertriebsunternehmers,
- mögliche Gefahren,
- Erste-Hilfe-Maßnahmen,
- Maßnahmen zur Brandbekämpfung,
- Maßnahmen bei unbeabsichtigter Freisetzung,
- Handhabung und Lagerung,
- Expositionsbegrenzung und persönliche Schutzausrüstungen,
- physikalische und chemische Eigenschaften,
- Stabilität und Reaktivität,
- Toxikologie,
- Ökologie,
- Entsorgung,
- Vorschriften (insbesondere des Gesundheits- und Umweltschutzes),
- Sonstiges.

Das S. dient sowohl dem Arbeitsschutz, dem Schutz vor Störfällen und Unfällen als auch dem Schutz der Bevölkerung und der Umwelt. So sollen z. B. die Angaben zur Ökologie eine Bewertung der möglichen Auswirkungen, des Verhaltens und des Verbleibs des Stoffes oder der Zubereitung in der Umwelt enthalten. In Abhängigkeit von der Beschaffenheit und den wahrscheinlichen Verwendungsarten sind die wichtigsten Eigenschaften des Stoffes oder der Zubereitung in Bezug auf die Umwelt zu beschreiben: Mobilität, Persistenz und Abbaubarkeit, Bioakkumulationspotential, aquatische Toxizität und weitere Daten über die Ökotoxizität, z. B. Verhalten in Abwasserbehandlungsanlagen; Einzelheiten enthält die TRGS 220.

Das S. kann in geschriebener Form oder auf Datenträgern übermittelt werden.   *Dreyhaupt*

Literatur: TRGS 220: Sicherheitsdatenblatt für gefährliche Stoffe und Zubereitungen, Ausgabe Sept. 1993; Bundesarbeitsbl. 9/1993, S. 36.

Sicherheitsfaktor. Bei der Festlegung von toxikologisch begründeten Grenzwerten für Fremdstoffe ist es in den meisten Fällen notwendig, die Wirkung auf den Menschen an Hand von Tierversuchen abzuschätzen. Um der Möglichkeit einer im Vergleich zur empfindlichsten Versuchstierspezies höheren Empfindlichkeit des Menschen gegenüber dem Wirkstoff Rechnung zu tragen, führt man sog. S. ein, um die die im Tierversuch unwirksame Höchstdosis (→NOEL) reduziert wird. Häufig verwendet man den Faktor 100 unter der Annahme, daß der Mensch 10fach empfindlicher als das Tier und besonders empfindliche Personengruppen noch 10fach empfindlicher als der Durchschnitt sein könnten. Wenn die Wirkung und der Wirkmechanismus eines Stoffs beim Versuchstier und beim Menschen bekannt sind, kann der Faktor auch verringert werden. Ebenso finden Faktoren bis zu 1 000 Anwendung, wenn die vorhandenen Informationen unzureichend sind (→Grenzwert).   *Deml*

Sicherheitskonzept. S. geben die grundlegenden Prinzipien, Ziele, Annahmen, Kriterien und Randbedingungen vor, die hinsichtlich der Auswahl, Festlegung und Aktualisierung der →Sicherheitstechnik und der Sicherheitsorganisation zu beachten sind.

S. können für kleine Einheiten, z. B. Teilsysteme einer Industrieanlage, die gesamte Anlage, ganze Anlagenkomplexe oder unternehmensweit, aber auch für eine ganze Region erstellt werden.

Bei Industrieunternehmen entwickelt sich das S. im allgemeinen aus der Erfahrung bei Planung, Bau und Betrieb von Anlagen aus vergleichbaren Aktivitäten in den einzelnen Unternehmen oder der Branche. So werden auch S. für ganze Branchen, z. B. die Chemische Industrie oder die Kerntechnik diskutiert.

S. liegen auch sicherheitstechnische Regelungen und Rechtsvorschriften zugrunde, z. B. die →Störfall-Verordnung und EG-Seveso-Richtlinie. Das S. der Störfall-Verordnung besteht aus einem gestuften, hierarchischen System, das wie folgt charakterisiert werden kann: Die Verminderung oder Minimierung von gefährlichen Stoffen entspricht gewissermaßen einer Stufe null, d. h. eine Anlage mit weitgehend ungefährlichen Stoffen besitzt ein entsprechend geringes Gefahrenpotential. Die erste Stufe beinhaltet alle Maßnahmen in der Anlage, die den Einschluß gefährlicher Stoffe und den bestimmungsgemäßen Betrieb gewährleisten soll. In der zweiten Stufe sind alle anlagenbezogenen Sicherheitsmaßnahmen zur Begrenzung von Störfallauswirkungen (Freisetzungen, Brände, Explosionen) enthalten. Die dritte Stufe umfaßt die S. außerhalb der Anlage zur Verhinderung oder zur Begrenzung der Einwirkungen von gefährlichen Stofffreisetzungen, Bränden oder Explosionen (Schadstoffeinwirkung, Wärmestrahlung, Druckwelle, Trümmerwurf). Die Maßnahmen der dritten Stufe sind insbesondere der Gefahrenabwehrplanung (→Gefahrenabwehrplan) zuzuordnen.   *Nitsche*

Literatur: DECHEMA Monografien Vol 88. Das Sicherheitskonzept für die Chemische Technik. Weinheim–New York. 1980.

Sicherheitsmaßnahme. Unter S. in der Gentechnik wird generell jede Maßnahme zur Vermeidung von Unfällen, Infektionen, Umweltschäden und ähnlichen Ereignissen verstanden. Eine besondere Bedeutung hat der Begriff im GenTG erhalten, das drei Typen von S. unterscheidet: organisatorische, technische und biologische. Letztere sind in Anbetracht ihrer besonderen Bedeutung für gentechnische Arbeiten im GenTG legaldefiniert und in § 6 GenTSV konkretisiert. Die organisatorischen und technischen S. finden gemäß GenTG besondere Berücksichtigung bei gentechnischen Arbeiten in geschlossenen Systemen (→Gentechnik-Sicherheitsverordnung). Zusammenstellungen risikoadäquater Maßnahmen finden sich in den Anhängen III, IV und V der GenTSV und in den Merkblättern der Berufsgenossenschaft der chemischen Industrie B 002 (Laboratorien) und B 003 (Betrieb).   *Flohé*

Sicherheitsmaßnahme, biologische. Als b. S. definiert das →GenTG „die Verwendung von Empfängerorganismen und Vektoren mit bestimmten gefahrenmindernden Eigenschaften." § 6 GenTSV unterscheidet
– b. S., die in der Verwendung von anerkannten Vektoren und Empfängerorganismen bestehen (§ 6 Abs. 1 und Anhang II Teil A der GenTSV mit b. S. der Stufen B1 und B2), und
– b. S. zur Verhinderung der Ausbreitung von Pflanzen, pflanzenassoziierten Mikroorganismen und Kleintieren, die bei gentechnischen Arbeiten verwendet werden; diese Maßnahmen müssen ebenfalls anerkannt sein (§ 6 Abs. 2 und Anhang II Teil B der GenTSV).

Die in Anhang II der GenTSV beispielhaft genannten anerkannten Maßnahmen können durch weitere Anerkennungen durch die →ZKBS ergänzt werden (§ 6 Abs. 3 GenTSV); die von der ZKBS anerkannten und der Öffentlichkeit bekanntgemachten b. S. werden jährlich vom Bundesgesundheitsamt im Bundesgesundheitsblatt veröffentlicht (§ 6 Abs. 6 GenTSV).

Die anerkannten b. S. nach Anhang II der GenTSV umfassen die Verwendung von Wirts-

Vektor-Systemen, die a priori durch Auxotrophie oder andere genetische Defekte der Wirtszelle nicht zur Etablierung außerhalb des artifiziellen experimentellen Milieus befähigt sind und deren Vektoren so geartet sind, daß ein horizontaler Gentransfer nicht zu erwarten ist. Bei höheren Organismen gilt entsprechend die Verwendung steriler und/oder in ihrer Bewegungsfähigkeit eingeschränkter Arten als b. S. Weiterhin sind Maßnahmen aufgelistet, die durch die Wahl der Jahreszeit, des Hygienestandards oder der Umgebung für eine gentechnische Arbeit die Ausbreitung des →GVO außerhalb der gentechnischen Anlage sowie den Gentransfer weitgehend ausschließen.

Die b. S. unterscheiden sich deutlich von technischen und organisatorischen Sicherheitsmaßnahmen. Letztere betreffen sichere Arbeitstechniken und die sichere Ausstattung von gentechnischen Anlagen, während die b. S. weitgehend durch die Eigenschaften des biologischen Systems vorgegeben sind. Im gentechnischen Anmelde- und Genehmigungsverfahren sind die b. S. Gegenstand sowohl der Anmelde- bzw. Genehmigungsantragsunterlagen als auch der behördlichen und der ZKBS-Prüfung; soweit b. S. nicht anerkannt sind (z. B. in Anhang II der GenTSV), können die beantragten oder vorgeschlagenen b. S. ohne Zustimmung der ZKBS nicht berücksichtigt werden. Wegen des engen Zusammenhangs zwischen den eigentlichen gentechnischen Arbeiten und den in diese direkt eingreifenden b. S. kann es dann zu Schwierigkeiten im Ablauf der geplanten gentechnischen Experimente oder Anwendungs-/Produktionsverfahren kommen. Ungeachtet dessen lassen die bisherigen Erfahrungen jedoch erkennen, daß b. S. beim Umgang mit pathogenen Organismen technischen und organisatorischen Sicherheitsmaßnahmen in der Schadensvermeidung überlegen und in der Regel auch wirtschaftlicher sind. *Flohé*

Sicherheitsorganisation. Die S. umfaßt alle organisatorischen Strukturen und Vorgaben, die die Anlagensicherheit (→Sicherheitstechnik) betreffen, z. B. die Einhaltung des aktuellen Standes der Sicherheitstechnik, die Zuweisung der Verantwortlichkeiten, die betriebliche Zusammenarbeit, die Mitarbeiterqualifikation, Alarm- und Gefahrenabwehrplanungen, die Qualitätssicherung. Die S. wird in ihren Grundprinzipien durch die Unternehmensleitung im Rahmen des →Sicherheitskonzepts des Unternehmens festgelegt und auf den folgenden Hierarchiestufen verfeinert und umgesetzt. Ein ganz wesentliches Element einer funktionierenden S. ist deren laufende Dokumentation und Aktualisierung. *Nitsche*

Literatur: *Adams, H. W.; G. Eidam:* Die Organisation des betrieblichen Umweltschutzes. Hrsg.: Frankfurter Allgemeine Zeitung. Frankfurt 1991.

Sicherheitsstufe. Begriff aus dem →GenTG (§ 7) bzw. der GenTSV (§ 7), der die organisatorischen und technischen Sicherheitsmaßnahmen einer gentechnischen Anlage nach Maßgabe des Risikopotentials der auszuführenden gentechnischen Arbeiten beschreibt (→Gentechnik-Sicherheitsverordnung). *Flohé*

Sicherheitstechnik. (Anlagensicherheit) Die sicherheitstechnische Auslegung von Anlagen beginnt bei der Anlagenplanung mit der Verfahrens- und Stoffauswahl. Dabei gilt es, Verfahren mit kritischen Betriebszuständen und die Handhabung gefährlicher Stoffe möglichst zu vermeiden oder die Mengen gefährlicher Stoffe zu minimieren, z. B. durch Substitution gefährlicher durch ungefährliche Stoffe oder durch diskontinuierliche Betriebsweise anstelle von kontinuierlicher.

Die Basis der weiteren sicherheitstechnischen Auslegung bilden die Regelungen des →Sicherheitstechnischen Regelwerks sowie Erfahrungen aus Bau und Betrieb vergleichbarer Anlagen. Im Rahmen einer →Sicherheitsanalyse werden die Wechselwirkungen zwischen Gefahrenquellen, möglichen Auswirkungen und den vorgesehenen Sicherheitsmaßnahmen analysiert und ggf. die Anlagenauslegung modifiziert und weitere Sicherheitsmaßnahmen vorgesehen. Die →Störfall-Verordnung fordert die Einhaltung des →Standes der S.

Die S. umfaßt sowohl rein technische Maßnahmen als auch organisatorische Sicherheitsmaßnahmen wie Personalschulung, Notfallübungen, sicherheitstechnische Prüfungen. Im weitesten Sinn sind auch die →Sicherheitsorganisation sowie das →Sicherheitskonzept des Unternehmens zur S. zu zählen.

Zu den technischen Sicherheitsmaßnahmen zählen neben den Maßnahmen, die den sicheren Einschluß gefährlicher Stoffe sowie den bestimmungsgemäßen Betrieb gewährleisten:
– Überwachungs- und Alarmeinrichtungen, die kritische Betriebszustände, Brände oder Stofffreisetzungen anzeigen, z. B. Druck-, Temperatur- und Füllstandsalarme, Brandmelder, Gassensoren, Meß-, Steuer- und Regeleinrichtungen (MSR) zur Begrenzung von Temperatur, Druck und Füllstand;
– Schutzeinrichtungen, z. B. Verriegelungssysteme, Reaktionsstopper, Notkühlung, Reserveaggregate, Zugangssicherungen, Auffangsysteme, Schnellschlußeinrichtungen, Löschanlagen, Druckentlastungseinrichtungen (Sicherheitsventile, Berstscheiben, Druckentlastungsklappen), Brandschutzisolierungen, Wasserschleier.

Die S. zum Schutz der Umwelt wird auch entsprechend der Gefahrenart in Brandschutz, Explosionsschutz und Schutz vor Stofffreisetzungen unterteilt. *Nitsche*

Literatur: *Lees, F. P.:* Loss Prevention in the Process Industries, Volume 1 and 2. London–Boston 1980. – Ullmanns Encyklopädie der technischen Chemie, 4. Aufl. Band 6: Sicherheitstechnik. Weinheim–Basel 1981.

Sicherheitstechnisches Regelwerk.

Das S. R. umfaßt die Regelungen und Anforderungen zur Anlagensicherheit (→Sicherheitstechnik), die von staatlicher Seite, von privaten Normsetzern, Verbänden oder Arbeitsgemeinschaften, z. B. als Technische Regeln, Richtlinien oder Leitlinien veröffentlicht werden (→Technische Regeln im Umweltschutz, →Umweltstandards), wie z. B.:

□ Technische Regeln Druckbehälter (TRB)
Technische Regeln Druckgase (TRG)
Technische Regeln für Acetylenanlagen und Calciumcarbidlager (TRAC)
Technische Regeln für Gashochdruckleitungen (TRGL)
Technische Regeln für brennbare Flüssigkeiten (TRbF)
Technische Regeln für Dampfkessel (TRD)
Sprengstoff-Richtlinien (Spreng-LR)
□ Unfallverhütungsvorschriften und Richtlinien der Berufsgenossenschaft der chemischen Industrie
□ VDI-Richtlinien
□ AD-Merkblätter der Vereinigung der Technischen Überwachungsvereine
□ Leitlinien und Konzepte des Verbandes der Chemischen Industrie
□ VdS-Richtlinien zum Brandschutz des Verbandes der Sachversicherer
□ DVM-Merkblätter des deutschen Verbandes für Materialforschung und -prüfung
□ DVS-Merkblätter und -Richtlinien des deutschen Verbandes für Schweißtechnik
□ DVGW-Regelwerk des deutschen Vereins des Gas- und Wasserfaches
□ AGK-Merkblätter der Arbeitsgemeinschaft Korrosion
□ DIN-Normen

Das S. R. zum Schutz vor Störfallgefahren aus industriellen Produktions-, Weiterverarbeitungs- und Lageranlagen baut auf dem S. R. auf, das sich historisch gewachsen, insbesondere aus dem Schutz der Arbeitnehmer vor Störfallgefahren entwickelt hat. In den letzten Jahren sind verstärkt Aspekte des Schutzes der Umwelt vor Störfallgefahren in diesen Regelungsbereich eingeflossen.

Nicht zum S. R. zählen die Anforderungen und Regelungen zur Sicherheitstechnik, die ausschließlich betreiberintern angewendet werden und nicht veröffentlicht sind. Aber gerade in diesen Anforderungen und Regelungen spiegelt sich die Erfahrung und das spezifische Fachwissen der Anlagenbetreiber wieder. Aus diesem Grund fordert die →Störfall-Verordnung die Einhaltung des →Standes der Sicherheitstechnik, der über die Anforderungen des S. R. hinausgehen kann.

Im Bereich der kerntechnischen Sicherheit gelten die besonderen Anforderungen des Atomgesetzes; danach ist die nach dem →Stand von Wissenschaft und Technik erforderliche Vorsorge gegen Schäden zu treffen. Technische Regeln dazu werden – über staatliche Richtlinien hinaus – vom Kerntechnischen Ausschuß (KTA) als sicherheitstechnisches Regelwerk gesetzt, der seinerseits technische Regeln, wie z. B. DIN-Normen, in Bezug nimmt. *Nitsche*

Literatur: *Pohle, H.:* Chemische Industrie, Umweltschutz, Arbeitsschutz, Anlagensicherheit. Weinheim 1991. – DIN-Katalog für technische Regeln Band 1 und 2. Hrsg.: Deutsches Institut für Normung. Berlin. – Verzeichnis von Schriften zur Arbeitssicherheit, Berufsgenossenschaft der chemischen Industrie. Heidelberg.

Sicherungsmaßnahmen bei Altlasten.

Technische Maßnahmen, durch die die Ausbreitung der in einer →Altlast vorhandenen Schadstoffe über die Umweltmedien Wasser, Boden, Luft (→Ausbreitungspfad) zu Schutzgütern verringert oder verhindert wird. Hierzu gehören auch Maßnahmen, die den direkten Kontakt mit den Umweltmedien und Schutzgütern, z. B. Menschen, Tiere, nachhaltig unterbinden.

Bei den S. bleibt das Schadstoffinventar in der Altlast erhalten. Um die hiermit verbundene latente oder potentielle Gefährdung auch längerfristig zu beherrschen, muß die Wirksamkeit der S. durch entsprechende Überwachungsmaßnahmen sichergestellt werden. S. dienen sowohl der Gefahrenabwehr als auch der Gefahrenvorsorge. S., die die Emissionswege nachhaltig unterbrechen, sind mit Dekontaminationsmaßnahmen gleichwertig, wenn hierdurch der Schutz des Menschen und der Umwelt, bezogen auf die entsprechende Nutzung, gewährleistet ist, oder die Gefährdung, bezogen auf die entsprechenden →Schutzgüter und Nutzungen, nicht mehr besteht.

Durch den Einsatz von S., die nur über einen begrenzten Zeitraum wirksam sind, kann als Zwischenlösung Zeit gewonnen werden, bis geeignete →Dekontaminationsverfahren zur Verfügung stehen. Derartige Maßnahmen sollen so geplant und ausgeführt werden, daß eine spätere Dekontamination nicht behindert wird. Darüber hinaus gibt es aber auch Fälle, bei denen eine S. als Dauerlösung angesehen werden muß, z. B. bei sehr großräumigen und heterogenen →Altablagerungen und bei tiefreichenden Kontaminationen an →Altstandorten. Die hierfür notwendige Langfristigkeit der Sicherung wird durch hohe bautechnische Qualitätsanforderungen (→Qualitätssicherung) sowie durch Möglichkeiten der Überwachung, Reparatur und Erneuerung erreicht. Nach Durchführung der S.

sollte geprüft werden, ob der mit dem →Sanierungsziel festgelegte Erfolg erreicht worden ist. Für die Bewertung des Zustands, d. h. Art und Ausmaß der noch vorhandenen Umweltbelastungen nach der Durchführung der S., kann nach den Methoden der →Gefährdungsabschätzung vorgegangen werden.

Zu den S. gehören:
– die bautechnische Einkapselung bzw. Einschließung der Kontamination, einschließlich der Oberflächenabdeckung, um den Zutritt von Wasser als Transportmedium und damit den Austritt von Schadstoffen in unkontaminierte Randbereiche zu verhindern,
– die passiven hydraulischen Maßnahmen, die durch Umleitung oder Eingrenzung von zu- oder abströmenden flüssigen Medien eine Ausbreitung von Schadstoffen ins Grundwasser bzw. eine Ausbreitung von verunreinigtem Grundwasser verhindern (hydraulische Abwehrmaßnahmen),
– die passiven pneumatischen Maßnahmen, die durch das Erfassen austretender Gase und Dämpfe das Eindringen gas- und dampfförmiger Schadstoffe in unkontaminierte Randbereiche verhindern,
– die Einschränkung der Ausbreitung von Schadstoffen durch →Immobilisierung.

Zu den S. gehört auch das Gefrierverfahren, um durch Tiefkühlung des Bodens die Diffusion von Schadstoffen aus dem Boden zu unterbinden. Die S. finden auch in Kombination mit Dekontaminationsmaßnahmen Anwendung; hierdurch kann das Verhältnis von Kosten und Wirksamkeit günstig beeinflußt werden. In vielen Fällen ist eine Kombination von hydraulischen, pneumatischen und Einkapselungsmaßnahmen notwendig.

Bei den S. sind die entsprechenden Vorschriften zum Arbeitsschutz zu beachten.

S. können mit einer →Nutzungsanpassung, d. h. Nutzungsbeschränkungen oder Nutzungsänderungen, verbunden sein.   *Thoenes*

Literatur: Ministerium für Umwelt, Raumordnung und Landwirtschaft des Landes NRW, Landesamt für Wasser und Abfall: Hinweise zur Ermittlung und Sanierung von Altlasten. Düsseldorf 1991. – SRU: Altlasten. Stuttgart 1990.

Sick Building Syndrom. Unter S. B. S. versteht man Erkrankungen, die vor allem bei Beschäftigten in modernen Geschäfts- und Verwaltungsgebäuden, Schulen und Kindergärten auftreten. Charakteristisch für diese Gebäude sind zentrale Klimaanlagen mit Umluftbetrieb, vollständige Abschirmung vom Außenklima und gute Isolation gegen Wärmeverluste. Die Ursache für die Beschwerden sind vielseitig. Diskutiert werden Ausbreitungen von Infektionserregern und Allergenen über das Belüftungssystem, unzureichende Entfernung von Chemikalien wie Formaldehyd oder Kohlenmonoxid, aber auch Detergentien, Lösemittel und Mineralfasern; weiterhin zu geringe Luftfeuchtigkeit, ungünstige Luft-

führung (Zugluft) und psychische Faktoren, wie das Gefühl des Eingesperrtseins usw. Die Symptome sind zumeist unspezifisch und schwer zu überprüfen. Sie beinhalten u. a. häufige Infektionen, Reizungen der Augen, der oberen Luftwege und der Haut, Juckreiz, Brustschmerzen, Kopfschmerzen, Benommenheit, Müdigkeit, Leistungsschwäche.   *Greim*

Sickerwasser. Unter dem Einfluß des im Abfall selbst enthaltenen Wassers und von Niederschlagswasser finden bei der herkömmlichen Ablagerung unbehandelter Abfälle biologische und chemische Reaktionen statt, die zu gasförmigen Emissionen (→Deponiegas) sowie zur Entstehung von S. führen.

Nach der Ablagerung organische Bestandteile enthaltender Abfälle kommt es zunächst zu aeroben Abbauprozessen, die nach Aufbrauchen des im →Deponiekörper enthaltenen Luftsauerstoffs in anaerobe Abbauprozesse übergehen.

Das in die Deponie eindringende Wasser nimmt während dieser Abbauprozesse wasserlösliche und mit Wasser mischbare Abfallbestandteile sowie die Produkte der chemischen und biologischen Umsetzungsprozesse auf. Analysen von →Siedlungsabfall- und von →Sonderabfalldeponien haben gezeigt, daß die S. dieser Deponien sich nicht generell voneinander unterscheiden. In der Regel weisen die S. aus Sonderabfalldeponien jedoch eine höhere anorganische Beladung und eine geringere organische Beladung auf.

Untersuchungen von S.-Inhaltsstoffen haben eine große Spannbreite für die im einzelnen enthaltenen Stoffe gezeigt. Der SRU gibt in seinem Sondergutachten 1990 ausführliche tabellarische Übersichten über anorganische und organische S.-Inhaltsstoffe von Siedlungsabfalldeponien und eine zusammenfassende Darstellung der S.-Daten von 42 Sonderabfalldeponien. Die Definition eines typischen S. sowie genauere Vorhersagen zur S.-Beschaffenheit einer Deponie sind nicht möglich. Modellrechnungen zeigen, daß für einige der im S. enthaltenen Verbindungen Zeiträume von mehr als 1 000 Jahre bis zum Auftreten umweltverträglicher Gehalte im S. anzunehmen sind.

Wegen des Schadstoffgehaltes wird für S. auf Grund § 7a Wasserhaushaltsgesetz eine Abwasserbehandlung nach dem Stand der Technik gefordert (→Sickerwasserbehandlung).

Eine Reduzierung der anfallenden S.-Mengen kann durch verschiedene Maßnahmen, insbesondere aber durch eine Oberflächenabdichtung des Deponiekörpers erreicht werden. Daneben soll durch die Vorgaben der →TA Abfall Teil 1 sowie der →TA Siedlungsabfall zur Abfallbehandlung vor der Ablagerung mit dem Ziel der →Inertisierung erreicht werden, daß die Menge und die Anzahl der Schadstoffe in den S. drastisch reduziert werden.   *Bergs*

Literatur: Der Rat von Sachverständigen für Umweltfragen (SRU): Abfallwirtschaft, Sondergutachten September 1990; Stuttgart 1991.

Sickerwasserbehandlung. Die mengenmäßig größten Schadstoffausträge aus Deponien erfolgen über →Sickerwasser. Die bislang häufigste Entsorgungsmethode ist die Mitbehandlung in bestehenden kommunalen oder industriellen →Kläranlagen. Dabei wird jedoch ein Teil der im Sickerwasser enthaltenen persistenten organischen Verbindungen unzureichend aus dem Abwasser eliminiert. Die Einleitung von nicht vorbehandeltem Sickerwasser in kommunale Kläranlagen ist daher bei Neuanlagen nicht mehr zulässig. Wie für anderes Abwasser, das gefährliche Stoffe enthält, wird hierfür auf Grund § 7a WHG eine →Abwasserbehandlung nach dem Stand der Technik gefordert. Die Vorschrift der Vorbehandlung nach dem Stand der Technik gilt auch für die →Indirekteinleiter.

Die konkreten Anforderungen an die Sickerwassereinleitung (Direkt- und Indirekteinleitung) für einzelne Schadstoffparameter sind in der 51. →Abwasser-Verwaltungsvorschrift niedergelegt. Zur S. sind grundsätzlich geeignet:

– chemisch-physikalische Verfahren (Fällung/Flokkung; →Adsorption)
– Eindampfen und Trocknen,
– →Umkehrosmose,
– chemische Oxidation,
– biologische Verfahren (aerobe Verfahren oder kombinierte anaerobe/aerobe Verfahren),
– Sickerwasserkreislaufführung.

Eine effiziente S. ist nur in Kombination der verschiedenen Verfahren in Anpassung an die spezifische, einzelfallbezogene Situation möglich. *Bergs*

7. BImSchV. Verordnung zur Auswurfbegrenzung von Holzstaub vom 18. Dezember 1975 (BGBl. I S. 3133). Gilt für nicht genehmigungsbedürftige Anlagen zur Bearbeitung oder Verarbeitung von Holz oder Holzwerkstoffen, sofern dabei Staub oder Späne emittiert werden, einschließlich der zugehörigen Förder- und Lagereinrichtungen für Stäube und Späne; sie gilt nicht für mobile Anlagen wie Tischkreissägen auf Baustellen oder Motorkettensägen in der Forstwirtschaft. Geregelt werden Errichtung, Beschaffenheit und Betrieb der Anlagen, die grundsätzlich mit Abluftreinigungsanlagen auszurüsten sind. Anlagen, die Schleifstaub oder ein Gemisch mit Schleifstaub emittieren, müssen einen →Emissionsgrenzwert von 20 mg/m³ einhalten, soweit die Anlagen nach dem 1. Januar 1977 errichtet worden sind; für ältere Anlagen gilt ein Wert von 50 mg/m³. Für Anlagen, in deren Abluft keine Schleifstäube, sondern andere Stäube oder Späne enthalten sind, ergeben sich – ohne Rücksicht auf das Alter der Anlagen – die Emissionsgrenzwerte aus dem Diagramm (Bild). *Dreyhaupt*

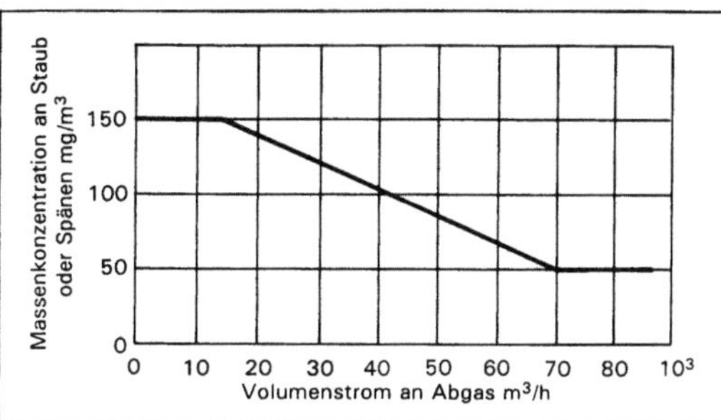

7. BImSchV: Diagramm zur Emissionsbegrenzung von Holzstaub.

Siebung. Siebe werden zur mechanischen →Abwasserbehandlung benutzt. Sie dienen der Abtrennung von Grob-, Sperr- und Spinnstoffen. Zur S. werden gelochte oder geschlitzte Bleche, Gewebe oder ähnliches verwendet.
– Bogensiebe haben die einfachste Bauart. Sie sind ohne mechanisch bewegte Teile. Das Abwasser fließt von oben über eine starre bogenförmige Strebfläche. Die Schmutzstoffe rutschen auf der Sieboberfläche nach unten und können aufgefangen werden.
– Trommelsiebe bestehen aus einer mit der Strebfläche bespannten, sich langsam drehenden Trommel. Das Abwasser strömt entweder von außen nach innen oder von innen nach außen. Das Siebgut wird abgespritzt oder mit rotierenden Bürstenwalzen entfernt und aufgefangen.
– Siebbänder werden endlos über zwei oben bzw. unten angebrachten Rollen geführt und tauchen direkt in den Abwasserstrom ein. Die Feststoffe lagern sich auf dem angeströmten Teil des Bandes ab. Die Reinigung erfolgt mit rotierenden Bürsten und Spritzwasser. *Mertsch*

17. BImSchV. Verordnung über Verbrennungsanlagen für Abfälle und ähnliche brennbare Stoffe vom 23. Nov. 1990 (BGBl. I S. 2545). Enthält im wesentlichen Anforderungen an die Errichtung, die Beschaffenheit und den Betrieb von Abfallverbrennungsanlagen sowie an die Emissionsmessungen und die Überwachung (→Abfallverbrennungsanlage). Von der 17. BImSchV werden sowohl Hausabfall- und Sonderabfallverbrennungsanlagen als auch andere Verbrennungsanlagen erfaßt, in denen feste oder flüssige Abfälle oder ähnliche brennbare Stoffe eingesetzt werden. Im letzteren Fall richtet sich die Anwendung der Verordnung nach dem Anteil der Abfälle an der Feuerungswärmeleistung der Anlage. Erstmalig werden in der 17. BImSchV auch Anforderungen an die Reststoffbehandlung und an die →Abwärmenutzung gestellt. Die Emissionsgrenzwerte sind gegenüber den Emissionswerten der →TA Luft erheblich verschärft und betreffen auch erstmalig →Dioxine und →Furane (→Abfallverbrennungsanlage, Tab.). Eine besondere

Vorschrift gewährleistet, daß der Anlagenbetreiber einmal jährlich die Öffentlichkeit über „die Beurteilung der Messungen von Emissionen und der Verbrennungsbedingungen" unterrichtet.

Grundsätzlich müssen die Anforderungen der 17. BImSchV bis zum 1. März 1994 auch von Altanlagen erfüllt werden. *Dreyhaupt*

Siedlungsabfall. Der Begriff ist nicht legaldefiniert, wird aber durch die →TA-Siedlungsabfall, die Umweltstandard-Charakter hat (→Umweltstandard), konkretisiert. Zum S. gehören Abfälle wie →Haushaltabfall, →Sperrabfall, haushaltähnlicher →Gewerbeabfall, Garten- und Parkabfälle, Marktabfälle, Straßenkehricht, →Bauabfälle, →Klärschlamm, Fäkalien, →Fäkalschlamm, Rückstände aus Abwasseranlagen und Wasserreinigungsschlämme aus Wasseraufbereitungsanlagen (→EG-Regelungen für Siedlungsabfall-Verbrennungsanlagen). *Dreyhaupt*

Siedlungswasserwirtschaft. Wasserwirtschaft im Bereich von Wohn- und Arbeitsstätten, d. h. Wasserver- und -entsorgung im städtischen und ländlichen Bereich. Der Wasserbau (Flußbau, Talsperren, Hafenbau, Hochwasserschutz, landwirtschaftliche Bewässerung usw.) ist nicht Teil der S.

S. ist auch traditionelle Bezeichnung für die Lehrstühle an Technischen Universitäten, die die Bereiche Trinkwasserversorgung, Grundwasser, Oberflächengewässer, kommunale und industrielle →Abwasserreinigung abdecken. *Irmer*

Silage →Futtergewinnung und -konservierung

Silberkugel-Sorptionsverfahren. Das S.-S. zur Immissionsmessung der Fluoridionenkonzentration wird in zwei Varianten in VDI 2452 beschrieben.

Bei der in Bl. 2 geschilderten Variante wird ein Staubvorabscheider eingesetzt, wobei jedoch ein unbestimmter Anteil partikelförmiger Fluorimmissionen miterfaßt wird. Die Probenahme erfolgt mit Hilfe eines Sorptionsrohrs, das mit natriumcarbonatbeschichteten Silberkugeln gefüllt ist. Die in der Sammelphase angereicherten Fluoridionen werden mit einer speziellen Pufferlösung eluiert. Die analytische Bestimmung erfolgt elektrochemisch mit einer Lanthanfluorid-Elektrodenkette.

Bei der in Bl. 3 beschriebenen Variante wird ein auf 50 °C über Umgebungstemperatur beheiztes →Membranfilter aus Cellulosenitrat mit einer Porenweite von 3 μm eingesetzt. Erfaßt werden daher alle fluorhaltigen anorganischen Substanzen, die dieses Filter passieren, an der Sorptionsphase aus mit Natriumcarbonat beschichteten Silberkugeln adsorbiert werden und in wässrigem Milieu Fluoridionen bilden. Die Analyse erfolgt in diesem Falle wahlweise photometrisch (Alizarin-Komple-

xon-Verfahren) oder elektrochemisch wie nach Bl. 2.

Bei Verwendung des Verfahrens nach Bl. 2 (Probenahme mit Staubvorabscheider) kann davon ausgegangen werden, daß der gasförmige Fluorwasserstoff vollständig erfaßt wird. Mitgemessen werden u. U. Anteile partikelförmiger Fluorverbindungen.

Bei Einsatz eines beheizten Membranfilters zur Probenahme (Bl. 3 der Richtlinie) besteht die Gefahr, daß auf dem Filter nicht nur die partikelförmigen Fluorverbindungen abgeschieden, sondern auch gasförmige Anteile sorbiert werden. Experimentelle Untersuchungen deuten darauf hin, daß es dadurch zu ggf. erheblichen Minderbefunden kommen kann.

Neuere Arbeiten haben außerdem gezeigt, daß auch die →Ionenchromatographie erfolgreich als analytische Endstufe zur Fluorionenbestimmung eingesetzt werden kann. Die →Nachweisgrenzen sind u. U. besser als bei der elektrochemischen Bestimmung. *Pfeffer*

Literatur: VDI 2452; Bl. 2: Messen gasförmiger Immissionen; Messen der Fluor-Ionen-Konzentration; Silberkugel-Sorptionsverfahren mit Vorabscheidung und elektrochemischem Nachweis. 2/1975. – Bl. 3: Messen gasförmiger Immissionen; Messen der Fluorionen-Konzentration; Silberkugel-Sorptionsverfahren mit beheiztem Membranfilter. 7/1987.

Silberoxid-Zink-Batterie. Diese Batterie (Zellspannung 1,79 V) erreicht Energiedichten von über 100 Wh/kg. Aufgrund der hohen Materialkosten für Silber kann diese Batterie praktisch nicht in Elektrospeicherfahrzeugen eingesetzt werden. *Kahlen*

Silicagel-Verfahren. Das S.-V. nach *Stratmann* zur Immissionsmessung von Schwefeldioxid ist in VDI 2451, Bl. 1 beschrieben und wurde über viele Jahre routinemäßig eingesetzt.

Die zu untersuchende Luft wird zunächst durch konzentrierte Phosphorsäure gesaugt, um störende Begleitstoffe abzutrennen. In einem nachgeschalteten und mit Silicagel gefüllten Rohr wird anschließend das Schwefeldioxid adsorbiert. Diese Probenahme erfolgt mit Hilfe des sog. Stratmann-Geräts, das eine Membranpumpe, ein Manometer, eine Gasuhr, eine Frittenwaschflasche, das Adsorptionsrohr sowie weitere Hilfsaggregate, z. B. zur Stromversorgung, enthält.

Im Laboratorium wird anschließend in einer speziellen Apparatur (Bild) das Schwefeldioxid bei hoher Temperatur im Wasserstoffstrom ausgetrieben und an einem glühenden Platinkontakt zu Schwefelwasserstoff reduziert. Der gebildete Schwefelwasserstoff reagiert mit schwefelsaurer Ammoniummolybdatlösung zu Molybdänblau. Die Farbintensität dieser Lösung wird photometrisch bestimmt.

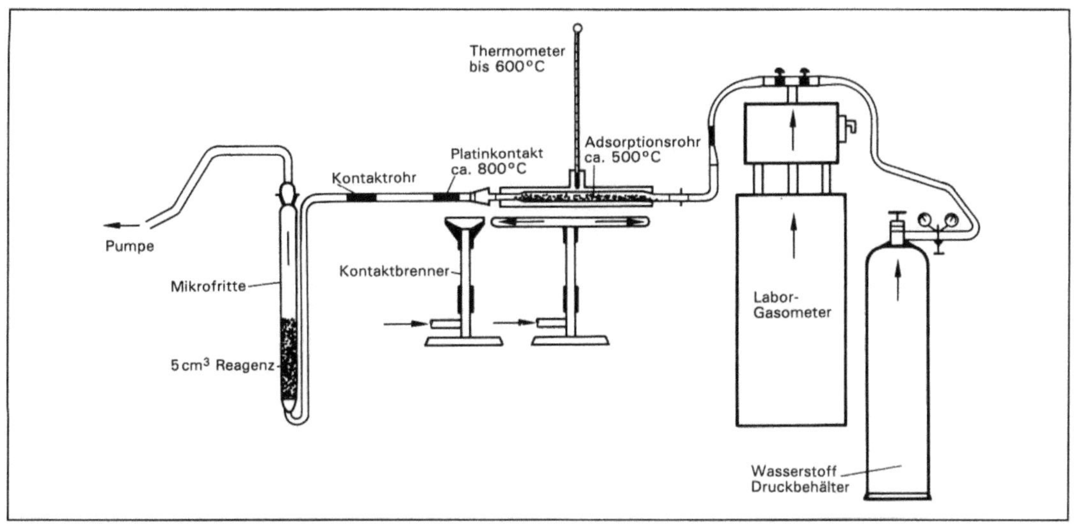

Silicagel-Verfahren: Desorptions-Apparatur.
(Quelle: VDI 2451, Bl. 1)

Der Vorteil des S.-V. liegt in der unproblematischen Probenahme, während die Bestimmung im Labor vergleichsweise aufwendig ist und Erfahrungen erfordert. Die →Nachweisgrenze liegt bei 0,3 µg Schwefeldioxid. *Pfeffer*

Literatur: VDI 2451, Blatt 1: Messen gasförmiger Immissionen; Messen der Schwefeldioxid-Konzentration; Adsorptionsverfahren (Silicagel). 8/1968.

Simulation. Unter S. wird i. a. eine mathematische Modellrechnung verstanden. Diese S.-Rechnungen müssen eine Eingabemöglichkeit für die Prozesse und die Randbedingungen haben, damit das tatsächliche Verhalten des Systems beschrieben werden kann. Beispiele für solche S.-Rechnungen sind die atmosphärenchemische Modelle (→Boxmodell, Klimamodell, →EKMA), die versuchen, die Auswirkungen der Treibhausgase auf das Klima zu berechnen oder Rechnungen, die die globale Verteilung einzelner Spurengase und den Austausch zwischen →Troposphäre und →Stratosphäre bestimmen; ferner gehören dazu Ausbreitungsmodelle für Spurengase und Partikel in der Troposphäre, wie z. B. das →Gauß-Modell. Experimentelle Daten sind erforderlich, um solche S.-Rechnungen zu verifizieren. *Wirtz*

Sinteranlage →Roheisengewinnung

Smog. Begriff aus dem *engl.* mit der Bedeutung „fog intensified by smoke; mixture of smoke and fog; abbreviation from smoke fog; smoky fog"; die Übersetzung mit Rauchnebel ist ungebräuchlich. Heute werden unter S. allgemein zwei unterschiedliche Situationen mit gesundheitsbedrohenden Schadstoffanreicherungen in der Luft verstanden, die beide in siedlungs-, verkehrs-, industrie- und damit emissionsstarken Ballungsgebieten, vornehmlich in Städten, (nur) bei bestimmten meteorologischen Bedingungen auftreten: der →London Type Smog und der photochemische Smog, der als →Los Angeles Type Smog (Sommersmog) bezeichnet wird. Während im allgemeinen der London-Type S. gemeint ist, wenn bloß von S. die Rede ist, wird im Zusammenhang mit dem Los Angeles Type S. – im Hinblick auf die zur photochemischen Umsetzung von Primärluftschadstoffen notwendige starke Sonneneinstrahlung – meist von „Sommersmog" oder Photosmog gesprochen. *Dreyhaupt*

Smog, advehierter. Hohe Luftbelastung im Verlauf winterlicher Inversionswetterlagen vor allem mit Schwefeldioxid und Schwebstaub, die nicht durch lokale und regionale Quellen verursacht, sondern überwiegend durch →Ferntransport verschmutzter Luftmassen hervorgerufen worden ist; Advektion bedeutet meteorologisch die Heranführung von Luftmassen in horizontaler Richtung.

A. S. bildet sich nur unter bestimmten meteorologischen Voraussetzungen aus. Allen London-type-S.-Episoden ist gemeinsam, daß der vertikale Luftaustausch durch ganztägig bestehende, bodennahe Inversionen erheblich eingeschränkt ist. Während die Inversionen beim lokal verursachten Smog oft bis zum Boden reichen, sind beim a. S. großräumige, vom Boden abgehobene Inversionen mit Untergrenzen von 100–400 m Höhe über Grund typisch. Das wichtigste Unterscheidungsmerkmal vom lokalen Smogtypus ist jedoch die Windgeschwindigkeit. Lokale Quellen führen vor allem dann zu hoher Luftbelastung, wenn neben dem vertikalen auch der horizontale Luftaustausch durch niedrige Windgeschwindigkeiten eingeschränkt ist. Dagegen ist a. S. von höheren Windgeschwindigkeiten um 3 m/sec in Bodennähe begleitet, die knapp unterhalb der →Inversion, sogar auf etwa 10 m/sec anwachsen können.

Eine weitere Vorbedingung für a. S. ist die Herkunft des Winds aus bestimmten Richtungssektoren, die vom jeweiligen betroffenen Gebiet aus gesehen auf Hauptquellgebiete für Luftschadstoffe zeigen. Von Nordwestdeutschland aus betrachtet, sind dies z. B. östliche bis südöstliche Windrichtungen, weil sich Quellgebiete mit hohen SO_2-Emissionen von einigen Millionen Jahrestonnen beispielsweise in den Räumen Halle/Leipzig, Cottbus, Schlesien und im tschechischen Erzgebirge befinden bzw. befanden.

Schließlich ist a. S. in der Regel mit einer geschlossenen Schneedecke verbunden. Eine trockene Schneedecke setzt die →Deposition von Luftverunreinigungen erheblich herab, die unter normalen Witterungsbedingungen einem Transport in hohen Konzentrationen über mehrere hundert Kilometer entgegensteht, und erhöht die stabile Schichtung der Atmosphäre. A. S. führt zu einer weitgehenden Angleichung der Schwefeldioxid- und Staubkonzentrationen in Städten und in den vom Transport betroffenen ländlichen Räumen. Typisch sind bei einsetzendem Ferntransport steile Konzentrationsanstiege für Schwefeldioxid und Schwebstaub auch an emittentenfernen Stationen. Orte und Zeitpunkte der plötzlichen Konzentrationsanstiege stimmen im Flachland mit Transportrichtung und Geschwindigkeit der verschmutzten Luftmassen überein, im gegliederten Gelände gestalten sich die Transportverhältnisse oftmals komplexer. Luftschadstoffe wie Stickoxide und Kohlenmonoxid unterliegen in wesentlich geringerem Maße dem Ferntransport. Bei diesen Komponenten, die überwiegend (Kohlenmonoxid) oder zur Hälfte (Stickoxid) bodennah emittiert werden, ist auch unter den Bedingungen des a. S. der Beitrag lokaler und regionaler Quellen entscheidend, so daß bei diesen Schadstoffen die Konzentrationsunterschiede zwischen Ballungsräumen und ländlichen Gebieten erhalten bleiben.

In den achtziger Jahren wurden Episoden mit a. S. mehrfach in Deutschland beobachtet, so insbesondere im Januar 1985 sowie im Januar und Februar 1987. Andere Episoden im Januar 1982 und Dezember 1983 betrafen nur Teile der Bundesrepublik Deutschland. Dabei waren die Übergänge zwischen Ferntransporten und regional verursachten Luftverunreinigungen je nach Zeit und betrachtetem Raum fließend. In der Episode im Januar 1985 wurde beispielsweise für das westliche Ruhrgebiet ein Ferntransportanteil von 30–50 % an der SO_2-

Gesamtbelastung abgeschätzt, in ländlichen Gebieten Schleswig-Holsteins, Niedersachsens und Hessens dagegen von über 90 %. Episoden mit a. S. lassen sich durch lokale Reduktionen der Emissionen allein nicht mehr wirkungsvoll bekämpfen, weil dadurch nur der hausgemachte Anteil der Belastung vermindert werden kann. Erforderlich sind deshalb Reduktionsmaßnahmen in den Hauptquellgebieten.

Die Bedeutung des a. S. wird in Zukunft zurückgehen, weil nach den Umwälzungen im östlichen Mitteleuropa zu Beginn der neunziger Jahre mit einer Sanierung der Emittenten in den Hauptquellgebieten und einer entsprechenden Verminderung der Schwefeldioxid- und Staubemissionen begonnen worden ist. *Bruckmann*

Literatur: *Bruckmann, P.:* Smog-Wetterlagen mit hohem Ferntransportanteil (Advektionssmog), promet 1/2/3 1988. Hrsg.: Deutscher Wetterdienst. Offenbach 1988.

Smogepisode. Der Begriff S. bringt die meteorologisch bedingte Kurzzeitigkeit von Smogereignissen zum Ausdruck und wird bevorzugt im Zusammenhang mit gravierenden Fällen des →London Type Smog verwendet, in deren Verlauf Mortalitäts- und Morbiditätserhöhungen infolge der erheblichen smogbedingten Schadstoffanreicherungen in der Atemluft aufgetreten sind. Bei den Angaben zu den Todesfällen handelt es sich um eine Übersterblichkeitsrate während der S. im Vergleich zu entsprechenden Zeiträumen vor oder nach der Episode, wobei vor allem empfindliche Personen – ältere Menschen und gegenüber Beeinträchtigungen von Atem- und Kreislauffunktionen Prädisponierte – betroffen sind; man spricht auch von vorgezogenen Todesfällen. Wissenschaftlich werden die Mortalitäts- und Morbiditätserhöhungen mit den Methoden der →Epidemiologie ermittelt; für zurückliegende Episoden sind hinsichtlich der Sterblichkeitserhöhung statistische Methoden zur Auswertung von Todesfallzahlen im Smoggebiet und in benachbarten, von der erhöhten Schadstoffbelastung nicht betroffenen Gebieten angewendet worden.

In der Literatur sind für den Zeitraum von 1873 an ca. 20 gravierende London Type S. in Europa und in den USA beschrieben (Tabelle). Eine unmittelbare Vergleichbarkeit ist insbesondere hinsichtlich der Schadstoffkonzentrationen, die mit den Mortalitätsdaten korrespondieren, wegen unterschiedlicher räumlicher und zeitlicher Repräsentanz der Meßwerte und teilweise auch unterschiedlicher Meßmethoden nicht gegeben. Die Zusammenstellung in der Tabelle bezieht sich so weit wie möglich auf abgeglichene Daten. Allgemein werden als Leitschadstoffe nur Schwefeldioxid und Schwebstaub, deren synergistische Wirkung bekannt ist, angegeben, obwohl an den Wirkungen das gesamte Smog-Schadstoffgemisch mit im Einzelfall erheblich unterschiedlichen Zusammensetzungen beteiligt war.

Smogepisode. Tabelle: Gravierende S. in Europa und in den USA (nach Csicsaky, modifiziert)

Zeit	Ort	Schadstoffkonzentration [1] (mg/m³)		Mortalitätserhöhung	
		SO_2	SSt	absolut	%
Dez. 1873	London	n. a.		268 in 1 Woche	
Jan./	London	n. a.		1 657 in 1 Woche [2]	
Feb. 1880				3 133 in 4 Wochen	
Dez. 1892	London	n. a.		n. a.	
Dez. 1930	Maastal (B)	25	12,5	63	950
Okt. 1948	Donora, PA (USA)	1,6	4,5	20	800
Nov./					
Dez. 1948	London	n. a.		700—800	n. a.
Dez. 1952	London	4	6	3 900	70
Nov. 1953	New York, NY (USA)	2,2	1	n. a.	9
Jan. 1955	London	1,2	2,06	240	12
Jan. 1956	London	1,5	4,59	1 000	30
Dez. 1956	London	1,1	1,27	400	25
Dez. 1957	London	1,6	2,93	800	25
Jan. 1959	London	0,8	1,27	200	10
Dez. 1962	London [3]	3,3	2,45	850	20
Nov. 1962	New York, NY (USA)	1,8	0,8	n. a.	8
Dez. 1962	Ruhrgebiet	5	2,4	156	19
Jan. 1963	New York, NY (USA)	1,3	0,8	n. a.	19
Feb. 1963	New York, NY (USA)	1,26	0,9	n. a.	23
März 1964	New York, NY (USA)	1,73	0,52	n. a.	5
Nov. 1966	New York, NY (USA)	1,43	0,75	n. a.	9
Dez. 1968	Berlin	0,72	0,36	n. a.	8
Nov. 1975	Pittsburgh, PA (USA)	0,2	0,9	n. a.	8
Jan. 1982	Berlin	0,37	0,19	n. a.	6
Jan. 1985	Ruhrgebiet	0,74	0,53	n. a.	8

SSt = Schwebstaub; n. a. = nicht angegeben

[1] Höchste 24 h-Mittelwerte der jeweiligen Episode. Die Londoner Schwebstaubkonzentrationen sind gegenüber den originalen Black-Smoke-Meßwerten der Vergleichbarkeit wegen korrigiert.

[2] In der Woche vom 31. 1.—7. 2. 1880; das bedeutet eine Mortalitätserhöhung um 95 % bezogen auf ca. je 1 740 Todesfälle in den ersten beiden Januarwochen (Bach).

[3] Nach 1962 ist in London praktisch keine Smogepisode mehr aufgetreten, nachdem Maßnahmen zu einer drastischen Emissionsminderung aus Kohlefeuerungsanlagen ergriffen worden waren.

Aus neueren epidemiologischen Untersuchungen während akuter S. in Berlin und im Ruhrgebiet ist bekannt, daß die gesundheitlichen Beschwerden nicht nur das Bronchialsystem – infolge der bekannten Schwefeldioxid-/Schwebstaub-Einwirkungen –, sondern auch das Herz-/Kreislaufsystem – infolge von Stickgasen wie insbesondere Kohlenmonoxid – betreffen. *Dreyhaupt*

Literatur: Air Quality Criteria; U.S. Senat Document; U.S. Government Printing Office, Washington 1968. – *Bach, C.:* Mitteilungen über die Internationale Ausstellung von Apparaten und Einrichtungen zur Vermeidung des Rauches (International exhibition of smoke preventing appliances) in London 1881; Zeitschrift des Vereins Deutscher Ingenieure 1882. Januarheft Sp. 40–47, Februarheft Sp. 81–92. – *Csicsaky, M.:* Modellrechnungen zum Zusammenhang zwischen Luftschadstoffen und erhöhter Sterblichkeit bei Smogsituationen; Umwelthygiene Bd. 18. Jahresbericht 1985 des Medizinischen Instituts für Umwelthygiene. Düsseldorf 1986, S. 124 ff. – *Dreyhaupt, F. J.:* Luftreinhaltung als Faktor der Stadt- und Regionalplanung. Köln 1971.

Smogfrühwarnsystem. Datenverbund der →Immissionsmeßnetze der Bundesländer mit dem Umweltbundesamt (den →London-Type Smog betreffend). Das S. ermöglicht es, die Meßdaten ausgewählter Luftschadstoffe (z. B. Schwefeldioxid) aus den Luftmeßnetzen der Bundesländer unter Einbeziehung der Hintergrund-Meßstationen des Umweltbundesamtes dreistündlich in aktualisierten Rasterkarten darzustellen. Die Meßnetz-Zentralen der Bundesländer wurden dazu mit Zusatzrechnern ausgestattet, die mit einem Zentralrechner im Umweltbundesamt über das DATEX/P-Netz gekoppelt sind. Die Meßdaten werden während einer austauscharmen →Wetterlage alle drei Stunden übertragen und die im Zentralrechner erstellten aktuellen Rasterkarten der Schadstoffbelastung den Nutzern zur Verfügung gestellt.

Zusätzlich liefert das S. Meßwerte und Prognosen meteorologischer Parameter, die für die weitere Entwicklung der austauscharmen Wetterlage und für den Transport von Luftverunreinigungen (advehierter →Smog) von Bedeutung sind (z. B. Windrichtung, Windgeschwindigkeit, Inversionshöhe). Die Einrichtung des S. beruht auf den Erfahrungen, die mit der bundesweiten →Smogepisode im Januar 1985 gesammelt worden sind. In dieser Episode waren auch emittentenferne Gebiete in einem von Ost nach West fortschreitenden Schadstofftransport von advehiertem Smog betroffen worden.

Die Zeitspanne zwischen Frühwarnung und Auftreten von Smog kann erheblich verlängert werden, wenn nicht nur Meßdaten, sondern aufgrund von Modellrechnungen und meteorologischen Vorhersagen Prognosen über die Smogentwicklung zur Verfügung stehen. Diese von Anfang an geplante zweite Stufe des S. ist 1992 realisiert worden. *Bruckmann*

Smogkammer. Unter S. versteht man Reaktionsgefäße mit meist großen Volumina (einige dm^3 bis einige m^3), die ursprünglich zur →Simulation und Analyse des komplexen Reaktionsgeschehens in der belasteten, unter Einfluß des Sonnenlichts stehenden Erdatmosphäre eingesetzt wurden. Später wurden solche Kammern auch für die Bestimmung von Geschwindigkeitskonstanten und Reaktionsmechanismen in einfacheren Reaktionssystemen eingesetzt. Das Volumen solcher Reaktionsgefäße muß, zur Verminderung möglicher Beeinflussungen der homogenen Reaktionen durch heterogene Prozesse an der Gefäßwand, möglichst groß sein.

Die S. sind je nach Bedarf aus Glas, Quarzglas oder Teflon und werden zur Bestrahlung von Testmischungen, die die Zusammensetzung der belasteten Atmosphäre wiedergeben, eingesetzt. Dabei nutzen sie entweder das Sonnenlicht aus (Outdoor-S.) oder sind mit künstlichen Photolyselampen (Indoor-S.) ausgestattet. Outdoor-S. werden zur Untersuchung der Kinetik und der Produkte unter realen atmosphärischen Bedingungen eingesetzt. Die Indoor-S. haben meistens ein kleineres Volumen und dienen der Untersuchung atmosphärenrelevanter chemischer Reaktionen unter festgelegten Bedingungen. Der Abbau der eingesetzten Testmischung und die Bildung von Produkten, die entweder durch direkte →Photolyse oder z. B. durch OH-Reaktionen, Reaktionen mit NO$_3$-Radikalen

oder O$_3$ entstehen, werden durch verschiedene analytische Techniken, wie z. B. FT-IR Spektroskopie, →Diodenlaserspektroskopie oder →Gaschromatographie, verfolgt. Die S. sind zum Austausch der Testmischungen mit einem Vakuumsystem gekoppelt und können je nach Einsatzbereich über Kühlaggregate gekühlt werden.

Zur Aufklärung von Reaktionsmechanismen und der Kinetik der entsprechenden Reaktionen können in den S.-Experimenten die Konzentrationen der Edukte variiert und die Photolysedauern den entsprechenden Problemen angepaßt werden. *Becker/Wiesen*

Smogmeßnetz →Smogfrühwarnsystem

Smogverordnung. Rechtsverordnung der einzelnen Bundesländer aufgrund der Ermächtigungen in den §§ 49 Abs. 2 und 40 Abs. 1 BImSchG zur Festsetzung von Smoggebieten und Verkehrsbeschränkungsgebieten sowie von bestimmten Maßnahmen zur Emissionsminderung in diesen Gebieten im Falle von Smogalarm.

Als Smoggebiete und Verkehrsbeschränkungsgebiete können Gebiete ausgewiesen werden, in denen bei einer austauscharmen →Wetterlage ein starkes Anwachsen schädlicher Umwelteinwirkungen durch Luftverunreinigungen zu befürchten ist bzw. in denen aus diesem Grunde der Kraftfahrzeugverkehr beschränkt oder verboten werden muß. Die S. erstrecken sich wegen der Abhängigkeit von der austauscharmen Wetterlage ausschließlich auf Fälle des →London Type Smog; zur Abwehr von Gefahren des →Los Angeles Type Smog (Sommersmog) sind nur verkehrsbeschränkende Maßnahmen aufgrund von § 40 Abs. 2 BImSchG möglich (→Verkehrsbeschränkungen außerhalb Smogalarm).

Die Maßnahmen der S. erstrecken sich entsprechend den Ermächtigungen
– in Smoggebieten auf zeitliche Betriebsbeschränkungen von Anlagen (bis hin zur vollständigen Betriebsstillegung) und auf die Beschränkung des Einsatzes von Brennstoffen, die „in besonderem Maße" Luftverunreinigungen hervorrufen können, wie z. B. stark schwefelhaltige Kohle und Heizöle; betroffen sind grundsätzlich sowohl industrielle, gewerbliche und private Anlagen als auch Anlagen der öffentlichen Hand;
– in Verkehrsbeschränkungsgebieten im Prinzip auf Verkehrsverbote zu bestimmten Zeiten für bestimmte Fahrzeuge.

Beide Maßnahmenbereiche können in gradueller Abhängigkeit von der Höhe der drohenden Gefahr geregelt werden; in der Praxis geschieht dies über unterschiedliche Smogalarm-Stufen.

Von den 16 Bundesländern hat nur das Land Mecklenburg-Vorpommern vom Erlaß einer S. abgesehen, weil dort selbst im Falle einer austauscharmen Wetterlage nicht mit gefährlichen Schadstoffkonzentrationen in der Luft gerechnet wird. Die anderen Bundesländer haben ihre S. auf der Grundlage einer vom Länderausschuß für Immissionsschutz erarbeiteten Musterverordnung erlassen, so daß im wesentlichen 15 gleich strukturierte, jedoch in regionalen Besonderheiten differierende Verordnungen vorliegen.

Alle S. enthalten – neben der Festlegung der Smoggebiete und der Verkehrsbeschränkungsgebiete – schwerpunktmäßig zwei wichtige Regelungsbereiche: die Smogalarm-Auslösekriterien und die Gefahrenabwehr-Maßnahmen.

□ Auslösekriterien. Hier sind die meteorologischen Kriterien und die Schadstoffkonzentrations-Kriterien zu unterscheiden.

Die meteorologischen Kriterien betreffen die Definition der austauscharmen Wetterlage (atW), die in den Ermächtigungsvorschriften des BImSchG sogar als das den Smogalarm auslösende, von der Behörde bekanntzugebende Kriterium enthalten ist. Eine atW, die die Rechtsfolgen der S. auslöst, ist dann gegeben, wenn in einer Luftschicht, deren Untergrenze weniger als 700 m über dem Erdboden liegt, die Temperatur mit der Höhe zunimmt (Temperaturumkehr, →Inversion) und die Windgeschwindigkeit in Bodennähe während einer Dauer von 12 Stunden im Mittel kleiner als 1,5 m/s (NRW), 2 m/s (SaA), 4 m/s (Bremen) oder 3 m/s (alle anderen BL) ist.

Die Schadstoffkonzentrations-Kriterien sind in allen S. einheitlich nach den Werten der Tabelle 1 geregelt, wobei drei den Konzentrationen zugeordnete Gefahrenstufen (Vorwarnstufe, 1. Alarmstufe und 2. Alarmstufe), die mit den Abwehrmaßnahmen korrespondieren, unterschieden werden. Da Zahl und Anordnung der Meßstationen (→Immissionsmeßnetze) in den Smoggebieten der einzelnen Länder stark variieren, gibt es unterschiedliche Regelungen hinsichtlich der Feststellung der Überschreitung der Konzentrationswerte: so gilt z. B. das Schadstoffauslösekriterium in einigen Ländern (BW, Hes, RP) als erfüllt, wenn die Schadstoffkonzentration nach Tabelle 1 in einem Smoggebiet
– bei mehr als zwei vorhandenen Meßstellen an mindestens der Hälfte der Meßstellen,
– bei nur zwei Meßstellen an beiden Meßstellen,
– als arithmetischer Mittelwert über alle Meßstellen oder
– an zwei benachbarten Meßstellen
überschritten ist. Die anderen Länder haben abweichende Regelungen getroffen.

□ Maßnahmen. Alle Maßnahmen nach den S. sind auf die Verminderung der Emissionen in den Smog- und Verkehrsbeschränkungsgebieten ausgerichtet und unterscheiden sich nach Maßnahmen in der Vorwarnstufe (nicht für verkehrliche Maßnahmen) sowie in den Alarmstufen 1 und 2. Die für die einzelnen Alarmstufen in Frage kommenden Maßnahmen (Tabelle 2) können nur einen groben Überblick über das in den 15 S. sehr differenziert geregelte Smoggefahren-Abwehrinstrumentarium geben. *Dreyhaupt*

Literatur: Übersicht über Smogverordnungen der Länder. In Wichmann/Schlipköter/Fülgraff (Hg.): Handbuch der Umweltmedizin. Landsberg 1992.

Smogwarndienst. Verfahrensabläufe und Regelungen, die das Zusammenwirken der beteiligten Behörden und sonstigen Einrichtungen im Fall eines Smogalarms sicherstellen und einen effizienten Vollzug der →Smogverordnung ermöglichen.

Die Smog-Verordnungen der Bundesländer beinhalten Regelungen, die die Geschäftsbereiche mehrerer Ministerien betreffen. Bei der Durchführung wirken folgende Behörden und Institutionen mit den jeweils genannten Funktionen zusammen:
– Das Smogmeßnetz (→Immissionsmeßnetz) (in der Regel im Geschäftsbereich der Umweltministerien), das die Luftbelastung kontinuierlich über

Smogverordnung. Tabelle 1: Schadstoffkonzentrationswerte für die Auslösung von Smogalarm.

		Vorwarnstufe	1. Alarmstufe	2. Alarmstufe
24-Stunden-Mittelwert und der letzte 3-Stunden-Mittelwert der Summe der Konzentration von SO_2 und dem 2fachen der Konzentration von Schwebstaub überschreiten	mg/m³*)	1,10	1,40	1,70
oder				
3-Stunden-Mittelwert überschreitet				
für SO_2	mg/m³*)	0,60	1,20	1,80
oder NO_2	mg/m³*)	0,60	1,00	1,40
oder CO	mg/m³*)	30	45	60

*) Dauert die Schadstoffkonzentration in der Luft mindestens 72 Stunden an, wird die nächsthöhere Alarmstufe bekanntgegeben.

Smogverordnung. Tabelle 2: Überblick über die wesentlichsten Maßnahmen zur Emissionsminderung bei Smogalarm.

Maßnahmen*)				
Smoggebiet			Verkehrsbeschränkungsgebiet	
Vorwarnstufe	1. Alarmstufe	2. Alarmstufe	1. Alarmstufe**)	2. Alarmstufe
Generalklausel: Jeder hat sich so zu verhalten, daß ein Anwachsen schädlicher Umwelteinwirkungen durch Luftverunreinigungen nicht mehr als nach den Umständen unvermeidbar hervorgerufen wird.	→	→	Kfz-Verkehr ist auf öffentlichen privaten Straßen untersagt. ←	Generelles Fahrverbot
Anlagenbetrieb: Vermeiden von Emissionen; Raumtemperatur in Arbeitsstätten, Verwaltungsgebäuden, Schulen und Kaufhäusern 18 °C.	→	Raumtemperatur 15 °C.	Kfz-Verkehr ist auf öffentliche und privaten Straßen und Grundstücken untersagt – 6 Stunden nach Bekanntgabe der 1. Alarmstufe – spätestens jedoch mit Bekanntgabe der 2. Alarmstufe. Fahrverbot von 6 bis 22 Uhr. Fahrverbot in der Zeit von 6 bis 10 und 15 bis 20 Uhr. An Tagen mit gerader (ungerader) Datumsangabe ist Verkehr mit Kfz mit ungerader (gerader) Zulassungsendziffer untersagt. (Sehr detaillierte Ausnahmeregelungen vorgesehen).	→
←	Verwendung schwefelarmer Brennstoffe für genehmigungsbedürftige Anlagen mit Ausnahme von Feuerungsanlagen, die mit einer Rauchgasentschwefelung ausgerüstet sind.	→		
	Nicht genehmigungsbedürftige Feuerungsanlagen für feste und flüssige Brennstoffe: Beschränkungen der Emissionen auf das unbedingt erforderliche Maß.	Betriebsverbot →	Ausnahmen:***) – Wohn- und Verwaltungsgebäude – Versorgungsbetriebe – Abschalten der Anlage führt Gefahr, Schaden oder Luftbelastungserhöhung herbei	
	Genehmigungsbedürftige Anlagen: Vermeiden von Emissionen: anstreben, sie auf 60 % derjenigen des Normalbetriebs zu beschränken.	Betriebsverbot →		

Pfeil: Die Maßnahme kommt auch bei anderen Alarmstufen in Frage.

  *) Unterschiedliche Regelungen in den Ländern; die Tabelle gibt nur einen Überblick über die Regelungsschwerpunkte.

  **) Hauptsächliche Regelungsalternativen.

  ***) Darüber hinaus Ausnahmen im Einzelfall möglich.

wacht und die Meßdaten aktuell den beteiligten Institutionen zur Verfügung stellt. Im Smogfall wird in der Meßnetzzentrale sowie bei der Wartung von Rechnern und Meßstationen ein Dienst rund um die Uhr aufrecht erhalten.

– Der Deutsche Wetterdienst (Wetterämter), der die meteorologischen Voraussetzungen für eine austauscharme →Wetterlage sowie ihre Dauer feststellt und beurteilt.

– Das Umweltministerium (in den Stadtstaaten die Umweltbehörden), das die Alarmstufen bekanntgibt und aufhebt, die Medien (Fernsehen, Funk, Presse) sowie die Bürger informiert und die Maßnahmen nach der Smog-Verordnung koordiniert. In der Regel wird dazu ab der Bekanntgabe der Vorwarnstufe ein Smogstab gebildet, dem Vertreter des Innen-, Gesundheits-, Wirtschafts- und Verkehrsministerium angehören.

– Das Innenministerium sowie das Verkehrsministerium und sein nachgeordneter Bereich (Polizei, Straßenverkehrsbehörden, in Flächenländern über die Regierungspräsidenten) organisieren die Verkehrsbeschränkungen in den Sperrbezirken und kontrollieren diese. Die Ordnungsbehörden werden informiert und erteilen Ausnahmegenehmigungen von den Verkehrsbeschränkungen. Ebenso werden die Unternehmen des ÖPNV möglichst frühzeitig informiert und setzen verstärkte Kapazitäten ein.

– Die Immissionsschutzbehörden (in den Flächenländern Information vom Smogstab meist über die Regierungspräsidenten) informieren die Betreiber betroffener industrieller Anlagen in den Smog-Gebieten und überwachen die gemäß den Alarmstufen 1 und 2 der Smog-Verordnung erforderlichen Betriebsbeschränkungen und Betriebsverbote (→Smogverordnung, Tab. 2).

– Das Gesundheitsministerium informiert das Gesundheitssystem (Ärzte, Krankenhäuser, Gesundheitsämter), bereitet diese auf ggf. erforderlich werdenden verstärkten Einsatz vor und berät den Smogstab in Gesundheitsfragen.

– Funk, Fernsehen und Presse informieren die Bevölkerung. Weitere Informationsmöglichkeiten bestehen in der Regel bei den Umweltbehörden, die Telefondienste einrichten. *Bruckmann*

SNCR-Verfahren. Das S.-V. (Abk. *engl.* Selective Non Catalytic Reduction) ist ein trockenes →Abgasreinigungsverfahren zur Verminderung der Stickstoffoxidemissionen. Das S.-V. beruht auf der Umsetzung von NO_x mit Ammoniak oder ammoniakhaltigen Stoffen, wie Harnstoff, zu Stickstoff und Wasserdampf. Im Gegensatz zu den →SCR-Verfahren läuft bei den S.-V. die Reduktion von NO_x in der Gasphase ab; die Reaktion wird nicht mit Hilfe eines Katalysators beschleunigt. Die Hauptkomponenten einer Anlage nach dem S.-V. sind die

Versorgungseinrichtungen (Lager, Verdampferstation u. a.) und die Vorrichtungen zur Eindüsung des Reduktionsmittels in den Abgasstrom (Lanzen, Ventile u. a.) (Bild).

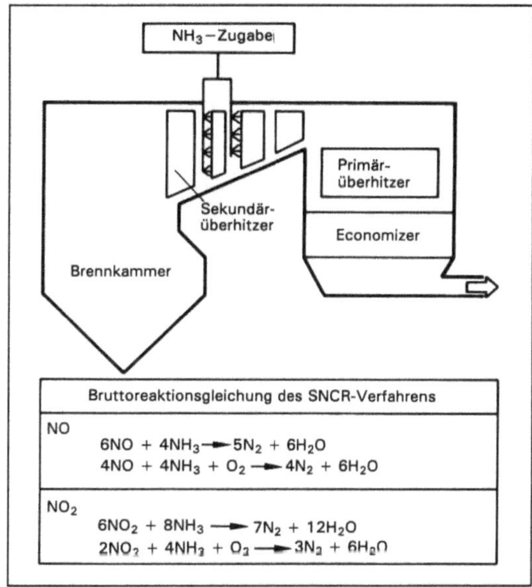

SNCR-Verfahren: Prinzipschema.

Das Verfahren arbeitet im Temperaturbereich von 850 bis 1 100 °C (man spricht von einem Temperaturfenster). Ammoniak wird zunächst mit Luft oder Dampf vermischt und über ein Düsensystem in den Brennraum eingebracht. Das Molverhältnis von NH_3 zu NO_x wird zwischen 1,5 und 2,5 eingestellt. Der überstöchiometrische Bedarf an Reduktionsmitteln ist auf unvollständigen Umsatz und auf eine teilweise Oxidation des Ammoniaks zurückzuführen. Zur Einhaltung der Temperaturgrenzen wird das Ammoniak zwischen Brennkammeraustritt und Economizer im Bereich des Überhitzers eingedüst. Die erforderliche Verweilzeit der Reaktionspartner im Temperaturfenster beträgt 0,2–0,5 s. Der Temperaturbereich für die Reduktionsreaktion ist mit etwa 250 °C klein. Zu hohe Temperaturen bewirken eine zu hohe Oxidation des NH_3 zu NO; der NO_x-Reduktionsgrad sinkt und kann sogar negativ werden. Bei zu niedrigen Temperaturen ist die Reduktionsgeschwindigkeit zu klein. Ein dadurch bedingter hoher NH_3-Schlupf kann negative Auswirkungen auf nachgeschaltete Anlageteile, z. B. durch Verschmutzung des Luftvorwärmers durch Ammoniumverbindungen, oder die Reststoffentsorgung, z. B. Ammoniakbelastung der Flugasche und des Abwassers einer Naßentschwefelung, haben. Durch Zugabe weiterer Reduktionsmittel wie H_2 kann die Untergrenze des Temperaturfensters auf 700 bis 800 °C verschoben werden.

Bei Zugabe von Harnstoff verläuft die NO-Reduktion im wesentlichen nach folgender Gesamtreaktion ab:

$$CO\,(NH_2)_2 + 2\,NO + 1/2\,O_2\ \ 2\,N_2 + CO_2 + 2\,H_2O.$$

Der optimale Temperaturbereich für Harnstoff liegt zwischen 950 bis 1 050 °C. Um ausreichende Reduktionsgrade zu erzielen, wird das Temperaturfenster auf den Bereich von 700 bis 1 050 °C durch Verwendung mehrerer Reduktionsmittel (Gemische aus Harnstoff, Alkoholen und anderen ammoniakhaltigen Verbindungen) erweitert, die in mehreren Ebenen in den Kessel eingedüst werden.

Das S.-V. läßt sich auch bei Nachrüstungen an bestehenden Anlagen vergleichsweise leicht installieren. Die Kosten und der Platzbedarf für das einfache Verfahren sind niedrig. Die Schwierigkeit der S.-V. besteht darin, daß das Leistungspotential nicht nach einfachen Auslegungskriterien vorherbestimmbar ist und von den speziellen Randbedingungen der Feuerungsanlage abhängt. Wegen der hohen Zähigkeit der heißen Gase gelingt es nicht immer, das Reduktionsmittel homogen zu verteilen. Sekundäre Schadstoffemissionen durch unerwünschte Nebenreaktionen sind zu berücksichtigen. Die NO_x-Reduktionsgrade werden begrenzt durch den zulässigen NH_3-Schlupf und liegen im allgemeinen unter 70 %. Aufgrund der strengen Anforderungen zur Begrenzung der NO_x-Emissionen in der Bundesrepublik Deutschland wird das S.-V. nur in wenigen Kraftwerken angewendet. Sinnvolle Einsatzbereiche für das S.-V. sind Braunkohlekraftwerke, Abfallverbrennungsanlagen und Kleinfeuerungsanlagen, bei denen wegen einer geringen Feuerraumtemperatur relativ wenig Stickstoffoxide gebildet werden. *Haug*

Literatur: *Breihofer, D. et al.:* Maßnahmen zur Minderung der Emissionen von SO_2, NO_x und VOC bei stationären Quellen in der Bundesrepublik Deutschland. Studie i. A. des BMU/Umweltbundesamt. IIP Uni Karlsruhe November 1991. – *Mittelbach, G.:* NO_x-Emissionsminderung durch Einsatz des SNCR-Verfahrens. Techn. Mitt. **80** (1987) Nr. 9.

Snowout. *Engl.* Ausdruck, welcher ursprünglich die Abscheidung von radioaktiven, jetzt aber auch von konventionellen luftgetragenen Aerosolen und Gasen durch Schneefall und Eisregen beschreibt. Zur quantitativen Beschreibung dieser Vorgänge existieren derzeit noch keine befriedigenden theoretischen Modelle, weil es an ausreichendem experimentell ermitteltem Datenmaterial mangelt. Schätzungen sind jedoch möglich, die konservative Ergebnisse liefern.

Für radioaktive Aerosole wurde eine Abhängigkeit der Abscheidung als Funktion der Partikeldurchmesser gefunden. Die Kurvenverläufe sind ähnlich wie beim Regenfall (→Rainout). Messungen an →Schnee zeigen, daß hier im Vergleich zum Rainout die Konzentration von Spurenstoffen bis zu einem Faktor 3 größer sein kann. Von großem Einfluß ist die Kristallform des Schnees. Eiskristalle sind offensichtlich weniger wirksam als Schnee. Bei Gasen sind die Effekte noch weniger eindeutig. *Merz*

SNR (Abk. Schneller natriumgekühlter Reaktor) →Schneller Brüter

Solar Power Satellite (SPS). Der Gedanke zum SPS geht auf *Peter Glaser (Arthur D. Little)* zurück: Die →Solarkonstante außerhalb der Atmosphäre ist mit ca. 1 350–1 400 W/m² (1 367 W/m² in 1980) um das – je nach geographischer Breite – 5–10fache größer als die mittlere solare Strahlungsleistung auf Erden. Da die solare Strahlungsenergie außerhalb der Atmosphäre – mit der Ausnahme von täglichen ca. 20 Minuten-Schattenphasen – 24 Stunden/d an 365 Tagen/a zur Verfügung steht, ist sie mit ca. 10 000 kWh/m²·a um einen Faktor 5 (Südwesten der USA) bis 10 (Mitteleuropa) größer als auf Erden.

Technisch besteht ein SPS-System aus einem geostationären orbitalen Photovoltaikkraftwerk, einem Mikrowellengenerator zur Umwandlung von Gleichspannung in Mikrowellen, einem zur Erde gerichteten Mikrowellensender, schließlich auf Erden einer Rectenna (rectifying antenna) zum Mikrowellenempfang mit nachgeordnetem Wechselrichter zur Drehstromerzeugung und Netzeinspeisung (Bild). Neuere Ideen ersetzen den Mikrowellengenerator durch einen Laser. Dann wird nicht Mikrowellenenergie, sondern kohärentes Laserlicht zum Erdboden gesandt und dort – etwa von Photovoltaik-Arrays – aufgenommen. Denkbar ist ferner, anstelle eines Photovoltaikkraftwerks im Orbit ein solardynamisches Kraftwerk mit Arrays von Paraboloidkraftwerken vorzusehen.

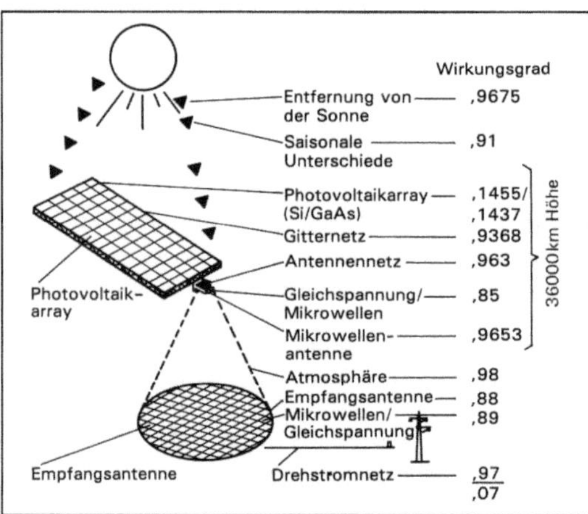

Solar Power Satellite: Prinzipielle Darstellung.

Reizvoll an der SPS-Idee ist, das – nahezu – zeitunabhängige Potential der außeratmosphärischen solaren Strahlungsenergie zu nutzen; im Orbit gibt es keine Wolken, es gibt keinen Tag/Nacht-Wechsel, es gibt keine saisonalen Unterschiede. Und orbitale Stromversorgung hat seit Jahrzehnten ihre hohe Zuverlässigkeit bewiesen. Nachteilig ist, daß alles orbitale Material mit Space-Shuttle-ähnlichen Vehikeln transportiert werden muß; es muß im Orbit montiert, betrieben, gewartet, gegebenenfalls demontiert und zurücktransportiert werden. An die Ausrichtgenauigkeit der Mikrowellenkeule oder des Laserstrahls ist sehr hohe Anforderung zu stellen, weil aus Sicherheitsgründen das „Auswandern" über die Ränder der Aufnahmeeinrichtungen am Boden hinaus bedingungslos vermieden werden muß. Die engen Mikrowellen-Sicherheitsstandards sind einzuhalten, mithin ist die Energiedichte der Mikrowellenübertragung begrenzt. Große Kraftwerke im geostationären 36 000 km-Orbit verlangen Bodenantennen für Länder in der nördlichen Hemisphäre von solchen elliptischen Ausmaßen (60×100 km für 5 000 MW_e in Mitteleuropa), die wegen der großen Bevölkerungsdichte dort kaum mehr untergebracht werden können. Werden sie aber stattdessen – etwa – in Nordafrika gebaut, so konkurriert SPS dort mit den terrestrischen Sonnenkraftwerken, die heute schon den mehr als doppelten Wirkungsgrad haben (η_{SPS} = Sonnenenergie in 36 000 km Höhe zu Drehstrom ins irdische Netz = 5 bis 7 % (Bild); η_{FARM} = Sonnenenergie in Seehöhe zu Drehstrom ins irdische Netz $\geq 13\%$). Überdies nimmt der Wettbewerb um Positionen auf dem 36 000 km-Orbit in dem Maße zu, in dem dort mehr und mehr Satelliten zur Telekommunikationsversorgung plaziert werden. *C.-J. Winter*

Solar-Wasserstoff-Bayern (SWB). Vergleichbar HYSOLAR verfolgt das Projekt SWB die Entwicklung, Demonstration und Erprobung von Komponenten und Systemen einer künftigen solaren →Wasserstoff-Energiewirtschaft unter den Einstrahlungsbedingungen Mitteleuropas. Beteiligt sind das Bayernwerk, BMW, Linde, MBB und Siemens. Das Projekt wird gefördert vom BMFT und dem Freistaat Bayern; eine erste Phase 1986–1991 kostete $64 \cdot 10^6$ DM; eine zweite Phase ungefähr gleicher Dauer und gleicher Kosten ist eingeleitet. Alle Technologien der solarelektrolytischen Herstellung von Wasserstoff, seiner Speicherung, seines Transports, seiner katalytischen Verbrennung und Nutzung im Wärmemarkt, in Verkehr und Transport sowie in der Wiederverstromung werden verfolgt. *C.-J. Winter*

Solararchitektur. Begriff, der alle architektonischen Mittel der solaren Orientierung, der Baumaterialwahl, des Entwurfs, der funktionellen Zuordnung von Räumen u. a. m. eines zu heizenden oder zu kühlenden bewohnten Hauses zu dessen passiv-solarer Endenergieversorgung zusammenfaßt. Meist in Kombination mit Maßnahmen der rationellen Energieanwendung und Wärmedämmung hat gekonnte S. das Ziel der Maximierung zeitlicher Sonnenenergiesammlung, ihrer Speicherung, ihrer bedarfsgerechten Verteilung und Nutzung. Exzellente historische Beispiele guter S. sind indianische Pueblos, die in Wüstenklimaten mit Sommertemperaturen von $\geq 45\,°C$ und Wintertemperaturen $\leq -20\,°C$ allein durch Mittel der passiv-solaren Energieversorgung Innentemperaturen gewährleisten, die 12 bis 25 °C nicht unter- oder überschreiten.

Solare Urbanisation und S. gehören zusammen. Ein solares Baurecht erscheint notwendig (→Recht auf Sonne). *C.-J. Winter*

Literatur: BINE-Bürgerinformation: Solararchitektur und energiebewußtes Bauen. Fachinformationszentrum Karlsruhe (Hrsg.). Köln 1987. – *Steffan, C.* et al. (Hrsg.): Solararchitektur. Akademie der Bildenden Künste. München 1988. – *Steinmetz, E.* (Hrsg.): Solartechnik – Solararchitektur im Ein- und Zweifamilienhaus. Haus der Technik-Vortragsveröffentlichungen, Heft 413, Essen 1980.

Solarchemie. Sonnenenergiewandlung geschieht prinzipiell auf dreierlei Weise: solarthermisch, solarelektrisch und solarchemisch.

S. ist solare Thermochemie, solare Photochemie, solare Elektrochemie.

Solare Thermochemie nutzt die hochkonzentrierte solare Strahlungsenergie entsprechender Temperatur, um endotherme Reaktionen mit Energie zu versorgen; dabei macht man sich zunutze, daß die Oberflächentemperatur der Sonne von ca. 6 000 K mit verhältnismäßig einfachen Mitteln der Mehrfachreflexion mit $\leq 3\,200$ K auf Erden simuliert und damit alle verfahrenschemischen Reaktionstemperaturen erreicht werden können; problematisch ist die Diskontinuität des solaren Strahlungsangebots.

Solare Photochemie nutzt den Photonenstrom der Sonne zur Energetisierung chemischer Reaktionen im solaren Spektralbereich höchster Empfindlichkeit.

Solare Elektrochemie schließlich bedient sich der Elektrolyse zur Wasserspaltung; der erforderliche Strom und die gegebenenfalls erforderliche Wärme stammen aus der solarelektrischen und solarthermischen Energiewandlung.

Energetisch hat S. zwei Aspekte, den der Versorgung der chemischen Verfahrenstechnik mit erneuerbarer Energie und den der Herstellung verlustarm speicher- und transportierbarer chemischer Sekundärenergieträger. *C.-J. Winter*

Literatur: *Kesselring, P.* (Ed.): Proc. of an IEA-Workshop: Long-Range R & D Opportunities for Renewable Energy. Charmey, Switzerland, Sept. 6–9, 1988. In: CHIMIA, **43** (1989) Nr. 7–8.

Solarfarmkraftwerk. Solarthermische Kraftwerke können – nach dem Konzentrationsfaktor (CR concentration ratio) geordnet – Parabolrinnenkraftwerke (20 < CR < 100) (Bild), Solarturmkraftwerke (100 < CR < 1 000) oder Paraboloidkraftwerke (1 000 < CR < 10 000) sein. Der Begriff des S. wird angewendet, wenn Einzelmodule begrenzter Einheitsleistung von Parabolrinnen oder Paraboloiden zu Kraftwerken größerer Einheitsleistung (farm) zusammengesetzt werden. Der Welt größte Parabolrinnenfarmkraftwerke in Kalifornien/USA haben Einheitsleistungen von 80 MW_c; alle Installationen zusammen haben eine Leistung von ≈350 MW_c (1990). *C.-J. Winter*

Literatur: *M. Lotker:* Luz International Limited, Solar Energy for Utility Peaking/Intermediate Load Duty: A Cost-Effective Option for the 1990's, internal paper, March 29, 1989. – Solarthermische Kraftwerke zur Wärme- und Stromerzeugung. VDI-Ber. 704. Köln 1988. – *Winter, C.-J.; R. L. Sizmann; L. L. Vant Hull,* (Hrsg.): Solar Power Plants. Berlin–Heidelberg–New York 1991.

Solarflugzeug. Flugzeug, dessen Flügeloberseite oder Rumpfteile mit Solarzellen versehen sind; der gewonnene Strom dient – mit etwaiger Zwischenspeicherung in Batterien – Elektromotoren zum Antrieb von Propellern. Da die für Solarzellen verfügbare Fläche prinzipiell begrenzt ist, ergibt sich für den Ingenieur eine nicht einfache Optimierungsaufgabe: Ein nach aerodynamischen und flugmechanischen Kriterien festgelegter Flügelgrundriß mag größer werden und so mit größerem Widerstands-

beiwert versehen werden müssen, um eine hinreichend große Fläche mit Solarzellen belegen zu können. Die begrenzte Energie an Bord macht äußerste strukturelle Gewichtseinsparungen nötig; zusätzliches Gewicht der Solarzellen aber läßt den Flügelwurzelquerschnitt wachsen. Ausgeführte S. sind bislang ausschließlich Experimentalversionen.

Eine andere – häufig nicht als solche erkannte – S.-Version ist das motorlose Segelflugzeug, der Drachenflieger oder der Hängegleiter. *C.-J. Winter*

Solarhaus. Gebäude, dessen Energieversorgung in größeren Teilen durch passive oder aktive →Sonnenenergienutzung geschieht. Unter mitteleuropäischen Einstrahlungsbedingungen sind, neben der passiven Sonnenenergienutzung durch geographische Orientierung des Hauses zur Sonne sowie durch Verwendung bauphysikalisch geeigneter Werkstoffe zur transparenten oder opaken →Wärmedämmung von Wand und Dach, für aktive solare Warmwasserbereiter und Hausheiz(kühl)systeme verfügbar: Die solare (diffuse und direkte) Strahlung zur Nutzung in thermischen Kollektoren und Photovoltaikpaneelen und die Umgebungswärme von Luft, Boden sowie Oberflächen- oder Tiefengewässern zur Nutzung mittels Wärmepumpen. Soweit Biomassen menschlicher und tierischer sowie pflanzlicher Abfälle aus dem Umland dem S. zurechenbar, kann deren thermische oder Biogasnutzung gleichfalls der Energieversorgung des S. dienen.

Nullenergie-S. in Mitteleuropa sind möglich; sie haben dann keinen Bedarf an kommerzieller Ver-

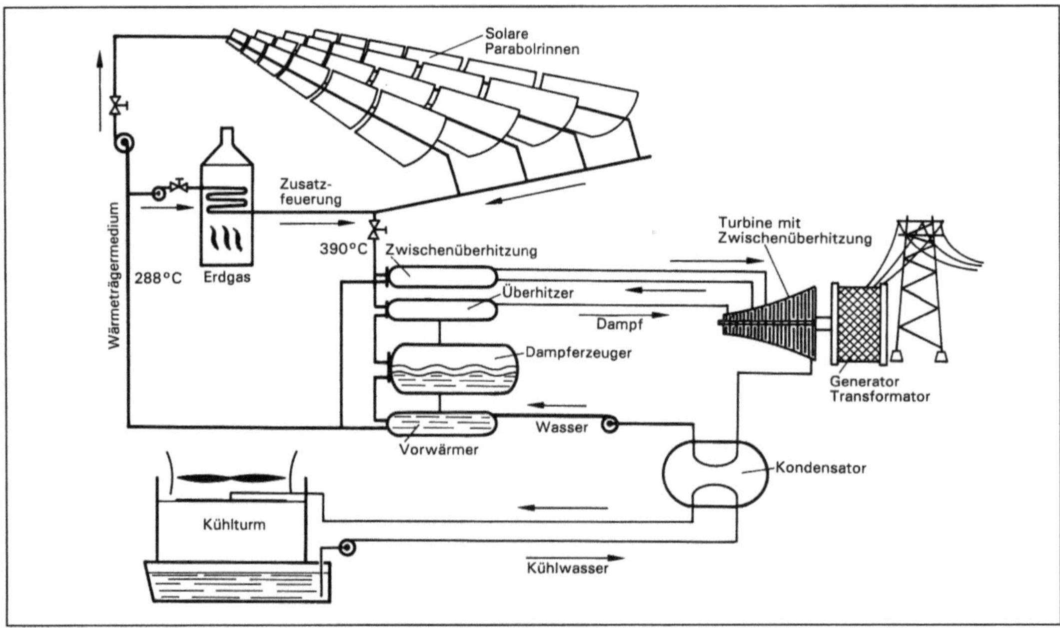

Solarfarmkraftwerk: Schematische Darstellung eines Parabolrinnen-S.

brauchsenergie, wenn saisonale Speicher (Stundenspeicher) für Tag-/Nacht- sowie Sommer/Winterausgleich sorgen. In der Regel sind S. jedoch Niedrigenergiehäuser. Sie sind zu hohen Anteilen solar mit thermischer Energie versorgt. Für Licht und Kraft ist Zukauf elektrischer Energie nach wie vor nötig, sofern keine eigene Stromversorgung (Photovoltaisches Kraftwerk, Windenergiekonverter) vorhanden ist. S. sind energetisch teilautarke, dezentrale Energiewandler. *C.-J. Winter*

Literatur: BINE-Bürgerinformation: Rationelle Energieverwendung im Wohnungsbau. Fachinformationszentrum Karlsruhe (Hrsg.), Köln 1988. – BINE-Bürgerinformation: Solararchitektur und energiebewußtes Bauen. Fachinformationszentrum Karlsruhe (Hrsg.), Köln 1987. – *Sayıgh, A. A. M; J. C. McVeigh:* Solar Air Conditioning and Refrigeration. Oxford–New York 1990.

Solarium. S. oder auch Höhensonne ist ein künstliches UV-Bestrahlungsgerät, vornehmlich für kosmetische Zwecke (Hautbräunung).

Nach neueren Schätzungen sind S. in 100 bis 200 Tausend kommerziellen Studios und in über 1 Million Haushalten vorhanden. Daraus folgt, daß sich ca. 10 % der Bevölkerung der Bundesrepublik regelmäßig bestrahlen lassen. Neben der Strahlungsfeldgröße (Teil- bzw. Ganzkörperbräuner) unterscheiden sich S. hauptsächlich im emittierten Spektrum. Es gibt reine UV-A-, reine UV-B- und gemischte UV-A/B-Bestrahlungsgeräte. Der Trend geht zu UV-A-Strahlern mit sehr hohen Bestrahlungsstärken. Eine Typeneinteilung erfolgt nach DIN 5050.

Beobachtungen lassen darauf schließen, daß die relative spektrale Wirkungsfunktion für die Bräunung, die Erythembildung, die Erzeugung von Hautkrebs und für die vorzeitige Hautalterung sehr ähnlich ist. Daher kann keine Bestrahlung eine einzige gewünschte Wirkung allein erzeugen, ohne gleichzeitig auch die anderen Effekte zu verursachen. Unabhängig vom UV-Wellenlängenbereich der benutzten Bestrahlungsgeräte ergibt sich bei gleicher Bräunung ungefähr das gleiche Risiko für Spätschäden.

Als Schutzmaßnahmen sind besonders zu empfehlen: nicht mehr als 50 Bestrahlungen pro Jahr mit jeweils maximal einer minimalen Erythemdosis (MED) innerhalb 30 min Zeitdauer, keine Verwendung von Kosmetika, Schutzbrille tragen; hellhäutige Menschen und Kinder sollten Bestrahlung meiden. *Steinmetz*

Literatur: DIN 5050: Solarien und Heimsonnen; Teil 1: Meßverfahren, Typeinteilung, Kennzeichnung; 5/92. Teil 2: Anwendung und Wartung; E. 4/92. – Bundesgesundheitsamt: BGA-Empfehlungen zur Begrenzung gesundheitlicher Strahlenrisiken bei der Anwendung von Solarien und Heimsonnen; Bundesgesundheitsblatt 30, 1987.

Solarkonstante. Als S. bezeichnet man diejenige →Strahlungsflußdichte, die am Außenrand der Atmosphäre bei mittlerem Abstand zur Sonne senkrecht zur Strahlrichtung der Sonne empfangen wird. Der Mittelwert ist bis auf wenige Prozent genau bekannt und beträgt 1 368 W m^{-2}. Bis heute sind keine relativen Messungen mit genügender Genauigkeit über einen ausreichend langen Zeitraum gemacht worden, um die Variabilitätsgrenzen der S. bestimmen zu können. Änderungen der Gesamtleuchtkraft der Sonne können außerordentlich wichtig sein, sowohl für eine Aussage über die Energieerzeugung und die Speicherung in der Sonne als auch für mögliche Auswirkungen auf das →Klima der Erde. In globalen Klimamodellen geht man davon aus, daß eine Änderung der S. um 1 % eine Änderung der mittleren Temperatur auf der Erde von 1–2 Grad bewirken würde. Messungen der S. mit Radiometern an Bord von Satelliten weisen zum ersten Mal zweifelsfrei Anzeichen für echte Schwankungen der Konstante nach (Bild). *Wiesen*

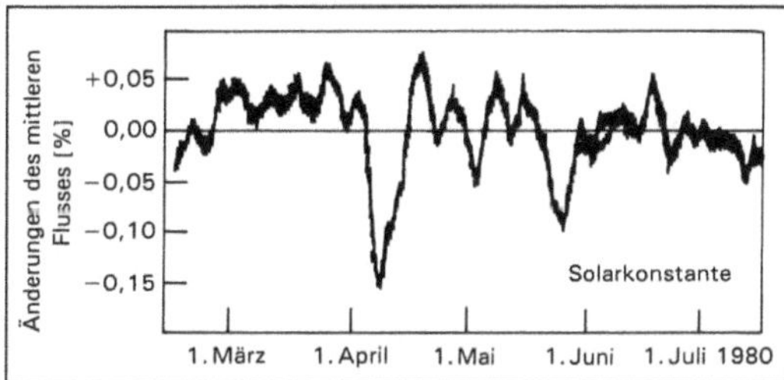

Solarkonstante: Messungen der S. während der ersten fünf Monate der Solar Maximum Mission mit einer Schwankungsbreite von bis zu 0,15 %.

Solarmobil. Ein auf dem Dach, der Motorhaube, ggfs. dem Kofferraumdeckel mit →Solarzellen versehenes Automobil. Die Solarzellen liefern die elektrische Energie an Batterien, aus ihnen wird sie zur elektromotorischen Traktion entnommen. Da die zur Montage der Solarzellen verfügbare Fläche begrenzt ist ($\leq$8–10 m^2), kann unter der mitteleuropäischen Einstrahlung nur mit weniger als 1 kW$_p$ Spitzenleistung des Photovoltaikgenerators gerechnet werden. Folglich sind S. mit Höchstleistungs-Batterien etwa des NaS-Typs mit $\leq$120 Wh/kg, $\leq$110 W/kg und Lebensdauerzyklen $\leq$1 000 entsprechend 150 000 km und kalendarischer Lebensdauer von 5 bis 10 a sowie Höchstleistungs-Motorgeneratoren guter Wirkungsgrade zu versehen. Der Motorgenerator hat im Generatorbetrieb für Rückspeisung der Bremsenergie zu sorgen. Das Automobil selbst ist in konsequentem Leichtbau zu konstruieren, um die jeweilige Beschleunigungsenergie klein zu halten.

Ein anderer Ansatz beschäftigt sich nicht nur mit dem Automobil, sondern mit dem System Elektrischer Individualverkehr und sieht das Auftanken an der Steckdose vor. Der Vorteil besteht darin, daß das Automobil das Zusatzgewicht der Solarzellen nicht mehr zu beschleunigen und zu verzögern hat. Das Elektromobil ist jetzt zwar unabhängig vom momentanen Sonnenenergieangebot, ist jedoch nurmehr dann ein S., wenn ein zugehöriger – jetzt stationärer – →Photovoltaikgenerator Auftanken zuläßt, für Pendler etwa auf dem Parkplatz des Arbeitgebers. Netzgeführte stationäre Photovoltaikgeneratoren für die Elektrotraktion können auch zum Lastmanagement dienen, indem sie dazu beitragen, Lastspitzen im Netz zu decken und Solarmobile nur in Lasttälern aufzutanken.

Derzeit marktgängige photovoltaische Kleingeneratoren auf dem Schiebedach haben nur eine Leistung von wenigen Watt, die zum Antrieb eines Ventilators zur Innenraumkühlung genutzt werden. *C.-J. Winter*

Solarofen (*engl.* solar furnace). S. haben die höchsten solaren Temperaturen auf Erden. Durch Mehrfachreflexion mit Hilfe von →Heliostaten und riesigen →Rotationsparaboloiden werden solare Leistungsdichten von ≤10–20 MW/m², Konzentrationsfaktoren von einigen tausend (zehntausend) Sonnen und damit Temperaturen in den Volumen von Proben ≤1 mm³ von ≤3 200 °C erzielt, die geeignet sind, schmelzmetallurgische Experimente mit Metallen höchster Schmelztemperaturen durchzuführen, atmosphärische Wiedereintrittsphänomene an Raumflugkörpern zu simulieren oder endotherme Hochtemperaturchemie zu betreiben (Bild). In jedem Fall steht eine saubere Energiequelle zur Verfügung, die von Elektrodenschmelzöfen nicht, schon gar nicht von Öfen mit Kohlenwasserstoff-Feuerung gewährleistet werden kann. S. stehen in Odeillo/Frankreich sowie in Albuquerque/New Mexiko, Golden/Colorado, White Sands/New Mexiko, Taschkent/Usbekistan, Rehovot/Israel und Almeria/Spanien. *C.-J. Winter*

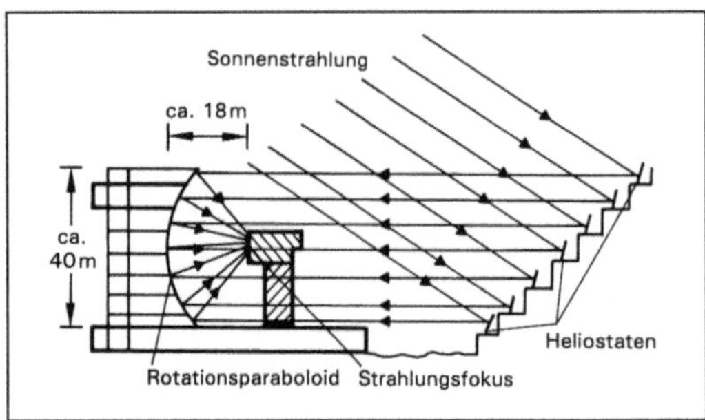

Solarofen: Schema eines S.

Literatur: *Lodhi, M. A. K.:* International Journal of Hydrogen Energy No. 6, 1989.

Solarstapel. Auf Dächern oder in Gärten aufgestellte Röhren- oder Platten-Wärmetauscher natürlicher Konvektion oder von Ventilatoren unterstützter Zwangskonvektion, der, von niedrigsiedenden Wärmeträgermedien durchflossen, einer →Wärmepumpe als Verdampfer dient. Der S. (gelegentlich Energiestapel) wirkt ähnlich wie der →Solarzaun: Er bildet eine anthropogene solare Energiesenke und entnimmt seiner atmosphärischen Umgebung die Sonnenenergie Umgebungswärme. Das Wärmeträgermedium ist durch geeignete Frostschutzmittel gegen Gefrieren zu schützen. *C.-J. Winter*

Solarturmkraftwerk. Die direkte Einstrahlung der Sonne wird von den jeweils einzeln zweiachsig der Sonne nachgeführten →Heliostaten des Heliostatenfeldes reflektiert und im solaren →Strahlungsabsorber auf der Spitze eines Turms konzentriert. Hier findet die Strahlungskonversion in fühlbare Wärme des Wärmeträgermediums statt. Bei Solarvielfachem >1 wird das Wärmeträgermedium simultan dem Turbinenhaus und dem solaren Speicher zugeführt. Im Turbinenhaus läuft ein thermodynamischer Prozeß ab; der Wärmeinhalt aus dem solaren Speicher wird für die Zeiten vor Sonnenaufgang, nach Sonnenuntergang oder während Wolkenbedeckungen entnommen. S. sind punktfokussierende Solaranlagen: Der gesamte Energiestrom des Kraftwerks muß durch den engsten Querschnitt, den solaren Strahlungsabsorber (Bild). Konzentrationsfaktoren sind einige Hundert bis ca. tausend Sonnen, typische Maximaltemperaturen vor der Turbine werden nicht von der solaren Strahlungsleistung bestimmt, sondern von der Werkstoffwahl für die Strahlungsregisterflächen im Strahlungsabsorber und die Heißgasleitungen sowie für die ersten Turbinenstufen: Für Dampfturbinen und ferritische Werkstoffe 530–560 °C, für Dampfturbinen und austenitische Werkstoffe 650–670 °C, schließlich für Gasturbinen und Luft als Wärmeträgermedium 1 000–1 100 °C.

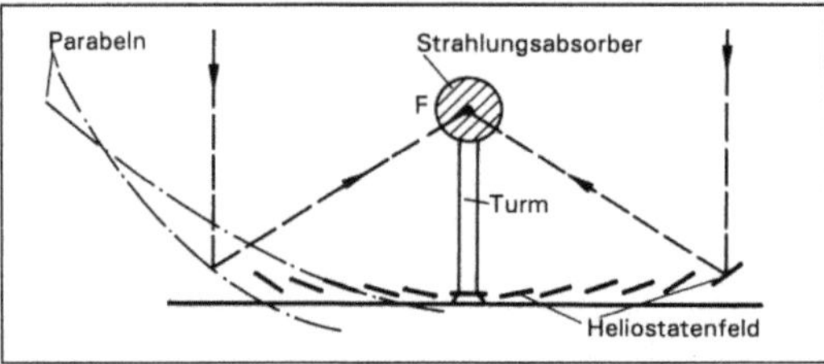

Solarturmkraftwerk: Funktionsprinzip des S.

Acht Solarturm-Experimentalkraftwerke von 0,5 bis 10 MW_e wurden weltweit gebaut; an Wärmeträgermedien wurden Wasser/Dampf, Natrium, Salzschmelzen und Luft untersucht. Jahresnutzungsgrade kommerzieller Kraftwerke werden mit 15 bis 20 % erwartet, Kraftwerksverfügbarkeiten mit Speichern und/oder Erdgaszusatzfeuerung (Hybrid-Solarturm-Kraftwerk) können bis zu 40–50 % annehmen.

Es muß Wettbewerb zwischen S. und →Parabolrinnenkraftwerken erwartet werden: Die Einheitsleistungen nähern sich an, die spezifischen Investitionen werden immer ähnlicher, und der Kraftwerks-Wirkungsgrad wird in dem Maße aufhören, ein Unterscheidungsmerkmal zu sein, in dem auch das Parabolrinnenkraftwerk – durch Wasserdirektverdampfung im Primärkreislauf etwa – die prinzipiell höhere Turbineneintrittstemperatur des Solarturmkraftwerks und damit dessen höheren Carnotwirkungsgrad einstellt. Immer werden solarthermische Kraftwerke beider Typen nur dort stehen, wo der direkte Strahlungsanteil hoch ist, im äquatorialen Gürtel ±30–40°N/S. *C.-J. Winter*

Literatur: *Becker, M. (Ed.):* Solar Thermal Central Receiver Systems. Vol. 1–2. Berlin 1986. – *Kleemann, M.:* Regenerative Energiequellen. Berlin 1988. – *Winter, C.-J., R. L. Sizmann, L. L. Vant Hull* (Hrsg.): Solar Power Plants. Berlin–Heidelberg–New York 1991.

Solarzaun. Buchstäblich der ein Grundstück umschließende Zaun (der natürlich auch im Grundstück selbst stehen kann), dessen Konstruktionselemente Röhren oder Hohlplatten sind. Werkstoffe sind Metalle oder Kunststoffe hoher Wärmeleitfähigkeit. Der S. (gelegentlich Energiezaun) ist vom niedrigsiedenden Wärmeträgermedium einer →Wärmepumpe durchflossen. Er bildet als solarer Absorber von Umgebungswärme deren Verdampfer. Die Wärmeübertragung geschieht konvektiv. Es gibt S. mit Wärmeübertragung natürlicher Konvektion oder durch Ventilatoren unterstützte Zwangskonvektion. S. stellen anthropogene Wärmesenken dar, die ihrer atmosphärischen Umgebung die Sonnenenergie (Umgebungswärme) entziehen. *C.-J. Winter*

Solarzelle. S. aus halbleitenden Materialien absorbieren einen Teil des Photonenstroms der Sonne und wandeln seine Photonenenergie in potentielle elektrische Energie von Ladungsträgern (innerer Photoeffekt) um. Die Trennung der Ladungsträger geschieht durch Kräfte, die aus dem Nichtgleichgewichtszustand des mit der Strahlung in Wechselwirkung stehenden halbleitenden Festkörpers resultieren. Zur Bildung von →Photovoltaikgeneratoren werden Zellen zu Moduln, Moduln zu elektrischen Paneelen verschaltet und ggfs. mit Umrichtern versehen. Gemessene solarelektrische Zellenwirkungsgrade sind für Galliumarsenidzellen 18 %, für Siliziumzellen 14 %, für Kupfersulfit/Cadmiumdiselenidzellen 8 %. Die Jahresarbeitswirkungsgrade (elektrische Energie an den Generatorklemmen zur solaren Strahlungsenergie über dem Photovoltaikgenerator) ausgeführter Photovoltaikkraftwerke in Siliziumtechnologie liegen bei 6 bis 8 %.

Der Trend der S.-Entwicklung ist um die Verbilligung der Technologie der Herstellung durch Über-

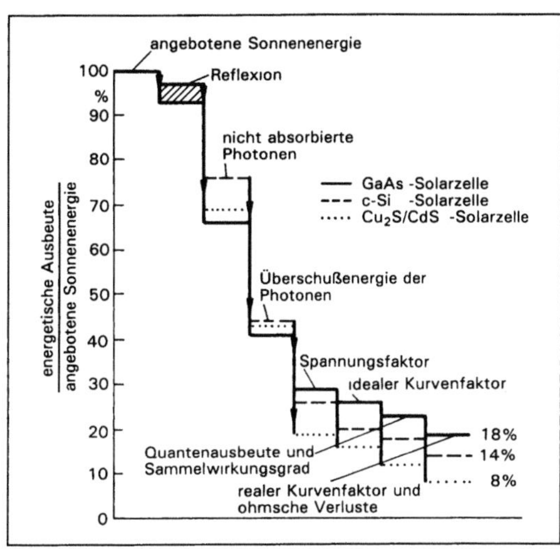

Solarzelle: Verlustprozesse von S. verschiedener Typen.

gang auf Dünnschichten, auf billigeres Material und Erhöhung der Wirkungsgrade bemüht; der Weltmarkt lag 1990 bei 50 60 MW$_e$/a mit Steigerungsraten von 10 %/a; die größten bislang weltweit verwirklichten Einheitsleistungen von Photovoltaikkraftwerken liegen bei einigen hundert Kilowatt bis zu wenigen Megawatt.

Die Spitzenleistung (in W$_p$, p = peak) einer S. ist ihre maximale abgegebene Leistung unter Air Mass 1 (AM 1)-Bedingungen und bei einer Umgebungstemperatur von 300 K.

Wirkungsgrade von S. sind temperaturabhängig; mit steigender Temperatur sinkt der Wirkungsgrad. Photovoltaikgeneratoren in Wüstengegenden einerseits und gemäßigten Zonen andererseits haben wegen des Temperatureffekts in Wüstengegenden den geringeren Wirkungsgrad; die dadurch verminderte Ausbeute mag durch die höhere Einstrahlung kompensiert werden. Auch rückseitige Rippenkühlflächen kommen vor. Stärkere Verschmutzungsneigung in Wüsten steht häufig natürliche Reinigung durch Regen in gemäßigten Zonen gegenüber. *C.-J. Winter*

Literatur: *Hewig, G. H.:* Colloque Energie Nouvelle, Rabat, Nov. 1978.

Solende Gewinnung. Unter der s. G. ist der Abbau eines Mineralsalzes am Ort seiner Lagerung durch dessen Auflösen mit Wasser (Steinsalz) oder durch ein selektives Lösen mittels einer speziellen Salzlösung (Kalisalze) zu verstehen.

Bei der heute weltweit praktizierten Aussolung wird das Lösemittel durch Bohrlöcher von der Erdoberfläche aus in die Lagerstätte eingebracht und nach Auflösen des Salzes als Sole wieder nach übertage gefördert.

In einer ersten Phase wird durch einen vorzugsweise horizontal ausgerichteten Solvorgang (Öl-/Luft-Abdeckung des Kavernenhimmels) eine Solfläche geschaffen. Danach wird das Salz durch einen vorzugsweise von unten nach oben gerichteten Solvorgang gewonnen.

Zum Schutz des Grundwassers und zur Verhinderung des Eindringens von Grundwasser in die Lagerstätte werden die Bohrungen bis in den auszusolenden Lagerstättenbereich verrohrt und zementiert.

Wegen seiner hohen Wirtschaftlichkeit hat dieses Verfahren zur Herstellung von Steinsalzsole eine dominante Stellung erreicht. Neben der Gewinnung der Sole zur industriellen Nutzung (Siedesalz-, Soda-, Natronlaugeherstellung) werden durch diese Verfahrensweise in zunehmendem Maße Untergrundspeicher im Salzgestein zur Lagerung flüssiger und gasförmiger Produkte (Erdöl, →Erdgas) und neuerdings auch als →Untertagedeponie für Abfälle hergestellt.

Die umfangreichen, weltweit durchgeführten Versuche zur s. G. von Kalisalzen haben lediglich auf der Sylvinitlagerstätte in Kanada (Kalium Chemicals) seit 1965 zu einem dauerhaften industriellen Erfolg geführt.

Zur s. G. und Verarbeitung von Carnallitit ist in Deutschland (im Kaliwerk Bleicherode) ein Verfahren bis zur großtechnischen Versuchsanlage entwikkelt worden.

Auch in der Provinz Groningen, Niederlande, wird seit Jahren eine Anlage zur s. G. von Carnallitit betrieben. Das dabei gewonnene Magnesiumchlorid dient der Herstellung von MgO-Feuerfestmaterialien.

Im Vergleich zu einer bergmännischen Kalisalzgewinnung stellt ein Solbetrieb einen Kreislaufprozeß dar, bei dem keine Feststoffaufhaldung notwendig ist. *Ulrich*

Literatur: *Gruschow, N.; Saalbach, B.:* Soltechnische Gewinnung von Carnallitit – eine ökonomische und ökologische Alternative zum konventionellen Kalibergbau. Vortrag. Zweite Internationale Konferenz über Kali-Technologie. Hamburg 1991.

Solinox-Verfahren. Das S.-V. ist ein kombiniertes Abgasreinigungsverfahren zur SO_2- und NO_x-Abscheidung. Das Verfahren gliedert sich in zwei Stufen, die auch unabhängig voneinander eingesetzt werden. Das S.-V. wurde von der Firma Linde AG, München, entwickelt. Die Hauptkomponenten des S.-V. sind der Wäscher zur SO_2-Abscheidung, die Regenerierkolonne und der Reaktor zur NO_x-Reduktion (Bild).

Als Waschmittel für die SO_2-Absorption wird ein organisches Lösemittel (ein Polyethylenglykolether) mit geringem Dampfdruck, hoher chemischer Stabilität und guter SO_2-Löslichkeit verwendet. Da die physikalischen Waschprozesse um so günstiger

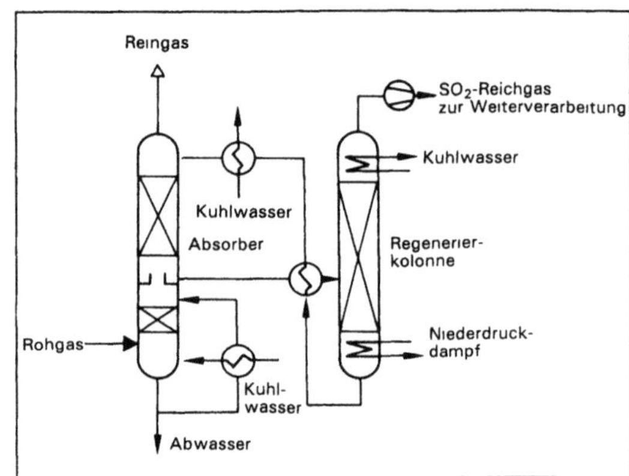

Solinox-Verfahren: Schema des S.-V. zur Abgasentschwefelung.

betrieben werden können, je niedriger die Absorptionstemperaturen sind, wird das Abgas durch Wärmetausch und Quenche soweit abgekühlt, wie es die örtlichen Kühlwasserbedingungen zulassen. Nach der SO_2-Absorptionszone werden mitgerissene Waschmitteltropfen am Kopf des Absorbers mit Wasser aus dem Abgas entfernt. Die beladene Waschlösung wird am Fuß der Absorptionszone abgezogen und im Wärmetausch mit der warmen regenerierten Waschlösung aufgeheizt. Die Regeneration erfolgt in der Kolonne durch Entspannen und Strippen bei etwa 100 °C. Nach der Kondensation des Wasserdampfs am Kopf der Kolonne erhält man ein SO_2-Reichgas mit etwa 80–90 % SO_2, das je nach Bedarf zu Schwefel, Schwefelsäure oder flüssigem SO_2 aufgearbeitet werden kann (→BF-Uhde-Verfahren, →Wellman-Lord-Verfahren). Bei der Stufe zur NO_x-Abgasreinigung handelt es sich um ein →SCR-Verfahren.

Mit dem regenerativen Abgasentschwefelungsverfahren lassen sich Abscheidegrade von über 95 % erreichen. Es ist besonders geeignet zur Entschwefelung von Abgasen mit höheren SO_2-Gehalten. Anlagen nach dem S.-V. sind bei einer Blei- und Zinkhütte (SO_2-Rohgasgehalt bis 35 g/m³) bei einem Zellstoffwerk und in der chemischen Industrie (Bariumsulfat-Röstung) in Betrieb. *Haug*

Literatur: *Kolar, J.:* Vierjährige Betriebserfahrungen mit der atypischen Abgasreinigungsanlage des Heizkraftwerks Sandreuth der EWAG. VGB Kraftwerkstechnik **71** (1991) Nr. 10. – *Sporer, J.:* Ohne Gips geht es auch. Chemieanlagen+verfahren. Sonderausg. High Tech. Dez. 1990.

Solitärkanzerogen. S. sind Stoffe, die im Tierversuch bei chronischer Verabreichung ohne zusätzliche Maßnahmen Tumoren hervorrufen.

Entsprechend dem Mehrstufenkonzept der →Kanzerogenese besitzen S. sowohl initiierende als auch promovierende Wirkung. Sie werden daher auch als komplette →Kanzerogene bezeichnet. *Deml*

Sommersmog →Los Angeles Type Smog

Sonderabfall. Der Begriff S. hat einen doppelten Inhalt. S. sind einerseits die in § 3 Abs. 3 AbfG genannten Abfälle, deren Beseitigung von den öffentlich-rechtlichen Körperschaften ausgeschlossen wird, weil sie wegen der Menge oder wegen ihrer Eigenschaften nicht in eigenen Abfallentsorgungsanlagen entsorgt werden können. Diese S. können mit Zustimmung der zuständigen Behörde in der jeweiligen Satzung von der öffentlichen Entsorgung ausgeschlossen werden, wenn und soweit sie nicht zusammen mit den in Haushaltungen anfallenden Abfällen entsorgt werden können.

S. sind aber auch die in § 2 Abs. 2 S. 1 AbfG genannten Abfälle aus gewerblichen oder sonstigen wirtschaftlichen Unternehmen oder öffentlichen Einrichtungen, die nach Art, Beschaffenheit oder Menge in besonderem Maße gesundheits-, luft- oder wassergefährdend, explosiv oder brennbar sind oder Erreger übertragbarer Krankheiten enthalten oder hervorbringen können. Diese S. im Sinne von § 2 Abs. 2 AbfG werden als gefährliche S. oder aber – nach der Abfallbestimmungs-Verordnung vom 3. April 1990 (BGBl. I S. 614) als besonders überwachungsbedürftige Abfälle bezeichnet. Die Abfallbestimmungs-Verordnung zählt in ihrem Katalog etwa 350 Stoffe auf, die als gefährliche S. in diesem Sinne angesehen werden müssen. Die technischen Anforderungen an die Entsorgung dieser S. ergeben sich aus der →TA Abfall Teil 1. *Hoppe/Beckmann*

Literatur: *Hoppe/Beckmann:* Umweltrecht, München 1989, § 28 Rn. 39 f. – *Kersting:* Die Abgrenzung zwischen Abfall und Wirtschaftsgut, Düsseldorf 1992.

Sonderabfalldeponie (SAD). Besonders überwachungsbedürftige →Abfälle können je nach Beschaffenheit in oberirdischen S. oder in →Untertagedeponien abgelagert werden.

In der →TA Abfall, Teil 1 sind im Anhang D für oberirdische S. zur Minimierung der Sickerwasser- und Gasemissionen Anforderungen an die besonders überwachungsbedürftigen Abfälle und deren Inhaltsstoffe gestellt. Dadurch sollen mobile, langlebige wasserlösliche Schadstoffe sowie organische Bestandteile, die auf Grund von Umsetzungsprozessen in der Deponie zu einer erhöhten Freisetzung von Schadstoffen führen können, von der Ablagerung ausgeschlossen werden.

Besonders überwachungsbedürftige Abfälle, die diese Kriterien nicht erfüllen, müssen, um oberirdisch abgelagert werden zu können, zuvor biologisch, chemisch-physikalisch oder thermisch so behandelt werden (→Abfallbehandlung), daß die Bedingungen des Anhanges D durch die Reststoffe eingehalten werden bzw. die Reststoffe einer Verwertung zugeführt werden können. Ansonsten

kommt für die Ablagerung der besonders überwachungsbedürftigen Abfälle nur die →Untertagedeponie in Frage, in Ausnahmefällen auch die →Monodeponie.

Für oberirdische S. werden besondere Anforderungen an die Standortbedingungen hinsichtlich des geologischen Untergrundes und der Lage zum Grundwasserspiegel, zu Trinkwasser- und Heilquellenschutzgebieten etc. gestellt. Im Hinblick auf die →Langzeitsicherheit von Deponien ist die natürliche Eignung eines S.-Standorts mit einem sehr gering durchlässigen, naturdichten Untergrund, zum Beispiel eine Tonschicht, eine wesentliche Voraussetzung.

Für die Deponieabdichtungssysteme von oberirdischen S. werden in der TA Abfall Teil 1 sowohl für die Deponiebasisabdichtung als auch für die Deponieoberflächenabdichtung (→Deponieabdichtung) Kombinationsdichtungssysteme bestehend aus einer mineralischen Dichtungsschicht und aus einer Kunststoffdichtungsbahn vorgeschrieben. *Neuenhahn*

Sonderabfallkatalog. Aus dem gesamten →Abfallkatalog ordnet die Abfallbestimmungs-Verordnung (AbfBestV) eine Teilmenge als besonders überwachungsbedürftige Abfälle ein im Sinne von § 2 Abs. 2 AbfG (→Sonderabfall). Aus der Entstehungsgeschichte dieser Verordnung, die ursprünglich den Begriff Sonderabfälle statt des bei der Verabschiedung eingeführten Begriffs besonders überwachungsbedürftige Abfälle vorsah, hat sich die Bezeichnung S. für die in der Anlage zur AbfBestV aufgelisteten Abfallarten erhalten und wird üblich, wenn auch nicht amtlich, verwendet.

Der Katalog nennt jeweils den →Abfallschlüssel, die Bezeichnung, teilweise einschließlich Eigenschaften und Inhaltsstoffe, sowie typische Herkunftsbereiche.

Der S. ist als Anhang der →TA Abfall Teil 1 beigefügt, ergänzt mit Präferenzklassen-orientierten Hinweisen zu Entsorgungswegen für die jeweiligen Abfallarten. *Schnurer*

Sonderabfallverbrennung. Die Verbrennung ist für viele Sonderabfallarten (→Sonderabfall) das am besten geeignete Behandlungsverfahren, um eine Vielzahl von gefährlichen Bestandteilen unschädlich zu machen und ein weitgehend inertes Ablagerungsprodukt zu erhalten. Obwohl eine thermische Behandlung häufig auch über eine →Abfallpyrolyse erfolgen könnte, spielt diese derzeit in der Bundesrepublik Deutschland noch keine Rolle.

Gemäß Nr. 4.4.2.2 der →TA Abfall Teil 1 sind besonders überwachungsbedürftige Abfälle vorzugsweise der Verbrennung zuzuführen, wenn sie signifikante Mengen an toxischen, langlebigen oder bioakkumulierbaren organischen Stoffen (z. B.

organische Halogenverbindungen), die nach dem Stand der Technik thermisch zerstört werden können, oder in umweltgefährdender Menge sonstige organische Anteile enthalten.

In Anhang C IV der TA Abfall Teil 1 sind insbesondere Abfälle aus den in der Tabelle aufgelisteten Abfalluntergruppen hinsichtlich der Entsorgung mit dem Hinweis auf Präferenzklasse 1 für S.-Anlagen versehen; d. h. diese Abfälle sollten im Regelfall der S. zugeführt werden (bezüglich der insgesamt etwa 150 darunter fallenden einzelnen Abfallarten siehe Anhang C IV der TA Abfall Teil 1).

Gängige Verfahrenstechnik zur Behandlung von Sonderabfällen stellt der Drehrohrofen dar, in dem

Sonderabfallverbrennung. Tabelle: Ausgewählte Abfalluntergruppen, aus denen einzelne Abfallarten im Regelfall S.-Anlagen zugeführt werden sollen.

541	Mineralöle und synthetische Öle
542	Fette und Wachse aus Mineralöl
544	Emulsionen und Gemische von Mineralölprodukten
547	Mineralölschlämme
548	Rückstände aus Mineralölraffinerien
549	Abfälle aus der Erdölverarbeitung und Kohleveredelung
552	Halogenierte organische Lösemittel und Lösemittelgemische, andere Flüssigkeiten mit halogenierten organischen Verbindungen
553	Organische Lösemittel und andere organische Flüssigkeiten, frei von halogenierten Verbindungen
554	Lösemittelhaltige Schlämme und Betriebsmittel
555	Anstrichmittel
571	Sonstige ausgehärtete Kunststoffabfälle
572	Nicht ausgehärtete Kunststoffabfälle, -formmassen und -komponenten
573	Kunststoffschlämme und -emulsionen
577	Gummischlämme und -emulsionen
578	Shredderrückstände
581	Abfälle aus der Textilherstellung und -verarbeitung
582	Textilien, verunreinigt
593	Laborabfälle und Chemikalienreste
594	Detergentien und Waschmittelabfälle
597	Destillationsrückstände
599	Sonstige Abfälle aus Umwandlungs- und Syntheseprozessen

feste, flüssige und pastöse Sonderabfälle verbrannt werden können. Die Verbrennungstemperaturen erreichen bis 1 200 °C. Die Verweilzeiten der Abfälle im Drehrohrofen betragen zwischen 30 Minuten und 2 Stunden.

Für einige Sonderabfallarten wie besondere flüssige Abfälle, aber auch für pastöse oder gasförmige Abfälle und zur Verbrennung hygienisch bedenklicher Krankenhausabfälle werden Muffelöfen eingesetzt. Die eingestellten Temperaturen im Muffelofen sind meist noch höher als die im Drehrohrofen. Im Gegensatz zum Drehrohrofen kann der Muffelofen nicht kontinuierlich betrieben werden, was sich auch in höheren spezifischen Anlagenkosten niederschlägt.

Bei der S. werden die Abgase stets einer Nachbrennkammer zugeführt, in der Temperaturen bis 1 400 °C bei Verweilzeiten bis zu 4 Sekunden eingestellt werden.

S.-Anlagen fallen unter die strengen Emissionsbegrenzungen der →17. BImSchV (→Abfallverbrennungsanlage). *Bergs*

Sonne. Im Kern der S. werden Wasserstoffatome mit einer Rate von ~5 Milliarden Kg/s in Helium umgewandelt, wobei Energie freigesetzt wird, die nach außen zur weißen Photosphäre dringt, der sichtbaren Oberfläche der S. Die Temperatur der Photosphäre beträgt etwa 6 000 K. Die Chromosphäre und die noch weiter reichende Korona bilden die äußere, ausgedehnte Atmosphäre der S. Sowohl die Chromosphäre als auch die Korona strahlen nur einen Bruchteil ihrer Energie im sichtbaren Spektralbereich ab. Der größte Teil wird im Ultraviolett- und Röntgenbereich emittiert und entzieht sich somit dem menschlichen Auge. Der S.-Durchmesser beträgt ca. 1,4 Millionen km – fast hundertmal mehr als der der Erde und zehnmal mehr als der des Jupiters. Die Gesamtintensität des emittierten Sonnenlichts außerhalb der Erdatmosphäre wird durch die →Solarkonstante bestimmt und beträgt im Mittel 1 368 W m^{-2}. Für die →Photochemie in der Erdatmosphäre ist jedoch der Solarfluß (Strahlungsintensität) in Abhängigkeit von der Wellenlänge des emittierten Lichts von größerer Bedeutung (Bild).

Außerhalb der Erdatmosphäre verhält sich die S. mit einer Oberflächentemperatur von ~6 000 K wie ein Schwarzer Strahler. Die gestrichelte Kurve im Bild gibt die Strahlungsintensität eines idealen Schwarzen Strahlers mit einem Intensitätsmaximum bei ~480 nm wieder. Die durchgezogene Linie zeigt den tatsächlichen Solarfluß der S. außerhalb der Erdatmosphäre. Die untere ausgezogene Linie zeigt die Strahlungsintensität auf Meeresniveau bei einem →Zenitwinkel von 0°.

Das Bild zeigt, daß sich die Sonnenstrahlung in der Erdatmosphäre einschneidend ändert. Das extrem kurzwellige UV-Licht ($\lambda \leq 175$ nm) wird in

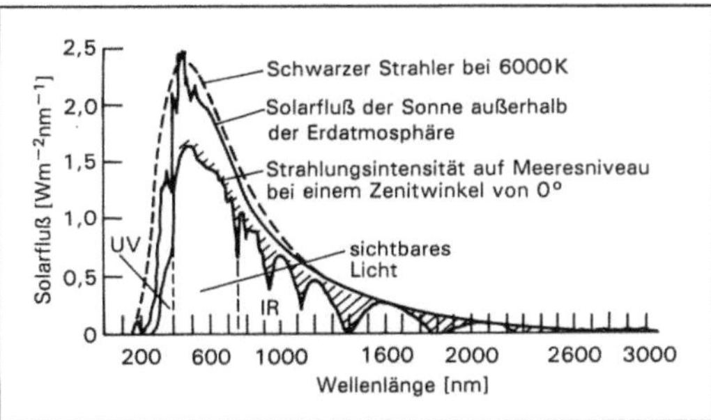

Sonne: Solarfluß außerhalb der Erdatmosphäre und auf Meeresniveau. Energieverteilung eines Schwarzen Strahlers bei 6 000 K.

der Atmosphäre in Höhen oberhalb von 100 km (Thermosphäre) von Sauerstoff absorbiert. Die Strahlung zwischen 175 und 290 nm wird von dem in der →Stratosphäre enthaltenen Ozon absorbiert. Auf der Erdoberfläche reicht die UV-Strahlung höchstens bis zu Wellenlängen von 293 nm (UV-B-Strahlung). Im sichtbaren und infraroten Wellenlängenbereich kommt es zu einer sehr effizienten Absorption durch Wasserdampf. Das Sonnenlicht ist im großen Maße für das Ablaufen atmosphärischer Reaktionen verantwortlich. Es führt zur Bildung von Radikalen und spielt bei der Photodissoziation eine entscheidende Rolle. *Wiesen*

Sonnenenergie. Die von der Sonne ausgehende elektromagnetische Energie, vom Menschen als Sonnenschein, -licht und -wärme wahrnehmbar. Sie ist von weiterem Spektrum als vom menschlichen Auge aufgenommen und durch die Atmosphäre transmittiert (→Sonne).

Alle mittelbaren Formen von S. sind von der einen unmittelbaren Form der der Erde angebotenen Sonnenstrahlung ableitbar: Biomasse, Windenergienutzung, Wasserkraftnutzung, solare Umgebungswärme, in äquatorialen Zonen zusätzlich die ozeanischen Enthalpiedifferenzen (→Ocean thermal energy conversion). Drei physikalische oder chemische Konversionsschritte sorgen für Umwandlung der Strahlung in die mittelbaren Formen der S.: Strahlungsabsorption oder photothermische Energiewandlung, photochemische/photobiologische Energiewandlung (→Photosynthese) und photovoltaische (photoelektrische) Energiewandlung. *C.-J. Winter*

Literatur: Atlas über die Sonnenstrahlung Europas. Bd. 1. Köln 1984. – *Carter, C.; J. De Villiers:* Principles of Passive Solar Building Design. Oxford–New York 1987. – Commission of the European Communities (Hrsg.): Atlas über die Sonnenstrahlung Europas, Bd. 1: Globalstrahlung, 2. Aufl., 1984; Bd. 2: Global- und Diffusstrahlung auf vertikale und geneigte Oberflächen. 1984. – *Diekmann, J.; A. Gierer et al.:* Sonnenenergie: Herausforderung für Forschung, Entwicklung und internationale Zusammenarbeit. Arbeitsgruppe: Langfristige Chancen der Sonnenenergienutzung, Akademie der Wissenschaften zu Berlin, Forschungsbericht 1; Berlin–New York 1991. – *Duffie, J.; W. Beckmann:* Solar Engineering of Thermal Processes. New York 1980. – *Goetzberger, A.; V. Wittwer:* Sonnenenergie. Teubner Studienbücher Physik. Stuttgart 1986. – *Iqbar, M.:* An Introduction to Solar Radiation. Toronto–New York–London 1983. – *Kleemann, M.; M. Meliß:* Regenerative Energiequellen. Berlin–Heidelberg–New York 1988. – *Kreidler, J. F.; F. Kreith:* Solar Energy Handbook. 1981. – Potentiale regenerativer Energieträger in der Bundesrepublik Deutschland, VDI-GET. Düsseldorf 1991. – *Stine, W. B.; R. W. Harrigan:* Solar Energy Fundamentals and Design. New York 1985. – *Winter, C.-J.; R. L. Sizmann; L. L. Vant Hull* (Hrsg.): Solar Power Plants. Berlin–Heidelberg–New York 1991.

Sonnenenergienutzung, aktive. Anders als bei passiver Sonnenenergienutzung bedarf a. S. immer der solaren →Energiewandler zur Umwandlung der unmittelbaren oder mittelbaren Strahlungsenergie der Sonne in die solaren Sekundärenergien Wärme, Strom, Wasserstoff oder in andere chemische Energieträger. A. S. geschieht mit Hilfe von Sonnenkollektoren, Solarzellen, Wärmepumpen, Windenergiekonvertern, Sonnenkraftwerken u. a. m. Der nutzenergetische Beitrag a. S. zur Energiebedarfsdeckung läßt sich – anders als der passiver Sonnenenergienutzung – unschwer meßtechnisch erfassen. *C.-J. Winter*

Sonnenenergienutzung, heimische. Der Begriff subsumiert alle unmittelbaren und mittelbaren solaren erneuerbaren Energien, die unter den Bedingungen der Einstrahlung, des Klimas, der Topologie eines Landes genutzt werden können, um seine Volkswirtschaft solar mit Energie zu versorgen. Es wird zwischen h. S. und dem Import solarer Sekundärenergieträger (Strom, Wasserstoff, Biomasse, Bioalkohole u. a.) unterschieden. Jedes Land der Erde kann sich – unter welchen geographischen Bedingungen immer – in der einen oder anderen Form h. S. mit Energie versorgen. Für Deutschland sind es Einstrahlung, Windenergienutzung, Wasserkraftnutzung, Biomasse und Umgebungswärme. Derzeit genützte solare Primärenergie-Äquivalente sind wenige Prozent; es wird erwartet, daß in einigen Jahrzehnten bis zu 25 % erreichbar sein werden. Hauptanteile liegen – in dieser Reihenfolge – in der Nutzung der Strahlung, der Umgebungswärme, der Biomasse, der Wasserkraft und des Windes. *C.-J. Winter*

Sonnenenergienutzung, passive. S. erfolgt passiv und aktiv (→Sonnenenergienutzung, aktive).

P. S. kann ohne oder mit Zutun des Menschen geschehen. Passiv ohne Zutun des Menschen wird die solare Strahlungsenergie etwa durch Absorption in der Atmosphäre oder der Erdoberfläche in Umgebungswärme umgewandelt oder durch photochemische/photobiologische Energiewandlung in Biomasse. P. S. unter Mitwirkung des Menschen vollzieht sich etwa in der solaren Hausenergieversorgung durch solare Orientierung und Wärmegewinn durch Fenster oder transparente →Wärmedämmung. *C.-J. Winter*

Sonnenenergie-Nutzungstechnologie. Die aktiven S.-N. wie Sonnenkollektoren, Solarzellen, Sonnenkraftwerke, solare Elektrolyse orientieren sich an den im Bild dargestellten Umwandlungspfaden (→Energiewandlungskette). Zu den S.-N. gehören auch Windenergie-Konverter.

S.-N. sind auf höchste energetische Wirkungsgrade angewiesen, weil durch sie die inhärent große Materialintensität, Landflächenintensität und Energieintensität begrenzt werden. Nutzungstechnologien müssen immer die Speicherbarkeit der gewonnenen solaren Sekundärenergie (Wärme, Strom, Wasserstoff, andere chemische Energieträger) miteinbeziehen, die bei den fossilen/nuklearen Energiesystemen in der Regel durch die Primärenergieträger (Kohle, Öl, Erdgas, Uran etc.) mit hoher Energiedichte gut gewährleistet wird.

Schließlich müssen Sonnenkraftwerke, Windenergiekonverter etc. von kleiner thermischer oder dynamischer Trägheit sein, um ein Maximum des solaren Energieangebots für sich zu nutzen. Von ökologischer Relevanz ist, S.-N. soweit irgend möglich in vorhandene anthropogene Überbauung einzubeziehen: Der →Sonnenkollektor auf dem Dach, der →Photovoltaikgenerator integriert in den Autobahnzaun, die →Wärmepumpe im Keller und ihr Absorber als →Solarzaun im Garten, die →Biogasanlage auf dem landwirtschaftlichen Hof – sie alle bedürfen keiner additiven Aufstellungsfläche, bieten gelegentlich vielleicht sogar Mehrfachnutzung (dual-mode: Solarzaun als Zaun und Absorber, thermischer Kollektor als solcher und zur Dacheindeckung u. a. m.) und verändern die →Albedo der Erdoberfläche kaum über das Maß hinaus, das durch die vorangegangene anthropogene Bebauung nicht ohnedies bereits verändert wurde.

Andererseits sind die nur außerhalb von Siedlungsgebieten unterzubringenden kommerziellen Anlagen mit großem Flächenbedarf wie Windenergiekonverter, Sonnenkraftwerke oder eine solare Wasserstoffenergie-Wirtschaft u. a. nicht ohne die o. a. Umweltkonsequenzen, die gleichwohl prinzipiell von jenen der konventionellen Energiewirtschaft abweichen, weil alle vom nicht benötigten →Energierohstoff ableitbaren Konsequenzen per se Null sind. *C.-J. Winter*

Sonnenenergiespeicherung. Speicherbarkeit ist ein Schlüssel aller →Energieversorgung; die fossilen und nuklearen Primärenergien sind als chemische Energierohstoffe sehr gut, großenteils sogar nahezu verlustlos speicherbar. Im Gegensatz dazu ist die Primärenergie Sonnenstrahlung nur indirekt speicherbar, durch Strahlungsabsorption in Stoffen, etwa als Umgebungswärme oder Meereswärme (→Meeresenergie), durch solarchemische Energiewandlung in →Biomasse, durch photovoltaische oder windelektrische Energiekonversion mit anschließender elektrischer Energiespeicherung, schließlich durch Dammbauten und Aufstau im Oberwasser von Wasserkraftwerken. Ein Vergleich der quasikontinuierlichen Energiebedarfsprofile und der natürlicherweise diskontinuierlichen solaren Energieangebotsprofile zeigt, daß die mittelbaren solaren Speicher nicht ausreichen, um Bedarf und Angebot zur Deckung zu bringen.

Eine Lösung bieten solar-fossile Hybridkraftwerke, in denen der solare Beitrag fossile Energierohstoffe einspart, der fossile Beitrag aber nahezu zur Gänze die Speicherfähigkeit des Gesamtsystems zu garantieren hat. Denkbar ist, den fossilen Teil künftig durch solarthermische →Speicher zu ersetzen; dann könnte auf die fossile Infrastruktur im Solarkraftwerk verzichtet werden. Andere Lösungen liegen in der Solarisierung physikalischer Sekundärenergiespeicher: Speicher fühlbarer oder latenter Wärme für Sonnenkollektoren oder Wärmepumpen, elektrische Batterien für photovoltaische Generatoren oder Windenergiekonverter. Schließlich bieten solare Speicher chemischer Sekundärenergie die größte Vielseitigkeit: Biomasse und aus ihr abgeleitete Biogase oder Bioalkohole sind Speicher solarer Strahlungsenergie; solar-elektrolytisch hergestellter Wasserstoff ist ein gasförmig bei Raumtemperatur zeitlich nahezu unbegrenzt und verlustarm speicherbarer chemischer Energieträger. Wasserstoff verbindet Speicherung mit Transportierbarkeit. Es besteht die Idee, Wasserstoff in ausgekohlten Erdgaslagerstätten zu speichern. Eine Sonderrolle spielen billige saisonale solare Kavernenspeicher in felsigem Untergrund zur Aufnahme von solarer Nahwärme (solare →Nahwärmesysteme). Im Studium der Grundlagen befinden sich reversible solarchemische Transport- und Speicherprinzipien (Solarchemisches →Wärmerohr).

Physikalischer und chemischer Speicherung solarer Sekundärenergie gehen immer mehrere Schritte in der →Energiewandlungskette voraus, jeder Schritt mit einem Wirkungsgrad <1. Wann immer also Sonnenenergie ohne Speicherung unmittelbar genutzt werden kann, ist dies der energetisch verlustbehafteten Speicherung vorzuziehen. *C.-J. Winter*

Literatur: *Becker, M.* (Ed.): Technologies of Heat Exchangers and Storage. Berlin 1987. – *Sauer, E.*: Energietransport, -speicherung und -verteilung. 1983.

Sonnenenergiewandler. Zusammenfassender Begriff für alle Technologien und Technologiesysteme, welche die unmittelbare oder mittelbare solare Primärenergie solarthermisch, solarelektrisch oder solarchemisch in Wärme, Strom oder chemische Energieträger umwandeln. Die unmittelbare solare Primärenergie ist die →Globalstrahlung (W/m²) der Sonne, in Erdbodennähe aufzuteilen in den konzentrierbaren Direktstrahlungsanteil und den diffusen Anteil (→Einstrahlung). Mittelbare solare Primärenergien sind der Wind, die Wasserkraft, die →Wellenenergie und die tiefenschichtenabhängigen Enthalpiedifferenzen der Meere sowie die →Biomassen und die Umgebungswärme. S. sind →Sonnenkollektor, →Solarzelle, →Sonnenkraftwerk, transparente →Wärmedämmung, →Trombewand, →Windenergiekonverter, →Wasserkraftwerk, Biomassenkonverter, →Wärmepumpe, →Wellenkraftwerk (→Meeresenergie) sowie das →Meereskraftwerk zur Nutzung der ozeanischen Enthalpiedifferenzen.   *C.-J. Winter*

Sonnenkollektor. Auch nur Kollektor genannt, im weiteren Sinne Einrichtung zum Sammeln von Sonnenenergie. Im engeren Sinne als solarthermischer Kollektor ein →Sonnenenergiewandler zur thermischen Absorption der einfallenden Sonnenstrahlung in einer Platine, die vom Wärmeträgermedium durchströmt und gekühlt ist; Wärmeträgermedien sind Wasser, gegen Einfrieren alkoholversetzt, und Luft. Flachkollektoren nutzen die →Globalstrahlung und sind zur Minderung der Reflexions- und der Reemissionsverluste mit Scheiben guter

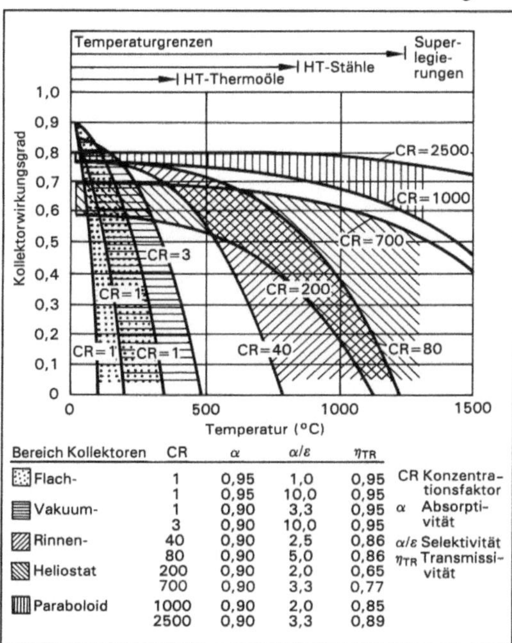

Bereich Kollektoren	CR	α	α/ε	η_{TR}	
Flach-	1	0,95	1,0	0,95	CR Konzentrationsfaktor
	1	0,95	10,0	0,95	
Vakuum-	1	0,90	3,3	0,95	α Absorptivität
	3	0,90	10,0	0,95	
Rinnen-	40	0,90	2,5	0,86	α/ε Selektivität
	80	0,90	5,0	0,86	η_{TR} Transmissivität
Heliostat	200	0,90	2,0	0,65	
	700	0,90	3,3	0,77	
Paraboloid	1000	0,90	2,0	0,85	
	2500	0,90	3,3	0,89	

Sonnenkollektor: Einsatzbereiche und Wirkungsgrade von S.

Transmission (Glas) abgedichtet; Platinen sind zur Absorptionserhöhung mit Absorptionsschichten oder selektiven Schichten versehen und zur Minderung von Wärmeleitungsverlusten gut wärmegedämmt. Konzentrierende Kollektoren haben Linsenkonzentratoren oder sind hemisphärische oder konische Kollektoren oder sie sind Compound Parabolic Concentrators (CPC) mit kleinem Konzentrationsfaktor von 2–10 Sonnen oder Parabolrinnen mit Konzentrationsfaktoren <100 Sonnen oder Rotationsparaboloide mit solchen bis zu einigen tausend Sonnen.

Die Konzentratoren haben Oberflächen hoher Reflexion, die Linien- oder Punktabsorber solche hoher Absorption. Vakuumkollektoren sind durch entsprechende Vorrichtungen leicht konzentrierende (Konzentrationsfaktor 1–3 Sonnen) Flach- oder Röhrenkollektoren, deren →Strahlungsabsorber zur Minderung der Kollektorverluste von hochtransmissiven Röhren oder Platten umgeben sind; der Zwischenraum ist evakuiert. Vakuumkollektoren haben eine höhere Ausbeute als Nicht-Vakuumkollektoren; sie eignen sich besonders für Gegenden mäßiger →Einstrahlung. Weniger gebräuchlich ist, auch von Photovoltaik-Kollektoren zu sprechen.   *C.-J. Winter*

Literatur: BINE-Bürgerinformation: Sonnenenergie zur Warmwasserbereitung – Solaranlagen auf dem Prüfstand. 2. Aufl., Fachinformationszentrum Karlsruhe (Hrsg.). Köln 1990. – BINE-Bürgerinformation: Sonnenenergie zur Warmwasserbereitung und Raumheizung. Fachinformationszentrum Karlsruhe (Hrsg.). Köln 1988. – *Kalt, A.:* Baustein Sonnenkollektor. Karlsruhe. – *Winter, C.-J., R. L. Sizmann, L. L. Vant Hull:* Solar Power Plants. Berlin 1991.

Sonnenkraftwerk. S. wandeln die Energie der Sonnenstrahlung (solare Strahlungsenergie) um in die solaren Sekundärenergien Wärme und Strom. Es gibt solarthermische Kraftwerke, photovoltaische Kraftwerke, Aufwindkraftwerke. Nicht direkt zu den S. gehören Kraftwerke, die mittelbare Sonnenenergie nutzen: Wind-, Wasserkraftwerke, Biomasse nutzende Kraftwerke, Meereskraftwerke.

S. ohne Speicher sind betriebsbereit, solange die Sonne scheint. Ihre an die Sonnenscheindauer gebundene Verfügbarkeit (Kapazitätsfaktor von S.) in der Spitzenlast kann in die Mittellast nur ausgedehnt werden durch (elektrische oder thermische) Speicher oder – bei solarthermischen Kraftwerken – durch fossile Zusatzfeuerung.

Vier wesentliche Schritte trennen S. unter den vorherrschenden relativen Wirtschaftlichkeitsbedingungen von der noch uneingeschränkten Wettbewerbsfähigkeit auf dem Kraftwerksmarkt:
– Ihr in rund 15 Jahren Entwicklungszeit längst noch nicht ausgeschöpftes Wirkungsgradpotential. Zum Vergleich: derzeitige Jahreskraftwerksarbeitswirkungsgrade von Photovoltaikkraftwerken sind 6

bis 8%, von solarthermischen Kraftwerken als Paralbolrinnenkraftwerke 13%, als Solarturmkraftwerke 20%, als einzelne Paraboloidspiegelsysteme 20–25%. Es ist erwartbar, daß sich alle Wirkungsgrade im Zuge der Abarbeitung des Entwicklungspotentials weiter erhöhen werden.

– Ihre spezifischen Investitionskosten lassen ($\rightarrow$Parabolrinnenkraftwerk <5 000 DM/kW$_e$, $\rightarrow$Solarturmkraftwerk 4 500–5 500 DM/kW$_e$, $\rightarrow$Kraftwerk, photovoltaisches $\approx$15 000–18 000 DM/kW$_e$) spürbare Verminderung erwarten, weil die Weltproduktionsmengen nach wie vor marginal sind (Photovoltaik 40–50 MW$_e$/a, Parabolrinnen $\sim$100 MW$_e$/a).

– Zunehmende ökologische und Sicherheitsauflagen für fossile und nukleare Kraftwerke führen zu höheren Investitions- und Betriebskosten und begünstigen damit ihre solaren Mitbewerber um den Kraftwerksmarkt.

– Schließlich verlangt jederzeitige Verfügbarkeit von S. Speicher. Der Entwicklung von thermischen, elektrischen und chemischen Speichern kommt überragende Bedeutung zu ($\rightarrow$Speicher, solarthermischer). *C.-J. Winter*

Sonnenstrahlung. Die auf den Erdboden auftreffende Strahlung (Globalstrahlung) ist abhängig von der geographischen Breite, der Höhenlage, Witterung und der Tages- und Jahreszeit. Sie beträgt bei klarem Himmel und senkrecht stehender Sonne 1,12 kW/m^2 ($\rightarrow$UV-Monitoring). Die Aufteilung auf die einzelnen Wellenlängenbereiche für die senkrecht stehende Sonne ist dabei:

< 280	nm (UV-C)	0,0 %
280– 320	nm (UV-B)	0,5 %
320– 400	nm (UV-A)	5,6 %
400– 800	nm (Licht)	51,8 %
800–3 000	nm (IR)	42,1 %.

Die Globalstrahlung setzt sich aus einem direkten und einem diffusen Anteil zusammen. Der größte Teil der täglichen Bestrahlung liegt zwischen 10 Uhr und 14 Uhr (im Sommer ca. 66%, im Winter 75%).

In der Erdatmosphäre erfährt die extraterrestrische Strahlung Einbrüche, vor allem durch H_2O-Dämpfe, Gase (Ozon, Methan) sowie Luftverunreinigungen. Durch Absorption, Reflexion und Streuung in Abhängigkeit von Einstrahlwinkel und Weglänge wird sie auf etwa die Hälfte geschwächt. Es findet eine Verschiebung zu langwelligeren Anteilen statt. Der Reflexionsgrad der die Erdoberfläche erreichenden Globalstrahlung hängt von der Bodenbeschaffenheit ab. Während frischer Schnee bis zu 80%, Sand- und Grünflächen um 20% reflektieren, hat Wasser mit ca. 10% ein sehr geringes Reflexionsvermögen.

Bei tiefstehender Sonne am Morgen und Abend durchläuft das Sonnenlicht einen längeren Weg als bei Sonnenhochstand. Da die Schwächung des Sonnenlichts durch die Atmosphäre mit der Verringerung der Wellenlängen zunimmt, überwiegt in diesen Fällen der Rotanteil des Sonnenlichts.

Die Streuung des Lichts an den Atomen und Molekülen der Atmosphäre ist um so größer, je kleiner die Wellenlänge ist. Lichtwellen werden vom direkten Weg abgelenkt und in alle Richtungen gestreut. Im indirekten (Streu-)Licht überwiegen die kurzwelligen (blauen) Anteile. Daher erscheint der Himmel seitlich der Sonne blau. *Steinmetz*

Sorptionsverfahren. S. gehören zu den traditionellen thermischen $\rightarrow$Trennverfahren. Eine oder mehrere gas- bzw. dampfförmige luftverunreinigende Komponenten werden aus dem Abgasstrom an einer festen Phase abgeschieden. Die feste Phase wird als Sorbent bezeichnet.

Werden die abzuscheidenden Moleküle nur an der äußeren geometrischen bzw. an der inneren Oberfläche des Sorbent angelagert, wird speziell von $\rightarrow$Adsorptionsverfahren gesprochen. Diffundieren die Moleküle in den Festkörper hinein, so daß ein Volumeneffekt überwiegt, spricht man speziell von $\rightarrow$Absorptionsverfahren. Kann über die Relation von Volumeneffekt und Oberflächeneffekt keine genaue Aussage getroffen werden, verwendet man als allgemeinere Bezeichnung S. *Dombrowski*

Sorptionswärmepumpe $\rightarrow$Wärmepumpe

Sozialbrache $\rightarrow$Brache

SO$_2$/NO$_x$-Abscheidung, simultane. Bei der S.-A. werden Schwefel- und Stickstoffoxide nach einer Verfahrensart gemeinsam aus Abgasen abgeschieden. Nicht dazu zählen Kombinationen aus SO$_2$-Absorptionsverfahren und $\rightarrow$SCR-Verfahren zur NO$_x$-Reduktion, die häufig von einem Hersteller gemeinsam angeboten und teilweise mit S.-A. bezeichnet werden. Zu den trockenen S.-A.-Verfahren gehören das $\rightarrow$BF-Uhde-Verfahren (Adsorptions-/Reduktionsverfahren) und das $\rightarrow$Elektronenstrahlverfahren. Die simultanen Naßverfahren lassen sich in Oxidations-/Absorptions-, Oxidations-/Reduktions- und Absorptions-/Reduktionsverfahren unterteilen.

Bei den $\rightarrow$Oxidations-/Absorptionsverfahren wird zunächst SO$_2$ ausgewaschen. Nach der anschließenden Oxidation des NO zu NO$_2$ erfolgt die NO$_2$-Absorption in einer zweiten Waschstufe (NO$_x$-Abgasreinigung). Mit Ammoniak als Absorptionsmittel wird z. B. als Produkt der Dünger Ammoniumsulfat/-nitrat gewonnen.

Bei den Oxidations-/Reduktionsverfahren wird nach der Oxidation des NO in der Gasphase das NO$_2$ absorbiert mit Natronlauge, Ammoniak, Calciumhydroxid oder Calciumcarbonat als Absorptionsmittel. Durch die gleichzeitige SO_2-Absorption bilden sich in der Waschflüssigkeit Sulfite, die das gelöste NO_2 zu Stickstoff reduzieren und dabei selbst zu Sulfaten aufoxidiert werden.

Bei den →Absorptions-/Reduktionsverfahren werden zur Verbesserung der NO-Absorption Eisensalze wie Eisen-EDTA-Chelatkomplexsalz der Waschlösung zugegeben. Das NO wird als $FE^{2+} \cdot EDTA \cdot NO$ absorbiert und reagiert mit den aus der gleichzeitig ablaufenden SO_2-Absorption gebildeten Sulfitionen zu Stickstoff und Imidosulfonat. Das Imidosulfonat wird in einer Aufarbeitungsstufe je nach eingesetzter Waschflüssigkeit zu Ammoniumsulfat, Natriumsulfat, Schwefeldioxid oder Stickstoff umgesetzt. Eine hohe NO_x-Abscheidung läßt sich mit den →Reduktionsverfahren nur erzielen, wenn erheblich mehr SO_2 als NO_x im Abgas enthalten ist. Darüber hinaus sollte der Sauerstoffgehalt im Abgas unter 8 % liegen.

Nach dem BF-Uhde-Verfahren sind großtechnische Anlagen in Betrieb. Andere S.A.-Verfahren konnten sich bisher in der Praxis noch nicht durchsetzen. *Haug*

Literatur: *Breihofer, D. et al.:* Maßnahmen zur Minderung der Emissionen von SO_2, NO_x und VOC bei stationären Quellen in der Bundesrepublik Deutschland. Studie i. A. des BMU/Umweltbundesamt. IIP Uni Karlsruhe November 1991. – *Davids, P.; M. Lange:* Die Großfeuerungsanlagen-Verordnung. Technischer Kommentar. Düsseldorf 1984.

Spaltprodukt. →Nuklide, die durch →Kernspaltung oder den nachfolgenden radioaktiven →Zerfall der durch Spaltung direkt entstandenen Nuklide entstehen. Beim Spaltvorgang werden pro gespaltenem →Atom jeweils zwei S. gebildet. Nur in sehr seltenen Fällen (ca. 10^{-4}) beobachtet man eine ternäre Spaltung. Die Verteilung der S. und die Spaltausbeute wird anschaulich in der sog. S.-Ausbeutekurve (wegen ihrer typischen Form auch als Kamelhöckerkurve bezeichnet) dargestellt (Bild).

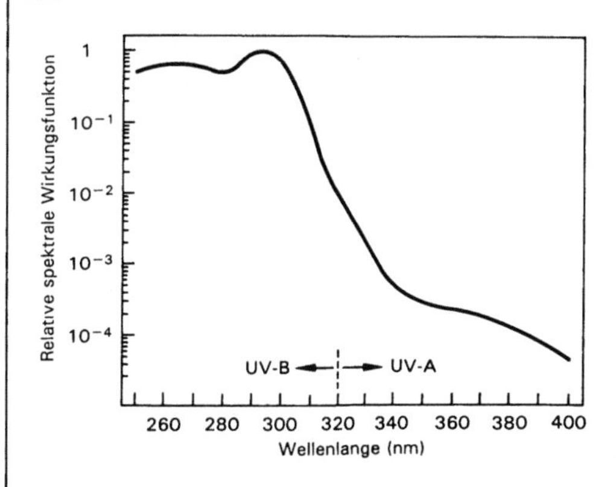

Spaltprodukt: Ausbeutekurve der S. des Uran 235 bei Spaltung durch thermische Neutronen.

Beim Spaltprozeß entstehen über 300 verschiedene Nuklide als primäre S. Die Spaltausbeuten unterscheiden sich für die drei wichtigsten Spaltstoffe U-233, U-235 und Pu-239 insgesamt nur unwesentlich. *Merz*

Spaltstoff →Kernbrennstoff

Spanplattenherstellung, Faserplattenherstellung. Bei der S. werden getrocknete Holzspäne mit Bindemitteln (bis zu 10 Gew.-%) vermischt, unter Druck- und Wärmeeinwirkung geformt und weiterverarbeitet. Emissionsrelevante Prozeßschritte sind hierbei insbesondere die Spänetrocknung, die Plattenpresse sowie die mechanische Bearbeitung der Spanplatten. In direkt oder indirekt beheizten Trocknungsanlagen wird den Holzspänen Feuchtigkeit entzogen (entfeuchtet auf ca. 2 bis 3 Gew.-%). Neue Spänetrockner haben einen Spandurchsatz bis zu 25 t/h mit einer entsprechend hohen Wasserverdampfungsleistung. Je nach Trocknerkonzeption beträgt der Abgasvolumenstrom bis zu 200 000 m^3/h. Die Abgase enthalten Verbrennungsprodukte (aus der Trocknungsbefeuerung bei direkt beheizten Trocknern), Holzstäube, flüchtige Holzinhaltsstoffe sowie thermohydrolytische Zersetzungsprodukte. Die Emissionen an staubförmigen und geruchsintensiven Stoffen können in der Umgebung zu Belästigungen führen. Mit der Wahl der Trocknungsparameter (z. B. Gaseintrittstemperatur, Feuchtegehalt des Trocknungsgases, Spanfeuchte und Verweilzeit der Späne im Trockner) sowie in Abhängigkeit von Holzart, Spanart und dessen Größenverteilung ergibt sich eine unterschiedliche Zusammensetzung der Abgase. Durch geeignete Wahl der Einflußgrößen sind die Emissionen deutlich zu vermindern. Zur Begrenzung der Staubemissionen werden eingesetzt: Gewebefilter, EFB-Filter (Electrostatic Filter Bed), elektrostatische Filter, auch in Kombination mit naßarbeitenden Abscheidern.

Mit Hilfe von Staubabscheidern werden z. T. auch geruchsintensive Aerosole zurückgehalten. Zur weitergehenden Verminderung der Emissionen geruchsintensiver Stoffe können zusätzliche Maßnahmen erforderlich sein. Dazu gehören auch die Beschränkung der Trocknertemperatur sowie der Übergang von einem direkt beheizten auf einen indirekt beheizten Spänetrockner. In der Entwicklung befindet sich ein Trockner mit Umluftbetrieb; hierbei ist der Trocknungsprozeß über einen Wärmetauscher mit der Heißgaserzeugung gekoppelt. Lediglich ein Teilgasstrom wird abgetrennt und der Feuerungsanlage als Sekundärluft zugeführt. Die geschlossene Betriebsweise bewirkt, daß sich die Emissionen auf die typischen Emissionen einer Verbrennungsanlage reduzieren.

Bei der Verpressung von Spanplatten werden, abhängig von den eingesetzten Bindemitteln, u. a. Formaldehyd, Phenol und Geruchsstoffe freigesetzt. Ca. 90 % der Spanplatten enthalten Harnstoff-Formaldehydharze als Bindemittel. Etwa 10 Gew.-% der fertigen Spanplatte besteht aus Harztrockensubstanz, wobei die Formaldehyd-Emissionen bis zu 0,3 Gew.-% der eingesetzten Harzmenge betragen kann. Durch Änderung der Harzrezepturen können die Formaldehydemissionen vermindert werden (→Holzprodukt, formaldehydarmes).

Zur Herstellung von Faserplatten wird Holz zerkleinert und mittels Dampf- oder Heißwasserbehandlung, teilweise auch in schwachen Laugen, aufgeschlossen. Die separierten Holzfasern werden bei der MDF-Plattenherstellung (mitteldichte Faserplatten) mit Bindemitteln beschichtet, getrocknet, geformt und gepreßt. Zur Verminderung der Staubemissionen dienen die gleichen Techniken wie bei der S. Zur Abscheidung von gasförmigen, organischen Emissionen (u. a. Formaldehyd) wird ein Biofilter erprobt.

Die fertigen Holzwerkstoffplatten werden anschließend, teilweise noch im holzverarbeitenden Bereich, lackiert und/oder beschichtet.

Anlagen zur Herstellung von Holzfaserplatten, Holzspanplatten oder Holzfasermatten sind in Nr. 6.3 Spalte 1 des Anhangs der →4. BImSchV genannt und damit nach dem BImSchG genehmigungsbedürftig. Besondere emissionsbegrenzende Anforderungen zur Luftreinhaltung enthält die TA Luft in Nr. 3.3.6.3.1. *W. Koch*

Literatur: *Davids, P.; M. Lange:* Die TA Luft Technischer Kommentar. Düsseldorf 1986. – Deutsche Forschungsgemeinschaft: Maximale Arbeitsplatzkonzentrationen und biologische Arbeitsstofftoleranzwerte. Weinheim 1991. – VDI 3462 E: Emissionsminderung: Holzbearbeitung und Holzverarbeitung. 9/1993.

Speicher, solarthermischer. Als Bestandteil solarthermischer Anlagen speichern s. S. fühlbare oder latente Wärme des Wärmeträgermediums. Speichermedien sind das Wärmeträgermedium allein oder das Wärmeträgermedium plus Speichereinbauten aus Magnesiumoxid, Eisenlegierungen, Sand, Fels, Granit, Beton etc. Die Materialien werden ausgewählt nach möglichst hoher Wärmekapazität und geringem Preis. S. S. dienen als Stundenspeicher/Tagesspeicher von niedertemperaturiger Wärme <100 °C in solaren Brauchwasser- oder Hausheiz(kühl)systemen, oder als Mittel (350 bis 400 °C)- oder Hochtemperatur (550–650 °C)-Speicher von solarthermischen →Kraftwerken. Der *engl.* Begriff des thermocline storage (deutsch: Gradientenspeicher) bezeichnet einen thermischen Speicher, der kaltes und heißes Wärmeträgermedium simultan enthält. Thermische Durchmischung

wird verhindert oder doch entscheidend dadurch vermindert, daß (kalte) Schichten höherer Dichte immer unterhalb (heißer) Schichten geringer Dichte verbleiben; die mechanische Stabilität ist groß. Zustrom und Abstrom müssen sehr sorgfältig und temperaturgemäß geschehen. Die thermocline zone, also die Zone zwischen kalten und heißen Schichten, hat den höchsten Temperaturgradienten. Es muß vermieden werden, den Wärmeaustausch durch Turbulenz zu erhöhen. Die Speicherkapazität bezeichnet diejenige Energiemenge eines zu 100 % gefüllten Speichers, die zur Erzeugung elektrischer Energie an die Turbine geliefert werden kann; ihre Dimension ist J oder MWh$_{th}$ (→Sonnenenergiespeicherung). *C.-J. Winter*

Literatur: *Dinter, F.; M. Geyer; R. Tamme:* Thermal Energy Storage for Commercial Applications. Berlin 1991. – *Geyer, A.:* Hochtemperatur-Speichertechnologie. Berlin 1987.

Speicherfilter →Tiefenfilter

Speicherung von Sonnenenergie →Sonnenenergiespeicherung

Spektrometer. Wenig präzise Bezeichnung einer Meßgerätegruppe, deren gemeinsames Merkmal das Abfragen eines größeren Bereichs einer physikalischen Größe ist (scan). Dies kann sowohl ein Massenbereich (→Massenspektrometrie) oder auch eine optische Größe sein. Man erhält als Ergebnis Spektren, die abhängig von der Meßkomponente strukturiert sind und somit Rückschlüsse auf die Eigenschaft und eine eventuelle Identifizierung zulassen.

Das klassische S. scant einen Wellenlängenbereich und je nach Wellenlänge erhält man ein Infrarotspektrum, ein Vis-Spektrum (*engl.* visible = sichtbares Licht) oder ein UV-Spektrum (→Ultraviolett-Absorptionsspektrometrie). Ein im Lichtstrahl befindlicher Stoff, der durchstrahlt wird, absorbiert je nach physikalischer oder chemischer Eigenschaft verschiedene einzelne Wellenlängen unterschiedlich stark und liefert so sein individuelles Spektrum. Wird das Gerät auf eine besonders ausgeprägte Absorptionsbande fest eingestellt, kann es als selektives Meßgerät ein kontinuierliches Signal erzeugen. *Dulson*

Spektrometer, abbildendes. A. S. werden im Flugzeug oder im Satelliten eingesetzt, um Aufnahmen von Land- und Wasseroberflächen der Erde zu gewinnen. Das besondere Merkmal ist die Fähigkeit zur Erzeugung deckungsgleicher Bilder des aufgenommenen Gebiets in einer Vielzahl enger Spektralbereiche, die auch als Kanäle bezeichnet werden.

Die wesentlichen Komponenten des a. S. sind
– die Eingangsoptik,
– ein Spektrometer zur spektralen Zerlegung der Strahlung,

– Halbleiterdetektoren zur Registrierung der Strahlung und
– eine Speichereinheit zur Datenaufzeichnung.

Über die Eingangsoptik wird ein enger Streifen der Erdoberfläche quer zur Flugrichtung abgebildet. Die Breite dieses Streifens gibt zugleich das räumliche Auflösungsvermögen des Geräts an. Infolge der Vorwärtsbewegung des Flugzeugs oder des Satelliten wird ein Streifen nach dem anderen aufgenommen, und durch das Aneinanderfügen der Streifen entsteht ein zusammenhängendes Bild. Bei der Registrierung durch die Detektoren wird jeder aufgenommene Streifen in nahezu quadratische Bildelemente (Pixel) zerlegt. Das Gesamtbild besteht also aus einer Vielzahl von Bildelementen. Da der Aufnahmevorgang für jeden Spektralbereich zeit- und deckungsgleich erfolgt, erhält man für jedes Bildelement bzw. für das ihm entsprechende Aufnahmegebiet auf der Erdoberfläche ein Reflexionsspektrum.

Bei der Auswertung der digital aufgezeichneten Daten wird versucht, durch Analyse der registrierten Spektren Rückschlüsse auf den physikalischen, chemischen und/oder biologischen Zustand der aufgenommenen Erdoberfläche zu ziehen. Dabei werden überwiegend Methoden der digitalen Bildverarbeitung angewandt. Hauptanwendungsgebiete für a.S. sind die Bestimmung von in Wasser suspendierten Substanzen aus der Wasserfarbe, die Erfassung des Vegetationszustands anhand spektraler Änderungen und die Kartierung von Mineralien in ariden Gebieten aufgrund des charakteristischen Kurvenverlaufs der Spektren.

Ein a. S. kann als Weiterentwicklung des →Multispektralscanners betrachtet werden. Als Experimentalgeräte werden sie seit Mitte der 80er Jahre, vor allem in Kanada und USA, im Flugzeug eingesetzt. Sie decken den Spektralbereich vom Sichtbaren (0,40–0,65 μm), über das nahe Infrarot (0,65–1,1 μm) bis zum mittleren Infrarot (1,5–2,5 μm) ab. Die spektrale Auflösung liegt zwischen 2 und 20 μm. Die Anzahl der Kanäle reicht von ca. 15 bis ca. 250. Geräte für den Weltraumeinsatz befinden sich in den USA und in Europa in der Entwicklung. *Rossbach/Schroeder*

Spenderorganismus. Begriff aus der →Gentechnik bzw. dem Gentechnikrecht. Er beschreibt den Herkunftsorganismus, der natürlicherweise eine genetische Information beherbergt, die zur Transformation eines anderen Organismus (Empfängerorganismus) verwendet wird (→Organismus, gentechnisch veränderter, →Gentechnik-Sicherheitsverordnung). *Flohé*

Sperrabfall. S. (auch sperriger Abfall) gehört zum →Hausabfall und ist nach DIN 30706 Teil 1 definiert als fester Abfall aus Haushalten – nicht aus anderen →Abfallherkunftsbereichen –, der wegen seiner Größe und Sperrigkeit nicht in die ortsüblichen (Haushalt-)Abfallsammelbehälter (→Abfallsammelbehälter) paßt und daher zur Entsorgung gesondert bereitgestellt wird. Die S.-Menge liegt in der Größenordnung von 10–15 Gew.-% der Menge des →Haushaltabfalls. *Dreyhaupt*

Literatur: DIN 30706 Teil 1, Entsorgungstechnik – Begriffe für Hausabfallentsorgung und Entsorgungsfahrzeuge. Mai 1991.

Sperrbereich. Der Begriff ist in § 57 Abs. 1 der StrlSchV als Teil des Kontrollbereichs definiert, in dem die Ortsdosisleistung höher als 3 Millisievert pro Stunde sein kann (→Strahlenschutzbereich). In der →Röntgenverordnung ist dieser Begriff nicht gebräuchlich, er ist an den Geltungsbereich der StrlSchV geknüpft.

Da sich die Definition des S. nur auf eine Ortsdosisleistung bezieht und nicht auf Körperdosiswerte, ist der Zustand S. nur im Falle äußerer Strahlenexpositionen relevant. Dabei spielt es keine Rolle, ob eine Ganzkörperexposition vorliegt oder ob nur einzelne Körperteile bestrahlt werden können. Die Entscheidung, welches Areal zum S. erklärt werden soll, liegt bei der zuständigen Behörde. Sie kann z. B. zulassen, daß beim Betrieb einer →Beschleunigeranlage oder einer Bestrahlungseinrichtung mit radioaktiven Quellen der Zustand S. nur während der Einschaltzeit gegeben ist. Wegen der möglichen hohen Ortsdosisleistungen müssen der Zutritt zum S. und ein eventueller Aufenthalt von Personen dort besonders überwacht und gesichert werden. S. dürfen normalerweise nicht betreten werden; ist dies aufgrund besonderer Umstände notwendig, dann nur mit Einvernehmen und unter Kontrolle eines →Strahlenschutzbeauftragten oder einer von ihm beauftragten fachkundigen Person. Zur medizinischen Anwendung ionisierender Strahlung dürfen sich auf Anordnung eines Arztes Patienten im S. aufhalten. Die Sicherung von S. geschieht mit einem →Personensicherheitssystem. *Ewen*

Literatur: *Ewen, K.; I. Lucks; D. Wendorff:* Die neue Strahlenschutzverordnung – Praxiskommentar. 1990. – *Ewen, K.:* Strahlenschutz an Beschleunigern. 1985.

Sperrmüll →Sperrabfall

Speziesanalyse. Bei der Analyse von Metallverbindungen im Staub kann bei den konventionellen Meßverfahren nicht zwischen unterschiedlichen Bindungsformen oder Einzelverbindungen des jeweiligen Elementes unterschieden werden. In vielen Fällen ist eine derartige Summenbestimmung durchaus ausreichend und angemessen.

Bei bestimmten Metallen jedoch wäre eine weitergehende Differenzierung wünschenswert. So können sich z. B. anorganische und organische

Quecksilberverbindungen hinsichtlich ihrer Toxizität gravierend unterscheiden.

Ein besonderes Problem stellen krebserzeugende Stoffe dar. Für eine Reihe von Verbindungen der Elemente Arsen, Cadmium, Chrom, Nickel, Kobalt und Beryllium sind in epidemiologischen Studien, durch Erfahrungen der Arbeitsmedizin oder im Tierexperiment cancerogene Wirkungen nachgewiesen worden. Dabei bestehen zwischen den Elementen und zwischen ihren einzelnen Verbindungen große Unterschiede in der krebserzeugenden Wirkung. Während z. B. alle anorganischen Arsenverbindungen als cancerogen gelten, die Verbindungen mit der Oxidationsstufe III aber stärker krebserzeugend sind als diejenigen mit der Oxidationsstufe V, sind es beim Nickel in erster Linie die in Wasser schwer löslichen Verbindungen (Ausnahme: Nickelsulfid) und beim Chrom Verbindungen mit der Oxidationsstufe VI.

In derartigen Fällen wäre eine spezifische Messung der einzelnen Verbindungen, eine S., wünschenswert und nicht nur die gängige Gesamterfassung des Metalls bzw. Metalloids ohne Rücksicht auf die Bindungsform.

Trotz der Bedeutung dieses Problems gibt es in der Immissionsmeßtechnik lediglich erste Ansätze zu einer S. Hier stellen sich besondere Schwierigkeiten entgegen, weil in dem bei Immissionsmessungen in der Regel vorhandenen Spurenbereich die unterschiedlichen Spezies nicht nur getrennt analysiert, sondern während der Probenahme auch noch stabilisiert werden müssen, um Artefaktbildungen zu vermeiden. So hielten es Autoren für erforderlich, während der Probenahme das Cr(III)/Cr(VI)-Verhältnis auf dem Filter durch einen Oxidationspuffer (PbO_2) zu stabilisieren. Die Speziestrennung gelang durch Extraktion der Cr(VI)-Verbindungen mit einem Anionaustauscher und nachfolgendem Nachweis mit Hilfe der →Atomabsorptions-Spektrometrie (AAS) oder durch →Fließinjektionsanalyse (Reaktion von Cr(VI) mit 1,5-Diphenylcarbazid). Jedoch sind bisher nur wenige orientierende Einzelanalysen publiziert, die erste Hinweise darauf geben, daß das Verhältnis der cancerogenen Cr(VI)-Verbindungen am Gesamtchrom bei ca. 10 % in Stadtluft liegen könnte.

Eine Trennung der As(III)- von den As(V)-Verbindungen mit Hilfe einer selektiven, in zwei Stufen verlaufenden Reduktion mit $Zn/NaBH_4$ zum Arsenhydrid wurde ebenfalls in der Fachliteratur beschrieben. Der Nachweis des AsH_3 wurde jeweils mit der AAS (Hydridtechnik) durchgeführt. Es wurden jedoch keine Vorkehrungen getroffen, das As(III)/As(V)-Verhältnis während der Probenahme auf dem verwendeten Teflonfilter zu stabilisieren, so daß Artefaktbildungen nicht auszuschließen sind.

Insgesamt zeigen die wenigen bisher durchgeführten Untersuchungen an, daß bezüglich der S. noch erheblicher Entwicklungsbedarf besteht. *Pfeffer*

Literatur: *Bruckmann, P.; H.-U. Pfeffer:* Immissionen von Metall- und Metalloid-Verbindungen, Meßverfahren und Außenluftkonzentrationen. VDI-Ber. 888. Düsseldorf 1991.

Spherics. S. ist eine Bezeichnung für natürliche in der Erdatmosphäre auftretende elektromagnetische Wechselfelder.

S. haben ihre Ursache in elektrischen Entladungsvorgängen in der Atmosphäre, z. B. der ständigen weltweiten Gewittertätigkeit. Im allgemeinen entstehen dabei kurzzeitig elektromagnetische Wellen, vor allem im Frequenzbereich 10–100 kHz. Die S. können sich in dem durch die Erdoberfläche und die Ionosphäre gebildeten Wellenleiter um den gesamten Globus ausbreiten. Aufgrund von Schwankungen in der Ionosphäre ändern sich die elektrischen Eigenschaften dieses Wellenleiters und damit auch der spektrale Intensitätsverlauf der S. Aus diesem Grund bestehen Einflüsse durch den Tag-Nacht-Wechsel und durch Aktivitäten der Sonne.

Sehr niederfrequente natürliche elektromagnetische Felder entstehen auf Grund eines anderen Mechanismus. Durch die leitfähige Erdoberfläche und die ebenfalls leitfähige Ionosphäre wird eine Art Resonator gebildet, der durch starke Blitzentladungen zu Schwingungen angeregt wird. Die Wellenlängen der möglichen Resonanzschwingungen entsprechen Vielfachen der Abmessung dieses Resonators, also etwa einem Erdumfang. Daraus ergibt sich eine Grundresonanzfrequenz von etwa 7–8 Hz. Bemerkenswert ist die relativ geringe Dämpfung dieser Schwingungen, wodurch oft über mehrere Sekunden sehr gleichförmige Wechselfelder beobachtet werden können. Diese Resonanzschwingungen werden nach ihrem Entdecker auch *Schumann*-Resonanzen genannt. Aus der Analyse dieser natürlichen elektromagnetischen Felder und Wellen lassen sich Rückschlüsse auf die weltweite Gewittertätigkeit und auf Vorgänge in der Erdatmosphäre ziehen.

Oftmals wird in den S. die Ursache für wetterbedingte gesundheitliche Beschwerden gesehen. Die maximalen Feldstärken der S. liegen in der Regel im Bereich mV/m und erreichen nur in seltenen Fällen wenige V/m. Diese Feldstärken sind aus strahlenhygienischer Sicht sehr gering; gesundheitliche Auswirkungen aufgrund von S. werden deshalb nicht erwartet. *Matthes*

Literatur: *König, H. L.:* Unsichtbare Umwelt. München 1986. – *Reiter, R.:* Physical and Chemical Properties of the Lower Atmosphere. Progress in Biometeorology, Vol 1 Part 1A. Amsterdam 1974. – *Toomy, J. and C Polk:* Research on extremely low frequency propagation with particular emphasis on Schumann Resonance and related Phenomena. University of Rhode Island, Kingston, R. I., USA. Contract No. AF 19 (628) – 4950. 1970.

Spitzenschallpegel →Geräuschspitze

Sportanlagen-Lärmschutzverordnung. Die 18. BImSchV vom 18. Juli 1991 (BGBl. I S. 1588) regelt die Berechnung zu erwartender Geräusche, das Messen der Geräusche an vorhandenen Sportanlagen und die Beurteilung dieser Geräusche.

Neben Verkehrs- und Gewerbeanlagen sind Sportanlagen eine wesentliche Geräuschquelle in Städten und Gemeinden. Durch vermehrte Freizeit und somit intensiverer Nutzung der Sportanlagen, besonders auch in den Zeitabschnitten, in denen üblicherweise Ruhe erwünscht ist, kommt es zu Konflikten zwischen Nutzern und ruhebedürftigen Nachbarn der Anlage.

Verschärfend für den Konflikt sind auch die Eigenarten der Sportanlagengeräusche. Hier sind besonders die Impulshaltigkeit (→Impulsgeräusch) von Tennisspielgeräuschen sowie die →Informationshaltigkeit der Zurufe, Beifalls- und Mißfallensäußerungen von Spielern und Zuschauern und von Lautsprecherdurchsagen mit Musikdarbietungen zu nennen.

Ein auf diese Eigenarten abgestelltes Ermittlungs- und Beurteilungsverfahren ist in der S.-L. geregelt. Sie gilt für Sportanlagen, die einer Genehmigung nach der →4. BImSchV nicht bedürfen. Zu einer Sportanlage zählen alle Einrichtungen, die mit der Anlage in einem engen räumlichen und betrieblichen Zusammenhang stehen. Der Sportanlage zuzurechnende Geräusche sind Geräusche durch technische Einrichtungen und Geräte, durch die Sporttreibenden, durch die Zuschauer und sonstigen Nutzer sowie Geräusche von Parkplätzen auf dem Anlagengelände.

Verkehrsgeräusche auf öffentlichen Verkehrsflächen sind bei der Beurteilung gesondert zu betrachten und nur zu berücksichtigen, sofern sie den vorhandenen Pegel der Verkehrsgeräusche rechnerisch um mindestens 3 dB(A) erhöhen.

Beurteilt werden nach der 18. BImSchV Geräusche von Sportanlagen – wie allgemein üblich – durch Vergleich des →Beurteilungspegels L_r des Geräusches mit einem Immissionsrichtwert. Der Immissionsrichtwert ist abhängig von der baulichen Nutzung des zu schützenden Grundstücks und vom Auftreten des Geräusches während der Tageszeit (tags), der →Nachtzeit (nachts) und während sog. →Ruhezeiten.

Zur Berücksichtigung der Besonderheiten von Sportgeräuschen – Auftreten zu Tageszeiten, die auch dem Ruhebedürfnis der Anlieger von Sportanlagen dienen –, werden somit Beurteilungspegel für drei unterschiedliche Beurteilungszeitabschnitte gebildet, die dann mit Immissionsrichtwerten für diese Zeiten verglichen werden.

So gelten z. B. für reine Wohngebiete nach der 18. BImSchV die folgenden Immissionsrichtwerte:

tags außerhalb der Ruhezeiten	50 dB(A)
tags innerhalb der Ruhezeiten	45 dB(A)
nachts	35 dB(A).

Die Beurteilungspegel der Sportanlagengeräusche werden aus dem für die jeweilige Beurteilungszeit ermittelten →Mittelungspegel L_{Am} und ggf. den Zuschlägen K_I für Impulshaltigkeit und K_T für Ton- und Informationshaltigkeit des Geräusches gebildet, und zwar sind an Werktagen für die Zeit von 6.00–22.00 Uhr drei und an Sonn- und Feiertagen für die Zeit von 7.00–22.00 Uhr vier Beurteilungspegel zu ermitteln und mit den entsprechenden Immissionsrichtwerten zu vergleichen. Während der Nachtzeit ist ein Beurteilungspegel für die ungünstigste volle Stunde zu bilden.

Für Sportveranstaltungen zu besonderen Anlässen, z. B. Turniere, Jubiläumsveranstaltungen, Clubmeisterschaften u. ä. die nur gelegentlich im Jahr auftreten, regelt die 18. BImSchV die Anzahl dieser Veranstaltungen pro Jahr und die dabei zulässigen Überschreitungen der Immissionsrichtwerte. Diese vorgenannten Ereignisse gelten als selten, wenn sie an höchstens 18 Kalendertagen eines Jahres in einer Beurteilungszeit oder mehreren Beurteilungszeiten auftreten. Bei Vorliegen seltener Ereignisse mit Immissionsrichtwertüberschreitungen soll die zuständige Behörde von Betriebszeitenfestsetzungen absehen, wenn die Immissionsrichtwerte außerhalb von Gebäuden um nicht mehr als 10 dB(A) überschritten werden; keinesfalls dürfen aber die folgenden Höchstwerte überschritten werden:

– tags außerhalb der Ruhezeiten	70 dB(A)
– tags innerhalb der Ruhezeiten	65 dB(A)
– nachts	55 dB(A).

Die bei den Geräuschimmissionen seltener Ereignisse auftretenden →Maximalpegel dürfen die o. g. Werte tags um nicht mehr als 20 dB(A) und nachts um nicht mehr als 10 dB(A) überschreiten. *Strauch*

Literatur: *Niesl, G.* und *W. Probst:* Geräuschmessung von Tennisanlagen. Z. für Lärmbekämpfung **3** (1983). – Lärmbekämpfung 88, Tendenzen – Probleme – Lösungen. Umweltbundesamt. Berlin 1989. – Sport und Umwelt, Ermittlung der Schallemission und Schallimmission von Sport- und Freizeitanlagen. Hrsg.: Niedersächsisches Umweltministerium. 1987.

Sprachverständlichkeit. Die S. ist ein Maß für Kommunikationsstörungen durch unerwünschte Geräusche. Die Kommunikation wird immer dann gestört, wenn der vom Sprecher verursachte Schall vom Störgeräusch (→Fremdgeräusch) teilweise oder ganz verdeckt wird und somit vom Hörer nicht ungestört wahrzunehmen ist.

Die S. hängt ab von den Schalldruckpegeln und Frequenzspektren der Sprache und des Störschalls, aber auch vom Sprechverhalten, vom Informationsgehalt des Sprachtextes, dem Wissen und der Intelligenz des Hörers und vom Sichtkontakt des Hörers zum Sprecher.

Folgende mittlere →Schalldruckpegel werden beim Sprechen in etwa 1 m Abstand vom Sprecher erzeugt:

ruhige Sprechweise	50–55 dB(A)
mittlere Sprechweise	55–60 dB(A)
laute Sprechweise	65–75 dB(A)
sehr laute Sprechweise	75–80 dB(A).

Sind die Schalldruckpegel des Störgeräusches etwa 6 dB(A) oder mehr größer als die Sprechpegel, so treten hohe Kommunikationsstörungen auf mit geringer S.

Da der →Schallpegel nicht allein für die S. verantwortlich ist, sondern auch das Frequenzspektrum der Sprache und des Störgeräusches bezüglich der Verständlichkeit von Silben, Wörtern und Sätzen, wird als Maß der S. der Prozentsatz richtig erkannter Silben, Wörter oder Sätze ermittelt.

Für Störgeräusche, verursacht durch den Straßenverkehr (→Straßenverkehrsgeräusche), besteht beim Sprechen eine S. von praktisch 100 %, wenn der →Mittelungspegel des Straßenverkehrs-Geräusches 10 dB(A) kleiner ist als der Sprechpegel.

Die S. vermindert sich auf einen Wert von etwa 95 % Satzverständlichkeit und 70 % Wortverständlichkeit, wenn zwischen den Mittelungspegeln der Sprache und des Störgeräusches nur eine Differenz von 2 dB(A) besteht. *Strauch*

Literatur: Umwelt (1984) Nr. 106. – *Zwicker, E.; R. Feldtkeller:* Das Ohr als Nachrichtenempfänger. Stuttgart 1967.

Sprengerschütterungen. Mit S. werden die →Erschütterungen bezeichnet, die bei der Durchführung aller Arten von Sprengungen in der Umgebung des Sprengortes erzeugt werden. Durch die schlagartige Umsetzung des Sprengstoffs, z. B. bei Gewinnungssprengungen in Steinbrüchen, aber auch bei Bausprengungen und seismischen Sprengungen, werden durch einen Teil der freigesetzten Energie elastische Verformungen der Bodenteilchen bewirkt, die sich als Wellen ausbreiten.

Angaben zur Beurteilung von S. sind in Regelwerken gemacht worden, insbesondere in der DIN 4150 „Erschütterungen im Bauwesen". Dabei ist zwischen der Einwirkung von S. auf Bauwerke und Bauteile und der Einwirkung auf Menschen beim Aufenthalt in Gebäuden zu unterscheiden. Ziel der Maßnahmen zur Verminderung der S. ist es, Gefährdungen, erhebliche Nachteile und erhebliche Belästigungen in der Umgebung des Sprengortes zu vermeiden. Die Stärke der S. ist besonders von der Lademenge abhängig. Die Sprengungen mit großen Einzelladungen, die mit Momentzündung abgetan werden, verursachen relativ starke Erschütterungen. Durch Verkleinerung der Lademengen, durch Aufteilen in Teilladungen, die zeitlich verzögert gezündet werden, wird die Anregung der S. in

mehrere kurzzeitig hintereinander auftretende Erregungen aufgeteilt. Die Verwendung von Zündern in Form von Zeitzündern hat bei Großbohrlochsprengungen nicht nur zu einer besseren Zerkleinerung des Haufwerks, sondern auch zur Verminderung von S. geführt. Bei der Anwendung von Kurzzeitzündern mit Zündfolgeintervallen von 20 bis 30 ms hat sich zur Herabsetzung der gleichzeitig zur Detonation gelangenden Sprengstoffmenge die Verwendung von nur einer Zünderzeitstufe für ein Bohrloch bewährt. Auf die Stärke der verwendeten S. haben damit auch die Wandhöhe, die Vorgabe, der Abstand der Bohrlöcher und die Verspannung einen großen Einfluß. Weiterhin hat auch je nach vorliegenden geologischen Einflußgrößen die Abbaurichtung Einfluß auf die Stärke der in der Umgebung des Sprengortes auftretenden S. Durch Schwenken der Abbaurichtung kann die Stärke der S. in Abhängigkeit von der Ausbreitungsrichtung verringert werden. Der Einfluß der Sprengstoffart ist bei Gewinnungssprengungen vermutlich nicht von großer Bedeutung, da viele andere Faktoren diesen Einfluß überlagern. *Splittgerber*

Literatur: *Koch, H. W.:* Zur Möglichkeit der Abgrenzung von Lademengen bei Steinbruchsprengungen nach festgestellten Erschütterungsstärken. Nobel-Hefte. Nr. 2, 1958. – *Schubart, H., E. Thümmel:* Einfluß der Sprengtechnik und der Lagerstättenstruktur auf die Stärke und Ausbreitung von Bodenerschütterungen bei Gewinnsprengungen. Geol. Jb. E 6 1976. – *Splittgerber, H.:* Einflüsse auf die Stärke von Erschütterungen bei Gewinnsprengungen. Schriftenreihe der Landesanstalt für Immissionsschutz des Landes NRW, Heft 42, Essen 1977.

Sprühsorptionsverfahren. Das S. (auch Sprühabsorptions-, Quasitrocken- oder Halbtrockenverfahren genannt) ist ein abwasserfreies →Abgasreinigungsverfahren zur SO_2-, HCl- und HF-Abscheidung. Die gasförmigen Abgaskomponenten reagieren zunächst mit einer Kalksuspension zu den entsprechenden Salzen, die anschließend staubförmig in einem Entstauber abgeschieden werden. Als Einsatzstoff (Sorptionsmittel) wird üblicherweise Branntkalk (CaO) verwendet. Die Hauptkomponenten des S. sind ein Vorabscheider, ein Kalklöscher/Speisebehälter, ein Reaktor (Sprühturm) und ein Abscheider für die Reaktionsprodukte (Bild).

Ein Staubvorabscheider, z. B. ein Elektrofilter für Flugasche, ist für das S. prinzipiell nicht notwendig. Für den Betrieb der Abgasreinigungseinrichtung ergeben sich jedoch Vorteile, weil im Abgas kein grober und schleißender Staub mehr enthalten ist und ein besser verwertbares Produkt entsteht. Die Aufbereitung der Kalksuspension findet im Speisebehälter statt. Branntkalk wird mit Wasser und einem Teil des Reaktionsprodukts zu einer Suspension mit 30–50 Gew.-% Festanteil angemischt und die aufbereitete Suspension über Düsen- oder

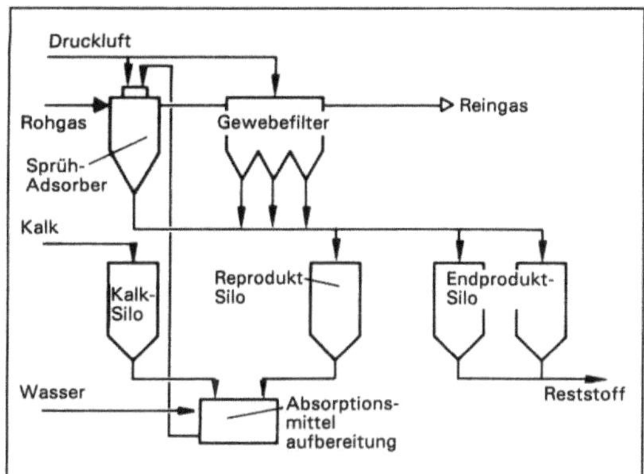

Sprühsorptionsverfahren: Prinzipschema.

Rotationszerstäuber in den Sprühreaktor eingedüst.

Das Abgas tritt mit Temperaturen von 120 bis
160 °C in den Reaktor ein. Während der Reaktionen
verdampft das Wasser der Kalksuspension. Dabei
kühlt das Abgas je nach Reaktorauslegung und
-betrieb auf Temperaturen von etwa 65–80 °C ab, so
daß ggf. auf eine Wiederaufheizung der Abgase vor
Ableitung in die Atmosphäre verzichtet werden
kann (→ Gasvorwärmer, → Kalkwaschverfahren).
Der Prozeß wird so geführt, daß bei Verweilzeiten
von 10–50 s im Sprühturm ein trockenes und fein-
körniges Endprodukt entsteht, das z. T. bereits im
unteren Teil des Sprühturms anfällt. Der Hauptanteil der Reaktionsprodukte wird jedoch mit dem
Abgas ausgetragen und in einem nachgeschalteten
Staubabscheider (Gewebe- oder Elektrofilter) abgeschieden. Gewebefilter bieten den Vorteil, daß
nicht umgesetztes Sorptionsmittel im Filterkuchen
mit restlichem SO_2 und anderen Schadstoffen reagiert. Diese Nachreaktion kann bis zu 20 % zum
Gesamtabscheidegrad beitragen; sie ist bei Elektrofiltern deutlich kleiner. Obwohl diese einen geringeren Druckverlust haben, werden aus diesem
Grund meist Gewebefilter eingesetzt.

Durch Rückführung von etwa 8–15 Gew.-% der
Reaktionsprodukte in den Speisebehälter wird der
Feststoffanteil in der frischen Kalksuspension
erhöht. Dies wirkt sich positiv auf den Trocknungs-
vorgang im Sprühturm aus. Gleichzeitig wird der
Nutzungsgrad des Sorptionsmittels verbessert. Die
Einsatzmenge des Sorptionsmittels liegt etwa zwischen 1,1 und 1,7 (Ca/S-Verhältnis). Sie richtet sich
nach dem erforderlichen → Abscheidegrad, nach
der Menge an rückgeführtem Produkt und nach der
Nachreaktionswirkung im Produktabscheider. Der
Reaktorwirkungsgrad steigt, je näher die Abgastemperatur am Taupunkt liegt. Die Menge des Produktes hängt vom Schadstoffgehalt im Abgas und vom
Ca/S-Verhältnis, d. h. von der zugeführten Kalk-
menge ab. Entsprechend der unterschiedlichen
Abgaszusammensetzung und der Kalkqualität ist
die Zusammensetzung des Endproduktes verschieden (Tabelle). Das Produkt besteht überwiegend
aus Calciumsulfit und -sulfat mit Anteilen an Car-
bonat und unreagiertem Kalk. Die Bandbreiten
entstehen durch verschiedene Kohle- und Kalkqua-
litäten, aber auch durch variierende Kesselarten und
dadurch verursachte Reaktorbedingungen.

Eine Deponierung dieses Reststoffs (ohne Vorbehandlung) ist im Regelfall nicht möglich. Zur Verwertung sind Untersuchungen und Entwicklungen
im Gange (z. B. Verwendung als Füllmaterial im
Bergbau, in der Beton- und Baustoffindustrie). Eine
Anlage zur Herstellung von technischem Anhydrit
($CaSO_4$), das in der Zementindustrie eingesetzt
werden kann, ist beim Heizkraftwerk Sandreuth der
EWAG in Nürnberg im Betrieb. Dabei wird der
Sulfitanteil des Produktgemisches thermisch oxidiert. Die Oxidation erfolgt in einem Wirbelschicht-
reaktor bei einer Temperatur von 740 °C mit Luft als
Fluidisierungsmittel. Zur Stabilisierung des Wirbel-
bettes und zur Verbesserung der Schüttguteigen-
schaften des Anhydrites wird etwa 10 Gew.-% Flugasche zugegeben. Bevor das Abgas des Wirbel-
schichtreaktors vor der S.-Anlage dem Abgasstrom
des Kessels wieder zugegeben wird, werden die
Chlorkomponenten in einem Wäscher und der
Staub in einem Gewebefilter abgeschieden.

Mit dem S. lassen sich bei überstöchiometrischer
Kalkzugabe, hoher Rezirkulationsrate des Produktes in den Sprühturm, guter Nachreaktion im Produktabscheider und niedriger Reaktionstemperatur
Entschwefelungsgrade von über 90 % erzielen.
Anlagen nach dem S. sind insbesondere bei Kraftwerken und Abfallverbrennungsanlagen in Betrieb. *Haug*

*Sprühsorptionsverfahren. Tabelle: Zusammensetzung des Reststoffs aus einer S.-Anlage bei einer Steinkoh-
lefeuerung mit Vorabscheidung der Flugasche*

Calciumsulfit-Halbhydrat ($CaSO_3$ 1/2 H_2O)	40–70 Gew.-%
Calciumsulfat-Dihydrat ($CaSO_4$ 2 H_2O)	5–20 Gew.-%
Calciumhydroxid (Ca[OH]$_2$)	10–20 Gew.-%
Calciumcarbonat ($CaCO_3$)	1–10 Gew.-%
Calciumchlorid ($CaCl_2$)	1– 5 Gew.-%
Calciumfluorid (CaF_2)	in Spuren

Literatur: *Brethofer, D. et al:* Maßnahmen zur Minderung der Emissionen von SO₂, NOₓ und VOC bei stationären Quellen in der Bundesrepublik Deutschland. Studie i. A. des BMU/ Umweltbundesamt. IIP Uni Karlsruhe Nov. 1991. – *Kolar, J.:* Vierjährige Betriebserfahrungen mit der atypischen Abgasreinigungsanlage des Heizkraftwerkes Sandreuth der EWAG. VGB Kraftwerkstechnik 71 (1991) Nr. 10. – VDI 3928 E: Abgasreinigung durch Chemisorption. 3/1990.

Sprühwäscher. Der auch Waschturm oder Düsenwäscher genannte S. ist die älteste Bauform der naßarbeitenden →Abscheider. Diese Wäscherbauart besteht aus bis zu 30 m hohen Rohren, durch die bei kleinen Geschwindigkeiten bis zu 1 m/s das zu reinigende Gas in der Regel von unten nach oben strömt. Während der langen Verweilzeit vermischt sich die in mehreren Ebenen mittels Düsen in Form fein verteilter Tropfen zugegebene Waschflüssigkeit mit dem Gas und nimmt dabei die Verunreinigungen auf (Bild).

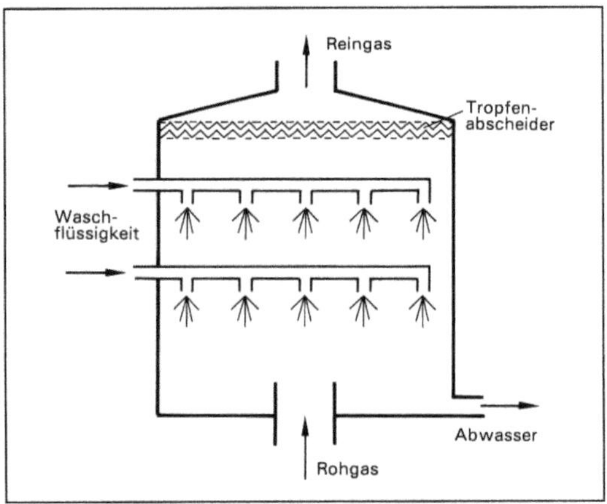

Sprühwäscher: Schematischer Aufbau.

Aufgrund der geringen Relativgeschwindigkeit zwischen dem Gas und der zu Tropfen zerfallenden Waschflüssigkeit werden Partikeln mit Durchmessern x < 1 μm kaum abgeschieden. Der Druckverlust ist allerdings mit 100–200 Pa sehr gering. Häufig werden solche Waschtürme auch zur Gaskühlung eingesetzt. Mit berieselten Schüttungen versehene S. bezeichnet man als Füllkörperkolonnen. *Löffler/Schmidt*

Spurengas, klimarelevant. Die meisten k. S. haben eine relativ lange mittlere Verweilzeit, so daß die atmosphärischen Konzentrationen dieser Gase nur langsam auf Änderungen der Emissions- bzw. Depositionsraten reagieren. Um diese zeitlichen Änderungen abschätzen zu können, müssen die Quellen und Senken der betreffenden Gase mit ausreichender Genauigkeit bekannt sein. Die k. S. zeichnen sich dadurch aus, daß sie im Bereich des sog. atmosphärischen Fensters, zwischen 8 und 12 μm, die von der Erde reflektierte Strahlung absorbieren und somit zur Erwärmung der Erde führen (→Treibhauseffekt, →Anstieg von Spurengasen).

Die wichtigsten k. S. in der →Troposphäre sind Wasserdampf, Kohlendioxid (CO₂). Distickstoffoxid (N₂O), Methan (CH₄), Ozon (O₃) und die Fluorchlorkohlenwasserstoffe (FCKW). Einen weitaus geringeren Anteil am Treibhauseffekt haben die Nicht-Methan-Kohlenwasserstoffe (NMHC) und die →Halone. *Becker/Wiesen*

Spurengasanstieg →Anstieg von Spurengasen

Spurenstoffausbreitung. Durch die atmosphärische Ausbreitung werden die Spurenstoffe mit dem Wind vom Quellort fortgeführt und in der Atmosphäre verteilt. Es handelt sich wegen der vielfältigen Abhängigkeiten der Einflußgrößen um einen sehr komplexen Prozeß. Insgesamt beinhaltet der Ausbreitungsprozeß den Transport der Spurenstoffe mit dem mittleren Windfeld, die Diffusion durch das Turbulenzfeld, die Umwandlung der Schadstoffe während der Ausbreitung durch chemische und physikalische Prozesse sowie die trockene und nasse Ablagerung (→Deposition) am Erdboden. Die Ausbreitungs-, Umwandlungs- und Verlustprozesse der Spurenstoffe werden auch als Transmission bezeichnet.

Mit Hilfe von Ausbreitungs- und Strömungsmodellen ist es möglich, die Transmission quantitativ zu beschreiben; wegen des komplexen Charakters des Ausbreitungsvorgangs allerdings nur in mehr oder weniger guter Näherung (→Simulation). Es ist daher erforderlich, Modelle durch Messungen zu überprüfen und zu kalibrieren. Betrachtungen zur S. haben für die Luftreinhaltung große Bedeutung. Durch die Möglichkeit, die Spurenstoffkonzentrationen in der Atmosphäre zu berechnen, kann die Auswirkung von existierenden Emittenten oder auch von geplanten Emittenten auf die Schadstoffbelastung in der Umgebung angegeben werden.

Im Rahmen von Sicherheitsanalysen werden bei genehmigungsbedürftigen Anlagen Studien für denkbare Störfälle an den Anlagen erforderlich. Solche Risiko-Abschätzungen erfolgen mit besonderen Ausbreitungsmodellen (VDI 3783, Bl. 1/2).

Anwendungsfälle von S.-Betrachtungen: In ebenem Gelände kommen für Entfernungsbereiche von 100 m bis zu 10–15 km stationäre Gaußfahnen-Modelle (→Gauß-Modell, →Gauß'sche Ausbreitungsformel; VDI 3782, Bl. 1) zum Einsatz (→Ausbreitung im Nahbereich niedriger Quellen). Mit erweiterten *Gauß*-Modellen (Gauß-Wolkenmodell) (VDI 3945, Bl. 1) ist dann zu arbeiten, wenn wegen der Topographie der Umgebung oder wegen größerer Entfernungen das Wind- und Turbulenzfeld nicht mehr als räumlich homogen betrachtet werden kann. In solchen Fällen ist mit besonderen →Strömungsmodellen das Wind- und Turbulenzfeld zu ermitteln.

→K-Modelle werden grundsätzlich zur Beschreibung der Ausbreitung bei komplizierten meteorologischen Strukturen benutzt. Sie sind nicht auf bestimmte Entfernungsbereiche beschränkt. Sie können sowohl die Ausbreitung z. B. im Nahbereich von Gebäuden, im komplexen Gelände als auch bei großen Entfernungen beschreiben. Voraussetzung ist jedoch auch hier, daß die Wind- und Turbulenzfelder über vorgeschaltete Strömungsmodelle ermittelt werden.

Das gilt auch für den Einsatz von →*Lagrange* Modellen. Besondere Modelle, bei denen auf empirische Ansätze oder auch Windkanal-Modellierung zurückgegriffen wird, befassen sich mit der →Ausbreitung von Kfz-Emissionen im Straßenbereich oder auch mit der →Ausbreitung von schweren Gasen bei Störfallbetrachtungen. Empirische Ansätze wurden zum Teil auch einbezogen bei der Modellierung der Überhöhung von Abgasfahnen (VDI 3782, Bl. 3).

Einen Sonderfall stellt die →Ausbreitung von Geruchsstoffen dar.

Ein besonders komplexes Problem stellt die Bildung von →Photooxidantien in der Atmosphäre dar, bei dem nicht nur die Ausbreitung der Vorläufersubstanzen (Kohlenwasserstoffe, Stickoxide) und der gebildeten Photooxidantien, sondern auch die sehr komplexen photochemischen Bildungsprozesse zu simulieren sind. *Eulersche* Gittermodell (→Euler-Ausbreitungsmodell) mit entsprechendem Chemiemodul wurden für die →Simulation von Ozon-Episoden entwickelt. *Külske*

Literatur: EMEP-Workshop-Bericht on Photooxidant Modelling for Long-Range Transport in Relation to Abatement Strategies; Umweltbundesamt, Berlin, 16.–19. 4. 1991. – *Martens, R.; K. Maßmeyer et al.:* Bestandsaufnahme und Bewertung der derzeit genutzten atmospharischen Ausbreitungsmodelle. Bericht der Ges. für Reaktorsicherheit. Koln 1987. – VDI 3782, Bl. 1: Ausbreitung von Luftverunreinigungen in der Atmosphäre; Ausbreitungsmodell für Luftreinhalteplane. 11/1988. – Bl. 3: Berechnung der Abgasfahnenüberhöhung. 6/1985. – Bl. 4 E: Umweltmeteorologie; Ausbreitung von Geruchsstoffen in der Atmosphäre. 5/1991. – VDI 3783, Bl. 1: Ausbreitung von Luftverunreinigungen in der Atmosphäre; Ausbreitung von störfallbedingten Freisetzungen; Sicherheitsanalyse. 5/1987. – Bl. 2: Umweltmeteorologie; Ausbreitung von storfallbedingten Freisetzungen schwerer Gase; Sicherheitsanalyse. 7/1990.

Spurenstoffausbreitungsmodelle →Spurenstoffausbreitung

Spurenstofftransport →Spurenstoffausbreitung

S-Satz. Kurzbezeichnung für Sicherheitsratschläge (S vom *engl.* safety) nach der →Gefahrstoffverordnung (GefStoffV). Entsprechend den Vorschriften der GefStoffV muß die Kennzeichnung von gefährlichen Stoffen (§ 6) und von gefährlichen Zubereitungen (§ 7) auch S-S. nach Anhang I Nr. 4 der GefStoffV enthalten. Die Auswahl der Sicherheitsratschläge erfolgt nach in Anhang I Nr. 1.6 der GefStoffV beschriebenen Kriterien. Für in Anhang I der EG-Richtlinie 67/548/EWG bzw. in der darauf fußenden Bekanntmachung nach § 4 a der GefStoffV (früher in Anhang VI der GefStoffV 1986) aufgeführte Stoffe sind dort die Kennzahlen für die zu verwendenden S-S. angegebeben, die mit den in Anhang I Nr. 4 der GefStoffV ausgewiesenen konkreten Sicherheitsratschlägen korrespondieren; die Kennzahlen der S-S. werden einzeln (dann sind die Zahlen durch einen waagerechten Strich getrennt) und/oder als Kombination (dann sind die Zahlen durch einen Schrägstrich getrennt) angegeben.

□ S-Sätze

S 1 Unter Verschluß aufbewahren.

S 2 Darf nicht in die Hände von Kindern gelangen.

S 3 Kühl aufbewahren.

S 4 Von Wohnplätzen fernhalten.

S 5 Unter ... aufbewahren (geeignete Flussigkeit vom Hersteller anzugeben).

S 6 Unter ... aufbewahren (inertes Gas vom Hersteller anzugeben).

S 7 Behälter dicht geschlossen halten.

S 8 Behälter trocken halten.

S 9 Behälter an einem gut gelüfteten Ort aufbewahren.

S 12 Behälter nicht gasdicht verschließen.

S 13 Von Nahrungsmitteln, Getranken und Futtermitteln fernhalten.

S 14 Von ... fernhalten (inkompatible Substanzen vom Hersteller anzugeben).

S 15 Vor Hitze schützen.

S 16 Von Zündquellen fernhalten – Nicht rauchen.

S 17 Von brennbaren Stoffen fernhalten.

S 18 Behalter mit Vorsicht öffnen und handhaben.

S 20 Bei der Arbeit nicht essen und trinken.

S 21 Bei der Arbeit nicht rauchen.

S 22 Staub nicht einatmen.

S 23 Gas/Rauch/Dampf/Aerosol nicht einatmen (geeignete Bezeichnungen vom Hersteller anzugeben).

S 24 Berührung mit der Haut vermeiden.

S 25 Beruhrung mit den Augen vermeiden.

S 26 Bei Berührung mit den Augen gründlich mit Wasser abspulen und Arzt konsultieren.

S 27 Beschmutzte, getrankte Kleidung sofort ausziehen.

S 28 Bei Berührung mit der Haut sofort abwaschen mit viel ... (vom Hersteller anzugeben).

S 29 Nicht in die Kanalisation gelangen lassen.

S 30 Niemals Wasser hinzugießen.

S 33	Maßnahmen gegen elektrostatische Aufladungen treffen.
S 35	Abfälle und Behälter mussen in gesicherter Weise beseitigt werden.
S 36	Bei der Arbeit geeignete Schutzkleidung tragen.
S 37	Geeignete Schutzhandschuhe tragen.
S 38	Bei unzureichender Belüftung Atemschutzgerät anlegen.
S 39	Schutzbrille/Gesichtsschutz tragen.
S 40	Fußboden und verunreinigte Gegenstände mit … reinigen (vom Hersteller anzugeben).
S 41	Explosions- und Brandgase nicht einatmen.
S 42	Beim Räuchern/Versprühen geeignetes Atemschutzgerät anlegen (geeignete Bezeichnung vom Hersteller anzugeben).
S 43	Zum Löschen … (vom Hersteller anzugeben) verwenden (wenn Wasser die Gefahr erhöht, anfügen: Kein Wasser verwenden).
S 45	Bei Unfall oder Unwohlsein sofort Arzt zuziehen (wenn möglich, dieses Etikett vorzeigen).
S 46	Bei Verschlucken sofort ärztlichen Rat einholen und Verpackung oder Etikett vorzeigen.
S 47	Nicht bei Temperaturen über … °C aufbewahren (vom Hersteller anzugeben).
S 48	Feucht halten mit … (geeignetes Mittel vom Hersteller anzugeben).
S 49	Nur im Originalbehälter aufbewahren.
S 50	Nicht mischen mit … (vom Hersteller anzugeben).
S 51	Nur in gut belüfteten Bereichen verwenden.
S 52	Nicht großflächig für Wohn- und Aufenthaltsräume zu verwenden.
S 53	Exposition vermeiden – vor Gebrauch besondere Anweisungen einholen.
S 56	Diesen Stoff und seinen Behälter der Problemabfallentsorgung zuführen.
S 57	Zur Vermeidung einer Kontamination der Umwelt geeigneten Behälter verwenden.
S 59	Information zur Wiederverwendung/Wiederverwertung beim Hersteller/Lieferanten erfragen.
S 60	Dieser Stoff und sein Behälter sind als gefährlicher Abfall zu entsorgen.
S 61	Freisetzung in die Umwelt vermeiden. Besondere Anweisungen einholen/Sicherheitsdatenblatt zu Rate ziehen.
S 62	Bei Verschlucken kein Erbrechen herbeiführen. Sofort ärztlichen Rat einholen und Verpackung oder dieses Etikett vorzeigen.

□ Kombination der S-Sätze

S 1/2	Unter Verschluß und für Kinder unzugänglich aufbewahren.
S 3/7	Behälter dicht geschlossen halten und an einem kühlen Ort aufbewahren.
S 3/9	Behälter an einem kühlen, gut gelufteten Ort aufbewahren.
S 3/9/14	An einem kühlen, gut gelüfteten Ort, entfernt von … aufbewahren (die Stoffe, mit denen Kontakt vermieden werden muß, sind vom Hersteller anzugeben).
S 3/9/14/49	Nur im Originalbehalter an einem kühlen, gut gelüfteten Ort, entfernt von … aufbewahren (die Stoffe, mit denen Kontakt vermieden werden muß, sind vom Hersteller anzugeben).
S 3/9/49	Nur im Originalbehälter an einem kühlen, gut gelüfteten Ort aufbewahren.
S 3/14	An einem kühlen, von … entfernten Ort aufbewahren (die Stoffe, mit denen Kontakt vermieden werden muß, sind vom Hersteller anzugeben).
S 7/8	Behälter trocken und dicht geschlossen halten.
S 7/9	Behälter dicht geschlossen an einem gut gelüfteten Ort aufbewahren.
S 7/47	Behälter dicht geschlossen und nicht bei Temperaturen über … °C aufbewahren (vom Hersteller anzugeben).
S 20/21	Bei der Arbeit nicht essen, trinken, rauchen.
S 24/25	Berührung mit den Augen und der Haut vermeiden.
S 29/56	Nicht in die Kanalisation gelangen lassen.
S 36/37	Bei der Arbeit geeignete Schutzhandschuhe und Schutzkleidung tragen.
S 36/37/39	Bei der Arbeit geeignete Schutzkleidung, Schutzhandschuhe und Schutzbrille/Gesichtsschutz tragen.
S 36/39	Bei der Arbeit geeignete Schutzkleidung und Schutzbrille/Gesichtsschutz tragen.
S 37/39	Bei der Arbeit geeignete Schutzhandschuhe und Schutzbrille/Gesichtsschutz tragen.
S 47/49	Nur im Originalbehälter bei einer Temperatur von nicht über … °C (vom Hersteller anzugeben) aufbewahren.

Dreyhaupt

SST. Abk. *engl.* für Supersonic Transport; damit ist der Flug von Überschallflugzeugen in Höhen bis ca. 20 km gemeint. Diese Flugzeuge emittieren vor allem Wasserdampf, Kohlendioxid und dazu eine Reihe weiterer Stoffe wie Stickoxide, unverbrannte Kohlenwasserstoffe, Kohlenmonoxid und Schwefeldioxid.

In der oberen →Troposphäre und der →Stratosphäre bilden der Luftverkehr und Raketenstarts die einzigen kontinuierlichen anthropogenen Emissionsquellen. Wegen der großen Verweilzeit von Spurenstoffen in diesen Höhen übersteigen die resultierenden Konzentrationen zum Teil die sonst vorhandenen Hintergrundkonzentrationen. Es gibt Hinweise, daß die Emissionen, insbesondere von Stickoxiden, über katalytische Zyklen die Ozonkonzentration in der Stratosphäre reduzieren, in der Troposphäre aber vergrößern. Der emittierte Wasserdampf kann zusätzliche Wolken verursachen, die den Strahlungshaushalt der Erde verändern (→Albedo). Insgesamt geht von der Luft- und Raumfahrt eine Reihe von möglicherweise schwerwiegenden Auswirkungen auf die Atmosphäre aus, deren Konsequenzen bisher nicht ausreichend bekannt sind. *Barnes*

Stabilitätsklassen →Diffusionsklassen

Stacktip downwash. Eine Abgasfahne kann hinter dem →Schornstein, aus dem sie austritt, nach unten gezogen werden, wenn die Austrittsgeschwindigkeit w_s der Abgase kleiner ist als das 1,5fache der →Windgeschwindigkeit u an der Schornsteinmündung (Bild). Ursache ist der hinter dem Schornstein herrschende Unterdruck. Die Absenkung (S. d.) beträgt:

$h_s = 2 (1{,}5{-}w_s/u)\, d_s$ für $w_s/u < 1{,}5$ mit d_s: Schornsteindurchmesser

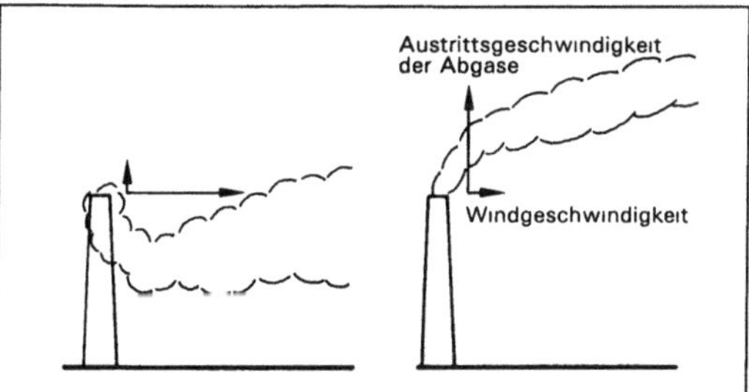

Stacktip downwash: Schematische Darstellung.

Anschließend bewirkt ein evtl. vorhandener thermischer Auftrieb auf Grund des Wärmeinhalts der Abgasfahne dann wieder einen Anstieg.

Die Absenkung einer Abgasfahne durch den Leewirbel hinter einem Gebäude bei nicht ausreichender effektiver Quellhöhe über der Mitte des Leewirbels wird ebenfalls als s. d. bezeichnet. Sofern bei niedrigen Schornsteinen die Austrittsgeschwindigkeit der Abgase wenigstens 7 m/s beträgt, wird insbesondere s. d. weitgehend vermieden (→Abgasfahnenüberhöhung, →Ausbreitung im Nahbereich niedriger Quellen). *Giebel*

Stadtklima. Das durch die Wechselwirkung des Klimas der Umgebung mit der Stadtbebauung und deren Auswirkungen (einschließlich Abwärme und Emission von luftverunreinigenden Stoffen) entstehende →Klima. In Abhängigkeit von der Größe der bebauten Fläche, der Dichte und Höhe der Bebauung, der Stadtstruktur, der Geländeform, der geographischen Breite und der Höhenlage hat es unterschiedliche Erscheinungsformen. Wichtigste Merkmale sind
– die als Wärme-Insel-Effekt bezeichnete Erhöhung der Lufttemperatur gegenüber dem Umland, die u. a. eine konvektive Zirkulation mit zum Stadtzentrum gerichteten Winden in Gang setzt, wenn die regionale Windgeschwindigkeit niedrig liegt (über

dem Stadtzentrum steigt die Luft auf, um anschließend in den Außenbereichen wieder abzusinken: Bild),

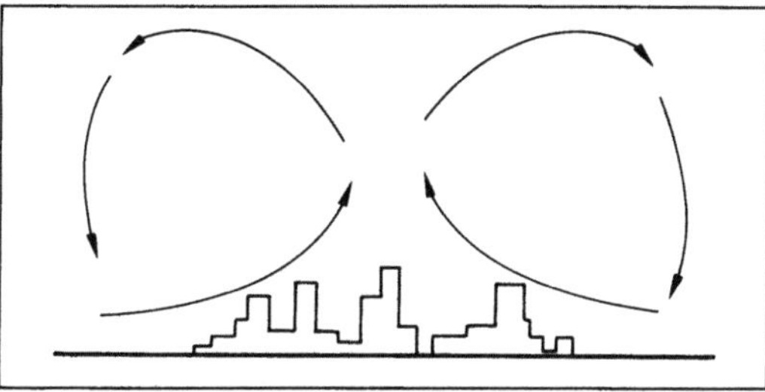

Stadtklima: Konvektive Zirkulation mit zum Stadtzentrum gerichteten Winden bei niedriger regionaler Windgeschwindigkeit.

– die geringere Häufigkeit von Bodeninversionen,
– die Herabsetzung der mittleren Windgeschwindigkeit und die Veränderung des Windprofils über der Stadt,
– die Veränderung der Bewölkung und des Niederschlags,
– die Schwächung der Sonneneinstrahlung, insbesondere des UV Lichts, durch Reflexion und Streuung an den Partikeln der Dunsthaube, die aufgrund der Emissionen an luftverunreinigenden Stoffen über der Stadt liegt; die Strahlungsschwächung ist bei niedrigem Sonnenstand am größten (→Wärme-Insel). *Giebel*

Literatur: *Grefen, K. u. J. Löbel:* Environmental Meteorology. Proc. of an Intern. Symposium Würzburg, FRG. 1987. Dordrecht–Boston–London 1988. – VDI-Kommission Reinhaltung der Luft: Lufthygiene und Klima. Düsseldorf 1993.

Stadtzyklus →FTP-Zyklus

Stagnationsindex. Größe aus Höhe der →Mischungsschicht und Vektormittel der Bodenwindgeschwindigkeit zur Beschreibung der Wirksamkeit austauscharmer →Wetterlagen in bezug auf Schadstoffanreicherungen in der Atmosphäre nach folgender Formel:

$$I = \sqrt{\dfrac{10^6}{H \cdot v}}$$

(H: maximale Mischungsschichthöhe in m, v: Vektormittel der Bodenwindgeschwindigkeit in ms^{-1}).

Die Formel gilt für $H = 100{-}1\,000$ m und für $v = 1{-}10$ ms^{-1}. Bei $H < 100$ m ist $H = 100$ m, bei $H > 1\,000$ m ist $H = 1\,000$ m zu setzen. Bei $v < 1$ ms^{-1} ist $v = 1$ ms^{-1}, bei $v > 10$ ms^{-1} ist $v = 10$ ms^{-1} zu setzen. *Külske*

Literatur: *Fett, W.:* Ein Index für das Stagnieren der bodennahen Luft. Beilage zur Berliner Wetterkarte 41/74.

Stahlerzeugung und -verarbeitung →Eisenerzeugung und -verarbeitung

Stahlkorrosion. Bei der Wirkung von →Luftverunreinigungen auf Stahl und auf andere Metalle handelt es sich im wesentlichen um einen elektrochemischen Prozeß. Daher ist zur Auslösung der Schäden (wie bei den Natursteinen) hohe Luftfeuchtigkeit erforderlich. Diese liegt in reiner Luft bei 70%, in verunreinigter Luft bei 60%. Die wichtigste Luftverunreinigung ist wiederum das Schwefeldioxid. Aber auch alle anderen säurebildenden Schadgase können den Korrosionsprozeß beschleunigen, der im übrigen wie beim Naturstein in verlangsamter Form auch unter natürlichen Bedingungen abläuft, falls ausreichend Luftfeuchtigkeit vorhanden ist (→Natursteinschäden).

Die wichtigste Reaktionen sind

$$SO_2 + O_2 + 2\ e^- \rightarrow SO_4^{2-}$$
$$4\ HSO_3 + 3\ O_2 + 4\ e^- \rightarrow 4\ SO_4^{2-} + 2\ H_2O$$

Die Elektronen entstehen durch Oxidation der Metalloberfläche ($M \rightarrow M^{n+} + n\ e^-$).

Die hieraus folgenden Sulfatnester, entweder im Rost oder an der Metalloberfläche, dienen als Katalysatoren, genauer als Anoden, so daß mit der umgebenden Kathode Korrosionszellen gebildet werden. Die Reaktion lautet dann

$$2\ Fe^{2+} + 3\ H_2O + \tfrac{1}{2}\ O_2 \rightarrow 2\ FeOOH + 4\ H^+.$$

Der elektrochemische Prozeß zeigt die große Bedeutung des Feuchtigkeitsfilms als die zweite wichtige Voraussetzung neben der Luftverunreinigung.

Das Korrosionspotential der übrigen Metalle ist insgesamt weit geringer einzustufen als das des Stahls. Zink wird normalerweise durch die sich bildende Schicht aus Zinkhydroxid und Zinkkarbonat geschützt. In Anwesenheit von Schwefeldioxid bilden sich lösliche Korrosionsprodukte, die der Regen abwäscht. Ähnliche Verhältnisse liegen für Aluminium und Kupfer vor. Unter kunsthistorischen Gesichtspunkten ist die Bronze ein wichtiges, durch Luftverunreinigungen grundsätzlich gefährdetes Metall. *Prinz*

Stallabluft. Mit der S. werden auch Verunreinigungen der Stalluft abgeführt, vorwiegend Staubpartikel, Gerüche und Schadgase. Die Staubpartikel stammen aus dem Tierfutter, der Einstreu, dem Haar- bzw. Federkleid der Tiere, den Abschilfungen der Epidermis sowie aus dem Abrieb von Stallbauteilen und aus getrocknetem Kot. Je nach Tierart, Aufstallungsform und besonderen Aktivitäten im Stall sind unterschiedliche Staubkonzentrationen in der S. vorhanden. Die durchschnittlichen Staubgehalte der S. liegen, abhängig von Tierart und Aufstallungsform, in einer Größenordnung zwischen etwa 1–6 mg/m^3.

Die Geruchsemissionen der Stalluft stammen aus mikrobiologischen und enzymatischen Umsetzungen im Magen-Darm-Trakt der Tiere, aus deren Ausdünstungen sowie aus mikrobiellen Umsetzungen in den Exkrementen und auf verschmutzten Oberflächen. Der Geruch der Stalluft setzt sich aus einer Vielzahl chemischer Verbindungen zusammen. Bislang konnten gaschromatographisch-massenspektrometrisch mehr als rd. 250 verschiedene Verbindungen nachgewiesen werden, wovon nur rd. 150 identifiziert wurden.

Analog den Geruchsstoffen entstehen die Schadgase in der Stalluft ebenfalls aus mikrobiologischen Umsetzungen, vorwiegend in den tierischen Exkrementen, und im Falle des Kohlendioxids auch durch die Atmung der Tiere. Die zulässigen Grenzwerte für den Kohlendioxidgehalt liegen lt. DIN 18910 bei 3 500 ppm, für den Ammoniakgehalt bei 50 ppm und für den Schwefelwasserstoffgehalt bei 10 ppm.

Abhängig von der Güte der Klimaführung (Stallüftung) im Stall liegen die durchschnittlichen Werte für Kohlendioxid zwischen etwa 2 000 und 2 500 ppm, für Ammoniak zwischen etwa 2 und 15 ppm und für Schwefelwasserstoff normalerweise unter 1 ppm, wobei speziell beim Ammoniakgehalt neben der Tierart auch die Aufstallungsform bzw. das Entmistungsverfahren einen Einfluß haben kann. Schwefelwasserstoffkonzentrationen können allerdings wesentlich ansteigen bzw. örtlich sogar unmittelbar tödliche Konzentrationsbereiche erreichen, wenn lange (u. U. mehrmonatig) im Stall gelagerter →Flüssigmist ohne entsprechende Vorsichtsmaßnahmen aufgerührt wird. *H. Schön/Zeisig*

Literatur: DIN 18910: Klima in geschlossenen Ställen. – *Käser, K. J.:* Uber die Entwicklung von Glaskapillaren und die Analytik von Geruchsstoffen, Dissertation, TU Munchen-Weihenstephan. 1979.

Stallheizung. Eine S. ist erforderlich bei Warmställen, wenn zur Einhaltung bestimmter Stalluftmindesttemperaturen die Wärmebilanz des Stalls negativ ist.

Bei ausreichendem Wärmeüberschuß der →Stallabluft kann die Wärmebilanz eines Stalls auch ausgeglichen werden durch Wärmerückgewinnungsanlagen. Hier sind vorwiegend Luft-Luft-Wärmetauscher oder Luft-Wasser-Wärmetauscher im Einsatz. *H. Schön/Zeisig*

Literatur: DIN 18910: Klima in geschlossenen Ställen.

Stallüftung. Mit Hilfe der S. soll der Wärme- und Wasserdampfhaushalt (vorwiegend von Warmställen) gesteuert werden. Außerdem hat die S. speziell im Winterbetrieb dafür zu sorgen, daß in der Stalluft bestimmte Schadgaskonzentrationen nicht überschritten werden.

Für die Berechnung der Luftraten im Winterbetrieb wird daher sowohl der Wasserdampfhaushalt des Stalls als auch der Kohlendioxidgehalt der Stalluft (Grenzwert 3 500 ppm) herangezogen. Die größere der sich nach dem Wasserdampfhaushalt bzw. dem Kohlendioxidhaushalt ergebenden Luftraten wird als Mindestluftrate im Winter eingesetzt. Die erforderlichen Luftraten im Sommerbetrieb ergeben sich aus der Wärmeproduktion der Tiere in Verbindung mit zulässigen Temperaturerhöhungen gegenüber der Außenlufttemperatur.

Die Zuluftführung im Stall muß so gestaltet sein, daß bei den jeweiligen Luftraten im Winterbetrieb keine Zugerscheinungen im Tierbereich auftreten und im Sommerbetrieb ein Hitzestau im Tierbereich vermieden wird.

Bei den eingesetzten Lüftungssystemen für die S. unterscheidet man zwischen freier Lüftung und Zwangslüftung. *H. Schön/Zeisig*

Literatur: DIN 18910: Klima in geschlossenen Ställen.

Stand der Sicherheitstechnik. S. d. S. im Sinne der →Störfall-Verordnung ist der Entwicklungsstand fortschrittlicher Verfahren, Einrichtungen und Betriebsweisen, der die praktische Eignung einer Maßnahme zur Verhinderung von Störfällen oder zur Begrenzung ihrer Auswirkungen gesichert erscheinen läßt (§ 2 Abs. 3 der Störfall-Verordnung). Die Definition entspricht im Aufbau und in der Tendenz der Aussage der Definition des →Standes der Technik in § 3 Abs. 6 des BImSchG. Inhaltlich unterscheiden sich die beiden Begriffsbestimmungen dadurch, daß der Stand der Technik auf Maßnahmen zur Begrenzung von Emissionen abstellt, während der S. d. S. auf Sicherheitsvorkehrungen zur Störfallabwehr bezogen ist. Nach § 2 Abs. 3 der Störfall-Verordnung kann eine Maßnahme auch dann dem S. d. S. entsprechen, wenn sie noch nicht im Betrieb erprobt worden ist. Entscheidend ist allein, ob aus dem allgemeinen technischen Entwicklungsstand die praktische Eignung einer Maßnahme zur Verhinderung von Störfällen oder zur Begrenzung ihrer Auswirkungen hergeleitet werden kann. Diese Folgerung muß allerdings gesichert sein, d. h. die Eignung muß nachweisbar feststehen oder mit an Sicherheit grenzender Wahrscheinlichkeit zu erwarten sein. *Hansmann*

Stand der Technik. Der Gesetzgeber hat die rechtlichen Anforderungen zum Schutz der Umwelt in einer ganzen Reihe von gesetzlichen Bestimmungen dadurch dynamisiert, daß er die Beachtung bestimmter Standards zur Pflicht macht (→Umweltstandard). Zu diesen Technikklauseln zählt auch der S. d. T., der z. B. in den §§ 5 Abs. 1 Nr. 2 BImSchG, 7a Abs. 1 S. 2 WHG, 2 Abs. 1 Nr. 4 Luftverkehrsgesetz, 4 BBahnG rechtlich verankert ist. Mit dem S. d. T. nimmt der Gesetzgeber auf außerrechtliche Wertmaßstäbe Bezug. Beim S. d. T. handelt es sich um einen technischen →Standard, der in seinen Anforderungen hinter demjenigen des „→Standes von Wissenschaft und Technik", wie er z. B. in § 7

Abs. 2 Nr. 3 AtG für atomtechnische Anlagen zur Genehmigungsvoraussetzung gemacht wird, zurückbleibt, der andererseits aber über den Standard der allgemein anerkannten Regeln der Technik (→a. a. R. d. T.) hinausgeht.

Gesetzlich definiert ist der S. d. T. in § 3 Abs. 6 S. 1 BImSchG. Danach ist es der Entwicklungsstand fortschrittlicher Verfahren, Einrichtungen oder Betriebsweisen, der die praktische Eignung einer Maßnahme zur Begrenzung von Emissionen gesichert erscheinen läßt. Gemäß § 3 Abs. 6 S. 1 BImSchG sind bei der Bestimmung des S. d. T. insbesondere vergleichbare Verfahren, Einrichtungen oder Betriebsweisen heranzuziehen, die mit Erfolg im Betrieb erprobt sind. Durch den S. d. T. wird der rechtliche Maßstab für das Erlaubte an die Front der technischen Entwicklung verlagert. Auf die allgemeine Anerkennung und die praktische Bewährung einer bestimmten Technik kommt es für den S. d. T. nicht ausschlaggebend an. Die Behörden müssen deshalb in den Meinungsstreit der Techniker eintreten, um zu ermitteln, was technisch notwendig, angemessen und machbar ist. Ob eine Maßnahme dem S. d. T. entspricht, ist eine Frage, die nicht im Ermessen der Verwaltungsbehörden steht. Vielmehr ist der zu fordernde technische Standard durch Auslegung des unbestimmten Rechtsbegriffs S. d. T. zu bestimmen. Auch für die Anerkennung eines Beurteilungsspielraumes hinsichtlich des unbestimmten Rechtsbegriffs besteht kein Anlaß. *Hoppe/Beckmann*

Literatur: *Feldhaus:* Zum Inhalt und zur Anwendung des Standes der Technik im Immissionsschutzrecht. DVBl 1981. – *Rengeling:* Der Stand der Technik bei der Genehmigung umweltgefährdender Anlagen. 1985. – *Sellner:* Immissionsschutzrecht und Industrieanlagen, 2. Aufl., München 1988.

Stand von Wissenschaft und Technik. Gegenüber dem →Stand der Technik und den Allgemein anerkannten Regeln der Technik (→a. a. R. d. T.) bedeutet der S. W. T. eine Verschärfung der Anforderungen. Eine danach erforderliche Vorsorge gegen Schäden wird für kerntechnische Anlagen gem. § 7 Abs. 2 Nr. 3 AtG gefordert. Eine am S. W. T. ausgerichtete Vorsorge muß der neuesten wissenschaftlichen Erkenntnis Rechnung tragen. Die Genehmigungsbehörde darf sich nicht auf eine herrschende Meinung in der Wissenschaft verlassen, sondern muß alle vertretbaren wissenschaftlichen Erkenntnisse in Erwägung ziehen. Läßt sich danach die erforderliche Vorsorge technisch noch nicht verwirklichen, darf die Genehmigung nicht erteilt werden. Die Vorsorge wird daher durch das gegenwärtig technisch Machbare nicht begrenzt. Die nach dem S. W. T. erforderliche Schadensvorsorge ist sowohl durch die bauliche Konzeption und die sicherheitstechnische Auslegung der Anlage als auch durch ihre sorgfältige Bedienung zu gewährleisten. Diese Schadensvorsorge ist sowohl für den Normalbetrieb als auch für den →Störfall und den möglichen Unfall zu beachten.

Der S. W. T. wird für kerntechnische Anlagen regelmäßig durch die technischen Regelwerke der Reaktorsicherheits- und Strahlenschutz-Kommission, des Kerntechnischen Ausschusses, durch DIN-Normen sowie durch Sicherheitskriterien für Kernkraftwerke des Bundesumweltministers konkretisiert. *Hoppe/Beckmann*

Literatur: *Kloepfer:* Umweltrecht, § 8 Rn. 30. München 1989. – *Marburger:* Die Regeln der Technik im Recht. 1979. – *Nolte:* Rechtliche Anforderungen an die technische Sicherheit von Kernanlagen. 1994. – *Ronellenfitsch:* Das atomrechtliche Genehmigungsverfahren. 1983. – *Sellner:* Atom- und Strahlenschutz. In: Grundzüge des Umweltrechts. Berlin 1982.

Standard. *Engl.* Bezeichnung für Norm. In ISO/IEC-Guide 2 (→ISO; →IEC) ist S. definiert als Dokument,

– das mit Konsens erstellt und von einer anerkannten für Normen und Vorschriften verantwortlichen Institution angenommen wurde,

– das für die allgemeine und wiederkehrende Anwendung Regeln, Anleitungen oder Kenndaten für Tätigkeiten oder deren Ergebnisse festlegt und

– das die Erzielung eines optimalen Ordnungsgrades in einem gegebenen Zusammenhang anstrebt.

S. sollten nach ISO/IEC-Guide 2 auf den gesicherten Ergebnissen von Wissenschaft, Technik und Erfahrung basieren und auf die Förderung optimaler Vorteile für die Gesellschaft abzielen.

Konsens bedeutet allgemeine Zustimmung, d. h. Fehlen von aufrechterhaltenem Widerspruch gegen wesentliche Inhalte seitens eines wichtigen Anteils der betroffenen Interessen, in einem Verfahren, das auf die Berücksichtigung der Gesichtspunkte aller betroffenen Parteien und auf die Ausräumung aller Gegenargumente ausgerichtet ist; Konsens bedeutet jedoch nicht notwendigerweise Einstimmigkeit (→DIN-Norm).

Die dieser Definition des *engl.* standard entsprechende deutsche Bezeichnung S. wird auch im Umweltschutz – sowohl unter rechtlichen (→Umweltstandard) als auch unter technischen (→Emissionsstandard) Aspekten – verwendet. *Dreyhaupt*

Literatur: ISO/IEC Guide 2 – 1986: General terms and their definitions concerning standardization and related activities.

Standardabweichung. S. ist ein Maß für die Streuung der Einzelmeßwerte eines Meßwertkollektivs um ihren gemeinsamen Mittelwert und zugleich ein Maß für die Streuung der gemessenen Einzelmeßwerte untereinander. In der Regel wird die S. durch Wiederholungsmessungen bei gegebenem konstan-

tem Wert des Meßobjekts (Luftbeschaffenheitsmerkmal) bestimmt. Die S. ist definiert als die Quadratwurzel aus der Varianz.

$$S = \sqrt{S^2} = \sqrt{\frac{\sum\limits_{i=1}^{n} (x_i - \bar{x})^2}{n - 1}}$$

Dabei ist $\bar{x}$ das arithmetische Mittel der n Meßwerte x_i.

Sind Wiederholungsmessungen bei konstantem Wert des Meßobjekts nicht möglich (z. B. wenn kein →Prüfgas verfügbar ist), kann die S. aus Doppelbestimmungen ermittelt werden (DIN 1319, Teil 3):

$$S = \sqrt{\frac{\sum\limits_{i=1}^{m} (x_{1i} - x_{2i})^2}{2m}}$$

Dabei ist m die Anzahl der Wertepaare (x_{1i}, x_{2i}).

Die Varianz S^2 ist stets positiv. Die S. S wird in der Regel ebenfalls als positiver Wert weiterverwendet. Die S. S ist ein Schätzwert der S. S_∞ der sehr großen Grundgesamtheit (n bzw. m gegen ∞). *Birkle*

Literatur: *Birkle, M.:* Meßtechnik für den Immissionsschutz. München–Wien 1979. – *Doerffel, K.:* Beurteilung von Analysenverfahren und -ergebnissen. Zeitschrift für analytische Chemie 185 (1962), S. 1. – *John, B.:* Statistische Verfahren für Technische Meßreihen. 1979.

Start- und Lande-Zyklus. (Landing/Take-off-Cycle, LTO-Cycle). Die Einhaltung der von der ICAO empfohlenen Emissionsgrenzwerte der Schadstoffe von Flugtriebwerken muß mit Hilfe von Messungen auf einem Prüfstand unter Boden-Stand-Bedingungen nachgewiesen werden. Dabei werden Gasproben aus dem Abgasstrahl des Triebwerks bei bestimmten Laststufen über Zeiten entnommen, wie sie der praktischen Durchführung des Flugverkehrs im bodennahen Bereich und auf dem Flughafen entsprechen. Hierfür wurde von der amerikanischen Environmental Protection Agency, EPA, ein S.-L.-Z. definiert, der von der ICAO übernommen und im Annex 16, Vol. II, niedergelegt wurde. Danach sind für Triebwerke, die nach dem 1. 1. 1986 gefertigt sind und deren Schub größer als 26,7 kN ist, bei diesen Messungen folgende Laststufen einzustellen und Gasproben über die angegebene Zeitdauer zu entnehmen:

Start	100 %	Nennschub	0,7 Minuten
Steigflug	85 %	Nennschub	2,2 Minuten
Landeanflug	30 %	Nennschub	4,0 Minuten
Rollen am Boden/Leerlauf	7 %	Nennschub	26,0 Minuten

Für diese Folge von Laststufen muß die dabei emittierte Masse der gasförmigen Schadstoffe CO, HC, und NO_x gemessen und in Gramm angegeben werden. Die Partikelemission ist als →Rauchzahl anzugeben.

Triebwerke für den Antrieb von Überschallflugzeugen unterliegen einem etwas veränderten Zyklus. Er schließt auch die Abstiegsphase mit ein und gibt für die jeweiligen Laststufen geänderte Meßzeiten vor. Da bei solchen Triebwerken auch Nachbrennerbetrieb in Frage kommt, werden die Laststufen auf den Nennschub F_{oo}^{*} mit Nachbrenner bezogen. Im einzelnen gilt:

Start	100 % Nennschub	1,2 Minuten
Steigflug	65 % Nennschub	2,0 Minuten
Abstieg	15 % Nennschub	1,2 Minuten
Landeanflug	34 % Nennschub	2,3 Minuten
Rollen am Boden/Leerlauf	5,8 % Nennschub	26,0 Minuten

Winterfeld

Literatur: International Standards and Recommended Practices, Environmental Protection, Annex 16 to the Convention on International Civil Aviation, Volume II, Aircraft Engine Emissions, 1st. Ed. ICAO, 1981.

Statisches elektrisches/magnetisches Feld
→Feld, statisches elektrisches/magnetisches

Statussignal. Meßplätze in automatischen →Immissionsmeßnetzen werden üblicherweise mit Hilfe von S.-Gebern überwacht. Dabei wird in der Regel unterschieden zwischen Betriebs-S. und Fehler-S.

Betriebs-S. zeigen den jeweiligen aktuellen Betriebszustand an (Messung des Außenluftparameters, Wartung, →Kalibrierung etc.).

Die Fehler-S. liefern Informationen über mögliche Fehlerzustände der Geräte bzw. Meßplätze, indem wichtige Baugruppen mit Hilfe von Sensoren ständig überwacht werden (Durchflüsse von Gasen und Lösungen, Temperaturen in Meßkammern, Lampenintensitäten, Hochspannungs-Versorgungen etc.).

S. sind für den gesicherten Betrieb von Meßeinrichtungen insbesondere in Immissionsmeßnetzen unverzichtbar und stellen ein wichtiges Element der →Qualitätssicherung bei Immissionsmessungen dar. *Pfeffer*

Literatur: *Pfeffer, H.-U.; H. Dobrick:* Qualitätssicherung in automatischen Immissionsmeßnetzen. Strategie und Optimierung eines Routinebetriebes. Staub – Reinhaltung der Luft **47** (1987) Nr. 1/2, S. 28–33. – *Pfeffer, H.-U.; H. Dobrick; R. Junker:* Qualitätssicherung in automatischen Immissionsmeßnetzen. Anforderungen an die Telemetrischen Echtzeit-Immissionsmeßsysteme TEMES und MILIS in NRW. LIS-Berichte der Landesanstalt für Immissionsschutz Nordrhein-Westfalen, Heft 100 1992.

Staub, lungengängig. L. S. ist die Staubfraktion, die mit der Atemluft über die Atemwege bis in die Lunge gelangen kann (→Staubemissionen).

Die Atemorgane verfügen in den oberen Atemwegen (Nase, Nasenhöhle und Rachen) über ein wirksames Filtersystem. Die eingeatmete Luft streicht über die Nasenschleimhaut, deren Sekret größere Staubpartikel festhält. Kleine Staubteilchen mit einem Durchmesser unter 10 µm werden nicht oder nur unvollständig zurückgehalten. Sie können mit der Atemluft in die Lungenbläschen (Alveolen) gelangen und dort abgelagert oder durch die Wand der Alveolen in den Blutkreislauf aufgenommen werden. Für die toxikologische Bewertung von Staubimmissionen ist daher neben den Staubinhaltsstoffen, wie z. B. Schwermetallen und schwerflüchtigen organischen Stoffen, die Größe der Staubpartikel von entscheidender Bedeutung. *Deml*

Staub, schwermetallhaltig. S. S. werden in Abhängigkeit von der Partikelgröße mehr oder minder schnell niedergeschlagen und führen zu einer direkten Kontamination der Pflanzen oder werden nach Akkumulation im Boden indirekt von Pflanzen über die Wurzeln aufgenommen.

Zu unterscheiden ist zwischen den für die Pflanzenernährung essentiellen Elementen, die in der Regel erst in sehr hohen Konzentrationen phytotoxische Wirkungen zeigen (Cu, Fe, Mo, Zn, Co, Ni) und den nichtessentiellen Elementen wie Cd, Cr, Hg, Pb und Tl, die ein hohes phytotoxisches Potential besitzen. Menge, Verfügbarkeit und elementspezifische Mobilität bestimmen die Kontamination der Pflanze über Wurzel und Blatt und damit den Eingang in die biologische Kette. Deshalb ist neben der phytotoxischen Wirkung vor allem der Übergang toxikologisch relevanter Schwermetalle wie Hg, Cd, Tl und Pb in die →Nahrungskette von Bedeutung, wobei sich die Pflanzenarten nicht nur hinsichtlich ihres artspezifischen Akkumulationsverhaltens unterscheiden, sondern auch hinsichtlich ihrer differenzierten Schwermetalleinlagerung in unterschiedlich dem Verzehr dienende Pflanzenteile. Während z. B. Salat, Spinat, Mangold und Endivie in der Regel hohe Schwermetallmengen in den verzehrbaren Blatteilen anzureichern vermögen, werden bei Hülsenfrüchten, Kern- oder Steinobst sowie Getreide (Korn) vergleichsweise niedrige Gehalte festgestellt.

Die Kontamination der Pflanzen erfolgt entweder direkt über den Pfad Luft–Pflanze oder indirekt über den Pfad Boden–Pflanze (Transfer). Die direkte Aufnahme über oberirdische Pflanzenteile ist nur im Umgebungsbereich spezifischer Emittenten von Bedeutung, wobei eine klare räumliche Differenzierung in der Deposition feststellbar ist, d. h. die Gehalte nehmen mit zunehmender Entfernung zum Emittenten ab; sie wird durch die abgelagerte Menge, die chemische Bindungsform, ihre Löslichkeit und den Resistenzgrad der Pflanze bestimmt (→Schadstoffaufnahme/Pflanze).

Von größerer Bedeutung ist jedoch der Pfad Boden–Pflanze, weil die Schwermetalle auf Grund ihrer Persistenz u. a. in den wurzelführenden Schichten der Böden durch langjährige Einträge auch in quellfernen Gebieten angereichert werden. Die Aufnahme in die Pflanzen wird entscheidend durch den pH-Wert der Bodenlösung, den Grad an organischer Substanz (Humus) und den Tongehalt (Sorptionseigenschaften), letztlich also durch die Bodenart bestimmt. Der Eintrag saurer Luftschadstoffe über die nasse Deposition und die damit einhergehende Versauerung der Böden führen z. B. zu einer erhöhten Mobilität von Schwermetallen in Böden, die sich einerseits in einer erhöhten Schwermetallaufnahme der Pflanzen, andererseits in einem erhöhten Schwermetallaustrag in das Grundwasser manifestiert.

Das Schadstoffpotential wird neben der Verfügbarkeit der Schwermetalle im Boden durch deren Verteilung in den einzelnen Pflanzenkompartimenten bestimmt. So sind Pflanzen z. B. durch genetische Disposition oder andere physiologische Eigenschaften in der Lage, hohe bodenbedingte Schwermetallgehalte zu tolerieren (Galmeiflora).

Die meisten Schwermetalle reagieren auf Grund ihrer chelataktiven (komplexbildenden) Eigenschaften enzymhemmend oder -blockierend, wobei die Stärke der Elektronegativität des einzelnen Elements von großer Bedeutung ist. Ferner können unlösliche sulfidische Verbindungen mit der Folge starker Stoffwechselstörungen entstehen. Darüber hinaus kommt es bei der Wurzelaufnahme oder der Aufnahme in die Zelle zwischen essentiellen und nichtessentiellen Schwermetallen um enzymatische Bindungsstellen zu Konkurrenzsituationen, wobei bereits kleine Mengen an Quecksilber (Hg) oder Cadmium (Cd) stark toxisch wirken können. *G. Krause*

Literatur: *Bergmann, W.:* Ernährungsstörungen bei Kulturpflanzen. Stuttgart 1988. – *Guderian, R.:* Terrestrial Ecosystems: Particulate deposition. In: Legge, A. H. & S. V. Krupa (Hrsg.): Air pollutants and their effects on terrestrial ecosystems. Vol. 18 Advances in environmental science and technology. New York 1986.

Staubabscheidung. Die Begriffe S. bzw. Entstaubung gehören zu dem weiten Gebiet verfahrenstechnischer Trennverfahren. In diesem Fall soll durch die unterschiedlichsten →Entstaubungsverfahren eine Trennung zwischen in einem Gas dispergierten Partikeln und dem Trägergas selbst erreicht werden. Die Partikeln können sowohl fest als auch flüssig sein. Der Größenbereich erstreckt sich von einigen nm bis zu einigen 100 μm (Bild).

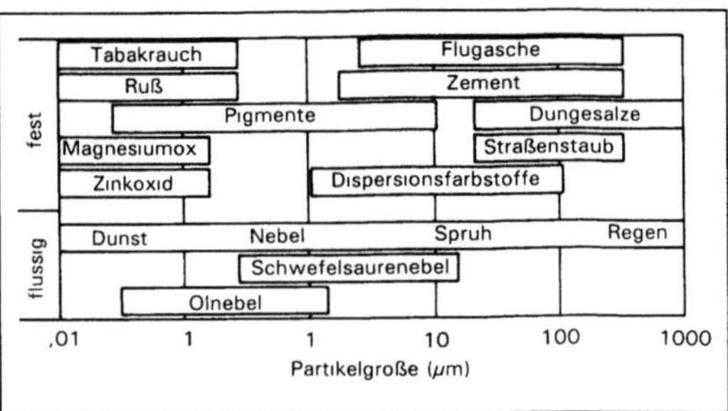

Staubabscheidung: Typische Größen verschiedener fester und flüssiger Partikeln.

Die Abscheidung von Stäuben hat in mehreren Bereichen große Bedeutung gewonnen. Die Anfänge der S. lagen vermutlich auf dem Gebiet der personenbezogenen Atemluftreinigung, z. B. bei Bergarbeitern. Ein heutiger Schwerpunkt der Partikelabscheidung bei geringen Konzentrationen liegt auf dem Gebiet der Klimatechnik, der Be- und Entlüftung von Wohn-, Arbeits- und Produktionsräumen. Dadurch wird die großtechnische Herstellung bestimmter Produkte (z. B. Elektronikbauteile) erst ermöglicht. Mit der industriellen Entwicklung nahmen die Anforderungen an Anlagen zur Gasreinigung bei hohen Partikelkonzentrationen stetig zu. Während zunächst der Schwerpunkt auf dem Gebiet der Produktabscheidung bzw. des Anlagenschutzes lag, werden heute Verfahren zur wirksamen →Abgasreinigung immer wichtiger. Die Einhaltung der vorgeschriebenen Grenzwerte für die Staubkonzentration im Abgas erfordert eine ständige Weiterentwicklung der Entstaubungsverfahren (→TA Luft).

Eine Einteilung der Verfahren zur Entstaubung kann nach der Größe der abzuscheidenden Partikeln erfolgen. Bei Partikelgrößen im Bereich 5 bis 500 μm spricht man von einer →Grobstaubabscheidung, bei kleineren Partikeln von einer Feinstaub- oder auch Feinststaubabscheidung. Eine häufiger vorgenommene Einteilung erfolgt nach dem Grundprinzip der Phasentrennung. Fast sämtliche Vorrichtungen zur Partikelabscheidung lassen sich einer der folgenden, vier Hauptgruppen zuteilen: →Massenkraftabscheider, filternde →Abscheider, elektrische →Abscheider, naßarbeitende →Abscheider.

Diese Gruppen unterscheiden sich in der Art der auf die Partikeln wirkenden Kräfte und der konstruktiven Gestaltung und Arbeitsweise der Partikelsammel- und Austragsorgane.

Die Auswahl eines Abscheiders hängt u. a. entscheidend von der Größe des zu reinigenden Gasvolumenstroms, der Partikelkonzentration im Rohgas, den Partikel- und Fluideigenschaften und der geforderten Reingaskonzentration ab. Die Leistungsfähigkeit eines Abscheiders kann oft mit dem →Fraktionsabscheidegrad charakterisiert werden.

Zusammen mit der vorliegenden Partikelgrößenverteilung des Rohgases können damit der →Gesamtstaubabscheidegrad und die Partikelkonzentration im Reingas berechnet werden. Meist ist das Abscheideproblem mit mehreren Verfahren zu bewältigen. Die zu erwartenden Investitions-, Betriebs- und Wartungskosten können sich dabei jedoch erheblich voneinander unterscheiden und sind schließlich für die Wahl ausschlaggebend. *Löffler/Schmidt*

Literatur: *Baum, F.:* Luftreinhaltung in der Praxis. München–Wien 1988. – *Dullien, F. A. L.:* Introduction to industrial gas cleaning. San Diego 1989. – *Fritz, W. u. H. Kern:* Reinigung von Abgasen. 2. Aufl. Würzburg 1990. – *Löffler, F.:* Staubabscheiden. Stuttgart–New York 1988. – VDI 3676: Massenkraftabscheider. 5/1980. – VDI 3677: Filternde Abscheider. 7/1980. – VDI 3678: Elektrische Abscheider. 3/1980. – VDI 3679: Naßarbeitende Abscheider. 5/1980.

Staubbindung in der Kaliindustrie. Behandlung der Produkte, um das Freisetzen von Staub während des Umschlags und bei der Anwendung zu verhindern. Sowohl die kristallinen Feinprodukte als auch die Granulate enthalten stets Partikel, die beim freien Fall während des Umschlags und bei der Anwendung als Düngemittel freigesetzt werden und als Staub in die Umwelt treten. Durch Absieben läßt sich diese Erscheinung einschränken, aber nicht verhindern. Einerseits haftet der Staub durch Adhäsion an den größeren Partikeln und andererseits entsteht ständig neuer Staub durch mechanische Beanspruchung während Umschlag und Transport.

Ein Staubbindemittel muß folgende Eigenschaften haben:
– Umweltverträglichkeit,
– hohe, lang anhaltende Klebekraft für Staub,
– gute Verteilbarkeit auf die Oberfläche der Produkte,
– kein Eindringen in das Innere der Granulate,
– keine negative Auswirkung auf die Festigkeit der Granulate.

Diese Anforderungen werden z. B. von einem System erfüllt, das aus klebenden und hygroskopischen Stoffen besteht.

Für den Erfolg der S. ist eine gleichmäßige Verteilung des Bindemittels erforderlich. Diese wird durch eine mengenproportionale Dosierung während der Verladung auf dem Lieferwerk erreicht. Das Produkt wird auf dem Transportband über mehrere Düsen mit dem Bindemittel besprüht. *Scharf*

Staubemissionen. Stäube in Abgasen sind immer Gemische von Partikeln unterschiedlicher Korngröße, wobei das Spektrum von etwa 0,1 µm bis 100 µm reicht. Gesamtstaub sind die gesamten im Abgas enthaltenen, als Partikeln meßbaren Feststoffteilchen ungeachtet ihrer Größe, Gestalt und chemischen Zusammensetzung, die der tatsächlich in die Atmosphäre austretenden Emission entsprechen. Feinstaub ist nicht einheitlich definiert. Allgemein wird darunter der Staub verstanden, dessen Partikeln in den Atemtrakt gelangen und dort u. U. schädliche Auswirkungen hervorrufen können. Nach der Johannesburger Konvention von 1959 ist Feinstaub ein Staubkollektiv, das aus einem Abscheidesystem austritt, dessen Wirkung der theoretischen Trennfunktion eines Sedimentationsabscheiders entspricht, der Teilchen mit einem aerodynamischen Durchmesser von 5 µm noch zu 50% und von 7 µm zu 100% abscheidet. Im internationalen Bereich gibt es weitere Festlegungen, z. B. vom →CEN und von der →ISO, die als Obergrenze für kehlkopfpassierende Partikeln einen aerodynamischen Durchmesser von 10 µm annehmen. Dieser ist dabei gleich dem Durchmesser einer (hypothetischen) Kugel mit der Stoffdichte $1\ g/cm^3$, deren strömungsdynamischer Widerstand gleich dem des betrachteten Staubteilchens ist.

Staubförmige Emissionen können von natürlichen und vom Menschen verursachten (anthropogenen) Quellen ausgehen. Die wichtigste anthropogene Quellengruppe sind technische Anlagen.

In technischen Anlagen, in denen feste Brenn- und Einsatzstoffe verwendet werden, entstehen – verfahrenstechnisch bedingt – immer staubhaltige Abgase. Praktisch sämtliche Anlagen in den Wirtschaftszweigen Steine/Erden, Metallurgie sowie Kohlefeuerungen sind Staubemittenten. Im ungereinigten Abgas (Rohgas) treten hier häufig Staubgehalte zwischen etwa $2\ g/m^3$ und $20\ g/m^3$ auf. Die Partikelgröße ist stark prozessabhängig. Z. B. sind die Stäube aus metallurgischen Prozessen i. a. wesentlich feiner als die aus der mechanischen Aufbereitung von Mineralien.

Anorganische Stäube sind i. a. Gemische aus Oxiden, Sulfaten und Karbonaten weniger Elemente, hauptsächlich Aluminium, Eisen, Kalzium, Silizium und Magnesium. Nach heutigem Wissen ist das Gefährdungspotential staubförmiger Emissionen weniger diesen Hauptbestandteilen zuzuschreiben, sondern toxischen oder anderweitig umweltbelastenden Staubinhaltsstoffen und Staubanlagerungsprodukten. Als Staubinhaltsstoffe sind insbesondere →Schwermetalle zu nennen, die häufig aus metallurgischen und Verbrennungsprozessen stammen. Staubanlagerungsprodukte sind z. B. polyzyklische aromatische Kohlenwasserstoffe (PAH) oder Dioxine und Furane.

Anforderungen zur Begrenzung der S. sind insbesondere in der →TA Luft enthalten; für einzelne Anlagenarten sind Emissionsbegrenzungen in Verordnungen zum BImSchG festgelegt (z. B. in der →13. BImSchV für →Großfeuerungsanlagen, in der →17. BImSchV für →Abfallverbrennungsanla-

gen, in der →1. BImSchV für →Kleinfeuerungsanlagen). Für Gesamtstaub ist in der TA Luft die folgende Emissionsbegrenzung festgelegt:
– bei einem Massenstrom von mehr als 0,5 kg/h die Massenkonzentration 50 mg/m^3
– bei einem Massenstrom bis einschließlich 0,5 kg/h die Massenkonzentration 0,15 g/m^3.

Für Stäube, die besonders gesundheitsgefährdende Stoffe enthalten, gelten schärfere Anforderungen. Für die Begrenzung staubförmiger Emissionen aus diffusen Quellen (z. B. Halden, Umschlag und Transport staubender Güter) sind bauliche und betriebliche Anforderungen in der Nr. 3.1.5 der TA Luft festgelegt.

Um die Emissionsbegrenzungen der gesetzlichen Regelungen einhalten bzw. unterschreiten zu können, ist es in vielen Fällen notwendig, Staubabscheider als Abgasreinigungseinrichtung einzusetzen. Alle industriellen Staubabscheider scheiden vorzugsweise größere Partikel ab, d. h. der Fraktionsabscheidegrad nimmt mit dem Partikeldurchmesser zu. Die Beurteilung der Leistungsfähigkeit eines Abscheiders muß deshalb nicht nur nach dem erreichten Gesamtabscheidegrad und dem Reingasstaubgehalt, sondern auch nach den Fraktionsabscheidegraden im Feinstaubbereich erfolgen.

Unter derzeitigen Bedingungen entstehen die staubförmigen Emissionen zu etwa 40% bei Verbrennungsvorgängen (als Flugasche und Ruß), der Rest bei sonstigen Vorgängen, vorrangig beim Umschlag von Schüttgütern und bei Produktionsprozessen in den Bereichen Eisen und Stahl sowie Steine und Erden. Da bei der →Staubabscheidung grobe Partikeln besonders gut abgeschieden werden, haben die Reingasstäube im Vergleich zur

entsprechenden Korngrößenverteilung im Rohgas ein feineres Spektrum, d. h. es werden fast ausschließlich Feinstäube emittiert.　　*Pruditsch*

Literatur: *Davids, P.; M. Lange:* Die TA Luft '86. Technischer Kommentar. Düsseldorf 1986. – Daten zur Umwelt 1992/93. Hrsg.: Umweltbundesamt. Berlin 1994. – VDI 3459: Auswurfbegrenzung: Gefährdende Stäube. 10/1978.

Staubemissionsmessung. Standardmethoden zur Emissionsmessung von Partikeln werden in verschiedenen Normen sowie in Richtlinien des VDI-Handbuchs Reinhaltung der Luft behandelt (Tabelle). Die Grundlagen der S. in strömenden Gasen sind in VDI 2066, Blatt 1 dargestellt. Diese Richtlinie behandelt dabei detailliert eine Fülle von Fragen, die allgemein für Emissionsmessungen von großer Wichtigkeit sind, zum Beispiel die Bestimmung von Bezugsgrößen (Druck, Temperatur, Wasserdampfanteil, Gasgeschwindigkeitsverteilung), Anforderungen an Probenahmesysteme für extraktive Probenahme oder die Auswahl und Einrichtung von Meßstrecken und Meßplätzen. Die VDI 2066, Blatt 1 hat daher unter allen VDI-Richtlinien zur Emissionsmeßtechnik eine herausragende Bedeutung.

Die häufigste Meßaufgabe ist die summarische Bestimmung der →Staubemission als Massenkonzentration. Referenzmethode zur Messung des Gesamtstaubgehalts ist die →Gravimetrie.

Die gravimetrische Methode wird für Einzelmessungen und als Vergleichsmeßverfahren zur →Kalibrierung automatischer Staubmeßgeräte eingesetzt. Bei der kontinuierlichen →Emissionsüberwachung werden vorzugsweise Methoden der photometrischen →Staubmessung angewandt. Zur kontinuier-

Staubemissionsmessung. Tabelle: Gebräuchliche Methoden zur S.

Meßobjekt	Meßmethode	Norm, Richtlinie
Gesamtstaub		
— diskontinuierlich	Gravimetrie	ISO 9096; VDI 2066 Bl. 1-3, 7
— kontinuierlich	Photometrie	ISO 10155; VDI 2066 Bl. 4+6
	Radiometrie	
Abgastrübung		
— diskontinuierlich	Bacharach-Methode	DIN 51402 Teil 1
— kontinuierlich	Photometrie	VDI 2066 Bl. 4
Partikelgrößenverteilung	Kaskadenimpaktor	VDI 2066 Bl. 5
Besondere Stoffe		
— Asbest	IR-Spektrometrie	VDI 3861 Bl. 1
	Lichtmikroskopie	ISO 10397
— Schwermetalle	Atomspektrometrie	VDI 2268 Bl. 1–3
— PAH	Gaschromatographie	VDI 3872 Bl. 1+2, VDI 3873 Bl. 1
— PCDD, PCDF	Gaschromatographie + Massenspektrometrie	VDI 3499 Bl. 1–3

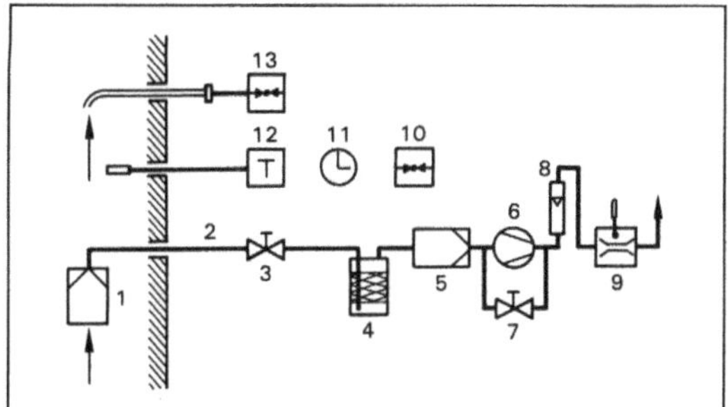

Staubemissionsmessung: Probenahme-Einrichtung für die gravimetrische Messung des Gesamtstaubgehalts (schematisch).

1 Filterkopf mit Sonde und Diffusor, 2 Absaugerohr, 3 Absperrventil, 4 ggf. Trockenturm, 5 Schutzfilter für Absaugeaggregat, 6 Absaugeaggregat (gasdicht), 7 Regelbypass, 8 Schwebekörperdurchflußmesser, 9 Gasmengenzähler mit Thermometer, 10 Barometer, 11 Zeitmesser, 12 Temperaturfühler mit Anzeigeinstrument, 13 Prandtl-Staurohr mit Mikromanometer oder Anemometer

lichen Messung sehr niedriger Staubgehalte werden andere Meßprinzipien angewandt: das Streulichtverfahren oder die radiometrische →Staubmessung.

Methoden der photometrischen Staubmessung werden auch zur qualitativen Dauerüberwachung von Staubemissionen bevorzugt eingesetzt. Standardverfahren für diskontinuierliche Messungen der →Abgastrübung ist die →Bacharach-Methode.

Von den vielen in der Verfahrenstechnik eingeführten Methoden zur Bestimmung von Partikelgrößen und deren Verteilung hat nur ein Verfahren für die Emissionsüberwachung praktische Bedeutung erlangt: der Kaskadenimpaktor (→Impaktor).

Vielfach werden neben dem Gesamtstaubgehalt ausgewählte Bestandteile bestimmt, die auf Grund ihrer Morphologie oder stofflichen Natur ein besonders hohes Wirkungspotential besitzen. Eine beson-

dere Meßaufgabe ist die Bestimmung von →Asbest (→Asbestmessung in der Luft). Als Staubinhaltsstoffe werden am häufigsten →Schwermetalle bestimmt. Zu den gefährlichen organischen Stoffen, die in der Emission bevorzugt an Partikel angelagert auftreten, gehören die →polycyklischen aromatischen Kohlenwasserstoffe (PAH) und die polychlorierten Dibenzodioxine und -furane (PCDD, PCDF) (→Dioxin, Emissionsmessung). *Stahl*

Literatur: *Düwel, L.:* Verfahren und Geräte zur Messung und Überwachung von Emissionen luftfremder Stoffe. In: Handbuch für Immissionsschutzbeauftragte. Hrsg. F. J. Dreyhaupt. Köln 1978. – Luftreinhaltung. Leitfaden zur kontinuierlichen Emissionsüberwachung. Hrsg. Umweltbundesamt. UBA-Berichte, Bd. 11/90. Berlin 1990. – VDI-Handbuch Reinhaltung der Luft, Bd. 4. Hrsg. Verein Deutscher Ingenieure. Düsseldorf.

Staubfeuerung. Bei S. wird gemahlener Brennstoff, in der Regel Kohlenstaub, in den Feuerraum eingeblasen und in einer Flugstaubwolke verbrannt.

Der Brennstoff wird durch Mahlung und Trocknung (Mahltrocknung) aufbereitet. Hierdurch wird der Wassergehalt verringert (bei Steinkohle bis auf 2 %, bei Rohbraunkohle bis auf 30 %) und die Brennstoffoberfläche erheblich vergrößert. Zündung und Verbrennung des staubförmigen Brennstoffs laufen wesentlich schneller und vollständiger ab als bei grobkörnigen, stückigen Brennstoffen.

Im Gegensatz zu →Rostfeuerungen sind mit S. Feuerungswärmeleistungen über 100 MW erreichbar. In Kraftwerksfeuerungen mit großer Leistung werden fast ausschließlich S. eingesetzt (→Großfeuerungsanlage).

Die Brennstoffzufuhr in den Feuerraum erfolgt über Staubbrenner (z. B. Strahl- oder Mischbrenner), die je nach Gestaltung des Feuerraumes unterschiedlich angeordnet sind (Bild). Man unterscheidet zwischen Linearfeuerungen mit Brennern in der Wand oder Decke und Tangentialfeuerungen mit Brennern in den Ecken der Feuerräume. Bei Tan-

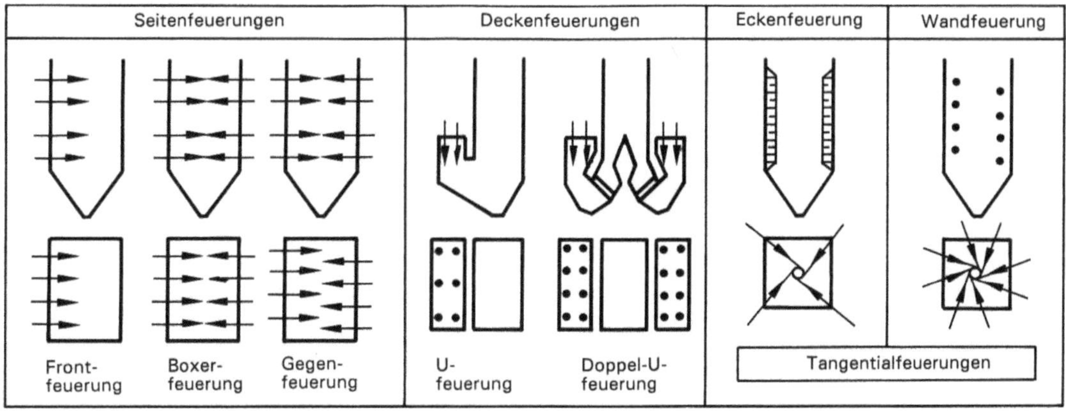

Staubfeuerung: Brenneranordnungen.

gentialfeuerungen sind die Brenner tangential auf einen in jeder Ebene liegend gedachten Kreis ausgerichtet. Hierbei werden im Zentrum des Feuerraumes eine verstärkte Durchmischung von Brennstoff und Luft sowie eine längere Verweilzeit der Verbrennungsgase im Feuerraum erzielt, wodurch sehr günstige Ausbrandbedingungen vorliegen.

S. können mit trockenem Ascheabzug (Trockenfeuerung) oder flüssigem Ascheabzug (Schmelzkammerfeuerung) betrieben werden.

Bei Trockenfeuerungen liegen die Feuerraumtemperaturen unterhalb des Schmelzpunkts der Asche; als Verbrennungsrückstände fallen gesinterte Grobasche und Flugasche an. Trockenfeuerungen wurden früher überwiegend bei aschearmen Kohlen, heute auch bei ballastreichen Kohlen eingesetzt. Bei Schmelzkammerfeuerungen fällt die Asche in flüssiger Form an, die nach Abkühlung in einem Wasserbad als glasartiges Granulat vorliegt. Im Staubabscheider anfallende Flugasche kann in den Feuerraum zurückgeführt und ebenfalls in die Ascheschmelze eingebunden werden. Das Granulat ist weitgehend inert und für eine vielfältige Verwertung geeignet. Nachteilig bei Schmelzkammerfeuerungen sind ein insgesamt erhöhter Betriebsaufwand sowie die auf die hohen Feuerraumtemperaturen zurückzuführenden hohen Stickstoffoxidemissionen.

Seit Mitte der 70er Jahre werden deshalb vermehrt Trockenfeuerungen gebaut, wobei für den erhöhten Flugascheanfall durchweg Verwertungsmöglichkeiten gefunden wurden. Gegenwärtig wird bereits mehr als die Hälfte der in der Bundesrepublik Deutschland insgesamt installierten Kraftwerksleistung durch Trockenfeuerungen erzeugt.

S. größerer Leistung sind in der Regel mit einer weitergehenden Abgasreinigung ausgestattet. Zur Minderung der Schwefeloxidemissionen werden häufig leistungsfähige Naßentschwefelungsverfahren auf Kalk-/Kalksteinbasis (→Kalkwaschverfahren) eingesetzt. Die Stickstoffoxidemissionen, die insbesondere bei Schmelzkammerfeuerungen von Bedeutung sind, werden in der Regel durch Einsatz von →SCR-Verfahren wirksam gemindert.

Die Entwicklung der S. ist eng mit der Entwicklung des Elektrofilters verknüpft, mit dem es erstmals gelang, auch heiße Abgase wirksam zu entstauben. Ohne die Verfügbarkeit des Elektrofilters wäre der Betrieb von S., auf Grund ihrer im Vergleich zu Rostfeuerungen 30–40fach höheren Staubkonzentrationen im Abgas, nicht möglich gewesen.

Auf Grund der guten Stoffaustauschbedingungen in der turbulenten Flugstaubwolke werden bei emissionsarmer Auslegung und Betrieb von S. ein guter Ausbrand und damit niedrige Kohlenmonoxid- und Kohlenwasserstoffemissionen erzielt. Der Anteil an Unverbranntem in der Asche ist im Vergleich zu Rostfeuerungen gering, was ihre Verwertung erleichtert.

Die jährlich anfallenden ca. 7 Mio. t Aschen aus steinkohlegefeuerten Kraftwerken werden fast vollständig verwertet (z. B. in der Baustoffindustrie und im Straßenbau). Braunkohlenaschen (ca. 6 Mio. t/a) werden weitestgehend als Verfüllmaterial in Tagebauen eingesetzt. *Weiss*

Literatur: *Mayr, F.* (Hrsg.): Handbuch der Kesselbetriebstechnik. Gräfelfing/München 1980. – Taschenbuch für den Maschinenbau, Dubbel 16. Aufl., Berlin–Heidelberg–New York 1987.

Staubimmissionsmessung →Schwebstaub-Immissionsmessung, →Staubniederschlagsmessung

Staubinhaltsstoff →Staubemissionen, →Staubniederschlagsmessung

Staubmessung, photometrische. In der Praxis der Luftreinhaltung werden zur kontinuierlichen →Emissionsüberwachung von Stäuben sehr häufig photometrische Meßverfahren angewandt. Dabei wird ausgenutzt, daß ein Lichtstrom beim Durchtritt durch ein staubbeladenes Abgas durch Absorption und Streuung an den Partikeln eine von der Staubbeladung abhängige Veränderung erfährt. Standardmethoden zur p. S. werden in der Richtlinie VDI 2066 beschrieben.

Die größte praktische Bedeutung hat das Verfahren nach VDI 2066, Blatt 4, bei dem ein Lichtstrahl durch den zu überwachenden Abgaskanal geschickt wird. Befinden sich Staubteilchen im Abgas, so wird das Licht in charakteristischer Weise geschwächt. Gemessen wird die optische Transmission T (Verhältnis von empfangenem zu ausgesandtem Lichtstrom), ersatzweise die Extinktion E oder die Opazität Ω. Zwischen der Länge L des Lichtweges und der Transmission besteht ein exponentieller Zusammenhang (→*Lambert*'sches Gesetz):

$$T = (1-\Omega) = \exp(-E) = \exp(-\varepsilon L).$$

Der Extinktionskoeffizient ε ist abhängig von den Eigenschaften des verwendeten Lichts, den Eigenschaften des zu messenden Staubs sowie vom Staubgehalt c. Experimentell ist nachgewiesen, daß zwischen Staubgehalt und Extinktionskoeffizient in gewissen Grenzen ein linearer Zusammenhang besteht (→Lambert-Beer'sches Gesetz):

$$T = \exp(-cL).$$

Bei der üblichen Meßanordnung (Bild) ist auf der einen Seite der Meßkopf, auf der anderen Seite der Reflektorkopf angeflanscht. Der von einer Lichtquelle erzeugte Lichtstrom wird in einen Meß- und einen Vergleichsstrahl geteilt (Zweistrahlverfahren). Der Meßlichtstrahl durchläuft zweimal den Abgaskanal, wobei er durch einen Retroreflektor in sich selbst zurückgeworfen wird. Der Vergleichslichtstrahl durchläuft innerhalb des Meßkopfes eine staubfreie Referenzstrecke. Beide Strahlen erreichen durch Einsatz einer Wechselblende phasenverschoben den photoelektrischen Detektor, dessen elektrisches Signal zur Bildung einer der Extinktion proportionalen Anzeige genutzt wird. Das Zweistrahlverfahren macht die Messung von verschiedenen Störeinflüssen (z. B. Alterung der Lichtquelle) unabhängig. Da eine extraktive Probenahme nicht erforderlich ist, spricht man von einem →In situ-Meßverfahren.

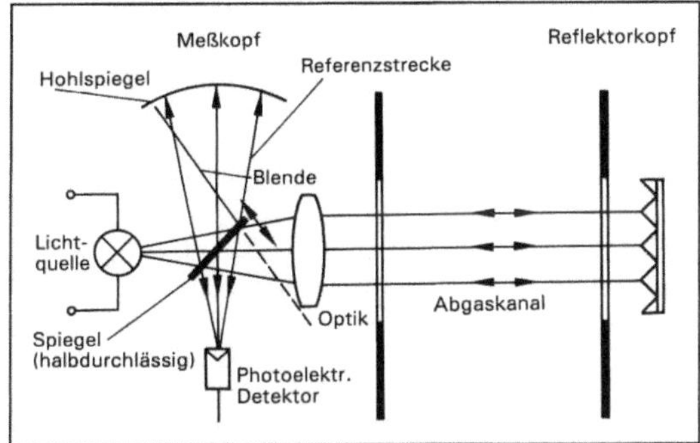

Staubmessung, photometrische: In situ-Meßanordnung (schematisch).

Für die Bestimmung sehr niedriger Staubgehalte ist die Messung der optischen Transmission als Hellfeldmethode nicht empfindlich genug. Eine hohe Empfindlichkeit läßt sich durch eine Streulichtmessung erzielen. Ein bewährtes Gerät nach diesem Prinzip, das mit einer Teilstromentnahme arbeitet, wird in VDI 2066, Blatt 6 beschrieben. Es gibt inzwischen aber auch eignungsgeprüfte Streulichtmeßgeräte, die in situ, d. h. ohne extraktive Probenahme direkt im Abgaskanal messen. Die Streulichtmessung beruht darauf, daß beim Durchtritt eines parallel gerichteten Lichtstrahls durch eine mit Staubteilchen homogen gefüllt Meßstrecke ein Teil des Lichts in alle möglichen Richtungen gestreut wird. Die Intensität der Streuung hängt vom Streuwinkel, aber auch von den Eigenschaften des Lichts und der streuenden Partikel ab. Da bei Staubteilchen, deren Abmessungen nicht klein gegenüber der Lichtwellenlänge sind, die Vorwärtsstreuung überwiegt, benutzen Streulichtphotometer Beobachtungswinkel im Bereich von 15°. Ähnlich wie bei der Messung der Transmission sind Streulichtmeßgeräte zur Vermeidung von Störeinflüssen nach dem Zweistrahlprinzip aufgebaut. *Stahl*

Literatur: VDI 2066: Messen von Partikeln; Staubmessung in strömenden Gasen; Bl. 4: Bestimmung der Staubbeladung durch kontinuierliches Messen der optischen Transmission. 1/1989. – Bl. 6: Bestimmung der Staubbeladung durch kontinuierliches Messen des Streulichtes mit dem Photometer KTN. 1/1989. – Luftreinhaltung. Leitfaden zur kontinuierlichen Emissionsüberwachung. Hrsg. Umweltbundesamt. UBA-Berichte, Bd. 11/90. Berlin 1990.

Staubmessung, radiometrische. In der Praxis der Luftreinhaltung bewährte Methode zur kontinuierlichen Messung staubförmiger Emissionen und Immissionen. Insbesondere in Meßstationen telemetrischer →Immissionsmeßnetze werden die in der Richtlinie VDI 2463 beschriebenen eignungsgeprüften radiometrischen Schwebstaubmeßgeräte eingesetzt. Bei der kontinuierlichen →Emissionsüberwachung hat die r. S. eine geringere praktische Bedeutung als die photometrische →Staubmessung. Sie besitzt eine hohe Empfindlichkeit und gegenüber photometrischen Verfahren den Vorteil, daß die bei der Messung beaufschlagten Filterbänder für eine nachfolgende Elementaranalyse genutzt werden können.

Bei der r. S. wird ein Probegasstrom aus dem Abgaskanal oder aus der Außenluft über ein geeignetes Probenahmesystem entnommen und durch ein Filterband gesaugt (Bild). Die auf dem Filterband abgeschiedene Staubmenge wird über die Schwächung gemessen, die eine →Betastrahlung beim Durchtritt durch das bestaubte Filter erfährt. Die Schwächung wird durch ein exponentielles Absorptionsgesetz beschrieben. Die Abnahme der Impulsrate durch die Filterbelegung ist in erster Näherung von physikalischen und chemischen Eigenschaften der Partikel unabhängig und damit ein direktes Maß für die Massenbelegung des Filters.

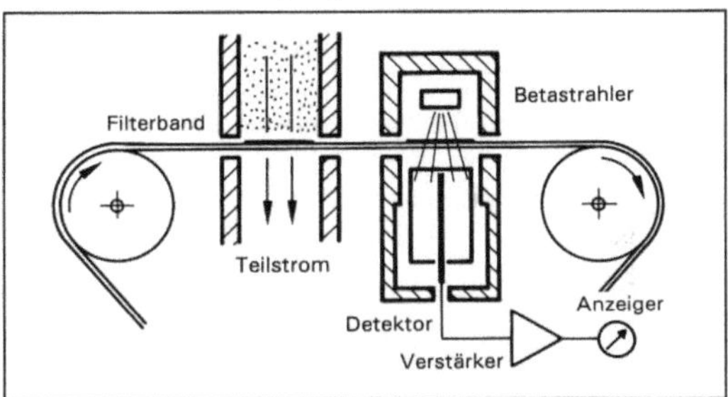

Staubmessung, radiometrische: Messung durch β-Strahlungsabsorption (schematisch).

Als Strahlungsquelle wird ein →Radionuklid mit Betazerfall (z. B. die Isotope Kohlenstoff 14 oder Krypton 85), als Detektor ein →Zählrohr verwendet. Zur Kompensation der mit der Zeit nachlassenden Aktivität und der variierenden Schwächung der Strahlung durch das Filtermaterial werden Absorptionsmessungen vor und nach der Staubabscheidung vorgenommen und die Meßwerte miteinander verglichen. *Stahl*

Literatur: *Dresia, H.; F. Spohr:* Anwendungs- und Fehlermöglichkeiten der radiometrischen Staubmessung zur Überwachung der Emission, Immission und von Arbeitsplätzen. Staub-Reinhalt. Luft **38** (1978), S. 431/435. – VDI 2463: Messen von Partikeln; Messen der Massenkonzentration (Immission); Filterverfahren; Bl. 5: Automatisiertes Filtergerät FH 62 I. 12/1987. – Bl. 6: Automatisiertes Filtergerät BETA-Staubmeter F 703. 11/1987.

Staubniederschlagsmessung. Das Messen partikelförmiger Niederschläge (Staubniederschlag) wird in VDI 2119 behandelt. Das Meßobjekt wird dort definiert als luftfremde Stoffe in festem und flüssigen Aggregatzustand ohne deren Wasseranteil, die in einer bestimmten Zeit aus der Atmosphäre auf eine horizontale Fläche in Erdbodennähe fallen. Die Teilchengrößen-Bereiche der so erfaßten Partikel sind nicht näher bestimmbar und hängen in komplizierter Weise von vielen äußeren Bedingungen ab.

Zum Erfassen des Staubniederschlags werden zwei grundsätzlich verschiedene Methoden angewandt: das Auffangen in Sammelgefäßen und das Auffangen auf Haftflächen.

Das gängigste Verfahren zur S. ist das sog. →*Bergerhoff*-Verfahren.

Meßergebnisse für Staubniederschlag werden in der Einheit Gramm pro Quadratmeter und Tag ($\mathrm{g \cdot m^{-2} \cdot d^{-1}}$) angegeben. Die Meßergebnisse sind geräteabhängige Relativwerte, weil die Abscheidung des Staubs durch die an den Geräten herrschenden Strömungsverhältnisse und durch andere Parameter beeinflußt wird. Die Unterschiede der mit verschiedenen Verfahren erhaltenen Meßwerte können bis rund 50 % betragen.

Neben dem Staubniederschlag selbst sind auch seine Inhaltsstoffe von Bedeutung, z. B. sein Gehalt an Blei-, Cadmium- und anderen Metallverbindungen (Staubinhaltsstoffe). In letzter Zeit sind zunehmend auch organische, schwerflüchtige Komponenten des Staubniederschlags interessant, z. B. →Dioxine und →Furane. Die Bestimmung und Messung derartiger Staubinhaltsstoffe muß nach den komponentenspezifischen Meßverfahren erfolgen. *Pfeffer*

Literatur: VDI 2119, Bl. 1–4: Messen partikelförmiger Niederschlage.

Steine-Erden-Industrie. Die S.-E.-I. befaßt sich mit der Gewinnung und Verarbeitung von mineralischen Naturprodukten, die nicht Brennstoffe, Erze oder Salze sind. Die Rohstoffe sind vor allem Gesteine wie Quarzit, Kalkstein, Gips, Sandstein, Kies oder Ton, die zum Teil mit Hilfe thermischer Verfahren zu Halb- oder Fertigerzeugnissen verarbeitet werden, z. B. zu Baustoffen, Keramik, Glas, Bindemitteln. Hinzu kommt zunehmend die Verwertung industrieller Reststoffe, z. B. von Schlakken, Aschen, Filterstäuben und Reaktionsprodukten aus →Sorptionsverfahren.

Die Gewinnung von Steinen und Erden geschieht fast ausschließlich im Tagebau (z. B. Steinbrüche). Dabei treten Umweltbeeinflussungen durch Flächeninanspruchnahme, Grundwasserveränderungen, Erschütterungen, Lärm und Staubentwicklung auf. Stäube entstehen durch →Abbau, Transport, Lagerung und Zerkleinerung des Materials.

→Staubemissionen beim Transport und bei der Lagerung können z. B. durch Verhinderung von Verwehungen an Halden durch Befeuchten oder Binden der Oberflächen, Abdeckung von Transportbändern und Vermeidung größerer Fallhöhen beim Abwurf weitgehend vermieden werden. An Anlagen zur Zerkleinerung und Klassierung werden die staubhaltigen Abgase erfaßt und filternden Abscheidern zugeführt.

Die thermischen Verfahren der S.-E.-I. umfassen die →Glasherstellung, die →Keramikindustrie, die →Zementherstellung, die →Kalkindustrie, die Herstellung von Mineralfasern (→Mineralfaserherstellung), die →Schleifmittelherstellung, die Kalksandsteinherstellung, die Gipsindustrie, das Blähen mineralischer Stoffe, die →Ziegelherstellung und ähnliche Industriebereiche. Verfahrenstechnisches Kennzeichen dieser Produktionsbereiche ist eine (Hoch-)Temperaturbehandlung, bei der die Halb- bzw. Fertigerzeugnisse ihre wesentlichen werkstofftechnischen Eigenschaften erhalten. Bei den thermischen Prozessen treten in der Regel vor allem Emissionen an sauren Abgasbestandteilen und an Schwermetallen auf. Schwermetalle werden mit wirksamen Staubabscheidern zurückgehalten. Für Schwefel- und Halogenverbindungen kommen verschiedene Minderungstechniken zum Einsatz (meist Sorptionsverfahren). Zur Verminderung der $\mathrm{NO_x}$-Emissionen stehen erprobte prozeßtechnische Verfahren zur Verfügung; Abgasreinigungsverfahren (z. B. →SCR-, →SNCR-Verfahren) werden z. Z. eingeführt.

Steinbrüche sowie Anlagen zum Brechen, Mahlen oder Klassieranlagen von natürlichem oder künstlichem Gestein einschließlich Schlacke und Abbruchmaterial (ausgenommen Klassieranlagen für Sand und Kies) sind in Nr. 2.1 bzw. 2.2, jeweils Spalte 2, des Anhangs der →4. BImSchV enthalten und im vereinfachten Verfahren nach dem BImSchG genehmigungsbedürftig. Emissionsbegrenzende Anforderungen sind in der →TA Luft festgelegt. *Hinrichs*

Literatur: *Davids, P.; M. Lange:* Die TA Luft '86. Technischer Kommentar. Düsseldorf 1986.

Steinkohle-Brikettieranlage. In einer S.-B. wird feinkörnige Kohle unter der Anwendung von Druck und Temperatur, ggf. unter Zugabe von Bindemitteln stückig gemacht. Im Gewinnungs- und Aufbereitungsprozeß fallen bei der mechanischen Behandlung große Mengen an Kohlenstaub und feinkörniger Kohle an, die durch die Brikettierung auch für Feuerungsanlagen des Wärmemarkts verwendbar gemacht werden. Damit stellt die Brikettierung eine Verwertungsmöglichkeit für nicht verkokbare und nicht in Kraftwerken einsatzfähige Anthrazit- und Magerkohle mit Korngrößen <6 mm dar.

Zum Brikettieren wird das Steinkohlenklein zunächst auf eine verarbeitungsgerechte Korngröße gebracht, anschließend getrocknet, bevor ein geeignetes Bindemittel hinzugesetzt wird. Hierfür eignen sich u. a. Bitumen und Sulfitablauge. Steinkohlenteerpech wird als Bindemittel nicht mehr verwendet. Untersuchungen mit neuartigen Bindemitteln, die ein noch besseres Emissionsverhalten sicherstellen sollten, haben jedoch gezeigt, daß die technischen Eigenschaften dieser Briketts nicht ausreichend sind. Das Mischgut wird bei Temperaturen von etwa 90 °C in Knetwerken vorbehandelt und auf Stückbrikett- oder Eiformbrikettpressen verpreßt. Nach der Verpressung härten die Briketts auf Kühlbändern während des Abtransports aus und werden danach zur Verringerung von Abrieb und Staubbildung einer Oberflächenbehandlung unterzogen.

Die Emissionsprobleme der S.-B. beschränken sich im wesentlichen auf den Kohlestaub, der in den verschiedenen Verfahrensschritten freigesetzt wird. Dementsprechend sind Maßnahmen zur Raumluftentstaubung, zur Sichtluftentstaubung, zur Brüdenentstaubung, zur Schwadenentstaubung, zur Entstaubung der Härteanlage und zur Kühlbandentstaubung notwendig. Dazu werden Zyklone, Elektrofilter und naßarbeitende Staubabscheider eingesetzt. *Weber*

Steinkohlenbergbau und Umwelt. In Deutschland ist gegenwärtig etwa die Hälfte des Primärenergieverbrauchs in Höhe von rund 500 Mio. t SKE im Jahr durch heimische Energien gedeckt (im wesentlichen Kohle und Kernenergie) (Bild 1). Der Primärenergieverbrauch dürfte in den nächsten 15 Jahren annähernd stabil sein.

Nach der Prognose der Internationalen Energieagentur (IEA) wird der Weltenergiebedarf von

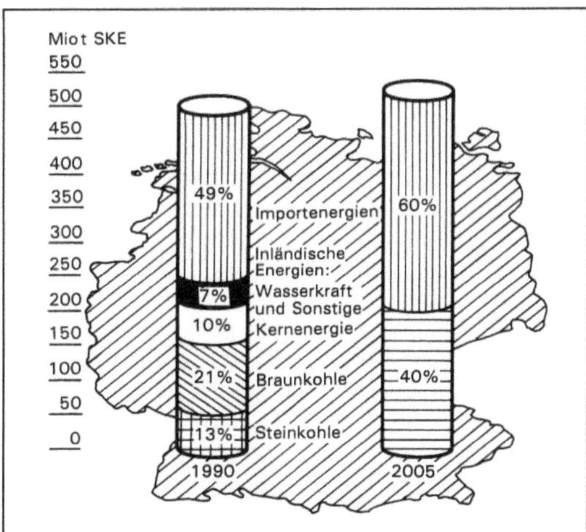

Steinkohlenbergbau und Umwelt 1: Primärenergiebedarf in der Bundesrepublik Deutschland.

heute 11,5 Mrd. t SKE jährlich (ohne nichtkommerzielle Energien, wie z. B. Holz, Dung) bis 2005 um mehr als 5 Mrd. t SKE oder 43 % ansteigen (Bild 2). Dieser Zusatzbedarf muß zu 90 % von Öl, Gas und Kohle gedeckt werden, wobei zum weit überwiegenden Teil das zusätzliche Öl aus dem Nahen Osten bereitgestellt werden müßte. Die stark steigende Nachfrage nach Gas wird sich wegen der vorhandenen Reserven hauptsächlich auf die GUS und die OPEC-Staaten konzentrieren.

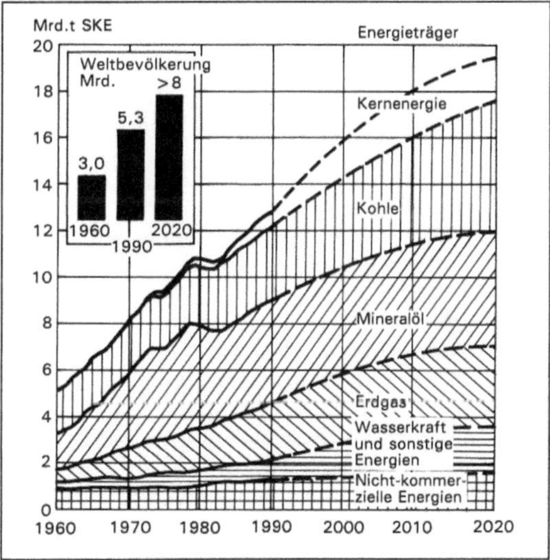

Steinkohlenbergbau und Umwelt 2: Weltenergiebedarf und Weltbevölkerung.

Selbst wenn diese Mengen an Öl und Gas rechtzeitig und ausreichend bereitgestellt werden können, wäre die Weltkohleproduktion nach Einschätzung der IEA um 1,4 Mrd. t SKE auf etwa 4,5 Mrd. t SKE bis 2005 zu steigern.

Stein- und Braunkohle sind die einzigen Energieträger, die in der Bundesrepublik Deutschland in nennenswertem Umfang vorhanden sind. Der Versorgungsbeitrag der Inlandsenergien wird allerdings in Zukunft rückläufig sein: Die ohnehin bescheidene Öl- und Gasförderung geht wegen der Erschöpfung der Lagerstätten zurück, die Wasserkraft ist nicht mehr nennenswert auszubauen, Kernkraftwerke stoßen auf erhebliche Akzeptanzprobleme, der Beitrag regenerativer Energiequellen fällt auf absehbare Zeit nicht ins Gewicht und der Beitrag von Steinkohle in den alten Bundesländern und der von Braunkohle in den neuen Bundesländern wird schrumpfen. Die ESSO Studie 1991 prognostiziert deshalb einen Anstieg der Importabhängigkeit der deutschen Energieversorgung bis 2010 auf über 60 %.

Die Situation der voraussichtlichen Entwicklung des Weltenergiemarkts sowie der einheimischen Energieträger erfordert eine vorsorgende Energiesicherungspolitik und damit die Festlegung eines Sicherheitssockels durch die deutsche Kohle. Hinsichtlich der Steinkohle ist Ende 1991 das Kohlekonzept 2005 vereinbart worden, wonach die deutsche Steinkohle langfristig zu einer sicheren Energieversorgung beitragen muß. Der subventionierte Absatz deutscher Steinkohle soll bis zum Jahr 2000 von 70 Mio. t (1991) auf 50 Mio. t zurückgeführt und zumindest bis zum Jahr 2005 beibehalten werden. Das führt im Ergebnis zur kurz- bis mittelfristigen Stillegung von vier Bergwerken und zu vier Zusammenlegungen von jeweils zwei Anlagen zu einem Verbundbergwerk.

Abbauwürdige Lagerstätten für Steinkohle gibt es in vier Revieren: Ruhr, Saar, Aachener und Ibbenbürener Revier.

Insgesamt wurden aus den deutschen Steinkohlelagerstätten in den letzten 200 Jahren mehr als 15 Mrd. t Kohlen abgebaut. Man geht von einem weiteren bergmännisch gewinnbaren Vorrat von mehr als 20 Mrd. t aus.

Die modernen Methoden der Exploration und der Erkundung der Lagerstätten beeinflussen die Umwelt kaum. Seismische Untersuchungen oder Bohrungen führen nur zu lokal und zeitlich begrenzten Beanspruchungen der Umwelt, die nach Abschluß dieser Arbeiten wieder beseitigt werden. Tendenzen zu einer möglichst störungsfreien Eingliederung neuer Bergwerksanlagen in die bestehenden übertägigen Landschaftsstrukturen haben zu dem Konzept der Anschlußbergwerke geführt. Es besagt, daß neue bauwürdige Lagerstättenbereiche untertägig an die bestehenden Förder- und Aufbereitungsstandorte bis zu einer Entfernung von 25 km angeschlossen werden und lediglich einzelne Funktionsschächte zur wettertechnischen Ver- oder Entsorgung, zum arbeitsplatznahen Personentransport oder auch zur Material- oder Energieversorgung gebaut werden müssen. Die wenigen benötigten Funktionsschächte erfordern nur geringe Flächengrößen und lassen sich bautechnisch angepaßt in die Landschaft integrieren.

Unter Tage wird die Steinkohle im Streb heute fast ausschließlich mechanisiert abgebaut. Je nach Kohleart, d. h. der Festigkeit der Kohle, geschieht das mit dem Hobel oder mit Schrämmaschinen. Der Hobel wird am Kohlenstoß entlanggezogen und schneidet dabei Kohle aus dem Kohlenstoß ab. Bei der Herauslösung der Kohle aus dem festgefügten Flöz wird Methangas freigesetzt, das während der Genese der Kohle entstanden ist. Es wird über die Wetterströme abgeführt, um die Konzentration gering zu halten und damit Schlagwetterexplosionen zu vermeiden. Bei besonders stark gasführenden Schichten wird das →Grubengas abgesaugt und gesammelt nach über Tage geführt und soweit technisch möglich und wirtschaftlich, energetisch genutzt (→Grubengasverwaltung). In Hohlräume unter Tage dringt Tiefenwasser (Grubenwasser) ein, das gehoben werden muß, um die Grubenbaue trocken zu halten. Dieses Grubenwasser wird über Tage teilweise für betriebliche Zwecke genutzt und in die Vorflut abgegeben.

Beim Teufen von Schächten, Auffahren neuer Strecken und vor allem beim Abbau der Kohle fällt Gesteinsmaterial an, das mit der Kohle gehoben und in der Aufbereitung abgetrennt wird. Die anfallenden →Berge werden z. T. wieder nach unter Tage gebracht (→Bergeversatz), zum Teil verwertet (→Bergeverwertung). Der verbleibende Rest wird aufgehaldet. Moderne Halden sind nach strengen Vorschriften angelegt, um Beeinträchtigungen für die Umwelt (Transport, Grundwasser, Abwehungen) so gering wie möglich zu halten. Das Anfang der 80er Jahre von den beteiligten Kreisen verabschiedete Haldenkonzept sichert die Aufhaldungsmöglichkeiten bis 2000/2005. Landschaftsplaner und -architekten, Ökologen, Forstwirte und Geologen gestalten und begrünen Halden, die sich als Landschaftsbauwerke in die Umgebung einfügen (→Berghalden).

Unter Tage gehen die entstandenen Hohlräume hinter dem Abbau zu Bruch. Je nach geologischer Schichtung setzt sich dieses Massendefizit mehr oder weniger stark bis zur Erdoberfläche fort und führt zu →Bergsenkungen. Soweit dadurch →Bergschäden entstehen, werden die daraus resultierenden Ansprüche ausgeglichen.

Neben diesen Auswirkungen der Gewinnung von Steinkohle auf die Umwelt spielt der Umgang mit Stoffen im Bergbau eine wichtige Rolle. So war aus Sicherheits- und Brandschutzgründen unter Tage als Hydraulikflüssigkeit →PCB eingesetzt worden. Nach Bekanntwerden seiner Umweltproblematik hat der Bergbau PCB schrittweise durch Ersatzstoffe, insbesondere →Ugilec ersetzt. Auch diese Stoffe haben sich jedoch, nachdem sie von der Behörde zugelassen worden waren, als problematisch erwiesen. Mit technischen und organisatorischen Maßnahmen sind die Einsatzmengen dieser Stoffe entscheidend reduziert worden. Damit sind auch die Emissionen und die gefundenen Konzentrationen in den Einleitungen und Vorflutern entscheidend zurückgegangen.

Unter Tage entstehende Hohlräume könnten im Prinzip zur Ablagerung von Reststoffen genutzt werden. Umfangreiche Untersuchungen haben gezeigt, daß einige Reststoffe, z. B. Filterasche und Kraftwerksreststoffe, nicht zu Problemen für die Umwelt führen.

Nach Abschluß bergbaulicher Tätigkeiten wird im Abschlußbetriebsplan die Herrichtung des Geländes geregelt, um anschließende Nutzungen ordnungsgemäß sicherzustellen. *Zimmermeyer*

Steinkohleveredelungsanlage. Unter S. versteht man Anlagen zur Herstellung höherwertiger Produkte aus Steinkohle. Man unterscheidet zwischen der thermischen Veredelung (→Kokerei) und der chemischen Veredelung (→Steinkohlevergasungsanlagen, →Steinkohleverflüssigungsanlagen). Durch Kohlevergasung und Kohleverflüssigung können alle aus Mineralöl und Erdgas herstellbaren Produkte technisch gleichwertig gewonnen werden. *Weber*

Steinkohleverflüssigungsanlage (auch Steinkohlehydrieranlage). Eine S. dient der industriellen Erzeugung von Flüssigprodukten aus Steinkohle. Man unterscheidet zwei grundsätzliche Verfahrenswege: die direkte Hydrierung nach *Bergius-Pier* und das Synthese-Verfahren nach *Fischer-Tropsch* (Bild).

Bei der direkten Hydrierung werden die Makromoleküle der Kohle unter Einwirkung von Temperatur und Druck in Anwesenheit eines Katalysators gespalten. Die Hydrierung erfolgt in zwei Stufen. Dabei wird in der ersten Stufe die Kohle in Gegenwart von Katalysatoren in das Zwischenprodukt Kohleöl überführt, das in der Gasphase in die Endprodukte umgewandelt wird.

Beim Fischer-Tropsch-Verfahren wird durch Steinkohlenvergasung zunächst Synthesegas (CO und H_2) erzeugt. Anschließend werden aus dem Synthesegas katalytisch flüssige Kohlenwasserstoffe aufgebaut.

Die Kohlenverflüssigungsverfahren sind unter wirtschaftlichen Gesichtspunkten gegenüber dem Erdöl nicht konkurrenzfähig; in Deutschland kamen sie vor und während des 2. Weltkrieges dennoch zum großtechnischen Einsatz, weil Erdöl nicht verfügbar war. Moderne Pilot- und Demonstrationsanlagen haben gezeigt, daß der Betrieb umweltverträglich erfolgen kann. Der Prozeß selbst ist ein geschlossenes Verfahren. Soweit Emissionen in Luft und Wasser anfallen, sind sie mit den bestehenden technischen Einrichtungen beherrschbar.

Zur Emissionsminderung sind insbesondere die bei vergleichbaren Feuerungsanlagen und bei Mineralölraffinerien in Betracht kommenden baulichen und betrieblichen Maßnahmen sowie Abgasreinigungstechniken anzuwenden. Die Rückstände der Kohleverflüssigung enthalten noch erhebliche Mengen an hochmolekularen organischen Stoffen. Diese werden z. B. in der Flugstaubvergasung zur Wasserstofferzeugung weiterverwendet. Die Prozeßabwässer sind erheblich mit organischen Stoffen belastet; hier gelten insbesondere die für Kokereien relevanten Aspekte. *Weber*

Steinkohlevergasungsanlage. In einer S. kann Steinkohle nach verschiedenen Verfahren mit Wasserstoff, Sauerstoff, Luft und Wasserdampf bei Temperaturen über 800 °C in einen gasförmigen Brennstoff umgewandelt werden. Die hierfür benötigte Wärmezufuhr wird bei dem sogenannten autothermen Verfahren durch Zugabe von Sauerstoff oder Luft und Verbrennung von ca. einem Drittel der Kohle selbst im Vergasungsreaktor aufgebracht.

Beim allothermen Verfahren wird über Wärmeaustauscher Prozeßwärme in den Vergaser eingekoppelt.

Bei den autothermen Vergasungsverfahren hat die Festbettvergasung unter Druck die größte Bedeutung erlangt. Es ist das einzige kommerzielle Verfahren, das unter Druck arbeitet. Hierbei werden Dampf und Sauerstoff in die Druckkammer geführt. Das entstehende Gas weist einen hohen Gehalt an CO, H_2 und CH_4 auf.

Bei der Flugstaubvergasung wird dagegen ein fast reines Synthesegas erzeugt, CO und H_2.

Die Kohlevergasung ermöglicht in Abhängigkeit vom Reaktionsverlauf und der Nachbehandlung insbesondere des Synthesegases, CO und H_2, die Herstellung verschiedener für die Chemie wichtiger Produkte (Bild). Die emissionsmindernden Anforderungen ergeben sich aus Nr. 3.3.1.14.1 der TA Luft. Die bei der Vergasung anfallenden festen

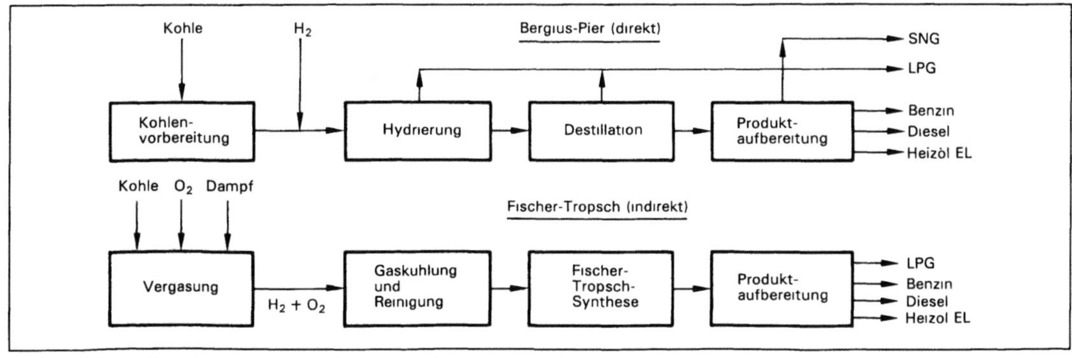

Steinkohleverflüssigungsanlage: Steinkohlehydrierverfahren.

Synthesegas CO+H$_2$	▷ +Olefine	▷ Oxo-Synthese	▷ Oxo-Produkte
	▷ Methanol-Synthese		▷ Methanol
	▷ +CH$_3$OH	▷ Homologisierung	▷ Ethanol
	▷ Fischer-Tropsch-Synthese		▷ Paraffine
			▷ Olefine
	▷ Methanisierung		▷ Methan (SNG)
	▷ Glykolsynthese		▷ Ethylenglykol
	▷ Sonstige Synthesen		▷ Essigsäure
	▷ +Acethylen ▷		▷ Hydrochinon

Steinkohlevergasungsanlage: Synthesegasprodukte.

Rückstände und die Rückstände aus Abgasreinigungsanlagen sollten in gleicher Weise verwertet oder entsorgt werden wie bei den verwandten Prozessen.

Steinkohlevergasung ist nicht wirtschaftlich. Deshalb werden vorerst keine Anlagen geplant und gebaut. *Weber*

Steinsalzfabrik. In der S. wird das bergmännisch abgebaute und zutage geförderte Steinsalz (Natriumchlorid) zu Produkten für Industrie, Gewerbe, Straßenwinterdienst und Haushalt aufbereitet.

Zur Lage der Steinsalzvorkommen und S.: →Kali- und Steinsalzbergbau.

Das untertage gewonnene und vorzerkleinerte Steinsalz wird übertage in den Fabriken in mehreren Verfahrensstufen durch Grob- und Feinmahlung sowie durch Sieben und Sichten trocken aufbereitet. Dabei werden neben unterschiedlichen Körnungen auch Qualitätsabstufungen erreicht, weil sich die mit dem Steinsalz verwachsenen Begleitminerale, z. B. Anhydrit, auf die einzelnen Fraktionen unterschiedlich verteilen.

Feinstkorn (<0,2 mm), der sogenannte Puder, wird zur Verbesserung der Produktqualität konsequent abgetrennt (Sichten, Entstauben). Dadurch werden Produkte erhalten, die beim Verladen, Umschlagen oder Verwenden nicht stauben. Der Puder wird entweder als →Versatz in die Grube zurückgeführt oder durch →Granulation wieder zu Produkten umgearbeitet. Folglich fallen bei der trockenen Aufbereitung übertägig keine Produktionsrückstände an.

Zur Herstellung einiger Spezialsorten muß eine Naßaufbereitung nachgeschaltet werden, wobei störende Bestandteile ausgelöst oder ausgeschwemmt werden. Das bei diesem Verfahrensschritt anfallende →Salzabwasser wird untertage zum Befeuchten der Fahrstraßen und des Puders vor dem Versatz eingesetzt.

Emissionen in die Luft können lediglich durch Salzstaub auftreten, der trotz Abtrennen des Puders durch Abrieb neu entsteht. Daher sind Anlagen zum Verladen der losen Produkte auf Bahn oder Lkw mit Einrichtungen zum Absaugen von Staub ausgestat-tet. Die Abluft wird mittels Gewebefilter wirksam gereinigt. *Scharf*

Literatur: Salz, Band I–IV. IDS, Informationsdienst Deutsche Salzindustrie e. V. Bonn. – Ullmanns Encyklopädie der technischen Chemie. Band 17. Weinheim 1979.

Sterilfiltration. Sie dient der Entkeimung von Wasser, wäßrigen Lösungen oder Gasen und ist in der pharmazeutischen, kosmetischen und Lebensmittelindustrie ein häufig gebrauchtes Verfahren. Dazu werden Sterilfilter mit Porenweiten von 0,1 bis 0,2 μm eingesetzt.

Als Filtermaterial stehen Oberflächen- und Tiefenfilter zur Verfügung. Große Bedeutung haben aus der ersten Gruppe die Membranfilter, die aus Cellulosederivaten, PVC, Polyamid u. a. Polymeren hergestellt werden. Membranfilter sind dünne Plättchen mit definierter Porengröße. Zur Abtrennung von Bakterien sind nur Porenweiten ≤0,45 μm brauchbar, hauptsächlich werden 0,2 μm-Filter eingesetzt. Die feinsten Filter (mittlerer Porendurchmesser 0,1 μm–0,15 μm) halten auch größere Viren zurück. Membranfilter können mit wenigen Ausnahmen bei 121 °C autoklaviert oder durch Ethylenoxid sterilisiert werden.

Neben derartigen Oberflächenfiltern stehen auch Tiefenfilter, die aus dickeren Faserschichten bestehen, zur Verfügung. Das wichtigste Material ist Asbest, dessen Einsatz jedoch wegen der Kanzerogenität eingeschränkt wurde. Störend können sich Adsorptionseffekte bemerkbar machen. Das Problem der Faserabgabe in das Filtrat kann durch nachgeschaltete Membranfiltration verhindert werden. Weitere Tiefenfilter werden in Form von Glassinterplatten geliefert. Glasfilter werden durch Sintern von Borosilikatglasgrieß definierter Korngrößenbereiche hergestellt. Sie sind geeignet, wäßrige Lösungen zu entkeimen. Die Reinigung ist mit heißer konzentrierter Schwefelsäure unter Zusatz einer geringen Menge Kaliumnitrat möglich. Tiefenfilter haben auch große Bedeutung bei der Behandlung von Gasen, besonders Luft (z. B. für Operationsräume). *Maghon*

Sterilisation. Das Abtöten bzw. irreversible Inaktivieren aller vermehrungsfähigen →Mikroorganismen in Gasen, Flüssigkeiten und Feststoffen. Die S. läßt sich mittels thermischer, chemothermischer und chemischer Behandlung des S.-Gutes sowie physikalisch mittels energiereicher Strahlen erreichen.

Zur thermischen S. kommen Heißluft oder Heißdampf-S. zum Einsatz. Die Richtwerte für die Dauer der Heißluft-S. betragen bei 180 °C 30 min., bei 200 °C 10 min. Hinsichtlich ihrer Resistenz gegenüber der Dampf-S. werden bei den Mikroorganismen vier verschiedene Resistenzstufen unterschieden. Keime der Resistenzstufen 1–3 werden bei Einwirkzeiten von 30 min bei 121 °C bzw. 10 min. bei

134 °C abgetötet. Definitionsgemäß müßten bei einer Dampf-S. auch thermophile native Erdsporen mit der höchsten Resistenz (Resistenzstufe 4) abgetötet werden. Da die erforderliche Einwirkzeit jedoch mehrere Stunden beträgt, verzichtet man als Konzession an die Praxis auf die Abtötung solcher Keime, falls ihr Vorkommen auszuschließen oder unschädlich ist. Sie sind auch zuverlässig abzutöten, wenn man 24 Stunden nach einer ersten Dampf-S. bei 121 °C eine zweite Dampf-S. vornimmt. Die wiederholte S. wird Tyndallisierung genannt.

Zur chemischen S. thermolabiler Materialien eignet sich eine Vielzahl von Chemikalien. Ihre Wirkungen beruhen meist auf Proteinkoagulation, Membran- oder Zellwandschädigungen oder Inaktivierung von Sulfhydryl-Seitengruppen verschiedener Enzymproteine. Der Wirkungsgrad ist sehr verschieden und wird durch Keimart, Temperatur, pH, Begleitstoffe etc. unterschiedlich stark beeinflußt. Die bekanntesten Chemikalien zur chemischen S. sind Phenole, Chlor und Ethylenoxid. Nachteilig ist die z. T. starke Toxizität für höhere Organismen; Ethylenoxid ist als krebserzeugend (III A 2) eingestuft worden (→Maximale Arbeitsplatz-Konzentration).

S. durch energiereiche Strahlung: Wegen ihrer hohen Eindringtiefe werden vorwiegend →Gammastrahlen eingesetzt. Die Letaldosen liegen bei Bakterien im Bereich von 10^3 Joule/kg bis 6×10^4 Joule/kg (10^3–6×10^4 Gy). Die Strahlen-S. ist besonders gut für medizinische Einwegartikel geeignet, weil sie vor der S. in bakteriendichte Folien verpackt werden können. Wegen ihrer ionisierenden Wirkung dürfen energiereiche Strahlen nicht zur S. von Medikamenten eingesetzt werden. Zur Lebensmittelbestrahlung: →Abfallverwertung (→Abfall, radioaktiver). *Maghon*

Stichprobe. Kurzzeitentnahme von Wasserproben für die chemisch-physikalische und biologische Untersuchung. Die S. repräsentiert bei Fließgewässern und Abwasserkanälen nur die Situation des Augenblicks. Bei Systemen mit sehr langen Aufenthaltszeiten (Vergleichmäßigung der Qualität und des Abflusses) und bei stehenden Gewässern hat die S. größere Bedeutung.

S. werden auch zur Ermittlung bestimmter Kenngrößen der Wasserqualität eingesetzt, z. B. bei den absetzbaren Stoffen, weil nur bei einer S. Nachflokkungsvorgänge bei der →Probenahme ausgeschlossen werden können, und bei der Bestimmung leichtflüchtiger organischer Stoffe, weil diese bei Langzeitprobenahmen ausgasen. Repräsentative Analysenergebnisse für die Mehrzahl der Wasserparameter erhält man dagegen mit →Mischproben. *Irmer*

Stichprobenmessung. Aus technischen und ökonomischen Gründen ist es nicht möglich, alle Immissionsuntersuchungen als kontinuierliche, zeitlich lückenlose Messungen (→Meßverfahren, kontinuierliche) durchzuführen; es ist auch fachlich in vielen Fällen nicht erforderlich. Ist z. B. nur der arithmetische Mittelwert der Konzentration eines Stoffes in der Außenluft zu bestimmen, ist es in aller Regel vollkommen ausreichend, die Messung als stichprobenartige Erhebung durchzuführen. Die gesamte Philosophie der TA Luft für Immissionsmessungen im Rahmen des immissionsschutzrechtlichen Genehmigungsverfahrens basiert weitgehend auf S.

Es ist die Aufgabe der →Meßplanung, im Vorfeld alle relevanten Parameter (z. B. →Meßhäufigkeit, →Meßstellendichte, →Meßzeitraum) so festzulegen, daß auch über eine S. repräsentative Ergebnisse im Sinne der Aufgabenstellung erhalten werden (→Repräsentativität).

Die S. selbst können sowohl mit kontinuierlichen Meßverfahren als auch mit diskontinuierlichen Meßverfahren realisiert werden.

Bei einer S. muß im Meßergebnis grundsätzlich ein bestimmter Unsicherheitsbereich in Kauf genommen werden. Seine Größe wird durch die Aufgabenstellung (z. B. Art der zu ermittelnden Kenngrößen) sowie Art und Umfang der Erhebungen bestimmt (→Meßunsicherheit). *Pfeffer*

Literatur: *Beier, R., M. Buck:* Möglichkeit und Grenzen der Nutzung von Luftqualitätsdaten aus diskontinuierlichen Messungen gemäß TA Luft. LIS-Berichte der Landesanstalt für Immissionsschutz NRW, Nr. 74. 1988.

Stichprobenverfahren →Taktmaximalwertverfahren

Stickoxidbildung, thermische. Die t. S. in Brennkammern vollzieht sich nach den folgenden Reaktionsgleichungen:

$$O + N_2 \rightarrow NO + N \qquad (R1)$$
$$N + O_2 \rightarrow NO + O \qquad (R2)$$
$$N + OH \rightarrow NO + H \qquad (R3)$$

Die Reaktion (R1) besitzt eine hohe Aktivierungsenergie und ist relativ langsam. Demgegenüber sind die Reaktionen (R2) und (R3) schnell, so daß man annehmen kann, daß das nach der Reaktion (R1) gebildete N-Atom praktisch sofort nach einem der beiden anderen Reaktionswege weiterreagiert. Da bei einer Kohlenwasserstoff-Luft-Verbrennung O-Atome in nennenswerter Menge entstehen, setzt die S. in der Brennkammer bereits während des Reaktionsablaufs ein und läuft solange ab, wie sich das Verbrennungsgas auf genügend hoher Temperatur befindet.

Für die quantitative Ermittlung der t. S. nach dem obigen Reaktionsschema benötigt man die Konzentrationen der beteiligten Spezies O, N_2, N, O_2, OH, und H in der Reaktionszone. Hier liegt eine der Unsicherheiten bei der NO-Ermittlung in Brennkammern, weil bekanntlich die Verbrennung technischer Brennstoffe, deren Zusammensetzung man nur sehr grob kennt, nur mit Hilfe von stark vereinfachten Reaktionsmodellen behandelt werden kann ($\rightarrow$Kohlenwasserstoff-Luft-Verbrennung). Man kann sich aber zur Annäherung der vereinfachenden Annahme bedienen, daß bei den in der Brennkammerprimärzone üblichen Aufenthaltszeiten (um 3 ms) die Kohlenwasserstoff-Verbrennung sich dem Gleichgewicht schon relativ weit genähert hat, was insbesondere für die Oxidation des CO zu CO_2 zutrifft. Dann kann man annehmen, daß die Konzentrationen von O, O_2, OH und H den Gleichgewichtswerten entsprechen (*Heywood* and *Mikus*). Mit diesem Modell läßt sich die S. gut annähern.

Die starke Temperaturabhängigkeit der Reaktion (R1) bewirkt, daß die S. mit steigender Temperatur stark anwächst. Ferner ergibt sich dadurch ein erheblicher Einfluß des Mischungsverhältnisses; bei stöchiometrischer Mischung ist die NO-Produktion am größten, weil dann die Verbrennungstemperatur am höchsten ist. Mit zunehmender Abweichung von der stöchiometrischen Mischung zur fetten oder mageren Seite geht auch die S. zurück. Man kann weiter davon ausgehen, daß die Rückreaktionen, bei denen NO zerfällt, erst bei Temperaturen oberhalb von etwa 2 700 K eine Rolle spielen, so daß man annehmen kann, daß in Brennkammern mit ihren Temperaturen von derzeit unter 2 700 K das gebildete Stickoxid praktisch nicht wieder zerfällt. *Winterfeld*

Literatur: *Dodds, W. J., D. W. Bahr:* Combustion System Design. In A. M. Mellor (Ed.): Design of Modern Turbine Combustors, London 1990. – *Heywood, J. B., T. Mikus:* Parameters Controlling Nitric Oxide Emissions from Gas Turbine Combustors, AGARD-CP 125, AGARD Propulsion and Energetics Panel, 1973.

Stickstoff $\rightarrow$$N_{min}$-Methode

Stickstoff-Düngerbilanz. Im Zuge steigender Erträge erhöhte sich der Stickstoffentzug durch die Kulturpflanzen. Dem steht eine wesentlich stärkere Zufuhr an Stickstoff mineralischer und organischer Herkunft gegenüber. Ein wichtiger Grund für diese Entwicklung liegt in der ineffektiven Verwertung des organischen Düngers.

Die S.-D. landwirtschaftlicher Nutzflächen zeigt am – wohl auch nach der Vereinigung noch repräsentativen – Beispiel der Bundesrepublik im Jahr 1988 (20 % unvermeidliche Verluste unterstellt) einen Stickstoffüberschuß von nahezu 86 kg N/ha landwirtschaftliche Nutzfläche (Bild), der nicht von der Pflanze genutzt werden kann. Die wesentlichen Ursachen dafür liegen in den oft ungünstigen Ausbringterminen, der Verabreichung zu hoher Einzelgaben, der fehlenden Einbeziehung organischer

Dünger in die Düngerbedarfskalkulation sowie z. T. auch in überhöhten Viehbesatzdichten. Die zunehmende Spezialisierung der Betriebe sowie die Verbreitung von strohlosen Haltungssystemen verschärfen in den viehhaltenden Betrieben das Entsorgungsproblem von $\rightarrow$Flüssigmist und verhindern häufig seinen Einsatz als Hauptnährstofflieferant. *H. Schön/Amon*

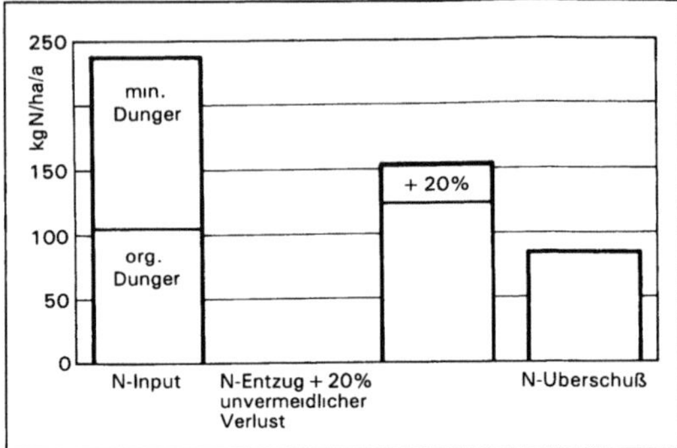

Stickstoff-Düngerbilanz: S.-D. der landwirtschaftlichen Nutzfläche der Bundesrepublik Deutschland 1988 (ohne mikrobielle N-Bindung).

Stickstoffdioxid

Luftchemie. In der $\rightarrow$Troposphäre ist S. (NO_2) die am stärksten lichtabsorbierende Spezies im Spektrum des Sonnenlichts in Bodennähe ($\lambda > 290$ nm) und wirkt dabei als eine wesentliche $\rightarrow$Vorläufersubstanz der photochemischen Smogbildung. Der Primärschritt bei der Absorption von Strahlung mit Wellenlängen unterhalb ~410 nm ist die Photodissoziation von NO_2 mit einer Quantenausbeute von ungefähr 1,

$$NO_2 + h\nu\ (\lambda < 410\ \text{nm}) \rightarrow NO + O \qquad (1)$$

Die dabei intermediär auftretenden Sauerstoffatome lagern sich sehr schnell an den atmosphärischen Sauerstoff unter Bildung von Ozon an,

$$O + O_2 + M \rightarrow O_3 + M \qquad (2)$$

($\rightarrow$Gleichgewicht, photostationäres).

Typische NO_2-Spitzenkonzentrationen in der Troposphäre liegen bei ≤ 1 ppbV in maritimer Reinluft, 1–20 ppbV in ländlichen Gebieten, 0,02–0,2 ppmV in mäßig verschmutzter Luft und 0,2–1 ppmV in stark verschmutzter Luft von Ballungsräumen. *Barnes*

Umweltrelevante Stoffdaten.
□ Stoff-Identifizierungs-Nr.:
CAS-Nr.: 10102-44-0
EG-Nr.: 007-002-00-0
UN-Nr.: 1067
EINECS-Nr.: 233-272-6
□ Chemische Formel: NO_2

☐ Stoffcharakteristik: Hochgiftiges, ätzendes, wasserlösliches Gas. Die Farbe wechselt mit steigender Temperatur von braun über glutrot bis zur Undurchsichtigkeit. Es läßt sich bei ca. 21 °C zu einer farblosen bis honiggelben Flüssigkeit kondensieren. Starkes Oxydationsmittel, schwerer als Luft, stechender, säureartiger Geruch.

☐ Gefahrenmerkmale:

– Stoffliste nach § 4a der →Gefahrstoffverordnung:

Gefahrenkennbuchstabe(n): T+

R-Sätze: 26-37

S-Sätze: 1/2-7/9-26-45

– Arbeitsschutzwerte nach TRGS 900: →MAK-Wert (mg/m³): 9

– Stoffliste (Anhang II) der →Störfall-Verordnung: Nr. 274 und 4b

– →Wassergefährdungsklasse: WGK 1

– Emissionswerte: TA Luft Einstufung: 3.1.6 Klasse IV

– Immissionswerte:

IW (TA Luft): 2.5.1:IW 1 = 0,08 mg/m³: IW 2 = 0,20 mg/m³

IW (EG-Richtlinie): EG-Richtlinie 85/203/EWG vom 7. 3. 1985 über Luftqualitätsnormen für Stickstoffdioxid: Anhang I Grenzwert (Schutzobjekt menschliche Gesundheit), übernommen in die →22. BImSchV (IW s. dort Tabelle).

→Immissionsleitwerte nach Anhang II (Schutzobjekt menschliche Gesundheit und Umwelt):

50%-Wert aus 1-h-Mittelwerten (oder kürzeren Zeiträumen) eines Jahres: 50 μg/m³

98%-Wert aus 1-h-Mittelwerten (oder kürzeren Zeiträumen) eines Jahres: 135 μg/m³

MI-Werte (VDI-Richtlinie): →MIK nach VDI 2310 Bl. 5 E (Schutzobjekt Vegetation):

Empfindliche Pflanzen: Mittelwert für die Vegetationsperiode (7 Monate): 0,35 mg/m³, Mittelwert über 30 Min. bei einmaliger Einwirkung: 6 mg/m³   *Fischer/M. Schön*

Literatur: VDI 2310 Bl. 5E: Maximale Immissionswerte zum Schutz der Vegetation; Maximale Immissionswerte für Stickstoffdioxid; Sept. 1978 (in wissenschaftlicher Überarbeitung).

Stickstoffdüngung →N_min-Methode

Stickstoffkreislauf (ohne Ammoniak). Oxidierter Stickstoff wird hauptsächlich als Stickstoffmonoxid NO (~90%) und Distickstoffoxid N_2O (~10%) emittiert. Das N_2O ist in der →Troposphäre chemisch inert und wird ausschließlich in der →Stratosphäre durch →Photolyse bzw. durch Reaktion mit angeregtem atomarem Sauerstoff O(^{1}D) abgebaut. Die wirksamsten irreversiblen Senken sind die Bildung von Salpetersäure aus NO_2 und OH sowie in geringerem Maße die trockene →Deposition von NO_2.

Die Stickoxide NO und NO_2 (NO_x) sind Schlüsselsubstanzen in der →Atmosphärenchemie (→Photosmog). Sie steuern die wichtigsten Spurenstoffzyklen und den Abbau vieler Schadstoffe sowohl in Reinluft als auch in der verschmutzten Atmosphäre. Die Umwandlungsvorgänge innerhalb des Stickoxidreservoirs sind eng mit Reaktionen des Ozon und OH-, HO_2- und RO_2-Radikalen gekoppelt (Bild).

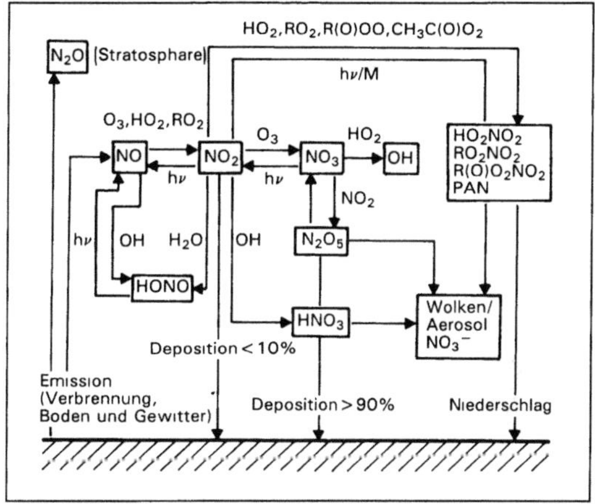

Stickstoffkreislauf: Schematischer Überblick über die wichtigsten Reaktionen von Stickstoffverbindungen in der Troposphäre ohne Berücksichtigung von Ammoniak.

Die NO_x-Konzentration bestimmt maßgeblich die Verteilung von OH-Radikalen in der Atmosphäre, die für die meisten Abbauprozesse oxidierbarer Spurenstoffe verantwortlich sind.   *Barnes/Wirtz*

Stickstoffmonoxid. S., NO, ist ein farbloses und sehr reaktives Gas. Es ist einer der wichtigsten Vorläufer der →Photooxidantien. Da sich in der Atmosphäre sehr schnell ein photochemisches Gleichgewicht zwischen NO und NO_2 einstellt, werden die beiden Spezies meistens zusammen als NO_x (NO+NO_2) bezeichnet.

Die Verweilzeit von NO in der Atmosphäre ist sehr kurz, in der →Troposphäre beträgt sie nur einen Tag im Sommer und einige Tage im Winter. Wegen dieser kurzen Verweilzeiten und der komplexen Verteilung der Quellen variiert die NO-Konzentration in der Troposphäre zeitlich wie räumlich sehr. Die Konzentration in bodennahen Luftmassen schwankt zwischen 1 pptV in extrem reiner maritimer Luft und bis 100 ppbV in verschmutzter Luft. Typische NO-Konzentrationen in der Atmosphäre liegen bei ≤50 pptV in maritimer Reinluft, 0,05–20 ppbV in ländlichen Gebieten, 0.02–1 ppmV in mäßig verschmutzte Luft und >1 ppmV in sehr verschmutzter Luft von Ballungsgebieten.

Die Stickoxide werden von einer großen Anzahl natürlicher und anthropogener Quellen emittiert, nahezu ausschließlich in Form von NO; die anthropogenen Quellen haben den größten Anteil daran. In der Tabelle sind die Anteile der einzelnen NO_x-Quellen zusammengestellt. Alle Zahlenangaben sind wegen der heterogenen Verteilung der Quellen und ihrer komplexen Abhängigkeit von einer Vielzahl unterschiedlicher Standortparameter mit großen Unsicherheiten verbunden. Zur Zeit wird die globale NO_x-Emission auf etwa 50 Millionen Tonnen Stickstoff (N) pro Jahr geschätzt, davon stammen $\geq 60\%$ aus anthropogenen Quellen. Die wichtigsten natürlichen Quellen für NO_x sind die →Nitrifikation und →Denitrifikation durch Mikroorganismen in Böden und Blitzentladungen in Gewittern. Kleinere Beiträge stellen Diffusion aus der →Stratosphäre und Oxidation von Ammoniak in der Atmosphäre dar.

Stickstoffmonoxid. Tabelle: Troposphärische Stickoxidquellen ($\geq 90\%$ als NO).

Quellen	Globale Emissionen 10^6 t/a (als N)
Bodenquellen	
Verbrennung fossiler Energieträger	21
Verbrennung von Biomasse	11,2
natürliche Böden	5,5
alle Bodenquellen	37,7
Atmosphärische Quellen	
Photooxidation von NH_3 in der Troposphäre	3,1
elektrische Entladung in der Troposphäre	5
Flugzeugabgase	0,3
NO_y aus der Stratosphäre	0,6
alle atmosphärischen Quellen	9,0
alle Quellen zusammen	46,7

Die anthropogenen Stickoxidemissionen können nach ihrer Herkunft in vier Gruppen eingeteilt werden und haben ihre Ursache im wesentlichen in Verbrennungsprozessen. So ist die größte Quelle die stationäre Verbrennung fossiler Brennstoffe (Kraftwerke, Industrie und Heizung). Eine weitere bedeutende Quelle ist die Emission durch Kraftfahrzeuge, die überwiegend in dicht besiedelten Gebieten auftritt. Schließlich ist auch ein Teil der NO_x-Erzeugung durch Waldbrände sowie der NO_x-

Emissionen von Böden auf anthropogene Einflüsse (Waldrodung bzw. künstliche Düngung) zurückzuführen. *Barnes*

Stickstoffoxide.

Emissionen. S. (NO_x)-Emissionen stammen aus natürlichen und anthropogenen Quellen. Natürliche Quellen wie Blitzschlag und die Freisetzung aus Böden infolge mikrobieller Umsetzung sind in Industriestaaten von geringer Bedeutung (→Stickstoffmonoxid, Tab.).

Die anthropogenen S.-Emissionen sind nahezu ausschließlich auf den Einsatz von fossilen Energieträgern in Feuerungsanlagen und Motoren zurückzuführen. Nur etwa 1% wird durch industrielle Prozesse freigesetzt, im wesentlichen bei der Herstellung von Salpetersäure.

Bei Verbrennungsprozessen entsteht zunächst durch teilweise Oxidation des in Brenn- bzw. Treibstoff und Verbrennungsluft enthaltenen Stickstoffs überwiegend Stickstoffmonoxid (NO), das in der Atmosphäre zu Stickstoffdioxid (NO_2) oxidiert wird. Nur ein geringer Teil – größenordnungsmäßig 5% – liegt bereits bei der Emission als NO_2 vor. NO und NO_2 werden meist summarisch als NO_x zusammengefaßt. Im Abgaskanal und vor allem in der Atmosphäre wird NO zu NO_2 umgewandelt. Bei Emissionsangaben werden in der Regel die S. als NO_2 berechnet.

Die Höhe der S.-Emissionen ist abhängig von der Brennstoffzusammensetzung (chemisch gebundener Stickstoffgehalt) und der Verbrennungs- bzw. Feuerungstechnik (Temperatur, Sauerstoff-Verfügbarkeit während der Verbrennung). Bei den →Feuerungsanlagen haben große Kohlefeuerungsanlagen, insbesondere Kraftwerksfeuerungen mit flüssigem Ascheabzug, i. a. die höchsten S.-Gehalte im Rohgas. Vergleichsweise hohe S.-Emissionen können auch beim Verbrennen von Holzwerkstoffen (z. B. Spanplatten) auftreten, die je nach Art des Bindemittels einen Stickstoffgehalt von 0,7–4% aufweisen.

Die Entstehung von NO in Feuerungsanlagen beruht auf komplexen Bildungsmechanismen. Dabei wird hauptsächlich zwischen Brennstoff-NO, Prompt-NO und Thermischem NO unterschieden. Bei der Bildung von Brennstoff-NO wird angenommen, daß der im Brennstoff vorhandene, chemisch gebundene Stickstoff (hierunter ist jedoch nicht der molekulare Stickstoff zu verstehen, wie er z. B. im Erdgas vorliegt) während der Pyrolyse des Brennstoffs in Amine und Cyanide zerfällt und diese sekundären Stickstoffverbindungen anschließend mit Sauerstoffträgern zu NO weiterreagieren. Konkurrierend zu dieser Reaktion ist auch eine Rückreaktion mit sekundären Stickstoffverbindungen zu molekularem Stickstoff möglich. Aus diesem Grund wird während der Verbrennung nur ein gewisser

Teil des im Brennstoff chemisch gebundenen Stickstoffs in NO umgewandelt. Übliche Umwandlungsraten für Kraftwerkssteinkohle liegen je nach Feuerungsart zwischen 5 und 25 %.

Das Prompt-NO bildet sich durch Reaktion des molekularen Luftstickstoffs mit Brennstoff-Kohlenwasserstoffradikalen zu Cyanwasserstoff (HCN), das dann ähnlich wie beim Brennstoff-NO durch Reaktion mit Sauerstoffträgern zu NO weiterreagieren kann. Da die Reaktion örtlich und zeitlich stark eingegrenzt ist, spielt das auf diese Weise entstandene NO nur eine untergeordnete Rolle. Es läßt sich wie das Brennstoff-NO durch eine Minimierung des lokalen Sauerstoffangebotes reduzieren.

Thermisches NO bildet sich, indem sich der molekulare Stickstoff (N_2) der Verbrennungsluft mit atomarem Sauerstoff (O) verbindet ($\rightarrow$Zeldovich-Reaktion). Da für die Reaktion von Sauerstoffatomen mit den sehr stabilen Stickstoffmolekülen eine hohe Energiezufuhr notwendig ist, setzt diese Art der NO-Bildung erst bei relativ hohen Temperaturen ein. Ein weiterer Bildungsmechanismus verläuft über thermisch erzeugte OH-Radikale, die den Luftstickstoff ebenfalls oxidieren. Durch eine Feuerungsführung, bei der längere Verweilzeiten bei hohen Temperaturen vermieden werden, sowie durch ein knappes Sauerstoffangebot kann die Bildung von thermischem NO vermindert werden. Gleichzeitig muß jedoch ein guter Ausbrand der Verbrennungsprodukte gewährleistet bleiben.

Als feuerungstechnische Maßnahmen zur Verringerung der S.-Bildung kommen insbesondere eine Absenkung der Verbrennungstemperatur, das Vermeiden von Temperaturspitzen, eine Verringerung des Sauerstoffangebots in der Reaktionszone und eine Verringerung der Verweilzeit in Bereichen hoher Temperatur in Frage. Eine Verminderung des Brennstoff-NO wird vor allem durch die Stufenverbrennung erreicht. Dabei erfolgt zunächst eine Verbrennung im Bereich der Flammenfront unter Sauerstoffmangel. Anschließend wird den Verbrennungsprodukten weiterer Sauerstoff zugeführt, um einen guten Ausbrand zu erzielen.

Bei Ottomotoren wird die S.-Bildung von der Brenntemperatur, der Verweilzeit in der Hochtemperaturzone sowie dem Sauerstoffgehalt des Brenngemisches bestimmt. Eine Maßnahme zur Minderung der S.-Bildung ist die $\rightarrow$Abgasrückführung. Hierbei wird das Sauerstoffangebot verringert und die Temperatur im Verbrennungsraum abgesenkt. Weitere mögliche Maßnahmen sind die Stufenverbrennung und eine verzögerte Verbrennung.

Die Emissionen an S. werden durch verschiedene Vorschriften des BImSchG begrenzt. Für Kfz enthält die StVZO Vorschriften ($\rightarrow$Kfz-Abgas-Grenzwert). Für genehmigungsbedürftige Anlagen, die in den Anwendungsbereich der $\rightarrow$TA Luft fallen, gilt unter Berücksichtigung der $\rightarrow$Dynamisierungsklausel der TA Luft häufig ein Emissionswert von 500 mg NO_x/m^3. Für spezielle Anlagen, z. B. $\rightarrow$Feuerungsanlagen, $\rightarrow$Gasturbinenanlagen, gelten niedrigere Werte.

S.-Emissionsbegrenzungen sind ferner in der Großfeuerungsanlagen-Verordnung (in Verbindung mit dem Beschluß der Umweltministerkonferenz vom April 1984, $\rightarrow$Großfeuerungsanlage, Tab. 2) festgelegt. Bei Steinkohlekraftwerken ist daher der Einsatz von NO_x-Abgasreinigungsverfahren erforderlich. Auch um den Grenzwert der $\rightarrow$17. BImSchV von 200 mg NO_x/m^3 an $\rightarrow$Abfallverbrennungsanlagen zu unterschreiten, sind häufig NO_x-Abgasreinigungseinrichtungen einzusetzen.

Zur NO_x-Abgasreinigung werden vor allem trockene $\rightarrow$Reduktionsverfahren eingesetzt. Bei Großfeuerungsanlagen, Abfallverbrennungsanlagen und z. T. auch bei Glasschmelzwannen und weiteren Prozeßöfen kommen $\rightarrow$SCR-Verfahren und $\rightarrow$SNCR-Verfahren zur Anwendung; bei Ottomotor-Pkw wird der Dreiwegekatalysator angewandt. Die Verfahren arbeiten praktisch rückstandsfrei. *Bade*

Literatur: Umweltbundesamt (Hrsg.): Luftverschmutzung durch Stickstoffoxide; Berichte 3/90. Berlin 1990.

Emissionsmessung. Standardmethoden zur Emissionsmessung von S. werden in der Richtlinie VDI 2456 behandelt. Für Einzelmessungen stehen vier sich prinzipiell ähnelnde handanalytische Methoden zur Auswahl. Im allgemeinen wird eine definierte Abgasmenge in ein vorher evakuiertes Gassammelgefäß eingesaugt, und die in der Probe enthaltenen S. werden anschließend quantitativ zu Salpetersäure oxidiert, die acidimetrisch oder nach Zusatz eines spezifischen Reagenzes photometrisch bestimmt wird. Das naßchemische Verfahren, das am häufigsten für Einzelmessungen und zur $\rightarrow$Kalibrierung kontinuierlich messender Analysatoren eingesetzt wird und als $\rightarrow$Referenzmeßverfahren bezeichnet werden kann, ist das Dimethylphenolverfahren (DMP-Verfahren) nach VDI 2456, Blatt 10. Es besitzt etwa gleiche Verfahrenskenngrößen wie die beiden anderen photometrischen Verfahren (Phenoldisulfonsäureverfahren nach VDI 2456, Blatt 1 und Natriumsalicylatverfahren nach VDI 2456, Blatt 8), hat aber wesentliche Vorteile in der Handhabung.

Zur kontinuierlichen Messung von NO stehen rund 15 eignungsgeprüfte Meßeinrichtungen zur Verfügung, die hauptsächlich drei verschiedenen Meßverfahren zuzuordnen sind: $\rightarrow$Chemilumineszenzverfahren (VDI 2456, Blatt 7), $\rightarrow$NDIR-Verfahren und photometrische $\rightarrow$Gasmeßverfahren im UV-Bereich. Ein speziell für die Messung von NO entwickelter NDUV-Resonanz-Analysator wird in der Richtlinie VDI 2456, Blatt 9 beschrieben.

Soll neben NO auch NO_2 gemessen werden, so muß dem NO-Analysator ein thermischer oder katalytischer →Konverter vorgeschaltet werden, der das NO_2 zu NO reduziert (VDI 2456 Blatt 6). Da der Einsatz eines Konverters den Aufwand und den Fehler der Messung nicht unwesentlich erhöht, wurde in die Großfeuerungsanlagen-Verordnung (→13. BImSchV), die Abfallverbrennungsanlagen-Verordnung (→17. BImSchV) und die TA Luft eine Regelung aufgenommen, die es erlaubt, auf eine kontinuierliche NO_2-Messung zu verzichten, wenn durch Einzelmessungen nachgewiesen wurde, daß der NO_2-Anteil an der NO_x-Emission weniger als 5 bzw. 10 % beträgt. Ungeachtet dieser Ausnahmeregelung ist eine NO_x-Messung angezeigt, wenn eine längere Probenahmeleitung unumgänglich ist und deshalb die Umsetzung von NO zu NO_2 während der Probenahme nicht vernachlässigt werden kann. *Stahl*

Literatur: VDI 2456: Messen gasförmiger Emissionen. Messen der Summe von Stickstoffmonoxid und Stickstoffdioxid; Bl. 1: Phenoldisulfonsäureverfahren. 12/1973. – Bl. 6: Messen der Summe von NO und NO_2 als NO unter Einsatz eines Konverters. 5/1978. – Bl. 7: Messen von Stickstoffmonoxid-Gehalten; Chemilumineszenz-Analysatoren (Atmospharendruckgeräte). 4/1981. – Bl. 8: Analytische Bestimmung der Summe von Stickstoffmonoxid und Stickstoffdioxid; Natriumsalicylatverfahren. 1/1986. – Bl. 9: Messen von Stickstoffmonoxid-Gehalten in Feuerungsabgasen mit dem NDUV-Resonanz-Analysator (RADAS 1). 2/1989. – Bl. 10: Dimethylphenolverfahren. 11/1990. – Modelluntersuchungen zur Erarbeitung von Mindestanforderungen an fortlaufend aufzeichnende Meßeinrichtungen zur Erfassung von Stickstoffoxidemissionen. Forschungsbericht des TÜV Bayern e. V., München, vom Februar 1977, im Auftrag des Umweltbundesamtes.

Immissionsmessung. Als Immissionsmeßverfahren dominieren zwei Methoden: das →*Saltzman*-Verfahren zur Bestimmung von Stickstoffdioxid, das auch als nationales →Referenzmeßverfahren dient, und die kontinuierliche Messung mit Hilfe des →Chemilumineszenzverfahrens. Andere Verfahren haben in der Praxis keine Bedeutung. *Pfeffer*

Wirkung auf Pflanzen. Von den S. sind Stickstoffdioxid (NO_2), Stickstoffmonoxid (NO) und Distickstoffoxid (N_2O) auf Grund ihres überregionalen Vorkommens in relativ hohen Konzentrationen, ihrer Phytotoxizität, ihres Beitrages zu den säurehaltigen Niederschlägen und Veränderungen des globalen Klimas sowie ihrer Rolle als →Vorläufersubstanzen für die Bildung von →Photooxidantien als die wichtigsten vegetationsgefährdenden Luftverunreinigungskomponenten anzusehen. Stickstoff ist ferner ein essentielles Makroelement, das innerhalb des →Stickstoffkreislaufs in der Biosphäre zirkuliert. Der in autotrophen Pflanzen gebundene Stickstoff (Nitrat, Ammonium) wird von heterotrophen Tieren aufgenommen, als N-haltige Verbindungen ausgeschieden und durch bakterielle Zersetzung als Ammoniak freigesetzt, das seinerseits phytotoxische Eigenschaften besitzt.

NO_2 wird, wie die anderen gasförmigen Luftverunreinigungen, durch die Spaltöffnungen der Blätter aufgenommen und reagiert auf Grund seiner guten Wasserlöslichkeit an den feuchten Oberflächen der Zellen unter Bildung von Nitrat und Nitrit. Die Aufnahmerate ist proportional zum Konzentrationsgradienten zwischen der Atmosphäre und dem Blattinneren und wird über die Öffnungsweite der Spaltöffnungen reguliert. Ganz allgemein wird die Aufnahme durch Faktoren erhöht, die die Öffnungsweite der Stomata beeinflussen (Licht, Temperatur, relative Luftfeuchte, Ernährungszustand). Ferner bestimmen interne Wachstumsfaktoren wie Blattalter, Entwicklungsstadium der Pflanzen und die artspezifische →Resistenz die Empfindlichkeit gegenüber NO_x. NO_2 wird darüber hinaus auf den Blattoberflächen deponiert, dissoziiert im Wasserfilm der Blätter und vermag mit den Wachsen der Kutikula zu reagieren und Veränderungen der Zellstrukturen herbeizuführen.

NO besitzt deutlich geringere phytotoxische Eigenschaften, was u. a. auf die geringere Wasserlöslichkeit und damit geringere Reaktionsfähigkeit an Zelloberflächen zurückzuführen ist.

Genaue Kenntnisse über den Schädigungsmechanismus von NO_x auf Zellebene liegen nicht vor. Es wird aber angenommen, daß erste Störungen über Reaktionen an Biomembranen hervorgerufen werden. Andererseits wird die Nitritanreicherung in den Zellen als Hauptschadensursache angesehen, wobei sowohl die direkte Toxizität als Folge einer Anreicherung als auch die Säurewirkung des Nitritions diskutiert wird. Ferner werden enzymatische Systeme, die für die Umwandlung von Nitrit in Nitrat verantwortlich sind, angegriffen.

Akute Schädigungen durch NO_x (>800 µg/m³, 1 h-Mittelwert) werden nur nach Störfällen beobachtet und sind daher ohne große Bedeutung. Mit Bezug auf ihre Symptomatik lassen sie sich mit denen von Schwefeldioxid vergleichen. Bei chronischen Einwirkungen treten sowohl positive (Düngeeffekt) wie negative Wirkungen in Form von Wuchs- und Ertragsdepressionen auf, wobei Birken, Lärchen und einige Obstbaumarten wie Apfel und Birne besonders empfindlich reagieren. Höhere Stickstoffanreicherungen führen ferner zu einer höheren Anfälligkeit gegenüber Insektenbefall und können bei Bäumen (N-Gehalt der Nadeln >1,8 %) zu einer verminderten Frosthärte führen. Vielfach werden in Gegenwart anderer Luftverunreinigungen Wirkungsverstärkungen beobachtet (Kombinationswirkung); deshalb wird zum Schutz der Vegetation von der WHO ein Jahresmittelwert von 30 µg/m³ in Gegenwart von SO_2 und O_3 für NO_2 empfohlen. Bei alleiniger Einwirkung von NO_2 sollte eine Luftkonzentration von 60 µg/m³ im Jahresmittel nicht überschritten werden. *G. Krause*

STIG-Prozeß →Gasturbinenanlage

Stillegung. Stillgelegt wird eine Anlage, wenn ihr Betrieb nicht mehr fortgesetzt wird. Eine S. kann freiwillig seitens des Anlagenbetreibers oder aber von der zuständigen Behörde verfügt werden. Will der Anlagenbetreiber eine Anlage stillegen, bedarf er dazu teilweise einer Genehmigung. So bestimmt § 7 Abs. 3 S. 1 AtG für kerntechnische Anlagen ausdrücklich, daß ihre S. der Genehmigung bedarf. Teilweise muß die S. einer Anlage zumindest angezeigt werden. So bestimmt § 10 Abs. 1 AbfG, daß der Inhaber einer ortsfesten →Abfallentsorgungsanlage ihre beabsichtigte S. der zuständigen Behörde unverzüglich anzuzeigen hat. Mit der S. einer Anlage können spezifische Beeinträchtigungen verbunden sein, die sich von den Umweltbelastungen durch den Betrieb unterscheiden. Die zuständige Behörde soll deshalb im Rahmen des Genehmigungsverfahrens für die S. oder nach deren Anzeige die Möglichkeit erhalten, dem Betreiber Rekultivierungs-, Sicherungs- und Sanierungspflichten aufzuerlegen. Nach § 5 Abs. 3 BImSchG gehört es zu den Anlagenbetreiberpflichten, im Falle der S. (Betriebseinstellung) sicherzustellen, daß von der Anlage keine schädlichen Umwelteinwirkungen oder sonstige Gefahren ausgehen können und vorhandene Reststoffe entsorgt werden. *Hoppe/Beckmann*

Literatur: *Kunig/Schwermer/Versteyl:* AbfG, § 10 Rn. 1 ff. 2. Aufl. München 1992. – *Sellner:* Immissionsschutzrecht und Industrieanlagen, 2. Aufl. München 1988.

Störfall. Nach § 2 Abs. 1 der →Störfall-Verordnung ist S. eine Störung des bestimmungsgemäßen Betriebs, bei der ein Stoff nach den Anhängen II, III oder IV der Störfall-Verordnung durch Ereignisse wie größere Emissionen, Brände oder Explosionen sofort oder später eine →ernste Gefahr hervorruft. Die Definition besteht aus drei Elementen, die kumulativ und in kausaler Verknüpfung vorliegen müssen:
– Störung des bestimmungsgemäßen Betriebs,
– Verursachung eines bestimmten Stoffverhaltens und
– Verursachung einer ernsten Gefahr.

Störung des bestimmungsgemäßen Betriebs ist jede Abweichung von einem Betriebsablauf, der der erlaubten Zweckbestimmung der Anlage entspricht (→Betriebsstörung). Zum bestimmungsgemäßen Betrieb gehören der Normalbetrieb, der An- und Abfahrbetrieb, der Probebetrieb sowie Inspektions-, Wartungs- und Instandsetzungsvorgänge. Weiter setzt die S.-Definition des § 2 Abs. 1 der Störfall-Verordnung voraus, daß Ereignisse wie größere Emissionen, Brände oder Explosionen das Gefahrenpotential von Stoffen nach den Anhängen II, III oder IV zur Verordnung aktualisieren. Der Begriff der größeren Emission ist dabei aus der EG-Richtlinie 82/501/EWG übernommen worden. Er entspricht weitgehend dem Begriff des Freiwerdens in der bis 1991 geltenden Fassung der Störfall-Verordnung. Unter Emissionen sind auch Freisetzungen in das Wasser oder in den Boden zu verstehen. Größere Emissionen können nur angenommen werden, wenn sie als schwere Unfälle entsprechend der EG-Richtlinie zu werten sind. Hieraus folgt, daß ein S. nicht vorliegt, wenn das Bedienungspersonal durch die Freisetzung lediglich geringfügiger Mengen gefährlicher Stoffe gefährdet wird (vgl. § 1 Abs. 1 Satz 2 der Störfall-Verordnung).

Auch bei größeren Emissionen, Bränden oder Explosionen von Stoffen nach den Anhängen II, III oder IV zur Störfall-Verordnung liegt ein S. nur vor, wenn hierdurch eine ernste Gefahr hervorgerufen wird. Das bedeutet, daß schwerwiegende Folgen drohen müssen.

Vom S.-Begriff i. S. der Störfall-Verordnung ist der atomrechtliche S.-Begriff zu unterscheiden. Nach der Anlage I zur Strahlenschutz-Verordnung ist S. ein Ereignisablauf, bei dessen Eintreten der Betrieb der Anlage oder die Tätigkeit aus sicherheitstechnischen Gründen nicht fortgeführt werden kann und für den die Anlage auszulegen ist oder für den bei der Tätigkeit vorsorglich Schutzvorkehrungen vorzusehen sind (→Auslegungsstörfall). Im Atomrecht entspricht eher der Begriff des Unfalls einem S. i. S. des Immissionsschutzrechts. Unfall ist danach ein Ereignisablauf, der für eine oder mehrere Personen eine bestimmte Grenzwerte übersteigende Strahlenexposition zur Folge haben kann. *Hansmann*

Literatur: *Breuer, R.:* Der Störfall im Atom- und Immissionsschutzrecht. Wirtschaft und Verwaltung 1981, 219f. – *Hansmann, K.:* Erläuterungen zu § 2 der Störfall-Verordnung. In: Landmann/Rohmer: Umweltrecht. Bd. I.

Störfall-Verordnung. Die S.-V. (→12. BImSchV) konkretisiert die Sicherheitsanforderungen, die bestimmte Anlagenbetreiber zum Schutz der Arbeitnehmer, der Nachbarn und der Allgemeinheit vor den Gefahren durch toxische, kanzerogene, explosionsgefährliche, brennbare oder leicht entzündliche Stoffe einhalten müssen. Die Verordnung gilt nach § 1 Abs. 1 Satz 1 für alle genehmigungsbedürftigen Anlagen i. S. des BImSchG, soweit in ihnen Stoffe nach den Anhängen II, III oder IV der S.-V. im bestimmungsgemäßen Betrieb vorhanden sein oder bei einer Störung des bestimmungsgemäßen Betriebs entstehen können. Bestimmte in § 1 Abs. 2 aufgeführte Vorschriften der S.-V., insbesondere diejenigen über die →Sicherheitsanalyse, gelten nur für die im Anhang I zur Verordnung aufgeführten Anlagearten und für diese auch nur, wenn bestimmte in den Anhängen II und III festgelegte Mengenschwellen überschritten werden.

Der insoweit maßgebende Anlagenkatalog des Anhangs I besteht aus zwei Teilen. Der erste Teil enthält Produktionsanlagen, der zweite Teil Anlagen zur Lagerung von Stoffen oder Zubereitungen i. S. der Nr. 9 des Anhangs zur →4. BImSchV. Dabei ist zu beachten, daß der Teil 2 sich nur auf eigenständige Lager bezieht; Lager als Nebeneinrichtungen zu Produktionsanlagen nach Teil 1 werden nur im Zusammenhang mit diesen Anlagen erfaßt.

Soweit es um den geforderten Stoffbezug geht, ist es gleichgültig, in welchem Anlagenteil oder in welcher Nebeneinrichtung ein Stoff nach den Anhängen II, III oder IV vorhanden sein oder entstehen kann. Ohne Bedeutung sind in der Regel auch Form, Konzentration oder Menge des Stoffes.

Die S.-V. enthält in § 3 grundlegende materielle Sicherheitspflichten, die in den §§ 4–6 näher konkretisiert werden. Nach § 3 Abs. 1 hat der Betreiber die nach Art und Ausmaß der möglichen Gefahren erforderlichen Vorkehrungen zu treffen. Durch die Bezugnahme auf Art und Ausmaß der möglichen Gefahren wird deutlich gemacht, daß die Forderung nach Maßnahmen zur Verringerung der Eintrittswahrscheinlichkeit von Störfällen abhängig ist von den drohenden Schäden.

Zum Ausschluß von Gefahren hat der Anlagenbetreiber nicht alle denkbaren Schutzvorkehrungen zu treffen. § 3 Abs. 2 der S.-V. enthält insoweit in zweifacher Hinsicht Einschränkungen: Einmal sind nicht alle Gefahrenquellen zu berücksichtigen; das gilt insbesondere für externe Gefahrenquellen, die nur dann in die Betrachtung einbezogen werden müssen, wenn sie umgebungsbedingt sind, d. h. am vorgesehenen Standort verstärkt auftreten können. Zum anderen können Gefahrenquellen oder Eingriffe Unbefugter vernachlässigt werden, wenn sie als Störfallursachen vernünftigerweise ausgeschlossen werden können. Hierdurch wird anerkannt, daß die Sicherheitspflichten nicht von theoretischen Überlegungen, sondern von der praktischen Erfahrung her zu begrenzen sind.

Nach § 3 Abs. 3 der S.-V. ist über die Schutzpflicht nach § 3 Abs. 1 hinaus Vorsorge zu treffen, um die Auswirkungen von Störfällen so gering wie möglich zu halten. Diese Pflicht wird in §§ 5 und 6 näher konkretisiert.

§ 3 Abs. 4 ist bei der Verordnungsänderung 1991 als selbständige Pflicht (und nicht nur als Ergänzung der Pflichten aus § 3 Abs. 1 und 3) ausgestaltet worden. Die Vorschrift besagt, daß die Beschaffenheit und der Betrieb der Anlage dem →Stand der Sicherheitstechnik entsprechen müssen. Insoweit umschreibt Absatz 4 den Mindestumfang der Maßnahmen, die unabhängig von den besonderen Standortverhältnissen stets durchzuführen sind.

Kernstück der S.-V. ist die in § 7 niedergelegte Pflicht zur Erstellung einer →Sicherheitsanalyse.

Der Begriff der Sicherheitsanalyse hat dabei eine doppelte Bedeutung: Einmal bezeichnet er den Vorgang des Analysierens der Sicherheit der Anlage durch den Betreiber und die von ihm hinzugezogenen Personen. Zum anderen ist die Sicherheitsanalyse die Dokumentation über den Vorgang des Analysierens. Die Dokumentation braucht nicht alle sicherheitstechnischen Überlegungen im einzelnen zu enthalten; sie muß jedoch deutlich machen, daß die Anlage systematisch im Hinblick auf ihre Sicherheit untersucht worden ist. Im einzelnen müssen folgende Angaben in die Sicherheitsanalyse aufgenommen werden, wobei die Reihenfolge der Behandlung gleichgültig ist:

□ Beschreibung der Anlage und des Verfahrens einschließlich der kennzeichnenden Verfahrensbedingungen im bestimmungsgemäßen Betrieb unter Verwendung von Fließbildern;

□ Beschreibung der sicherheitstechnisch bedeutsamen Anlageteile, der Gefahrenquellen und der Voraussetzungen, unter denen ein →Störfall eintreten kann,

□ chemische Stoffbezeichnung, Zustand und Menge
– der Stoffe nach Anhang II und III, die in der Anlage im bestimmungsgemäßen Betrieb vorhanden sein können,
– der Stoffe nach Anhang II und III, die bei einer Störung des bestimmungsgemäßen Betriebs entstehen können, und
– der Stoffe, die bei einer Störung des bestimmungsgemäßen Betriebs entstehen und zur Bildung von Stoffen nach Anhang II und III führen können.

□ Darlegung, wie die nach den §§ 3–6 der S.-V. gestellten Anforderungen erfüllt werden und

□ Angaben über die Auswirkungen, die sich aus einem Störfall ergeben können.

Nach § 8 hat der Anlagenbetreiber die Sicherheitsanalyse dem Stand der Sicherheitstechnik und wesentlichen neuen Erkenntnissen, die für die Beurteilung der Gefahren von Bedeutung sind, anzupassen. Darüber hinaus ist eine Anpassung erforderlich, wenn sich die in der Sicherheitsanalyse dargestellten tatsächlichen oder rechtlichen Verhältnisse geändert haben. Nach § 9 Satz 1 ist ein Exemplar der Sicherheitsanalyse bei der zuständigen Behörde zu hinterlegen.

Aufgrund des § 10 Abs. 1 kann die zuständige Behörde von bestimmten Pflichten nach der S.-V. Ausnahmen erteilen. Dabei handelt es sich ausschließlich um Pflichten, die für die in § 1 Abs. 2 genannten Anlagen gelten. Voraussetzung für die Ausnahmeerteilung ist, daß auch bei Befreiung von der einzelnen Pflicht eine →ernste Gefahr nicht zu besorgen sein darf.

Nach § 11 Abs. 1 haben die Betreiber aller unter die S.-V. fallenden Anlagen der zuständigen Behörde unverzüglich den Eintritt eines Störfalls oder einer Betriebsstörung mit bestimmten Gefahren zu melden. Diese Meldung ist unverzüglich, spätestens nach einer Woche, schriftlich zu bestätigen und ggf. zu ergänzen. Dabei sind alle Angaben zu machen, die für die Beurteilung von Bedeutung sind, ob Maßnahmen zur Verhinderung ähnlicher Vorfälle getroffen werden müssen. Seit der Änderung der S.-V. im Jahre 1991 treffen die Betreiber der von § 1 Abs. 2 erfaßten Anlagen auch Informationspflichten gegenüber den Personen, die von einem Störfall betroffen werden könnten, sowie gegenüber der Öffentlichkeit (§ 11 a). Gegenstand der Informationen sind die Sicherheitsmaßnahmen und das richtige Verhalten im Falle eines Störfalls. *Hansmann*

Literatur: *Breuer, R.:* Anlagensicherheit und Störfälle, Neue Zeitschrift für Verwaltungsrecht 1990, 211 ff. – *Dreyhaupt, F. J.:* Die Storfall-Verordnung. In: Handbuch für Immissionsschutzbeauftragte Teil 2, S. 605 ff. – *Feldhaus, G.:* Einführung in die Störfall-Verordnung. Wirtschaft und Verwaltung 1981, 191 ff. – *Hansmann, K.:* Erläuterungen zur Storfall-Verordnung. In Landmann/Rohmer: Umweltrecht, Bd. I. – *Schäfer, K.:* Storfall-Verordnung. – *Wefers, H.* u. *L. Reimers:* Die neue Störfall-Verordnung.

Störfallablaufanalyse. Bei der S. werden Fehlfunktionen einzelner Anlagenelemente, Bedienungsfehler oder sonstige Einwirkungen angenommen und die daraus resultierenden Ereignisse oder Störfälle

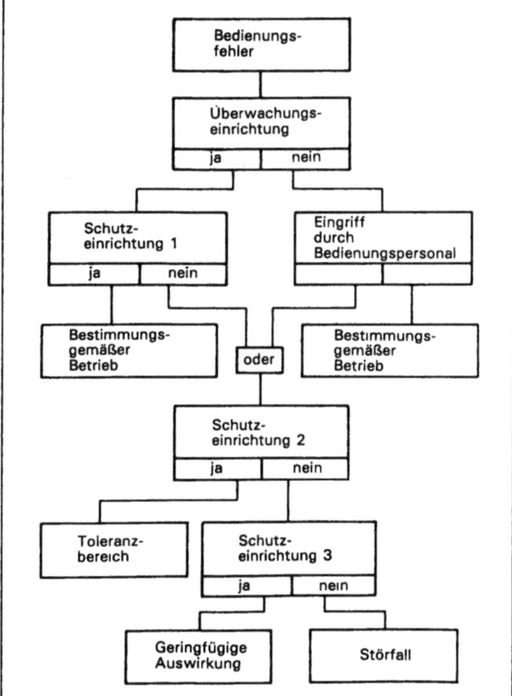

Störfallablaufanalyse: Beispiel eines Störfallablaufdiagramms.

analysiert. Die Fortpflanzung der Störungen, die ausgehend von einem Anfangsereignis über mehrere Folgeereignisse zu Störfällen führen können, werden auf Störfallablaufdiagrammen (Bild) dokumentiert. Darin werden die Ereignisablaufmöglichkeiten an Hand grafischer Symbole dargestellt.

Die logischen und zeitlichen Verknüpfungen der Ereignisse können sehr komplex sein, so daß sich ein Netzwerk mit einer Vielzahl möglicher Endzustände ergeben kann.

Die Störfallablaufdiagramme dienen z. B. im Rahmen der Erstellung von →Sicherheitsanalysen oder →Risikoanalysen zur Ermittlung von Störungsverläufen und der Ableitung geeigneter Maßnahmen, welche die Störfallpropagation (→Störfallausbreitung) unterbrechen.

Im Gegensatz zur S. wird bei der →Fehlerbaumanalyse das unerwünschte Ereignis, z. B. ein →Störfall, angenommen, und die dafür möglichen Ursachen werden analysiert (→Systemanalyse-Methoden). *Nitsche*

Literatur: DIN 25 419: Störfallablaufanalyse. 11/1985.

Störfallanalyse →Sicherheitsanalyse

Störfallausbreitung. Die Ausbreitung von Gasen, die bei →Störfällen freigesetzt werden, wird von der Atmosphäre her bestimmt durch Windgeschwindigkeit und -richtung sowie durch die Turbulenzstruktur der unteren Atmosphärenschichten. Windgeschwindigkeit und Turbulenzstruktur bestimmen den Verdünnungsgrad, die Windrichtung die Transportrichtung der freigesetzten Stoffe. →Tracergase werden dabei zunächst wesentlich stärker von der Meteorologie beeinflußt als schwere Gase. Für den Fall, daß die Stoffe explosionsartig innerhalb eines kleinen Bereichs und einer kurzen Zeitspanne freigesetzt werden, bewegt sich der Schwerpunkt der Wolke mit der Luftströmung meist in Richtung des mittleren Windes. Neben den atmosphärischen Parametern und Topographie-Einflüssen beeinflußt die Freisetzungsart der Stoffe ihre Ausbreitung in der Atmosphäre.

Störfälle in technischen Anlagen, als deren Folge schädliche Stoffe unkontrolliert in die Luft gelangen haben unterschiedlichen Charakter, wie einige Beispiele zeigen:

Bei Lagerung unter Druck können die Gase in einem Störfall explosionsartig oder als Jetstrahl kontinuierlich freigesetzt werden. Wenn verflüssigte oder tiefkalt gelagerte Gase freigesetzt werden, kann sich am Boden zunächst eine Flüssigkeitslache bilden, aus der die Gase verdunsten. Häufig kommt es in Störfällen zu emissionsbedingten atmosphärischen Explosionen. Die freigesetzten Gase mischen sich mit der Umgebungsluft und es entsteht eine brenn- und explosionsfähige Gas-Luft-Gemischwolke, bei deren Explosion in der Umgebung mechanische und thermische Schadwirkungen auftreten. Neben diesen Schäden kommt es zu toxischen Einwirkungen, wenn die Konzentrationen der freigesetzten Stoffe bestimmte Grenzwerte überschreiten.

Die S. spielt eine große Rolle, weil sich gefährliche Anlagen mit giftigen, kanzerogenen, leichtentzündlichen und explosionsfähigen Stoffen vielfach in unmittelbarer Nachbarschaft von Wohnungen und öffentlichen Bereichen befinden. Sind die Emissionsparameter sowie die mittlere Strömung und die Turbulenzstruktur in der Atmosphäre bekannt, lassen sich die in der Nachbarschaft zu erwartenden Immissionen mit Hilfe von Ausbreitungsmodellen berechnen, d. h. es kann abgeschätzt werden, in welchem Entfernungsbereich die bei Störfällen freigesetzten Stoffe die unteren Zündgrenzen erreichen und bis zu welchen Quellentfernungen toxische Einwirkungen zu erwarten sind. Da störfallbedingte Emissionen häufig spontan, d. h. explosionsartig in einem kurzen Zeitraum freigesetzt werden, sind die Ausbreitungsmodelle so ausgelegt, daß mit ihnen die durch zeitabhängige Emissionen verursachten Immissionskonzentrationen berechnet werden können, bei denen u. a. die Diffusion in Windrichtung zu berücksichtigen ist. Über Wind und Turbulenz hinaus werden Inversionen, Überhöhung und Topographie berücksichtigt. Ausbreitungsrechnungen für störfallbedingte Emissionen können angewendet werden:
– für die Sicherheitsanalyse,
– für den aktuellen Störfall im Rahmen der Gefahren-/Katastrophenabwehr,
– für die Rekonstruktion eines Störfalls.

Ausbreitungsrechnungen für die Sicherheitsanalyse werden in der VDI 3783, Bl. 1 und Bl. 2 behandelt. Es wird zwischen der Ausbreitung von Tracergasen (Bl. 1) und der Ausbreitung von schweren Gasen (Bl. 2) unterschieden.

Eingangsgrößen für die Ausbreitungsmodelle sind von den Emissionsparametern und der Umgebung her:
– Art, Menge und Zustand des Schadstoffs (Dichte, Siedepunkt und Zündgrenze),
– Dauer der Freisetzung,
– Freisetzungsort (z. B. Anlagenteil, Höhe über dem Erdboden),
– Topographie der Umgebung (Bebauung, Bodengestalt, Bewuchs, Art, Höhe und Lage von Hindernissen),
– Lage der Aufpunkte, für die gerechnet werden soll.

Zur Beurteilung der Ausbreitungsart und der Festlegung von Aufpunkten werden außerdem Informationen benötigt über
– chemische und physikalische Umsetzungen (Kondensation, Sorption),

– Wirkungen des freigesetzten Schadstoffs (kurz-, mittel-, langfristig; Toxizität).

Bei einem aktuellen Störfall kann mit Hilfe der Ausbreitungsrechnung abgeschätzt werden, wohin die Schadstoffwolke driftet und welche Immissionskonzentrationen zu erwarten sind. Der räumliche und zeitliche Gefahrenbereich muß kurzfristig bestimmt werden, damit die Bevölkerung evtl. rechtzeitig gewarnt und ggf. auch evakuiert werden kann. Da bei einem aktuellen Störfall nur wenig Zeit für eine Immissionssimulation zur Verfügung steht, werden für die Abschätzung der Immissionen leicht handhabbare Ausbreitungsmodelle benötigt. Man muß die Immissionen entweder aus Diagrammen ablesen können oder für die Immissionssimulationen muß vor Ort ein Personalcomputer zur Verfügung stehen. Eine erste Abschätzung der zu erwartenden Immissionen ist mit Hilfe der Rechenprogramme der in der VDI-Richtlinie enthaltenen Ausbreitungsmodelle möglich.

Bei der Rekonstruktion eines Störfalls steht genügend Zeit für die Anwendung komplexer Ausbreitungsmodelle zur Verfügung, z. B. numerische Ausbreitungsmodelle vom *Euler*schen oder *Lagrang*schen Typ für Tracergase und die speziellen Ausbreitungsmodelle für schwere Gase. Ein Ausbreitungsmodell, das für die Rekonstruktion eines Störfalls verwendet werden kann, bei dem schwere Gase freigesetzt wurden, ist u. a. das Modell DEGADIS (Dense Gas Dispersion). Bei der Rekonstruktion eines Störfalls wird man die berechneten Schadstoffkonzentrationen vielfach zusätzlich noch mit Messungen und Beobachtungen über die Wirkungen der freigesetzten Schadstoffe vergleichen (→Ausbreitung von schweren Gasen). *Giebel*

Literatur: Umweltbundesamt: Ausbreitungsrechnungen im Rahmen des Vollzugs der Störfall-Verordnung. Kolloquium; UBA. Berlin 1989. – VDI-Bericht 558, Störfälle und Luftreinhaltung. Düsseldorf 1986. – VDI-Richtlinie 3783, Bl. 1: Ausbreitung von störfallbedingten Freisetzungen – Sicherheitsanalyse. 5/1987. – VDI-Richtlinie 3783, Bl. 2: Ausbreitung von schweren Gasen; 7/1990.

Störfallauswirkungsabschätzung. S. ist die Ermittlung möglicher Belastungen von Mensch und Umwelt durch Freisetzung gefährlicher Stoffe, Brand oder Explosion als Folge einer unkontrollierten Entwicklung in einer Anlage mit Gefährdungspotential.

Im engeren Sinne werden S. in einer →Sicherheitsanalyse nach der →Störfall-Verordnung im Hinblick auf die sicherheitstechnische Beurteilung der Anlage und der Gefahrenabwehrplanung gefordert.

Zur sicherheitstechnischen Beurteilung der Anlage dienen Berechnungsmodelle (→Störfallausbreitung), die fiktive Störfallereignisse beschreiben. So kann z. B. für einen modellhaften Ereignisablauf

($\rightarrow$ Systemanalyse-Methoden) die Freisetzungsmenge eines gefährlichen Stoffes über Ausbreitungsrechnungen (z. B. für Gasfreisetzungen VDI-Richtlinie 3783, Bl. 1 und 2) mit einer zu erwartenden Immissionskonzentration an einem Bezugspunkt in Relation gebracht werden. Übersteigt diese Konzentration einen Schwellenwert, der gefährliche Auswirkungen auf Mensch und Umwelt erwarten läßt, so müssen zusätzliche störfallverhindernde oder -begrenzende Maßnahmen ergriffen werden. Einheitlich akzeptierte Schwellenwerte stehen noch aus. In der Diskussion sind sogenannte Störfallbeurteilungswerte.

In bezug auf S. für Brände und Explosionen wurden in der Praxis Wärmestrahlungen von 4 kW/m² (Verbrennungen 1. Grades) bzw. eine Druckwelle von 5 000 Pa (Fensterbruch) als Schwellenwerte angesehen.

Im Rahmen der Gefahrenabwehrplanung kann der mögliche Gefahrenbereich um eine Anlage mit Hilfe von S. bestimmt werden. Dabei sind anlagentypische Stofffreisetzungen, Brände oder Explosionen als Quellterme zugrunde zu legen. Die Festlegung von Gefahrenbereichen erfolgt dann durch Störfallszenarien. Die Bestimmung (Berechnung) der Gefahrenbereiche hängt stark von dem zu Grunde gelegten $\rightarrow$ Störfallbeurteilungswert ab. *Winkelmann*

Störfallbeauftragter. S. ist eine vom Anlagenbetreiber beauftragte Person, die die Unternehmensleitung in Fragen der Anlagensicherheit zu beraten und auf einen sicheren Betrieb der Anlage hinzuwirken hat. Die Pflicht zur Bestellung eines S. kann sich aus einer Rechtsverordnung nach § 58a Abs. 1 des BImSchG oder aus einer behördlichen Anordnung nach § 58a Abs. 2 BImSchG ergeben. Aufgabe des S. ist es (§ 58b BImSchG),

– auf die Verbesserung der Sicherheit der Anlage hinzuwirken,

– dem Betreiber unverzüglich ihm bekanntgewordene Störungen des bestimmungsgemäßen Betriebs mitzuteilen, die zu Gefahren für die Allgemeinheit und die Nachbarschaft führen können,

– die Einhaltung der Vorschriften des BImSchG und der aufgrund dieses Gesetzes erlassenen Rechtsverordnungen, insbesondere der $\rightarrow$ Störfall-Verordnung, sowie die Erfüllung erteilter Bedingungen und Auflagen im Hinblick auf die Verhinderung von Störungen des bestimmungsgemäßen Betriebs (Betriebsstörung) der Anlage zu überwachen, insbesondere durch Kontrolle der Betriebsstätte in regelmäßigen Abständen, Mitteilung festgestellter Mängel und Vorschläge zur Beseitigung dieser Mängel, und

– Mängel, die den vorbeugenden und abwehrenden Brandschutz sowie die technische Hilfeleistung betreffen, unverzüglich dem Betreiber zu melden.

Hinsichtlich der Bestellung des S. und der Pflichten des Anlagenbetreibers ihm gegenüber gelten ähnliche Regelungen wie für den $\rightarrow$ Immissionsschutzbeauftragten. Da es bei vom S. festgestellten Gefahrensituationen erforderlich sein kann, unverzüglich für Abhilfe zu sorgen, wird in § 58c Abs. 3 BImSchG ausdrücklich darauf hingewiesen, daß der Anlagenbetreiber dem S. für die Beseitigung und die Begrenzung der Auswirkungen von Störungen des bestimmungsgemäßen Betriebs, die zu Gefahren für die Allgemeinheit und die Nachbarschaft führen können oder bereits geführt haben, Entscheidungsbefugnisse übertragen kann ($\rightarrow$ 5. BImSchV). *Hansmann*

Störfallbeurteilungswert. S. ist eine Planungs- und Hilfsgröße zur Bewertung möglicher gefährlicher Immissionen bei der Auslegung von Betriebsanlagen, für die zu treffenden störfallbegrenzenden Maßnahmen sowie für Katastrophenschutzmaßnahmen ($\rightarrow$ Störfallauswirkungsabschätzung).

Der S. wurde vom Verband der chemischen Industrie (VCI) für die Beurteilung der Auswirkungen bei der Freisetzung gasförmiger oder flüchtiger Stoffe auf Menschen entwickelt und ist definiert als die Konzentration, die nach einer Einwirkzeit von bis ca. 60 Minuten in der Regel nicht das Leben von Menschen bedroht oder nicht zu schwerwiegenden, insbesondere irreversiblen Gesundheitsschäden führt.

Lösungsansätze für ähnlich gelagerte Problemstellungen sind vor allem in den USA entwickelt worden.

So ist der IDLH-Wert (Immediately Dangerous to Life and Health) als Schwellenwert zur Beurteilung von toxischen Immissionen von der Zielsetzung her mit dem S. vergleichbar. Er wurde vom National Institute for Occupational Safety and Health (NIOSH) entwickelt und ist als die Konzentration eines toxischen Stoffes in der Luft definiert, bei der es einem gesunden Arbeitnehmer noch gelingt, innerhalb von 30 Minuten den kontaminierten Bereich zu verlassen, ohne irreversible Gesundheitsschäden davonzutragen. Ebenfalls mit dem Ziel der Ermittlung von Schwellenwerten im $\rightarrow$ Störfall hat die amerikanische EPA (Environmental Protection Agency) Levels of Concern (LOC) als Beurteilungswerte erarbeitet. Die EPA orientiert sich hierbei im wesentlichen an den bereits erwähnten IDLH-Werten. Wurde ein IDLH-Wert nicht bestimmt, so werden LOC-Werte auf Grundlage lethaler Dosis- bzw. Konzentrationswerte definiert.

Als weitere Ansätze zur Ermittlung von Kurzzeitgrenzwerten für toxische Substanzen sind die EEGL-Werte (Emergency Exposal Guidance Level) der Dow Chemical sowie die von der American Industrial Hygiene Association (AIHA) herausgegebenen ERPG-Werte zu nennen. Sie dienen als

Hilfsmittel zur Abschätzung, ob getroffene Sicherheitsmaßnahmen als ausreichend zu betrachten sind, um Notfallsituationen mit hinreichender Sicherheit zu verhindern. In beiden Fällen wurden Beurteilungswerte allerdings nur für eine sehr begrenzte Anzahl von Stoffen festgelegt.

In der Bundesrepublik Deutschland werden für diese Problemstellung in der Praxis üblicherweise toxische Schwellenwerte herangezogen, die mit anderer Zielsetzung entwickelt wurden, z. B. die MAK-Werte (→Maximale Arbeitsplatz-Konzentration). Vorschläge für spezielle S. werden von der 1992 konstituierten Störfall-Kommission (§ 51a BImSchG) bzw. dem Technischen Ausschuß für Anlagensicherheit (§ 31a BImSchG) erwartet. *Winkelmann*

Literatur: Störfallbeurteilungswerte; Verband der Chemischen Industrie e. V. 1991. – Technical Guidance for Hazards Analysis; U. S. Environmental Protection Agency. Dez. 1987.

Störgeräusch →Fremdgeräusch

Störstrahler. S. sind im Sinne der Begriffsbestimmungen der →Röntgenverordnung (RöV) Geräte oder Einrichtungen, die Röntgenstrahlen erzeugen, ohne daß sie zu diesem Zweck betrieben werden. Der Betrieb von S. fällt also unter die Bestimmungen der RöV, sie sind aber nicht zum Zwecke der Erzeugung von →Röntgenstrahlung konstruiert. Trotzdem läßt es sich bei ihrem Betrieb physikalisch nicht vermeiden, daß durch das Auftreffen von Elektronen auf Materie Röntgenstrahlung entsteht.

Beispiele von S. sind: Kathodenstrahlröhre, Senderöhre, Magnetron, Klystron, Wanderwellenröhre, Thyratron, Elektronenstrahlschmelzofen, Elektronenschweißgerät, Elektronenmikroskop und Elektronenbeschleuniger bis zu einer Maximalenergie von 3 MeV.

Der Betrieb von S. ist nach § 5 der RöV grundsätzlich genehmigungspflichtig. Genehmigungs- und →Anzeigepflicht entfallen aber unter folgenden Voraussetzungen:

- Die kinetische Energie der beschleunigten Elektronen überschreitet nicht 20 keV und die Ortsdosisleistung im Abstand von 0,1 m von der Oberfläche des Störstrahlers liegt nicht über 1 µSv/h. (Beispiel: Kathodenstrahlröhre für Schwarz-Weiß-Bildschirme).

- Die kinetische Energie der beschleunigten Elektronen überschreitet 30 keV nicht und es wird eine eigensichere →Kathodenstrahlröhre benutzt. (Beispiel: Kathodenstrahlröhre für Farbbildschirme).

- Der S. ist der Bauart nach zugelassen und eine Stückprüfung beim Hersteller oder Einführer weist aus, daß die Ortsdosisleistung im Abstand von 0,1 m von der Oberfläche des S. 1 µSv/h bei den angege-

benen maximalen Betriebsbedingungen nicht überschreitet. (Beispiel: Elektronenmikroskop). *Ewen*

Literatur: *Wehner, G.:* Störstrahler und ihre Behandlung in der neuen Rontgenordnung. Arbeitsschutz Nr. 4 (1973) 186.

Stoff, absetzbar. Die a. S. sind ein klassischer Parameter in der →Siedlungswasserwirtschaft zur Beurteilung der Abwasserbeschaffenheit. Kommunales Abwasser enthält ca. 200 g a. S./m³. Diese können durch mechanische →Abwasserbehandlung in →Absetzbecken aus dem Abwasser entfernt werden. *Mertsch*

Stoff, gefährlich →Gefährliche Stoffe, →Gefahrstoffverordnung

Stoff, geruchsintensiv. G. S. (Geruchsstoffe) gehören nach dem BImSchG zu den Luftverunreinigungen. Die →TA Luft enthält in Nr. 3.1.9 Anforderungen zur Begrenzung der Emissionen von g. S. Die Geruchswirkung von Abgasen ist in den meisten Fällen auf ein stoffspezifisch kaum definierbares Substanzgemisch zurückzuführen, bei dem die Massenkonzentration der Einzelstoffe meistens sehr gering ist. Die Intensität der Empfindung, die mit einer Geruchswahrnehmung verbunden ist, wird bei den Betroffenen durch die Art der Stoffe sowie deren Konzentrations- und Aggregatzustand, äußere Randbedingungen und subjektive Faktoren beeinflußt. Ein geringer Teil der g. S. sind anorganische Verbindungen; bekannte Stoffe sind →Schwefelwasserstoff, →Schwefelkohlenstoff. Die meisten g. S. sind organische Verbindungen. Zur Bewertung von Geruchsstoffen wird die →Olfaktometrie angewandt. Relevante Geruchsemittenten sind die chemische Industrie, Raffinerien, Kunststoffindustrie, Papierindustrie, Farben- und Lackindustrie, Nahrungs- und Futtermittelindustrie, →Landwirtschaft, Entsorgungsanlagen (z. B. Klär-, Abfallbehandlungsanlagen). Wenn mittels →Primärmaßnahmen keine ausreichende Verminderung oder Vermeidung von geruchsintensiven Emissionen möglich ist, sind die Abgase zu erfassen und in der Regel Abgasreinigungseinrichtungen zuzuführen. Zur Abgasbehandlung werden überwiegend →Biofilter eingesetzt, aber auch Adsorptions- und Absorptionsanlagen. Bei integrierter →Wärmenutzung kommt auch die thermische →Abgasreinigung in Frage. *W. Koch*

Literatur: *Davids, P.; M. Lange:* Die TA Luft '86 – Technischer Kommentar. Düsseldorf 1986. – NUKEM-Bericht 315; Erfassung und Verminderung von belästigenden Geruchsemissionen. Studie im Auftrage des BMFT, NUKEM GmbH, Hanau 1987.

Stoff, krebserzeugend. Auf Grund des Risikos für die menschliche Gesundheit sind die Emissionen k. S. besonders scharf begrenzt. Neben den aus industrieller und gewerblicher Tätigkeit sowie aus dem Verkehr stammenden krebserzeugenden Luftverunreinigungen ist besonders auf den Risikofaktor Rauchen hinzuweisen.

Die →TA Luft enthält emissionsbegrenzende Anforderungen für k. S., die aus genehmigungsbedürftigen Anlagen emittiert werden. Besonders emissionsrelevante Stoffe sind in einer Liste (Nr. 2.3 TA Luft) zusammengestellt und nach dem Wirkungspotential klassiert. Den drei Klassen sind jeweils Emissionshöchstwerte zugeordnet; z. B. ist für Stoffe mit besonders hohem, die Gesundheit gefährdenden Potential ein besonders niedriger Emissionswert von 0,1 mg/m³ zugeordnet. Zusätzlich gilt stets das generelle →Minimierungsgebot: Die im Abgas enthaltenen Emissionen k. S. sind unter Beachtung des Grundsatzes der Verhältnismäßigkeit so weit wie möglich zu begrenzen.

Weitere k. S., die nicht in der Liste genannt, aber in der MAK-Werte-Liste als krebserzeugend eingestuft sind (Teil III A 1 und A 2), müssen entsprechend dem Wirkungspotential klassiert werden.

Als technische Minderungsmaßnahmen gelten:
- die Verwendung emissionsarmer Stoffe und Produkte,
- der Einsatz emissionsarmer Anlagen und Produktionsverfahren,
- der Einbau fortschrittlicher Abgasreinigungsverfahren.

Mit den beiden erstgenannten Maßnahmen kann die Entstehung der Emissionen wesentlich gemindert, häufig sogar völlig vermieden werden.

Das Krebsrisiko durch Luftverunreinigungen in der Bundesrepublik Deutschland wurde von einer Arbeitsgruppe des Länderausschusses für Immissionsschutz (LAI) umfassend untersucht. 1991 wurde der entsprechende Bericht – Beurteilungsmaßnahmen zur Begrenzung des Krebsrisikos durch Luftverunreinigungen – von der Umweltministerkonferenz (UMK) angenommen. Danach ist insbesondere in den Ballungsräumen die Verminderung der Emissionen folgender krebserzeugender Stoffe vordringlich: Dieselrußpartikel, PAH (Leitsubstanz Benzo(a)pyren), Benzol, Arsenverbindungen, Cadmiumverbindungen sowie Asbest. Zur Senkung der Luftbelastung durch k. S. wurde von der UMK auch ein Maßnahmenplan zur Minimierung des Eintrags bestimmter k. S. in die Luft – verabschiedet. Die weitestgehenden Maßnahmen sind im Verkehrsbereich zur Verminderung der Luftbelastung insbesondere durch Dieselruß, aber auch durch Benzol und PAH erforderlich (→Kanzerogen). *M. Lange*

Literatur: *Davids, P.; M. Lange:* Die TA Luft '86 – Technischer Kommentar. Düsseldorf 1986. – Krebsrisiko durch Luftverunreinigungen. Hrsg.: Ministerium für Umwelt, Raumordnung und Landwirtschaft. Düsseldorf 1992, dazu 2 Materialbände, ebenda 1993.

Stoff, luftverunreinigend. L. S. sind nach der Definition der →TA Luft Veränderungen der natürlichen Zusammensetzung der Luft, insbesondere durch Rauch, Ruß, Staub, Gase, Aerosole, Dämpfe und Geruchsstoffe; zu den Dämpfen kann auch Wasserdampf gehören. Diese Stoffe gelangen durch menschliches Handeln (anthropogene Ursachen) oder auch aus natürlichen Quellen in die Atmosphäre (Zusammensetzung der Luft und Angabe der Konzentrationen einiger l. S.: →Luft, Tab. 1, 2).

Zur Emissionsentwicklung von l. S. werden meist Angaben über die mengenmäßig bedeutsamen Stoffe Staub, Schwefeldioxid, Stickstoffoxide, Kohlenmonoxid und flüchtige organische Verbindungen (VOC – Volatile Organic Compounds) sowie Kohlendioxid gemacht (Daten zur Umwelt 1992/93).

Für genehmigungsbedürftige Anlagen sind für praktisch alle relevanten l. S. Emissionswerte in der TA Luft festgelegt. Dabei werden die Emissionen entsprechend dem Risikopotential der Stoffe begrenzt. Die Regelungen in der TA Luft (und in anderen Luftreinhaltevorschriften) betreffen folgende Gruppen von l. S.:

Krebserzeugende Stoffe,
- Staub und Staubinhaltsstoffe (z. B. Schwermetalle)
- Dampf- oder gasförmige anorganische Stoffe (z. B. HCl, HF, SO_2, NO_x),
- Organische Stoffe,
- Geruchsintensive Stoffe.

Es kommen unterschiedliche Verfahren der Emissionsminderung zur Anwendung. *M. Lange*

Literatur: *Davids, P.; M. Lange:* Die TA Luft '86 – Technischer Kommentar. Düsseldorf 1986. – Daten zur Umwelt 1992/93. Hrsg.: Umweltbundesamt. Berlin 1994. – Luftreinhaltung '88. Tendenzen – Probleme – Lösungen. Hrsg.: Umweltbundesamt. Berlin 1989.

Stoff, mutagen →Mutagen

Stoff, radioaktiv offen. Nach den Begriffsbestimmungen der →Strahlenschutzverordnung (StrlSchV) geht man davon aus, daß alle radioaktiven Stoffe als offen bezeichnet werden, so lange sie nicht im Sinne der Definition in der StrlSchV als umschlossen angesehen werden können (→Stoff, radioaktiv umschlossen).

Beim Umgang mit o. r. S. muß ein wesentlich höheres Sicherheitsniveau zugrunde gelegt werden als es bei umschlossenen erforderlich ist. O. r. S. werden gewollt produziert – z. B. für den Einsatz in der →Nuklearmedizin –, sie entstehen aber auch ungewollt, z. B. in kerntechnischen Anlagen und in Anlagen zur Erzeugung ionisierender Strahlen, d. h. durch Aktivierungsprozesse beim Betrieb von Beschleunigern. O. r. S. können in allen Aggregatzuständen vorliegen – gasförmig, flüssig und fest. Dementsprechend besteht die Gefahr ihrer Verbreitung in der Umwelt über Wasser- und Luftpfade, der →Inkorporation und der →Kontamination von Personen und Gegenständen. Dadurch ist zusätzlich zu einer direkten (äußeren) Bestrahlung durch →Beta- und →Gammastrahlung eine innere, unter Umständen lang andauernde Exposition auch durch die strahlenbiologisch hoch wirksame →Alphastrahlung möglich.

Daher wird in § 53 Abs. 1 StrlSchV verlangt, Arbeitsweisen zu wählen, bei denen Inkorporationen und diesen meistens ursächlich zugrunde liegenden Kontaminationen möglichst gering bleiben. In § 52 StrlSchV sind sog. abgeleitete Grenzwerte angegeben, welche die durch →Inhalation oder →Ingestion dem Körper zugeführten Aktivitäten auf bestimmte Werte beschränken (Inkorporation). Aufwendig kann die Ermittlung der Körperdosis nach § 63 StrlSchV im Zusammenhang mit dem Umgang mit o. r. S. sein. Folgende Methoden kommen dazu grundsätzlich in Frage:
– Messung der Aktivitäts-Konzentration in Luft (Bq/m^3) und Bestimmung der Körperdosen aus sog. Dosisfaktoren (→Ingestion, →Inhalation),
– Messung der Oberflächen-Kontamination (Bq/cm^2) (vgl. Anlage IX zur StrlSchV),
– Messung der Körperaktivität im →Ganzkörperzähler oder der Aktivität der Ausscheidungen (Bq) und Bestimmung der Körperdosen nach Berechnungsmodellen der ICRP (= International Commission on Radiological Protection). *Ewen*

Literatur: Richtlinie: Physikalische Strahlenschutzkontrolle bei innerer Exposition (Entwurf). – Richtlinie: Berechnungsgrundlage für die Ermittlung der Körperdosis bei innerer Strahlenexposition (Richtlinie zu § 63 Strahlenschutzverordnung) vom 10. 8. 1981. GMBl 1981, S. 322. – DIN 6843: Strahlenschutzregeln für den Umgang mit offenen radioaktiven Stoffen in der Medizin. 1990. – *Sauter, E.:* Grundlagen des Strahlenschutzes. 1983.

Stoff, radioaktiv umschlossen. Radioaktive Stoffe sind umschlossen, wenn diese von einer festen, inaktiven Hülle umgeben oder in festen inaktiven Stoffen ständig so eingebettet sind, daß bei üblicher betriebsmäßiger Beanspruchung ein Austritt radioaktiver Stoffe mit Sicherheit verhindert wird. Eine Hülle ist die nicht ohne deren Zerstörung zu öffnende dichte Umschließung des radioaktiven Stoffes (DIN 25426, Teil 1). Die Dichtheit der meisten u. r. S. muß regelmäßig überprüft werden (→Dichtheitsprüfung).

Vom Standpunkt des Strahlenschutzes aus sind u. r. S. offenen Strahlen vorzuziehen, weil Strahlenexpositionen durch die strahlenbiologisch stark wirksame →Alphastrahlung wegen deren äußerst geringen Reichweite in Materialien (Hülle) beim Umgang mit u. r. S. nicht auftreten. Außerdem entfallen die gesamte Problematik der Ableitung und der Ausbreitung radioaktiver Stoffe, die Gefahr

von Ingestionen und Inhalationen sowie die Möglichkeit von Kontaminationen. *Ewen*

Literatur: DIN 25426, Teil 1. Umschlossene radioaktive Stoffe.

Stoff, schwer abbaubar →Persistenz

Stoff, teratogen. Stoffe, die durch Störung der Keimesentwicklung Mißbildungen hervorrufen können (teratogen, *griech.* teras = Scheusal, Ungeheuer). Das bekannteste Beispiel für ein Teratogen ist das Thalidomid (Contergan), das als Schlafmittel in den ersten Monaten der Schwangerschaft angewendet wurde und in vielen Fällen schwere Mißbildungen innerer Organe, vor allem aber der Extremitäten verursachte. T. S. sind fruchtschädigende Stoffe. *Deml*

Stoff, umweltgefährlich. U. S. sind in § 3a des Chemikaliengesetzes (ChemG) und in § 4 der →Gefahrstoffverordnung (GefStoffV) gleichlautend definiert. Danach sind Stoffe (und Zubereitungen) umweltgefährlich, „wenn sie selbst oder ihre Umwandlungsprodukte geeignet sind, die Beschaffenheit des Naturhaushalts, von Wasser, Boden oder Luft, Klima, Tieren, Pflanzen oder Mikroorganismen derart zu verändern, daß dadurch sofort oder später Gefahren für die Umwelt herbeigeführt werden können". Diese Definition erfolgt im Rahmen der umfassenden Regelungen für gefährliche →Stoffe (und Zubereitungen); entsprechend der Zweckbestimmung der GefStoffV (Schutz des Menschen vor arbeitsbedingten und sonstigen Gesundheitsgefahren und der Umwelt) werden neben „umweltgefährlich" – im Sinne von ökotoxisch mit den Umweltbereichen Boden, Wasser und Luft – noch zahlreiche andere →Gefährlichkeitsmerkmale genannt, die unmittelbar und z. T. ausschließlich die menschliche Gesundheit betreffen (z. B. krebserzeugend, erbgutverändernd, fortpflanzungsgefährdend). Diese Struktur des Gefahrstoffrechts führt dazu, daß die den Menschen betreffenden stofflich bedingten schädlichen Umwelteinwirkungen, wie z. B. durch luftverunreinigende →Stoffe, in dem Begriff u. S. nicht unmittelbar reflektiert werden. Neben den nach der GefStoffV konkret als u. S. ausgewiesenen gibt es noch weitere umweltrelevante →Stoffe, wie z. B. die in 2.3 der TA Luft behandelten krebserzeugenden Stoffe.

Die Einstufung von u. S. ist – wie die Einstufung gefährlicher Stoffe nach den →Gefährlichkeitsmerkmalen überhaupt – in § 4a mit Anhang I der GefStoffV geregelt. Für u. S. gilt Anhang I Nr. 1.5 der GefStoffV. Dort werden die Einstufungskriterien und die Zuordnung der →R-Sätze (Gefahrenhinweise) detailliert angegeben für die aquatische Umwelt (Gewässer) und – sehr viel weniger spezifisch – für die nichtaquatische Umwelt, deren

Bestandteile von der Mikroflora und -fauna bis hin zu den Primaten, einschließlich des Menschen, reichen können. Auf diesen qualitativen Unterschied in der Beschreibung der Einstufungskriterien, die ihren Ursprung in der EG-Richtlinie 91/325/EWG (→Gefahrstoffverordnung) haben, geht zurück, daß in der auf § 4a der GefStoffV gestützten Bekanntmachung der von der EG gemeinschaftlich eingestuften gefährlichen Stoffe (Anhang I der EG-Richtlinie 67/548/EWG) weitgehend nur die aquatische Umwelt gefährdende Stoffe als u. S. ausgewiesen sind. Daß insgesamt nur relativ wenige gefährliche Stoffe als u. S. eingestuft sind, liegt auch daran, daß zunächst vorzugsweise nur neue Stoffe (mit →ELINCS-Nr.) hinsichtlich ihrer Umweltgefährlichkeit bewertet worden sind. Mit der EG-Richtlinie 93/67/EWG vom 20. Juli 1993 zur Festlegung von Grundsätzen für die Bewertung der Risiken für Mensch und Umwelt von gemäß der Richtlinie 67/548/EWG notifizierten (= neuen) Stoffen (ABl. EG Nr. L 227, S. 9) ist gewährleistet, daß zukünftig angemeldete Stoffe von der jeweiligen nationalen Bewertungsstelle einer einheitlichen Risikobewertung sowohl hinsichtlich der Gesundheit des Menschen als auch hinsichtlich der Umwelt unterzogen werden. Zur Risikobewertung „Umwelt" gehören insbesondere Ermittlungen über schädliche Wirkungen, über Dosis- bzw. Kontaminations-Wirkungs-Beziehungen und über die Exposition sowie eine Risikobeschreibung (Anhang III der Richtlinie 93/67/EWG). Für die Bewertung von Altstoffen (mit →EINECS-Nr.) ist mit der Verordnung (EWG) zur Bewertung und Kontrolle der Umweltrisiken chemischer Altstoffe vom 23. März 1993 (ABl. EG Nr. L 84, S. 1) ein mit Prioritäten gewichtetes Instrument zur zügigen „Bewertung der Risiken der Altstoffe für den Menschen, namentlich Arbeitnehmer und Verbraucher, und für die Umwelt im Hinblick auf einen besseren Umgang mit diesen Risiken" geschaffen worden.

Auf die spezielle Umweltgefährlichkeit von Stoffen, die in der Bekanntmachung nach § 4a der GefStoffV mit dem Gefahrenkennbuchstaben N (umweltgefährlich) und/oder mit Kennziffern der R-Sätze von R 50 bis R 59 versehen sind, läßt sich über den Inhalt der R-Sätze schließen (→R-Satz).

Das →Gefahrensymbol „umweltgefährlich" (mit dem Gefahrenkennbuchstaben N) zeigt einen verdorrten Baum und einen toten Fisch. *Dreyhaupt*

Stoff, umweltrelevant. In Deutschland werden 4 000–5 000 Stoffe in Mengen von mehr als 10 t/a, davon etwa 1 000 Stoffe in Mengen über 1 000 t/a, produziert. Bei der Herstellung, bei der Weiterverarbeitung zu Zubereitungen und Erzeugnissen, durch Verwendung und Verbrauch oder als Abfall gelangen diese Stoffe oder ihre Umwandlungsprodukte in die Umwelt. Eine generelle Einstufung aller dieser Stoffe nach ihrer Umweltrelevanz ist noch nicht gegeben. Zwar ist im ChemG (→Chemikalienrecht) und in der darauf gestützten →Gefahrstoffverordnung der Begriff „umweltgefährliche Stoffe" definiert, jedoch kann damit schon aus umweltsystematischen Gründen (→Stoff, umweltgefährlich) nicht das breite(re) Spektrum der u. S. abgedeckt werden. Für Stoffe, die Gefahren für Mensch und Umwelt beinhalten, gelten spezielle Regelungen unterschiedlichen Rechtscharakters, wie insbesondere

- die Gefahrstoffverordnung (GefStoffV),
- die →Störfall-Verordnung (12. BImSchV),
  die →22. BImSchV,
- die →TA Luft,
- die →TRGS 500 und
- die Verwaltungsvorschrift Wassergefährdende Stoffe,

die jedoch teilweise mehr den Schutz des Menschen vor berufsbedingten als vor umweltbedingten Gefahren zum Ziel haben.

Neben den in der Bekanntmachung nach § 4a der GefStoffV als umweltgefährlich ausgewiesenen Stoffen kommen aus der Summe der in den genannten Regelungen konkret erfaßten Stoffe grundsätzlich folgende Stoffe als u. S. in Betracht:

- Stoffe, die in der Bekanntmachung nach § 4a der GefStoffV als giftig (T+, T, Xn), ätzend, reizend oder sensibilisierend ausgewiesen sind,
- Stoffe nach Anhang II der →12. BImSchV,
- Stoffe mit festgesetzten Emissions- und/oder Immissionswerten (nach TA Luft bzw. nach der 22. BImSchV),
- krebserzeugende, erbgutverändernde und fortpflanzungsgefährdende Stoffe nach der TRGS 500 sowie
- Stoffe der →Wassergefährdungsklassen 1–3 (WGK).

Wegen der Notwendigkeit der zahlenmäßigen Beschränkung der in diesem Lexikon einzeln zu behandelnden u. S. mußte eine Auswahl getroffen werden. Zu diesem Zweck wurden – unter Außerachtlassung der bereits in der Bekanntmachung nach § 4a der GefStoffV eindeutig als umweltgefährlich ausgewiesenen Stoffe – diejenigen Stoffe ermittelt, die jeweils in mindestens drei der folgenden fünf Kategorien enthalten sind:

- sehr giftige und giftige Stoffe nach der Bekanntmachung zu § 4a der GefStoffV,
- krebserzeugende, erbgutverändernde und fortpflanzungsgefährdende Stoffe nach TRGS 500.
- Stoffe nach Anhang II der 12. BImSchV,
- Stoffe in WGK 3,
- Stoffe mit Emissions- und/oder Immissionswerten nach TA Luft bzw. 22. BImSchV.

Die auf diese Weise ermittelten u. S. sind unter dem jeweils alphabetisch eingeordneten Stoffnamen in standardisierter Kurzform beschrieben (Stoff-identifizierungs-Nummern, chemische Formel, Stoffcharakteristik und Gefahrenmerkmale entsprechend den fünf Kategorien, wobei Verweispfeile zu generell erläuternden Stichworten führen). Neben diesen Stoffen sind noch andere Stoffe und Stoffgruppen mit spezifischer Umweltrelevanz im Lexikon behandelt, wie z. B. klimarelevante Spurengase und besondere luftverunreinigende Stoffe. *Fischer/M. Schön*

Stoff, wassergefährdend. W. S. sind feste, flüssige und gasförmige Stoffe, die geeignet sind, die physikalischen, chemischen oder biologischen Eigenschaften des Wassers nachteilig zu verändern. Neben Säuren, Laugen, Metallen und Metallverbindungen gehören dazu auch Naturstoffe wie Mineralöle und industriell hergestellte organische Verbindungen, z. B. Pflanzenbehandlungsmittel, organische Farbstoffe, Chlorkohlenwasserstoffe.

Zur näheren Bestimmung w. S. und Einstufung ihrer Gefährlichkeit in vier →Wassergefährdungsklassen dient der Katalog wassergefährdender Stoffe – VwV wassergefährdende Stoffe (VwVwS) – vom 9. März 1990 (GMBl. S. 114). *Mertsch*

Stoffkreislauf. Die Menge der auf dem Planeten Erde vorhandenen Stoffe – so groß sie im einzelnen auch sein kann – ist endlich. Viele Stoffe dienen den Lebewesen als →Ressourcen, werden also ständig beansprucht und genutzt. Untersucht man diese Vorgänge in der →Natur, so zeigt sich in der Regel eine mehrfache bis häufige Wiederverwendung der Stoffe. Verfolgt man den Weg eines einzelnen Atoms oder Moleküls, so läßt sich dieser oft als Kreislauf veranschaulichen. Bekannt ist z. B. der →Wasserkreislauf: Unter der Einwirkung der Sonnenenergie verdampft ein Wassermolekül aus dem Meer, tritt in die Atmosphäre über, kondensiert bei Abkühlung wieder zu Wasser, vereinigt sich mit anderen Wassermolekülen zu einem Wassertropfen, der der Schwerkraft folgend auf den Boden niederfällt und von dort abfließt, um schließlich wieder das Meer zu erreichen. Der Kreis ist geschlossen.

Der Vorgang kann auch ganz anders verlaufen: Das Wassermolekül kann in der Luft gefrieren und als Schnee auf Grönland niederfallen, der dort verfirnt und jahrmillionenlang als Eis liegenbleibt. Oder das Wassermolekül kann als Teil eines Tropfens in ein festes Substrat einsickern und in einem tiefen Grundwasserstockwerk, das keine Verbindung zu Quellen hat, jahrtausendelang bleiben. Erst gewaltige großklimatische oder tektonische Umwälzungen auf der Erde würden solche Wassermoleküle wieder in den normalen Kreislauf zurückkehren lassen. Damit wäre das Prinzip des S. zwar gewahrt, aber auch gezeigt, daß in S. so große Verzögerungsperioden eingeschaltet sein können,

daß praktisch nicht mehr von Kreisläufen die Rede sein kann.

Tatsächlich beobachten wir bei vielen Stoffen auch keine Kreisläufe – die oft nur einem Wunschbild entsprechen –, sondern Stoffströme oder -flüsse, die eine Quelle-Senke-Verbindung (*engl.* source-sink-connection) darstellen. Eine Senke vieler Stoffe stellen die schon erwähnten Eismassen des Planeten oder der Grund der Tiefsee dar; eine Stoffsenke kann aber auch darin bestehen, daß sich der Stoff in feiner Verteilung in Wasser, Luft oder Böden ausbreitet (Dissipation), dort länger verbleibt oder schwer wiedergewinnbar ist (z. B. Feinstäube in der oberen Troposphäre, Feinsuspensionen in Gewässern, Phosphatbindung in Ackerböden).

Die Bewegungen vieler Stoffe durch die →Umweltmedien werden durch Lebewesen bzw. biologische Prozesse veranlaßt und betrieben, insbesondere gilt dies für Nähr- und Baustoffe wie Stickstoff und Phosphor. In Stoffströme oder S. der unbelebten Umwelt wie den Wasserkreislauf haben sich Lebewesen in vielfältiger Weise sozusagen eingeschaltet, um davon zu profitieren. Alle diese Stoffbewegungen oder -ströme sind mit Stoffumwandlungen verbunden, die als chemische Reaktionen beschrieben werden. Soweit der Weg der Stoffe durch Lebewesen führt, ist vom Stoffwechsel (→Metabolismus) die Rede, dessen Aufklärung biologische und biochemische Kenntnisse erfordert. Dabei geht es stets um Aufnahme, Umwandlungen, Speicherung und Weitergabe bzw. Abgabe von Stoffen durch Organismen. Die Stoffbewegungen außerhalb der Lebewesen werden durch Lösungs-, Dissoziations-, Verteilungs- und Ausbreitungsvorgänge, Wechsel von Aggregatzuständen sowie durch hydro- und photochemische Umwandlungen beeinflußt oder gesteuert. Eine wichtige, oft nur indirekte Rolle spielt der Wasserstoff als Wasserstoffionen-Konzentration (pH-Wert).

Wegen dieser unterschiedlich veranlaßten Wandlungen und Beeinflussungen der Stoffe wird auch von biogeochemischen Stoffströmen, -flüssen oder -kreisläufen gesprochen, welche die Umweltmedien (→Biosphäre) verbinden. Ist das Umweltmedium Luft (→Atmosphäre) dabei beteiligt, dann ist die Wahrscheinlichkeit eines wirklichen S. oft erheblich größer als bei Stoffbewegungen, die nicht durch die Luft führen und mit Absorptionen oder Sedimentationen verbunden sind, z. B. beim Phosphat.

Ökologisch wichtig sind solche Teile von Stoffflüssen, die mit Entmischungen, Konzentrierungen oder Verdünnungen verbunden sind. Entmischungen können zu reineren Stoffen oder Verbindungen führen und Verschmutzungen beseitigen, z. B. beim Durchsickern von Wasser und darin enthaltenen Substanzen durch natürliche Waldböden, die eine Art natürlicher Kläranlagen darstellen. Die Beurteilung von Konzentrierungen (Anreicherungen) oder Verdünnungen richtet sich nach dem jeweils ökologisch günstigen oder zweckmäßigen Stoffgehalt in einem Umweltmedium oder in lebenden Geweben (→Ökotoxikologie), und zwar unter Beachtung der Aggregatzustände und chemischen Erscheinungsformen. So sind beim →Stickstoffkreislauf Anteil und Lebensdauer der verschiedenen Stickstoffoxide sowie der Ionen Ammonium, Nitrit und Nitrat und ihre Umwandlungen ökologisch von größter Wichtigkeit. Dabei zeigt sich, daß sowohl durch die technische Ammoniaksynthese als auch durch Verbrennungsmotoren große Mengen des reaktionsträgen molekularen Stickstoffs (N_2) in reaktive Stickstoffverbindungen umgewandelt werden, ohne daß durch eine entsprechende Denitrifikation ein Ausgleich im Sinne eines Kreislaufes erfolgt. Dieses Beispiel zeigt, daß alle Stoffbewegungen durch die Umwelt(medien) und die Organismen auch mit Stoffbilanzen und Stoffhaushalten (Input – Output – Betrachtungen) verknüpft werden sollten. Dabei ist das Gesetz der Erhaltung der Materie zu beachten; man kann grundsätzlich keinen Stoff beseitigen oder loswerden, sondern unerwünschte Stoffe bestenfalls von den naturbedingten Stoffströmen fernhalten. *Haber*

Stoffprüfung. Gemäß §§ 7, 9, 11 ChemG hat der Hersteller oder Einführer eines Stoffes eine S. zu veranlassen (→Chemikalienrecht). Er muß die S. entweder in eigenen Laboratorien oder in damit beauftragten Instituten durchführen lassen. Als notwendige Entwicklungskosten sollen die Prüfkosten nach dem Verursacherprinzip dem Hersteller oder Einführer, nicht aber dem Staat zugerechnet werden. Die Behörde (Anmeldestelle mit den jeweils zuständigen Bewertungsstellen) hat demgegenüber nur die Aufgabe, die bei der Anmeldung beigefügten Prüfnachweise zu kontrollieren und anhand der ihr vorgelegten Unterlagen die Prüfergebnisse zu bewerten. Gemäß § 7 Abs. 1 ChemG müssen die S. Aufschluß geben über zahlreiche Daten und Fakten, dazu zählen physikalische, chemische und physikalisch-chemische Eigenschaften, akute und subakute Toxizität, Anhaltspunkte für krebserzeugende, erbgutverändernde oder umweltgefährliche Eigenschaften.

□ Gestuftes Prüfverfahren. Da die Prüfkosten ganz erheblich sein können, haben wirtschaftliche Überlegungen zu einer Differenzierung der Prüfanforderungen im Sinne eines gestuften Verfahrens geführt. In einer Grundprüfung müssen erste Schlüsse auf schädliche Auswirkungen für Mensch und Umwelt ermöglicht werden. Je nach den in Verkehr gebrachten Vermarktungsmengen können darüber hinaus eingehendere und kostenintensivere Prüfungsverfahren verlangt werden. Das Prüfprogramm, das sich aus dem Zweck der Prüfung und den schädli-

chen Eigenschaften, die in den einzelnen Prüfstufen ermittelt werden sollen, zusammensetzt, ist im Chemikaliengesetz im einzelnen festgelegt. Die maßgeblichen Prüfungsbedingungen können durch Rechtsverordnung näher bestimmt werden. Die Konkretisierungen sind enthalten in der Anmelde- und Prüfnachweisverordnung.

□ Behördliche Bewertung. Die Bewertung der Chemikalien, d. h. die Beurteilung der Gefährlichkeit eines Stoffes und die der Bewertung vorausgehende Nachprüfung der Anmeldeunterlagen und Prüfnachweise sowie der möglichen, von der Chemikalie ausgehenden Umweltgefahren, ist im Gesetz nicht abschließend geregelt. § 12 Abs. 2 ChemG ermächtigt die Bundesregierung zur Bestimmung der Durchführung der Bewertung, und zwar zu Organisationsmaßnahmen und zu Verwaltungsvorschriften, nicht aber zum Erlaß einer Rechtsverordnung oder eines Verwaltungsaktes. Letztlich sind deshalb die Bewertungskriterien aus den Risikokriterien der gesetzlichen Eingriffsermächtigungen des Chemikaliengesetzes abzuleiten. Die Bewertung dient der Vorbereitung staatlicher Maßnahmen auf der Grundlage des Chemikaliengesetzes und hat deshalb nur verwaltungsinterne Bedeutung.

Als Anmeldestelle ist die Bundesanstalt für Arbeitsschutz in § 12 Abs. 1 ChemG bestimmt; als Bewertungsstellen hat die Bundesregierung gemäß § 12 Abs. 2 ChemG benannt:
– die Bundesanstalt für Arbeitsschutz,
– das Bundesgesundheitsamt,
– das Umweltbundesamt,
– die Bundesanstalt für Materialprüfung,
– die Biologische Bundesanstalt für Land- und Forstwirtschaft.

Auch bei der Bewertung obliegt die Federführung der Anmeldestelle, die die jeweils fachlich zuständigen Bewertungsstellen beteiligt. *Hoppe/Beckmann*

Literatur: *Broecker:* Auswirkungen der Chemikaliengesetzgebung auf die derzeitige industrielle Praxis bei der Prüfung neuer Stoffe, ZfU (1982), 147 ff. – *Heublein; Baumeister:* Bewertung der Umweltgefährlichkeit chemischer Stoffe – Vorgehen eines Bundeslandes im Zusammenhang mit der Anmeldung neuer Stoffe, ZfU (1986), 151 ff. – *Kloepfer:* Umweltrecht, § 13, Rn. 38 ff. München 1989.

Stoffstrom in der Abfallwirtschaft. Eine umweltverträgliche →Abfallwirtschaft erfordert die Steuerung von S. von der Quelle (der Abfallentstehung) bis zur Senke (den Deponien) (Bild).

Zunächst sind die Möglichkeiten, das Entstehen von Abfällen zu vermeiden sowohl bei Produktionsprozessen als auch beim Konsum auszuschöpfen. Sodann sind von den Abfällen, ggf. nach Vorbehandlung, Wertstoffe abzutrennen und primär stofflich, ggf. energetisch zu verwerten. Schließlich sind die unvermeidbaren und nicht verwertbaren Restabfälle so zu behandeln, daß die Rückstände

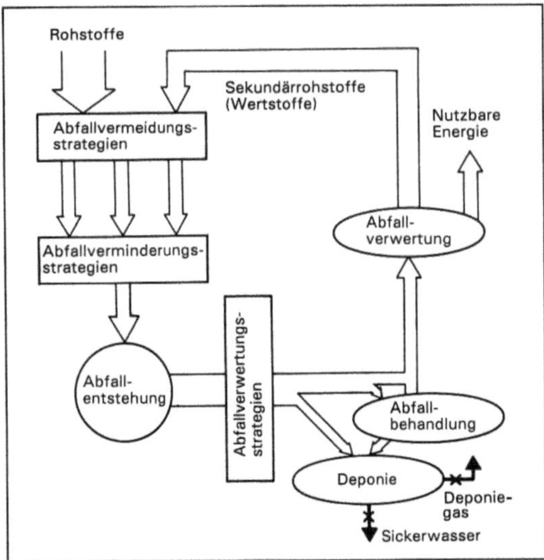

Stoffstrom in der Abfallwirtschaft: Schematische Darstellung.

weitgehend inert deponiert werden können. Die einzelnen Abfallströme sind grundsätzlich getrennt zu halten, um mit den verfügbaren Behandlungstechniken und -verfahren die strengen Anforderungen an die Beschaffenheit ablagerungsfähiger Abfälle erreichen zu können. Aus der Deponie dürfen – auch langfristig – keine Stoffe mehr in die Umwelt freigesetzt werden. *Schnurer*

Stoffwechsel →Metabolismus

Strahlenabschirmung. Eine wichtige Maßnahme im Strahlenschutz stellen Vorrichtungen zum Schutz gegen eine externe Personenbestrahlung dar. Eine S. ist eine Anordnung von Stoffen mit dem Zweck, die in einen bestimmten Bereich gelangende ionisierende →Strahlung zu verringern. Aufgabe der biologischen →Abschirmung ist vornehmlich ionisierende Strahlung auf biologisch zulässige Werte zu begrenzen. Die thermische Abschirmung in einem Reaktor oder in einer Wiederaufarbeitungsanlage verringert die Wärmeerzeugung durch ionisierende Strahlen in äußeren Bereichen der Anlagen und den Wärmeübergang dorthin. Die Anforderungen an die Wirkung von Abschirmungen sind je nach dem Verwendungszweck der abzuschirmenden Räume und Einrichtungen, den betroffenen Personenkreisen sowie den zu erwartenden Aufenthaltszeiten sehr unterschiedlich. Zudem muß zwischen stationären und beweglichen Abschirmungen (z. B. Transportbehältern) unterschieden werden.

Am einfachsten gelingt eine Abschirmung von α- und β-Strahlen, weil ihre Reichweiten in Luft und Materie relativ gering sind. Betastrahlen können in Abschirmmaterialien mit höherer Kernladungszahl

bei ihrer Absorption elektromagnetische Bremsstrahlung erzeugen, die dann wieder einer Abschirmung durch dickere Abschirmschichten erfordert. Da aber ohnedies in der Regel gleichzeitig mit der →Betastrahlung gegen eine stärkere →Gammastrahlung abgeschirmt werden muß, spielt dieser Effekt in der Praxis eine untergeordnete Rolle.

Die Abschirmung gegen Gammastrahlen gehorcht der Gleichung:

$$I_x = I_o \cdot e^{-\mu x}$$

I_x = Strahlungsleistung nach Durchgang durch eine absorbierende Schicht der Dicke x
I_o = Strahlungsleistung ohne Absorber
μ = lineare Absorptionskonstante
x = Schichtdicke des durchstrahlten Mediums

Für γ-Strahlen ist im allgemeinen die Schutzwirkung eines Strahlenschildes gegebener Dicke um so besser, je größer dessen Dichte ist. Für raumsparende Abschirmungen werden daher in der Regel Blei und in Ausnahmefällen Wolfram oder Uran gewählt. Preisgünstigstes Abschirmmaterial ist Beton.

Als Halbwertsschicht, oft auch als Halbwertsdicke bezeichnet wird die Schichtdicke eines Strahlenschildes, bei der die Dosisleistung auf die Hälfte reduziert wird. Um die erforderliche Dicke eines Strahlenschildes zur Abschirmung starker Strahlenquellen abzuschätzen, wird jedoch die Zehntelwertschicht bevorzugt. Das Bild veranschaulicht die Zusammenhänge für verschiedene Abschirmmaterialien und Photonenenergien im Bereich 0,2 MeV <E <10 MeV. *Merz*

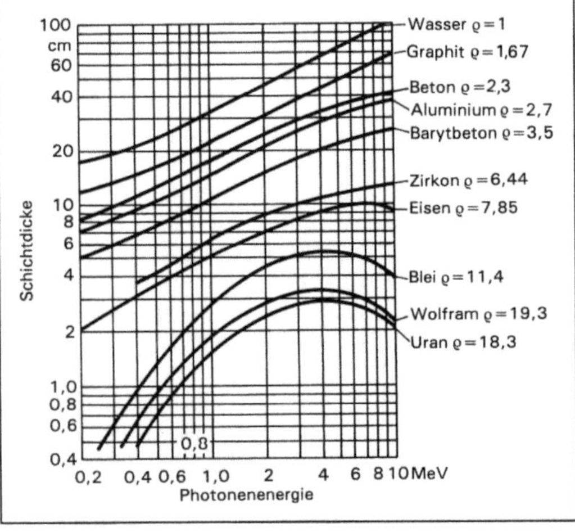

Strahlenabschirmung: Zehntelwert-Schichtdicken in Abhängigkeit von der Quantenenergie, Materialdichte in g/cm³.

Literatur: *Oberhofer, M.*: Strahlenschutzpraxis III, Umgang mit Strahlern: Thiemig TB Bd. 14, München 1968.

Strahlenbelastung →Strahlenexposition

Strahlendetektor. Nachweisgerät für ionisierende Strahlen.

Fast alle Methoden zum Nachweis und zur Messung ionisierender Strahlung beruhen auf einem der folgenden Vorgänge:
- Ionisation von Gasen,
- Erzeugung von Szintillationen in speziellen Leuchtstoffen,
- Schwärzung einer photographischen Schicht.

Die Verfahren, bei denen diese Vorgänge ausgenutzt werden, lassen sich grob in zwei Gruppen einteilen:
- Integrationsverfahren zur Bestimmung von Mittelwerten vieler Einzelvorgänge und
- Verfahren zum Nachweis einzelner Teilchen.

Die Wirkungsweise von Ionisationsdetektoren beruht auf einer Wechselwirkung geladener Teilchen mit den Elektronen der Materie. Die Absorption der elektromagnetischen γ-Strahlung setzt durch den photoelektrischen Effekt, Comptonstreuung oder Paarbildung energiereiche Elektronen frei, die ihrerseits wieder zur Anregung oder Ionisation anderer Atome führen. Neutronen können anhand gewisser Kernreaktionen oder über die durch Stoßprozesse erzeugten Wechselwirkungen nachgewiesen werden.

Unter den gasgefüllten Detektoren unterscheidet man drei Hauptgruppen: Ionisationskammer, Proportionalzähler, →Geiger-Müller-Zählrohr. Daneben spielen heute Halbleiterdetektoren (→Halbleiterzähler) eine zunehmend wichtige Rolle.

Der Proportionalzähler ermöglicht eine Energiebestimmung der Strahlung. Die Ionisationskammer kann auch zur Dosismessung verwendet werden, da der erzeugte Spannungsimpuls proportional der Energie ist.

Die Wirkungsweise des Szintillationsdetektors (→Szintillationsmeßkopf) beruht auf der Aussendung von Lichtblitzen beim Auftreffen von Strahlung auf den Szintillator.

In einer photographischen Emulsion bildet sich bei genügend starker Einwirkung von Strahlung auf die Körner ein latentes Bild, das durch den Entwicklungsprozeß eine bleibende Schwärzung hinterläßt, dessen Stärke ein Maß für die eingefangene Strahlung ist. Die Feinstruktur des erhaltenen Bildes variiert mit der Art und Energie der Strahlung. *Merz*

Strahlenexposition. Unter S. versteht man die Einwirkung ionisierender →Strahlung auf den menschlichen Körper. Dabei unterscheidet man zwischen der natürlichen und der zivilisatorischen oder künstlichen S.

Die natürlichen Quellen der S. setzen sich aus einer externen und einer internen Komponente zusammen. Die externe S. hat ihren Ursprung in der kosmischen Strahlung und den auf der Erde natürlich vorkommenden Nukliden, insbesondere K-40, Rb-87 und die Mitglieder der U-238-, U-235- und Th-232-Zerfallsreihen. Die kosmische Strahlung besteht im wesentlichen aus hochenergetischen Protonen, He-4-Ionen und einem geringen Anteil schwerer Kerne primärer kosmischer Strahlung. Die externe terrestrische Komponente der natürlichen S. hängt von der Zusammensetzung des Bodens und Gesteins ab, die entsprechende interne Komponente von der →Inkorporation der natürlichen Radionuklide (→Inhalation, →Ingestion).

Unter zivilisatorischer S. werden anthropogene Strahlenbelastungen verstanden, die aus dem Betrieb kerntechnischer Anlagen, aus der Anwendung radioaktiver Stoffe und anderer Quellen ionisierender Strahlung, z. B. Röntgengeräte, in Medizin, Forschung, Technik und Privatbereich, aus beruflicher Tätigkeit, aus Kernwaffenversuchen und besonderen Vorkommnissen in kerntechnischen Anlagen resultieren; dominierend ist hier die S. durch medizinische Anwendung radioaktiver Stoffe und ionisierender Strahlung.

Nach dem Strahlenschutzvorsorgegesetz vom 19. Dezember 1986 (BGBl. I S. 2610) hat der Bundesminister für Umwelt, Naturschutz und Reaktorsicherheit jährlich dem Deutschen Bundestag einen Bericht über die Entwicklung der Radioaktivität in der Umwelt und über die Strahlenbelastung vorzulegen. Der entsprechende Bericht für das Jahr 1991 (Bundestags-Drucksache 12/4687 vom 5. 4. 1993), der auch die Situation in den neuen Bundesländern berücksichtigt, gibt in einer tabellarischen Übersicht (Tabelle) nicht nur die natürliche und die zivilisatorische S. an, sondern auch die Exposition infolge des Reaktorunfalls im Kernkraftwerk Tschernobyl, der sich am 26. April 1986 ereignet hat. *Merz*

Strahlenexposition durch Ableitung radioaktiver Stoffe. Die Ableitung radioaktiver Stoffe ist ein wesentlicher Faktor der anthropogenen S. der Bevölkerung und umfaßt den gesamten Weg eines Radionuklids von der Emission über den Transport auf dem Wasser- oder →Luftpfad bis zum Ort der inneren oder äußeren Exposition.

Unter Ableitung versteht man die Abgabe radioaktiver Stoffe über konstruktiv innerhalb der Anlage vorgesehene Bauelemente zur Abführung von Abluft (Schornstein, Auslässe) oder Abwasser (Abwasserleitungen) in die Atmosphäre bzw. in Gewässer. Von der Ableitung ist begrifflich die Freisetzung radioaktiver Stoffe zu unterscheiden (→meldepflichtige Ereignisse in kerntechnischen Anlagen), die jegliche Abgabe von radioaktiven Stoffen an die Umgebung (Umwelt), insbesondere unkontrolliert verlaufende Vorgänge umfaßt.

Strahlenexposition. Tabelle: Mittlere effektive Dosis der Bevölkerung der Bundesrepublik Deutschland im Jahr 1991

Quelle der Strahlenexposition	Mittlere effektive Dosis mSv
1. Natürliche Strahlenexposition	
1.1 durch kosmische Strahlung (in Meereshöhe)	ca. 0,3
1.2 durch terrestrische Strahlung von außen	ca. 0,5
durch Aufenthalt im Freien (5h/Tag)	ca. 0,1
durch Aufenthalt in Gebäuden (19h/Tag)	ca. 0,4
1.3 durch Inhalation von Radon-Folgeprodukten	ca. 1,3
durch Aufenthalt im Freien (5h/Tag), vorläufige Abschätzung	ca. 0,2
durch Aufenthalt in Gebäuden (19h/Tag)	ca. 1,1
1.4 durch Ingestion natürlich radioaktiver Stoffe	ca. 0,3
Summe der natürlichen Strahlenexposition	ca. **2,4**
2. Zivilisatorische Strahlenexposition	
2.1 durch kerntechnische Anlagen	< 0,01
2.2 durch Anwendung radioaktiver Stoffe und ionisierender Strahlen in der Medizin	ca. 1,5*)
2.3 durch Anwendung radioaktiver Stoffe und ionisierender Strahlung in Forschung, Technik und Haushalt (ohne 2.4)	< 0,01
2.3.1 Industrieerzeugnisse	< 0,01
2.3.2 technische Strahlenquellen	< 0,01
2.3.3 Störstrahler	< 0,01
2.4 durch berufliche Strahlenexposition (Beitrag zur mittleren Strahlenexposition der Bevölkerung)	< 0,01
2.5 durch Fall-out von Kernwaffenversuchen	< 0,01
2.5.1 von außen im Freien	< 0,01
2.5.2 durch inkorporierte radioaktive Stoffe	< 0,01
Summe der zivilisatorischen Strahlenexposition	ca. **1,5**
3. Strahlenexposition durch den Unfall im Kernkraftwerk Tschernobyl	ca. **0,02**

*) Der Schwankungsbereich dieses Wertes beträgt ca. 50%.

Die Hauptemittenten offener radioaktiver Stoffe in die Umwelt sind:
– kerntechnische Anlagen und Einrichtungen,
– →Nuklearmedizin,
– →Beschleunigeranlagen.
Emmissionsquellen, die sowohl äußere als auch innere S. bewirken können, d. h. die sowohl direkte Strahlung (z. B. hochenergetische Photonen und Neutronen) als auch offene radioaktive →Stoffe aussenden, findet man in der Regel in →Sperrbereichen bzw. →Kontrollbereichen, selten auch in betrieblichen →Überwachungsbereichen. Ihre Einwirkung auf die Umwelt (d. h. auf außerbetriebliche Überwachungsbereiche und auf Bereiche, die nicht →Strahlenschutzbereiche sind, also auf das allge-meine Staatsgebiet) kann auf folgende Weise geschehen:
□ Äußere Strahlenexposition durch
– direkte Strahlung (→Gammastrahlung, Bremsstrahlung, Neutronen, etc.),
– Beta- und Gammasubmersion (→Submersion),
– Aufenthalt auf radioaktivem Sediment.
□ Innere Strahlenexposition durch →Inkorporation
– →Inhalation, d. h. über die Atemluft,
– →Ingestion, d. h. über Trinkwasser und Nahrung.
Für alle Expositionspfade sind Grenzwerte in der Strahlenschutzverordnung festgelegt; für die Bereiche, die nicht Strahlenschutzbereiche sind – allge-

meines Staatsgebiet –, gilt das →Dreißig-Millirem-Konzept.

Eine quantitative Verfolgung des gesamten Ableitungsvorgangs von der Quelle (→Kontrollbereich, betrieblicher →Überwachungsbereich) über die einzelnen Expositionspfade bis zum Vorgang der äußeren S. durch Submersion oder Aufenthalt auf Sediment bzw. der inneren S. durch Inhalation und/oder Ingestion vollzieht sich in drei Schritten und ist für jedes emittierte →Radionuklid mit den zugehörigen Faktoren (s. u.) gesondert vorzunehmen; die ermittelten S. sind ggf. zu addieren. Die drei Schritte betreffen (Tabelle):

– die Emission, repräsentiert für ein bestimmtes Radionuklid durch die jährliche Ableitungsmenge (in Bq) bzw. durch die Quellstärke (in Bq/s);
– den Transport der emittierten radioaktiven Stoffe über Luft, repräsentiert durch den Ausbreitungsfaktor (in s/m^2 für Gammasubmersion bzw. in s/m^3 für Betasubmersion und innere Exposition), und über Wasser, repräsentiert durch die Fließparameter wie Abwasser- und Fließwassermenge pro Zeiteinheit (in m^3/s) und Fließzeit zwischen Einleit- und Entnahmestelle (in s);
– die Umsetzung der äußeren bzw. inneren Strahlenexposition in Körperdosen, repräsentiert durch

Strahlenexposition durch Ableitung radioaktiver Stoffe. Tabelle: Berechnungsverfahren.

	Jahresdosis H der Haut (in 0,07 mm Tiefe)	(Sv) =
	jährlich mit Luft abgeleitete Aktivität	(Bq) mal
	Ausbreitungsfaktor	(s/Kubikmeter) mal
– Betasubmersion:	Dosisleistungsfaktor	$(Sv\ m^3\ Bq^{-1}\ s^{-1})$
	Jahresdosis H im Organ oder Gewebe	(Sv) =
	jährlich mit Luft abgeleitete Aktivität	(Bq) mal
	Ausbreitungsfaktor	(s/m^2) mal
	Dosisleistungsfaktor	$(Sv\ m^2\ Bq^{-1}\ s^{-1})$ mal
– Gammasubmersion:	Gammaspektrums-Korrekturfaktor	(< 1)
	Jahresdosis H im Organ oder Gewebe	(Sv) =
	Aktivität pro Fläche Sediment	$(Bq\ m^{-2})$ mal
	Geometriefaktor (z. B. 0,2 für Uferstreifen)	mal
	jährliche Aufenthaltszeit	(s) mal
– Sedimentexposition:	Dosisleistungsfaktor	$(Sv\ m^2\ Bq^{-1}\ s^{-1})$
	Jahresdosis H im Organ oder Gewebe	(Sv) =
	jährlich mit Luft abgeleitete Aktivität	(Bq) mal
	Ausbreitungsfaktor	(s/m^3) mal
	Atemrate	(m^3/s) mal
– Inhalation:	Dosisfaktor für Inhalation	(Sv/Bq)
	Jahresdosis H im Organ oder Gewebe	(Sv) =
	Summe von 4 Produkten aus Jahresverbrauch (kg) und	
	spezifischer Aktivität (Bq/kg) für	
	● Pflanzen ohne Blattgemüse,	
	● Blattgemüse,	
	● Milch, Milchprodukte,	
– Ingestion (Nahrung):	● Fleisch, Fleischwaren	(Bq) mal
über Luftpfad	Dosisfaktor für Ingestion	(Sv/Bq)
	Jahresdosis H im Organ oder Gewebe	(Sv) =
	Summe von 6 Produkten aus Jahresverbrauch (kg bzw. l) und	
	spezifischer Aktivität (Bq/kg bzw. Bq/l) für	
	● Trinkwasser,	
	● Fischfleisch,	
	● Milch, Milchprodukte,	
	● Fleisch, Fleischwaren,	
	● Pflanzen ohne Blattgemüse,	
– Ingestion (Nahrung):	● Blattgemüse	(Bq) mal
über Wasserpfad	Dosisfaktor für Ingestion	(Sv/Bq)

Dosisleistungsfaktoren (Submersion) in Sv m³ Bq⁻¹ s⁻¹ (Betasubmersion) bzw. Sv m² Bq⁻¹ s⁻¹ (Gammasubmersion) bzw. Dosisfaktoren (Inhalation, Ingestion) in Sv/Bq.

Die zur Anwendung des Berechnungsverfahrens (Tabelle) notwendigen Angaben über den Jahresverbrauch an Nahrung und Trinkwasser sowie über die Atemrate findet man in der Tab. II 1 der Anlage XI zur StrlSchV. Die Werte der Ausbreitungsfaktoren, der Dosisleistungsfaktoren und der Dosisfaktoren sowie weitere Einzelheiten müssen der allgemeinen Verwaltungsvorschrift zu § 45 der StrlSchV entnommen werden. *Ewen*

Literatur: *Ewen, K.; I. Lucks; D. Wendorff:* Die neue Strahlenschutzverordnung – Praxiskommentar. 1990. – Richtlinie: Allgemeine Verwaltungsvorschrift zu § 45 Strahlenschutzverordnung: Ermittlung der Strahlenexposition durch Ableitung radioaktiver Stoffe aus kerntechnischen Anlagen oder Einrichtungen, vom 21. 2. 1990, Bundesanzeiger, Nr. 64 a, 31. 3. 1990 und Zusammenstellung der Dosisfaktoren: Bundesanzeiger Nr. 185 a, 30. 9. 1989. – *Sauter, E.:* Grundlagen des Strahlenschutzes. Stuttgart 1983.

Strahlenminimierungsgebot. Wer eine kerntechnische Anlage im Sinne des § 7 AtG betreibt oder andere Aktivitäten im Sinne des § 1 der →Strahlenschutzverordnung ausübt, ist nach den Strahlenschutzgrundsätzen des § 28 Abs. 1 der Strahlenschutzverordnung unter anderem verpflichtet, jede Strahlenexposition oder Kontamination von Personen, Sachgütern oder der Umwelt unter Berücksichtigung des →Standes von Wissenschaft und Technik und unter Berücksichtigung aller Umstände des Einzelfalles auch unterhalb der in der Strahlenschutzverordnung festgesetzten Grenzwerte so gering wie möglich zu halten. Das damit angesprochene S. wird durch den Verhältnismäßigkeitsgrundsatz relativiert. Der Genehmigungsinhaber braucht erhebliche Investitionskosten, die nur zu einer unerheblichen Minderung der Strahlenbelastung führen würden, bei Unverhältnismäßigkeit dieser Kosten nicht auf sich zu nehmen (→Alara-Prinzip). *Hoppe/Beckmann*

Literatur: *Lures/Richter:* Bevölkerungsrisiko und Strahlenminimierungsgebot, NJW 1981, 1401 ff. – *Schattke:* Grenzen des Strahlenminimierungsgebotes im Kernenergierecht, DVBl. 1979, 652 ff.

Strahlenpaß. Bei der zuständigen Behörde registriertes Dokument mit Aufzeichnungen über die →Strahlenexposition beruflich strahlenexponierter →Personen, die im Rahmen einer Genehmigung nach § 20 StrlSchV in fremden Anlagen oder Einrichtungen, in denen eine genehmigungsbedürftige Tätigkeit im Sinne des Atomgesetzes oder der StrlSchV ausgeübt wird, tätig werden (§ 62 Abs. 2 StrlSchV).

Der § 20-Genehmigungsinhaber und die unter seiner Aufsicht stehenden Mitarbeiter unterliegen den Pflichten zur Ermittlung der Körperdosis und der ärztlichen Überwachung. Mit dem S. wird sichergestellt, daß bei Arbeiten in verschiedenen fremden Anlagen oder Einrichtungen die Ergebnisse der Körperdosisermittlung (z. B. die Personendosen) und der ärztlichen Untersuchungen vollständig und nachprüfbar aufgezeichnet werden. Aus diesem Grund müssen die S. bei der Behörde registriert sein.

Im wesentlichen können dem S. folgende Angaben entnommen werden: Strahlenart, Verfahren zur Ermittlung der Körperdosis, Wert der Körperdosis bzw. der inkorporierten Aktivität, Ergebnis der ärztlichen Untersuchung. Eine Allgemeine Verwaltungsvorschrift zu § 62 der StrlSchV soll Inhalt, Form, Führung und Registrierung des S. bundeseinheitlich regeln.

Der S. darf nicht mit dem sog. Röntgennachweisheft verwechselt werden. Ersterer betrifft beruflich strahlenexponierte Personen, letzteres Patienten, die einer Röntgenuntersuchung oder -behandlung unterzogen wurden. Das Röntgennachweisheft ist eine vom Patienten freiwillig geführte schriftliche Unterlage zur Eintragung des Datums und der untersuchten Körperregion einer Röntgenuntersuchung durch den untersuchenden Arzt (Begriffsbestimmung nach RöV). Nach § 28 RöV ist der Arzt bei Vorlage des Röntgennachweisheftes durch den Patienten verpflichtet, die entsprechenden Eintragungen vorzunehmen. Eine quantitative Angabe über Strahlenexpositionen wird aber nicht verlangt. *Ewen*

Literatur: *Ewen, K.; I. Lucks; D. Wendorff:* Die neue Strahlenschutzverordnung – Praxiskommentar. 1990.

Strahlenquellen. S. ionisierender Strahlung sind →Beschleunigeranlagen, →Kernreaktoren, →Röntgeneinrichtungen und →Radionuklide.

Strahlenschutz. Unter S. versteht man Voraussetzungen und Maßnahmen zum Schutz des Menschen und seiner Umwelt vor schädlichen Wirkungen ionisierender Strahlung. Die internationale Strahlenschutzkommission (ICRP) fordert, das Ziel des S. sollte es sein, schädliche nichtstochastische Wirkungen zu verhindern, um die Wahrscheinlichkeit stochastischer Wirkungen auf Werte zu begrenzen, die als annehmbar betrachtet werden. Ein zusätzliches Ziel besteht darin sicherzustellen, daß Tätigkeiten, die eine →Strahlenexposition mit sich bringen, gerechtfertigt sind. Im deutschen →Atom- und Strahlenschutzrecht sind diese Grundsätze beachtet und in der →Strahlenschutzverordnung sowie der →Röntgenverordnung akribisch ausgeformt, wobei sowohl der Schutz beruflich strahlenexponierter →Personen als auch der Schutz der Allgemeinheit und Umwelt berücksichtigt sind. *Merz*

Strahlenschutz, optischer. Obwohl schon vor der Entwicklung des Lasers viel über die Gefahren optischer →Strahlung bekannt war, wurden erst im Zuge des Laserstrahlenschutzes ebenfalls Grenzwerte und Sicherheitsbestimmungen über die sog. nicht-kohärenten Strahlenquellen erarbeitet. Während für den Laser ein komplexes Regelwerk vorliegt, sind Sicherheitsbestimmungen für die anderen Strahlenquellen noch teilweise unzulänglich. Die Komplexität des Laserstrahlenschutzes liegt vor allem darin begründet, daß die Bestrahlungsgrenzwerte nicht für die Wirkungsebene, sondern für die abgegebene Strahlung der Strahlungsquelle festgelegt wurden. Für den Augenschutz sind daher die Abbildungseigenschaften des dioptrischen Apparates für den kaum divergenten Laserstrahl gesondert zu berücksichtigen. Die Monochromasie und Möglichkeit der gepulsten Form von →Laserstrahlung bräuchte in gewissen Grenzen nicht besonders berücksichtigt zu werden, weil Grenzwerte ebenso auch auf die nicht-kohärente Strahlung bezogen werden könnten.

In den bestehenden Unfallverhütungs- und Arbeitsschutzvorschriften, DIN-Normen und VDE-Bestimmungen finden sich durchaus technische Sicherheitsregelungen, verbindliche Schutzgrenzwerte sind darin jedoch nicht bzw. nur teilweise festgeschrieben. Empfehlungen von Schutzgrenzwerten sind z. B. in WHO-Richtlinien (UNEP/WHO/IRPA Environmental Health Criteria Documents) wiedergegeben. Diese sind keine Wirkungswerte (Wirkungsspektrum), sondern dienen der Vermeidung von akuten und Begrenzung von chronischen Effekten optischer Strahlung und beziehen sich vornehmlich auf Beschäftigte.

□ Infrarot- und VIS-Strahlung. Die von der American Conference of Governmental Industrial Hygienists (ACGIH) für Bestrahlungen während eines 8-Stunden Arbeitstages wichtigsten veröffentlichten Grenzwerte sind (abgekürzt):

– zum Schutz vor retinaler photochemischer Schädigung soll die spektrale Bestrahlungsstärke L_λ (W/(m² sr nm) im Wellenlängenbereich 400 bis 700 nm folgende Werte einhalten:

$$\sum_{400}^{700} L_\lambda\, t\, B_\lambda\, \Delta\lambda \leq 10^6\ \mathrm{Jm^{-2}\ sr^{-1}} \quad \text{für } t \leq 10^4\ \mathrm{s}$$

$$\sum_{400}^{700} L_\lambda\, B_\lambda\, \Delta\lambda \leq 10^2\ \mathrm{Wm^{-2}\ sr^{-1}} \quad \text{für } t > 10^4\ \mathrm{s}$$

(B_λ und R_λ (s. u.) sind von der ACGIH veröffentlichte wellenlängenabhängige Wichtungsfunktionen)

– zum Schutz vor retinaler thermischer Schädigung soll die spektrale Bestrahlungsstärke L_λ (W/(m² sr nm) im Wellenlängenbereich 400 bis 1 400 nm folgenden Wert einhalten:

$$\sum_{400}^{1\,400} L_\lambda\, R_\lambda\, \Delta\lambda \leq 1/\alpha\ t^{1/2}$$

(α = Betrachtungswinkel)

– zur Vermeidung möglicher Spätfolgen für das Auge (Katarakt) soll die Bestrahlungsstärke bei Wellenlängen > 770 nm auf 100 W/m² beschränkt werden.

□ UV-Strahlung. Die von der IRPA/INIRC empfohlenen Grenzwerte beziehen sich auf einen Wellenlängenbereich von 180-400 nm mit der spektralen Betrachtungsstärke E_λ (W/m² nm) und der Wichtungsfunktion S_λ:

– für die ungeschützte Haut und ungeschützten Augen soll im Wellenlängenbereich 180-400 nm die effektive Bestrahlung innerhalb von 8 Stunden

$$\sum_{180}^{400} E_\lambda\, S_\lambda\, \Delta\lambda$$ den Wert 30 J/m² nicht übersteigen.

– für die ungeschützten Augen soll für den Wellenlängenbereich 316-400 nm die effektive Bestrahlung innerhalb von 8 Stunden

$$\sum_{316}^{400} E_\lambda\, \Delta\lambda$$ den Wert 10^4 J/m² nicht übersteigen.

□ Laser-Strahlung. Die in den IRPA/INIRC-Empfehlungen und der IEC 825 aufgeführten Grenzwerte erfordern bezüglich des den Augenhintergrund erreichenden Wellenlängenbereiches umfangreiche Berechnungen, um den jeweils gültigen Grenzwert zu erhalten (Abbildungseigenschaften des Auges). Daher werden die Laser nach ihrer Gefährlichkeit vom Hersteller klassifiziert und den Laserklassen bestimmte Schutzvorschriften zugeordnet:

– Klasse 1 – Laser: sind ungefährlich.

– Klasse 2 – Laser: strahlen im VIS (sichtbaren)-Bereich und sind bei kurzzeitiger Bestrahlungsdauer ungefährlich (0,25 s, Lidschlußreflex)

– Klasse 3 A – Laser: sind für das Auge bei Strahlen-Querschnittsverringerung durch optische Instrumente gefährlich, ansonsten im VIS-Bereich bis 0,25 s, im UV- und IR-Bereich auch bei Langzeitbestrahlung ungefährlich.

– Klasse 3 B – Laser: sind für das Auge und in besonderen Fällen auch für die Haut gefährlich (< 0,5 W, bzw. 10^5 J/m²).

– Klasse 4 – Laser: sind gefährlich für das Auge und die Haut. Auch diffus gestreute Strahlung kann gefährlich sein. Die Laserstrahlung kann Brand- oder Explosionsgefahr hervorrufen.

Der Einsatz von sog. Show-Lasern hat wegen der damit verbundenen möglichen Gefährdung des Publikums zur Entwicklung der DIN 56912 geführt.

Schutzmaßnahmen sind in folgenden Unfallverhütungsvorschriften geregelt: VBG 15 Schweißen und Schneiden, VBG 32 Gießerei, VBG 70 Bühnen und Studios, VBG 80 Filmtheater, VBG 93 Laserstrahlung, VBG 103 Gesundheitsdienst.

Dabei gilt die Grundregel, daß ein sicherer Betrieb der optischen Strahlenquellen durch geeignete Baumaßnahmen und Ausrüstungen zu gewährleisten ist wie geeignete Abkapselungen bzw.

Abschirmungen. Erst dann sollten organisatorische Maßnahmen, z. B. Begrenzung der Aufenthaltdauer und Einhaltung der Sicherheitsabstände, getroffen, als letztes persönliche Schutzmaßnahmen wie geeignete Schutzbrillen, Kleidung und Licht- bzw. Sonnenschutzmittel verwendet werden.   *Steinmetz*

Literatur: DIN 56912: Sicherheitstechnische Anforderungen für Bühnenlaser und Bühnenlaseranlagen. 6/82.

Strahlenschutzbeauftragter. Die §§ 29 bis 31 StrlSchV und 13, 14 RöV reglementieren Aufgaben und Stellung des Strahlenschutzverantwortlichen und des S. Danach ist Strahlenschutzverantwortlicher, wer einer Genehmigung nach Atomgesetz (AtG), StrlSchV oder RöV bedarf oder wer nach Strahlenschutzrecht eine Anzeige zu erstatten hat.

Der Strahlenschutzverantwortliche hat, soweit dies für eine sichere Ausführung der genehmigungs- und anzeigebedürftigen Tätigkeit notwendig ist, für die Leitung oder Beaufsichtigung dieser Tätigkeiten S. schriftlich zu bestellen und den innerbetrieblichen Entscheidungsbereich festzustellen. In diesem Rahmen hat der S. – anders als die Immissionsschutz-, Gewässerschutz- und Abfallbeauftragten, die weitgehend nur Beratungsfunktion haben, – eigene (innerbetriebliche) Befugnisse und Weisungsrechte. Allerdings bleiben daneben die in der StrlSchV bzw. in der RöV normierten Pflichten und damit die entsprechende Verantwortung des Strahlenschutzverantwortlichen in vollem Umfang bestehen; sie können nicht auf den S. übertragen werden. Diesem obliegen die ihm durch die StrlSchV oder die RöV auferlegten Pflichten nur im Rahmen seines innerbetrieblichen Entscheidungsbereiches.

S. müssen zuverlässig sein und eine dieser Tätigkeit entsprechende Fachkunde im Strahlenschutz besitzen. Bei Ausübung der Heilkunde muß der S. ein Arzt sein; für medizinisch genutzte →Beschleunigeranlagen muß zusätzlich ein naturwissenschaftlich/technisch ausgebildeter Hochschul- oder Fachhochschulabsolvent als S. bestellt werden.

Nicht nur die Bestellung, sondern auch die Abberufung oder das Ausscheiden von S. sowie eine relevante Änderung des innerbetrieblichen Entscheidungsbereichs müssen vom Strahlenschutzverantwortlichen der zuständigen Behörde mitgeteilt werden. Der S. ist verpflichtet, dem Strahlenschutzverantwortlichen alle strahlenschutzrelevanten Mängel mitzuteilen. Umgekehrt muß der Verantwortliche den Beauftragten über alle ihn betreffenden Verwaltungsakte und Maßnahmen informieren. Auch die Zusammenarbeit zwischen Strahlenschutzverantwortlichem und S. mit dem Personal- bzw. Betriebsrat ist in den Verordnungen geregelt. *Ewen*

Literatur: *Bischof, W.:* Röntgenverordnung (RöV). 1977. – *Ewen, K.; I. Lucks; D. Wendorff:* Die neue Strahlenschutzverordnung – Praxiskommentar. 1990.

Strahlenschutzbereich. Nach der Begriffsbestimmung der →Strahlenschutzverordnung (StrlSchV) umfaßt der Begriff S. den →Sperrbereich, den →Kontrollbereich und den →Überwachungsbereich, der in betrieblichen und außerbetrieblichen Überwachungsbereich unterteilt wird (Bild).

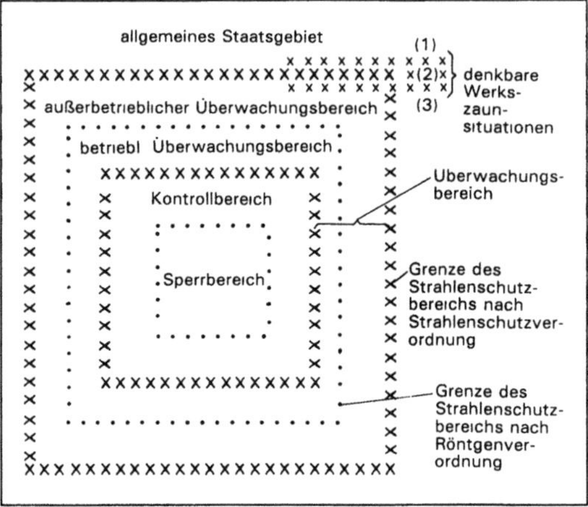

Strahlenschutzbereich: Schematische Darstellung (Dosisgrenzwert).

Der betriebliche Überwachungsbereich liegt stets innerhalb des Werkszauns. Der außerbetriebliche Überwachungsbereich kann dagegen (1) vor dem Werkzaun enden, (2) am Werkszaun enden, (3) hinter dem Werkzaun auf Nicht-Betriebsgebiet enden.

Alle genannten Bereiche entstehen durch die Einwirkung von Strahlenquellen, die sich normalerweise nur im Sperr- oder Kontrollbereich befinden. Die →Strahlenexposition dort und in benachbarten Bereichen geschieht entweder durch Direktstrahlung (Photonen und Neutronen) oder durch Ableitung radioaktiver Stoffe über den Luft- oder Wasserpfad. Nach der →Röntgenverordnung (RöV) unterscheidet man wegen der technischen Möglichkeit, die →Röntgenstrahlung elektrisch nach Bedarf ein- und auszuschalten, und wegen der physikalisch bedingten Tatsache, daß keinerlei Radioaktivität erzeugt werden kann, nur zwischen Kontrollbereich und betrieblichem Überwachungsbereich.

Gemeinsam ist allen S. eine entsprechend der dort möglichen Strahlenexpositionen abgestufte Zutrittsbeschränkung, beginnend beim Sperrbereich mit sehr restriktiven Forderungen (§ 57 Abs. 3 StrlSchV), über den Kontrollbereich (§ 58 Abs. 3 StrlSchV, § 22 Abs. 1 und 2 RöV), den betrieblichen Überwachungsbereich (§ 60 Abs. 2 StrlSchV, § 22 Abs. 3 RöV) bis hin zum außerbetrieblichen Überwachungsbereich (§ 60 Abs. 3 StrlSchV). Der an den außerbetrieblichen Überwachungsbereich anschließende Bereich, der nicht S. ist, aber auch noch Dosisbegrenzungen unterliegt (→Dosisgrenzwert), wird auch als allgemeines Staatsgebiet bezeichnet. *Ewen*

Literatur: *Ewen, K., I. Lucks, D. Wendorff:* Die neue Strahlenschutzverordnung – Praxiskommentar. 1990.

Strahlenschutz-Normen →Normung im Strahlenschutz (für ionisierende Strahlen), →Strahlenschutzrichtlinien (für nichtionisierende Strahlen)

Strahlenschutzrecht →Atom- und Strahlenschutzrecht

Strahlenschutzrichtlinien für nichtionisierende Strahlen. Auf dem Gebiet des Strahlenschutzes für nichtionisierende Strahlen sind national und international verschiedene Organisationen tätig. Von diesen werden Empfehlungen zu den verschiedenen Teilbereichen der Strahlung und zu den verschiedenen Expositionssituationen gegeben. Wichtige wissenschaftliche, für den Strahlenschutz auf diesem Gebiet vordringlich erscheinende Untersuchungen werden insbesondere in der Bundesanstalt für Unfallforschung (BAU), der Bundesanstalt für Arbeitsmedizin (BAFAM) und im Bundesamt für Strahlenschutz (BfS), das zentral für Fragen des Strahlenschutzes auch auf dem Gebiet der nichtionisierenden Strahlen zuständig ist, durchgeführt. Eine weitere wesentliche Rolle in diesem Bereich spielt die Strahlenschutzkommission (SSK), eine unabhängige Beraterkommission des Bundesministers für Umwelt, Naturschutz und Reaktorsicherheit (BMU).

Auf internationaler Ebene ist vor allem die International Commission on Non-Ionizing Radiation Protection (ICNIRP) zu nennen. Deren Leitfäden basieren auf der Bewertung der vorliegenden wissenschaftlichen Erkenntnisse durch die Weltgesundheitsorganisation (WHO). Speziell für die Probleme am Arbeitsplatz sind die Richtlinien des internationalen Arbeitsamtes (ILO) vorgesehen.

Im europäischen Bereich wurde bei der →CENELEC 1989 eine Technische Kommission (TC 111) eingerichtet, um eine europäische Norm auf diesem Gebiet zu erarbeiten. Über die europäischen Grenzen hinaus wird vor allem die technische Normung von der internationalen elektrotechnischen Kommission (→IEC) übernommen.

National wird der Schutz von Personen im nichtionisierenden elektromagnetischen Feld bei der Deutschen Elektrotechnischen Kommission (DKE) bearbeitet; Grenzwerte werden in DIN-Normen festgelegt.

Im Bereich der hochfrequenten elektromagnetischen Wellen und der Laserstrahlung besteht ein weitgehender nationaler und internationaler Konsens über die Erfordernisse des Strahlenschutzes.

Im Bereich niederfrequenter elektromagnetischer Felder werden zwar die vorliegenden wissenschaftlichen Untersuchungen über mögliche gesundheitliche Risiken in ähnlicher Weise bewertet, die für den Strahlenschutz daraus abzuleitenden Maßnahmen aber sehr kontrovers diskutiert. Hier besteht derzeit kein generell akzeptierter Standard. International liegen in diesem Bereich die Richtlinien der International Radiation Protection Association (IRPA) vor. Bei Exposition mit niederfrequenten elektrischen oder magnetischen Feldern bis etwa 100 kHz wird weitgehend die verursachte Stromdichte im Körper als Dosisgröße akzeptiert. Trotzdem wird vereinzelt auch die elektrische Feldstärke im Körper favorisiert.

Im Bereich der Hochfrequenz besteht weitgehend Konsens über die grundlegenden dosimetrischen Größen und die erforderlichen Grenzwerte. Infolge der vorliegenden wissenschaftlichen Erkenntnisse ist das Hauptziel aller Vorschriften auf diesem Gebiet die Begrenzung unzulässiger Temperaturerhöhungen im Körper. Zu diesem Zweck wird die spezifische Absorptionsrate (SAR) im Körper begrenzt. Dabei werden die Zeitdauer der Exposition und die absorbierende Körperregion berücksichtigt.

Im Bereich der optischen →Strahlung liegen ebenfalls international akzeptierte Grenzwerte vor. Diese decken aber nur bestimmte Anwendungen, z. B. Laser, ab oder gelten nur für Arbeitsplätze. Grundlegende Dosisgröße in diesem Bereich ist die Bestrahlungsstärke an der Körperoberfläche.

Im Bereich der ultravioletten →Strahlung fehlen nationale Grenzwerte. Hier gibt es auf internationaler Ebene Empfehlungen der IRPA. Für spezielle Anwendungen, z. B. die Nutzung von Solarien oder das Sonnenbaden, liegen auch nationale Empfehlungen der SSK vor. Ziel derartiger Empfehlungen ist die Reduzierung des UV-bedingten Hautkrebsrisikos. Dazu sind in jedem Fall akute Erytheme (Sonnenbrand) zu vermeiden. Außerdem sollte die jährliche UV-Bestrahlung begrenzt werden. *Matthes*

Literatur: IRPA Guidelines on Protection Against Non-Ionizing Radiation. 1991. – DIN/VDE Norm 0848, Teil 2 (Entwurf): Sicherheit in elektromagnetischen Feldern. Schutz von Personen im Frequenzbereich von 30 kHz bis 300 GHz. 1991. – DIN/VDE Norm 0848, Teil 4: Sicherheit in elektromagnetischen Feldern. Schutz von Personen im Frequenzbereich von 0 kHz bis 30 kHz. 1989. – VDE 0837: Strahlungssicherheit von Lasereinrichtungen. 1986. – Empfehlung der Strahlenschutzkommission: Elektrische und magnetische Felder im Alltag. Bundesanzeiger Nr. 144, 1991. – Empfehlung der Strahlenschutzkommission: Schutz vor elektromagnetischer Strahlung beim Mobilfunk. Bundesanzeiger Nr. 43, 1992. – IEC 825 Radiation safety of laser products, equipment classification, requirements and user's guide, IEC Bureau 3, Geneva 1984. – Unfallverhütungsvorschriften der Berufsgenossenschaften, VBG 93, Laserstrahlen.

Strahlenschutzverantwortlicher →Strahlenschutzbeauftragter

Strahlenschutzverordnung. Verordnung über den Schutz vor Schäden durch ionisierende Strahlen (StrlSchV) vom 30. Juni 1989 (BGBl. I S. 1321, berichtigt S. 1926), geändert durch Verordnung vom 30. Juli 1993 (BGBl. I S. 1432). Die StrlSchV ist Bestandteil des →Atom- und Strahlenschutzrechts und gilt im wesentlichen für
– den Umgang mit radioaktiven Stoffen (Gewinnung, Erzeugung, Lagerung, Bearbeitung, Verarbeitung, sonstige Verwendung und Beseitigung),
– den Verkehr mit radioaktiven Stoffen (Erwerb und Abgabe),
– die Beförderung sowie die Ein- und Ausfuhr radioaktiver Stoffe,
– die Aufsuchung, Gewinnung und Aufbereitung von radioaktiven Bodenschätzen,
– die Errichtung und den Betrieb von →Beschleunigeranlagen, soweit diese nicht der →Röntgenverordnung unterliegen, sowie
– bestimmte Vorgänge im Bereich von Kernbrennstoffen, die nicht im Atomgesetz selbst geregelt sind. (→Genehmigungserfordernisse im Strahlenschutz, →Anzeigeverfahren im Strahlenschutz).

Die eigentlichen Strahlenschutz-Vorschriften betreffen insbesondere:
– die Strahlenschutzgrundsätze (→Strahlenminimierungsgebot, →Alara-Prinzip),
– die Verantwortlichkeiten (→Strahlenschutzbeauftragter),
– die Strahlendosisbegrenzungen für die Bevölkerung (außerbetrieblicher →Überwachungsbereich, →Dosisgrenzwert, →Dreißig-Millirem-Konzept, →Inkorporation (radioaktive Stoffe), →Strahlenexposition durch Ableitung radioaktiver Stoffe),
– die Strahlendosisbegrenzungen für beruflich strahlenexponierte →Personen (→Strahlenschutzbereich, Dosisgrenzwert, →Personensicherheitssystem),
– die physikalische Strahlenschutzkontrolle (→Dosimeter, →Dosimetrie) sowie die ärztliche Überwachung (ermächtigter →Arzt).

Daneben gelten Vorschriften über
– die →Bauartzulassung von Anlagen, Geräten oder sonstigen Vorrichtungen, die radioaktive Stoffe enthalten oder ionisierende Strahlen erzeugen,
– die Anwendung radioaktiver Stoffe oder ionisierender Strahlen am Menschen in der medizinischen Forschung sowie in der Heil- und Zahnheilkunde (→Nuklearmedizin, →Radium in der Medizin, →Strahlentherapie) sowie
– die Ablieferung radioaktiver Abfälle an Anlagen des Bundes und an →Landessammelstellen für radioaktive Abfälle. *Dreyhaupt*

Strahlenschutzvorsorgegesetz →Umweltradioaktivität, großräumige Überwachung.

Strahlentherapie. Medizinische Behandlung des menschlichen Körpers mit ionisierenden Strahlen. Man unterscheidet
– die S. bei gutartigen Erkrankungen (Anregung von Stoffwechselprozessen zwecks Reduzierung schmerzhafter chronischer Entzündungen z. B. in Gelenken; Gesamtdosis: nicht über 5 Gray),
– die S. sowohl von gutartigen als auch von bösartigen Tumoren (Karzinome, Sarkome) (Gesamtdosis im Tumor = Einzeldosis × Zahl der Fraktionen; z. B. 2 Gray an 5 Tagen = 10 Gray pro Woche).
Strahlentherapeutische Maßnahmen lassen sich nach rein physikalischen Gesichtspunkten (Strahlenart, Strahlenenergie, Strahlenquelle) folgendermaßen einteilen:
□ Photonenstrahlentherapie
– →Röntgenstrahlung, max. 300 keV, →Röntgenröhre,
– →Gammastrahlung, bis 1.33 MeV (Co60), offene und umschlossene radioaktive Stoffe (z. B. P32, Co60, J131, Cs137, Ir192, Au198, Ra226),
– Bremsstrahlung, bis etwa 42 MeV, Elektronenbeschleuniger,
□ Elektronentherapie
– Beta(Minus)-Strahlung, max. 2.27 MeV, Sr90/Y90 (Dermaplatte),
– Elektronenstrahlung, bis etwa 42 MeV, Elektronenbeschleuniger,
□ andere Strahlenarten
– Neutronen, etwa 14 MeV, Neutronengenerator und →Zyklotron
– Ionen (Protonen und schwerere Ionen) und Mesonen, über 100 MeV, Zyklotron, Synchrotron.
Strahlenquelle der Wahl ist heute der Elektronenlinearbeschleuniger (Linac) mit maximalen Elektronenenergien bis etwa 25 MeV, wobei entweder die Elektronenstrahlung direkt (für Gewebetiefen bis etwa 8 cm) oder – für tiefer im Körper liegende Objekte – die im Linac sekundär erzeugte Bremsstrahlung eingesetzt wird. Ein Vorteil hochenergetischer Elektronen- und Photonenstrahlung ist der günstige Verlauf der Energiedosis mit der Bestrahlungstiefe: Das Dosismaximum liegt nicht – wie bei niederenergetischer Röntgen- und Gammastrahlung – in der Hautoberfläche sondern in einer von der Energie abhängigen Tiefe von einigen Zentimetern (Aufbaueffekt); außerdem fällt für Bestrahlungen mit Elektronen bei Wahl der geeigneten Energie die Energiedosis hinter dem zu bestrahlenden Objekt sehr steil auf den Wert Null ab. Beide Effekte erlauben die Einstrahlung einer hohen Herdraumdosis bei verhältnismäßig geringer Raumdosis des gesamten bestrahlten Körpervolumens. Dieses Verhältnis läßt sich weiter verbessern durch Wahl verschiedener diskreter Einstrahlrichtungen

oder durch während der Bestrahlungszeit kontinuierlich variierende Bestrahlungswinkel (Bewegungsbestrahlung).

Jeder S.-Gesamtmaßnahme muß ein diagnostisches und ein als Bestrahlungsplanung bezeichnetes Verfahren vorausgehen, das den Einsatz von Röntgengeräten (Computertomograph, Therapiesimulator), eines Bestrahlungsplanungsrechners sowie diverser Dosismeßgeräte und Phantome beinhaltet. *Ewen*

Literatur: *Laubenberger, Th.:* Technik der Medizinischen Radiologie. Köln 1986. – *Scherer, E.:* Strahlentherapie. Stuttgart 1981. – Heidelberger Taschenbücher, Kursus: Radiologie und Strahlenschutz. Berlin 1972.

Strahlenwirkung auf Augen. (→Strahlung, optische). Der aus Hornhaut, Vorderkammerflüssigkeit und Linse bestehende dioptrische Apparat des Auges und der Glaskörper sind für Wellenlängen zwischen 400 und 1 200 nm bis zu 90 % durchlässig. Die abnehmende Transmission ab < 400 nm ist auf die zunehmende Absorption der Linse, die ab > 1 200 nm auf die zunehmende Absorption des Wassers zurückzuführen.

Der dioptrische Apparat fokussiert das eingestrahlte Licht auf die Netzhaut. Dadurch können besonders bei stark gebündelter Strahlung (→Laserstrahlung) minimale Fokusgrößen von ca. 10 µm mit entsprechenden Bestrahlungsstärkeerhöhungen von bis zu fünf Größenordnungen auftreten.

□ →Infrarotstrahlung:
Die den Augenhintergrund erreichende kurzwellige IR-A-Strahlung wird in erster Linie von der Pigmentepithelschicht (Melanin) absorbiert und kann bei ausreichender Intensität thermische Schäden hervorrufen. Mit zunehmender Wellenlänge (> 1 000 nm) wird die Strahlung zunehmend im vorderen Teil des Auges, d. h. in der Linse und Iris absorbiert. Im IR-B-Bereich kann die Strahlung die Netzhaut nicht mehr erreichen, ab 1 900 nm wird sie vollständig in der Hornhaut absorbiert. Ein Transmissionsfenster liegt bei 1 500 nm mit einer erhöhten Eindringung in den dioptrischen Apparat, jedoch nicht ausreichend, um die Netzhaut zu erreichen.

In der Praxis kommen Hornhautschädigungen kaum vor, weil auf Grund der Schmerzempfindung das Auge reflexartig geschlossen wird. Absorption von intensiver kurzzeitiger IR-Strahlung im Bereich von 1–4 kW/m² in der Linse kann durch Temperaturerhöhung zur Trübung der Linse führen (Katarakt oder Grauer Star). Von den Betroffenen wird dies erst nach 10–15 Jahren wahrgenommen.

Aber auch langanhaltende geringere IR-A-Strahlung kann die Linse trüben. Die als Glasbläserstar bekannte Erkrankung trat früher häufiger unter Glasbläsern auf. Aufgrund der langen Einwirkdauern von 10–30 Jahren bei ca. 1,5 Stunden/Arbeitsschicht läßt sich der Schwellenwert für die entsprechende Bestrahlung nur schwer ermitteln. Der Wirkungsmechanismus ist umstritten. Wegen der langen Latenzzeit ist der Glasbläserstar von dem altersbedingten Star praktisch nicht unterscheidbar.

□ VIS-Strahlung (→Strahlung, sichtbare):
Nach Energieabschätzungen dürften Sehzellen durch Einzelphotonen erregt werden können. Desweiteren verfügen die Zellen über einen sehr hohen Dynamikbereich von der Wahrnehmungsschwelle 10^{-14} W/m² bis hin zur Blendung von ca. 10^{-2} W/m².

Kurzwellige VIS-Strahlung mit einem Intensitätsmaximum entsprechend maximaler Absorption der Blaurezeptoren bei 450 nm kann bei Bestrahlungsstärken unterhalb der thermischen Schädigungsschwelle infolge Überlastung der Sehvorgangsprozesse photochemische Schäden hervorrufen (sog. Blue-light-hazard-Effekt). Anscheinend werden zunächst das retinale Pigmentepithel, bei höheren Bestrahlungen zusätzlich die Photorezeptoren geschädigt. Bei weit geringeren Bestrahlungsstärken mit Expositionsdauern von mehreren Tagen sind Farbsinnstörungen beobachtet worden.

Infolge thermischer Schädigung denaturieren die Netzhautstrukturproteine in Form weißgrauer runder Flecken. Eine Abheilung erfolgt durch Ausbildung unspezifischen Narbengewebes. Entscheidende Parameter für diesen irreversiblen Netzhautschaden sind Leistung, Zeit, Wellenlänge der Strahlung und Größe des bestrahlten Areals.

Bei sehr kurzen Expositionszeiten < 1 ms und entsprechend hohen Bestrahlungsstärken kommt es infolge starker lokal begrenzter Temperaturanstiege zu mechanischen Schädigungen, wie z. B. Gewebezerreißungen.

□ UV-Strahlung (→Strahlung, ultraviolette):
Entsprechend der optischen Eigenschaften des Auges sind bei Schädigungen vornehmlich die Horn- und Bindehaut betroffen. Photochemische Reaktionen führen zu Entzündungen der Hornhaut (Photokeratitis) mit Latenzzeiten von 6–12 Stunden, oftmals mit der Folge einer Bindehautentzündung (Photokonjunktivitis). Der besonders wirksame Wellenlängenbereich für die Bindehautentzündung liegt bei 260 nm, der für die Hornhautentzündung bei 270 nm, der jeweilige Schwellenwert für die Schädigung bei etwa 40–50 J/m². Die Schädigung ist sehr schmerzhaft und dauert ca. 1–2 Tage. Ab 2 kJ/m² kann es zu reversiblen Hornhauttrübungen, ab ca. 50 kJ/m² zu irreversiblen Hornhaut- und Linsentrübungen kommen.

Das Risiko der Linsentrübung ist bereits durch die natürliche Umgebungsstrahlung erhöht. Mit zunehmender Lebenszeitbestrahlung steigt die Zunahme an Altersstar, über ⅓ der erkrankten Personen sind über 70 Jahre alt. Die Gründe liegen zum einen an einer Zunahme der UV-Transmission der

Hornhaut und dadurch bedingten erhöhten Strahlenbelastung der Linse, zum anderen an der fehlenden Reparaturmöglichkeit der Zellen im Linsenzentrum nach einem photobiologischen Schaden. Linsenzellen werden zeitlebens nicht regeneriert, neue werden nur an der Oberflächenschicht gebildet. Durch eine Akkumulation von Mikroschäden kommt es zu einer altersbedingten zunehmenden Linsentrübung.   *Steinmetz*

Strahlenwirkung auf Haut. Die Haut spielt eine wichtige Rolle in der Thermoregulation des menschlichen Körpers. Sie kann in die drei Schichten Ober-, Leder- und Unterhaut unterteilt werden. In der Oberhaut (Epidermis) befinden sich die Thermorezeptoren und Pigmentzellen sowie die aus Zellresten bestehende Hornschicht als äußerer Abschluß. Die Lederhaut (Corium) enthält Haarwurzeln, Faserelemente und Nerven. Die Unterhaut (Subcutis) besteht aus lockerem Binde- und Fettgewebe.

Im VIS- und nahen IR-Bereich hat die Haut ein hohes Reflexionsvermögen von bis zu 50 %. Im UV- und fernen IR-Bereich hingegen absorbiert die Haut sehr stark. Entsprechend der wellenlängenabhängigen Eindringtiefe der optischen →Strahlung in die Haut sind dessen Schichten bezüglich biologischer Wirkungen unterschiedlich betroffen (Bild).

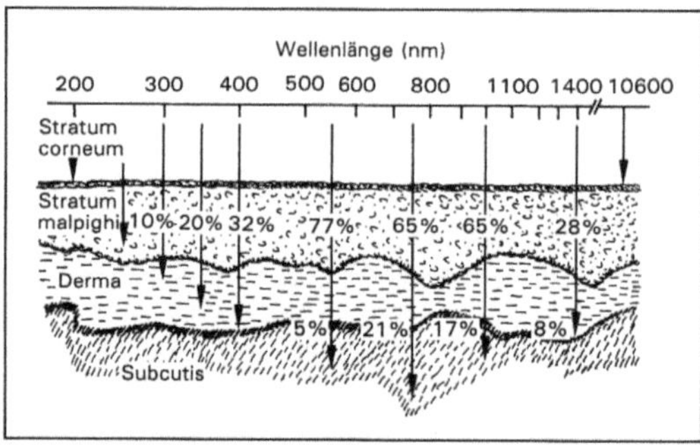

Strahlenwirkung auf Haut: Wellenlängenabhängige Eindringtiefe in die Haut. Wertangaben in % der einfallenden Strahlung, die die entsprechenden Hautschichten erreicht.

□ IR-Strahlung. Die Eindringtiefe der optischen Strahlung nimmt mit zunehmender Wellenlänge ab. IR-A-Strahlung wird in einer Tiefe bis zur Dermis absorbiert (1 mm), längerwellige nur bis zur Epidermis (einige 10 µm). Somit kann bei gleicher Bestrahlungsstärke ein langwellig strahlender Körper (z. B. rotglühendes Eisen) durch starke lokale Erwärmung Schmerzempfindungen eher hervorrufen als z. B. die kurzwelligere Sonnen-IR-Strahlung, die noch bis zu 15 % in die Unterhaut eindringt und das angenehme Gefühl der Durchwärmung bewirkt. Dieser Effekt wird auch in der Medizin genutzt, um den Heilungsprozeß bei Entzündungen zu beschleunigen.

Für den Menschen kann selbst bei Bestrahlungsstärken unterhalb der thermischen Schädigungsschwelle eine thermische Belastung existieren. Eine großflächige IR-Bestrahlung kann den Wärmehaushalt des Körpers aus dem Gleichgewicht bringen und die Kerntemperatur bis zum Hitzschlag erhöhen. Die Schmerzgrenze nimmt mit zunehmendem Einwirken der Strahlung exponentiell ab. Bei Bestrahlungsstärken von 10 kW/m^2 kommt es im sec-Bereich, bei 1 kW/m^2 im min-Bereich zu Schmerzempfindungen. Hohe Bestrahlungsstärken bewirken eine sofortige Rötung (kalorisches Erythem), noch höhere können Verbrennungen hervorrufen.

Langzeitige, nicht zu hohe Bestrahlung kann zu chronischen kalorischen Erythemen führen, die durch pigmentierte, netzartig strukturierte Hautstellen charakterisiert sind. An Stellen chronischer Wärmewirkung kann sich auch Hautkrebs ausbilden (Kangri-Krebs als Folge vom Schlafen auf heißen Ziegelsteinen oder vom Tragen irdener Gefäße mit glühender Holzkohle, vor allem in Indien beschrieben). Desweiteren können synergistische Effekte mit anderer Strahlung an der Haut begünstigt werden wie die verstärkende Wirkung der UV-Strahlung beim Sonnenbaden.

□ VIS-Strahlung. VIS- und kurzwellige IR-A-Strahlung werden vornehmlich von Melanin, Hämoglobin und Wasser absorbiert und in Strahlungswärme umgesetzt. Aufgrund der Hautfarbe (Pigmentierung) und Reflexion der VIS-Strahlung in Höhe von über 50 % besteht in der Regel ausreichender Schutz vor der VIS-Strahlung (Ausnahme: →Laserstrahlung).

□ UV-Strahlung. Abhängig von der Wellenlänge und von der Hautfarbe wird ultraviolette →Strahlung zu ca. 5–25 % reflektiert, der Rest gestreut und von den Zellbestandteilen wie Aminosäuren, Eiweiß, Nukleinsäure, Nukleoproteid und Melaninpigment absorbiert. Neben der positiven Wirkung der Vitamin D-Bildung (bei Mangel: Rachitis) können akute und chronische Schäden hervorgerufen werden. Das Ausmaß der Schädigung hängt von der Bestrahlung und der spektralen Verteilung der Strahlung ab.

Zwei Schutzmechanismen vor UV-Strahlung stehen der Haut zur Verfügung, die Verdickung der Hornschicht (Lichtschwiele) und die Bräunung. Letztere wird durch das in den Zellen der Oberhaut gebildete Melanin hervorgerufen und schützt somit die tieferliegenden Bereiche. Die Höhe des Schutzes hängt von dem jeweiligen Hauttyp und der UV-Strahlungsgewöhnung ab. Entsprechend dem Pigmentierungsvermögen der jeweiligen Haut wird folgende Einteilung vorgenommen:

– Hauttyp I: immer schnell Sonnenbrand, kaum oder keine Bräunung auch nach wiederholten Bestrahlungen,
– Hauttyp II: fast immer Sonnenbrand, mäßige Bräunung nach wiederholten Bestrahlungen,
– Hauttyp III: mäßig oft Sonnenbrand, fortschreitende Bräunung nach wiederholten Bestrahlungen,
– Haupttyp IV: selten Sonnenbrand, schnell einsetzende und deutliche Bräunung.

Akute Effekte im UV-B-Bereich sind vor allem das Erythem, im UV-A-Bereich vorzugsweise phototoxische und photoallergische Prozesse (Photosensibilisierung) und Lichtdermatosen. Letztere sind endogene Lichtkrankheiten zum Teil unbekannter Genese, die schon nach Minuten ausgelöst werden können.

Erytheme sind UV-induzierte entzündliche Rötungen der Haut, die auch unter dem Begriff Sonnenbrand bekannt sind. Sie werden durch photochemische Prozesse verursacht, die mit dem Entstehen von Zellgiften verbunden sind. Die Entstehung eines Erythems hängt von der Wellenlänge (Wirkungsspektrum) und der Bestrahlung ab (Erythemschwellenwert).

Exogen oder endogen wirkende Photosensibilisatoren, wie gewisse Medikamente und Kosmetika, führen zu einer gesteigerten Strahlenempfindlichkeit der Haut vor allem gegenüber UV-A-Strahlung. Phototoxische Reaktionen können klinisch gewöhnlich als erythemähnliche Reaktionen charakterisiert werden, photoallergische Reaktionen treten auf, wenn bestimmte, durch UV-Strahlung aktivierte und umgewandelte Stoffe Allergencharakter annehmen. Unter geeigneten Bedingungen können phototoxische Reaktionen bei jedem Menschen, photoallergische bei einigen exponierten Personen hervorgerufen werden.

Chronische Wirkungen, die sich durch eine jahrzehntelange intensive vor allem UV-B-Bestrahlung einstellen, sind frühzeitige Hautalterung (Faltenbildung, Austrocknung, Kollagenschwund, Pigmentanomalien und oberflächliche Verhornungen), Veränderung des Immunsystems und eine vorzeitige Hautkrebsbildung.

Bei Hautkrebsen ist zwischen den häufig auftretenden Spinaliomen und Basaliomen mit ca. 1 % Mortalitätsrate und geringer auftretenden bösartigen Melanomen mit ca. 50 % Mortalitätsrate zu unterscheiden. Letztere sind im Ansteigen begriffen.

Sowohl tierexperimentelle wie epidemiologische Daten deuten darauf hin, daß die Belastung durch UV-Strahlung, insbesondere durch die Sonne, der bei weitem wichtigste Risikofaktor bei der Entstehung von Basaliomen und Spinaliomen ist. Dabei scheint die Höhe der kumulierten UV-Lebenszeitdosis mit dem Risiko, an diesen Tumoren zu erkranken, direkt korreliert zu sein. Aus Modellrechnungen kann abgeleitet werden, daß für obige Tumoren bei einer Steigerung der jährlichen UV-Belastung eine ebenso große Erhöhung der jährlichen Inzidenz zu erwarten ist.

Auch bei malignen Melanomen ist die UV-Strahlung ein hoher Risikofaktor für die Erkrankung, die kumulierte UV-Lebenszeitdosis scheint allerdings kein geeignetes Maß für die Belastung zu sein. Vielmehr scheinen konstitutionelle Eigenschaften, das Vorhandensein von Naevi und intermittierende hohe Exposition, z. B. in Urlaub und Freizeit, eine wichtige Rolle zu spielen.
□ Laserstrahlung. Neben den bereits in den einzelnen Wellenlängenbereichen aufgeführten Effekten treten wegen der möglichen sehr hohen Bestrahlungsstärken zusätzlich thermo-mechanische Effekte auf (→Strahlenwirkung, biologische). *Steinmetz*

Strahlenwirkung auf Menschen. →Strahlenexposition des Menschen so gering wie möglich zu halten, ist das Grundprinzip für den Schutz gegenüber →ionisierender Strahlung. Der Einwirkung eines unteren Schwellenwertes ist der Mensch, ob er will oder nicht, in seiner täglichen Umgebung jedoch ständig ausgesetzt durch eine natürliche →Strahlenexposition. Hinzu kommt die zivilisatorische Strahlenexposition, insbesondere durch die Anwendung von →Röntgen- und →Gammastrahlung sowie radioaktiver Stoffe in der Medizin. Die S. beruflich strahlenexponierter →Personen ist jedoch wesentlich höher als die mittlere Strahlenexposition der Bevölkerung.

Der Vorgang der Strahlenabsorption in einem biologischen Objekt ist rein physikalischer Natur. Als Folge der bei diesem Vorgang entstehenden angeregten Atome, Moleküle, Ionen und Radikale schließen sich chemische Vorgänge an, die sich in mannigfacher Weise auf das biologische Geschehen innerhalb der Zelle auswirken. Auslösendes Ereignis ist häufig die Radiolyse von Körperwasser, die zu einer Ionen-Radikalbildung führt. Diese Vorgänge stören den Chemismus der Zelle. Eine Reihe von Enzymen kann oxidiert werden. Hierbei ist auffällig, daß derartige Erscheinungen, mit denen ein biologisches System auf eine ionisierende Strahlung reagiert, solchen ähnlich sind, die auch bei bestimmten Gifteinwirkungen auf den menschlichen Körper beobachtet werden. Weitere derartige Parallelen gibt es bei Chromosomenschädigungen (Mutationen, DNS-Strangbrüche, etc.).

Es ist zwischen somatischen und genetischen (d. h. vererbbaren) S. a. M. zu unterscheiden.
□ Stochastische und nicht-stochastische S. Die beiden zu unterscheidenden Kategorien haben grundsätzlich verschiedene Dosiswirkungsbeziehungen. Bei den nicht-stochastischen S. muß zunächst eine

Schwellendosis überschritten werden, bevor die beschriebenen Effekte induziert werden können (Bild).

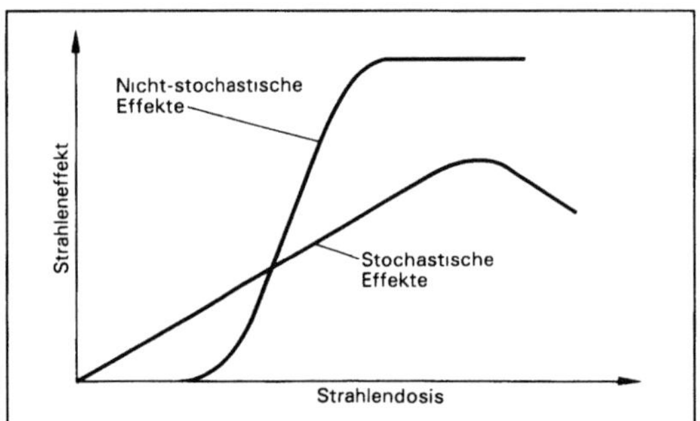

Strahlenwirkung auf Menschen: Schematische Darstellung der Dosis-Wirkungsbeziehungen für stochastische und nicht-stochastische Effekte.

Oberhalb der Schwellendosis steigt die Zahl der Effekte und der Schweregrad des Effektes mit steigender Dosis an. Der Entwicklung dieser S. liegt ein multizellulärer Mechanismus zugrunde. Es müssen viele Zellen geschädigt werden, damit es zu einer Manifestation derartiger Effekte kommt. Zu diesen Wirkungen zählen alle akuten Strahleneffekte.

Bei den stochastischen Effekten, wird davon ausgegangen, daß keine Schwellendosis besteht und daß die Wahrscheinlichkeit des Eintretens mit steigender Strahlendosis zunimmt. Auch bei kleinen Strahlendosen können also noch Wirkungen auftreten, wenn auch mit geringerer Wahrscheinlichkeit als bei höheren Dosen. Für den Strahlenschutz sind daher die stochastischen S. von entscheidender Bedeutung. Ihr Auftreten unterliegt einer Zufallsverteilung, d. h. in einem Kollektiv gleichermaßen exponierter Personen werden sie mit einer durch den statistischen Erwartungswert nur angenähert voraussagbaren Häufigkeit beobachtet. Zu dieser Kategorie von S. zählen die Induktion von vererbbaren Defekten und von malignen Erkrankungen (Leukämie und Krebs). Man geht davon aus, daß es sich hier um unizelluläre Prozesse handelt.

□ Somatische akute S. War das geschädigte Molekül ein lebenswichtiger Zellbestandteil, so wird die betroffene Zelle zumeist absterben. Das Absterben einer einzelnen oder auch vieler Zellen ist für den Organismus ein normales Ereignis und hat keinerlei gesundheitliche Folgen. Erst wenn ein bestimmtes Maß geschädigter Zellen überschritten wird, werden Symptome klinisch erkennbar. Solche akuten S., die innerhalb weniger Tage oder Wochen auftreten, setzen Strahlendosen von einigen Sievert voraus. Die strahlentherapeutische Behandlung von bösartigen Tumoren oder Leukämien beruht auf diesem Prinzip. Im praktischen Strahlenschutz spielen akute S. wegen der im allgemeinen niedrigen Strahlendosen nur eine untergeordnete Rolle.

Erste erkennbare S. äußern sich im allgemeinen in einer kurzzeitigen Anomalie der Blutzusammensetzung; das Zahlenverhältnis der roten und weißen Blutkörperchen verändert sich mehr oder weniger stark gegenüber dem Normalwert. Dieser Effekt wird aber erst nach Dosen im Bereich von 10–100 mSv beobachtet. Die äußerlich merkbaren ersten Anzeichen eines Strahlenschadens, nämlich Übelkeit, Erbrechen, Durchfall, treten erst bei Dosen ab 0,5 Sv auf.

Strahlendosen in der Größenordnung von 5 Sv (Ganzkörperbestrahlung) markieren die sog. halbletale Dosis, d. h. es muß damit gerechnet werden, daß 50 % der Bestrahlten nicht überleben.

Strahlendosen in der Größenordnung ab 7 Sv gelten als letale Dosis, d. h. es muß mit dem Tod aller Bestrahlten gerechnet werden.

□ Somatische Spätschäden. Fehlerhafte Reparaturmechanismen können jedoch auch dazu führen, daß die betroffene Zelle mit einem veränderten genetischen Informationsgehalt des Zellkerns überlebt. Die sich möglicherweise daraus ergebenden Wirkungen treten teilweise erst Jahrzehnte nach der Bestrahlung auf und können sich als bösartige Neubildungen (Krebs und Leukämie) manifestieren.

□ Abhängigkeit des Strahlenrisikos. Die Höhe des durch eine Bestrahlung bedingten gesundheitlichen Risikos hängt von mehreren Faktoren ab:
– von der Höhe der Dosis; je höher sie ist, um so höher ist das Risiko;
– von der Art der Strahlung; z. B. sind Alphastrahlen biologisch wirksamer als Beta- und Gammastrahlung;
– von der Art des betroffenen Gewebes; Knochengewebe ist unempfindlicher;
– vom Alter bei Bestrahlung; Kinder sind empfindlicher gegenüber Strahlung als Erwachsene.

□ Genetische S. Träger der Erbanlagen sind die im Zellkern eingebetteten Chromosomen. Genetische Strahleneffekte vollziehen sich dementsprechend an den Chromosomen bzw. an dem eigentlichen Träger der genetischen Information, der Desoxyribonucleinsäure (DNS). Ereignet sich eine →Mutation in einer Keimzelle, so spricht man von einer Keimzellenmutation, erfolgt sie in einer somatischen Zelle, so liegt eine somatische Mutation vor (→Mutagen). *Merz*

Literatur: *Feldmann, A.:* Kernenergie und Strahlenrisiko. In: Münch, E., Hrsg., Tatsachen über Kernenergie, 2. Aufl., Essen/Grafelfing 1980.

Strahlenwirkung, biologische. Wird optische →Strahlung im Gewebe absorbiert, können vor allem photochemische und thermische Prozesse mit ihren jeweiligen biologischen, beobachtbaren Folgeerscheinungen auftreten (→Strahlenwirkung auf Augen, Haut).

◻ Photochemische Schäden. Photochemische Reaktionen finden statt, wenn die Energie der einzelnen Photonen ausreicht, photoinstabile Moleküle in eine oder mehrere verschiedene Moleküle chemisch umzuwandeln. Die Anzahl der Reaktionsprodukte steigt daher proportional mit der Bestrahlungsstärke und Bestrahlungsdauer, d. h. in einem weiten Bereich ist die Bestrahlung (Produkt aus Bestrahlungsstärke und -dauer) für die photochemische Wirkung maßgebend (*Bunsen-Roscoe*-Gesetz). Die DNA als Träger der Erbinformation besitzt Reparaturmechanismen zur Korrektur derartiger Schädigungen. Allerdings unterliegen diese bei zunehmenden Bestrahlungsstärken zunehmenden Fehlbarkeiten. Auf Gewebeebene können daher ab einer bestimmten Bestrahlung (Schwellenwert) Schäden wahrgenommen werden.

◻ Thermische Schäden. Bei Deponierung ausreichender kurzzeitiger Bestrahlung in einem Gewebeelement kommt es bei Temperaturerhöhungen auf 45 °C zur Hyperthermie, bei 60 °C zur Koagulation, bei 80 °C zur Karbonisation und bei über 100 °C zur Vaporisation.

Da die Photonenenergie im IR-Bereich sehr gering ist, kommt es auf molekularer Ebene in der Regel nur zu einer vorübergehenden biologischen Veränderung. Auch hier können auf Gewebeebene erst ab einer bestimmten Bestrahlung (Schwellenwert) Schäden wahrgenommen werden. Dieser ist abhängig von der Wärmeleitfähigkeit des Gewebes (Durchblutung), weniger von der Wellenlänge, da in letzterem Fall geringere spektrale Absorption durch erhöhte Bestrahlungsstärke kompensiert werden kann.

Bei kurzen intensiven Strahlungsimpulsen steigt die Gewebetemperatur so stark an, daß thermomechanische Effekte auftreten können. Bei der Verdampfung der Körper- bzw. Zellflüssigkeiten werden die Zellen mechanisch zerrissen, es entstehen um den Absorptionsbereich der Strahlung ringförmig zersprengte Zonen.

◻ Nichtthermische Wirkungen. Bei Unterschreitung der thermischen Relaxationszeit in Gewebe von ca. 10 ms und weiter steigender Bestrahlungsstärke ist es möglich, sog. nichtthermische, d. h. das umliegende Gewebe nicht thermisch belastende Reaktionen hervorzurufen (Abtragen von Gewebe).

Akustische Effekte werden bei sehr kurzen Applikationszeiten mit sehr hohen Bestrahlungsstärken erzielt. Es kommt zu einem optischen Durchbruch. Die Expansion des erzeugten Mikroplasmas geht mit der Erzeugung einer Stoßwelle einher, die wiederum das Gewebe schädigt. Nichtlineare Effekte treten bei intensiven Impulslängen im sub-ns-Bereich auf. *Steinmetz*

Strahlung, ionisierende →Ionisierende Strahlung

Strahlung, nichtionisierende. Unter n. S. versteht man in der Strahlenhygiene bzw. im Strahlenschutz elektromagnetische Felder und Wellen mit entsprechenden Teilchenenergien unter 12,4 eV. Bei dieser Energie werden die wichtigsten chemischen Elemente des Körpers nicht mehr ionisiert.

Die n. S. wird im allgemeinen durch die Frequenz bzw. die Wellenlänge und nur im sehr kurzwelligen Bereich zusätzlich durch die Photonenenergie (Teilchen-Welle-Dualismus) charakterisiert. In Anlehnung an die unterschiedlichen biophysikalischen Effekte werden die n. S. in verschiedene Bereiche, wie z. B. statische Felder, niederfrequente Felder, Radiofrequenzen, infrarote und ultraviolette →Strahlung unterteilt. Die mechanischen Wellen des Infra- und des Ultraschalls werden ebenfalls in strahlenhygienische Betrachtungen der n. S. einbezogen (Bild).

In den letzten Jahrzehnten ist, infolge der immer zahlreicheren Quellen in allen Bereichen des täglichen Lebens, die umweltbedingte Exposition um viele Größenordnungen gestiegen. Die biologischen Auswirkungen derartiger Expositionen bedürfen aber teilweise noch weitergehender wissenschaftlicher Klärung. Die physikalische Wirkung elektromagnetischer Felder beruht auf der gegenseitigen Kraftwirkung elektrischer Ladungen.

Für die einzelnen Bereiche der n. S. ergeben sich folgende strahlenhygienische Aspekte:

◻ Statische elektrische und magnetische Felder. Die Ursache elektrischer Felder sind inhomogene Ladungsverteilungen, die entweder als Folge einer Ladungstrennung bei mechanischen Vorgängen oder als Folge technisch erzeugter Gleichspannungen entstehen. Elektrostatische Felder treten überall im Alltag auf: In der Atmosphäre infolge ständiger Ladungstrennung, am Arbeitsplatz z. B. bei elektrolytischen Prozessen, im Haushalt hauptsächlich infolge elektrostatischer Aufladung und im Bereich von Geräten, in denen hohe Gleichspannungen erzeugt werden (z. B. Bildschirmgeräte).

Die durchschnittliche elektrische Leitfähigkeit des menschlichen Körpers ist etwa um den Faktor 10^{12} höher als die der ihn umgebenden Luft. Deshalb treten in der unmittelbaren Umgebung von Personen Feldverzerrungen auf, die zu einer erheblichen Feldstärkeüberhöhung an der Körperoberfläche führen können. Andererseits verhindert die gute Leitfähigkeit des Körpers aber ein starkes Eindringen elektrischer Felder und stellt damit einen gewissen Schutz dar. Die Felder können entweder direkt auf den Körper oder indirekt bei Entladungsvorgängen wirken.

Direkte Wirkungen sind die Elektrisierungen oder die Bewegung von Körperhaaren, die durch feldverursachte Ladungsverschiebungen an der Körperoberfläche auftreten können. Im Inneren des Körpers hängt die Wirkung von den intern verur-

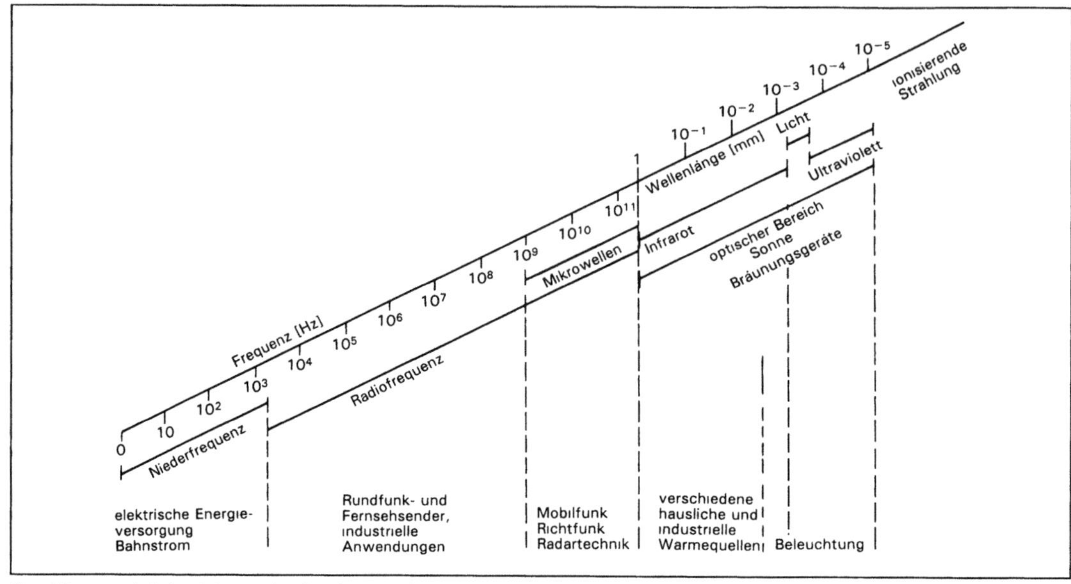

Strahlung, nichtionisierende: Spektrum der n. S.

sachten Feldstärken ab, die aber in statischen Feldern nur sehr gering sind.

Die indirekten Wirkungen elektrostatischer Felder beruhen auf Entladungsvorgängen. Die dadurch verursachten Ableitströme können bei Feldstärken, die im Alltag auftreten, zwar als erheblich belästigend und schmerzhaft empfunden werden, gesundheitliche Gefahren sind aber damit nicht verbunden. Durch andere Mechanismen, z. B. die Zündung explosionsfähiger Gasgemische, können ernste Gefahren entstehen.

Die Ursache von Magnetfeldern ist die Bewegung von Ladungsträgern; sie treten somit grundsätzlich als Folge elektrischer Ströme auf. Diese sind auch die Ursache des Erdmagnetfelds. Im Haushalt treten nur schwache statische Magnetfelder auf. Besonders starken Magnetfeldern ist man an manchen Arbeitsplätzen ausgesetzt. Beispiele hierfür sind Lichtbogen- und Plasmaschmelzöfen. Auch in der Medizin werden zunehmend Verfahren eingesetzt, die zu einer Exposition mit statischen Magnetfeldern führen (→Kernspintomograph).

Die meisten biologischen Substanzen weisen dieselben magnetischen Materialeigenschaften auf wie Luft. Deshalb werden Magnetfelder in ihrer Größe und Verteilung durch Menschen, Tiere und Pflanzen kaum beeinflußt. Die wesentlichen Wechselwirkungen magnetischer Felder mit Materie sind:
- Elektronische Wechselwirkungen auf atomarer bzw. subatomarer Ebene, die zu Veränderungen der biochemischen Reaktionskinetik führen können.
- Magnetomechanische Wirkungen vor allem an Makromolekülen oder an größeren zellulären Strukturen, die zu Drehungen und Verschiebungen

von Gewebeteilen führen können. Bei derartigen Wirkungen auf Ferromagnetika können erhebliche Gefahren entstehen.

- Durch magnetische Induktion werden im Körper Ströme erzeugt, die unter bestimmten Voraussetzungen biologisch wirksam werden können (→Feld, statisches elektrisches/magnetisches).

□ Niederfrequente Wechselfelder. Im Alltag haben diese eine große Bedeutung. Sie stehen im Zusammenhang mit der Erzeugung, Verteilung und der Anwendung elektrischer Energie. Die natürlich auftretenden Wechselfelder (→Spherics) sind gegenüber den zivilisatorisch bedingten Wechselfeldern vernachlässigbar gering.

Die wesentlichen Quellen elektromagnetischer Wechselfelder im Haushalt sind die →Elektroinstallation und die Elektrogeräte. In der Umwelt sind es vor allem die Hochspannungs-Freileitungen (→Elektrosmog). Am Arbeitsplatz gehen von einer Vielzahl elektrischer Geräte und Anlagen elektrische und magnetische Felder unterschiedlicher Feldstärke und Frequenz aus.

Die Wirkungen elektrischer Wechselfelder können aus den Wirkungen der statischen Felder abgeleitet werden. Durch die ständige Umverteilung von Ladungsträgern entstehen hier aber zusätzlich Ströme sowohl an der Körperoberfläche als auch in geringerem Maße im Körperinneren. Entladungs- und Oberflächeneffekte können zu periodischen Elektrisierungen und zur Vibration von Körperhaaren führen. Die wesentliche direkte biologische Wirkung von Wechselfeldern beruht auf den feldzeugten Strömen und Feldern im Körper. Diese sind abhängig von den Feldgrößen und von Körperparametern. Im Körper können sie die natürlicherweise an den Zellen ablaufenden elektrischen Vorgänge beeinflussen. Die Frage, inwieweit geringe Ströme bei chronischem Einwirken zu Spätschäden im Organismus führen können, ist noch weitgehend ungeklärt. Es ist nicht grundsätzlich auszuschließen, daß langfristig Krankheitsverläufe beeinflußt werden.

Auch bei den magnetischen Wechselfeldern beruht die wesentliche direkte biologische Wirkung auf den im Körper induzierten Strömen. Das magnetische Feld durchdringt den menschlichen Körper nahezu ungeschwächt und erzeugt im Körper Wirbelströme, die von den Feld- und Körperparametern abhängen. Die möglichen Wirkungen dieser Ströme entsprechen denen bei Einwirken elektrischer Felder. Neben den direkten biologischen Wirkungen können indirekte Gefahren durch elektromagnetische Beeinflussung elektronischer Geräte und Implantate auftreten (→Herzschrittmacher, →Feld, niederfrequentes elektrisches/magnetisches).

□ Hochfrequente elektromagnetische Felder. Sie sind im Alltag überwiegend technischen Ursprungs. Die natürlichen elektromagnetischen Felder sind demgegenüber vernachlässigbar gering. Hauptanteil der elektromagnetischen Strahlung in der Umwelt haben die vielfältigen nachrichten- und informationstechnischen Anwendungen. Im Haushalt sind hochfrequente Quellen nur in geringem Ausmaß anzutreffen (→Mikrowellengerät). Wesentliche Strahlungsquellen liegen an Arbeitsplätzen in der Industrie und der Medizin vor.

Hochfrequente elektromagnetische Strahlung führt primär zu einer Temperaturerhöhung im Körper. In vielen technischen Verfahren wird hochfrequente Strahlung deshalb zur Erwärmung ausgenutzt. Die →Absorption von Strahlungsenergie im Körper hängt von den Feldparametern und den elektromagnetischen Eigenschaften des Körpers ab. Dabei treten ebenfalls von diesen Parametern abhängige Resonanzerscheinungen auf. Im Mikrowellenbereich ist mit zunehmender Frequenz die wesentliche Absorption auf die Körperoberfläche (Haut) begrenzt. Die Erwärmung im Körper ist abhängig von Thermo-Regulations-Mechanismen und Umgebungsfaktoren.

Veränderungen der Körpertemperatur führen zu Veränderungen der physikalischen Eigenschaften von Gewebesubstanzen und zu Einflüssen auf physiologische und biochemische Vorgänge.

Daneben stehen die Möglichkeiten nichtthermischer Wirkungen und die Fragen der Wirksamkeit gepulster bzw. niederfrequent modulierter hochfrequenter Strahlung im Mittelpunkt des wissenschaftlichen Interesses (→Feld, hochfrequentes elektromagnetisches).

□ Optische Strahlung. Unter diesem Begriff werden die Spektralbereiche der infraroten (1 nm–780 nm), der sichtbaren (780 nm–380 nm) und die ultraviolette Strahlung (380 nm–100 nm) zusammengefaßt. In diesen Bereichen gelten die physikalischen Gesetze der Optik. Die wichtigste natürliche Quelle optischer Strahlung ist die Sonne. Künstliche Strahlenquellen sind z. B. Glühlampen, →Gasentladungslampen oder →Laser.

Optische Strahlung wird durch ihre Wirkung beim Auftreffen auf Materie nachgewiesen, z. B. durch Erwärmung, elektrische Energieerzeugung (→Photovoltaik), biologische und chemische Reaktionen (→Strahlenwirkung, biologische).

Aufgrund der geringen Tiefenwirkung der optischen Strahlung im mm-Bereich sind gesundheitliche Gefährdungen in erster Linie bei Auge und Haut zu erwarten (→Strahlenwirkung auf Augen/auf Haut). UV- und längerwellige IR-Strahlung stellen für die Hornhaut des Auges sichtbare und kürzerwellige IR-Strahlung für die Netzhaut eine potentielle Gefährdung dar. Die Haut ist in erster Linie durch die UV-Strahlung gefährdet.

□ →Ultraschall. Das ist der Bereich der mechanischen Schwingungen zwischen 16 kHz und 10^6 kHz. Ultraschall breitet sich quasi-optisch aus. Dies wird z. B. in der medizinischen Diagnostik ausgenutzt, bei der die meisten Weichteile des menschlichen Körpers dargestellt werden können. Da sich in Ultraschallfeldern hohe Leistungsdichten von bis zu 10 MW/m² erzielen lassen, wird er bei vielen Arbeitsprozessen (Reinigen, Schweißen), aber auch in medizinisch therapeutischen Verfahren (Kataraktoperation) und zunehmend in der medizinischen Diagnostik eingesetzt.

Die biologischen Effekte des Ultraschalls werden vornehmlich durch die Erwärmung und die Kavitation verursacht. *Matthes*

Literatur: *Leitgeb, N.*: Strahlen, Wellen, Felder. Stuttgart 1990. – UNEP United Nations Environment Programme. Environmental Health Criteria 35, Extremely Low Frequency (ELF) Fields. WHO, Geneva 1984. – UNEP: Environmental Health Criteria 69, Magnetic Fields. WHO, Geneva 1987. – UNEP: Environmental Health Criteria 16, Radiofrequency and Microwaves. WHO, Geneva 1981. – UNEP: Environmental Health Criteria 14, Ultraviolet Radiation. WHO, Geneva 1979. – UNEP: Environmental Health Criteria 23, Lasers and Optical Radiation. WHO, Geneva 1982. – UNEP: Environmental Health Criteria 22, Ultrasound. WHO, Geneva 1982. – Veröffentlichungen der Strahlenschutzkommission, Band 16: Nichtionisierende Strahlung. Stuttgart 1990.

Strahlung, optische. Mit o. S. bezeichnet man den Wellenlängenbereich elektromagnetischer Wellen, der zwischen dem Bereich der Mikrowellen und dem der (ionisierenden) Röntgenstrahlung liegt. Der Spektralbereich der o. S. umfaßt die Infrarote (IR)-S. von 1 mm bis 780 nm, die sichtbare (VIS)-S. von 780 nm bis 400 nm (das sog. „Licht") und die Ultraviolette (UV)-S. von 400 nm bis 100 nm. Die Umwandlung der Strahlungsenergie im IR-Bereich beruht auf Übergängen zwischen molekularen Schwingungszuständen, die im VIS- und UV-Bereich auf Elektronenübergängen von Atomen und/oder Molekülen. In allen drei Bereichen gelten die physikalischen Gesetze der Optik.

Aufgrund des Wellen- (Beugungsphänomene) und Teilchencharakters (→Photoeffekt) ist eine Beschreibung der o. S. erst durch die quantenmechanische Erweiterung der Elektrodynamik (nichtionisierende →Strahlung), also einer Quantisierung des elektromagnetischen Feldes möglich. Die Energie E der Quanten (Photonen) des Feldes ist umgekehrt proportional der Wellenlänge 1 der elektromagnetischen Welle:

$$E = h \cdot c \cdot 1/l$$
(h = *Planck*-Konstante, c = Lichtgeschw.)

Um o. S. zu emittieren, müssen die Atome/Moleküle zunächst angeregt werden. Bei thermischer Anregung wird die abgestrahlte Energie dem Wärmehaushalt des Körpers entnommen (daher Wärme- bzw. →Infrarotstrahlung). Bei elektrischer, chemischer und Strahlungsanregung wird die Energie durch Zustandsänderung der Materie gespeichert und anschließend als o. S. wieder abgegeben (Lumineszensstrahlung). Bei spontaner Emission ist die zeitliche Abstrahlung der emittierten Wellenzüge statistisch verteilt, die o. S. ist inkohärent. Bei induzierter Emission besteht eine feste Phasenbeziehung zwischen den emittierten Wellenzügen im gesamten Strahlungsfeld, die o. S. ist kohärent (→Laserstrahlung).

Die wichtigste natürliche UV/VIS/IR-Strahlungsquelle ist die →Sonne (Sonnenspektrum), ohne Bedeutung sind die IR- und VIS-Strahlung aus biologischen Vorgängen. Die wichtigsten künstlichen inkohärenten Strahlungsquellen sind im VIS/IR-Bereich die Glühlampe, im UV/VIS-Bereich die Gasentladungs- und Blitzlichtlampe und der Lichtbogen. Diese Quellen werden überwiegend für die Beleuchtung und für medizinische und technische Aufgaben eingesetzt. Der Laser als kohärente Strahlungsquelle strahlt je nach Bauart im UV- bis IR-Bereich.

O. S. wird durch ihre Wirkung beim Auftreffen auf Materie nachgewiesen, z. B. durch Erwärmung, elektrische Energieerzeugung (→Photovoltaik), biologische und chemische Reaktionen (→Photochemie, -synthese). Ein Maß für die pro Fläche (m²) auffallende Strahlungsleistung ist die Bestrahlungsstärke E (W/m²). Ein Maß für die auf die Fläche (m²) bezogene Energie der Strahlung ist die Bestrahlung H (J/m²), das Zeitintegral der Bestrahlungsstärke. Nach Verknüpfung mit entsprechenden spektralen Wirkungsfunktionen gelangt man zu den bewerteten Strahlungsgrößen effektive Bestrahlungsstärke E_{eff} bzw. Bestrahlung H_{eff}. Die bei der →ionisierenden Strahlung verwendete Größe Dosis (Energiemenge/Massenelement) wird nicht benutzt, weil die absorbierte Energiemenge der o. S. von der bestrahlten Materie nicht gleichmäßig aufgenommen wird.

Die Wechselwirkungen der o. S. mit biologischem Gewebe (→Strahlungswirkung, biologische) werden durch die physikalischen Parameter der Strahlungsquelle wie Wellenlänge, Bestrahlungsdauer und -stärke und die optischen Eigenschaften des Gewebes bestimmt wie Absorption, Streuung und Reflexion.

Auf Grund der geringen Tiefenwirkung der o. S. (mm-Bereich) beschränken sich gesundheitliche Gefährdungen vornehmlich auf das Auge und die Haut (→Strahlenwirkung auf Auge/auf Haut). Beim Auge stellen der UV- und längerwellige IR-Bereich für die Hornhaut, der VIS- und kurzwellige IR-Bereich für die Netzhaut eine potentielle Gefährdung dar. Die Haut ist in erster Linie durch die UV-Strahlung, bei hohen Bestrahlungsstärken auch durch IR-Strahlung gefährdet.

Für den Umgang mit Lasern existiert ein ausgedehntes komplexes Regelwerk, für den mit Nicht-Laser-Strahlquellen, wie z. B. Lampen, gibt es nur empfohlene, teilweise vorläufige Expositionswerte. Da die Makromoleküle des biologischen Gewebes über breite Absorptionsbanden verfügen, ist nicht zu erwarten, daß monochromatische Strahlung von Lasern andere biologische Wirkungen hervorruft als schmalbandige Strahlung konventioneller Strahlquellen gleicher Wellenlänge. Das Gleiche dürfte für die Kohärenz/Inkohärenz zutreffen. Daher ist ein Zusammenwachsen der Bestimmungen zu erwarten.

Generell ist das gesundheitliche Risiko bei optischen UV-Quellen, die mit Glas, Plastik oder ähnlichen Materialien umgeben sind, gering, weil diese Wellenlängen unter 320 nm stark absorbieren. Im VIS-Bereich steigt durch den Einsatz sehr strahlungsintensiver Lichtquellen die Gefahr photochemisch induzierter Netzhautschädigung bei Langzeitbestrahlung (blue light hazard-Effekt). *Steinmetz*

Literatur: *Bergmann, Schaefer*: Lehrbuch der Experimentalphysik. Band II. Optik. Berlin 1987. – *Grandolfo, M.* et al. (eds.): Light, Lasers, and Synchrotron Radiation. A Health Risk Assessment. NATO ASI Series, Series B: Physics Vol 242. London 1991. – *Hecht, J.*: The Laser Guidebook. New York 1986. – IRPA/INIRC: Guidelines on limits of exposure to UV of wavelengths between 180 and 400 nm (incoherent optical radiation). Health Physics Vol. 49, (1985) 331–340. – IRPA/INIRC: Proposed change to the IRPA 1985 guidelines on limits of exposure to UV radiation. Health Physics, Vol. 56 (1989) S. 971–972. – IRPA/INIRC: Health issues of UV-A-sunbeds used for cosmetic purposes. Health Physics Vol. 61 (1991) 2 S. 285–288. – *Kiefer, J.*: Ultraviolette Strahlen. Berlin 1977. Bundesgesundheitsamt: BGA-Empfehlungen zur Begrenzung gesundheitlicher Strahlenrisiken bei der Anwendung von Solarien und Heimsonnen. Bundesgesundheitsblatt 30, 19–30 1987. – *Schreiber, P.; G. Ott*: Schutz vor UV-Strahlung. Schriftenreihe der Bundesanstalt für Arbeitsschutz. Sonderschrift S 14, Bremerhaven 1984. – *Sliney, D.; M. Wolbarsht:* Safety with lasers and other optical sources. A comprehensive Handbook. New York 1980. – *Sutter, E. et al.:* Handbuch Laser-Strahlenschutz. Grundlagen, Vorschriften, Schutzmaßnahmen. Berlin 1989. – UNEP/WHO/IRPA Environmental Health Criteria Documents: EHC 14 Ultraviolet Radiation (1979), EHC 23 Lasers and Optical Radiation (1982). – Veröffentlichungen der Strahlenschutzkommission: Nichtionisierende Strahlung. Bd. 16. Stuttgart 1990.

Strahlung, radioaktive →Alphastrahlung, →Betastrahlung, →Gammastrahlung

Strahlung, sichtbare (VIS). Die auch mit Licht bezeichnete VIS-S. umfaßt den Wellenlängenbereich optischer →Strahlung von 400–780 nm und ist definiert nach dem Bereich, der für den Menschen mit dem Auge wahrgenommen werden kann (Netzhautprozesse). Für gewisse Tierarten ist der visuelle Bereich sowohl in den IR- (z. B. Stechmücke) wie in den UV-Bereich (z. B. Biene) erweitert.

Normalerweise sind die Augen vor akuten retinalen Schäden von Sonnenstrahlung und anderen konventionellen breitbandigen Lichtquellen durch unwillkürliche Maßnahmen wie Lidschlußreflex und Abwenden des Kopfes geschützt. Ein gewisses Gefährdungspotential ergibt sich bei längerer kurzwelliger VIS-Bestrahlung (→Strahlenwirkung auf Auge). Die Haut zeigt in der Regel keine biologischen Reaktionen bei Bestrahlung mit herkömmlichen VIS-Strahlern (→Strahlenschutz, optischer). *Steinmetz*

Strahlung, ultraviolette. UV-S. ist der energiereichste Wellenlängenbereich optischer →Strahlung, der von 400 nm bis 100 nm reicht. Nach DIN 5031 Teil 7 wird die UV-S. in die Teilbereiche UV-A von 380 bis 315 nm, UV-B von 315 bis 280 nm und UV-C von 280 nm bis 100 nm unterteilt. International gebräuchlicher ist die obere UV-A-Grenze bei 400 nm. Im Jahre 1801 ist die UV-S. erstmalig durch emische Wirkung nachgewiesen worden *(Ritter)*. UV-S. ist nicht sichtbar und nicht direkt wahrnehmbar. Eine indirekte Wahrnehmung erfolgt über biologische Reaktionen (z. B. Erythem und Verblitzung der Augen).

UV-S. erzeugt photochemische Prozesse, die für technische, medizinische und kosmetische Zwecke genutzt werden kann. Im technischen Bereich wird UV-S. zur Herstellung von Vitamin D, zur Desinfektion von Luft und Wasser, zur Härtung von Lacken und in der Photolithographie genutzt. Im medizinischen Bereich wird UV-S. zur therapeutischen Behandlung der Schuppenflechte, der Akne, von Hautgeschwüren und rheumatischen Erkrankungen eingesetzt, im kosmetischen Bereich vornehmlich zur Hautbräunung.

Neben den Temperaturstrahlern mit Temperaturen über 2 500 K sind die Gasentladungsstrahler die wichtigsten UV-Strahler (→Gasentladungslampe). Sowohl die Sonne als auch gebräuchliche UV-Strahler strahlen so hohe Intensitäten ab, daß für das Auge und die Haut gesundheitliche Risiken möglich sind. Obwohl sich die vorhandenen Strahlenschutz-Empfehlungen an den akuten Bestrahlungseffekten orientieren, begrenzen diese bei Befolgung ebenfalls chronische Effekte, wie z. B. den Hautkrebs (→Strahlenschutz, optischer). *Steinmetz*

Strahlungsabsorber (Receiver). Konzentrierende →Sonnenenergiewandler wie →Heliostate, →Parabolrinnen oder →Paraboloide fokussieren konzentrierbare solare direkte →Einstrahlung auf den S. Er ist bei →Parabolrinnenkraftwerken ein →Linienabsorber, bei →Solarturmkraftwerken und →Paraboloidkraftwerken ein Punktabsorber. S. haben die Aufgabe, ohne nennenswerte Streuverluste, also unter vermiedener Bestrahlung der Absorberumrandung, die konzentrierte Strahlung aufzunehmen und in fühlbare Wärme eines Wärmeträgermediums umzuwandeln.

S. können Röhrenabsorber sein, die die solare Strahlungsenergie durch Wärmeleitung und Wärmekonvektion übertragen; sie können volumetrische Receiver sein, deren Maximaltemperatur nicht durch die Wärmefestigkeit des Wandungsmaterials begrenzt wird; und sie können Direktabsorptions-Receiver sein, die die Strahlungsenergie auf einen Stoffstrom übertragen. Röhren- und Direkt-Absorptions-Receiver können äußere Receiver oder Hohlraum-Receiver sein. Hohlraum-Receiver vermindern die Reemissions- und die Konvektionsverluste (Bild 1).

S. als Punktabsorber sind Schlüsseltechnologien insoweit, als sie diejenige Komponente eines Solarturm- oder Paraboloidkraftwerks sind, die ohne Redundanz den gesamten Energiestrom des Kraftwerks bei der höchsten, im Kraftwerk vorkommenden Temperatur bewältigen muß. Hochtemperaturwechselfestigkeiten als Folge des Tag/Nachtwechsels und der Wolkenphasen sind für die Auslegung bestimmend. Wirkungsgrade liegen für Strahlungsflußdichten einiger MW/m^2 bei 90 % und darüber. Verluste, die mittelbar oder unmittelbar dem S. zugerechnet werden, sind: die atmosphärische Abminderung der konzentrierten Strahlung auf dem Strahlengang vom Kollektor/Reflektor zum S. durch Absorption, Beugung und Brechung; die Streuverluste, Reflexions- und Konvektionsverluste an den Strahlungsregistern; Wärmeleitung in die Absorberstruktur; schließlich Reemissions- und Konvektionsverluste.

Die atmosphärische Abminderung ist technisch nicht zu beeinflussen; sie ist um so größer, je größer die Entfernung Kollektor-Absorber ist, folglich ist sie klein bei Parabolrinnen- und Paraboloidkraftwerken. Streuverluste treten zwar am S. auf, sind

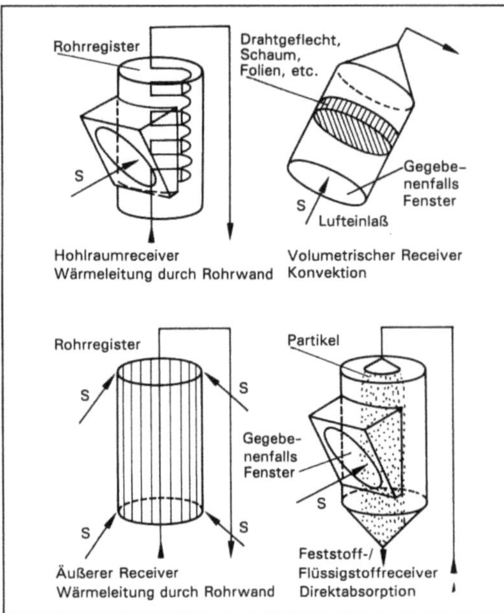

Strahlungsabsorber 1: S.-Typen; Prinzipskizzen.

S Strahlungseinfall

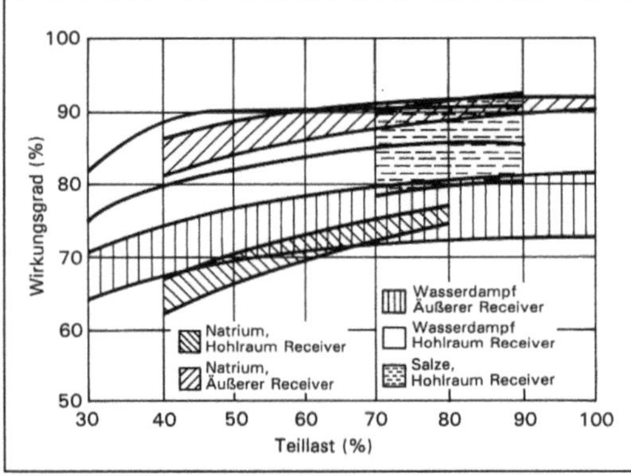

Strahlungsabsorber 2: S.-Wirkungsgrade.

aber nur durch die geometrische Genauigkeit der Reflektoren, ihren Reflexionsgrad und ihre Nachführgenauigkeit zu beeinflussen. Der Interzeptfaktor gibt an, welcher Anteil der konzentrierten Strahlung die Apertur trifft; er liegt bei 0,9–0,95. Streuverluste von Linienabsorbern der Parabolrinnen und von äußeren Receivern von Solarturmkraftwerken entstehen, wenn die konzentrierte Strahlung die Apertur nicht voll trifft; bei Hohlraumreceivern von Solartürmen und Paraboloiden wird die Aperturberandung bestrahlt, dies kann zu strukturellen Schäden führen.

Reflexionsverlusten kann durch selektive Schichten entgegengewirkt werden. Konvektionsverlusten wird durch Hohlraumreceiver, gegebenenfalls mit

Toren zum Schließen des Hohlraums bei Nacht, begegnet. Wärmeleitungsverluste sind – bei guter Wärmedämmung – klein. Reemissionsverlusten wird durch Verlegen der heißesten Register in den Hintergrund des Hohlraums begegnet, so daß Reemission erst nach Mehrfachreflexion möglich wird.

Allen Absorbern zu eigen ist, daß Wärmeträgermedien des Primärkreislaufs Luft, Wasser/-Dampf, Natrium, Salze die übertragene solare Strahlungsenergie übernehmen und im Wärmetransfer an den Sekundärkreislauf übergeben.

S. von Solartürmen sollten klein sein, um das Volumen und das Gewicht auf der Spitze des Turms klein zu halten, Windlasten zu begrenzen, hohe Strahlungsflußdichten und damit hohe Wirkungsgrade und – gegebenenfalls – hohe Temperaturen zu ermöglichen, das Wärmeträgerinventar zu begrenzen und damit kurze thermische Reaktionszeiten zu erreichen, schließlich nicht zuletzt, um zu geringeren Investitionskosten zu kommen. Kühlungsverluste des heißen Absorbers selbst bei hohen Windgeschwindigkeiten sind verhältnismäßig klein. Überhitzungspunkte (hot spots) hingegen an den Strahlungsregistern als Folge ungleichförmiger Bestrahlung oder durch mangelnde örtliche Innenkühlung oder durch Materialinhomogenitäten des Registermaterials sind zu vermeiden. Sie führen zu unzulässigen Dehnungen, Verformungen und – im schlimmsten Fall – zu Durchbrüchen. Derartige Durchbrüche ziehen komplettes Versagen des Kraftwerkes nach sich, wenn es sich um hintereinander geschaltete Rohrregister handelt (once-through). Hier liegt einer der wesentlichen Vorzüge der volumetrischen Receiver, nämlich bei örtlichem Versagen fehlerverzeihend zu wirken: die Gesamtfunktion wird nicht in Frage gestellt. *C.-J. Winter*

Literatur: *Becker, M et al.:* Achievements of High and Low Flux Receiver Development. In: Proceedings ISES Solar World Congress Hamburg 1987, W. H. Bloss et al. (Ed.). Oxford 1988. – *Grasse, W. et al.: Solar Energy for High Temperature Technology and Applications. Cologne 1987. – Solarthermische Kraftwerke zur Wärme- und Stromerzeugung. VDI-Bericht 704. Düsseldorf 1988.* – Winter, C.-J.; R. L. Sizmann; L. L. Vant Hull (Hrsg.): Solar Power Plants. Berlin–Heidelberg–New York 1991.

Strahlungsbilanz. Differenz zwischen der auf einer bestrahlten Fläche auftreffenden und abgegebenen →Einstrahlung. Bei negativer S. gibt eine solche Fläche mehr Energie ab als auftrifft, was eine Abkühlung zur Folge hat. Bei positiver S. erwärmt sich die Fläche. Die S. kann sowohl am Erdboden als auch bezogen auf eine Fläche in der Atmosphäre betrachtet werden.

Die S. setzt sich aus einem kurzwelligen und einem langwelligen Anteil zusammen. Die kurzwellige S. wird durch die Differenz zwischen der einfallenden direkten und diffusen und der reflektierten Sonnenstrahlung bestimmt. Sie ist positiv, solange die Sonne über dem Horizont steht. Die direkte Sonnenstrahlung ist abhängig vom Einfallswinkel der Sonne; sie ist maximal, wenn die Sonne bei ungetrübter Atmosphäre im Zenit steht, und beträgt dann 1 368 W/m². Die Reflektion ist von der Beschaffenheit der Oberfläche abhängig. Oberflächen mit geringem Reflektionsvermögen (→Albedo), z. B. Wasser, erwärmen sich bei gleicher Bestrahlung stärker als solche mit hoher Albedo (z. B. Schnee).

Jeder Körper strahlt abhängig von seiner Temperatur im langwelligen Bereich (*Planck*-Strahlungsgesetz). Als langwellige S. wird die Differenz zwischen der langwelligen Ausstrahlung der Atmosphäre (atmosphärische Gegenstrahlung) und der Erdoberfläche bezeichnet.

Die S. der Erdoberfläche ist tagsüber positiv und nachts negativ (Bild); im globalen und zeitlichen Mittel beträgt sie 96 W/m², das sind 28 % der im Flächenmittel auftreffenden Sonnenstrahlung. Eine kontinuierliche Erwärmung der Erde aufgrund dieser positiven S. wird durch den turbulenten Transport von fühlbarer und latenter Wärme verhindert. Hierdurch wird gleichzeitig die im Mittel negative S. der Atmosphäre ausgeglichen. Der turbulente Transport fühlbarer Wärme ist tagsüber meist von der Erdoberfläche zur Atmosphäre gerichtet. Da die Erdoberfläche in der Nacht jedoch stärker abkühlt als die Atmosphäre, kehrt sich sein Vorzeichen in der Nacht um. Die Größe des turbulenten Transports latenter Wärme hängt von der verfügbaren Feuchte ab. Er ist in Mitteleuropa meist deutlich größer als der turbulente Transport fühlbarer Wärme.

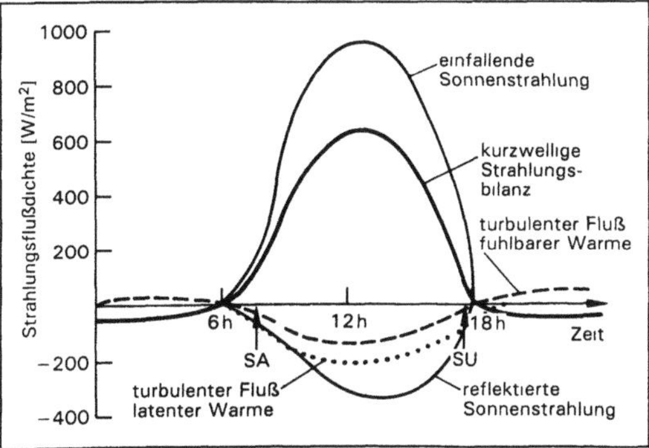

Strahlungsbilanz: Typischer Tagesgang der kurzwelligen S. und ihrer Komponenten über einer Wiese im mitteleuropäischen Sommer.

Sowohl die langwellige als auch die kurzwellige S. der Erdoberfläche sind stark von der Bewölkung abhängig. Wolken reflektieren in hohem Maße die langwellige Wärmestrahlung der Erdoberfläche, lassen aber gleichzeitig weniger kurzwellige Strahlung zum Erdboden durchdringen. Während bei niedri-

gen Wolken der letztere Effekt während der Tagesstunden überwiegt, ist bei hohen Wolken der erstere dominant. D. h. niedrige Wolken bewirken tagsüber im Verhältnis zum klaren Himmel eine Abkühlung, hohe Wolken dagegen eine Erwärmung.

Auch in der Atmosphäre enthaltene Aerosole sowie Gase, die langwellige Strahlung absorbieren, erhöhen die S. der Erdoberfläche. Zu diesen sogenannten Treibhausgasen gehören Kohlendioxid (CO_2), Methan (CH_4) und Ozon (O_3).

Wichmann-Fiebig

Strahlungsflußdichte. Der Begriff bezeichnet die Intensität der solaren Strahlungsleistung (W/m², kW/m², MW/m² oder kWh/m²·h, kWh/m²·d, kWh/m²·a) bezogen auf die Flächeneinheit des solaren Strahlungsabsorbers. Die S. kann wenige W/m² betragen, sie kann in Solartürmen auf mehrere MW/m² anwachsen, in Paraboloidkraftwerken oder in Solaröfen mit Mehrflachreflexion gar auf 10 MW/m² und mehr. Geringe Wärmestromdichten mit Wärmeträgern geringer Wärmeleitfähigkeit (wie Gase und Dämpfe) führen zu großen Flächen der Absorber. Zum Schutz gegen zu hohe Infrarotwärmeverluste werden Hohlraumreceiver gebaut. Hohe Wärmestromdichten führen zu kleinen Absorberflächen, die dann auch nicht geschützt werden müssen (externe →Receiver). *C.-J. Winter*

Strahlungsinversion. →Inversion, die sich aufgrund einer negativen →Strahlungsbilanz der Erdoberfläche bildet. Wegen der im Mittel positiven Strahlungsbilanz der Erdoberfläche nimmt die potentielle Temperatur im allgemeinen mit der Höhe ab, was auf Grund der resultierenden negativen →Schichtungsstabilität zu einer guten Durchmischung der Atmosphäre führt. Während der Nacht oder im Winter ist die Strahlungsbilanz der Erdoberfläche jedoch häufig negativ, was eine Abkühlung und schließlich eine Abnahme der potentiellen Temperatur mit der Höhe zur Folge hat.

Da Wolken die langwellige Ausstrahlung verringern, vermindern sie die Strahlungsabkühlung und somit die Bildung einer S. Ein wolkenloser Himmel läßt dagegen die Wärmestrahlung der Erdoberfläche ungehindert entweichen und unterstützt so die Bildung einer S.

Während sich die nächtliche sommerliche S. mit Sonnenaufgang aufzulösen beginnt, dauert die winterliche häufig mehrere Tage an. S. haben eine niedrige, maximal einige Dekameter hohe Untergrenze; häufig beginnt die Zunahme der potentiellen Temperatur bereits am Erdboden (Bodeninversion). *Wichmann-Fiebig*

Straßenaufbruch. S. ist als Abfall unter den Oberbegriff des →Bauabfalls eingeordnet; er fällt an bei der Reparatur, Erneuerung oder Verlegung (Ab-

bau) bestehender Straßen. Beim Straßenbau ist zu unterscheiden zwischen dem Oberbau und dem Unterbau von Straßen:
– Oberbau ist der Teil der Straßenbefestigung oberhalb des Planums und besteht aus einem Schichtenpaket von mehreren Tragschichten und der Straßendecke, die wiederum aus Binderschicht und Deckschicht aufgebaut sein kann.
– Unterbau ist nicht erforderlich, wenn das Planum zur Aufnahme der Straßenkonstruktion identisch ist mit der Oberfläche gewachsenen Bodens. Unterbau ist der im Falle einer notwendigen Dammführung der Straße zwischen dem natürlichen Untergrund und dem Oberbau hergestellte Erdkörper.

S. bezieht sich nur auf den Straßenoberbau und damit auf die Straßendecke und die darunter liegende Tragschicht, die im Standardaufbau aus 2–3 Schichten besteht.

Als Tragschichten kommen im wesentlichen folgende Varianten in Frage:
– Tragschichten ohne Bindemittel als Schotteroder Kiestragschichten und als Frostschutzschicht, die ebenfalls Tragschichtcharakter hat,

– hydraulisch (mit Kalk, Traß, Zement) gebundene und Beton-Tragschichten sowie
– bituminös gebundene Tragschichten, wobei unter bituminösen Bindemitteln früher ohne Differenzierung Bitumen und teerhaltige Bindemittel verstanden wurden. Heute unterscheidet man Straßenbaubitumen und Straßenpech (Straßenteer) bzw. bitumenhaltige und pech(teer-)haltige Bindemittel. Die Bezeichnung Asphaltstraßenbau bezieht sich nur auf bitumengebundene Trag- bzw. Deckschichten; unter Asphalt versteht man ein Gemisch aus Bitumen und Mineralstoffen (*griech.* asphaltos = Erdharz).

Die Straßendecke vollzieht den Übergang von der Tragschicht zur befahrbaren Straßenoberfläche und bildet gleichzeitig einen wasserdichten Abschluß der gesamten Straßenbefestigung. Die Straßendecke ist als Betonfahrbahn einschichtig, während „bituminöse" Decken aus einer gröberen Binderschicht und der die Straßenoberfläche bildenden fahrgerechten Deckschicht bestehen. Als „bituminöses" Bindemittel wird praktisch nur noch Bitumen eingesetzt, nachdem Straßenpech seit Jahren

Straßenaufbruch. Tabelle: Bewertung der Umweltverträglichkeit einzelner Verfahrensschritte bei der Wiederverwendung von Ausbauasphalt und von pechhaltigen Ausbaustoffen (nach GuVWS 1991).

Verfahrensschritt	Ausbaustoff	Gewinnung, Transport, Aufbereitung	Zwischenlagerung	Verarbeitung	Einbau	fertige Schicht
Heißverarbeitung in Asphalt-Mischanlagen	Asphalt	U	U	U	U	U
	schwach pechhaltig	L	W	L	L	U
	stärker pechhaltig	zur Zeit keine arbeitsplatz- und umweltverträgliche Verfahren bekannt				
Heißverarbeitung in Baustellenmischverfahren	Asphalt	U		U	U	U
	schwach pechhaltig	L		L	L	U
	stärker pechhaltig	zur Zeit aus Arbeitsschutzgründen abzulehnen				
Kaltverarbeitung mit Bitumenemulsion, geschaumtem Bitumen oder hydraulischen Bindemitteln	Asphalt	U	U	U	U	U
	schwach pechhaltig	L	W	L	U	U
	starker pechhaltig	LL	WW	L	U	W
Kaltverarbeitung in Schichten ohne Bindemitteln	Asphalt	U	U	U	U	U
	schwach pechhaltig	L	W	L	U	WW
	starker pechhaltig	ohne besondere Maßnahmen aus Gewasserschutzgrunden abzulehnen				

U = umweltverträglich
L = geringe Schadstoffemissionen in die Luft möglich
W = geringe Gewasserbeeinträchtigungen moglich

LL = stärkere Schadstoffemissionen in die Luft möglich
WW = starkere Gewasserbeeintrachtigungen moglich

Für die Bewertung der Schadstoffemissionen und der Gewasserbeeintrachtigung liegen noch keine bundeseinheitlichen Kriterien vor. Bei den mit L oder W gekennzeichneten Verfahrensschritten ist nachzuweisen, daß die Anforderungen an den Arbeitsschutz, die Luftreinhaltung und den Gewasserschutz eingehalten werden. Bei den mit LL oder WW gekennzeichneten Verfahrensschritten ist durch geeignete Verfahren sicherzustellen, daß die Grenzwerte zur Einhaltung der Anforderungen des Arbeitsschutzes, der Luftreinhaltung und des Gewasserschutzes nicht uberschritten werden.

wegen seines Gehalts an kanzerogenen Substanzen (→polyzyklische aromatische Kohlenwasserstoffe) im Straßenbau vermieden wird; nach Nr. 4.1 der TRGS 551 (→TRGS) dürfen Stein- oder Braunkohlenteerpech oder sonstige Bindemittel mit einem Gehalt an Benzo-a-pyren von 50 mg/kg und mehr im Straßenbau nicht verwendet werden.

Die für S. in Frage kommenden Straßenbaumaterialien sind also weitgehend mineralischer und „bituminöser" Natur. In aller Regel sind sowohl die Straßendecke als auch die Tragschichten beim Ausbau im selben stofflichen Zustand wie beim ursprünglichen Einbau; Verunreinigungen durch die Straßenbenutzung sind zwar punktuell (z. B. Unfälle mit Chemikalien- oder Ölverlust) nicht auszuschließen, insgesamt aber nicht gegeben. Von daher gesehen eignen sich die beschriebenen Stoffgruppen nach entsprechender Aufbereitung grundsätzlich von vornherein zur gleichartigen Wiederverwendung, ggfs. aber auch – insbesondere bei Betondecken – für andere bauliche Zwecke. Bitumenhaltiger S. kann ebenso wie mineralisches Material sowohl auf der Baustelle in mobilen Anlagen als auch in transportgünstigen stationären Anlagen aufbereitet werden. Allerdings fallen bei Straßenerneuerungsarbeiten gelegentlich noch teergebundene Trag- oder Deckschichten-Ausbaustoffe als S. an; nach Nr. 4.1 i. V. mit Nr. 5.2.4 der TRGS 551 ist die Wiederverwendung dieses Materials zulässig, sofern durch Mischung mit Bitumen ein Gehalt an Benzo-a-pyren von <50 mg/kg im wiedereinzubauenden Bindemittelanteil gewährleistet wird.

An wiederverwendbares S.-Material werden hohe Anforderungen sowohl hinsichtlich der Baustoffqualität als auch hinsichtlich der Umweltverträglichkeit gestellt; letzterer Aspekt ist von der Forschungsgesellschaft für Straßen- und Verkehrswesen bewertet worden (Tabelle). Danach ist die Wiederverwendung von bitumenhaltigem S.-Material (Ausbauasphalt) unter Umweltgesichtspunkten unproblematisch. Bei pech(teer-)haltigem Material bestehen jedoch Umwelt- und Arbeitsschutzbedenken, die zumindest die Wiederverwendung von stärker pech-/teerhaltigen Ausbaustoffen erheblich einschränken.

Trotz der günstigen Voraussetzungen für eine Wiederverwendung liegt die Verwertungsquote von S. bei nur etwa 60%. Entsprechend einer Zielfestlegung nach dem AbfG soll der Verwertungsanteil bis 1995 auf 90% gesteigert werden (→Bauabfall).

Nicht verwertbarer S. kann zwar unter den Bedingungen der →TA Siedlungsabfall grundsätzlich auf Siedlungsabfalldeponien abgelagert werden (→Bauschuttdeponie, →Mineralstoffdeponie), schadstoffbelastete Abfälle sind jedoch einer weitergehenden →Entsorgung zuzuführen. *Dreyhaupt*

Literatur: Forschungsgesellschaft für Straßen- und Verkehrswesen, Arbeitsgruppe Asphaltstraßen (Hrsg.): GuVWS = Grundsätze für die umweltverträgliche Verwendung und Wiederverwendung von Straßenbaustoffen, Ausg. 1991. Köln 1991. – TRGS 551: Pyrolyseprodukte aus organischem Material. Ausg. April 1993; Bundesarbeitsblatt 4/1993, S. 47.

Straßenlärm →Straßenverkehrsgeräusch

Straßenoberfläche. Die S. ist eine Einflußgröße für die Geräusche fahrender Kraftfahrzeuge. Sie bestimmt in starkem Maße die durch das Abrollen der Räder auf der Straße verursachten Geräusche Rollgeräusche, die insbesondere auf Straßen außerhalb geschlossener Ortschaften mit zulässigen Fahrgeschwindigkeiten von größer 50 km/h schallpegelbestimmend sind.

Nach den Richtlinien für den Bau von Straßen wird unterschieden zwischen S. aus

– Gußasphalt,
– Asphaltbeton,
– Splittmastixasphalt,
– Beton und
– Pflasterdecken.

In den Rechenvorschriften der →RLS 90 zur Abschätzung zu erwartender →Straßenverkehrsgeräusche werden die unterschiedlichen S. durch folgende Korrekturwerte D_{StrO} berücksichtigt:

Der Tabelle ist zu entnehmen, daß mit zunehmender S.-Rauhigkeit der emissionserhöhende Korrekturwert größer wird.

Straßenoberfläche	D_{StrO} in dB bei zul. Höchstgeschwindigkeit		
	30 km/h	40 km/h	≧50 km/h
nicht geriffelte Gußasphalte, Asphaltbeton Splittmatixasphalte	0	0	0
geriffelte Guß-asphalte oder Betone	1,0	1,5	2,0
Pflaster mit ebener Oberfläche	2,0	2,5	3,0
Sonstiges Pflaster	3,0	4,5	6,0

Insbesondere ist nach den RLS 90 folgendes zu beachten:
– möglichst keine Querrillen einschneiden,
– standfeste Ausbildung des Straßenoberbaus zur Vermeidung von Unebenheiten, Stufen, Verformungen,
– Deckel von Schächten und sonstigen Einbauten außerhalb der Rollspuren anordnen. *Strauch*

Straßenverkehrserschütterungen. Beim Straßenverkehr haben folgende Faktoren Einfluß auf die

Größe der verursachten →Erschütterungen: Die Unebenheiten der Fahrbahn (z. B. Schlaglöcher, Querrinnen), der Fahrzeugtyp (z. B. LKW, Omnibusse), das Verhältnis der gefederten und ungefederten Massen des Fahrzeugs, die Art der Deck- oder Verschleißschicht und der Unterbau bzw. die Tragschicht der Straße, das Fahrzeuggewicht, die Brems- und Beschleunigungsvorgänge, die Fahrzeuggeschwindigkeit und die Art des anstehenden Bodens. In der Tendenz sind die Erschütterungen beim Betrieb von Lkw und Omnibussen erheblich größer als beim Betrieb vom Pkw. Insbesondere bei der Fahrt von →Gleiskettenfahrzeugen, z. B. Panzern, durch bebaute Gebiete können erhebliche Erschütterungen in Gebäuden verursacht werden. S. können durch schweren Aufbau der Straße und durch eine glatte Oberfläche der Deck- oder Verschleißschicht der Straße vermindert werden. Auch durch konstruktive Maßnahmen an den Fahrzeugen, z. B. durch abgestimmte Federungen von Aufbau und Fahrwerk, laufruhige Motoren und Getriebe, niedrige Achslasten, können S. verringert werden. *Splittgerber*

Literatur: *Koch, H. W.*: Verminderung der Verkehrserschütterungen nach dem Ausbau einer Bundesstraße. Straße und Autobahn **16** (1965) Nr. 11. – *Splittgerber, H.*: Über die Erschütterungsimmissionen durch Straßen- und Schienenverkehr. Int. Verkehrswesen **27** (1975) Nr. 5.

Straßenverkehrsgeräusch. S. sind die durch den Verkehr von Kraftfahrzeugen auf Straßen erzeugten Geräusche.

Verursacht werden die Geräusche vom Motor von Motornebenaggregaten, von der Motorkühlung, von der Luftansauganlage und der Auspuffanlage (Geräusche am Auslaß des Auspuffs sowie Abstrahlung von der Rohroberfläche), vom Triebwerk (Schalt- und Ausgleichsgetriebe), den Rollgeräuschen der Reifen, den Strömungsgeräuschen an der Karosserie sowie durch Klappergeräusche der Fahrzeugaufbauten.

Die →Schalldruckpegel dieser einzelnen Geräuschquellen sind vom Betriebszustand des Fahrzeugs abhängig. Zwischen Fahren mit geringer Motordrehzahl und geringer Geschwindigkeit und Fahren mit maximaler Geschwindigkeit treten Pegelunterschiede zwischen 15 und 25 dB(A) je nach Fahrzeugart auf.

Beim Fahren mit Geschwindigkeiten bis etwa $V = 50$ km/h wird das S. von Motor-, Triebwerks- und Auspuffgeräuschen bestimmt, oberhalb dieser Geschwindigkeit überwiegen das Rollgeräusch und das Strömungsgeräusch des Fahrzeugs.

Nach § 49 der Straßenverkehrs-Zulassungs-Ordnung müssen Kraftfahrzeuge die in EG-Richtlinien festgelegten Emissionswerte für Geräusche (→Geräuschemissionswert) einhalten. Geprüft wird nach einem vorgeschriebenen Emissionsmeßverfahren,

das den maximalen Vorbeifahrtpegel in 7,5 m Abstand von der Fahrzeuglängsachse bei beschleunigter Fahrt des Kraftfahrzeugs ermittelt.

Die Belastung eines Wohngebiets durch S. wird durch die Summe aller Kraftfahrzeugfahrten auf den Straßen innerhalb und außerhalb des Gebiets verursacht. Die Geräuschbelastung in der Umgebung einer Straße wird im wesentlichen bestimmt durch
– die Anzahl der Fahrzeuge pro Zeiteinheit,
– die Zusammensetzung des Straßenverkehrs (Pkw- und Lkw-Anteil),
– die Fahrgeschwindigkeit,
– die →Straßenoberfläche,
– Steigungen und Einflüsse lichtzeichengesteuerter Kreuzungen,
– den Abstand von der Straße und
– schallmindernde Hindernisse auf dem Schallausbreitungsweg zwischen Straße und Immissionsort (→Abschirmung).

In Anlage 1 zur →Verkehrslärmschutzverordnung (→Beurteilungspegel an Straßen) und in der →RLS 90 sind Berechnungsverfahren für S. beschrieben, mit denen Beurteilungspegel für die Tageszeit und für die Nachtzeit in Abhängigkeit von den oben genannten Einflußgrößen zu bestimmen sind.

Immissionsgrenzwerte, die von Beurteilungspegeln der S. geplanter oder zu ändernder Straßen nicht überschritten werden dürfen, sind ebenfalls in der Verkehrslärmschutzverordnung festgelegt. *Strauch*

Stratopause. Grenzt in etwa 50 km Höhe die →Stratosphäre gegen die →Mesosphäre ab. Sie begrenzt die →Ozonschicht und weist ein Temperaturmaximum auf. Über dem Sommerpol liegt die Temperatur bei +20 °C, über dem Winterpol um –20 °C. Diese meridionale Temperaturverteilung bestimmt hier die Luftzirkulation. *Giebel*

Stratosphäre. Oberhalb der →Troposphäre liegende Schicht, die sich auf Grund der Absorption des Ultraviolett des Sonnenlichts von etwa 0,2–0,3 μ Wellenlänge durch Ozon erwärmt und infolgedessen entweder eine Isothermie oder Inversion aufweist. Im Gegensatz zur Troposphäre ist die S. hierdurch schlecht durchmischt und außerordentlich trocken. In mittleren Breiten herrscht bis etwa 35 km Höhe eine Isothermie vor, während in den Tropen die S. mit einer Inversion beginnt. In den Polargebieten beobachtet man im Sommer eine Inversion, im Winter nimmt dort auch oberhalb der →Tropopause die Temperatur häufig noch weiter ab. Oberhalb etwa 35 km Höhe in mittleren Breiten nimmt die Temperatur bis zur Obergrenze der S., der →Stratopause, in etwa 50 km Höhe zu und erreicht dort gleich hohe Werte wie am Erdboden (→Atmosphäre, →Homosphäre). *Giebel*

Stratosphärenwolke, polare →PSC

Stratosphärische Chemie. Als →Stratosphäre wird der Bereich der →Atmosphäre zwischen 15 und 50 km bezeichnet. Die Stratosphäre wird nach oben durch die →Stratopause und die sich anschließende →Mesosphäre und nach unten durch die →Tropopause und die sich anschließende →Troposphäre begrenzt. Die Chemie der Stratosphäre wird durch die Absorption der kurzwelligen UV-Strahlung ($\lambda > 200$ nm) bestimmt. Die hierbei durch Dissoziation von Sauerstoffmolekülen entstandenen O-Atome sind für den Aufbau der →Ozonschicht verantwortlich, die ihrerseits UV-Strahlung zwischen 200 und 300 nm (Hartley-Banden) absorbiert. Die Erdoberfläche wird somit vor dem Einfluß der für die Menschen schädlichen UV-Strahlen geschützt. Auf Grund der Absorption durch Ozon wird die Stratosphäre mit zunehmender Höhe immer wärmer, bis sie an der Grenze der Stratopause ihr Temperaturmaximum von ~300 K erreicht hat. Wegen dieser Temperaturverteilung ist die Durchmischung in der Stratosphäre wesentlich langsamer als in der Troposphäre. Die →Austauschzeit für Spurengase aus der Stratosphäre in die Troposphäre liegt bei 1–2 Jahren, die aus der Troposphäre in die Stratosphäre bei 5–10 Jahren. Daher gelangen durch Mischungsprozesse nur langlebige Spurengase (FCKW, Halone, Distickstoffoxid, Methan) bis in die Stratosphäre. Ein nicht zu vernachlässigender Betrag an Spurenstoffen gelangt jedoch auch über Vulkanausbrüche (z. B. Schwefeldioxid SO_2 und Schwefelwasserstoff H_2S) und Flugzeugemissionen (Stickoxide, Wasser) direkt in die Stratosphäre. Die Spurengase können die s. C. auf verschiedene Weisen beeinflussen:
– Verbindungen wie die FCKW führen über photolytische und chemische Prozesse zum Abbau der Ozonschicht (→Ozon in der Stratosphäre, →Ozonloch)
– Spurengase wie CO_2 führen durch Infrarotabstrahlung zu einer Temperaturabnahme in der Stratosphäre (→Kohlendioxid)
– Wasser und schwefel- bzw. stickstoffhaltige Verbindungen führen zur Bildung von Aerosolen und polaren Stratosphärenwolken (→PSC).

Barnes/Wiesen

Streulicht-Meßverfahren →Staubmessung, photometrische

Streustoffe. Winterglätte wird auf zwei grundsätzlich verschiedene Arten bekämpft. Die abstumpfenden S. Sand, Splitt, Kies und Granulat (aus Schlacken gewonnen) belassen Eis und Schnee auf der Fahrbahn, erhöhen aber die Reibung. Auftauende S. dienen zur Unterstützung der Räumtechnik (→Schneeräumung) und zum Auftauen dünner Schichten von Restschnee nach dem Räumen sowie von Reifglätte, Eisglätte und Glatteis. Tausalze werden trocken, feucht oder in Lösung ausgebracht. Auf Flugplätzen werden wegen der Korrosionswirkung der Salze Taustoffe auf Alkoholbasis, selten noch Harnstoff, bevorzugt. Abstumpfende und auftauende S. müssen trocken in Hallen oder Silos gelagert werden, damit sie nicht klumpen oder festfrieren.

Die abstumpfenden natürlichen und künstlichen Mineralstoffe werden in ihren gröberen Körnungen bis maximal 8 mm auf festen Schneedecken, in feineren bis 5 mm auf vereisten Fahrbahnen eingesetzt. Die Verbesserung des Gleitbeiwertes ist nur kurzfristig und gering. Der Kompromiß, Salz-Sandgemische, meist im Verhältnis 1:9, zu streuen, ist eine Scheinlösung, weil Salz die größere Wirkung hat; bei der Streudichte abstumpfender Stoffe von 80 bis 150 g/m^2 und auftauender von 5 bis 20 g/m^2 bei normalen Streueinsätzen ist das offensichtlich. Die Anforderungen an abstumpfende S. werden erstens aus dem Einsatzzweck mit der Prüfung von Kornform und Korngrößenverteilung, Festigkeit (Schlagzertrümmerung) und Rohdichte abgeleitet, zweitens aus der Forderung, möglichen Umweltbelastungen in Vorflutern, Boden, Grundwasser, Fauna und Flora vorzubeugen. Dafür werden Beimengungen und Schadstoffe, insbesondere →Schwermetalle, bestimmt. Die Grenzwerte für den Gehalt an Schwermetallen, ermittelt nach DIN 38414-S4 (Bestimmung der Eluierbarkeit mit Wasser), sind:

Element	Grenzwert (ppm)
Arsen	10
Blei	20
Cadmium	5
Chrom (gesamt)	30
Kupfer	20
Nickel	30
Quecksilber	0,5
Zink	50

Das am häufigsten eingesetzte Auftaumittel ist trockenes Kochsalz (NaCl). Wegen des endothermen Lösungsvorgangs beginnt die Wirkung erst langsam. Sie setzt eine ausreichend hohe Luftfeuchtigkeit voraus. NaCl ist gut lagerbar und gut dosierbar. Es ist im Vergleich mit anderen Streumitteln am preiswertesten. Wegen seines bei –20 °C liegenden eutektischen Punktes (bei einer Konzentration von 22 Gewichtsprozent), kann es praktisch nur bis –10 °C eingesetzt werden. Calciumchlorid ($CaCl_2$) ist auch bei tieferen Temperaturen geeignet. Der eutektische Punkt liegt bei –50° (Konzentration von 30 Gewichtsprozent). Die Lösung im Wasser läuft exotherm ab. $CaCl_2$ ist hygroskopisch und muß daher luftdicht verschlossen gelagert werden. Die größere Hygroskopizität fördert die Anfangstauwirkung. Magnesiumchlorid ($MgCl_2$) hat ähnliche Eigenschaften wie Calciumchlorid und ist noch stärker hygroskopisch.

Feuchtsalz ist trockenes Salz (Natriumchlorid), das vor dem Ausstreuen mit Salzlösung angefeuchtet wird. Je nach Gewichtsanteil der Salzlösung am gesamten Feuchtsalz werden die Feuchtsalzarten FS 30 (30% Salzlösung) und FS 5 (5% Salzlösung) unterschieden. Der Unterschied besteht in der Ausbringungstechnik (Zeitpunkt der Befeuchtung), wodurch die unterschiedlichen Anteile Salzlösung begründet sind.

Zur Befeuchtung wird NaCl-, $CaCl_2$- oder $MgCl_2$-Lösung verwendet, wobei die Konzentration in der Regel 20% beträgt (bei tiefen Temperaturen höher). Für FS 30 ist $CaCl_2$ oder $MgCl_2$ üblich. Bei der FS 5-Streuung ist dagegen sehr häufig auch NaCl-Lösung in Anwendung, teilweise wird sogar nur mit Wasser befeuchtet.

Beim FS 30-Verfahren werden das feste Natriumchlorid und die Salzlösung im Streufahrzeug getrennt transportiert. Salz und Salzlösung werden erst auf dem Streuteller durchmischt. Dadurch sind aufwendigere und teurere Streugeräte als für die Trockensalz-Streuung notwendig.

Feuchtsalz FS 5 hat dagegen mit 5% einen wesentlich geringeren Flüssigkeitsanteil als FS 30. Hierdurch wird es möglich, das Salz bereits beim Beladen des Fahrzeugs zu befeuchten und damit die aufwendige Mehrausstattung der Streufahrzeuge einzusparen. Es ist lediglich eine Sprühvorrichtung am Salzladeband in der Straßenmeisterei erforderlich.

Tausalze in (meist natürlicher) Lösung waren als Calciumchlorid- oder Magnesiumchloridlösungen in der ehemaligen DDR sehr verbreitet. Aus Gründen des Umweltschutzes haben sie heute praktisch keine Bedeutung mehr im →Winterdienst.

Calciumchlorid kann auch in umhüllter Form den Zuschlagstoffen bei der Herstellung der Fahrbahndecke zugegeben und eingebaut werden. Bei sachgerechter Herstellung werden Haltbarkeit und Belastbarkeit der Decke nicht herabgesetzt. Während der Liegezeit wird das Calciumchlorid freigefahren und gibt angefeuchtet (Tau, Regen, Schnee) eine schwache Salzlösung ab; allerdings im Sommer wie im Winter. Die Wirkung zeigt sich in Verhinderung von Reifglätte und Aufhebung der Haftung der Schneedecke (günstigeres Räumen). *Durth*

Literatur: *Schneewolf, R.:* Winterdienstbericht, Berichte 3/85 des Umweltbundesamtes. Berlin 1985. – Minister für Wirtschaft, Mittelstand und Verkehr des Landes Nordrhein-Westfalen, Verkehr und Umwelt in Nordrhein-Westfalen I. Tausalz. – *Umweltbundesamt* (Hrsg.): Streusalzbericht I. Berlin 1980.

Stripping. S. ist ein Verfahren zum Austreiben und Auswaschen von leicht verdampfbaren und wasserdampfflüchtigen Schadstoffen aus kontaminierten Böden, z. B. aus →Altlasten, und aus Flüssigkeiten. Für die Behandlung wird Luft oder Wasserdampf eingesetzt. Die Abtrennung der Schadstoffe aus dem zu strippenden Gemisch erfolgt durch eine Dampfstripperkolonne (Bild) bzw. durch eine Luftstripperkolonne mit Luftwaschanlage.

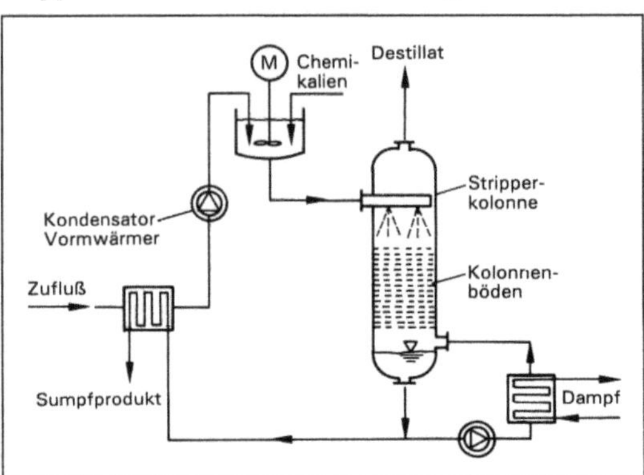

Stripping: Prinzip einer Dampfstripperkolonne. (Quelle: UBA)

Auf Ausspüleffekte mit einer Schadstoffverlagerung, z. B. in das Grundwasser, durch kondensierenden Wasserdampf ist bei der in situ-Dekontamination des Bodens besonders zu achten. *Thoenes*

Literatur: Umweltbundesamt: Stand der Technik bei chemisch-physikalischen Verfahren in der Abfallbehandlung. UBA Texte 23/91. Berlin 1991.

Strömungsgeräusch. Bewegte Flüssigkeiten und Gase erzeugen Geräusche, die als S. bezeichnet werden.

Wesentliche Quellen von S. sind zeitlich nicht konstante Ausströmungen, wie z. B. Auspuffvorgänge von Kolbenkraft- und Kolbenarbeitsmaschinen, Umströmen von Hindernissen, z. B. Geräusche bei Leitapparaten von Turbinen und Gebläsen, turbulente Strömungen in Rohren und Kanälen sowie turbulente Ausströmungen aus Behältern oder Aggregaten, z. B. bei Überdruckventilen, Strahltriebwerken von Flugzeugen.

Die →Schalleistung von S.-Quellen wird hauptsächlich von der Strömungsgeschwindigkeit des Gases oder der Flüssigkeit bestimmt.

Eine wirksame Minderungsmaßnahme ist daher die Herabsetzung der Strömungsgeschwindigkeit, weil in grober Näherung bei ungleichförmigem Ausströmen die Schalleistung proportional zur 4. Potenz der Strömungsgeschwindigkeit ist. Beim Umströmen von Hindernissen ist sie proportional zur 6. Potenz und bei turbulenten Strömungen proportional zur 8. Potenz der Strömungsgeschwindigkeit. *Strauch*

Strömungsmodell. Modell zur Beschreibung des dreidimensionalen Windfeldes in der Atmosphäre in Abhängigkeit von lokalen Gegebenheiten und großräumigen meteorologischen Bedingungen. Die Berechnung der Strömung erfolgt, indem die *Navier-Stokes*-Gleichungen, die das Kräftegleichgewicht beschreiben, gelöst werden. Die Strömung wird auch durch Feuchte und Temperatur beeinflußt, z. B. in Form von thermisch induzierten Zirkulationssystemen oder durch die Bewölkung. Wegen dieser Wechselwirkung müssen die Haushaltsgleichungen für Temperatur und Feuchte gleichzeitig mit den *Navier-Stokes*-Gleichungen gelöst werden. Die mittels eines S. berechneten Strömungs- und Turbulenzfelder dienen häufig als Eingabe für komplexere Ausbreitungsmodelle.

S. benötigen als Eingabe Informationen über die →Bodenrauhigkeit und -feuchte und den Strahlungshaushalt (→Strahlungsbilanz) des Untergrunds. Außerdem müssen zur Initialisierung eines S. die Anfangswerte der Windgeschwindigkeit bekannt sein. Dies kann auf verschiedene Weise erfolgen: Bei prognostischen Modellen wird häufig ein komplettes Anfangswindfeld vorgegeben, das aus Messungen interpoliert wird oder aus vorange gangenen Modellprognosen stammt. In mesoskaligen Modellen wird der geostrophische Wind am Oberrand oder ein innerhalb des Modellgebiets gemessenes Windprofil vorgegeben. Die Anfangswerte von Temperatur und Feuchte werden vergleichbar bestimmt.

In Abhängigkeit von den Modellannahmen lassen sich S. in verschiedene räumliche Skalen einteilen. Die in den *Navier-Stokes*-Gleichungen enthaltenen partiellen Ableitungen werden diskretisiert, d. h. sie werden in endliche Differenzen aufgelöst. Gültige Vereinfachungen und Modellannahmen sind abhängig von dieser Modellauflösung.

Klimamodelle arbeiten mit einer räumlichen Auflösung von ca. 500 km. Sie beschreiben großskalige Zirkulationsphänomene in Abhängigkeit vom Jahresgang und von langfristig variablen Parametern wie der Intensität der Sonnenstrahlung oder der Zusammensetzung der Atmosphäre.

Wettervorhersagemodelle zeichnen sich durch eine feinere räumliche Auflösung von derzeit etwa 60 km aus. Sie sind daher in der Lage z. B. Fronten aufzulösen und – ausgehend vom gegenwärtigen Zustand – die Entwicklung während der nächsten Tage zu prognostizieren. Ihre Aussagegenauigkeit ist dabei von der Kenntnis des Anfangszustands und der Erfassung nichtlinearer Entwicklungen abhängig.

Mesoskalige S. besitzen eine Auflösung von einigen 100 m bis ca. 50 km. Sie weisen zusätzlich eine feinere Vertikalauflösung auf, so daß sie auch die Verhältnisse in der planetarischen →Grenzschicht beschreiben können. Bei den einfachsten S. handelt es sich um sog. massenkonsistente hydrostatische Modelle, die einem homogenen Anfangsfeld Störungen durch den Untergrund überlagern und das resultierende Strömungsfeld unter der Randbedingung der Massenerhaltung divergenzfrei machen.

Im Gegensatz zu hydrostatischen Modellen (Auflösung > 10 km) werden Vertikalbewegungen in nicht-hydrostatischen Modellen nicht nur aus der Divergenz des Horizontalwindes berechnet, sondern unter Berücksichtigung der Druckgradientkräfte aus der entsprechenden Bewegungsgleichung.

Da die Größe des Modellgebiets in mesoskaligen S. wegen der hohen Auflösung begrenzt ist, ist die Entwicklung von Druckgebilden nicht modellintern berechenbar, sondern muß extern vorgegeben werden. Dies erfolgt durch Vorgabe des geostrophischen Windes am Oberrand des Modellgebiets. Die Advektion von Luftmassen anderer Temperatur oder Feuchte wird ebenfalls durch externe Vorgaben beschrieben.

Ohne diese Vorgaben sind mesoskalige S. nicht für längerfristige Prognosen einsetzbar. Die Entwicklung von Strömungs- und Turbulenzfeld im Verlauf eines Tages aufgrund der lokalen Strahlungsbilanz kann dagegen intern berechnet werden. Sofern die zeitliche Variation externer oder interner Parameter berücksichtigt wird, spricht man von einem instationären S.; wird dagegen der Gleichgewichtszustand berechnet, der sich auf Grund fester Eingabeparameter einstellt, wird das Modell als stationär bezeichnet. *Wichmann-Fiebig*

Strohfeuerung →Energierohstoff, nachwachsende

Strontium(II)Chromat.
□ Stoff-Identifizierungs-Nr.:
CAS-Nr.: 7789-06-2
EG-Nr.: 024-009-00-4
EINECS-Nr.: 232-142-6
□ Chemische Formel: $SrCrO_4$
□ Stoffcharakteristik: Zitronengelbes, sehr wenig wasserlösliches Pulver, ziemlich lichtbeständig. Wirkt oxydierend auf Metalle und, besonders bei höheren Temperaturen, stark auf organische Verbindungen.
□ Gefahrenmerkmale:
– Stoffliste nach § 4 a der →Gefahrstoffverordnung:
Gefahrenkennbuchstabe(n): T
R-Sätze: 45-22
S-Sätze: 53-45
– Besondere Stoffeigenschaften nach TRGS 500:
krebserzeugend: EG-Kat. 2
– Arbeitsschutzwerte nach TRGS 900:
→TRK-Wert (mg/m^3): 0,1
– Stoffliste (Anhang II) der Störfallverordnung:
Nr. 275 und 4 c

– Emissionswerte: TA Luft Einstufung: 2.3 Klasse II (in atembarer Form); 3.1.4 Klasse III
Fischer/M. Schön

Styrol.
□ Stoff-Identifizierungs-Nr.:
CAS-Nr.: 100-42-5
EG-Nr.: 601-026-00-0
UN-Nr.: 2055
EINECS-Nr.: 202-851-5
□ Chemische Formel: C_8H_8
□ Stoffcharakteristik: Farblose, stark lichtbrechende, sehr wenig wasserlösliche, wenig flüchtige und entzündliche Flüssigkeit. In frischem Zustand süßlich, später penetrant riechend. Polymerisiert und stabilisiert langsam bereits bei Raumtemperatur, rasch bei höherer Temperatur. Dämpfe viel schwerer als Luft, bilden mit Luft explosionsfähiges Gemisch.
□ Gefahrenmerkmale:
– Stoffliste nach § 4 a der →Gefahrstoffverordnung: Gefahrenkennbuchstabe(n): Xn
R-Sätze: 10-20-36/38
S-Sätze: 2-23
– Arbeitsschutzwerte nach TRGS 900:
→MAK-Wert (mg/m^3): 85
→BAT-Wert: 2 g/l Mandelsäure im Harn; 2,5 g/l Mandelsäure + Phenylglyoxylsäure im Harn
– Stoffliste (Anhang II) der Störfallverordnung: Nr. 3
– →Wassergefährdungsklasse: WGK 2
– Emissionswerte: TA Luft Einstufung: 3.1.7 Klasse II
– Immissionswerte: →WHO-Luftqualitätsleitlinien: (Schutzobjekt menschliche Gesundheit): 24 h-Mittelwert = 800 µg/m^3
Fischer/M. Schön

Submersion. S. (vom *lat.* submergere = untertauchen, eintauchen) ist die direkte (äußere) Strahlenexposition durch radioaktive Stoffe in einer Gaswolke, also bei der Ableitung radioaktiver Stoffe mit der Luft durch die in der Abluftfahne enthaltenen radioaktiven Stoffe.

Die Exposition durch →Betastrahlung heißt Beta-S., diejenige durch →Gammastrahlung nennt man Gamma-S. Die daraus resultierenden Körperdosen betreffen im Fall der Beta-S. nur das Organ Haut, im Fall der Gamma-S. sind alle Organe und Gewebe einzubeziehen.

Beta-S.: Die äußere Strahlenexposition ist wegen der kurzen Reichweite von Betastrahlung in Luft proportional zur Aktivitätskonzentration (Bq/m^3) des betreffenden Radionuklids am Ort der bestrahlten Person.

Die Jahresdosis für die Haut durch Beta-S. eines bestimmten Radionuklids (in Sv) wird nach dem für

die →Strahlenexposition durch Ableitung radioaktiver Stoffe angegebenen Verfahren ermittelt.

Gamma-S.: Bei der Berechnung der äußeren Strahlenexposition ist man wegen der energieabhängigen Reichweite der Gammastrahlung in Luft und der ebenfalls energieabhängigen Absorptions- und Streueffekte in der Luft und am Boden gezwungen, mindestens zwei Photonenenergie-Gruppen (Gruppe 2: unter 0,2 MeV, Gruppe 1: größer 0,2 MeV) zu betrachten. Die Erfahrung hat gezeigt, daß der Langzeitausbreitungsfaktor der Gruppe 2 doppelt so groß ist wie derjenige für die Gruppe 1. Die Jahresdosis eines bestimmten Organs oder Gewebes durch Gamma-S. eines bestimmten Radionuklids (in Sv) wird nach dem für die →Strahlenexposition durch Ableitung radioaktiver Stoffe angegebenen Verfahren ermittelt.

Sowohl bei der Beta-S. als auch bei der Gamma-S. müssen beim Transport entstehende radioaktive Tochterprodukte bei der Berechnung der Körperdosen mit berücksichtigt werden. *Ewen*

Substrat. In der →Biochemie, →Mikrobiologie und →Biotechnologie bezeichnet man als S. einen Stoff, der zum Zwecke der biochemischen Energiegewinnung oder als Baustoff für Zellsubstanz durch Enzyme umgesetzt und verwertet wird. Ein zur Verfügung stehendes S. ist somit Lebensgrundlage der zur S.-Nutzung befähigten Zellen.

In der Botanik bezeichnet man als S. den Untergrund, auf dem bestimmte Pflanzen oder Pflanzengemeinschaften wachsen. *Soeder*

Suicidgen. Als biologische →Sicherheitsmaßnahme gedachtes artifizielles →Gen, das ein Absterben des Organismus außerhalb der definierten Bedingungen eines Bioreaktors bewirken soll. *Flohé*

Sukzession. S. (wörtl. Aufeinander- oder Nachfolge) ist die gerichtete, beständige Veränderung einer →Biozönose oder eines →Ökosystems, gemessen an der Zusammensetzung der Pflanzen-, Tier- und Mikroorganismenarten, und ein normaler ökologischer Vorgang. S. wird veranlaßt durch die Änderung von wesentlichen Lebensbedingungen der Arten, insbesondere Klima, Verfügbarkeit von →Ressourcen, durch Auftreten konkurrierender Arten, Freßfeinde, Schmarotzer und Krankheiten, durch Naturkatastrophen und vor allem durch menschliche Einwirkungen.

Jede S. wird untergliedert in Stadien; am Anfang steht das Pionier-(pflanzen-)Stadium, am Ende das (oft nur hypothetische) Klimax-Stadium – in Mitteleuropa fast immer ein Laubwald –, das wieder durch eine neue S. infolge irgendeines Eingriffs abgelöst werden kann. Auf einem aufgelassenen Acker bilden einjährige Gräser und Kräuter das Pionierstadium der – hier sekundären – S., gefolgt von Stadien der Stauden, der Sträucher, der Pionierbäume (z. B. Birken, Zitterpappeln) und der Klimaxbäume (z. B. Ahorne, Buchen, Eichen). Die einzelnen Arten können die S. fördern, etwa wenn eine Pionierart durch Humusbildung, Beschattung etc. Existenzbedingungen für weitere Arten schafft, oder behindern, wenn z. B. durch hohe Konkurrenzkraft die Ansiedlung anderer Arten lange hinausgezögert wird.

Entscheidend für den Verlauf einer S. sind die Erstbesiedlung und das Vorhandensein von einwanderungsfähigen Arten in der Umgebung. In der S. oder Entwicklung von Biozönosen oder Ökosystemen nimmt meist die Artenzahl zu, sinkt aber gegen Ende der S. oft wieder etwas ab, insbesondere dann, wenn sich einzelne dominante Arten durchsetzen.

Ein Sonderfall der S. ist die Abbau-S. auf totem organischen Material wie Laubstreu, Tierleichen, Bioabfall, Teich- und Flußschlämmen. Hier finden sich Mikroorganismen aus der Gruppe der Destruenten (→Ökosystem) ein, die in einer meist regelhaften Abfolge das Material durch Zerkleinern, Umformen und Mineralisieren abbauen. Dieser Typ von S. hebt sich mit dem Aufbrauchen des Materials selbst auf. *Haber*

Sulfitablauge. Bezeichnung für einen bei der Sulfitzellstoff-Produktion anfallenden Reststoff, bestehend aus einem Gemisch organischer Holzaufschlußstoffe, vorwiegend Ligninsulfate und Kohlenhydrate (Tabelle).

Sulfitablauge. Tabelle: Typisches Analyseergebnis von S. (nach Irmer*).*

Substanz	Spezifische Menge kg/Mg Zellstoff
Ameisensäure	0,5– 1
Essigsäure	30 – 90
Methanol	7 – 10
Furfurol	5 – 6
Cymol	0,3– 1
Formaldehyd	2 – 6
Methylglyoxal	5 – 6
Zuckersulfon- und Aldonsäuren	150 –250
Zucker (Kohlenhydrate)	600 –800
Lignosulfat	600 –800

S. entsteht beim Holzaufschluß nach dem Sulfitverfahren, wobei das geschnitzelte Holz unter Zusatz von SO_2-Gas, Soda und Wasser bzw. Magnesiumoxid und Wasser bei 150 °C und 3–4 bar mehrere Stunden gekocht wird, bis der Ligninanteil

des Holzes in Lösung gegangen ist. Daher wird S. auch als verbrauchte Kochsäure bezeichnet.

Moderne mehrstufige Waschsysteme ermöglichen eine bis zu 99%ige Erfassung dieser in Lösung gegangenen Substanzen. Auf 1 000 Mg Sulfitzellstoff entstehen so etwa 1 600 Mg S.

S. gehört zu den besonders überwachungsbedürftigen →Abfällen bzw. Reststoffen.

Obwohl zahlreiche technische Verwertungsmöglichkeiten bestehen (Alkoholsynthese, Hefegewinnung, Klebstoff, Ligninpulver als Futtermittelzusatz), dominiert eindeutig die Energiegewinnung durch Verbrennung (nach Eindampfung auf etwa 56 % Feststoffanteil). Auf diese Weise ist die →Zellstoffherstellung in Deutschland praktisch energieautark. *Mitsch*

Literatur: *Irmer, H.:* Müll-Handbuch (Losebl.-Ausg.) Kz. 8521. Berlin 1981. – Verband Deutscher Papierfabriken e. V., Adenauerallee 55, 5300 Bonn 1, Leistungsbericht 1991.

Sulfotep.
□ Stoff-Identifizierungs-Nr.:
CAS-Nr.: 3689-24-5
EG-Nr.: 015-027-00-3
UN-Nr.: 1704
EINECS-Nr.: 222-995-2
□ Chemische Formel: $C_8H_{20}O_5P_2S_2$
□ Stoffcharakteristik: Gelbe bis braune, schwach charakteristisch riechende Flüssigkeit, nicht mischbar mit Wasser.
□ Gefahrenmerkmale:
– Stoffliste nach § 4 a der →Gefahrstoffverordnung: Gefahrenkennbuchstabe(n): T+
R-Sätze: 27/28
S-Sätze: 1/2-23-28-36/37-45
– Arbeitsschutzwerte nach TRGS 900:
→MAK-Wert (mg/m^3): 0,2
– Stoffliste (Anhang II) der Störfallverordnung: Nr. 276 und 4 c
– →Wassergefährdungsklasse: WGK 3
Fischer/M. Schön

Summenhäufigkeitspegel →Pegelhäufigkeitsverteilung

Summenhäufigkeitsverteilung →Pegelhäufigkeitsverteilung

Summenwirkung von Geräuschen. Unter S. wird die Einwirkung aller gleichartigen Geräuschquellen auf einen Immissionsort verstanden. Die Summenbildung erfolgt durch →Schallpegeladdition.

Von Bedeutung ist die S. dann, wenn die in der →TA Lärm aufgeführten Immissionsrichtwerte durch die Summe aller einwirkenden gewerblichen und industriellen Anlagengeräusche nicht überschritten werden dürfen.

Insbesondere bei der Neuansiedlung von Anlagen ist die S. zu beachten, weil vermieden werden muß, daß durch die zuerst siedelnden Anlagen die Immissionsrichtwerte schon ausgeschöpft werden.

Für eine zweckmäßige Planung der Immissionssituation, die eine Überschreitung der Immissionswerte durch die S. vermeidet, sind Immissionswertanteile für die einzelnen Anlagen bzw. Betreiber der Anlagen von den zuständigen Behörden vorzugeben oder die →Schallemission der gewerblich genutzten Flächen durch entsprechende Flächenschalleistungen im Bebauungsplan zu begrenzen. *Strauch*

Superfund in USA →Hazard Ranking System

Sustainable development →Nachhaltigkeit (sustainability)

Sustainable Growth. Nachhaltiges Wachstum, umweltverträgliches Wirtschaften, nachhaltiges Wirtschaften, lebenswertes Wirtschaften. Begriff aus der Debatte um alternative Wirtschaftstile und qualitatives Wachstum *(Dürr)* mit dem Ziel des Wirtschaftens im Einklang mit der Natur, insbesondere hinsichtlich der Schonung der Ressourcen, der Energiekreisläufe, des Energiehaushalts, der Atmosphäre und der Verwendbarkeit nachwachsender Rohstoffe. S. G. befürwortet einen Wirtschaftsstil, der sich in Art und Umfang des Wachstums an der Bildung natürlicher Ressourcen (Syntropie) und an den Selbstheilungskräften der Natur ausrichtet.

Die Betonung des Ansatzes zur Bewältigung der Folgen des Prozesses wirtschaftlicher und gesellschaftlicher Entwicklung liegt auf dem Gebiet der Verminderung des Material- und Energiedurchsatzes der Volkswirtschaft. Merkmal des Konzepts ist z. B. eine Orientierung des Energieverbrauchs an der verwertbaren Strahlungsenergie der Sonne und an der energetischen Aufnahmefähigkeit der Biomasse der Erde. S. G. mißt dem Bedürfnis des Erhalts der Natur einen hohen Stellenwert zu. Die Wirtschafts-, Produktions-, Werte- und Gesellschaftsbegriffe orientieren sich deshalb eindeutig an einem naturgerechten Nutzenverständnis. Der Wirtschaftsstil unterstellt deutliche Initiativen im Bereich von Forschung und Entwicklung für den Erhalt der Umwelt. Neben einem hohen Kenntnisstand über die Gesetzmäßigkeiten und die Zusammenhänge in der Natur, wird in der Ökonomie der Boden zum wesentlichen Produktionsfaktor. *Adler*

Literatur: *Dürr, H. P.:* Das Netz des Physikers. Naturwissenschaftliche Erkenntnis in der Verantwortung. München 1988.

Synchrotron →Beschleunigeranlage

Synkanzerogenese. Das Zusammenwirken mehrerer kanzerogener Stoffe bzw. Krebsrisikofaktoren bezeichnet man als S. Im Gegensatz dazu steht die Kokanzerogenese, bei der die Wirkung eines Kanzerogens durch die gleichzeitige Einwirkung eines nicht krebserzeugenden Stoffs verstärkt wird. *Deml*

Synökologie →Ökologie

Synthetic Aperture Radar (SAR). Bei einem Radar mit realer Apertur ist die erreichbare Auflösung am Boden begrenzt durch die Abmessung des Antennensystems. Bei einer angenommenen Satellitenflughöhe von 250 km und einer Sendefrequenz von 9,6 GHz (X-Band) würde bei einer gewünschten geometrischen Bodenauflösung von 20 m ein Antennendurchmesser von etwa 300 m erforderlich sein. Abmessungen dieser Größenordnung sind nach dem heutigen Stand der Technik für den Weltraumeinsatz nicht realisierbar. Mit dem Prinzip des Seitensicht-Radars, d. h. Messung quer zur Flugrichtung, wird die Fortbewegung des Satelliten zur linearen Vergrößerung der Antenne (synthetische Apertur) in Flugrichtung benutzt. Diese synthetische Antennenlänge ergibt die räumliche Auflösung im Azimut. Mit der Länge der Radarpulse, einigen Mikrosekunden, ist die Auflösung in Blickrichtung der Antenne bestimmt.

Radarbilder von Satelliten haben in Bezug auf die flächentreue Abbildung deutliche Unterschiede gegenüber Bildern, die mit Multispektralscannern aufgenommen wurden. Bodenerhebungen wie Höhen- und Gebirgszüge erscheinen als Folge der seitlichen Beleuchtung durch die Radarimpulse stärker ausgeprägt. Da Radarwellen, abhängig von ihrer Wellenlänge und den dielektrischen Eigenschaften der Erdoberfläche, eine gewisse Eindringtiefe besitzen, können sie zur Analyse von Oberflächenstrukturen verwendet werden.

Bildmaterial von satellitengetragenen SAR-Systemen gibt es im L-Band (1,28 GHz) aus dem amerikanischen SEASAT-Projekt von 1978 und von den Shuttle-Imaging-Radar Missionen (SIR) von 1981 mit SIR A und 1984 mit SIR-B. Der ESA-Satellit →ERS-1 arbeitet seit Juli 1991 störungsfrei im C-Band (5,3 GHz). Flugzeuggetragene SAR-Systeme werden bei der Deutschen Forschungsanstalt für Luft- und Raumfahrt (DLR) im C-Band und X-Band eingesetzt. Bildmaterial mit 2–3 m Bodenauflösung ist aus zahlreichen Meßkampagnen verfügbar. *Rossbach/Schroeder*

Literatur: *Ulaby, F. T., R. K. Moore* and *A. L. Fung:* Microwave Remote Sensing, Active and Passive vol. II. London 1982.

Systemanalyse-Methoden. S.-M. dienen u. a. der systematischen Analyse komplexer technischer Systeme (→Ausfalleffektanalyse, →Störfallablaufanalyse, →Fehlerbaumanalyse, →PAAG-Verfahren).

Zur Überprüfung der Anlagensicherheit (→Sicherheitstechnik) sollen mit diesen Methoden Schwachstellen des Systems und Auswirkungen auf das System und die Umgebung ermittelt werden. S.-M. werden z. B. im Rahmen von →Sicherheitsanalysen und Risikoanalysen verwendet. *Nitsche*

Literatur: *Pilz, Volker:* Sicherheitsanalysen zur systematischen Überprüfung von Verfahren und Anlagen-Methoden, Nutzen und Grenzen. Dechema Monografien Vol. 100 (1985), S. 49/78.

Systemrichtlinie. Richtlinie der Europäischen Gemeinschaft vom 23. April 1990 (90/219/EWG, Amtsblatt der EG Nr. L 117/1 vom 8. 5. 1990), die das Erzeugen von bzw. Arbeiten mit gentechnisch veränderten Mikroorganismen im geschlossenen System regelt. Die Umsetzung in nationales Recht wird durch das GenTG und die zugehörige GenTSV vollzogen (→Gentechnik-Recht). *Flohé*

Szintillationsmeßkopf. Vorrichtung zur Messung der Kernstrahlung. Die Funktion der Szintillationsdetektoren beruht auf dem Lumineszenzlicht, das der Anregung von Atomen oder Molekülen im Szintillatormaterial, folgt. Die Elektronen, die bei Absorption von Teilchen- oder γ-Strahlung auf ein höheres Energieniveau gehoben werden, kehren in das niedrigere Niveau unter Aussendung von Licht zurück. Das ausgesandte Fluoreszenzlicht wird auf der Photokathode eines Sekundärelektronenvervielfachers eingefangen. Die Elektronenanzahl pro eingefangenem Lichtblitz steigt mit Hilfe der nachgeschalteten Dynoden so stark an, daß der an einem als Anode geschalteten Kollektor ankommende Ladungsimpuls in einer elektronischen Apparatur registriert werden kann.

Zum Nachweis der →Gammastrahlung eignen sich besonders mit Thallium aktivierte Natriumiodid-Einkristalle, NaI(Tl); für →Betastrahlung ist Anthracen oder das in Toluol gelöste Diphenyloxazol geeignet. Mit Silber aktiviertes Zinksulfid, ZnS(Ag), dient als Szintillator zum Nachweis von →Alphastrahlung. *Merz*

T

TA Abfall Teil 1. Kurzbezeichnung für: Zweite allgemeine Verwaltungsvorschrift zum Abfallgesetz (TA Abfall) Teil 1: Technische Anleitung zur Lagerung chemisch/physikalischen, biologischen Behandlung, Verbrennung und Ablagerung von besonders überwachungsbedürftigen Abfällen vom 12. März 1991 (GMBl. S. 139). Diese TA Abfall wird nach der Entstehungsgeschichte der zugehörigen Abfallbestimmungsverordnung (→Verordnungen nach AbfG) im Sprachgebrauch auch als *TA Sonderabfall* bezeichnet.

Kernstück ist die Anforderung, künftig (Sonder-) Abfälle nur noch so abzulagern, daß von ihnen auch langfristig keine Gefahren für Mensch und Umwelt ausgehen.

Dieses Ziel kann auch durch aufwendige Deponietechnik allein nicht erreicht werden, weil die Standzeit technischer Barrieren kurz ist im Vergleich mit der Langlebigkeit von Schadstoffen (z. B. Schwermetallen).

Vielmehr müssen die Abfälle, abhängig von ihren Bestandteilen und Eigenschaften, durch Behandlungsverfahren so verändert werden, daß sie sicher zu deponieren sind.

Um Abfälle bzw. die in ihnen enthaltenen organischen und/oder anorganischen Schadstoffe zu inertisieren, unlöslich zu machen und möglichst auch im Volumen zu reduzieren, sind geeignete biologische, chemische oder physikalische Behandlungsverfahren einzusetzen. Zur Zerstörung organischer Schadstoffe eignen sich besonders thermische Verfahren. Abfälle, für die es keine geeigneten Behandlungsverfahren gibt, sind in Untertagedeponien abzulagern, die einen weitgehenden Ausschluß aus der →Biosphäre gewährleisten.

Die TA Abfall T. 1 beschreibt die gemäß Stand der Technik gebotenen technischen und organisatorischen Anforderungen an Zwischenlager, chemisch/physikalische und biologische Behandlungsanlagen, Verbrennungsanlagen, oberirdische Deponien und Untertagedeponien.

Es muß jedoch auch gewährleistet sein, daß Sonderabfälle gemäß den Bestimmungen des Abfallgesetzes vorrangig verwertet werden und daß nicht verwertbare Abfälle tatsächlich die geforderten Behandlungsstufen durchlaufen, bevor sie obertägig oder untertägig abgelagert werden.

Hierzu wurde in Verbindung mit der Abfall- und Reststoffüberwachungs-Verordnung ein Kontroll- und Überwachungsinstrument, der →Entsorgungsnachweis, eingeführt. Er verknüpft ein hohes Maß an Eigenverantwortung der Abfallerzeuger und -entsorger mit der notwendigen behördlichen Kontrolle.

Die TA Abfall T. 1 enthält für den Katalog der besonders überwachungsbedürftigen Abfälle jeweils Hinweise auf vorzugsweise anzuwendende Entsorgungsverfahren, wobei unterschieden wird nach

- CPB = Chemisch-physikalischer Behandlung
- HMV = →Hausabfallverbrennung
- SAV = →Sonderabfallverbrennung
- HMD = →Hausabfalldeponie
- SAD = →Sonderabfalldeponie
- UTD = →Untertagedeponie
- MD = →Monodeponie.

Die definitive Zuordnung zu einem bestimmten Entsorgungsverfahren muß im Entsorgungsnachweis an Hand der Zuordnungskriterien der TA Abfall erfolgen. Größere Bedeutung hat dabei die Beschränkung der obertägigen Ablagerung auf Abfälle, die hinsichtlich einer Reihe von Eigenschaften und Inhaltsstoffen bestimmte Grenzwerte (Eluatwerte nach Anhang D der TA Abfall) nicht übersteigen.

Altanlagenregelungen enthalten die notwendigen nachträglichen Maßnahmen bei bestehenden Anlagen; für die Umsetzung der neuen Vorschriften hinsichtlich neuer Anlagen sind zeitlich befristete Übergangsregelungen festgelegt. In Anhängen zur TA Abfall T. 1 sind darüber hinaus Mindestanforderungen an Planfeststellungsunterlagen, Analyseverfahren sowie spezielle Anforderungen an obertägige Deponien angegeben. *Schnurer*

TA Lärm. Die TA L. ist eine Verwaltungsvorschrift der Bundesregierung, die die zuständigen Immissionsschutzbehörden bei der Auslegung und Anwendung des BImSchG heranzuziehen haben. Sie ist bereits am 16. 7. 1968 zu der damals noch geltenden Vorschrift des § 16 der Gewerbeordnung erlassen worden (Beilage zum Bundesanzeiger Nr. 137 vom 26. 7. 1968); durch § 66 Abs. 2 BImSchG wurde sie als Verwaltungsvorschrift zum BImSchG aufrechterhalten.

Die TA L. gilt unmittelbar nur für genehmigungsbedürftige Anlagen; die in ihr enthaltenen Regelungen können jedoch sinngemäß (nicht schematisch!) auch zur Beurteilung der Geräuschimmissionen von nicht genehmigungsbedürftigen Anlagen herangezogen werden. Nach Nr. 2.211 TA L. darf eine Genehmigung für Neuanlagen nur erteilt werden, wenn die Immissionsrichtwerte im gesamten Einwirkungsbereich der Anlage außerhalb der Werksgrundstücksgrenzen ohne Berücksichtigung einwirkender Fremdgeräusche nicht überschritten werden. Die Immissionsrichtwerte sind in Nr. 2.321 TA L. differenziert nach der Schutzbedürftigkeit von sieben verschiedenen Gebietsarten und nach Werten für den Tag und die Nacht (22.00 Uhr bis 6.00 Uhr) festgelegt (→Immissionsrichtwert). Ausführlich wird in der TA L. das Verfahren zur Ermittlung der Geräuschimmissionen geregelt (Nr. 2.4). Für Lärmschutzmaßnahmen wird die Einhaltung des jeweiligen Standes der Lärmbekämpfungstechnik gefordert (Nr. 2.31).

Z. Z. wird der Erlaß einer neuen TA L. vorbereitet, deren unmittelbarer Anwendungsbereich sich auch auf nicht genehmigungsbedürftige Anlagen und Baustellen erstrecken soll. *Hansmann*

Literatur: *Bethge, D.* u. *H. Meurers:* Technische Anleitung zum Schutz gegen Lärm (TA Lärm). – *Christ, J.:* Technische Anleitung zum Schutz gegen Lärm (TA Lärm).

TA Luft. Die TA L. ist eine normkonkretisierende und (teilweise) auch eine ermessenslenkende Verwaltungsvorschrift der Bundesregierung zum BImSchG (Erste Allgemeine Verwaltungsvorschrift zum BImSchG vom 27. 2. 1986, Gemeinsames Ministerialblatt der Bundesministerien 1986, 95ff.). Sie gilt für genehmigungsbedürftige Anlagen und enthält Anforderungen zum Schutz vor und zur Vorsorge gegen schädliche Umwelteinwirkungen. Für die zuständigen Behörden ist sie in Genehmigungsverfahren, bei nachträglichen Anordnungen nach § 17 sowie bei Ermittlungsanordnungen nach §§ 26, 28 und 29 BImSchG bindend; eine Abweichung ist nur zulässig, wenn ein atypischer Sachverhalt vorliegt oder wenn der Inhalt offensichtlich nicht (mehr) den gesetzlichen Anforderungen entspricht (z. B. bei einer unbestreitbaren Fortentwicklung des Standes der Technik). Bei behördlichen Entscheidungen nach anderen Rechtsvorschriften, insbesondere bei Anordnungen gegenüber nicht genehmigungsbedürftigen Anlagen, können die Regelungen der TA L. entsprechend herangezogen werden, wenn vergleichbare Fragen zu beantworten sind.

Die TA L. besteht aus vier Teilen: Teil 1 regelt den Anwendungsbereich, Teil 2 enthält allgemeine Vorschriften zur Reinhaltung der Luft, Teil 3 konkretisiert die Anforderungen zur Begrenzung und Feststellung der Emissionen, und Teil 4 betrifft die Sanierung von bestimmten genehmigungsbedürftigen Anlagen (Altanlagen). Von besonderer Bedeutung für das Genehmigungsverfahren ist Teil 2 der TA L. Dieser Teil enthält wichtige Aussagen zur Konkretisierung des Begriffs der schädlichen Umwelteinwirkungen. Dazu werden in Nr. 2.5

Immissionswerte festgelegt, bei deren Einhaltung in der Regel davon auszugehen ist, daß dem Schutzprinzip (§ 5 Abs. 1 Nr. 1 BImSchG) entsprochen ist. Bei den Immissionswerten wird zwischen Werten zum Schutz vor Gesundheitsgefahren und Werten zum Schutz vor erheblichen Nachteilen und Belästigungen sowie zwischen Langzeit- (Jahresmittel-) und Kurzzeitwerten (98 %-Wert der Summenhäufigkeit) unterschieden. Mit den Immissionswerten sind Kenngrößen für die Immissionsbelastung zu vergleichen, die aus den Kenngrößen der durch andere Anlagen verursachten Immissionen (Vorbelastung) und den durch Ausbreitungsrechnung ermittelten Kenngrößen für den von der betroffenen Anlage verursachten Immissionsbeitrag (Zusatzbelastung) zu bilden sind (→Immissionswert TA Luft). Bei Überschreitung eines Immissionswerts zum Schutz vor Gesundheitsgefahren darf eine Genehmigung nur erteilt werden, wenn die Zusatzbelastung irrelevant ist (in der Regel geringer als 1 % des Langzeitwerts; höhere Immissionsbeiträge sind nach § 67a Abs. 2 BImSchG nur in den neuen Bundesländern zugelassen). Bei Überschreitung eines Immissionswerts zum Schutz vor erheblichen Nachteilen und Belästigungen ist eine Sonderfallprüfung durchzuführen. Eine solche ist nach Nr. 2.2.1.3 TA L. auch erforderlich, wenn hinreichende Anhaltspunkte dafür bestehen, daß schädliche Umwelteinwirkungen durch luftverunreinigende Stoffe hervorgerufen werden können, für die die TA L. keine Immissionswerte enthält.

Um dem →Vorsorgeprinzip (§ 5 Abs. 1 Nr. 2 BImSchG) zu genügen, schreibt die TA L. vor, daß die Emissionen entsprechend den Anforderungen in Teil 3 TA L. zu begrenzen und die verbleibenden Emissionen in bestimmter Weise (in der Regel über ausreichend dimensionierte Schornsteine; Nr. 2.4 TA L.) in die Atmosphäre abzuleiten sind. Zur Begrenzung der Emissionen enthält die TA L. in Teil 3 neben bestimmten technischen Anforderungen (z. B. zur Abgaserfassung) Emissionswerte, die die nach dem Stand der Technik erreichbare Abgasreinigung für bestimmte luftverunreinigende Stoffe kennzeichnen. Für einzelne Anlagearten werden die allgemeinen Anforderungen zur Emissionsbegrenzung in Nr. 3.3 TA L. modifiziert.

Teil 4 regelt die Anpassung aller bestehenden Anlagen an die Anforderungen der TA L. und legt hierfür bestimmte Fristen fest. Die Fristen für die Sanierung liegen zwischen *unverzüglich* (bei bestehenden schädlichen Umwelteinwirkungen) und 10 Jahren (bei aufwendigen Vorsorgemaßnahmen an bestimmten Anlagen). Die wichtigsten technischen Maßnahmen zur Emissionsbegrenzung waren oder sind innerhalb von drei, fünf oder acht Jahren nach dem Inkrafttreten der TA L. am 1. 3. 1986 durchzuführen. In den neuen Bundesländern begann der Fristablauf am 1. 7. 1990; alle Fristen sind dort außerdem um ein Jahr verlängert (§ 67 a Abs. 3 BImSchG). *Hansmann*

Literatur: *Davids, P., M. Lange:* Die TA Luft '86. – *Feldhaus, G., H. Ludwig, P. Davids:* Die TA Luft '86, Deutsches Verwaltungsblatt 1986, 641 ff. – *Hansmann, K.:* TA Luft, Sonderdruck. Aus: Landmann/Rohmer: Umweltrecht, Band I. – *Hansmann, K., O. A. Schmitt:* Erläuterungen zur TA Luft. In: Boisserée/ Oels/Hansmann/Schmitt: Immissionsschutzrecht, 3. Aufl., Band II, B III 1.4.1. – *Jost, D.:* Die neue TA Luft. – *Junker, A., K. R. Kabelitz, C. de LaRiva, R. Schwarz:* TA Luft-Kommentar. – *Kutscheidt, E.:* Die Änderung der TA Luft aus der Sicht der Rechtsprechung, Neue Zeitschrift für Verwaltungsrecht 1983, 581 ff.

TA-Luft Einstufung für Emissionswerte. Die Emission relevanter luftverunreinigender Stoffe ist entsprechend der →TA Luft für verschiedene Stoffgruppen unterschiedlich zu begrenzen, wobei in erster Linie Gesichtspunkte der Schadstoffrelevanz in Bezug auf den Menschen und die Umwelt für das Maß der festgesetzten Emissionswerte ausschlaggebend waren. Unabhängig von der Anlagenart (Emissionsentstehung) sind rein stoffbezogene Emissionswerte festgesetzt in

2.3 für krebserzeugende Stoffe,
3.1.4 für staubförmige anorganische Stoffe,
3.1.6 für dampf- oder gasförmige anorganische Stoffe und
3.1.7 für organische Stoffe.

Die Wirkungsrelevanz des einzelnen luftverunreinigenden Stoffes kommt in allen genannten Stoffgruppen durch die Einstufung in (Grenzwert-)Klassen zum Ausdruck. Die Klasse mit den niedrigsten Emissionswerten (Klasse I) enthält jeweils die Stoffe mit dem höchsten Schadpotential; in der letzten Klasse (Klasse III bzw. IV) sind die Stoffe mit dem geringsten Schadpotential aufgeführt, für die dann die höchsten Emissionswerte gelten. Diese Emissionswert-Einstufung signalisiert daher schon mit Angabe der Klasse die relative Umweltrelevanz eines luftverunreinigenden Stoffes.

Allen Emissionsbegrenzungen in den genannten Stoffgruppen ist gemeinsam, daß die höchstzulässigen Massenkonzentrationen jeweils nur ab einem bestimmten Massenstrom gelten; das Erreichen oder Überschreiten des angegebenen Massenstroms (im Rohgas) ist Anwendungsvoraussetzung für die Emissionsbegrenzung.

Die höchstzulässigen Massenkonzentrationen (Emissionswerte) sind in den verschiedenen Stoffgruppen und Klassen unterschiedlich geregelt:

2.3 Krebserzeugende Stoffe
Klasse I : 0,1 mg/m³ (ab Massenstrom 0,5 g/h)
Klasse II : 1 mg/m³ (ab Massenstrom 5 g/h)
Klasse III: 5 mg/m³ (ab Massenstrom 25 g/h).

Dieser Klassenregelung geht jedoch in 2.3 Abs. 1 der Grundsatz voraus, daß die Emissionen krebser-

zeugender Stoffe soweit wie möglich zu vermindern sind. Dieses Postulat folgt aus dem Erkenntnisstand, daß sich (noch) keine Mengen oder Konzentrationen von krebserzeugenden Stoffen angeben lassen, bei deren Unterschreiten ein Krebsrisiko nicht besteht. Dies gilt noch eher für Immissionskonzentrationen krebserzeugender Stoffe, auf deren Festsetzung aus diesem Grunde die TA Luft überhaupt verzichtet. Die Emissionswertregelung in 2.3 ist – insbesondere mit dem zitierten Verminderungspostulat – ein Surrogat für eine nicht festsetzbare Immissionsbegrenzung.

3.1.4 Staubförmige anorganische Stoffe
Klasse I : 0,2 mg/m³ (ab Massenstrom 1 g/h)
Klasse II : 1 mg/m³ (ab Massenstrom 5 g/h)
Klasse III: 5 mg/m³ (ab Massenstrom 25 g/h).

3.1.6 Dampf- oder gasförmige anorganische Stoffe
Klasse I : 1 mg/m³ (ab Massenstrom 10 g/h)
Klasse II : 5 mg/m³ (ab Massenstrom 50 g/h)
Klasse III: 30 mg/m³ (ab Massenstrom 0,3 kg/h)
Klasse IV: 0,50 g/m³ (ab Massenstrom 5 kg/h).

3.1.7 Organische Stoffe
Klasse I : 20 mg/m³ (ab Massenstrom 0,1 kg/h)
Klasse II : 0,10 g/m³ (ab Massenstrom 2 kg/h)
Klasse III: 0,15 g/m³ (ab Massenstrom 3 kg/h).

In 3.1.7 Abs. 7 der TA Luft ist eine über die Klassenregelung hinausgehende Sonderregelung für besonders umweltgefährdende organische Stoffe getroffen, d. h. für Stoffe, deren Gefährlichkeits- und Wirkungspotential erheblich über demjenigen der Stoffe nach Klasse I liegt. Als Kriterien für die besondere Umweltgefährlichkeit werden kumulativ angegeben: schwer abbaubar, leicht anreicherbar und hohe Toxizität; beispielhaft werden polyhalogenierte Dibenzodioxine, -furane und Biphenyle genannt. Für derartige Stoffe gilt nach 3.1.7 Abs. 7 ein Emissionsminimierungsgebot entsprechend der Regelung in 2.3 für krebserzeugende Stoffe. *Dreyhaupt*

TA Siedlungsabfall. Dritte Allgemeine Verwaltungsvorschrift zum Abfallgesetz: Technische Anleitung zur Verwertung, Behandlung und sonstigen Entsorgung von Siedlungsabfällen vom 14. Mai 1993 (Beil. BAnz. Nr. 99). Analog zu den besonders überwachungsbedürftigen Abfällen in der →TA Abfall Teil 1 werden technische und organisatorische Anforderungen für die Entsorgung von →Siedlungsabfällen und gemeinsam damit entsorgte Produktionsabfälle vorgegeben.

Für Siedlungsabfälle sind zunächst die Möglichkeiten einer stofflichen Verwertung auszuschöpfen. Die Anforderungen betreffen die getrennte Erfassung, die Schadstoffentfrachtung und die eigentliche Verwertung. Mengenmäßig besonders relevant sind hierfür →Bauabfälle (Verwertung zu Sekundärbaustoffen) sowie →Klärschlämme und Bioabfälle (Verwertung zur Bodenverbesserung, Biogas).

Hauptziel für die nicht verwertbaren (Rest-)Abfälle (→restlicher Abfall) ist, daß deren Ablagerung auch langfristig nicht zu Schäden für die Umwelt oder die Gesundheit führen darf. Deshalb werden nur noch inerte, unter Deponiebedingungen nicht weiter chemisch/-biologisch abbaubare und möglichst unlösliche Abfälle zur Ablagerung in Deponien zugelassen.

Für abzulagernde Abfälle gelten Zuordnungskriterien (Anhang B zur TA-S.) mit Anforderungen an die Festigkeit, an organische Anteile sowie an die Eluate.

Sofern Siedlungsabfälle die Ablagerungskriterien nicht erfüllen, müssen sie durch eine geeignete Vorbehandlung deponiefähig gemacht werden. Technische Verfahren für eine derartige Vorbehandlung werden nicht vorgegeben. Nach dem Stand der Technik sind derzeit allerdings nur thermische Behandlungsverfahren in der Lage, die Ablagerungskriterien für die Rückstände zu gewährleisten; darüber hinaus sollen energetische und stoffliche Verwertungsmöglichkeiten der Rückstände genutzt und das Volumen der abzulagernden Abfälle minimiert werden (je nach Art der Vorbehandlung und Umfang der Rückstandsverwertung auf ein Drittel bis weit unter 1 % möglich). Der Bedarf an neuen Deponien kann somit drastisch reduziert werden.

Die TA S. gibt ferner technische und organisatorische Anforderungen an die unterschiedlichen Abfallentsorgungsanlagen vor, wie Sortieranlagen, Kompostwerke, Zwischenlager, Behandlungsanlagen und Deponien. Zur mittelfristigen Anpassung der kommunalen oder regionalen Siedlungsabfallwirtschaft an den Standard der TA S. dienen Altanlagenregelungen (z. B. Nachrüstung vorhandener Entsorgungsanlagen) sowie Übergangsvorschriften, welche spätestens im Jahr 2005 die bundesweite Umsetzung sämtlicher Anforderungen erwarten lassen. *Schnurer*

Tagesgang (Luftchemie). Unter T. wird die Darstellung der Variation der Konzentration einzelner Spurenstoffe in Abhängigkeit von der Tageszeit verstanden, weil sich sowohl die Intensität des Sonnenlichts und damit die photochemische Aktivität der Luftmasse wie auch die Aktivität der vertikalen Durchmischung im Verlauf des Tages ändert. *Wirtz*

Tailgas-Verfahren →SCR-Verfahren

Taktmaximal-Effektivwert. Der T.-E. wird im Regelwerk DIN 4150, T. 2, Ausg. Dez. 1992, zur Beurteilung von Erschütterungsimmissionen benutzt. Der T.-E. wird unter Verwendung der Bewer-

teten Schwingstärke $KB_F(t)$ gebildet. Die Meßzeit T_m wird in Takte von je 30 Sekunden Dauer eingeteilt. Jedem dieser Takte wird der darin erreichte Höchstwert der Bewerteten Schwingstärke $KB_F(t)$ zugeordnet (Bild). Diese Werte werden als KB_{FT_i} bezeichnet. Der T.-E. KB_{FT_m} ist die Wurzel aus dem Mittelwert der quadrierten Taktmaximalwerte KB_{FT_i} nach folgender Gleichung

$$KB_{FTm} = \sqrt{\frac{1}{N} \sum_{i=1}^{N} KB_{FTi}^2}$$

Darin bedeutet N die Anzahl der Takte.

Splittgerber

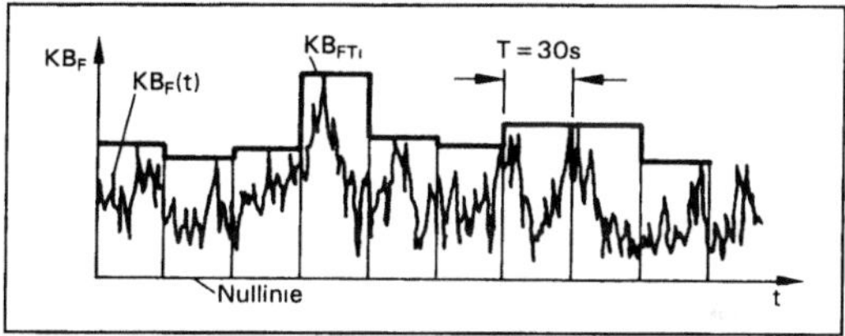

Taktmaximal-Effektivwert: Ermittlung der Taktmaximalwerte KB_{FT_i}.

Taktmaximalpegel. Nach der →TA Lärm ist es der für zeitlich schwankende →Schalldruckpegel kennzeichnende Pegelwert.

Zur Ermittlung des T. wird die Meßdauer in Zeittakte von längstens 5 Sekunden unterteilt und in jedem Takt der Höchstwert (Maximalwert) des Schalldruckverlaufs als maßgebender Meßwert benutzt. Aus den einzelnen Meßwerten der 5 Sekunden-Takte wird für die Beurteilungszeit ein Mittelwert gebildet, und zwar aus den den Schalldruckpegeln proportionalen Schallenergien. Der mit dem Faktor 10 multiplizierte Logarithmus dieses Mittelwertes wird in der TA Lärm als Wirkpegel bezeichnet.

Der Wert des T. hängt bei zeitlich schwankenden Geräuschen von der Taktlänge ab. Da in der TA Lärm die Taktdauer nicht eindeutig festgelegt ist (längstens 5 Sekunden), ist zum Vergleich von Meßergebnissen, insbesondere von Ergebnissen zeitlich schwankender Schalldruckpegel, die Angabe der zur Bestimmung des T. benutzten Taktdauer notwendig. *Strauch*

Taktmaximalwertverfahren. Das T. ist ein modifiziertes Stichprobenverfahren zur Klassierung regelloser Schwingungsvorgänge. Mit diesen klassierten Schwingungsgrößen kann eine regellose Schwingung gekennzeichnet werden.

Beim Klassieren nach dem einfachen Stichprobenverfahren wird in vorgegebenen Zeitabständen der momentan anstehende Wert der Schwingungsgröße festgestellt und in einer diesem Wert entsprechenden Klasse registriert (gezählt). Die Breite der einzelnen Klassen ist vor Beginn der Auswertung festzulegen und sollte etwa $\frac{1}{10}$ des Wertebereichs der Schwingungsgröße sein.

Beim T. wird nicht der zum Zeitpunkt der Abfrage anstehende Momentanwert der Schwingungsgröße als maßgebender Wert benutzt, sondern der in der Dauer zwischen zwei Abfragen vorliegende maximale Wert.

Die mit Hilfe des T. ermittelten Kenngrößen regelloser Schwingungen (Mittelwert, Perzentile) sind in der Regel größer als die mit Hilfe des einfachen Stichprobenverfahrens ermittelten Kenngrößen.

Das T. ist nach der →TA Lärm für die Ermittlung der Geräuschimmissionen, insbesondere für solche mit auffälligen Pegeländerungen, vorgeschrieben. Hiernach ist der zeitliche Schalldruckpegelverlauf in Takte von längstens 5 Sekunden zu unterteilen und in jedem Takt der Höchstausschlag des Schallpegelmessers zu ermitteln und in 2,5 bzw. 5 dB breite Klassen zu registrieren.

Mit den klassierten Pegelwerten wird der →Taktmaximalpegel (Wirkpegel) nach einem in der TA Lärm beschriebenen Verfahren zur Bildung von Mittelungspegeln berechnet.   *Strauch*

Literatur: DIN 45667: Klassierverfahren für das Erfassen regelloser Schwingungen. 10/1969.

Taktmehrfachbelegung. Die T. bedeutet, daß bei der Klassierung zeitlich schwankender Schallpegel nach dem →Taktmaximalwertverfahren mehrere Schallpegelmaxima während einer Taktdauer – z. B. von verschiedenen Schallquellen – auftreten und somit ein Takt mehrfach mit Pegelmaxima belegt ist.

Für die Berechnung des →Mitteilungspegels (Wirkpegel) nach diesem Verfahren zählt allerdings nur ein Wert, und zwar der höchste Pegelwert in diesem Takt, so daß die weiteren Pegelwerte keinen Einfluß auf das Ergebnis haben.

Der Einfluß von T. auf den Mittelungspegel tritt insbesondere bei Geräuschimmissionen in der Nachbarschaft von Quellen auf, die impulsartige Geräusche (→Impulsgeräusch) erzeugen (z. B. Schießanlagen, Tennisplätze, Schmieden). Wird z. B. an einem Immissionsort im Umfeld einer Tennisanlage durch Spielen auf dem nächstliegenden Spielfeld jeder 5-Sekunden-Takt durch das Schallpegelmaximum des Ballschlagens belegt, so kann der hierdurch verursachte Mittelungspegel nach dem →Taktmaximalwertverfahren durch zusätzliches Spielen auf weiteren Spielfeldern der Anlage – falls hierdurch keine höheren Maximalpegel erzeugt werden als auf dem nächstliegenden Spielfeld – nicht weiter erhöht werden.   *Strauch*

Tandem-Beschleuniger →Beschleunigeranlage

Tangentialfeuerung →Staubfeuerung

Tank für den Gefahrguttransport auf der Straße. Bei den T. für Gefahrgutbeförderung muß man zwischen den üblichen kofferförmigen meist wanddickenreduzierten drucklosen Tankbehältern, die überwiegend zum Mineralöltransport verwendet werden, und den zylindrischen Drucktanks, häufig noch mit einer Isolierung versehen, wie sie überwiegend für den Transport von Chemikalien eingesetzt werden, unterscheiden. Gegenüber dem Zylindertank weist der Koffertank zwar, bedingt durch seine Form, einen geringeren Widerstand gegen Gewalteinwirkung von außen auf, dafür ist jedoch mit dem Koffertank leichter ein niedrigerer Schwerpunkt des Fahrzeugs und damit eine höhere Kippstabilität zu erreichen. Inzwischen ist es jedoch durch besondere Konstruktion auch mit zylindrischen T. gelungen, zu einer vergleichbar niedrigen Schwerpunkthöhe zu kommen.

Bei größerem Tankvolumen ist der T. aus Sicherheitsgründen meist durch Zwischenwände in mehrere Kammern eingeteilt.

Koffertanks sind im allgemeinen aus einer Leichtmetallegierung gefertigt. Die →Gefahrgutvorschriften schreiben für die Wanddicke der T. bei Verwendung von Baustahl 6 mm vor. Die Wanddicken anderer Materialien sind darauf bezogen. Unter bestimmten Voraussetzungen ist eine Wanddickenreduzierung um bis zu 2 mm zulässig. Dabei ist ein zusätzlicher flächiger Rundumschutz (Bauchbinde) vorzusehen, der rund um den Äquator des T. verläuft und 30 % der Tankhöhe überdeckt. Weiterhin muß die Rückseite des Fahrzeugs über die gesamte Breite des T. im Abstand von mindestens 100 mm durch eine ausreichend feste Stoßstange geschützt sein (Anfahrschutz des T.). (→Gefahrgut-Straßenfahrzeug).

Kenntnisse über Tankbeschädigungen bei Unfällen beziehen sich bis heute im allgemeinen auf die kofferförmigen, wanddickenreduzierten T. ohne die seit 1987 vorgeschriebene sog. Bauchbinde. Danach wird bei 40 % der schweren Unfälle mit Stoff-Freisetzung die Tankwandung zerstört. Bei weiteren 40 % bleibt der T. dicht, und der Stoff tritt aus den Domdeckeln aus, insbesondere beim Umkippen. Bei den restlichen 20 % werden lediglich die Armaturen zerstört, so daß es dadurch zur Stoff-Freisetzung kommt. Neuere Untersuchungen bestätigen diese Verhältnisse, wobei Undichtigkeiten an den Domdeckeln zurückgehen aufgrund verbesserter Konstruktion.

In Zukunft kommt es darauf an, das Gesamtsystem Fahrzeug, Tankkomponenten, Sicherheitseinrichtungen, Unfallbeteiligte und Unfallart einer sicherheitstechnischen Betrachtung zu unterziehen. Dies ist Ziel des vom BMFT 1990 in Auftrag gegebenen Forschungsprojektes THESEUS (Tankfahrzeuge mit höchst erreichbarer Sicherheit durch experimentelle Unfallsimulation). Im Rahmen dieses Vorhabens werden durch Crash- und Umsturzversuche, durch Berechnung und Komponentenerprobung und durch Untersuchung der Kippstabilität weitere Sicherheitsmaßnahmen ermittelt. *Rompe*

Tankersicherheit. Bei Kollision oder Strandung von Tankern wird Mineralöl freigesetzt, wenn die äußere Hülle eines Ladetanks, d. h. bei Einhüllen-Schiffen die Außenhaut und bei Doppelhüllen-Schiffen die innen liegende Tankwand, beschädigt wird. Dabei kann Öl vor allem infolge nachstehender Schadensmechanismen austreten:
– durch statischen Druck (der Öldruck im beschädigten Tank ist größer als der äußere Wasserdruck),
– durch Mischung (die Strömungseffekte an der Schadensstelle unter der Wasserlinie führen zur Bildung eines abdriftenden Öl-Wassergemisches).

Bei Feuer oder Explosion ist das Feuer im allgemeinen die Ursache der Explosion, in deren Folge es zu größeren Strukturschäden kommt und damit zum Austritt gefährlicher Stoffe nach Versagensmechanismen, die ähnlich den vorstehend für Kollision und Strandung genannten ablaufen.

Präventive Maßnahmen technischer Art zum Schutz der Meeresumwelt sind daher der Begrenzung von Strukturschäden am Schiff bei Eintritt von Kollision, Strandung bzw. Explosion zu widmen.

□ Konstruktive Begrenzung von Kollisionsschäden. Wesentliche Maßnahme jüngster Zeit ist die Doppelhüllenbauweise. Bei seitlichem Auftreffen sind am getroffenen Schiff folgende drei Schadensfälle kennzeichnend:
a) Die äußere Hülle der Schiffswand versagt, wobei Eindringen von Wasser in die Seitentanks und ein begrenzter Stabilitätsverlust möglich ist, aber kein Öl austritt,
b) auch die innere Hülle versagt, wobei der Inhalt eines Ladetanks bei vorhandenem Tank-Überdruck teilweise austreten kann,
c) das nächstliegende öldichte Längsschott versagt, wobei der unter b) genannte Mechanismus für zwei benachbarte Ladetanks einsetzen kann (höhere Schadstoffmenge). Gegenüber der Einhüllenbauweise gilt also im Wesentlichen der Ausschluß des mit a) bezeichneten Schadensfalls als die durch Doppelhüllenbauweise erreichte sicherheitstechnische Verbesserung des Kollisionsschutzes. Sie kommt nur bei sog. Niedrigenergie-Kollisionen voll zum Tragen (z. B. Kollisionen in Hafen- oder Terminalbereichen).

□ Konstruktive Begrenzung von Strandungsschäden. Die Doppelhüllenbauweise hat im Zusammenhang mit Strandungen Vor- und Nachteile: Als Vorteil gilt die Schutzwirkung der äußeren Hülle bei leichten Strandungsschäden für den nach innen versetzten Tank, ähnlich wie beim Kollisionsschutz (hier: Doppelbodenschutz). Als Nachteil gilt die Möglichkeit des Auftriebsverlustes des gestrandeten Schiffes durch eindringendes Wasser, so daß das Freikommen erschwert wird und nachfolgende Umwelteinflüsse (Sturm, Tidefall) evtl. zur Erhöhung der Strandungsschäden führen können. Untersuchungen zum Tideeinfluß nach Strandung im Bereich der Deutschen Bucht (relativ flacher, schluffiger Seeboden) haben gezeigt, daß hier die Vorteile des Doppelbodens überwiegen. Ähnliche Untersuchungen über Folgeschäden bei Strandungen mit Doppelboden auf felsigem Untergrund sind nicht bekannt. Trotzdem wird auch in diesem Zusammenhang die sog. Mitteldeck-Konstruktion (d. h. eine horizontale Unterteilung des Laderaums, also ein Zwischendeck auch für Tankschiffe) als Alternative zum Doppelboden zugelassen: Bei intaktem Mittel-Deck kann nach Strandung kein Überdruck im Tankbereich zu Ölaustritt führen, so daß sich die Gefahr der Umweltschädigung im Wesentlichen auf die oben genannten Mischungsmechanismen beschränkt. Das Mittel-Deck sowie die dann im Verhältnis zum Doppelhüllentanker breiteren Seitentanks bedeuten außerdem zusätzlichen konstruktiven Kollisionsschutz.

□ Konstruktive Begrenzung von Feuer-/Explosionsschäden. Da Explosionsschäden an der schwächsten Stelle einer Konstruktion im allg. am stärksten sind, kann man diese Stellen – mit gewissen Einschränkungen – dort vorsehen, wo der geringste Schadstoffaustritt erwartet wird, z. B. im Decksbereich (Schwachstellenkonzept, in der Praxis allerdings kaum erprobt). Präventive Maßnahmen beziehen sich heute eher auf den operativen Bereich, insbesondere auf die Inertisierung leerer Räume, d. h. vor allem auf sog. getrennte Ballasttanks, z. B. im Doppelboden und der seitlichen Doppelhülle.

□ Risikobewertung. Das Risiko für die Schädigung der Meeresumwelt wird als wahrscheinliche Austrittsmenge des Schadstoffs definiert, z. B. bei Kollision als Produkt aus vier Faktoren:
– Der Wahrscheinlichkeit für Kollision,
– der Wahrscheinlichkeit des Eintretens eines Schadensfalls aus a) bis c) infolge Kollision,
– der Wahrscheinlichkeit des Eintretens des Schadens an irgend einem der vorhandenen Ladetanks und
– der dabei möglichen Ausflußmenge. Ähnliches gilt für Strandung bzw. Feuer/Explosion.

Die organisatorische und technische Beherrschung dieser Risiken liegt einerseits in der Aufgabe, ihre numerische Darstellung aus dem Zusammenhang konstruktiver Entwurfsmaßnahmen und verkehrstechnischer Gegebenheiten zu entwickeln (berechnetes Risiko, engl. notional risk), und andererseits in der Aufgabe, ein akzeptierbares Risiko im

Einvernehmen mit sozio-ökonomischen und politischen Rahmenbedingungen festzulegen, an dem das berechnete Risiko bewertet werden kann.

Beide Aufgaben sind außerordentlich schwer zu lösen. Es gibt Ansätze zur Lösung von Teilaufgaben, die besonders gut im strukturmechanischen Bereich gelungen sind: Einführung der Plastizitätstheorie in die Analyse des Kollisionsvorgangs unter Berücksichtigung der Abhängigkeit von konstruktiven Gegebenheiten, mit dem Ergebnis, daß z. B. die 1 tätige, deutsche Klassifikationsgesellschaft (Germanischer Lloyd) auf Antrag besondere Klassierungen der Konstruktion nach dem Grad der konstruktiv erreichten Kollisionssicherheit vornimmt.

Bei der Ermittlung der zugehörigen Wahrscheinlichkeitsaussagen sind eine Reihe anspruchsvoller Untersuchungen und Teilergebnisse bekannt geworden, doch ist diese Frage heute bei weitem nicht abschließend gelöst, und zwar wegen vorhandener Probleme sowohl mit akzeptablen Methoden als auch mit den zugehörigen statistischen Daten. Dennoch hat die IMO (International Maritime Organization) über ihre Mitgliedstaaten eine Studie initiiert, deren Ergebnisse auf vereinfachten probabilistischen Annahmen beruhen. Sie erlaubten rationale Vergleiche konstruktiver Alternativen und haben praktische Bedeutung erlangt. Insbesondere wurde die Gleichwertigkeit von Doppelbodenschiffen und Schiffen mit Mitteldeckkonstruktionen (s. o.) auf diese Weise festgestellt. *Östergaard*

Tanklager. T. sind ein Glied in der Mineralölversorgungskette. Bei Lagerung und Umschlag von organischen Flüssigkeiten kommt es zu Emissionen von organischen Stoffen. T. für Mineralöl und flüssige Mineralölerzeugnisse gehören zu den immissionsschutzrechtlich genehmigungsbedürftigen Anlagen (Nr. 9.2 des Anhangs zur →4. BImSchV). Es gelten die emissionsbegrenzenden Anforderungen der →TA Luft, insbesondere Nr. 3.1.8; spezielle Anforderungen sind für den Bereich Lagerung, Tankanstrich und Umfüllung festgelegt in Nr. 3.3.9.2.1.

Mineralöl und flüssige Mineralölerzeugnisse werden in Festdach- oder Schwimmdachtanks gelagert. Festdachtanks sind Behälter mit starrer Dachkonstruktion, in denen hauptsächlich weniger flüchtige Produkte gelagert werden. Die Flüssigkeit wird über Rohrsysteme von unten eingefüllt. Diffusionshauben lassen die Atmung beim Einfüllen und Entleeren der Tanks sowie bei Volumenänderungen zu, die durch Druck- oder Temperaturschwankungen verursacht werden. Schwimmdachtanks sind oben offene Tanks, mit einem auf der Flüssigkeitsoberfläche schwimmenden dampfdichten Dach, das an der Tankwandung möglichst dicht anliegt. Der Schwimmkörper folgt dem Fallen und Steigen der Flüssigkeitsoberfläche und verhindert dadurch die Bildung eines Gasvolumens über der Flüssigkeit. Bei Schwimmdachtanks tragen wirksame Randabdichtungen zu einer Emissionsminderung bei. Bei Festdachtanks wird zwischen Arbeits- und Atmungsverlusten unterschieden. Für die Befüllung und Lagerung von Ottokraftstoffen im Festdachtank wurden folgende Emissionsfaktoren erhoben:
– Verluste durch Verdrängung 1,4 kg/t;
– Verluste durch Tankatmung und Entnahme 0,2 kg/t;
– Depotabsatz und Tankwagenbeladung 0,55 kg/t.

An den Befüllstellen der Verladeeinrichtungen wird verstärkt die Tankwagenbefüllung von unten angewandt (bottom loading system). Bei dieser Technik können die Kammern der Tankwagen gleichzeitig mit bis zu fünf Schläuchen, durch die insgesamt 12 000 l Vergaserkraftstoff pro Minute fließen, von unten befüllt werden. Die auftretenden Gase werden aus jeder Kammer in einer Gassammelleitung aufgefangen und einer Dämpferückgewinnungsanlage zugeführt. Mit der Untenbefüllung läßt sich ein vollständig geschlossenes System zwischen Verladeeinrichtung und Tanklastwagen realisieren; Gase können nicht entweichen, und feste Füllanschlüsse verhindern jegliches Vertropfen. Bei Anwendung von wirksamen Abgasreinigungseinrichtungen werden Emissionswerte von 150 mg C/m^3 und von 5 mg Benzol/m^3 und damit die Anforderungen der TA Luft mit angemessenem Aufwand erfüllt. Abscheidewirkungsgrade der Dämpferückgewinnungsanlagen von über 99,97 % werden mit zweistufigen, in Einzelfällen mit einstufigen Anlagen erreicht. *Angrick*

Literatur: *Angrick, M.*: Kohlenwasserstoffemissionen und deren Minderung bei der Kraftstoffgewinnung und -verteilung. Entsorgungs-Praxis 11/89 (1989) S. 602/610. – *Davids, P.; M. Lange:* Die TA Luft '86, Technischer Kommentar. Dusseldorf 1986.

Taschenfilter →Oberflächenfilter

TBA. Abk. Tertiärbutylalkohol, →Kraftstoffe

TCM-Verfahren. Das Tetrachloromercurat (TCM)-Verfahren nach *West* und *Gaeke* ist das auch international am weitesten verbreitete manuelle Meßverfahren für Schwefeldioxid. Es ist in VDI 2451, Bl. 3 sowie in ISO 6767 (1990) beschrieben.

Zur Probenahme wird Luft durch eine wässrige Lösung von Natrium-Tetrachloromercurat gesaugt, wobei das Schwefeldioxid komplex gebunden wird. Der Komplex reagiert mit Formaldehyd und Pararosanilin zu einer rotvioletten Sulfonsäure. Die Farbintensität der entstehenden Lösung wird photometrisch bestimmt. Das TCM-V. wird sowohl national als auch international im Rahmen der

EG-Richtlinie über Grenz- und Leitwerte für SO_2 als →Referenzverfahren eingesetzt. Es bildet damit die Bezugsgrundlage für praktisch alle in Deutschland und Europa durchgeführten Immissionsmessungen für Schwefeldioxid.

Die →Nachweisgrenze des Verfahrens liegt bei 0,2 µg Schwefeldioxid. *Pfeffer*

Literatur: VDI 2451, Bl. 3: Messen gasförmiger Immissionen; Messen der Schwefeldioxid-Konzentration; Photometrisches Verfahren (TCM-Verfahren). 8/1968.

Technik, ökologische. Ö. T. ist die Technik, die mit ihrer Umwelt in Einklang bzw. in einer erträglichen Wechselwirkung steht. Ö. T. ist in diesem Sinne eine Weiterentwicklung der Umwelttechnik. Diese beschränkte sich bis Ende der 80er Jahre weitgehend darauf, Umweltrisiken oder entstandenen Schaden an der Umwelt durch technische Verfahren zu begrenzen, zu neutralisieren oder nachträglich zu beseitigen. Umweltrisiken wurden als prozeßgegeben angesehen, die Umwelttechnik als zusätzliches Verfahren dem Herstellungsprozeß angefügt.

Moderne präventive Verfahren versuchen diese Trennung zu überbrücken und den Umweltschutz in die Herstellungsverfahren einzubeziehen. Dabei können von der additiven Umwelttechnik bis zur integrierten Umwelttechnik verschiedene Stufen der Verknüpfung von Herstellungsprozeß und Umwelttechnik erreicht werden. Ö. T. bezieht sich auf das gesamte Umfeld der Technik und deren Folgen. Sie berücksichtigt neben den Umweltrisiken die Bedürfnisgerechtigkeit und die Zweckmäßigkeit des Betriebs. Streng genommen kann eine T. nur dann als ökologisch bezeichnet werden, wenn ihr Gebrauchsnutzen hoch ist sowie eine umweltschonende Herstellung und Verwendung des Produkts gewährleistet ist. Die Anforderung einer ö. T. definiert sich an sehr weit und streng gefaßten Kriterien der Nützlichkeit und Umweltverträglichkeit. Die ö. T. setzt Methoden zur Entwicklung und Konstruktion voraus, die neben der technischen Machbarkeitsbetrachtung (umweltorientiertes Konstruieren) und der ökonomischen Rentabilitätsrechnung (erweiterte Rechnungslegung, Ökobilanzen) eine Bestimmung von Gebrauchswerten (Nutzwertanalyse) sowie der Umweltverträglichkeit (→Umweltverträglichkeitsprüfung) beinhalten. *Adler*

Technikbewertung. Nach VDI 3780 das planmäßige, organisierte Vorgehen, das
– den Stand einer Technik und ihre Entwicklungsmöglichkeiten analysiert,
– unmittelbare und mittelbare technische, wirtschaftliche, gesundheitliche, ökologische, humane, soziale und andere Folgen dieser Technik und möglicher Alternativen abschätzt,

– aufgrund definierter Ziele und Werte diese Folgen beurteilt oder auch weitere wünschenswerte Entwicklungen fordert,
– Handlungs- und Gestaltungsmöglichkeiten daraus herleitet und ausarbeitet,
so daß begründete Entscheidungen ermöglicht und gegebenenfalls durch geeignete Institutionen getroffen und verwirklicht werden können (→Technikfolgenabschätzung). *Dreyhaupt*

Literatur: VDI 3780: Technikbewertung – Begriffe und Grundlagen. März 1991.

Technikfolgenabschätzung. T. sind interdisziplinär angelegte Untersuchungen, die darauf gerichtet sind,
– die Einsatzbedingungen, Auswirkungen und Potentiale von Techniken systematisch zu erforschen, abzuschätzen und zu bewerten,
– gesellschaftliche Konfliktfelder, die durch den Technikeinsatz entstehen können, zu identifizieren und zu analysieren und
– Maßnahmen zur umwelt- und sozialverträglicheren Gestaltung technischer Entwicklungen und ihrer Anwendungsmodalitäten aufzuzeigen und zu überprüfen.

In der VDI-Richtlinie 3780 findet man für ein weitgehend bedeutungsgleiches Konzept den Begriff →Technikbewertung.

Gegenstand von T. können neue oder sogar noch in der Entwicklung befindliche Techniken, aber auch verstärkte oder modifizierte Anwendungen bekannter Techniken sein.

Die zu beurteilende Technik wird nicht isoliert betrachtet; vielmehr werden komplementäre Techniken, technische Varianten und gegebenenfalls auch konkurrierende Alternativen in die Untersuchung einbezogen.

Technik-induzierte T. befassen sich mit den Möglichkeiten und der Problematik des Einsatzes einer Technik im Rahmen einer weiten Spanne von Anwendungen (Beispiel: genomanalytische Verfahren). Dagegen zielen problem-induzierte T. auf die Überprüfung alternativer Lösungen für ein akutes oder vorhersehbares gesellschaftliches Problem (Beispiel: Abfallproblematik).

In der T.-Literatur werden zahlreiche Ablaufschemata für die Durchführung von T.-Projekten angeboten. Ein frühes Beispiel ist das von der MITRE Corporation 1971 vorgeschlagene, noch sehr grobe Schema, das sieben Hauptschritte vorsieht:
– Definition des Untersuchungszwecks und Abgrenzung der Aufgabenstellung;
– Beschreibung des zu beurteilenden Technik-Komplexes;
– Charakterisierung der gesellschaftlichen Situation und ihrer Entwicklungstendenzen (Rahmenbedingungen);

– Identifizierung gesellschaftlicher Bereiche, in denen Auswirkungen der Technikanwendung zu erwarten sind;
– erste vorläufige Abschätzung der Auswirkungen;
– Identifizierung möglicher Maßnahmenpakete zur Gestaltung der Technik und ihrer Anwendungsmodalitäten;
– Vervollständigung der Auswirkungsanalyse (unter Berücksichtigung der Gestaltungsmaßnahmen).

Dieses Grundschema ist in der Zwischenzeit von verschiedenen Autoren immer wieder ergänzt und verfeinert worden. Wegen der Fülle und Verschiedenartigkeit der Anwendungsfelder und der Problemstellungen der T. kann es jedoch keine allgemein anwendbare – oder gar verbindliche – Vorgehensweise bei T.-Projekten geben. Auch die kompliziertesten Varianten von Ablaufplänen haben allenfalls den Stellenwert einer ersten Orientierungshilfe. Die Entwicklung einer der jeweiligen konkreten Fragestellung adäquaten Untersuchungsstrategie ist ein einzelfallbezogener kreativer Vorgang.

Es gibt auch kein T.-spezifisches Arsenal von Einzelmethoden. T.-Analytiker verwenden je nach Bedarf alle erdenklichen Methoden aus einer Vielzahl von Disziplinen, von den meteorologischen Ausbreitungsmodellen der Klimaforscher bis hin zu den Input-Output-Modellen der Ökonomen.

In der T.-Literatur besteht andererseits weitgehend Einigkeit über eine Reihe von Forderungen, deren Erfüllung bei der Planung und Abwicklung von T.-Projekten angestrebt werden sollte:
– T. sollen zu einem möglichst frühen Zeitpunkt angesetzt werden (Frühwarnung), damit Fehlentwicklungen und negative Folgen vermieden oder jedenfalls eingeschränkt, positive Effekte von vornherein verstärkt werden können.
– Das Spektrum der potentiellen Auswirkungen und Einsatzbedingungen, die zu identifizieren, abzuschätzen und zu bewerten sind, soll umfassend sein. Besonderes Gewicht soll auf die nicht-beabsichtigten Wirkungen und auf die oft mit großer Verzögerung eintretenden indirekten Effekte gelegt werden.

Diese Forderung hebt T. besonders deutlich ab von Wirtschaftlichkeitsrechnungen und Kosten-Nutzen-Kalkülen herkömmlicher Art, von technisch-ökonomischen Durchführbarkeitsanalysen und auch von →Umweltverträglichkeitsprüfungen.
– T. sollen handlungs- und entscheidungsorientiert sein. Sie sollen durch die Ableitung und Bewertung entscheidungsfähiger alternativer Handlungsoptionen die Grundlagen zukunftsgerichteter Entscheidungen verbessern.

– Vom Technikeinsatz betroffene gesellschaftliche Gruppen sollen an den T.-Prozessen beteiligt werden. Diese Forderung wird unter anderem damit begründet, daß die Nutzbarmachung des situationsspezifischen Wissens der Betroffenen eine unerläßliche Voraussetzung für realistische T.-Analysen sei.
– T.-Prozesse sollen transparent, nachvollziehbar und überprüfbar sein. Insbesondere sollen Annahmen und Werturteile und deren Begründungen offengelegt werden, weil Werte und Normen in allen Phasen von T. eine bedeutsame Rolle spielen.

Die Erfüllung dieser Forderungen stößt auf erhebliche theoretische und praktische Probleme. So resultieren beispielsweise aus der Forderung, T. möglichst früh anzusetzen, schwierige Prognoseprobleme. T.-Analysen benötigen eine Fülle von Informationen über die Zukunft, etwa über Art und Umfang der Diffusion der betrachteten Technik im Untersuchungszeitraum, über Weiterentwicklungen dieser Technik und mögliche zukünftige Alternativen, über zukünftige politische und gesellschaftliche Rahmenbedingungen. Da valide Prognosen nach den Standards empirisch-analytischer Methodik hier nur selten möglich sind, wird in T.-Projekten das Instrument der Szenario-Bildung in vielfältiger Weise genutzt.

Einen weiteren forschungsstrategischen Ausweg aus dem Prognosedilemma bietet die Organisation von T.-Projekten als Folgen wiederholter Analysen und Bewertungen über längere Zeiträume.

Ausgangspunkt der Idee einer systematischen T. waren in den sechziger Jahren die USA. Die Konsumenten- und die Ökologiebewegung spielten in diesem Zusammenhang eine wichtige Rolle. Ein Schlüsselereignis auf parlamentarischer Ebene war die Debatte um das Überschallflugzeug, dessen Entwicklung 1970 vom Kongreß nach langen Debatten abgelehnt wurde. Bereits 1966 hatte das Subcommittee on Science, Research, and Development des Repräsentantenhauses in einem Bericht über die Nebenwirkungen technischer Innovationen die Einrichtung eines Frühwarnsystems zur Entdeckung negativer und positiver Folgewirkungen von Technikanwendungen gefordert. In diesem Bericht wurde der Begriff Technology Assessment wohl erstmals offiziell verwendet. 1972 wurde schließlich das Office of Technology Assessment (OTA.) des amerikanischen Kongresses gegründet mit der Aufgabe, technologiepolitische Beratungs- und Entscheidungsprozesse in beiden Häusern des Kongresses zu unterstützen. Weltweit ist das OTA. bis heute die größte und einflußreichste T.-Einrichtung.

In den achtziger Jahren gab es auch in Europa einige erfolgreiche Institutionalisierungen der T., so z. B. in Frankreich (Office Parlementaire d'Evaluation des Choix Scientifiques et Technologiques, 1983), in Dänemark (The Danish Board of Technology, 1985), in den Niederlanden (The Netherlands Organisation for Technology Assessment, 1986) und auch auf EG-Ebene (Projekt Scientific and Technological Options Assessment beim europäischen Parlament, 1986). Auch der Deutsche Bundestag verfügt seit 1990 über ein Büro für Technikfolgenabschätzung, dessen Gründung auf einem Parlamentsbeschluß vom November 1989 basiert. Hauptförderer der T. ist in der Bundesrepublik Deutschland allerdings nach wie vor das Bundesministerium für Forschung und Technologie (BMFT).

Die Geschichte der Entstehung und der Institutionalisierung der T. verdeutlicht, daß die wissenschaftliche Beratung und Unterstützung staatlicher Entscheidungsprozesse im Bereich der Forschungs- und Technologiepolitik von Anfang an eine zentrale Aufgabe der T. gewesen ist. Breit angelegte, staatlich geförderte T.-Prozesse zu einer Vielfalt von Problemen und Techniken bilden auch heute noch den Schwerpunkt der T.-Aktivitäten in allen Ländern, die diese Idee aufgegriffen haben. Eine 1991 durchgeführte Analyse der Arbeitsprogramme von sieben parlamentarischen T.-Einrichtungen ergab, daß gegenwärtig die Umweltproblematik, das Gesundheitswesen und der Bereich Biotechnik/Gentechnik am häufigsten Gegenstand parlamentarischer T. sind. Es folgen die Bereiche EDV/Telekommunikation/Mikroelektronik, Energie, Landwirtschaft/Nahrungsmittel und Verteidigung.

Gegen eine breite Anwendung der T. durch staatliche Stellen ist von Wirtschaftsunternehmen und -verbänden häufig der Vorwurf erhoben worden, dadurch werde es zu einer generellen Behinderung des technischen Fortschritts kommen (Technology Arrestment durch Technology Assessment). Eine solche Kritik nimmt nicht zur Kenntnis, daß das Anliegen der T. nicht die Behinderung, sondern die umwelt- und sozialverträgliche Gestaltung soziotechnischer Systeme ist.

Im Bereich der Wissenschaft sind seit etwa Mitte der achtziger Jahre verschiedene neue Forschungskonzepte herausgebildet worden, die sich mit unterschiedlichen Begründungen kritisch gegen die klassische politikberatende T. absetzen wollen. Sie bedürfen zum Teil noch erheblicher begrifflicher Präzisierung. Ein Beispiel ist die sog. Technikfolgenforschung. Sie wird einerseits als Sammelbegriff für disziplinäre Wirkungsforschung aufgefaßt, wie sie seit jeher betrieben und in dieser Form für T. benötigt wird. Einer anderen Auffassung zufolge ist Technikfolgenforschung als Teil einer neuartigen, interdisziplinären Technikforschung zu sehen, die sich Entstehungsbedingungen und Folgen von Technik ebenso zum Gegenstand macht wie Probleme gesellschaftlicher und politischer Technikgestaltung. Die Grenzen zur T. sind bei dieser Version von Technikfolgenforschung schwer zu erkennen. *Paschen*

Literatur: *Albach, H., D. Schade, H. Sinn* (Hrsg.): Technikfolgenforschung und Technikfolgenabschätzung. Berlin–Heidelberg–New York 1991. – *Paschen, H., K. Gresser, F. Conrad:* Technology Assessment – Technologiefolgenabschätzung. Frankfurt–New York 1978. – *Porter, A. L., F. A. Rossini, St. R. Carpenter, A. T. Roper:* A Guidebook for Technology Assessment and Impact Analysis. New York–Oxford 1980. – *Ropohl, G., W. Schuchardt, R. Wolf:* Schlüsseltexte zur Technikbewertung. Hrsg.: Institut für Landes- und Stadtentwicklungsforschung des Landes NRW. Dortmund 1990. – VDI 3780: Technikbewertung – Begriffe und Grundlagen. 3/1991.

Technische Regeln, Verbindlichkeit. →Verbindlichkeit von technischen Regeln.

Technische Regeln Abfall. Auf dem Abfallsektor ist über die →TA Abfall Teil 1 und die →TA Siedlungsabfall hinaus insbesondere das Gebiet der Probenahme und der Analyseverfahren der technischen Regelsetzung zugänglich. Beispielsweise wird in der TA Abfall Teil 1, auf die Richtlinien PN 2/78 und PN 2/78 K: Richtlinie zur Entnahme und Vorbereitung von Proben aus festen, schlammigen und flüssigen Abfällen (Stand: 5/79) bzw. Grundregeln für die Entnahme von Proben aus Abfällen und abgelagerten Stoffen (Stand: 12/83) der Länderarbeitsgemeinschaft Abfall (LAGA) hingewiesen, darüber hinaus aber auch auf andere LAGA-Richtlinien und -Merkblätter, auf DIN-Normen verschiedener Normenausschüsse und im Falle der Bestimmung von Geruchsemissionen auch auf VDI-Richtlinien.

TR für Abfall werden insbesondere vom Normenausschuß Wasserwesen (NAW) im DIN und auch von der ATV (Abwassertechnische Vereinigung e. V.) erarbeitet. Hier befaßt sich der Hauptausschuß 3 mit Schlämmen und festen Abfällen. Insbesondere meßtechnische Fragen werden vom Normenausschuß Wasserwesen gemeinsam mit der Fachgruppe Wasserchemie in der Gesellschaft Deutscher Chemiker (GDCh), dem Umweltbundesamt und anderen interessierten Kreisen als deutsche Einheitsverfahren zu Wasser-, Abwasser- und Schlammuntersuchungen (Reihe DIN 38400 n. f.) behandelt bzw. als TR erarbeitet. Beim DIN Deutsches Institut für Normung e. V. befaßt sich daneben der NKT (Normenausschuß Kommunale Technik) mit der Abfallproblematik. Diese Normenausschüsse sind auf ihren Fachgebieten auch für die europäische (→CEN) und für die internationale (→ISO) technische Regelsetzung zuständig. *Grefen*

Technische Regeln Boden/Bodenschutz. Der Boden als eigenständiges Schutzgut und neben Luft und Wasser wichtigstes drittes Umweltmedium hat erst seit Mitte der 80er Jahre umweltpolitische Bedeutung erlangt. Entsprechend schwach ausgeprägt sind daher auch die Aktivitäten zur Setzung von t. R.

Am ehesten waren noch Untersuchungsmethoden für die Bodenbeschaffenheit einer Normung zugänglich. Hier sind die Arbeiten des Fachbereichs VI Boden des NAW (Normenausschuß Wasserwesen, technische Regeln Wasser/Abwasser) des DIN Deutsches Institut für Normung e. V. zu erwähnen. Auch im europäischen (→CEN) und internationalen (→ISO) Rahmen sind entsprechende Aktivitäten zu beobachten.

Die Kommission Reinhaltung der Luft (KRdL) im VDI und DIN hat im April 1992 den Entwurf einer Dachrichtlinie VDI 3956: Zielsetzung, Bedeutung und Grundlagen der Richtlinien – Ermittlung von Maximalen Immissions-Werten zum Schutze der Böden – vorgelegt. Diese Dachrichtlinie spricht u. a. folgende Themen an: Definition verwendeter Begriffe, Funktion und Nutzung von Böden, relevante Stoffe und Stoffgruppen, Probenahme und Untersuchung, Eintragspfade, Stoffverhalten in Böden, Wirkungen und Maximale Immissions-Werte (MI-Werte) im Bodenschutz.

Bodenuntersuchungen haben insbesondere auch bei der Diskussion zum Thema →Altlasten große Bedeutung. Ein besonderes Problem stellt hierbei die Bodenluft dar. Die Kommission Reinhaltung der Luft (KRdL) im VDI und DIN hat hier im Fachbereich Meßtechnik Aktivitäten zur Normung entwickelt: Durch Untersuchungen der Bodenluft auf leichtflüchtige organische Substanzen, insbesondere leichtflüchtige halogenierte Kohlenwasserstoffe (LHKW), können Kontaminationen des Bodens bzw. des Grundwassers flächendeckend erkannt werden. Diese Tatsache wurde zum Gegenstand der Richtlinienarbeit. Bl. 1 der Richtlinienreihe VDI 3865 gibt Hinweise zur Meßplanung und -strategie für den Einsatz von Bodenluftuntersuchungen generell, um möglichst schnell, kostengünstig und flächendeckend die Art, die Höhe und die Ausdehnung der Kontaminationen zu ermitteln. Weitere Blätter der Richtlinienreihe VDI 3865 geben Verfahren zur Durchführung von Bodenluftanalytik an.

Hinweise zur Grundwasseruntersuchung finden sich in der Normenreihe DIN 38400 n. f. (Deutsche Einheitsverfahren zur Wasser-, Abwasser- und Schlammuntersuchung (TR Wasser/Abwasser). Die Bodenanalytik mittels der Head-space-Technik wird in Bl. 5 der Richtlinienreihe VDI 3865 behandelt. Weitere Verfahrensbeschreibungen für die Bodenanalytik sind bei NAW und ISO/TC 190 als Norm-Entwürfe vorhanden oder in Vorbereitung. *Grefen*

Literatur: *Blume, H.-P.*: Handbuch des Bodenrechtes. Landsberg 1990. – DIN TAB 230 Abwasser-Analyseverfahren – VDI 3865: Bl. 1, E Messen organischer Bodenverunreinigungen; Messen leichtflüchtiger halogenierter Kohlenwasserstoffe; Meßplanung. 6/1988. – VDI 3865: Bl. 5, E Messen organischer Bodenverunreinigungen; Messen leichtflüchtiger halogenierter Kohlenwasserstoffe im Boden; Head-space-Analyse von Bodenproben. 7/1988. – Wirkungen von Luftverunreinigungen auf Böden, Teil 1 u. Teil 2, VDI-Ber. 837, Düsseldorf 1990.

Technische Regeln für Gefahrstoffe (TRGS). TRGS sind ein Instrument der →Gefahrstoffverordnung (GefStoffV) und geben den Stand der sicherheitstechnischen, arbeitsmedizinischen, hygienischen sowie arbeitswissenschaftlichen Anforderungen an Gefahrstoffe hinsichtlich Inverkehrbringen und Umgang wieder. Sie werden von dem nach der GefStoffV zur Beratung des Bundesministers für Arbeit und Sozialordnung (BMA) gebildeten →Ausschuß für Gefahrstoffe (AGS) aufgestellt. Die TRGS werden vom BMA im Bundesarbeitsblatt bekanntgegeben und erhalten damit den Charakter von Standards, soweit sie den Umweltschutz betreffen den Charakter von →Umweltstandards (→TRGS 500, →TRGS 900).

Die TRGS 001 Ausg. März 1991 (Bundesarbeitsblatt Nr. 3/1991, S. 70) enthält die grundlegenden Bestimmungen über die Stellung der TRGS im Rahmen der GefStoffV, über die Gliederung des TRGS-Systems sowie über Anwendung und Wirksamwerden der TRGS. Dabei ist zu beachten, daß mit § 52 GefStoffV 1993 die Anbindung des AGS an den Bundesminister für Umwelt, Naturschutz und Reaktorsicherheit aufgegeben worden ist und damit die Bekanntmachung von TRGS nur noch durch den BMA im Bundesarbeitsblatt erfolgt. *Dreyhaupt*

Technische Regeln für Rohrfernleitungen. Sicherheitsziele und -forderungen sind in den Rechtsvorschriften für Mineralölfernleitungen nur in allgemeiner Form enthalten. Daher ist es die Aufgabe zuständiger technischer Fachausschüsse, diese in konkrete technische Anforderungen, die in t. R. ihren Niederschlag finden, umzusetzen (Bild).

Je nach Transportmedium sind unterschiedliche t. R. zu beachten, was sich in unterschiedlichen Regelsetzungsinstitutionen ausdrückt.

Im unteren Teil des Bildes ist jedoch übergreifende t. R. symbolisiert und beispielhaft die DIN 2413 und die DIN 17172 sowie die AD-Merkblätter und die VDE-Bestimmungen angeführt. *Krass*

Literatur: DIN 2413: Stahlrohre; Berechnung der Wanddicke gegen Innendruck. 6/1972. – DIN 17172: Stahlrohre für Fernleitungen für brennbare Flüssigkeiten und Gase; Technische Lieferbedingungen. 5/1978. – Richtlinie für Fernleitungen zum Befördern gefährdender Flüssigkeiten – RFF – (TRbF 301), Fassung 6/1986.

Technische Regeln im Strahlenschutz →Normung im Strahlenschutz (ionisierende Strahlen), →Strahlenschutzrichtlinien (nichtionisierende Strahlen)

Technische Regeln im Umweltschutz.
National. Der Begriff TR umfaßt nicht nur die ausdrücklich als *Regeln der Technik* deklarierten Regelwerke, sondern auch die unter Bezeichnungen

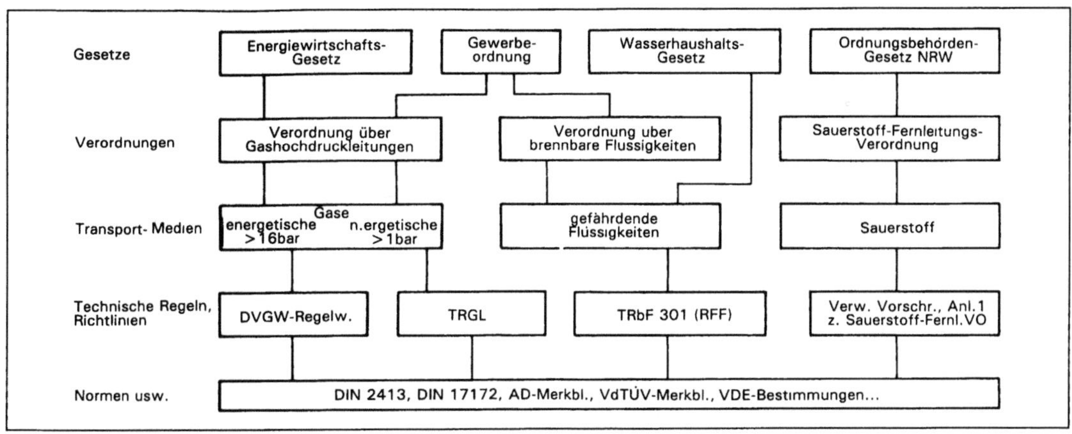

Technische Regeln für Rohrfernleitungen: T. R. für Rohrfernleitungen in der Bundesrepublik Deutschland.

wie Normen, Richtlinien, Anleitungen, Vorschriften, Arbeitsblätter, Merkblätter und Empfehlungen von verschiedenen Institutionen herausgegebene Regelwerke über technische Sachverhalte; dabei wird diesen Begriffen vielfach das Attribut Technische vorangestellt. TR im Umweltschutz sind nicht nur der Verantwortung privater Regelsetzer zuzuordnen, sondern werden auch als staatliche Regelungen erlassen (→Umweltstandards).

TR gewinnen im Hinblick auf die Harmonisierung in Europa verstärkt an Bedeutung. Sie dienen im Spannungsfeld von Recht, Naturwissenschaft, Technik und Politik über Ländergrenzen hinweg Betreibern von Produktionsanlagen, Herstellern von Anlagen und Produkten sowie den Behörden als Entscheidungshilfe u. a. zur Ausfüllung unbestimmter Rechtsbegriffe. Dies gilt für alle Bereiche der Technik, so auch für die technische Regelsetzung im Umweltschutz. (→TR Luftreinhaltung, →TR Wasser/Abwasser, →TR Lärm/Erschütterungen, →TR Boden/Bodenschutz, →TR Abfall, produktorientierte →Normung.)

□ Umweltrelevante Feststellungen und Festlegungen in TR wirken in fast alle Bereiche der Technik hinein. Beispiele hierfür sind die Richtlinien und Normen der seit März 1990 tätigen Kommission Reinhaltung der Luft (KRdL) im VDI und DIN. Diese ist aus dem 1971 gegründeten Normenausschuß Luftreinhaltung (NLuft) im DIN Deutsches Institut für Normung e. V. und aus der bereits im Jahre 1957 gegründeten Kommission Reinhaltung der Luft des Vereins Deutscher Ingenieure (VDI-KRdL) hervorgegangen und kann somit auf den Erfahrungen dieser beiden Organisationen aufbauen. Aber auch andere private technische Regelsetzer (ca. 120 in Deutschland), z. B. die ATV (Abwassertechnische Vereinigung e. V.), haben wichtige Entscheidungsinstrumente zum Umweltschutz erarbeitet (TR Wasser/Abwasser).

TR im Umweltschutz haben im allgemeinen eine große Nähe zur Rechtsordnung und zu Verwaltungsvorschriften. Somit haben sie auch eine staatsentlastende Bedeutung. Die VDI-KRdL beispielsweise hat seit ihrer Gründung im Jahre 1957 stets maßgeblich zu den Fassungen der Technischen Anleitung zur Reinhaltung der Luft (→TA Luft) von 1964, 1974 und 1983/86 beigetragen. In dieser wichtigsten Verwaltungsvorschrift zur Luftreinhaltung wird vielfach auf das Richtlinienwerk der VDI-Kommission und auf DIN-Normen Bezug genommen und damit dem von der Bundesregierung postulierten →Kooperationsprinzip im Umweltschutz konkret Ausdruck verliehen.

Am Beispiel der Gemeinschaftsarbeit der beiden für die technische Regelsetzung im Umweltschutz bedeutsamen Institutionen DIN Deutsches Institut für Normung e. V. und VDI Verein Deutscher Ingenieure wird deren herausragende Verpflichtung gegenüber Staat und Gesellschaft besonders deutlich (→VDI-Richtlinie, →DIN-Norm):

– Durch den Normenvertrag des DIN mit der Bundesregierung aus dem Jahre 1975. In den Erläuterungen zu diesem Vertrag wird darauf hingewiesen, daß Normen einen wesentlichen Ordnungsfaktor bei der Beherrschung der Sicherheitstechnik, dem Gesundheitsschutz, dem Umweltschutz und dem Verbraucherschutz haben. Das DIN hat überdies den Umweltschutz im Jahre 1991 mit in seine satzungsgemäßen Aufgaben übernommen;

– Durch die institutionelle Förderung der KRdL im VDI und DIN. Der fachlich ausgerichtete Auftrag der KRdL ist im Haushalt des Bundesministeriums für Umwelt, Naturschutz und Reaktorsicherheit (BMU) verankert und mit entsprechend vorgesehener Mitwirkung von Fachleuten des Staates bei der Ausrichtung und Durchführung des Arbeitsprogrammes verbunden.

□ Wie die KRdL im VDI und DIN leistet im Immissionsschutz auch der Normenausschuß Akustik, Lärmminderung und Schwingungstechnik (NALS) im DIN und VDI entscheidende Beiträge zur technischen Regelsetzung. Im Zuge der durch die Kommission der Europäischen Gemeinschaft veranlaßten Änderung der technischen Regelsetzung in der EG ergab sich die Notwendigkeit, die Aktivitäten der 1965 gegründeten VDI-Kommission Lärmminderung (VDI-KLM) und des Fachnormenausschusses Akustik und Schwingungstechnik (FANAK) im DIN in ein Gemeinschaftsgremium von DIN und VDI mit der Bezeichnung NALS zusammenzuführen. (→TR Lärm/Erschütterungen).

□ Auf dem Gebiet der technischen Regelsetzung für Wasserfragen haben der NAW (Normenausschuß Wasserwesen im DIN), die ATV, der DVGW (Deutscher Verein des Gas- und Wasserfaches e. V.) und die Fachgruppe Wasserchemie der GDCh (Gesellschaft Deutscher Chemiker) zentrale Bedeutung. Ebenso unterschiedlich wie die genannten Institutionen sind auch die von ihnen vertretenen Arbeitsfelder in der technischen Regelsetzung, wie z. B. Abwassertechnik, Schutzanforderungen zur Wasserversorgung, Wasser-, Abwasser- und Schlammuntersuchungen sowie Wasseranalytik; die Arbeitsfelder reichen bis in die Sanitär- und Haustechnik hinein (→TR Wasser/Abwasser).

□ Die Entwicklung und Standardisierung geeigneter Meßverfahren für das Umweltmedium Boden, insbesondere für kontaminierte Böden, muß mit der Entwicklung geeigneter und kostengünstiger Sanierungsmaßnahmen einhergehen bzw. ist hierfür Voraussetzung. Diese entziehen sich aber weitgehend noch einer Normung und unterliegen mehr oder weniger Einzelfallbetrachtungen (→TR Abfall, →TR Boden/Bodenschutz).

□ Für die Normung von fachgebietsübergreifenden Grundlagen des Umweltschutzes, wie z. B. auf nationaler Ebene; hierzu gehören u. a. die Gebiete Terminologie, Umweltmanagement und Ökobilanzen, ist 1993 der Normenausschuß Grundlagen des Umweltschutzes (→NAGUS) eingerichtet worden.

□ Für den Bereich Störfälle (Schnittstelle Umweltschutz, Sicherheitstechnik, Arbeitsschutz) liegen aus technischen Gremien des Arbeitsschutzes und der Sicherheitstechnik bereits verschiedene Regelwerke vor, die teilweise auch Rechtsnormcharakter haben. Im Rahmen der sowohl dem Arbeitsschutz als auch dem Umweltschutz dienenden Störfallverordnung kommt unter dem Gesichtspunkt der technischen Regelsetzung dem Begriff des Standes der Sicherheitstechnik (§ 2 Abs. 3 der Störfallverordnung) entscheidende Bedeutung zu, weil alle technischen Vorkehrungen zur Verhinderung von Störfällen sowie zur Minimierung ihrer Auswirkungen

diesem Stand der Sicherheitstechnik entsprechen müssen. In diesem Zusammenhang sind z. B. die technischen Regeln

DIN 25424: Teil 1: Fehlerbaumanalyse; Methode und Bildzeichen;
Teil 2: Fehlerbaumanalyse; Handrechenverfahren zur Auswertung eines Fehlerbaumes
DIN 25448: Ausfalleffektanalyse (Fehler-, Möglichkeits- und Einfluß-Analyse)
DIN 25419: Ereignisablaufanalyse; Verfahren, graphische Symbole und Auswertung
DIN 40041: Zuverlässigkeit; Begriffe
DIN ISO 9000 Teil 4: Qualitätsmanagement und Qualitätssicherungsnormen; Anwendung auf das Zuverlässigkeitsmanagement
sowie auch die von der KRdL erarbeitete
VDI 3783: Bl. 2 Umweltmeteorologie; Ausbreitung von störfallbedingten Freisetzungen schwerer Gase; Sicherheitsanalyse; 7/90.
von Bedeutung. Das VDI-Handbuch Technische Zuverlässigkeit umfaßt ca. 60 VDI-Richtlinien, die dem Komplex Zuverlässigkeit und Sicherheit von Anlagen und Automatisierungssystemen gewidmet sind und wichtige Informationsquellen und Entscheidungshilfen darstellen. *Grefen*

Europäische Union. Umweltschutz ist in zunehmendem Maße zum Gegenstand der Gemeinschaftspolitik der Europäischen Union (EU, früher EG) geworden. Das fünfte Aktionsprogramm der EG ist am 1. Januar 1993 in Kraft getreten und gilt bis 1995. Diese politische Dimension beim Bau des Hauses Europa wirkt bis in die technische Regelsetzung hinein: In seiner Entschließung (85/C 136-01) vom 7. 5. 1985 über eine neue Konzeption auf dem Gebiet der technischen Harmonisierung und Normung hat der Rat der EG beschlossen, die Harmonisierung der Rechtsvorschriften der EG auf grundlegende Anforderungen zu beschränken und den für die Normung zuständigen privatrechtlichen Gremien →CEN und →CENELEC die Aufgabe zu übertragen, unter Berücksichtigung des Standes von Wissenschaft und Technik Europäische Normen (EN) auszuarbeiten. Diese Konzeption gilt auch für den Umweltschutz.

CEN umfaßt die nationalen Normungsorganisationen der 18 Länder der EU und der EFTA (European Free Trade Association).

Das DIN Deutsches Institut für Normung e. V. ist das offizielle Mitglied für die Bundesrepublik Deutschland bei ISO (Sitz in Genf) und CEN (Sitz in Brüssel).

Um gegenüber Drittländern keine technischen Handelshemmnisse entstehen zu lassen, stützt sich CEN bei seiner Normungsarbeit weitgehend auf Internationale Normen der Internationalen Organisation für Normung (ISO) ab. Die Zusammenarbeit zwischen ISO und CEN ist durch die Wiener Vereinbarung vom Juli 1991 geregelt. Auch die

Zusammenarbeit der nationalen Normungsorganisationen mit CEN vollzieht sich nach festgelegten Regeln und auf der Basis von Verträgen. Neue europäische Normungsvorhaben können von jedem CEN/CENELEC-Mitglied, von jeder europäischen Organisation und der Kommission der Europäischen Gemeinschaft (KEG) vorgeschlagen werden.

Im Zusammenhang mit der Errichtung des Europäischen Binnenmarkts gewinnt die europäische Anerkennung von Prüfergebnissen, von Zertifizierungen und Akkreditierungen an Bedeutung. Dies hat auch starke Rückwirkungen auf die technische Regelsetzung im Umweltschutz. CEN/CENELEC, die Kommission der Europäischen Gemeinschaften und das EFTA-Sekretariat haben daher eine Europäische Organisation für Prüfung und Zertifizierung (EOTC) errichtet. Die deutsche Meinungsbildung zur Arbeit in EOTC findet im Deutschen Zertifizierungsrat im DIN (DINZERT) statt.

In dem vom DITR (Deutsches Informationszentrum für Technische Regeln) im DIN herausgegebenen DIN-Katalog für technische Regeln sind mehr als 130 private Organisationen als Regelsetzer aufgefuhrt und werden mehr als 200 technische Regelwerke nachgewiesen. In der Datenbank des DITR in Berlin waren 1990 über 70 000 Dokumente (national, europäisch, international) als technische Regeln gespeichert bzw. vermerkt. Jedes Jahr kommen ca. 6 000 technische Regeln hinzu, ca. 3 000 werden ungültig. Das DITR betreibt und vertreibt auch die multinationale und mehrsprachige Normen-Datenbank PERINORM. PERINORM enthält die bibliographischen Informationen
– aller geltenden nationalen Normen und Norm-Entwürfe Deutschlands, Großbritanniens, Frankreichs, Österreichs, der Schweiz und der Niederlande,
– aller europäischen und internationalen Normen, z. B. der von ISO, IEC und CEN/CENELEC herausgegebenen Dokumente,
– aller anderen technischen Regeln, Rechts- und Verwaltungsvorschriften mit technischem Bezug, die in Deutschland und Frankreich gelten, einschließlich der EG-Richtlinien.

Insgesamt enthielt PERINORM schon 1992 mehr als 120 000 Nachweise. PERINORM-Daten sind entweder von DITR direkt oder unter Nutzung der bei DITR erhältlichen Datei-Diskette PERINORM abrufbar. DITR ist somit ein wichtiges Instrument, Übersichten über TR auch im Umweltschutz zu erhalten. *Grefen*

Literatur: *Berghaus, H.:* Die Grundlagen der Europäischen Zertifizierungspolitik – Konsequenzen für EG-Staaten und Drittländer. DIN-Mitt. **70**(1991) Nr. 4, S. 214–217. – *Böshagen, U.:* Normung und Zertifizierung im EG-Binnenmarkt 1993 – Analyse und Prognose aus der Sicht Mitte 1991. DIN-Mitt. **71**(1992) Nr. 1, S. 24–27. – DIN-Normenheft 10: Grundlagen der Normungsarbeit des DIN. Berlin–Köln 1991. – Umwelttechnik für Juristen — Umweltrecht für Ingenieure. Technische Regeln – Umsetzung in die Praxis. Kongreß der Abwassertechnischen Vereinigung e. V. (ATV), der Gesellschaft für Umweltrecht e. V. (GfU) und der VDI-Kommission Reinhaltung der Luft. 1989. – DIN Geschäftsbericht 1990/91. – Arbeitsgremium des DIN, 18. Aufl. Hrsg.: DIN Deutsches Institut für Normung e. V., Berlin–Köln 1990. – *Grefen, K.:* Harmonisierung technischer Regeln im Binnenmarkt. STAUB – Reinhaltung der Luft 51 (1991) 199–205. – *Kleinert, R.:* Marktzugang durch Nachweis der Normenkonformität. DIN-Mitt. **71**(1992) Nr. 1 S. 17–23. – *Marburger, P.:* Die Regeln der Technik im Recht. Köln–Berlin–Bonn–München 1979. – *Mohr, C.:* ISO und CEN. DIN-Mitt. **70**(1991) Nr. 6, S. 319–320. – *Pohle, H.:* Chemische Industrie – Umweltschutz, Arbeitsschutz, Anlagensicherheit, Rechtliche und Technische Normen, Umsetzung in die Praxis. Weinheim 1991. – *Reihlen, H.:* Technische Normen – Freiheit und Bindung. DIN-Mitt. **70** 1991, Nr. 10, S. 527–532.

Technische Regeln Lärm/Erschütterungen. Die wichtigsten Repräsentanten der technischen Regelsetzung auf diesen Gebieten sind traditionsgemäß VDI (Verein Deutscher Ingenieure) und DIN Deutsches Institut für Normung e. V. (→VDI-Richtlinie, →DIN-Norm).

Im Zuge der durch die Kommission der Europäischen Gemeinschaft veranlaßten Änderung der technischen Regelsetzung in der EG ergab sich die Notwendigkeit, die Aktivitäten des Fachnormenausschusses Akustik und Schwingungstechnik (FANAK) im DIN und der VDI-Kommission Lärmminderung zusammenzuführen. 1990 wurde daher der Normenausschuß Akustik, Lärmminderung und Schwingungstechnik (NALS) im DIN und VDI durch eine Fusion aus dem bisherigen Normenausschuß Akustik und Schwingungstechnik (DIN-FANAK) und der VDI-Kommission Lärmminderung (VDI-KLM) gegründet; NALS ist ein Organ des DIN und eine Fachgliederung des VDI.

Das Arbeitsgebiet des NALS umfaßt alle Fragestellungen der Akustik, Lärmminderung und Schwingungstechnik, soweit nicht hinsichtlich der Normungsarbeit mit anderen Normenausschüssen im DIN oder hinsichtlich der Richtlinienarbeit mit anderen Fachgliederungen des VDI besondere Regelungen bestehen oder vereinbart werden.

Der NALS ist auf dem vorgenannten Arbeitsgebiet verantwortlich für die Erstellung von DIN-IEC-Normen, DIN-ISO-Normen, DIN-EN-Normen, DIN-Normen und VDI-Richtlinien. Er ist auf seinem Fachgebiet weiterhin für die deutsche Vertretung und deutsche Mitwirkung zur Erstellung von ISO/IEC- und CEN/CENELEC-Regelwerken verantwortlich (→ISO, →CEN, →IEC, →CENELEC).

Die DIN- und VDI-Regelwerke über Geräusche, Lärmminderung sowie mechanische Schwingungen und Stöße werden regelmäßig in von DIN bzw. VDI herausgegebenen Verzeichnissen der gültigen DIN-

Normen und VDI-Richtlinien aufgelistet. Für den Bereich der Lärmminderung sind die ca. 100 gültigen VDI-Richtlinien im VDI-Handbuch Lärmminderung zusammengestellt. VDI-Richtlinien für den Bereich Erschütterungen sind in kleiner Anzahl vorhanden und sowohl im VDI-Handbuch Lärmminderung als auch im VDI-Handbuch Schwingungstechnik enthalten. *Grefen*

Literatur: VDI-Handbuch Lärmminderung. Hrsg.: Normenausschuß Akustik, Lärmminderung und Schwingungstechnik (NALS), Berlin.

Technische Regeln Luftreinhaltung. Um die Fachkompetenz des Vereins Deutscher Ingenieure (VDI) in Fragen der Luftreinhaltung verstärkt in die weltweite Normung, insbesondere Europäische Normung einbringen zu können, wurden Mitte 1990 die bisher zuständigen Organisationseinheiten VDI-Kommission Reinhaltung der Luft und Normenausschuß Luftreinhaltung im DIN in ein gemeinsames Gremium mit dem Namen Kommission Reinhaltung der Luft (KRdL) im VDI und DIN zusammengeführt, in das die gewachsenen Regelwerke von VDI und DIN zur Luftreinhaltung eingebracht worden sind.

Aufgabe dieses Gremiums ist die Erstellung von VDI-Richtlinien, DIN-Normen, DIN-Vornormen, DIN-EN-Normen und DIN-ISO-Normen. Von der Geschäftsstelle der KRdL im VDI und DIN wurden vom Normenausschuß Luftreinhaltung des DIN die Sekretariate für das ISO/TC (Technical Committee) 146 Air Quality sowie das Sekretariat Luftreinhaltung der →OIML übernommen. Auf Initiative der neuen Kommission KRdL im VDI und DIN wurde im März 1991 das CEN/TC 264 Air Quality gegründet. Bei der internationalen, europäischen und nationalen Erstellung von technischen Regeln zur Luftreinhaltung gelten für die KRdL die Grundsätze, Verfahrensregeln und Prioritäten des DIN nach DIN 820 und entsprechend auch die von und mit →CEN und →ISO geschaffenen Verfahrensleitlinien und Abkommen. Bei der Erstellung von VDI-Richtlinien sind die Verfahrensleitlinien des VDI nach VDI 1000 zu berücksichtigen.

Innerhalb der KRdL befaßt sich der Fachbereich I mit Entstehung und Verhütung von Emissionen, der Fachbereich II mit Umweltmeteorologie, der Fachbereich III mit Wirkung von Staub und Gasen; im Fachbereich IV werden die Meßtechnik und im Fachbereich V die Verfahren zur Abgasreinigung, Staubtechnik behandelt. Sowohl für Richtlinien als auch für Normen ist ein aufwendiges Verabschiedungsverfahren festgelegt. (DIN 820 Teil 4 und VDI 1000). Zukünftiges nationales Ziel ist, möglichst viele Inhalte von VDI-Richtlinien und DIN-Normen in eine Europäische (DIN-EN-) oder internationale (DIN-ISO-)Norm zu überführen.

Die KRdL verfügt über einen Bestand von ca. 300 VDI-Richtlinien auf dem Gebiet der Luftreinhaltung, die in 12 Bänden des VDI-Regelwerks Handbuch Reinhaltung der Luft zusammengefaßt sind. Außerdem fällt die Pflege, Aktualisierung von und Mitwirkung an ca. 30 DIN-ISO-Normen in ihren Zuständigkeitsbereich. Nach einer VDI-internen Analyse sind ca. 90 % der VDI-Richtlinien mehr oder weniger europarelevant. *Grefen*

Literatur: VDI-Handbuch Reinhaltung der Luft, Bd. 1–12. Hrsg.: Kommission Reinhaltung der Luft (KRdL) im VDI und DIN, Berlin.

Technische Regeln Wasser/Abwasser. Auf dem Gebiet der Erstellung von TR Wasser/Abwasser sind insbesondere die folgenden Institutionen tätig:
– Normenausschuß Wasserwesen (NAW) im DIN Deutsches Institut für Normung e. V.,
– Abwassertechnische Vereinigung e. V. (ATV),
– Deutscher Verein des Gas- und Wasserfaches e. V. (DVGW),
– Deutscher Verband für Wasserwirtschaft und Kulturbau (DVWK).

Die Arbeitsergebnisse vorgenannter Institutionen sind als außerstaatliche, nichtnormative Verhaltensregeln meist mit unterschiedlichen Bezeichnungen belegt, wie Normen, Arbeitsblätter, Merkblätter, Hinweise und Richtlinien.

Der NAW gliedert sich in folgende 7 Fachbereiche:

Fachbereich I   Grundlagen
Fachbereich II   Wasserbau 1 (z. B. Stauanlagen, Talsperren, Deiche)
Fachbereich III   Wasserbau 2 (z. B. Drainung, Bewässerung)
Fachbereich IV   Wasserversorgung
Fachbereich V   Abwassertechnik
Fachbereich VI   Boden.
Fachbereich VII Abfall

Der NAW ist überdies das auf seinem Gebiet für die europäische (→CEN) und internationale (→ISO) Normungsarbeit allein zuständige Gremium. Zwischen dem NAW und den eingangs erwähnten Institutionen ATV, DVGW und DVWK bestehen hinsichtlich der Nutzung der Arbeitsergebnisse der drei letzteren für die CEN- und ISO-Arbeit Kooperationsvereinbarungen bzw. definierte Vorgehensweisen.

Die im Jahre 1948 gegründete ATV ist ein bundesweit organisierter technisch-wissenschaftlicher Verband für die Abwasser- und Abfalltechnik. Tätigkeitsschwerpunkte der ATV sind neben der Aus- und Fortbildung, der Erarbeitung von Stellungnahmen zu Vorschriften im rechtlichen Raum und zu EG-Richtlinienentwürfen insbesondere die Gremienarbeit zur Erstellung von technischen Regeln in Form von Arbeitsblättern, Merkblättern und Hinweisen. Letztere wird in 8 Hauptausschüssen mit 45 Fachausschüssen und weiteren Arbeitsgruppen geleistet.

Die acht ATV-Hauptausschüsse befassen sich mit folgenden Themenfeldern bzw. tragen folgende Bezeichnungen:
Hauptausschuß 1: Abwasserableitung
Hauptausschuß 2: Gewässerschutz und Abwasserreinigung
Hauptausschuß 3: Schlämme, feste Abfälle
Hauptausschuß 4: Recht
Hauptausschuß 5: Aus- und Fortbildung von Fachpersonal
Hauptausschuß 6: Fortbildung von Ingenieuren und Naturwissenschaftlern
Hauptausschuß 7: Industrieabwässer
Hauptausschuß 8: Öffentlichkeitsarbeit.

Arbeitsblätter, Merkblätter und Hinweise unterscheiden sich voneinander durch das Maß der Beteiligung der Fachöffentlichkeit bei ihrem Zustandekommen und damit auch durch den Grad ihrer Anerkennung und Verbindlichkeit.

Das größte Maß der Anerkennung wird bei Arbeitsblättern erreicht. Ihre Aufgabe ist, Anforderungen zu beschreiben, die den allgemein anerkannten Regeln der Technik entsprechen. Die Arbeitsblätter werden von Fachgremien erstellt und benötigen ein förmliches, öffentliches Einspruchsverfahren. Merkblätter sind Regeln mit überwiegend interner Abstimmung in Fachgremien. Die betroffenen Kreise werden bei der Erarbeitung und vor der endgültigen Veröffentlichung durch ein vereinfachtes Einspruchsverfahren angemessen beteiligt. In den Hinweisen werden Arbeitsergebnisse der jeweiligen Gremien nach lediglich interner Abstimmung zusammengefaßt. *Grefen*

Technische Richtkonzentration (TRK). TRK betreffen nur den Arbeitsschutz. Nach der Legaldefinition in der →Gefahrstoffverordnung ist die TRK die Konzentration eines Stoffes in der Luft am Arbeitsplatz, die nach dem Stand der Technik erreicht werden kann, d. h. die mittels dem Stand der Technik entsprechender Arbeitsschutzmaßnahmen eingehalten werden kann. TRK werden vom Ausschuß für Gefahrstoffe aufgestellt und dann vom Bundesminister für Arbeit und Sozialordnung in der TRGS 102 bekanntgemacht (→Maximale Arbeitsplatzkonzentration (MAK), →TRGS 900). Sie werden nur für gefährliche Arbeitsstoffe angegeben, für die einerseits keine toxikologisch-arbeitsmedizinisch begründeten MAK-Werte aufgestellt werden können, die andererseits aber technisch unvermeidbar sind. Für solche Stoffe sollen die Konzentrationen am Arbeitsplatz auf ein technisch mögliches Mindestmaß begrenzt werden.

TRK stellen, wie die MAK-Werte, Schichtmittelwerte dar und gelten für in der Regel täglich 8stündige Exposition und eine durchschnittliche Wochenarbeitszeit von 40 Stunden. TRK haben nicht den Charakter von MAK-Werten, so daß auch bei ihrer Einhaltung eine Gesundheitsgefährdung nicht völlig auszuschließen ist; daher ist ausdrücklich dafür zu sorgen, daß die TRK-Werte im Betrieb unterschritten werden. *Dreyhaupt*

Literatur: Deutsche Forschungsgemeinschaft: MAK- und BAT-Werte-Liste 1993; Weinheim 1993. – TRGS 102: Technische Richtkonzentrationen (TRK) für gefährliche Stoffe, Ausg. Sept. 1993; Bundesarbeitsblatt 9/1993, S. 65 und 1/1994 S. 39/51 – TRGS 900: Grenzwerte; Ausg. Februar 1993, Bundesarbeitsblatt 2/1993, S. 57, geändert mit BArbBl. 9/1993, S. 76/77 und 1/1994 S. 39/64.

Technology Assessment →Technikfolgenabschätzung.

Teerölverordnung. Auf das ChemG gestützte Verordnung zur Beschränkung des Herstellens, des Inverkehrbringens und der Verwendung von Teerölen zum Holzschutz (TeerölV) vom 27. Mai 1991 (BGBl. I S. 1195). Verbietet grundsätzlich (bei detaillierten Ausnahmeregelungen) die Herstellung, das Inverkehrbringen und die Verwendung von Holzschutzmitteln, die Teeröle oder Bestandteile aus Teerölen enthalten, sowie das Inverkehrbringen und die Verwendung von Erzeugnissen aus Holz oder Holzwerkstoffen, die mit den vorgenannten Holzschutzmitteln behandelt worden sind.

Die T., die regelmäßigen menschlichen Hautkontakt mit Holzschutzmitteln oder Erzeugnissen, die das als krebserzeugend eingestufte Benzo(a)pyren enthalten, ausschließen will, läßt praktisch keine Ausnahmen für den privaten Endverbraucher, für eine Verwendung von Holzschutzmitteln oder Erzeugnissen in Innenräumen und auf Kinderspielplätzen sowie für Bedarfsgegenstände nach dem Lebensmittel- und Bedarfsgegenständegesetz (→Lebensmittelrecht) zu.

Die T. ist 1993 aufgehoben worden. Das Herstellungs- und Verwendungsverbot ist gleichzeitig weitgehend in die zentrale Verbotsregelung des § 15 der →Gefahrstoffverordnung (GefStoffV) übergegangen. Grundsätzlich dürfen Holzschutzmittel, die Teeröle oder Bestandteile aus Teerölen enthalten, nicht hergestellt und mit teerölhaltigen Holzschutzmitteln behandelte Holzerzeugnisse nicht verwendet werden; Ausnahmen verschiedener Art sind detailliert – weitgehend der T. entsprechend – in Anhang IV der GefStoffV geregelt. Das Verbot des Inverkehrbringens ist jetzt in der →Chemikalien-Verbotsverordnung enthalten. *Dreyhaupt*

TEL. Abk. Tetraethyllead, →Bleitetraethyl

TEMES →Immissionsmeßnetz

Temperatur, potentielle. Diejenige Temperatur, die ein Luftpaket hätte, wenn es einem Luftdruck von 1 000 hPa ausgesetzt wäre. Steigt ein Luftpaket adiabatisch auf, so ändert sich seine p. T. nicht, während sich seine tatsächliche Temperatur aufgrund der Druckabnahme verringert. Entsprechend bleibt die p. T. eines Luftpakets auch beim Absinken erhalten, während die tatsächliche Temperatur zunimmt. *Wichmann-Fiebig*

Temperaturschichtung. Vertikaler Verlauf der Temperatur in der Atmosphäre. Die T. beeinflußt den Vertikalaustausch (→Schichtungsstabilität) und damit sowohl die →Ausbreitung von Luftverunreinigungen als auch die Bewölkung (→Inversion). *Wichmann-Fiebig*

Teratogenität. Als T. bezeichnet man die Eigenschaft eines Stoffes, während der Entwicklung des Keims von der befruchteten Eizelle zum Fetus Störungen hervorzurufen, im Gegensatz zu mutagenen Wirkungen, die die Keimzellen betreffen. Entsprechend dem Entwicklungsstadium, in dem die Fruchtschädigung eintritt, unterscheidet man zwischen →Embryotoxizität und →Fetotoxizität (→Stoff, teratogen). *Deml*

Terbufos.
□ Stoff-Identifizierungs-Nr.:
CAS-Nr.: 13071-79-9
UN-Nr.: 3018
EINECS-Nr.: 235-963-8
□ Chemische Formel: $C_9H_{21}O_2PS_2$
□ Stoffcharakteristik: Schwach rötliche, merkaptanartig riechende Flüssigkeit, kaum löslich in Wasser, gut löslich in organischen Lösemitteln.
□ Gefahrenmerkmale:
– Stoffliste nach § 4 a der →Gefahrstoffverordnung: Gefahrenkennbuchstabe(n): T+
R-Sätze: 27/28
S-Sätze: 1/2-36/37-45
– Stoffliste (Anhang II) der →Störfall-Verordnung: Nr. 280 und 4 c
– →Wassergefährdungsklasse:
WGK 3 *Fischer/M. Schön*

Terpene. Viele Pflanzen enthalten leicht flüchtige →organische Verbindungen (VOC) mit ausgeprägtem Geruch. Besonders große Mengen dieser ätherischen Öle kommen in den Harzabsonderungen und den Nadeln von Nadelbäumen vor. Die T. werden zu den biogenen Kohlenwasserstoffen gezählt. T. sind offenkettige oder cyclische Kohlenwasserstoffe. Die Moleküle der meisten T. sind aus zwei oder mehreren Isoprenmolekülen (2-Methyl-1,3-butadien) aufgebaut, wobei die Isoprenreste meistens in Kopf-Schwanz-Stellung miteinander verknüpft sind. Je nach Anzahl der Isoprenbau-

steine teilt man die T. in Monoterpene, Sesquiterpene, Diterpene, Triterpene usw. ein. Allgemein versteht man unter dem Oberbegriff T. nicht nur den Kohlenwasserstoffgrundkörper mit der Formel $C_{10}H_{16}$ und dem Molekulargewicht 136, sondern auch die sich davon ableitenden Alkohol- oder Ketoverbindungen.

Den T. wurde bis vor kurzem relativ wenig Aufmerksamkeit gewidmet. Das Hauptinteresse richtet sich heute auf Komponenten, die maßgebend an den Prozessen beteiligt sind, die die Bildung des troposphärischen →Ozons steuern. Die T. zählen zu den reaktivsten troposphärischen Verbindungen (VOC). Man kann sie daher praktisch nur in unmittelbarer Nähe ihrer Quellen messen, wo sie allerdings zusammen Konzentrationen von bis zu 10 ppbV erreichen können. Abschätzungen haben ergeben, daß die T. und →Isopren weltweit zusammen eine Quelle von etwa 1 Milliarde Tonnen Kohlenstoff pro Jahr darstellen.

Die T. werden durch die Reaktion mit OH- und NO_3-Radikalen sowie mit Ozon abgebaut. Der Mechanismus und die Endprodukte dieser Reaktionen sind weitgehend unbekannt, sie führen allerdings zur Bildung von Aldehyden und Aerosolen. *Barnes*

Literatur: *Erman, W. F.:* Chemistry of the Monoterpenes. An Encyclopedic Handbook. Studies in Organic Chemistry, P. G. Gassman (ed), vol 11. New York 1985. – *Finlayson, B. J.; J. N. Pitts, Jr.:* Atmospheric Chemistry. Fundamentals and Experimental Techniques. New York 1986. – *Graedel, T. E.; D. T. Hawkins; L. C. Claxton:* Atmospheric Chemical Compounds. Sources, Occurrence, and Bioassay. London 1986.

Terrestrische Strahlung →Strahlenexposition.

Terzanalyse →Frequenzanalyse

Terzspektrum →Frequenzanalyse

2,3,7,8-Tetrachlordibenzo-P-Dioxin.
□ Stoff-Identifizierungs-Nr.:
CAS-Nr.: 1746-01-6
EINECS-Nr.: 217-122-7
□ Chemische Formel: $C_{12}H_4Cl_4O_2$
□ Stoffcharakteristik: Kristalliner Feststoff, thermisch stabil. Zersetzung erst bei Temperaturen oberhalb 750 °C, in Wasser kaum, in einigen organischen Lösungsmitteln schwach löslich.
□ Gefahrenmerkmale:
– Besondere Stoffeigenschaften nach TRGS 500: krebserzeugend: MAK-Gruppe III A 2
– Stoffliste (Anhang II) der Störfallverordnung: Nr. 284
– Emissionswerte: TA Luft Einstufung: 2.3 (gemäß MAK-Liste) *Fischer/M. Schön*

1,1,2,2-Tetrachlorethan.
□ Stoff-Identifizierungs-Nr.:
CAS-Nr.: 79-34-5
EG-Nr.: 602-015-00-3
UN-Nr.: 1702
EINECS-Nr.: 201-197-8
□ Chemische Formel: $C_2H_2Cl_4$
□ Stoffcharakteristik: Farblose, sehr giftige, schwer flüchtige Flüssigkeit, chloroformartiger Geruch, sehr wenig wasserlöslich. Dämpfe viel schwerer als Luft. Licht-, luft- und feuchtigkeitsempfindlich. Gegen Säuren weitgehend stabil. Bei thermischer Zersetzung Bildung ätzender und giftiger Gase.
□ Gefahrenmerkmale:
– Stoffliste nach § 4 a der →Gefahrstoffverordnung: Gefahrenkennbuchstabe(n): T+
R-Sätze: 26/27-40
S-Sätze: 1/2-38-45
– Besondere Stoffeigenschaften nach TRGS 500: krebserzeugend: MAK-Gruppe III B
– Arbeitsschutzwerte nach TRGS 900:
→MAK-Wert (mg/m³): 7
– Stoffliste (Anhang II) der Störfallverordnung: Nr. 285 und 4 b
– Emissionswerte: TA Luft Einstufung: 3.1.7 Klasse I   *Fischer/M. Schön*

Tetrachlorethylen.
□ Stoff-Identifizierungs-Nr.:
CAS-Nr.: 127-18-4
EG-Nr.: 602-028-00-4
UN-Nr.: 1897
EINECS-Nr.: 204-825-9
□ Chemische Formel: C_2Cl_4
□ Stoffcharakteristik: Farblose, flüchtige Flüssigkeit, unlöslich in Wasser, ätherischer Geruch. Dämpfe viel schwerer als Luft. Beständgstes Chlorkohlenwasserstoff-Lösungsmittel. Oberhalb 150 °C Zersetzung (Bildung von Phosgen). Mit Sauerstoff Explosionsgefahr möglich.
□ Gefahrenmerkmale:
– Stoffliste nach § 4 a der →Gefahrstoffverordnung: Gefahrenkennbuchstabe(n): Xn
R-Sätze: 40
S-Sätze: 2-23-36/37
– Besondere Stoffeigenschaften nach TRGS 500: krebserzeugend: EG-Kat. 3
fortpflanzungsgefährdend: MAK-Gruppe C
– Arbeitsschutzwerte nach TRGS 900:
→MAK-Wert (mg/m³): 345
→BAT-Wert: 1 mg/l Tetrachlorethen im Vollblut; 9,5 ml/m³ Tetrachlorethen in der Alveolarluft
– Stoffliste (Anhang II) der Störfallverordnung: Nr. 286
– →Wassergefährdungsklasse: WGK 3
– Emissionswerte: TA Luft Einstufung: 3.1.7 Klasse II

Immissionswerte:
WHO-Luftqualutätsleitlinien: (Schutzobjekt menschliche Gesundheit): 24 h-Mittelwert = 5 mg/m³ (ohne Berücksichtigung kanzerogener Effekte)
Fischer/M. Schön

Tetrachlorkohlenstoff.
□ Stoff-Identifizierungs-Nr.:
CAS-Nr.: 56-23-5
EG-Nr.: 602-008-00-5
UN-Nr.: 1846
EINECS-Nr.: 200-262-8
□ Chemische Formel: CCl_4
□ Stoffcharakteristik: Farblose, sehr giftige, sehr flüchtige, wasserunlösliche Flüssigkeit, mit den meisten organischen Lösungsmitteln mischbar. Unangenehm süßlicher Geruch. Dämpfe viel schwerer als Luft.
□ Gefahrenmerkmale:
– Stoffliste nach § 4 a der →Gefahrstoffverordnung: Gefahrenkennbuchstabe(n): T, N
R-Sätze: 23/24/25-40-48/23-59
S-Sätze: 1/2-23-36/37-45-59-61
– Besondere Stoffeigenschaften nach TRGS 500: krebserzeugend: EG-Kat. 3
fortpflanzungsgefährdend: MAK-Gruppe D
– Arbeitsschutzwerte nach TRGS 900:
→MAK-Wert (mg/m³): 65
→BAT-Wert: 70 µg/l Tetrachlorkohlenstoff im Vollblut, 1,6 ml/m³ Tetrachlorkohlenstoff in der Alveolarluft
– Stoffliste (Anhang II) der Störfallverordnung: Nr. 287 und 4 c
– →Wassergefährdungsklasse: WGK 3
– Emissionswerte: TA Luft Einstufung: 3.1.7 Klasse I   *Fischer/M. Schön*

Tetrahydrofuran.
□ Stoff-Identifizierungs-Nr.:
CAS-Nr.: 109-99-9
EG-Nr.: 603-025-00-0
UN-Nr.: 2056
EINECS-Nr.: 203-726-8
□ Chemische Formel: C_4H_8O
□ Stoffcharakteristik: Farblose, flüchtige, leicht entzündliche und mit Wasser mischbare Flüssigkeit mit ätherischem, acetonähnlichem Geruch. Leicht elektrostatisch aufladbar. Dämpfe viel schwerer als Luft, bilden mit Luft explosionsfähiges Gemisch.
□ Gefahrenmerkmale:
– Stoffliste nach § 4 a der →Gefahrstoffverordnung: Gefahrenkennbuchstabe(n): Xi, F
R-Sätze: 11-19-36/37
S-Sätze: 2-16-29-33
– Arbeitsschutzwerte nach TRGS 900:
→MAK-Wert (mg/m³): 590
– Stoffliste (Anhang II) der Störfallverordnung: Nr. 2

$- \rightarrow$ Wassergefährdungsklasse:
WGK 1
– Emissionswerte:
TA Luft Einstufung: 3.1.7 Klasse II

Fischer/M. Schön

Thallium.

□ Stoff-Identifizierungs-Nr.:
CAS-Nr.: 7440-28-0
EG-Nr.: 081-001-00-3
UN-Nr.: 2811
EINECS-Nr.: 231-138-1
□ Chemische Formel: Tl
□ Stoffcharakteristik: Weiches, zähes Metall von bläulich-weißer Farbe, unbeständig gegenüber feuchter Luft, Angriff durch Wasser bei Normaltemperatur unter Hydroxidbildung, verbrennt bei höherer Temperatur mit grüner Flamme.
□ Gefahrenmerkmale:
– Stoffliste nach § 4 a der →Gefahrstoffverordnung:
Gefahrenkennbuchstabe(n): T+
R-Sätze: 26/28-33
S-Sätze: 1/2-13-28-45
– Arbeitsschutzwerte nach TRGS 900:
→MAK-Wert (mg/m^3): 0,1
– Stoffliste (Anhang II) der →Störfall-Verordnung:
Nr. 289 und 4b
– Emissionswerte: TA Luft Einstufung: 3.1.4 Klasse I
– Immissionswerte:
IW (TA Luft): 2.5.2 : IW 1 = 10 μg/m$^2 \cdot$ d
MI–Werte (VDI-Richtlinie): →MID nach VDI 2310 Bl. 29 E (Schutzobjekt landwirtschaftliche Nutztiere):
Mastbulle, Mastschwein: 0,02 mg Tl/kg Körpermasse und Tag
Schaf: 0,01 mg Tl/kg Körpermasse und Tag
Huhn-Mastküken: 0,015 mg Tl/kg Körpermasse und Tag
Huhn-Legehenne: 0,03 mg Tl/kg Körpermasse und Tag

Fischer/M. Schön

Literatur: VDI 2310 Bl. 29 E: Maximale Immissions-Werte; Maximale Immissions-Werte für Thallium zum Schutz der landwirtschaftlichen Nutztiere; Jan. 1992

Thermogradientenrohr.

Das T. dient zur Probenahme sehr leichtflüchtiger Komponenten einschließlich Ethen. Es besteht aus einem Glas- oder Metallrohr, das mit einem Absorptionsmittel gefüllt ist. Hierzu eignen sich poröse Polymere (z. B. Tenax TA) oder graphitisierte Kohle (z. B. Carbopack). Das Rohr ist von einem Kühlmantel umgeben, durch den sehr kaltes Stickstoffgas geleitet wird. Geeignete Geräte sind im Handel erhältlich. Zur Durchführung der Probenahme wird die Luft durch das auf etwa –100 °C abgekühlte Rohr gesaugt. Wird das Kühlgas entgegen der Probenahmerichtung

geführt, bildet sich über die Länge des Rohres ein Thermogradient aus. Hierdurch kann bereits mit der Probenahme eine Vortrennung der Komponenten bei der Absorption erfolgen. Nach der Probenahme werden die T. gasdicht verschraubt. Zur Vermeidung des Zufrierens der Rohre durch Luftfeuchtigkeit wird allgemein ein Trockenrohr vorgeschaltet. Bewährt hat sich ein Glasrohr, das mit Magnesiumperchlorat-Granulat gefüllt ist. In diesen Fällen lassen sich allerdings nur die unpolaren Kohlenwasserstoffe, Chlor- oder Fluorchlorkohlenwasserstoffe anreichern.

Zur Desorption muß das T. vor dem Öffnen wieder auf mindestens die Probenahmetemperatur abgekühlt werden. Es wird dann so mit dem Gaschromatographen (→Gaschromatographie) verbunden, daß das Trägergas durch das T. geleitet werden kann. Aufgeheizt wird mit einem Heißluftgebläse. Gleichzeitig werden die Meßkomponenten mit dem Trägergas auf die →Trennsäule gespült. Diese sollte während des Desorptionsvorganges so weit abgekühlt sein (ca. –100 °C), daß eine erneute Kondensation am Anfang der Trennsäule erfolgt. Nur so ist gewährleistet, daß zum Beginn der Analyse und beim Start des Temperaturprogramms alle Komponenten gleichzeitig und in einer schmalen Zone den Trennvorgang beginnen.   *Dulson*

Literatur: *Dulson, W.:* Organisch-chemische Fremdstoffe in atmosphärischer Luft. Gaschromatographische/massenspektrometrische Submikrobestimmung und Bewertung von Luftverunreinigungen in einer Großstadt. Schriftreihe Verein Wasser-, Boden- und Lufthygiene 47. Stuttgart 1978.

Thioharnstoff.

□ Stoff-Identifizierungs-Nr.:
CAS-Nr.: 62-56-6
EG-Nr.: 612-082-00-0
EINECS-Nr.: 200-543-5
□ Chemische Formel: CH$_4$N$_2$S
□ Stoffcharakteristik: Weiße, glänzende, bitter schmeckende Kristalle, leicht löslich in kaltem Wasser. Bei Kontakt mit starken Oxidationsmitteln und bei starker Erhitzung erfolgt Zersetzung unter Bildung von Schwefel oder Schwefeldioxid.
□ Gefahrenmerkmale:
– Stoffliste nach § 4 a der →Gefahrstoffverordnung:
Gefahrenkennbuchstabe(n): Xn
R-Sätze: 22-40
S-Sätze: 2-22-24-36/37
– Besondere Stoffeigenschaften nach TRGS 500:
krebserzeugend: EG-Kat. 3
– Emissionswerte: TA Luft Einstufung: 3.1.7 Klasse I   *Fischer/M. Schön*

Thorium. Das Element T. mit der Kernladungszahl 90 wurde 1828 von *Berzelius* in einem norwegischen Mineral entdeckt. Die Häufigkeit des T. in der Erdkruste übertrifft diejenige des Urans um etwa das Doppelte. T. gehört zu den natürlich vorkommenden radioaktiven Elementen. Es besteht zu praktisch 100 % aus dem Isotop Th-232 und bildet die Muttersubstanz der sog. T.-Zerfallsreihe, deren stabiles Endprodukt Blei mit dem Atomgewicht 208 ist. Thorium-232 ist α-instabil und zerfällt mit einer →Halbwertszeit von $1,39 \cdot 10^{10}$ Jahren. Thorium-232 läßt sich durch Neutronenbestrahlung in spaltbares Uran-233 umwandeln. Diese Reaktion bietet die Möglichkeit, aus dem Brutstoff T. auf künstlichem Wege einen in Kernkraftwerken einsetzbaren nuklearen Brennstoff zu erzeugen. *Merz*

Tiefenfilter. T. zählen zu den filternden →Abscheidern. Als Filtermaterial finden sowohl aus Fasern aufgebaute Schichten, sog. Filze, Vliese und Gewebe, als auch aus Körnern bestehende Schüttschichten, sog. Festbetten, Wanderbetten und Fließbetten (Wirbelschichten), Verwendung. Die Staubabscheidung erfolgt innerhalb der vom Trägergas durchströmten Schichten. Die Partikeln gelangen infolge verschiedener Effekte an einzelne Kollektoren (Fasern oder Körner) und werden dort durch Haftkräfte festgehalten. Faserschichtfilter, die man auch Speicherfilter nennt, werden nach der Sättigung mit Staub, gekennzeichnet durch Erreichen eines vorgegebenen Druckverlusts, meist ausgetauscht und entsorgt. Nur wenige Typen werden gereinigt und wiederverwendet. →Schüttschichtfilter sind in der Regel kontinuierlich oder diskontinuierlich regenerierbar.

Aus Fasern aufgebaute T. werden zur Reinigung der Luft in Klima- oder Belüftungs- und Entlüftungsanlagen eingesetzt. Die Verunreinigungen in Form fester oder flüssiger Partikeln liegen meist in relativ geringer Konzentration von bis zu einigen mg/m^3 vor. Geforderte Reingaskonzentrationen sind in Operationsräumen, Produktionsstätten der pharmazeutischen Industrie, Fertigungsstätten elektronischer Mikrostrukturelemente und ähnlichen Anlagen allerdings um mehrere Größenordnungen geringer.

Als Fasern dienten früher vor allem Metallspäne und Naturfasern, die heute in zunehmendem Maße durch synthetische Fasern und Glasfasern ersetzt werden. Faserschichten sind sehr porös; die Hohlraumvolumenanteile liegen über 90 %, oft sogar über 99 %. Übliche Faserdurchmesser liegen im Bereich von 1–50 μm; die mittleren Faserabstände betragen das drei- bis neunfache der Durchmesser. Typische Filtermatten sind 1–10 mm dick. Häufige Filteranströmgeschwindigkeiten befinden sich im Bereich von 0,1–3 m/s.

Grobstaubfilter dienen zur Abscheidung von Partikeln mit Durchmessern $x > 10$ μm; Feinstaubfilter werden im Bereich 10 μm $> x > 1$ μm eingesetzt;

Schwebstoffilter trennen Partikeln mit $x < 1$ μm ab. Die normierte Einteilung der T. in vorgegebene Klassen erfolgt gemäß ihrer Abscheideleistung gegenüber bestimmten Teststäuben (DIN 24185, DIN 24184). Schwebstoffilter der Klasse S müssen z. B. bezüglich eines Prüfaerosols (Paraffinölnebel), dessen größter Partikelanteil im Bereich 0,3–0,5 μm liegt, einen massemäßigen →Gesamtstaubabscheidegrad von größer 99,97 % aufweisen. *Löffler/Schmidt*

Tieffluglärm →Fluglärm

Tier, transgen →Organismus, transgen

Tierkörperbeseitigung. Bei der landwirtschaftlichen Tierproduktion fallen neben tierischen Ausscheidungen auch Tierkörper (Kadaver), Tierkörperteile und tierische Erzeugnisse an, die für die menschliche Ernährung nicht nutzbar sind.

Die Entsorgung derartiger Tierkörper und -teile erfolgt außerhalb der Bestimmungen des Abfallgesetzes auf der Grundlage des Tierkörperbeseitigungsgesetzes (TierKBG vom 2. 9. 1975, BGBl. I S. 2313, 2610). Grund hierfür ist u. a. die Notwendigkeit, wegen seuchenhygienischer Risiken derartige Tierkörper oder -teile unverzüglich zu erfassen und in speziellen T.-Anlagen zu behandeln.

Die auf das TierKBG gestützte Verordnung über →Tierkörperbeseitigungsanstalten und Sammelstellen (Tierkörperbeseitigungsanstalten-Verordnung vom 1. 9. 1976, BGBl. I S. 2587 i. d. F. der Änd.V. vom 6. 6. 1980, BGBl. I S. 667) enthält Vorschriften über Bau, Einrichtung und Betrieb von T.-Anstalten sowie über Verfahren der T.

Nach dem TierKBG umfaßt die Entsorgung das Abliefern, Abholen, Sammeln, Befördern, Lagern, Vergraben, Verbrennen, Behandeln und Verwerten. Die primär zur Gefahrenabwehr getroffenen Regelungen dienen jedoch auch einer fast vollständigen Verwertung der angefallenen Abfälle bzw. Reststoffe.

Mit den Tierkörpern gelangen auch die beim Schlachten (→Schlachthof) und der Weiterverarbeitung der Schlachtprodukte anfallenden Abfälle bzw. Reststoffe wie insbesondere Magen- und Darminhalte, Knochenabfälle, Hautreste, Blut, Borsten- und Hornabfälle, Federn und Fischabfälle weitgehend in eine gemeinsame Entsorgungsschiene, in der T.-Anlagen auf Grund der sondergesetzlichen Regelung eine besondere Rolle spielen.

Zu den entsprechenden Verwertungsbetrieben gehören insbesondere (Anhang der →4. BImSchV, Nr. 7) Anlagen
– zur T.,
– zum Schmelzen von tierischen Fetten,
– zur Herstellung von Gelatine, Hautleim, Lederleim oder Knochenleim,

– zur Herstellung von Futter- und Düngemitteln oder technischen Fetten aus den Schlachtnebenprodukten Knochen, Tierhaare, Hörner, Klauen oder Blut,
– zum Aufarbeiten von Tierhaaren,
– zum Reinigen oder zum Entschleimen von tierischen Därmen oder Mägen,
– zur Zubereitung oder Verarbeitung von Kälbermägen oder zur Labgewinnung,
– zum Trocknen, Einsalzen oder Enthaaren ungegerbter Tierhäute oder Tierfelle,
– Gerbereien sowie
– zur Herstellung von Fischmehl oder Fischöl.

Es ist davon auszugehen, daß in der Bundesrepublik jährlich etwa 3,5 Mio. t Schlachtnebenprodukte und Tierkörper anfallen. Davon werden in den T.-Anstalten und in den o. a. Spezialbetrieben mehr als 90 % zu verkaufsfähigen Produkten wie Tiermehl, Fleischknochenmehl, Tierfett, Blutmehl, Federmehl, Heimtiernahrung, Gelatine, Leim und Dünger verwertet. *Bergs*

Tierkörperbeseitigungsanstalt (TBA). T. sind durch das Tierkörperbeseitigungsgesetz (TierKBG) vorgeschriebene, nach Nr. 7.12 des Anhangs zur →4. BImSchV genehmigungsbedürftige Anlagen (förmliches Verfahren; →Genehmigungsverfahren nach BImSchG), in denen das eingebrachte organische Material in hygienisch einwandfreier Weise verwertet wird. Bau und Betrieb der T. unterliegen zudem den Vorschriften der Tierkörperbeseitigungsanstalten-Verordnung.

Die wesentliche Umweltproblematik dieser Anlagen liegt in den von ihnen ausgehenden Geruchsemissionen. Nach dem TierKBG müssen die T. als Einsatzstoffe jederzeit nicht nur Tierkadaver und Tierkörperteile annehmen, sondern auch anderes rasch in Verwesung übergehendes oder schon in Verwesung befindliches tierisches Material wie Blut, Borsten, Federn, Fisch, Häute, Schlachtabfälle und verdorbene tierische Lebensmittel. Da der Verwesungsvorgang zeitlich exponentiell fortschreitet, der dabei entstehende spezifische Geruch sich entsprechend verstärkt und die T. nur begrenzten Einfluß auf die Anlieferung des Materials haben, stellen T. grundsätzlich äußerst unangenehme Geruchsquellen dar. Durch die biologische Zersetzung des Rohmaterials, insbesondere von Eiweißstoffen und Fettgewebe, entstehen vorwiegend Ammoniumbasen wie Ammoniak und Amine, Schwefelverbindungen wie Schwefelwasserstoff und Mercaptane, gesättigte und ungesättigte Fettsäuren,

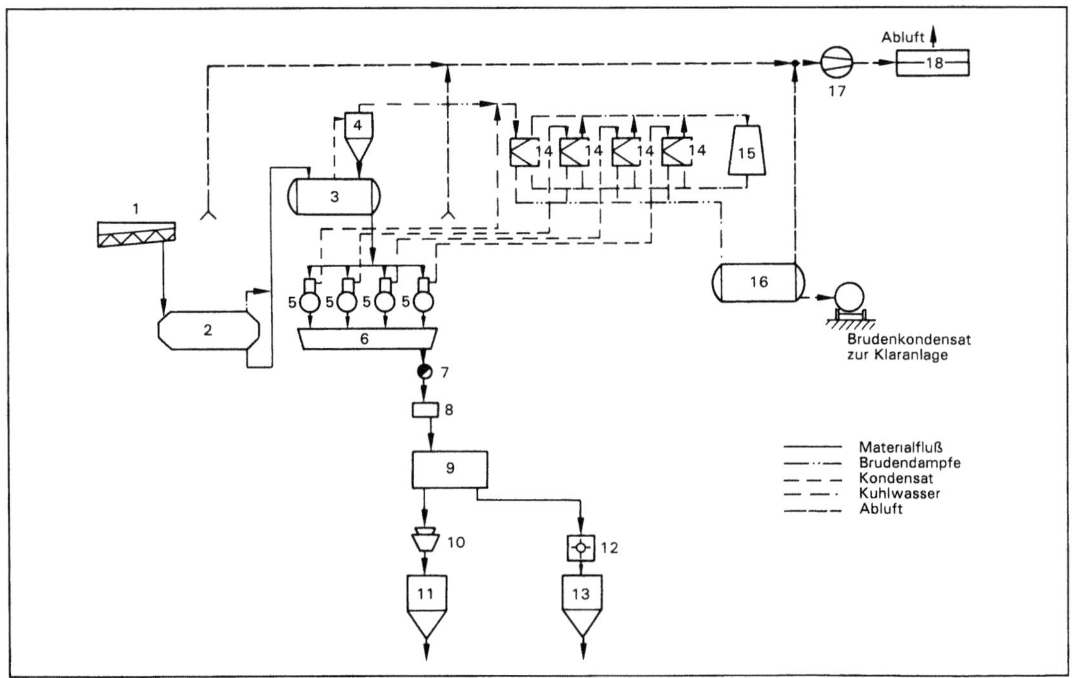

Tierkörperbeseitigungsanstalt: Grobschema einer T. nach dem Trockenschmelzverfahren mit mechanischer Entfettung und Biofilter zur Abluftreinigung (nach Brunner*).*

1) Aufgabemulde, 2) Vorkocher, 3) Zwischenbehälter, 4) Zyklonabscheider, 5) Chargentrockner, 6) Auffangmulde, 7) Magnetabscheider, 8) Vorwärmpfanne, 9) Schneckenpresse, 10) Dekanter, 11) Fett-Tank, 12) Mühle, 13) Mehlsilo, 14) Kondensatoren, 15) Kühlturm, 16) Kondensatsammelbehälter, 17) Abluftgebläse, 18) Biofilter

Aldehyde, Ketone und andere organische Verbindungen, die den anlagetypischen Geruchseindruck hervorrufen.

Im Prinzip verläuft der Anlagenbetrieb nach folgendem Grobschema (Bild):

Das Rohmaterial wird bei der LKW-Anlieferung in einer geschlossenen Halle entladen; ggf. nach Zwischenlagerung wird das Material in einem Vorkocher bei ca. 135 °C und einem Druck von ca. 3,5 bar etwa 1–1½ h gekocht. Das Kochgut wird entwässert und nach Trocknung mittels Pressen und Dekantieren oder auch mittels Lösemittel-Extraktion (z. B. Hexan) entfettet. Das entfettete Material wird zu Fleischmehl (Tiermehl) aufgemahlen. Die beim Kochprozeß anfallenden Brüden werden kondensiert; das geruchsintensive Kondensat muß in einer biologischen Kläranlage – ggf. über Tankwagenabfuhr – behandelt werden. Hinsichtlich der Abwasserreinigung ist die 20. →Abwasserverwaltungsvorschrift zu beachten.

Besondere Anforderungen zur Emissionsminderung enthält Nr. 3.3.7.12.1 der TA Luft.

Zur Minderung der Gerüche sind grundsätzlich Roh- und Zwischenprodukte in geschlossenen Behältern oder Räumen und gekühlt zu lagern; ferner ist die Abluft zu erfassen und zu behandeln. Durch bauliche (Schleusen, kompakte Bauweise), organisatorische und lüftungstechnische Maßnahmen ist sicherzustellen, daß in den Räumen der T. ein leichter Unterdruck gegenüber der Außenluft erreicht wird.

Alle entstehenden Abgase mit geruchsintensiven Stoffen, die während des Betriebes einer T. auftreten, sind einer Abgasreinigungsanlage zuzuführen. Zur Abgasreinigung haben sich in den letzten Jahren biologische Verfahren, insbesondere →Biofilter bewährt.

T. sollten trotz Anwendung aller Emissionsminderungsmaßnahmen nur in ausreichender Entfernung von Wohngebieten errichtet werden; im Hinblick auf die Geruchsintensität der Anlagen ist ein →Schutzabstand von 1 000 m vorgesehen. *Fank*

Literatur: *Brunner, M.; G. Bröker:* Tierkörperbeseitigungsanstalten und Fischmehlfabriken; in: Dreyhaupt, F. J. (Hrsg.): Handbuch für Immissionsschutzbeauftragte, Bd. 2. Köln 1981. – Tierkörperbeseitigungsgesetz vom 2. 9. 1975 (BGBl. I S. 2314, ber. S. 2610). – Verordnung über Tierkörperbeseitigungsanstalten und Sammelstellen (Tierkörperbeseitigungsanstalten-Verordnung) v. 1. 9. 1976 (BGBl. I S. 2587) geänd. d. VO vom 6. 6. 1980 (BGBl. I S. 667).

Tierschutzgesetz. Zweck des T. vom 18. 8. 1986 (BGBl. I S. 1319) ist es, aus der Verantwortung des Menschen für das Tier als Mitgeschöpf dessen Leben und Wohlbefinden zu schützen. Niemand darf einem Tier ohne vernünftigen Grund Schmerzen, Leiden oder Schäden zufügen. Während das →Artenschutzrecht die Arten wildlebender Tiere

in ihren natürlichen Lebensräumen schützen will, dient das Tierschutzrecht dem Schutz des einzelnen Tieres um seiner selbst willen. Das T. sieht dazu zahlreiche Gebote und Verbote, Genehmigungs-, Anzeige- und Aufzeichnungspflichten, die Einrichtung von Tierschutzkommissionen und die Berufung von Tierschutzbeauftragten vor. *Hoppe/Beckmann*

Literatur: *Hoppe/Beckmann:* Umweltrecht, § 19 Rn. 18ff. München 1989. – *Lorz:* Tierschutzgesetz. 4. Aufl. München 1992; *Lorz:* Das neue Tierschutzrecht, NJW (1987), 2049ff.

Tierversuche.
Tierschutzrecht. T. sind nach § 7 Abs. 1 TierSchG Eingriffe oder Behandlungen an Tieren zu Versuchszwecken, die mit Schmerzen, Leiden oder Schäden für die Tiere verbunden sind. T. können nicht zu beliebigen wissenschaftlichen Zwecken, sondern nur eingeschränkt im Bereich der Tier- und Humanmedizin, zur Erkennung von Umweltgefährdungen, zur Prüfung von Stoffen oder Produkten auf ihre Unbedenklichkeit und im Bereich der Grundlagenforschung eingesetzt werden. T. dürfen nur noch durchgeführt werden, wenn die zu erwartenden Schmerzen, Leiden oder Schäden der Versuchstiere im Hinblick auf den Versuchszweck ethisch vertretbar sind. Bei der Entscheidung, ob T. unerläßlich sind, ist insbesondere der jeweilige Stand der wissenschaftlichen Erkenntnisse zugrundezulegen und zu prüfen, ob der verfolgte Zweck nicht durch andere Methoden oder Verfahren erreicht werden kann. Notwendig ist eine Abwägung zwischen den Schmerzen, Leiden oder Schäden der Versuchstiere und dem Versuchszweck. T. zur Entwicklung oder Erprobung von Waffen, Munition und dazugehörigem Gerät sind verboten; dazu gehören auch Versuche zur Entwicklung von Tabakerzeugnissen, Waschmitteln und dekorativen Kosmetika.

Wer gleichwohl T. an Wirbeltieren durchführen will, bedarf der Genehmigung des Versuchsvorhabens durch die zuständige Behörde (§ 8 TierSchG), ausnahmsweise reicht auch eine Anzeige des Vorhabens (§ 8a Abs. 1 TierSchG). T. dürfen nur von Personen durchgeführt werden mit den dazu erforderlichen Fachkenntnissen. Über die T. sind Aufzeichnungen zu machen. Der Träger von Einrichtungen, in denen T. an Wirbeltieren durchgeführt werden, muß einen Tierschutzbeauftragten bestellen und die Bestellung der zuständigen Behörde anzeigen (→Tierschutzgesetz). *Hoppe/Beckmann*

Toxikologie. Toxische Wirkungen können nur in begrenztem Umfang am Menschen untersucht werden. Erkenntnisse aus der Beobachtung von beruflich exponierten Personen (→Epidemiologie) bzw. bei Unglücksfällen oder vorsätzlich verursachten Vergiftungen bilden eine wichtige Quelle, sind aber unsystematisch und lückenhaft. Die Toxikologie ist daher ebenso wie die Pharmakologie auf experimentelle Untersuchungen an lebenden Tieren angewiesen. Neben der Untersuchung von dosisabhängigen Wirkungen nach einmaliger oder wiederholter Exposition, die Aufschluß über die akute und chronische Wirkung eines Stoffes auf Organe und Organsysteme geben, sind Untersuchungen zur Aufnahme, Verteilung, Umwandlung und Ausscheidung (→Toxikokinetik, →Biotransformation) sowie des →Wirkungsmechanismus nur im Versuchstier möglich. Bestimmte Fragestellungen, z. B. mutagene Wirkungen werden dagegen vorwiegend in vitro an Bakterien und isolierten Organen oder in Säugetierzellkulturen untersucht. Ein vollständiger Ersatz von T. durch in vitro-Methoden ist allerdings weder gegenwärtig noch in absehbarer Zeit möglich (→Tierversuch-Ersatzverfahren). *Deml*

Tierversuch-Ersatzverfahren. Verfahren zur Bewertung der Toxizität von Chemikalien durch biologische Modellsysteme (in-vitro-Testmethoden) mit dem Ziel, die Zahl der für Versuche verwendeten Tiere erheblich zu reduzieren. Als Modellsysteme kommen in Betracht: →Mikroorganismen oder Einzeller, Zellkulturen aus tierischen oder menschlichen Zellen, subzelluläre Bestandteile (Erbgut, Zellorganellen, Enzyme), biochemische Systeme und Computersimulationen zur verbesserten und gezielten Auswertung von Struktur-Wirkungsbeziehungen sowie der Synthese neuer Substanzen (Pharmazeutika).

Durch diese Verfahren soll zweierlei erreicht werden: erstens langfristig der Ersatz auch gesetzlich vorgeschriebener →Tierversuche; zum zweiten wird nach einer Minimierung des trotz aller Tierversuche bestehenden Restrisikos für den Menschen gesucht, weil nicht alle an Tieren gewonnenen Ergebnisse mit absoluter Sicherheit auf den Menschen übertragen werden können; hierzu sind menschlicher und tierischer Organismus bei aller im Detail bestehenden Verwandtschaft zu unterschiedlich.

Der Einsatz menschlicher Zell- oder Gewebekulturen für toxikologische Untersuchungen läßt eine bessere Übertragbarkeit der Versuchsergebnisse auf den menschlichen Organismus erwarten als der Tierversuch. Dies wird anhand der mittlerweile einsatzbereiten Testverfahren deutlich: Kulturen glatter Muskelzellen aus Arterienwänden dienen dem Screening von Substanzen zur Bekämpfung der Arteriosklerose, isolierte Leberzellen werden zur Bestimmung der metabolischen Aktivität von Arzneistoffen herangezogen.

Mit dem Einsatz bestimmter Magenschleimhautzellen läßt sich modellhaft der Einfluß pharmakologischer Substanzen auf die Produktion von Magensäure und Magenschleim untersuchen. Menschliche Tumorzellen können die Wirksamkeit von Antitumor-Substanzen offenbaren. Die Entwicklung dieser Testverfahren hat sowohl in der Forschung als auch in der Industrie einen deutlichen Rückgang an Tierversuchen bewirkt.

Die nur einen sehr kleinen Teil des Gesamtorganismus repräsentierenden Modellsysteme bergen allerdings das Risiko in sich, einen Wirkstoff nicht zu erfassen oder zu erkennen. Hierdurch ist die Akzeptanz der neuen T.-E. teilweise erschwert. Zur Absicherung werden Testbatterien erstellt, die den Einfluß einer Substanz auf mehrere Zelltypen dokumentieren und einen umfassenderen Einblick in ihre Wirkungsweise eröffnen. Dennoch wirft die Bestätigung und Bewertung der in-vitro-Testmethoden Schwierigkeiten auf, weil die erzielten Effekte abhängig von Zellart und Wirkstoff mehrdeutig ausfallen können. Entscheidungsgrundlage für oder gegen den Einsatz eines Tierversuchs muß daher häufig noch das ethische Bewußtsein des verantwortlichen Wissenschaftlers sein. *Kleespies*

TML. Abk. Tetramethyllead, →Bleitetramethyl, →Bleitetraethyl

O-Toluidin.
□ Stoff-Identifizierungs-Nr.:
CAS-Nr.: 95-53-4
EG-Nr.: 612-024-00-4
UN-Nr.: 1708
EINECS-Nr.: 202-429-0
□ Chemische Formel: C_7H_9N
□ Stoffcharakteristik: Farblose bis hellgelbe, ölige, wenig wasserlösliche Flüssigkeit, schwer entzündlich, lichtempfindlich, verfärbt sich bei Licht- und Luftzutritt rotbraun. Dämpfe viel schwerer als Luft, bilden bei höherer Temperatur mit Luft explosionsfähige Gemische.
□ Gefahrenmerkmale:
– Stoffliste nach § 4 a der →Gefahrstoffverordnung:
Gefahrenkennbuchstabe(n): T
R-Sätze: 45-23/25-36
S-Sätze: 53-45
– Besondere Stoffeigenschaften nach TRGS 500:
krebserzeugend: EG-Kat. 2
– Arbeitsschutzwerte nach TRGS 900:
→TRK-Wert (mg/m^3): 0,5
– Stoffliste (Anhang II) der →Störfall-Verordnung:
Nr. 296 und 4c
– →Wassergefährdungsklasse: WGK 2
– Emissionswerte: TA Luft Einstufung: 2.3 (gemäß MAK-Liste) *Fischer/M. Schön*

P-Toluidin.
□ Stoff-Identifizierungs-Nr.:
CAS-Nr.: 106-49-0
EG-Nr.: 612-024-00-4
UN-Nr.: 1708

EINECS-Nr.: 203-538-1
□ Chemische Formel: C_7H_9N
□ Stoffcharakteristik: Farblose bis hellgelbe Kristallmasse, schwer entzündlich, lichtempfindlich, verfärbt sich bei Licht- und Luftzutritt rotbraun. Dämpfe schwerer als Luft, bilden bei höherer Temperatur explosionsfähige Gemische.
□ Gefahrenmerkmale:
– Stoffliste nach § 4a der →Gefahrstoffverordnung: Gefahrenkennbuchstabe(n): T
R-Sätze: 23/24/25-33-45
S-Sätze: 1/2-28-36/37-45
– Besondere Stoffeigenschaften nach TRGS 500: krebserzeugend: EG-Kat. 2
– Stoffliste (Anhang II) der →Störfall-Verordnung: Nr. 4c
– →Wassergefährdungsklasse: WGK 2
– Emissionswerte: TA Luft Einstufung: 3.1.7 Klasse 1   *Fischer/M. Schön*

Toluol.
□ Stoff-Identifizierungs-Nr.:
CAS-Nr.: 108-88-3
EG-Nr.: 601-021-00-3
UN-Nr.: 1294
EINECS-Nr.: 203-625-9
□ Chemische Formel: C_7H_8
□ Stoffcharakteristik: Farblose, flüchtige, stark lichtbrechende, fast wasserunlösliche, leicht entzündliche Flüssigkeit mit aromatischem Geruch. Brennt mit stark rußender Flamme. Leichter als Wasser. Dämpfe schwerer als Luft, bilden mit Luft explosionsfähiges Gemisch.
□ Gefahrenmerkmale:
– Stoffliste nach § 4a der →Gefahrstoffverordnung: Gefahrenkennbuchstabe(n): F,Xn
R-Sätze: 11-20
S-Sätze: 2-16-25-29-33
– Besondere Stoffeigenschaften nach TRGS 500: fortpflanzungsgefährdend: MAK-Gruppe B
– Arbeitsschutzwerte nach TRGS 900:
→MAK-Wert (mg/m³): 380
→BAT-Wert: 1,7 mg/l Toluol im Vollblut
– Stoffliste (Anhang II) der →Störfall-Verordnung: Nr. 2
– →Wassergefährdungsklasse: WGK 2
– Emissionswerte: TA Luft Einstufung: 3.1.7 Klasse II
– Immissionswerte:
→WHO-Luftqualitätsleitlinien: (Schutzobjekt menschliche Gesundheit):
24 h – Mittelwert = 8 mg/m³   *Fischer/M. Schön*

2,4-Toluylendiisocyanat.
□ Stoff-Identifizierungs-Nr.:
CAS-Nr.: 584-84-9
EG-Nr.: 615-006-00-4

UN-Nr.: 2078
EINECS-Nr.: 209-544-5
□ Chemische Formel: $C_9H_6N_2O_2$
□ Stoffcharakteristik: Farblose bis leicht gelbe Flüssigkeit mit starkem, stechenden Geruch. Wird durch Wasser in heftiger Reaktion zersetzt, reagiert auch intensiv mit Alkoholen, Amiden, Aminen und anderen organischen Verbindungen sowie mit Säuren und starken Oxydationsmitteln.
□ Gefahrenmerkmale:
– Stoffliste nach § 4a der →Gefahrstoffverordnung: Gefahrenkennbuchstabe(n): T+
R-Sätze: 26-36/37/38-42
S-Sätze: 1/2-23-26-28-38-45
– Arbeitsschutzwerte nach TRGS 900:
→MAK-Wert (mg/m³): 0,07
– Stoffliste (Anhang II) der →Störfall-Verordnung: Nr. 4b
– →Wassergefährdungsklasse: WGK 2
– Emissionswerte: TA Luft Einstufung: 3.1.7 Klasse I   *Fischer/M. Schön*

Tonhaltigkeit →Einzelton

Totvolumen. T. ist das Volumen, das bei einer sprunghaften Änderung des Werts des Meßobjekts am Eingang der Meßeinrichtung, durch die Meßeinrichtung gefördert werden muß, bis sich ein Anstieg des Meßwerts auf 10 % der erwarteten Höhe der Sprungantwort ergibt.

Das T. ist in erster Näherung das Meßgasvolumen in der vollständigen Meßeinrichtung (Meßgasleitungen, Probenkonditionierungseinrichtungen) bis zum Sensorelement. Über das T. und über den Meßgasdurchfluß kann die →Totzeit beeinflußt werden.   *Birkle*

Totzeit. T. ist der Zeitabstand zwischen einer sprunghaften Änderung des Werts des Meßobjekts (Luftbeschaffenheitsmerkmal) und dem Anstieg des Meßsignals (Meßwert) auf 10 % der erwarteten Höhe der Sprungantwort (VDI 2449, Bl. 2).

Bei kontinuierlich automatisch arbeitenden Meßgeräten wird die T. einerseits durch das →Totvolumen und den eingestellten Volumenstrom für das Meßgas und andererseits durch die Dynamik des Sensors bestimmt.   *Birkle*

Toxikokinetik. Gegenstand der T. ist die quantitative Untersuchung des Schicksals einer Chemikalie und relevanter Metaboliten im Organismus in Abhängigkeit von applizierter Menge und Expositionsdauer. Der Begriff wird analog zu dem der Pharmakokinetik verwendet, um zu verdeutlichen, daß nicht Arzneimittel (Pharmaka), sondern Chemikalien mit toxischen Wirkungen betrachtet werden.

Auf der Grundlage gemessener Konzentrations-Zeitverläufe beschreibt die T. mittels mathematischer Modelle die Prozesse der Invasion und Elimination eines Stoffs in bzw. aus dem Organismus. Unter Invasion versteht man die Aufnahme eines Stoffs in Blutbahn und Lymphe sowie die daran anschließende Verteilung und Speicherung in anderen Geweben. Die Aufnahme kann z. B. über die Lunge, die Haut oder den Magen-Darmtrakt erfolgen. Die Elimination umfaßt die Abnahme der Konzentration einer Substanz im Organismus durch Ausscheidung des unveränderten Stoffs und durch →Biotransformation. Durch toxikokinetische Untersuchungen kann die Belastung des Organismus bzw. bestimmter Organe durch die toxisch wirksame Substanz (den verabreichten Stoff oder seine wirksamen Metaboliten) bestimmt werden.

Für das Verständnis des Verlaufs von →Dosis-Wirkungsbeziehungen ist es notwendig, die Belastung durch die wirksame Substanz zu kennen. Da Ergebnisse toxikokinetischer Untersuchungen die Verknüpfung zwischen Wirkungsintensität und Belastung durch die wirksame Substanz ermöglichen, sind sie von grundlegender Bedeutung für die Extrapolation von Dosis-Wirkungsbeziehungen und für die Speziesübertragung vom Versuchstier auf den Menschen. *Filser*

Toxikologie. T. ist die Lehre von den schädlichen Wirkungen von Chemikalien auf lebende Organismen. Sie beschreibt die Art der schädlichen Wirkungen zusammen mit den zellulären, biochemischen und molekularen Wirkungsmechanismen und die →Toxikokinetik, d. h. Aufnahme, Verteilung, Verstoffwechslung und Ausscheidung (Elimination). Diese qualitativen Parameter werden als gefährliche Stoffeigenschaften oder Gefährlichkeit (*engl.* Hazard) eines Stoffes bezeichnet.

Die Aufgabe des Toxikologen besteht darin, die genannten Informationen zu erarbeiten und an Hand der Wirkungsmechanismen und der Dosis-Wirkungsbeziehungen die quantitative Aussage zu machen, bei welcher Exposition diese gefährlichen Eigenschaften für den Menschen zum Tragen kommen. Grundlage dieser toxikologischen Bewertung ist der Satz von *Paracelsus:* Alle Dinge sind Gift, kein Ding ohne Gift, allein die Dosis macht, daß ein Ding kein Gift. Dieses wissenschaftlich sehr gut belegte Konzept der unwirksamen Dosis (→Grenzwert) bzw. Exposition gilt nicht für gentoxische Kanzerogene bzw. Mutagene. Für solche Stoffe muß das kanzerogene bzw. mutagene Risiko, d. h. die Wahrscheinlichkeit, mit der es bei Exposition gegenüber einer bestimmten Dosis zu einer Krebserkrankung bzw. einer →Mutation kommt, abgeschätzt werden (→Risikoabschätzung).

Die T. stellt ein sehr umfangreiches Gebiet dar, weil sie die unterschiedlichsten Chemikalien mit verschiedensten Anwendungen zu bearbeiten hat. Daher haben sich mehrere Spezialgebiete entwickelt. Aufgaben der klinischen T. sind das Erkennen und die Behandlung akuter Vergiftungen, die Arzneimittel-T. beschäftigt sich mit den unerwünschten Nebenwirkungen bei bestimmungsgemäßem Gebrauch von Arzneimitteln und bei Überdosierung, die Gewerbe-T. mit Krankheiten, die durch Chemikalien am Arbeitsplatz hervorgerufen werden und die →Umwelttoxikologie mit den toxischen Wirkungen der in der Umwelt vorhandenen Chemikalien auf den Menschen. *Greim*

Toxin. Bezeichnung für natürlich vorhandenen Giftstoff. Bekannte Beispiele von T. sind Schlangengifte, Gifte mariner Fische wie Tetrodotoxin und bakterielle Giftstoffe wie Tetanus-T. oder Diphterie-T. Bei bakteriellen T. unterscheidet man zwischen Endo- und Ektotoxinen. Während die Ektotoxine von den Bakterien in das Kulturmedium abgegeben werden, erscheinen Endotoxine frei nur nach Zerfall des Bakteriums.

Die Mechanismen der Giftwirkungen natürlicher T. ist unüberschaubar vielfältig. Es kann sich um unspezifische Proteasen handeln, die Blutbestandteile zersetzen, um Inhibition der neuronalen Transmission, um Protein-adenylierende Enzyme, um porenbildende Proteine, die die Calcium-Homoeostase von Zellen stören, und um vieles andere mehr.

Beim Umgang mit gentechnisch veränderten Organismen (GVO) ist der Begriff des hochwirksamen T. zu beachten, der unter dem Gesichtspunkt des Arbeitsschutzes in § 3 Nr. 5 GenTSV nach Maßgabe seiner oralen, perkutanen und inhalativen Toxizität definiert ist. Hiernach gilt ein T. als hochwirksam, sofern seine dosis letalis (LD_{50}) bei der Ratte kleiner ist als 25 mg/kg Körpergewicht bei oraler Applikation, 50 mg/kg bei Verbringen auf die Haut bzw. 0,5 mg/l Luft pro 4 Std bei Aufnahme über die Atemwege. Die Fähigkeit eines GVO, ein hochwirksames T. zu bilden, geht in die Zuordnung der Organismen zu Risikogruppen nach § 5 GenTSV ein. *Flohé*

Toxizität. Unter T. (*lat.* toxicum = (Pfeil-) Gift) versteht man die Gesamtheit der unerwünschten oder gesundheitsschädigenden Wirkungen einer Substanz (→Schadstoffwirkung, →Toxikologie). *Deml*

Toxizitätstest. Um die Wirkung eines Stoffs bei kurzzeitiger oder chronischer Exposition zu charakterisieren, verwendet man T., bei denen Versuchstiere mit verschiedenen Dosen des Stoffs behandelt werden. Gebräuchlich sind neben der Prüfung auf akute Toxizität (LD50) T. mit einer Versuchsdauer von 28 (subakute T.), 90 Tagen (subchronische T.)

und bis zu zwei Jahren (chronischer T.). Dabei werden sowohl biochemische und physiologische als auch morphologische Parameter untersucht. Für spezielle Fragestellungen, z. B. Untersuchungen von Haut- und Schleimhautreizungen, gibt es spezielle Testprotokolle (→*Draize*-Test). Krebserzeugende Wirkungen werden im →Kanzerogenitätstest geprüft.

Als Versuchstiere werden vorwiegend Ratten, Mäuse, Meerschweinchen und Kaninchen verwendet. *Deml*

Tracergas. Ein Gas, das sich bereits vom Zeitpunkt der Freisetzung an passiv mit Wind und Turbulenz ausbreitet und kein Schwergasverhalten zeigt (→Störfallausbreitung). Vertikaler Austrittsimpuls und Wärmeinhalt können allerdings vorher noch einen →Anstieg in der Atmosphäre, die Überhöhung, verursachen. Schwere Gase sinken nach der Freisetzung gewöhnlich zu Boden. Nachdem sie sich ausreichend verdünnt haben, gehen auch schwere Gase in die T.-Ausbreitung über. Die Quellentfernung, in der das geschieht, läßt sich mit Hilfe von Ausbreitungsmodellen berechnen (→Ausbreitung schwerer Gase). *Giebel*

Trajektorie. Teilchenbahn, auf der Luftverunreinigungen verfrachtet werden. Während die Stromlinien den augenblicklichen Bewegungszustand der Luft wiedergeben, geben die T. den Weg an, den Luftquanten im Zeitablauf zurücklegen. Die T. werden aus zeitlich sukzessiven Stromlinienbildern konstruiert unter der Annahme, daß jedes Stromlinienbild eine bestimmte Zeit andauert. T. können

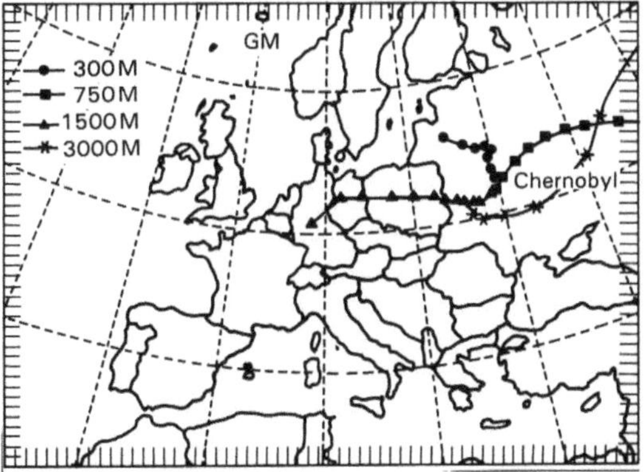

Trajektorie: T. nach dem Reaktorunfall von Tschernobyl für Starthöhen der Trajektorien in 300 m, 750 m, 1 500 m, 3 000 m; Startzeit: 27. April 1986, 12 UTC. Die Symbole geben Zeitschritte von 6 Stunden an (nach H. Hass, M. Memmesheimer, H. Geiß, H. J. Jakobs, M. Laube, A. Ebel: Simulation of the Chernobyl Radioaktive Cloud over Europe using the EURAD Model. Atmospheric Environment, Vol. 23 (1989)).

auch mit Hilfe von Strömungsmodellen errechnet werden. T. geben Aufschluß über die Herkunft von Schadstoffen bei Ferntransporten (Bild). *Külske*

Transferrate. Die T. wird als der Zusammenhang zwischen zwei angrenzenden Medien zur Beschreibung der Übertrittsmenge einer bestimmten Substanz definiert. Sie ist vor allem für Luftverunreinigungen von Bedeutung, die über Verzehr von Futter- bzw. Nahrungspflanzen ein Kontaminationsrisiko für Tier und Mensch darstellen.

Für den Übertritt der Luftverunreinigungen aus der Luft zur Pflanze wird rein empirisch eine T. aus dem Vergleich zwischen dem Niederschlag und dem nach einer gewissen Expositionszeit in der Pflanze ermittelten Gehalt dieser luftverunreinigenden Komponente ermittelt. Bei Blattpflanzen liegt diese T. erstaunlicherweise sowohl bei Schwermetallen als auch bei Dioxinen in etwa bei 0,1–0,2 ng (kg Pflanzentrockensubstanz)$^{-1}$/(pg m^{-2}d^{-1}). Dies ist eine wesentliche Größe zur Ableitung immissionsbegrenzender Werte für den Schadstoffniederschlag in bezug auf ein Kontaminationsrisiko für Tier und Mensch.

Die T. zwischen Luft und Boden und damit die Akkumulation von Luftverunreinigungen im Boden wird üblicherweise so abgeschätzt, daß der Niederschlag modellmäßig für eine bestimmte Expositionszeit, für Grenzwertableitungen z. B. über 100 Jahre, auf den Boden einer bestimmten Verarbeitungs- und damit Durchmischungstiefe sowie einer bestimmten spezifischen Dichte verteilt wird. Hierbei wird im Sinne einer konservativen Annahme vollständige Persistenz, d. h. weder Abbau noch Verlagerung vorausgesetzt. Tatsächlich steht aber der Aufnahme auch ein Verlust gegenüber, was entsprechend dem Massenwirkungsgesetz 1. Ordnung hinsichtlich der Akkumulation zu einer Exponentialfunktion mit Sättigungscharakter führt. In diese Funktion geht als wesentliche Größe die Halbwertszeit der Luftverunreinigung im Boden ein, die jedoch in der Regel unbekannt ist. Bei den in vielen Fällen anzunehmenden Halbwertszeiten in der Größenordnung von Dekaden nähern sich die beiden Modellannahmen stark an.

Der Transfer vom Boden zur Pflanze ist von zahlreichen Faktoren wie Bodenart und Bodentyp, Bodenreaktion, Art der Substanz und ihrer chemischen Bindungsform sowie von der Pflanzenart abhängig. Ein wesentlicher Punkt hierbei ist die Wasserlöslichkeit, weil die einzelnen Komponenten grundsätzlich nur aus der wäßrigen Phase aufgenommen werden. Daher ist das Angebot der Substanz an die Pflanzenwurzel mit dem n-Octanol/ Wasser-Verteilungskoeffizient als stoffgruppenspezifische Eigenschaft negativ korreliert. Die Aufnahme selbst ist hingegen u. U. positiv korreliert, weil vor allem in der stark ausgeprägten Kutikula der Speicherwurzeln, zum Beispiel bei der Möhre, die lipophilen und damit fettlöslichen Substanzen verstärkt aufgenommen und angereichert werden. Die T. kann bei leichtlöslichen Salzen, einschließlich der Schwermetalle (z. B. Cadmium und Thallium), bis 10 ng (kg Pflanzentrockensubstanz)$^{-1}$/ng (kg Bodentrockensubstanz)$^{-1}$ und mehr betragen. Bei organischen Substanzen ist sie jedoch ungleich niedriger, bei Dioxinen z. B. 0,01–0,1 ng (kg Pflanzentrockensubstanz)$^{-1}$/ng (kg Bodentrockensubstanz)$^{-1}$, gemessen in Toxizitätsäquivalenten.

Lipophile Substanzen reichern sich insbesondere im Fettgewebe bzw. im Fett allgemein von Tier und Mensch an, wobei das einfache Modell der T. versagt. U. U. kommt es nicht nur zu einer Bioakkumulation (Konzentration im Akzeptor $\leq$ Konzentration im Expositionsmedium) als Folge fortgesetzter Aufnahme, sondern auch zu einer Biomagnifikation (Konzentration im Akzeptor > Konzentration im Expositionsmedium). So beträgt z. B. die Dioxinkonzentration in Einheiten Internationaler Toxizitätsäquivalente beim Futtermittel rund 1 ng (kg Pflanzentrockenmasse)$^{-1}$, bei der Kuhmilch rund 1 ng (kg Fetttrockenmasse)$^{-1}$, wobei die Fettmasse nur einen Bruchteil der gesamten Körpermasse darstellt, und bei der Muttermilch rund 30 ng (kg Fetttrockenmasse)$^{-1}$. Diese starke Anreicherung in der Muttermilch ist nur dadurch zu verstehen, daß die selektiv im Fettgewebe über Jahrzehnte gespeicherte Dioxinmenge während der Laktation kurzfristig freigesetzt wird.

Ähnliche Phänomene gibt es auch bei Schwermetallen. Hier wird z. B. Blei im Skelett der Mutter deponiert, während der Schwangerschaft mobilisiert und über die Plazenta auf den Blutkreislauf des Embryo übertragen. Eine zusätzliche Kontaminationsquelle für den Säugling stellt die Muttermilch dar, deren Bleigehalt mit dem Blutbleispiegel der Mutter streng korreliert ist. *Prinz*

Transferstandard →Sekundärstandard

Transfervorgang. Luftverunreinigungen breiten sich nach ihrer Emission in der Atmosphäre aus, werden je nach Ableithöhe und meteorologischen Bedingungen mehr oder weniger stark verdünnt und gelangen mit oder ohne chemische Umsetzung und nach mehr oder weniger langer Verweilzeit in der Atmosphäre wieder zum Erdboden zurück. Ohne diesen Mechanismus der Selbstreinigung der Atmosphäre würde es zu einem ständigen Konzentrationsanstieg kommen, wie es tatsächlich bei besonders persistenten und damit klimarelevanten Spurenstoffen (N_2O, CO_2, FCKW, Methan) der Fall ist.

Die atmosphärische Selbstreinigung erfolgt über mehrere Depositionsmechanismen, die sich in einer makrometeorologischen und mikrometeorologischen Betrachtungsweise gliedern lassen. Makrometeorologisch wird ein großer Teil der gas- wie auch der partikelförmigen Luftverunreinigungen mit dem Regen aus der Atmosphäre entfernt. Dabei sind die Löslichkeit, die Partikelgröße, das Säurebildungspotential sowie die chemische Reagibilität wesentliche Faktoren für den Grad der Selbstreinigung. Werden die Luftverunreinigungen von den Wolkentröpfchen aufgenommen und vor dem Regen mit den Regenwolken weitertransportiert, spricht man von „→rainout" oder „in cloud scavenging". Werden hingegen die Luftschadstoffe zwischen Boden und Wolkenschicht von den fallenden Regentropfen mitgerissen, werden hierfür die Begriffe „→washout" oder „below scavenging" verwendet.

Hinzu kommt die Sedimentation partikelförmiger Luftverunreinigungen, die entsprechend den Gesetzen der Gravitation und der Reibungskräfte wesentlich von der Korngrößenverteilung abhängt. Bei Teilchengrößen < 10 µm verhalten sich auch die partikelförmigen Luftverunreinigungen weitgehend wie Gase, weswegen sie dann auch als Schwebstoffe oder Aerosole (in der Atmosphäre gelöste Teilchen) bezeichnet werden.

Gelangen Gase oder Aerosole in die Nähe eines Akzeptors, so finden in der Grenzschicht Wechselwirkungen zwischen Atmosphäre und Akzeptor statt, die der mikrometeorologischen Betrachtungsweise zuzuordnen sind. Die gasförmigen Luftverunreinigungen werden nach Durchdringung der äußeren turbulenten sowie der inneren laminaren Grenzschicht an der Oberfläche des Akzeptors adsorbiert und dann in die tieferen Schichten transportiert. Bei dem Akzeptor Pflanze ist die Aufnahme an der das Blatt oder die Nadel abschließenden Wachsschicht (Kutikula) oder die Aufnahme in den Atemhöhlen (Stomata) zu unterscheiden. Aerosole stoßen mit dem Luftstrom auf Grund ihrer spezifischen Dichte leichter auf ein Hindernis als die umgebende Luft, die um dieses Hindernis herumgeleitet wird. Damit kommt es zu dem Effekt der Impaktion, die zu einer mehr oder weniger starken Bindung der auf die Oberfläche aufprallenden Partikel führt. Bei oberflächiger Adsorption bzw. Abscheidung kann der Regen die Luftverunreinigungen erneut abwaschen und somit sekundär dem Boden zuführen. Dieser Filtereffekt verstärkt den Bodeneintrag und ist insbesondere bei hoher Vegetation, z. B. am Rande eines Nadelwaldbestandes, ganz beträchtlich.

Sowohl der Begriffsapparat zur Beschreibung der grundsätzlichen Zusammenhänge, die für die Deposition maßgeblich sind, als auch die Modelle zu ihrer quantitativen Erfassung sind vergleichsweise kompliziert (Tabelle). Dabei beschreibt die Interzeptionsdeposition den Teil der Luftverunreinigungen, der nach primärer Abscheidung auf der Akzeptorfläche abgewaschen und damit zusätzlich zur primä-

Transfervorgang. Tabelle: Prozesse der atmosphärischen Deposition.

Prozeß	Deposition	
	aus der Sicht der deponierenden Komponente	aus der Sicht der Akzeptoroberfläche
Deposition von Regen- oder Schneetröpfchen mit gelösten und ungelösten Inhaltsstoffen	nasse Deposition	Niederschlags-deposition
Sedimentation grober Teilchen	trockene Deposition	
Impaktion von Aerosolteilchen einschl. Nebel- und Wolkentröpfchen durch Luft- oder Brown'sche Bewegung *)		Interzeptions-deposition
Lösung von Gasen auf feuchten Oberflächen mit anschl. chem. Reaktion		

**) Die Impaktion von Nebel- und Wolkentröpfchen wird gelegentlich der trockenen Deposition zugeordnet.*

ren Niederschlagsdeposition dem Boden zugeführt wird. Sie kann innerhalb eines Waldbestands in Annäherung aus der Differenz zwischen Bestands- und Freilandniederschlag ermittelt werden. Ein weiterer wesentlicher Gesichtspunkt ist der, daß die Sedimentation und der Regenniederschlag in ihrer Quantität weitgehend unabhängig vom Akzeptor und damit vergleichsweise eindeutig zu ermitteln sind, während die Deposition von Gasen und Aerosolen weitgehend von den Akzeptoreigenschaften abhängt, was erhebliche meßtechnische Probleme mit sich bringt.

Zur quantitativen Beschreibung der Deposition von Gasen und Aerosolen ist der Begriff der →Depositionsgeschwindigkeit eingeführt worden. Der Zusammenhang zwischen zwei angrenzenden Medien zur Beschreibung der Übertrittsmenge einer bestimmten Substanz wird als →Transferrate bezeichnet. *Prinz*

Literatur: VDI-Kommission Reinhaltung der Luft (Hrsg.): Säurehaltige Niederschläge – Entstehung und Wirkungen auf terrestrische Ökosysteme. Dusseldorf 1983.

Transformation. Der Begriff T. wird in der modernen Biologie für zwei grundsätzlich verschiedene Phänomene verwendet.

□ Er bezeichnet einmal die spontane, mutationsbedingte Veränderung einer Zelle in Kultur oder im Organismus, die deren Fähigkeit zu unbegrenztem Wachstum zur Folge hat. In diesem Sinne spricht man auch von maligner T. bei der Krebsentstehung.

□ In der →Gentechnik bezeichnete man als T. das gezielte Einbringen einer Nucleinsäure in eine →Wirtszelle mit Hilfe eines Vektors. Ursprünglich war der so verstandene Begriff T. auf das Einschleusen von DNA in Bakterien beschränkt, wird aber häufig auch für gentechnische Veränderungen an tierischen oder pflanzlichen Zellen verwendet. Für letztere Technik ist jedoch der Terminus Transfektion vorzuziehen, um Verwechslungen von spontaner T. und gentechnischer T. bei zellbiologischen Fragestellungen zu vermeiden. *Flohé*

Translation. T. bezeichnet die Übersetzung der Nucleotid-Sequenzen der mRNA in Aminosäure-Sequenzen von Proteinen. Zum grundlegenden Mechanismus der T.: →Proteinsynthese.

Trotz grundlegender Übereinstimmung der T.-Mechanismen bei allen Organismen kann es durch speziesspezifische Unterschiede im Detail zu Komplikationen bei der →Expression heterologer Gene auf der Translationsebene kommen. Auch die Sekundärstruktur der mRNA kann die Bedeutung eines Codons speziesspezifisch determinieren (→Code, genetischer). *Flohé*

Transmission. Vorgänge, durch welche die in die Atmosphäre eingebrachten Spurenstoffe (Emission) transportiert, verteilt und verdünnt sowie verändert werden. Die T. schließt also auch chemische und physikalische Umwandlungen der Spurenstoffe während des Transports sowie Deposition und Sedimentation, rain-out und wash-out ein. Durch die T. werden die Emissionen in Immissionen (Spurenstoffe im Einwirkungsbereich von Mensch, Tier, Pflanze und Sachen) überführt. *Külske*

Transport gefährlicher Stoffe →Gefahrguttransport auf der Straße, →Gefahrgutumschließung, →Gefahrgutvorschriften.

Transport radioaktiver Stoffe auf der Straße. Der T. r. S. ist durch die →Gefahrgutvorschriften geregelt; für den Transport auf der Straße gilt die GGVS i. d. F. der Bek. vom 13. November 1990 (BGBl. I S. 2453), zuletzt geändert durch Verordnung vom 13. April 1993 (BGBl. I S. 448), speziell Anlage A und Anhang A.7 zu Anlage A mit den besonderen Vorschriften für die Klasse 7 (radioaktive Stoffe). Diese Vorschriften sind im wesentlichen in 13 Blättern für die verschiedenen Arten von radioaktiven Sendungen zusammengefaßt (alle unter Randnummer (Rn) 2704); damit wird ein Transportspektrum abgedeckt, das vom Versand radioaktiv markierter Zifferblätter bis zur Verbringung abgebrannter Brennelemente aus Kernkraftwerken in Zwischenlager oder zur Wiederaufarbeitung reicht.

Radioaktive Stoffe werden stets als Versandstücke, d. h. in das →Gefahrgut umschließenden Verpackungen befördert (→Gefahrgutumschließung). Die Transportvorschriften gelten neben den Beförderungsvorschriften des AtG und der Strahlenschutzverordnung und sind auch auf radioaktive Abfälle anzuwenden.

□ Verpackung und Versandstücke. Unter Verpackung versteht man die Gesamtheit aller für die vollständige Umschließung des radioaktiven Inhalts notwendigen Bauteile. Die Verpackung (z. B. Kiste, Faß, aber auch Container oder Tank) kann aus mehreren Behältern oder Gefäßen bestehen und u. a. saugfähiges Material, Einrichtungen für die Einhaltung des Sicherheitsabstands, eine Strahlenabschirmung, eine Kühleinrichtung, eine Wärmeschutzeinrichtung und/oder Stoßdämpfer enthalten.

Ein Versandstück ist eine Verpackung mit ihrem Inhalt an radioaktiven Stoffen.

Die Anforderungen an die Verpackungen ergeben sich aus den Anforderungen an die Versandstücke und enthalten auch Konstruktions- und Prüfvorschriften; diese Anforderungen sind in der GGVS ausnahmslos durch Verweise auf entsprechende Regelungen der Internationalen Atomenergie-Organisation (IAEO) abgehandelt; in der Praxis müssen daher beide Regelungen herangezogen werden. Aus der Kombination der GGVS mit den IAEO-Empfehlungen für die sichere Beförderung radioaktiver Stoffe (Bekanntmachung des Bundesministers für Verkehr vom 15. Nov. 1989 im Verkehrsblatt Heft 22/1989) ergeben sich die Anforderungen aus Abschnitt 2 „Verpackung/Versandstück" des jeweiligen Blattes (1–13) für radioaktive Sendungen. Dabei werden grundsätzlich unterschieden:
– Freigestellte Versandstücke,
– Industrieversandstücke,
– Typ A-Versandstücke und
– Typ B-Versandstücke.

Freigestellte Versandstücke sind Verpackungen mit radioaktiven Stoffen unterhalb bestimmter Aktivitätsgrenzen nach Rn. 3713.

Industrieversandstücke (IP = industry package) sind Verpackungen (oder Tanks oder Container) mit Stoffen von geringer spezifischer Aktivität (LSA = low specific activity) oder mit oberflächenkontaminierten Gegenständen (SCO = surface contaminated object), wobei drei Typen mit stets weitergehenden Anforderungen definiert sind:
– Typ 1-Industrieversandstück = IP-1 (wie freigestellte Versandstücke, zusätzliche Anforderungen nach Nr. 518 der IAEO-Empfehlungen),
– IP-2 (wie IP-1, zusätzliche Anforderungen nach Nr. 519),
– IP-3 (wie IP-2, zusätzliche Anforderungen nach Nr. 520).

Typ A-Versandstücke sind Verpackungen mit zu transportierenden radioaktiven Stoffen
– bis zu einer höchsten Aktivität A1, wenn der Stoff „in besonderer Form", d. h. entweder als nicht ausbreitungsfähiger fester Stoff oder in einer dicht verschlossenen Kapsel, oder
– bis zu einer höchsten Aktivität A2, wenn der Stoff in anderer Form vorliegt.

Die zulässigen Aktivitäten sind in der GGVS (Anhang A.7 zu Anlage A) tabelliert (Rn. 3700) bzw. können nach einem dort angegebenen Verfahren (Rn. 3701) berechnet werden. Eine Typ A-Verpackung muß insbesondere so beschaffen sein, daß unter normalen Beförderungsbedingungen, einschließlich kleiner Zwischenfälle, der radioaktive Stoff nicht entweichen oder sich verstreuen kann und Abschirmungsverluste verhindert werden, die zu einer Dosisleistungserhöhung an der Außenfläche des Versandstücks von mehr als 20 % führen könnten.

Typ B-Versandstücke sind Verpackungen oder Tanks oder Container mit radioaktivem Inhalt, deren Aktivität den Wert A1 oder A2 (vgl. Typ A-Versandstücke) überschreitet; die Gesamtaktivität in einem Typ B-Versandstück wird nur durch den in der Zulassung des Versandstückmusters festgesetzten Höchstwert begrenzt.

Bei den Typ B-Versandstücken werden Typ B(U)- und Typ B(M)-Versandstücke unterschieden, wobei die Klammerausdrücke sich auf die Baumusterprüfung und die Zulassung beziehen (unilaterale = einseitige bzw. multilaterale = mehrseitige Zulassung); die Zulassung der Versandstückmuster ist in Anhang A.7 der Anlage A zur GGVS, und zwar in Rn. 3752 (Typ B(U)) bzw. Rn. 3753 (Typ B(M)) geregelt. Die „einseitige" Zulassung wird nur von der Bauartzulassungsbehörde des Ursprungslandes erteilt, die „mehrseitige" Zulassung sowohl durch die Behörde des Ursprungslandes als auch durch diejenigen Behörden, deren Land Ziel der Sendung ist oder von dem Transport berührt wird.

Ein Typ B-Versandstück muß nicht nur den verschärften Beförderungsbedingungen wie eine Typ A-Verpackung standhalten („kleinere Zwischenfälle"), sondern auch einen Beförderungsunfall hinsichtlich der dichten Umschließung und des Erhalts der Abschirmung überstehen. Die Baumusterprüfung erstreckt sich daher u. a. auf Fallversuche und eine anschließende Erhitzungsprüfung, bei der die erlittene mechanische Schädigung das größtmögliche Ausmaß erreicht. Ein bekanntes Beispiel für Typ B-Versandstücke sind die Transport- und Lagerbehälter für abgebrannte Brennelemente aus Kernkraftwerken.

□ Kennzeichnung der Versandstücke. Sie richtet sich nach den in den Bl. 1–13 (Rn 2704 der GGVS) jeweils gestellten Anforderungen. Mit Ausnahme der freigestellten Versandstücke ist mindestens eine Kennzeichnung mit Gefahrzetteln (→Gefahrgutumschließung) erforderlich. Dabei werden grundsätzlich – in Abhängigkeit von der Transportkennzahl und der Dosisleistung an der Oberfläche des Versandstücks – vier Kategorien der Versandstücke mit drei Gefahrzetteln unterschieden (Tabelle); die Kategorien geben auch die zu verwendenden Gefahrzettel an (Muster 7A–7C; Bild). Die Gefahrzettel müssen neben Angaben des Inhalts und der Aktivität eine Transportkennzahl enthalten (außer Versandstücke der Kategorie I weiß). Die Transportkennzahl ist eine Zahl, anhand derer sowohl die nukleare Kritikalitätssicherheit als auch die Strahlungsexposition überwacht werden kann; sie ist nach Rn. 3715 des Anhangs A.7 zur Anlage A der GGVS zu ermitteln.

□ Kennzeichnung der Fahrzeuge. Für freigestellte Versandstücke sind Fahrzeugkennzeichnungen nicht vorgeschrieben. Bei der Beförderung der anderen genannten Versandstücke sind die Fahrzeuge an beiden Seiten und an der Rückwand mit Gefahrzetteln nach Muster 7D (Bild) zu kennzeich-

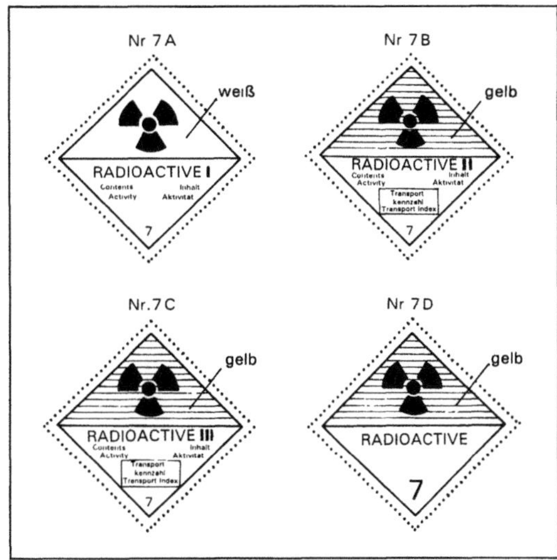

Transport radioaktiver Stoffe: Gefahrzettel (Muster 7A—7C für Versandstücke; Muster 7D für Transportfahrzeuge)

nen, ferner mit einer unbeschrifteten orangefarbigen →Warntafel. *Dreyhaupt*

Transurane. Elemente, deren Ordnungszahl größer als 92 ist, d. h. die im Periodensystem jenseits von Uran liegen. Hierzu gehören die künstlich erzeugten radioaktiven Elemente Neptunium, Plutonium, Americium, Curium, Berkelium, Californium, Einsteinium, Fermium, Mendelevium, Nobelium, Lawrencium. Die endgültige Namensgebung der Elemente mit den Ordnungszahlen 104 und höher steht noch aus.

Transport radioaktiver Stoffe. Tabelle: Kategorien der Versandstücke und Gefahrzettel

Bedingungen		Kategorie	Gefahrzettel Muster
Transportkennzahl	Höchste Dosisleistung an jedem Punkt der Außenfläche		
0[1])	Nicht mehr als 0,005 mSv/h (0,5 mrem/h)	I-WEISS	7 A
Größer als 0, aber nicht größer als 1[1])	Größer als 0,005 mSv/h (0,5 mrem/h), aber nicht größer als 0,5 mSv/h (50 mrem/h)	II-GELB	7 B
Größer als 1, aber nicht größer als 10	Größer als 0,5 mSv/h (50 mrem/h), aber nicht größer als 2 mSv/h (200 mrem/h)	III-GELB	7 C
Größer als 10	Größer als 2 mSv/h (200 mrem/h) aber nicht größer als 10 mSv/h (1 000 mrem/h)	III-GELB und unter ausschließlicher Verwendung[2])	

[1]) Ist die Transportkennzahl nicht größer als 0,05, kann ihr Wert gleich Null gesetzt werden.
[2]) „Unter ausschließlicher Verwendung" bedeutet, daß zum Transport ein Fahrzeug oder ein Container mit einer Mindestlänge von 6 m für die Versandstücke eines einzelnen Absenders verwendet werden muß.

In der Kerntechnik spielen nur die T. bis einschließlich des Curiums eine Rolle. Bedeutungsvoll im anwendungstechnischen Sinne ist vor allem das Plutonium; in weit geringerem Umfange sind es die Elemente Neptunium, Americium und Curium. Als Neutronenquelle für wissenschaftliche Zwecke gelangen Curium und Californium zum Einsatz. Vom strahlenschutztechnischen Standpunkt aus betrachtet sind alle Elemente bis zum Californium infolge ihrer Zerfallsart (α-Strahler, Halbwertszeiten) von mehr oder weniger großer Bedeutung. In den radioaktiven Abfällen tragen sie erheblich zur Radiotoxizität bei. *Merz*

Trassenüberwachung von Rohrfernleitungen. Die Überwachung des Rohrleitungsverlaufs (Trasse) erfolgt regelmäßig durch Begehen (Trassengänger) und durch Flugüberwachung. Hierbei sollen Veränderungen und besondere Vorkommnisse festgestellt werden, um mögliche Beeinträchtigungen der Pipelinesicherheit rechtzeitig zu erkennen.

Beim Begehen werden auch alle Stationen (wie Pump-, Abzweig-, Übergabe-, Schieberstationen, Meßstellen usw.) kontrolliert und insbesondere auf Undichtheiten, z. B. an Flanschverbindungen, untersucht. Der Leitungsverlauf ist durch sog. Schilderpfähle (Bild 1) gekennzeichnet, die auf Sichtweite stehen und die genaue Lage der unterirdisch verlegten Pipeline ausweisen. Auf angebrachten Hinweisschildern ist u. a. die Fernsprechnummer der Betriebszentrale angegeben, so daß auch Außenstehende bei Auffälligkeiten Meldung machen können. Für die Flugüberwachung – überwiegend mit Hubschraubern – ist ein Teil der Schilderpfähle mit farbigen Flugsichtdächern versehen. Bild 2 zeigt ein Flugsichtdach einer Pipeline; die angebrachte Zahl weist die Kilometrierung der Leitung aus, was eine Orientierung erleichtert.

Trassenüberwachung von Rohrfernleitungen 1: Schilderpfahl einer Ölpipeline.

Trassenüberwachung von Rohrfernleitungen 2: Flugsichtdach einer Ölpipeline.

Über die Ergebnisse der T. wird ein Bericht erstellt, der Beobachtungen verschiedener Unzulässigkeiten unter genauer Ortsangabe enthält. *Krass*

Treibhauseffekt. Die wesentlichen Beiträge zum Wärmehaushalt der Erde sind die Einstrahlung der Energie der Sonne und die von der Erdoberfläche wieder abgegebene langwellige Wärmestrahlung, die auch als Infrarotstrahlung bezeichnet wird. Zwischen der eingestrahlten und der von der Erdoberfläche wieder abgegebenen Strahlung stellt sich ein dynamisches Gleichgewicht ein, das die Temperatur auf der Erde bestimmt. Enthielte die Erdatmosphäre keine klimarelevanten Spurengase, würde sich die Temperatur an der Oberfläche auf einen Wert von $-18\,°C$ einstellen. Der natürliche T., der von den Gasen Wasserdampf (H_2O), →Kohlendioxid (CO_2), →Ozon (O_3), →Distickstoffoxid (N_2O) und →Methan (CH_4), (Reihenfolge ihrer Bedeutung), hervorgerufen wird, bewirkt jedoch, daß die heutige Durchschnittstemperatur auf der Erde in Bodennähe ~$15\,°C$ beträgt.

Klimawirksam sind außerdem luftgetragene Partikel (→Aerosole) und Wolkenteilchen, wobei ihr Einfluß auf die Strahlungsbilanz schwer zu beschreiben und teilweise schlecht verstanden ist. Die Spurengase lassen die von der Sonne eingestrahlte Energie weitgehend ungehindert passieren, absorbieren aber stark die von der Erdoberfläche emittierte langwellige Wärmestrahlung (Bild 1). Die Folge ist eine Verringerung der Wärmeabstrahlung von der Erdoberfläche und der unteren Atmosphäre, die zu einer Zunahme der Temperatur in diesen Luftschichten führt. Eine Erhöhung der Konzentrationen der oben aufgezählten klimarelevanten Spurengase und weiterer anthropogen emittierter Verbindungen (→FCKW, →Halone, →Kohlenwasserstoffe) führt zu einem zusätzlichen T.

Den größten Anteil an der Absorption der Wärmestrahlung hat Wasserdampf (Bild 2). Die Treibhausgase tragen dann besonders effektiv zur

Treibhauseffekt. Tabelle: GWP und Anteil am zusätzlichen T. verschiedener Treibhausgase.

Treibhausgas	CO_2	CH_4	N_2O	O_3	FCKW 11	FCKW 12
rel. GWP[Mol]	1	21	206	2 000	12 400	15 800
Anteil in %	50	13	5	7	5	12

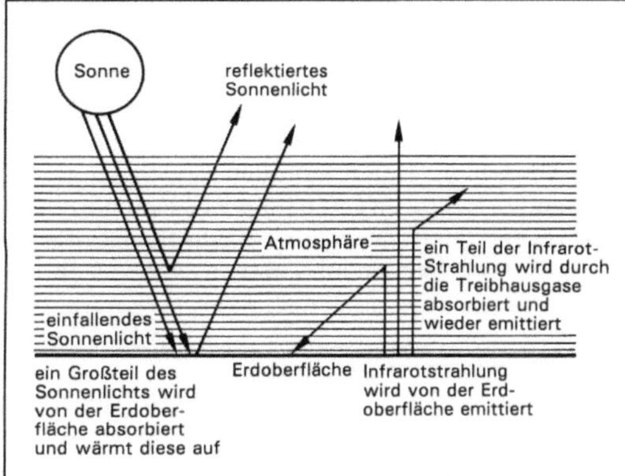

Treibhauseffekt 1: Schematischer Überblick.

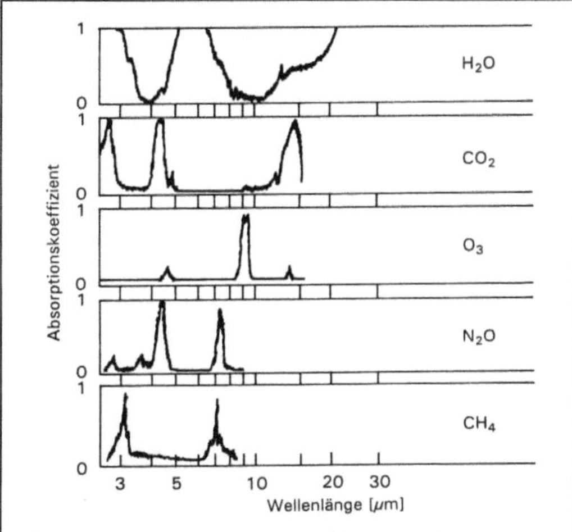

Treibhauseffekt 2: Stark geglättete Absorptions-Spektren der Treibhausgase.

Strahlungsabsorption bei, wenn sie in jenen Bereichen optisch aktiv sind, in denen der Wasserdampf die Wärmestrahlung nahezu ungehindert passieren läßt. Die Strahlungswirkung eines Treibhausgases, als Treibhauspotential (Greenhouse Warming Potential, GWP) bezeichnet, wird auf das Kohlendioxid mit einem relativen GWP von 1 bezogen. Die Tabelle zeigt das relative GWP für 1 Mol der verschiedenen Treibhausgase sowie den Anteil am zusätzlichen T. in den achtziger Jahren dieses Jahrhunderts. Die Tabelle berücksichtigt weder die Verweilzeit in der Atmosphäre, noch die indirekten T. durch Abbauprodukte der Gase ($\rightarrow$ Anstieg von Spurengasen). *Becker/Wiesen*

Trenngrad $\rightarrow$ Fraktionsabscheidegrad

Trennsäule. Die T. ist das zentrale Bauteil sowohl in der Hochdruckflüssigkeits- als auch in der $\rightarrow$ Gaschromatographie. Die Aufgabe der T. ist es, ein Substanzgemisch möglichst vollständig in akzeptabler Zeit in die einzelnen Komponenten zu zerlegen. In der Praxis heißt das, daß ein Gemisch von chemischen Verbindungen die T. zeitlich getrennt nacheinander wieder verläßt und durch einen geeigneten Detektor angezeigt wird. Der Zeitpunkt des Verlassens der T. ergibt die qualitative Auskunft, die Höhe des Signals das quantitative Ergebnis. Die richtige Wahl der T. ist entscheidend für den Erfolg einer chromatographischen Analyse. Besonders in der Gaschromatographie ist die Typenvielfalt hinsichtlich der Bauform, der chemischen Eigenschaft der Füllung der T. oder der thermische Stabilität kaum überschaubar und verlangt viel Erfahrung von dem Benutzer. *Dulson*

Trennverfahren.
Stoffgemische. Sammelbezeichnung für Verfahren, mit denen unter Ausnutzung der unterschiedlichen physikalischen oder chemischen Eigenschaften der reinen Komponenten und der daraus resultierenden Triebkräfte eine Trennung von Stoffgemischen möglich ist.

Die zur Trennung führenden Triebkräfte können durch Anlegen äußerer Zwänge (z. B. Druck, Temperatur, elektr. Feld) noch verstärkt werden.

Auf Grund der oftmals nur geringen Unterschiede in den Eigenschaften werden die einzelnen T. meist als multiplikative Verfahren oder in Kombination mit anderen T. angewendet.

In der Praxis existieren zahlreiche T., die nach unterschiedlichen Gesichtspunkten unterteilt werden können:

– Mechanische Verfahren: Trennung durch Ausnutzung von Schwerkraft, Zentrifugalkraft, Druck oder Vakuum, z. B. $\rightarrow$ Dekantieren, Elutriation, Klassieren, Sortieren, $\rightarrow$ Filtration, Dialyse, $\rightarrow$ Sedimentation, $\rightarrow$ Umkehrosmose, $\rightarrow$ Flotation.

– Thermische Verfahren: Trennung basierend auf Phasenumwandlungen, z. B. Destillation, Sublimation, Kristallisation, $\rightarrow$ Adsorption, Eindicken, Einengen, Eindampfen, →Kondensation, Ausfrieren.

– Elektrische und magnetische Verfahren: Trennung durch Ausnutzung der elektrischen und/oder magnetischen Eigenschaften, z. B. Magnetscheiden, Elektrophorese, Elektroosmose, Elektrodialyse, elektrische Entstaubung.

– Chemische Verfahren: Trennung basierend auf Stoffwandlungen, Addukt- oder Verbindungsbildung, z. B. Ionenaustausch, Komplexierung, Chelatisierung, Racematbildung.

Im Bereich der Abfallwirtschaft läßt sich die Gruppe der T., als Bestandteil nahezu aller Abfallbehandlungsmethoden, der chemisch-physikalischen →Abfallbehandlung zuordnen. *Radde*

Abwasser. Abwassersammelsystem, bei dem Schmutz- und Niederschlagswasser schon auf den Grundstücken getrennt erfaßt und über zwei Anschlußkanäle der öffentlichen Kanalisation zugeführt werden, die aus zwei voneinander unabhängigen Kanalsystemen, nämlich dem Schmutzwassersystem und dem Niederschlags- oder Regenwassersystem besteht.

Im Schmutzwassersystem wechselt die Wassermenge entsprechend dem Wasserverbrauch zu den verschiedenen Tageszeiten. Der Abfluß ist infolgedessen um die Mittagszeit am größten und nachts am kleinsten. Der Unterschied zwischen der größten Abflußmenge und der kleinsten Abflußmenge ist jedoch wesentlich geringer als beim →Mischverfahren.

Das Niederschlagswasser ist in Abhängigkeit von der Charakteristik des Einzugsgebietes vor einer – ggf. verzögerten – Einleitung in den Vorfluter vorzubehandeln. *Mertsch*

Trennverfahren, elektrostatisch →ESTA

TRGS →Technische Regeln für Gefahrstoffe

TRGS 500. Technische Regeln für Gefahrstoffe: Schutzmaßnahmen beim Umgang mit krebserzeugenden Gefahrstoffen – Zuordnung zu den Gefährdungsgruppen, Ausg. März 1988, zuletzt geändert durch Bekanntmachung des Bundesministers für Arbeit und Sozialordnung vom 10. Dez. 1992 (Bundesarbeitsblatt 2/1993, S. 85). Die TRGS 500 enthält eine Liste der krebserzeugenden, erbgutverändernden und fortpflanzungsgefährdenden Stoffe. Sie hat insofern Bedeutung für den Umweltschutz, als die →Gefahrstoffverordnung auch dem Schutz der Umwelt vor stoffbedingten Schäden dient; dieser Zusammenhang wird insbesondere deutlich durch die Bezugnahme der TA Luft (Nr. 2.3 Krebserzeugende Stoffe) auf die entsprechenden MAK-Einstufungen (→Maximale Arbeitsplatzkonzentration), die grundsätzlich in die TRGS 500 einfließen. Es ist

aber festzustellen, daß zunehmend das EG-Recht bei der Einstufung von Stoffen als krebserzeugend, erbgutverändernd oder fortpflanzungsgefährdend Bedeutung gewinnt.

In der TRGS 500 ist zur Liste der krebserzeugenden, erbgutverändernden und fortpflanzungsgefährdenden Stoffe ausdrücklich vermerkt, daß ein Stoff nicht aufgeführt ist, wenn von der EG-Kommission entschieden wurde, den Stoff nicht entsprechend einzustufen; MAK-Einstufungen sind in der TRGS-500 – zugunsten der EG-Kategorisierung – dann nicht angegeben, wenn ein Stoff nach Anhang I der Richtlinie 67/548/EWG als krebserzeugend, erbgutverändernd oder fortpflanzungsgefährdend eingestuft ist, d. h. den EG-Kategorien ist entsprechend der Umsetzungspflicht für EG-Recht (→EG-Umweltrecht) der Vorrang gegeben. In der TRGS 500 werden folgende EG-Kategorien verwendet:

□ Krebserzeugend C (cancerogen).

EG-Kategorie C 1: Stoffe, die beim Menschen bekanntermaßen krebserzeugend wirken (hinreichende Anhaltspunkte für einen Kausalzusammenhang).

EG-Kategorie C 2: Stoffe, die als krebserzeugend für den Menschen angesehen werden sollten (hinreichende Anhaltspunkte zu der begründeten Annahme, daß eine Exposition Krebs erzeugen kann).

EG-Kategorie C 3: Stoffe, die wegen möglicher krebserzeugender Wirkung beim Menschen Anlaß zur Besorgnis geben, über die jedoch nicht genügend Informationen für eine befriedigende Beurteilung vorliegen (einige Anhaltspunkte aus Tierversuchen).

□ Erbgutverändernd M (mutagen).

EG-Kategorie M 1: Stoffe, die auf den Menschen bekanntermaßen erbgutverändernd wirken (hinreichende Anhaltspunkte für einen Kausalzusammenhang).

EG-Kategorie M 2: Stoffe, die als erbgutverändernd für den Menschen angesehen werden sollten (hinreichende Anhaltspunkte zu der begründeten Annahme, daß eine Exposition zu vererbbaren Schäden führen kann).

EG-Kategorie M 3: Stoffe, die wegen möglicher erbgutverändernder Wirkung auf den Menschen zu Besorgnis Anlaß geben (einige Anhaltspunkte aus Mutagenitätsversuchen).

□ Fortpflanzungsgefährdend R (reproduktionstoxisch).

Hier werden unterschieden die Kategorien
R_F = Beeinträchtigung der Fortpflanzungsfähigkeit (Fruchtbarkeit) und
R_E = fruchtschädigend (entwicklungsschädigend).

EG-Kategorie R_F 1: Stoffe, die beim Menschen die Fortpflanzungsfähigkeit (Fruchtbarkeit) bekanntermaßen beeinträchtigen (hinreichende Anhaltspunkte für einen Kausalzusammenhang).

EG-Kategorie R_E 1: Stoffe, die beim Menschen bekanntermaßen fruchtschädigend (entwicklungsschädigend) wirken (hinreichende Anhaltspunkte für einen Kausalzusammenhang zwischen der Exposition einer schwangeren Frau und schädlichen Auswirkungen auf die Entwicklung der direkten Nachkommenschaft).

EG-Kategorie R_F 2: Stoffe, die als beeinträchtigend für die Fortpflanzungsfähigkeit (Fruchtbarkeit) des Menschen angesehen werden sollten (hinreichende Anhaltspunkte für die Annahme, daß eine Exposition zu einer Beeinträchtigung der Fortpflanzungsfähigkeit führen kann).

EG-Kategorie R_E 2: Stoffe, die als fruchtschädigend (entwicklungsschädigend) für den Menschen angesehen werden sollten (hinreichende Anhaltspunkte für die begründete Annahme, daß die Exposition einer schwangeren Frau zu schädlichen Auswirkungen auf die Entwicklung der Nachkommenschaft führen kann).

EG-Kategorie R_F 3: Stoffe, die wegen möglicher Beeinträchtigung der Fortpflanzungsfähigkeit (Fruchtbarkeit) des Menschen zu Besorgnis Anlaß geben (Annahmen im allgemeinen aufgrund von Tierversuchen).

EG-Kategorie R_E 3: Stoffe, die wegen möglicher fruchtschädigender (entwicklungsschädigender) Wirkungen beim Menschen zu Besorgnis Anlaß geben (Annahmen im allgemeinen aufgrund von Tierversuchen).
Dreyhaupt

TRGS 900. Technische Regeln für Gefahrstoffe: Grenzwerte; Ausg. Febr. 1993 (Bundesarbeitsblatt 2/1993, S. 57), geändert mit BArbBl. 9/1993, S. 76/77 und 1/1994 S. 39/64.

Die TRGS 900 gilt grundsätzlich für den beruflichen Umgang mit Gefahrstoffen und dient der Durchführung der entsprechenden arbeitsschutzrechtlichen Vorschriften der →Gefahrstoffverordnung; sie enthält Grenzwerte für Stoffe in der Atemluft am Arbeitsplatz (Luftgrenzwerte wie →MAK-Wert, →TRK-Wert und →EG-Wert) sowie Biologische Arbeitsplatztoleranzwerte (→BAT-Wert). Neben den Grenzwerten enthält die Luftgrenzwertliste der TRGS 900 Hinweise auf andere, besonders gefährliche Eigenschaften der aufgelisteten Stoffe wie hautresorptiv, sensibilisierend, krebserzeugend, erbgutverändernd und fortpflanzungsgefährdend.

Während die TRGS 900 der vorhergehenden Ausgaben weitgehend die wissenschaftlichen Ergebnisse der →MAK-Wert-Kommission in verbindliche Vorschriften umsetzten und daher die Bezeichnung „MAK-Werte (Jahreszahl)" trugen, enthält die Ausgabe Februar 1993 – neben MAK-Werten – erstmalig auch →EG-Werte, die man inoffiziell als europäische MAK-Werte bezeichnet. Es ist mit der immer stärker voranschreitenden europäischen

Harmonisierung (→EG-Umweltrecht) zu erwarten, daß die Zahl der EG-Werte weiter zunehmen wird (→TRGS 500).

Die BAT-Werte-Liste der TRGS 900 entspricht voll der Liste der MAK-Wert-Kommission (→Biologischer Arbeitsplatz-Toleranzwert, BAT).
Dreyhaupt

Tributylzinnacetat.
□ Stoff-Identifizierungs-Nr.:
CAS-Nr.: 56-36-0
EG-Nr.: 050-008-00-3
UN-Nr.: 2811
EINECS-Nr.: 200-269-6
□ Chemische Formel: $C_{14}H_{30}O_2Sn$
□ Stoffcharakteristik: Farblose, wachsartige Masse, unlöslich in Wasser, löslich in organischen Lösungsmitteln.
□ Gefahrenmerkmale:
– Stoffliste nach § 4a der →Gefahrstoffverordnung: Gefahrenkennbuchstabe(n): T
R-Sätze: 21-25-36/38-48/23/25
S-Sätze: 1/2-35-36/37/39-45
– Arbeitsschutzwerte nach TRGS 900:
→MAK-Wert (mg/m³): 0,05
– Stoffliste (Anhang II) der →Störfall-Verordnung: Nr. 302 und 4c
– →Wassergefährdungsklasse: WGK 3
Fischer/M. Schön

Tributylzinnchlorid.
□ Stoff-Identifizierungs-Nr.:
CAS-Nr.: 1461-22-9
EG-Nr.: 050-008-00-3
UN-Nr.: 2810
EINECS-Nr.: 215-958-7
□ Chemische Formel: $C_{12}H_{27}ClSn$
□ Stoffcharakteristik: Farblose bis gelbliche Flüssigkeit, unlöslich in Wasser, löslich in organischen Lösungsmitteln.
□ Gefahrenmerkmale:
– Stoffliste nach § 4a der →Gefahrstoffverordnung: Gefahrenkennbuchstabe(n): T
R-Sätze: 21-25-36/38-48/23/25
S-Sätze: 1/2-35-36/37/39-45
– Arbeitsschutzwerte nach TRGS 900:
→MAK-Wert (mg/m³): 0,05
– Stoffliste (Anhang II) der →Störfall-Verordnung: Nr. 302 und 4c
– →Wassergefährdungsklasse: WGK 3
Fischer/M. Schön

2,3,4-Trichlor-1-Buten.
□ Stoff-Identifizierungs-Nr.:
CAS-Nr.: 2431-50-7
UN-Nr.: 2322
EINECS-Nr.: 219-397-9
□ Chemische Formel: $C_4H_5Cl_3$

□ Stoffcharakteristik: Farblose, schwach stechend riechende Flüssigkeit, kaum löslich in Wasser.
□ Gefahrenmerkmale:
- Besondere Stoffeigenschaften nach TRGS 500: krebserzeugend: MAK-Gruppe III A 2
- Arbeitsschutzwerte nach TRGS 900:
→TRK-Wert (mg/m^3): 0,035
- Stoffliste (Anhang II) der →Störfall-Verordnung: Nr. 304
- Emissionswerte: TA Luft Einstufung: 2.3 (gemäß MAK-Liste)   *Fischer/M. Schön*

1,1,1-Trichlorethan.
□ Stoff-Identifizierungs-Nr.:
CAS-Nr.: 71-55-6
EG-Nr.: 602-013-00-2
UN-Nr.: 2831
EINECS-Nr.: 200-756-3
□ Chemische Formel: $C_2H_3Cl_3$
□ Stoffcharakteristik: Farblose, flüchtige Flüssigkeit, unlöslich in Wasser, süßlich-ätherischer Geruch. Dämpfe schwerer als Luft. Im Gemisch mit Luft und Sauerstoff Explosionsgefahr möglich.
□ Gefahrenmerkmale:
- Stoffliste nach § 4 a der →Gefahrstoffverordnung: Gefahrenkennbuchstabe(n): Xn, N
R-Sätze: 20-59
S-Sätze: 2-24/25-59-61
- Arbeitsschutzwerte nach TRGS 900:
→MAK-Wert (mg/m^3): 1080
→BAT-Wert: 550 μg/l 1,1,1-Trichlorethan im Vollblut
20 ml/m^3 1,1,1-Trichlorethan in der Alveolarluft
- Stoffliste (Anhang II) der →Störfall-Verordnung: Nr. 305
- →Wassergefährdungsklasse: WGK 3
- Emissionswerte: TA Luft Einstufung: 3.1.7 Klasse II   *Fischer/M. Schön*

1,1,2-Trichlorethan.
□ Stoff-Identifizierungs-Nr.:
CAS-Nr.: 79-00-5
EG-Nr.: 602-014-00-8
EINECS-Nr.: 201-166-9
□ Chemische Formel: $C_2H_3Cl_3$
□ Stoffcharakteristik: Farblose, flüchtige Flüssigkeit, unlöslich in Wasser, angenehm süßlicher Geruch. Dämpfe schwerer als Luft. Mit Wasser erfolgt in der →Wärme Hydrolyse unter Bildung von Salzsäure.
□ Gefahrenmerkmale:
- Stoffliste nach § 4 a der →Gefahrstoffverordnung: Gefahrenkennbuchstabe(n): Xn
R-Sätze: 20/21/22-40
S-Sätze: 2-9
- Besondere Stoffeigenschaften nach TRGS 500: krebserzeugend: MAK-Gruppe III B

- Arbeitsschutzwerte nach TRGS 900:
→MAK-Wert (mg/m^3): 55
- Emissionswerte: TA Luft Einstufung: 3.1.7 Klasse I   *Fischer/M. Schön*

2,2,2-Trichlor-1,1-Ethandiol.
□ Stoff-Identifizierungs-Nr.:
CAS-Nr.: 302-17-0
EG-Nr.: 605-014-00-6
UN-Nr.: 2811
EINECS-Nr.: 206-117-5
□ Chemische Formel: $C_2H_3Cl_3O_2$
□ Stoffcharakteristik: Durchsichtige, farblose, große monokline Kristalle, löslich in verschiedenen organischen Lösungsmitteln, gut löslich in Wasser.
□ Gefahrenmerkmale:
- Stoffliste nach § 4 a der →Gefahrstoffverordnung: Gefahrenkennbuchstabe(n): T
R-Sätze: 25-36/38
S-Sätze: 1/2-25-45
- Stoffliste (Anhang II) der →Störfall-Verordnung: Nr. 4 c
- →Wassergefährdungsklasse: WGK 3
                    Fischer/M. Schön

Trichlorethen.
□ Stoff-Identifizierungs-Nr.:
CAS-Nr.: 79-01-6
EG-Nr.: 602-027-00-9
UN-Nr.: 1710
EINECS-Nr.: 201-167-4
□ Chemische Formel: C_2HCl_3
□ Stoffcharakteristik: Klare, farblose, auch blaue, leicht bewegliche Flüssigkeit mit Ether- oder Chloroform-ähnlichem Geruch, löslich in Chloroform, Aceton, Alkohol und Ether, kaum löslich in Wasser.
□ Gefahrenmerkmale:
- Stoffliste nach § 4 a der →Gefahrstoffverordnung: Gefahrenkennbuchstabe(n): Xn
R-Sätze: 40
S-Sätze: 2-23-36/37
- Besondere Stoffeigenschaften nach TRGS 500: krebserzeugend: EG-Kat. 3
fortpflanzungsgefährdend: MAK-Gruppe C
- Arbeitsschutzwerte nach TRGS 900: →MAK-Wert (mg/m^3): 270
→BAT-Wert: 5 mg/l Trichlorethanol im Vollblut; 100 mg/l Trichloressigsäure im Harn
- Stoffliste (Anhang II) der →Störfall-Verordnung: Nr. 306
- →Wassergefährdungsklasse: WGK 3
- Emissionswerte: TA Luft Einstufung: 3.1.7 Klasse I
- Immissionswerte:
→WHO-Luftqualitätsleitlinien: (Schutzobjekt menschliche Gesundheit):
24 h – Mittelwert = 1 mg/m^3 (ohne Berücksichtigung kanzerogener Effekte)   *Fischer/M. Schön*

2,4,5-Trichlorphenol.
□ Stoff-Identifizierungs-Nr.:
CAS-Nr.: 95-95-4
EG-Nr.: 604-017-00-X
UN-Nr.: 2761
EINECS-Nr.: 202-467-8
□ Chemische Formel: $C_6H_3Cl_3O$
□ Stoffcharakteristik: Farblose bis weiße Kristall-
nadeln, Flocken oder Masse. In Wasser unlöslich,
Phenolgeruch, reagiert schwach sauer.
□ Gefahrenmerkmale:
– Stoffliste nach § 4a der →Gefahrstoffverordnung:
Gefahrenkennbuchstabe(n): Xn, N
R-Sätze: 22-36/38-50/53
S-Sätze: 2-26-28-60-61
– Stoffliste (Anhang II) der →Störfall-Verordnung:
Nr. 310
– →Wassergefährdungsklasse: WGK 3
– Emissionswerte: TA Luft Einstufung: 3.1.7
Klasse 1   *Fischer/M. Schön*

2,4,6-Trinitrotoluol.
□ Stoff-Identifizierungs-Nr.:
CAS-Nr.: 118-96-7
EG-Nr.: 609-008-004
EINECS-Nr.: 204-289-6
□ Chemische Formel: $C_7H_5N_3O_6$
□ Stoffcharakteristik: Farblose oder schwach gelbe
Substanz bzw. Kristalle, Flocken, Kugeln oder
Stücke, praktisch unlöslich in Wasser. Löslich in den
meisten organischen Lösungsmitteln (Ether, Toluol,
Aceton, Chlorbenzol, Benzol). Hochexplosive Sub-
stanz, schnelles Erhitzen oder kräftiger Schlag führt
zur Detonation.
□ Gefahrenmerkmale:
– Stoffliste nach § 4a der Gefahrstoffverordnung:
Gefahrenkennbuchstabe(n): E, T
R-Sätze: 2-23/24/25-33-40
S-Sätze: 1/2-35-45
– Besondere Stoffeigenschaften nach TRGS 500:
krebserzeugend: MAK-Gruppe III B
– Arbeitsschutzwerte nach TRGS 900: →MAK-
Wert (mg/m^3): 0,1
– Stoffliste (Anhang II) der →Störfall-Verordnung:
Nr. 4
– Emissionswerte: TA Luft Einstufung: 3.1.7
Klasse I   *Fischer/M. Schön*

Trinkwasser. Wasser für den menschlichen Gebrauch; gilt als Lebensmittel.
Die Qualität des T. wird sowohl durch das
Bundesseuchengesetz als auch durch das Lebens-
mittel- und Bedarfsgegenständegesetz gesichert.
§ 11 des Bundesseuchengesetzes schreibt vor: T.
sowie Wasser für Betriebe, in denen Lebensmittel
gewerbsmäßig hergestellt und behandelt werden
oder die Lebensmittel gewerbsmäßig in den Verkehr bringen, muß so beschaffen sein, daß durch

seinen Genuß oder Gebrauch eine Schädigung der
menschlichen Gesundheit, insbesondere durch
Krankheitserreger, nicht zu besorgen ist.
Das Lebensmittel- und Bedarfsgegenständegesetz
fordert über den Gesundheitsschutz hinaus, daß der
Gefahr einer anderweitig nachteiligen Beeinflussung
von Lebensmitteln vorgebeugt werden muß.
Die Anforderungen an das T. wurden erstmalig
umfassend in der →Trinkwasserverordnung vom
31. 1. 1975 gem. Bundesseuchengesetz festgelegt.
Damit wurde eine Vielzahl von mikrobiologischen
und chemischen Parametern der Wasserqualität
vorgeschrieben, die später auch Eingang in die
EG-Richtlinie über die Qualität von Wasser für den
menschlichen Gebrauch (80/778/EWG) fanden.
Die novellierte Trinkwasserverordnung vom
22. Mai 1986, die u. a. diese EG-Richtlinie in
nationales Recht umsetzt, enthält in § 2 die Vorschrift, daß für bestimmte chemische Stoffe festgesetzte Grenzwerte nicht überschritten werden dürfen. Die Grenzwerte sind so festgelegt, daß auch bei
lebenslangem Gebrauch des Wassers eine Schädigung der menschlichen Gesundheit nicht zu
befürchten ist. Die Werte der T.-Verordnung gelten
am Zapfhahn jeden Verbrauchers.
T. wird durch T.-Versorgungssysteme oder T.-
Netze bis zu den Verbrauchern geleitet. Das dabei
gebrauchte Wasser wird nicht ausschließlich zum
Trinken verwendet, sondern dient auch anderen
Zwecken, z. B. Baden, Spülen, Waschen, Kochen.
Der Wasserbedarf zum Trinken wird im allgemeinen mit zwei Liter pro Person und Tag angegeben.
T.-Versorgungsunternehmen rechnen im allgemeinen mit einem Wasserbedarf in Deutschland von
150 Litern pro Einwohner und Tag.   *Irmer*

Trinkwasseraufbereitung. Technische Einrichtungen und Maßnahmen, die dazu dienen, Rohwas-
ser der Trinkwasserversorgung vor der Verteilung in
das Trinkwassernetz so aufzubereiten, daß es das
Versorgungsnetz nicht schädigt und die Werte der
→Trinkwasserverordnung beim Endverbraucher
eingehalten werden.
Zur T. werden mechanische, chemische (kolloid-
chemische) und biologische Methoden bzw. deren
Kombinationen angewendet. Die Auswahl der
Methoden richtet sich nach Herkunft und Beschaf-
fenheit des Rohwassers.
Folgende Verfahren kommen zum Einsatz:
– Entfernung von Schwimm- und Schwebstoffen
nach Fällung in Absetzanlagen,
– Beseitigung gelöster chemischer Inhaltsstoffe
durch Enteisung, Entmanganung, Entsäuerung,
– Filterung in Langsamfilter oder Schnellfilter,
– Chlorung und Ozonierung als Entkeimungsver-
fahren,
– Aktivkohlefilter zur Entfernung der absorbierba-
ren organischen Wasserinhaltsstoffe.   *Irmer*

Trinkwassergewinnung. Sammelbegriff für alle Anlagen zur Entnahme von Wasser, das der Wasserversorgung zugeführt wird, einschließlich deren Betrieb.

Die Gewinnung von Rohwasser für die Trinkwasserversorgung kann aus oberirdischen Gewässern (Flüsse, Seen, Talsperren), aus Regenwasser (Zisternen) oder aus Grundwasser – auch in Form von Quellwasser, uferfiltriertem oder künstlich angereichertem Grundwasser – erfolgen. Anlagen zur T. bestehen in Abhängigkeit der Herkunft des Wassers aus Rohrleitungen, Quellfassungen, Brunnen und Pumpanlagen. *Irmer*

Trinkwasserschutzgebiet → Wasserschutzgebiet

Trinkwasserverordnung (TVO). Rechtsverordnung zur Regelung der Qualität des Trinkwassers und des Wassers für Lebensmittelbetriebe auf Grund des § 11 Absatz 2 des Bundesseuchengesetzes vom 18. Dezember 1979 und § 10 Absatz 1 Satz 1 und 2 des Lebensmittel- und Bedarfsgegenständegesetzes vom 15. August 1974.

Die T. vom 22. Mai 1986 (BGBl. I S. 760) regelt die
– Beschaffenheit des Trinkwassers,
– Beschaffenheit des Wassers für Lebensmittelbetriebe,
– Pflichten des Unternehmers oder sonstigen Inhabers einer Wasserversorgungsanlage,
– Überwachung durch das Gesundheitsamt in hygienischer Hinsicht.

In den Anlagen zur T. sind die mikrobiologischen Untersuchungsverfahren, die Grenzwerte für chemische Stoffe, weitere Kenngrößen und Grenzwerte zur Beurteilung der Beschaffenheit des Trinkwassers sowie Umfang und Häufigkeit der Untersuchungen präzisiert. Von besonderer Bedeutung sind in der TVO die Grenzwerte für Pflanzenbehandlungsmittel (→Schädlingsbekämpfungsmittel). Für den Einzelstoff sind 0,1 µg/l und für die Summe aller Pflanzenbehandlungsmittel 0,5 µg/l zugelassen. Diese sehr niedrigen Grenzwerte haben in Deutschland zur Aufgabe zahlreicher Brunnen der Trinkwasserversorgungsunternehmen, vor allem in ländlichen Bereich, geführt.

Die Grenzwerte der TVO gelten am Zapfhahn der Verbraucher. *Irmer*

Triphenylzinnacetat.
□ Stoff-Identifizierungs-Nr.:
CAS-Nr.: 900-95-8
EG-Nr.: 050-003-00-6
UN-Nr.: 2786
EINECS-Nr.: 212-984-0
□ Chemische Formel: $C_{20}H_{18}O_2Sn$
□ Stoffcharakteristik: Farblose bis weiße kristalline Substanz, nahezu unlöslich in Wasser, schwach

löslich in Alkohol und Hexan, löslich in Ethylacetat und Toluol.
□ Gefahrenmerkmale:
– Stoffliste nach § 4a der →Gefahrstoffverordnung:
Gefahrenkennbuchstabe(n): T+, N
R-Sätze: 24/25-26-36-38-43-50-53
S-Sätze: 1/2-36/37-45-60-61
– Stoffliste (Anhang II) der →Störfall-Verordnung:
Nr. 313 und 4c
– →Wassergefährdungsklasse: WGK 3
Fischer/M. Schön

Triphenylzinnchlorid.
□ Stoff-Identifizierungs-Nr.:
CAS-Nr.: 639-58-7
EG-Nr.: 050-011-00-X
UN-Nr.: 2811
EINECS-Nr.: 211-358-4
□ Chemische Formel: $C_{18}H_{15}ClSn$
□ Stoffcharakteristik: Weiße kristalline Substanz, unlöslich in Wasser, löslich in organischen Lösungsmitteln.
□ Gefahrenmerkmale:
– Stoffliste nach § 4a der →Gefahrstoffverordnung:
Gefahrenkennbuchstabe(n): T
R-Sätze: 23/24/25
S-Sätze: 1/2-26-27-28-45
– Stoffliste (Anhang II) der →Störfall-Verordnung:
Nr. 313 und 4c
– →Wassergefährdungsklasse: WGK 3
Fischer/M. Schön

Triphenylzinnhydroxid.
□ Stoff-Identifizierungs-Nr.:
CAS-Nr.: 76-87-9
EG-Nr.: 050-004-00-1
UN-Nr.: 2786
EINECS-Nr.: 200-990-6
□ Chemische Formel: $C_{18}H_{16}OSn$
□ Stoffcharakteristik: Farblose, kristalline, geruchlose Substanz, nahezu unlöslich in Wasser, leicht löslich in →Toluol, Alkohol, Ether und →Benzol.
□ Gefahrenmerkmale:
– Stoffliste nach § 4a der →Gefahrstoffverordnung:
Gefahrenkennbuchstabe(n): T
R-Sätze: 23/24/25
S-Sätze: 1/2-26-27-28-45
– Stoffliste (Anhang II) der →Störfall-Verordnung:
Nr. 313 und 4c
– →Wassergefährdungsklasse: WGK 3
Fischer/M. Schön

Tritium. Radioaktives Isotop des Wasserstoffs mit zwei Neutronen und einem Proton im Atomkern. Dieses überschwere Isotop ^3H (chem. Symbol T) ist nur durch künstliche Atomwandlung erhältlich. Es entsteht bei kernphysikalischen Reaktionen in der

Natur, hauptsächlich durch die Einwirkung kosmischer Strahlung auf leichte Gase in der Atmosphäre über die Hauptreaktion

$$^{14}N(n,\gamma)^{12}C + T,$$

durch gezielte Produktion in speziellen Reaktoren, z. B.

$$^{6}Li(n,\alpha)T \text{ oder } ^{9}Be\,(d,2\alpha)\,T,$$

bei Nuklearexplosionen, bei der militärischen Plutoniumproduktion und bei der nuklearen Energieerzeugung auf dem Wege über eine ternäre Spaltung.

T. ist ein weicher β-Strahler mit einer mittleren Zerfallsenergie von 5,7 keV. Es hat eine → Halbwertszeit von 12,3 Jahren und zerfällt in das stabile Edelgas He-3. → Gammastrahlung tritt nicht auf (→ Tritiumentsorgung). *Merz*

Literatur: *Brücher, H.* und *E. Merz:* Entsorgungsstrategien für radioaktive Sonderabfälle. Bericht JÜL-2099. 1986.

Tritiumentsorgung. Derzeit ist es noch weltweite Praxis, das in Kernreaktoren und Wiederaufarbeitungsanlagen sowie bei der industriellen Anwendung des Tritiums für Leuchtfarben und als Ionisationsquellen anfallende → Tritium nach dem Prinzip der Verdünnung und Verteilung in die Atmosphäre und ins Oberflächenwasser zu entsorgen. Das allgemeine → Minimierungsgebot des Strahlenschutzes verlangt in Zukunft unter radiologischen Gesichtspunkten besser verträgliche Entsorgungsmethoden.

Tritiumhaltige Abwässer fallen in Kernreaktoren, vor allem in schwerwassermoderierten Typen, sowie in Wiederaufarbeitungsanlagen in größeren Mengen an. Die Entsorgung tritiumhaltiger Abwässer kann auf mehrere Arten geschehen:
- Verpressung in aufnahmefähige Speicherhorizonte des geologischen Untergrunds, die von grundwasserführenden Formationen abgeschottet sind.
- Verfestigung des Wasser mit einem hydraulischen Binder und Einschluß des abgebundenen Produkts in ein gasdicht verschließbares Gebinde. Das Gebinde wird unter Tage deponiert.
- Anreicherung des tritiumhaltigen Wasser durch Elektrolyse, Rektifikation oder chemischen Austausch. Das auf das rund Tausendfache angereicherte Konzentrat wird als Metalltritid fixiert; geeignete Metalle sind beispielsweise Titan und Zirkonium. Das Produkt wird in eine Edelstahlflasche eingeschlossen und gelangt in einem Überbehälter in das Endlager. *Merz*

Literatur: *Brücher, H.* und *E. Merz:* Entsorgungsstrategien für radioaktive Sonderabfälle. Bericht JÜL-2099. 1986.

Trittschalldämmung. Trittschall ist der Schall, der beim Begehen oder bei ähnlicher Anregung einer Decke oder einer Treppe als → Körperschall ent-

steht und teilweise als Luftschall in einen darunterliegenden oder anderen Raum abgestrahlt wird. Die notwendige T. läßt sich durch technische Maßnahmen erreichen.

Gekennzeichnet wird die T. durch das Trittschallschutzmaß TSM, das berechnet wird aus dem von einem auf der Decke oder der Treppe stehenden und arbeitenden Norm-Hammerwerk erzeugten → Schalldruckpegel pro Oktave (Oktavbandbreite) im betroffenen Raum.

Mit dem Norm-Hammerwerk wird die Decke oder die Treppe reproduzierbar mit Hammerschlägen zu Schwingungen erregt. Die Höhe des in den interessierenden Raum von der Decke abgestrahlten Luftschallpegels bestimmt das Trittschallschutzmaß dieser Decke.

Notwendige Trittschallschutzmaße von Gebäudeteilen sind in DIN 4109: Schallschutz im Hochbau, Anforderungen und Nachweise. 11/1989, angegeben; die Prüfung von Bauteilen mit Hilfe des Norm-Hammerwerkes ist festgelegt in den Normen DIN 4109: Schallschutz im Hochbau, Beiblatt 1: Ausführungsbeispiele und Rechenverfahren. 11/1989 und DIN 52210, Teil 1: Bauakustische Prüfungen, Luft- und Trittschalldämmung, Meßverfahren.

Eine gute T. ist durch eine schwere, massive Ausführung der Bauteile oder durch weniger schwere Bauteile mit schalldämmenden Auflagen (schwimmender Estrich, weiche Teppichauflagen) zu erreichen. *Strauch*

TRK-Wert → Technische Richtkonzentration

Trockenadditiv-Verfahren. Mit dem T.-V. werden Schwefeloxide, Chlor- und Fluorwasserstoff bei Feuerungsanlagen durch Zugabe von Sorptionsmitteln (Additive) zum Brennstoff abgeschieden (→ Abgasreinigung). Während der Verbrennung reagieren die Schadstoffe mit den Additiven. Die Reaktionsprodukte werden zusammen mit der Feuerraumasche und der Flugasche, die im Staubabscheider anfällt, ausgetragen.

Für die Anwendung des T.-V. dürfen die Feuerraumtemperaturen nicht zu hoch sein, weil sonst die Additive durch Versinterung inaktiv werden. Das T.-V. wurde bei Braunkohlekraftwerken erprobt und angewendet, bei denen die maximale Feuerraumtemperatur 1 150 °C nicht überschreitet. Als Additive sind nach den Untersuchungsergebnissen besonders Calciumhydroxid und Calciumcarbonat geeignet. Das T.-V. wurde in der Bundesrepublik Deutschland bei Braunkohlekraftwerken allerdings nur als Zwischenlösung eingesetzt, da es zum einen bei noch vertretbarer Additivzugabe zu geringe Entschwefelungsgrade erbringt, zum anderen die Verwertungsmöglichkeiten der Aschen durch die Reaktionsprodukte und überschüssiges Additiv verschlechtert werden (→Direktentschwefelungsverfahren).

Die Anforderungen der Großfeuerungsanlagen-Verordnung (→13. BImSchV) können durch T.-V. bei Wirbelschichtfeuerungen eingehalten werden. Bei diesem Anwendungsfall lassen sich schon bei relativ geringen stöchiometrischen Dosierverhältnissen (Ca/S = 1,5) hohe Entschwefelungsgrade um 90 % erzielen. Allerdings ist die Verwertung der Wirbelschichtaschen problematisch (→Wirbelschichtfeuerung).   *Haug*

Literatur: *Breihofer, D. et al:* Maßnahmen zur Minderung der Emissionen von SO_2, NO_x und VOC bei stationären Quellen in der Bundesrepublik Deutschland. Studie im Auftrag des BMU/Umweltbundesamt. IIP Uni Karlsruhe November 1991. – *Davids, P.; M. Lange:* Die Großfeuerungsanlagen-Verordnung – Technischer Kommentar. Düsseldorf 1984. – VDI 3928 E: Abgasreinigung durch Chemisorption. 3/1990.

Trockenbeet. Das älteste Verfahren zur Entwässerung von stabilisiertem Klärschlamm ist die Anwendung von Schlamm-T. Bei kleinen Abwasserbehandlungsanlagen wird es auch heute noch angewandt. Ausreichende Flächen vorausgesetzt, ist der Aufwand für T. verhältnismäßig gering. Das Verfahren hat mit Zunahme der Belebungsanlagen gegenüber Tropfkörperanlagen an Bedeutung verloren, weil es bei Belebungsanlagen wegen des großen Anteils an Kolloiden (feinstkörnige, klebrige halbgelöste Stoffe) häufig versagt.

Unter einer durchlässigen Schicht aus Sand oder Kies, auf die der Schlamm in 20–40 cm dicker Schicht abgelassen wird, sind Dränrohre eingebaut, durch die das Sickerwasser ablaufen kann. Das Sickerwasser ist dem Kläranlagenzulauf zuzuführen. Ein großer Teil des sich abscheidenden Wassers verdunstet von der Schlammoberfläche. Wenn der nach etwa 6–8 Wochen stichfest gewordene Schlamm nicht abgefahren wird, kann der nächste Regen ihn wieder für viele Tage naß und verladeuntauglich machen. Das Wiedertrocknen wie auch die Entwässerung selbst gehen schneller vor sich, wenn die Oberflächenhaut aufgerissen wird. Dafür werden Maschinen angeboten, die auch den Schlamm aufnehmen und laden können.

Wenn der ganze Faulschlammanfall auf T. entwässert werden soll, sind je 1 000 Einwohnergleichwerte etwa 100–200 m² Beetfläche erforderlich. Dabei wird eine 6- bis 7malige Räumung im Jahr vorausgesetzt.

Nach jeder Räumung ist die Sanddeckschicht (Verschleißschicht) wieder aufzubringen, unter Umständen mit Sand vom →Sandfang.   *Mertsch*

Trockenfeuerung →Staubfeuerung

Trockenmittel. Häufig besteht die Notwendigkeit, zur Anwendung von Immissionsmeßverfahren Gase, insbesondere Nullgase und →Prüfgase zu trocknen, um definierte Randbedingungen einzu-

stellen. Die wichtigsten Verfahren dazu sind Adsorption, Absorption und die Kühlung sowie ggf. die Kombination von Kompression und Kühlung.

Wegen der einfachen Handhabung wiederbefüllbarer Patronen werden besonders häufig feste Adsorbentien als T. eingesetzt. Je nach erforderlichem Trocknungsgrad kommen unterschiedliche Substanzen in Betracht, die Wasser entweder chemisch oder physikalisch binden können. Besonders gebräuchlich sind:
– Silicagel („Blaugel", mit Farbindikator zur Anzeige der aufgenommenen Wassermenge),
– Molekularsiebe,
– Phosphorpentoxid (P_4O_{10}; auf inertem Trägermaterial),
– Calciumsulfat.

In kontinuierlich registrierenden Meßgeräten werden auch sog. Permeationstrockner (→Permeation) eingesetzt. In diesen Systemen wird ein Trocknungseffekt dadurch erreicht, daß Wassermoleküle infolge eines Druckgefälles durch eine Membrane (Schlauchwandung) diffundieren und so der Probenluft entzogen werden. Die Trocknungseffektivität ist in der Regel nicht sehr hoch, der Vorteil dieser Systeme liegt jedoch darin, daß sie praktisch wartungsfrei sind und ein Austausch von Sorbentien nicht erforderlich ist.   *Pfeffer*

Trockensorptionsverfahren. Zur →Abgasreinigung nach den T. wird das Sorptionsmittel im trockenen Zustand mit den Schadstoffen in Kontakt gebracht. Die festen Reaktionsprodukte werden über einen Reaktor oder Staubabscheider ausgetragen. Die T. zählen zu den sekundären →Chemisorptionsverfahren. Anlagen nach T. werden u. a. bei Abfallverbrennungsanlagen, in der NE-Metall-, Glas- und Keramik-Industrie eingesetzt. T. sind insbesondere zur Abscheidung von Chlor- und Fluorwasserstoff geeignet.

Die Schadstoffe können in einem Festbett-, Wirbelschicht- oder Flugstromreaktor mit dem Sorptionsmittel in Kontakt gebracht werden. In Festbettreaktoren werden ruhende Schüttschichten oder Wanderbetten vom Abgas durchströmt. Die Reaktionsprodukte werden absatzweise oder kontinuierlich abgezogen. In Wirbelschichtreaktoren bilden körnige Sorptionsmittel zusammen mit dem Abgas stationäre oder zirkulierende Wirbelschichten, in denen die beiden Phasen in ständiger Relationsbewegung zueinander sind und dabei intensiv durchmischt werden. Die Zuführung des Sorptionsmittels erfolgt kontinuierlich. Die Reaktionsprodukte werden ebenfalls kontinuierlich entweder aus der Wirbelschicht oder einem nachgeschalteten Staubabscheider ausgeschleust. Beim Flugstromreaktor reagieren die Schadstoffe mit dem in den Abgasstrom eingedüsten und von ihm mitgetragenen Sorptionsmittel. Zur Erhöhung der →Verweilzeit und besseren Vermischung der Reaktanten werden unterschiedliche Reaktionsstrecken bzw. Reaktorapparate mit Einbauten und Umlenkungen verwendet. Die Reaktionsprodukte fallen in einem nachgeschalteten Staubabscheider an.

Der Sorptionsmittelverbrauch hängt u. a. von der Schadstoffkonzentration, der Reaktionstemperatur, der Partikelgröße, der Verweilzeit und der Verteilung des Additivs im Abgasstrom ab. Im allgemeinen ist eine überstöchiometrische Additivzugabe erforderlich. Durch mehrfache Rückführung des Reaktionsgemisches und Zugabe von Wasser oder Wasserdampf in die Reaktionszone lassen sich die Additivausnutzung und der Abscheidegrad verbessern. Auch finden im Filterkuchen eines Gewebeabscheiders noch Nachreaktionen statt. *Haug*

Literatur: *Davids, P.; M. Lange:* Die TA Luft '86, – Technischer Kommentar. Düsseldorf 1986. – VDI 3928 E: Abgasreinigung durch Chemisorption. 3/1990.

Trocknung, solare. In der Landwirtschaft werden zur Verwendung von Solarenergie vorwiegend Flachkollektoren zur Brauchwasserbereitung im Wohnhaus und Stall (Brauchwasserkollektor) oder als Luftkollektoren zur Erwärmung von Trocknungsluft eingesetzt. Die s. T. stellt die klassische Methode zur Konservierung landwirtschaftlicher Produkte dar. Hier besteht meist eine gute Übereinstimmung zwischen hohem Strahlungsangebot und großem Wärmebedarf.

Bei der s. T. werden Flachkollektoren unterschiedlicher Konstruktion zur Erwärmung von Luft verwendet. Die einfachste Version ist ein schwarzer →Absorber ohne transparente Abdeckung, der von der Luft hinterströmt oder als poröser Absorber durchströmt wird. Häufig wird das Trocknungsgut mit einer transparenten Abdeckung versehen – das Gut ist dann der Absorber –, das Gesamtsystem ist als →Kollektor aufzufassen. Auch konventionelle Luftkollektoren mit einer oder zwei transparenten Abdeckungen und unterschiedlichen Absorbern (schwarz, selektiv) werden eingesetzt. Die Luft wird entweder durch natürliche Konvektion (thermischer Auftrieb) oder durch erzwungene Konvektion (Ventilator) durch den Kollektor zum Trocknungsgut gefördert.

Die verschiedenen Kollektortypen müssen nach dem gewünschten Temperaturniveau und der vorgesehenen Betriebszeit eingesetzt werden. Für geringe Temperaturerhöhung (< 10 K) und reinem Sommerbetrieb genügt ein Absorber ohne Abdeckung. Dabei erreicht man typische Wirkungsgrade von 30–40 %. Bei höheren Temperaturen müssen Kollektoren mit einer oder zwei transparenten Abdeckungen und eventuell selektivem Absorber verwendet werden.

Diese Kollektoren eignen sich dann auch für den Einsatz in der Übergangszeit und im Winter. Bei 20 K Temperaturerhöhung und 50 kg Luftdurchsatz /h·m² erreicht man mit diesen Typen bei etwa 350 W/m² Einstrahlungsleistung einen Wirkungsgrad von 30 %.

Das Bild zeigt einen Luftkollektor zur Erwärmung von Trocknungsluft in Verbindung mit einem

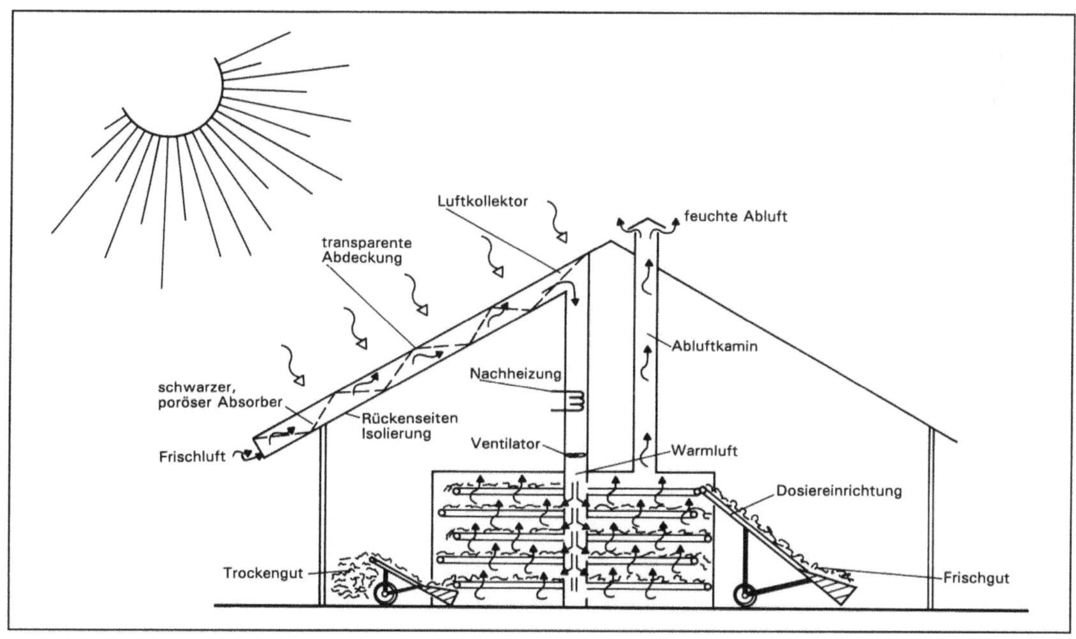

Trocknung, solare: 5-Band-Durchlauftrockner für Kräuter mit Luftkollektor und konventioneller Nachheizung.

Band-Durchlauftrockner. Am Trocknereintritt kann über eine konventionelle Heizung zusätzlich Energie zugeführt werden (Nachheizung). Die Warmluft durchströmt im Trockner das Gut, entzieht die Feuchte und wird über den Abluftkamin ins Freie geleitet. Trocknungsanlagen dieses Typs werden bei der Trocknung von Heil- und Gewürzpflanzen sowie Obst und Gemüse eingesetzt. *H. Schön/Reuss*

Trombewand. Dunkelfarbige Wand oder Mauer, die – nach ihrem Erfinder, dem französischen Solartechniker *Felix Trombe* benannt – der Sonne zugekehrt mit einer Verglasung versehen ist. Mauer samt Verglasung wirken wie ein quasi-solarthermischer →Kollektor mit Einscheibenabdeckung. Materialwahl und Farbe der Mauer machen sie zu einem Speicher fühlbarer Wärme, welche bei Nutzenergiebedarf mittels Strahlung oder durch natürliche oder erzwungene Konvektion – etwa durch Öffnung oder Schließung von Klappen gesteuert – in den Raum hinter der Mauer abgerufen wird. T. sind Teile von Solarhäusern. *C.-J. Winter*

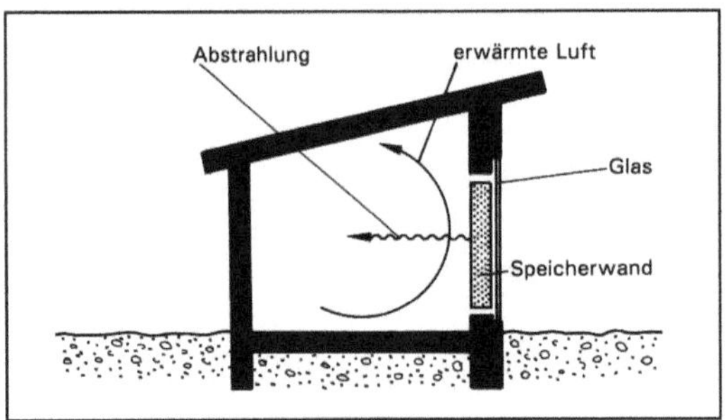

Trombewand: Die T. erfüllt zwei Aufgaben: die unmittelbare konvektive Wärmeübertragung an den hinter ihr liegenden Raum und die verzögerte Wärmeabstrahlung an ihn.

Literatur: *Weber, R.:* Webers Taschenlexikon Erneuerbare Energie. 1986.

Tropfenabscheider. In einem naßarbeitenden →Abscheider werden die Verunreinigungen des Abgases an Tropfen gebunden, die ihrerseits jetzt die disperse Phase bilden. Der →Gesamtstaubab-

scheidegrad der unterschiedlichen →Wäscherbauarten kann demnach nur so gut sein wie der Wirkungsgrad des nachgeschalteten T.

T. arbeiten nach dem Prinzip der Trägheitsabscheidung: Der Gasstrom wird im Apparat umgelenkt, die Tropfen können aufgrund ihrer Trägheit nicht folgen und werden an entsprechenden Wandungen abgeschieden. Typische Bauformen von T. sind Fliehkraftabscheider, Lamellenabscheider und Drahtgestrickpakete. →Fliehkraftabscheider zeichnen sich durch eine gute Abscheideleistung bei allerdings hohem Druckverlust aus. Lamellenabscheider bestehen aus mehreren profilierten Blechen. Der tropfenbeladene Gasstrom wird beim Durchströmen der Anordnung mehrfach umgelenkt. Die auf die Bleche auftreffenden Tropfen koaleszieren zu einem Flüssigkeitsfilm, der in Fangrinnen gesammelt wird. Es werden Tropfen mit Durchmessern $x > 5$ μm bei geringem Druckverlust sicher abgeschieden. Drahtgestrickpakete besitzen eine noch deutlich bessere Abscheideleistung. Allerdings besteht bei ihnen eine erhöhte Verstopfungsgefahr durch schwer zu entfernende Feststoffanbackungen.

Von den T. gelangt das partikelbeladene Abwasser zur Waschwasseraufbereitung (→Waschwasserkreislauf). *Löffler/Schmidt*

Tropfenspektrum. Regen- oder Nebel- bzw. Wolkentropfen haben eine bestimmte Größenverteilung, die räumlich und zeitlich variiert (Tabelle).

Große Regentropfen haben einen Radius von 10^{-1} cm, Wolkentropfen von etwa 10^{-3} cm, d. h. eine Million Wolkentropfen ergeben erst einen Regentropfen. Der Fallweg von Wolkentropfen ist so klein, daß sie die Wolke nicht verlassen können, ohne zu verdunsten. Die Entstehung von großtropfigem Regen erfolgt über die Eisphase, d. h. jede Wolke, aus der ein großtropfiger Regen fällt, besteht in ihren obersten Schichten aus Eiskristallen. Die am Boden gemessene Tropfenverteilung stimmt nicht mit dem T. in und dicht unter der Wolke überein, weil einmal die schneller fallenden Tropfen die Kleineren einfangen und zum anderen während des Falls in nicht feuchtegesättigter Luft die Größe der kleinen Tropfen durch Verdampfen abnimmt. Die Zahl der größeren Tropfen nimmt

Tropfenspektrum. Tabelle: Größe, Masse und Fallgeschwindigkeit flüssiger Niederschlagselemente.

Bezeichnung	Radius cm	Masse gr	Fallgeschwindigk. cm/s
Kondensationskerne	10^{-7}–10^{-5}	$4 \cdot 10^{-21}$–$4 \cdot 10^{-15}$	~0
Nebel- u. Wolkentropfen	$2 \cdot 10^{-4}$–$4 \cdot 10^{-3}$	$8 \cdot 10^{-12}$–$1{,}7 \cdot 10^{-8}$	0,05–20
Nieseln	$4 \cdot 10^{-3}$–$3 \cdot 10^{-2}$	$1{,}7 \cdot 10^{-8}$–$1{,}3 \cdot 10^{-5}$	20–270
Regen	$3 \cdot 10^{-2}$–$3 \cdot 10^{-1}$	$1{,}3 \cdot 10^{-5}$–$1{,}3 \cdot 10^{-2}$	270–800

um so stärker zu, je größer die Niederschlagsintensität ist. *Giebel*

Tropfkörper. T. sind Festbettreaktoren, in denen sessile Mikroorganismen eine biologische →Abwasserbehandlung bewirken. Das Abwasser wird über einen Drehsprenger auf einen mit Trägermaterial gefüllten, vertikal von oben nach unten durchflossenen Behälter aufgegeben (Bild). Das Trägermaterial, das eine große spezifische Oberfläche für die Ansiedlung von Mikroorganismen haben sollte, besteht meist aus Lavaschlacke oder heute vermehrt aus Kunststoff-Füllkörpern. Das Abwasser durchrieselt im freien Gefälle den Reaktionsraum. Innerhalb kurzer Zeit siedeln sich Mikroorganismen auf der Oberfläche des Trägermaterials an. Es bildet sich ein biologischer Rasen, der eine aktive Biomasse enthält. Die Bakterien bauen mit Hilfe des zugeführten Luftsauerstoffs die im Abwasser enthaltene organische Substanz ab. Für die Luftzufuhr wird der Kamineffekt ausgenützt, der durch Luftöffnungen am Fuß des Behälters entsteht.

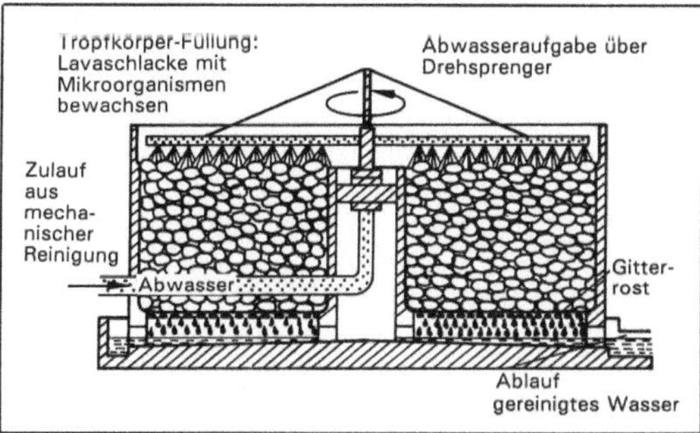

Tropfkörper: Funktionsprinzip.

Man unterscheidet hochbelastete und schwachbelastete T. Hochbelastete T. dienen der biologischen Grundreinigung und bewirken eine Elimination der Kohlenstoffverbindungen. In schwachbelasteten T. findet auch eine →Nitrifikation statt. Die Bauhöhe von T. kann bis zu 20 m betragen. *Mertsch*

Literatur: ATV (Hrsg.): Lehr- und Handbuch der Abwassertechnik, Bd. IV, Biologisch-chemische und weitergehende Abwasserreinigung. Berlin 1985. – *Imhoff, K. u. K. L. Imhoff:* Taschenbuch der Stadtentwässerung. München 1990.

Trophie. In der →Limnologie und in der Wasserwirtschaft wird mit T. (Ernährung) die Intensität der photoautotrophen Pflanzenproduktion im Gewässer bezeichnet. Sie wird im wesentlichen durch den Gehalt an Nährstoffen und deren Verfügbarkeit bestimmt. Daher gehören auch andere Randbedingungen wie Licht und Temperatur zu den steuernden Größen der T. Sie ist eine fundamentale Größe der Gewässer, denn sie gibt Auskunft über Art und Intensität der Lebensvorgänge, die in ihnen ablaufen. Für die Seen ist ein wertfreies T.-System entwickelt worden, das jedoch sekundär mit nutzungsbezogenen Anforderungen an das jeweilige Gewässer verbunden wird. T. ist nicht nur eine Kenngröße von Seen, auch Fließgewässer und die Meere können nach trophischen Kriterien eingestuft werden. Das T.-System klassifiziert die Seen wie folgt:

□ Oligotroph (gering produktiv): Produktion schwach auf Grund geringer Verfügbarkeit der Nährstoffe. Phytoplanktonentwicklung ganzjährig gering; Sichttiefe groß durch geringe Planktondichte. Sauerstoffsättigung des Tiefenwassers am Ende der Stagnationsperiode noch über 70 %.

□ Mesotroph (mäßig produktiv): Produktion höher als beim oligotrophen Gewässer auf Grund höherer Verfügbarkeit der Nährstoffe; Phytoplanktonentwicklung mäßig bei großer Artenvielfalt mit Maximum im Frühjahr; Sichttiefe mittelgroß; Sauerstoffsättigung des Tiefenwassers am Ende der Stagnationsperiode zwischen 30 % und 70 %.

□ Eutroph (hoch produktiv): Produktion stark auf Grund hoher Verfügbarkeit der Nährstoffe; Phytoplanktonentwicklung hoch, deswegen Sichttiefe gering; regelmäßig Algenblüten möglich; oberste Wasserschicht durch die Assimilationstätigkeit der Algen zeitweise mit Sauerstoff übersättigt; gegen Ende des Sommers regelmäßig starker Sauerstoffmangel in den tieferen Wasserschichten.

□ Polytroph (übermäßig produktiv): Synonym hypertroph; Produktion sehr stark auf Grund hoher, oft den Bedarf der Pflanzen übersteigender Verfügbarkeit der Nährstoffe; Sichttiefe sehr gering durch starke Phytoplanktonentwicklung; Algenblüten ganzjährig; tagsüber Sauerstoffübersättigungen der obersten Wasserschicht, nachts Sauerstoffmangel durch Zehrungsvorgänge; in den tieferen Wasserschichten geschichteter Seen bereits im Sommer Sauerstoffmangelzustände häufig, dabei zeitweise Freisetzung von Schwefelwasserstoff.

Außerhalb des T.-Systems mit zunehmender Produktion ist die Dystrophie kennzeichnend für Braunwasserseen; starke Huminfärbung des Wassers, daher Sichttiefe mäßig bis gering; bei karbonatarmem, unbelastetem Zustand oft schwach bis mäßig sauer; nährstoffarm und gering produktiv.

Je nach der Tiefe und anderen Gegebenheiten der Struktur von Seen können diese natürlicherweise unterschiedliche Trophiegrade von oligotroph bis eutroph aufweisen.

Schlüsselfaktor für T. und →Eutrophierung ist der Phosphor, der normalerweise in unseren Gewässern den Minimum- und damit den begrenzenden Faktor für die Primärproduktion darstellt.

Zur Bestimmung der Trophiestufe werden nach dem Modell von *Vollenweider* und *Kerekes* 1982 die Nährstoffbelastung, insbesondere Phosphor, und die Aufenthaltszeit des Wassers zugrunde gelegt. Daraus kann mit einer bestimmten Wahrscheinlichkeit die im Gewässer sich einstellende Trophiestufe vorhergesagt werden. Dieses Modell hat sich insbesondere für geschichtete Seen und Talsperren bewährt. Für ungeschichtete, flache bzw. stark durchströmte Gewässer ist es nicht anwendbar. Wasserwirtschaftlich wichtig ist weniger die T. als die Erscheinungen der Eutrophierung. *Friedrich*

Literatur: *Schwoerbel, J.:* Einführung in die Limnologie. Stuttgart 1993. – *Uhlmann, D.:* Hydrobiologie – Ein Grundriß für Ingenieure und Naturwissenschaftler. Jena 1988.

Trophieebene. T. (auch trophische Ebene) bezeichnet den im →Ökosystem auf unterschiedlichen Ebenen ablaufenden Stoff- und Energiefluß. Die Basis bilden die Primärproduzenten (grüne Pflanzen), von denen sich die Primärkonsumenten (z. B. algenfressende Tiere) und von diesen wiederum die Sekundärkonsumenten (räuberische Tiere, Fische) nähren. Der biologische →Abbau erfolgt auf der Ebene der →Destruenten (Bakterien, Pilze). *Friedrich*

Tropopause. Grenzschicht zwischen →Troposphäre und →Stratosphäre. Sie liegt in mittleren Breiten bei etwa 10–12 km Höhe und bei Temperaturen von –50--60 °C, wobei den tiefen Lagen die höheren, den hohen Lagen die tieferen Temperaturen entsprechen. In den Tropen liegt die T. bei 16–18 km mit Temperaturen von –70--–80 °C, in den Polargebieten meist unterhalb 10 km mit Temperaturen um –40 °C. Der Übergang zwischen der tropischen T. und derjenigen der gemäßigten Breiten verläuft unstetig mit einem Sprung in der Höhe, gelegentlich auch einer Überschiebung. *Giebel*

Troposphäre. Bezeichnung für das unterste Stockwerk der →Atmosphäre von durchschnittlich 11 km Höhe, in der sich, verbunden mit starker vertikaler Durchmischung, das Wettergeschehen abspielt und in der fast der gesamte Wasserdampf der Atmosphäre enthalten ist. Sie ist gekennzeichnet durch eine Temperaturabnahme nach oben von 4–8 °C/km; im Mittel beträgt die Temperaturabnahme etwa 6,5 °C/km. Im Einzelfall können Schichten mit größerer oder geringerer Temperaturabnahme, mit Isothermie oder Inversionen übereinander auftreten. Die mittleren vertikalen Temperaturgradienten sind groß verglichen mit den Temperaturänderungen in der Horizontalen. Eine untere Schicht der T. mit stark veränderlicher Mächtigkeit von Null bis etwa 2,5 km Höhe wird als →Mischungsschicht bezeichnet. Auf diese Schicht beschränkt sich hauptsächlich der tägliche Gang der Temperatur und der Reibungseinfluß der Erdoberfläche auf den Wind. *Giebel*

Troposphäre, freie. Über dem Erdboden erstreckt sich bis zu ca. 3 km Höhe die Mischungs- oder planetarische →Grenzschicht, über der sich die f. T. anschließt. Während der Nacht sinkt die Höhe der planetarischen Grenzschicht bis auf wenige 100 m ab, bei Tage steigt sie wieder an. An den Polen reicht die f. T. bis ca. 9 und am Äquator bis 18 km Höhe. Die f. T. wird durch eine Temperaturinversion, die sog. →Tropopause, abgeschlossen, die den vertikalen Austausch der Luftmassen behindert. Die →Austauschzeit von Spurengasen zwischen der →Mischungsschicht und der f. T. beträgt wenige Tage. Da die Transportgeschwindigkeit von Spurengasen in der f. T. viel größer ist als in der Mischungsschicht, können diese Gase dort über große Entfernungen transportiert werden. Bei mittleren Breitengraden liegen die Windgeschwindigkeiten zwischen 10 bis 30 ms^{-1} in Ost-Westrichtung, sie sind aber niedriger in Nord-Südrichtung. Luftmassen bewegen sich deshalb in einem Kreis um einen Breitengrad, weil Bewegungen in N-S-Richtung langsamer erfolgen. Der Austausch zwischen den Hemisphären ist am Äquator gehemmt und findet nur zu bestimmten Jahreszeiten statt, N-S in der oberen Troposphäre und S-N in der unteren Troposphäre; die Zeitskala liegt bei ungefähr einem Jahr. Zweidimensionale Modelle (Höhe, Breitengrad) sind meistens ausreichend für die Beschreibung der Verteilung von Spurengasen in der Troposphäre mit einer Verweildauer, die über einen Monat liegt. *Barnes*

Troposphärische Chemie. Unter t. C. versteht man die chemischen Prozesse in der Luftschicht vom Boden bis zur →Tropopause in 10–11 km Höhe (→Atmosphärenchemie). In der →Troposphäre wird durch die Sonne nur Licht mit Wellenlängen $\lambda \geq 300$ nm (wegen der Filterwirkung der stratosphärischen →Ozonschicht) eingestrahlt, das dort verschiedene photochemische Reaktionen auslöst (→Photochemie). Etwa 19 % der eingestrahlten Sonnenenergie werden von Wasserdampf, Ozon und anderen gasförmigen Spurenstoffen absorbiert. Die übrigen 81 % werden entweder durch die Erdoberfläche absorbiert (51 %) oder durch Wolken, Staub und Erdoberfläche reflektiert (30 %).

Jährlich werden vom Boden aus mehrere Milliarden Tonnen Gase emittiert und in der →Atmosphäre chemisch umgesetzt. Die Emissionen von →Kohlenmonoxid, →Methan und →Stickoxiden bestimmen weitgehend die chemischen Eigenschaften der Troposphäre (→Stickoxidkreislauf, →Photooxidantien). *Barnes/Becker*

Trübung der Atmosphäre. Die T. der Luft entsteht durch →Extinktion des sichtbaren Lichts an Luftbeimengungen. Diese können natürlichen oder anthropogenen Ursprungs sein. Es handelt sich dabei um flüssige und feste Partikel (Aerosol und

Staub) sowie um Gase. Die Partikel können in Abhängigkeit von ihrer chemischen Zusammensetzung und von der Luftfeuchte durch Aufnahme bzw. Abgabe von Wasserdampf ihre Größe ändern. Damit ändert sich ihr Einfluß auf die T.

Von besonderer Bedeutung für die Extinktion des sichtbaren Lichts sind Partikel mit Radien von 0,1 bis etwa 1 μm. Die T. der Luft führt zu einer Verminderung der Sichtweite. Die reduzierte Sichtweite gibt Hinweise über den Partikelgehalt der Luft und damit über die Verunreinigungssituation. Die Normsichtweite V läßt sich nach der Formel von *Koschmieder:* $V = 3{,}91\ 1/z$ berechnen (V: Normsichtweite in km, z: Extinktionskoeffizient in km^{-1}); z kann durch Transmissiometer gemessen werden). Natürlicherweise beträgt die Sichtweite in klarer Arktikluft ca. 200 km, in kontinentaler Tropikluft 10 bis 30 km. Bei feuchtem Dunst liegt sie bei einigen Kilometern. Herabgesetzte Sichtweiten (Sichtweiten unter 10 km) werden im Umland von Städten im Sommer in bis zu 50% der Zeit und im Winter in bis zu 70% der Zeit beobachtet. *Külske*

Literatur: VDI 3786, Bl. 6: Meteorologische Messungen für Fragen der Luftreinhaltung – Trübung der bodennahen Atmosphäre: Normsichtweite. 10/1983.

Tuchfilter →Oberflächenfilter

Turbulenz. In der Strömungslehre wird zwischen laminaren und turbulenten Strömungen unterschieden. Während bei ersteren ausschließlich ein molekularer Austausch stattfindet, der sich deterministisch beschreiben läßt, erfahren turbulente Strömungen im Gegensatz dazu eine chaotische Durchmischung, die nur stochastisch erfaßt werden kann.

Die T.-Intensität einer Strömung wird durch eine Reynoldszahl genannte Kenngröße definiert: $Re = U\ l/\nu$ mit U = charakteristische Geschwindigkeit, l = charakteristische Länge und ν = kinematische Viskosität. Sie kann als das Verhältnis von Trägheits- zu Zähigkeitskräften interpretiert werden. T. ist demnach keine Materialeigenschaft, sondern abhängig von den Eigenschaften der Strömung. Auf Grund der geringen Viskosität der Luft, die in der Atmosphäre zu typischen Reynoldszahlen

von 10^7 führt, können alle Luftströmungen als turbulent angesehen werden.

In der Praxis ist die T. ein Skalenproblem. Unabhängig davon, wie fein eine räumliche oder zeitliche Auflösung gewählt wird, treten sogenannte subskalige Schwankungen auf. Auf Grund eines Minimums im Energiespektrum der atmosphärischen Bewegung im Frequenzbereich zwischen 6 und 60 min^{-1} lassen sich lang- und kurzfristige Schwankungen trennen. Die meteorologischen Variablen (z. B. die Geschwindigkeit) können durch Mittelung über ein geeignetes Zeitintervall in einen mittleren und einen turbulenten Anteil zerlegt werden.

Wegen der Nichtlinearität der Gleichungen, die die Strömung bestimmen, werden bei dieser Vorgehensweise jedoch Varianzen und Kovarianzen der Variablen in die Gleichungen eingeführt, die nicht a priori bekannt sind; sie müssen halbempirisch bestimmt werden. Dies spiegelt den stochastischen Charakter der T. wider.

Die räumlichen Gradienten dieser Varianzen und Kovarianzen entsprechen dem turbulenten Transport von Impuls bzw. von fühlbarer sowie latenter Wärme. Auch der turbulente Transport von Luftverunreinigungen läßt sich so beschreiben. Diese Transportprozesse spielen eine wichtige Rolle im Haushalt der betreffenden Variablen, so daß auch die Mittelwerte der Variablen vom turbulenten Austausch beeinflußt werden: Durch die turbulente Durchmischung werden ihre räumlichen Gradienten ausgeglichen. Die Stärke der Durchmischung wächst dabei mit der T.-Intensität.

Die T.-Intensität ist abhängig von der dynamischen Erzeugung durch Windscherung und von der →Temperaturschichtung. Die turbulente oder →Eddy-Diffusion einer Variablen ist dabei ihrem räumlichen Gradienten proportional (→Diffusionskoeffizient). Der vertikale turbulente Impulstransport ist zudem von der →Bodenrauhigkeit abhängig. Die Intensität des vertikalen turbulenten Wärme- und Feuchtetransports hängt außerdem von der Differenz zwischen Luft- und Bodentemperatur bzw. Luft- und Bodenfeuchtigkeit ab. *Wichmann-Fiebig*

TVO →Trinkwasserverordnung

U

U-Bahn-Erschütterungen. Durch den Betrieb von Schienenfahrzeugen in Tunneln werden mechanische Schwingungen erregt, die über die Gleise, deren Bettung und die Tunnelkonstruktion in den umgebenden Boden eingeleitet werden. Die →Ausbreitung dieser Erschütterungen erfolgt überwiegend in Form von Raumwellen. Werden diese →Verkehrserschütterungen in unmittelbar über oder neben dem Tunnel liegende Gebäude eingeleitet, kann die →Wahrnehmung dieser Erschütterungsimmissionen und des von Raumbegrenzungsflächen abgestrahlten →Körperschalls zu erheblichen Belästigungen der betroffenen Menschen führen. Die Größe der Schwingungsamplituden der Erschütterungsimmissionen wird besonders beeinflußt von
– dem Verhältnis der Eigenfrequenzen des Tunnelbauwerks zu den durch den Fahrbetrieb bedingten Erregerfrequenzen;
– der Bettung des Tunnelbauwerks in dem umgebenden Baugrund;
– den bodenmechanischen Eigenschaften des Übertragungswegs vom Tunnel zu betroffenen Gebäuden;
– der Lage der Eigenfrequenzen von Bauteilen in betroffenen Wohngebäuden, besonders von Geschoßdecken und Wänden, zu den Erregerfrequenzen. Bei Resonanz werden die Schwingungsamplituden verstärkt;
– der Art des Oberbaus und der Gleisbettung.
Bei Maßnahmen zur Verringerung der U-B.-E. scheiden nach heutigen Erkenntnissen baukonstruktive Maßnahmen an der Tunnelkonstruktion nahezu aus. Erfolgreicher sind Maßnahmen zur Isolierung im Gleisbettungsbereich. Anstelle des üblicherweise vorgesehenen normalen Oberbaues (Schotter mit Holzschwellen oder schotterloser Oberbau ohne besondere Isoliermaßnahmen) ist der Einbau von Federn aus Elastomeren im Bereich des Gleisoberbaues eine erfolgversprechende Maßnahme zur →Aktivisolierung. Als Federungen im Gleisbettungsbereich sind Unterschottermatten, Sonderentwicklungen von Schienenlagern, tiefabgestimmte Gleisplattensysteme (Feder-Masse-Systeme) u. a. m. entwickelt, erprobt und die durch deren Einbau erzielte →Dämmung festgestellt worden. Als weitere Minderungsmaßnahme ist bei späteren Überbauungen von Tunneln auch die →Passivisolierung von Gebäuden (Gebäudeisolierung) mit gutem Erfolg durchgeführt worden. *Splittgerber*

Literatur: *Haupt, W.*: Gebäudeisolierung gegen U-Bahn-Erschütterungen. Bautechnik **67** (1990). – *Krüger, F.*: Untersuchung verschiedener Oberbauformen in einem U-Bahn-Tunnel im Hinblick auf Schall- und Erschütterungsemissionen, Ber. Nr. 8, Hrsg.: Studiengesellschaft für unterirdische Verkehrsanlagen (STUVA) Köln 1982. – *Uderstädt, D.*: Planung von Schutzmaßnahmen zur Minderung von Geräuschen und Erschütterungen durch U-Bahnen, T. 1, 2. Der Nahverkehr (1983) Nr 1, 2.

U-Bahn-Verkehrsgeräusch. U-Bahnen verursachen, wie oberirdisch geführte Schienenverkehrsanlagen, durch das Rad-Schienesystem erzeugte Schienenverkehrsgeräusche.

Der vom Rad, von der Schiene sowie vom Fahrzeug selbst abgestrahlte Luftschall, ist wegen der Tunnelführung für die Nachbarschaft von untergeordneter Bedeutung. Bedeutsam für Gebäude oberhalb der U-Bahn ist der von der Schiene in die Schienenauflage und von hier über das Fundament in die Gebäude übertragene →Körperschall. Maßnahmen zur Minderung von →U-Bahn-Erschütterungen dienen auch dem (Körper-)Schallschutz. *Strauch*

Überhöhung feuchter Abgasfahnen. Feuchte Abgasfahnen weisen auf Grund der latenten →Wärme des Wasserdampfs eine größere Ü. auf als trockene Abgasfahnen. Der Endwert der →Abgasfahnenüberhöhung einer mit Wasserdampf gesättigten Abgasfahne, die eine Waschanlage passiert hat, liegt z. B. bei Isothermie (d. h. bei konstanter vertikaler Temperatur) unter sonst gleichen Bedingungen um etwa $\frac{1}{4}$ höher. Unter anderen meteorologischen Bedingungen können die Unterschiede sowohl größer als auch kleiner sein. Feuchte Abgasfahnen erreichen insbesondere bei niedrigen Windgeschwindigkeiten größere Höhen. Nach den Bestimmungen der Großfeuerungsanlagenverordnung (→13. BImSchV) sind die Abgase von Kraftwerken zu entschwefeln. Bei einer Naßentschwefelung errechnet sich nach den Ü.-Gleichungen eine deutlich geringere Ü., weil die Austrittstemperatur der Abgase um etwa 40 bis 50 Grad absinkt. Tatsächlich ist der Rückgang der Ü. jedoch geringer, weil die latente Wärme des Wasserdampfs das Defizit teilweise ausgleicht. Zur Berechnung der Ü. f. A. wurden spezielle numerische Modelle entwickelt, deren freie Parameter durch Ü.-Messungen an feuchten Abgasfahnen geeicht werden. *Giebel*

Überschall-Flugverkehr. Planmäßiger Flugverkehr mit →Überschallgeschwindigkeit bei Flugmachzahlen von 2 bis 2,2 findet seit den 70er Jahren zwischen London/Paris und der Ostküste der USA statt. Allerdings befinden sich nur wenige Flugzeuge im Einsatz. Der Reiseflug erfolgt dabei in Höhen zwischen 15 und 18 km, d. h. in der unteren →Stratosphäre, wo die Konzentration des Ozons anzusteigen beginnt. Es hat deshalb seit langem Befürchtungen gegeben, daß die im Triebwerksstrahl enthaltenen Stickoxide zu einer wesentlichen Reduzierung des stratosphärischen Ozons führen könnten. So wurde 1975 abgeschätzt, daß eine Flotte von 500 Überschallflugzeugen, die in 20 km Höhe täglich 7 Stunden fliegen würden, die →Ozonschicht um ca. 50 % reduzieren könnte, wenn man nur den NO_x-Zyklus in der Stratosphäre allein betrachtet. Spätere Rechnungen, die auf Grund verbesserter Kenntnisse und unter Hinzunahme weiterer relevanter Reaktionen durchgeführt wurden, haben dieses erste Ergebnis erheblich relativiert. So geht man heute von ca. 7–10 % Verminderung der Ozonschicht unter den gleichen, die Flugdurchführung betreffenden Annahmen aus. Diese neueren Rechnungen lassen auch den Schluß zu, daß die wenigen heutigen Überschall-Linienflüge für die globale Ozonbilanz gegenüber anderen NO-Quellen vernachlässigbar sind (→Schadstoffreduzierung in der Luftfahrt).

Ende der 80er Jahre ist die Diskussion um einen künftigen Ü.-F. wieder aufgelebt, vor allem in den USA. Ausgehend von früheren amerikanischen Aktivitäten (Supersonic Transport-ST-Program), die auf Grund der oben erwähnten, ersten schwerwiegenden Ergebnisse hinsichtlich der Beeinflussung der Ozonschicht eingestellt worden waren, ist ein neues Forschungsprogramm HSRP (High Speed Research Program) für die Jahre 1990 bis 1995 in Gang gesetzt worden. Durch dieses Programm soll eine Reihe von wichtigen Fragen der Einwirkung des Ü.-F. auf die Umwelt geklärt werden, bevor eine Entscheidung über eine mögliche Entwicklung entsprechender Flugzeuge gefällt wird. So soll neben Fragen des Fluglärms untersucht werden, welche atmosphärischen Effekte von einer Flotte von Überschallflugzeugen erwartet werden müssen. Insbesondere soll derjenige Pegel der NO_x-Triebwerksemissionen ermittelt werden, der nach einer allgemein zu akzeptierenden Übereinkunft ohne Schaden für die Ozonschicht zugelassen werden kann. Auch soll in dem Programm die Brennkammertechnologie entwickelt und demonstriert werden, mit der dieser NO_x-Pegel einzuhalten ist. Heutige Schätzungen gehen davon aus, daß der zugehörige →Emissionsindex bei etwa 3–8 g NO_x/kg Brennstoff liegen dürfte. Die Emissionen des Überschall-Verkehrsflugzeugs Concorde mit ihren älteren Triebwerken werden für den Reiseflug zu etwa 20 g NO_x/kg geschätzt. Demgegenüber wären von Überschalltriebwerken moderner Technologie mit ihren höheren Turbineneintrittstemperaturen ohne eine weitere Entwicklung höhere Emissionswerte um ca. 30 g NO_x/kg zu erwarten. Die erforderliche Reduzierung der NO_x-Emission wird von der NASA nur auf der Basis der Brennkammerkonzepte Vormisch-Mager-Verbrennung und Fett-Mager-Verbrennung für möglich gehalten.

Da Überschall-Verkehrsflugzeuge auch künftig teilweise im Unterschall fliegen müssen, befaßt sich ein Teil des US-Programms HSRP mit Triebwerken, die in beiden Geschwindigkeitsbereichen wirtschaftlich betrieben werden können. Hierfür kommen Gasturbinen mit variablem Kreisprozeß in Frage.

Ob künftig ein solcher Ü.-F., der bei Machzahlen um 3 abgewickelt würde, verwirklicht wird, hängt außer von der Umweltfrage noch von der Beurteilung seiner Wirtschaftlichkeit ab. Gegenwärtige Prognosen darüber gehen z. T. noch weit auseinander. Pessimistische Abschätzungen, wie z. B. die der Lufthansa, gehen von einem weltweiten Bedarf von ca. 100–200 solcher Flugzeuge aus, auf die sich dann die im Vergleich zu Unterschallflugzeugen wesentlich höheren Entwicklungskosten verteilen würden. In den USA werden optimistischere Zahlen genannt. Hier denkt man im Hinblick auf Trans-Pazifik-Routen auch an Fluggeräte für Flugmachzahlen um 5 oder höher. Solche Flugzeuge müßten in Höhen um 25 km, d. h. im Bereich der höchsten Ozonkonzentrationen operieren. Als Antriebe kämen Kombinationen von Turbo- und Staustrahltriebwerken in Frage, für die der Einsatz von alternativen Flugbrennstoffen, nämlich Methan oder Wasserstoff wesentlich wirtschaftlicher wäre. Hier ist im Hinblick auf eine Verwirklichung auch zu bemerken, daß dann eine neue Infrastruktur zur Versorgung mit diesen Brennstoffen erforderlich würde. Zur Problematik der direkten NO_x-Emission in Bereiche hoher Ozonkonzentration käme dann noch die Injektion großer Mengen an H_2O und die damit verbundene Eiskristallbildung in der Stratosphäre hinzu. Techniken für die NO_x-Reduzierung bei Staustrahltriebwerken sind heute nicht bekannt. Vom prinzipiellen Aufbau dieser Triebwerke her kämen ähnliche Techniken in Frage, wie sie heute für die Schadstoffreduzierung bei Brennkammern von Turbotriebwerken vorgesehen sind. Jedoch muß dies mit einem höheren Brennstoffverbrauch erkauft werden. Wasserdampfemissionen wären bei allen in Frage kommenden Flugbrennstoffen zu erwarten; sie wären bei Wasserstoff am höchsten. Bei einer größeren Häufigkeit solcher Flüge wäre mit einem vermehrten Auftreten von langlebigen Eiskristallwolken zu rechnen, wobei eine damit verbundene Beeinflussung des Strahlungshaushalts der Erde nicht auszuschließen ist. *Winterfeld*

Literatur: *Fabian, P.:* Atmosphäre und Umwelt. Berlin–Heidelberg–New York 1987. – High Speed Commercial Flight-The Coming Era. Loomis, J. P., Ed., Columbus, Ohio, USA, 1987. – *Shaw, R. J.:* Propulsion Challenges for a 21st Century Economically Viable, Environmentally Compatible High Speed Civil Transport. Conference Proceedings, 11th International Symposium on Air-Breathing Engines, 1991.

Überschallgeschwindigkeit. Die Geschwindigkeit von Gasen, Flüssigkeiten oder festen Körpern, die größer ist als die →Schallgeschwindigkeit des Umgebungsmediums.

Das Maß für die Ü. ist die *Mach*-Zahl M; sie ist das Verhältnis der momentanen Strömungs- oder Fluggeschwindigkeit zur Schallgeschwindigkeit c des Mediums, in dem die →Schallausbreitung stattfindet.

Ein Flugzeug bewegt sich z. B. mit M = 2, wenn die Fluggeschwindigkeit doppelt so groß ist wie die Schallgeschwindigkeit der durchflogenen Atmosphäre. (Schallgeschwindigkeit der Luft = 340 m/s bei 18 Grad Celsius und 1 000 hPa). *Strauch*

Überschallknall. Geschosse und Flugkörper, die sich schneller als der →Schall in der Atmosphäre fortbewegen, verdrängen die umgebende Luft derart plötzlich, daß sich eine etwa kegelförmige Stoßwelle bildet, deren Luftwechseldrucke sehr kurze Anstiegs- und Abfallzeiten hat und deren Geräuschwahrnehmung als Ü. (*engl.* sonic boom) bezeichnet wird.

Die Stoßwelle breitet sich beim Ü., wie auch bei anderen Knallen, mit →Überschallgeschwindigkeit aus. Der Öffnungswinkel der sich etwa kegelförmig ausbreitenden Knallwelle ist von der Machzahl abhängig. Große Flugzeuge, die sich mit Überschallgeschwindigkeit fortbewegen, schieben eine Stoßwelle mit Drucksprüngen vor sich her und ziehen am Schwanzende eine weitere Stoßwelle hinter sich her, die von Beobachtern an der Erdoberfläche als Doppelknall wahrgenommen werden können. Die Art der entstehenden Ü. ist von vielen Faktoren abhängig, z. B. der Gestalt und Größe der Körper, der Flugbahn und der Entfernung zum Beobachter. Außerdem sind auch die von der Wetterlage abhängigen Schichtungen der Atmosphäre von Einfluß.

Ü. gehören zu jenen Erscheinungen, die wegen ihrer Unvorhersehbarkeit und Plötzlichkeit starke Reaktionen bei Betroffenen auslösen können. Beim Abweichen der Flugzeuge von geradlinigen Flügen können verstärkte Effekte durch Fokussierung auftreten, bei denen erheblich größere Druckspitzen als bei gewöhnlichen Ü. auftreten. Bei Ü., die von Flugzeugen in Flughöhen von etwa 10 000 m beim Geradeausflug erzeugt wurden, sind am Erdboden Luftwechseldrucke von etwa p = 100 bis 200 Pa festgestellt worden; das entspricht Schalldruckpegeln von $L_{peak, max}$ = 134–140 dB. Die statischen und dynamischen Wirkungen des Ü. hängen von der Art der Stoßwellen und von den dynamischen Eigenschaften der betroffenen Bauwerke und Bauteile ab. Bei der Einwirkung von Ü. auf übliche Fensterscheiben und auf Dachziegel von Wohnhäusern nimmt die Gefahr der Zertrümmerung, besonders von Glasscheiben, merklich zu, wenn die Stoßwellen Luftwechseldrucke von mehr als etwa p = 200 Pa ($L_{peak, max}$ = 140 dB) überschreiten. *Splittgerber*

Literatur: *Koch, H.W.* und *G. Weber:* Flugzeugknalle und ihre Wirkung auf Gebäude. Die Bautechnik (1970) Nr. 7. – *Weber, G.:* Wirkung von Flugzeugknall auf Gebäude und Bauteile. VDI-Ber. 135, Düsseldorf 1969.

Überschußschlamm. Schlamm, der beim →Belebtschlammverfahren durch →Mikroorganismen produziert, aus dem →Nachklärbecken abgezogen und der →Klärschlammbehandlung zugeführt wird. Der Ü., der vorwiegend aus →Biomasse besteht, muß möglichst kontinuierlich aus dem System abgezogen werden. Die Ü.-Produktion ist abhängig von der Nährstoffversorgung der Mikroorganismen. In der Praxis wird mit 0,65–0,85 kg TS/kg BSB_5-Abbau gerechnet. *Mertsch*

Übersteuerung. Als Ü. gelten bei →Schallpegelmessern Meßwertanzeigen, die in einem Meßbereich liegen, in dem das Gerät keine vorschriftsmäßigen Meßwerte ermittelt.

Nach der DIN IEC 651: Schallpegelmesser. 12/1981, müssen Schallpegelmesser Ü. des zulässigen Meßbereichs anzeigen. *Strauch*

Überwachungsbereich, außerbetrieblicher. A. und betriebliche Ü. gehören zu den →Strahlenschutzbereichen. Nach § 60 StrlSchV ist ein a. Ü. ein unmittelbar an den →Kontrollbereich oder den betrieblichen →Überwachungsbereich angrenzender Bereich, in dem Personen bei Daueraufenthalt (!) im Kalenderjahr höhere Körperdosen durch Ableitung radioaktiver Stoffe über Luft und Wasser erhalten können als die folgenden in § 45 Abs. 1 StrlSchV angegeben (→Dreißig-Millirem-Konzept):
– 0,3 mSv (effektive Dosis, Keimdrüsen, Gebärmutter, Knochenmark),
– 1,8 mSv (Knochenoberfläche, Haut),
– 0,9 mSv (alle anderen Organe und Gewebe).

Die effektive Dosis für Direktstrahlung (z. B. für hochenergetische Photonen, Neutronen) ist im a. Ü. auf 1,5 mSv im Kalenderjahr (§ 44 Abs. 1 StrlSchV) begrenzt, wobei Ableitungen über Luft und Wasser mit bis zu je 0,3 mSv mit eingerechnet werden müssen.

Werden also im a. Ü. je 0,3 mSv im Kalenderjahr für innere Expositionen durch Ableitung radioaktiver Stoffe über den Luft- und Wasserpfad (Summe: 0,6 mSv/a) aufgenommen, so darf die äußere Exposition durch Direktstrahlung 0,9 mSv nicht überschreiten.

A. Ü. gehören meistens zum allgemeinen Staatsgebiet, können sich aber auch vollständig innerhalb des Betriebsgeländes befinden; insofern ist die Bezeichnung für diesen Bereich etwas irreführend gewählt worden. Im a. Ü. muß grundsätzlich der Grenzwert von 1,5 mSv im Kalenderjahr für die effektive Dosis bei Daueraufenthalt eingehalten werden. *Ewen*

Literatur: *Ewen, K., I. Lucks, D. Wendorff:* Die neue Strahlenschutzverordnung – Praxiskommentar. 1990.

Überwachungsbereich, betrieblicher. Der Begriff Ü. gehört neben den Begriffen →Kontroll- und →Sperrbereich zu dem Sammelbegriff →Strahlenschutzbereich (→Dosisgrenzwert). Man unterscheidet zwischen außerbetrieblichen und b. P., allerdings nur im Geltungsbereich der Strahlenschutzverordnung (StrlSchV). Die →Röntgenverordnung (RöV) dagegen kennt nur den b. Ü., denn es ist auf Grund der verhältnismäßig geringen Photonenenergie (Geltungsbereich der RöV: maximal 3 MeV) und der Tatsache, daß keine radioaktiven Stoffe entstehen, physikalisch nicht möglich, außerbetriebliche Bereiche zu exponieren.

Der Ü. ist in der StrlSchV in § 60 und in der RöV in § 19 definiert. Im Geltungsbereich der RöV sind b. Ü. nicht zum →Kontrollbereich gehörende Bereiche, in denen Personen im Kalenderjahr höhere Körperdosen aus Ganzkörperexpositionen als 5 mSv erhalten können. Da eine Exposition des gesamten Körpers (physikalisch sinnvoll) vorausgesetzt wird, spielt unter den Körperdosen die effektive Dosis eine dominierende Rolle.

Nach der StrlSchV ist der b. Ü. gemäß der Vielzahl der möglichen →Strahlenexpositionen (innere und äußere Expositionen, Teilkörper- und Ganzkörperexpositionen) etwas komplexer definiert. Zeitlicher Bezug ist der Daueraufenthalt (in der RöV ist darüber nichts ausgesagt, weil beim Betrieb von Röntgeneinrichtungen mögliche Strahlenexpositionen durch die Einschaltzeit bestimmt werden). Die dosismäßige Definition bezieht sich nicht nur auf denselben Ganzkörperexpositionswert wie in der RöV, sondern auch auf alle in der Anlage X Tab. X 1 Sp. 4 StrlSchV aufgeführten Werte für Teilkörperdosen.

Der b. Ü. kann entweder örtlich oder zeitlich vom Kontrollbereich getrennt sein: örtlich, wenn er aufgrund der →Dosisgrenzwerte räumlich vom Kontrollbereich abgrenzbar ist, zeitlich, wenn dasselbe Areal nach Beendigung des Umgangs mit radioaktiven Stoffen oder des Betriebs eines Beschleunigers aus dem Betriebszustand Sperrbereich oder Kontrollbereich infolge noch vorhandener Restaktivitäten die Bedingungen des b. Ü. erfüllen sollte. *Ewen*

Literatur: *Ewen, K.; I. Lucks, D. Wendorff:* Die neue Strahlenschutzverordnung – Praxiskommentar. 1990.

UFORDAT →Datenbank für Umweltforschungs- und -entwicklungsvorhaben

Ugilec (Hydraulikflüssigkeit). 1984 wurde als Ersatz für PCB-haltige Hydraulikflüssigkeiten eine neue HFD-Hydraulikflüssigkeit (BP Olex S-FD 0207 ZF) auf der Basis von Tetrachlorbenzyltoluol (Produktname: Ugilec 141) zugelassen. Wegen einiger nachteiliger Umweltauswirkungen, die erst nach erfolgter Zulassung und begonnener Umstellung bekannt wurden, ist im deutschen Steinkohlenbergbau ein weiterer großangelegter Umstellungsprozeß mit dem Ziel eines Verzichts auf HFD-Hydraulikflüssigkeiten eingeleitet worden. Die jährlichen Einsatzmengen von U. sind von ca. 2 040 t (1985) auf ca. 200 t (1991) zurückgegangen. Ab 1992 wird kein U. mehr bezogen. Die inländische Produktion von U. wurde 1991 eingestellt.

Als Ersatz für den Restbedarf an U. werden halogenfreie Flüssigkeiten (z. B. Polyglykol) eingesetzt. *Roge*

ULIDAT →Umweltliteraturdatenbank

Ultrafiltration. Verfahren zur Abtrennung höhermolekularer Substanzen und dispergierter flüssiger und fester Stoffe vom Lösungsmittel durch Anlegen eines äußeren Drucks. Dabei durchströmt das zu trennende Gemisch eine Membran mit sehr feinen Poren, die lediglich für das Lösungsmittel und niedermolekulare gelöste Stoffe durchlässig ist.

Die U. arbeitet mit Betriebsdrucken von 2–10 bar. Als Membranmaterial werden speziell synthetisierte Polymere, z. B. Polyamide, Polysulfane und Celluloseacetate eingesetzt. Sie ist eng mit der →Umkehrosmose verwandt. Die Größe der abtrennbaren Substanzen liegt mit 1 nm–10 μm über der bei der Umkehrosmose. Osmotische Drucke spielen bei der U. keine Rolle.

Die abgetrennten Inhaltsstoffe werden im Konzentrat angereichert. Das Permeat ist von hoher Reinheit.

Das Verfahren der U. wird hauptsächlich zur Konzentrierung von Emulsionen und ölhaltigen Lösungen, als Reinigungs- und Konzentrationsstufe in der Lebensmittel- und pharmazeutischen Industrie, zur Rückgewinnung von Wertstoffen aus Abwässern und zur Blutreinigung eingesetzt.

Im Bereich der Abfallwirtschaft ist die U. der chemisch-physikalischen →Abfallbehandlung zuzuordnen. Mit der U. können u. a. folgende Abfallarten bzw. Abwässer behandelt werden:
- Spül- und Waschwasser mit schädlichen Verunreinigungen organisch belastet,
- Öl-, Fett- und Waschemulsionen,
- synthetische Kühl- und Schmiermittel,
- Bohr- und Schleifölemulsionen, Emulsionsgemische,

– Honöle,
– Kompressorenkondensate,
– Waschemulsionen,
– sonstige Öl-Wassergemische,
– mineralölhaltige Säure,
– Kunststoffdispersionen oder -emulsionen,
– Latex-Schlämme oder -Emulsionen,
– Sedimentationswasser aus Schlammdeponien und Absetzbecken,
– Wasch- und Prozeßwässer sowie
– Sekundärprodukte aus der Behandlung von Öl- und Benzinabscheiderinhalten und anderen Abfällen. *Radde*

Ultraschall.

Anwendung. Mit U. werden mechanische Schwingungen und Wellen im Frequenzbereich zwischen 16 kHz und 1 GHz bezeichnet. Vor allem wegen des quasi-optischen Ausbreitungsverhaltens und der Möglichkeit, hohe Leistungsdichten mit U. zu erreichen, wird U. in vielen Bereichen der Medizin und Technik eingesetzt.

Die Erzeugung von U. erfolgt größtenteils auf elektromechanischen Energie-Umwandlungswegen mittels piezoelektrischen Effekts. Mit U.-Wandlern lassen sich gebräuchliche Leistungsdichten von 10 W/m² bis 10 kW/m² mit entsprechenden Spitzenwerten für die Schalldrücke von 5,5 kPa bis 5,5 MPa erreichen.

U.-Kleinsignale werden vornehmlich bei Meß-, Kontroll- und Ortungsverfahren eingesetzt, z. B. für die zerstörungsfreie Materialprüfung (1–6 MHz, Meßbereich 2–300 mm), für die medizinische Diagnostik (1–10 MHz), für Ortung und Navigation mit Unterwasserschall (5 kHz–10 MHz) und für die Mikroskopie lichtundurchlässiger kleinster Objekte.

Zur Anwendung kommt vornehmlich das Impulsreflexions-Verfahren, d. h., die von einem Wandler in das Medium abgestrahlten und an entsprechenden Stoßstellen reflektierten bzw. rückgestreuten Schallimpulse werden vom Wandler wieder empfangen und als elektrisches Signal auf einem Monitor dargestellt. Bei der sog. A-Darstellung werden die Signale als Amplitude aufgezeichnet. Bei der sog. B-Darstellung werden die Signale der jeweiligen Laufzeit entsprechend als Lichtpunkte dargestellt, wobei deren Helligkeit der Amplitude des jeweiligen Signals entspricht. In der medizinischen Diagnostik können damit die meisten Weichteile des Körpers und deren Struktur dargestellt werden. Nach dem Doppler-Prinzip arbeitende Geräte nutzen die Frequenzänderung bei der Reflexion des U. an bewegten Strukturen, die ein Maß für deren Geschwindigkeit ist. Mit diesem Verfahren sind z. B. Durchflußmessungen und die Bestimmung von Strömungsprofilen möglich.

Hohe U.-Intensitäten werden zum Reinigen, Schweißen und Bohren von Metallen und Kunst-

stoffen, zur Desintegration (z. B. Aufschluß von Mikroorganismen), zur Zerstäubung von Flüssigkeiten sowie in der medizinischen Therapie und Chirurgie verwendet. Im letzteren Fall seien nur die Kataraktoperation und die Zertrümmerung von Nieren- und Harnsteinen erwähnt. *Steinmetz*

Literatur: American Institute of Ultrasound in Medicine (AIUM), Bioeffects Committee: Bioeffects Considerations for the Safety of Diagnostic Ultrasound. Ultrasound Med., Suppl. 7/9, 1988. – BMU: Nichtionisierende Strahlung. Veröffentlichungen der Strahlenschutzkommission, Bd. 16. Stuttgart 1990. – *Millner, R.:* Ultraschalltechnik. Grundlagen und Anwendungen. Weinheim 1987. – UNEP/WHO/IRPA Environmental Health Criteria Documents: Ultrasound. EHC 22, WHO, Genf 1982.

Biologische Wirkung.

Die biologischen Wirkungen des U. werden vornehmlich durch die primären physikalischen Effekte Temperaturerhöhung und Kavitation hervorgerufen. Durch Scherkräfte bewirkte mechanische Belastungen scheinen nur geringe Bedeutung zu haben.

Die vom Gewebe absorbierte U.-Energie wird in erster Linie in Wärme umgesetzt. Das Maß der Temperaturerhöhung hängt zum einen von den frequenzabhängigen Eigenschaften des Gewebes, zum anderen von der Leistung, Frequenz und Beschallungsdauer des eingestrahlten Ultraschallsignals ab. Zu berücksichtigen sind weiterhin die Wärmeleitfähigkeit des Gewebes und die Wärmekonvektion durch das Blut.

Bei Temperaturerhöhungen kommt es zunächst zu einer reaktiven Hyperämie, bei stärkerer Erwärmung folgen mit Schmerzempfindung einhergehende Entzündungen und Nekrosen.

Bei Anwesenheit von Kavitationskeimen, sog. kleinen präexistenten Gasbläschen, können diese im U.-Feld explosionsartig anwachsen und kollabieren, wobei lokal extrem hohe Drücke und Temperaturen auftreten (kurzfristige Kavitation). Hierdurch können Zell- und Gewebezerreißungen mit Einblutungen und Nervenläsionen, weiterhin chemische Radikalbildungen hervorgerufen werden, wobei letztere mit all ihren Konsequenzen wie Mutagenität und Kanzerogenität denjenigen von ionisierender Strahlung vergleichbar sind.

Kavitation setzt erst bei einer bestimmten Schwelle ein; relevant sind zum einen der negative Schallspitzendruck in der Sogphase der Welle, zum anderen die Impulsdauer. Die Bedingungen, unter denen im Säugergewebe Kavitationen ausgelöst werden können, sind nur unzureichend bekannt und im Bereich medizinischer Anwendung bisher nicht beobachtet worden. *Steinmetz*

Strahlenschutz.

Sowohl bei zahlreichen Arbeitsplätzen als auch in der Medizin kommt es zu nennenswerten U.-Expositionen. Im häuslichen Bereich könnte eine solche allenfalls durch Raumüberwachungsgeräte gegeben sein.

☐ Arbeitsplatz. Der von schallführenden Teilen wie Sonotroden oder U.-Reinigungsbädern durch direkten Körperkontakt übertragbare Körperschall kann durch Berührungsvermeidung wirksam unterbunden werden. Die Belastung durch den luftgetragenen U. kann mangels vollständiger Kapselung des U.-Wandlers bzw. erforderlicher Funktionsweise in dem Raumbereich nur durch Einhalten von Grenzwerten geregelt werden.

Hier gelten die Richtlinien nach VDI 2058, Blatt 2 mit einem linear bewerteten Schalldruckpegel von L_{lin} = 110 dB (Maximalwert) Dauerbeschallung im Frequenzbereich von 16–140 kHz.

☐ Medizin. Den von der WHO empfohlenen, zeitlich gemittelten räumlichen Spitzenwert der Schallintensität von 1 kW/m² als Grenzwert anzusehen, wird mangels ausreichender Beschreibung der zwei möglichen Schädigungsmechanismen zunehmend in Frage gestellt. Für eine Risikoabschätzung werden daher in Zukunft die in situ entstehende Temperaturerhöhung (<1 °C) und der Spitzenwert des Unterdrucks (<5 MPa) diskutiert.

Während bei älteren Diagnosegeräten Wärmeproduktion und Kavitation weitgehend ausgeschlossen werden konnten, arbeiten neuere Entwicklungen wie die Duplex-Systeme und die farbkodierten Doppler-Geräte teilweise mit bis zu 10 kW/m² in nahezu therapeutischen Intensitätsbereichen. Daher sollten diese Geräte bei schwangeren Frauen im Bereich des Beckens nur bei strenger Nutzen-Risikoabschätzung erfolgen.

Bei der U.-Therapie werden durchaus biologische Effekte benötigt. Als obere Grenze werden von der WHO 30 kW/m² für den zeitlich gemittelten räumlichen Maximalwert der Intensität im Gewebe empfohlen. Bei chirurgischen Anwendungen existiert kein Grenzwert. *Steinmetz*

Literatur: DIN 2058, Bl. 2: Beurteilung von Lärm hinsichtlich Gehörgefährdung. 6/1988.

Ultraviolett-Absorptionsspektrometrie. Der

Teil des Lichts, der im Wellenlängenbereich von 190 bis 380 nm liegt, gehört zum Ultraviolettanteil (UV) des Spektrums. Es gibt einige Schadgase in der Außenluft, die hier ein ausgeprägtes Absorptionsmaximum haben. Obwohl ein UV-Spektrum nicht so ausgeprägte Absorptionsbanden mit Feinstruktur wie ein Infrarot-Spektrum hat, läßt sich dies Verfahren in der Immissionsmeßtechnik einsetzen. Es gibt ein Meßverfahren, das unter Nutzung der Wellenlänge von 254 nm selektiv die Ozonkonzentration kontinuierlich aufzeichnen kann. Es zählt für diesen Schadstoff als Basisverfahren und ist in VDI 2468, Bl. 6 beschrieben. *Dulson*

Literatur: VDI 2468, Bl. 6: Messen gasförmiger Immissionen; Messen der Ozonkonzentration; Direktes UV-photometrisches Verfahren (Basisverfahren). 7/1979.

Umesterung. Als U. wird der Molekülumbau eines Esters durch Zugabe von Alkohol und Energie mit Hilfe eines Katalysators zu einem anderen →Ester bezeichnet.

Bei Pflanzenölen ist eine U. der Triglyceride notwendig, wenn diese als Kraftstoff für Seriendieselmotoren eingesetzt werden sollen, damit sie dieselkraftstoffähnliche Eigenschaften erhalten. Dabei werden pro kmol des Triglycerids drei kmol eines hochwertigen Alkohols (→Methanol, →Ethanol) zugemischt. Diese Lösung wird mit Hilfe eines Katalysators und Energie zu drei kmol Monoalkoholester (Monocarbonsäuremethylester) und einem kmol Glycerin umgeestert. Zur Beschleunigung der Reaktion werden 60–70 % mehr Alkohol zugegeben als stöchiometrisch nötig ist. Als Katalysator kann Natrium- oder Kaliumhydroxid verwendet werden. *Adt/Birkner/May*

Umkehrosmose. Technisch genutztes →Trennverfahren, bei dem durch Anlegen eines äußeren Drucks, der größer als der osmotische Druck (→Osmose) des Systems ist, Lösungsmittel aus einer höher konzentrierten Lösung durch eine semipermeable Membran in eine niederkonzentrierte Lösung (auch reines Lösungsmittel) gepreßt wird (zwangsweise Umkehrung der Osmose; Reversosmose, Negativosmose).

Mit der U. kann eine aufzubereitende Lösung in ein Konzentrat und ein weitgehend von Inhaltsstoffen befreites Permeat getrennt werden.

Die U., oft auch als Hyperfiltration bezeichnet, wird bei Betriebsdrucken von 10–100 bar durchgeführt und ermöglicht im Unterschied zur →Ultrafiltration die Abtrennung von niedermolekularen Stoffen und anorganischen Salzen. Voraussetzung ist eine ausreichend große Differenz zwischen Beaufschlagungsdruck und osmotischem Druck. Der maximale Betriebsdruck wird durch die Druckbelastbarkeit der Membran begrenzt.

Als Membranmaterial werden speziell synthetisierte Polymere, wie z. B. Polyamide, Polysulfane und Celluloseacetate eingesetzt, die je nach Einsatzgebiet in verschiedenen Formen, i. d. R. zu Modulen zusammengesetzt, zur Anwendung kommen. U.-Anlagen werden ein- oder mehrstufig ausgeführt.

Das Einsatzgebiet der U. erweitert sich ständig. Bevorzugt wird sie u. a. zur Entsalzung von Trink- und Betriebswasser, zur Entfernung von Stoffen aus Abwässern, zur Rückgewinnung von Metallen aus Abwässern galvanischer Betriebe und zur Kreislaufwasserführung in der Textil-, Papier- und photochemischen Industrie eingesetzt.

Im Abfallbereich ist die U. der chemisch-physikalischen →Abfallbehandlung zuzuordnen. Ein wesentliches Gebiet ist hier die Reinigung von Deponiesickerwässern (→Sickerwasserbehandlung). Mit der U. können u. a. folgende Abfallarten behandelt werden:
– Gerbereibrühe,
– metallsalzhaltige Konzentrate und Halbkonzentrate,
– metallsalzhaltige Spül- und Waschwässer,
– Kupferätzlösungen,
– Eisensalzlösungen,
– sonstige Konzentrate und Halbkonzentrate sowie Spül- und Waschwässer,
– mit Chemikalien verunreinigte Betriebsmittel,
– Sickerwasser aus Hausabfall-, Sonderabfall- und Schlackedeponien,
– Wasch- und Prozeßwässer sowie
– Sekundärprodukte aus der Behandlung anderer Abfallarten. *Radde*

Umlagerung. Maßnahme zur →Altlastensanierung. Hierbei wird der →Kontaminationskörper ausgehoben (→Auskofferung) und in der Regel unbehandelt auf eine geeignete Deponie verbracht. Bei der U. handelt es sich um eine Verlagerung der Umweltbelastung in Raum und Zeit, weil nur der Standort, nicht aber die kontaminierten Massen gereinigt werden.

In der Praxis findet die U. immer dann Anwendung, wenn schnelles Handeln vor Ort erforderlich ist, z. B. wenn eine Kontamination des für Trinkwasserzwecke genutzten Grundwassers zu besorgen ist oder wenn akute Gefahren für die im Altlastbereich wohnende Bevölkerung festgestellt werden und eine on site-Behandlung des kontaminierten Materials aus Zeit- oder Platzgründen nicht möglich ist. Auch kann bei Erdbewegungen anläßlich eines Bauvorhabens unerwartet ein kontaminierter Bereich entdeckt werden, der wegen seines Schadstoffinhaltes aus Gründen des Arbeits- und Immissionsschutzes schnell umgelagert werden muß. Eine U. als standortbezogene →Dekontamination ist auch dann erforderlich, wenn Restkontaminationen nach der Sanierung wegen der →Trinkwassergewinnung im Einzugsbereich des sanierten Standortes unbedingt vermieden werden müssen.

Eine U. auf geeignete Deponien sollte erst nach Ausschöpfung der Möglichkeiten von off site-Dekontaminationsverfahren in Bodensanierungszentren erfolgen. *Thoenes*

UMPLIS →Umwelt-Planungs- und -Informations-System

Umsatzgrad →Abscheidegrad

Umschlag staubender Güter. Bei der Be- und Entladung von Schiffen, Lkw und Waggons sowie der weiteren Handhabung von Schüttgütern können hohe Staubemissionen auftreten. Staubende Güter sind feste Stoffe die auf Grund ihrer Dichte, Korngröße, Kornform, Schüttdichte, Abriebfestigkeit, Zusammensetzung und ihres Feuchtegehalts bei der Handhabung oder der Lagerung zur Staubentwicklung neigen. Dazu zählen u. a. Schüttgüter wie Erze, Kohlen, Sinter, Koks, Sande, Düngemittel, Getreide und Futtermittel.

Da sich die beim U. auftretenden Staubemissionen nicht gefaßten Quellen zuordnen lassen, spricht man hier auch von diffusen Quellen bzw. Emissionen. Sie sind meßtechnisch nur schwer zu erfassen. In verschiedenen Untersuchungen wurden Emissionsfaktoren ermittelt, mit deren Hilfe Staubemissionen bei Umschlagvorgängen geschätzt werden. Die Emissionsfaktoren der o. g. Güter, die mit großen Unsicherheiten behaftet sind, liegen zwischen 0,05 und 1,4 kg pro t Umschlaggut.

Gemäß →TA Luft werden verschiedene emissionssenkende Verbesserungen an den Umschlageinrichtungen vorgenommen. Durch Primärmaßnahmen (z. B. Kapselung, Befeuchtung, Verfestigung sowie bauliche und betriebliche Maßnahmen) soll die Entstehung von Staubemissionen verhindert bzw. minimiert werden. Ist dies nicht möglich oder reichen diese Maßnahmen nicht aus, sind zusätzliche (sekundäre) Maßnahmen zu ergreifen (z. B. Absaugung, Abgasreinigung, Reinigen von Anlagenteilen), um eine Staubausbreitung zu begrenzen. Für die möglichst effektive Anwendung von Minderungsmaßnahmen ist die Kenntnis der die Staubentstehung bestimmenden Parameter entscheidend.

Die in der Tabelle genannten Materialeigenschaften bestimmen die Staubneigung des Schüttguts. Sie sind bis auf die Feuchte kurzfristig nicht veränderbar. Eine für Kohlen und Erze übliche Feuchte von 5–7 % bei der Einlagerung schließt eine Staubentwicklung fast aus.

Großen Einfluß auf die Staubentstehung haben die meteorologischen Bedingungen, hauptsächlich die Windgeschwindigkeit und die vorherrschende Windrichtung. Besondere Windverhältnisse gibt es lagebedingt oft im Bereich von See- und Binnenhäfen.

Bei heutigen neuen Umschlageinrichtungen werden die Ursachen einer Staubentstehung für die Auslegung und den Betrieb von Minderungseinrichtungen berücksichtigt. Dabei wird unterschieden zwischen Anlagen zur Be- und Entladung sowie Transport- und Fördereinrichtungen. Die Entladung von Lkw geschieht meist durch Abkippen der Ladung in offene Schütttrichter, Entladegossen oder auf Bodenlager. Vor allem bei Getreide und Futtermittel ist die vollständige Einhausung von Entladestationen üblich.

Umschlag staubender Güter. Tabelle: Einflußfaktoren für das Auftreten staubförmiger Emissionen bei U. und Lagerung staubender Güter

Materialeigenschaften	Meteorologische Bedingungen	Haldenkenngrößen	Umschlag- und Verladeeinrichtung
Stoffart Dichte Korngrößenverteilung Feuchtigkeit Oberflächeneigen- schaften des Korns	Windrichtung Windgeschwindigkeit Turbulenzen Luftfeuchte	Haldenform Haldenabmessungen Böschungswinkel dem Windangriff aus- gesetzte Oberfläche Umgebung	Umschlagart Abwurfhöhe Dichtheit von Greifern

Bild 1 zeigt die Ausführung einer emissionsarmen Lkw-Entladestation. Durch die Prallplatte wird die Fallhöhe und somit die Staubentstehung reduziert. Leitbleche sorgen für gleichmäßige Luftströmungs-Geschwindigkeiten und eine optimale Stauberfassung. Die abgesaugte Luft wird in einem Staubabscheider gereinigt.

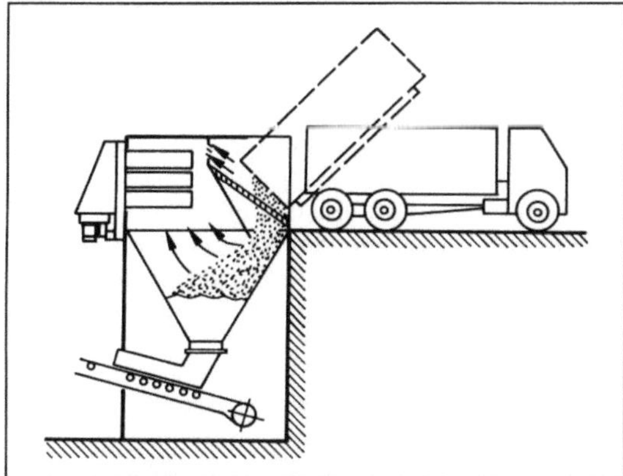

Umschlag staubender Güter 1: Emissionsarme Lkw-Entladestation.

Die Lkw-Beladung geschieht meist durch in der Höhe anpaßbare Beladerohre (Fallrohre). Pendelklappen oder Fischmaulverschlüsse sorgen für eine reduzierte und gleichmäßige Austrittgeschwindigkeit, oder das Ende des Fallrohres mündet in einer Haube (Glocke), die an der Fallrohrmündung abgesaugt wird (Bild 2).

Eine Möglichkeit der emissionsarmen Entladung von Eisenbahnwaggons ist die seitliche Entleerung. Dazu wird der Waggon fest eingespannt und durch Kippen um die Längsachse entleert. Das Gut rutscht über Prallbleche in Trichter. Die staubhaltige Luft wird durch Leitbleche geführt abgesaugt und einem Entstauber zugeführt. Waggon wie Lkw werden in der Regel über Rohre beladen.

Schiffe werden in Abhängigkeit vom Umschlaggut unterschiedlich entladen. Grobstückige Güter (z. B. Kohle, Erze) werden üblicherweise mit Greifern umgeschlagen. Der U. mit einem dichten

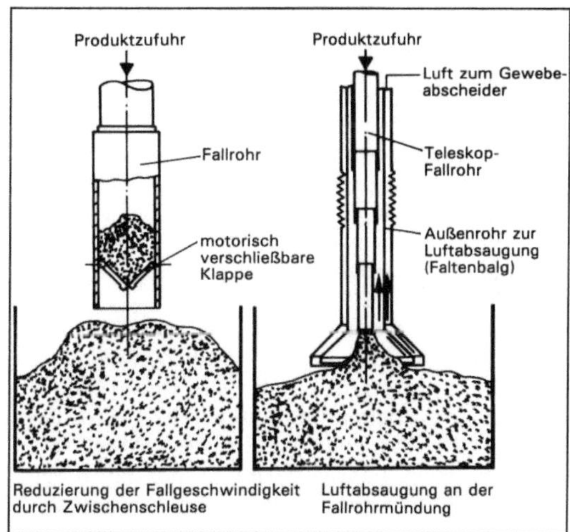

Umschlag staubender Güter 2: Beispiele für die emissionsarme Gestaltung von Beladerohren.

Greifer verursacht bei sachgerechter Bedienung (Fallhöhenanpassung) geringe Emissionen. Aus undichten Greiferschalen verrieselt allerdings Schüttgut, wodurch hohe Staubemissionen auftreten können. Greiferentladestationen werden in der Regel in geschlossener Bauweise ausgeführt.

Für feinkörnige Schüttgüter (z. B. Getreide, Futter- und Düngemittel) bietet sich die Entladung mit Schneckenförderern oder pneumatischen Saughebern an. Hat sich das Ladegut verfestigt, wird es durch einen rotierenden Fräßkopf aufgelockert und anschließend abgesaugt. Die Saugluft wird in einem Entstauber gereinigt. Mit Greifern und pneumatischen Absaugungen werden direkte Schiff-Schiffbeladungen durchgeführt. Weitere Fördermittel sind Becherwerke und Kratzförderer.

Nach der unmittelbaren Entladung werden die Schüttgüter mittels pneumatischer Förderung, Bändern, Rollgurtförderern, Trogkettenförderer und Lkw oder einer Kombination mehrerer Methoden zu Bunker, Silo oder Halde weitertransportiert und eingelagert. Für die Ablagerung in Bunkern ist neben der Fallhöhe die Bunkergeometrie entscheidend.

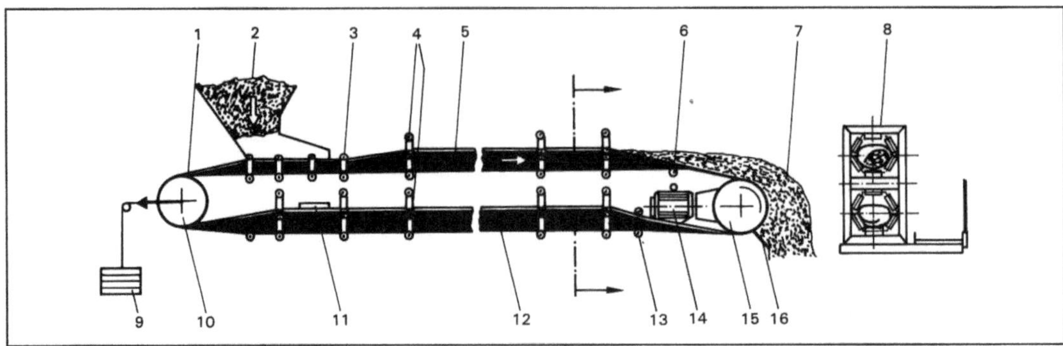

Umschlag staubender Güter 3: Rollgutförderer.

1 Einmuldung, 2 Fördergutaufgabe, 3 Aufgaberollen, 4 Führungs- und Tragrollen, 5 Obertrum (Lasttrum), 6 Ausmuldung, 7 Fördergutabwurf, 8 Gerüst, 9 Spanngewicht, 10 Umlenk- und Spanntrommel, 11 Gurtreiniger, 12 Untertrum (Leertrum), 13 Ablenktrommel, 14 Antriebseinheit, 15 Antriebstrommel, 16 Abstreifer

Durch den Einbau von Prallblechen und einer Erfassung der Verdrängungsluft mit anschließender Reinigung werden die Staubemissionen vermindert.

Neuentwicklungen im Bereich der Transporttechnik sind Rohrzugbahnen und geschlossene Gurtbandförderer (Bild 3).

Auch durch ihren Feuchtegehalt zunächst nicht staubende Güter können zu Staubemissionen beitragen, wenn das Gut durch Fahrzeugverkehr auf der Anlage zerrieben und aufgewirbelt wird. Deshalb ist der Fahrzeugverkehr nach Möglichkeit einzuschränken. Fahrwege sind grundsätzlich befestigt auszuführen und regelmäßig zu reinigen. Reifenwaschanlagen sollen das Reinigen der Fahrzeugreifen vor Verlassen der Anlage sicherstellen.

Bestimmte größere Anlagen zum U. s. G. sind genehmigungsbedürftig nach dem BImSchG (vgl. Nrn. 9.10 und 9.11 des Anhangs zur →4. BImSchV). Die TA Luft enthält unter Nr. 3.1.5 umfassende betriebliche und bauliche Anforderungen an den Transport sowie die Be- und Entladung und Lagerung von staubenden Gütern. Für Schüttgüter mit besonderen Inhaltsstoffen sind gemäß Nr. 3.1.5.5 die wirksamsten Maßnahmen (in der Regel Transport und Lagerung in geschlossenen Einrichtungen) anzuwenden. *Remus*

Literatur: *Becker, T.; R. Holzhauer; K.-H. Wehking:* Logistik der Schüttgüter, Fördertechnik **58** (1989) Nr. 4, S. 12–17, 1989. – *Davids, P.; M. Lange:* Die TA Luft '86, Technischer Kommentar. Düsseldorf 1986. – Umweltbundesamt: Luftreinhaltung '88. Tendenzen – Probleme – Lösungen. Berlin 1989.

Umsiedlung. Zum Neuaufschluß eines Braunkohlentagebaus ist der erfolgreiche Abschluß eines Genehmigungsverfahrens (→Braunkohlenausschuß) erforderlich. Im Zuge des Neuaufschlusses kann es bei der großen Inanspruchnahme von Flächen erforderlich werden, Ortschaften oder Teile von Ortschaften umzusiedeln.

Die Maßnahmen bei der U. sind im wesentlichen:
– Wahl des neuen Standorts,
– Beschaffen der Neubaugrundstücke,
– Aufstellen des Bebauungsplans,
– Herstellen der Erschließungsanlagen und
– U. der einzelnen Haushalte und Betriebe sowie Verlagerung von Einzelobjekten.

Im allgemeinen werden Orte so umgesiedelt, daß die Dorfgemeinschaft erhalten bleibt und die alten Traditionen weiterhin gepflegt werden können. Dem Beginn der U. geht eine Befragung der Bevölkerung voraus, in der die Standortwünsche sowie der Bau- und Flächenbedarf ermittelt werden. Bei der Durchsetzung dieser Wünsche sind einerseits die landesplanerischen Ziele zu beachten und andererseits wollen die vom Bergbau betroffenen Orte ihre Eigenart und Selbständigkeit behalten. Die Standortwünsche werden auch im Braunkohlenausschuß beraten.

Das Verhältnis zwischen Bergwerksunternehmen und Umsiedlern ist durch das →Bundesberggesetz geregelt; das Bergwerksunternehmen hat den Verkehrswert des jeweiligen Anwesens zu entschädigen. Maßgebend für die Bewertung sind hierbei die Wertermittlungsverordnung (6. 12. 1988) und die Wertermittlungsrichtlinien (31. 5. 1976).

Bei der Wertermittlung werden die Wirkungen – auch Vorwirkungen – der Braunkohlenabbaumaßnahme nicht berücksichtigt. Auf der Grundlage der von unabhängigen, vereidigten Sachverständigen erstellten Gutachten verhandelt das Bergwerksunternehmen in individuellen Gesprächen über den Erwerb der Anwesen. Der Neubau wird vor allem durch die Entschädigung für das Altanwesen finanziert.

In den alten Bundesländern sind bis Ende 1993 rund 36 000 Menschen umgesiedelt worden, davon rund 31 000 im rheinischen Braunkohlenrevier. In den neuen Bundesländern wurden im Zuge des

Braunkohlenbergbaus bis 1993 rund 70 000 Einwohner umgesiedelt.   *Wolfrum/Pützer*

Literatur: *Brückner, F.:* Energiewirtschaftliche Tagesfragen **29** (1979), S. 531–534. – *Brückner, M.:* Umsiedlung infolge Braunkohlenbergbau im Rheinland, Geograph. Rdsch. **41** (1989) Nr. 1, S. 31–37. – *Laufer, H.; C. Lögters:* Konzept zur sozialverträglichen Umsiedlung im geplanten Tagebau Garzweiler II. Die Führungskraft **56** (1989) Nr. 1, S. 28–30. – *Leuschner, H. J.:* Mitt. aus dem Markscheidewesen Nr. 4, 1971.

Umwelt. Jedes Lebewesen ist von einem Stück Welt umgeben oder umschlossen, mit dem es in wechselseitige(n) Beziehungen steht oder eintritt und von dem letztlich auch seine Existenz abhängt. Dies ist der naturwissenschaftliche Inhalt des Begriffes Umwelt, der zwei grundsätzlich wichtige Vorstellungen einschließt:
– U. ist stets auf Lebewesen bezogen. Es gibt keine U. an sich.
– U. setzt Beziehungen und Abhängigkeiten voraus und ist spezifischer als die Umgebung; mit anderen Worten: Umgebungs-Bestandteile sind für ein Lebewesen belanglos, während U.-Bestandteile stets eine bestimmte Bedeutung für das Bezugsobjekt Lebewesen haben.

Lebewesen sind zwar von ihrer U. abhängig, beeinflussen diese aber ihrerseits und bilden mit ihr ein Beziehungsgeflecht. Die Lehre von den Beziehungen heißt →Ökologie. Das Bild zeigt diese Zusammenhänge in vereinfachter Form und stellt zugleich die Grundlage eines allgemeinen Umweltsystems dar, worin das Beziehungsgeflecht durch eine Serie von Doppelpfeilen veranschaulicht wird.

Jede Art von Lebewesen – Pflanzen, Tiere, Mensch, Mikroorganismen – stellt spezifische

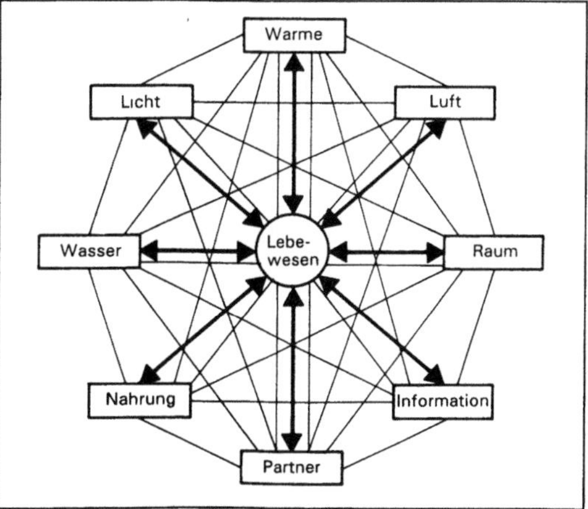

Umwelt: Die Elementar-Bedürfnisse der Lebewesen, zugleich Mindestansprüche der Lebewesen an ihre U., die geeignete Bedingungen und Ressourcen bereithalten muß.

Ansprüche an die U. und stellt ihr eigenes Beziehungsgeflecht her. Daher gibt es soviele U. wie es Arten von Lebewesen gibt – und deren Zahl beträgt viele Millionen. Im strengen Sinne gibt es *die* U. demnach nicht. Dennoch ist der allgemeine Begriff brauchbar und auch zulässig, weil es viele Organismen mit ähnlichen U.-Ansprüchen gibt und sie deswegen miteinander vergesellschaftet vorkommen. Der jeweilige subjektive U.-Begriff der Angehörigen verschiedener menschlicher Kulturkreise erschwert jedoch verständlicherweise die Einigung über Auffassungen und Lösungswege globaler Umweltprobleme. Er macht die Notwendigkeit eines objektiven U.-Begriffes um so deutlicher.

□ Allgemein wird zunächst zwischen einer unbelebten und einer belebten U. unterschieden. Die unbelebte U. ist entweder immaterieller Art (Licht, Wärme, magnetische oder elektrische Felder, Radioaktivität, Schall bzw. Lärm) oder durch Stoffe (Materie) und Stoffgemische in festem, flüssigem oder gasförmigem Zustand verkörpert, die wiederum die →Umweltmedien Luft, Wasser, Gesteine, Böden darstellen. Die belebte U. ist die Gesamtheit aller Lebewesen, die jeweils mit einem Bezugs-Lebewesen in Beziehung stehen (können); sie werden in gleichartige (z. B. für den Menschen die Mitmenschen) und andersartige, diese wieder in Pflanzen, Tiere und Mikroorganismen unterteilt – entsprechend in eine pflanzliche, tierische und mikrobielle U. Eine mehr partnerschaftliche Auffassung der Mensch-Umwelt-Beziehung ersetzt den Begriff der belebten U. gern durch Mitwelt.

□ Eine andere allgemeine U.-Gliederung unterscheidet eine strukturelle und eine funktionelle U. – wiederum bezogen auf bestimmte Lebewesen. Eine anschauliche räumlich-strukturelle Darstellung der U. verwendet das Bild der Umweltschalen als erste Differenzierung des Umweltsystems.

Für einen Menschen ist die innerste Umweltschale seine Kleidung; auf sie folgen die Wände des Raums, in dem er sich aufhält, dann die Wohnung, der der Raum angehört, das Haus, in dem die Wohnung liegt, die Stadt, zu der das Haus gehört, und wiederum deren räumliche U. und so fort. Die äußerste dieser Schalen ist das Sonnensystem, weil die Sonne für jedwedes Leben benötigt wird. Diese Umweltschalen können nicht säuberlich voneinander getrennt werden, sondern durchdringen einander; z. B. muß das Sonnenlicht von der äußersten Schale auch bis zur innersten Schale vordringen können. Andererseits wird ein so wichtiger Umweltbestandteil wie die Luft durch das Umweltschalen-Bild in einzelne Bereiche aufgeteilt, so die Innenraumluft zwischen Mensch und den Wänden seines Aufenthaltsraums bzw. der Wohnung, die Luft des Stadtgebiets, des Stadtumlands usw., die sämtlich voneinander verschieden sein und unterschiedlich wirken können, aber dennoch auch als Einheit gesehen werden müssen.

Mit funktioneller U. werden die von der U. zu erbringenden Leistungen beschrieben, die das Bezugs-Lebewesen zur Erfüllung seiner Lebensbedürfnisse benötigt. Bei Zugrundelegung eines rein biologischen U.-Begriffs spricht man von Elementarbedürfnissen wie Nahrung, Raum, Licht, Luft, Wärme, Wasser, Obdach/Behausung (Bild), um einen Unterschied zu kulturellen oder zivilisatorischen Bedürfnissen des Menschen wie Elektrizität, Mobilität usw. herzustellen. Diese Unterscheidung kann für das Setzen von Prioritäten im Umweltschutz von Wichtigkeit sein.

◻ Als Haupt-Umweltfunktionen hat der Rat von Sachverständigen für Umweltfragen unterschieden:
- Produktionsfunktionen
- Trägerfunktionen
- Informationsfunktionen
- Regelungsfunktionen.

Die Produktionsfunktionen dienen der Versorgung der Menschen, aber ebenso aller anderen Organismen, mit Gütern und Produkten. Diese können aus der nichtlebenden natürlichen U. stammen, und zwar aus erneuerbaren oder aus nicht erneuerbaren →Ressourcen. Die Erfüllung der Produktionsfunktionen ist mit Eingriffen in die U. verbunden oder ruft Veränderungen in dieser hervor.

Die – bisher wenig diskutierten – Trägerfunktionen der U. bestehen darin, daß diese die Aktivitäten, Erzeugnisse und Abfälle aller Organismen und insbesondere der Menschen aufnehmen und tragen (ertragen) muß. Die Erfüllung der Trägerfunktionen bedeutet ebenfalls Eingriffe in die U. oder Veränderungen in derselben. Trägerfunktionen knüpfen oft unmittelbar an Produktionsfunktionen an, so z. B. wenn Umweltgüter in besonderen Anlagen oder Betrieben gewonnen, verarbeitet, verteilt und entsorgt werden. Von wesentlicher Umweltwirkung sind auch die Trägerfunktionen für Verkehr, Transport und Kommunikation sowie für Freizeit und Erholung.

Die Informationsfunktionen dienen den Organismen zur Orientierung in ihrer U., zur Wahl eines zweckmäßigen Verhaltens in ihr und vor allem zur Regelung ihrer Bedürfnisbefriedigung. Informationen sind sozusagen die Nahrung für die Sinnesorgane oder Rezeptoren der Organismen und stellen eine – hauptsächlich auf Strukturen beruhende – Signal-U. dar. Zu ihr gehören auch das Landschafts- oder Stadtbild und die Anzeige des Umweltzustandes durch Indikatoren.

Regelungsfunktionen sind wirksam, um elementar wichtige Prozesse und Abläufe in der U., die insgesamt auch als →Naturhaushalt bezeichnet werden, aufeinander abzustimmen, an- oder auszuglei-

chen, um eine Art von Gleichgewicht (Fließgleichgewicht) aufrechtzuerhalten oder auch Folgen von Eingriffen aufzufangen. Zu den Regelungsfunktionen gehören einerseits Säuberungs- oder Reinigungsfunktionen wie die sog. →Selbstreinigung der Gewässer, die Filterwirkung der Wälder, andererseits Schutz oder Stabilisierungsfunktionen wie die Abschirmung kosmischer Strahlung durch die stratosphärische →Ozonschicht oder die Speicherung oder Unschädlichmachung belastender Chemikalien in den Böden. Viele dieser natürlichen Regelungsfunktionen sind durch unüberlegte menschliche Einwirkungen geschädigt oder außer Kraft gesetzt worden, obwohl sie unentbehrlich sind, und werden dann, soweit möglich, durch technische Regelungen ersetzt.

◻ Damit ist bereits zu einer weiteren, letzten Gliederung der U. übergeleitet, bei der die natürliche U. (→Natur) der vom Menschen gemachten, anthropogenen (auch kultürlichen, künstlichen oder technischen) U. gegenübergestellt wird. Für die natürliche U. kann z. B. der tropische Regenwald, für die anthropogene U. eine Großstadt als Symbol gelten; beide sind durch spezifische Lebewesen einschließlich der Menschen gekennzeichnet, die mit wenigen Ausnahmen nicht austauschbar sind und den Lebewesen-Umwelt-Bezug damit beweisen.

Zwischen natürlicher und anthropogener U. gibt es viele Übergänge und außerdem räumliche Durchdringungen. Eine im strengen Sinne natürliche U. existiert nicht mehr, weil der menschliche Einfluß, z. B. durch Luftverschmutzung oder Tourismus allgegenwärtig ist und auch Naturschutzgebiete oder Nationalparke trifft. *Haber*

Literatur: Der Rat von Sachverständigen für Umweltfragen (SRU): Umweltgutachten 1987. Stuttgart–Mainz 1988. – *Fritsch, B.:* Mensch – Umwelt – Wissen. Evolutionsgeschichtliche Aspekte des Umweltproblems. 2. Aufl. Zürich 1991.

Umwelt-Audit. In Übersetzung des anglizistischen, aus dem Bereich der Wirtschaftsprüfung übernommenen Audit-Begriffs: Umwelt-Rechnungs- oder Betriebsprüfung. Für das originäre „environmental auditing" wird im Deutschen vorwiegend der unzutreffende Begriff Öko-Audit verwendet; Öko meint Ökologie und entspricht nicht dem wesentlich weitergehenden Begriff der →Umwelt. Dieses Verständnis von U.-A. wird belegt durch die im Sprachgebrauch als Öko-Audit-Verordnung bezeichnete EG-Verordnung Nr. 1836/93 vom 29. Juni 1993 über die freiwillige Beteiligung gewerblicher Unternehmen an einem Gemeinschaftssystem für Umweltmanagement und Umweltbetriebsprüfung (ABl. EG Nr. L 168, S. 1).

Diese Verordnung, die am 13. Juli 1993 in allen Mitgliedstaaten der EU unmittelbar, also ohne weitere Umsetzung in nationales Recht, in Kraft getreten ist, gilt vom 1. April 1995 an; bis dahin müssen die Mitgliedstaaten die zum Vollzug der Verordnung notwendigen Maßnahmen treffen, insbesondere hinsichtlich der Behördenzuständigkeit und des Zulassungssystems für die Umweltgutachter.

Ziel des verordnungsrechtlichen Gemeinschaftssystems (gemeint ist hier die Europäische Gemeinschaft) ist die Förderung der kontinuierlichen Verbesserung des betrieblichen Umweltschutzes durch:
– Festlegung und Umsetzung standortbezogener betrieblicher Umweltpolitik, -programme und -managementsysteme (Beteiligung am Gemeinschaftssystem; Eintragung des Standorts in ein staatliches Verzeichnis);
– systematische, objektive und regelmäßige Bewertung der Leistung dieser Instrumente (durch Umweltbetriebsprüfung (UBP));
– Bereitstellung von Informationen über den betrieblichen Umweltschutz für die Öffentlichkeit (Umwelterklärung des Unternehmens).

Dabei beziehen sich die Begriffe Umweltziele, -politik, -programme und -managementsysteme, die in der Verordnung definiert sind, stets auf die (gewerblichen) Unternehmen, die sich an dem (freiwilligen) Gemeinschaftssystem beteiligen. Definiert wird die Umweltbetriebsprüfung (UBP) (in der Verordnung ist nicht die Rede von U.-A. oder Öko-A.) als „ein Managementinstrument, das eine systematische, dokumentierte, regelmäßige und objektive Bewertung der Leistung der Organisation, des Managements und der Abläufe zum Schutz der Umwelt umfaßt".

Die Kriterien, nach denen die UBP erfolgt, sind in der Verordnung eingehend geregelt (Art. 4 mit Anhang I Buchst. C und Anhang II). Zentrale Gegenstände der UBP sind erstens „die Frage, ob die Umweltmanagementtätigkeiten mit dem Umweltprogramm des Unternehmens in Einklang stehen und effektiv durchgeführt werden", und zweitens „die Wirksamkeit des Umweltmanagementsystems für die Umsetzung der Umweltpolitik des Unternehmens".

In Anhang I sind die bei der UBP zu behandelnden Gesichtspunkte, die gleichzeitig Gegenstand der betrieblichen Umweltpolitik und -programme sind, in 12 Einzelpunkten aufgelistet; Anhang II enthält eine ausführliche Darstellung der Anforderungen an die UBP.

Die UBP wird intern durch Betriebsprüfer des Unternehmens oder durch vom Unternehmen beauftragte externe Personen oder Organisationen durchgeführt. Das UBP-Verfahren sowie andere in der Verordnung genannte Verpflichtungen des Unternehmens (Art. 4 Abs. 3 und 5), wie z. B. die nach jeder UBP vom Unternehmen zu veröffentlichende Umwelterklärung, werden durch zugelassene Umweltgutachter geprüft, die man in etwa mit den im Wirtschaftleben öffentlich bestellten Wirtschaftsprüfern vergleichen kann. Sowohl die Qualifikation und Unabhängigkeit der internen und externen Betriebsprüfer sind geregelt (Anhang II Buchst. C) als auch die Anforderungen für die Zulassung (Anhang III) der Umweltgutachter (Zulassungsverfahren und Aufsicht s. Art. 6).

Das in der EG-Verordnung Nr. 1836/93 begründete Gemeinschaftssystem, das über die UBP hinausgeht, stellt für die deutsche Wirtschaft eine Herausforderung dar, sich dem nationalen, aber auch dem europäischen Vergleich der unternehmerischen Verantwortung für die Umwelt zu stellen; die freiwillige Beteiligung an dem System bedeutet aber auch für ein Unternehmen ein öffentliches Bekenntnis zu mehr Eigenverantwortung und zu weniger Staat im Umweltschutz.　　*Dreyhaupt*

Umwelt-Planungs- und -Informations-System (UMPLIS). UMPLIS wird gemäß dem Umweltbundesamt-Gesetz (UBAG) vom 22. Juli 1974 (BGBl. I S. 1505) durch das Umweltbundesamt in Kooperation mit anderen Stellen in Bund und Ländern als Informations- und Dokumentationssystem Umwelt betrieben.

In UMPLIS sind seit 1972 – nach einer Aufbauzeit von ca. 20 Jahren – eine Reihe von Datenbanken sowie fachliche Instrumente (wie Umwelt-Thesaurus und Umwelt-Klassifikation) entstanden. Einige Datenbanken befinden sich im Dauerbetrieb, werden seit Jahren vielfach genutzt und haben eine brauchbare Datenfüllung (Flächendeckung, Aktualität, Verläßlichkeit, Fehlerfreiheit, Konsistenz usw.) erreicht, bei anderen wird am Auf- und Ausbau gearbeitet. Folgende Teilsysteme sind zu nennen:
□ Umweltrecht und -normen (Regelungen über Einzelheiten der Gefahrstoffe in Rechtsvorschriften sind auch bei den Stoffdatenbanken abgelegt).
□ Umwelt-Fachliteratur (alle Umweltbereiche mit Ausnahme Strahlenschutz).
□ Umwelt-Forschungs- und -Entwicklungsvorhaben sowie die entsprechenden Institutionen und Einrichtungen.
□ Stoffdatenbanken, z. B.
– →Gefahrstoff-Schnellauskunft,
– Zentrale Schadstoffdatenbank,
– Stoffe des Chemikaliengesetzes (im Aufbau),
– Wasch- und Reinigungsmittel,
– Rezepturen und Stoffe des Pflanzenschutzgesetzes (in Planung),
– Wassergefährdende Stoffe.
□ Umwelt-Monitoring　(→Umweltbeobachtung, Umwelt-Zustandsdaten):
Luft
– →Smogfrühwarnsystem,
– Emissionsursachen-Kataster,

– Luftimmissions-Datenbank.

Wasser

– →Meeresumweltdatenbank (zusammen mit dem Bundesamt für Seeschiffahrt und Hydrographie),

– Datenbank Gewässergüte (zusammen mit der Bundesanstalt für Gewässerkunde).

☐ Stand der Umwelttechnik, umweltfreundliche Produkte

– Abfallwirtschafts-Datenbank,

– Emittierende Anlagen (Luft),

– Produkte, denen das →Umweltzeichen zuerkannt wurde.

☐ Umweltschäden an Kulturdenkmälern.

☐ Geographische Umwelt-Datenbank (für alle Umweltbereiche).

☐ Datenbank Ökologie. *Seggelke*

Umweltabgaben. Abgaben sind der Überbegriff für alle öffentlich-rechtlichen Abgaben im Sinne der Finanzverfassung und der Abgabenordnung. Dazu gehören Steuern, Zölle, Abschöpfungen, Sonderabgaben, Gebühren, Beiträge und steuerliche Nebenleistungen (Verspätungs- und Säumniszuschläge, Zinsen etc.).

Bei U. muß unterschieden werden zwischen Abgaben im weiteren und im engeren Sinne:

– U. im weiteren Sinne sind →Umweltsteuern, Sonderabgaben, →Umweltgebühren und Zölle, die an umweltpolitischen Zielen ausgerichtet sind. Vorrangig vor dem Ziel der Einnahmenerzielung sind Effekte der Verhaltenslenkung in eine definierte ökologische Zielrichtung.

– U. im engeren Sinne sind Sonderabgaben, die nur in eingeschränkter Form verfassungsrechtlich zugelassen sind, um die Grundsätze der Besteuerung der Bürger und das Budgetrecht des Parlaments nicht auszuhöhlen. Sonderabgaben müssen einem definierten Zweck im Rahmen eines festgelegten Kompetenzbereichs dienen; die Abgabepflichtigen müssen Mitglied einer homogenen Gruppe sein; die Sachnähe dieser Personen zum Zweck der Abgabe muß gegeben sein (→Verursacherprinzip) und das Aufkommen der Sonderabgabe muß „gruppennützig", das einer U. sinnvollerweise für Umweltaufgaben verwendet werden.

Solche Sonderabgaben werden insbesondere in den Bereichen diskutiert, in denen keine adäquaten Steuern existieren oder eine Zweckbindung der Mittel erwünscht ist. So existiert bereits eine Abwasserabgabe (→Abwasserabgaberecht); über Emissionsabgaben (insbesondere CO_2-Abgabe), eine Abfallabgabe und eine Naturschutzabgabe wird diskutiert. *Paskuy*

Umweltbedarfsrechnung. Bedarf ist definiert als Summe aller objektivierbaren Bedürfnisse, die meßbar und in Zahlen ausdrückbar sind. Entsprechend wird Umweltschutzbedarf als die Summe aller in Geldeinheiten bewerteten Aufwendungen und Ausgaben bezeichnet, die notwendig erscheinen, um ein definiertes Umweltziel zu erreichen. Die U. ist in diesem Sinne ein Instrument der Marktforschung und eine Planungsrechnung, die angibt, was die Erreichung von →Umweltstandards kostet bzw. welche Geldmittel für die Umsetzung von Umweltmaßnahmen benötigt werden.

Die Durchführung einer U. gliedert sich in folgende Schritte:

☐ Bestimmung von Eckwerten der Bedarfsrechnung.

– Definition von Umweltzielen bzw. Umweltstandards (in der Regel auf Grundlage der →Umweltpolitik),

– Analyse des Ausrüstungsgrads und des Stands der Umwelttechnik,

– Berechnung der Ausrüstungsdefizite (nach Medien: Luftreinhaltung, Gewässerschutz, Abfallwirtschaft).

☐ Technisch-ökonomische Machbarkeitsstudie:

– Festlegung der Verfahren und deren Alternativen zur Erreichung der Umweltstandards,

– Ermittlung der Ausgaben und der Kosten der einzelnen Verfahren (Investitionen, Personalkosten, Sachkosten) sowie deren Leistung bzw. deren Nutzen (Durchsatz, Reinigungsleistung, Umweltverträglichkeit) im Sinne der Umweltziele.

☐ Berechnung des Umweltschutzbedarfs:

Umweltschutzbedarf =
Ausrüstungsdefizit · Ausgaben für Umweltschutzverfahren

Moderne Verfahren der U. berücksichtigen die technische Umsetzbarkeit (Planungsrechnung) oder die Optimierung von Kosten-/Nutzenverhältnissen (Optimierungsrechnung).

Die U. ist eine Kenngröße für den Nachfrageaspekt der Umweltwirtschaft. Sie repräsentiert nicht den Umweltmarkt, sondern das Nachfragepotential im →Umweltsektor. Je nach der Art der Investition bzw. der Maßnahmen werden die Bedarfe in Sanierungs-, Erhaltungs-, oder Erweiterungsbedarf unterschieden. *Adler*

Literatur: *Reidenbach, M.:* Verfällt die öffentliche Infrastruktur?, Berlin 1986.

Umweltbeobachtung. Maßnahmen zur Verbesserung der →Umweltqualität erfordern eine genaue, umfassende, möglichst auch quantitative Ermittlung der eingetretenen nachteiligen Veränderungen. Diese Notwendigkeit führte seit Ende der 50er Jahre zum Aufbau einer planmäßigen U., Umwelt-Überwachung oder -Kontrolle, die jedoch zunächst, besonders auffälligen Umweltschädigungen folgend, nach →Umweltsektoren organisiert wurde, und zwar für Gewässer, Luft, radioaktive Belastung, dann für Grundwasser, seltene oder bedrohte Pflanzen- und Tierarten, deren Biotope und schließlich auch für Böden.

Diese sektoralen, eindimensionalen U. vermittelten trotz technischer Vervollkommnung und genauer Auswertung kein wirklich zusammenhängendes Bild des Umweltzustandes, zumal sie oft isoliert oder unkoordiniert veröffentlicht wurden.

Seit Mitte der 80er Jahre wurde die Notwendigkeit einer integrierenden U. erkannt, die dem komplexen →Umweltsystem allein angemessen ist, zumal dieses letztlich als Ganzheit auf menschliche Einwirkungen und Eingriffe reagiert. Der integrierende Ansatz erfordert nicht nur eine Koordinierung der sektoralen Beobachtungen oder Messungen, sondern die Erarbeitung einer Datensystematik und den Aufbau einer Datenstruktur sowie von Datenmodellen, um eine wechselseitige Vergleichbarkeit und Nutzung aller Daten zu ermöglichen, wo auch immer sie gewonnen oder erhoben werden.

Zu einer integrierenden U. gehören
– kontinuierliche und systematische Erhebung des Zustands eines Raums bezüglich Atmo-, Hydro-, Pedo- und Anthroposphäre sowie Flora und Fauna, aber auch Anlagen, Bauten, Kulturgüter und -landschaften, durch Zusammenführen von Informationen aus den verschiedenen Meßnetzen, Langzeituntersuchungen und umweltrelevanten Statistiken,
– Aufbau eines Netzes repräsentativer Dauerbeobachtungsflächen für die Erfassung von Veränderungen der wichtigsten Ökosysteme mit dem Ziel, langfristig gesicherte Erkenntnisse über die Auswirkungen stofflicher und struktureller Belastungen zu gewinnen sowie eingetretene Schäden aufzudecken und neue Schäden im Frühstadium zu erfassen,
– Analyse und Interpretation des raumrelevanten Wirkungsgefüges mit Prognosen über den Verlauf von Schädigungen,
– Ausbau der →Umweltprobenbank,
– Aufdeckung von Forschungslücken und die Initiierung entsprechender Projekte zu ihrer Schließung,
– kontinuierliche Information der Öffentlichkeit über die Beobachtungsergebnisse.

Einen Schwerpunkt bildet dabei das alle Umweltbereiche durchdringende →Biomonitoring.

Eine unentbehrliche Grundlage für die Erhebung, Speicherung, Verknüpfung, Auswertung und für die Ausgabe der vielfältigen Umweltinformationen mit Flächen- und Raumbezug ist ein sorgfältig organisiertes Geographisches →Informationssystem (GIS), mit dessen Hilfe auch ein umfassendes →Umweltbeobachtungssystem eingerichtet werden kann.

Integrierende U. mit Netzwerk- oder Systemcharakter bedarf der Koordination und Verknüpfung mit den sektoralen U. Diese erfahren eine abgestimmte Weiterentwicklung, woraus sich eine Art von Doppelstrategie der U. als Instrumentarium

wirksamer Umweltvorsorge ergibt. Es dient nicht nur als ökologisches (Früh-)Warnsystem, sondern auch zur Durchführung von Umweltverträglichkeitsprüfungen und von ökologischen Beweissicherungen für die Ermittlung langfristiger Folgen von Eingriffen in die Umwelt. *Haber*

Literatur: Rat von Sachverständigen für Umweltfragen (SRU): Allgemeine ökologische Umweltbeobachtung. Sondergutachten Oktober 1990. Stuttgart 1991.

Umweltbeobachtungsgebiet →Umweltbeobachtungssystem

Umweltbeobachtungssystem. →Umweltbeobachtung sektoraler oder integrierter Art erzeugt laufend große Mengen von Informationen, Daten und Beschreibungen mit meist immer komplexeren Sachverhalten, die sich auch zeitlich verändern. Um die Übersichtlichkeit und Handhabbarkeit zu wahren, ist der Aufbau eines U. mit verschiedenen Beobachtungs- bzw. Maßstabsebenen zweckmäßig, dessen Kernstück Geographische →Informationssysteme (GIS) bilden.

Der Rat von Sachverständigen für Umweltfragen hat ein umfassendes U. vorgeschlagen (Tabelle). Es ist aus der Landschafts- und Ökosystemforschung des Programms MAB hervorgegangen und erstreckt sich über fünf Beobachtungsebenen unterschiedlichen Maßstabs mit verschiedenen Datenquellen, Meß- und Erfassungsmethoden. Im Zentrum stehen ausgewählte Umweltbeobachtungsgebiete (Ebene 2) innerhalb eines Landes, in denen ökosystem- und flächenbezogene Erhebungen im Maßstab 1:10 000 bis 1:5 000 erfolgen. Für Erhebungen mit höherer Genauigkeit und zugleich größerem zeitlichen und apparativen Aufwand werden in den Umweltbeobachtungsgebieten Testgebiete (Ebene 3) mit einzelnen Aufnahmeflächen (→Dauerbeobachtungsfläche) oder Transekten ausgewählt, und innerhalb dieser wiederum Meßpunkte oder Probennahmenplätze für punktuelle Untersuchungen (Ebene 4).

Die Umweltbeobachtungsgebiete (Ebene 2) sind wiederum Bestandteil der Umweltbeobachtung auf der Landes- oder nationalen Ebene, deren Objekte ganze Landschaften oder das Mensch-Umwelt-System des Landes sind. Diese müssen sich dann in kontinentale oder globale Umweltbeobachtungs-Netzwerke (Ebene 1) wie das europaweite →CORINE (Coordination of Information on the Environment) oder das globale GEMS (Global Environmental Monitoring System) mit der Datenbasis →GRID einfügen.

Jedes U. sollte drei Komponenten umfassen:
– die eigentliche, naturwissenschaftlich orientierte Umweltbeobachtung mit Luft-, Wasser- und Bodenzuständen, Radioaktivität, Abfall, Abwasser, Pflanzen- und Tierwelt mit ihren Biotopen usw.,

Umweltbeobachtungssystem. Tabelle: Ebenen eines umfassenden U. (SRU).

Beobachtungsgebiete, -flächen und -mittel	Maßstabsebene	Beobachtungsprogramme/ Gebiete	Datenquellen, Datenerhebung	Beobachtungsmethoden	Beobachtungsgegenstand
1. Erde, Kontinent, Europa, Deutschland (Satellit)	1:5 Mio. bis 1:1 Mio. Regional 1:1 Mio. bis 1:200 000	GEMS Global Environmental Monitoring System. GRID Global Resource Information Database. CORINE Coordination of Information on the Environment.	Satellitendaten (Landsat, TM, Spot, etc.), nationale und internationale flächenbezogene Nutzungsdaten (Bodenkarten, Nutzungskarten, etc.).	Klassifizierungsmethoden, Globale Modelle, Ausbreitungsmodelle, Statistische Verfahren, Szenarien. Globale geografische Datenbankentwicklung.	Ökosphäre – Stoffflüsse – Energieflüsse – Informationsflüsse
2. Umweltbeobachtungsgebiete in Deutschland (Flugzeug)	1:200 000 bis 1:10 000	Nationalparks, Fichtelgebirge, Ostholstein, Schwarzwald, Solling, Aachen, Frankfurt, Ruhrgebiet, Saarbrücken, u. a.	Satellitendaten, Luftbilddaten, Flugzeugscannerdaten, flächenbezogene Ressourcen- u. Nutzungsdaten, Meßprogramme, weitere verfügbare Daten.	Szenarien, regionale Modelle, Ausbreitungsmodelle.	deduktiv — Ökosystemkomplexe – Stoffflüsse – Energieflüsse – Interaktionen Gesellschaft-Umwelt-System
3. Testgebiete in den Umweltbeobachtungsgebieten (Geländeerhebung)	1:10 000 bis 1:5 000	Fragenbezogen und repräsentativ ausgewählte Bereiche im Umweltbeobachtungsgebiet.	Luftbilder, Orthophotos, flächendeckende Ressourcen- u. Nutzungsdaten	Feedbackmodelle, Bilanzmodelle, Zeitkarten, Risikokarten.	Ökosysteme: – Stoffflüsse – Energieflüsse
4. Aufnahmeflächen und Transekte in Testgebieten (Erhebungen)	1:5 000 bis 1:100	Dauerbeobachtungsflächen, Dauerbeobachtungsprogramme etc.	Luftbilder, Photos, Transektkartierungen, wiederholte Kartierungen während der Vegetationsper., Tierbeobachtungen, -fänge etc.	Parametergruppen, Dauerbeobachtungsmethoden, Variogrammanalysen, Ableitung von Schlüsselindikatoren.	induktiv — Biozönosen: Konkurrenz, Symbiose, Parasitismus, Räuber-Beute-Beziehungen, Trophiestruktur, Mannigfaltigkeit. Populationen: Individuen, Biomasse, Abundanz, Strukturen etc.
5. Messungen und Probenahmen		Meßpunkte, ökologische Beweissicherungen, Schadstoffkataster, Umweltmeßprogramme etc.	Meßstationen (Klima etc.), phys., chem. Meßwerte (Gewässer, Boden, Luft, Grundwasser), Proben, Bioindikatoren.	Methoden der Indikatorbildung, Prozessanalysen, Korrelationen, Probenahmen, (Umweltprobenbank), Zeitreihen.	Individuen: Wachstum, Vermehrung, Sterblichkeit, Entwicklung, Orientierung, Verhalten, Formbildung.

– die Raumbeobachtung, in der sozio-ökonomische Parameter wie vor allem Bevölkerungs-, Wirtschafts-, Siedlungsentwicklung, Flächennutzung und Infrastruktur berücksichtigt werden,
– die topographischen Grundlagen auf der Basis von digitalisierten Karten, Luft- und Satellitenbildern.

U. führen zu →Umweltinformationssystemen, z. B.
– LANIS, →Landschafts-Informationssystem des Bundesforschungsamtes für Naturschutz, Bonn,
– UMPLIS, →Umweltplanungs- und -informationssystem des Umweltbundesamtes, Berlin.
– STABIS, Statistisches Bodeninformationssystem des Statistischen Bundesamtes, Wiesbaden. *Haber*

Literatur: Rat von Sachverständigen für Umweltfragen (SRU): Allgemeine ökologische Umweltbeobachtung. Sondergutachten Oktober 1990. Stuttgart 1991.

Umweltbetriebsprüfung (UBP) →Umwelt-Audit

Umweltbewertung, monetäre. Um Instrumente zur Internalisierung externer Effekte einsetzen zu können, ist es erforderlich, sie monetär zu bewerten. Auch zur Beurteilung des Nutzens umweltpolitischer Maßnahmen ist die m. U. der damit erreichten Verbesserung der →Umweltqualität geeignet. Die wichtigsten Methoden für die m. U. physikalischer Daten sind
– der Schadenskostenansatz,
– der Reproduktionskostenansatz,
– der Vermeidungskostenansatz und
– die Zahlungsbereitschaftsanalyse.

☐ Der Schadenskostenansatz ermittelt die sozialen Zusatzkosten mit Hilfe der durch Umweltverschmutzung entstehenden Schäden an Sachgütern, an der Vegetation und an der menschlichen Gesundheit. Es wird die Höhe eines Umweltschadens im Vergleich zur Vermeidung der Umweltbelastung an der Quelle zugrunde gelegt. Allerdings mangelt es bei den Berechnungen nach dem Schadenskriterium dort, wo keine Bewertungsmaßstäbe existieren, auch an den entsprechenden Preisen, die für eine Bewertung herangezogen werden könnten. Nur bei Schäden an privaten Wirtschaftsgütern (z. B. →Materialschäden, →Waldschäden) existieren solche Preise.

☐ Der Reproduktionskostenansatz bietet sich als Alternative zum Schadenskostenansatz an. Hierbei werden die Kosten veranschlagt, die für die Wiederherstellung des ursprünglichen Zustands vor der Umweltschädigung hypothetisch anfallen würden. Probleme bereitet hier vor allem die Tatsache, daß die Kosten für bestimmte Sanierungsmaßnahmen unabhängig von der Höhe des Umweltschadens sind.

☐ Beim Vermeidungskostenansatz werden zur Bestimmung der sozialen Zusatzkosten diejenigen Kosten herangezogen, die bei der Vermeidung der entsprechenden Umweltbelastung entstanden wären. Der Anfall von Schadstoffen im Zuge von Produktions- und Verbrauchsprozessen wird mit dem monetären Äquivalent der Kosten belegt, die entstanden wären, um die Emission zu vermeiden oder zu vermindern. Der Vorteil dieser Methode liegt in der Vergleichbarkeit dieser fiktiven Werte mit tatsächlich vorgenommenen Umweltschutzmaßnahmen. Ein methodischer Nachteil liegt darin, daß die durchschnittlichen Schadensvermeidungskosten in aller Regel nicht proportional zur Emissionsmenge sind, sondern mit zunehmender Emissionsmenge ansteigen. Die Gleichsetzung der Durchschnittswerte für entstandene Schäden einerseits und entsprechender Vermeidungskosten andererseits kann nur im Bereich des theoretisch optimalen Emissionsniveaus zugrunde gelegt werden. Liegt das tatsächliche Emissionsniveau über dem theoretisch optimalen, so werden die tatsächlichen Schäden mit dem Vermeidungskostenansatz unterschätzt; liegt das beobachtete Emissionsniveau niedriger, werden die Schäden überschätzt.

☐ Bei der Verwendung von Zahlungsbereitschaftsanalysen für bestimmte Umweltqualitätszustände geht man davon aus, daß in einem System, das auf der individuellen Bewertung der Güter beruht, auch die Bewertung der →Umwelt auf Grund der individuellen Einschätzung vorgenommen werden kann. Indirekte Verfahren zur Erfassung der Zahlungsbereitschaft setzen beim tatsächlichen Verhalten der Wirtschaftssubjekte an. Sie messen die Umweltqualität an den Kosten individueller Ausweich- und Vermeidungsaktivitäten, die zum Erreichen einer weniger belasteten Umgebung durchgeführt werden (z. B. die Fahrkosten in ein Naherholungsgebiet) oder an beobachtbaren Marktdatendivergenzen, die auf unterschiedliche Umweltqualitäten zurückgeführt werden können (z. B. Differenzen in den Immobilienpreisen). Bei den direkten Verfahren werden die Zahlungsbereitschaften durch direkte Befragungen bzw. Marktsimulationen ermittelt. Dies kann dadurch geschehen, daß man die Individuen danach befragt, wieviel sie für eine Verbesserung der Umwelt zu bezahlen bereit wären (willingness to pay), oder andererseits, welche monetäre Kompensation sie für eine Verschlechterung der Umweltsituation verlangen würden (willingness to sell). Ein zentrales methodisches Problem besteht darin, daß der zu ermittelnde Wert für die Zahlungsbereitschaft abhängig von der Ausgangsverteilung ist. Der Wert einer Umweltqualitätsverbesserung bzw. eines Schadens aus einer Umweltverschmutzung hängt davon ab, ob die willingness to pay oder die willingness to sell ermittelt wird. Die Verkaufsbereitschaft der Nutzungsmöglichkeiten an einer sauberen Umwelt liegt jedoch in aller Regel um ein Vielfaches über der Zahlungsbereitschaft für eine saubere Umwelt. Theoretisch sind zwar beide Bewertungsmethoden zulässig, sie führen jedoch zu unterschiedlichen Ergebnissen. *Wackerbauer*

Umweltbiotechnologie. Bei der U. geht es um den Einsatz biotechnologischer Methoden oder Produkte zur Lösung umwelttechnischer Aufgaben. Die bekanntesten Aufgaben der U. bestehen in der Beseitigung schädlicher oder unerwünschter Umweltchemikalien durch mikrobiellen →Abbau (biologische →Abwasserreinigung, mikrobielle Umsetzung fester Abfälle, mikrobielle →Dekontamination von Böden, biologische →Abgasreinigung (→Biofilter). Als Teilbereiche der U. sind ferner zu nennen: biologische Verfahren bei der →Trinkwasseraufbereitung und Verfahren zu biologischen →Schädlingsbekämpfung.

In den meisten Fällen sind Verfahren der U. darauf ausgerichtet, die Aktivität der natürlichen Mikroflora (die Gesamtheit der in einem bestimmten →Ökosystem anzutreffenden Mikroorganismen) zu unterstützen (z. B. durch Belüftung des Abwassers in Belebungsbecken). Das Einbringen speziell gezüchteter Mikroorganismen für bestimmte Entsorgungsaufgaben in Abwasser-Bioreaktoren oder Böden ist bislang eher die Ausnahme.

Die begrenzten Erfahrungen, die hinsichtlich des Abbaus besonders persistenter giftiger →Xenobiotika (z. B. der →Dioxine oder der Chlorphenole) vorliegen, lassen vermuten, daß die dazu befähigten Mikroorganismen solche Stoffe nur bei genügend hohem Selektionsdruck effizient angreifen, d. h. wenn ihnen keine andere Wahl bleibt. Falls neben den abzubauenden Schadstoffen auch ausreichende Mengen leichter abbaubarer Stoffe (z. B. organische Säuren, Zucker, →Alkane) zur Verfügung stehen, so kann das Schadstoffabbau-Vermögen durch Repression erlöschen, und andere Bakterien oder Pilze können die Schadstoffabbauer überwuchern. Z. B. wird der Polyphosphat-Ersatzstoff NTA in Kläranlagen praktisch nicht angegriffen, obgleich zum NTA-Abbau befähigte Bakterien im →Belebtschlamm vorkommen. *Soeder*

Umweltchemie →Chemie, ökologische

Umweltdatenbank. U. enthalten häufig sehr große Datenmengen, so daß es für verschiedene Aufgaben erforderlich ist, Selektionen und Verdichtungen durchzuführen. Weiterhin sind Informationen für die Öffentlichkeit (Umweltberichterstattung) zu liefern.

Die sog. Datenbankpyramide (Bild) gibt einen Überblick über die verschiedenen Anwendungsbereiche der wichtigsten Grundtypen von Datenbanken. Es geht um die sog. medialen Umweltaufgaben für Luft, Wasser und Boden wie um Flora und Fauna. Weiterhin sind die Umweltbereiche Lärm, Abfallwirtschaft/Altlasten und Strahlenschutz zu nennen. In der Ökosystemforschung besteht ein vernetzter Ansatz für die verschiedenen →Umweltmedien und Umweltbereiche, bei dem die Abgrenzung gegeneinander überwunden wird, so daß integrierte Aussagen und ggf. Prognosen ermöglicht werden.

Bei den U. sind verschiedene Typen zu unterscheiden, die gemäß der Anwendung bzw. des verwendeten Datenmodells entstehen (Bild).

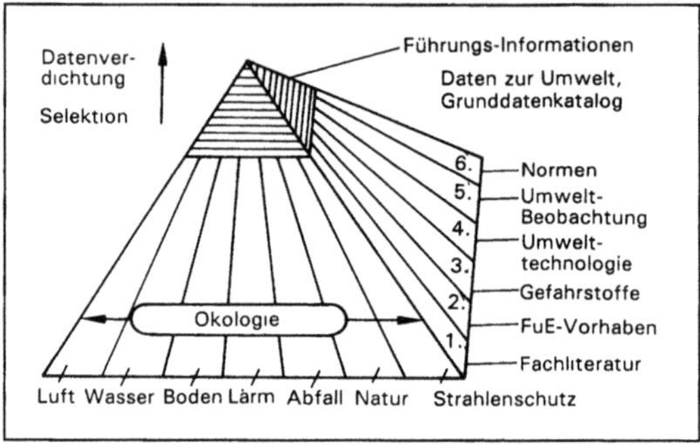

Umweltdatenbank: U.-Pyramide.

□ Wegen der Vielfalt von gesetzlichen Vorschriften und Normen sowie den durch Umweltqualitätsziele festgelegten Sollvorgaben ist hierfür ein eigener Datenbanktyp erforderlich. Eine Erfolgskontrolle beim Umweltschutz und bei der Umweltpolitik basiert auf einem Soll/Ist-Vergleich, der sich mit Hilfe dieser Datenbanken durchführen läßt. Die Umweltrechtsdatenbanken des Umweltbundesamtes im Rahmen des Systems →UMPLIS sind hierfür ein Beispiel.

□ Jede Planung und Aktivität des Umweltschutzes sollte von verläßlichen Grunddaten der →Umweltqualität ausgehen, so daß den Datenbanken zum Zustand der Umwelt und zur →Umweltbeobachtung (Umweltmonitoring) große Bedeutung zukommt.

□ In den letzten zwei Jahrzehnten hat sich eine umfangreiche und leistungsfähige Technologie für Umweltaufgaben entwickelt. Es geht u. a. um Verminderungs- und Vermeidungstechnologien (z. B. Kläranlagen, Abgasreinigung, Recyclingtechnologien), deren charakteristische Daten in Datenbanken zur Umwelttechnologie gespeichert werden. Da die erzeugende Industrie hier erhebliche eigene Interessen hat, ergeben sich auch Verbindungen zu Produktübersichten der entsprechenden Firmen.

□ Seit einiger Zeit werden erhebliche Anstrengungen unternommen, leistungsfähige Datenbanken für Gefahrstoffe aufzubauen. Dazu sind mindestens 6 000 bis 10 000 Stoffe zu erfassen und die entsprechenden Angaben und Daten verläßlich und aktuell einzubringen. Zu nennen sind hier die Systeme:

→Gefahrstoffschnellauskunft (GSA) von Bund und Ländern, IGS (Informationssystem für gefährliche Stoffe und die Gefahrstoffdatenbank der Länder (GDL), deren Schwerpunkt im Arbeitsschutz liegt.

□ Viele Aufgaben im Bereich des Umweltschutzes erfordern intensive Forschungsarbeiten. Um hier einen Überblick über das „lebende Wissen" zu erhalten, sind Datenbanken für Forschungs- und Entwicklungsvorhaben auf allen →Umweltsektoren erforderlich. Daneben spielt das geschriebene Wissen (→Umweltliteraturdatenbank) eine wichtige Rolle.

Die Darstellung der U.-Pyramide gibt für die grob skizzierten Umweltbereiche und Datenbanktypen einen bildlichen Eindruck für die Datenverdichtung zur Spitze der Pyramide hin. Hier geht es um Führungsinformationen sowie um die Umweltberichterstattung für die Öffentlichkeit. *Seggelke*

Umweltdokumentation →Umweltinformationssystem

Umwelteinwirkung, schädliche. Der Begriff der s. U. dient vornehmlich zur Beschreibung der Zwecke des BImSchG. Er wird jedoch auch in anderen Rechtsvorschriften verwandt (z. B. in § 2 Abs. 1 des Abfallgesetzes). Nach dem BImSchG sind s. U. Immissionen, die nach Art, Ausmaß und Dauer geeignet sind, Gefahren, erhebliche Nachteile oder erhebliche Belästigungen für die Allgemeinheit oder die Nachbarschaft herbeizuführen. S. U. bezeichnen demnach qualifizierte Immissionen. Welche Qualifikation die Immissionen haben müssen, ist dabei dem Zweck der jeweiligen Norm zu entnehmen, in der der Begriff verwandt wird. Der Begriff hat einen unterschiedlichen Aussagegehalt je nachdem, ob es um den Schutz vor s. U. (→Schutzprinzip), die Vorsorge vor ihnen (→Vorsorgeprinzip) oder die planerische Bewältigung von Immissionskonflikten (→Abstandsregelung) geht. Im übrigen ist der Begriff dadurch relativiert, daß er auf die Eignung abstellt, Gefahren, erhebliche Nachteile oder erhebliche Belästigungen herbeizuführen. Insbesondere im Rahmen der Prüfung der →Erheblichkeit einer beeinträchtigenden Umwelteinwirkung sind auch Abwägungen vorzunehmen, in die die örtliche Situation, das Entstehen der Konfliktlage, die Möglichkeiten zur Vermeidung der Einwirkungen und die Rechtspositionen der Betroffenen (Gebot der gegenseitigen Rücksichtnahme, Bestandsschutz) einzubeziehen sind. Konkretisiert wird der Begriff der s. U. insbesondere durch die Immissionswerte und Immissionsrichtwerte der →TA Luft und der →TA Lärm. *Hansmann*

Literatur: *Hansmann, K.:* Erläuterung, Vergleich und Abgrenzung der für Geräuscheinwirkungen verwendeten Rechtsbegriffe. Umwelt- und Planungsrecht 1982, 353 ff. – *Jarass, H.:* Schädliche Umwelteinwirkungen, Deutsches Verwaltungsblatt 1983, 725 ff. – *Koch, H.-J.:* Schädliche Umwelteinwirkungen – ein mehrdeutiger Begriff?, Jahrbuch des Umwelt- und Technikrechts 1989, 205 ff. – *Kutscheidt, E.:* Erläuterungen zu § 3 BImSchG. In: Landmann/Rohmer: Umweltrecht, Bd. I.

Umwelterkundung, flugzeuggetragene. F. U. ist die Messung von Umwelt-Parametern am Erdboden oder in der Atmosphäre mit instrumentierten Meßflugzeugen. Die Messung geschieht in situ (→In-situ-Meßverfahren) oder durch Fernerkundung.

Zur Erkundung der Erdoberfläche kommen im wesentlichen nur Fernerkundungsmethoden in Betracht (Flugzeugfernerkundung). Anwendungsbeispiele sind die Erfassung von Umweltschäden bei der Vegetation (Waldschadenskartierung), die Kartierung von Vegetationsflächen (Vegetationsindex), bei Gewässern (Ölverschmutzung, thermische Belastung) und von Deponien (Altlastendetektierung).

Die dafür eingesetzten Methoden sind vor allem photographische Verfahren der Fernerkundung und Radiometer. Beide sind passive Verfahren. Es kommen aber auch aktive Methoden in Betracht, z. B. das Radar (z. B. SAR, →Synthetic Aperture Radar). Aktive Mikrowellenverfahren (Radar) haben den Vorteil, daß sie vom Sonnenstand unabhängig sind und – bei Wahl geeigneter Wellenlängen in den sog. atmosphärischen Fenstern – auch von Wolken nicht gestört werden.

Bei der atmosphärischen Umwelterkundung werden sowohl Fernerkundungs- als auch In-situ-Verfahren angewendet. Damit können neben meteorologischen Parametern (Lufttemperatur, Luftdruck, Wasserdampfgehalt, Windgeschwindigkeit und -richtung) gasförmige Spurenstoffe, Partikeln und Hydrometeore (Wolken-, Niederschlagstropfen, Eiskristalle, Hagel) sowie radioaktive Substanzen erfaßt werden. Flugzeuggetragene Meßsysteme erlauben eine kontinuierliche räumliche Messung dieser Parameter längs der Flugroute. Mit geeigneten Flugmustern können die Meßdaten dann auch zu zwei- oder dreidimensionalen Verteilungen dieser Parameter zusammengesetzt werden.

Die f. U. der Atmosphäre ist ein erfolgreiches Meßverfahren für eine schnelle Erfassung von flächenhaften und räumlichen Strukturen. Es werden passive und aktive Verfahren eingesetzt.

□ Passive Methoden verwenden die von der Atmosphäre oder einer natürlichen Strahlungsquelle (Sonne, Himmel, Erdboden) ausgehende Strahlung, aktive Verfahren benutzen eine künstliche Strahlungsquelle. In beiden Fällen werden die von den atmosphärischen Beimengungen ausgeübten Änderungen der gemessenen Strahlung (Absorption, Streuung) analysiert. Passiv arbeitende Geräte sind Radiometer, d. h. Strahlungsmesser. Je nach Einsatzbereich kommen Radiometer im optisch sichtbaren Teil des Spektrums über Infrarot bis hin zu Mikrowellen in Betracht. Um zu spezifischen Aussagen zu gelangen, werden bei den Radiometern spezielle Techniken, z. B. Korrelationsspektrometrie oder Fouriertransform-Verfahren angewendet. Beispiele sind das Korrelationsspektrometer (COSPEC), die Fourier Transform Infrarot Spektrometrie (FTIR), und das Michelson Interferometer for Passive Atmospheric Sounding (MIPAS). In der Atmosphäre erlauben passive Mikrowellenmessungen die Bestimmung der Höhenabhängigkeit der Temperatur, des Wasserdampfgehaltes der Luft und des Flüssigwassergehaltes von Wolken und von Regenraten. Die Vertikalauflösung ist allerdings sehr eingeschränkt (km-Bereich).

□ Aktive Fernerkundungsverfahren verwenden einen Sender, der Strahlungsimpulse aussendet, und einen Empfänger, der die von der Atmosphäre zurückgestreuten Strahlungsimpulse auffängt. Zu den aktiven Fernerkundungsverfahren, die vom Flugzeug aus eingesetzt werden, gehören Lidar (Light Detection and Ranging) und Radar (Radio Wave Detection and Ranging). Im Gegensatz zu den passiven Verfahren, bei denen primär nur eine integrale Aussage der Strahlungsbeeinflussung längs des gesamten Ausbreitungswegs der Strahlung erhalten wird, liefern die genannten aktiven Methoden Aussagen über die Verteilung der Strahlungsbeeinflussung als Funktion der Entfernung. Das Prinzip der aktiven Fernerkundung besteht darin, daß von einem künstlichen Sender Strahlungsimpulse ausgesendet werden, deren Rückstreusignale aus der Atmosphäre mit einem Empfänger aufgefangen werden, wobei eine Analyse nach Intensität und Zeit (Weg) möglich ist. Aus der Intensität des Signals zu einem bestimmten Zeitpunkt nach Aussendung des Impulses wird auf den Gehalt einer bestimmten Beimengung an einer bestimmten Stelle des Ausbreitungsweges des Strahlungsimpulses zurückgeschlossen.

Folgende Lidar-Verfahren werden in Flugzeugen eingesetzt:

– Rückstreulidar: Es beruht auf der elastischen Rückstreuung an Molekülen (→Rayleigh-Streuung) und Aerosolpartikeln (Mie-Streuung). Es hat sich bisher als sehr geeignet zur Detektion von Aerosolbeimengungen (Partikeln, Tröpfchen, Eiskristalle) in der Atmosphäre vom Flugzeug aus bewährt.

– Differentialabsorptionslidar (DIAL): Während beim Rückstreulidar Lichtimpulse mit einer festen Wellenlänge ausgesendet werden, arbeitet das DIAL mit Laserimpulsen auf zwei sehr nahe benachbarten Wellenlängen, wobei als Meßwellenlänge eine solche auf einer Absorptionslinie des zu bestimmenden Spurenstoffs und als Referenzwellenlänge eine solche nahebei, aber außerhalb der Absorptionslinie gewählt wird. Das DIAL erlaubt die Messung von Spurengasen z. B. Wasserdampf, Ozon und Stickstoffoxiden.

– Doppler-Lidar: Durch die Bewegung der streuenden Teilchen kommt es zu einer Wellenlängenverschiebung der rückgestreuten Strahlung. Dadurch wird eine Dopplerverbreiterung der Linien bewirkt. Dies geschieht einmal durch die Temperaturbewegung der Moleküle. Zum anderen bewirken die in der Atmosphäre bewegten Partikeln einen Dopplereffekt bei der Mie-Streuung. Dies hat man sich für die Fernerkundung des Windes und der Turbulenz mittels des Laser-Doppler-Anemometers (LDA) zunutzegemacht. Anwendungen findet dieses Verfahren zur Bestimmung des Windvertikalprofils in der Atmosphäre, zur Untersuchung der Wirbelschleppenturbulenz hinter Flugzeugen und der Schönwetterturbulenz (Clear Air Turbulence = CAT).

Mit dem Radar werden im wesentlichen Hydrometeore erfaßt.

In der Atmosphäre – und zwar in der planetarischen →Grenzschicht, in der →Troposphäre und in der →Stratosphäre – finden flugzeuggetragene Meßverfahren Anwendung zur Untersuchung von zwei- und dreidimensionalen Konzentrationsfeldern, zur Bestimmung von Transport- und Ausbreitungsprozessen, zur Detektion unbekannter Quellen bzw. der Herkunft bestimmter Schadstoffe, zur Ermittlung des Massenflusses von Spurenstoffen aus Punkt-, Linien- und Flächenquellen, zur Abschätzung grenzüberschreitender Transportraten und zur Untersuchung chemischer und physikalischer Reaktionen z. B. in Abgasfahnen. Darüber hinaus können die gemessenen Verteilungen von Parametern als Randbedingungen für Ausbreitungsmodelle und zu deren Verifikation herangezogen werden. *Paffrath/Reinhardt*

Literatur: *Ehret, G.:* Wasserdampf-Differential-Absorption-Lidar: Methode und technische Realisierung im Flugzeug. DLR-Nachrichten (1989) Nr. 58, S. 25–28. – *Köpp, F., R. L. Schwiesow* und *Ch. Werner:* Remote measurements of boundary-layer windprofiles using a cw Doppler lidar. J. Climate and Appl. Meteor. **23** (1984) 148. – *Morl, P., M. E. Reinhardt, W. Renger* und *R. Schellhase:* The Use of the Airborne LIDAR System ALEX F1 for Aerosol Tracing in the Lower Troposphere. Beitr. Phys. Atmosphäre **54** (1981) S. 403–410. – *Paffrath, D.:* Großräumige Erfassung atmosphärischer Parameter mittels Flugzeugmessungen. Lehrgang EU 3.01 der Carl-Cranz-Gesellschaft: Sensorik und Verfahren zur Bestimmung atmosphärischer Schadstoffe, 22./26. April 1991 Oberpfaffenhofen. – *Paffrath, D., W. Peters* und *F. Rösler:* Flugzeugmessungen grenzüberschreitender Luftverunreinigungen. DLR-Nachrichten (1989) Nr. 57, S. 4–7. – *Reinhardt, M. E.* und *D. Lorenz:* Fernerkundung in der Meteorologie I, Meteorologische Fortbildung. Promet **20** (1990) Nr. 3/4 und Promet **21** (1991) Nr. 1/2.

Umweltfernbeobachtung →Umwelterkundung, flugzeuggetragene, →Satellitenfernerkundung

Umweltfreundlich. Als u., umweltschonend oder umweltgerecht werden alle diejenigen Verhaltensweisen oder Aktivitäten von Lebewesen gewertet, die ihre →Umwelt, d. h. deren Strukturen und Funktionen, oder ihre Ökosysteme nicht nachhaltig schädigen oder gar zerstören. Im einzelnen Fall ist eine Schädigung oft nicht leicht zu erfassen, weil sie z. B. verzögert eintreten kann, die Symptome oder Indikatoren unklar sind und die Ökosysteme auch Fähigkeiten zur Regeneration geschädigter Bestandteile besitzen.

In der Regel werden die Begriffe auf Verhaltensweisen und Aktivitäten des Menschen angewendet, mit denen er in seine Umwelt eingreift, sie damit einem Streß aussetzt oder belastet. Um einen Eingriff als u. zu bezeichnen, bedarf es sowohl seiner genauen Wirkungsermittlung als auch der Bestimmung der Belastbarkeit der Umwelt oder der Ökosysteme, d. h. der Grenze, an der Streß oder Belastung zu Schäden führt. Wegen der Vielzahl der Eingriffe und der Variation ihrer Wirkungen ist die Ermittlung einer allgemeinen Belastbarkeit der Umwelt, etwa in Form eines Zahlenwertes oder einer mathematisch-statistischen Funktion, nicht möglich. Stattdessen werden zahlreiche Grenz- oder Höchst- bzw. Mindestwerte festgesetzt oder empfohlen, mit deren Hilfe Umweltfreundlichkeit bestimmt werden soll.

Der ähnliche Begriff umweltverträglich ist mit einem formalisierten Prüfungsverfahren zur Feststellung von Umweltbelastungen durch bestimmte Vorhaben verbunden (→Umweltverträglichkeit). *Haber*

Umweltgebühren. Öffentliche Gebühren sind Abgaben an staatliche Gebietskörperschaften, die im Gegensatz zu den Steuern für individuell zurechenbare behördliche Gegenleistungen zu entrichten sind. Sie werden unterschieden in Verwaltungsgebühren und Benutzungsgebühren.

U. sind →Umweltabgaben, mit denen Kosten für Entsorgungs- und Reinigungsaktivitäten beglichen werden sollen. Beispiele dafür sind insbesondere Abfall-, Straßenreinigungs-, Abwasser- und Kanalisationsgebühren. Ob die Gebühren kostendeckend ausgestaltet sind oder eine Unter-(oder Über-)deckung aufweisen, ist den politischen Zielen der Gebietskörperschaft überlassen. Aus umweltökonomischer Sicht ist der Lenkungs- und Internalisierungseffekt (Ökonomische Instrumente der →Umweltpolitik) auch bei Kostendeckung ungenügend, weil mit den Kosten der öffentlichen Entsorgung noch nicht alle externen Effekte ausgeglichen werden. Die Festlegung von U. in der optimalen Höhe scheitert aber an den Problemen der monetären →Umweltbewertung. *Paskuy*

Umwelthaftungsgesetz. Am 1. 1. 1991 ist das Gesetz über die Umwelthaftung – UmweltHG – (BGBl. I 1990, S. 2634) in Kraft getreten. Mit diesem Gesetz wird eine anlagenbezogene Gefährdungshaftung für Umweltschäden eingeführt, eine Haftung auch für den Normalbetrieb einer Anlage einbezogen, eine Beweiserleichterung durch Ursachenvermutungen und Auskunftsansprüche eingeführt und nicht zuletzt eine Pflicht zur Deckungsvorsorge angeordnet.

§ 1 UmweltHG sieht eine Haftung vor, wenn durch eine Umwelteinwirkung jemand getötet oder Körper oder Gesundheit verletzt oder eine Sache beschädigt wird und daraus ein Schaden entsteht. Die Haftung setzt kein rechtswidriges und schuldhaftes Handeln voraus. Die Anlagenhaftung tritt jedoch nur für einen bestimmten Kreis von Anlagen, die im Anhang des Gesetzes aufgezählt sind, ein. Erfaßt werden vom UmweltHG 96 verschiedene Anlagentypen, zu denen insbesondere Kraftwerke, Abfallentsorgungsanlagen, Gießereien, Lackiereien, Geflügelzuchtbetriebe etc. zählen.

Voraussetzung der Haftung ist, daß der Schaden infolge einer Umwelteinwirkung entstanden ist. Das ist gemäß § 3 Abs. 1 UmweltHG dann der Fall, wenn der Schaden durch Stoffe, Erschütterungen, Geräusche, Druck, Strahlen, Gase, Dämpfe, Wärme oder sonstige Erscheinungen verursacht wird, die sich in Boden, Luft oder Wasser ausgebreitet haben.

Die Haftung nach dem U. tritt auch dann ein, wenn der Inhaber der Anlage behördliche Genehmigungen, Auflagen und Rechtsvorschriften einhält, wobei allerdings die Haftung für den Normalbetrieb gegenüber Störfällen und gegenüber dem rechtswidrigen Betrieb zum Teil privilegiert wird, z. B. bei der Haftung für Bagatellschäden (§ 5 UmweltHG) sowie im Rahmen der Ursachenvermutung gemäß § 6 Abs. 2 UmweltHG.

Die Ersatzpflicht nach dem U. besteht nicht bei Schaden durch höhere Gewalt. Das ist der Fall, wenn der Schaden auch durch äußerste Sorgfalt nicht hätte abgewendet werden können, z. B. bei Naturereignissen wie Stürmen oder Blitzschlägen oder aber auch bei Sabotage.

Bei Schäden durch den Normalbetrieb einer Anlage ist die Ersatzpflicht für Sachschäden gemäß § 5 UmweltHG ausgeschlossen, wenn die Sache nur unwesentlich oder in einem Maße beeinträchtigt wird, das nach den örtlichen Verhältnissen zumutbar ist.

Ersatzpflichtig ist der Inhaber der Anlage. Als Inhaber kommt nicht nur der Eigentümer, sondern z. B. auch der Pächter in Betracht.

§ 6 UmweltHG schafft für den Anspruchsteller Beweiserleichterungen. Ist eine Anlage nach den Gegebenheiten des Einzelfalls geeignet, den entstandenen Schaden zu verursachen, so wird vermutet, daß der Schaden auch durch diese Anlage verursacht worden ist. Gemäß § 6 Abs. 1 S. 2 UmweltHG beurteilt sich die Eignung im Einzelfall nach dem Betriebsablauf, den verwendeten Einrichtungen, der Art und Konzentration der eingesetzten und freigesetzten Stoffe, den meteorologischen Gegebenheiten, nach Zeit und Ort des Schadenseintrittes und nach dem Schadensbild sowie allen sonstigen Gegebenheiten, die im Einzelfall für oder gegen die Schadensverursachung sprechen. Diese Ursachenvermutung gilt allerdings nicht für den Normalbetrieb der Anlage.

Die Beweiserleichterung des § 6 UmweltHG zugunsten des Geschädigten greift erst dann ein, wenn dieser nachgewiesen hat, daß die Anlage nach den Gegebenheiten des Einzelfalles geeignet war, den entstandenen Schaden zu verursachen. Dem Anspruchsteller wird deshalb in § 8 UmweltHG ein Auskunftsanspruch eingeräumt, wonach Angaben über die verwendeten Einrichtungen, die freigesetzten Stoffe und die sonst von der Anlage ausgehenden Wirkungen sowie die besonderen Betriebspflichten nach § 6 Abs. 3 UmweltHG verlangt werden können. Der Auskunftsanspruch wird jedoch nur eingeräumt, wenn bestimmte Tatbestandsvoraussetzungen erfüllt sind. Diese gelten auch für den weiteren Auskunftsanspruch des Anspruchstellers gegenüber Behörden gemäß § 9 UmweltHG.

Der Umfang des Schadensersatzanspruchs richtet sich nach § 249 ff. BGB, soweit § 11 ff. UmweltHG keine abweichende Bestimmungen treffen. Auf die Verjährung finden die für unerlaubte Handlungen geltenden Vorschriften des BGB Anwendung, so daß eine dreijährige Verjährungsfrist des § 852 BGB gilt (§ 17 UmweltHG).

§ 19 UmweltHG sieht vor, daß die Inhaber von besonders gefährlichen Anlagetypen, die im Anhang des Gesetzes gesondert aufgeführt sind, Vorsorge für eine ausreichende Deckung zu treffen haben, um die Leistungsfähigkeit im Schadensfall zu sichern (Deckungsvorsorge). *Hoppe/Beckmann*

Literatur: *Feldmann:* Umwelthaftung aus umweltpolitischer Sicht, UPR (1991) 45 ff. – *Hager:* Das neue Umwelthaftungsgesetz, NJW (1991) 134 ff. – *Ketteler:* Grundzüge des neuen UmweltHG, Anwaltsblatt 1992.

Umwelthygiene. U. ist nach *Max von Pettenkofer* die Wissenschaft der Erforschung von Umweltwirkungen auf die Bevölkerung oder auf Bevölkerungsgruppen und das Erkennen und Ausschalten ungünstiger oder die Nutzung günstiger Faktoren. Es geht dabei um chemische, physikalische und biologische Belastungen. U. befaßt sich nicht wie andere klinische Fachgebiete mit dem einzelnen Patienten, sondern mit Kollektiven. Sie zielt auch auf Prävention. Diese wissenschaftlichen Erkenntnisse führen damit zu Rechts- und Verwaltungsvorschriften. Insofern schlägt U. die Brücke zwischen dem medizinisch-naturwissenschaftlichen Bereich einerseits und der Legislative/Exekutive andererseits. Arbeitsschwerpunkte sind die Risikoermittlung von

Umweltchemikalien, eine umweltbezogene Lebensmittelhygiene sowie das Umwelthygienerecht einschließlich Monitoring-Systemen (Schadstoffkataster, →Wirkungskataster, Modelle für Einzelstoffe). Das wichtigste Ziel der U. ist die Identifizierung und Beseitigung bzw. Minimierung von Schadstoffexpositionen der Bevölkerung. Dazu gehört aber auch Gesundheitsvorsorge wie Aufklärung über die Gefährlichkeit des Rauchens, falsche Ernährung oder Lebensweise hinsichtlich Krebserkrankungen. *Greim*

Umweltinformation, statistische. Die →Umweltstatistik ist ein Teil der deskriptiven Statistik und unterliegt daher den allgemein geltenden Regeln für diesen Bereich. Sie hat die Aufgabe, Massenerscheinungen zu quantifizieren und mit geeigneten Methoden zu interpretieren. Statistische Massen ergeben sich dadurch, daß diskrete Erscheinungen in bezug auf eine oder mehrere Eigenschaften homogen sind. Die Umweltstatistik beschäftigt sich, dieser begrifflichen Abgrenzung folgend, mit Massenerscheinungen im Zusammenhang mit der biotischen und abiotischen Umwelt des Menschen.

In dieser Weise verstandene s. U. sind quantitative und qualitative Daten über den Zustand der Umwelt, über stoffliche und andere Einwirkungen auf die Ökosysteme, über die Reaktionen der Ökosysteme auf diese Belastungen und – sofern es sich um eine anthropogen beeinflußte Umwelt handelt – über die Schutzmaßnahmen, die der Mensch ergreift.

Die Vielfalt der in der Umweltstatistik einsetzbaren Erhebungsverfahren läßt sich grob in der nachfolgenden Weise gliedern, wobei die Beispiele sich auf amtliche, von staatlichen Stellen durchgeführte Statistiken im weitesten Sinne beziehen:
□ Beobachtung von Tatbeständen und Ereignissen
– durch Personen, z. B. Ermittlung von →Waldschäden,
– durch technische Einrichtungen, z. B. Messung der Konzentration von Luftschadstoffen.
□ Befragung von Personen und Institutionen (z. B. Unternehmen) im Zusammenhang mit umweltrelevanten Ereignissen, z. B.
– von den Befragten ausgegangene Emissionen, wie z. B. Menge und Schadstofffrachten des abgeleiteten Abwassers,
– durchgeführte Umweltschutzmaßnahmen.
□ Auswertung von Verwaltungsunterlagen über umweltbezogene Sachverhalte, z. B.
– Auswertung von Abfallbegleitscheinen zur Ermittlung des Aufkommens an bestimmten Abfällen,
– Auswertung von →Emissionserklärungen für die Darstellung der Luftverunreinigung einzelner Wirtschaftszweige.

□ Nutzung von für andere Zwecke durchgeführten statistischen Erhebungen, z. B.
- Energieverbrauch, gewonnen durch die Energiestatistik, als Grundlage für die Berechnung der CO_2-Emissionen von Industriebranchen,
- erzeugte Menge umweltfreundlicher Produkte, gewonnen aus der allgemeinen Produktionsstatistik.

In der Regel werden in Deutschland die Daten für amtliche Statistiken dezentral ermittelt. Diese Aufgabe obliegt den Ländern und ihren nachgeordneten Verwaltungseinheiten.

Das statistische Urmaterial wird auf unterschiedlichen Ebenen gewonnen.

Jede Stufe ergibt ein höheres Aggregationsniveau.

Bei den durch regelmäßige Beobachtung gewonnenen Daten werden für ihre Bereitstellung in der Regel Vereinbarungen zwischen den Verwaltungen getroffen, die die Daten sammeln und die sie weiterverarbeiten. Daten, die bei den Verwaltungsstellen des Bundes anfallen, können durch das Statistische Bundesamt ohne gesonderte Rechtsgrundlage mit Einwilligung der auftraggebenden Stelle aufbereitet werden. Amtliche Umweltstatistiken, die auf der Befragung von Personen und Institutionen beruhen, werden meist als Bundesstatistiken durchgeführt. Sie bedürfen grundsätzlich eines Gesetzes oder einer Rechtsverordnung als Rechtsgrundlage.

Bei diesen Statistiken werden die Daten von den Statistischen Landesämtern, organisatorisch selbständigen Landesbehörden, erhoben und bis zur Erstellung von Landesergebnissen aufbereitet. Das Statistische Bundesamt, eine Bundesoberbehörde, ist für die methodische und technische Vorbereitung der Erhebungen zuständig. Außerdem stellt diese Behörde die Ergebnisse in der erforderlichen sachlichen und regionalen Gliederung für die Bundesministerien zusammen und veröffentlicht sie für allgemeine Zwecke.

Die zu solchen Umweltstatistiken Befragten sind grundsätzlich zur Auskunft verpflichtet. Die Auskünfte müssen wahrheitsgemäß, vollständig, fristgerecht sowie kostenfrei erteilt werden.

Die Plausibilität von Antworten kann in gewissem Rahmen ermittelt werden. Die statistischen Dienste haben hierzu geeignete Verfahren entwickelt.

Spies

Umweltinformationssystem (UIS). Unter einem U. versteht man ein DV-gestütztes System, das Daten, die über die Umwelt erhoben werden, integriert abspeichert und leistungsfähige Zugriffs- und Auswertungsmethoden anbietet. Diese erlauben den Benutzern, aus den abgespeicherten Daten die für ihre Aufgabenerfüllung benötigten Umweltinformationen rechnergestützt aufzubereiten.

Die allgemeinen Aufgaben von UIS liegen im Erfassen, Abspeichern, Aktualisieren und Dokumentieren von Umweltdaten, in deren Visualisierung, Auswertung und Bewertung, in der Vollzugs- und Entscheidungsunterstützung und auch in der Prognose. Im einzelnen zählen zu diesen Aufgaben die Ableitung von Umweltinformationen, die Ermittlung potentieller Umweltrisiken, die Information der Verwaltung, der politischen Führung und der Öffentlichkeit, die Behandlung von Notfällen, z. B. Smogsituationen oder Stör- bzw. Unfällen mit chemischen Gefahrstoffen, das Umweltmonitoring, die Unterstützung bei Vollzugs- und Planungsaufgaben, die Unterstützung der Umweltforschung sowie die Bereitstellung von Basisinformationen, z. B. über Umweltchemikalien, Umwelttechnologien oder Fachliteratur. Schließlich dienen sie der Unterstützung der Umweltbeobachtung, der Umweltberichterstattung und der Ableitung von Prognosen über den zukünftigen Zustand der Umwelt. U. haben sehr unterschiedliche Nutzergruppen (Fachbehörden, Ministerien, Industrie, Forschung, Öffentlichkeit) aus den unterschiedlichsten Fachdisziplinen (von Juristen über Planer bis zu Ingenieuren und Naturwissenschaftlern) auf den verschiedensten Ebenen (vom Sachbearbeiter bis zur politischen Entscheidungsebene) und damit höchst divergierende Anforderungen an die vorzuhaltenen Umweltdaten und Auswertungsmethoden. Daher sind die fachinhaltlichen und DV-technischen Anforderungen an U. besonders hoch. In den Umweltbehörden der Kommunen, Länder, des Bundes und auf internationaler Ebene (z. B. EG, UN) befinden sich zunehmend U. verschiedenster Ausprägung im Aufbau und teilweise (d. h. mit einzelnen Datenbankkomponenten) bereits im Einsatz. Darüber hinaus gewinnen auch betriebliche U. zunehmend an Bedeutung.

□ Datenquellen, Datenbanken, Datenspeicherung. Die Datenbestände für die U. stammen nicht nur aus den umfangreichen computergestützten Meßnetzen im Rahmen des Umweltmonitorings (z. B. in der Luft-, Gewässer- oder Umweltradioaktivitätsüberwachung), sondern werden auch aus zahlreichen anderen Quellen (wie z. B. von Industrieunternehmen im Rahmen gesetzlicher Meldepflichten, der Statistik oder aus der Fachliteratur) bezogen und EDV-technisch aufbereitet. Die Umweltdaten werden in Datenbanken abgespeichert. Diese dienen als Archive innerhalb von Informationssystemen. Datenbank- bzw. Datenbankverwaltungssysteme übernehmen Funktionen wie die Beschreibung der gespeicherten Daten, ihre optimale Abspeicherung, ihren Schutz vor unberechtigtem Zugriff sowie die Unterstützung einer flexiblen Datenverwaltung (Selektieren, Einfügen, Ändern, Löschen). Typischerweise bestehen Informationssysteme aus mehreren Datenbanken mit verschiedenen Datenquellen, die dort in einem gemeinsamen systemtechnischen Rahmen gebündelt werden. Sie bieten Funktionen für problemorientierte, datenbankübergreifende Auswertungen an, um die im Rahmen der Aufgabenerfüllung benötigten Umweltinformationen zu liefern. Dennoch ist der Übergang zwischen einer Fachdatenbank und einem Fachinformationssystem als fließend anzusehen.

Bei den zu verarbeitenden Umweltdaten kann es sich um Dokumente (z. B. Kurzfassungen von umweltrelevanten Publikationen) oder um Umweltfakten (z. B. formatierte Umweltmeßdaten) handeln. Von der DV-technischen Seite werden diese in unterschiedlicher Form verarbeitet. Es ist daher zwischen Dokumentationsdatenbanken und Faktendatenbanken als U.-Komponenten zu unterscheiden. Darüber hinaus sind noch medienübergreifende Landschaftsinformationssysteme, deren Daten einen räumlichen Bezug (geographische Daten) aufweisen, sowie umfassende U., die i. d. R. den Zugriff auf mehrere unterschiedliche Umweltdatenbanken aus unterschiedlichsten fachlichen Bereichen des Umweltschutzes erlauben, zu berücksichtigen. Neben den U., die auf Datenbanken der öffentlichen Hand basieren (→Umweltdatenbank), sind auch die betrieblichen U. zu erwähnen.

□ Datenbanken zur Umweltdokumentation. Wichtige Anwendungsbereiche von Dokumentationsdatenbanken auf dem Umweltsektor sind die Literatur-, die Forschungs-, die Rechts- und die Umwelttechnologie-Dokumentation.

□ Landschaftsinformationssysteme. Das Fachgebiet Naturschutz und Landschaftspflege ist durch eine medienübergreifende, querschnittsorientierte Erfassung des Gegenstandes Umwelt gekennzeichnet, die auch zu einer informationstechnischen Integration verschiedener Umweltbereiche und Umweltdatenbestände (bzw. -datenbanken) führt. Daher wird hier auch von Landschaftsinformationssystemen gesprochen, bei denen die Abgrenzung ihrer Inhalte nicht vorrangig thematisch, sondern geographisch festgelegt ist. Für ein abgeschlossenes geographisches Gebiet werden Daten zu unterschiedlichen Problembereichen vorgehalten. Die Daten weisen häufig einen räumlichen bzw. einen Flächenbezug auf (z. B. Biotope, Naturschutzgebiete). DV-technisch spielen bei Landschaftsinformationssystemen sog. Geographische →Informationssysteme (GIS) eine wichtige Rolle. Darunter sind spezialisierte Datenverwaltungssysteme für geographische (Koordinaten-)Daten zu verstehen, die spezielle raumbezogene Auswertungs- und Darstellungsfunktionen (z. B. thematische Kartierungen, Flächenverschneidungen) anbieten. Die Flexibilität beim Zugriff auf Sachdaten ist bei einem GIS jedoch begrenzt. Daher wird man neben GIS-Komponenten auch Datenbankverwaltungssysteme für den Aufbau von Landschaftsinformationssystemen ein-

setzen. Diese werden genutzt, um die ökologischen Folgen von Planungsvorhaben (z. B. im Rahmen der UVP) abzuschätzen und Zielkonflikte zwischen Ökologie und wirtschaftlicher Nutzung zu minimieren. Deshalb sind querschnittsorientierte Informationen erforderlich: Vegetations- bzw. Biotopkarten, Flächennutzungskarten, geologische, hydrologische und klimatische Karten sind in einem Landschaftsinformationssystem ebenso gespeichert wie statistische Daten und Literaturverweise. Neben einer Vielfalt von Auswertungskarten wird die automatische Verschneidung von verschiedenen Kartierungen angeboten. Dabei handelt es sich um die Bestimmung von Flächen mit Nutzungskonflikten zur Unterstützung des Anwenders bei der Analyse von Nutzungsänderungen (sog. graphische Computer-Overlays). So können unterschiedliche Flächenansprüche, z. B. zwischen Naturschutz und Landwirtschaft oder Verkehrsplanung, bestimmt und hervorgehoben werden. Ein sehr umfangreiches Landschaftsinformationssystem wurde beispielsweise in Nordrhein-Westfalen unter dem Namen LINFOS realisiert.

□ Betriebliche U. Betriebliche U. sind DV-gestützte Instrumente zur Bereitstellung der datenmäßigen Grundlage für einen wirkungsvollen betrieblichen Umweltschutz, der bereits an der Quelle der Emissionen ansetzen kann und somit eine wichtige Ergänzung des staatlichen Umweltschutzes darstellt. Die betrieblichen U. ermöglichen den schnellen Abruf und die einfache Aktualisierung von Grenzwertinformationen, eine Erhöhung der Betriebssicherheit durch schnelles Erkennen von Grenzwertüberschreitungen, eine Unterstützung der Emissionserklärungen, eine schnellere Reaktion bei Störfällen, eine Optimierung der Produktionsprozesse durch Bilanzierung der Input/Output-Stoffströme sowie eine Unterstützung der Planung und Genehmigung neuer Anlagen. Außerdem wird die Durchsetzung betrieblicher Umweltziele erleichtert, das Umweltbewußtsein in den Betrieben gestärkt und die Öffentlichkeitsarbeit durch Nachweis der Grenzwerteinhaltung substanziell verbessert. Der Aufbau von betrieblichen U. befindet sich noch im Anfangsstadium.

□ Umfassende U. Umfassende U. sind fachübergreifend und bieten Informationen überall dort an, wo sich umweltrelevante Aufgaben nicht auf ein Umweltmedium (z. B. Luft) bzw. einen Umweltfachbereich (z. B. Natur und Landschaft) eingrenzen lassen. Auf technischer Seite ist von umfassenden U. zu fordern, daß sie nicht nur isolierte DV-Komponenten für Einzelbereiche nebeneinanderstellen, sondern ein fachübergreifendes, integriertes Informationssystemkonzept repräsentieren. Integrierter Umweltschutz ist insbesondere eine Aufgabe für Kommunen, Landesämter und -ministerien oder Umweltbehörden auf Bundesebene, wo

U. dieser Art auch vor allem aufgebaut und teilweise bereits betrieben werden. Kommunale U. haben im Gegensatz zur Landesebene einen relativ engen räumlichen Bezug, können daher auch detailliertere Informationen bereitstellen. Der Umlandverband Frankfurt hat z. B. zur Unterstützung der Landschaftsplanung das System UMWISS realisiert. Dabei wurde eine Datenbank für Altlasten und Schadstoffe mit einem GIS gekoppelt, in dem alle thematischen Karten enthalten sind.

Landesweite U. dienen vor allem dem Vollzug von Umweltgesetzen, der Durchsetzung von Umweltnormen, der Unterstützung der Planungs- und Entscheidungsprozesse in der →Umweltpolitik und der Information der Öffentlichkeit. Ein Beispiel für ein umfassendes Informationssystemkonzept auf Landesebene stellt das U. Baden-Württemberg dar. Das U. soll ein aufgabenorientiertes, organisatorisches und informationstechnisches Rahmenkonzept für die Bereitstellung von Umweltdaten und die Bearbeitung von fachbezogenen und fachübergreifenden Aufgaben in den Umweltbereichen Abfall, Boden, Lärm, Luft, Nahrungsmittel, Natur und Landschaft, Pflanze, Strahlung, Tier, Umweltchemikalien, Wasser und Wald umsetzen. Bereits seit 1990 ist das Daten- und Informationssystem DIM des Ministeriums für Umwelt, Raumordnung und Landwirtschaft des Landes Nordrhein-Westfalen im Einsatz, das Informationen aus nahezu allen Fachgebieten des Umweltschutzes, der Raumordnung und der Landwirtschaft integriert. Dabei sind umfangreiche Datenbestände, die bereits an anderer Stelle der Umweltverwaltung DV-mäßig erfaßt sind, gezielt für die Planungs- und Managementaufgaben im Ministerium aufbereitet und im DIM aggregiert abgespeichert. Die Datenlieferung an das DIM erfolgt in einem festen Zeitraster, so daß die Aktualität der Daten nicht verloren geht.

Schließlich werden zur Unterstützung bei den Aufgaben auf Bundesebene schon seit längerer Zeit umfassende U. aufgebaut und betrieben. So soll das Umweltplanungs- und Informationssystem →UMPLIS als gesetzliche Schwerpunktaufgabe des Umweltbundesamtes Umweltinformation für Behörden, Politik, Wissenschaft, Wirtschaft und Öffentlichkeit bereitstellen.

Auf internationaler Ebene beginnen internationale Organisationen ebenfalls, U. für die Bewältigung ihrer Umweltaufgaben zu entwickeln. Ein Beispiel dafür ist das U. →CORINE für die Europäische Gemeinschaft. *Page*

Literatur: *Angerer, G.; H. Hiesl:* Umweltschutz durch Mikroelektronik. Berlin–Offenbach 1991. – *Jobst, J.:* Informationstechnik im Dienste der Umwelt. Sonderveröffentlichung des Umweltmagazins. Würzburg 1990. – *Page, B.* (Hrsg.): Informatik im Umweltschutz – Anwendungen und Perspektiven. München–Wien 1986. – *Page, B.; A. Jaeschke; W. Pillmann:* Angewandte Informatik im Umweltschutz. Teil 1, 2. Informa-

tik Spektrum **13** (1990), S. 6–16, 86–87. – *Trauboth, H.:* Was kann die Informationstechnik für den Umweltschutz tun? Automatisierungstechnik **35** (1987), S. 431–442. – Bibliographie Umwelt-Informatik Hrsg.: Umweltbundesamt Berlin 1989.

Umweltinformationsverpflichtung. Die Richtlinie des Rates vom 7. Juni 1990 über den freien Zugang zu Informationen über die Umwelt (90/313/EWG) (ABl. EG L 158, S. 56) war gem. Art. 9 in allen EG-Mitgliedstaaten spätestens bis zum 31. Dezember 1992 umzusetzen. In der Bundesrepublik befindet sich der entsprechende Gesetzentwurf (Bundesrat-Drucksache 793/93 vom 5. 11. 1993) in der parlamentarischen Beratung.

Ziel der Richtlinie ist der verbesserte freie Zugang zu U. der Behörden, deren Verbreitung sowie die Festlegung der Voraussetzungen, unter denen diese abgerufen werden können. Als „Informationen über die Umwelt" gelten gem. Art. 2 Ziff. a alle in Schrift-, Bild-, Ton- oder DV-Form vorliegenden Informationen über den Zustand der Luft, der Gewässer, der Abfälle, des Bodens, der Tier- und Pflanzenwelt. Hierzu gehören auch Auskünfte über mögliche Beeinträchtigungen, schutz- und verwaltungstechnische Maßnahmen der Umweltbereiche sowie über Umweltprogramme. Verpflichtet zur Information sind alle nationalen Behörden, die Aufgaben im Bereich des Umweltschutzes wahrnehmen mit Ausnahme von Stellen, die über diesbezügliche Informationen im Rahmen ihrer Rechtsprechungs- und Gesetzgebungszuständigkeit verfügen.

Gemäß Art. 3 sind die Behörden verpflichtet, allen natürlichen oder juristischen Personen Informationen über die Umwelt zur Verfügung zu stellen. Voraussetzung dafür ist ein Antrag. Der Nachweis eines Interesses an der Information ist nicht erforderlich. Die Mitgliedstaaten können vorsehen, daß Anträge auf Zugang abgelehnt werden bei:
– Vertraulichkeit der Beratungen von Behörden, internationalen Beziehungen, Angelegenheiten der Landesverteidigung,
– Verletzung der öffentlichen Sicherheit,
– Sachen, die bei Gericht anhängig oder Gegenstand von Ermittlungsverfahren (einschließlich Disziplinar- oder Vorverfahren) sind,
– Geschäfts- und Betriebsgeheimnissen einschließlich des geistigen Eigentums,
– Vertraulichkeit personenbezogener Daten und/oder Akten,
– Unterlagen, die von einem Dritten übermittelt worden sind, der dazu nicht gesetzlich verpflichtet war,
– Informationen, deren Bekanntgabe die Wahrscheinlichkeit einer Schädigung der Umwelt in dem betreffenden Bereich noch erhöhen würde.

Eine Information ist gleichwohl vorzunehmen, wenn es möglich ist, einen Zugang unter Wahrung der sensiblen Interessen zu gewähren. Ein Antrag kann gem. Art. 3 Abs. 3 abgelehnt werden, wenn er sich auf die Übermittlung nicht abgeschlossener Schriftstücke, noch nicht aufbereiteter Daten oder interner Mitteilungen bezieht. Ein Ablehnungsgrund kann ferner gegeben sein, wenn der Antrag offensichtlich mißbräuchlich oder zu allgemein formuliert ist. Der Antrag auf Information ist spätestens innerhalb von zwei Monaten zu bescheiden. Die Ablehnung eines Antrags ist zu begründen. Sie kann nach nationalem Recht angegriffen werden. Für die Übermittlung der Information kann in den Mitgliedstaaten eine angemessene Gebühr erhoben werden. Die Mitgliedstaaten ergreifen alle erforderlichen Maßnahmen, um die Öffentlichkeit über die Umwelt, z. B. durch eine regelmäßige Veröffentlichung von Zustandsberichten, zu unterrichten.

Offermann-Clas

Umweltliteraturdatenbank (ULIDAT). Einer verläßlichen Dokumentation der Umweltfachliteratur kommt steigende Bedeutung zu, da sich das Umweltwissen immer rascher entwickelt und für viele Aufgaben der jeweils aktuelle Stand dieses Wissens erforderlich ist.

Im englisch-amerikanischen Sprachraum werden hauptsächlich zwei leistungsfähige Literaturdatenbanken (POLLUTION und ENVIROLINE) angeboten, die unter anderem auch von Deutschland aus benutzt werden können, weil sie in den kommerziellen Hosts zur Verfügung stehen. Die deutsche Umweltfachliteratur ist allerdings in diesen Datenbanken nur unzureichend vertreten, so daß hier die speziell für den deutschen Sprachraum konzipierte ULIDAT zum Zuge kommt. Der deutschsprachige Benutzer hat damit umfassendere Recherchemöglichkeiten in diesen drei Datenbanken.

Die Daten werden jeweils von spezialisierten Experten erarbeitet, wobei die meisten Bundesländer Beiträge erbringen. ULIDAT wird im arbeitsteiligen Verbund mit Daten versorgt und hat daher eine umfassende Flächendeckung. Sie wurde von einer unabhängigen Jury, die hauptsächlich aus Benutzern in Wirtschaft und Industrie besteht, zur besten Datenbank des Jahres 1990 gewählt.

Die Datenbank gibt regelmäßig umfangreiche Themenbibliographien heraus, z. B. Umweltökonomie, Umweltinformatik, Umweltverträglichkeitsprüfung. Für den Wasserbereich wird die Dokumentation Wasser mit aktuellen bibliographischen Angaben zur entsprechenden Fachliteratur mit mehreren Heften pro Jahr publiziert.

Der Umweltthesaurus umfaßt ca. 25 000 Deskriptoren, die sich in etwa 5 000 Hauptbegriffe und 20 000 Synonyme gliedern. Die meisten Deskriptoren liegen auch in englischer Sprache vor.

ULIDAT ist allgemein zugreifbar über die Hosts: INKA-Stn, Datastar und FIZ-Technik. In ULIDAT waren Ende 1991 etwa 150 000 Umweltliteraturstellen gespeichert; der jährliche Zuwachs beträgt ca. 15 000.

Seggelke

Umweltmedien. Luft, Wasser, Böden und Gesteine werden häufig als U. bezeichnet und stellen zugleich die Haupt-Bausteine der unbelebten →Umwelt dar. Der Ausdruck Medien wird im Sinne von Trägersubstanzen aufgefaßt, in denen sich andere Substanzen, insbesondere Umweltschadstoffe, ausbreiten können.

In der allgemeinen Struktur und Gliederung der Umwelt entsprechen die U. weitgehend den Umweltsphären, deren bekannteste die →Atmosphäre, d. h. die Lufthülle der Erde ist. Neben dieser gibt es in der unbelebten Umwelt noch die Kosmosphäre, die den Weltraum verkörpert und der die lebensspendende Sonnenstrahlung entstammt, die Hydrosphäre als Gesamtheit aller Gewässer einschließlich des Grundwassers, die Lithosphäre als Gesamtheit der Locker- und Festgesteine der Erdkruste.

Jede dieser vier Sphären der unbelebten Umwelt ist durch bestimmte physikalische und chemische Merkmale und Eigenschaften gekennzeichnet, und jeder Sphäre sind außerdem bestimmte ökologisch wirksame Faktoren zuzuordnen, die in einer hierarchischen Beziehung zueinander stehen.

Die oberste Hierarchie-Ebene nimmt die Kosmosphäre ein, die kein U. im eigentlichen Sinne darstellt; doch die ihr zugehörigen Eigenschaften bzw. Faktoren wie Schwerkraft, Magnetismus und Strahlung sind maßgebend für das Geschehen in den eigentlichen U. An zweiter Stelle folgt die Atmosphäre, deren Eigenschaften und Faktoren wiederum das Geschehen in der Hydro- und Lithosphäre bestimmen, z. B. die Prozesse der Verdunstung, der Verwitterung, der Abtragung durch Niederschläge oder der Meeresströmungen. Das Wasser, das die Hydrosphäre verkörpert, wirkt wiederum in charakteristischer Weise auf die Lithosphäre ein.

In den Polargebieten und vielen Hochgebirgen finden sich große Massen von gefrorenem Wasser als Eis- oder Firnfelder und Gletscher. Daher wird innerhalb der Hydrosphäre häufig auch eine Kryosphäre unterschieden, die durch das U. Eis verkörpert ist.

Das Zusammenwirken aller Eigenschaften und Faktoren der vier Sphären der unbelebten Umwelt bestimmt an der Erdoberfläche die Bereiche, in denen sich dank biologisch günstiger Bedingungen Leben entfalten und ausbreiten kann. Dadurch entsteht als weitere Umweltsphäre die →Biosphäre als Gesamtheit aller Organismen (*engl.* biota). Überall wo die Biosphäre durch beständiges Pflanzenwachstum und somit durch eine mehr oder minder dicke Vegetationsschicht repräsentiert ist, sammeln sich große Mengen von pflanzlichem Abfall an, aus dem unter Mitwirkung von Kleintieren und Mikroorganismen Humus entsteht. Dieser geht mit den verwitternden Bestandteilen der obersten Schicht der Lithosphäre unter dem Einfluß biochemischer Prozesse eine innige Verbindung ein und schafft die Pedosphäre als weitere Umweltsphäre, die landläufig als →Boden bezeichnet wird. Gemeint ist aber Boden im biologischen bzw. ökologischen Sinn, der nur unter Mitwirkung einer Pflanzendecke entstehen kann. In der Wüste Sahara oder in den Alpen oberhalb von ca. 2 500 m gibt es daher keine Pedosphäre.

Die U. bzw. Umweltsphären sind nicht strikt zu trennen, sondern unterliegen Wechselwirkungen und Vermischungen.

Von großer Bedeutung für alle ökologischen Prozesse ist die Tatsache, daß die Atmo-, Hydro- und Lithosphäre – in dieser Reihenfolge – immer ungleichartiger werden. Die Atmosphäre, d. h. das Medium Luft, ist ein innerhalb seiner einzelnen Schichten, vor allem in der →Troposphäre relativ gleichartig zusammengesetztes Gasgemisch; nur der Wasserdampf ist darin ungleichmäßig verteilt. Das Medium Wasser, unterteilt in die beiden Bereiche Süß- und Salzwasser, ist bereits ungleichartiger, aber dennoch relativ homogen. Die Lithosphäre dagegen ist von Ort zu Ort, manchmal sogar auf kürzeste Entfernung, außerordentlich verschiedenartig sowohl in der stofflichen Zusammensetzung und in der Härte der Gesteine als auch in der Ausbildung des Reliefs. Aus diesem Grunde können für die Medien Luft und Wasser in der Regel allgemein gültige Grenzwerte für Gehalte an Schadstoffen festgesetzt werden, während dies für die Lithosphäre grundsätzlich nicht möglich ist.

Die Heterogenität der Lithosphäre überträgt sich weitgehend auf die Biosphäre und die davon abhängige Pedosphäre und erklärt damit teilweise die außerordentliche Vielfalt der Pflanzen- und Tierwelt auf der Erde (→Biodiversität). *Haber*

Umweltmedizin. U. betrifft im Gegensatz zur →Umwelthygiene den einzelnen Menschen im Sinne der klinischen Medizin. Wo umweltbedingte Schädigungen vermutet werden, wird eine Anamnese (Erhebung) der Belastungsbedingungen durchgeführt und dokumentiert. Unter Berücksichtigung der Analytik von Schadstoffen im biologischen Material sowie bestimmter Wirkungsparameter müssen häufig Zusammenhänge zwischen unbekannten Krankheitsbildern und Wirkungen von Umweltschadstoffen aufgeklärt bzw. bei festgestellten Zusammenhängen therapeutische Maßnahmen eingeleitet werden. *Greim*

Umweltmeteorologie. Fachgebiet, das sich im weitesten Sinne mit meteorologischen Einflüssen auf die Umwelt befaßt. Im engeren Sinne handelt es sich um meteorologische Einflüsse im Bereich des Umweltschutzes und hier insbesondere in der Luftreinhaltung. Jedoch auch die Wirkungen von Luftverunreinigungen auf die Atmosphäre, auf ihre chemische Zusammensetzung und ihr thermodynamisches Verhalten bis hin zu langfristigen Klimaänderungen gehören zur U. oder haben diese Aspekte. Gleichfalls sind Einflüsse der U. von Bedeutung bei der Untersuchung der Wirkung von Luftverunreinigungen auf Mensch, Tier, Pflanze, Boden, Materialien (Bild 1).

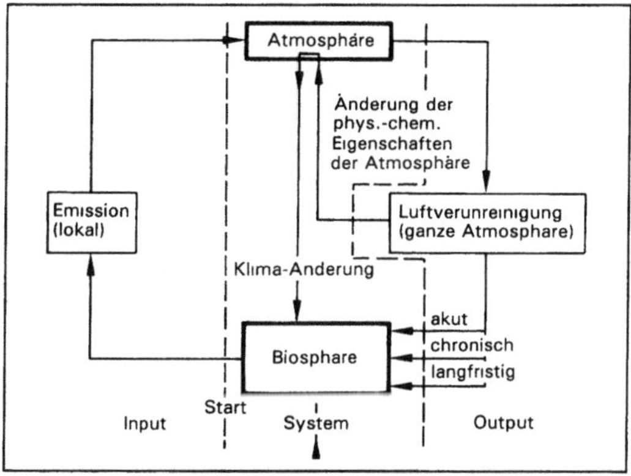

Umweltmeteorologie 1: Gekoppeltes System Biosphäre-Atmosphäre (nach Fortak, *1971).*

Die Ausbreitung von Luftverunreinigungen in der Atmosphäre ist einer der Schwerpunkte der U. Mit Hilfe von mathematisch-meteorologischen Modellen ist es möglich, den Prozeß der Ausbreitung (Transmission) unter Einschluß von chemischen Umsetzungen und physikalischen Veränderungen zu simulieren. Bei diesem Transmissionsprozeß spielen die verschiedenen meteorologischen Einflußgrößen eine wesentliche Rolle (Bild 2).

Zusätzlich unterliegen die Luftbeimengungen in der Atmosphäre der →Sedimentation (bei Stäuben), der →Deposition (bei Gasen und Stäuben), dem Auswaschen durch Niederschläge sowie der chemischen Umsetzung. Der letzte Vorgang hat eine besondere Tragweite bei der photochemischen Bildung von →Ozon aus Vorläufersubstanzen unter Sonneneinstrahlung oder bei der Zerstörung der →Ozonschicht der Erde.

Durch Anwendung mathematisch-meteorologischer Ausbreitungsmodelle, die sich unterscheiden hinsichtlich ihrer Komplexität in bezug auf den Grad der Berücksichtigung der einzelnen Transmissionsvorgänge, der Entfernungsbereiche, über die Simulationen durchgeführt werden, sowie der räumlichen und zeitlichen Auflösung der berechneten Stoffkonzentrationen, können unterschiedliche Fragestellungen und Probleme im Umweltschutz behandelt werden. Dazu gehören z. B. die Berech-

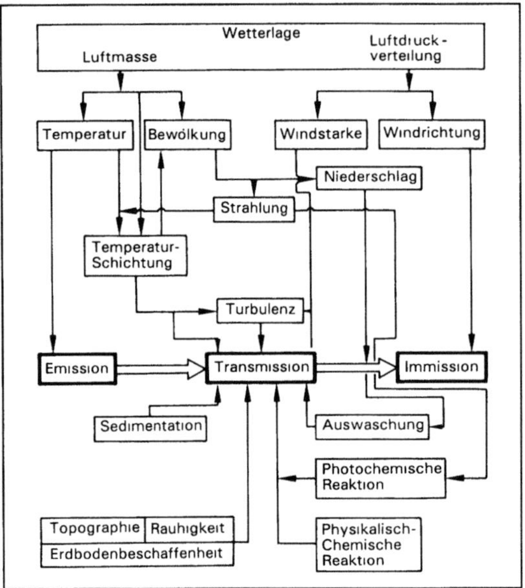

Umweltmeteorologie 2: Einflußgrößen auf die Transmission (nach Fortak, *1972).*

nung der Immissionen in der Umgebung eines geplanten oder auch eines existierenden Emittenten oder einer Vielzahl von Emittenten, die Bestimmung der erforderlichen Schornsteinhöhe zur optimalen Ableitung von Emissionen, die Bestimmung des Einflusses einzelner Emittenten oder Emittentengruppen an vorhandenen Immissionsbelastungen, die Immissionsberechnung bei Störfällen, die Berechnung von Stofftransporten über große Entfernungen (1 000 und mehr Kilometer), die Vorhersage und die Berechnung von Smogsituationen.

Ein weiteres wichtiges Gebiet der U. befaßt sich mit der Auswirkung von Bebauung und Baumaßnahmen auf das lokale Klima. Die Zunahme von Baumassen und die immer stärkere Versiegelung von Flächen führt in den Städten zu Klimaänderungen wie höheren Nachttemperaturen, zu einer Zunahme der Schwülegefährdung und zu Beeinträchtigungen der Wind- und Austauschverhältnisse (→Stadtklima). Durch eine sachgerechte Planung, Erhalten von Frei- und Grünflächen sowie Freihalten von Belüftungsbahnen kann eine ungünstige Beeinflussung des Klimas verhindert werden. Umweltverträglichkeitsprüfungen, wie sie zunehmend bei größeren Baumaßnahmen gefordert werden, machen eine Prognose der zu erwartenden lokalen Klimaänderungen notwendig.

Besondere Bedeutung in der U. haben auch die Humanbiometeorologie sowie das Gebiet der Wechselwirkungen zwischen technischen Oberflächen und der Atmosphäre. Bei der Humanbiometeorologie steht der thermische Wirkungskomplex (Wärmehaushalt des Menschen unter Berück-

sichtigung von Wärme- und Strahlungsflüssen) und der aktinische Wirkungskomplex im Vordergrund. Der aktinische Wirkungskomplex umfaßt die über die reine Wärmewirkung hinausgehende biologische Wirksamkeit der →Sonnenstrahlung. Die Sonnenstrahlung hat Einfluß auf den Hormonhaushalt des Menschen und auf den psychischen Bereich. Insbesondere hat die UV-Strahlung eine große biologische Bedeutung: Pigmentierung, Erythembildung, Alterung der Haut, antirachitische Wirkung, bakterizide Wirkung, Hautkarzinom. Weiter hat das Wetter an sich eine biologische Wirksamkeit (Biotropie).

Das Gebiet der Wechselwirkung zwischen technischen Oberflächen und der Atmosphäre betrifft die Wirkung der Atmosphäre auf die vom Menschen geschaffenen Objekte und umgekehrt die Rückwirkung der Objekte auf die Atmosphäre; Beispiele: Wirkungen auf Bauwerke und Materialien (Korrosion, Steinzerstörung) durch Stofftransporte, Wasser- und Wasserdampftransporte, Wärmeübergänge, Strahlungsabsorption und -emission, statische und dynamische Wirkungen des Windes auf Bauwerke. *Külske*

Literatur: *Fortak, H.:* Meteorologie. Berlin–Darmstadt 1971. – *Fortak, H.:* Anwendungsmöglichkeiten von Mathematisch-Meteorologischen Diffusionsmodellen zur Lösung von Fragen der Luftreinhaltung. Herausg. vom Minister für Arbeit, Gesundheit und Soziales des Landes Nordrhein-Westfalen. Düsseldorf 1972.

Umweltökonomie. U. kann charakterisiert werden als jene Teildisziplin der Wirtschaftswissenschaften, die Wechselwirkungen zwischen wirtschaftlicher Entwicklung und Umweltqualität untersucht und Lösungsansätze für eine gesamtwirtschaftlich optimale Verwendung der knappen Umweltgüter bzw. natürlichen →Ressourcen sowie für ökonomisch effiziente Wege zu angestrebten Umweltqualitätszielen entwickelt.

In der ökonomischen Sichtweise kann das Problem der Übernutzung der natürlichen Umwelt als ineffizienter Einsatz der natürlichen Ressourcen in Produktion und Konsum betrachtet werden. Diese Ineffizienz beruht darauf, daß die Wirtschaftssubjekte, welche die Umwelt nutzen (und damit verschmutzen), keine oder nur vernachlässigbar geringe Preise dafür zu bezahlen haben. Die natürliche Umwelt wurde lange Zeit so behandelt, als wäre sie ein *freies Gut*. Freie Güter stehen in so großer Menge zur Verfügung, daß selbst zum Preis von Null die maximale Nachfrage befriedigt werden kann, ohne daß Verknappungserscheinungen auftreten und ohne daß dieses Gut bewirtschaftet werden müßte. Die Umweltprobleme zeigen aber, daß auch die natürliche Umwelt ein knappes Gut ist. Aufgrund zu niedriger Preise für die Umweltnutzungen besteht jedoch kein Anreiz, die Auswirkungen der Umweltverschmutzung auf Dritte bzw. auf die Gemeinschaft in das einzelwirtschaftliche Optimierungskalkül einzubeziehen.

Das Konzept der externen Effekte ist eine wichtige theoretische Grundlage für die ökonomische Analyse der Umweltnutzung bzw. Umweltverschmutzung. Externe Effekte sind außermarktliche Auswirkungen der Produktion oder des Konsums auf das Wohlbefinden (genauer: die Nutzenfunktion) oder die Produktion (genauer: die Produktionsfunktion) eines oder mehrerer unbeteiligter Wirtschaftssubjekte. Da die externen Effekte nicht über den Mechanismus von Angebot und Nachfrage geregelt werden, fallen die privaten und sozialen Nutzen bzw. Kosten auseinander.

Im Fall der Umweltverschmutzung treten negative externe Effekte auf, die dazu führen, daß die sozialen Kosten der umweltbelastenden Produktion bzw. des umweltbelastenden Konsums über den privaten Kosten der Produktion bzw. des Konsums liegen. Da die sozialen Zusatzkosten als Differenz zwischen sozialen und privaten Kosten den Verursachern nicht angerechnet werden, ist in diesem Zusammenhang auch von einem Marktversagen die Rede. Der Marktmechanismus führt bei Vorhandensein externer Effekte aufgrund der fehlenden umweltpolitischen Rahmenbedingungen zu keinem optimalen Zustand. Die Ursache für das Fehlen geeigneter Rahmenbedingungen liegt allerdings beim Gesetzgeber. Seine umweltpolitische Aufgabe wäre es, das →Verursacherprinzip durchzusetzen und dem Verursacher von Umweltschäden die sozialen Zusatzkosten seiner Tätigkeit anzulasten. Hierzu ist es erforderlich, die verschiedenen Nutzungsrechte an der natürlichen Umwelt entweder staatlichen Institutionen oder privaten Wirtschaftssubjekten eindeutig zuzuteilen. Dann könnten Gebühren für die Umweltnutzung erhoben werden, oder es würden sich Märkte für die Umweltnutzungen bilden und damit Preise, die einen Anreiz zum effizienten Einsatz der Umwelt bieten.

Die Übernutzung der natürlichen Umwelt kann nach dem umweltökonomischen Grundmodell durch die Internalisierung der externen Effekte vermieden werden. Wenn den Verursachern negativer externer Effekte die sozialen Zusatzkosten ihrer Aktivität angerechnet werden, führt dies zu einer effizienten Verwendung der natürlichen Umwelt. Die natürliche Umwelt wird nur so lange in Anspruch genommen, wie die zusätzlichen Kosten der Umweltbelastung unter den zusätzlichen Vermeidungskosten liegen. Liegen die marginalen Vermeidungskosten dagegen höher als die marginalen Schadenskosten, so ist eine Verminderung der Umweltbelastung effizient. Die optimale Umweltbelastung liegt an dem Punkt, an dem marginale Vermeidungskosten und marginale Schadenskosten gleich sind.

Die praktische Umsetzung dieses theoretischen Ergebnisses wird allerdings dadurch erschwert, daß die Schadenskosten nicht bekannt bzw. nicht quantifizierbar sind. Der Versuch einer Quantifizierung wird im Rahmen der monetären →Umweltbewertung unternommen. Die praxisrelevante umweltökonomische Forschung beschäftigt sich aufgrund der Bewertungsprobleme weniger mit der Frage nach dem optimalen Umweltbelastungsniveau, als vielmehr damit, wie politisch vorgegebene Umweltqualitätsziele zu minimalen Kosten erreicht werden können. Diese Diskussion um die ökonomischen Instrumente der →Umweltpolitik ist ein weiterer wichtiger Gegenstand der umweltökonomischen Forschung.

Die Suche nach kostenminimierenden umweltpolitischen Instrumenten berührt auch die Frage nach der Aufgabenverteilung zwischen privatem und öffentlichem Sektor. Warum Umweltschutz eine staatliche Aufgabe ist, begründet die Wirtschaftswissenschaft mit der Theorie der öffentlichen Güter. Im Gegensatz zu den sog. privaten Gütern zeichnen sich öffentliche Güter durch besondere Eigenschaften aus, auf Grund derer eine reine Marktlösung unmöglich ist und eine Bereitstellung des entsprechenden Guts durch den Staat erforderlich wird. Im Gegensatz zu privaten Gütern besteht bei öffentlichen Gütern Nichtrivalität des Konsums und Nicht-Ausschließbarkeit. Auf die Umweltpolitik übertragen bedeutet dies, daß der Nutzen umweltverbessernder Maßnahmen allen Individuen zugute kommt und die erreichten Verbesserungen unabhängig von der Zahl ihrer Konsumenten sind, daß aber auch Individuen, die nicht bereit sind, einen Beitrag zur Finanzierung von Umweltschutzmaßnahmen zu leisten, trotzdem nicht von diesen Verbesserungen ausgeschlossen werden können. Daher ist eine rein privatwirtschaftliche Bereitstellung des Guts Umweltqualität nicht möglich, und Umweltschutz wird als staatliche Aufgabe betrachtet, die über allgemeine Staatseinnahmen zu finanzieren ist.

Die Diskussion um die Berechtigung und Notwendigkeit staatlicher Interventionen wurde auch auf dem Gebiet der U. frühzeitig geführt und geht auf die Wirtschaftswissenschaftler *Arthur C. Pigou* und *Ronald H. Coase* zurück. *Pigou* verlangte, den Verursachern externer Effekte eine Steuer in Höhe der marginalen Schadenskosten (sog. Pigou-Steuer) aufzuerlegen. Die Internalisierung der externen Effekte sollte also durch einen hoheitlichen Akt erreicht werden. *Coase* vertrat dagegen die Position, daß die Übernutzung der natürlichen Umwelt das Ergebnis unzureichend spezifizierter Verfügungsrechte ist. Nach dem Coase-Theorem entsteht durch eindeutige Zuordnung der Verfügungsrechte für Schadensverursacher und Geschädigte ein Anreiz, im Wege direkter Verhandlungen einen Interessensausgleich herbeizuführen. Diese Verhandlungslösung führt dabei unabhängig von der Ausgangsverteilung der Verfügungsrechte zu einem optimalen Ergebnis. Damit könnte sich der Staat auf die Definition der Rahmenbedingungen beschränken und den privaten Wirtschaftssubjekten die Internalisierung der externen Effekte überlassen.

Beide Ansätze beruhen auf spezifischen Annahmen, an deren Realitätsnähe sich eine breite wissenschaftliche Diskussion um das Pro und Contra verschiedener umweltpolitischer Instrumente entzündete. Das Coase-Theorem fand in Gestalt der daraus entwickelten *Property Rights Theorie* vor allem im Rahmen des US-amerikanischen kontrollierten Umwelthandels eine praktische Anwendung. Im europäischen Raum hat dagegen mit der Einführung einzelner →Umweltabgaben und -steuern der Pigou-Ansatz eine größere politische Bedeutung erlangt. *Wackerbauer*

Literatur: *Schneider, G., R.-U. Sprenger* (Hrsg.): Mehr Umweltschutz für weniger Geld – Einsatzmoglichkeiten und Erfolgschancen ökonomischer Anreizsysteme in der Umweltpolitik, München 1984. – *Sohmen, E.:* Allokationstheorie und Wirtschaftspolitik. Tübingen 1976. – *Wicke, L.:* Umweltökonomie: eine praxisorientierte Einführung, 3. Aufl. München 1991.

Umweltökonomische Statistik →Umweltstatistik

Umweltplanung. U. stellt den Versuch dar, die Umweltdynamik oder -entwicklung so zu beeinflussen oder zu lenken, daß nachteilige Umweltzustände, Umweltschäden oder -zerstörungen vermieden werden. Eine allgemeine U. dürfte allein wegen der Komplexität und Unberechenbarkeit der →Umwelt eine noch größere Utopie sein als eine geplante Wirtschaft oder Gesellschaft. Dies schließt keineswegs aus, das Geschehen in der Umwelt mit planenden Maßnahmen so auszurichten, daß Umweltschutz, umweltfreundliche Verhaltensweisen und Umweltverträglichkeit von Vorhaben optimal gewährleistet werden.

Diesem Zweck dienen eine Reihe von Planungs-Instrumentarien und -Instanzen, die umweltplanerische Zielsetzungen in ihren jeweiligen Handlungsfeldern verfolgen. Dazu gehören in erster Linie alle räumlichen Planungen wie die allgemeine Raumplanung (→Raumordnung), →Landes- und Regionalplanung und im lokalen Bereich die →Bauleitplanung mit der Flächennutzungs- und der Bebauungsplanung. Dieses Instrumentarium war bereits geschaffen worden, bevor Umweltschutz und U. aktuell wurden, hat diese jedoch in wachsendem Maße in seine Aufgaben einbezogen. Auch die Verkehrswegeplanung sowie forstliche und landwirtschaftliche Planungen, unter diesen insbesondere die Flurbereinigungsplanung, werden in den

Dienst einer U. gestellt oder zumindest angehalten, umweltplanerische Gesichtspunkte gebührend zu berücksichtigen. In diesem Zusammenhang wird auch von ökologisch orientierter Planung gesprochen und damit zum Ausdruck gebracht, daß alle menschlichen Planungen stärker als bisher auf ökologische Gesichtspunkte und Folgen ausgerichtet werden sollten.

Dies gilt auch für das wichtigste Planungsinstrument im Bereich der angewandten Ökologie, des Naturschutzes und der Landschaftspflege: die →Landschaftsplanung. *Haber*

Literatur: *Fritsch, B.:* Mensch – Umwelt – Wissen. Evolutionsgeschichtliche Aspekte des Umweltproblems. 2. Aufl. Zürich 1991. – Rat von Sachverstandigen für Umweltfragen: Umweltgutachten 1987. Stuttgart–Mainz 1988.

Umweltpolitik.
Allgemein. Die Definition der U. ist erstmalig im Umweltprogramm der Bundesregierung von 1971 vorgenommen worden. In Fortschreibung der Definition von 1971 kann man U. als Gesamtheit der Maßnahmen bezeichnen, die notwendig sind,
– um dem Menschen eine (ökologische) →Umwelt zu sichern, wie er sie für seine Gesundheit und ein menschenwürdiges Dasein braucht, ferner
– um Menschen, Tiere und Pflanzen, Boden, Wasser, Luft, Klima und Landschaft sowie Kultur- und sonstige Sachgüter vor nachteiligen menschlichen Eingriffen zu schützen und
– um Schäden oder Nachteile in der Umwelt aus menschlichen Eingriffen zu beseitigen.

Daraus leitet sich unmittelbar die Definition des Umweltschutzes ab: Unter Umweltschutz sind alle praktischen Maßnahmen zu verstehen, die der Verwirklichung dieses breiten umweltpolitischen Zielspektrums dienen. *Dreyhaupt*

Literatur: Umweltprogramm der Bundesregierung vom 29. Sept. 1971; Bundestags-Drucksache VI/2710 vom 14. Okt. 1971.

Beschäftigungsauswirkungen. Durch Ausgaben für den Umweltschutz wird die Nachfrage nach bestimmten Gütern und Dienstleistungen und somit die Nachfrage nach Arbeitskräften angeregt. Auf der anderen Seite haben Umweltschutzausgaben nicht nur einen positiven (Nachfrage-)Effekt, sondern auch einen negativen (Kosten-)Effekt bei denjenigen Wirtschaftssubjekten, bei denen sich aufgrund umweltpolitischer Auflagen die Absatz- und Gewinnchancen verschlechtern und die als Folge ihre Produktions- und Investitionstätigkeit beschäftigungswirksam verringern müssen. Ob per Saldo der Nachfrage- den Kosteneffekte dominiert, hängt u. a. vom umweltschutzinduzierten Ausgabevolumen, dem Schwerpunkt der Ausgabentätigkeit, dem heimischen Angebot an Umweltschutzgütern, der internationalen Konkurrenzfähigkeit der von umweltpolitischen Maßnahmen betroffenen Unternehmen und der allgemeinen wirtschaftlichen Lage ab.

Direkte Beschäftigungseffekte entstehen unmittelbar durch die Umweltschutzausgaben. Auf der anderen Seite können Umwelt-Auflagen und -Abgaben unmittelbar zur Aufgabe einer bestimmten Produktion, zu Investitionsverzögerungen oder zur Stillegung sog. Grenzbetriebe, die ohne solche Umweltmaßnahmen gerade noch kostendeckend produzieren, beitragen.

Die indirekten Beschäftigungsauswirkungen beruhen auf der Zwischennachfrage für Güter und Dienstleistungen der Umweltschutzindustrie, wie etwa der Nachfrage des Unternehmers, der Kläranlagen baut, nach zusätzlichen Materialien und Geräten eines Vorlieferanten, auf dem Nachfrageeffekt der Einkommen, die der Unternehmer und dessen Arbeitnehmer erzielen (Multiplikatoreffekt), auf Umschichtungen bei Investitionen und Ausgaben und auf Veränderungen des relativen Preises. Die tendenzielle Verteuerung umweltintensiver Güter, die im Bereich des emissionsintensiven Grundstoff- und Produktionsgütersektors erstellt werden, lenkt die Nachfrage auf weniger umweltschädliche Güter, deren Preis sich nicht geändert hat, um und verursacht somit in dem einen Sektor negative, in dem anderen Sektor jedoch positive Beschäftigungseffekte. Bei der Interpretation ist zwischen gesamtwirtschaftlichen und einzel-, branchen- und regionalwirtschaftlichen Wirkungen zu unterscheiden. Da die Gewinner im Bereich der Umweltschutzindustrie und die Verlierer im Bereich der emissionsintensiven Grundstoffindustrien nicht notwendig räumlich beisammen liegen, kommt es, ähnlich wie beim Wirtschaftswachstum allgemein, zu regionalen und strukturellen Veränderungen. Handelt es sich bei den Umweltschutzausgaben um Ausgaben zu Lasten anderer beschäftigungswirksamer Mittelverwendungen, so ist im wesentlichen nur eine Veränderung der sektoralen Beschäftigungsstruktur zu erwarten.

Häufig werden nur die direkten kurzfristigen Beschäftigungsauswirkungen beachtet, die durch Nachfragestimulierung oder Kosten- und Preisschübe entstehen. Mittelfristig erhält Umweltschutz Arbeitsplätze, die wie im Fremdenverkehrs-, Landwirtschafts- und Holzwirtschaftsbereich, von einer intakten Umwelt abhängig sind. Die produktivitätssteigernde Wirkung der Investitionen (Kapazitätseffekt) und das wirtschaftliche Wachstum können sich bei ausschließlicher Anwendung nachsorgender Umweltschutztechnologien (end-of-the-pipe-technology) verlangsamen. Die Anwendung integrierter Umwelttechnologien in Form neuer und produktiverer Produktionsverfahren schließt diesen negativen Wachstumseffekt weitgehend aus.

Langfristig dient die U. immer der Beschäftigungspolitik, weil sie die Grundlagen des Wirtschaftens und des Lebens und somit Arbeitsplätze sichert. Gäbe es überhaupt keinen Umweltschutz, würde das Leben in dicht besiedelten und industrialisierten Gebieten unerträglich und Arbeitsplätze zerstört werden. Bei der Quantifizierung kurz- und langfristiger negativer Beschäftigungseffekte ist zu berücksichtigen, daß die U. in der Regel nur ein Faktor von vielen ist, der zu Beschäftigungsminderungen führt. Somit wird die Ursachenzuordnung zu einer reinen Ermessensfrage. Ebenso schwierig ist es, langfristige positive Auswirkungen zu bestimmen, wenn der Umweltschutz von heute vorbeugend zukünftige Arbeitsplätze sichert. Erst nach einer Saldierung von positiven und negativen, direkten und indirekten, kurz- und langfristigen Beschäftigungswirkungen läßt sich der Bruttobeschäftigungseffekt ermitteln.

Korrekt ermittelbar wäre der Nettobeschäftigungseffekt nur durch einen direkten Vergleich der gegebenen wirtschaftlichen umweltschutzintensiven Situation mit der wirtschaftlichen Situation, die sich ohne umweltpolitische Eingriffe ergeben hätte. Dabei handelt es sich aber um einen fiktiven Zustand, zu dessen Ermittlung Annahmen über das Investitionsverhalten der Unternehmer, über die konjunkturelle Entwicklung, über die Preis-, Nachfrage- und Beschäftigungsentwicklung ohne U. getroffen werden müssen, so daß allenfalls tendenzielle Aussagen über die Beschäftigungsentwicklung ohne U. möglich sind.

Die ausgabeninduzierten positiven Bruttoeffekte sind als Nettoeffekte zu werten, wenn keine anderen, gleichfalls beschäftigungswirksamen Mittelverwendungen verdrängt und sie in einer Phase nicht voll ausgelasteter Produktionskapazitäten durch Geldschöpfung finanziert werden.

In empirischen Untersuchungen für die siebziger und achtziger Jahre lassen sich für die Bundesrepublik keine Belege dafür finden, daß die U. per Saldo zu Wachstumseinbußen beim Bruttosozialprodukt und somit zu Nettobeschäftigungseinbußen geführt hat. Das schließt freilich nicht aus, daß es zu sektoralen und regionalen Beschäftigungseinbußen gekommen ist.   *Sprenger*

ökonomische Instrumente. Diese Instrumente leiten sich ab aus der umweltökonomischen Theorie der externen Effekte, die auf *Arthur Pigou* zurückgeht (→Umweltökonomie).

Ökonomische Instrumente der U. greifen in Marktvorgänge ein, indem sie Rahmenbedingungen schaffen. Dabei wird entweder mit der Festlegung eines Preises oder des Umfangs der Umweltbeeinträchtigungen (Emissionsmenge) internalisiert:
– Pfandsysteme oder ein Umwelthaftungsrecht geben die Rahmenbedingungen vor, unter denen sich ein zutreffender Entsorgungspreis oder ein Versicherungspreis für die Kompensation von Umweltschäden je nach Bewertung herausbildet.

– →Umweltabgaben im weiteren Sinne internalisieren die Umweltwirkungen im Preis und überlassen die Mengenreaktionen den Markttransaktionen.

– →Kompensationsregelungen und Zertifikatsregelungen (→Umweltzertifikat) legen eine zulässige Gesamtmenge an Umweltbeeinträchtigungen (Emissionen) fest und überlassen die Preisbildung einem institutionell einzurichtenden Markt.

Die ökonomischen Instrumente der U. nehmen dabei für sich in Anspruch, im Gegensatz zu allen anderen Instrumenten einen Effizienzvorteil zu haben. Effizienz der U. bedeutet, daß der ökologische Effekt mit so geringen Kosten wie möglich erreicht wird. Sie ist dann wahrscheinlicher, wenn das Instrument Spielraum für Markt- und Preismechanismen läßt. Instrumente, mit denen von den Umweltbehörden Preise und Mengen festgesetzt werden (ordnungsrechtliche Auflagen), erreichen die gleiche Effizienz nur zufällig bzw. bei einem Informationsstand über subjektive Daten, der unrealistisch ist. Sie sind in dem Sinne keine ökonomischen Instrumente, weil sie die effizienzsteuernde Wirkung von Preismechanismen nicht ausnutzen. Ein Eingriff des Staates, der zu Berücksichtigung der Umweltprobleme zwingt, ist notwendig; aber die persönliche Bewertung der einzelnen Wirtschaftssubjekte kann sich in freien Preis- oder Mengenreaktionen adäquater ausdrücken.

Der angestrebte Lenkungseffekt ökonomischer Instrumente besteht in einer Verminderung der Umweltschäden. Eine optimale Internalisierung der externen Effekte wäre dann gegeben, wenn die Mengenallokation der Marktgüter und der Umweltqualität den höchstmöglichen Nutzen bringt. Die marginale Bewertung von Umweltqualität und materiellen Gütern müßte dabei gleich sein. Diese optimale Allokation schließt ein gewisses Maß an Umweltverschmutzung ein, ist also kein Zustand völlig ohne Umweltschäden. *Paskuy*

Umweltprobenbank (UPB). Die UPB ist eine auf Langzeiteinlagerung angelegte Sammlung von ausgewählten Umweltproben für zukünftige Analysen und Bewertungen von Umweltchemikalien; sie enthält systematisch entnommene Proben aus der Umwelt, die tiefgekühlt eingelagert sind und u. a. retrospektiv analysiert werden können. Die Proben entstammen hauptsächlich den Medien Boden und Wasser, berücksichtigen aber auch Luftinhaltsstoffe; sie umfassen im wesentlichen biologisches Material. Daneben werden Humanproben entnommen. Bei allen Proben wird Repräsentativität für die Bundesrepublik Deutschland angestrebt.

Für alle Proben werden anamnestische Daten erhoben, die mit den bei der Probencharakterisierung gewonnenen Analysewerten zur Interpretation umweltrelevanter Fragestellungen herangezogen

werden. Bei den Human-Organproben werden die Daten unter Beachtung der einschlägigen Datenschutzbestimmungen erfaßt und gespeichert. Im einzelnen werden folgende Proben genommen:

□ Umweltproben

– *terrestrisch:* Boden, Regenwurm, Gras, Pappel (Blätter), Buche (Blätter), Fichte (Jahrestriebe), Kiefer (Jahrestriebe), Reh (Leber), Taube (Ei);

– *limnisch:* Brassen (Leber, Muskulatur), Dreikantmuschel, Sediment;

– *marin:* Blasentang, Miesmuschel, Aalmutter (Leber, Muskulatur), Wattwurm, Silbermöve (Ei), Sediment;

□ Humanproben:

Blut, Urin, Kopfhaar, Muttermilch, Leber, Niere, Fettgewebe.

Die Entnahme der Umweltproben erfolgt auf definierten Flächen in bestimmten Gebieten, die verschiedene Ökosystemtypen repräsentieren, nämlich agrarische, ballungsraumnahe, forstliche, limnische, marine und naturnahe (Bild). Die Humanproben werden nicht in diesen Gebieten, sondern in 5 Universitätsstädten genommen. Die Umweltproben werden aufbereitet, analytisch charakterisiert, registriert und im Forschungszentrum Jülich tiefgekühlt eingelagert. Die Humanproben werden ent-

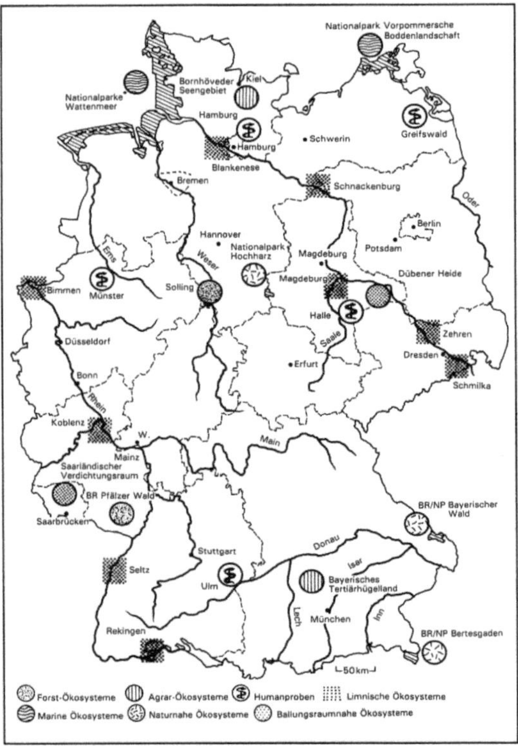

Umweltprobenbank: Probenahmegebiete zur U. in der Bundesrepublik Deutschland. (Quelle: Bundesamt für Naturschutz, BfN).

sprechend bei der Universität Münster behandelt und gelagert.

Als Schwerpunkte der Nutzung der U. kommen in Frage:
- Kurzzeit-Trendanalysen (Monitoring),
- Auffindung und Konzentrationsbestimmung von Umweltschadstoffen, die bei der Einlagerung noch nicht als essentielle Stoffe erkannt waren,
- retrospektive Überprüfung früher gewonnener analytischer Ergebnisse mit neuen Methoden,
- Feststellung von Langzeittrends mit authentischem Material aus der Vergangenheit,
- Überprüfung eingeleiteter gesetzlicher Umweltschutzmaßnahmen.

Alle relevanten Daten der UPB werden beim Umweltbundesamt in ein EDV-System eingespeichert, das als Kern ein geographisches →Informationssystem (GIS) enthält. *Seggelke*

Literatur: *Schladot, J. D.; M. Stoeppler; M. J. Schwuger:* Umweltprobenbank Jülich – Ein Projekt für das nächste Jahrhundert. In Jahresbericht 1990 des Forschungszentrums Jülich. Jülich 1991.

Umweltqualität. Aus den Diskussionen über Umweltschutz und Umweltverträglichkeit haben sich Vorstellungen über einen möglichst optimalen Zustand der Umwelt ergeben, die als U. oder Umweltgüte zusammengefaßt werden. Meist wird damit ein angestrebter Zustand bezeichnet, der aber wegen der Komplexität der Umwelt nur über Indikatoren faßbar wird und mit wissenschaftlichen Methoden nicht bestimmbar sein dürfte.

Konkret wird versucht, U. über U.-Ziele zu realisieren. Darunter versteht man einen eingeschränkten und daher praktikableren Ansatz, der regional differenziert sowie sachlich und zeitlich begrenzt bestimmte Qualitäten von Ressourcen, Umweltfunktionen (→Umwelt) oder Entwicklungsmöglichkeiten anzustreben gebietet (→Umweltpolitik). *Haber*

Umweltqualitätstandard. U. sind ein Teil der →Umweltstandards und beinhalten quantitative Maßstäbe zur Beurteilung von →Umweltqualität; der Begriff ist synonym mit der Bezeichnung Umweltgütestandards. Enge Verwandtschaft besteht zu dem Begriff Umweltqualitätsziele, denen jedoch das Merkmal der Quantifizierung fehlen kann; sie sind meist nur qualitativ beschrieben.

Da es keine übergreifende Meßgröße zur Zusammenfassung quantifizierbarer Größen der Qualität von →Umweltmedien und →Umweltsektoren gibt, werden U. medien- oder sektorbezogen angegeben, z. B. als Gewässerstandards, Bodenstandards, Immissionsstandards oder Strahlenschutzstandards. Sie werden dann aber meist nicht als →Standard bezeichnet, sondern z. B. als Mindestgüte- oder Qualitätsanforderungen an Gewässer, als Orientie-

rungs-, Richt- oder Grenzwerte zum Bodenschutz, als Immissions-, Immissionsricht-, -leit- oder -grenzwerte. Innerhalb der U. lassen sich solche mit Schutzcharakter, z. B. zur Abwehr von Gesundheitsgefahren, und solche mit Vorsorgecharakter, z. B. zur Erhaltung einer vorhandenen natürlichen Umweltqualität, unterscheiden.

In ihrer rechtlichen Bedeutung sind U. abhängig von ihrem Standort im Regelsystem (Rechtsnormen, Verwaltungsvorschriften oder technische Regelwerke). Die größte Verbindlichkeit von U. ist bei deren Aufnahme in Gesetze oder Rechtsverordnungen gegeben; die Standards binden dann den Normadressaten unmittelbar; U. in Verwaltungsvorschriften binden nur die betroffenen Verwaltungsbehörden, diese Standards bei der Anwendung des zugrundeliegenden Rechts zu berücksichtigen (→Immissionswerte). U. in →technischen Regelwerken können hinsichtlich des Grades ihrer Verbindlichkeit nur im Einzelfall an Hand des Regelwerks (z. B. DIN-Normen, VDI-Richtlinien) beurteilt werden. *Dreyhaupt*

Umweltradioaktivität, großräumige Überwachung. Die g. Ü. der U. in der Bundesrepublik Deutschland sowie die Aufgabenverteilung zwischen dem Bund und den Ländern sind durch das Gesetz zum vorsorgenden Schutz der Bevölkerung gegen Strahlenbelastung (Strahlenschutzvorsorgegesetz – StrVG) vom 19. 12. 1986 (BGBl. I S. 2610) zuletzt geändert durch das Gesetz zum Einigungsvertrag vom 23. 9. 1990 (BGBl. II S. 885, BGBl. III 2129-16) geregelt. Sie wird koordiniert durch das Integrierte Meß- und Informationssystem (IMIS) (Bild).

Innerhalb von IMIS sind die Bundes- und die Ländermeßnetze bzw. -einrichtungen zu unterscheiden.

Überwachungsaufgaben des Bundes sind:
□ Großräumige Ermittlung der Radioaktivität in Luft und Niederschlägen, in Bundeswasserstraßen sowie in Nord- und Ostsee und der Gamma-Ortsdosisleistung (ODL) am Boden und in der bodennahen Luft, an ca. 2 000 Meßorten,
□ Zusammenfassung, Aufbereitung und Dokumentation der von Bundesmeßnetzen und -einrichtungen ermittelten sowie der von den Ländern und von Stellen außerhalb des StrVG-Geltungsbereiches übermittelten Daten,
□ Bewertung der Umweltradioaktivitätsdaten soweit diese vom Bund oder im Auftrag des Bundes durch Länder ermittelt worden sind.

Überwachungsaufgabe der Länder ist es, die Radioaktivität in Lebensmitteln, Tabakerzeugnissen und Bedarfsgegenständen, in Futtermitteln, im Trink- und Grundwasser sowie in oberirdischen Gewässern – außer Bundeswasserstraßen – und in Abwässern, im Klärschlamm, in Reststoffen und

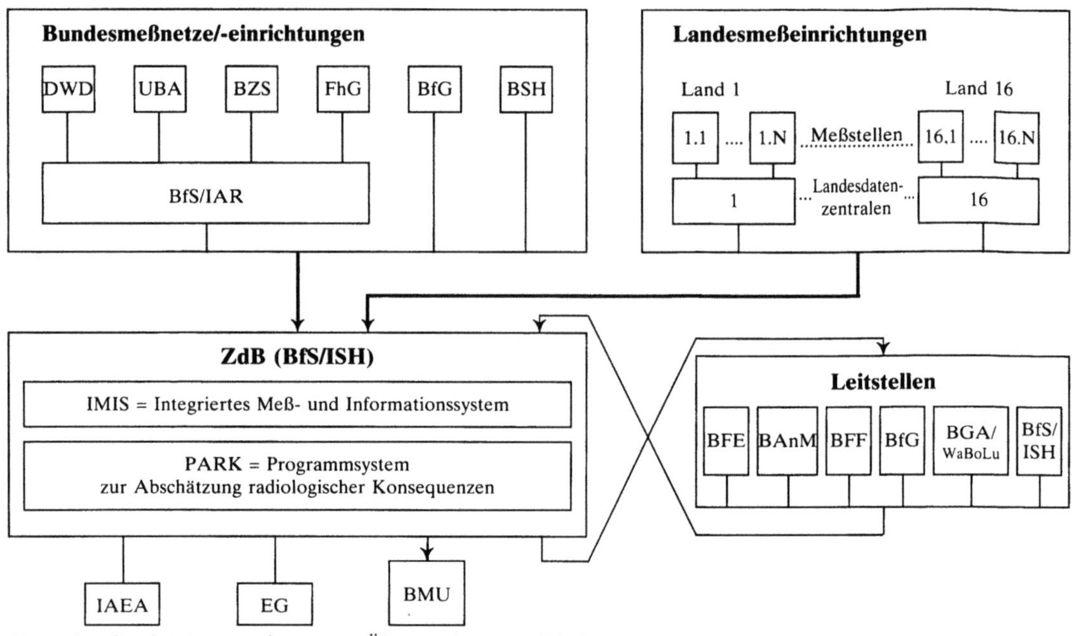

Umweltradioaktivität, großräumige Überwachung: IMIS-Organisationsschema und Datenwege.

BFE Bundesforschungsanstalt für Ernährung, Karlsruhe
BFF Bundesforschungsanstalt für Fischerei, Hamburg
BfG Bundesanstalt für Gewässerkunde, Koblenz
BAnM Bundesanstalt für Milchforschung, Kiel
BfS Bundesamt für Strahlenschutz, Salzgitter
BGA Bundesgesundheitsamt, Berlin
BMU Bundesminister für Umwelt, Naturschutz und Reaktorsicherheit, Bonn
BSH Bundesamt für Seeschiffahrt und Hydrographie, Hamburg
BZS Bundesamt für Zivilschutz, Bonn
DWD Deutscher Wetterdienst, Offenbach
EG Europäische Gemeinschaft
FhG Fraunhofer-Gesellschaft
IAEA International Atomic Energy Agency, Wien
IAR Institut für Atmosphärische Radioaktivität des BfS, Freiburg
ISH Institut für Strahlenhygiene des BfS, Neuherberg
UBA Umweltbundesamt, Berlin
WaBoLu Institut für Wasser-, Boden- und Lufthygiene des BGA, Berlin
ZdB Zentralstelle des Bundes für die Überwachung der Umweltradioaktivität

Abfällen sowie im Boden und in Pflanzen sowie in Düngemitteln zu erheben.

Die Messungen zur Überwachung der U. werden im Bereich des Bundes durch die im Bild angegebenen Institutionen durchgeführt.

Die Gamma-Ortsdosisleistung wird an mehr als 2 000 Orten durch das Bundesamt für Zivilschutz (BZS) im Rahmen des WADIS-Meßnetzes (Warndienstinformationssystem) ermittelt.

Der DWD liefert zusätzlich die Daten zur meteorologischen Lage (Ausbreitung).

Die Bundesmeßeinrichtungen übermitteln die Meßdaten an die Zentralstelle des Bundes (ZdB), wobei einige Institutionen ihre Daten über das Institut für Atmosphärische Radioaktivität (IAR) des Bundesamtes für Strahlenschutz (BfS) weiterleiten.

Die Meßaufgaben der Länder werden ausgeführt von den in jedem Land benannten unabhängigen Ländermeßstellen, die in der Regel Proben der für sie festgelegten Überwachungsmedien entnehmen und diese entsprechend aufbereiten, um deren spezifische Aktivität zu ermitteln. Die Länder übermitteln ihre Daten jeweils über ihre Landesdatenzentralen an die Zentralstelle des Bundes (ZdB), wo IMIS zentral geführt wird.

Zusätzlich zu den Meßnetzen und -einrichtungen sind Leitstellen im IMIS eingesetzt, denen die Datenverdichtung und -zusammenfassung sowie die fachliche Bewertung und die Ableitung von Empfehlungen sowie Prognosen und deren Übermittlung an die ZdB obliegen. Die Leitstellenrechnersysteme kommunizieren ausschließlich mit der ZdB.

Die Leitstellen werten alle von der ZdB übermittelten Daten aus und übertragen Auswerteergebnisse, Änderungsanweisungen und Empfehlungen zurück an die ZdB.

IMIS wird geführt von der Zentralstelle des Bundes (ZdB); ihre Aufgabe besteht in der Koordinierung aller Maßnahmen und Überwachungsaufgaben der in das IMIS integrierten Institutionen sowie in der Aufbereitung und Dokumentation der Daten der Meßnetze und -einrichtungen des Bundes und der Länder.

Zur Abschätzung der radiologischen Auswirkungen für die Bevölkerung nach radiologischen Ereignissen ist im IMIS das Programmsystem zur Abschätzung radiologischer Konsequenzen (PARK) integriert, durch das eine Analyse der aktuellen und der zu erwartenden Umweltkontamination und der Strahlenexposition der Bevölkerung sowie die Analyse der Effizienz von Schutzmaßnahmen ermöglicht werden (Empfehlungen, Anordnungen).

Im Lagezentrum des BMU (Bild) werden im Ereignisfall alle von der ZdB konzentrierten, aufbereiteten und mit Bewertungsvorschlag versehenen Daten zur Entscheidungsfindung bewertet. Der BMU alarmiert ggf. und veranlaßt gleichzeitig für die IMIS-Meßsysteme die Aufnahme des dann vorgesehenen Intensivbetriebs.

Um in der Bevölkerung Verunsicherungen durch unterschiedliche oder widersprüchliche Aussagen zu vermeiden, werden alle Umweltradioaktivitätsdaten durch den BMU bewertet, bevor diese zusammen mit Empfehlungen oder Anordnungen veröffentlicht werden.

Wegen der internationalen Verpflichtungen werden die IMIS-Daten in festgelegtem Umfang sowohl an die Europäische Gemeinschaft (EG) als auch an die International Atomic Energy Agency (IAEA) übermittelt.

In Abhängigkeit von der radiologischen Lage arbeitet das IMIS in verschiedenen Betriebsarten; im Intensivbetrieb betragen die Meß- und Datenübertragungszyklen zwei Stunden. *Fronz*

Umweltrecht. Eine allgemein anerkannte Definition des Begriffes U. gibt es bislang nicht. Zumeist werden die Begriffe U. und Umweltschutzrecht im gleichen Sinne verwendet. Als U. bezeichnet man die Summe der Rechtssätze, die dem Schutz der Umwelt zu dienen bestimmt sind. Dazu zählen in erster Linie die Gesetze, die eine ausdrückliche und spezifisch umweltschützende Funktion haben. Sie bilden den Kernbereich des U. und umfassen so klassische Rechtsmaterien wie →Naturschutz- und Immissionsschutzrecht (→Bundes-Immissionsschutzgesetz, →Landes-Immissionsschutzrecht) →Abfall- (und →Bodenschutz-)recht sowie das →Gewässerschutzrecht. In zahlreichen weiteren Gesetzen ist der Umweltschutz jedoch nur eine von mehreren gesetzlich angestrebten Zielsetzungen. Zu diesen Gesetzen zählen etwa das Raumordnungsgesetz und die Landesplanungsgesetze, das Baugesetzbuch und zahlreiche Fachplanungsgesetze.

Das in Deutschland geltende U. setzt sich zusammen aus nationalem und internationalem Recht. Im Bereich des nationalen Rechts erfaßt es Rechtsvorschriften des Bundes, der Länder und autonomes Recht der sonstigen juristischen Personen des öffentlichen Rechts. Zu diesem autonomen U. zählen z. B. Abfallabfuhr- und Baumschutzsatzungen oder Bauleitpläne der Gemeinden mit umweltschützenden Festsetzungen. Nach der Kompetenzverteilung des Grundgesetzes hat der Bund ein Übergewicht im Bereich der Umweltgesetzgebung, während der Verwaltungsvollzug dieser Bundesgesetze und der Landesgesetze ganz überwiegend von den Landesbehörden wahrgenommen wird. Im Bereich der Rahmengesetzgebung (Art. 75 GG) hat der Bundesgesetzgeber Gesetze im Bereich des Jagdwesens, des Naturschutzes und der Landschaftspflege sowie im Bereich der Bodenverteilung, der Raumordnung und des Wasserhaushalts erlassen. Diesen bundesgesetzlichen Rahmen haben die Länder durch Landesgesetze, wie Landeswassergesetze, Landesnaturschutzgesetze und Landesplanungsgesetze, konkretisiert. Im Bereich der konkurrierenden Gesetzgebung hat der Bundesgesetzgeber seine Gesetzgebungskompetenz in zahlreichen Umweltbereichen nicht völlig ausgeschöpft, so daß es neben den Bundesgesetzen eine Reihe von Landesgesetzen gibt. Dies gilt etwa im Bereich des Immissionsschutzrechtes, das vornehmlich durch das Bundes-Immissionsschutzgesetz und daneben durch die Landes-Immissionsschutzgesetze geregelt wird, und für das Abfallrecht, das sich aus dem Abfallgesetz des Bundes und den Landesabfallgesetzen zusammensetzt.

Bestandteil des in Deutschland geltenden internationalen U. ist zum einen das europäische U. (→EG-Umweltrecht). Die EG hat in der jüngeren Vergangenheit ihre Umweltschutzaktivitäten erheblich ausgeweitet. Durch die Einführung der Art. 130r–t in den EWG-Vertrag durch die Einheitliche Europäische Akte (EEA) ist der EG eine ausdrückliche Kompetenz auf dem Gebiet des Umweltschutzes eingeräumt worden. Für den Fall, daß das deutsche U. mit dem europäischen kollidiert, besteht Anwendungsvorrang des europäischen U. Neben dem Recht der EG enthält umweltrechtliche Vorgaben auch das Umweltvölkerrecht, das sich wiederum aufgliedert in das Völkergewohnheitsrecht, die allgemeinen Rechtsgrundsätze des Völkerrechts und das Völkervertragsrecht. *Hoppe/Beckmann*

Literatur: *Hoppe/Beckmann:* Umweltrecht. München 1989. – *Kloepfer:* Umweltrecht. München 1989.

Umweltrechtsdatenbank von UMPLIS (UR-DB). Die UR-DB sind aus dem internen Bedarf des Umweltbundesamtes auf dem sich stürmisch entwickelnden Gebiet des Umweltrechts entstanden. Diese Datenbanken ergänzen die allgemeinen Rechtsdatenbanken des juristischen Informationssystems JURIS und sind speziell für Umweltaufgaben entwickelt worden. Mit Hilfe einer Klassifikation zum →Umweltrecht sowie weiteren Suchbegriffen (Deskriptoren) kann in der →Datenbank recherchiert werden. Folgende Einzeldatenbanken sind zu nennen:
– Literatur zum Umweltrecht (ca. 19 000 Datensätze),
– Umweltrelevante Rechtsprechung (ca. 3 300 Datensätze),
– Rechts- und Verwaltungsvorschriften des Bundes und der Länder (ca. 8 700 Datensätze),
– Rechtsakte und Vorschläge für Rechtsakte der EG (ca. 1 500 Datensätze),
– Völkerrechtliche Übereinkommen und Verträge (ca. 250 Datensätze).

Die Umweltrechtsliteratur ist gleichzeitig Teil der →Umweltliteraturdatenbank ULIDAT.

Die Datenbanken liefern regelmäßig Übersichtslisten zum Umweltrecht. Die U. sind allgemein greifbar, indem kommerziell betriebene sog. Host-Rechner diese Datenbanken anbieten. Folgende Hosts sind vorgesehen: JURIS, INKA-Stn, Datastar und FIZ-Technik. *Seggelke*

Umweltrelevante Stoffe →Stoff, umweltrelevant

Umweltschutz →Umweltpolitik

Umweltschutz, integrierter. I. U. umfaßt die umweltfreundliche oder -verträgliche Produktion und Verwendung von Produkten insgesamt. Neben emissionsarmen Techniken, Verfahren und Stoffen werden auch die Planung und das betriebliche Management erfaßt. I. U. betrifft bei einer weiten Auslegung des Begriffs vor allem folgende Punkte der Produktion und Energieumwandlung (→Umweltschutz, produktionsintegrierter):
– Herstellung umweltfreundlicher bzw. -verträglicher Produkte (sowohl hinsichtlich des Gebrauchs als auch nach Gebrauch) (→Umweltschutz, produktintegrierter),
– Minimierung des Energiebedarfs sowie die weitgehende Wärmenutzung,
– rationeller Einsatz von Roh-, Hilfs- und Betriebsstoffen (Ressourcenschonung),
– Anwendung von emissionsarmen Produktions- und Energieumwandlungstechniken,
– Vermeidung oder Verwertung von Reststoffen,
– Anwendung sicherheitstechnisch optimierter Verfahren. *M. Lange*

Literatur: *von Röpenack, A.:* Integrierter Umweltschutz – die Aufgaben der Zukunft. Erzmetall **44** (1991) Nr. 2, S. 67/74. – Integrierter Umweltschutz: Ingenieurkonzepte für eine umweltverträgliche Technikgestaltung – VDI-Ber. 899. Düsseldorf 1991. – Produktionsintegrierter Umweltschutz. Übersichtsbeiträge. Chem.-Ing.-Techn. **61** (1989) Nr. 11, S. 855/870. –

Umweltschutz, präventiver/nachsorgender. Bezeichnung unterschiedlicher Vorgehensweisen zum Schutz der Umwelt. Der technische U. kann in zweifacher Weise durchgeführt werden – als präventiver / integrierter / vorausschauender U. und als nachsorgender / additiver / nachgeschalteter U.

Nachgeschalteter oder n. U. bezeichnet technische Verfahren, die bestehenden Produktionsprozessen nachträglich hinzugefügt werden, um die Umweltbelastungen (Emissionen) zu vermindern, die von diesen ausgehen.

Demgegenüber wird p. U. dadurch erreicht, daß eine Veränderung der Produktionstechnik herbeigeführt wird (Vermeiden von Emissionen).

Eine Mischform beider Methoden stellt eine Art Kuppelproduktion dar, bei welcher die Reststoffe der Produktion mit n. U. in einer Sekundärproduktion aufbereitet bzw. weiterverarbeitet werden (z. B. Gips und Düngemittel als Kuppelprodukt der Rauchgasentschwefelung). Es wird angestrebt, durch die technisch ökonomische Entwicklung emissionsintensive Verfahren der Produktion mit n. U. durch p. Verfahren zu ersetzen und dabei eine Verminderung und Vermeidung von Emissionen von vornherein zu erreichen. Eine Umwandlung von n. zu vorsorgenden technischen Umweltschutzverfahren (Internalisierung, Reduzierung sozialer Kosten) wird zwar von der →Umweltpolitik angestrebt; die Umsetzung dieses Ziels wird jedoch erschwert, weil ausgereifte Fertigungsprozesse nur beschränkt umrüstbar sind und neue Fertigungsverfahren Umweltrisiken haben können, die nicht ohne weiteres vorhersehbar sind. Ein p. U. erfordert daher eine intensive →Technikfolgenabschätzung und eine konsequente Berücksichtigung dieser Abschätzung bei Planung, Entwicklung und Betrieb/Anwendung, der Anlagen, Verfahren und Produkte. *Adler*

Umweltschutz, produktintegrierter. Der p. U. zielt darauf ab, die schädlichen Auswirkungen von Produkten auf die Umwelt bei Herstellung, Gebrauch und Entsorgung soweit wie möglich zu vermindern. Zur Realisierung dieser neuen komplexen Denkweise sind insbesondere die für →umweltfreundliche Produkte geltenden Anforderungen zu beachten. Besondere Bedeutung hat bereits bei der Konstruktion die spätere Entsorgung; vorrangig soll ein →Recycling zum Schließen von Produktkreisläufen angestrebt werden. Der p. U. ist Bestandteil des integrierten Umweltschutzes. *Eggers*

Literatur: *Steinhilper, R.:* Produktintegrierter Umweltschutz – Herausforderung und Lösungen durch Recycling in der Fertigungsindustrie. VDI-Bericht 899. Düsseldorf 1991.

Umweltschutz, produktionsintegrierter. Unter p. U. wird eine industrielle oder gewerbliche Produktion mit dem Ziel einer Minimierung der in Prozessen entstehenden Schadstoffe und Reststoffe und deren weitgehende Verwertbarkeit sowie Minimierung des Verbrauchs an Brenn- und Einsatzstoffen verstanden. Entstehen keine Schadstoffe, dann ist auch der Einsatz von Abgasreinigungs- oder Abwasserbehandlungs- oder auch Abfallentsorgungseinrichtungen nicht notwendig. Zumindest kann in Teilbereichen darauf verzichtet werden, oder die entsprechenden Einrichtungen sind für geringere Konzentrationen oder Volumenströme ausgelegt oder auch einfacher gestaltet. Der p. U. hat in der Regel neben der Umweltschonung (einschließlich der Ressourcenschonung) auch betriebliche Vorteile: der Aufwand für eine nachträgliche Verringerung der Emissionen wird gering gehalten, und häufig können Produktionskosten gesenkt werden. *M. Lange*

Literatur: Produktionsintegrierter Umweltschutz Übersichtsbeiträge. Chem.-Ing.-Techn. **61** (1989) Nr. 11, S. 855/870. – SRU (Sachverständigenrat für Umweltfragen): Abfallwirtschaft, Sondergutachten September 1990. Stuttgart 1991.

Umweltschutzbeauftragter. Den Betreibern umweltrelevanter Vorhaben und Anlagen werden neben den grundlegenden Betreiberpflichten unter anderem auch sog. Eigenüberwachungs-Pflichten auferlegt. Einen spezifischen Fall der Selbstüberwachung betrifft die in einer Reihe von Umweltgesetzen vorgesehene Bestellung eines U. Der U. ist z. B. vorgesehen im Wasserhaushaltsgesetz als →Gewässerschutzbeauftragte, im Abfallgesetz als →Abfallbeauftragter im Bundes-Immissionsschutzgesetz als →Immissionsschutzbeauftrager und →Störfallbeauftragter sowie in der Strahlenschutz- und Röntgenverordnung als →Strahlenschutzbeauftragter, wobei sich jedoch die Aufgaben und die Funktion der zuletzt Genannten wesentlich von denen anderer U. unterscheidet; er ist insbesondere stärker gegenüber dem Auftraggeber verselbständigt.

Im übrigen aber sind die rechtlichen Regelungen für die U. in den genannten Gesetzen vergleichbar geregelt. *Hoppe/Beckmann*

Literatur: Institut für gewerbliche Wasserwirtschaft und Luftreinhaltung (Hrsg.): Betriebsbeauftragte im Umweltschutz. 1982. – *Kahl:* Die neuen Aufgaben und Befugnisse des Betriebsbeauftragten nach Wasser-, Immissionsschutz- und Abfallrecht. Kissingen 1978. – *Kloepfer:* Umweltrecht, § 4 Rn. 128 ff. München 1989. – *Szelinski:* Der Umweltschutzbeauftragte, Wirtschaft und Verwaltung (1980) 266 ff.

Umweltschutzmarkt. In der wirtschaftspolitischen Diskussion ist die Bezeichnung U. gebräuchlich geworden. Die Abgrenzung gegenüber anderen Märkten ist allerdings schwierig, da der Umweltschutzsektor kein Begriff der amtlichen Statistik und ihrer Wirtschaftsgliederung ist. Der U. hat Querschnittscharakter und überschneidet sich mit einer Vielzahl von Produkt- und Dienstleistungsmärkten. Er kann aber zum einen durch die Arten von Waren und Diensten, die für Umweltschutzzwecke angeboten werden, und zum anderen durch die Determinanten der Nachfrageentwicklung charakterisiert werden.

Das Angebot auf dem U. setzt sich zusammen aus Produkten und Dienstleistungen
– zur Verhinderung bzw. Verminderung von schädlichen Emissionen,
– zum Schutz vor schädlichen Immissionen,
– zur Messung und Analyse von Emissionen und Immissionen,
– zur Erhöhung der Absorptionsfähigkeit der →Umwelt für anthropogene Einwirkungen,
– zur Behebung von Schäden an der natürlichen Umwelt,
– für Sammlung, Transport, Behandlung, Lagerung, Wieder- und Weiterverwendung von Abfallstoffen,
– zur Einsparung natürlicher Ressourcen bzw. zur Substitution nicht regenerierbarer natürlicher Ressourcen durch regenerierbare Ressourcen,
– die Beratungsleistungen zur Lösung der genannten Probleme darstellen oder
– die unmittelbar mit dem Einsatz von Umweltschutzeinrichtungen verbunden sind.

Der U. ist jedoch keineswegs so neuartig, wie die umweltpolitische Diskussion vermuten läßt. Vielmehr zählt der Markt für Entsorgungstechnik, also für Abwasser-Kanalisation, Kläranlagen, Abfalldeponien und -verbrennungsanlagen, zu den klassischen Märkten der Industriegesellschaft. Allerdings hat sich das Marktgeschehen über die öffentliche Entsorgung hinaus hin zu den privatwirtschaftlichen Umweltschutzmaßnahmen verlagert.

Der U. zeichnet sich durch Gesetzmäßigkeiten aus, die ihn von den meisten anderen Gütermärkten unterscheidet. So ist er durch eine derivative Nachfrage gekennzeichnet. Die Nachfrage nach Umweltschutzgütern wird in der Regel nicht durch die unmittelbaren Bedürfnisse der Konsumenten oder durch betriebswirtschaftlich motivierte Investitionsentscheidungen von Unternehmen hervorgerufen. Vielmehr bestimmt im wesentlichen der Staat durch seine Umweltschutzpolitik und -gesetzgebung sowie durch seine Beschaffungsentscheidungen das Nachfragevolumen auf dem U. Er kann daher als staatlich garantierter Markt bezeichnet werden, auf dem der Staat direkt als Auftraggeber im Bereich hoheitlicher Entsorgungsaufgaben oder als Gesetzgeber bei den Adressaten der Umweltschutzgesetze eine bestimmte Mindestnachfrage sicherstellt. Darüber hinaus fördert der Staat als Subventionsgeber gewisse privatwirtschaftliche Umweltschutzmaßnahmen.

Diese Besonderheiten begünstigten zum einen das Entstehen des U., sie können aber auch zu erheblichen Nachfrageschwankungen führen. Umweltschutzgesetze lösen in vielen Fällen zeitlich begrenzte und einmalige Investitionsschübe aus. Wenn danach umweltpolitische Neuregelungen oder Verschärfungen der Grenzwerte ausbleiben, fällt die Inlandsnachfrage mit dem Erreichen der gesetzlich vorgegebenen Umweltschutzstandards auf das Niveau der Ersatz- und Erweiterungsinvestitionen zurück.

Die umweltpolitische Bedeutung des U. beruht darauf, daß für die Lösung von Umweltproblemen in Industriegesellschaften die Weiterentwicklung und der Einsatz moderner Umweltschutztechnik entscheidende Voraussetzungen sind. In den letzten Jahren sind auf allen Gebieten des Umweltschutzes interessante technische Lösungen entwickelt worden. Allerdings werden im Umweltschutz überwiegend nachgeschaltete Reinigungstechniken eingesetzt, bei denen die im Rahmen von Produktionsprozessen entstehenden umweltbelastenden Stoffe am end of the pipe gesammelt werden und mit hohem technischen und finanziellen Aufwand entsorgt werden müssen. Die Alternative zu dieser nachsorgenden Umweltschutztechnik besteht in einer umweltverträglichen Technik (→Umweltschutz, präventiver/nachsorgender).

Langfristig ist es daher erforderlich, daß sich das Angebot auf integrierte Umwelttechnologien im Sinne umweltverträglicher Produkt- und Prozeßinnovationen verlagert (→Umweltschutz, integrierter). *Wackerbauer*

Umweltschutztechnik →Umweltschutzmarkt

Umweltsektor. Der Gesamtüberblick über die Umwelt ist wegen deren Komplexität äußerst schwierig; dies gilt insbesondere für die Verwirklichung des Umweltschutzes. Um die notwendigen Aufgaben handhabbar zu machen, wird die Umwelt in Sektoren aufgeteilt, nach denen in der Regel auch die für Umweltschutz zuständigen Behörden und Vereinigungen gegliedert sind. Dadurch hat sich ein sektoraler Umweltschutz entwickelt. Dieser darf nicht verwechselt werden mit dem nach →Umweltmedien gegliederten medialen Umweltschutz, der ein Teil des sektoralen Umweltschutzes ist.

U. sind einerseits die Umweltmedien bzw. die unter diesem Stichwort erläuterten Umweltsphären, andererseits die Bereiche besonderer Umweltbelastungen wie Abfall, Lärm, Radioaktivität. Auch übergreifende Bereiche, wie z. B. Umweltverträglichkeitsprüfung, Landesplanung, Energieversor-

gung u. ä., werden oft in eine sektorale Umweltgliederung einbezogen. *Haber*

Umweltsphäre →Umweltmedien

Umweltstandard. Das →Umweltrecht enthält eine Vielzahl sehr unbestimmter Rechtsbegriffe, die die grundlegenden Anforderungen an umweltrelevante Vorhaben festschreiben. Der Grund für die Weite der vom Gesetzgeber gewählten Tatbestände liegt in der Schwierigkeit, die sachlichen Anforderungen des Umweltrechts konkret zu erfassen und gesetzlich zu normieren. Dem Gesetzgeber fehlt teilweise die dazu notwendige detaillierte Sachkunde. Darüber hinaus würde eine Fixierung der technischen Anforderungen für umweltrelevante Vorhaben in starren gesetzlichen Regelungen der Dynamik der Technik nicht gerecht werden. Demgegenüber bleibt ein Tatbestand bei der Verwendung von unbestimmten Rechtsbegriffen oder Generalklauseln für technische Entwicklungsprozesse offen. Das Bundesverfassungsgericht hat für das Recht der Technik auch diese sehr offen formulierten unbestimmten Rechtsbegriffe als verfassungsmäßig anerkannt. Die Konkretisierung dieser offenen Tatbestände erfolgt durch die sog. U.

U. setzen die unbestimmten Rechtsbegriffe des Umweltrechts in präzise definierte Größen um und beschreiben so detailliert die technischen Anforderungen an umweltrelevante Vorhaben.

Ausgehend von dem mit ihnen verfolgten Zweck lassen sich U. einteilen in Schutz- und Vorsorgestandards. Schutzstandards bezwecken die Abwehr von Gefahren. Sie sind an bekannten, vermuteten oder geschätzten Schädlichkeitsschwellen orientiert. Demgegenüber bewegen sich Vorsorgestandards unterhalb der Gefahrengrenze. Sie zielen auf eine erwünschte →Umweltqualität und orientieren sich vordringlich an der technischen Vermeidbarkeit eines Schadstoffausstoßes.

U. haben einen Doppelcharakter. Einerseits enthalten sie sachverständige Aussagen, andererseits sind sie politische Wertungen. Wann z. B. →Umwelteinwirkungen schädlich im Sinne von § 5 Abs. 1 Nr. 2 BImSchG sind oder was dem →Stand der Technik oder dem →Stand und Wissenschaft und Technik entspricht, kann zuverlässig nur aufgrund naturwissenschaftlich-technischer Erkenntnisse durch Sachkundige beurteilt werden. Daneben sind U. aber auch wertende Entscheidungen. Dies gilt vor allem für die Vorsorgestandards. Deren Inhalt – das Maß der erforderlichen Vorsorge – ist notwendig das Ergebnis einer politischen Entscheidung. Aber auch die Schutzstandards sind nicht frei von politischen Wertungen. So ist z. B. die Festlegung eines Fixpunktes für noch nicht schädliche Immissionswerte neben der Sachverständigenaussage eine politische Entscheidung über ein sozial-adäquates Restrisiko.

Die Rechtsnatur von U. ist nicht einheitlich. Sie können als Rechtsverordnungen, Verwaltungsvorschriften (z. B. Technische Anleitungen wie →TA Luft, →TA Lärm oder →TA Abfall) oder auch als private Regelwerke (z. B. →DIN-Normen, →VDI-Richtlinien) ergehen. Von ihrer Rechtsqualität abhängig ist die umstrittene Frage, inwieweit die Gerichte an ihre Festsetzungen gebunden sind.						*Hoppe/Beckmann*

Literatur: *Bönker:* Umweltstandards in Verwaltungvorschriften. Münster 1992. – *Bönker:* DVBl. 1992.

Umweltstatistik. Als U. im engeren Sinne werden die Erhebungen bezeichnet, die durch das Gesetz über Umweltstatistiken (UStatG) vom 15. August 1974 angeordnet wurden. Das Gesetz ist seitdem mehrmals geändert worden, zuletzt durch die Statistik-Anpassungsverordnung vom 26. März 1991; es regelt Statistiken zur Abfallwirtschaft, Wasserwirtschaft und Umweltökonomie. Eine Neufassung des UStatG, das eine erweiterte und verbesserte U. vorsieht, ist in der parlamentarischen Beratung (Bundestagsdrucksache 12/6754 vom 3. 2. 1994), wird aber auf keinen Fall vor dem 1. 1. 1997 wirksam werden.

□ Statistiken der Abfallwirtschaft. Die Abfallstatistiken liefern Informationen über Abfallentstehung und Abfallentsorgung. Sie wurden seit 1975 zunächst in zweijährigem und seit 1987 in dreijährigem Abstand durchgeführt.

Die amtliche Abfallstatistik verwendet die Begriffe des Abfallgesetzes (→Abfallbegriff).

Zur Gliederung der Abfälle nutzt die amtliche Statistik den von der Länderarbeitsgemeinschaft Abfall (LAGA) erarbeiteten →Abfallkatalog.

Daten zur Abfallentstehung liegen vor allem für Betriebe des Produzierenden Gewerbes (→Abfallherkunftsbereich) vor, die direkt befragt werden. Die Landwirtschaft wurde nicht in Erhebungen einbezogen, weil ein Großteil der dort erzeugten Reststoffe wieder im landwirtschaftlichen Betrieb eingesetzt wird (innerbetriebliches Recycling). Auf die Befragung des Dienstleistungssektors, der Gebietskörperschaften und der privaten Haushalte nach den von ihnen erzeugten Abfällen wurde ebenfalls verzichtet. Diese Bereiche verfügen nicht über verwertbare Informationen zum Anfall an Abfällen; die Angaben können bei den die öffentliche Abfallentsorgung durchführenden Stellen mit hinreichender Genauigkeit ermittelt werden. Aus den anderen Bereichen der Volkswirtschaft sind lediglich die Krankenhäuser in die Abfallerhebung einbezogen worden, weil auf sie die Annahmen über die Datenverfügbarkeit nicht zutreffen.

Im produzierenden Gewerbe wird eine Auswahl von Betrieben befragt, im wesentlichen Betriebe von Unternehmen mit 20 und mehr Beschäftigten. Erhebungsgegenstand sind alle im Betrieb angefallenen Rückstände oder sonstige unerwünschte Stoffe, die nicht zum Produktionsprogramm des Betriebs gehören und deren sich der Betrieb entledigen wollte. Dabei sind auch Reststoffe einzubeziehen, die zur außerbetrieblichen Verwertung an Dritte abgegeben werden. Stoffe, die dem innerbetrieblichen Recycling zugeführt werden, sind nicht Gegenstand dieser Statistik.

Unter dem Begriff Entsorgung werden entsprechend dem Abfallgesetz das Gewinnen von Stoffen oder Energie aus Abfällen (→Abfallverwertung) und das Ablagern von Abfällen sowie die hierzu erforderlichen Maßnahmen des Einsammelns, Beförderns, Behandelns und Lagerns verstanden. Auch hier werden die Informationen teils direkt, teils mittelbar gewonnen.

Bei den Betrieben des produzierenden Gewerbes erfaßt die Statistik die Behandlung von Abfällen in betriebseigenen Abfallverbrennungsanlagen, allgemeinen Feuerungsanlagen und die Ablagerung auf eigenen Deponien sowie jene Mengen, die der öffentlichen Abfallabfuhr übergeben oder zu außerbetrieblichen Entsorgungsanlagen abgefahren werden.

Für die übrigen Bereiche der Volkswirtschaft spielt die öffentliche Abfallabfuhr die entscheidende Rolle. In der Statistik der öffentlichen Abfallbeseitigung werden Angaben über Einsammeln von Abfällen und bei den Entsorgungsanlagen über die dort angelieferten, behandelten und abgelagerten Abfälle erfragt.

Das Einsammeln umfaßt sowohl die öffentliche Abfallabfuhr und Sperrabfallabfuhr als auch seit der Erhebung für 1987 die Mengen an verwertbaren und schadstoffhaltigen Abfällen, die im Rahmen der öffentlichen Abfallentsorgung getrennt vom →Hausabfall eingesammelt werden. Auch der Verbleib dieser Stoffe wird statistisch dargestellt. Bei den öffentlichen Entsorgungsanlagen und bestimmten gewerblich betriebenen Anlagen werden die nicht nachweispflichtigen Abfälle nach einem Katalog von wenigen, zusammengefaßten Abfallarten erfragt, sog. →Sonderabfälle gegebenenfalls in tiefer Gliederung.

Zusätzlich zu den oben beschriebenen Daten über Art und Menge der Abfälle liefern die Abfallstatistiken auch Daten zur technischen Ausstattung der Entsorgungsanlagen wie Angaben über Kapazität, Grundwasserabdichtung bei Deponien, Verwendung von Wärme und Schlacke bei Abfallverbrennungsanlagen.

Die abfallstatistischen Erhebungen im öffentlichen Bereich und im produzierenden Gewerbe sind so weit wie möglich aufeinander abgestimmt und erlauben damit einen umfassenden Überblick über die Abfallentstehung und -entsorgung in der Bundesrepublik Deutschland. Hierzu dienen auch die aus dem statistischen Material zu erstellenden Abfallbilanzen, die auf Bundesebene und auch in tieferer regionaler Gliederung berechnet werden können.

□ Statistiken der Wasserwirtschaft. Diese umfassen Angaben zur Wasserversorgung und Abwasserbeseitigung im öffentlichen Bereich, im Bergbau und verarbeitenden Gewerbe sowie bei Wärmekraftwerken für die öffentliche Versorgung. Sie werden nach dem Umweltstatistikgesetz ab 1975 alle vier Jahre (im Bergbau und verarbeitenden Gewerbe sowie bei Wärmekraftwerken bis 1983 in zweijährigem Abstand) durchgeführt. Darüber hinaus wurden zu großen Bereichen der Wasserversorgung und Abwasserbeseitigung bereits seit 1957 Daten auf Grund unterschiedlicher anderer Rechtsvorschriften erhoben. Ferner liegen ab 1975 jährlich Angaben über Unfälle bei der Lagerung und beim Transport wassergefährdender Stoffe vor.

Die Angaben über die Wasserversorgung beschreiben die Entnahme von Wasser aus der Natur und dessen Nutzung. Sie werden bei den Betreibern von Anlagen der öffentlichen Wasserversorgung, bei Betrieben des Bergbaus und verarbeitenden Gewerbes ab einer Mindestgröße (in der Regel Betriebe von Unternehmen des produzierenden Gewerbes mit 20 und mehr Beschäftigten) sowie bei Wärmekraftwerken, die Elektrizität für die öffentliche Versorgung erzeugen, erfragt.

Daten zu den gewonnenen Wassermengen, gegliedert nach den Wasserarten Grundwasser, Quellwasser, Oberflächenwasser (Flußwasser, See- bzw. Talsperrenwasser) und Uferfiltrat liegen sowohl für die öffentliche Wasserversorgung als auch für Bergbau und verarbeitendes Gewerbe und die o. g. Wärmekraftwerke vor. Kleine Gewinnungsanlagen, die nur der Eigenversorgung eines einzelnen Haushalts oder einer sehr kleinen Gruppe dienen, sind nicht in die Erhebungen einbezogen. Zur vollständigen Darstellung des gesamten Wasseraufkommens der o. g. Bereiche wird dort außerdem der Fremdbezug von Wasser erfragt.

Von der öffentlichen Wasserversorgung sind zusätzlich Angaben über die Wasserabgabe zu machen, getrennt für die Abgabe an andere Wasserversorgungsunternehmen zur Weiterverteilung und an Letztverbraucher, also private Haushalte, gewerbliche Unternehmen und sonstige Abnehmer. Außerdem werden die Höhe des Eigenverbrauchs und der Wasserverluste ermittelt.

Lediglich ein Drittel des gewonnenen Wassers kann in Deutschland noch ohne Aufbereitung und Behandlung als Trinkwasser verwendet werden. Daher sind für das gewonnene Wasser und das von der öffentlichen Wasserversorgung abgegebene Trinkwasser auch Angaben zur Beschaffenheit Gegenstand der Erhebung. Die Beschaffenheitsmerkmale lehnen sich an die in der →Trinkwasserverordnung für die Überwachung des Trinkwassers vorgeschriebenen Parameter an.

Die Verwendung des Wasseraufkommens im Betrieb oder Kraftwerk wird jeweils getrennt nach einzelnen Verwendungszwecken erfragt. Hier unterscheidet die Statistik zwischen Kühlung von Stromerzeugungsanlagen, Kesselspeisewasser und bei sonstigen Zwecken nach der Nutzungshäufigkeit, d. h. Einfach-, Mehrfach- oder Kreislaufnutzung. Auch ungenutzt abgeleitetes bzw. abgegebenes Wasser wird nachgewiesen.

Zu den Anlagen der öffentlichen Abwasserbeseitigung zählen Kanalisationen und Abwasserbehandlungsanlagen. Für erstere werden Art und Länge des Kanalnetzes, die angeschlossenen Einwohner und der Abwasserverbleib erfaßt, für letztere vor allem die Art der Behandlung, Größe und Wirkungsgrad der Anlagen sowie Behandlung und Verbleib des in der Anlage entstandenen Klärschlamms.

In ähnlicher Weise werden auch bei Bergbau und verarbeitendem Gewerbe die in deren betriebseigenen Anlagen behandelten Abwassermengen, deren Schadstofffrachten und die Menge und Verbleib des Klärschlammes erfragt.

Die wasserwirtschaftlichen Erhebungen sind in der Konzeption und in der erhebungstechnischen Ausgestaltung so aufeinander abgestimmt, daß sich ein nahezu vollständiges Bild ergibt. Für die wesentlichen Bereiche – mit Ausnahme der Landwirtschaft, für die auf andere Quellen als die U. zurückgegriffen werden muß – liegen somit umfangreiche Daten zur Wasserentnahme, Wassernutzung, →Abwasserbehandlung und -ableitung vor, die eine Darstellung bedeutender Teile des wasserwirtschaftlichen Kreislaufs erlauben. Auch hier besteht die Möglichkeit, in regelmäßigen Abständen wasserwirtschaftliche Gesamtbilanzen als Mengenbilanzen für das Bundesgebiet und auch für einzelne Bundesländer oder kleinere regionale Einheiten wie Wassereinzugsgebiete zu erstellen.

□ Umweltökonomische Statistiken. Insbesondere bei der Bewertung von Umweltbelastungen und bei Umweltschutzmaßnahmen spielen in der umweltpolitischen Diskussion ökonomische Fragen eine wichtige Rolle. Zu dem weiten Bereich der umweltökonomischen Daten leistet die im Umweltstatistikgesetz angeordnete Statistik der Investitionen für Umweltschutz im Produzierenden Gewerbe einen Beitrag. Sie wird seit dem Berichtsjahr 1975 jährlich durchgeführt. Einbezogen sind im wesentlichen alle Unternehmen der Elektrizitäts- und Gasversorgung, größere Unternehmen der Fernwärmeversorgung und der Wasserversorgung, die Unternehmen des Bergbaus und Verarbeitenden Gewerbes und des Baugewerbes mit 20 und mehr Beschäftigten.

In ihrer methodischen Ausgestaltung lehnt sich die Statistik der Investitionen für Umweltschutz eng an die allgemeine Investitionserhebung im produzierenden Gewerbe an. Erfaßt werden Zugänge an Sachanlagen für Umweltschutz. Dabei werden Investitionen für Umweltschutz definiert als Zugänge an Sachanlagen zum Schutz vor schädigenden Einflüssen, die bei der Produktionstätigkeit entstehen. Sie können einer Produktionsanlage nachgeschaltet oder in die Produktionstechnologie integriert sein. Außerdem sind Investitionen einbezogen zur Herstellung von Erzeugnissen, die bei Verwendung oder Verbrauch eine geringere Umweltbelastung hervorrufen (sog. produktbezogene Umweltschutzinvestitionen). Die Abgrenzung zu anderen Investitionen kann im Einzelfall sehr schwierig sein.

Gegliedert werden die Angaben sowohl nach Investitionsarten (bebaute Grundstücke, Grundstücke ohne Bauten, Maschinen und maschinelle Anlagen) als auch nach den Umweltbereichen Abfallentsorgung, Gewässerschutz, Lärmbekämpfung und Luftreinhaltung. *Spies*

Literatur: Statistisches Bundesamt (Hrsg.) (1990): Öffentliche Abfallbeseitigung 1987, Fachserie 19, Reihe 1.1. Stuttgart. – Statistisches Bundesamt (Hrsg.) (1990): Abfallbeseitigung im produzierenden Gewerbe und in Krankenhäusern 1987. Fachserie 19, Reihe 1.2. Stuttgart. – Statistisches Bundesamt (Hrsg.): Öffentliche Wasserversorgung und Abwasserbeseitigung 1987. Fachserie 19, Reihe 2.1. Stuttgart 1990. – Statistisches Bundesamt (Hrsg.): Wasserversorgung und Abwasserbeseitigung im Bergbau und verarbeitenden Gewerbe und bei Wärmekraftwerken für die öffentliche Versorgung 1987. Fachserie 19, Reihe 2.2. Stuttgart 1990.

Umweltsteuern. U. sind umweltpolitische Instrumente, die zu den ökonomischen Instrumenten der →Umweltpolitik und hier zu den →Umweltabgaben im weiteren Sinne gehören. Der primäre Zweck der Steuern, Einnahmen zu erzielen, tritt hier gegen die umweltpolitisch motivierte Lenkungsabsicht zurück. Eine verhaltenslenkende Maßnahme mit großer Wirkung und erwünschter Reaktion des Steuerzahlers hat zur Folge, daß das Aufkommen aus dieser Steuer sinkt und die Stetigkeit des Einnahmenflusses nicht gewährleistet ist. Es ist deshalb unbestritten, daß solche Steuern die an ökonomischen Bemessungsgrundlagen ansetzenden, aufkommenssicheren Steuern nicht ersetzen können.

Möglichkeiten zur Einführung von U. werden vorwiegend in Anlehnung an die in der gegenwärtigen Steuersystematik vorhandenen Steuern erörtert. U. auf ökologisch unerwünschte Tatbestände, Emissionen, Produktionsverfahren und Verhaltensweisen, die im gegenwärtigen Steuersystem nicht erfaßt werden, werden vorwiegend als Sonderabgaben diskutiert (→Umweltabgaben).

Direkte verhaltenslenkende Wirkungen können von U. ausgehen, die als Steuern auf Produkte oder als Steuern auf Vorgänge des Wirtschafts- und Rechtsverkehrs ausgestaltet sind.

□ Als U. auf Produkte kommen in Frage:
– Mehrwertsteuer mit differenzierten Sätzen,
– spezielle Verbrauchssteuern,
– Sonderverbrauchssteuern.

Mit diesen Steuern könnten Produkte, deren Kauf und Konsum, Verbrauch und Abfall Umweltschäden verursacht, belegt werden. Als Beispiel für eine solche Steuer diene die Mineralölsteuer, deren Entstehung – mit Ausnahme der Steuersenkung auf bleifreies Benzin – zwar nicht auf Umweltzwecke gerichtet war, deren mögliche allgemeine ökologische Lenkungsfunktion aber mittlerweile breit diskutiert wird. Diese Lenkung besteht in einem Rückgang der Nachfrage und des Konsums an Mineralölprodukten. Die ökologische Wirkung ist eine vermehrte Schonung der Umwelt.

□ Mit U. auf Vorgänge des Wirtschafts- und Rechtsverkehrs können Handlungen mit unerwünschten Auswirkungen auf die Umwelt belegt werden. Ein Beispiel für eine solche Steuer ist die Kraftfahrzeugsteuer. In ihrer gegenwärtigen Ausgestaltung kann sie – mit Ausnahme der auf das freiwillige Vorziehen von später verbindlich vorgeschriebenen Emissionsgrenzwerten abgestellten Begünstigung von schadstoffarmen Kraftfahrzeugen – nicht als U. bezeichnet werden. Aber wenn sie als Bemessungsgrundlage Parameter wie Benzinverbrauch, Schadstoffemissionen oder Lärmemissionen hätte, wären Lenkungsanreize in die umweltpolitisch erwünschte Richtung gegeben. *Paskuy*

Umweltsystem. Die Auffassung der Umwelt als System ist aus der allgemeinen Systemlehre als eine zweckmäßige Methode erwachsen, um die hohe Komplexität der Umwelt besser verständlich zu machen. Im Prinzip besteht ein System aus Elementen und den Beziehungen zwischen diesen Elementen; die Beziehungen sind wiederum von den Zuständen bestimmt, in denen sich die Elemente befinden. Außerdem hat jedes System eine Grenze, die es von seiner Umgebung trennt. Somit sind Systeme erdachte Gebilde, die nach Zweckmäßigkeit abgegrenzt werden, um grundsätzliche Einsichten in ihre Funktionen zu eröffnen und Handlungsmöglichkeiten zu schaffen.

In Anwendung dieses Prinzips auf die Umwelt stellt bereits das unter dem Stichwort →Umwelt abgebildete Schema ein – allerdings äußerst vereinfachtes – U. dar. Ausgehend von der darin gegebenen Grundrelation Lebewesen ↔ Umwelt kann es in mannigfaltiger Weise, den Fragestellungen der Umweltforschung sowie den Bezugs-Lebewesen entsprechend, und in verschiedenen Maßstabsebenen abgewandelt werden. Ein See, eine Stadt, ein von holzzersetzenden Pilzen und Insekten besiedelter Baumstumpf im Wald oder der ganze Planet Erde verkörpern insofern jeweils U. Nach der Gaia-Theorie von *Lovelock* ist der von Lebewesen besiedelte und gestaltete Planet Erde ein von der Sonnenenergie angetriebenes, biogeochemisch organisiertes und sich selbst erhaltendes U.

1935 wurde der heute verbreitetste U.-Begriff, →Ökosystem, geprägt.

U. ist also ein Sammelbegriff für zahlreiche Lebewesen-Umwelt-Systeme, die je nach der Fragestellung zweckmäßig abgegrenzt und untersucht werden. Für die →Umweltplanung wird häufig das Mensch-Umwelt-System oder Gesellschaft-Umwelt-System als Grundlage herangezogen. Auch die Landschaft kann mittels des Systemansatzes verständlich gemacht werden; sie ist aus Ökosystemen oder Ökotopen zusammengefügt, die miteinander in Beziehung stehen. *Haber*

Literatur: *Lovelock, J.:* Das Gaia-Prinzip. Die Biographie unseres Planeten. Zürich–München 1991.

Umwelttoxikologie.

Teilgebiet der →Toxikologie mit dem Ziel, gesundheitliche Risiken durch Umweltchemikalien zu erkennen und zu quantifizieren. Sie ist von der →Ökotoxikologie zu trennen, die das →Ökosystem mit seinen Kompartimenten Luft, Wasser und Boden mit den darin lebenden pflanzlichen und tierischen Organismen betrachtet. Wichtigstes Aufgabengebiet der U. ist weniger die Bewertung kurzfristiger hoher Exposition, die zu Intoxikation führen, sondern die langdauernde Exposition der Bevölkerung gegenüber niedrigen Konzentrationen von Chemikalien in Luft, Nahrungsmitteln und Trinkwasser, die häufig weit unterhalb von Wirkungsschwellen liegen. Bei der toxikologischen Bewertung (→Toxikologie, →Toxikokinetik) von Umweltchemikalien kommt der Unterscheidung zwischen gefährlichen Stoffeigenschaften (Gefährlichkeit) und dem quantitativen, dosisabhängigen Risiko unter Berücksichtigung des →Wirkungsmechanismus der Stoffe besondere Bedeutung zu. *Greim*

Umweltverträglichkeit.

Der Begriff U. ist verwandt mit dem Begriff →umweltfreundlich, bleibt aber in der Qualität dahinter zurück. U. bedeutet die Einstufung nicht von vornherein als umweltunschädlich feststehender Maßnahmen oder Sachen nach entsprechender Prüfung als umweltneutral oder allenfalls von vernachläßigbarem Einfluß auf die Umwelt.

Im deutschen Sprachgebrauch ist der Begriff U. geprägt durch das UVPG (→Umweltverträglichkeitsprüfung). In diesem Zusammenhang ist U. abgeleitet aus dem 1969 in den USA eingeführten *Environmental Impact Assessment*, was so viel wie Umwelt-Einwirkungs-/Belastungs-Abschätzung bedeutet, im Deutschen aber mit Umwelt-Verträglichkeits-Prüfung (UVPG) übersetzt wurde. Bei den Prüfungen nach dem UVPG wird jedoch nicht die U. festgestellt, sondern es werden die Auswirkungen eines Vorhabens auf die Umwelt ermittelt, beschrieben und bewertet. *Dreyhaupt*

Literatur: *Gassner, E.; A. Winkelbrandt:* UVP – Umweltverträglichkeitsprüfung in der Praxis. Methodischer Leitfaden. München 1990. – *Storm, P.-C.; T. Bunge:* Handbuch der Umweltverträglichkeitsprüfung (UVP). Berlin 1988.

Umweltverträglichkeitsprüfung.

Für eine Reihe die Umwelt belastender Vorhaben ist nach dem Gesetz über die U. (UVPG) vom 12. 2. 1990 (BGBl. I S. 205) eine U. durchzuführen, die der Entscheidung über die Zulässigkeit von Vorhaben dient. Damit soll sichergestellt werden, daß – bei Vorhaben zur wirksamen Umweltvorsorge – nach einheitlichen Grundsätzen die Auswirkungen auf die Umwelt frühzeitig und umfassend ermittelt, beschrieben und bewertet werden, und daß das Ergebnis der U. so früh wie möglich bei allen behördlichen Entscheidungen über die Zulässigkeit des Vorhabens berücksichtigt wird (→Umweltverträglichkeit). Mit dem UVPG ist die EG-Richtlinie über die U. (→EG-Umweltverträglichkeitsprüfung) in nationales Recht umgesetzt worden.

Nach § 2 Abs. 1 UVPG ist die U. ein unselbständiger Teil verwaltungsbehördlicher Verfahren. Sie wird unter Einbeziehung der Öffentlichkeit durchgeführt. Die U. umfaßt die Ermittlung, Beschreibung und Bewertung der Auswirkungen eines Vorhabens auf Menschen, Tiere und Pflanzen, Boden, Wasser, Luft, Klima und Landschaft, einschließlich der jeweiligen Wechselwirkungen, sowie auf Kultur- und sonstige Sachgüter.

Der Grundgedanke der U. zielt darauf ab, daß die zuständigen Behörden bei umfassender Information über die Umweltauswirkungen eines Vorhabens und in Kenntnis von weniger umweltbeeinträchtigenden Alternativen Entscheidungen treffen, die die Umweltbelange besser als bisher berücksichtigen. Es soll möglichst ausgeschlossen werden, daß Behörden Entscheidungen über Vorhaben mit potentiell schädlichen Umweltauswirkungen treffen, ohne daß ihnen diese wegen unzureichender Informationen vollständig bekannt waren.

Die U. ist vorhabenbezogen. Sie soll vor der Zulassung bestimmter Vorhaben durchgeführt werden, die U. in einer Anlage zum UVPG abschließend aufgelistet sind. Dazu zählen u. a. Erdölraffinerien, Wärmekraftwerke, Kernkraftwerke, Abfallentsorgungsanlagen, eine im einzelnen aufgeführte Reihe von immissionsschutzrechtlich genehmigungsbedürftigen Anlagen, bestimmte Vorhaben nach dem Bundesberggesetz, Gewässerausbauten, Abwasserbehandlungsanlagen etc.

□ Verfahren der U. Das Verfahren nach dem UVPG ist durch eine Reihe von Mindestanforderungen gekennzeichnet. Diese beziehen sich auf die Abstimmung des Untersuchungsrahmens, auf die sachliche Reichweite der Angaben des Projektträgers, auf die Behörden- und Öffentlichkeitsbeteiligung und nicht zuletzt auf die Bekanntgabe der Entscheidung.

□ Bewertung und Berücksichtigung der Umweltauswirkungen. Die zuständige Behörde hat auf Grund der eingereichten Unterlagen, der behördlichen Stellungnahmen sowie der Äußerungen der Öffentlichkeit eine zusammenfassende Darstellung der Auswirkungen des Vorhabens auf die Umweltschutzgüter, einschließlich der Wechselwirkungen, zu erarbeiten.

Auf der Grundlage dieser zusammenfassenden Darstellung bewertet die zuständige Behörde die Auswirkungen des Vorhabens auf die Umwelt und berücksichtigt sie bei der Entscheidung über die Zulässigkeit des Vorhabens im Hinblick auf eine wirksame Umweltvorsorge nach Maßgabe der geltenden Gesetze. *Hoppe/Beckmann*

Literatur: *Coenen/Jöressen:* Umweltverträglichkeitsprüfung in der Europäischen Gemeinschaft. 1989. – *Cupei:* Umweltverträglichkeitsprüfung. Köln 1986. – *Erbguth/Schink:* Gesetz uber die Umweltverträglichkeitsprüfung, Komm. München 1992. – *Jarass:* Umweltverträglichkeitsprüfung bei Industrievorhaben. Köln 1987. – *Schröer:* Umweltverträglichkeitsprüfung im Bauplanungsrecht. Münster 1987.

Umweltzeichen. Das U. ist eine positive umweltschutzbezogene Kennzeichnung für Produkte, ausschließlich auf freiwilliger Basis. Neben dem nationalen U. gibt es das durch die Verordnung (EWG) Nr. 880/92 vom 23. 3. 1992 eingeführte →Europäische U. Das nationale U. wurde 1977 auf Initiative der Umweltminister von Bund und Ländern beschlossen. Mit dem U. können Produkte gekennzeichnet werden, die im Vergleich zu anderen, dem selben Gebrauchszweck dienenden Produkten über besondere Umweltvorteile bzw. günstige Umwelteigenschaften verfügen. Hierfür ist eine ganzheitliche Betrachtung des Umweltschutzes erforderlich. Bei der Vergabe des U. werden Qualitätsstandards zugrunde gelegt, die deutlich oberhalb bestehender gesetzlicher Vorschriften liegen. Die Vergabebedingungen orientieren sich an einem besonders fortschrittlichen technischen Entwicklungs- und Anwendungsstand.

Zur Bewertung der Produktalternativen wurde ein allgemeines Prüfschema entwickelt, das im Prinzip dem in der EG-Verordnung angegebenen Beurteilungsschema (→Europäisches U., Tabelle) entspricht. Bei den meisten Produktgruppen ergibt sich danach, daß häufig nur ein bestimmter Umweltaspekt im Vordergrund steht. Über diese allg. Kriterien hinaus werden die Anforderungen in einzelnen, nur für die jeweilige Produktgruppe geltenden speziellen Vergabegrundlagen festgelegt. Es gibt z. B. U. für schadstoffarme Lacke, formaldehydarme Holzprodukte, lärmarme Geräte und Maschinen, Recyclingprodukte usw. Die Vergabe des U. erfolgt in zwei unabhängigen Schritten:

– Erarbeitung einer Vergabegrundlage für eine bestimmte Produktgruppe (Bild 1)

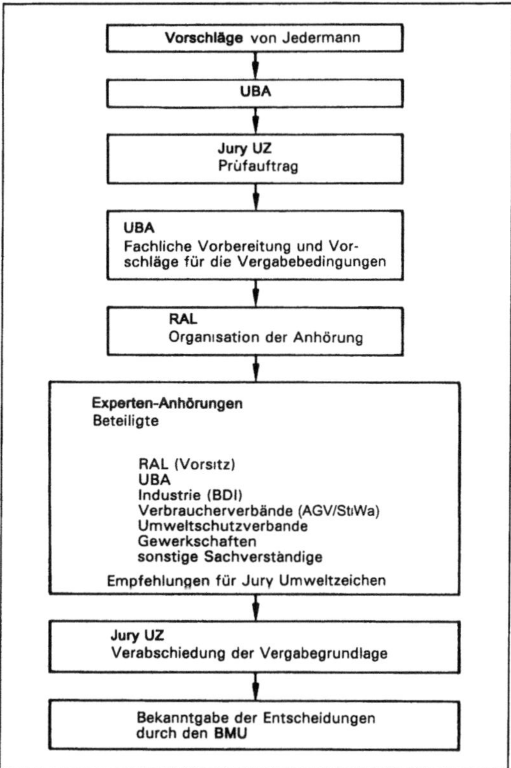

Umweltzeichen 1: Erarbeitung einer Vergabegrundlage für eine bestimmte Produktgruppe (Abkürzungen s. Bild 2).

– Prüfung der Einzelanträge und Abschluß des Zeichenbenutzungsvertrages (Bild 2)

An dem Verfahren der Vergabe des U. sind besonders folgende Institutionen beteiligt:
– Die Jury U. wählt die Produktgruppen aus, die das U. erhalten sollen (ex officio oder mit Vorschlägen von jedermann). Sie beschließt nach Abschluß des Verfahrens (Bild 1) über die in den Vergabegrundlagen festzulegenden Anforderungen sowie die zu erbringenden Nachweise.
– Der RAL – Deutsches Institut für Gütesicherung und Kennzeichnung e. V. organisiert die Expertenanhörungen im Verfahren zur Aufstellung der Vergabegrundlage (Bild 1), führt diese durch (Vorsitz) und fertigt die Protokolle dieser Anhörungen. Er nimmt die Einzelanträge der Hersteller entgegen, prüft, ob die Anforderungen eingehalten und alle Nachweise vollständig erbracht worden sind und holt vom Umweltbundesamt und dem Bundesland, in dem der Hersteller seine Produktionsstätte hat, Stellungnahmen ein (Bild 2). Der RAL schließt – wenn alle Vergabevoraussetzungen erfüllt sind – die

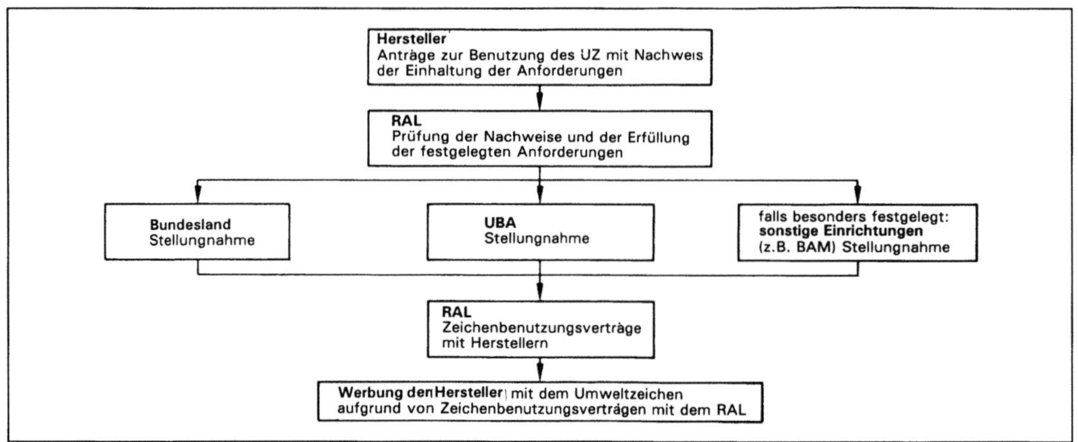

Umweltzeichen 2: Prüfung der Einzelanträge.

UBA: Umweltbundesamt, Jury UZ: Jury Umweltzeichen, BMU: Bundesminister für Umwelt, Naturschutz und Reaktorsicherheit, RAL: Deutsches Institut für Gütesicherung und Kennzeichnung e. V. BDI: Bundesverband der Deutschen Industrie e. V., AgV: Arbeitsgemeinschaft der Verbraucherverbände e. V., StiWA: Stiftung Warentest; BAM: Bundesanstalt für Materialforschung und -prüfung

Zeichenbenutzungsverträge mit den Herstellern ab.
– Das Umweltbundesamt nimmt die Vorschläge von jedermann für neue U. (sog. Neuvorschläge) entgegen und sichtet sie, unterzieht sie einer ersten Prüfung und legt sie mit einem Votum versehen der Jury Umweltzeichen zur Entscheidung vor; die daraufhin von der Jury ausgewählten Produktgruppen werden in Form eines Prüfauftrages zur näheren Untersuchung an das Umweltbundesamt überwiesen; dieses fertigt nach den notwendigen Untersuchungen Vorschläge für eine Vergabegrundlage (Bild 1). Im Rahmen der Prüfung der Einzelanträge gibt das Umweltbundesamt gegenüber dem RAL eine Stellungnahme ab (Bild 2).

Orientiert am Vorbild des deutschen U. sind in Österreich, Kanada und Japan vergleichbare Produktkennzeichnungen eingeführt worden. *Plehn*

Literatur: Dokumentation. Internationale Konferenz zum Umweltzeichen – Bestandsaufnahme und Perspektiven umweltbezogener Produktkennzeichnung. Hrsg.: Der Bundesminister für Umwelt, Naturschutz und Reaktorsicherheit. Bonn 1990. – Umweltfreundliche Beschaffung. Hrsg.: Umweltbundesamt. 3. Aufl. 1993.

Umweltzertifikat. Die Einführung von Zertifikaten oder Lizenzen gehört zu den ökonomischen Instrumenten der →Umweltpolitik und geht von der Idee aus, die im Umweltbereich fehlenden Eigentumsrechte im politischen Entscheidungsprozeß festzulegen und dann die Allokation der Umweltgüter Marktmechanismen zu überlassen.

Dabei werden von den Behörden Mengenbegrenzungen an Nutzungen von →Umweltmedien oder an Emissionen festgelegt und die Rechte in Einheiten aufgeteilt und in einem Zertifikat verbrieft oder als Lizenz ausgegeben. Diese Rechte können kostenfrei ausgegeben, verkauft oder versteigert und dann gehandelt werden. Der entstehende Marktpreis für ein Nutzungs- oder Verschmutzungsrecht ermöglicht Reallokationen, die gegenüber der ursprünglichen Ausgabe effizienter sind, weil im Zuge der einzelwirtschaftlichen Kalkulation an der kostengünstigsten Stelle Umweltschäden vermieden werden. Die Mengenfestlegungen können im Zeitablauf je nach umweltpolitischen Erfordernissen abgewertet oder auch wieder erhöht werden.

Die Umwelt wird damit zum kostenverursachenden Produktionsfaktor (oder zum konsumeinschränkenden Preisfaktor) und nach Berücksichtigung in den einzelwirtschaftlichen Kalkulationen mehr geschont als ein freies Gut. Allerdings hat die Ausgabe an Altverschmutzer mit dem Zwang für Neuinvestoren, sich in die Region einzukaufen, erhebliche, unter Umständen investitionsbehindernde Verteilungswirkungen.

Ein Beispiel für dieses Instrument sind die Zertifikate für Schwefeldioxid-Emissionen, die ab 1993 an der Terminbörse von Chicago gehandelt werden dürfen. Der amerikanische Clean Air Act wurde 1990 verabschiedet und legt fest, daß Emissionsrechte mit einer Mengenbegrenzung, die dem Status Quo entspricht, an die Altemittenden ausgegeben werden. Diese Emissionsmengen sollen bis zum Jahr 2000 auf weniger als die Hälfte des Wertes von 1991 reduziert werden. *Paskuy*

Unfall →Störfall

Unkrautregulierung. Im Konzept einer integrierten U. nimmt der Einsatz geeigneter Geräte und Maschinen zur mechanischen U. eine wichtige Rolle ein, er sollte jedoch ergänzt werden durch vorbeugende U.-Maßnahmen. Außerdem sollte der Geräteeinsatz erst dann erfolgen, wenn die wirtschaftliche Schadschwelle ermittelt wurde (→Schadschwellenkonzept im Pflanzenschutz).

□ Für eine mechanische U. stehen gezogene, gezogen/abrollende und zapfwellengetriebene Geräte und Maschinen zur Verfügung. Je nach Bauart lassen sie sich vorzugsweise nur bei Getreide (Netzegge, Federzinken- und Hackstriegel) oder vorzugsweise bei Reihenfrüchten einsetzen (z. B. Hackstriegel, selbstführende Hackmaschinen, Rollhacken, Hackfräsen und Reihenhackbürsten).

Die Bekämpfungswirkung wird vor allem durch Herausreißen, Abschneiden oder Zudecken der Unkräuter erzielt. Durch eine ausreichende Leistung der Gerätetechnik und sichere Funktion bei wechselnden Einsatzbedingungen muß eine wirksame Bekämpfung der Unkräuter in dem dafür geeigneten Wuchsstadium gewährleistet werden.

Beim Geräteeinsatz in Reihenkulturen (z. B. Zuckerrüben, Mais) muß im Bereich der Pflanzenreihen ein unbearbeiteter Sicherheitsstreifen verbleiben, damit Verletzungen an Wurzeln und oberirdischen Pflanzenteilen und somit negative Auswirkungen auf Pflanzenwachstum und Ernteertrag vermieden werden. Die auf diesem Streifen verbleibende Restverunkrautung und damit Konkurrenz zu den Kulturpflanzen kann am wirksamsten durch eine bandförmige Herbizidapplikation (25–30 cm Spritzbandbreite) unterdrückt werden. Diese Bandspritzeinrichtungen lassen sich auf den mechanischen U.-Geräten aufbauen, so daß eine Kombination von chemischer Bandspritzung im Bereich der Pflanzenreihen und mechanischer U. in den breiten Streifen zwischen den Pflanzenreihen sichergestellt ist. Dadurch läßt sich der Herbizidaufwand auf etwa 30–35 % im Vergleich zu einer Ganzflächenspritzung verringern. Geräte für eine mechanische U. haben außerdem eine Doppelwirkung (Unkrautbekämpfung und gleichzeitig wirksame Lockerung der oberen Bodenschichten zur Verbesserung des Gasaustausches, der Luftführung im Boden).

□ Bei der thermischen U. erzeugen gasgespeiste Brenner eine offene Flamme, welche auf die Unkrautpflanzen auftrifft und durch die Erhitzung ein Aufplatzen der Pflanzenzellen mit nachfolgendem Absterben der Pflanze bewirkt. Abflammgeräte lassen sich in den unterschiedlichen Entwicklungsstadien der Kulturpflanzen sowohl ganzflächig als auch streifenförmig einsetzen. Dem Vorteil einer umweltneutralen Unkrautbekämpfungsmethode stehen aus einsatztechnischer Sicht einschränkend die begrenzte Schlagkraft, eingeschränkte Wirkung bei bestimmten Unkräutern oder Entwicklungssta-

dien sowie hohe Anwendungskosten gegenüber. Der Einsatz konzentriert sich mehr auf die Bereiche Gartenbau und Sonderkulturen, weniger auf die allgemeine Landwirtschaft.　　*H. Schön/Estler*

UN-Nr. Abk. für United Nations Number. Stoffkennzahl, die von den Vereinten Nationen zur internationalen Kennzeichnung von Stoffen im →Gefahrguttransport in den „Recommendations prepared by the Committee of experts on the Transport of Dangerous Goods" – wegen der Farbe des Einbandes auch als orange book bezeichnet – bestimmten gefährlichen Stoffen zugeordnet ist. Über die wegen des weltweiten Transports von →Gefahrgut bestehende Harmonisierung von internationalen Vorschriften mit nationalem Recht haben diese Empfehlungen auch Eingang in das deutsche Gefahrguttransportrecht gefunden (→Gefahrgutvorschriften).

Es handelt sich bei den UN-Nr. um eine rein stoffliche, nicht um eine die Gefährlichkeit des Transportgutes betreffende Kennzeichnung.

Im deutschen Gefahrgutrecht wird in den Regelungen zur stofflichen Kennzeichnung von Gefahrgut nicht von der UN-Nr., sondern von der Stoffnummer, neben der →Gefahrnummer (Kemlerzahl), gesprochen. Als deutsche Stoffnummer ist aber meistens die UN-Nr. in den Gefahrgutvorschriften angegeben. In diesem Zusammenhang erscheint daher z. B. nach der GGVS die UN-Nr. auf den durch eine waagerechte schwarze Linie zweigeteilten orangefarbigen Warntafeln an Gefahrguttransportfahrzeugen auf der Straße in der unteren Hälfte, während darüber die Gefahrnummer angegeben ist. Die Kennzeichnungsnummern müssen unauslöschbar und nach einem Brand von 15 Minuten Dauer noch lesbar sein. Die Warntafel ermöglicht so eine schnelle Erkennung des transportierten Stoffes (Stoff-/UN-Nr.) und der damit verbundenen Gefahren (Gefahrnummer/Kemlerzahl).*Dreyhaupt*

Literatur: United Nations: Recommendations on the Transport of Dangerous Goods, 7th revised edition; United Nations Publication, Sales No. E.91.VIII.2, New York 1991.

Untergrundverrieselung. Die U. dient der flächenhaften Versickerung von Abwasser in den Untergrund. Sie findet im Zuge der Abwasserbehandlung in →Kleinkläranlagen nach DIN 4261 ihre Anwendung. Bei der U. wird das in →Mehrkammer-Ausfaulgruben vorbehandelte Abwasser zur flächenhaften Versickerung unter der Geländeoberfläche über ein Rieselrohrnetz verteilt. Bei der Bodenpassage wird das Abwasser durch teils anaerobe, teils aerobe biologische sowie durch physikalische und chemische Vorgänge nachbehandelt. Dies geschieht umso besser, je länger der Sickerweg ist. Die U. setzt günstige Boden- und Grundwasserverhältnisse und eine genügend große Fläche voraus. Die Länge der belüfteten Drainrohrleitung, die in eincr Tiefe von 0,5–0,6 m mit einem Gefälle von 1 : 500 verlegt wird, ist unter Berücksichtigung der Aufnahmefähigkeit des Untergrundes zu bemessen. Je angeschlossenem Einwohner sind bei sandig/kiesigem Boden 10 m, bei lehmigem Sand 15 m und bei sandigem Lehm 20 m anzusetzen. *Mertsch*

Untersuchungsgebiet. U. sind ein wichtiges Element zur Anwendung des 1974 eingeführten Luftreinhalteplan-Konzepts nach dem BImSchG; sie wurden damals jedoch als →Belastungsgebiete bezeichnet. U. sind nach dem 1990 neu gefaßten BImSchG (§ 44 Abs. 2) Gebiete, „in denen Luftverunreinigungen auftreten oder zu erwarten sind, die wegen der Häufigkeit und Dauer ihres Auftretens, ihrer hohen Konzentration oder der Gefahr des Zusammenwirkens verschiedener Luftverunreinigungen schädliche →Umwelteinwirkungen hervorrufen können". Solche Gebiete werden von den Ländern durch Rechtsverordnung festgesetzt. Den U. sind durch die Vorschrift des § 44 Abs. 1 Satz 2 BImSchG Gebiete gleichgestellt, in denen →Immissionswerte zum Schutz vor Gesundheitsgefahren – konkret also IW nach 2.5.1 der TA Luft und nach der →22 BImSchV – oder →Immissionsleitwerte aus →EG-Richtlinien über Luftqualitätsnormen überschritten sind oder deren Überschreitung zu erwarten ist.

In U. und gleichgestellten Gebieten haben die Länder folgende Verpflichtungen:

1) Untersuchung von Art und Umfang bestimmter Luftverunreinigungen in der Atmosphäre in einem bestimmten Zeitraum oder fortlaufend sowie der für ihre Entstehung und Ausbreitung bedeutsamen Umstände (§ 44 Abs. 1); diese Untersuchung mündet regelmäßig in ein →Immissionskataster ein;

2) Aufstellung eines →Emissionskatasters (§ 46);

3) Auswertung der Untersuchungen zu 1) und des Emissionskatasters (§ 44 Abs. 4);

4) In Abhängigkeit von der Auswertung zu 3) ist ggfs. ein →Luftreinhalteplan aufzustellen (§ 47 Abs. 1).

Die Ausweisung von U. hat für Dritte keine unmittelbaren Folgen.

□ Kriterien für die normative Festsetzung von U. Um bei der Festsetzung von U. in Rechtsverordnungen der Bundesländer größtmögliche Einheitlichkeit hinsichtlich der Interpretation der abstrakten qualitativen Voraussetzungen des § 44 BImSchG („Luftverunreinigungen, die . . . schädliche Umwelteinwirkungen hervorrufen können") zu gewährleisten, hat der Länderausschuß für Immissionsschutz Kriterien aufgestellt. Danach sollen U. dann festgesetzt werden, wenn in einem Gebiet von in der Regel größer als 100 km²

– für einen Schadstoff ein Immissionswert (IW1 oder IW2) der TA Luft oder ein Immissionsgrenzwert einer EG-Richtlinie über Luftqualitätsnormen (22. BImSchV) oder
– für zwei Schadstoffe jeweils 90 % oder für drei Schadstoffe jeweils 70 % eines der vorgenannten Grenzwerte
erreicht oder überschritten werden.

Treten Schadstoffe auf, für die Grenzwerte der genannten Art nicht gegeben sind, sollen U. dann festgesetzt werden, wenn durch diese Stoffe schädliche Umwelteinwirkungen bereits manifest oder zu befürchten sind und die Schadstoffe weder auf eine einzelne Anlage noch überwiegend auf Ferntransport zurückzuführen sind. *Dreyhaupt*

Literatur: Untersuchungs- bzw. Belastungsgebietsverordnungen der Bundesländer.
– *Bayern:* Verordnung über die Festsetzung von Belastungsgebieten nach dem BImSchG vom 29. 4. 1976 (GVBl. S. 176),
– *Berlin:* Verordnung über die Festsetzung von Untersuchungsgebieten vom 28. 10. 1991 (GVBl. S. 242),
– *Hessen:* Verordnung über die Belastungsgebiete nach § 44 des BImSchG vom 5. 8. 1975 (GVBl. S. 197),
– *Nordrhein-Westfalen:* Verordnung zur Festsetzung von Untersuchungsgebieten vom 29. 6. 1993 (GVBl. NW S. 498),
– *Rheinland-Pfalz:* Verordnung über die Festsetzung von Belastungsgebieten vom 27. 10. 1976 (GVBl. S. 246),
– *Saarland:* Verordnung zur Festsetzung von Belastungsgebieten vom 30. 8. 1976 (ABl. S. 967),
– *Sachsen-Anhalt:* Verordnung zur Festsetzung von Untersuchungsgebieten vom 30. 9. 1991 (GVBl. LSA S. 354).

Untertagedeponie. U. im Kali- und Steinsalzbergbau ist eine Deponie, in der Abfälle vollständig in Salzgestein eingeschlossen werden.

Sie ist besonders geeignet für die Endlagerung *besonders überwachungsbedürftiger Abfälle* im Sinn der Abfall-Bestimmungsverordnung. Die →TA Abfall Teil 1 legt die Bedingungen für die Errichtung und den Betrieb fest. Sie unterscheidet nach U. Typ 1 (Bergwerk im Salzgestein) und Typ 2 (Kavernen im Salzgestein).

Für eine Ablagerung in einer U. sind solche Abfälle vorgesehen, die durch Vorbehandlung nicht ausreichend mineralisiert und stabilisiert werden können und für die bei einer oberirdischen Ablagerung keine dauerhaft wirksamen baulich-technischen Barrieren möglich sind.

Die Ablagerung soll unterhalb der oberen Grundwasserleiter in großer Teufe und unter Abschluß von Bio- und Atmosphäre in geologisch geeigneten Formationen erfolgen.

Nicht abgelagert werden dürfen explosive, leicht entflammbare oder selbstentzündliche und flüssige Abfallstoffe. Während bei U.-Typ 1 Abfälle in der Betriebsphase grundsätzlich rückholbar sind und eine getrennte Ablagerung von Abfällen möglich ist, sind bei U.-Typ 2 Abfälle nicht rückholbar, und eine getrennte Ablagerung ist nicht möglich.

Die grundsätzlichen Anforderungen an U. im Salzgestein sind in Nr. 10 der TA Abfall Teil 1 geregelt. In Anhang C IV der TA Abfall Teil 1 sind zahlreiche Abfälle hinsichtlich der Entsorgung mit dem Hinweis auf Präferenzklasse 1 für U. versehen, d. h. diese Abfälle sollen im Regelfall der U. zugeführt werden.

Für die Einlagerung radioaktiver Abfälle gelten die besonderen Bestimmungen des →Atomrechts.

In der Regel muß für die Einlagerung von Abfällen ein stillgelegtes Bergwerk oder ein abgebautes Grubenfeld in noch betriebenen Bergwerken zur Verfügung stehen, das jedoch gegen den Gewinnungsbetrieb abschottbar sein muß. Die geologischen Bedingungen müssen gewährleisten, daß eingelagerte Abfälle sicher gegen die Biosphäre abgekapselt sind.

Für die Errichtung und den Betrieb einer U. sind in der Regel →Raumordnungsverfahren, →Umweltverträglichkeitsprüfung und →Planfeststellungsverfahren erforderlich.

Die erste U. im Salzgestein Typ 1 ist in Deutschland die seit 1972 betriebene UTD Herfa-Neurode. Weitere Anlagen des Typs 1 und 2 befinden sich in der Planung.

Die eingelagerten Abfälle sind durch ein Mehrfachbarrierensystem abgeschlossen. Eine natürliche Barriere bildet das umgebende Salzgebirge. Künstliche Barrieren sind die Verpackung der Abfälle, das Verschließen von Einlagerungsräumen mit Ziegelsteinmauern, der Abschluß von Teilfeldern durch Anhydrit-Dämme und nach Beendigung des Betriebs das dichte Verschließen der Tagesschächte. *Schedtler/Bergs*

Literatur: Verordnung zur Bestimmung von Abfällen nach § 2 Abs. 2 des Abfallgesetzes (Abfallbestimmungs-Verordnung – AbfBestV) vom 3. April 1990 (BGBl. I S. 614). – *Deisenroth, N.; Kind, J.:* Die Untertage-Deponie Herfa-Neurode – Eine Möglichkeit zur umweltgerechten Beseitigung von problematischen toxischen Abfällen. Kali und Steinsalz 10 (1989) Nr. 6, S. 182–195.

UPB →Umweltprobenbank

Uran. Das Element U. wurde 1789 von dem deutschen Apotheker *Klaproth* bei der Analyse von Pechblende entdeckt (→Uranabbau). Das pechschwarze Mineral enthält hochgradiges U_3O_8. Seinen Namen erhielt es nach dem einige Jahre zuvor entdeckten Planeten Uranus. U. ist in der Natur weit verbreitet, seine Häufigkeit ist vergleichbar mit derjenigen von Blei, Molybdän und Wolfram. Es kommt jedoch selten in höherer Konzentration vor. Das meiste U. wird aus Erzen gewonnen, deren Gehalt 0,1 bis 0,5 % beträgt (→Kernbrennstoff). *Merz*

Uranerzabbau in Deutschland. Uranvorkommen im West-Erzgebirge sind seit Jahrhunderten durch den dort umgegangenen Zinn-, Silber-, Wismut- und anderen Erzbergbau bekannt (Pechblende als Abfall). Erst im 19. Jahrhundert wurden geringe Mengen zur Herstellung von Glas- und Keramikfarben, später zur Radiumgewinnung genutzt. Mit dem Ausgang des 2. Weltkrieges wurden die uranführenden Lagerstätten Ostdeutschlands Gegenstand von Reparationsleistungen an die UdSSR. Unter sowjetischer Leitung und paramilitärischen Bedingungen wurden sie in der Folgezeit intensiv prospektiert und abgebaut, seit 1954 durch die Sowjetisch-deutsche Aktiengesellschaft (SDAG Wismut).

Abgebaut wurden im Erzgebirge und Vogtland Ganglagerstätten (untertägig) im Exokontakt der Granitmassive mit Wismut, Kobalt, Nickel, Arsen als häufigen Begleitelementen, in Ostthüringen linsen- und stockwerkförmige Lagerstätten in den tonig-kiesigen Schiefern u. a. Schichten des Ronneburger Erzfeldes (untertägig und Tagebau), im Freitaler Raum Uranvererzungen in Kohleflözen der Döhlener Schichtungen (untertägig), im Elbsandsteingebiet der uranführende Horizont der Sedimentschichten (untertägig, später Untertagelaugung). Es entstanden Hunderte von Schächten und eine Reihe kleinerer Aufbereitungsbetriebe, die überwiegend mit Ausbeutung der jeweiligen Lagerstätten und Konzentrierung auf die Bergbauzentren Aue/Pöhla, Ronneburg/Drosen, Königstein/Gittersee sowie die Aufbereitungsbetriebe Crossen und Seelingstädt bis Anfang der 60er Jahre stillgelegt wurden. Flächen, Gebäude und Einrichtungen wurden über bezirkliche Behörden an Kommunen und Betriebe übergeben. Die Gesamtproduktion, bezogen auf Uran, wird mit 220 000 t, die maximale Jahresproduktion mit 8 000 t angegeben. Sie wurde ausschließlich an die UdSSR ausgeliefert, ca. ⅔ als yellow cake, ca. ⅓ als Stufenerz/Erzkonzentrat.

Die „Wismut" besaß in allen Bereichen weitgehende Autarkie. Betriebliche Belange unterlagen der Geheimhaltung. Unter den besonderen Bedingungen der Nachkriegsjahre kam es zu hohen Strahlenexpositionen der Arbeiter sowie zu umfangreichen Umweltlasten, die das Gesicht der dichtbesiedelten Gebiete nachhaltig veränderten. Mit den 60er Jahren wurden zunehmend geregelte Arbeits- und Umweltbedingungen hergestellt. Rechtsvorschriften des Strahlenschutzes traten in Kraft, zu deren Einhaltung die SDAG Wismut verpflichtet war. Die Betriebe wurden in die behördliche Umgebungsüberwachung einbezogen. Im Laufe der Zeit konnten erhebliche Verminderungen der Umweltbelastung infolge radioaktiv kontaminierter Ableitungen erzielt werden.

Anfang 1991 wurde der reguläre →Uranerzbergbau eingestellt und mit der Liquidierung, Sanierung und Verwahrung der Anlagen begonnen. Durch das Regierungsabkommen Bundesrepublik–UdSSR zur Übertragung des sowjetischen Geschäftsanteils der SDAG Wismut an die Bundesrepublik vom 16. 5. 1991 und durch das Gesetz vom 12. 12. 1991 zum Regierungsabkommen (BGBl. II S. 1138) wurden rechtliche und organisatorische Grundlagen zur Umwandlung der SDAG Wismut geschaffen.

Die abrupte Stillegung des Uranerzbergbaues erforderte die kurzfristige Entwicklung von Abfahr-, Liquidierungs-, Verwahrungs- und Sanierungskonzepten des gewaltigen Betriebs (→Altlasten des Uranerzbergbaus). Immerhin befanden sich 1989/90 noch sechs Bergbaubetriebe mit rund 50 Tagesschächten, Teufen bis zu 1 800 m, untertägigen Strecken von ca. 1 400 km Länge, rund 50 Halden mit mehreren Hundert Mio m^3 Abraum sowie ein Tagebaurestloch von 160 ha im Besitz der SDAG Wismut. Es bestanden noch die beiden großen Aufbereitungsbetriebe mit max. Jahresdurchsätzen Erz von 3 Mio t (Crossen) bzw. 5 Mio t (Seelingstädt) und industriellen Absetzanlagen von 230 bzw. 370 ha mit insgesamt mehr als 150 Mio t Aufbereitungsrückständen. Die Gesamtbetriebsfläche der SDAG Wismut betrug noch 33 km^2.

Die Stillegung der Grubenbaue erfordert neben Gewährleistung der Bergsicherheit durch lastgerechten Abbau und Versatz vor allem den Schutz des Grundwassers. Zu den Maßnahmen zur maximal möglichen Verminderung der Auslaugung chemisch-toxischer und radioaktiver Schadstoffe gehören der Restabbau von bereits gelockertem Erz, die Beräumung von möglichen Quellen chemischer Schadstoffe, die weitgehende Reduzierung von Kontaktflächen zwischen potentiellen Schadstoffreservoiren und Grundwasser, z. B. durch Abschottung und Versiegelung, sowie insgesamt die Beachtung der lokalen wie regionalen geochemischen und hydrogeologischen Bedingungen. Mit dem Erfordernis langjähriger Reinigung austretenden Grundwassers nach Flutung der Grubenbaue muß gerechnet werden.

Bei der Stillegung der Betriebsgelände und -gebäude mit ihrem riesigen Park an Ausrüstungen, Transportmitteln etc. ist die Existenz von Kontaminationen zu prüfen bzw. auszuschließen. Verfahren der Dekontamination und ihrer Kontrolle sind planmäßig durchzuführen, um maximale Nachnutzbarkeit und minimales Abfallaufkommen zu erreichen. Zwischenlagerung und Endbeseitigung höher und schwächer kontaminierter Materialien (Erdaushub, Abbruchschutt, Schrott) und Verfahrensschritte zur eventuellen Verwertung sind notwendig. Auch hier ergibt sich das Problem aus den schnellen Veränderungen der betrieblichen Bedingungen und aus der Vielfalt und dem Umfang der betreffenden Flächen, Gebäude und Materialien. Bei Aufberei-

tungsbetrieben ist darüber hinaus mit chemischer Kontamination und Versickerung zu rechnen. Deshalb erfordern Arbeits- und Strahlenschutz der Beschäftigten, Schutz der Umwelt und der Anwohner sowie die Sachunkenntnis von Nachnutzern besondere Aufmerksamkeit.

Die große Mehrheit der Abraumhalden des Uranerzbergbaus weist nur gering erhöhte Radioaktivität auf. Landschaftsanpassung und Formstabilität sind durch entsprechende Profilgebung herzustellen. Da Untergrundabdichtungen nicht vorhanden sind (Ausnahmen: Laugungshalden), können bei großen, insbesondere pyrithaltigen Halden (Schwefelsäurebildung) Grundwasserkontaminationen auftreten. Austritte von Sickerwasser müssen kontrolliert werden. Zur Begrünung kann Bedeckung mit kulturfreudigem Boden erforderlich sein, wodurch gleichzeitig Niederschlagseintritt und Radonaustritt (ohnehin meist unbedeutend) verringert werden. Kleinere Halden werden z. T. abgetragen, z. T. vereinigt. Verwendung von Haldenmaterial oder Haldenflächen ist nur nach gewissenhafter Untersuchung und gesicherter Unterschreitung von Richtwerten, die für unterschiedliche Nutzungsarten gelten, möglich. Wohnungsbau ist im allgemeinen auszuschließen.

Die Absetzanlagen des ostdeutschen Uranerzbergbaues gehören zu den größten ihrer Art in der Welt. Die Radioaktivität der Aufbereitungsrückstände ist zwar auf Grund der geringen Qualität des verarbeiteten Erzes relativ niedrig (Ra-Gehalt 5 bis 15 Bq/g), doch ist das Gesamtinventar groß. Feinheitsgrad und Chemikaliengehalt der Rückstände erhöhen die Mobilität von Radionukliden, Schwermetallen und Arsen, die im Freiwasser und Sickerwasser nachgewiesen werden. Klüftigkeit und wasserleitende Schichten im Untergrund führen trotz Dichtungsschichten stellenweise zum Austritt kontaminierten Sickerwassers. In Meßpegeln der Umgebung treten z. T. ebenfalls Kontaminationen auf. Neben vielen Mio m^3 Freiwasser enthalten die großen Absetzanlagen Feinschlamm ebenfalls in Mio-m^3-Umfang, der sich bis in tiefe Zonen der Absetzanlagen erstreckt. Seine Entwässerung – Voraussetzung der Abdeckung und Endverwahrung – wird zum schwierigsten Problem der Stillegung. Zwischenzeitlich wurden trockene Spülstrände provisorisch zur Verhinderung der Winderosion abgedeckt und Sickerwasserfassungen durchgängig angelegt.

Stillegung und Sanierung der Uranerzbergbaubetriebe unterliegen, wie schon der Betrieb, der Genehmigung und Aufsicht durch die zuständigen Landesbehörden. Für die Freigabe von Flächen, Gebäuden und Ausrüstungen aus dem Bereich der Uranindustrie hat die Strahlenschutzkommission der Bundesrepublik Grundsätze entwickelt, die Richtwerte für akzeptierbare Konzentrationsniveaus der betreffenden Objekte und für daraus resultierende Expositionen enthalten. Sie orientieren sich am natürlicherweise auftretenden Radioaktivitätspegel und seinem Schwankungsbereich in der Lebensumwelt des Menschen.

Im Gegensatz zu Uranerzbergbau und -aufbereitung im Osten trugen Ansätze im Westen Deutschlands Versuchscharakter. Zwar wurden seit Mitte der 50er Jahre mit intensiver Prospektion zahlreiche kleinere Uranvorkommen gefunden, zur Förderung kam es aber nur in Menzenschwand (Schwarzwald) und Großschloppen (Fichtelgebirge) mit einigen tausend t Erz pro Jahr, das in der Pilotanlage Ellweiler aufbereitet wurde. In den 80er Jahren wurden jährlich etwa 30–50 t U (Konzentrat) produziert. Förderung und Aufbereitung sind inzwischen eingestellt. *Röhnsch*

Literatur: Berichte zur Sanierungstätigkeit und Umweltqualität. Hrsg.: Wismut GmbH. Chemnitz 1991. – Veröffentlichungen der Strahlenschutzkommission, Bd. 23. Hrsg. Bundesminister für Umwelt, Naturschutz und Reaktorsicherheit: Strahlenschutzgrundsätze für die Verwahrung, Nutzung oder Freigabe von kontaminierten Materialien, Gebäuden, Flächen oder Halden aus dem Uranerzbergbau – Empfehlungen der Strahlenschutzkommission mit Erläuterungen – 1992.

Uranerzaufbereitung →Uranerzbergbau und Umwelt

Uranerzbergbau und Umwelt. Vor dem 2. Weltkrieg wurde Uranerz in geringem Umfang genutzt (Glas- und Keramikfarben). Danach wurden Prospektion und Förderung auf Grund der militär- und energiestrategischen Bedeutung des Urans sprunghaft gesteigert. Die Welt-Urangewinnung 1946–1989 betrug ca. 1,5 Mio t (→Uranerzabbau in Deutschland).

Der Abbau der Uranvorkommen erfolgt in Abhängigkeit von deren Art, Größe, Gehalt und Tiefe untertägig oder im Tagebau. Erze bis herab zu etwa 0,03 % Uran werden noch als abbauwürdig betrachtet. Geringere Gehalte sind als Nebenprodukt nutzbar. Die Urangewinnung aus dem Erz folgt den allgemeinen Prozeßschritten Brechen – Mahlen – Auslaugen – Konzentrieren – Fällen – Filtrieren – Trocknen. Nach Sortierung mit gravimetrischen oder radiometrischen Verfahren wird das Erz stufenweise zu einem Aufmahlungsgrad <0,5 mm zerkleinert. Aus dem Mahlgut wird Uran mit Schwefelsäure (saure Gesteinstypen) oder Sodalösung (karbonatische Gesteine) herausgelaugt. Oxidationsmittel oder Luftsauerstoff überführen Uran in den sechswertigen Zustand. Temperatur- und Druckerhöhung verbessern und beschleunigen die Laugung. Sonderverfahren sind Haufenlaugung von minderwertigem Erz (übertägig) oder in-situ-Laugung (untertägig bei durchlässigen Erzkörpern) mit Schwefelsäure. Aus den Lösungen wird Uran mittels Ionenaustauscher und/oder Solventextraktion abgetrennt. Aus Eluat bzw. Reextrakt erfolgt Fällung als Ammoniumdiuranat, das nach Filtrieren und Trocknen als yellow cake mit ca. 70 % Uran anfällt. Die Uranausbeute beträgt 90–95 %, bezogen auf Erz. Große Aufbereitungsbetriebe haben Jahresdurchsätze von mehreren Mio t Erz, produzieren mehrere Tausend t yellow cake und verbrauchen als spezielle Chemiebetriebe jährlich Tausende t Soda, Schwefelsäure, Steinsalz, Ammoniak sowie zahlreiche andere Chemikalien im 100-t-Maßstab.

Uran besteht zu 99,28 % aus U-238 und 0,72 % aus U-235. U-238 (→Halbwertszeit 4,5·10^9 Jahre) ist Mutternuklid der →Uranzerfallsreihe. Hinzuweisen ist auf Th-230 (80 000 Jahre), Ra-226 (1 600 Jahre) und Pb-210 (21 Jahre) wegen ihrer Radiotoxizität sowie auf Rn-222, das als Edelgas entweichen kann und in der Luft zur Bildung radioaktiver Folgeprodukte führt. Im ungestörten Gestein kann radioaktives Gleichgewicht zwischen den Gliedern der Zerfallsreihe angenommen werden mit einer Aktivität von 12,2 kBq/g Uran für jedes Glied. Bei den Prozeßschritten der Urangewinnung wird das Gleichgewicht gestört. Die Radionuklide folgen den Prozeßmedien entsprechend ihren physikalisch-chemischen Eigenschaften.

Die →Radioaktivität des Urans und seiner Folgeprodukte bedingt die Besonderheiten des U. und der Uranaufbereitung im Vergleich zu sonstigen Bergbau- und Chemiebetrieben. Zu den Erfordernissen und Vorschriften des Arbeits-, Gesundheits- und Umweltschutzes, die für diese Betriebe gelten, treten zusätzlich die spezifischen Strahlenschutzbedingungen und -bestimmungen mit ihren Grenzwerten.

Berufliche Strahlenexposition der Beschäftigten im U. beruht vor allem auf der Inhalation von Radonfolgeprodukten. Ausreichend dimensionierte und zweckentsprechend geführte Bewetterung der untertägigen Arbeitsorte muß unter Berücksichtigung der Arbeitszeit die Einhaltung der Expositionsgrenzwerte sichern. Zur Minimierung der Belastung durch radioaktiv kontaminierten Staub ist für Staubbekämpfung zu sorgen.

Schutz des Menschen und der Umwelt vor unzulässiger Kontamination und resultierender Exposition erfordert Voraussetzungen, die bereits bei Standortwahl und Auslegung der Anlagen der Uranindustrie berücksichtigt und während des gesamten Betriebs aufrechterhalten und kontrolliert werden müssen. Auf Grund der großen Halbwertzeiten der beteiligten Radionuklide (→Uran-Zerfallsreihe) müssen künftige, sehr lange Zeiträume vorausschauend mit bedacht werden. Berücksichtigt werden müssen kontrollierte Ableitungen kontaminierter Betriebsmedien ebenso wie unbeabsichtigte Freisetzungen und deren →Ausbreitung in der Umgebung über atmosphärische, aquatische und terrestrische Expositionspfade bis hin zum Menschen.

U. und Uranaufbereitung sind mit Umsätzen enormer Mengen von Ausgangsmaterial, Zwischenprodukten und Prozeßabfällen verknüpft. Von ihnen können primäre und sekundäre Umwelteinflüsse ausgehen (Bild).

Abwetter großer Grubenbaue betragen mehrere Mrd. m³ pro Jahr. Rn-222 im TBq- und langlebige staubgebundene α-strahlende Radionuklide im MBq-Maßstab werden in die Umgebung ausgeworfen. Reduzierung der radioaktiven Komponenten kann nur durch untertägige Maßnahmen erfolgen (gut organisierte Wetterführung, Hermetisierung abgeworfener Strecken, Staubbekämpfung). Exposition der Bewohner in der Umgebung ist durch Standortwahl und Gestaltung der Wetterschächte zu minimieren (atmosphärische Verdünnung). Kontamination der Abluft aus Aufbereitungsbetrieben ist durch Kapselung von Ausrüstungen und Staubabscheidung einzuschränken.

Schachtwasser aus dem Bergbau muß in Abhängigkeit von der untertägigen Wasserhaltung bis zu mehreren Mio m³ pro Jahr in Vorfluter abgeleitet werden. Neben Feststoffen sind Radionuklide, Schwermetalle, Arsen und Härtebildner, aus Erz und Nebengestein gelöst, enthalten. Zulässige Ableitungen werden behördlicherseits entsprechend Wasserführung und Nutzung der Vorfluter festgelegt. Bei Erfordernis müssen Feststoffe durch Absitzen und gelöste Schadstoffe durch Fällung verringert werden. Bei Prozeßabwässern der Erzaufbereitung müssen enthaltene Chemikalien berücksichtigt werden.

Der Abraum des Bergbaus erreicht bei längerem Betrieb der Grubenbaue Massen von vielen Mio t. Nur ein Teil kann zum untertägigen Versatz genutzt werden. Radioaktivität von Abraum aus Schachtteufe und Streckenvortrieb (taubes Gestein) übersteigt den Pegel örtlicher Tiefengesteine nicht oder nur wenig. Höhere Werte der Radioaktivität werden von erznahem Nebengestein und Material aus der Erznachsortierung erreicht. Unkontrollierte Materialverwendung ist zu verhindern. Abhängig von Art und Umfang der Halden müssen Auslaugungen durch Niederschläge und nachfolgende Grundwasserkontamination beachtet und u. U. Vorsorge dagegen getroffen werden (Standortwahl mit Grundwasserschutz, Sickerwasserfassung, Abdeckung). Paragenetisch vorhandene Komponenten (As, Schwermetalle) sind ebenfalls zu berücksichtigen. Pyritgehalte führen zu Schwefelsäurebildung und verstärkter Auslaugung. Bei hohem Kohlenstoffgehalt besteht Entzündungsgefahr. Exhalation von →Radon aus Bergematerial stellt bei normal belüfteten Haldenstandorten keine bedeutende Expositionsquelle dar. Lediglich bei schlechter atmosphärischer Verdünnung (z. B. Tallagen mit häufigen Inversionen) können Radonkonzentrationen erheblich über dem regionalen Mittel auftreten.

Rückstände der Erzaufbereitung nach Auslaugung des Urans werden mit Wasser als Transportmedium (Kreislauf) durch Rohrleitungen bis km-Längen in Absetzanlagen eingespült. Große Absetzanlagen können Flächenausdehnungen von km²-Größe erreichen und viele Mio t Masse aufnehmen. Aufbereitungsrückstände enthalten 80–90 % der Radioaktivität des Ausgangserzes, daneben Schwer-

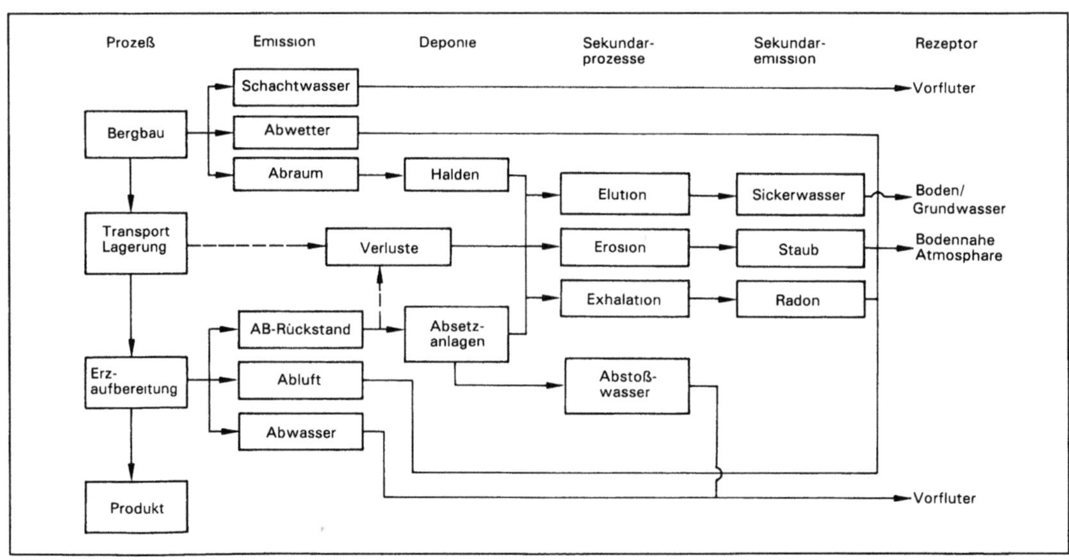

Uranerzbergbau und Umwelt: U. und Umweltbelastung (schematisch).

metalle u. a. Begleitelemente. Th-230 und Ra-226 bestimmen mit ihren Halbwertszeiten das radiologische Langzeitpotential der Absetzanlagen. Auf Grund des im Vergleich zum Bergbauabraum wesentlich (10–30fach) höheren Radionuklidgehalts sowie der vorangegangenen mechanischen und chemischen Behandlung ist das Umweltrisiko erhöht. Grundsätzlich gilt striktes Zutritts- und Nutzungsverbot für Dritte. Exhalation von Radon, Elution und Versickerung radioaktiver und chemisch-toxischer Komponenten sowie Winderosion und Verbreitung kontaminierten Staubes erfordern Beachtung. Absetzanlagen stellen besonders hohe Ansprüche an Geologie und Hydrogeologie des Standorts. Wasserundurchlässigkeit und Kluftfreiheit des Untergrunds müssen durch ausgedehnte Voruntersuchungen nachgewiesen werden. Dichtheit und Langzeitstabilität der Umschließungen (Dämme) gegen statische und dynamische (seismische) Belastungen müssen gewährleistet sein. Sickerwässer, die trotz Vorsorge auftreten, müssen gefaßt und zurückgeführt oder gereinigt in Vorfluter abgeleitet werden. Grundwasser der Umgebung ist über Pegel zu kontrollieren. Überschußwässer der Absetzanlagen bedürfen der Kontrolle und, falls erforderlich, der Reinigung, um die für die Ableitung in Vorfluter festgelegten Grenzbedingungen nicht zu überschreiten. Austrocknende Spülstrände der Absetzanlagen müssen bis zur endgültigen Verwahrung ständig überstaut oder durch Abdeckung gegen Winderosion geschützt werden. Generell ist davon auszugehen, daß große Absetzanlagen nicht beseitigt werden können, sondern als Abfallagerstätten über Jahrtausende erhalten bleiben. Neben den o. a. Standortbedingungen wird Abdeckung als Langzeitmaßnahme gegen Radonexhalation und Niederschlagseintritt mit nachfolgender Wasserzirkulation gleichermaßen angesehen. Verschiedene Methoden werden empfohlen, u. a. Mehrschichtabdeckung mit verschiedenem dichten Material, Folien u. ä. Im Interesse der Tragfähigkeit und Stabilität sind Feinschlammzonen vor der Abdeckung zu entwässern. Dies gehört bei großen Anlagen in nichtariden Gebieten zu den schwierigsten Problemen der Langzeitverwahrung von Absetzanlagen. Auch nach Abschluß der Verwahrungsarbeiten müssen die Standorte unter ständiger Kontrolle bleiben.

Sowohl bei Transport, Lagerung und Umschlag von Erz, Zwischenprodukten und Endprodukt wie auch bei Beförderung der Aufbereitungsrückstände kann es durch Unfälle, Verschleiß o. a. Ursachen zu Verlust oder Freisetzung von kontaminiertem Material kommen. Gegen solche Vorkommnisse muß Vorsorge getroffen werden, eingetretene Kontaminationen sind vor Verbreitung unverzüglich zu beseitigen.

Gesichtspunkte des Strahlenschutzes müssen auch bei Stillegung der Schächte, Betriebe, Anlagen und Ausrüstungen der Uranindustrie beachtet werden ($\rightarrow$ Uranerzabbau in Deutschland; $\rightarrow$ Altlasten des U.). *Röhnsch*

Literatur: International Atomic Energy Agency: Technical Reports Series No. 284, Geochemical Exploration for Uranium. Vienna 1988. – Safety Series No. 85, Safe Management of Wastes from the Mining and Milling of Uranium and Thorium Ores. Vienna 1987. – Technical Reports Series No. 335, Current Practices for the Management and Confinement of Uranium Mill Tailings. Vienna 1992.

Uranhexafluoridherstellung. Uranhexafluorid, UF_6, ist wegen seiner Flüchtigkeit die für die Uranisotopenanreicherung benötigte Substanz. Die Verbindung sublimiert unter Normaldruck, ohne zu schmelzen, bei 56,5 °C. Ausgangsprodukt für die Herstellung von UF_6 ist fast immer nuklearreines UO_2, das aus Uranylnitrat, $UO_2(NO_3)_2$, über eine Fällungsreaktion in $(NH_4)_2U_2O_7$ umgesetzt und dieses anschließend thermisch zersetzt und das entstandene UO_3 mit Wasserstoff zu UO_2 reduziert wird. UO_2 wird dann in einem zweistufigen Prozeß, zunächst mit Fluorwasserstoff zu UF_4 und dieses anschließend mit elementarem Fluor in UF_6 umgewandelt, gemäß den Reaktionsgleichungen:

$$(NH_4)_2U_2O_7 \xrightarrow[800-1\,000^\circ\,C]{Erhitzen} UO_3$$

$$\xrightarrow[1\,200-1\,600^\circ\,C]{Reduktion} UO_2$$

$$UO_2 = 4\,HF \xrightarrow{500^\circ\,C} UF_4 + 2\,H_2O$$

$$UF_4 + F_2 \xrightarrow{500^\circ\,C} UF_6$$

Ein weniger bewährtes Alternativverfahren stellt UF_4 durch elektrolytische Reduktion einer UO_2F_2-Lösung her, bei der das entstandene schwerlösliche UF_4 dann nach Abfiltrieren und Trocknen wiederum mit Fluorgas in UF_6 umgesetzt wird.

Verfahrenstechnisch bevorzugt eingesetzt werden Wirbelschichtreaktoren. Als Apparatewerkstoff eignet sich am besten Reinstnickel. Ein neueres Verfahren führt die stark exotherme Fluorierung in einem Flammrohrreaktor bei Temperaturen um 1 100 °C durch. Problematisch ist hier die Werkstoffwahl.

Beim Umgang mit Uranhexafluorid ist zu berücksichtigen, daß dessen chemische Toxizität diejenige der Radiotoxizität übertrifft. Dies ist insbesondere bei Störfällen zu beachten, wenn infolge einer Reaktion mit Wasser die flüchtigen Verbindungen Fluorwasserstoff bzw. Fluorwasserstoffsäure gebildet werden ($\rightarrow$ Uranisotopen-Anreicherungsverfahren). *Merz*

Uranisotopen-Anreicherungsverfahren. Alle U.-A. benötigen als Trennsubstanz Uranhexafluorid, UF_6, eine Verbindung, die bereits bei 56 °C in den gasförmigen Zustand verdampft. Zur industriellen Isotopenanreicherung des Urans wurde lange Zeit ausschließlich das Gasdiffusionsverfahren eingesetzt. Es nutzt die unterschiedliche Diffusionsgeschwindigkeit der leicht unterschiedlichen Uranhexafluorid-Moleküle durch halbdurchlässige Membrane aus (Bild 1).

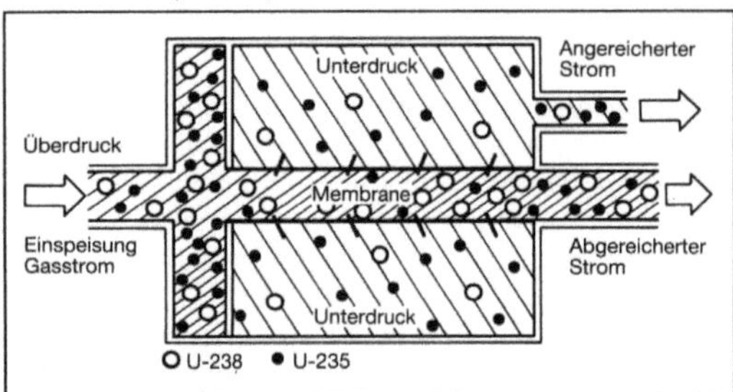

Uranisotopen-Anreicherungsverfahren 1: Stufe einer Gasdiffusionsanlage.

Der sog. Elementareffekt ist allerdings sehr klein. Das heißt, man muß viele Einzelstufen im Gegenstromprinzip zu einer Trennkaskade zusammenschalten. Der zur Trennung aufzubringende elektrische Energiebedarf ist sehr hoch, er wird vor allem zum Betreiben großvolumiger Pumpen und Kompressoren benötigt, denn jede Trennstufe muß auf der einen Seite der Membranfläche Überdruck und auf der anderen Seite Unterdruck aufweisen.

Seit einigen Jahren konkurriert mit diesem klassischen Anreicherungsverfahren die Ultrazentrifuge (Bild 2).

Durch die hohe Zentrifugalkraft – man wendet Umlaufgeschwindigkeiten von 500 m/s an – werden die schweren Moleküle vorzugsweise an die Außenwand getrieben, während sich die leichteren am Rotorschaft anreichern. Auch hier muß der sehr kleine Elementareffekt durch Hintereinanderschalten vieler Einzelzentrifugen vervielfacht werden. Vorteilhaft ist der deutlich geringere spezifische Energiebedarf, nur 3–5 % im Vergleich zur Gasdiffusion.

In jüngster Zeit wird die Möglichkeit einer Uran-Isotopentrennung durch photoselektive Trennung mit Laserstrahlung diskutiert.

Bei allen U.-A. fallen relativ große Mengen abgereichertes Uran U-238 als Reststoff an. Das abgereicherte Uran ist ein wertvoller Ausgangsstoff (→Brutstoff) für Schnelle Brutreaktoren in denen es zu Spaltstoffen – insbesondere Pu-239 – umgewandelt werden kann.

In den Anreicherungsanlagen wird das abgereicherte Uran in Stahlbehältern gelagert, bis es der Verwertung zugeführt – verkauft – werden kann. Die Lager sind nicht gegen Flugzeugabsturz gesichert. Die von manchen Seiten befürchtete Gefähr-

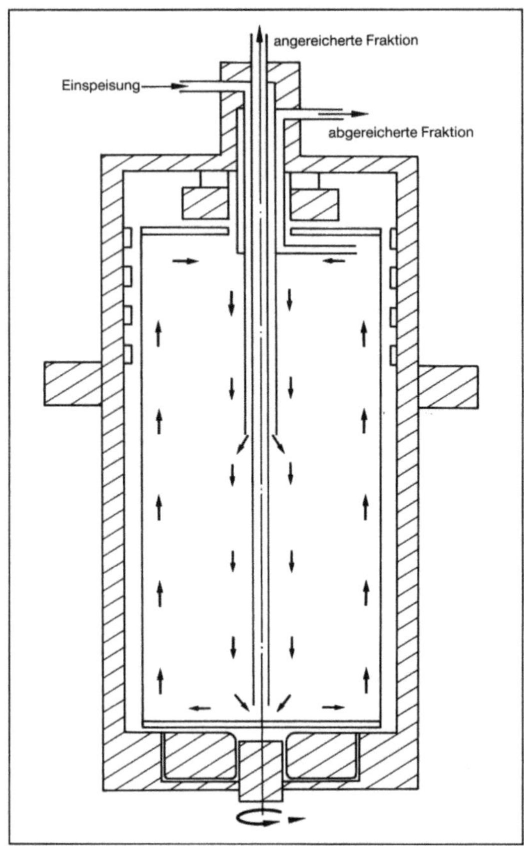

Uranisotopen-Anreicherungsverfahren 2: Prinzipieller Aufbau einer Ultra-Gaszentrifuge.

dung infolge Flugzeugabsturz mit nachfolgendem Kerosinbrand wurde durch umfangreiche Sicherheitsbetrachtungen und -analysen quantifiziert. Demnach bleiben die radiologischen Auswirkungen in jedem Fall deutlich unterhalb der Störfallgrenzwerte gemäß § 28 Abs. 3 der Strahlenschutzverordnung.

Die Hauptgefährdung resultiert aus der chemotoxischen Belastung der im Standortumfeld lebenden Bevölkerung durch das als Folge der UF_6-Hydrolyse gebildete Fluorwasserstoffgas (HF) gemäß der Gleichung

$$UF_6 + 3\,H_2O \rightarrow UO_2F_2 + 6\,HF.$$

Das Uranylfluorid, UO_2F_2, scheidet sich rasch am Boden ab, während das leichtflüchtige HF sich über den Luftpfad ausbreitet. Die für Mensch, Tier und Vegetation gefährlichen HF-Konzentrationen in der Luft enthalten nur verhältnismäßig geringe Radioaktivitäten (→Fluorwasserstoff, umweltrelevante Stoffdaten). Risikobestimmend für Störfallfreisetzungen von UF_6 ist demzufolge die Chemotoxizität und nicht die Radiotoxizität. *Merz*

Literatur: *Aldridge J. P. et al.*: Experimental and Theoretical Studies of Laser Isotope Separation, in Physics of Quantum Electronics, Vol. 4, Addison Wesley, Reading, Mass. 1976. – British Nuclear Energy Society: Proceedings of the International Conference on Uranium Isotope Separation, London, 5 7. 3. 1975. – *Mohrhauer, H.* und *M. Krey:* Urananreicherung und Konversion, in Kerntechnik, der internationale Markt, Berichtsband Fachtagung Deutsches Atomforum e. V., Bonn 15.–16. 10. 1985, Bonn; Hrsg.: Deutsches Atomforum, Bonn 1986.

Uranzerfallsreihe. Die α-instabilen Isotope U-235 und U-238 weisen beide so lange Halbwertszeiten auf, daß sie noch in der Natur vorkommen. Sie sind Muttersubstanzen der natürlichen Radioaktivitätsfamilien: Aktinium-Reihe, ausgehend von U-235, und Uran-Radium-Reihe, ausgehend von U-238. Letztere besteht aus 15 Radionukliden und endet mit dem stabilen Pb-206 mit der Ordnungszahl 82 (Bild).

Das Phänomen der →Radioaktivität und das Prinzip der Zerfallsgesetze sowie des radioaktiven Gleichgewichts wurden an Uran und seinen Folgeprodukten entdeckt bzw. studiert. Im radioaktiven →Gleichgewicht weist jedes Folgeprodukt die gleiche Radioaktivität auf wie die Muttersubstanz. Die beiden Verschiebungssätze von *Fajans* beschreiben die Zerfallsregeln:

– Bei →Alphastrahlung wird die Massenzahl des Kerns um 4 kleiner und die Ordnungszahl um 2 kleiner, weil α-Teilchen Heliumkerne mit 4 Nukleonen (2 Protonen + 2 Neutronen) sind.

– Bei →Betastrahlung ändert sich die Massenzahl nicht, die Ordnungszahl wird um 1 größer, weil durch die Emission eines Elektrons aus einem Neutron dieses sich in ein Proton umwandelt. *Merz*

US-Test →FTP-Test

UV-Fluoreszenz. In der Immissionsmeßtechnik wird das Phänomen der UV-F. vor allem zur kontinuierlichen Messung von Schwefeldioxid eingesetzt. Meßgeräte, die nach diesem Prinzip arbeiten, benötigen keine Lösungen oder Hilfsgase, wie bei anderen Meßverfahren.

Die in der Probenluft enthaltenen Schwefeldioxidmoleküle werden durch eine (bei bestimmten Geräten gepulste) UV-Strahlung im Wellenlängenbereich von 190–230 nm angeregt. Häufig wird ein 214 nm-Filter benutzt. Bei der Rückkehr der angeregten Moleküle auf den Grundzustand wird die hierbei als längerwelligere Fluoreszenzstrahlung im Bereich von 320–380 nm abgegebene Energie senkrecht zur Einstrahlungsrichtung mit einem Photomultiplier gemessen. Mit Filtersystemen (breitbandige Interferenzfilter) wird erreicht, daß nur die von angeregten SO_2-Molekülen erzeugte Fluoreszenzstrahlung vom Strahlungsempfänger des Geräts erfaßt wird. Die gemessene Strahlung ist der Schwefeldioxidkonzentration in der Probenluft proportional. Da die Fluoreszenzstrahlung naturgemäß auch von der eingestrahlten Lichtintensität abhängt, wird diese ebenfalls mit einem UV-Referenzdetektor gemessen und bei der Meßwerterfassung berücksichtigt.

In der Praxis können bei diesem Verfahren Probleme durch Querempfindlichkeiten auftreten, z. B. bei hohen Konzentrationen von Stickstoffmonoxid oder von Kohlenwasserstoffen. Durch geeignete Filtersysteme wird versucht, diese Effekte zu eliminieren. Vor allem werden Kohlenwasserstoff-Scrubber (Kicker) verwendet. Diese arbeiten meist nach dem Permeationsprinzip, vergleichbar mit Permeationstrocknern (→Trockenmittel).

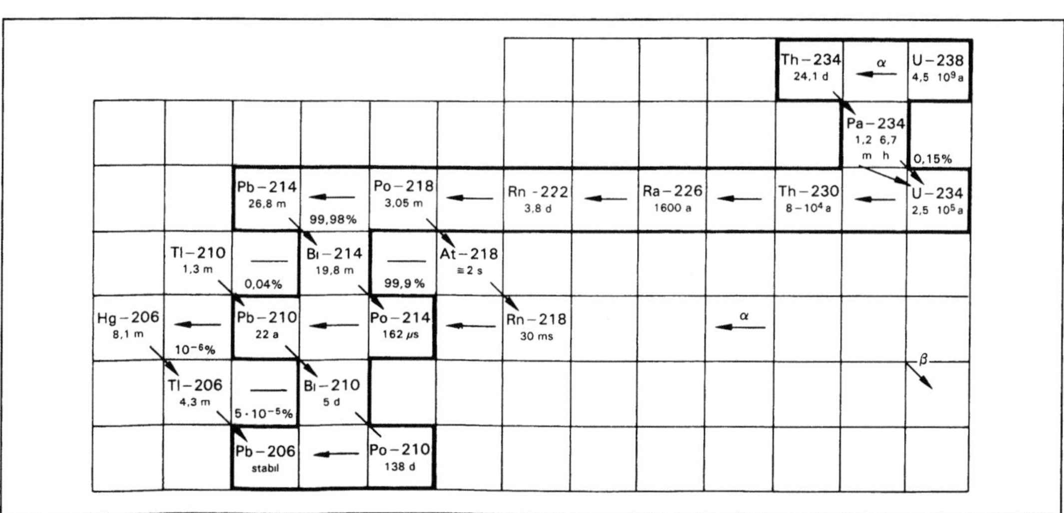

Uranzerfallsreihe: Zerfallsschema der Uran-Radium-Reihe.

Das Phänomen der UV-F. wird auch von UV-Fluoreszenz-Detektoren genutzt, um z. B. in der →Hochdruckflüssigkeitschromatographie organische Stoffe nachzuweisen und zu quantifizieren. *Pfeffer*

UV-Monitoring. Die →Ozonschicht absorbiert UV-C-Strahlen vollständig und schützt somit die Biosphäre vor den kurzwelligen Anteilen der →Sonnenstrahlung. Der seit Beginn der siebziger Jahre nachgewiesene, besorgniserregende kontinuierliche Rückgang der stratosphärischen Ozonschicht hat jedoch zur Folge, daß verstärkt UV-B-Strahlung mit zusätzlich kürzerwelligem UV-B-Anteil in die Biosphäre gelangen kann. Ein Anstieg des →Ozons in der Troposphäre hat durchaus (teilweise) kompensatorischen Effekt.

Welche möglichen Auswirkungen eine zu erwartende UV-B-Intensitätsänderung auf die Biosphäre haben wird, ist noch nicht abzusehen. Aufgrund der normalerweise niedrigen Intensität der UV-B-Strahlung in hohen nördlichen und südlichen Breitengraden (im Hochsommer nur etwa 60 % der in den Tropen ganzjährig vorliegenden UV-B-Werte) ist eine Ausbildung intensiver Schutzmechanismen bei vielen Arten bislang nicht notwendig gewesen. Bisherige Forschungsergebnisse belegen, daß die vorhandenen Schutz- und Reparaturmechanismen nicht ausreichen, um die negativen Folgen erhöhter UV-Strahlung abzuwehren. Es ist wahrscheinlich, daß eine solche Anpassung nur sehr langsam möglich wäre.

Obwohl die UV-B-Strahlung seit vielen Jahren an verschiedenen Orten gemessen wird, ist die Zahl systematischer Messungen bisher sehr gering. Veröffentlichte Daten über zeitlich befristete Meßreihen über bodennahe UV-B-Intensitäten ergeben teilweise widersprüchliche Aussagen. Es kann vermutet werden, daß dies entweder auf kompensatorische Effekte, auf begrenzte spektrale Auflösung des Meßsystems oder auch auf unzureichende Berücksichtigung z. B. der Wechselwirkung von Aerosolgehalt und der wellenlängenabhängigen Streuprozesse zurückzuführen ist.

Seit Anfang 1993 betreibt das Bundesministerium für Umwelt, Reaktorsicherheit und Naturschutz (BMU) durch das Umweltbundesamt (UBA) und das Bundesamt für Strahlenschutz (BfS) ein flächendeckendes, kontinuierlich spektral messendes solares UV-M. Netzwerk (sUVMoNet) mit zunächst Stationen an den Standorten Nordsee, Ostsee, Frankfurt, Schwarzwald und München (Referenzstation). Die Messungen umfassen einen Spektralbereich von 290–450 nm mit 1 nm Bandbreite im 6minütigen Rhythmus. Eine strahlenhygienische Bewertung erfolgt durch das BfS. *Steinmetz*

UV-Strahler →Gasentladungslampe, →Halogenlampe, →Sonnenstrahlung, →Strahlenschutz, optischer

UV-Wirkungsspektrum. Ein Wirkungsspektrum ist eine Wichtungsfunktion für die Effektivitätsbewertung von optischen Strahlungsquellen und gibt Auskunft über die biologische Effektivität der optischen →Strahlung.

Damit können künstliche Strahlungsquellen untereinander oder mit natürlichen Strahlungsquellen verglichen werden. Im biologischen Bereich werden hauptsächlich drei Wirkungsspektren als Wichtungsfunktionen benutzt, und zwar die DNS-Schädigung, die sog. Plant-Response und die Erythemwirkung. Für die strahlenhygienische Bewertung spielt die letztere eine herausragende Rolle, weil sie der Bräunungswirkung und der Wirkungskurve für chronische UV-Schädigung ähnlich ist.

□ Erythem-Wirkungsspektrum. Die wellenlängenabhängige Wirkung der UV-Strahlung für das UV-Erythem ergibt sich durch die Verknüpfung des Absorptionsspektrums der DNS in den Oberhautzellkernen mit dem der darüberliegenden toten Hautschicht (Bild).

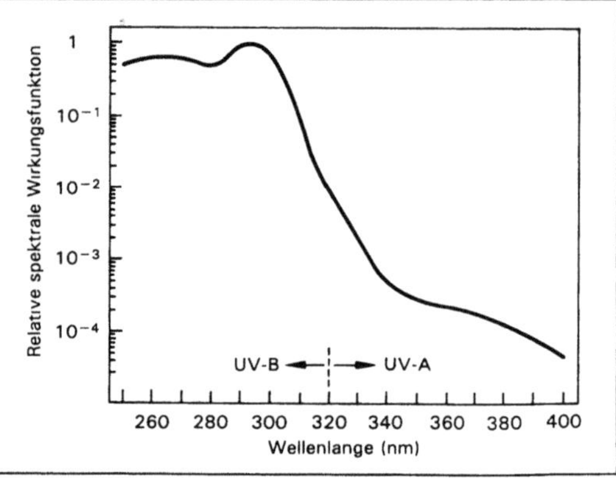

UV-Wirkungsspektrum: Relative spektrale Wirkungsfunktion für das UV-Erythem, gültig für Hauttyp II (nach Normenausschuß Lichttechnik – FNL 7 – Okt. 1986).

□ Die Erythemwirksamkeit ist im UV-B-Bereich sehr hoch, im UV-A-Bereich sehr niedrig. Bei extrem hohen Bestrahlungsstärken (ca. 1 000fach höher) sind aber auch im UV-A-Bereich Erytheme beobachtet worden. Zur Bestimmung der Zeitdauer zum Erreichen der Erythemschwelle von breitbandigen UV-Strahlquellen ist die spektrale Bestrahlungsstärke der UV-Strahlenquelle mit der relativen Erythemwirksamkeit zu multiplizieren und über den abgestrahlten Wellenlängenbereich zu integrieren. Für Solarien sollte die Zeitdauer den Wert von 30 min nicht unterschreiten.

□ Minimale Erythemschwellendosis (MED). Diese Größe ist die niedrigste Bestrahlung, bei der bei einer bestimmten Wellenlänge ein klar definiertes Erythem hervorgerufen wird. Sie beträgt bei der Wellenlänge der maximalen Empfindlichkeit 300–500 J/m². Ihre große individuelle Schwankungsbreite hängt von der Strahlengewöhnung und vom Hauttyp ab (→Strahlenwirkung auf Haut). *Steinmetz*

V

Vakuumentwässerung. Die V. ist eine neuere spezielle Form der Ortsentwässerung. Der Abwassertransport geschieht – ähnlich wie die →Druckentwässerung – nicht durch Nutzung des natürlichen Geländegefälles, sondern durch erzeugten Unterdruck. Man setzt die V. daher in Sonderfällen zur Entwässerung von meist kleinen, weiträumigen Häusergruppen oder Siedlungen im Flachland und bei schwierigen Grundwassersituationen ein.

Das System fand bisher keine breite Anwendung, weil sein Funktionieren entscheidend davon abhängig ist, daß das nur bis zu 0,9 bar erzielbare Vakuum auch ständig erhalten bleibt. Erforderlich ist daher stets eine Vakuumstation, um das geschlossene V.-Netz, das dicht sein muß, immer zur Abwasserförderung bis zur geplanten Sammelstelle bereit zu halten. Die Vakuumstation liegt nahe bei der Sammelstelle. Der Transport jeder aufgegebenen Abwassermenge eines angeschlossenen Anwesens geschieht in einer Pfropfenströmung infolge des Unterdrucks. Dabei sind spezielle Vakuumverschlüsse mit Stauraum und Notstauraum bei jedem Anschließer und auch bei der Vakuumzentrale erforderlich.

Bei der V. ist in der Regel ein zum Sammelpunkt führendes Verästelungsnetz (kein Ringnetz!) notwendig. Ein Mindestrohr von 65–80 mm DN ist üblich. Längen bis zu rd. 4 km sind denkbar. Auch Kombinationen mit dem üblichen Kanalnetz sind möglich. *Mertsch*

Vakuumfilterpresse. Filterpresse, bei der unter dem Filtergewebe ein Unterdruck erzeugt und dadurch das Filtrat durch das Gewebe gesaugt wird. Die Feststoffe verbleiben als Filterkuchen auf dem Gewebe. V. werden heute nur noch selten zur →Klärschlammentwässerung eingesetzt. *Mertsch*

Van-de-Graaf-Beschleuniger →Beschleunigeranlage

VDI-Richtlinie. Der Verein Deutscher Ingenieure (VDI) wurde im Jahre 1856 gegründet und entwickelte sich seitdem zum größten technisch-wissenschaftlichen Verein in der Bundesrepublik Deutschland und zum größten Ingenieurverein Westeuropas. Ihm gehören heute etwa 110 000 persönliche Mitglieder an, dazu kommen über 1 500 fördernde Mitglieder.

Technik-Wissenstransfer als Dienstleistung ist die primäre Zielsetzung der technisch-wissenschaftlichen Arbeit des VDI.

Die Arbeitsergebnisse werden insbesondere durch die Erstellung von technischen Regeln in Form von VDI-R. dokumentiert. An die Erstellung und Verabschiedung der VDI-R. sind wegen der angestrebten Verbindlichkeit besondere Anforderungen zu stellen, die in der VDI 1000: „Richtlinienarbeit, Grundsätze und Anleitungen" niedergelegt sind. Danach unterstützt der VDI mit seiner Richtlinienarbeit die Bemühungen des DIN Deutsches Institut für Normung e. V., das Deutsche Normenwerk als einheitliches, alle Gebiete der Technik umfassendes Regelwerk zu erstellen und es in den internationalen Gremien zu vertreten. Kernpunkte der Richtlinie VDI 1000 sind die Struktur der fachlichen Arbeit des VDI, die Zuständigkeiten, Zusammensetzung und Aufgaben der Gremien sowie die Mitarbeit in den Ausschüssen.

In der Kommission Reinhaltung der Luft (KRdL) im VDI und DIN und dem Normenausschuß Akustik, Lärmminderung und Schwingungstechnik (NALS) im DIN und VDI erfüllen Ingenieure, Chemiker, Mediziner, Biologen und Physiker ihren staatsentlastenden Auftrag durch die Erarbeitung von Regeln zur Luftreinhaltung und zur Lärm-/Erschütterungsminderung. Beide Gemeinschaftsgremien von DIN und VDI sind auch stark in die europäische technische Regelsetzung bei →CEN und in die internationale technische Regelsetzung bei →ISO eingebunden.

Neben den beiden Organisationseinheiten KRdL und NALS befaßt sich auch eine Vielzahl anderer Fachgliederungen des VDI mit Umweltschutzfragen. Von Fall zu Fall werden die Arbeitsergebnisse auch in Form von VDI-R. veröffentlicht.

Die im Jahre 1987 eingerichtete VDI-Koordinierungsstelle Umwelttechnik (VDI-KUT) gibt Hilfestellung im VDI und nach außen, die Arbeitsergebnisse aller oben genannten Gremien verfügbar zu machen, insbesondere für die VDI-Bezirksvereine, die zugeordneten VDI-Mitglieder und für die →Umweltschutzbeauftragten. *Grefen*

Literatur: Umwelttechnik im VDI. 1992.

Vegetationsindex. Als V. bezeichnet man einen numerischen Wert, der als arithmetische Kombination von Strahlungsintensitäten verschiedener Spektralbereiche berechnet wird. Der Zweck einer solchen Kombination von Spektralkanälen (→Multispektralscanner) besteht darin, ein einfaches Maß für das Vorhandensein und den Zustand der lebenden Vegetation zu bekommen. Geeignete Spektralkanäle liegen bei 0,44 μm und 0,66 μm, den Absorptionsmaxima des Chlorophylls, bei 0,55 μm, dem Minimum der Absorption, und bei Wellenlängen größer als 0,7 μm, in denen keine Absorption mehr auftritt.

Es sind bisher verschiedene Kombinationen von Spektralkanälen erprobt und mit Vegetationszuständen korreliert worden. Die beiden gebräuchlichsten V. werden zum einen durch einfache Verhältnisbildung (Ratio) und zum anderen durch das Verhältnis von Differenz zur Summe (normalisierte Differenz) zweier Spektralkanäle gebildet.

Ziel der Untersuchungen zum V. ist es, aus Langzeitbeobachtungen mit multispektralen Satellitendaten Trends des biologischen Zustands der Vegetation zu ermitteln. *Rossbach/Schroeder*

Vektor. Als V. bezeichnet man ein DNA-Molekül, das geeignet ist, eine →Wirtszelle zu transformieren (→Transformation) bzw. zu transfizieren (Transfektion).

Um zu einer stabilen Transformation bzw. Transfektion zu gelangen, muß der V. in der Wirtszelle autonom replizierbar sein, d. h. einen von der Wirtszelle erkennbaren Ursprung der Replikation (ori) besitzen. V., die unterschiedliche ori besitzen und somit in verschiedenartigen Wirtszellen vermehrbar sind, bezeichnet man als Schaukelvektor (*engl.* shuttle vector).

V. werden in der →Gentechnik benutzt, um artfremde DNA in Zellen einzuschleusen. Hierzu muß der V. Erkennungssequenzen für Restriktionsendonucleasen aufweisen, die ein Einfügen heterologer DNA-Fragmente erlauben. Ein V., der lediglich die Vermehrung einer heterologen DNA in einer Wirtszelle ermöglicht, wird als →Klonierungsvektor bezeichnet; kann die heterologe DNA auch in ein entsprechendes Genprodukt translatiert werden, spricht man von Expressionsvektor. Die Identifikation des V. in einer transformierten Wirtszelle wird durch geeignete Marker, z. B. Resistenzgene oder Gene, die für leicht identifizierbare Enzyme codieren, ermöglicht.

V. zur Transformation von Bakterien, niederen Eukaryonten und Pflanzen sind überwiegend von natürlich vorkommenden Plasmiden abgeleitet, können aber auch genetische Elemente von Bakteriophagen enthalten (→Phasmid). Zur Transfektion von tierischen Zellen werden Vektoren konstruiert, die genetische Elemente, insbesondere Insertionssequenzen und Replikationsursprünge von Viren enthalten.

Die Beschaffenheit der V. ist bei der Eingruppierung von gentechnisch veränderbaren Organismen in Risikostufen gemäß GenTSV zu berücksichtigen (→Gentechnik-Sicherheitsverordnung). *Flohé*

Venturikanal. Der V. ist ein Meßbauwerk zur Durchflußmessung, das in Abwasseranlagen sehr häufig eingesetzt wird.

Wesentlicher Bestandteil eines V. ist eine strömungsgünstig ausgebildete, symmetrisch angeordnete, seitliche Einengung des Durchflußquerschnitts, die in der Engstelle einen Fließwechsel vom Strömen zum Schießen bewirken soll. Dadurch kann die Durchflußmessung auf eine Wasserstandsmessung im Zulaufbereich der Meßstelle vor Beginn der Staulinie zurückgeführt werden. Das Verfahren setzt voraus, daß im Zulaufkanal zur Meßstelle strömender Abfluß über den gesamten Meßbereich herrscht. Ebenso muß die Rückstaufreiheit im Auslauf der Meßstelle gewährleistet sein, andernfalls ist in Ausnahmefällen eine zusätzliche Wasserstandsmeßstelle in der Engstelle durchzuführen.

V. haben folgende charakteristische Eigenschaften:
- relativ geringe Verluste an Energiehöhe, d. h. geringen Aufstau,
- Eignung auch für feststoffhaltiges Abwasser, da durchgehende Gerinnesohle,
- Eignung für stark schwankende Durchflüsse ab 10% Q_{max},
- Empfindlichkeit gegen Rückstau,
- relativ großer Platzbedarf.

Der Länge der Drosselstrecke kommt bei der Berechnung der Abflußkurve besondere Bedeutung zu. Ist die Drosselstrecke zu kurz, können Druckumlagerungen Veränderungen des Abflußverhaltens bewirken, was die Berechnung einer Abflußkurve unmöglich macht. Durch andere Formen des Querschnittverbaues und der Gestaltung der Sohlgefälle können diese Eigenschaften in gewissem Umfang variiert werden, so daß eine bessere Anpassung des Meßverfahrens an die örtlichen Verhältnisse erreicht werden kann. In Anbetracht der Fehlereinflüsse von Bauwerkstoleranzen und der Rauheit des Materials sollten wegen der Bedeutung der Abflußmessung im Kläranlagenablauf nur standardisierte vorgefertigte Meßgerinne verwendet werden, die darüber hinaus auch einzelkalibriert sind. *Mertsch*

Venturiwäscher. Von dem zu den naßarbeitenden →Abscheidern zählenden V. gibt es viele Bauformen. Ihnen gemein ist das sog. Venturirohr (Bild), in dem das zu reinigende Gas auf Geschwindigkeiten von etwa 100 m/s beschleunigt wird. Die Zugabe der Waschflüssigkeit erfolgt meist in der Kehle, wo sie in feinste Tröpfchen zerrissen wird. Dabei und während des Flugs durch den Diffusor nehmen die Tropfen die Staubpartikeln auf. Diese Mehrphasen-

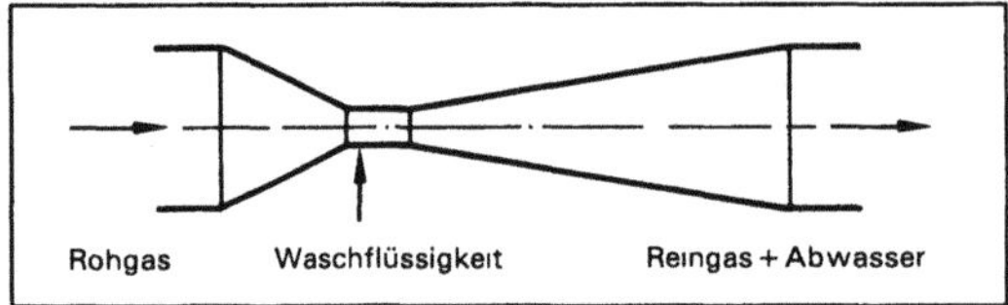

Venturiwäscher: Schematischer Aufbau.

strömung muß anschließend einer Apparatur zur Tropfenabscheidung zugeführt werden.

Bei dem V. handelt es sich um eine sehr kompakte, leistungsfähige Wäscherbauart. Es können Partikeln bis herab zu 0,2 μm noch wirkungsvoll abgeschieden werden. Dabei tritt allerdings ein Druckverlust bis zu 20 000 Pa auf, der ein entsprechend dimensioniertes Gebläse erfordert. *Löffler/Schmidt*

Verbandsklage. Unter V. versteht man im →Umweltrecht die Befugnis von Umweltverbänden, gegen umweltbelastende hoheitliche Maßnahmen verwaltungsgerichtlich Klage erheben zu können. Gemäß § 42 Abs. 2 VwGO ist die Geltendmachung einer eigenen Rechtsverletzung Sachurteilsvoraussetzung nur, soweit gesetzlich nichts anderes bestimmt ist. Das gibt dem Bundesgesetzgeber und den Landesgesetzgebern die Möglichkeit zur Einführung der V. Voraussetzung der Klagebefugnis ist zumeist, daß der Verband durch die Verletzung naturschutzrechtlicher Vorschriften in seinen satzungsmäßigen Aufgaben berührt wird und daß er von seinem Mitwirkungsrecht im vorausgegangenen Verfahren Gebrauch gemacht hat. Rügen kann der Verband die Verletzung von Vorschriften des Naturschutzrechts durch die angefochtene behördliche Maßnahme oder durch die Unterlassung einer solchen.

Ohne eine ausdrückliche gesetzliche Regelung lehnt die Rechtsprechung eine V. als unzulässig ab. Verbände können danach nur eigene Rechte, nicht aber die Rechte ihrer Mitglieder oder das Allgemeininteresse vor dem Verwaltungsgericht geltend machen. *Hoppe/Beckmann*

Literatur: *Gassner:* Treuhandklage zugunsten von Natur und Landschaft. Berlin 1985. – *Jasper:* Verbandsklage. MDR (1985) 639 ff. – *Kloepfer:* Umweltrecht, § 5 Rn. 28 ff. München 1989.

Verbindlichkeit von technischen Regeln →Umweltstandard

Verbraucherschutz. Schwerpunkt des V. ist der Schutz vor defekten und gefährlichen Produkten, vor unlauterer Werbung und unlauteren Geschäftsbedingungen und vor überhöhten Preisen.

Umweltbezogene Regelungen des V. finden sich insbesondere im →Gefahrstoffrecht. Dem V. dienen daneben Verbraucherverbände und die Ein-

richtung von Warentestinstituten. In der Bundesrepublik wurde 1964 die Stiftung Warentest in Berlin errichtet. Ihre Aufgabe ist es, die Öffentlichkeit aufgrund vergleichender Tests über Waren und Dienstleistungen zu informieren. *Hoppe/Beckmann*

Verbrennungsluftverhältnis →Luftverhältnis

Verbrennungsmotoranlage. Stationäre V. unterliegen der Genehmigungspflicht nach dem BImSchG (Nr. 1.4 des Anhangs zur →4. BImSchV), und zwar uneingeschränkt, wenn sie mit Altöl oder mit Deponiegas betrieben werden; werden andere Kraftstoffe eingesetzt, so gilt die Genehmigungsbedürftigkeit bei einer Feuerungswärmeleistung der Anlage ab 1 MW (ausgenommen V. für Bohranlagen und Notstromaggregate). Die Genehmigung wird im vereinfachten Verfahren (→Genehmigungsverfahren nach dem BImSchG) erteilt.

Genehmigungsbedürftige V. werden hauptsächlich eingesetzt als Stromerzeugungsanlagen und in Blockheizkraftwerken. Grundsätzlich weisen stationäre V. ein den Kraftfahrzeugmotoren ähnliches Abgas-Emissionsspektrum auf; die relevanten Emissionskomponenten sind NO_x, CO und organische Stoffe (HC), bei Dieselmotoren zusätzlich noch Rußpartikel und ggfs. auch Schwermetall-Staubinhaltsstoffe wie Nickel und Vanadium sowie – an Rußpartikel angelagerte – →polyzyklische aromatische Kohlenwasserstoffe (PAH). Bei schwefelhaltigen Kraftstoffen, insbesondere Schweröl und Dieselkraftstoff, treten auch SO_2-Emissionen auf. Sonderkraftstoffe wie Altöl und Deponiegas lassen weitere Schadstoffe im Abgas erwarten, z. B. Halogenverbindungen.

Für die Emissionsminderung sind die Vorschriften der →TA Luft maßgebend, die neben den Anforderungen in 2.3, 3.1.5, 3.1.6 und 3.1.7 in 3.3.1.4.1 noch besondere Anforderungen hinsichtlich Staub-, CO-, NO_x- und SO_2-Emissionen enthält, woraus sich spezifische Emissionsminderungsmaßnahmen und -einrichtungen ableiten. In Ausfüllung des Dynamisierungsvorbehalts in 3.3.1.4.1 hinsichtlich der Selbstzündungsmotoren (Dieselmotoren) hat der Länderausschuß für Immissionsschutz im Mai 1991 Grenzwertverschärfungen und entsprechende technische Maßnahmen zur bundeseinheitlichen Anwendung vorgeschlagen. Im wesentlichen sollen zur NO_x-Minderung Abgasrückführung und Selektive Katalytische Reduktion (SCR-Katalysator) sowie zur Verminderung der Dieselrußemissionen Rußfilter eingesetzt werden. Letztere Maßnahme korrespondiert mit dem Emissionsminderungsgebot in 2.3 der TA Luft für krebserzeugende Stoffe, nachdem Dieselmotor-Emissionen (wegen der wahrscheinlichen PAH-Anlagerung an den Dieselruß) in Gruppe IIIA2 der MAK-Werte-Liste eingestuft sind.

Für Otto-Motoren kommen in Abhängigkeit von Motorart und Kraftstoff zur Emissionsminderung im wesentlichen Magergemischverbrennung, oft in Verbindung mit Oxidationskatalysatoren, sowie geregelte →Drei-Wege-Katalysatoren in Betracht, wobei Katalysatoren dann ausscheiden, wenn in dem zugeführten Abgas Katalysatorgifte nicht ausgeschlossen werden können.

Maßnahmen zur Lärmminderung: →Blockheizkraftwerke. *Kaier*

Literatur: *Davids, P.; M. Lange:* Die TA Luft '86, Technischer Kommentar. Düsseldorf 1986.

Verdachtsfläche. Kurzform für Altlast-V. bzw. altlastverdächtige Fläche im Zusammenhang mit →Altablagerung und →Altstandort. Die Begriffe Altablagerung und Altstandort sind hinsichtlich ihrer Verunreinigungs- und Gefährdungssituation zunächst wertfreie Bezeichnungen. Besteht aber aufgrund ihrer Entstehung der hinreichende Verdacht, daß Verunreinigungen vorliegen und daß von diesen Gefährdungen für Mensch und Umwelt ausgehen oder in Zukunft ausgehen können, dann werden diese Flächen als V. bezeichnet. Wenn kein Schadstoffpotential und keine Emissionen nachgewiesen werden, entfällt die Einordnung als V.

Aus Vorsorgegründen wird jede Altablagerung und jeder Altstandort im Rahmen der →Altlastenerfassung zu einer V., die hinsichtlich ihrer Auswirkungen auf den Menschen sowie auf die belebte und unbelebte Umwelt zu bewerten ist (→Gefährdungsabschätzung). Rechtlich wird bei den Auswirkungen von der Beeinträchtigung des Allgemeinwohls bzw. von einer Gefahr für die öffentliche Sicherheit oder Ordnung gesprochen. Zu den V. zählen auch alle rüstungsaltlastverdächtigen Flächen und ehemals genutztes militärisches Gelände (→Rüstungsaltlasten).

Während in den alten Bundesländern nur stillgelegte Anlagen, Grundstücke und Flächen zur Erfassung als V. herangezogen werden, sind in den neuen Bundesländern in der Vergangenheit aufgrund der Altlastendefinition in der ehemaligen DDR auch in Betrieb befindliche Ablagerungsplätze und Betriebsstandorte sowie Flächen mit großflächigen Kontaminationen in die Erfassung aufgenommen worden. Die Erfassung ist sowohl in den alten als auch in den neuen Bundesländern noch nicht abgeschlossen. Hochrechnungen kommen zu einem geschätzten Bestand von 60 000 bis 70 000 V. in den alten Bundesländern, in den neuen Bundesländern wird mit etwa 60 000 V. nach Abschluß der Erfassung gerechnet. *Thoenes*

Literatur: SRU: Altlasten. Stuttgart 1990. – *Wieczorek, B.:* Altlasten, eine ökologische Herausforderung. Umwelt **12** (1991) S. 537/40.

Verdachtsflächenerkundung. Teilschritte der →Altlastenerfassung und -bewertung. Die notwendige V. geht stufenweise vor und unterteilt die Arbeitsschritte, z. B. in historische, orientierende und nähere V.

Zur historischen V. gehören u. a. Durchsicht von Akten, Befragungen von Zeitzeugen, Auswertung vorliegender Luftbilder und vorhandener Gutachten. Zur orientierenden V. gehören Standortbegehungen und einfache Messungen, um einen Überblick über Art und Umfang der Schadstoffkontamination und der betroffenen →Schutzgüter am Altablagerungsplatz bzw. am Altstandort zu erhalten. Im Rahmen der näheren V. werden ergänzende technische Untersuchungen und Messungen über das räumliche Ausmaß der Schadstoffe, über die Ausbreitung und Wirkung der Schadstoffe durchgeführt (→Verdachtsflächenuntersuchung). Im Rahmen der →Sanierungsuntersuchung wird auch als Voraussetzung zur Erarbeitung von alternativen Sanierungsvorschlägen der Begriff der *eingehenden V.* benutzt. *Thoenes*

Literatur: *Hillmert, C.:* Bewertung von Altlasten zur Dringlichkeitseinstufung und Ermittlung des Handlungsbedarfs. In: Arendt, F. et al. (Hrsg.): Altlastensanierung '90. Dordrecht 1990.

Verdachtsflächenuntersuchung, chemische. C. V. dienen dem analytischen Nachweis von Verunreinigungen in den Umweltmedien Wasser, Boden und Luft. Bei Altablagerungen ist oft auch eine Analyse der abgelagerten Stoffe notwendig.

Für die Identifizierung findet bei genügender Information über die Verdachtsflächen eine gezielte Untersuchung auf bestimmte Stoffe statt. Bei nicht ausreichenden Informationen müssen die unbekannten Stoffe durch eine systematische Untersuchung mit Hilfe abgestufter Analysenprogramme (→Analysenstrategie zur Altlastenuntersuchung) ermittelt werden.

Von entscheidender Bedeutung ist die →Probenahme, hier ist auf →Repräsentativität der entnommenen Proben besonders zu achten. Einzelheiten über die Probenahme, die Konservierung, den Transport, die Lagerung und über die Vorbereitung der Probe für die Analyse sind in einer Dokumentation so zu beschreiben, daß jederzeit alle Arbeitsgänge nachvollziehbar sind. Für die Analyse sollten nur anerkannte, in der Regel vereinbarte oder in Vorschriften vorgegebene Verfahren eingesetzt werden. Die Analysen werden teilweise vor Ort (Felduntersuchungen) durchgeführt. Die für Probenahme und Analyse zuständigen Untersuchungsstellen sollten die Anforderungen der →Qualitätssicherung erfüllen.

□ Untersuchungen von Wasserproben.
Die meisten der Analysenprogramme mit ihren Parameterlisten sind für die Untersuchung von Grundwasser entwickelt worden. Sie können aber im allgemeinen auch für die Analyse von Oberflä-

chenwasser verwendet werden. Für die Analyse von Sickerwasser existieren eigene Stofflisten.

□ Untersuchungen von Bodenproben. Bei der Analyse von Bodenproben ist es zweckmäßig, nach einem abgestuften Programm vorzugehen. Um möglichst auch alle mobilisierbaren Schadstoffe zu erfassen, muß die Probe aufgeschlossen, eluiert oder extrahiert werden. Neben der reinen Stoffermittlung ist die Bestimmung der Bodeneigenschaften, wie Kornaufbau, der Anteil an Tonmineralien und organischer Substanz, der pH-Wert und die Austauschkapazität notwendig. In den Parameterlisten zur Untersuchung von Bodenproben aus Altlasten findet man im wesentlichen die gleichen Stoffe und Summenparameter wie für die Untersuchung des Grundwassers. Von besonderem Interesse sind unter den halogenierten Produkten Polychlorierte Biphenyle (PCB), Pentachlorphenol (PCP) sowie Polychlorierte Dibenzo-Dioxine und -Furane.

□ Untersuchung der Bodenluft und der Gase: →Bodengasanalyse. *Thoenes*

Literatur: SRU: Altlasten. Stuttgart. 1990. – LWA Materialien: Leitfaden zur Grundwasseruntersuchung bei Altablagerungen und Altstandorten. Landesamt für Wasser und Abfall Nordrhein-Westfalen 7/89. Düsseldorf 1989.

Verdachtsflächenuntersuchung, geophysikalische. Sie dient als Hilfsmittel bei der Erfassung der geologischen Verhältnisse und der Ausdehnung und Struktur der Verdachtsflächen. Der Einsatz der verschiedenen Methoden erlaubt mehr oder weniger detaillierte Rückschlüsse auf

– unterschiedliche Gesteinsschichten im Nahbereich,
– wasserführende Bereiche,
– Lage des Grundwasserspiegels,
– Ausdehnung und Begrenzung von Altablagerungen,
– Abgrenzung der verschiedenartigen Inhalte und Strukturen im Abfallkörper.

Die Identifizierung und Leistungsfähigkeit der Methoden sind von den lateralen und vertikalen Änderungen der physikalischen Eigenschaften des Untergrundes abhängig.

Bei der g. V. – vornehmlich Altablagerungen – können

– Radarmessungen,
– Messungen mit elektromagnetischen Induktionssonden,
– geoelektrische Widerstandsmessungen,
– seismische Messungen,
– Messungen mit Metalldetektoren,
– Messungen der Stärke des magnetischen Feldes mit dem Magnetometer

eingesetzt werden. Die Vorteile dieser Methoden liegen in der schnellen Erkundung großer Flächen und im Einsatz von der Oberfläche aus ohne Eingriff in den Untergrund. Die g. V werden in der Regel in

Kombination mit anderen Verfahren eingesetzt. So können diese Verfahren als Basis zur Ermittlung geeigneter Orte für die Probenahme durch →Schürfverfahren, Sondierbohrungen oder für die Einrichtung von Beobachtungsbrunnen eingesetzt werden. *Thoenes*

Literatur: *Vogelsang, D.:* Geophysik an Altlasten. Berlin 1991. – Niedersächsisches Landesamt für Bodenforschung: Leitlinien zur Geophysik an Altlasten. Hannover 1990.

Verdachtsflächenuntersuchungen, hydrogeologische. Untersuchungsmethoden zur Ermittlung der Beschaffenheit und Dynamik des natürlichen Wasserhaushaltes, insbesondere des Grundwassers. Sie sind für die Bewertung des Gefährdungspotentials von Verdachtsflächen unerläßlich, wenn nicht aus amtlichen Unterlagen bereits genügend Vorkenntnisse über die örtlichen Verhältnisse vorliegen.

Um die Ausbreitung von Schadstoffen im Grundwasser und deren Möglichkeiten zu erkennen, sind besonders die hydrogeologischen Kenngrößen über die Durchlässigkeit des Untergrunds, die Lage des Grundwasservorkommens, die Grundwasserfließrichtungen im An- und Abstrom sowie deren Fließgeschwindigkeiten im Bereich der Verdachtsflächen erforderlich (Tabelle).

Verdachtsflächenuntersuchung, hydrogeologische. Tabelle: Übersicht der gebräuchlichen Untersuchungsverfahren zur Ermittlung der hydrogeologischen Kenngrößen an Verdachtsflächen.

Ermittlung der Durchlässigkeit des Untergrunds:
– Pumpversuche am Brunnen und an Meßstellen
– Kurzpumpversuche am Brunnen
– Auffüllversuche, z. B. bei gering durchlässigen Gesteinen
– Wasserdruckversuche
– Markierungsversuche
– Einbohrlochverfahren mit radioaktiven Isotopen
– Einschwingverfahren
Ermittlung der Grundwasserfließrichtung und der Grundwasserfließgeschwindigkeiten
– Markierungsversuche
– Einbohrlochverfahren mit radioaktiven Isotopen

Die Durchlässigkeit kann auch aus boden-mechanischen Untersuchungsergebnissen der Korngrößenanalyse berechnet werden. Die Grundwasserfließrichtung läßt sich graphisch aus den Grundwassergleichenplänen und die Grundwasserfließgeschwindigkeit aus dem Durchlässigkeitsbeiwert, dem hydraulischen Gefälle und dem nutzbaren Poren- bzw. Kluftvolumen ermitteln.

Um einen ersten Einblick in den Untergrund von Verdachtsflächen zu erhalten, ist es empfehlenswert, mindestens ein geologisches Profil oder einen Schnitt in Grundwasserfließrichtung durch den Untergrund der Verdachtsfläche aufzunehmen. In der Nähe der Verdachtsfläche schon betriebene Grundwassermeßstellen können bezüglich ihrer Lage zum Grundwasserstrom erste Erkenntnisse über die Festlegung der Standorte für weitere Meßstellen liefern.

Geologische Landesämter verfügen über die geologischen Karten der Landesaufnahme und in der Regel über spezielle Karten zur Hydrogeologie. Liegen die Verdachtsflächen im Bereich früherer Bergwerksanlagen, sind Unterlagen bei dem zuständigen Bergamt vorhanden. *Thoenes*

Literatur: *Langguth, H.* u. *R. Vogt:* Hydrogeologische Methoden. Berlin 1980.

Verdampfungsemission. Im Kfz-Bereich unterscheidet man, neben den V. beim Betanken eines Fahrzeuges, Verluste beim Kaltabstellen (Diurnal-Losses-Emission), Verluste beim Heißabstellen (Hot-Soak-Emission) und die Verluste während des Fahrbetriebs (Running-Losses-Emission).

Bis zum Inkrafttreten der →Kfz-Abgas-Grenzwerte nach der EG-Richtlinie 91/441/EWG waren Verdampfungsverluste bei PKW mit Ottomotor nur bei der Einstufung als schadstoffarm nach Anlage XXIII der StVZO limitiert. Die Grenzwerte für den neuen Europäischen Fahrzyklus (→ECE-Test) limitieren die V. sowohl für die Typprüfung, gültig ab dem 1. 7. 1992, als auch für die Serienprüfung, gültig ab dem 31. 12. 1992, auf 2 g/Test. Die Einhaltung dieses festgelegten Grenzwertes erfordert den Einsatz eines →Aktivkohlekanisters zum Auffangen der aus dem Tanksystem entweichenden Kohlenwasserstoffe.

Die Messung der Kalt- und Heißabstellverluste erfolgt nach einer entsprechenden Vorkonditionierung des Kfz in einer gasdichten Hülle (→SHED-Test). Eine Bestimmung der Verdampfungsverluste im Fahrbetrieb ist nur dann erforderlich, wenn nach Prüfung der technischen Gegebenheiten nicht ausgeschlossen werden kann, daß derartige Emissionen im Fahrbetrieb auftreten. Die Messung erfolgt dann mit Aktivkohlefallen, die man an verschiedenen Stellen am Kraftfahrzeug anhängt und nach dem Test auswertet. *Kind/May*

Verdeckung. Mit V. wird bei Einwirkung von zwei unterschiedlich starken Schallereignissen das Nichtmehr-Hören des leiseren Schallereignisses bezeichnet (→Fremdgeräusch). Die V. ist abhängig von den Frequenzspektren und den Schalldruckpegeln der beiden Geräusche.

Beachtet wird die V. im Immissionsschutz bei der Einräumung einer Frist zur Durchführung von Lärmschutzmaßnahmen. Nach Nr. 2.213 der TA Lärm kann die Genehmigungsbehörde für die Durchführung von Lärmschutzmaßnahmen eine Frist gewähren, wenn durch den Betrieb der Anlage wegen ständig einwirkender Fremdgeräusche keine zusätzlichen Störungen der Nachbarschaft eintreten.

Der Begriff ständig einwirkende Fremdgeräusche ist in der TA Lärm nicht eindeutig definiert, wird aber in der Praxis mit einer ständigen V. gleichgesetzt. Als ständig einwirkend gilt nach neuerer Auffassung ein Geräusch (Fremdgeräusch), wenn es zu 95 % der Beurteilungszeit den →Mittelungspegel des Anlagengeräusches überschreitet. Voraussetzung hierfür ist, daß die Frequenzzusammensetzung des Anlagen- und des Fremdgeräusches ähnlich ist.

In der →Sportanlagen-Lärmschutzverordnung wird für ständig einwirkende Fremdgeräusche eine ähnliche Regelung angegeben *Strauch*

Verdünnungsrate (auch Durchflußrate). Bezeichnet beim kontinuierlich betriebenen →Bioreaktor (→Fermenter) die Rate des Zulaufs bezogen auf das Reaktionsvolumen. Dimension: h^{-1}. Zur Aufrechterhaltung einer bestimmten Biomassekonzentration im Fließgleichgewicht (Steady State) müssen suspendierte Mikroorganismen oder Zellen den Biomasseschwund infolge der V. durch eine dieser entsprechenden Wachstumsrate exakt kompensieren (→Auswaschpunkt). *Soeder*

Verdünnungszahl →Kennwerte, olfaktometrische

Veresterung. Als V. bezeichnet man die chemische Reaktion eines Alkohols mit einer Fett- oder Mineralsäure zum Reaktionsprodukt →Ester. Die wichtigste Methode zur Esterbildung (V.) ist die Alkoholyse von Karbonsäuren. *Adt/Birkner/May*

Verfärbungsdosimeter. Gerät zur Bestimmung hoher Strahlendosen. Gemessen wird die durch Strahlungseinfang an Spezialgläsern oder Mineralien aufgetretene Verfärbung des Festkörpers. Die Verfärbung ist ein Maß für die empfangene Strahlendosis. Da ein meßbarer Effekt erst bei Einwirkung höherer Dosen auftritt, finden V. vor allem für die Strahlenunfall-Folgeabschätzungen Anwendung. Die Intensität des ausgestrahlten Fluoreszenzlichtes ist in weiten Bereichen der eingestrahlten Dosis proportional.

Verfärbungen durch Strahlungseinwirkungen treten vor allem an Alkalihalogenidkristallen auf. Die charakteristische Färbung variiert für jeden Kristall; typisch ist gelb für Lithiumchlorid, LiCl, braun bis tiefblau für Natriumchlorid, NaCl, und Cäsiumchlorid, CsCl. Bevorzugt eingesetzt für diese Art der Dosismessung durch den sog. Radiophotolumineszenzeffekt sind silberaktivierte Phosphatgläser. *Merz*

Verfahrenskenngrößen, olfaktometrische. Neben den apparatebezogenen Kenngrößen wie →Totzeit, →Anstiegszeit und Einstellzeit sind diejenigen zur Charakterisierung des vollständigen Meßverfahrens (→Olfaktometrie) von besonderer Bedeutung. Hierzu gehören Ansprech-, Bestimmungs- und Einstellgrenzen, Arbeits- und Meßbereich sowie →Wiederholbarkeit und →Vergleichbarkeit.

Bezogen auf den Geruchspegel ist die Ansprechgrenze als 16-Perzentil und die →Bestimmungsgrenze als 84-Perzentil definiert. Geruchspegel unterhalb der Einstellgrenze sind nicht mehr sicher bestimmbar. Die Einstellgrenze ergibt sich als Summe aus dem 10fachen Logarithmus der – technisch bedingten – kleinstmöglichen Verdünnungszahl eines Olfaktometers und dessen Bestimmungsgrenze. →Nachweisgrenze und Einstellgrenze sind identisch (→Kennwerte, olfaktometrische) (Bild).

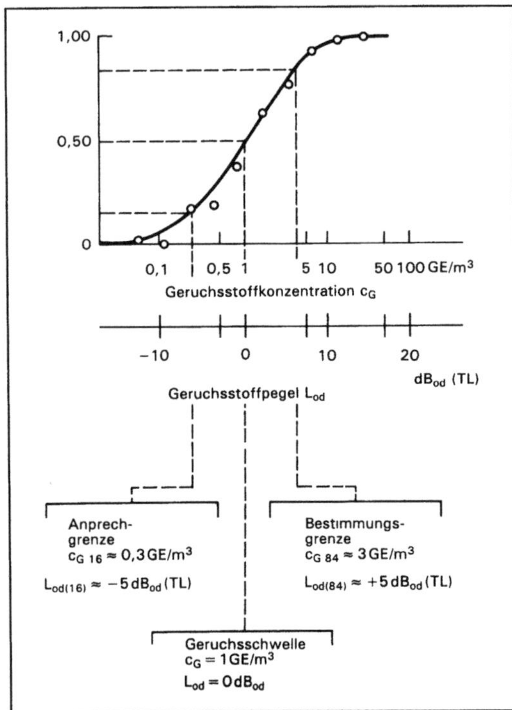

Verfahrenskenngrößen, olfaktometrische: Beispiel einer Geruchsschwellen-Kennlinie mit Verdeutlichung relevanter Kennwerte.

Die untere Grenze des Meßbereichs ist durch die Einstellgrenze, die obere durch das Produkt aus der größten einstellbaren Verdünnung und der Ansprechgrenze gegeben. Der Arbeitsbereich eines Olfaktometers ist durch den Bereich möglicher Verdünnungsstufen gegeben. Ohne Vormischer liegen diese üblicherweise zwischen 10^{-1} und 10^{-4}.

Wiederholbarkeit und Vergleichbarkeit sind wesentliche Gütekriterien jedes Meßverfahrens. Die Definitionen entsprechen denen der allgemeinen Meßtechnik (DIN/ISO 6879), mit geringfügigen Adaptationen an die Besonderheiten der Olfaktometrie. So etwa ist bei Geruchsschwellenbestimmungen der wahre Wert (externer Standard) unbekannt, so daß dieser nur per Konvention als Mittelwert aus mehreren Messungen bestimmt werden kann. Wiederholbarkeit meint den 95%-Bereich der absoluten Ergebnisdifferenzen von je zwei Einzelmessungen mit derselben Meßeinrichtung an identischem Material innerhalb eines Labors. Meßeinrichtung im Falle der Olfaktometrie umfaßt →Olfaktometer, Probenahme, Riecherstichprobe und Verfahrensvariante mit Auswertung.

Vergleichbarkeit meint den 95%-Bereich der absoluten Ergebnisdifferenzen von je zwei Einzelmessungen an identischem Material mit verschiedenen Meßeinrichtungen verschiedener Labors. Richtwerte für Wiederholbarkeit und Vergleichbarkeit olfaktometrischer Bestimmungen auf der Grundlage mehrerer Ringversuche finden sich in VDI 3881, Bl. 4. Hierbei handelt es sich um Momentaufnahmen einer Entwicklung, die Verbesserungen durch noch strengere Standardisierungsvorgaben erwarten läßt. *Winneke*

Literatur: DIN/ISO 6879: Air Quality – Performance characteristics and related concepts for air quality measuring methods. 01/1984.

Verfestigung von Abfällen →Abfallverfestigung

Vergleichbarkeit. V. R ist derjenige Wert, unterhalb dem die absolute Differenz zwischen zwei einzelnen Meßwerten eines Meßobjekts (Luftbeschaffenheitsmerkmals), die an identischem Material, aber unter verschiedenen Bedingungen gewonnen werden, mit einer vorgegebenen Wahrscheinlichkeit erwartet werden kann (VDI 2449, Bl. 2; VDI 2449, Bl. 1, E; DIN ISO 5725). Die Wahrscheinlichkeit beträgt 95%, wenn nichts anderes gefordert wird. Verschiedene Bedingungen bedeuten verschiedene Bearbeiter, verschiedene Geräte, verschiedene Laboratorien und/oder verschiedene Meßzeitpunkte. Diese Bedingungen liegen in der Regel bei Ringversuchen vor. Nach DIN ISO 5725 berechnet sich die V. zu

$$R = t_{f,95} \cdot \sqrt{2} \sqrt{S_L^2 + S_r^2}$$

$\sqrt{S_L^2 + S_r^2}$ wird als Vergleichsstandardabweichung bezeichnet.

Für den Fall einer unterschiedlichen Anzahl von Mehrfachbestimmungen (P Mehrfachbestimmungen, jeweils mit der Kollektivgröße n_i) berechnet sich S_r (als Wiederholstandardabweichung) und S_L (als Standardabweichung zwischen den Labors) zu

$$S_r^2 = \frac{\sum\limits_{i=1}^{P} (n_i - 1)\, S_i^2}{\left(\sum\limits_{i=1}^{P} n_i \right) - P}$$

und

$$S_L^2 = \frac{\dfrac{1}{P-1} \cdot \sum\limits_{i=1}^{P} n_i \left[\overline{y}_i - \dfrac{\sum\limits_{i=1}^{P} n_i\, \overline{y}_i}{\sum\limits_{i=1}^{P} n_i} \right]^2 - S_r^2}{\dfrac{1}{P-1} \cdot \left[\sum\limits_{i=1}^{P} n_i - \dfrac{\sum\limits_{i=1}^{P} n_i^2}{\sum\limits_{i=1}^{P} n_i} \right]}$$

S_i ist die Standardabweichung des i-ten Kollektives. $t_{f,95}$ ist ein Faktor, der (für die Wahrscheinlichkeit von 95 %) von der Anzahl f der Prüfergebnisse abhängig ist. Für normalverteilte Kollektive ist $t_{f,95}$ der entsprechende Studentfaktor ($t_{f,95} \approx 2$).

Die Berechnung der V. R wird für jedes Merkmalsniveau gesondert durchgeführt. *Birkle*

Verkehrsberuhigung. Die V. hat zum Ziel, durch geeignete Maßnahmen den Straßenverkehrsablauf so zu beeinflussen, daß vordringlich die Verkehrssicherheit erhöht und zusätzlich eine Entlastung der Umwelt, z. B. durch geringere Geräusch- und Schadstoffemissionen, erreicht wird.

Wegen des großen Einflusses der Fahrgeschwindigkeit auf die Verkehrssicherheit sind Maßnahmen der V. auf eine Minderung der Geschwindigkeit und auf eine gleichmäßige Fahrweise bei geringer Geschwindigkeit ausgerichtet.

Hierfür geeignete bauliche Maßnahmen sind z. B.:
– Verringerung der Fahrbahnquerschnitte durch Anlage von Parkstreifen, Parkbuchten, Radwegen, Grünstreifen
– punktuelle Fahrbahnverengungen durch Einbau von Mittelinseln, Anlage von Linksabbiegespuren, Fahrbahnverschwenkungen
– Änderungen der Fahrbahnoberflächen durch Einbau von Hindernissen oder durch Aufpflasterungen.

Bei Änderungen der Fahrbahn von Asphalt- in Pflasteroberfläche ist auf eine Zunahme der Roll-

geräusche durch die Pflasterung hinzuweisen, die zu Belästigungen von Anwohnern führen können. *Strauch*

Verkehrsbeschränkung, außerhalb Smogalarm. V., die unabhängig von →Smogverordnungen, angeordnet werden können zum Schutz der Wohnbevölkerung vor Abgasen (Straßenverkehrsordnung) oder zur Vermeidung bzw. Verminderung schädlicher Umwelteinwirkungen auf bestimmten Straßen oder in bestimmten Gebieten (→Bundes-Immissionsschutzgesetz).

Die Ermächtigung in § 45 der Straßenverkehrsordnung (StVO) für V. zum Schutz der Wohnbevölkerung besteht schon seit vielen Jahren. Sie setzt aber nach vorherrschender Rechtsauffassung eine akute Gefährdung der Wohnbevölkerung voraus, die erst bei Überschreitungen der Schwellenwerte für die Alarmstufen der Smog-Verordnung gegeben ist. In der Praxis haben deshalb V. nach § 45 StVO außerhalb von Smogalarm kaum Bedeutung gewinnen können, u. a. auch deshalb, weil Luftqualitätsmessungen im unmittelbaren Straßenraum in der Vergangenheit nur vereinzelt durchgeführt worden sind. 1990 wurde deshalb in § 40 (2) BImSchG eine neue Ermächtigungsgrundlage geschaffen, die verkehrsbeschränkende Maßnahmen unabhängig von der Existenz einer austauscharmen Wetterlage ermöglicht, um schädliche Umwelteinwirkungen zu vermindern oder ihr Entstehen zu vermeiden. Die Ermächtigung zu verkehrsbeschränkenden Maßnahmen bezieht sich auf *bestimmte Straßen oder bestimmte Gebiete*. Aus der Entstehungsgeschichte von § 40 (2) BImSchG ist abzuleiten, daß dies kleinräumig zu verstehen ist (Teile von Stadtvierteln), so daß z. B. die Sperrung ganzer Städte oder Ballungsgebiete nicht darauf abgestützt werden kann. § 40 (2) BImSchG scheidet damit als Instrument zur direkten Bekämpfung des →Sommersmog aus.

Die Anwendung von § 40 (2) BImSchG läuft in mehreren Stufen ab. Zunächst muß die Immissionsschutzbehörde im Hinblick auf die örtlichen Verhältnisse prüfen, ob schädliche Umwelteinwirkungen vorliegen oder zu vermeiden sind. Kriterien für diese Beurteilung enthält der Entwurf der Verordnung über die Festlegung von Konzentrationswerten, 23. BImSchV (Bundesratdrucksache 591/93 vom 21. 7. 1993), dem der Bundesrat im März 1994 zugestimmt hat. Danach soll ein Konzentrationswert für die Kurzzeitbelastung durch Stickstoffdioxid von 160 μg/m³ (98-Prozent-Wert aller Halbstundenmittel eines Jahres) gelten. Für die cancerogenen Schadstoffe Benzol und Ruß (Dauerbelastung) ist folgender Stufenplan der Konzentrationswerte vorgesehen: ab 1. 7. 1995: Ruß 14 μg/m³; Benzol 15 μg/m³ ab 1. 7. 1998: Ruß 8 μg/m³, Benzol 10 μg/m³ (jeweils arithmetisches Jahresmittel). Darüber hinaus regelt der Entwurf die zugehörigen Meß- und Beurteilungsverfahren und enthält Vorgaben zur Meßplanung.

Um den bei der Prüfung oftmals entstehenden erheblichen Meßaufwand einzuschränken, ist der eigentlichen Messung und Beurteilung ein Prüfschritt vorgeschaltet, um die für eine Anwendung von § 40 (2) BImSchG relevanten Straßen und Gebiete festzulegen. Kriterien sind hierbei u. a. die Verkehrsfrequenz, die Bebauungsstruktur, die Wohnnutzung und die Ergebnisse bereits durchgeführter orientierender Messungen oder Modellrechnungen.

Hält die Immissionsschutzbehörde nach ihrer Prüfung verkehrsbeschränkende Maßnahmen für erforderlich, so können diese von der Straßenverkehrsbehörde durchgeführt werden. Die Straßenverkehrsbehörde hat bei der Prüfung der Maßnahmen die Verkehrsbedürfnisse und die städtebaulichen Belange mit dem Votum der Immissionsschutzbehörde abzuwägen. Die Maßnahmen können sowohl zeitlich befristete Beschränkungen sein (z. B. Geschwindigkeitsbeschränkungen bei Überschreitungen von Kurzzeitwerten), als auch dauerhaft angelegt sein (z. B. Sperrungen für Kraftfahrzeuge ohne geregelten Katalysator oder für Lastkraftwagen mit hohen Rußemissionen). *Bruckmann*

Verkehrserschütterungen →Schienenverkehrserschütterungen, →Straßenverkehrserschütterungen, →U-Bahn-Erschütterungen

Verkehrsgeräusch →Straßenverkehrsgeräusch, →Schienenverkehrsgeräusch, →Schiffahrtsgeräusch, →U-Bahn-Verkehrsgeräusch

Verkehrslärmschutzverordnung. Die V. ist die Sechzehnte Verordnung zur Durchführung des Bundes-Immissionsschutzgesetzes – 16. BImSchV – vom 12. Juni 1990 (BGBl. I S. 1036). Sie gilt für den Bau oder die wesentliche Änderung von öffentlichen Straßen sowie von Schienenwegen der Eisenbahnen und Straßenbahnen (→Straßenverkehrsgeräusch, →Schienenverkehrsgeräusch.)

Danach dürfen zum Schutz der Nachbarschaft vor schädlichen Umwelteinwirkungen durch Verkehrsgeräusche beim Bau oder der wesentlichen Änderung einer Straße oder eines Schienenweges folgende →Immissionsgrenzwerte nicht überschritten werden:

– an Krankenhäusern, Schulen, Kurheimen und Altenheimen
  tags 57 dB(A) nachts 47 dB(A)
– in reinen und allgemeinen Wohngebieten und Kleinsiedlungsgebieten
  tags 59 dB(A) nachts 49 dB(A)

– in Kerngebieten, Dorfgebieten und Mischgebieten
  tags 64 dB(A) nachts 54 dB(A)
– in Gewerbegebieten
  tags 69 dB(A) nachts 59 dB(A).

Als wesentliche Änderung gilt bereits, wenn die Straße um einen Fahrstreifen oder der Schienenweg um ein Gleis erweitert wird, oder wenn der vorhandene →Beurteilungspegel um 3 dB(A) oder auf 70 dB(A) am Tage oder 60 dB(A) in der Nacht durch die Änderung erhöht wird.

Das in Anlage 1 zur 16. BImSchV zur Ermittlung der Beurteilungspegel für Straßenverkehrslärm vorgegebene Rechenverfahren entspricht dem Rechenverfahren der →RLS-90, geht aber – bis auf die in der höherrangigen Anlage 1 genannten Fälle – der RLS-90 vor. Für die Berechnung der Beurteilungspegel für Schienenwege gilt Anlage 2 der 16. BImSchV; auch hier wird für Sonderfälle (Wirksamkeit von Minderungsmaßnahmen) auf eine spezielle Richtlinie Schall 03 sowie für Rangier- und Güterbahnhöfe auf die Richtlinie Akustik 04 (→Rangierbahnhof) verwiesen. *Strauch*

Verkehrsrechtliche Maßnahme. V. M. zur Geräuschminderung können von den Straßenverkehrsbehörden nach § 45 der Straßenverkehrsverordnung (StVO) angeordnet und durchgeführt werden.

Danach haben die Behörden das Recht, durch Verkehrszeichen und Verkehrseinrichtungen die Benutzung bestimmter Straßen oder Straßenabschnitte zu beschränken oder zu verbieten.

Insbesondere sind hier Fahrverbote für bestimmte Fahrzeugarten (z. B. Motorräder, LKW über 7,5 t zul. Gesamtgewicht) und Beschränkungen der zul. Höchstgeschwindigkeit auf Wohn- und Sammelstraßen, z. B. V=30 km/h und Schrittgeschwindigkeit in besonders ruhebedürftigen Straßenabschnitten, möglich. Unterstützt werden können die durch Verkehrsschilder geforderten Maßnahmen durch lichtzeichengeregelte Verkehrsführungen (grüne Welle) und ergänzenden Maßnahmen im Straßenraum (Versätze, Inseln, Hindernisse). (→Verkehrsberuhigung). *Strauch*

Verkehrsstärke →DTV

Verklappung von Abfällen →Abfallverklappung

Vermischungsverbot. Das Vermischen von unterschiedlichen Abfällen miteinander oder mit anderen Stoffen ist grundsätzlich zu vermeiden, weil es fast immer die weitere Entsorgung erschwert, vor allem die Verwertung, aber auch die Behandlung und Ablagerung. Vermischungen sind meist nicht mehr reversibel.

Die →TA Abfall Teil 1 enthält für besonders überwachungsbedürftige Abfälle ein grundsätzliches V. Ausgenommen ist lediglich eine Vermischung, die im Auftrag und nach Maßgabe des Entsorgers/Verwerters erfolgt (z. B. bei einer →Abfallbehandlung), die im Entsorgungs-/Verwertungsnachweis dokumentiert und gebilligt ist. Auf keinen Fall dürfen Zusammensetzung des Abfalls und Schadstoffkonzentration zur Umgehung der Zuordnungen zu Entsorgungswegen verändert werden, z. B. durch Verdünnen, um Grenzwerte einzuhalten.

Auch die →TA Siedlungsabfall enthält ein grundsätzliches V. (→Getrennthaltung von Abfällen). *Schnurer*

Verordnung über die Entsorgung gebrauchter halogenierter Lösemittel →HKWAbf-Verordnung

Verordnungen nach AbfG.
□ Abfallbestimmungs-Verordnung – AbfBestV – vom 3. 4. 1990 (BGBl. I S. 614): erweiterte den Bereich der gemäß § 2 Abs. 2 AbfG bundeseinheitlich besonders überwachungsbedürftigen Abfälle von früher ca. 80 auf nunmehr über 300 Abfallarten (→Abfallschlüssel). Diese Abfallarten sind in der Anlage zur Verordnung aufgelistet (→Sonderabfallkatalog).
□ Reststoffbestimmungs-Verordnung – RestBestV – vom 3. 4. 1990 (BGBl. I S. 631, berichtigt S. 862): ermöglicht es den Abfallbehörden der Länder, für Reststoffe gemäß § 2 Abs. 3 AbfG mit gleichen oder ähnlichen Eigenschaften wie besonders überwachungsbedürftige Abfälle die (fakultative) abfallrechtliche Überwachung anzuordnen. Die hierfür in Frage kommenden Reststoffe sind in der Anlage zur Verordnung aufgelistet; die Liste stimmt weitgehend überein mit dem →Sonderabfallkatalog (besonders überwachungsbedürftige →Abfälle).
□ Abfall- und Reststoffüberwachungs-Verordnung – AbfRestÜberwV – vom 3. 4. 1990 (BGBl. I S. 648): führt ein neues Instrument zur Zuordnung bestimmter Abfälle/Reststoffe ein zu hierfür geeigneten Entsorgungs-/Verwertungsanlagen (→Entsorgungs-/Verwertungsnachweis) und vereinfacht die früher erforderliche Abfall-Transportgenehmigung. Der Nachweis über entsorgte, besonders überwachungsbedürftige Abfälle durch Begleitscheine ist beibehalten. Im Anhang sind die für Anträge, Genehmigungen und Entsorgungsnachweise zu verwendenden Vordrucke dargestellt.
□ Abfallverbringungs-Verordnung – AbfVerbrV – vom 18. 11. 1988 (BGBl. I S. 2126): enthält die Einzelvorschriften, die für die im AbfG vorgeschriebene Genehmigungspflicht für Import, Export und Transit von Abfällen zu beachten sind.

□ Verordnung über Betriebsbeauftragte für Abfall vom 26. 10. 1977 (BGBl. I S. 1913): regelt, daß (größere) Abfallentsorgungsanlagen grundsätzlich und bestimmte Produktionsanlagen, Krankenhäuser und Kliniken, wenn besonders überwachungsbedürftige Abfälle anfallen, einen Betriebsbeauftragten für Abfall einsetzen müssen (→Abfallbeauftragter).
□ →Klärschlammverordnung (AbfKlärV) vom 14. 4. 1992 (BGBl. I S. 912): enthält die Bestimmungen, unter denen Klärschlämme zur Bodenverbesserung auf landwirtschaftlich, forstwirtschaftlich oder gärtnerisch genutzten Böden aufgebracht werden dürfen (Verwertung). Die Bedingungen und Einschränkungen für das Aufbringen sowie Grenzwerte für anorganische und organische Schadstoffe sowie Kontrollverfahren werden vorgegeben.
□ Altölverordnung (AltölV) vom 27. 10. 1987 (BGBl. I S. 2335): regelt die Entsorgung von Altöl und deren Überwachung. Das gilt auch für Altöle, die ein Wirtschaftsgut darstellen (→Altölrecht).
□ Verordnung über die Entsorgung gebrauchter halogenierter Lösemittel (HKWAbfV) vom 23. 10. 1989 (BGBl. I S. 1918): regelt die Rücknahme, Verwertung und Abfallentsorgung der Lösemittel (→HKWAbf-Verordnung).
□ Verordnung über die Vermeidung von Verpackungsabfällen (→Verpackungsverordnung) vom 12. 6. 1991 (BGBl. I S. 1234): nimmt die Hersteller und Vertreiber von Produkten für die Entsorgung der Verpackungen in die Verantwortung. *Schnurer*

Verordnungen zur Durchführung des BImSchG. Auf Grund der im BImSchG enthaltenen Ermächtigungen ist eine Reihe von Durchführungsverordnungen erlassen worden. Sie tragen alle – vor der üblichen Gegenstandsangabe in der Überschrift – die Bezeichnung „Verordnung zur Durchführung des Bundes-Immissionsschutzgesetzes" mit der jeweils vorangestellten Zahlenangabe, in der Regel entsprechend der chronologischen Reihenfolge ihres (erstmaligen) Erscheinens: Erste . . ., Zweite . . . usw. Zusätzlich ist jede Verordnung mit der (numerierten) Abk. BImSchV, also 1. BImSchV, 2. BImSchV usw. gekennzeichnet.

In der Praxis werden die V. unterschiedlich zitiert, jedoch meist nicht mit der vollen Überschrift, sondern entweder mit der numerierten Abkürzung (z. B. 1. BImSchV) oder mit teilweise nichtamtlichen Kurzbezeichnungen des Verordnungsgegenstandes, wie z. B. Kleinfeuerungsanlagen-Verordnung, Großfeuerungsanlagen-Verordnung oder Störfallverordnung. Einer systematischen Darstellung aller BImSchVen an dieser Stelle wird die Einzeldarstellung unter der numerierten Abkürzung der Vorzug gegeben, z. B. 1. BImSchV. *Dreyhaupt*

Verpackungsverordnung. Verordnung über die Vermeidung von Verpackungsabfällen, VerpackV, vom 12. Juni 1991 (BGBl. I S. 1234).

Die V. ist ein zentraler Punkt in der Gesamtkonzeption einer effizienten Abfallwirtschaft. Ausgehend vom →Verursacherprinzip werden Hersteller und Vertreiber von Produkten auch für die umweltverträgliche Entsorgung der von ihnen in Verkehr gebrachten Produkte in die Verantwortung genommen. Entsprechend dieser Produktverantwortung enthält die V. folgende Regelungen:
– Transportverpackungen sind von Hersteller und Vertreiber ab 1. Dezember 1991 zurückzunehmen und einer →Wiederverwendung oder stofflichen →Verwertung zuzuführen;
– Umverpackungen sind ab 1. April 1992 vom Vertreiber zurückzunehmen und einer Wiederverwendung oder stofflichen Verwertung zuzuführen;
– Verkaufsverpackungen sind ab 1. Januar 1993 von Hersteller und Vertreiber zurückzunehmen und einer Wiederverwendung oder stofflichen Verwertung zuzuführen;
– für Getränkeeinwegverpackungen, Verpackungen für Wasch- und Reinigungsmittel (ausgenommen Nachfüllverpackungen) sowie Verpackungen für Dispersionsfarben wird ab 1. Januar 1993 ein Pflichtpfand eingeführt.

Die V. zeigt allerdings für die Rücknahme- und Pfandpflicht bei Verkaufsverpackungen alternative Lösungen auf. Der Wirtschaft ist es anheim gestellt, durch verbraucherfreundliche Erfassungssysteme die Rücknahme- und Pfandpflicht im Laden zu ersetzen. Hierfür können Systeme aufgebaut werden, die eine regelmäßige Abholung gebrauchter Verpackungen beim Endverbraucher gewährleisten (→Duales System, →Grüner Punkt). *Blickwedel*

Versatz. Als V. bezeichnet man das Einbringen fester und flüssiger Stoffe in bergmännisch geschaffene Hohlräume. In der Kaliindustrie handelt es sich dabei im allgemeinen um Rückstände aus der Aufbereitung der Rohsalze (→ESTA, →Flotation, →Heißverlösung). Die dem Rückstand anhaftende Flüssigkeit (Versatzlauge) wird aufgefangen und in den Fabrikationsprozeß zurückgeführt.

V. wird auch mit dem Ziel eingebracht, Aufbereitungsrückstände umweltverträglich zu beseitigen. Infolge der positiven Differenz zwischen der Menge der anfallenden Rückstände und den für V. geeigneten Hohlräumen ist eine Rückstandsaufhaldung (→Halde) unumgänglich.

Ob trocken oder mit geringer Restfeuchte eingebrachtem V., der ganz überwiegend aus Steinsalz besteht, eine Stützwirkung auf das umgebende Gebirge zukommt, ist umstritten, weil er – je nach Porenvolumen – um mindestens 15 % verdichtet werden muß, bis er tragfähig wird.

Werden feste Stoffe mit einer gesättigten Sole in die Grubenbaue eingespült, spricht man von *Spül-V.*, dessen stützende Wirkung unbestritten ist. *Lenz*

Literatur: *Blase, G.; Potthoff, A.; Ochs, F.; Uhlenbecker, F.-W.:* Gebirgsmechanische Beobachtungen in Salzstöcken Norddeutschlands. Kali und Steinsalz **10** (1989) Nr. 6, S. 174–181. – *Fulda, D.; Jäger, G.; Kutscha, T.:* Ist der eingebrachte Versatz im Kalibergbau in der Lage, die geomechanischen Aufgaben der Abbaupfeiler zu übernehmen? Neue Bergbautechnik **18** (1988) Nr. 7, S. 261–264.

Versauerung. V. bezeichnet allgemein das Sinken des pH-Werts. Im engeren Sinne bezeichnet man heute mit V. die Erhöhung des Säuregrads in Binnengewässern und in Böden, die ursprünglich neutral oder höchstens schwach sauer reagiert haben. V. ist also ein anthropogener Prozeß, der im wesentlichen auf den sog. →sauren Regen zurückgeführt werden muß.

Die Gewässer-V. führt neben der Senkung des pH-Werts zu Verschiebungen der →Biozönose bis hin zu totalen Verödungen. Davon ist insbesondere auch die Fischfauna und damit die Nutzbarkeit als Fischgewässer betroffen. Gewässer-V. ist vor allen Dingen aus der Nordhemisphäre bekannt, insbesondere aus Nordamerika, den skandinavischen Ländern, aber auch aus Mitteleuropa. Gefährdet sind Gewässer, die auf Grund geringer Gehalte an Alkalien (kalkarme Gewässer) nur ein geringes Puffervermögen besitzen. *Friedrich*

Versenkung. Unter V. versteht man das Einleiten von →Salzabwasser in tiefliegende geologische Formationen, die zum nutzbaren Grundwasser durch Tonschichten abgedichtet sind.

Das bei der Aufbereitung von →Rohsalz unvermeidbare Salzabwasser wurde früher ausschließlich durch Einleiten in Oberflächengewässer beseitigt. Auf der Suche nach anderen, für die Umwelt unschädlichen Beseitigungsmethoden fand man im Gebiet der Kaliwerke an der Werra in etwa 400 bis 600 m Tiefe eine poröse geologische Formation (Plattendolomit), die von Natur aus bereits salzhaltiges Wasser enthält. Der Plattendolomit ist durch mächtige Tonschichten isoliert.

Ende der zwanziger Jahre wurde den Kaliwerken auferlegt, Salzabwasser in den Plattendolomit zu versenken. Bis heute sind auf diese Weise mehrere hundert Millionen Kubikmeter schadlos versenkt worden. In den siebziger Jahren wurde südlich von Fulda ein weiteres Versenkgebiet für das dortige Kaliwerk erschlossen.

Die Einleitung in den Plattendolomit erfolgt über sog. Schluckbrunnen. Dies sind doppelwandig verrohrte Bohrungen, deren Ringraum mit einer Kontrollflüssigkeit gefüllt ist. Das Außenrohr ist bis zur Erdoberfläche zementiert. Im Bereich des genutzten Grundwasserhorizontes wird ein weiteres Schutzrohr eingebaut und ebenfalls zementiert. Im Plattendolomit ist das Versenkrohr perforiert, so daß das Salzabwasser entweder bereits unter seinem hydrostatischen Druck oder sonst mit Pumpendruck austreten kann. Das spezifisch schwerere Salzabwasser unterschichtet das schwächer versalzene Formationswasser und breitet sich dem Gefälle des Plattendolomits folgend aus. Durch Tiefbohrungen wird das Ausbreiten des versenkten Salzabwassers kontrolliert. Über ein dichtes Netz von fast 300 flächendeckenden Kontrollpunkten wird darüber hinaus sowohl das Grund- wie auch das Oberflächenwasser überwacht.

Die Ausdehnung, Mächtigkeit und Porosität des Plattendolomits ermöglicht die V. des Salzabwassers für weitere Jahrzehnte. *Scharf*

Literatur: *Aust, H.; Kreysing, K.:* Geologische und geotechnische Grundlagen zur Tiefversenkung von flüssigen Abfällen und Abwässern. Geologisches Jahrbuch, Reihe C, Heft 20. Hrsg. Bundesanstalt für Geowissenschaften und Rohstoffe. Hannover 1978. – *Finkenwirth, A.:* Die Versenkung flüssiger Abfälle in Schluckbrunnen. Müll- und Abfallbeseitigung-Müllhandbuch, Berlin 1988. – *Schroth, H. E.:* Die Abwässerbeseitigung der Werra-Kaliwerke. Werkzeitung der Kali und Salz AG, Nr. 1, 1974.

Vertikalachsenmaschine. →Windenergiekonverter, dessen Rotorachse senkrecht steht und dessen symmetrische Rotorblätter wie bei einem Schneebesen angeordnet sind (Bild); Getriebe und Generator befinden sich – montage- und wartungsfreundlich – in Bodennähe. Im Gegensatz zur →Horizontalachsenmaschine, die auch ohne Turmabspannung dynamisch stabil ausgelegt werden kann, ist Abspannung

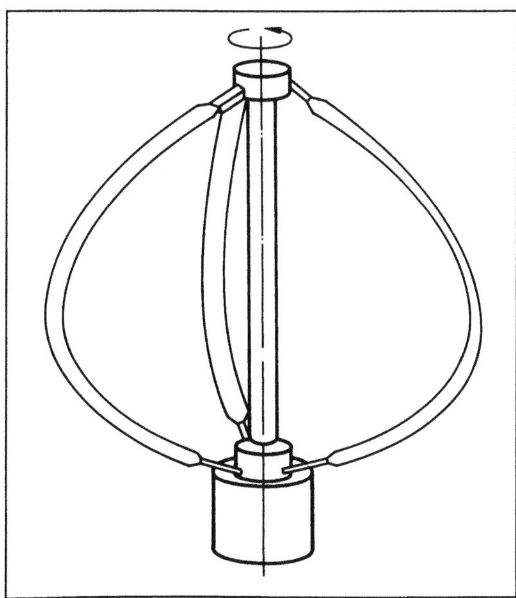

Vertikalachsenmaschine: Prinzipskizze einer V.

der oberen Lagerung der Rotorachse von V. unverzichtbar. V. können dann nicht selbsttätig anlaufen, wenn die Windrichtung auf der Sehne des symmetrischen Blattprofils senkrecht steht. Die elektrischen Generatoren sind deshalb als Motor-Generatoren ausgelegt; sie verleihen dem Rotor eine Anlaufgeschwindigkeit ungleich Null. Im Vergleich zu Horizontalachsenmaschinen gleicher Bauhöhe liegt der Mittelpunkt der Windenergieextraktion von V. immer in geringerer Höhe über Grund; V. werden somit immer eine kleinere bauhöhenbezogene Einheitsleistung haben als ihre Wettbewerber mit Horizontalachsen gleicher Bauhöhe. Wegen der fehlenden Blattverstellung sind V. einfacher zu bauen.

V. haben am Markt der Windkraftwerke einen Anteil von nur wenigen Prozent. *C.-J. Winter*

Literatur: *Molly, J.-P.:* Windenergie: Theorie – Anwendung – Messung. 2. Aufl. Karlsruhe 1990.

Verursacherprinzip. Das V. im Umweltschutz wird als Kostenzurechnungsprinzip und als ökonomisches Effizienzkriterium verstanden (vgl. Leitlinien der Bundesregierung zur Umweltvorsorge, BT-Drucks. 10/6028, S. 12). Die Kosten der Vermeidung oder Beseitigung eines Umweltschadens soll derjenige tragen, der für die Entstehung verantwortlich ist. Das V. ist dementsprechend einerseits ein Regelungsmodell für die Kostenbelastung, zum anderen aber auch ein Zurechnungsmodell für die materielle Verantwortlichkeit. Nach dem V. soll deshalb nicht nur die Frage entschieden werden, wer für die Kosten der Vermeidung oder Beseitigung von Umweltschäden aufkommen soll, sondern zugleich soll der Adressat für die unmittelbare Inanspruchnahme durch Gebote, Verbote oder Auflagen ausfindig gemacht werden.

Das V. wird durch verursacherbezogene Vermeidungs-, Verminderungs- und Beseitigungspflichten, das heißt mit dem klassischen ordnungsrechtlichen Instrumentarium, und durch Produkt- und Verfahrensnormen verwirklicht. Daneben kann die rechtliche Instrumentierung des V. über das Haftungsrecht erfolgen. *Hoppe/Beckmann*

Literatur: *Hoppe/Beckmann:* Umweltrecht, § 1 Rn. 51. München 1989. – *Kloepfer:* Umweltrecht, § 3 Rn. 27ff. München 1989.

Verwaltungsvorschriften zum AbfG.
– Erste allgemeine V. z. A. über Anforderungen zum Schutz des Grundwassers bei der Lagerung und Ablagerung von Abfällen vom 31. Januar 1990 (GMBl. S. 74); der Bund hat hiermit eine entsprechende Richtlinie der Europäischen Gemeinschaft in nationales Recht umgesetzt.
– Zweite allgemeine V. z. A. (TA Abfall) Teil 1: Technische Anleitung zur Lagerung, chemisch/physikalischen, biologischen Behandlung, Verbren-

nung und Ablagerung von besonders überwachungsbedürftigen Abfällen vom 12. März 1991 (GMBl. S. 139), mit der Anforderungen an die →Entsorgung von besonders überwachungsbedürftigen Abfällen festgelegt wurden (→TA Abfall Teil 1).
– Dritte allgemeine V. z. A. (→TA Siedlungsabfall): Technische Anleitung zur Vermeidung, Verwertung, Behandlung und sonstigen Entsorgung von Siedlungsabfällen vom 14. Mai 1993 (Beil. BAnz. Nr. 99). *Schnurer*

Verweilzeit →Lebensdauer

Verwertung. Die Grundintention der V. ist die Nutzung eines auch im →Abfall noch innewohnenden Restwertes. Die Hierarchie der V. wird dadurch bestimmt, daß das dadurch gewonnene Produkt auf einem möglichst hohen Veredelungsniveau verbleiben soll. Sofern der Gesamtnutzen aus stofflicher V. und der Folgenutzen des Sekundärrohstoffes höher zu bewerten ist als der Gesamtnutzen aus thermischer V. und Produkt aus juvenilen Rohstoffen, ist davon auszugehen, daß die stoffliche V. der thermischen V. vorzuziehen ist.

Die hierbei vorzunehmende Bewertung muß auf der Grundlage eines gesamtgesellschaftlichen Konsenses getroffen werden. Sie muß dazu über den monetären Rahmen hinaus auch andere Sachverhalte berücksichtigen wie →Landschaftsverbrauch, Ressourcennutzung, also ökologische Elemente beinhalten. Die zu berücksichtigenden Parameter sind derzeit in der wissenschaftlichen Diskussion. Solange sie offen ist, ist letztlich auch die Frage offen, welcher Art der V. der Vorzug gebührt. Mangels besserer Erkenntnisse ist im Interesse der →Umwelt davon auszugehen, daß die stoffliche V. die günstigere Alternative ist. *J. Kühn*

Verwertungsgebot →Abfallverwertungspflicht

Vibrationsramme. V. sind auf Baustellen eingesetzte Geräte zum Eintreiben von Pfählen oder Spundbohlen in den Baugrund. V. werden auch als Rüttler bezeichnet; die notwendige Energie wird durch Unwuchterregung erzeugt.

Beim Einrütteln und beim Ziehen von Rammgütern mit Hilfe von V. werden stationäre →Erschütterungen mit zeitlich schwankenden Amplituden verursacht, d. h. es treten Schwankungen in Form von Schwebungen auf. Die Stärke der verursachten Erschütterungen hängt von der Drehzahl des Vibrators, von der Eindringtiefe des Rammguts und dem Verhältnis der Erregerfrequenz zur Eigenfrequenz des betrachteten Bauteils ab. Beim Einrütteln von Bohlen sind bei resonanznaher Erregung in Wohnhäusern auf Geschoßdecken mit Abständen von

etwa 100 m noch Schwinggeschwindigkeiten gemessen worden, die deutlich oberhalb der subjektiven →Wahrnehmung lagen. *Splittgerber*

Literatur: *Splittgerber, H.:* Erschütterungen, Erschütterungsemissionen und -immissionen. In Haupt, W. (Hrsg.): Bodendynamik, Grundlagen und Anwendung. Braunschweig 1986. – *Uhrig, R.:* Zur Ausbreitung von Erschütterungen im Baugrund beim Ziehen von Spundbohlen mit Hilfe eines Vibrators. In: Steinwachs, M. (Hrsg.): Ausbreitung von Erschütterungen im Boden und Bauwerk, 3. Jtg. DGEB, Clausthal 1988.

Vibrationswalze. V. sind Baumaschinen zum Verdichten und Glätten von Boden und Untergrund im Erd- und Straßenbau. Man unterscheidet statische Walzen ohne Vibrationsanwendung, die oft als Straßenwalzen zum Verfestigen und Glätten von Straßenbelägen verwendet werden, und V. Bei den V. wird die Walze durch einen Vibrator in Schwingungen versetzt. Die Schwingungen der V. werden von einem Vibrator durch Unwuchten erregt. Beim Einsatz von V. werden durch die Unwuchterregung →Erschütterungen im Boden erzeugt, deren Wirkungen zu beachten sind, wenn die V. in der Nähe von erschütterungsempfindlichen Gebäuden oder Anlagen eingesetzt wird. *Splittgerber*

Vielstoffmotor. Ein V. kann verschiedene Kraftstoffe mit unterschiedlichen Zusammensetzungen verbrennen. Zündverhalten, Siedebereich, Zähigkeit und andere Eigenschaften der Kraftstoffe können sich sehr unterscheiden. Aus diesem Grund kann ein V. nicht auf gewisse Ziele hin optimiert werden, sondern bei seiner Konstruktion müssen Kompromisse eingegangen werden. Folglich sind die Abgas- und Verbrauchswerte wie auch das Betriebsverhalten im allgemeinen schlecht. Ein flächendeckender Einsatz von V. ist daher nicht sinnvoll, lediglich im militärischen Bereich werden sie aus Gründen einer schwierigen Kraftstoffversorgung gefordert. *Klee/May*

4. BImSchV. Verordnung über genehmigungsbedürftige Anlagen vom 24. Juli 1985 (BGBl. I S. 1586), zuletzt geändert durch die Verordnung vom 26. Oktober 1993 (BGBl. I S. 1782). Die Verordnung enthält eine enumerative Auflistung derjenigen Anlagen, die einer Genehmigung nach § 4 BImSchG bedürfen (genehmigungsbedürftige →Anlagen nach dem BImSchG), und zwar getrennt nach Anlagen, für die ein förmliches oder ein vereinfachtes →Genehmigungsverfahren nach dem BImSchG durchzuführen ist. Für Versuchsanlagen, die höchstens drei Jahre betrieben werden sollen, gilt in jedem Fall das vereinfachte Verfahren. Anlagen, die nach der Inbetriebnahme nicht länger als 12 Monate an demselben Ort betrieben werden, bedürfen keiner Genehmigung (ortsbewegliche Anlagen).

Der Katalog der genehmigungsbedürftigen Anlagen ist nach branchenmäßigen Gesichtspunkten in zehn Gruppen unterteilt, innerhalb derer die insgesamt etwa 150 Anlagearten – mit der Gruppenzahl vorweg und jeweils mit 1 beginnend – durchnumeriert sind, so daß ein übersichtliches Anlagen-Zuordnungssystem gegeben ist. Dieses System ist in der →TA Luft für 3.3 „Besondere (Emissionsbegrenzungs-)Regelungen für bestimmte Anlagearten" in Bezug genommen worden und erleichtert das Lesen der TA Luft im Kontext mit der 4. BImSchV erheblich, indem hinter 3.3 jeweils die Gruppennummer, dann die Anlagenartennummer gefolgt von einer fortlaufenden Kennzeichnungsziffer zur Differenzierung von Anlagen gesetzt ist. *Dreyhaupt*

14. BImSchV. Verordnung über Anlagen der Landesverteidigung vom 9. April 1986 (BGBl. I S. 380). Regelt die Zuständigkeiten zur Durchführung des BImSchG und der darauf gestützten Rechtsverordnungen sowie die Besonderheiten des Genehmigungsverfahrens im Bereich der Bundeswehr und im Bereich der auf Grund völkerrechtlicher Verträge in der Bundesrepublik Deutschland stationierten Truppen. Für die Erteilung der Genehmigungen für genehmigungsbedürftige Anlagen ist die durch das jeweilige Landesrecht bestimmte zivile Behörde zuständig. Der Vollzug bei militärischen Anlagen der Landesverteidigung obliegt primär dem Bundesminister der Verteidigung oder den von ihm bestimmten Stellen (Wehrbereichsverwaltungen) und nur ausnahmsweise zivilen Behörden. *Dreyhaupt*

Vinylacetat.
□ Stoff-Identifizierungs-Nr.:
CAS-Nr.: 108-05-4
EG-Nr.: 607-023-00-0
UN-Nr.: 1301
EINECS-Nr.: 203-545-4
□ Chemische Formel: $C_4H_6O_2$
□ Stoffcharakteristik: Farblose, in Wasser wenig lösliche Flüssigkeit, leicht entzündlich, löst viele Kunststoffe. Süßlicher Geruch. Elektrostatisch aufladbar. Dämpfe schwerer als Luft, bilden mit Luft explosionsfähiges Gemisch. Gefahr spontaner Polymerisation.
□ Gefahrenmerkmale:
– Stoffliste nach § 4 a der →Gefahrstoffverordnung: Gefahrenkennbuchstabe(n): F
R-Sätze: 11-40
S-Sätze: 2-16-23-29-33
– Besondere Stoffeigenschaften nach TRGS 500: krebserzeugend: MAK-Gruppe III B
fortpflanzungsgefährdend: MAK-Gruppe D
– Arbeitsschutzwerte nach TRGS 900: →MAK-Wert (mg/m³): 35
– Stoffliste (Anhang II) der →Störfall-Verordnung: Nr. 2

– →Wassergefährdungsklasse: WGK 2
– Emissionswerte: →TA Luft Einstufung: 3.1.7 Klasse II   *Fischer/M. Schön*

Vinylchlorid.
Emissionsmessung. Eine Standardmethode zur Emissionsmessung von V. wird auf der Grundlage der →Gaschromatographie in der Richtlinie VDI 3493, Blatt 1 beschrieben. Zur Probenahme ohne Anreicherung wird ein →Gassammelgefäß verwendet. Die Füllung der Trennsäule (z. B. Poropak) wird in Abhängigkeit von der Zusammensetzung des Probegases so gewählt, daß V. von anderen Begleitstoffen gut abgetrennt werden kann. Das Chromatogramm wird mit einem →Flammen-Ionisations-Detektor aufgenommen. Die quantitative Bestimmung erfolgt nach der Methode des externen Standards, indem die Peakfläche im Chromatogramm bestimmt und mit den Peakflächen bei Aufgabe von Eichlösungen verglichen wird. Die →Nachweisgrenze des Verfahrens liegt bei 0,3 mg/m³.   *Stahl*

Literatur: VDI 3493, Bl. 1: Messen gasförmiger Emissionen; Messen von Vinylchlorid; Gas-chromatographisches Verfahren; Probenahme mit Gassammelgefäßen. 11/1982.

Immissionsmessung. V. ist das Monomer des Massenkunststoffs PVC (Polyvinylchlorid). Immissionsseitig spielt V. nur in der Nähe von Verarbeitungsbetrieben eine Rolle. Dort stellt es allerdings einen wichtigen Luftschadstoff dar.

Zur Überprüfung der V.-Konzentration am Arbeitsplatz gibt es eine Reihe von →Prüfröhrchen, die abgestuft den Bereich von 0,25 bis 3 000 ppm abdecken. Für Außenluftmessungen werden in VDI 3494 drei Methoden angegeben.

In VDI 3494 Bl. 1E wird der Nachweis mittels der →Dampfraumanalyse beschrieben. Dazu wird die zu untersuchende Luft durch Sorptionsrohre über spezielle Aktivkohle gesaugt. Das im Probegas enthaltene V. wird neben einer Reihe weiterer Komponenten an der Aktivkohle adsorbiert. Die Desorption erfolgt danach mit Hilfe von Dimethylacetamid-Wasser-Gemisch in einem geschlossenen Gefäß. Die Massenkonzentration an V. in den Proben wird durch eine automatische oder manuelle gaschromatographische Dampfraumanalyse ermittelt.

Das Verfahren nach Bl. 2 benutzt die gleiche Probenahmemethode. Die Desorption geschieht jedoch mit Schwefelkohlenstoff und der gaschromatographische Nachweis mit Hilfe der sog. Trennsäulen-Schaltung (Live-Chromatographie). Diese erlaubt es, kurzzeitig nur die zu untersuchende Substanz und solche mit sehr ähnlichen Retentionszeiten auf eine zweite Säule zu spülen (Probenschnitt). Auf dieser wird das V. vollständig von den Störkomponenten abgetrennt.

Im Bl. 3 wird ein quasi-kontinuierliches, automatisches Meßverfahren beschrieben. Die Luftprobe wird von einer Dosierschleife auf eine Trennsäulenkombination geleitet. Nachdem V. eine erste Trennsäule passiert hat, erfolgt eine weitere Auftrennung auf einer zweiten Trennsäule, während die erste von restlichen Probeninhaltsstoffen im Rückspülbetrieb befreit wird. Als Detektor wird ein →Photoionisationsdetektor verwendet. *Dulson*

Literatur: VDI 3494: Messen gasförmiger Immissionen; Messen von Vinylchlorid-Konzentrationen; Bl. 1 E: Gaschromatographische Bestimmung; Manuelle und automatische Dampfraumanalyse. 5/1988. – Bl. 2: Gaschromatographische Bestimmung mit der Trennsäulenschalteinrichtung für Live-Chromatographie; 5/1986. – Bl. 3: Automatisches gaschromatographisches Verfahren (A. i. R. Instruments Model 755 GC); 5/1985.

Umweltrelevante Stoffdaten

□ Stoff-Identifizierungs-Nr.:
CAS-Nr.: 75-01-4
EG-Nr.: 602-023-00-7
UN-Nr.: 1086
EINECS-Nr.: 200-831-0
□ Chemische Formel: C_2H_3Cl
□ Stoffcharakteristik: Farbloses, leicht entzündliches, in Wasser schwer lösliches, leicht kondensierbares Gas, schwerer als Luft, bildet mit Luft explosionsfähiges Gemisch. Polymerisiert bei Einwirkung von Licht, Luft und Wärme. Süßlicher Geruch, narkotische Wirkung auf das zentrale Nervensystem.
□ Gefahrenmerkmale:
– Stoffliste nach § 4 a der →Gefahrstoffverordnung: Gefahrenkennbuchstabe(n): F+, T
R-Sätze: 45-12
S-Sätze: 53-45
– Besondere Stoffeigenschaften nach TRGS 500: krebserzeugend: EG-Kat. 1
– Arbeitsschutzwerte nach TRGS 900: →TRK-Wert (mg/m^3): 8 bei bestehenden Anlagen, 5 im übrigen
– Stoffliste (Anhang II) der →Störfall-Verordnung: Nr. 315 und 4c
– →Wassergefährdungsklasse: WGK 2
– Emissionswerte: →TA Luft Einstufung: 2.3 Klasse III *Fischer/M. Schön*

4-Vinyl-1,2-Cyclohexendioxid.

□ Stoff-Identifizierungs-Nr.:
CAS-Nr.: 106-87-6
EG-Nr.: 603-066-00-4
EINECS-Nr.: 203-437-7
□ Chemische Formel: $C_8H_{12}O_2$
□ Stoffcharakteristik: Farblose, in Wasser sehr leicht lösliche Flüssigkeit.
□ Gefahrenmerkmale:
– Stoffliste nach § 4 a der →Gefahrstoffverordnung: Gefahrenkennbuchstabe(n): T

R-Sätze: 23/24/25-45
S-Sätze: 1/2-23-24-45
– Besondere Stoffeigenschaften nach TRGS 500: krebserzeugend: MAK-Gruppe III A 2
– Stoffliste (Anhang II) der →Störfall-Verordnung: Nr. 4 c
– Emissionswerte: TA Luft Einstufung: 2.3 (gemäß MAK-Liste) *Fischer/M. Schön*

Virus. V. sind infektiöse, parasitäre Mikroorganismen, denen wesentliche Eigenschaften echter Organismen wie Energiestoffwechsel oder autonome Proteinsynthese fehlen und die folglich nur mit Hilfe der biochemischen Funktionen der Wirtszelle vermehrungs-, also lebensfähig, außerhalb einer Wirtszelle allenfalls für begrenzte Zeit überlebensfähig sind.

V. bestehen im einfachsten Fall aus →Nukleinsäure, die für einige wenige V. spezifische Proteine codiert, und einer Proteinhülle (Capsid). Andere V.-Typen sind zusätzlich mit einer lipidhaltigen Membran (Envelope) ausgestattet, in die u. a. Glykoproteine eingelagert sein können.

Die Infektion durch V. wird wesentlich durch die Struktur der oberflächlichen Proteinstrukturen, also durch Capsid bzw. Envelope, beeinflußt. Die V.-typischen Oberflächenproteine sind somit auch für die in der Regel sehr ausgeprägte Wirtsspezifität von V. verantwortlich. Für die intrazelluläre V.-Vermehrung, die je nach Typ unterschiedlich verläuft, ist hingegen nur die V.-Nukleinsäure erforderlich. Diese codiert im einfachsten Fall nur für einige wenige Proteine, die für die Nukleinsäure-Replikation und die Ausbildung eines V.-typischen Capsids benötigt werden. Selbst bei komplexeren V. wird generell der Proteinsynthese-Apparat der Wirtszelle genutzt und Bestandteile der Wirtzellmembran wie Lipide werden für den Aufbau des V.-Envelopes herangezogen.

Unter den V. befinden sich Krankheitserreger von außerordentlicher landwirtschaftlicher, veterinärmedizinischer und klinischer Bedeutung. Abgesehen von einer Prophylaxe durch Impfung (Vakzin) sind V.-Infektionen immer noch extrem schwer beherrschbar. Entsprechende Beachtung finden sie im Bundesseuchengesetz und in Empfehlungen zum Arbeitsschutz. So ist z. B. die Risikogruppe 4 im Merkblatt B 004 der Berufsgenossenschaft der chemischen Industrie zur sicheren Biotechnologie ausschließlich V. vorbehalten, die wie Lassa-, Marburg-, Ebola-, Pocken-, Rinderpest-, Maul- und Klauenseuchenvirus bei hoher Virulenz weder durch Vakzination noch durch Therapie beherrschbar sind. Analog sieht die →GenTSV die extremsten Sicherheitsmaßnahmen für diese Gruppe von V. vor.

Die im Vergleich zu bakteriellen Infektionen schwere Therapierbarkeit von Virusinfekten erklärt sich vornehmlich dadurch, daß die wenigen V.-spezifischen Stoffwechselwege kaum selektive Interventionsmöglichkeiten bieten, die nicht in ähnlicher Weise den Wirt schädigen. Die in vielen Fällen äußerst erfolgreiche Infektionsprophylaxe durch Impfung (z. B. Pocken, Kinderlähmung) versagt bislang bei einigen bedeutenden viralen Seuchenerregern wie HIV (AIDS), vornehmlich durch deren ausgeprägte Neigung zu spontaner →Mutation. Die Therapie und Prophylaxe viraler Infektionen wird daher für lange Zeit noch die größte Herausforderung für die molekularbiologische und immunologische Forschung bleiben. *Flohé*

Virus, insektenpathogen. Viren, die bei pflanzenpathogenen Schadinsekten tödliche Erkrankungen bewirken, sind von praktischem Interesse für den biologischen →Pflanzenschutz, weil man durch ihre Freisetzung in gefährdeten Pflanzenbeständen die Schadinsekten spezifisch dezimieren kann. Insbesondere wurden Kernpolyederviren zur Bekämpfung von zwei Schmetterlingen, die als Raupen erhebliche Schäden verursachen (Kohleule: Parasit auf Kohlpflanzen; Schwammspinner: Obstbaumschädling), versuchsweise vermehrt und erfolgreich eingesetzt. Entsprechend gute Resultate wurden beim Apfelwickler mit Granulose-Viren erzielt. Der Einsatz von i. V. in der Praxis bedarf der Zulassung nach dem Pflanzenschutzgesetz (→Pflanzenschutzrecht). *Soeder*

VIS-Strahler. VIS-S. sind Strahler, die sichtbare (visible) Strahlung erzeugen. Neben dem sichtbaren Anteil der →Sonnenstrahlung (ca. 45 % der Globalstrahlung) sind die Temperaturstrahler die am häufigsten verwendeten Beleuchtungsquellen. Allerdings werden aufgrund der höheren Lichtausbeute zunehmend Gasentladungsstrahler eingesetzt. Strahlenschutzempfehlungen: →Strahlenschutz, optischer.

□ Temperaturstrahler. Nach dem *Stefan-Boltzmann*-Gesetz hängt die spektrale Verteilung des emittierten Spektrums von der Temperatur der Glühwendel ab. Zum Erreichen der VIS-Strahlung muß eine Glühwendeltemperatur von mindestens 525 °C erreicht sein:

Glühfarbe	Temperatur (°C)	Wellenlängenmaximum (μm)
beginnende Rotglut	525	3,6
Dunkel-Rotglut	700	3,0
Hell-Rotglut	950	2,4
beginnende Weißglut	1 300	1,8
volle Weißglut	1 500	1,6

Bei einer typischen Glühwendeltemperatur von 2 700–2 800 K liegt das Wellenlängenmaximum λ_{max} der Strahlung bei ca. 1 μm. Der größte Teil der abgestrahlten Energie liegt im IR-Bereich mit ca. 90 %. Eine 100 W-Glühlampe hat am Glaskolben eine Bestrahlungsstärke im IR-Bereich von ca. 3 kW/m^2, eine im VIS-Bereich von ca. 300 W/m^2. Die Lichtausbeute wächst mit zunehmender Temperatur bis ca. 6 000–7 000 K. Bei dieser Temperatur entspricht die spektrale sichtbare Intensitätsverteilung der Hellempfindlichkeit des menschlichen Auges.

□ Gasentladungsstrahler. In Leuchtstofflampen wird durch Gasentladung angeregte UV-Strahlung über Leuchtstoffe an der Innenseite des Glaskolbens mit Hilfe von Lumineszenzeffekten in sichtbare Strahlung umgewandelt. Durch die Zusammensetzung des Leuchtstoffes läßt sich das Emissionsspektrum in weiten Bereichen den lichttechnischen Bedürfnissen anpassen. Zunehmenden Einsatz finden ebenfalls Metallhalogenidlampen mit bis zu 5 000 W Leistungsaufnahme (→Gasentladungslampe). *Steinmetz*

VOC. Abk. *engl.* für Volatile Organic Compounds, leichtflüchtige →organische Verbindungen; →NMHC, →ROG. Die VOC-Emissionen bestehen aus zahlreichen sehr verschiedenen kohlenstoffhaltigen Substanzen mit unterschiedlichem chemischen Verhalten wie →Alkane, →Alkene, →Aldehyde, →Alkohole, →Aromaten, →Terpene usw. Die natürlichen wie anthropogenen Quellen sind weit gestreut. Bestimmte reaktive Substanzgruppen entstehen bei der unvollständigen Verbrennung fossiler Stoffe, aber auch bei Verbrennung von →Biomasse. Andere leicht oxidierbare VOC-Verbindungen kommen aus der Biosphäre, die global bei weitem die größte VOC-Emissionsquelle darstellt (Terpene, biogene →Kohlenwasserstoffe).

Die atmosphärische Umwandlung der VOC-Verbindungen, die bis zum Endprodukt CO$_2$ über viele Zwischenstufen verläuft, kann durch verschiedene sehr reaktive anorganische Spezies wie OH, O$_3$, NO$_3$, HO$_2$, Halogenatome und Halogenoxide eingeleitet werden. Bei den Umwandlungsprozessen entstehen zuerst meist organische Radikale, vor allem RO$_2$ und RO (R = organische Gruppe), insbesondere über die durch OH-Radikale eingeleitete VOC-Oxidation. *Barnes*

Vollschutzgerät. V. gehören wie Hochschutzgeräte und Schulröntgengeräte zu den →Röntgeneinrichtungen, in die geräteseitig der Strahlenschutz der Umgebung inhärent integriert ist. V. werden im nichtmedizinischen Bereich, und zwar in der →Röntgen-Grobstruktur- und →Röntgen-Feinstrukturtechnik eingesetzt. Die →Bauartzulassung

umfaßt hier nicht nur den →Röntgenstrahler sondern das gesamte Gerät. Sie legt folgendes fest:
– Das Schutzgehäuse muß außer der Röntgenröhre oder dem Röntgenstrahler auch den zu bestrahlenden oder zu untersuchenden Gegenstand vollständig umschließen;
– Die Ortsdosisleistung im Abstand von 0.1 m von der berührbaren Oberfläche des Schutzgehäuses darf 7.5 µSv/h bei den vom Hersteller angegebenen maximalen Betriebsbedingungen nicht überschreiten;
– Durch zwei voneinander unabhängige Einrichtungen (redundant arbeitende Sicherheitskontakte) muß sichergestellt sein, daß die Röntgenröhre oder der Röntgenstrahler nur bei vollständig geschlossenem Schutzgehäuse betrieben werden kann oder daß bei kontinuierlichem Betrieb und geöffnetem Schutzgehäuse das Strahlenaustrittsfenster geschlossen sein muß (Shutter), so daß im Inneren eine Ortsdosisleistung von 7.5 µSv/h nicht überschritten wird.

Unterstellt man eine Einschaltzeit von 40 Std/Woche, so ist die maximal zulässige Ortsdosisleistung bei einem V. so gewählt, daß ein betretbarer →Kontrollbereich nicht existieren kann. Aus diesem Grund wird beim Betrieb eines V. die Bestellung eines Strahlenschutzbeauftragten nicht verlangt. Auch eine Überprüfung durch den behördlich bestimmten Sachverständigen kann bei einer Erstinbetriebnahme entfallen. *Ewen*

Volumenometrie. Das volumetrische Prinzip bildet die Grundlage einer klassischen Methode zur Bestimmung verschiedener Hauptkomponenten in Rauchgasen. Zur volumetrischen Bestimmung wird die Abgasprobe durch eine Absorptionsflüssigkeit geleitet, die die gesuchte Komponente möglichst selektiv und vollständig absorbiert. Aus dem Anfangsvolumen und dem Restvolumen der Abgasprobe bestimmt sich dann der Volumengehalt der gesuchten Komponente. Zur volumetrischen Rauchgasanalyse wird eine von *Orsat* entwickelte Apparatur eingesetzt (→Orsat-Gerät), bei der eine definierte Abgasmenge nacheinander durch mehrere Waschflaschen geleitet wird. Die Waschflaschen sind mit geeigneten Absorptionslösungen gefüllt: zum Beispiel zur Bestimmung von CO_2 mit Kalilauge, für O_2 mit Pyrogallol und für CO mit Kupfer(I)-chlorid-Lösung.

Wegen des einfachen und in Hinblick auf Fehlermöglichkeiten transparenten Meßprinzips ist die V. dazu prädestiniert, als →Referenzmeßverfahren eingesetzt zu werden. Die Methode besitzt für die Emissionsüberwachung an großen, genehmigungsbedürftigen Anlagen keine praktische Bedeutung mehr, wird aber noch im Labor, zum Beispiel zur Überprüfung von Prüfgasen verwendet.

Eine in der Praxis nach wie vor bewährte Methode auf der Grundlage der V. ist die bei den →Schornsteinfeger-Messungen an Kleinfeuerungsanlagen zur Messung von CO_2 verwendete Schüttelflasche. Bei dieser Methode wird eine definierte Abgasmenge in eine Flasche gesaugt, die partiell mit einer geeigneten Absorptionsflüssigkeit gefüllt ist. Die Flasche wird mit einem Manometer verschlossen und geschüttelt. Dadurch wird CO_2 ausgewaschen. Die auftretende Druckverminderung ist ein Maß für den CO_2-Volumengehalt. Neuere CO_2-Meßgeräte für die Schornsteinfeger benutzen anstelle der Flüssigkeit einen Feststoffadsorber. *Stahl*

Vorbeifahrtpegel. Als V. wird der maximale →Schalldruckpegel L_{AFmax} bezeichnet, der bei der Vorbeifahrt eines Kraftfahrzeugs, eines schienengebundenen Fahrzeugs oder eines Wasserfahrzeugs an einem Immissionspunkt auftritt.

Zur Kennzeichnung der Geräuschemission (→Schallemission) von Kraftfahrzeugen wird der V. unter definierten Betriebsbedingungen des Fahrzeuges in 7,5 m Abstand von der Fahrzeuglängsachse gemessen (→Geräuschemissionswert). *Strauch*

Vorbeiflugzeit. Mit der V. und dem maximalen →Schalldruckpegel wird der →Fluglärm eines vorbei- oder überfliegenden Flugzeugs bestimmt.

Nach dem Gesetz zum Schutz gegen Fluglärm wie auch nach DIN 45643 Teil 1 bis 3: Messung und Beurteilung von Flugzeuggeräuschen 10/1984, ist die maßgebliche V. die Dauer, in der der Schalldruckpegel des Fluggeräusches den Wert →Maximalpegel minus 10 dB(A) überschreitet.

Die V. wird daher auch mit $t_{10\ dB}$ bezeichnet.

Der mit der V. und dem maximalen Schalldruckpegel L_{AFmax} berechnete äquivalente →Dauerschallpegel kann in seinem Wert bis zu 5 dB kleiner sein gegenüber dem äquivalenten Dauerschallpegel, der nicht mit der V., sondern mit der Dauer berechnet wird, in der der Fluggeräuschpegel das Hintergrundgeräusch überschreitet. Diese Differenz tritt insbesondere in ruhigen Wohngebieten auf, die durch Gewerbe-, Straßen- und Schienenverkehrsgeräusche nur gering belastet sind. *Strauch*

Vorbelastung durch Geräusche. Mit V. eines Gebiets werden die Geräusche bezeichnet, die zum Zeitpunkt der Neuansiedlung einer Geräuschquelle schon vorhanden sind. V. und die zusätzlichen, durch die neue Quelle verursachten Geräusche dürfen die geltenden →Immissionsrichtwerte nicht überschreiten.

Ist durch die V. der Immissionswert in einem Gebiet schon ausgeschöpft, so kann eine zusätzliche Geräuschquelle nur dann angesiedelt werden, wenn sie die bestehende Geräuschsituation des Gebietes nicht erhöht.

Eine zusätzliche Geräuschquelle wird in der Praxis bei ausgeschöpftem Immissionswert durch die V.

zugelassen, wenn sie einen 10 dB geringeren →Beurteilungspegel erzeugt als der Beurteilungspegel der V. Der Summenpegel aus V. und zusätzlicher Quelle erhöht sich hierdurch aufgrund der zu beachtenden Pegeladdition um 0,4 dB; diese Erhöhung wird im allgemeinen akzeptiert. (→Summenwirkung)

Schöpft die V. den Immissionswert nicht aus, so können zusätzliche Schallquellen unter Beachtung des Vorsorgeprinzips, d. h. Ausschöpfung des Standes der Technik zur Lärmminderung, zugelassen werden, deren Beurteilungspegel sich um weniger als 10 dB vom Immissionswert unterscheiden. Die Differenz zum Immissionswert für die einzelnen Quellen ist nach den Regeln der Pegeladdition so festzulegen, daß die Summe aller auf das Gebiet einwirkenden Quellen den Immissionswert nicht überschreitet. *Strauch*

Vorbelastung durch Luftverunreinigungen →Immissionswert TA Luft

Vorfluter. Nach DIN 4045 ist Vorflut die Möglichkeit des Wassers und Abwassers, mit natürlichem Gefälle oder durch künstliche Hebung abzufließen (natürliche und künstliche Vorflut). V. sind danach der Vorflut dienende Gewässer, also insbesondere Flüsse, Bäche, Gräben, Kanäle, Seen und Teiche. *Friedrich*

Literatur: DIN 4045: Abwassertechnik; Begriffe. 12/1985.

Vorläufersubstanz. Als Vorläufer werden Substanzen bezeichnet, die unter Sonnenlichteinfluß über zahlreiche Reaktionsschritte zur Bildung von →Oxidantien (→Photooxidantien, →Photosmog) beitragen. Dazu gehören die Stickstoffoxide NO und NO_2 sowie als weitere notwendige Vorläufer alle flüchtigen →organischen Verbindungen, die kollektiv entweder als →NHMC, →VOC oder →ROG bezeichnet werden. Ausgenommen werden Methan, Ethan, Ethin (→Acetylen) und vollständig halogenierte Kohlenwasserstoffe (FCKW), weil diese Stoffe vergleichsweise langsam mit OH-Radikalen reagieren und somit nicht wesentlich zur Oxidantienbildung beitragen.

Eine Reihe meist anorganischer schwefelhaltiger Spurengase, insbesondere das SO_2, haben reaktionskinetisch keine beschleunigende Wirkung auf die Bildung von Ozon und anderer Photooxidantien; man rechnet sie deshalb nicht zu den Oxidantienvorläufern. Sie werden jedoch durch die bei der Oxidantienbildung in besonders hoher Konzentration entstehenden OH-Radikale angegriffen und vorwiegend in Schwefelsäure umgewandelt.

Die Vorläuferkonzentrationen von ROG und NO_x sowie das Verhältnis [ROG]/[NO_x] sind kritische Parameter, die für die Entwicklung von Kontrollstrategien zur Verminderung der Photooxidantienbildung, insbesondere von Ozon (→Ozonbildungspotential) berücksichtigt werden müssen. *Barnes*

Vorsatzschale. Ein Wandelement, das zur Erhöhung der Luftschalldämmung einer Trennwand vor diese installiert wird. Die Wirksamkeit von V. beruht darauf, daß mit zweischaligen Bauteilen (→Wand) eine höhere Luftschalldämmung zu erreichen ist als mit einschaligen, die gleich schwer sind wie die zweischaligen.

Wegen der frequenzabhängigen Luftschalldämmung einschaliger und auch zweischaliger Bauteile, wobei zweischalige eine Resonanzfrequenz aufweisen, bei der nur eine geringe Luftschalldämmung der Bauteilekombination besteht, ist bei der Anbringung von V. diese Resonanzfrequenz zu beachten. Sie ist abhängig vom Massenverhältnis der Wand und der V. sowie von den Schwingungs- und Dämpfungseigenschaften des zwischen Wand und V. eingeschlossenen Luftpolsters. *Strauch*

Literatur: *Bohny, H. M.* et al: Lärmschutz in der Praxis, München Wien 1986. – DIN 4109: Schallschutz im Hochbau. Anforderungen und Nachweise. 11/1989.

Vorsorgeprinzip. Das V. gilt als das zentrale materielle Leitbild des modernen Umweltschutzes. In erster Linie soll nach dem V. dem Entstehen von Umweltbelastungen vorgebeugt werden. Es zielt auf einen umfassenden Schutz und auf eine schonende Inanspruchnahme der natürlichen Lebensgrundlagen.

Das V. besagt, daß →Umweltpolitik sich nicht in der Beseitigung eingetretener Schäden und der Abwehr drohender Gefahren erschöpfen kann. Vielmehr soll bereits ihr Entstehen unterhalb der Gefahrenschwelle verhindert werden. Die Abgrenzung von Vorschriften, die der rechtlichen Konkretisierung des V. dienen, von solchen, die gefahrenabwehrenden Charakter haben, ist häufig nur schwierig zu treffen. Sie ist allerdings von erheblicher Bedeutung, weil nach der herrschenden Meinung den Vorsorgevorschriften regelmäßig kein drittschützender Charakter zuerkannt wird. Grundsätzlich kann sich deshalb ein Dritter, insbesondere der Nachbar einer umweltbelastenden Anlage, nicht darauf berufen, daß die Vorsorgepflichten durch den Betreiber der Anlage verletzt werden. Als Konkretisierung des V. gelten vor allem zahlreiche Planungsvorschriften, die der Durchsetzung des Umweltschutzes dienen. *Hoppe/Beckmann*

Literatur: *Hoppe/Beckmann:* Umweltrecht, § 5 Rn. 11 ff. München 1989. – *Rehbinder:* Vorsorgeprinzip im Umweltrecht und präventive Umweltpolitik. Berlin 1987. – *Rengeling:* Die immissionsschutzrechtliche Vorsorge. Köln 1982. – *Rengeling:* Die immissionsschutzrechtliche Vorsorge als Genehmigungsvoraussetzung, DVBl (1982) 622 ff.

Vorsorgestandard →Umweltstandard

W

Wachstum, nachhaltiges →Sustainable Growth

Wärme. W. ist eine Prozeßgröße, die bei Wechselwirkung eines Systems mit seiner Umgebung auftritt. Voraussetzung ist dabei, daß zwischen dem System und seiner Umgebung eine Temperaturdifferenz herrscht, so daß ein →Wärmestrom von der hohen zur niedrigen Temperatur über die Systemgrenze fließen kann. Die W. wird durch →Wärmeleitung, →Wärmekonvektion und →Wärmestrahlung übertragen. Die Zufuhr oder Abfuhr von W. führt zu Änderungen im System, z. B. können sich Temperatur, Druck, Volumen oder physikalischer Zustand ändern.

Die Einheit der Wärmemenge [Q] ist Joule [J].
Hoffmann

Wärme, fühlbare. Unter der f. W. eines Stoffes versteht man den Wärmeinhalt (Enthalpie), der nur durch die Wärmekapazität des Stoffes bedingt ist. Er ergibt sich aus der Gleichung

$H_t = m\ c_p\ (T_t{-}T_o)$ mit
H Wärmeinhalt (Enthalpie) in Joule [J],
m Masse des Stoffs in [kg],
c_p spezifische Wärmekapazität bei konstantem Druck in [J/kg K],
T_t aktuelle Temperatur in [K],
T_o Bezugstemperatur in [K], bei der der Wärmeinhalt definitionsgemäß H = 0 J beträgt.

Der Wärmeinhalt eines Stoffs wird in der Regel auf 0 °C (273,15 K) bezogen, d. h. bei 0 °C ist auch der Wärmeinhalt H = 0 J, so daß für $(T_t{-}T_o)$ die aktuelle Temperatur in [°C] eingesetzt werden kann.
Hoffmann

Wärme, latente. Unter l. W. eines Stoffes ist der Wärmeinhalt zu verstehen, der durch Phasenumwandlung oder chemische Umwandlung frei gesetzt wird.

Bei der Phasenumwandlung (Kondensation, Gefrieren) können beträchtliche Wärmemengen frei werden. So stehen durch die Kondensation eines kg Wasserdampfes bei 100 °C etwa 2 257 kJ zur Verfügung, die Abkühlung eines kg Wassers von 100 °C auf 0 °C erbringt dagegen lediglich ca. 422 kJ.

Ein in der Praxis häufig vorkommender Fall einer chemischen Umwandlung ist die Verbrennung von Stoffen. Die dabei frei werdende Wärmemenge Q ergibt sich aus

$Q = m\ h_u$ oder $Q = m\ h_o$ mit
m Masse des brennbaren Stoffes in [kg],
h_u unterer Heizwert in [kJ/kg],
h_o oberer Heizwert in [kJ/kg].

Die Heizwerte sind stoffspezifische Größen. Sie geben die Wärmemenge an, die bei der Abkühlung der bei der Verbrennung entstehenden Abgase auf 0 °C frei wird. Beim oberen Heizwert wird dabei die Kondensation von Wasserdampf berücksichtigt, beim unteren Heizwert geschieht das nicht. *Hoffmann*

Wärme-Insel. Phänomen, daß die Temperatur in einem Stadtgebiet bis zu mehreren Grad höher liegt als in seiner ländlichen Umgebung. Das Temperaturfeld kann Maxima in mehreren Stadtbezirken aufweisen mit Arealen minimaler Temperatur dazwischen, wobei die Teilinseln ihre Lage im Tagesgang verschieben. Für das Zustandekommen der städtischen W.-I. sind hauptsächlich folgende Ursachen verantwortlich:
– Die Flächenversiegelung durch Bauwerke und Straßen hat eine Verringerung der Verdunstungsoberfläche und, zusammen mit anderen Veränderungen beim Entstehen einer Stadtlandschaft, eine künstliche Austrocknung zur Folge. Wasser ist aber sowohl durch seine hohe spezifische Wärme als auch durch seine Phasenübergänge ein bedeutender Energiespeicher für latente Wärme und damit ein Temperaturpuffer, der allerdings durch die Veränderungen des natürlichen Wasserhaushalts in Stadtgebieten seine Wirksamkeit weitgehend verloren hat.
– Die Änderungen des Strahlungs- und Wärmehaushalts durch einen hohen Anteil von Gasen über einem Stadtgebiet, insbesondere CO_2, welche die langwellige →Wärmestrahlung absorbieren. Der hierdurch verursachte Wärmegewinn ist in der Bilanz nachts effektiver, weil tagsüber die städtische Dunstglocke die kurzwellige Sonneneinstrahlung verringert.
– Die anthropogene Wärmeerzeugung in Hausbrand und Kleinverbrauch, Industrie und Verkehr, die als Folge der Heizperiode insbesondere im Winter in mittleren und höheren Breiten wirksam ist.

Die Auswirkungen der W.-I. sind hauptsächlich:
– Verringerung der Frostperiode (in Städten mehr frostfreie Tage als im Umland.),
– Verringerung der Schneefallhäufigkeit,

– Anhebung der Inversionsgrenzen,
– Erhöhung der Anzahl der Tage mit höheren Temperaturen bei hoher Luftfeuchte, die als unangenehm schwül empfunden werden,
– Erzeugung eines zum Zentrum der W. gerichteten Flurwindsystems (→Stadtklima). *Giebel*

Wärmebedarfsausweis →Wärmeschutzverordnung

Wärmedämmung. W. hat die Aufgabe, den →Wärmestrom, der bei Vorhandensein einer Temperaturdifferenz zwischen zwei Systemen entsteht, möglichst gering zu halten, d. h., die →Wärmeübertragung durch →Wärmeleitung, →Wärmestrahlung und →Wärmekonvektion soll reduziert werden.

Die W. spielt in vielen Bereichen eine wesentliche Rolle im Hinblick auf eine mögliche →Energieeinsparung, z. B. bei der W. von Gebäuden, der Vermeidung von Wärmeverlusten bei Industrieanlagen oder beim energiesparenden Betrieb von Kühl- oder Gefrierschränken. Die Güte der W. ist im wesentlichen abhängig von der temperaturabhängigen Wärmeleitfähigkeit der Dämmaterialien (Tabelle) und deren Oberflächenbeschaffenheit, der Dicke der Dämmschicht, der vorhandenen Temperaturdifferenz und den Wärmeübergangsverhältnissen auf beiden Seiten der Dämmschicht. *Hoffmann*

Wärmedämmung. Tabelle: Wärmeleitfähigkeit λ verschiedener Stoffe in (W/mK) bei der angegebenen Temperatur

	λ (W/mK)	Temperatur (°C)
Kupfer	384	20
Stahl	41	20
Stahlbeton	1,5 - 2,04	20
Glas	0,81	20
Pappe	0,07	20
Polystyrolschaum	0,031	0
Glaswolle	0,036 — 0,163	0 — 400

Wärmedämmung, opake. Lichtundurchlässige (*lat.* opacus = schattenspendend) W. ist ein Mittel der rationellen Energieanwendung.

In allen Fällen handelt es sich bei o. W. um lichtundurchlässige Naturstoffe, Schäume, Gewebe, Gestricke aus Mineral- oder Glaswolle, Kork, Holz/Kunststoffgemische, Styropor, Polyurethan u. a. m. in der Regel großer Porosität, also sehr großen Verhältnisses von innerer Oberfläche zu Volumen, folglich – wenn nicht evakuiert – hohen Luft- oder Gasanteils. Der integrale Wärmeleitfähigkeits- oder Wärmedurchgangskoeffizient ist klein.

O. W. im Hausbau vermindert gewollt zwar den →Wärmestrom etwa zur Winterzeit von innen nach außen, so daß weniger Heizenergie aufgebracht werden muß; aber er vermindert ungewollt auch den solaren Wärmestrom von außen nach innen, so daß passive →Sonnenenergienutzung eingeschränkt wird. Dies vermeidet transparente →Wärmedämmung. *C.-J. Winter*

Wärmedämmung, transparente. Als Mittel der rationellen Energiewandlung/Energieanwendung ist W. im Hochbau in aller Regel opake →Wärmedämmung. Passive →Sonnenenergienutzung durch Hauswände mit opaker Wärmedämmung ist nicht möglich.

Anders bei Hauswänden mit t. W.: auf zur Verbesserung der Absorption dunkel gestrichenen, ansonsten üblichen Hauswänden werden transluzente Glas- oder Kunststoffstrukturen von ≤10 cm Dicke montiert, die die Eigenschaft haben, die – diffuse oder direkte – Sonnenstrahlung eines großen Teils des solaren Spektrums von außen nach innen passieren zu lassen, den infraroten Wärmestrom von innen nach außen aber nicht. Die Hauswand dient als Speicher. Eine außen angebrachte Glasscheibe verhindert Verschmutzung. Zur Vermeidung von Überhitzung im Sommer sorgen Rollos für →Abschattung. T. W. wirkt gleichsam als solares Hausheiz(kühl)system, das nahezu ganzjährig, selbst an kalten Wintertagen, für

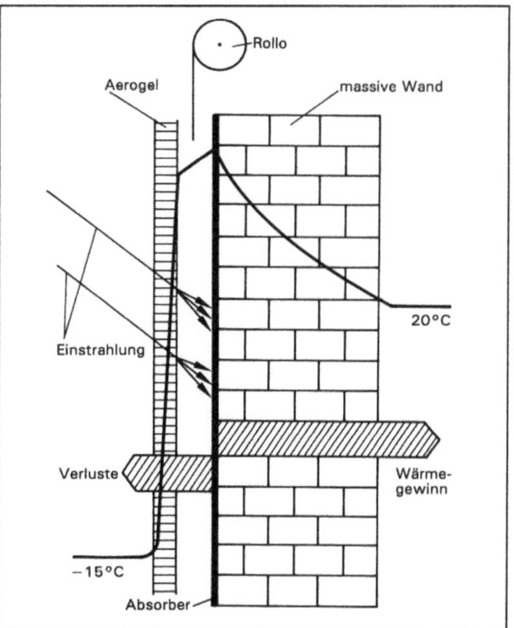

Wärmedämmung, transparente: Wand mit transluzenter thermischer Wärmedämmung. Die absorbierte solare Einstrahlung dient in Teilen der Raumheizung.

einen von außen nach innen wirkenden Wärmestrom sorgt, solange das Angebot an solarer Strahlungsenergie hinreichend ist. T. W.-Projekte befinden sich in der Erprobung. Zu lösende Fragen sind die Minderung der Einstandskosten pro Quadratmeter, die Wärmeverteilung von den Süd- (Ost- und West-)fassaden mit t. W. auch in die im Norden gelegenen Räume und die Verlängerung der Standzeiten des t. W.-Materials unter UV- und Witterungseinfluß auf Standzeiten, wie sie für Außenwände von Hochbauten üblich sind.   *C.-J. Winter*

Literatur: *Goetzberger, A.; V. Wittwer:* Sonnenenergie. Teubner Studienbücher Physik. Stuttgart 1986. – *Goetzberger, A. et al.:* Transparent Insulation System for Passive Solar Energy Utilization in Buildings, Int. J. Solar Energy (to be published).

Wärmeflußbild. Unter einem W. oder Energieflußbild (auch *Sankey*-Diagramm) versteht man die graphische Darstellung einer →Energiebilanz. In einer Energiebilanz sind die einem System zugeführten Energieströme den abgeführten Energieströmen gegenübergestellt, deren jeweilige Summe nach dem 1. Hauptsatz der Thermodynamik gleich sein muß.

Ein Beispiel eines W. zeigt das Bild. Auf der linken Seite sind die zugeführten Energieströme und auf der rechten Seite die Nutz- oder Zielenergieströme aufgeführt. Abwärmeströme sind durch nach oben abknickende Balken dargestellt. Die →Abwärme ist in einen diffusen und je einen festen, flüssigen und gasförmigen gefaßten Anteil aufgeteilt. Die Stärke der Balken entspricht dem Anteil am gesamten Energiestrom.

Die Energieströme haben die Dimension Watt [W].   *Hoffmann*

Wärmeintegrationsanalyse. Die Wärmeintegration oder W. (auch Pinch-Point-Methode) dient zur wärmetechnischen Optimierung technischer Prozesse. Es handelt sich um eine systemanalytische Methode zur Ermittlung des minimalen Wärmebzw. Kühlbedarfs eines Prozesses. Dabei können mögliche Wärmetauscherschaltungen von aufzuheizenden und abzukühlenden Stoffströmen miteinander verglichen, die wärmetechnisch optimale Integration von Maschinen (z. B. Wärmepumpen) und Apparaten (z. B. Reaktoren) geprüft und geeignete Betriebsmittel zum Heizen und Kühlen ausgewählt werden. Wenn geeignete Kostenansätze für Apparate und Maschinen vorhanden sind, kann die Wirtschaftlichkeit von Maßnahmen zur wärmetechnischen Verbesserung einer Anlage überschlägig ermittelt werden.

Die W. ist insbesondere für die Optimierung kontinuierlicher Prozesse und zyklischer Batch-Prozesse geeignet. Zur Durchführung einer Analyse ist die Kenntnis der wesentlichen wärmetechnischen Daten eines Prozesses erforderlich. Dies sind insbesondere die Anfangs- und Endtemperaturen sowie die Enthalpieänderungen der Stoffströme des Prozesses.   *Hoffmann*

Wärmekonvektion. Unter W. ist der Wärmetransport durch die Bewegung eines Mediums zu verstehen, d. h. es strömt nicht die Wärmeenergie selbst, sondern das Medium, das die Wärmemenge enthält. Man unterscheidet zwischen freier und erzwungener Konvektion.

Freie Konvektion entsteht durch Dichteunterschiede zwischen erwärmtem und abgekühltem Medium, ein Beispiel ist die Zirkulation von Raumluft, die durch einen Heizkörper verursacht wird. Bei der erzwungenen Konvektion wird die Bewegung des Mediums durch äußere Kräfte (z. B. Pumpen) hervorgerufen, etwa bei Dampfkesseln, die mit Zwangsumlauf arbeiten.

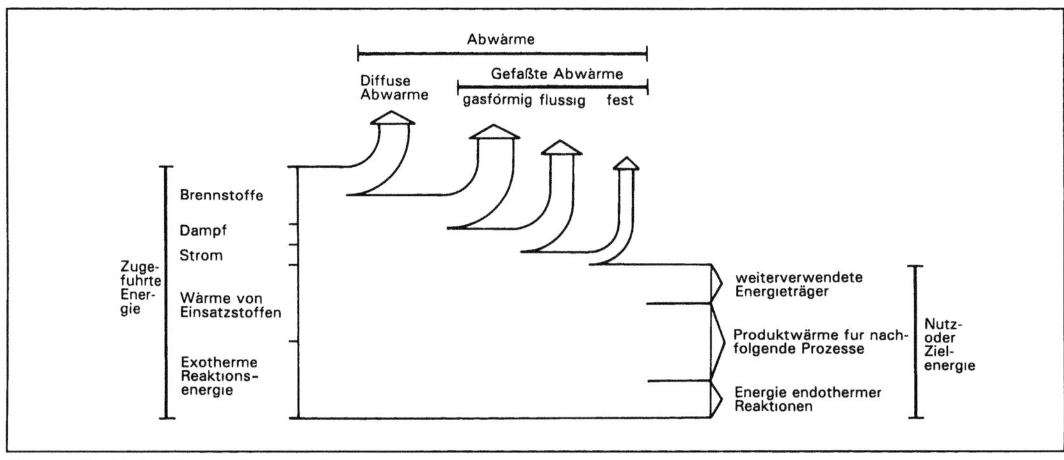

Wärmeflußbild: Beispiel eines W.

Die W. wird durch den Wärmeübergangskoeffizienten α beschrieben.

$\alpha = \dot{Q}/(A\,\Delta T)$ mit
$\dot{Q}$ transportierte Wärmemenge pro Zeiteinheit [W],
A wärmetauschende Fläche [m²],
ΔT Temperaturdifferenz zwischen der wärmetauschenden Oberfläche und dem Fluid [K] (treibende Temperaturdifferenz).

α ist abhängig von den Stoffeigenschaften und den jeweiligen Randbedingungen. *Hoffmann*

Wärmelastplan. In Ufernähe von Flüssen gelegene thermische Kraftwerke nutzen das Flußwasser in der Regel zur Kondensatorkühlung. Sie erhöhen dadurch die Temperatur des Flußwassers, das aus Gründen der Ökologie der Flußfauna und -flora einen Maximalwert nicht überschreiten darf. Zwischen einem flußaufwärts und einem flußabwärts gelegenen Abwärmeleiter muß folglich eine bestimmte Entfernung eingehalten werden, damit das Flußwasser durch Wärmeleitung in das Flußbett, →Wärmekonvektion in kältere Wässer oder Verdampfungskühlung abkühlt; dies ist besonders wichtig zu Zeiten mäßiger Wasserführung. Die Wärmebelastung des Flußwassers über der geometrischen Länge des Flusses einschließlich seiner zulässigen Temperaturverteilung wird im W. festgelegt. *C.-J. Winter*

Wärmeleitfähigkeitsmessung →Wärmetönungsmessung

Wärmeleitung. Unter W. ist der Transport von →Wärme durch andere Medien (Gase, Flüssigkeiten, Feststoffe) hindurch zu verstehen. Dabei findet kein Massen-, sondern ein Energietransport statt. Ein in der Technik wichtiges Beispiel ist der Wärmefluß durch eine Rohrwand in einem →Wärmetauscher.

Die Beschreibung der W. erfolgt durch das *Fourier* Gesetz

$\dot{Q} = (\lambda\,A\,\Delta T)/L$ mit
$\dot{Q}$ transportierte Wärmemenge pro Zeiteinheit [W],
λ Wärmeleitungskoeffizient [W/mK],
A Fläche senkrecht zum Wärmefluß [m²],
ΔT Temperaturdifferenz zwischen heißer und kalter Seite [K],
L Dicke des Körpers [m].

λ ist vom Material und von der Temperatur abhängig. *Hoffmann*

Wärmenutzung. Unter W. bei einem technischen Prozeß ist die Minimierung der zuzuführenden Energie, d. h. ein sparsamer Energieverbrauch, sowie die möglichst weitgehende und sinnvolle Ausnutzung der zugeführten Energie, d. h. die Minimierung des Wärmeverlustes, zu verstehen.

Ziel der W. ist neben der Reduzierung von Energiekosten die Schonung der Ressourcen fossiler Energieträger (Kohle, Öl, Gas) sowie die Verringerung der Umweltbelastung, die durch die Verbrennung fossiler Energieträger entsteht. Hier ist neben den seit langem bekannten luftverunreinigenden Schadstoffen wie Schwefeldioxid, Stickoxiden, Staub etc. insbesondere auch das Kohlendioxid zu nennen, das nach dem gegenwärtigen Kenntnisstand einen wesentlichen Beitrag zum globalen →Treibhauseffekt leistet.

Bei technischen Anlagen besteht grundsätzlich die Möglichkeit, anlageninterne, betriebsinterne und externe W. zu betreiben.

Die anlageninterne W. greift in die zu betrachtende Anlage selbst ein. Maßnahmen, die zu einem sparsamen Energieverbrauch und einer Minimierung des Wärmeverlustes führen können, sind u. a.:
– energiesparende Gestaltung des Prozeßablaufs und der Betriebsführung der Anlage, z. B. Vermeidung langer Wege für heiße Produkte, die dabei abkühlen und zur Weiterverarbeitung wieder aufgeheizt werden müssen, oder Einführung eines mehrschichtigen Betriebes, um beispielsweise Warmhaltezeiten für Öfen zu verkürzen.
– Verringerung der Wärmeverluste durch bessere →Wärmedämmung.
– Einsatz von Prozessen, die hohe Wirkungsgrade aufweisen, z. B. bei Dampferzeugern.
– Einsatz zusätzlicher →Wärmetauscher, mit deren Hilfe in der Anlage vorhandene →Abwärme genutzt werden kann.
– Energieversorgung der Anlage ganz oder teilweise mit regenerativen Energien (z. B. Windkraft, Solarenergie), →Kraft-Wärme-Kopplung und der Abwärme anderer Anlagen. Dabei ist darauf zu achten, daß die Anlage insgesamt optimal in das am Standort vorhandene Energiesystem (z. B. Fernwärmeversorgung) eingebunden wird.

Unter betriebsinterner W. versteht man die Nutzung der Abwärme einer Anlage in anderen Anlagen desselben Betreibers am selben Standort; externe W. ist die Nutzung der Abwärme durch Dritte (→Abwärmenutzung).

Für die betriebsinterne und externe W. kommen im wesentlichen folgende Maßnahmen in Frage:
– Einspeisen der Abwärme in einen →Wärmeverbund, über den mehrere Anlagen mit Wärme (z. B. Heißwasser, Dampf) versorgt werden.
– Speicherung, Umwandlung und Aufwertung von Abwärme. Die Umwandlung von Abwärme (z. B. Erzeugung von Heißwasser mittels heißer Abgase) oder deren Aufwertung (z. B. durch Wärmepumpen) können erforderlich sein, um Einsatzmöglichkeiten für die Abwärme zu schaffen bzw. die

Temperatur der Abwärme auf ein brauchbares Niveau anzuheben.

– Nutzung der Abwärme zur Erzeugung von Strom oder Kälte.

– Zeitliche Abstimmung zwischen Abwärmeanfall und Abwärmeabnahme, um mit möglichst wenig Wärmespeicherung auszukommen, da diese nur mit Wärmeverlusten zu betreiben ist.

Welche Maßnahmen zur W. für eine Anlage durchführbar und sinnvoll sind, ist nur im Einzelfall zu entscheiden, weil dies von den jeweiligen Randbedingungen abhängt. Insbesondere bei der betriebsinternen und externen W. sind die Verhältnisse in der Umgebung der Anlage von entscheidender Bedeutung. *Hoffmann*

Literatur: *Briké, F.:* Maßnahmen zu Intensivierung der Abwärmenutzung in der Industrie (Kurzfassung). Hrsg.: Bundesministerium für Forschung und Entwicklung. Forschungsbericht T 83-304. 1983. – *Maier, Angerer* et al.: Rationelle Energieverwendung durch neue Technologien. Bd. 1 u. 2. Köln 1986. – Wärmenutzungsverordnung. VDI-Ber. 857. Düsseldorf 1990.

Wärmepumpe. W. sind verfahrenstechnische Energiesysteme, die Wärme von einem Temperaturniveau unter Hinzufügen von Energie auf ein höheres Energieniveau anheben (pumpen). W. bedienen sich eines tiefsiedenden W.-Mediums.

W. nutzen verschiedene Antriebsenergien: Kompressions-W. werden durch elektrische Motoren, Gas-, Otto- oder Dieselmotoren angetrieben; Sorptions-W. nutzen Gas- oder Ölbrenner zur Energieversorgung der Austreiber, in denen beispielsweise Ammoniak aus Ammoniak/-Wassergemischen ausgetrieben wird. Die Energieinhalte der jeweiligen Antriebsenergie – Strom, Erdgas, Biogas oder Industriegase, Benzin oder Dieselöl – müssen in der W.-Bilanz und ihrer (Jahres-)Arbeitszahl berücksichtigt werden.

Von monovalenter/bivalenter W. wird gesprochen, wenn die W. den Wärmebedarf das ganze Jahr über allein bereitzustellen vermag (monovalent) oder wenn – für den extremen Winterfall – eine Zusatzheizung gleicher oder anderer Energieart erforderlich wird (bivalent).

Je nach der erreichten Jahresarbeitszahl bewirken W. die Einbeziehung von bis zu einem Drittel ihrer nutzbar abgegebenen Energie aus der Sonnenenergie Umgebungswärme oder aus andernfalls nicht mehr nutzbarer anthropogener Abwärme.

Großwärmepumpen sind marktgängig; W. kleiner Leistung haben häufig zu hohe Investitions- und Betriebskosten. Energiewirtschaftlich zweifelhaft ist die Ausstattung von Ein- oder Zweifamilienhäusern mit Kleinstwärmepumpen, deren Anschlußleistung wegen der zunehmend besseren →Wärmedämmung eher weiter sinkt (≤5 kW). Überdies treffen sie auf den Fernwärme- und Nahwärmewettbewerber, der die Energiedienstleistung aus Wärme günstiger anbieten kann. *C.-J. Winter*

Literatur: Absorptions-Wärmepumpen – Theorie und Praxis. VDI-Ber. 427. Düsseldorf 1981. – BINE-Bürgerinformation: Heizen mit Wärmepumpen. Fachinformationszentrum Karlsruhe (Hrsg.). Köln 1987. – Blockheizkraftwerke und Wärmepumpen – Betriebserfahrungen unter aktuellen Umweltschutz- und Wirtschaftlichkeitsaspekten. VDI-Ber. 727. Düsseldorf 1989. – *Cheron, J.; A. Rojsy:* Absorption heat pumps for space heating. Proc. of the International Seminar. The Hague. 1983. – *Cube, H. L. v.; F. Steimle:* Wärmepumpen – Grundlagen und Praxis. 2. Aufl. Düsseldorf 1984. – Industrial Application of Heat Pumps. Proc. of International Symposium, University of Warwick, UK, 24–26 March, Cranfield: BHRA Fluid Engineering 1982. – International Energy Agency (IEA): Proc. IEA Heat Pump Conference: Current Situation and Future Prospects. Graz 1984. – Large-Scale Applications of Heat Pumps. 3rd International Symposium, Oxford, England, 25–27 March 1987; BHRA The Fluid Engineering Center. Berlin–Heidelberg–New York 1987. – *Laue, H.-J.:* Wärmepumpen. VDI-Ber. 851. Düsseldorf 1991. – *Moser F.* (Ed.): Proc. of the 2nd International Workshop on Research Activities on Advanced Heat Pumps, Technische Universität Graz, September 1988, Grazer Schriftenreihe Verfahrenstechnik: Bd. 2. – *Maier, R.:* Hauswärmepumpen. VDI-Ber. 851. Düsseldorf 1991. – *Reay, D. A.; D. B. A. Macmichael:* Heat Pumps. 2nd edition, Oxford–New York 1988. – *Saito, T., Y. Igarashi* (Eds.): Heat Pumps: Solving Energy and Environment Challenges. Proceedings of Third IEA Heat Pumps Conf., Tokyo, March 1990. Oxford–New York. 1990. – *Steimle, F.; M. Renz:* Stoffsysteme für Absorptionswärmepumpen. VDI-Ber. 427. Düsseldorf 1981. – *Zimmermann, J.:* Auslegung von Absorptionswärmepumpen. VDI-Fortschrittsbericht. Reihe 19, Nr. 9. Düsseldorf 1985.

Wärmerückgewinnung in der Landwirtschaft. Tritt bei Prozessen →Abwärme auf, so kann häufig durch den Einsatz technischer Anlagen, wie z. B. →Wärmetauscher, ein Teil dieser thermischen Energie zurückgeführt werden.

In der Landwirtschaft werden W.-Anlagen vorwiegend zur Rückführung von Wärme aus der →Stallabluft eingesetzt:

– Luft-/Luft-Wärmetauscher: der Abluft wird Wärme entzogen und der Frischluft zugeführt.

– Kreisverbundsystem: über einen Luft-/Wasser-Wärmetauscher wird der Abluft Wärme entzogen und einem flüssigen Wärmeträger zugeführt; über diese Flüssigkeit kann dann die Energie z. B. in andere Gebäude transportiert und dort über Wasser-/Luft-Wärmetauscher an die Luft übertragen werden.

– Wärmepumpen: feuchtwarme Stallabluft ist eine gute Wärmequelle für Heizungsanlagen mit Wärmepumpen. Dies gilt sowohl für das Temperaturniveau als auch für die Energiemenge. Besonders im Winter, bei niedrigen Umgebungstemperaturen, ist die Stallabluft eine im Vergleich zur Außenluft günstige Wärmequelle, die hohe Leistungszahlen (COP >3,5) ermöglicht (COP = Coefficient of Performance, Verhältnis von Nutz- zu Antriebsleistung).

Bei größeren Milchviehbeständen ist auch die Nutzung der Abwärme aus der Milchkühlung interessant. Über den Verdampfer wird der Milch bei der Abkühlung Energie entzogen. Diese wird vom Kondensator der Kältemaschine nicht an die Umgebung abgeführt, sondern z. B. zur Warmwasserbereitung eingesetzt. Dabei kann zusätzlich die aufgewendete elektrische Antriebsenergie genutzt werden. Geht man von einer Energiemenge von 0,6 kWh/d je Kuh aus und berücksichtigt thermische Verluste im Prozeß, so kann man mit dieser Energie etwa 10 kg Brauchwasser von 10 °C auf 55 °C erwärmen. *H. Schön/Reuss*

Wärmeschaltbild. Unter einem W. versteht man eine schematische zeichnerische Darstellung von Aufbau und Funktion einer technischen Anlage, in der neben grundlegenden verfahrenstechnischen Angaben auch ausführliche wärmetechnische Informationen enthalten sind. Die Darstellung erfolgt durch graphische Symbole und Schriftzeichen. Zweckmäßigerweise sollten dabei die Festlegungen nach DIN 28004 beachtet werden. Die dort enthaltenen Aussagen zu Fließbildern verfahrenstechnischer Anlagen können auf W. übertragen werden.

Grundlage von W. sind in der Regel Grund- oder Verfahrensfließbilder, die um die wesentlichen wärmetechnischen Angaben ergänzt werden. Dies können u. a. sein:
- Informationen über Massenflüsse, Temperaturen, Drücke, Enthalpien und Zusammensetzung von Stoffströmen,
- Heizwerte brennbarer Stoffe,
- Bilanzkreise für Anlagen oder Anlagenteile, für die eine →Energiebilanz erstellt werden soll,
- nicht an konkrete Stoffströme gebundene Energie, die in die Bilanzkreise eintritt oder diese verläßt, z. B. elektrische Energie oder diffuse Wärme.
Hoffmann

Literatur: DIN 28004: Teil 1–4, Fließbilder verfahrenstechnischer Anlagen. 5/1988. – DIN 2481: Wärmekraftanlagen; Graphische Symbole. 6/1979.

Wärmeschutzverordnung. Die auf das →Energieeinsparungsgesetz gestützte Verordnung über einen energiesparenden Wärmeschutz bei Gebäuden (WärmeschutzV) von 1994, die am 1. 1. 1995 in Kraft tritt, löst die erstmalig 1977 erlassene und 1982 novellierte W. ab. Sie gilt grundsätzlich für alle Gebäude, die bei bestimmungsgemäßer Nutzung beheizt werden wie Wohn-, Büro- und Verwaltungsgebäude, Schulen, Bibliotheken, Krankenhäuser, Waren- und Geschäftshäuser, Betriebsgebäude sowie auch Sport- und Versammlungszwecken dienende Gebäude, soweit sie auf mindestens 15 °C und mehr als 3 Monate/a beheizt werden. Ausgenommen sind ausdrücklich bestimmte besondere Gebäudearten, wie z. B. Unterglasanlagen im Gartenbau.

Die Wärmeschutzanforderungen sind unterschiedlich geregelt für (neu) zu errichtende Gebäude in Abhängigkeit von der Innentemperatur (normal = ab 19 °C; niedrig = >12 bis <19 °C) sowie für bauliche Änderungen bestehender Gebäude.

Für Gebäude mit normalen Innentemperaturen wird primär der Jahres-Heizwärmebedarf bezogen auf die Gebäudenutzfläche (kWh/m²·a) oder auf das Bauwerksvolumen (kWh/m³·a), der nach einem vorgeschriebenen Verfahren zu ermitteln ist, begrenzt. Praktisch ist für das Gebäude eine Energiebedarfsrechnung aufzustellen, in die nicht nur die vorgeschriebenen Wärmedämmungsmaßnahmen, sondern auch gebäudeinterne und solare Energiegewinne eingehen; vereinfachend gelten für kleine Wohngebäude die Anforderungen an den Jahres-Heizwärmebedarf als erfüllt, wenn vorgegebene maximale Wärmedurchgangskoeffizienten für bestimmte (Außen-)Bauteile nicht überschritten werden. Zusätzlich werden Anforderungen hinsichtlich spezieller baulicher Wärmeverlustquellen, wie z. B. an Heizkörpernischen und Heizkörper vor Fensterflächen, sowie an die Dichtheit des Gebäudes und einzelner Bauteile, insbesondere Fugen an Fenstern und Außentüren, gestellt. Sport- und Versammlungsstätten (s. o.) werden Gebäuden mit normalen Innentemperaturen zugerechnet.

Die wesentlichen Ergebnisse der rechnerischen Nachweise im Rahmen der Wärmeenergiebedarfsrechnung sind in einem Wärmebedarfsausweis zusammenzustellen, der die energiebezogenen Merkmale des Gebäudes i. S. der Richtlinie 93/76/EWG vom 13. September 1993 zur Begrenzung der Kohlendioxidemission durch eine effizientere Energienutzung (ABl. EG Nr. L 237, S. 28) darstellt. Der Wärmebedarfsausweis ist auf Verlangen der Überwachungsbehörde sowie Käufern, Mietern oder sonstigen Nutzungsberechtigten des Gebäudes zugänglich zu machen.

Bei Gebäuden mit niedrigen Innentemperaturen – das sind Betriebsgebäude mit T = > 12 bis <19 °C, die mehr als 4 Monate/a beheizt werden, – ist der auf das beheizte Bauwerksvolumen bezogene Jahres-Transmissionswärmebedarf (kWh/m³·a) begrenzt; die bei Gebäuden mit normalen Innentemperaturen vorgesehenen zusätzlichen Anforderungen und die Dichtheitsanforderungen gelten hier – teilweise modifiziert bzw. abgeschwächt – entsprechend.

Bauliche Änderungen bestehender Gebäude werden in drei Fällen von der W. erfaßt:
- Wird ein Gebäude um mindestens einen beheizten Raum oder um mehr als 10 m² zusammenhängende beheizte Nutzfläche erweitert, so gelten für den neuen Teil die Anforderungen zur Begrenzung des Heizwärmebedarfs, wie sie für die Gebäudeart (normale oder niedrige Innentemperatur) bei Neubauten gelten.

– Soweit bei beheizten Räumen in (Alt-)Gebäuden besonders wärmeverlustbehaftete Bauteile, wie z. B. Außenwände, Fenster oder Dachdecken erstmalig eingebaut, ersetzt oder erneuert werden, sind grundsätzlich bestimmte Anforderungen zur Begrenzung des Wärmedurchgangs an diesen Bauteilen einzuhalten.

– Beim nachträglichen Einbau von Klimaanlagen in Gebäude ist der Energiedurchgang von Fenstern in bestimmter Weise zu begrenzen.

Die nach der alten W. errichteten Gebäude weisen je nach Gebäudetyp einen Jahres-Heizwärmebedarf von 120–180 kWh/m²·a auf. Mit der neuen W. wird ein Anforderungsniveau an den baulichen Wärmeschutz vorgegeben, das den Jahres-Heizwärmebedarf bei Neubauten je nach Gebäudetyp auf 54–100 kWh/m²·a begrenzt; dies entspricht dem aktuellen Niedrigenergiehaus-Standard. Die dadurch bedingte →Energieeinsparung im Bereich der festen, flüssigen und gasförmigen Brennstoffe kommt auch der Luftreinhaltung und – durch die Verminderung der CO_2-Emissionen – dem Klimaschutz zugute (→Energieeinsparungsgesetz). *Dreyhaupt*

Wärmestrahlung. Unter W. ist die →Wärmeübertragung von einem Körper zu einem anderen mittels elektromagnetischer Wellen zu verstehen. Ein Übertragungsmedium ist nicht beteiligt. Die Beschreibung der W. geschieht durch das *Stefan-Boltzmann-Gesetz*

$\dot{Q} = C_{12} A (T_1^4 - T_2^4)$ mit
$\dot{Q}$ transportierte Wärmemenge pro Zeiteinheit [W],
C_{12} Strahlungszahl zweier im Austausch stehender Körper [W/m² K⁴],
A Oberfläche des Wärmestrahlers [m²],
T_1, T_2 absolute Temperaturen des abstrahlenden und des aufnehmenden Körpers [K].

C_{12} ist abhängig von den Eigenschaften der Körper (Absorptions-, Reflexions-, Durchlaßvermögen für W.). Bei totaler Absorption der einfallenden Strahlung spricht man von einem schwarzen Körper.

W. spielt in der Technik eine wesentliche Rolle, wenn hohe Temperaturdifferenzen (T_1, T_2) auftreten, wie dies z. B. in der Brennkammer eines Dampferzeugers der Fall ist, in der die Flammentemperatur mehr als 1 200 °C beträgt, während die Wandtemperatur der Verdampfungstemperatur des darin strömenden Wassers entspricht. *Hoffmann*

Wärmestrom. Ein W. ist eine bei der →Wärmeübertragung transportierte Wärmemenge pro Zeiteinheit.

Der W. wird in der Einheit Watt [W] angegeben. *Hoffmann*

Wärmetauscher. W. sind Apparate, die der →Wärmeübertragung zwischen zwei Stoffen unterschiedlicher Temperatur dienen. Sie erfüllen in der Technik eine Vielzahl von Aufgaben zur →Wärmenutzung und zur Verbesserung von Wirkungsgraden. Darüber hinaus wären in vielen Fällen technische Prozesse ohne Einsatz von W. nicht durchführbar.

Man unterscheidet zwischen rekuperativen und regenerativen W. Bei rekuperativen W. oder Rekuperatoren erfolgt die Wärmeübertragung kontinuierlich durch eine Wand, die die beiden den W. durchströmenden Medien trennt. In regenerativen W. oder Regeneratoren geschieht die Wärmeübertragung dadurch, daß eine Speichermasse abwechselnd vom wärmeabgebenden und vom wärmeaufnehmenden Medium durchströmt wird.

Wichtige Arten rekuperativer W. sind Doppelrohr-, Rohrbündel- und Platten-W.

Bei den regenerativen W. muß eine geeignete Speichermasse ausgewählt werden. Sie kann z. B. aus Schüttgut, Blechen, Formsteinen oder Stahlgewebe bestehen. Zur Aufrechterhaltung eines kontinuierlichen Betriebs ist es erforderlich, zwei oder mehr Speichermassen parallel zu schalten, die abwechselnd aufgeheizt oder abgekühlt werden. Eine andere Bauart besteht aus einer rotierenden Speichermasse, die auf einer Hälfte vom wärmeabgebenden und auf der anderen Hälfte vom wärmeaufnehmenden Medium durchströmt wird. Durch die Drehung der Speichermasse erfolgt der Wärmetransport zum anderen Medium.

Sonderstellungen unter den W. nehmen Wärmerohre, Kreislaufverbundsysteme und Direktkontakt-W. ein, bei denen die Wärmeübertragung nicht oder nicht eindeutig rekuperativ oder regenerativ erfolgt.

– Bei den Wärmerohren erfolgt die Wärmeübertragung durch ein Wärmeträgermedium, das sich in einem geschlossenen System befindet. Dieses Wärmeträgermedium wird vom wärmeabgebenden Medium verdampft und gibt die dabei aufgenommene Wärme durch Kondensation an das wärmeaufnehmende Medium weiter. Wärmerohre sind im Temperaturbereich von ca. –20–400 °C einsetzbar, wobei das Wärmeträgermedium der Arbeitstemperatur angepaßt werden muß. Eingesetzt werden u. a. Wasser, Butan, Ammoniak, Aceton, Methanol, Naphthalin.

– Durch Kreislaufverbundsysteme ist eine Wärmeübertragung auch dann möglich, wenn der wärmeabgebende und der wärmeaufnehmende Strom aufgrund der örtlichen Gegebenheiten nicht in einem Apparat zusammengeführt werden können. Der Wärmetransport erfolgt in diesem Fall durch ein flüssiges Wärmeträgermedium, das die Wärme in einem W. aufnimmt und über Rohrleitungen zum Ort der Wärmeabgabe geleitet wird, die ebenfalls in einem W. abläuft.

– Bei Direktkontakt-W. sind wärmeabgebendes und wärmeaufnehmendes Medium nicht voneinander getrennt. Beispiele sind die Wasserkühlung durch Luft in einem →Kühlturm oder die Trocknung fester Stoffe durch heiße Abgase in einem Drehrohr. Neben dem Wärmeaustausch spielen bei dieser Art von W. in der Regel auch Stoffaustauschvorgänge, z. B. Verdampfungsprozesse, eine wesentliche Rolle. *Hoffmann*

Literatur: *Baehr, H. D.:* Thermodynamik. Korr. Nachdr. der 5. Aufl. Berlin–Heidelberg–New York–Tokio 1984. – VDI-Wärmeatlas. Düsseldorf 1984.

Wärmetönungsmessung. Die W. ist in der Praxis der Luftreinhaltung eine Methode zur summarischen Bestimmung organischer Verbindungen, die sich für die kontinuierliche →Emissionsüberwachung bewährt hat.

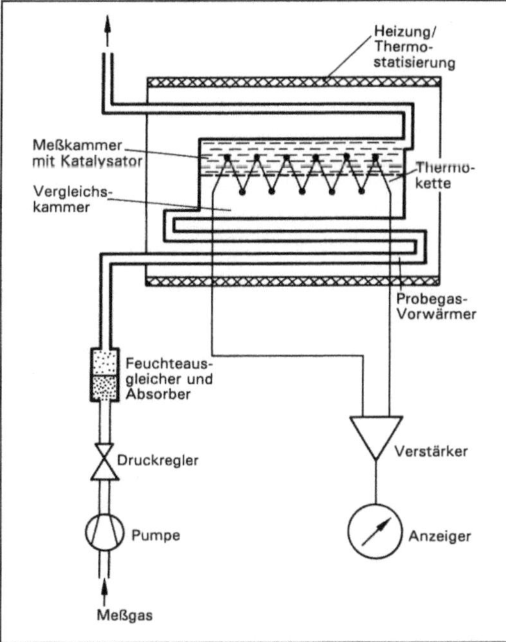

Wärmetönungsmessung: Meßanordnung (schematisch)

Bei der W. wird die exotherme Wärme ausgenutzt, die bei der katalytischen Oxidation brennbarer Gaskomponenten in Luft entsteht. Als Katalysator dienen Platin und dessen Legierungen in Form von beheizten Drahtwendeln oder körnigem Katalysatormaterial. Die erzeugte Wärme führt zu einer Temperaturerhöhung des Katalysators, die thermoelektrisch mit Widerstandsdrähten oder Thermoelementen gemessen wird. Bei der im Bild dargestellten Meßanordnung wird das Meßgas durch eine zur Hälfte katalytisch wirksame Keramikmasse geleitet. In die Keramikmasse ist eine Thermokette

eingebettet, deren Vergleichsmeßstellen sich in der katalytisch unwirksamen Hälfte befinden. Die gesamte Meßanordnung wird in einer Reaktionskammer auf konstanter Temperatur gehalten.

Zur Erfassung der Summe der organischen Verbindungen muß über ein geeignetes Vorfilter der CO-Gehalt des Probegases eliminiert werden, der das Meßsignal verfälschen würde. Die Einsetzbarkeit der Methode ist dadurch eingeschränkt, daß die W. kein besonders selektives Verfahren ist und daß Katalysatoren zum Beispiel durch Halogen- oder Bleiverbindungen ihre Wirksamkeit verlieren.

Eine mit der W. verwandte Methode ist die Wärmeleitfähigkeitsmessung, bei der das Probegas eine elektrische Heizwendel umströmt. Die dadurch bewirkte Abkühlung, die für die Wärmeleitfähigkeit des Probegasstroms kennzeichnend ist, wird elektrisch als Widerstandsänderung gemessen. Diese Methode wird beispielsweise bei den →Schornsteinfeger-Messungen zur Bestimmung von Kohlendioxid im Abgas von Kleinfeuerungsanlagen eingesetzt. *Stahl*

Literatur: *Bühne, K. W.:* Vergleichende Untersuchungen mit Meßeinrichtungen zur fortlaufenden Messung organischer Verbindungen als Gesamtkohlenstoff. Staub – Reinhalt. Luft **38** (1978), S. 110/115. – *Stieler, W.; H. Warncke:* Messung der Wärmetönung zur Gasanalyse und Brennwertbestimmung. In: Messen, Steuern und Regeln in der chemischen Technik, Bd. II, S. 128/131. Hrsg.: J. Hengstenberg, B. Sturm und O. Winkler. Berlin–Heidelberg–New York 1980.

Wärmetransformator. Bei einem W. handelt es sich um einen Prozeß zur →Abwärmeaufwertung. Mit seiner Hilfe wird ein Abwärmestrom mittlerer, nicht nutzbarer Temperatur (Temperaturbereich um 100 °C) zerlegt in einen Abwärmestrom niedriger Temperatur und einen nutzbaren Wärmestrom mit höherer Temperatur (im Gegensatz zur →Wärmepumpe, bei der aus einem Abwärmestrom niedriger Temperatur und hochwertiger Zusatzenergie ein Nutzwärmestrom mittlerer Temperatur entsteht).

Das Prinzip des Energieflusses zeigt das Bild. Es handelt sich um eine Schaltung aus Austreiber,

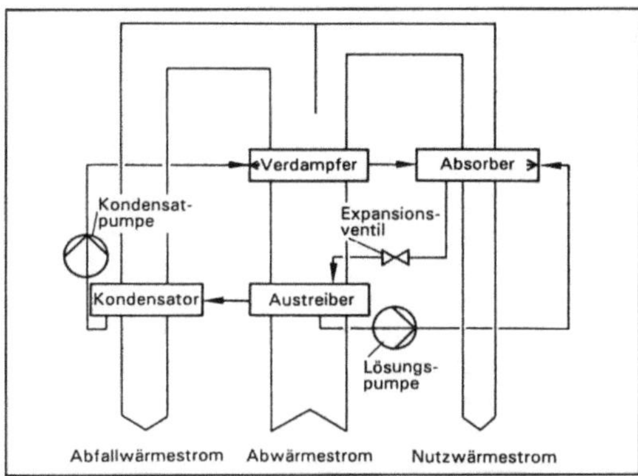

Wärmetransformator: Schematische Darstellung.

Verdampfer, Kondensator und Absorber, die mit einem Zweistoffgemisch (meist Wasser und Lithiumbromid) arbeitet. *Hoffmann*

Wärmeübertragung. Bei der W. fließt ein →Wärmestrom vom wärmeren zum kälteren Medium. Es gibt drei Arten der W.: →Wärmeleitung, →Wärmekonvektion, →Wärmestrahlung.

In der Praxis treten meistens Kombinationen der Übertragungsarten auf.

Beispiele:
– In Wärmetauschern sind häufig Wärmekonvektion und Wärmeleitung maßgebend, wobei Wärmeleitung durch die Rohrwand, Wärmekonvektion über die strömenden Medien stattfindet.
– Im Brennraum von Dampferzeugern ist zusätzlich zur Wärmeleitung und Wärmekonvektion die Wärmestrahlung aufgrund der hohen Flammentemperatur von Bedeutung. *Hoffmann*

Wärmeverbund. Bei mehreren technischen Anlagen an einem Standort, in denen →Abwärme anfällt oder eingesetzt werden kann, ist es sinnvoll, durch Leitungssysteme eine wärmetechnische Verknüpfung dieser Anlagen, einen W. zu schaffen. In die zugehörigen W.-Leitungen können die einzelnen Anlagen ihre Abwärme einspeisen bzw. Wärme entsprechend ihrem Bedarf entnehmen. Häufig wird ein solcher W. für Heißwasser und für Dampf verschiedener Druckstufen eingerichtet (z. B. in der chemischen Industrie), wobei bei hohem Wärmebedarf auch eine →Feuerungsanlage – evtl. mit →Kraft-Wärme-Kopplung – eingebunden werden kann. Die Anlagen, in denen Abwärme anfällt, müssen diese Abwärme zur Einspeisung in den W. in die entsprechende Form umwandeln. Anlagen, die dem W. Wärme entnehmen, müssen ihren Bedarf auf die angebotenen Medien abstimmen. *Hoffmann*

Wärmeverlust. Im thermodynamischen Sinn ist unter einem W. die Wärmemenge zu verstehen, die auf Grund eines nicht optimalen Umformungsprozesses nicht genutzt werden kann bzw. unter sonst gleichen Randbedingungen bei Einsatz des optimalen Prozesses hätte eingespart werden können.

Im allgemeinen Sprachgebrauch ist mit W. jedoch häufig die an die Umgebung abgeführte →Abwärme gemeint, die z. B. aus einer gefaßten Quelle als Abgas oder in diffuser Form über die Wärmeisolierung eines heißen Apparats anfallen kann. Dabei ist zu beachten, daß es W. gibt, die nicht als Abwärme auftreten, z. B. bei einem Drosselvorgang. Weiterhin kann Abwärme entstehen, die nicht als W. anzusehen ist, weil der Anfall der Abwärme auch bei einem idealen Umformungsprozeß unvermeidbar ist.

Bei technischen Anlagen ist praktisch immer mit W. zu rechnen, da ideale Prozesse in der Regel nicht realisierbar sind. *Hoffmann*

Wäscherbauarten. In naßarbeitenden Abscheidern müssen die abzuscheidenden Partikeln mit der Waschflüssigkeit in Kontakt gebracht werden. Dies kann auf ganz unterschiedliche Art geschehen. Entsprechend verschieden sind die W. und zahlreich die einzelnen Ausführungsvarianten. Teilt man die Naßabscheider nach der Art der Flüssigkeitszugabe bzw. der Strömungsführung ein, erhält man die folgenden sechs Grundtypen:
– →Sprühwäscher: Die Waschflüssigkeit wird mittels Düsen meist im Gegenstrom in das langsam strömende Gas eingespritzt, das zusätzlich durch berieselte Füllkörperpackungen geleitet werden kann.
– Strahlwäscher: Die Waschflüssigkeit wird axial mittels Einstoffdüsen im Gleichstrom in das Gas eingespritzt, wodurch dieses analog zur Wasserstrahlpumpe angesaugt wird und mit den Tropfen in Kontakt tritt.
– Wirbelwäscher: Die Waschflüssigkeit befindet sich am Boden eines mit Leitblechen versehenen Behälters. Der staubbeladene Gasstrom prallt zunächst auf die Flüssigkeitsoberfläche, reißt dabei einen Teil der Flüssigkeit mit und wird mit den Tropfen verwirbelt.
– Desintegrator: Die Waschflüssigkeit wird im Abscheideraum durch schnell rotierende Einbauten in kleinste Tropfen zerteilt und mit dem Gas verwirbelt.
– Rotationswäscher: Die Waschflüssigkeit wird über rotierende Zerstäuberräder aufgegeben. Durch den dabei entstehenden, dichten Tropfenschleier wird das zu reinigende Gas geleitet.
– →Venturiwäscher: Die Waschflüssigkeit wird meist in der Kehle eines vom Rohgas mit hoher Geschwindigkeit durchströmten Venturirohres aufgegeben. Dabei wird es in feinste Tröpfchen dispergiert.

Zur Charakterisierung der verschiedenen Bauarten werden folgende Größen herangezogen:
– Trenngrenze x_t (dem →Fraktionsabscheidegrad $T(x) = 50\%$ zugeordnete Partikelgröße, nur sinnvoll bei umkehrbar eindeutigem Verlauf der Trennkurve),
– Relativgeschwindigkeit v_{rel} (maximale mittlere Differenzgeschwindigkeit zwischen Partikeln und Tropfen),
– Druckverlust Δp,
– spezifische Waschwassermenge L (auf das Rohgasvolumen bezogenes Waschflüssigkeitsvolumen),
– spezifischer Energieaufwand E_s (auf das Rohgasvolumen bezogener Energiebedarf).

Charakteristische Daten der einzelnen Grundtypen sind in der Tabelle zusammengefaßt. *Löffler/Schmidt*

Wäscherbauarten. Tabelle: Charakteristische Daten typischer W. (nach Holzer)

	Sprühwäscher	Strahlwäscher	Wirbelwäscher	Desintegrator	Rotationswäscher	Venturiwäscher
$x_t/\mu m$	0,7–1,5	0,8–0,9	0,6–0,9		0,1–0,5	0,05–0,2
$v_{rel}/(m/s)$	1	10–25	8–20		25–70	40–150
$\Delta p/hPa$	2–25		15–28		4–10	30–200
$L/(l/m^3)$	0,05–5	5–20		1–3	1–3	0,5–5
$E_s/(Wh/m^3)$	0,2–1,5	1,2–3	1–2	4–15	2–6	1,5–6

Literatur: *Holzer, K.:* Naßabscheidung von Feinstäuben und Aerosolen. Chem.-Ing.-Tech. **51** (1979) Nr. 3, S. 200/207. – *Löffler, F.:* Staubabscheiden. Stuttgart–New York 1988.

Wahrnehmung von Erschütterungen. In der Sinnesphysiologie wird eine Summe von Sinneseindrücken eine Sinnempfindung genannt. Zu dieser reinen Sinnempfindung kommt in der Regel eine Deutung, ein Bezug auf Erfahrenes und Gelerntes, und dies wird als W. bezeichnet.

Zu den „Arten der Sinnesempfindungen", die auch Modalitäten genannt werden, z. B. Hören, Sehen, Riechen, gehört auch die „Vibrationsempfindung", die zur W. v. E. führt. In der Sinnesphysiologie bezeichnet man die Beschreibung der Reaktionen des Nervensystems auf einen Reiz (physikalische und chemische Vorgänge in den Strukturen des Organismus) als objektive Sinnesphysiologie, die Darstellung der Aussagen, die das Subjekt über seine Empfindungen und W. macht, als subjektive Sinnesphysiologie. Bei auf den Menschen einwirkenden →Erschütterungen stehen nur die Relationen zwischen den Sinnesreizen und den W. in Betracht. Für die Aufnahme von Erschütterungen als Reize ist beim Menschen kein spezielles, lokal abgegrenztes Sinnesorgan entwickelt worden. Erschütterungen werden vor allem durch sogenannte Mechanorezeptoren, die in der Haut in unterschiedlicher Weise angeordnet sind, aufgenommen; aber auch die Cochlea (Gleichgewichtsorgan) spielt bei manchen Erschütterungsreizen eine Rolle z. B. bei der Kinetosis (Seh- oder Bewegungskrankheit). Bei einwirkenden Erschütterungen ist in gleicher Weise wie bei den anderen Sinnesempfindungen die absolute Empfindungs- bzw. →Wahrnehmungsschwelle bedeutsam. Das ist die Summe von Erschütterungs-Sinneseindrücken im Bewußtsein, die gerade noch empfunden bzw. wahrgenommen wird.

Nicht zur direkten W. v. E. gehört diejenige, die durch das Wahrnehmen von sichtbaren Bewegungen von Gegenständen im Raum, hörbarem Klirren von Geschirr und Gläsern oder Klappern von Türen und Fenstern das Vorhandensein von Erschütterungen assoziiert. Für das Ausmaß der menschlichen Beanspruchung durch Erschütterungen ist auch die subjektive W. von Sekundäreffekten und die damit im Zusammenhang stehende Belästigungen wichtig. *Splittgerber*

Literatur: *Keidel, W. D.:* Sinnesphysiologie, T. I Allgemeine Sinnesphysiologie, Visuelles System. Berlin-Heidelberg-New York 1971. – Schmidt, R. F. (Hrsg.): Grundriß der Sinnesphysiologie. Berlin-Heidelberg-New York 1977.

Wahrnehmungsschwelle für Erschütterungen. Der kleinste Erschütterungsreiz, der in der Reizstärke Reizantwort Beziehung gerade die Reaktion *wahrgenommen* auslöst, ist der Schwellenreiz, der abkürzend auch als W. bzw. als Fühl- oder Empfindungsschwelle bezeichnet wird.

Zur Ermittlung der W. wird in der Psycho-Physik die sog. Urteilsmethode herangezogen. Man verwendet zur Bestimmung der Reizschwelle ein Reaktionsschema auf nominalem Niveau: Die Versuchsperson wird angewiesen, ja zu sagen, wenn sie einen gegebenen Reiz wahrnimmt, ansonsten nein. Es gibt nur verhältnismäßig wenige Untersuchungen zur Feststellung der W. für die verschiedenen Erschütterungsarten, die in Form von Erschütterungsimmissionen als Reize auf Menschen einwirken können. Das gilt auch für Untersuchungen der inter- und intraindividuellen Variationen der W. bei der Darbietung von Erschütterungsreizen. Unterschiedliche individuelle Eigenschaften des Menschen und unterschiedliche situative Bedingungen lassen in bezug auf die Rezeption von Erschütterungsreizen vermuten, daß es sich um einen Bereich der beginnenden Wahrnehmbarkeit handelt. Die Festlegung von Schwellenreizen bzw. von W. bedürfen aufgrund von Konventionen einer Definition. Im Regelwerk VDI 2057, Bl. 3, Ausg. Mai 1987, ist darauf hingewiesen, daß die Fühlschwelle individuell verschieden ist und auch von den Umgebungsbedingungen, z. B. der Einwirkungsrichtung, und von persönlichen Gegebenheiten wie Tätigkeit, →Körperhaltung, Alter, Aufmerksamkeit und Gesundheitszustand abhängt. In der Tabelle ist ein für den Allgemeinfall geltender Zusammenhang zwischen der Bewerteten Schwingstärke KB (→Wahrnehmungsstärke, bauwerksbezogene) und der sub-

Tabelle. Zusammenhang zwischen Bewerteter Schwingstärke und subjektiver Wahrnehmung)*

Bewertete Schwingstärke	Beschreibung der Wahrnehmung
< 0,1	nicht spürbar
0,1 ———	Fühlschwelle ———————
	gerade spürbar
0,4 ———	
	gut spürbar
1,6 ———	
	stark spürbar
6,3 ———	
—— 100 ——	sehr stark spürbar
>100	

*) Die Skalierung der subjektiven Wahrnehmung kann nicht exakt allgemeingültig festgelegt werden. Daher sind die Zusammenhänge in der Tabelle nur als Anhaltswerte anzusehen.

jektiven →Wahrnehmung angegeben (VDI-Richtl. 2057).   *Splittgerber*

Literatur: *Sixtl, F.*: Meßmethoden der Psychologie, Theoretische Grundlagen und Probleme. Weinheim 1967. – *Splittgerber, H.*: Wahrnehmungsschwelle für sinusförmige Ganzkörperschwingungen, Zeitschrift für Lärmbekämpfung, 1990 – *Splittgerber, H. und R. Hillen*: Wahrnehmungsschwelle für Ganzkörperschwingungen in sitzender Körperhaltung, LIS-Ber. Nr. 95. Hrsg.: Landesanstalt für Immissionsschutz des Landes NRW, Essen 1991.

Wahrnehmungsstärke, bauwerksbezogene. Zur Beurteilung der Einwirkung von →Erschütterungen auf Menschen beim Aufenthalt in Gebäuden ist im Regelwerk DIN 4150, Teil 2, Vornorm Sept. 1975, anstelle der Kurven gleicher Wahrnehmung als Bewertungskurve eine sog. b.W. definiert. Die mit deren Hilfe berechneten Werte werden als KB-Werte bezeichnet. Die b.W. ist eine der Wahrnehmungsstärken, die für die Beurteilung bei nicht vorgegebener →Körperhaltung als Verbindungsglied zwischen den Schwingungsgrößen und der Frequenz zur Wahrnehmung festgelegt worden ist.

In den neueren Fassungen der Regelwerke, z. B. in der VDI 2057, Bl. 2, Mai 1987, und der DIN 4150, Teil 2, Dez. 1992, entspricht die b.W. der Bewerteten Schwingstärke KB als Bewertung bei nicht vorgegebener Körperhaltung. Sie gilt z. B. für Schwingungseinwirkungen über den Fußboden in Gebäuden, wenn keine eindeutige Aussage über Körperhaltung und Einleitungsstelle in den Körper möglich ist.   *Splittgerber*

Waldfunktion →Forstwirtschaft und Umwelt

Waldschadenskartierung. Experimentelle Untersuchungen zur Erfassung von Vegetationsschäden durch die Interpretation von Color Infrarot Film-Luftbildaufnahmen werden seit Mitte der 60er Jahre durchgeführt. Seit 1982 werden →CIF-Aufnahmen regelmäßig in Deutschland zur Lokalisierung und Quantifizierung von neuartigen →Waldschäden verwandt. Aufgrund farblicher und struktureller Merkmale, die Vergilbung bzw. Blatt-/Nadelverlust entsprechen, kann der geübte Interpret in großmaßstäbigen Luftbildaufnahmen die folgenden fünf Zustände von Waldflächen unterscheiden:

gesund	≙ Schadstufe (0)
leicht geschädigt	≙ Schadstufe (1)
mittel geschädigt	≙ Schadstufe (2)
stark geschädigt	≙ Schadstufe (3)
abgestorben	≙ Schadstufe (4).

Die Waldschadensinventur mit großmaßstäbigen CIF-Luftbildern wird sowohl für kleine Inventurgebiete auf Forstamtebene als auch für Großräume auf Bezirks- und Landesebene durchgeführt. Bei der Interpretation des Bildes wird nicht jeder einzelne Baum ausgewertet, sondern die Interpretation erfolgt stichprobenartig an Stellen, die durch ein über das Bild gelegtes Gitternetz bestimmt werden. Die Dichte dieses Stichprobennetzes hängt von der Größe und den Eigenarten des Aufnahmegebietes ab. Bei Großrauminventuren mit weitmaschigem Stichprobenraster bleibt eine flächendeckende Kartierung von Waldschäden noch unbefriedigend.

Seit 1986 laufen Untersuchungen, Waldschäden aus Multispektralscanner-Aufnahmen mittels digitaler Bildverarbeitung (→Fernerkundungsbildverarbeitung) zu kartieren. Die bisher vorliegenden Ergebnisse zeigen, daß die Klassifizierung in drei Schadstufen möglich ist; dabei werden Stufe (0) und (1) sowie (3) und (4) zu jeweils einer Klasse zusammengefaßt. Der Vorteil dieser Methode ist, daß es sich im Gegensatz zur Luftbildinterpretation nicht um ein Stichprobenverfahren, sondern um eine flächendeckende Auswertung handelt. Allerdings erfordert die Kartierung von Multispektralscanner-Aufnahmen, die vom Flugzeug aus gewonnen werden, noch einen erheblichen Aufwand an geometrischer Entzerrung und radiometrischer Korrektur. Deshalb sind diese Verfahren noch im Erprobungsstadium.

Multispektralscanner-Aufnahmen vom Satelliten eignen sich zur W. nur bei sehr großflächigen Schäden. Sie stellen jedoch ein geeignetes Datenmaterial für Waldbestandskartierung im Maßstab 1 : 200 000 dar.   *Rossbach/Schroeder*

Literatur: *Landauer, G., H.-H. Voss* (Hrsg.): Untersuchung und Kartierung von Waldschäden mit Methoden der Fernerkundung, DLR 1989.

Waldschäden, neuartige. Zu Beginn der 70er Jahre zeigten sich in ländlichen Gebieten der Bundesrepublik an Tannen erste Symptome von W., vorzugsweise in den Mittelgebirgslagen Süddeutschlands. Mit Ende der siebziger und zu Beginn der achtziger Jahre wurden ähnliche Symptome auch an Fichten und an Kiefern beobachtet. Die Symptome, obwohl regional in gewissem Grad unterschiedlich, glichen sich im wesentlichen und wurden mit Nährstoffmangel und dem Eintrag säurehaltiger Niederschläge in Zusammenhang gebracht. Mitte der achtziger Jahre wurden Schäden auch an Laubbäumen wie Eichen und Buchen beobachtet. Da der Schadensumfang, die Vielzahl der betroffenen Arten und die Überregionalität im Auftreten bei vergleichbarer Symptomatik nie zuvor beobachtet worden waren, wurden zur Abgrenzung gegenüber früheren, regional beobachteten Kalamitäten diese Schäden als n. W. bezeichnet; plakativ wird auch von Waldsterben gesprochen.

Um das Ausmaß, die zeitliche Entwicklung und die räumliche Verteilung der n. W. zu charakterisieren, werden in der Bundesrepublik seit 1984 sowie in vielen europäischen Ländern in jährlichen Abständen W.-Inventuren durchgeführt. Hierzu werden jeweils im Sommer in einem 4 km×4 km bzw. 8 km×8 km großen Stichprobenraster eine bestimmte Anzahl von Bäumen im Hinblick auf ihren Nadel-, bzw. Blattverlust okular bewertet. Die Ergebnisse werden den folgenden Schadstufen zugeordnet: 10 % Verlust = Schadstufe 1, 10 bis 25 % = Schadstufe 2, >25 % = Schadstufen 3 und 4. Nach diesem Bewertungsschema ergibt sich für 1991 bundesweit, daß 25 % der Bäume der Schadstufe 2 bis 4 und 39 % der Schadstufe 1 sowie 36 % ohne erkennbare Schadmerkmale einzustufen sind. Regional ist dabei das Schadensniveau sehr unterschiedlich, wobei der süd- und südostdeutsche Raum besonders in Mitleidenschaft gezogen ist. Die stärksten Schäden wurden 1991 an Tanne (41 %) gefolgt von Eiche (31 %), Kiefer (29 %), Buche (28 %) und Fichte (23 %) festgestellt.

Schon bald nach ihrem Auftreten wurden die n. W. mit dem Einfluß von →Luftverunreinigungen in Verbindung gebracht, wobei folgende wesentliche Einflußfaktoren gesehen wurden:
- säurehaltige Niederschläge (Haupteinfluß über den Boden),
- gasförmige Luftschadstoffe, im besonderen Ozon (Haupteinfluß auf oberirdische Pflanzenteile),
- Eintrag stickstoffhaltiger Verbindungen (Haupteinfluß über den Boden), (→Stickstoffoxide/Wirkungen auf Pflanzen).

Ferner wurden klimatische und biotische Einflüsse, waldbauliche Faktoren wie Standortwahl, die Umwandlung von Laub- in Nadelholzwälder, Bewirtschaftungsformen etc. mit in die Ursachen-Diskussion einbezogen. Dabei können einzelne oder mehrere Faktoren zusammenwirken, so daß sich außerordentlich komplexe Ursachen ergeben.

Faßt man die bisherigen Erkenntnisse zusammen, so ergibt sich, daß für die Entstehung der n. W. als wesentliche Voraussetzung ein nährstoffarmer Boden anzusehen ist. Dies kann geogen bedingt oder eine Folge spezifischer Formen der Waldbewirtschaftung sein oder durch den Eintrag säurehaltiger Niederschläge hervorgerufen werden. Nährstoffmangel allein kann jedoch nicht Schadensursache sein, weil Bäume auch früher auf nährstoffarmen Standorten gestockt haben. Treten jedoch weitere Streßfaktoren hinzu, die mit dem bevorzugten Auftreten der n. W. in Mittelgebirgslagen in Zusammenhang stehen, wie höhenbedingter Klimastreß, hohe Ozonbelastung während der Vegetationsperiode und eine vermehrte Exposition gegenüber säurehaltigem Nebel/Regen, ergibt sich eine zunehmende Anfälligkeit der Vitalität, die sich in einem potentiellen Chlorophyllabbau und Nadelverlust manifestiert. Diese braucht aber immer noch nicht schadensrelevant zu sein, weil sich die unterschiedlichsten Schädigungsgrade selbst an exponierten Standorten in Mittelgebirgslagen beobachten lassen. Treten nun aber noch Trockenperioden oder extreme klimatische Situationen in der Winterperiode (Frosttrockenheit, Früh- oder Spätfröste) hinzu, kommt es zu einem realen Chlorophyllabbau und Nadelfall. Alle diese Faktoren, die jeweils auf einer höheren Differenzierungsebene eingreifen, führen nach heutiger Kenntnis zu dem Phänomen der n. W. *G. Krause*

Literatur: *Hüttl, R. F.:* Die Nährelementversorgung geschädigter Wälder in Europa und Nordamerika. Freiburger Bodenkundliche Abhandlungen, Heft 28, 1991. – *Krause, G. H. M.; U. Arndt; C. J. Brandt; J. Buchner; G. Kenk; E. Matzner:* Forest decline in Europe: Development and possible causes. In: Martin H. C. (Hrsg.): Acid Precipitation. Water, Air and Soil Pollution, Vol. 31, (1986) pp. 647–669.

Waldsterben →Forstwirtschaft und Umwelt, →Waldschäden, neuartige

Walther-Verfahren. Das W.-V. wird zur →Abgasentschwefelung eingesetzt. Dabei wird Schwefeldioxid in einer Ammoniaklösung absorbiert. Als Produkt fällt Ammoniumsulfat $((NH_4)_2SO_4)$ an, das als Kunstdünger verwertet werden kann. Das W.-V. wurde von der Firma Walther & Cie AG, Köln, entwickelt. Seine Hauptkomponenten sind zwei hintereinander geschaltete Wäscher und die Produktaufbereitung, die aus Oxidationsbehälter, Pufferbehälter, Vakuumverdampfer und Hydrozyklon besteht (Bild).

Im ersten Wäscher reagiert der Hauptanteil des SO_2 in der absorbierten Phase zu Ammoniumsulfit $((NH_4)_2SO_3)$. Daneben bilden sich aus den Abgaskomponenten SO_3, HCl und HF die entsprechenden Ammoniumverbindungen $(NH_4)_2SO_4$, NH_4Cl und NH_4F. Im zweiten Wäscher erfolgen eine Nachrei-

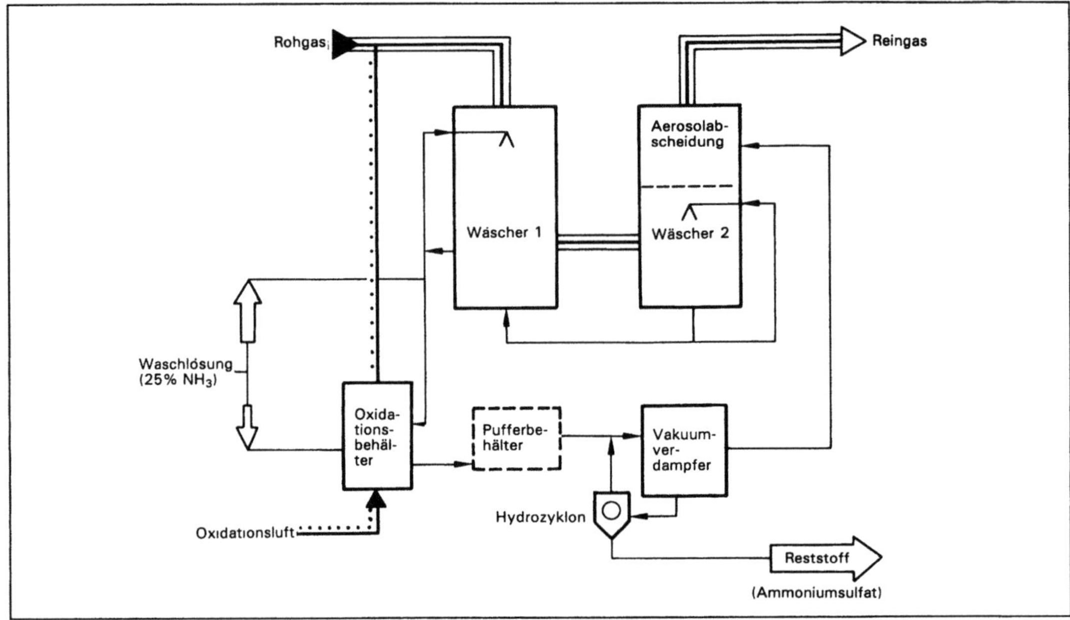

Walther-Verfahren: Funktionsschema.

nigung und vor allem die Abscheidung der Aerosole, die sich in der Gasphase durch Reaktion von Ammoniak mit SO_3, HCl und HF gebildet haben. Um unter die Sichtbarkeitsgrenze für Aerosole von ca. 10 mg/m³ zu gelangen, befindet sich am oberen Teil des zweiten Wäschers ein vierstufiges Aerosolabscheidesystem. Der Verbrauch des Absorptionsmittels Ammoniak liegt im stöchiometrischen Bereich.

Im Sumpf des ersten Wäschers werden die gebildeten Ammoniumsalze aufkonzentriert. Die Höhe des Salzgehaltes liegt an der Sättigungsgrenze und wird durch die Menge der Waschflüssigkeit bestimmt, die aus dem Waschkreislauf entnommen und dem Oxidationsbehälter zugeführt wird. Dort wird das Ammoniumsulfit durch Lufteindüsung zu -sulfat oxidiert. Ein geringer Anteil von Ammoniumbisulfit in der Salzlösung wird durch Zugabe von Ammoniakwasser ebenfalls in Sulfat umgewandelt. Nach der Oxidation wird die Salzlösung in einem Vakuumverdampfer mit nachgeschaltetem Hydrozyklon auf eine Restfeuchte von etwa 10 Gew.-% getrocknet. Durch Zwischenlagerung der aus dem Oxidator abgezogenen Lösung in einem Pufferbehälter sind Trocknung und Pelletierung des Ammoniumsulfats von dem Betrieb der Abgasentschwefelung getrennt.

Bei Abscheideleistungen, die zu Reingaskonzentrationen weit unter 200 mg SO_2/m³ führen, steigt die Ammoniakemission beim W.-V. stark an. Eine Anlage nach dem W.-V. ist bei einer Steinkohle-Schmelzkammerfeuerung mit einer Wärmeleistung von 190 MW im Heizkraftwerk-West der Stadtwerke Karlsruhe in Betrieb. *Haug*

Literatur: *Breihofer, D. et al.*: Maßnahmen zur Minderung der Emissionen von SO_2, NO_x und VOC bei stationären Quellen in der Bundesrepublik Deutschland. Studie i. A. des BMU/Umweltbundesamt. IIP Uni Karlsruhe November 1991. – *Hüvel, B.*: Kombination einer Walther-Entschwefelung mit einer SCR-Entstickung als Nachrüstung hinter einer Kohlenschmelzfeuerung. VGB Kraftwerkstechnik **70** (1990) Nr. 7.

Walzwerk. Beim Betrieb von W.-Anlagen und Adjustageeinrichtungen werden unregelmäßige →Erschütterungen verursacht, beim Aneinanderschlagen von Walzgut gegeneinander und an Anlagenteile sowie bei Transport- und Handhabungsvorgängen auch Stoßerregungen. Das führt zur Erregung von Schwingungen, die je nach der Größe der Massen und der auftretenden Schwingbeschleunigungen auch in den Aufstellungsort eingeleitet werden.

Da bei W. die Betriebsgrenzen von den Maschinenhallen einen Abstand aufweisen, der oft größer als 150 m ist, sind auf dem Boden an den Betriebsgrenzen auftretende stochastisch schwankende Erschütterungen verhältnismäßig gering; in einigen Fällen wurden nur größte Scheitelwerte der →Schwinggeschwindigkeit gemessen, die im Bereich von etwa 0,05–0,15 mm/s bei Frequenzen unterhalb von 30 Hz lagen. In noch größeren Entfernungen von W. ist trotz zu beachtender Übertragungsbedingungen Baugrund-Bauwerk kaum mit nennenswerten Erschütterungsimmissionen in Wohnhäusern zu rechnen, im Gegensatz zu den von W. verursachten Geräuschimmissionen. *Splittgerber*

Wand. Für den →Schallschutz im Gebäude ist die W. als Gebäudeaußenteil für die von außen einfallenden Geräusche und als Trennelement zwischen verschiedenen Räumen für die innerhalb des Gebäudes auftretenden Geräusche ein wichtiges Bauteil.

Bauakustisch wird bezüglich der Luftschalldämmung unterschieden zwischen einschaligen und zwei- oder mehrschaligen W.

Einschalig sind W., wenn sie aus einem einheitlichen Baustoff bestehen (Beton, Mauerwerk) oder aus Schichten, die einheitlich schwingen (Mauerwerk plus Putz).

Mehrschalige W. sind aus zwei oder mehreren Schichten aufgebaut, die nicht starr miteinander verbunden sind, unterschiedlich schwingen und durch Luft oder Dämmstoffe voneinander getrennt sind. *Strauch*

Literatur: VDI 2714: Schallausbreitung im Freien. 1/1988. – VDI 2720, Bl. 1 E: Schallschutz durch Abschirmung im Freien. 2/1991. – DIN 4109: Schallschutz im Hochbau, Anforderungen und Nachweise. 11/1989. – Beiblatt 1: Ausführungsbeispiele und Rechenverfahren. 11/1989. – Beiblatt 2: Hinweise für Planung und Ausführung. 11/1989.

Warmstall/Kaltstall. Als Kaltstall wird ein geschlossener oder offener Stall bezeichnet, bei dem die Gebäudehülle vorwiegend dem Schutz der Tiere gegen Niederschläge, Sonne und Wind dient. Im Winter liegt die Stallufttemperatur im allgemeinen in der Nähe bzw. nur wenige Grade über der jeweiligen Außenlufttemperatur. Dem Abtropfen von Kondenswasser auf die Tiere muß durch konstruktive Maßnahmen vorgebeugt werden.

Beim W. sind die raumumschließenden Bauteile so wärmegedämmt, daß in Verbindung mit der →Stallüftung im Stall ein leistungsförderndes bzw. leistungsgerechtes Stallklima ermöglicht wird. Wärmedefizite speziell im Winterbetrieb sind ggf. durch eine geeignete →Stallheizung auszugleichen.

Das Stallklima ergibt sich vorrangig aus dem Zusammenwirken von Luft, Licht, Wärme, Feuchtigkeit sowie festen und gasförmigen Verunreinigungen der Stalluft. *H. Schön/Zeisig*

Literatur: DIN 18910: Klima in geschlossenen Ställen.

Warntafel →Gefahrguttransportkennzeichnung im Straßenverkehr

Wasch- und Reinigungsmittelrecht. Das Gesetz über die Umweltverträglichkeit von Wasch- und Reinigungsmitteln (Waschmittelgesetz – WaschmG – in der Fassung vom 5. 3. 1987, BGBl. I S. 875) verfolgt den Zweck, Gewässerbelastungen durch Wasch- und Reinigungsmittel mit umfassenden Regelungen entgegenzuwirken. Sie dürfen nach § 1 Abs. 1 WaschmG nur in den Verkehr gebracht werden, wenn nach ihrem Gebrauch jede vermeidbare Beeinträchtigung der Gewässer, insbesondere im Hinblick auf den Naturhaushalt und die Trinkwasserversorgung sowie Beeinträchtigungen von Abwasserbehandlungsanlagen unterbleiben. Der Verbraucher soll sie gewässerschonend einsetzen; die Hersteller sollen ihre Geräte so gestalten, daß eine ordnungsgemäße Benutzung einen minimalen Einsatz von Wasch- und Reinigungsmittel einerseits sowie von Wasser und Energie andererseits ermöglicht (vgl. § 1 Abs. 2, Abs. 3 WaschmG).

Das WaschmG selbst enthält keine Qualitätsstandards für die in seinen Anwendungsbereich fallenden Stoffe. Der Gesetzgeber hat sich darauf beschränkt, Ermächtigungen zum Erlaß von Rechtsverordnungen auszusprechen, in denen die speziellen Anforderungen an Wasch- und Reinigungsmitteln konkretisiert werden.

Neben den Möglichkeiten, produktbezogene Anforderungen zu stellen, enthält das Gesetz Vorschriften über die Beschriftung der Verpackung, insbesondere über nach Wasserhärtegraden abgestufte Dosierungsempfehlungen, und über die Verpflichtung der Wasserversorgungsunternehmen, Auskunft über den Härtebereich des von ihnen abgegebenen Trinkwassers zu geben (§§ 7, 8 WaschmG). Diese Informationen sollen dem Verbraucher einen möglichst gewässerschonenden Umgang mit Wasch- und Reinigungsmitteln ermöglichen.

Damit die Behörden frühzeitig und umfassend Kenntnis erlangen über die in der Bundesrepublik Deutschland in Verkehr befindlichen Wasch- und Reinigungsmittel, verpflichtet das Gesetz die Hersteller und Einführer solcher Erzeugnisse zu Angaben gegenüber dem Umweltbundesamt zur →Umweltverträglichkeit der jeweiligen Produkte, insbesondere hinsichtlich ihrer chemischen Zusammensetzung, ihrer Verwendungsmöglichkeit sowie der Produktions- und Vertriebsmengen (§ 9 WaschmG).

Die Durchführung und Überwachung des Gesetzes obliegt den Landesregierungen oder den von ihnen bestimmten Stellen. Hersteller, Einführer und Händler unterliegen der Verpflichtung, das Betreten von Betriebs- und Geschäftsräumen sowie die Entnahme von Wasch- und Reinigungsmittelproben durch die zuständigen Behörden zu dulden; sie haben ferner alle zur Überwachung erforderlichen Auskünfte zu erteilen. *Hoppe/Beckmann*

Literatur: *Hoppe/Beckmann:* Umweltrecht, § 23 Rn. 1 ff. München 1989.

Waschflasche. Die W. ist eine einfache Vorrichtung zur →Probenahme von Luftinhaltstoffen. Voraussetzung ist, daß sich die zu untersuchenden Verbindungen gut in einer Flüssigkeit lösen. Üblicherweise nimmt man reines Wasser, das jedoch auch, je nach der chemischen Eigenschaft des Schadstoffs, alkalisch, sauer oder anders vorbehandelt sein kann.

Gemeinsames Merkmal der W. ist, daß durch die Bauform des Einsatzteils die Luftprobe möglichst fein zerperlt und dadurch eine große Oberfläche bietet, damit der Kontakt der Gasmoleküle mit der Waschflüssigkeit entsprechend intensiv ist. Für einige Untersuchungen haben sich spezielle Konstruktionen als optimal herausgestellt. So der Impinger für die Schwefelwasserstoff-Untersuchung und die *Muenke*-W. bei der Formaldehydbestimmung.

Ebenso kann die W. auch für die Bestimmung von leicht flüchtigen organischen Verbindungen in Wasserproben eingesetzt werden. Hierzu füllt man einen definierten Anteil der Probe in die W. (vorzugsweise eine Fritten-W.) und läßt dann synthetische Luft oder Reinstickstoff hindurch perlen (Strip-Gas) und fängt dieses dann mit einem Adsorbens auf (*Purge* and *Trap*). Die Probe wird dann wie bei einer Luftuntersuchung weiterbehandelt. *Dulson*

Waschturm →Sprühwäscher

Waschwasseraufbereitung →Waschwasserkreislauf

Waschwasserkreislauf. Naßarbeitende →Abscheider benötigen je nach Wäscherbauart bis zu 50 l Waschflüssigkeit pro m³ zu reinigendes Abgas. Ein Betrieb ausschließlich mit Frischwasser ist deshalb meist unwirtschaftlich. Deshalb wird zumindest bei größeren Anlagen das staubbeladene Abwasser aufbereitet und dem vorgeschalteten Prozeß oder dem Abscheider direkt wieder zugeführt. Man spricht dann von einem Umlaufwasserbetrieb. Frischwasser wird lediglich benötigt, um
– unvermeidliche Verdunstungsverluste auszugleichen,
– mit dem nicht vollständig entwässerbaren Feststoff ausgetragene Flüssigkeit zu ersetzen,
– Teile des mit unzureichend abtrennbaren Partikeln oder löslichen Substanzen aufkonzentrierten Waschwassers auszutauschen.

In einem Prozeß A (Bild) entstehe ein zu behandelndes Rohgas. Dieses wird einem naßarbeitenden Abscheider zugeführt. Diesem Abscheider kann sowohl Frischwasser als auch aufbereitetes Wasser als Waschflüssigkeit zugegeben werden. Die hier entstehende Zweiphasenströmung aus Reingas und mit Partikeln beladenen Tropfen wird in einen →Tropfenabscheider geleitet. Dort erfolgt die Trennung in das z. B. über ein Gebläse und einen Kondensatabscheider einem Schornstein zuzuführende Reingas und das Abwasser. Dieses Abwasser

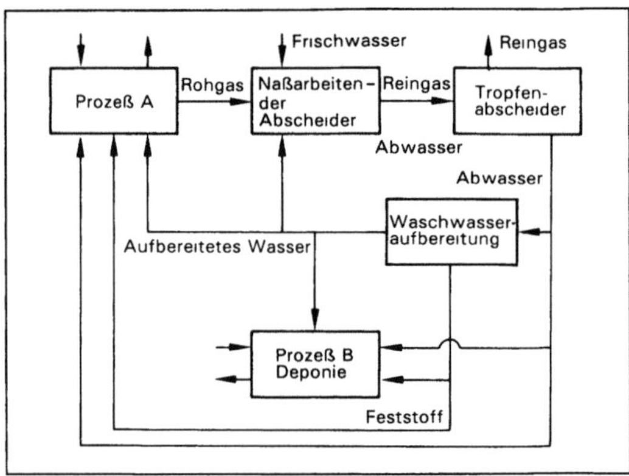

Waschwasserkreislauf: Schematische Darstellung.

kann zur Aufbereitung, zurück in den Prozeß A oder zu einem unabhängigen Prozeß B geleitet werden. In der Waschwasseraufbereitung werden der Feststoff und evtl. gelöste Substanzen von der Flüssigkeit, z. B. mit einer Kammerfilterpresse, abgetrennt. Hierzu ist eventuell eine Konditionierung des Abwassers notwendig. Das aufbereitete Wasser kann entweder dem →Naßabscheider oder den Prozessen A bzw. B zugeführt werden. Das letztere gilt ebenfalls für den abgetrennten Feststoff.

Die Kosten für einen Umlaufwasserbetrieb können höher als die des eigentlichen Entstaubungsprozesses sein und die Konkurrenzfähigkeit gegenüber anderen Entstaubungsverfahren stark mindern. *Löffler/Schmidt*

Wash-Coat →Kfz-Abgas-Katalysator

Washout. Die Abscheidung von Spurenstoffen aus der Atmosphäre in festen oder flüssigen Niederschlägen als Teil der nassen →Deposition, wobei mit W. oder Auswaschen die Anlagerung von Spurenstoffen an die Niederschläge unterhalb der Wolkenbasis während des Fallens bezeichnet wird. Partikel mit einem Durchmesser von 5 μm oder größer werden effektiv eingesammelt, wenn sie mit fallenden Regentropfen zusammenstoßen. Die Aufnahme von Gasen wird begrenzt durch die Löslichkeit der Gase oder das Vorhandensein von Reaktionspartnern. Bei weniger löslichen Gasen spielt auch eine Rolle, ob genügend Zeit für die Diffusion und Durchmischung in den Regentropfen zur Verfügung steht. Bei W.-Versuchen erfolgte die Abnahme der SO_2-Konzentration umso rascher, je höher die Intensität des künstlichen Regens war. Bei konstanter Niederschlagsintensität wurde das SO_2 umso wirkungsvoller ausgewaschen, je kleiner die Tropfen waren, je größer also ihre Gesamtoberfläche war.

Die physikalisch-chemischen Prozesse, die bis zum Ausfallen der Niederschlagselemente *in* einer

Wolke ablaufen und ebenfalls zur nassen Deposition führen, werden →Rainout oder Ausregnen genannt. Im Vergleich zum W. liefert Rainout den größeren Anteil. Die Gas- und Flüssigphasenreaktionen, die zu den beiden Abscheidungsprozessen führen, sind vielfältig und komplex und werden bisher nur unvollständig verstanden. *Giebel*

Washingtoner Artenschutzabkommen →Biodiversität

Wasserbedarf. W. ist das unter Berücksichtigung der örtlichen Verhältnisse und möglichen Einflüsse in einer bestimmten Zeitspanne benötigte Trink- und Betriebswasservolumen, das von einer Wasserversorgungsanlage zur ausreichenden Versorgung des Versorgungsgebietes zu liefern und damit dem Ausbau der Anlagen zugrunde zu legen ist.

Der W. eines Versorgungsgebietes setzt sich zusammen aus dem Trink- und Brauchwasserbedarf der Bevölkerung, dem W. des Gewerbes und der Industrie sowie des Brandschutzes. In ländlichen Gebieten kommt der W. für die Viehhaltung und u. U. für die Bewässerung der Felder hinzu.

Im kommunalen Bereich beträgt im Durchschnitt der Bundesrepublik der Wasserverbrauch und -bedarf 150 Liter pro Einwohner und Tag. Die Verbrauchswerte werden meist als Mittelwerte dargestellt und sind jährlichen, monatlichen, täglichen und stündlichen Schwankungen unterworfen. *Mertsch*

Literatur: *Brettschneider, H.; K. Lecher; M. Schmidt* (Hrsg.): Taschenbuch der Wasserwirtschaft. Berlin–Hamburg 1982. – *Mutschmann, J.; F. Stimmelmayr:* Taschenbuch der Wasserversorgung. Stuttgart 1986.

Wasserblüte →Algenblüte

Wasserbuch. Gemäß § 37 Abs. 1 WHG sind für die →Gewässer W. zu führen. Sie sollen den Wasserbehörden, den am Gewässer interessierten Kreisen und dem Gewässerkunden einen Überblick über die Rechtsverhältnisse an den Gewässern, vor allem über die Benutzungen ermöglichen. In das W. sind deshalb insbesondere einzutragen Erlaubnisse, die nicht nur vorübergehenden Zwecken dienen, Bewilligungen, alte Rechte und alte Befugnisse, Wasserschutzgebiete und Überschwemmungsgebiete.

W.-Behörden sind nach dem Landesrecht zumeist die höheren Wasserbehörden. Eintragungen in das W. haben keine rechtsbegründende oder rechtsändernde Wirkung, sie sind für den Bestand und den Nachweis von Rechtsverhältnissen nicht maßgebend. Nach dem Landeswasserrecht ist die Einsicht in das W., seine Abschriften und diejenigen Urkunden, auf die in der Eintragung Bezug genommen wird, regelmäßig denjenigen gestattet, die ein berechtigtes Interesse darlegen können. *Hoppe/Beckmann*

Literatur: *Breuer:* Öffentliches und privates Wasserrecht, 2. Aufl. München 1987. – *Gieseke/Wiedemann/Czychowski:* WHG, § 37 Rn. 1 ff. 5. Aufl., München 1990. – *Hoppe/Beckmann:* Umweltrecht, § 21 Rn. 177 ff. München 1989. – *Niß-Mache:* Auskunftsrecht und Auskunftspflichten gegenüber Dritten bei Abwassereinleitungen. UPR (1987) 130 ff.

Wassergefährdungsklasse. In Anhang 1 zur Allgemeinen Verwaltungsvorschrift über die nähere Bestimmung wassergefährdender Stoffe vom 9. März 1990 (GMBl. S. 114) sind etwa 700 in Verkehr befindliche Stoffe hinsichtlich ihrer Wassergefährlichkeit in vier W. (WGK) eingestuft. Zur Bewertung des Wassergefährdungspotentials werden ausschließlich Stoffeigenschaften herangezogen, und zwar im wesentlichen
- akute Toxizität, insbesondere gegenüber Säugetieren, Bakterien und Fischen,
- das Abbauverhalten im Gewässer,
- Algen- und Daphnientoxizität,
- Langzeitwirkungen und
- Verteilungsverhalten.

Die Einstufung in W. wird von der Kommission zur Bewertung wassergefährdender Stoffe, die beim Beirat Lagerung und Transport wassergefährdender Stoffe des BMU eingerichtet worden ist und in der Bund, Länder und Industrie vertreten sind, vorgenommen. In dieser Kommission erfolgt die Bewertung der Stoffe nach ihren physikalisch-chemischen Eigenschaften sowie auf Grund der Ergebnisse von Biotests (→Abwassertestverfahren, biologisch). Im einzelnen handelt es sich dabei insbesondere um die akute orale Säugertoxizität, ermittelt als LC 50 bei der Ratte, die akute Bakterientoxizität, ermittelt mit dem Zellvermehrungshemmtest des Bakteriums Pseudo putida, der akuten Fischtoxizität gegenüber der Goldorfe und des biologischen Abbauverhaltens gemäß einem OECD-Screening-Test.

Die Einstufungen sind Grundlage für Anforderungen zum Schutz der Gewässer an Anlagen zum Umgang mit wassergefährdenden Stoffen, die dem jeweiligen Gefährdungspotential angemessen sind.

Die W. bezeichnen in vier Stufen den Grad der Gefährlichkeit von Stoffen für Gewässer:
WGK 0 = im allgemeinen nicht wassergefährdend,
WGK 1 = schwach wassergefährdend,
WGK 2 = wassergefährdend,
WGK 3 = stark wassergefährdend. *Mertsch*

Wassergewinnung →Trinkwassergewinnung

Wassergüte →Gewässergüteklassen

Wassergütewirtschaft. Bewirtschaftung natürlicher Wasservorkommen mit dem Ziel, die Belastung der →Gewässer weitestgehend zu reduzieren und ihre potentiell natürliche Beschaffenheit zu sichern bzw. wiederherzustellen.

Die W. umfaßt alle Maßnahmen zur Trink- und Brauchwasserversorgung, zur Industrie- und Kesselspeisewasserversorgung, zur Sicherung, Wiederherstellung und zum Schutz der Güte des Grundwassers, Quellwassers, Talsperrenwassers und der Oberflächengewässer sowie Maßnahmen zum vorbeugenden Schutz aller natürlicher Wasservorkommen. *Irmer*

Wasserhaushalt. Bilanz des Wasserkreislaufs in großräumigen oder kleinräumigen Bereichen. Die Bilanz des W. wird durch die Kenngrößen Niederschlag (N), →Abfluß (A) und Verdunstung (V) ausgedrückt.

Die Grundgleichung lautet N = A + V; sie gilt exakt nur für längere Zeiträume mit langjährigen Mittelwerten. Für kürzere Zeiträume, in die jährliche witterungsbedingte Schwankungen des Niederschlags, der Verdunstung und des Abflusses eingehen, muß beim W. auch die Zu- und Abnahme des Grundwasservorrats berücksichtigt werden.

Die Bestimmung der einzelnen Kenngrößen für den W. erfolgt für die durch Wasserscheiden begrenzten geschlossenen Einzugsgebiete; alle Größen werden auf die Gebietsoberfläche bezogen und in Millimeter N, A oder V ausgedrückt.

Der W. wird beeinflußt durch Talsperren, Stauräume, Ausbau- und Unterhaltung sowie Kanalisierung von Flüssen, Bewässerungsmaßnahmen, Vergrößerung der Städte.

Kleinräumige Bilanzen des W. sollen die Versorgung der Bevölkerung, der Wirtschaft und des Bodens mit Wasser sichern. Sie sind Grundlage für den Bau von Wasserkraftanlagen, Talsperren, Bewässerungsvorhaben und Hochwasserschutzräumen. *Irmer*

Wasserhaushaltsgesetz. (WHG) in der Fassung vom 23. September 1986 (BGBl. I S. 205), zuletzt geändert durch Gesetz vom 26. August 1992 (BGBl. I, S. 1564) →Gewässerschutzrecht

Wasserkraftnutzung. Wasserkraft, genauer die potentielle Energie einer Wassermenge über Grund oder die kinetische Energie strömenden Wassers, gehört zu den mittelbaren Formen der →Sonnenenergie; ihre Nutzung ist, neben der der →Biomasse vor allem in den Entwicklungsländern, im Verhältnis zu allen anderen Formen der erneuerbaren Energien am weitesten fortgeschritten. Die Technologie der W. ist ausgereift, ihr Wirkungsgrad – nicht zuletzt dank neuerer Erkenntnisse der theoretischen und numerischen Strömungsphysik – sehr hoch. Die Energie des globalen durch die solare Strahlungsenergie angetriebenen Wasserkreislaufs ist riesig; sie wird auf $35 \cdot 10^6$ GWa/a geschätzt, wovon aber theoretisch als topologisch nutzbar nur 4 200 GWa/a angesehen werden, als technisch nutzbar gar nur 1 900 GWa/a. Hiervon werden tatsächlich etwa 180 GWa/a $\triangleq$ 9% genutzt (Bild).

Inwieweit die Reserven genutzt werden, hängt im besonderen von den für Wasserkraftwerke besonders hohen Investitionskosten, ihrer Finanzierbarkeit sowie nicht zuletzt den ökologischen Auswir-

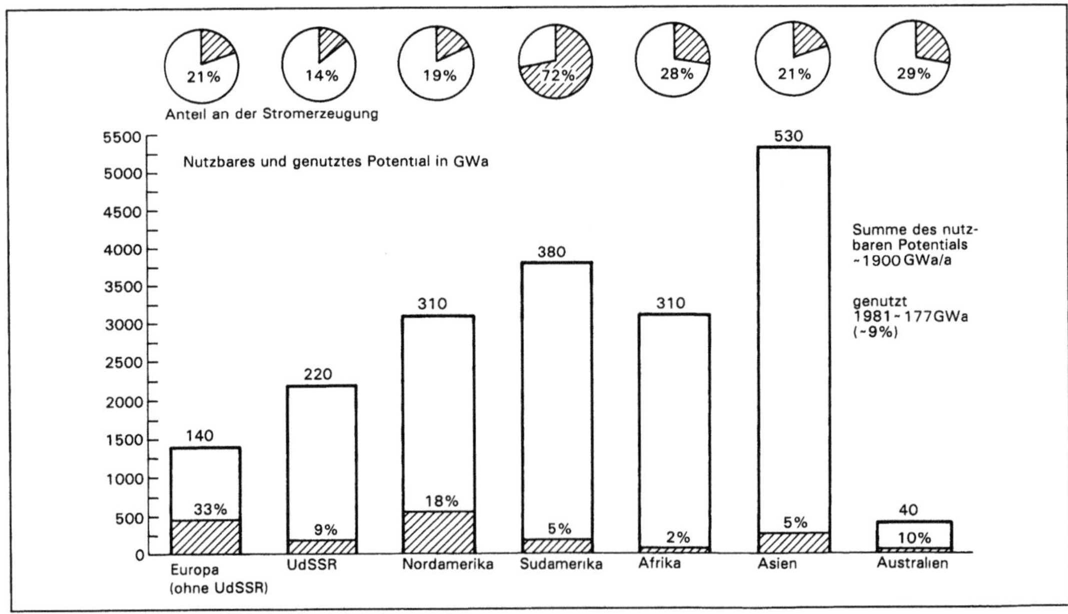

Wasserkraftnutzung: Nutzung der Wasserkraft in der Welt; Stand 1981. (Quelle: UN 1981, Weltenergiekonferenz, VDEW)

kungen ab. Stauwerke bilden Eingriffe in die Natur. Stauseen, die bei Fließwässern kleiner Fließgeschwindigkeit große Ausdehnung haben können, verändern das Ökosystem radikal.

Nach dem Wasserkraftpotential der Bundesrepublik Deutschland ist Zubau nurmehr durch relative Vergrößerung kleinerer Wasserkraftwerke oder durch den Ausbau/die Modernisierung bestehender Anlagen zu erwarten. *C.-J. Winter*

Literatur: *Dumont, U. et al.:* Kleine Wasserkräfte nutzen: Ein Ratgeber für Wasserkraftwerksbesitzer. Arbeitsgemeinschaft Hessischer Wasserkraftwerke. Coelbe 1986. – *Laufen, R.:* Kraftwerke: Grundlagen, Wärmekraftwerke, Wasserkraftwerke. Berlin 1984. – *Partl, R.:* Kleine Wasserkraftwerke. Landtechnische Schriftenreihe 93. Wien 1982.

Wasserkraftwerk. W. dienen der →Wasserkraftnutzung. Sie wandeln die Energie der Potentialdifferenz zweier Wasserstände und die aus ihr abgeleitete kinetische Energie von Fließwässern um in rotatorische Energie von Wasserturbinen. W. der Geschichte dienten ausschließlich dem Antrieb von Mahl- oder Schöpfwerken; moderne Wasserturbinen treiben in der Regel elektrische Generatoren an. Klein-W. haben Leistungen im Kilowattbereich; sie nutzen Rohrturbinen oder Kleinstpeltonräder. Große Flußkraftwerke etwa in Südamerika oder Alpenkraftwerke erreichen Einzelleistungen pro Turbine von bis zu 1 000 MW$_e$ und Gesamtleistungen von 12 000 MW$_e$ und mehr. Alle unterschiedlichen Turbinenbauformen sind vertreten: Peltonturbine für große Gefällhöhen und kleine Durchsätze; Rohrturbine, Kaplanturbine und Francisturbine für kleinere Gefällhöhen, aber zunehmende Durchsätze. Die Technologie der W. – Hydrogeologie, Dammbauten, Turbinen-Generatoren, ggfs. Hochspannungs-Gleichstrom-Übertragung (HGÜ) – ist weitgehend ausgereift. Problemfelder künftiger W. liegen in den hohen spezifischen Investitionskosten, ihrer Finanzierbarkeit und den ökologischen Konsequenzen der Wasserkraftnutzung (Stauseen, Stauwerke). *C.-J. Winter*

Literatur: *Dumont, U. et al.:* Kleine Wasserkräfte nutzen: Ein Ratgeber für Wasserkraftwerksbesitzer. Arbeitsgemeinschaft Hessischer Wasserkraftwerke. Coelbe 1986. – *König, F. v.:* Bau von Wasserkraftanlagen. 2. Aufl. Karlsruhe 1991. – *Laufen, R.:* Kraftwerke: Grundlagen, Wärmekraftwerke, Wasserkraftwerke. Berlin 1984. – *Partl, R.:* Kleine Wasserkraftwerke. Landtechnische Schriftenreihe 93. Wien 1982. – *Raabe, J.:* Hydropower. Düsseldorf 1985.

Wasserkreislauf. Ständige Folge der Zustands- und Ortsveränderung des Wassers in Form von Niederschlag, →Abfluß und Verdunstung (→Wasserhaushalt), wird auch als hydrologischer Zyklus bezeichnet. Die durch Luftmassen transportierte Feuchtigkeit gelangt als Niederschlag zur Erde. Dort verdunstet ein Teil (Transpiration, Interzeption, Evaporation), ein Teil fließt ab. Der Abfluß erfolgt teils oberirdisch in Gewässer, teils unterirdisch als Grundwasser. Das Grundwasser kann als Quelle wieder zutage treten (Bild). *Irmer*

Literatur: *Busch, K. F.; L. Luckner:* Geohydraulik, 2. Aufl. Stuttgart 1974.

Wasserlacke →Industrielack, emissionsarm

Wasserpfennig. Als Ausgleich für die erhöhten Anforderungen, die die ordnungsgemäße land- oder forstwirtschaftliche Nutzung eines Grundstücks im Bereich von Wasserschutzgebieten einschränken (insbesondere hinsichtlich der Düngung), sieht § 19 Abs. 4 WHG eine Ausgleichszahlung vor, die nach Maßgabe des jeweiligen Landesrechts zu leisten ist, soweit nicht bereits eine Enteignungsentschädigung zu zahlen ist.

Diese bundesgesetzlich vorgesehene und den Ländern zur weiteren Regelung überlassene Ausgleichspflicht ist in Baden-Württemberg für die Einführung eines W. benutzt worden, mit dem ein

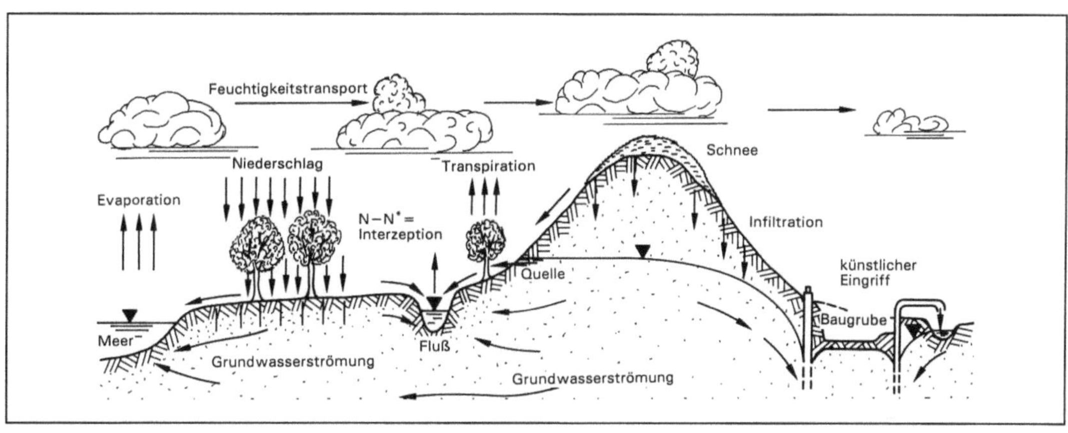

Wasserkreislauf: Schematische Darstellung des W. in der Natur.

Entgelt für die Wasserentnahmen erhoben wird. Der Landesgesetzgeber belastet mit der Erhebung des W. die Wasserversorgung für das Fördern von Wasser. Das Aufkommen des W. fließt zunächst in den allgemeinen Landeshaushalt, der auf der Ausgabenseite die Ausgleichsverpflichtungen an die Landwirtschaft gemäß § 19 Abs. 4 WHG ausweist.

Der W. als Finanzierungsmittel für die in § 19 Abs. 4 WHG statuierte Ausgleichspflicht des Staates ist sowohl rechtlich als auch umweltpolitisch umstritten. *Hoppe/Beckmann*

Literatur: *Kirchhof:* Der Baden-Württembergische Wasserpfennig, NVwZ (1987) 1031 ff. – *Nieß:* Rechtsanwendungsprobleme beim wasserrechtlichen Ausgleichsanspruch nach § 19 Abs. 4 WHG, NVwZ (1987) 189 ff. – *Pietzcker:* Abgrenzungsprobleme zwischen Benutzungsgebühr, Verleihungsgebühr, Sonderabgabe und Steuer – Das Beispiel Wasserpfennig. – DVBl (1987), 774 ff. – *Weyreuther:* Der Nachteilsausgleich für Nutzungsbeschränkungen in Wasserschutzgebieten, UPR (1987) 41 ff.

Wasserrecht →Gewässerschutzrecht

Wasserschutzgebiet. Durch behördliches Verfahren ausgewiesene Fläche, auf der
– Gewässer im Interesse der derzeit bestehenden oder künftigen öffentlichen Wasserversorgungen vor nachteiligen Einwirkungen zu schützen sind,
– das Grundwasser anzureichern oder
– das schädliche Abfließen von Niederschlagwasser sowie das Abschwemmen und der Eintrag von Bodenbestandteilen, Dünge- oder Pflanzenbehandlungsmitteln in Gewässer zu verhüten ist (§ 19 WHG, →Gewässerschutzrecht).

In den W. können bestimmte Handlungen verboten oder für nur beschränkt zulässig erklärt werden und die Eigentümer und Nutzungsberechtigten von Grundstücken zur Duldung bestimmter Maßnahmen verpflichtet werden. Dazu gehören auch Maßnahmen zur Beobachtung des Gewässers und des Bodens.

W. werden in einem förmlichen Verfahren von den jeweils zuständigen Länderbehörden festgesetzt. *Irmer*

Wasserstoff, solarer. S. W. entsteht im eigentlichen Sinne aus der elektrolytischen Zerlegung von Wasser in Wasserstoff und Sauerstoff mit Hilfe von Strom (und Wärme) aus photovoltaischen oder solarthermischen Kraftwerken, im übertragenen Sinne auch aus Wind- (→Windenergiekonverter, →Windpark), Wasser- oder Meereskraftwerken; ferner wird der Begriff verwendet für die unmittelbare photochemische, photobiologische (→Photolyse) oder photokatalytische Herstellung von Wasserstoff. In jedem Fall sind keine fossilen oder nuklearen Primärenergiewandler beteiligt.

S. W. ist ein sauberer Energieträger: Er entsteht aus Wasser und rekombiniert mit Sauerstoff wieder zu Wasser. Mit s. W. ist die s. W.-Energiewirtschaft der Zukunft denkbar: Weil die Primärenergie →Sonnenenergie ist, ist s. W. unerschöpflich.

1989 waren von den ca. $500 \cdot 10^9$ Nm³ H_2/a, die weltweit gehandelt wurden, nur ca. 2 % elektrolytischer Herkunft; 98 % stammten aus fossilen Energierohstoffen. Es gibt bislang auch nur eine industrielle Branche, die Weltraumfahrt, die Wasserstoff energetisch nutzt; alle andere Nutzung ist nichtenergetischer Art (Fetthärtung, Methanolherstellung, Elektronikfertigung u. a.). *C.-J. Winter*

Literatur: *Ogden, J.; R. H. Williams:* Solar Hydrogen – Moving Beyond Fossil Fuels. World Resources Institute. Washington 1989. – *Winter, C.-J., J. Nitsch* (Hrsg.): Wasserstoff als Energieträger. 2. Aufl. Berlin–Heidelberg–New York–Tokyo 1989.

Wasserstoff-Energiewirtschaft, solare. →Sonnenenergie ist nicht jederzeit überall verfügbar: Die mittlere jährliche solare Strahlungsleistung in Mitteleuropa ist etwa 110 W/m² und 250 bis 300 W/m² in den Gegenden höchster Einstrahlung im äquatorialen Gürtel ±30–40° N/S; die zugehörige Jahresenergiemenge ist rund 1 000 respektive 2 500 kWh/m²·a. Die Hauptenergienutzer aber sind auf der nördlichen Hemisphäre mäßiger Einstrahlung. Soll Sonnenenergie in einer solaren Zivilisation der Zukunft nennenswerte Beiträge zur Energieversorgung liefern, ist Speicherbarkeit und Transportierbarkeit über globale Entfernungen zu gewährleisten.

Da die Sekundärenergien solarer →Energiewandler Wärme und Strom in großen volkswirtschaftlichen oder weltwirtschaftlichen Mengen saisonal nicht verlustfrei speicherbar und über globale Entfernungen nicht verlustarm transportierbar sind, kommt hierfür nur ein chemischer Energieträger in Betracht: dieser könnte Wasserstoff sein. Wasserstoff, mit Hilfe von Strom (und Wärme) aus Sonnenkraftwerken durch elektrolytische Wasserzerlegung in Wasserstoff und Sauerstoff hergestellt, gasförmig über Pipelines oder verflüssigt auf Tankschiffen transportiert, in erschöpften Gaslagerstätten oder in oberirdischen Tanklagern gespeichert, im Wärmemarkt – etwa dem Erdgas zugemischt – mittels katalytischen Brennern genutzt, als Druckgas, als Metallhydride oder als Flüssigwasserstoff an Bord von Automobilen in Transport und Verkehr, in der Luft- und Raumfahrt sowie in der Seeschifffahrt eingesetzt, schließlich mit Brennstoffzellen oder in Wasserstoff/Sauerstoff-Kraftwerken wiederverstromt im Strommarkt verwendet, schafft potentiell eine globale Verbindung zwischen Weltgegenden höchster Einstrahlung mit solchen höchster Energieverbrauchsdichte und ermöglicht Sonnenkraftwerken am Weltenergiehandelssystem teilzunehmen.

Ein s. W.-E. ist ein Energiesystem mit einem geschlossenen Stoffkreislauf: Sonnenenergie kommt aus dem Weltraum, Energie gleichen Energieinhalts (bei Temperaturkonstanz auf Erden) wird in den Weltraum zurückgestrahlt, ob der Mensch einen – im übrigen marginalen – Anteil hiervon nutzt oder nicht; Wasser zur Spaltung in Wasserstoff und Sauerstoff wird dem irdischen Wasserhaushalt entnommen und nach Spaltung und Rekombination in ihn zurückgegeben. Die integralen natürlichen Energie- und Stoffströme bleiben anthropogen ungeändert. Alles, was der Mensch tut, wollte er – ein Gedankenexperiment – seinen Endenergiebedarf von weltweit ca. 10^{10} tSKE (1990) durch solaren Wasserstoff decken, ist, einen Bruchteil von einem Zehntel Promille der solaren Strahlungsenergie, die die Erde trifft, und ein Promille des Wassergehalts der Atmosphäre für den Betrieb des solaren Wasserstoff-Energiesystems zu entnehmen, was gleichwohl ökologisch nicht irrelevant sein muß. Am Ort der solarelektrolytischen Energiekonversion werden Wasser und – entsprechend den Konversionswirkungsgraden – 10 % der solaren Strahlungsenergie entnommen; der gewonnene Wasserstoff wird in die Verbraucherzentren transportiert, dort mit Luftsauerstoff rekombiniert, wobei die entnommenen Wasser- und Energiemengen in die Atmosphäre, respektive in das Weltall zurückgegeben werden (Bild).

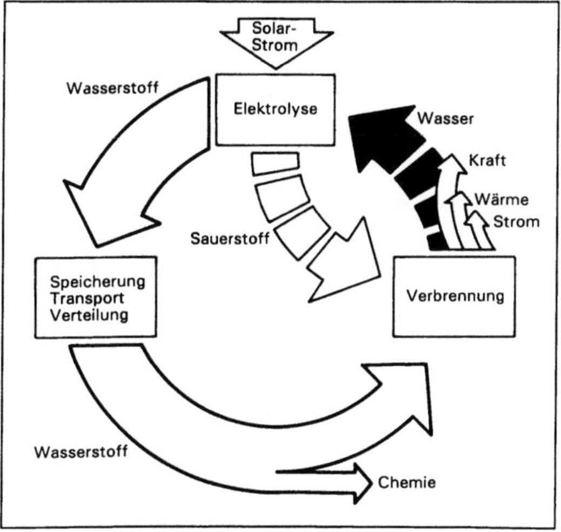

Solare Wasserstoff-Energiewirtschaft: Kreislauf einer s. W.-E.

Das System ist schadstoffarm und ohne bislang erkennbaren Einfluß auf den →Treibhauseffekt. Weil es energierohstofffrei ist, hat es keine aus Energierohstoffen stammenden Emissionen. Einziger Schadstoff ist Stickstoffoxid, aber auch nur dann, wenn Wasserstoff nicht mit „seinem" Sauerstoff rekombiniert, sondern mit Luftsauerstoff in heißer Verbrennung. Da besonders hohe Stickstoffoxidproduktion bei und nahe der Stöchiometrie ($\lambda = 1$) geschieht, bieten sich Möglichkeiten der Stickstoffoxidminderung bei ausgesprochen magerer oder fetter Verbrennung. Keine Stickstoffoxide sind bei kalter Verbrennung in Wasserstoff/Luft-Brennstoffzellen zu erwarten.

Ein s. W.-E. ist von hoher Sicherheit. Brennstoffschadstoffe und Radioaktivität fehlen per se; langzeitige Folgeschäden unbekannten Schadenspotentials sind ausgeschlossen. Da es gleichwohl kein risikofreies technisches System gibt, sind auch die spezifischen Risiken von Wasserstoff in Herstellung, Handhabung und Nutzung sorgsam zu beachten: Wasserstoff, das leichteste Element im Periodischen System der Elemente, hat eine hohe Diffusionsgeschwindigkeit in Luft, der Zündbereich eines zündfähigen Wasserstoff/Oxidans-Gemisches ist groß, die Zündenergie klein. Wasserstoff hat hohe Affinität zu Sauerstoff, Deflagrationsneigung in gedeckten Räumen ist ausgeprägt.

Die Erfahrungen der Wasserstoffchemie und der Raumfahrt, die einzige industrielle Branche überdies, die Wasserstoff – seiner hohen gravimetrischen Energiedichte wegen – energetisch nutzt, werden einer künftigen s. W.-E. von großem Nutzen sein. Da von den klassischen drei Bereichen einer →Energiewandlungskette – 1) Energierohstoffbereich, 2) technologischer Energiewandlungs-, Energieverteilungs- und Energienutzungsbereich, 3) Schadstoff-/Reststoffbereich – für die solare und solar-wasserstoffliche Energiewandlungskette der Bereich 1) fehlt und der Bereich 3) insoweit fehlt, als Schad- oder Reststoffe aus dem fehlenden →Energierohstoff nicht vorkommen, können sich alle ökologischen Erwägungen auf den technologischen Bereich 2) der Sonnenkraftwerke, der Elektrolyseure, Pipelines, Speicher, Verflüssiger, Tankschiffe, Katalysen, Brennstoffzellen, Wasserstoff/Sauerstoff-Kraftwerke sowie Wasserstoff-Automobile, -Flugzeuge, -Raumfahrtgerät oder wasserstoffgetriebene Schiffe konzentrieren. In diesem Zusammenhang sind Landflächenintensitäten, Material- und Energieintensitäten die Kriterien, an denen eine ökologische Verantwortbarkeit gemessen werden muß:
– Da Sonnenenergie von begrenzter Energiedichte ist, sind verhältnismäßig große Flächen nötig, um die Energiedichte zu gewinnen, die das anthropogene Energiesystem kennzeichnet. Absolut gesehen, erscheint die Landflächenintensität gleichwohl nicht begrenzend: Würde hypothetisch der gesamte Energiebedarf der Menschheit von 10^{10} tSKE (1990) durch solaren Wasserstoff gedeckt, hergestellt und genutzt mit heutigen Technologien heutiger Wirkungsgrade, so wäre etwa 1 % der globalen Landfläche erforderlich. Eine Einflußnahme auf den Flächenbedarf ist kaum möglich, da die Einstrahlung eine natürliche Konstante ist.

– Sehr wohl anthropogen zu beeinflussen ist die Materialintensität von Energiewandlern (kg/kWh/a). Heutige Werte solarer Energiewandler liegen um 1 bis 1½ Größenordnungen über denen fossiler oder nuklearer Energiewandler. Dabei ist ein Trend zu beobachten, der erwarten läßt, daß die Lücke geschlossen wird: photovoltaische oder solarthermische Kraftwerke mit jährlichen Produktionsraten von 40–50 MW_e/a bzw. 100 MW_e/a (1990) haben bei weitem noch nicht ihre signifikante Zubaurate minimaler Materialintensität erreicht. Konstruktiver Leichtbau von Kollektoren/Reflektoren (Heliostaten, Parabolrinnenkollektoren, Rotationsparaboloide für solarthermische Kraftwerke, Dünnschichttechnologien bei Solarzellen) werden den Trend unterstützen.

– Die Energieintensität der solaren Energiewandler wird von ihrer Materialintensität beeinflußt, wie die →Energieamortisationszeiten und die →Erntefaktoren zeigen.

Die Kosten für solaren Wasserstoff werden immer höher sein als die der unmittelbaren solaren Sekundärenergie Wärme oder Strom. Die zusätzlichen Kosten für den solaren Wasserstoff also sind der Preis für die Einführung von solarer Wärme und solarem Strom in das Weltenergie-Handelssystem. Wasserstoff verleiht solarer Wärme und solarem Strom Ubiquität und jederzeitige Verfügbarkeit. Ohne Wasserstoff wäre solare Wärme auf die Nutzung vor Ort beschränkt, solare Wärme und Strom wären nur in geringen Mengen speicherbar. *C.-J. Winter*

Literatur: *Appleby, A. J.; F. R. Foulkas:* Fuel Cell Handbook. New York: 1989. – *Behrens, D.* (Hrsg.): Wasserstofftechnologie – Perspektiven für Forschung und Entwicklung. DECHEMA Deutsche Gesellschaft für Chemisches Apparatewesen. Chemische Technik und Biotechnologie e. V. Frankfurt 1986. – *Bockris, J. O'M.; E. W. Justi:* Wasserstoff, die Energie für alle Zeiten. München 1980. – *Buchner, H.:* Energiespeicherung in Metallhydriden. Wien 1982. – *Kordesch, K.:* Brennstoffbatterien. Wien 1984. – *Ogden, J.; R. H. Williams:* Solar Hydrogen – Moving Beyond Fossil Fuels. World Resources Institute. Washington 1989. – *Peschka, W.:* Flüssiger Wasserstoff als Energieträger. Wien–New York 1984. – *Sandstede, G., G. Collin* (Hrsg.): Wasserstoffwirtschaft –· Herausforderung für das Chemieingenieur-Wesen. Reihe DECHEMA-Monographien, Bd. 106. Frankfurt 1987. – Solare Wasserstoff-Energiewirtschaft. Gutachten an den Bundesminister für Forschung und Technologie, Bonn 1988. – Wasserstoff-Energietechnik. VDI-Ber. 602. Düsseldorf 1987. – Wasserstoff-Energietechnik II. VDI-Ber. 725 Düsseldorf 1989. – *Wendt, H.; V. Plzak* (Hrsg.): Brennstoffzellen – Stand der Technik, Entwicklung, Chancen. Düsseldorf 1990. – *Winter, C.-J.; J. Nitsch* (Hrsg.): Wasserstoff als Energieträger. 2. Aufl. Berlin–Heidelberg–New York–Tokyo 1989.

Wasserstoffantrieb. W. im Oberflächenverkehr, in der Luftfahrt und Raumfahrt sind – ähnlich denen fossiler Kraftstoffe – Hubkolbenmotoren für Kraftfahrzeuge sowie Fluggasturbinen für Flugzeuge und Raketenmotoren für Raumfahrzeuge; hinzu kommen Brennstoffzellen und zugehörige elektromotorische Antriebe für die Traktion.

Nur in der Raumfahrt wird auch Sauerstoff als Oxidans mitgeführt, so daß bei der Wasserstoffrekombination in den Raketenbrennkammern nur Wasser entsteht. Im Oberflächenverkehr und in der Luftfahrt dient Luft als Oxidans. Geschieht die Wasserstoff/Sauerstoff-Rekombination bei hohen Reaktionstemperaturen, werden außer dem Reaktionsprodukt Wasser aus der Reaktion von Luftsauerstoff und Luftstickstoff auch Stickstoffoxide gebildet; sie sind Schadstoffe und müssen minimiert werden. Das ist in Wasserstoff-Kraftfahrzeug-Motoren durch Unterdrückung des Stickstoffoxid-Maximums bei Stöchiometrie oder durch nachgeschaltete Katalysatoren möglich, die die Stickstoffoxide wieder in molekularen Sauerstoff und molekularen Stickstoff zerlegen. Für Wasserstoff-Fluggasturbinen in der Luftfahrt scheiden Katalysatoren aus; hier ist die Minimierung von Stickstoffoxiden nur durch die Flammenführung in den Brennkammern zu beeinflussen.

Eine besondere Rolle kommt alkalischen Wasserstoff/Luft-Brennstoffzellen für die Traktion zu: Sie sind leicht und nehmen ein Volumen ein, das an Bord von Automobilen unterzubringen ist. Sie rekombinieren Wasserstoff und Luft bei kalter Verbrennung <100 °C, so daß Stickstoffoxidbildung ausgeschlossen ist. Der Verbrauch ist klein; die Reichweite ist mit derjenigen herkömmlicher Automobile vergleichbar; der elektromotorische Antrieb hat die für ihn typischen Vorzüge des hohen Anzugsvermögens, der hohen Dremomente auch bei Teillast, der Geräuscharmut und Wartungsfreiheit. Brennstoffzellenantriebe sind bei weitem noch nicht ausentwickelt und folglich noch nicht marktfähig.

Wasserstoffhubkolbenmotoren hingegen haben bereits einen gewissen Entwicklungsstand erreicht, der sie für Demonstrationsvorhaben und erste Nischenaufgaben anwendbar macht. Zwei Motorenkonzepte sind zu unterscheiden: solche, die äußere Gemischbildung von gasförmigem Wasserstoff mit Luft und Wassereinspritzung zur Unterdrückung der Rückzündung vorsehen; dieses Konzept liefert eine Motorenleistung von ca. ⅔ der Leistung eines vergleichbaren Benzinmotors. Und solche, die Flüssigwasserstoffeinblasung und interne Gemischbildung vorsehen und damit prinzipiell die gleiche Motorenleistung erbringen wie der vergleichbare Benzinmotor und auf Wassereinspritzung verzichten können; allerdings sind LH_2-Einspritzpumpen zu entwickeln, die es für die vergleichbar kleinen Einspritzungen bei kryogenen Temperaturen von 21 K bislang erst in Entwicklungsmustern gibt (→Wasserstoffmotor). *C.-J. Winter*

Literatur: *Peschka, W.:* Flüssiger Wasserstoff als Energieträger. Wien–New York 1984. – *Winter, C.-J.; J. Nitsch* (Hrsg.): Wasserstoff als Energieträger. 2. Aufl. Berlin–Heidelberg–New York–Tokyo 1989.

Wasserstoffbrücke. Der Begriff bezeichnet den Transport von Sonnenenergie oder Wasserkraft mit Hilfe des chemischen solaren Sekundärenergieträgers Wasserstoff vom Primär-/Sekundärenergiewandler →Sonnenkraftwerk oder →Wasserkraftwerk über transozeanische Entfernungen zum Energienutzer. Die beiden üblichen Sekundärenergien von Sonnen- oder Wasserkraftwerken, Wärme oder Strom, wären ohne die weitere Umwandlung in den speicher- und transportierbaren chemischen Energieträger nicht in der Lage, Sonnen- oder Wasserkraftwerke in einer (solaren) →Wasserstoff-Energiewirtschaft am Weltenergiehandel teilnehmen zu lassen.

Sonnen- oder Wasserkraftwerke produzieren Strom zur elektrolytischen Wasserzerlegung. Der Wasserstoff wird verflüssigt als Flüssigwasserstoff (LH_2) bei $-253{,}2$ °C oder angelagert an Toluol als Methylzyklohexan bei Raumtemperatur an Bord von Tankschiffen genommen und in die Energienutzerzentren transportiert, wo er im Wärmemarkt oder in Transport und Verkehr oder – wiederverstromt – im Strommarkt genutzt wird. LH_2-Tanker fahren leer (allenfalls mit Ballastwasser), Methylzyklohexan-Tanker mit Toluol beladen wieder an die Wasserstoff-Produktionsstätte zurück.

Seit den 80er Jahren werden in Studien der Europäischen Gemeinschaft die technischen, ökonomischen und ökologischen Bedingungen des Wasserstoff-Schiffstransports von $100\ MW_e$ kanadischer Wasserkraft von Quebec nach Hamburg untersucht. *C.-J. Winter*

Wasserstoffmotor. Wird ein Ottomotor mit →Wasserstoff betrieben, so erlaubt der höhere Heizwert des Wasserstoffs eine Wirkungsgradsteigerung. Über eine problemlose Erhöhung des Verbrennungsluftverhältnisses auf bis zu 5 ist eine weitere Wirkungsgradsteigerung bzw. Verbrauchsminderung möglich. Ein weiterer Vorteil der Wasserstoffverbrennung liegt in der geringen Schadstoffemission: es entstehen ausschließlich H_2O und NO_x, also, wenn man von geringen Schmierstoffeinflüssen absieht, kein HC, kein CO und kein CO_2. Auch die NO_x-Emission sinkt mit zunehmendem →Luftverhältnis λ, weil hier die Verbrennungstemperatur abnimmt (→Wasserstoffantrieb). *Klee/May*

Wasserstoffperoxid. W. (H_2O_2) wird in der Atmosphäre durch photochemische Prozesse gebildet. Die H_2O_2-Bildung erfolgt in der Gasphase hauptsächlich über die Disproportionierungsaktion von HO_2-Radikalen:

$$HO_2 + HO_2 + M \rightarrow H_2O_2 + O_2 + M \qquad (1)$$

In Gegenwart von Wasserdampf wird diese Reaktion durch Bildung eines Radikal-Wasserkomplexes um etwa einen Faktor 2 beschleunigt:

$$HO_2 + (HO_2\text{-}H_2O) \rightarrow H_2O_2 + O_2 + H_2O \qquad (2)$$
$$\text{bzw. } 2\,(HO_2\text{-}H_2O) \rightarrow H_2O_2 + O_2 + 2\,H_2O \qquad (3)$$

Die →Ozonolyse von biogenen Alkenen kann auch zur Bildung von H_2O_2 in der Gasphase führen, die Bedeutung dieser Quelle ist zur Zeit jedoch unklar.

In trockener Reinluft ergeben sich im Sommer unter Berücksichtigung entsprechender HO_2-Konzentration H_2O_2-Produktionsraten von 0,2 ppbV h^{-1} bzw. bei hoher Luftfeuchte bis zu 0,6 ppbV h^{-1}. Die HO_2-Radikale entstehen im System der →Photooxidantien (freie →Radikale, →Atmosphärenchemie). Die atmosphärische Bildung des H_2O_2 durch die Disproportionierungsreaktion der HO_2-Radikale konkurriert mit der Oxidation von NO durch HO_2.

$$HO_2 + NO \rightarrow NO_2 + OH \qquad (4)$$

Auf Grund der hohen Geschwindigkeitskonstanten für die Reaktion von NO mit HO_2 ist die Bildung des H_2O_2 über die Disproportionierung in starkem Maße von der NO-Konzentration abhängig. Die Reaktionen von HO_2 mit Ozon und organischen Peroxyradikalen (RO_2, R = Alkyl oder Acyl) begrenzen auch die H_2O_2-Bildung durch die Selbstreaktion von HO_2-Radikalen:

$$HO_2 + O_3 \rightarrow OH + 2O_2 \qquad (5)$$
$$HO_2 + RO_2 + M \rightarrow ROOH + O_2 + M \qquad (6)$$

Die Reaktion von HO_2 mit den RO_2-Radikalen führt zur Bildung von organischen Hydroperoxiden ROOH.

Für das in Nebel, Tau und Wolkenwasser beobachtete H_2O_2 wird, neben der Lösung von in der Gasphase gebildetem H_2O_2, auch die direkte Bildung von W. in der wäßrigen Phase verantwortlich gemacht. In der Gasphase gebildetes HO_2 kann durch Transport in Wassertröpfchen gelangen und durch Selbstreaktion H_2O_2 bilden. In Gegenwart von Huminsäuren kann H_2O_2 photochemisch in Oberflächenwasser gebildet werden. Das Superoxidion $O_2^{.-}$ wird hierbei als Intermediat bei der Photoreduktion von molekularem Sauerstoff durch Huminverbindungen angenommen. Die schnelle Disproportionierung von $O_2^{.-}$ soll dann teilweise zur H_2O_2-Bildung führen:

$$2O_2^{.-} + 2H^+ \rightarrow H_2O_2 + O_2 \qquad (7)$$

Die Bildung von H_2O_2 über eine photochemisch indirekt beeinflußte Autooxidation gelöster organischer Moleküle oder durch →Photolyse von O_3 bzw. über oberflächenkatalysierte Zersetzung von Ozon sind auch mögliche Prozesse.

Erst seit wenigen Jahren werden in der Größenordnung übereinstimmende Ergebnisse atmosphärischer H_2O_2-Konzentrationsmessungen berichtet. In der Gasphase liegen die H_2O_2-Konzentrationen meist unter 1 ppbV mit Maximalwerten von einigen ppbV, während H_2O_2-Konzentrationen in der wäßrigen Phase Maximalwerte von 200–300 μM aufweisen.

Das W. stellt ein wichtiges Bindeglied zwischen der Radikalchemie der Gasphase und den Oxidationsvorgängen in der flüssigen Phase dar. Durch seine Rolle bei der Oxidation von S (IV) in der Flüssigphase leistet das H_2O_2 einen erheblichen Beitrag bei der →Versauerung von Regen, Wolken, Tau und Nebel. *Barnes/Becker*

Wasserstoffspeicher. W. sind Teil einer solaren →Wasserstoff-Energiewirtschaft. Wasserstoff wird gasförmig in Wasserstoffdruckgasspeichern, in (Kryo-)Adsorbern, in Metallhydriden (Metallhydridspeicher) oder verflüssigt (Flüssigwasserstoffspeicher) gespeichert; als Sonderfall ist denkbar, Wasserstoff in ausgekohlten Erdgaslagerstätten oder Aquiferen zu speichern. Es gibt stationäre Speicher und instationäre Speicher für den →Wasserstofftransport.

Speicher gasförmigen Wasserstoffs GH_2 sind in der Regel Druckgasbehälter bis zu höchsten Drücken (mehrere hundert bar) in der chemischen Industrie, der Raumfahrt und für den mobilen Einsatz in Hochdruck-Gasflaschen. In Kryoadsorbern wird Wasserstoffgas bei 60–70 K an Aktivkohle gebunden; in Metallhydridspeichern wird Wasserstoff unter Wärmeabgabe aufgenommen und unter Wärmeaufnahme wieder abgegeben; der Gewichtsanteil von Wasserstoff ist nur wenige Prozent. Nahezu 100 % Gewichtsanteil hat Flüssigwasserstoff LH_2 bei 21 K in vakuumisolierten Speichern, wiewohl hier die Verflüssigungsenergie aufzubringen ist. Abdampfraten von LH_2-Kleinspeichern, wie sie für Automobile geeignet sind, betragen 1 bis 2 %/d, solche der größten LH_2-Speicher von 2 000 m^3 Inhalt 0,1 bis 0,2 %/d.

Auch Wasserstofftransport-Einrichtungen wie GH_2-Pipelines, LH_2-Pipelines oder LH_2-Tankschiffe sind gleichsam temporäre Speicher; die für den Antrieb der Kompressoren von Pipelines oder der Schiffsturbinen nötige Energie wird dem Transportmedium entnommen.

Ein W. und W.-Transportmedium besonderer Art ist die Anlagerung von Wasserstoff an Toluol zu Methylcyclohexan und die anschließende Dehydrierung. *C.-J. Winter*

Literatur: *Carpetis, C.:* Speicherung, Transport und Verteilung von Wasserstoff. In: Winter, C.-J., J. Nitsch (Hrsg.): Wasserstoff als Energieträger. 2. Aufl. Berlin–Heidelberg–New York–Tokyo 1989. – *Peschka, W.:* Flüssiger Wasserstoff als Energieträger. Wien–New York 1984. – *Winter, C.-J., J. Nitsch* (Hrsg.): Wasserstoff als Energieträger. 2. Aufl. Berlin–Heidelberg–New York–Tokyo 1989.

Wasserstofftransport. Speicherung (→Wasserstoffspeicher) und Transport von Wasserstoff gehören eng zusammen. Gasförmig wird Wasserstoff (GH_2) in Hochdruckflaschen ≥200 bar oder in Pipelines ≤40 bar transportiert. Flüssigwasserstoff (21 K) wird in vakuumisolierten doppelwandigen Behältern (nach dem britischen Physiker *Dewar* auch als Dewars bezeichnet) kleiner Abdampfraten in Größen ≤100 l etwa als Kraftfahrzeugtanks bis zu Großbehältern (auf Schiffen) ≤5 000 m^3 transportiert. Ausgeführte GH_2-Pipelines haben Längen mehrerer hundert km mit Durchsätzen von einigen $100 \cdot 10^6$ m^3/a. LH_2-Pipeline-Transport ist bislang auf wenige 100 m und verhältnismäßig kleine Mengen beschränkt. Die größten Erfahrungen in der Speicherung und im Transport von Wasserstoff liegen vor in der Technischen-Gase-Industrie, in der Wasserstoffchemie und in der Raumfahrt. *C.-J. Winter*

Wasserstoffverflüssigung. Die Dichten von gasförmigem Wasserstoff (GH_2) bei Raumtemperatur

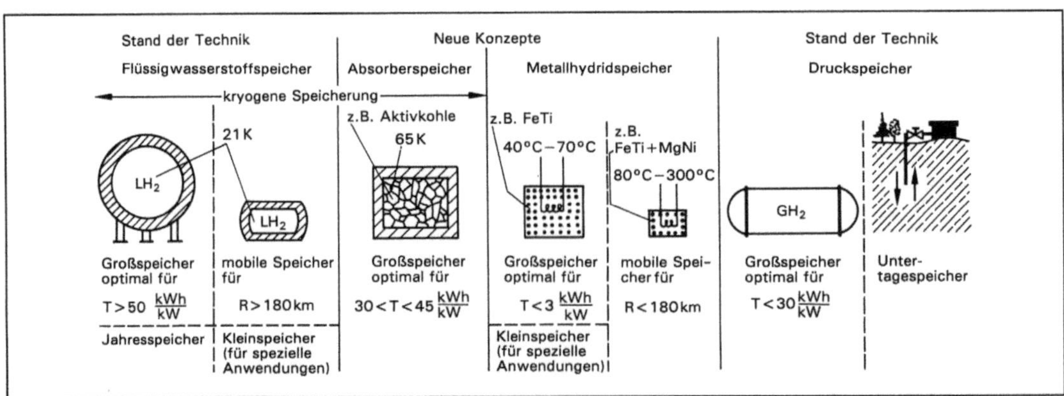

Wasserstoffspeicher: Konzepte zur Wasserstoffspeicherung. Die optimalen Anwendungsbereiche werden für stationäre Großspeicher durch den Parameter T (spezifische Kapazität, kWh/kW) und für mobile Speicher durch den Parameter R (Reichweite, km) definiert.

und flüssigem Wasserstoff LH_2 bei 21 K sind 0,09 kg/m^3 resp. 70,9 kg/m^3; die Werte für den unteren Heizwert H_u sind 3 kWh/m_n^3 resp. 33,3 kWh/kg und für den oberen Heizwert H_o 3,55 kWh/m_n^3 resp. 39,4 kWh/kg. Folglich ist GH_2, etwa im Vergleich zu fossilen Energieträgern, von kleiner volumenbezogener Energiedichte, aber von großer gewichtsbezogener Energiedichte. Die volumenbezogenen Energiedichten etwa von Benzin zu Wasserstoff verhalten sich wie ca. 1:0,3, die gewichtsbezogenen wie ca. 1:3.

Soll Wasserstoff zu Lande, auf See und in der Luft energetische Aufgaben in Transport und Verkehr übernehmen, so wird er im Verhältnis zu gebräuchlichen fossilen Energieträgern vergleichbaren Energieinhalts in der Regel das geringere Gewicht, aber das größere Volumen an Bord bringen. Das gilt für die Energieträger, nicht auch für sie und ihre Speicher.

Um auch das Volumen von Wasserstoff vorgegebenen Energieinhalts auf ein Minimum zu reduzieren, kann Wasserstoff verflüssigt werden. Da die Temperatur von LH_2 bei 21 K liegt, ist er in vakuumsuperisolierten doppelwandigen Speichern zu lagern und zu transportieren, um die Abdampfrate klein zu halten. Die Verflüssigung geschieht mit Hilfe des *Claude*-Prozesses mit einer Verflüssigungsenergie von theoretisch 3,92 $kWh/kg\ H_2$, praktisch 10 $kWh/kg\ H_2$; folglich ist ca. 1 kWh Verflüssigungsenergie aufzubringen, um 3 kWh LH_2 zu erzeugen.

Das Wasserstoffgas wird durch einen Verdichter komprimiert und anschließend mit flüssigem Stickstoff auf 77 K abgekühlt. Durch Entspannung in einer Expansionsmaschine wird ein Teil des Wasserstoffs weiter abgekühlt, der dann den Rest im Gegenstromwärmetauscher abkühlt. Die letzte Abkühlung geschieht durch eine Entspannung im *Joule-Thomson*-Ventil, bei der ein Teil des Wasserstoffs austaut. Der nicht verflüssigte Anteil kühlt wiederum im Gegenstrom den zu verflüssigenden Wasserstoff.

Wasserstoff bei Normaltemperatur besteht aus 75% Ortho- und 25% Parawasserstoff, die sich durch gleichgerichteten oder entgegengesetzten Drall der Wasserstoffkerne des Wasserstoffmoleküls unterscheiden. Bei tiefer Temperatur verwandelt sich im Laufe der Zeit der Orthowasserstoff unter Energieabgabe in Parawasserstoff. Dies führt zu Verdampfungsverlusten von ca. 70%. Es ist deshalb notwendig, bei der Verflüssigung den Orthowasserstoff mit Hilfe von Katalysatoren in Parawasserstoff umzuwandeln.

Kommt für Kraftfahrzeuge im Nahverkehr durchaus GH_2 in Druckgas- oder Metallhydridspeichern in Frage, so bleibt dem Kraftfahrzeug-Weitverkehr und der Luft- und Raumfahrt – hier ausschließlich – LH_2 vorbehalten. *C.-J. Winter*

Literatur: *Peschka, W.*: Flüssiger Wasserstoff als Energieträger. Wien–New York 1984. – *Winter, C.-J.; J. Nitsch* (Hrsg.): Wasserstoff als Energieträger. 2. Aufl. Berlin–Heidelberg–New York–Tokyo 1989.

Wasserwirtschaft. Zielbewußte Ordnung aller menschlichen Eingriffe auf das oberirdische und unterirdische Wasser. Ausgangspunkt jeglicher wasserwirtschaftlicher Betrachtungen ist der → Wasserkreislauf, der ein kompliziertes Geschehen im lokalen und globalen Maßstab ist: Wasser ist die wichtigste Voraussetzung für das Leben von Mensch, Tier und Pflanze; es ist Rohstoff und Hilfsmittel für jegliche Produktion; es wird aber auch als Verkehrsträger und Energiequelle sowie für Freizeit- und Sportaktivitäten genutzt. Die W. wird in die Wassermengen- und Wassergütewirtschaft unterteilt (→ Wasserwirtschaftliche Planung, → Wasserwirtschaftlicher Rahmenplan). *Irmer*

Wasserwirtschaft und Braunkohlentagebau. Die Braunkohlenlagerstätten sind von Lockergesteinsschichten umgeben, die im natürlichen Zustand größtenteils wassererfüllt sind. Zur Gewinnung der Braunkohle im Tagebau ist – ebenso wie für die Abraumbeseitigung – in der Regel auch die Trockenlegung der umgebenden Lockergesteinsschichten für den Zeitraum der Bergbautätigkeit notwendig.

Technisch wird diese Trockenlegung als Grundwasser-Absenkung bezeichnet, die je nach Ausbildung der Lagerstätte grundwasserführende Schichten bis zu mehreren hundert Meter Tiefe erfaßt.

Da sich je nach horizontaler Ausdehnung der abzubauenden Flöze und der umgebenden Grundwasserleiter (Aquifere) die Grundwasser-Absenkung mehr oder weniger weit auch auf die Grundwasser-Verhältnisse außerhalb des Tagebaubereichs auswirkt, kann es zur Beeinflussung anderer Grundwassernutzer kommen. Hierzu zählen Anlagen der öffentlichen, industriellen und privaten Wasserversorgung, aber auch Gewässer und Feuchtgebiete, sofern sie vom Grundwasser abhängig sind.

Entgegen einer oft verbreiteten Meinung führt die Grundwasser-Absenkung auf Grund der günstigen klimatischen und geologischen Verhältnisse, wie sie z. B. im rheinischen Braunkohlenrevier vorgefunden werden, nicht zu Versteppungserscheinungen in ihrem Auswirkungsbereich, sondern bewirkt lediglich die Verdrängung von feuchtigkeitsabhängigen Pflanzen- und Tiergesellschaften durch solche Arten, die mit geringem Grundwasserkontakt auskommen.

Mit entsprechenden wasserwirtschaftlichen Maßnahmen, zu denen künstliche Anreicherungen von Grund- und Oberflächenwasser zählen, wird jedoch das Ziel verfolgt, auch diese Auswirkungen weitgehend zu verhindern oder auf ein Mindestmaß zu beschränken und angemessen auszugleichen.

Ferner ist die Versorgung der Kraftwerke und Kohle-Veredlungsanlagen ein wesentlicher Bestandteil der W. von Bergbaubetrieben.

Für die Gesamtheit dieser Aufgaben sind umfangreiche technische Anlagen zu installieren und zu betreiben. Die Sümpfung – das ist der bergbautechnische Ausdruck für Grundwasser-Absenkung – geschieht im wesentlichen mit Tiefbrunnen, die zu Galerien zusammengefaßt werden. Im rheinischen Braunkohlenrevier werden etwa 1 300 Sümpfungsbrunnen betrieben. Von der gesamten Sümpfungswassermenge werden i. M. etwa 40 % weiterverwendet.

In den letzten Jahren nimmt der Anteil des Sümpfungswassers stetig zu, der zur Vermeidung von wasserwirtschaftlich-ökologischen Beeinflussungen genutzt wird: Das von Eisen und Mangan befreite Wasser wird im Einzugsbereich von Feuchtgebieten und Wasserwerken mit Hilfe von zahlreichen eigens für diesen Zweck erstellten Anlagen wieder in die Grundwasserleiter infiltriert und Oberflächengewässern zugeführt.

Der Braunkohlenbergbau hinterläßt sog. Restlöcher, deren Volumen etwa der gewonnenen Kohlemenge entspricht. Zur Erlangung stabiler wasserwirtschaftlicher Zustände werden sie mit Wasser gefüllt, das je nach Bedarf den Flüssen der näheren oder weiteren Umgebung entnommen wird. Die entstehenden Restseen stellen langfristig bedeutende wasserwirtschaftliche und landschaftliche Elemente dar. *Schlegel*

Literatur: *Boehm, B.; H. Trumpff:* Wasserwirtschaftliche Maßnahmen zur Schonung von Feuchtgebieten im Norden des Braunkohlenreviers. Wasser und Boden 3 (1988) S. 118–122. – *Boehm, B.:* Braunkohlenbergbau und Wasserwirtschaft. Von der Entwässerung zur Bewässerung. Braunkohle **12** (1987) S. 422–429. – *Loebermann, R.:* Das MURL-Konzept und seine Umsetzung. Braunkohle (1990) Nr. 1/2 S. 13–20.

Wasserwirtschaftliche Planung. Zuordnung von Wasserdargebot und Wassernutzung (-bedarf) in ihrer räumlichen und zeitlichen Dimension.

Da der Wasserbedarf räumlich und zeitlich sehr unterschiedlich ist, kann nur eine planmäßige Bewirtschaftung des festzustellenden und benutzbaren Wasservorrats eine Ordnung und Abstimmung aller wasserwirtschaftlicher Maßnahmen und der Sicherung des Wasserkreislaufs erbringen. Damit lassen sich die Nachteile von einzeln geplanten Maßnahmen vermeiden und gegensätzliche Interessen nach übergeordneten Gesichtspunkten ausgleichen.

Die w. P. umfaßt insbesondere die wasserwirtschaftlichen Rahmenpläne gemäß § 36 WHG und die Bewirtschaftungspläne gemäß § 36b WHG. *Irmer*

Wasserwirtschaftlicher Rahmenplan. →Wasserwirtschaftliche Planung, die insbesondere den nutz-

baren Wasserschatz, die Erfordernisse des Hochwasserschutzes und die Reinhaltung der Gewässer berücksichtigt. Die w. R. sind in § 36 WHG und den Landeswassergesetzen rechtlich geregelt. Die w. R. und die Erfordernisse der Raumordnung sind miteinander in Einklang zu bringen. Für die Aufstellung von w. R. gelten bundeseinheitliche Richtlinien vom 30. Mai 1984 (GMBl. S. 239). *Irmer*

Webmaschine. W. erzeugen waagerecht und senkrecht gerichtete Schwingungen, deren Größe durch die Größe der bewegten Massen und durch ihre Bewegungsabläufe bestimmt wird (→Erschütterungen).

Die Erschütterungsemissionen und die Erschütterungsimmissionen werden beim Betrieb von W. durch eine Vielzahl von Parametern beeinflußt, u. a. von der Erregung, dem dynamischen Verhalten der Websaalbodenplatte, dem dynamischen Verhalten des anstehenden Bodens und den dynamischen Eigenschaften der betroffenen Objekte, z. B. der Wohnhäuser in der Nachbarschaft. Die Erregung ist ein wesentlicher Einflußfaktor für die Größe der Erschütterungen im Boden. Dabei spielen die Art der W., die Anzahl der W. und die Maschinenanordnung im Websaal eine wichtige Rolle.

Eine Verringerung der von W. ausgehenden Erschütterungsemissionen kann durch eine →Aktivisolierung der Maschine erreicht werden. Bisher wurden oft sogenannte halb-elastische Elemente, z. B. in Form von Gummi-Metall-Elementen, unter den Maschinenfüßen angebracht. Durch diese wird jedoch nur eine Verminderung der Energieanteile erreicht, die bei höheren Erregerfrequenzen auftreten. Eine weichelastische Lagerung, z. B. auf Stahlschraubendruckfedern oder auf Luftfedern mit tiefer Abstimmung, bei der die Eigenfrequenz der abgefederten W. unter der Grundfrequenz liegt, führt in der Regel zu relativ großen Schwingungsbewegungen der W. im Betrieb und ist wegen nicht ausreichender Verwindungssteifigkeit des Maschinengestells problematisch. Eine weitere Möglichkeit zur Aktivisolierung besteht darin, eine oder mehrere W. fest auf eine Betongrundplatte zu montieren und diese Platte weichelastisch auf Federisolatoren zu lagern. Es wird auch versucht, die elastische Aufstellung so zu dimensionieren, daß die Eigenfrequenz der elastisch gelagerten W. zwischen der Grundfrequenz (erste Harmonische) und der zweiten Harmonischen liegt, um dadurch noch eine genügend tiefe Abstimmung gegenüber den höheren Harmonischen zu erreichen und zugleich eine noch ausreichende Isolierwirkung bei andererseits noch zulässigen Schwingungsbewegungen und nicht zu unruhigem Lauf der W. *Splittgerber*

Literatur: *Natke, H. G.* et al: Untersuchungen der von Webereien ausgehenden Schwingungsemissionen und Hinweise zu Websaal-Bauplanungen, Heft 66. Hrsg.: Verband der Nord-

Westdeutschen Textilindustrie. Münster 1985. – *Wieland, M.*: Erschütterungs- und Geräuschemissionen an Webmaschinen, Umwelt (1978) Nr. 2.

Wechselfeld, elektromagnetisches →Spherics

Wellenenergie →Meeresenergie

Wellenkraftwerk →Meeresenergie, →Meereskraftwerk

Wellman-Lord-Verfahren. Das W.-L.-V. ist ein regeneratives Verfahren zur →Abgasentschwefelung mit Absorption des Schwefeldioxids in einer Natriumsulfitlösung. Bei der Regeneration der Waschlösung fällt SO_2-Reichgas an, das zu elementarem Schwefel, flüssigem SO_2 oder Schwefelsäure weiterverarbeitet werden kann. Die wesentlichen Schritte des W.-L.-V. sind Vorreinigung des Abgases, Absorption des Schwefeldioxides, Regeneration der Waschlösung, Reichgasverarbeitung und Abwasseraufbereitung (Bild).

In der Vorreinigungsstufe werden die Abgaskomponenten Schwefeltrioxid, Chlor- und Fluorwasserstoff abgeschieden, um eine Anreicherung dieser Stoffe im Waschkreislauf, unerwünschte Nebenreaktionen im Absorber und Korrosion zu vermeiden bzw. zu verringern. Zur SO_3-Abscheidung wird Ammoniakwasser eingedüst und das gebildete Ammoniumsulfat in einem zusätzlichen Elektrofilter aus dem Abgas entfernt. Halogene werden in einer sauren Vorwaschstufe bei einem pH-Wert von etwa 2 abgeschieden. Im Absorber reagiert das SO_2 in der flüssigen Phase mit Natriumsulfit (Na_2SO_3) zu Natriumhydrogensulfit ($NaHSO_3$). Gleichzeitig gibt es Nebenreaktionen, wie die unerwünschte Oxidation des Natriumsulfites zu -sulfat (Na_2SO_4) durch restliches SO_3 und O_2 im Abgas. Zur Regeneration der Waschlösung wird in einem Verdampfer das Natriumhydrogensulfit bei ca. 96 °C und einem Druck von ca. 0,7 bar thermisch zersetzt; Natriumsulfit kristallisiert aus und SO_2-haltige Brüden entweichen. Mit dem Natriumsulfit wird wieder eine frische Waschlösung hergestellt. Die durch unerwünschte Nebenreaktionen gebildeten Produkte Natriumsulfat und Natriumthiosulfat ($Na_2S_2O_3$) sind auszuschleusen, damit ihr Anteil im Waschkreislauf begrenzt bleibt. Der dadurch bedingte Verlust des Absorptionsmittels wird durch Zugabe von Natronlauge ausgeglichen.

Die SO_2-haltigen Brüden aus der Regeneration bestehen aus ca. 92 % Wasserdampf und 8 % SO_2. Durch Abkühlung und Kondensation wird der Dampfgehalt bis auf etwa 3 % gesenkt. Zur Schwefelerzeugung wird in einer ersten Stufe ein Teil des SO_2 im Reichgas unter Zugabe von Erdgas an einem Katalysator (bestehend aus Aluminium- und Calciumoxid) zu Schwefelwasserstoff (H_2S) und Schwefel reduziert. In einer nachgeschalteten Claus-Anlage erfolgt eine weitere Umwandlung von Schwefelwasserstoff und Schwefeldioxid zu Schwefel. Die Abgase der Schwefelerzeugung werden nach einer thermischen →Nachverbrennung dem SO_2-Absorber wieder zugeleitet. In der Abwasseraufbereitungseinheit wird durch Strippen Ammoniak aus dem Abwasser des Vorwäschers ausgetrieben. Das Ammoniak findet wieder Verwendung für die SO_3-Abscheidung.

Mit dem W.-L.-V. lassen sich Entschwefelungsgrade von über 97 % erzielen. Es ist besonders geeignet zur Reinigung von Abgasen mit hohem und stark schwankendem SO_2-Gehalt. In der Bundesrepublik Deutschland werden bei mehreren Kraftwerken Abgasentschwefelungsanlagen nach dem W.-

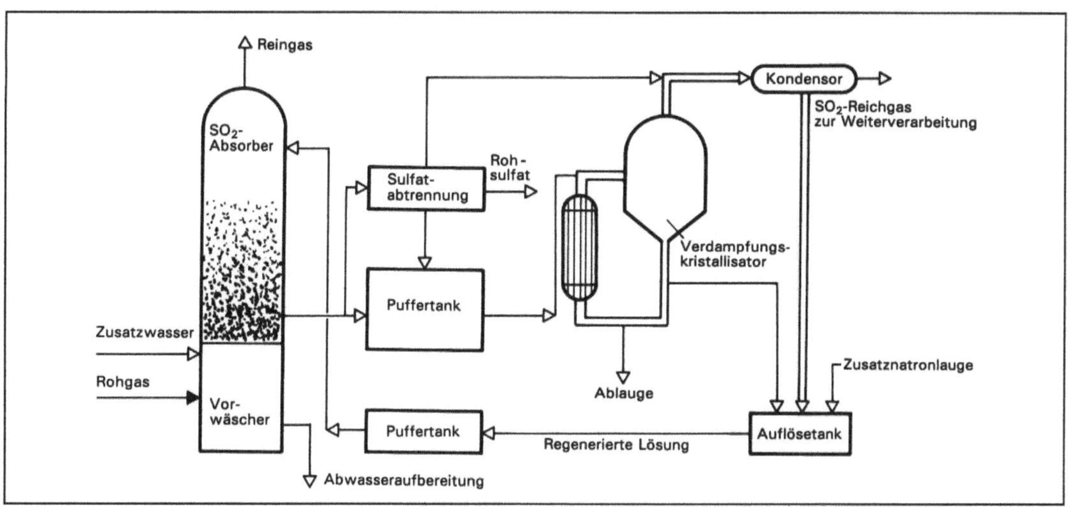

Wellman-Lord-Verfahren: Schema einer Anlage ohne SO₃-Vorabscheidung.

L.-V. betrieben (bei den Braunkohlekraftwerken Buschhaus und Offleben Block C der Braunschweigischen Kohlen-Bergwerke AG, beim HKW Rummelsburg in Berlin sowie bei Kraftwerken in Ludwigshafen und Marl der BASF). *Haug*

Literatur: *Breihofer, D. et al.*: Maßnahmen zur Minderung der Emissionen von SO_2, NO_x und VOC bei stationären Quellen in der Bundesrepublik Deutschland. Studie i. A. des BMU/Umweltbundesamt. IIP Uni Karlsruhe November 1991. – *Wahl, D.-J.*: Rauchgasentschwefelung der Braunkohlekraftwerke Buschhaus und Offleben C. Special, Betriebserfahrungen mit Rauchgasreinigungsanlagen. Düsseldorf 1990.

Werksverkehr. Durch den Betrieb einer Werksanlage notwendiger Verkehr mit Straßen-, Schienen-, Wasser- und Luftfahrzeugen auf dem Werksgelände.

Die durch den W. verursachten Geräusche sind bei der Beurteilung der von der Gesamtanlage ausgehenden Geräusche den übrigen Anlagengeräuschen zuzuschlagen.

Strittig ist die Berücksichtigung der Geräuschimmissionen des für den Betrieb der Werksanlage notwendigen Verkehrs auf öffentlichen Straßen- und Schienenverkehrsanlagen. Eine Regelung hierzu ist nur in der →Sportanlagen-Lärmschutzverordnung getroffen worden. Hiernach sind Maßnahmen für den Verkehr, der zur und von der Sportanlage stattfindet, vorzusehen, wenn durch diesen Verkehr der →Beurteilungspegel der öffentlichen Verkehrsanlage um mehr als 3 dB erhöht wird. Zu ermitteln sind hierbei die Beurteilungspegel der öffentlichen Verkehrsanlage nach der →Verkehrslärmschutzverordnung. *Strauch*

Wertstoff. W. sind Abfallbestandteile, die zur Wiederverwendung oder für die Herstellung verwertbarer Zwischen- und Endprodukte geeignet sind (→TA Siedlungsabfall).

Zur Erfassung von W. im →Hausabfall eignen sich Bring- oder Holsysteme (→Wertstofftonne, →Wertstoffsack).

Nicht zu verwechseln sind W. mit Reststoffen oder als →Wirtschaftsgut verwertbaren Materialien. W. sind immer begrifflich mit dem objektiven oder subjektiven Abfallbegriff verknüpft. Beispiele für W. sind →Altglas, →Altpapier, kompostierbare Materialien, aber auch gebrauchte Kunststoffe oder Altmetalle.

Die im Rahmen des Dualen Systems mit der Gelben Tonne oder dem Gelben Sack haushaltsnah gesammelten Verpackungsmaterialien sind W. Dagegen handelt es sich z. B. bei Entladungslampen, die mit dem Ziel der Verwertung gesammelt werden, um Wirtschaftsgut. *Blickwedel*

Wertstoffsack. Abfallsack (DIN 30706 Teil 1) zur Sammlung von Wertstoffen.

Im Unterschied zur →Wertstofftonne muß die Abfuhr nicht mit speziellen Abfallsammelfahrzeugen (verdichtende Einkammer- oder Zweikammerfahrzeuge) erfolgen, sondern es können auch einfache Pritschenfahrzeuge eingesetzt werden.

Innerhalb des →Dualen Systems werden W. als gelbe Kunststoffsäcke kostenlos ausgegeben. *Blickwedel*

Literatur: DIN 30706 Teil 1: Entsorgungstechnik – Begriffe für Hausabfallentsorgung und Entsorgungsfahrzeuge. 5/1991. – *Doedens, H., L. Thomas, B. Weber*: Getrennte Sammlung mit dem Müllsack; Müll und Abfall 8/1986.

Wertstofftonne. Abfalltonne oder Abfallgroßbehälter (DIN 30706 Teil 1) zur Sammlung von →Wertstoffen.

W. sind z. B. die Grüne Tonne, die Biotonne (oft Braune Tonne) für organische Abfälle und die Gelbe Tonne des →Dualen Systems für Verpackungsabfälle.

Die Bezeichnung W. ist nicht genormt und auch nicht durchgehend einheitlich verwendet; verschiedene Kommunen verwenden den gleichen Namen für unterschiedliche Sammelsysteme. *Blickwedel*

Literatur: DIN 30706 Teil 1: Entsorgungstechnik – Begriffe für Hausabfallentsorgung und Entsorgungsfahrzeuge. 5/1991.

Wetter. Augenblicklicher Zustand der Atmosphäre, der gekennzeichnet ist durch die meteorologischen Elemente Lufttemperatur, Strahlung, Niederschlag, Wind, Bewölkung und Luftdruck. W. ist vom Begriff →Witterung zu unterscheiden. *Külske*

Wetterlage, austauscharme. Wetterlage, die charakterisiert ist durch eingeschränkten vertikalen und horizontalen Luftaustausch. Derartige Wetterlagen führen im Winter in den Ballungsgebieten zu →Smog (→London Type Smog). Es handelt sich meist um über mehrere Tage andauernde Hochdruckwetterlagen bzw. um Hochdruckrandlagen.

Durch großräumiges Absinken der Luftmassen bilden sich großräumige →Absinkinversionen, die den vertikalen Austauschraum für Luftverunreinigungen über der Erdbodenoberfläche auf wenige 100 Meter einschränken. Da gleichzeitig auch die Windgeschwindigkeit auf Werte überwiegend unter 1,5 ms^{-1} absinkt, ist zusätzlich der Abtransport der Luftverunreinigungen vermindert. Die verminderte vertikale Vermischung der Verunreinigungen und der verringerte Abtransport führen zu einer Schadstoffakkumulation (Smog). Häufig sind solche Wetterlagen winterliche Kaltluftlagen bei einer geschlossenen Schneedecke. Sie verstärkt die Kaltluftproduktion, wodurch sich zusätzlich Bodeninversionen bilden, die den bodennahen Austausch von Luftverunreinigungen weiter vermindern. Verstärkend auf die Smoglage wirkt die bei den tiefen

Lufttemperaturen vermehrte Emission von Schadstoffen aus Heizungen. *Külske*

Wettervorhersagemodell →Strömungsmodell

WGK →Wassergefährdungsklasse

WHG (Wasserhaushaltsgesetz) →Gewässerschutzrecht

WHO-Luftqualitätsleitlinien. Die World Health Organization (WHO) hat 1987 Luftqualitätsleitlinien für Europa herausgegeben. Die in dieser Publikation angegebenen Immissions-Leitwerte (guideline values) wurden auf der Grundlage human- und ökotoxikologischer Befunde entwickelt. Die WHO-Leitwerte entsprechen jedoch in ihrer Wertigkeit nicht den in EG-Richtlinien festgesetzten Leitwerten (→Immissionswert EG-Richtlinie); sie sind nicht verbindlich, sondern stellen auf der Basis wissenschaftlicher Erkenntnisse zum Schutz des Menschen und seiner Umwelt entwickelte Immissions(grenz)wert-Empfehlungen zur Verwendung in umweltpolitischen Entscheidungsprozessen dar. Die WHO-L. kommen vom Charakter her den VDI-Richtlinien über →Maximale Immissions-Werte sehr nahe. *Dreyhaupt*

Literatur: *Dreyhaupt, F. J.:* Rechtsgrundlagen Luft (Kap. X-2 mit Anhang XI-1.1 Wichtige Grenz-, Richt- und Orientierungswerte Luft). In Wichmann/Schlipköter/Fülgraff: Handbuch der Umweltmedizin. Landsberg 1992. – World Health Organization, Regional Office for Europe: Air Quality Guiedelines for Europe; WHO regional publications, European series No. 23, Copenhagen 1987.

Wiederaufarbeitung abgebrannter Brennelemente. Die chemische und metallurgische Bearbeitung abgebrannter Reaktorbrennelemente zum Zwecke der Abtrennung der →Spaltprodukte und Rückgewinnung der noch nicht genutzten →Spalt- und →Brutstoffe sowie des gebrüteten Plutoniums.

In einer geschlossenen Brennstoffkreislaufstrategie spielt die W. die zentrale Rolle. Sie hat die Aufgabe, die aus neutronen-physikalischen und werkstofflichen Gründen störenden Spaltprodukte von den Wertstoffen Uran und Plutonium sauber abzutrennen, damit erstere anschließend in auslaugungsresistente Produkte für eine Abfallendlagerung überführt werden können. Außerdem wird der Uran-Plutoniumstrom chemisch aufgetrennt und jedes der beiden Rohprodukte einer Feinreinigung unterzogen. Die bis auf geringste Spuren (besser 10^{-6}) von Fremdbestandteilen gereinigten Elemente Uran und Plutonium sind die gewünschten Produkte der Wiederaufarbeitung. Sie dienen als Ausgangsprodukte für neue Brennelemente.

Die W. muß in möglichst wenigen Verfahrensschritten geschehen, weil die starke Radioaktivität den Umgang mit den a. B. erheblich erschwert. Der Verfahrensablauf geschieht in Heißen Zellen; das sind mit meterdicken Betonwänden geschützte Räume, in denen die Prozeßapparaturen installiert sind. Diese Einrichtungen befinden sich ihrerseits in einem geschlossenen, gegen äußere und innere Einwirkungen gesicherten Anlagenkomplex (→Wiederaufarbeitungsanlage). *Merz*

Literatur: *Baumgärtel, G.* und *K. L. Huppert, E. Merz:* Brennstoff aus der Asche. Die Wiederaufarbeitung von Kernbrennstoffen. Essen 1984.

Wiederaufarbeitungsanlage. Die →Wiederaufarbeitung von LWR-Brennelementen läuft nach dem Schema des →PUREX-Verfahrens (s. dort Bild) ab.

Der Prozeß beginnt mit der mechanischen Zerlegung der Brennstabbündel. Kopf- und Fußstücke werden abgesägt; die Stäbe entweder einzeln oder bündelweise in etwa 5 cm lange Stücke zerhackt, um den Brennstoff der Lösesäure zugänglich zu machen.

Die abgeschnittenen Brennelementstücke fallen direkt in einen Auflöser, in dem der Brennstoff mit halbkonzentrierter Salpetersäure aus den in HNO_3 unlöslichen Brennstabhüllen aus Edelstahl oder Zirkaloy herausgelöst wird. Wichtig ist eine quantitative Austreibung des Iods in das Auflöserabgas, um eine Belastung der nachfolgenden Verfahrensschritte mit dem radioökologisch besonders bedeutsamen Iod zu vermeiden.

Die Brennstofflösung, die den Auflöser verläßt, wird von geringen Mengen Feststoffanteilen durch Filtrieren oder Zentrifugieren befreit. Einen erheblichen Aufwand erfordert eine wirkungsvolle Abgasbehandlung.

Die im Auflöser erzeugte Brennstofflösung enthält Uran als U^{VI}, das Plutonium als Pu^{IV} sowie die nichtflüchtigen Spaltprodukte. Mit einem Gemisch von 30 % Tributylphosphat in Kerosin werden Uran und Plutonium gemeinsam in die organische Phase extrahiert. Dies geschieht in kontinuierlich arbeitenden gepulsten Kolonnen im Gegenstrom. Die Uran und Plutonium enthaltende organische Phase steigt nach oben in den Waschteil, wo restliche Spaltprodukte durch verdünnte Salpetersäure ausgewaschen werden. Anschließend erfolgt die U-Pu-Trennung nach einer zuvor erfolgten Reduktion des vierwertigen Plutoniums in die dritte Wertigkeitsstufe. Das sehr schwer extrahierbare Pu^{III} wird in die wässerige Phase zurückgeholt, während U^{VI} in der organischen Phase verbleibt. Schließlich erfolgt in der dritten Kolonne eine Rückextraktion des Urans unter Verwendung von sehr verdünnter Salpetersäure.

Das vom Uran befreite Extraktionsmittel wird einer Lösungsmittelwäsche zugeführt. Mit einer alkalischen Waschlösung erfolgt die Reinigung von

Zersetzungsprodukten. Anschließend läßt sich das gereinigte Extraktionsmittel erneut einsetzen.

Um die geforderten hohen Dekontaminations-Faktoren von 10^6 und höher zu erzielen, müssen beide Produktlösungen jeweils zwei getrennten weiteren Reinigungszyklen unterworfen werden. Die verschiedenen Abfallströme erfahren für eine endlagergerechte Konditionierung eine spezielle Behandlung.

Weltweit befinden sich mehrere W. in Betrieb. Kommerziell betriebene Anlagen modernster Ausführung mit Durchsätzen von 800–1 200 jato UO_2 existieren in England und Frankreich. Kleinere Anlagen werden in Japan und Indien betrieben. Die größten Anlagen, vorzugsweise für militärische Einsatzzwecke, gibt es in der GUS und in den USA. Wichtige Erkenntnisse zur Wiederaufarbeitungstechnologie wurden mit Pilotanlagen gewonnen; zu nennen sind vor allem die EUROCHEMIC-Anlage in Mol/Belgien und die W. Karlsruhe (WAK). Das Projekt einer deutschen W. ist zugunsten der Wiederaufarbeitung in europäischen W. aufgegeben worden. *Merz*

Literatur: *Benedict, M.* and *Th. H. Pigford, H. W. Levi:* Fuel Reprocessing. In: Nuclear Chemical Engineering, New York–Hamburg–London 1981.

Wiederholbarkeit. W. ist derjenige Wert, unterhalb dem die absolute Differenz zwischen zwei einzelnen Meßwerten eines Meßobjekts (Luftbeschaffenheitsmerkmal), die mit demselben Verfahren an identischem →Prüfgas unter denselben Bedingungen gewonnen werden, mit einer vorgegebenen Wahrscheinlichkeit erwartet werden kann (VDI 2449, Bl. 2; VDI 2449, Bl. 1, E; DIN ISO 5725). Die Wahrscheinlichkeit beträgt 95 %, wenn nichts anderes gefordert wird. Gleiche Bedingungen bedeutet dasselbe Gerät, derselbe Beobachter, dasselbe Labor und kurze Zeitspanne zwischen den Messungen.

Nach DIN ISO 5725 berechnet sich die W. r zu

$$r = t_{f,95} \cdot \sqrt{2 \cdot S_r}$$

Für den Fall, daß zu einer Probe eine unterschiedliche Anzahl von Mehrfachbestimmungen (P Mehrfachbestimmungen, jeweils mit der Kollektivgröße n_i) berechnet sich S_r (Wiederholstandardabweichung) nach

$$S_r^2 = \frac{\sum_{i=1}^{P} (n_i - 1) S_i^2}{\left(\sum_{i=1}^{P} n_i\right) - P}$$

S_i ist die →Standardabweichung des i-ten Kollektives. $t_{f,95}$ ist ein Faktor, der (für die Wahrscheinlichkeit von 95 %) von der Anzahl der Prüfergebnisse f abhängig ist. Für normalverteilte Kollektive ist t der entsprechende Studentfaktor ($t_{f,95} \approx 2$).

Die Berechnung der W. wird für jedes Merkmalsniveau gesondert durchgeführt. *Birkle*

Wiederverwendung. Die W. von Stoffen oder Produkten hat aus abfallwirtschaftlicher Sicht einen hohen Stellenwert und ist eine Form der →Abfallvermeidung. Das bekannteste Beispiel ist die Mehrwegflasche. Mit jeder Wiederbefüllung wird im Vergleich zu Einwegsystemen eine neue Verpackung eingespart. Durch die Rahmenbedingungen der Verpackungs-Verordnung (Rücknahme- und Verwertungspflicht) werden zunehmend Mehrwegsysteme auch als Transportverpackungen wieder attraktiv (z. B. Paletten, Kisten, Boxen, Container, Fässer). Auch in anderen Produktbereichen geht der Trend weg vom Einwegprodukt hin zur W. (z. B. Stofftaschen statt Kunststoffbeutel). Abfallvermeidend wirkt sich auch die unmittelbare W. von Produkten (z. B. Kleidung, Möbel, Haushaltsgeräte, Spielzeug, Babyausstattung u. v. a. m.) für caritative Zwecke, im Second-Hand-Bereich, auf Trödelmärkten oder für anderweitigen Bedarf aus.

W. von aufwendigen Bauteilen findet in größerem Umfang im Kraftfahrzeug-Bereich statt (Instandsetzungs-Betriebe z. B. für Getriebe, Motoren usw. oder Austauschaggregate der Automobil-Hersteller selbst).

Schließlich zählt auch die interne Kreislaufführung von Betriebsmedien zur abfallvermeidenden W. (z. B. Reinigungsanlagen, Metallbearbeitung, Lackieranlagen).

Der Übergang von der W. zur stofflichen Verwertung (Wiederverwertung) ist kontinuierlich; letztere erfordert in der Regel aufwendigere Aufarbeitungsprozesse (Sortieren, Zerkleinern, Einschmelzen, Auflösen, Destillieren usw., z. B. bei Altmetallen, Altpapier, Altkunststoffen, Altöl, Lösemitteln).

Eine intensive W. findet sich zwangsläufig in Notzeiten und bei Versorgungsschwierigkeiten (Mangelwirtschaft); in Konsumgesellschaften dagegen stößt die ökologische Forderung nach W. auf zahlreiche Hindernisse (zu rasche Innovationen, Modellwechsel, Modetrends, wachstumsorientierte Produktion, vor allem aber niedrige Produktionskosten für Massenprodukte gegenüber hohen Lohnkosten für Handling, Reparatur, Lagerhaltung).

Durch Rücknahmeverpflichtungen sollen die Hersteller und Vertreiber von Produkten dazu gezwungen werden, die W. und Wiederverwertung zum integralen Bestandteil von Produktion und Distribution zu machen. *Schnurer*

Wiederverwertung →Abfallverwertung

Wiesenbrüter-Programm →Extensivierung

Wind. Luftströmung in der Atmosphäre. Der W. ist eine vektorielle Größe, zu deren Beschreibung die Windrichtung und die Windgeschwindigkeit erforderlich ist. Im allgemeinen wird unter W. die horizontale Luftströmung verstanden. Die Vertikalwindkomponente ist in den meisten Fällen deutlich schwächer als die Horizontalwindkomponente. In Sonderfällen wird jedoch auch der dreidimensionale Windvektor mittels Vektorwindfahne gemessen.

Der W. ändert sich mit der Höhe über dem Erdboden bedingt durch Bodenreibung. Der Bodenreibungseinfluß reicht in Abhängigkeit vom Schichtungszustand der Atmosphäre bis ca. 1 000–1 500 m Höhe. Innerhalb dieser Schicht nimmt die Windgeschwindigkeit mit der Höhe zu, und die Windrichtung ändert sich im Uhrzeigersinn (auf der Nordhalbkugel). Das Vertikalprofil der Windgeschwindigkeit kann in Abhängigkeit von der →Bodenrauhigkeit und der →Temperaturschichtung der Atmosphäre durch Potenzansätze bzw. logarithmische Ansätze beschrieben werden.

Die Luftströmung in 5–30 m Höhe über dem Erdboden wird Bodenwind genannt. Nach internationalen Regeln ist dieser Bodenwind aus Gründen der Vergleichbarkeit in 10 m Höhe über ebenem, hindernisfreiem Gelände zu messen (Standardmeßhöhe). In jedem Fall müssen die Meßgeräte 6–10 m über der durchschnittlichen Gebäudehöhe bzw. der mittleren Höhe des Bewuchses in der Umgebung aufgestellt werden.

Die Luftströmung ist in der planetarischen →Grenzschicht überwiegend turbulent. Diese turbulenten Schwankungen des W. verursachen wesentlich die Vermischung und den Austausch von Luftbeimengungen (→Diffusion).   *Külske*

Literatur: VDI 3786, Bl. 2: Meteorologische Messungen für Fragen der Luftreinhaltung; Wind. 7/1988.

Windenergie →Windenergienutzung

Windenergiekonverter (WEK). Nach dem *Betz'schen* Gesetz

$$P = \tfrac{1}{2}\, c_p\, \rho\, A\, v^3$$

c_p = Leistungsbeiwert, ρ = Luftdichte, A = Rotorkreisfläche, v = Windgeschwindigkeit weit vor Rotor

ist das energetische Windenergiepotential von der 3. Potenz der Windgeschwindigkeit abhängig, somit besonders ertragreich in Off-shore-Gebieten, Küstensäumen und Marschen sowie auf den Kuppen von Mittelgebirgen. Es wird beeinflußt durch das tageszeitliche und jahreszeitliche Wetter sowie durch die Topologie der Erdoberfläche. Oberflächenrauhigkeiten wie Bewuchs, anthropogene Bauwerke und Bergzüge vermindern die Windge-

schwindigkeiten landeinwärts. Sie nehmen mit der Höhe zu.

W. nutzen die kinetische Energie des Windes ab Anlaufwindgeschwindigkeiten von etwa 2,5 bis 3 m/sec bis zu einer Abschaltgeschwindigkeit von – je nach Bauart – 20–30 m/sec. Moderne W. sind Horizontalachsenmaschinen mit 1–3 (4) Rotorenblättern oder Vertikalachsenmaschinen mit 2 Rotorblättern. Die Einheitsleistungen reichen von wenigen 100 W bis wenigen MW. Leistungsgruppen liegen bei 1–10 kW, 30–70 kW, 100–500 kW sowie schließlich bei 1–5 (10) MW. W. treiben in ihrer überwiegenden Mehrzahl elektrische Generatoren an, nur eine Minderheit dient dem Antrieb von Wasserpumpen. W. sind – nach den Wasserkraftwerken – diejenigen Sonnenenergiewandler mit den höchsten Wirkungsgraden von 30–40 (45)% (von theoretisch möglichen 59,3%) als dem Verhältnis der kinetischen Energie des Windes vor dem Rotor und der elektrischen Arbeit an den Klemmen des Generators.

W. sind ferner – zusammen mit den Wasserkraftwerken – diejenigen Sonnenenergiewandler mit den höchsten energetischen →Erntefaktoren. Sie liefern während ihrer Lebensdauer 16–20mal mehr Energie, als zu ihrer Erstellung, ihrer Wartung, ihrem Abriß und ihrer Rezyklierung gebraucht wurde. Der relative Flächenbedarf (m²/kW) der Turmgrundrisse von W. sowie ihr relativer Materialbedarf (kg/kW) zu ihrer Herstellung sind vergleichbar denen der Energiewandlungsketten fossiler Kraftwerke. Die – etwa landwirtschaftliche – Flächennutzung unterhalb der Rotorkreisfläche bleibt möglich. Von Umweltrelevanz sind subjektiv visuelle Beeinträchtigung (Landschaftsbild), etwaige Getriebe- oder Generatorgeräusche bei nicht fachgerechter Auslegung und Dämmung sowie gegebenenfalls die Beeinflussung des Fernsehempfangs.

Einzelne W. liefern wenig sichere Leistung, sondern substituieren Brennstoffe fossiler und nuklearer Kraftwerke (fuel saver), es sei denn, elektrische oder Druckluft- oder Wasserspeicher sind nachgeschaltet oder mehrere W. arbeiten in Windparks zusammen. Es kann erwartet werden, daß mit der Einführung von auf die Windenergie bezogener Wettervorhersage die Vorhersagbarkeit sicherer Leistung aus W. von vergleichbarer Genauigkeit werden wird wie diejenige aus Laufwasser-Kraftwerken heute ist.

Weltweit sind ca. 2 000 MW$_e$ (1990) W. am Netz, davon 1 600 MW$_e$ in den Vereinigten Staaten, 200 MW$_e$ in Dänemark und 40 MW$_e$ in Deutschland. Unter den bestehenden Wettbewerbsbedingungen ist Windenergiekonversion auf der Schwelle zur Wirtschaftlichkeit; weitere Senkung der Einstandskosten als Folge größerer Serien und die Zunahme der Dauerhaltbarkeit mit fortschreitendem Erfahrungsgewinn können erwartet werden. *C.-J. Winter*

Literatur: BINE-Bürgerinformation: Nutzung der Windenergie. 2. Aufl. Fachinformationszentrum Karlsruhe (Hrsg.). Köln 1989. – *Jarass, L.:* Strom aus Wind. Berlin–Heidelberg–New York 1981. – *Molly, J.-P.:* Windenergie: Theorie – Anwendung – Messung. 2. Aufl. Karlsruhe 1990. – *Troen, I.; E. L. Petersen:* Europäischer Windatlas. Kommission der Europäischen Gemeinschaften. Ris$\varnothing$ National Laboratorium 1990.

Windenergienutzung. Die kinetische Energie des Windes ist mittelbare →Sonnenenergie, nach menschlichen Maßstäben unerschöpflich, erneuerbar, risikoarm und umweltfreundlich. Moderne W. dient fast ausschließlich der windelektrischen Konversion mit →Windenergiekonvertern. Das vor allem in küstennahen Gebieten und in Höhenlagen der Inlandsgebirge konzentrierte Potential zur W. beträgt weltweit – konservativ eingeschätzt – 3 TWa/a und entspricht damit etwa dem theoretisch nutzbaren Welt-Wasserkraftpotential.

Nicht verkannt werden dürfen aber hinderliche Einflüsse wie prinzipielle zeitliche und örtliche Diskongruenz der anthropogenen Energiebedarfsprofile und der Windenergie-Angebotsprofile sowie ihre vom Sonnenstand abhängigen Jahresschwankungen, von Großwetterlagen abhängige Tages- bis Wochenschwankungen sowie vom Tag-Nacht-Wechsel abhängige Stundenschwankungen. Es wird angestrebt, Angebots- und Bedarfsprofile durch elektrische, Druckluft- oder Wasserspeicher sowie durch Windparks zur Deckung zu bringen. *C.-J. Winter*

Literatur: BINE-Bürgerinformation: Nutzung der Windenergie. 2. Aufl., Fachinformationszentrum Karlsruhe (Hrsg.). Köln 1989. – *Molly, J.-P.:* Windenergie: Theorie – Anwendung – Messung. 2. Aufl. Karlsruhe 1990. – *Troen, I., E. L. Petersen:* Europäischer Windatlas. Kommission der Europäischen Gemeinschaften. Ris National Laboratorium 1990.

Windfarm →Windpark

Windfeld. Strömungszustand nach Richtung und Geschwindigkeit zu einem bestimmten Zeitpunkt in einem Gebiet, ermittelt durch gleichzeitige Beobachtungen an einer großen Zahl von Meßpunkten oder durch Berechnungen mit Hilfe von Strömungsmodellen.

Die graphische Darstellung der horizontalen Strömung in einem bestimmten Niveau erfolgt durch Pfeile, deren Länge die Gewindigkeit wiedergeben, oder durch Linien (Stromlinien), deren Abstand Hinweise auf die Strömungsstärke gibt. Im Falle zeitlich stationärer Strömung stimmen die Stromlinien mit den Teilchenbahnen (→Trajektorien) überein. Im Normalfall ist das Strömungsfeld in der Atmosphäre nicht stationär; zur Trajektorienbestimmung ist dann die Kenntnis der Veränderung der Stromlinien mit der Zeit erforderlich.

Die Kenntnis des W. ist bei Ausbreitungsbetrachtungen von Schadstoffen, insbesondere bei räumlich inhomogener Strömung (bedingt durch Relief und →Bebauung), sowie bei Transportbetrachtungen über größere Entfernungen erforderlich. *Külske*

Windgeschwindigkeit. Stärke der Luftströmung in der Atmosphäre, gemessen mit Anemometern (Windmessern) in ms^{-1}. Schätzung der Windstärke durch Beobachtung der Kraftwirkung des Windes auf Gegenstände auf der Erdoberfläche (z. B. an Bäumen oder an der Meeresoberfläche) ist nach der sog. *Beaufort*-Skala möglich. Die Klassen dieser Skala können in Näherung in ms^{-1} umgerechnet werden. Als Faustregel gilt für die 12stufige Beaufort-Skala $v = 2B - 1$ (v in ms^{-1}, B = Windstärke in Beaufortgraden). Diese Formel genügt für die Beaufortgrade 2 bis 7. Üblich ist auch die Angabe der W. in Knoten. 1 Knoten entspricht 1 nautischen Meile pro Stunde (= 1,852 kmh^{-1} = 0,514 ms^{-1}).

Die W. ist als Zeitmittel, z. B. über 10 Minuten (bei Wetterbeobachtungen) oder über 1 Stunde, anzugeben. Die momentanen Abweichungen der W. vom Mittel beschreiben die durch die →Turbulenz hervorgerufene turbulente Zusatzbewegung. Die Größe dieser turbulenten Zusatzbewegung (Maß für die Turbulenzintensität) kann durch ein statistisches Streuungsmaß der Einzelwerte beschrieben werden.

Die Mittelwertbildung der W. kann als skalares Mittel oder als Vektormittel erfolgen. Das skalare Mittel ist das einfache arithmetische Mittel der Beträge der W. der Einzelwerte. Das Vektormittel mittelt die Windvektoren der Einzelwerte. Das sich ergebende Vektormittel der W. ist der Betrag des resultierenden Windvektors aller Einzelvektoren. Die vektorielle Mittelwertbildung ist im Zusammenhang mit der Schadstoffausbreitung das physikalisch sinnvollste Verfahren. Bei Messungen für Fragen der Luftreinhaltung sollten Windmeßgeräte mit einer Nachweisgrenze von $\leqslant 0,2$ ms^{-1} eingesetzt werden.

W. $< 0,5$ ms^{-1} werden als Windstille (Calmen) bezeichnet. Die im Mittel (Jahresmittel) auftretenden W. sind von der Topographie und von der →Bodenrauhigkeit abhängig. Repräsentativ für Standorte im Binnenland sind Jahresmittel von 3 bis 4 ms^{-1}. In Küstengegenden kann das Jahresmittel 6 ms^{-1} erreichen. *Külske*

Literatur: VDI 3786, Bl. 2: Meteorologische Messungen für Fragen der Luftreinhaltung; Wind. 7/1988.

Windkanaluntersuchung. Ein Verfahren, das Voraussagen über die Schadgasausbreitung im Nahbereich von Emissionsquellen ermöglicht, ist die W. verkleinerter Strömungsmodelle (Bild). Wenn das normale atmosphärische Windprofil durch Hinderniseinflüsse gestört ist, bietet das Modellexperiment mitunter die einzige Möglichkeit, realistische Konzentrationswerte zu gewinnen.

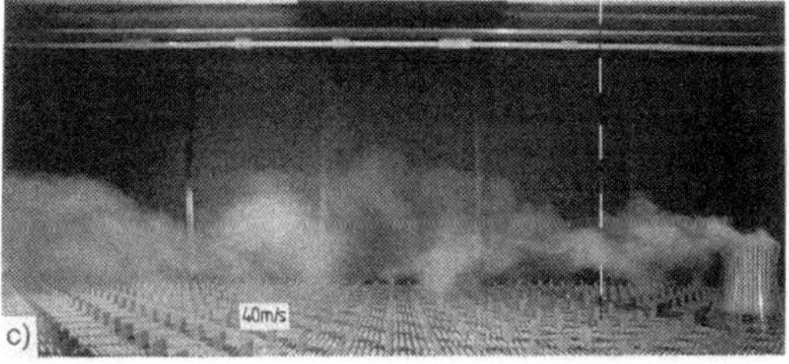

Windkanaluntersuchung: W. zur Ausbreitung rauch-gashaltiger Kühlturmschwaden bei starkem Wind. Windgeschwindigkeit an der Kühlturmmündung. Momentaufnahmen (nach Schatzmann et al.).
a) 10 m/s
b) 20 m/s
c) 40 m/s.

Die Übertragbarkeit der am Modell gewonnenen Erfahrungen auf den Originalmaßstab ist allerdings von einer beträchtlichen Anzahl mechanischer Ähnlichkeitsgesetze abhängig, die z. T. nur in Annäherung erfüllt werden können. Die Übereinstimmung des ungestörten Windprofils in Modell und Natur wird verwirklicht in einem sog. Grenzschicht-Windkanal, in dem die nach Passieren der Einlaufdüse zunächst gleichförmige und turbulenzfreie Strömung über Wirbelgeneratoren und Rauhigkeitselemente geschickt wird, die die Strömungsgeschwindigkeit nach unten stärker als nach oben herabsetzen.

Nicht neutral, also labil oder stabil geschichtete Grenzschichten lassen sich in speziell konstruierten Kanälen zwar ebenfalls herstellen, die sich jedoch noch in der Entwicklung befinden. Um realitätsnahe Ergebnisse zu erzielen, müssen nicht nur die zeitlich gemittelte Windgeschwindigkeit, sondern auch naturähnliche Turbulenzeigenschaften nachgebildet werden. Das ist sichergestellt, wenn die Reynoldszahl, die das Verhältnis von Trägheits- zu Zähig-

keitsreaktionen in einer Strömung repräsentiert, oberhalb eines kritischen Wertes liegt.

Insbesondere muß auch die Umgebung und die Anordnung der Rauhigkeitsstrukturen in der Umgebung im gleichen Maßstab nachgebildet werden.

Die Geschwindigkeitsprofile im Grenzschicht-Windkanal zeigen in allen drei Koordinatenrichtungen Turbulenzintensitäten, die mit denen in der Natur vergleichbar sind. Lediglich die in der Natur auftretenden Windrichtungsschwankungen werden im Windkanal gewöhnlich unzureichend berücksichtigt.

Abgasfahnen breiten sich infolgedessen im Windkanal im Zeitmittel in der Horizontalen quer zur Ausbreitungsrichtung langsamer aus als in Wirklichkeit. Damit stellen sich am Boden unterhalb der Achse der Abgasfahne höhere Konzentrationen ein als in der Natur. Im Nahbereich um den Emittenten halten sich die Überschätzungen der Bodenkonzentrationen jedoch in Grenzen. Da die Ergebnisse auf der sicheren Seite liegen, können die Abweichungen als Sicherheitszuschlag aufgefaßt werden. Die Quellentfernung, bis zu der die →Ausbreitung von Schadstoffen im Windkanal maximal modelliert wird, beträgt etwa 5 km. Für die Schadstoffausbreitung spielt die →Abgasfahnenüberhöhung eine große Rolle. Größere Abgasfahnenüberhöhungen kommen insbesondere durch den thermischen Auftrieb heißer Abgasfahnen zustande. Bei der W. kann eine heiße Abgasfahne u. a. durch ein leichteres Gas als Luft dargestellt werden (→Froudezahl). *Giebel*

Literatur: *Lohmeyer, A.:* Simulierung von Ausbreitungsvorgängen im Windkanal, Staub-Reinh. Luft **44** (1984), Nr. 5, S. 244/249. – *Schatzmann, M., A. Lohmeyer u. G. Ortner:* Windkanalversuche zur Ausbreitung rauchgashaltiger Kühlturmschwaden, Staub Reinh. Luft **46** (1986), Nr. 3, S. 152/158.

Windkraftwerk →Windenergiekonverter, →Windpark

Windpark. Einzeln aufgestellte →Windenergiekonverter können nur die Klemmenleistung zur Verfügung stellen, die sich aus der Windgeschwindigkeit vor Rotor ergibt; in Flauten steht der Windenergiekonverter still. Werden einzeln disloziert aufgestellte Windenergiekonverter elektrisch verschaltet, werden Flauten hier durch Starkwindperioden dort kompensiert. Nach statistischen Gesetzen geben W. – gelegentlich Windfarmen genannt – gesicherte Leistung ab, wenn auch weit unterhalb der Summenleistung aller in einem W. zusammengefaßten Windenergiekonverter. *C.-J. Winter*

Windrichtung. Die W. gibt an, woher der Wind kommt. So transportiert ein Nordwind die Schadstoffe eines Emittenten nach Süden. Die W. wird mit einer Windfahne gemessen. Zur Groborientierung kann sie mit einem Windsack geschätzt werden. Meßgeräte müssen (mit einem maximalen Fehler von ±3°) auf die geographische Nordrichtung ausgerichtet sein (Einnordung). Beim Einsatz von Windfahnen sollten die Meßfühler einen Anlaufwert bei einer 90°-Auslenkung der Windfahne von ≤0,2 ms^{-1} haben. Der Gesamtfehler der Anlage sollte ±5° nicht übersteigen.

Für Zwecke der Ausbreitungsrechnung ist nach Anhang C Nr. 12 der TA Luft die W. nach einer 36teiligen Winkelgradeinteilung (10°-Klassierung) anzugeben. Es gilt z. B. folgende Zuordnung: Richtungsklasse 36 (Nordrichtung): 355° ... 5°; Richtungsklasse 09 (Ostrichtung): 85° ... 95°. Gebräuchlich ist auch die 12teilige Winkelgradeinteilung (30°-Klassierung).

Wie die Windgeschwindigkeit ist auch die W. als Zeitmittel, z. B. über 10 Minuten oder über 1 Stunde, anzugeben. Die skalare Mittelbildung (arithmetisches Mittel aller Einzelwerte der W. im Mittelungszeitraum) führt dann zu sinnlosen Ergebnissen, wenn die Schwankungen der W. im Mittelungszeitraum ≥100° sind. In solchen Fällen ist die mittlere W. durch ein gewichtetes Mittel zu bestimmen. Das sinnvollste Verfahren ist die vektorielle Mittelwertbildung (Mittelung unter Berücksichtigung von Geschwindigkeit und Richtung aller Einzelwerte). Bei Geschwindigkeits-Mittelwerten <0,5 ms^{-1} entfällt die Berechnung der mittleren W., weil sie unbestimmt wird (umlaufende Winde). Die mittlere W.-Verteilung eines Orts wird in hohem Maße durch das Relief des Geländes beeinflußt. In Talsituationen z. B. folgt die W.-Verteilung weitgehend der Streichrichtung des Tales. *Külske*

Literatur: VDI 3786, Bl. 2: Meteorologische Messungen für Fragen der Luftreinhaltung; Wind. 7/1988.

Windrose. Darstellung der Häufigkeitsverteilung der →Windrichtung mit Polarkoordinaten (Bild). Die Lage des Segments gibt die (Wind-)Richtung an, aus der der Wind weht. So bezeichnet z. B. das Segment nach Norden die Häufigkeit von Winden, die aus Nord wehen (Nordwinde). Die Häufigkeit der Windrichtung wird in Prozenten der Gesamtzahl der Winde angegeben. Die Häufigkeit von Windstillen (Windgeschwindigkeit <0,5 ms^{-1}) wird getrennt ausgewiesen und in das Zentrum der W. gesetzt. Die Länge der Segmente in den einzelnen Richtungen ist proportional zur Häufigkeit der Windrichtungen. *Külske*

Windschirm. Im allgemeinen eine kugelförmige Umhüllung des Mikrophons eines →Schallpegelmessers aus Schaumstoff oder aus einem engmaschigen Drahtgeflecht zur Herabsetzung der durch Luftströmungen (Wind) am Mikrophon erzeugten Druckschwankungen.

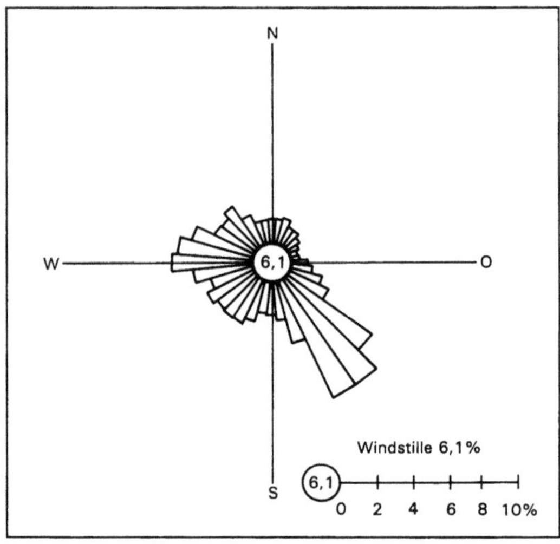

Windrose: W. in 10° Richtungsklassen.

Die bei Schalldruckmessungen störenden Druckschwankungen der Windgeräusche werden durch einen W. um bis zu 25 dB vermindert.

W. sollten bei Messungen immer dann eingesetzt werden, wenn Windgeschwindigkeiten >2m/s auftreten und tieffrequente Geräusche mit geringen Schalldruckpegeln zu messen sind, weil die Windgeräusche ebenfalls tieffrequent sind und zu Verfälschungen der Meßwerte führen. *Strauch*

Winterdienst. Jede arbeitsteilige Volkswirtschaft ist auf ein jederzeit befahrbares Straßennetz angewiesen. Die Ansprüche an die Verfügbarkeit wachsen nicht nur mit der zunehmenden Mobilität, sondern auch mit der just-in-time-Disposition in der industriellen Fertigung. Im allgemeinen Interesse wurden daher die Straßenbaulastträger (Bund, Länder, Kreise, Städte und Gemeinden) gesetzlich beauftragt, „nach besten Kräften" (Bundesfernstraßengesetz) die Straßen von Schnee zu räumen und bei Winterglätte zu streuen. Daraus läßt sich allerdings nicht der Anspruch ableiten, überall und jederzeit geräumte und gestreute Straßen anzutreffen. Den W. auf Gehwegen innerhalb der geschlossenen Ortslagen übertragen die Gemeinden regelmäßig auf die Eigentümer der an die Straße angrenzenden Grundstücke (Anlieger).

Im W. werden Schnee und Eis von den Verkehrsflächen ferngehalten und geräumt und winterliche Glätte verhindert oder beseitigt. Durch Maßnahmen des Verwehungsschutzes soll die Ablagerung von Schnee auf der Straße vorbeugend verhindert werden. Dünne Schneedecken auf städtischen Straßen, Gehwegen, aber auch auf den Start- und Landebahnen von Flughäfen können leicht durch Kehren beseitigt werden. Unter →Schneeräumung versteht man im engeren Sinne die Beseitigung

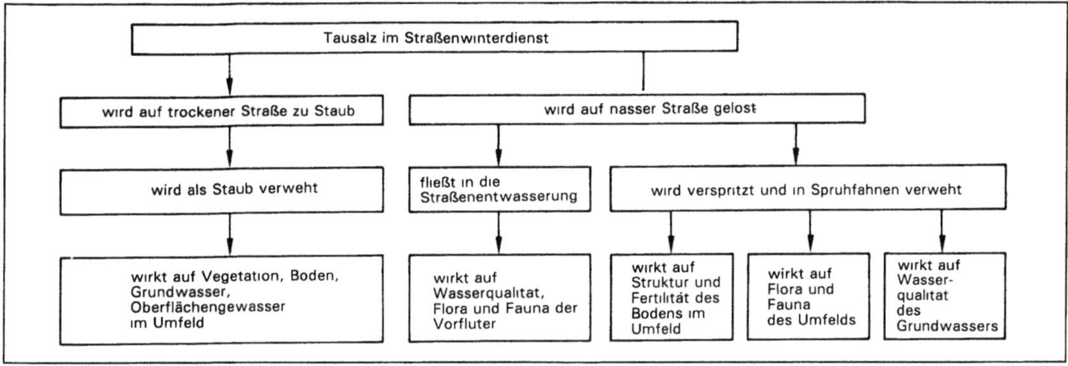

Winterdienst: Umweltbelastungen durch Tausalz.

stärkerer Schneeschichten bis etwa 50 cm durch Räumgeräte.

Durch vorbeugenden Schutz gegen Schneeüberdeckung und möglichst sauber geräumte Straßen soll die Glättebeseitigung durch Streuung auf ein Minimum begrenzt werden, denn an der Schnittstelle von Räumen und Streuen setzt die eigentliche Umweltbelastung durch den W. ein (→Streustoffe). Der durch Tausalz erreichten sicheren Haftung zwischen Reifen und Straße stehen nachteilige Wirkungen des Tausalzes gegenüber (Bild):
- Schäden am Straßenbegleitgrün,
- Salzanreicherung im Boden,
- Korrosion an Fahrzeugen,
- Schäden am Beton der Brücken und Stützwände.

Bei der Organisation des W. ist man daher bestrebt, die Salzstreuung dort einzuschränken, wo es vertretbar ist. Eine solche Strategie kann so aussehen, daß Wohnwege, Anlieger- und Sammelstraßen nur geräumt, Verkehrs- und Hauptverkehrsstraßen mit abstumpfenden und Schnellverkehrs- und Durchgangsstraßen mit tauenden Stoffen gestreut werden. In Notsituationen wie großflächiger Glatteisbildung werden aber alle Straßen mit Tausalz gestreut. Der so differenzierte W. hat sich allgemein nur innerorts durchgesetzt. *Weiße Netze* auf Landstraßen sind Straßen mit eingeschränktem W., die nur geräumt oder geräumt und mit abstumpfenden Stoffen gestreut werden. Nur wenige Straßenabschnitte sind dafür geeignet. Sie werden unter folgenden Bedingungen eingerichtet: Geringe Verkehrsstärken, geringe Längsneigungen, Umfahrungsmöglichkeit, kein Linien- oder Schulbusverkehr. Generell verbieten die Verkehrssicherheit und die Wirtschaftlichkeit des W. aber den Verzicht auf Tausalz außerorts.

Um die Umweltschäden und die Kosten des W. so gering wie möglich zu halten, muß das Salz zum richtigen Zeitpunkt und genau dosiert auf die Straße gebracht werden (→Winterdienstorganisation).

Streugeräte müssen nicht nur eine genaue Dosierung zwischen 5–40 g Salz je gestreuten Quadratmeter garantieren, sondern auch ein gleichmäßiges Streubild. Das Gerät sollte wegabhängig streuen können, d. h. die eingestellte Streudichte in g/m^2 Fahrbahn soll bei jeder Fahrgeschwindigkeit des Streufahrzeugs gleich sein. Die Streubreite ist meist zwischen 2 und 7 m, auch asymmetrisch einstellbar, d. h. vom rechten Fahrstreifen können beide Fahrstreifen bedient werden.

Die klassische Methode, im W. trockenes Salz auszubringen, wird seit Ende der siebziger Jahre mehr und mehr durch die Feuchtsalzstreuung abgelöst oder ergänzt. Durch Anfeuchten des Salzes mit Salzsole oder Wasser vor der Streuung wird erreicht, daß das Salz besser auf der Straße haftet und schneller in Lösung geht. Der Tauvorgang setzt also rascher mit allem ausgebrachten Salz ein. Die bessere Wirkung und die geringeren Wehverluste erlauben geringere Salzmengen.   *Durth*

Literatur: *Ahlbrecht, H., Croce, K., Kohler, A.:* Handbuch für den Straßenwinterdienst. Bonn-Bad Godesberg 1978. – *Durth, W., Hanke, H., Levin, C.:* Vergleichsuntersuchungen zum Weißen Netz mit eingeschränktem Winterdienst. Schriftenreihe „Forschung Straßenbau und Straßenverkehrstechnik" des Bundesministers für Verkehr, Heft 550, Bonn 1989. – *Forschungsgesellschaft für Straßen- und Verkehrswesen:* Merkblatt für den Unterhaltungs- und Betriebsdienst an Straßen, Teil: Winterdienst außerhalb geschlossener Ortslagen. Köln 1984. – Merkblatt für den Unterhaltungs- und Betriebsdienst an Straßen, Teil: Kommunaler Winterdienst (aufgestellt mit dem Verband Kommunaler Städtereinigungsbetriebe). Köln 1985. – *Muller, H.-J., Knobloch, W.:* Kommunaler Winterdienst. Köln 1989.

Winterdienstorganisation. Um auch bei winterlichen Straßenbedingungen den Verkehrsfluß aufrechterhalten und bestmöglich die Verkehrssicherheit der Fahrbahn bei Beachtung des Umweltschutzes gewährleisten zu können, muß der →Winterdienst
- zeitgerecht vor oder bei Eintritt von Eisglätte und Schneefall,

– ortsgerecht zuerst an den gefährlichen Stellen und
– sachgerecht nach Qualität und Quantität der geeigneten Maßnahmen einsetzen. Er ist eine „Feuerwehraufgabe", bei der immer ein Anteil Improvisation nötig ist, der nur von sachverständigem und erfahrenem Personal bewältigt wird.

In Zusammenarbeit mit den Wetterämtern ist ein Informationssystem aufgebaut, das laufend verbessert wird. Zusätzliche Informationen über den Wetterablauf und den Fahrbahnzustand liefern Glättemeldeanlagen der Winterdiensteinrichtungen. Sie können Windrichtung und -geschwindigkeit, Luft- und Fahrbahntemperatur, Luftfeuchtigkeit und Restsalzmenge von markanten oder gefährlichen Stellen im Straßennetz an den Einsatzleiter melden. Sie werden ergänzt durch Mitteilungen von Polizeistreifen, Streckenwartungsfahrzeugen (Kontrollfahrten) und Wetterstationen in den Straßenmeistereien.

Nach der Alarmierung muß auf der Grundlage der vorliegenden Informationen der Einsatz der Fahrzeuge auf zugewiesenen Routen so ablaufen, daß die gefährlichen Stellen zuerst angefahren und Leerfahrten möglichst vermieden werden und das Nachladen von Streustoffen eingeplant ist.

Auf trockene Fahrbahnen soll die kleinstmögliche Streumenge 5 bis 10 g/m² und diese möglichst als Feuchtsalz (→Streustoffe) ausgebracht werden; bei feuchter Fahrbahn soll die Streumenge etwa 10, bei glatter Fahrbahn nicht mehr als 20 g/m² betragen. Die Streumengen bei abstumpfenden Streustoffen werden zwischen 70 und 300 g/m² je nach Erfordernis des Einsatzes und des Streckenabschnitts, z. B. bei Steigungsstrecken höher, festgesetzt.

Nach den Einsätzen steht bei größeren Schneemengen besonders in Städten und Gemeinden der Abtransport des Schnees auf geeignete Lagerflächen an. Sie liegen in der Regel in der Nähe von Vorflutern, in die das Schmelzwasser direkt abfließen kann. Eine Klärung des Wassers ist nicht vorgesehen. *Durth*

Literatur: *Durth, W., Hanke, H.:* Entwicklung einer Anleitung zur Aufstellung optimierter Räum- und Streupläne im Straßenwinterdienst. Schriftenreihe Forschung Straßenbau und Straßenverkehrstechnik des Bundesministers für Verkehr, Heft 461. Bonn 1986. – *Durth, W., Hanke, H.:* Optimierung der Einsatzplanung für den Straßenwinterdienst in Städten und Gemeinden. Schriftenreihe Forschung Straßenbau und Straßenverkehrstechnik des Bundesministers für Verkehr, Heft 548. Bonn 1989. – *Durth, W., Hanke, H., Levin, C.:* Wirksamkeit des Straßenwinterdienstes auf die Verkehrssicherheit und die Wirtschaftlichkeit des Verkehrsablaufs. Schriftenreihe Forschung Straßenbau und Straßenverkehrstechnik des Bundesministers für Verkehr, Heft 550. Bonn 1989.

Wirbelschicht →Wirbelschichtfeuerung

Wirbelschichtfeuerung. Bei W. wird der Brennstoff in einem durch Luftzufuhr aufgewirbelten Bett inerter Feststoffe (z. B. Quarzsand, Asche) verbrannt. Die Luft wird über einen Düsenboden von unten in den Feuerraum eingeblasen; sie dient gleichzeitig als Fluidisierungs- und Verbrennungsluft. Als Brennstoffe können sowohl feste (meist feinkörnige Kohle) als auch pastöse bis flüssige Stoffe (z. B. Klärschlamm) eingesetzt werden.

Das inerte Bettmaterial dient auf Grund seiner hohen Wärmekapazität und fluiddynamischen Eigenschaften zur Wärmeverteilung und Temperaturvergleichmäßigung. Der zugeführte Brennstoff wird auf diese Weise schnell entzündet, Temperaturspitzen werden weitgehend vermieden. Durch die intensive Vermischung von Brennstoff und Verbrennungsluft in der Wirbelschicht liegen sehr günstige Stoff- und Wärmeaustauschbedingungen vor. Es wird ein guter Ausbrand auch bei minderwertigen Brennstoffen (z. B. ballastreiche Kohle) erzielt.

Die Verbrennungstemperaturen von W. liegen im Bereich von ca. 800 °C–900 °C. Der thermodynamische Nachteil niedriger Verbrennungstemperaturen wird durch hohe Wärmeübergangszahlen in der Wirbelschicht weitgehend ausgeglichen. Die entstehende Wärme wird z. T. über Heizflächen, die in die Wirbelschicht eingetaucht sind, z. T. über Heizflächen im Abgasweg abgeführt.

Verfahrenstechnisch läßt sich die W. zwischen der Rostfeuerung und der Staubfeuerung einordnen (→Feuerungsbauart).

Die wichtigsten Vorteile moderner W. im Vergleich zu herkömmlichen Feuerungssystemen sind ein einfacher Aufbau der Gesamtanlage, eine hohe Betriebssicherheit, die Eignung für ein breites Brennstoffband sowie die geringen →Emissionen an luftverunreinigenden Stoffen. Die Emissionen an Kohlenmonoxid, Stickstoffoxiden und Schwefeloxiden von W. liegen ohne aufwendige Abgasreinigungseinrichtungen relativ niedrig.

W. bieten sehr gute Betriebsbedingungen insbesondere für eine stickstoffoxidarme Verbrennung sowie für eine Direktentschwefelung durch Zugabe basischer Sorbentien (z. B. Kalkstein, Dolomit) in den Feuerraum. Bei den vergleichsweise niedrigen Verbrennungstemperaturen wird eine thermische Bildung von Stickstoffoxiden weitgehend unterbunden. Die aus dem Brennstoffstickstoff entstehenden Stickstoffoxide können durch geeignete feuerungsseitige Maßnahmen wie gestufte Luftzufuhr, Abgas- und Ascherezirkulation wirksam gemindert werden.

Die Direktentschwefelung bei W. ermöglicht sehr hohe Schwefeleinbindegrade von über 90% mit relativ geringen Mengen an basischen Sorbentien. Die hohen Entschwefelungsleistungen sind auf die sehr guten Stoffaustauschbedingungen in der Wirbelschicht und das für die Direktentschwefelung günstige Temperaturniveau zurückzuführen.

Zur Minderung der Staubemissionen aus W. werden leistungsfähige Filtersysteme (Elektrofilter, Gewebefilter) eingesetzt. Gewebefilter tragen bei Zugabe von Sorbentien zusätzlich zu einer weiteren Minderung von anorganischen Halogenverbindungen (HCl, HF) bei.

Die vergleichsweise hohen Emissionen an Distickstoffoxid (N_2O) aus W. sind in erster Linie auf die niedrigen Verbrennungstemperaturen zurückzuführen. Maßnahmen zur Minderung des klimarelevanten Spurengases N_2O (z. B. durch Erhöhung der Freiraumtemperatur im Feuerraum) werden untersucht.

Je nach Grad der Wirbelbettausdehnung und Höhe des Betriebsdrucks werden bei W. die Verfahrensvarianten: stationäre atmosphärische W., zirkulierende atmosphärische W. und druckaufgeladene W. unterschieden. Bisher konnten die beiden zuerst genannten Techniken großtechnisch angewendet werden; die druckaufgeladene W. ist noch im Erprobungsstadium (Tabelle).

Die stationäre atmosphärische W. ist durch ein wenig expandiertes Wirbelbett und eine genau definierte Bettoberfläche gekennzeichnet. Fluidisierungsgeschwindigkeit und Feststoffkorngröße werden so gewählt, daß nur geringe Staubmengen aus dem Wirbelbett ausgetragen werden. Die thermische Leistung bezogen auf die Düsenbodenfläche (Querschnittsbelastung) liegt im Bereich von 1 bis 2 MW/m². Die stationäre atmosphärische W. wird vor allem in kleineren Industriefeuerungsanlagen mit Feuerungswärmeleistungen unter 50 MW eingesetzt. Bei größeren Leistungen liegen aufgrund der zunehmenden Wirbelbettabmessungen und der

damit verbundenen Mischungsprobleme ungünstigere Ausbrandbedingungen vor. Die Erosionsanfälligkeit der Tauchheizflächen kann durch angepaßte Wirbelgeschwindigkeiten und geeignete Heizflächenkonstruktionen beseitigt werden.

Bessere Ergebnisse im Hinblick auf Ausbrandgüte und erreichbare Emissionsminderung werden bei der zirkulierenden atmosphärischen W. erreicht. Diese wird mit deutlich höheren Gasgeschwindigkeiten (bis zu 8 m/s) und wesentlich kleineren Korngrößen betrieben. Durch die hohe Gasgeschwindigkeit wird ein stark expandiertes Wirbelbett erzeugt und ein Großteil der Feststoffteilchen aus dem Feuerraum ausgetragen. Die Asche wird in einem Zyklon aus dem Abgas abgeschieden und in den Feuerraum zurückgeführt. Je nach Wärmebedarf kann die Asche entweder direkt oder über Wirbelschicht-Wärmetauscher (Fließbettkühler) in den Feuerraum zurückgeführt werden (Bild). Durch kontinuierliches Rückführen des feinkörnigen Feststoffs wird ein nahezu vollständiger Ausbrand erzielt und die Wirbelschicht im Feuerraum im →Gleichgewicht gehalten. Bei mehrfach gestufter Luftzufuhr in den Feuerraum können extrem niedrige Stickstoffoxid-Emissionen erzielt werden (teilweise unter 50 mg/m³).

Der hohe Luft- und Feststoffdurchsatz ermöglicht Querschnittsbelastungen bis zu 12 MW/m². Die größte zirkulierende atmosphärische W. in der Bundesrepublik Deutschland wird gegenwärtig mit einer Feuerungswärmeleistung von 240 MW betrieben (Heizkraftwerk Moabit, Berlin). Als obere Leistungsgrenze werden 500 MW angesehen.

Eine weitere Leistungssteigerung kann durch druckaufgeladene W. erreicht werden. Bei stationären druckaufgeladenen W. werden Feuerungswär-

Wirbelschichtfeuerung. Tabelle: Technische Merkmale.

	stationäre atmosphärische WSF	zirkulierende atmosphärische WSF	stationäre druckaufgeladene WSF
Gasgeschwindigkeit	1 bis 3 m/s	5 bis 8 m/s	1 bis 2,5 m/s
mittlere Inertmaterialkörnung	2 bis 3 mm	0,1 bis 0,3 mm	2 bis 3 mm
Querschnittsbelastung	1 bis 2 MW/m²	4 bis 12 MW/m²	1 bis 20 MW/m²
Teillastverhalten (pro Bett)	100 % bis 50 %	100 % bis 30 %	100 % bis 30 %
Feuerungswirkungsgrad	90 % bis 95 %	95 % bis 99 %	90 % bis 99 %
NO_x-Emissionen	300 bis 600 mg/m³	50 bis 300 mg/m³	200 bis 400 mg/m³
Ca/S-Molverhältnis bei 90 % Entschwefelung	4 bis 5,5	1,5 bis 2	2
Anwendungsbereich	Industrie, Heizkraftwerke	Industrie, Heizkraftwerke	(Heiz-)Kraftwerke
Leistungsbereich pro Block	0,5 bis 200 MW	30 bis 500 MW	bis zu 1 000 MW

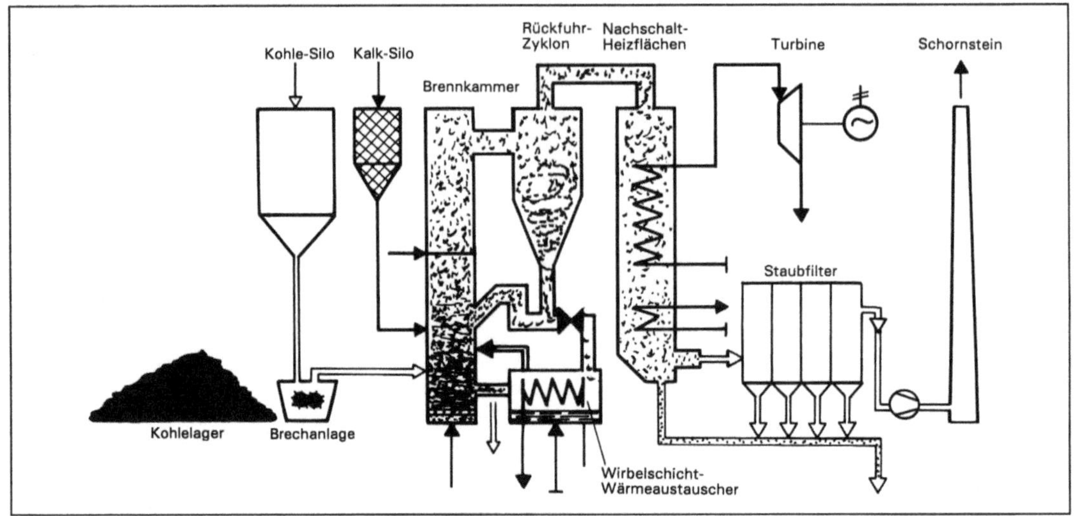

Wirbelschichtfeuerung: Fließschema eines Dampferzeugers mit zirkulierender W.

meleistungen bis ca. 1 000 MW für erreichbar gehalten; noch größere Leistungen sind denkbar durch druckaufgeladene zirkulierende W. Gegenwärtig werden druckaufgeladene W. nur mit stationärer Wirbelschicht gebaut. Die Wirbelschichtverbrennung unter Druck verbessert die Reaktionsabläufe im Feuerraum, wobei die Emissionen, u. a. auch Distickstoffoxid, mit zunehmendem Druck abnehmen. Das Entschwefelungsverhalten verbessert sich ebenfalls, entsprechend geringe Anteile an freiem Kalziumoxid verbleiben in der Asche.

Ein weiterer Vorteil druckaufgeladener W. liegt in deren kompakter Bauweise; das Bauvolumen beträgt nur etwa ein Drittel des Bauvolumens einer herkömmlichen Staubfeuerung gleicher Leistung.

In Kombination mit einem Gas-/Dampfturbinenprozeß (→Kombikraftwerk) bietet diese Technik die Möglichkeit einer Steigerung des elektrischen Wirkungsgrades im Vergleich zu herkömmlichen Kraftwerkstechniken. Hierdurch können Brennstoffeinsatz und Emissionsaufkommen deutlich verringert werden.

Von besonderer Bedeutung für die großtechnischen Realisierungschancen von druckaufgeladenen W. ist die Entwicklung geeigneter Systeme zur Entstaubung der heißen Abgase bei Temperaturen von ca. 850 °C sowie verschleißfester Gasturbinen zur Nutzung des Energieinhaltes der staubhaltigen Abgase.

Die Aschen aus W. haben aufgrund der niedrigen Verbrennungstemperatur und der Zugabe von Kalk in den Feuerraum eine andere Morphologie und Mineralzusammensetzung als leicht verwertbare Aschen aus Schmelzkammer- und Trockenfeuerungen. Von der jährlich anfallenden Aschemenge von ca. 0,6 Mio. t konnten deshalb bisher nur geringe

Mengen einer kontinuierlichen Verwertung zugeführt werden. Grundsätzlich können Wirbelschichtaschen in aufbereiteter Form in der Baustoffindustrie, im Erd- und Landschaftsbau sowie als Verfüllmaterial im Bergbau eingesetzt werden. *Weiss*

Literatur: Vorträge VGB-Konferenz Wirbelschichtsysteme 1990. Essen 1990. – Luftreinhaltung '88, Umweltbundesamt (Hrsg.). Berlin 1989.

Wirkpegel →Taktmaximalpegel

Wirkung, synergistische. Beeinflussen sich Chemikalien hinsichtlich ihrer Wirkung auf den Organismus, so spricht man von Synergismus, wenn die Gesamtwirkung der Chemikalien mindestens die Summe der Einzelwirkungen beträgt (additiv bzw. überadditiv). Ist die Gesamtwirkung jedoch geringer als die Einzelwirkungen, so wird dies als Antagonismus bezeichnet (→Kombinationswirkung). *Schwarz*

Wirkungsgrad, energetischer →Wirkungsgrad, exergetischer

Wirkungsgrad, exergetischer. Der energetische Wirkungsgrad eines thermodynamischen Prozesses in einem bestimmten Betriebszustand ist der Quotient aus nutzbar abgegebener Energie und zugeführter Energie; der Quotient ist $\eta = E_{ab}/E_{zu} < 1$. Der e. W. geht aus dem energetischen Wirkungsgrad hervor, multipliziert mit dem sog. Exergiefaktor $1 - T_o/T$, der die maximal mögliche Umwandlung der →Exergie bei der Temperatur T in →Anergie der Umgebungstemperatur T_o beschreibt: $\eta_{ex} = \eta_{en} \cdot (1 - T_o/T)$. Je größer also der Unterschied zwischen T und T_o, umso mehr nähert sich η_{ex} η_{en} an.

Als Beispiel hat ein guter Sonnenkollektor zur Brauchwassererwärmung einen energetischen Wirkungsgrad typischerweise von $\eta_{en} = 0,6$ und einen exergetischen von $\eta_{ex} = 0,04\text{--}0,05$. *C.-J. Winter*

Wirkungsgrad, solarer. Definitorisch wichtig ist, zwischen s. W. des gesamten solaren Energiewandlers und der einen oder anderen seiner Komponenten deutlich zu unterscheiden: Die Solarzelle als Einzelzelle mag für bescheidene Flächengröße im Labor einen beeindruckenden Wirkungsgrad von 20 oder 30 % oder gar mehr erreicht haben; für den Energiewirtschaftler allein wichtig ist der Photovoltaikkraftwerks-Jahresnutzungsgrad, der die über das Jahr aufsummierten elektrischen Kilowattstunden an den Umrichterklemmen ins Verhältnis setzt zu der jährlichen solaren Strahlungsenergie unmittelbar oberhalb der Generatorpaneele; dieser Wirkungsgrad hat langjährig gemessene Werte von $\leq 6\text{--}8\,\%$ erreicht. Es ist wenig aussagefähig, Peak-Leistungen und die mit ihnen gebildeten Wirkungsgrade – wie überdies auch Nennleistungen oder spezifische Investitionskosten – von solaren Energiewandlern mit den entsprechenden Werten nicht solarer Energiewandler zu vergleichen, solange ihre natürliche Zeitabhängigkeit unberücksichtigt bleibt. Letztlich allein voll aussagefähig sind Input-/Output-Diagramme, die die Abhängigkeit der bezogenen (elektrischen) Arbeit an den Ausgangsklemmen des Kraftwerks ($kWh_e/m^2\cdot d$, $kWh_e/m^2\cdot a$) von der jeweiligen solaren Strahlungsenergie über dem Kraftwerk ($kWh/m^2\cdot d$, $kWh/m^2\cdot a$) zeigt. *C.-J. Winter*

Wirkungskataster. Das W. ist ein ergänzendes Erhebungs- und Informationssystem zum →Emissions- und →Immissionskataster im Rahmen der Vorbereitung eines →Luftreinhalteplans. Es geht zurück auf den Einsatz von Flechten als biologische Indikatoren für die Überwachung der Luftverunreinigung. Inzwischen umfaßt das W. alle von Luftverunreinigungen betroffenen Bereiche der Umwelt, einschließlich der Durchführung umweltmedizinischer, epidemiologisch begründeter Wirkungsuntersuchungen. Für das W. ist entscheidend, daß mit Hilfe biologischer oder anderer Wirkungsindikatoren Informationen gewonnen werden, die mit chemisch-analytischen Methoden der Luftüberwachung vom Prinzip her nicht zu beschaffen sind. So lassen Immissionsmessungen lediglich einen Schluß auf eine prinzipiell mögliche Wirkung zu, ermöglichen aber keine Aussage über das tatsächliche Eintreten dieser Wirkung.

Als Immissionswirkung im Sinne des W. wird jede Veränderung chemischer, physikalischer sowie biologischer bzw. materialspezifischer Eigenschaften eines Akzeptors durch Einfluß von Luftverunreinigungen verstanden. Hieraus sind zwei wichtige Gruppen von Wirkungsfeststellungen abzuleiten. In die erste Gruppe fällt die Anreicherung von Schadstoffen in Pflanzen, im Material, im menschlichen oder tierischen Organismus sowie in jedem anderen beliebigen Akzeptor in der Dimension (Masse Schadstoff) · (Masse Akzeptorsubstanz)$^{-1}$ oder (Masse Schadstoff) · (Akzeptorfläche)$^{-1}$. Indikatoren, die dieser Art der Wirkungsfeststellung entsprechen, werden auch als Akkumulationsindikatoren bezeichnet.

Veränderung der biologischen- bzw. materialspezifischen Eigenschaften des Akzeptors stellen als Wirkungen im engeren Sinne eine zweite Gruppe von Wirkungserhebungen dar. Beispiele hierfür sind die Bestimmung der Flechtenabsterberate sowie die Ermittlung unspezifischer Atemwegserkrankungen als Folge der Luftverunreinigungen. Indikatoren dieser Art werden auch als Reaktionsindikator bezeichnet.

Die Eigenständigkeit der drei Informationssysteme Emissionskataster, Immissionskataster und W. zeigt Bild 1. Es zeigt auch den Unterschied zwischen der unter Zuhilfenahme der →Ausbreitungsrechnung und der Emissionsdaten rein rechnerisch ermittelten Immission und der tatsächlich gemessenen Immission; letztere wird immer von der berechneten oder simulierten Immission mehr oder weniger stark abweichen, weil die Emission und alle weiteren Einflußfaktoren nur unzureichend bestimmt werden können, das verwendete Ausbreitungsmodell zwangsweise Mängel gegenüber der Realität aufweist und vor allem zwischen Emission und Immission kein deterministischer, sondern ein stochastischer, d. h. zufallsbedingter Zusammenhang besteht. Grundsätzlich Gleiches gilt für die Betrachtung der Wirkung, die ebenfalls rein rechnerisch oder aber tatsächlich durch Erhebung ermittelt werden kann. Auch hier gelten bzgl. der rein rechnerisch ermittelten Wirkung sinngemäß die gleichen Einschränkungen wie bei dem Vergleich zwischen berechneter und gemessener Immission.

Die Bedeutung der drei Informationssysteme Emissionskataster, Immissionskataster und W. wird auch sichtbar, wenn man sich die Verwendung dieser Informationen als Bestandteil eines umfassenden Regelsystems vorstellt (Bild 2).

Hierbei kommt auch zum Ausdruck, daß mit dem kleinstmöglichen Regelkreis, d. h. durch Vergleich der Emissionsmessung mit dem Emissionsgrenzwert zwar ein unmittelbarer und präziser Einfluß auf die Höhe der Emission ausgeübt werden kann, daß aber andererseits mit dem größtmöglichen Regelkreis über Wirkungserhebung und Vergleich mit Wirkungsgrenzwert die Objekte der Umwelt am sichersten geschützt werden. Der Vergleich zwischen Immissionsmessung und Immissionsgrenzwert nimmt dabei eine sinnvolle Mittelstellung ein. *Prinz*

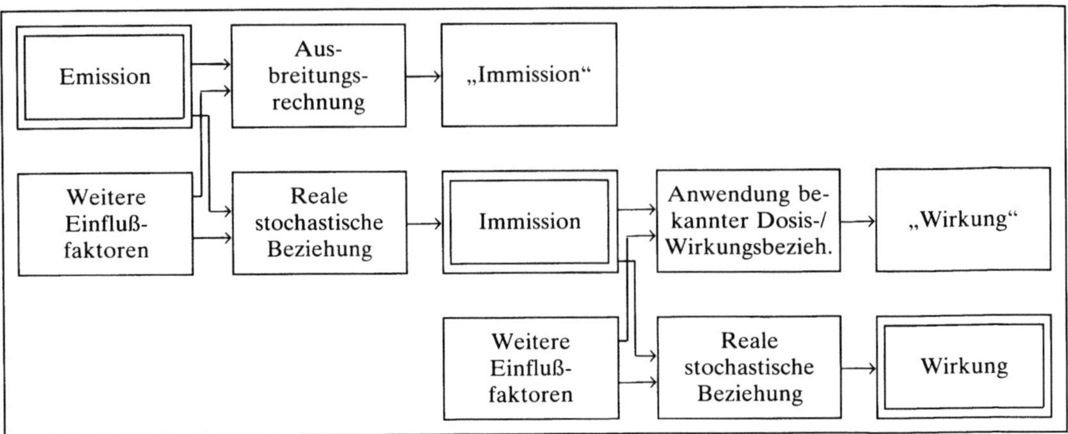

Wirkungskataster 1: Zusammenhang zwischen den Erhebungssystemen Emissions-, Immissions- und Wirkungskataster.

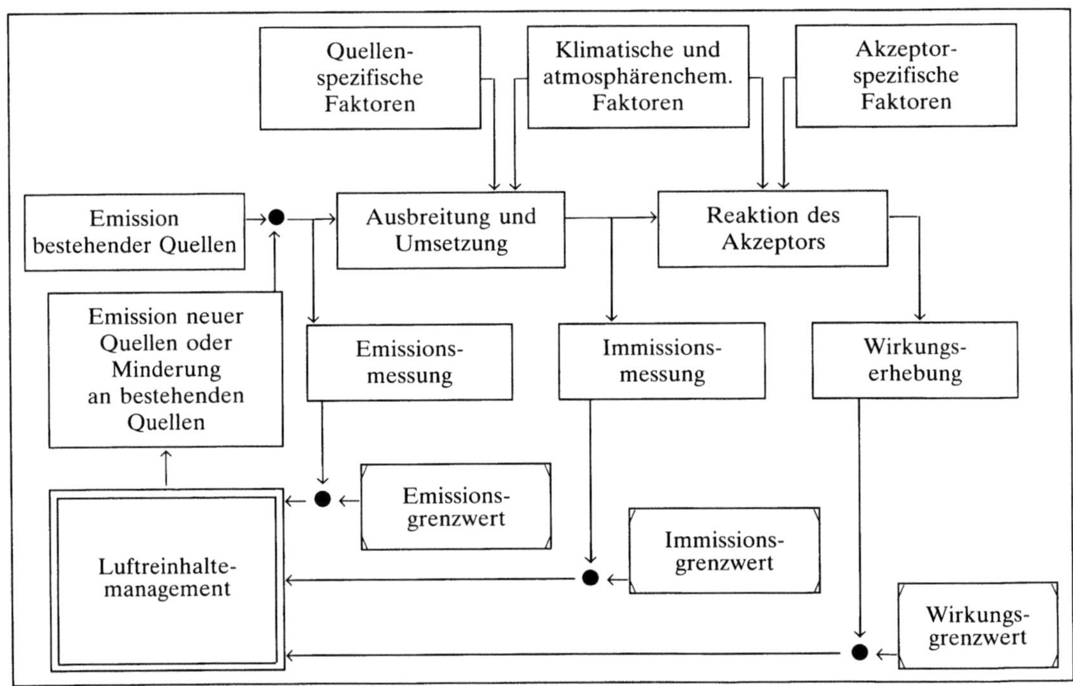

Wirkungskataster 2: Maßnahmen des Immissionsschutzes auf der Grundlage von Emissions-, Immissions- und Wirkungskataster.

Literatur: *Arndt, U.; W. Nobel; B. Schweizer:* Bioindikatoren. Stuttgart 1987. – *Dreyhaupt, F. J.; W. Dierschke; L. Kropp; B. Prinz; H. Schade:* Handbuch zur Aufstellung von Luftreinhalteplänen. Köln 1979.

Wirkungsmechanismus. Ziel toxikologischer Grundlagenforschung ist die Aufklärung der Mechanismen toxikologisch bedeutsamer Noxen.

Dabei ist die Frage zu beantworten, welcher Art die Giftwirkung ist und auf welchem Weg sie zustande kommt. Im einzelnen muß geprüft werden, ob der Stoff als solcher oder seine Metabolisierungsprodukte für die toxische Wirkung verantwortlich sind. Dies schließt eingehende Untersuchungen über Metabolismus und über die Verteilung der Substanz im Körper ($\rightarrow$Toxikokinetik) ein. Hinsichtlich des

Wirkungscharakters muß geklärt werden, ob sie verschwindet, wenn die Substanz nicht mehr einwirkt bzw. ganz ausgeschieden ist (reversible Wirkung) oder ob ein dauernder Schaden zurückbleibt (irreversible Wirkung). Die Aufklärung des W. ist von großer Bedeutung für die →Risikoabschätzung von Substanzen mit vermutlicher krebserzeugender Wirkung. Im Falle, daß die Substanz die Wirkung anderer krebserzeugender Substanzen verstärkt (→Promotor) gibt es manchmal Hinweise darauf, daß man eine unbedenkliche Grenzkonzentration (Schwellenwert) festlegen kann. Wenn sich aus Versuchen an Mikroorganismen oder aus Tierversuchen ein begründeter Verdacht für eine irreversible, DNS-schädigende Wirkung ergibt, kann keine unbedenkliche Grenzdosis angegeben werden. Die Kenntnis des toxischen W. ist nicht nur zur Prävention eines Gesundheitsrisikos, sondern auch für die Entwicklung geeigneter Medikamente (Antidote) oder Maßnahmen von wesentlicher Bedeutung. *Wolff*

Wirkungsschwelle →NOEL

Wirtschaftsgut. W. in Form von Rohstoffen, Zwischenprodukten, Waren und Produkten, stellen wirtschaftlich einen Wert dar und erzielen beim Verkauf einen Erlös. Dagegen verursachen Abfälle bei ordnungsgemäßer Entsorgung Kosten, haben also wirtschaftlich einen negativen Wert. Andererseits kann die Verwertung von Abfällen sowohl wirtschaftlich gewinnbringend wie kostenverursachend sein.

In der Praxis werden Abfälle häufig widerrechtlich als W. bezeichnet, d. h. nicht als →Abfall deklariert, um eine kostenintensive Entsorgung, abfallrechtliche Nachweise, Kontrollen und Genehmigungen zu umgehen.

Sowohl die Entwicklung des internationalen wie des nationalen Abfallrechts beinhaltet deshalb Regelungen, die weitgehend unabhängig vom Wert einer Sache Stoffe und Produkte allgemein bestimmten Kontrollmechanismen unterwerfen, und zwar abhängig vom Grad einer Umweltgefährdung bei fahrlässiger oder mißbräuchlicher Verwendung. *Schnurer*

Wirtszelle. Als W. bezeichnet man eine Zelle, die einen artfremden Organismus, ein artfremdes →Gen oder ähnliches beherbergt. In der →Gentechnik wird als W. (*engl.* host) üblicherweise die mit einer heterologen DNA-transformierte Zelle bezeichnet. Sie wird auch, insbesondere in den Gentechnikregelwerken, als Empfängerzelle oder Empfängerorganismus bezeichnet (im Gegensatz zum Spenderorganismus, dem die transformierende DNA entstammt). *Flohé*

Witterung. Mittlerer oder vorherrschender Charakter des Wetterablaufes (→Wetter) eines bestimmten Zeitraumes (einige Tage bis zu Jahreszeiten). W. ist vom Begriff →Klima zu unterscheiden. *Külske*

Wohngebiet →Baugebiet

Wolken. Sichtbar in der Luft schwebende Ansammlungen von Kondensationsprodukten des Wassers oder episodenhaften anderen Beimengungen, wie die Brandw. von großen Waldbränden, Sand- oder Staub-W., die in Wüsten bei Stürmen emporgeweht werden, oder Gas- und Staub-W., die bei Vulkanausbrüchen bis in die →Stratosphäre geschleudert werden können und mitunter das Material für die leuchtenden Nacht-W. liefern.

Bei den üblichen aus den Kondensationsprodukten des Wassers bestehenden W. gibt es der Form bzw. der Stärke der zu ihrer Entstehung führenden Vertikalbewegungen nach Schicht- und Haufen-W., ihrem physikalischen Zustand nach Wasser-W. (aus Wassertröpfchen bestehend), Eis-W. (aus Eiskristallen bestehend) und Misch-W.

Damit sich eine dieser W. bilden kann, muß Luft mit genügend Feuchtigkeit abgekühlt werden, gleichzeitig müssen Kondensationskerne vorhanden sein. Die Abkühlung erfolgt vorwiegend durch Hebung. Als Kerne wirken hygroskopische Teilchen, z. B. Kristalle der Meeressalze, die aus dem Gischt der Wellen in die Atmosphäre gelangen und weit verfrachtet werden. Bei sehr hoher →Luftfeuchte können sich mitunter auch aus Kühlturmfahnen W. bilden. *Giebel*

Wolkenchemie. Der Kondensationsprozeß in der →Atmosphäre hängt hauptsächlich von der Höhe des Wasserdampfgehalts und der Teilchengröße des atmosphärischen Aerosols ab, die als Kondensationskeime einen maßgeblichen Einfluß auf die Tropfenzahl und die Größe der Tropfen in der Wolke haben. Bei den Wolkenbildungsprozessen gelangt ein wesentlicher Anteil der Aerosolmasse über Diffusions-, Impaktions- und Kondensationsprozesse in die Tropfen. Reaktive Spurengase werden ebenfalls in die Tropfen eingetragen, wobei die Löslichkeit im Wolkenwasser durch das *Henry*-Gesetz bestimmt wird (Löslichkeit von Gasen). Innerhalb des Wolkentropfens laufen Oxidations- und Reduktionsvorgänge ab. Die Sulfat- (SO_4^{2-}) und Nitratbildung (NO_3^-) in Tropfen, ausgehend von SO_2 und NO_x, sind wichtige Prozesse für die Entstehung des →sauren Regens.

Das Wolken- und Regenwasser stellt eine verdünnte Lösung eines komplexen Elektrolytgemisches dar. Wichtige anorganische Bestandteile sind Ca^{2+}, Mg^{2+}, NH_4^+, Na^+, K^+, einige Schwermetalle sowie SO_4^{2-}, NO_3^-, Cl^-, F^- und Br^-. Die meisten dieser Bestandteile stammen aus Staubpartikeln und dem Seesalzaerosol. Zu den organischen Verbindungen, die im Wolkenwasser gefunden werden, zählen Formaldehyd, Carbonsäuren und verschiedene Kohlenwasserstoffe. Inwieweit radikalische Prozesse über photochemisch erzeugte Radikale (z. B. OH, HO_2 und RO_2) in der Flüssigphase für den Abbau verschiedener Spurenstoffe von Bedeutung sind, ist noch nicht vollständig geklärt. Wichtige Oxidantien in der flüssigen Phase sind Ozon und Wasserstoffperoxid, die aus der Gasphase in das wässerige Medium gelangen. Am besten untersucht sind hierbei die Oxidationsreaktionen von SO_2. Durch die Lösung von SO_2 im Wasser bilden sich drei S (IV) Spezies $SO_2 \cdot H_2O$, HSO_3^- und SO_3^- (saurer Regen). Die im Wasser gelösten Oxidantien können über ionische oder radikalische Reaktionen auch bei pH < 7 das S (IV) zu S (VI) oxidieren. Die im Verlauf dieser Reaktionen auftretenden Gleichgewichte sind pH-abhängig und können durch Schwermetallionen katalysiert werden (Fe^{3+}, Mn^{2+} etc.), so daß die Geschwindigkeit der Oxidation durch diese Parameter beeinflußt wird.

Die wichtigsten Komponenten, die in der flüssigen Phase als Vorläufer für radikalische und ionische Produkte in maritimen Wolken dienen, sind O_3, HO_2, OH, HCHO, H_2O_2, NO_3 und N_2O_5. Die Chemie kontinentaler Wolken unterscheidet sich von der Chemie der maritimen Wolken, weil hier mineralische Stäube und wesentlich höhere SO_2-Konzentrationen gefunden werden. Von besonderer Bedeutung sind hierbei Ionen von Übergangsmetallen, die aus dem mineralischen Anteil durch das Wolkenwasser herausgelöst werden. *Becker/Wirtz*

Literatur: *Warneck, P.:* Chemistry and Photochemistry in Atmospheric Water Drops, Ber. Bunsenges. Phys. Chem. 92 (1992) pp. 454–459.

Wurzelraumverfahren. (auch Wurzelraumentsorgung). Das W. zählt zu den Reinigungsverfahren, die unter den Oberbegriff → Pflanzenkläranlagen einzuordnen sind. Das W. stellt ein Landbehandlungssystem dar, das in den späten 60er Jahren entwickelt und 1974 erstmals in großtechnischem Maßstab für kommunales Abwasser praktisch angewandt wurde. In der Zwischenzeit sind eine Vielzahl dieser Anlagen in Betrieb. Seinen Namen hat das W. daher, daß ein vorwiegend horizontaler Abwasserdurchfluß durch den Wurzelraum angestrebt wird (Bild).

Der Wurzelraum ist gekennzeichnet durch einen bewachsenen Bodenkörper, der mit ausgewählten Sumpfpflanzen (Helophyten) besetzt ist. Ein zentrales Verfahrensmerkmal ist die Versorgung des mit sauerstoffzehrenden Schadstoffen belasteten Bodenkörpers mit Luftsauerstoff aus dem Rhizom der eingesetzten Pflanzen. Diese schaffen jedoch nur das für die Abbauvorgänge günstige Milieu im Bodenkörper. Für die festgestellten Eliminations-Leistungen sind vorwiegend, genau wie bei technischen Kläranlagen, die Mikroorganismen mit ihren vielfältigen Stoffwechseln verantwortlich. Daneben finden eine Reihe physikalisch-chemischer Vorgänge im Bodenkörper (wie Adsorption) statt, die zum → Schadstoffabbau der Abwässer beitragen. Die Pflanzen spielen diesbezüglich eine untergeordnete Rolle. *Mertsch*

Literatur: Pflanzenkläranlagen; Bau und Betrieb von Anlagen zur Wasser- und Abwasser-Reinigung mit Hilfe von Wasserpflanzen; Grundlagen, praktische Erfahrungen, Verfahrensvarianten. Wiesbaden 1987.

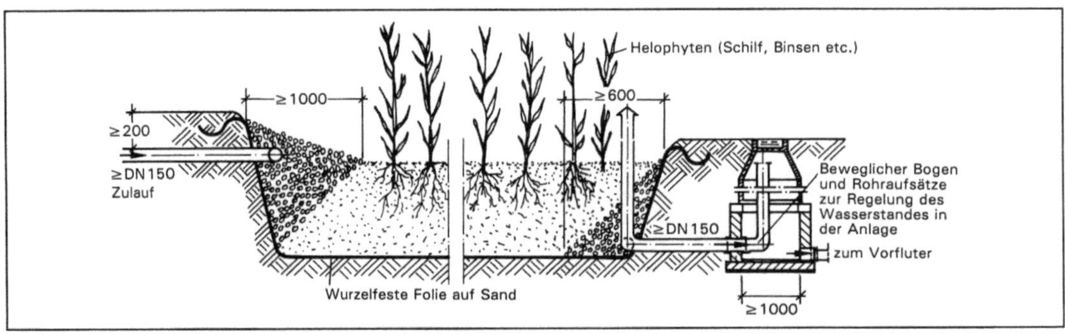

Wurzelraumverfahren: Schematische Darstellung. (Maße in mm).

X

Xenobiotika. Chemische Verbindungen, die der →Biosphäre fremd sind (z. B. das Insektizid DDT), d. h. in der Regel anthropogen in die Umwelt entlassene Substanzen (*griech.* xenos = fremd). Sie umfassen Substanzen, die durch chemische Prozesse synthetisiert werden und Substituenten oder Strukturen besitzen, die in der Natur nicht oder nur selten entstehen.

X. sind in der Biosphäre dadurch problematisch, daß Organismen im Laufe der Evolution nicht die Möglichkeit hatten, sich an solche Stoffe bzw. an hohe X.-Konzentrationen zu adaptieren. Dadurch wirken viele X. toxisch auf eine Vielzahl von Organismen. Auf Grund hoher Individuenzahlen und kurzer Generationszeiten besitzen →Mikroorganismen die Fähigkeit, sich am leichtesten an den Abbau von X. zu adaptieren, um diese z. T. als Kohlenstoff- und Energiequelle zu nutzen. Bei den synthetischen X. sind i. d. R. halogenierte Verbindungen besonders problematisch, weil sie häufig eine hohe Toxizität für höhere Organismen besitzen und nur durch wenige spezialisierte Mikroorganismen abgebaut werden können. *Maghon*

Xylol (Isomerengemisch).
(Flammpunkt < 21 °C)
☐ Stoff-Identifizierungs-Nr.:
CAS-Nr.: 1330-20-7
EG-Nr.: 601-022-00-9
UN-Nr.: 1307
EINECS-Nr.: 215-535-7
☐ Chemische Formel: C_8H_{10}
☐ Stoffcharakteristik: Farblose bis gelbliche, stark lichtbrechende, entzündliche, wasserunlösliche und flüchtige Flüssigkeit mit aromatischem, toluolartigem Geruch. Brennt mit stark rußender Flamme. Leichter als Wasser. Dämpfe viel schwerer als Luft, bilden mit Luft explosionsfähiges Gemisch.
☐ Gefahrenmerkmale:
– Stoffliste nach § 4a der →Gefahrstoffverordnung:
Gefahrenkennbuchstabe(n): Xn
R-Sätze: 11-20/21-38
S-Sätze: 2-25
– Arbeitsschutzwerte nach TRGS 900: →MAK-Wert (mg/m^3): 440
→BAT-Wert: 1,5 mg/l Xylol im Vollblut;
2 g/l Methylhippur-(Tolur-)säure im Harn
– Stoffliste (Anhang II) der →Störfall-Verordnung:
Nr. 2
– →Wassergefährdungsklasse: WGK 2

– Emissionswerte: →TA Luft Einstufung: 3.1.7 Klasse II   *Fischer/M. Schön*

M-Xylol.
☐ Stoff-Identifizierungs-Nr.:
CAS-Nr.: 108-38-3
EG-Nr.: 601-022-00-9
UN-Nr.: 1307
EINECS-Nr.: 203-576-3
☐ Chemische Formel: C_8H_{10}
☐ Stoffcharakteristik: Farblose, stark lichtbrechende, wasserunlösliche, leicht entzündliche, flüchtige Flüssigkeit mit aromatischem, toluolartigem Geruch. Brennt stark rußend. Leichter als Wasser. Dämpfe viel schwerer als Luft, bilden mit Luft ein explosionsfähiges Gemisch.
☐ Gefahrenmerkmale:
– Stoffliste nach § 4a der →Gefahrstoffverordnung:
Gefahrenkennbuchstabe(n): Xn
R-Sätze: 10-20/21-38
S-Sätze: 2-25
– Arbeitsschutzwerte nach TRGS 900: →MAK-Wert (mg/m^3): 440
– Stoffliste (Anhang II) der →Störfall-Verordnung:
Nr. 3
– Emissionswerte: TA Luft Einstufung: 3.1.7 Klasse II   *Fischer/M. Schön*

O-Xylol.
☐ Stoff-Identifizierungs-Nr.:
CAS-Nr.: 95-47-6
EG-Nr.: 601-022-00-9
UN-Nr.: 1307
EINECS-Nr.: 202-422-2
☐ Chemische Formel: C_8H_{10}
☐ Stoffcharakteristik: Farblose, stark lichtbrechende, wasserunlösliche, leicht entzündliche, flüchtige Flüssigkeit mit aromatischem, toluolartigem Geruch. Brennt stark rußend. Leichter als Wasser. Dämpfe viel schwerer als Luft, bilden mit Luft explosionsfähiges Gemisch.
☐ Gefahrenmerkmale:
– Stoffliste nach § 4a der →Gefahrstoffverordnung:
Gefahrenkennbuchstabe(n): Xn
R-Sätze: 10-20/21-38
S-Sätze: 2-25
– Arbeitsschutzwerte nach TRGS 900:
→MAK-Wert (mg/m^3): 440

- Stoffliste (Anhang II) der →Störfall-Verordnung: Nr. 3
- Emissionswerte: TA Luft Einstufung: 3.1.7 Klasse II   *Fischer/M. Schön*

P-Xylol.
□ Stoff-Identifizierungs-Nr.:
CAS-Nr.: 106-42-3
EG-Nr.: 601-022-00-9
UN-Nr.: 1307
EINECS-Nr.: 203-396-5
□ Chemische Formel: C_8H_{10}
□ Stoffcharakteristik: Farblose, stark lichtbrechende, wasserunlösliche, leicht entzündliche, flüchtige Flüssigkeit mit aromatischem, toluolartigem Geruch. Brennt stark rußend. Leichter als Wasser. Dämpfe viel schwerer als Luft, bilden mit Luft explosionsfähiges Gemisch.
□ Gefahrenmerkmale:
- Stoffliste nach § 4a der →Gefahrstoffverordnung:
Gefahrenkennbuchstabe(n): Xn
R-Sätze: 10-20/21-38
S-Sätze: 2-25
- Arbeitsschutzwerte nach TRGS 900:
→MAK-Wert (mg/m^3): 440
- Stoffliste (Anhang II) der →Störfall-Verordnung: Nr. 3
- Emissionswerte: TA Luft Einstufung: 3.1.7 Klasse II   *Fischer/M. Schön*

Y

Yusho-Krankheit. *Jap.* Bezeichnung Yu = Öl und shu = Krankheit (*engl.* oil effected desease). Der Name geht zurück auf die Ursache der Erkrankung, die 1968 in Japan bei etwa 1 000 Personen nach dem Genuß von mit PCB (ca. 2 000 ppm) kontaminiertem Reisöl aufgetreten ist. Die durchschnittlich aufgenommene Gesamtdosis wurde auf ca. 4–5 g PCB innerhalb eines halben Jahres geschätzt. Die Kontamination des Reisöls erfolgte in einem Vorratstank durch Austritt von PCB aus einer Kühlanlage. Aufgrund der Verunreinigung der PCB mit polychlorierten Dibenzofuranen wurden gleichzeitig hohe Konzentrationen an 2,3,7,8-Tetrachlordibenzofuran aufgenommen; die Gesamtaufnahme bei Yusho-Patienten wurde auf 400–500 µg/Person geschätzt. Sichtbare Symptome der Erkrankung waren Hyperpigmentierung der Haut, Lymphknotenschwellungen, Gewichtsverluste. Vergleichbare Effekte wurden auch bei Neugeborenen festgestellt.   *R. Koch*

Z

Zählrohr →Auslösezählrohr

10. BImSchV. Verordnung über die Beschaffenheit und die Auszeichnung der Qualitäten von Kraftstoffen vom 13. Dezember 1993 (BGBl. I S. 2036). Die auf das BImSchG und das →Benzinbleigesetz gestützte Verordnung regelt unter Aufhebung der Benzinqualitätsverordnung
– die Beschaffenheit von Otto-, Diesel- und Flüssiggaskraftstoffen (unter Bezugnahme auf DIN- bzw. DIN EN-Vorschriften) sowie von Zapfventilen für verbleiten Ottokraftstoff und
– Inhalt und Form der Kenntlichmachung (Auszeichnung) der Kraftstoffe an Tankstellen bzw. Zapfsäulen, wobei die Kennzeichnungen und Zeichen unterschieden werden: „Super bleifrei", „Super plus bleifrei", „Normal bleifrei", „Super verbleit", „Diesel" und „Flüssiggas". Dieselkraftstoff mit einem Schwefelhöchstgehalt von 0,05 Gew.-% darf in Ausfüllung von Art. 2 Abs. 1 Satz 2 der EG-Richtlinie 93/12/EWG als „Diesel schwefelarm" ausgezeichnet werden (→3. BImSchV).
Früher war die 10. BImSchV die Verordnung über Beschränkungen von PCB, PCT und VC vom 26. Juni 1978 (BGBl. I S. 1138); sie ist durch die auf das ChemG (→Chemikalienrecht) gestützte Verordnung zum Verbot von polychlorierten Biphenylen, von polychlorierten Terphenylen und zur Beschränkung von Vinylchlorid (PCB-, PCT-, VC-Verbotsverordnung) vom 18. Juli 1989 (BGBl. I S. 1482) abgelöst worden. Die Regelungen der letztgenannten Verordnung sind inzwischen hinsichtlich Herstellung und Verwendung in die →Gefahrstoffverordnung, hinsichtlich des Inverkehrbringens in die →Chemikalien-Verbotsverordnung übergegangen. *Dreyhaupt*

Zeitbewertung.

Erschütterungsmessung. Unter einer Z. von Erschütterungsmeßsignalen wird in der Regel die fortlaufende Mittelung, d. h. die Bildung des gleitenden Effektivwertes mit exponentieller Z. verstanden. Diese wird auch als exponentiell zeitbewerteter Effektivwert oder auch als exponentiell gemittelter Effektivwert bezeichnet.
Bei diesem Mittelungsverfahren zur Bildung des gleitenden Effektivwertes werden die aufeinander folgenden Anteile des quadrierten Signals nach einer einfachen, abnehmenden Exponentialfunktion ihres Abstandes vom Beobachtungszeitpunkt und damit zeitlich gewichtet. Das Bildungsgesetz lautet:

$$U_{\text{eff},\tau}(t) = \sqrt{\frac{1}{\tau} \cdot \int_0^t u^2\,(t-\xi) \cdot \exp\left(-\frac{\xi}{\tau}\right) \cdot d\xi}$$

oder (identisch gleich):

$$U_{\text{eff},\tau}(t) = \sqrt{\frac{1}{\tau} \cdot \int_0^t u^2\,(\xi) \cdot \exp\left(-\frac{t-\xi}{\tau}\right) \cdot d\xi}$$

mit u(t) momentane Schwingungsgröße
t   Beobachtungszeitpunkt
τ Zeitkonstante
ξ Integrationsvariable

Diese Art der gleitenden Effektivwertbildung (nach dem Vorbild eines Hitzdrahtinstruments) ist analog wie auch digital einfach zu realisieren. Die Zeitkonstante τ hat wesentlichen Einfluß auf den zeitlichen Verlauf des gleitenden Effektivwerts; sie muß stets zusammen mit den Meßwerten angegeben werden.
Bei der Beurteilung der Einwirkung von Erschütterungen auf Menschen in Gebäuden nach dem Regelwerk DIN 4150, T. 2, Ausg. Dez. 1992 wird die Z. der Erschütterungssignale auf die Bewertete Schwingstärke angewendet. Die Bewertete Schwingstärke ist der gleitende Effektivwert des frequenzbewerteten Erschütterungssignals nach folgender Gleichung:

$$KB = \sqrt{\frac{1}{\tau} \int_{\xi=0}^t e^{-\xi/\tau} \cdot KB^2\,(t-\xi)\,d\xi}$$

Die Zeitkonstante ist $\tau = 125$ ms. Als Formelzeichen für das zeitbewertete KB-Signal wird bei Verwendung von $\tau = 125$ ms verwendet: $KB_F(t)$.
Der nach der obigen Formel definierte gleitende Effektivwert ist zu jedem Zeitpunkt der Beobachtung t durch alle zurückliegenden Signalanteile mit exponentiell abklingender Gewichtung bestimmt.
Eine Z. von Erschütterungssignalen wird auch deshalb verwendet, weil die zeitlichen Verläufe von Erschütterungsimmissionen bei der Einwirkung auf Menschen als Belastung auch Einfluß auf die subjektive →Wahrnehmung haben. Nur für kurze Zeit begrenzt einwirkende mechanische Schwingungen werden nicht so stark wahrgenommen wie Schwingungen mit längerer Einwirkungsdauer. Obwohl über die Dauer der Integrationszeitkonstanten τ

aufgrund vorliegender Untersuchungsergebnisse derzeit noch keine allgemein gültige Festlegung getroffen werden kann, ist im Regelwerk VDI 2057, Bl. 1, für Ganzkörperschwingungen $\tau = 125$ ms empfohlen worden. *Splittgerber*

Literatur: *Splittgerber, H.*: Zur Problematik der Meßgrößen und Meßwerte bei Erschütterungsimmissionen. LIS Bericht Nr. 5. Hrsg.: Landesanstalt für Immissionsschutz des Landes NRW, Essen 1979. *Splittgerber, H.*: Über die Wahrnehmungsschwellen von Ganzkörperschwingungen bei einwirkenden Sinusimpulsen. Z. für Lärmbekämpfung (1992) 39.

Geräuschmessung. Bei Schallpegelmessungen wird der Einfluß des zeitlichen Schalldruckpegelverlaufs auf den Gehöreindruck eines Geräusches näherungsweise durch unterschiedliche Z. (dynamische Eigenschaften) des Meßgerätes berücksichtigt, die in der DIN IEC 651, Schallpegelmesser, beschrieben sind.

Bei Geräuschmessungen ist aufgrund der Schalldruckpegeldefinition eine Gleichrichtung und Bildung eines Effektivwertes des schalldruckproportionalen elektrischen Signals notwendig. Im Schallpegelmesser wird dies durch ein elektronisches Quadrierglied und durch ein Mittelungsglied mit exponentiell zeitabhängiger Gewichtung (RC-Glied), das unterschiedlich wählbare Zeitkonstanten hat, erfüllt.

Die Z. des Schallpegelmessers wird mit S, F, und I bezeichnet. Mit der Z. S (Slow) werden zeitlich konstante oder quasi zeitlich konstante Geräusche gemessen. Die Zeitkonstante des Meßgeräts bei dieser Zeitbewertung beträgt 1 000 ms.

Zeitlich schwankende, aber nicht impulsartige Geräusche werden mit der Z. F (Fast) gemessen. Die Zeitkonstante hierfür beträgt 125 ms.

Für impulsartige Geräusche kann die Z. I (Impulsgeräusch) benutzt werden, die eine Zeitkonstante des Meßgeräts von 35 ms bei ansteigendem Schalldruckpegel und – wegen einer möglichen Meßwertablesung des zeitlich sich schnell ändernden Meßwerts vom Anzeigegerät – eine Zeitkonstante von 1 500 ms für die absinkenden Schalldruckpegel hat.

Da die bei der Messung benutzte Z. Einfluß auf das Meßergebnis hat, ist sie wie die →Frequenzbewertung nach den Kurven A, B, oder C bei der Schallpegelkennzeichnung anzugeben.

Gekennzeichnet werden die Frequenzbewertung und Z. durch einen Index zur Schalldruckpegelbezeichnung L_p wie folgt: L_{pAF} bedeutet: Schalldruckpegel mit der Frequenzbewertung A und der Z. F. *Strauch*

Zeldowich-Reaktion →Stickstoffoxid

Zellbiologie (auch Cytologie, Zellenlehre). Zweig der allgemeinen Biologie, der sich mit dem Aufbau und den Leistungen der Zellen befaßt. *Maghon*

Zelle, permissive. Zelle, in der ein bestimmtes →Virus repliziert werden kann. *Flohé*

Zellfusion. Unter Z. wird in der Regel das artifizielle Verschmelzen unterschiedlicher Zellen zu einer Hybridzelle (Hybridoma) verstanden.

Zur Verschmelzung der Zellmembran wird meist die Behandlung mit Polyethylenglykol oder die Elektrofusion verwendet. Hybridoma-Zellen haben besondere Bedeutung für die Herstellung monoklonaler Antikörper erlangt. Die Fusion von Zellen mit unterschiedlichem Genotyp ist nach § 3 →GenTG prinzipiell als gentechnische Arbeit zu werten; jedoch werden vielfach bewährte Techniken wie Z. von pflanzlichen Zellen, sofern sie zu Pflanzen führen, die auch mit herkömmlichen Züchtungstechniken zugänglich sind, sowie die Erzeugung von somatischen tierischen Hybridoma-Zellen in § 3 Nr. 3 GenTG explizit aus der Legaldefinition der gentechnischen Arbeiten ausgenommen. *Flohé*

Zellkultur. Die Kultivierung menschlicher, tierischer oder pflanzlicher Zellen bzw. Gewebe unter keimfreien Bedingungen mit Hilfe von ursprünglich in der Mikrobiologie entwickelter Methoden. Als Teilgebiet der →Biotechnologie hat die Z. erhebliche Bedeutung für Medizin und Pflanzenzüchtung.

Für die erfolgreiche Z. benötigt man Nährlösungen von meist sehr komplexer Zusammensetzung, die den Zellen Bedingungen bieten, die den im vielzelligen Organismus herrschenden weitgehend entsprechen. Sie enthalten neben organischen Substraten, die den Bedarf des Bau- und Energiestoffwechsels decken, auch Vitamine, Hormone und andere Wachstums- und Regulationsfaktoren sowie z. T. spezielle Puffersubstanzen. Zur Entwicklung der ersten für die Z. brauchbaren Nährlösungen bedurfte es jahrzehntelanger Forschungsarbeit. Auch heute sind viele Zelltypen noch nicht zuverlässig kultivierbar.

□ Die Züchtung menschlicher oder tierischer Zellen dient der Untersuchung der Eigenschaften von Zellen oder Geweben, die unter geeigneten Bedingungen mindestens 24 Stunden außerhalb des Organismus am Leben gehalten werden können, um z. B. die Wirkung von Schadstoffen zu ermitteln (→Tierversuch-Ersatzverfahren). Vermehrungsfähige Säugerzellen wachsen vielfach nicht in Suspensionen, sondern ausschließlich in einzelldicken Schichten auf dem Boden von Glasbehältern oder auf der Oberfläche geeigneter Füllkörper. Wichtige Anwendungsgebiete für Human-Z. sind: Tumordiagnostik, Erkennung von Erbkrankheiten und Abstammungsnachweis bei Vaterschaftsgutachten. Langzeitkulturen menschlicher Zellen werden neuerdings für die biotechnologische Produktion von monoklonalen Antikörpern und anderen Humanproteinen eingesetzt (u. a. Blutgerinnungsfaktoren).

☐ Pflanzliche Z.: Im Gegensatz zu kultivierten menschlichen oder tierischen Zellen kann man aus pflanzlichen Z. nach entsprechender Änderung der Kulturbedingungen wieder komplette Pflanzen gewinnen. Dieses Potential wird von der Biotechnologie der Pflanzenzüchtung systematisch ausgenutzt, um neue Kulturpflanzensorten zu gewinnen und zu vermehren. Hierbei ist sehr vorteilhaft, daß man mit Hilfe der Z. aus einer Ausgangszelle beliebig viele Jungpflanzen erzeugen kann, die genetisch identisch sind. Von Bedeutung ist ferner die Anwendung dieser Technik der vegetativen Vermehrung mit dem Ziel, virusfreie Bestände jener Kulturpflanzen zu erhalten, die beim Anbau im Feld leicht von phytopathogenen Viren befallen werden (Beispiel: Kultursorten der Erdbeere). Pflanzliche Z. in Bioreaktoren dienen in einigen Fällen zur Produktion wertvoller Pflanzeninhaltsstoffe (z. B. Digitalis-Glykoside). *Soeder*

Zellstoffherstellung und -verarbeitung. Als Zellstoff bezeichnet man die durch Aufschluß von Holz oder anderen Faserpflanzen abgetrennten Bestandteile, die hauptsächlich aus Zellulose bestehen. Bei diesem Aufschluß werden vorwiegend Lignin und Hemicellulose herausgelöst und der Zusammenhalt der Struktur aufgelöst. Der durch chemischen Aufschluß gewonnene Zellstoff dient zur Herstellung von hochwertigem (holzfreien) Papier und ist Rohstoff zur Gewinnung von Kunststoffen. Die Z. kann in die Verfahrensschritte Holzaufbereitung, Kocherei, Stoffwäsche, Sortierung, Bleicherei, Entwässerung, Trocknung untergliedert werden (Bild).

In der Holzaufbereitung wird das Rohholz zerkleinert und von der Rinde separiert. Diese Produktionsschritte können zur Staub- und Geruchsemission führen. Das Holz wird in der anschließenden Kocherei überwiegend nach dem Sulfatverfahren oder – zu einem geringeren Teil – nach dem Sulfitverfahren (sauer bzw. neutral) aufgeschlossen; in der Bundesrepublik Deutschland wird fast ausschließlich das Sulfitverfahren mit den wäßrigen Lösungen von Calciumbisulfit ($Ca(HSO_3)_2$) oder Magnesiumbisulfit ($Mg(HSO_3)_2$) eingesetzt (Kochsäure).

Das Kochen, bei dem die Cellulosefasern freigelegt werden, geschieht in Druckgefäßen von 100 bis 400 m³ bei Temperaturen von 125 bis 150 °C; die Kochzeit beträgt ca. 1,5–5 Stunden. Zur Beschleunigung des Kochprozesses zirkuliert die Kochsäure. Nach dem Kochen wird der Faserbrei von der teilweise verbrauchten Kochsäure (→Sulfitablauge) getrennt und einer mehrstufigen Stoffwäsche unterzogen. Anschließend wird die Cellulose, der ungebleichte Zellstoff, sortiert, d. h. es werden Verunreinigungen wie Äste, Rindenpartikel u. ä. abgetrennt. Lignin wird in der Kocherei nicht vollständig entfernt, um eine wesentliche chemische Auflösung der Cellulose selbst zu vermeiden. In der Bleicherei werden die Ligninreste beseitigt und die gewünschten Zellstoffeigenschaften (d. h. Weiße, Reinheit) eingestellt. Als Bleichmittel wurden früher überwiegend Chlor und dessen Verbindungen eingesetzt. Inzwischen werden in der Bundesrepublik Deutschland fast ausschließlich chlorfreie Bleichmittel (z. B. Peroxyd) verwendet, um eine Dioxinbildung zu vermeiden. Die Bleiche erfolgt häufig mehrstufig, teilweise werden auch unterschiedliche Bleichchemikalien eingesetzt.

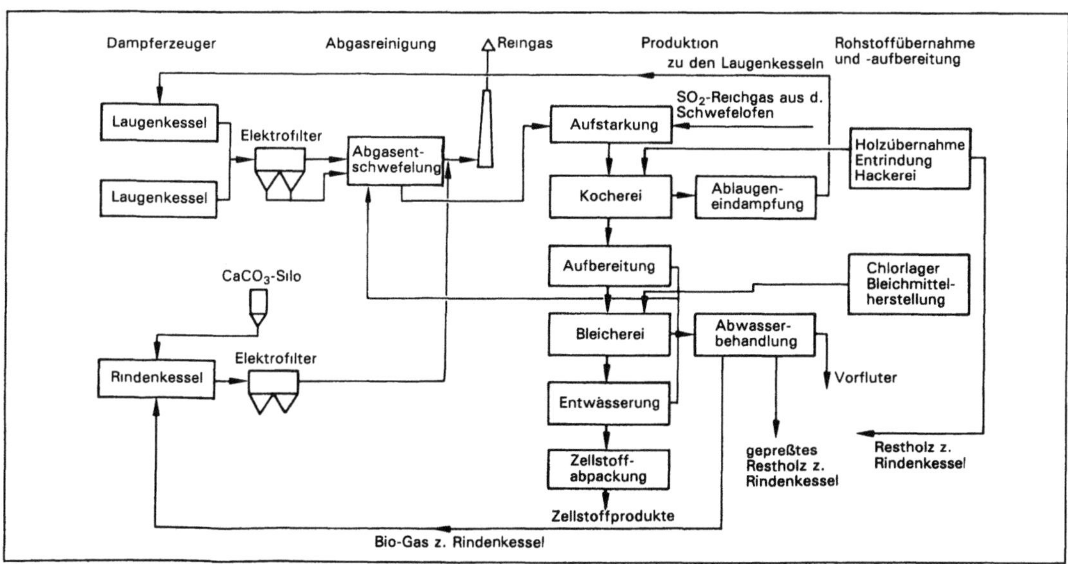

Zellstoffherstellung und -verarbeitung: Funktionsschema.

Die Kochsäure, auch Turmsäure genannt, wird in hohen Absorptionstürmen u. a. durch Reaktion von Kalkstein, SO_2 und Wasser unter Bildung von wasserlöslichem Calciumbisulfit gewonnen, mit SO_2 zusätzlich angereichert und dem Kocher zugeführt.

Der gebleichte Zellstoff wird nachsortiert, entwässert, getrocknet und in eine versandfähige Form gebracht. Die beim Kochprozeß anfallende Ablauge und die Bleichereiabwässer werden zur Chemikalienrückgewinnung weitgehend eingedampft und die Feststoffe im Kesselhaus verbrannt.

Bedeutsame Emissionskomponente beim Sulfitverfahren ist SO_2. Bei der Verbrennung der Ablauge können sich SO_2-Rohgaskonzentrationen von mehr als 20 g/m^3 ergeben. Zur Abgasreinigung werden Staubabscheider und Abgasentschwefelungseinrichtungen eingesetzt. Weitere SO_2-Emissionsquellen und auch Quellen von Geruchsstoffemissionen sind Kocher, Zellstoffzwischenbehälter, Bleicherei und Ablaugeeindampfung. Diese Abgase können erfaßt und in einer zentralen Abgasreinigungseinrichtung auch von Geruchsstoffen befreit werden. Als Minderungstechnik eignet sich das →Chemisorptionsverfahren in Verbindung mit Staubabscheidern.

Im Gegensatz zur Bundesrepublik Deutschland erfolgt ca. 90 % der weltweiten Zellstoffproduktion nach dem Sulfatverfahren.

Anlagen zur Gewinnung von Zellstoff aus Holz, Stroh oder ähnlichen Faserstoffen sind in Nr. 6.1 Spalte 1 des Anhangs der →4. BImSchV genannt und damit nach dem BImSchG genehmigungsbedürftig. Emissionsbegrenzende Anforderungen enthält die →TA Luft, wobei auf die besonderen Anforderungen zur Verbrennung von Ablaugen aus der Zellstoffgewinnung in Nr. 3.3.1.3.2 der TA Luft hingewiesen wird. *Koch*

Literatur: *Davids, P.; M. Lange:* Die TA Luft '86, Technischer Kommentar. Düsseldorf 1986.

Zementherstellung. Die Z. gehört zur →Steine-Erden-Industrie. Wesentliches Vorprodukt aller Zemente ist der Klinker. Ausgangsstoffe zur Herstellung sind Kalkstein oder Kreide sowie Sand und Ton. Das Rohstoffgemisch wird in Drehrohröfen gebrannt, sie haben eine Kapazität von 120 bis 5 000 t Klinker pro Tag. Der fertige Klinker wird mit verschiedenen Zuschlagstoffen zu Zement vermahlen. In der Bundesrepublik Deutschland wird fast ausschließlich das trockene Herstellungsverfahren eingesetzt.

Bei der Z. treten hauptsächlich Emissionen an Staub, Stickstoffoxiden und Schwefeloxiden auf, in einigen Fällen können auch Schwermetalle, Chloride und organische Stoffe von Bedeutung sein. Auf Grund der Verarbeitung trockener pulverförmiger Stoffe entstehen bei der Z. an vielen Stellen Stäube.

Ihre Menge und Zusammensetzung hängt stark vom jeweiligen Prozeßschritt ab.

Stickstoffoxide entstehen überwiegend beim Brennen durch hohe Temperaturen von ca. 2 000 °C in oxidierender Atmosphäre. Wird das Rohmaterial vor dem Ofeneinlauf separat erhitzt (Vorkalzinierung), kann eine merkliche NO_x-Bildung durch den Brennstoff hinzukommen. Im Rohgas treten NO_x-Konzentrationen bis zu 2,5 g/m^3, durchschnittlich von ca. 1,3 g/m^3, auf.

Schwefel wird durch Roh- und Brennstoffe in den Brennprozeß eingetragen. Der überwiegende Teil wird als Sulfat gebunden. In Anlagen in der Bundesrepublik Deutschland beträgt die SO_2-Konzentration im Rohgas meist 0,1–0,3 g/m^3.

Rohmaterialien oder Brennstoffe mit erhöhten Schwermetallgehalten können zu Anreicherungsvorgängen im Ofen führen. Bekanntgeworden sind in früheren Jahren erhöhte Thalliumemissionen aus der Z. Im Normalbetrieb werden nur geringe Mengen an Schwermetallen emittiert. Chloridemissionen spielen bei der Zementproduktion eine untergeordnete Rolle. Bei der Verbrennung chloridreicher Altöle können Emissionen von mehr als 30 mg HCl/m^3 auftreten.

Die Emissionen organischer Stoffe können bei nicht optimierter Verbrennung vor allem beim Einsatz von Ersatzbrennstoffen in der Vorkalzinierung von Bedeutung sein. Emissionen an polychlorierten Dibenzo-p-dioxinen und -furanen (PCDD/PCDF) wurden in der Zementindustrie im Zusammenhang mit der Verbrennung von Altölen näher untersucht. Es wurden Konzentrationen an PCDD/PCDF von weniger als 0,1 ng TE/m^3 im Abgas nachgewiesen. Durch Zugabe organischer Hilfsmittel können auch beim Zementmahlen Emissionen an organischen Stoffen auftreten. Das Fließschema (Bild) zeigt die Emissionsquellen in einem Zementwerk.

Die Staubemissionen bei der Z. werden vor allem durch wirksame Staubabscheider vermindert. Grundsätzlich sind an allen Emissionsquellen filternde Abscheider einsetzbar. Aggregate wie Brecher, Mühlen, Förderanlagen, Silos oder Verladevorrichtungen werden überwiegend mit Faserstofffiltern auf Emissionswerte von deutlich unter 20 mg/m^3 entstaubt. An den Öfen werden weiter elektrische Abscheider eingesetzt. Leistungsfähige Einrichtungen erreichen Emissionswerte von 20 mg Staub/m^3 und weniger im Dauerbetrieb. Bei erhöhten Schwermetallgehalten der Stäube sind besondere Anforderungen an die Wirksamkeit der Abscheider zu stellen.

Die Entstehung von Stickstoffoxiden im Ofen läßt sich vor allem durch Verwendung NO_x-armer Brenner, die Vergleichmäßigung des Ofenbetriebs, Brennstoffstufung und die verstärkte Verlagerung der Energieaufgabe in die Vorkalzinierzone erheb-

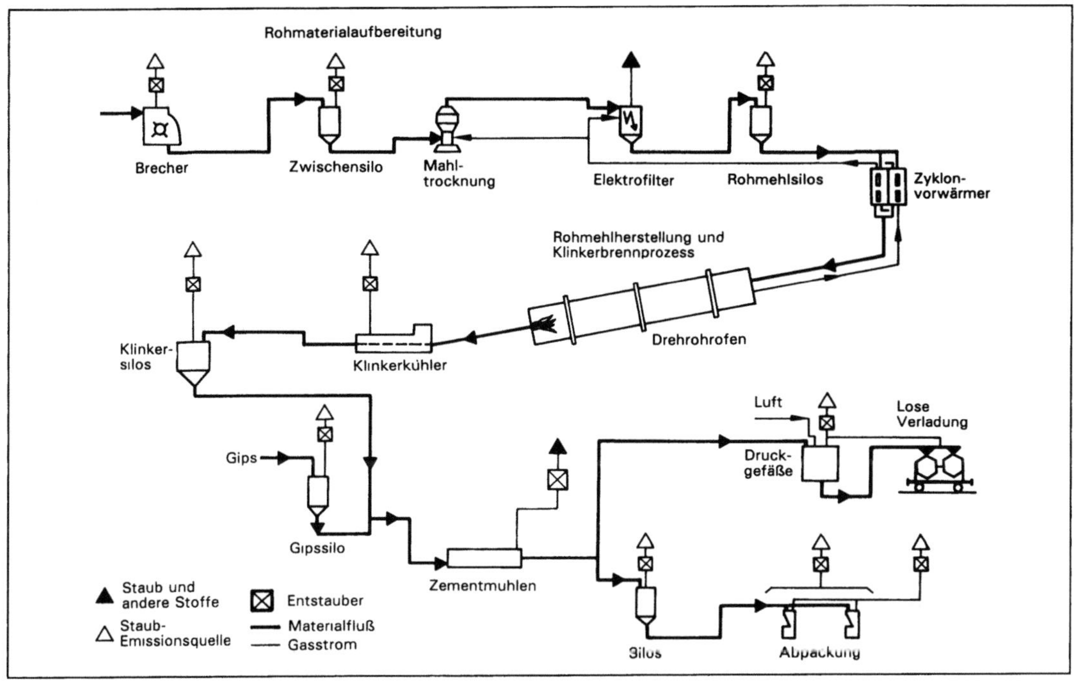

Zementherstellung: Emissionsquellen bei der Z.

lich verringern. In vielen Werken lassen sich mit diesen Maßnahmen NO_x-Emissionswerte von 0,8 g/m³ bei Altanlagen einhalten. Bei einem hohen Ausgangsniveau der NO_x-Emissionen, z. B. bedingt durch schwere Brennbarkeit der Rohmaterialien, kommt grundsätzlich die Anwendung abgasseitiger Techniken, hier vor allem das →SNCR-Verfahren, in Betracht. In Versuchen wurden Minderungsraten bis ca. 70 % nachgewiesen.

Ist rohstoff- oder produktionsbedingt mit Kreisläufen im Ofen oder im peripheren System zu rechnen, bei denen es zu einer Anreicherung an Schwermetallen kommen kann, sollten die abgeschiedenen Filterstäube nicht in den Ofen zurückgeführt, sondern vor der Zementmahlung zugemischt werden, soweit die Produkteigenschaften dies zulassen. Eine Bypass-Schaltung zum Vorwärmer, durch die ein Teil der Ofenabgase geführt und entstaubt wird, kann den Ofen ebenfalls von Schwermetallen entlasten. Bei Betrieb mit Rostvorwärmern ist der sog. Hilfskamin zu schließen und das bei Stillstand abgesaugte Abgas einem Abscheider zuzuführen. Eine Abscheidung der Abgase in Drei-Kammer-Elektrofiltern kann die Emission an Schwermetallen sehr gering halten, z. B. auf weniger als 0,1 mg/m³ für alle Schwermetalle der Nr. 3.1.4 der TA Luft; dabei liegen die Werte für Thallium unter 0,02 mg/m³.

Der Entstehung organischer Stoffe im Abgas kann durch eine optimale Prozeßführung und durch Sicherheitseinrichtungen bei instationären Zuständen begegnet werden. Vor allem bei der Verbrennung PCB-kontaminierten Altöls wurden Erfahrungen mit dem Betrieb einer Sicherheitskette gemacht, die z. B. eine Abschaltung der Altölzufuhr bei Unterschreiten einer Mindesttemperatur, bei starkem Sinken der Rohmaterialzufuhr oder bei Absinken des Ofendrucks unter einen definierten Wert vorsah.

Anlagen zur Herstellung von Zementklinker oder Zementen sind in der Nr. 2.3, Spalte 1, des Anhangs der →4. BImSchV genannt. Sie sind im förmlichen Verfahren (mit Öffentlichkeitsbeteiligung) nach dem BImSchG genehmigungsbedürftig. Emissionsbegrenzende Anforderungen enthält die TA Luft. Die wichtigsten Emissionswerte betreffen Staub mit 50 mg/m³, Schwefeloxide (als SO_2) mit 0,40 g/m³, Chloride (als HCl) mit 30 mg/m³ und Schwermetalle je nach Gefährdungspotential mit 5 bis 0,1 mg/m³. Aufgrund des Beschlusses des Länderausschusses für Immissionsschutz vom Mai 1991 zur Konkretisierung der →Dynamisierungsklauseln der TA Luft wurde auch der Stand der Technik hinsichtlich der Begrenzung der NO_x-Emissionen bei Zementwerken ermittelt. Danach sollen Neuanlagen 0,50 g NO_x/m³ und Altanlagen 0,80 g NO_x/m³ einhalten.

Die Zementindustrie verwertet große Mengen an industriellen Reststoffen sowie Abfälle. Neben einer thermischen →Verwertung vor allem von Altöl, Altreifen, Bleicherde und Säureharz werden auch stoffliche Eigenschaften bestimmter Reststoffe genutzt, z. B. Gips aus Rauchgasentschwefelungsanlagen, Flugasche oder granulierte Hochofenschlacke. *Hinrichs*

Literatur: *Davids, P.; M. Lange:* Die TA Luft '86, Technischer Kommentar. Düsseldorf 1986. – VDI 2094: Emissionsminderung; Zementwerke. 9/1985.

Zenitwinkel. Als Zenit wird der senkrecht über dem Beobachter liegende Punkt am Himmel bezeichnet. Der Z. θ ist definiert als der Winkel, der zwischen dem Lot auf die Erdoberfläche und der Richtung des einfallenden Sonnenlichts aufgespannt wird (Bild). Ein Z. von 0° entspricht somit der höchsten Intensität der →Sonnenstrahlung, weil das Sonnenlicht den geringsten Weg durch die Atmosphäre zurücklegt. Mit zunehmender Weglänge durch die Atmosphäre (steigendem Z.) verändern sich die Intensität und die spektrale Verteilung des Lichts aufgrund von Streuung (*Rayleigh*-Streuung) und Absorptionsprozessen durch Gasmoleküle und Partikel. Die Weglänge L der direkten Sonnenstrahlung durch die Erdatmosphäre der Höhe h zu einem bestimmten Punkt der Erdoberfläche kann unter der Annahme einer flachen Erdoberfläche für Z. <60° mit der folgenden Gleichung abgeschätzt werden:

$$L = h/\cos\theta.$$

Wirtz

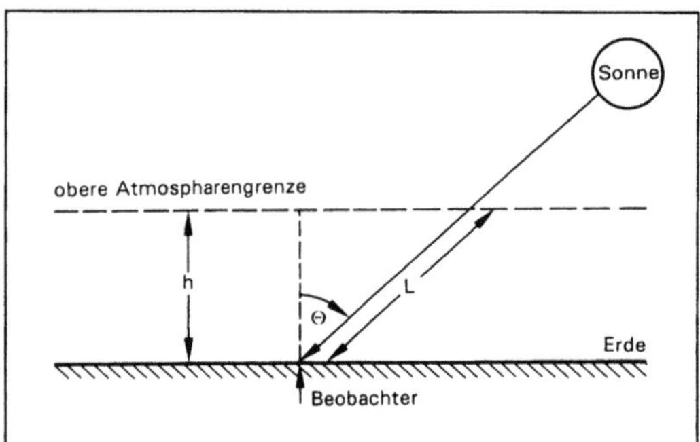

Zenitwinkel: Definition des solaren Z. für einen Punkt der Erdoberfläche.

Zentrale Kommission für die Biologische Sicherheit. (ZKBS) Vor Inkrafttreten des GenTG war die ZKBS ein überwiegend aus Fachleuten unterschiedlicher biologischer Disziplinen zusammengesetztes Gremium, das als zuständige Instanz in allen Fragen der biologischen Sicherheit beim Umgang mit gentechnisch veränderten Mikroorganismen in der Bundesrepublik arbeitete. Nach Inkrafttreten des GenTG erhielt die ZKBS eine andersartige Zusammensetzung und im GenTG beschriebene Funktionen (ZKBS-Verordnung vom 30. Oktober 1990 – BGBl. I S. 2418). Ihre wesentlichen Aufgaben bestehen heute darin, sicherheitsrelevante Fragen nach den Vorschriften des GenTG zu prüfen, Empfehlungen auszusprechen und die Bundesregierung und die Länder diesbezüglich zu beraten. Sie ist ferner vor Erlaß von einschlägigen Rechtsverordnungen nach dem GenTG zu hören.

Die Kommission besteht aus zehn Sachverständigen, von denen sechs auf dem Gebiet der Rekombination von Nukleinsäuren ausgewiesen sein müssen und die die Disziplinen Mikrobiologie, Zellbiologie, Virologie, Genetik, Hygiene, Ökologie und Sicherheitstechnik abdecken sollen. Hinzu kommen weitere fünf sachkundige Personen aus den Bereichen der Gewerkschaften, des Arbeitsschutzes, der Wirtschaft, des Umweltschutzes und der forschungsfördernden Organisationen. Die Sachverständigen werden auf Vorschlag des Wissenschaftsrats, die sachkundigen Personen auf Vorschlag ihrer Organisationen vom Bundesminister für Jugend, Familie, Frauen und Gesundheit ernannt. Die Arbeitsweise der ZKBS regelt die ZKBS-Verordnung. *Flohé*

Literatur: *Hasskarl, H.:* Gentechnikrecht. Aulendorf 1990.

Zentrifuge. Z. werden zur maschinellen Klärschlammeindickung und -entwässerung eingesetzt. Die Wasserabtrennung erfolgt in Z. durch hohe Beschleunigungskräfte. Eine weitergehende Wasserabtrennung setzt den Einsatz von Flockungsmitteln voraus. Mit Hilfe von Polyelektrolyten ist es möglich, im Schwebfeld absetzbare Flocken so zu erzeugen, daß eine Phasentrennung erfolgt und ein guter →Abscheidegrad erreicht wird.

Der störungsfreie Betrieb und die kontinuierliche Beschickung sind die wesentlichen Vorteile der Vollmantelschneckenzentrifuge (Dekanter), die heute überwiegend eingesetzt wird. Es werden Gleich- und Gegenstrom-Z. hergestellt. Diese Maschinen unterscheiden sich in den Strömungsrichtungen der festen und der flüssigen Phase, die entweder gleich oder gegeneinander gerichtet sind. *Mertsch*

Zentrifugieren. Verfahren zur Trennung von Stoffgemischen in Einzelkomponenten unterschiedlicher Dichte unter Ausnutzung der Fliehkraft (Fliehkraftsedimentation).

Das Z. kann zur Trennung von fest-flüssig- (z. B. Schlämme), fest-gasförmig- (Stäube), flüssig-flüssig- (Emulsionen), flüssig-gasförmig- (Aerosole, Nebel) und gasförmig-gasförmig- (Isotopen-) Gemischen eingesetzt werden.

Das Z. wird sowohl kontinuierlich im Gleich- oder Gegenstrombetrieb als auch diskontinuierlich betrieben. Je nach technischer Ausgestaltung kann eine Dekantations- und Siebfilter-Z. unterschieden werden, wobei auch der Zusatz von Flockungsmitteln (→Filtration) gebräuchlich ist.

Wesentliches industrielles Anwendungsgebiet ist die Trennung von flüssig-flüssig-Gemischen und insbesondere von fest-flüssig-Gemischen. Entscheidende Einflußgrößen sind hierbei die Teilchengröße und/oder die Feststoffkonzentration.

Hauptsächlich wird Z. bei der Entwässerung von industriell anfallenden Schlämmen und Schlämmen aus der Abwasserreinigung angewendet. Im Gegensatz dazu dient die einfache Schwerkraftsedimentation lediglich der Schlammeindickung.

Im Bereich der Abfallwirtschaft ist Z. der chemisch-physikalischen →Abfallbehandlung zuzuordnen. Z. ist fast immer Bestandteil einer solchen Behandlung (Alternative zu Filterpressen), weil in den meisten Fällen bei der Entgiftung, Neutralisation u. ä. Schlämme anfallen, die vor der weiteren Entsorgung entwässert werden müssen.

Die Grenze der Entwässerbarkeit von Schlämmen liegt beim Z. i. d. R. bei 30 % Trockensubstanz, weshalb z. B. für eine nachfolgende Deponierung die weitergehende Konditionierung erforderlich ist. Ebenso ist meist eine weitere Reinigung der abgetrennten flüssigen Phase notwendig.   *Radde*

Zerfall, radioaktiver. Ein →Nuklid ist stabil gegen den spontanen, d. h. r. Z., wenn seine Masse kleiner ist als die Massensumme aller bei einem möglichen Zerfall auftretenden Produkte. Ein r. Z. ist daher nur möglich, wenn danach ein positiver Massenunterschied vorhanden ist. Der r. Z. läßt sich allgemein durch folgende Gleichung beschreiben:

$$A \rightarrow B + \times + \Delta E$$

A	B	emittierte	ΔE
Mutter-	Tochter-	emittierte	Energie
nuklid	nuklid	Teilchen oder	
		Quanten	

Die Energie, ΔE, tritt als kinetische Energie der emittierten Teilchen und Quanten auf.

Je nach Art des emittierten Teilchens bzw. Quants unterscheidet man folgende Arten des r. Z.:
– →Alphazerfall,
– →Betazerfall mit der Unterteilung in β^--Zerfall und β^+-Zerfall bzw. Elektroneneinfang (ε),
– →Gammazerfall bzw. Emission von Konversions- oder Auger-Elektronen,
– Spontanspaltung.

Daneben existieren noch einige sog. verzögerte Zerfallsarten, wobei ein meist relativ hoch angeregtes Nuklid durch Emission von Neutronen, Protonen oder durch verzögerte Spaltung zerfällt.

Nach dem Zeitgesetz des r. Z. ist die Zahl der zerfallenden Atome pro Zeiteinheit $-dN/dt$ proportional der Zahl N der jeweils vorhandenen Atome

$$-\frac{dN}{dt} = \lambda N \text{ wobei } N = N_o \cdot e^{-\lambda t}.$$

Die Zerfallskonstante λ steht mit der →Halbwertszeit T in der Beziehung

$$\lambda = \ln 2/T = 0{,}693/T.$$ *Merz*

Zerfallsreihe. Das bei einer radioaktiven Umwandlung neu entstehende Element ist häufig seinerseits wieder radioaktiv, so daß der Zerfall weitergeht und zu einer ganzen Z. führt. Besonders auffällig ist dies bei den beiden Elementen Thorium und Uran. Sie bilden die drei natürlichen Z., bekannt als Uran-, Thorium- und Aktiniumreihe (→Uranzerfallsreihe).

Für die Z. gilt, daß sich bei Vorliegen einer langlebigen Muttersubstanz ein radioaktives Gleichgewicht ausbildet, d. h. ein Zustand, in dem jedes Folgeprodukt praktisch die gleiche →Radioaktivität – ausgedrückt in Zerfallsvorgängen pro Zeiteinheit – besitzt. Ist radioaktives Gleichgewicht erreicht, so werden von jeder Kernart je Zeiteinheit ebensoviel Kerne neu gebildet, wie in dieser Zeit auch zerfallen.

Die im radioaktiven Gleichgewicht vorhandenen Atommengen verhalten sich wie die entsprechenden Halbwertszeiten.

Die Zugehörigkeit eines Radioelementes zu einer Z. hat einerseits den Nachteil, daß es zwangsläufig von anderen Radioelementen begleitet wird und daher nie in reiner Form vorliegt; andererseits kann man sich diesen Umstand für die quantitative Bestimmung eines der Zerfallsglieder zunutze machen, indem man die Radioaktivität eines beliebigen Folgeproduktes mißt. Dies ist von Vorteil, wenn die Aktivität des Folgeproduktes leichter zu messen ist oder wenn ein Folgeprodukt leicht aus der Probe abgetrennt werden kann (z. B. Ra 226/ Rn 222) (→Dichtheitsprüfung umschlossener radioaktiver Stoffe). Voraussetzung ist allerdings, daß sich radioaktives Gleichgewicht in der Z. eingestellt hat.   *Merz*

Zerfallsschemata. Ein Z. beschreibt die spontane Umwandlung eines Nuklids in ein anderes →Nuklid oder in einen anderen Energiezustand desselben Nuklids. Jeder Zerfallsprozeß hat eine bestimmte →Halbwertszeit.

Es gibt Kerne, die sich in ihrer Nukleonenzusammensetzung völlig gleichen, aber doch verschiedene Lebensdauer haben. Derartige Kerne nennt man isomere Kerne desselben Nuklids. Ein isomerer Kern weist dabei meist eine wesentlich kürzere Halbwertszeit auf. Man nennt ihn metastabil.

Da bei →Gammastrahlung stets nur ganz bestimmte Energien abgestrahlt werden, kann man diese Energieabstrahlung auch zeichnerisch darstellen (Bild a). Auch bei →Betastrahlung, →Alphastrahlung und anderen wird der Kern energieärmer. Um aber hier die dabei stattfindende Ladungsänderung ebenfalls zu charakterisieren, denkt man sich die Kerne mit steigenden Ordnungszahlen von links nach rechts nebeneinander angeordnet. Dann wird in dem Z. eine β-Strahlung durch einen schrägen Pfeil von links oben (Ausgangskern) nach rechts zu

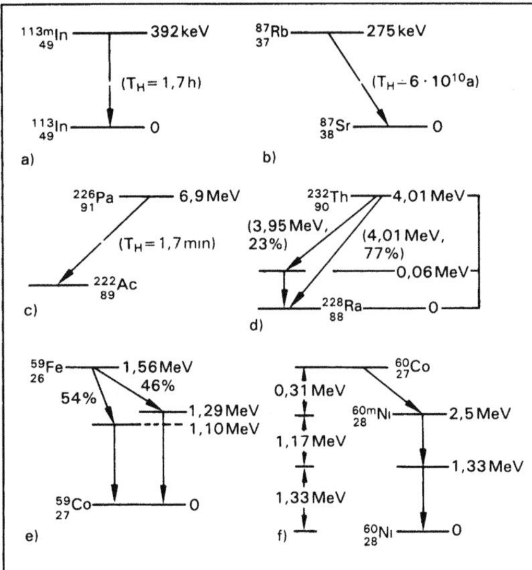

Zerfallsschemata: Beispiele für Z.

einem niedrigeren Energieniveau angegeben (Bild b). α-Strahlung wird in einem derartigen Z. durch einen von rechts oben um zwei (Ordnungszahl-)Einheiten nach links führenden Pfeil dargestellt (Bild c).

In einem derartigen Z. läßt sich auch mehrfacher und aufeinander folgender Zerfall verhältnismäßig übersichtlich darstellen, wie z. B. in Bild d, e und f. *Merz*

Zertifizierung. Unter Z. versteht man die Bestätigung durch einen unabhängigen Dritten über hinreichendes Vertrauen, daß ein Produkt, ein Verfahren oder eine Dienstleistung mit bestimmten (z. B. in Normen oder Richtlinien) vorgegebenen Anforderungen übereinstimmt (konform ist).

1989 hat die EG für die gemeinschaftliche Gesetzgebung acht verschiedene Konformitätsnachweise definiert, aus denen die Z.-Modalitäten zukünftiger Harmonisierungsrichtlinien gebildet werden. Prüfungs- und Z.-Stellen müssen bestimmte Mindestanforderungen erfüllen (→Akkreditierung).

Neben diesen für den durch EG-Richtlinien geregelten Bereich geltenden Modalitäten sollen im Hinblick auf den europäischen Binnenmarkt Vereinbarungen über die gegenseitige Anerkennung von Z. und Prüfungen im nicht staatlich geregelten Bereich getroffen werden, basierend auf einheitlichen Europäischen Normen (Normenserien DIN EN 45000, DIN ISO 9000).

Die deutsche Meinungsbildung bzw. Abstimmung zu Fragen der Z. erfolgt im deutschen Zertifizierungsrat im DIN (DINZERT).

Zur Förderung der Anwendung von Normen auf den Gebieten Prüfung, Überwachung, Qualitätssicherung und Z. von Produkten, Dienstleistungen und Verfahren hat das DIN Deutsches Institut für Normung e. V. bereits 1971 die DGWK (Deutsche Gesellschaft für Warenkennzeichnung GmbH) gegründet. Die DGWK nimmt im Rahmen ihrer Aufgaben auch die Mitarbeit bei der internationalen (→ISO) und europäischen (→CEN) Normung bzw. Z. wahr. Die fachliche Bearbeitung von Z.-Aufgaben obliegt in Zusammenarbeit mit der DGWK den thematisch betroffenen Normungsausschüssen des DIN. Insofern haben Gremien, soweit sie DIN-Gremien sind, in Abstimmung mit DGWK auch die Funktion eines Zertifizierungskomitees wahrzunehmen. *Grefen*

Literatur: DIN EN 45001: Allgemeine Kriterien zum Betreiben von Prüflaboratorien. 5/1990. – DIN EN 45002: Allgemeine Kriterien zum Begutachten von Prüflaboratorien. 5/1990. – DIN EN 45003: Allgemeine Kriterien für Stellen, die Prüflaboratorien akkreditieren. 5/1990. – DIN EN 45011: Allgemeine Kriterien für Stellen, die Produkte zertifizieren. 5/1990. – DIN EN 45012: Allgemeine Kriterien für Stellen, die Qualitätssicherungssysteme zertifizieren. 5/1990. – DIN EN 45013: Allgemeine Kriterien für Stellen, die Personal zertifizieren. 5/1990. – DIN ISO 9000: Qualitätsmanagement- und Qualitätssicherungsnormen; Leitfaden zur Auswahl und Anwendung. 5/1990. – DIN ISO 9000: Teil 2, Qualitätsmanagement- und Qualitätssicherungsnormen; Allgemeiner Leitfaden zur Anwendung von ISO 9001, ISO 9002, ISO 9003. 3/1992. – DIN ISO 9001: Qualitätssicherungssysteme; Modell zur Darlegung der Qualitätssicherung in Design/Entwicklung, Produktion, Montage und Kundendienst. 5/1990. – DIN ISO 9002: Qualitätssicherungssysteme; Modell zur Darlegung der Qualitätssicherung in Produktion und Montage. 5/1990. – DIN ISO 9003: Qualitätssicherungssysteme; Modell zur Darlegung der Qualitätssicherung bei der Endprüfung. 5/1990. – DIN ISO 9004: Qualitätsmanagement und Elemente eines Qualitätssicherungssystems; Leitfaden. – DIN ISO 10011: Teil 1, Leitfaden für das Audit von Qualitätssicherungssystemen; Auditdurchführung. 7/1990. – DIN ISO 10011: Teil 2, Leitfaden für das Audit von Qualitätssicherungssystemen; Qualifikationskriterien für Auditoren. 7/1990. – DIN ISO 10011: Teil 3, Leitfaden für das Audit von Qualitätssicherungsmaßnahmen; Management von Auditprogrammen. 7/1990.

Ziegelherstellung. Die Z. ist ein wichtiger Teilbereich der Grobkeramik-Industrie (→Keramikindustrie). Sie umfaßt im wesentlichen Mauer-, Decken- und Dachziegel- sowie Klinkerproduktion. Bei der Z. werden fast ausschließlich Tunnelöfen zum Brennen betrieben. Relevante Emissionen an Luftverunreinigungen betreffen Fluoride, Stickstoffoxide, Schwefeloxide, organische Stoffe und teilweise →Staub.

Fluoridemissionen sind rohstoffbedingt; sie können durch Rohstoffumstellung (nur Einzelfälle) oder durch Erhöhung des Einbindegrades für Fluoride, z. B. durch Änderung der Produktform oder durch Zumischen kalziumhaltiger Stoffe, gemindert werden. Zusätzlich ist meist eine Abscheidung durch Sorption der Halogene, z. B. in Schüttschichtfiltern, erforderlich, um den →Emissionswert der TA Luft von 5 mg HF/m^3 einzuhalten.

Schwefeldioxidemissionen aus Tunnelöfen der Ziegelindustrie, bei denen der Emissionswert der TA Luft von 0,50 g SO_2/m³ im Abgas erreicht und überschritten werden kann, sind rohmaterialbedingt. Vor allem in Norddeutschland und in der Lausitz können aus diesem Grund Massenkonzentrationen von über 2,5 g SO_2/m³ im Rohgas auftreten. Bei der Hintermauerziegelherstellung können ohne relevante Änderung der Produkteigenschaften kalziumhaltige Zuschläge die SO_2-Konzentration deutlich senken. Durch (quasi-)trockene →Sorptionsverfahren ist eine Minderung auf 0,50 g SO_2/m³ im Reingas grundsätzlich möglich.

Bei der Herstellung porosierter Ziegeleierzeugnisse entstehen bei Verwendung organischer Porosierungsmittel Schwelgase, die auch krebserzeugende Stoffe wie Benzol enthalten können. Der Einsatz anorganischer, vorgebrannter Produkte unterbindet die Schwelgasbildung. Auch die Rückführung von schwelgashaltigen Rohgasen in die Feuerzone ist eine wirksame Minderungsmaßnahme. Mit verschiedenen Verfahrensvarianten können 5 mg Benzol/m³ teilweise deutlich unterschritten werden. Alternativ ist eine thermische oder katalytische →Nachverbrennung möglich, wobei der erhöhte Aufwand infolge der Brennstoffkosten zu beachten ist. Bei der Nachverbrennung werden die Emissionen an geruchsintensiven Stoffen ebenfalls erheblich verringert.

Die Branche ist mengenmäßig ein bedeutender Verwerter von Reststoffen. Vor allem für die Porosierung kommen z. B. Papierschlämme, Braunkohlenabrieb, Bergeversatzmaterial, Gußeisenstaub oder mit Mineralöl verunreinigte Böden zum Einsatz. Die Verwendung derartiger Reststoffe erfordert zur Begrenzung möglicher zusätzlicher Emissionen, insbesondere von organischen Stoffen, die Anwendung besonders effektiver Minderungstechniken, die eine sichere Einhaltung der Emissionswerte, vor allem an organischen Stoffen, z. B. unter 20 mg Gesamt-C/m³, oder auch von Schwermetallen gewährleisten.

Die Anlagen zur Ziegelherstellung sind genehmigungsbedürftig (→Keramikindustrie). *Hinrichs*

Literatur: *Davids, P.; M. Lange:* Die TA Luft '86, Technischer Kommentar. Düsseldorf 1986. – VDI 2585: Emissionsminderung; Keramische Industrie. 10/1993.

Zielfestlegung nach AbfG.

Der Gesetzgeber hat in § 14 Abs. 2 AbfG dieses neue abfallwirtschaftliche Instrument festgelegt und die Bundesregierung aufgefordert, Ziele für Vermeidung, Verringerung oder Verwertung von Abfällen aus bestimmten Erzeugnissen festzulegen. Für das Erreichen der Ziele soll eine angemessene Frist eingeräumt werden. Z. sollen nach Anhörung der beteiligten Kreise festgesetzt und im Bundesanzeiger veröffentlicht werden.

Die Bundesregierung hat zwar unabhängig davon die Möglichkeit, die Wirtschaft zu umweltförderlichem Verhalten aufzufordern, freiwillige Selbstverpflichtungen der Wirtschaft oder einzelner Branchen entgegenzunehmen und auch umweltpolitische/abfallwirtschaftliche Zielvorstellungen zu nennen. Die ausdrückliche Einführung des Instruments Z. im Gesetz gibt diesem aber einen besonderen Stellenwert für die Definition von Rahmenbedingungen, deren Art der Erfüllung dem eigenverantwortlichen Handeln der Wirtschaft überlassen bleibt. Die Ermächtigung zum Erlaß von Rechtsverordnungen zur Vermeidung oder Verringerung von Abfallmengen ist u. a. daran geknüpft, daß das gleiche Ergebnis durch Z. nicht erreichbar ist.

Diese Folgenkette ist am Beispiel der Z. für Getränke- und für Kunststoff-Verpackungen wirksam geworden; beide sind durch die →Verpackungsverordnung (1991) abgelöst worden.

Z. sind diskutiert worden für Altautos, graphisches Papier (Druckerzeugnisse und Administrationspapier) und Baureststoffe. Mangels Konsensfähigkeit mit den betroffenen Kreisen der Wirtschaft werden für Altautos und graphisches Papier Rechtsverordnungen vorbereitet; für Baurest stoffe ist der Entwurf für eine Z. zur Steigerung der Verwertung von →Bauschutt, →Straßenaufbruch und →Bodenaushub 1992 erfolgt (→Bauabfall, Tab.). *Schnurer*

Zink. Z. (Zn) wird in der Bundesrepublik Deutschland zu ca. 80 % aus importierten Primärrohstoffen (Konzentrate, Erze), der Rest aus Sekundärstoffen (z. B. zinkhaltiger Schrott) gewonnen. Primärzink wird auf elektrolytischem und thermischem Wege erzeugt; Sekundärzink, Zinklegierungen oder Zinkoxid werden in Umschmelzanlagen erschmolzen (→Zinkgewinnung).

Die wichtigsten Verbrauchersektoren sind Feuerverzinkereien, Halbzeugwerke und Gießereien (Messing) und die Herstellung von Feinzinklegierungen (z. B. Druckgußwerkstoffe). Staubförmige Z.-Emissionen in die Luft entstehen bei Transport, Lagerung und Aufbereitung der Rohstoffe, bei thermischen Prozessen zur Z.-Erzeugung und -Verarbeitung und beim Verbrennen zinkhaltiger Brenn- und Abfallstoffe (→Feuerungsanlage, →Abfallverbrennungsanlage). Die höchsten Emissionen werden im Bereich des Kfz-Verkehrs durch den Abrieb von Reifen und Bremsbelägen verursacht. Industrielle Hauptemittenten sind die Eisen- und Stahlindustrie (Hochofen, Konverter) sowie Steinkohle-Feuerungsanlagen und Hausabfallverbrennungsanlagen.

Für Z. besteht kein spezifischer Emissionsgrenzwert in der TA Luft. Weil Z. meist mit Cadmium vergesellschaftet ist, hat somit zum einen der Cadmium-Grenzwert eine begrenzende Wirkung. Zum anderen sind die allgemeinen und anlagenspezifischen staubbegrenzenden Emissionswerte der TA Luft, der →13. BImSchV und der →17. BImSchV relevant.

Auf Grund der TA Luft wurde bei vielen Anlagen der Eisen- und Stahl- und NE-Metallindustrie die Abgaserfassung (z. B. durch Hauben, Deckelung, Einhausung) und die Abgasentstaubung durch den Einsatz wirksamer filternder →Abscheider (z. B. Gewebefilter) verbessert. Mit den auch bei Feuerungs- und Abfallverbrennungsanlagen verstärkt eingesetzten filternden Abscheidern werden die Anforderungen der gesetzlichen Regelungen erfüllt bzw. unterschritten. Dadurch sind die Gesamtstaubemissionen und damit auch die Z.-Emissionen aus diesen Bereichen ständig zurückgegangen. *Pruditsch*

Literatur: Luftreinhaltung '88 Tendenzen – Probleme – Lösungen. Hrsg.: Umweltbundesamt. Berlin 1989. – TÜV Rheinland e. V.: Datenerhebung über die Emissionen umweltgefährdender Schwermetalle, Forschungsvorhaben Nr. 104 02 588 des Umweltbundesamtes. Berlin 1991.

Zink-Brom-Batterie. Infolge der ungleichmäßigen elektrolytischen Ablagerung von Zink stagnierte lange Zeit die Entwicklung von Batteriesystemen mit Zink-Elektroden. Das Prinzip mit strömenden Elektrolyten führte zur Z.-B.-B. mit Bipolarzellen, die parallel von einem Bromkomplex und auf der anderen Seite von einem Zinkbromid durchströmt werden. Es müssen zwei Reservoire vorhanden sein, aus denen über Pumpen die Zellen mit Elektrolyt versorgt werden (Bild). Beim Laden wird metallisches Zink an der Kathode abgeschieden. Das an der Anode entstehende Brom geht mit einer organischen Komponente eine Anlagerungsverbindung ein, die schwerer ist als der Elektrolyt und damit im Reservoir als Sumpf gespeichert wird. Beim Entladen wird ein Gemisch aus der bromreichen Phase durch das Zellpaket gepumpt. An der durch eine Beschichtung aktiven Zelloberfläche wird der Bromkomplex umgewandelt in ein Bromid. Die aus leitfähigem Polyethylen bestehenden Elektroden lassen sich einfach herstellen und zu einem Zellpaket zusammenschweißen. Die ebenfalls aus Polyethylen bestehenden Elektrolytreservoire und Rohrleitungen geben der Z.-B.-B. große Flexibilität.

Die Leerlaufspannung der geladenen Zelle beträgt 1,79 V. Sie sinkt um 8 bis 10% bis zur Entladung ab. Der Innenwiderstand ist z. Z. noch relativ hoch, er soll in der weiteren Entwicklung gesenkt werden. Die optimale Betriebstemperatur der ZnBr-Batterie beträgt 20–40 °C. *Kahlen*

Zink-Luft-Batterie. Bei den Z.-L.-B. handelt es sich um ein System mit Zink als Anode und Aktivkohle, in welcher der Luftsauerstoff elektrochemisch wirksam wird als Kathode; sie werden als Knopfzellen und -mehrfachkombinationen angeboten.

Die Z.-L.-B. ist überall dort eine Alternative für Quecksilber- oder Silberoxidknopfzellen, wo eine kontinuierliche Entladung (z. B. Hörgeräte) unproblematisch ist. Diese Einschränkung ist deshalb zu machen, weil sich das System, einmal durch Entfernen der Schutzfolie aktiviert, relativ schnell (3 Monate) entlädt, auch wenn kein Stromverbraucher angeschlossen ist. *Blickwedel*

Zink-Quecksilberoxid-Batterie. Die Z.-Q.-B. (auch Mellory-Batterie) hat auf Grund ihres hohen Quecksilbergehalts (Tabelle) erheblich zur Diskussion um die Umweltrelevanz von Batterien beigetragen. Gemeinsam mit den Alkali-Mangan-Batterien und den Nickel-Cadmium-Batterien war die Z.-Q.-B.

Zink-Quecksilberoxid-Batterie. Tabelle: Zusammensetzung von Zink-Quecksilberoxid-Knopfzellen.

Material	Gehalt (in Gew. %)		
Eisen	30	– 52	%
Kupfer	2	– 3	%
Nickel	0,5	– 2	%
Quecksilber	21	– 44	%
Zink, metallisch	7,7	– 13,2	%
Zinkoxid	0,14	– 0,9	%
Mangandioxid	0	– 2,5	%
Kohlenstoff	1	– 3	%
Kunststoff, Papier, Bitumen	3	– 9	%
Elektrolyt (wäßrige KOH oder NaOH)	4	– 6	%

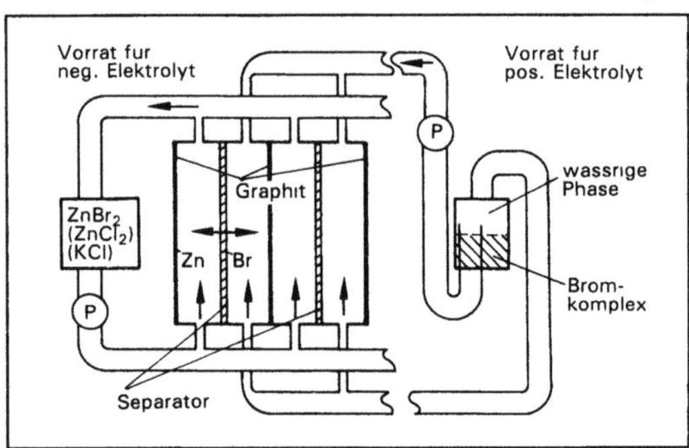

Zink-Brom-Batterie: Prinzipieller Aufbau.

Auslöser für das Quecksilberreduktionsprogramm der Batterie-Industrie, aber auch ordnungspolitischer Maßnahmen (→Batterieentsorgung).

Die Verwendung der Z.-Q.-B. geht seit einigen Jahren kontinuierlich zurück. Sie werden vor allem wegen ihrer hohen volumenspezifischen Energiedichte im technischen Bereich für Steuersysteme und im zivilen Bereich für Hörgeräte, Herzschrittmacher, Taschenrechner, Belichtungsmesser und Armbanduhren verwendet. *Blickwedel*

Zinkchromat.

□ Stoff-Identifizierungs-Nr.:
CAS-Nr.: 13530-65-9
EG-Nr.: 024-007-00-3
EINECS-Nr.: 236-878-9
□ Chemische Formel: $ZnCrO_4$
□ Stoffcharakteristik: Zitronengelbe Prismen, geruchlos, unlöslich in kaltem Wasser und Aceton, löslich in Säuren und flüssigem Ammoniak.
□ Gefahrenmerkmale:
- Stoffliste nach § 4a der →Gefahrstoffverordnung:
Gefahrenkennbuchstabe(n): T
R Sätze: 45-22-43
S-Sätze: 53-45
- Besondere Stoffeigenschaften nach TRGS 500: krebserzeugend: EG-Kat. 1
- Arbeitsschutzwerte nach TRGS 900: TRK-Wert (mg/m^3): 0,1 (Gesamtstaub)
- Stoffliste (Anhang II) der →Störfall-Verordnung: Nr. 4c
- Emissionswerte: TA Luft Einstufung: 2.3 Klasse II (in atembarer Form), 3.1.4 Klasse III
Fischer/M. Schön

Zinkdichromat.

□ Stoff-Identifizierungs-Nr.:
CAS-Nr.: 14018-95-2
EG-Nr.: 024-007-00-3
EINECS-Nr.: 237-843-0
□ Chemische Formel: $ZnCr_2O_7$
□ Stoffcharakteristik: Orangerote, in Wasser lösliche Prismen.
□ Gefahrenmerkmale:
- Stoffliste nach § 4a der →Gefahrstoffverordnung:
Gefahrenkennbuchstabe(n): T
R-Sätze: 45-22-43
S-Sätze: 53-45
- Besondere Stoffeigenschaften nach TRGS 500: krebserzeugend: EG-Kat. 1
- Arbeitsschutzwerte nach TRGS 900: →TRK-Wert (mg/m^3): 0,1 (Gesamtstaub)
- Stoffliste (Anhang II) der →Störfall-Verordnung: Nr. 117 und 4c
- Emissionswerte: TA Luft Einstufung: 3.1.4 Klasse III
Fischer/M. Schön

Zinkgewinnung. Zink kann aus Primärrohstoffen in einem mehrstufigen Prozeß gewonnen werden. Die Erze oder Konzentrate – meist sulfidische Konzentrate – werden zunächst in Wirbelschichtöfen geröstet und die Röstgase entstaubt. In einer Kontaktanlage wird Schwefelsäure hergestellt. Das Röstgut wird in einem mehrstufigen Laugungsverfahren aufbereitet, Begleitelemente werden abgetrennt. Neben dem Hauptmetall Zink werden Kupfer, Cadmium und Eisen ausgelaugt. Außerdem fallen in geringem Umfang Begleitelemente wie Antimon, Kobalt und Nickel an. Aus der gereinigten Lauge wird in der Elektrolyse Elektrolytzink gewonnen, das in Induktionsöfen eingeschmolzen und zu Formaten vergossen wird.

Bei einem anderen Verfahren unter Verwendung von Primärrohstoffen, der thermischen Z. im Schachtofen, werden die Einsatzstoffe auf einer Sintermaschine abgeröstet und stückig gemacht. Prozeßluft und Koks werden vorgewärmt. Im Schmelzprozeß wird das Zink reduziert, in metallischer Form verflüchtigt und in einem Kondensator mit flüssigem Blei aus dem Abgas des Schachtofens ausgewaschen. In Seiger-Kesseln werden Blei und Zink getrennt. Als Nebenprodukte fallen Kupfer und Cadmium sowie die aus den Röstgasen gewonnene Schwefelsäure an.

Bei Einsatz von Zinkrohstoffen mit einem Zinkgehalt kleiner 25 % wird das Material in einem Drehrohrofen mit Koksgrus reduziert. Das sich verflüchtigende Zink wird in filternden Abscheidern als Zinkoxid abgeschieden, das weiterverarbeitet wird.

Bei der Z. aus Sekundärrohstoffen sind die Einsatzstoffe überwiegend zinkhaltige Krätzen, Aschen und Schlämme sowie Zinkblechschrott, Altzink, Zinkdruckgußschrott, Zinkhydrierungsschrott und zinkhaltige Schlacken. Sekundärrohstoffe werden in Tiegelöfen verarbeitet, die mit Gas, Öl oder elektrisch beheizt werden; auch gasbeheizte Schmelzöfen kommen zum Einsatz. Zinklegierungen werden ausschließlich in Tiegelöfen hergestellt.

Als Emissionsquellen bei der Z. sind folgende Prozeßschritte von Bedeutung: Röstung, Laugung des Röstgutes, Schachtofen, Drehrohrofen, Elektrolytkühlung, Elektrolysebäder, Schmelz- und Gießanlagen, Lagerung, Transport und Zerkleinerung. Als Luftverunreinigungen werden Staub (mit Staubinhaltsstoffen) und gasförmige Stoffe emittiert. Je nach Art und Zusammensetzung der Einsatzstoffe sowie nach Art des Z.-Verfahrens können Zink, Kupfer, Blei, Cadmium, Eisen, Kobalt, Nickel, Quecksilber, Zinn, Arsen und Antimon in unterschiedlichen Anteilen – z. T. auch gasförmig – emittiert werden. Auch Chlor- und Fluorverbindungen können auftreten. Bei Einsatz von stark verunreinigten Schrotten und von Rücklaufmaterial, z. B. Kabelschrott, verölte Späne, kunststoffverkleidete

Haushaltsgeräte, können auch relevante Mengen an organischen Stoffen anfallen.

Zur Emissionsminderung dienen Primär- und Sekundärmaßnahmen. Als Primärmaßnahmen werden z. B. angewandt: Vorsortierung der Einsatzstoffe, Einsatz emissionsarmer Brennstoffe, Einsatz von reinem Sauerstoff zur Verringerung der Abgasmengen, Abdeckung der Prozeßanlagen, Umstellen von Schacht- auf Elektroöfen, computergesteuerte und geregelte Produktionstechnik, Einhausung von Aggregaten. Die Abgase sind Abgasreinigungs-Einrichtungen zuzuführen. Zur Staubabscheidung werden bei modernen Anlagen meist hoch effiziente Gewebefilter eingesetzt. Durch Zugabe von Sorbenzien, z. B. Feinkalk, kann der Abscheideeffekt verbessert und können Chlor- und Fluorverbindungen mit abgeschieden werden. Schwefeldioxidhaltige Abgase, z. B. aus Röstprozessen, werden in Doppelkontaktanlagen gereinigt und zu Schwefelsäure aufgearbeitet, die in der Regel im eigenen Betrieb wieder eingesetzt wird.

Abgeschiedene Stäube werden in der Regel in geschlossenen Systemen erfaßt und einer Wiederverwertung zugeführt. Dies geschieht meist über die Zwischenstufe der Pelletierung oder Brikettierung. Schlacken werden zu einem großen Teil verwertet, z. B. als Straßenbaustoffe oder als Deichbaumaterial.

Anlagen zur Gewinnung von NE-Rohmetallen, Schmelzanlagen sowie Gießereien für NE-Metalle sind genehmigungsbedürftig nach BImSchG. Sie sind als Nrn. 3.2, 3.4 bzw. 3.8 im Anhang der →4. BImSchV genannt. Emissionsbegrenzende Anforderungen sind in der TA Luft festgelegt. Diffuse Staubemissionen sind durch die Anforderungen der Nr. 3.1.5 begrenzt. Bei den gefaßten Abgasströmen sind insbesondere die Begrenzungen in der TA Luft von Bedeutung:
– für Stäube (meist 20 mg/m^3; z. T. gelten schärfere Werte),
– für krebserzeugende Stoffe (Nr. 2.3),
– für besonders gesundheitsgefährdende Staubinhaltsstoffe (Nr. 3.1.4),
– für Schwefeloxide (0,50 bzw. 0,80 g/m^3),
– für organische Stoffe (insbesondere Nr. 3.1.7).

Leder

Literatur: *Davids, P.; M. Lange:* Die TA Luft '86 – Technischer Kommentar. Düsseldorf 1986.

Zinn, Zinnverbindungen.

Umweltrelevanz. Z. kommt als Metall in den Modifikationen grau, weiß und spröde vor. In den meisten anorganischen und organischen Verbindungen liegt es in der Oxidationsstufe (4+) vor, verschiedentlich auch als zweiwertiges Element. Zinnsalze sind überwiegend nicht vollständig ionisiert und können kolloidale Lösungen bilden. In Form von Zinnoxid (Klassiterit-SnO_2) kommt das Element natürlicherweise vor. Silicatgesteine können bis zu 50 ppm Z. enthalten. Zu den kommerziell wichtigen anorganischen Z.-Verbindungen zählen Z. (II)-chlorid, -sulfat, -fluorid und Z. (IV)-oxid und -chlorid.

Organische Z.-Verbindungen werden unterteilt in:
R_4Sn; R_3SnX; R_2SnX_2; $R SnX_3$
X – anionische Gruppen,
R – Alkyl- oder Arylreste.

Zwischen Z. und Kohlenstoff besteht eine relativ starke kovalente Bindung, woraus die Sabiität organischer Z.-Verbindungen abzuleiten ist.

Als Metall ist Z. kaum toxisch. Anorganische Z.-Verbindungen zeigen zumeist aufgrund einer geringen Resorption im Organismus nur eine geringe akute Toxizität.

Organo-Z.-Verbindungen besitzen eine geringe Wasserlöslichkeit, jedoch eine ausgeprägte Bio- und Geoakkumulationstendenz (hohe Boden- und Sedimentsorption). In wäßriger Lösung werden die anionischen Gruppen rasch durch Hydroxygruppen ausgetauscht, was jedoch kaum zu einer Minderung der Toxizität führt.

Die Toxizität/Ökotoxizität wird maßgeblich beeinflußt von der Anzahl und Art der organischen Alkyl- und Arylreste. Die Bildung organischer Z.-Verbindungen unter natürlichen Bedingungen (Biosynthese von Methylzinnverbindungen) ist nachgewiesen.

Demgegenüber sind organische Z.-Verbindungen bei terrestrischen und aquatischen Organismen durch eine hohe Toxizität charakterisiert.

Die akute Toxizität von Tributyl-Z.-Verbindungen bei aquatischen Invertebraten (Wirbellose) und Vertebraten (Wirbeltiere) liegt im Nanogramm- bis Milligrammbereich.

Bei Säugern nimmt die Toxizität in der Reihe

$R_3SnX > R_2SnX_2 > RSnX_3$ ab.

Ethylverbindungen sind toxischer als Propyl- und Butylverbindungen. Trialkyl- bzw. Triarylzinnverbindungen wirken insbesondere schädigend auf die oxidative Phosphorylierung.

Für verschiedene organische Z.-Verbindungen sind teratogene, kanzerogene und immuntoxische Wirkung im Tierexperiment nachgewiesen.

R. Koch

Literatur: International Programme on Chemical Safety, Environmental Health Criteria 116, Tributyltin Compounds. World Health Organization. Geneva 1990. – *Merian, E.* (Hrsg).: Metalle in der Umwelt. Weinheim 1984.

Emissionen. Die Gewinnung von Z. (Sn) aus primären Rohstoffen (Konzentraten) ist in der Bundesrepublik Deutschland unbedeutend. Die Hauptmenge des Bedarfs wird als reines Z.-Metall und in Form von Z.-Legierungen importiert. In

Umschmelzwerken werden aus sekundären Rohstoffen (z. B. zinnhaltigen Produktionsreststoffen, -abfällen, Schrott) Z. und Z.-Legierungen erschmolzen. Die Entzinnung von Weißblechschrott erfolgt alkalisch oder elektrolytisch.

Die wichtigsten Verwendungsgebiete sind Korrosionsschutzüberzüge (z. B. Weißblech, Metallverzinnung), Lote und Z.-Legierungen (z. B. Bronzen, Druckgußwerkstoffe).

Staubförmige Z.-Emissionen in die Luft entstehen bei Transport, Lagerung und Aufbereitung der Rohstoffe, bei thermischen Prozessen der Z.-Erzeugung und -Verarbeitung sowie beim Verbrennen zinnhaltiger Abfallstoffe. Die Hauptemittenten sind Abfallverbrennungsanlagen sowie im Bereich der Eisen- und Stahlindustrie Kokereien und Konverter.

Z. und seine Verbindungen sind in Nr. 3.1.4 der TA Luft (zusammen mit weiteren Stoffen) der Klasse III mit einem Emissionswert von 5 mg/m³ im Abgas zugeordnet. Die →17. BImSchV enthält wesentlich schärfere Emissionsbegrenzungen für Metalle, einschließlich Z. und seine Verbindungen.

Bei vielen Anlagen wurde in den letzten Jahren die Abgaserfassung optimiert; zur Abgasentstaubung sind verstärkt wirksame filternde →Abscheider (z. B. Gewebefilter) eingesetzt, womit die emissionsbegrenzenden Anforderungen erfüllt bzw. oftmals unterschritten werden. Die verbesserte Entstaubung hat zu einem Rückgang der Z.-Emissionen geführt. *Pruditsch*

Literatur: Luftreinhaltung '88 Tendenzen – Probleme – Lösungen. Hrsg.: Umweltbundesamt. Berlin 1989. – TÜV Rheinland e. V.: Datenerhebung über die Emissionen umweltgefahrdender Schwermetalle. Forschungsvorhaben Nr. 104 02 588 des Umweltbundesamtes. Berlin 1991.

Zirkaloy. Legierung auf der Basis von Zirkonium und Zinn, die als Werkstoff für Leichtwasserreaktor-Brennstabhülsen verwendet wird.

Zirkonlegierungen empfehlen sich als Hüllrohrwerkstoff auf Grund ihrer guten Beständigkeit gegen Wasser, auch noch bei höheren Temperaturen bis über 300 °C und ihrer gegenüber Stahl um den Faktor 30 niedrigeren Neutronenabsorption. Deshalb werden heute in Leichtwasserreaktoren (DWR und SWR) bevorzugt Zirkaloy-2 und Zirkaloy-4 eingesetzt. Beide Legierungen enthalten 1,5 Gew.-% Zinn sowie kleine Gehalte an Eisen und Chrom und evtl. Nickel. Die Zahlen 2 bzw. 4 bedeuten den Prozentanteil an Legierungsmetallen. Zirkaloy-2 enthält 0,05 % Nickel.

Für die Herstellung des Z. muß der im Roherz stets enthaltene geringe Anteil an Hafnium möglichst vollständig abgetrennt werden, weil dieses Element ein starker Neutronenabsorber ist.

Ein weiterer Nachteil des Z. ist seine Neigung zur Hydridbildung unter gleichzeitiger Versprödung.

Dies führt zu sehr eingeengten Wasser- und Wasserstoffgrenzwerten im Brennstoff. Diese Wasserstoffversprödung, die durch Nickel verstärkt wird, war der Grund für die Entwicklung des nickelfreien Zirkaloy-4, dessen Wasserstoffaufnahme gegenüber Zirkaloy-2 etwa um den Faktor 3 kleiner ist. *Merz*

Zirkonsonde. Übliche Bezeichnung für ein gebräuchliches elektrochemisches Meßsystem zur kontinuierlichen Sauerstoffmessung in Abgasen. Das System besitzt als Meßzelle eine Platte oder Röhre aus Zirkoniumoxid, die auf beiden Seiten porös mit Platin beschichtet ist. Die Beschichtung dient als Elektrode. Die Meßzelle wird auf der einen Seite mit dem zu analysierenden Abgas, auf der anderen Seite mit einem Vergleichsgas bekannter O_2-Konzentration (normalerweise Luft) beaufschlagt. Eine unterschiedliche Sauerstoffkonzentration führt zu einer Diffusion von Sauerstoffionen und erzeugt eine elektrische Spannung (EMK), aus der mit Hilfe der *Nernst*-Gleichung der Sauerstoffgehalt im Abgas bestimmt werden kann. Da die Spannung stark temperaturabhängig ist, muß die Meßzelle thermostatisiert werden.

Die Z. wird meistens ohne extraktive Probenahme als →in situ-Meßverfahren eingesetzt. Die Messung unmittelbar im Abgas bedeutet, daß der Sauerstoffgehalt im feuchten Abgas gemessen wird. Im Unterschied dazu erfolgt die Sauerstoffmessung bei den paramagnetischen →Meßverfahren im trockenen Abgas. *Stahl*

ZKBS →Zentrale Kommission für die Biologische Sicherheit

ZKBS-Verordnung. Abk. ZKBSV, vollst. Bez.: Verordnung über die Zentrale Kommission für die Biologische Sicherheit vom 30. Oktober 1990 (BGBl. I S. 2418); Rechtsverordnung zum →GenTG, das die Berufungsmodalitäten und Amtszeiten für die Mitglieder der ZKBS sowie deren Arbeitsweise und Zusammenarbeit mit zuständigen Behörden regelt (→Zentrale Kommission für die Biologische Sicherheit). *Flohé*

Zooplankton. Die Gesamtheit der im Freiwasserkörper (Pelagial) lebenden Tiere (außer den Fischen). Im Süßwasser sind dies vor allem Rädertiere (Rotatoria), Kleinkrebse (Copepoda, Cladocera) und Wimpertiere (Protozoa). Das Z. ernährt sich entweder vom Phytoplankton oder räuberisch, z. B. Copepoda, die Rotatorien und andere Zooplankter fressen. Im marinen Bereich spielen daneben noch Hohltiere (Coelenterata), Weichtiere (Mollusca) und Fischlarven eine Rolle. Obgleich das Z. zu aktiver Bewegung befähigt ist, spielt die Schwebefähigkeit eine erhebliche Rolle. Die Ernährungsweise der meisten Zooplankter ist filtrierend, dabei wird ein Wasserstrom an der Mundöffnung vorbeigeführt, die Nahrungspartikel (Algen, Detritus, Bakterien, Wimpertiere) werden dann in den Körper aufgenommen. Im Stoffhaushalt von stehenden und gestauten Gewässern spielt das Z. eine entscheidende Rolle. *Friedrich*

Literatur: *Schwoerbel, J.:* Einführung in die Limnologie. Stuttgart 1993. – *Uhlmann, D.:* Hydrobiologie – Ein Grundriß für Ingenieure und Naturwissenschaftler. Jena 1988.

Zubereitung. Z. ist ein Begriff des →Gefahrstoffrechts, insbesondere des →Chemikalienrechts. Nach § 3 Nr. 2 ChemG sind Z. Gemische, Gemenge oder Lösungen von Stoffen. Regelmäßig handelt es sich um mechanische Verbindungen im Unterschied zu den chemischen Verbindungen, die bereits dem Stoffbegriff des Chemikalienrechts unterfallen. Die Gefahrstoffregelungen des Chemikalienrechts und des besonderen Gefahrstoffrechts beziehen sich regelmäßig nicht nur auf gefährliche Stoffe, sondern auch auf gefährliche Z. *Hoppe/Beckmann*

Literatur: *Kloepfer:* Umweltrecht, § 13 Rn. 32. München 1989. – *Kloepfer:* Chemikaliengesetz. 1982.

Zuckerindustrie. Zucker wird in der Bundesrepublik Deutschland fast ausschließlich aus Zuckerrüben gewonnen. Die Rübenverarbeitungskapazität der Zuckerfabriken beläuft sich auf bis zu 50 000 t pro Tag.

Es können erhebliche Ammoniakemissionen entstehen (ca. 50 g/t Rüben) und bei der Trocknung der Rübenschnitzel Staubkonzentrationen bis zu 4 g Staub/m^3 Abgas. Die Gesamtkohlenstoffkonzentrationen erreichen Werte bis zu 1 700 mg C/m^3 Abgas. Hierbei handelt es sich überwiegend um thermische Zersetzungsprodukte der Rübenschnitzel. Durch niedrige Trocknungstemperaturen können die Emissionen an organischen Schadstoffen vermindert werden. Je nach eingesetztem Brennstoff und Art der Heißgaserzeugung entstehen zusätzlich SO$_2$- und NO$_x$-Emissionen. Zur Staubabscheidung werden Wäscher, elektrostatische Filter und Gewebefilter eingesetzt; die Reingaskonzentrationen liegen unter 50 mg Staub/m^3. Mit den Abgaswäschern können gleichzeitig auch SO$_2$ und organische Stoffe abgeschieden werden. Mit einer Biofilter-Versuchsanlage wurden Geruchsminderungsgrade von mehr als 90 % erreicht.

Anlagen zur Herstellung oder Raffination von Zucker unter Verwendung von Zuckerrüben oder Rohzucker sind in der Nr. 7.24 Spalte 1 des Anhangs der →4. BImSchV genannt und damit nach dem BImSchG genehmigungsbedürftig. Besondere emissionsbegrenzende Anforderungen enthält Nr. 3.3.7.24.1 der →TA Luft. *W. Koch*

Literatur: *Davids, P.; M. Lange:* Die TA Luft '86, Technischer Kommentar. Düsseldorf 1986.

Zündwilligkeit. Die Z. eines Kraftstoffs ist insbesondere bei der Verwendung im Dieselmotor von großer Bedeutung, weil der Dieselmotor als Selbstzünder auf ausreichend zündwillige Kraftstoffe angewiesen ist. Zündträge Kraftstoffe bewirken in Dieselmotoren besonders bei niedrigen Betriebstemperaturen einen großen Zündverzug, als dessen Folge zum Zeitpunkt der Zündung ein Großteil des Kraftstoffs bereits Vorreaktionen aufweist. Dadurch kommt es nach dem Zünden zu einer schlagartigen Verbrennung großer Kraftstoffmengen, die hohe Druck- und Temperaturspitzen nach sich zieht und als sogenanntes Dieselnageln hörbar wird. Als Maß für die Z. von Dieselkraftstoffen dient die im Prüfmotor ermittelte →Cetanzahl. In der Bundesrepublik Deutschland ist eine Mindestcetanzahl von 45 CZ vorgeschrieben. Eine Anhebung auf 49 CZ ist vorgesehen. *Croissant/May*

20. BImSchV. Verordnung zur Begrenzung der Kohlenwasserstoffemissionen beim Umfüllen und Lagern von Ottokraftstoffen vom 7. Oktober 1992 (BGBl. I S. 1727). Regelt die Errichtung, die Beschaffenheit, den Betrieb und die Überwachung von ortsfesten und ortsveränderlichen nicht genehmigungsbedürftigen Anlagen nach BImSchG, die mit Ottokraftstoffen befüllt werden oder aus denen sie entnommen werden, d. h. sowohl für Tanks in Kraftstoffauslieferungslägern und Tankstellen als auch für Straßentankwagen, Eisenbahnkesselwagen und Binnentankschiffe. Ziel der 20. BImSchV ist die Zurückhaltung oder -gewinnung der Kraftstoffdämpfe und damit eine Verringerung der die Atmosphäre belastenden Kohlenwasserstoffemissionen. Sie korrespondiert mit der gleichzeitig erlassenen →21. BImSchV, in der die Betankung der Kraftfahrzeuge geregelt wird.

Bei der Befüllung der unter die 20. BImSchV fallenden Anlagen sind grundsätzlich die verdrängten Kraftstoffdämpfe mittels eines Gaspendelsystems (→Gaspendelung) der abfüllenden Anlage zuzuleiten oder, wenn dieses Verfahren nicht eingesetzt werden kann, über eine Abgasreinigungseinrichtung mit einem →Reinigungsgrad von mindestens 97 % zu führen oder auf andere Weise gleichwertig zu behandeln. Der Reinigungsgrad hat Emissionsgrenzwertcharakter (→Emissionsstandard). Für bestehende Anlagen sind Übergangsfristen von zwei Jahren für die Installation der Gaspendelung und von drei Jahren für Abgasreinigungseinrichtungen vorgesehen; für Straßentankfahrzeuge beträgt die Frist 3, für Eisenbahnkesselwagen und Binnentankschiffe 5 Jahre.

Neben vorgeschriebenen regelmäßigen Funktionsprüfungen beim Gaspendelsystem und Emissionsmessungen bei Abgasreinigungsvorrichtungen durch einen Fachbetrieb im Zuge einer Eigenkontrolle hat der Anlagenbetreiber vor der Inbetriebnahme das Gaspendelsystem von einem anerkannten Sachverständigen auf einwandfreien Zustand überprüfen zu lassen; an Abgasreinigungseinrichtungen hat er kurz nach der Inbetriebnahme und dann alle drei Jahre den Reinigungsgrad durch eine bekanntgegebene Stelle durch Messung feststellen zu lassen.

Für oberirdische Ottokraftstoff-Lagerbehältern ist ein Tankanstrich vorgeschrieben, der die Energie des eingestrahlten Sonnenlichts zum Zeitpunkt des Farbauftrags zu mindestens 70%, auf Dauer zu mindestens 50% reflektiert, um Temperaturschwankungen im Behälter und damit die Tankatmung im Tag/Nacht-Rhythmus möglichst gering zu halten. *Dreyhaupt*

Zweckverband (Abfallentsorgung). Kleinere entsorgungspflichtige Körperschaften sind häufig angesichts einer komplexer und aufwendiger werdenden Abfallwirtschaft überfordert und schließen sich mit einer oder mehreren Nachbarkörperschaften zu einem Z. zusammen. Dieser plant und betreibt die →Abfallentsorgung für das gesamte Entsorgungsgebiet oder vergibt Aufträge an Dritte. Die Finanzierung erfolgt über eine gemeinsame Abfall- und Gebührensatzung. Der Verband wird durch einen Vorsteher geleitet und von den beteiligten Körperschaften beaufsichtigt.

Die Errichtung und gemeinsame Nutzung von Entsorgungsanlagen für ein größeres Entsorgungsgebiet führt in der Regel zu einer Kostendegression, erleichtert die Verwirklichung vielfältiger Aufgaben der Abfallwirtschaft (Vermeidung, Verwertung, getrennte Entsorgung, Behandlung, Deponierung) und erhöht die Entsorgungssicherheit.

Einige Länder haben deshalb in ihren Landesabfallgesetzen auch die Möglichkeit für Zwangsverbände festgelegt, weil die freiwillige Bildung eines Z. oft an der Schwierigkeit scheitert, Konsens über die Standorte der notwendigen Deponien und Verbrennungsanlagen zu erzielen.

Abfall-Z. beschränken sich meist auf die nicht ausgeschlossenen Abfälle (Siedlungsabfälle). Eine Ausnahme bildet der seit langen Jahren erfolgreich tätige ZVSMM (Zweckverband Sondermüllplätze Mittelfranken), der die von der Hausabfallentsorgung ausgeschlossenen Sonderabfälle eines großen Teils von Nordbayern als Zweckverband zahlreicher Städte und Landkreise entsorgt. *Schnurer*

Zweikreiskraftwerk, solares →Einkreiskraftwerk, solares

2. BImSchV. Verordnung zur Emissionsbegrenzung von leichtflüchtigen Halogenkohlenwasserstoffen vom 10. Dez. 1990 (BGBl. I S. 2694), geändert durch Verordnung vom 5. Juni 1991 (BGBl. I S. 1218). Gilt für nicht genehmigungsbedürftige Chemischreinigungs- und Textilausrüstungsanlagen, Extraktionsanlagen und Oberflächenbehandlungsanlagen (→nicht genehmigungsbedürftige Anlagen), in denen Lösemittel mit leichtflüchtigen Halogenkohlenwasserstoffen (HKW) eingesetzt werden, und enthält im wesentlichen Vorschriften über die zum Einsatz zugelassenen HKW, über die Errichtung und den Betrieb der Anlagen sowie über Emissionsbegrenzungen. Für die verschiedenen von der 2. BImSchV erfaßten Anlagearten sind spezifische Emissionsgrenzwerte für die Massenkonzentration von HKW im Abgas vorgeschrieben.

Grundsätzlich dürfen keine anderen HKW als Tetrachlorethen (Tetrachlorethylen), Trichlorethen oder Dichlormethan in technisch reiner Form eingesetzt werden; ferner dürfen den HKW keine krebserzeugenden Stoffe zugesetzt werden. In Chemischreinigungs- und Textilausrüstungsanlagen dürfen Trichlorethen und Dichlormethan nicht eingesetzt werden (Ausnahme: Dichlormethan ist in Anlagen zugelassen, in denen ausschließlich Felle entfettet werden). In Extraktionsanlagen darf Trichlorethen nicht eingesetzt werden.

Jeder Anlagenbetreiber hat Aufzeichnungen zu führen, die eine Bilanzierung über die Einsatzmengen an HKW ermöglichen. Für bestimmte Anlagen sind Emissionsmessungen durch eine amtlich bekanntgegebene Meßstelle vorgesehen (Chemischreinigungsanlagen). Altanlagen müssen bis spätestens Ende 1994 auf den Stand der Technik von Neuanlagen umgerüstet sein (→Chemischreinigung; →Oberflächenbehandlungsanlage). *Dreyhaupt*

Zweitraffination. Das klassische Verfahren der Z. von Altölen zu Schmierölen ist das Schwefelsäure-Bleicherde-Verfahren, welches weltweit in großem Maßstab eingesetzt wird (→Altölraffinerie).

Problematisch bei diesen Verfahren sind die verfahrensbedingt anfallenden Säureharze und ölhaltigen Bleicherderückstände. Das Säureharz kann in einer Verbrennungsanlage unter Rückgewinnung von SO_2 thermisch verwertet werden, wobei das Schwefeldioxid zur Schwefelsäureherstellung eingesetzt wird. Die öl- und reststoffbelastete Bleicherde kann in der Zementindustrie unter Nutzung der Energie des Ölanteils (etwa 40%) verwertet werden, wobei die Bleicherde als reine Tonerde Bestandteil des Zements wird.

Vor dem Hintergrund, daß die o. g. Verwertung der Rückstände immer problematischer wird und damit die Entsorgung als →Sonderabfall zunimmt, werden von den Aufarbeitern zunehmend Verfahrensalternativen gesucht, bei denen das Rückstandsproblem entfällt. Hier ist vor allem die →Altölhydrierung ein vielversprechender Ansatz. *Blickwedel*

22. BImSchV. Verordnung über Immissionswerte vom 26. Oktober 1993 (BGBl. I S. 1819), geändert durch Verordnung vom 27. Mai 1994 (BGBl I, S. 1095). Auf § 48a BImSchG (Erfüllung von Beschlüssen der Europäischen Gemeinschaften) gestützte Verordnung zur Umsetzung von EG-Immissions-Grenzwerten für Schwefeldioxid, Schwebestaub, Blei und Stickstoffdioxid sowie von EG-Immissionsschwellenwerte für Ozon (→EG-Richtlinien über Luftqualitätsnormen). Die Verordnung enthält Regelungen über die Immissionswerte (Tabelle), die Meßverfahren, die Meßstationen sowie über Maßnahmen bei Nichteinhaltung der Grenzwerte bzw. der Schwellenwerte. Die Meßstationen sind in den Bundesländern weitgehend vorhanden, weil die entsprechenden Messungen bisher bereits im Rahmen der Luftqualitätsüberwachung durchgeführt worden sind.

Vergleichbare Immissionswerte für SO_2, Schwefelstaub, Pb und NO_2 enthält auch die →TA Luft; die entsprechenden Regelungen der TA Luft haben jedoch nach den Urteilen des Europäischen Gerichtshofes vom 30. Mai 1991 nicht die für von der EG festgesetzte Immissionsgrenzwerte notwendige

22. BImSchV. Tabelle: Übersicht der Immissionswerte

Luft-schadstoff	Immis-sionswert (μg/m^3)	Zeitbezug und statistische Definition	Besonderheit
			Zugeordneter Schwebe-staub-Immissionswert (μg/m^3)*)
Schwefel-dioxid	80 120	Jahr (1. 4.—31. 3.). Median der während des Jahres gemessenen Tagesmittelwerte.	> 150 ≤ 150
	130 180	Winter (1. 10.—31. 3.). Median der im Winter gemessenen Tagesmittelwerte.	> 200 ≤ 200
	250 350	Jahr (1. 4.—31. 3.). 98%-Wert der Summenhäufigkeit aller während des Jahres gemessenen Tagesmittelwerte. Wird an 3 aufeinander folgenden Tagen ein Wert überschritten, sind Maßnahmen erforderlich (§ 6).	> 350 ≤ 350
Schwebe-staub	150	Jahr (1. 4.—31. 3.). Artithmetisches Mittel aller während des Jahres gemessenen Tagesmittelwerte.	Gravimetrische Methode
	300	95%-Wert der Summenhäufigkeit aller während des Jahres gemessenen Tagesmittelwerte.	
Blei	2	Kalenderjahr. Jahresmittelwert.	—
Stickstoff-dioxid	200	98%-Wert aus 1 h-Mittelwerten (oder über kürzere Zeiträume) des Kalenderjahres.	—
Ozon	110	8 h-Mittelwert, der täglich 4 mal zu ermitteln ist (0–8, 8–16, 12–20 u. 16–24 Uhr).	Schutz der menschlichen Gesundheit in längeren Verschmutzungsfällen
	180 360	1 h-Mittelwert (Unterrichtungswert) 1 h-Mittelwert (Alarmwert).	Schutz der menschlichen Gesundheit in Fällen kurzer Exposition
	200 65	1 h-Mittelwert. 24 h-Mittelwert	Schutz der Vegetation

') Zeitbezug und statistische Definition wie bei SO_2-Werten: gravimetrische Methode

Verbindlichkeit, die erst jetzt mit der Verordnung geschaffen worden ist. Die entsprechenden Vorschriften der TA Luft bleiben nach § 5 der Verordnung aber ausdrücklich unberührt; sie gelten insbesondere weiterhin für die Prüfung der die Immissionsbelastung betreffenden Genehmigungsvoraussetzungen nach den dort angegebenen Meß- und Beurteilungsverfahren (Immissionswerte TA Luft). Konsequenz aus der 22. BImSchV ist, daß bereits die Überschreitung eines in der Verordnung festgesetzten Immissionswertes an einer Meßstation Maßnahmen nach § 6 der Verordnung erforderlich macht.

Wird der Ozonschwellenwert für die Unterrichtung der Bevölkerung oder für die Alarmauslösung (Tabelle) überschritten, so sind durch Rundfunk, Fernsehen, Presse oder sonstige geeignete Verlautbarungen mindestens folgende Angaben zu veröffentlichen:

- Datum, Uhrzeit und Ort des Auftretens der Überschreitung und Anlaß der Verlautbarung (Unterrichtung oder Alarmauslösung),

- betroffene Bevölkerung und zu ergreifende Vorsorgemaßnahmen sowie

- Vorhersage über die Entwicklung der Konzentrationswerte. *Dreyhaupt*

Literatur: EuGH, 30. Mai 1991, Kommission/Deutschland (C-361/88, Slg. 1991, I-2567) (betr. Schwefeldioxid- und Schwebestaub-Richtlinie). – EuGH, 30. Mai 1991, Kommission/Deutschland (C-59/89, Slg. 1991, I-2607) (betr. Blei-Richtlinie).

Zwischenlager.

Abfall. Z. dienen dem zeitlich befristeten Lagern von Abfällen, z. B. wenn ein Abfalltransport nicht unmittelbar von der Anfallstelle zur Entsorgungsanlage läuft, weil Abfälle gleicher Art von verschiedenen Anfallstellen erst in Z. zu größeren Transporteinheiten zusammengefaßt werden, weil das Transportmittel gewechselt wird, weil Abfälle speziell verpackt werden müssen, weil intensivere Beprobungen und Prüfungen durchzuführen sind oder weil Abfälle zunächst rasch sichergestellt (z. B. nach Transportunfall) und über den geeigneten Entsorgungsweg erst danach entschieden werden kann oder soll. Z. bedürfen der abfallrechtlichen Genehmigung.

Technische und organisatorische Anforderungen an Z. für besonders überwachungsbedürftige Abfälle sind in der →TA Abfall Teil 1, für Siedlungsabfälle in der →TA Siedlungsabfall festgelegt. Insbesondere darf im Z. keine Vermischung mit anderen Abfällen oder anderen Stoffen erfolgen (Getrennthaltungsgebot).

Im Z. dürfen Abfälle nicht chemisch, physikalisch oder biologisch behandelt werden; andernfalls handelt es sich um eine Abfallbehandlungsanlage.

Nicht als abfallrechtliches Z. gilt die Bereitstellung von Abfällen zum Einsammeln oder für den Transport, z. B. für die betriebseigenen Abfälle einer Firma, in Abfallsammelbehältern oder z. T. auch bei der Rücknahme von Abfällen durch Vertreiber und Hersteller von Produkten.

In Abfallentsorgungsanlagen vorzuhaltende getrennte Lagerbereiche (z. B. zur Identifikation zweifelhafter Abfälle und zur Lagerung vor Entscheidung über Annahme oder Zurückweisung) sind kein abfallrechtliches Z., sondern Bestandteil der Anlage. *Schnurer*

Radioaktive Abfälle. Die Zwischenlagerung betrifft abgebrannte Brennelemente und andere im Brennstoffkreislauf anfallende Reststoffe und Abfälle sowie alle sonstigen radioaktiven Abfälle. Die Abgrenzung ergibt sich aus § 9a AtG und §§ 81, 82 und 86 StrSchV. Aus dem Brennstoffkreislauf stammende Abfälle hat der Anlagenbetreiber an ein vom Bund zu errichtendes Endlager abzuliefern; bis dahin hat er sie selbst zwischenzulagern. Sonstige radioaktive Abfälle sind an die →Landessammelstellen für radioaktive Abfälle abzuliefern, die als Z. dienen.

Die Zwischenlagerung für sämtliche im Kernbrennstoffkreislauf anfallenden Reststoffe und Abfälle hat die Aufgabe, den sicheren Einschluß der radioaktiven Stoffe zu gewährleisten, bis sie verwertet bzw. in ein geologisches Endlager verbracht werden können. Wichtige Randparameter sind Puffererfordernisse aus logistischen Gründen der Einlagertechnik sowie gegebenenfalls Abklingzeiten für die Nachzerfallswärmeabfuhr.

Erstes Z. der abgebrannten LWR-Brennelemente nach dem Auswechseln ist das wassergefüllte Absetzbecken neben dem Reaktor. Hier verbleiben die Brennelemente mindestens 150 Tage, häufig jedoch mehrere Jahre, um den Zerfall der kurzlebigen Isotope abzuwarten. In rund fünf Jahren verringert sich die Aktivität auf etwa ein Tausendstel des ursprünglichen Wertes.

Zusätzlich gibt es zentrale Z. (z. B. Gorleben für kernbrennstoffhaltige Abfälle, für abgebrannte Brennelemente des Thorium-Hochtemperatur-Reaktors THTR), in denen die Reststoffe bzw. Abfälle für Zeiträume bis zu 50 Jahren in technisch geeignet ausgerüsteten Hallen gelagert werden können. *Merz*

Kontaminationskörper von Altlasten. Müssen schadstoffbelastete Böden (Kontaminationskörper) vor Ort möglichst schnell entfernt werden, weil Gefahren für die Schutzgüter zu befürchten sind (Gefahr im Verzug), sind oft Z. notwendig. Z. werden auch in Bodensanierungszentren eingerichtet, um die angelieferten festen bzw. flüssigen Stoffe nach Herkunft und Aggregatzustand getrennt vor der Behandlung zu lagern.

Zu den Anforderungen an Z. gehören eine hallenartige Überdachung, eine Untergrundabdichtung, eine Sickerwasserfassung und -behandlung sowie

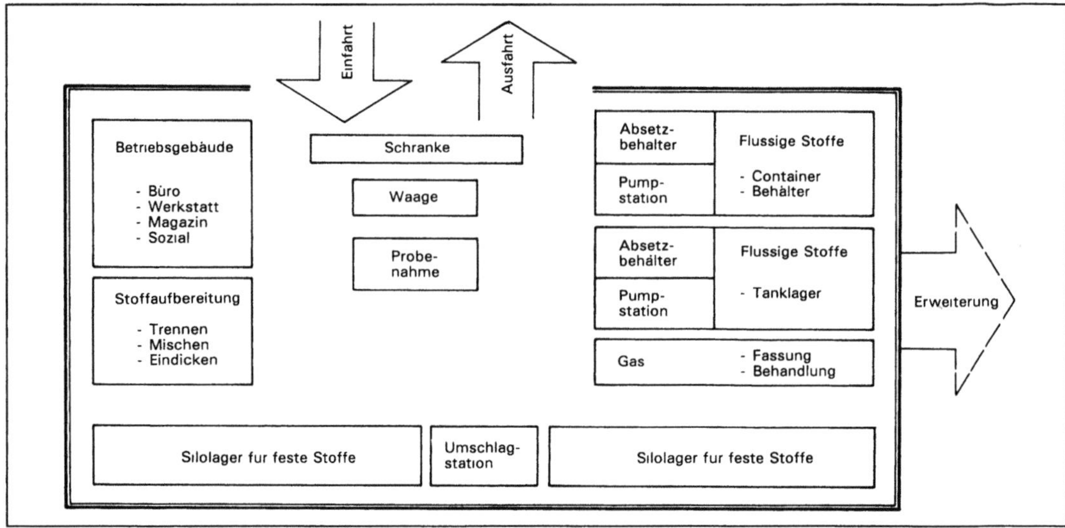

Zwischenlager: Funktionsschema eines Z. für kontaminierte Stoffe aus der Altlastensanierung.

bei Einhausung eine Hallenabluftabsaugung und -reinigung. Automatisch gesteuerte Ausladungen und Umladungen mit Krananlagen und Schleusen vermindern den Personaleinsatz an gefährlichen Arbeitsplätzen. Das Funktionsschema eines Z. für kontaminierte Stoffe aus der →Altlastensanierung zeigt die Trennung der Stoffe je nach Aggregatzustand (Bild). Pastöse und schlammartige Stoffe müssen vor der Zwischenlagerung aufbereitet werden. *Thoenes*

Literatur: *Fensch, L.:* Sichere Zwischenlagerung von kontaminierten Materialien. In: Jessberger, H. L. (Hrsg.): Seminar Altlasten und kontaminierte Standorte. Lehrstuhl für Grundbau und Bodenmechanik. Bochum 1986.

12. BImSchV. →Störfall-Verordnung i. d. F. der Bek. vom 20. Sept. 1991 (BGBl. I S. 1891), zuletzt geändert durch die Verordnung vom 26. Oktober 1993 (BGBl. I S. 1782). Konkretisiert die für genehmigungsbedürftige Anlagen geltende Grundforderung des § 5 Abs. 1 Nr. 1 BImSchG, neben schädlichen Umwelteinwirkungen auch sonstige Gefahren, erhebliche Nachteile und erhebliche Belästigungen für die Allgemeinheit und die Nachbarschaft zu vermeiden, dahingehend, daß in bestimmten Anlagen Störungen des bestimmungsgemäßen Betriebs, bei denen bestimmte gefährliche Stoffe durch besondere Ereignisse wie Brände, Explosionen oder abrupte Freisetzungen eine →ernste Gefahr hervorrufen können, zu verhindern sind (→Störfall). Eine ernste Gefahr ist nicht nur gegeben bei der Bedrohung des Lebens und der Gesundheit von Menschen (schwerwiegende Gesundheitsbeeinträchtigung oder Beeinträchtigung der Gesundheit einer großen Zahl von Menschen), sondern auch bei Gefahr der Schädigung der Umwelt (Tiere, Pflanzen, Boden,

Wasser, Atmosphäre sowie Kultur- oder sonstige Sachgüter), wenn durch die Schäden das Gemeinwohl beeinträchtigt würde.

Wichtige Detailregelungen betreffen die Sicherheitspflichten des Anlagenbetreibers, die →Sicherheitsanalyse, die Störfallmeldung und die Information der Öffentlichkeit über Sicherheitsmaßnahmen und das richtige Verhalten bei einem Störfall (→Störfall-Verordnung). *Dreyhaupt*

Zyklon →Fliehkraftabscheider

Zyklotron. Teilchenbeschleuniger, in dem geladene Teilchen wiederholt ein elektrisches Beschleunigungsfeld durchlaufen, während sie sich spiralförmig von ihrer Quelle im Zentrum der Maschine nach außen bewegen (Bild).

Die Erfindung des Z. geht auf *E. O. Lawrence* zurück, der die erste Maschine 1929 baute. Grund-

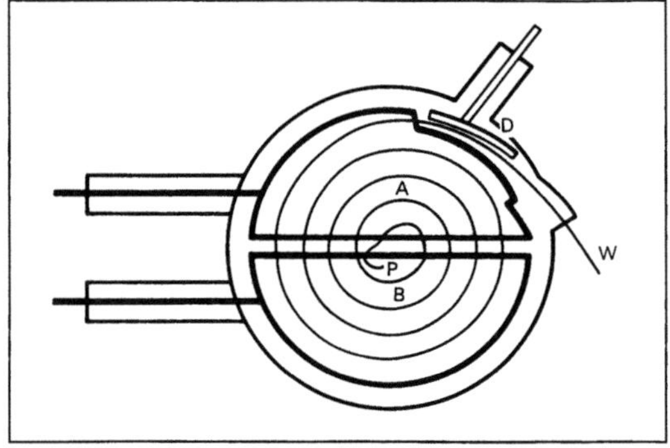

Zyklotron: Schema eines Z. Dargestellt sind die beiden D-Elektroden A und B, der Ablenkkondensator D und das Ausgangsfenster W.

gedanke ist, die zu beschleunigenden geladenen Teilchen sehr oft nacheinander beim Durchlaufen eines kleineren Spannungsfeldes gleichsinnig auf eine immer höhere Energie zu beschleunigen.

Ionen werden in einer Ionenquelle P in der Nähe der Mitte des Spalts zwischen zwei hohlen, halbkreisförmigen Elektrodendosen A und B erzeugt; diese Halbdosen werden auf Grund ihrer Form häufig D's genannt. Die D's sind in einem Vakuumtank eingeschlossen, der sich zwischen den kreisförmigen Polschuhen eines Elektromagneten befindet. Zwischen den Halbdosen besteht eine von einem Oszillator zugeführte Hochfrequenzspannung. Ein positives, von der Ionenquelle ausgehendes Ion wird gegen das sich gerade in negativer Spannung befindende D hin beschleunigt. Sobald es das feldfreie Innere des D's erreicht, wird das Ion nicht mehr von elektrischen Kräften beeinflußt, aber das den D-Flächen gegenüber senkrechte Magnetfeld hält das Ion in einer halbkreisförmigen Bahn. Wenn die Wechselspannungsfrequenz sich so verhält, daß das Feld gerade dann, wenn das Ion wieder den Spalt zwischen den D's erreicht, seine Richtung gewechselt hat, wird das Ion wieder beschleunigt, und zwar diesmal gegen die andere Halbdose hin. Seine Geschwindigkeit ist nun größer als zuvor, und es beschreibt daher einen Halbkreis mit größerem Radius. Obwohl das Ion immer größere Halbkreise beschreibt, gelangt es demnach weiterhin gerade dann an den Spalt, wenn die Hochfrequenzspannung in der richtigen Phase zur Beschleunigung ist. Jedesmal, wenn das Ion den Spalt kreuzt, gewinnt es eine Bewegungsenergiemenge, die dem Produkt der Ionenladung und der Potentialdifferenz zwischen den Halbdosen gleich ist. Wenn schließlich das Ion die Peripherie des D-Systems erreicht, wird es durch eine negativ geladene Ablenkelektrode aus seiner Kreisbahn gezogen und kann nun durch das Fenster W aus der Vakuumkammer austreten und auf ein Target fallen.

Wegen der relativistischen Massenzunahme mit wachsender Geschwindigkeit ist die mit einem Z. erreichbare Maximalenergie auf etwa 10 MeV für Protonen und 20 MeV für Deuteronen begrenzt. Um dem genannten Effekt zu begegnen, hat man das Synchro-Z. entwickelt, bei dem die Frequenz der Beschleunigungsspannung mit der Zeit so abnimmt, daß sie sich den langsameren Umläufen der beschleunigten Teilchen genau anpaßt. Die Abnahme der Beschleunigung der Teilchen ergibt sich aus der Massenzunahme mit der Energie, wie sie die spezielle Relativitätstheorie beschreibt. Es werden Protonenenergien bis zu 700 MeV erreicht.

Das Z. dient heute weitverbreitet als Anlage zur Erzeugung vorwiegend kurzlebiger Radioisotope für Markierungszwecke in der Radiopharmazeutik. Für die Herstellung komplizierter markierter chemischer Verbindungen benötigt man hohe spezifische Ausgangsaktivitäten der interessierenden Radioisotope.

Die Herstellung und Verarbeitung der hochaktiven Bestrahlungstargets einerseits, aber auch die grundsätzliche Gefährdung beim Betrieb eines Z. andererseits erfordern spezielle Strahlenschutzmaßnahmen. Die Abschirmungen des Z. und die bauliche Ausführung der Targetstation gewährleisten den Schutz des Betriebspersonals gegen äußere Strahlenexposition. Beim Be- und Entladen der Targets sind außerdem entsprechende Vorkehrungen gegen Personenkontaminationen und Inkorporation zu treffen. Insbesondere ist auf das evtl. Entweichen gasförmiger radioaktiver Stoffe zu achten. Wirkungsvolle Ablufteinrichtungen sind zu installieren und geeignete Strahlenschutzmonitore vorzuhalten (→Beschleunigeranlage, →Personensicherheitssystem). *Merz*

DAS TECHNISCHE WISSEN DER GEGENWART.

Jeder Band erschließt mit einigen tausend Stichwörtern und Stichwortartikeln die gesamte Bandbreite des jeweiligen Wissenschaftsbereiches, einschließlich der Grundwissenschaften und tangierender Gebiete. Ausführliche Informationen über die weiteren Fachlexika erhalten Sie über Frau Rita Hirlehei, Telefon 02 11/61 88-126.

In Vorbereitung:

Lexikon Maschinenbau (1994)

Lexikon Produktion Verfahrenstechnik (1994)

Lexikon Ingenieurwissen – Grundlagen (1994)

VDI-Lexikon Bauingenieurwesen

Hrsg Hans-Gustav Olshausen und VDI-Gesellschaft Bautechnik
1991 VII, 649 S , 678 Abb.,
65 Tab. 24 x 17 cm. Gb.
DM 168,00/oS 1.310/sFr 168,00
ISBN 3-18-400897-5

VDI-Lexikon Werkstofftechnik

Hrsg Hubert Grafen,
VDI-Gesellschaft Werkstofftechnik
1993. IX, 1182 S., 997 Abb ,
188 Tab 24 x 16,8 cm Gb
DM 278,00/öS 2 168,00/sFr 278,00
ISBN 3-18-401328-6

VDI-Lexikon Meß- und Automatisierungstechnik

Hrsg Elmar Schrufer
1992. IX, 689 S , 828 Abb ,
85 Tab 24 x 16,8 cm Gb
DM 168,00/oS 1.310,00/sFr 168,00
ISBN 3-18-400895-9

Die Preise verstehen sich inkl MwSt Preisanderungen vorbehalten
VDI-Mitglieder erhalten 10% Preisnachlaß, auch im Buchhandel

Lexikon Elektronik und Mikroelektronik

Hrsg. Dieter Sautter/Hans Weinerth
2 , aktualisierte u. erw. Auflage 1993.
1 167 S., 1 441 Abb ,
143 Tab. 24 x 16,8 cm Gb
DM 198,00/oS 1 544,00/sFr 198,00
ISBN 3-18-401178-X

Lexikon Informatik und Kommunikationstechnik

Hrsg Fritz Kruckeberg/Otto Spaniol
1991 XII, 693 S , 454 Abb ,
35 Tab 24 x 16,8 cm Gb
DM 168,00/oS 1 310,00/sFr 168,00
ISBN 3-18-400894-0

VDI-Lexikon Energietechnik

Hrsg. Helmut Schaefer
1994 X, 1 452 S , 1 482 Abb
211 Tab 24 x 16,8 cm Gb
Subskriptionspreis bis 31 12 1994
DM 248,00/oS 1.934,00/
sFr 248,00 danach
DM 298,00/oS 2 325,00/
sFr 298,00
ISBN 3-18-400892-4